Gesamtverzeichnis des deutschsprachigen Schrifttums (GV) 1700 – 1910

Bearbeitet unter der Leitung von
Hilmar Schmuck und Willi Gorzny

Bibliographische und redaktionelle Beratung:
Hans Popst und Rainer Schöller

145

Thau - Tid

K · G · Saur München · New York · London · Paris 1985

CIP-Kurztitelaufnahme der Deutschen Bibliothek

Gesamtverzeichnis des deutschsprachigen Schrifttums :
(GV). – München, New York, London, Paris : Saur.
Bd. 1 – 6 bearb. unter d. Leitung von Peter Geils
u. Willi Gorzny.
ISBN 3-598-30000-X

1700 – 1910 / bearb. unter d. Leitung von Hilmar
Schmuck u. Willi Gorzny. Bibliograph. u. red.
Beratung: Hans Popst u. Rainer Schöller

NE: Schmuck, Hilmar [Bearb.]

145. Thau - Tid. - 1985.

Techn. Realisierung und Druck: Norbert Gärtner, Mainz-Kastel
Binden: Karl Schaumann, Darmstadt
Printed in the Federal Republic of Germany
ISBN 3-598-30000-X (Gesamtwerk)

[F.] Gott und Natur. Ein ... Handb. f. Jedermann ... v. H. Thau u. Sohn ... M. Analysen v. Herrn Prof. Himly u. d. Chem. Untersuchgs-Comm. ... versehen. 4. verb. Aufl. *Laboe: Selbstr.; (Dr. v. H. Lühr & Dircks in Garding) 1898.* (VIII, 96 S.) 1 Bd 8. [99. 1131

Gott und Natur. Kurzgef. Lehrb. d. volksmedizin. Gesundheitswinke u. Hausrecepte, auch d. Landmann gewidmet. Anleitung zur Selbstbehandlung. Auf Grund 50jähr. eig. Erfahrung ... verf. von H. **Thau** & Sohn. 5. verb. Aufl. *Laboe: Selbstverl. 1900.* (VII, 96 S.) 8° [F.] [00. 4644

Thau, Wilhelm, appr. Arzt, Unterarzt b. Inf.-Reg. No. 157: Die Myomoperationen an der Universitäts-Frauenklinik der Kgl. Charité aus den Jahren 1904—1908. Bernau 1910: Grüner. 58 S. 8°
Berlin, Med. Diss. v. 18. Febr. 1910, Ref. Bumm
[Geb. 31. Juli 83 Ziegenhals; Wohnort: Brieg; Staatsangeh.: Preußen; Vorbildung: Gymn. Thorn Reife O. 03; Studium: Berlin K. W. A. 10 S.; Coll. 31. Jan. 10; Approb. 14. Febr. 10.] [U ... 1017

Thauer, Hans, Katechismus des modernen Zitherspiels, s.a. Hesse's, Max, illustr. Katechismen.

Katechismus des modernen Zitherspiels von Kammervirtuos Hans **Thauer**. *Leipzig: M. Hesse (1902).* (XVI, 180 S.) 8° [F.]
— Katechismen, Max Hesse's illustrierte. No 32. [03. ...

Thauer, Hans, Poehlmann's Musiklehre. Neue Darstellg. der Musiktheorie, nach einzelnen Grundsätzen v. Poehlmann's Gedächtnislehre ausgearb. (III, 57 S.) gr. 8. München 905. (Leipzig, Jordan & Co.) n. 1. 90

Thauler, Johannes, s. Tauler

Thaulow. Album. 12 Blatt Photographien nach alten Holzschnitz-Arbeiten. (Möbel.) 4°.

Thaulow, F., s. 1) Motive zu dem im Jahre 1832 herausgeg. Vorschlage zu einem Strafgesetzbuche rc. 2) Vorschlag zu einem Strafgesetzbuche.

Thaulow, Geo., ein Rest der deutschen Flotte auf einer Reise um die Erde. 1. Thl. Hamburg 862. (Perthes-Besser & Mauke. gr. 8. (VI, 114 S.) n. 18 ngr.

Thaulow, Gustav (Hrsg.), s.a. Acten den hundertjährigen Geburtstag Hegels betreffend.

Thaulow, Gust., Acten, den hundertjährigen Geburtstag Hegel's betr. 1. Heft. Kiel 870. Univ.-Buchh. gr. 8. (16 S.) n. 3 ngr.

Thaulow, Gust., Acten den hundertjährigen Geburtstag Hegel's betr. 2. Hft. gr. 8. (96 S.) Kiel 872. Universitätsbuchh. n. 1. 20 (1. u. 2. n. 1. 50)

— Hegel's Ansichten über Erziehung und Unterricht. In 3 Thln. Als Fermente für wissenschaftliche Pädagogik, sowie zur Belehrung u. Anregung für gebildete Eltern u. Lehrer aller Art, aus Hegel's sämmtlichen Schriften gesammelt u. systematisch geordnet. Kiel 853, 54. Akademische Buchhdlg. gr. 8. n. 5 rß. 27 ngr.
1. Thl.: Zum Begriff der Erziehung, zur anthropologisch-psychologischen u. ethisch-politischen Basis, sowie zur Methodik der Erziehungslehre Gehöriges. (LII, 120 S.) n. 24 ngr.
2. Thl.: Zur Geschichte der Erziehung. 2 Abthlgn. (LII, 319; XVI, 415 S.) n. 3 rß. 15 ngr.
3. Thl.: Zur Gymnasialpädagogik und zur Universität Gehöriges. (XXXIV, 321 S. u. 1 lith. Taf.) n. 1 rß. 18 ngr.

Eine Ansprache an die Bewohner der Herzogthümer Schleswig, Holstein und Lauenburg v. Gustav **Thaulow.** 5. Aufl. ebd. 1862. 8°.

Thaulow, Gust., Aufruf an den gesammten Lehrerstand in Schleswig-Holstein. gr. 8. (8 S.) Kiel 848, Schröder & Co. n. 1/24 rß

Das Christian-Albrecht-Stift an der Kieler Universität. Was bisher dafür geschehen und was für selbiges zu thun noch erforderlich ist, berichtet v. Gustav **Thaulow.** Kiel. 1881. 8°

Thaulow, Gust., Einleitung in die Philosophie und Encyclopädie der Philosophie im Grundrisse oder Methode des philosophischen Studiums. Kiel 862. Akademische Buchhandlung. gr. 8. (XI, 144 S.) n. 1 rß

Thaulow, Gust., Einleitung in die Philosophie und Encyclopädie der Philosophie im Grundrisse oder Methode des philosoph. Studiums. gr. 8. (XL und 144 S.) Kiel 862, [G. v. Maack's Verlag.] *

Thaulow, Gust., Erhebung der Pädagogik z. philosoph. Wissenschaft. Oder Einleitung in die Philosophie der Pädagogik. Zum Behuf seiner Vorlesungen. gr. 8. (14⅛ B.) Berlin 845, Veit u. Comp.

Zur Erinnerung an **Winckelmann**'s 100jährigen Todestag v. Gustav Thaulow. Ausschnitt aus: Hamburger Nachrichten, Nr. 135. Hamburg, Montag, d. 8. Juni. 1868. Fol., in 4° geb.

— und G. Schuirman, die Errichtung eines Erziehungsinstituts in Deutschland zur Vor- u. Heranbildung junger Leute für das Seefach, s. Schuirman, G.

Thaulow, die Feierlichkeiten bei der Einweihung der Kieler Universität in den Octobertagen des J. 1665. Nach Alex. Jul. Torquatus v. Frangipani mit Rücksicht auf das bevorstehende 200jähr. Jubiläum der Kieler Universität hrsg. gr. 8. (35 S.) Kiel 862, [G. v. Maack's Verlag.] *

Die Feierlichkeiten bei der Einweihung der Kieler Universität etc. in gedrängter Uebersicht bei der bevorstehenden Einweihung des neuen Universitätsgebäudes zu Kiel im October 1876 in 2. verbesserter Auflage bearb. und hrgg. v. Gustav **Thaulow.** Kiel. 1876. 8°.

—— über ein bedenklich gestörtes Gleichgewicht auf deutschen Universitäten seit den letzten 30 Jahren. Ein Beitrag zur Culturgeschichte der letzten 30 Jahre. gr. 8. (40 S.) Kiel 863, [G. v. Maack's Verlag.] *

— das europäische Gleichgewicht durch den Prager Frieden vom 23. Aug. 1866. Kiel 867. Homann. gr. 8. (III, 43 S.) n. 6 ngr.

Grundriss meiner Vorlesung über Philosophie der Geschichte oder allgemeine Culturgeschichte (v. Gustav **Thaulow.** Kiel. 1879.) 2 Bl. 8°.

Thaulow, Gust., die Gymnasial-Pädagogik im Grundrisse. Kiel 858. Akademische Buchhdlg. gr. 8. (XXII, 246 S.) n. 1 rß. 10 ngr.

Thaulow, Gustav (Hrsg.), s. Hegel, Georg Wilh. Friedr.: Ansichten über Erziehung u. Unterricht.

— das bevorstehende 200jährige Jubiläum der Kieler Universität. Eine Ansprache an die Bewohner der Herzogthümer Schleswig, Holstein und Lauenburg. 1—5. Aufl. Ebend. 862. gr. 8. (16 S.) n. 2½ ngr.

—— unsere Landes-Universität Kiel. Erstes Sendschreiben. Gerichtet an die 72 Localcomités, welche für die Errichtung eines neuen Universitätsgebäudes an der Kieler Universität sich in Schleswig-Holstein und Lauenburg in den J. 1862—64 bildeten. 1.—3. Aufl. gr. 8. (13 S.) Ebendas. 872.

Allgemeine Cultur- und Literaturgeschichte im Grundrisse für seine Vorlesungen im II. und III. Coetus der Kaiserlichen Marine-Akademie zu Kiel als Manuscript hrgg. v. [Gustav] Thaulow. Kiel. 1882. 8°

—— das kieler Kunstmuseum. Ein Wegweiser durch dasselbe; zugleich eine kurze Einleitung in das Studium der Kunst. gr. 8. (VII und 88 S.) Kiel 853, Akademische Buchh. *

—— das Museum auf dem kieler Schlosse. Ein Wegweiser durch dasselbe. Zugleich eine kurze Einleitung in das Studium der Kunst. 2. und verb. Aufl. gr. 8. (V und 86 S.) Kiel 860, Akademische Buchh. *

— die Neugestaltung Deutschlands mit dem Prager Frieden vom 23. Aug. 1866. 1. u. 2., verb. Aufl. Ebend. 867. gr. 8. (42 S.) n. 6 ngr

—— Nothwendigkeit u. Bedeutung eines pädagog. Seminars auf Universitäten u. Geschichte meines Seminars. gr. 8. (12 B.) Berlin 845, Veit u. Comp.

Beilage zu Nr. 86 des Altonaer Mercur's. Sonntag, den 12. April 1863. Darin: Die Philosophie der Gartenbaukunst. (Aus einem Vortrage v. Gustav Thaulow.) Fol., in 4° geb.

—— Plan einer National-Erziehung entworfen und zur Begutachtung allen Lehrern Deutschlands besonders aber dem Lehrerstande in Schleswig-Holstein vorgelegt. gr. 8. (54 S.) Kiel 848, Schröder und Comp. *

— Plato. Erinnerung an ihn bei seinem 2300jähr. Geburtstage d. 29. Mai 1873. gr. 8. (16 S.) Ebend. 873. — 30

—— Rathschläge für anthropologische Untersuchungen auf Expeditionen der Marine. Vortrag gehalten im Marine-Casino zu Kiel den 20. März 1873. gr. 8. (17 S.) Berlin 874, Wiegandt, Hempel und Parey. *
Aus: Zeitschrift für Anthropologie, Ethnologie und Urgeschichte, besonders abgedruckt.

— Rede zur Feier des 600jährigen Geburtstages von Dante Alighieri an der Christian-Albrechtsuniversität gehalten am 27. Mai 1865. Kiel 865. (G. v. Maack's Verl.) 4. (16 S.) n. 3 ngr

—— Rede bei d. Säcular-Geburtsfeier Pestalozzi's am 12. Jan. 1846 gehalten in d. Aula zu Kiel. Zur Rechtfertigung u. Versöhnung hrsg. gr. 8. (1 B.) Kiel 846, Schwers'sche Buchh.

Thaulow, Gust., die Schule d. Zukunft m. besond. Rücksicht auf die Herzogthümer Schleswig u. Holstein. Ein Vortrag. gr. 8. (3¼ B.) Kiel 846, Schwers'sche Buchh. Thlr.

— 55 Themata aus der Rechtsphilosophie. Zum Behuf von Vorlesungen und Repetitorien. Kiel (858.) Akademische Buchhdlg. gr. 8. (4 S.) 1½ ngr

(Toast auf die preussische Armee v. Gustav Thaulow.) Kiel, den 22. Juni [1864.] 2 Bl. 8°.

Beilage zu Nr. 216 des Altonaer Mercur's. Sonntag, den 13. Sept. 1863. Darin:
Universitätsbau v. Gustav Thaulow. Fol., geb. in 4°.

Verhandlungen der ersten allgemeinen Schleswig-Holsteinischen Lehrerversammlung zu Kiel am 2. und 3. Oct. 1848. (Hrgg. v. Gustav Thaulow.) Kiel. 1848. 8°.

Alphabetisches Verzeichniss derjenigen Ortschaften in den Herzogthümern Schleswig, Holstein und Lauenburg, welche bis Ende August für Beiträge zum neuen Universitätsbau namhaft gemacht sind. [Hrgg. v. Gustav Thaulow. Kiel. 1863.] 1 Bl. 8°.

Thaulow, Gust., was müssen wir Kieler in dem Decennium Ostern 1883 bis Ostern 1893 zu effectuiren uns bemühen. Eine Ostergabe f. Kiel u. die Provinz. gr. 8. (36 S.) Kiel 883. Universitäts-Buchh. — 50

— wie man in Frankreich mit der deutschen Philosophie umgeht. Ein Sendschreiben an J. Barthélemy Saint-Hilaire. gr. 8. (71 S.) Kiel 852, Akadem. Buchhandlung. n. 12 ngr

Thaulow, Gustav Ferdinand

Als Ms. gedr. f. Fr-Mr. Kurze Bemerkungen über den Werth und die Nothwendigkeit überhaupt, dass in den Logen Reden und Vorträge gehalten werden. Wer soll sie halten und wovon sollen sie handeln? Bezeichnung von 40 Themata's, über die zunächst zu sprechen ich gedenke. Vortrag, gehalten in der Loge „Alma an der Ostsee" zu Kiel von Gust. Ferd. Thaulow am 24. Jan. 1872. Berlin 1872: Mittler & S. 12 S. 4° [Umschlagtit.]
Auszug in: FZ. 26 (1872) S. 145—148.

Der Freimaurer-Orden hat nur eine einzige Aufgabe und nur ein einziges Ziel, nämlich selbständige, gebildete, unbescholtene und pecuniär sicher gestellte Männer aus allen Ständen der christlichen Welt, welche bisher, sei es in Folge ihrer Erziehung oder wodurch sonst, Christum nicht recht haben kennen lernen, zu ihm als dem alleinigen Heiland und Erlöser zu führen, und solche, die ihn gefunden haben, in seiner Nachfolge in Gesinnung und That immer mehr zu befestigen, und zwar durch eine diesem Orden ganz eigne Verfassung und Methode. Rede, gehalten in der Loge Alma a. d. Ostsee in Kiel an deren Stiftungsfeier am 14. Nov. 1880, von G[ust. Ferd.] Thaulow. (Als Ms. gedr.) Kiel: Toeche [1880]. 27 S. 8° [Umschlagtit.]

Thaulow, H. A., die eisenhaltig-salinischen Schwefelquellen und die Seebäder bei Sandefjord im südlichen Norwegen in ihren Heilkräften u. eigenthümlichen Bademethoden sowie der Gebrauch der Medusen u. des eisenhaltigen Mineral-Schlammes (Gytje) als Heilmittel bei Bädern dargestellt. Mit 12 (lith.) Prospekten, mehreren naturhistor. Zeichnungen u. Karten (auf 3 lith. Taf. in 8., 4. u. Fol.) u. einigen norweg. Melodien (in 4.). Hamburg 855. Trupp in Comm. gr. 8. (XII, 157 S. u. lith. Titel.) n. 2 ℛ.

Thauma Oder: der Gang durchs Leben. Ein lyrisch-didaktisches Gemälde der 4 Lebenstufen. ... Berlin 1826. V: *Mehring*, *Daniel Glieb Gebhard.* (Ky) (EE)

Thauma. Oder: der Gang durchs Leben. Ein lyrisch-didakt. Gemälde der 4 Lebensstufen. In 4 Gesängen, (v. Dn. G. G. Mehring). 16. Berl. 826. Paulische Buchh. 18 g.

Thaumatrop. Der amerikanische Bilder-Drehapparat. Sammt 12 komischen Bilderscenen. Patentirte Erfindung. Wien, Wallishauser'sche Buchhdlg. (Jos. Klemm.) Debit. 1867. 5 fl., in Kiste verpackt 6 fl.

Thaumaturga Sueciae, Patrona universalis: Die Wunderwürkerin des Schwabenlandes und allgemeine Patronin, oder Elisabetha Bona ... Constanz o. J. V: *Kaur*, *Joseph.* (AarK)

Thaumaturgus, G., ausgewählte Schriften, s.: Bibliothek der Kirchenväter.

Thaumaso, F., und **Grossmann**, R., Karl Kautsky und die sociale Revolution. 8°. London, F. Buchbauer, 1906.

Thaün, Phil. de, s. Philippe de Thaün

Thaurer, Johann Wilhelm (Kassel) A. S. 19/17

Dissertatio inauguralis, de bonorum allodialium in feudalia incorporatione.
Präs. Nikolaus Christoph Lyncker. Rec.
Jena (Heller) 1735. 27 S.

Diss. III. 1693. 34292

Thausing: Beziehungen Böhmens und Mährens zum Reiche der Karolinger. 36 S. 8°-Wien OR. Inn. St., Progr. 1861

Thausing Albrecht: Das Bodenrecht in den deutschen Städten vom 13.—15. Jahrhundert.
M. 1907 PN 2331 Diss. Wien, Univ. 974

Thausing, Eduard [aus Wien]: Über die Ursachen des Schossens der Zuckerrüben ... Leipzig-Reudnitz, Druck v. O. Schmidt, 1892; 36 S. 8.
Leipzig, Phil. Fak., Inaug.-Diss. v. [9. Nov.] 1892

Thausing, Jul. E., s.: Brauer- u. Mälzer-Kalender.

Thausing, Jul. E., Buchführung für Bierbrauereien, s. Pohl, J.

Thausing, Jul. E., die Theorie und Praxis der Malzbereitung und Bierfabrikation. Mit besond. Berücksicht. des Wiener Brauverfahrens, nach eigenen Erfahrungen bearb. Nebst einem Atlas von 11 lithogr. Taf. (in gr. Fol.). gr. 8. (XVI, 660 S. mit 157 eingedr. Holzschn.) Leipzig 877, Gebhardt's Verlag. *

—— die Theorie und Praxis der Malzbereitung und Bierfabrikation. Mit besond. Berücksicht. des Wiener Brauverfahrens nach eigenen Erfahrungen bearb. 2. vollständig umgearb. und stark verm. Aufl. gr. 8. (XX, 880 S. mit 232 eingedr. Fig. und einem cart. Atlas von 13 lithogr. Taf. in qu. gr. Fol.) Leipzig 882, Gebhardt's Verlag. *
Text in Halbfrz., Atlas in Leinw. geb. **

Thausing, J. E., die Theorie u. Praxis d. Malzbereitg. u. Bierfabrikation. Nach eigenen Erfahrungen bearb. 3., verm. Aufl. Mit 255 eingedr. Fig. Nebst e. Atlas v. 14 lith. Taf. (in gr. 4). gr. 8. (XXIV, 1014 S.) Leipzig 888. Gebhardt. n. 30.—; Text in Halbfrz. geb., Atlas in Leinw. n.n. 35. —

Thausing, Jul. E., die Theorie u. Praxis der Malzbereitung u. Bierfabrikation. Nach eigenen Erfahrgn. bearb. 4., verb. Aufl. gr. 8. (XXIV, 1019 S. m. 237 Fig.) Nebst e. Atlas von 12 lith. Taf. in Fol. Leipzig 893. J. M. Gebhardt. Geh. u. kart. n. 32. —;
geb. u. kart. n.n. 37. —

Thausing, Jul. E., die Theorie u. Praxis der Malzbereitung u. Bierfabrikation. 5., unt. Mitwirkg. v. Geo. Holzner, Alfr. Jörgensen, Thdr. Langer u. Emil Struve neubearb. Aufl. M. 279 Textfig. in Holzschn. u. e. Atlas v. 19 z. Tl. in Farbendr. ausgef. lith. Plantaf. (in Fol.) gr. Lex. 8. (XXIV, 1080 S. Leipzig 898. J. M. Gebhardt. n. 36. —; geb. n.n. 40. —

Thausing, Jul. E., die Theorie u. Praxis der Malzbereitg. u. Bierfabrikation. 6., unter Mitwirkg. v. Geo. Holzner, Alfr. Jörgensen, Thdr. Langer u. Emil Struve neubearb. Aufl. Mit 323 Textfig. in Holzschn., 3 Beilagen u. e. Atlas v. 24 größtenteils in Farbendr. ausgeführten lith. Plantaf. (35×27 cm.) 2 Tle. (XXVIII, 1280 S.) Lex. 8. Leipzig 907. J. M. Gebhardt. 45.—;
geb. in Halbfrz., Atlas in Leinw. n 50. —

Thausing, Mor., Dürer's Briefe, Tagebücher und Reime, s. Quellenschriften für Kunstgeschichte.

Thausing, Moritz & Karl Foltz. Das goldene Buch von Prum mit um das Jahr 1105 gestochenen Kupferplatten. Innsbruck. Verlag der Wagnerschen Universitäts-Buchhandlung 1880.
12 S., 1 Taf. in Kupferst. 8°
Aus: Mitteilungen des Instituts für Oesterreichische Geschichtsforschung unter Mitwirkung von Th. Sickel, M. Thausing u. H. R. v. Zeissberg Bd. 1

Thausing, Moritz (Hrsg.), s. Callot, Jacques.

Thausing, Mor., die Celtes-Ciste der Wiener Universität. Nach einem Vortrage, geh. im Wiener Alterthums-Vereine am 17. Octbr. 1876. Mit 3 (lith.) Taf. gr. 4. (12 S.) Wien 878. (Gerold's Sohn.) n. 2. —

Thausing, Mor., Dürer. Geschichte seines Lebens u. seiner Kunst. Mit Titelkpfr. u. m. Illust. (in eingedr. Holzschn. u. Holzschntaf.) (in gr. 8. u. qu. gr. 4.), gezeichnet v. Jos. Schönbrunner, Holzschn. v. F. W. Bader. Lex.-8. (XVI, 537 S.) Leipzig 876. Seemann. n. 22. —; geb. n. 25. —

Thausing, Mor., Dürer. Geschichte seines Lebens u. seiner Kunst. Mit Illustr. u. Titelkpfr. 2. Aufl. in 2 Bdn. gr. 8. (XVI, 384 u. IV, 336 S.) Leipzig 884. Seemann. Englisch cart. à n. 10. —;
in Halbfrzbd. à n. 12. —

— Albert Dürer, sa vie et ses oeuvres. Trad. de l'allemand avec l'autorisation de l'auteur par Gust. Gruyer. Ouvrage illustré de 75 gravures en taille-douce, en lith. et sur bois. gr. 8. (X, 563 S.) Paris 878. Didot & Co. n. 32. —

Thausing, Mor., Michelangelo's Entwurf zu dem Karton der Schlacht bei Cascina. hoch 4. (22 S. mit Holzschn. und 1 Heliotypie.) Leipzig 878, Seemann. *
Aus: Zeitschrift für bildende Kunst, besonders abgedruckt.

—— Wiener Kunstbriefe. gr. 8. (VII, 398 S. mit 1 Titelbildnisse in Holzschn. und 1 erklär. Holzschn. am Schluss.) Leipzig 884, Seemann. cart. *

Thausing, Mor., das natürliche Lautsystem der menschlichen Sprache. Mit Bezug auf Brücke's Physiologie u. Systematik der Sprachlaute. Leipzig 863. Engelmann. gr. 8. (XII, 140 S.) 24 ngr.

— die Votivkirche in Wien. Denkschrift des Baucomités, veröffentlicht zur Feier der Einweihung am 24. Apr. 1879. Fol. (VIII, 92 u. Anh. 53 S. m. eingedr. Holzschn., 4 Kpfrtaf. u. 1 Chromoxylogr.) Wien 879. v. Waldheim. cart. n. 30. —; in Leinw. geb. n. 34. —; Prachtausg. in Ldr. n. 50. —

Thauss, Alfred [aus Berlin] : Beitrag zur Kenntniss des Hydrastins ... Berlin, Druck: Funcke & Naeter 1892. 47 S., 1 Bl. 8°
Berlin, Phil. Fak., Inaug.-Diss. v. 27. Juni 1892

Thauß, G., Führer durch das städtische Museum in Langensalza. Im Auftrage des Museum-Komitees bearb. (VI, 460 S.) 8. Langensalza, 906. (Wendt & Klauwell.) n. 2. 50; geb. n. 3. —

Thauß, G., das herzogl. coburg-gothaische Infanterie-Regiment in der Schlacht bei Langensalza am 27. VI. 1866. Eine Gedenkschrift zur Einweihg. des zu Ehren der Gefallenen des Kontingents errichteten Denkmals. 8. (48 S. m. 5 Illustr.) Langensalza 899. Wendt & Klauwell. n. — 30

Thaussing, Jul. E., s. Thausing

Thaut, J. H., Abhandl. üb. den gesunden u. kranken Zustand des männl. Gliedes; aus d. Latein. von J. Eyerel II. Mit 1 Kpf. 8. Wien 813. 2e A. 814. Gerold. 9 gl.

Thautropfen, s. Tautropfen

Thayer, Alexander Wheelock

— ein kritischer Beitrag zur Beethoven-Literatur, vorgelesen im „Schillerverein" zu Triest. gr. 8. (48 S.) Ebend. 877. n. 1. —

Thayer, Alex. Wheelock, Ludwig van Beethoven's Leben. Nach dem Orig.-Mscr. deutsch bearb. (In 3 Bdn.) 1. Bd. gr. 8. (XXIV und 384 S.) Berlin 866, F. Schneider. [Weber.] *

Thayer, Alex. Wheelock, Ludwig van Beethoven's Leben. Nach dem Orig.-Mscr. deutsch bearb. 2. Bd. gr. 8. (VIII, 416 S.) Berlin 872. Weber. n. 6. — (1. u. 2.: n. 11. 50)

Thayer, Alex. Wheelock, Ludwig van Beethoven's Leben. Nach dem Orig.-Mscr. deutsch bearb. 3. Bd. gr. 8. (VI, 519 S.) Berlin 879. Weber. n. 9. — (1—3.: n. 20. 50)

Thayer, Alex. Wheelock, Ludwig van Beethovens Leben. Nach dem Orig.-Mskr. deutsch bearb. 2. Aufl. Neu bearb. u. ergänzt v. Herm. Deiters. 1. Bd. Mit 2 Noten-Beilagen. gr. 8. (XXXII, 480 u. 4 S.) Berlin 901. W. Weber. n. 9. —; geb. in Halbfrz. n. 11. —

Thayer, Alex. Wheelock, Ludwig van Beethovens Leben. 2.—5. Bd. gr. 8. Leipzig, Breitkopf & Härtel. à 12.—; geb. in Halbfrz. n 15. —

2. Nach dem Orig.-Mskr. deutsch bearb. v. Herm. Deiters. 2. Aufl. Mit Benutzg. v. hinterlassenen Materialien des Verf. u. Vorarbeiten v. Herm. Deiters neu bearb. u. ergänzt v. Hugo Riemann. (XI, 648 S.) 910.
3. Nach dem Orig.-Mskr. deutsch bearb. v. Herm. Deiters. 2. Aufl. Mit Benutzg. v. hinterlassenen Materialien des Verf. neu bearb. u. ergänzt v. Hugo Riemann. (X, 656 S.) 911.
4. Auf Grund der hinterlassenen Vorarbeiten u. Materialien weitergeführt v. Herm. Deiters. Mit Vorwort, Register, Berichtiggn. u. Ergänzgn. v. Hugo Riemann. (XIV, 594 S.) 907.
5. Auf Grund der hinterlassenen Vorarbeiten u. Materialien weitergeführt v. Herm. Deiters. Hrsg. v. Hugo Riemann. (VII, 597 S.) 908.

Thayer, Alex. Wheelock, chronologisches Verzeichniss der Werke Ludwig van Beethoven's. gr. 8. (VIII und 208 S.) Berlin 865, F. Schneider. [Weber.]

Thayer, Charles Snow, aus Westfield, Mass., U.S.A.: Ueber das Verhältniss der Psalmen zu Jeremia. *Göttingen 1901: Dieterich.* (37 S.) 8°
Göttingen, Phil. Diss. v. [12. Dez.] 1901

Thayer, Charles Snow, über das Verhältniss der Psalmen zu Jeremia. Diss. gr. 8. (37 S.) Göttingen 901. (Vandenhoeck & Ruprecht.) n. — 80

Thayer, John

Thayer, J., (Prediger,) Bericht üb. seine Bekehrung zur kathol. Religion, von ihm selbst geschrieben; aus d. Französ. von A. Räß u. N. Weis. gr. 8. Mainz 822. Müller. 8 gl.

— Nachricht von seiner Bekehrung als ehemal. protestant. Wortsdiener zu Boston in Nordamerika. 8. Augsb. 780. M. Rieger. (Al. Eurisch). 3 gl.

THAYER, John 1758 - 1815
Nachricht von der Bekehrung des Herrn Johann Thayer, vormaligen protestantischen Wortsdieners zu Boston in Nordamerika, der sich zur katholischen Religion in Rom bekehret hat, den 25. May 1783. Von ihm selbst geschrieben. Nebst einem Schreiben an seinen Bruder, zur Beantwortung einiger Einwendungen wider die Kirche, in die er eingetreten ist, und einem andern Briefe ...
Aus dem Französischen.
Wien: Ghelen. 1788. 82 S. 8°.
British Museum London
Übers. v. Relation de la Conversion, Paris 1788.
Weitere dt. Ausg. 1789 [unselbständig] u. 1790, s. Nr. 484,528.
Lat. Ausg. 1794, s. Nr. 675.

THAYER, John 1758 - 1815
Nachricht von der Bekehrung des Herrn Johann Thayer, vormaligen protestantische Wortdieners zu Boston in Nordamerika, der sich zur katholischen Religion in Rom bekehret hat, den 25 May 1783. Von ihm selbst geschrieben. Nebst einem Schreib an seinen Bruder ...
Aus dem Französischen.
Ofen: Landerin. 1790. 95 S. 8°.
Massachusetts Historical Society Library Boston
Übers. v. Relation de la Conversion, Paris 1788.
Weitere dt. Ausg. 1788 u. 1789 [unselbständig], s. Nr. 472,484.
Lat. Ausg. 1794, s. Nr. 675.
Sabin 95250. Baginsky 1047. Palmer.

THAYER, John 1758 - 1815
Narratio conversionis Ioannis Thayer olim ministri protestantis Bostonii in urbe Americae septentrionalis, ab ipso scripta, postquam religionem catholicam amplexus fuisset, Romae 25a die maii 1783. Huic narrationi adiuncta est, tum Epistola ad fratrem eius ab ipso scripta ...
Münster. 1794. 56 S. 8°.
Boston Public Library
Übers. v. Relation de la Conversion.
Dt. Ausg. 1788, 1789 [unselbständig] u. 1790, s. Nr. 472,484,528.
Sabin 95251.

Thayer, William M., Abraham Lincolns Leben. Autoris. Uebers. aus dem Engl. v. Auguste Daniel. gr. 8. (V, 315 S.) Gotha 886. F. A. Perthes. geb. n. 7. —

Thayer, William M., Abraham Lincolns Leben. Autor. Uebersetzg. aus d. Engl. v. Auguste Daniel. 2. [Titel-] Aufl. gr. 8. (V, 315 S.) Gotha (886) 897. F. A. Perthes. n. 4. —; geb. in Leinw. n. 5. —

Thayer, Will. M., von der Blockhütte bis zum Weißen Hause. James A. Garfields Leben. Autoris. Übersetzung aus dem Engl. von Auguste Daniel. gr. 8. (VII, 376 S. m. Portr. in Lichtdr.) Gotha 882. F. A. Perthes. geb. n. 7. —

Thaysen, Lütje [app. Arzt von Sylt]: Aus d. med. Klinik zu Kiel. Statistik der Diphtheritisfälle auf der medizinischen Klinik zu Kiel in den Jahren 1879 88. . . . Kiel, Druck d. „Nord-Ostsee-Zeitung", 1889; 36 S. + 2 Bl. 8°
Kiel, Med. Fak., Inaug.-Diss. v. 8. Aug. 1889

Thaysen, L., Statistik d. Diphtheritisfälle aus der medizinischen Klinik zu Kiel in den J. 1879—88. Inaug.-Diss. gr. 8. (36 S.) Kiel 889. (Lipsius & Tischer.) n. 1. —

Die Generalgarantie der Ostpreußischen Landschaft. Von Ger. Ass. Dr. Thayssen in Berlin. Berlin: Vahlen 1909. 21 S. 8°
Aus: Beiträge z. Erläuterung d. deutschen Rechts. Jg. 53.

Thayssen, Fritz, a. Berlin, Referendar: Condictio und Bereicherungsanspruch ⟨Ein Beitrag zur Lehre von der ungerechtfertigten Bereicherung in der Form der Interpretation von L. 2 D. de condictione sine causa 12,7 und Beurteilung ihres Tatbestandes nach Bürgerlichem Gesetzbuch⟩. Berlin 1905: E. Günther. (52 S.) 8°
Göttingen, Jur. Fak., Ref. Detmold, Diss. v. 14. Aug. 1905
[Geb. 2. Okt. 83 Berlin; Heimatsort: Berlin; Staatsangeh.: Preußen; Vorbildung: Friedrich-Wilhelms-Gymn. Berlin Reife O. 02; Studium: Göttingen 3, Berlin 3 S.; Rig. 21. Juli 05.]

Thayssen, Hans, Referendar: **Das Wohnungsrecht des Bürgerlichen Gesetzbuches ⟨§ 1093⟩.** Göttingen 1906: Dieterich. (49 S.) 8°
Göttingen, Jur. Fak., Ref. Merkel, Diss. v. 9. März 1906
[Geb. 1. April 81 Berlin; Wohnort: Berlin; Staatsangeh.: Preußen; Vorbildung: Friedr.-Wilh.-Gymn. Berlin Reife O. 99; Studium: Göttingen 3, Berlin 4 S.; Rig. 18. Jan. 06.]

The Lord is at hand etc, s. Der Herr ist nahe.

Theaetetpapyros. 19 Lichtdr.-Taf. Hrsg. v. der Generalverwaltg. der königl. Museen. gr. Fol. Berlin 905. Weidmann. n.n. 20. —

Theagenes, histoire grecque, par le Roi de Lozembrune. 8. Vienne, Gräffer. 779.

Theagenes; aus d. Französ. (der Demoiselle Gallien, v. Jh. Gph. Schmid l.) 8. Leipz. 816. Göschen. 6 gr.

— u. Chariklea; e. äthiopische Gesch. in 10 Büchern, aus d. Griech. d. Heliodor, übers. v. J. N. Meinhard. 2 Thle. 8. Lpz. Dyk. 767.
Druckpap.

Théallier, ..., der Gebärmutter-Krebs, s. **Téallier.**

Theano's Briefe u. Sittensprüche; griechisch, mit Wielands Uebersetzung u. e. griech.-deutsch. Vortrag, (v. H. A. Grimm). 8. Duisb. u. Leipz. 791. (Meyer in Lemgo). 6 gr.

Theano's Briefe u. Sittensprüche. Griechisch u. Deutsch von Wieland, mit einem Wortregister von H. A. Grimm. Lemgo 792. 8. 6 gr.
Am besten stehen ihre Briefe und die übrigen Fragmente in Wolf's Sammlung der prosaischen Fragm. Griech. Weiber.

Theanthropos. Eine Reihe von Aphorismen. Zürich 1838. V: *Feuerbach, Friedrich.* (BrMm)

Theanthropos. Eine Reihe von Aphorismen. 16. (14¼ B.) Zürich 838, Füßli u. Comp.

Theater, Das. Ein mehrmalen, von dem berühmten Sigr. Carlo Goldoni verfertigt, besonders sinnreich-Comische Stück, aus dem Italienischen übersetzt ... Wien 1764. V: *Salazar, Josef Anton de.* (A. Tulla, Kleine Bausteine z. Bibliogr. d. Wr. dtsch. Theaters. In: Zeitschr. f. Büch. 1919/20, S. 87)

— v. J. G. Dyk. 7 Bde. 8. Lpz. Dyk. (1r—6r Bd. à 22 gr. 7r 1 Rthlr.)

— von Regina **Frohberg.** 2 Bände. 8. Wiesbaden, Schellenberg. 817. 818.
(Ist auch einzeln unter folgenden Titeln zu haben: 1s Bändchen: Onkel und Neffe, Lustspiel — so bezahlt man seine Schulden, Lustspiel — der Geschäftige, Lustspiel — 2s Bändchen: das unvermuthete Zusammentreffen, Lustspiel — Alter und Jugend, Lustspiel — Rosalie, oder sie besinnt sich anders, Lustspiel.)

— von Franz v. **Holbein.** 1r Bd. gr. 8. Rudolst. Hofbuchh. 811.
Enth. 1) Fridolin, Schausp. in 5 Aufz. 16 gr. 2) der Brautschmuck, Originalschausp. in 5 Aufz. 16 gr. 3) der Verstorbene, ein romant. Gemälde in 3 Aufz. 8 gr. 4) der Verräther, Lustsp. in 1 Akt. 6 gr.

— — dass. 2r Bd. gr. 8. Ebend. 812.
Enth. 1) Leonidas, dramat. Gedicht in 5 Aufz. 18 gr. 2) Mirina, Königin der Amazonen, in 3 Aufz. 9 gr. 3) die beiden Blinden, Oper in 3 Aufz. 12 gr. 4) das Wiedersehen, ein ländl. Gemälde in 1 Aufz. 6 gr.

— v. Aug. **Klingemann.** 1r Bd. (enth. Heinrich d. Löwe, Trauersp. u. Luther, Schausp.) gr. 8. Tübing. Cotta. 808.

— von Aug. **Klingemann.** 2r. (Enth. Leisewitz Todtenopfer. Cromwell. Die Entdeckung der neuen Welt. Columbus.) gr. 8. Tübing. u. Stuttgart, Cotta. 812.

— von Aug. **Klingemann.** 3r Bd. (enthält: Alfonso der Große — das Vehmgericht — Oedipus und Jokasta.) gr. 8. Tübingen, Cotta. 820.

Theater v. H. **Meyer.** 1r Bd. (ein Abentheuer d. Königs Stanislaus, Lustsp. in 3 Aufzügen. — der Brief und das Armband, Lustspiel in 1 Aufzuge. — die beyden Schwiegersöhne. Familiengemälde in 4 Aufzügen.) 8. Hamburg, Herold. 820.

— von M. **Scribe** u. dess. Mitarbeitern. In ein. Auswahl d. Besten. A. d. Franz. 1—3. Bdchn. 16. Berlin, Ende.
A. u. d. Tteln.:
Bdchn. 1. Vorher, Während u. Nachher. Histor. Schausp. in 3 Akt. Von Scribe u. Rougemont. Uebers. v. Th. Mügge. (10 B.) 837. 8 Gr.
" 2. Erste Liebe, od. d. Erinnerungen aus d. Kindheit. Vaudev. in 1 Akt. Von M. Scribe. Uebers. v. Th. Naphtali. (5½ B.) 837. 4 Gr.
" 3. Eine fixe Idee. Komödie in 1 Akt. Von Scribe u. Paul Duport. Uebers. v. L. Buhl. (5¼ B.) 838. 4 Gr.

— von Adolph **Wagner**, enth.: 1) Umwege. 2) Liebesnetze. 3) Ein Augenblick. 4) Hinterlist. 12. Leipzig, Brockhaus. 816.

Theater, das. Wochenschrift f. dramat. Kunst u. Litteratur, Bühnenwesen u. Musik. Red.: Max Schlesinger. 1. Jahrg. Apr.—Dezbr. 1891, u. 2. Jahrg. Januar—August 1892. à 39 Nrn. (à 2—3 Bog. m. 1 Bildnis.) Fol. Berlin, Kühling & Güttner. à Jahrg. n. 6. —
Wurde am 1. August 1892 mit der „Allgem. Theater-Revue" vereinigt.

Theater, das. Illustrierte Halbmonatsschrift. Red.: Christian Morgenstern. 1. Jahrg. Oktbr. 1903—Septbr. 1904. 20 Hefte. (VIII, 200 S. m. 61 Abb.) 8. Berlin, B. Cassirer. Geb. n. 3.50

— dasselbe. Blätter f. neuere Bestrebgn. der Bühne. Red.: Christian Morgenstern. 2. Jahrg. Oktbr. 1904—Septbr. 1905. (VIII, 132 S. m. 65 Abbildgn.) gr. 8. Ebd.
Erscheint nicht mehr. Geb. n. 2.50

Vom Theater. Ein Halbjahrsbuch. (Folge) 1. Berlin: Bühne & Brettl 1904. 8° [od. 1931]

— das. (Eine Sammlg. v. Monographieen.) Hrsg. v. Carl Hagemann. (Mit Buchschmuck geziert v. E. M. Lilien.) 1.—17. Bd. kl. 8. Berlin, Schuster & Loeffler. Kart. à n. 1. 50; geb. in Ldr. à n. 2. 50
David, J. J., Mitterwurzer. 2. Taus. (76 S. m. 8 Taf.) (905.) (Bd. 13.)
Ewers, Hanns Heinz, das Cabaret. (70 S. m. 12 Taf.) (904.) (Bd. 11.)
Fuchs, Geo., die Schaubühne der Zukunft. (108 S. m. 5 Taf.) (905.) (Bd. 15.)
Glasenapp, C. Fr., Siegfried Wagner. (79 S. m. 8. Taf.) (906.) (Bd. 16.)
Golther, Wolfg., Bayreuth. 2. Taus. (94 S. m. 11 Taf.) (904.) (Bd. 2.)
Gregori, Ferd., Josef Kainz. 2. Taus. (74 S. m. 7 Taf.) (904.) (Bd. 3.)
Grube, Karl, die Meininger. (75 S. m. 8 Taf. u. 1 Fksm.) (904.) (Bd. 9.)
Hagemann, Carl, Aufgaben des modernen Theaters. (100 S.) (906.) (Bd. 17.)
— Wilhelmine Schroeder-Devrient. 2. Taus. (85 S. m. 7 Taf. u. 1 Fksm.) (904.) (Bd. 7.)
Litzmann, Berth., der grosse Schröder. 2. Taus. (76 S. m. 5 Taf. u. 2 Fksms.) (904.) (Bd. 1.)
Lothar, Rud., Sonnenthal. (57 S. m. 8 Taf. u. 1 Fksm.) (904.) (Bd. 8.)
— das Wiener Burgtheater. 2. Taus. (76 S. m. 10 Taf.) (904.) (Bd. 5.)
Moeller van den Bruck, das Théâtre français. (81 S. m. 9 Taf.) (905.) (Bd. 14.)
Regener, Edg. Alfr., Iffland. (80 S. m. 7 Taf. u. 2 Fksms.) (904.) (Bd. 10.)
Stein, Philipp, Goethe als Theaterleiter. 2. Taus. (79 S. m. 9 Taf. u. 1 Fksm.) (904.) (Bd. 12.)
— Adalbert Matkowsky. 2. Taus. (75 S. m. 7 Taf.) (904.) (Bd. 6.)
Sternfeld, Rich., Albert Niemann. 2. Taus. (91 S. m. 6 Taf. u. 1 Fksm.) (904.) (Bd. 4.)

Theater, das. Schriftleitung: Herwarth Walden u. später: Erich Köhrer. 1. u. 2. Jahrg. Septbr. 1909—Aug. 1911. à 24 Hefte. (à ca. 24 S. m. Abb.) 34,5×27 cm. Wilmersdorf, „Das Theater". à Jahrg. 20.—; viertelj. 5.50; 1. Jahrg. geb. 27.—; erm. Pr. 15.—

— dasselbe. 1. u. 2. Sonderheft. 34×27 cm. Ebd. à 1.—
1. (24 S. m. Abb.) 909.
2. Josef Kainz. (24 S. m. Abbildgn. u. 2 Taf.) (909.)

Theater, Das, zu Abdera. Berlin und Liebau 1787—88. V: *Schink, Johann Friedrich.* (GGr)

Theater, d., zu Abdera, v. J. Fr. Schink. 2 Thle. 8. Berl. (Friedrich in Liebau.) 787—89. (1r 1 Rthlr. 2r 1 Rthlr. 4 gr.)

Theater, alt-englisches; oder Supplemente zum Shakespeare. Uebersetzt u. herausg. v. Lud. Tiek. 2 Bde. 8. Berl. Realschulbuchh. 811.
Velinp.

Theater, altenglisches, oder Supplemente zum Shakspeare, übersetzt u. herausg. von Ldw. Tieck. (Inh.: 1r Bd. König Johann v. England. — Georg Green. — Der Flurschütz v. Wackefield. — Pericles, Fürst zu Tyrus. — 2r Bd. Lokrine. — Der Lustige v. Edmonton. — Das alte Schauspiel vom König Lear u. seinen Kindern.) 8. Berl. 811. Reimer. 3 ß 16 gr.

Theater, altenglisches. Hrsg. von Rob. Prölß. 2 Bde. 8. Leipzig 881. Bibliograph. Institut. geb. n. 6.—
1. Kyd, Spanische Tragödie. — Marlowe, Eduard II. — Webster, der weiße Teufel. (457 S.)
2. Ford, Perkin Warbeck. — Massinger, der Großherzog von Florenz. (274 S.)

—— dass. — s. Bibliothek ausländischer Klassiker.

Theater der Ausländer. Verdeutschungen. Gotha 1779—81. Ü: *Reichard, Heinr. Aug. Ottocar.* (Ky)

— der Ausländer. Verdeutschungen (von H. A. O. Reichard). 3 Bde. 8. Gotha 779—81. Ettinger. 2 ß 12 gr.

Theater der Ausländer, übersetzt ins Ungarische von Gab. v. Döbrentei. 1r Theil enthält A vétek Sulya (die Schuld, von A. Müllner.) 12. Kaschau, Wigand. 821.

— d. Ausländer, ins Ungarische übersetzt von G. v. Döbrentei. 1r Bd.: (Die Schuld, von A. Müllner. 2r Bd.: Der Geizige, von Moliere). Mit 2 Kpf. 12. Kaschau 822. Wigand. 2 ß

Theater, das, des Auslandes. In Bearbeitungen von W. Friedrich. 1—48. Lfg. Lex.-8. Hamburg 847—52, Verlags-Comptoir. [1—12., 14—18., 20. und 22—48. Lfg. à 5 Ngr., 13. Lfg. 10 Ngr. und 19. und 21. Lfg. à 6 Ngr.]

Theater, das, des Auslandes. 1—48. Lfg. ꝛc.
Inhalt:
Lfg. 1. Ein Stündchen in der Schule, Vaudeville-Posse in 1 Act, nach Lockroy. (16 S.) 1. und 2. Aufl.
" 2. Der Weg durchs Fenster, Lustspiel in 1 Act, nach Scribe. (16 S.)
" 3. Wer ißt mit? Vaudeville-Posse in 1 Act, nach Désaugiers. (10 S.) 1. und 2. Aufl.
" 4. Fräulein-Gattin, Lustspiel in 1 Akt, nach Lefranc. (16 S.)
" 5. Nur Hindernisse! Schwank in 1 Act, nach Brisebarre. (16 S.)
" 6. Die Häßliche. Schwank nach Dumanoir. (16 S.)
" 7. Der Nachbar im Omnibus. Schwank nach Dugard. (16 S.)

— dass. 8. Lfg. (1. Bd. 8. Hft.) Die Schauspielerin. Lustspiel nach Fournier. gr. 8. (18 S.) Ebd. 847. 1/6 ß

— dass. 9. Lfg. (1. Bd. 9. Hft.) Dornen u. Lorbeer. Drama nach C. Lafont. gr. 8. (22 S.) Ebd. 847. 1/6 ß

— dass. 10. Lfg. (1. Bd. 10. Hft.) Die Gefangenen der Czaarin. Lustspiel, frei nach Bayard. gr. 8. (22 S.) Ebd. 847. 1/6 ß

— dass. 11. Lfg. [1. Bd. 11. Hft.] Lorenz u. seine Schwester. [Fortsetzung von: „Das Hausgesinde".] Vaudeville-Burleske in 1 Aufzuge. Frei nach d. Franz. gr. 8. (18 S.) Ebd. 848. — 2. Aufl. gr. 8. (16 S.) Ebd. 852. 1/6 ß

— dass. 12. Lfg. [1. Bd. 12. Hft.] Die Blutrache. Posse nach Dumanoir. gr. 8. (17 S.) Ebd. 852. 1/6 ß (1. Bd. 12 Hfte. 2 ß)

— dass. 13. Lfg. [2. Bd. 1. Hft.] Die Töchter Lucifer's. Zauberspiel, mit theilweiser Benutzung eines vorhandenen Stoffes bearbeitet. gr. 8. (40 S.) Ebd. 849. 1/3 ß

— dass. 14. Lfg. [2. Bd. 2. Hft.] Die weibliche Schildwache. Vaudeville nach Lemoine. gr. 8. (S. 41—60.) Ebd. 849. 1/6 ß

— dass. 15. Lfg. [2. Bd. 3. Hft.] Doctor Robin. Lustspiel nach d. Franz. des Premarey. gr. 8. (S. 61—76.) Ebd. 849. 1/6 ß

— dass. 16. Lfg. [2. Bd. 4. Hft.] Der Confusionsrath. Posse nach Bayard's „l'étourneau". gr. 8. (S. 77—98.) Ebd. 849. 1/6 ß

— dass. 17. Lfg. [2. Bd. 5. Hft.] Ein unbekannter Beschützer. Lustspiel nach Scribe. gr. 8. (S. 99—118.) Ebd. 850. 1/6 ß

— dass. 18. Lfg. [2. Bd. 6. Hft.] Reich an Liebe. Posse frei nach d. Franz. gr. 8. (S. 119—132.) Ebd. 850. 1/6 ß

— dass. 19. Lfg. [2. Bd. 7. Hft.] Herr Dunst. Vaudeville mit Gesang, frei nach Duvert. gr. 8. (S. 133—160.) Ebd. 850. 6 ngr

— dass. 20. Lfg. [2. Bd. 8. Hft.] Die Memoiren zweier Neuvermählten. Lustspiel, nach Clairville. gr. 8. (S. 161—174.) Ebd. 850. 1/6 Thlr.

— dass. 21. Lfg. [2. Bd. 9. Hft.] Oscar oder der ungetreue Gatte. Lustspiel frei nach Scribe. gr. 8. (S. 175—202.) Ebd. 850. 6 Ngr.

— dass. 22. Lfg. [2. Bd. 10. Hft.] Zwei Herren u. ein Diener. Vaudeville-Burleske, nach Goldoni u. Varin. gr. 8. (S. 203—222.) Ebd. 850. 1/6 Thlr.

— dass. 23. Lfg. [2. Bd. 11. Hft.] Das Fräulein vom Hause. Lustspiel, nach Melesville. gr. 8. (S. 223—238.) Ebd. 850. 1/6 Thlr.

— dass. 24. Lfg. [2. Bd. 12. Hft.] Ein Zimmer zu zwei Betten. Burleske-Scene, nach d. Franz. gr. 8. (S. 239—245.) Ebd. 850. 1/6 Thlr. (2. Bd. 12 Hfte. 2 Thlr. 7 Ngr.)

— dass. 25. Lfg. [3. Bd. 1. Hft.] Die Volksvertreter auf Urlaub. Lustspiel in 3 Acten. gr. 8. (S. 1—28.) Ebd. 850. 1/6 Thlr.

— dass. 26. Lfg. [3. Bd. 2. Hft.] Ein weißer Othello. Possenspiel in 1 Acte nach Brisebarre's „Un tigre du Bengale". gr. 8. (S. 29—44.) Ebd. 850. 1/6 Thlr.

— dass. 27. Lfg. [3. Bd. 3. Hft.] Der Findling. Ländliches Gemälde in 3 Acten, von George Sand. gr. 8. (S. 45—74.) Ebd. 850. 1/6 Thlr.

— dass. 28. Lfg. [3. Bd. 4. Hft.] Die Dorf-Communisten. Vaudeville-Scherz in 1 Acte nach Clairville. gr. 8. (S. 75—86.) Ebd. 850. 1/6 Thlr.

— dass. 29. Lfg. [3. Bd. 5. Hft.] Der persische Shawl. Scherzspiel in 1 Acte, von Alex. Dumas. gr. 8. (S. 87—100.) Ebd. 850. 1/6 Thlr.

— dass. 30. Lfg. [3. Bd. 6. Hft.] Gänschen von Buchenau. Lustspiel in 1 Aufzuge, nach Bayard. gr. 8. (19 S.) Ebd. 851. 1/6 Thlr.

— dass. 31. Lfg. [3. Bd. 7. Hft.] Ein Roman zwischen Eheleuten oder: Ein Brief zu viel. Lustspiel in 1 Acte. Nach dem Franz. gr. 8. (19 S.) Ebd. 851. 1/6 Thlr.

— dass. 32. Lfg. [3. Bd. 8. Hft.] Prätendent u. Protector. Lustspiel in 1 Aufzuge, nach Bayard. gr. 8. (16 S.) Ebd. 851. 1/6 Thlr.

— dass. 33. Lfg. [3. Bd. 9. Hft.] Räuberanführer. Posse in 2 Aufzügen, nach Duvert. gr. 8. (22 S.) Ebd. 851. 1/6 Thlr.

Theater, das, des Auslandes. In Bearbeitungen v. W. Friedrich. 34. Lfg. [3. Bd. 10. Hft.] Zart u. grob. Lustspiel in 2 Abtheilgn., nach George Sand u. Lemoine. gr. 8. (24 S.) Hamburg 852, Verlags-Comptoir. 1/6 Thlr.

— dass. 35. Lfg. [3. Bd. 11. Hft.] Margarethen's Lieblingsfarben. Lustspiel in 2 Aufzügen, nach Bayard. gr. 8. (25 S.) Ebd. 852. 1/6 Thlr.

— dass. 36. Lfg. [3. Bd. 12. Hft.] Zohrab, der Zigeunerhäuptling. Liederspiel in 2 Aufzügen, [nach einer Chronik des 15. Jahrh.] von Beyrat. gr. 8. (18 S.) Ebd. 852. 1/6 Thlr. (3. Bd. 12 Hfte. 2 Thlr.)

— dass. 37. Lfg. [4. Bd. 1. Hft.] Ueberraschungen. Lustspiel in 1 Aufzuge nach Scribe. gr. 8. (18 S.) Ebd. 852. 1/6 Thlr.

— dass. 38. Lfg. [4. Bd. 2. Hft.] Drei Farben. Lustspiel in 3 Aufzügen, nach Desnoyer. gr. 8. (24 S.) Ebd. 852. 1/6 Thlr.

— dass. 39. Lfg. [4. Bd. 3. Hft.] Der Spielzeughändler. Vaudeville-Schauspiel in 1 Aufzuge, nach d. Franz. des Melesville. gr. 8. (19 S.) Ebd. 852. 1/6 Thlr.

— dass. 40. Lfg. [4. Bd. 4. Hft.] Drei Feen. Lustspiel in 2 Akten frei nach Bayard. gr. 8. (23 S.) Ebd. 852. 1/6 Thlr.

— dass. 41. Lfg. [4. Bd. 5. Hft.] Börsenspeculationen. Dramatische Kleinigkeit in 1 Aufzuge, nach A. de Musset's: „Un caprice." gr. 8. (16 S.) Ebd. 852. 1/6 Thlr.

— dass. 42. Lfg. [4. Bd. 6. Hft.] Jacquardt, der Menschenfreund. Charaktergemälde in 2 Aufzügen, von Fournier. gr. 8. (22 S.) Ebd. 852. 1/6 Thlr.

— dass. 43. Lfg. [4. Bd. 7. Hft.] Alles für meinen Sohn. Lustspiel in 2 Aufzügen. Nach Bayard. gr. 8. (22 S.) Ebd. 852. 1/6 Thlr.

— dass. 44. Lfg. [4. Bd. 8. Hft.] Die Frau mit dem Stelzfuße. Schwank in 1 Aufzuge. Nach Lubize. gr. 8. (16 S.) Ebd. 852. 1/6 Thlr.

— dass. 45. Lfg. [4. Bd. 9. Hft.] Guten Morgen, Herr Fischer. Vaudeville-Burleske in 1 Act. Nach Lockroy. Musik componirt u. arrangirt von Ed. Stiegmann. Mit 1 (lith. u.) color. Titelbilde. gr. 8. (20 S.) Ebd. 852. 1/4 Thlr.

— dass. 46. Lfg. [4. Bd. 10. Hft.] Mit einander aufgewachsen. Schwank in 1 Aufzuge. Nach Fournier. gr. 8. (18 S.) Ebd. 852. 1/6 Thlr.

— dass. 47. Lfg. [4. Bd. 11. Hft.] Mariette u. Jeannetton, oder: Die Heirath vor der Trommel. Vaudeville in 3 Acten. Nach Alex. Dumas frei bearb. gr. 8. (32 S.) Ebd. 852. 1/6 Thlr.

— dass. 48. Lfg. [4. Bd. 12. Hft.] Hans u. Hanne. Ländliches Gemälde mit Gesang in 1 Aufzuge. Nach Lopez. Musik arrangirt von Stiegmann. gr. 8. (12 S.) Ebd. 852. 1/6 Thlr. (4. Bd. 12 Hfte. $2^1/_{12}$ Thlr. 1—4. Bd. 8 Thlr. $9^1/_2$ Ngr.)

Theater, das, des Auslandes in Bearbeitungen von W. Friedrich und Andern. (Den Bühnen gegenüber als Mscr. gedr.) 49—56. Lfg. (5. Bd. 1—8. Heft.) Lex.-8. Hamburg 855, Verlags-Comptoir.

Inhalt:

Lfg. 49. Der Puff, oder Schein und Wahrheit. Lustspiel in 5 Aufzügen, von Scribe, übers. von W. Friedrich. (II und 42 S.) 10 Ngr.

" 50. Der Corporal. Posse in 2 Acten nach Kosler. Von W. Friedrich. (23 S.) 5 Ngr.

" 51. Die zerbrochne Tasse. Lustspiel in 1 Aufzuge, nach Vermond, von W. Friedrich. (16 S.) 5 Ngr.

" 52. Eine Parthie Piquet. Lustspiel in 1 Act, nach Fournier und Meyer. (II und 12 S.) 5 Ngr.

" 53. Romulus. Lustspiel in 1 Aufzuge, nach Alex. Dumas. (18 S.) 5 Ngr.

" 54. Weiße Haare — junges Herz. Lustspiel in 1 Act, nach Henry Murger. (II und 12 S.) 5 Ngr.

" 55. Nur ein Silbergroschen. Schwank in 1 Acte. Frei nach Clairville. (11 S.) 5 Ngr.

" 56. Des Uhrmachers Hut. Lustspiel in 1 Acte. Nach Emile de Girardin. (15 S.) 5 Ngr.

—— dass. — 57—66. Lfg. (5. Bd. 9—12. Heft. und 6. Bd. 1—6. Heft.) Lex.-8. Ebds. 856. à Lfg. 5 Ngr.

Inhalt:

Lfg. 57. „Mördergrube!" Vaudeville-Posse in 1 Acte. Frei nach Clairville von Reinold. (15 S.)
- 58. Drunter und Drüber. Posse in 1 Aufzuge. Nach dem Engl. von Reinold. (11 S.)
- 59. Die Fee des Merlinsquell. Lustspiel in 1 Acte. Nach Octave Feuillet von Reinold. (15 S.)
- 60. Der Ball des Gefangenen. Lustspiel in 1 Aufzuge. Nach dem Französ. von B. A. Herrmann. (15 S.)
- 61. Der Kammerdiener. Lustspiel in 1 Aufzuge. Nach Scribe bearb. von Th. Gaßmann. (17 S.)
- 62. Das Rebhuhn, oder ich heirathe meine Frau! Nach dem Französ. von Albert Ellmenreich. (20 S.)
- 63. Plauderstunden. Lustspiel in 1 Acte. Frei bearb. von Th. Gaßmann. (12 S.)
- 64. Ein unglücklicher Liebhaber. Lustspiel in 2 Akten. Nach Arnould und Bailly von Albert Ellmenreich. (26 S.)
- 65. Eine Liebe mit Dampf. Schwank in 1 Act. Frei nach dem Französ. von Bernard. (13 S.)
- 66. Mein Mann geht aus! Lustspiel in 2 Aufzügen. Frei nach Scribe von Heinr. Börnstein. (28 S.)

Lfg. 1—48. Ebendas. 1847—52. 8 Thlr. 7 Ngr.

Theater, das, des Auslandes in Bearbeitungen von W. Friedrich und Andern. (Den Bühnen gegenüber als Mscr. gedr.) 67—96. Lfg. (6. Bd. 7—12. Heft und 7. und 8. Bd. à 12 Hefte. Lex.-8. Hamburg 858—59, Verlags-Comptoir. à Lfg. 5 Ngr.

Inhalt:

Lfg. 67. Decourcelle und Berrioux, Mamsell Rosa, oder die Rückkehr aus der Stadt. Liederspiel in 1 Aufzuge. Von G. Starke. Musik von Ed. Stiegmann. (12 S.)
- 68. Lefranc, Homöopathisch. Lustspiel in 1 Aufzuge. Frei bearb. von Th. Gaßmann. (18 S.)
- 69. Bernhard, der erste Kranke. Lustspiel in 1 Aufzuge. Frei nach dem Französ. (16 S.)
- 70. Moltke, Großmütterchen, oder: Ein vortreffliches Herz. Lustspiel in 1 Aufzuge. Frei nach dem Französ. (16 S.)
- 71. Scribe, der Malteser. Drama in 1 Acte. Nach dem Französ. frei bearb. von Charlotte v. B. (18 S.)
- 72. Feuillet, Octave, ein alter Junggeselle. Lebensbild in 2 Aufzügen. (20 S.)
- 73. Starke, G., er hat seine Handschuhe vergessen! Schwank in 1 Acte. Nach dem Französ. (14 S.)
- 74. Feuillet, Octave, ein weißes Haar. Dramatische Kleinigkeit in 1 Acte. Frei (bearb.) von Th. Gaßmann. (11 S.)
- 75. Die glücklichen Eifersüchtigen. Dramatische Kleinigkeit in 1 Acte. Nach dem Italien. (9 S.)
- 76. Meixner, C., die Maskerade im Dachstübchen. Schwank in 1 Acte. Frei bearb. (23 S.)
- 77. Varin und Laurencin, vor Thorschluß. Lustspiel in 1 Acte. Von G. Kettel. (20 S.)
- 78. Gaßmann, Th., der kleine Rekrut. Liederspiel in 1 Aufzuge. Nach einem französ. Plane. Musik von E. Stiegmann. (15 S.)
- 79. Brinck, Ed., die Wunder des Magnetismus. Posse in 1 Acte. (34 S.)
- 80. Bernard, Studentenstreiche, oder der 29. Februar. Schwank in 1 Acte. Frei bearb. (14 S.)
- 81. Görner, C. A., Weiberthränen wirken! Lustspiel in 1 Aufzuge. Frei nach dem Französ. (18 S.)
- 82. —— ein Toiletten-Geschichtchen. Lustspiel in 1 Acte. Frei nach dem Französ. (18 S.)
- 83. —— der — am Nagel. Schwank in 1 Aufzuge. Frei nach dem Französ. (18 S.)
- 84. —— er bringt seine Tante durch. Schwank in 1 Aufzuge. Frei nach dem Französ. (17 S.)
- 85. —— das Ohrläppchen. Lustspiel in 1 Aufzuge. Frei nach dem Französ. (18 S.)
- 86. —— ein Schwiegersohn unter Aufsicht. Schwank in 1 Aufzuge. Frei nach dem Französ. (16 S.)
- 87. —— ein kleiner Commis-Witz. Posse in 1 Aufzuge. Frei nach dem Französ. (17 S.)
- 88. —— Pomponettchen und Pompadour. Lustspiel in 1 Aufzuge. Frei dem Französ. (18 S.)
- 89. —— Gräfin Höckerchen. Lustspiel in 1 Aufzuge. Aus dem Französ. (la Bossue). (19 S.)
- 90. —— der Türke Neumann. Fastnachts-Schwank in 1 Aufzuge. Frei nach dem Französ. (18 S.)
- 91. —— die Heirath durch einen Hut. Schwank in 1 Aufzuge. Nach dem Französ. (11 S.)
- 92. —— meine Nichte und mein Bär. Posse in 3 Aufzügen. Nach dem Französ. (25 S.)
- 93. —— eine Räubergeschichte. Schwank in 1 Aufzuge. Nach dem Französ. (17 S.)
- 94. Ein Haus-Kreuz. Lustspiel in 1 Aufzuge. Frei nach dem Französ. von Fr. (17 S.)
- 95. Görner, C. A., er macht eine Wasserfahrt. Lustspiel in 1 Aufzuge. Nach dem Französ. (17 S.)
- 96. August, die Wittwe von zwanzig Jahren. Lustspiel mit Gesang in 1 Aufzuge. Frei nach dem Französ. (14 S.)

1—66. Lfg. Ebendas. 1847—55. 11 Thlr. 12 Ngr.

Theater, das, des Auslandes in Bearbeitung von W. Friedrich. (Den Bühnen gegenüber als Mscr. gedr.) 97.—115. Lfg. Lex.-8. Hamburg 862—67. [Berlin, Lassar's Buchh.] à Lfg.
Erhöhter Preis à Lfg. *

Inhalt:

Lfg. 97. Starke, Geo., der Universal-Erbe. Lustspiel mit Couplets in 2 Aufzügen mit freier Benutzung eines französ. Stoffes. Musik von Ed. Stiegmann. 2. Aufl. (22 S.)
- 98. Herrmann, B. A., am Kamin. Lustspiel in 1 Akt. (9 S.)
- 99. Gaßmann, Th., zur Miethe bei'm Bedienten. Vaudeville-Posse in 1 Akt. Frei bearb. nach dem Französ. Musik von Stiegmann. (16 S.)
- 100. Hermann, Wilh., Cartouche im Frack. Lustspiel in 1 Akt frei nach dem Französ. (18 S.)
- 101. Nur platonisch. Lustspiel in 1 Akt. Frei nach dem Engl. (16 S.)
- 102. Gefahr im Verzuge. Lustspiel in 2 Aufzügen. Nach dem Französ. (34 S.)
- 103. Böie, H., der Lockvogel. Lustspiel in 1 Akt nach einer französ. Idee. (19 S.)
- 104. Herrmann, B. A., Welche? Lustspiel in 1 Akt. Nach dem Französ. (12 S.)
- 105. Piening, Th., Hund und Katze. Lustspiel in 1 Akt nach dem Französ. (11 S.)
- 106. Friedrich, W., Jean und Lucas. Schwank in 1 Aufzuge. Nach Ryon. (14 S.)
- 107. Der Taube. Lustspiel in 1 Akt nach Desforges. (18 S.)
- 108. Oeffentlichkeit und Mündlichkeit. Schwank in 1 Akt. Nach dem Französ. (12 S.)
- 109. Gaßmann, Th., eine Verirrung. Schauspiel in 3 Akten. Mit Benutzung theils des Girardin'schen, theils des Dumas'schen Drama's „le supplice d'une femme" bearb. (20 S.)
- 110. Herrmann, B. A., eine Berliner Schwiegertochter. Vaudeville-Posse in 1 Akt. Nach dem Französ. (13 S.)
- 111. Gaßmann, Th., Nein! Scherzspiel in 1 Akte. Nach dem Dänischen bearb. (10 S.
- 112. Der Ehestifter. Schwank in 1 Akte. Nach dem Französ. (12 S.)
- 113. Mädchenpfiffe. Genrebild in 1 Akte. Nach einer französ. Idee. (12 S.)
- 114. Julius, L., der Stellvertreter. Lustspiel in 1 Akte, nach dem Französ. (16 S.)
- 115. Görner, C. A., Jettchen am Fenster, oder: Man soll von seinem Nächsten nur das Beste reden. Soloscherz. (15 S.)

Theater, das, des Auslandes in Bearbeitung von W. Friedrich u. A. [Den Bühnen gegenüber Mscr.] 116. und 117. Lfg. gr. 8. Berlin 868, Nolte. [Lassar's Buchh.] à Lfg. (* 50 Pf.) *

Inhalt:

Lfg. 116. Gaßmann, Th., Ich bitte ums Wort! Scherz in 1 Akt. Nach einer französ. Idee. (16 S.)
- 117. Hoffmann, Herm., geheime Liebesbriefe. Lustspiel in 1 Akt. Nach Schücking. (18 S.)

— Berlinisches, f. 1782 Stck. 8. Berlin, Hesse. 783.

— Berlinisches, für 1782. 8. Berl. 783. (Stuhr). 1 Thlr. 8 Gr.

Berner-Theater [in Bern]. Theater-Almanach. Wintersaison 1900—1901. 8 S. 8. [Bern,] Typ. Berner Tagblatt, (1901).

Berner Theater [in Bern]. Theater-Almanach. Winter-Saison 1902—1903. Hrg. von der Souffleuse Klara Rehberg. 7 S. 8. Bern, Typ. Berner Tagblatt.

Theater, Bremer, Zwischenakts- und Conzertzeitung. 8°
Bremen: Expedition 1900.

— d. Britten, a. d. Engl. 2 Bde. 8. Berlin, Himburg. 768—72.

— der Briten. Aus d. Engl. 2 Bde. 8. Berl. 768—72. (Reimer). 1 Thlr. 20 Gr.

Theater, britt., für die Manheimer Schaubühne, s. W. H. von Dalberg.

— Brittisches, f. d. Mannheimer Schaubühne, v. von Dalberg. 1r Bd. 4 Stck. gr. 8. Mannheim, Schwan und G. 786.

Theater, buntes. Ernst v. Wolzogen's offizielles Repertoir. Hrsg. von Karl Frhrn. v. Levetzow. 1. u. 2. Bd. 12. Berlin 902. Bard, Marquardt & Co. Kart. n. 2. 25
1. (119 S.) n. 1. —. — 2. (IV, 113 S.) n. 1. 25.

Theater, Classisches, des Auslandes, s. Theater, Klassisches, des Auslandes

— dänisches, (v. Chr. Hnr. Reichel). 1r Bd. gr. 8. Flensb. 782. (Alt., Hammerich). 1 Thlr.

— Dänisches, 1r Bd. gr. 8. Flensb. Korte, (Röhß, Schleswig.) 782.

— f. d. deutsche, 2 Thle. 8. Leipz. Hilscher. (Compt. für Litt.) 770. 71. -

— für das deutsche, (v. Jh. Chr. Bock). 2 Thle. 8. Leipz. 778, 71. Compt. f. Lit. 20 ₰

— d. Deutsche, in Bildern herausg. v. J. Albrecht. 2 Thle. 8. Leipzig, Liebeskind. 803.

Theater, das deutsche. Illustrirte Zeitg. f. Theater, Musik, Kunst u. Literatur. Hrsg.: G. R. Kruse. 2. Jahrg. 1884. 24 Nrn. (2 B. m. Illustr.) Fol. Berlin, Kruse. n. 12. —

— das deutsche, in Berlin. Unt. Mitarb. v. William Archer, Jul. Bab, Osc. Bie u. a. hrsg. v. Paul Legband. Mit Dekorationsskizzen, szen. Aufnahmen u. zahlr. Porträts. (VI, 120 S.) 8. München 909. G. Müller. 1. 50

— das deutsche, als Erzieher. Von e. Süddeutschen. gr. 8. (48 S.) Leipzig 893. Dresden, C. Reißner. n. — 75

Theater, das deutsche, und seine Zukunft. Von einem Staatsbeamten. gr. 8. (VII, 129 S.) Berlin 876, Hertz. *

Theater, Das deutsche, und seine Zukunft. Von einem Staatsbeamten. Berlin 1879. 2. sehr verm. Aufl. Berlin 1880. V: *Hahn, Ludwig.* (ADB 49, 711) (Kat. der Bibl. des deutschen Reichstages Berl. 1882.)

Theater, das deutsche, und seine Zukunft. Von einem Staatsbeamten. 2. sehr verm. Aufl. gr. 8. (VII, 183 S.) Berlin 880, Hertz. *

— der Deutschen. 18 Bde. gr. 8. Königsb. 765—82. Dengel. 18 ₰ 19r u. 20r Thl., od. neues Theater 1r u. 2r Thl. gr. 8. Ebd. 783. 2 ₰

— der Deutschen. 3 Thle. gr. 8. Frankf. 768. Hermann. 3 ₰

Deutsches Theater. Herausgegeben von Ludewig Tieck. Erster Band. Berlin, 1817. — ... Zweiter Band. ... 1817. 8°.

— deutsches, für das Jahr 1819. Herausgegeben von J. A. Adam. 6 Bände mit 6 Kupf. (Enthält: 1r Band die Verkleideten, von Bülow. — Fabius Urtheil von Weichselbaumer — Wallhaide, von Adam — die Brautschau, von Dorsch. — 2r Band enthält: Andromache, von Junker — der Geist von Hohenkrähen, von Lögler — der Telegraph, von Dorsch — ehrlich währt am längsten, von Adam. — 3r Band enth.: die Waise und der Mörder, von Castelli — der Friedensstörer, von Thienemann — Cromwell, von Weichselbaumer. — 4r Bd. enthält: der Liebe Allgewalt, von Wilhelm — der Donnerschlag, von Dorsch — Scipio und Hannibal vor der Schlacht bey Zama, von Weichselbaumer — die Abendmusik, von Adam. — 5r Bd. enth.: Konrad, Herzog der Franken, von Schmid — die Brüder Philibert, von Thienemann. — 6r Bd. enth.: die Preisaufgabe, von Thienemann — Pyrrhus und Fabricius, von Weichselbaumer — die seltene Verwandtschaft, v. Dorsch — Cincinnatus, v. Weichselbaumer — das Gitter, v. Dorsch. 8. Augsburg, Jenisch-Stage. 819.

— deutsches, von K. Stein. (enthält: die armen Maler, Lustspiel in 1 Aufzuge. — Shakespeare's Bestimmung, Schauspiel in 1 Aufzug. — der Günstling, Schauspiel in 3 Abtheilungen — das Loch in der Thür, Lustspiel in 5 Aufz. 8. Berlin, Stuhr. 819.

— deutsches. Beigabe zu den deutschen Familienblättern. Herausg. von F. Stein. 1. Bd. 18 Nrn. (à 1 Bgn.) Stralsund 864. Stein. 4. 1 ₰

— deutsches. (Den Bühnen gegenüber Mscr.) 1—9., 11—13. Bdchn. Ebend. 865—70. 8. 4 ₰ 12½ ngr.

1. Bdchn. Hahn, Rud., Vettern u. Basen. Schwank in 1 Akt. (29 S.) 7½ ngr.
2. Bdchn. Görner, C. A., die Afrikanerin. Parodirende Posse in 5 Akten. Musik von Leop. Bulenuth. (61 S.) n. 10 ngr.
3. Bdchn. Neumann, Rob., der Kommandant von Spandau. Historisches Schauspiel in 3 Akten u. einem Vorspiel. (63 S.) n. 10 ngr.
4. Bdchn. Görner, C. A., ein geadelter Kaufmann. Orig.-Lebensbild in 5 Aufzügen. (152 S) 1 ₰
5. Bdchn. — der Hahn im Dorfe. Genrebild mit Gesang in 1 Aufzug. Musik von Ed. Stiegmann. (44 S.) 7½ ngr.
6. Bdchn. — eine stille gemüthliche Wohnung. Schwank in 1 Akt. (88 S.) 7½ ngr.
7. Bdchn. Guthery jun., Rob., wenn Wilhelm nicht wär?! Orig.-Posse mit Gesang in 1 Akt. Musik von O. Rosenberg. 8. (29 S.) 7½ ngr.
8. Bdchn. Turn, F., Blaubart. Schauspiel in 2 Akten. Nach dem gleichnam. Roman der Marlitt. (35 S.) 7½ ngr.
9. Bdchn. Julius, Herm., der Musikteufel. Posse mit Musik in 1 Aufzuge. (24 S.) 7½ ngr.
11. Bdchn. Gaßmann, Th., u. J. Krüger, Inspektor Bräsig, Lebensbild in 5 Akten. Nach Fritz Reuters Roman „Ut mine Stromtid" frei bearb. (70 S. mit 1 Chromolith.) 15 ngr.
12. Bdchn. Schreyer, O., das Triumvirat. Historische Episode aus der Schreckenszeit, (Original) in 1 Akt. (20 S.) 7½ ngr.
13. Bdchn. Gaßmann, Th., u. J. Krüger, aus der Franzosenzeit. Zeitbild in 5 Akten. Nach Fritz Reuter's „Ut de Franzosentid" frei bearb. (70 S. mit 1 lith. u. color. Taf.) 15 ngr.

Das 10. Bdchn. ist noch nicht erschienen.

Theater, deutsches. 14—40. Bdchn. 8. Altona 871—76. Verlags-Bureau. n. 52. 25

14. Das Duell od.: Angeführt. Lustspiel in 2 Aufzügen v. Herm. Julius. (30 S.) — 75
15. Die Blumengeister od.: Das Räthsel d. Glücks. Romantisch-kom. Zauberspiel in 3 Akten [6 Tableaux] v. Th. Gaßmann. Musik v. E. Stiegmann. (82 S.) n. 1. —
16. Ein Geheimniß d. Königs. Historisches Orig.-Lustspiel in 4 Aufzügen v. G. de Grahl. Den Bühnen gegenüber Mscr. (58 S.) n. 1. —
17. Kurzsichtig. Lustspiel in 1 Aufzuge v. C. A. Görner. (64 S.) 1. —
18. Nur e. Band. Lustspiel in e. Aufzug v. C. A. Görner. (41 S.) 1. —
19. Erziehung macht den Menschen. Lebensbild [Lustspiel] in 5 Aufzügen m. Benutzg. e. älteren Idee v. C. A. Görner. (155 S.) 3. —
20. Inspektor Bräsig in Berlin. Schwank in vier Bildern. Frei nach Fritz Reuter's „Schurr Murr" v. J. Krüger. (51 S. m. 1 Chromolith.) 1. 50
21. In der elften Stunde. Historisches Lustspiel in 4 Aufzügen v. G. de Grahl. (76 S.) 1. 50
22. Aschenbrödel od. der gläserne Pantoffel. Weihnachts-Komödie m. Gesang u. Tanz. in 6 Bildern (Aufzügen), nach dem gleichnam. Märchen bearb. v. C. A. Görner. Musik v. Stiegmann. (95 S.) 3. —
23. Schneewittchen u. die 7 Zwerge. Weihnachts-Komödie in 5 Aufzügen v. C. A. Görner. Musik von A. Mohr. (66 S.) 3. —
24. Prinzessin Dornröschen. Weihnachts-Komödie m. Gesang u. Tanz in 5 Aufzügen (Bildern) nach dem gleichnam. Märchen bearb. v. C. A. Görner. Musik v. Stiegmann. Mscr. f. Bühnen. (80 S.) n. 3. —
25. Auf dem Wasser. Lustspiel in 1 Aufzuge v. C. A. Görner. Mscr. f. Bühnen. 8. (28 S.) n. 1. —
26. Der Geist der Berge. Weihnachtskomödie in 5 Abthlgn. u. e. Vorspiel v. C. A. Görner. Mscr. f. Bühnen. (115 S.) 3. —
27. Ein Geschäftsfreund. Lustspiel in e. Akt v. G. de Grahl. Mscr. f. Bühnen. (24 S.) — 75
28. Klein Däumling, Rapunzel m. dem langen Haar u. Riquet m. dem Schopf. Weihnachtskomödie in 5 Aufzügen, nach den 3 gleichnam. Märchen bearb. v. C. A. Görner. Musik von Riccius. (124 S.) 3. —
29. Prinzessin Immergrün u. Prinz Eiszapfen. Original-Weihnachtskomödie [Feerie] in 4 Aufzügen m. Gesang u. Tanz v. C. A. Görner. Mscr. f. Bühnen. (109 S. m. Portr. d. Verf. in Holzschn.) 3. —

30. Die Weiber v. Schorndorf. Komische Oper in 4 Acten v. G. de Grahl. Musik v. W. Wetterhan. (63 S.) 1. 50
31. Hamburger Leiden. Localer Schwank in 5 Acten. Von Jul. Stinde. [Bühnen gegenüber Mscr.] (66 S. m. e. Chromolith.) 1. 50
32. Tante Lotte. Plattdeutsches Lustspiel in 1 Aufzuge. Von Jul. Stinde. (22 S.) — 75
33. Drei goldene Aepfel. Weihnachts-Komödie in 4 Aufzügen, m. Gesang u. Tanz, nach e. alten Märchen bearb. v. C. A. Görner. Musik v. . . . . Mscr. f. Bühnen. (104 S.) 3. —
34. Die Nachtigal aus dem Bäckergang. Volksstück in 3 Aufzügen v. Jul. Stinde. [Bühnen gegenüber Mscr.] (58 S.) 1. 50
35. Julia u. Romeo. Ein ganz verkehrtes Faschings-Trauerspiel in 6 Akten u. vielen Verwandlgn. v. Renrög [Görner, C. A.] Den Bühnen gegenüber als Mscr. gedr. (90 S.) 3. —
36. Eine Nachkur. Lustspiel in 1 Aufzug v. C. A. Görner. Mscr. f. Bühnen. (33 S.) 1. 50
37. Nur m. der Artôt! Fastnachts-Schwank m. Gesang in 2 Bildern v. C. A. Görner. Musik v. verschied. Componisten. (45 S.) 1. 50
38. Am Brunnen. Genre-Scene m. Gesang [nach e. Bilde v. J. B. Sonderland.] v. C. A. Görner. Musik v. C. Eberle. Mscr. f. Bühnen. (22 S.) 1. 50
39. Ein billiger Mann. Lustspiel in 4 Aufzügen v. C. A. Görner. (138 S.) 3. —
40. Auf Rosen! oder: Füchse — lauter Füchse. Lustspiel in 4 Aufzügen v. C. A. Görner. (142 S.) 3. —

— deutsches. Hrsg. von C. A. Görner. 41—45. Bdchn. 8. Altona 877. Verlags-Bureau. 12. 75
41. Die Familie Carstens. Genrebild in 1 Aufzuge von Jul. Stinde. (20 S.) — 75
42. Der Rattenfänger von Hameln. Märchen-Komödie mit Gesang in 10 Bildern. Nach „Sprenger's Geschichte u. Ehrichs Chronik der Stadt Hameln" frei bearb. von C. A. Görner. Musik von E. Catenhusen. (107 S.) 3. —
43. In Hamburg u. Bagdad oder der Mann mit der langen Nase. Weihnachts-Zauberposse mit Gesang u. Tanz in 7 Bildern. Nach einem Märchen frei bearb. von C. A. Görner. (96 S.) 3. —
44. Prinz Papagei. Weihnachts-Komödie mit Gesang u. Tanz in 5 Aufzügen. Nach einem Märchen bearb. von C. A. Görner. (87 S.) 3. —
45. Frau Holle, oder das fleißige u. das faule Mädchen. Weihnachts-Komödie. Nach dem gleichnamigen Märchen bearb. von C. A. Görner. Musik von Catenhusen. (102 S.) 3. —

— deutsches. Begründet v. C. A. Görner. 46—48. Bdchn. 8. Hamburg 884. Kramer. n. 4. —
46. Luther. Charakterbild in 1 Aufzuge v. Rhold. Ortmann. (31 S.) 1. 50
47. Hinter dem Vorhang. Schwank in 1 Aufzuge v. F. Herrmann. (52 S.) 1. 50
48. Der Mutter Abschiedsgruß. Dramatisches Gedicht. Eine Unterrichtsstunde Ludwig Devrients. Dramatische Scene f. 2 Herren. Von Rhold. Ortmann. (28 S.) n. 1. —

— deutsches. Begründet v. C. A. Görner. 32. Bdchn. 8. Hamburg 896. G. Kramer, Verl. n. — 75
Tante Lotte. Plattdeutsches Lustspiel in 1 Aufzuge v. Jul. Stinde. 2. Aufl. (22 S.)

Theater, deutsches, wie es war, ist, seyn sollte, u. als Hoftheater seyn könnte. 8. Nürnb. 801. Stein. 12 𝒦

— d. elsässische, zu Straßburg i. E. Mit 80 Abb. in Phototyp. 8. (64 S.) Straßburg 901. Schlesier & Schweikhardt. n. 1. —

— englisches; herausg. v. Chr. H. Schmid. 7 Thle. 8. Frankf. 769—77. (Alt., Aue). 6 ₰

— englisches, herausgegeb. v. C. H. Schmidt. 7 Thle. 8. Frankf. (Jacobäer, Leipz.) 772—77.

Theater, Das erotische, oder Rue de la Santé. Zum ersten Male ins Deutsche übertragen und mit einer Einleitung versehen von Dr. Franz Deditius. [Berlin 1906.] V: *Monnier, Henri, Jean Hippolyte Tisserant, Lemercier de Neuville, Amédée Rolland, J. Duboys, Albert Glatigny.* (BGE VI[2], 108/9)

THEATER, Das erotische, der Rue de la Santé. Zum ersten Male ins Deutsche übertragen und mit einer Einleitung versehen von Dr. Franz Deditius. Privatdruck. O. O. u. J. (Berlin, Willy Schindler, 1906). 8⁰. 194 S. (Br. Mk. 20—; in Leder 25—.) (12 Mk., Lederbd., Adolf Weigel, 1908; 20 Mk., br., unbeschn., Oscar Rauthe, 1908; 25 Mk. Lipsius & Tischer, 1911.)

Nur in 300 numer. Expll. für Subscribenten auf Bütten gedruckt. Ein Neudruck findet nicht statt. Bildet auch Bd. II von: Dokumente zur Sittengeschichte der Menschheit. Hrsg. von Dr. Willy Heine (d. i. W. Schindler).

Orig.: Le Théâtre érotique de la rue de la santé. Batignolles 1864—66. 8⁰. 220 pp. (16 Mk., br., n. r., Max Harrwitz, 1906.) Le contenu: Histoire du théâtre érotique de la rue de la santé. — 6 pièces dramatiques. — Même ouvrage. S. l. 1882. 8⁰. (Heberle's Cölner Nov.-Auct. 1899, no. 1510.)

Französisches Theater. [1.] Berlin, Köln, Leipzig: Ahn (1902). 8⁰

— französisches. Nr. 15 u. 18. 8. Köln. Berlin, Bühnenverlag Ahn & Simrock. 5. —
Marsolleau, L., u. M. Soulié, der König ist verliebt (Le roi galant). Lustspiel in 4 Aufzügen. In deutschen Vers. v. Ernst Hulbschinsky. (V, 121 S.) (907.) (Nr. 15.) 3. —
Zamacoïs, Miguel, die Narren. (Les bouffons.) Lustspiel in 4 Aufzügen. In deutsch. Versen v. Ernst Hulbschinsky. (VII, 104 S. m. Bildnis.) (908.) (Nr. 18.) 2. —

— französisches, der Vergangenheit, übertr. u. eingeleitet v. Paul Wiegler, s.: Fruchtschale, die, 13. Bd.

— im Freien, s.: Flugschrift des Dürer-Bundes zur ästhetischen Kultur.

Theater d. Gegenwart. Hrsg.: Otto Ploecker-Eckardt. Nr. 1 u. 2. 8. Berlin 898. E. Ebering. à n. 2. —
1. Frauenrecht. Drama in 3 Akten. Von Geo. Fernandes. (65 S.)
2. Unlaut. Wettbewerb. Schauspiel in 4 Aufzgn. Von S. Michaelis u. L. Zippert. (110 S.)

— der Gegenwart. Hrsg.: Otto Ploecker-Eckardt. Nr. 3—8. 8. Berlin, E. Ebering. à n. 2. —
3. Der Heilige. Ein Drama in 3 Akten. Von Ludw. Bauer. (68 S.) 899.
4. Versorgung. Drama in 3 Akten. Von Hugo Steiner. (54 S.) 899.
5. Der Patriot od. Der Himmel auf Erden. Volks-Stück in 4 Aufzügen. Von Mart. Pfeiffer. (94 S.) 899.
6. Menschwerdung. Schauspiel in 3 Aufzügen. Von Aug. Streicher. (67 S.) 899.
7. Die Spinne. Tragikomödie in 1 Aufzuge. — Ein Blättlein Liebe. Drama in 1 Aufzuge. Von Johs. Rusigk. (30 u. 30 S.) 899.
8. Sturmwind. 2 Scenen. — Familienglück. Drama in 2 Aufzügen. Von Henriette Lyon. (63 S.) 899.

— griechisches, für höhere Klassen in Gymnasien. Mit einigen Erläuterr. v. C. Ph. Renninger. (1r Thl. Euripides, Iphigenia in Aulis u. Iphigenia in Tauris. 2r Thl. Sophocles, König Oedipus u. Antigona). 8. Riga 818.

— griechisches. Für deutsche Leser bearb. von C. Th. Gravenhorst. 2 Bde. Stuttgart 856. Cotta. 8. (XII, 288; 3 Bl., 246 S.) Jeder Bd. 1 ₰.

Theater, Hamburgisches. Hamburg 1776—82. H: *Schröder, Friedrich Ludwig.* (EE) »1778—82« (Ky) (BrMm) (LS)

— Hamburg. 2 Bde. 8. Augsb. 778. v. Jenisch u. St. 1 ₰ 8 𝒦

— Hamburgisches, 2 Bde. 8. Augsb. Stage. 778.

— Hamburg., (herausg. v. Fr. Ldw. Schröder). 4 Bde. (1r Bd. Enth.: Die Zwillinge. — Die reiche Frau. — Die Nebenbuhler. — Was sein soll schickt sich wohl. 2r Bd. Henriette. — Gianetti Montaldi. — Jeanette. — Geschwind, ehe es Jemand erfährt. 3r Bd. Hamlet. — Der argwöhnische Ehemann. — Wie man eine Hand umkehrt. — Das Mädchen im Eichthale. 4r Bd. König Lear. — Juliane v. Lindorat. — Die Gefahren d. Verführung. — Adelaide.) gr. 8. Hamb. 778—82. (Hannov. Hahn). 3 ₰

— f. Herrenabende. Nr. 1. 8. Mühlhausen i/Th. 898. G. Danner. n. 1. 50

Die neuste Erfindung. Posse in 1 Akt. Von Alfr. Schmasow. (30 S.)

— f. Herrenabende. Nr. 2—5. 8. Mühlhausen i/Th., G. Danner. à n. 1. 50

2. Miß Arabella od.: „Mir kann Keiner". Scherz in 1 Aufzug. Von Ed. Lehmann. — Vor dem Standesamt. Komische Scene m. Gesang. Von A. H. Samson. (24 S.) (899.)
3. Sonntagsruhe. Orig.-Burleske in 1 Akt. Von Paul Meinhold. (35 S.) (899.)
4. Kindermädchen unter sich. Burleske. Von Paul Meinhold. (22 S.) (899.)
5. Casperinne. Posse in 1 Akt. Von Carl Weißgerber. (30 S.) (901.)

— für Herrenabende. Nr. 6—8. Mülhausen i/Th., G. Danner. à n. 1. 50

6. Der geleimte Onkel. Schwank in 1 Akt. Von Paul Meinhold. (32 S.) (903.)
7. Babel. Schwank in 1 Akt. Von Rud. Hock. (24 S.) (905.)
8. Zwiebelduft, Aufuste. Eine ulk. Verhörs-Scene f. 3 Herren v. Lude Quitschvergnügt. (16 S.) (906.)

Theater der Hindus. Aus der Englischen Übertragung des Sanscrit-Originals von H. H. Wilson metrisch übersetzt. 1. Theil. Weimar 1828. Ü: *Wolff, Oscar Ludwig Bernhard.* (Grisebach, Weltlitteratur-Kat. Berlin 1898—1900. I, 4.)

—— der Hindu's. A. d. Engl. Uebertragung d. Sanscrit-Orig., v. H. H. Wilson; metr. übers. 2 Thle. gr. 8. Weimar, Landes-Indust.-Compt. [1. (25 B.) 828. 2 Thlr., 2. (20½ B.) 831. 1 Thlr. 18 Gr.]

Theater, indisches. Sammlung ind. Dramen in metr. Uebersetzung von Ludw. Fritze. 2. und 3. Bd. gr. 16. Chemnitz, Schmeitzner. *

Inhalt:

Bd. 2. Ratnavali oder die Perlenschnur. Ein indisches Schauspiel. Aus dem Original zum ersten Mal ins Deutsche übers. von Ludw. Fritze. (XVI, 106 S.) 877. geb. *ℳ 3.
" 3. Mricchakatika oder das irdene Wägelchen. Ein indisches Schauspiel. Metrisch übers. von Ludw. Fritze. (XVI, 314 S.) 879. geb. *ℳ 4.50.

Den 1. Bd. bildet: Kalidasa, Sakuntala.

Theater des In- und Auslandes. Hrsg. und redig. von A. Heinrich und C. Schlivian. 1. Bd. 1—6. Heft. gr. 8. Berlin 851—52, (Lassar.) Thlr. *

Inhalt:

Heft 1. Adrienne Lecouvreur. Drama in 5 Acten, nach dem Französ. der HH. Scribe und Legouvé. Frei bearb von H. Grans. (55 S.) * 15 Ngr.
" 2. Frauenkampf. Lustspiel in 3 Acten, nach Scribe von Olfers. (41 S.) * 10 Ngr.
" 3. Bajazzo! Volksdrama in 5 Acten von d'Ennery und Mars-Fournier. Für die deutsche Bühne frei bearb. von C. A. Paul. (60 S.) * 12½ Ngr.
" 4. Mercadet, oder: Ein Tag aus dem Leben eines Börsen-Speculanten. Karakterbild in 3 Akten. Nach dem Französ. des H. v. Balzac frei bearb. von A. Bahn. (52 S.) * 15 Ngr.
" 5. Frauenpolitik. Lustspiel in 1 Akt von Caroline Berton. Deutsch von C. Schlivian. (15 S.) * 7½ Ngr.
" 6. Fern gesucht, nah gefunden! oder: Der Talisman. Drama in 5 Akten u. e. Vorspiel. Nach dem Französ. des H. v. Balzac. Frei bearb. von Judith Walther. (37 S.) * 15 Ngr.

— italienisches, übersetzt von Wolf Grafen Baudissin. gr. 8. (XI, 518 S.) Leipzig 877. Hirzel. n. 6. —

Theater für die Jugend. Frankf. 1782—85. H: *Sartorius, Ernst Ludw.* (Ky)

Theater für die Jugend. 3 Thle. 8. Frankf. a. M. 782—85. Hermann. 1 ₰ 10 ℊ Hbg. Pr. 12 ℊ

Theater f. die katholische weibliche Jugend. 1.—5. Bdchn. 12. Paderborn, F. Schöningh. n. 2. 50

1. Fabiola. Ein dramat. Gedicht in 11 Bildern. Frei nach Wiseman's Fabiola bearb. von Clara Commer. (43 S.) 887. n. — 60
2. Die 7 Engelfürsten als Beschützer der 7 hl. Sakramente. — Die Weihnachtsfeier der Natur. 2 geistl. Spiele v. Clara Commer. Mit e. Musikbeilage. (46 S. u. Musikbeilage 8 S.) 890. n. — 60
3. Die 9 Chöre der Engel. — Heilige Frauen d. alten Bundes als Vorbilder der Muttergottes. 2 geistl. Spiele v. Clara Commer. (39 S.) 890. n. — 50
4. Hinkel, Gockel u. Gackeleia. Nach Clem. Brentano. Dramatisches Singspiel in 5 Aufzügen, arrangirt v. F. Cornelius. (35 S.) 890. n. — 40
5. Muttersegen. Theaterstück f. Kinder in 3 Akten. Von C. Sermes. (35 S.) 890. n. — 40

— für die katholische weibliche Jugend. VI—X. 12. Paderborn, F. Schöningh. n. 2. —

VI. Der Ritter m. der verrosteten Hand. Schauspiel in 3 Aufzügen unter Benutzg. d. gleichnam. Märchens v. Leander. Von F. Cornelius. (26 S.) 891. n. — 40
VII. Am Christabend. — Bestrafte Eitelkeit. Von Giuseppa. (46 S.) 892. n. — 50
VIII. Das böse Gewissen. Von D. Nemo. (20 S.) 892. n. — 30
IX. Verrechnet. Von J. Nemo. (52 S.) 892. n. — 50
X. Das Loch in der Tischdecke. Von J. Nemo. (19 S.) 892. n. — 30

— f. d. weibliche Jugend. I. u. XI.—XVI. gr. 16. Paderborn, F. Schöningh. n. 4. 10

I. Fabiola. Ein dramat. Gedicht in 11 Bildern. Frei nach Wisemans Fabiola bearb. v. Clara Commer. 2. Aufl. (43 S.) 895. n. — 60
XI. Aquilina. Drama in 3 Akten. Von Schwester Paula, O. S. Fr. 2. Aufl. (47 S.) 895. n. — 50
XII. Die Seele am Scheidewege. Jephtas Tochter. Von Felicitas vom Berge. (48 S.) 898. n. — 60
XIII. Die hl. Elisabeth, Landgräfin v. Thüringen. Drama in 3 Akten u. 1 leb. Bild. Von Felicitas vom Berge. (72 S.) 898. n. — 80
XIV. Die Macht des Gebetes. Drama in 3 Akten. Von Felicitas vom Berge. (86 S.) 898. n. — 80
XV. Fröhliche, selige Weihenacht. Weihnachtssp. in 4 Aufzgn. Von K. Machts. (27 S.) 898. n. — 40
XVI. Auf Irrwegen. Lebensbild aus unserer Zeit in 5 Akten. Von Ernst Huber. (48 S.) 898. n. — 60

— für die weibliche Jugend. I., II., VII., X. u. XVII—XIX. 12. Paderborn, F. Schöningh. n. 3. 60

I. Fabiola. Ein dramat. Gedicht in 11 Bildern. Von Clara Commer. Frei nach Wisemans Fabiola bearb. 3. Aufl. (43 S.) (902.) n. — 60
II. Zwei geistliche Spiele. (Die sieben Engelfürsten als Beschützer der sieben hl. Sakramente. — Die Weihnachtsfeier der Natur. Ein Krippenspiel.) Von Clara Commer. Mit e. Musikbeilage. 2. Aufl. (46 u. 8 S.) 901. n. — 60
VII. Am Christabend. — Bestrafte Eitelkeit. Von Agnes Wirths. 2. Aufl. (46 S.) (902.) n. — 50
X. Das Loch in der Tischdecke. Von J. Nemo 2. Aufl. (19 S.) (902.) n. — 30
XVII. Die ereignisvolle Visite od.: Nachfolgerinnen Heils. Lustspiel in 1 Aufzug. Von Paul Mart. Fries. (37 S.) 899. n. — 50
XVIII. An der Krippe. Krippenspiel f. kleinere Mädchen. Von Franziska Wolff. Mit e. Musikbeilage. (12 u. 2 S.) 900. n. — 50
XIX. Die Erbtante. Lustspiel in 1 Aufzuge. Von Justus. (52 S.) 901. n. — 60

— für die weibliche Jugend. V., VIII., IX., XVI. u. XX.—XXXI. 12. Paderborn, F. Schöningh. n. 9. —

Deobata, Maria, die weiße Rose. Drama in 3 Akten. (50 S.) (904.) (XXV.) n. — 60
— Sankt Cäcilia. Religiöses Drama in 5 Akten. Mit e. Musikbeilage. (49 u. 4 S.) 904. (XXII.) n. — 60
Emer, Maria, die Rose v. Sion. Schauspiel in 5 Akten. (68 S.) (904.) (XXIV.) n. — 60
Fries, Anna Maria, Christkindleins Lohn. Weihnachtsspiel in 3 Aufzügen. Mit e. Musikbeilage. (26 u. 3 S.) (905.) (XXVIII.) n. — 50
Fries, P. M., die Spinnstube. Dramatisches Märchen in 1 Akt. (17 S.) (906.) (XXXI.) n. — 50
Fuß, Maria, Weihnachts-Ueberraschung. Schauspiel in 2 Akten. (18 S.) (904.) (XXIII.) n. — 40
Hay, Bertha, eine Ferienreise. Lustspiel in 2 Aufzügen. (32 S.) (903.) (XX.) n. — 40
Hoheff, M., die Haushaltungsschule. Lustspiel in 3 Akten. (45 S.) (905.) (XXVII.) n. — 60

Huber, Ernst, auf Irrwegen. Lebensbild aus unserer Zeit in 5 Akten. 2. Aufl. (48 S.) (906.) (XVI.) n. — 60
Remo, D., das böse Gewissen. 2. Aufl. (20 S.) (905.) (VIII.) n. — 30
Remo, J., verrechnet. 2. Aufl. (52 S.) (906.) (IX.) n. — 50
Pagés, Helene, Festspiel zur Jubelfeier, zum Namensfeste e. Lehrerin. (12 S.) (905.) (XXX.) n. — 50
Pagés, Helene, das Märchen. Mit Liedern, Deklamationen u. leb. Bildern. (14 S.) (905.) (XXIX.) n. — 40
Paula, Schwester, O. Fr., Aquilina. Drama in 3 Akten. 3. Aufl. (47 S.) (906.) (XI.) n. — 50
Schlager, Maria, ein Mißverständnis od. Die Bekehrung in der Kinderstube. Heitere Komödie in 3 Akten. Mit Musikbeilagen. (56 u. 8 S.) (904.) (XXI.) n. — 80
Sermes, Carla, Muttersegen. Theaterstück für Kinder in 3 Akten. 2. Aufl. (36 S.) (903.) (V.) n. — 40
Syra. Nach Wisemans Fabiola. Dramatisches Spiel in 5 Akten. (78 S.) (904.) (XXVI.) n. — 80

— f. die weibliche Jugend. 1., 8., 13.—15., 21., 22., 25., 27. u. 32.—45. Bdchn. kl. 8. Paderborn, F. Schöningh. 12. 90

Ach, die Ideale sind „geronnen"! Lustspiel, das nach e. Akt m. Tränen schließt. (8 Mädchenrollen.) Von e. Klosterfrau. (23 S.) (909.) (42. Bdchn.) — 50
Beicht, Käthe, belehrt u. bekehrt. Weihnachtsspiel f. Kinder in 2 Akten. (19 S.) (907.) (32. Bdchn.) — 50
— Ungehorsams Strafe. Märchenspiel in 5 Akten. (30 S.) (907.) (33. Bdchn.) — 50
Berner, Else (E. Markstein), die geprellten Musen. Lustspiel in 2 Akten nebst e. Vorspiel f. Vereine u. Pensionate. Mit e. Musikbeilage. Gesänge nach bekannten Melodien. (45 u. 4 S.) (909.) (39. Bdchn.) — 80
Boden, Chr., Knecht Ruprecht u. die Kinder. Ein Weihnachtsmärchen. (32 S.) (909.) (43. Bdchn.) — 60
Commer, Clara, Fabiola. Ein dramat. Gedicht in 11 Bildern. Frei nach Wisemans Fabiola bearb. 4. Aufl. (43 S.) (909.) (1. Bdchn.) — 60
— Zwei geistliche Spiele. (Die 9 Chöre der Engel. — Heilige Frauen des Alten Bundes als Vorbilder der Mutter Gottes.) 2. Aufl. (39 S.) (910.) (3 Bdchn.) — 50
Deobata, Maria, Sankt Cäcilia. Religiöses Drama in 5 Akten. 2. Aufl. (49 u. Musikbeilage 4 S.) (910.) (22. Bdchn.) — 60
— Die weiße Rose. Drama in 3 Akten. 2. Aufl. (50 S.) (910.) (25. Bdchn.) — 60
Hohoff, Maria, die Haushaltungsschule. Lustspiel in 3 Akten. 2. Aufl. (45 S.) (910.) (27. Bdchn.) — 60
— Die Schutzgeister des Hauses. Festspiel f. Eltern- u. Mütterabende, f. andere Schulfeiern, sowie f. häusl. Feste. (16 S.) (909.) (40. Bdchn.) — 40
Machts, K., fröhliche, selige Weihenacht. Weihnachtsspiel in 4 Aufzügen. 2. Aufl. (27 S.) (907.) (15. Bdchn.) — 40
Maria Gabriela, Schwester O. S. D., die hl. Elisabeth, Landgräfin v. Thüringen. Drama in 3 Akten nebst 1 leb. Bilde. 2. u. 3. Aufl. (72 S. u. Musikbeilage. 2 S.) (907. 09.) (13. Bdchn.) — 60
— Die Macht des Gebetes. Drama in 3 Akten. 2. Aufl. (86 S.) (907.) (14. Bdchn.) — 80
Naumann, Anna, zwei Weihnachtsspiele f. Kinder. (Heiligabend. — Weihnachtsfreude.) (24 S.) 907. (34. Bdchn.) — 50
Ohmfeld, Gabriele v., der neue Hut od. Bestrafte Eitelkeit. Dramat. Aufführg. in 1 Aufzuge. (20 S.) (910.) (45. Bdchn.) — 50
Scherlau, H., Friede den Menschen. Ein Weihnachtsspiel in 3 Aufzügen. (39 S.) (909.) (44. Bdchn.) — 60
Schlager, Maria, ein Mißverständnis od. die Bekehrg. in d. Kinderstube. Heitere Komödie in 3 Akten. Mit Musikbeilagen. 2. Aufl. (56 u. 8 S.) (910.) (21. Bdchn.) — 80
Thorieth, L., Jugend. Ein Märchenspiel. (40 S.) (909.) (38. Bdchn.) — 60
— Der Traum. (Ein Märchenspiel.) (20 S.) (909.) (37. Bdchn.) — 50
— Treue. (Ein vaterländ. Festspiel.) (23 S.) (909.) (36. Bdchn.) — 50
Visite, die gestörte. Ein Lustspiel. Von e. Klosterfrau. (16 S.) (909.) (41. Bdchn.) — 40
Westhoff, Josephine, drei Weihnachtsspiele f. Kinder. (Der armen Kinder Christbescherg. Der Kinder Opfersinn. Kleines Weihnachtsspiel.) (36 S.) (907.) (35. Bdchn.) — 50

— für Kinder. 2 Thle. von Karl Paper. gr. 12. Prag, Krauß. 820 und 821. à 1 Rthlr.
(1r Theil enthält: die Insel der Fortuna, Schausp. — der arme Görge, Schausp. — der schwarze Vetter, Schausp. — der fruchtbare Blumenstock, Schausp. — der Schusterjunge und die Brille, Lustsp. — der bestrafte Vorwitz, Lustspiel. — Menalkens Heimkehr, Schausp. — 2r Th. enth.: die liebenden Geschwister, Lustsp. — Reich und Arm, Schauspiel.)

— für Kinder. Hrsg. v. J. Günthek. Mit 1 (color.) Kpfr. 16. (IV u. 208 S.) Jena 849, Mauke. 6 ngr

—— u. Kirche. Darstellung ihres geschichtl. Verhältnisses m. e. Ausblick in die Zukunft. Von e. Theologen. 1. Aufl. (50 S.) 889; u. 2. durch e. Nachwort verm. Aufl. 8. (55 S.) Brem. 890, Heinsius Nachf. * — 60

Theater, Klassisches, des Auslandes

— class., des Auslandes. 1s u. 2s Bdchn. Alfieri's sämmtl. Schausp. 1s u. 2s Bdchn. — 3s u. 4s Bdchn. Racine's sämmtl. Schauspiele. 1s, 2s B. — 5s u. 6s Bd. Calderon's Schauspiele. 1s, 2s B. — 7s u. 8s B. P. Corneille's Schauspiele. 1s, 2s B. bearb. von J. J. Kummer. — Mit Kpf. 12. Gotha 825, Hennings. à 4 gr.

— dess. 9s u. 10s Bdchn. — A. u. d. T.: Arnault's sämmtl. Schauspiele; frei bearb. von F. Severin. 1s u. 2s Bdchn. (1s B. Lucretia, Trauerspiel. — 2s B.: Marius zu Minturnä, Trauersp. — Quintius Cincinnatus, Tragödie.) Mit Arnault's Portr. 12. Gotha 826, Hennings. à 4 gr.

— dess. 11s u. 12s Bdchn.: Alfieri's sämmtl. Schauspiele. 3s, 4s Bdchn. 12. Gotha 825, Hennings. à 4 gr.

— dess. 13s Bdchn. — A. u. d. T.: Calderon's sämmtl. Schausp. 3s Bdchn: Das Leben ein Traum. (La Vida, es Sueno.) Frei bearb. 12. Gotha 826, Hennings.

— dess. 14s Bdchn. — A. u. d. T.: Calderon's sämmtliche Schauspiele. 4s Bdchn. Der standhafte Prinz. (El Principe constante.) Frei bearb. 12. Gotha 826, Hennings.

— dess. 15s u. 16s Bdchen. Beaumarchais sämmtliche Schauspiele. Frei bearb. von M. Tenelli. 2 Bdchn. Mit 1 Kpfr. 12. Gotha 826, Hennings. à 4 gr.

— dess. 17s Bdchn Moliere's sämmtl. Schauspiele; frei bearb. 1s Bdchn: Moliere's Leben. — Die Parforce-Heirath; Lustspiel. Mit 1 Kpfr. 12. Gotha 826, Hennings.

— dess. 18s Bdchn. — A. u. d. T.: B. S. Ingemann's sämmtl. Schauspiele; frei bearb. 1s Bdchn: Tasso's Befreiung; ein dram. Gedicht. Aus d. Dän. von A. Dieterich. 12. Gotha 827, Hennings.

— dess. 19s Bdchn. — A. u. d. T.: Alfieri's sämmtl. Schauspiele. 5s Bdchn. Don Garzias. Trauerspiel in 5 Aufz. Aus den Italien. metrisch übersetzt von L. G. Henning. 12. Gotha 827, Hennings. Rthlr.

Theater, classisches, des Auslandes. 20s Bdchn. Racines sämmtl. Schauspiele. 3s Bdchn: Bajazet. Tragödie. Frei bearb. von Dr. Gräfenhahn. 12. Gotha 827, Hennings.

Theater, classisches, d. Auslandes. 21—32. Bdchn. Mit Titelkpfr. 12. (47 B.) Gotha 828—30. [Leipzig, Gebr. Reichenbach.] à 4 Gr.
Bdchn. 21—28. Sheridan's dramat. Werke. Uebers. v. W. Hoffmann. 8 Bdchn.
1. Bdchn. Sheridan's Leben u. Schriften. Ein Auszug aus Th. Moore's Memoiren. — Das Lager.
2. „ Die Lästerschule.
3. „ Pizarro.
4. „ Der Kritiker, od. die Probe e. Trauerspiels. Lustsp.
5. „ Ein Ausflug nach Scarborough. Lustsp.
6. „ Die Duenna. Kom. Oper.
7. „ Der St. Patricks-Tag, od. der Plan machende Lieutenant. Posse.
8. „ Die Nebenbuhler. Lustsp.
„ 29., 31 u. 32. Scribe's dramat. Werke. Frei bearbeitet. 1—3. Bdchn.
1. Bdchn. Alphons. Drama, übers. v. F. Sch.
2. „ Die erste Liebe. Lustsp.
3. „ Vormund u. Mündel. Lustsp. übers. v. M. Tenelli.
„ 30. Calderon's sämmtl. Schauspiele. Frei bearb. 5. Bdchn. Die Seherin d. Morgens. Schausp.
1—20. Bdchn. Ebendas. 1825—27. à 4 Gr.

(—— classisches, des Auslandes. 3. Bdchn.:) Racine's sämmtliche Schauspiele. 1. Bdchn.: Racine's Leben. Phädra. Tragödie. Frei bearb. von Gräfenhan. 2. Aufl. Wohlf. Taschenausg. 8. (96 S.) Leipzig 851, [Reichenbach'sche Buchh.] Thlr. *

— classisches, des Auslandes von Deinhardstein. 2 Bde. Wien 856, 57. Hartleben. 8. Jeder Bd. 27 ngr
Inhalt. 1. Bd.: Der Herzog von Mailand. Trauerspiel von Massinger. — Tartuffe, Lustspiel von Molière. (255 S.)
2. Bd.: Die Widerspänstige, Lustspiel von Shakespeare. — Was Ihr wollt, Lustspiel von Shakespeare. (263 S.)

— class., der Franzosen. Mit gegenüberstehenden Originaltext. Uebersetzt v. Fr. Peucer. 4 Bdchen. (I. Zaire, v. Voltaire. 819. 1 ₰ 16 ℊ — II. Semiramis, v. Voltaire. 820. 1 ₰ 4 ℊ — III. Cäsar, v. Voltaire. 821. 1 ₰ 4 ℊ — IV. Iphigenia, von Racine. 823. 1 ₰ 8 ℊ) 8. Leipz. 819—23. Brockhaus. 5 ₰ 8 ℊ Hbg. Pr. 2 ₰

—— das kleine, f. gute Kinder. Eine Weihnachtsgabe. 16. (76 Seit.) Berlin 838, (Gropius'sche Buchh.)

—— kleines, od. orator. Beiträge in Gesprächen, dramat. Spielen u. Prologen bestehend. Zum Behufe öffentl. Declamationsübungen f. Gymnasien ꝛc. Neue Ausg. 8. (16½ B.) Quedlinburg 839, Ernst'sche Buchh.

— kleines. Mit Orig.-Beiträgen von J. Pape, F. W. Grimme, W. Hosaeus u. A. 1—7. Bdchn. Paderborn 867—70. Kleine. 16. n. 25 ngr

1. Bdchn. Pape, Jos., Bertha Maria. Schauspiel in 3 Aufzügen. 3. Aufl. (81 S.) 6 ngr
2. Bdchn. Disseleck, Herm., das Glück der Einfalt. Schwank in 1 Aufzuge. (27 S.) 3½ ngr
3. Bdchn. Schumacher, Hub., der Dorfbürgermeister. Posse in 1 Act. (32 S.) 3½ ngr
4. Bdchn. Pape, J., dramatisches Bild aus dem Leben e. deutschen Patrioten. (24 S.) 3 ngr
5. Bdchn. Komische Soloscenen u. Declamationen von verschiedenen Verf. (62 S.) 3½ ngr
6. Bdchn. die Sonndagsnammedags-Botz. Lustige Gerichtsscene in Cöln. Dialect (von P. Sturm). (15 S.) 2 ngr
7. Bdchn. Sturm, P., der Wahl-Agent, oder: wo mag doch der Schneider sein? Posse in 1 Act. (51 S.) 3½ ngr

— kleines. Sammlung kleiner leicht aufführbarer Lust- u. Schauspiele u. dramat. Scenen. 1., 2., 5—14. Bdchn. gr. 16. Paderborn 873—76. Kleine. 5. 5

1. Meister Gottfried od. Gott segnet das ehrbare Handwerk. Schauspiel in 4 Akten nebst Prolog. v. Pet. Sturm. 2. Aufl. (IV, 64 S.) — 60
2. Das Glück der Einfalt. Schwank in 1 Aufzuge v. Herm. Disselbeck. 2. Aufl. (14 Sp.) — 30
5. 6. Komische Soloscenen u. Declamationen v. verschiedenen Verfassern. 2. Aufl. — Die Sonndagsnommedags-Botz. Lustige Gerichtsscene in Köln. Dialekt v. P. Sturm. 2. Aufl. (47 S.) — 45
7. In der Kur. Lustspiel in 2 Aufzügen v. P. Norrenberg. (24 S.) — 45
8. Hans Grundmann od. d. Genies Malheur u. Glück. Dramatische Novellette aus dem Handwerkerleben v. P. Norrenberg. (27 S.) — 45
9. Knoten im Sacktuch. Lustspiel in 1 Akt. Nach dem Holl. v. F. A. Biermann. 2. Aufl. (24 S.) — 45
10. Ein Unglücksvogel. Lustspiel in 1 Akt v. Leonard. gr. 8. (22 Sp.) — 30
11. Das Intermezzo auf der silbernen Hochzeit. Lustspiel in 2 Akten v. Wilh. Kenneth. gr. 8. (40 Sp.) n. — 50
12. Ein Stündchen in der Wahlversammlung od. er muß Rathsherr werden. Lustspiel in 2 Akten v. A. A. van der Stempel jr. 16. (32 Sp.) — 30
13. Ein Landhaus zu kaufen. Lustspiel in 1 Act. Nach e. holländ. Bearbeitg. frei übers. v. F. A. Biermann. (30 Sp.) — 50
14. Die Wahrheit kann keine Herberge finden. Schauspiel in 3 Acten. Frei bearb. nach dem Engl. v. F. A. Biermann. (46 Sp.) — 75

— kleines. [Familien- u. Vereins-Theater.] Sammlung leicht ausführbarer Lust- u. Schauspiele u. dramatischer Scenen. 3. 15—103. Bdchn. gr. 16. Paderborn 877—82. Kleine. 51. 90

3. Der Dorfbürgermeister. Posse in 1 Act von Hub. Schumacher. 3. Aufl. (20 S.) — 45
15. Die Walpurgisnacht. Ein Festspiel [für den Viersener Arbeiterinnen-Verein geschrieben] von P. Norrenberg. (24 Sp.) — 45
16. Der versteckte Freier. Lustspiel von C. Bauer. (98 Sp.) — 75
17. Die Schulprüfung in Schlemmeritz. Scene aus dem vor. Jahrhundert von P. Sturm. (32 Sp.) — 60
18. Hans Dusel vor dem Standesamte. Komische Scene in 1 Act von P. Sturm. (28 S.) — 45
19. Die schönste Nase, oder das Recht gewinnt den Sieg. Tragikomisches Lebensbild in 5 Akten von P. Sturm. (104 Sp.) — 75
20. Der neue Pedell. Lustspiel in 4 Akten. Nach einer Humoreske von W. v. Münich bearb. von Heinr. Schauer. (40 Sp.) — 45
21. Brüderchen versprich dich nicht! Lustspiel in 1 Akt von W. Thiele. Aus dem Holländischen. Deutsch von Wilh. Beyer. (44 S.) — 45
22. Meister Schluck. Posse von P. Sturm. (49 S.) — 45
23. Der Schatz. Lustspiel in 1 Aufzuge nach Lessing. (32 S.) — 45
24. Ehrlich währt am längsten. Schauspiel in 4 Akten von J. Becks. (22 S.) Ende gut, Alles gut. Schwank in 1 Akt von J. Becks. (7 S.) — 60
25. Die Erben des reichen Onkels oder Wer zuletzt lacht, lacht am besten. Lustspiel in 2 Akten von J. van der Stempel. (15 S.) Der neue Stadtrath oder ein Stündchen in der Rathsversammlung. Lustspiel in 2 Aufzügen von A. A. van der Stempel jr. Nach dem Holl. von Clem. Bauer. (24 S.) — 75
26. Die Machabäer. Biblisches Schauspiel mit Chören in 3 Akten. Von Marin de Boylesve. Aus dem Franz. übers. von L. A. Balzer. (48 S.) — 75
27. Der Feuerofen. Biblisches Schauspiel in 3 Akten von M. Boylesve. Nach der 4. Aufl. aus dem Franz. übersetzt von C. A. B. Mit Autoris. des Verfassers. (35 S.) — 75
28. Moses. Biblisches Schauspiel von M. Boylesve. (56 S.) — 75
29. Ludwig der Neunte, der Heilige. Schauspiel in 3 Akten mit Zwischenchören von M. Boylesve. Aus dem Franz. nach der 4. Aufl. übersetzt mit Genehmigung des Verf. von L. A. B. (36 S.) — 75
30. Guarzia Mureno's Tod. Schauspiel von Hägeli. (112 S.) 1. —
31. Ohne Geld auf Reisen oder das Abenteuer zweier Schulmeister. Lustspiel in 1 Aufzuge von A. A. van der Stempel jr. Deutsch von Clem. Bauer. (32 S.) — 45
32. Lustiges Deklamationsbüchlein von P. Norrenberg. 1. Bdchn. (VI, 250 S.) geb. 1. 50
33. Die reiche Tante. Lustspiel in 3 Akten, nach dem Franz. von Levöque bearb. von R. Bertram. (44 S.) — 45
34. Wo die Noth am größten, ist Gott am nächsten. Schauspiel in 3 Akten nach Conscience von Therese Schunck. (19 S.) — 45
35. Hochmuth kommt vor dem Fall. Tragikomisches Lebensbild, u. Schuster bleib bei Deinem Leisten! Schwank in 2 Aufzügen v. Jos. Becks. (24 S.) — 60
36. Drei Dramen für höhere Töchterschulen u. Mädchen-Pensionate. Von W. J. Biesten. (86 S.) 1. 20
37. Der Besuch beim Lieutenant. Posse in 2 Akten von C. Weber. (20 S.) — 45
38. „Hier sind möblirte Zimmer zu vermiethen" oder in Verlegenheit. Lustspiel in 1 Akt von C. Weber. (16 S.) — 45
39. Die Militärpflichtigen oder der schlaue Feldwebel. Lustspiel in 1 Akt von A. A. van der Stempel dem Jüngeren. Deutsch v. Clem. Bauer. (22 S.) — 45
40. Wohlthun bringt Glück. Schauspiel in 4 Akten. Der Tod bei Lebzeiten. Tragikomische Geschichte von Jos. Becks. (32 S.) — 45
41. Drei Tage aus dem Leben eines Verschwenders. Lebensbild in 3 Akten. Nebst einem Vorspiel: Schulzen-Hochzeit. Schauspiel in 1 Akt von einem katholischen Pfarrer der Mark. (72 S.) — 75
42. Der betrogene Wirth. Lustspiel in 1 Akt. Es bleibt beim Alten. Lustspiel in 1 Akt. Von Wilh. Kayser. (32 S.) — 45
43. Kurirt. Lustspiel in 3 Aufzügen von Wilh. Kayser. (40 S.) — 45
44. Das gestörte Jawort oder ist die Noth am größten, ist die Hülfe am nächsten. Schauspiel in 2 Aufzügen von Wilh. Kayser. (70 S.) — 75
45. „Im Dunkeln ist gut munkeln". Schwank in 1 Akt von Becks. (32 S.) — 45
46. Der verlorene Sohn. Biblisches Schauspiel in 5 Aufzügen (ohne Frauenrollen) von H. H. Mönch. (24 S.) — 45
47. Kleider machen Leute. Schwank in 1 Akt von Jos. Becks. (24 S.) — 45
48. Das Kattunkleidchen. Schauspiel in 2 Akten. Nach dem Franz. bearb. (20 S.) — 45
49. Die Pflegetochter Cromwell's. Geschichtliches Trauerspiel in 3 Akten. (32 S.) — 45
50. Lustiges Deklamationsbüchlein von P. Norrenberg. 2. Bdchn. (VI, 145 S.) geb. 1. —
51. Wurst wider Wurst. Schwank in 5 Akten von Jos. Becks. (24 S.) — 45
52. Das große Loos oder Hausknecht und Associé. Posse in 2 Aufzügen von Wendelin Kiefer. (24 S.) — 45
53. „Die Dummen werden nie all'". Lustspiel in 2 Akten [ohne Frauenrollen] von Jos. Becks. (32 S.) — 45

54. „Der Schein trügt". Schwank in 3 Akten von Jos. Beck. (32 S.) — 45
55. Heute mir, morgen dir. Lustspiel in 2 Akten von Jos. Beck. (31 S.) — 45
56. Das moderne Leben. Ein Zeitgemälde in 4 Akten von einem katholischen Pfarrer in der Mark. (62 S.) — 75
57. Der verhängnißvolle Ring, oder Traue, schaue wem? Ein Lebensbild in 4 Aufzügen von einem katholischen Pfarrer in der Mark. (55 S.) — 75
58. Der schüchterne Schwiegersohn. Lustspiel in 1 Akt von A. Jacobs. (32 S.) — 45
59. Schwache Nerven oder wer hat den Bock geschossen? Komisches Lebensbild in 2 Aufzügen von W. Kayser. (44 S.) — 75
60. „Irren ist menschlich". Schauspiel in 5 Akten [ohne Frauenrollen] von Jos. Beck. (53 S.) — 75
61. Gottes Mühlen mahlen langsam, aber sicher. Schauspiel in 4 Akten von Jos. Beck. (29 S.) — 60
62. Die Heirathscandidaten. Lustspiel in 4 Aufzügen mit Gesang von Heinr. Dietrich. (29 S.) — 45
63. Knauser Habrich. Schwank in 1 Akt von P. Sturm. (34 S.) — 45
64. Meister Pott oder die Nummer 333,333. Lustspiel mit Gesang in 1 Aufzuge von W. Kayser. (46 S.) — 75
65. Der letzte Ferientag oder Studentenstreiche. Lustspiel in 3 Aufzügen von A. Jacobs. (32 S.) — 45
66. Allzuscharf macht schartig. Lustspiel in 4 Akten von Jos. Beck. (32 S.) — 45
67. Die heilige Zitta. Lebensbild in 3 Aufzügen von X in Y. (28 S.) — 45
68. Die heilige Germana. Lebensbild in 4 Aufzügen u. einer Schlußscene von X. in Y. (36 S.) — 45
69. Das Ehestandsbläßchen. Komisches Bild, und Jumfer Dingeskirchen u. Mamsell Härtlich. Lebensbild von Therese Schunck. (16 S.) — 45
70. Sancta Theresa. Schauspiel in 2 Aufzügen u. einem Schlußtableau von Therese Schunck. (36 S.) — 45
71. Margaretha Morus. Drama in 4 Akten. Nach dem Franz. von Therese Schunck. (40 S.) — 45
72. Die Näherinnen. Dramatisches Spiel. Nach dem Franz. bearb. von Christine Dommerque. (32 S.) — 45
73. Der Pseudo-Millionär. Lustspiel in 3 Aufzügen mit einem Nachspiel von Joh. Pet. Kessel. (68 S.) 1. —
74. Zufriedenheit macht reich. Nach dem Franz. bearb. von Christine Dommerque. (28 S.) — 45
75. Lackirt. Lustspiel in 1 Aufzuge von Wendelin Kiefer. (40 S.) — 45
76. Der Wunderdoktor. Posse in 1 Akt von Wendelin Kiefer. (47 S.) — 45
77. Noth bricht Eisen. Lustspiel in 3 Akten von Jos. Beck. (30 S.) — 60
78. Alter schützt vor Thorheit nicht. Lustspiel in 3 Akten von Jos. Beck. (28 S.) — 60
79. Unrecht Gut gedeiht nicht. Lustspiel in 3 Akten von Jos. Beck. (23 S.) — 45
80. Lustiges Deklamationsbüchlein für Mädchen. Gesammelt von P. Norrenberg. 3. Bdchn. (V, 263 S.) 1. 50 (1—3.: 4. —)
81. Wie du mir, so ich dir. Lustspiel in 2 Akten von Jos. Beck. (23 S.) — 45
82. Ueb' immer Treu u. Redlichkeit. Lustspiel in 4 Akten von Jos. Beck. (23 S.) — 50
83. Herr Schwamm, der Heirathscandidat. Lustspiel in 1 Akt. Deutsch von Clem. Bauer. (22 S.) — 45
84. Kanut oder Gelübde u. Schwur. Ritterschauspiel mit Gesang u. Tanz von W. Kayser. (62 S.) — 75
85. Neuestes Kasperletheater. Kasperle Larifari in den April geschickt, oder: Man soll den Bock nicht zum Gärtner machen. Lustspiel in 3 Aufzügen von A. Trau. (51 S.) — 75
86. An Gottes Segen ist Alles gelegen. Lustspiel in 4 Akten von Jos. Beck. (24 S.) — 50
87. Wer zuletzt lacht, lacht am besten. Lustspiel in 3 Akten von Jos. Beck. (31 S.) — 50
88. Schmachtkuchen. Posse in 1 Aufzuge von W. Kayser. (19 S.) — 45
89. Dein Sohn wird mein Rächer sein. Schauspiel in 3 Akten. Autorisirte freie Bearbeitung nach M. C. Levêque von Rich. Bertram. (38 S.) — 60
90. Wirrwarr oder das verlorene Testament. Lustspiel in 3 Aufzügen von Wilh. Kayser. (38 S.) — 75
91. Versprechen u. Halten ist zweierlei. Lustspiel in 6 Akten von Jos. Beck. (28 S.) — 45
92. Der blamirte Lakei. Schwank in 1 Aufzuge von Wendelin Kiefer. (15 S.) — 45
93. Mit Speck fängt man Mäuse. Lustspiel in 4 Akten von Jos. Beck. (16 S.) — 45
94. Der dumme Joseph. Komisches Lebensbild in 4 Aufzügen von W. Kayser. (40 S.) — 75
95. Stippke in der Klemme. Schwank in 1 Aufzug von Wendelin Kiefer. (16 S.) — 45
96. Wer nicht hören will, muß fühlen. Lustspiel in 3 Akten von Jos. Beck. (24 S.) — 45
97. Eine schwere Probe. Schwank in 1 Akt von Max Babenzien. (27 S.) — 45
98. Vergriffen. Posse in 1 Aufzuge von W. Kayser. (36 S.) — 75
99. Wie gewonnen, so zerronnen. Dramatisches Lebensbild in 6 Aufzügen von Jos. Beck. (36 S.) — 45
100. Friede ernährt, Unfriede verzehrt. Dramatisirtes Sprüchwort in 4 Akten von Jos. Beck. (30 S.) — 45
101. Das Alterthümchen. Schauspiel in 3 Aufzügen von A. Winter. (16 S.) — 45
102. Eine Gratulation. Posse in 1 Aufzuge von A. Winter. (16 S.) — 45
103. Blinder Eifer schadet nur. Studenten-Schwank in 7 Aufzügen [ohne Frauenrollen] von Jos. Beck. (24 S.) — 45

— kleines. [Familien- u. Vereins-Theater.] Nr. 104—133. 135—150. 12. Paderborn 883—86. Kleine. 27. 90

104. „Lustig ist die Jägerei". Schwank ohne Frauenrolle in 3 Akten v. Jos. Beck. (23 S.) — 45
105. „Trau, schau, wem!" Schwank in 6 Aufzügen v. Jos. Beck. (31 S.) — 45
106. Christian in der Fremde od. „Thu' nur das Rechte in deinen Sachen, das andere wird sich v. selber machen". Schauspiel in 4 Akten v. J. W. Imandt. (36 S) — 60
107. Finchen u. Röschen od. die Kunst e. Mann zu bekommen. Schwank in 1 Akt v. M. T. Greineiser. (16 S.) — 45
108. Ein Esel schimpft den andern Langohr. Posse in 1 Aufzuge v. A. Kamps. (14 S.) — 45
109. „Du trägst die Pfanne fort." Posse in 1 Akt, [bearb. nach Fritz Reuter] v. Jos. Boventer. (14 S.) — 45
110. Franz Anton, der Rentier vom Lande. Posse in 4 Akten u. 7 Bildern v. Fr. Walter-Dittrich. (48 S.) — 75
111. Die Macht d. Geldes. Schauspiel in 6 Bildern v. Fr. Jos. Walter-Dittrich. (42 S.) — 60
112. Bei Kerzenschein u. Glockenlaut. Historisches Schauspiel in 9 Bildern v. Fr. Jos. Walter-Dittrich. Musik v. F. Günther. (61 S.) — 60
113. Aus dem Regen in die Traufe. Musikalisches Lustspiel in 3 Akten v. Jos. Beck. (16 S.) — 50
114. Johann Georg Drlippel im Verhör. Posse m. Gesang in 1 Aufzuge v. W. Kayser. (23 S.) — 60
115. Hauptmann Ratzius. Posse in 1 Akte v. W. Kayser. (32 S.) — 60
116. Todt u. Lebendig. Tragödie in 9 Bildern v. Walter-Dittrich. (78 S.) — 90
117. Der Komet. Posse in 1 Aufzuge v. W. Kayser. (32 S.) — 60
118. Nur immer gemüthlich. Lustspiel in 2 Aufzügen ohne Frauenrollen v. Jos. Beck. (16 S.) — 50
119. Unverhofft kommt oft. Lustspiel in 4 Akten v. Jos. Beck. (24 S.) — 60
120. Des Menschen Wille ist sein Himmelreich. Komisches Lebensbild in 8 Aufzügen v. Jos. Beck. (24 S.) — 60
121. Im fremden Revier. Schwank in 2 Aufzügen v. Jos. Boventer. (13 S.) — 45
122. Träume sind Schäume. Schwank in 3 Aufzügen v. Jos. Boventer, u. Der fehlende Knopf. Dramatisches Bild aus dem Soldatenleben v. A. Rheinländer. (30 S.) — 60
123. Ein schlechtes Geschäft. Schwank in 1 Akt v. Fr. Jos. Walter-Dittrich. (16 S.) — 45
124. Man soll den Schein vermeiden. Schwank in 1 Akt v. Walter-Dittrich. (16 S.) — 45

125. Meister Strebsam od. die Versöhnung am Weihnachtsbaum. Lebensbild in 5 Aufzügen v. Wilh. Kayser. (68 S.) — 90

126. Uebermuth thut niemals gut. Jäger-Schwank in 3 Akten v. Jos. Becks. (16 S.) — 45

127. Der geprellte Jude. Lustspiel in 3 Aufzügen v. J. Boventer. (24 S.) — 60

128. Der geplagte Hauswirt. Lustspiel in 2 Akten v. Leonh. Charlier. (20 S.) n. — 50

129. Der Retter in der Noth. Lustspiel in 1 Akt von T. v. Heinz. (16 S.) n. — 50

130. Die Bisquit. Lustspiel in 5 Aufzügen v. Pfr. G. Wolfgarten. (76 S.) 1. 20

131. Hansjörg, der Findling. Lustspiel in 1 Akt. Nach dem Holl. bearb. v. Jos. Boventer. (23 S.) n. — 50

132. Ehrenämter. Schwank in 1 Aufzuge v. Karl Pauli. (15 S.) n. — 50

133. De Hasepeffer od. Meister Pitter un sing Familje. Posse in 2 Auftritten v. H. Boventer. (20 S.) n. — 50

135. Eine Geduldprobe od. der verwechselte Officierbursche. Posse in 1 Aufzuge v. W. Kayser. (46 S.) — 60

136. Die beiden Tauben. Lustspiel in 1 Akt v. Jules Moinaux. Nach dem Franz. bearb. v. J. Boventer. (24 S) — 50

137. Leonore od. der bekehrte Geizhals am heil. Weihnachtsfeste. Posse in 3 Aufzügen v. W. Kayser. (36 S.) — 60

138. Wahl macht Qual. Lustspiel in 2 Akten [ohne Frauenrollen] v. Jos. Becks. (23 S.) — 60

139. De clavibus aedium. Comoedia comica in 2 actis, antea germanica ab Hirthe, nunc in linguam latinam translata a Cooper Carl Essler. (20 S.) — 50

140. Die Merowingerpfalz zu Kirchheim [König Dagobert II.]. Historisches Trauerspiel in 5 Akten v. Alb. Hägeli. (VIII, 104 S.) Straßburg 885. n. 2. —

141. Der neue Gutsherr. Lustspiel in 1 Akt. Nach dem Franz. frei bearb. v. F. A. Biermann. (31 S.) — 60

142. Frisch gewagt ist halb gewonnen. Dramatisches Lebensbild in 6 Aufzügen [ohne Frauenrolle] v. Jos. Becks. (31 S.) — 60

143 Der gemüthliche Hausdiener. Posse m. Gesang in 1 Aufzuge v. W. Kayser. (24 S.) — 60

144. Ländlich sittlich. Lustspiel in 3 Akten v. Jos. Becks. (16 S.) — 60

145. Die Ritter v. Rabenstein u. Falkenhorst. Ritterschauspiel m. Gesang in 5 Aufzügen v. Wilh. Kayser. (76 S.) — 90

146. Ueber den Löffel barbiert. Jägerschwank in 3 Aufzügen v. N. Beuerarius. (14 S.) — 50

147. „Mir nichts, Dir nichts." Lustspiel in 4 Akten v. Jos. Becks. (24 S.) — 50

148. Dünnbein u. Knickebein od. die verhängnißvolle Katze. Posse in 1 Aufzuge v. Wilh. Kayser. (19 S.) — 50

149. 5 Tage strengen Arrest. Lustspiel in 1 Akte nach e. Humoreske v. Ph. Laicus. Für die Bühne bearb. v. J. Boventer. (32 S.) — 50

150. Der verstoßene Vater od. die Grafen v. Kickeritz. Lebensbild in 1 Aufzuge v. Wilh. Kayser. (24 S.) — 50

— kleines. [Familien- u. Vereins-Theater.] Nr. 1a, 2, 14, 15, 18a, 18b, 19, 26, 29, 31, 37, 39, 42, 45, 56, 57, 70, 78, 89, 90, 112, 114, 116, 134, 151—191. 8. Paderborn 887—890. Kleine. 39. 15

Inhaltsübersicht in alphabet. Ordnung:

Becks, J., „Eile m. Weile". Militärischer Schwank in 1 Akt. (15 S.) (Nr. 151.) — 50

— im Dunkeln ist gut munkeln. Schwank in 1 Akt. 2. Aufl. (16 S.) (Nr. 45.) — 45

— der ägyptische Joseph. Biblisches Schauspiel in 5 Akten. (59 S.) (Nr. 180.) — 60

— Itzig im Faß, s.: Kayser, W., die erste Exerzierstunde.

— „der Krug geht so lange zum Bach, bis er bricht". Lustspiel in 4 Akten [ohne Frauenrollen]. (22 S.) (Nr. 172.) — 50

— viel Lärm um Nichts. Lustspiel in 2 Akten. (15 S.) (Nr. 187.) — 50

— Lügen haben kurze Beine. Lustspiel in 2 Akten. (16 S.) (Nr. 190.) — 50

Berberich, J., das Leiden u. die Auferstehung Jesu Christi. Ein Passionsspiel m. Gesang u. lebenden Bildern in 10 Aufzügen. (64 S.) (Nr. 186.) — 75

Bertram, R., dein Sohn wird mein Rächer sein. Schauspiel in 3 Akten. Autoris. freie Bearbeitg. nach M. E. Levêque. 2. Aufl. (40 S.) (Nr. 89.) — 60

Beuerarius, U. L., die Bürgermeister-Wahl. Lustspiel in 3 Akten. Nach W. v. Münich bearb. (15 S.) (Nr. 162.) — 50

Boventer, J., das verlorene Stichwort. Lustspiel in 1 Akt [nach e. Humoreske]. (32 S.) (Nr. 165.) — 60

Boylesve, M. de, Ludwig IX., der Heilige. Schauspiel in 3 Akten m. Zwischenchören. Aus dem Franz. nach der 4. Aufl. m. Genehmigg. d. Verf. übers. v. L. U. B. 2. Aufl. (32 S.) (Nr. 29.) — 75

— die Machabäer. Biblisches Schauspiel m. Chören in 3 Akten. Aus dem Franz. nach der 3. Aufl. d. Originals m. Genehmigg. d. Verf. übers. v. L. A. Balzer. Autoris. deutsche Ausg. 2. Aufl. (47 S.) (Nr. 26.) — 75

Claus, F., Itzick Veit. Orig.-Schwank in 4 Akten. (31 S.) (Nr. 175.) — 50

— der Wucherer. Tragikomisches Lustspiel in 5 Aufzügen. 12. (54 S.) (Nr. 57.) — 90

Froehlig, B., Johann der muntere Seifensieder. Lustspiel in 1 Akt. (24 S.) (Nr. 153.) — 50

Hagen, W. vom, Peter in der Fremde. Lustspiel in 4 Aufzügen. (38 S.) (Nr. 161.) — 50

Hasert, R., Josef u. seine Brüder. Schauspiel in 5 Aufzügen. Neue (Titel-)Ausg. (79 S.) (Nr. 158a.) — 75

Hollmann, B. A., Hurrah, die Franzosen! od. Ehrlich währt am längsten. Schwank in 1 Akt, nach e. alten Muster bearb. (23 S.) (Nr. 181.) — 50

Kayser, W., die Beatushöhle. Ritterschauspiel m. Gesang in 7 Bildern. Nach der bekannten u. allbeliebten Volkserzählg. frei bearb. (96 S.) (Nr. 167.) 1. 20

— die beiden Brüder od. Bauer u. Musikant. Lebensbild in 1 Aufzuge. (32 S.) (Nr. 152.) — 50

— Georg Johann Drüppel im Verhör. Posse m. Gesang in 1 Aufzuge. 2. Aufl. (31 S.) (Nr. 114.) — 60

— die Einquartierung od. der wiedergefundene Sohn. Genre-Bild m. Gesang in 1 Aufzuge. (40 S.) (Nr. 154.) — 50

— die erste Exerzierstunde. Posse in 1 Aufzuge. — Itzig im Faß. Gereimtes Erlebniß v. e. geleimten Juden v. Becks. gr. 8. (16 S.) (Nr. 70.) — 50

— die heilige Genovefa. Volks-Schauspiel in 8 Abtheilgn. (85 S.) (Nr. 156.) — 90

— Gregor der Große. Schauspiel in 3 Abthlgn. m. 6 leb. Bildern. (75 S.) (Nr. 191.) 1. 20

— der Baron v. Haben od. e. gute, alte, treue Seele. Volksstück in 2 Aufzügen. (24 S.) (Nr. 189.) — 50

— „Lumen de coelo" od. vier Tage aus dem Leben d. hl. Vaters Leo XIII. Schauspiel in 4 Aufzügen m. leb. Bildern u. Gesang. (48 S.) (Nr. 170.) 1. —

— Meister Martin od. Gott segnet das ehrbare Handwerk. Schauspiel in 4 Aufzügen. (52 S.) (Nr. 1a.) — 60

— O, du mein Mukkelchen! Lebensbild in 3 Aufzügen. (38 S.) (Nr. 158.) — 60

— der Sanitätsrath od. die beiden Dorfbarbiere im Badeorte. Posse in 1 Aufzuge. (14 S.) (Nr. 18a.) — 45

— die gerettete Schatulle. Genrebild in 1 Aufzuge. (31 S.) (Nr. 19.) — 50

— ein toller Streich, od.: Er ist Baron u. ahnt es nicht. Posse in 1 Aufzuge. (20 S.) (Nr. 188.) — 50

— starker Tabak. Komische Gerichtsscene in 1 Aufzuge. (22 S.) (Nr. 171.) — 50

— die Thräne, od. Das ist Geschäftsprincip. Schauspiel in 3 Aufzügen. (31 S.) (Nr. 178.) — 50

— Wirrwarr od. das verlorene Testament. Lustspiel in 1 Aufzuge. 2. Aufl. (36 S.) (Nr. 90.) — 75

— der betrogene Wirth. Lustspiel in 1 Act. Es bleibt beim Alten. Lustspiel in 1 Act. 2. Aufl. (32 S.) (Nr. 42.) — 50

Kiefer, W., ein Herzfehler. Lustspiel in 2 Aufzügen. (20 S.) (Nr. 164.) — 50

Knie, F., der Kolonialschwärmer. Posse in 3 Akten. (16 S.) (Nr. 183.) — 60

Kubus, H., Kasperl in Kamerun od. der Darwinaffe. Kulturhistorisches Drama in 4 Aufzügen. Unter Benutzg. d. „Komödienbüchlein" v. Pocci bearb. (31 S.) (Nr. 157.) — 50

Lagemann, C. D., dat aule Molkenschapp. 'ne Buern-Kameedige in 1 Uptaog. (36 S.) (Nr. 14.) — 75

Lauf, E., der Hochzeitskater. Nach e. Erzählg. v. Alw. Römer als Lustspiel in 3 Aufzügen [ohne Frauenrollen] in Scene gesetzt. (15 S.) (Nr. 73.) — 50

Laven, G., König Olaf. Schaustück in 4 Akten. (48 S.) (Nr. 185.) — 75

Lehnen, L., Ave Maria! Drei Episoden aus dem Leben e. span. Rebellenführers. Ein religiöses Schauspiel m. Musik u. Gesang. Nach e. histor. Begebenheit aus Spaniens Geschichte. (30 S.) (Nr. 179.) — 60

Löhr, J., Schwindel üb. Schwindel. Lustspiel in 2 Akten. (31 S.) (Nr. 116.) — 50

Ludwig, N., die Republik. Lustspiel in 5 Akten. Nach W. v. Münich m. dessen Genehmigg. bearb. (24 S.) (Nr. 15.) — 50

Müller-Holzmann, W., der Eremit v. Gauting od. das erste Heirathsgesuch. Lustspiel in 3 Aufzügen. (32 S.) (Nr. 112.) — 60

München, G., Bauer u. Polizei. Schwank in 1 Aufzuge. (24 S.) (Nr. 2.) — 50

Nöhles, H., der Bauer im Bade, od. Durch Schaden wird man klug. Lustspiel in 1 Aufzuge. (23 S.) (Nr. 169.) — 50

Pansa, E., u. K. Pauli, der Scheidungsgrund. Schwank in 1 Akt. gr. 8. (16 S.) (Nr. 184.) — 50

Pauli, K., die verhängnißvolle Skatpartie. Schwank in 1 Akt. (15 S.) (Nr. 56.) — 50

Ranold, B., das liebe Christkind ist das Heil der Kinder. Weihnachtsspiel. (15 S.) (Nr. 182.) — 50

— Jugenddramen f. Töchterschulen. [Die Banknoten. Die kleine Großmama. Das Gärtnermädchen. Die Frau Doktorin. Im Spittel.] (93 S.) (Nr. 173.) geb. 1. 50

Reinhold, D., der Stern aus Jacob. Ein Weihnachtsspiel in 3 Akten. 1. u. 2. Aufl. (32 S.) (Nr. 174.) — 50

Remmo, L., die Amtseinführung d. Schulzen. Lustspiel in 1 Akt. (16 S.) (Nr. 160.) — 50

— unliebsame Verwechselungen. Lustspiel in 1 Akt. (16 S.) (Nr. 159.) — 50

Ritzerfeld, J., der Bürgermeister v. Sardam od. Czar u. Zimmermann. Lustspiel in 3 Akten aus dem Franz. (38 S.) (Nr. 176.) — 50

— Franzesco Carrara. Drama in 3 Akten. Aus dem Franz. (36 S.) (Nr. 177.) — 50

Rzepka, R., die unverhofft Verlobten. Lustspiel in 2 Aufzügen. (16 S.) (Nr. 155.) — 50

Allg. Bücher-Lexikon. XXVI. Band. (X. Supplement-Band 2

Schulte-Erwitte, H., Pappendeckel od. die Capitulation v. Sedan. Heitere patriot. Komödie m. Gesang. (35 S.) (Nr. 166.) — 50

Steinhauer, J., die Gouvernante. Komisches Charakterbild in 2 Aufzügen. (16 S.) (Nr. 134.) — 50

Steinheuer, H., der Steckbrief. Lustspiel in 1 Akt. (15 S.) (Nr. 168.) — 50

Stempel der Jüngere, A. A. van der, ohne Geld auf Reisen od. das Abenteuer zweier Hilfslehrer. Lustspiel in 1 Aufzuge. Deutsch v. Clem. Bauer. 3. Aufl. (20 S.) (Nr. 31.) — 45

— die Militairpflichtigen od. der schlaue Feldwebel. Lustspiel in 1 Akt. Deutsch v. Clem. Bauer. 2. Aufl. (20 S.) (Nr. 39.) — 45

Sturm, P., Hans Dusel vor dem Standesamte. Komische Scene in 1 Akt. 3. Aufl. (16 S.) (Nr. 18b.) — 45

Thamm, P., wenn man liegt. Lustspiel in 1 Akt. Nach e. Novelle v. H. Arnold [m. Autoris. d. Verf.] bearb. (22 S.) (Nr. 168.) — 60

Weber, C., der Besuch beim Lieutenant. Posse in 2 Akten. 2. Aufl. (22 S.) (Nr. 37.) — 45

Theater, kleines. (Familien- u. Vereinstheater.) Nr. 1, 3, 10, 14, 21, 32, 38, 39, 41, 42, 46, 47, 53, 55, 62, 67, 68, 78, 83, 89, 90, 94, 96, 109, 135, 139, 143, 179, 192—223. 12. Paderborn, B. Kleine. n. 36. 50

Inhaltsübersicht in alphabetischer Ordnung:

Bauer, Clem., Herr Schwamm, der Heirathskandidat. Lustspiel in 1 Akt. Deutsch. 2. Aufl. (16 S.) 892. (Nr. 83.) — 45

Beck, Ch., die Tante wird bekehrt. Lustspiel in 3 Akten f. weibl. Lehranstalten. (24 S.) 894. (Nr. 211.) — 50

Becks, Jos., „Aller Anfang ist schwer." Lustspiel in 4 Akten. (20 S.) 891. (Nr. 198.) — 50

— „Die Dummen werden nie all'." Lustspiel in 2 Akten (ohne Frauenrollen). 2. Aufl. (15 S.) 893. (Nr. 53.) — 45

— Heute mir, morgen dir. Lustspiel in 2 Akten. 3. Aufl. (24 S.) 894. (Nr. 65.) — 50

— Wer nicht hören will, muß fühlen. Lustspiel in 2 Akten. 2. Aufl. (24 S.) 893. (Nr. 96.) — 45

— „Kleider machen Leute." Schwank in 1 Akt. 3. Aufl. (15 S.) 894. (Nr. 47.) — 50

Bernhard, P., die Geburt Christi. Ein Weihnachtsspiel in 4 Aufzügen. (15 S.) 891. (Nr. 21.) — 50

Bertram, Rich., dein Sohn wird mein Rächer sein. Schauspiel in 3 Akten. Autoris. freie Bearbeitg. nach M. C. Levêque. 3. Aufl. (32 S.) 892. (Nr. 85.) — 60

Boventer, J., der verhängnisvolle Koffer. Lustspiel in 1 Akt, nach e. Humoreske von v. Winterfeld bearb. (53 S.) 894. (Nr. 216.) — 75

— du trägst die Pfanne fort! Posse in 1 Akt (bearb. nach Fr. Reuter). 2. Aufl. (15 S.) 893. (Nr. 109.) — 45

— Sergeant Wupdich od. e. Spinnchen am Abend. Militärischer Schwank in 4 Aufzügen. (56 S.) 893. (Nr. 209.) — 60

Brill, P., Quentin Durward. Schauspiel aus der Zeit Ludwigs XI. in 6 Bildern. Nach Walt. Scotts gleichnam. Roman bearb. (61 S.) 894. (Nr. 214.) — 75

Claus, Fritz, Pietro, der Wilderer. Volksstück in 5 Akten. (32 S.) 893. (Nr. 205.) — 50

Dietrich, Heinr., die Heirathskandidaten. Lustspiel m. Gesang in 4 Aufzügen. 2. Aufl. (31 S.) 892. (Nr. 62.) — 45

Eschelbach, Hans, Veritas! Dramatische Bibelscene. (Mit Komposition v. P. Piel.) (62 S.) 891. (Nr. 125.) — 75

Faust, Jos., das Weihnachtsfest e. armen Waisenkindes. Ein Weihnachtsspiel f. die weibl. Jugend in 4 Aufzügen. (40 S.) 891. (Nr. 197.) — 50

— Weihnachtsspiel f. Kinder. Die Verkündigg., Herbergsuchg. u. Geburt Jesu. (31 S.) 893. (Nr. 208.) — 50

Greinelser, M. T., eine goldene Hochzeit. Schwank in 1 Akt. (30 S.) 894. (Nr. 221.) — 50

Grubert, Otto, aus vergangenen Tagen. Orig.-Posse m. Gesang in 2 Akten u. e. Festspiel: „Am Johannistage". (45 S.) 891. (Nr. 219.) — 50

Holländer, B., ein Christabend od. der Findling. Weihnachtsstück in 1 Akt. Nach e. Erzählg. v. H. A. Keiser bearb. (14 S.) 892. (Nr. 201.) — 50

Hüttemann, Adf., Sankt Patroklus. Schauspiel in 4 Akten m. Zwischenchören u. e. leb. Bilde. (61 S.) 894. (Nr. 220.) 75

Joseph in Aegypten od. der Triumph der Unschuld. Leicht aufführbares Theaterstück in 5 Aufzügen. Verf. v. e. geistl. Präses d. kathol. Gesellen-Vereins. (40 S.) 892. (Nr. 200.) — 90

Kayser, Wilh., der Festtags-Freund. Eine Sammlg. heiterer u. ernster Gedichte, kom. Vorträge u. kleiner Theaterstücke. (296 S.) 894. (Nr. 213.) Geb. in Leinw. 1. 80

— eine Geduldprobe od. der verwechselte Offiziersbursche. Posse in 1 Aufzuge. 2. Aufl. (47 S.) 892. (Nr. 135.) — 60

— das Gnadenbild im Walde od. St. Joseph, unser Schutzpatron. Ritterschauspiel m. Gesang in 3 Aufzügen. (56 S.) 894. (Nr. 217.) — 60

— der Hexenmeister od. die Dummen werden nicht alle. Lustspiel in 2 Aufzügen. (22 S.) 890. (Nr. 68.) — 50

— der dumme Joseph. Komisches Lebensbild in 4 Aufzügen. 2 Aufl. (39 S.) 894. (Nr. 94.) — 75

— der gemüthliche Hausdiener. Posse m. Gesang in 1 Aufzuge. 2. Aufl. (24 S.) 894. (Nr. 143.) — 60

— die Lästerzunge od. die verwechselten Morgenhauben. Ländliche Scene in 1 Aufzuge. (16 S.) 891. (Nr. 193.) — 50

— das Namenstagsgeschenk od. der fatale Affe. Posse in 1 Aufzuge. (16 S.) 892. (Nr. 199.) — 50

— die Ostereier. Ritterschauspiel m. Gesang in 5 Aufzügen, nach der gleichnam. Erzählg. frei bearb. (63 S.) 891. (Nr. 196.) — 90

— der Räsonör od. der Schneider als Bürgermeister auf Probe. Schwank in 2 Aufzügen. (24 S.) 891. (Nr. 194.) — 50

— Lutz v. Rothenburg od. Nazaräer, du hast gesiegt! Ritterschauspiel in 4 Aufzügen. (31 S.) 894. (Nr. 218.) — 50

— der treue Valentin. Lebensbild in 4 Aufzügen. Nach Ferd. Raimunds Orig.-Zaubermärchen „Der Verschwender" f. die Dilettanten-Bühne frei bearb. (59 S.) 894. (Nr. 215.) — 75

— Wirrwarr od. das verlorene Testament. Lustspiel in 1 Aufzuge. 3. Aufl. (35 S.) 892. (Nr. 90.) — 75

— der betrogene Wirth. Lustspiel in 1 Akt. Es bleibt beim Alten. Lustspiel in 1 Akt. 3. Aufl. (32 S.) 893. (Nr. 42.) — 50

— 1. Der erste Zank. Lustspiel in 1 Akt. 2. Der Flurschütze Tieri od. kleine Ursachen, große Wirkungen. Posse in 1 Aufzuge. (23 S.) 892. (Nr. 139.) — 50

— Zriny. Trauerspiel in 5 Akten. Für die Dilettanten-Bühne nach Th. Körner, ohne Frauenrollen, frei bearb. (15 S.) 891. (Nr. 222.) — 90

Kiefer, Wendelin, der Wunderdoktor. Schwank in 1 Aufzuge. 2. Aufl. (38 S.) 892. (Nr. 76.) — 45

Knie, Ferd., die rothe Fahne. Schauspiel m. Gesang in 5 Aufzügen. (45 S.) 893. (Nr. 206.) — 50

Lehnen, Ludw., Ave Maria! Drei Episoden aus dem Leben e. span. Rebellenführers. Ein religiöses Schauspiel m. Musik u. Gesang. Nach e. histor. Begebenheit aus Spaniens Geschichte. 2. Aufl. (31 S.) 893. (Nr. 179.) — 60

— Martha. Lustspiel in 3 Aufzügen m. Gesangeinlagen aus der Oper „Martha od. der Markt zu Richmond". (18 S.) 891. (Nr. 212.) — 50

Leonard, ein Unglücksvogel. Lustspiel in 1 Akt. Frei nach dem Holl. v. Clem. Bauer. 3. Aufl. (21 S.) 893. (Nr. 10.) — 50

Lorenz, Carl, das Schinkenfrühstück. Lustspiel in 1 Aufzuge. (19 S.) 894. (Nr. 223.) — 50

Meinhardt, Rob., Kronprinz Josef II. im Riesengrunde. Historisches Schauspiel in 2 Aufzügen. Nach e. Erzählg. v. J. Proschko. Für die Bühne bearb. (20 S.) 893. (Nr. 204.) — 50

— die Räuber auf Maria-Kulm od. die Macht des Glaubens. Historisches Schauspiel aus der böhm. Geschichte des 14. Jahrh. in 5 Akten. Nach dem alten Cuno'schen Werke bearb. (47 S.) 893. (Nr. 263.) — 60

Münch, H. H., der verlorene Sohn. Biblisches Schauspiel in 5 Aufzügen. Mit e. Musikbeilage. (Ohne Frauenrollen.) 2. Aufl. (28 S.) 892. (Nr. 46.) — 45

Norrenberg, P., lustiges Declamationsbüchlein f. Mädchen. Gesammelt. 1. Bdchn. 2. Aufl. (IV, 268 S.) 894. (Nr. 32.) Kart. n. 1. 50

Pauli, Karl, das Skelett im Hause. Lustspiel in 1 Akt nach Frdr. Spielhagen. Autoris. Bearbeitg. (35 S.) 893. (Nr. 210.) — 50

Ritzerfeld, M. Jos., der verlorene Sohn. Biblisches Drama in 5 Akten. (16 S.) 891. (Nr. 195.) — 50

Rüdiger, F., angenehme Gäste. Lustspiel nach e. Novelle v. Hans Arnold. Mit Genehmigg. d. Verf. bearb. gr. 8. (24 S.) 890. (Nr. 67.) — 60

Schumacher, Hub., der Dorfbürgermeister. Posse in 1 Akt. 5. Aufl. (16 S.) 891. (Nr. 3.) — 45

Schwaab, Gust., de schwatten Pocken. Plattdeutsches Lustspiel in 1 Akt (westfäl. Mundart). (16 S.) 893. (Nr. 207.) — 50

Stempel, der Jüngere, A. A. v. der, die Militärpflichtigen od. der schlaue Feldwebel. Lustspiel in 1 Akt. Deutsch v. Clem. Bauer. 3. Aufl. (16 S.) 892. (Nr. 39.) — 45

Sturm, Pet., Meister Gottfried od. Gott segnet das ehrbare Handwerk. Schauspiel in 4 Akten nebst Prolog. 3. Aufl. (64 S.) 894. (Nr. 1.) — 60

— die schönste Rose od. das Recht gewinnt den Sieg. Tragikomisches Lebensbild in 5 Akten. 2. Aufl. (64 S.) 891. (Nr. 14.) — 75

Tage, drei, aus dem Leben e. Verschwenders. Lebensbild in 3 Akten. Nebst e. Vorspiel: Schnitzen-Hochzeit. Schauspiel in 1 Akt v. e. kathol. Pfarrer der Mark. 2. Aufl. (72 S.) 891. (Nr. 41.) — 75

Weber, C., hier sind möblirte Zimmer zu vermiethen od. in Verlegenheit. Lustspiel in 1 Akt. 2. Aufl. (15 S.) 891. (Nr. 38.) — 45

Wieman, Al., Alexius, der verborgene Edelstein. Drama in 2 Aufzügen. Für kleinere Bühnen vollständig umgearb. v. Jos. Faust. (51 S.) 892. (Nr. 202.) — 75

— kleines. (Familien- u. Vereinstheater.) Nr. 7. 11. 18. 24. 33. 37. 39. 44. 48. 51. 55. 61. 65. 78. 81. 84. 89. 90. 92. 103. 104. 114. 121—123. 127. 130—132. 135. 137. 145. 151. 152. 156. 157. 163. 171. 179. 180. 186. 188. 197. 203. 217. 224—280. 248 (2. Aufl.) u. 267 (2. Aufl.) 12. Paderborn, B. Kleine. 66. 30

Inhaltsübersicht in alphabetischer Ordnung:

Becks, Jos., Alter schützt vor Thorheit nicht. Lustsp. in 3 Akten. 2. Aufl. (27 S.) 895. (Nr. 78.) — 60

— Blinder Eifer schadet nur. Studenten-Schwank in 7 Aufzgn. (ohne Frauenrollen). 2. Aufl. (22 S.) 896. (Nr. 103.) — 50

— Ehrlich währt am längsten. Schausp. in 4 Akten. — Ende gut, Alles gut. Schwank in 1 Akt. 3. Aufl. (20 u. 9 S.) 895. (Nr. 24.) — 50

— „Eile m. Weile". Militär. Schwank in 1 Akt. 2. Aufl. (13 S.) 896. (Nr. 151.) — 50

— Ende gut, Alles gut, s.: Becks, Jos., Ehrlich währt am längsten.

— Gottes Mühlen mahlen langsam, aber sicher. Schauspiel in 4 Akten (ohne Frauenrollen). 2. Aufl. (23 S.) 896. (Nr. 61.) — 60

— Heute mir, morgen dir. Lustsp. in 2 Akten. 4. Aufl. (24 S.) 897. (Nr. 55.) — 50

— der ägyptische Joseph. Bibl. Schausp. in 5 Akten. 2. Aufl. (67 S.) 897. (Nr. 180.) — 60

— Lustig ist d. Jägerei. Schwank ohne Frauenrollen in 3 Akten. (Aus d. J. 1848.) 2. Aufl. (24 S.) 895. (Nr. 104.) — 50

— wie du mir, so ich dir. Lustsp. in 2 Akten. 2. Aufl (20 S.) 898. (Nr. 81.) — 50

— Wurst wider Wurst. Schwank in 5 Akten. (Ohne Frauenrollen.) 3. Aufl. (16 S.) 895. (Nr. 51.) — 50

— die X-Strahlen od. Herr Röntgen bringt es an den Tag. Schwank m. Gesang in 1 Akt. (15 S.) 896. (Nr. 241.) — 50

Berberich, J., das Leiden u. d. Auferstehg. Jesu Christi. E. Passionsspiel m. Gesang u. leb. Bild. in 10 Aufzgn. 2., verb. Aufl. (64 S.) 896. (Nr. 186.) — 75

Berner, Else, Pariser Hüte. Lustspiel m. Gesang nach bekannten Melodien. 1 Akt in 2 Bildern. Für d. reifere weibl. Jugend. (39 S.) 894. (Nr. 224.) — 60

Bertram, Mich., dein Sohn wird mein Rächer sein. Schausp. in 3 Akten. Autoris. freie Bearbeitg. nach M. E. Levêque. 4. Aufl. (40 S.) 895. (Nr. 89.) — 60

— die reiche Tante. Lustspiel in 3 Akten, nach d. Franz. v. Levêque. 3. Aufl. (52 S.) 895. (Nr. 33.) — 50

Bildschnitzer, der dicke, od. das Non plus ultra d. Vergeßlichkeit. Lustsp. in 3 Akten. Nach e. Novelle der „Fliegenden Blätter" dramat. bearb. v. A. W. (48 S.) 896. (Nr. 263.) — 60

Bonn, Ferd., aus Händels Jugend. Lustsp. in 1 Akt. 3. Aufl. (20 S.) 897. (Nr. 255.) — 50

— „der Tilly kommt". Schwank in 3 Aufzgn. 3. Aufl. (50 S.) 897. (Nr. 259.) — 60

Bourset, A., humorist. Vorträge in Prosa. (138 S.) 897. (Nr. 276.) 1.20

Boventer, J., Hansjörg, d. Findling. Lustsp. in 1 Akt. Nach d. Holl. bearb. 2. Aufl. (30 S.) 897. (Nr. 131.) — 50

— der geprellte Jude. Lustsp. in 3 Aufzgn. 2. Aufl. (35 S.) 896. (Nr. 127.) — 60

Dengler, G., der Alpenkönig u. d. Menschenfeind. Zaubersp. in 3 Akten. Umgearb. nach Ferd. Raimund. (Musik comp. v. M. Haller.) 2. Aufl. (62 S.) 897. (Nr. 247.) — 80; Klavierauszug. gr. 4. (29 S.) 3.—

— der Bauer als Millionär. Romant. Schausp. m. Gesang in 5 Aufzgn. nach Ferd. Raimund bearb. Musik v. Jos. Drexler. 2. Aufl. (36 S.) 897. (Nr. 248.) — 60; Klavierauszug. gr. 4. (29 S.) 3.—

— dasselbe, s. a.: Raimund, F.

— Berliner Blech. Schwank in 1 Akt. Nach Moser umgearb. (36 S.) 896. (Nr. 250.) — 50

Partitur m. Klavierbegleitg. u. 4 Stimmen. (8 u. 7 S.) 2.50

— der Diamant d. Geisterkönigs. Zauberdrama in 4 Aufzgn. (Nach Raimund.) 2. Aufl. (38 S.) 896. (Nr. 246.) — 50; Partitur m. Clavierbegleitg. gr. 4. (7 S.) 1.50

— das verhexte Fremdenzimmer im Gasthof zur gold. Gans. E. Fastnachtsschwank in 1 Akt. (30 S.) 896. (Nr. 268.) — 60

— die Gesellschaftsdame u. Kammerjungfer. Lustsp. m. Gesang in 3 Akten. (50 S.) 896. (Nr. 252.) — 80; Partitur m. Clavierbegleitg. gr. 4. (4 S.) 1.—

Boventer, J., d. fehlende Knopf, s.: Boventer, J., Träume sind Schäume.

— im fremden Revier. Schwank in 2 Aufzgn. 2. Aufl. (16 S.) 896. (Nr. 121.) — 50

— Träume sind Schäume. Schwank in 3 Aufzügen. 2. Aufl. (36 S.) — Der fehlende Knopf. Dramat. Bild aus d. Soldatenleben. Nach e. Erzählg. bearb. 2. Aufl. (8 S.) 896. (Nr. 122.) — 60

Bullerkotte, C., des Glaubens Sieg. Religiöses Schausp. in 4 Akten u. 6 Aufzgn. m. Musik, Gesang u. leb. Bild. m. Deklamationen. (Musik v. B. Sengelhoff.) (66 S.) 896. (Nr. 271.) — 75

— die Gratulation z. Namenstag. Kom. Scene in 1 Akt nach J. B. Moser umgearb. 2. Aufl. (19 S.) 896. (Nr. 258.) — 50

— Kasperl ist überall. Schattenspiel m. Musik, nach Pocci bearb. 3. Aufl. (22 S. m. 7 Bild.) 897. (Nr. 249.) — 50; Partitur m. Clavierbegleitg. gr. 4. (8 S.) 1.50

— das lieberl. Kleeblatt. Umarbeitg. d. Nestroy'schen „Lumpazivagabundus", m. Auslassg. d. weibl. Rollen. Posse in 5 Aufzgn. m. Gesang. 2. Aufl. (53 S.) 896. (Nr. 251.) — 60; Partitur m. Clavierbegleitg. v. Adf. Müller. gr. 4. (22 S.) 2.50

— drei Lebenswege. Ein Charakterbild in 5 Aufzgn. 2. Aufl. (46 S.) 897. (Nr. 270.) — 80

— die Organe d. Gehirns. Lustsp. in 2 Akten. 2. Aufl. (33 S.) 897. (Nr. 264.) — 50

— Sauere Nierln. Militärhumoreske in 1 Akt, frei nach Selbitz. 4. (20 autogr. S.) 897. (Nr. 267.) — 50

— dasselbe, 2. Aufl., s. a.: Lecharron.

— der Sekretär u. Bediente. Lustspiel m. Gesang in 3 Aufzgn. (55 S.) 896. (Nr. 253.) — 60

— sie hört nicht. Schwank in 1 Akte. 2. Aufl. (15 S.) 896. (Nr. 269.) — 50

— ein paar Stunden d. Wahrheit. Schausp. in 1 Akte. 2. Aufl. (23 S.) 897. (Nr. 261.) — 50

— der Verschwender. Lebensbild m. Gesang in 3 Akten (5 Aufzügen). Nach d. gleichnam. Raimund'schen Drama m. Auslassung d. Frauenrollen umgearb. 4. Aufl. (59 S.) 898. (Nr. 245.) — 90; Klavierauszug. 4. (23 S.) 3.—

— wenn er nicht närrisch ist, so wird er's. Spaß in 1 Akt. 2. Aufl. (36 S.) 896. (Nr. 257.) — 50

— der Wildschütz od. Der Bader auf d. Gemsenjagd. Lustsp. in 3 Aufzgn. Nach e. oberbayer. Charakterbilde Frz. Kaisers bearb. 2. Aufl. (35 S.) 898. (Nr. 254.) — 60

— ein Wucherer als Vater. Lustsp. in 1 Akte. 2. Aufl. (27 S.) 897. (Nr. 265.) — 50

Esch, Pet., David u. Saul. Bibl. Schauspiel m. Gesang in 5 Akten u. in 7 Aufzgn. (20 S.) 895. (Nr. 48.) — 50

Eschelbach, Hans, lebende Bilder zu religiösen Festen. (198 S.) 896. (Nr. 230.) 2.—

— leichte Vorträge in Poesie u. Prosa. (191 S.) 896. (Nr. 226.) 1.20

— dasselbe. 2. Bd. (182 S.) 897. (Nr. 279.) 1.20

Faust, Jos., das Weihnachtsfest e. Waisenkindes. E. Weihnachtssp. in 5 Aufzgn. f. d. weibl. Jugend. 2., verm. u. verb. Aufl. (62 S.) 896. (Nr. 197.) — 50

Frölich, Ed., „Henriette" od. e. letzter Kampf. Drama in 1 Akt. (33 S.) 896. (Nr. 240.) — 60

— die Turner im Olymp. Festsp. Vater Jahn od. Götter u. Helden. Große Allegorie. Huldigg. f. Vater Jahn. Mit leb. Bildern. (8, 8 u. 6 S.) 897. (Nr. 278.) — 60

— der Weihnachtsbrief. Christnacht-Zauber. Wohlthun bringt Zinsen. 3 Weihnachtssp. (11, 10, u. 7 S.) 896. (Nr. 232.) — 60

Goß, Ant., Ritter Kuno v. Drachenstein. d. Geisterseher. Ritterl. Trauer-, Schauer- u. Geistersp. in 3 Akten. Musik von Clement Fauner. 2. Aufl. (32 S.) 897. (Nr. 266.) — 60; Klavierauszug. gr. 4. (29 S.) 3.—

Jacobs, A., der letzte Ferientag od. „Studentenstreiche". Lustsp. in 3 Aufzgn. 3. Aufl. (27 S.) 895. (Nr. 65.) — 50

Janssen, C., Hartmann v. Siebeneichen od. Deutsche Treue. Drama in 2 Aufzgn. (34 S.) 896. (Nr. 238.) — 60

Kayser, Wilh., auf der Wacht, s.: Kayser, W., ein Stündchen b. Hauptmann Trapp.

— die beiden Brüder od. Bauer u. Musikant. Lebensbild in 1 Aufzuge. 3. Aufl. (32 S.) 898. (Nr. 152.) — 50

— Georg Johann Drüppel im Verhör. Posse m. Gesang in 1 Aufz. 3. Aufl. (28 S.) 896. (Nr. 114.) — 60

— eine Geduldprobe od.: Der verwechselte Offiziersbursche. Posse in 1 Aufz. 3. Aufl. (47 S.) 896. (Nr. 135.) — 60

— die hl. Genovefa. Volks-Schausp. in 8 Abthlgn. 2., durchgeseh. Aufl. (69 S.) 896. (Nr. 156.) 1.20

— Gloria in excelsis Deo. Großes Weihnachtsstück m. leb. Bildern u. Gesang in 4 Aufzgn. (78 u. Musikbeilage 4 S.) 896. (Nr. 231.) 1.20

Kayser, Wilh., das Gnadenbild im Walde od. St. Joseph, unser Schutzpatron. Ritterschausp. m. Gesang in 3 Aufzgn. 2., u. umgearb. Aufl., besorgt von J. Boventer. (43 S.) 896. (Nr. 217.) — 60

— die Hexe vom Karrenberge, od. d. Tugend siegt, d. Laster unterliegt. Ritterschausp. m. Gesang in 10 Bild. Frei bearb. nach der gleichnam. Erzählg. vom Verf. d. Beatushöhle. (119 S.) 895. (Nr. 235.) 1.20

— das gestörte Jawort od.: Ist die Noth am größten, ist die Hülfe am nächsten. Schausp. in 2 Aufzgn. 2. Aufl. (71 S.) 896. (Nr. 44.) — 75

— Kanut, od. Gelübde u. Schwur. Ritterschausp. m. Gesang in 4 Aufzgn. 2., verb. Aufl. (56 S.) 895. (Nr. 84.) — 75

— Leonore od. d. bekehrte Geizhals am hl. Weihnachtsfeste. Posse in 3 Aufzgn. 2. Aufl. (44 S.) 897. (Nr. 137.) — 60

— die Ritter v. Rabenstein u. Falkenhorst. Ritterschausp. m. Gesang in 5 Aufzgn. 2. Aufl. (79 S.) 897. (Nr. 145.) — 90

— ein toller Streich od. Er ist Baron u. ahnt es nicht. Posse in 1 Aufz. 2. Aufl. (22 S.) 897. (Nr. 188.) — 50

— ein Stündchen bei Hauptmann Trapp. Kom. Scene in 1 Aufz. — Auf d. Wacht. Kom. Scene in 1 Aufz. (24 S.) 896. (Nr. 227.) — 50

— starker Tabak. Kom. Gerichtsscene in 1 Aufz. 2. Aufl. (23 S.) 897. (Nr. 171.) — 50

— Vorbedeutungen. Posse in 1 Aufz. (24 S.) 896. (Nr. 234.) — 50

— Wirrwarr od. das verlorene Testament. Lustsp. in 1 Aufz. 4. Aufl. (37 S.) 897. (Nr. 90.) — 75

Kiefer, Wendelin, der blamierte Lakai. Schwank in 1 Aufz. 2. Aufl. Hans Dusel vor d. Standesamte. Kom. Scene in 1 Akt v. P. Sturm. 4. Aufl. (23 S.) 896. (Nr. 18.) — 60

Kubus, H., Kasperl in Kamerun od. d. Darwinaffe. Kulturhistor. Drama in 4 Aufzgn. Unt. Benutzg. des „Komödienbüchlein" v. Pocci bearb. 2. Aufl. (31 S.) 896. (Nr. 157.) — 50

Lecharron, Georges, sauere Nierln. Militärhumoreske in 1 Akte (nach Selbitz). 2. Aufl. (19 S.) 896. (Nr. 267.) — 50

— dasselbe, s. a.: Dengler, G.

Lehnen, Ludw., Ave Maria! Drei Episoden aus d. Leben e. span. Rebellenführers. Ein religiöses Schausp. m. Musik u. Gesang. Nach e. histor. Begebenheit aus Spaniens Geschichte. 3. Aufl. (29 S.) 898. (Nr. 179.) — 60

Lorenz, Carl, der Globus. Lustsp. in 1 Aufzuge. (17 S.) 894. (Nr. 225.) — 50

— Gottfried v. Bouillon. Drei dramat. Bilder aus d. Zeit d. 1. Kreuzzuges. (45 S.) 896. (Nr. 273.) — 75

Lortzing, Alb., Czaar u. Zimmermann. Komische Oper in 3 Aufzgn. M. Auslassg. d. weibl. Rollen u. d. schwierigeren Gesangspartien f. Dilettantenbühnen bearb. v. P. Brill. (38 S.) 896. (Nr. 236.) — 50

Luchs, Clara, „Pfingsten", d. liebl. Fest. Lustsp. in 3 Aufzgn. (22 S.) 897. (Nr. 280.) — 50

Markert, H., Berggeist Rübezahl od. Alles nimmt e. Ende. Zauberposse in 5 Bildern. 2. Aufl. (52 S.) 897. (Nr. 262.) — 80

Markert, Joh., Millionär u. Handwerksmann od. d. beiden Mörder. Posse in 4 Akten. Nach e. ält. Posse f. Institute u. Gesellenvereine bearb. 2. Aufl. (46 S.) 896. (Nr. 256.) — 60

Meinhardt, Rob., die Räuber auf Maria-Kulm, od. die Macht d. Glaubens. Histor. Schauspiel aus der böhm. Geschichte des 14. Jahrh. in 5 Akten. Nach d. alten Cuno'schen Werke bearb. 2. Aufl. (48 S.) 897. (Nr. 203.) — 60

Mittelmeier, Wilh., der Falschmünzer od. d. Bürgermeister in 1000 Aengsten. Schwank in 1 Akt. — Ein schlechtes Geschäft. Schwank in 1 Akt v. Fr. Jos. Walter-Dittrich. 2. Aufl. (21 S.) 896. (Nr. 228.) — 50

— der Räuber. Lustsp. in 1 Akt. — Der verständige Ortsvorsteher. Lustsp. in 1 Akt von J. Schmitz. (24 S.) 895. (Nr. 92.) — 50

Morgan, Camillo, im Redaktionsbureau. Posse in 1 Aufz. (14 S.) 897. (Nr. 275.) — 50

Norrenberg, P., in der Kur. Lustsp. in 2 Aufzgn. 3. Aufl. (20 S.) 895. (Nr. 7.) — 50

Op de Hipt, Herm., im letzten Quartier. Posse in 2 Akten. (48 S.) 895. (Nr. 123.) — 75

Pauli, Karl, Ehrenämter. Schwank in 1 Aufzuge. 2. Aufl. (16 S.) 897. (Nr. 132.) — 50

— „Gift“. Schwank m. Gesang in 1 Akt. (2. Aufl.) (15 S.) 897. (Nr. 277.) — 50

Phokas. Religiöses Drama m. Musik in 3 Akten. [Aus: „Münch. Jugendfreund“.] (23 S.) 896. (Nr. 244.) — 50; Partitur m. Clavierbegleitg. v. P. Kornmüller u. M. Haller. gr. 4. (17 S.) 2. 50

Raimund, Ferd., d. Bauer als Millionär. Romant. Schausp. m. Gesang in 5 Aufzgn. Musik v. Jos. Drexler. (40 S.) 896. (Nr. 248.) — 60; Partitur m. Clavierbegleitg. gr. 4. (32 S.) 2. 50

— dasselbe, s. a.: Dengler, G.

Ranold, Victorie, Monegundis v. Tours. Schausp. in 3 Aufzügen. (M. einer kleinen musikal. Beilage.) (45 S.) 896. (Nr. 237.) — 75

Rheinländer, J., lebende Bilder. Marmorbilder, Pantomimen u. Schattenspiele. (189 S.) 896. (Nr. 229.) 1. 20

Rhenanus, Otto, aus schwerer Zeit. Episode aus d. Zeit d. Befreiungskriege. (36 S.) 897. (Nr. 239.) — 60

Ruland, Wilh., d. Mönch v. St. Georgenberg. Histor. Schauspiel. (25 S.) 896. (Nr. 274.) — 50

Schmitz, J., d. verständige Amtsvorsteher, s.: Mittelmeier, W., der Räuber.

Schwabl, Jos., Josef u. s. Brüder. Bibl. Drama in 3 Akten m. Gesang. Nach der gleichnam. Oper v. Mehul gedichtet. (2. Aufl.) (47 S.) 896. (Nr. 243.) — 50; Partitur m. Clavierbegleitg. v. G. Dengler. hoch 4. (22 S.) 2. 50

Schwabl, Jos., der Stern v. Bethlehem. Ein Weihnachtssp. m. Zugrundelegg. d. Krippenspieles v. Pocci bearb. Musik v. Rampis u. Ign. Mitterer. 4. Aufl. (36 S.) 897. (Nr. 242.) — 50; Klavierauszug. gr. 4. (15 S.) 3. —

Steinheuer, H., der Sonntagsjäger. E. Jagdscene. 2. Aufl. (12 S.) 895. (Nr. 11.) — 50

— der Steckbrief. Lustsp. in 1 Akt. 2. Aufl. (14 S.) 895. (Nr. 163.) — 50

Stempel, A. A. v. der, d. Jüngeren, die Militärpflichtigen od. der schlaue Feldwebel. Lustsp. in 1 Akt. Deutsch v. Clemens Bauer. 4. Aufl. (15 S.) 896. (Nr. 39.) — 50

Sturm, W., Hans Dusel vor d. Standesamte, s.: Kiefer, W., d. blamierte Lakai.

— d. Wahlagent od.: Wo mag doch der Schneider sein? Posse in 1 Akt. 2. Aufl. (32 S.) 897. (Nr. 272.) — 50

Testament, das, od. die gestohlene Uhr. Charakterstück in 6 Aufzgn. Nach e. älteren Stücke für Institute u. Gesellen-Vereine bearb. v. J. M. 2. Aufl. (54 S.) 897. (Nr. 260.) — 80

Walter-Dittrich, Fr. Jos., ein schlechtes Geschäft, s.: Mittelmeier, W., d. Falschmünzer.

Weber, C., der Besuch beim Lieutenant. Posse in 2 Akten. 3. Aufl. (20 S.) 895. (Nr. 37.) — 50

Weber, C. M. v., d. Freischütz. Romant. Oper. F. Dilettantenbühnen u. nur männl. Rollen umgearb. v. P. Brill. (25 S.) 896. (Nr. 233.) — 50

Wolfgarten, G., die Bisquit u. d. Bisquitprozeß. Lustspiel in 5 Aufzgn. 2. Aufl. (74 S.) 896. (Nr. 130.) 1. 20

Theater, kleines. Sammlung leicht aufführbarer Theaterstücke ernsten u. heiteren Inhalts f. Vereine, Institute u. Gesellschaften. Nr. 281—325 u. 334. Paderborn, B. Kleine. 30. 60

Inhaltsübersicht in alphabetischer Ordnung:

Antrum, Adf., haste geseh'n? od. Das Geheimnis. Lustspiel in 3 Akten. 12. (16 S.) (897.) (Nr. 289) — 50

Bergfreund, Th., die goldene Gans. Ein dramat. Märlein in 5 Aufzügen. 12. (86 S.) (902.) (Nr. 321.) 1. 20

— der Trunk aus dem Stiefel. Carnevalistische Ritterkomödie nach berühmten Mustern in 3 Akten. 12. (88 S.) (901.) (Nr. 316.) 1. 20

Bökel, Jos. v., der Onkel aus Batavia. Lustspiel in 3 Akten f. kath. Vereine u. Corporationen. 12. (46 S.) (900.) (Nr. 304.) — 75

Boventer, J., zwischen zwei Schrauben. Lustspiel in 2 Akten. 12. (42 S.) 898. (Nr. 246.) — 75

Cinel, A., Fabiola u. Agnes. Drama in 4 Akten. Aus dem Ital. übers. v. B. M. Bergervoort. 12. (46 S.) (900.) (Nr. 302.) — 75

Cüppers, Ad. J., hypnotisiert. Lustspiel in e. Akt. 2. Aufl. 12. (20 S.) (898.) (Nr. 282.) — 50

Demarteau, D., der Kinderkreuzzug. Drama in 2 Akten. Mit Erlaubnis des hochw. Hrn. Verf. aus dem Franz. übers. v. M. J. Nitzerfeld. 12. (35 S.) (899.) (Nr. 290.) — 75

Görlitzer, H., Prologe, Toaste, Polterabend-, Hochzeits- u. Verlobungsgedichte, sowie Gedichte zu allen festlichen Gelegenheiten des Lebens. Orig.-Dichtgn. 12. (332 S.) (901.) (Nr. 318.) Geb. 2. —

Erschien ohne Sammeltitel.

Grubert, Otto, Geld ist die Loosung. Schwank in 1 Akt. 12. (19 S.) (902.) (Nr. 322.) — 50

— Wolken am Ehehimmel. Lustspiel in 1 Akt. 12. (21 S.) (901.) (Nr. 311) — 50

Hesselbarth, des Grossen Kurfürsten Traum. Festspiel in 4 Szenen nebst Prolog u. Epilog. gr. 8. (12 S.) Lippstadt (902). (Nr. 320.) n. — 50

Vergriffen. Erschien ohne Sammeltitel.

Jedrzejewski, Frz., hol' der Kuckuck die Neujahrskarten! Posse in 1 Akt. 12. (14 S.) (902.) (Nr. 323.) — 50

Kalb, Alb., die Schnupftabakfabrikanten od. Folgen e. Katzenjammers. Lustspiel in 1 Akt. 12. (23 S.) (901.) (Nr. 314.) — 50

Kiefer, Wendel, der Herr Baron. Schwank in e. Aufzuge. 12. (32 S.) (899.) (Nr. 296.) — 50

Klippel, Geo., im Schrank. Schwank in e. Akte. 12. (30 S.) (899.) (Nr. 294.) — 60

Königs, des, Bild. Lustspiel in 1 Aufzug vom Turn-Verein Elsey. 12. (22 S.) (901.) (Nr. 312.) — 50

Koschate, Paul, hin zu Rom! Festspiel zur Papstfeier. 12. (15 S.) (902.) (Nr. 334.) — 75

Lorenz, Karl, ein Engel auf Erden. Aloysius-Festspiel m. 6 leb. Bildern. 12. (13 S.) (900.) (Nr. 303.) — 25

— der Prinzenraub. Große Rittertragödie in 5 Bildern. 12. (53 S.) (899.) (Nr. 293.) — 90

Luchs, Clara, was die Bildung thut. Lustspiel in 3 Aufzügen (m. e. Zwischenakt). 12. (31 S.) (899.) (Nr. 288.) — 50

— die Reise nach Berlin. Lustspiel in 3 Aufzügen. 12. (23 S.) 898. (Nr. 231.) — 60

Mankowski, H., die Jungfrau v. Orleans. Ein geschichtl. Trauerspiel in 5 Bildern. 12. (55 S.) (902.) (Nr. 324.) — 75

Odekoven, Arth., „Gegengift“. Lustspiel in 1 Akt 12. (14 S.) (900.) (Nr. 307.) — 50

Paul, Fritz, Kasper Larifari als Wunderdoktor. Lustspiel in 2 Akten. 12. (30 S.) (899.) (Nr. 287.) — 50

Pauli, Karl, ein Rückgenie. Schwank in e. Akt. Ausg. a f. 2 Damen u. 2 Herren. 12. (12 S.) 898. (Nr. 283.) — 50

— dasselbe. Ausg. b f. 4 Damen. 12. (12 S.) 898. (Nr. 284.) — 50

— dasselbe. Ausg. c f. 4 Herren. 12. (12 S.) 898. (Nr. 285.) — 50

Raabe, Eduard, der Krugwirt v. Burgthal. Rheinisches Lustspiel in 3 Akten. 12. (31 S.) (902.) (Nr. 325.) — 60

Renker, Fel., die zweite Frau. Schwank in 1 Aufzuge. 12. (14 S.) (900.) (Nr. 308.) — 50

— Mietzis Entführung. Orig.-Schwank in 1 Akt. gr. 8. (56 S.) Dresden 899. (Nr. 315.) — 75

Rüdiger, F., Columbia. Lustspiel in 1 Aufzuge. 12. (47 S.) (902.) (Nr. 319.) — 75

Ruland, Wilh., der Konkurrent. Lustspiel in e. Aufzuge. 2. Aufl. 12. (24 S.) (899.) (Nr. 292.) — 50

— Saul. Biblisches Drama in 3 Aufzügen. 12. (67 S.) 901. (Nr. 317.) — 90

Scharbach, Edm., der freudenreiche Rosenkranz. Lebende Bilder m. Gesang (gemischter Chor u. Solo) u. Klavier od. Harmonium, m. Berücksicht. einfacher Verhältnisse eingerichtet. (2. [Umschlag-] Aufl.) 12. (23 S.) (900.) (Nr. 300.) — 50

Schauermann, K., Pflicht u. Liebe. Schauspiel in 3 Aufzügen. 12. (58 S. m. Bildnis.) (901.) (Nr. 313.) — 75

Schlüter, Frz., List ist des Studenten Talisman. Schwank in 1 Akt. 12. (31 S.) (900.) (Nr. 310.) — 50

— Strohwittwer. Schwank in 1 Akt. 12. (20 S.) (900.) (Nr. 309.) — 50

Schrup, Demetr., Rosa v. Tannenburg. Volksschauspiel in 5 Aufzügen. Nach Chrph. v. Schmid's gleichnam. Erzählung. (2. [Umschlag-] Aufl.) 12. (40 S.) (900) (Nr. 305.) — 75

— Ida v. Toggenburg. Schauspiel in 5 Aufzügen, nach Chrph. v. Schmid f. die Volksbühne eingerichtet u. bearb. (2. [Umschlag-] Aufl.) 12. (36 S.) (900.) (Nr. 301.) — 75

Schulz, Rob., heimliche Liebe. Schwank in e. Aufzuge. 12. (20 S.) (899.) (Nr. 295.) — 50

Seller, Th., Anton v. Thurn. Historisches Trauerspiel in 5 Akten. 12 (74 S.) (900.) (Nr. 306.) 1. 50

Sonnen, H., Raphael Bandello. Schauspiel in 4 Akten. (Musik v. B. Sengelhoff) 12. (40 S.) (899.) (Nr. 291.) — 60

Wiegelmann, Frz., in der Dienstmännerkneipe. Lustspiel in 1 Aufzuge. (2. [Umschlag-] Aufl.) 12. (22 S.) (900.) (Nr. 299.) — 50

— Musketier Knarke od. der Unglücksrock. Militärische Humoreske in 1 Aufzuge. 12. (20 S.) (900.) (Nr. 298.) — 50

— der überlistete Polizeidiener. Humoristische Lachscene in 1 Aufzuge. 12. (27 S.) (900.) (Nr. 297.) — 50

Theater, neues. Eine Sammlg. leicht aufführbarer Theaterstücke vorwiegend heiteren Inhalts u. meist f. männl. Rollen. 1.—18. Hft. 12. Aachen, J. Schweitzer. 8. 05

1. Des Hauptmannsburschen Namenstag od. der verhängnisvolle Brief. Kurze militär. Posse in 1 Akt. Von J. Streb. (18 S.) (901.) — 40
2. Bruderhaß u. Bruderliebe. Räuber-Schauspiel in 2 Aufzügen. Von J. Streb. (22 S.) (901.) — 50
3. Ein Tag aus dem Leben e. Trödlers od.: Unrecht Gut gedeihet nicht. Tragikomisches Lustspiel in 1 Aufzuge. Von J. Streb. (20 S.) (901.) — 45
4. Die erste Instructions-Stunde. Militärische Posse in 1 Aufzuge. Von J. Streb. Nach Vict. Laverrenz. f. die Bühne bearb. (13 S.) (901.) — 40
5. Im Stehseidel. Lustspiel in 1 Aufzuge. Von J. Streb. (15 S.) (901.) — 30
6. Des Waldbauers Söhne. Schauspiel in 2 Aufzügen. Von J. Streb. (22 S.) (901.) — 50
7. Der Fluch des Geizes od.: Der Mensch denkt u. Gott lenkt. Schauspiel in 2 Akten m. e. Verwandlg. im 1. Akte. Von J. Streb. (20 S.) (901.) — 45
8. Die verhängnisvolle Glatze od.: Das Glück am Namenstage. Lustspiel in 2 Aufzügen. Von J. Streb. (20 S.) (901.) — 40
9. Liebe, nicht Reichtum macht glücklich, od.: Der Onkel aus Amerika als Retter in der Not. Schauspiel in 1 Aufzuge. Von J. Streb. (21 S.) (901.) — 50
10. Nr. 33,333 (das große Los), od.: Gottes Wege sind oft wunderbar. Schauspiel in 3 Aufzügen. Von J. Streb. (23 S.) (901.) — 50
11. Rechtsrat Pfifferling u. seine Klienten. Schwank in 1 Aufzuge. Von J. Streb. (18 S.) (902.) — 40
12. Der Spieler od.: Leidenschaft — Leiden schafft. Schauspiel in 3 Aufzügen. Von J. Streb. (22 S.) (902.) — 45
13. Primmel, der Eisenbahnfeind od.: Primmels Glück durch die Eisenbahn. Lustspiel in 2 Aufzügen. Von J. Streb. (21 S.) (902.) — 45
14. Die Wilderer. Schauspiel in 3 Aufzügen. Von J. Streb. (27 S.) (902.) — 50
15. Drei Duelle! Tragikomisches Schauspiel in 2 Aufzügen u. 1 leb. Bild. Von J. Streb. (21 S.) (902.) — 45
16. Ein toller Aprilscherz m. nützlichen Folgen od.: Wie Fritz Besenstiel von der Trunksucht geheilt wurde. Lustspiel in 2 Aufzügen. Von J. Streb. (23 S.) (902.) — 50
17. Zipperlein, der Wunderdoktor. Lustspiel in 3 Aufzügen. Von J. Streb. (23 S.) (902.) — 50
18. Et weed getrout. Lustspiel in 1 Aufzuge (in Aachener Mundart). Von Fr. Collet. (15 S.) (902.) — 40

Theater, kleines. 326.—333. u. 335.—370. Heft. 12. Paderborn, B. Kleine. 28. 65

Alexander, Fr. Stephanus, die Schmuggler. Volksstück in 3 Aufzügen. (40 S.) (906.) (Hft. 364.) n. — 75

Beckmann, Frdr., der Eckensteher Nante im Verhör. Komische Scene. (Umschlag: 2. Aufl.) (24 S.) (903.) (Hft. 326.) — 50

Bernhardy, Rena, Antonia. Ein religiöses Schauspiel in 5 Akten. (48 S.) (906.) (Hft. 361.) — 75

Binsfeld, Ph., Wolfram v. Bondorf, der büßende Brudermörder, od. Ursprung der Wolfsinger Klause. Dramatisches Schauspiel in 5 Akten. Nach e. Volkssage bearb. (65 S.) (903.) (Hft. 344.) 1. —

Ferientage, fidele, in der „alten Kanone" zu Groß-Dumbach. Studentenstreich in 2 Akten u. 4 Aufzügen v. F. D. M. (32 S.) (906.) (Hft. 368.) — 60

Fichtner, J., die gnädige Frau Tante. Lustspiel in 1 Akt. (16 S.) (906.) (Hft. 370.) — 50

Franck, Gustava, die flüssige Luft. Lustspiel in 1 Aufzuge. (24 S.) (904.) (Hft. 347.) — 60

Frölich, Eduard, der falsche Bräutigam. Posse in 1 Akt. (16 S.) (903.) (Hft. 327.) — 50

— der Jugend-Trank. Faschings-Komödie in 1 Akt. (18 S.) (905.) (Hft. 359.) — 60

— das geraubte Portemonnaie. Lustiges Criminaldrama in 1 Akt. (Umschlag: 2. Aufl.) (24 S.) (903.) (Hft. 329.) — 50

— der Raubmörder. Posse in 1 Akt. (Umschlag: 2. Aufl.) (16 S.) (903.) (Hft. 328.) — 50

— Texte zu lebenden Bildern f. Weihnachten. (Umschlag: 2. Aufl.) (15 S.) (903.) (Hft. 330.) — 50

Ganther, Aug., beim Engelstein. Ein Weihnachtsspiel in 2 Bildern. Musik von Ferd. Schilling. (Umschlag: 3. Aufl.) (32 S.) (903.) (Hft. 333.) — 75

Grubert, Otto, lehrt uns nur die Weiber kennen. Lustspiel in 2 Akten. (32 S.) (903.) (Hft. 341.) — 80

— wenn man die Schwiegermutter bei sich hat. Schwank in 1 Akt. (16 S.) (903.) (Hft. 342.) — 50

Herold, Karl, Apollo. Lustspiel in 1 Akt. (26 S.) (903.) (Hft. 337.) — 60

Heußer-Leemann, H., der wiedergefundene Sohn od. Der Erbschleicher. Weihnachtsspiel m. Gesang in 4 Akten. (86 S.) (906.) (Hft. 369.) — 75

Hillmann, Frz., Revanche. Lustspiel in 2 Aufzügen. (24 S.) (906.) (Hft. 366.) — 60

Jacobs, A., braune Bohnen. Lustspiel in 1 Akt. (16 S.) (903.) (Hft. 336.) — 60

Jedrzejewski, Alfons, der verwechselte Schwiegersohn. Schwank in 1 Akt. (28 S.) (904.) (Hft. 351.) — 75

— das Wiedersehen. Schauspiel in 1 Akt. (23 S.) (904.) (Hft. 350.) — 75

Kauertz, Kriegsgefangen od. Die v. Hohenberg. Schauspiel aus der Zeit der Freiheitskriege in 3 Akten. (72 S.) (904.) (Hft. 346.) 1. —

Koninski-Weiß, M., über die Hintertreppe. Komisches Lebensbild in 1 Aufzug. (20 S.) (905.) (Hft. 354.) — 60

— das Lebenselixir. Schwank in 1 Aufzug. (20 S.) (905.) (Hft. 355.) — 60

Muschick, Max, Doktor Lehmann. Humoristisches Gesamtspiel. (24 S.) (906.) (Hft. 363.) — 50

Neuner, Ernst, Rentier Pamperl, der eingebildete Kranke od.: Die Dummen werden nicht alle. Orig.-Scene m. Gesang für 2 Herren u. 1 Dame. (15 S.) (904.) (Hft. 319.) — 50

Nieborowski, Paul, die Revolution von Rummelsburg. Schwank in 4 Aufzügen. (40 S.) (903.) (Hft. 340.) — 75

Oedekoven, Arth., Hereingefallen. Lustspiel in 1 Akt. (16 S.) (903.) (Hft. 339.) — 60

— des Soldaten Freud u. Leid in 8 Bildern. (28 S.) (903.) (Hft. 338.) — 75

Ohler, Ph., nach dem Handwerkerball. Schwank in 1 Akt. (20 S.) (906.) (Hft. 367.) — 60

Paul, Fritz, der verkaufte Bart od. Der große Treffer der Hamburger Lotterie. 2 lust. Streiche in 2 Akten. (36 S.) (905.) (Hft. 357.) — 75

Peschke, Paul, eine Pillenaffaire. Zeitbild in 1 Aufzuge. (Umschlag: 3. Aufl.) (15 S.) (903.) (Hft. 331.) — 50

Philippi, Siegfr., Gegengift. Schwank in 1 Akt. (24 S.) (905.) (Hft. 358.) — 60

Ruland, Wilh., Athalia. Biblisches Schauspiel nach Racine. (52 S.) (903.) (Hft. 335.) 1. —

Schlüter, F., Onkel Max, oder „Es giebt ja keine Kinder mehr", Schwank in 1 Akt (26 S.) (903.) (Hft. 313.) — 75

— „Per Telephon". Schwank in 1 Akt. (Umschlag: 3. Aufl.) (24 S.) (903.) (Hft. 332.) — 60

Schulte, Joh., ein schlimmer Tag od. Der Bursche als Stabsarzt. Posse in 1 Akt. (20 S.) (903.) (Hft. 345.) — 60

Schwestern, die feindlichen. Schauspiel f. junge Mädchen zur Aufführg. bei Schul- u. Familienfesten, hrsg. v. e. Freundin der Jugend. (24 S.) (905.) (Hft. 360.) — 60

Spanke, Arnold, der Onkel aus Amerika. Weihnachtsspiel in 3 Tln. (24 S.) (904.) (Hft. 348.) — 50

Thamm, P., Sancho Pansa, der gefoppte Schildknappe. Lustige Komödie in 1 Akt. (24 S.) (906.) (Hft. 362.) — 50

Urban, Adf., Heinrich v. Eichenfels. Weihnachtsstück in 4 Akten u. 1 Vorspiel. (64 S.) (905.) (Hft. 356.) — 90

Vitus, Hanns, die Erbtante. Schwank in 1 Aufzug. (35 S.) (905.) (Hft. 352.) — 75

Wirths, A., Rübezahl? Kinder-Drama in 2 Aufzügen. (20 S.) (905.) (Hft. 353.) — 60

Zugvogel, Carl, eine verflixte Erbschaft. Kleiner Schwank in 4 Aufzügen. (20 S.) (906.) (Hft. 365.) — 60

— kleines. 371.—416. Heft. kl. 8. Paderborn, B. Kleine. p 33. 45

Biesten, Wilh. Jos., die Flucht u. Rückkehr der hl. Familie. Ein biblisches Schauspiel in 2 Aufzügen. (24 S.) (909.) (389. Heft.) — 60

— Moses, der Findling. Ein bibl. Schauspiel in 2 Aufzügen. (24 S.) (909.) (388. Heft.) — 60

— Der hl. Nikolaus. Ein religiöses Festspiel in 2 Aufzügen. (23 S.) (909.) (390. Heft.) — 60

Brocker, Maria, der Jahreszeiten Willkommgruß. Festspiel zur Einführg. e. Pfarrers. (20 S.) (909.) (390. Heft.) — 75

Calderon de la Barca, der standhafte Prinz. Religiöses Trauerspiel in 3 Aufzügen. Aus dem Span. übertr. u. f. die Vereinsbühne eingerichtet v. B. M. Steinmetz. (48 S.) (910.) (415. Heft.) 1. —

Deipenwisch, Clem., der Held v. Mansurah. Dramatisches Schauspiel in 5 Akten. Bearb. nach der Erzählung „Der Gefangene v. Mansurah" v. Pfr. E. B. (87 S.) (909.) (400. Heft.) 1. 20

Domansky, Walth., stille Nacht, hl. Nacht! Weihnachtsspiel in 1 Aufzuge. (16 S.) (909.) (398. Heft.) — 50

Faßbender, Paul, das Recht der Jugend. Schauspiel in 1 Akt. (20 S.) (909.) (403. Heft.) — 75

— Der Schüchterne. Lustspiel in 1 Akt. (24 S.) (910.) (410. Heft.) — 75

Fenger, Th., Grävenhorst u. Rabenstein. Ritterschauspiel m. Gesang in 4 Akten. (71 S.) (910.) (416. Heft.) 1. 20

— Der Offiziersbursche als Ehestifter. Militär. Lustspiel m. Gesang in 4 Akten. (43 S.) (910.) (418 Heft.) — 80

Fenger, Th., die Vorstecknadel od. Der überlistete Jude. Studentenschwank m. Gesang in 2 Akten. (40 S.) (908.) (384. Heft.) — 75

Germana, die hl. Lebensbild in 4 Aufzügen u. e. Schlußscene v. Dompreb. X. (24 S.) (909.) (392. Heft.) — 60

Hillmann, Frz., Lena S. Lustspiel in 1 Aufzuge. (23 S.) (909.) (396. Heft.) — 60

Hoppe, Jos., der Grundhofbauer. Schauspiel in 4 Aufzügen. (38 S.) (910.) (408. Heft.) — 75

Horner, Max, die Namensvettern. Schwank in 2 Aufzügen. (24 S.) (907.) (377. Heft.) — 60

Hosäus, Wilh., die Geburt Christi. Ein Weihnachtsspiel in 7 Bildern. (32 S.) (909.) (394. Heft.) — 75

Jodrzejewski, Frz., Isabella Klappenmayer od. Unterschrift verpflichtet. Schwank in 1 Akt. (40 S.) (910.) (409. Heft.) — 75

Ill, Mary v. der, zwei Schwestern. Lustspiel in 1 Akt. (28 S.) (909.) (405. Heft.) — 75

— Die Theaterprobe. Lustspiel in 1 Akt. (16 S.) (909.) (404. Heft.) — 60

Kayser, Wilh., der nichtsnutzige Nichtsnutz. Volksstück in 3 Akten. (30 S.) (908.) (383. Heft.) — 75

Liliencron, A. v., der Traum des Soldaten. (16 S.) (907.) (374. Heft.) — 50

Maifahrt, die verunglückte, od. Der Spuk auf der Hexenburg. Studentenulkstück in 2 Aufzügen v. A. K. (32 S.) (907.) (373. Heft.) — 60

Mayrhofer, Johs., Christ od. Antichrist! Schauspiel in 5 Akten. (93 S.) (908.) (387. Heft.) 1. 50

Mittl, Hans, die Besteigung des Montblank. Schwank in 1 Akt. (31 S.) (910.) (412. Heft.) — 75

Pault, Karl, das Geheimnis der Sturzbachschenke. Schwank in 1 Akt. (16 S.) (908.) (385. Heft.) — 50

— Beim Schiedsmann. Schwank in 1 Akt. (24 S.) (907.) (378. Heft.) — 60

Paulus, Heil unserm Jubelpapst. Eine Allegorie zur Huldigung an den hl. Vater. (11 S.) (908.) (308. Heft.) — 30

Peter, Rosa, der seligen Johanna v. Arc, Jungfrau v. Orleans, Berufung, Triumph u. Tod. Begleit. Text zu leb. Bildern. (16 S.) (909.) (406. Heft.) 1. —

Pletl, G., Ritter Tuschl v. Söldenau od. Wahn u. Reue. Schauspiel in 3 Abtlgn. nach e. Sage aus Vilshofens Vorzeit. (18 S.) (907.) (375. Heft.) — 75

Romanus, B. W., der hl. Gottfried Graf v. Cappenberg. Schauspiel in 5 Akten. (72 S.) (908.) (382. Heft.) 1. 20

— Der hl. Papst u. Märtyrer Clemens, ehemals heidnischer Philosoph. Schausp. in 5 Akten. (80 S.) (905.) (371. Heft.) 1. 20

Rustemeyer, N., Maria, die Jungfrau v. Stamme Davids. Schauspiel aus der bibl. Zeit f. Jungfrauenvereine, weibl. Bildungsanstalt. u. Schulkinder. (54 S.) (910.) (411. Heft.) — 90

Schmitz, J., der verständige Ortsvorsteher. Lustspiel in 1 Akt. (14 S.) (909.) (393. Heft.) — 50

Schulte, J., der blaue Montag. Schwank in 3 Akten. (20 S.) (907.) (376. Heft.) — 50

Schulz, Rob., Fritz u. Fritzchen. Schwank in 1 Akt. (24 S.) (908.) (380. Heft.) — 60

Spanke, Arnold, dem Mutigen gehört die Welt od. Das Gespenst im Keller. Detektiv-Schwank in 2 Tln. (32 S.) (909.) (407. Heft.) — 75

— Nächstenliebe. Weihnachtsspiel in 3 Tln. (Nur Herren- u. Knabenrollen.) (10 S.) (906.) (372. Heft.) — 75

Steffen, W., die Waise od. St. Josephs Schutz. Schauspiel in 4 Akten. (20 S.) (907.) (379. Heft.) — 60

Stuckeborius, Carolus, de Flugapparat. 'n lust. Eenakter. (15 S.) (909.) (401. Heft.) — 60

Sturm, P., Hans Dusel vor dem Standesamte. Komische Szene in 1 Akt. (Neue Ausg.) (14 S.) (909.) (402. Heft.) — 50

Thamm, P., der Pseudo-Bräutigam. Lustspiel in 1 Akt. Nach der gleichnam. Humoreske v. Fritz Funke. (15 S.) (909.) (397. Heft.) — 50

Thielen, H., der Leutnant in Nöten od. der dämliche Offiziersbursche. Komischer Einakter. (16 S.) (910.) (414. Heft.) — 75
Bolger, Adf., ein modernes Mädchen. Lustspiel in 1 Akt. (24 S.) (909.) (395. Heft.) — 60
Wippermann, M., Stadtratswahl. Lustspiel in 2 Aufzügen. (35 S. m. 1 Taf.) (908.) (381. Heft.) — 75
Zitta, die hl. Lebensbild in 3 Aufzügen v. Dompred. X. (23 S.) (909.) (391. Heft.) — 60

— komisches, von S**, (.. Schenk). 1r Thl. 8. Bresl. 759. (Gosohorsky). 8 Gr.

— komisches, v. S.** 1r Th. 8. Breslau, Meyer. 759. -

— komisches, von A. Bäuerle, 1r Band enthält: die falsche Prima Donna — der Leopoldstag, 9 Gr.:— Adolph, der Freund in der Not*, 6 Gr. — 2r Bd. enthält: die Bürger in Wien, 18 Gr. — Staberls Hochzeit, oder der Courier und Staberls Wiedergenesung, 18 Gr. — 3r Bd. enthält: der Fiaker als Marquis, 15 Gr. — die Gespensterfamilie, 6 Gr. — d. verwünschte Prinz 15 Gr. — 4r Bd. enth.: das Haus der Laune. — der Tausendsassa. — der Untergang der Welt. gr. 8. Pesth, Hartleben. 820. 821 à 1 Rthl. 8 Gr.

— kom., der Deutschen ält. u. mittl. Zeit, v. W. C. S. Mylius. 1r Thl. 8. Berl. 783. Maurers B. 21 Gr.

— kom., der Franzosen f. die Deutschen; herausg. v. J. G. Dyck. 10 Thle. 8. Leipz. 777—86. Dyck. 9 Thlr. (Die 5 ersten Theile, jeder 20 Gr., die übrigen jeder 1 Thlr. Das Werk enthält 48 Stücke, von welchen 14 von Gotter bearbeitet sind, 10 von dem Herausgeber, 5 von Meißner, 3 von Weiße, 3 von Wezel, 3 von Jünger, 3 von Heyne, oder Anton Wall, 2 vom Prof. Ramler, und die übrigen 5 von Ewald, Gärtner, Kretschmann, Mylius u. Schmidt.)

— komisches, der Römer. In neuen metrischen Uebersetzungen, 1e u. 2e Lieferung. — A. u. d. T.: Plautus, Lustspiele. 1s u. 2s Bdchn. 16. Quedl. 826, Basse. à 8 gr.

Theater, Das, zu Krähwinkel. Quodlibet-Vaudeville-Posse, **aufgeführt in Köln zum Karnaval 1830.** [Köln 1830.] V: *Stoll, E.* (STBKÖLN II, 34)

Theater, künstlerisches. Betrachtungen aus d. Vogelperspektive, v. e. Clown. (31 S.) 8. Berlin 908. Oesterheld & Co. — 50

—— das, des Lebens. Achtzehn Erzähln. u. Mährchen von den Rosen u. Dornen, Tugenden u. Leidenschaften d. Menschen. Ein Lesebuch f. d. reif. Jugend (v. Ferd. v. Biedenfeld). 12. (6 B. u. 5 Bild.) Weimar 837, Voigt.

Theater, Leipzigs, vor 100 Jahren. Leipzig 1779. V: *Francke, R.* (List 311/1223 (BIBLPORT)

Theater, lustiges, f. Privatzirkel. Humoristische Soloszenen, Bluetten, kleine Lustspiele, Possen 2c. v. erprobter Wirkg. 12. (48 S.) Styrum 894. A. Spaarmann. — 25

Theater, Lyrisches, der Teutschen. Leipzig 1782. H: *Dyk, Johann Gottfried.* (MGT)

— lyrisches, der Deutschen; (herausg. v. J. G. Dyk). 2 Bde. 8. Leipz. 782. Dyck. 2 Thlr. 8 Gr.

— der Magyaren. Uebersetzt von G. v. Gaal. (Inh.: Die Tartaren in Ungarn. — Ilka, oder d. Einnahme von Griech. Weißenburg. — Stibor. — Sämmtl. v. Kisfaludy v. Kisfaludy). Brünn 820. Traßler. 1 Thlr. 14 Gr.

— modernes. Nr. 1—5. 8. Wien, P. Knepler. à 2. —
Knepler, Paul, J'y pense. Lustspiel in 1 Akt. (31 S.) 908. (Nr. 1.)
Lunzer, Fritz, der neue Bursche. Lustspiel in 1 Akt. (21 S.) (907.) (Nr. 3.)
Pollaczak, Wolfg., ein mod. Mädchen. Lustspiel in 1 Aufzuge. (28 S.) (907.) (Nr. 2.)
Schlesinger, Sigm., Großpapa Bolz. Lustspiel in 1 Akt. (40 S.) (909.) (Nr. 5.)
Schönthan, Paul v., Zimmer Nr. 18. Schwank in 1 Akt. (24 S.) (909.) (Nr. 4.)

— modernes spanisches. Sammlung von dramatischen Stücken in Prosa u. Versen ausgewählt u. mit Erläuterungen der guten spanischen Conversation herausg. von Frdr. Booch-Arkossy. 1—3. Bdchn. Gotha 863, 64. Opetz. 16. Jedes Bdchn. 3 ngr.
1. La Independencia. Comedia en 4 actes por M. Breton de los Herreros. (118 S.)
2. Juan de las Viñas. Comedia en 2 actos en prosa por J. E. Hartzenbusch. (67 S.)
3. La Coja y el Encogido. Comedia en 3 actos en prose por J. E. Hartzenbusch. (92 S.)

— modernes spanisches. Sammlung von dramat. Stücken in Prosa u. Versen ausgewählt u. mit Erläuterungen der guten span. Conversation herSg. von Friedr. Booch-Arkossy. — Teatro moderno español. 4—7. Bdchn. Gotha 865—67. Windaus' Verl. 16. Jedes Bdchn. 3 ngr.
4. 5. Bdchn. Zorrilla, José, Don Juan Tenorio. Drama religioso-fantástico en dos partes. (161 S.)
6. 7. Bdchn. Breton de los Herreros, D., Marcela. Comedia en tres actos. (98 S.)

— n., v. F. M. Klinger. 2 Thle. 8. Leipz. Jacobäer. 791.

Theater, das neue breslauer, dessen festliche Eröffnung den 13. Nov. 1841 u. geschichtl. Rückblicke auf d. bisherige Theater in Breslau. gr. 8. (1¾ B.) Breslau 842. [Neisse, Graveur.]

Theater, das neue Breslauer, dessen festliche Eröffnung den 13. November 1841 und geschichtl. Rückblicke auf das bisherige Theater in Breslau. gr. 8. Breslau 842, Kohn. ¼ Thlr.

— das neue, der Deutschen. Eine lustige Komödie in 2 Aufz. 8. Preßb. 804. Belnay. (Pichler in Wien). 5 Gr.

— d. neue, d. Deutschen. Lustsp. 8. Chemn. Mauke. 805.

— das neue, der Deutschen. Lstspl. gr. 8. Chemnitz 805. Starke. 6 Gr.

— das neue, der Deutschen. Com. in 2 A. 8. Wien, Pichler. 805.

—— das neue, in Leipzig. Fol. (8 S. mit 3 Bildertaf. in Stahlst.) Leipzig 869, T. O. Weigel. *

—— dass. — (Hrsg. von C. W. Whistling.) gr. Fol. (4 S. mit eingedr. Holzschn.) Leipzig 868, Weber. *

— neueres französ., bearbeitet von L. F. Huber. 3 Bde. 8. Leipz. 795—97. Wolf. (Schmidt). 4 Thlr. (I. Enth.: Eitelkeit u. Liebe. — Tartüffe d. 2te. — 2 Poststationen. — Du und Du. 1 Thlr. 8 Gr. II. Enth.: Du u. Sie. — Mißtrauen u. Liebe. — Der Friedensstifter. — Selbstsucht. 1 Thlr. 8 Gr. III. Enth.: Die Weiber. — Der verliebte Briefwechsel. — Der alte Junggeselle. — Die ungeladenen Gäste. — Die Verdächtigen. 1 Thlr. 8 Gr.)

Neues Theater. Eine Sammlung leicht aufführbarer Theaterstücke vorwiegend heiteren Inhalts u. meist f. männl. Rollen. H. 1. *Aachen: J. Schweitzer [1901].* 8° [F.] [ua. 205 5

Theater, neues. Eine Sammlg. leicht aufführbarer, in kathol. Kreisen beliebter Theaterstücke, vorwiegend heiteren Inhalts u. meist f. männliche Rollen. 19.—26. Heft. 12. Aachen, J. Schweitzer. 5. 55

Buse, der Bauer als Geisterbeschwörer. Humoreske in 1 Akt. (24 S.) (904.) (Hft. 22.) — 60

— Schuster, bleib bei deinem Leisten. Lustspiel m. Gesang in 3 Aufzügen. (32 S.) (904.) (Hft. 23.) — 50

Felician, Br., O. S. F., Dynamit. Schauspiel in 5 Aufzügen. (84 S.) (905.) (Hft. 24.) 1. 25

— Friede u. Heil. Mysterienspiel zu Ehren der unbefleckten Empfängnis in 5 Abteilgn. (36 S.) 905. (Hft. 25.) — 60

— Alfons v. Ringbergen. Schauspiel aus der Zeit der französ. Revolution in 5 Aufzügen. (64 S.) (905.) (Hft. 26.) — 80

— die Taufe am Waldbrunnen. Lyrisch-dramatisches Gedicht in 1 Handlg. (32 S.) (904.) (Hft. 21.) — 60

— ein Weihnachtsmärchen. Dramatisches Spiel in 3 Handlgn. (52 S.) (904.) (Hft. 20.) — 80

Streb, J., Bauer u. Knecht oder Knecht, aber Ehrenmann! Schauspiel in 1 Aufzuge. (14 S.) (903.) (Hft. 19.) — 40

— **neues.** Eine Sammlg. leicht aufführbarer, in kathol. Kreisen beliebter Theaterstücke, vorwiegend heiteren Inhalts u. meist f. männl. Rollen. 27. Heft. kl. 8. Aachen (910). J. Schweitzer. — 50

Verrechnet of neä: Mer baref net domm sieh. Aachener Lokalschwank in 1 Akt. Von Willi Flachskampf. (19 S.)

Theater, neues, des Auslandes. In Bearbeitungen von C. A. Görner. 1—7. Liefg. Altona 864. Verlags-Büreau. gr. 8.

1. Liefg.: Unsere Alliirten. Lustspiel in 3 Aufzügen, nach dem Französ. für die deutsche Bühne frei bearb. von Ida Görner. (48 S.) n. 10 ngr.
2. Liefg.: Ein verschwiegener Droschkenkutscher. Schwank mit Gesang in 1 Aufzug, frei nach dem Französ. von Ida Görner. Musik von E. Stiegmann. (19 S.) n. 5 ngr.
3. Liefg.: Jeder Vogel baut sein Nest. Lustspiel in 1 Aufzuge, nach dem Französ. Frei bearb. von Ida Görner. (21 S.) n. 5 ngr.
4. Liefg.: Die Großmutter. Schauspiel in 5 Aufzügen u. 6 Tableaux. Nach dem Französ. bearb. von Ida Görner. (55 S.) n. 10 ngr.
5. Liefg.: Der Diener meiner Frau. Schwank in 1 Aufzug. Nach dem Französ. frei bearb. von C. A. Görner. (21 S.) n. 5 ngr.
6. Liefg.: Der Marquis von Villemer. Schauspiel in 4 Aufzügen von Geo. Sand. Uebersetzt u. für die deutsche Bühne eingerichtet von Ida Görner. (58 S.) n. 15 ngr.
7. Liefg.: Der letzte dumme Streich! Lustspiel in 1 Aufzug. Nach dem Französ. bearb. von C. A. Görner. (19 S.) n. 5 ngr.

Theater, neues, des Auslandes. In Bearbeitungen von C. A. Görner. 8—11. Liefg. Altona 865—68. Verl.-Comptoir. gr. 8. n. 1 Thlr.

8. Liefg. Görner, C. A., der Kampf der Frauen. Schwank in 1 Aufzug. Nach dem Französ. frei bearb. (16 S.) n. 5 ngr.
9. Liefg. — ein historisches Gemälde. Schwank in 1 Aufzug, frei nach dem Französ. (18 S.) n. 5 ngr.
10. Liefg. — im Waggon, Coupé erster Classe. Zwischenspiel (Vorspiel) in 1 Aufzug. Nach dem Französ. (12 S.) n. 5 ngr.
11. Liefg. Görner, Ida, Héloïse Paranquet. Pariser Lebensbild in 4 Aufzügen. Nach dem Französ. des Durantin für die deutsche Bühne bearb. (38 S.) 15 ngr.

Theater, neues, d. Auslandes. Hrsg. v. C. A. Görner. 12. Lfg. gr. 8. Altona 872. Verlags-Bureau. n. — 50 (1—12.: n. 9. —)

Zum wilden Eber! Schwank in 1 Aufzug. Nach e. französ. Stoff frei bearb. v. C. A. Görner. (21 S.)

Theater, neues Britisches. Mit gegenüberstehender deutscher Uebersetzung u. sacherklärenden Noten von Heinr. Herrmann. A. u. d. T.: British modern theatre. With a german translation opposite the original text, and explanatory notes. Erfurt 856. Villaret. 8.

1. Thl.: Seifenblasen unserer Zeit. Lustspiel in 5 Aufzügen von Douglas Jerrold. — Bubbles of the day. A comedy in 5 actes. (Authorized edit.) (4 Bl., 243 S.) n. 15 ngr.

— neues französisches, herausgegeben von L. F. Huber. 3 Thle. Neue Ausgabe. (NB. den Inhalt s. im Bücher-Lexicon IVr Bd. p. 52.) 8. Frankfurt a. M., Sauerländer. 819.

— neues komisches, v. F. A. Capacelli. 1r Thl. 8. Bresl. Korn d. j. 778.

— neues, für Privatgesellschaften. 8. (Andrä in Leipz.) 5 Kr

— neues vermischtes für Deutsche. 8. Leipz. 790. Hamann. 20 Kr

— **neues, von Wien.** 8 Thle. 8. Wien 768—79. Krauß. 4 Thlr.

— **neues Wiener.** Nr. 1—33. 35—68. gr. 8. Wien 872—76. Rosner. 105. 90

1. Drei Paar Schuhe. Lebensbild m. Gesang in 3 Abtheilgn. u. e. Vorspiele v. Carl Görlitz. Für die österreich. Bühnen bearb. v. Alois Berla. Musik v. Carl Millöcker. (84 S.) 2. —
2. Der Pfarrer v. Kirchfeld. Volksstück m. Gesang in 4 Acten v. L. Gruber. Nebst e. dramaturg. Berichte v. Heinr. Laube. 2. Aufl. (82 S.) n. 2. —
3. Ein Vater, der seine Tochter liebt. Posse in e. Acte. Frei nach dem Franz. v. Hohenmarkt. (34 S.) 1. —
4. Isaak Stern, Posse m. Gesang in 3 Acten [8 Bildern]. Von O. F. Berg. [Neue Bearbeitg. der Posse: „Einer v. unsere Leut." desselben Autors.] (96 S.) 2. —
5. Der Meineidbauer. Volksstück m. Gesang in 3 Acten v. L. Gruber. (74 S.) 2. —
6. Doctor Ritter. Dramatisches Gedicht in e. Aufzuge v. Marie Baronin Ebner-Eschenbach. (30 S.) n. 1. —
7. Seit Gravelotte! Dramatische Kleinigkeit in 1 Akte v. F. Zell. (23 S.) n. 1. —
8. Die 73 Kreuzer d. Herrn Stutzelberger. Posse in 1 Akt. Frei nach dem Franz. v. Ch. Homburg. (32 S.) n. 1. —
9. Aus Cayenne. Orig.-Volksschauspiel in 4 Aufzügen v. Ed. Dorn. (54 S.) n. 2. —
10. Gringoire. Schauspiel in 1 Akte v. Th. de Banville. Deutsch v. Betty Paoli. (39 S.) n. 1. 20
11. Ein liberaler Candidat. Lustspiel in 1 Aufzuge v. Sigmund Schlesinger. (36 S.) n. 1. 20
12. Der letzte Nationalgardist. Volksstück m. Gesang in 3 Aufzügen v. O. F. Berg. (88 S.) n. 2. —
13. Prinzessin Georges. Pariser Sittenbild in 3 Aufzügen v. Alex. Dumas [Sohn]. Deutsch v. Ed. Mautner. (63 S.) n. 2. —
14. Christiane. Schauspiel in 4 Acten v. Edm. Gondinet. Deutsch v. Ed. Mautner. (117 S.) n. 2. 40
15. Zwischen zwei Uebeln. Orig.-Posse m. Gesang in e. Act. v. J. Brunner. (35 S.) n. 1. 20
16. Zwei Ehen. Lustspiel in e. Akt nach Locroy v. Ant. Ascher. (16 S.) n. 1. 20
17. Auf verbotenen Wegen. Schwank in 2 Akten v. Anicet Bourgeois u. Brisebarre. Deutsch v. Ant. Ascher. (40 S.) n. 1. 20
18. Liselotte. Historisches Genrebild in e. Akte v. Sigm. Schlesinger. (30 S.) n. 1. 20
19. Liebes-Tyrannei. Lustspiel in e. Aufzuge nach dem Franz. v. Carl Treumann. (29 S.) n. 1. 20
20. Die Kreuzelschreiber. Bauernkomödie m. Gesang in 3 Akten v. L. Gruber. (69 S.) n. 2. 40
21. Fernande. Pariser Sittenbild in 4 Acten v. Victorien Sardou. Deutsch v. Ed. Mautner. (72 S.) n. 2. 40
22. Die Gräfin v. Somerive. Schauspiel in 4 Acten v. Barrière u. Frau Prébois. (64 S.) n. 2. 10
23. Tricoche u. Cacolet. Posse in 5 Abthlgn. v. H. Meilhac u. L. Halévy. Deutsch v. Carl Treumann. (109 S.) 2. 40
24. Bon Appetit. Schwank in 1 Akte nach dem Franz. v. Otto Pfeiffer u. Jul. Hilbert. (22 S.) n. 1. 20
25. Marcel. Drama in 1 Acte v. Sardeau u. Decorcelle. (26 S.) n. 1. 20
26. Elfriede. Schauspiel in 3 Acten v. L. Anzengruber. (41 S.) n. 1. 60
27. Sacré Coeur! Lustspiel in 1 Acte. Nach fremder Grundidee v. F. Zell. (38 S.) n. 1. 20
28. Die Zauberformel. Lustspiel in 1 Akt v. S. Fritz. (30 S.) n. 1. —
29. Das Weib d. Claudius. Schauspiel in 3 Akten nach Alex. Dumas. (Sohn) „La femme de Claude" f. die deutsche Bühne bearb. (55 S.) n. 1. 60.
30. Die Tochter d. Wucherers. Schauspiel m. Gesang in 5 Akten v. L. Anzengruber. (67 S.) n. 2. 40
31. Ein delicater Auftrag. Lustspiel in 1 Akt nach dem Franz. v. Ant. Ascher. (24 S.) n. 1. 20
32. Oenone. Trauerspiel in 1 Aufzug v. Alfr. Berger. (36 S.) n. 1. 20
33. Der Seiltänzer. Schauspiel in 1 Akt v. O. Feuillet. (25 S.) n. 1. 20
35. Der Strike der Schmiede. Dramatisches Gedicht v. Franç. Coppée. Der Rabe. Von Edgar Poe. Deutsch v. Ed. Mautner. (15 S.) n. 1. —
36. Verstrickt. Schauspiel in 4 Akten v. Leon Laya. Deutsch v. Adf. Sonnenthal. (83 S.) n. 2. 40
37. Cassis Pascha. Posse m. Gesang in e. Akte. Nach dem Franz. v. Carl Treumann. (32 S.) n. 1. 20

38. Der verliebte Löwe. Schauspiel in 5 Akten. von François Ponsard. Deutsch v. Aug. Förster. (116 S.) n. 3. —

39. Der letzte Babenberger. Tragödie in 5 Aufzügen v. Heinr. Bohrmann. 2. veränd. Aufl. (101 S.) n. 3. —

40. Der Raubmörder. Lustspiel in 1 Akt nach dem Franz. d. Edmont About, Deutsch v. F. Zell. (35 S.) n. 1. 20

41. Der Gewissenswurm. Bauernkomödie m. Gesang in 3 Akten v. L. L. Angengruber. (63 S.) n. 4. —

42. Vater Radetzky. Historisches Charaktergemälde aus dem Soldatenleben m. Gesang u. Tanz in 4 Abtheilgn., 8 Bildern u. 3 großen lebenden Tableaux v. Ed. Dorn. (76 S.) n. 2. 40

43. Schönröschen. [La jolie parfumeuse.] Komische Operette in 3 Akten v. Hector Cremieux u. Ernest Blum. Für die deutsche Bühne bearb. v. Carl Treumann. Musik v. Jaques Offenbach. (99 S.) n. 1. —

44. Die Schwestern v. Rudolstadt. Schauspiel in 1 Akte v. Sigm. Schlesinger. (343 S.) n. 1. 20

45. Hand u. Herz. Trauerspiel in 4 Akten v. L. Anzengruber. (58 S.) n. 2. —

46. Madame Herzog od. die Verschwörung zu Montefiascone. Komische Operette in 3 Akten v. Alb. Millaud. Deutsch v. Jul. Hopp. Musik v. Jacques Offenbach. (76 S.) n. 1. —

47. Sulamith. Ein Trauerspiel in 5 Akten v. Frz. Keim. Mit e. Vorrede v. Heinr. Laube. (VII, 91 S.) n. 2. 40

48. Er kann nicht lachen. Dramatischer Scherz in 1 Aufzuge von Curt v. Zelau. (20 S.) n. 1. —

49. Das letzte Aufgebot. Vaterländisches Volksstück m. Gesang in 10 Bildern v. Ed. Dorn. (61 S.) n. 2. —

50. Die gebildete Köchin. Posse m. Gesang in 1 Akte v. Ant. Bittner. Musik v. A. M. Storch. (15 S.) n. 1. —

51. Doppelselbstmord. Bauernposse m. Gesang in 3 Akten v. L. Anzengruber. (70 S.) n. 2. —

52. Die Perle der Wäscherinnen. [Blanchisseuse.] Komische Operette in 3 Acten v. Alfr. Duru u. Henri Chivot. Deutsch v. Jul. Hopp. Musik v. Leon Vasseur. Den Bühnen gegenüber Mscr. (74 S.) n. 1. —

53. Fatinitza. Komische Oper in 3 Akten, [m. Benützg. e., dem Faublas entlehnten, älteren französ. Stoffes] v. F. Zell u. Rich. Genée. Musik von Frz. v. Suppé. (104 S.) n. 1. —

54. Aus dem Stegreif. Festspiel in 1 Aufzuge v. Jos. Weilen. Zur Säcularfeier d. k. k. Hof-Burgtheater am 17. Febr. 1876. (29 S.) n. 1. 20

55. Das Weib d. Urias. Trauerspiel in 5 Akten nebst e. Vorspiele v. Frz. Türk. (95 S.) n. 2. —

56. Prinz Conti. Komische Operette in 3 Akten v. Sardou u. Gille. Musik v. Charles Lecocq. (74 S.) n. 1. —

57. Aus Vorsicht. Lustspiel in 1 Aufzuge v. Frdr. Gust. Triesch. (24 S.) n. 1. 20

58. Die Danischeff's. Schauspiel in 4 Akten v. Peter Newsky. Aus dem Franz. Autoris. Uebersetzg. (86 S.) n. 2. 40

59. D' Nandl v. Ebensee. Gelegenheits-Schwank m. Gesang in 2 Bildern v. Ant. Langer. Musik v. verschiedenen Componisten. Den Bühnen gegenüber als Mscr. gedr. (24 S.) n. 1. 20

60. Vom Juristentage. Posse in 1 Aufzuge v. Ant. Langer. (27 S.) n. 1. 20

61. Eine Vereinsschwester. Schwank in 1 Akt v. Ant. Langer. Musik v. Joh. Brandl. (32 S.) n. 1. 20

62. Der Herr Gevatter v. der Straße. Genrebild in 1 Aufzuge v. Ant. Langer. (22 S.) n. 1. 20

63. Eine verfolgte Unschuld. Orig.-Posse m. Gesang in 1 Akt. v. Ant. Langer. (25 S.) n. 1. 10

64. Das heiß' Eysen. Ein Fastnachtsspiel auf frewbiger Schawbine eröffnet v. Hans Sachs. (16 S.) n. — 80

65. Die ehrlich Bäckin m. ihren drei vermeinten Liebsten. Ein Possenspiel zur Lehr u. Kurzweil gemeiner Christenheit, Frauen u. Jungfrauen zum goldenen Spiegel v. Jacobus Ayrer. (26 S.) n. 1. —

66. Hanswurst der traurige Küchelbäcker u. sein Freund in der Noth v. Glied. Prehauser. Ein hier noch nie gesehenes, f. diesen Tag besonders eingerichtetes krit. u. sehr kom., lehrreich u. lust. Freuden-Spihl vom Verf. der „Wirthin m. der schönen Hand". (34 S.) n. 1. 20

67. Geheimnisse. Plauderei in 1 Akt v. F. Groß. (22 S.) n. 1. 10

68. Fromont junior & Risler senior. Drama in 5 Aufzügen [der letzte in 2 Abtheilgn.] v. Alf. Dodet u. Adf. Belot. Autoris. Uebersetzg. (91 S.) n. 2. 40

Theater, neues Wiener. Nr. 69—111. 8. Wien 877—81. Rosner. n. 82. 10

69. Einer von der Feuerwehr. Lebensbild mit Gesang in 5 Abtheilungen von N. J. Kola. (86 S.) n. 2. 40

70. Der ledige Hof. Schauspiel in 4 Akten von L. Anzengruber. (64 S.) n. 2. —

71. Die Christin. Trauerspiel in 4 Aufzügen. Von Sigm. Kolisch. (119 S.) n. 3. —

72. Prinz Methusalem. Komische Operette in 3 Akten von Wildèr u. Delacour. Für das k. k. priv. Carl-Theater in Wien bearb. von Carl Treumann. Musik von Joh. Strauß. (68 S.) n. 1. —

73. Reine Liebe. Lustspiel in 1 Aufzuge [mit Benutzung der gleichbenannten Frz. Dingelstedt'schen Novelle] von Frdr. Gust. Triesch. (26 S.) n. 1. 20

74. Ein Kampf ums Dasein. Lustspiel in 3 Aufzügen von Adf. Wilbrandt. (116 S.) n. 3. —

75. „Pikante Enthüllungen". Schauspiel in 3 Aufzügen von Emil Arter. (59 S.) n. 2. —

76. Artikel V der Dienst-Ordnung. Dramatisches Genrebild in 3 Aufzügen von Emil Arter. (68 S.) n. 2. —

77. Der Kuß. Lustspiel in 4 Aufzügen. Aus dem Ungarischen des Ludw. Doczi. Von der ungarischen Akademie der Wissenschaften mit dem Graf Teleki-Preise gekrönt. 2. Aufl. (111 S.) n. 3. —

78. Durch die Zeitung. Lustspiel in 1 Aufzuge von Adf. Wilbrandt. (43 S.) n. 1. 50

79. Der Feind im Haus. Lebensbild mit Gesang in 3 Aufzügen von Ant. Langer. (85 S.) n. 2. 40

80. Die Verlassenen. Lustspiel in 1 Akt von Bauernfeld. (31 S.) n. 1. 20

81. Träume sind Schäume. Lustspiel in 1 Aufzuge von Frdr. Gust. Triesch. (24 S.) n. 1. —

82. Ein Blitzmädel. Posse mit Gesang in 4 Akten von Carl Costa. Musik von Carl Millöcker. (80 S.) n. 2. 40

83. Eine Kriegslist. Lustspiel in 1 Aufzuge von Ed. Mautner. Mit Benützung einer französischen Novelle. (32 S.) n. 1. 20

84. Das vierte Gebot. Volksstück in 4 Akten von L. Anzengruber. (74 S.) n. 2. 40

85. Der Teufel auf Erden. Fantastisch-burleske Operette in 4 Akten von Carl Juin u. Jul. Hopp. Musik von Frz. v. Suppé. (82 S.) n. 1. —

86. Ein Faustschlag. Schauspiel in 3 Akten von L. Anzengruber. (70 S.) n. 2. 40

87. Eine Laune. Lustspiel in 1 Akt von Alfr. de Musset. Ins Deutsche übertragen von Zerline Gabillon. (27 S.) n. 1. 20

88. Frau Scarron. Lustspiel in 1 Aufzuge von Emil Granichstädten. (23 S.) n. 1. 20

89. Ein gestörtes Rendezvous. Farce in 1 Akt von Weiß u. Wertheimer. (55 S.) n. 1. 60

90. Aglaja. Drama in 3 Aufzügen von Emil Arter. (82 S.) n. 2. —

91. 's Jungferngift. Bauernkomödie mit Gesang in 5 Abtheilungen von L. Anzengruber. (80 S.) n. 2. 40

92. Die Büste. Lustspiel in 2 Akten von F. Zell. Nach der gleichnamigen Novelle Edmond About's (63 S.) n. 2. —

93. Eine versinkende Welt. Dramatische Dichtung von Peter Philipp. (135 S.) n. 3. —

94. Alte Wiener. Volksstück mit Gesang in 4 Akten von L. Anzengruber. (78 S.) n. 2. 40

95. Die öffentlichen Angelegenheiten. Lustspiel in 1 Aufzuge, nach dem Ungarischen des A. Berczik bearb. von R. Tyrolt. (38 S.) n. 1. 20

96. Die Trutzige. Bauernkomödie mit Gesang in 3 Akten von L. Anzengruber. (71 S.) n. 2. —

97. An der schönen blauen Donau. Lustspiel in 1 Aufzug von Osk. Welten. (29 S.) n. 1. 20

98. Boccaccio. Komische Operette in 3 Akten von F. Zell u. Rich. Genée. Musik von Frz. v. Suppé. (107 S.) n. 1. —

99. Die Hochzeitsreise nach Heidelberg. Lustspiel in 1 Aufzuge von Carl Caro. (36 S.) n. 1. 20

100. Aus'm gewohntem G'leis. Posse mit Gesang in 5 Abtheilungen von L. Anzengruber. (83 S.) n. 2. 40

101. Zwei Comödianten. Lustspiel in 1 Aufzuge von R. Tyrolt u. M. Loebel. (21 S.) n. 1. 20

102. Bar Kochba, der letzte König der Juden. Tragödie in 5 Aufzügen von Edm. Banner (107 S.) n. 2. —

103. Neue Verträge. Lustspiel in 4 Akten von Frdr. Gust. Triesch. (95 S.) n. 3. —

104. Der deutsche Michel. Komödie in 4 Akten von Louis Nötel. [Neue Bearbeitung.] (82 S.) n. 3. —

105. Der Eisbär. Ein Lustspiel in 3 Aufzügen von Eug. Reichel [Eug. Leyden]. (70 S.) n. 2. 40

106. Josef Lanner. Original-Genrebild in 6 Abtheilungen mit Gesang von Fr. v. Radler. Musik nach Lanner'schen Motiven von Gothove-Grünecke. (74 S.) n. 2. 40

107. Lukretia. Tragödie in 5 Aufzügen von Alfr. Frhr. v. Offermann. (97 S.) n. 2. 40

108. Im Augarten. Scenischer Epilog zur Säcularfeier Kaiser Josef II. von Ed. Mautner. (22 S.) n. 1. —
109. Die Abenteurerin. Schauspiel in 4 Akten von Emile Augier. Deutsch von Albr. Graf Wickenburg. (87 S.) n. 2. 40
110. Ein Abenteuer des Dauphin. Lustspiel in 1 Akte von Wilhelmine Gräfin Wickenburg-Almásy. (23 S.) n. 1. 20
111. Ungesund. Schwank in 1 Akte von L. Homberg. (23 S.) n. 1. 20

Theater, neues Wiener. Nr. 112—122. 8. Wien 883—86. Künast. n. 14. —
112. Der erste Brief. Orig.-Lustspiel in 1 Act v. Ferd. Groß. (25 S.) n. 1. 20
113. Krieg m. Marokko. Lustspiel in 1 Aufzuge. Von Ed. J. Andor. (33 S.) n. 1. 20
114. Die Burgruine. Lustspiel in 1 Aufzuge v. Carl Caro. (30 S.) n. 1. 20
115. Ein Concipient. Lustspiel in 1 Act v. Wilh. Herbst. (21 S.) n. 1. 20
116. Meister Pathelin, altfranzösischer Schwank in 3 Aufzügen. Uebers. u. f. die deutsche Bühne bearb. v. Albr. Graf. Wickenburg. (72 S.) n. 2. —
117. Ein lieber Mensch. Lustspiel in 1 Acte v. S. Fritz. (48 S.) n. 1. 20
118. Meister Potier. Lustspiel in 1 Aufzuge v. R. Tyrolt u. M. Loebel. (28 S.) n. 1. 20
119. Eine Ballcharade. Lustspiel in 1 Aufzuge v. J. Schütz. (17 S.) n. 1. 20
120. In der Höhle d. Löwen. Lustspiel in 1 Act v. Jul. Freund. (20 S.) n. 1. 20
121. Von 3 bis 4. Schwank in 1 Aufzuge v. Tihamér Almási. Deutsch v. Alex. Rosen. (42 S.) n. 1. 20
122. Zimmer Nr. 18. Schwank in 1 Akt von Paul v. Schönthan. (24 S.) n. 1. 20

Theater, neues Wiener. Nr. 35, 99, 114, 123—136. 8. Wien 887—890. Künast. n. 26. 80

Inhaltsübersicht in alphabet. Ordnung:

Baumann, A., das Versprechen hinterm Herd. Eine Scene aus d. österreich. Alpen m. Nationalgesängen. 3. Aufl. (26 S.) (Nr. 131.) n. 1. 20
Bergen, A., der Mord in der Kohlmessergasse. Posse in 1 Act, frei nach dem Franz. 4. Aufl. (24 S.) (Nr. 130.) n. 1. 20
Braun, J., flotte Bursche. Komische Operette in 1 Act. Musik von Franz v. Suppé. 2. Aufl. (30 S.) (Nr. 132.) n. 1. 20
Caro, C., die Burgruine. Lustspiel in 1 Aufzuge. 2. Aufl. (26 S.) (Nr. 114.) n. 1. 20
— die Hochzeitsreise nach Heidelberg. Lustspiel in 1 Aufzuge. (36 S.) (Nr. 99.) n. 1. 20
Coppé, F., der Strike der Schmiede. Dramatisches Gedicht. — Der Rabe. Von Edgar Poë. Deutsch v. Ed. Mautner. 2. Aufl. (15 S.) (Nr. 35.) n. 1. —
Juin [Giugno], K., E. S. S. od. die Ausstaffirung. Posse in 1 Aufzuge. 2. Aufl. (28 S.) (Nr. 129.) n. 1. 20
Nissel, F., die Zauberin am Stein. Volksdrama in 4 Aufzügen. 2. Aufl. (74 S.) (Nr. 125.) n. 3. —
Pailleron, E., der zündende Funke. Lustspiel in 1 Act. (28 S.) (Nr. 124.) n. 2. —
— die Welt, in der man sich langweilt. Lustspiel in 3 Acten. 2. Aufl. (82 S.) (Nr. 128.) n. 3. —
Philippi, J., Festgedicht zur Jubelfeier der 40jähr. Regierg. Sr. Maj. Kaiser Franz Josef I. v. Jos. Weyl. „'s Kaiserlied". Charakterbild in 1 Act. (31 S.) (Nr. 127.) n. 1. 60
Poë, E., der Rabe, s.: Coppé, F., Strike.
Rovetta, G., eine Lection. Lustspiel. Deutsch v. A. M. Zeltern. (16 S.) (Nr. 135.) n. 1. 20
Schlesinger, M., das Ende vor dem Anfang. Lustspiel. (31 S.) (Nr. 133.) n. 1. 20
— wer das Größere nicht ehrt, ist das Kleinere nicht werth. Lustspiel. (21 S.) (Nr. 134.) n. 1. 20
Schütz, Fr., alte Mädchen. Lustspiel in 1 Aufzuge. (36 S.) (Nr. 126.) n. 1. 20
Spanner-Hansen, Chr. Th., zu Ehren d. Kaisers. Patriot.-ländl. Charakterbild m. Gesang. (11 S.) (Nr. 136.) n. 1. 20
Staabe, Ch., Georges Hugon. Schauspiel in 5 Acten u. 1 Nachspiel. Mit freier Benutzg. e. Episode aus dem Romane „Nana" v. Emile Zola. (106 S.) (Nr. 123.) n. 3. —

— neues Wiener. Nr. 35, 99, 114, 130, 137—150. gr. 8. Wien, A. W. Künast. à n. 1. 20
35. Der Strike der Schmiede. Dramatisches Gedicht v. François Coppée. Der Rabe. Von Edgar Poë. Deutsch v. Ed. Mautner. 3. Aufl. (16 S.) 894.
99. Die Hochzeitsreise nach Heidelberg. Lustspiel in 1 Aufzuge v. Carl Caro. 2. Aufl. (32 S.) 894.
114. Die Burgruine. Lustspiel in 1 Aufzuge v. Carl Caro. 4. Aufl. (29 S.) 893.
130. Der Mord in der Kohlmessergasse. Posse in 1 Akt frei nach dem Franz. v. A. Bergen. 5. Aufl. (24 S.) 894.
137. Die Herren der Schöpfung. Lustspiel in 1 Akt v. S. Fritz. (21 S.) 891.
138. Eine Lustspielidee. Lustspiel in 1 Aufzuge v. Wolfg. Pollaczek. (21 S.) 891.
139. Eine ruhige Partei. Burleske m. Gesang in 1 Akt v. J. Wimmer. (20 S.) 891.
140. Verlobt! Lustspiel in 1 Aufzuge v. L. J. Planta. (24 S.) 891.
141. Pêle-mêle. Schwank in 1 Akt v. Alfr. Fried. (24 S.) 891.
142. Der Privat-Detectiv. Lustspiel in 5 Aufzügen v. Adf. Sachs. (88 S.) 892.
143. Richard Olten. Trauerspiel in 4 Aufzügen v. Karl Ox. (49 S.) 892.
144. Eine Vorlesung bei der Hausmeisterin. Posse in 1 Akt nach dem Franz v. Alex. Bergen. 5. Aufl. (24 S.) 893.
145. Gabriele Maren. Schauspiel in 4 Aufzügen v. Adf. Sachs. (56 S.) 893.
146. Bei der Volkszählung. Schwank in 1 Aufzuge v. Adf. Sachs. (21 S.) 893.
147. Der Prophet. Schauspiel in 3 Aufzügen v. G. Macasy. (50 S.) 894.
148. Durch die Kunst. Lustspiel in 1 Aufzuge v. Chillonius. (33 S.) 894.
149. Ein Hexenproceß. Historischer Schwank in 1 Akt v. Ed. Pötzl. (21 S.) 894.
150. Strafe muß sein! Schwank in 1 Akt v. Labiche u. Delacour. Deutsch v. Aug. Fresenius. (36 S.) 894.

— neues Wiener. Nr. 151—154. gr. 8. Wien, A. W. Künast. à n. 1. 20
151. List u. Dummheit od. Ein Diener zweier Herren. Posse in 1 Akt, frei bearb. v. Ernest Redelko. 2. Aufl. (24 S.) 896.
152. Conversation zwischen e. Stotternden, e. Schwerhörenden u. e. Schnoselnden üb. d. deutsche u. italien. Oper. Das Solo-Lustspiel. Von M. Saphir. — Der Schauspiel-Director. Eine dramat. Scene. Von Frdr. Saß. (20 S.) 897.
153. Des Kaisers Wunsch. Festsp. in 2 Bildern z. 50jähr. Regierungs-Jubiläum Sr. Maj. Kaiser Franz Josef I. Von J. Bach. (23 S.) 898.
154. Herr Stutzerl. Posse in 1 Act. Von Carl Juin u. Louis Fierz. (Die Grundidee nach dem Franz.) (28 S.) 898.

— neues Wiener. Nr. 155—158. gr. 8. Wien, A. W. Künast. n. 6. —
155. Ein Schnitzel m. Hindernissen. Scherz in 1 Aufzuge. (Nach e. franz. Idee.) Von Erik Nehl. (27 S.) (900.) n. 1. 20
156. Der Blitzableiter. Original-Schwank in 1 Akte. Von v. Radler. (18 S.) 900. n. 1. 20
157. Die Erbschaft. Lustspiel in 3 Aufzügen. Von Wilh. Reimer. (34 S.) 901. n. 1. 20
158. Die Verwalterstochter. Volksstück in 5 Aufzügen. Von Vict. Wretschko. (96 S.) 901. n. 2. 40

— neues Wiener. Nr. 159—168. 8. Wien, P. Knepler. n. 14. 20

Berla, Alois, der Zigeuner. Genrebild mit Gesang in 1 Act. Musik v. A. Conradi. (27 S.) (903.) (Nr. 163.) n. 1. 20
Bittner, Ant., Domestikenstreiche. Posse m. Gesang in 1 Akt. (25 S.) (903.) (Nr. 161.) n. 1. 20
Blank, A., da Moarhof entern Berg'n. Ländlicher Schwank m. Gesang in 1 Akte. Musik von A. Müller. (20 S.) (904.) (Nr. 166.) n. 1. 20
Böhm, J., nur zwei Gläschen. Schwank in 1 Akt. (24 S.) (905.) (Nr. 167.) n. 1. 20
Bohrmann-Riegen, H., Radetzky. Historisches Schauspiel aus der Zeit des italien. Feldzuges 1848 u. 1849 in 4 Aufzügen. (77 S.) (903.) (Nr. 164.) n. 1. 80
Carl, C., „Vater unser!" Lebensbild m. Gesang in 3 Abthlgn. u. 1 Vorspiel. (56 S.) 901. (Nr. 160.) n. 1. 60
Flamm, Thdr., die Rekrutirung in Krähwinkel. Burleske m. Gesang in 1 Act. (23 S.) (904.) (Nr. 165.) n. 1. 20
Ittbern, J., er muß in Pension geh'n! Lustspiel in 1 Akt. (16 S.) (906.) (Nr. 168.) n. 1. 20
L'Arronge, Adf., Mein Leopold. Orig.-Volksstück m. Gesang in 3 Acten u. 6 Bildern. Musik von C. F. Konradin. (95 S.) 901. (Nr. 159.) n. 2. —
Reimer, Wilh., ein Experiment. Lustspiel in 4 Akten. (Für die Bühnen eingerichtet von Geo. Stubenvoll.) (73 S.) 902. (Nr. 162.) n. 1. 60

Die in der Sammlung enthaltenen Anzengruber'schen Stücke sind an die J. G. Cotta'sche Buchh. Nachf. in Stuttgart übergegangen.

Theater, neuestes, des Auslandes, f. d. deutsche Bühne bearb. v. W. A. Herrmann. 1. Bd. gr. 8. (21⅓ B.) Hamburg 839, Berendsohn.

Inh.: Voltaire's Ferien. Lustsp. 8 Gr. — Kean. Schausp. 10 Gr. — Der König wider Willen. Lustsp. 8 Gr. — Ein Ball der vornehmen Welt. Lustsp. 6 Gr. — Fatalitäten. Lustsp. 9 Gr. — St! Lustsp. 8 Gr. — Wilson od. d. Verläumdung. Drama. 8 Gr.

— pantomim., m. K. 12. Wien, Alberti. 796. –

Theater, plattdeutsches. Nr. 1—5. 8. Mühlhausen i/Th. 898. G. Danner. à n. 1.—
1. Hein un Lotte od. De Leew in de Kök. Posse m. Gesang in 1 Optogg. Von Frz. Grabe. (24 S.)
2. Jochen Päsel u. Trine Däsel. Schwank m. Gesang in 1 Akt. Von Frz. Grabe. Nach d. Reuter'schen Gedichte: „O, Jöching Päsel, wat büst du för'n Esel". Frei bearb. (23 S.)
3. De Wedd od Studentenkneip. Schwank in 1 Akt. Von Frz. Grabe. M. Benutzg. d. Reuter'schen Gedichtes „De Wedd". Frei bearb. (21 S.)
4. Du driggst de Pann weg! od. De eifersücht. Schoster. Schwank in 1 Akt. Von Frz. Grabe. Frei nach Fritz Reuter. (20 S.)
5. Grött, Bütt un Lütt, Dree v. de Sprütt. En Fürwehr-Stückschen m. Gesang. Von Frz. Grabe. (13 S.)

— **plattdeutsches.** Nr. 6—8. 8. Mühlhausen i/Th. G. Danner. à n. 1.—
6. Hans möt frigen. Lustspill in ein'n Uptogg. Von Fritz Worm. (24 S.) (900.)
7. Spitzbüwken od. En ländl. Entföhrg. Burenspill m. Gesang in 1 Optogg. Von Frz. Grabe. (23 S.) (901.)
8. Op Afwegen od. gründlich kureert. Burenspill m. Gesang in 1 Optogg. Von Frz. Grabe. (24 S.) (901.)

— **plattdeutsches.** Nr. 9—14. 8. Mühlhausen i/Th., G. Danner. à n. 1.—
9. De Schwigervadder in de Klemm. Plattdütsches Lustspill in 2 Uptäg. Van Fritz Worm. (24 S.) (903.)
10. Woteen wascht dat Geschirr? od.: An'n Hochtiedstag. Schwank in 1 Optogg. Van Frz. Grabe. (23 S.) (903.)
11. Hei will woll frigen, äwer blots „Ein". Plattdütsches Lustspill in e. Uptogg. Van Fritz Worm. (20 S.) (904.)
12. En Heiratsantrag op'n Lann od.: De Holschenkönigin. Burenspill in 1 Optogg. Van Frz. Grabe. (20 S.) (904.)
13. Een' glücklichen Aus'fang od.: De Angst för't Hunnlock. Schwank in 1 Upptog. Van Fritz Husmann. (22 S.) (905.)
14. Van de Waterkant. Volksstück m. Gesang nach bekannten Melodien in 1 Akt. Von Frz. Grabe. (24 S.) (906.)

Theater, plattdeutsches. Nr. 15. 8. Mühlhausen i/Th., G. Danner. 1.—
Truge Leiw. Ein plattdeutsches Volksstück in 4 Uptäg. Von Fritz Worm. 2. Uplag. (48 S.) (908.)

— über das Prager. 8. Prag 773. Mangold. 6 gr

—— das prager, bei Fackelbeleuchtung. Aus d. Papieren eines quieszirten Beleuchtungsinspektors. 8. (4¾ B.) Leipzig 845, Phil. Reclam jun.

— für Privat- u. Landesgesellschaften. 1s Heft. 8. Prag 793 Schönfeld. 8 gr

Theater und Publikum. Berlin 1789. St. 1–3. 8°
Hrsg. v. Joh. Gottfried Lukas Hagemeister.

Theater der Religion oder Apologie des Heidenthums. Neuwied 1789. V: *Hofheim, Carl Joseph August Christ.* & *Carl Adolph Zumbach.* (HS)

Theater, Das, der Religionen oder Apologie des Heidenthums. Athen [Leipzig] 1791. H: *Spazier, Carl.* (MGT) (WR) (KY)

— der Römer, s. Plautus, Lustspiele im 4n Thle.

— der Römer, s. Plautus, Lustspiele, 5 Bde.

— d. Römer, enth. Plautus Lustspiele. 5 Bde. gr. 8. Wien, Ant. Doll. 805. 1
Schreibp. 1

— d. Römer, enth. Plautus Lustspiele. 8 Bde. gr. 8. Wien, Anton Doll. 805.
Schreib.

— römisches, der Engländer u. Franzosen, in freien Bearbeit. nebst Entwicklung d. Charaktere u. Zurückführung ders. zu ihren Quellen rc., herausg. v. Jh. Falk. 1r Bd. Shakspeare's Coriolan enthalt. gr. 8. Amsterd. 811. Brockhaus in Leipz. 1 ℛ 16 gr

— **römisches**, der Engländer u. Franzosen, in freien Bearbeitungen nebst Entwicklung der Charaktere u. Zurückführung derselben zu ihren Quellen rc. herausg. von Joh. Falk. 1r Bd. Auch unt. d. Titel:
Coriolan, frei nach Shakespeare, von J. Falk. gr. 8. Amsterd. Kunst u. Ind. Comt. 811.

Theater, römisches, der Engländer u. Franzosen, in freien Bearbeitungen, nebst Entwicklung d. Charaktere und Zurückführung derselben zu ihren Quellen rc. Herausgegeben von Joh. Falk. Ir.
Auch unter dem Titel:
Coriolan, frei nach Shakespeare, von J. Falk. 8. Amsterd. Kunst- u. Ind. Comt. 812.

Schänzli-Theater... [in Bern]. Berner Theater-Almanach. [Sommer-]Saison 1902. Hrg. von Mary Fischer, Souffleuse. [4 S.] 8.

— der Spanier u. Portugiesen; übers. u. herausg. von Fr. Just. Bertuch. 1r Bd. gr. 8. Weim., Ind.-Compt. 14 gr

— spanisches, s. Bibliothek ausländischer Klassiker.

— spanisches; aus d. Französ. 3 Bde. gr. 8. Braunschw. 770, 771. Schulbuchh. 1 ℛ 18 gr

— spanisches, s. A. W. v. Schlegel.

— **spanisches**, v. A. W. Schlegel. 1r 2r Bd. od. Schausp. d. Don Pedro Calderon de la Barca. 1r 2r Bd. 8. Berlin, Hitzig. 805—809. (1r 2 Rthlr. 8 gr. 2r enth.: a) d. standhafte Prinz; b) die Brücke v. Mantible. 1 Rthlr. 16 gr.)
Rthlr.
Velinp. (1r 3 Rthlr. 8 gr. 2r 2 Rthlr. 16 gr.)

—— **spanisches**, hrsg. von A. Fr. Graf v. Schack, s. Bibliothek, Cotta'sche, der Weltliteratur.

—— **spanisches.** Hrsg. v. Ad. Friedr. v. Schack. 2 Thle. 12. (40⁷⁄₁₂ B.) Frankfurt a. M. 845, Sauerländer's Verl. *

—— **spanisches.** Hrsg. v. Aug. Wilh. v. Schlegel. 2. Ausg. besorgt v. Ed. Böcking. 2 Bde. A. u. d. Ttl.: Schauspiele von Don Pedro Calderon de la Barca. 2 Bde. 8. (48¾ B.) Leipzig 845, Weidmann'sche Buchh. *

Theater, Spanisches, od. ausgewählte Sammlg. älterer u. neuer Schauspiele, welche gegenwärtig auf den Theatern Spaniens vorgestellt werden. Mit den zum vollkommenen Verständniß derselben nöthigen Anmerkgn. u. Erklärgn. v. C. F. Franceson. 1. Thl. A. u. d. T.: Teatro Español escogido ó coleccion de las mejores comedias, antiguas y modernas, que se representan actualmente en los teatros de España. Con las anotaciones necesarias para su entera inteligencia. Tomo 1. 8. (X u. 395 S.) Leipzig 851. Fr. Fleischer. 1 ℛ 24 ng

Theater, Das tragische, der Griechen. 1. Bd. Euripides. 2. Bd. Sophocles. Zürich 1763. Ü: *Steinbrüchel, Johann Jacob.* (ML) (KY) (HOFF) (Cat. d. Stadtbibl. Zürich. Zürich 1864—97.)

— das tragische, der Griechen. 2 Bde. Sophocles u. Euripides, übersetzt (v. J. J. Steinbrüchel). gr. 8. Zürich 763. Orell. 1 ℛ 16 gr

— tragisches, der Römer. Uebersetzt u. mit Anmerkk., Einleitungen u. Vergleichungen versehen v. W. A. Swoboda. 1r Bd. Seneca. Mit Kpf. 8. Wien 817. ...

— unser, s.: Jugendlaube.

— unterhaltendes u. belehrendes, f. die Jugend. gr. 12. (8 B.) Crefeld 842, Schüller.

— vermehrtes, d. Ausländer, s. J. C. Bock.

— verm., d. Ausl. v. J. C. Bock. 4 Thle. 8. Ebend. 778. 79. (1r 14 gr. 2r 16 gr. 3r u. 4r à 12 gr.)

— die, der Welt. Hrsg.: J. Gumbinner u. Hans Forsten. Verantwortlich: J. Gumbinner. 1. Jahrg. Oktbr. 1901 bis Febr. 1902. 8 Nrn. Fol. (à ca. 16 S. m. Abbildgn.) Berlin, Pacific-Verlag. à Hft. n. — 60
Mehr nicht erschienen.

Theater, Wiedner, oder Schauspiele aufgeführt bey Herrn Emanuel Schikaneder auf dem k. k. priv. Wiedner Theater. Wien 1798. V: *Giesecke, Carl Ludwig von.* (GGr V/331, Nr. 104/7) (BiblPort)

Die **Theater** Wiens. Bd 1–3, Suppl.H. Wien: Gesellsch. f. vervielfält. Kunst (1894–1906). 6 Bde 2°
1 = Weilen, Alexander v.: Geschichte d. Wiener Theaterwesens von d. ältesten Zeiten bis zu d. Anfängen d. Hof-Theater. (In 7 H.) (1899.)
2, Halbbd. 1. 2, Th. 1. 2 = Teuber, Oskar (2,2: Alexander v. Weilen): Das k. k. Hofburgtheater seit s. Begründung. Halbbd 1. 2, Th. 1. 2. 1896–(1906).
3 = Bayer, Josef: Das neue k. k. Hofburgtheater als Bauwerk mit s. Skulpturen- u. Bilderschmuck. 1894(–96).
3. Suppl.H = Bayer, Josef: Das k. k. Hofburgtheater vor u. nach d. Reconstruction. Mit Ergänzungen zur Baugeschichte. 1900.

Theater, die, Wiens. (In 6 Bdn. à ca. 7 Hfte.) 1.—3. Hft. Fol. Wien 894. Gesellschaft f. vervielfältigende Kunst. à Hft. n. 6. —; Gründer-Ausg. f. je 6 Hfte. n. 100. —; Prachtausg. m. Kupferdr. auf Seide (nur 5 Exempl.) f. je 6 Hfte. n. 500. —
1—3. III. Bd. Das neue k. k. Hofburgtheater als Bauwerk m. seinem Sculpturen- u. Bilderschmuck. Von Jos. Bayer. (S. 1—72 m. Textabbildgn. u. 11 Taf.)

— die, Wiens. 4.—19. Hft. Fol. Wien, Gesellschaft f. vervielfältigende Kunst. à Hft n. 6. —; Gründer-Ausg. f. je 6 Hfte. n. 100. —
4. 5. III. Bd. Das neue k. k. Hofburgtheater als Bauwerk m. s. Sculpturen- u. Bilderschmuck. Von Jos. Bayer. (S. 73—120 m. Textabb. u. 8 Taf.) 895.
6. 7. 9. II. Bd. Das Hofburgtheater seit s. Begründg. Von Osc. Teuber. 1.—3. Hft. (S. 1—72 m. Abb. u. 12 Taf.) 896.
8. 10. 11. III. Bd. Das neue k. k. Hofburgtheater als Bauwerk m. s. Sculpturen- u. Bilderschmuck. Von Jos. Bayer. 6.—8. Hft. (V u. S. 121—180 m. Textabb. u. 11 Taf.) 896. (III. Bd. kplt.: n. 48 —; geb. in Leinw. n. 56. —; Luxus-Ausg. geb. in Leinw. n. 140. —)
12—16. II. Bd. Das k. k. Hofburgtheater seit s. Begründung. Von Osc. Teuber. 4.—8. Hft. (1. Hälfte. VI, S. 73—232 u. XX S. m. Abb., 15 Taf. u. 6 Fksms.) 896. 97. (1. Hälfte kplt.: n. 48. —; geb. in Leinw. n. 56. —; Luxus-Ausg. geb. in Leinw. n. 140. —; II, 1 u. III: n. 96. —; geb. n. 112. —; Luxus-Ausg. n. 280. —)
17—19. I. Bd. Geschichte d. Wiener Theaterwesens v. d. ältesten Zeiten bis zu den Anfängen der Hoftheater. Von Alex. v. Weilen. 1.—3. Hft. (S. 1—72 m. Abb., 10 Taf. u. 2 Fksms.) 897. 98.

— die, Wiens. 20.—29. Heft. Fol. Wien, Gesellschaft f. vervielfältig. Kunst. à n. 6. —; Gründer-Ausg. f. je 6 Hfte n. 100. —
20—23. I. Bd. Geschichte des Wiener Theaterwesens von den ältesten Zeiten bis zu den Anfängen der Hoftheater. Von Alex. v. Weilen. 4.—7. (Schluss-)Hft. (VIII u. S. 73 bis 170 m. Abbildgn., 13 [2 farb.] Taf. u. 1 Fksm.) 898. 899. (Kplt. geb. in Leinw. n. 50. —; Luxusausg. geb. n. 130. —)
24. 25. II. Bd. 2. Halbbd. Geschichte des Hofburgtheaters. Von Osc. Teuber. 1. u. 2. Hft. (S. 1—48 m. Abb., 6 Taf. u. 1 Fksm.) 899.
26. 27. II. Bd. 2. Halbbd. Dasselbe. 3. u. 4. Hft. (S. 49—96 m. Abbildgn., 6 Taf. u. 1 Fksm.) (901.)
28 29. II. Bd. 2. Halbbd. Geschichte des Hofburgtheaters. Von Alex. v. Weilen. 5. u. 6. Hft. (S. 97—144 m. Abbildgn. u. 6 Taf.) (902.)

Theater, die, Wiens. 3. Bd. Suppl.-Hft. Fol. Wien, Gesellschaft f. vervielfältig. Kunst. n. 6. —
Das k. k. Hofburgtheater vor u. nach der Reconstruction. Mit Ergänzgn. zur Baugeschichte. Von Jos. Bayer. (30 S. m. 1 Abbildg., eingedr. Plänen u. 2 Taf.) 900.

— die, Wiens. 30.—41. Heft. Fol. Wien, Gesellschaft f. vervielfältig. Kunst. à n. 6. —; Gründer-Ausg. f. je 6 Hefte n. 100. —
II. Bd. 2. Halbbd. Weilen, Alex. v., Geschichte des Hofburgtheaters. 7. u. 8. Heft u. 2. Tl. 10 Hefte. (VI u. S. 145 bis 202 m. Abbildgn. u. 6 Taf. u. VI, 302 S. m. Abbildgn. u. 30 Taf.) (906.) (II. Bd. vollst.: 144. —; in 3 Bdn. geb. 168. —; I—III: 240. —; geb. 280. —.)

— die, Wiens. 42.—51. Heft. 41×31,5 cm. Wien, Gesellschaft f. vervielfältig. Kunst. à 6. —; Gründer-Ausg. f. je 6 Hefte 100. —
IV. Bd. Das k. k. Hofoperntheater. Von Rich. Wallaschek. (XIV, 295 S. m. Abb., 33 Taf. u. 14 Fksm.) (907—09.) (70. —; geb. 80. —)

Theater-Abend, s.: Danner's, G., Theater-Abend.

Theater-Agenturen, die. Ein Zeitbild, der gesammten deutschen Theaterwelt gewidmet von der Monatschrift für Theater und Musik. gr. 8. (36 S.) Wien 856, [Wallishausser's Hoftheater-Druckerei.] *

Theater-Album, s. Bernhardi, Wilh.

Theater-Album, mein. Gedenkbuch an meine Opern-Besuche. gr. 4. (VI, 91 S. m. Bildnissen.) Leipzig 892. J. J. Weber. Geb. in Leinw. m. Goldschn. n. 6. —

Theater-Album, militärisches. Nr. 1—9. gr. 8. Landsberg a/W. 879—82. Volger & Klein. à n. 1. —
1. Das Bild des Kaisers. Dramolet in 1 Akt. Von Fritz Volger. (24 S.)
2. Soldatenliebe. Militärischer Schwank in 1 Akt [m. freier Benutzung einer v. Winterfeld'schen Novelle] von Fritz Volger. (16 S.)
3. Blind geladen. Schwank in 1 Akt. Nach einem älteren Stoffe von A. v. Kotzebue bearb. u. hrsg. von Fritz Volger. (18 S.)
4. Im Lager vor Metz oder ein Kurmärker von 1870. Militärischer Schwank mit Gesang in 1 Akt von Fritz Volger. Musik von C. Heyer jun. (16 S.)
5. Krieg u. Frieden oder Kutschke als Budiker. Schwank m. Gesang in 1 Akt von Fritz Volger. Musik von C. Heyer. (17 S.)
6. Preußische Farben. Militärischer Schwank in 1 Akt von Fritz Volger. (14 S.)
7. Eine gemischte Ehe oder Infanterie u. Kavallerie. Militärischer Schwank mit Gesang in 1 Akt [mit freier Benutzung einer v. Winterfeld'schen Humoreske] von Fritz Volger. (15 S.)
8. Zu Befehl Herr Hauptmann! oder die Ordre ist Schnarchen. Militärischer Schwank in 1 Akt [mit freier Benutzung einer v. Winterfeld'schen Novelle] von Fritz Volger. (15 S.)
9. Wachtstuben-Abenteuer. Militärischer Schwank m. Gesang in 1 Akt von Fritz Volger. Musik von C. Heyer jun. (15 S.)

Theater-Album, militärisches. Nr. 1. 4. 6—8. 10—24. 26—30. gr. 8. Landsberg a/W. 883—86. Volger & Klein. à n. 1. —
1. Das Bild des Kaisers. Dramolet in 1 Akt v. Fritz Volger. 2. Aufl. (20 S.)
4. Im Lager vor Metz od. e. Kurmärker v. 1870. Militärischer Schwank m. Gesang in 1 Akt v. Fritz Volger. Musik v. C. Heyer jun. 2. Aufl. (17 S.)
6. Preußische Farben. Militärischer Schwank in 1 Akt v. Fritz Volger. 2. Aufl. (14 S.)
7. Eine gemischte Ehe od. Infanterie u. Kavallerie. Militärischer Schwank m. Gesang in 1 Akt [m. freier Benutzg. e. Winterfeld'schen Humoreske] v. Fritz Volger. 2. Aufl. (14 S.)
8. Zu Befehl Herr Hauptmann! oder: die Ordre ist Schnarchen. Schwank in 1 Akt v. Fritz Volger. 2. Aufl. (15 S.)

10. Jochen Päsel od. zu Befehl, Herr Lieutenant! Militärischer Schwank in 1 Akt v. Fritz Volger. (13 S.)
11. Grüner Jäger. Schwank in 1 Akt v. Fritz Volger. (15 S.)
12. Im Rock d. Königs. Schwank m. Gesang in 1 Akt v. Fritz Volger. Musik vom Kapellmstr. Fritz Richter. (13 S.)
13. Königin Luise od. der Genius Preußens. Dramatisches Bild in 1 Akt v. Fritz Volger. 2. Aufl. (12 S.)
14. Vater Blücher. Genrebild in 1 Akt v. Fritz Volger. (13 S.)
15. Der Trompeter v. Schöneberg. Schwank in 1 Akt v. Geo. Volger. (14 S.)
16. Schlafrock u. Uniform. Schwank in 1 Akt, nach e. älteren Stoffe als Herren-Specialität eingerichtet v. B. Behrens. (16 S.)
17. Vor Paris nichts Neues od. Kutschke's Memoiren. Schwank m. Gesang in 1 Akt v. Fritz Volger. (16 S.)
18. „Unser Fritz." Schwank in 1 Akt v. Geo. Volger. (12 S.)
19. Ein Küchendragoner od. Köck u. Guste. Schwank in 1 Akt nach e. älteren Stoffe von C. v. Fels. (16 S.)
20. O, welche Lust Soldat zu sein! Militärische Posse m. Gesang in 1 Akt von Rob. v. Gerland. Musik v. C. Heyer. (15 S.)
21. Ein lustiger Krieg. Schwank m. Gesang in 1 Akt v. Fritz Volger. (16 S.)
22. Hurrah vier Könige! od. e. alter Veteran. Charakterbild in 1 Akt. Nach e. älteren Stoffe neu f. die Bühne bearb. v. Heinr. Schmidt. (18 S.)
23. Was sich die Kantine erzählt. Militärischer Schwank in 1 Akt v. Fritz Volger. (20 S.)
24. Kutschke in Afrika. Schwank m. Gesang in 1 Akt v. Emil Hildebrand. Musik v. Carl Heyer. (18 S.)
26. Vom Fels zum Meer. Patriotisches Festspiel in 1 Aufzuge v. Adf. Volger. (15 S.)
27. Einquartiert. Schwank in 1 Akt v. Fritz Volger. (17 S.)
28. Die Aushebung od. drei Helden. Posse m. Gesang in 1 Akt von K. v. Thale. (18 S.)
29. Ein Stündchen beim alten Dessauer. Historisches Genrebild [m. Benutzg. e. älteren Stoffes] in 1 Akt v. Fritz Volger. (16 S.)
30. Ein Düppler od. im Casino. Posse in 1 Akt v. Geo. Volger. (15 S.)

Theater-Album, militairisches. Nr. 2, 3, 8, 25, 31—60. gr. 8. Landsberg a/W. 887—890. Volger & Klein. à Nr. n. 1. —

Inhaltsübersicht in alphabet. Ordnung:

B., A. v., die Kompagnie sucht einen Schneider. Militairischer Schwank in 1 Akt. (15 S.) (Nr. 37.)
Berg, C. v., Lieutenant Amor. Schwank in 1 Akt. (19 S.) (Nr. 50.)
— e. Offiziers-Bursche. Schwank in 1 Akt. (16 S.) (Nr. 32.)
Breckheyde, C. v., u. B. Waldow, ein heißer Tag. Schwank in 1 Akt. (19 S.) (Nr. 59.)
Hellborn, R., die Kanone. Militairischer Schwank in 1 Akt. Musik v. Schirow. (19 S.) (Nr. 53.)
— sie schwärmt für's Militair. Schwank m. Gesang in 1 Akt. Musik v. C. Heyer jun. (20 S.) (Nr. 48.)
Hildebrand, E., eine Kriegslist. Schwank m. Gesang. (16 S.) (Nr. 45.)
— für's Militair laß ich mein Leben. Schwank m. Gesang in 1 Akt. (16 S.) (Nr. 46.)
Höppner, G., ein Fähnrich v. der Garde. Schwank in 1 Akt. (20 S.) (Nr. 31.)
Jagwitz, F. v., die Lützower. Vaterländisches Zeitbild in 3 Aufzügen. (24 S.) (Nr. 58.)
König, H., im Kasten od. bei Vater Philipp. Militairischer Schwank m. Gesang in 1 Akt. Musik v. C. Heyer. (16 S.) (Nr. 43.)
Lagro, J., der Weg durch die Küche. Militairischer Schwank in 1 Akt. (19 S.) (Nr. 34.)
Leuthen, A. v., Kasernenluft. Militairischer Schwank m. Gesang in 1 Akt. Musik v. C. Heyer. (13 S.) (Nr. 33.)
— Reservist u. Reservistin. Schwank in 1 Akt. (15 S.) (Nr. 47.)
Matthes, O., Musketier Spitz. Militairischer Schwank in 1 Akt. (13 S.) (Nr. 36.)
Reimann, F., die Kompagnie-Mutter u. zu Befehl Herr Feldwebel. Schwank in 1 Akt. (20 S.) (Nr. 39.)
Thale, A. v., auf Posten, od.: Guten Morgen, Vielliebchen! Lustspiel in 1 Akt. (19 S.) (Nr. 55.)
Volger, A., Kaisers Geburtstag. Patriotisches Festspiel in 1 Aufzuge. (12 S.) (Nr. 25.)
Volger, F., zu Befehl, Herr Hauptmann! od. die Ordre ist Schnarchen. Schwank in 1 Akt. 3. Aufl. (15 S.) (Nr. 8.)
— blind geladen. Schwank in 1 Akt. Nach e. älteren Stoffe von A. v. Kotzebue bearb. u. hrsg. 2. Aufl. (18 S.) (Nr. 3.)
— es lebe der Kaiser. Patriotisches Genrebild in 1 Akt. (16 S.) (Nr. 41.)
— mein Schatz ist ein Reiter. Schwank in 1 Akt m. Gesang. Musik v. W. Rudnick. (20 S.) (Nr. 40.)
— Soldatenliebe. Militairischer Schwank in 1 Akt [m. freier Benutzung e. v. Winterfeld'schen Novelle]. 2. Aufl. (16 S.) (Nr. 2.)
— drei militairische Solo-Scenen m. Gesang. Musik v. C. Heyer. 2. Aufl. (16 S.) (Nr. 35.)
Volger, G., die schiefe Schlachtordnung od. Lehrstand u. Wehrstand. Militairischer Schwank in 1 Akt. (14 S.) (Nr. 38.)
— schneidig. Militairischer Schwank in 1 Akt. (12 S.) (Nr. 49.)
— wie Ziethen aus dem Busch. Militairischer Schwank in 1 Akt. (13 S.) (Nr. 56.)
Waldow, B., s.: Breckheyde, C. v.
Wild-Queisner, R., e. militairischer Adonis. Militairischer Schwank in 1 Akt. (15 S.) (Nr. 60.)
— die Herren Einjährigen. Militairischer Schwank in 1 Akt. (16 S.) (Nr. 51.)
— ein Manöverscherz. Militairischer Schwank in 1 Akt. (19 S.) (Nr. 44.)
— Soldatenstreiche. Militairischer Schwank in 1 Akt. (18 S.) (Nr. 57.)
— auf Strafwache. Militairischer Schwank in 1 Akt. (16 S.) (Nr. 52.)
Zastrow, C., nur Soldat. Schwank in 1 Akt. (22 S.) (Nr. 42.)
— in der Soldatenküche. Schwank in 1 Akt. (22 S.) (Nr. 54.)

— militärisches. Nr. 5, 7, 9, 10, 15, 23, 24, 32, 61—75, 77—79. gr. 8. Landsberg a/W., Volger & Klein. à n. 1. —

Inhaltsübersicht in alphabetischer Ordnung:

Ader, Thdr., die kurze u. die lange Hose. Militärischer Schwank in 1 Akt. (11 S.) 894. (Nr. 78.)
Bartsch, Rob. v., der Hohenzollern Ruhm u. Ehre. Patriotisches Festspiel in 1 Akt. (14 S.) 893. (Nr. 74.)
Berg, C. v., ein Offiziers-Bursche. Schwank in 1 Akt. 2. Aufl. (16 S.) 893. (Nr. 32.)
Braunschweig, M., am 27. Januar od. die Extrahose. Militärischer Schwank m. Gesang in 1 Akt. (12 S.) 892. (Nr. 71.)
Hildebrandt, Emil (Fritz Volger), Kutschke in Afrika. Schwank m. Gesang in 1 Akt. Musik v. Carl Heyer. 2. Aufl. (18 S.) 891. (Nr. 24.)
— das rauchlose Pulver. Lustspiel in 1 Akt m. freier Benutzg. e. älteren Stoffes. (12 S.) 891. (Nr. 68.)
— s.: Volger, Fritz.
Stein, G., Heil Dir im Siegerkranz. Militärisches Festspiel in 1 Akt. (22 S.) 892. (Nr. 70.)
Volger, Adf., aus glorreicher Zeit. Patriotisches Festspiel in leb. Bildern m. begleit. Text. (16 S.) 894. (Nr. 77.)
Volger, Fritz, zu Befehl, Herr Unteroffizier. Militärischer Schwank m. Gesang in 1 Akt. (16 S.) 891. (Nr. 65.)
— Unser Bursche. Schwank in 1 Akt, frei nach e. ältern Stoff bearb. (16 S.) 891. (Nr. 66.)
— eine gemischte Ehe od. Infanterie u. Kavallerie. Militärischer Schwank m. Gesang in 1 Akt (m. freier Benutzg. e. Winterfeld'schen Humoreske). 3. Aufl. (14 S.) 894. (Nr. 7.)
— was sich die Kantine erzählt. Schwank in 1 Akt. 2. Aufl. (18 S.) 894. (Nr. 23.)
— Krieg u. Frieden od. Kutschke als Budiker. Schwank m. Gesang in 1 Akt. Musik v. C. Heyer. 4. Aufl. (16 S.) 894. (Nr. 5.)
— nur militärisch! od. Hans u. Peter. Schwank in 1 Akt, nach e. älteren Stoffe frei bearb. (16 S.) 891. (Nr. 67.)
— Jochen Päsel od. Zu Befehl, Herr Lieutenant! Militärischer Schwank in 1 Akt. 4. Aufl. (14 S.) 893. (Nr. 10.)
— die alte Schabracke. Militärischer Schwank in 1 Akt. (12 S.) 892. (Nr. 73.)
— Wachtstuben-Abenteuer. Militärischer Schwank m. Gesang in 1 Akt. Musik v. C. Heyer jun. 3. Aufl. (15 S.) 893. (Nr. 9.)
— s.: Hildebrand, Emil.
Volger, Geo., der Trompeter v. Schöneberg. Schwank in 1 Akt. (2. Aufl. (16 S.) 894. (Nr. 14.)
Volger, Paul, ein Viertelstündchen Feldwebel. Militärischer Schwank in 1 Akt. (14 S.) 893. (Nr. 76.)
— Kikebusch als General. Militärischer Schwank m. Gesang in 1 Akt. (16 S.) 894. (Nr. 79.)
Wild-Queisner, Rob., in Feindes Land. Militärischer Schwank in 1 Akt (14 S.) 892. (Nr. 69.)
— ein Flankenangriff. Militärischer Schwank in 1 Akt. (19 S.) 891. (Nr. 62.)
— der Herr Oberst. Militärischer Schwank in 1 Akt. (16 S.) 892. (Nr. 72.)
— ein poetischer Soldat. Militärischer Schwank in 1 Akt. (16 S.) 891. (Nr. 64.)
— auf Urlaub. Militärischer Schwank in 1 Akt. (17 S.) 891. (Nr. 63.)
— Zwillinge für's Militär. Militärischer Schwank in 1 Akt. (16 S.) 891. (Nr. 61.)

Theater-Album, militärisches, Nr. 8, 10, 12, 17, 27, 28, 34, 37, 45, 53, 75 u. 80—92. gr. 8. Landsberg a/W., Volger & Klein. à n. 1.—

Inhaltsübersicht in alphabetischer Ordnung:

Bartsch, Rob. v., „Seni" freiweg nach Schiller. E. militär. Schieß- u. Singsp. (8 S.) 896. (Nr. 83.)
Berg, C. v., mein Vetter aus Blasebalg. Schwank in 1 Akt. (Seitenstück zu „Jochen Päsel".) (14 S.) 897. (Nr. 88.)
Compagnie, die, sucht e. Schneider. Militär. Schwank in 1 Akt von A. v. B. (2. Aufl.) (15 S.) 898. (Nr. 37.)
Gallert, E., ein Schwiegervater in d. Kaserne. Posse m. Gesang in 1 Akt. (16 S.) 897. (Nr. 87.)
Hellborn, R., Allarm! Militär. Schwank m. Gesang in 1 Akt. (20 S.) 898. (Nr. 90.)
— e. friedl. Eroberung. Schwank m. Gesang in 1 Akt. (16 S.) 897. (Nr. 86.)
— Ha! Anno 70! od.: Unser Elsaß. Militär. Schwank m. Gesang in 1 Akt. (16 S.) 895. (Nr. 82.)
— die Kanone. Militär. Schwank m. Gesang in 1 Akt. Musik v. Schirow. 2. Aufl. (19 S.) 897. (Nr. 53.)
Hellborn, R., Natural-Verpflegg. Militär. Schwank m. Gesang in 1 Akt. (20 S.) 898. (Nr. 92.)
Hildebrand, Emil, e. Kriegslist. Militär. Schwank m. Gesang in 1 Akt. Musik v. C. Heyer. 2. Aufl. (16 S.) 896. (Nr 45.)
Lagro, J., der Weg durch d. Küche od. drei v. d. Artillerie. Militär. Schwank in 1 Akt. 2. Aufl. (16 S.) 896. (Nr. 34.)
Liebe, die, im Marschquartier od.: Bitte, machen Sie nur keine Umstände. Militär. Schwank in 1 Aufz. von A. v. B. (16 S.) 896. (Nr. 34.)
Paul, Ernst, zum Kaisergeburtstagsball. Militär. Schwank in 1 Akt. (15 S.) 896. (Nr. 85.)
Schmasow, Alfr., Majestät kommt! Schwank in 1 Akt. (20 S.) 897. (Nr. 89.)
Thale, K. v., die Aushebg. od. Drei Helden. Posse m. Gesang in 1 Akt. Musik v. Max Natzki. 2. Aufl. (16 S.) 897. (Nr. 28.)
Volger, Adf., Fridericus Rex, unser König u. Herr! Lager-Scene m. Gesang in 1 Aufz. (11 S.) 896. (Nr. 81.)
Volger, Fritz, Einquartiert. Schwank in 1 Akt. 2. Aufl. (16 S.) 898. (Nr. 27.)
— im Elsaß od. im Rock des Königs. Schwank m. Gesang in 1 Akt. Musik v. Fritz Richter. 2. Aufl. (16 S.) 895. (Nr. 12.)
— Jochen Päsel od. Zu Befehl, Herr Lieutenant! Militär. Schwank in 1 Akt. 6. Aufl. (12 S.) 897. (Nr. 10.)
— die Ordre ist Schnarchen od. Zu Befehl, Herr Hauptmann. Militär. Schwank in 1 Akt. 4. Aufl. (4. Tauf.) (15 S.) 897. (Nr. 8.)
— vor Paris nichts Neues od. Kutschke's Memoiren. Militär. Schwank m. Gesang in 1 Akt. Musik v. C. Heyer. 2. Aufl. (16 S.) 895. (Nr. 17.)
Volger, Paul, Krause in Kiautschau. Posse m. Gesang in 1 Akt. (18 S.) 898. (Nr. 91.)
— ein Viertelstündchen Feldwebel. Schwank in 1 Akt. 2. Tauf. (2. Aufl.) (14 S.) 898. (Nr. 75.)
Wild-Queisner, Rob., „So lernt man Deutsch" od. „Türkisch". Militär. Schwank in 1 Akt. (24 S.) 895. (Nr. 80.)

Theater-Album, militärisches. Nr. 1, 5, 6, 19, 20, 32, 34, 44, 48, 49, 62, 65, 75 u. 93—104. gr. 8. Landsberg a/W., Volger & Klein. à n. 1.—

Inhaltsübersicht in alphabetischer Ordnung:

Berg, C. v., ein Offiziers-Bursche. Schwank in e. Akt. 3. Aufl. (16 S.) (900.) (Nr. 32.)
Bergen, A. v., der Franctireur. Eine Posse m. Gesang in 1 Akt, m. Benutzg. e. älteren Stoffes. (23 S.) (900.) (Nr. 98.)
Fels, E. v., ein Küchendragoner od. Köck u. Guste. Schwank m. Gesang in 1 Akt. 2., veränd. Aufl. (16 S.) (901.) (Nr. 19.)
Gerlaud, Rob. v., o, welche Lust, Soldat zu sein! Militärische Posse m. Gesang in 1 Akt. Musik v. C. Heyer. 2. Aufl. (15 S.) (900) (Nr. 20.)
Hellborn, R., Boxer. Militärischer Schwank m. Gesang in 1 Akt. (16 S.) (901.) (Nr. 102.)
— es geht los! Militärischer Schwank mit Gesang in 1 Akt. 1. u. 2. Aufl. (à 20 S.) (899. 902.) (Nr. 95.)
— sie schwärmt für's Militär. Schwank m. Gesang in 1 Akt. Musik v. C. Heyer jun. 2. Aufl. (20 S.) (899.) (Nr. 48.)
Kotzebue, A. v., zwei Combattanten od. Der gerade Weg ist der beste. Schwank in 1 Akt. In neuer Bearbeitg. v. Reglow. (20 S.) (900.) (Nr. 96.)
Lagro, J., der Weg durch die Küche od. Drei v. der Artillerie. Militär. Schwank in 1 Akt. 3. Aufl. (16 S.) (901.) (Nr. 34.)
Lübky, A., die Aequatortaufe an Bord e. deutschen Schiffes. Eine Szene aus dem Schiffsleben. (15 S.) (900.) (Nr. 99.)
Paul, Ernst, auf nach Peking! od. Li-Hung-Tschang, Du ahnst es nicht. Posse m. Gesang in 1 Akt. (15 S.) (900.) (Nr. 97.)
— der schöne Oscar. Schwank m. Gesang in 1 Akt. (15 S.) (901.) (Nr. 103.)
Renker, Fel., der falsche Baron od. Ein unerwarteter Schwiegersohn. Militär. Orig.-Lustspiel in 1 Akt. (23 S.) (901.) (Nr. 101.)
— Bursche Stümper od. Nur auf Besuch. Militärischer Orig.-Schwank in 1 Akt. (16 S.) (901.) (Nr. 100.)
Schmasow, Alfr., unsere Blaujacken in Kiautschou. Schwank in 1 Akt. (19 S.) (899.) (Nr. 93.)
Schmidt-Silesius, Herm., eine Instructionsstunde in Kamerun. Schwank in 1 Aufzuge. (8 S.) (899.) (Nr. 94.)
Steiner, Wilh., aus der lustigen Manöverzeit. Schwank in 1 Akt. (20 S.) (902.) (Nr. 104.)
Volger, Fritz, zu Befehl Herr Unteroffizier. Schwank m. Gesang in 1 Akt. 2. Aufl. (16 S.) (899.) (Nr. 65.)
— das Bild des Kaisers. Lustspiel in 1 Akt. 3. Aufl. (20 S.) (900.) (Nr. 1.)
— preußische Farben. Militärischer Schwank in 1 Akt. 3. Aufl. (14 S.) (899.) (Nr. 6.)
— Krieg u. Frieden od. Kutschke als Budiker. Schwank m. Gesang in 1 Akt. Musik v. C. Heyer. 5. Aufl. (16 S.) (901.) (Nr. 5.)
Volger, G., Schneidig! Militärischer Schwank in 1 Akt. 2. u. 3. Aufl. (à 12 S.) (899. 902.) (Nr. 49.)
Volger, Paul, ein Viertelstündchen Feldwebel. Schwank in 1 Akt. 3. Tauf. (3. Aufl.) (14 S.) (902.) (Nr. 75.)
Wild-Queisner, Rob., ein Flankenangriff. Militärischer Schwank in 1 Akt. 2. Aufl. (19 S.) (900.) (Nr. 62.)
— ein Manöverscherz. Militärischer Schwank in 1 Akt. 2. Aufl. (19 S.) (900.) (Nr. 44.)

Theater-Album, militärisches. Nr. 5—8. 10. 23. 34. 37. 63. 85. 88. 89. 100. u. 104—115. 8. Landsberg a/W., Volger & Klein. à n. 1.—

Berg, C. v., mein Vetter aus Blasebalg. Schwank in 1 Akt. (Seitenstück zu „Jochen Päsel".) 2. Aufl. (16 S.) (904.) (Nr. 88.)
Bredow, Otto, einer v. 7 Jungen. Militärischer Schwank m. Gesang in 1 Act. (19 S.) (906.) (Nr. 113.)
Kaisers Geburtstag in der Küche der Frau Oberst. Schwank m. Gesang in 1 Akt von H. v. S. (15 S.) (902.) (Nr. 105.)
Kompagnie, die, sucht e. Schneider. Militärischer Schwank in 1 Akt v. A. v. B (3. Aufl.) (15 S.) (906.) (Nr. 37)
Lagro, J., der Weg durch die Küche od. Drei v. der Artillerie. Schwank in 1 Akt. 4. u. 5. Aufl. (16 S.) (903. 906.) (Nr. 34.)
Lehnhard, Paul R., militärischer Schutz. Schwank in 1 Akt. (16 S.) (906.) (Nr. 114.)
Paul, Ernst, gegen die Hereros od. Freiwillige vor. Kolonialschwank m. Gesang in 1 Akt. (16 S.) (904.) (Nr. 110.)
Paul, Ernst, zum Kaisergeburtstagsball. Militärischer Schwank in 1 Akt. 2. Aufl. (16 S.) (905.) (Nr. 85.)
Praeger, Otto, nur einer vom Militär od. Der Strohwitwer. Schwank in 1 Akt. (15 S.) (904.) (Nr. 108.)
Reglow, Adf., ja, treu ist die Soldatenliebe! Militärischer Schwank m. Gesang in 1 Akt. (20 S.) (903.) (Nr. 107.)
Renker, Fel., Bursche Pfiffig als Kriegsgott. Schwank in 1 Akt. 1. u. 2. Aufl. (16 S.) (903. 905.) (Nr. 106.)
— Bursche Stümper od. Nur auf Besuch. Milit. Orig.-Schwank in 1 Akt. 2. Aufl. (16 S.) (906.) (Nr. 100.)
— Tippel im Schlafrock. Militärisches Orig.-Lustspiel in 1 Akt. (18 S.) (905.) (Nr. 112.)
Schmasow, Alfr., Majestät kommt! Schwank in 1 Akt. 2. Aufl. (20 S.) (903.) (Nr. 89.)
Steiner, Wilh., aus der lustigen Manöverzeit. Schwank in 1 Akt. 2. Aufl. (20 S.) (901.) (Nr. 104.)
Volger, Adf., ein moderner Mars od. Verschnappt. Schwank m. Gesang in 1 Akt. (20 S.) (905.) (Nr. 111.)
Volger, Fritz, eine gemischte Ehe od.: Infanterie u. Kavallerie. Militärischer Schwank m. Gesang in 1 Akt. 4. Aufl. (15 S.) (905.) (Nr. 7.)
— preußische Farben. Militärischer Schwank in 1 Akt. 5. Aufl. (15 S.) (905.) (Nr. 6.)
— was sich die Kantine erzählt. Schwank in 1 Akt. 3. Aufl. (18 S.) (903.) (Nr. 23.)
— Krieg u. Frieden od. Kutschke als Budiker. Schwank m. Gesang in 1 Akt. Musik v. C. Heyer. 6. Aufl. (16 S.) (906.) (Nr. 5)
— die Ordre ist Schnarchen od.: Zu Befehl, Herr Hauptmann! Militär. Schwank in 1 Akt. 5. Aufl. (15 S.) (902.) (Nr. 8.)
— Jochen Päsel od.: Zu Befehl, Herr Leutnant! Schwank in 1 Akt. 8. u. 9. Aufl. (14 S.) (903.) (Nr. 10.)
— Ueberrumpelt. Schwank in 1 Akt. (16 S.) (904.) (Nr. 109.)
Wild-Queisner, Rob., auf Urlaub. Militär. Schwank in 1 Akt. 2. Aufl. (16 S.) (905.) (Nr. 63.)
Zelfe, Walrem., von der Regiments-Kapelle od.: Aus dem Felde geschlagen. Schwank m. Gesang in 1 Akt. (20 S.) (906.) (Nr. 115.)

Theater-Album, militärisches. Nr. 10, 41, 49, 53, 62, 75, 78, 87, 90 u. 116—131. 8. Landsberg a/W., Volger & Klein. à 1.—

Aster, Thdr., die kurze u. d. lange Hose. Militärischer Schwank in 1 Akt. 2. Aufl. (12 S.) (907.) (Nr. 78.)
Bernhardt, Karl, Z. II. od. der Zukunftskrieg. Schwank in 1 Aufzuge. (14 S.) (910.) (Nr. 131.)
Braune, Edm., der tolle Kadett od. Schwester Klärchen. Schwank in 1 Akt. (16 S.) (908.) (Nr. 120.)
— Der Kaiserjunge od. Wo ist das Kind? Soldatenschwank in 1 Aufzuge. (24 S.) (910.) (Nr. 130.)
— Unser Piefke od. Ein Kaisergeburtstagsspaß. Soldatenschwank in 1 Akt. (18 S.) (910.) (Nr. 117.)
— Rieke's Kaiser-Kuß. Soldatenschwank (Umschlag: Schwank) in 1 Akt. (20 S.) (908.) (Nr. 123.)
Gallert, E., ein Schwiegervater in der Kaserne. Posse m. Gesang in 1 Akt. 2. Aufl. (24 S.) (907.) (Nr. 87.)
Hellborn, R., Alarm. Schwank m. Gesang in 1 Akt. (2. Aufl.) (20 S.) (907.) (Nr. 90.)
— Die Kanone. Militärischer Schwank m. Gesang in 1 Akt. Musik v. Schirow. 3. Aufl. (19 S.) (909.) (Nr. 53.)

Hoeppner, Gust., ein Soldatenfeind od. Ein Fähnrich v. der Garde. Schwank in 1 Akt. (20 S.) (909.) (Nr. 126.)
Lehnhard, Paul R., verbotene Frucht. Schwank in 1 Akt. (16 S.) (909.) (Nr. 124.)
— Manöver-Liebe. Schwank in 1 Akt. (15 S.) (907.) (Nr. 116.)
Lorange, Geo., nach allerhöchstem Beispiel. Schwank m. Gesang in 1 Akt. (13 S.) (909.) (Nr. 129.)
— Hochparterre rechts. Schwank in 1 Aufzuge. (16 S.) (908.) (Nr. 122.)
— Der Verkannte! (od. Ein Schwiegersohn wider Willen). Lustspiel in 1 Aufzug. (16 S.) (907.) (Nr. 119.)
Meinhold, Paul, im Standquartier. Militär. Schwank in 1 Akt. (16 S.) (908.) (Nr. 121.)
Oldendorf, Kurt, ein Schreckschuß. Schwank m. Gesang in 1 Akt. (20 S.) (907.) (Nr. 118.)

Paul, Ernst, es lebe die Marine. Schwank in 1 Akt. (14 S.) (909.) (Nr. 127.)
Schulz, Fritz, der neue Kantinenwirt. Schwank in 1 Akt. (14 S.) (909.) (Nr. 128.)
Volger, Fritz, Jochen Päsel od. Zu Befehl, Herr Leutnant! Schwank in 1 Akt. 10. u. 11. Aufl. (14 S.) (910). (Nr. 10.)
— Es lebe der Kaiser! Patriotisches Genrebild in 1 Akt. 2. Aufl. (16 S.) (907.) (Nr. 41.)
Volger, G., schneidig! Militärischer Schwank in 1 Akt. 4. Aufl. (14 S.) (910.) (Nr. 49.)
Volger, Paul, ein Viertelstündchen Feldwebel. Schwank in 1 Akt. 4. Taus. (4. Aufl.) (14 S.) (909.) (Nr. 75.)
Wild-Queisner, Rob., ein Flankenangriff. Militärischer Schwank in 1 Akt. 3. Aufl. (19 S.) (910.) (Nr. 62.)
— Als Kammerzofe. (Militärisches) Lustspiel in 1 Akt. (20 S.) (909.) (Nr. 125.)

Theater-Allerlei. Sammlung einakt. Theaterstücke, Spielduette, Soloszenen u. s. w. Nr. 1—12. 8. Neuweißensee, E. Bartels. à 1.—

Behrends, E., Fatalitäten der Liebe. Komische Pantomime in 1 Akt. (Für 2 Damen, 4 Herren u. Chor.) (13 S.) (Nr. 10.)
Dalatkewicz, W., Goldregen. Schwank in 1 Akt. (Für 3 Damen u. 4 Herren.) (32 S.) (Nr. 1.)
— am Hochzeitstage od. Neue Heringe. Posse in 1 Akt. (Für 2 Damen u. 3 Herren.) (16 S.) (Nr. 7.)
— blaue Jungen od. Ein Spion in Kiautschou. Posse m. Gesang in 1 Akt. Musik v. verschiedenen Komponisten. (Für 1 Dame, 5 Herren u. Chor.) (16 S.) (Nr. 9.)
— die kurze Pfeife. Schwank m. Gesang in 1 Akt. Musik v. Gust. Rühl. (Für 1 Dame u. 2 Herren.) (14 S.) (Nr. 4.)
Gontard, M., der Bauer als Advokat. Gesangs-Ensemble f. 6 Herren. Musik v. Winkelhofer. (15 S.) (Nr. 12.)
— die Ehestifterin od. Sie haben ja so Recht. Schwank m. Gesang in 1 Akt. Musik v. Gust. Rühl. (Für 2 Damen u. 1 Herr.) (16 S.) (Nr. 8.)
Paul, W., in Kiautschau od. Schöne Seelen finden sich. Schwank m. Gesang in 1 Akt. Musik v. Gust. Rühl. (Für 1 Dame u. 2 Herren.) (16 S.) (Nr. 6.)
— ein gebildeter Schlächtermeister. Posse m. Gesang in 1 Akt. Musik v. Gust. Rühl. (Für 2 Damen u. 3 Herren.) (18 S.) (Nr. 2.)
Wilda, F., Rosen-Montag. Posse m. Gesang in 1 Akt. Musik v. Winkelhofer. (Für 1 Dame u. 5 Herren.) (22 S.) (Nr. 11.)
— in Transvaal od. Die gestörte Burenhochzeit. Pantomime in 1 Akt. (Für 2 Damen, 8 Herren u. Chor.) (15 S.) (Nr. 5.)
Will, Frdr., im Kaffeelokal. Schwank in 1 Akt. (Für 2 Damen u. 3 Herren.) (16 S.) (Nr. 3.)
Weitere Nrn. unter den betreff. Einzeltiteln.

Theater-Allerlei, buntes. 15 wirksame, leicht aufführbare Theaterstücke f. die Dilettantenbühne. (120 S.) 8. Mühlhausen i/Th. (908). G. Danner. 1.—

Theateralmanach. Wien 1800. 1804. 1805. H: *Perinet, Joachim.* (GGR VI/517, VI/ 519) (Gustav Gugitz, J. Perinet, S. 164) (WBL 22/22) (wrztg 1803, S. 3614, 4366) (wrztg 1804, S. 5221) (biblport)

Theateralmanach f. 1811, herausg. von C. W. Bork. mit illum. K. 8. Braunschw. Pluchart. brosch.

Theateralmanach f. d. J. . . . . Hg.: K. F. W. Bork.
1811.
St. Petersburg. Goed. VIII, 129, 8.

Theater-Almanach, Allgemeiner, von Jahr 1782. Wien. H: *Schink, Joh. Fch.* (Bespr. Realzeitung 1782, Nr. 11, S. 169/172); Nr. 14, S. 222—224; 1782. Beilage zu Nr. 15) (GGR IV², 913, Nr. 18/23) (biblport)

Theater-Almanach, Allgem. deutscher f. d. J. . . . . Hrg.: A. Klingemann.
1822. VIII, 495 S. (N. A. 1824).
Braunschweig. Goed. VIII, 131, 21.

Theateralmanach, allgemein-nützlicher, f. Theaterunternehmer, Directoren rc., herausg. v. Schink, m. K. 8. Wien, Gerold. (Barth in Leipz.) 782.

Theater-Almanach, Berliner, auf das Jahr 1828; ein Neujahrsgeschenk für Damen. Herausg. von M. G. Saphir. 16. Berl. 827. Cosmar u. K. 2 ₰

Theater-Almanach, Berliner, a. d. J. . . . . ein Neujahrsgeschenk für Damen. Hg.: M. G. Saphir.
1828. 324 u. LX S.
Berlin.

Theater-Almanach, berliner, a. d. J. 1836—42. Hrsg. v. Alex. Cosmar. 1—7. Jahrg. 16. Berlin, Bade. à Thlr. *

Jahrg. 1. Inh.: Frau u. Freund, od.: Die Flucht nach Afrika. Lustsp. in 1 Aufz., v. Albini. — Der Pistolen-Schuß. Lustsp. in 1 Aufz., v. L. Angely. — Die Robize. Lustsp. in Aufz. v. C. Blum. — Drei Frauen auf einmal! Posse in 1 Aufz., v. A. Cosmar. — Die drei Tanzmeister. Posse in 1 Aufz., v. L. Rellstab. — Quatember im Monde. Puppensp. in 3 Aufz. u. 1 Vorsp., v. Jemandem. (24½ B.)
„ 2. Inh.: Enzian. Burleske v. Albini. — Der Wundertrank. Dramat. Aufgabe v. A. Cosmar. — Der Advokat u. sein Sohn, od.: Der erste Prozeß. Lustsp. v. Genée. — Die Herausforderung. Lustsp. v. Heinr. Smidt. — Der dreißigste Geburtstag. Lustsp. v. C. Stawinsky. — Vier und Zwanzig Stunden Bedenkzeit. Lustsp. v. A. Cosmar. — Alt u. Jung, od.: Die Hochzeit d. Weiberfeindes. Lustsp. v. Freimund Ohnesorgen. (26½ B.)
„ 3. Inh.: Poesie u. Prosa. Spiel in Versen v. Wilh. Hocker. — Ehestandswirren. Lustsp. v. A. Cosmar. — Der Stumme v. Ingouville. Melodrama v. Fr. Genée. — Die Schicksals-Pastete. Lustsp. v. Leop. Bartsch. — Der schöne Narziß. Bagatelle v. C. Blum. — Phlegma siegt, od.: das Messer d. Virginius. Posse v. Albini. — Der Gefangene wider Willen. Dramat. Aufgabe v. A. Cosmar. (24 B.)
„ 4. Inh.: Die Brustnadel. Dramat. Anekdote mit Gesang v. Leop. Bartsch. — Die Zwillingsgeschwister. Lustsp. v. A. Cosmar. — Der Stellvertreter. Posse v. Ludw. Lenz. — Soldatenliebe. Liedersp. v. Fr. Genée. — Der Stumme wider Willen. Schwank v. Isi. — Alle für Eine u. Einer für Alle. Possensp. v. Ad. Glaßbrenner. (24½ B.)
„ 5. Inh.: Der türkische Shawl. Lokales Lustsp. v. L. Angely. — Ein Page des Regenten. Lustsp. nach Théaulon, v. Ad. Glaßbrenner. — Die Eröffnungs-Rede. Lustsp. nach Rougemont v. A. Cosmar. — Tausch u. Täuschungen. Lustsp. nach: „le mariage en capuchon." v. Ludw. Lenz. — Reschid Pascha, od.: Mein Junge lügt nie! Posse v. Leop. Bartsch. — Der Eifersüchtige wider Willen. Lustsp. nach d. Franz. v. Ludw. Meyer. (23¼ B.)
„ 6. Inh.: Sankt Peter, od.: Der arme Maler. Drama v. L. Bartsch. — Frauen-Freundschaft. Lustsp. nach Lafitte v. L. Angely. — Die Naturkinder. Lustsp. nach Jüngers „Geschwister vom Lande" v. A. Cosmar. — Ein Stündchen aus dem Leben Peter d. Gr. Dramat. Anekdote v. Fr. Tietz. (23¼ B.)
„ 7. Inh.: Cartouche. Dramat. Anekdote in 1 Akt, frei nach Théaulon, v. J. Dorich. — Ein Geheimniß. Schausp. in 3 Akten, nach Arnould u. Fournier v. A. Cosmar. — Dissonanzen od.: Heut vor 25 Jahren. Lustsp. in 3 Akten v. Heinr. Smidt. — Die Weihnachts-Präsente. Lokaler Gelegenheits-Scherz in 1 Akt v. L. Angely. — Die Bräutigamsschau. Dramat. Scherz in 1 Akt v. Jul. Findeisen. (19¾ B.)

— Breslauer, für 1831—1835. Breslau: Richter in Komm. 1831—35.
Hrsg. v. Ed. Philipp.

Theater-Almanach, Dresdener. 1898/1899. 12. (199 S. m. Bildnissen.) Dresden 899. E. Pierson. n. — 20

Frankfurter Theater-Almanach für das Jahr 1856. Hrsg. v. Eduard Noack u. Ferdinand Reibe, Souffleure des hiesigen Theaters.
Frankfurt/M. (1855): J. J. Schultheis. VI, 116 S. 8°

Theater-Almanach für die Jugend von Aurelie (Gräfin von Baudissin.) Illustr. von J. B. Sonderland. 1. und 2. Bd. gr. 16. Stuttgart, E. Hallberger. [1. (XIV und 227 S. mit 6 ill. Stnt.) 849., 2. (III und 241 S. mit 6 ill. Stnt.) 850. à Bd. 22½ Ngr.]

Theater-Almanach der Kgl. Haupt- und Residenzstadt Königsberg auf das Jahr 1848. Königsberg 1848.
Hrsg.: Beudel.

Theater-Almanach, Kölner. 1896/97. 16. (59 Bildn. nebst Anzeigen.) Köln 896. Kölner Verlagsanst. u. Druckerei. n. — 20

— Leipziger, 1897/98. 16. (144 S. m. Bildn.) Leipzig (Th. Thomas). n. — 50

– M ü n c h e n e r, den Freunden der Kunst und des geselligen Lebens gewidmet. Jg. 1–3. München: Hübschmann 1823–1825. 8⁰
Hrsg. v. Friedrich Holzapfel.
Jg. 2 u. d. T.: Theater-Taschenbuch München 1824
Jg. 3. u. d. T.: Münchner Theater-Almanach. München 1825.

Theater-Almanach, Neuer, f. d. J. . . . . Hg.: Genoss. dtsch. Bühnenangehöriger.
1810. (1. Jg.)
Berlin.

Theater-Almanach, Neuer, v. Ad. Bäuerle f. d. J. . . . . .
1827. (Angekündigt.)
Goed. VIII, 132, 35.

Theater-Almanach, neuer, f. d. J. 1890. Hrsg. v. der Genossenschaft deutscher Bühnen-Angehöriger. 1. Jahrg. gr. 8. (XII, 52; 152 u. 317 S.) Berlin, (G. Nauck). In Leinw. cart. n.n. 5. —

Theater-Almanach, neuer, 1892—1894. Hrsg. v. der Genossenschaft deutscher Bühnen-Angehöriger. 3.—5. Jahrg. gr. 8. Berlin, (G. Nauck). à Jahrg. geb. in Leinw. n. 6. —; in Ldr. n. 7. —
3. 1892. (XVI S., Tageskalender, 487 u. 128 S. m. Text-Abbildgn. u. 1 Photograv.)
4. 1893. (XV, 52 u. 618 S. m. 2 Heliograv.)
5. 1894. (XV, 51 u. 712 S. m. 2 Heliograv.)
Gänzlich vergriffen.

-- dasselbe 1895. Theatergeschichtliches Jahr- u. Adressen-Buch. (Begründet 1889.) Hrsg. v. der Genossenschaft deutscher Bühnen-Angehöriger. 6. Jahrg. gr. 8. (XVI, 712 S. m. Abbildgn. u. 1 farb. Taf.) Berlin 894. (F. A. Günther & Sohn.) Geb. in Leinw. n. 6. —; m. Ldr.-Rücken n. 7. —

— n e u e r, 1896 – 1899. Theatergeschichtl. Jahr- u. Adressen-Buch. (Begründet 1889.) Hrsg. v. d. Genossenschaft deutscher Bühnen-Angehöriger. 7.—10. Jahrg. gr. 8. Berlin (F. A. Günther & Sohn).
Geb. in Leinw. à n. 6. —; m. Ldr.-Rücken à n n. 7. —
7. Jahrg. 1896. (XVI, 696 S. m. 2 Abb. u. 13 Bildn.) 895.
8. Jahrg. 1897. (XVI, 712 S. m. 16 Bildnistaf.) 896.
9. Jahrg. 1898. (XVI, 727 S. m. 15 Bildnistaf.) 897.
10. Jahrg. 1899. (XVI, 638 S. m. 18 Bildn.) 898.

— n e u e r, 1900—1903. Theatergeschichtliches Jahr- u. Adressen-Buch. (Begründet 1889.) Hrsg. v. der Genossenschaft deutscher Bühnen-Angehöriger. 11.—14. Jahrg. gr. 8. Berlin (F. A. Günther & Sohn).
Geb. in Leinw. à n. 6. —; m. Ldr.-Rücken à n.n. 7. —
1900. (XVI, 723 S. m. 15 Bildnissen.) — 1901. (XVI, 718 S. m. 14 Taf.) — 1902. (XVI, 739 S. m. 9 Bildnissen.) — 1903. (XV, 744 S. m. 8 Bildnissen.)

Theater-Almanach, n e u e r. 1904—1907. Theatergeschichtliches Jahr- u. Adressen-Buch. (Begründet 1889.) Hrsg. v. der Genossenschaft deutscher Bühnen-Angehöriger. 15. bis 18. Jahrg. (XVI, 743; XVI, 797; XVI, 783 u. XVI, 826 S. m. 8, 16, 14 u. 8 Bildnissen.) gr. 8. Berlin (F. A. Günther & Sohn). Geb. in Leinw. à n. 6. —; m. Ldr.-Rücken à n.n. 7. —

Theater-Almanach, neuer. 1908—1911. Theatergeschichtl. Jahr- u. Adressen-Buch. (Begründet 1889.) Hrsg. v. d. Genossenschaft deutscher Bühnen-Angehöriger. 19.—22. Jahrg. (XVI, 814 S. m. 2 Bildnissen; XVI, 879 S. m. 8 Bildnissen; XV, 919 S. m. eingedr. Bildnissen u. 4 Bildnistaf. u. XVI, 964 S. m. eingedr. Bildnissen u. 8 Bildnistaf.) 8. Berlin, F. A. Günther & Sohn.
Geb. in Leinw. à 6. —; m. Ldr.-Rücken à n 7. —

Theateralmanach, Neuhauser, den . . . . Schauspielgönnern gewidm. von F. S. Radeck.
(1828). 23 S.
Neuhaus. Goed. VIII, 121, 310.

– N ü r n b e r g e r, für das Jahr 1810. Nürnberg 1810.
Hrsg. von Karl Josef Pellkofen.
Forts. u. d. T.: Friedensblätter. Wien 1814 ff.

—— österreichischer, f. d. Theaterjahr 1839. 1. Jahrg., hrsg. v. Franz A. Werner u. J. H. Grim. 8. (11½ B. u. 5 Bildn.) Prag, (Scheib.)

T h e a t e r - A l m a n a c h für Pesth-Ofen, auf das Jahr 1856. Gewidmet allen Verehrern der Kunst von den Souffleurs Josef Freywahl, Eduard Schulz und Otto Wimböck. Pesth, 1856. Druck von J. Beimel und Basil von Kozma. (48 S. 8.)

— der Stadt Riga; herausgg. v. Karl Hiller. Mit 2 Steindr. 12. Riga 823.

— von Wien, von Chr. Glo. Klemm (u. Frz. v. Heufeld), f. d. J. 1772, 73, 74. Wien. ...

Theateralmanach von Wien für das Jahr 1773. Verfasset von einigen Liebhabern der deutschen Schaubühne. 2. Theil. Wien. H: *Klemm, Chn. Gottlob.* (WBL 12/69) H: *Klemm, Chn. Gottlieb & Franz Heufeld.* (WBL 4/5095) H: *Bianchi.* (R. M. Werner, Aus dem Josephinischen Wien, S. 29) (BIBLPORT)

Theateralmanach von Wien für das Jahr 1774. Verfasst von einigen Liebhabern der Schaubühne zu finden in dem k. k. priv. Realzeitungscomtoir. Wien. H: *Klemm, Chn. Gottlob.* (WBL 12/69) H: *Klemm, Chn. Gottlob & Franz Heufeld.* S. a. IV, 5095.

Wiener Theater Almanach für das Jahr . . . [Hrsg.: Josef Sonnleithner.]
Wien: Kurzbeck (1796: Jos. Camesina [1794?—1796?]). 12⁰
[Kupfert.]
1794: 8 Bl., 189 S., 1 Bl., 1 Titelkupf.
1796: 10 Bl., CVI, 80 S., 1 Bl. [*Kupfer fehlen.*]

— Wiener, für d. Jahre. 1794—96., (v. Jgn. Fd. Sonnleithner). 12. Wien 794 - 96. (Heubner). 2 ℳ

— W i e n e r, 1899. Hrsg. v. Ant. Rimrich. gr. 8. (IV, 123 S. m. Abbildgn.) Wien (Wollzeile 17), k. k. Hoftheater-Druckerei „Elbemühl". n. 4. —

— dasselbe 1900—1902. 2.—4. Jahrg. gr. 8. Wien, C. Konegen. Kart. à n. 2. 50
1900. (IX, 349 u. 12 S. m. Abb. u. Plänen.)
1901. (XI, 419 u. 26 S. m. Abb. u. Plänen.)
1902. (X, 443 u. 15 S. m. Abb. u. Plänen.)

— W i e n e r. 1903. Hrsg. v. Ant. Rimrich. 5. Jahrg. (VII, 409 u. 15 S. m. Abbildgn. u. Plänen.) gr. 8. Wien, C. Konegen. Geb. in Leinw. n. 2. 50
Erscheint nicht mehr.

T h e a t e r - A n e c d o t e n und Humoresken, s. Lindau's Reisebibliothek.

Theater-Anecdoten u. Humoresken, s.: **Wallner's, E.,** Reisebibliothek.

Theater-Anekdoten, 100 interessante, s. Grosser, J. E.

Theater-Anekdoten, 100 interessante, f. gebild. Freunde des Witzes u. der fröhl. Laune, (von J. E. Grosser). 1s Hft. 8. Bresl. 828. (Hentze). 8 gGr

Theater-Anecdoten, Hundert interessante, für gebildete Freunde des Witzes und der fröhlichen Laune. Breslau 1828. 2. A. 1830. V: *Grosser, Joh. Eman.* (Ky) (Nowack, Schles. Schriftst.-Lex. Bresl. 1836—43. VI, 38.)

Theateranecdoten, Neue französische. [Weimar 1795.] V: *Böttiger, Carl August.* (MGT)

Theater-Anzeiger, Allgemeiner deutscher. Leipzig 1811—12. Prag 1813—14. II: *Quandt, Daniel Gottlob.* (EE) (MGT) (Ky)

Theateranzeiger, allgem. deutscher, (v. Dn. Glo. Quandt). 1r—4r Jahrg. Prag 811—14. Enders. (à 5 Thlr) 20 Thlr

Theater-Archiv, deutsches, und offizielles Geschäfts-Blatt des Deutschen Bühnen-Vereins. Red.: Friedr. Adami. (1. Jahrg.) Juli—Decbr. 1858. 19 Nrn. (à 1 Bgn.). Berlin, Hayn in Comm. 4. n. 2 Thlr.

—— deutsches, und offizielles Geschäftsblatt des deutschen Bühnen-Vereins, sowie Anzeiger der Perseverantia. Redig. von Friedr. Adami. 2—4. Jahrg. 1. Hälfte. 1859, 1860 und 1861. Januar bis Juni. à Jahrg. 52 Nrn. (à 1—1½ Bog.) gr. 4. Berlin, (Hayn.) à Jahrg. **

—— neues deutsches. Kritische Blätter für die Bühnenwelt. Anzeiger für die Perseverantia. Jahrg. 1861. Juli bis Decbr. 26 Nrn. (à 1—1½ Bog.) Fol. Berlin, Hayn. Vierteljährlich **

Theater-Archiv, neues deutsches. Kritische Blätter für die Bühnenwelt. Anzeiger für die Perseverantia. Jahrg. 1862. 52 Nrn. (à 1—1½ Bog.) Fol. Berlin, Hayn's Erben. *

Theateraufführungen für Kinder. I. Weihnachtsspiel. II. Knecht Rupprecht. III. Szene für 3 Kinder. IV. Szene für 3 Mädchen. V. Die dumme Trine, s.: Theater-Bibliothek.

THEATER-AUSSTELLUNG, Berlin 1910, veranstaltet von der Gesellschaft für Theatergeschichte (E. V. 1902) in den Ausstellungshallen am Zoologischen Garten, Berlin, 22. Oktober 1910 bis 2. Januar 1911. quer 8°.

Theater- und Musikerautographen der Sammlung Donnebauer: Beschreibendes Verzeichnis. Prag 1894. V: *Batka, Richard.* (Mitth. M. Grolig.)

Theaterbaufrage, Die, im Kurorte Meran. Meran 1894. V: *Pernwerth, Wilhelm von.* (Margr)

Theaterbekanntschaften. Dramatischer Local-Scherz mit kleinen Gesangparthieen in einem Aufz. Berlin 1829. V: *Falkenstein, Louis Freih. v.* (EE)

Theaterbekanntschaften. Dramat. Local-Scherz mit kleinen Gesangparthieen in 1 Aufz. Von † Freimund Ohnesorgen. 8. (5½ B.) Berlin 829, Wagenführ.

Theaterberichte über die Breslauer Bühne. Breslau 1808—10. V: *Kapf, Carl Glieb Hnr.* (MGT) (GGr)

Theaterbibliothek. 3 Stck. 8. Danzig, Brückner. 785.

Theaterbibliothek. 8 Stücke. 8. Danzig 785. Brückner. 18 gGr

— e. Samml. class.-deutscher Theaterstücke. 3 Bde. 8. Bern 804. Typogr. Soc. 2 Thlr 12 gGr

Theater-Bibliothek. Trier, Paulinus-Druckerei, s. a. Theater-Bibliothek f. Vereine u. Dilettanten-Bühnen.

Theaterbibliothek. 1. Bdchn. 8. Trier 887 Paulinus-Druckerei. n. 2. 35

1. Die städtische Wasserfrage od. der gequälte Rathsherr. Eine leicht aufführbare Posse f. männl. Rollen in 1 Aufzuge f. gesell. Vereine. Von A. Dinspel. (35 S.) n. — 35

Theaterbibliothek. 2.—10. Bdchn. 8°. Trier, Paulinus-Druckerei. * 8 05

2. Dinspel, A. Hirten u. Könige. Weihnachtsspiel m. Gesang in 2 Aufzügen. 2. Aufl. (28 S.) 889. * — 50.
3. Schlesinger, C. Bär u. Pascha. Gesangs-Posse in 1 Akt. (27 S.) 889. * — 50.
4. Dinspel, Ant. Auf dem Heirathsvermittelungs-Bureau od. „auf dem nicht mehr ungewöhnlichen Wege". Posse in 2 Aufzügen m. nur 5 männl. Rollen. (27 S.) 889. * — 40.
5. —— Der Geschäftsführer od. unentwegt auf rechtem Pfade. Ein Schauspiel in 3 Aufzügen m. 8 männl. Rollen. (44 S.) 889. * — 60.
6. Ambrosius, Jak. Nur der Bart macht den Mann. Lustspiel in 2 Akten. (22 S.) 890. * — 40.
7. Hohnerlein, Max. Gesetzesunkenntniß schützt vor Strafe nicht! Lustspiel in 3 Aufzügen. Nach e. älteren humorist. Erzählg. frei bearb. (43 S.) 892. * — 60.
8. —— Närrische u. vernünftige Leute. Lustspiel in 5 Aufzügen nach e. Komödie des dän. Dichters L. Holberg frei bearb. Mit e. Musikbeilage. (58 S.) 892. * — 70.
9. —— In der eigenen Schlinge gefangen. Nach L. Holberg frei bearb. (40 S.) 892. * — 60.
10. Schiller, Friedr. v. Wilhelm Tell. Schauspiel in 5 Aufzügen. Für d. gesell. Vereinsbühne bearb. von Ant. Dinspel. (70 S.) 892. * —75.

1. Bdchn. u. d. T.: Dinspel, A. Die städtische Wasserfrage. Ebd. 1887. * — 35.

— 1.—5. Bdchn. gr. 8. Limburg a. d. L., Limburger Vereinsdruckerei. n. 3. 90

1. „Elmar." (Schausp. in 6 Aufzgn.) Nach Weber's „Dreizehnlinden" frei bearb. v. Jos. Faust. 2., völlig umgearb. Aufl. (IV, 81 S.) 897. n. 1. —
2. Die Flavier. Christl. Schausp. in 5 Aufzgn. Von Longhaye, S. J. Aus d. Franz. übers. v. e. Lehrlingspräses. (66 S.) 897. n. 1. —
3. Die heilige Nacht. Weihnachtsspiel in 2 Akten. Von M. Höhler. (Für Mädchenschulen u. Vereine.) (31 S.) 897. n.u. — 50
4. D. Weihnachtsabend od. Ehrliche Arbeit segnet Gott. Schauspiel in 5 Aufzgn. Von Ed. Jos. Müller. (45 S.) 898. n. — 60
5. Mirjam. Weihnachtssp. in 3 Akten. Von M. Höhler. (Für Mädchen-Schulen u. -Vereine.) (III, 54 S.) 898. n. — 80

Theater-Bibliothek. 3.—6. Hft. 8. Kempen, Klöckner & Mausberg. n. 4. 70

3. Der Gelegenheits-Dichter. Schwank in 1 Aufz. Von Heinr. Houben. (38 S.) (896.) n. 1. 20
4. Der Turmgeist v. Grauenburg. Schausp. in 5 Aufzgn. f. Vereine u. Gesellschaften. Von Heinr. Houben. (2. Aufl.) (70 S.) 897. n. 1. 25
5. Eine Schwiegermutter in spe. Dialektposse in 1 Akt f. Vereine u. Gesellschaften. Von Heinr. Houben. (26 S.) 897. n. 1. —
6. Die Unverwüstlichen. Lustspiel in 5 Aufzgn. f. Vereine u. Gesellschaften. Von Heinr. Houben. 1. u. 5. Aufzug f. sich allein auch u. d. T.: „Im Cachot" als Schwank in 2 Aufzgn. zu spielen. (84 S.) 898. n. 1. 25

Theater-Bibliothek. 4., 6.—20. u. 22. Hft. 8. Kempen, Klöckner & Mausberg. n. 19.25

4. Der Turmgeist v. Grauenburg. Schauspiel in 5 Aufzügen f. Vereine u. Gesellschaften. Von Heinr. Houben. 3. u. 4. verb. Aufl. (à 70 S.) (899. 900.) n. 1. 25
6. Die Unverwüstlichen. Lustspiel in 5 Aufzügen f. Vereine u. Gesellschaften. Von Heinr. Houben. 1. u. 5. Aufzug f. sich allein auch u. d. T.: „Im Cachot" als Schwank in 2 Aufzügen zu spielen. 2. u. 3. Aufl. (à 86 S.) 900. 902. n. 1. 25
7. Konstantinus, der christliche Heldenjüngling. Schauspiel in 4 Aufzügen. Von Francesco Paglia. Aus dem Ital. ins Deutsche übers. v. Heinr. Houben. (81 S.) (899.) n. 1. 25
8. Die Zerstörung Karthago's. Lustspiel in e. Aufzug. Von Heinr. Houben. (25 S.) 899. n. 1. —
9. In flagranti. Schwank in e. Aufzug. Von Heinr. Houben. (16 S.) 899. n. 1. —
10. Bei der Quacksalberin. Schwank in 1 Aufzug. Von Heinr. Houben. (26 S.) 899. n. 1. —
11. Murroch, der Verräter. Schauspiel, in 3 Akten, aus dem Franz. des Aug. Boisine in's Deutsche übers. Von Heinr. Houben. (68 S.) 899. n. 1. 25
12. Der Traum des Tyrannen. (Hiérociès.) Schauspiel in 3 Aufzügen. Von Heinr. Houben. Frei übers. aus dem Franz. des Paul Croisat. (50 S.) (900.) n. 1. 25
13. Das Burgunder-Bankett. Lustspiel in 1 Aufzug. Von Heinr. Houben. (28 S.) (900.) n. 1. —
14. Der schwarze Ritter. Schauspiel in 5 Aufzügen. Von Heinr. Houben. (77 S.) (900.) n. 1. 25
15. Alarm im Bivouac. Lustspiel in 1 Aufzuge. Von Heinr. Houben. (19 S.) (901.) n. 1. —
16. In vorschriftswidriger Uniform. Schwank in 1 Aufzuge. Von Heinr. Houben. (27 S.) (901.) n. 1. —
17. Die Erbschaft. Stenogr. Schwank in 3 Akten. Von Heinr. Herstix. (21 S.) (901.) n. 1. —
18. Los, dat grote. Posse in 2 Aufzügen. Von dem Präses e. kathol. Gesellen-Vereins. (16 S.) (901.) n. 1. —
19. Die Jagd nach dem Adelstitel. Lustspiel in 4 Aufzügen. Von Heinr. Houben. (65 S.) (901.) n. 1. 25
20. Die Freibeuter. Schauspiel in 4 Aufzügen. Von Heinr. Houben. (67 S.) (901.) n. 1. 25
22. Der Freischütz. Nach der gleichnam. Weber'schen Oper als romant. Schauspiel m. Gesang in 5 Aufzügen f. die Dilettantenbühne frei bearb. Von Heinr. Houben. (Ausg. A.) (65 S.) (902.) n. 1. 25; (Ausg. B) in 4 Aufzügen. (Ohne Frauenrollen.) (50 S.) (902.) n. 1. 20

Die Hfte. 17, 18 u. 20 erschienen ohne Sammeltitel.

Theater-Bibliothek. 1., 4. u. 6.—28. Bdchn. gr. 8. Limburg, Limburger Vereinsdruckerei. n. 14. 80

1. Elmar. Schauspiel in 5 Aufzügen. Nach Webers „Dreizehnlinden". Von Jos. Faust. 3. Aufl. (III, 84 S.) 899. n. 1. —; Sep.-Ausg. (Ohne Frauenrollen.) (74 S.) n. 1. —
4. Der Weihnachtsabend od. Ehrliche Arbeit segnet Gott. Schauspiel in 4 Aufzügen. Von Ed. Joh. Müller. 2. unveränd. Aufl. (45 S.) (900.) n. — 60
6. Lavinia. Weihnachtsspiel in 3 Akten. Von M. Höhler. (Für Mädchen-Schulen u. -Vereine.) (51 u. Musikbeilage 3 S.) (899.) n. — 80
7. Im Glauben standhaft. Drama in 5 Aufzügen. Nach Spillmann's „Wunderblume v. Woxindon". Von Jos. Faust. (136 S.) (899.) n. 1. —
8. Peter in der Fremde. Schwank in 3 Aufzügen. Von Wendel Kiefer. (29 S.) (900.) n.n. — 50
9. Andreas Hofer. Ein dramat. Heldenstück in 5 Aufzügen. Von Adjutus Romuald. (82 S.) (900.) n. 1. —
10. Die Verschwörung Babington's. Drama in 5 Aufzügen nach Spillmanns Wunderblume v. Woxindon. Von Jos. Faust. (160 S.) (900.) n. 1. —
11. Der bethlehemitische Kindermord. Weihnachtsspiel in 3 Akten. Von M. Höhler. (Für Mädchen-Schulen u. -Vereine.) (53 u. 8 S.) (900.) n. — 80
12. Weihnachtsbilder. Von Jos. Faust. I. Des Vaters Fluch am Weihnachtsabend. Drama in 1 Aufzug. (31 S.) (900.) n.n. — 50
13. Dasselbe. II. Verloren u. wiedergefunden. Drama in 1 Aufzug. (51 S.) (900.) n.n. — 50
14. Der enge Kragen. (Nach e. Militärhumoreske v. Kujawa.) Dramatisch bearb. Von Jos. Faust. (31 S.) (900.) n.n. — 50
15. Das Stiftungsfest der Junggesellen. Schwank in 1 Aufzug. Von Jos. Faust. (31 S.) (900.) n.n. — 50
16. Der Stern v. Bethlehem. Weihnachtsspiel in 4 Akten. Von M. Höhler. (Für Mädchen-Schulen u. -Vereine.) Mit Musikbeilage. (59 u. 10 S.) (901.) n. — 80
17. Judah. Schauspiel in 5 Akten. Frei dramatisch bearb. nach „Ben Hur" v. Wallace. Von Jos. Faust. (110 S.) (901.) n. 1.—
18. Die Bettelmusikanten. Schauspiel in 5 Akten. (Nach dem Tagebuche e. Musikers.) Von Jos. Faust. (98 S.) (902.) n. 1.—
19. Ein Kronenthaler f. e. Frau od. Eine Brautwerbung auf dem Lande. Lustspiel in 5 Aufzügen m. e. Nachspiel „Der Hochzeitsmorgen". Nach e. Erzählung aus Kolpings Volkskalender f. die Bühne bearb. Von Th. Broichmann. (64 S.) (902.) n. 1. —
20. Die Makkabäer. Schauspiel in 5 Akten. Von M. Höhler. (Für Mädchen-Schulen u. -Vereine.) (64 S.) (902.) n. — 80
21. Versöhnung Kaiser Otto I. m. seinem Bruder Heinrich zu Frankfurt, am Weihnachtsfeste 946. (Schauspiel in 3 Aufzügen.) Von Jac. Herr. (28 S.) (902.) n. — 60
22. Gott rufet mich! Dramat. Gedicht aus dem Leben des heil. Aloysius v. Gonzaga. Von Jac. Herr. (15 S.) (902.) n. — 30
23. Das Brot des Lebens. Drama in 5 Aufzügen zum Preise des hochhl. Altarssakramentes. Von Joh. B. Balder. (44 S.) (902.) n. — 60

Theater-Bibliothek. 21., 24. u. 26. Heft. 8. Kempen, Thomasdruckerei & Buchh. n. 3. 50

21. Reserve hat Ruh'! Lustspiel in 1 Aufzug. Von Heinr. Houben. (30 S.) (903.) n. 1. —
24. Die beiden Brüder od. Venetianische Rache. Preisgekröntes Drama in 3 Aufzügen. Von J. E. H. Menten. Aus dem Holl. übers. v. Carl Boventer. (Umschlag: 2. Aufl.) (67 S.) (905.) n. 1. 25
26. Der Kampf m. dem Drachen. Schwank in 5 Aufzügen. Von Heinr. Houben. (78 S.) (903.) n. 1. 25

— dasselbe. 1., 4., 7., 8., 12.—15., 17. u. 24.—44. Bdchn. gr. 8. Limburg, Limburger Vereinsdruckerei. n.n. 21. 10

Faust, Jos., ein Aprilscherz. Lustspiel in 2 Akten. (41 S.) (906.) (44. Bdchn.) n. — 60
— Arumugam, der standhafte indische Prinz. Schauspiel in 4 Aufzügen. (68 S.) (906.) (42. Bdchn.) n. 1. —

Faust, Jos., Elmar. Schauspiel in 5 Aufzügen. Nach Weber's „Dreizehnlinden". 5. u. 6. Aufl. (IV, 87 S.) (904. 906.) (1. Bdchn.) n. 1. —
— dasselbe. Separat-Ausg. (Ohne Frauenrollen.) 3. Aufl. (69 S.) (904.) (1. Bdchn.) n. 1. —
— Frida od.: Christliche Charitas. Schauspiel in 4 Aufzügen. (51 S.) (904.) (29. Bdchn.) n. — 60
— im Glauben standhaft. Drama in 5 Aufzügen. Nach Spillmann's „Wunderblume v. Woxindon". 2. Aufl. (Vollständig umgearb.) (102 S.) (902.) (7. Bdchn.) n. 1. —
— Judah. Schauspiel in 5 Akten. Frei dramatisch bearb. nach „Ben Hur" v. Wallace. 2. Aufl. (108 S.) (904.) (17. Bdchn.) n. 1. —

— der enge Kragen. (Nach e. Militärhumoreske v. Kujawa.) Dramatisch bearb. (2. Aufl.) (31 S.) (903.) (14. Bdchn.) n. — 50
— im Kreuz ist Heil. Drama in 5 Aufzügen. (69 S.) (904.) (30. Bdchn.) n. 1. —
— der kleine Lord. Schauspiel in 4 Aufzügen. (70 S.) (905.) (35. Bdchn.) n. 1. —
— der Herr Professor als Landwehrmann. Schwank in 3 Aufzügen (Militärhumoreske). (47 S.) (903.) (24. Bdchn.) n. — 80
— eine Sommersprossen-Reise. Lustspiel in 3 Aufzügen. (45 S.) (905.) (34. Bdchn.) n. — 80
— die gewichsten Stiefelsohlen. Schwank in 1 Aufzug. (Frei nach e. Militär-Humoreske v. Lenz.) (28 S.) (903.) (25. Bdchn.) n.n. — 50

— das Stiftungsfest der Junggesellen. Schwank in 1 Aufzug. 3. Aufl. (31 S.) (905.) (15. Bdchn.) n.n. — 50
— übergestiegen. Militärischer Schwank in 2 Akten. (39 S.) (906.) (43. Bdchn.) n. — 60
— die verhängnisvolle Visitenkarte. Schauspiel in 4 Aufzügen. (63 S.) (903.) (27. Bdchn.) n. — 80
— Weihnachts-Bilder. I. Des Vaters Fluch am Weihnachtsabend. 2. Aufl. (26 S.) (904.) (12. Bdchn.) n. — 50
— dasselbe. II. Verloren u. wiedergefunden. Drama in 1 Aufzug. 2. Aufl. (51 S.) (904.) (13. Bdchn.) n. — 50

Fenger, Th., deutsche Helden in schlichtem Gewande. Patriot. Schauspiel m. Gesang in 3 Akten u. 4 Aufzügen aus den J. 1806—1814. (48 S.) 906. (38. Bdchn.) n. — 60
— noch nicht zu spät. Schauspiel in 6 Akten. (58 S.) (906.) (37. Bdchn.) n. — 80
— Rekrutenleid od. Die erste Strafinstruktionsstunde. Militärisches Lustspiel m. Gesang in e. Akt. (24 S.) (906.) (39. Bdchn.) n.n. — 50

Höhler, M., der Sarazenin hl. Nacht. Weihnachtspiel in 5 Akten. (Für Mädchen-Schulen u. -Vereine.) (67 S.) (903.) (26. Bdchn.) n. — 80
Jacoby, Alinda, Saulus. Drama in 5 Aufzügen. (68 S.) (905.) (36. Bdchn.) n. — 80

Kayser, Wilh., die letzte Gerichtssitzung in Glücksdorf od. Jannberend als Zeuge. Komische Gerichtsscene in 1 Aufzuge. (28 S.) (906.) (41. Bdchn.) n.n. — 50
— Grenadier u. Matrose. Volksstück in 5 Aufzügen, nach e. Erzählg. von Christoph v. Schmid frei bearb. (50 S.) (906.) (40. Bdchn.) n. — 60
Kiefer, Wendel, die Bergsteiger. Schwank in 2 Aufzügen. (34 S.) (905.) (32. Bdchn.) n.n. — 50
— Durchlaucht Assessor. Schwank in 3 Aufzügen. (45 S.) (904.) (31. Bdchn.) n. — 60
— Peter in der Fremde. Schwank in 3 Aufzügen. 2. Aufl. (29 S.) (904.) (8. Bdchn.) n. — 50

Müller, Eduard Jos., der Weihnachtsabend od. Ehrliche Arbeit segnet Gott. 3. unveränd. Aufl. (45 S.) (904.) (4. Bdchn.) n. — 60

Sandbage, Paul, Petrus da Vinea. Trauerspiel in 5 Akten. (84 S.) (904.) (28. Bdchn.) n. 1. —
Steeger, A., der Weg zum Glücke. Schauspiel in 4 Akten. (32 S.) (905.) (33. Bdchn.) n. — 60

— Nr. 1, 4, 7, 8, 12, 15, 17, 18, 21, 24, 30, 42 u. 44—73. 8. Limburg, Limburger Vereinsdruckerei. 29. 25

Auf Wohnungssuche. Szene f. 4 Damen. (7 S.) (909.) (65. Bdchn.) — 30

Eckerskorn, Jos., Villa Belle-vue. Schwank in 1 Akt. (32 S.) (909.) (62. Bdchn.) — 60

Faust, Jos., ein Aprilscherz. Lustspiel in 2 Akten. 2. Aufl. (39 S.) (910.) (44 Bdchn.) — 60

— Arumugam, der standhafte indische Prinz. Schauspiel in 5 Aufzügen. 2. verb. Aufl. (75 S.) (910.) (42 Bdchn.) 1. —

— Die Bettelmusikanten. Schauspiel in 5 Akten. (Nach dem Tagebuch e. Musikers.) 2. Aufl. (92 S.)(907.) (18. Bdchn.) 1. —

— Elmar. Schauspiel in 5 Aufzügen. Nach Weber's „Dreizehnlinden". (7. u. 8. Aufl.) (77 S.) (908. 10.) (1. Bdchn.) 1. —; Sep.-Ausg. (Ohne Frauenrollen.) 4. Aufl. (69 S.) (908.) 1.—

— Der kleine Fähnrich. Schwank in 2 Akten. (41 S.) (908.) (60. Bdchn.) — 60

— Die letzten ihres Geschlechtes. Drama in 5 Akten. (70 S.) (909.) (69. Bdchn.) 1.—

Faust, Jos., im Glauben standhaft. Drama in 5 Aufzügen. Nach Spillmann's „Wunderblume v. Woxindon". 5. durchges. Aufl. (90 S.) (910.) (7. Bdchn.) 1. — 4. Aufl. (93 S.) (907.) 1. —.

— Der Herr Professor als Landwehrmann. Schwank in 3 Aufzügen (Militärhumoreske). 3., unveränd. Aufl. (42 S.) (908.) (24. Bdchn.) — 80

— Judah. Schauspiel in 5 Akten. Frei dramatisch bearb. nach „Ben Hur" v. Wallace. 3. Aufl. (94 S.) (908.) (17. Bdchn.) 1. —

— Im Kreuz ist Heil. Drama in 5 Aufzügen. 2., gänzlich umgearb. Aufl. (82 S.) (909.) (30. Bdchn.) 1. —

— St. Martinus. Drama in 5 Aufzügen. (74 S.) (907.) (45. Bdchn.) nn — 75

— Die Nickstarre od. Ein Studentinnenstreich. Lustspiel in 2 Aufzügen. (47 S.) (907.) (51. Bdchn.) — 60

— Der psychologische Photograph. Schwank in 1 Akt. (32 S.) (909.) (70. Bdchn.) — 60

— Gute Praxis. Lustspiel in 2 Akten. 1. u. 2. Aufl. (51 S.) (907. 10.) (52. Bdchn.) — 80

— Römer u. Germane. Schauspiel in 5 Akten. (96 S.) (909.) (68. Bdchn.) 1. —

— Das Stiftungsfest der Junggesellen. Schwank in 1 Aufzug. 4. Aufl. (29 S.) (908.) (15. Bdchn.) nn — 50

— Am Unkenteich. Märchen in 6 Bildern. (88 S.) (910.) (73. Bdchn.) — 80

— Weihnachtsbilder. I. Des Vaters Fluch am Weihnachtsabend. Drama in 1 Aufzuge. 3. Aufl. (23 S.) (909.) (12. Bdchn.) — 50

Fenger, Th., angeführt od. Die zwei Exzellenzen. Militär. Lustspiel aus dem Kriege 1870—71 in 1 Akt. (20 S.) (908.) (54. Bdchn.) nn — 50

— Die beiden Brüder. Schauspiel in 4 Akten. (59 S.) (910.) (72. Bdchn.) — 80

— Doppelt vermietet. Lustspiel m. Gesang in 1 Akt. (27 S.) (907.) (49. Bdchn.) nn — 50

— Der Freiheit Morgenrot bricht an. Patriotisches Schauspiel aus den Tagen der Erhebg. Preußens 1813 in 1 Akt. (31 S.) (908.) (57. Bdchn.) — 60

— Der neue Leibkoch. Ein Manöverbild aus der guten alten Zeit m. Gesang in 2 Akten. (27 S.) (907.) (50. Bdchn.) nn — 50

— Mein ist die Rache. Historisches Schauspiel in 5 Akten und 6 Aufzügen. (64 S.) (908.) (59. Bdchn.) — 80

— Ein Stündchen Kasernendienst beim Herrn Unteroffizier Schnauzig. Militärisches Lustspiel in 1 Akt. (24 S.) (908.) (56. Bdchn.) nn — 50

— Kritische Tage od. Zwei Tage Künstlerleben. Lustspiel m. Gesang in 2 Akten. (32 S.) (907.) (46. Bdchn.) nn — 50

— Taubstumm. Lustspiel in 2 Akten. (27 S.) (907.) (48. Bdchn.) nn — 50

— Unteroffizier Kümmel. Lustspiel m. Gesang in 2 Akten. (40 S.) (908.) (55. Bdchn.) — 60

— Vergib uns unsere Schuld. Schauspiel aus der Gegenwart in 4 Akten u. 5 Aufzügen. (60 S.) (909.) (63. Bdchn.) — 80

— Drei Weihnachten. Schauspiel m. Gesang in 3 Akten. (47 S.) (908.) (58. Bdchn.) — 60

Herr, J., Versöhnung Kaiser Otto I. m. seinem Bruder Heinrich zu Frankfurt, am Weihnachtsfeste 946. Schauspiel in 3 Aufzügen. 2., unveränd. Aufl. (24 S.) (908.) (21. Bdchn.) nn — 50

Humpert, Paul, O. M. J., im Banne der Freiheit. Drama in 4 Akten aus der großen französ. Revolution. (93 S.) (910.) (71. Bdchn.) 1. —

— Lucius. Drama in 5 Akten. (119 S.) (907.) (47. Bdchn.) 1. —

Jacoby, Alinda, der Schleier der Königin. Schauspiel in 4 Aufzügen. (30 S.) (908.) (53. Bdchn.) — 80

— „Heilsame Tropfen". Lustspiel aus der Zeit Friedrichs des Großen in 4 Aufzügen. (45 S.) (909.) (61. Bdchn.) — 60

In Vertretung. Lustspiel in 1 Aufzug. (4 Herren.) — Geliebte, die sterbende, od. Wie der Musketier Knobel auf Urlaub wollte. (Vortrag f. e. Herrn.) (13 S.) (909.) (64. Bdchn.) — 30

Kiefer, P. W., Peter in der Fremde. Schwank in 3 Aufzügen. 3. Aufl. (26 S.) (909.) (8. Bdchn.) nn — 50

Müller, Eduard Jos., der Weihnachtsabend od. Ehrliche Arbeit segnet Gott. Schauspiel in 4 Aufzügen. 4., unveränd. Aufl. (45 S.) (908.) (4. Bdchn.) — 60

Schley, Arnold, Siegfried. Drama in 4 Aufzügen. (88 S.) (909.) (67. Bdchn.) 1. —

Theateraufführungen für Kinder. I. Weihnachtsspiel. II. Knecht Rupprecht. III. Szene f. 3 Kinder. IV. Szene f. 3 Mädchen. V. Die dumme Trine. (16 S.) (909.) (66. Bdchn.) — 30

Theater-Bibliothek. Nr. 10, 13, 14, 83, 86, 97, 98, 106, 113, 125, 174, 190, 191, 265, 270, 288 u. 303—332. 8. Bonn, A. Heidelmann. p 40, 35

Alwin, Th., die Handwerksburschen f. e. Tag od. Wer niemals e. Reise tut. Lustspiel in 4 Aufzügen. 2. Aufl. (24 S.) (910.) (Nr. 106.) — 90

Bastian, Rud., das Stiftungsfest. Schwank in plattköln. Mundart mit Gesang in 1 Akt. 3. Aufl. (23 S.) (910.) (Nr. 10.) — 90

Becker, Pet., der Heldentod Schill's und seiner Offiziere. Vaterländisches Volksstück m. Gesang in 5 Akten. Nebst einleit. Gedicht: Die Schill'schen Offiziere von Demetr. Schrutz. (51 S.) (910.) (Nr. 305.) 1. 25

Becker, Rich., das verkaufte Manuscript. Lustspiel in 1 Aufzuge. (20 S.) (910.) (Nr. 322.) — 80

Delfossé, Paul, das liederliche Kleeblatt od. Es hätte auch anders kommen können! Schwank in 1 Aufzuge. 3. Aufl. (14 S.) (910.) (Nr. 13.) — 75

— In des Waldes tiefsten Gründen od. Das tapfere Schneiderlein in der Räuberhöhle. Lustspiel in 2 Akten u. 1 Nachspiel. 4. Aufl. (20 S.) (910.) (Nr. 14.) — 80

Deschler, Rud., das steinerne Herz. Volksschauspiel in 4 Akten. Nach e. gleichnam. Erzählg. frei dramatisch bearb. (30 S.) (910.) (Nr. 310.) — 80

Dietz, Pet., die Reis' nohm Nordpol. Kölner Lokalposse mit Gesang in 3 Aufzügen. 2. Aufl. (24 S.) (910.) (Nr. 288.) — 80

Eckerskorn, Jos., der Komet kommt! Posse in 1 Akt. (24 S.) (910.) (Nr. 321.) — 90

— Pickelhaube od. Käppi? od. Monsieur Maus in der Mausefalle. Schwank in 1 Akt. (19 S.) (910.) (Nr. 324.) — 75

— Zeppelin od. Old-England in 1000 Aengsten. Schwank in 1 Akt. (24 S.) (910.) (Nr. 304.) — 75

Feldmann, Hans, der Erbprinz als Stromer. Lustspiel in 2 Akten. (24 S.) (910.) (Nr. 330.) — 80

— Paul u. Fritz, e. Schusterjungenstreich. Posse in 1 Akt. 3. Aufl. (14 S.) (910.) (Nr. 270.) — 60

Fenger, Th., Christenglauben u. Tyrannenwut. Trauerspiel aus Neros Zeiten m. Gesang in 5 Akten. (59 S.) (910.) (Nr. 326.) 1. 25

— Das Versöhnungsopfer auf Golgatha. Religiöses Trauerspiel m. Gesang in 5 Akten u. 3 leb. Bildern. (VII, 78 S.) kl. 8. (910.) (Nr. 320.) 1. —

— Frohe Weihnachten od. Wer auf den lieben Gott vertraut. Weihnachtsspiel m. Gesang in 3 Akten. 2. Aufl. (24 S.) (909.) (Nr. 265.) — 90

Grubert jr., Otto, Pseudonym. Lustspiel in 2 Aufzügen. (22 S.) (910.) (Nr. 323.) — 80

Heines, Pet., Alonso, Graf v. Oviedo od. Der wiedergefundene Sohn. Ritterschauspiel in 5 Akten. 2. Aufl. (910.) (Nr. 191.) 1. 25

Heines, Pet., „Bis hierher u. nicht weiter!" od. Das Gespenst im Schlosse. Schauspiel in 5 Akten. 3. Aufl. (69 S.) (910.) (Nr. 190.) 1. 25

Herbrich, Jos., die Doppelehe. Trauerspiel in 5 Akten. (66 S.) (910.) (Nr. 307.) 1. 25

Kreyes, Thdr., Bummler u. Polizeidiener. Posse in 1 Akt. 3. Aufl. (12 S.) (910.) (Nr. 125.) — 75

Küppers, Pet., Angeschmeet. Schwank m. Gesang in 2 Akten in Kölner Mundart. (28 S.) (910.) (Nr. 308.) — 90

Langer, Frz. Sal., die Hexenlinde im Dohlengrund. Schauspiel in 5 Akten nebst e. Vorspiele. 3. Aufl. (45 S.) (910.) (Nr. 97.) 1. —

Lengtor, M., der Störenfried. Lustspiel in 3 Akten. (36 S.) (910.) (Nr. 309.) — 90

Lenze, Wilh., Ritter Wolfgang v. Hagen od. Haß u. Liebe. Ritterschauspiel in 5 Akten. (54 S.) (910.) (Nr. 327.) 1. 25

Löhr, Jos., der schlaue Polizist. Posse in 2 Akten. 2. Aufl. (24 S.) (910.) (Nr. 86.) — 80

— Die verhängnisvolle Wurst. Posse in 1 Akt. 2. Aufl. (12 S.) (910.) (Nr. 113.) — 60

Mayer, J., der Marderfang od. Der Spuk in der Bathstube. Oberbayerische ländl. Komödie in 2 Akten. (32 S.) (910.) (Nr. 325.) — 90

— Das letzte Schwärzen. Oberbayerisches Volksstück m. Gesang in 5 Akten. (84 S.) (910.) (Nr. 311.) 1. 25

Nettesheim, C., dä Schähl als Detektiv! Posse in plattkölner Mundart in 2 Akten. (22 S.) (910.) (Nr. 315.) — 80

Netto, Frdr., auf Weihnachtswache. Lustspiel in 2 Aufzügen. (16 S.) (910.) (Nr. 313.) — 75

Offermann, H., der Fluch des Unglücklichen od. Im Tode versöhnt. Historisches Drama in 3 Akten. 4. Aufl. (47 S.) (910). (Nr. 98.) 1.—

Rauter, Jak., Ave Maria od. Das Wiederfinden unter dem Weihnachtsbaum. Volksschauspiel in 4 Akten. (30 S.) (910). (Nr. 328.) — 90

— Die Rache am Marterl. Volksstück in 5 Akten. (37 S.) (910.) (Nr. 329.) — 90

Rockenbauer, Frz., ihre Kaprize. Schwank in 2 Akten, nach der Max Zeumer'schen Humoreske bearb. (22 S.) (910.) (Nr. 319.) — 80

Schier, Art., des alten Bergmanns Weihnacht od. Das Wiedersehen am Christabend. Lebensbild in 1 Aufzuge. (13 S.) (910.) (Nr. 318.) — 75

Schließleder, Heinr., nur hoch hinaus! Lustspiel in bayr. Mundart in 1 Akt. (19 S.) (910.) (Nr. 314.) — 75

Schlüter, H., Wöstebrakers Hoff od. Die Liebe läßt sich nicht regieren. Schwank in westfäl. Mundart in 2 Akten. (22 S.) (910.) (Nr. 312.) — 80

Schrutz, Demetr., Genoveva, die unglückliche Pfalzgräfin am Rhein. Volksspiel in 5 Akten nebst e. Vorspiel: Siegfrieds Abschied. Nach Christoph v. Schmids gleichnam. Erzählg. 3. Aufl. (43 S.) (910.) (Nr. 83.) — 90

Schulte, Eug. Walt., der verlorene Sohn. Lebensbild in 1 Akt. (14 S.) (910.) (Nr. 331.) — 75

Schulze, Kurt, Zwei verhungerte Dichter. Humoristische Duoszene. Orig.-Vortrag. (11 S.) (910.) (Nr. 306.) — 75

Schwienhorst, Karl, der Geisterstudent. Urkomischer Schwank in 1 Akt. 5. Aufl. (21 S.) (910.) (Nr. 174.) — 80

Uedelhofen, Gerh., Ännchens Referendar. Lustspiel in 2 Akten. (12 S.) (910.) (Nr. 316.) — 60

— Der erste Zank. Lustspiel in 1 Akt. (11 S.) (910.) (Nr. 317.) — 60

Watbel, Edwin, Mardochäus. Biblisches Drama in 3 Aufz. (80 S.) kl. 8. (910.) (Nr. 332.) — 90

Wohlauf, Nikol., Zeppelin X od. Zwei Fenster zu vermieten. Posse in 1 Aufzug. (22 S.) (910.) (Nr. 303.) — 75

Vergl.: Heidelmann's, A., Theaterbibliothek.

Theater-Bibliothek. 1. Bd. 8. Leipzig, Reform-Verlag. 2.—; geb. in Leinw. n 3. —

1. Wallenstein. Eine Tragödie in 5 Aufzügen u. e. Vorspiel, Wallensteins Lager, nach Schillers 3teil. dramat. Gedicht zu e. Stück zusammengezogen u. für die Bühne bearb. Von Ernst Potthoff. (VIII, 200 S.) (910.)

— Nr. 1. 8. Leipzig, G. Richter. 2. —

Die Lore am Tore. Stimmungsbild aus dem Studentenleben m. Gesang in 1 Akt. Von A. S. Jks. (19 S.) (910.)

Theater-Bibliothek, alpine. Nr. 1—3. 8. Dresden, B. Sturm. à 1. 50

1. 's falsche Fensterln od. 's Reserl v. Ehrwald! Charakterszene aus dem Mieminger Gebiet m. Gesang u. Tanz in 1 Akt. Von Berth. Sturm. Musik v. Otto Baldamus. (32 S.) (904.)
2. Nord u. Süd od. Naa u. Nee. Schwank in 1 Aufzug. Von Emil Kraemer. (28 S.) (904.)
3. Die Ueberbauernkomödie. Ein lustigs G'spiel aus dem bayr. Vorgebirge m. Tanz in 1 Akt. Von B. Umberger. (30 S.) (904.)

Theater-Bibliothek, alpine. Nr. 4—9. 8. Dresden, B. Sturm. à 1. 50

Bauermann, C., die Gemeinderatssitzung. Heitere Szenen in 1 Aufzug. (40 S.) (909.) (Nr. 5.)

Haas, Frz., des Bergsteigers Traum. Touristische Szene zur Eröffng. e. Schutzhauses, m. teilweiser Benutzg. Baumbachscher u. Kleinecke'scher Motive verf. (23 S.) (909.) (Nr. 6.)

Muck, Loisl, „es ist erreicht!" Alpines Lustspiel (m. eingestreuten G'sangeln) in 1 Aufzuge. (46 S.) (909.) (Nr. 8.)

Neumann, Vict., der Dreibund auf der Alm. Szene aus dem Vorgebirge in 1 Akt. (24 S.) (909.) (Nr. 4.)

Sturm, Berth., die Räuber in der Sennhütte. Alpines Lustspiel in 1 Akt. (32 S.) (909.) (Nr. 9.)

Temmel, Jg. G., Burgei's Weihnachten. Dramatisierte Skizze aus dem Holzknechtleben in 1 Akte. (36 S.) (909.) (Nr. 7.)

— **Berliner.** Nr. 1—12. gr. 16. Berlin, Freund & Jeckel. à n. — 20

1. Die Karolinger. Trauersp. in 4 Akten von Ernst v. Wildenbruch. 7. Aufl. (112 S.) 895.
2. Das Examen. Lustsp. in 5 Aufzgn. v. Heinr. Lee. (80 S.) 895.
3. Der berühmte Mann. Lustsp. in 4 Akten von E. v. Schabelsky. (118 S.) 895.
4. Eleazar. Drama in 5 Akten v. L. Jean-Christ. (112 S.) 895.
5. Irene. Schauspiel in 4 Akten aus d. Kriegszeit 1870 von Alex. Roberts. (VI, 83 S.) 895.
6. Drei Einakter. Die gute Lüge. Ein trag. Vorgang. Aber die Ehe! Komödie. In doppelter Bekehrung. Plauderei. Von Paul Linsemann. (80 S.) 896.
7. Alarich, König der Westgothen. Drama in 5 Aufzgn. von J. v. Verdy du Vernois. (IV, 96 S.) 896.
8. Der Schlagbaum. Volksstück in 4 Aufzgn. v. Heinr. Lee. (88 S.) 896.
9. Opfer um Opfer. Schausp. in 5 Akten von Ernst v. Wildenbruch. (III, 108 S.) 896.
10. Kleine Stücke. Von Paul Linsemann. Der letzte Tag. Ein Familiendrama. — Opus I. Plauderei. Eheglück. Scherzspiel (nach Molière). (104 S.) 897.
11. Grete's Glück. Schausp. in 3 Akten. Von Emil Marriot. (64 S.) 897.
12. Der Springer. Lustsp. in 4 Akten. Von Heinr. Lee. (VIII, 80 S.) 897.

— **bunte.** 1.—6. Hft. 8. Berlin, Th. Mayhofer Nachf. à n. — 60

1. Ueberbrettl-Herren-Vorträge. Von Günth. Leu-Steding. I. Mit Buchschmuck v. Herm. Hirzel u. Max Tilke. (68 S. m. 1 Bildnis.) (901.)
2. Ueberbrettl-Damen-Vorträge. Von Günth. Leu-Steding. I. Mit Buchschmuck v. Herm. Hirzel u. Max Tilke. (64 S.) (901.)
3. Die Tippelschickse. Scene aus dem Vagabundenleben. Von Hans Ostwald. (35 S.) (901.)
4. Drei Pantomimen. Pierrots Tücke, Traum u. Tod. Der verliebte Haubenstock. Das Muttermal. Von Rud. Schanzer. (32 S.) (901.)
5. Rosendienstag. Eine Feldwebel-Tragödie in 1 Akt. Von Otto Erich Weichleben. (Leop. Ely) Musik v. Leo Fall. (58 S.) (902.)
6. Herbstzauber. Ein Mondscheinscenchen. Von Rud. Presber. (27 S.) (902.)

— **bunte.** 7. Heft. 8. Berlin, Th. Mayhofer Nachf. n. — 60

7. Zufall. Ein Dialog. Von Ludw. Fulda. (23 S.) (903.)

Theater-Bibliothek, Classische, aller Nationen,
s. Theater-Bibliothek, Klassische, aller Nationen

— französ. u. deutsche. 4 Bde. in 5 Abtheil. 12. Prag 812. G. Haase S. 1 ₰ (Leipz., Cnobloch). 2 ₰ (Inhalt: Racine, Athalia, übers. von v. Maltitz. — Dess. Phädra. — Schiller's Maria Stuart, ins Französ. übers. v. Barante. — Voltairis Tancred.)

Theater-Bibliothek für die Jugend. 1—8. Hft. 12. Hermannstadt 880—82. Schmiedicke. n. 3. 70

1. Das Weinlese-Fest. Lustspiel in 3 Akten, u. Der Blumenkranz. Episode in 2 Akten aus der Zeit Napoleon I. von Emma v. Kreybig. (40 S.) n. — 50
2. Drei Christabende. Lebensbilder in 3 Akten von Emma v. Kreybig. (40 S.) n. — 50

3. 4. Des Unglücks Segen. Lebensbild in 3 Akten. Der kleine Lügner. Lustspiel in 2 Abthlgn. Von Emma v. Kreybig. (71 S.) n. — 80

5. Des Fleißes Lohn. Lustspiel in 1 Akte, u. Eine That — zwei Wirkungen. Lebensbild in 2 Abtheilungen von Emma v. Kreybig. (48 S.) n. — 50
6. In medio virtus oder die goldene Mittelstraße. Lustspiel in 3 Aufzügen von Emma v. Kreybig. (56 S.) n. — 50
7. Vice versa oder Gleiches mit Gleichem. Lustspiel in 1 Akte von Emma v. Kreybig. (32 S.) n. — 40
8. Eines Fehltritts Folgen. Schauspiel in 3 Abtheilungen von Emma v. Kreybig. (40 S.) n. — 50

Theater-Bibliothek f. die Jugend. 9—12. Hft. 12. Hermannstadt 884. Schmiedicke. n. 1. 50

9—11. Ob der Zweck die Mittel heiligt. Drama in 4 Aufzügen von Emma v. Kreybig. (109 S.) n. 1. —

12. Thue Rechtes nur m. Rechtem. Lustspiel in 1 Akte von Emma v. Kreybig. (42 S.) n. — 50

Theater-Bibliothek, Klassische, aller Nationen

Theater-Bibliothek, classische, aller Nationen. 1—76. Bd. Stuttgart 867—70. Hoffmann'sche Verlagsh. gr. 16. Jeder Bd. 3 *ngr.*

1. Bd. Kleist, Heinr. v., das Käthchen von Heilbronn oder die Feuertaufe. Großes histor. Ritterschauspiel in 5 Akten. (64 S.)
2. Bd. Molière, der Geizige. Lustspiel in 5 Akten. Uebers. von F. A. Krais. (48 S.)
3. Bd. Shakespeare, Will., der Kaufmann von Venedig. Komödie in 5 Akten. Uebers. von F. A. Krais. (59 S.)
4. Bd. Lessing, Gotth. Ephr., Nathan der Weise. Ein dramat. Gedicht in 5 Aufzügen. (92 S.)
5. Bd. Schiller, Friedr. v., die Räuber. Ein Schauspiel. (80 S.)
6. Bd. Kotzebue, Aug. v., Menschenhaß u. Reue. Ein Schauspiel in 5 Aufzügen. (V, 68 S.)
7. Bd. Calderon de la Barca, das Leben ein Traum. Schauspiel in 5 Akten. (XI, 59 S.)
8. 9. Bd. Goethe, Faust. Ein dramat. Gedicht. 1. u. 2. Thl. (IV, 193 S.)
10. Bd. Iffland, A. W., die Jäger. Ein ländliches Sittengemälde in 5 Akten. (IV, 82 S.)
11. Bd. Körner, Thdr., Zriny, Trauerspiel in 5 Akten. (VII, 70 S.)
12. Bd. Lessing, Gotth. Ephr., Minna v. Barnhelm oder das Soldatenglück. Ein Lustspiel in 5 Akten. (XI, 52 S.)
13. Bd. — Emilia Galotti. Ein Trauerspiel in 5 Akten. (VII, 42 S.)

14. Bd. Molière, Tartüffe. Charakterlustspiel in 5 Akten. Uebers. von Carl Grunert. (VII, 80 S.)
15. Bd. Moreto, Agostin, Donna Diana. Lustspiel in 3 Akten. (VIII, 79 S.)
16. Bd. Schiller, Friedr. v., Wilhelm Tell. Ein Schauspiel in 5 Akten. (XII, 74 S.)
17. Bd. Schröder, Frdr. Ludw., stille Wasser sind tief, Lustspiel in 4 Akten. (XV, 40 S.)
18. Bd. Müllner, Adph., die Schuld. Trauerspiel in 4 Akten. (VIII, 55 S.)
19. Bd. Sophokles, Antigone. Eine Tragödie. (XIX, 43 S.)
20. Bd. Goethe, Götz v. Berlichingen mit der eisernen Hand. Ein Schauspiel in 5 Akten. (IV, 59 S.)
21. Bd. Schiller, Friedr. v., Kabale u. Liebe. Ein bürgerl. Trauerspiel in 5 Akten. (VII, 60 S.)
22. Bd. Werner, Zachar., der 24. Februar. Tragödie in 1 Akt. (IX, 37 S.)
23. Bd. Kleist, Heinr. v., Prinz Friedrich v. Homburg. Schauspiel in 5 Akten. (VII, 68 S.)
24. Bd. Goethe, Egmont. Trauerspiel in 5 Akten. (VII, 48 S.)
25. Bd. Shakespeare, Will., Ein Sommernachtstraum. Märchendrama in 5 Akten. Uebers. von F. A. Krais. (VIII, 70 S.)
26. Bd. Schiller, Friedr. v., Don Carlos, Infant von Spanien. Ein dramatisches Gedicht. (VII, 124 S.)
27. Bd. Leisewitz, Joh. Ant. v., Julius v. Tarent. Ein Trauerspiel in 5 Akten. (VI, 46 S.)
28. Bd. Goethe, Clavigo. Ein Trauerspiel in 5 Akten. — Die Geschwister. Schauspiel in 1 Akt. (XIV, 36 S.)
29. Bd. Raimund, Ferd. v., der Alpenkönig u. der Menschenfeind. Romantisch-komisches Märchen in 3 Akten. (VII, 43 S.)
30. Bd. Sheridan, Rich. Brinsley, die Lästerschule. Lustspiel in 5 Akten. (VII, 53 S.)
31. Bd. Schiller, Frdr. v., die Verschwörung des Fiesko zu Genua. Ein republikan. Trauerspiel. (VIII, 63 S.)
32. Bd. Goethe, Torquato Tasso. Ein Schauspiel. (VII, 61 S.)
33. Bd. Molière, der eingebildete Kranke. Lustspiel in 3 Akten mit Gesang u. Tanz. Uebers. von F. A. Krais. (57 S.)
34. Bd. Oehlenschläger, Adam, Correggio. Trauerspiel in 5 Akten. (63 S.)
35. Bd. Ziegler, F. W., Partei-Wuth oder die Kraft des Glaubens. Orig.-Schauspiel in 5 Akten. (63 S.)
36. Bd. Gozzi, Carlo, die glücklichen Bettler. Tragikomisches Maskenspiel in 5 Aufzügen. (47 S.)
37. Bd. Raimund, Ferd., der Bauer als Millionär oder das Mädchen aus der Feenwelt. Romantisches Orig.-Zaubermärchen mit Gesang in 3 Akten. (VI, 37 S.)
38. Bd. Goldoni, der Diener zweier Herren. Lustspiel in 2 Akten. (V, 36 S.)
39. Bd. Mercier, der Essighändler. Schauspiel, für die deutsche Bühnen-Darstellung neu bearb. u. in 1 Akt zusammengezogen von Carl Grunert. (32 S.)
40. Bd. Schiller, Frdr. v., Wallensteins Lager. Die Piccolomini. Ein dramat. Gedicht. (XIII, 92 S.)
41. Bd. Schiller, Frdr. v., Wallenstein's Tod. Ein Trauerspiel in 5 Akten. (94 S.)
42. Bd. Lessing, G. E., Miß Sara Sampson. Ein Trauerspiel in 5 Akten. (51 S.)
43. Bd. Cumberland, Rich., der Jude. Schauspiel in 5 Akten. (52 S.)
44. Bd. Goethe, Iphigenie auf Tauris. Ein Schauspiel. (40 S.)
45. Bd. Sheridan, Rich. Brinsley, die Nebenbuhler. Lustspiel in 5 Akten. (V, 45 S.)
46. Bd. Zschokke, Heinr., Abellino. Schauspiel in 5 Akten. (VII, 72 S.)
47. Bd. Schiller, Frdr. v., Maria Stuart. Ein Trauerspiel in 5 Akten. (VII, 81 S.)
48. Bd. Beaumarchais, der Barbier von Sevilla oder die unnütze Vorsicht. Lustspiel in 4 Akten. (VII, 37 S.)
49. Bd. — der tolle Tag oder die Hochzeit des Figaro. Lustspiel in 5 Akten. (XI, 67 S.)
50. Bd. Raimund, Ferd., der Verschwender. Orig.-Zaubermärchen in 3 Akten. (IV, 50 S.)
51. Bd. Kotzebue, Aug. v., die deutschen Kleinstädter. Lustspiel in 4 Akten. (IX, 53 S.)
52. Bd. Schiller, Frdr. v., die Jungfrau von Orleans. Eine romant. Tragödie. (IX, 79 S.)
53. Bd. Kleist, Heinr. v., der zerbrochene Krug. Lustspiel in 1 Akt. (VII, 65 S.)
54. Bd. Terentius, Publius, die Brüder. Ein Lustspiel in 5 Akten. (VII, 49 S.)
55. Bd. Schiller, Frdr. v., die Braut von Messina oder die feindlichen Brüder. Ein Trauerspiel mit Chören. (VII, 59 S.)
56. Bd. Babo, Jos. Marius, Otto v. Wittelsbach. Ein Trauerspiel in 5 Akten. (VII, 59 S.)
57. Bd. Shakespeare, Will., Macbeth. Ein Trauerspiel in 5 Akten. Bearbeitung von Schiller. (VII, 51 S.)
58. Bd. Holberg, Ludw., der politische Kannengießer. Lustspiel in 5 Akten. (VII, 32 S.)
59. Bd. Euripides, der Cyklop. Satyrspiel in 2 Akten. (XV, 36 S.)
60. Bd. Iffland, A. W., Verbrechen aus Ehrsucht. Ein Familiengemälde in 5 Akten. (VII, 63 S.)
61. Bd. Shakespeare, Will., König Richard III. Trauerspiel in 5 Akten. Uebersetzt von F. A. Krais. (VII, 80 S.)
62. Bd. Raimund, F., der Diamant des Geisterkönigs. Zauberspiel in 2 Akten. (IX, 35 S.)
63. Bd. Voltaire, Mahomet. Trauerspiel in 5 Akten. Bearbeitung von Goethe. (VII, 35 S.)
64. Bd. Kotzebue, Aug. v., die Kreuzfahrer. Ein Schauspiel in 5 Akten. (VII, 49 S.)
65. Bd. Scribe, E., das Glas Wasser oder Ursachen u. Wirkungen. Lustspiel in 5 Akten. Uebersetzt von Carl Grunert. (VII, 51 S.)
66. Bd. Gozzi, Turandot. Ein tragikom. Märchen in 5 Akten. Bearbeitung von Schiller. (VII, 56 S.)
67. Bd. Iffland, A. W., Herbsttag. Lustspiel in 5 Akten. (VII, 59 S.)
68. Bd. Shakespeare, Will., Romeo u. Julia. Trauerspiel in 5 Akten. Uebers. von F. A. Krais. (VII, 66 S.)
69. Bd. Racine, Phädra. Ein Trauerspiel in 5 Akten. Bearbeitung von Schiller. (VII, 35 S.)
70. Bd. Schröder, Fr. Ludw., das Portrait der Mutter oder die Privatkomödie. Ein Lustspiel in 4 Akten. (VII, 46 S.)
71. Bd. Molière, die gelehrten Frauen. Lustspiel in 3 Akten. Für die deutsche Bühne bearb. von Thdr. Gaßmann. (43 S.)
72. Bd. Angely, Louis, von sieben die Häßlichste. Lustspiel in 3 Akten u. 1 Vorspiel. (52 S.)
73. Bd. Picard, der Neffe als Onkel. Lustspiel in 3 Akten. Bearbeitung von Frdr. Schiller. (IV, 27 S.)
74. Bd. Wolff, Pius Alex., Preciosa. Schauspiel. (III, 33 S.)
75. Bd. Kotzebue, Aug. v., der Wirrwarr. Eine Posse in 5 Akten (40 S.)
76. Bd. Scribe, E., Minister u. Seidenhändler oder die Kunst, Verschwörungen zu leiten. Lustspiel in 5 Akten. Uebersetzt von H. Meindl. (66 S.)

Theater-Bibliothek, classische, aller Nationen. 77—105. Lfg. 8. Stuttgart 872—76. Hoffmann. à — 30

77. König René's Tochter. Lyrisches Drama in e. Akt v. Henr. Hertz. (35 S.)
78. Die lustigen Weiber v. Windsor. Lustspiel in 5 Akten v. Will. Shakespeare. Uebersetzt v. F. A. Krais. (62 S.)
79. Pachter Feldkümmel v. Tippelskirchen. Ein Fastnachtsspiel in 5 Aufzügen von Aug. v. Kotzebue. (44 S.)
80. Der Ring. Ein Lustspiel in 5 Akten v. Frdr. Ludw. Schröder. (56 S.)
81. Die Märchen der Königin v. Navarra od.: Revanche f. Pavia. Ein Lustspiel in 5 Akten v. Scribe u. Legouvé. (68 S.)
82. Adrienne Lecouvreur. Trauerspiel in 5 Akten v. Scribe u. Legouvé. (61 S.)
83. Die unglückliche Ehe durch Delikatesse. Lustspiel in 4 Akten v. Frdr. Ludw. Schröder. (55 S.)
84. Die beiden Klingsberg. Lustspiel in 4 Akten v. Aug. v. Kotzebue. (49 S.)
85. Der Widerspenstigen Zähmung. Lustspiel in 5 Akten v. Will. Shakespeare. Uebersetzt v. F. A. Krais. (62 S.)
86. Die Hagestolzen. Lustspiel in 5 Akten v. A. W. Iffland. (51 S.)
87. Das Fest der Handwerker. Komisches Gemälde aus dem Volksleben in 1 Akt. Als Vaudeville behandelt v. Louis Angely. (25 S.)
88. Er mengt sich in Alles. Lustspiel in 5 Aufzügen v. J. F. Jünger. (38 S.)
89. Tancred. Trauerspiel in 5 Aufzügen v. Voltaire. Uebersetzt v. Goethe. (42 S.)
90. Die Zerstreuten. Eine Posse in e. Aufzuge. Und: Das Landhaus an der Heerstraße. Ein Fastnachtsspiel in e. Aufzuge. Von A. v. Kotzebue. (35 S.)
91. Der Nachtwächter. Eine Posse in Versen u. e. Aufzuge. Und: Der Vetter aus Bremen. Ein Spiel in Versen u. e. Aufzuge. Von Thdr. Körner. (37 S.)

92. Viel Lärmen um Nichts. Lustspiel in 5 Akten v. Will. Shakespeare. Uebersetzt v. F. A. Krais. (60 S.)
93. Beethoven. Volksstück m. Musik, Gesang u. Tänzen in 4 Abthlgn. v. Herm. Schmid. (45 S.)
94. Froufrou. Sittengemälde in 5 Aufzügen v. H. Meilhac u. L. Halévy. Verdeutscht v. H. Meindl. (60 S.)
95. Die Hermannsschlacht. Ein Drama in 5 Akten v. Heinr. v. Kleist. (68 S.)
96. Der Spieler. Schauspiel in 5 Aufzügen v. A. W. Iffland. (60 S.)
97. Der Tatzelwurm od. das Glöckl' vom Birkenstein. Volksstück m. Gesang u. Tanz in 3 Akten v. Herm. Schmid. [Den Bühnen gegenüber Mscr.] (51 S.)
98. Don Ranudo de Colibrados od. Armuth u. Hoffart. Lustspiel in 4 Akten v. Holberg. Frei bearb. v. Aug. v. Kotzebue. (40 S.)
99. Die Reise auf gemeinschaftliche Kosten. Komisches Gemälde in 5 Aufzügen. Nach dem Franz. v. Louis Angely. (40 S.)
100. Der Misanthrop. Drama in 5 Akten v. Molière. Uebers. v. F. A. Krais. (52 S.)
101. Die Auswanderer. Volksschauspiel m. Liedern in 4 Akten v. Herm. Schmid. (46 S.)
102. Vineta od. die versunkene Stadt. Volksmährchen m. Gesang u. Tanz in 3 Akten v. Herm. Schmid. Musik von Frz. v. Suppé [Den Bühnen gegenüber Manuscr.] (34 S.)
103. Julius Cäsar. Trauerspiel in 5 Akten v. William Shakespeare. Uebers. v. F. A. Krais. (58 S.)
104. Die Cameliendame. Drama in 5 Akten v. Alex. Dumas Sohn. Deutsch v. Henriette Meindl. (56 S.)
105. Dienstpflicht. Ein Schauspiel in 5 Aufzügen von Iffland. (56 S.)

— Münchener. Nr. 1—13. 8. München, H. Lukaschik. n. 9. 50

Inhaltsübersicht in alphabetischer Ordnung:

Beck, Jul., der Hausfreund. Lustspiel in 1 Aufzug. (48 S.) 892. (Nr. 11.) n. — 50
Heigel, Karl v., Josefine Bonaparte. Schauspiel in 5 Aufzügen. (87 S.) 892. (Nr. 1.) n. — 80
Mosenthal, S. H., auf'm Sunnwendhof. Volksstück in 4 Aufzügen. In neuer Bearbeitg. u. Dialektübertragg. v. Anny Schaefer. (80 S.) 892. (Nr. 5.) n. — 80
Müller, Gust. Ad., Nausikaa. Ein Schauspiel in 4 Aufzügen. (43 S.) 890. (Nr. 6.) n. — 80
— die Schlacht bei Sendling (1705). Historisches Schauspiel in 4 Aufzügen. (68 S.) 893. (Nr. 8.) n. 1. —
Sandberger, Adf., Emanuel Chabrier's Gwendoline. Mit 25 Notenbeispielen. [Aus: „Allg. Musikzeitg."] (29 S.) 893. (Nr. 13.) n. — 60
— Peter Cornelius' Cid. Mit 32 Notenbeispielen. [Aus: „Allg. Musik-Zeitg."] (41 S.) 893. (Nr. 10.) n. — 80
Schaefer, Anny, Bauernliab'. Oberbayerisches Bauernstück in 4 Aufzügen. Musik v. Th. Sachsenhauser. (62 S.) 892. (Nr. 7.) n. — 80
Schaefer, Karl, Titurel. Ein Bühnenvorspiel zur Gralssage. Nach Wolfram v. Eschenbach's gleichnam. Bruchstück frei bearb. (59 S.) 891. (Nr. 4.) n. 1. —
Schmidt, Max, Johannisnacht. Oberbaierisches Volksstück in 5 Akten. Nach seiner gleichnam. Erzählg. f. die Bühne bearb (III, 64 S.) 892. (Nr. 3.) n. — 50
— u. Hans Neuert, der Georgi-Thaler. Volksstück m. Gesang in 5 Akten. Nach Max Schmidt's gleichnam. Erzählg. f. die Bühne bearb. Musik v. Frz. Bolth. (V, 88 S.) 892. (Nr. 2.) n. — 50
— u. Ferd. Wilferth, lustige Haft. Schwank in 4 Akten. (III, 91 S.) 893. (Nr. 12.) n. 1. —
Voß, Rich., der Väter Erbe. Volksstück in 7 Abteilgn. Dialektübertragung v. Hans Neuert. (101 S.) 893. (Nr. 9.) n. — 60

Theater-Bibliothek, neue allgemeine. 1r Band. No. 1. enthält; das Turnier zu Kronstein, oder die drey Wahrzeichen, ein romant. Ritter-Lustspiel von Holbein. gr. 8. Pesth, Hartleben. 820.

Theater-Bibliothek, neue deutsche, v. G. W. Schießler u. J. Woller. 16 Bdchn. 16. (.. B.) Augsburg 836, Schlosser'sche Buchh. à 2 Gr.

Theater-Bibliothek, Regensburger. 1. u. 2. Bdchn. 12. Regensburg, J. Habbel. à n. — 40
1. Im Quartier. Militär. Schwank in 1 Akt. Von Georges Lecharron. (30 S.) 897.
2. D. Probelektion. Schwank in 1 Akt m. Gesang. Von Georges Lecharron. (40 S.) 898.

— Regensburger. 3. Bdchn. 8. Regensburg, J. Habbel. n. — 40

Der Bilmesschneider. Schwank in 2 Akten. Von Rud. Baumüller. (26 S.) (905.)

— für Seminarien u. Gesellenvereine. Nr. 1—12. 8. Regensburg 883. (Amberg, Habbel.) n. 20. —
1. Aus Händels Jugend. Lustspiel in 1 Akt v. Ferd. Bonn. (22 S.) n. — 40
2. „Der Tilly kommt". Schwank in 3 Aufzügen v. Ferd. Bonn. (56 S.) n. — 50
3. Wenn er nicht närrisch ist, so wird er's. Spaß in 1 Akt. (34 S.) n. — 50
4. Ein paar Stunden die Wahrheit. Schauspiel in 1 Akte. (27 S.) n. — 40
5. Das liederliche Kleeblatt. Umarbeitg. d. Nestroy'schen „Lumpazivagabundus", m. Auslassg. der weibl. Rollen. Posse m. Gesang in 5 Aufzügen. Mit Partitur v. Adf. Müller in gr. 4. (51 u. Partitur 20 S.) n. 2. 40
6. Der Stern v. Bethlehem. Ein Weihnachtsspiel, m. Zugrundelegg. d. „Krippenspieles" v. Pocci bearb. v. Jos. Schwabl. Musik vom † Domkapellmstr. Rampis. Mit Partitur in gr. 4. (41 u. Partitur 21 S.) n. 2. 40
7. Joseph u. seine Brüder. Biblisches Drama in 3 Akten m. Gesang. Nach der gleichnam. Oper v. Mehul gedichtet v. Jos. Schwabl. Mit Partitur in gr. 4. (49 u. Partitur 22 S.) n. 2. —
8. Der Verschwender. Lebensbild m. Gesang in 3 Akten [5 Aufzügen]. Nach dem gleichnam. Raimund'schen Drama m. Auslassg. der Frauenrollen bearb. Mit Partitur in gr. 4. (63 u. Partitur 24 S.) n. 2. 40
9. Der Diamant d. Geisterkönigs. Zauberdrama in 4 Aufzügen. [Nach Raimund.] Mit Partitur in gr. 4. (32 u. Partitur 7 S.) n. 1. 20
10. Schattenspiel. Drama m. Musik. 4. Mit Partitur in gr. 4. (16 u. Partitur 10 S.) n. 1. 40
11. Catilina. Historisches Schauer-Drama m. Gesang u. Tanz in 4 Aufzügen v. Ant. Goß. Mit Partitur in Lex.-8. (31 u. Partitur 35 S.) n. 2. 40
12. Die Griechen v. Troja. Historisches Gemälde nach den neuesten Ausgrabgn. Komische Operette f. 6 Männerstimmen v. A. Goß. Mit Partitur in gr. 4. (48 u. Partitur 79 S.) n. 4. —

Theater-Bibliothek f. Vereine. Hrsg. von v. Wenckstern. 1.—22. Hft. gr. 8. Braunschweig 892. Patriotischer Verlag Schlegel. à n. 1. —

Inhaltsübersicht in alphabetischer Ordnung:

Blumenreich, Paul, die Andere. Lustspiel in 1 Akt. (20 S. (19. Hft.)
Böhm, Mart., unsere Wilhelms. Humoristisches Genrebild in 1 Akt. (14 S.) (11. Hft.)
Braun, Gust., Kamerad Guste, od.: Zwischen 2 Feldwebeln. Posse m. Gesang in 1 Akt. (14 S.) (3. Hft.)
Breckheyde, C., im Durchgangszimmer. Schwank in 1 Akt. (15 S.) (14. Hft.)
Egers, Fritz, die Verlobung in der Kantine. Soldatenposse in 1 Akt. (11 S.) (22. Hft.)
Elsner, Osc., Daheim am Kaisertag. Festspiel in 1 Akt. (14 S.) (2. Hft.)
— Naturalverpflegung u. Liebe. Militärischer Schwank in 1 Akt. (13 S.) (8. Hft.)
— Narrheit auf Probe. Lustspiel in 1 Akt. (10 S.) (13. Hft.)
— die Odaliske. Schwank in 1 Akt. (16 S.) (16. Hft.)
Engel, Fritz, Eingezogen. Lustspiel in 1 Akt. (12 S.) (18. Hft.)
— Quartier in Feindesland. Dramatischer Soldatenscherz in 1 Akt. (11 S.) (21. Hft.)
— Sub E. B. Lustspiel in 1 Aufzug. (12 S.) (12. Hft.)
Genée, Rud., bei Roßbach. Vaterländisches Schauspiel m. Gesang in 2 Aufzügen. Musik v. A. Conradi. (16 S.) (5. Hft.)
Heydewald, Blauaugen. Scherz in 1 Akt. (12 S.) (17. Hft.)
Kotzebue, der gerade Weg ist der beste. Lustspiel in 1 Aufzug nach A. v. Kotzebue. (16 S.) (6. Hft.)
Ratschläge, kurze, f. den Leiter e. Vereinstheaters. (14 S.) (1. Hft.)
Schaper, Ludw., ein Vormittag in Kamerun. Burleske in 1 Akt. (12 S.) (20. Hft.)
Schaumberg, Geo., der Tag v. Sedan. Original-Charakter-Bild in 1 Akt. (13 S.) (7. Hft.)
Waldow, B., Strohwittwer od. am Kaisers Geburtstag. Schwank in 1 Akt. (14 S.) (10. Hft.)
Wild-Queisner, Rob., ungebetene Gäste. Schwank in 1 Akt. (14 S.) (15. Hft.)
— ein verkannter Künstler. Schwank in 1 Akt. (14 S.) (9 Hft.)
— der Sommer-Lieutenant. Militärischer Schwank in 1 Akt. (16 S.) (4. Hft.)

— f. Vereine. Hrsg. von v. Wenckstern. 23.—43. Hft. gr. 8. Braunschweig, Patriot. Verlag, Schlegel. à n. 1. —

Inhaltsübersicht in alphabet. Ordnung:

Altenstein, Axel v., Bliemchen als politischer Verbrecher. Lustspiel in 1 Akt. (12 S.) 896. (Nr. 37.)
— das Erwachen des Löwen. Posse in 1 Akt. (11 S.) 896. (Nr. 36.)
— die freiwillige Feuerwehr. Posse in 1 Akt. (15 S.) 897. (Nr. 41.)
— die sechste Hose. Posse in 1 Akt. (12 S.) 897. (Nr. 43.)
— das Jubiläum des größten Ochsen. Vereinsposse in 1 Akt. (13 S.) 896. (Nr. 38.)
— Kniericm & Compagnie. Lustspiel in 1 Akt. (12 S.) 896. (Nr. 39.)
— die Lumpenparade in Posemuckel. Posse in 1 Akt. (15 S.) 896. (Nr. 40.)
— der Wolf im Schafspelz. Posse in 1 Akt. (12 S.) 897. (Nr. 42.)
— X-Strahlen. Posse in 1 Akt. (11 S.) 896. (Nr. 35.)
Bartsch, Rob. v., Einquartierg. in d. Küche. Lustsp. in 1 Akt. (14 S.) 896. (Nr. 30.)
— Feldwebel Spürnase. Soldatenposse in 1 Akt. (12 S.) 896. (Nr. 25.)
— e. fideles Gefängniß. Posse in 1 Akt. (14 S.) 896. (Nr. 29.)
— Lieutenant Rettig. Posse in 1 Akt. (11 S.) 896. (Nr. 26.)
— d. Neujahrswache v. 1871. Militär. Lustsp. in 1 Akt. (10 S.) 896. (Nr. 24.)
— das Rendezvous auf d. Gartenbank. Posse in 1 Akt. (11 S.) 896. (Nr. 33.)
— der Stabstrompeter. Lustsp. in 1 Akt. (14 S.) 896. (Nr. 27.)
— Zeit ist Geld od. d. Vereinsmeyer. Posse in 1 Akt. (14 S.) 896. (Nr. 31.)
Wenckstern, v., Herzogs Geburtstag bei d. ollen Cheruskern. E. meistens vorahnungsvolle Komödie in 1 Akt. (20 S.) 896. (Nr. 32.)
— das deutsche Lied. E. Festspiel f. d. deutsche Volk in Tönen, Worten u. leb. Bildern. (29 S.) 896. (Nr. 34.)
— das Stationsgespenst. Eisenbahner-Posse in 1 Akt. (14 S.) 896. (Nr. 23.)
— der Vereinsbruder. Katerscene in 1 Akt. (12 S.) 896. (Nr. 28.)

Theater-Bibliothek für Vereine. Hrsg. von v. Wenckstern. 44. u. 45. Hft. gr. 8. Braunschweig. Salzgitter, Patriotischer Verlag Schlegel. (Nur direkt.) à n. 1. —
44. Der poetische Hausknecht. Soloscene. Von Axel v. Altenstein. (8 S.) (900.)
45. In Wotans Schutz. Phantastisches Turner-Festspiel in 2 Vorgängen. Von Wilh. Börker. (19 S.) (901.)

— f. Vereine u. Dilettantenbühnen. 1., 2., 6.—18. Bdchn. 8. Trier, Paulinus-Druckerei. n. 9. 97
1. Die städtische Wasserfrage od. der gequälte Rathsherr. Leicht aufführbare Posse in 3 Akten m. nur männl. Rollen f. gesell. Vereine. Von A. Dinspel. 4. Aufl. (39 S.) 893. n. — 35
2. Hirten u. Könige. Ein leicht aufführbares Weihnachtsspiel m. Gesang in 3 Akten f. gesell. Vereine. Von A. Dinspel. 2., gänzlich umgearb. u. verm. Aufl. (47 S.) 893. n. — 60
6. Nur der Bart macht den Mann. Lustspiel in 2 Akten v. Jakob Ambrosius. 3. Aufl. (22 S.) 895. n. — 40
7. Gesetzesunkenntniß schützt vor Strafe nicht! Lustspiel in 3 Aufzügen. Nach e. älteren humorist. Erzählg. frei bearb. v. Max Hohnerlein. (43 S.) 892. n. — 60
8. Närrische u. vernünftige Leute. Lustspiel in 5 Aufzügen nach e. Komödie d. dän. Dichters L. Holberg, frei bearb. v. Max Hohnerlein. Mit e. Musikbeilage. (58 S.) 892. n. — 70
9. In der eigenen Schlinge gefangen. Lustspiel 3 Aufzügen. Nach e. Komödie d. dän. Dichters L. Holberg frei bearb. v. Max Hohnerlein. (40 S.) 892. n. — 60
10. Wilhelm Tell. Schauspiel in 5 Aufzügen von Frdr. v. Schiller. Für die gesell. Vereinsbühne bearb. v. Ant. Dinspel. (70 S.) 892. n. — 75
11. Syra od. die christl. Sklavin, nach Kard. Wiseman's „Fabiola" v. Jos. Faust. (68 S.) 893. n. — 75
12. Den nicht! Lustspiel in 2 Akten v. C. Schlesinger. (30 S.) 893. n. — 40
13. Der Wilddieb. Humoristisches Duett f. mittlere Stimmen m. Klavier-Begleitg. Text v. Ant. Dinspel. Musik unter Benutzg. einiger bekannten Melodien v. Petrisilvanus. 2. Aufl. Lex.-8. (24 S.) 893. n. 1. 50
14. Der verspätete Ehrengast. Humoristische Scene m. Gesang u. Klavier-Begleitg. Text v. A. Dinspel. Musik vom Componisten des „Wilddieb". (7 S.) 893. — 12; Musikbeilagen (20 S.) n. 1. 50
15. Rache u. Vergebung. Schauspiel in 3 Aufzügen. Von Gebh. Treß. (25 S.) 894. n. — 40
16. Durch Affenliebe hereingefallen. Lustspiel in 2 Akten nebst Nachspiel v. Jakob Ambrosius. (26 S.) 894. n. — 40
17. Der Bursche als Lieutenant. Militär-Humoreske in 1 Akt v. Aug. Wüschner. (13 S.) 895. n. — 40
18. Losgekauft. Schauspiel aus der afrikan. Sklaverei in 5 Aufzügen v. Gebh. Treß. (52 S.) 895. n. — 50

Theater-Courier, der. Organ f. Theater- u. Kunst-Interessen. Central-Organ zur Vermittlg. des Verkehrs zwischen Directoren u. Mitgliedern deutscher Bühnen. Jahrg. 1894. 52 Nrn. (Bog.) Fol. Hannover, E. May's Theateragentur. Postfrei n. 10. —; vierteljährl. n. 3. —

— f. Vereine u. Dilettantenbühnen. 2. u. 19.—26. Bdchn. 8. Trier, Paulinus-Druckerei. n. 4. 10
2. Hirten u. Könige. Ein leicht aufführbares Weihnachtssp. m. Gesang in 3 Akten f. gesell. Vereine. Von A. Dinspel. 4. Aufl. (47 S.) 895. n. — 60
19. Acht Tage Präsident od. d. Schröpfköpfe. Schwank in 1 Akt f. gesell. Vereine. Von Fritz Pfudel. (20 S.) 895. n. — 30
20. Der Blitzjunge od. e. zweiter Münchhausen. Lustsp. in 2 Aufzügen. Von Fritz Pfudel. (36 S.) 895. n. — 40
21. Der Kapitän u. s. Bursche od. wir heirathen nie. Lustsp. in 3 Akten. Von Fritz Pfudel. (31 S.) 895. n. — 50
22. Zriny. Ein Trauerspiel in 5 Aufzügen v. Thdr. Körner. Für d. gesell. Vereinsbühne bearb. v. Ant. Dinspel. (39 S.) 895. n. — 60
23. Sankt Eusebius. Schausp. in 4 Akten m. Gesang u. 3 leb. Bildern, bearb. f. d. kathol. Vereinsbühne. Von Frdr. Nassen. (24 S.) 895. n. — 40
24. Klassisch jebildet. Militärischer Schwank in e. Akt v. Fritz Pfudel. (20 S.) 896. n. — 35
25. Ein heit. Wirrwarr. Lustspiel in 4 Akten f. gesell. Vereine. Nach d. Kotzebue'schen ‚Die deutschen Kleinstädter' ganz neu u. in 8 männl. Rollen aufführbar bearb. v. A. Dinspel. (30 S.) 896. n. — 45
26. „All' Heil". Lustsp. in 1 Aufzug f. Radfahrer-Vereine. Von Fritz Pfudel. (21 S.) 897. n. — 50

— (f. Vereine u. Dilettantenbühnen.) 11. u. 27.—33. Bdchn. 8. Trier, Paulinus-Druckerei. n. 3. 45
11. Syra od. Die christl. Sklavin nach Kardinal Wiseman's „Fabiola". Von Jos. Faust. 2., vollständ. umgearb. Aufl. (68 S.) 898. n. — 75
27. Am Weihnachtsbaum. Lebensbild in 1 Akt. Von J. Becker. (16 S.) 898. n. — 30
28. Die ersten Patienten. Posse in 1 Aufzug. Von A. Janzer. (11 S.) 900. n. — 80
29. Ihr Ideal. Lustspiel in 1 Akt für 8 Damen. Von Hans Buchholz. (13 S.) 900. n. — 30
30. X-Strahlen. Posse in 1 Akt. Von Hans Buchholz. (16 S.) 900. n. — 30
31. Die Heimkehr am Weihnachtsabend. Lebensbild in 3 Akten. Von Joh. Becker. (24 S.) 901. n. — 40
32. Wie Hüttenmüllers Komödie spielen. Lustspiel in 1 Akt. Von Fritz Pfudel. (28 S.) 902. n. — 50
33. In der „rheinischen Weinkneipe". Lustspiel in 1 Akt. Von Fritz Pfudel. (39 S.) 902. n. — 60

— (f. Vereine u. Dilettantenbühnen). 34. Bdchn. 8. Trier, Paulinus-Druckerei. n. — 80
Der schlaue Peter od. Eine kleine Verwechselung. Militärischer Schwank m. Gesang in 2 Akten. Von Wilh. Auerbach. (20 S.) 903.

Theater-Bibliothek, (für Vereine u. Dilettantenbühnen). 35.—53. Bdchn. 8. Trier, Paulinus-Druckerei. p 8. —
Ewald, Fritz, die Unverstandenen. Humoristisches Zeitbild in 2 Aufzügen. (20 S.) 908. (43. Bdchn.) — 30
Friedmann, Mich., die Erstürmung der Porta Pia. Szenisch dargestellt. (16 S.) 908. (42. Bdchn.) — 20
Hofen, Karl, der Weihnachtsstern. Schauspiel in 3 Aufzügen. (32 S.) 909. (46. Bdchn.) — 60
Jacoby, Alinda, der Hofkoch in Verzweiflung. Historischer Schwank in 1 Aufzug. (20 S.) 908. (41. Bdchn.) — 40
— Die geheimnisvolle Prinzessin. Schwank in 1 Aufzug. (24 S.) 908. (44. Bdchn.) — 40
— Gefährliche Strategie. Schwank in 3 Aufzügen. (24 S.) 908. (47. Bdchn.) — 50
Nieborowski, Paul, Damian, der Mohrenknabe. Weihnachtsspiel in 4 Bildern. (36 S.) 907. (37. Bdchn.) — 50
— Der alte Küster. Weihnachtsdrama in 3 Aufzügen. (27 S.) (907.) (38. Bdchn.) — 40
— Die Liebe siegt. Drama in 3 Akten. (30 S.) 909. (53. Bdchn.) — 60
— Die Wahnsinnige v. Ajin Musa. Weihnachtsdrama in 8 Aufzügen. (39 S.) (907.) (36. Bdchn.) — 50
— Weihnachten in Südwestafrika od. Das Christkind im Zuchthause. Weihnachtsdrama in 4 Aufzügen. (32 S.) 907. (39. Bdchn.) — 40
Pauli, Karl, in der Hitze. Militäreinakter. Ausschließlich v. Herren darzustellen. (12 S.) 909. (48. Bdchn.) — 30
Rieck-Woch, Martha Elise, Faschingsscene. (8 S.) 909. (51. Bdchn.) — 30
Schalscha-Ehrenfeld, Amalie v., im Arbeiterinnen-Sekretariat. Schauspiel in 1 Akt. (32 S.) 908. (45. Bdchn.) — 40
Schiller, Frdr. v., Wallensteins Tod. Ein Trauerspiel in 5 Aufzügen. Für die Schule u. Vereinsbühne bearb. v. N. Tarral. (56 S.) 905. (35. Bdchn.) — 60
Wallner, Herm., der Heiratsvermittler. Lustspiel in 1 Aufzug. (24 S.) 909. (49. Bdchn.) — 50
Walrosta, Eulalia, Michel will in den Kasten. Lustspiel in 3 Aufzügen. (11 S.) 909. (50. Bdchn.) — 30
Weis, Welda, Tante Mösel's Geburtstag. Lustspiel m. Gesang in 1 Aufzug. (22 S.) 909. (52. Bdchn.) — 50
Wiersch, Franziska, St. Petrus u. die Weihnachtsengel. Weihnachtsspiel in 1 Aufzug f. kathol. Arbeiterinnen-Vereine. (18 S.) 907. (40. Bdchn.) — 30

— Zwickauer. Nr. 1, 2. u. 4. 8. Zwickau, C. R. Moeckel. à n. 2. —
1. Die Mumienbinde od. Sein Liebeslied. Schwank in 3 Akten v. C. Klingner. (74 S.) 896.
2. Der Friedensengel. Schwank in 4 Acten v. C. Klingner. (120 S.) 896.
4. Unverheiratet. Lustspiel in 3 Akten. Von C. Klingner. (48 S.) 898.
Das 3. Hft. erschien nur u. d. Einzeltitel: Schurtz, H., Schwanhildis, s.: Bd. XXVIII d. Bücherlexikons.

— Zwickauer. Nr. 5. gr. 8. Zwickau, C. R. Moeckel. n. 2 —
Ein vergnügter Polterabend oder Alte Liebe rostet nicht. Schwank in 1 Akt. Von Arnold Sprotte. (41 S.) (900.)

— Zwickauer. Nr. 6 u. 7. 8. Zwickau, C. R. Moeckel. n. 6. —
6. Die Anni vom Lindenhofe. Thüringer Volksstück in 5 Akten (6 Bildern). Von Bruno Mundhaß. (62 S.) (903.) n. 4.—
7. Der sächsische Prinzenraub. Vaterländisch-histor. Ritterschauspiel in 6 Akten. Nach e. alten Mskr. v. 1826 bearb. Von E. Trommer. (76 S.) (905.) n. 2. —

Theater-Bilderbuch. Vier Scenen für das Kinderherz, m. ganz neuen Decorationen u. Text in Versen von Frz. Bonn. gr. 4. (1 Bl. Text.) Eßlingen 878. Schreiber. cart. n. 5. —

Theater-Bilderbuch. 4 Scenen f. das Kinderherz m. ganz neuen Dekorationen u. Text in Versen v. F. Bonn. 4., verb. Aufl. Fol. Eßlingen 888. Schreiber. geb. n. 3. —

Theaterblatt; herausgg. v. K. M. Plümike. 8. Danzig 805. (68 Numm.)

Carlsruher Theater- und Musikblatt. Jahrgang 1. 1834. Carlsruhe: Velten.

Königsberger Theaterblatt. Nr 1–15. Königsberg 1826. Vorh. u. d. T.: Theaterblatt. Königsberg 1822.

Neues Theaterblatt. Wien: Administration 1900. 8°

Strassburger Theater- und Concert-Blatt. Red.: A. Dusch. (Nr. 1:31. März 1889.) Strassburg: A. Dusch 1889–1898. ([Ab 1893:] Theater- und Konzertblatt.)

Theater- u. Konzertblatt, Züricher

Theater- u. Concert-Blatt, Züricher. 5. Jahrg. 1885. 365 Nrn. (1/2 B.) hoch 4. Zürich, Schmidt. n. 8. —

Theater- und Concert-Blatt, Züricher, verbunden mit der Züricher Fremdenliste. 10. Jahrg. (Nov. 1889 — Mai 1890). N° 49. In-fol. 4 S. Zürich, Schröter & Meyer. 1890. Halbjährlich 3 50

Theaterblätter, Breslauische, Sept. bis Decemb. 4. Bresl. 815. Holäufer. 1 ℛ 8 g.

Theaterbrände u. deren Verhütung. [Aus: „Oesterr. Verbands-Feuerwehr-Zeitg.“] 8. (31 S.) Brünn 881. Rohrer. n. — 40

Theatercalender, s. Theaterkalender

Theater-Catalog, s. Theater-Katalog

Theater-Charivari. Blätter für dramatische Kunst u. Kunstfreunde. Redig. von W. v. Blomberg. 1. Jahrg. 1853. 52 Nrn. (à 1 Bgn.). Berlin, Moeser u. Kühn. 4. 3 ℛ. 10 ngr.

Theaterchronik. Erfurt 1772.
H: *Schmid, Christian Heinrich.* (ML)
»Giessen« (Ky) (MGT)

Theaterchronik, (von Chr. H. Schmid). 1s Stck. 8. Gießen 772. Krieger. 8 g.

Theater-Chronik, allgem., wöchentl. Mittheiln. v. sämmtl. deutschen Theatern. 1—3. Jahrg. 1832—34. à 208 Nrn. (1/2 Bog.) Leipzig, Magazin f. Indust., Volckmar à J. Thlr.
1. u. 2. Jahrg., hrsg. v. L. v. Alvensleben, 3. J., v. C. F. W. Lorenz.

—— allgem., od. Organ für d. Gesammtinteresse d. deutschen Bühnen u. ihrer Mitglieder. Redig. v. C. F. W. Lorenz. 4. Jahrg. 1835. 208 Nrn. (1/2 Bog.) gr. 4. Leipzig, Magazin f. Indust.

Theater-Chronik, allgem., Organ f. d. Gesammtinteresse d. deutschen Bühnen u. ihrer Mitglieder. 5—11. Jahrg. 1836—42. à ca. 208 Nrn. (1/2 Bog.) gr. 4. Leipzig, Sturm u. Koppe. (Hunger.) à J. *
5. u. 6. Jahrg. redig. v. L. v. Alvensleben, 7—11. J. unt. Verantwortlichkeit d. Verlagshandl.
1—4. Jahrg. 1832—35. Ebendas. à * 6 Thlr.

Theater-Chronik, allgem., Organ f. d. Gesammtinteresse der deutschen Bühnen u. ihrer Mitglieder. Redakt. u. Verlag v. Sturm u. Koppe. 12—16. Jahrg. 1843—47. à 156 Nrn. (1/2 B.) gr. 4. Leipzig, (Hunger.) à J. *
1—11. Jahrg. 1832—42. Ebendas. à J. * 6 Thlr.

Theater-Chronik, allgem. Organ für das Gesammtinteresse der deutschen Bühnen und ihrer Mitglieder. (Redig. von V. Kölbel.) 17—21. Jahrg. 1848—52. à Jahrg. 156 Nrn. (1/2 Bog.) gr. 4. Leipzig, (Hunger.) à Jahrg. *
1—16. Jahrg. 1832—47. Ebendas. à Jahrg. * 6 Thlr.

Theater-Chronik, allgemeine. Organ für das Gesammtinteresse der deutschen Bühnen und ihrer Mitglieder. Redakt.: V. Kölbel. 22—25. Jahrg. 1853—56. à Jahrg. 156 Nrn. (1/2 Bog.) Mit Beilagen. gr. 4. Leipzig, (Wöller.) à Jahrg. *

Theater-Chronik, allgemeine. Organ für das Gesammtinteresse der deutschen Bühnen und ihrer Mitglieder. Hrsg. und redig. von V. Kölbel. 26. Jahrg. 1857. 156 Nrn. (1/2 Bog.) Mit Beilagen. gr. 4. Leipzig, Wöller. **

—— dass. — 27—30. Jahrg. 1858—61. à Jahrg. 52 Nrn. (à 1 1/2 Bog.) Mit Beilagen. gr. 4. Ebendas. à Jahrg. *

Theater-Chronik, allgemeine. Organ für das Gesammtinteresse der deutschen Bühnen und ihrer Mitglieder. Hrsgbr. und Redact.: Vict. Kölbel. 31.—36. Jahrg. 1862—67. à Jahrg. 52 Nrn. (à 1 1/4 Bog.) Mit Beilagen. gr. 4. Leipzig, (Wöller.) à Jahrg. *

Teater-Chronik, allgemeine. Organ für das Gesammtinteresse der deutschen Bühnen und ihrer Mitglieder. Hrsgbr. und Redact.: Vict. Kölbel. 37.—40. Jahrg. 1868—1871. à Jahrg. 52 Nrn. (à 1/4 Bog.) Mit Beilagen. gr. 4. Leipzig (Wöller.) à Jahrg. *

—— dass. — Redact.: Rud. Egmont Kölbel. 41. Jahrg. 1872. 52 Nrn. (à 1 1/4—1 1/2 Bog.) Ebendas. *

—— dass. — Redact.: Alex. Thdr. Geo. Kölbel. 42. Jahrg. 1873. 52 Nrn. (à 1 1/4—1 1/2 Bog.) 4. Ebendas. *

— allgemeine deutsche. Organ f. das Gesammtinteresse der deutschen Bühnen u. ihrer Mitglieder. Red.: Rud. Egm. Kölbel. 43. Jahrg. 1874. 52 Nrn. (à 1 1/4—1 1/2 B.) 4. Leipzig, Webel in Comm. n. 18. —

Theater-Chronik, deutsche. Organ für dramat. Kunst und Literatur. Redact.: Ghard. Hübner. Jahrg. 1875. 52 Nrn. (Bog.) gr. 4. Leipzig, Webel. *

—— dass. — Hrsgbr. und Redact.: Ghard. Hübner. Jahrg. 1876. 48 Nrn. (à 1—1 1/2 Bog.) gr. 4. Leipzig, (Wölfert's Buchh.) *

Theater-Chronik, deutsche. Organ für die Interessen der dramat. Kunst u. Literatur. Hrsg. u. Red.: Ghard. Hübner. 3. Jahrg. 1877/78. 24 Nrn. (à 1—1½ B.) hoch 4. Leipzig, Wolff in Comm. 12. —

—— dass. — 4. Jahrg. 1879. 12 Nrn. (à 1—1½ Bog.) hoch 4. Ebendas. *

Theaterchronik, Grätzer (Grazer). Grätz (Graz) 1783. V: *Schink, Johann Friedrich.* (Rich. Bitterling: Joh. Friedrich Schink, Hamb. u. Leipzig 1910, S. 276/8) (Ant. Schlossar, die Litteratur der Steiermark, S. 284) (GGR IV/350, Nr. 18/13) (GGR IV², 413, Nr. 18/26) (Auct. Kürschner 2696) (Wienerblättchen 19/8, 1784, S. 178) ([Hch. Wolfg. Behrisch,] Die Wiener Autoren, Pressb. 1784, S. 199) (BiblPort)

—— hamburger. Zeitschrift für die Bühnenwelt. Redig. von C. A. Sachse und W. Bernhardi. 3—5. Jahrg. 1850—52. à Jahrg. 104 Nrn. (½ Bog.) gr. 4. Hamburg, Bernhardt'sche Buchh. à Jahrg. *

Vgl.: Theater-Spiegel, der.

—— hamburger. Zeitung für Literatur, Kunst, Gesellschaft, Tagesgeschichte ꝛc. Hrsgbr.: C. A. Sachse. 6—9. Jahrg. 1853—56. (208, 156, 104 und 102 Nrn.) (Bog.) gr. Fol. Hamburg, (Trupp.) à Jahrg. *

—— hamburger. Zeitung für Literatur, Kunst, Gesellschaft, Tagesgeschichte. Redig. von W. Bernhardi. 10. Jahrg. 1857. 104 Nrn. (Bog.) gr. Fol. Hamburg, (Kittler.) *

—— dass. — Redig. von L. Fischer. 11—13. Jahrg. 1858—60. à Jahrg. 104 Nrn. (Bog.) gr. Fol. Ebendas. à Jahrg. *

Hannoversche Theater-Chronik. Zeitschrift für Kunst und Literatur. Jg. 1–3. Hannover 1854–56. 2°

Theaterchronik, Historisch-kritische, von Wien. Wien 1774. H: *Moll, Chn. Hieron.* (WrDiar 1774, Nr. 22 Anhang) (GGR V/310, Nr 11/4) (Plaschka 50/228) (WBL 19/13) (WrDiar 1775, Nr. 6) (Auct. Kürschner) (BiblPort)

Theaterchronik, Historisch-kritische, von Wien. Wien 1775. H (nicht): *Moll, Chn. Hieronymus.* (Theater-Kalender 1776, Gotha, S. 231) (BiblPort)

Oesterreichische Theater-Chronik. Central-Organ für dramatische Kunst, Literatur, Musik und Theaterverkehr; in unmittelbarer Verbindung mit der Theater-Agentur des A. Schneid. Eigenthümer und verantwortlicher Redacteur: Anton Schneid. Druck von U. Klopf und Alex. Eurich. (4. 2spaltig. Wochentlich zweimal.)

Wien: Selbstverlag der Theater-Agentur A. Schneid.

Jg. 1. 1855, Nr. 1–15.

—— wiener. Zeitschrift für Kunst und Bühnenwelt. Redig. von M. Dangelmaier. 1—3. Jahrg. 1859—61. à Jahrg. 52 Nrn. Wien, Selbstverlag. à Jahrg. *

—— Wiener Zeitschrift für Kunst- und Bühnenwelt. 4. Jahrg. 1862. Redact.: M. Dangelmaier. Administrator: C. A. Sachse. 52 Nrn. Fol. Wien, Selbstverlag. *

Theater-Chronik, Wiener. Eigenthümer und Hrsgbr.: C. A. Sachse. 22.—26. Jahrg. 1880—1884. à Jahrg. 52 Nrn. (à Nr. ½ Bog.) Fol. Wien, Administration. à Jahrg. **

Theater-Correspondenz. Nr. 1: Gorilla oder Chimpanse. Schwank in 1 Aufzug von Frz. Koppel-Ellfeld. gr. 8. (30 S.) Dresden 877, Pierson. *

Theater-Courier. Wochenschrift für Theater, Musik, Literatur und Unterhaltung. Chefredakteur: Edmund May. (Ab 36. 1929: Neuer Theater-Kurier. Herausgeber: H. D. Brachmann.) Berlin-Wien. Jahrgang 1. 1894–37. 1930.

Theater-Courier, der. Wochenschrift f. Theater, Musik, Literatur u. Unterhaltg. 2. u. 3. Jahrg. 1895—1896. à 52 Nrn. (Bog.) Fol. Hannover (Nicolaistr. 18 B), E. May'sche Theateragentur. à Jahrg. postfrei n. 10. —

– dasselbe. Centralverkehrsblatt f. Bühnenvorstände, Mitglieder u. Theaterbesitzer. Offizielles Organ des Theaterdirectoren-Verbandes. Chef-Red.: Edm. May. 4. u. 5. Jahrg. 1897—1898. à 52 Nrn. (Bog.) Fol. Ebd. à Jahrg. postfrei n. 10. —

Kann auch halbjährlich für n. 5.50 u. vierteljährlich für n. 3. — bezogen werden.

Theater-Courier, der. Wochenschrift f. Theater, Musik, Litteratur u. Unterhaltg Centralverkehrsblatt f. Bühnenvorstände, Mitglieder u. Theaterbesitzer. Offizielles Organ des Theaterdirekt.-Verbandes usw. Chef-Red.: Edm. May. 6.—9. Jahrg. 1899—1902. à 52 Nrn. Fol. (à 4 S.) Berlin (N.W. 6, Karlstr. 14), May'sche Theater-Agentur. Postfrei à Jahrg. n. 16. —

Theater-Courier, der. Wochenschrift f. Theater, Musik, Litteratur u. Unterhaltg. General-Anzeiger f. die gesamte Theaterwelt. Centralorgan f. sämtl. Bühnenangehörige. Offizielles Organ des Theaterdirectoren-Verbandes. Offizielles Organ des Hilfsvereins deutscher Bühnenangehöriger. Chefred.: Edm. May. Red. f. Berliner Theaterbriefe: Jul. Urgiß, f. den übr. Inhalt: Walt. Müller-Waldenburg. 10.—13. Jahrg. 1903—1906. à 52 Nrn. (560, 460, 624 u. 636 S.) 4. Berlin (O., Frankfurter-Allee 41/42). Expedition. Postfrei à Jhrg. n. 12. —

Theater-Dekamerone, Hamburger, s. Philipp, Adf.

Theater-Diener, der. Organ für Ernst u. Scherz, Kunst u. Theater-Interessen. Herausg. u. Red.: A. Heinrich. 1. u. 2. Jahrg. 1860 u. 61. à 52 Nrn. (à 1½ Bgn.) Berlin, Lassar in Comm. Fol. Jeder Jahrg. n. 6 ℛ

— — 3. Jahrg. 1862. Red.: Ferd. Gumbert. 52 Nrn. (à 1 Bgn.) Berlin, Mecklenburg in Comm. Fol. n. 6 ℛ

— der lustige. Humoristischer Bühnen-Almanach. Herausg. von Terpentin. Illustrirt von J. Raymond de Baux. 1. Jahrg. Berlin 860. Lassar. 16. (105 S. m. Holzschn.) n. 10 ngr.

Theater-Diener, neuer. Organ für Kunst und Theater-Interessen. Redact.: A. Entsch. 3.—9. Jahrg. 1862—67. à Jahrg. 52 Nrn. (Bog.) gr. Fol. Berlin, (Mecklenburg.) à Jahrg. *

Der 3. Jahrg. wurde von Ferd. Gumbert und der 4. Jahrg. von J. C. Engel redigirt.

Theater-Diener, neuer. Organ für Kunst- und Theater-Interessen. Redact.: A. Entsch. 10.—16. Jahrg. 1868—1874. à Jahrg. 52 Nrn. (Bog.) gr. Fol. Berlin 868, (E. Mecklenburg.) à Jahrg. *

Theater-Diener, neuer. Organ für Kunst und Theater-Interessen. Redact.: A. Entsch. 17.—21. Jahrg. 1875—1879. à Jahrg. 52 Nrn. (à 1—1½ Bog.) gr. Fol. Berlin, (E. Mecklenburg.) à Jahrg. *

Theater-Diener, neuer. Organ für Kunst und Theater-Interessen. Redact.: A. Entsch. 22.—26. Jahrg. 1880—1884. à Jahrg. 52 Nrn. (Bog.) Fol. Berlin, (E. Mecklenburg.) à Jahrg. *

Theater-Diener, neuer. Organ für Kunst und Theater-Interessen. Redact.: Th. Entsch. 27.—30. Jahrg. 1885—1888. à Jahrg. 52 Nrn. (Bog.) Fol. Berlin, (E. Mecklenburg.) à Jahrg. *

Theater-Diener, neuer. Organ f. Kunst u. Theater-Interessen. Redact.: Th. Entsch. 31.—34. Jahrg. 1889—1892. à Jahrg. 52 Nrn. (Bog.) Fol. Berl., (E. Mecklenburg). à Jahrg. ** 18 —

Theater-Diener, neuer. Organ f. Kunst u. Theater-Interessen. Hrsg.: Emil Ledner. Red.: Fritz Brentano. 36. Jahrg. 1894. ca. 44 Nrn. (Bog.) gr. Fol. Berlin, (E. Mecklenburg). Vierteljährlich postfrei n. 6. —

Theater-Diener, neuer. Organ f. Kunst- u. Theater-Interessen. Hrsg. u. Red.: Emil Ledner. 37. u. 38. Jahrg. 1895—1896. à ca. 44 Nrn. (Bog.) gr. Fol. Berlin (E. Mecklenburg). à Jahrg. postfrei n. 24. —

— dasselbe. 39. Jahrg. 1897. ca. 39 Nrn. (Bog.) gr. Fol. Ebd. n. 18. —

Theater-Figaro. Für Literatur, Kunst und Künstlerleben. Breslauer Theaterzeitung H. 10–16. Breslau: Bauschke 1839–45.
1841 ff u. d. T.: Breslauer Figaro; 1845: Breslauer Theater-Figaro.
Vorh. u. d. T.: Breslauer Theaterzeitung. Breslauer 1830 ff und Nordische Theaterzeitung. Breslau. 1837 f.

Theater-Figaro. Organ der Theater-Agentur von Emil Drenker für Theater- und Kunstinteressen. Jg. 1–33. Berlin: Drenker 1867-99. 2°
Hrsg.: Gustav Sanftleben.

[**Theaterfigurinen.** Sammelband] o. O. u. J. [um 1785].
13 Bl. Handzeichnungen, meist Aquarelle. 4°
7 Bl. bez. Chodowiecki

Theaterfrage, die, u. ihre sociale Seite mit Berücksichtigung u. Ausscheidung der besonderen u. gemeinschaftlichen Theaterinteressen der namhaften Schweizerstädte. Basel 868. Schweighauser. gr. 8. (27 S.) 3 ngr.

Theater-Freund; s. a. Oberth.

Theaterfreund, von Gli. Fr. Lorenz. 7 Stcke. 8. Prag 774. Fortsetzung von v. Hebenstreit. ...

Theaterfreund, Der. Prag 1775. H (1—4): *Lorenz, Gottlieb (Theophil) Frdr.* (5—25): *Hebenstreit von Streitenfeld, Carl.* (MGT) (GGr VI, 694)

Theaterfreund, der, Blätter f. Mitglieder u. Freunde d. Theaters. Redact. u. Hrsg.: L. v. Alvensleben. 1. Jahrg. 1837. Juli—Dec. 104 Nrn. (½ Bog.) gr. 4. Halle. (Leipzig, H. Franke.) *

—— dass., hrsg. v. dems. 2. Jahrg. 1839. 104 Nrn. (½ Bog.) gr. 4. Grimma, Verlags-Comptoir. *

Theaterfreund, der. Handbuch für Theater-Directoren, Schauspieler, Theaterfreunde, Buchhändler und Leihbibliotheken. Hrsg. von L. Fernbach jun. 1—3. Thl. in 1 Bde. Enthaltend die dramat. Erscheinungen des Buchhandels bis zum J. 1848. Nach den Titeln der Stücke (und Sammlungen) alphabet. geordnet und mit allen näheren Bezeichnungen, wo nöthig, auch mit Hinweis auf Gesammtausg. ꝛc. versehen. 8. (V und 630 S.) Berlin 860, Lassar's Buchh. **

—— dass. — Handbuch für Buchhändler, Leihbibliothekare, Theater-Directoren, Schauspieler und Theaterfreunde. Hrsg. von L. Fernbach jun. 4. Bd.: Enthaltend die dramat. Erscheinungen von 1849 bis 1859, nach den Titeln der Stücke (und Sammlungen) alphabet. geordnet und mit allen näheren Bezeichnungen ꝛc. versehen. 8. (71 S.) Ebendas. 860. **

Theater-Freund, der, für die Jugend. 1s u. 2s Bändchen enthält: 1) die Ostereyer, von Laur. 2) der Kornwucherer, von Kimmacher. 8. Augsburg, Doll. 819.

Theaterfreund, der, für die Jugend. 4 Bdchen. 8. Augsb. 819—24, Doll. (Landsh., Krüll.) à 14 gr.

—— der wohl unterrichtete, hrsg. v. L. Fernbach, s. Fernbach.

Theaterfreund, der wohl unterrichtete, ein unentbehrl. Handbuch für Buchhändler, Leihbibliothekare, Theaterdirektoren, Schauspieler u. Theaterfreunde. Herausg. von L. Fernbach jun. 2r Bd. (Enthält die Erscheinungen von 1830 bis Ende 1839, so wie Ergänzungen u. Berichtigungen des ersten Bandes.) 8. Berlin 840. Fernbach jun. n. ⅔ ß

Theaterfreund, der wohl unterrichtete. Ein unentbehrl. Handbuch f. Buchhändler, Leihbibliothekare, Theater-Direktoren, Schauspieler u. Theaterfreunde. Hrsg. v. L. Fernbach jun. 3. Bd. [Enth.: die Erscheinungen v. 1840 bis Ende 1849, so wie Ergänzgn. d. 2. Bdes., nebst einem Anh. v. Manuscripten.] gr. 8. (IV u. 118 S.) Berlin 850, Fernbach jun. n. ⅔ ß

Theatergarderobe, die,. Lustsp. v. Rosenau. 8. Prag, Neureutter. (Hinrichs in Lpz.) 797.

Theatergebäude, das neue, zu München. gr. 8. Landsh. 818. Krüll. 3 gl

Theater-Gesetze für die unter der Leitung des Herrn Direktors Louis Flerx stehenden Mitglieder. Brünn, 1855. Druck von Franz Gastl. (18 S. 8.)

Theater-Gesetze für das ständische Theater zu Gratz. 8. (16 S.) Gratz, A. Leykam's Erben 1853.

Theater-Handbuch, Wallishausser'sches neues. Enth. die wichtigsten im Buchhandel erschienenen Theaterstücke, ferner e. Verzeichnis der besten v. Dilettanten aufführbaren Stücke m. Inhaltsangabe, die gesamte Vortragsliteratur, Werke üb. Dramaturgie, Theatergeschichte, Schauspielkunst etc. etc. (181 S.) gr. 8. Wien (908). Wallishausser. 1. —

Theater-Handbüchlein f. ... Turnv., ..., Feuerwehrv., Hof u. d. S., 80 S., Kl.-8°.

THEATERHAUSGESETZ des Deutschen Bühnenvereins. Schwerin i. M. Druck und Verlag von Ed. Herbergers Buchdruckerei und Verlagshandlung. 8°.

Theater-Herold. Fachzeitung für das Theater. Jg. 5–9. Berlin: Stieben 1894– (1895). 8°. Red.: Eduard Bulle.
Vorh. u. d. T.: Der Unpartheyische. Jg. 3. 4. 1889. 1890.

THEATER-HOFFNUNGEN. Ein Wort zur Aufklärung von JOACHIM BARON zu PUTLITZ, General-Intendant der Königl. Württembergischen Hoftheater, Vizepräsident des Deutschen Bühnenvereins. Stuttgart und Leipzig 1909. Deutsche Verlags-Anstalt. 8°.

Theater-Horizont, der. Verantwortl. Redact.: Herm. Michaelsen. 1. Jahrg. 1846. 12 Nrn. (1—1½ B.) gr. 4. Berlin, (Bote u. Bock.) *

Theater-Horizont. In Verbindung mit dem Theater-Commissions-Geschäft redig. von Herrm. Michaelson. Jahrg. 1851 und 1852. à Jahrg. 104 Nrn. (½ Bog.) gr. 4. Berlin, (Schlesinger'sche Buchh.) à Jahrg. *

Theater-Horizont. In Verbindung mit dem Theater-Commissions-Geschäft von H. Michaelson. Redig. von Herrm. Michaelson. Jahrg. 1853—56. Fol. Berlin, (Schlesinger'sche Buchh.) à Jahrg. *
Jahrg. 1851 und 1852. Ebendas. à Jahrg. * 6 Thlr.

Theater-Horizont. Offizielles Anzeigeblatt des deutschen Bühnen-Vereins. Redig. von Herrm. Michaelson. Jahrg. 1857—62. (1857 und 1858. à 90 Nrn., 1859—62. à 104 Nrn.) (Bog.) Fol. Berlin, (Schlesinger'sche Buchh.) à Jahrg. *

Theater-Journal v. J. 1810 zur kleinen Erinnerung den edlen Bewohnern Oedenburgs. Oedenburg: Sieß 1810.
Hrsg.: Jos. Matolay.

Theater-Journal. Schweinfurt 1836.
Hrsg.: J. Valtin Schellhass.

Theater-Journal des A k t i e n t h e a t e r s in Zürich für die Saison 1871/72. 8 Stn. 8. Zürich: Genossenschaftsbuchdr, 1872.

Theater-Journal des A k t i e n - T h e a t e r s in Zürich f. die Saison 1872/73. 12 Stn. 8. Zürich: Genossenschaftsbuchdr. 1873.

Theater-Journal des A k t i e n - T h e a t e r s in Zürich. 1873/74. 12 Stn. 8. Zürich: Genossenschaftsbdr. 1874.

Theater-Journal, Allgemeines. Mainz 1792. H: *Schmieder, Heinrich Gottlieb.* (MGT) (Ky) (Schr)

Theaterjournal, allgem., (v. H. Gli. Schmieder). 1r Bd. 4. Mainz 792. Fischer. 1 ß 12 gl

— allgem., 27 Hefte in 3 Bden. Mit Kpf. 8. Wien 806, 807. (Wallishauser). 2 ß

Theater-Journal, Allgemeines kritisches. Wien 1806—7. H: *Wiedemann, Johann Georg.* (MGT) (Ky)

Theater-Journal für Deutschland. Gotha 1777—84. H: *Reichard, Heinrich August Ottocar.* (Ky) (EE)

— für Deutschland, (von H. A. O. Reichard.) 22 Stcke. gr. 8. Gotha 777—84. Ettinger. (à 8 gl) 7 ß 8 gl

Theater-Journal, Kritisches, von Wien. 1788—1789. H: *Schelheim.* H: *Spallart, Robert von.* (Neue Annal. d. Litt. Wien 1809. Int. Bl., Sp. 122) (Hdschr. Mitth. von Gustav Gugitz, Wien) (Zenker 1788, Nr. 100) (wrztg 1789, S. 243) (Egon v. Komorzynski, Schikaneder, S. 26) (BiblPort)

Theater-Journal, Münchener, für dramatische und bildende Kunst, Literatur, Musik, Geselligkeit und für die Gesammt-Interessen der Bühnenwelt. Hrsgbr. und Redact.: A. Blume. 26.—30. Jahrg. 1880—1884. à Jahrg. 52 Nrn. (Bog.) Fol. München, (Franz'sche Buchh.) à Jahrg. **

Theater-Journal, Münchener, für dramatische und bildende Kunst, Literatur, Musik, Geselligkeit und für die Gesammt-Interessen der Bühnenwelt. Hrsgbr. und Redact.: A. Blume. 31.—34. Jahrg. 1885—1888. à Jahrg. 52 Nrn. (Bog.) Fol. München, (Lindauer'sche Buchh.) à Jahrg. **

Theater-Journal, Münchener. Wochenblatt f. dramat. Kunst, Musik u. Literatur. Hrsgbr. u. Redact.: Jul. Schaumberger. 35. Jahrg. 1889. [Januar bis Ende Oktober.] 42 Nrn. (Bog.) Imp.-4. Münch., (Lindauer). Vierteljährlich * 2 60
Fortsetz., s. Kunst, Münchener.

Theater-Journal des Kgl. Baierischen Würzburger N a t i o n a l - t h e a t e r s. Würzburg 1832–33.
Hrsg.: K. Jaeger.
Vorh. u. d. T.: Theater-Journal der Kgl. Baier. privil. Schaubühne zu Würzburg. Würzburg 1815 ff.

Theater-Journal, Neues, für Teutschland. Leipzig 1788—89. H: *Bube, Wilhelm von.* (MGT) (Ky) (GGr)

— neues, für Deutschland, (von W. v. Bube). 2 Hefte. gr. 8. Leipz. 789. Schneider. 16 gl

N ü r n b e r g e r **Theaterjournal**. St. 1–3. Nürnberg 1799. 8°
Vorh. u. d. T.: Nürnbergs Thalia. Nürnberg 1799.

Theater-Journal, Raisonnirendes, von der Leipziger Michaelmesse 1783. Leipzig 1784. V: *Frawe, Johann Friedrich Ernst von.* (MGT)

R e g e n s b u r g e r **Theaterjournal** mit einem Anhang verschiedener Prologen. Regensburg 1784–86. 8°
Hrsg.: Joh. Georg Karl Giesecke.

Theater-Journal über die in der des H. Röm. Reichs freyen Stadt Nürnberg von der Churbaierischen privilegierten Moserischen Gesellschaft deutscher Schauspieler vom April 1776 bis Sept. 1777 aufgeführten S c h a u -, Trauer- und Lust s p i e l e. Nürnberg 1777. 8°
Hrsg.: Friedrich Hasenest.

Theater-Journal derjenigen S c h a u s p i e l e und Opern, welche in Augsburg von der Karl Ritter von Steinbergschen Gesellschaft deutscher Schauspieler vom 12. September 1799 bis 29. März 1800 aufgeführt worden. Augsburg. Bd. 1. 1799–2. 1800.
Hrsg.: A. L. Dahlstedt.

Theater-Journal der vom 18. Oktober an hier in Oranienburg aufgeführten S c h a u -, Trauer- und Lust s p i e l e. Berlin 1831.
Hrsg.: Elis Karlsberg.

Theater-Journal der S c h a u s p i e l e r g e s e l l s c h a f t unter Direktion des Carl Horch. Bremen 1827.
Hrsg.: Louis Struve u. Georg Hart.

W i e n e r **Theaterjournal** vom Jahre 1781. St. 1–12. Wien 1781. 8°
Hrsg.: Joh. Schwaldopler und Franz Celsus (?) Widermann.

Theaterkalender

Theaterkalender, s. Taschenbuch f. d. Schaubühne.

Theater=Kalender auf das Jahr ... ([Hrsg. v. Heinrich August Ottokar] Reichard. [Mit Kupf. v.] G[ottlob] A[ugust] Liebe, [Gustav Georg] Endner, [Johann Karl] Dornheim, D[aniel Nikolaus] Chodowiecki, [Ernst Ludwig] Riepenhausen [u. a. u. Musik v.] A[nton] Schweitzer, G[eorg] Benda, [Johann] André, Ehrenberg [u. a.])
Gotha: Carl Wilh. Ettinger [1775—1799]. 16°
1784 u. 1797 [u. d. T.]: Taschenbuch für die Schaubühne.
[*Zitiert:*] Gothaer Theaterkalender.

1775: 11 Bl., 183 S., 7 Bl., 1 Titelkupf., 1 Kupfertaf., 3 Notenbl. [*Die Kupf. fehlen.*]
1776: 17 Bl., 272 S., 3 Bl., 1 Titelkupf., 6 Kupfertaf., 3 Notenbl. [*Tit.-Kupf. fehlt.*]
1777: 12 Bl., 166 [vielm. 266] S., 3 Bl., 1 Titelkupf., 11 Kupfertaf., 1 Notenbl. [*Tit.-Kupf. u. Kupf. I u. V fehlen.*]
1779: 11 Bl., XLVIII, 226, LXIV S., 4 Bl., 1 Titelkupf., 12 Kupfertaf., 1 Notenbl. [*Titelkupf. fehlt.*]
1780: 11 Bl., 32, 302 S., 4 Bl., 1 Titelkupf., 9 Kupfertaf., 1 Notenbl. [*Monatskupf. 2 u. 3 u. 5 Maskenkupf. fehlen.*]
1781: 11 Bl., 132, CCXVI S., 4 Bl., 1 Titelkupf., 6 Kupfertaf., 1 Notenbl. [*Titelkupf. u. Kupf. 1—3 fehlen.*]
1782: 11 Bl., 285 S., 1 Bl., 1 Titelkupf., 12 Kupfertaf., 1 Notenbl.
1783: 11 Bl., 336 S., 1 Titelkupf., 6 Kupfertaf.
1784: 14 Bl., 334 S., 1 Titelkupf., 6 Kupfertaf. [*Titelkupf. fehlt.*]
1785: 13 Bl., 272 S., 1 Titelkupf., 12 Kupfertaf., 1 Tab.
1786: 13 Bl., 258 S., 1 Titelkupf., 6 Kupfertaf., 1 Tab.
1789: 13 Bl., 240 S., 1 Titelkupf., 6 kol. Kupfertaf. [*Kupf. Nr. 6 fehlt.*]
1790: 12 Bl., 268 S., 1 Titelkupf., 6 Kupfertaf., 1 Tab., 1 Notenbl.
1791: 12 Bl., 278 S., 1 Titelkupf., 6 Kupfertaf., 1 Tab.
1792: 12 Bl., 360 S., 1 Titelkupf., 6 Kupfertaf., 1 Tab. [*Titelkupf. fehlt.*]
1793: 12 Bl., 324 S., 1 Titelkupf., 4 Kupfertaf., 1 Tab. [*Sämtl. Kupfer fehlen.*]
1794: 12 Bl., 358 S., 1 Titelkupf., 4 Kupfertaf., 1 Tab.
1795 *nicht erschienen.*
1797: 4 Bl., 328 S., 3 Bl., 1 Titelkupf., 1 Tab. [*Titelkupf. fehlt.*]
1798: 12 Bl., XCV, 271 S., 1 Titelkupf., 1 Tab.
1799: 12 Bl., 280 S., 1 Titelkupf.

Theatercalender. Mannheim 1795 ff. H: *Schmieder, Hnr. Glieb.* (schr)

Theaterkalender für die J. 1799 u. 1800; hrsgg. v. H. G. Schmieder. Mit 1 Kpf. 12. Hamb., (Herold jun.) 1 ℳ 8 ℊ

— f. d. J. 1799. und 1800., herausg. v. Schmieder. 12. Hamburg, Vollmer.

— für 1799 u. 1800; hrsgg. v. A. J. v. Guttenberg. 8. München 799, 800.

Theater-Kalender. Hrsg.: Dr. Hans Landsberg, Dr. Arthur Rundt. [1.] Auf d. J. 1910. Berlin: Wedekind (1909). 8° [10. 13220

Theater-Kalender auf d. J. 1911. Hrsg.: Hans Landsberg, Arth. Rundt. (226 S. m. Abbildgn. u. Taf.) kl. 8. Berlin, Oesterheld & Co. Geb. 2. —

Gothaer Theaterkalender
s. Theater-Kalender auf das Jahr ... [Gotha].

Theaterkalender, humoristisch-satyrischer, f. Bühnenmitglieder u. Freunde d. Theaters. Auf d. J. 1853. Hrsg. v. L. v. Alvensleben. 8. (VI u. 110 S. m. eingedr. Holzschn.) Grimma, Verlags-Comptoir. ½ ℳ

Mannheimer Theaterkalender
s. Theaterkalender [Mannheim].

Theatercalender von Wien für das Jahr 1772, verfasset von einigen Liebhabern der deutschen Schaubühne. Wien 1772. H: *Klemm, Chn. Gottlob.* (WBL 12/69) H: *Klemm, Chn. Gottlob & Franz Heufeld.* S. a. IV, 5095. H: *Bianchi.* (R. M. Werner, Aus dem Josephinischen Wien, S. 29) (BIBLPORT)

Theatercalender von Wien. Wien 1772—74. H: *Klemm, Christian Gottlob & Franz von Heufeld.* (GGr) (Ky)

— **Wiener**, 1908. (1 farb. Bl. m. Abb.) 70×53,5 cm. Wien, „Elbemühl". 3. —

Theator-Katalog. Verzeichnis v. Volksstücken, Lustspielen, Possen, Schwänken, Dramen, Trauerspielen, Tragödien, Schauspielen, Opern, Operetten, Festspielen, Märchen- u. Weihnachtsspielen, Musikalien, Liedern, Büchern aus d. Rubinverl. München, Hof-, Kunst- u. Verlagsbuchhandlg. Theater- u. Manuscriptenverl. *(München: Rubinverl.) 1898.* (16 S.) 1 Bd 8.
(Brakl's Rubinverlag.) [98. 11096

Theatercatalog. Theaterk' Nr. 1—3. 8. Aarau, H. R. Sauerländer & Co.
Nr. 1. Verzeichnis von Dialektstücken aus dem Spezial-Verlage von H. R. Sauerländer & Co. 5. Aufl. September 1904. Nr. 162. 16 S.
Nr. 2. Spezialverlag von H. R. S' & Co. in Aarau. 4. Aufl. Herbst 1904. Nr. 163. 16 S.
Nr. 3. Verzeichnis von vaterländischen Schauspielen aus dem Spezialverlage von H. R. S' & Co. 4. Aufl. Herbst 1904. Nr. 165. 20 S.

Theatercatalog. Theaterk' Nr. 1—3. 8. Aarau, H. R. Sauerländer & Co. Bibl.
Nr. 1. Verzeichnis von Dialektstücken aus dem Spezial-Verlage von H. R. Sauerländer & Co. 6. Aufl. September 1905. Nr. 192. 16 S.
Nr. 2. Spezialverlag von H. R. S' & Co. in Aarau. 5. Aufl. Herbst 1905. Nr. 193. 16 S.
Nr. 3. Verzeichnis von vaterländischen Schauspielen aus dem Spezialverlage von H. R. S' & Co. 5. Aufl. Herbst 1905. Nr. 194. 20 S.

Theatercatalog. Theaterk' Nr. 4. Spezialverlag von H. R. Sauerländer & Co. in Aarau. Mai 1906. Neuerwerbungen und Novitäten. Nr. 215. 8 S. 8. Aarau, H. R. Sauerländer & Co.

Theatercatalog. Theaterkatolog Nr. 1—3. 8. Aarau, H. R. Sauerländer & Co.
Nr. 1. Verzeichnis von Dialektstücken aus dem Spezial-Verlage von H. R. Sauerländer & Co. 7. Aufl. Herbst 1906. Nr. 225. 24 S.
Nr. 2. Spezialverlag von H. R. S' & Co. in Aarau. 6. Aufl. September 1906. Nr. 224. 18 S.
Nr. 3. Verzeichnis von vaterländischen Schauspielen aus dem Spezialverlage von H. R. S' & Co. 6. Aufl. Herbst 1906. Nr. 223. 20 S.

Theatercatalog. Theaterk' Nr. 1. Verzeichnis von Dialektstücken aus dem Spezial-Verlage von H. R. Sauerländer & Co. 8. Aufl. Januar 1907. Nr. 238. 24 S. 8. Aarau, H. R. Sauerländer & Co.

Theatercatalog. Theaterk' Nr. 1—3. 8. Aarau, H. R. Sauerländer & Co.
Nr. 1. Verzeichnis von Dialektstücken aus dem Spezial-Verlage von H. R. Sauerländer & Co. 9. Aufl. Herbst 1907. Nr. 254. 24 S.
Nr. 2. Spezialverlag von H. R. S' & Co. in Aarau. 7. Aufl. Herbst 1907. Nr. 249. 20 S.
Nr. 3. Verzeichnis von vaterländischen Schauspielen aus dem Spezialverlage von H. R. S' & Co. 7. Aufl. Herbst 1907. Nr. 249. 22 S.

Theatercatalog. Th'-K' aus dem Verlag der Theaterbuchhandlung J. Wirz in Grüningen, Ct. Zürich. Heft 1 u. 2, [1904]. Gratisbeilage zur Theaterzeitung «Volksbühne». [Illustriert.] je 32 S. 8. [Grüningen, J. Wirz.]

Theatercatalog. Th'-K' aus dem Verlag der Theaterbuchhandlung J. Wirz in Grüningen ⟨Kt. Zürich⟩. Heft 2. [2. Aufl.] Gratisbeilage zur Theaterzeitung «Volksbühne». [Mit Vignetten.] [32 S.] 8. [Grüningen, J. Wirz, 1905.]

Theatercatalog. Th'-K' aus dem Verlag der Theaterbuchhandlung J. Wirz in Grüningen ⟨Kt. Zürich⟩. Heft 1. [Neue Ausg. Illustriert.] Gratisbeilage zur Theaterzeitung «Volksbühne». [32 S.] 8. [Grüningen, J. Wirz, 1906.]

Theatercatalog. Th'-K' aus dem Verlag der Theaterbuchhandlung J. Wirz in Grüningen ⟨Kt. Zürich⟩. Heft 2. [Neue Ausg. Mit Vignetten.] Gratisbeilage zur Theaterzeitung «Volksbühne». [32 S.] 8. [Grüningen, J. Wirz, 1906.]

Theatercatalog. Th'-K' aus dem Verlag der Theaterbuchhandlung J. Wirz in Grüningen ⟨Kt. Zürich⟩. Heft 1. [Neue Ausg. Illustriert.] Gratisbeilage zur Theaterzeitung «Volksbühne». [32 S.] 8. [Grüningen, J. Wirz, 1907.]

Theaterkatastrophen, keine, kein Feuertod, kein Massengrab in Theatern mehr! Ein Appell an alle Staatsgewalten der gesammten civilisirten Welt, verf. von einem Landmann. gr. 8. (16 S. mit 1 Taf.) Wien 882, [Steckler.] Edm. Schmid. *

Theaterkitzel, der; ein Lstspl. in 1 Aufz. 8. Lpz. 781. Barth. 2 gl

Theaterkitzel, der,. Lustsp. v. Ratschky. 8. Wien, Gerold. (Barth in Leipz.) 784.

Theaterklatsch, berliner. Geheimes und Bekanntes aus Berlin's Coulissenwelt. In lustigen Reimen. gr. 16. (31 S.) Berlin 858, Lassar's Buchh. *

[**Theaterkostüme** für französisches Singspiel, italienische Komödie u. a.] o. O. u. J. [um 1790—1800].
14 Bl. Handzeichn. 2°.

Theater-Krisis, Die, eine Ehrensache der Actien-Committée. . . . Hamb. 1846. V: *Christern, Johann Wilh.* (schr) (A)

Theaterkritik Nr. 1—3. Kiel 1821. H: *Wolff, Osc. Ludw. Bernhard.* (LS)

Theaterkritik aus Riga. [Mitau 1806.] V: *Brosse, Frdr. Christoph.* (R-N)

Theater-Kronik, Oesterreichische,
s. Theater-Chronik, Oesterreichische

Theaterkultur, neue, s. a. Flugblätter f. künstlerische Kultur.

Theaterkultur, Neue. Vom modernen Theaterbau von K Moritz. — Zur Theaterfrage von H Eulenberg. — Die neue Szene von F Poppenberg. (49 S 3 T) (Flugblätter für künstlerische Kultur 3) Stuttgart 1906

Theaterleitung, Die zweiundzwanzigmonatliche, des Herrn Director Schwemer. Ein Beitrag zur Staats-Rechts- und Sittengeschichte des Breslauer Stadttheaters. Breslau 1859. V: *Müller, Arthur.* (Kat. d. Druckschr. über Breslau. Breslau 1903. S. 361.)

Theaterlexikon

—— theoret.-pract. Handbuch f. Vorstände, Mitglieder u. Freunde d. deutschen Theaters. Hrgsg. v. Ph. J. Düringer u. H. Barthels. (12 Lfgn.) A—Z. gr. 8. (38¼ B. u. 8 Stnt.) Leipzig 839—41, Otto Wigand. *

Theater-Lexikon, allgem., od. Encyklopädie alles Wissenswerthen f. Bühnenkünstler, Dilettanten u. Theaterfreunde, unt. Mitwirk. d. sachkundigsten Schriftsteller Deutschlands hrsg. v. R. Blum, K. Herloßsohn, H. Marggraff. 7 Bde. (à 3 Hfte.) A—Z. gr. 16. (142 B. u. 10 Stnt.) Altenburg 839—42, Expedition. (Pierer.) (Berlin, Heymann.) à Hft. ⅓ Thlr.

Theater-Lexicon, allgemeines, od. Encyklopädie alles Wissenswerthen f. Bühnenkünstler, Dilettanten u. Theaterfreunde unter Mitwirkg. d. sachkundigsten Schriftsteller Deutschlands, hrsg. v. R. Blum, K. Herloßsohn, H. Marggraff. Neue Ausg. 7 Bde. 8. (156⅝ B. u. 4 Stnt.) Altenburg 846, Expedition, (Pierer.)

Theater-Lexikon, deutsches. Eine Encyklopädie alles Wissenswerthen der Schauspielkunst u. Bühnentechnik. Hrsg. v. Adf. Oppenheim u. Ernst Gettke unter Mitwirkg. hervorrag. Gelehrter u. Fachmänner. (In ca. 30 Hftn.) 1. Hft. gr. 8. (32 S.) Leipzig 886. Reißner. — 60

Theater-Lexikon, deutsches. Eine Encyklopädie alles Wissenswerthen der Schauspielkunst u. Bühnentechnik. Hrsg. v. A. Oppenheim u. E. Gettke unter Mitwirkg. hervorragender Gelehrter u. Fachmänner. 2.—35. (Schluß-)Hft. gr. 8. (S. 33—864.) Leipzig 886—889. Reißner. à Hft. — 60

Theater-Locomotive. Oeffentlichkeit für Bühnenwelt und Schauspielwesen. Red.: Jul. Koffka. (1. Jahrg.) 1845. October—Dezember. 13 Numm. (Bog.) Mit 3 Musikbeilagen. Lex.-8. Leipzig 845, (Keil.) n. ½ ♃ — 2. Jahrg. 1846. 156 Numm. Ebend. n. 2 ♃
Jg. 2. mit veränd. Untertitel: Jahrbücher für dramat. Kunst...

—— Jahrbücher für dramat. Kunst und Literatur. 2. Jahrg. 1848. Hrsg. von Ludw. Hirschfeld. Redig. von Wilh. Bernhardi. 52 Hefte. (à 2—3 Bog.) Lex.-8. Berlin, Hirschfeld. * Mit Kunst- und Musikbeilagen. *

Theater-Locomotive. Oeffentlichkeit f. Bühnenwelt u. Schauspielwesen. 3. Jahrg. 1847. 52 Nrn. (Bog.) Mit 4 Musikbeilagen. gr. 8. Leipzig, Koffka. n. 2 ♃

Theater-Locomotive, neue. Blätter für Schauspieler und dramat. Kunst. Redig. von Wilh. Bernhardi. 1. Jahrg. 1847. 104 Nrn. (Bog.) 4. Schkeuditz, v. Blomberg. *

— neue. Jahrbücher f. dramat. Kunst u. Literatur. 2. Jahrg. 1848. Hrsg. v. Ludw. Hirschfeld. Red.: Wilh. Bernhardi. 52 Hfte. Lex. 8. (à 2—3 Bog.) Berlin, Hirschfeld. n. 4 ♃ Mit Kunst- u. Musikbeilagen. n. 6 ♃

Theater-Malerei. Praktische Anleitung und Vorlagen zur Theater-Malerei. Leipzig
Textbuch. Verf. von Crome-Schwiening. Neu bearb. von E. Kiesling.
5. Aufl. 1906
Praktische Vorlagen für Theater-Maler, entworfen von R. Hesse. Fol.
Serie 1 a. Vorhang (Hauptgardine) mit gemaltem Proscenium.
Serie 2. Bauernstube in dreifacher Verwandlung.
Serie 3. Wohnzimmer in dreifacher Verwandlung.
Serie 4. Salon in dreifacher Verwandlung.
Serie 5 a. Walddekoration in zweifacher Verwandlung.
Serie 5 b. Walddekoration.
Serie 6. Parkdekoration mit 6 veränderten Bühnenarrangements.
Serie 7. Moorvegrund.
Serie 8. Feerie.
Serie 9. Kerker, verwandelbar in Rittersaal und Kapelle.

Theater-Malerei. Praktische Anleitung u. Vorlagen zur Theater-Malerei. Textbuch. Verf. v. Crome-Schwiening. Neubearb. v. Ernst Kiesling. 5. Aufl. (VII, 58 S. m. Abbildgn.) 8. Leipzig (906). Jüstel & Göttel. 2.—

Theater-Mappe. Nr. 1—4. gr. 8. Berlin, Kühling.
Inhalt:
Nr. 1. Belly, G., und P. Henrion, hohe Gäste. Schwank in 1 Akt. (20 S.) 869. M. 1,50.
" 2. Müller, Hugo, Adelaide. Genrebild mit Gesang in 1 Akt. (23 S.) 869. M. 1,50.
" 3. Mautner, Ed., eine Mutter vor Gericht. Dramatische Scene. (8 S.) 872. M. 1.
" 4. Moser, G. v., die Gouvernante. Lustspiel in 1 Akt. (24 S.) 872. M. 2.

Theater-Mappe. Nr. 5—56. gr. 8. Berlin, Kühling.
Inhalt:
Nr. 5. Schweitzer, J. B., Cousin Emil. Lustspiel in 1 Akt. (15 S.) 875. M. 2.
" 6. Bauermeister, Max, das vierte Gebot. Zeitbild mit Gesang in 1 Akt. Musik von Fel. Jäger. (18 S.) 875. M. 1.
" 7. —— auf die Prämisse kommt es an! Dramatisches Genrebild in 1 Akt. (17 S.) 875. M. 1.
" 8. Kalisch, D., und A. Weihrauch, Hermann und Dorothea. Liederspiel in 1 Akt. Musik von A. Lang. (31 S.) 875. M. 2.
" 9. Kläger, Wilh., ein Küchenroman. Orig.-Lebensbild in 1 Akt. (16 S.) 875. M. 2.
" 10. —— eine Kellergeschichte. Orig.-Genrebild in 1 Akt. (16 S.) 875. M. 1,50.
" 11. Jahnke, Herm., Nachbar Bismarck, oder: Eine diplomatische Großjagd. Genrebild in 1 Aufzuge. (15 S.) 875. M. 1,50.
" 12. Günther, A., ein passionirter Raucher. Schwank in 1 Aufzuge. (23 S.) 875. M. 1.50.
" 13. —— Zu glücklich. Lustspiel in 1 Aufzuge. (19 S.) 875. M. 1,50.
" 14. Paul, C. A., Mit gleichen Waffen. Lustspiel in 1 Akt mit Benutzung eines altfranzös. Stoffs. (20 S.) 875. M. 1,50.
" 15. Görlitz, C., Madame Flott. Posse in 1 Akt. (24 S.) 875. M. 2.
" 16. Günther, A., In Hemdsärmeln. Schwank in 1 Aufzuge. (19 S.) 875. M. 1,50.
" 17. Hahn, R., Roten in Röthen. Genrebild in 1 Akt. (15 S.) 875. M. 2.
" 18. Günther, A., Comtesse Dornröschen. Genre-Bild in 1 Aufzuge. (14 S.) 875. M. 1,50.
" 19. Geber, Fel., Schiller's Muse. Genrebild in 1 Akt. (18 S.) 876. M. 1,50.

- 20. Belly, G., Bädeker. Schwank mit Gesang in 1 Akt, nach einer Idee der Filegenden Blätter. Musik arrangirt von A. Conradi. (18 S.) 876. ℳ 2.
- 21. Günther, Maria, Mama muß heirathen! Lustspiel in 1 Akt. (24 S.) 876. ℳ 2.
- 22. Volger, Fritz, Madame Kaudel's Gardinen-Predigt. Schwank in 1 Akt, frei nach dem Engl. (13 S.) 876. ℳ 1,50.
- 23. Wilken, H., Im Charakter. Orig.-Schwank in 1 Akt. (16 S.) 876. ℳ 2.
- 24. Günther, A., der Herr v. Lohengrin. Dramatischer Scherz in 1 Akt. (21 S.) 876. ℳ 1,50.
- 25. Hahn, R., Alles für die Neffen. Lustspiel in 1 Akt. (22 S.) 876. ℳ 1.50.
- 26. Grünstein, Jos., Maidenspeech. Eine Plauderei. (14 S.) 876. ℳ 2.
- 27. Hahn, R., Hermann und Dorothea. Genrebild in 1 Akt. (12 S.) 876. ℳ 1,50.
- 28. Vischer, Otto, das Geheimniß einer jungen Frau. Schwank in 1 Akt. (28 S.) 876. ℳ 2.
- 29. Horn, Geo., Wenn man Leute sieht. Schwank in 1 Akt. (26 S.) 876. ℳ 2.
- 30. Vischer, Otto, Vetter Fritz. Lustspiel in 1 Akt. (24 S.) 876. ℳ 1,50.
- 31. Wilken, H., und G. Kadelburg, Migraine. Lustspiel in 1 Akt. (15 S.) 876. ℳ 2.
- 32. Geber, Fel., Seine letzte Stunde, Lustspiel in 1 Akt. (16 S.) 876. ℳ 1,50.
- 33. Mauthner, Fritz, Kein Gut, kein Muth. Proverbe in 1 Aufzuge. (20 S.) 877. ℳ 1,50.
- 34. Görtz, Gust., Zu Befehl, Herr Lieutenant! Schwank in 1 Akt [frei nach Fritz Reuter's Anekdote]. (18 S.) 877. ℳ 1,50.
- 35. Seidl, Fr. Xav., Gewitter im Ehestand. Lustspiel in 1 Akt. (23 S.) 877. ℳ 1,50.

Theater-Mappe ꝛc.

- Nr. 36. Eirich, O. F., Taub muß er sein. [Les deux sourds.] Schwank in 1 Akt nach dem Französ. des J. Moinaux. (20 S.) 877. ℳ 2.
- 37. Hirschel, Herm., In Bayreuth. Schwank in 1 Akt mit Benutzung einer französ. Idee. (22 S.) 877. ℳ 1,50.
- 38. Saville, Louis v., Ihr guter Engel erwartet Sie! Lustspiel in 1 Akt. (22 S.) 877. ℳ 1,50.
- 39. Köhler, Wilh., Zwanzig Semester. Genrebild mit Gesang in 1 Akt. Musik von Rich. Thiele. (12 S.) 877. ℳ 1,50.
- 40. —— Im Wartesalon 2. Classe. Lustspiel in 1 Akt. (11 S.) 877. ℳ 1,50.
- 41. Stadion, Graf Emerich, das Geheimmittel einer vernachlässigten Frau. Rococo-Bluette in 1 Akt. (20 S.) 877. ℳ 1,50.
- 42. —— Bouquet d'amour. Dramolet in 1 Akt. (23 S.) 877. ℳ 1,50.
- 43. —— das Unglück, Tante zu sein. Eine dramat. Orig.-Studie in 1 Akt. (19 S.) 877. ℳ 1,50.
- 44. —— die letzte Todte des Jahres. Ein Sylvesternachts-Drama in 1 Akt. (12 S.) 877. ℳ 1,50.
- 45. —— ein Diplomat mit der Sense. Soziales Genrebild in 1 Akt. (16 S.) 877. ℳ 1,50.
- 46. Hahn, R., Am Wartesalon 4. Klasse. Schwank in 1 Akt. (10 S.) 877. ℳ 1,50.
- 47. Paul, C. A., Glücklich durch unsern Helden-Kaiser! Orig.-Lustspiel in 1 Akt. (22 S.) 877. ℳ 1,50.
- 48. Träger, Alb., und Emil Pohl, Morgenstündchen einer Soubrette. Genrebild mit Gesang in 1 Akt. Musik von A. Conradi. (12 S.) 877. ℳ 2.
- 49. Günther, Marie, Durch die Karten. Lustspiel in 1 Akt. (23 S.) 877. ℳ 1,50.
- 50. Pollack, J., der erste Schnee. Lustspiel in 1 Akt. (16 S.) 879. ℳ 1,50.
- 51. Schroeder, Ed. Aug., das Christkindel. Ländliches Lustspiel in 1 Akt. (21 S.) 879. ℳ 1,50.
- 52. Marr, W., Riekchen Blaustrumpf. Dramatische Plauderei in 1 Akt. (19 S.) 879. ℳ 1,50.
- 53. Braune, Edm., Herzensangelegenheiten. Lustspiel in 1 Akt. (27 S.) 879. ℳ 2.
- 54. Mejo, Wilh., ein feiner Diplomat. Lustspiel in 1 Akt, frei nach Scribe. (35 S.) 879. ℳ 1,50.
- 55. Paul, C. A., Unabhängig. Lustspiel in 1 Akt. (19 S.) 879. ℳ 1,50.
- 56. Neuse, G., eine Herzensfrage. Lustspiel in 1 Akt. (20 S.) 879. ℳ 1,50.

Theater-Mappe. Nr. 57—65. gr. 8. Berlin, Kühling und Güttner.

Inhalt:

- Nr. 57. Paul, C. A., eine Nothlüge. Lustspiel in 1 Akt. (19 S.) 880. ℳ 1,50.
- 58. Waldow, B., Lieutenant und Assessor, oder Maiwein. Lustspiel in 1 Akt. (18 S.) 880. ℳ 1,50.
- 59. Werner, Max, Um einen Kuß. Lustspiel in 1 Akt. (16 S.) 881. ℳ 1,50.
- 60. Günther, Maria, Jeder nach seinem Geschmack. Lustspiel in 1 Akt. (23 S.) 881. ℳ 2.
- 61. Braune, Edm., und Hans Kläger, Else's Traum oder der erste Zwist. Lustspiel in 1 Akt. (23 S.) 881. ℳ 2.
- 62. Günther, Maria, die Feuerprobe. Lustspiel in 1 Akt. (27 S.) 881. ℳ 2.
- 63. Paul, C. A., der listige Krieg. Posse in 1 Akt. (20 S.) 882. ℳ 2.
- 64. Lang, G., Daniel in der Löwengrube. Orig.-Schwank in 1 Akt. (16 S.) 882. ℳ 2.
- 65. Braune, Edm., der kleine Moltke. Lustspiel in 1 Aufzuge [nach einem vorhandenen Stoffe]. (25 S.) 882. ℳ 2.

Theater-Mappe. Nr. 66—69. gr. 8. Berlin 885, Kühling und Güttner. à Nr.

Inhalt:

- Nr. 66. Geber, Felix, eine große Gesellschaft. Schwank in 1 Akt. (12 S.)
- 67. Karlweis, C., der Dragoner. Lustspiel in 1 Aufzuge. (20 S.)
- 68. Laufs, Carl, am Hochzeitsmorgen. Lustspiel in 1 Aufzuge. (21 S.)
- 69. Braune, Edm., Vergißmeinnicht. Lustspiel in 1 Akt. (26 S.)

Theater-Mappe. Nr. 70—73. gr. 8. Berl., Kühling u. Güttner. à Nr. 2 —

- 70. Müller, Hans. Quintus Horatius Flaccus. Lustspiel in 1 Akt. (20 S.) 889.
- 71. Stein, Leo. Fächersprache. Lustspiel in 1 Aufzug. (19 S.) 891.
- 72. Müller, Hans, u. E. Friese. Onkel Fritz. Lustspiel in 1 Aufz. (19 S.) 892.
- 73. Müller, Hans. Wenn man s. Töchter verborgt! Lustsp. in 1 Aufz. (20 S.) 892.

Theater-Mappe, Fortsetzg., s.: Kühling, A., u. Güttner's Theater-Mappe.

Theater-Märchen. Erzählungen aus unsern Lieblingsopern für die deutsche Jugend von Tantchen Ungenannt. [A. B. Celius.] Mit zahlreichen Illustr. von E. Limmer. 8. (IV, 189 S.) [Leipzig 882, Schloemp.] Quedlinburg, Vieweg's Buchh. geb. *

Ferdinand Roeders **Theater-Moniteur**, Central-Organ für das gesamte Theaterwesen. Jg. 1–8. Berlin: 1856–63. 4°
Hrsg.: Ferdinand Roeder.

THEATER-MYSTERIEN. Skizzen aus den Allerlei-Theatern in Witz, Laune und Satyre. Berlin, Max Marcus, o. J. (c. 1873). (1/6 Rthl.)

Theaternachrichten, Wöchentliche, aus Breslau. Bresl. 180?—10. H: *Kapf, Carl Gottlieb Hnr.* (MGT) (GGr)

Theaternachrichten, wöchentl., aus Breslau. 6 Thle. Jahrg. 180..—1810. 4. Bresl., Barth. à Jahrg. 2 ℔ 4 ℔

Theater-Pläne v. Wien. Lith. qu. Fol. m. Text. 8. (4 S.) Wien 875. Lechner's Verl. n. — 60

Theater-Possen nach dem Leben, von Jul. v. Voß und Ad. v. Schaden. 1r Bd. Neue Aufl. (enth.: die Damenhüte im Theater in Berlin — die Blödsichtigen — das Kaleidoscop — der Gast in Hamburg — das Geheime.) 8. Berlin, Petri. 821.

— dessen 2r Band (enth.: des Tages Mißton — die verunglückte Maskerade — die falsche Prima Donna — Mentor und Telemach.) Ebend. 820.

Theaterpost, Wiener. Zeitschrift für Theater, Musik und Vereins-Interessen. Red.: Sigm. Schlesinger. 1. u. 2. Jahrg. Octbr. 1863—Septbr. 1865. à 36 Nrn. (à 1 Bgn.) Wien, Wallishausser'sche Buchhdlg. in Comm. gr. 4. Jeder Jahrg. n. 3 ℳ

Theaterpost, Wiener. (Vormals „Deutscher Liederkranz"). Zeitschrift für Theater, Musik u. Vereins-Interessen. Redact.: Sigm. Schlesinger. 3. u. 4. Jahrg. 1865–68. à Jahrg. 36 Nrn. (Bgn.) Wien, (Wallishausser'sche Buchh. gr. 4. Jeder Jahrg. n. 3 ℳ

Theaterprocess, s. Theaterprozess

Theater-Project, Das, der Herren Schneider und Maurice, beleuchtet, ... Hamb. 1846. V: *Christern, Johann Wilhelm.* (schr) (A)

Theaterprozess, Der Leipziger

Theaterprocess, Der Leipziger. ... Erlangen 1874. V: *Goldschmidt.* (cb)

Theaterprocess, der Leipziger, u. d. Fischer-Payne'sche Process. Kritisch beleuchtet durch den Schriftstellerverein zu Leipzig. gr. 8. (44 S.) Leipzig 878. Lucius. — 60

THEATERPROZESSE in B*** (Breslau), Galanterien und blaue Augen, mitunter etwas Ertoffelsalat. Abdera 1790. 8°.
2 Bll., 82 S. Eine der seltensten, Breslau und die Grossmann'sche Schauspielertruppe betreffenden Schriften. (Prof. Kürschner in Eisenach besaß ein Expl.) Weller kennt den wirklichen Druckort nicht.

Theaterreden. Giesen 1778. V: *Schmid, Christian Heinrich.* (MGT) (ML)

Theaterreden, Drei. [Gotha 1785.] V: *Berlepsch, Emilie von geb. von Oppel.* (MGT)

Theater-Reglement, das neue, des General-Intendanten v. Küstner f. die kgl. Hofbühne in Berlin. Ein Grabgeläute f. die dramatische Kunst u. deren Jünger. Kritisch beleuchtet in jurist., artist. u. polizeil. Beziehung von e. prakt. Juristen. 8. (2 B.) Berlin 845, Hofmann u. Comp.

Theaterreise, e. Berliner, s.: Volkshefte, neue litterarische.

Theater-Repertoire, Hamburgisches. Hamburg 858. B. S. Berendsohn. 8.
1. Heft: Feen-Hände. Lustspiel in 5 Aufzügen. Nach Scribe's „Les doigts de fée" bearb. von Th. Gaßmann. (79 S.) n. 10 ngr.
2. Heft: Er wünscht allein zu sein. Schwank in 1 Aufzuge. Frei nach dem Engl. von Osk. Guttmann. (21 S.) n. 5 ngr.

Theater-Repertoire, Wiener. Wien 1853/86. H: *Rosner, Leopold.* (Leopold Rosner, Schatten aus dem alten Wien. Berlin 1910, S. 165)

— **Wiener.** 1—47. Liefg. Wien 853—58. Wallishausser. gr. 8. 13 ℛ. 20 ngr.
1. Liefg.: Rothe Haare. Lustspiel in 1 Akte von M. A. Grandjean. — Das Pamphlet. Lustspiel in 1 Akte. (Mit freier Benützung des Englischen: „the printer's devil".) Von M. A. Grandjean. (28 S.) 7½ ngr.
2. Liefg.: Heimlich. Lustspiel in 1 Aufzuge, von M. A. Grandjean. (16 S.) 7½ ngr.
3. Liefg.: Die geheime Mission. Lustspiel in 3 Acten, von M. A. Grandjean. (30 S.) 7½ ngr.
4. Liefg.: Eine arme Schneiderfamilie. Traumgemälde mit Gesang, Tanz u. Tableaux, in 3 Abthlgn. von Jos. K. Böhm. (35 S.) 8 ngr.
5. Liefg.: Doctor und Friseur, oder: Die Sucht nach Abenteuern. Posse mit Gesang in 2 Acten, von Friedr. Kaiser. (31 S.) 7½ ngr.
6. Liefg.: Der Pelzpalatin und der Kachelofen, oder: Der Jahrmarkt zu Rautenbrunn. Posse mit Gesang in 3 Aufzügen, von Friedr. Hopp. (48 S.) 10 ngr.
7. Liefg.: Der Mentor. Lustspiel in 1 Aufzuge, nach dem Französ. frei bearb. von J. W. Lembert. Neue Aufl. (19 S.) 7½ ngr.
8. Liefg.: Der Freund und die Krone. Romantisches Schauspiel in 4 Acten, von J. W. Lembert. Neue Aufl. (43 S.) 10 ngr.
9. Liefg.: Zum ersten Male im Theater. Posse in 1 Acte, von Friedr. Kaiser. (18 S.) 7½ ngr.
10. Liefg.: Der Gang in's Irrenhaus. Lustspiel in 1 Aufzuge, nach dem Französ. der HH. Scribe und Delestre-Poirson frei bearb. von Herzenskron. Neue Aufl. (16 S.) 7½ ngr.
11. Liefg.: Donna Diana. Lustspiel in 3 Acten, nach dem Spanischen des Augustin Moreto, von Carl Aug. West. 3. Aufl. (55 S.) 12 ngr.
12. Liefg.: Müller und Schiffmeister. Posse mit Gesang in 2 Acten, von Friedr. Kaiser. (40 S.) 10 ngr.
13. Liefg.: Die Tochter des Kapitain's. Schauspiel in 3 Acten, nach dem Französ. von Col. Gartner. (31 S.) 7½ ngr.
14. Liefg.: Königin und Aebtissin. Trauerspiel in 3 Aufzügen nebst einem Vorspiel, von Alex. Patuzzi. (37 S.) 8 ngr.
15. Liefg.: Alle Mittel gelten. Lustspiel in 1 Acte, nach Scribe, von L. Julius. (16 S.) 7½ ngr.
16. Liefg.: Eine Jugendsünde. Lustspiel in 1 Acte, frei nach dem Französ. von L. Julius. — Georgi. Posse in 1 Acte, von L. Julius. (25 S.) 7½ ngr.
17. Liefg.: Olga. Lustspiel in 1 Acte, frei nach dem Französ. des Scribe, von L. Julius. (16 S.) 7½ ngr.
18. Liefg.: Zwei Pistolen, oder: Erschossen und lebendig. Posse mit Gesang in 2 Acten, von Friedr. Kaiser. (44 S.) 10 ngr.
19. Liefg.: Der Bräutigam ohne Braut. Lustspiel in 1 Acte, von Herzenskron. (21 S.) 7½ ngr.
20. Liefg.: Ein Mädchen ist's und nicht ein Knabe. Lustspiel in 1 Acte, nach dem Französ. von Herzenskron. (15 S.) 7½ ngr.
21. Liefg.: Elias Regenwurm, oder: Die Verlobung auf der Parforce-Jagd. Posse mit Gesang in 2 Acten, von F. Hopp. Musik von Jul. Hopp. (56 S.) 12 ngr.
22. Liefg.: Hoang-Puff. Posse in 1 Acte, nach dem Französ. der HH. Caignéz und Louis frei bearb. von Herzenskron. Neue Aufl. (14 S.) 7½ ngr.
23. Liefg.: Der Kuß an Ueberbringer. Lustspiel in 1 Aufzuge, nach dem Französ. des Scribe, von Herzenskron. Neue Aufl. (18 S.) 7½ ngr.
24. Liefg.: Das Häuschen in der Aue. Lustspiel in 1 Acte, nach dem Französ.: La maison des bois, von Caignéz, frei bearb. von Herzenskron. Neue Aufl. (15 S.) 7½ ngr.
25. Liefg.: Die Nebenbuhler. Lustspiel in 5 Acten, nach Sheridan's „Rivals" aus dem Engl. übers. und zur Aufführung eingerichtet von F. C. Hanker. (45 S.) 10 ngr.
26. Liefg.: Onkel Tom. Amerikan. Zeitgemälde mit Gesang u. Tanz in 3 Abthlgn., nebst einem Vorspiele, nach Frau Stowe's Roman: „Onkel Tom's Hütte", von Therese v. Megerle. Musik rc. vom Kapellmstr. Metzger. (37 S.) 10 ngr.
27. Liefg.: Ein alter Korporal. Charaktergemälde in 5 Acten, von C. Juin und P. J. Reinhard. Theilweise nach Dumanoir. (46 S.) 10 ngr.
28. Liefg.: Servus Herr Stutzerl! Posse in 1 Acte, von C. Juin und L. Flerx. (Die Grundidee nach dem Französ.) (16 S.) 7½ ngr.
29. Liefg.: Die Ehre des Hauses. Drama in 5 Acten von C. Juin und P. J. Reinhard. Nach Léon Battu und Maur. Desvignes. (44 S.) 10 ngr.
30. Liefg.: Die Obsthändlerin des Königs. Drama in 3 Acten u. e. Vorspiele, u. d. T.: Der Wasserträger von Paris. Nach dem Französ. bearb. von Therese v. Megerle. (35 S.) 8 ngr.
31. Liefg.: Gervinus, der Narr vom Untersberg, oder: Ein patriotischer Wunsch. Posse mit Gesang in 3 Acten, von Alois Berla. Musik vom Kapellmstr. Fr. von Suppé. (32 S.) 8 ngr.
32. Liefg.: Eulenspiegel, oder: Schabernack über Schabernack. Posse mit Gesang in 4 Acten, von Joh. Nestroy. Musik vom Kapellmstr. Adph. Müller. 2. Aufl. (37 S.) 10 ngr.
33. Liefg.: Hempel, Krempel und Stempel. Posse in 1 Act. Frei nach Morton's „Grimshaw, Bagshaw and Bradshaw" von Karl Graeser. (17 S.) 7½ ngr.
34. Liefg.: Wahn und Wahnsinn. Schauspiel in 2 Acten. Nach dem französ. Vaudeville von Melesville: „Elle est folle" bearb. von Lembert. Neue Aufl. (30 S.) 8 ngr.
35. Liefg.: Ein Florentiner-Strohhut, oder: Fatalitäten am Verlobungstage. Posse mit Gesang in 3 Acten, von C. Juin und L. Flerx. Musik vom Kapellmstr. C. Binder. (41 S.) 8 ngr.
36. Liefg.: Ein neuer Monte Christo. Original-Characterbild mit Gesang in 3 Acten, von Friedr. Kaiser. (64 S.) 12 ngr.
37. Liefg.: Die schöne Fiakerin. Lokaler Schwank mit Gesang und Tanz in 3 Acten. Nach einer älteren Kringsteiner'schen Posse frei bearb. von Ad. C. Naske. Musik vom Kapellmstr. J. C. Metzger. (30 S.) 8 ngr.
38. Liefg.: Eine reife Melone. Schwank in 1 Act nach Bayle Bernard's „Platonic attachments", von K. Graeser. (19 S.) 7½ ngr.
39. Liefg.: Der Arzt wider Willen. Schwank in 2 Acten, frei nach Molière, von K. Graeser. (17 S.) 7½ ngr.
40. Liefg.: Am Clavier. Lustspiel in 1 Acte von Th. Barrière und Jules Lorin. Nach dem Französ. frei bearb. von M. A. Grandjean. (17 S.) 7½ ngr.
41. Liefg.: Allzu toll. Fastnachtsposse in 1 Acte. Frei bearb. nach Selby's „My friend in the straps", von K. Graeser. (19 S.) 7½ ngr.
42. Liefg.: Die Geldfrage. Lustspiel in 5 Aufzügen, von Alex. Dumas, Sohn. Deutsch von P. J. Reinhard. (70 S.) 12 ngr.
43. Liefg.: Diana de Lys. Schauspiel in 5 Aufzügen von Alex. Dumas, Sohn. Deutsch von P. J. Reinhard. (70 S.) 12 ngr.
44. Liefg.: Der natürliche Sohn. Schauspiel in 4 Aufzügen u. einem Vorspiele in 1 Aufzuge von Alex. Dumas, Sohn. Deutsch von P. J. Reinhard. (69 S.) n. 12 ngr.
45. Liefg.: Die Dame mit den Camelien. Schauspiel in 5 Aufzügen von Alex. Dumas, Sohn. Deutsch von P. J. Reinhard. (55 S.) n. 12 ngr.
46. Liefg.: Ein Hut. Lustspiel in 1 Act. Frei nach Mad. Emile de Girardin, von A. Grandjean. (16 S.) n. 7½ ngr.
47. Liefg.: Das hohe C. Lustspiel in 1 Act von A. Grandjean. (16 S.) n. 7½ ngr.

Theater-Repertoir, Wiener. Wien 859—64. Wallishausser'sche Buchhdlg. gr. 8.

1. Liefg.: Rothe Haare. Lustspiel in 1 Akte von M. A. Grandjean. — Das Pamphlet. Lustspiel in 1 Akt. Von M. A. Grandjean. (28 S.) n. $7\frac{1}{2}$ ngr.

5. Liefg.: Doctor und Friseur, oder: die Sucht nach Abenteuern. Posse mit Gesang in 2 Acten von Frdr. Kaiser. 2. Aufl. (31 S.) n. $7\frac{1}{2}$ ngr.

11. Liefg.: Donna Diana. Lustspiel in 3 Acten nach dem Spanischen des Don Augustin Moreto von Carl Aug. West. 4. Aufl. (55 S.) n. 12 ngr.

48. Liefg.: Das Konzert. Lustspiel in 1 Akte von J. M. Daghofer. (14 S.) n. 8 ngr.

49. Liefg.: Ein weiblicher Monte-Christo. Charakterbild aus dem Pariser Leben in 4 Abthlgn. u. 5 Akten mit Musik u. Tanz von Therese Megerle. (39 S.) n. 12 ngr.

50. Liefg.: Ein Mann ohne Herz. Genrebild in 3 Akten von Al. Fr. Bann. Frei nach einer Erzählung des A. Dumas fils. (28 S.) n. 8 ngr.

51. Liefg.: Der Roman eines armen jungen Mannes. Schauspiel in 5 Aufzügen u. 7 Tableaux von Octave Feuillet. Für die deutsche Bühne bearb. von C. Juin u. P. J. Reinhard. (59 S.) n. 12 ngr.

52. Liefg.: Im Dorf. Ländliches Charaktergemälde mit Gesang u. Tanz in 3 Abthlgn. von Therese Megerle. Mit theilweiser Benützung eines franzöſ. Sujets von George Sand. (36 S.) n. 8 ngr.

53. Liefg.: Ueberall Diebe! Original-Schwank in 1 Acte von C. F. Stix. (12 S.) n. $7\frac{1}{2}$ ngr.

54. Liefg.: Ein Rekrut von 1859. Volksstück mit Gesang in 3 Abthlgn. von O. F. Berg. Musik von Stolz. (30 S.) n. 12 ngr.

55. Liefg.: Der böse Geist Lumpazivagabundus oder: Das liederliche Kleeblatt. Zauberposse mit Gesang in 3 Aufzügen von Joh. Nestroy. Musik von Adf. Müller. (39 S.) n. 12 ngr.

56. Liefg.: Frink u. Compagnie. Charakter-Bild mit Gesang in 3 Akten von A. Barry. Musik von Adf. Müller. (40 S.) n. 12 ngr.

57. Liefg.: Der Wunderdoktor. Original-Lebensbild mit Gesang in 2 Akten von Karl Gründorf. Musik von Hopp. (36 S.) n. 12 ngr.

58. Liefg.: Der Mord in der Kohlmessergasse. Posse in 1 Akt von A. Bergen. (14 S.) n. $7\frac{1}{2}$ ngr.

59. Liefg.: Möbel-Fatalitäten. Schwank in 1 Akt von Ant. Bittner. (8 S.) n. 6 ngr.

60. Liefg.: Eine Vorlesung bei der Hausmeisterin. Posse in 1 Akt nach dem Französ. von Alex. Bergen. (15 S.) n. 6 ngr.

61. Liefg.: Eulenspiegel als Schnipfer. Posse in 1 Akt von Ant. Bittner. (12 S.) n. 6 ngr.

62. Liefg.: Kling! Kling! Posse in 1 Akt von Morländer. (16 S.) n. 6 ngr.

63. Liefg.: Ein weiblicher Diplomat, oder: Was ein Mädchen aus Büchern lernt. Original-Lustspiel in 4 Akten von Charlotte v. Graven. (48 S.) n. 10 ngr.

64. Liefg.: Nur solid! oder Carnevals-Abenteuer im Schlossergassel. Faschingsposse mit Gesang u. Tanz in 1 Akt von Ludw. Gottsleben. (19 S.) n. $7\frac{1}{2}$ ngr.

65. Liefg. Am Allerseelentag, oder: Das Gebet auf dem Friedhofe. Original-Volks-Schauspiel in 4 Abthlgn., nebst einem Vorspiele: Ein gegebenes Wort. Von Heinr. Hausmann. (47 S.) n. 12 ngr.

66. Liefg.: Ein junger Gelehrter. Lustspiel in 1 Akt. Nach dem Engl. von Alex. Bergen. (11 S.) n. 6 ngr.

67. Liefg.: Die Frau Wirthin. Charakterbild in 3 Akten von Frdr. Kaiser. (55 S.) n. 12 ngr.

68. Liefg.: Die Milch der Eselin. Posse mit Gesang in 1 Akte. Nach dem Französ. von Ant. Bittner. (15 S.) n. 6 ngr.

69. Liefg.: Etwas Kleines. Charakterbild mit Gesang in 3 Akten, von Frdr. Kaiser. (56 S.) n. 12 ngr.

70. Liefg.: Ein Guldenzettel. Orig.-Schwank in 1 Akt von Carl Gründorf. (16 S.) n. $7\frac{1}{2}$ ngr.

71. Liefg.: Die Studenten von Rummelstadt. Genrebild mit Gesang u. Tanz in 3 Akten von Carl Haffner. Musik von Adf. Müller. (46 S.) n. 12 ngr.

72. Liefg.: Der neue Don Quichotte. Lustspiel in 1 Akt. Nach dem Französ. von Alex. Bergen. (12 S.) n. 6 ngr.

73. Liefg.: Ein Fuchs. Posse mit Gesang in 3 Aufzügen. Von Carl Juin [Giugno]. Musik von Carl Binder. (45 S.) n. 12 ngr.

74. Liefg.: Er compromittirt seine Frau. Lustspiel in 1 Acte. Nach dem Französ. von Moreno. (19 S.) n. $7\frac{1}{2}$ ngr.

75. Liefg.: Therese Krones. Genrebild mit Gesang u. Tanz in 3 Acten von Carl Haffner. Musik von A. Müller. (47 S.) n. 12 ngr.

76. Liefg.: Eine Ausnahme von der Regel. Lustspiel in 1 Aufzuge von Alois Berla. (13 S.) n. 6 ngr.

77. Liefg.: Zwei Testamente. Charakterbild mit Gesang in 3 Aufzügen von Frdr. Kaiser. Musik von Karl Binder. (50 S.) n. 12 ngr.

78. Liefg.: Drei Viertel auf Eilf. Schwank in 1 Act von M. A. Grandjean. (13 S.) n. 6 ngr.

79. Liefg.: Einen Jux will er sich machen. Posse mit Gesang in 4 Aufzügen von Joh. Nestroy. Musik von Adf. Müller. 2. Aufl. (45 S.) n. 12 ngr.

80. Liefg.: Nur nicht reden! Dramatischer Scherz in 1 Act [nach einer französischen Idee] von C. F. Stix. (8 S.) n. 6 ngr.

81. Liefg.: Unrecht Gut! Charakterbild mit Gesang in 3 Acten u. einem Vorspiele von Frdr. Kaiser. Musik von C. F. Stenzl. (47 S.) n. 12 ngr.

82. Liefg.: Mein Fräulein Bruder. Lustspiel in 1 Act [nach dem Französ.] von Alex. Bergen. (9 S.) n. 6 ngr.

83. Liefg.: Des Krämers Töchterlein. Orig.-Charakterbild mit Gesang in 3 Acten von Frdr. Kaiser. Musik von Carl Binder. (47 S.) n. 12 ngr.

84. Liefg.: Nur keine Protection. Posse mit Gesang in 2 Akten. Von Ant. Bittner. (30 S.) n. 12 ngr.

85. Liefg.: Die beiden Nachtwächter oder: Ein Spuk in der Faschingsnacht. Posse mit Gesang u. Tanz in 3 Acten [frei nach einer Novelle von H. Zschokke] von Karl Haffner u. J. Pfundheller. Musik von J. B. Klerr. (36 S.) n. 12 ngr.

86. Liefg.: Die Bürgermeisterwahl in Krähwinkel. Schwank mit Gesang in 1 Acte nach Lefranc, Labiche u. Monjoie, von C. Juin [Giugno] u. L. Flerr. Musik von Carl Binder. (20 S.) n. $7\frac{1}{2}$ ngr.

87. Liefg.: Eine Feindin u. ein Freund. Posse mit Gesang in 3 Acten von Frdr. Kaiser. Musik von Carl Binder. (39 S.) n. 12 ngr.

88. Liefg.: Er kann nicht lesen. Posse in 1 Act von M. A. Grandjean. (12 S.) n. $7\frac{1}{2}$ ngr.

89. Liefg.: Ferdinand Raimund. Künstler-Skizze mit Gesang in 3 Acten von Carl Elmar. Musik von Adf. Müller. 2. Aufl. (33 S.) n. 12 ngr.

90. Liefg.: Der Zigeuner. Genrebild mit Gesang in 1 Acte. Von Alois Berla. Musik von A. Conradi. (14 S.) n. $7\frac{1}{2}$ ngr.

91. Liefg.: Ein Lump. Orig.-Posse mit Gesang in 3 Acten. Von Frdr. Kaiser. Musik von Carl Binder. (46 S.) n. 12 ngr.

92. Liefg.: Domestikenstreiche. Posse mit Gesang in 1 Acte. Von Ant. Bittner. (14 S.) n. $7\frac{1}{2}$ ngr.

93. Liefg.: Verrechnet! Orig.-Characterbild mit Gesang in 3 Acten von Frdr. Kaiser. Musik von Carl Binder. (48 S.) n. 12 ngr.

94. Liefg.: Mein Bär u. meine Nichte. Posse in 2 Acten [nach dem Französ.] Von Alex. Bergen. (15 S.) n. $7\frac{1}{2}$ ngr.

95. Liefg.: Die Gezeichnete, oder Russe u. Franzose. Schauspiel in 3 Abthlgn. u. 4 Acten von C. J. Foines. (30 S.) n. 12 ngr.

96. Liefg.: Auf der Bühne u. hinter den Coulissen. Schwank mit Gesang in 2 Bildern. Von Ludw. Gottsleben. Musik vom Frz. v. Suppé. (34 S.) n. 10 ngr.

97. Liefg.: Severin von Jaroszynski oder der Blaumantel vom Trattnerhof. Genrebild mit Gesang u. Tanz in 4 Acten [als Seitenstück zu „Therese Krones"] von Carl Haffner u. J. Pfundheller. Musik von A. M. Storch. (49 S.) n. 12 ngr.

98. Liefg.: Der dreizehnte Mantel. Posse mit Gesang in 1 Act. Nach einem älteren Sujet von Ant. Bittner. (16 S.) n. $7\frac{1}{2}$ ngr.

99. Liefg.: Palais u. Irrenhaus. Orig.-Charakterbild mit Gesang in 2 Acten von Frdr. Kaiser. Musik von Carl Binder. (42 S.) n. 12 ngr.

100. Liefg.: Er ist ein Narr. Posse in 1 Acte von Morländer. (13 S.) n. 6 ngr.

101. Liefg.: Die Rekrutirung in Krähwinkel. Burleske mit Gesang in 1 Act von Thdr. Flamm. (11 S.) n. $7\frac{1}{2}$ ngr.

102. Liefg.: Das tägliche Brot. Charaktergemälde mit Gesang in 3 Acten von Alois Berla. Musik von Frz. v. Suppé. (39 S.) n. 12 ngr.

103. Liefg.: Einen Namen will er sich machen. Lustspiel in 1 Acte von M. A. Grandjean. (13 S.) n. $7\frac{1}{2}$ ngr.

104. Liefg.: Die Sternenjungfrau. Romantisch-komisches Märchen mit Gesang u. Tanz in 3 Abthlgn. von Carl Haffner. Musik von Adf. Müller. (47 S.) n. 12 ngr.

105. Liefg.: Wem gehört die Frau? Schwank in 1 Aufzuge. Nach dem Französ. von Thdr. Flamm. (9 S.) n. $7\frac{1}{2}$ ngr.

106. Liefg.: Er will nicht sterben. Dramatischer Scherz in 1 Acte von C. F. Stix. (13 S.) n. $7\frac{1}{2}$ ngr.

107. Liefg.: Jagd-Abenteuer. Posse mit Gesang in 2 Acten von Frdr. Kaiser. Musik vom Carl Binder. (24 S.) n. 8 ngr.

108. Liefg.: Die lange Nase. Posse mit Gesang in 1 Acte. Von Carl Haffner. Musik vom Jul. Hopp. (17 S.) n. $7\frac{1}{2}$ ngr.

109. Liefg.: Die Verlassene. Volksdrama in 5 Abthlgn. Nach dem Französ. frei bearb. von Therese Megerle. (36 S.) n. 12 ngr.

110. Liefg.: Nach dem Balle. Lustspiel in 1 Act. Frei nach dem Französ. von A. Ducqe. (11 S.) n. $7\frac{1}{2}$ ngr.

111. Liefg.: Das Vorhängeschloß. Posse in 1 Act. Nach dem Engl. „The padlock." Von Carl Juin [Giugno]. (13 S.) n. $7\frac{1}{2}$ ngr.

112. Liefg.: Die Teufelsmühle am Wienerberg. Oesterreichisches Volksmärchen mit Gesang in 4 Acten. Nach einer Sage der Vorzeit von Leop. Huber. Musik von Wenz. Müller. (36 S.) n. 12 ngr.

113. Liefg.: Redoute u. Narrenhaus. Schwank in 1 Act u. 2 Bildern von C. F. Stix. (16 S.) n. $7\frac{1}{2}$ ngr.

114. Liefg.: Ein armer Weberg'sell. Orig.-Posse mit Gesang in 3 Acten von Carl Julius. Musik vom F. Rosner. (40 S.) n. 12 ngr.

115. Liefg.: Freundschaftsdienste. Lustspiel in 1 Act von Carl Juin [Giugno]. (15 S.) n. $7\frac{1}{2}$ ngr.

116. Liefg.: Mein Album. Lustspiel in 1 Akt. Nach dem Französ. Von Max Stein. (14 S.) n. $7\frac{1}{2}$ ngr.

117. Liefg.: Die Armen u. Elenden. Bilder aus dem französ. Volksleben mit Gesang u. Tanz in 2 Abthlgn. u. 8 Tableaux nach Vict. Hugo's Roman [les misérables] frei bearb. von Therese Megerle. (37 S.) n. 12 *ngr.*
118. Liefg.: Hoffen u. Harren. Schwank in 1 Act von M. A. Grandjean. (12 S.) n. 7½ *ngr.*
119. Liefg.: Naturmensch u. Lebemann. Charakterbild mit Gesang in 3 Acten von Frdr. Kaiser. Musik von Carl Binder. (53 S.) n. 12 *ngr.*
120. Liefg.: Eine Nase für 1000 Pfund. Burleske in 1 Act von C. Arram. (12 S.) n. 7½ *ngr.*

Theater-Repertoir, Wiener. (Den Bühnen gegenüber als Mscr.) 121—231. Liefg. Wien, Wallishausser'sche Buchh. gr. 8.

121. Liefg. Juin (Giugno), Carl, E. S. S. oder die Ausstaffirung. Posse in 1 Aufzuge. (17 S.) 7½ *ngr.*
122. Liefg. Kaiser, Friedr., Nichts. Posse mit Gesang in 3 Akten. Musik von C. F. Stenzl. (50 S.) n. 12 *ngr.*
123. Liefg. Bergen, Alex., aus Liebe sterben! Lustspiel in 1 Akt. Nach dem Engl. (13 S.) n. 7½ *ngr.*
124. Liefg. Meilhac, Henri, der Gesandtschafts-Attaché. Lustspiel in 3 Akten. Deutsch von Alex. Bergen. (40 S.) n. 12 *ngr.*
125. Liefg. Stein, Max, Gewohnheiten. Lustspiel in 1 Akt. Nach dem Französ. (18 S.) n. 7½ *ngr.*
126. Liefg. Scholz, nach vierzig Jahren. Lustspiel in 1 Aufzuge. (13 S.) n. 7½ *ngr.*
127. Liefg. Young, Betti, die rothe Liesel. Charakterbild mit Gesang in 6 Abthlgn. u. einem Vorspiele u. d. T.: Eine Selbstmörderin. (45 S.) n. 12 *ngr.*
128. Liefg. Bergen, Alex., ein ungeschliffener Diamant. Posse in 1 Akt, nach dem Engl. (12 S.) 7½ *ngr.*
129. Liefg. Foucher, Paul, die Erzieherin. Schauspiel in 4 Akten Nach dem Französ. von Max Stein. (38 S.) n. 12 *ngr.*
130. Liefg. Grandjean, M. A., immer zu Hause. Lustspiel in 1 Akt. Mit freier Benutzung eines französischen Stoffes. (17 S.) n. 7½ *ngr.*
131. Liefg. Labiche u. Martin, Sand in die Augen. Lustspiel in 2 Acten. Deutsch von Alex. Bergen. (30 S.) n. 10 *ngr.*
132. Liefg. Kaiser, Friedr., Localsängerin u. Postillon. Posse mit Gesang in 3 Acten. Musik von A. M. Storch. (46 S.) n. 12 *ngr.*
133. Liefg. Bergen, Alex., Schwesterliebe. Lustspiel in 1 Act, nach dem Engl. (14 S.) n. 7½ *ngr.*
134. Liefg. Feuillet, Octave, Montjoye. Lustspiel in 4 Acten u. 1 Nachspiel. Deutsch von Marie Saphir. (51 S.) n. 12 *ngr.*
135. Liefg. Gozlan, Léon, Regen u. Sonnenschein. Lustspiel in 1 Act. Deutsch von Alex. Bergen. (14 S.) n. 7½ *ngr.*
136. Liefg. Grandjean, M. A., eine fixe Idee. Lustspiel in 1 Akt. (18 S.) n. 7½ *ngr.*
137. Liefg. Berla, Alois, die Jungfer Tant'. Volkskomödie mit Gesang in 3 Acten mit 9 Bildern. Musik von O. Storch, Sohn. (47 S.) n. 12 *ngr.*
138. Liefg. Bergen, Alex., nur Mutter. Lustspiel in 2 Acten, nach dem Französ. (24 S.) n. 10 *ngr.*
139. Liefg. Sardou, Vict., die Aepfel des Nachbars. Posse in 3 Acten. Nach dem Französ. von Hohenmarkt. (37 S.) n. 12 *ngr.*
140. Liefg. Mallefille, Felic., zwei Wittwen. Lustspiel in 1 Acte. Deutsch von Alex. Bergen. (19 S.) n. 7½ *ngr.*
141. Liefg. Kaiser, Friedr., gute Nacht, Rosa! Dramatisches Genrebild in 1 Acte. (9 S.) n. 6 *ngr.*
142. Liefg. Pirzel, Vinc., ein alter Sünder. Charakterbild mit Gesang u. Tanz in 3 Akten. (37 S.) n. 12 *ngr.*
143. Liefg. Dumanoir u. Lafargue, der arme Marquis. Schauspiel in 2 Acten. Deutsch von Alex. Bergen. (30 S.) n. 10 *ngr.*
144. Liefg. Bittner, Ant., eine leichte Person. Posse mit Gesang in 3 Abthlgn. u. 7 Bildern. (50 S.) n. 12 *ngr.*
145. Liefg. Bergen, Alex., der schöne Fleischhauer. Lustspiel in 1 Act. Nach dem Französ. (16 S.) n. 7½ *ngr.*
146. Liefg. Kaiser, Friedr., der Soldat im Frieden. Charakterbild mit Gesang, Tanz, Tableaux ꝛc. in 3 Acten. Musik von Adf. Müller. (50 S.) n. 12 *ngr.*
147. Liefg. Bittner, Ant., von Wien nach London. — Tosti. Komische Scenen. (7 S.) n. 6 *ngr.*
148. Liefg. Elmar, Carl, die Räuberbraut. Posse mit Gesang u. Tanz in 3 Akten u. 9 Bildern. Musik von A. M. Storch. (39 S.) n. 12 *ngr.*
149. Liefg. Juin (Giugno), Carl, u. Louis Flerx, ein Stillleben auf dem Lande. Posse in 1 Aufzuge. (19 S.) n. 7½ *ngr.*
150. Liefg. Kaiser, Friedr., der Mensch denkt — Lebensbild mit Gesang in 3 Abthlgn. Musik von A. M. Storch. (55 S.) n. 12 *ngr.*
151. Liefg. Augier, Emil, der Sohn des Giboyer. Schauspiel in 5 Acten. Deutsch von Marie Saphir. (60 S.) n. 16 *ngr.*
152. Liefg. Dumanoir, Mutterglück. Lustspiel in 3 Akten. Deutsch von Hanns Hopfen. (21 S.) n. 10 *ngr.*
153. Liefg. Grandjean, M. A., der Stiefvater. Lustspiel in 1 Akt. Nach Laurencin u. Marc-Michel. (16 S.) n. 7½ *ngr.*
154. Liefg. Kaiser, Friedr., auf dem Eis u. beim Christbaum. Posse mit Gesang in 3 Acten. Musik von Adf. Müller. (14 S.) n. 12 *ngr.*
155. Liefg. Bittner, Ant., die beiden Sekretäre. Lustspiel in 1 Act. (11 S.) n. 7½ *ngr.*
156. Liefg. Flamm, Thdr., das Soldatenkind. Volksstück mit Gesang u. Tanz in 2 Abthlgn. u. 6 Bildern nebst einem Vorspiele. Musik von A. M. Storch. (40 S.) n. 12 *ngr.*
157. Liefg. Grandjean, M. A., der Blaubart. Lustspiel in 1 Acte. (22 S.) n. 10 *ngr.*
158. Liefg. Kaiser, Friedr., Haus Rohrmann oder Cajus u. Sempronius. Orig.-Charakterbild mit Gesang in 3 Acten. Musik von J. B. Klerr. (46 S.) n. 12 *ngr.*
159. Liefg. Hutt, Joh., das war ich. Eine ländl. Scene. Neue Aufl. (10 S.) n. 8 *ngr.*
160. Liefg. Stix, C. F., Vergnügungs-Zügler. Posse mit Gesang in 2 Acten u. 4 Bildern. Nach dem Französ. „La cagnotte." Musik von C. F. Stenzl. (32 S.) n. 10 *ngr.*
161. Liefg. Girardin, Emil, die Schuld einer Frau. Drama in 3 Acten. Deutsch von Max Stein. (20 S.) n. 10 *ngr.*
162. Liefg. Heim, Ferd., die fesche Godl. Skizzen aus dem Wiener Volksleben mit Gesang in 3 Abthlgn. u. 6 Bildern. Musik von Jul. Hopp. (45 S.) n. 12 *ngr.*
163. Liefg. Castelli, J. F., die Schwäbin. Lustspiel in 1 Aufzuge. 2. Aufl. (17 S.) n. 7½ *ngr.*
164. Liefg. — Gabriele. Drama in 3 Acten. Nach der „Valerie" der Herren Scribe u. Melesvilles. 2. Aufl. (19 S.) n. 7½ *ngr.*
165. Liefg. Berla, Alois, unsere Lehrbuben. Volksposse mit Gesang u. Tanz in 3 Acten. Musik von C. F. Stenzl. (37 S.) n. 12 *ngr.*
166. Liefg. Rosen, Jul., Ambo solo! Orig.-Posse in 3 Acten. Musik von Max Felsthal. (31 S.) n. 10 *ngr.*
167. Liefg. Juin (Giugno), Carl, der dämonische Stiefel. Posse in 1 Aufzuge. (14 S.) n. 7½ *ngr.*
168. Liefg. Elmar, Carl, ein jüdischer Dienstbote. Charakterbild mit Gesang in 3 Acten. Musik von J. B. Klerr. (32 S.) n. 12 *ngr.*
169. Liefg. — unter'm Christbaum. Lebensbild mit Gesang in 1 Act. (12 S.) n. 7½ *ngr.*
170. Liefg. Berla, Alois, verdächtig! oder der Herr Vetter. Posse mit Gesang in 2 Acten. (27 S.) n. 10 *ngr.*
171. Liefg. Elmar, Carl, die Mozart-Geige oder der Dorfmusikant u. sein Kind. Charaktergemälde in 3 Acten nebst einem Vorspiel. Musik von Frz. v. Suppé. (40 S.) n. 12 *ngr.*
172. Liefg. Kaiser, Friedr., Blumen-Nettel oder der Herr Director. Orig.-Lebensbild mit Gesang in 3 Acten. Musik von J. B. Klerr. (57 S.) n. 12 *ngr.*
173. Liefg. Stein, Max, ein liebenswürdiger Mensch. Lustspiel in 1 Acte, nach dem Französ. (13 S.) n. 7½ *ngr.*
174. Liefg. Berla, Alois, die von der Nadel. Bild aus dem Volksleben in 3 Abthlgn. mit Gesang. Musik von Carl Kleiber. (39 S.) n. 12 *ngr.*
175. Liefg. — die neue Wirthschafterin. Posse mit Gesang in 1 Acte. (16 S.) n. 7½ *ngr.*
176. Liefg. Juin (Giugno), Carl, u. Louis Flerx, III. Buch, 1. Capitel. Lustspiel in 1 Aufzuge. (15 S.) n. 7½ *ngr.*
177. Liefg. Elmar, Carl, ein Findelkind. Charakterbild mit Gesang. (8 S.) n. 6 *ngr.*
178. Liefg. Kaiser, Friedr., Leute von der Bank. Charakterbild mit Gesang in 3 Acten. Musik von J. B. Klerr. (49 S.) n. 12 *ngr.*
179. Liefg. Berla, Alois, ein Faschings-Souper. Posse in 1 Aufzuge. (13 S.) n. 7½ *ngr.*
180. Liefg. Juin (Giugno), Carl, u. Louis Flerx, des Teufels Zopf. Posse mit Gesang u. Tanz in 3 Aufzügen. Musik von Carl Binder. (36 S.) n. 12 *ngr.*
181. Liefg. Elmar, Carl, ein vergessenes Lied. Charakterbild in 1 Aufzuge. (15 S.) n. 7½ *ngr.*
182. Liefg. Flamm, Thdr., ein armer Millionär. Orig.-Posse mit Gesang in 3 Acten. Musik von Carl Binder. (38 S.) n. 12 *ngr.*
183. Liefg. Elmar, Carl, der schönste Zopf. Komisches Zeitbild mit Gesang in 1 Acte. (16 S.) n. 7½ *ngr.*

184. Liefg. Kaiser, Friedr., alte Schulden. Orig.-Lebensbild mit Gesang u. Tanz in 3 Acten. Musik von J. Brandl. (18 S.) n. 12 ngr.

185. Liefg. Elmar, Carl, ein Bauernball in Wien. Posse mit Gesang in 1 Acte. (10 S.) n. 6 ngr.

186. Liefg. Berg, O. F., ein Wiener Dienstbote. Lebensbild mit Gesang in 3 Acten. (42 S.) n. 12 ngr.

187. Liefg. Bergen, Alex., kleine Mißverständnisse. Lustspiel in 1 Act, nach dem Engl. (16 S.) n. 7½ ngr.

188. Liefg. Kaiser, Friedr., flüchtig in der Heimath. Orig.-Charakterbild mit Gesang in 3 Acten. (17 S.) n. 12 ngr.

189. Liefg. Bergen, Alex., eine Gardinen-Predigt. Posse in 1 Acte, nach dem Engl. (10 S.) n. 7½ ngr.

190. Liefg. Flamm, Thdr., u. Wimmer, der Teufel im Herzen. Lebensbild mit Gesang in 2 Acten u. einem Vorspiele u. d. T.: Das Unglückszeichen. (40 S.) n. 12 ngr.

191. Liefg. Braun, Jos., während der Quadrille. Lustspiel in 1 Acte. (10 S.) n. 7½ ngr.

192. Liefg. Spengel, stille Wässer lügen. Lustspiel in 3 Acten, nach dem Span. des Calderon. (49 S.) n. 12 ngr.

193. Liefg. Schönau, Joh., ein Wiener Dienstmann. Posse mit Gesang in 1 Acte. (13 S.) n. 7½ ngr.

194. Liefg. Berg, O. F., einer von unsere Leut'. Posse mit Gesang in 3 Acten. Musik von Ed. Stolz. (39 S.) 12 ngr.

195. Liefg. Thióry, Henry, der Veilchenstrauß. Lustspiel in 1 Acte. Deutsch von Alex. Bergen. (12 S.) n. 7½ ngr.

196. Liefg. Kaiser, Friedr., der bairische Hiesel. Volksstück mit Gesang u. Tableaux in 3 Abthlgn. u. 7 Bildern nach e. Erzählung von Herm. Schmid frei bearb. Musik von Frz. Roth. (55 S.) n. 12 ngr.

197. Liefg. Bergen, Alex., ein solider Ehemann. Lustspiel in 1 Acte. (13 S.) n. 7½ ngr.

198. Liefg. Berg, O. F., zwölf Uhr. Bilder aus dem Volksleben in 3 Acten u. 9 Bildern. Musik von M. A. Storch. (48 S.) n. 12 ngr.

199. Liefg. Schönau, Joh., der gescheidteste Mann auf der Welt. Posse mit Gesang in 1 Acte. (13 S.) n. 7½ ngr.

200. Liefg. Braun, Jos., flotte Bursche. Komische Operette in 1 Acte. Musik von Frz. v. Suppé. (16 S.) n. 7½ ngr.

201. Liefg. Berla, Alois, die Kindsmadeln. Posse mit Gesang in 1 Acte. (10 S.) n. 7½ ngr.

202. Liefg. Bergen, Alex., Herkules als Schutzmann. Lustspiel in 1 Acte. Nach dem Französ. (17 S.) n. 7½ ngr.

203. Liefg. Berla, Alois, das Herzbünkerl. Charakterbild mit Gesang in 1 Acte. (8 S.) n. 7½ ngr.

204. Liefg. Lambert, W., der Ehrgeiz in der Küche. Posse in 1 Aufzuge, nach Scribe u. Mazères. (13 S.) n. 7½ ngr.

205. Liefg. Berla, Alois, Chorist u. Balletmädel. Posse mit Gesang in 1 Acte. (11 S.) n. 7½ ngr.

206. Liefg. Bergen, Alex., er hat das Pulver erfunden. Lustspiel in 1 Acte. Nach dem Franz. (13 S.) n. 7½ ngr.

207. Liefg. Berla, Alois, enge Sperre oder: die Hungercur. Schwank mit Gesang in 1 Acte. (9 S.) n. 7½ ngr.

208. Liefg. Kaiser, Frdr., Tischlein deck dich! Lustspiel mit Gesang in 1 Acte. (15 S.) n. 7½ ngr.

209. Liefg. Berla, Alois, das Gänsemädchen auf der Brandstatt. Posse mit Gesang in 1 Acte. (10 S.) n. 7½ ngr.

210. Liefg. Vercousin, E., u. Lesbazeilles, aus der Vergangenheit. Dramolet in 1 Act. Deutsch von Alex. Bergen. (11 S.) n. 7½ ngr.

211. Liefg. Berla, Alois, die Gewerbsfreiheit. Posse mit Gesang in 1 Acte. (11 S.) n. 7½ ngr.

212. Liefg. Gründorf, Carl, ein Freund, wie er sein soll. Genrebild in 1 Acte. (15 S.) n. 7½ ngr.

213. Liefg. Berla, Alois, Gasflamme u. Schusterkerze. Volksbild mit Gesang in 1 Acte. (9 S.) n. 7½ ngr.

214. Liefg. Spengel, die Wundercomödie. Schwank in 1 Acte frei nach dem Span. des Cervantes. (13 S.) n. 7½ ngr.

215. Liefg. Kaiser, Frdr., Neu-Jerusalem. Orig.-Zeitbild mit Gesang in 3 Acten. (52 S.) n. 12 ngr.

216. Liefg. Wimmer, J., eine ruhige Partei. Burleske mit Gesang in 1 Acte. (11 S.) n. 7½ ngr.

217. Liefg. Kaiser, Frdr., was ein Weib kann. Volksstück mit Gesang in 3 Acten. (46 S.) n. 12 ngr.

218. Liefg. Grandjean, M. A., ein empfindlicher Mensch. Schwank in 1 Acte. Frei nach Marc-Michel u. Labiche. (21 S.) n. 8 ngr.

219. Liefg. Berla, Alois, aufgesessen! Scherz mit Gesang in 1 Acte. (7 S.) n. 5 ngr.

220. Liefg. Märzroth, zur Statistik der Frauen. Komisches Genrebild (Orig.) in 1 Aufzuge. (10 S.) n. 7½ ngr.

221. Liefg. Berla, Alois, Freigesprochen. Genrebild mit Gesang in 1 Acte. (10 S.) n. 7½ ngr.

222. Liefg. Märzroth, Mysterien eines Jagdgewehres. Komisches Genrebild (Orig.) in 1 Aufzuge. (10 S.) n. 7½ ngr.

223. Liefg. Berla, Alois, die Einschleicher. Schwank mit Gesang. (10 S.) n. 7½ ngr.

224. Liefg. Märzroth, der Marquis. Schauspiel (Orig.) in 1 Aufzuge. (13 S.) n. 7½ ngr.

225. Liefg. Braun, Jos., drei Wochen verheiratet. Schwank in 1 Act nach dem Französ. (14 S.) n. 7½ ngr.

226. Liefg. Berla, Alois, ein kleines Mißverständniß. Posse mit Gesang in 1 Acte. (10 S.) n. 7½ ngr.

227. Liefg. Young, Betty, Frau Othello. Schwank in 1 Acte. — Mädchenträume. Liederspiel in 1 Acte. Musik von Giov. v. Zayz. (16 S.) n. 7½ ngr.

228. Liefg. Carl, E., „Vater unser!" Lebensbild mit Gesang in 2 Abthlgn. u. einem Vorspiel. (30 S.) n. 12 ngr.

229. Liefg. Young, Betty, nach der letzten Redoute. Scherz in 1 Act. (11 S.) n. 7½ ngr.

230. Liefg. Kaiser, Frdr., Pater Abraham a Sancta Clara. Geschichtliches Volksstück in 6 Bildern. (70 S.) n. 16 ngr.

231. Liefg. Cappilleri, Wilh., der Fuchs in der Schlinge. Comoedia metamorphosa (Orig.). In 1 Acte. (19 S.) n. 8 ngr.

232. Liefg. Dorn, Ed., eine Million. Posse mit Gesang in 1 Aufzuge. (11 S.) n. 7½ ngr.

Alphabetische Uebersicht.

— der schönste Zopf. (183. Liefg.)
Feuillet, Octave, Montjoye. (134. Liefg.)
Flamm, Thdr., ein armer Millionär. (182. Liefg.)
— das Soldatenkind. (156. Liefg.)
— u. Wimmer, der Teufel im Herzen. (190. Liefg.)
Foucher, Paul, die Erzieherin. (120. Liefg.)
Girardin, Emil, die Schuld einer Frau. (101. Liefg.)
Gozlan, Léon, Regen u. Sonnenschein. (135. Liefg.)
Grandjean, M. A., der Blaubart. (157. Liefg.)
— eine fixe Idee. (136. Liefg.)
— immer zu Hause. (130. Liefg.)
— ein empfindlicher Mensch. (218. Liefg.)
— der Stiefvater. (153. Liefg.)
Gründorf, Carl, ein Freund, wie er sein soll. (212. Liefg.)
Helm, Ferd., die fesche Godl. (102. Liefg.)
Hull, Joh., das war ich. (150. Liefg.)
Juin, (Giugno), Carl, E. S. S. oder die Ausstaffirung. (121. Liefg.)
— der dämonische Stiefel. (107. Liefg.)
— u. Louis Flerr, III. Buch, I. Capitel. (176. Liefg.)
— — ein Stillleben auf dem Lande. (149. Liefg.)
— — des Teufels Zopf. (180. Liefg.)
Kaiser, Frdr., Pater Abraham von Sancta Clara. (230. Liefg.)
— Blumen-Nettel oder der Herr Director. (172. Liefg.)
— auf dem Eis u. beim Christbaum. (154. Liefg.)
— flüchtig in der Heimath. (188. Liefg.)
— der bairische Hiesel. (196. Liefg.)
— Leute von der Bank. (178. Liefg.)
— Localsängerin u. Postillon. (132. Liefg.)
— der Mensch denkt — (160. Liefg.)
— gute Nacht, Rosa! (141. Liefg.)
— Neu-Jerusalem. (215 Liefg.)
— Nichts. (122 Liefg.)
— Hans Rohrmann oder Cajus u. Sempronius. (158. Liefg.)
— alte Schulden. (181. Liefg.)
— der Soldat im Frieden. (146. Liefg.)
— Tischlein deck dich! (208. Liefg.)
— was ein Weib kann. (217. Liefg.)
Labiche u. Martin, Sand in die Augen. (131. Liefg.)
Lambert, W., der Ehrgeiz in der Küche. (204. Liefg.)
Lesbazeilles, aus der Vergangenheit. (210. Liefg.)
Mallefille, Felic., zwei Wittwen. (140. Liefg.)
Märzroth, der Marquis. (224. Liefg.)
— Mysterien eines Jagdgewehres. (220. Liefg.)
— zur Statistik der Frauen. (210. Liefg.)
Meilhac, Henri, der Gesandtschafts-Attaché. (124. Liefg.)
Pirzel, Vinc., ein alter Sünder. (142. Liefg.)
Rosen, Jul., Ambo solo! (166. Liefg.)
Sardou, Vict., die Aepfel des Nachbars. (130. Liefg.)
Scholz, A., nach vierzig Jahren. (126. Liefg.)
Schönau, Joh., ein Wiener Dienstmann. (193. Liefg.)
— der gescheidteste Mann. (199. Liefg.)
Spengel, stille Wässer lügen. (192. Liefg.)
— die Wunderkomödie. (214. Liefg.)
Stein, Max, Gewohnheiten. (125. Liefg.)
— ein liebenswürdiger Mensch. (173. Liefg.)
Stix, C. F., Vergnügungs-Zügler. (160. Liefg.)
Thiéry, H., der Veilchenstrauß. (195. Liefg.)
Verconsin, E., aus der Vergangenheit. (210. Liefg.)
Wimmer, J., eine ruhige Partei. (216. Liefg.)
Young, Betty, Frau Othello. — Mädchentraum. (217. Liefg.)
— die rothe Liesel. (127. Liefg.)
— nach der letzten Redoute. (289. Liefg.)

Theater-Repertoir, Wiener. 33., 46., 53., 55., 60., 79., 101., 105., 232—325. Lfg. [Den Bühnen gegenüber als Mscr. gedr.] gr. 8. Wien 871—76. Wallishausser's Buchh. n. 119. 70

33. Hempel, Krempel u. Stempel. Posse in 1 Akt v. K. Graeser Frei nach Martons „Grimshaw, Bagshaw a. Bradshaw. 2. Aufl. (18 S.) n. — 75
46. Ein Hut. Lustspiel in e. Act. Frei nach Madame Emilie de Girardin v. M. A. Grandjean. 2. Aufl. (16 S.) n. — 75
53. Ueberall Diebe! Orig.-Schwank in 1 Akte v. C. F. Stix. 2. Aufl. (14 S.) n. 1. —
55. Der böse Geist Lumpazivagabundus od. das liederliche Kleeblatt. Zauberposse m. Gesang in 3 Akten v. Joh. Nestroy. Musik v. Adf. Müller. (86 S.) n. 1. 60
60. Eine Vorlesung bei der Hausmeisterin. Posse in 1 Akt nach dem Frz. v. Alex. Bergen. 3. Aufl. (14 S.) n. 1. —
79. Einen Jux will er sich machen. Posse m. Gesang in 4 Aufzügen v. Joh. Nestroy. Musik von Adf. Müller. (46 S.) n. 1. 60
101. Die Rekrutirung in Krähwinkel. Burleske m. Gesang in 1 Akt v. Thdr. Flamm. 2. Aufl. (11 S.) n. — 75
105. Wem gehört die Frau? od. Ein Zimmer m. zwei Betten. Schwank in 1 Aufzuge. Nach dem Franz. v. Thdr. Flamm. 2. Aufl. (11 S.) n. 1. —
232. Eine Million! Posse m. Gesang in e. Aufzuge v. Ed. Dorn. (14 S.) n. — 75
233. Ein Schmetterling. Posse in 1 Acte v. Carl Juin. (16 S.) n. — 75
234. Wiener Schnipfer. Posse m. Gesang u. Tanz in 2 Abthlgn. u. 6 Bildern v. Ludw. Gottesleben. (43 S.) n. 1. 20
235. Die Sanduhr. Schauspiel in e. Aufzuge v. Ed. Mautner. (11 S.) n. — 75
236. Ein Zimmerherr. Posse in 1 Act v. Carl Juin. (15 S.) n. — 75
237. Das Briefgeheimniß. Lustspiel in 1 Acte v. Hans Max. (14 S.) n. — 75
238. Ein Schnitzel m. Hindernissen. Scherz in e. Aufzuge v. Erik Neßl. (16 S.) n. — 75
239. Der Donau u. der Liebe Wellen. Schwank in e. Akte v. Hans Max. (13 S.) n. — 75
240. Ein Schwiegervater f. Alles Schwank in e. Aufzuge. Mit theilweiser Benützg. e. franz. Idee v. Erik Neßl. (15 S.) n. — 75
241. Eine moderne Feuerprobe. Original-Schwank in 2 Bildern v. Carl Gründorf. (15 S.) n. — 75
242. Die Pfarrersköchin. Lebensbild m. Gesang in 4 Acten v. O. F. Berg. (51 S.) n. 1. 60
243. Der blaue Frack u. seine Folgen. Ein Familienjammer in e. Akt als parodirender Schwank od. schwankende Parodie v. Alex. Baumann. (10 S.) n. — 75
244. Nr. 28. Lebensbild m. Gesang in 3 Aufzügen v. O. F. Berg. (43 S.) n. 1. 60
245. Brennende Herzen. Lustspiel in e. Aufzuge. Mit freier Benützg. e. franz. Idee v. Erik Neßl. (16 S.) n. — 5
246. Der Herr Landesgerichtsrath. Lebensbild m. Gesang in 4 Aufzügen v. O. F. Berg. (52 S.) n. 1. 60
247. Vaterfreude. Lustspiel in e. Aufzuge. Mit freier Benutzg. e. französ. Idee v. Erik Neßl. (16 S.) n. — 75
248. Eine verrückte Person. Charakterbild m. Gesang in 5 Aufzügen u. 7 Bildern v. O. F. Berg. Musik v. Jul. Hopp. (44 S.) n. 1. 20
249. Betrogene Betrüger. Orig.-Lustspiel in 3 Aufzügen v. Heinr. Börnstein. (29 S.) n. — 75
250. Die Prinzessin v. Dragant. Komische Operette in 3 Akten nach Nestoy's Lohengrin-Parodi v. Carl Costa u. M. A. Grandjean. — Musik v. Frz. v. Suppé. (52 S.) n. 1. 20
251. Rosa u. Rosita. Lustspiel in 2 Aufzügen. Nach dem dän. Orig. v. C. A. Deutsch v. Aug. Förster. (31 S.) n. 1. 20
252. Die Kinder v. Ungefähr. Lebensbild in 3 Akten m. Musik u. Tanz v. Alois Berla. Musik v. Millöker. (49 S.) n. 1. 60
253. Turandot. Scherz m. Gesang in e. Aufzuge. [Mit theilweiser Benutzg. e. französ. Idee.] Von Erik Neßl. (15 S.) n. — 75
254. Wir Demokraten. Sociales Orig.-Volksstück m. Gesang in 3 Abthlgn. u. 7 Bildern v. Carl Costa. Musik v. Frz. Roth. (48 S.) n. 1. 60
255. Mein Onkel Hammelmeier. Schwank in e. Aufzuge. Frei nach e. französ. Idee v. Erik Neßl. (16 S.) n. — 75
256. Flattersucht. Lustspiel in 3 Akten v. Vict. Sardou. Deutsch v. Aug. Förster. (45 S.) n. 1. 60
257. Nur Wahrheit. Lustspiel in e. Akt v. Leop. Feldmann. (16 S.) n. — 75
258. Die Hochzeit unterm Schleier. Lustspiel in e. Act v. Louis Julius. (15 S.) n. — 75
259. Zwischen Thür u. Angel. Lustspiel in e. Act v. Alfred de Musset. Deutsch v. Emil Ferrari. (9 S.) n. — 75
260. Die Macht der Einbildung. Lustspiel in e. Act v. Leop. Feldmann. (11 S.) n. — 75
261. Stadt u. Land od. der Viehhändler aus Oberösterreich. Posse m. Gesang in 2 Acten v. Frdr. Kaiser. 4. Aufl. (37 S.) n. 1. 60
262. Sogleich. Lustspiel in e. Act v. Leop. Feldmann. (12 S.) n. — 75
263. Doctor Faust's Hauskäppchen od. die Herberge im Walde. Posse m. Gesang in 3 Aufzügen v. Frdr. Hopp. (46 S.) n. 1. 60
264. Die beiden Giftmischerinnen. Scherz in e. Aufzuge v. Betty Young. (18 S.) n. — 75
265. Der Sohn auf Reisen. Orig.-Lustspiel in 2 Aufzügen v. Frdr. Feldmann. 2. Aufl. (27 S.) n. 1. 20
266. Ein amerikanisches Duell. Lustspiel in e. Aufzuge v. Betty Young. (20 S.) n. — 75
267. Das Portrait der Geliebten. Orig.-Lustspiel in 3 Aufzügen v. Leop. Feldmann. 2. Aufl. (25 S.) n. 1. 20
268. Ein Opfer der Consuln. Lustspiel in e. Act v. Karl Gründorf. (14 S.) n. — 75

269. Ehemann auf Probe. Lustspiel in e. Act v. Betty Young. (15 S.) n. 1. —
270. Das Versprechen hinterm Herd. Eine Scene aus den österreich. Alpen m. Nationalgesängen v. Alex. Baumann. 2. Aufl. (16 S.) n. 1. —
271. O Susi! Posse in e. Act v. Jos. Doppler. (12 S.) n. 1. —
272. Monarchenspiegel od. Kaiser Josef u. der Jesuit. Volksschauspiel in 3 Aufzügen v. A. Barry. (35 S.) n. 1. 20
273. Schlechtes Papier. Originalvolksstück m. Gesang in 3 Abthlgn. v. Frdr. Kaiser. Musik v. Carl Kleiber. (49 S.) n. 1. 20
274. Der letzte Zwanziger. Locale Zauberposse m. Gesang, Tanz u. pantom. Scenen in 3 Abthlgn. v. Kola. Musik v. Carl Binder. (36 S.) n. 1. 20
275. Er ist fehlbar. Schwank in 1 Akt von Frdr. v. Radler. (8 S.) n. 1. —
276. Er soll sich austoben. Lustspiel in 1 Akt v. Carl Gründorf. (17 S.) n. 1. 20
277. Eilgut. Lustspiel in 2 Akten v. Carl Gründorf. (21 S.) n. 1. 20
278. Noblesse oblige. Dramatische Studie in 1 Akt v. Carl Gründorf. (12 S.) n. 1. —
279. Unsere Sclaven. Ein sociales Schauspiel in 5 Akten v. Sacher-Masoch. (44 S.) n. 1. 60
280. Mit Vorsicht. Lustspiel in 1 Akt v. B. Reuse. (10 S.) n. 1. —
281. Deklamationen. Lustspiel in 1 Aufzuge v. Wilh. v. Wartenegg. (15 S.) n. 1. —
282. Eine Frauengrille. Original-Lustspiel in 1 Akt v. Wilh. Capilleri. (11 S.) n. 1. —
283. Ein Nihilist. Lustspiel in e. Akt v. Carl Gründorf. (18 S.) n. 1. —
284. Eine Stunde Kaiserin v. Oesterreich. Historisches Lustspiel in e. Akt v. Adf. Oppenheim. (24 S.) n. 1. —
285. Er entzieht mir seine Hände. Lustspiel in e. Akt v. Graf Emrich Stadion. (12 S.) n. 1. —
286. Die Gräfin Egon Lobhausen. Salonstück aus der Wiener Gesellschaft in 3 Acten [nach Madame Ancelot] v. Graf Emerich Stadion. (58 S.) n. 1. 60
287. Ludwig XIV. Lustspiel in 1 Act v. M. A. Grandjean. (16 S.) n. 1. —
288. General Laudon. Geschichtliches Volksstück m. Gesang u. Tanz in 5 Bildern v. Frdr. Kaiser. (64 S.) n. 1. 60
289. Ein lebendes Bild. Familienscene in 1 Acte v. M. A. Grandjean. Nach Jules Sandeau. (18 S.) n. 1. 20
290. Die einzige Tochter. Lustspiel in 2 Acten v. Alex. Graf Fredro. Deutsch v. Alex. Rosen. (29 S.) n. 1. 20
291. Nina. Schwank in 1 Act. Nach dem Franz. frei bearb. v. M. A. Grandjean. (12 S.) n. 1. —
292. Ein Kreuzer. Original-Posse m. Gesang u. Tanz in 3 Acten u. 6 Bildern v. Carl Costa. Musik v. C. Kleiber. (36 S.) n. 1. 60
293. Auf dem Sprung. Posse in 1 Act. Nach dem Franz. v. Aug. Fresenius. (11 S.) n. 1. —
294. Meister Maso od. Zufall u. Kunst. Lustspiel in 1 Acte v. Frdr. Kaiser. (18 S.) n. 1. 20
295. Zwischen zwei Stühlen. Schwank m. Gesang in 1 Act v. Frdr. Kaiser. (17 S.) n. 1. 20
296. Ein Seelen-Telegraf. Posse in 1 Akt v. Frdr. Kaiser. (12 S.) n. 1. —
297. Vor dem Frühstück. Dramatischer Scherz in 1 Akte nach dem Poln. d. J. A. Graf Fredro v. Alex. Rosen. (14 S.) n. 1. —
298. Knopfloch-Schmerzen. Posse in 1 Akt v. O. F. Eirich. (14 S.) n. 1. —
299. Trau — schau — wem?! Charactergemälde m. Gesang in 3 Akten v. Carl Gründorf. [Die Idee theilweise nach Gerstäcker.] Musik v. Adf. Müller. (50 S.) n. 2. —
300. 's letzti Fensterln. Alpen-Scene in österreich. Mundart v. Joh. Gabr. Seidl. (10 S.) n. 1. —
301. Drei Jahrl'n nach'm letzt'n Fensterl'n. Alpenscene in österreich. Mundart v. Joh. Gabr. Seidl. (13 S.) n. 1. —
302. Mein Leopold. Orig.-Volksstück m. Gesang in 3 Akten u. 6 Bildern v. Adf. L'Arronge. Musik von C. F. Konradin. (54 S.) n. 2. —
303. Die neue Magd. Schwank in 1 Akt v. M. A. Grandjean. (18 S.) n. 1. 20
304. Die alte Magd. Schwank in 1 Akt v. M. A. Grandjean. [Fortsetzung zu „Die neue Magd".] (18 S.) n. 1. 20
305. Karl der Kühne. Lustspiel in 1 Akte v. Alex. Landesberg. (15 S.) n. 1. —
306. Falsche Locken. Schwank in 1 Aufzuge nach dem Franz. v. Aug. Fresenius. (17 S.) n. 1. 20
307. Theatralischer Unsinn. Posse in 4 Vorstellgn. m. Gesang u. Tanz nebst Vorspiel, Nachspiel u. Zwischenakten v. Morländer. Musik von Ed. Stolz. (43 S.) n. 2. —
308. Kaiser Josef u. Mariandel. Historisches Genrebild in 1 Akte v. O. F. Eirich. (10 S.) n. 1. —
309. Miß Flora Welton. Posse m. Gesang in 1 Aufzuge v. Thdr. Taube. (15 S.) n. 1. —
310. Der barmherzige Bruder. Posse m. Gesang in 7 Bildern v. O. F. Berg. Musik v. Carl Millöcker. (61 S.) n. 2. —
311. Gold im Handwerk. Volksposse m. Gesang in 3 Abthlgn. u. 6 Bildern v. M. Bernard. (39 S.) n. 1. 60
312. Das Milimadel v. Dornbach. Wiener Posse m. Gesang in 5 Bildern v. Ant. Bittner. Musik von Frz. Roth. (48 S.) n. 1. 60
313. Moderne Grasel. Satyrische Zeitposse m. Gesang in 8 Bildern v. Ed. Dorn. Musik von Frz. Roth. (61 S.) n. 2. —
314. Ehre f. Liebe. Liebesdrama in 5 Aufzügen, m. Benützg. e. Erzählg. aus dem Franz. v. Ed. Dorn. (53 S.) n. 2. —
315. Der Herrgottsbruder. Volksschauspiel m. Gesang in 5 Akten v. Heinr. Jantsch. (36 S.) n. 1. 60
316. Messenhauser. Volksdrama in 8 Bildern v. Ed. Dorn. (48 S.) n. 1. 60
317. Unterwegs. Lustspiel in 1 Akt von Herm. v. Löhner. (17 S.) n. 1. —
318. Doktor Haslinger. Volksstück m. Gesang in 3 Akten. Von O. F. Berg. Musik von Karl Millöcker. (54 S.) n. 2. —
319. Die Sündfluth. Dramatisches Märchen in 15 Bildern, m. Musik, Gesängen, Tänzen u. leb. Tableaux v. Ed. Dorn. (39 S.) n. 1. 60
320. Die Frau v. Bréfil. Posse m. Gesang in 6 Bildern v. O. F. Berg. Musik v. Karl Millöcker. (56 S.) n. 2. —
321. Fräulein Secretär. Lustspiel in 1 Akt, frei nach dem Franz. v. Alex. Rosen. (19 S.) n. 1. 20
322. Der Hasenschrecker. Posse m. Gesang in 1 Akt nach e. älteren Stoffe bearb. m. neuen Couplets v. O. F. Berg. Musik v. S. Brandl. (16 S.) n. 1. —
323. Ein Stündchen auf dem Comptoir. Posse in 1 Akt. Nach Sigm. Haber bearb. v. O. F. Berg. (13 S.) n. 1. —
324. Mönch u. Soldat. Charakterbild m. Gesang in 3 Akten v. Frdr. Kaiser. (51 S.) n. 2. —
325. Ein Vampyr. Schwank in 1 Akt v. U. Frank. (15 S.) n. 1. —

Theater-Repertoir, Wiener. 40. 41. 55. 59. 61. 92. 326—365. 370—374. Lfg. gr. 8. Wien 877—882. Wallishausser. n. 63. 20

40. Am Clavier. Lustspiel in 1 Akte von Th. Barrière u. Jules Lorin. Nach dem Franz. frei bearb. von M. A. Grandjean. 3. Aufl. (18 S.) n. 1. —
41. Allzu toll. Fastnachtsposse in 1 Akt. Frei bearb. nach Selby's „My friend in the straps", von K. Graeser. 2. Aufl. (20 S.) n. 1. —
55. Der böse Geist Lumpazivagabundus oder das liederliche Kleeblatt. Zauberposse mit Gesang in 3 Akten von Joh. Nestroy. Musik vom Capellmeister Adf. Müller. 5. Aufl. (36 S.) n. 1. 60
59. Möbel-Fatalitäten. Schwank in 1 Akt von Ant. Bittner. 2. Aufl. (8 S.) n. 1. —
61. Eulenspiegel als Schnipfer. Posse in 1 Akt von Ant. Bittner. 2. Aufl. (13 S.) n. 1. —
92. Domestikenstreiche. Posse mit Gesang in 1 Akte von Ant. Bittner. 2. Aufl. (15 S.) n. 1. —
326. Nur ein Held. Schwank in 1 Aufzug nach einer älteren Idee von A. Cornelius. (19 S.) n. 1. —
327. Kochbuch u. Conversations-Lexikon oder: Wie gefällt Ihnen Klara? Lustspiel in 3 Aufzügen von E. v. Grotthuß. (32 S.) n. 1. 20
328. Ein zweiter Talleyrand. Lustspiel in 2 Akten, frei nach einem älteren französ. Sujet von F. Zell (35 S.) n. 1. —
329. Frieden. Lustspiel in 1 Akt von Eug. Zabel. (14 S.) n. 1. 60
330. Station Triest. Lustspiel in 1 Aufzuge von Frz. Raab. (16 S.) n. 1. —
331. Nur zwei Gläschen. Schwank in 1 Akt von J. Böhm. (15 S.) n. 1. —
332. Briefsteller für Liebende. Schwank in 1 Aufzuge von A. Pick. (13 S.) n. 1. —
333. Die Veilchen. Lustspiel in 1 Aufzuge von M. v. Eschenbach. (12 S.) n. 1. —
334. Unbeugsam. Schauspiel in 1 Aufzuge, nach einem vorhandenen Stoffe bearb. von Stanisl. Lesser. (16 S.) n. 1. —
335. Der Portraitmaler. Lustspiel in 1 Aufzuge frei nach einem vorhandenen Stoffe von Stanisl. Lesser. (13 S.) n. 1. —
336. Gestörte Flitterwochen. Lustspiel in 1 Aufzuge von Mor. Epstein. (18 S.) n. 1. —
337. Der Freiherr als Wildschütz. Eine Scene aus den österreich. Alpen, als Nachspiel zum „Versprechen hinterm Herd" in 1 Akte, von Alex. Baumann. (14 S.) n. 1. —

338. Durchgebrannt. [La Poudre d'Escampette.] Schwank in 3 Akten von A. Hennequin. Deutsch von Paul Blumenreich. (34 S.) n. 2. —
339. Die zweite Frau. Schauspiel in 1 Aufzuge von Alph. Daudet u. E. Manuel. Für die deutsche Bühne bearb. von Glieb. Ritter. Einzige von den Verf. autoris. deutsche Bearbeitung. (14 S.) n. 1. —
340. Die Blume von Tlemcen. Lustspiel in 1 Aufzuge von Ernest Legouvé. Für die deutsche Bühne bearb. von Glieb. Ritter. Einzige vom Verf. autoris. deutsche Bearbeitung. (13 S.) n. 1. 20
341. Das letzte Ideal. Schauspiel in 1 Aufzuge von Alph. Daudet u. E. L'Epine. Für die deutsche Bühne bearb. von Glieb. Ritter. Einzige von den Verf. autoris. deutsche Bearbeitung. (13 S.) n. 1. —
342. An einer Wiege. Soloscene nach E. Legouvé von Glieb Ritter. Einzige vom Verf. autoris. deutsche Bearbeitung. (7 S.) n. 1. —
343. Carnevals-Abenteuer. Schwank in 3 Akten von M. Oeribauer. (44 S.) n. 2. —
344. Wenn man sich nicht kennt. Orig.-Lustspiel in 1 Aufzuge von Ottokar Hans Stocklaska. (18 S.) n. 1. 20
345. Geben ist seliger denn Nehmen. Proverbe in 1 Akt von Alfr. Friedmann. (14 S.) n. 1. —
346. Der Geburtstag. Solo-Scherz von With. Schäfer. (9 S) n. 1. —
347. Didier. Schauspiel in 3 Akten von Pierre Berton. Deutsch von Betty Paoli. Einzig berechtigte deutsche Uebersetzung. (28 S.) n. 2. —
348. Ich verspeise meine Tante. Lustspiel nach dem Franz. in 1 Akt von Aug. Fresenius. (15 S.) n. 1. —
349. Franz Schubert. Orig.-Singspiel in 1 Akt von Hans Max. Musik mit Benützung Schubertscher Motive von Frz. von Suppé. (19 S.) n. 1. —
350. Der Ausgleich oder in Wildbad. Lustspiel in 1 Aufzug von Alfr. Friedmann. (15 S.) n. 1. —
351. Falscher Verdacht oder der Betrogene in der Einbildung. Ein Versuch, den „Sganarelle" d. Molière in freier Prosabearbeitung auf die deutsche Bühne zu bringen von Alfr. Friedmann. [2. Aufl.] (19 S.) n. 1. —
352. Zuvor die Mama! Lustspiel in 1 Aufzuge. Frei nach dem Poln. d. J. Korzeniowski von Hans Max. (14 S.) n. 1. 20
353. „Pikante Enthüllungen". Charakterbild in 4 Aufzügen von Emil Arter. (38 S.) n. 2. —
354. Die Schule der Mütter. Lustspiel in 1 Akt. Aus dem Franz. d. Marivaux von Karl Saar. (20 S.) n. 1. —
355. Der Herr Gemeinderath. Lustspiel in 3 Akten nach dem Poln. d. Mich. Balucki. Uebers. von Jul. Meixner. Frei bearb. von Karl Saar. (44 S.) n. 1. 60
356. Compagniearbeit. Lustspiel in 1 Akt von Thd. Herzl. (26 S.) n. 1. —
357. Zwei Medien oder durch den Magnetismus. Orig.-Schwank in 1 Akt von Jos. Grönland. (14 S.) n. 1. —
358. Xantippe. Lustspiel in 1 Aufzuge von Heinr. v. Littrow. (13 S.) n. 1. —
359. Des Onkels Liedchen. Schwank mit Gesang in 1 Akt. Frei nach dem Poln. des Joh. Alex. Grafen v. Fredro v. Hanns Max. (24 S.) n. 1. 20
360. List u. Dummheit oder ein Diener zweier Herren. Posse in 1 Akt, frei bearb. von Ernest Nedelko. (17 S.) n. 1. 20
361. Die Prinzessin v. Bagdad. Komödie in 3 Akten von Alex. Dumas. Deutsch von Emerich Bukovics. (41 S.) n. 2. —
362. Drei Gedichte: I. Christoph Columbus' letzte Stunden. Aus dem Ital. des Antonio Gazzoletti. II. Die Zeitungsverkäuferin. Aus dem Franz. des François Coppée. III. Strandgut. Aus dem Franz. des François Coppée. Ins Deutsche übertragen von Ed. Mautner. (19 S.) n. 1. 20
363. Pater Lorenz. Wiener Lebensbild mit Gesang u. Tanz in 5 Bildern von Carl Elmar. (47 S.) n. 2. —
364. Am Kamin. Proverbe in 1 Akt, nach Octave Feuillet. Deutsch von F. Heidrich. (13 S.) n. 1. 20
365. Nach dem Costumefest. Lustspiel in 2 Akten von Max. Röttinger. (37 S.) n. 1. 60
370. Eine Frau vom Theater. Schauspiel in 5 Akten von Louis Nötel. (76 S.) n. 2. —
371. Beim Coiffeur. Dramatischer Orig.-Schwank in 1 Akt von Alfr. Friedmann. (14 S.) n. 1. —
372. Die Lustspiel-Concurrenz. Schwank in 1 Akt von Carl Saar. (37 S.) n. 1. —
373. Apfelsinen. Lustspiel in 1 Aufzuge von Diedrich Coquille. (27 S.) n. 1. 20
374. Auf der Spur! Schwank in 3 Akten von M. Oeribauer. (38 S.) n. 2. —

Theater-Repertoir, Wiener. 6., 32., 366—369., 375—381. u. 383. Lfg. gr. 8. Wien 883—86. Künast. n. 19. 90
6. Der Pelzpalatin u. der Kachelofen od. der Jahrmarkt zu Rautenbrunn. Posse m. Gesang in 3 Aufzügen v. Frdr. Hopp. Musik v. Kapellmstr. Hebenstreit. 2. Aufl. (49 S.) n. 1. 40
32. Eulenspiegel od. Schabernack üb. Schabernack. Posse m. Gesang in 4 Acten v. Joh. Nestroy. Musik v. Kapellmstr. Adph. Müller. 4. Aufl. (36 S.) n. 2. —
366. Lord Beefsteak. Schwank in 1 Aufzug v. Al. Pick. (10 S.) n. 1. 20
367. Verdächtige Gäste. Schwank in 1 Aufzug v. Jul. Meixner u. J. Marion. (16 S.) n. 1. 20
368. Die Welt, in der man sich langweilt. Lustspiel in 3 Akten v. E. Pailleron. (48 S.) n. 2. 50
369. Mein Naserl. Burleske m. Gesang in 1 Act v. J. L. Weber. (14 S.) n. 1. 20
375. Eine Taschenspieler-Vorstellung in Krähwinkel. — Ritter Toggenburg, od. Liebe, Haß, Rache, Reue, Romantik, Selbstmord u. moral. Bewußtsein. (14 S.) n. 1. 20
376. Konversation zwischen e. Stotternden, e. Schwerhörenden u. e. Schnoselnden üb. die deutsche u. italienische Oper. — Das Solo-Lustspiel. Von M. Saphir. — Der Schauspiel-Direktor. Eine dramat. Scene v. Frdr. Saß. (12 S.) n. 1. 20
377. Der erste April. Lustspiel in 1 Acte nach dem Franz. d. Quatrelles übers. v. Louis Gauthier. (17 S.) n. 1. 20
378. Ein Aprilscherz. Lustspiel in 1 Act v. Carl Albert. (22 S.) n. 1. 60
379. Die kleine Gräfin. Lustspiel in 1 Akt. v. Jos. Philippi. (20 S.) n. 1. 20
380. Fräulein Shylock. Lustspiel in 2 Acten v. Carl Albert. (31 S.) n. 1. 60
381. Vollblut. Schwank in 2 Acten nach dem Franz. v. Aug. Fresenius. (22 S.) n. 1. 20
383. System in der Liebe. Orig.-Lustspiel in 1 Act v. Jos. Grönland. (23 S.) n. 1. 20

Theater-Repertoir, Wiener. 101. u. 382. Lfg. gr. 8. Wien, Künast. à n. 1. 20
101. Die Rekrutirung in Krähwinkel. Burleske m. Gesang in 1 Akt v. Th. Flamm. 3. Aufl. (12 S.) 888.
382. Im schwarzen Frack. Lustspiel nach Dreyfus v. L. Herhold. (12 S.) 885.

Theater-Requisit, nützliches, besonders für mittlere u. reisende Bühnen, von E. Wehrmann u. F. A. Oldenburg. (Inhalt: 1) Theaterreden. 2) Festspiele. 3) Der Wurstpicknick. 4) Die Schneiderbraut. 5) Die Verlobung.) 8. Berlin 826. (H. Schultze.) $\frac{1}{2}$ ₰

Theater-Revue, gehalt. in freien Versen, s. Credit.
[Füge am a. O. hinzu: ($1\frac{1}{2}$ B.)]

Theater-Revue, allgem., hrsg. v. Aug. Lewald. 1—3. Jahrg. gr. 8. Stuttgart u. Tübingen 835—37, Cotta'sche Buchh. [1. $27\frac{1}{2}$ B. u. Seidelmann's Bildn.), 2. ($30\frac{3}{4}$ B. u. Julie Rettich's Bildn.), 3. ($24\frac{1}{4}$ B. u. Amalie Stubenrauch's Bildn.) à 2 Thlr.] Thlr.

Theater-Revue, allgemeine, f. Bühne u. Welt. Illustrierte Halbmonatsschrift f. dramat. Kunst u. Litteratur. Begründet u. red. v. Max Henze. 1. Jahrg. April—Septbr. 1892. 12 Hfte. Lex.-8. (à Hft. 64 S.) Berlin, A. H. Fried & Co. Vierteljährlich 3. —
Hörte Ende Septbr. 1892 auf zu erscheinen.

Regensburger **Theater-Revue**. Jg. 1843–44. Regensburg 1843–44. 8°
Hrsg.: Karl Blankenstein.
Jg. 1844 m. d. Untert.: Ein Sonntags-Morgenblatt für Freunde der dramatischen Kunst.

Theaterrundschau, allgemeine, e. nur e. einziges Mal erschein. Zeitg. Zu Gunsten des österreich. Bühnenvereins u. seines Kaiserin Elisabeth Künstlerheims. Red. v. Alfons Bolz-Feigl. (40 S. m. Abbildgn.) 35×25 cm. Wien (907). P. Knepler. — 50; Luxusausg. 1. —

Düsseldorfer **Theater-Rundschau**. Schriftleiter: Leo Mautner. Jg. 1. 2, H. 1–7. [Mehr nicht ersch.] Düsseldorf: Puschkanzer 1907–08. 4° [Umschlagt.]

Kölnische **Theater-Rundschau**. Jg. 1, H. 1. Cöln: Otten 1910. 4°
[II. 6478

Theater-, Vergnügungs- und Vereins-**Rundschau**. Breslau: Expedition 1900. 8°. Red.: Albert Heise.

Theaterscandale, s. Theaterskandale

Theaterschneider, der, ein komischer Roman von C. Hildebrandt. 3 Thle. 8. Quedlinburg, Basse. 820.

Theaterschriften von Fr. Kind. 1r Bd. enthält: der Minstrel — Vergeltung — die schwarze Frau, oder die Wette — Alcindor. 8. Leipzig, Göschen. 821.

Theaterskandale

Theaterscandale, Leipziger, u. Theaterfreunde! Eine unparteiische Darstellung. 8. (8 S.) Leipzig 878. Wollenweber. — 15

Theater-Souvenir. Scenische Darstellungen in Costüm- u. Portraitgruppen aus den beliebtesten Opern, Dramen, Schau- u. Lustspielen der Neuzeit. [Lichtdruck von Naumann & Schröder.] Nr. 1. 12. Leipzig 881. Schloemp. n. 1. —
Krieg im Frieden. Lustspiel von G. v. Moser u. F. v. Schönthan. (10 Gruppen nach der Aufführung am Wallner-Theater.)

Theater-Spiegel, der. Zeitschrift für die Bühnenwelt. 1. Jahrg. Septbr. 1848 — Aug. 1849. 104 Nrn. (½ Bog.) gr. 4. Hamburg, Bernhardt'sche Buchh. *
Vgl.: Theater-Chronik, hamburger.

Theaterspiegel des Brünner Theaters. St. 1. Brünn: Trässler 1788. 8°
Hrsg.: Joh. Bapt. Bergobzoomer.

Theaterspiele, von K. G. Klähr. Enth. das Wachskabinet. Theaternoth. Die Pfirschendiebe. 8. Meißen, Gödsche. 816.

Theaterspiele, neue, von K. Klähr, enth. die Rache, oder wer zulezt lacht, lacht am besten, Lustspiel — Röschens Hochzeit, Singspiel — das moderne Paradies, Lustspiel. 8. Meissen, Godsche. 817.

Theaterspieler, der. Nr. 1—5 u. 7—9. gr. 8. Leipzig, Charlottenburg, A. Spitzner's Verl. à n. 1. 50
Förster, Leo, die Rache. Schwank in 1 Akt. (28 S.) (900.) (Nr. 4.)
Horn, William, der Herr Hoflieferant. Lustspiel in 1 Akt f. die Geburtstagsfeier des Landesherrn. (24 S.) (901.) (Nr. 7.)
Rössing, Wilh., Heldenlohn. Patriotisches Genrebild zur Kaisers-Geburtstagsfeier in 1 Akt. (26 S.) (900.) (Nr. 3.)
— der Kaisers-Geburtstags-Parademarsch m. Hindernissen. Kaisers-Geburtstags-Schwank in 1 Akt. (24 S.) (900.) (Nr. 2.)
— eine Radikalkur. Schwank in 1 Akt. (27 S.) (900.) (Nr. 1.)
— Frau Sanitätsrat. Schwank in 1 Akt. (23 S.) (901.) (Nr. 9.)
— ein gelungener Streich. Militärischer Schwank in 1 Akt. (28 S.) (901.) (Nr. 8.)
Zimmer, Fritz, deutscher Sinn. Patriotisches Volksstück in 1 Akt. (24 S.) (900.) (Nr. 5.)
Nr. 6 u. 10 u. Folge s. u. d. T.: Schauspieler, der.

Theaterstück. Von dem Verfasser der dramaturgischen Blätter. Frankft. 1789. V: *Schreiber, Alois Wilh.* (Mitth. M. Grolig.)

Theaterstückchen. 3 Hefte. 8. Presb. 789—91. Mahler. 1 ₰ 4 Kr

Theaterstücke von A. v. K. Hanau u. Offenbach 1779–80. V: *Knigge, Adolph Franz Friedrich Ludwig Freih.* (Ky) (EE) (Rotermund, Gel. Hannover. Bremen 1823.) (Roterm)

— v. A. v. K. (Knigge). 2 Thle. 8. Hanau 779, 80. Schulz. 18 Kr

— v. F. Lindheimer. 8. Frankf. Diez. 798.

— ausgewählte französische. Zum Schulgebrauch bearb. u. mit Anmerkgn. versehen von Emil Otto. 1) Mr. Musard, par Picard. 2) l'Abbé de l'Épée, par Bouilly. 3) l'Humoriste, par Leclercq. gr. 8. (IV u. 112 S.) Karlsruhe 847. Macklot. 9 ngr

Theaterstücke f. Dilettantenbühnen, s.: Flugschrift, 37., des Dürer-Bundes zur ästhetischen Kultur.

Theaterstücke, französische, z. Gebrauch in Schulen, m. erklärenden Anmerkungen hrsg. v. C. Schütz. 8. (17½ B.) Bielefeld 845, Velhagen u. Klasing.
Inhalt: l'Abbé de l'Epée, par Bouilly. — Michel Perrin, par Mélesville et Duveyrier. — Athalie par Racine.

Theaterstücke, Französische, zum Gebrauch f. Schulen. Mit erklärenden Anmerkgn. u. e. vollständ. Wörterbuche v. C. Schütz. 2. verm. Ausg. gr. 16. (VI u. 331 S.) Bielefeld 850, Velhagen & Klasing. ½ ₰

Theaterstücke für kathol. Gesellen-Vereine, s. Ney, Chr.

— heitere. 1. Eschenlohr, B., beim Zahnarzt. Schwank in 1 Akt. 2. Schmid, Max, wie der Veitl sein Weib arretiert. Schwank in 4 Aufzügen, bearb. nach e. Kapitel aus dem Roman „Regina" v. Max. Schmid. 3. Dempf, A., militärische Visitation. Schwank in 1 Akt. (47 S.) kl. 8. Regensburg (Weißenburgerstr. 5) (910). Administration des Burschenblattes. nn — 50

Theaterstücke, kleine deutsch-englische, 8. Amsterdam, Buder und Sülpke. 810.

Theaterstücke, kleine englisch-deutsche. Enthaltend: 1) Adolph u. Klara. 2) die beiden Billets. 3) der Stammbaum. 4) der Banquerott des Schuhflickers. 5) d. Trunkenbold u. 6) Unschuld u. Liebe. 8. Amsterd. Buder u. S. 811.

Theaterstücke, komische, von J. A. Gleich. 1r Bd. enthält: der Berggeist, oder die 3 Wünsche. — die Brüder Liederlich — Doktor Kramperl — die weißen Hüte. 8. Brünn, Traßler. (Hartmann in Leipzig in comm.) 819.

Theaterstücke, launige, für Gesellen- u. Männer-Vereine vom Vereinspräs. A. in L. 8. (IV, 140 S.) Münster 880. Russell's Verl. n. 1. —

Theaterstücke, Neue. Berlin 1782. V: *Meyer, Friedrich Ludwig Wilhelm.* (NN) (Ky) (MGT)

— neue, (v. Fr. L. W. Meyer), enth.: a) die seltnen Freier. b) Treue u. Undank. c) Die Reue vor der Hochzeit. 8. Berl. 782. Maurers B. 10 gr

Theaterstücke, Neue, von dem Verfasser der dramat. Blätter. Frankfurt 1789. V: *Schreiber, Alois Wilhelm.* (NN) (Kn) (MGT) (EE) (GGr)

— neue, v. Verf. d. dramat. Blätter. 8. Frankfurt. (Benj. Fleischer, Leipz.) 789.

— neue, zum Aufführen. 1r Thl. gr. 8. Frankf. 789. Fleischer. 1 rthl 6 gr

Theaterstücke, sozialistische. Nr. 1—3. 8. Zürich 876. Volksbuchh. 1. 5

1. Ein Schlingel. Eine nationalökonomisch-soziale Humoreske. In 1 Akt. (24 S.) — 35
2. Preß-Processe od. die Tochter d. Staatsanwalts. Lustspiel in 2 Aufzügen v. Max Kegel. (16 S.) — 30
3. Ein Opfer od. die Juristerei als Geschäft. Volks-Trauerspiel in 5 Aufzügen. Nach dem Roman Otto Wallster's: „Am Webstuhl der Zeit" f. die Bühne bearb. v. E. S. (40 S.) n. — 40

— sozialistische. 1.—14. Heft. kl. 8. Berlin, Buchh. Vorwärts. à 1. —

Däumig, Ernst, Maifeier. Soziales Drama in 8 Aufzügen. (31 S.) 909. (Heft 7.)
Kegel, Max, die Tochter des Staatsanwalts. Schwank in 1 Akt. (24 S.) 909. (Heft 1.)
Krauße, W., wieder e. Kämpfer! Charakterbild aus dem Arbeiterleben. (22 S.) 905. (Heft 2.)
Lessen, Ludw., Achtung, Bombe! Schwank in 1 Akt. (29 S.) 905. (Heft 11.)
— Die überlistete Polizei. Schwank in Reimen. (22 S.) 909. (Heft 12.)
Preczang, Ernst, sein Jubiläum. Ein Bild aus dem Handwerkerleben in 1 Aufzuge. (30 S.) 904. (Heft 4.)
— Die Polizei als Ehestifterin. Schwank in 1 Aufzuge. (32 S.) 909. (Heft 8.)
— Der verlorene Sohn. In 1 Aufzuge. (32 S.) 909. (Heft 6.)
— Der Teufel in der Wahlurne. In 1 Aufz. (32 S.) 909. (Heft 10.)
— Töchter der Arbeit. In 1 Aufzuge. (32 S.) 906. (Heft 5.)
Rübezahl, K., Assessor Schneidigs Abenteuer. Schwank in 2 Akten. (19 S.) 909. (Heft 13.) 7 Rollenex. 3. 50
— Im Kampf ums Dasein. Einakter. (30 S.) 909. (Heft 14.) 9 Rollenex. 4. 50
Scävola, C. M., der entlarvte Spitzel. Komödie in 2 Akten aus der Zeit des Sozialistengesetzes. 2. verb. Aufl. (32 S.) 909. (Heft 3.) 10 Rollenex. 5. —
Thurow, H., Dämon Alkohol. Nach Maurice Bruchors: Die Muse u. der Arbeiter. Dialog in 1 Aufzuge. (16 S.) 902. (Heft 9.)

Theaterstücke f. katholische Töchterschulen. 2. Aufl. 16. (191 S.) Paderborn 889. Esser. n. 1. 20

—— die, der Weltlitteratur, ihrem Inhalte nach wiedergegeben, s. Mann, der gebildete.

Theaterstücke, die, der Weltlitteratur, s.: Melitz, Leo.
Die 1. Aufl. erschien u. d. T.: Mann, der gebildete.

Theaterstücke, zwei von Freih. v. Thumb. (Täuschung u. Wahrheit, Schausp. in 3 Akten. Die Heimlichkeiten, Lustsp. in 1 Akt.) 8. Tübing. Heerbrand. 813. Rthlr.

Theatersucht, Lustspiel in 3 Aufzügen von K. Schall. 8 Breslau, Holäufer. 818.

Nürnberger *Theater-Taschen-Almanach.*
Mit Kupfern. Hrsg. v. Ignatz Schwarz.
Nürnberg: Schwarz
(T. 1.) 1800 – 3. 1802.

Theater-Taschenbuch, den Freunden der Kunst gewiedmet (!) von *Friedr. Holzapfel.* Jahrg. 2. Mit 2 color. Kpfrn. München 1824. Gedr. bei Franz S. Hübschmann. 16°. Orig.-Ppb. m. G., wie neu.
Col. TK. (Director Karl als Herr v. Springerl im „Fleischhauer von Oedenburg"), gestoch. Titel, 130 S., 1 Bl. Inh. — Darin u. a.: Kgl. Hof-Theater an der Residenz, nebst eingetheilten Rollenfächern. — Kgl. italien. Hof-Theater. — Kgl. Hofmusik. — Ernennung des Frhrn. v. Weichs zum kgl. Hof-Theater-Intendanten. — Kgl. Theater an dem Isarthore. (Mit 1 Costümbild: Holzapfel als Fähndrich Rumpelpuff in „Die falsche Catalani".)

Theater-Taschenbuch, Ofner u. Pesther, a. d. J. . . . . Hg.: F. Hybl, J. Oertl u. J. Ertl.
1814. 80 S.
1815. 60 S.
1816. 71 S.
1817. nicht erschienen.
1818. 32 S.
1819. nicht erschienen.
1820. 84 S.
1821. 112 S.
1822. 96 S.
1823. 112 S.
1824. 128 S.
Pesth u. Kaschau. (1. Teil ohne Druckort). Goed. VIII, 80, 157.

Wiener Theater-Taschenbuch für das Jahr 1795. Wien 1795.

Der Theater-Teufel. Humoristisch=satyrischer Almanach für 1848. Mit Beitr. v. M[oritz] G[ottlieb] Saphir, Adolph Glaßbrenner, Carl Töpfer, Joh[ann] Nestroy . . . [u. a.] Hrsg. v. Joseph Mendelssohn. Mit vielen Orig.= Holzschn.
Hamburg: B. S. Berendsohn 1848. 202 S., 1 Bl., 3 Taf. 8°

Theater-Vereins-Zeitung f. die Preußischen u. Nordischen Bühnen. Red.: H. Goedsche. 1. Jahrg. Novbr. 1850 — Octbr. 1851. 104 Nrn. Imp. 4. (1/2 Bg.) Berlin, Schneider & Co. in Comm. n. 6 rthl

Theater-Verwaltung, Die Elfmonatliche, des Herrn Stadtrath Friebös. Breslau 1857. V: *Elsner, Moritz.* (Kat. der Druckschr. üb. Breslau. Breslau 1903. S. 361.)

Theatervolk, Das, im Tartaros oder drittes Heft des Gespräches im Reiche der Todten zwischen La Roche, einem bekannten männlichen und weiblichen Schatten, Stranitzký, Prehauser, Bernardon, Brenner . . . 1806. V: *Perinet, Joachim.* (Gustav Gugitz: J. Perinet, S. 161) (BiblPort)

Theaterwelt, die. 1. Jahrg. 1901. 12 Hfte. hoch 4. (à ca. 36 S. m. Abbildgn. u. Taf.) Berlin-Schöneberg (Hauptstr. 24), Berth. Kurt Gutmann. à 2. 50

Berliner Theaterwelt und Conzert-Zeitung. Berlin: Expedition 1890. 8°

Theater-Witze u. Schauspieler-Fahrten. Ein Büchlein z. angenehmen Kurzweil. gr. 12. (4 B.) Quedlinburg 836, Basse.

Düsseldorfer **Theater-Woche.** Ill. Wochenschr. f. Theater, Konzerte u. Vergnügungen. Jg. 1, H. 1. Düsseldorf: Westdeutsche Verl.-Anst. 1910. 4° [10. 1370, 8

Theaterwochenblatt für Salzburg, 18/11 1775—28/2 1776. H: *Seipp, Ch. L.* (Taschenbuch des Wiener Theaters 1777, S. 89) (Theater-Kalender 1777, Gotha, S. 210) (BiblPort)

Theater-Wochenschrift. ... Nebst einem Verzeichnis aller aufgeführten Stücke bei der unter Direktor Schikaneder stehenden Schauspielergesellschaft. Stuttgart 1778.
Hrsg.: Friedr. Hasenest.

Deutsche **Theater-Zeitschrift.** Hrsg.: Gustav May d. J. u. Karl-Ludwig Schröder. Jg. 1. Berlin: May 1908. 4° (10. 471)

Theater-Zeitschrift, deutsche. Wochenschrift f. Bühnenkunst u. Bühnenpraxis. Begründet v. Karl Ludw. Schröder. Hrsg. unter Mitwirkg. v. Gust. M. Hartung u. Ernst Neumann-Jödemann. Red.: Ernst Neumann-Jödemann. 3. Jahrg. 1910. 52 Hefte. (à ca. 24 Sp. m. Abbildgn.) Lex. 8. Berlin-Steglitz (Schloßstr. 53). Verl. der Neuen Theater-Zeitschrift. 10. —

Theaterzeitung. Cleve 1775. H: *Müller, J. G. (= Bärstecher).* (MGT)

Theater-Zeitung. Redig. v. Fr. v. Caspar. 1828. July — Sept. 13 Nrn. mit Vign. gr. 4. München, [Jaquet.]
Vgl. Theater-Zeitung, Münchener.

Theaterzeitung, allgem., von J. G. Rhode. 2 Bde. 8. Berl. 800. (Duncker u. H.) 1 ℛ 8 gℊ

Theater-Zeitung, allgemeine. Wochenschrift für Literatur, Musik, Wissenschaft und Unterhaltung herausg. von Ernst Epler. Unter verantwortl. Red. von W. Bernhardi. 3. Jahrg. 1858. 52 Nrn. (à 1 Bgn.). Hamburg. (Altona, Verlagsbureau.) Fol. n. 4 ℛ

Theater-Zeitung, allgemeine. Wochenschrift für Literatur, Musik, Wissenschaft u. Unterhaltung. Red.: W. Bernhardi. 4. Jahrg. 1859. 52 Nrn. (à 1 Bgn.) Hamburg. (Altona, Verlags-Bureau.) Fol. n. 4 ℛ

—— allgem., u. Originalblatt f. Kunst, Literatur, Musik, Mode u. gesell. Leben. Hrsg. v. Ad. Bäuerle. 21—27. Jahrg. 1828—34. Mit Beiln. u. ill. Mode-Kpfrn. gr. 4. Wien, (Tendler.) [828—31. à 156 Nrn. à J. 10 Thlr., 32—34. à 260 Nrn. m. Mode-Kpfrn. à J. 15 Thlr., ohne Kpfr. 12 Thlr.] o. Kpfr. 76 Thlr., m. Kpfr.
Der Titel erlitt kleine Abänderungen. — 1—20. Jahrg. 1808—27. Ebendas. à 10 Thlr.

Allgemeine **Theaterzeitung** und Originalblatt für Kunst, Literatur, Musik, Mode und geselliges Leben. Hrsg. ... Adolf **Bäuerle**. Wien. Jg. 28. 1835. Bd. 2—4 [nebst] Modebilder Nr. 101—300. 1832—1836.
4° und 8°.
Begr. Adolf Bäuerle. 1807—1808: Zeitung für Theater, Musik u. Poesie. Jg. 1811—15 Theater-Zeitung Jg. 9—15 1816—22 Wiener Theaterzeitung. 1823—28 Allgem. Theaterzeitung u. Unterhaltungsblatt für Freunde der Kunst, Literatur u. des geselligen Lebens. Jg. 22. 1829 ff. Allgemeine Theaterzeitung u. Originalblatt zur Kunst. Jg. 1856 Allgemein. Theaterzeitung. Conversationsblatt f. alle Tagesbegebenheiten.
Erschienen 1806—1856. Jg. 1809 u. 1810 nicht erschienen.

—— dies., hrsg. v. demf. 28. Jahrg. 1835. 260 Nrn. Mit Abbildn. u. Mode-Kpfrn. gr. 4. Wien, Gerold.

Theaterzeitung, allgem., u. Originalbl. f. Kunst, Literatur, Musik, Mode u. gesell. Leben. Hrsg. u. Redact.: Ad. Bäuerle. 29—35. Jahrg. 1836—42. à 260 Nrn. (½ Bog.) Mit Abbildn. u. Mode-Bildern. gr. 4. Wien, (Gerold's Vrlsh.) [836—39. à * 13⅓ Thlr., 40—42. à 14⅔ Thlr.] *
1—28. Jahrg. 1808—35. Ebendas. à * 13 Thlr. 8 Gr.

Theaterzeitung, allgemeine, Originalblatt f. Kunst, Literatur, Musik, Mode u. geselliges Leben. Hrsgbr. u. Redakt.: Ad. Bäuerle. 36—40. Jahrg. 1843—47. 36. Jahrg. 260 Nrn., 37—40. J. à 312 Nrn. (½ B.) Mit Abbildgn., Mode- u. Rebuskpfrn. Roy.-4. Wien, (Gerold.) * à J.

Theaterzeitung, allgemeine. Originalblatt für Kunst, Literatur, Musik, Mode und geselliges Leben. Hrsg. von Ad. Bäuerle. Jahrg. 1848. 312 Nrn. (Bog.) Mit Abbildungen und Modekpfrn. Fol. Wien, (Gerold, Verlag.) **

Forts. u. d. T.: Oesterreichischer Courrier. Wien 1849

Theater-Zeitung, Allgemeine deutsche. Preßburg: Landerer 1798—99. 4°

— allgem., u. Unterhaltungsblatt f. Freunde der Kunst, Literatur u. des gesell. Lebens; herausgg. v. A. Bäuerle. 1r—24r Jahrg. à 12 Hfte. gr. 4. Wien 808—31. (Tendler). ä Jahrg. 11 ℛ 4 gℊ Hbg. Pr. à J. 10 ℛ 25r Jahrg. f. 1832. Ebd. 16 ℛ Mit Kpf. Beiinp. 20 ℛ

Theater-Zeitung. Allgemeine Wiener. Wochenschrift für Theater, Musik und Kunst. Herausgeber: Stefan Strein. 1890. 52 Nrn. Fol. 6.—, halbjährig 3.—, vierteljährig 1.50
Wien: Administration der Wiener Allgemeinen Theater-Zeitung 1890.

Theater-Zeitung, W. Bloch's. Jg. 1. 1859. Berlin: Bloch.

—— Breslauer, ein Blatt f. Kunst, Novellistik, Literatur u. Theater. Redig. v. Herrm. Michaelson. 1—5. Jahrg. 1830—34. à 104 Nrn. (½ Bog.) gr. 4. Breslau, (Hentze.) à J.
Forts. u. d. T.: Nordische Theaterzeitung. Breslau 1837 f.

Theater- u. Brettl-Zeitung, bunte, s.: Brettl. d. mod.

Danziger **Theater**-u. Conzert-**Zeitung.** Danzig: Expedition 1890. 8°

— deutsche. Archiv für das Gesammtinteresse der deutschen Bühnen u. ihrer Mitglieder. Redacteur: Jul. Kossla. (1. Jahrg.) 1844. 52 Numm. (Bog.) u. 2. Jahrg. 1845. 4. Leipzig, Reclam jun. à Jahrg. n. 2 ℛ

— Deutsche. Organ f. dramat. Kunst, Literatur, Musik u. Theater-Verkehr. Red.: C. Schlivian. (1. Jahrg.) 1848. Octbr. — Decbr. 26 Nrn. Fol. (B.) Berlin, Stargardt in Comm. n. 1¼ ℛ — 2—5. Jahrg. 1849—1852. à 104 Nrn. Fol. (Bog.) Berlin, Lassar in Comm. à Jahrg. n. 5 ℛ

Theater-Zeitung, deutsche. Organ für dramat. Kunst, Literatur, Musik und Theater-Verkehr. Hrsgbr. und Redakt.: C. Schlivian. 6—9. Jahrg. 1853—56. à Jahrg. 104 Nrn. (Bog.) Fol. Berlin, (Lassar's Buchh.) à Jahrg. Thlr. *
Vgl. II. Bd. 2. Abthl. S. 353.

—— deutsche, und offizielles Anzeige-Blatt der Perseverantia. Redig. von C. Schlivian. 10—12. Jahrg. 1857—59. à Jahrg. 104 Nrn. (Bog.) Fol. Berlin, (Lassar's Buchh.) [10. und 11. Jahrg. à * 5 Thlr., 12. Jahrg. * 6 Thlr.] *
Forts. u. d. T.: Neue deutsche Theaterzeitung Berlin 1859 f.

Theaterzeitung für Deutschland. Berlin 1789. H: *Bertram, Christian August.* (Hitzig) (MGT)

Deutsch-Oesterreichische **Theater-Zeitung.** Organ für Theater, Musik, bildende Kunst und Literatur. Jg. 1. Berlin: Deutsch-österr. Theater-Agentur 1873.

— Dresdner, für 1828. Jan. bis Juni (geht nur bis Juni); herausgg. v. Fr. Kind u. K. C. Kraukling. Nebst: dramaturg. Blätter v. L. Tieck. — Literaturblatt von Fr. Ad. Ebert. — Meteorolog. Beobachtt. am mathemat. Salon zu Dresden, v. W. G. Lohrmann. Mit Vign. gr. 4. Dresd., Wagner. 3 ℛ 18 gℊ

— Hamburg-Altonaer, für die deutsche Bühne und deren Mitglieder. Red.: Fr. Fritsch. 1. Jahrg. Octbr. 1855 — Septbr. 1856. 52 Nrn. (à 1 Bgn.). Hamburg, Sievers. Fol. n. 5 ℛ

— Hamburg-Altonaer. Organ für die deutsche Bühne u. deren Mitglieder. Red.: Fr. Fritsch. 2—10. Jahrg. 1856—64. à 52 Nrn. (à 1 Bgn.) Altona, (Mentzel.) Fol. Jeder Jahrg. n. 5 ℛ 10 ngr

Theaterzeitung, Hamburgische. Hamburg 1792. H: *Schink, Johann Friedrich.* (GGr)

– Hamburg-u. Altona ische, nebst Nachrr. von auswärt. Bühnen. 6 Bde, f. die J. 1798, 99 u. 1800. Altona: Bechtold 1798–1800. 8°
Jg. 1799 f. u. d. T.: Hamburgisch- und Altonaische Theater- und Literaturzeitung.

—— illustrirte. (1. Jahrg.) 1846. April—Decbr. 39 Nrn. (à 2 B. mit 4—6 Holzschn.) Fol. Leipzig, Exped. d. illustr. Zeitung. (Weber.) *

— Magdeburger. Zeitung für Kunst, Musik und Literatur. Red.: W. A. Geißler. 1. Jahrg. 1858. 52 Nrn. (à 1 Bgn.). Magdeburg, Quednow in Comm. Fol. n. 4 ℛ.

— Magdeburger. Zeitung für Kunst, Musik u. Literatur. Red.: Schmidt. 2. Jahrg. 1859. 52 Nrn. (à 1 Bgn.) Magdeburg, Quednow in Comm. Fol. n. 2 ℛ 20 ngr.

—— Münchener, redig. v. Fr. Stoepel. 1. Halbjahr. Oct. 1828 — März 1829. 26 Nrn. gr. 4. München, Finsterlin.
Befindet sich auch als unentgeltl. Beilage bei d. „Münchener Musik-Zeitung."
Vgl. Theater-Zeitung, redig. v. Fr. v. Gaspar.

—(Münchener), redig. von Fr. v. Gaspar. 1828. Juli bis Dec. gr. 4. Münch., Michaelis. (Jaquet). 1 ℛ 16 𝒩

Theater- und Musik-Zeitung. Hrsg.: Ernst Moser. Jg. [1], (No 1–42). 2, (No 1–20). [Mehr nicht erschienen.] Königsberg i. Pr.: R. Leopold 1904–06. 2 Bde 4° [Kopft. F. u. Ant.] [07, 1178a 10

Theater- u. Musikzeitung. Hrsg. u. Red.: Ernst Moser. 2. Jahrg. Oktbr. 1905—Septbr. 1906. 52 Nrn. (à ca. 8 S.) 4. Königsberg i/Pr., E. Moser. (Nur direkt.) n.n. 4.80

Theater- und Musik-Zeitung, allgemeine deutsche, für Nordamerika, s. Musik- und Theater-Zeitung.

—— neue deutsche. Ein Organ für das Theater und dessen Verkehr. Redig. von C. Schlivian. 2. Jahrg. 1860. 52 Nrn. (Bog.) gr. Fol. Berlin, (Lassar's Buchh.) *
Ist nicht fortgesetzt worden.

—— norddeutsche, (frühere hannoversche Theater-Zeitung). Organ für das Gesammtinteresse der Bühnen und ihrer Mitglieder. Redakt.: Ed. Christiany. (8. und 9.) Jahrg. 1855 und 1856. à 104 Nrn. (½ Bog.) gr. 4. Hamburg, (Rittler. — Würger. — Nolte und Köhler.) à Jahrg. *

— — 10. Jahrg. 1857. 104 Nrn. (à ½ Bgn.). Hamburg, Nolte u. Köhler. gr. 4. n. 4 ℛ.

– Nordische. Jg. 1. 2. Breslau: Freund 1837–38.
Vorh. u. d. T.: Breslauer Theaterzeitung. Breslau 1830 ff.
Forts. u. d. T.: Theater-Figaro 1839 ff.

– Oesterreichische. Wien: Administration 1893. 8°
Hrsg. von C. Wilkert.

—— Rheinische, hrsg. v. K. Köchy. 1. Jahrg. 1830. 52 Nrn. (½ Bog.) 8. Mainz, Kupferberg.

– Schlesische. Breslau: Stangen 1863. 8°
Hrsg. v. Max Karow. Nr 1–52.

Stuttgarter Theater- und Konzert-Zeitung. Stuttgart: Jg. 1. 2. 1898/1899.

—— süddeutsche, dramaturgisches Beiblatt zum „Rheinland". Redig. v. Fr. Wiest. 1. Jahrg. 1842. 52 Nrn. (½ Bog.) Roy.-4. Mainz, [Wirth, Sohn.] *

Theaterzeitung, Wiener, (von ... Christiani, u. (pseudn.) Wolthard). 2 Bde. 4. Wien u. Triest 806.

— Wiener allgemeine. Conversationsblatt für alle Tagesbegebenheiten, für öffentliches Leben, Geselligkeit rc. Herausgbr. u. Red.: Adf. Bäuerle. 47—50. Jahrg. 1853—56. à 312 Nrn. (à 1 Bgn.). Wien, Gerold in Comm. Imp.-4. Jeder Jahrg. n. 10 ℛ. 20 ngr.

Wiener tägliche Theater- u. Fremden-zeitung. Wien: Klopfer. Jg. 1. 1899.
Hrsg. von K. E. Klopfer.

Theaterzensur, die. 5 Vorträge, geh. in der Versammlg. des Berliner Goethebundes in der Philharmonie am 8. III. 1903. (55 S.) 8. Berlin 903. S. Fischer, Verl. n. — 50

(Theaterzettel) Königliche Schauspiele. Zum Besten der Verwundeten und der Wittwen und Waisen der im Kampfe Gefallenen. Dienstag, den 21. März 1848. Im Opernhause: Requiem von Mozart. Im Schauspielhause: Nathan der Weise. Druck von E. Litfaß, Adlerstraße 6. 1 Bl. Fol.
Flugblatt. Berlin, 21. März 1848.

Theaterzettel, der lebendige. Scherz-Spiel in 7 leb. Bildern m. verbind., überaus zierl. Reimlein. 12. (8 S.) Berlin (895). M. Böhm. 1. —

Theato, Jean Pierre: Der Heidelberger Eckensteher oder: Führ mich herum. Ein Taschenbüchlein für jeden Fremden in Heidelberg. Heidelberg 1846. VI, 38 S. 12°

Theato, Jean Pierre: Einige Gedanken über das deutsche Studentenwesen im Allgemeinen und das Heidelberger im Besonderen. Von dem Verfasser des „Heidelberger Eckenstehers". Luxemburg: Lamort 1846. XI, 68 S. 8°

Theatraldichter, Die, oder Viel Lermen um Nichts, Lustspiel in 5 A. Pressburg und Leipzig 1775. V: *Bock, Joh. Chrn.* (Hdschr. Mitth. von Erich Mennbier, Wien)

Theatralia. Bl. 1. [Mehr nicht erschienen.] *Berlin-Charlottenburg: 'Für's deutsche Volk' 1892.* (33 S.) 8° [F.]
1 = Der Syndikus d. Deutschen Bühnen-Ver. H. Bischoff, Landger. R., Justitiar d. Kgl. Theater in Berlin, u. s. Schlagwort 'Il y a des juges à Berlin' ... [03. 15480

Russische Theatralien. St. 1. 2. St. Petersburg 1784. 8°
Hrsg.: Sauerwald.

Theatral-Neuigkeiten. St. 1. Wien: v. Ghelen 1773. 8°
Hrsg.: Joh. Heinr. Fr. Müller.

Théâtre

— de P. et Thom. Corneille. 11 Vol. 12. Leips. 754.

— de P. Corneille, av. des comment. et autres morc. intéres. av. fig. 8 Vol. gr. 8. Genève, (Rottmann à Berlin.) 774.

— de P. Corneille, avec les comment. de Voltaire, avec grav. 12 Vol. gr. 8. Paris, (Sommer à Lpz.) 799.

— de Mariveaux. 4 Vol. 12. Lps. 754.

— — 4 Vol. 12. Amsterd. (Walther, Dresde.) 770.

— — 4 Vol. 12. Basle, Schweighäuser. 770.

Théâtre de l'adolescence etc., s. Abbé Mozin.

Théâtre, Bavarois, ou récueil de pièces representées à Munic. T. I. 8. Augsb. 755. v. Jenisch u. St. 16 gr

— amus. et mor. de J. G. Klein. 3 Tom. 8. Dessau, chez les Savans. 781.

Theatre, british, comprising Tragedies, Comedies, Operas, and Farces, from the most classic writers; with Biography, critical account and explanatory notes by Owen Williams. 1. and 2. Edit. Complete in one Vol. Lex.-8. (à 57½ B.) Leipsic 828, 31, Fr. Fleischer. à

Theatre, the british, a collection of the best dramatic pieces. Revised and corrected by G. F. Burckhardt. Vol. I—IV. 8. Berlin, Behr. à

Vol. I. 836. cont.:
No. 1. **Knowles**, J. Sh., the Hunchback, a play. (5½ B.) 8 Gr.
- 2. —— Virginius, a tragedy. (5 B.) 8 Gr.
- 3. **Poole**, John, Patrician and Parvenu etc., a comedy. (4⅚ B.) 6 Gr.
- 4. **Talfourd**, Th. Noon, Ion, a tragedy. (5¼ B.) 8 Gr.
- 5. **Peake**, R. B., in the Wrong Box, a farce. (3 B.) 6 Gr.
- 6. The Provost of Bruges, a tragedy. (4¼ B.) 6 Gr.

- II. 837. cont.:
No. 7. **Buckstone**, John Baldw., Popping the Question, a farce.— **Bernard**, W. B., the man about Town, a farce. (2¾ B.) 4 Gr.
- 8. **Bulwer**, E. L., the Duchess de la Vallière, a play. (5½ B.) 8 Gr.
- 9. **Mitford**, Mary Russ., Rienzi, a tragedy. (4½ B.) 8 Gr.
- 10. **Robins**, J., the favourite, a play. (3½ B.) 6 Gr.
- 11. **Buckstone**, John Baldw., Uncle John, a petite comedy.— **Colman**, Geo., blue Devils, a farce. (3½ B.) 8 Gr.
- 12. **Knowles**, J. Sh., the wife, a play. (4¾ B.) 8 Gr.

- III. 840. cont.:
No. 13. **Knowles**, J. Sh., the Daugther, a play. (4½ B.) 8 Gr.
- 14. —— the Love-Chase, a comedy. (4½ B.) 8 Gr.
- 15. —— the Beggar of Bethnal Green, a comedy. (4 B.) 8 Gr.
- 16. **Bulwer**, E. L., the Lady of Lyons; or love and pride, a play. (3½ B.) 8 Gr.
- 17. **Talfourd**, T. N., the Athenian Captive, a tragedy. (3¾ B.) 6 Gr.
- 18. **Jerrold**, Douglas, Doves in a Cage, a comedy. (2½ B.) 4 Gr.

- IV. 842. cont.:
No. 19. **Dance**, Ch., the Country Squire; or two Days at the Hall, a comedy. (3½ B.) 8 Gr.
- 20. **Bulwer**, E. L., Money, a comedy. (5¼ B.) 8 Gr.
- 21. **Knowles**, J. Sh., John of Procida, a tragedy. (4¾ B.) 8 Gr.

Shakspeare, W., Julius Caesar, a tragedy. (4¾ B.) 8 Gr.
—— Midsummer-Night's Dream, a comedy. (4 B.) 8 Gr.
Sheridan, R. B., the School for Scandal, a comedy. (6¾ B.) 8 Gr.

Die letzten 3 Piecen haben **keine** Bezeichnung der Nummer.

Theatre, the british and american, a choice collection of the most popular dramatic pieces of both nations. Enlarged with explanatory german notes, and specially adapted to the purpose of teaching english conversation in schools, and to general use by H. Croll. No. 1—12. 16. (62½ B.) Stuttgart 842, Hallbergersche Vrlgsh. Thlr.

Inhalt:
No. 1. Charles the XII. A histor. comedy, by J. R. Planche.
- 2. Raising the Wind. A farce, by Jam. Kenney.
- 3. Love, Law and Physic. A farce, by Jam. Kenney.
- 4. London assurance, a comedy, by L. Dion. L. Bourcicault.
- 5. She stoops to conquer, or: The mistakes of a night. A comedy, by Oliver Goldsmith.
- 6. My friend Thompson. A farce, by James M. Barclay.
- 7. Mischief-Making. An interlude, by John Baldwin Buckstone.
- 8. Robert Macaire, or: The two Murderers, a melodrama, by Charl. Selby.
- 9. A bold stroke for a wife. A comedy, by Centlivre.
- 10. The happiest day of my life. A farce, J. B. Buckstone.
- 11. Paris and London. A burletta, by J. R. Planche.
- 12. „No!" A farce, by Francis Reynolds. — The day after the wedding, or: A wife's first lesson, an interlude, by Marie-Therese Kemble.

Einzeln à No. 7½ Ngr.

Theatre, the british and american. A choice collection of the most popular dramatic pieces of both nations. Enlarged with explanatory german notes, and especially adapted to the purpose of teaching english conversation in schools, and to generale use, by H. Croll. Nr. I. (3. Edition.) Charles the XII. An historical comedy, in two acts, by J. R. Planche. 3. Edition. 32. (94 S.) Stuttgart 855, Hallbergersche Vrlgsh.

—— **british** and american. Nr. 1—6. 8. Philadelphia 856. (Leipzig, E. Schäfer.) à Nr. * 4 Ngr. *

Inhalt:
Nr. 1. George Barnwell. A tragedy in 7 acts. By Geo. Sillo. (47 S.)
- 2. High life below stairs. A farce, in 2 acts. By James Townley. (36 S.)
- 3. The mayor of Garratt. A farce in 2 acts. By Sam. Foote. (28 S.)
- 4. Midsummer-night's dream. A play in 5 acts. By William Shakespeare. (68 S.)
- 5. Three weeks after marriage. A comedy in 2 acts by Arth. Murphy. (31 S.)
- 6. The good-natured man. A comedy, in 5 acts. By Oliver Goldsmith. (72 S.)

—— **british modern**, a collection of english plays the most renowned enlarged with notes by Fred. Ad. Ficken. Vol. I—III. 8. Jena, Bran.

Vol. I. The Hunchback, a play, in 5 acts. By Jam. Sh. Knowles. (10¾ B.) 836. 12 Gr.
- II. The Provost of Bruges, a tragedy in 5 acts. (9 B.) 836. 9 Gr.
- III. Atonement; or, the God-Daughter, a drame by John Poole. The School-fellows, a comedy by Douglas Jerrold. (10 B.) 9 Gr.

— de l'**enfance**, v. **Berquin**.

Theatre, English. With vocabularies and annotations. Nr. 1—12. 16. Berlin, Friedberg und Mode. à Nr. *
cart. à Nr. *

Inhalt:
Nr. 1. **Bulwer**, E. L., Money. A comedy in 5 acts. (128 S.) 880.
» 2. **Poole**, John, Patrician and Parvenu or confusion worse confounded. A comedy in 5 acts. (108 S.) 880.
» 3. **Jerrold**, Douglas, Black-eyed Susan or „all in the downs". A nautical and domestic drama in 2 acts. (67 S.) 880.
» 4. **Taylor**, Tom, An unequal match. A comedy in 3 acts. (131 S.) 880.
» 5. **Brooks**, Shirley, Anything for a Change. A petite comedy in 1 act. (43 S.) 881.
» 6. **Jerrold**, Douglas, Retired from Business. A comedy in 3 acts. (111 S.) 881.
» 7. **Boucicault**, Dion, Old Head and young Hearts. A comedy in 5 acts. (118 S.) 881.
» 8. —— London Assurance. A comedy in 5 acts. (124 S.) 881.
» 9. **Jerrold**, Douglas, Bubbles of the Day. A comedy in 5 acts. (126 S.) 883.
» 10. **Taylor**, Tom, the contested Election. A comedy in 3 acts. (116 S.) 883.
» 11. **Sheridan**, Rich. Brinsley, the School for Scandal. A comedy in 5 acts. Edited by A. W. Kastan. (112 S.; Wörterverzeichnis 11 S.) 884.
» 12. **Robertson**, T. W., Society. A comedy in 3 acts. Edited by A. W. Kastan. (90 S.; Wörterbuch 8 S.) 884.

Theatre, English. Mit Anmerkungen und Wörterverzeichnis. Nr. 1, 2, 4, 6, 13—17. 16. Berlin, Friedberg und Mode. à Nr. * 50 Pf.; cart. à Nr.

Inhalt:
Nr. 1. **Bulwer**, E. L., Money. A comedy in 5 acts. 4th edit. (128 S.) 886.
» 2. **Poole**, John, Patrician and Parvenu or confussion worse confounded. A comedy in 5 acts. 2d edit. (108 S.) 885.
» 4. **Taylor**, Tom, An unequal match. A comedy in 3 acts. 2d edit. (131 S.) 885.
» 6. **Jerrold**, Douglas, Retired from business. A comedy in 3 acts. 2d edit. (111 S.) 885.
» 13. **Goldsmith**, Oliver, She stoops to conquer, or, the mistakes of a night. A comedy in 5 acts. Erläutert und mit einem Wörterverzeichnis versehen von A. Matthias. (109, 5 S.) 885.
» 14. **Bulwer**, E. L., The Lady of Lyons or love and pride. A play in 5 acts. Mit Anmerkungen und Wörterbuch. Hrsg. von C. Th. Lion. (87, 16 S.) 885.
» 15. **Byron**, Henry J., Married in haste. An original comedy in 4 acts. Mit Anmerkungen und Wörterverzeichnis hrsg. von C. Th. Lion. Copyright ed. for the Continent. (97, 24 S.) 885.
» 16. —— „Our boys". An original modern comedy. (92, Wörterbuch 21 S.) 887.
» 17. —— Cyril's success. An original comedy, in 5 acts. (114 S., Wörterbuch 26 S.) 887.

Theatre, English. Nr. 1, 11, 13, 14.15gr. 16. Berl., Friedberg u. Mode. à Nr. * — 50; cart. * — 60

1. **Bulwer**, E. L. Money. A comedy in 5 acts. With vocabulary and annotations by A. W. Kastan. 5th edit. (128 S.) 891.
11. **Sheridan**, Rich. Brinsley. The school for scandal. A comedy in 5 acts. 2d edit. (112 u. Wörterverzeichniss 11 S.) 889.
13. **Goldsmith**, Oliver. She stops to conquer, or, the mistakes of a night. A comedy in 5 acts. Erläutert u. m. e. Wörterverzeichnis versehen v. A. Matthias. 2. Aufl. (109, 8 S.) 891.
14. **Bulwer**, E. L. The lady of Lyons or love and pride. A play in 5 acts. Mit Anmerkgn. u. Wörterbuch. Hrsg. v. C. Th. Lion. 2. Aufl. (87, 16 S.) 891.
15. Married in haste. An original comedy in 4 acts, by Henry J. **Byron**. Mit Anmerkgn. u. Wörterverzeichnis hrsg. v. C. Th. Lion. Copyright ed. for the Continent. (97 u. 24 S.)

Theatre, English. Friedberg & Mode's collection. Nr. 1. 16. Berlin 896. Friedberg & Mode.
n. — 50; kart. — 60

Money. A comedy in 5 acts. By E. L. **Bulwer**. With vocabulary and annotations by A. W. Kastan. 6. ed. (128 S.)

THÉATRE érotique Parifien. Hiftoire anecdotique par un de ses acteurs. Batignolles 1863—71. 8°. 36 S. 500 Expl.

— Français; ou recueil des plus belles pièc. dram., av. des remarq. p. F. H. Roux. 2 Vol. 8. Jena, Fischer. 767.

Théatre français. 1r Bd. enthält: »Les deux Billets.— Le bon ménage. — Le bon père, par Florian. Mit grammat. Bemerkk. u. Synonymen, nebst Wortregister, bearb. von G. Kißling. 12. Heilbron 826, Drechsler

Théàtre français. 2—4. Bdchn. gr. 12. Heilbronn, Drechsler. à Bdchn. 2. La bonne mère; le bon fils; les jumeaux de Bergame; le Duc d'Ormont. Par de Florian. Mit grammat. Bemerkn. u. vielen Synonymen, nebst e. vollständ. Wort-Register, bearb. v. Geo. Kißling. (12 B.) 832.
- 3. L'enfant d'Arlequin; Arlequin, maitre de maison; Jeannot et Colin. Par de Florian. Mit grammat. Bemerkn. u. vielen Synonymen, nebst e. vollständ. Wort-Register, bearb. v. Geo Kißling. (9⅔ B.) 833.
- 4. L'Avare par Molière; Hero et Leandre, Monologue lyrique. Par de Florian. Mit grammat. u. mytholog. Bemerkn., vielen Synonymen u. e. vollständ. Wort-Register, bearb. v. Geo. Kißling. (11⅚ B.) 835.

1. Bdchn. Les deux billets; le bon ménage; le bon père. Par de Florian. Ebendas. 1826. 10 Gr.

Théâtre français. 1—4. Série. à 6 Livr. (ou No. 1—24.) Berlin 840—42, libr. de Schlesinger. à L. 2 Gr.

1. Série. (No. 1—6.) gr. in-8. (20 B.)
   - Livr. 1. La passion secrète. Coméd. p. Scribe. 2. edit.
   - 2. Le voyage à Dieppe. Coméd. p. Wafflard et Fulgence.
   - 3. M. Musard, ou comme le temps passe. Coméd. p. L. B. Picard.
   - 4. Le mariage d'argent, p. Scribe.
   - 5. Le conteur, ou les deux postes, Coméd. p. L. B. Picard.
   - 6. Michel Perrin, ou l'espion sans le savoir. Coméd.-Vaud. p. Melesville et Duveyrier.

2. Série. (No. 7—12.) gr. in-8. (21 B.)
   - Livr. 1. Les deux Philibert. Coméd. p. L. B. Picard.
   - 2. Malvina, ou: Un mariage d'inclination. Coméd.-Vaud. p. Scribe.
   - 3. Les indépendants. Coméd. p. Scribe.
   - 4. L'avare, Coméd. p. Molière.
   - 5. Le Charlatanisme. Coméd.-Vaud. p. Scribe et Mazères.
   - 6. La Reine de seize ans. Coméd. p. Bayard.

3. Série. (No. 13—18.) 18. (516 S.)
   - Livr. 1. Le verre d'eau, ou les effets et les causes. Coméd. p. Scribe.
   - 2. Avant, pendant et après. Esquisses historiq. p. Scribe.
   - 3. Michel et Christine. Coméd.-Vaud. p. Scribe et Dupin.
   - 4. Le mariage de raison. Coméd.-Vaud. p. Scribe et Varner.
   - 5. Le jeune mari. Coméd. p. Mazères.
   - 6. Toujours, ou l'avenir d'un fils. Coméd.-Vaud. p. Scribe et Varner.

4. Série. (No. 19—24.) 18. (576 S.)
   - Livr. 1. Casimir, ou le commis-voyageur. Coméd.-Vaud. p. Paul Duport et Laurensin.
   - 2. La demoiselle à marier, ou la première entrevue. Coméd.-Vaud. p. Scribe, Melesville et Carmouche.
   - 3. La première affaire. Coméd. p. Merville.
   - 4. Une chaine. Coméd. p. Scribe.
   - 5. L'école des vieillards. Coméd. p. Delavigne.
   - 6. Chacun de son côté. Coméd. p. Mazères.

Théâtre français. 5—8. Série à 6 Livr. (ou No. 25—48.) 18. Berlin 843—47, libr. Schlesinger. à L. 2½ Ngr.

5. Série. (No. 25—30.) (554 Seit.)
   - Livr. 1. Les fourberies de Scapin, Coméd. par Molière.
   - 2. La belle-mère et le gendre, Coméd. par Samson.
   - 3. Le Tartuffe, Coméd. par Molière.
   - 4. Dominique, ou le Possédé, Coméd. par d'Epagny et Dupin.
   - 5. La Calomnie, Coméd. par Eug. Scribe.
   - 6. Athalie, Tragéd. par Jean Racine.

6. Série. (No. 31—36.) (562 Seit.)
   - Livr. 1. Luxe et indigence, ou le ménage parisien, par d'Epagny.
   - 2. Le gamin de Paris, par Bayard et Vanderburch.
   - 3. Hernani, ou l'honneur Castillan. Drame par Vict. Hugo.
   - 4. Le bourgmestre de Sardam. Vaudev. par Mélesville, Merle et Boirie.
   - 5. Le mariage au tambour. Coméd. par de Leuven et Brunswick.
   - 6. Halifax. Coméd. par Alex. Dumas.

7. Série. (No. 37—42.) (458 Seit.)
   - Livr. 1. Les demoiselles de Saint-Cyr, Coméd. par Alex. Dumas.
   - 2. Les moralistes, Coméd.-vaudev. par Scribe et Varner.
   - 3. Le bon garçon, Coméd. par Picard et Mazères.
   - 4. Mathilde ou la jalousie, Coméd. par Bayard et Laurencin.
   - 5. Est-çe un rève. Comed.-vaudev. par de Rougemont.
   - 6. Le lorgnon. Coméd.-vaudev. par Scribe.

8. Série. (43—48.) (444 Seit.)
   - Livr. 1. Le mari à la campagne, ou le tartuffe moderne. Coméd. par Bayard et de Vailly.
   - 2. Le Diplomatie. Coméd.-vaudev. par Scribe et C. Delavigne.
   - 3. Yelva, ou l'orpheline russe, par Scribe, Devilleneuve et Desvergers.
   - 4. La berline de l'émigré. Drame par Mélesville et Hestienne.
   - 5. Une chaumière et son coeur. Coméd.-vaudev. par Scribe et Alphonse.
   - 6. La suite d'un bal masqué. Coméd. par Mme. de Bawr.

1—4. Série. Le même. 1840—42. 2 Thlr.

Théâtre français. 9. und 10. Série. à 6 Livr. (ou No. 49—60.) 32. Berlin 847—50, Schlesinger'sche Buchh. à No. 2½ Ngr.

9. Série. (No. 49—54.)
   - Livr. 1. Geneviève, ou la jalousie paternelle par Scribe.
   - 2. Le secrétaire et le cuisinier, par Scribe et Mélesville.
   - 3. La Vendetta, par Dumanoir et Siraudin.
   - 4. La loi salique, comédie-vaudev. par E. Scribe. (74 S.)
   - 5. Un tuteur de vingt ans, comédie-vaudev. par Mélesville et Vermont. (84 S.)
   - 6. Frisette, comédie-vaudev. par Labiche et Lefranc. (44 S.)

10. Série. (No. 55—60.)
   - Livr. 1. La maîtresse de maison. Comédie-vaudev. par Mélesville et Carmouche. (59 S.)
   - 2. Une femme qui se jette par la fenêtre, comédie par (E.) Scribe et (G.) Lemoine. (64 S.)
   - 3. Le malade imaginaire. Comédie par Molière. (112 S.)
   - 4. Phèdre. Tragédie par Jean Racine. (70 S.)
   - 5. Le Cid, tragédie en 5 actes, par P. Corneille. (86 S.)
   - 6. Le menteur véridique, comédie-vaudev. en 1 acte, par Scribe et Mélesville. (40 S.)

1—8. Série. Le même. 1840—47. 4 Thlr.

Théâtre français publié par C. Schütz. Ire—Xe Séries à 12 livr.; XIe—XVIIIe Séries à 8 livr. 32. Bielefeld 840—75, Velhagen und Klasing. à Livr.

Théâtre français publié par C. Schütz. 9. et 10. Série. à 12 Livr. et 11. et 12. Série. à 8 Livr. 12. Bielefeld 847—52, Velhagen und Klasing. à Livr. 2½ Ngr. Thlr.

9. Série. 12 Livr.
   - Livr. 1. Le Chevalier de Maison-Rouge. Episode du temps des Girondins. Par Alex. Dumas et Aug. Maquet. (155 S.)
   - 2. Une femme qui se jette par la fenêtre. Par E. Scribe et G. Lemoine. (59 S.)
   - 3. Louis XI. Tragédie par Cas. Delavigne. (148 S.)
   - 4. Didier l'honnête homme, comédie-vaudev. par E. Scribe et M. Masson. (60 S.)
   - 5. Le puff ou mensonge et vérité. Par Eug. Scribe. (122 S.)
   - 6. La lune de miel, comédie-vaudev. Par Scribe, Mélesville et Carmouche. (60 S.)
   - 7. Le pouvoir d'une femme. Par Rosier. (84 S.)
   - 8. Les projets de mariage, ou les deux officiers. Par Alex. Duval. (41 S.)
   - 9. Le chiffonier de Paris, drame par Fél. Pyat. (110 S.)
   - 10. La famille Riquebourg, comédie-vaudev. par E. Scribe. (46 S.)
   - 11. Noémie, comédie-vaudev. par Dennery et Clément. (67 S.)
   - 12. Les aristocrates, comédie par Etienne Arago. (130 S.)

10. Série. 12 Livr.
   - Livr. 1. Louise, ou la réparation par E. Scribe. (64 S.)
   - 2. Le Cid, tragédie par P. Corneille. (76 S.)
   - 3. O amitié! ... ou les trois époques. Par Scribe et Varner. (93 S.)
   - 4. M. Musard, ou comme le temps passe. Par L. B. Picard. (42 S.)
   - 5. L'amitié des femmes. Comédie par Mazères. (79 S.)
   - 6. La propriété c'est le vol. Folie-socialiste par Clairville et J. Cordier. (66 S.)
   - 7. Le bourgeois-gentilhomme. Comédie-ballet. Par Molière. (103 S.)
   - 8. Louison. Comédie. Par Alfr. de Musset. (52 S.).
   - 9. Adrienne Lecouvreur. Comédie-vaudeville-drame. Par Scribe et E. Legouvé. (115 S.)
   - 10. Moiroud et Compagnie. Par Bayard et Devorme. (56 S.)
   - 11. Le curé de Pomponne. Comédie-vaudev. par Bayard. (63 S.)
   - 12. Les grenouilles qui demandent un roi. Par Clairville, J. Cordier et Arthur de Beauplan. — La foire aux idées. Par de Leuven et Brunswick. (80 S.)

11. Série. 8 Livr.
   - Livr. 1. Le comte Hermann, par Alex. Dumas. (130 S.)
   - 2. François le champi, par George Sand. (70 S.)
   - 3. Le misantrope, par Molière. (82 S.)
   - 4. La foire aux idées, Nr. II. et III. par de Leuven et Brunswick. (91 S.)
   - 5. Père et portier. Par Bayard et Varner. (72 S.)
   - 6. Toussaint Louverture. Par A. de Lamartine. (119 S.)
   - 7. Irène ou le magnetisme. Par Scribe et Lockroy. (85 S.)
   - 8. Trois rois trois dames. Par Léon Gozlan. (70 S.)

12. Série. 8 Livr.
   - Livr. 1. Les contes de la reine de Navarre. Par Scribe et Legouvé. (135 S.)
   - 2. Claudie, drame en 3 actes. Par George Sand. (90 S.)
   - 3. Gabrielle. Par Emile Augier. (98 S.)
   - 4. Bataille de dames. Par Scribe et Legouvé. (88 S.)
   - 5. Zaïre. Par Voltaire. (71 S.)
   - 6. Molière. Par George Sand. (110 S.)
   - 7. Mercadet. Par H. de Balzac. (98 S.)
   - 8. Maria Stuardt. Par Pierre Lebrun. (88 S.)

Série 1—8. Le même 1840—47. 4 Thlr.

Théâtre français. Série I. Livr. 6.: Michel Perrin ou l'espion sans le savoir. Comédie en 2 actes par Melesville et Duveyrier. (Nouvelle édition.) 18. (98 S.) Berlin 852, Schlesinger'sche Buchh.

— le même. — III. Série. Livr. 1 et 2. (Nr. 13 et 14.) 18. Le même. à Livr. 2½ Ngr.

Inhalt:

Livr. 1. Le verre d'eau, ou: Les effets et les causes. Comédie en trois actes et en prose par E. Scribe. (Nouvelle édition.) (128 S.) 855.

- 2. Avant, pendant et après. Esquisses historiques. Par Scribe et de Rougemont. (Nouvelle édition.) (94 S.) 856.

— le même. — Série V. Livr. 6. (Nr. 30.): Athalie. Tragédie en 5 actes et en vers par Jean Racine. 2. Édition. 18. (82 S.) Le même 856.

Théâtre français publié par C. Schütz. 13—15. Série. à 8 Livr. 32. Bielefeld 852—55, Velhagen und Klasing. à Livr. 2½ Ngr. Thlr.

13. Série. 8 Livr. 20 Ngr.

Inhalt:

Livr. 1. Mademoiselle de la Seiglière. Par Jules Sandeau. (114 S.)
- 2. Horace. Par Corneille. (84 S.)
- 3. Diane, drame en 5 actes et en vers. Par Émile Augier. (108 S.)
- 4. Les robes blanches, drame en 2 actes. Par Léon Gozlan. (54 S.)
- 5. Le démon du foyer. Comédie en 2 actes. Par George Sand. (64 S.)
- 6. Si Dieu le veut, comédie-vaudeville en 3 actes. Par Bayard et (de) Biéville. (104 S.)
- 7. Le mariage de Victorine, comédie en 3 actes. Par George Sand. (76 S.)
- 8. Le menteur, comédie en 5 actes par P. Corneille. (95 S.)

14. Série. 8 Livr. 20 Ngr.

Inhalt:

Livr. 1. L'honneur et l'argent. Par F. Ponsard. (115 S.)
- 2. Lady Tartufe par Émile de Girardin. (112 S.)
- 3. Philiberte, par Émile Augier. (90 S.)
- 4. Laure et Delphine. Par Bayard et Ch. Potron. (90 S.)
- 5. Iphigénie. Par Racine. (70 S.)
- 6. Le pressoir. Par George Sand. (85 S.)
- 7. Diane de Lys. Par Alex. Dumas fils. (128 S.)
- 8. Britannicus. Par Racine. (71 S.)

15. Série. 8 Livr. 20 Ngr.

Inhalt:

Livr. 1. La pierre de touche, par Émile Augier et Jules Sandeau. (96 S.)
- 2. Le gendre de M. Poirier, par Émile Augier et Jules Sandeau. (82 S.)
- 3. Esther, par Racine. (55 S.)
- 4. Mon étoile, par E. Scribe. La joie fait peur par Émile de Girardin. (100 S.)
- 5. Les femmes savantes. Par Molière. (90 S.)
- 6. La czarine. Par Eug. Scribe. (119 S.)
- 7. Andromaque, tragédie en cinq actes. Par Jean Racine. Hrsg. und erläutert von C. Schütz. (86 S.)
- 8. Ceinture dorée, comédie en 3 actes. Par Émile Augier. Hrsg. und erläutert von C. Schütz. (100 S.)

— le même. — 16. Série. Livr. 1—4. 32. Le même 856. à Livr. 3 Ngr.

Inhalt:

Livr. 1. Les plaideurs, comedie en 3 actes. Par Jean Racine. Hrsg. und erläutert von C. Schütz. (98 S.)
- 2. Maitre Favilla, drame en 3 actes par George Sand. Hrsg. und für den Schul- und Selbstunterricht erläutert von C. Schütz. (99 S.)
- 3. Cinna, ou la clémence d'Auguste, tragédie en 5 actes par Pierre Corneille. Hrsg. und für den Schul- und Selbstunterricht erläutert von C. Schütz. (110 S.)
- 4. La bourse. Comédie en 5 actes. Par F. Ponsard. Hrsg. und für den Schul- und Selbstunterricht erläutert von C. Schütz. (156 S.)

Série 1—12. Le même 1840—52. 7 Thlr. 10 Ngr.

Théatre français publié par C. Schütz. XVI. Série. 5—8. Livr. und XVII. Serie. 1. Livr. 32. Bielefeld 857—61, Velhagen und Klasing. à Livr. 3 Ngr.

Inhalt:

Sér. XVI. Livr. 5. Picard, L. B., un jeu de la fortune ou les marionnettes. Comedie en 5 actes. Hrsg. und für den Schul- und Selbstunterricht erläutert von C. Schütz. (IX und 99 S.)
» XVI. » 6. Delavigne, Casimir, les enfans d'Édouard. Tragédie en 3 actes. Hrsg. und für den Schul- und Selbstunterricht erläutert von C. Schütz. (135 S.)
» XVI. » 7. Regnard, J. F., le joueur. Comédie en 5 actes. Hrsg. und für den Schul- und Selbstunterricht erläutert von C. Schütz. (116 S.)
» XVI. » 8. Scribe et Legouvé, les doigts de fée. Comédie en 5 actes. Hrsg. und für den Schul- und Selbstunterricht erläutert von C. Schütz. (139 S.)
» XVII. » 1. Corneille, P., Polyeucte. Tragédie chretienne. Hrsg. und für den Schul- und Selbstunterricht erläutert von C. Schütz. (94 S.)

1—XV. Série und XVI. Série 1—4. Livr. 9 Thlr. 22½ Ngr.

Théâtre français. Pourvu de notes et d'un petit vocabulaire à l'usage des écoles et de l'enseignement particulier. Nr. 1—108. 16. Berlin 878—81. Friedberg & Mode. à — 30; cart. à — 40

1. Le verre d'eau ou les effets et les causes. Comédie en 5 actes et en prose par Scribe. (110 S.) 4. éd.
2. Le Tartuffe. Comédie en 5 actes par Molière. (128 S.) 2. éd.
3. L'Avare. Comédie en 5 actes par J. B. Poquelin de Molière. (99 S.) 2. éd.
4. Athalie. Tragédie en 5 actes par J. Racine. (83 S.) 3. éd.
5. Les contes de la reine de Navarre ou la revanche de Pavie. Comédie en 5 actes par Scribe et Legouvé. (144 S.) 2. éd.
6. L'abbé de l'Épée. Comédie historique en 5 actes par J. N. Bouilly. (80 S.) 2. éd.
7. Bertrand et Raton, ou l'art de conspirer. Comédie en 5 actes par E. Scribe. (132 S.) 2. éd.
8. Avant, pendant et après. Esquisses historiques par Scribe et de Rougemont. (92 S.) 2. éd.
9. Phèdre. Tragédie en 5 actes et en vers par J. Racine. (76 S.) 2. éd.
10. Le voyage à Dieppe. Comédie en 3 actes par Wafflard et Fulgence. (72 S.) 2. éd.
11. Bataille de dames ou un duel en amour. Comédie en 3 actes par Scribe et Legouvé. (99 S.) 2. éd.
12. Iphigénie. Tragédie en 5 actes et en vers par J. Racine. (80 S.) 2. éd.
13. L'école des vieillards. Comédie en 5 actes et en vers par Casimir Delavigne. (116 S.) 2. éd.
14. Mademoiselle de Seiglière. Comédie en 4 actes par Jules Sandeau. (125 S.) 2. éd.
15. Michel Perrin. Comédie-vaudeville en 2 actes par Mélesville et Duveyrier. (96 S.) 2. éd.
16. Horace. Tragédie en 5 actes et en vers par Corneille. (89 S.) 2. éd.
17. Les demoiselles de Saint-Cyr. Comédie en 5 actes par Alex. Dumas. (123 S.) 2. éd.
18. Le diplomate. Comédie-vaudeville en 2 actes par Scribe et Delavigne. (65 S.) 2. éd.
19. Les doigts de fée. Comédie en 5 actes par Scribe et Legouvé. (136 S.) 2. éd.
20. Les enfants d'Édouard. Tragédie en 3 actes et en vers par Casimir Delavigne. (133 S.) 2. éd.
21. Lady Tartuffe. Comédie en 5 actes par Mme. Emile de Girardin. (148 S.) 2. éd.
22. La calomnie. Comédie en 5 actes par E. Scribe (134 S.) 2. éd.
23. Le malade imaginaire. Comédie en 3 actes par Molière. (99 S.) 2. éd.
24. Esther. Tragédie en 3 actes et en vers par Racine. (64 S.) 2. éd.
25. Le Cid. Tragédie en 5 actes et en vers par P. Corneille. (99 S.) 2. éd.
26. Mon étoile. Comédie en 1 acte et en prose. Par Scribe. (62 S.)
27. La joie fait peur. Comédie en 1 acte et en prose. Par Mme. Emile de Girardin. (58 S.)
28. Le médecin malgré lui. Comédie en 3 actes par Molière. (58 S.)
29. La camaraderie ou la courte-échelle. Comédie en 5 actes. Par Eug. Scribe. (133 S.) 2. éd.
30. Le mariage d'argent. Comédie en 5 actes par Scribe. (110 S.)
31. La reine de seize ans. Comédie en 2 actes par Bayard. (66 S.)
32. La berline de l'émigré. Drame en 5 actes par Mélesville et Hestienne. (137 S.)
33. Adrienne Lecouvreur. Comédie-drame en 5 actes et en prose par Scribe et Legouvé. (133 S.)
34. Louis XI. Tragédie en 5 actes et en vers par Delavigne. (167 S.)
35. Le marie à la campagne ou le Tartuffe moderne. Comédie en 3 actes par Bayard et de Vailly. (150 S.)
36. Le barbier de Séville ou la précaution inutile. Comédie en 4 actes par Beaumarchais. (96 S.)
37. Le Misanthrope. Comédie en 5 actes et en vers par Molière. (98 S.)
38. Les femmes savantes. Comédie en 5 actes et en vers par Molière. (115 S.) 2. éd.
39. Le bourgeois gentilhomme. Comédie en 5 actes par Molière. (116 S.) 2. éd.
40. Malvina ou un mariage d'inclination. Comédie-vaudeville en 2 actes par Scribe. (80 S.)

41. Les indépendants. Comédie en 3 actes par Scribe. (94 S.)
42. La jeune femme colère. Comédie en 1 acte par Étienne. (45 S.)
43. L'honneur et l'argent. Comédie en 5 actes et en vers par F. Ponsard. (135 S.)
44. L'ambitieux. Comédie en 5 actes par Scribe. (117 S.)
45. Les premières amours. Comédie-vaudeville en 1 acte par Scribe. (51 S.)
46. Une chaine. Comédie en 5 actes par E. Scribe. (141 S.)
47. Le gamin de Paris. Comédie-vaudeville en 2 actes par Bayard et E. Vanderburgh. (95 S.)
48. Yelva ou l'orpheline russe. Comédie-vaudeville en 2 parties par Scribe, Devilleneuve et Desverger. (66 S.)
49. Le bourgmestre de Sardam ou le prince charpentier. Vaudeville en 2 actes par Mélesville. Merle et Boirie. (62 S.)
50. Lucrèce. Tragédie en 5 actes et en vers par Ponsard. (105 S.)
51. Une femme, qui se jette par la fenêtre. Comédie-vaudeville en un acte par Scribe et Lemoine. (72 S.)
52. Hernani ou l'honneur castillan. Drame en 5 actes et en vers par Vict. Hugo. (143 S.)
53. La passion secrète. Comédie en 3 actes par Scribe. (95 S.)
54. Les deux Philibert. Comédie en 3 actes par L. B. Picard. (99 S.)
55. La demoiselle à marier ou la première entrevue. Comédie-vaudeville en 1 acte par Scribe et Mélesville. (60 S.)
56. Les fourberies de Scapin. Comédie en 3 actes par Molière. (78 S.)
57. Les trois quartiers. Comédie en 3 actes par Picard et Mazères. (91 S.)
58. Le gendre de M. Poirier. Comédie en 4 actes par É. Augier et J. Sandeau. (95 S.)
59. Le testament de César Girodot. Comédie en 3 actes par Adphe. Belot et Edmond Villetard. (95 S.)
60. Kean ou desordre et génie. Comédie en 5 actes par Alex. Dumas. (132 S.)
61. Zaïre. Tragédie en 5 actes par Voltaire. (82 S.)
62. Toujours ou l'avenir d'un fils. Comédie-vaudeville en 2 actes. Par Scribe et Varner. (74 S.)
63. Britannicus. Tragédie en 5 actes et en vers par Racine. (85 S.)
64. Oscar ou le mari qui trompe sa femme. Comédie en 3 actes. Par Scribe et Duveyrier. (71 S.)
65. Cinna ou la clémence d'Auguste. Tragédie en 5 actes par Pierre Corneille. (83 S.)
66. Le mariage de raison. Comédie-vaudeville en 2 actes par Scribe et Varner. (74 S.)
67. Polyeucte. Tragédie en 5 actes et en vers par P. Corneille. (94 S.)
68. Gringoire. Comédie en 1 acte par Théodore de Banville. (62 S.)
69. Michel et Christine. Comédie-vaudeville par Scribe et Dupin. (48 S.)
70. Une faute. Drame en 2 actes, mêlé de couplets par Scribe. (75 S.)
71. Andromaque. Tragédie en 5 actes et en vers par Racine. (77 S.)
72. La pierre de touche. Comédie en 5 actes par Émile Augier et Jules Sandeau. (113 S.)
73. Le menteur. Comédie en 5 actes et en vers par P. Corneille. (106 S.)
74. L'école des femmes. Comédie en 5 actes et en vers par Molière. (105 S.)
75. Les plaideurs. Comédie en 3 actes et en vers par Racine. (71 S.)
76. Un premier amour. Comédie-vaudeville en 3 actes par Bayard et Vanderburgh. (102 S.)
77. Mademoiselle de Belle-Isle. Drame en 5 actes par Alex. Dumas. (101 S.)
78. Le fils de Cromwell ou une restauration. Comédie en 5 actes par Scribe. (117 S.)
79. Chatterton. Drame en 3 actes par Alfr. de Vigny. (76 S.)
80. Le lorgnon. Comédie-vaudeville en 1 acte par Scribe. (62 S.)
81. Molière. Drame en 5 actes par George Sand. (139 S.)
82. François le Champi. Comédie en 3 actes par George Sand. (82 S.)
83. Mérope. Tragédie en 5 actes et en vers par Voltaire. (74 S.)
84. Henri Hamelin. Comédie en 3 actes par Émile Souvestre. (78 S.)
85. Feu Lionel ou qui vivra verra. Comédie en 3 actes par Scribe et Potron. (110 S.)
86. La première affaire. Comédie en 3 actes par M. Merville. (75 S.)
87. Toussaint Louverture. Poème dramatique en 5 actes par A. de Lamartine. (135 S.)
88. La bourse. Comédie en 5 actes par F. Ponsard. (158 S.)
89. Mercadet. Comédie en 3 actes par H. de Balzac. (110 S.)
90. Les précieuses ridicules. Comédie en un acte par Molière. (40 S.)
91. La ciguë. Comédie en 2 actes et en vers, par Émile Augier. (69 S.)
92. Rodogune. Tragédie en 5 actes et en vers, par P. Corneille. (82 S.)
93. Mahomet ou le fanatisme. Tragédie en 5 actes par Voltaire. (75 S.)
94. Ceinture dorée. Comédie en 3 actes par Émile Augier. (97 S.)
95. Valérie. Comédie en 3 actes par Scribe et Mélesville. (49 S.)
96. Un caprice. Comédie en 1 acte par Alfr. de Musset. (45 S.)
97. Nos bons villageois. Comédie en 5 actes par Victorien Sardou. (186 S.)
98. Halifax. Comédie mêlée de chant, en 3 actes, avec un prologue. Par Alex. Dumas. (100 S.)
99. L'école des maris. Comédie en 3 actes et en vers. Par Molière. (75 S.)
100. Gabrielle. Comédie en 5 actes et en vers. Par Émile Augier. (120 S.)
101. Le village. Comédie en 1 acte par Octave Feuillet. (54 S.)
102. Il faut qu'une porte soit ouverte ou fermée. Proverbe en 1 acte par Alfr. de Musset. (80 S.)
103. Maître Favilla. Drame en 3 actes par George Sand. (80 S.)
104. Mithridate. Tragédie en 5 actes et en vers par Racine. (77 S.)
105. Ruy Blas. Drame en 5 actes par Vict. Hugo. (170 S.)
106. Le mariage de Figaro ou la folle journée. Comédie en 5 actes par Beaumarchais. (156 S.)
107. Lucrèce Borgia. Drame en 3 actes par Vict. Hugo. (98 S.)
108. Ello est folle. Comédie en 2 actes, mêlée de chants, par M. Mélesville. (95 S.)

Théâtre français. 1re série, livr. 2, 3, 5, 6, 7, 10; 2e série, livr. 2, 7; 3e série, livr. 3, 12; 4e série, livr. 3, 6, 12; 5e série, livr. 8; 7e série, livr. 5; 9e série, livr. 3; 10e série, livr. 2, 7; 11e série, livr. 3; 12e série, livr. 1; 13e série, livr. 1, 2, 4; 14e série, livr. 1, 2, 3, 5, 8; 15e série, livr. 3, 4, 5; 16e série, livr. 1, 3, 8; 17e série, livr. 5; 18e série, livr. 2, 3, 5, 6. Nouvelle édit. gr. 16. Bielefeld, Velhagen und Klasing. cart. *

Inhalt:

1re série, livr. 2. Wafflard et Fulgence, Le voyage à Dieppe. Comédie en 3 actes. Revue et annotée par G. Opitz. (88 S.) 882. cart. 50 Pf. — Wörterverzeichniss. (39 S.) 15 Pf.

1re » » 3. Scribe, Eug., Le mariage d'argent. Comédie en 3 actes. Annotée par E. Grube. (127 S.) 882. cart. 50 Pf. — Wörterverzeichniss. (15 S.) 15 Pf.

1re » » 5. Mélesville et Duveyrier, Michel Perrin. Comédie-vaudeville en 2 actes. Revue et annotée par W. Begemann. (123 S.) 883. cart. 50 Pf. — Wörterverzeichniss. (17 S.) 15 Pf.

1re » » 6. Picard, L. B., Les deux Philibert. Comédie en 3 actes. Revue et annotée par E. Schmid. (110 S.) 882. cart. 50 Pf. — Wörterverzeichniss. (25 S.) 15 Pf.

1re » » 7. Molière, L'Avare. Comédie en 5 actes. Revue et annotée par E. Friese. (131 S.) 884. cart. 50 Pf. — Wörterverzeichniss. (18 S.) 15 Pf.

1re » » 10. Scribe, Eug., et de Rougemont, Avant, pendant et après. Esquisses historiques. Annotées par G. Opitz. (111 S.) 883. cart. 50 Pf. — Wörterverzeichniss. (31 S.) 15 Pf.

2e » » 2. Scribe, Eug., Le verre d'eau ou Les effets et les causes. Comédie en 5 actes. Revue et augmentée par Chr. Rauch. (144 S.) 884. cart. 60 Pf. — Wörterverzeichniss. (13 S.) 15 Pf.

3e série, livr. 7. **Etienne**, C. G., La jeune femme colère. Revue et annotée par W. Begemann. (53 S.) 882. cart. 50 Pf. — Wörterverzeichniss. (16 S.) 15 Pf.

3e » » 3. **Molière**, Les Fourberies de Scapin. Comédie en 3 actes. Revue et augmentée par W. Scheffler. (102 S.) 885. cart. 50 Pf. — Wörterverzeichniss. (24 S.) 15 Pf.

3e » » 12. **Bayard** et **E. Vanderburgh**, Le gamin de Paris. Revue et annotée par Chr. Rauch. (104 S.) 882. cart. 50 Pf. — Wörterverzeichniss. (35 S.) 15 Pf.

4e » » 3. **Mélesville, Merle** et **Boirie**, Le bourgmestre de Sardam ou le prince charpentier. Vaudeville en 2 actes. Revue et annotée par F. Friedrich. (70 S.) 883. cart. 50 Pf. — Wörterverzeichniss. (16 S.) 15 Pf.

4e » » 6. **Scribe**, Eug., La camaraderie ou la Courte-Echelle. Comédie en 5 actes. Revue et annotée par Alb. Benecke. (153 S.) 882. cart. 60 Pf. — Wörterverzeichniss. (32 S.) 15 Pf.

4e » » 12. **Dumas**, Alex., Les demoiselles de Saint-Cyr. Revue et annotée par Chr. Rauch. (156 S.) 884. cart. 60 Pf. — Wörterverzeichniss. (15 S.) 15 Pf.

5e » » 8. **Mélesville** et **Hestienne**, La Berline de l'émigré. Drame en 5 actes. Revu et augmenté par Chr. Rauch. (160 S.) 883. cart. 60 Pf. — Wörterverzeichniss. (27 S.) 15 Pf.

7e » » 5. **Ponsard**, François, Lucrèce. Tragédie en 5 actes, en vers. Annotée par Wilh. Scheffler. (132 S.) 882. cart. 50 Pf. — Wörterverzeichniss. (40 S.) 15 Pf.

9e » » 3. **Delavigne**, Casimir, Louis XI. Tragédie en 5 actes. Annotée par Alb. Benecke. (247 S.) 884. cart. 60 Pf. — Wörterverzeichniss. (46 S.) 15 Pf.

10e » » 2. **Corneille**, Le Cid. Tragédie en 5 actes et en vers. Revue et annotée par Alb. Benecke. (122 S.) 882. cart. 50 Pf. — Wörterverzeichniss. (12 S.) 15 Pf.

10e » » 7. **Molière**, Le bourgeois gentilhomme. Comédie-ballet. Revue et annotée par F. Fischer. (144 S.) 884. cart. 60 Pf. — Wörterverzeichniss. (18 S.) 15 Pf.

11e » » 3. —— Le Misanthrope. Comédie en 5 actes. Revue et annotée par W. Wagner. (106 S.) 883. cart. 50 Pf. — Wörterverzeichniss. (14 S.) 15 Pf.

12e » » 1. **Scribe**, Eug., et **E. Legouvé**, Les contes de la reine de Navarre ou la revanche de Pavie. Comédie en 5 actes. Annotée par Chr. Rauch. (183 S.) 882. cart. 60 Pf. — Wörterverzeichniss. (16 S.) 15 Pf.

13e » » 1. **Sandeau**, Jules, Mademoiselle de la Seiglière. Comédie en 4 actes. Revue et annotée par F. Fischer. (148 S.) 885. cart. 60 Pf. — Wörterverzeichniss. (20 S.) 15 Pf.

13e » » 2. **Corneille**, Horace. Tragédie en 5 actes et en vers. Revue et annotée par W. Wagner. (93 S.) 884. cart. 50 Pf. — Wörterverzeichniss. (14 S.) 15 Pf.

13e » » 4. **Gozlan**, Léon, Les robes blanches. Annotée par Alb. Benecke. (69 S.) 883. cart. 50 Pf. — Wörterverzeichniss. (18 S.) 15 Pf.

14e » » 1. **Ponsard**, François, L'honneur et l'argent. Annotée par Ch. Baudow. (176 S.) 882. cart. 60 Pf. — Wörterverzeichniss. (13 S.) 15 Pf.

14e » » 2. **Girardin**, Mme. de, Lady Tartuffe. Comédie en 5 actes. Revue et annotée par D. Rohde. (146 S.) 880. cart. 60 Pf. — Wörterverzeichniss. (11 S.) 15 Pf.

14e » » 3. **Augier**, Philiberte. Comédie en 3 actes et en vers. (101 S.) 880. cart. 50 Pf. — Wörterverzeichniss. (29 S.) 15 Pf.

14e » » 5. **Racine**, Emile, Iphigénie. Tragédie en 5 actes et en vers. Revue et annotée par D. Rohde. (100 S.) 885. cart. 50 Pf. — Wörterverzeichniss. (11 S.) 15 Pf.

14e » » 8. —— Britannicus. Tragédie en 5 actes et en vers. Revue et annotée par D. Rohde. (95 S.) 885. cart. 50 Pf. — Wörterverzeichniss. (11 S.) 15 Pf.

15e » » 3. —— Esther. Tragédie en 3 actes et en vers. Revue et annotée par D. Rohde. (66 S.) 879. cart. 50 Pf. — Wörterverzeichniss. (15 S.) 15 Pf.

15e » » 4. **Scribe**, Eug., Mon étoile. Comédie en 1 acte. — **Girardin**, Mme de, La Joie fait peur. Comédie en 1 acte. Revue et annotée par S. Waetzoldt. (128 S.) 885. cart. 50 Pf. — Wörterverzeichniss. (16 S.) 15 Pf.

15e » » 5. **Molière**, Les femmes savantes. Revue et annotée par F. Fischer. (147 S.) 882. cart. 50 Pf. — Wörterverzeichniss. (20 S.) 15 Pf.

16e » » 1. **Racine**, Les Plaideurs. Comédie en 3 actes et en vers. Revue et annotée par D. Rohde. (84 S.) 880. cart. 50 Pf. — Wörterverzeichniss. (8 S.) 15 Pf.

Théâtre français etc.

16e série, livr. 3. **Corneille**, Cinna. Tragédie en 5 actes et en vers. Revue et annotée par S. Waetzoldt. (105 S.) 880. cart. 50 Pf. — Wörterverzeichniss. (12 S.) 15 Pf.

16e » » 8. **Scribe**, Eug., et **E. Legouvé**, Les doigts de fée. Comédie en 5 actes. Annotée par S. Waetzoldt et Alb. Benecke. (163 S.) 882. cart. 60 Pf. — Wörterverzeichniss. (18 S.) 15 Pf.

17e » » 5. **Molière**, Les précieuses ridicules. Comédie en 1 acte. Annotée par Guill. Scheffler. (83 S.) 884. cart. 50 Pf. — Wörterverzeichniss. (25 S.) 15 Pf.

18e » » 2. —— Le Tartuffe ou l'imposteur. Comédie en 5 actes et en vers. Revue et annotée par E. Friese. (166 S.) 884. cart. 60 Pf. — Wörterverzeichniss. (21 S.) 15 Pf.

18e » » 3. **Samson**, La belle-mère et le gendre. Comédie en 3 actes et en vers. Revue et annotée par F. Fischer. (88 S.) 880. cart. 50 Pf. — Wörterverzeichniss. (19 S.) 15 Pf.

18e » » 5. **Racine**, Athalie. Tragédie tirée de l'Écriture sainte 1691. Revue et annotée par Alb. Benecke. (135 S.) 885. cart. 50 Pf. — Wörterverzeichniss. (23 S.) 15 Pf.

18e » » 6. **Hugo**, Vict., Hernani. Drame en 5 actes et en vers. Revue et annotée par R. Holzapfel. (192 S.) 882. cart. 60 Pf. — Wörterverzeichniss. (28 S.) 15 Pf.

—— dass. — 19e série, livr. 1 et 2. gr. 16. Bielefeld 882, Velhagen und Klasing. cart. à livr. 50 Pf. Wörterverzeichniss à

Inhalt:

Livr. 1. **Feuillet**, Oct., Le village. Comédie en 1 acte. Annotée par F. Fischer. (61 S.) — Wörterverzeichniss. (36 S.)

» 2. **Scribe**, Eug., Les premières amours. Comédie. Revue et annotée par W. Begemann. (55 S.) — Wörterverzeichniss. (15 S.)

— **français**. Avec notes et vocabulaires. Nr. 1—6, 9, 11, 12, 14, 16, 18—20, 24, 25, 27, 30, 52, 53, 58, 67, 71, 74, 77, 81, 113 et 115. 16. Ebend. 883—86. à — 30; cart. à — 40

1. Le verre d'eau ou les effets et les causes. Comédie en 5 actes et en prose par Scribe. 17. éd. (103 u. 7 S.)
2. Le Tartuffe. Comédie en 5 actes par Molière. 7. éd. (128 S.)
3. L'avare. Comédie en 5 actes par J. B. Poquelin de Molière. 12. éd. (99 S.)
4. Athalie. Tragédie en 5 actes par J. Racine. 9. éd. (83 S.)
5. Les contes de la Reine de Navarre ou la revanche de Pavie. Comédie en 5 actes par Scribe et Legouvé. 8. éd. (144 S.)
6. L'abbé de l'Epée. Comédie historique en 5 actes par M. J. N. Bouilly. 4. éd. (88 S.)
9. Phèdre. Tragédie en 5 actes et en vers. Par J. Racine. 5. éd. (76 S.)
11. Bataille des dames ou un duel en amour. Comédie en 3 actes par Scribe et Legouvé. 6. éd. (99 S.)
12. Iphigénie. Tragédie en 5 actes et en vers par J. Racine. 5. éd. (80 S.)
14. Mademoiselle de la Seiglière. Comédie en 4 actes par Jules Sandeau. 7. éd. (125 S.)
16. Horace. Tragédie en 5 actes et en vers par Corneille. 5. éd. (89 S.)
18. Le Diplomate. Comédie-vaudeville en 2 actes par Scribe et Delavigne. 4. éd. (65 S.)
19. Les doigts de fée. Comédie en 5 actes par Scribe et Legouvé. 7. éd. (136 S.)
20. Les enfants d'Edouard. Tragédie en 3 actes et en vers par Casimir Delavigne. 4. éd. (133 S.)
24. Esther. Tragédie en 3 actes et en vers par Racine. 6. éd. (64 S.)
25. Le Cid. Tragédie en 5 actes et en vers par P. Corneille. 9. éd. (99 S.)
27. La joie fait peur. Comédie en 1 acte et en prose. Par Mme. Emile de Girardin. 4. éd. (58 S.)
39. Le bourgeois gentilhomme. Comédie-Ballet en 5 actes par Molière. 7. éd. (116 S.)
52. Hernani ou l'honneur castillan. Drama en 5 actes et en vers par Victor Hugo. 5. éd. (143 S.)
53. La passion secrète. Comédie en 3 actes par Scribe. 2. éd. (95 S.)
58. Le gendre de M. Poirier. Comédie en 4 actes par E. Augier et J. Sandeau. 4. éd. (95 S.)
67. Polyeucte. Tragédie en 5 actes et en vers par P. Corneille. 3. éd. (93 S.)
71. Andromaque. Tragédie en 5 actes et en vers par Racine. 3. éd. (77 S.)
74. L'école des femmes. Comédie en vers et en 5 actes par Molière. 2. éd. (105 S.)
77. Mademoiselle de Belle-Isle. Drame en 5 actes par Alexandre Dumas. 2. éd. (101 S.)
81. Molière. Drame en 5 actes par Georges Sand. 2. éd. (139 S.)
113. Le gant et l'éventail. Comédie mêlée de chant, en 3 actes par Bayard et Sauvage. (95 S.)
115. Le roman d'un jeune homme pauvre. Comédie en 5 actes et 7 tableaux. Par Octave Feuillet. Éd. par A. W. Kastan. (122 S.)

Théâtre, français. 2. Folge. 2. Lfg., 3. Folge 3. Lfg., 8. Folge 2. Lfg. u. 19. Folge 2. Lfg. 12. Bielefeld 885. 86. Velhagen & Klasing. cart. 2. 20

II. 2. Le verre d'eau ou les effets et les causes par E. Scribe. Mit Anmerkgn. zum Schulgebrauch hrsg. v. Chr. Rauch. (144 S.) — 60

III. 3. Les fourberies de Scapin. Comédie en 3 actes par Molière. Mit Anmerkgn. hrsg. v. Wilh. Scheffler. (103 S.) — 50

VIII. 2. L'école des femmes. Comédie en cinq actes par Molière. Mit Anmerkgn. Hrsg. v. Wilh. Scheffler. Ausg. A. Mit Anmerkgn. unter dem Text. (153 S.) — 60; Ausg. B. Mit Anmerkgn. in e. Anh. (124 u. 34 S.) — 60

XIX. 2. Le Congé. Petit drame en un acte par Arnaud Berquin. Mit Anmerkgn. zum Schulgebrauch hrsg. v. Th. Weischer. (40 S.) — 50

Théâtre français. Av. notes et vocabulaires. Nr. 1—5, 7, 9, 11, 12, 14—20, 22—29, 31—34, 36—39, 41, 43, 45, 52, 58—61, 63, 65, 90, 95, 101, 102, 105, 107, 115. 16. Berlin 887—890. Friedberg & Mode. à Nr. — 30; cart. à — 40

Inhaltsübersicht in alphabet. Ordnung:

Augier, E., et J. Sandeau, le gendre de M. Poirier. Comédie en 4 actes. 6. éd. (95 S.) (Nr. 58.)
Bayard, la reine de seize ans. Comédie en 2 actes, mêlée de couplets. 3. éd. (66 S.) (Nr. 31.)
Beaumarchais, le barbier de Séville ou la précaution inutile. Comédie en 4 actes. 4. éd. (80 S.) (Nr. 36.)
Belot, A., et E. Villetard, le testament de César Girodot. Comédie en 3 actes. 2. éd. (95 S.) (Nr. 59.)
Corneille, P., le Cid. Tragédie en 5 actes et en vers. 12. éd. (99 S.) (Nr. 25.)
— Cinna ou la clémence d'Auguste. Tragédie en 5 actes. 4. éd. (84 S.) (Nr. 65.)
— Horace. Tragédie en 5 actes et en vers. 6. éd. (89 S.) (Nr. 16.)
Delavigne, C., les enfants d'Édouard. Tragédie en 3 actes et en vers. 5. éd. (133 S.) (Nr. 20.)
— Louis XI. Tragédie en 5 actes et en vers. 4. éd. (167 S.) (Nr. 34.)
— s.: Scribe et Delavigne, la diplomatie.
Dumas, Alex., les demoiselles de Saint-Cyr. Comédie en 5 actes. 5. éd. (123 S.) (Nr. 17.)
— Kean ou désordre et génie. Comédie en 5 actes. 4. éd. (132 S.) (Nr. 60.)
Duveyrier, s.: Mélesville et Duveyrier, Michel Perrin.
Feuillet, O., le roman d'un jeune homme pauvre. Comédie en 5 actes en 7 tableaux. 3. éd. (122 S.) (Nr. 115.)
— le village. Comédie en 1 acte. 3. éd. (54 S.) (Nr. 101.)
Girardin, E. de, la joie fait peur. Comédie en 1 acte et en prose. 5. éd. (58 S.) (Nr. 27.)
Hugo, V., Hernani ou l'honneur castillan. Drame en 5 actes et en vers. 6. éd. (143 S.) (Nr. 52.)
— Lucrèce Borgia. Drame en 3 actes. 2. éd. (98 S.) (Nr. 107.)
— Ruy Blas. Drame en 5 actes. 3. éd. (170 S.) (Nr. 105.)
Legouvé, s.: Scribe et Legouvé.
Mélesville et Duveyrier, Michel Perrin. Comédie-vaudeville en 2 actes. 3. éd. (96 S.) (Nr. 15.)
— et Hestienne, la berline de l'émigré. Drame en 5 actes. 3. éd. (137 S.) (Nr. 32.)
— s.: Scribe et Mélesville, Valérie.
Molière, l'avare. Comédie en 5 actes. 15. éd. (88 S.) (Nr. 3.)
— le bourgeois gentilhomme. Comédie-ballet en 5 actes. 9. éd. (116 S.) (Nr. 39.)
— les femmes savantes. Comédie en 5 actes et en vers. 8. éd. (115 S.) (Nr. 38.)
— le malade imaginaire. Comédie en 3 actes. 6. éd. (99 S.) (Nr. 23.)
— le médecin malgré lui. Comédie en 3 actes. 3. éd. (58 S.) (Nr. 28.)
— le misanthrope. Comédie en 5 actes et en vers. 7. éd. (98 S.) (Nr. 37.)
— les précieuses ridicules. Comédie en 1 acte. 4. éd. (40 S.) (Nr. 90.)
— le Tartuffe. Comédie en 5 actes. 8. éd. (128 S.) (Nr. 2.)
Musset, A. de, il faut qu'une porte soit ouverte ou fermée. Proverbe en 1 acte. 2. éd. (30 S.) (Nr. 102.)
Ponsard, F., l'honneur et l'argent. Comédie en 5 actes et en vers. 3. éd. (135 S.) (Nr. 43.)
Racine, J., Athalie. Tragédie en 5 actes. 11. éd. (83 S.) (Nr. 4.)
— Britannicus. Tragédie en 5 actes et en vers. 4. éd. (85 S.) (Nr. 63.)
— Esther. Tragédie en 3 actes et en vers. 7. éd. (64 S.) (Nr. 24.)
— Iphigénie. Tragédie en 5 actes et en vers. 6. éd. (80 S.) (Nr. 12.)
— Phèdre. Tragédie en 5 actes et en vers. 6. éd. (76 S.) (Nr. 9.)
Sandeau, J., Mademoiselle de la Seiglière. Comédie en 4 actes. 10. éd. (125 S.) (Nr. 14.)
— s.: Augier et Sandeau, le gendre de Monsieur Poirier.
Scribe, E., les premières amours. Comédie-vaudeville en 1 acte. 2. éd. (51 S.) (Nr. 45.)
— Bertrand et Raton, ou l'art de conspirer. Comédie en 5 actes. 5. éd. (132 S.) (Nr. 7.)
— la calomnie. Comédie en 5 actes. 2. éd. (134 S.) (Nr. 22.)
— la camaraderie ou la courte-échelle. Comédie en 5 actes. 4. éd. (133 S.) (Nr. 29.)
Scribe, E., mon étoile. Comédie en 1 acte et en prose. 5. éd. (62 S.) (Nr. 26.)
— les indépendants. Comédie en 3 actes. 2. éd. (94 S.) (Nr. 41.)
— le verre d'eau ou les effets et les causes. Comédie en 5 actes et en prose. 23. éd. (110 S.) (Nr. 1.)
— et Delavigne, la diplomatie. Comédie-vaudeville en 2 actes. 5. éd. (65 S.) (Nr. 18.)
— et Legouvé, bataille de dames ou un duel en amour. Comédie en 3 actes. 8. éd. (99 S.) (Nr. 11.)
— — les contes de la Reine de Navarre ou la revanche de Pavie. Comédie en 5 actes. 10. éd. (144 S.) (Nr. 5.)
— — les doigts de fée. Comédie en 5 actes. 10. éd. (156 S.) (Nr. 19.)
— — Adrienne Lecouvreur. Comédie-drame en 5 actes et en prose. 7. éd. (118 S.) (Nr. 33.)
— et Mélesville, Valérie. Comédie en 3 actes. 2. éd. (49 S.) (Nr. 95.)
Villetard, E., s.: Belot et Villetard, le testament.
Voltaire, Zaïre. Tragédie en 5 actes. 4. éd. (82 S.) (Nr. 61.)

Théâtre français. Ausg. A. m. Anmerkgn. unter dem Text, Ausg. B. Text u. Anmerkgn. getrennt. I. Folge, 7. Lfg.; X. Folge, 2. u. 7. Lfg.; XIII. Folge, 2. Lfg.; XIV. Folge, 5. u. 8. Lfg.; XV. Folge, 3.—5., 7. Lfg.; XIX. Folge, 6. Lfg. 12. Bielefeld 886—890. Velhagen & Klasing. cart. n. 7. —

I. 7. L'avare. Comédie en 5 actes. Par Molière. Mit Anmerkgn. zum Schulgebrauch hrsg. v. E. Friese. Ausg. B. (107 u. 40 S.) — 60

X. 2. Le Cid. Tragédie en 5 actes et en vers par Corneille. Mit Anmerkgn. zum Schulgebrauch hrsg. v. A. Benecke. Ausg. B. (106 u. 31 S.) — 60

7. Le bourgeois gentilhomme, comédie-ballet [1670] par Molière. Mit Anmerkgn. zum Schulgebrauch hrsg. v. W. Scheffler. Ausg. A. (188 S.) — 75

XIII. 2. Horace. Tragédie en 5 actes par P. Corneille. Mit Anmerkgn. zum Schulgebrauch hrsg. von G. Stern. Ausg. A. (XLIV, 106 S.) — 60

XIV. 5. Iphigénie. Tragédie en 5 actes par Racine. Mit Anmerkgn. zum Schulgebrauch hrsg. v. D. Rohde. Ausg. A. (100 u. XX S.) — Ausg. B., hrsg. v. G. Stern. (XLII, 75 u. 28 S.) à — 60

8. Britannicus. Tragédie en 5 actes par Racine. Mit Anmerkgn. zum Schulgebrauch hrsg. v. W. Scheffler. Ausg. A. (XXVIII, 112 S.); Ausg. B. (XXVIII, 75 u. 37 S.) à — 60

XV. 3. Esther. Tragédie en 3 actes par Racine. Mit Anmerkgn. zum Schulgebrauch hrsg. von W. Scheffler. Ausg. B. (XXXIV, 60 u. 26 S.) — 60

4. La joie fait peur par Mme. Émile de Girardin. Mit Anmerkgn. zum Schulgebrauch hrsg. v. S. Waetzoldt. Ausg. A. (62 S.) n. — 50

5. Les femmes savantes. Comédie en 5 actes par Molière. Mit Anmerkgn. zum Schulgebrauch hrsg. v. W. Scheffler. Ausg. A. (172 S.); Ausg. B. (128 u. 48 S.) à — 60

7. Andromaque. Tragédie en 5 actes par Racine. Mit Anmerkgn. zum Schulgebrauch hrsg. von G. Stern. Ausg. A. (LII, 102 S.); Ausg. B. (LII, 67 u. 39 S.) à — 60

XIX. 6. Marino Faliero par C. Delavigne. Mit Anmerkgn. zum Schulgebrauch hrsg. v. R. Holzapfel. Ausg. A. (XIV, 139 S.) — 75; Wörterbuch (31 S.) n. — 20

Théâtre français. Ausg. A m. Anmerkgn. zum Schulgebrauch unter dem Text; Ausg. B m. Anmerkgn. in e. Anh. I. Folge, 7. Lfg.; II. Folge, 2. u. 4. Lfg.; IV. Folge, 1. u. 6. Lfg.; VIII. Folge, 10. Lfg.; X. Folge, 2. u. 7. Lfg.; XI. Folge, 3. Lfg.; XII. Folge, 1. u. 5. Lfg.; XIII. Folge, 1. Lfg.; XV. Folge, 2., 5. u. 7. Lfg.; XVI. Folge, 6. Lfg.; XVII. Folge, 1. u. 5. Lfg.; XVIII. Folge, 2. u. 5. Lfg.; XIX. Folge, 3. u. 7. Lfg. 12. Bielefeld, Velhagen & Klasing. Kart. n. 15. 40

Inhaltsübersicht in alphabetischer Ordnung:

Augier, Émile, et Jules Sandeau, le gendre de M. Poirier. Comédie en 4 actes. Nouvelle éd. Ausg. A. Hrsg. v. Wilh. Scheffler. (135 S.) 893. (XV, 2.) — 60; Wörterbuch dazu (14 S.) n. — 20
Bouilly, J. N., l'abbé de l'épée. Comédie historique en 5 actes. Hrsg. v. O. Schulze. (112 S.) 891. (II, 4.) — 60
Corneille, P., le Cid. Tragédie en 5 actes et en vers. Mit Anmerkgn. zum Schulgebrauch hrsg. v. Alb. Benecke u. G. Carel. Ausg. A. (XXX, 108 S.) 894. (X, 2.) — 60
-- Polyeucte. Tragédie en 5 actes. Hrsg. v. Wilh. Mangold. Ausg. A. (144 S.) 891. (XVII, 1.) — 60
Delavigne, Casimir, les enfants d'Édouard. Tragédie en 3 actes. Mit Anmerkgn. zum Schulgebrauch hrsg. v. Alb. Benecke. Ausg. A. (XLII, 146 S.) 890. (XVI, 6.) — 75
Legouvé, E., les contes de la Reine de Navarre, s.: Scribe, E.

Molière, l'avare. Comédie en 5 actes. Hrsg. v. E. Friese. Ausg. A. (131 S.) 893. (I, 7.) — 60
— le bourgeois gentilhomme. Comédie-Ballet (1670). Hrsg. v. Wilh. Scheffler. Ausg. A. (188 S.) 893. (X, 7.) — 75; Ausg. B. (120 u. 70 S.) — 75; Wörterbuch dazu (18 S.) — 20
— les femmes savantes. Comédie en 5 actes. Hrsg. v. Wilh. Scheffler. Ausg. A. (172 S.) 894. (XV, 5.) — 75
— le misanthrope. Comédie. Hrsg. v. Wilh. Scheffler. Ausg. A. (147 S.) 892. (XI, 3.) — 60; Wörterbuch dazu (14 S.) — 20
— les précieuses ridicules. Comédie (1659). Hrsg. v. Wilh. Scheffler. (83 S.) 887. (XVII, 5.) — 50; Wörterbuch dazu (25 S.) — 20
— le Tartuffe ou l'imposteur. Comédie en 5 actes. Hrsg. v. E. Friese. Ausg. A. (166 S.) 892. (XVIII, 2.) — 75; Wörterbuch dazu (21 S.) — 20

Racine, Andromaque. Tragédie en 5 actes. Hrsg. v. Geo. Stern. Ausg. A. (102 S.) 893. (XV, 7.) — 60
— Athalie. Tragédie tirée de l'écriture sainte 1691. Hrsg. v. Alb. Benecke. Ausg. A. (135 S.) 893. (XVIII, 5.) — 60; Ausg. B. (115 u. Wörterbuch 24 S.) — 60
— Phèdre. Tragédie en 5 actes et en vers. Mit Anmerkgn. zum Schulgebrauch hrsg. v. Chr. Rauch. Ausg. A. (116 S.) 891. (VIII, 10.) — 60; Ausg. B. (XXXIV, 67 u. 20 S.) — 60

Sandeau, Jules, le gendre de M. Poirier, s.: Augier, Émile.
— Mademoiselle de la Seiglière. Nouvelle éd. Revue et annotée par F. Fischer. (148 S.) 894. (XIII, 1.) — 60; Wörterbuch dazu (20 S.) — 20

Scribe, E., Bertrand et Raton ou l'art de conspirer. Hrsg. v. Fels. (152 S.) 892. (IV, 1.) — 60; Wörterbuch dazu (16 S.) — 20
— la camaraderie ou la courte échelle. Hrsg. v. Alb. Benecke. (153 S.) 893. (IV, 6.) — 60
— mon étoile. Hrsg. v. S. Waetzoldt. (67 S.) 892. (XIX, 7.) — 50; Wörterbuch dazu (16 S.) — 20
— le verre d'eau ou les effets et les causes. Hrsg. v. Chr. Rauch. (144 S.) 894. (II, 2.) — 60; Wörterbuch dazu (13 S.) — 20
— et E. Legouvé, les contes de la Reine de Navarre ou la revanche de Pavie. Comédie en 5 actes. Nouvelle éd. Annotée par Chrn. Rauch. (183 S.) 893. (XII, 1.) — 50; Wörterbuch dazu (16 S.) — 20

Souvestre, Émile, théâtre de la jeunesse. Hrsg. v. J. Jacoby. (112 S.) 885. (XIX, 3.) — 50

Voltaire, Zaïre. Tragédie en 5 actes et en vers. Mit Anmerkgn. zum Schulgebrauch hrsg. v. S. Waetzoldt. u. Alb. Benecke. Ausg. A. (103 u. XX S.) 890. (XII, 5.) — 60; Ausg. B. (XXX, 72 u. 24 S.) — 60

Théâtre français. Ausg. A. m. Anmerkgn. unter d. Text; Ausg. B. m. Anmerkgn. in e. Anh. 5., 8., 20., 27., 33., 36., 44., 46., 56., 60. u. 69. Lfg. 12. Bielefeld, Velhagen & Klasing. Kart. 9. 15

5. L'Avare. Comédie en 5 actes par Molière. Hrsg. v. Ernst Friese. Ausg. B. (107 u. 40 S.) 894. — 75
8. L'Abbé de L'Épée. Comédie historique en 5 actes par J. N. Bouilly. Hrsg. v. O. Schulze. (Ausg. A.) (112 S.) 895. — 75
20. Le malade imaginaire. Comédie-ballet en 3 actes. Par Molière. Hrsg. v. Friese. Ausg. A. (147 S.) 895. — 75
27. Le Cid. Tragédie en 5 actes et en vers par Corneille. Hrsg. v. A. Benecke. Ausg. B. (106 u. 31 S.) 895. — 75
33. Zaïre. Tragédie en 5 actes et en vers par Voltaire. Hrsg. v. S. Waetzoldt. Ausg. A. (103 u. XX S.) 895. — 75
36. Horace, tragédie en 5 actes par P. Corneille. Hrsg. v. Geo. Stern. Ausg. A. (XLIV, 106 S.) 895; Ausg. B. (XLIV, 72 u. 40 S.) 894. à — 75
44. Le gendre de M. Poirier. Comédie en 4 actes par Émile Augier et Jules Sandeau. Nouvelle éd. (Ausg. B.) (96 u. 42 S.) 896. — 75
46. La joie fait peur par Mme. Émile de Girardin. Hrsg. v. S. Waetzoldt. Ausg. B. (VI, 54 u. 6 S.) 895. — 60
56. Les précieuses ridicules. Comédie (1659) par Molière. Im Auszuge hrsg. v. Wilh. Scheffler. Ausg. B. (XIV, 54 u. 20 S.) 895. — 60
60. Athalie. Tragédie tirée de l'écriture sainte 1691 par J. Racine. Hrsg. v. Alb. Benecke. Ausg. A. (135 S.) 895. — 75
69. Mon étoile par E. Scribe. Hrsg. v. S. Waetzoldt. Ausg. A. (67 S.) 895; Ausg. B. (VI, 58 u. 9 S.) 895. à — 60

Théâtre français. Ausg. A. m. Anmerkgn. zum Schulgebrauch unter dem Text; Ausg. B. m. Anmerkgn. in e. Anh. 5.—7., 11., 13., 20., 24., 25., 27., 28., 30.—33., 35., 41., 42., 45.—48., 50.—54., 56., 58., 60., 61., 63., 65., 66. u. 69. Lfg. (Neudr.) 12. Bielefeld, Velhagen & Klasing. Kart. n. 29. 15

Inhaltsübersicht in alphabetischer Ordnung:

Berquin, Arnaud, le déserteur. Drame en 3 actes. Hrsg. v. Th. Weischer. Ausg. A. (83 S.) 898. (Lfg. 66.) — 60

Corneille, P., Le Cid. Tragédie en 5 actes et en vers. Hrsg. von A. Benecke. Ausg. B. (106 u. 31 S.) 899. (Lfg. 27.) — 75
— Cinna. Tragédie en 5 actes. Mit Anmerkgn. zum Schulgebrauch hrsg. v. S. Waetzoldt. Ausg. A. (105 u. XX S.) 897; Ausg. B. Hrsg. v. Geo Stern. (XLVIII, 70 u. 50 S.) 897. (Lfg. 50.) à — 75
— Polyeucte. Tragédie en 5 actes. Hrsg. v. Wilh. Mangold. Ausg. A. (144 S.) 900; Ausg. B. (115 u. 29 S.) 898. (Lfg. 53.) à — 75

Delavigne, Casimir, les enfants d'Edouard. Tragédie en 3 actes. Hrsg. von Alb. Benecke. Ausg. A. (146 S.) 900; Ausg. B. (XXXXII, 125 u. 31 S.) 899. (Lfg. 51.) à — 90
— Louis XI. Tragédie en 5 actes. Hrsg. von Alb. Benecke. Ausg. A. (247 S.) 899. — 75; Ausg. B. (227 u. 26 S.) 899. (Lfg. 25.) — 75

Feuillet, Octave, le village. Hrsg. von Arnold Krause. Ausg. B. (XII, 49 u. 22 S.) 899. (Lfg. 63.) 1. 20

Girardin, Mme Emile de, la joie fait peur. Hrsg. von S. Waetzoldt. Ausg. B. (VI, 54 u. 6 S.) 899. (Lfg. 46.) — 60

Hugo, Vict., Hernani. Drame en 5 actes. Hrsg. v. R. Holzapfel. Autoris. Ausg. Ausg. A. (192 S.) 901; Ausg. B. Hrsg. von Alb. Benecke. (XXXIV, 142 u. 26 S.) 901. (Lfg. 61.) à n. 1.—

Molière, L'Avare. Comédie en 5 actes. Hrsg. von Wilh. Scheffler. Ausg. A. (XIV, 137 S.) 899; Ausg. B. (107 u. 41 S.) 900. (Lfg. 5.) à — 75
— Les femmes savantes. Comédie en 5 actes. Mit Anmerkgn. zum Schulgebrauch hrsg. von Wilh. Scheffler. Ausg. A. (172 S.) 897; Ausg. B. (128 u. 48 S.) 900. (Lfg. 47.) à — 90
— Les fourberies de Scapin. Comédie en 3 actes. Hrsg. v. Wilh. Scheffler. Ausg. B. (84 u. 20 S.) 900. (Lfg. 11.) — 60
— Le bourgeois gentilhomme. Comédie-ballet (1670). Hrsg. v. Wilh. Scheffler. Ausg. B. (120 u. 70 S.) 900. (Lfg. 28.) — 90

Molière, Le malade imaginaire. Comédie-ballet en 3 actes. Mit Anmerkgn. zum Schulgebrauch hrsg. von Alb. Benecke. Ausg. B. (123 u. 27 S.) 901. (Lfg. 20.) — 75
— Le misanthrope, comédie (1666). Hrsg. v. Wilh. Scheffler. Ausg. B. (114 u. 36 S.) 900. (Lfg. 30.) — 75
— Les précieuses ridicules. Comédie (1659). Im Auszuge hrsg. v. Wilh. Scheffler. Ausg. B. (XIV, 54 u. 20 S.) 901. (Lfg. 56.) — 60
— Le tartuffe ou l'imposteur. Comédie en 5 actes. Hrsg. v. E. Friese. Ausg. B. (128 u. 37 S.) 901. (Lfg. 58.) — 90

Racine, J., Andromaque. Tragédie en 5 actes. Hrsg. von Geo. Stern. Ausg. B. (L, 67 u. 39 S.) 899. (Lfg. 48.) — 75
— Athalie. Tragédie, tirée de l'écriture sainte 1691. Hrsg. v. Alb. Benecke. Ausg. A. (135 S.) 900; Ausg. B. (115 u. 24 S.) 900. (Lfg. 60.) à — 75
— Britannicus. Tragédie en 5 actes. Hrsg. v. Wilh. Scheffler. Ausg. B. (XXVIII, 75 u. 37 S.) 899 (Lfg. 42.) — 75
— Esther. Tragédie en 3 actes. Hrsg. von Wilh. Scheffler. Ausg. B. (XXXIV, 60 u. 26 S.) 900. (Lfg. 45.) — 75
— Iphigénie. Tragédie en 5 actes. Mit Anmerkgn. zum Schulgebrauch hrsg. v. Geo. Stern. Ausg. A. (XLIV, 103 S.) 897; Ausg. B. (XLII, 75 u. 28 S.) 900. (Lfg. 41.) à — 75
— Mithridate. Tragédie en 5 actes. Hrsg. von Geo. Stern. Ausg. A. (132 S.) 898. (Lfg. 54.) — 75
— Phèdre. Tragédie en 5 actes et en vers. Mit Anmerkgn. zum Schulgebrauch hrsg. v. Chr. Rauch. Ausg. B. (XXXV, 67 u. 20 S.) 898. (Lfg. 24.) — 75

Sandeau, Jules, Mademoiselle de la Seiglière. Comédie en 4 actes. Im Auszuge hrsg. v. Arnold Krause. Neubearb. Ausg. Ausg. B. (X, 126 u. 32 S.) 900. (Lfg. 35.) n. 1. 60

Scribe, Eugène, Bertrand et Raton ou l'art de conspirer. Hrsg. v. Arnold Krause. Ausg. B. (LXIII, 135 u. 19 S.) 900. (Lfg. 13.) — 75
— mon étoile. Hrsg. v. S. Waetzold. Ausg. B. (VI, 58 u. 9 S.) 900. (Lfg. 69.) — 60
— Le verre d'eau ou les effets et les causes. Hrsg. v. Chr. Rauch. Ausg. A. (X, 130 S.) 899; Ausg. B. (X, 119 u. 19 S.) 900. (Lfg. 7.) à — 75
— u. E. Legouvé, Bataille de dames ou un duel en amour. Comédie en 3 actes et en prose. Mit Benutzg. der Ausg. v. Waetzoldt neu hrsg. v. J. Wychgram. Ausg. B. (X, 110 u. 11 S.) 899. (Lfg. 32.) n. 1. 60
— — Les contes de la reine de Navarre ou la revanche de Pavie. Comédie en 5 actes. Im Auszuge m. Anmerkgn. zum Schulgebrauch hrsg. v. J. Wychgram Ausg. B. (X, 134 u. 18 S.) 897. (Lfg. 31.) n. 1. 60
— — Les doigts de fée. Comédie en 5 actes. Im Auszuge hrsg. v. Arnold Krause. Neubearb. Ausg. Ausg. B. (XIV, 148 u. 28 S.) 900. (Lfg 52.) n. 1. 60
— et de Rougemont, Avant, pendant et après. Esquisses historiques. Hrsg. v. G. Opitz. Ausg. A. (111 S.) 900. (Lfg. 6.) — 60

Souvestre, Émile, Théâtre de la jeunesse. Hrsg. von J. Jacoby. Ausg. A. (112 S.) 900. (Lfg. 65.) — 60

Voltaire, Zaïre. Tragédie en 5 actes et en vers. Hrsg. v. S. Waetzoldt u. A. Benecke. Ausg. B. (XXX, 72 u. 24 S.) 899. (Lfg. 33.) — 75

— **français.** Ausg. A. m. Anmerkgn. zum Schulgebrauch unter dem Text; Ausg. B. m. Anmerkgn. in e. Anh. 5. 7. 8. 13. 16. 18. 20. 23.—25. 27. 28. 30. 31. 33. 35. 36. 38. 41—50. 52.—54. 56.—58. 60. 61. 63. 65 u. 69.—71. Lfg. (Neudrucke m. Ausnahme v. Lfg. 70 u. 71.) kl. 8. Bielefeld, Velhagen & Klasing. Geb. in Leinw. u. kart.

Augier, Émile, et Jules Sandeau, Le gendre de M. Poirier. Comédie en 4 actes. Im Auszuge hrsg. v. Wilh. Scheffler. Neubearb. Ausg. Veröffentlicht m. Erlaubnis der Buchhandlg. v. Calmann Lévy, Eigentümer der Werke v. Émile Augier u. Jules Sandeau. Ausg. B. (X, 95 u. 38 S.) 904. (Lfg. 44.) 1. 60
— — La pierre de touche. Comédie en 5 actes. Hrsg. v. Emil Grube. Veröffentlicht m. Erlaubnis der Buchhandlg. v. Calmann Lévy, Eigentümer der Werke v. Émile Augier u. Jules Sandeau. Ausg. B. (VIII, 120 u. 30 S.) 903. (Lfg. 43.) 1. 60

Bouilly, J.-N., L'Abbé de l'épée. Comédie historique en 5 actes. Hrsg. v. O. Schulze. Ausg. B. (XII, 86 u. 16 S.) 904. (Lfg. 8.) — 80

Corneille, P., Le Cid. Tragédie en 5 actes et en vers. Ausg. A. Hrsg. v. Alb. Benecke u. G. Carel. (XXX, 106 S.) 903; Ausg. B. Hrsg. v. A. Benecke. (106 u. 31 S.) 903. (Lfg. 27.) — 80

— Cinna ou la clémence d'Auguste. Tragédie en 5 actes. Hrsg. v. Geo. Stern. Ausg. B. (XLVI, 70 u. 50 S.) 903. (Lfg. 50.) — 80

— dasselbe. Neu hrsg. v. R. Müller. Einleitung v. René Riegel. Ausg. B. (XVIII, 78 u. 38 S.) 906. (Lfg. 27.) — 90

Corneille, P., Horace. Tragédie en 5 actes. Hrsg. v. Müller. Einleitung v. René Riegel. Ausg. B. (XXX, 72 u. 31 S.) 906. (Lfg. 36.) — 80

— Polyeucte. Tragédie en 5 actes. Hrsg. v. Wilh. Mangold. Ausg. B. (115 u. 29 S.) 903. (Lfg. 53.) — 80

Delavigne, Casimir, Louis XI. Tragédie en 5 actes. Hrsg. v. Alb. Benecke. Ausg. B. (219 u. 26 S.) 905. (Lfg. 25.) — 90

Dumas, Alex., Les demoiselles de Saint-Cyr. Hrsg. v. Chr. Rauch. Ausg. A. (156 S.) 902. (Lfg. 16.) — 90

Feuillet, Octave, Le village. Hrsg. v. Arnold Krause. Veröffentlicht m. Erlaubnis der Buchhandlg. Calmann Lévy, Eigentümerin der Werke v. O. Feuillet. Ausg. B. (XII, 49 u. 22 S.) 905. (Lfg. 63.) 1. 20

Girardin, Mme Émile de, La joie fait peur. Hrsg. v. S. Waetzoldt. Ausg. B. (VI, 54 u. 6 S.) 905. (Lfg. 46.) — 70

Hugo, Vict., Hernani. Neu hrsg. v. J. H. Lange. Einleitung v. René Riegel. Ausg. B. (XXXIV, 140 u. 27 S.) 906. (Lfg. 61.) 1. 20

Mélesville et Hestienne, La berline de l'émigré. Drame en 5 actes. Hrsg. v. Chr. Rauch. (Ausg. A.) (160 S.) 906. (Lfg. 18.) 1. —

Molière, L'Avare. Comédie en 5 actes. Hrsg. v. Wilh. Scheffler. Einleitung v. René Riegel. Mit 3 Abbildgn. (XX, 99 u. 41 S.) 906. (Lfg. 5.) — 90

— L'École des femmes. Comédie en 5 actes. Hrsg. v. Wilh. Scheffler. Ausg. B. (124 u. 34 S.) 903. (Lfg. 23.) — 90

— Les femmes savantes. Comédie en 5 actes. Hrsg. v. Wilh. Scheffler. Mit 2 Abbildgn. Ausg. A. (172 S.) 905; Ausg. B. (XXVI, 96 u. 48 S.) 906. (Lfg. 47.) à 1. —

— Le bourgeois gentilhomme. Comédie-ballet (1670). Hrsg. v. Wilh. Scheffler. Ausg. B. (158 S.) 903; Ausg. B. (120 u. 70 S.) 904. (Lfg. 28.) à 1. —

— Le malade imaginaire. Comédie-ballet en 3 actes. Hrsg. v. E. Friese. Ausg. A. (147 S.) 901. Kart. — 75; Ausg. B. Hrsg. v. Alb. Benecke (123 u. 27 S.) 903. (Lfg. 20.) n. — 90

— Le misanthrope, comédie (1666). Hrsg. v. Wilh. Scheffler. Ausg. A. (XXII, 117 S.) 906; Ausg. B. (XXI, 84 u. 36 S.) 905. (Lfg. 30.) à — 90

— Les précieuses ridicules. Comédie (1659). Im Auszuge hrsg. v. Wilh. Scheffler. Mit 3 Abbildgn. Ausg. B. (XVI, 54 u. 20 S.) 906. (Lfg. 56.) — 75

— Le Tartuffe ou l'imposteur. Comédie en 5 actes. Hrsg. v. E. Friese. Ausg. B. (128 u. 37 S.) 904. (Lfg. 58.) 1. —

Pailleron, Édouard, Le monde où l'on s'ennuie. Comédie en 3 actes. Mit Anmerkgn. zum Schulgebrauch hrsg. v. R. Werner. Veröffentlicht m. Erlaubnis der Buchhandlg. Calmann Lévy. Ausg. B. (VIII, 140 u. 24 S.) 904. (Lfg. 70.) 1. 60

Ponsard, L'honneur et l'argent. Hrsg. v. K. Bandow. Ausg. A. (176 S.) 901. (Lfg. 38.) Kart. — 90

Racine, Jean, Andromaque. Tragédie en 5 actes. Hrsg. v. Geo. Stern. Ausg. B. (LII, 67 u. 39 S.) 904. (Lfg. 48.) — 90

— Athalie. Tragédie tirée de l'écriture sainte (1691). Neu hrsg. von v. Jarochowski. Einleitung v. René Riegel. Ausg. B. (XXXII, 81 u. 23 S.) 906. (Lfg. 60.) — 90

— Britannicus. Tragédie en 5 actes. Hrsg. v. Wilh. Scheffler. Ausg. A. (XX, 112 S.) 905; Ausg. B. (XXVIII, 75 u. 37 S.) 902. (Lfg. 42.) à — 90

— Esther. Tragédie en 3 actes. Hrsg. v. Wilh. Scheffler. Ausg. B. (XXXIV, 60 u. 26 S.) 904. (Lfg. 45.) — 90

— Iphigénie. Tragédie en 5 actes. Hrsg. v. Geo. Stern. Ausg. B. (XLII, 75 u. 28 S.) 903. (Lfg. 41.) — 90

— Mithridate. Tragédie en 5 actes. Hrsg. v. Geo. Stern. Ausg. B. (106 u. 28 S.) 903. (Lfg. 54.) — 90

— Phèdre. Tragédie en 5 actes et en vers. Neu hrsg. von v. Jarochowski. Einleitg. v. René Riegel. Ausg. B. (XXVIII, 67 u. 15 S.) 905. (Lfg. 21.) — 90

— Les plaideurs. Comédie. Hrsg. v. D. Rohde. Ausg. A. (84 S.) 903. (Lfg. 49.) — 70

Rostand, Edm., La Samaritaine. Hrsg. v. Thérèse Kempf. Ausg. B. (XXVIII, 83 u. 23 S.) 906. (Lfg. 71.) 1. —

Sandeau, Jules, Mademoiselle de la Seiglière. Comédie en 4 actes. Im Auszuge hrsg. v. Arnold Krause. Neubearb. Ausg. Veröffentlicht m. Erlaubnis der Buchhandlg. Calmann Lévy, Eigentümerin der Werke v. J. Sandeau. Ausg. B. (X, 126 u. 32 S.) 901. (Lfg. 35.) 1. 60

Scribe, Eugène, Bertrand et Raton ou l'art de conspirer. Hrsg. v. Arnold Krause. Ausg. B. (XVIII, 135 u. 19 S.) 904. (Lfg. 13.) — 90

— Mon étoile. Hrsg. v. S. Waetzoldt. Ausg. A. (67 S.) 903; Ausg. B. (VI, 58 u. 9 S.) 901. (Lfg. 69.) à — 70

— Le verre d'eau ou les effets et les causes. Neu hrsg. v. K. Fahrenberg. Ausg. B. (X, 119 u. 10 S.) 906. (Lfg. 7.) — 90

— **et E. Legouvé,** Les contes de la reine de Navarre, ou la revanche de Pavie. Comédie en 5 actes. Im Auszuge hrsg. v. J. Wychgram. Ausg. B. (X, 134 u. 13 S.) 902. (Lfg. 31.) Kart. n. 1. 60

— — Les doigts de fée. Comédie en 5 actes. Im Auszuge hrsg. v. Arnold Krause. Veröffentlicht m. Erlaubnis der Buchhandlg. Calmann Lévy, Eigentümerin der Werke v. E. Scribe u. E. Legouvé. Neubearb. Ausg. Ausg. B. (XIV, 148 u. 28 S.) 905. (Lfg. 52.) 1. 60

Souvestre, Émile, Théâtre de la jeunesse. Hrsg. v. J. Jacoby. Ausg. A. (112 S.) 904. (Lfg. 65.) — 70

Voltaire, Mérope. Tragédie en 5 actes et en vers. Hrsg. v. S. Waetzoldt. Ausg. A. (95 S.) 904. (Lfg. 57.) — 70

— Zaïre. Tragédie en 5 actes et en vers. Ausg. A. Hrsg. v. S. Waetzoldt. (103 u. XX S.) 903; Ausg. B. Hrsg. v. S. Waetzoldt u. A. Benecke. (XXVIII, 72 u. 24 S.) 903. (Lfg. 33.) à — 90

— dasselbe. Neu hrsg. v. M. Abicht. Einleitung v. René Riegel. (XXVIII, 72 u. 24 S.) 906. (Lfg. 33.) — 90

Théâtre français. Ausg. A m. Anmerkgn. zum Schulgebrauch unter dem Text; Ausg. B m. Anmerkgn. in e. Anh. 5., 20., 27., 28., 30., 32., 41., 42., 45.—47., 51., 56.—58. u. 72. Lfg. kl. 8. Bielefeld, Velhagen & Klasing. 14. 35

Corneille, P., le Cid. Tragédie en 5 actes et en vers. Ausg. A. Hrsg. v. Alb. Benecke u. G. Carel. (XXII, 106 S.) 906. — 80; Ausg. B. Neu hrsg. v. R. Müller. Einleitung v. lic. ès lettres René Riegel. (XXX, 78 u. 33 S.) 906. (27. Lfg.) — 90

Delavigne, Casimir, les enfants d'Édouard. Tragédie en 3 actes. Hrsg. v. Alb. Benecke. Ausg. B. (XXIV, 125 u. 31 S.) 906. (51. Lfg.) 1. —

Girardin, Mme Emile de, la joie fait peur. Neu hrsg. v. K. Fahrenberg. Ausg. B. (VI, 54 u. 7 S.) 906. (46. Lfg.) — 70

Molière, l'Avare. Comédie en 5 actes. Hrsg. v. Wilh. Scheffler. Einleitung v. lic. ès lettres René Riegel. Mit 3 Abbildgn. Ausg. B. (XX, 99 u. 41 S.) 906. (5. Lfg.) — 90

— Les femmes savantes. Comédie en 5 actes. Hrsg. v. Wilh. Scheffler. Einleitung v. René Riegel. Mit 2 Abbildgn. Ausg. B. (XXXIV, 96 u. 48 S.) 907. (47. Lfg.) 1. —

— Le bourgeois gentilhomme. Comédie-ballet (1670). Hrsg. v. Wilh. Scheffler. Einleitung v. René Riegel. Mit 2 Abbildgn. Ausg. B. (VI, 120 u. 70 S.) 907. (28. Lfg.) 1. —

— Le malade imaginaire. Comédie-ballet en 3 actes. Neu hrsg. v. M. Abicht. Einleitung v. lic. ès lettres René Riegel. Ausg. B. (XVIII, 117 u. 32 S. m. Bildnis.) 906. (20. Lfg.) — 90

— Le misanthrope, comédie (1666). Hrsg. v. Wilh. Scheffler. Einleitung v. René Riegel. Mit 2 Abbildgn. Ausg. B. (XXXIV, 84 u. 36 S.) 907. (30. Lfg.) — 90

— Les précieuses ridicules. Comédie (1659). Im Auszuge hrsg. v. Wilh. Scheffler. Ausg. A. (XIII, 71 S.) 906. (56. Lfg.) — 75

— Le Tartuffe ou l'imposteur. Comédie en 5 actes. Neu hrsg. v. M. Abicht. Einleitung v. lic. ès lettres René Riegel. Mit 2 Abbildgn. Ausg. B. (XXXIV, 100 u. 25 S.) 907. (58. Lfg.) 1. —

Racine, Britannicus. Tragédie en 5 actes. Hrsg. v. Wilh. Scheffler. Ausg. B. (XX, 75 u. 37 S.) 906. (42. Lfg.) — 90

— Esther. Tragédie en 3 actes. Hrsg. v. Wilh. Scheffler. Einleitung v. René Riegel. Ausg. B. (XXXVI, 60 u. 26 S.) 907. (45. Lfg.) — 90

— Iphigénie. Tragédie en 5 actes. Neu hrsg. v. Aug. Sturmfels. Einleitung v. lic. ès lettres René Riegel. Ausg. B. (XXXIV, 75 u. 40 S.) 906. (41. Lfg.) — 90

Scribe, E., et E. Legouvé, bataille de dames ou un duel en amour. Comédie en 3 actes et en prose. Mit Benutzg. der Ausg. v. Waetzoldt neu hrsg. v. Wychgram. Veröffentlicht m. Erlaubnis der Buchhandlung Calman Lévy, Eigentümerin der Werke v. E. Scribe u. E. Legouvé. Ausg. B. (X, 110 u. 11 S.) 906. (32. Lfg.) 1. 60

Théâtre moderne. Theuriet, Jean-Marie. — **Coppée,** le luthier de Crémone. — Le trésor. Mit Anmerkgn. zum Schulgebrauch hrsg. v. F. W. Bernhardt. (Ausg. B.) (XXIV, 91 u. 21 S.) 909. (72. Lfg.) Geb. u. geh. 1. —

Théâtre français. Collection Friedberg & Mode. Pourvue de notes et de petits vocabulaires. Nr. 1—7, 10, 11, 14, 17, 19, 23—27, 29, 33, 37—39, 47, 52, 58, 60, 61, 63, 67, 68, 71, 83, 89, 90, 96, 101, 102, 106, 115. gr. 16. Berlin, Friedberg & Mode. à — 30; kart. à — 40

Inhaltsübersicht in alphabetischer Ordnung:

Augier, E., et J. Sandeau, le gendre de M. Poirier. Comédie en 4 actes. Éd. par H. Guérin. 7. éd. (95 S.) 892. (Nr. 58.)

Balzac, H. de, Mercadet. Comédie en 3 actes. Hrsg. v. A. W. Kastan. 2. éd. (110 S.) 893. (Nr. 89.)

Banville, Théod. de, Gringoire. Comédie en 1 acte. Hrsg. v. A. W. Kastan. 3. éd. (62 S.) 893. (Nr. 68.)

Bayard et E. Vanderburgh, le gamin de Paris. Comédie-vaudeville en 2 actes. Hrsg. v. G. van Muyden. 3. éd. (95 S.) 893. (Nr. 47.)

Beaumarchais, le mariage de Figaro ou la folle journée. Comédie en 5 actes. Éd. par A. W. Kastan. 3. éd. (156 S.) 892. (Nr. 106.)

Bouilly, J. N., l'Abbé de l'Épée. Comedie-historique en 5 actes. Hrsg. v. Henri Guérin. 5. éd. (89 S.) 893. (Nr. 6.)

Corneille, P., le Cid. Tragédie en 5 actes et en vers. Hrsg. v. Ernst Kurtz. 13. éd. (99 S.) 893. (Nr. 25.)
— Polyeucte. Tragédie en 5 actes et en vers. Éd. par G. van Muyden. 4. éd. (94 S.) 892. (Nr. 67.)
Dumas, Alex., les demoiselles de Saint-Cyr. Comédie en 5 actes. Hrsg. v. Charles Ansorg. 6. éd. (123 S.) 891. (Nr. 17.)
— Kean ou désordre et génie. Comédie en 5 actes. Hrsg. v. G. van Muyden. 5. éd. (132 S.) 893. (Nr. 60.)
Feuillet, Octave, le roman d'un jeune homme pauvre. Comédie en 5 actes et 7 tableaux. Hrsg. v. A. W. Kastan. 5. éd. (122 S.) 891. (Nr. 115.)
— la village. Comédie en 1 acte. Éd. par A. W. Kastan. 4. éd. (54 S.) 892. (Nr. 101.)
Girardin, Emile de, la joie fait peur. Comédie en 1 acte et en prose. Hrsg. v. Gfr. Hessel. 7. éd. (58 S.) 894. (Nr. 27.)
Hugo, Vict., Hernani ou l'honneur castillan. Drame en 5 actes et en vers. Hrsg. v. G. van Muyden. 7. éd. (143 S.) 892. (Nr. 52.)

Legouvé, bataille de dames,
— les contes de la reine de Navarre,
— les doigts de fée,
— Adrienne Lecouvreur,
} s.: Scribe, E.

Molière, l'avare. Comédie en 5 actes. Hrsg. v. Charles Ansorg. 18. éd. (99 S.) 894. (Nr. 3.)
— le bourgeois gentilhomme. Comédie-ballet en 5 actes. Hrsg. v. A. W. Kastan. 10. éd. (116 S.) 892. (Nr. 39.)
— les femmes savantes. Comédie en 5 actes et en vers. Hrsg. v. G. van Muyden. 10. éd. (115 S.) 893. (Nr. 38.)
— le malade imaginaire. Comédie en 3 actes. Hrsg. v. Ernst Kurtz. 7. éd. (99 S.) 892. (Nr. 23.)
— le Misanthrope. Comédie en 5 actes et en vers. Hrsg. v. A. W. Kastan. 8. éd. (98 S.) 892. (Nr. 37.)
— les précieuses ridicules. Comédie en 1 acte. Hrsg. v. A. W. Kastan. 5. éd. (40 S.) 892. (Nr. 90.)
— le Tartuffe. Comédie en 5 actes. Hrsg. v. Ernst Kurtz. 10. éd. (128 S.) 894. (Nr. 2.)
Musset, Alfr. de, un caprice. Comédie en 1 acte. Hrsg. v. A. W. Kastan. 3. éd. (45 S.) 893. (Nr. 96.)
— il faut qu' une porte soit ouverte ou fermée. Proverbe en 1 acte. Hrsg. v. A. W. Kastan. 3. éd. (30 S.) 893. (Nr. 102.)
Racine, Andromaque. Tragédie en 5 actes et en vers. Hrsg. v. G. van Muyden. 4. éd. (77 S.) 892. (Nr. 71.)
— Athalie. Tragédie en 5 actes. Hrsg. v. Henri Guérin. 13. éd. (83 S.) 892. (Nr. 4.)
— Britannicus. Tragédie en 5 actes et en vers. Hrsg. v. G. van Muyden. 5. éd. (85 S.) 893. (Nr. 63.)
— Esther. Tragédie en 3 actes et en vers. Hrsg. v. Henri Guérin. 8. éd. (64 S.) 893. (Nr. 24.)
Sandeau, J., le gendre, s.: Augier, E.
— Mademoiselle de la Seiglière. Comédie en 4 actes. Hrsg. v. Charles Ansorg. 13. éd. (125 S.) 893. (Nr. 14.)
Scribe, E., Bertran et Raton ou l'art de conspirer. Comédie en 5 actes. Hrsg. v. Charles Ansorg. 6. éd. (132 S.) 891. (Nr. 7.)
— la camaraderie ou la courte-échelle. Comédie en 5 actes. Hrsg. v. Gfr. Hessel. 5. éd. (132 S.) 893. (Nr. 29.)
— mon étoile. Comédie en un acte et en prose. Hrsg. v. Gfr. Hessel. 5. éd. (62 S.) 892. (Nr. 26.)
— le verre d'eau ou les effets et les causes. Comédie en 5 actes et en prose. Hrsg. v. Charles Ansorg. 27. éd. (110 S.) 894. (Nr. 1.)
— et Legouvé, bataille de dames ou un duel en amour. Comédie en 3 actes. Hrsg. v. Charles Ansorg. 10. éd. (99 S.) 893. (Nr. 11.)
— — les contes de la reine de Navarre ou la revanche de Pavie. Comédie en 5 actes. Hrsg. v. Henri Guérin. 12. éd. (144 S.) 894. (Nr. 5.)
— — les doigts de fée. Comédie en 5 actes. Hrsg. v. Charles Ansorg. 12. éd. (136 S.) 893. (Nr. 19.)
— — Adrienne Lecouvreur. Comédie-Drame en 5 actes et en prose. Hrsg. v. Gfr. Hessel. 8. éd. (133 S.) 892. (Nr. 33.)
Voltaire, Mérope. Tragédie en 5 actes et en vers. Hrsg. v. A. W. Kastan. 3. éd. (74 S.) 894. (Nr. 83.)
— Zaïre. Tragédie en 5 actes. Hrsg. v. Ch. Richard. 5. éd. (82 S.) 891. (Nr. 61.)
Wafflard et Fulgence, le voyage à Dieppe. Comédie en 3 actes. Hrsg. v. Charles Ansorg. 3. éd. (72 S.) 893. (Nr. 110.)

Théâtre français. Collection Friedberg & Mode. Pourvue de notes et de petits vocabulaires. Nr. 1—5, 9, 11, 14, 16, 17, 19, 23, 25—28, 30, 33, 36—39, 43, 51, 52, 58, 61, 65, 72, 90, 101, 105, 115. gr. 16. Berlin, Friedberg & Mode. à — 30; kart. à — 40

Inhaltsübersicht in alphabetischer Ordnung:

Augier, E., et J. Sandeau, le gendre de M. Poirier. Comédie en 4 actes. Hrsg. v. Henri Guérin. 8. éd. (95 S.) 895. (Nr. 58.)
— — la pierre de touche. Comédie en 5 actes. Hrsg. v. A. W. Kastan. 3. éd. (118 S.) 895. (Nr. 72.)
Beaumarchais, le barbier de Séville ou la précaution inutile. Comédie en 4 actes. Hrsg. v. A. W. Kastan. 5. éd. (96 S.) 895. (Nr. 36.)
Corneille, P., le Cid. Tragédie en 5 actes et en vers. Éd. par Ernst Kurtz. 15. éd. (99 S.) 897. (Nr. 25.)
— Cinna ou la clémence d'Auguste. Tragédie en 5 actes. Éd. par G. van Muyden. 5. éd. (83 S.) 896. (Nr. 65.)
— Horace. Tragédie en 5 actes et en vers. Hrsg. v. Ernst Kurtz. 7. éd. (89 S.) 895. (Nr. 16.)
Dumas, Alex., les demoiselles de Saint-Cyr. Comédie en 5 actes. Hrsg. v. Charles Ansorg. 7. éd. (123 S.) 895. (Nr. 17.)
Feuillet, Octave, le roman d'un jeune homme pauvre. Comédie en 5 actes en 7 tableaux. Éd. par A. W. Kastan. 8. éd. (112 S.) 896. (Nr. 115.)
— le village. Comédie en 1 acte. Éd. par A. W. Kastan. 5. éd. (54 S.) 897. (Nr. 101.)
Girardin, Mad. Ém., la joie fait peur. Comédie en 1 acte et en prose. Éd. par Gfr. Hessel. 8. éd. (58 S.) 896. (Nr. 27.)
Hugo, Victor, Hernani ou l'honneur castillan. Drame en 5 actes et en vers. Éd. par G. van Muyden. 9. éd. (143 S.) 897. (Nr. 52.)
— Ruy Blas. Drame en 5 actes. Hrsg. von A. W. Kastan. 4. éd. (170 S.) 895. (Nr. 105.)
Molière, l'Avare. Comédie en 5 actes. Éd. par Charles Ansorg. 18. éd. (99 S.) 896. (Nr. 3.)
— le bourgeois gentilhomme. Comédie-ballet en 5 actes. Hrsg. v. A. W. Kastan. 11. éd. (116 S.) 895. (Nr. 39.)
— les femmes savantes. Comédie en 5 actes et en vers. Éd. par G. van Muyden. 11. éd. (115 S.) 896. (Nr. 38.)
— le malade imaginaire. Comédie en 3 actes. Éd. par Ernst Kurtz. 8. éd. (99 S.) 897. (Nr. 23.)
— le médecin malgré lui. Comédie en 3 actes. Éd. par Gfr. Hessel. 4. éd. (58 S.) 896. (Nr. 28.)
— le misanthrope. Comédie en 5 actes et en vers. Éd. par A. W. Kastan. 9. éd. (98 S.) 896. (Nr. 37.)
— les précieuses ridicules. Comédie en 1 acte. Éd. par A. W. Kastan. 6. éd. (40 S.) 897. (Nr. 90.)
— le Tartuffe. Comédie en 5 actes. Éd. par Ernst Kurtz. 11. éd. (128 S.) 897. (Nr. 2.)
Ponsard, F., l'honneur et l'argent. Comédie en 5 actes et en vers. Avec notes et vocabulaire par A. W. Kastan. 4. éd. (135 S.) 895. (Nr. 43.)
Racine, J., Athalie. Tragédie en 5 actes. Éd. par Henri Guérin. 15. éd. (83 S.) 897. (Nr. 4.)
— Phèdre. Tragédie en 5 actes et en vers. Éd. par Charles Ansorg. 7. éd. (76 S.) 896. (Nr. 9.)
Sandeau, Jules, Mademoiselle de la Seiglière. Comédie en 4 actes. Éd. par Charles Ansorg. 15. éd. (125 S.) 896. (Nr. 14.)
Scribe, Eug., Mon étoile. Comédie en 1 acte et en prose. Hrsg. v. Gfr. Hessel. 6. éd. (62 S.) 895. (Nr. 26.)
— le mariage d'argent. Comédie en 5 actes et en prose. Pourvue de notes et d'un petit vocabulaire par Gfr. Hessel. 3. éd. (110 S.) 895. (Nr. 30.)
— le verre d'eau ou les effets et les causes. Comédie en 5 actes en prose. Éd. par Charles Ansorg. 29. éd. (110 S.) 897. (Nr. 1.)
— et Legouvé, Bataille de dames ou un duel en amour. Comédie en 3 actes. Éd. par Charles Ansorg. 11. éd. (99 S.) 896. (Nr. 11.)
— — les contes de la reine de Navarre ou la revanche de Pavie. Comédie en 5 actes. Éd. par Henri Guérin. 13. éd. (144 S.) 896. (Nr. 5.)
— — les doigts de fée. Comédie en 5 actes. Éd. par Charles Ansorg. 14. éd. (136 S.) 896. (Nr. 19.)
— — Adrienne Lecouvreur. Comédie-drame en 5 actes et en prose. Hrsg. von Gfr. Hessel. 9. éd. (133 S.) 895. (Nr. 33.)
— et Lemoine, une femme qui se jette par la fenêtre. Comédie-vaudeville en 1 acte. Éd. par G. van Muyden. 3. éd. (72 S.) 896. (Nr. 51.)
Voltaire, Zaïre. Tragédie en 5 actes. Éd. par Ch. Richard. 6. éd. (82 S.) 897. (Nr. 61.)

Théâtre français. Collection Friedberg & Mode. Nr. 2, 25 u. 39. gr. 16. Berlin, Friedberg & Mode. à — 30; kart. u. geh. à — 40

2. Le Tartuffe. Comédie en 5 actes. Par Molière. Pourvue de notes et d'un petit vocabulaire par A. Mühlan. 13. éd. (98 u. 48 S.) 902.
25. Le Cid. Tragédie en 5 actes et en vers. Par P. Corneille. Pourvue de notes et d'un petit vocabulaire par Ernst Kurtz. 18. éd. (86 u. 14 S.) 902.
39. Le bourgeois gentilhomme. Comédie-ballet en 5 actes. Par Molière. Avec notes et vocabulaire par A. W. Kastan. 14. éd. (104 u. 13 S.) 902.

—— français moderne. Publié par J. Louis. Série I. et II. à 12 Livrs. 16. . . . Dessau 829—33. [Imprimerie de la cour; Berlin, Heymann.] à Lfg. 6 Gr., zusamm. gen. I. Série. 12 Livrs.

Livr. 1. La fiancée. Opéra comique en 3 actes, p. Scribe.
2. Henri III. et sa cour. Drame histor. en 5 actes et en prose, p. A. Dumas.
3. Avant, pendant et après. Esquisses histor., p. Scribe et de Rougemont.
4. Marino Faliero. Mélodrame en 5 actes et en vers, p. C. Delavigne.
5. Le bon garçon. Coméd. en 3 actes et en prose, p. Picard et Mazères.
6. Le protecteur et le mari. Coméd. en 5 actes et en vers, p. C. Bonjour.
7. Cathérine de Médicis. Drame histor. en 5 actes, p. L. Arnault.
8. Hernani ou l'honneur Castillan. Drame en 5 actes, p. V. Hugo.
9. La seconde année ou à qui la faute? Coméd.-Vaudev. en 1 acte, p. Scribe et Mélesville.
10. La belle-mère et le gendre. Coméd. en 3 actes et en vers, p. Samson.
11. Gustave Adolphe ou la bataille de Lutzen. Tragédie en 5 actes, p. L. Arnault.
12. 27., 28 et 29. Juillet, Tableau épisodique des 3 journées, p. Ét. Arago et F. Duvert. — Le gentilhomme de la chambre ou dix jours après, à propos national en vaudev., p. T. Sauvage et Georges.

Théâtre français moderne etc.

II. Série. 12 Livrs.

Livr. 1. Stockholm, Fontainebleau et Rome. Tragédie p. A. Dumas.
- 2. Le Jésuite. Drame en 3 actes, p. Ducange et G. de Pixérécourt.
- 3. Le Czar Démétrius. Tragédie en 5 actes et en vers, p. L. Halevy.
- 4. Marie Mignot. Coméd. histor. etc. en 3 époques, p. Bayard et P. Duport.
- 5. Une fête Néron. Tragédie en 5 actes et en vers, p. A. Soumet et L. Belmont.
- 6. Le Charlatanisme. Coméd.-Vaudev. en 1 acte, p. Scribe et Mazères. — L'héritière. Coméd.-Vaudev. en 1 acte, p. Scribe et C. Delavigne.
- 7., 8. Napoleon Bonaparte ou trente ans de l'histoire de France. Drame histor. en 6 actes, p. A. Dumas. 2 Pts.
- 9. Dominique ou le possédé. Coméd. en 3 actes et en prose, p. d'Epagny et Dupin.
- 10. Louis XI. Tragédie en 5 actes et en vers, p. C. Delavigne.
- 11. La Quarantaine. Coméd.-Vaudev. en 1 acte, p. Scribe et Mazères. — Les Semainiers du théâtre franç. chez le ministre de l'interieur, p. A. de La Ville.
- 12. Lucrèce Borgia. Drame en 3 actes et en prose, p. V. Hugo.

—— le même. Publié par J. Louis. Série III. 12 Livrs. 16. (101 B.) Dessau 834, 35, Imprimerie de la cour. à 6 Gr., zusamm. gen. Thlr.

Livr. 1. Les Moralistes. Coméd.-Vaudev. en 1 acte, p. Scribe et Varner.
- 2. Marie Tudor. Drame en 3 journées, p. V. Hugo.
- 3. Bertrand et Raton. Coméd. en 5 actes et en prose, p. Scribe.
- 4. Une fille d'Eve. Coméd.-Vaudev., p. Ph. Dumanoir et Camille. — Le souvenir. Coméd. p. de Chavanges et Auguste. — Essai sur la comédie franç., p. J. Louis.
- 5. Les enfans d'Edouard. Tragédie en 3 actes et en vers, p. C. Delavigne.
- 6. Catherine Howard. Drame en 5 actes et 8 tableaux, p. A. Dumas.
- 7. Salvoisy, ou l'amoureux de la reine. Coméd.-Vaudev. en 2 actes, p. Scribe, de Rougemont et de Comberousse.
- 8. Les trois quartiers. Coméd. en 3 actes et en prose, p. Mazères.
- 9. Marion de Lorme. Drame en 5 actes et en vers, p. V. Hugo.
- 10. Chatterton. Drame en 3 actes et en prose, p. Alfr. de Vigny.
- 11. Angelo, Tyran de Padue. Drame en 3 journées, p. V. Hugo.
- 12. Mathilde, ou la jalousie. Coméd. en 3 actes mêlée de chants, p. Bayard et Laurencin.

Alphabetische Zusammenstellung aller Verfasser der in vorstehender Sammlung (Série I—III.) enthaltenen Theaterstücke.

[Die am Schlusse jeder Zeile stehenden römischen u. arabischen Ziffern verweisen auf die Séries u. Livraisons.]

Théâtre français moderne etc.

—— français moderne. Publié par J. Louis. Série IV. et V. à 12 Livr. 16. Dessau et Leipsic 836—42. [Munich, Oberdorfer.] à L. 6 gr. zusamm. genommen nur

IV. Série. 12 Livr.

Livr. 1. Don Juan d'Autriche, ou la vocation. Coméd. p. C. Delavigne.
- 2. Deux proverbes dramatiq. p. Leclercq. — Madame Sorbet, ou un peu d'aide fait grand bien. — Le mariage manqué, ou on attrape plus de mouches avec du miel qu'avec du vinaigre.
- 3. La Berline de l'émigré. Drame p. Mélesville et Hestienne.
- 4. Chut! Coméd.-Vaud. p. Scribe. — Le drame franç. p. J. Louis.
- 5. Le gamin de Paris. Coméd.-Vaud. p. Bayard et Vanderburch.
- 6. Kean. Coméd. p. Dumas.
- 7. Valentine. Drama p. Scribe et Mélesville.
- 8. La Camaraderie ou la Courte-Echelle. Coméd. p. Scribe.
- 9. Madame Favart. Coméd. p. Xav'er et Masson.
- 10. Deux proverbes dramatiq. p. Leclercq.
- 11. Caligula, Tragéd. Précédée d'un prologue. Par A. Dumas.
- 12. Léon. Drame p. de Rougemont.

V. Série. 12 Livr.

Livr. 1. Les deux gendres. Coméd. p. Etienne.
- 2. Ruy Blas. Drame p. V. Hugo. Avec l'explication allem. des mots et des phrases les plus difficiles.
- 3. Les trois bals. Vaud. p. Bayard.
- 4. Mademoiselle de Belle-Isle. Drame p. A. Dumas.

Théâtre français moderne. Publié par J. Louis. etc.

Livr. 5. Elle est folle. Coméd. p. Mélesville. Avec des notes explicatives.
- 6. La fille du Cid. Tragéd. p. C. Delavigne.
- 7. L'éclat de rire. Drame p. I. Arago et A. Martin.
- 8. Le verre d'eau, ou les effets et les causes. Coméd. p. Scribe.
- 9. Les souvenirs de la Marquise de V*** Coméd. p. N. Fournier. — La première ride. Coméd.-Vaud. p. Lockroy et Anicet Bourgeois.
- 10. Le bureau de placement. Coméd.-Vaud. p. Aug. Jouhaud et Royer.
- 11. Henri Hamelin. Coméd. p. E. Souvestre.
- 12. Une Chaine. Coméd. p. Scribe. Avec des notes explicat.

Série I. et II. Berlin 829—33, Heymann; Série III. Leipsic 834, 35. [Munich, Oberdorfer.] à Sér. *2 Thlr.

—— français le plus moderne, ou choix de pièces de théâtre exquisses tant avec que sans vocabulaire franç.-allemand. Publié par une société de gens-de-lettres. Nouvelle Suite. Série I. 12 Livr. 16. Berlin 836, 37, Heymann. à L. 6 Gr., zusamm. genomm. nur Thlr.

Mit Erklärung d. weniger gebräuchl. Wörter v. Mor. Haase à L.

Livr. 1. L'honneur de ma fille. Drame p. Ad. d'Ennery. — La femme du peuple. Drame p. Dumersan et Alexandre.
- 2. Un Coup de Canne. Drame-Vaud. p. Vanderbruck et Valory.
- 3. Sous la Ligne, scènes maritimes imitées de Laurette, ou le Cachet rouge, Nouvelle de Vigny, p. Dumersan et De Forges.
- 4. Une famille au temps de Luther. Tragéd. p. C. Delavigne.
- 5. Chut! Coméd.-Vaud. p. Scribe.
- 6. La Laide. Coméd.-Vaud. p. Ancelot.
- 7. Kean. Coméd. p. A. Dumas.
- 8. Le Comédien de Salon. Coméd.-Vaud. p. Rochefort.
- 9. Une Rivale. Drame p. Ancelot et P. Foucher.
- 10., 11. La Camaraderie ou la Courte-Echelle. Coméd. p. Scribe. 1. et 2. Part.
- 12. Léon. Drame p. de Rougemont.

—— français, nouveau, à l'usage de la jeunesse. Ou collection choisie des pièces les plus intéressantes des auteurs modernes, publié par Charl. Nodier. Vol. I—IX. 16. (46⅓ B.) Breslau 837—39, Schletter, Vrlsh. à 4 Gr.

—— français nouveau. Auswahl von neuen französischen Theaterstücken, welche sich zur Lectüre für die Jugend eignen. Herausgegeben u. mit einem Wörterbuche versehen von Jul. Lemercier. 8. (26¾ B.) Quedlinburg 847, (46,) Basse.

—— français en Prose, publié par C. Schütz. Série I—III. à 12 Livr. 16. (..B.) Bielefeld 840—43, Velhagen et Klasing. à Livr. 2 Gr.

I. Série. 12 Livr.

Livr. 1. La passion secrète, p. Scribe.
- 2. Le voyage à Dieppe, p. Wafflard et Fulgence.
- 3. Le mariage d'argent, p. Scribe.
- 4. Le conteur ou les deux postes, p. Picard.
- 5. Michel Perrin, p. Mélesville et Duveyrier.
- 6. Les deux Philibert, p. Picard.

Théâtre français en Prose, publié par C. Schütz. etc.
Livr. 7. L'avare, p. Molière.
- 8. Malvina ou un mariage d'inclination, p. Scribe.
- 9. Les indépendants, p. Scribe.
- 10. Avant, pendant et après, p. Scribe.
- 11. Toujours, p. Scribe et Varner.
- 12. La Reine de seize ans, p. Bayard.

2. Série. 12 Livr.
Livr. 1. Michel et Christine p. Scribe et Dupin. Le Charlatanisme, p. Scribe et Mazères.
- 2. Le verre d'eau ou les effets et les causes, p. Scribe.
- 3. Le mariage de raison, p. Scribe et Varner.
- 4. L'Abbé de l'Epée, p. Bouilly.
- 5. La jeune Marie, p. Mazères.
- 6. Catherine ou la croix d'or, p. Brazier et Mélesville.
- 7. La jeune femme colère, p. Etienne; Les premières amours, p. Scribe.
- 8. Henri Hamelin, p. Souvestre.
- 9. Casimir, p. Dupont et Laurenzin.
- 10. La Demoiselle à marier, ou la première entrevue, p. Scribe et Mélesville.
- 11. La première affaire, p. Merville.
- 12. Chacun de son côté, p. Mazères.

3. Série. 12 Livr.
Livr. 1. Une chaine, p. Scribe.
- 2. Les deux ménages, p. Picard, Wafflard et Fulgence.
3. Les fourberies de Scapin, p. Molière.
- 4. La Colomnie, p. Scribe.
- 5. Dominique, ou le possédé, p. d'Épagny et Dupin.
- 6. Une faute, p. Scribe.
- 7. Les trois quartiers, p. Picard et Mazères.
- 8. Oscar, ou le mari qui trompe sa femme, p. Scribe et Duveyrier.
- 9. Chatterton, p. Alf. de Vigny.
- 10. Un premier amour, p. Bayard et Vander-Burch.
- 11. Le Lorgnon, p. Scribe.
- 12. Le gamin de Paris, p. Bayard et Vander-Burch.

—— **français, en Prose**, publié par C. Schütz. 4—8. Série. à 12 Livr. 16. (... B.) Bielefeld 843—47, Velhagen et Klasing. à Livr. 2⅓ Ngr.

Théâtre français en Prose, publié par C. Schütz. 4—8. Sér. à 12 Livr. etc.
4. Serie. 12 Livr.
Livr. 1. Bertrand et Raton, ou l'art de conspirer, par E. Scribe.
- 2. Le Retour de Russie, par E. Scribe et Varner.
- 3. Le Bourgemestre de Sardam, ou le Prince Charpentier, par Mélesville, Merle et Boirie.
- 4. Pourquoi? Par Lockroy et Anicet. — La suite d'un bal masqué, par Mme. de Bawr.
- 5. Le fils de Cromwell, ou le Restauration, par E. Scribe.
- 6. La Camaraderie, ou la courte échelle, par E. Scribe.
- 7. La seconde année, ou à qui la faut? Par Scribe et Mélesville.
- 8. Le mariage au tambour, par de Leuven et Brunswick.
- 9. Le Gardien, par Scribe et Bayard.
- 10. Halifax, par Alex. Dumas.
- 11. Chut! Par E. Scribe.
- 12. Les Demoiselles de Saint-Cyr. Par Alex. Dumas.

5. Série. 12 Livr.
Livr. 1. Une chaumière et son coeur, par Scribe et Alphonse.
- 2. Yelva, ou l'Orpheline russe; par Scribe, de Villeneuve et Desvergers.
- 3. Le bon garçon, par Picard et M. Mazères.
- 4. Un moment d'imprudence, par Wafflard et Fulgence.
- 5., 6. Les mystères de Paris, par Dinaux et E. Sue. — Les moralistes par Scribe et Varner.
- 7. Le Somnambule, par Scribe et C. Delavigne.
- 8. La berline de l'émigré, par Mélesville et Hestienne.
- 9. Le Chevalier du Guet, par Lockroy.
- 10. Mathilde, ou: La jalousie, par Bayard et Laurencin.
- 11. Les vieux péchés, par Mélesville et Phil. Dumanoir.
- 12. Le Diplomate, par Scribe et C. Delavigne.

6. Série. 12 Livr.
Livr. 1. Mademoiselle de Belle-Isle, par Alex. Dumas.
- 2. Le mari à la campagne, ou: Le Tartuffe moderne, par Bayard et de Vailly.
- 3. Est-ce un rêve? par de Rougemont.
- 4. Le médecin malgré lui, par Molière.
- 5. L'héritière, par Scribe et C. Delavigne. — Le secrétaire et le cuisinier, par Scribe et Mélesville.
- 6. Le célibataire et l'homme marié, par Wafflard et Fulgence.
- 7. La Ciguë, par Emile Augier.
- 8. Les surprises, par E. Scribe.
- 9. Elle est folle, par Mélesville.
- 10. Estelle, ou le père et la fille par Scribe.
- 11. Zoé, ou l'amant prêté, par Scribe et Mélesville. — Le Cadet de famille ou l'intrigue impromptu, par E. Lemaître.
- 12. Valérie, par Scribe et Mélesville.

7. Série. 12 Livr.
Livr. 1. L'ambitieux, par M. E. Scribe.
- 2. Marie Mignot, Coméd. historique, mêlée de couplets, en trois époques, par Bayard et Paul Duport.
- 3. Le malade imaginaire, par Molière.
- 4. Clermont, ou une femme d'artiste, par Scribe et Emile Vander-Burch.
- 5. Lucrèce, par Ponsard.
- 6. Le Budjet d'un jeune menage, par Scribe et Bayard.
- 7. Diogène, par Fél. Pyat.
- 8. Une journée à Versailles, par G. Duval.
- 9. Le Barbier de Séville, par Beaumarchais.
- 10. Le Mousse, par Em. Souvestre.
- 11. Géneviève, ou la jalousie paternelle par E. Scribe.
- 12. Kean, ou désordre et génie, par Alex. Dumas.

8. Série. 12 Livr.
Livr. 1. La loi salique, par E. Scribe.
- 2. L'école des femmes, par Molière.
3. Un mari qui se dérange, par Cormon et Eug. Grangé.
- 4. Un nuage au ciel, par Bayard et Pol. Mercier. — La gloire et le pot au feu, par Bayard et de Courcy.
- 5. La Protégée sans le savoir, par E. Scribe.
- 6. Agnès de Méranie, par F. Ponsard.
- 7. Le Gant et l'Eventail, par Bayard et Sauvage.
- 8. Loisa, par Mad. Ancelot.
- 9. Honorine, ou la Femme difficile à vivre, par Radet.
- 10. Phèdre, par J. Racine.
- 11. D'Aranda, ou les grandes passions, par E. Scribe.
- 12. Ce que femme veut..., par Duvert et Lauzanne.
Série 1—3. Le même 1840—43. 3 Thlr.

—— **français en Vers**, publié par C. Schütz. Série I. 1—6. Livr. 16. (.. B.) Bielefeld 842, 43, Velhagen u. Klasing. à Livr. 3 Gr. Thlr.
Livr. 1. L'école des vieillards, p. Delavigne.
- 2. Le Tartuffe, p. Molière.
- 3. La bellemère et le gendre, p. Samson.
- 4. Luxe et indigence, p. d'Épagny.
- 5. Athalie, p. Racine.
- 6. Hernani, ou l'honneur Castillan, p. Hugo.

— the German, transl. by Benj. Thompson. 20 Vols. gr. 8. Lond., (Leipz., Kummer). 19 ₰

— German, transl. by Thompson. Vol. I. cont. 1., the Stranger (Menschenhaß u. Reue, v. A. v. Kotzebue.) 2) Otto of Wittelsbach, with germ. not. for the use and amus. of those who are learning Engl. language.) 8. Danzig 802. Troschel. 18 ₰

Théâtre de la guerre présente en Allemagne etc. Avec des cartes et plans. (6 Bde.) 8. Paris 1758—1761.
— — 2e édition. Paris 1763.

—— **de la jeunesse.** Amusant, instructif et propre à donner aux jeunes gens la facilité de s'exprimer dans la conversation. Choisi des ouvrages de Berquin, de Jouffret, de Nodier et de Madame de la Faye-Bréhier. Part. I—IV. 16. (à 9 B.) Stuttgart 838, Erhard. à
A. u. d. Titn.:
Part. I. La petite curieuse.
- II. La levrette et la bague.
- III. L'éducation à la mode.
- IV. Les joueurs.

—— **d'Inkermann.** qu. gr. 4. (18 Stnt.) Berlin 858, Behr's Buchh. *

Théâtre, juvenile. Eine Auswahl von engl. Jugendschauspielen. Mit einer deutschen Erklärung der darin vorkommenden Wörter und Redensarten für die deutsche Jugend, welche die engl. Sprache zu erlernen anfängt. Nr. 1—3. 16. Stuttgart 851—52, Hallberger'sche Vrlgsh. à Nr. 6 Ngr.
Inhalt:
Nr. 1. Fifty years, or the adventures of two school-fellows, an allegorical play in 6 acts by P. Sadler. From the french of un demi-siècle. (XVI und 96 S.)
- 2. The grinding-organ. A play in 2 acts by Maria Edgeworth. (71 S.)
- 3. Dumb Andy. A play in 2 acts by Maria Edgeworth. (68 S.)

Théâtre de Lausanne. Direction: J[ohannes] Darcourt. 2e année. Saison de Comédie 1901-1902. Tableau de la Troupe. [Avec portraits.] [20 p.] 8-obl. Lausanne, J. Couchoud.

—— **the modern english**, a collection of the best dramatic pieces, revised and corrected by L. Herrig. Vol. I. Ask no questions. Rory O'More. 8. (5 B.) Brunswick 840. [Leipzig, Gebhardt and Reisland.] *

— modern english, a collection of the best dramatic pieces, revised and corrected by L. Herrich. Vol. I. Ask no questions. Rory O'More. 8. Braunschweig 840. Lucius. n. ⅓ ₰

Theatre, the modern english. A collection of the best dramatic pieces, revised and corr. by L. Herrig. Vol. II. Cont.: the valet de Sham. A quiet day. 8. Braunschweig 841, Lucius. n. 1/3 ℳ

—— the modern english comic. With notes in german for the study of english conversation in its present state. — Die neuesten englischen Lustspiele u. Possen. Mit deutschen Anmerkn. z. Studium d. heutigen Umgangssprache d. Engländer. 1. u. 2. Folge. à 12 Bdchn. 2. Aufl. 12. Leipzig 838, [Hartung.] à Bdchn. 3 Gr. Thlr.

1. Folge.

- Vol. 1. Sudden thoughts, by Wilks.
- 2. A quiet day, by Oxenford.
- 3. My fellow clerk, by Oxenford.
- 4. The bengal tiger, by Ch. Dance.
- 5. The spitalfields weaver, by Bayly.
- 6. A day well spent, by Oxenford.
- 7. The Ringdoves, by Mathews.
- 8. The dancing barber, by Selby.
- 9. Why did you die, by Mathews.
- 10. Advice gratis, by Ch. Dance.
- 11. Shocking events, by Buckstone.
- 12. The culprit, by Bayly.

2. Folge.

- Vol. 1. A quarter to Nine, by Peake.
- 2. No followers, by Oxenford.
- 3. My young wife and my old umbrella, by Webster.
- 4. Barnaby Rudge, by Selby and Melville.
- 5. Nickolas Nickleby, by Stirling.
- 6. The fortunes of Smike, by Stirling.
- 7., 8. Oliver Twist, by Almar.
- 9. Snakes in the grass, by Buckstone.
- 10. The printer's devil, by Planché.
- 11. But however, by Mayhew and Baylis.
- 12. How to pay the rent, by Power.

—— the modern english comic. With notes in german for the study of english conversation in its present state. — Die neuesten engl. Lustspiele u. Possen ꝛc. 3. Folge. 12 Bdchn. 16. (35 1/2 B.) Leipsic 845, Hartung. à 4 Ngr.

Inhalt:

- Bdchn. 1. The villages coquettes by Ch. Dickens (Boz.)
- 2., 3. Quid pro quo.
- 4. Uncle Rip. A farce by Rich. Prinsley Peake.
- 5., 6. Old heads and young hearts. A comedy by Dion Bourcicault.
- 7. The man with the carpet bag. A farce by Gilb. Abbott a Beckett.
- 8. Jack Brag. A farce by Gilb. Abbott a Beckett.
- 9. The attic story. A farce by John Maddison Morton.
- 10., 11. Time, works, wonders. A comedy by Douglas Jerrold.
- 12. Five miles off, or: the finger post. A comedy by Thom. Dibdin.

1. u. 2. Folge à 12 Bdchn. (2. Aufl.) Ebendas. 3 Thlr.

Theatre, the modern english comic. With notes in german by A. Diezmann. Serie IV. 12 Vol. 16. Leipsic 851—52, Hartung. à Vol. 3 3/4 Ngr.

Inhalt:

- Vol. 1. My friend in the straps. A farce, in one act. By Charles Selby. (40 S.)
- 2. All that glitters is not gold. A comic drama, in 2 acts. By Thomas and J. M. Morton. (68 S.)
- 3. Apartments, „visitors to the exhibition may be accommodated," etc. A piece of extravagance in one act. By William Brough. (25 S.)
- 4., 5. Retired from business. A comedy in 3 acts. By Douglas Jerrold. (90 S.)
- 6. The teacher taught. An original farce in one act. By Edw. Stirling. (24 S.)
- 7. Grimshah, Bagshaw, and Bradshaw. A farce in one act. By John Maddison Morton. (32 S.)
- 8. A cheap excursion. An original farce in one act. By Edw. Stirling. (28 S.)
- 9., 10. Not so bad as we seem; or, many sides to a charakter. A comedy in 5 act. By Edw. Bulwer Lytton. (116 S.)
- 11. Allow me to apologize. A farce in one act. By J. P. Wooler. (32 S.)
- 12. Platonic attachments. An original farce in one act. By Bayle Bernard. (39 S.)

I—III. Serie. Ebendas. 1838—48. 4 Thlr. 18 Ngr.

—— the modern english comic. With notes in german by A. Diezmann. Serie V. Vol. 1—12. 16. Leipsic 855(56,) Hartung. à Vol. 3 Ngr.

Inhalt:

- Vol. 1. Opposite neighbours; an original farce, in one act. By Howard Paul. (28 S.)
- 2. A storm in a tea cup. A comedy, in one act. By Bayle Bernard. (34 S.)
- 3. Fish out of water. A farce, in one act. By Jos. Lunn. (54 S.)
- 4. Good for nothing. A comic drama. In 1 act. By John B. Buckstone. (38 S.)
- 5. Used up. A comedy. In 2 acts by Dion Bourcicault. (60 S.)
- 6. A rough diamond. A comic drama in 1 act. By John B. Buckstone. (40 S.)
- 7. Number one, round the corner. A farce in 1 act. By William Brough. (28 S.)
- 8. Heads or tails? A comedy in 1 act. By J. Palgrave Simpson. (58 S.)
- 9. As like as two peas. A farce in 1 act by Herbert Lille. (43 S.)
- 10. My wife's diary. A farce in 1 act. By William Robertson. (35 S.)
- 11. The bashful man. A farce, in 2 acts, by W. T. Moncrieff. (55 S.)
- 12. To oblige Benson. A comedy in 1 act. By Tom Taylor. (47 S.)

Serie I—IV. Ebendas. 1838—52. 6 Thlr. 3 Ngr.

—— the same. — Serie I. Vol. 1. 4. and 6. (New edition.) 16. The same 855. à Vol. 3 Ngr.

Inhalt:

- Vol. 1. Sudden thoughts. An original farce, in one act, by Thom. Egerton Wilks. 3. Edition, much improved. (48 S.)
- 4. The Bengal tiger. A farce, in one act, by Charles Dance. 3. Edition. (54 S.)
- 6. A day well spent. A farce, in one act, by John Oxenford. 3. Edition. (44 S.)

—— dass. — Ser. I. Vol. 9 and Ser. II. Vol. 9. 3. Edition. 16. Ebendas. 860. à Vol. 3 Ngr.

Inhalt:

- Ser. I. Vol. 9. Mathews, Charles, why did you die? A petite comedy, in 1 act. (47 S.)
- » II. » 9. Buckstone, J. B., snakes in the grass. A farce in 2 acts. (64 S.)

I—V. Serie. Ebendas. 1838—56. 7 Thlr. 9 Ngr.

Theatre, the modern english comic. With notes in german by A. Diezmann. Nr. 61: A lesson for gentlemen: or, the city wives. A comedietta in 1 act. By John Fred. Smith. (Serie VI. Vol. 1.) 16. (31 S.) Leipzig 860, Hartung.

Theatre, the modern English comic. With notes in German by A. Diezmann. Nr. 3. 4. 6. 10. 51. 53. 55. 56. 62—74. 16. Leipzig 862—67, Hartung. à Nr.

Inhalt:

- Nr. 3. Oxenford, John, my fellow clerk. A farce in 1 act. 3. edit. (32 S.)
- » 4. Dance, Charles, the bengal tiger. A farce in 1 act. 4. edit. 1863. and 5. edit. 1868. (45 S.)
- » 6. Oxenford, John, a day well spent. A farce in 1 act. 4. edit. (36 S.)
- » 10. Dance, Charles, advice gratis. A farce in 1 act. 3. edit. (40 S.)
- » 51. Lunn, Jos., fish out of water. A farce in 1 act. 2. edit. (44 S.)
- » 53. Bourcicault, Dion, used up. A comedy in 2 acts. 2. edit. (49 S.)
- » 55. Brough, Will., number one, round the corner. A farce in 1 act. 2. edit. (23 S.)
- » 56. Simpson, J. Palgrave, heads or tails? A comedy in 1 act. 2. edit. (47 S.)
- » 62. A good little wife. A comedy in 1 act. (40 S.)
- » 63. Mordon, John Maddison, Margory Daw. A farce. (31 S.)
- » 64. Suter, Will., slighted treasures. A comedy in 1 act. (For female characters only.) (23 S.)
- » 65. Furnished apartments. A comic interlude. In 1 act. For male characters only. By H. A. Y. (26 S.)
- » 66. Hancock, W., John Smith. A farce in 1 act. (23 S.)
- » 67. Jerrold, Douglas, Paul Pry. A comedy in 2 acts. (48 S.)
- » 68. Poole, John, turning the tables. A farce in 1 act. (42 S.)
- » 69. Taylor, Tom, nine points of the law. A comedy in 1 act. (49 S.)
- » 70. A slight mistake, or a prize in a german lottery. A comedy in 1 act. (For female characters only.) (20 S.)
- » 71. Morton, John Maddison, Box and Cox. A romance of real life, in 1 act. (33 S.)
- » 72. Wooler, J. P., a man without a head. A farce in 1 act. (30 S.)
- » 73. Beckett, Gilb. Arth. à, lending a hand. A farce in 1 act. (35 S.)
- » 74. Williams, Thom. J., Pipkin's rustic retreat. A farce in 1 act. (39 S.)

Théâtre français publié par C. Schütz. XVII. Série. 2.—4. Livr. 32. Bielefeld, Velhagen und Klasing. à Livr. 3 Ngr.

Inhalt:

Série XVII. Livr. 2. **Stern, Dan.**, Jeanne Darc. Drame historique en 5 actes. Hrsg. und für den Schul- und Selbstunterricht erläutert von H. Schütz. (130 S.) 862.

» XVII. » 3. **Racine**, Mithridate. Tragédie en 5 actes. Hrsg. und für den Schul- und Selbstunterricht erläutert von H. Schütz. (97 S.) 863.

» XVII. » 4. **Belot, Adolphe, et Edm. Villetard**, le testament de César Girodot. Hrsg. und für den Schul- und Selbstunterricht erläutert von H. Schütz. (100 S.) 865.

Theatrum mundi. I—VI. 8. Berlin 864—66, Uthemann und Müller. à * 2½ Ngr. *

Inhalt:

I. **Hopf, A.**, eine Marketenderin vor Düppel. Genrebild aus Schleswig. 5. Aufl. (16 S.)
II. **Anders, N. J.**, der Waffenstillstand und die Londoner Konferenzen. Lustiges Soldatenbild aus Jütland. (16 S.)
III. **Bernhardi, Wolfg.**, Nanetten's Unterhosen-Prozeß, oder die lange verfolgte, endlich aber doch triumphirende Unschuld. Kultur-histor. Genre-Bild. 1.—4. Aufl. (16 S.)
IV. —— Blondin, der Held des Niagara. Seine Fahrten und Abenteuer zu Wasser und zu Lande. 4. Aufl. (16 S.)
V. **Anders, N. J.**, Pechschulze beim deutschen Bundesschießen. Humoristisch-satyr. Zündnadel-Büchse abgefeuert von einem in Schuß gekommenen Vogel-König. (16 S.)
VI. **Bernhardi, Wolfg.**, das geheimnißvolle Verschwinden oder: Ladewig, wo bist Du? Berliner Enthüllungen. (16 S.)

Theatre, modern English comic. With notes in German by A. Diesmann and K. Albrecht. Nr. 1—3. 5. 7—9. 25. 38. 49—54. 59. 70. 75—79. 16. Leipzig, Hartung. à Nr. (30 Pf.)

Inhalt:

Nr. 1. **Wilks, Thom. Egerton**, Sudden Thoughts. An original farce in one act. 4th edit., revised by K. Albrecht. (40 S.) 871.
» 2. **Oxenford, John**, a quiet Day. A farce in one act. 3d edit. (35 S.) 871.
» 3. —— My Fellow Clerk. A farce in one act. 4th edit. (34 S.) 871.
» 5. **Bayly, Thom. Haynes**, the Spitalfields Weaver. A burletta in one act. 3d edit. (33 S.) 871.
» 7. **Mathews, Charl.**, the Ringdoves. A farce in one act. 3d edit. (51 S.) 871.
» 8. **Selby, Charl.**, the dancing Barber. A farce in one act. 3d edit. (42 S.) 871.
» 9. **Mathews, Charl.**, Why did you die? A petite comedy, in 1 act. 4th edit. (48 S.) 871.
» 25. **Dickens, Charl.**, the Village Coquettes. A comedy with songs in two acts. 2d edit. (57 S.) 871.
» 38. **Thomas and J. M. Morton**, All that glitters is nod Gold. A comic drama, in 2 acts. 2d edit. (71 S.) 871.
» 49. **Paul, Howard**, Opposite Neighbours. An original farce, in 1 act. 2d edit. (26 S.) 871.
» 50. **Bernard, Bayle**, a Storm in a tea cup. A comedy, in 1 act. 2d edit. (29 S.) 872.
» 51. **Lunn, Jos.**, Fish out of water. A farce in one act. 2d edit., revised by K. Albrecht. (44 S.) 872.
» 52. **Buckstone, John B.**, Good for nothing. A comic drama in one act. 2d edit. (33 S.) 872.
» 53. **Bourcicault, Dion**, Used up. A comedy in two acts. 3d edit. (52 S.) 872.
» 54. **Buckstone, John B.**, a rough Diamond. A comic drama in one act. 2d edit. (35 S.) 872.
» 59. **Moncrieff, W. F.**, the bashful Man. A farce in 2 acts. 2d edit. (48 S.) 871.
» 70. A slight Mistake, or a Price in a German Lottery. A comedy in one act. 2d edit. (21 S.) 872.
» 75. **Williams, Thom. J.**, the better Half. A comedietta in one act. (42 S.) 870.
» 76. **Mathews, Charl.**, Who killed Cock Robin? A farce in two acts. (61 S.) 870.
» 77. **Jerrold, Douglas**, St. Cupid, or Dorothy's Fortune. A comedy, in 3 acts. (67 S.) 872.
» 78. **Blake, Thomas G.**, a spanking Legacy; or, the Corsican Vendetta. A farce in 1 act. (24 S.) 874.
» 79. **Lawler, D.** and **Thomas Hailes Lacy**, the School for Daughters. A comedy in 3 acts. (55 S.) 874.

Theatre, modern English comic. With notes in German by K. Albrecht. Nr. 4, 21, 55, 67, 71 und 80—82. 16. [Leipzig.] Rudolstadt, Hartung und Sohn. à Nr. *

Inhalt:

Nr. 4. **Dance, Charles**, the Bengal Tiger. A farce in 1 act. 6th edit. (46 S.) 875.
» 21. **Buckstone, J. B.**, Snakes in the grass. A farce in 2 acts. 4th edit. (65 S.) 875.
» 55. **Brough, Will.**, Number one, round the corner. A farce in 1 act. 3d edit. (24 S.) 875.
» 67. **Jerrold, Douglas**, Paul Pry. A comedy in 2 acts. 2d edit. (51 S.) 876.
» 71. **Morton, John Maddison**, Box and Cox. A romance of real life, in 1 act. 2d edit. (34 S.) 876.
» 80. Who is to inherit? Or, the darkest hour is the hour before day. An original comedy in 1 act. [For female characters only.] (36 S.) 875.
» 81. **Williams, Thom. J.**, „Ici on parle français". A farce in 1 act. (37 S.) 876.
» 82. **Ebsworth, Mrs.**, Payable at sight, or the chaste salute. A comic piece in 1 act. (31 S.) 876.

—— modern English comic. With notes in German by A. Albrecht. Nr. 6, 51, 60—62, 65, 83 and 84. 16. Rudolstadt, Hartung und Sohn. à Nr. *

Inhalt:

Nr. 6. **Oxenford, John**, A Day well spent. A farce in 1 act. 5th edit. (39 S.) 882.
» 51. **Lunn, Jos.**, Fish out of Water. A farce in 1 act. 4th edit. (44 S.) 880.
» 60. **Taylor, Tom**, To oblige Benson. A comedy in 1 act. 2d edit. (40 S.) 882.
» 61. **Smith, John Frederick**, A Lesson for Gentlemen, or, the city wives. A comedietta in 1 act. 2d edit. (31 S.) 882.
» 62. A good little Wife. A comedy in 1 act. 2d edit. (26 S.) 880.
» 65. Furnished Apartments. A comic interlude in 1 act. For male characters only. By H. A. Y. 2d edit. (26 S.) 880.
» 83. **Gordon, Walter**, Dearest Mamma! A comedietta in 1 act. (40 S.) 880.
» 84. **Dance, Charles**, A morning Call. An original comedietta in 1 act. (31 S.) 880.

Theatre, modern English comic. With notes in German by K. Albrecht. Nr. 4, 10, 50, 64 and 71. 16. Leipzig 890. Hartung & Sohn. à n. — 40

4. The bengal Tiger. A farce in one act. By Ch. Dance. 7. ed. (46 S.)
10. Advice gratis. A farce in one act. By Ch. Dance. 4. ed. (43 S.)
50. A storm in tea cup. A comedy in one act. By B. Bernard. 3. ed. (30 S.)
64. Slighted treasures. A comedy in one act. [For female characters only.] By W. Suter. 2. ed. (23 S.)
71. Box and Cox. A romance of real life in one act. By J. M. Morton. 3. ed. (33 S.)

— modern English comic. With notes in German by K. Albrecht. Nr. 9, 31, 56, 59 and 70. gr. 16. Leipzig 894. H. Hartung & Sohn. à n. — 40

9. Why did you die? A petite comedy in 1 act. By Charles Mathews. 5. ed. (51 S.)
31. The man with the carpet bag. A farce, in 1 act. By Gilbert Abbott à Beckett. 2. ed. (14 S.)
56. Heards or tails. A comedy in 1 act. By J. Palgrave Simpson. 3. ed. (50 S.)
59. The bashfull man. A farce, in 2 acts. By W. T. Moncrieff. 3. ed. (48 S.)
70. A slight mistake, or, a prize in a German lottery. A comedy in 1 act. (For female characters only.) 3. ed. (22 S.)

— modern English comic. With notes in German by K. Albrecht. Nr. 3, 34, 35, 40, 41, 71, 79 and 81. gr. 16. Leipzig 896. H. Hartung & Sohn. à n. — 40

3. My fellow clerk. A farce in 1 act. By John Oxenford, Esq. 5. ed. (33 S.)
34. 35. Time works wonders: a comedy in 5 acts. By Douglas Jerrold. 2. ed. (124 S.)
40. 41. Retired from business. A comedy in 3 acts by Douglas Jerrold. 2. ed. (102 S.)
71. Box and Cox. A romance of real life, in 1 act. By John Maddison Morton. 4. ed. (33 S.)
79. The school for daughters. A comedy in 3 acts. By D. Lawler and Thomas Hailes Lacy. 2. ed. (53 S.)
81. „Ici on parle français" A farce in 1 act. By Thomas J. Williams. 2. ed. (37 S.)

Theatre, modern English comic. Nr. 1, 51, 57, 58, 70 u. 80. 16. Leipzig, H. Hartung & Sohn. à n. — 40

1. Sudden thoughts. An original farce, in 1 act. By Thom. Egerton Wilks, Esq. With notes in German by A. Diezmann. 5. ed., revised by K. Albrecht. (40 S.) 904.
51. Fish out of water. A farce in 1 act. By Jos. Lunn. With notes in German by K. Albrecht. 5. ed. (44 S.) (904.)
57. As like as two peas. A farce in 1 act. By. Herb. Lille. With notes in German by A. Diezmann. 2. ed. (35 S.) (904.)
58. My wife's diary. A farce in 1 act. By William Robertson. With notes in German by A. Diezmann. 2. ed. (30 S.) (904.)
70. Mistake, a slight, or, a prize in a german lottery. A comedy in 1 act. (For female characters only.) With notes in German by K. Albrecht. IV. ed. (22 S.) 904.
80. Who is to inherit? or, the darkest hour is the hour before day. An original comedy, in 1 act. (For female characters only.) With notes in German by K. Albrecht. 2. ed. (36 S.) 904.

— moderne. Theuriet: Jean-Marie. — Coppée: Le luthier de Crémone. Le trésor, s.: Théâtre français.

— nouv., ou choix des meilleures pièces etc. Tom. I.—V. 12. Brchw. Pluchart. (I. II. III. IV. et V. 2 Rthlr.)

—— nouveau, à l'usage de la Jeunesse pour servir de Divertissement dans les Collèges, les Pensions et les Familles. Publié par Ern. J. Hauschild. I. et II. 12. Leipzig, libr. Baumgärtner. [I. (9 B.) 844. 15 Ngr., II. (7½ B.) 46. 12 Ngr.]

Théâtre, nouveau allemand, ou récueil des pièces qui ont paru avec succés sur les Théâtres des Capitales d'Allemagne, par M. Friedel. VII Vols. gr. 8. Leipz. 782—83. Dyck. 6 ₰

— pantomim. Mit Kpf. 12. Wien 796. Alberti. 10 gℓ

Théâtre à l'usage des jeunes Personnes, p. Mad. de Genlis. nouv. Édit. IV Tom, 8. Berl, Sander, 812.

— petit, de l'enfance, par l'auteur des Oeufs de Pâques. (Mit 4 Steindr.) 12. Paris et Strasbourg 833. Levrault. 1/3 ₰ — Mit ill. Steindr. u. auf feinem Pap. 5/12 ₰

— de Société. 2 Tom. 8. Dessan 781. (Leipz, Sommer; Nauck). 1 ₰ 16 gℓ

Theatrum Belli sive Novissima Tabula qua maxima pars Danubii et praesertim Hungaria cum aliis adjacentibus Regnis, nec non Graecia, Morea et Archipelagi Insulae accurate delineatur, excusa et venalis exposita a M. Scutter. Aug. Vind. 1728? 1 : 3,800,000. 1 Bl.

Theatrum belli bavarici. Das ist: Schau-Bünne deß im Harnisch stehenden Bayrlands. . . . Vorgestellet von Joanne Georgio Leophil Vate. München 1704. 112 S. 4°

Theatrum Belli Italici seu Novissima Tabula Geographica. In qua plurima Ditionis Venetae et Mediolanensis Ducatus portio, ac aliae confinis Italiae partes cum integro Ducatu Mantuano exhibentur. Joseph. Frieder. Leopoldy sc. et excudit. Aug Vindelicorum Anno 1707. 1 : 520,000. 1 Bl.

Theatrum Belli Rhenani Auspicatis militiae Primitiis Potentissimi Roman. et Hunga. Regis Josephi I. Pii felicis Augusti Landavio gloriose expugnato apertum 10. Septemb. Anno 1702. Nova Tabula repraesentatum a Joan. Baptista Homann. Norimbergae. 1712? 1 : 1,100,000. 1 Bl.

Theatrum Belli ad Rhenum Superior: nec non Munimentorum tum Imperialium, tum Gallicorum ichnographica exhibitio accurate tradita. Per Homannianos Heredes Anno 1734. Noribergae. 1 : 380,000. 1 Bl.

Theatrum belli inter Russiam et Sveciam ad Sinum Finicum. Wien 1808. 1 : 1,200,000. 1 Bl.

Theatrum belli Russorum Victoriis illustratum sive Nova et accurata Turcicarum et Tartaricum Provinciarum intra fluvios Tyras s. Niester et Tanaim s. Don ad Oram Ponti Euxini et in Peloponneso Taurica sitarum Designatio manu et impensis M. Seutteri. Augustae Vind. 1 < 2,000,000. 1 Bl.

Theatrum Belli Russo-Turcici, sive Moldaviae, Walachiae, Transilvanie etc. maximaeque partis Danubii Fluminis et Archipelagi cum insulis ejusdem accurata et novissima delineatio opera et sumtibus J. M. Propstii Chgr. Augustani. Ao. 1787. 1 : 2,100,000. 2 Bl.

Deutsches Theatrum Chemicum. T. 1—3. Nürnberg: Jonathan Felssecker 1728–32.
Hrsg.: Friederich Roth-Scholtz.

Theatrum doloris quod piis manibus . . . Caroli VII. lugens posuit Congregatio Latina . . . Monachii 1745. V: *Neumayr*, *Franz.* (Jes)

Theatrum Europaeum, oder Außführliche und Wahrhafftige Beschreibung aller und jeder denkwürdiger Geschichten, so sich fürnäml. in Europa, u. Teutschlanden, so wol in Religion - als Prophan - Wesen, vom Jahr Christi 1617 bis zu Ausgang des 1718ten Jahres zugetragen haben . . . an den Tag gegeben und verlegt durch Matth. Merian. Bd 1—21. 16(37—)1743. Franckfurt a. M.
21 Bde
Bd 1 von Joh. Phil. Abelinus. 2 Aufl. 1643.
„ 2 ff. von Joh. Flitner [u. a.].

Theatrum Europaeum, Oder Aussführliche und Warhafftige Beschreibung aller und jeder denckwürdiger Geschichten, so sich hin und wieder in der Welt, fürnemblich aber in Europa, und Teutschlanden (Sodann in Franckreich, Spanien, Portugall etc., und in den übrigen Welt-Theilen) so wol im Religion- als Prophan-Wesen von 1617—1712 zugetragen. Beschrieben durch J. Ph. Abelinus, H. Oraeus, J. P. Lotichius, J. G. Schlederus, M. Meyer, W. J. Geiger u. a. Bd. 1—19. Franckfurt am Mayn, M. Merian, 1662 (bis um 1725). Mit zahlreichen Karten, Plänen, Ansichten, Schlachtenbildern und Porträts. Fol. Bd. 1—13, 16 Pgt., 14, 15, 17—19 Pp. 1200.—
Diesch 471. Ebert 22 723: „Ein wertvolles Repertorium zur Geschichte jener Zeit, mit Gründlichkeit und meist auch mit Unparteilichkeit geschrieben." Vgl. Eckardt, Merian. S. 27. A. D. B. XXI. 423 und Schottenloher S. 440: „. . . die Sitte der Zeit, die Geschichte der jüngsten Vergangenheit im Bilde darzustellen, hat hier Unübertroffenes geschaffen.'"

Theatrum europaeum, oder ausführliche und wahrhaftige Beschreibung aller und jeder denkwürdiger Geschichten, so sich hin und wieder in der Welt fürnehmlich aber in Europa und Deutschlanden sowohl in Religions- als Prophan-Wesen vom Jahre Christi **1617** bis auf das Jahr **1718** zugetragen haben. Beschrieben durch M. Joannem Philippum **Abelinum**, Argentoratensem. Mit vieler fürnehmer Herrn und Potentaten Contrafacturen, wie auch berühmter Städten, Vestungen, Pässen, Schlachten und Belägerungen eygentlichen Delineotionen und Abrissen gezieret und jetzo zum 3. mahl etc. an den Tag gegeben und verlegt durch Matthaej Merians seel. Erben in Frankfurt. (21 Bde.)
Fol. Frankfurt a. M. **1662**—**1738**.

„Theatrum machinarum molarium, oder: Schau-Platz der Mühlen-Bau-Kunst, als 9. Theil von J. Leupold's Theatromachinarum", von J. M. Beyer und Consorten, 2 Teile, Leipzig 1735, fol. — Vorh.: Com. Bibl. Hamburg.

* **THEATRUM MIMORUM AULICORUM,** oder historischer Schau-Platz der berühmtesten Hoff- und Schalcks-Narren. Mit TKpf. Berlin und Leipzig, o. J. (Berlin, J. J. Rembold, c. 1725.) 8°. Sehr rar! (8 Mk. W. H. Kühl, Berlin, c. 1882; jetzt theurer!)

THEATRUM, Moralisches. O. O. 1721. 4°.
Bibl. Breitenau. Th. VII. p. 211. — Rar!

§ **THEATRUM MALORUM MULIERUM,** Oder Schau-Platz Der Bosheiten aller bösen und Regiersüchtigen Weiber über ihre Männer, Von Eva an biss Socrates Entsprossener Xantippe. und ihre bösen Nachfolgerin. Treufleissig colleg. (!) und beschrieben. Im Jahr, da die Männer gut, und die Weiber waren böse. Nebst etl. (!) wenigen Recepten, böse Weiber gut zu machen. Von dem, der die Warheit *F*ein *R*ein *S*chreibet. Mit Titelkpfr. Hunssfeld, Verlegts Carl Karlte-Schahl. O. J. (c. 1700). 12°. Tit., 10 Bll. Vorr. u. 142 S. (30 Mk., mit 1 Beibd. von 1704, Adolf Weigel, 1906.)

Theatrum mundi. I. u. II. Berlin 864. Uthemann & Müller. 8. Jede Nr. n. 2½ ngr
1. Eine Marketenderin vor Düppel. Genrebild aus Schleswig. Von A. Hopf. 1—5. Aufl. (16 S.)
2. Der Waffenstillstand u. die Londoner Konferenzen. Lustiges Soldatenbild aus Jütland. Von R. J. Anders. (16 S.)

Theatrum mundi. III—VI. Berlin 865—66. Uthemann. & Müller. 8. à 2½ ngr.
III. Bernhardi, Wolfg., Nanetten's Unterhosen-Prozeß, oder die lange verfolgte, endlich aber doch triumphirende Unschuld. Kulturhistor. Genre-Bild. 1—4. Aufl. (16 S.)
IV. — Blondin, der Held des Niagara. Seine Fahrten u. Abenteuer zu Wasser u. zu Lande. 4. Aufl. (16 S.)
V. Anders, N. J., Pechschulze beim deutschen Bundesschießen. Humoristisch-satyr. Zündnadel-Büchse abgefeuert von einem in Schuß gekommenen Vogel-König. (16 S.)
VI. Bernhardi, Wolfg., das geheimnißvolle Verschwinden oder: Ladewig, wo bist Du? Berliner Enthüllungen. (16 S.)

Theatrum mysterii ἀποκαταστάσεως destructum. Ulmae 1708. V: *Fischlin, Ludw. Melchior.* (Myl)

Theatrum naturae et artis singulis semestribus novis machinis et experimentis augendum . . . Helmstadii [1710?]. V: *Schmidt, Johann Andreas.* (BrMm)

Theatrum seruitutum oder Schauplatz der Dienstbarkeiten . . . Nürnb. 1709. V: *Schweser (Sueser), Chph Hnr.* (Fiker)

Theatrum servitutum. Oder: Schau-Platz der Dienstbarkeiten. Nürnberg 1709. V: *Schweser, Franz.* (Bibl. d. Germ. Nat.-Mus. Nürnberg 1855.)

Theatrum malorum virorum, oder Schauplatz der von Weibern so genandte böse Männer . . . . von *F. R. S.* Hunssfeld, Verlegts Carl Kalte-Schahl. 1712 12⁰.
Dazu Graesse, Trésor VI, 2, S. 429.

Théaulon, La Comtesse de Tonneau, La France pittoresque, Jean, ou les fruits de l'éducation, s. Répertoire du Théâtre français

Théaulon, Dartois et **Lesguillon**, Nanon. Ninon et Maintenon, s. Répertoire du Théâtre franç. 2. Série No. 44.

Theaulon et Bieville, Sans nom! Ou drames et romans, Le père de la débutante, s. Répertoire du Théâtre français

Théaulon, Rothkäppchen, s. a. Boieldieu, François Adrien.

Text zu Rothkäppchen. Le petit Chaperon rouge. Zauberoper in 3 Acten. Nach dem Französischen des Théaulon. Musik von François Adrien Boildieu 8. (35 S.) * —.30
Wien: Künast 1895.

Theba, Ilse (Frl. Elisab. Weißenborn), namenlose u. andere Gedichte. 8. (VIII, 129 S.) Dresden 900. E. Pierson. n. 1. 50; geb. n. 2. 50

Theben [Sachl. Ordnungswort]

Theben, Schloß, oder d. Kampf d. Flußgötter. Zauber-Oper in 2 Aufz. 8. Wien 818. Pichler. 8 gr.

Theben [Schlagwort]

Theben. Baraize, M. E., Plan des nécropoles Thébaines. (Service des antiquités de l'Égypte.) (En ca. 20 livrs.) 1. livr. (5 farb. Bl.) 54,5×71 cm. Le Caire 904. (Leipzig, K. W. Hiersemann.) n.n. 5. 60

Theben. Baraize, E., Plan des nécropoles Thébaines. (Service des antiquités de l'Égypte.) 2. et 3. livr. 54,5×71 cm. Le Caire. Leipzig, K. W. Hiersemann. nn 9. 60
2. (8 Bl.) 906. nn 4.—. — 3. (5 Bl.) 907. nn 5.60.

Theben [Verfasser]

Theben, Alex*ander* [app. Arzt aus Drensteinfurt (Westf.)]: Aus d. Laboratorium d. pharmakognost. Sammlung in Kiel. Beitrag zur Kenntnis der Wirkung des Cyankalium ... Kiel, Druck v. A. F. Jensen, 1895; 22 S., 1 Bl. 8.
Kiel, Med. Fak., Inaug.-Diss. v. [27. März] 1895

Theben, Hermann: Die altfranzösische Achtsilbnerredaktion der 'Passion'. Greifswald 1909: Kunike. VIII, 75 S. 8°
Greifswald, Phil. Diss. v. 29. Juni 1909, Ref. Stengel
[Geb. 4. März 85 Paderborn; Wohnort: Paderborn; Staatsangeh.: Preußen; Vorbildung: Gymn. Paderborn Reife O. 05; Studium: Innsbruck 1, München 1, Greifswald 1, Paris 1, Greifswald 3 S.; Rig. 19. Dez. 08.] [U 09. 1572

Thebes. Trag. v. Passy. 8. Wien, Geistinger. 805.

Thebes, s.a. Thebesius

Thebes, Adam Christian C+ 133

Dissertatio medica de circulo sanguinis in corde. Ed. nova corr.
Leiden (Langerak) 1716. 31 S., 1 Taf.
34294

Thebes, Adam Christian X+151

Disputatio medica de circulo sanguinis in corde. Rec.
Leipzig (Langenheim) 1739. 23 S., 1 Taf.

Diss. Leiden 1708. 34295

Thebes, Daniel Gottlob (Halle) A. S. 1194/31

Dissertatio inauguralis philosophico-anatomico-medica de principio rationis sufficientis maximi in anatomia usus. Präs. Michael Alberti.
Halle (Hilliger) X. 1731. 28 Bl.

Gew.: August Budde, Jo. Theodor Eller, Kaspar Neumann.
W. v.: Friedrich Hoffmann, Präs., Daniel Straehler, Jo. Chr. Just. Eller, Johann Christoph Stuck.
34296

Thebes, Georg David (Treptow) A. S. 145/20

Dissertatio iuridica de bonae fidei possessore singulari a restitutione fructuum perceptorum immuni ad 1. 4. §. 2. D. fin. reg. Präs. Georg Samuel Madihn.
Halle (Hilliger) 16. X. 1754. 36 S.

W. v.: Karl Abraham Fhr. von Zedlitz, H. L. Fhr. von Seher Thoss (Opp.), C. G. F. von Bismarck (Opp.).
34299

Thebesius, A. G., De eo quod sublime est in his Moseis verbis *Γενέσθω φῶς* ad Longin. *Περὶ ὕψους*. Diss. 1786. 61 S. 4°. 2.—

Thebesius, Adm. Sam., († d. 1. Febr. 1808.) Diss. de crystallisatione. 4. Halle 758.

— kurze Nachr. von dem sogen. Stillestande des Zackenflusses bei Hirschberg &c. in Schlesien d. 19. März 1773. 8. Breslau 773.

Thebesius, Alexander: Quaestiones de nonnullis arteriarum phaenomenis pathologicis. Halis 1847: Ploetz. 38 S. 8°
Halle-Wittenberg, Med. Diss. v. 13. Aug. 1847
Geb. Goldberg (Schlesien) 26. 7. 1825. V.

Thebesius, Georg

Thebesius, G. Liegnitzische Jahrbücher. Hrsg. v. G. B. Scharff. fol. M. K. Jauer 1733.

Thebesius, Ge, liegnitzische Jahrbücher, worin d. Merkwürd. d. Stadt u. d. Gesch. d. Piastischen Herzoge in Schlesien, m. K. Fol. Jauer. 736.

Georg Daniel Thebesius

Deutliche und ausführliche Nachricht vom Rauch- und Schnupff- Taback, worinnen von dessen Namen, Ursprung, Pflantzung.... gehandelt wird,... durch George Daniel Thebesium [Thebesius]. o.O. 1713. 56 S. 8°

Georgius Ernestus Stahlius [Stahl]: De scorbuti et venerae luis diversis Signis et medicinis. [Resp.: Georgius Daniel Thebesius. Halae Magdeb. 1706: Henckelius. 28 S. 8°

Halle, Med.Diss.v. Febr.1706

(= Stahl: Dissertationes medicae.P.3[,21].)

Thebesius, Gttl., Diss. de gravi cerebri vulnere curato. Hal. 4°. 1749

Johann Ehrenfried Thebesius

Johann Ehrenfried Thebesii [Thebesius] Hebammenkunst. Hirschberg & Liegnitz: Siegert 1756. 620 S. 8°

Thebesius, Jh. Ehrenfr., († ...) Hebammenkunst. Mit Kpf. gr. 8. Liegnitz 757. 2e A. 759. 3e A. 767. 4e A. 779. Siegert. 2 ℳ

—, Praxis medica infallibilis cum nosodochio academico et dispensatorio domestico. Frcf. 4°. *Haller*, Bibl. med. pr. III, 457.
1711

Thebesius, J. E., De somno ut signa. Lps. 4°. 1711

Thebesius, Jo. Ehr., Diss. de somno ut signo. 30 pp. Lps. 4°. 1740

Thebesius, Ludw., Hermann der Cheruskerfürst. Tragödie in 5 Akt. 8. (8³/₄ B.) Berlin 839, Hayn.

Thebesius, W. S.: De consensu pedum cum intestinis, s. Buechner, Andreas Elias [Praes.]

Thebing, Theod. Bernard. (geb. Borken in Westf. 5. 7. 1824): De genu exarticulatione cum condylorum femoris resectione coniungenda. Berolini (1850). (31 S.) 8°
Berlin, Med. Diss. v. 15. Aug. 1850

Thede, Ernst [app. Arzt aus Kiel]: Aus d. Frauenklinik zu Kiel. Die Erfolge der Laparotomie bei malignen Geschwülsten der Abdominalorgane, insbes. d. Ovarien ... Kiel, Druck v. L. Handorff, 1892; 52 S., 1 Bl. 8.
Kiel, Med. Fak., Inaug.-Diss. v. [19. Apr.] 1892

Thede, J[ohannes] J., aus Marnitz ⟨Mecklenb.⟩: Neue Beiträge zur Kenntnis der Phorongruppe. *Hildesheim 1903: A. Lax.* (49 S.) 8°
Göttingen, Phil. Diss. v. [26. Juni] 1903

Thede, J. J., neue Beiträge zur Kenntnis der Phorongruppe. Diss. (49 S.) gr. 8. Hildesheim 903. (Göttingen, Vandenhoeck & Ruprecht.) n. 1. 20

Theden, Dietr., der Advokatenbauer, s. a. Sammlung ausgewählter Kriminal- u. Detektiv-Romane. 21.

Theden, Dietr., der Advokatenbauer, s. a. Lutz' Kriminal- u. Detektiv-Romane. 21. Bd.

(Lutz' Kriminal- und Detektiv-Romane. Bd. 21.)
Der Advokatenbauer. Roman v. Dietrich **Theden.** 5. Aufl. Stuttgart. [1899.] 8°

Um deutsche Art. Roman aus d. nordfries. Strandmarsch von Dietrich **Theden.** Berlin: H. Seemann Nachf. [1906]. (194 S.) 8° [F.] [08. 17334 B

— um deutsche Art. Roman aus der nordfries. Strandmarsch. 2. Aufl. (194 S.) 8. Berlin (906). H. Seemann Nachf. n. 3. —; geb. n. 4. —

Um deutsche Art. Roman aus der nordfriesischen Strandmarsch v. Dietrich **Theden.** 5. Aufl. Berlin. [1906.] 8°

Theden, Dietr., im Banne der Leidenschaft. Novellen. 8. (V, 324 S.) Berlin 894. Deutsches Verlagshaus. n. 4. —; geb. n. 5. 50

— die zweite Buße, s.: Lutz' Kriminal- u. Detektiv-Romane. 30. Bd.

— fein gesponnen u. andere Geschichten. s. a. Viktoria-Sammlung.

Fein gesponnen. Kriminalerzählung von Dietrich **Theden** u. andere Geschichten. Bonn: Rhein. Union [1905]. (160 S.) 8° [F.]
= **Viktoria-Sammlung** spannender u. interess. Erzählungen. No 4. [05. 10055

Theden, Dietr., auf d. Flucht u. and. Geschichten. (Unterwegs u. Daheim.) schmal 8. (178 S.) Breslau 898. Schles. Buchdruckerei &c. n. — 75; geb. n. 1. —

[F.] Auf der Flucht und andere Geschichten. Von Dietrich **Theden.** *Breslau: S. Schottlaender [1898].* (178 S.) 1 Bd 8. (4.)
(Unterwegs und Daheim.) 98. 6457

[F.] Frauenliebe. Novellen v. Dietrich **Theden.** *Breslau: S. Schottlaender 1899.* (141 S.) 1 Bd 8.
(Unterwegs und Daheim.) [98. 19564

— in der Fremde, s. a. Spamer's, Otto, neue Volksbücher.

Theden, Dietr., in der Fremde. Eine Volksgeschichte für Auswanderungslustige. Mit 4 Tonbildern, Kopfleisten u. Initialen. 8. (VIII, 124 S.) Leipzig 883. Spamer. n. 1. —; cart. n. 1. 25

— der Friesenpastor. Roman. 8. (323 S.) Stuttgart 898. Deutsche Verlags-Anstalt. n. 3. 60; geb. in Leinw. n.n. 4. 50

Der Friesenpastor. Roman von Dietrich **Theden**. 2. Aufl. Stuttgart & Leipzig: Deutsche Verl.-Anst. 1898. 323 S. 8° A 12.10159

Der Friesenpastor. Roman von Dietrich **Theden**. Berlin: Concordia [1908]. (294 S.) 8° [F.]
(Bibliothek August Scherl. Folge 1, Bd 25. 26.) [08. 15051

— Führer durch die Jugendliteratur. Grundsätze zur Beurtheilung der deutschen Jugendliteratur, Winke für Gründung, Einrichtung u. Fortführung einschläg. Bibliotheken, u. Verzeichniss empfehlenswerther Schriften. Für Eltern, Erzieher u. Bibliothekare. Mit einem Vorwort von J. Chr. Glob. Schumann. gr. 8. (VIII, 78 S.) Hamburg 883. Berendsohn. 1. 50

Theden, Dietrich [Hrsg.]
s. Gerstäcker, Friedrich: Eine Mutter. (Um 1890).

Goldsaat. Roman v. Dietrich **Theden**. Mannheim. 8°

— Herzgold. Roman. gr. 8. (311 S.) Dresden 901. C. Reißner. n. 4. —; geb. n. 5. —

Herzgold. Roman von Dietrich **Theden**. Berlin, Leipzig: H. Hillger [1906]. (128 S.) 8° [F.]
= **Bücherschatz**, Kürschners. No 529. [07. 15346

[F.] Auf der Höhe. Lust u. Leid im Liede. Hrsg. v. Dietrich **Theden**. Ill. v. ersten deutschen Meistern. *Breslau: S. Schottlaender [1897].* (184 S.) 1 Bd 2. [58. 204

— auf der Höhe. Lust u. Leid im Liede. Illustr. v. ersten deutschen Meistern. 2. Taus. Fol. (184 S.) Breslau 898. Schles. Buchdruckerei rc. Geb. in Leinw. m. Goldschn. n. 18. —

— Jugendgrüße. Neue Geschichten f. die Kinderwelt. Mit 4 Bildern in Farbendr. v. Wilh. Claudius u. über 100 Textillustr., Kopfleisten u. Vignetten v. R. Beyschlag, L. Blume-Siebert, W. Gause u. A. gr. 8. (VII, 145 S.) Dresden 891. Verl. d. Universum. Geb. in Leinw. n. 5. —

— Jugendgrüße. Neue Geschichten für die Kinderwelt. Mit 4 Bildern in Farbendr. v. Wilh. Claudius u. üb. 50 Textillustr., Kopfleisten u. Vignetten v. R. Beyschlag, L. Blume-Siebert, W. Gause u. A. (Billige [Titel-] Ausg.) gr. 8. (V, 145 S.) Dresden (891) 895. Leipzig, Ph. Reclam jun. Geb. in Leinw. n. 3. —

Die deutsche Jugendlitteratur. Krit. u. systemat. dargest. Grundsätze z. Beurtheilung d. deutschen Jugendlitteratur, Winke f. Gründung, Einrichtung u. Fortführung einschläg. Bibliotheken u. Verzeichniß empfehlenswerter Schriften. Ein Handbuch f. Eltern, Erzieher u. Bibliothekare von Dietrich **Theden**. 2., umgearb. u. stark verm. Aufl. *Hamburg: B. S. Berendsohn 1893.* (144, VIII S.) 8° [03. 19349 10

Theden, Dietr., für's Kind. Geschichten. Mit e. Farbendr.-Bilde v. Bernh. Mörlins. 8. (116 S.) Leipzig 884. E. Twietmeyer. geb. n. 3. —

Theden, Dietr., laßt Euch erzählen! Märchen und Geschichten für die Jugend. gr. 8. (III, 140 S. mit farb. Bildern von Herm. Vogel und schwarzen Illustr. von Rich. Püttner u. A.) Leipzig 888, E. Twietmeyer. geb. *

Leben um Leben. Roman von Dietrich **Theden**. Berlin: A. Schall [1903]. (373 S.) 8° [F.]
— [**Verein** d. Bücherfreunde. Jg. 13, 3.] [03. 1852

— Menschenhasser, s.: Kriminalromane aller Nationen. 3. Bd.

— neues Novellenbuch. Ernste u. heitere Geschichten. 8. (328 S.) Breslau 901. Schles. Buchdruckerei rc. n. 3. —; geb. n. 4. —

Neues Novellenbuch. Ernste u. heitere Geschichten von Dietrich **Theden**. *Breslau: S. Schottlaender 1901.* (328 S.) 8° [F.] [01. 13148

— Rätsel der Liebe. Roman. (270 S.) 8. Leipzig (910). P. List. 3.—; geb. in Leinw. 4. —

— ein Verteidiger, s. a. Lutz' Kriminal- u. Detektiv-Romane. 22. Bd.

— ein Verteidiger, s. a. Sammlung ausgew. Kriminal- u. Detektiv-Romane. 22.

(Sammlung ausgewählter Kriminal- und Detektiv-Romane. Bd. 22.)
Ein Verteidiger. Roman v. Dietrich **Theden**. 3. Aufl. Stuttgart. [1900.] 8°

— das lange Wunder u. andere Kriminalgeschichten, s. a. Lutz' Kriminal- u. Detektiv-Romane. 27. Bd.

– Das lange Wunder u. andere Kriminalgeschichten, s.a. Sammlung ausgew. Kriminal- u. Detektivgeschichten. 27.

Das lange Wunder und andere Kriminalgeschichten v. Dietrich **Theden**. 4. Aufl. Stuttgart. o. J. 8°

— im Zauber der Dichtung. Ausgewählte Liederblüthen. Mit Illustr. erster deutscher Meister. gr. 4. (188 S. m. Text-Abbildgn., 30 ganzseit. Bildern, 1 Heliograv. u. 6 Lichtdr.) Dresden 891. Verl. d. Universum. Geb. in Leinw. m. Goldschn. n. 15. —

— im Zauber der Dichtung. Ausgewählte Liederblüten. Mit Illustr. erster Meister. gr. 4. (187 S.) Leipzig (899). Ph. Reclam jun. Geb. in Leinw. m. Goldschn. n. 15. —

— im Zick-Zack. Ernste u. heitere Geschichten. (Unterwegs u. daheim.) schmal 8. (143 S.) Breslau 899. Schlesische Buchdruckerei rc. n. — 75; geb. n. 1. —

Im Zick-Zack. Ernste u. heitere Geschichten von Dietrich **Theden**. *Breslau: S. Schottlaender [1899].* (143 S.) 8° [F.]
= **Unterwegs** und **Daheim**. [7, 6.] [00. 4651

Theden, J. Gedicht zum ersten jährigen Stiftungstage d. Pepiniere a. 1. Sept. 1796. 4.

Theden, Johann Christian Anton: Neue Bemerkungen und Erfahrungen zur Bereicherung der Wundarzneykunst und Medicin. Berlin u. Stettin 1771. 208 S.

Theden, Jh. Chr. Ant., († d. 21. Oct. 1797.) neue Bemerkk. u. Erfahrr. zur Bereicherung der Wundarzneikunst u. Arzneigelahrtheit. 3 Thle. Mit 3 Kpf. gr. 8. Berl. 771, 782 u. 795. (1r Thl. 2e A. 777.) (Kummer in Leipz.) 2 ß 2 gr

Johann Christian Anton Theden

Neue Bemerkungen und Erfahrungen zur Bereicherung der Wundarzneykunst und Arzneygelahrtheit, von Johann Christian Anton Theden. Neue u. verb. Aufl. Th.1. Berlin & Stettin: Nicolai 1776. 8°
Th.1: 1776.

Johann Christian Anton Theden

Neue Bemerkungen und Erfahrungen zur Bereicherung der Wundarzneykunst und Arzneygelahrheit. Von Johann Christian Anton Theden. Th. 1. 2. Berlin & Stettin: Nicolai 1782. 1 Bd 8°

Johann Christian Anton Theden

Neue Bemerkungen und Erfahrungen zur Bereicherung der Wundarzneykunst und Arzneygelarheit. Von Johann Christian Anton Theden. Th. 1 - 3. Berlin & Leipzig: Nicolai 1795. 2 Bde 8°

Th.1.2: Neue verm. Aufl. 1795.
Th.3: 1795.

— Krankengeschichte e. Fallsüchtigen &c., s. P. G. Linke.

Theden, Johann Christian Anton:

s.: Levison, G(eorg): Beschreibung der Londonschen med.Praxis...Vorrede. Berlin, Stettin: 1782.

Z. Verschwiegenheit: Rede bey der feyerlichen Aufnahme einer Gesellschaft in den Freymäurerorden, und bey der Stiftung der neuen Filialloge die Verschwiegenheit zu den drey verbundenen Händen, in Gegenwart des Durchlauchtigsten Grossmeisters [Ferdinand von Braunschweig-Lüneburg] gehalten von einem Bruder der alten Mutterloge zu den drey Weltkugeln in Berlin [Joh. Christian Anton **Theden**]. Den 2. Sept. 1775. Berlin [1775]: Decker. 14 S. 1 Kpfr. 8° [Umschlagtit.]

Abgedr. in: Almanach od. Taschen-Buch f. Frmr. 3 (1778) Bl. 82—86.

Kl. 919, Tt. 2168. Gelegenheitsrede. Mahnung, wahre Maurer zu sein. Kayser: Vollständiges Bücher-Lexikon. 4 (1835) S. 448: „Berlin: Rottmann". Die Taf. enth. die Abb. einer Medaille auf Herzog Ferdinand.

— Sendschreiben an Richter in Göttingen, das neu erfund. Katheder a. d. Resina Elastica betreffend. 8. Berl. 777. Rottmann. 4 gl.

— Unterricht f. die Unterwundärzte bei Armeen, besond. bei d. königl. Preuß. Artilleriecorps. 2 Thle. 8. Berl. 774. 2e verb. Ausg. 783. Nicolai. 12 gl.

Theden, Johann Christian Anton: Unterricht für die Unterwundärzte bey Armeen, besonders bey dem Königlich-Preußischen Artilleriecorps. 2.verm.und verbess.Aufl. 334 S., gbd.

Berlin: Nicolai 1778

JB 3.530

Johann Christian Anton Theden

Johann Christian Anton Thedens [Theden] Unterricht für die Unterwundärzte bey Armeen, bes. bey dem königl. preuß. Artilleriecorps. 3., verm.u.verb. Aufl. Berlin & Stettin: Nicolai 1782. 352 S. 8°

Thedenius, **Canutus Fredr.**, **Observationes de enervibus Scandinaviae speciebus generis Andreaeae.** 8maj. (12 S. und 2 Stnt.) Holmiae 849. (Lipsiae, Brockhaus.) *

Thedens, Robert, a. Hamburg: Li Chevaliers as deus espees in seinem Verhältnis zu seinen Quellen, insbesondere zu den Romanen Crestiens von Troyes. Göttingen 1908: Hubert & Co. (132 S.) 8°

Göttingen, Phil. Fak., Ref. Stimming, Diss. v. 25. Juni 1908

[Geb. 9. Febr. 81 Hamburg; Wohnort: Hamburg; Staatsangeh.: Hamburg; Vorbildung: Realgymn. d. Johanneums Hamburg Reife O 01; Studium: Göttingen 1, Berlin 1, München 1, Göttingen 4 S.; Rig. 4. März 08.]

Thedering, Franz, a. Ramsloh in Oldenburg: Über einen Fall von Ileus, verursacht durch ein Meckelsches Divertikel. Kiel 1905: H. Fiencke. (18 S.) 8°

Kiel, Med. Fak., Ref. Helferich, Diss. v. 20. Dez. 1905

[Geb. 11. April 78 Heede a. d. Ems; Wohnort: Ramsloh i. Oldenburg; Staatsangeh.: Oldenburg; Vorbildung: Gymn. Meppen Reife O. 99; Studium: Freiburg i. B. 1, Berlin 1, Kiel 2, Freiburg i. B. 1, Kiel 1, Bonn 2, Kiel 1 S.; Coll. 16. Nov. 05; Approb. 12. Aug. 05.]

Thedieck, Carl, s. Thedieck, Karl

Thedieck, Friedrich, aus Alfhausen i. Oldenb.: Ueber einen Fall von Carcin. Mastdarmpolypen. *Würzburg 1897 [rieln. 1901/02]: Memminger.* (18 S.) 8°

Würzburg, Med. Diss. v. 1897

Thedieck, Karl

Thedieck, Carl, Gerichtsrefer., Bielefeld: Das Urteil aus § 894 der Zivilprozeßordnung. Münster i. W. 1910: Aschendorff. 58 S. 8°

Münster, Rechts- u. staatsw. Diss. v. 30. Okt. 1910, Ref. Jacobi, Rosenfeld

[Geb. 25. Juli 87 Höxter; Wohnort: Münster i. W.; Staatsangeh.: Preußen; Vorbildung: Gymn. Höxter Reife O. 06; Studium: München 1, Paris 1, Freiburg i. B. 1, Berlin 1, Münster 2 S.; Rig. 5. Juli 10.] [U 11. 3737

Thedieck, (Karl) Joseph, a. Alfhausen in Hann.: Perfektive und imperfektive Aktionsart im Mittelhochdeutschen. Borna-Leipzig 1908: R. Noske. (VI, 80 S.) 8°

Münster, Phil. Fak., Ref. Streitberg, Diss. v. 8. Mai 1908

[Geb. 26. Juni 83 Alfhausen; Wohnort: Münster; Staatsangeh.: Preußen; Vorbildung: Gymn. Osnabrück Reife O. 03; Studium: Münster 1, München 1, Göttingen 1, Münster 7 S.; Rig. 21. Dez. 07.]

Thedinga, Eddo, Rechtskand.: Sicherung einer Forderung unter Verbleib des Sicherungsobjektes im Gewahrsam des Schuldners. Borna-Leipzig 1910: Noske. VI, 80 S. 8°

Leipzig, Jur. Diss. v. 21. April 1910

[Geb. 7. Febr. 85 Berlin; Wohnort: Berlin; Staatsangeh.: Preußen; Vorbildung: Kölln. Gymn. Berlin Reife M. 03; Studium: Berlin 1, Freiburg i. B. 1, Berlin 1, München 1, Berlin 2 S.; Rig. 12. März 10.] [U 10. 2906

Thedinga, Friedrich

Thedinga, Fr. Die Bedeutung der Reden in Platons Phaedros. 8 S. Progr. Rg. *Hagen* 1883.

Thedinga, Friedrich Der Begriff Idee bei Kant. 4 (11 S.). Progr. Rg. u. G. *Hagen* 1888 (350)

Thedinga, *Friedrich* [Dr.]: Katalog der Schüler-Bibliothek für die Klassen Tertia bis Prima am Realgymnasium und Gymnasium zu Hagen. Hagen, Buchdr. v. G. Butz, 1896; 1—17 S. 4.
Hagen i. W., RG u. G, P 1896 (377)

Thedinga, Fridericvs (geb. am 30 Nov. 1849 in Lingen Hann.): De Nvmenio philosopho Platonico ... Bonnae, form. C. Georgi (1875). 2 Bl., 71 S. 8.

Bonn, Phil. Fak., Diss. v. 31 Aug. 1875

Thedinga, Wilhelm: Über die Symptomatologie der Retroflexio uteri. *Berlin (1897): G. Schade.* (31 S.) 8°

Berlin, Med. Diss. v. 9. Nov. 1897

Thedinghausen [Schlagwort]

Thedinghausen. s.: **Preussen.** Messtischblätter.

Thedis blanker Knopf. V. Verf. d. „Verlorenen Söhne". Autor. Uebersetzg. von H. v. R. 12. (II, 116 S. m. Titelbild.) Berlin 898. Deutsche ev. Buch- u. Tractat-Gesellschaft. n. — 60

Thedsen, Fr., Rechenbuch, s.: Westrick, F. A. u. G. Heine.

Thedy, Armin: Beiträge zur sphärischen Aberration einer Linse bei Berücksichtigung der Randstrahlen. (Friedrichroda [1910]: Schmidt.) 36 S. 8°
Jena, Phil. Diss. v. 25. Juli 1910, Ref. Straubel
[Geb. 9. Jan. 85 Weimar; Wohnort: Weimar; Staatsangeh.: Sachsen-Weimar; Vorbildung: Gymn. Weimar Reife O. 04; Studium: Jena 2, München 1, Göttingen 4, Berlin 1, Göttingen 1, Jena 1 S.; Rig. 11. Dez. 09.] [U 10. 2379

Thee, Amalie, Immergrün. Eine Auswahl Märchen u. Erzählungen für Kinder im Alter von 7—10 Jahren. Mit 6 (chromolith.) Bildern. 8. (160 S.) Hannover 877. Brandes. cart. 2. 50

Thoe, Hermann, approb. Arzt aus Beverstedt: Ueber die Fukala'sche Operation bei hochgradiger Myopie. *Kiel 1899: H. Fiencke.* (25 S.) 8°
Kiel, Med. Diss. v. [24. Aug.] 1899

Theeblätter, deutsche, hervorgerufen u. gepflegt durch L. v. Elsholtz, A. v. Maltitz u. F. Aug. v. Zu-Rhein. 1r Jahrg. 1839. 52 Numm. Mit Randzeichnungen, Vignetten, Musikbeill. rc. geziert. 4. München, Franz. n. 4 ₰
Forts. u.d.T.: Deutsche Blätter für Literatur und Leben.

Thee- u. Asphodelosblüthen, s. A. Ellisen.

Thee- und Asphodelosblüten. Chines. u. neugriech. Gedichte metrisch bearb. v. A. Ellisen. gr. 12. (9½ B. u. 5 lith. Abbildn.) Göttingen 840, Vandenhoeck u. Ruprecht.

Theel, Emil [Oberl. Dr.]: Einleitung in die Trigonometrie als halbjähriges Pensum für Untersekunda. Berlin, R. Gaertners Verlagsbuchh. H. Heyfelder, 1889; 26 S. 4°
Berlin, Dorotheenst. RG, OP 1889 (92)

Theel, Emil. Einleitung in die Trigonometrie als halbjähriges Pensum f. Untersekunda. Mit 4 Holzschn. gr. 4. (26 S.) Berl. 889, Gaertner. * 1 —

Theel, F. W., Aufgaben zu Zahlbildungs- und Rechenübungen für Elementarschüler. Berlin 859. Wiegandt & Grieben. 8. Jedes Heft n. 2 ngr.
1. Heft: Die vier Arten des Zahlbildens in ganzen Zahlen u. deren Anwendung auf die gewöhnlichen Lebensverhältnisse. (16 S.)
2. Heft: Die vier Arten des Zahlbildens in gebrochenen Zahlen rc. (18 S.)

Theel, F. W., Festgabe. Denkwürdige, nützl. Geschichten u. lehrreiche Lesestücke für lernbegierige Kinder. gr. 8. (IV u. 290 S.) Berlin 851, J. A. Wohlgemuth. ½ ₰

Theel, F. W., biblische Geschichten für die Unterklassen evangelischer Volksschulen. 2. Aufl. Berlin 866. Wohlgemuth's Verl. gr. 8. (56 S.) n.n. 2½ ngr.

Theel, F. W., biblische Geschichten f. die Unterklassen evangelischer Volksschulen. 3. Aufl. gr. 8. (48 S.) Berlin 872. Wohlgemuth. — 25

Theel, F. W., 100 biblische Geschichten für Volksschulen. 4., verm. Aufl. 8. (60 S.) Berlin 877. Wohlgemuth's Verl. n.n. — 25

— Handfibel f. d. Lese- u. Schreibunterricht. [Zunächst als Einführung in das „Lesebuch f. einklassige Schulen."] 8. (16 S.) Königsberg i. N. 848, Windolff & Striese in Comm. 1/12 ₰

Theel, F. W., Hand-Fibel für den Lese- und Schreibunterricht. 2. Aufl. (16 S.) 1848. 2½ Ngr. und 3. Aufl. (Zunächst als Einführung in das „Lesebuch für einklassige Schulen.") 8. (20 S.) Berlin 850, J. A. Wohlgemuth. Thlr.

— Handfibel f. d. Lese- u. Schreibunterricht. 3. Aufl. [Zunächst als Einführung in das „Lesebuch f einklassige Schulen."] 8. (20 S.) Berlin 850, J. A. Wohlgemuth. — 4. verb Aufl. 8. (40 S. m. eingedr. Holzschn.) Ebd. 852. — 5. unveränd. Aufl. 8. (40 S. m. eingedr. Holzschn.) Ebd. 852. 3 ngr.

Theel, F. W., Hand-Fibel für den Lese- und Schreib-Unterricht. 6—16. Stereot.-Aufl. Berlin 853—58. Wohlgemuth. 8. (40 S. m. Holzschn. im Text.) 3 ngr.

Theel, F. W., Hand-Fibel für den Lese- und Schreib-Unterricht. 15—28. Aufl. 8. (40 S. mit eingedr. Holzschn.) Berlin 857—59, J. A. Wohlgemuth.

— Hand-Fibel für den Lese- und Schreib-Unterricht. Ausg. A. 17—91. Aufl. Stereot.-Ausg. Berlin 859—64. J. A. Wohlgemuth. 8. (40 S. m. Holzschn.) n. 2 ngr.

—— Hand-Fibel für den Lese- und Schreib-Unterricht. Ausg. A. 27—43. Aufl. (Ster.-Ausg.) 8. (40 S. mit eingedr. Holzschn.) Berlin 860—61, J. A. Wohlgemuth. *

—— dass. — 3. Abthl. Enthaltend 90 bibl. Geschichten für die Unterklassen evangel. Volksschulen. 8. (56 S.) Ebendas. 860.
Wird auch als „Biblische Geschichten für die Unterklassen" rc. zu gleichem Preise ausgegeben.

— — Ausg. B. 1. Abth. 1—4. Aufl. Ebend. 861—64. (52 S. m. Holzschn.) n. 2 ngr.

—— Hand-Fibel für den Lese- und Schreib-Unterricht. Ausg. A. 91.—140. Aufl. (Ster.-Ausg.) 8. (40 S. mit eingedr. Holzschn.) Berlin 862—68, Wohlgemuth. *

Theel, F. W., Hand-Fibel für den Lese- und Schreib-Unterricht. Ausg. B. 1. Abthl. 2.—12. Aufl. 8. (52 S. mit eingedr. Holzschn.) Berlin 862—68, Wohlgemuth. *

— — Ausg. B. 2. Abth. als Vorstufe zum Lesebuche. 1. u. 2. Aufl. Ebend. 864. 8. (80 S.) n. 3 ngr.

—— dass. — Ausg. B. 2. Abthl. als Vorstufe zum Lesebuche. 2. und 3. Aufl. 8. (80 S.) Ebendas. 864,66. *

— Hand-Fibel für den Lese- u. Schreib-Unterricht. Ausg. A. 92—182. Aufl. (Ster.-Ausg.) Ebend. 865—70. 8. (40 S. mit eingedr. Holzschn.) n. 2 ngr.

— Hand-Fibel für den Lese- u. Schreib-Unterricht. Ausg. B. 1. Abthl. 5—16. Aufl. Ebend. 865—70. 8. (52 S. mit eingedr. Holzschn.) n. 2 ngr.

—— dass. — 3. Abth. Enth.: 90 bibl. Geschichten für die Unterklassen evangel. Volksschulen. 2. Aufl. 8. (48 S.) Ebendas. 866. *

—— Hand-Fibel für den Lese- und Schreib-Unterricht. Ausg. A. 141.—251. Aufl. [Ster.-Ausg.] 8. (40 S.) Ebendas. 868—74. * 20 Pf.; geb. *

—— dass. — Ausg. B. 1. Abthl. 13.—30. Aufl. 8. (52 S.) Ebendas. 868—75. (* 20 Pf.) *

— dass. — 2. Abthl. Als Vorstufe zum Lesebuche. 4.—10. Aufl. 8. (80 S.) Ebendas. 868—74. (* 30 Pf.) *

— dass. — 3. Abthl. Enth. 90 bibl. Geschichten für die Unterklassen evangel. Volksschulen. 2. Aufl. 8. (48 S.) Ebendas. 869—72. * 25 Pf.; geb. *

— dasselbe. Ausg. B. 1—3. Abth. 8. Ebend. 872—76. n.n. — 90

1. 36. Aufl. (52 S.) n.n. — 25

2. Vorstufe zum Lesebuche. 10. Aufl. (80 S.) n. — 40

3. 90 bibl. Geschichten f. die Unterklassen evangel. Schulen. 3. Aufl. (48 S.) n. — 25

— Hand-Fibel für den Lese- und Schreib-Unterricht. Ausg. A. 252.—300. [Ster.-]Aufl. 8. (40 S. mit eingedr. Holzschn.) Ebendas. 875—79. ** 20 Pf.; geb. *

— dass. — Ausg. B. 2 Abthlgn. 8. Ebendas. 875—79. [1. Abthl. 31.—46. Aufl. (54 S.) ** 25 Pf.; 2. Abthl. 14. Aufl. (80 S.) ** 40 Pf.] **

— Hand-Fibel f. den Lese- u. Schreib-Unterricht. Ausg. A. 273. Aufl. [Ster.-Ausg.] 8. (20 u. 40 S.) Ebend. 876. n. — 20; geb. n. — 40

— neue Hand-Fibel für den Lese- u. Schreib-Unterricht, mit Berücksichtigung der gebräuchlichsten Lehrmethoden. 1. u. 2. Thl. gr. 8. Ebend. 878. n.n. — 85

1. (38 S. m. eingedr. Holzschn.) n.n. — 25

2. (112 S.) n. — 60

Theel, F. W., neue Hand-Fibel für den Lese- und Schreib-Unterricht, mit Berücksicht. der gebräuchlichsten Lehrmethoden. 1. und 2. Thl. gr. 8. Berlin 879, Wohlgemuth's Verlagsh. [1. Thl. (38 S. mit eingedr. Holzschn.) ** 25 Pf.; 2. Thl. (112 S.) * 60 Pf.] **

Theel, F. W., Handfibel für den Lese- und Schreib-Unterricht. Ausg. A. 301.—329. Aufl. [Ster.-Ausg.] 8. (40 S. mit Illustr.) Berlin 880—84, Wohlgemuth's Verlagsh. *

— dass. — Ausg. B. 1. Abtl. 47.—58. Aufl. 8. (54 S. mit Illustr.) Ebendas. 880—84. *

— dass. — 2. Tl. als Vorstufe zum Lesebuche. 15.—19. Aufl. 8. (IV, 84 S.) Ebendas. 882,83. *

Theel, F. W., Hand-Fibel für den Lese- und Schreib-Unterricht. Ausg. A. 333. und 334. Aufl. [Ster.-Ausg.] 8. (40 S. mit Illustr.) Berlin 885,88, Wohlgemuth. *

— dass. — Ausg. B. 1. Abtl. 60.—66. Aufl. 8. (54 S. mit Illustr.) Ebendas. 885—88. *

— dass. — 2. Tl. als Vorstufe zum Lesebuche. 20.—22. Aufl. 8. (IV, 84 S.) Ebendas. 885—88. *

Theel, F. W., Hand-Fibel f. den Lese- u. Schreib-Unterricht. Ausg. A. 347. Ster.-Aufl. gr. 8. (40 S. m. Bildern.) Berlin 890. Wohlgemuth. n. — 20

— dasselbe. Ausg. B. 2 Abtlgn. gr. 8. Ebd. 890. n. — 70

1. 68. Aufl. (54 S. m. Bildern.) n. — 30

2. Als Vorstufe zum Lesebuche. 23. Aufl. (84 S.) n. — 40

Theel, F. W. Hand-Fibel f. den Lese- u. Schreib-Unterricht. Ausg. A. 350. Ster.-Aufl. gr. 8. (40 S. m. Bildern.) Berl. 892, Wohlgemuth. * — 20

— dass. — Ausg. B. 2 Abtlgn. gr. 8. Ebd. [1. Abtl. 71. Aufl. (54 S. m. Bildern.) 892. * — 30; 2. Abtl. Als Vorstufe zum Lesebuche. 23. Aufl. (84 S.) 890. * — 40.] * — 70

Theel, F. W., Hand-Fibel f. den Lese- u. Schreib-Unterricht. 2. Tl. als Vorstufe zum Lesebuche. 23. Aufl. 8. (IV, 84 S.) Berlin 893. J. A. Wohlgemuth. n. — 40

Theel, F. W., Hand-Fibel f. d. Lese- u. Schreib-Unterricht. Ausg. A. 351. Aufl. (Ster.-Ausg.) 8. (40 S. m. Abb.) Berlin 897. Breslau, F. Hirt. n. — 25; geb. n.n. — 35

— dasselbe. Ausg. B in 2 Tln. 1. Tl. 73. Ster.-Aufl. gr. 8. (II, 54 S. m. Abb.) Ebd. 898. Geb. n.n. — 45

— Haus-Andachten auf Grundlage d. kleinen Katechismus Dr. Martin Luther's. Enth.: Katechismuswort, Bibelwort, Gebet u. Kirchenlied zur Benutzg. beim Hausgottesdienst. Mit e. Vorwort v. Büchsel. 8. (IV, 156 S.) Ebend. 876. n. 1. —

– Dass., s.a. Theel, Wilhelm

— Dr. Mart. Luther's kleiner Katechismus durch Spruch, Lied und biblische Geschichte erklärt. 1. und 2. Aufl. gr. 8. (IV, 156 S.) (Ebendas.) 873,75. *

— Dr. Martin Luthers kleiner Katechismus und Spruchbuch, s. Luther.

— deutsches Lesebuch f. einfache Schulverhältnisse. Mit Rücksicht auf die „Allgemeinen Bestimmungen" vom 15. Oktbr. 1872 neu bearb. v. G. Wirth. 8. (VIII, 408 S.) Ebend. 876. n.n. 1. 20; geb. n. 1. 60

— Lesebuch für einklassige Schulen, zusammengestellt und hrsg. 2., verm. Aufl. Anhang: Lieder mit zwei- und dreistimm. Sangweisen und rhythm. Choralmelodieen. 8. (VI und 290 S.) Berlin 851, J. A. Wohlgemuth. *

— Lesebuch für einklassige Schulen. 3. und 4. Aufl. 1853. und 5—7. Aufl. gr. 8. (VIII und 400 S.) Berlin 854, J. A. Wohlgemuth. *

— Lesebuch für ein- und mehrklassige Schulen. 3—14. Stereot.-Aufl. Ebend. 853—58. gr. 8. (VIII, 400 S.) n. 10 ngr.

— Lesebuch für ein- und mehrklassige Schulen, zusammengestellt und hrsg. 18—18. Ster.-Aufl. gr. 12. (VIII und 400 S.) Berlin 858—60, J. A. Wohlgemuth. 1—16. Aufl. à * 17. und 18. Aufl. à *

— Lesebuch für ein- und mehrklassige Schulen, zusammengestellt und hrsg. 19.—33. Ster.-Aufl. gr. 8. (VIII und 400 S.) Berlin 862—66, Wohlgemuth. **

— Lesebuch für ein- und mehrklassige Schulen. 34.—56. Ster.-Aufl. 8. (VIII, 400 S.) Ebendas. 867—74. (** 80 Pf.) * geb. *

— Lesebuch für ein- und mehrklassige Schulen. 57.—59. verm. und verb. Aufl. gr. 8. (VIII, 424 S.) Ebendas. 874—76. **

Theel, F. W., Lesebuch für einfache Schulverhältnisse. Nach den neuesten von den hohen Behörden aufgestellten Anforderungen bearb. von W. Theel u. G. Wirth. 2., verb. Aufl. gr. 8. (XXIV, 416 S.) Berlin 878. Wohlgemuth's Verl. n. 1. 20

— u. G. Wirth, Lesebuch für einfache Schulverhältnisse. Nach den neuesten von den hohen Behörden aufgestellten Anforderungen bearb. 3., verb. Aufl. gr. 8. (VIII, 424 S.) Ebend. 882. n. 1. 20; geb n.n. 1. 45

Theel, F. W., Lieder m. zwei- u. dreistimmigen Sangweisen u. rhythmische Choral-Melodieen f. Schulen. 8. (16 S.) Berlin 851, J. A. Wohlgemuth. n. 1 ngr

—— und C. L. Goltzsch, der Rechenunterricht in der Volksschule, s. Goltzsch.

Theel, F. W., (17) Wand-Tafeln für den Lese- und Schreib-Unterricht. 1. Aufl. 1853. und 2. Aufl. gr. Fol. Berlin 856, J. A. Wohlgemuth. Thlr. *

— Wandtafeln für den Lese- u. Schreib-Unterricht. 4. u. 5. Aufl. Ebend. 866,69. Fol. (17 Steintaff.) n. 20 ngr.

—— Wand-Tafeln für den Lese- und Schreib-Unterricht. 5. (Titel-) Aufl. (17 Taf.) 1869. *ℳ 2., und 6. verm. und verb. Aufl. Fol. (18 Taf.) Ebendas. 874. *

— Wand-Tafeln f. den Lese- u. Schreib-Unterricht. 6. verm. u. verb. Aufl. Fol. (18 Taf.) Ebend. 874. n. 2. 50

—— Ziffernstäbe, s. Ziffernstäbe.

Theel, Rudolf

Theel, R., das Gebet im Alten Testament, im Lichte des Neuen betrachtet, s.: Studien u. Skizzen, theologische, aus Ostpreussen.

Theel, Rudolphus [pastor Allenbergensis]: Inter notiones dei sancti in testamenti veteris et patris fidelium in novi libris usitatas quae sit ratio. . . . Regimonti Prussorum, „Ostpreuss. Zeitungs- u. Verl.-Druckerei," 1889; 2 Bl. + 41 S. 8°
Königsberg, Theol. Fak., Inaug.-Diss. v. 21. Jan. 1889

— inter notiones dei sancti in testamenti veteris et patris fidelium in novi libris usitatas quae sit ratio. Diss. theol. gr. 8. (39 S.) Königsberg 889. (W. Koch.) n. 1. —

Theel, Walter: Beitrag zur Kenntnis der Salze der Selencyanwasserstoffsäure. *Berlin 1898: C. Feister.* (38 S.) 8°
Berlin, Phil. Diss. v. 22. Jan. 1898

Theel, Wilh., Haus-Andachten auf Grundlage des kleinen Katechismus Dr. Martin Luthers. Enthaltend: Katechismuswort, Bibelwort, Gebet und Kirchenlied. Mit einem Vorwort von Bilchsel. 2. Aufl. gr. 8. (128 S.) Berlin 888, (Wohlgemuth.) geb. * *

Dass., s.a. Theel, F.W.

Theele, Wilh. Bernh., die Stadt Alfeld u. deren nächste Umgebung, urkundlich beschrieben. 8. (XI, 114 S.) Hildesheim 886. Borgmeyer. n. 1. —

Theele, Wilh. Bernh., Chronik Alfelds. gr. 8. (VI, 64 S.) Hildesheim 875. Kornacker. n. — 90

Theele, Chronik zur Kirche u. Pfarrei in Rollshausen, Kreis Duderstadt. (IV, 66 S.) 8. Rollshausen 904. (Hildesheim, F. Borgmeyer.) n. 1. —

Chronik zur Kirche und Pfarrei in Rollshausen, Kreis Duderstadt, von Pfarrer [Wilhelm Bernhard] **Theele.** (Rollshausen: Selbstverl.) 1904. (II, 66 S.) 8°

Theele, Wilh. Bernh., katholische Erwiederung auf eine lutherische Antwort des Herrn Superint. und pastor prim. Ferd. Meyer zu Alfeld. gr. 8. (32 S.) Heiligenstadt 872, Dunkelberg. *

Theele, Wilh. Bernh., Die Lehre von der Kirche. Hildesheim, Lax in Komm., 1873, gr. 8°, 1. Heft, 50 S., 60 Pf.
Mehr nicht erschienen.

Theele, Wilh. Bernh., die alte u. neue Pfarr-Kirche in Badenstedt. 8. (80 S.) Heiligenstadt 891. (Hildesheim, L. Steffen.) n. — 30

Theele, W. B., s. Urkunden zur Geschichte der Nikolai-Kirche zu Alfeld.

Theelen, Johannes: Die pikardische Mundart von Saint-Pol (Pas-de-Calais) auf Grund von Edmont's Lexique Saint-Polois. Halle (Saale) 1900: W. Faust, M. Gladbach. (XV, 96 S.) 8°
Halle, Phil. Fak., Ref. Suchier, Diss. v. 25. Okt. 1900
[Geb. 27. Okt. 74 Gerkerath, Kr. M.-Gladbach, Rheinprovinz; Wohnort: M.-Gladbach; Staatsangeh.: Preußen; Vorbildung: Gymn. M.-Gladbach Reife O. 97; Studium: Bonn 8 S.; Rig. 29. Mai 06.]

Geschichte der Bienenzucht in Schleswig-Holstein. Den Mitgliedern des Landesverbandes dargeboten v. Heinrich **Theen.** Seeholz. 1904. 8°.

Theen, Rob., am deutschen Rhein, s.: Vereins-Bühne. Nr. 21.

Theen, Rob., Wilhelm Tell im Hamburger Elysium-Theater. Scherzspiel. (32 S.) 8. Hamburg 904. O. Raven. — 50

Theepflanze, die. Eine Abhandlung über die Cultur u. Fabrikation des Thees. Aus authentischen Quellen zusammengetragen. gr. 8. (3¾ B.) Bremen 843, Schünemann's Verl. Thlr. *

Theerschwöäler, De. 'ne eenfache Dörpgeschichte ut Mark Brannenborch. Leipz. 1870. V: *Löffler, Karl.* (Nd. Jahrb. 22, 97) (Zeitschr. f. Büch. N. F. 15, 1923, S. 124)

Theerschwöäler, de. 8. Leipzig 870. Gera, Griesbach's Verlag. 2 —

Theerschwöäler, de. 'ne eenfache Dörpgeschichte ut Mark Brannenborch. Vam oll'n Ollmärker. Leipzig 870. Grunow. 8. (VII, 219 S.) 1 ₰ 10 ngr.

Theessen [Schlagwort]

Theessen, s.: Geolog. Karten (Preussen).

Theetisch, Der, eine Wochenschrift vermischten Inhalts . . . O. O. 17?? V: *Schütz, Frdr. Wilhelm von.* (MGT) (Kordes, Schlesw.-holst. u. eutin. Schriftst. Schleswig 1797.)

Der **Theetisch.** Ein Wochenblatt vermischten Inhalts. St. 1–12. Hamburg 1789. 8°

Thee- u. Kaffeevertreib f. Herren u. Damen, f. 1813 u. 14; hrsgg. von A. W. v. Schmolck. 8. Berl., Maurers B. 6 ₰

THEE- und Caffee-Zeitvertreib für Herren und Damen. (Wochenschrift, hrsg. von Ad. Wilh. Schmolck.) Mit Portraits u. Kpfrn. Jahrg. 1815—17 (soviel ersch.?). O. O. (Berlin, Maurer). 8°. (Jahrg. 1817 apart, 832 S., 1 fl. 36 xr. Scheible in e. alten Cat.)

Thegan. Kaiser Ludwigs des Frommen Leben. Nach der Ausgabe der Monumenta Germaniae übersetzt von Dr. Julius von Jasmund. 8. Berlin 1850.
Die Geschichtschreiber der deutschen Vorzeit.... IX. Jahrhundert. Band 4.

Thegan, Lebensbeschreibung Kaiser Ludwig's d. Frommen, s.: Geschichtschreiber, die, der deutschen Vorzeit.

Thegan, Lebensbeschreibung Ludwigs des Fr., s. Universal-Bibliothek Nr. 1996.

Thege, Edler von Konkoly, Nicolaus, Dr., Die Königl. Ungar. Reichsanstalt für Meteorologie und Erdmagnetismus in Budapest und das Königl. Ungar. Meteorologische und Physikalische Observatorium in O'-Gyalla. [Publikationen der Königl. Ungar. Reichsanstalt für Meteorologie und Erdmagnetismus, 1898. Band I.] Budapest 1898.

Thege v. Konkoly, U., Untersuchungen zur Verbesserung der Thermoter Aufstellungen. [Offizielle Publikationen der dem königl. ungar. Ackerbauminister unterstehenden königl. ungar. Reichsanstalt für Meteorologie und Erdmagnetismus. 1909. Bd. VII.] 4°. (59 S.) K 3.—
Budapest: Toldi 1909.

Theil, Der erste, inhaltend, Etlich schöne Brieff, auch kurtze Predigten ... vor ohngefähr dritthalbhundert Jahren an geistliche Jungfrawen geschrieben. O. O. u. J. V: *Seusser, Hnr.* (Hauptkat. d. Univ.-Bibl. Tübingen. G. S. 446.)

Erster Theil der Theosophischen Lectionen, betreffend die Schulen des einsamen Lebens. Ephrata, Pa, 1782.

Theil, etymologischer, der russischen Grammatik bearb. für Deutsche (von S. Nikolitsch). 3., verb. und verm. Aufl. gr. 8. (VIII und 176 S.) Mitau 856, Reyher'sche Vrlgsb.

Ein Theil des Hundsrucks mit den angrenzenden Maynz- und Trierischen Ländern in IV Sectionen, worinnen die Marche und Lager der Kayserl. und Reichs-Armée unter Commando des Herrn G. Feld-Zeug-M. Grafen von Seckendorf von Maynz über den Hundsruck nach der Mosel gegen Trier und das Luxenburg Anno 1735 vom M. Oct. biss zu erfolgten Stillstand angezeiget etc. Nürnberg bey Homanns Erben. 1 : 80,000. 4 Bl.

Theil, der intellektuelle, der Rekruten-Abrichtung. Eine rationelle Methode m. besond. Berücksicht. d. moral. Elementes u. vom Standpunkte der neuesten Gefechtslehre. Für die Infanterie, Jäger u. Landwehr d. k. k. Armee. Mit 4 (lith.) Plänen (in qu. 4.) 8. (150 S.) Teschen 873. Prochaska. n. 2. 40

Der nördliche Theil des Wiener Waldes. Massstab 1 : 45.000. Gr.-Q.-Folio. Farbentondruck. Ebds. Gefalzt in 8. 1 fl. 50 kr., auf Lwd. in Decke 2 fl. 50 kr.
Wien: Hölzel 1882.

Der schriftliche Theil der Post- und Telegraphen-Sekretär-Prüfung. Eine Sammlung von Dispositionen u. Ausarbeitungen der in d. Sekretärprüfungen den Assistenten gestellten schriftl. Aufgaben. Hrsg. vom Verbande Deutscher Post- u. Telegraphen-Assistenten. *Berlin: Verband Deutscher Post- u. Telegr.-Assist. 1901.* (200 S.) 8° [F.]

Theil

— s. auch Duteil.

Theil, dictionnaire latin-français rédigé d'après les meilleurs travaux allemands, et principalement d'après le grand ouvrage de Freund. Paris 853. Didot. Lex.-8. (XVI, 1693 S.) n. 2 ℛ. 20 ngr.

Michael Theil

[De Vermibus canalem intestinalem obsidentibus. Deutsch:] Abhandlung von Würmern, im Gedärme des menschlichen Leibes. Von Michael Theil. Berlin & Leipzig 1786. 28 S. 8°
[Erschien zuerst als Med.Diss. Erfurt 1770.]

Theil, R.: Die Erbgrafen der zwei Stühle. – Mediasch, ev. OG., Progr. 1870.

Theil, R., s.: Urkundenbuch zur Geschichte d. Mediaschen Kapitels.

Theil, S.: Aufgaben aus der sphärischen Trigonometrie. 40 S. 8°. u. Taf. – Mediasch, ev. G., Progr. 1871.

Theilacker, Samuel, aus Zürich: Volk und Masse in Grabbes Dramen. Würzburg 1907. 64 S. 8°. [14.VI.07.]
Bern. Phil. Diss. 1907/08.

Theilacker, Samuel. Volk und Masse in Grabbes Dramen. Diss. Phil. Bern. 64 S. 8. Würzburg, C. J Becker, 1907.

Theilbarkeit oder Geschlossenheit der Bauergüter? Braunschweig 1872. V: *Trieps, Jacob Peter Eduard.* (ADB)

Theilbarkeit, oder Geschlossenheit der Bauergüter? Gutachtlicher Bericht, an das herzogl. Braunschweig. Staatsministerium am 6. März 1866 erstattet v. dem Plenum d. herzogl. Obergerichts zu Wolfenbüttel. 8. (31 S.) Braunschweig 872. Wreden. n. — 50

Theile, *Dr. Medicinalrath u. Prof. in Weimar.* Arsenikvergiftung ohne Nachweisbarkeit des Arseniks in der Leiche. *Wien* 1857. Tip.-lit.-art. Anst. *(L. C. Zamarski, C. Dittmarsch & C.).* 28 S. 8°.
(Separatabdr. a. d. österr. Zeitschr. für pract. Heilkunde. Nr. 44, 45 u. 46. 1857.)

Theile, A., Kleinleben in großer Zeit. Weltgeschichtliche Jugenderinnerungen. (64 S.) 12. Leipzig 904. F. Jansa. In Leinw. kart. n. — 75

Theile, Alfr., Hilfsbuch f. den evang. Religionsunterricht, s.: Marx u. Tenter.

Theile, Carl Gottfried Wilhelm, s. Theile, Karl Gottfried Wilhelm

Theile, F., die Ablösung des Lehngeldes, (u. Gunstgeldes) für Jedermann faßlich dargestellt. 8. (64 S.) Dresden 847, Gottschalck in Comm. n. 4 ngr

Theile, F., die Eiszeit, m. besond. Beziehg. auf die Gegend v. Dresden, die Altersteine u. andere erratische Blöcke der Dresdner Heide u. die geschliffenen Geschiebe. [Dreikantner]. Mit Abbildgn. 8. (85 S.) Dresden 886. Warnatz & Lehmann. n. 1. 50

—— geschliffene Geschiebe [Dreikantner], ihre Normaltypen und ihre Entstehung. 8. (37 S.) Ebendas. 886. *
Vorstehende zwei Schriften sind aus: Ueber Berg und Thal, besonders abgedruckt.

—— die Landtagswahlen, oder wie habe ich mich bei den Wahlen der Abgeordneten für den bevorsteh. Landtag zu verhalten? Eine allgem. faßl. Darstellung und Belehrung über das Wahlgeschäft für den sächs. Bürger und Landmann. 1. und 2. Aufl. 8. (31 S. mit 1 lithogr. Wahlbezirkskarte in qu. 4.) Dresden 848, (Gottschalck.) *

Theile, F., die Sternenwelt und der Mensch in seinen Beziehungen zu derselben. Ein populärer Vortrag. Dresden 861. (Adler &) Dietze in Comm. 8. (64 S.) n. 7⅓ ngr.

Theile, Frdr., Anleitung zu barometrischen Höhenmessungen mittelst Quecksilberbarometer u. Aneroid, nebst dazu nöth. Hilfstafeln. 12. (38 S.) Dresden 882. Axt in Comm. n. 1. —

— dasselbe. 2., vielfach umgearb. u. wesentlich erweit. Aufl. 12. (54 S.) Ebend. 882. n. 1. 50

Theile, Fr., uralte Christengräber bei Sobrigau unweit Lockwitz bei Dresden. [Aus: „Ueber Berg u. Thal".] gr. 8. (16 S. m. Abbildgn.) Dresden 891. Arnoldische Buchhandlg. n.n. — 60

Theile, F. 1813. Die Kämpfe vor Dresden und in den umliegenden Ortschaften 1813. 2. Aufl. Dresden 1879. 8°. (1. Aufl. 1879.)

Theile, Friedr., die Kämpfe vor Dresden und in den umliegenden Ortschaften im J. 1813, dargestellt in ihrem geschichtl. Zusammenhange mit den europäischen Kriegen Napoleons I., nebst Schilderung der damal. Kriegsdrangsale und zahlreicher interessanter Lokal- und anderer Erinnerungen an jene denkwürd. Ereignisse. 2. verm. Aufl. gr. 8. (IV, 68 S.) Dresden 879, (Axt.) *

Die 1. Aufl. erschien nicht in Buchform.

— Lugthurm-Album. Rundsicht vom Lugthurm unweit Niedersedlitz bei Dresden. [Radius der Aufnahme = 20 Cm.] Nebst einem Profil der sächs. Schweiz in fünfmal grösserem Maassstabe. Hrsg. von der Section Niedersedlitz des Gebirgsvereins für die sächs.-böhm. Schweiz. qu. 8. (9 zinkogr. Taf.) Dresden 880. Meinhold & Söhne in Comm. n. — 50

—— Lockwitzer Nachrichten aus alter und neuer Zeit. Geschichtliche und topographische Beiträge zur Heimathskunde von Sachsen, nebst einer kleinen Chronik der Gegenwart. 1. Bd. Die Jahrgänge 1876, 1877 und 1878 umfassend. gr. 8. (VIII, 256 S.) Lockwitz bei Dresden 878. (Dresden, Burdach.) *

—— Lockwitzer Nachrichten aus alter und neuer Zeit. Geschichtliche und topograph. Beiträge zur Heimathskunde von Sachsen. 2. Bd.: Die Jahrg. 1879, 1880 und 1881 umfassend. gr. 8. (IV, 258 S.) (Ebendas.) 882. *

1. Bd. (Ebendas.) 1878. *M 3.

— Johann Georg Palitzsch. Ein Lebensbild. gr. 8. (64 S. m. eingedr. Holzschn. u. Silhouette Palitzsch's.) Leipzig 878. Gebr. Senf in Comm. n. 1. —

Theile, Friedr. Wilh., Gewichtsbestimmungen zur Entwickelung des Muskelsystems und des Skelettes beim Menschen. Durch eine biograph. Notiz eingeleitet von W. His. gr. 4. (339 S.) Halle 884. (Leipzig, Engelmann.) *

Aus: Nova Acta der k. Leop.-Carol. deutschen Akademie der Naturforscher, besonders abgedruckt.

Theile, Fr. Wilh., Lehre von den Muskeln 2c., s. v. Sömmering, S. T., vom Baue des menschl. Körpers.

F-iedrich Wilhelm Theile

Fridericus Guilielmus Theile: De Musculis nervisque laryngeis. Ienae (1825:) Schreiber. IV,39 S. 8°

Jena, Med. Diss. v. 28. Okt. 1825

Theile, Fr. Wlh., Diss. inaug. physiologico-anatomica de musculis nervisque laryngeis. Cum III tabb. 4maj. Jena 826. (Cröker). 12 Gl.

Theile, Friedrich Wilhelm (Hrsg.):

s.: Sömmerring, Samuel Thomas von: Lehre von den Muskeln und Gefäßen des menschlichen Körpers. Abth.1 - 2. Leipzig: 1839

JB 707/3

Theile, Fr. Wilh., s. Tardieu, Ambr., die Vergiftungen.

Theile, Friedr. Wilh., die physikalischen Untersuchungsmethoden oder Anwendung der Inspection, Palpation, Mensuration, Succussion, Percussion, Auscultation und auscultator. Percussion im gesunden und kranken Zustande. Nach Barth et Henri Roger, Traité pratique d'auscultation. Paris 1854. und Hughes (H. M.), Practice of auscultation. London 1854. zusammengestellt. gr. 8. (XV und 596 S.) Weimar 855, Voigt.

Theile, Hermann: Aus der chirurg. Klinik. Ueber die Unterkieferbrüche und ihre Behandlung .... Bonn, Jos. Bach Wwe., Buch- u. Steindr., 1887; 53 + 1 S. + 1 Bl. 8°.

Bonn, Med. Fak., Inaug.-Diss. v. 28. Mai 1887.

Theile, Hermann, aus der chirurg. Klinik. Ueber die Unterkieferbrüche und ihre Behandlung. Diss. Bonn 1887, Emil Strauss. 8°. 53 S.

Theile, J. Zur Geschichte der ältesten deutschen Oper, s. Zelle, Friedr.

J. C. Theile Bibliothek der medicinischen, chirurgischen und pharmaceutischen Wissenschaften neuester Zeit. Leipz. 1837, 1838. 8.

Theile, J. Ch., erstes Buchstabenbüchlein, Sillabir- u. Lesebuch f. Volksschulen. 8. (3 B.) Eisleben 838. [Berlin, Hermes.]

Theile, Karl, Bilder aus der Chronik Bacharachs u. seiner **Thäler. Ein Stück rhein. Orts- u. Kirchengeschichte. gr. 8. (VII, 152 S) Gotha 891. F. A. Perthes. n. 2. —**

Bildung und Christentum. Vortrag von K[arl] Theile, Pastor. (Köln [1907] : Winz.) 20 S. 8°

Theile, Karl, Schleiermachers Theologie u. ihre Bedeutung f. die Gegenwart. (61 S.) gr. 8. Tübingen 903. J. C. B. Mohr. n. 2. 40

Sonderabdruck aus: „Theol. Arbeiten aus dem rhein. wiss. Prediger-Ver."

Theile, Karl Gottfried Wilhelm

Theile, Carl Gtfr. Wilh., Aphorismen zur Verständigung üb. d. sogen. alten u. neuen Glauben. Der evangel.-protestant. Kirche, namentl. in Sachsen, als Beitr. z. Jubelfreude d. J. 1839 dargebracht. 8. (8 B.) Leipzig 839, Eisenach.

Theile, Carl Gottfr. Wilh., († d. 8. Oct. 1854), die Artikel der „Grundrechte" über Kirche u. Schule, u. die evangel. Kirchenverfassungsfrage. Zwei Abhandlungen zur Verständigung u. Orientirung. [Vermehrter Abdr. a. d. „Allgem. Zeitung für Christenthum u. Kirche."] 8. (52 S.) Leipzig 849, Winter. ⅓ ℛ

—— Dr. Rupp's Ausschließung, der Gustav-Adolph-Verein u. das „heil. neutrale Gebiet." Ein Wort der Verständigung nebst den nöthigen Actenstücken u. andern Beilagen. gr. 8. (7 B.) Leipzig 846, Bernh. Tauchnitz jun.

—— Dr. Meißner's „Beiträge zur Erklärung der Grundrechte über Kirche und Schule" und Dr. Harleß' Ansichten über Ehe, Eid und Gewissen. Ein vorläufiges Wort an die evangel. Kirche Sachsens. 8. (VI und 69 S.) Leipzig 850, Winter.

Theile, C(arl) G(ottfr.) W(ilh.), das allgemein-christliche und das evangelisch-lutherische Bekenntniß in urkundlicher Darlegung. Nebst einem Anhange über die sächs. Kirchenverfassung. Als Leitfaden für Vorlesungen sowie zur Uebersicht auch für Laien mit Erläuterungen und Belegen aus der Bibel und den Symbolen hrsg. gr. 8. (IX und 83 S.) Leipzig 852, B. Tauchnitz.

Theile, Karl Gfr. Wilh., s.: Biblia hebraica.

—— zur Biographie Jesu. I. Jesus Christus, gestern u. heute. derselbe in Ewigkeit! Eröffnungs- u. Schlussworte theolog.-hodeget. Vorlesn. II. Probe e. wissenschaftl. Bearbeit. d. Lebens Jesu. III. Zur Kritik d. mythischen Auffassung d. Geschichte Jesu v. Dr. Fr. Strauss, so wie der Gegenschriften. gr. 8. (11 B.) Leipzig 837, Eisenach. Thlr.

Theile, Karl Gtfr. Wilh., Christus u. die Vernunft. Drei akadem. Reden nebst erläut. Beiln. Zum 25. Jun. 1830 als Beitr. zur Anregung u. Verständigung dargebracht. gr. 8. (7 B.) Leipzig 830, Baumgärtner. Thlr.

—— Commentarius in Novum Testamentum. Vol. XVIII. — E. s. t.: Commentarius in epistolam Jacobi. Lex.-8. (19 B.) Lipsiae 833, Baumgaertner.
Tom. I—XVII. werden noch erwartet.

Theile, Car. Godofr. Guil., Commentarius in Nov. Testam. Vol. XIII. — E. s. t.: Commentarius in epistolam divi Pauli ad Philippenses. Conscripsit Armin. Gust. Hoelemannus. 8maj. (39½ B.) Lipsiae 839, libr. Baumgaertner.
Vol. XVIII. Ibid. 1833. 1 Thlr. 18 Gr. — Die übrigen Vol. werden noch erwartet.

—— zur ethischen Fortbildung der evangelischen Dogmatik. 1. Grundlinien eines Systems des christl. Rationalismus vom Standpunkte des Religiosismus. 2. Grundlinien einer Kritik der augsburg. Confession. 3. Vergleichendes über die Aufgabe der Dogmatik in der Gegenwart. gr. 8. (IV und 53 S.) Ebds. 852. *

— s. C. W. Geucke, des Christen Trost u. Segen.

—- s. Liber Geneseos.

Theile, C. G. W., de trium evangeliorum necessitudine. Lips. 1823. 8.

Theile, (C. God. Wilh.,) de trium priorum Evangeliorum necessitudine. Dissert. I. 8 maj. Lips. 825. Reclam.

— Diss. I. de trium priorum Evangeliorum necessitudine. 8maj. Leipz. 825. Verfass. 10 gr

Theile, Carl Gtfr. Wilh., Polyglotten-Bibel, s. Polyglotten-Bibel.

Theile, K. G. W., und R. Stier, Polyglotten-Bibel, s. Stier, R.

— pro confessionis religione adversus confessionum theologiam. 2 partes. gr. 8. Pars prior cum appendice: Grundlinien eines Systems des christlichen Rationalismus vom Standpuncte des Religiosismus. (XX u. 60 S.) Pars posterior: De tribus protestantismi principiis et formula Berolinensi agens. (IV S. u. S. 61—96.) Lipsiae 850. 51, H. Fritzsche. (1: n. ½ Thlr 2: n. ¼ Thlr) n. ¾ Thlr

—— pro confessionis religione adversus confessionum theologiam. Cum triplici appendice. 8maj. (IV und 149 S.) Lipsiae 851(52,) H. Fritzsche. *

—— Tabula rerum dogmaticarum compendiariae. In us. schol. academ. privat. repetitionis concinn. Ps. I. Cont. prolegomena et theologiam tab. 1—24. 4 maj. (3 lith. B.) Lipsiae 830. (Frohberger.)

— siehe: Testamentum novum.

—— Thesaurus literaturae theologicae academ., s. Thesaurus.

— s. Zeitbilder.

Theile, Paul, aus La Chaux-de-Fonds: Zur Kenntnis der fibroepithelialen Veränderungen der Brustdrüse unter Berücksichtigung des klinischen Verhaltens. (Aus der chirurg. Abteilung des Spitals in La Chaux-de-Fonds. (Oberarzt: Prof. de Quervain.)) Berlin 1908. 44 S. und zwei Tafeln. 8°. S.-A. aus dem Archiv für klinische Chirurgie. Bd. 88. Heft 1.
Bern. Med. Diss. 1908 (?)

Theile, Paul. Zur Kenntniss der fibroepithelialen Veränderungen der Brustdrüse, unter Berücksichtigung des klinischen Verhaltens. Diss. Med. Bern. Mit 2 Tafeln. (Sonder-Abdruck aus dem Archiv für klin. Chirurgie. Bd. 88. H[eft] 1.) *Kopftitel:* Aus der chirurg. Abtheilung des Spitals in La Chaux-de-Fonds. ⟨Oberarzt: Prof. Dr. [Fritz] de Quervain.⟩ 44 S. 8. Berlin, L. Schumacher. 1908.

Theile, R., erster Bericht über die Arbeiten der landwirthschaftlichen Versuchsstation zu Jena. Im Auftrage des Curatoriums ausgearb. Jena 866. Mauke's Verl. gr. 8. (IV, 142 S.) n. 15 *ngr.*

Theile, Reinhold, aus Zittau: Über Abkömmlinge des p-Dibromjodbenzols mit mehrwertigem Jod. *Freiburg i. B. 1901: K. Henn.* (31 S.) 8°
Freiburg i. B., Phil. Diss. v. 1901

Theile, Walther, approb. Arzt aus Posen: Aus d. pathol. Institute zu Kiel. Ueber ein Aneurysma spurium der Aorta ascendens und des Herzens, hervorgerufen durch Endocarditis. *Kiel 1901: P. Peters.* (16 S.) 8°
Kiel, Med. Diss. v. [30. Mai] 1901

Theile, Wolfgang, Referendar: Die Endigung der elterlichen Nutznießung nach dem deutschen Bürgerlichen Gesetzbuche. Borna-Leipzig 1909: Noske. VIII, 45 S. 8°
Leipzig, Jur. Diss. v. 7. Dez. 1909
[Geb. 8. Okt. 83 Leipzig; Wohnort: Leipzig; Staatsangeh.: Sachsen; Vorbildung: Thomassch. Leipzig Reife O. 03; Studium: Freiburg i. B. 1, München 1, Leipzig 6 S.; Rig. 11. Febr. 08.] [U 10. 2907

Theilemann, Thesen über den Entwurf eines Gesangbuches für die evangelisch-luther. Landeskirche des Königreichs Sachsen, s.: Dibelius.

Theilemann, Otto, a. Dautzschen bei Torgau: Über einen Fall von Chylurie und den Nachweis des Nahrungsfettes im Harn mittelst Jodipin. Halle a. S. 1906: Wischan & Burkhardt. (20 S.) 8°
Halle, Med. Fak., Ref. v. Mering, Diss. v. 14. Juli 1906
[Geb. 2. Okt. 80 Dautzschen bei Torgau; Wohnort: Erfurt; Staatsangeh.: Preußen; Vorbildung: Gymn. Torgau Reife O. 01; Studium: Halle 4, München 1, Leipzig 1, Halle 3 S.; Coll. 9. Juli 06; Approb. 4. April 06.]

Theilemann, Richard, approb. Arzt aus Dautzschen b. Torgau: Ein Fall von Kohlendunstvergiftung. *Halle a. S. 1903: Wischan & Wettengel.* (23 S.) 8°
Halle, Med. Diss. v. 26. März 1903

Theilemeier, Wilhelm, Referendar aus Styrum, Rhld.: Der Selbsthülfeverkauf nach gemeinem Recht. *Essen (Ruhr) 1899: Thaden & Schmemann.* (40 S.) 8°
Erlangen, Jur. Diss. v. 1899

Sammlung der Polizei-Verordnungen und sonstigen polizeilichen Vorschriften für den Regierungsbezirk Stade. Auf amtl. Veranlassung hrsg. von R. **Theilen**, Reg.Sekr. Im Selbstverl. *Stade 1902: A. Pockwitz.* (VII, 704 S.) 8° [F.] (03. 3863 7

Theiler, der schweizerische Bienenvater, s.: Jeker.

Theiler, Alfred, aus Luzern: (Aus dem zoologisch-vergleichend-anatomischen Institut der Universität Zürich.) Zur Anatomie und Histologie des Herzens von Arca. Mit 2 Tafeln und 5 Figuren im Text. Jena 1906. IV + 28 S. 8°. S.-A. aus „Jenaische Zeitschrift f. Naturwissenschaft. Bd. 42. Heft 1." [2. I. 07.]
Zürich. Phil. Diss. II. S. 1906/1907.

Theiler, Alfred. Zur Anatomie und Histologie des Herzens von Arca. Diss. Phil. [II.] Univ. Zürich. Mit 2 Tafeln und 5 Figuren im Text. [Sep.-Abdr. aus: Jenaische Zeitschrift für Naturwissenschaft. Band 42, Heft 1.] *Kopftitel:* ⟨Aus dem zoologisch-vergleichend-anatomischen Institut der Universität Zürich.⟩ IV + 28 S. 8. Jena, Gustav Fischer, 1906.

Theiler, Arnold [Tierarzt in Pretoria]: Die Malaria des Pferdes. Zürich 1901. 31 S. 4 Taf. 8°.
Bern. Vet.-med. Diss. 1900/1901.

Theiler, Arnold. Die Malaria des Pferdes. Diss. Vet.-Med. Bern von Arnold Theiler, Tierarzt in Pretoria. Mit 4 Tafeln Abbildungen. 32 S. 8. Zürich, Art Institut Orell Füssli, 1901.

Theiler, C., s.a. Theiler, Karl

Theiler, C. Das Nachbarrecht des Kantons Schwyz. In-8°. 77 S. Bern. Theso. 1897.

Theiler, Hans, Rigiblumen. Gedichte. Luzern 870. Prell. 8. (88 S.) n. 10 ngr.

Eine Stimme aus der Alpina an ihre Werkgenossen über: Indifferentismus und Toleranz. [Von Hans? Theiler.] o. O. [1870]. 12 S. 8° [Umschlagtit.]
Abgedr. in: FZ. 24 (1870) S. 364—367.
Tt. 1800.

Theiler, Heinr., S. O. Cist., Herz-Jesu-Büchlein. Gebete u. Andachtsübgn. zur Verehrg. des heiligst. Herzens Jesu, sowie Erwäggn. f. den Herz-Jesu-Monat Juni. (208 S. m. farb. Titelbild.) 16. Einsiedeln (909). Eberle, Kälin & Co. Geb. in Leinw. — 50

— Das Kreuzzeichen u. seine Bedeutung f. den kath. Christen. (71 S.) 16. Dülmen 908. A. Laumann. — 20

— Das Licht als Symbol u. Sakramentale in der kath. Kirche. (III, 55 S.) 8. Regensburg 907. F. Pustet. — 40

— Die Sakramentalien der katholischen Kirche u. in deren Zusammenhang der heiligste Name Jesus u. das hl. Kreuzzeichen. (IV, 75 S.) 8. Ebd. 907. — 50

Theiler, Heinr., O. Cist., das Weihwasser u. seine Bedeutung f. den katholischen Christen. (III, 39 S.) 8. Regensburg 906. F. Pustet. n. — 60

Theiler, J., der schweizerische Bienenvater, s.: Kramer, U.

Theiler, J., hinterlassene Schriften. 8. (5¼ B.) Straßburg 829, Treuttel u. Würtz.

Theiler, Karl [aus Einsiedeln (Kt. Schwyz)]: Über die Oxydation aromatischer Alkyloxyaldehyde und Alkyloxyketone zu den entsprechenden Säuren. Zürich 1901. 49 S. 8°
Bern, Phil. Diss. 1900/1901.

Theiler, Carl. Ueber die Oxydation aromatischer Alkyloxyaldehyde und Alkyloxyketone zu den entsprechenden Säuren. Diss. Phil. Bern von Karl Theiler.... 49 S. 8. Zürich, J. Leemann, 1901.

Theiler, P., der schweizer. Bienenvater, s.: Kramer, U.

Theiler, P . Le relief du Muotathal dans le canton de Schwyz (fait [par] J[oseph] Niedervest [*i. e.* Niederoest]), avec la description de la bataille du 1 Octobre 1799.... [Texte explicatif] Par le Dr. P. Th'.... 8. Bâle 1852.

[Theiler, P .] Das Relief vom Muotathal im Kanton Schwyz mit der Schlacht vom 1. Oktober 1799... (ausgeführt von J[oseph] Nieder̈öst). [Beschreibender Text von P. Th'.] 8. Bern 1847.

Theiler, Placidus, St. Joseph u. die Arbeiter-Welt. [Aus: „Sendbote des hl. Joseph".] gr. 8. (42 S.) Wien 894. (Mayer & Co.) n. — 26

Theilhaber, Adolf

Theilhaber, A., die operative Behandlg. der tuberkulösen Peritonitis, s.: Sitzungsberichte der gynäkolog. Gesellschaft in München. 1898/99.

Theilhaber, A., Blutungen u. Ausfluss aus dem Uterus. Ihre Ursachen u. Behandlg. (IV, 87 S. m. 9 Fig. u. 4 Taf.) gr. 8. München 909. E. Reinhardt. 2.50

Theilhaber, A., der Zusammenhang v. Nervenerkrankgn. m. Störungen in d. weibl. Geschlechtsorganen, s. a. Sammlung zwangl. Abhandlungen aus d. Gebiete der Frauenheilkunde u. Geburtshilfe. IV. 6.

Der Zusammenhang von Nervenerkrankungen mit Störungen in den weiblichen Geschlechtsorganen. Von A[dolf] **Theilhaber**. *Halle a. S.: C. Marhold 1902.* (22 S.) 8°
= Sammlung zwangloser Abhandlungen aus d. Geb. d. Frauenheilk. u. Geburtshilfe. Bd 4, H. 6. (02. 4571 3

Theilhaber, Felix: Zur Lehre von dem Zusammenhang der sozialen Stellung und der Rasse mit der Entstehung der Uteruscarcinome. München [Berlin: Hirschwald] 1910. 24 S. 8° [Umschlagt.] ¶ (Aus: Zeitschrift f. Krebsforschung. Bd 8, H. 3.)
München, Med. Diss. v. 16. Sept. 1910, Ref. Döderlein
[Geb. 5. Sept. 84 Bamberg; Wohnort: München; Staatsangeh.: Bayern; Vorbildung: Gymn. Weilburg Reife O. 02; Studium: München 2, Berlin 1, München 3, Berlin 1, München 3 S.; Coll. 16. Sept. 10; Approb. 13. Sept. 10.]
[U 11. 3750

Theilhaber, R., s. Mieter- u. Baugenossen-Zeitung, Münchener.

Theilhaber, Robert, a. Bamberg: Hundert Jahre bayerischer Wahlrechtsentwicklung. E. Beitrag z. wissenschaftl. Politik. München: M. Steinebach 1908. (68 S.) 8° [F.]
Würzburg, Jur. Fak., Ref. Piloty, Diss. v. 22. Febr. 1908
[Geb. 14. Okt. 88 [!] Bamberg; Wohnort: München; Staatsangeh.: Bayern; Vorbildung: Gymn. München Reife Juli 00; Studium: Berlin 1, München 5, Erlangen 2 S.; Rig. 18. Dez. 07.]

Theilhaber, Rob., 100 Jahre bayer. Wahlrechtsentwicklung. 1808. 1908. Ein Beitrag zur wissenschaftl. Politik. (68 S.) 8. München 908. M. Steinebach. Kart. 2. —

Theilhaftigmachen, Das, fremder Sünden aus I. Tim. VI. 10 . . . Frankenhausen 17?? V: *Berckelmann, Joh. Just.* (Rotermund, Gel. Hannover. Bremen 1823.)

Theilheimer, Albert, Rechtsprakt.: Die Rückgewähr des Anfechtungsgegenstandes bei der Gläubigeranfechtung innerhalb und ausserhalb des Konkurses. München 1909: Victor. 67 S. 8°
Erlangen, Jur. Diss. v. 11. Juli 1909, Ref. Oertmann
[Geb. 4. Nov. 84 Gunzenhausen; Wohnort: München; Staatsangeh.: Bayern; Vorbildung: Luitpold-Gymn. München Reife Juli 03; Studium: München 7, Berlin 1 S.; Rig. 8. Juni 09.] [U 10. 773

Theilheimer, Norbert [cand. med. aus Augsburg]: Über einen Fall von marantischer Sinusthrombose im Kindesalter ... München, Buchdr. Kastner & Lossen, 1890; 22 S., 1 Bl. 8.
München, Med. Fak., Inaug.-Diss. v. 1896

Theilig. Frischhanns Th', der Held von Irnis. Luzern s.a.(P[fyffer zu Neueck, Joseph J Xaver]).

Theilig, Frischhanns, der Held von Irnis; ein Neujahrsgeschenk für die luzernerische Jugend 1829. Luzern [1829]. V: *Pfyffer zu Neueck, J. J. Xav.* (CLzür Forts. II)

Theilkuhl: Die Copula der latein. Sprache. 17 S.– Hameln, Progr. 1869.

Theilkuhl, Friedr., landwirthschaftl. Verhältnisse oder neue Anweisung zum Bonitiren der Grundstücke, zur Anfertigung deren Reinertrags-Berechnungen, zur genauen Ausmittelung des Werthes der landwirthschaftl. Thiere u. Früchte rc. A. u. d. Ttl.: Anleitung zur prakt. Bodenkunde oder zum Bonitiren der Aecker, Wiesen, Aenger rc., sowie zur Prüfung der Futterungsmittel auf ihren Nahrungs- u. Düngergehalt u. Erklärungen über Durchwinterungs-Berechnungen. 1. u. 2. Hft. 4. (20 B.) Quedlinburg 846, Ernst'sche Buchh. *

—— dass. 3. Hft. A. u. d. Ttl.: Ueber die Ausmittelung des Werthes der Pferde u. die Ausmittelung des Gewichts u. Werthes des Rindviehes, der Schaafe, der Schweine u. des Federviehes. Ein Rathgeber zur richtigen Viehschätzung. gr. Lex.-8. (7 B.) Ebds. 846. *

—— dass. 4. Hft. A. u. d. Ttl.: Ueber Ausmittelungen u. Bestimmungen des Bedarfs an Nahrung der landwirthschaftl. Hausthiere, des Feinheitsgrades der Wolle, der Ausnutzung, des Futterwerthes, der Pferde-Aufzuchts-Kosten u. Pferdehaltung als Spannvieh. 4. (19 B. u. 1 Tab.) Ebds. 847.

—— dass. 5. Hft. A. u. d. Ttl.: Ueber die Ausmittelung der Reinerträge von den Aeckern, Wiesen u. Aengern u. dem Capital-Werthe u. Verluste, nebst Bemerkungen über Gebäude-Abschätzungen. 4. (34¼ B.) Ebds. 847. *

Theilkuhl, Friedr., land- und forstwirthschaftliche Verhältnisse. Praktische Abhandlungen und Tabellen. 4. (34 S.) Nordhausen 852, Büchting.

Theilkuhl, M., Elementarbuch der engl. Sprache, mit Anlehnung an The Settlers of Marryat bearb. 3., verb. Aufl. gr. 8. (IV, 240 S.) Hannover 882. Meyer. n. 1. 80

Theilkuhl, M., deutsches Lesebuch für höhere Lehranstalten. Nebst Musterstücken zu schriftlichen Arbeiten. Mit 14 bildlichen Aufgaben in Holzschn. (im Text). Hannover 857. Meyer. gr. 8. (XII, 232 S.) 15 ngr.

THEILKUHL, M. Ueber Methintrisulfonsäure in das Anfangslied einer neuen Säurereihe. (Leipzig) Braunschweig, 1868.

— the settlers of Marryat als Elementarbuch der englischen Sprache mit vorausgeschickter Formenlehre, eingereihten deutschen Uebungsstücken und angehängtem Wörterverzeichniß bearb. Hannover 858. Meyer. gr. 8. (IV, 272 S.) n. 15 ngr.

Theilkuhl, M., the settlers of Marryat als Elementarbuch der engl. Sprache mit vorausgeschickter Formenlehre, eingereihten deutschen Uebungsstücken und angehängtem Wörterverzeichniß bearb. 2. Aufl. gr. 8. (IV, 288 S.) Hannover 870, Meyer. *

Theilkuhl, Paul [aus Hameln]: Casuistischer Beitrag zur Lehre von der acuten gelben Leberatrophie ... Göttingen, Druck d. Dieterich'schen Univ.-Buchdr., 1892; 21 S. 8.
Göttingen, Med. Fak., Inaug.-Diss. v. [30. Nov.] 1892

Theilkuhl, Paul, casuistischer Beitrag zur Lehre v. der **gelben Leberatrophie. Diss. gr. 8. (21 S.)** Göttingen **892. (Vandenhoeck & Ruprecht.)** n. — 60

Theilmann, Geo., Hunnblomen un Maljen. Plattdütsche Gedichte. Mit 'n Vörwoort van Frz. Poppe. (VIII, 72 S.) 8. Oldenburg (909). Schulze. 1.50

Theilnahme, Die, der II. Armee unter dem Obercommando seiner Kgl. Hoheit des Kronprinzen von Preussen am Feldzuge von 1866. Mit 2 Plänen. Zum Besten der National-Invaliden-Stiftung. Berlin 1866. V: *Verdy du Vernois.* (Mitth. der Verlagsbuchh.) (Kat. d. Bibl. d. k. Preuss. Generalstabes. Berlin 1877.) (KA)

Theilnahme, die, der II. Armee unter dem Ober-Commando Sr. Königl. Hoheit des Kronprinzen von Preußen am Feldzuge von 1866. Berlin 866. Bath. 16. (115 S. mit 2 lith. Plänen.) n. 7¼ ngr.

— die, des Pommerschen (II.) Armee-Corps an dem Feldzuge von 1866. Von einem Augenzeugen den Pommerschen Landsleuten erzählt. Stettin 866. v. der Nahmer. 8. (59 S.) n. 5 ngr.

Theilnahme. Die Th' der Basler an den italienischen Feldzügen. (Njbl.) s.a.[Buxtorf-Falkeisen, Carl].

— die, der Basler an den italien. Feldzügen 1503—1525, s.a. Neujahrsblatt.

Die Theilnahme der Basler an den italienischen Feldzügen 1503 bis 1525. [Neujahrsblatt. XLV.] (26) 4. M. 1 Taf. Basel 1867. 1,20.

Theilnahme, die, d. 2. Bataillons 1. hanseatischen Infanterie-Regiments Nr. 75 am Feldzuge 1870 u. 1871 gegen Frankreich. Hrsg. v. e. Officier d. Bataillons. 8. (40 S.) Harburg 871. Danckwerts. n. — 40

Theilnahme der Herzogthümer Bremen u. Verden a. d. deutschen Erhebung gegen die Franzosenherrschaft. 8. Hannover 1865.

Theilnahme am evangel. Freiheitskampfe. Eine Reihe Fasten-Wochen-Predigten, nebst histor. Einleit. In Verbindung mit seinen Special-Collegen; herausgg. v. J. F. H. Schwabe. 8. Neust. a. d. O. 826. Wagner. 12 gr.

Theilnahme, Die freiwillige, der Serben und Kroaten an den vier letzten österreichisch-türkischen Kriegen . . . Wien 1854. V: *Berlic, F.* (KA)

Theilnahme, die freiwillige, der Serben und Kroaten an den vier letzten österreichisch-türkischen Kriegen dargethan in einer Sammlung gleichzeitiger geschichtlicher Urkunden. Wien 854. (Hölzl.) gr. 8. (VI, 340 S.) n. 1 ₰.

Theilnahme, Die, an unserm öffentlichen Gottesdienst wie sie ist und wie sie sein sollle. Von einem jungen Theologen. Schleswig 1855. V: *Lorenzen, Christian Claus.* (A) (Collin, Anonymer. Kiobenh. 1869.)

Die Theilnahme des sächs. Heeres am Feldzuge gegen Rußland 1812—13. Von O. B. Dresden (1896). 8°.

Theilnahme, die, des preuß. Hülfskorps an dem Feldzuge gegen Rußland im J. 1812, s.a. Einzelschriften, kriegsgeschichtliche, Hft. 24.

[δ.] Die **Theilnahme** des Preussischen Hülfskorps an dem Feldzuge gegen Russland im Jahre 1812. M. 3 Anl., 2 Uebersichtskt., 3 Pl. u. 3 Textsk. *Berlin: E. S. Mittler & Sohn 1898.* (VII, 433—560 S., 5 Kt.) 8.
= Einzelschriften, Kriegsgeschichtliche. H. 24. [98. 3184

Keine **Theilnahme** an den Wahlen. Köln, Ostern 1848. 8 S. 8.

Theilnahme, über die, an adlichen Klosterstellen in Deutschland, besonders in Mecklenburg. gr. 8. Berlin 812, Dümmler. 3/4 ₰

Der mitbürgerlichen **Theilnahme** bei Einäscherung des Fleckens Grube im Holsteinischen geweiht. Schleswig. 1817. 8°.

Theilnahme, Die, der Siebenbürger Sachsen an den schlesischen Kriegen (1741—46). Hermannstadt 1889—90. V: *Czekelius, Frdr.* (KA)

[Autogr.] **Theilnehmer** am Jubelfeste zur Erinnerung an den ersten maurerischen Hammerschlag in Thüringen 1741. Gotha am 27. Sept. 1841. 4 Bl. 8° [Kopftit.]
Kl. 3023 b, Tt. 421. Enth. das Facs. von 72 Brrn.

Theilnehmer, Die neuen, und die Leibrenten der allgemeinen Versorgungsanstalt. [Wien 1891.] V: *Haberl, Joseph.* (EB)

Vom **Theilnehmer** am Schicksaale [!] seiner Mitgeschöpfe. In der Johannis-Loge zu Ludwigsburg. [Ludwigsburg] 1777. 4 Bl. 4° [Umschlagtit.]
Selten.

Theilnehmern, Den, am Anthropologen-Tage zu Metz 5.—9. Aug. 1901 gewidmet . . . [Metz 1901.] V: *Keune, Joh. Bapt.* (Berl)

DEN THEILNEHMERN AN DER GENERALVERSAMMLUNG des Gesammt-Vereins der Deutschen Geschichts- und Alterthums-Vereine (6. bis 8. September 1880) zu Hamburg. Hamburg 1880. Druck von Th. G. Meissner. 8°.

Theilnehmern, den, an der Jahres-Versammlung des Hansischen Geschichts-Vereins 22. u. 23. Mai 1877 in Stralsund. gr. 8. (18 S. m. 9 Steintaf.) Stralsund 877. (Bremer.) n. 1. —

Den **Theilnehmern** an der allgem. Versammlung deutscher Geschichts- u. Alterthumsforscher zu Hildesheim der histor. Verein für Niedersachsen. Hannover 1856.
[Inhalt:]
1. **Einfeld, C.:** Ueber einige im Königreiche Hannover gefundene, röm. Bronzearbeiten in der Sammlung des histor. Vereins.
2. **Hammerstein(-Loxten,** Wilh. Carl Conr.) Frh. v.: Die ältesten Gerichte im Stifte Verden, nebst e. Anh., das alte Recht im Gohgerichte Verden betr.

DEN THEILNEHMERN AN DER ALLGEMEINEN VERSAMMLUNG DEUTSCHER GESCHICHTS- UND ALTERTHUMSFORSCHER zu Hildesheim der historische Verein für Niedersachsen. Mit einer Tafel Abbildungen. Hannover 1856. Hofbuchdruckerei der Gebrüder Jänecke. 8°.

Theilung, die, der Pfarrgemeinde Bochum in den J. 1887, 1888 u. 1889. Nach amtl. Material zusammengestellt. 12. (102 S.) Bochum 892. Schmitz & Gollücke. n. 1. —

Theilung, Die, der Erde und die Theilung Samoa's . . . Berlin 1899. V: *Bastian, Adolph.* (Berl)

Theilung, die, der Erde u. die Theilung Samoa's. Eine Momentaufnahme in augenblickl. Sachlage. (Von Adf. Bastian.) 8. (78 S.) Berlin 899. D. Reimer. n. 1. —

Theilung, die, von Holland, od. polit. Gespräche üb. Angelegenheiten von Holland. 8. Prag 785. Schönfeld. 6 ₰

— die, der Niederlande, oder Friedensschlüsse; aus d. Französ. 8. Wien 785. Hörling. 4 ₰

Theilung, Die, der Niederlande, nach der neuen Quadrupleallianz über diese und viele andre wichtige Punkte. Münster [Wetzlar] 1785. V: *Cotta, Christoph Friedrich.* (MGT) (Wr) (Ky)

— die, der Niederlande, nach d. neuen Quadrupelallianz ꝛc., (v. Cph. Fr. Cotta). 8. Münster (Wetzlar) 785. — Dass. auch französ.: le Partage des Pays bas.

— d., v. Polen, in 7 Gesprächen. 8. Bamberg, Göbhard 775.

— die, von Polen, in Gesprächen. 8. Bamb. 775. (Wesché in Frankf. a. M.) 3 ₰

— die, Polens. 8. Marb. 776. Krieger. 6 ₰

Theilung, die, Polens in den Jahren 1773, 1793, 1796 und 1815 nebst einer Dynastien-Tafel der Könige von Polen und der Wiener Kongreß im Jahre 1815. Von F. v. S. Berlin 864. Akademische Buchhandlung. gr. 8. (XXVI, 294 S.) n. 1 ₰

Theilung, Die, der Praxis. O. O. 18?? V: *Kämmer, Frz.* (Cat. d. Stadtbibl. Zürich. Zürich 1864—97.)

— Sachsens, über die, (v. Glo. Fr. Weidemann). 8. Leipz. 815.

Theilung, die, des Herzogthums Sachsen-Gotha-Altenburg, in rechtl. u. polit. Hinsicht untersucht von E. J. Wahrlieb. 8. Leipz. 825, Exped. d. Aufl.

— von Westpreußen, üb. die durch den Tilsiter Frieden vom 9. Juli 1807 veranlaßte rc. Mit Kart. gr. 8. Weim. 809. Geograph. Instit. 18 gl.

Theilungen, über die, Polens. Den Manen Rob. Blum's gewidmet vom Verfasser. Lex. 8. (18 S.) Stettin 849. (Berlin, Springer.) n. 1/6 ℛ

Theilungsprojekte, d. neuesten, a. d. Papieren d. entfloh. ***schen Legationssecretairs. 8. Leipz. Rein. 805.

Theilungsprojecte, Die neuesten. Aus den Papieren des entflohenen ***schen Legationssecretairs. 8. Frankfurt 1806.

Theilungssache, Die Baseler. Nach den Acten dargestellt. Aarau 1834. V: *Keller, Frdr. Ludw.* (Cat. d. Stadtbibl. Zürich. Zürich 1864—97.) (schz)

Theilungssache, die Baseler, nach den Acten dargestellt. 3 Abthln. gr. 12. (29⅛ B. u. 1 Tab.) Aarau 834, 35, [Sauerländer's Brlsh.]

Schwesterlicher Theilungs- und Erbvertrag zwischen weiland Graf Joh. zu Rittberg des ältern Stammes hinterlassenen beyden Töchtern etc. Wien 1712. fol.

Theilungs- u. Inventurwesen, üb. das Würtembergische. 8. Frankf. a. M. 790. (Metzler in Stuttg). 12 gl

Theimann, E., die Decimal-Rechnung. Leichtfaßliche Anleitung zum Rechnen mit Decimalbrüchen mit besonderer Berücksichtigung der Fälle des täglichen Verkehrs und der Rechnung in der neuen österreich. Währung. Wien 858. (Prandel u. Meyer.) Lex.-8. (26 S.) n. 7½ ngr

Theimann, E., *Lehrer f. Mathem. u. kaufm. Unterrichtsfächer.* Erster österr. Kopf- u. Schnellrechner mit der neuen österr. Münze, oder neueste Methode, wie Jedermann Geld des bisherigen 20-Guldenfusses leicht und schnell in die neue österr. Münze ohne Tabellen-Schlüssel und ohne Regeldetri-Ansätze umwandeln kann. In 3 Abth. *Wien* 1858. In Comm. bei *A. Leykum's Wtw.* Druck der typ.-lit.-art. Anst. *(L. C. Zamarski, C. Dittmarsch & C.)* 19 S. 8°.

Spannochi. — Theimer, k. k. Rittmeister. — Graf Peter Leopold ....., General der Cavallerie. (Separat-Abdruck aus Nr. 217 der k. Wiener-Zeitung v. J. 1867.) kl. 8. (Wien 1867.)

Theimer, Alex., Geschichte des k. k. siebenten Uhlanen-Regiments Erzherzog Carl Ludwig von seiner Errichtung 1758 bis Ende 1868. Nach den Feldakten u. sonst. Orig.-Quellen des k. k. Kriegs-Archivs verfaßt von einem ehemal. Mitgliede des Regiments. Wien 869. W. Braumüller. gr. 8. (X, 627 S.) n. 3 ℛ 10 ngr

Theimer, Alois: Beiträge zur Kenntnis des Sprachgebrauches im Neuen Testamente. 8 (40 S.).
Progr. Niederösterr. Landes-Real- u. Ober-G. *Horn* 1896.

Theimer, Alois: Beiträge zur Kenntnis des Sprachgebrauches im Neuen Testamente. II. 48 S. 8.
Progr. Niederösterreich. Landes-Real- und Ober-Gymn. *Horn* 1901.

Theimer Alois: De praepositionibus in libris Novi Testamenti historicis.
H. 1891 PN 653 Diss. Wien. Univ. 1499

Theimer, Camilla, Antisemitismus u. Nationaljudentum. Ein arischer Beitrag zur Lösg. der Judenfrage. (53 S.) 8. Wien 907. (C. W. Stern.) 1.—

Theimer, Camilla, die Frau d. Zukunft. 8. (162 S.) Wien 898. (Gesellschaft f. graph. Industrie.) n. 2.—

Theimer, Camilla: Die Frau der Zukunft. — Wien, Leipzig, Berlin: „Wage" [1898]. 162 S. 8°

— Frauenarbeit in Österreich. (251 S.) gr. 8. Wien 909. A. Opitz Nachf. 4.—

Theimer, Camilla: Frauenarbeit in Österreich. — Wien: Selbstverl. 1909. 251 S. 8°

— Die berufliche Tätigkeit der Frau. Bericht über den kathol. Frauentag in Wien, 1910.

Theimer, Eugen, aus Pilsen, Assistent am chem. Universitäts-Laboratorium in Zürich: Beiträge zur Synthese der Fette: Unsymmetrische Glyceride. Zürich 1907. 48 S. 8°. [13. VII. 07.]
Zürich, Phil. Diss. II. S. 1906/1907.

Theimer, Eugen. Beiträge zur Synthese der Fette: Unsymmetrische Glyceride. Diss. Phil. [II.] Univ. Zürich. 48 S. 8. Zürich, Jean Frey, 1907.

Theimer, Karl —. Lieder für die Schuljugend. Text aus dem 1. und 2. Sprach- und Lesebuche, in Musik gesetzt von — —. Wien, 1855. Druck von Leopold Sommer. (24 S. 8.)

Theimert, Gedächtnißpredigt gehalten bei der Trauerfeier für Seine Hochselige Majestät Kaiser Friedrich am 24. Juni 1888 in der St. Michaelskirche zu Berlin. 8. (15 S.) Berlin 888, Mittler und Sohn. *

Theimert, Gedächtnißpredigt, geh. bei der Trauerfeier f. Seine Hochselige Majestät Kaiser Wilhelm am 22. März 1888 in der St. Michaelskirche zu Berlin. 8. (15 S.) Berlin 888. Mittler & Sohn. n. —10

Thein, C., das Pianoforte. Ein nützl. Handbüchlein für jeden Clavierspieler. 8. (3¼ B.) Quedlinburg 843, Basse.

Thein, Dominique: Missa Consolatrix Afflictorum. (Trösterin der Betrübten.) Opus I. Leichte dreistimmige Vokal-Messe für Männerchor. Opus II. Tantum ergo. O sacrum convivium und vier leichte Weisen, das „Magnificat" in Faux-Bourdon zu singen. Esch a.d. Alzette: G. Willems 1890. 15 S. 4°

– Dass. 2. verb. Aufl. Ebd. 1890. 15 S. 4°

THEIN, J.
Chemisch-technische Instruction. Auf vieljähriger Erfahrungen gestützte praktische Anweisungen für Fabrik, Gewerbe und Haus-Industrie, nebst einem Anhang enthaltend Geheimmittel-Analysen. Dritte sehr vermehrte und verbesserte Auflage. Prag, 1872. 8vo.

Thein, J., chemisch-technische Instructionen. Auf vieljähr. Erfahrungen gestützte prakt. Anweisungen für Fabrik, Gewerbe und Haus-Industrie, nebst einem Anh., enth. Geheimmittel-Analysen. 3., sehr verm. und verb. Aufl. Mit einem erläut. Wörterbuche und einer vergleich. Tabelle der verschied. Gewichte und Flüssigkeitsmasse. gr. 8. (III, 425 S.) Prag 872, (Dominicus.) *

—— die Weinveredlung und Kunstwein-Fabrikation in ihrem ganzen Umfange. Rationelles Verfahren zur Verbesserung des Mostes, zur Veredlung fert. Weine und zur Bereitung des künstl. Champagners und aller Sorten Ausbrüche und Liqueur-Weine aus geringen Landweinen: prakt. Anweisung zur Darstellung von Obst- und Kunstweinen aller Art und genaue Anleitung zur Klärung [Schöng.] trüber Weine und zur Beförderung der Flaschenreife der Weine. Nebst einem Anh., enth. die Anweisung zur Bereitung der Wein-Liqueure. 3.—5. bedeutend verm. und verb. Aufl. gr. 8. (76 S.) Ebendas. 872—74.

Thein, J.: Die Weinveredlung und Kunstwein-Fabrikation in ihrem ganzen Umfange. 5., bedeutend verm. u. verb. Aufl. Prag: Verf. 1874. 78, 16 S. -- Stiftsbibliothek Klosterneuburg*

— die Weinveredelung in ihrem ganzen Umfange. Rationelles Verfahren zur Verbesserg. d. Mostes u. zur Veredlg. fert. Weine; prakt. Anweisg. zur Darstellg. v. Ausbrüchen u. Liqueur-Weinen aller Art u. genaue Anleitg. zur Klärg. [Schöng.] trüber Weine. — Praktische Anleitg. zur Darstellg. aller Arten Obst- u. Kunstweine, nebst e. Anh., enth. die genaue Anweisg. zur Darstellg. d. künstl. Champagners. 2. Aufl. gr. 8. (50 S.) Ebend. 871. Verklebt. n. 36. —

Thein, Sal. (Rabbiner in Luze), der Talmud od. das Prinzip des planetar. Einflusses nach der Anschauung d. Talmuds. 2. Aufl. Wien, Verlag d. Vf., 1876. 8°. Cart.
3 Bll., 102 S., 1 Bl. Err. -- Zuerst gedr. 1874. Sir Moses Montefiore gewidmet.

Theinburg, s.: Pacher v. Theinburg.

Theiner, Anton, s. Theiner, Johann Anton

Theiner, Aug., s.: Acta genuina s. s. oecumenici concilii Tridentini.

Theiner, Augustin, wicht. officielle Actenstücke zur Geschichte der Emancipation der Katholiken in England, s. Sammlung.

Theiner, [F.] Augustin. Clemens XIV und die Jesuiten. Nach dem Werke: „Geschichte des Pontificats Clemens' XIV nach unedirten Staatsschriften aus dem geheimen Archive des Vaticans von Professor Dr. A' Th'.... Hrg. von Josef Burkard Leu.... 8. Luzern 1853.

Theiner, Aug., Codex diplomaticus domini temporalis S. Sedis, s. Codex.

Theiner, Augustin: De Romanorum pontificum epistolarum decretalium antiquis collectionibus et de Gregorii IX. P. M. decretalium codice. Accessit quatuor codd. mss. in bibliotheca regio-academica Vratislaviensi asservatorum, Gregorianam decretalium collectionem continentium, accurata descriptio. Lipsiae (1829): Teubner. 82 S. 4°
Halle-Wittenberg, Jur. Diss. v. [15.] Aug. 1829
Geb. Breslau 11. 4. 1804. V.
Die auf dem Titel angekündigte Verteidigung ist unterblieben.
Im Buchhandel als Commentatio de ... Leipzig: Teubner 1829.

Theiner, Augustin, Commentatio de Romanor. Pontif. epistolar. decretal antiquis collectionibus, et de Gregorii IX. P. M. decretalium codice. Access. IV Codd. Mss. in Bibliotheca Regio-Acad. Vratislav. asservatorum, Gregorianam decretal. cont., accurata descriptio. 4maj. (10½ B.) Lipsiae 829, Teubner.

—— über Ivo's vermeintl. Decret. Ein Beitr. zur Geschichte d. Kirchenrechts, u. insbesond. zur Critik d. Quellen d. Gratian. Nebst e. Quellen-Anh. gr. 8. (7½ B.) Mainz 832, Kupferberg.

Theiner, Augustin, Disquisitiones criticae in praecipuas canonum et decretalium collectiones seu Sylloges Gallandianae dissertat. de vetustis canonum collectionibus continuatio. Roy.-4. (81 B.) Romae 836. (Augustae Trevir., libr. Kollmann.) *

Theiner, Augustin, der Cardinal Johann Heinrich Graf v. Frankenberg, Erzbischof v. Mecheln, Primas v. Belgien, u. sein Kampf für die Freiheit der Kirche u. die bischöfl. Seminarien unter Kaiser Joseph II. gr. 8. (XVI u. 228 S.) Freiburg i. Br. 850, Herder. 27 ngr.

Theiner, Augustin, Geschichte der geistlichen Bildungsanstalten, mit einem Vorworte, enthaltend: Acht Tage im Seminar zu St. Euseb in Rom. Mainz, Kupferberg, 1835, 8°, 6,40 Mk.
Recens. Katholik 1835, Bd. 57, S. 91—94.

Theiner, Augustin, Geschichte des Pontificat's Clemens' XIV. nach unedirten Staatsschriften aus dem geheimen Archive des Vaticans. 2 Bde. Mit dem Bildniß Clemens XIV. Lex.-8. (XXXVIII und 1082 S. mit 1 Stahlst.) Paris 853, F. Didot frères, fils und Comp. *

—— Geschichte der Zurückkehr der regierenden Häuser von Braunschweig u. Sachsen in den Schooß der kathol. Kirche im 18. Jahrh. u. der Wiederherstellung der kathol. Religion in diesen Staaten. Nach u. mit Originalschriften. Lex.-8. (23 B.) Einsiedeln 843, Gebr. Benziger.

Theiner, August. Die zwei allgemeinen Concilien von Lyon 1245 und von Konstanz 1414 über die weltliche Herrschaft des heiligen Stuhles, in Betracht gezogen. A. d. Italien. Freiburg i. Br. 1862. Ü: *Fessler, Joseph.* (Kat. Herder 1801—95.)

Theiner, August., die zwei allgemeinen Concilien von Lyon 1245 und von Konstanz 1414 über die weltliche Herrschaft des heiligen Stuhles, in Betracht gezogen. Mit bisher noch nicht veröffentlichten historischen Documenten. Aus dem Italien. übers. Freiburg im Br. 862. Herder. 12. (XVII, 64 S.) 6 ngr.

Theiner, Aug., et Franc. Miklosich, Monumenta spectantia ad unionem ecclesiarum Graecae et Romanae majorem partem e sanctioribus Vaticani tabulariis ed. Cum tabula (in Buntdr. in qu. Fol.). gr. 8. (VIII, 64 S.) Wien 872, Braumüller. *

– Vetera monumenta Hibernorum et Scotorum historiam illustrantia, s. Monumenta ...

– Vetera m o n u m e n t a Poloniae historiam illustrantia, s. M o n u m e n t a . . .

– Vetera m o n u m e n t a Poloniae et Lithuaniae gentiumque finitimarum historiam illustrantia, s. M o n u m e n t a . . .

– Vetera m o n u m e n t a Slavorum Meridionalium historiam illustrantia, s. M o n u m e n t a . . .

Theiner, **Aug.**, **Recherches sur plusieurs collections inédites de décrétales du moyen age. gr. 8. Paris 832. Heideloff u. Campe. 16 gr**

Theiner, Augustin, Herzogs Albrecht von Preußen, gewesenen Hochmeisters des deutschen Ordens erfolgte, u. Friedrich I. Königs von Preußen versuchte Rückkehr zur katholischen Kirche. Nebst e. geschichtl. Anhange. Nach u. mit Original-Urkunden. gr. 8. (8¾ B.) Augsburg 846, Kollmann'sche Buchh.

—Saint-Aignan, ou le siège d'Orleans, par Attila. Notice historique, suivie de la vie de ce saint, tirée des manucrits de la Bibliothèque du Roi. gr. 8. Paris 832. (Heideloff u. Campe). 4 gr

—— Sammlung einiger wichtiger offic. Aktenstücke, s. Sammlung.

Theiner, Augustin, Schenkung der *Heidelberger Bibliothek* durch Maximilian I., Herzog u. Churfürsten von Bayern, an Papst Gregor XV., u. ihre Versendung nach Rom. Mit Originalbriefen. München, lit.-art. Anstalt, 1844. Gr. 8°. Ppb.
VI–105 S. Lat. Lettern.

— s. J. A. Theiner, die Einführung der Ehelosigkeit.

Theiner, Augustin, Urteil üb. d. Jesuitenorden, s.: Aktenstücke, kirchliche.

Theiner, Augustin, Versuche u. Bemühungen des hl. Stuhles in den letzten 3 Jahrhunderten, die durch Ketzerei u. Schisma von ihm getrennten Völker des Nordens wiederum mit der Kirche zu vereinen. Nach geheimen Staatspapieren. Bd. 1, Teil 1 u. 2. Auch u. d. T.: Schweden u. seine Stellung zum hl. Stuhle unter Johann III., Sigismund III. u. Karl IX. 2 Teile. Mit Urkundenbuch. Augsburg, Kollmann (jetzt Regensb., Verlagsanst.), 1838—9, gr. 8°, 680 u. 350 S., 17,25 Mk.
Hist.-pol. Blätt. Bd. 2 S. 33—51; 491. (Freib.) Zeitschr. f. Theol. 1839, Bd. 2, Heft 1 S. 98—115. Katholik 1840, Bd. 76 S. 73—7.

— Zustände der katholischen Kirche in Schlesien v. 1740—1758 u. die Unterhandlungen Friedrichs II. u. der Fürstbischöfe von Breslau, des Kardinals Ludwig Ph. Grafen v. Sinzendorf u. Ph. Gotth. Fürsten v. Schaffgotsch m. dem Papst Benedikt XIV. Mit Dokumenten aus d. geh. Archive des heil. Stuhles. 2 Bde. gr. 8. (XXXIV u. 715 S.) Regensburg 852, Manz. 3⅓ *ß*

de Theiner, Felix (geb. Warschau 1816): De testis morbis. Berolini (1836). (34 S.) 8°
Berlin, Med. Diss. v. 16. Aug. 1836

Theiner, (Joh.) Ant., die reformatorischen Bestrebungen in der kathol. Kirche. Ein Sendschreiben zunächst an die Gemeinden zu Polsnitz, Grüssau u. Hundsfeld, rc. 1. Hft. gr. 8. (7½ B.) Altenburg 845, (Pierer.)

—— die reformatorischen Bestrebungen in der kathol. Kirche. Mein Austritt aus der röm.-kath. Kirche u. die v. Hrn. Melchior, Fürstbischof v. Breslau, über mich verhängte Excommunication. Nebst einigen Bemerkungen über des Hrn. Fürstbischofs Melchior Hirtenbrief. 2. Hft. (1. Abthl.) gr. 8. (7 B.) Altenburg 846, (Pierer.)

Theiner, J. A., Die 5 Bücher Mosis. In der Art und Weise des v. Brentano-Dereserschen Bibelwerks übersetzt und erklärt. Auch u. d. T.: Die hl. Schrift des A. Test. Des 1. Teiles letzte Abteil., das 5. Buch Mosis enthaltend. Leipzig, Teubner und Claudius, 1831, gr. 8°, 14½ Bg., 2,60 Mk.

Theiner, Joannes Antonius *(geb. Breslau 15. 12. 1799)*: De Pseudo-Isidoriana canonum collectione. Vratislaviae (1826). (112 S.) 8° *(Im Buchhandel 1827 bei Korn in Breslau; Verf. wurde zum Dr. sacrorum canonum promoviert, nicht zum Dr. juris utriusque.)*
Breslau, Jur. Diss. v. 16. Dez. 1826

—de Pseudo-Isidoriana canonum collectione. Diss. 8maj. Bresl. 827. J. F. Korn. 12 gr

Theiner, Joann. Anton., Descriptio codicis manuscripti, qui versionem Pentateuchi Arabicam continet, asservati in bibliotheca universitatis Vratislaviensis ac nondum editi, cum speciminibus versionis Arabicae. Commentatio bibliographica. Praemissa est brevis narratio de vita et meritis sacerdotis jubilarii (Simonis Sobiech). Inaugural-Dissertation. Breslau, 1822 (1823), 4°, 43 S.

Theiner, Joannes Antonius *(geb. Breslau 15. 12. 1799)*: Descriptio codicis manuscripti, qui versionem pentateuchi Arabicam continet, asservati in bibliotheca universitatis Vratislaviensis, ac nondum editi, cum speciminibus versionis Arabicae. Vratislaviae 1823. (43 S.) 4° *(Diese Schrift war bereits als Grat.-Schrift der Zöglinge des Breslauer Priesterseminars zum Amtsjubiläum ihres Rektors Simon Sobiech am 29. 12. 1821 benutzt.)*
Breslau, Kath.-theol. Dr.-Diss. v. [17.] Apr. 1823

—— und Aug. Theiner, die Einführung d. erzwung. Ehelosigkeit bei d. christl. Geistlichen u. ihre Folgen. Ein Beitr. zur Kirchengesch. 2 Bde. (od. 3 Abthln.) gr. 8. (108 B.) Altenburg 828—30, Hofbuchdruckerei. (Leipzig, Teubner.)

—— u. Augustin Theiner, die Einführung der erzwungenen Ehelosigkeit bei den christlichen Geistlichen u. ihre Folgen. Ein Beitrag zur Kirchengeschichte. (N. Ausg.) Nebst e. Anh., welcher die Bereicherungen an Thatsachen u. Zeugnissen bis auf die gegenwärt. Zeit enthält. 1—10. Lfg. gr. 8. (101⅛ B.) Altenburg 845, (Pierer.) Leipzig, (Teubner.) Thlr. à

[J.] Die Einführung der erzwungenen Ehelosigkeit bei den christlichen Geistlichen und ihre Folgen. E. Beitr. z. Kirchengesch. v. J o h a n n A n t o n T h e i n e r u. A u g u s t i n T h e i n e r. [Neue Aufl.] Bevorw. v. Prof. D. Fr[iedr.] N i p p o l d. Bd 1—3. *Barmen: H. Klein (1892 [98]).* 3 Bde 8.
1. (1862.) (XLVIII, 364 S.) 2. [1863] (2 Bl., 387 S.) 3. [1898] (2 Bl., 452 S.)
[98. 3951

Theiner, Joh. Ant., u. Augustin Theiner, die Einführung der erzwungenen Ehelosigkeit bei den christlichen Geistlichen u. ihre Folgen. Ein Beitrag zur Kirchengeschichte. Bevorwortet v. Fr. Nippold. 1. u. 2. Bd. gr. 8. Barmen, H. Klein. n. 9. 26
1. Bd. 6 Lfgn. (XLVIII, 364 S.) 891—893. n. 4. 50
2. Bd. 6 Lfgn. (IV, 387 S.) 893. 894. n 4. 75

Theiner, Joh. Ant., u. Augustin Theiner, d. Einführg. d. erzwung. Ehelosigkeit bei d. christl. Geistlichen u. ihre Folgen. E. Beitrag zur Kirchengeschichte. Bevorwortet v. Fr. Nippold. 3. Bd. gr. 8. (III, 452 S.) Barmen 898. H. Klein. n. 14. 75
Erschien auch in 7 Lfgn.

Theiner, J. A., Enthüllungen über Lehren und Leben der kathol. Geistlichkeit. 8. (VIII und 87 S.) Sondershausen (861)62, Neuse.

THEINER, J. Augustin, E n t h ü l l u n g e n ü b e r L e h r e u n d L e b e n d e r k a t h o l i s c h e n G e i s t l i c h k e i t. (Hrsg. von Joh. Dan. Ferd. N e i g e b a u r.) Sondershausen, G. Neuse. 1862
Anon.-Lex. V. p. 287 (nach Mittheilung Dr. H. Bäsecke's). — V e r b o t e n v. L.-G. Wien, 31. März 1863. § 516.

— s. Mose, die 5 Bücher.

Theiner, Joan. Antonius: Variae doctorum catholicorum opiniones de jure statuendi impedimenta matrimonium dirimentia. Vratislaviae (1824). (104 S.) 8° *(Im Buchhandel 1825 bei Max & Ko. in Breslau.)*
Breslau, Kath.-theol. Fak., Antr.-Progr. als außerord. Prof. v. 30. Dez. 1824

Theiner, Joa. Ant.: Variae doctorum catholicorum opiniones de jure statuendi impedimenta matrimonium dirimentia. Dissertatio canonica. *Vratislaviae*, Max et Com. 825. 8maj. (10 Gr.)

— s.a. Propheten, die 12 kleinern.

Theiner, J. Anton, Die 12 kleinern Propheten in der Art und Weise des Brentano-Dereserischen Bibelwerks übersetzt und erklärt. Leipzig, Teubner, 1828. gr. 8°, 23¼ Bg., 3,90 Mk.

Theiner, (Joh.) Ant., das Seligkeits-Dogma der römisch-kathol. Kirche geschichtl. dargestellt. gr. 8. (651 S.) Breslau 847, Gosohorsky's Buchh.

Theiner, Steph., die verbesserten Combinations- oder Sicherheitsschlösser, s.a. Schauplatz, neuer, der Künste und Handwerke. 165. Bd.

Theiner St, die Kombinations- oder Sicherheits-Schlösser. Mit Atlas. (Schauplatz der Künste und Handwerke 165) Weimar 1863

Theiners, Dr., Beitritt zur deutsch-kathol. Reform u. Principien, deren Festhaltung allein derselben erwünschten Fortgang u. dauernde Consistenz verschaffen möchte. Von einem unpartheiischen Beobachter. 12. (1⅙ B.) Weimar 845, Landes-Industrie-Comptoir.

Theinert, Plan von Magdeburg und Umgegend nach den neuesten Original-Aufnahmen. 1:25,000. Fol. Berlin 870, Schropp'sche Landkartenh. *

Theinert, A., im Auswandererzuge, s.: Bibliothek, illustr., der Reisen u. Abenteuer. 30. Bd.

Theinert, A., das Blumenmädchen v. Maiori u. andere Novellen. — Allerlei Käuze. Fünf Novellen. (Umschlag: Allerlei Landsleute. Novellen.) (120 u. 127 S.) 8. Mülheim a/R. (904). J. Bagel. — 60

Der gelbe Diamant u. andere merkwürdige Erzählungen von A. **Theinert**. Mülheim a. d. Ruhr: J. Bagel [1904]. (112 S.) 8° [F.] [06. 2302

— eine gefahrvolle Erbschaft u. andere Erzählgn., s.: Bergmann, O.

Theinert, A., praktische Geometrie u. Anweisung über den Gebrauch der Kanal- u. Setz-Waage. Ein Anhang zu dem Handbuch des Pionierdienstes. 8. (4 B. m. 80 lith. Abbild.) Glogau 846, Flemming.

— Hinaus. Bunte Bilder f. Freunde der freien Natur. (242 S.) 8. Lahr 910. M. Schauenburg. Geb. in Leinw. 1. 80

Allerlei Käuze. 5 Novellen von A. **Theinert**. Mülheim a.d.Ruhr: J. Bagel [1904]. (127 S.) 8° [F.] [06. 2303

— Kriegs-, Jagd- u. Sport-Erinnerungen aus drei Erdteilen. (125 S.) 8. Mülheim a/R. (904). J. Bagel. — 30

— dasselbe, s.a. Baseken, Frdr. J., unter heißer Sonne.

— Lebendig begraben u. anderes, s.: Bibliothek, illustr., der Reisen u. Abenteuer. 29. Bd.

— amerikanische Novellen. (120 S.) 8. Mülheim a/R. (904). J. Bagel. — 30; m. Gerstäcker, Verhängnisse in 1 Bd. — 60

Amerikanische Novellen von A. **Theinert**. Mülheim a. d. Ruhr: J. Bagel [1905]. (120 S.) 8° [F.] [06. 2305

Ein verhängnisvolles Talent u. andere Novellen von A. **Theinert**. Mülheim a. d. Ruhr: J. Bagel [1905]. (112 S.) 8° [F.] [06. 2306

Vergeltung. Novellen von A. **Theinert**. Mülheim a. d. Ruhr: J. Bagel [1904]. (120 S.) 8° [F.] [06. 2307

— dasselbe. Der gelbe Diamant u. andere merkwürdige Erzählgn. (120 u. 112 S.) 8. Ebd. (904). — 60

Theinert, H. Katalog des Reichs-Postmuseums. Berlin 1882. 8°.
Dass. 1889. 1897.

Theinert, H., Katalog d. Reichs-Postmuseums. Im Auftrage d. Reichs-Postamts bearb. gr. 8. (XII, 371 S.) Berlin 889. Springer. n.n. 3. —

Theinert, H., Katalog des Reichs-Postmuseums, neue Bearbeitg., s.: Katalog.

Theinert, Hans, Referendar: Ein Beitrag zur rechtlichen Kennzeichnung der Konsistorial-Synodalverfassung der altpreussischen evangelischen Landeskirche. Göttingen 1906: Dieterich. (IV, 114 S.) 8°
Göttingen, Jur. Fak., Ref. Schoen, Diss. v. 5. Dez. 1906
(Geb. 2. Apr. 79 Lübben, Niederlausitz; Wohnort: Lübben; Staatsangeh.: Preußen; Vorbildung: Joachimsth. Gymn. Berlin Reife M. 99; Studium: Berlin 1, Freiburg i. B. 1, Berlin 5 S.; Rig. 11. Jan. 06.)

Theinert-Mickley, Ernst

— s. auch Mickley, Ernst Theinert.

Theinert-Mickley, Ernst. Die Schauspiel-Kunst, e. Kapitel der Seelenkunde. Briefe an e. Dame. 8. (V, 50 S.) Münch. 889, (Lindauer). * 1 —

Theinhardt, Ferd.: Erinnerungsblätter aus meinem Leben. Berlin 1899. (Neudruck: Berlin 1920)

Theinhardt, Frider(icus) Jul(ius): De paralysi et paresi cordis. [Praes.:] Christ[ianus] Henr[icus] Theod[orus] **Schregerus.** Halae (1819): Grunert. 33 S. 8°
Halle-Wittenberg, Med. Diss. v. 17. Nov. 1819
Geb. Halle a. d. S. 6. 11. 1796. V. vorh. Marburg UB

de Théis, Baron, Polyklets Reise, od. Briefe über Rom; aus d. Französ. übers. von F. W. Benicken. 3 Bde. gr. 8. Weimar 822 u. 23. Ind.-Compt. 3 ₰ 6 gr

Theis, Alfr., die Katastrophe u. das frühe Ende Ludwigs II., Königs v. Bayern. 8. (32 S.) Düsseldorf 886. F. Bagel. — 30

Theis, Alfr. Die Katastrophe u. das frühe Ende Ludwigs II., Königs v. Bayern. 8. Düsseld. 886. Frankf. a. M., Jaeger's Verlag. — 30

Theis, Friedrich Karl, s.a. Theiß, Karl

Die Bleicherei baumwollener Gewebe von Dr. Friedrich Carl **Theis**. Mit Ill. T. 1. [2.] Berlin: M. Krayn 1902(–05). 2 Bde 4°(8°)
1 = Die Strangbleiche baumwollener Gewebe. 1905.
2 = Die Breitbleiche baumwollener Gewebe. 1902. [06. 1987

Die Breitbleiche baumwollener Gewebe von Dr. Friedrich Carl **Theis**. Mit 122 Ill. Berlin: M. Krayn 1902. (260 S.) 4°(8°)
= [**Theis**: Die Bleicherei baumwollener Gewebe. 2.] [06. 1988

Theis, Friedrich Carl [aus Ohligs]: Zur Kenntniss der Dioxyamidoanthrachinonmonosulfonsaure .... Freiburg i. B., Univ.-Buchdr. v. H. M. Poppen & Sohn, 1886: 44 S. u. 1 Tab. 8°.
Freiburg i. B., Phil. Fak., Inaug.-Diss. v. 1886.

Theis, Frdr. Carl, Khaki auf Baumwolle u. anderen Textilstoffen. Eine Monographie. Mit 64 Orig.-Farbmustern. (VI, 181 S.) gr. 8. Berlin 903. M. Krayn.
Geb. in Leinw. n. 10. —

— „Khaki" on cotton and other textile material. (Translated by E. C. Kayser.) With 64 specially prepared patterns. (VIII, 185 S.) gr. 8. Ebd. 903.
Geb. in Leinw. n. 12. —

— die Strangbleiche baumwollener Gewebe. Mit 307 Illustr. (Die Bleicherei baumwollener Gewebe. I. Tl.) 10 Lfgn. (VIII, 405 S.) Lex.-8. Ebd. 904. 905.
n. 20. —

Theis, Gust., Kopf- und Tafel-Rechenbuch für die ersten Anfänger im Rechnen. gr. 12. (24 S.) Castrop und Barmen 849. [Castrop,] Falkenberg. *

Theis, J., De Euripidis Heraclidis. Diss. 1868. 56 S.

Theis, Johannes, Priester d. Diöz. Trier: Geschichtliche und literarkritische Fragen in Esra 1—6. Münster i. W. 1910: Aschendorff. VI, 60 S. 8° ¶ (Ersch. vollst. als: Alttestamentl. Abhandlungen hrsg. v. Nikel. Bd 2, H. 5.)
Breslau, Kath.-theol. Diss. v. 2. Mai 1910, Ref. Nikel
[Geb. 17. Juli 78 Oberweis; Wohnort: Berlin; Staatsangeh.: Preußen; Vorbildung: Gymn. Prüm Reife O. 00; Studium: Trier Priestersem. 8, Berlin 6 S.; Rig. 29. Nov. 09.] [U 10. 450

Theis, Joh., geschichtliche u. literarkritische Fragen in Esra 1—6, s. a. Abhandlungen, alttestamentliche. II, 5.

Geschichtliche und literarkritische Fragen in Esra 1–6. Von Dr. Johannes **Theis.** Münster i. W.: Aschendorff 1910. VIII, 87 S. 8° (Alttestamentliche Abhandlungen. Bd 2, H. 5.) [10. 10905 2

Theis, Johannes Andreas [Prof. Dr.]: Die notwendigsten Hauptregeln der Tempus- und Moduslehre im Griechischen. Düsseldorf, Buchdr. v. L. Schwann, 1894; 3—12 S. 4.
Bedburg, Rheinische RAk, P 1894 (425)

Theis, Nicolas, u. Hardt: Métaglottéon ou Cours progressif de versions de français en allemand. Ire partie. Recueil de plus de 100 exemples arrangés d'après l'ordre des XII tableaux du "Précis de grammaire allemande". IIe partie. Choix de morceaux de littérature française en prose et en vers. Bruxelles: Tircher 1840. 8°

Theis, Nicolas, u. Hardt: Précis de grammaire allemande (Formenlehre) en XII tableaux. 2e éd., entièrement revue. Bruxelles: Tircher 1840. 43 S. 8°

Theis, Nicolas, u. Hardt: Thuiscon, oder deutscher Sprachcursus. Luxemburg: Lamort 1837. 254 S. 8°

Theis, Nicolas, u. Hardt: Thuiscon ou Cours de langue allemande (procédant du plus simple au plus difficile.) Ire partie. Recueil de 88 exemples servant d'explication aux règles de la grammaire. IIe partie. Choix de morceaux de littérature allemande en prose et en vers. 2e éd. Bruxelles 1839. IX, 363 S. 12°

Theis, Wilhelm: Ueber die Gewichtsveraenderung der Neugeborenen. Halle (1868): Plötz. 28 S. 8°
Halle-Wittenberg. Med. Diss. v. 1. Aug. 1868
Geb. Wissen a. d. Sieg (Kr. Altenkirchen) 20. 5. 1843. V.

Theisen, Carl, s. Theisen, Karl

Theisen, Clemens, s. Theisen, Klemens

Theißen, Emil, der Kampf um die Unabhängigkeit der Justiz. (92 S.) 8. Elberfeld 907. A. Martini & Grüttefien.
1. 50

Staatslotterie u. Reichsgericht. Ein Wort f. deutsches Recht. Von E[mil] **Theisen**, Landger.R. [Nebst] Nachtrag. Elberfeld: R. L. Fridrichs & Ko. 1904. 2 Bde 8°
Nachtrag [u.d.T.:] Staatslotterie u. Kammergericht.

Theisen, E., Unwürdig u. Unfähig? Ein Kampf um die Ehre u. um die Unabhängigkeit der Justiz. (174 S.) 8. Elberfeld. A. Martini & Grüttefien. 2. — 1907.

Unwürdig und unfähig? Ein Kampf um d. Ehre u. um d. Unabhängigkeit d. Justiz. Von Emil **Theisen**. 2. Aufl. Elberfeld: Martini & Grüttefien 1907. 174 S. 8° [09. 11886 5

Theisen, Joh. Jos.: Die mich u. meine Amtsführung als Bürgermeister von Lutzerath rechtfertigenden Urtheile des Königl. Landgerichts in Coblenz. Coblenz 1830.

Theisen, Karl

Theisen, Carl [cand. med. aus Aachen]: **Beitrag zur Behandlung der Tuberculosis testis ....** Würzburg, Druck d. **Köhl & Hecker'**schen Buchdr., 1886; 24 S. 8°.
Würzburg, Med. Fak., Inaug.-Diss. v. 1886.

Theisen, Carl, Beitrag zur Behandlung der Tuberculosis testis. Diss. Würzburg 1886, Stahelsche Univ.-Buchh. 8°. 24 S.

Theisen, Klemens

Theisen, Clemens A chapter from an attempt of a critique of the chronologies of Shakespeare's plays. S. 73—91. 8. Rg. **Giessen* 1885.
Progr.

Theisen, Ludovicus: Adnotationes quaedam de metastasibus. Halis (1847): Ploetz. 31 S. 8°
Halle-Wittenberg. Med. Diss. v. 29. Juli 1847
Geb. Aachen 10. 5. 1820. V.

[Umschlagt.:] [J.] Aachen-Burtscheid Haupt-Hafenplatz. Der Rhein-Maas-Schelde-Kanal ... v. H. J. **Theisen** di Miranda '(Armin di Miranda)'. (Th.) 1. *Aachen: J. Deterre (1896).* 8. [97. 1338

Theismus u. Atheismus oder Glaube u. Unglaube, Wahrheit u. Lüge. Von Ant. Philalethes. 2. Ausg. Wien 866. Sartori. 8. (VII, 172 S.) 12 *ngr.*

Theiß, Anna, Höhen u. Tiefen. Eine Sammlung ausgewählter Lyrik. (54 S. m. Bildnis.) 8. Darmstadt 903. (J. Waitz.)
1. 50

Theiß, Anna, Saitenklänge. Dichtungen. 8. (VII, 79 S.) Dresden 894. E. Pierson. n. 1. 50;
geb. in Leinw. m. Goldschn. n. 2. 50

— Skizzen u. Anderes aus dem Leben für das Leben. (89 m. Bildnis.) 8. Ebd. 904. 2. —

Theiss, Arthur

Theiss, A., u. F. Grein, deutsch-spanisches u. spanisch-deutsches technologisches Taschenwörterbuch für Techniker u. Korrespondenten. II. Bd.: Spanisch voran. Por F. Grein con la colaboración de C. Schlimbach. (162 S.) kl. 8. Stuttgart (908). J. B. Metzler. Geb. in Leinw. 3. 20

Theiss, Arth., deutsch-spanisches technolog. Taschenwörterbuch. 12. (184 S.) Stuttgart 901. J. B. Metzler. Geb. in Leiuw. n. 2. 80

Theiß, C., s. Theiß, Karl

Theiß, Friedrich Karl, s. Theiß, Karl

Theiss, Johann Der Lateinunterricht an unsern Gymnasien mit besonderer Berücksichtigung der Anfangsklasse. 4 (S. 3—20). II. Teil. 4 (S. 3—35). Progr. Ev. G. A. B. u. verb. Lehranst. *Mediasch* 1889. 1890.

Theiß, Jul. Die Fürsten d. Hauses Wettin. Sächsische Geschichtsbilder, nach histor. Quellen zusammengestellt. 12. (171 S. m. 1 Bild.) Chemnitz 889, Wiede. * 1 —

Theiß, Karl

Theiss, Carol. Dissertatio de bello Cyprio, imprimis de tempore, quo gestum videtur hoc bellum. 16 S.
Nordhausen, Progr. 1844

Theiss, C. Theopompi Chii fragmenta de Philippi, Amyntae f., indole et moribus, coll. et annotat. instrux. 18 S. . . . .
Nordhausen, Progr. 1837

Theiß. Dissertatio de proverbio Ταντάλου τάλαντα vel Ταντάλου τάλαντα ταντελίζεται. 16 S.
Nordhausen, Progr. 1855

— — II. Pr. 1864. 12 S. 4°. Zeitz.

Theiss, Fr[idericus] C[arolus]: • De Theopompi Chii vita et scriptis exposuit ejusdemque Philippicorum fragmenta collegit et in ordinem disposuit. 110 [vielmehr: 109] S. 8° (4°) Gedruckt und verteidigt wurde nur ein Auszug aus Cap. II. (S. 26—43 des Ms.) u. d. T.: Commentationis de Theopompi Chii vita et scriptis particula. Halis Saxonum (1831): Baentsch. 8 S. 8°
Halle-Wittenberg, Phil. Diss. v. 12. Sept. 1831
Geb. [Nordhausen 27. 2. 1808] vorh. Jena UB
Das Ms. der Diss. enthielt auf S. 49—56 De Theopompi fide et auctoritate u. S. 59—111 Theopompi Chii Philippicorum Fragmenta. Über beides handelte der Verf. nochmals in seiner Arbeit: Theopompi Chii Fragmenta de Philippi Amyntae filii indole et moribus, collecta et annotationibus instructa (brevemque commentationem de Theopompi fide historica et auctoritate adiecit). Nordhusae (1837): Müller. 20 S. 8° (4°) Gymn.-Progr.

Theiß, Friedr. Carl, vollständ. Wörterbuch zu Xenophons Anabasis, mit besond. Rücksicht auf Namen u. Sach-Erklärung. gr. 8. (11½ B.) Leipzig 841, Hahn'sche Vrlsbuchh.

Theiß, Friedr. Carl, vollständiges Wörterbuch zu Xenophons Anabasis, mit besonderer Rücksicht auf Namen- und Sach-Erklärung bearb. 3. Aufl. 852. (VI, 167 S.) — 4. verb. Aufl. Leipzig 858. Hahn. gr. 8. (VI, 170 S.) 15 ngr.

Theiß, Friedr. Carl, vollständiges Wörterbuch zu Xenophons Anabasis, mit besond. Rücksicht auf Namen- und Sach-Erklärungen bearb. 5. Aufl. 1863. und 6., verb. Aufl. gr. 8. (IV und 171 S.) Leipzig 867, Hahn'sche Verlagsh.

Theiß, Friedr. Carl, vollständiges Wörterbuch zu Xenophon's Anabasis. Neu bearb. v. Herm. L. Strack. 8. (der neuen Bearbeitg. 2.) Aufl. gr. 8. (IV, 119 S.) Leipzig 874. Hahn's Verl. 1. 20

Theiß, Mart. Ldw., Andachtsbuch für die evangel. Jugend, sowohl für Knaben u. Mädchen, als auch für Jünglinge u. Jungfrauen in der Stadt u. auf dem Lande. Mit 1 Kupfer. gr. 8. 829. Verlag von Heckenast in Pesth. 1 fl

Theiß, Mart. Ludw., Andachtsbuch für d. evangel. Jugend, sowohl f. Knaben u. Mädchen, als auch f. Jünglinge u. Jungfrauen in d. Stadt u. auf d. Lande. 8. (21½ B. u. Titkpfr.) Kaschau 830. [Pesth, Heckenast.]

Theisz, M. L., Andachtsbuch f. die evangel. Jugend, sowohl f. Knaben u. Mädchen, als auch f. Jünglinge u. Jungfrauen in der Stadt u. auf d. Lande. Mit Titelkpf. 8. Kaschau 830. Werfer. (Wigand). 20 gr.

—— die Augsburg. Confession od. d. evangel. Glaubensbekenntniß, mit beigefügt. Erklärungen u. e. histor. Einleit. Ein Gedenkbüchlein f. jeden evangel. Christen, besond. f. d. evangel. Jugend, zum Gebr. beim Schul- u. Confirmanden-Unterr. bearb. gr. 12. (3 B.) Kaschau 830, [Leipzig,] G. Wigand.

—— Mit Gott! für König u. Vaterland! Od. fromme Betrachtungen üb. d. vielfachen Segnungen u. Wohlthaten, die wir in uns. Vaterlande genießen, um uns dadurch desto kräftiger zur treuen u. eifrigen Erfüllung uns. Pflichten zu ermuntern. Eine Bergpredigt. gr. 8. (2½ B.) Kaschau 830, Werfer.

— Mit Gott! Für König u. Vaterland! oder Betrachtt. üb. die vielfachen Segnungen u. Wohlthaten, die wir in unserm Vaterlande genießen ꝛc. Eine Bergpredigt. gr. 8. Kaschau 830. Werfer. (Wigand). 5 gr.

—— „Wachet! Stehet im Glauben! Seyd männlich u. seyd stark! Alle eure Dinge lasset in d. Liebe geschehen!" 1. Corinth. 16, v. 13, 14. Predigt. gr. 12. (1 B.) Kaschau 830, Werfer.

— „Wachet! stehet im Glauben! seid männlich u. seid stark! Alle eure Dinge lasset in der Liebe geschehen!" 1. Corinth. 16, v. 13. 14. gr. 12. Kaschau 830. Werfer. (Wigand). 2 gr.

Theiss, Otto, Choräle u. geistliche Lieder f. 4 Männerstimmen, den Melodien des neuen evangel. Gesangbuches für Rheinland u. Westfalen angepasst unter Hinzufügung mehrerer rhythm. Melodieformen u. alter Meister-Tonsätze, vornehmlich für den Gebrauch in Seminarchören bearb. (VII, 56 S.) Lex.-8. Neuwied (904). L. Heuser Wwe. & Co. n. 1. 50

Theiss, Guilelmus: De vi religionis in vinculo coniugali servanda. Halae (1853): Hendel. 62 S. 8°
Halle-Wittenberg, Jur. Diss. v. 23. Juli 1853
Geb. [Gross-Stepenitz (Kr. Kammin) 29. 4. 1826]

Theissedre l'Ange, Jh., Leben u. Charakter Dr. Seb. Fulco Jh. Rau's. Eine Rede; aus d. Holländ. von Magdal. Henr. Esser. Mit e. Vorrede v. G. Wlh. Lorsbach. 8. Siegen 810. Müller. 1 fl

Theiß-Eisenbahn, k. k. priv. — Spezielle Baubedingnisse über die Herstellung des Oberbaues auf der Strecke von Arad nach Szolnok. Wien. Mechitharisten-Buchdr. (5 S. Fol.)
1857.

Theiß-Eisenbahn, k. k. privil. — Spezielle Bedingnisse über die Herstellung des Oberbaues auf der Strecke Debreczin bis Rakamaz. Wien, Mechitharisten-Buchdr. (2 Bl. Fol.)
1857.

Theiß-Eisenbahn, k. k. privil. — Spezielle Bedingnisse über die Herstellung des Oberbaues auf der Strecke Rakamaz-Miskolcz. Wien, Mechitharisten-Buchdr. (2 Bl. Fol.)
1857.

Theissen, E., De genere dicendi M. Minucii Felicis. Diss. 1884. 49 S.

[Kopft.:] **Theissen,** Emil [Dr.]: Logischer Zusammenhang in Platos Dialog Meno. *Emmerich, 1894;* 20 S. 4.
Emmerich, k. G, P 1894 (440)

Theissen, Ferd., S. J., Xylariaceae austro-brasilienses. I. Xylaria. (40 S. m. 7 Fig., 11 Taf. u. 11 Bl. Erklärgn.) 31,5×24,5 cm. Wien 909. A. Hölder. 9. 50
Sonderabdruck aus: „Denkschr. d. k. Akad. d. Wiss." Bd 83.

Theissen, Frdr., Lorenz Baumgartner, e. bayrischer Held, s.: Dietrich's Bibliothek f. die reifere Jugend u. deren Freunde. 7. Bd.

Theissen, Heinrich, Gerichtsref. in Burgsteinfurt i. W.: Der Übergang der Gefahr beim Kaufe nach dem Bürgerlichen Gesetzbuche. *Borna-Leipzig 1904: R. Noske.* (56 S.) 8°
Leipzig, Jur. Diss. v. 1904

Theissen, Paul, Referendar in Coblenz: Der Einfluß der Ausgleichung auf die Haftung der Miterben. Coblenz 1908: H. L. Scheid. (VII, 47 S.) 8°
Leipzig, Jur. Fak., Diss. v. 21. März 1908
[Geb. 18. Febr. 82 Blankenheimerdorf, Kr. Schleiden; Wohnort: Coblenz; Staatsangeh.: Preußen; Vorbildung: Gymn. Münstereifel Reife O. 03; Studium: Bonn 6 S.; Rig. 30. Juli 06.]

Theissig, Kurt, Referendar in Leipzig: Die Rechtsstellung der Straßenbahngesellschaften gegenüber dem Staat und der Gemeinde nach sächsischem Recht. Leipzig: Veit & Co. 1908. (IV, 75 S.) 8°
Leipzig, Jur. Fak., Diss v. 15. Jan. 1908
[Geb. 4. Jan. 83 Riesa; Wohnort: Leipzig; Staatsangeh.: Sachsen; Vorbildung: Gymn. z. heil. Kreuz Dresden Reife O. 01; Studium: Leipzig 2, München 1, Berlin 1, Leipzig 3 S.; Rig. 18. Febr. 05.]

Theissig, Kurt, die Rechtsstellung der Strassenbahngesellschaften gegenüber dem Staat u. der Gemeinde nach sächsischem Recht. (IV, 76 S.) gr. 8. Leipzig 908. Veit & Co. 2. --

Theißig, R., zur Orientierung üb. die „Landlehrerbewegg." Zugleich e. Beitrag zur preuß. Schulpolitik der Gegenwart. (38 S.) 8. Breslau (6, Alsenstr. 32 III) (906). Lehr. Rud. Theißig. n.n.n. — 30

Theissing, Conrad, s. Theissing, Konrad

Theissing, H. De Hannibalis itinere per Alpes facto. 4. Neisse 1858.

Theissing, Heinrich: Perichondritis und seröse Cysten der Nasenscheidewand. *Breslau 1897: Bresl. Gen.-Buchdr.* (34 S.) 8°
Breslau, Med. Diss. v. 3. Nov. 1897

Theissing, Heinr., Perichondritis u. seröse Cysten d. Nasenscheidewand. Diss. gr. 8. (34 S.) Breslau 897. (Schletter.) n.n. 1. —

Theißing, Hermann, Referendar: Die Verschuldensaufrechnung bei den verschiedenen Verschuldensformen. Borna-Leipzig 1909: Noske. 70 S. 8°
Münster, Rechts- u. staatsw. Diss. v. 24. Juli 1909, Ref. Krückmann
[Geb. 12. Jan. 83 Engden; Wohnort: Münster i. W.; Staatsangeh.: Preußen; Vorbildung: Gymn. Lingen Reife O. 05; Studium: Genf 1, Würzburg 2, Berlin 1, Münster 4 S.; Rig. 26. Mai 09.] [U 09. 3566

Theissing, Konrad

Theissing, Conr., Sonntagsblatt f. kathol. Christen, s. Sonntags-Blatt.

Theisz, H., stenographisches Lesebuch f. Anfänger. (System Gabelsberger.) Zusammengest. u. autograph. gr. 8. (III, 82 S.) Pressburg 892. C. Stampfel. n.n. — 90

Theisz, J. W. Gepflückt am Wege, Lieder und Gedichte. St. Louis, 1897. UC

Theisz, Jules, petite histoire de la littérature française depuis son origine jusqu'à nos jours redigé d'après les ouvrages de Demogeot, Géruzez, Sainte-Beuve etc. 2. éd. gr. 8. (72 S.) Löcse (Leutschau) 882. (Leipzig, Siegismund & Volkening.) n. — 60

Theisz, M. L., s. Theiß, Martin Ludwig

Theiszen, s. Theissen

Thekla von der Aue: Der Freimüthige. 1816. Nr. 27/37. V (?): *Lohmann, Frdrke.* d. j. Vgl. die gleichbetitelte Erz. in deren Neuesten gesamm. Erzg. 12. Bd. Leipzig 1831. (DARP)

Thekla, die erste Märtyrin. Trspl. 8. Wien 760. Krauß. 2 K

Thekla, die Wienerin, Schauspiel in 5 Aufzügen von F. W. Ziegler. gr. 8. Leipzig, Kohler. 818.

Thekla. Gedichte. 8. (17¾ B.) Leipzig, [Herm. Fritzsche.]

Thekla, Gedichte. 8. Leipzig 835. Leo. 7/8 ₰

Thekla, der Stern von Andalusien. Ein Cyklus von Romanzenkränzen. gr. 8. (21 B.) Dresden u. Leipzig 838, Arnoldische Buchh.

Theklas, Frau, Zukunftspläne. (Ein Kaffeeklatsch.) Schwank in 2 Akten. — Josephine oder die kurierten Leutnants Schwank in 3 Akten. Vom Dilettantenbund: J. H. Schütz, Alph. Gapp, M. Friederich u. R. Abels. — Der verweigerte neue Hut oder vier Bilder aus dem Eheleben des Rentners Faß. (Schwiegermutter-Idylle.) Schwank in 4 Akten. Hrsg. v. Jak. Hub. Schütz. — Ein Studentenulk oder Frau Nessel, die Schwiegermutter des serbischen Thronfolgers. Humoristisch-satyr. Schwank in 1 Aufzuge. Vom Dilettantenbund: J. H. Schütz, A. Gapp, M. Friederich u. R. Abels. (20, 21, 18 u. 14 S.) 12. Paderborn 903. Junfermann. n. 1. —

Thel, Johannes

Thel, Grundsätze f. den Bau v. Krankenhäusern, s. a. Bibliothek v. Coler. 20. Bd.

Grundsätze für den Bau von Krankenhäusern. Von Generalarzt Dr. [Johannes] **Thel.** Mit 11 Taf. u. 66 Fig. Berlin: S. Hirschwald 1903. (VIII, 124 S.) 8°
(Coler, v., Bibliothek. Bd 20.)

Thel, Johannes Friedr. Carl (geb. Wulkow in d. Mark 12. 12. 1852): Untersuchungen über das aufrechte Netzhautbild. Berlin (1877). (31 S.) 8°
Berlin, Med. Diss. v. 17. Nov. 1877

Thelaire. Trauerspiel in fünf Aufz. Wien 1780. V: *Traun, Carl Emanuel Graf.* (GGr)

Thelaire; Trspl. in 5 A., v. C. G. T. 8. Wien 780. (Leipz., Barth). 4 gr.

Thele. Die ethisch-nationale Aufgabe der Realschule mit besonderer Rücksicht auf den deutschen Unterricht. Fulda, H. B., 1874. 32 S. 4. Progr.

Thele. Caractère de La Fontaine. Mayen, H. B., 1869. 21 S. Progr.

Thele, H. W. [Rekt.]: Ausgeführter Lehrplan des griechischen Unterrichts. Saarlouis, Buchdr. v. Fr. Stein, 1889; S. 3—28; 4°
Saarlouis, PG, OP 1889 (471)

Thele, H. W. Lehrplan des deutschen Unterrichts. 24 S. *Saarlouis* 1880. Progr.

Thele, Hugo, in stillen Stunden. Gedichte. 12. (VIII, 304 S.) Saarlouis 892. M. Hausen. n. 3. —; geb. in Leinw. m. Goldschn. n. 4. 50

Thele, Thdr., Friedrich, der Haupt-Personenname in dem Geschlechte Hohenzollern, eine etymologisch-mythologische Untersuchung, zugleich ein Beitrag zur deutschen Kaisersage. gr. 8. (III, 31 S.) Hechingen 881. (Walther.) n. — 80

Thele, Theod. Geschichte der höheren Bürgerschule zu Hechingen von der Gründung bis zum Schuljahr 1874/75. 18 S. *Hechingen* 1876. Progr.

Thele, Thdr, Hermes-Mercurius-Wuotan. eine Studie zur deutschen Mythologie. Hechingen 1883. 8. Progr. . . . . (D.)

Thele, Theod. Katalog der Lehrerbibliothek. 30 S. *Hechingen* 1878. Progr.

— u. Peter Wedekind Katalog der Schülerbibliothek und der naturwissenschaftlichen Sammlungen der Anstalt. 9 S. *Hechingen* 1879. Progr.

Thele, Theod. Der Name des Berges Hohenzoller, eine wissenschaftliche Abhandlung. 40 S. 8. Progr. *Hechingen* 1880

Thele, Theod. Der Name des Berges Hohenzoller, ein Beitrag zur Mythologie und ältesten Geschichte des Landes und Geschlechtes Hohenzollern. Forts. 36 S. 8. Progr. *Hechingen* 1881.

— Der Name des Berges Hohenzoller. Schluss. S. 1—12. — Hermes — Mercurius — Wuotan, eine Studie zur deutschen Mythologie. S. 13—20. 8. Progr. *Hechingen* 1883

Thele, Th. Der ausführliche Normallehrplan der Anstalt. 20 S. Progr. *Hechingen* 1877

Thele, Theodor: *Ueber den inneren Zusammenhang der geschichtlichen Ereignisse überhaupt, und die Ideen, welche den Entwicklungsprozess der römisch-germanischen Menschheit in der Zeit vom Untergange des weströmischen Reiches bis zur Erneuerung des abendländischen Kaiserthums beherrschen. 107 S. 4° (2°)
Halle-Wittenberg, Phil. Diss. v. 26. Juni 1872
Geb. [Heiligenstadt 9. 3. 1840]

Thele, W. De gravi historiae naturalis momento ad universam institutionis scholasticae rationem, necnon de via, qua tradenda ceterisque disciplinis jungenda sit. 19 S. . . . .
Progr. Heiligenstadt 1840

Thele, Walter: Vibrationserscheinungen neuerer Schnelldampfer. 1907. 16 S. 4° ¶ Aus: Schiffbau. Jg. 8. 1906/07; Ausz. in: Zeitschrift d. Vereines deutscher Ingenieure. Bd 51.
Berlin, Dr.-Ing.-Diss. v. 22. 3. 1907

Thelemann's Westentaschen-Fahrplan f. Bayern. I. Thl. Oberfranken, Unterfranken, Oberpfalz. Sommersem. 1898. 2. u. 3. Aufl. qu. 64. (83 u. 85 S.) Hof 898. F. Thelemann. à — 10

— dasselbe f. d. nördliche Bayern. Sommersem. 1898. qu. 64. (76 S.) Ebd. 898. — 10

Thelemann's Westentaschen-Fahrplan f. Bayern, Ober-, Mittel- u. Unterfranken, Oberpfalz. Sommerdienst 1902. Giltig ab 1. V. 64. (95 S.) Hof, F. Thelemann. — 10

Thelemann's Westentaschen-Fahrplan f. Bayern, Ober-, Mittel- u. Unterfranken, Oberpfalz. Sommerdienst 1904. Giltig ab 1. V. (89 S.) 32. Hof, F. Thelemann. — 10

Thelemann, Frdr. v., d. bayer. Gesetz v. 11. Mai 1896, d. Viehversicherungsanstalt betr., nebst dem Normalstatut f. d. bayer. Viehversicherungsanst. beitr. Ortsviehversicherungsvereine u. d. hiezu erlass. Vollzugsanweisgn., Formularen u. s. w., hrsg. u. erläutert. 8. (IV, 212 S.) München 896. C. H. Beck. Kart. n. 2. 25

Thelemann, Fritz, Gerichtsassessor: Die Wirkungen des Abnahmeverzuges des Käufers nach dem Rechte des Bürgerlichen Gesetzbuchs für das Deutsche Reich. Greifswald 1907: J. Abel. (60 S.) 8°
Greifswald, Jur. Fak., Ref. Pescatore, Diss. v. 16. Aug. 1907
[Geb. 8. Jan. 78 Berlin; Wohnort: Berlin; Staatsangeh.: Preußen; Vorbildung: Friedrich-Wilhelms-Gymn. Berlin Reife O. 96; Studium: Berlin 2, Halle 1, Berlin 9 S.; Rig. 16. Juli 07.]

Thelemann, Karl Otto, Erzählungen aus der Pfalz. I. u. II. Stuttgart 862. J. F. Steinkopf. 8. Jedes Bdchn. 7½ ngr.
Inhalt: 1. Reiterlud. Die Böhemmerjagd. (96 S.) — 2. Ein Vogelleben. Die Sternbuben. (97 S.)

— Geschichte des Heidelberger Katechismus und seiner Verfasser. Erlangen 863. Bläsing. 8. (31 S.) 3 ngr.

—— Geschichte des Heidelberger Katechismus und seiner Verfasser. 8. (31 S.) Erlangen 863, [Deichert.]

Thelemann, Otto. Johannes Calvin. Ein Lebensbild. 3. Aufl. [Mit 1 Porträt.] 104 S. 8. Barmen, Verlag der Wuppertaler Traktat-Gesellschaft, [1909]. [M. —. 30]

Thelemann, Otto, die Entstehung der Welt nach den Völkersagen u. nach der heil. Schrift. Ein Vortrag. 8. (31 S). Detmold 878. Schenk. n. — 60

Thelemann, Otto, die Gnadentafel. Ein Kommunionbuch für Kinder Gottes. Bielefeld 868. Velhagen & Klasing. 8. (VIII, 143 S.) n. 8 ngr.

Thelemann, Otto, Handagende. Zum Gebrauch in reformierten u. unierten Gemeinden. gr. 8. (VIII, 229 S.) Detmold 890. Schenk. n. 3. —

—— Handreichung zum Heidelberger Katechismus. Für Prediger, Lehrer und Gemeindeglieder. gr. 8. (VII, 547 S.) Detmold 888, Schenk. *ℳ 7.—.; geb. *

— Handreichung zum Heidelberger Katechismus. Für Prediger, Lehrer u. Gemeindeglieder. 2., durchgeseh. u. erweit. Aufl. gr. 8. (VIII, 556 S.) Detmold 892. S. Schenk. n. 7. —; geb. n. 8. —

Thelemann, Otto, V. D. M., Handreichung zum Heidelberger Katechismus. Für Prediger, Lehrer u. Gemeindeglieder. 3., m. der 2. gleichlaut. Aufl. (VIII, 556 S.) gr. 8. Detmold 903. C. Schenk. n. 7. —; geb. in Halbleinw. n. 8. —

Thelemann, Otto, der Jesuitenorden nach seiner Geschichte u. seinen Grundsätzen. Ein Vortrag in Herford, am 6. März 1873 geh. 2. Aufl. 8. (59 S.) Detmold 873. Schenk. n. 1. —

Thelemann, s. Jünglingsfest-Predigten.

Thelemann, Otto, Friedrich Adolf Lampe. Sein Leben und seine Theologie. gr. 8. (XI und 390 S.) Bielefeld 868, Velhagen und Klasing. *

Thelemann, Otto. (Johannes) Calvin's Leben. Zur dritten Sakularfeier seines Todes bearb. von O' Th'. 8. Barmen 1864.
Nro. 472 ([der] kleineren Schriften). Hrg. von der Wupperthaler Traktat-Gesellschaft.

Thelemann, Otto, Calvin's Leben. 12. (157 S. m. lith. Portr.) Cleveland, O. 884. (Philadelphia, Schaefer & Koradi.) geb. 1. 50

Thelemann, Otto, Calvin's Leben. 3. Aufl. 12. (104 S. m. Bildnis.) Barmen 894. Wupperthaler Traktat-Gesellschaft. n. — 25

— Märtyrer der Traktatsache aus der Reformationszeit. — Traktatenschreiber. — Traktatenträger. — Traktatenleser. Barmen 861. (Berlin, E. Beck.) 8. (119 S.) n. 4 ngr.

Thelemann, Otto, aus Detmold: Ueber **Narkosenlähmungen.** *Berlin (1899): E. Ebering.* (29 S.) 8°
Berlin, Med. Diss. v. 14. März 1899

— die Socialdemokratie nach ihrem Ursprung u. ihrem Wesen. Ein geschichtl. Vortrag. 8. (55 S.) Detmold 877. Schenk. n. 1. —

Thelemann, Volkmar. Aemil. Frid. (geb. Wahrenberg bei Wittenberge 17. 6. 1835): De cordis impulsu. Berolini (1861). (32 S.) 8°
Berlin, Med. Diss. v. 24. Juli 1861

Thelen, Arnold, Gegenüberstellung d. Unterschiede zwischen d. alten u. d. neuen Rechtschreibg., s.: Meyer, Johs.

Katalog der reichhaltigen Gemälde-Sammlung aus dem Nachlasse des Herrn Privatiers Fr. **Thelen** † zu Antwerpen. Versteig. zu Köln 1900 durch J. M. Heberle ‹H. Lempertz' Söhne›. Köln 1900: M. DuMont Schauberg. (27 S.) 4°(8°)

Thelen, Franz, a. Crefeld: Aus d. Kinderabteilung d. Univ.-Krankenhauses zu Rostock. Klinische Erfahrungen über das amerikanische Wurmsamenöl als Antiascaridiacum bei Kindern. Rostock 1907: Adlers Erben. (56 S.) 8°
Rostock, Med. Fak., Ref. Martius, Diss. v. 13. Juli 1908
[Geb. 15. April 83 Crefeld; Wohnort: Cöln; Staatsangeh.: Preußen; Vorbildung: Gymn. Crefeld Reife O. 02; Studium: Berlin 7, Rostock 3 S.; Coll. 29. Mai 07; Approb. 30. Mai 08.]

THELEN, Fritz von
(F) Coriandoli. Heitere Vortragsgedichte von Fritz von Thelen. Wien. Pest. Leipzig. [1900.] Hartleben. Gr.-8°. VIII, 101 S. K 2.—

Thelen, Gottfried: Ueber den **Natriumgehalt der Blutkörperchen.** *Würzburg 1897: A. Boegler.* (20 S.) 8°
Würzburg, Med. Diss. v. 1897

Thelen, Heinrich [aus Wetzlar]: **Über die Einwirkung von Phenyl- und Methylphenylhydrazin auf Oxynaphtochinon** .... **Marburg,** Univ.-Buchdr. (R. Friedrich), 1887; 43 + 1 S. 8°
Marburg, Phil. Fak., Inaug.-Diss. v. [13. Aug.] 1887

Thelen, Heinrich, über die Einwirkung von Phenyl und Methylphenylhydrazin auf Oxynaphtochinon. Diss. Marburg 1887, N. G. Elwertsche Univ.-Buchh. 8°. 43 S.

Thelen, Herm., **zur Lösung der Streitfrage über die Verhandlungen König Pippins mit Papst Stephan II. zu Ponthion u. das Schonkungsversprechen Pippins u. Karls d. Gr. Inaugural-Dissertation.** gr. 8. (65 S.) Oberhausen 881. (Bonn, Behrendt.) n. 1. 20

Thelen, Jh. Leonh., s. Jugendphilosophie.

Thelen, Joseph [app. Arzt aus Eilendorf bei Aachen]: **Ueber die Anwendung von Calomel und Opium bei Hydropischen.** ... **München,** k. Hof- u. Univ.-Buchdr. Dr. C. Wolf & Sohn, 1888; 36 S. 8°
München, Med. Fak., Inaug.-Diss. v. 1888

Thelen, Jos., Gegenüberstellung der Unterschiede zwischen der alten u. der neuen Rechtschreibung, s.: Meyer, Johs.

Thelen, Jos., das Turnen auf der Unterstufe f. Knaben u. Mädchenschulen. Auf Grund der „Anleitg. f. das Knabenturnen in Volksschulen ohne Turnhalle" bearb. (63 S.) kl. 8. M. Gladbach (910). Düsseldorf, A. Bagel. — 90

Thelen, J.: Das Turnen auf der Unterstufe für Knaben- und Mädchenschulen. Odenkirchen 1910. 63 S.

Thelen, Karl, aus Meckenheim: **Die Rindviehzucht** *im* **Großherzogtum Hessen während des neunzehnten Jahrhunderts.** *Odenkirchen 1903: W. Breitenbach.* (112 S.) 8°
Gießen, Phil. Diss. v. 1903

Thelen, Matthias: Über einige Chlorphosphine tertiärer aromatischer Amine. Rostock 1897: C. Hinstorff. (34 S. mit Tab.) 8°
Rostock, Phil. Diss. v. [23. Dez.] 1897

Thelen, Mathias Iosephus Hubertus ‹geb. 1832 in Eilendorf Rgbz. Aachen›: De diversis fistulae vesico-vaginalis sanandae methodis cum casibus nondum vulgatis ... Bonnae, typ. C. Georgii (1857). 2 Bl., 42 S., 1 Bl. 8.
Bonn, Med. Fak., Diss. v. 14 Aug. 1857

Thelen, Otto: Natürliches, künstliches und monochromatisches Licht in seiner Bedeutung für die Entwickelung und die Stoffproduktion einiger Kulturpflanzen. **Rostock** 1910: Hinstorff. 159 S. 8°
Rostock, Phil. Diss. v. 8. Febr. 1910, Ref. Heinrich
[Geb. 7. Juni 78 Cöln; Wohnort: Rostock; Staatsangeh.: Preußen; Vorbildung: Progymn. Boppard bis M. 97, pharm. Staatspr. 03; Studium: München 2, Leipzig 1, Rostock 7 S.; Rig. 3. Febr. 10.] [U 10. 3986

Thelen, Otto (geb. am 6 Jan. 1853 in Düren): Ueber Rhinoplastik ... Cöln, Rommerskirchen's Buchdr. 1876. 19 S. 8. ¶ Erschien zugleich selbständig bei Rommerskirchen in Köln.
Bonn, Med. Fak., Diss. v. 12 Aug. 1876

Thelen, Otto, üb. Rhinoplastik. gr. 8. (16 S. m. eingedr. Holzschn.) Köln 876. Rommerskirchen. — 75

— Franz v. Sickingen, der letzte Ritter, s.: Jugend- u. Volksbibliothek, deutsche.

Thelen, Paul, Referendar: Die fortgesetzte offene Handelsgesellschaft. Borna-Leipzig 1909: Noske. x, 54 S. 8°
Leipzig, Jur. Diss. v. 12. Juli 1909
[Geb. 8. Okt. 82 Cöln; Wohnort: Kleve; Staatsangeh.: Preußen; Vorbildung: Gymn. Kempen a. Rh. Reife O. 03; Studium: Freiburg i. B. 1, München 2, Berlin 1, Bonn 3 S.; Rig. 20. Dez. 06.] [U 09. 2705

Thelen, Wilhelm J. L., Referendar am Landger. zu Bonn: Die geschichtlichen Grundlagen der Nachlaßpflegschaft. (§§ 1960, 1961 B.G.B.) Rostock 1910: Hinstorff. 135 S. 8°
Rostock, Jur. Diss. v. 30. Juni 1910, Ref. Matthiaß
[Geb. 23. Juni 82 Nordhausen; Wohnort: Königswinter; Staatsangeh.: Preußen; Vorbildung: Gymn. Bonn Reife O. 03; Studium: Freiburg i. B. 1, München 2, Bonn 3, Kiel 2 S.; Rig. 6. April 10.] [U 10. 3887

Thelert, Gust., Supplement zu Heinsius', Hinrichs' u. Kaysers Bücher-Lexikon. Verzeichniss e. Anzahl Schriften, welche seit der Mitte des 19. Jahrh. in Deutschland erschienen sind. Mit bibliograph. Bemerkgn. gr. 8. (405 S.) Grossenhain 893. Baumert & Ronge. Subskr.-Pr. n. 20.—; Ladenpr. n. 33.—

Thellung, Albert

Thellung, A., die Flora des Kantons Zürich, s.: Naegeli, O.

Thellung, Albert. Die Gattung Lepidium (L.) R. Br. Eine monographische Studie. Diss. Phil. [II.] Univ. Zürich. [Mit Figuren.] (Separat-Abdruck aus: Neue Denkschriften der allg. schweiz. Gesellschaft für die gesamten Naturwissenschaften. Bd. 41, Abh. 1.) II + 340 S. 4. Zürich, Druck Zürcher & Furrer, 1906.
Mitteilungen aus dem botanischen Museum der Universität Zürich. [Heft] 28.

Thellung, A[lbert]. Die Gattung Lepidium (L.) R. Br. Eine monographische Studie. (Mitteilungen aus dem botanischen Museum der Universität Zürich. [Heft] 28.) Mit 12 Figuren im Text. 340 S. 4. Zürich, ... gedruckt von Zürcher & Furrer; Basel, Genève und Lyon, Komm. Georg & Co., 1906. [fr. 20.—]
Neue Denkschriften der Schweizerischen Naturforschenden Gesellschaft... Band 41. Zürich...: Basel, G' und L' ... 1907. ([Teil] 1.) *Ausg. B.* — *Ausg. A:* Diss. Phil. [II.] Univ. Zürich.

Thellung, Aug., der Aberglaube nach seinen verschiedenen Erscheinungen. Oeffentlicher Vortrag, gehalten vor einem gemischten Publikum in Biel den 14. Febr. 1867. Biel 867. Steinheil. gr. 8. (35 S.) 6 *ngr.*

Thellung, Fritz [med. pract., aus Winterthur, gewesener Assistenzarzt am Sanatorium du Montblanc in Leysin]: Aus dem Hygiene-Institut der Universität Zürich. Experimenteller Beitrag zur Frage der Agglutination der Tuberkelbacillen und zur Behandlung der Tuberkulose mit Neu-Tuberkulin Koch (Bacillenemulsion.) (S.-A. aus Centralblatt f. Bakteriologie etc. I. Abt. Orig. 1902.) Jena 1902. 20 S. 8°.
Zürich. Med. Diss. 1901/1902.

Thellung, Fritz. Experimenteller Beitrag zur Frage der Agglutination der Tuberkelbacillen und zur Behandlung der Tuberkulose mit Neu-Tuberkulin Koch (Bacillenemulsion). Diss. Med. Univ. Zürich. *Kopftitel:* Aus dem Hygiene-Institut der Universität Zürich. — (Aus: Centralblatt für Bakteriologie etc. Abt. 1. Orig. 1902.) IV + 20 S. 8. Jena, Gustav Fischer, 1902.

(Thellung, J[ulius].) Zum Andenken an Herrn Johann Buri sel. Geboren ... 1827. Gestorben am 24. Februar 1896. (Leichenrede gehalten ... den 26. Februar 1896.) [Mit Porträt-Tafel.] 8. Bern 1896.

Thellung, J[ulius]. Ansprache gehalten bei der kirchlichen Trauung von Jacob Frydig und Bertha Escher ... in Bern den 27. April 1889. 8. Bern.

Thellung von Courtlary, V. E.

Thelung v. Courtlary, V. E., vormals Hauptm. im löbl. Inft.-Reg. Fürst von Nassau-Usingen etc. Militärische Aufsätze. Mit 1 Karte und 2 Beilagen. 8. Zürich und Leipzig 1806.

Thellung v. Courtelary, V. E., militär. Aufsätze. Mit Kpf. u. Karten. 8. Zürich 806. Ziegler u. S. 2 *ß*

Thellung von Courtlary, vormals holländ. Hauptm. Darstellung der Marine; ein Versuch über den Kriegsdienst zur See. (Mit 34 Taf.) (2 Bde.) 8. Zürich und Leipzig 1808.

— Darstell. der Marine, e. Versuch üb. den Kriegsdienst zur See, für Leser aus allen Ständen. Mit 32 Kpf. 2 Bde. gr. 8. Zürich 808. 2e A. 818. Ziegler u. S. 5 *ß* 12 *gl*

Thellung von Courtelary. Darstellung der Marine. Ein Versuch über den Kriegsdienst zur See. 2 Bde. 8. Zürich 1808. — 2. Aufl. 1819.

— s. Militärarchiv, neues.

(**Thellung** v. Courtlary, V. E.) Biographische Skizze von N. E. F. v. Gumoëns, Hauptmanns bei dem Generalstabe im niederländischen Dienste. (÷ zu Antwerpen 29. 12. 1832) Aus d. Holländ. 8. Bern 1835.

Thellung v. Courtlary, V. E. Versuch über die ehmalige und gegenwärtige Milizverfassung der schweizerschen Eidsgenossenschaft. St. Gallen 1826. 8°.

Thellung v. Courtlary, V. E., Versuch üb. d. ehemal. u. gegenwärt. Milizverfassung d. schweizer. Eidsgenossenschaft. 8. (33 B.) St. Gallen 830, Huber u. Comp. Thlr.

— Versuch üb. die Taktik u. Strategie. Mit 17 Figuren auf 10 Kupftaf. 8. Leipz. 819. W. Vogel. 1 *ß* 8 *gl*

Thellusson, Joh.: De neutralitate. (Resp.: Joh. Heinrich Wieland). 7 S. –
Basel, Jur. Diss. v. 12. Febr. 1734.

Thellusson, Joh.: De potestate quae competit principi circa religionem. 14 S. –
Basel, Jur. Diss. v. 23. März 1725.

Thellusson, Joh.: Selecta juris naturae et gentium. (Resp.: Joh. Jakob Erzberger). 15 S. –
Basel, Jur. Diss. v. 31. Okt. 1727.

Thellusson, Joh.: Theses juridicae. (Resp.: Joh. Heinrich Schaub). 10 S. –
Basel, Jur. Diss. v. 30. April 1731.

Thelo, F. H., Ines del Castro; Trspl. in 5 Aufz. 12. Zürich 808. Orell. 16 *gl*

Thelott. Der Dom in Cöln. Heft 1. Dortmund 1810. Kl. Fol.

Thelwall, Wilhelmus (Harthilia/Cestriensis)
De febre eiusque natura.
[lt. Dekanatsbuch nur handschriftlich eingereicht.]
Dr. med. Giessen 30.7.1844.

Thelung von Courtlary, s. Thellung von Courtlary

Themabuch f. die Gebets-Versammlungen. „Für Christus u. d. Kirche". Texte z. Bibellesen f. den tägl. Gebrauch im J. 1897. Hrsg. v. Jugendbund f. entschied. Christenthum. 32. (48 S.) Kassel 897. Bielefeld, Prediger Blecher. n. — 10
D. Fortsetzg. erschien u. d. T.:

Themabuch des Jugendbundes f. E. C. (entschiedenes Christentum) 1910. (64 S.) 10,7×7 cm. Friedrichshagen, Jugendbund-Buchh. — 10

— des Kinderbundes f. E. C. (entschiedenes Christentum) 1910. (47 S.) 10,6×7,1 cm. Ebd. — 10
Erschienen bisher u. d. T.: Themabüchlein ...

Thema-Büchlein. Texte zum Bibellesen f. den tägl. Gebrauch im J. 1900 f. den Kinder-Bund f. entschiedenes Christentum. 32. (16 S.) Bielefeld [F. Blecher]. Friedrichshagen-Berlin, Jugendbund-Verlag. n.n. — 05

Thema-Büchlein f. d. Gebets-Versammlungen. „Für Christus u. d. Kirche". Texte z. Bibellesen f. den tägl. Gebrauch im J. 1898. Hrsg. vom Jugendbund f. entschied. Christentum. 32. (48 S.) Ebd. 898. n. — 10

Thoma-Büchlein für die Gebets-Versammlungen. Texte zum Bibellesen f. den tägl. Gebr. im J. 1900. Jugend-Bund f. Entschiedenes Christentum. *(Bielefeld 1899: E. Siedhoff.)* (48 S.) 8° [Umschlagt. J. u. Ant.] [00. 27968

— für die Gebets-Versammlungen. „Für Christus u. die Kirche". Texte zum Bibellesen f. den tägl. Gebrauch in d. J. 1899, 1900, 1901 u. 1902. Hrsg. v. Jugendbund f. entschiedenes Christentum. 32. (à 48 S.) Ebd. à n. — 10

'Für Christus u. d. Kirche!' Thema-Büchlein für die Gebets-Versammlungen. Texte z. Bibellesen f. d. tägl. Gebrauch im Jahre 1900. Jugend-Bund f. Entschiedenes Christentum. [Nebst] Fortsetzung ... f. d. Kinder-Bund ... Bielefeld: F. Blecher [1900]. 2 Bde 8°

Thema-Büchlein des Jugendbundes für entschiedenes Christentum f. d. J. 1907 f. Bibelbesprechung, Gebetsstunde u. tägliches Bibellesen. (63 S.) 32. Friedrichshagen, Jugendbund-Verlag. n. — 10

Thema-Büchlein des Jugendbundes f. entschiedenes Christentum f. 1908. (64 S.) 11×7,2 cm. Ebd. — 10

— des Kinderbundes f. entschiedenes Christentum f. d. J. 1907. (32 S.) 32. Ebd. n. — 10

— des Kinderbundes f. entschiedenes Christentum f. d. J. 1909. (47 S.) 11×7,1 cm. Ebd. — 10

— zum tägl. Lernen u. Losen des Wortes Gottes. Hrsg. vom Jugendbund f. entschiedenes Christentum. 1905. (In poln. Sprache.) (25 S.) 16. Striegau, Th. Urban. n.n. — 10

Themann, Thdr., der Fruchtwechsel und seine Bedeutung, mit besonderer Berücksichtigung der Lehre von der Erschöpfung des Bodens. Gekrönte Preisschrift. Bonn 864. Henry. gr. 8. (104 S.) n. 15 *ngr.*

Themann, Thdr., die Wirthschaftsregulirung u. Verkoppelung im nördlichen Deutschland. 2 Thle. Oldenburg 867. Schulze'sche Buchh. gr. 8. 12½ *ngr.*
1. Thl. Die Wirthschaftsregulirung (V, 152 S.) Einzeln n. 10 *ngr.*
2. Thl. Die Verkoppelung im Großherzogth. Oldenburg. (27 S. mit 1 Steintaf. in gr. 4.) Einzeln 3 *ngr.*

Themann, Th., die Wirthschaftsregulirung und Verkoppelung im nördlichen Deutschland. 2. Aufl. gr. 8. (VIII, 179 S. mit 1 lithogr. Plan in Fol.) Oldenburg 869, Schulze'sche Buchh. *

Themar [Schlagwort]

Themar, s.: Geologische Karten (Preussen).

Themar, s.: Preussen, Messtischblätter.

Themar, s.: Thüringen.

Themar [Verfasser]

Themar, Hans, Prärie u. Niagarafall, s.a. Volks-Erzählungen, kleine.

Prärie und Niagarafall. Eine Geschichte aus Stadt u. Wildnis von Hans **Themar.** [Neue Aufl.] Mülheim a. d. Ruhr: J. Bagel [1902]. (64 S.) 8° [J.] [06. 4986

– Der Reiter ohne Kopf, s.a. Volks-Erzählungen Kleine.

Der Reiter ohne Kopf. Eine Erzählung aus d. texan. Wildnis von Hans **Themar.** Mülheim a. d. Ruhr: J. Bagel [1903]. (59 S.) 8° [J.] [06. 4987

Themar, Hans, s.: Volks-Erzählungen, kleine.

Themata Concionum. Augsburg 1795. V: *Wurz, Ignaz.* (Jes)

Themata und Dispositionen zu den im Jahr 1813 ... zu haltenden Predigten. Zeitz 1813. V: *Philipp, Joh. Paul Chn.* (Ky)

Themata u. Dispositionen zu den im J. 1813 nach höchster Verordn. bei dem Vor- u. Nachmittags-Gottesdienste an Sonn- u. Festtagen zu haltenden Predigten d. 1sten u. 2te Hälfte 1ste u. 2e Abtheil., (v. J. P. C. Philipp.) 8. Zeitz 813. Webel. 1 ß

Themata, 51, des Offizier- u. Unteroffizierunterrichts. An der Hand der Dienstvorschriften dargestellt v. e. aktiven Offizier. 12. (VII, 120 u. 34 S.) Berlin 902. Liebel. n. 1. —; kart. n. 1. 20

Themata, Fünfundfünfzig, aus der Rechtsphilosophie. Zum Behuf von Vorlesungen ... Kiel 1858. V: *Thaulow, Gustav Ferdinand.* (A)

[Umschlagt.:] [J.] 'Für Christum und die Kirche'. **Themata** für die Gebets-Versammlungen. Bibelstellen z. tägl. Gebrauch. Vom 1. Jan. bis 29. Dez. 1895. Jugendver. christl. Bestrebgn. *Bielefeld: Zu beziehen durch Blecher 1895.* (18 S., 3 Bl.) 1 Bd 8. [96. 618

Themata f. d. Gebets-Versammlgn., Fortsetzg., s.: Themabuch.

Themata f. die Staatsprüfung der Aerzte. gr. 8. (4 S.) Berlin 871. Gutmann. — 25

Themata für die Staats-Prüfung der Aerzte. Neue Ausg. 16. (16 S.) Berlin 883, [Gutmann'sche Buchh.] O. Enslin.

Themata der zahnärztlichen Staatsprüfung vor der ärztlichen Prüfungscommission in Berlin. 8. (8 S.) Berlin 890. Aug. Schultze's Verl. — 50

Themata zu freien lateinischen Stilübungen. mit einem Vorwort v. Jacob Philip Albrecht Jungclaussen. Schleswig. 1841. 4⁰. Gymn.-Progr.

Themata, technische u. militärische, f. die erste Ausbildung der Maschinisten-Anwärter u. Heizer der II. Werftdivision auf S. M. Maschinenhulk „Leipzig". (Einbd.: Instruktionsbuch.) Neue verb. Aufl. (VI, 90 S.) gr. 8. Wilhelmshaven 905. F. Schmidt. Geb. n. 2. 25

Militärische **Thematik** für Offiziere der k. k. österr. Armee. Brünn, 1857. Verlag von Buschak und Irrgang. (1 Bl. 210 S. 8.) (Enthält drei Pläne. Fol. und vier in 4.)

Themel, Carl, s. Themel, Karl

Themel, J. F., s. Themel, Johann Chr.

Themel, Johann Chr.

— commentatio medica, qua nutritionem foetus in utero per vasa umbilicalia solum fieri, occasione monstri ovilli sine ore et faucibus nati, ostenditur. 4. Leipz. 751.

Themel, Joh. Chr. Hebammenkunst. 8. Leipz. Dyk. 747.

Themel, Jh. Chr., († 1767.) Obererzgebirgisches Journal; od. Samml. von allerhand in die hiesige Natur-Wissenschaft überhaupt, als auch andern Scientien, Jägerei, Hammerwerke, Bergwerke ꝛc. 12 Stücke. 8. Freiberg 748—51. Reinhold. 1 ₰

— ausführl. anatom. Nachricht, v. e. mit Blut angefüllten Sacke, welcher 1739. in d. Unterleibe e. Frau gefunden worden. 4. Chemnitz, Stößel. 740.

Themel, Johann Christian (Oelsnitz) A. S. 1323/54

Dissertationum philosophicarum de partibus hominis essentialibus secunda de corpore humano.
Präs. Johann Christian Stock.
Jena (Horn) 27. IX. 1732. 23 S. 34305

Themel, Karl

Themel, Carl (geb. Jüterbog 15. 2. 1850): Ueber den Veitstanz. Berlin (1874). (32 S.) 8°
Berlin. Med. Diss. v. 10. Aug. 1874

THEMENIDE und Paleno, oder der unsichtbare Liebhaber, nebst der Geschichte einiger Grönländer und Canadier. Glogau, Günther, 1772. 8⁰.
Bibl. J. J. Schwabii. — Einiges etw. frei. Selten!

Themer, Gisela, Handbuch üb. Haushaltungskunde a) Technologie, b) Hauswirthschaft, zur Fortbildung f. erwachsene Mädchen u. zum Gebrauche nach vollendeter Schulzeit, nach den neuesten Quellen bearb. als Handbuch f. das Familienleben. gr. 8. (104 S.) Wien 890. (Lesk & Schwidernoch.) n. 1. 20; geb. n. 2. —

Themer Gisela, Handbuch der Haushaltungskunde. 2. Auflage. Wien 1892

Thèmes de la grammaire de Prof. Eug. Borel. Traduits sur la 11. édition. Stuttgart 863. Koch. 8. (133 S.) n. 10 ngr.

Themis, eine juristische Wochenschrift zur Belehrung für diejenigen, welche die Rechte nicht studiert haben. H. 1. Leipzig: Joachim 1813. 8⁰

— wissenschaftl. Zeitung, f. G. H. v. Deyn.

Themis. Wissenschaftliche Zeitung theologisch-juristischen und politischen Inhalts für Leser jedes Standes. H. 1. 2 (= Nr. 1–48). Jena: Schmid 1819. 4⁰
Hrsg.: Georg Heinr. v. Deyn.

Thémis, ou bibliothèque du jurisconsulte, par une réunion de Magistrats, de Professeurs et d'Avocats. 8. Bonn 819, 20 u. 21. Marcus. (Jahrg. v. 10 Heften à 8 ₰) 24 ₰

Themis, eine Samml. von staatswissenschaftl. Abhandll., Uebersetzungen u. in die Politik einschlag. Rechtsfällen, herausg. durch eine Gesellschaft von Gelehrten. 1s Bdchen. Geschichte der Jury; aus d. Französ. des Aignan. gr. 8. Heidelb. 823. (Winter). 1 ₰ 6 gr. 2s Bdchen. Fr. List's Denkschrift an S. Maj. d. König v. Würtemberg, einen von d. königl. Gerichtshöfen an seiner Person u. an der Verfassung d. Landes begang. Justizmord betr. ꝛc. gr. 8. Straßb. 823. (Zürich, Geßner). 20 gr.

— Zeitschrift f. prakt. Rechtswissenschaft. In Verbind. mit and. Rechtsgelehrten herausgg. von Chr. Fr. Elvers. 2 Bde à 3 Hfte. gr. 8. Götting. 827—30. Vandenhöck u. R. 4 ₰ 4 gr.

— Zeitschrift f. prakt. Rechtswissenschaft, herausgeg. von Chr. Fr. Elvers. 1r Bd. 1s H. gr. 8. Gött. 827, Vandenhöck.

— Zeitschrift f. prakt. Rechtswissenschaft. Hrsg. im Verein mit mehr. Rechtsgelehrten v. Chr. Fr. Elvers. 1. Bd. 2. u. 3. Hft. u. 2. Bd. 3 Hfte. gr. 8. (59¼ B.) Göttingen 828, Vandenhoeck u. Ruprecht. à H. 16 Gr.
1. Bd. 1. Hft. Ebendas. 1827. 20 Gr.

— Zeitschr. f. Doctrin u. Praxis d. röm. Rechts. Hrsg. v. Chrstn. Frieder. Elvers. Neue Folge. 1. Bd. 1—3. Hft. gr. 8. Göttingen, Vandenhoeck u. Ruprecht. [1. (12½ B.) 838. ⅔ Thlr., 2. (14¼ B.) 840. 1¼ Thlr., 3. (12½ B.) 841. ⅔ Thlr.]

— eine Zeitschrift zum nähern Verständniß der Gesetzgebung des In- u. Auslandes u. der gesammten juristischen Literatur; zugleich als Uebersicht des Neusten u. Wissenswerthesten sowohl für theoret. als pract. Juristen, als auch für alle Classen gebild. Staatsbürger. In Gesellschaft mit mehreren herausg. von Dr Ernst Ed. Tanneberg. 1r Bd. 4 Hfte. gr. 8. Leipzig 834. Hartmann, jetzt Böhme. 2 ₰

— — nach des Gründers Tode fortges. vom Rechtslehrer Em. Kind. Bd. 2. Heft 1. *Eb.* 834. gr. 8. (12 Gr.)

Themis. Eine Zeitschr. zum nähern Verständniß d. Gesetzgebung, d. Rechts- u. Staats-Wissenschaft, begründet v. Ernst Ed. Tanneberg, nach d. Gründers Tode fortges. v. Emil Kind. 2. Bd. 1. Hft. gr. 8. (12 B.) Leipzig 835, [Geuther.]

— dass. nach des Gründers Tode fortgesetzt von Emil Kind. 2r Bd. 1s Hft. gr. 8. Leipzig 835. (Klinkhardt.) ½ ₰

Themis. Eine Sammlung von Rechtsfällen, Abhandlungen und wissenschaftlichen Berichten aus dem Privat- und Strafrecht. Innsbruck u. Prag 1836–44.
Hrsg.: Jos. Wessely.

Themis. Juristische Zeitung für die Königlich Preußischen Staaten. Mit Genehmigung E. H. Königl. Justiz-Ministeriums hrsg.; red. von Straß. Jg. 1837. 38. Berlin. 2 Bde
[Jg. 1838 unvollendet.]

Themis, juristische Zeitung f. d. Königl. Preuss. Staaten. Mit Genehmig. eines hohen Königl. Justiz-Ministeriums herausgeg., redigirt v. STRAUSS. 1r, 2r Jahrg. 1837. 38. à Jahrg. 52 Nrn. (Bog.) Mit Beilagen u. Titelvign. *Berlin.* Brandenburg. gr. 4. (à Jahrg. 4 Thl.)

Themis. Für Rechts- und Staatswissenschaften, mit besond. Rüksicht auf die neue Gesezgebung und Gerichtsverfassung. Von Jos. Wessely. 1. und 2. Heft. (Neueste Folge.) gr. 8. (240 S.) Prag 849, (Credner und Kleinbub.) à Heft * 24 Ngr. *

Themis, Die, der Dichtkunst. Ein Lehrgedicht . . . Berlin 1828. V: *Garve, Carl Bernhard.* (Gi) (GGr)

Themis, die, der Dichtkunst. Ein Lehrgedicht in 8 Gesängen. Und des Horatius Flaccus Brief üb. d. Dichtkunst, deutsch. Mit Anmerkn. (Von K. B. G.) gr. 8. (22 B.) Berlin 828, Reimer.

— executrix, oder gemeinnüz. Abhandl. in kurzen Säzen von der Rechtskraft d. Urtheile d. höchsten Reichsgerichte u. deren Reichssazungsmäßigen Stracken Vollziehung. 8. Frankf. a. M. 766. Varrentrapp. 12 ℋ

Themis und Komus; oder Juristen- und Advokatenkalender für das Jahr 1790. Leipz. 1790. V: *Kretschmann, Carl Frdr.* (OL) (JL) (Ky) (MGT) (Adel)

THEMIS und Comus, oder Juristen- und Advokaten-Calender für 1790. (Hrsg. von Karl Friedr. Kretschmann, geb. 1738, † 1809.) Mit Titelkpfr. Leipzig, Dyk, Kl. 8°. (10 Mk., unbeschn. Expl. auf starkem Papier, Friedr. Meyer. Lpz., 1908.) 72 SS. Vorst. (incl. D. Nicasii Vorber.), 12 Bll. Cal. u. 235 SS. Zahm.
Anon.-Lex. IV. p. 167 (nach Otto, Jördens, Kayser, Meusel, Adelung).

Themis und Komus oder juristische Frucht- und Blumenlese . . . Leipz. 1794. V: *Kretschmann, Carl Friedrich.* (Adel) (OL)

THEMIS und Comus oder juristische Frucht- und Blumenlese von dem *Barden Ringulph* (d. i. der Vorige). Ebd. 1794. 8°.
l. c. (nach Adelung u. Otto).

Themistius

Themistios, *Περι αρετης.* Bearbeitet von J. Gildemeister und F. Buecheler. SA. aus dem Rheinischen Museum für Philologie, Neue Folge, Band XXVII. Bonn 1872.

Themistius, s.: Commentaria in Aristotelem graeca.

— in parva naturalia commentarium, s.a. Commentaria in Aristotelem graeca.

Themistii ⟨Sophoniae⟩ in parva naturalia commentarium. Consilio et auctoritate Acad. Litt. Reg. Boruss. ed. Paulus Wendland. *Berolini: G. Reimer 1903.* (XIII, 44 S.) 4°(8°)
— **Commentaria** in Aristotelem Graeca. Vol. 5, P. 6. [o]. ;866

Themistii Orationes ex Cod. Mediolanensi emendatae a Guil. Dindorfio. 8 maj. (48¼ B.) Lipsiae 832, Cnobloch.

—— Orationes duae, ex Cod. Mediolanensi emend. ab Guil. Dindorfio. 8 maj. (3¼ B.) Lipsiae 830, Cnobloch.

Themistii paraphrases Aristotelis librorum quae supersunt. Edidit Leon. Spengel. 2 Vol. 8. Leipzig 866, Teubner. [Vol. I. (XI und 449 S.) 1 Thlr. 6 Ngr., Vol. II. (310 S.) 24 Ngr.]

Themistii Analyticorum posteriorum paraphrasis. Consilio et auct. Acad. litt. regiae boruss. ed. Maximilianus Wallies. Berolini: G. Reimer 1900. (XVI, 88 S.) 4°(8°)
(Commentaria in Aristotelem Graeca. Vol. 5, P. 1.)

Themistii in libros Aristotelis de anima paraphrasis. Consilio et auctoritate Acad. litt. R. Borussicae ed. Ricardus Heinze. Berolini: G. Reimer 1900. (XI, 173 S.) 4°(8°)
(Commentaria in Aristotelem Graeca. Vol. 5, P. 3.)

Themistii in libros Aristotelis de caelo paraphrasis hebraice et latine. Consilio et auctor. Acad. Litt. Reg. Borussicae ed. Samuel Landauer. Berolini: G. Reimer 1902. (XV, 253, 167 S.) 4°(8°)
(Commentaria in Aristotelem graeca. Vol. 5, P. 4.)

Themistii quae fertur in Aristotelis Analyticorum priorum librum I paraphrasis, s. a. Commentaria in Aristotelem graeca.

Themistii quae fertur in Aristotelis Analyticorum priorum librum I paraphrasis. Consilio et auctor. Acad. litt. Regiae Boruss. ed. Maximilianus Wallies. Berolini: G. Reimer 1884. X, 164 S. 8°
(Commentaria in Aristotelem Graeca. Vol. 23, P. 3.) [10. 8066

Themistii in Aristotelis metaphysicorum librum *Λ* paraphrasis hebraice et latine, s.: Commentaria in Aristotelem graeca.

Themistii in Aristotelis physica paraphrasis. Consilio et auctoritate Academiae litt. Reg. Boruss. ed. Henricus Schenkl. Berolini: G. Reimer 1900. (XL, 271 S.) 4°(8°)
(Commentaria in Aristotelem Graeca. Vol. 5, P. 2.)

Themistocles. Lucernae 1734. V: *Claus, Anton.* (Jes)

Themistocles; Trspl. 8. Wien 756. 2 ℋ

Themistocles. Tragödie in 3 Aufz. Quedlinburg 1804. 1806, 1808. 1811. V: *Cramer, Friedrich M. G.* (Zeitschr. f. Büch. N. F. 15. 1923, S. 124)

Themistocles. Tragödie in drei Aufz. Leipz. 1808. V: *Cramer, Carl Gottlob.* (EE)

Themistocles; Tragödie in 3 A. 8. (Quedlinb. 808. Basse). 20 ℋ. Velinp. 1 ₰ 8 ℋ

Themistocles; ein Drama in 3 Aufz. Nach d. Italien. des Metastasio. Mit einem Panegyrikos auf die vorzügl. Männer Griechenlands, als Prolog; von J. v. Bollé. gr. 8. Würzb. 824. Etlinger. 1 ₰ 4 gr

Themistoclis Epistolae graece et latine, interprete Curtophilo c. not., indicibus et praef. Schöttgen. 8. Lips. Dyk. 710.

— — Gr. et lat. Rec. et cum notis ed. Schöttgen. Lips. 710. 8. 8 gr. Ib. 722. 8. 4 gr.

Themistoclis epistolae, ed. J. C. Bremer. 8. Lemgo 776. Meyer. 4 gr

Themistoclis epistolarum quae feruntur denuo recensitarum p. I, II, III ed. A. Westermann. Pr. 1858. 59. 17. 10. 15 S. 4°.

Themistoclis epistolarum quae feruntur pars I—III., quam denuo recensitam ed. Ant. Westermann. gr. 4. Leipzig, Dürr'sche Buchh. [Pars I. (18 S.) 858. 3 Ngr., Pars II. (28 S.) 858. 4½ Ngr., Pars III. (15 S.) 859. 4½ Ngr.]

Themistor, Irenäus (Pseud.), s.a. Endres, Bernhard Johann

Themistor, Irenäus, s.a. Bildung u. Erziehung, die der Geistlichen nach katholischen Grundsätzen.

Themistor, Irenäus, Die Bildung und Erziehung der Geistlichen nach kathol. Grundsätzen und nach den Maigesetzen. Köln, Bachem, 1884, 8°, XX u. 259 S., 1. u. 2. Aufl., 2 Mk.

Thémistor, J., s.: L'Instruction et l'éducation du clergé.

Theml's, Willi, landwirtschaftliche Tabellen. 18 Taf. in gr. 4 u. gr. Fol. Korneuburg (903). J. Kühkopf. n. 20. —

Theml, Wilhelm: Landwirtschaftliche Tabellen über Weinbau und Kellerwirtschaft für landwirtschaftliche Fortbildungs- und Winterschulen zsgest. Groß-Mugl: Selbstverl. 1908. 55 S. -- UB Wien*

Themoud, H., Laurino, der furchtbare Räuber, oder: Die Blutrache. Räubergeschichte aus dem 18. Jahrhundert. 8. (224 S. mit 1 Titkpfr.) Leipzig 854(55,) (Colditz.) **

Then, B., Bienenpflege der Natur gemäß. Nach ganz neuen, bewährten u. aus d. Natur d. Bienen erwiesenen Grundsätzen. Nach vieljähr. Erfahr. hrsg. 8. (9½ B. u. 1 Stnt.) Passau 839, Winkler. (Pustet'sche Buchh.)

Then, B. (W.), Bienenpflege der Natur gemäß. Nach ganz neuen, bewährten und aus der Natur der Bienen erwiesenen Grundsätzen. Nach vieljähriger Erfahrung herausg. Mit 1 Kpfrtaf. (in Fol.). Neue (Titel-)Ausg. Passau (830.) 853. Pleuger. 8. (152 S.) 7½ ngr.

Then, Frz. Der österreichische Anteil am oberschlesisch-polnischen Steinkohlenbecken. 44 S. 8. Progr. Ther. Wien 1878.

Then, Franz Katalog der österreichischen Cicadinen. 8 (59 S.) Progr. G. der k. k. Theres. Akad. Wien 1886.

Then, Frz., Katalog der österreichischen Cicadinen. Lex.-8. (59 S.) Wien 886. Hölder. n. 1. 60

Then Franz: Der naturgeschichtliche Unterricht und die naturgeschichtlichen Hilfsmittel an der k. k. Ther. Akademie. 33. Wien Ther. Ak. 91. Progr.

Then I., J. B., der Laienrichter. Ein Leitfaden für Schöffen u. Geschworene, sowie f. Beisitzer der Gewerbe- u. Kaufmannsgerichte. (VIII, 78 S.) kl. 8. München 909. Ph. L. Jung. In Leinw. kart. 1. —

Then I., J. B., Rechtshandbuch f. den bayerischen Bauern. (VIII, 187 S.) gr. 8. Würzburg 908. (B. Bauch). nn 1. 50

Then, J. B. [Rechtspraktikant]: Die Wechselfähigkeit der Minderjährigen ... Würzburg, Gnad & C., 1895; 2 Bl., 43 S. 8. Erlangen, Jur. Fak., Inaug.-Diss. v. 1895

Then, J. B., d. Wechselfähigkeit d. Minderjährigen. E. wechselrechtl. Studie. gr. 8. (III, 43 S.) Würzburg 895. Gnad & Co. n. 1. —

Then, Joseph (Dettelbach) A. S. 173/12

Dissertatio inauguralis historico-iuridica de universali iudicis directorio in augustissimo camerae imperialis tribunali per utriusque praesidis consortium restricto. Präs. Johann Baptist Alois Samhaber. Würzburg (Nitribitt) 2. IV. 1791. 80 S. 34306

Then, Karl, die bayerischen Kartenwerke in ihren mathematischen Grundlagen. (VIII, 192 S. m. 48 Abbildgn. u. 5 Karten.) Lex.-8. München 905. R. Oldenbourg. n. 4. 80

Zweibrücken. — Then, Ludw. Karte der Umgegend von Zweibrücken. 1 : 25,000. Lichtdruck. gr. Fol. Zweibrücken 885, Lehmann. * 1 50

Then-Bergh, Hugo, von Feld und Bühne! Kunterbunt. Humoresken. 16. (116 S.) Straßburg 882, [Heinrich und Schmittner.] Heinrich. *

Then-Bergh, Jan

Then-Bergh, Pieter Odendaal, der jüngste Feldkornett, s.a. Universal-Bibliothek f. die Jugend. 387. 388.

Pieter Odendaal, der jüngste Feldkornett. Eine Erzählung aus d. Heldenkampf d. Buren von Jan Then-Bergh. Mit 5 Abb. *Stuttgart, Berlin, Leipzig: Union [1901].* (144 S.) 8° [F.] (Universal-Bibliothek f. d. Jugend. 387. 388.) [illegible]

Thenance, J. S., nouveau forceps non croisé. 8. Lyon. (Fleischer, Leipz.)

Louis Jacques Thénard

(Traité de chimie élémentaire théorique et pratique. [Ausz. Deutsch:]) Anleitung zur chemischen Analyse, den gegenwärtigen Zustand der Wissenschaft gemäß. Nach L[ouis] J[acques] Thénard's Handbuch der theoretischen und praktischen Chemie. Aus d. Franz. übers. u. mit Anm. begleitet von Johann Bartholomä Trommsdorff. Erfurt: Keyser 1817. VIII, 326 S. 8°

Thenard, L. J., Anleit. zur chem. Analyse, dem gegenwärt. Zustand der Wissenschaft gemäß; aus d. Französ. mit Anmerkk. von Dr. J. B. Trommsdorff. gr. 8. Erfurt 818. Keyser. 1 ₰ 18 gr

— Ueber die Bereitung einer blauen Farbe aus Kobalt, die ebenso schön ist wie Ultramarin.

THÉNARD, LOUIS JACQUES.
Brom (Das) ein neuentdeckter einfacher Stoff. Leipzig, 1828.

—Handbuch der theoret. u. prakt. Chemie. Nach der 5n neu durchgeseh., verm. u. verb. Ausg. übersetzt u. vervollständigt v. G. Th. Fechner. 6 Bde in 9 Abtheill. Mit 37 Kpft. gr. 8. Leipz. 825—29. Voß. 25 ℛ (1r—6r Bd. A. u. d. T.: G. T. Fechner, Repertorium d. organ. Chemie. 2 Bde in 5 Abtheill. u. 3r Bd. Mit 8 Kpf. 826, 828. 12 ℛ 8 gℊ) 7r Bd. 1e u. 2e Abtheil., s. G. T. Fechner, Repertorium.

Thénard, (L. J.) Handbuch d. theoret. u. prakt. Chemie. 5e neu durchgeseh., verm. u. verb. Ausg. Uebersetzt u. vervollständigt von G. Th. Fechner. I—IV. 1—3. gr. 8. Leipz. 825—27, Voß.

Thénard, Louis Jac., Lehrbuch d. theoret. u. prakt. Chemie. 5., verm. u. verb. Ausg. Uebers. u. vervollständ. v. G. Th. Fechner. 5. Bd. 2 Abthln. — A. u. d. T.: Fechner, Repertorium d. organ. Chemie. 2. Bd. 2 Abthln. gr. 8. Leipzig, Voß. [1. (32½ B. incl. 1 Tab.), 2. (32 B. incl. 2 Tab. u. 1 Kpfr.) à 1 Thlr. 12 Gr.]

—— dass. 6. Bd. gr. 8. (27½ B. u. 5 Kpfr.) Ebds. 828.

—— dass. 7. Bd., s. Fechner, G. Th., Repertorium d. neuen Entdeckn. in d. organ. u. unorgan. Chemie. 1—3. Bd. 1825, 26. 10 Thlr. 8 Gr. — 4. Bd. (3 Abthln) — A. u. d. T.: G. Th. Fechner, Repert. d. organ. Chemie. 1. Bd. (3 Abthln.) 826, 27. 9 Thlr. 8 Gr. Ebendas.

Thenau, Hans, u. Rud. Zabel, die Tiroler Bergfahrt. Leipziger Ausstellungsposse m. Musik in 6 Bild. gr. 8. (VII, 98 S.) Leipzig 897. M. Hoffmann. n. 1. —

Bericht über die Hundertjahrfeier der Loge Apollo im Or. Leipzig am 11., 12. und 19. Febr. 1905. [Unterz.:] Hans G[eor]g Thenau. [Leipzig 1905: Metzger & Wittig.] 42 S. 8° [Umschlagtit.]
Aus: FZ. 59 (1905) S. 73—80, 83—87.

Thendat. Eine Tragödie. 16. Berl. 810. Schlesinger. 16 gℊ

Thendor, Anleitung zum Zuschneiden der Beinkleider nach den neuesten Pariser Façons. Nebst 24 verschiedenen Zeichnungen. Wien 858. Wenedikt. 8. (10 S. u. 7 Holzschnitttaf. in 8. u. 4.) 15 ngr.

Thenée, Henr. Guil. (geb. Lechenich im Rheinl. 15. 7. 1844): Observationes clinicae de pneumothorace. Berolini (1865). (32 S.) 8°
Berlin, Med. Diss. v. 15. Juli 1865

Thenen, J., Fräulein Doctor im Irrenhause. Eine Begebenheit aus unserer Zeit. 8. (93 S.) Wien 881. Rosner. n. 2. —

Thenen, J., der Sohn der Schrift. Die Wunderthäter v. Kotzk u. Plotzk. Zwei Novellen. 12. (104 S.) Wien 883. Rosner. n. 1. 60

— der Wunder-Rabbi. Roman. 8. (VI, 293 S.) Ebend. 880. n. 4. —

Thenes, A. S., guter Rat f. Leidende aus dem altisraelitischen Psalter. (128 S.) 8. Basel 909. Basler Missionsbuchh. 1.—; geb. in Leinw. 1. 60

Thenhaven, Bernh., nucleus Theologiae canonico-moralis. 8. Colon. (Rommerskirchen.) 745.

Thenisch, Mich., was ist der Mensch? — Aus bewährten Urquellen. Tägl. Betrachtt., Beispiele u. Denksprüche aufs ganze Jahr. 8. Einsiedeln 804.

Thenius, A., Aphorismen. (35 S.) 8. Leipzig-Gohlis 909. Raschwitz, B. Volger. 1. —

Thenius, Chr. Benjamin

— s. Carmina minora.

Thenius, Chr. Benj., († d. 31. Mai 1801.) Christeis oder Christl. vita, in latein. Versen. 8. Dresd. 786.

—Paradisus apertus. 8. Dresd. 786.

— — supplementum ad nucleum iuris canonici. 8. ibid. 749.

Thenius, Geo., über einige neue organische Basen des Steinkohlentheeres. Inaug.-Dissert. Göttingen 861. (Vandenhoeck & Ruprecht.) gr. 8. (36 S.) n. 6 ngr.

Thenius, Dr. Georg, Die Fabrikation der Leuchtgase nach den neuesten Forschungen. Ueber Stein- und Braunkohlen-, Torf-, Holz-, Harz-, Petroleum-, Schiefer-, Knochen-, Walkfett- und die neuesten Wasser- und carbonisirten Leuchtgase. Verwerthung der Nebenproducte, wie z. B. aller Leuchtgastheere, Leuchtgastheeröle, Ammoniakwässer, Coke- und Retorten-Rückstände. Nebst einem Anhang: Ueber die Untersuchung der Leuchtgase nach den neuesten Methoden. Ein Handbuch für Gasanstalten, Ingenieure, Chemiker und Fabrikanten. Mit 155 Abbildungen. 8. (XVI, 623 S.) (Chemisch-technische Bibliothek. Band 189.) Geheftet 4.40
Dasselbe. Geb. (Nur fest) 4.85
Wien: Hartleben 1891.

Thenius G, die Harze und ihre Produkte. (Bibl. Chem.-techn. 55) Wien 1879

Thenius, Geo., die Harze und ihre Producte. Deren Abstammung, Gewinnung und technische Verwerthung. Nebst einem Anhang: Ueber die Producte der trockenen Destillation des Harzes oder Colophoniums: das Camphin, das schwere Harzöl, das Codöl, und die Bereitung von Wagenfetten, Maschinenölen ꝛc. aus den schweren Harzölen, sowie die Verwendung derselben zur Leuchtgas-Erzeugung. Ein Handbuch für Fabrikanten, Techniker, Chemiker ꝛc. Nach den neuesten Forschungen und auf Grundlage langjähr. Erfahrung zusammengestellt. 8. (VIII, 239 S. mit 40 eingedr. Holzschn.-Abbild.) Wien 879, Hartleben's Verlag.

Thenius, Geo., die Harze u. ihre Producte. Deren Abstammg., Gewinng. u. techn. Verwerthg. Nebst e. Anh.: Ueb. d. Producte der trock. Destillation des Harzes od. Colophoniums: Das Camphin od. Pinolin, d. schwere Harzöl, d. Codöl u. d. Erzeugg. v. Wagenfetten nach d. neuesten Methoden, ferner Maschinenölen u. Brauerpechsorten, sow. d. Verwendg. zur Leuchtgasfabrikation. E. Handbuch f. Fabrikanten, Techniker, Chemiker, Droguisten, Apotheker, Wagenfettfabrikanten u. Brauer. Nach d. neuesten Forschgn. u. auf Grundlage längjähr. Erfahrgn. zusammengestellt. 2., verb. Aufl. 8. (271 S. m. 47 Abb.) Wien 895. A. Hartleben. n. 3. 25; geb. n. 4. 05

THENIUS, Georg: Das Holz und seine Destillations-Producte. Ueber die Abstammung und das Vorkommen der verschiedenen Hölzer. Ueber Holz im Allgemeinen, Holzschleifstoff, Holzcellulose, Holzimprägnirung und Holzconservirung; ferner ueber Meiler- und Retorten-Verkohlung, Holzessig und seine technische Verarbeitung, Holztheer und seine Destillationsproducte, Holztheerpech und Holzkohlen. Nebst einem Anhang: Ueber Gaserzeugung aus Holz. Ein Handbuch für Waldbesitzer, Forstbeamte, Lehrer, Chemiker, Techniker und Ingenieure. Nach den neuesten Erfahrungen praktisch und wissenschaftlich bearbeitet. - Wien, Pest, Leipzig 1880. 368 S. - 2. verb. u. verm. Aufl. ebd. 1896. XVI, 336 S., 42 Abb. - 3. verm. u. verb. Aufl. ebd. 1921. XI, 493 S., 74 Abb. - (Chem.-techn. Bibliothek Bd. 67)

Thenius, Geo., das Holz und seine Destillations-Producte. Ueber die Abstammung und das Vorkommen der verschiedenen Hölzer. Ueber Holz, Holzschleifstoff, Holzcellulose, Holzimprägnirung und Holzconservirung, Meiler- und Retorten-Verkohlung, Holzessig und seine techn. Verarbeitung, Holztheer und seine Destillations-Producte, Holztheerpech und Holzkohlen, nebst einem Anhang: Ueber Gaserzeugung aus Holz. Ein Handbuch für Waldbesitzer, Forstbeamte, Fabrikanten etc. Nach den neuesten Erfahrungen praktisch und wissenschaftl. bearb. 8. (IV, 366 S. mit 32 eingedr. Holzschn.-Abbild.) Wien 880, Hartleben's Verlag.

— d. Holz u. seine Destillations-Producte. Ueb. d. Abstammg. u. d. Vorkommen der verschied. Hölzer. Ueber Holz im Allgemeinen, Holzschleifstoff, Holzcellulose, Holzimprägnirg. u. Holzconservirg.; ferner über Meiler- u. RetortenVerkohlg., Holzessig u. s. techn. Verarbeitg., Holztheer u. s. Destillationsproducte, Holztheerpech u. Holzkohlen. Nebst e. Anh.: Ueb. Gaserzeugg. aus Holz. E. Handbuch f. Waldbesitzer, Forstbeamte, Lehrer, Chemiker, Techniker u. Ingenieure. Nach den neuesten Erfahrgn. prakt. u. wissenschaftl. bearb. 2., verb. u. verm. Aufl. 8. (XVI, 336 S. m. 42 Abb.) Ebd. 896. n. 4. 50; geb. n. 5. 30

THENIUS, Georg: Die Meiler- und Retorten-Verkohlung. Die liegenden und stehenden Meiler. Die gemauerten Holzverkohlungs-Oefen und die Retorten-Verkohlung. Über Kiefer-Kien- und Buchenholztheer-Erzeugung sowie Birkentheer-Gewinnung. Die chemisch-technische Verarbeitung der Nebenprodukte der Holzverkohlung, wie Holzessig, Holzgeist und Holztheer... Nebst einem Anhang: Über die Russfabrikation aus harzigen Hölzern, Harzen, harzigen Abfällen und Holztheerölen. - Wien, Pest, Leipzig 1885. XIX, 302 S., 80 Abb. - 2. verm. u. verb. Aufl. Wien 1912. XII, 307 S., 80 Abb. - (Chem.-techn. Bibliothek Bd. 127)

Thenius, Geo., die Meiler- und Retorten-Verkohlung. Die liegenden und stehenden Meiler. Die gemauerten Holzverkohlungs-Oefen und die Retorten-Verkohlung. Ueber Kiefer-, Kien- und Buchenholztheer-Erzeugung, sowie Birkentheer-Gewinnung. Die technisch-chem. Verarbeitung der Nebenproducte der Holzverkohlung, wie Holzessig, Holzgeist und Holztheer. Die Rothsalz-Fabrikation, das schwarze und graue Rothsalz. Die Holzgeist-Erzeugung und die Verarbeitung des Holztheeres auf leichte und schwere Holztheeröle, sowie die Erzeugung des Holztheer-Paraffins und Verwerthung des Holztheerpeches. Nebst einem Anhang: Ueber die Rußfabrikation aus harzigen Hölzern, Harzen, harzigen Abfällen und Holztheerölen. Ein Handbuch für Herrschaftsbesitzer, Forstbeamte, Fabrikanten, Chemiker, Techniker und Praktikanten nach den neuesten Erfahrungen praktisch und wissenschaftlich bearb. 8. (XIX, 302 S. mit 80 Abbild.) Wien 885, Hartleben. *

Thenius, Geo., die Torfmoore Oesterreichs u. der angrenzenden Länder, ihre Wichtigkeit f. Staats-Oekonomie u. Industrie. Nebst e. Anh.: „Ueber die Darstellg. der Anilinfarben." gr. 8. (XI, 202 S. m. 6 Steintaf.) Wien 874. Lit.-art. Anstalt. 5. —

— die technische Verwerthung des Steinkohlentheers, nebst einem Anh.: Ueber die Darstellung des natürlichen Asphalttheers u. Asphaltmastix aus den Asphaltsteinen u. bituminösen Schiefern, sowie Verwerthung der Nebenproducte. Mit 20 (eingedr. Holzschn.-)Abbildgn. 8. (IV, 176 S.) Ebend. 878. 2. 50

THENIUS, GEORG.
Die technische Verwerthung des Steinkohlentheeres. Nebst Anhang; Darstellung des natürlichen Asphalttheeres und Asphaltmastix aus den Asphaltsteinen und bituminosen Schiefern sowie Verwerthung der Nebenprodukte. Zweite Ausgabe. Wien, 1898. 8vo. Ill.

— d. techn. Verwerthg. d. Steinkohlentheeres. Nebst e. Anh.: Ueb. d. Darstellg. d. natürl. Asphalttheeres u. Asphaltmastix aus den Asphaltsteinen u. bituminösen Schiefern, sow. Verwerthg. d. Nebenproducte. 2., verb. Aufl. 8. (VIII, 216 S. m. 31 Abb.) Ebd. 899. n. 2. 50; geb. n. 3. 30

Thenius G., die technische Verwertung des Torfes und seiner Destillationsprodukte. (437 S) (Bibliothek Chemisch-technische 280) Wien 1904

Thenius, Geo., die technische Verwertung des Torfes u. seiner Destillations-Produkte. (XIV, 437 S. m. 78 Abb.) 8. Wien 904. A. Hartleben. n. 6. —; geb. n. 6. 80

Thenius, Johann Gottlieb

— de duplici baptismo discipulorum Ephesinorum in Act. XIX, 1—5. 4. Dresd. 770.

Thenius, J. Gli, d. Buch d. Psalmen, aufs neue übers. m. Anmerk. gr. 8. Dresden, Gerlach. 785.

— commentatio super diem Christi ab Abrahamo visum. 4. Dresd. 760.

— Dissertationes exegetico-criticae super difficilioribus utriusque Testamenti locis. Pentas I. 4. Dresd. 760.

Thenius, Jh. Gli., († d. 14. Jan. 1793.) epistola ad Woogium, qua exponitur laetitia Abrahami, ex Joh. VIII, 5. 6. 4. Dresd. 759.

— s. 1) Prüfung des Schmaussisch. Systems etc., u. setze hinzu: (von J. G. Thenius). 2) Psalmen.

(—) quaestiones juris naturae septem, ad amoliendas opiniones recentiorum quorundam, praesertim Schmaussianas. 4. Dresd. 756.

— der wahre Sinn der Gleichnißrede Jesu von dem ungerechten Haushalter aufgesucht u. angezeigt. 8. Dresd. 763.

Thenius, Johannes [z. Z. Volontairarzt an d. Kgl. Frauen-Klinik zu Dresden]: Mitteilungen aus d. Augen-Klinik d. Hrn Prof. Dr. Hirschberg zu Berlin. Retinitis e lue congenita ... Dresden, Druck v. Liepsch & Reichardt, *1895*; 31 S. 8.
Leipzig, Med. Fak., Inaug.-Diss. v. [27. Febr.] 1895

Thenius, Otto, das Bedürfniß einer Erneuerung des christl. Gemeindelebens u. das Glück einer ungehinderten öffentl. Gottesverehrung. Zwei Predigten in der Kirche zu Neustadt-Dresden gehalten. gr. 8. (1½ B.) Leipzig 844, Weidmann'sche Bh. *

— die Bücher der Könige, s.: Handbuch, kurzgefasstes exeget., zum Alten Testament. 9. Lfg.

Thenius, Otto, die Bücher Samuels etc., s. a. **Handbuch**, kurzgefasstes exegetisches, 4. Lfg.

Die Bücher Samuels erkl. v. Otto **Thenius**. 3. vollst. neugearb. Aufl. bes. v. Lic. Dr. Max Löhr, a. o. Prof. ... in Breslau. *Leipzig: S. Hirzel 1898.* (XCV, 215 S.) 1 Bd 8.
= **Handbuch**, Kurzgefasstes exeget., z. Alten Testament. Bd 4. [98. 4916

—— das Evangelium ohne die Evangelien. Ein offenes Sendschreiben an Hrn. Bruno Bauer. gr. 8. (5 B.) Leipzig 843, Weidmann'sche Buchh.

Thenius, Otto, das Evangelium der Evangelien. Ein offenes Sendschreiben an Herrn Dr. David Friedrich Strauß zu Heilbronn, in Beziehung auf dessen „das Leben Jesu" für das deutsche Volk bearb. Leipzig 865. F. C. W. Vogel. gr. 8. (70 S.) 7½ ngr.

— s. Handbuch, exeget., zum alten Testamente.

—— עיר הקדש והבית הראשון Das vorexilische Jerusalem und dessen Tempel dargestellt. gr. 8. (45 S. und 3 Stnt. in qu. 4.) Leipzig 849. [Berlin,] Weidmannsche Buchh.

Thenius, Otto, die Klaglieder, s. Handbuch, kurzgefasstes exeget., zum alten Testament.

Thenius, Otto, der Psalter, s. Psalter, der.

Thenn, Johann Christoph, s. Briefe eines Frauenzimmers an ihre Freundin, die Waschmaschine betreffend.

– (Übers.), s. Briefe einer zärtlichen Mutter an ihren Sohn ...

– (Übers.), s. Du Crest, Michel: Sammlung einiger kleiner Schriften von Thermometern und Barometern.

– (Übers.), s. Du Puy: Pflichten eines jungen Frauenzimmers ...

– (Übers.), s. Du Puy: Pflichten eines in die Welt tretenden Jünglings.

– (Übers.), s. Fleury, Claude: Der kluge und wohl anführende Hofmeister.

— moral. Gedanken üb. die Wichtigkeit u. den Werth der freien Handlungen der Menschen. 8. Augsb. 757. Klett. 3 ℛ

— moral. Gedanken üb. d. Wichtigkeit d. freyen Handlungen d. Menschen. 8. Ebend. 758.

– (Übers.), s. Guyot: Neue physikalische und mathematische Belustigungen.

– (Übers.), s. Lambert, Johann Heinrich: Hygrometrie.

Thenn, J. C., de miraculis in regno gratiae. Hal. 1753. 4.

– (Bearb.), s. Muschenbroeck, Johann Peter: Beschreibung der doppelten und einfachen Luftpumpe.

— Samml. e. kl. Schriften v. d. Thermometern u. Barometern, a. d. Franz. 4. Ebend. 758.

– (Übers.), s. Sans, de: Neue ... Anweisung, wie die von einem Schlagfluß gelähmten Kranken vermittelst der Elektrizität sicher und vollkommen geheilt werden können.

Thenn, Jh. Cph., († 1784.) Versuch e. neuen u. deutl. Erklär. der Kälte u. ihrer Wirkungen. 8. Augsb. 764. Klett. 4 ℛ

Thenot, (Maler u. Prof. der Zeichenkunst zu Paris), vollständ. Anweisung zur Aquarellmalerei u. zum Tuschen. Aus d. Franz. übersetzt. Mit vielen kolor. Vorbildern. 18 Hft. Bogen 1. 2. (in gr. 8.) Kupfertaf. 1—8. (in Lex.-8.) Leipzig 837. Kirchner u. Schwetschke. 1⅙ ℛ

Thenot und Lasalle, die Oelmalerei, s. Schauplatz, neuester, der Künste ꝛc. 235. Bd.

Theo am Bober, s.: Reime, schlesische.

Theobald, oder die Schwärmer; eine wahre Geschichte. Leipzig 1784—85. V: *Jung, Johann Heinrich.* (MGT)

Theobald oder der Schwärmer, eine wahre Geschichte von Heinrich Stilling, 2 Theile mit 1 Kupf. 2ter Druck, 8. Leipzig, 797. Weygand. 1 Rthl. 20 sgl.

Theobald, oder: Was sollen die protestantisch. Katholiken in Deutschland jetzt thun? Eine kirchl.-polit. Frage, beantwortet vom Prof. Krug, zum zweiten Male beantwortet von Fr. Alberti. 8. Greiz 818. Henning. 8 ℛ

Theobald, od.: Was sollen d. protestant. Katholiken in Deutschland jetzt thun? Eine kirchl.-polit. Frage, beantwort. v. Prof. Krug, zum zweitenmale beantw. v. Fr. Alberti. 8. (5¼ B.) Greiz 828, Henning.

Theobald mit dem eisernen Herzen, oder die Feindesliebe. Aus dem Franz. 12. (4½ B. u. 3 Stnt.) Straßburg 815, Levrault'sche Buchh. 6¼ Ngr., ill.

Theobald a Kempis, der Zöllner. Roman aus dem Glaubensleben an der Wende des Jahrhunderts. (107 S.) 8. Dresden 903. E. Pierson. n. 2. —; geb. n. 3. —

Marianischer Baum-Garten, Allwo Die, in der Schmertzhafften Marianischen Einöde herumb gewanderte Polymnia (die Menschliche Seele) sich zu erlustigen, Mariam in underschidlichen Baum-Gewächsen Gesangs-Weisz betrachtet ... Durch Fr. Theobaldum von Costantz Capuciner ... Gedruckt zu Costantz, In der Hochfürstl. Bischöffl. Truckerey, bey Leonhard Parcus, Anno 1704.

Eitner 9, 391, with date misprinted 1740. 16 cm. 11 leaves, 416 pages.

THEOBALD im Osten (ps.), Schickungen. Novelle. Bunzlau, Appun, 1837. Kl. 8°. 17½ Bogen.
A. G. Schmidt, Gallerie etc.; Weller, Lex. Ps. p. 556.

Theobald [Pseud.], s. Luck, Johann Peter Carl

Theobald, des Müllers Rache. Romant. Erzähl. 2 Thle. 8. (24⅛ B.) Gotha 837, [Gläser.]

Theobald, des Müllers Rache. Romant. Erzählung. 2 Thle. 8. Gotha 837. Neumann. (Leipzig, Fr. Fleischer.) 1½ ℛ

Theobald, die Tätigkeit des medizinischen, im besonderen des psychiatrischen Sachverständigen vor Gericht, s.: Grenzfragen, juristisch-psychiatr. V. 6. (Mittermaier, W.)

Theobald, A.

Theobald, Athos, Porthos und d'Artagnan, s. Bühnen-Repertoir, des Auslandes, von L. W. Both.

Theobald, A., Banquier Müller auf dem Lande, s. Both's, L. W., Bühnen-Repertoir des Auslandes.

Theobald, A., Schuld u. Sühne, s. Both's, L. W., Bühnen-Repertoir des Auslandes.

Theobald, A., übers Ohr gehauen, s.: Both's, L., Bühnen-Repertoir.

Theobald, Aug., statist. Handbuch der deutschen Gymnasien, s. Brauns, Dr.

Theobald, Aug., statist. Handbuch d. deutschen Gymnasien. 2. Bd. Für d. J. 1837, 1838 u. Anfang v. 1839. (2 Abthln.) gr. 8. (40 B. u. 3 B. Tab.) Cassel 839, Fischer. *
1. Bd., vgl. Brauns (u. füge bei: hrbgf. Pr. * 1 Thlr. 8 Gr.).

Theobald, Aug., über d. Verhältniß d. Gymnasial-Lehrer zu den Eltern ihrer Schüler u. d. Bedingungen e. erfolgreichen gemeinschaftl. Jugenderziehung. gr. 8. (4¼ B.) Cassel 834, [Krieger's Brlsh.]

Theobald, Aug., üb. Vernunft u. Christenthum. Würdigung d. beiden Schriftchen d. Johs. Carl: Verstand geg. Verstand, od. Beurtheilung e. Predigt d. Consistorialr. Ernst üb. d. unzertrennl. Verbindung d. Vernunft u. d. Christenthums, u. Christ u. Christenthum in ihrem gegenseit. Verhältniß in Bezieh. auf d. Streitfrage d. Tages. gr. 8. (7 B.) Cassel 836, [Krieger'sche Buchh.] Thlr.

Theobald, Bruno (Hrsg.), s.a. Actenstücke, Die wichtigsten, zur Geschichte d. protestant. Bewegung unserer Tage.

Theobald, Bruno, die wichtigsten Actenstücke zur Geschichte der protestant. Bewegung unserer Tage. Mit erläut. Anmerkungen. gr. 8. (3½ B.) Leipzig 846, Mayer.

Theobald, C.: Die Bäder von Bormio, s. Theobald, Gottfried

Theobald, (C.,) besteht d. Art. 14, der Großh. Hessischen Verordn. v. 22. März 1820, wie die Wahlen erfolgen sollen, fort? 8. Darmst. 823, Leske.

Theobald, Edwin, der deutsche Michel u. seine Fabeln. Ein satyr. Zeitbild. Mit 1 (lith.) Titelkpfr. gr. 8. (23 S.) Leipzig 848, Thenau. 1/6 ꝥ

Theobald, Ernst [aus Saarbrücken]: Über die Acetonoxalsäure … Wiesbaden, Druck v. R. Bechtold & C., 1892; 53 S. 8.
Rostock, Phil. Fak., Inaug.-Diss. v. [15. Okt.] 1891

Theobald, F A., Ueber Einrichtung u. Methode des griech. Elementarunterrichts. Pr 1886. 26 S. 4°. —.90

Theobald, G., s.a. Theobald, G. L.

Theobald, G. [aus Oldenburg i Gr. Assistenzarzt an d. med. Poliklinik d. Univ. Göttingen]: Ueber eitrige Pericarditis … Göttingen, Druck d. Dieterichschen Univ.-Buchdr., 1890; 31 S. 8°
Göttingen, Med. Fak., Inaug.-Diss. v. [27. Juni] 1890

Theobald, G., üb. eitrige Pericarditis. Diss. gr. 8. (34 S.) Göttingen 890. (Vandenhoeck & Ruprecht.) n. — 80

Theobald, G. L., u. J. H. Cassebeer, Flora der Wetterau, siehe a. Cassebeer, J. H.

Theobald G.: Die Flechten d. Wetterau. 1858. [Rostr. Saml.].

(Theobald, G[ottfried].) Aufforderung zur Erhaltung der erratischen Blöcke. 8. *o. O. u. J.* [1850.69].

—— und J. J. Weilenmann, die Bäder von Bormio. I. Landschaftsbilder, Bergfahrten und naturwissenschaftl. Skizzen. 8. (147 S. mit 1 lithogr. Karte in Fol.) St. Gallen 868, Scheitlin und Zollikofer. *

Theobald, G. u. J. J. Weilenmann. Die Bäder von Bormio und die sie umgebende Gebirgswelt.

Theobold, G., geologische Beschreibung der Gebirge von Graubünden, s.a. Beiträge zur geolog. Karte der Schweiz.

Theobald, G[ottfried]. Geologische Beschreibung der in den Blättern 10 und 15 des eidg. Atlasses enth. Gebirge von Graubünden, mit 2 kolorirten Karten und vielen Durchschnitten [18 Tafeln]. – *A. u. d. T.:* Geol' B' der nordöstlichen Gebirge von Graub'…. (Beitr. Geol. Karte Schweiz. Lieferung 2.) 4. Bern 1864 = Neuenburg 1863.

Theobald, G[ottfried]. Geologische Beschreibung der im Blatt 20 des eidg. Atlasses enthaltenen Gebirge von Graubünden, mit einer colorirten Karte und vielen Durchschnitten [8 Tafeln]. (Beitr. Geol. Karte Schweiz. Lieferung 3.) 4. Bern 1866.

Theobald, G. Geolog. Beschreibung von Graubünden. Bern 1864—66. 4. 2 Bde.

Theobald, G., Bormio u. seine Bäder. Chur 865. (Gsell.) gr. 8. (41 S. mit 1 lith. Karte in 4.) n. 8 ngr.

—— Leitfaden der Naturgeschichte für höhere Schulen und zum Selbstunterricht mit besond. Berücksichtigung des Alpenlandes. Mit Abbild. in Holzschn. 3 Thle. gr. 8. Chur, Hitz. à Thl. * 20 Ngr. *

Inhalt:
Thl. 1. Zoologie. (VII und 298 S.) 864.
» 2. Botanik. (VIII und 286 S.) 863.
» 3. Mineralogie. (XI und 263 S.) 865.

Theobald, G[ottfried]. Leitfaden der Naturgeschichte für höhere Schulen und zum Selbstunterricht, mit besonderer Berücksichtigung des Alpenlandes. Mit Abbildungen in Holzschnitt…. 3 Theile. 8.
Theil 1. Zoologie. 2. Aufl. Frauenfeld 1869.
Theil 2. Botanik. 2 Aufl. Frauenfeld 1869
Theil 3. Mineralogie. Chur 1865 (**Umschlag:* Frauenfeld 1869).

Theobald, G[ottfried]. Naturbilder aus den Rhätischen Alpen. (*Aufl. 2 u. 3:* Ein Führer durch Graubünden.) 8. Chur.
[1. Aufl.] 1860 (**Umschlag:* 1861).
2. vermehrte und verbesserte Aufl. mit 48 Ansichten und 4 Kärtchen. 1862.
3. vermehrte und verbesserte Aufl., bearb. von Dr. Chr[istian] Tarnuzzer. 1893.

—— Naturbilder aus den rhätischen Alpen. 8. (296 S.) Chur 860, Hitz. *

—— Naturbilder aus den rhätischen Alpen. Ein Führer durch Graubünden. 2., verm. und verb. Aufl. br. 8. (XII und 380 S. mit 48 Ansichten in eingedr. Holzschn. und 4 lithogr. Kärtchen.) Chur 862, Hitz. * 1 Thlr. 12 Ngr.; geb. *

Theobald, G., Naturbilder aus den rätischen Alpen. Ein Führer durch Graubünden. 3., verm. Aufl., bearb. v. Chr. Tarnuzzer. gr. 8. (IX, 364 S.) Chur 893. (Hitz.) n. 4. 50; geb. n.n. 5. 50

Theobald, G., das Bündner Oberland oder „der Vorderrhein mit seinen Seitenthälern." Mit 5 Ansichten in Holzschn. u. 1 (lith.) Kärtchen des Vorderrheinthals. Chur 861. Hitz. 8. (IV, 215 S.) n. 20 ngr.

Theobald, G., Geologische Uebersicht von Graubünden, I u. II. Chur 1864 u. 1866. Progr.

Theobald, G. Unterengadin. Eine geognostische Skizze. (Aus d. Denkschr. d. Schweiz. Naturf. Gesellsch.) Zürich. 1860. 4.

Theobald, Hermann: Baden und Frankreich 1805 und 1806. Mannheim 1908: Haas. 71 S. 4°
Mannheim, großh. Karl Friedrichs-G P 1908 (805)** [S 08. 483

Theobald, Hermann [Prof.]: Beiträge zur Geschichte Ludwigs des Baiern. Mannheim, Druck v. J. Ph. Walther, 1897; 51 S. 4.
Mannheim, grossh. G, P 1897 (636)

Theobald, Hermann, Prof.: Zur Geschichte des Uebergangs der Rheinpfalz und Mannheims an Baden. *Mannheim 1903: M. Hahn & Co.* (23 S.) 4° [F.]
Mannheim, großh. G, P 1903 (702)

Theobald, Jac., ein Feldstrauß v. Wegrand d. Lebens. Gedichte. 8. (IX, 188 S.) Frankfurt a/M. 898. A. Blažek jun. n. 1.50; geb. in Leinw. n. 2.50

Theobald, Johs., ein Gespräch üb. den Vegetarismus od. der Vegetarismus u. 14 Einwände seiner Gegner. (14 S.) kl. 8. Krefeld (906). (Berlin, Lebensreform.) n. — 20

Theobald, Jos. von

Bedeutung, üb. die, von Manheim u. Ulm in dem Vertheidigungssystem v. Deutschland. (von v. Theobald) gr. 8. Stuttgart, Metzler. 819.

v. Theobald, Jos., Beleuchtung des Berichts des Hrn. v. Varnbüler über d. Departement d. Kriegswesens, in d. Kammer d. Abgeordneten. gr. 8. Stuttg. 826. Metzler. 4 gr

— Beleuchtung der Debatten über die Gensd'armerie-Anstalt, in der Kammer der Abgeordneten. gr. 8. Stuttg. 820. Metzler. 3 gr

– (Übers.), s. D a u n o n , Pierre Claude François: Was wollen die Völker?

– s.a. E n t w u r f einer Kriegsordnung . . .

Theobald, v., Entwurf einer Kriegs-Ordnung für das Königreich Würtemberg. 8. Stuttgart, Steinkopf. 817.

(Theobald.) Entwurf einer K r i e g s v e r f a s s u n g für die Staaten des deutschen Bundes, zunächst in Beziehung auf W ü r t e m b e r g dargestellt. 8. Stuttgart 1823.

— Forderungen an unser Recrutirungsgesetz, von e. Mitglied der zweiten Kammer. 8. Stuttg. 821. Metzler. 2 gr

— Hauptmomente der Kriegskunst, nach Venturini's System, mit steter Rücksicht auf d. Kriegsgeschichte. 1r Thl. Elementarkriegskunst. 2r Thl. Strategie. gr. 8. Stuttg. 805. Löflund. 1 ℛ 6 gr

– s.a. K r i e g s s c h u l e , Die, in Württemberg.

Die **Kriegsschule** in Württemberg oder Skizze einer württ. Kriegs-Verfassung. Von e. Mitglied der 2. Kammer (Theobald). Stuttgart 1820. 34 S.

v. Theobald, Jos., die Kunst der großen Kriegs-Operationen nach den besten Quellen. 8. Stuttg. 820. Metzler. 12 gr

– s. L e g i o n , Die deutsche.

– s. L e h r e , Die, von den Zeitrenten, Leibrenten und Witwenrenten.

– (Hrsg. u. Übers.), s. M a r b o t , Marcellin: Über die zweckmäßige Einrichtung des Kriegswesens in Frankreich.

– s. M i l i t ä r - S y s t e m e , Über.

– (Übers.), s. P e l e t : Memoiren über die Kriege des Kaisers Napoleon in Europa.

– (Bearb.), s. P h i l l i p p s , Richard: Über die nächsten Ursachen der malerischen Erscheinungen des Universums.

– (Übers.), s. R o g n i a t , Joseph: Betrachtungen über die Kriegskunst.

– (Übers.), s. S a y , Jean Baptiste: Katechismus der National-Ökonomie.

– s.a. S t a a t s s c h u l d , Über die.

Staatsschuld (Ueber die), das Pensionswesen, die Versorgung der Staatsdiener und die deutsche Kriegsverfassung, mit Vorschlägen zur Verminderung des Staatsaufwandes (von J. v. Theobald). gr. 8°. Stuttgart, Steinkopf, 1822.

– s.a. S t u d i e n , Strategische.

(**Theobald,** Joseph v.) S t r a t e g i s c h e S t u d i e n. Ein Beitrag zur Beförderung einer gründlichen Kenntniss der Strategie von J. v. Th. 8. Stuttgart und Tübingen 1817.

Militaerische Theorien im Kampf mit der Praxis mit besonderer Rücksicht auf die gegenwärtigen Zeitverhältnisse der preuß. Armee. (Von Theobald.) Magdeburg 1821. 62 S.

– s.a. W e h r v e r f a s s u n g , Die rechte.

(**v. Theobald,** J.) Die rechte Wehrverfassung. Ein Versuch, der auf die neueste für Deutschland entworfene Kriegsverfassung Rücksicht nimmt. 8. Stuttgart 1819. 1,75.

Theobald, Josef Apollinaris Honoratus von [Übers.]
s. Scott, Walter: Leben von Napoelon Buonaparte... 1827–28.

Theobald, Iulius ⟨geb. 1827 in Ulm Rgbz. Koblenz⟩: De annominationis et alliterationis apud Ciceronem usu ... Bonnae, form. F. P. Lechneri 1852. 2 Bl., 25 S., 1 Bl. 8.
Bonn, Phil. Fak., Diss. v. 30 Juni 1852

Theobald, Jul., Weihnacht im Schnee, s.: Reiser, Aug.

Theobald, Karl, besteht der Art. 14, der Großherzogl. Hess. Verordn. v. 22. März 1820, wie die Wahlen erfolgen sollen, fort? 8. Darmst. 823. (Leske). 6 gr

— s. Rechtsfall.

Theobald, Leonhard, a. Alburg: Das Leben und Wirken des Tendenzdramatikers der Reformationszeit Thomas Naogeorgus seit seiner Flucht aus Sachsen. 1. Teil. Sein Aufenthalt in Augsburg, Kaufbeuren, Kempten. Leipzig: M. Heinsius Nf. 1908. (38 S.) 8°
Erlangen, Phil. Fak., Ref. Beckmann, Diss. v. 3. März 1908
[Geb. 22. Jan. 77 Alburg (Bez. Straubing); Wohnort: München; Staatsangeh.: Bayern; Vorbildung: Gymn. Straubing Reife Juli 96; Studium: Erlangen 7 S.; Rig. 5. Dez. 07.]

Theobald, Leonh., das Leben u. Wirken des Tendenzdramatikers der Reformationszeit Thomas Naogeorgus seit seiner Flucht aus Sachsen, s.a. Q u e l l e n u. D a r s t e l l u n g e n aus der Geschichte des Reformationsjahrhunderts. IV.

Das Leben und Wirken des Tendenzdramatikers der Reformationszeit Thomas Naogeorgus seit seiner Flucht aus Sachsen. Von Dr. Leonhard **Theobald**. Leipzig: M. Heinsius Nachf. 1908. (106 S.) 8°
= **Quellen** u. Darstellungen aus d. Gesch. d. Reformationsjhs. Bd 4. [08. 3224 3

Theobald, Ludwig: Ein Fall von Pseudo-Hermaphroditismus. *München 1898: Kastner & Lossen.* (22 S. mit Taf.) 8°
München, Med. Diss. v. 1898

Theobald, Max, gepr. Arzt a. Straubing: Zum Alveolar-echinecoccus [!] der Leber. München 1906: Kastner & Callwey. (23 S.) 8°
München, Med. Fak., Ref. v. Bollinger, Diss. v. 15. Jan. 1908
[Geb. 8. Juni 82 Straubing; Wohnort: Straubing; Staatsangeh.: Bayern; Vorbildung: Gymn. Straubing Reife Juli 01; Studium: München 11 S.; Coll. 15. Jan. 08; Approb. 15. Dez. 07.]

Theobald, Max, s.: Bender, Jul.

Theobald, Max, die Gesetze üb. das Grundbuchwesen im Bezirk d. vormaligen Appellationsgerichts zu Kassel m. Ausschluß d. Amtsgerichtsbezirks v. Böhl m. Anmerkgn. zum prakt. Gebrauch. 8. (VII, 172 S.) Kassel 885. Wigand. geb. n. 4. —

Theobald, Max., die Gesetze üb. das Grundbuchwesen im Bezirk d. vormaligen Appellationsgerichts zu Cassel, m. Ausschluß d. Amtsgerichtsbezirks v. Böhl m. Anmerkungen zum praktischen Gebrauch. 2., verm. Aufl. 8. (VII, 224 S.) Cassel 891. Leipzig, G. H. Wigand. Geb. in Leinw. n. 4. —

Theobald, M., Handbuch der im Bezirk d. früheren Kurfürstenth. Hessen geltenden Civilrechts in alphabet. Ordng. 2. Aufl. Unter Mitwirkg. v. C. Hofmann u. U. Fritze bearb. gr. 8. (X, 338 S.) Cassel 888. Wigand. n. 12.—

Theobald, Z., Abhdl. v. Schwaden. 4. Dresden, Heckel. 750.

— Hussitenkrieg, worin. Hus Lehre, Leben und Tod, u. wie dieser v. d. Böhmen gerächt worden, m. K. 3 Thle. 4. Breslau, Korn d. ält. 750.

Theobold, s. Theobald

Theobul der Geisterkönig oder das mohrische Grossmütterchen. Eine Zigeunergeschichte. . . . Coburg 1801. V: *Arnold, Ign. Ferd. (Theod. Ferd. Caj.).* (BGE) (Ky)

Theobul, d. Geisterkönig, od das mohrische Großmütterchen; e. Zigeunergesch., aus d. Papieren d. Gräfin F***ina. 8. Coburg, Ahl. 801.

Theobul, der Geisterkönig, oder d. mohr. Großmütterchen, (v. Th. F. K. Arnold). 8. Coburg 801. (Riemann). 1 ß 2 gr

Theobuls Gastmahl, od. d. Vereinigung d. verschiedenen christl. Religions-Societäten. gr. 8. Frankfurt, Hermann. 810.

Theocharopoulos, Vocabulaire franç.-anglais, grec, s. Vocabulaire.

Theocles. Aus einem griechischen Fragment. Wien u. Leipzig 1774. H: *Zehnmark, Ludwig.* (BiblPort)

Theokles; aus e. griech. Fragmente übers. v. L. C. Zehner. 8. Wien 774. Ghelen. 4 gr

Theokles; ein Gespräch üb. den Glauben an Gott, zur Kenntniß der neuesten Vorstellungsarten desselben, (von Jh. Aug. Hnr. Tittmann). 8. Leipz. 799. Tauchnitz. 18 gr

Theokles, Theagenes u. Chariklela, s. Heliodorus, anthiop. Liebes- u. Heldengeschichte, übers. v. Gotting.

Theocratia novi Testamenti, deutsch. 8. Berleburg, Haut. 732.

Am Adonistage [Adoniazusae]. Von **Theocritus**. Übers. von Bruno Keil. Als Hs. gedr. *Straßburg i. E. 1903.* (18 S.) 4° [04. 3916

— **Carmen Aeolicum tertium rec. L. Schwabe. Pr. 1866. 19 S. 4°.**

Theocriti, carmen aeolicum tertium a Lud. Schwabio recognitum. Dorpat 866. (Gläser's Verl.) gr. 8. (33 S.) n. 15 *ngr.*

— — Carmen XIV. in vernaculum sermonem conversum et annotatione illustr. a. F. Paschke. Brandenb. 1836. 4°.

— carmina, recens. et c. annotat. instrux. J. C. W. Dahl. 8. Leipz. 804. (Andrä). 1 ß 16 gr

— Carmina, recens. et c. annot. instrux. I. C. G. Dahl. 8. Lips. Kleefeld. (Bauer.) 804.

Carmina, Theocriti, Bionis et Moschi, cum commentar. integris Valkenarii, Brunckii et Tiripii. Berol. 1810. H: *Heindorf, Ludwig Friedrich.* (BrMm) (MGT) (ErschDL) (Ky) (Hoff)

— Bionis et Moschi Carmina graece cum commentariis integris L. C. Valkenarii, R. F. P. Brunckii, I. Toupii, (cura L. Heindorff.) 8. maj. Berl. Realschulb. 810.
Schreibp.

— Bionis et Moschi carmina graece, c. commentariis integris L. C. Valckenarii, R. F. P. Brunckii, J. Toupii, (cur. L. F. Heindorff). II Voll. 8maj. Berl. 810. Reimer. 4 ß Schrbp. 5 ß

— Carmina, ad optimor. libror. fidem emend. ex recens. L. C. Valkenarii ed. cur. G. H. Schäfer. fol. Lips. Tauchnitz. 810.

— carmina graece. Cum veteribus scholiis ad fidem optimarum editionum recensita. Annotationem criticam in scholia adj. J. Geel. 8. Amsterd. 820. v. den Hengst u. S. (Leipz., Weigel). 3 ß 12 gr

— Bionis et Moschi carmina, edid. A. Meineke. Acced. brevis annotat. critica. 12maj. Leipz. 825. Teubner. 10 gr Engl. Pap. 16 gr

Theocriti carmina recens. Christoph. Ziegler. 8maj. (12¾ B.) Tubingae 844, Laupp. *

— **carmina ex codicibus italis denuo a se collatis iterum edidit Christoph. Ziegler. gr. 8. (X und 173 S.) Tübingen 867, Laupp'sche Buchh.** *

Theocriti carmina, ex codicibus italis denuo a se collatis tertium ed. Chrph. Ziegler. gr. 8. (XII, 200 S.) Tübingen 879. Freiburg i/Br., Mohr. n. 5. —

— Bionis et Moschi Carmina bucolica. Graec. et lat. Latino carmine pleraque reddita ab Rob. Hesso, nonnulla a G. E. Higtio subjecit, graeca ex edd. primis, codd. et aliunde emend. variisque lectt. instruxit L. Ksp. Valckenaer. 8maj. Leyd. 779. Ed. II. 810. (Leipz., Weigel). 4 ℔

— Bionis et Moschi carmina bucolica ex rec. J. C. Valckenarii. Varr. codd. Mss. lectt. adj. Th. Gaisford. Scholia ad Theocritum. Emendav. Th. Gaisford. II Voll. 8maj. Leipz. 823. Kühn. 4 ℔ 8 gl (Aus poëtae min. gr. besonders abgedr.)

Theocriti, de, carmine aeolico etc., s. Ahrens, H. L.

Theocritus. Zwey Epigramme, die als Inschriften auf das Grab des Eurymedon dienen sollten, übersetzt. [Berlin 1793.] Ü: *Finckenstein, Friedrich Ludwig Carl Graf von.* (MGT)

— Epithalamium Helenae ex recens. Valckenarii, animadv. illustrav. et disputat. de carminibus veterum nuptialibus praemisit K. W. Siebdrat. 8maj. Leipz. 796. Fr. Fleischer. 12 gl

— — Die Feldsänger. Eine Idylle nach der VIII. des *Theokritos.* Auctore Ch. G. Wernsdorfio. Helmstadii, Fleckeisen, 1802. 8°.

§ — — Das dritte äolische Gedicht des *Theokrit.* Von Dr. L. Kraushaar. Straßburg, Schultz, 1877. 8°. 39 S. (In München: H. Lit. P. 256p: 1876—77.)
Cfr. Jahresber. d. Gymnas. zu Saarburg in Lothringen, 1876/77.

— — Über das 24ste theokritische Gedicht (von *Joh. Friedr. Ludw. Wachler*). Herford 1794.
Anon.-Lex. IV. p. 205 (nach Meusel).

— Gedichte, s.a. Universal-Bibliothek.

— Gedichte. Erklärt von Herm. Fritzsche. 3. Aufl. Besorgt von Ed. Hiller. gr. 8. (IV, 364 S.) Leipzig, 881. Teubner. 2. 70

Theokrit's vorhandene Gedichte, s. Bukoliker, die.

Theocritus. Die Grazien, oder Hieron, ein griechisches moralisch-philosophisches Lehrgedicht, a. d. Griech. [Berlin 1794.] Ü: *Finckenstein, Friedrich Ludwig Carl Graf von.* (MGT)

— — Hochzeitsgesang. Frei übertragen von F. Weissgerber. Freiburg 1857. 4°.

— — I. Idyll, metrisch übers. von F. Weissgerber. Offfenburg 1842. 8°.

—— elftes Idyll, als Probe einer Verdeutschung seiner sämmtl. Idyllen, nebst Behandlung zweier Stellen des 15. Idylls im Vorworte. Von E. Kaercher. 8. (1 B.) Carlsruhe 845, Carlsruhe 845, Braun'sche Hofbuchh. *

§ — — Das XXX. Idyll des — von J. Mæhly. Mit Schulnachrichten. Basel 1872. Carl Schultze's Universitäts-Buchdruckerei. 8°. 48 S. (In München: A. gr. a. 1035e.)
Einladungsschrift zur Promotionsfeier des Pädagogiums 1872.

— dritte u. achte Idylle; in e. deutschen metr. Uebersetzung v. K. Gli. Anton. 8. Wittenb. 801. Zimmermann.

Theocritus. Die eilfte Idylle übersetzt. Braunschweig 1785. Ü: *Tübner, L. W. H.* (Hoff)

— — XI. Idylle, Der Kyklop, metrisch ins Deutsche übertragen u. erklärt von F. Weissgerber. 1824. (Aus d. deutschen Museum.)

— XXI. Idylle, übers. u. comment. v. E. Doehler. Pr. 1869. 22 S. 4°.

— Idyllen, s.a. Bibliothek der Übersetzungen sämtlicher griechischer und römischer Klassiker.

—— Idyllen, s.a. Classiker des Alterthums.
Ist auch einzeln zu 10 Ngr. zu beziehen.

—— Idyllen, s.a. Classiker des Auslandes.

— Bion, Moschus und Koluthus Idyllen, s. K. A. Küttner.

—— Idyllen, s.a. Studien, Theokrit'sche.

— — s.a. Volksbibliothek, deutsche, der griech. u. röm. Classiker.

— Idyllen, Cebes Gemälde, Musäus, Hero u. Leander u. Koluthus Raub d. Helena, a. d. Griech. v. Grillo. 12. Lpz. Sommer.

* — — Idillen (sic!) des *Theokrit, Bion, Moschus* u. *Koluthus.* Aus d. Griech. (in Prosa übers. von Karl Aug. Kütner [sic!], 1748—1800). Zwote Aufl. Altenburg, in der Richterschen Buchhdlg. 1784. 8°. (In Berlin: an Vk 1545.)
324 S., 2 Bll. Inh., 3 Bll. Richter'sche Verlagsbücher. — Vorr. dat. Mitau, im Aug., 1783. (Ed. I. 1774.)

* THEOKRIT (etwa 300 v. Chr., aus Syrakus, der Hauptstadt Siciliens, † wahrscheinlich in hohem Alter). — Die Idyllen *Theocrits, Moschus* und *Bions,* aus dem Griechischen übersetzt (von Lieberkühn). Berlin, Lange, 1757. 8°. (Jn Berlin 2 Expll.: Vi 1160; Wc 5992.)

— Moschus u. Bion's Idyllen; aus d. Griech. übers. (v. Lieberkühn). 8. Berl. 757. 2e A. 767. Lange.

* — — Idyllen des *Theokrit* (I. III. IV. VI. VIII. X. XVIII. XXVII. Idylle u. *Moschus'* Tod des Adonis), aus dem Griechischen von J. G. S. Schwabe. Mit Titelvignette. Jena, bey Christian Henrich Cuno, 1769. 8°. (In Berlin: Vi 1950; auch in Straßburg, Kaiserl. Univ.- u. Landesbibl.)

Theocritus. Idyllen a. d. Griech. Halberst. 1771. Ü: *Grillo, Frdr.* (DegG) (Ky)

* — — Idyllen (XX) aus dem Griechischen des *Theocritvs* (von F. Grillo). Halberstadt Bey J. M. Gross MDCCLXXI. (1771.) (Titel in Kpf. gest., J. W. Meil inv. & fec.). 16°. (In Berlin Vc 1958, mit 3 Beibdn.)
Kpftit. u. 13 S. (incl. Nebentit.). Lat. Lett. — Schummel's Uebersetzer-Bibl., S. 36; Walch's philolog. Bibl. I, 450—458.

— Idyllen; aus d. Griech. (v. Fr. Grillo). 12. Halberst. 771. Groß. (W. Nauck in Leipz.) 12 gl

§ * — — Idyllen des *Theocrit, Bion, Moschus,* etc. aus dem Griechischen. Von K. A. Küttner. Mitau und Leipzig, Hinz, 1772. 8°. (In Berlin: Vi 1168; in München: A. gr. a: 2462.)

— Bion, Moschus u. Koluthus, Idyllen; aus d. Griech. v. K. A. Kütner. 8. Mitau u. Leipz. 772. Hinz. 12 ℊ 2e A. 8. Altenb. 786.

Theokrits Idyllen. Übersetzt mit Anmerk. von Bindemann. Berlin 793. 8. 1 rthlr

— — Uebersetzung einiger Idyllen *Theokrit's* (VI. XI. XIV. XV. XXI.) von Hartung. Gotha 1855. 4⁰.

Theokrits Idyllen. Für den Schul- u. Privatgebrauch erklärt von Ad. Thdr. Herm. Fritzsche. Leipzig 857. Teubner. gr. 8. (VI, 268 S.) 24 *ngr.*

— — Idyllen, übersetzt und erläutert von Friedr. Zimmermann. Ebd. 1859. 8⁰. (60 Pfg. Erras, Frf. a. M., vor 1885.)

§ — — Idyllen. Übersetzt von Friedrich Rückert. Leipzig 1867. 8⁰. (In München: P. o. germ. 1184h.)
In: Aus Friedr. Rückert's Nachlaß (VII—430 S.), S. 1—173.

— **Idyllen. Mit deutscher Erklärung von Ad. Th. Herm. Fritzsche. 2. neu bearb. Aufl. Ebend. 869. gr. 8. (VIII, 306 S.)** 24 *ngr.*

Idyllen des **Theokrit**. Übers. von Eduard Mörike. Jena: Diederichs 1910. 65 S. 8⁰
Neudr. aus: Theokritos, Bion und Moschos von E. Mörike u. F. Notter. Stuttgart 1855. Ito. 1,176

§* — — Idyllen und Epigramme, aus d. Griech. metrisch übers. und mit Anmerkgn. von Ernst Christoph Bindemann (1766—1845). Mit Titelvign. (Büste Theokrit's in hübscher Umrahmung, nach e. Zeichnung von J. W. Meil von E. Henne gestoch., u. 3 hübschen Kopfvignetten, F. Colmann del., C. Kohl sc. Viennae. Berlin, 1793. In der Frankeschen Buchhandlung. 8⁰. Lat. Lett. (8 Mk., schönes Expl. im Ppbd. d. Zeit, Emil Hirsch, München, 1909; 5 Mk. Edm. Meyer, Berlin, 1909.) (In Berlin 2 Expll.: Vi 1966, 1967; in München: A. gr. a. 2463.)

— Idyllen u. Epigramme; aus d. Griech. metrisch übers. u. mit Anmerkk. v. E. C. Bindemann. 8. Berl. 793. Franke; (a. Barth in Leipz.) 1 ß Mit Vign. Velinp. 1 ß 18 ℊ

— — Dasselbe. Mit Vignetten. Frankf. 1793. 8⁰. Velinp. (1¾ Rthl.)
Citirt Heinsius.

— Idyllen u. Epigramme; übers. v. Th. Witter. 8. Hildburgh. 819. Kesselring. 1 ß 12 ℊ

— Idyllen und Epigramme. Deutsch im Versmaße der Urschrift mit erläuternden Anmerkungen von Ant. Eberz. Frankfurt a. M. 858. Literarische Anstalt. gr. 16. (VIII, 336 S.) n. 1 ß.

— Idylles trad. en prose. 12. Bern. Typ. Soc.

— *Idyllia.* Gr. et lat. cum scholiis et notis varior. et suis ed. J. J. Reiske. Vienn. et Lips. 765. 2 Vol. 4. 4 rthl. 8 gr.

— *Idyllia.* Gr. et lat. cum annotationib. ed. Harles. Lips. 780. 8. 1 rthl. 20 gr Vergl. hernach das Jahr 819.

— Idyllia (gr.), ex recens. Valckenarii cum scholiis selectis, scholarum in usum. 8. Gotha 782. Ed. II. (ed. Fr. Jacobs). 789. Ed. nov. cur. F. A. Stroth. 809. Ettinger. 16 ℊ Ed. IV. (cur. Fr. Jacobs). 8. ibid. 821. ibid. 16 ℊ

— Idyllia cum scholiis selectis, cura F. A. Stroth. 8. Gothae, Ettinger. 788.

— — Graece. Rec. et annotationibus instruxit J. C. G. Dahl. Lips. 804. 8. 1 rthlr. 16 gr.

Theocritus. Idyllia, ex recensione Valckenarii . . . Gothae 1808. Ed. II. 1789. Ed. IV. 1821. H: *Jacobs, Friedrich C. W.* (MGT) (Hoff) (Ky) (BrMm) »1782. H: *Stroth, F. And.*« (ErschDL)

— *Idyllia.* Graece ex rec. Valckenarii. Cura Schäferi. Lips. 810. f. 18 rthlr. Eine prachtvolle Ausgabe.

— — Graece, cum commentario variorum cura Heindorfii. Berol. 810. 8. 4 rthlr.

Theocriti, Bionis et Moschi Idyllia. Graece in usum scholarum. Lips. et Lugd. B. 817. 8. 18 gr.

— *Idyllia.* Gr. et lat. c. anim. Harlesii, Schreberi, aliorum excerptis suisque ed. Th. Kiesling. Acc. argumenta graeca, scholia, epistola J. Morellii ad Harlesium et indices. Lips. 819. 8. 3 rthlr. 16 gr.

— Idyllia. Recens. et commentar. instruxit. Er. Fr. Wuestemann. 8maj. Gotha 830. Hennings. 1 ß 18 ℊ Postpap. 2 ß 2 ℊ Velinpap. 3 ß (Bildet auch d. Bibl. gr. viror. Vol. XVII.)

— Bionis et Moschi idyllia. Recens. et adj. Schaeferi Hermannique et suis animadvers. ed. C. H. Weise. Nova editio stereot. 16. Leipzig 843, K. Tauchnitz. ⅙ ß weiss Pap. ¼ ß

— idyllia. Iterum edidit et commentariis criticis atque exegeticis instruxit Ad. Th. Arm. Fritzsche. 2 Voll. Leipzig, Pernitzsch. Lex.-8. 4 ß 20 *ngr.*
Vol I. Pars I. Idyllia VI priora continens. (VII u. S. 1—192.) 865. 1 ß 10 *ngr.*
Vol. I. Pars II. Idyllia VII—XII continens. (S. 193—391.) 868. 1 ß 10 *ngr.*
Vol. II. Idyllia XIII—XXX, epigrammata, carmina spuria continens. (315 S.) 869. 2 ß

—, **Bionis et Moschi** idyllia. Ad optimorum librorum fidem recensuit notasque criticas adjecit C. H. Weise. Nova edit. ster. C. Tauchnitiana. Nova impressio. Leipzig 866. Holtze. 16. (VIII, 183 S.) n. 5 *ngr.*

— — Editio II. probabilior. Leipzig 870. Teubner. gr. 16. (168 S.) 7½ *ngr.*

—— dass. — Commentariis criticis atque exegeticis instruxit Ad. Th. Arm. Fritzsche. Accedunt adnotationes selectae Chr. Wordsworthii. Editio II. parabilior uno volumine comprehensa. gr. 8. (VIII, 391; 315 S.) Leipzig 870, Teubner. *

— Idyllia et carmina cum scholiis et indice. 8. Amsterd. 810. Hesse. (Leipz., Cnobloch). 2 ß 12 ℊ Velinpap. 20 ß (s. auch *Auctores* graeci etc.)

***Theocriti* decem Idyllia, latin. pleraque numeris a C. A. Westenio reddita. In usum auditor. cum notis edid. J. Ksp. Valckenaer. 8. Leyden 773. le Maire. 1 ß 16 ℊ Ed. II. 8maj. Leyd. 810. Honkoop. 3 ß 4 ℊ**

— decem Idyllia, graec. lat. et vers. Westenii et c. adnotat. Valkenaer. 8. Lips. Gleditsch. 773.

— — Idyllia et epigrammata ex recens. Valckenarii cum scholiis selectis scholarum in usum edita. Edit. IV. emend. 8. Gothae, Ettinger. 821.

— Idyllium VIII., Cantores, latino versu expressum, acced. spicileg. observat. inprimis de carmine Amoebaeo, auct. C. G. Wernsdorff. 8maj. Helmst. 798. Fleckeisen. 4 gl —

— — Thyonichi sive idyllii XIV interpretatio germanica (c. textu graec.). Erlangen 1850. Gr. 4°.

— quae supersunt, ex recens. L. Ksp. Valckenarii emendatius edita curante G. H. Schäfero. Fol. Leipzig 810. Tauchnitz. Pracht-Ausg. 16 ℔

— Bionis et Moschi quae supersunt, graece, cum scholiis graecis textum ad opt. edd. et ad codd. Mss. fidem quam diligentiss. exprimi curavit, carminum argumenta indicavit, varias codicum Mss. et edd. vett. lectiones conjecturasque viror. doct. subjunx., indices locuplet. adjec. J. A. Jacobs. Tom. I. 8maj. Halle 825. Waisenhaus-Buchhandl. 3 ℔

— Bionis et Moschi quae supers. graece, in usum schol. 8. Halle 827. Waisenhaus-B. 7 gl

Theokritus pharmaceutriae. (Graece et latine.) Edid. Herm. Fritzsche. Leipzig 862. (Pernitzsch.) Lex.-8. (27 S.) n. 10 ngr.

Theocriti Reliquiae. Recogn. E. F. Wuestemann, s. Bibliotheca Graeca etc. Poetae, Vol. XVII.

Theocriti, Bionis, Moschi

— — — reliquiae edid. Ahrens, s. Bucolicorum graecorum reliquiae.
Vgl. auch: Theokrit.

Theocriti reliquiae, cum scholis graecis et commentar. Stephani, Scaligeri et Casauboni ex ed. Jh. Reiske. II Tomi. 4. Leipz. 765. 66. (Jahn in Wien). 4 ℔ 8 gl

— reliquiae gr. et lat., ex recens. et cum animadv. G. Chr. Harles et J. C. D. Schreber. 8maj. Leipz. 780. Weidmann. 1 ℔ 20 gl Ed. nova, ed. Gli. Kiessling. Acced. argumenta graeca, scholia, epistola Jac. Morellii ad Harlesium et indices. 8maj. ibid. 819. 3 ℔ 16 gl Französ. Schrbp. 4 ℔ 12 gl Velinp. 6 ℔ 16 gl

Theocritus. Codicis Ambrosiani 222 scholia in Theocritum primum ed. Chr. Zieg 1867. VIII. 104 S.

— — Theocrit'sche Studien. I: *Theokrit's* XV. Idyll: „die Syrakusanerinnen", übers. von J. P. Hebel. (Bisher ungedr. Arbeit des allemann. Dichters.) II. *Ebendesselb.* III. Idyll: „des Ziegenhirten Liebesklage" oder „Amaryllis", metrisch übertragen und Anmerkungen zum XV. Idyll beigegeben von F. Weissgerber. Freiburg 1858. 8°. (Es gibt auch Expll. auf Velinp.)
Fröhlich, Bibl. Theocritea, Frf. 1869. no. 113.

– Theocrit(us) / Theokrit(os)

— s. auch Bion.

Theocritus ed. H. L. Ahrens, s.: Bucolici Graeci.

— Bion, Moschus etc., s. Poetae bucolici et didactici.

——, Bion u. Moschus, übers. v. A. W. R. Naumann, s. Uebersetzungsbibliothek d. griech. u. röm. Klass., I. Abthl.

Theocrit. [Leipzig 1792.] V: *Manso, Johann Caspar Friedrich.* (MGT)

§ * — — *Theokritos, Bion* u. *Moschos* (metr. übers.) von Joh. Heinr. Voss. Tübingen, J. G. Cotta, 1808. Kl. 8°. Lat. Lett. (In Berlin: Vi 1188; in München: A. gr. a. 2464.)
Goedeke IV, 410. 35. Erste Ausgabe bis auf 30 Nummern, welche schon vorher in Vossens Musenalmanach 1781 veröffentlicht waren. Tit. u. 395 S., nebst 3 S. Inh. Theokrit S. 1—312. — Bion S. 313—348. — Moschos S. 349—395.
* — — Dasselbe. (Nachdruck.) Wien 1815. 8°. (In Berlin: Vi 1194.)

Theokrit. Übers. v. Joh. Witter. Hildbnrgh. 809. 8. 1rthl. 12gr.

— Bion et Moschus, ad opt. librorum fidem emendati c. brevi notatione emend. cur. G. H. Schäfer. 16. Leipz. 809. Tauchnitz. 16 gl

— Bion u. Moschos aus d. Griech. v. Jh. Hnr. Voß. 8. Tübing. 809. v. Cotta. 1 ℔ 4 gl Postpap. 2 ℔ 8 gl

Theocritus, Bion et Moschus. Nova editio accurata . . . Lipsiae 1817. H: *Hermann, Gfr.* (Hoff)

— Bion et Moschus, stud. G. H. Schäferi. 8. Leipz. 817. Weigel. 12 Hbg. Pr. 6 gl

— Bion et Moschus, quae supersunt, graece in usum schol. cur. J. A. Jacobs. 8. Halle 818. Waisenhaus-B. 9 gl

§ * — — *Theokritos,* (deutsch) von Johannes Witter. Hildburghausen, Kesselring, 1819. 8°. XIII, II, 308 S. (In Berlin: Vi 1975; in München: A. gr. a. 2464c.)

— — Bion et Moschus. Edit. stereot. 12. Lips., Tauchnitz. 820.
Fein Pap.

— Bion et Moschus. Ad opt. libr. fidem accur. editi. Edit. stereot. 12. Lips. 822. Tauchnitz.

— Bion et Moschus. Edit. stereot. 12. Leipz. 826. Tauchnitz. 8 gl Hbg. Pr. 4 gl Fein Pap. 12 gl

* — — *Theokritos, Bion* und *Moschos,* übersetzt und mit Biographien, Einleitungen und Anmerkungen versehen von Aem. W. R. Naumann. 2 Bde. Mit Portrait-Büste. Prenzlau 1828. 16°. (In Berlin: in Vb 6550.) (2 Mk. 50 Pfg. F. Waldau, Fürstenwalde, 1908.)

— Bion u. Moschus; übers. von A. R. W. Naumann. Mit 1 Bildn. 14 u. 24 Bildn. 16. Prenzl. 828. Ragoczy. 8 gl

Theocritus, Bio et Moschus ex recognitione A. Meinekii. 8. (13½ B.) Berolini 836. G. Reimer.

Theokritos, übers. von Ed. Mörike und Friedr. Notter, s. a. Bibliothek, Langenscheidt'sche, sämmtlicher griechischer und römischer Klassiker.

Theokritos, Bion und Moschos; deutsch von E. Mörike und F. Notter, s. Sammlung, neueste, ausgewählter griechischer und römischer Classiker.

§ — — *Theokritos, Bion* und *Moschos.* Deutsch im Versmasse der Urschrift von E. Mörike u. F. Notter. Stuttgart, Hoffmann'sche Verlags-Buchhandlung, 1855. Kl. 8°. VIII u. 270 S. (In München: A. gr. a. 2465.)

Theocritus Bion Moschus tertium edid. Aug. Meineke. Berolini 856. G. Reimer. gr. 8. (IX, 618 S.) 3 ℔.

— — — übersetzt von Zimmermann, s. Dichter, griech.

§ — — Die griechischen Bukoliker *Theokritos, Bion* und *Moschos*, übers. u. erklärt von Friedrich Zimmermann. 3 Bdchn. Stuttgart, J. B. Metzler, 1856. 16⁰. 380 S. (In München: A. gr. a. 2466, 1 vol.)
Auch titulo: Griechische Dichter. Bdchn. 60, 62, 64.

— **Bion und Moschus.** Griechisch mit metr. Uebersetzung ꝛc. von Hartung, s. Bukoliker, die, ꝛc.

§ — — *Theocrit, Bion* u. *Moschos.* Griechisch mit metrischer Uebersetzung und prüfenden und erklärenden Anmerkungen von J. A. Hartung. (Auch tit.: Die Bukoliker.) Leipzig, W. Engelmann, 1858. 8⁰. 507 S. (In München: A. gr. a. 2446.)

Theokritos, Bion und Moschos. Im Versmaße der Urschrift übers. von Ed. Mörike und Friedr. Notter. 1.—4. Lfg. 2. Aufl. 12. (S. 1—176.) [Stuttgart 882, Werther.] Berlin, Langenscheidt'sche Verlagsb. à Lfg. * 35 Pf. *

Theokritos, Bion u. Moschos. Deutsch im Versmaße der Urschrift v. Ed. Mörike u. Frdr. Notter. 5. u. 6. Lfg. 2. Aufl. 8. (S. 177—271.) Berlin 885. 86. Langenscheidt. à n. — 35

Theokritos, Bion u. Moschos. Deutsch im Versmaße der Urschrift v. Eduard Mörike u. Frdr. Notter. 3.—6. Lfg. kl. 8. Ebd. 904. à n. — 35
III. IV. 4. Aufl. (S. 81—176.) — V. VI. 3. Aufl. (S. 177—271.)

Theokritos' Bion u. Moschos. Deutsch im Versmaße der Urschrift v. Eduard Mörike u. Frdr. Notter. 1. u. 2. Lfg. 3. Aufl. (VIII, u. S. 1—80.) kl. 8. Ebd. (910). à — 35

Theocriti Thyrsis latine. (Reinholdo Klotzio gratulatur Herm. Fritzsche.) Lipsiae 856. H. Fritzsche in Comm. 4. (7 S.) n. 4 ngr.

Theokritos' Werke, übersetzt von Naumann; s. auch Bukoliker. Prenzlau 1828. 8⁰.

Theodat. Tragödie. 16. Berlin, Kunst- u. Ind. Compt.

Theodat, eine Tragödie. 16. Berlin. 810. Ist jetzt Verlag von Schlesinger.

Theodat der Dorfpfarrer. Eine Lebensskizze. Studirenden, besonders angehenden und pastorirenden katholischen Theologen gewidmet. Von einem aufrichtigen Katholiken. Freiburg im Br. 862. (Dierntellner.) gr. 8. (198 S.) n. 20 ngr.

Theodat der Dorfpfarrer. Eine Lebensskizze. Studirenden, besonders angehenden und pastorirenden kathol. Theologen gewidmet. Von einem aufrichtigen Katholiken. gr. 8. (198 S.) Freiburg im Br. 862, [Troemer's Universitäts-Buchh.] *

Theodelinde, Königin d. Lombarden. Ein Seitenstück zur Geschichte: Isabella, Königin v. Portugal. Von d. näml. Verf. gr. 12. (1 B.) Passau 832, Ambrosi.

Theoderici libellus de locis sanctis editus circa a. d. 1172. Cui accedunt breviores aliquot descriptiones terrae sanctae. Nach handschriften mit bemerkungen hersg. von Titus Tobler. St. Gallen 865. Huber & Co. 8. (261 S.) n. 1 ℛ 15 ngr.

Theoderici de Nyem de scismate libri tres. Recensuit et adnotavit G. Erler. gr. 8. (XX, 341 S.) Leipzig 890. Veit & Co. n. 10. —

Ueber Theodicee, s. Neuendorf, Carl Gottlieb. 1794.

Theodicee. O. O. 1818. V: *Paulsen, Nic.* (Ky)

Theodicee. In deutschen Reimen von Nikodemus. gr. 12. Dresden 834. Grimmer'sche Buchh. n. 1/6 ℛ

Theodicee oder Universalpredigt der Erhebung und Trostes. ... St. Gallen 1847. V: *Zollikofer, H.* (zu)

Theodicée oder Universalpredigt der Erhebung u. des Trostes. Ein Versuch von Z. gr. 8. (32 S.) St. Gallen 847, Scheitlin & Zollikofer. n. 8 ngr.

Theodicee. Ein aus dem Alethiopolitanischen übersetztes Gedicht. Breslau 868. Grüson. gr. 8. (62 S.) 15 ngr.

— u. Menschenglück, über, ein Gespräch, (v. K. G. Nauendorf). 8. Altona 794. Hammerich. 8 gr.

Theodiscus (Pseud.), s.a. Ascher, Saul

Theodiscus, (S. Ascher), Beiträge zur Modelektüre. 1r Bd. (A. u. d. T.: Unterhaltungen in d. Abendstunden). 8. Berl. 811. Braunes. 1 ℛ 12 gr. — 2r Bd. A. u. d. T.: Fritzchen e. kleine Geschichte für Freunde schöner Mädchen. Ebd. 811. 1 ℛ 8 gr. (2r u. 3r Bd. A. u. d. T.: biograph.-histor. Skizzen. 1r u. 2r Bd. Ebd. 811, 812. 2 ℛ 8 gr.

Theodo u. Uta, die Agilolfinger. 8. Regensb. 820. Daisenberger. 8 gr.

Theodoki, s. *Nicephorus.*

Theodor

— od. die Peruaner, a. d. Frz. des le Brun. 8. Berl.

Theodor; dramat. Spiele. 8. Danzig ... Ewert. 8 gr.

Theodor. Wien [17??]. V: *Bretschneider, Heinrich Gottfried v.* (WBL)

Theodor, oder die Kunst zu predigen, eine Unterredung. Aus d. Engl. übersetzt. Hannover 1754. V (Th. 1): *Fordyce, David.* (Th. 2): *Fordyce, James.* (Baumgarten, Nachrichten v. merkw. Büchern. Halle 1752—57. 5, 457.)

Theodor, oder die Kunst zu predigen, e. Unterredung; aus d. Engl. (des Dav. Fordyce, von Chr. Whrd. Kayser). gr. 8. Hannov. 754. Schmidt. (Hahn). 6 gr.

Theodor, od. d. Kunst zu predigen, e. Unterred., a. d. Engl. gr. 8. Hannov. Schmidt. (Hahn.) 770.

Theodor oder die Rache des Schicksals. Leipzig 1784. V: *Pescheck, Christian August.* (Ky) (OL) (MGT)

Theodor, oder die Rache des Schicksals, eine Geschichte zur Zeit der Klöstereinziehung in Oesterreich, 8. Daselbst, 784. Barth. 15 sgl.

Theodor; oder über die Bildung der Fürstensöhne zu Fürsten . . . Berlin 1785. Hannover 1801. V: *Sintenis, Christian Friedrich.* (StAt) (Ky) (MGT)

— oder über die Bildung der Fürstensöhne zu Fürsten, v. M*. (Chr. Fr. Sintenis). 2 Thle. 8. Berl. 785. 2e Aufl. unt. d. T.: Theodors glückl. Morgen. 2 Thle. 8. Ebd. 789. 3e A. 8. Hannov. 801. Hahn. 2 ℛ 18 gℓ

Theodor, König. Oper; a. d. Ital. Stuttgart 1786. Ü: *Hausleutner, Philipp Wilhelm Gottlieb.* (Ky)

— od. Kultur u. Humanität, v. Aug. Lafontaine, m. K. 2 Bde. 8. Berl. Sander. 802.

THEODOR. (Zahmer Roman.) Vom Verfasser der Grafen Strozzi und der beiden Marillo's. Mit Titelkpfr. (Rosmaesler del., C. Schulz sc.). Cöthen, in der Aueschen Buchhandlung, 1802. Kl. 8°.
212 S. (incl. gestoch. Tit.), 1 Bl. Verlag d. Firma.

THEODOR, oder die Ideale. Ein Roman. Leipzig, in der C. G. Hertelischen Buchhdlg. 1813. 8°.
285 SS. (incl. Tit. u. 1 Bl. poet. Widm., unterz.: *F. S.*). Seltener, stellenw. pikanter Studenten- und Theater-Roman. (1 Mk. 80 Pf., Leihbiblex., Kühl, Berlin, c. 1882; jetzt theurer!)

— oder des Zweiflers Weihe. Bildungsgesch. e. evangel. Geistlichen, (v. W. M. L. de Wette). 2 Thle. 8. Berl. 822—23. Reimer. 4 ℛ 6 gℓ 2e Aufl. 2 Thle. 8. Ebd. 828. 2 ℛ 4 gℓ

Theodor oder des Zweiflers Weihe. . . . Berlin 1828. V: *Wette, Wilhelm Martin Lebrecht de.* (EF) (BrMm) »1822—23« (Ky)

Theodor, od. kindliche Liebe, s. a. Weg.

Theodor oder kindliche Liebe. Mit 1 color. Abbild. 16. Stuttgart 839. Liesching u. Comp. 10½ gℓ (Vgl. Weg, der wahre, zur Frömmigkeit.)

THEODOR der Erste, König der Korsen u. Grossmeister des Ritterordens der Erlösung. Von *R. v. H.* u. *A.* Mit Titelportr. Prag 1799. Kl. 8°. (2 Mk., Tit. gestemp., Bernh. Liebisch, Lpz., 1908.)

— der erste, König der Korsen u. Großmeister des Ordens der Erlösung; e. histor. romant. Gemälde. 8. Prag, Barth. 800.

— der erste, König der Korsen. 8. Prag 800. (Krappe in Leipz.) 10 gℓ

Theodor und Honoria. Eine romantische Dichtung . . . Frankfurt 1817. V: *Zipf, Joseph von.* (GGr)

Theodor und Honoria, romant. Dichtung in freyen Stanzen (von Fr. v. Zipf.) gr. 8. Frankfurt a. M., Varrentrapp. 817.

Theodor König der Korsen, ein Roman . . . Rudolstadt 1801. V: *Vulpius, Christian August.* (EE) (Ky)

— König der Korsen, (v. Chr. Aug. Vulpius). 8. Rudolst. 801. (Fr. Fleischer in Leipz.) 2 ℛ 12 gℓ

— König der Korsen; ein Roman vom Verf. d. Rinaldo Rinaldini, (Vulpius.) m. K. 3 Thle. 8. Rudolstadt, Klüger. 801.

Theodor, König in Venedig; Singspl. in 3 A. 8. Insbr. 793. Wagner. Passau 793. Ambrosi. 4 gℓ

§ **THEODOR** und Röschen, oder die Vermählungsfeier. Ingolstadt 1795. 8°. (In München: Bav. 2601.) Selten!

Der träumende Theodor. Abschilderung desselben und der Insel Corsica. 8. Frankfurt 1745.

Theodor, Der König, in Venedig. Ein Singspiel. Wien (1784). V: *Casti, Giamb.* Ü: *Böhm, Joh.* (Theater-Kalender 1786. Gotha, S. 96) (Bespr. Wiener Kronik 1785, 1. Heft, S. 28/30) (BiblPort)

Theodor, Der König, in Venedig; ein aus dem Italiänischen übersetztes Singspiel in zween Aufzügen; die Musik ist von Paisiello. 2. Aufl. Köln 1788. Ü: *Vulpius, Christian August.* (CLZür Forts. III)

Theodor und Zoe, oder Constantinopels Fall, Trauerspiel in 5 Aufz. von Th. Hell. 12. Leipzig, Hartknoch. 818.

Theodor Bar Kôni, s. Theodorus Bar Kôni

Theodor a. St. Maria, die Andacht der Seele zum allerheiligsten Sakramente. Aus dem Ital. übersetzt von v. Montbach. Nach der 4. approbirten, röm. Ausg., verm. mit dem Leben des Verf. 12. (384 S. m. 1 Stahlst.) Regensburg 881. Manz. 1. 80

THEODOR vom See (ps.), Gedichte. Bremen, Schünemann, 1835. Gr. 8°. 20½ Bogen.
A. G. Schmidt, Gallerie etc.; Weller, Lex. Ps. p. 556.

Theodor's (Psdn.,) Bilderbuch. Mit illum. Kpf. 16. Leipz. 814. 2e A. 815. Dyck. 1 ℛ Wohlf. Ausg. 18 gℓ

Theodor's Briefe u. Ego-Heft. Rio de Janeiro 1832—1834. 8. (8¾ B.) Hamburg 839, Meißner. •

THEODOR (ps.), Romantische Fruchtstücke. 2 Bde. Berlin, Achenwall, 1816. 8°. (½ Rthl.)
Schlesinger's Berliner Leihbibl.-Cat. 1825. p. 142; Weller, Lex. Ps. p. 556.

Theodor, (Psdn.), romant. Fruchtstücke. 2 Bde. 8. Berl. 816. Brandenburg. 1 ℛ 12 gℓ

— Morgengespräche mit sn. Freunden, der bedrängten Menschheit gewidmet (v. Andr. Fr. Chr. Thormeyer). 8. Halle 792. Gebauer. 18 gℓ

— Morgenstunden, od. Resultate seines Nachdenkens üb. theolog. u. moral. Gegenstände, in Briefen an Emil. 8. Brem. 808. Heyse. 12 gℓ

— Naturgeschichte der Hausthiere, mit Hinsicht ihrer Benutzung in der Oekonomie u. Technologie. Mit 17 illum. Darstell. 12. Leipz. 181.. 2e A. 820. 3e A. 821. Seeger. 1 ℛ

Theodor's Naturgeschichte der Hausthiere, mit Hinsicht ihrer Benutzung in der Oekonomie und Technologie. Zur belehrenden Unterhaltung für Kinder. Mit 17 illum. Darstellungen. 3te Aufl. 12. Leipzig, Seeger. 822.

— Vater, lehrreiche Unterhaltt. mit seinen Kindern, auf einer Reise nach Seifersdorf, Maxen, Königstein, Sonnenstein, Pirna, Dresden, Pilnitz, den Plauischen Grund u. Meißen. 8. Leipz. 805. Joachim. 20 gr.

THEODOR, Alexander (Bern): De hysteria. (Titel nach der Urkunde) 30.8.1836 - Urk: P 64
Diss. Ingolst.-Landsh.-Mchn.

Theodor, Ernst, Schreiben an Vetter Andreas üb. den Brief des holstein. Kirchspielvogts. 8. Schleßw. 798. (Hammerich in Altona). 6 gr.

Theodor, Fritz

Theodor, F., Erfahrungen aus der ärztlichen Sprechstunde bei Ziehkindern. Vortrag, geh. am 15. XI. 1904 im Verein f. Armen- u. Waisenpflege zu Königsberg i. Pr. (10 S.) gr. 8. Leipzig 905. B. Konegen. n. 1. —
Sonderabdruck aus: „Der Kinderarzt".

Theodor, Fritz: Das Gehirn des Seehundes (Phoca vitulina) ....
(Aus d. „Berichten d. Naturforsch. Ges." zu Freiburg i. B. Bd. III.)
Freiburg i. B., Verl. v. J. C. B. Mohr (Paul Siebeck) (1887); 1 Bl. + 24 S. 8°
Freiburg i. B., Med. Fak., Inaug.-Diss. v. 1887

Theodor, Fritz, das Gehirn des Seehundes [Phoca vitulina]. gr. 8. (24 S. mit 3 Taf.) Freiburg i. Br. 887, Mohr. *
Aus: Berichte der naturforschenden Gesellschaft zu Freiburg i. Br., besonders abgedruckt.

Praktische Winke zur Ernährung u. Pflege der Kinder in gesunden und kranken Tagen. Von Dr. F[ritz] Theodor. Kinderarzt in Königsberg. Mit 1 Gewichtstab. *Berlin: H. Steinitz (1900).* (82 S.) 8° [F.]

Theodor, F., praktische Winke zur Ernährung u. Pflege der Kinder in gesunden u. kranken Tagen. Ein Nachschlagebuch f. Mütter. Mit e. Gewichtstab. f. das erste Lebensjahr (als Anh.), sowie Maßregeln zur Verhütg. von Ohreitergn. v. P. Gerber (im Text). 2. bedeutend verm. u. verb. Aufl. gr. 8. (125 S.) Berlin (902). H. Steinitz. n. 2. —
1. Aufl. (82 S.) 900. n. 2. —.

Theodor, F., praktische Winke zur Ernährung der Pflege der Kinder in gesunden u. kranken Tagen. Ein Nachschlagebuch für Mütter. 3., verm. u. verb. Aufl. (196 S.) 8. Berlin 905. H. Steinitz. Geb. in Leinw. n. 2. 75

Theodor, F., praktische Winke zur Ernährung u. Pflege der Kinder in gesunden u. kranken Tagen. Ein Nachschlagebuch f. Mütter. 4. verm., verb. u. durch e. Reihe v. Vorträgen ergänzte Aufl. (m. e. Gewichtstabelle). (260 S.) 8. Königsberg 909. Bon's Buchh. Geb. in Leinw. 3. 50

Theodor, H., die Bewerthung der Thomasmehle, s.: Wagner, Paul.

Theodor, H. Masil., de metris liber, ex bibliotheca Aug. ed. Heusinger. 8. Wolfenbüttel, Meissner. 756.

Theodor, Herman: Aus dem chemischen Institut der Universität Breslau. Über einige am Stickstoff alkylierte Pipecolylalkine. *Breslau (1898): A. Schreiber.* (38 S.) 8°
Breslau, Phil. Diss. v. 29. März 1898

Theodor, Herm., über einige am Stickstoff alkylierte Pipecolylalkine. Diss. gr. 8. (38 S. m. Fig) Breslau 898. (Königsberg, Gräfe & Unzer's Sort.) n.n. 1. —

Theodor, J., s.: Bereschit Rabba.

Theodor, J., der Unendlichkeitsbegriff bei Kant u. Aristoteles. Eine Vergleichung der Kantischen Antinomien mit der Abhandlung des Aristoteles über das ἄπειρον [Phys. III. c. 4—8]. gr. 8. (66 S.) Breslau 877. Köbner. n. 1. 60

Theodor, Joh., das Erntefest. Drama in 3 Akten. 8. (136 S.) Breslau 902. Schles. Buchdruckerei etc. n. 2.—; geb. n. 3.—

Das Erntefest. Drama in 3 Akten von Josef Theodor. Breslau: S. Schottlaender 1902. (136 S.) 8°

Theodor, Jos. (Jos. Thdr. Glaser), Ich u. Du. Studien u. Skizzen. gr. 8. (232 S.) Ebd. 900. n. 3. — ; geb. n. 4.—

Ich und Du. Studien und Skizzen von Joseph Theodor. *Breslau: S. Schottlaender 1900.* (232 S.) 8° [F.]

— aus Tag u. Traum. Novellen u. Studien. 8. (164 S.) Ebd. 902. n. 1. 50; geb. n. 2. 50

Theodor, Karl, s. Mörder, d., bei kaltem Blute.

Theodor, Max, Referendar: Die Anstiftung zum Versuch einer strafbaren Handlung. Posen 1909: Decker. III, 54 S. 8°
Breslau, Jur. Diss. v. 9. Nov. 1909, Ref. Gretener, Fischer
[Geb. 13. Mai 86 Lerent; Wohnort: Bojanowo; Staatsangeh.: Preußen; Vorbildung: Gymn. Rawitsch Reife O. 05; Studium: Breslau 2, München 1, Berlin 1, Breslau 2 S.; Rig. 16. Juli 08.] [U 10. 545

Theodor, Osw., Erinnerung an Georg V., König von Hannover. Nach authent. Quellen bearb. u. zusammengestellt. 8. (32 S. mit 2 Steintaf.) Hannover 878. Schulbuchh. — 75

Theodor, Rich., Beiträge zur Kenntniss der Chinone. Inaugural-Dissertation. 8. (42 S.) Königsberg 880. Hartung. n. 1. 50

Theodor, Willy, Mimose. Skizzen aus dem Soldatenleben. (184 S.) 8. Dresden 908. E. Pierson. 2.—; geb. n 3. —

— Ein Opfer. Drama in 5 Aufzügen. (III, 89 S.) 8. Ebd. (907). 2. —

Theodora, s.a. Theodore

Theodora, od. der weinende Bettler. Roman von Gustav Schmidt. 8. Lpz. H. Richter. 808.

Theodora, oder der weinende Bettler. 8. Leipzig, Richter. 808. (Lauffer.)

Theodora: 1859- -
Roman Catholic monthly. Sub-title: Or, Immortal Crowns for Soul and Heart.
Springfield, IL

THEODORA, Freifrau v. B**, oder das schreckliche Bündniß. — Die Hexe von Unkenbach. Romantische Gemälde mit Spuck und Zauberei. Leipzig 1815. 8°. (1/3 Rthl.) Selten!

— s.a. Theodore...

Theodora, (Jul. Klara Phil. Aug. Anschell, geb. Cappel), kleine Romane u. Erzählungen. 8. Helmst. 811. Fleckeisen. 1 Rthl. 18 gr.

Theodore, s.a. T h e o d o r a

Théodore ou la piété filiale p. H......, s. Bibliothèque de la jeunesse. Tome I.

Theodore oder der weinende Bettler. Leipzig 1808. V: *Heydenreich, Joh. Heinr. Chn.* (Ky)

— oder der weinende Bettler, (von J. H. C. Heydenreich). 8. Leipz. 808. Lauffer. 1 ℳ

Theodore; Schspl. in 3 A., nach C. Gozzi. gr. 8. Hamm 822. Wundermann. 1 ℳ

Theodore, Freifrau v. B*, od. das schreckliche Bündniß der Hexe von Unterbach. 8. Leipz. 815. Joachim. 1 ℳ 8 gr**

– s.a. T h e o d o r a . . .

Theodore **et Louise, ouvrage trad. de l'allemand à l'usage de la jeunesse, avec fig. 8. Altenb. ... Nouv. Edit. 809. Rink. (Hinrichs in Leipz.) 18 gr Hbg. Pr. 12 gr**

Theodore v. Manstein; vom Verf. des Herrmann v. Löbeneck (Edw. Aug. Kähler). 2 Thle. 8. Leipz. 808. Tauchnitz. 2 ℳ

Theodore, Ernst, experimenteller Beitrag zur zeitlichen Entwickelung der Degeneration im Hunderückenmark. Diss. gr. 8. (19 S. m. 1 Taf.) Strassburg 902. J. Singer. n. 1. —

Theodore, Ernst, aus Strassburg i. E.: Experimenteller Beitrag zur zeitlichen Entwickelung der secundären Degeneration im Hunderückenmark. *Strassburg i. E.: J. Singer 1902.* (18 S.) 8°
Strassburg, Med. Diss. v. 1901

† (Theodore-n-), s. Hohenhausen, Henr.

Theodorescu, George P.: I. Ueber die B i l d u n g und die Reaktionen vollständig substituierter Derivate des Diphenylamins. II. Ueber den Ersatz von Alkylresten in Säureestern mit Hilfe von Ammoniak. (Berlin: Ebering 1910.) 41 S. 8°
Berlin, Phil. Diss. v. 3. Dez. 1910, Ref. E. Fischer, Nernst
[Geb. 26. Febr. 80 Bukarest; Wohnort: Bukarest; Staatsangeh.: Rumänien; Vorbildung: Lyz. Mihai-Viteazul Bukarest Reife Juni 98; Studium: Bukarest 5, Berlin 6 S.; Rig. 24. Nov. 10.]

Theodoreti commentarius in omnes B. Pauli epistolas, s.: B i b l i o t h e c a patrum ecclesiae catholicae. (Tom. VIII.)

Theodoreti graecarum affectionum curatio. Ad codices optimos denuo collatos recensuit Ioa. Rader. (X, 340 S.) kl. 8. Leipzig 904. B. G. Teubner. n. 6. —; geb. n. 6. 60
(Bibliotheca script. Graec. et Rom. Teubneriana.)

Theodoreti, **(B.) Episc. Cyri, Glossarium Theodoreteum ad usus exegeticos et criticos separatim ed. K. L. Bauer. 8maj. Halle 775. Waisenhaus-B. 1 ℳ**

Theodoreti Episcopi Cyri ecclesiasticae historiae libri V cum interpretatione latina et annotationibus H. Valesii. Recens. Thom. Gaisford. Oxonii 854. (Parker.) gr. 8. (XXVIII, 496, 151 S.) nn. 4 ℳ.

— interpretatio XIV epistolarum S. Pauli apostoli e recens. Jak. Sirmondi, graece et lat. c. variet. lect. ed. J. A. Nösselt. 8maj. Halle 771. Waisenhaus-B. 1 ℳ 12 gr

— interpretatio psalmorum, ex recens. J. Sirmondi graece et latine seorsum ed. Jh. Ldw. Schulze. 8maj. Halle 768. Waisenhaus-B. 1 ℳ 16 gr Graece solum. 4. ibid. 1 ℳ 8 gr

Theodoreti, **(B.) Episc. Cyri, opera omnia gr. et lat., ex recens. J. Sirmondi denuo ed., graeca e codicib. locupl. vers. lat. recogn. et var. adjec. J. L. Schulze et J. A. Nösselt. V Tomi. 8maj. Halle 769—74. Waisenhaus-B. 16 ℳ Hbg. Pr. 8 ℳ Graece solum. V Tomi. 4. ibid. 768—75. 14 ℳ 8 gr**

— — graece solum. V Tmi. 4. ibid. 768—74. (à 2 Rthlr. 16 gr.)

— — Graece. C. var. lectt. ed. J. L. Schulze. Hal. 769-74. 5 Tom. 4. 14 rthlr. 8 gr.

— 10 Reden von der göttl. Vorsicht; nach d. J. L. Schulze'schen Ausg. aus d. Griech. übers. v. J. M. Feder. 8. Würzb. 788. (Wolff in Augsb.) 16 gr

Theodoretus. Zehn Reden von der göttlichen Fürsicht. Nürnb. u. Würzb. 1790. Ü: *Feder, Joh. Michael.* (Th) (Winer)

— 10 Reden von der göttlichen Vorsicht. 8. Nürnberg, (Wolf in Augsb.) 790.

Theodoret's ausgewählte Schriften, s.: Bibliothek der Kirchenväter.

Θεοδωρήτου Ἐπισκόπου Κύρου Ἑλληνικῶν Παθημάτων Θεραπευτική. — Theodoreti Episcopi Cyrensis Graecarum affectionum Curatio. Ad. Cod. Msptos. rec. Thom. Gaisford. 8maj. (40½ B.) Oxonii 839. (Lipsiae, T. O. Weigel.) *

Theodori, Carl, s. T h e o d o r i , Karl

a **Theodori,** Julius (geb. Romanu in d. Moldau 7. 8. 1834): De pellagra. Berolini (1858). (74 S.) 8°
Berlin, Med. Diss. v. 9. Sept. 1858

Theodori, Karl

Theodori, Carl, Beschreibung des kolossalen Ichthyosaurus Trigonodon in der Lokal-Petrefakten-Sammlung zu Banz, nebst synoptischer Darstellung der übrigen Ichthyosaurus-Arten in derselben mit Abbildgn. in natürlicher Groesse. München 854. Franz in Comm. Fol. (XVI, 81 S. u. 4 lith. Taf. in gr. Fol.) nn. 12 ℳ. 18 ngr.

Theodori, Dr. Carl (Geh. Sekretär u. Kanzleirath Sr. k. Hoh. d. Herrn Herzogs Maximilian in Bayern), Geschichte u. Beschreibung des Schlosses Banz in Bayerns Oberfranken. München, Gg. Franz, 1846. 12°. Titelbl. feuchtfl. Cart.
Gefalt. Titel-Stablst. (nach e. Zeichnung d. Vf. von J. Poppel gest.), V—57 S., 1 S. Err., 1 S. Inh.

Theodori, Carl, Geschichte und Beschreibung des Schlosses Banz in Bayerns Oberfranken. 2., sehr verm. und verb. Aufl. gr. 16. (VII und 70 S. mit 3 Stahlst. in 16. und qu. 4.) München 857, Franz. *

Theodori, Carl, Geschichte und Beschreibung des Schlosses Banz in Bayerns Oberfranken. 3. verm. und verb. Aufl. 12. (VII, 61 S.) Lichtenfels 880, [Ehrhard's Buchh.] Rilth. *

Theodori, Carl, Geschichte u. Beschreibg des Schlosses Banz in Bayerns Oberfranken. 5., verm. u. verb. Aufl. 12. (IV, 74 S. m. Titelbild.) Lichtenfels 896. H. O. Schulze. n. — 50

Theodori, C. Geognostisch-petrefactologische Uebersicht aller Abtheilungen und einzelnen Schichten der Lias-Formation von Banz in Oberfranken des Königreichs Baiern. Bamberg. 1840. Folio.

THEODORI, Octav von (Roman/Moldau): Ueber das Interdict des römischen Rechts zur Erhaltung des Besitzes.- München: Kaiser 1858. 2 Bl.,52 S.
27.2.1858 - Urk (De interdicto uti possidetis.); F 49
Diss. Ingolst. - Landsh. - Mchn.

Theodori, Octav v., über das Interdict des römischen Rechts zur Erhaltung des Besitzes. Inauguralabhandlung. München 858. Kaiser. gr. 8. (2 Bl., 52 S.) n. 8 *ngr.*

Theoderich d. Große, König d. Ostgothen, v. K. Mollberg. 2 Bde. 8. Wien, Rehm. 805.

Theodorici Expositio orationis dominicae, juxta exemplum ex autographo, Romae in bibliotheca Vaticana asservato a Ferdinando L. B. de Fürstenberg, edita a J. Niesert. 8maj. (3½ B.) Coesfeldiae 829, Wittneven. (Riese.)

***Theodorici* Expositio orationis dominicae, juxta exemplum ex autographo, Romae in bibliotheca Vaticana asservato a Ferdinando L. B. de Fürstenberg, edita a J. Niesert. 8maj. Cösfeld 829. Wittneven. (Leipz., Cent.-Cpt.) 6 gr**

Theodoroff, J. [aus Tultscha, Rumänien]: Historische und experimentelle Studien über den Kephir .... Würzburg, Druck u. Verl. d. Stabel'schen Univ.-Buch- & Kunsthandlung, 1886; 28 S. 8°.
Würzburg, Med. Fak., Inaug.-Diss. v. 1886.

Theodoroff, J., historische und experimentelle Studien über den Kephir. gr. 8. (28 S.) Würzburg 886, Stahel'sche Universitäts-Buchh. *
Aus: Verhandlungen der physikalisch-medicinischen Gesellschaft zu Würzburg, besonders abgedruckt.

Theodorowicz, Jos., Leo XIII. u. Pius X., s.: Volksaufklärung.

Theodors glücklicher Morgen, vom Verf. von Hallo's glücklicher Abend, (C. F. Sintenis) 2 Theile mit Kupf. 8. Berlin, 789. 2 Rthl. 10 sgl.

Theodors glücklicher Morgen, v. Verf. des Hallos glückl. Abend, m. K. 2 Thle. (hatte sonst d. Tit.: Theodor, od. üb. d. Bildung d. Fürstensöhne zu Fürsten.) 8. Berl. (Hahn in Hannov.) 801.

Theodorus an seinen Vater Clemens. Eine Heroide. Leipz. 1766. V: *Eschenburg*, *Johann Joachim.* (schr) (Ky) (MGT)

***Theodorus* an seinen Vater Clemens; e. Heroide (v. J. J. Eschenburg). 8. Leipz. 766.**

Theodoros, Lobrede auf den heiligen Theodosios, s.: Usener, H., der heilige Theodosios.

Theodorus Bar Kōnī, liber scholiorum, ed. Addai Scher, s.: Corpus scriptorum christianorum orientalium. Scriptores syri.

Theodor Bar Kônî, Scholien zur Patriarchengeschichte (Genesis XII—L). Hrsg. u. m. e. Einleitg. u. Anmerkgn. versehen von Mart. Lewin. (Diss) (XXXVII, 35 S.) gr. 8. Berlin 905. Mayer & Müller. n. 2.40

Theodorus Metochites

—*Ανεκδοτα* nonnulla, c. var. lection. vulg. a Jan. Bloch. 8. Copenh. 790. (Brummer). 18 gr

Theodorus Metochites. Treu, Max Dichtungen des Groſs-Logotheten Theodoros Metochites herausgegeben von M. Tr. 8 (II, 54 S.). **Progr.** Victoria-G. *Potsdam* 1895 (84)

***Theodori* Metochitae miscellanea philosophica et historica. Graece text. e codice Cicensi descripsit lectionisque variet. ex aliquot aliis codd. enotatam adj. Chr. Gf. Müller. Editio auctoris morte praeventa, cui praef. est Gli. Kiessling. 8maj. Leipz. 821. W. Vogel. 5 Thlr. 12 gr Schrbp. 6 Thlr. 8 gr Velinp. 7 Thlr. 12 gr**

Theodori episcopi Mopsvesteni in Nov. Test. commentariorum quae reperiri potuerunt. Collegit, dispos., emendav. Otto Fridol. Fritzsche. gr. 8. (XVI u. 172 S.) Turici 847, Meyer & Zeller. 1¼ Thlr.

Theodori Mopsuesteni fragmenta syriaca e codicibus musei britannici nitriacis edid. atque in latinum sermonem vertit Ed. Sachau. Leipzig 869. Engelmann. gr. 8. (VII, 177 S.) n. 2 Thlr. 10 *ngr.*

Theodori Antiocheni, Mopsuestiae Episcopi quae supersunt omnia ed. Aug. Frider. Victor a Wegnern. Vol. I. Theodori Commentarium in Prophetas XII. minores ad exemplar cod. Vindobon., nunc prim. edit. cont. 8maj. (47 B.) Berolini 834, Duemmler.

Theodori Pediasimi eiusque amicorum quae exstant ed. Max. Treu. Progr. gr. 8. (62 S.) Potsdam 899. (M. Jaeckel.) n. 2.—

Theodori Prodromi catomyomachia. Ex rec. Rud. Hercheri. 8. (28 S.) Leipzig 873. Teubner. n. — 50

Theodori Prodromi commentarios in carmina sacra melodorum Cosmae Hierosolymitani et Ioannis Damasceni ad fidem codd. mss. primum edidit et varietate lectionis instruxit in L. sacerdotii natalem Leonis XIII. Pont. M. H. M. Stevensen senior, bibliothecae Vaticanae scriptor graecus. Praefatus est I. B. Pitra. hoch 4. (XXVII, 120 S.) Rom 888. (Loescher & Co.) n.n. 8. —

Theodorus prodromus, s. Scriptores, erotici. graeci.

Theodori, Scholastici breviarium novellarum, s. Anecdota.

***Theodori* a Spiritu S., tractatus historico-theolog. de jubilaeo praesertim anni sancti. 4. Augsb. 751. Wolff. 4 gr**

Theodorus, der leipziger Guckkastenmann. Eine Humoreske. 8. (1½ B.) Leipzig 841, (Rocca.) *

Theodosia, die Jungfrau u. das goldene Kreuz. Rittergesch. v. der Verfin. der „Margarethe v. Nordheim." 3 Thle. 8. (47½ B.) Leipzig 832, Kollmann.

THEODOSIE oder Pflicht und Liebe. Ein Roman für Gebildete des weiblichen Geschlechts. Heilbronn, Rausche, 1807. 8°.
2 Bll., 248 S. — In zahmen Briefen.

Theodosios, der heilige, s. Usener, Herm.

Theodosius et Constantia and Solyman et Almena, by J. Langhorne. 12. London, Walker. (Leipzig, Fr. Fleischer in comm.) 818.

Theodosius, P. 54[Florentini,] P. Theodosius.

Theodosius und J. H. Tschudi, Gedächtniß-Predigten auf die Brand-Katastrophe vom 10./11. Mai 1861 in Glarus. Gehalten am 11. Mai 1862. gr. 8. (32 S.) Glarus 862. (Zürich, Meyer und Zeller's Verlag.) *

Theodosius, Brd., aus der Jugendzeit, s.: Briem, Wunibald.

Theodosius, de situ terrae sanctae, im ächten Text, u. der Breviarius de Hierosolyma, vervollständigt hrsg. von J. Gildemeister. gr. 8. (37 S.) Bonn 882. Marcus. n. 1. 60

Theodosii Alexandrini canones, s.: Grammatici graeci recogniti et apparatu critico instructi.

— canones graece. Editoris annotatio critica. Indd. Imm. Bekker. 8. Berl. 821. Reimer. 2 ℛ 16 gℛ (Bildet auch d. IIIn Thl. von J. Bekkeri, anecdota.)

Theodosii Alexandrini grammatica, gr. e cod. manuscr. ed. et notas adjec. K. Wlh. Goettling. 8maj. Leipz. 822. Dyck. 1 ℛ 12 gℛ Schrbp. 1 ℛ 16 gℛ

Theodosius II. Imperator

— codicis libri V. priores, recogn. additam. insignibus a W. Fr. Clossio et A. Peyron repertis aliisque auxit, notis subitaneis tum criticis tum exegeticis nec non quadruplici appendice instrux. K. Fr. C. Wenck. 8maj. Leipz. 825. Barth. 1 ℛ 21 gℛ Schrbp. 2 ℛ 3 gℛ

Theodosiani codicis genuina fragmenta, cum ex cod. Palimpsesto Bibl. R. Tauriensis Athenaei edita, tum ex membranis Bibl. ambros. Mediolan. in lucem prolata. Inter se disposuit atque edid. E. Fuggeus. Accord. Theodosiani cod. variae lectiones. 8maj. Bonn 825. Marcus. 16 gℛ

— codicis genuini fragmenta, ex membranis bibliothecae ambros. Mediolanensis, nunc primum edid. W. Fr. Clossius. 8maj Tüb. 824. Osiander. 1 ℛ 6 gℛ Fein P. 1 ℛ 14 gℛ

Theodosiani codicis fragmenta inedita, e Codice Palimpsesto Bibl. R. Taurinensis Athenaei in lucem protulit atque illustr. A. Peyron. Mit einer Kupfertafel. 4maj. *Bonnae*, (Weber.) (2 Thl. 16 Gr.)

Theodosiani libri XVI cum constitutionibus Sirmondianis et leges novellae ad Theodosianum pertinentes. Consilio et auctoritate academiae litterarum regiae borussicae edd. Th. Mommsen et Paul. M. Meyer. Vol. I et II. Lex.-8. Berlin, Weidmann. n. 62.—
I. Theodosiani libri XVI cum constitutionibus Sirmondianis. Ed. adsumpto apparatu P. Kruegeri Th. Mommsen. Accedunt tabulae VI in Lichtdr., in gr. 4, m. IV S. Erklärgn. in gr. 4). Vol. I pars 1 et 2. (CCCLXXX u. V, 931 S.) 905. n. 50.—
II. Leges novellae ad Theodosianum pertinentes, ed. adiutore Th. Mommseno Paul. M. Meyer. (CIX, 219 S.) 905. n. 12.—

Theodosii Meliteni qui fertur chronographia, edid. Tafel, s. Monumenta saecularia.

Theodosii Meliteni qui fertur chronographia. E cod. graeco reg. biblioth. Monac. ed. et reform. T. L. F. Tafel. Gel. 1859. XIV, 64 S. 4°.

Theodosius von Tripolis, 3 Bücher Kegelschnitte, aus dem Griech. mit Erläuterr. u. Zusätzen, hrsgg. v. E. Nitze. Nebst 8 (4?) Steintaf. gr. 8. Strals. 826. Löffler. 1 ℛ

Theodosii Tripolitae sphaericorum libros tres Ernest Nizze recognovit, Latine redditos emendavit, commentariis instruxit, appendicibus et indice auxit. Cum IV tab. lap. incisis (in 4.) gr. 8. (VI u. 198 S.) Berolini 852, G. Reimer. 1⅓ ℛ

Theodul, Carl Friedr., sechs Fragen an die deutsche Nation kathol. Theils hinsichtl. ihrer Berufung zu entschiedener Lossagung vom römischen Papste u. zu religiös-kirchlicher Selbstständigkeit mit ihren nicht kathol. Volksgenossen. Beantwortet in einem Sendschreiben an dieselbe. gr. 8. (8 B.) Weimar 844, Hoffmann. *

— Sendschreiben, s. Castorph, L., offenes Sendschreiben.

Théodule, ou l'enfant de bénediction, model pour la jeunesse. gr. 18. Basel 777. Thurneisen. 8 gℛ

Theodulfi espiscopi Aurelianensis de iudicibus versus ab Herm. Hagen recogniti. gr. 4. (XIII, 31 S.) Bern 882. (Dalp.) n. 1. 20

Theodulfi episcopi Aurelianensis de iudicibus versus ab Herm. Hagen recogniti. gr. 4. (XIII, 31 S.) Bern 882, (Schmid, Francke und Comp.) *

Theodulia, Jahrbuch f. häusl. Erbauung auf 1827 u. 28. Herausgeg. v. E. B. Meißner, G. Schmidt u. E. Hoffmann. Mit Musikbeil. kl. 8. Greiz, Henning. 1r J. 1 Rthl. 12 gr. 2r J. 1 Rthl. 8 gr.

Theodulia. Jahrbuch f. häusl. Erbauung auf 1829—33. Hrsg. v. C. B. Meißner, G. Schmidt, E. Hoffmann. 3—7. Jahrg. Jeder m. 1 Titkpfr. u. 4 Musikbeil. gr. 16. (21¼, 21½, 22, 20, u. 21 B.) Greiz, Henning. à
1. u. 2. Jahrg. 1827 u. 28. Ebendas. 2 Thlr. 20 Gr.

— Christliches Jahrbuch für häusliche Erbauung auf das Jahr 1855. Begründet von C. B. Meißner, G. Schmidt und E. Hoffmann. In neuer Folge und in Verbindung mit Anderen herausg. von Aug. Wildenhahn. Mit 2 (lith.) Bildern nach Zeichnungen von Ludw. Richter. Greiz, Henning. 16. (VIII, 280 S.) n. 1 ₰. 20 ngr.

Theodulia. Christliches Jahrbuch für häusliche Erbauung. Neue Folge. 2. Jahrg. 1856. Begründet von C. B. Meißner, G. Schmidt und E. Hoffmann. In Verbindung mit Anderen hrsg. von Aug. Wildenhahn. 8. (IV und 264 S. mit 1 Stahlst.) Greiz 857, Henning. * 1 Thlr.; geb. *

Theodulia. Geistliche Erquickstunden für gottesfürchtige Leute. Neue (Titel-)Ausg. 7 Nrn. Leipzig (854.) Hentze. 16. 18 ngr.
Inhalt. 1. Hans Egede und sein Weib. Ein Lebensbild aus der Missionsgeschichte von Aug. Wildenhahn. Mit 1 (lith.) Bilde. (42 S.) 2½ ngr.
2. Guido van Bresse, der niederländische Reformator; bearb. von Charlotte v. Lingsten. (33 S.) 2½ ngr.
3. Verlangen nach Ihm. In Liedern und Gedichten von Caroline P. und Aug. Burckhardt. (41 S.) 2½ ngr.
4. Biblische Fragen und Antworten von Friedr. Zimmermann. — Felix Neff, der Waldenser-Apostel. Von Rob. Florey. (46 S.) 2½ ngr.
5. Die Weihe des Sonntags in drei Betrachtungen von Aug. Wildenhahn. — Zeugnisse und Geschichten zur Sonntagsheiligung. Von Friedr. Zimmermann. (45 S.) 3 ngr.
6. Georg Neumark. Ein Lebensbild von Aug. Wildenhahn. Mit 1 (lith.) Bilde. (30 S.) 2½ ngr.
7. Der Prophetenspruch über Tyrus von Rob. Otto Gilbert. (36 S.) 2½ ngr.

Theoduline. Katholisches Gebet- und Erbauungsbuch für gebildete Frauenzimmer . . . Augsb. 1830. H: *Bodenmüller, Elise geb. Lavater.* (schmal)

Theoduline. Ein kathol. Erbauungs- u. Gebet-Buch f. gebild. Frauenzimmer, besond. Wittwen. Von d. Verfin. mehr. kleinen poet. u. religiösen Schriften, Frau E.. B..., geb. L... in E... Hrsg. u. mit e. Vorw. begleit. v. e. kathol. Priester. gr. 12. (15 B.) Augsburg 830, Wolff. (Kollmann.) Thlr.

Theoduls Briefwechsel. (Aus d. hinterlass. Papieren des verstorb. Hofkaplans zu Dresden, Dennevilles hrsgg. von J. A. v. Stark.) gr. 8. Frankf. a. M. 828. Hermann. 6 gℛ

Theoduls Briefwechsel. Seitenstück zu „Theoduls Gastmahl." (Aus d. Nachlasse v. J. A. v. Stark.) gr. 8. (4 B.) Frankfurt a. M. 828, [Kettembeil.]

— Briefwechsel, beleuchtet, s. J. C. C. Wagner.

— Gastmahl, oder üb. die Vereinigung der verschied. christl. Religions-Societäten, (v. J. A. v. Starck). gr. 8. Frkf. a. M. 809. 2e A. 811. 3e A. 813. 4e A. 815. 5e A. 817. 6e, mit neuen Zusätzen u. e. Register berechnete Ausg. 821. 7e A. 828. Hermann. 1 ℛ 8 gℛ

—— Gastmahl, od. über d. Vereinigung der verschied. christl. Religions-Societäten. (Von J. A. v. Stark.) 7., unveränd. Aufl. gr. 8. (23 B.) Frankfurt a. M. 828, [Kettembeil.]

Theoduli Ecloga, ed. I. G. S. Schwabe. 8. maj. Altenb. Richter. (Academ. Handl. in Jena.) 773.

Theoduli ecloga, ed. J. G. S. Schwabe. 8maj. Altenb. 773. (Schnuphase; a. Hennings in Neisse). 5 gℓ

Theoduli Eclogam e codicibus Parisinis et Marburgensi recens. et prolegom. instr. Aug. Aem. Alfr. Beck. 8maj. (3⅛ B.) Sangerhusiae 836, [Rohland.] (Lipsiae, Hermann.)

Theofon, od. von dem Zustande nach d. Tode. 8. Frkf. a. M. 817. Andreä. 16 gℓ

THEOFRIED, H. L. (ps.), Die schöne Adelheid in Uniform. Eine pikante (zieml. zahme) Geschichte aus dem Soldatenleben. Leipz., Verlagsanstalt (W. Röhl), o. J. (187*). Kl. 8°. 78 S. (4 Mk., unbeschn. im color. Orig.-Umschl., Adolf Weigel, 1907.)

THEOFRIED, H. L. (pseud.)., Fanny, die schöne Putzmacherin von Berlin. Bekenntnisse aus ihrem Leben. Leipzig, Verlags-Anstalt (ca. 1870). 8°. 80 S. (4 Mk., illustr. Orig.-Umschl., Adolf Weigel, Lpz., 1907.)

— — Hannchen, die schöne Bauernmagd, ihr Leben und Lieben. Pikante (zahme) Dorfgeschichte. Ibid. (187*). Kl. 8°. Color. Umschl.

— — Im Hemde oder die Internirung im Bette. Eine pikante Geschichte aus den Kriegsjahren 1870—71. Ibid. (1871). Kl. 8°. Color. Umschl. (2 Kr. Halm & Goldmann, Wien, 1904.)

— — Hulda, die schöne Friseuse. Ein pikantes Lebensbild der Gegenwart. Ibid. (187*). Kl. 8°. 78 S. (4 Mk., unbeschn. im color. Orig.-Umschl., der Vorige, 1907.)

— — Die schöne Laura oder Geheimnisse einer Biermamsell. Nach ihren eigenen vertraulichen Mittheilungen. Ibid. (187*). Kl. 8°. 78 S. (4 Mk., unbeschn. im color. Orig.-Umschl., Adolf Weigel, 1907.)

— — Schelmenstreiche Amors. Interessantes u. Pikantes gesammelt von —. 2 Hfte. Ibid. (1871). Kl. 8°. (In Wien, Stadtbibl.: Secr. A 40, 1 vol.)

— — Dasselbe. 2 Hfte. 2. Auflage. Ibid. (187*). Kl. 8°. (3 Mk., Hft. 2 apart, br. im illustr. Orig.-Umschl., der Vorige, 1907.)

Theofried, H. L., Schelmenstreiche Amor's. Interessantes u. Pikantes. I. gr. 16. (78 S.) Leipzig 871. Verlags-Anstalt. 1. —

Theognis

— et Pythagorae *carmina*. Graece in usum scholarum ed. Lindner. Rudolst. 810. 8. 6 gr.

— Elegi. Ex fide libr. MSS. rec. et aucti; c. notis Fr. Sylburgii et Rich. Fr. Phil. Brunckii edid. Imm. Bekkerus. 8maj. Leipz. 815. Weigel. 18 gℓ Schrbp. 1 ∦ Velinpap. 1 ∦ 16 gℓ

— Elegi. Secundis curis recens. Imm. Bekkerus. 8maj. Berl. 827. Reimer. 8 gℓ Fein P. 10 gℓ Velinp. 12 gℓ

Theognidis Elegiarum Ps. I et II. Ed. Io. Casp. Orellius. 4maj. (10 B.) Turici 840, (Hoehr.)

Theognidis elegiae. E codicibus Mutinensi Veneto 522 Vaticano 915. edid. Christoph. Ziegler. Tübingen 868. Laupp'sche Buchh. gr. 8. (VIII, 68 S.) n. 20 ngr.

Theognidis Elegiae. Secundis curis recognovit Chrph. Ziegler. gr. 8. (VIII, 79 S.) [Tübingen 880, Laupp'sche Buchh.] Freiburg i. Br., Mohr. *

– Elegien, s.a. Bibliothek der Übersetzungen sämtlicher griechischer und römischer Klassiker.

Theognis, Elegien, s. Sammlung Griechischer und Römischer Classiker.

Theognis, des, Elegieen, nebst Phokylides' Mahngedicht u. Pythagoras' goldenen Sprüchen. Deutsch im Versmaße der Urschrift v. Wilh. Binder. 1. Lfg. 2. Aufl. 8. (48 S.) Berlin 894. Langenscheidt. n. — 35

Theognis, Elegieen, nebst Phokylides' Mahngedicht u. Pythagoras' gold. Sprüchen. Deutsch im Versmaße d. Urschrift v. Wilh. Binder. 2. (Schluß-) Lfg.. 2. Aufl. 8. (S. 49 – 85.) Berlin 895. Langenscheidt. n. — 35

Theognis' Elegieen, nebst Phokylides' Mahngedicht u. Pythagoras' goldenen Sprüchen. Deutsch im Versmaße der Urschrift von Wilh. Binder. 2 Lfgn. 3. Aufl. (85 S.) kl. 8. Berlin-Schöneberg (904). Langenscheidt's Verl. à n. — 35

Theognis, des, Elegien nebst Phokylides' Mahngedicht u. Pythagoras' goldenen Sprüchen. Deutsch in der Versweise der Urschrift v. Wilh. Binder. 1. u. 2. Lfg. 4. Aufl. (S. 1—85.) kl. 8. Berlin-Schöneberg (910. 08). Langenscheidt's Verl. — 35

— Archilochi, Solonis et aliorum fragmenta. Ed. Th. Gaisfordii aucta (c. With. Dindorfii). 8maj. Leipz. 823. Kühn. 2 ∦ 16 gℓ

Theognis, Lebensregeln, griech. m. deutsch. Noten von F. G. Fischer. 8. Altenb. Richter. 759.

Theognis, die Lehrsprüche des, in e. metr. Uebersetz. mit kurzen Erläutern. Einladungsschrift v. G. Thudichum. gr. 8. (4¼ B.) Büdingen 828. (Frankfurt a. M., Kettembeil.)

— die Lehrsprüche des, in e. metr. Uebersetzung mit kurzen Erläuter. Einladungsschrift v. G. Thudichum. gr. 8. Büdingen 829. Heller. (Hermann in Frkf. a. M.) 12 gℓ

— Probe e. Uebersetzung des Theognis, von G. S. Falbe. 8. Stargard 799.

— reliquiae. Novo ordine disposuit, commentat. criticam et notas adjec. Fr. Theoph. Welcker. 8maj. Frkf. a. M. 826. Brönner. cart. 2 ∦ Velinp. 3 ∦ Hbg. Pr. 1 ∦ Velinpap. 1 ∦ 12 gℓ

Theognidis reliquiae, edidit Jacobus Sitzler. gr. 8. Heidelberg 880, C. Winter's Universitäts Buchh. [ℳ 4.80.] * 1 60

– Sententiae.

— — — graeco-latine, c. not. philolog. studio H. G. Just. 8. Erfurt, Keyser. 760.

Theognidis sententiae in usum scholar., ed. J. Gli. Lindner. 8. Rudolst. 810. (Hildebrand in Arnst.) 6 gℓ

— — ed. I. G. Lindner. 8. Rudolstadt. Klüger 8..

Theognidis sententiae elegiacae. 8. Leipz. 776. Hilscher. 3 gr.

— die Sprüche des, deutsch v. Wilh. Ernst Weber. Mit Anmerkn. gr. 12. (7 B.) Bonn 834, Marcus.
Vgl. Emigrant u. Stolker.

Theognis, übers. von Binder, s. Bibliothek, Langenscheidt'sche, sämmtlicher griechischer und römischer Klassiker.

Theogonia Hesiodea, vide Hesiod.

Theoi, Megaloi. O. O. [1896]. V: *Bloch*, *Leo*. (Cat. d. Stadtbibl. Zürich. Zürich 1864—97.)

Theokles, s. Theocles

Der **Theologe**. Bd 1–3. Nienburg 1754–56. 4°
Hrsg.: Ernst Ludwig Rathlef u. Joh. Chr. Wilh. Meyer.
Fortges. u.d.T.: Der Gottesgelehrte.

Theologe, Der Brittische. Halle 1780—81. H: *Bamberger*, *Johann Peter*. (MGT)

Theologe, der Britische. 4 Thle. gr. 8. Halle 780, 81. Gebauer. (à 21 gr.) 3 Rthlr. 12 gr.

—der, ein Nachbeter. 8. Jena 771. Cröker. 2 gr.

Theologen, an junge, u. Schriftforscher; (aus d. letzten Thle der Predigtfragmente von Jh. Ksp. Häfeli besond. abgedr.) 8. Winterth. 782. Steiner. 8 gr.

Theologia, das seltene uralte geistreiche Büchlein die teutsche, od.: die Christusreligion in ihrer echten reinen Confession, wie dies. vor der Kirchentrennung bestanden. Mit e. Einleit. neu hrsg. v. (J. P. V.) Troxler. gr. 8. (10 B.) St. Gallen 837, [Scheitlin u. Zollikofer.]

Theologia, deutsch: Die leret gar manchen lieblichen underscheit gotlicher warheit u. seit gar hohe u. gar schone ding von einem volkomen leben. Neue nach der einzigen bis jetzt bekannten Handschrift besorgte vollständ Ausg. (v. Frz. Pfeiffer). 8. (XVI u. 120 S.) Stuttgart 851, S. G. Liesching. n. 24 ngr.

Theologia deutsch: Die leret gar manchen lieblichen underscheit gotlicher warheit und seit gar hohe und gar schone ding von einem volkomen leben. Nach der einzigen bis jetzt bekannten Handschrift hrsg. von Frz. Pfeiffer. 2., verb. und mit einer neudeutschen Uebersetzung verm. Aufl. 8. (XXXII und 239 S.) Stuttgart 854(55,) S. G. Liesching. *

Theologia deutsch: Die leret gar manchen lieblichen underscheit gotlicher warheit und seit gar hohe und gar schone ding von einem volkomen leben. Nach der einzigen bis jetzt bekannten Handschrift hrsg. und mit einer neudeutschen Uebersetzung versehen von Frz. Pfeiffer. 3. Aufl. 8. (XXXII, 239 S.) Gütersloh 875, Bertelsmann. *

Theologia deutsch: Die leret gar manchen lieblichen unterscheit gotlicher warheit u. seit gar hohe u. gar schone ding v. e. volkomen leben. Nach der einz. bis jetzt bekannten Handschrift hrsg. u. m. e. neudeutschen Übersetzg. versehen v. Frz. Pfeiffer. 4. unveränd. Aufl. 8. (XXXII, 239 S.) Gütersloh 900. C. Bertelsmann. n. 3.—; geb. n. 3. 60

Theologia deutsch, hrsg. v. Herm. Mandel, s.a. Quellenschriften zur Geschichte des Protestantismus. 7. Heft.

Theologia deutsch. Hrsg. von Lic. Herm. Mandel, Greifswald. Leipzig: A. Deichert Nachf. 1908. (XLVI, 114 S.) 8°
— **Quellenschriften** z. Geschichte d. Protestantismus. H. 7. (o8. 7041

Theologia, die deutsche, das ist: Ein edles Büchlein vom rechten Verstande: was Adam u. Christus sei, u. wie Adam in uns sterben u. Christus erstehen soll. Nach der von Dr. M. Luther im Jahre 1518 besorgten Ausgabe von neuem mit e. Einleitung hrsg. v. J. H. R. Biesenthal. 8. (6¾ B.) Berlin 842, Thome.

Theologia, deutsche, das ist ein edles Büchlein vom rechten Verstande, was Adam und Christus sei, und wie Adam in uns sterben und Christus erstehen soll. Mit den Vorreden Dr. Mart. Luthers und Joh. Arnds. 16. (216 S.) Stuttgart 858, J. F. Steinkopf. 9 Ngr.; cart. mit Goldschn. *

Theologia, deutsche, d. i. e. edles Büchlein vom rechten Verstande, was Adam u. Christus sei, u. wie Adam in uns sterben u. Christus erstehen soll. Mit den Vorreden Mart. Luthers u. Joh. Arnds. 2. Aufl. gr. 16. (179 S.) Stuttgart 892. J. F. Steinkopf. Kart. n. 1. 60

Theologia dogmatica, polemica, scholastica et moralis R. R. Patrum societatis Jesu Christi. XIII Tmi. 8maj. Würzb. 766—71. Stahel. 10 Rthlr. (Einzeln auch unt. folg. Titeln: Th. *Holzclau*, tractatus de jure et justitia, Pars I. de jure (1 Rthlr.). Pars II. de justitia. (4 gr.). 768. 1 Rthlr. 4 gr. — Tractatus de sacramentis; Pars I. de sacramentis generatim. (10 gr.); Pars II. de sacramentis tribus prioribus. (18 gr.); Pars III. de sacramentis ordinis et matrimonii. (14 gr.); Pars IV. de sacramentis poenitentiae et extremae unctionis autore U. Munier. (14 gr.); 766—70. 2 Rthlr. 8 gr. — Tractatus de deo verbo incarnato. 8maj. 768. 1 Rthlr. H. *Kilber*, tractatus de peccatis, gratia, justificatione et merito. 770. 1 Rthlr. 4 gr. — Tractatus de deo uno et trino. 8maj. 767. 1 Rthlr. 4 gr. — Tractatus de virtutibus theologicis. 767. 12 gr. — Principia theologica ad usum candidatorum theologiae. 771. 1 Rthlr. 12 gr. J. *Neubauer*, tractatus de legibus. 8maj. 766. 10 gr. — Tractatus de angelis, beatitudine et actibus humanis. 768. 16 gr. — Vera religio vindicata contra omnis generis incredulos. 771. 1 Rthlr. 4 gr.)

Theologia erronea, sive propositiones damnatae . . . Solodori 1749. V: *Babinet*, *P*. (Barbier)

— monastica, opposita theologiae juridicae etc. 8. Augsb. 774. Rieger. 4 gr.

Theologia moralis in compendium redacta. 4. (245 autogr. S.) Graz 887. (Moser.) n.n. 4. 80

— naturalis, methodo quasi mathematica digesta acc. appendix de summo bono. fol. Königsb. Boje. 734.

Theologia Pastoralis. 2 Theile. Viennae. Typis L. C. Zamarski officinæ typographicæ academiæ. (120 S. 160 S. 8.) Der 2te Theil enthält: Partes quædam Juris Ecclesiastici. 1856.

Theologia pastoralis exemplaris viva; oder geseegnete Amtsführung einiger noch lebender treuer Knechte Gottes . . . Züllichau 1740. V: *Moser*, *Joh. Jacob*. (ML)

Theologia exemplaris viva, od. gesegnete Amtsführung e. noch lebenden treuen Knechte Gottes. 8. Züllichau, Frommann. 740.

— pastoralis practica, od. Samml. nutzbarer Anweiss. zur gesegneten Führung des evangel. Lehramts. 80 Thle. 8. Magdeb. 737—61. Schridhauer. 6 ℛ 16 gr Beitr. dazu. 24 Thle. 8. Ebd. 747—60. 3 ℛ

Theologia supplex. Ad summum pontificem Clementem XII. S. l. 1736. V: *Serry*, *Hyacinthe.* (DÖLL)

Theologiae dogmaticae tradendae methodus et ordo (a Frz. St. v. Rautenstrauch). 8maj. Wien 778.

Theologiae Novitates. Bibliographie u. Rundschau auf d. Gebiete d. evangel. Theologie u. verw. Wissensgebiete. 1. Jahrg. 1896. 12 Nrn. (à ca. 12 S.) gr. 8. Leipzig, B. Richter. n. 1. 60

— dasselbe. Mit Beiblatt: Für Pfarrhaus u. Familie. 2. Jahrg. 1897. 12 Nrn. (à ca. 20 u. 16 S.) gr. 8. Ebd. n. 1. 60

— pastoralis et polemicae delineatio tabellis proposita (a Frz. St. v. Rautenstrauch). 8maj. Wien 778.

Theologie. Bd 1–16. Bonn: Weber (Bd 5ff.: Marcus; Bd 10ff.: Tübingen: Fues) 1837–46.
Hrsg.: Immanuel Herm. Fichte.
Fortges. u.d.T.: Zeitschrift. f. Philosophie u. philosophische Kritik.

Theologie. Die alte (*2: Alte) Theologie. 8. 1902.
[1.] Die wunderbare Geschichte der Weisheit ... Gottes ... s. [Russell, C T].
[2.] Lehret die heilige Schrift eine Vernichtung der Gottlosen? s. [Reinhardt, Johann].

— bibl., des alt. Testaments, od. Abriß der religiösen Begriffe der alten Hebräer, (v. G. L. Baur). gr. 8. Leipz. 796. Weygand. 1 ℛ 8 gr Beilagen dazu. gr. 8. Ebd. 801. 1 ℛ — Dass. des neuen Testaments, (v. G. L. Bauer). 4 Bde. gr. 8. Ebd. 800—802. 5 ℛ 20 gr (I. Christologie nach d. 3 Evangelisten. 1 ℛ 8 gr II. Theologie u. Anthropologie nach den 3 Evangel. u. christl. Religionstheorie nach Johannis. 1 ℛ 12 gr III. christl. Religionsbegriff nach d. Apocalypse, nach Petrus, nach dem 2n Briefe Petri u. dem Briefe Judä. 1 ℛ 6 gr IV. nach dem Lehrbegriff Pauli. 1 ℛ 18 gr

Theologie, bibl., des alt. u. neuen Testaments, nach Anleit. der Reinhard'schen Vorlesungen üb. die Dogmatik, od. die Beweisstellen der Dogmatik im Grundtexte u. der gegenüber gedruckten latein. Uebersetzung zur Erleichterung des dogmat. Studiums v. Dahte u. Schott. gr. 8. Leipz. 809. Steinacker. 1 ℛ 4 gr. s. auch: *Dicta* classica etc. Vol. II., welcher auch den 2n Thl. vom Vorstehenden ausmacht.

Theologie, Biblische, des Neuen Testamentes. Leipz. 1800—1. H (Bd 1—3): *Bauer*, *Georg Lorenz.* (MGT) »1801—2 (Bd. 2—4)« (will)

— biblische, d. neuen Testaments, (v. G. L. Bauer.) 4 Bde. gr. 8. Ebend. 800–802. (I. Christologie n. d. drey. Evang. 1 Rthl. 8 gr. II. Theologie u. Anthropologie n. d. drey Evang. u. christl. Religionstheorie nach Johannis, 1 Rthlr. 12 gr. III. christl. Religionsbegriff n. d. Apocalypse, n. Petrus, n. d. 2ten Briefe Petri u. d. Br. Judä, 1 Rthlr. 6 gr. IV. n. d. Lehrbegriff Pauli, 1 Rthlr. 18 gr.)

Théologie, la, chrétienne, voyez Secretan, le Doyen.

Theologie, Die deutsche, das ist ein edles Büchlein vom rechten Verstande, was Adam und Christus sey ... Von neuem hsg. durch K. Grell. Berlin 1817. V: *Ebland*[?]. (KY) (Wolf, Lectiones memor. I, 863.) (Dagegen: Pfeiffer, F., Theologia. Stuttg. 1855.)

Theologie, die deutsche, d. i. ein edles Büchlein vom rechten Verstande, was Adam u. Christus sey 2c., (angebl. v. Ebland). Von neuem herausgg. durch K. Grell. 8. Berl. 817. Reimer. 10 gr

— die deutsche, eine sehr alte, für jeden Christen äußerst wichtige Schrift, mit Vorrede von Dr. M. Luther u. Jh. Arnd; aufs neue hrsgg. mit Anmerkk. v. F. C. Krüger. 8. Lemgo 822. Meyer. 12 gr

— die deutsche, ein edles Büchlein vom rechten Verstande: Was Adam u. Christus sey 2c. A. u. d. T.: der deutsche Theologe. Abdr. nach d. Ausg. Arnd's, Magdeb. 1605, besorgt v. J. A. Dezer. 8. Erlang. 827. Palm. 6 gr

Theologie, deutsche, oder das Büchlein von dem lieblichen und edlen Leben Christi. Ein Erbauungsbuch der alten Zeit, für die Gegenwart bearb. und mit Betrachtungen und Gebeten hrsg. von Paul Köhler. 16. (248 S.) Berlin 859, W. Schultze.

Theologie, deutsche. Die lehret gar manchen liebl. Unterschied göttl. Wahrheit u. sagt gar hohe u. schöne Dinge v. e. vollkommenen Leben. Nach der neudeutschen Übersetzg. v. F. Pfeiffer. 8. (152 S.) Gernsbach 886. (Reihen, Hege.) geb. n. 1. 60

— u. Dogma, od. über das Verhältniß der theolog. Wissenschaften. Eine Gedächtnißschrift bei der 300jähr. Jubelfeier der Kirchenverbesserung. 4. Leipz. 817. (Weygand). 8 gr

Theologie, Erlanger, Frank u. Seeberg. Von Theophilos. 8. (19 S.) Hannover 899. Wolff & Hohorst Nachf. n. —20

Theologie einer deutschen Frau. Jena 1843. V: *Mohl*, *Eduard.* (Hauptkat. d. Univ.-Bibl. Tübingen. A. Nachtr. 7.)

Theologie einer deutschen Frau. 8. (4¼ B.) Jena 843, Bran'sche Buchh.

Theologie, die, der Gegenwart. Hrsg. v. Grützmacher, Hunzinger, Köberle, Sachsse, R. Seeberg, v. Walter. I. Jahrg. 4 Hefte. gr. 8. Leipzig, A. Deichert Nachf.
Subskr.-Pr. 3.50; f. Abonnenten der „Neuen kirchl. Zeitschrift" 2. 80
Grützmacher, R. H., systematische Theologie. (46 S.) 907. (2. Heft.) Einzelpr. — 75
Köberle, altes Testament. (52 S.) 907. (1. Heft.) Einzelpr. 1. 20
Seeberg, R., neutestamentliche Theologie. — Sachsse, praktische Theologie. (80 S.) 907. (4. Heft.) Einzelpr. 1. 80
Walter, Johs. v., u. A. W. Hunzinger, historische Theologie. (70 S.) 907. (3. Heft.) Einzelpr. 1. 40

— dasselbe. II. Jahrg. 4 Hefte. gr. 8. Ebd.
Subskr.-Pr. 3.50; f. Abonnenten der „Neuen kirchl. Zeitschrift" 2. 80
Frey, M., neutestamentliche Theologie. — Sachsse, praktische Theologie. (XIV, 84 S.) 908. (4. Heft.) Einzelpr. 1. 40
Grützmacher, R. H., systematische Theologie. (41 S.) 908. (1. Heft.) Einzelpr. — 80
Köberle u. Wilke, altes Testament. (40 S.) 908. (2. Heft.) Einzelpr. — 80
Walter, Johs. v., u. A. W. Hunzinger, historische Theologie. (79 S.) 908. (3. Heft.) Einzelpr. 1. 40

— dasselbe. Hrsg. v. R. H. Grützmacher, G. Grützmacher, Hunzinger, Kühl, Sellin, Dunkmann. III. Jahrg. 4 Hefte. 8. Ebd. Subskr.-Pr. 3.50; Einzelpr. 4.65
Grützmacher, G., u. A. W. Hunzinger, historische Theologie. (62 S.) 909. (3. Heft.) Einzelpr. 1.25
Grützmacher, R. H., systematische Theologie. (42 S.) 909. (Heft 1.) Einzelpr. — 80
Kühl, E., neutestamentliche Theologie. — Dunkmann, praktische Theologie. (IX, 112 S.) 909. (4. Heft.) Einzelpr. 1.80
Sellin, E., altes Testament. (39 S.) 909. (2. Heft.) Einzelpr. — 80

— dasselbe. IV. Jahrg. 1.—3. Heft. 8. Ebd. 2.85
Grützmacher, G., u. A. W. Hunzinger, historische Theologie. (149 S.) 910. (3. Heft.) 1.25
Grützmacher, R. H., systematische Theologie. (45 S.) 910. (1. Heft.) — 80
Sellin, E., altes Testament. (82 S.) 910. (2. Heft.) — 80

Theologie von der Gegenwart Gottes. Franckfurt 1714. V: *Ascensione, Laurentius de.* Ü: *Schoppach, Michael.* (Myl)

— wider die starken Geister, d. i.: Beweise des kathol. Glaubens wider Rousseau, Volthaire u. ihre Anhänger; aus d. Französ. übers. von Jord. Simon. 2 Thle. 8. Augsb. 772. (Ingolst., Krüll). 1 ₰ 16 gl

— u. Glaube. Zeitschrift f. den kathol. Klerus, hrsg. v. A. Kleffner, A. Peters, H. Poggel, B. Bartmann, H. Müller, B. Funke, J. Schulte, F. Lenckhoff. 1. u. 2. Jahrg. 1909 u. 1910. à 10 Hefte. (XIV, 864 u. XVIII, 880 S.) gr. 8. Paderborn, F. Schöningh. à Jahrg. 10.—

Theologie, Die, Israels und die Universal-Religion der Zukunft, Humanität, Wahrheit, Gerechtigkeit. [Budapest 1895.] V: *Braun, Arnold W.* (EB)

Theologie der Liebe, s. Catharina von Genua.

—— die, des berliner Magistrates. gr. 8. (2 B.) Münster 845, Deiters.

Für Theologie und Philosophie. Oppositionsschr. in Verbind. mit (H. Ebh. Glo.) **Paulus** u. (L. F. O.) **Baumgarten-Crusius** h. v. (Jac. F.) **Fries**, (W.) **Schröter** u. (H.) **Schmid**. 1-2r Bd. (jed. in 3 Hftn.) *Jena*, Mauke. 828-29. 3r Bd. in 3 H. u. 4r Bd. 1s H. *Jena*, Schmid. 830-31. gr 8° Jed. H. 18 gl
Vorh. u.d.T.: Für Christentum und Gottesgelehrtheit.

Théologie et philosophie. Compte-rendu des principales publications scientifiques à l'étranger sous la direction de E. Dandiran. 1. Année 1868. 4 Hefte (à ca. 176 S.) Basel 868. Georg. gr. 8. n. 3 ₰ 15 ngr

Theologie, Die, der Schule oder die Scholastik. Wien 1866. V: *Schrader, Clemens.* (EB)

Theologie, die, der Schule oder die Scholastik, ihr Wesen u. ihr Werth nach Melchior Canus u. Joh. Bapt. Faure. Erläuternde Zugabe zu dem Werke: „Der Papst u. die modernen Ideen." Mit e. Schreiben Sr. Exc. des hochw. Päpstl. Nuntius in Wien. Wien 866. Sartori. gr. 8. (32 S.) 5 ngr

Theologie, seraphische, s. Bonaventura.

Theologie, seraphische, aus den Werken des heil. Bonaventura. Enthaltend: Den Wegweiser der Seele zu Gott; die Abhandlung von der Verachtung der Welt; die goldne Leiter der Tugenden; den geistl. Blumenstrauß; die Abhandlung von den Tugenden, und das Feuer der Liebe. Zusammengestellt von Cölestin Alix und Acc. Alix. Nach dem Französ. mit Zugrundlegung des latein. Originals. 24. (354 S.) Regensburg 854, Manz.

— die speculative, Dr. A. Günther's und seiner Schule. Abgedr. aus der „Katholischen Wochenschrift". Würzburg 853. Stahel. Lex.-8. (72 S.) n. 10 ngr

Theologie d. alten Testaments, od. Abriß der relig. Begriffe d. alten Hebräer rc. (v. G. L. Bauer) 2 Thle. gr. 8. Lpz. Weygand. 796-801. (I. Rthlr. 8 gr. II. 1 Rthlr.)

Theologie des Alten Testaments oder Abriss der religiösen Begriffe der alten Hebräer. ... Leipzig 1801—2. V: *Bauer, Georg Lorenz.* (Will) »1796« (Ky) (Winer)

Theologumena. Bd 1. 2. Hamburg 1823–24. 8°
Hrsg.: Georg Alex. Ruperti.
Vorh. u.d.T.: Theologische Miscellen.

Theologumena arithmeticae ad rarissimum exemplum Parisiense emendatius descripta. Accedunt Nicomachi Gerasini institutio Arithmetica, libri II. Ed. F. Ast. 8maj. Leipz. 817. Weidmann. 1 ₰ 18 gl Französ. Schreibpap. 2 ₰ 6 gl

Theologus in Kanzel-Vorträgen von C. N. 1. Bd. Speyer 867. Kleeberger. gr. 8. (249 S.) 21 ngr

Theologus, die judischen Speisegesetze. Löbau (i. Westpr.), Rich. Skrzeczek, o. J. (c. 1880). 12°. 98 S. Beibd.

Zum militärischen Waffendienst der evangelischen Theologen. Von **Theologus**. Gütersloh: C. Bertelsmann 1905. (50 S.) 8° [F.] [05. 56]

Theologus, s.: Zum militärischen Waffendienst der evangelischen Theologen.

Theomela, oder Hallelujah im höhern Chor. 2 Theile. gr. 8. Stralsund, Löffler. 817.

Theomela oder Hallelujah. 2e Ausg. gr. 8. Greifsw. 822, Mauritius. 2 Rthl. 16 gr. Weiß P.

Theomela oder Hallelujah. 2. Ausg. Greifswald 1830. V: *Florello, Joh.* (EE) (Aark) »Stralsund 1822« (Ky) »1816« (Winer)

Theomela, od. Hallelujah im höhern Chor, (v. Jh. Florello). 2 Thle. gr. 8. Stralſ. 2e sogen. Ausg. 822; abermals 2e Ausg. Mit 2 Steindr. u. 2 Vign. gr. 8. Ebd. 830. Löffler. 2 ₰ 16 gl Weiß Drckp. 3 ₰ 8 gl Velinp. 4 ₰ 12 gl

Theomela oder Hallelujah. II Thle. 2. Ausg. (Neu ausgegeb. m. 2 Stndr. u. 2 Tilvign.) gr. 8. (39 B.) Greifswald (830), Mauritius. 2 Thlr. 16 Gr., ws. Pap. 3 Thlr. 8 Gr., Vlnp.

Theomele. Eine Sammlung auserlesener christlicher Lieder und Gesänge aus den vorzügl. deutschen Dichtern älterer u. neuerer Zeit, als Zugabe zur Theomele für Gesang u. Pianoforte, für Schulen, Institute, Familienkreise u. freundschaftl. Zirkel. 8. Gütersloh 836. (Iserlohn u. Barmen, Langewiesche.) 1/2 ₰ — dass. Mit Begleitung des Pianoforte. 2 Hfte. Gesammelt u. herausg. von F. G. Eickhof. gr. qu. 4. Ebd. 1 7/12 ₰

—für Gesang und Pianoforte. 4 Bde. qu. Fol. Gütersloh ... Bertelsmann. 1r u. 2r Bd. à 1/2 ₰ 3r u. 4r Bd. à 1 ₰ — dass. Textbuch. 8. Ebd. 1/3 ₰

Théomèle. Collection de poésies religieuses et morales. Livre de dévotion. A l'usage de tous les cultes. 8. (13 1/8 B.) Leipzig 837. [Cassel,] Fischer.

Theomele. Auswahl vorzüglicher Lieder u. Gesänge von Händel, Schulz, Reichardt, Rolle, Hiller, Neefe etc. Mit Begleitung des Pianoforte. 2 Bde. 3. ganz umgearb. Aufl. qu. gr. 4. (70 u. 64 S.) Gütersloh 849. 50. Bertelsmann. (à 1/2 ₰) 1 ₰

Theomil, Hil., stets Freude d. Geistes, als das einzige Kleinod derer, die den Vater anbeten. 8. Frft. 719.

Theon, ein Gespräch über unsere Hoffnungen nach dem Tode, (v. Jh. Aug. Hnr. Tittmann). 8. Leipz. 801. Tauchnitz. 1 ₰

Theon oder poetische Anklänge des Geistes und des Herzens . . . Pesth 1832. V: *Ludvigh, Samuel von.* (KU) (rk)

Theon, od. poetische Anklänge d. Geistes u. d. Herzens auf e. Reise nach Syrakus. 1827. (Von Sim. v. Ludvigh.) 12. (7 1/4 B. u. 1 lith. Ansicht v. Neapel, kl. qu. Fol.) Pesth 832. [Hildburghausen, Kesselring.] 1 Thlr., Schrbp.

—od. poetische Anklänge des Geistes u. des Herzens auf einer Reise nach Syrakus 1827. Mit 1 lith. Ansicht von Neapel (in kl. qu. Fol.) 12. Pesth 832. (Leipz., Weygand). 1 ₰ Schreib: velinp. 1 ₰ 12 ℊ

Theon an Theano. [Tübingen 1796.] V: *Kosegarten, Ludw. Theob.* (MGT)

ΘΕΩΝΟΣ ΑΛΕΞΑΝΔΡΕΩΝ ΥΠΟΜΝΗΜΑ. Commentaire de Théon d'Alexandrie sur le premier livre de la Composition mathématique de Ptolémée, traduit pour la première fois du grec enfrançais, sur les Manuscrit, de la Bibliothèque du Roi, par M. l'Abbé Halma. I Vol. gr. 4. (Tome I.) Paris 821, Chez Merlin.

— le même. Tome II. contenant les Commentaire, sur le 2e livre de Ptolémée. gr. 4. Paris 821, Chez Merlin.

Theonis Smyrnaei Platonici expositio eorum, quae in arithmeticis ad Platonis lect. utilia sunt. Bullialdi interpret. latinam, lect. divers. suamque annotat. addid. J. J. de Gelder. 8maj. Leyd. 827. Luchtmans. 2 ₰ 6 ℊ

Theonis Smyrnaei, philosophi Platonici, expositio rerum mathematicarum ad legendum Platonem utilium. Rec. Ed. Hiller. 8. (VIII, 216 S.) Leipzig 878. Teubner. 3. —

Theonis Sophistae Progymnasmata. Typis repetenda cur. adnotationes select. Joach. Camerarii, Jo. Schefferi, Chr. Walzii editas, Jo. Henr. Lederlini inedit, scholia graeca et indices necessarios addidit Chrstph. Eberh. Finckh. 8 maj. (19 1/2 B.) Stuttgartiae 834, [Beck et Fränkel.]

Theonis Sophistae Progymnasmata. Typis repetenda curavit, adnotationes sel. Joach. Camerarii, Joh. Schefferi, Christ. Walzii editas, Joh. Henr. Lederlini ineditas, scholia graeca et indices necessarios addidit Chrtph. Eberh. Finckh. 8maj. (19 1/2 B.) Stuttgartiae 835, [Beck et Fraenkel.]

Theone und Siegberth. Melodrama von Presser. 8. Bresl. Korn d. ält. 786.

Theone, Dichtungen. 8. Tübing. Cotta. 806.

Theone, (Marie Therese v. Artner,) neuere Gedichte. 8. Tübing. 806. v. Cotta. 1 ₰ 4 ℊ

Theonia. Eine zeitgemäße Anthologie. Den Freunden und Freundinnen des Wahren, Guten und Sittlich-Schönen dargebracht von Ghold. Schäfer. 16. (XV und 112 S.) Bautzen 855, (Helfer.) *

Theophana; Trspl. in 5 A., nach Babo. N. A. 8. Wien 815. Wallishausser. 8 ℊ

Theophanes Continuatus, Joannes Cameniata, Symeon Magister, Georgius Monachius ex recognitione Imman. Bekkeri. 8 maj. Bonnae 838. Weber. n. 4 2/3 ₰ Schreibp. n. 6 ₰ Velinp. n. 7 1/2 ₰ (Ist ein neuer Band vom Corpus scriptorum historiae Byzantinae.)

Theophanes Homologetes

Theophanis Chronographia. Ex recensione Jo. Classeni. Vol. I. 8 maj Bonnae 839. Weber. n. 4 ₰ Schreibpap. n. 5 1/3 ₰ Velinpap. n. 6 1/3 ₰ (Ist ein neuer Band vom Corpus scriptorum historiae Byzantinae.)

Theophanis Chronographia. Ex recens. Ioan. Classeni. II Vol. (Vol. II. praecedit Anastasii Bibliothecarii histor. ecclesiast. ex recens. Imm. Bekkeri.) 8maj. Bonnae, Weber. [I. (52 1/2 B.) 839. * 4 Thlr., Schrbp. * 5 1/3 Thlr., Vlnp. * 6 1/3 Thlr., II. (47 B.) 841. * 3 1/2 Thlr., Schrbp. * 4 2/3 Thlr., Vlnp. * 5 2/3 Thlr.] * 7 1/2 Thlr., Schrbp. * 10 Thlr., Vlnp. *

Theophanis chronographia, s. a. Tafel, (G. L. F.)

Theophanis chronographia. Probe einer neuen kritisch-exeget. Ausg. Von G. L. F. Tafel. Lex.-8. (154 S.) Wien 853, (Gerold's Sohn.) *

Aus: Sitzungsberichte der k. Akademie der Wissenschaften, J. 1852, besonders abgedruckt.

Theophanis chronographia, rec. Carolus de Boor. 2 voll. Opus ab academia regia bavarica praemio zographico ornatum. gr. 8. Leipzig, Teubner. n. 50. —
1. Textum graecum continens. (VIII, 503 S.) 883. n. 20. —
2. Theophanis vitas, Anastasii bibliothecarii historiam tripertitam, dissertationem de codicibus operis Theophanei, indices continens. (788 S.) 885. n. 30. —

Theophanes Nowogorodensis. Lacrymae Roxelanae s. de obitu Petri Magni brevis narratio, duaeque de laudibus eiusdem divi principis orationes. 4 Hamburgi 1726.

Theophanes, Nonnus

Theophani Epitome, vide Nonni.

Theophania. Taschenbuch religiöser Dichtungen zur Erweckung der Andacht. Herausg. u. des Vaterlandes gebildeten Töchtern gewidmet von H. August. Mit Titelbild. 12. Wesel 838. Bagel. 7/12 ₰ geb. mit Goldschnitt n. 11/12 ₰

Theophania, oder Stunden der Seligkeit geweiht. Stimmen christlicher Denker und heiliger Sänger. gr. 8. (VIII und 231 S. mit lithogr. Titel.) Wien 846, [Jasper's Witwe und Hügel.] *

Theophania, S., rhetorice disponieret . . . und in einem new sehr anmuthig fünffachen Actu . . . öffentlich vorgestellet zu Newen-Ruppin 1846. Berlin. V: *Rose, Christian.* (GGr)

Theophania, ..., (Pauline Mar. Jul. v. Brochowska,) Charitas; eine Samml. v. Gedichten vermischten Inhalts rc. 8. Dresd. 827. (Arnold). 12 ℊ

Theophaniae, Augustae, vide C. T. de Murr.

Theophanie. Ein kirchlich-politisches Bekenntnis ... Regensb. 1857. V: *Bernhard, Friedrich Ludw. Freih. von.* (Gla I/2, 822)

Theophanie. Ein kirchlich-politisches Bekenntniß aus Anlaß von Friedrich Beck's: „Theophanie". Regensburg 857. Manz. gr. 8. (32 S.) n. 4 ngr.

Theophil od. Wahrheit u. Liebe. Ein Roman. gr. 8. (315 S.) Berlin 872. Voß. 2. 40

Theophil, Hosanna dem Sohne Davids, s. Hosanna.

Theophil, G. M., Gott mein Heil! Evangelisches Gebetbuch m. auserlesenen Andachten auf alle Fest-, Sonn- u. Werktage des Kirchenjahrs. Zum Haus-, Schul- u. Kirchengebrauch. 8. (436 S.) Pößneck 903. Leipzig, Schäfer & Schönfelder. n. 2.—; einfach geb. in Leinw n. 2.50; eleg. geb. 3.—

Theophil, N. Th., Das Evangelium Jesu Christi, des Sohnes Gottes u. Welthcilandes, in wortgenauer Zusammenstellung u. zu möglichst durchgängiger Bestimmtheit ergänzt aus sämtlichen Angaben der 4 evangelischen Berichterstatter nach Alliolis kirchlich genehmigter Übersetzung des Neuen Testamentes. Für Geistliche, Lehrer und alle gebildeteren Christen. Paderborn, Schöningh. 1860, 8°. VI und 316 S. mit 1 Stahlst., 2,50 Mk.
Recens. Litt. Blätt. der Sion, Jahrg. 34, Januar-Nro 1.

Theophil, N. Ch., vermischte Kanzel-Vorträge auf alle Sonn-, Fest- und Feiertage des kathol. Kirchenjahres sowie einige besondere kirchliche Anlässe. 2 Bde. Würzburg 860. Stahel. gr. 8. (VIII, 391; IV, 380 S.) Jeder Bd. n. 1 ₰. 3 ngr.

Theophil, N. Ch., vermischte Kanzel-Vorträge auf alle Sonn-, Fest- und Feiertage des kathol. Kirchenjahres sowie einige besondere kirchl. Anlässe. 2. Bd. (Enthaltend 52 Reden, von Christi Himmelfahrt bis zum letzten Sonntag nach Pfingsten.) gr. 8. (IV und 380 S.) Würzburg 857, Stahel'sche Buchh. *

—— vermischte Kanzel-Vorträge auf verschiedene Sonntage des kathol. Kirchenjahres. 3. Bd. (Enthaltend in drei Serien 53 Reden.) gr. 8. (IV und 359 S.) Würzburg 859, Stahel'sche Buchh. *

—— vermischte Kanzel-Vorträge auf verschiedene Fest- und Feiertage des kathol. Kirchenjahres, sowie auf besondere Ablässe nebst Zugabe einiger kürzeren Ansprachen und Schulreden. 4. (Schluß-)Bd. (50 Reden enthaltend.) gr. 8. (IV und 364 S.) Würzburg 860, Stahel'sche Buchh. *
1. Bd. Ebendas. 1856. * 1 Thlr. 3 Ngr.

Theophil, Thom., eine Ferienwanderung im Böhmerwald. Erzählung. (30 S.) kl. 8. Nürnberg (907). Mainbernheim, Buchh. d. bayer. Bundes d. christl. Ver. jung. Männer. -- 10

Theophila, die hl. Elisabeth, s.: Erzählungen f. Schulkinder.

Theophilander, Nachricht vom Mariendienste. s. l. 1723. 4.

Theophiloff, Stephan [aus Gabrowa '(Bulgarien)']: Zur Phylogenie der Tunicaten. Eine krit. Studie ... Jena, Druck v. B. Engau, 1892; 60 S. 8°
Jena, Phil. Fak., Inaug.-Diss. v. 1892

Theophiloff, Steph., zur Phylogonie dor Tunicaton. Eine krit. Studie. Diss. gr. 8. (60 S.) Jena 892. (Rudolstadt, H. Dabis.) n. 1. 20

Theophilos [Pseud.], s. Hodenberg, Bodo Frh. von

[F.] Rocholls Geschichte der evangelischen Kirche in Deutschland kritisch beleuchtet v. Theophilos. *Hannover: Wolff & Hohorst Nachf. 1897.* (51 S.) 1 Bd 8. [97. 3131

Theophilos, s.: Gottes Ordnung in der Natur u. Offenbarung.

Theophilos, s. Kirchenlehre, die, und die kirchliche Praxis.

Luther's Materialprincip zur Beleuchtung der für die nächste lutherische Conferenz gestellten Frage: Ist die Heilige Schrift einzige Quelle oder nur einzige Norm des Glaubens? Von Theophilos. Kropp. 1893. 8°

Theophilos, s.: Rocholl's Geschichte d. evang. Kirche in Deutschland.

Theophilos, s.a. Theologie, Erlanger.

Erlanger Theologie. Frank u. Seeberg. Von Theophilos. *Hannover: Wolff & Hohorst Nachf. 1899.* (19 S.) 8° [F.] [00. 11391

Theophilos, s.a. Welt- u. Kirchengeschichte, Berliner.

Berliner Welt- und Kirchengeschichte. Glossen zu Prof. R. Seebergs Schrift: 'An d. Schwelle d. 20. Jhs.' von Theophilos. *Melsungen: W. Hopf 1902.* (80 S.) 8° [F.]
Aus: Deutsche Rechtspartei. 1901. [03. Mär 4

Theophilos, J. H., das amtl. Verhältniß zwischen Predigern u. Schullehrern, nebst Vorschlägen, durch welche das Gedeihen d. Volksschulen u. ihrer Lehrer befördert wird. Ein Beitr. z. Schlichtung d. Streites zwischen beiden Ständen. Mit e. Nachtr. üb. d. Verhältniß d. Schullehrers als Küster. gr. 8. (8½ B.) Lemgo 841, Meyer'sche Hof-Buchh.

Theophilus, hrsg. v. Rob. Petsch, s.: Bibliothek, germanische. II, 2.

Theophilus. Ein Sonntagsblatt zur Beförderung christl. Erkenntniß u. christl. Lebens. Redig. v. Scholl. 1. u. 2. Jahrg. 1834 u. 35. à 52 Nrn. (½ Bog.) gr. 4. Stuttgart, Metzler. à J.

Theophilus, gedicht der XIVe eeuw, gevolgd door drie andere gedichten van het zelfde tydvak, uitgegeven door Ph. B. gr. 8. Gent 836. (Bonn, Marcus.) n. 1 ₰

Theophilus: 1844?-?
Edited & published by M. Schaad. National and international news, politics, religious material. Democratic.
Zanesville, OH

Theophilus in Icelandic, Low German and other tongues from M. S. S. in the Royal Library Stockholm by George Webbe Dasent, M. A. gr. 8. (9⅝ B. u. 1 Stnt.) London 845. Leipzig, Brockhaus u. Avenarius. *

Theophilus. Niederdeutsches Schauspiel aus einer Trierer Handschrift des XV. Jahrhunderts. Mit Einleitung, Anmerkungen u. Wörterbuch von Hoffmann v. Fallersleben. Erster Druck. Hannover 853. Rümpler. 8. (XIV, 86 S.) 22½ ngr.

— — in zwei Fortsetzungen aus einer Stockholmer u. einer Helmstädter Handschrift. Mit Anmerkungen von Hoffmann von Fallersleben. Hannover 854. Rümpler. 8. (IV, 93 S.) 22½ ngr.

Theophilus. Das Faust-Drama des deutschen Mittelalters, übers. u. m. e. erläut. Einleitg. versehen v. J. Webbe. 8. (LXIII, 79 S.) Hamburg 888. Grüning. n. 2.—

Theophilus. Mittelniederdeutsches Drama in 3 Fassungen hrsg. von Robert Petsch. Heidelberg: C. Winter 1908. (X, 103 S.) 8°
= Bibliothek, Germanische. Abt. 2, Bd 2. [08. 11195]

Theophilus der Faust des Mittelalters, siehe: Bibliothek der deutschen National-Literatur. I. Abtb. 27. Bd.

Theophilus und Cäcilie. Ein katholisches Haus- u. Unterhaltungsbuch. Von einem Doctor der Theologie. Mainz 859. Kupferberg. 8. (109 S.) 7½ ngr.

Theophilus Antecessor

Theophilus. Paraphrase über die Institutionen Justinians. Aus dem Griechischen übersetzt und mit erklärenden Anmerkungen begleitet. Göttingen 1805. Ü: *Fincke, Johann Carl.* (KGBerlin I, 214)

Theophilus, Antecess. Paraphrase üb. die Institutionen Justinians, a. d. Griech. mit Anmerk. v. J. C. Finke. 2 Bde. gr. 8. Götting. Dankwerts. 809.

— Paraphrase üb. die Institutionen Justinians; aus d. Griech. mit Anmerkk. von Jh. Cph. Finke. 2 Bde. gr. 8. Götting. 809. (Vandenhöck u. R.) 1 ₰

Theophilus Paraphrase der Institutionen Justinians. Aus dem Griech. übersetzt mit Anmerk. von K. Wüstemann. Berlin 821. 2 Bde. 8.

— Paraphrase der Institutionen Justinians; aus d. Griech. übers. u. mit Anmerkk. begl. v. K. Wüstemann. 2 Bde. gr. 8. Berl. 822. Mylius. 5 ₰

Theophilus: Paraphrase der Institutionen Justinians. Aus d. Griech. übers. u. mit Anm. begleitet von Karl Wüstemann. Bd 1. 2. Berlin 1823. 2 Bde

— Paraphrasis institutionum latine versa a C. A. Fabroto. 12. Leyd. 761. (Luchtmans). 2 ₰

Institutionum graeca paraphrasis Theophilo Antecessori vulgo tributa ad fidem libr. manu script. rec., proleg., notis crit., versione latina instr. E. C(ontardo) Ferrini, antecessor Ticinensis. Acc. epistula C[aroli] E[duardi] Zachariae a Lingenthal. P. I. II. (In 4 Fasc.) *Berolini: Ap. S. Calvary eiusque socios 1884—97.* 2 Bde 8.
I. Libros I et II et proleg. cont. Cum epistula ... 1884. (XXII S., 1 Bl., 254 Doppels.)
II. Libros III et IV, stemmata [¹] cognationum, append. cont. 18(85—)97. (2 Bl., 255—511 Doppels. bzw. S.) [97. 4677]

Theophili Antecess., paraphrasis graeca Institt. Caes., c. not. integr. *P. Nannii, J. Curtii, D. Gothofredi, H. Ernesti,* et *C. A. Fabroti,* ac selectis quam plurim. eruditor. observatt., cum tis, tum inedit.; lectt. varietat. ex prim. edd. et Pithoeano MS. inseruit, nov. vers. *κατὰ πόδας* concinn., suasque animadverss. et *ἐπικρίσεις* add. W. O. Reitz, qui et fragm. *Theophil.* nunc prim. coll. et titulos graec. de V. S. et de R. J. denuo recogn., nec non XX. excursus var. arg., c. gloss. *Theoph.* atque copiosiss. tam rer., quam auctor. indd. subj. II. T. *Haag* u. *Lpz.*, Weidmann. B. 751. 4. (10 Thl. 12 Gr.)

Theophili Antecessor. paraphrasis graeca institutionum Caesarearum, cum notis integris Nannii, Curtii, Gothofredi, Ernestii et Fabrotti, ac selectis quamplurimor. eruditor. obss. cum editis tum ineditis. Lectionum varietatem inseruit, novam version. concinnavit, suasq. animad. et *ἐπικρίσεις* addidit Wilh. Otto Reitz. II Tomi. 4. Haag. 751. 5 ₰ (Weigel in Leipz.) 9 ₰

— paraphrasis graeca institut. caesareum, c. not. integris Nannii, Curtii etc. II Tmi. 4. Lps. Weidmann. 756.

— paraphrasis Justiniani institutionum; secundum versionem latinam G. O. Reitzii. Accedunt Justiniani institutiones cum variarum lectionum delectu ex recensione E. Schrader. Editio nova. Amstelodami 860. (Leipzig, Fr. Fleischer.) gr. 8. (VIII, 455 S. mit 1 Tab. in 4.) cart. n. 2 ₰ 17 ngr.

Θεοφίλου Ἀντικήσωρος τὰ Ἰνστουτα μετὰ τὸν οὐσιωδεστέρων ποικίλων γραφῶν τῶν διαφόρων χειρογράφων, καί τινων ἄλλων σημειώσεων, ἐκ τῆς ἐκδόσεως τοῦ Ρειτζίου, οἷς προσετέθη καὶ πίναξ ἀναλυτικὸς τῶν ἐμπεριεχομένων, ἐπιμελείᾳ τοῦ Γ. Α. Ρ. gr. 8. *Ἀθήναις* 836. (Leipzig u. Paris, Brockhaus u. Avenarius.) n. $2^1/_3$ ₰

Theophilus Antiochenus

Theophili ad Autolycum libri tres, edid. Otto, s. Corpus Apologetarum christianorum.

Theophilus, lib. III. ad Autolycum graece ad fidem cod. Msc. Bodleiani et ex parte Regii Parisiensis denuo recognit et pluribus in locis castigati versione latina frequenter emendata notisq. tum aliorum tum suis instructi a I. C. Wolff. 8. Hamb. Bohn. 723.

Theophili, *ad Autolycum* libri.
— — Gr. et lat. Recogn. notisque illustr. J. C. Wolfius. Hamb. 724. 8. 18 gr.

— drey Bücher an Autolycum, darinnen d. Aberglaube beschämt, u. die christl. Religion beschützt wird, a. d. Griech. m. Anmerk. v. G. C. Hofmann. 8. Ebend. 729.

Theophilus v. Antiochien, des, Vertheidigung d. Christenthums; übers., mit e. Einleit. u. Erläutern. versehen v. Wilh. Ferd. Thienemann. Mit e. Vorr. d. Joh. Chrstn. Wilh. Augusti. gr. 8. (10 B.) Leipzig 834, Dyk.

Theophilus Edessenus, s.: Acta sanctorum confessorum Guriae et Shamonae.

Theophilus Pomeranus s. Bonin.

Theophilus Presbyter

— Schedula diversarum artium, s. a. Quellenschriften f. Kunstgeschichte u. Kunsttechnik d. Mittelalters.

Theophilus Presbyter. Schedula diversarum artium. 1. Bd. Revidirter Text, Uebersetzung und Appendix von Alb. Ilg. — Anonymus Bernensis zum ersten male herausgegeben und übersetzt von Hermann Hagen. (Ueber Bindemittel und das Koloriren von Initialen.) (Quellenschriften für Kunstgeschichte und Kunsttechnik des Mittelalters und der Renaissance VII.) Wien 1874. 8°.

Theophilus Protospatharius

Theophili et Stephani Atheniensis de febrium differentia ex Hippocrate et Galeno edidit Demetr. Sicurus. Florentiae 862. (Athen, Wilberg.) gr. 8. (46 S.) n. 16 ngr.

Theophilus, deutliche Anweis. zum Briefschreiben. 8. Leipz. 761. Rumpf. 7 gr.

— gründl. Anweis. zum Briefschreiben, nebst e. Zeitungslexicon. 8. Leipz. 770. Müller. 1 ₰ 4 gr.

Theophilus, concordia evangeliorum synoptica qua Marci et Lucae ordini Matthaeus ubi differt adaptatur. Joannes apto loco intercalatur. 8. (285 S,) Brüssel 871. Herzogenbusch, Mosmans. n. 2. —

Theophilus, s.: Gedankenspäne.

Theophilus, s.a. Gottmenschen.

Gottmenschen. Von **Theophilus**. Leipzig: Verl. f. Lit., Kunst u. Musik 1906. (46 S.) 8° [F.]

Theophilus, s.: Mensch, d. vollkommene, ist der Mensch geword. Gott od. Christus.

Theophilus

Mineralogia, oder Chymischer Schlüssel, d.i.: Kurtzer Bericht, wie man aller Metallen und Mineralien Natur...erforschen solle...zuletzt wird das spargirte Rätzel: Ich bin weder Geschöpff noch ein Schöpffer...deutlich erkläret, vorgestellet von Theophilo [Theophilus]. Franckfurt; Nürnberg: Zieger 1706. 466 S. 8°

— Schola sapientum, Schule d. Weisen. 3 Thle. 8. Wesel. 711.

Theophilus, ein Sommernachts-Traum. (Gedichte.) gr. 16. (72 S.) Leipzig 847. (Opitz.) n. 1/6 ℛ

Theophilus, ein Sommernachts-Traum. (Gedichte.) gr. 16. (72 S.) Leipzig 848, (Opitz.) *

Theophilus, Ch., systema theolog.-mysticum, oder d. 12 Apostel mystischer Sieg, sammt e. Zugabe. 8. Liegn. 760. Siegert. 5 ℊ

THEOPHILUS, Christian (d. i. *C. Teuffel*, laut Weller, fing. Dr., dagegen *Andreas Ehrenberger* nach W's. Lex. Pseud.). — Der in seiner Andacht lächerliche, abergläubische, neuaufgestandene Eulenspiegel, durch allerhand abergläubische Exempel, ausgesonnene oder falsche Erscheinungen, und andere viele unwahre Erzehlungen und Fabuln, aus unterschiedlichen Scribenten colligiret und (alphabetisch) dargestellet. Von CHRISTIAN THEOPHILO, Photopolis (Jena, Gollner), Anno MDCCXVI. (1716.) 8°.

Theophilus, Cratian., Prosaische Gedanken über den gegenwärtigen Zustand der Sachen in Europa. Gesprächsweise abgefasst. Stück 1.—3. 1758. 4.

Theophilus, Georg Mich., Hirschfeldens irrige Lehre von der Erlösung der Verdammten, contra die Wiederbringung aller Dinge. Hamb. 725. 8.

Theophilus, H. F., Siehe, dein König kommt! Eine religiöse Rede. 8. Berlin, Laugier. 821.

Theophilus, (H. F.) Siehe! Dein König kommt! Eine religiöse Rede. gr. 8. Berl. 825, Logier.

Theophilus, Joh., evangel. Hauspostille, od. geistr. Betracht. üb. d. jährl. Sonn- u. Festtagsevang. 8. Bautzen, Drachstedt. 735.

Theophilus, Josephus, der hl. Thomas v. Aquin, der große Theolog u. Philosoph des 13. Jahrh., dessen Leben u. Wirken. Neubearb. nach glaubwürd. Quellen v. Touron, Delecluze u. Harry Hoertel zum Gebrauche f. kath. Studiosen u. religiöse Laienwelt. (XI, 91 S. m. 1 Bildnis.) kl. 8. Augsburg 903. M. Rieger. n. 1.25; kart. n. 1.60; geb. n. 2. —

Theophrastus, Grabmann, s. Geschichte.

Theophrastus Paracelsus Bombastus ... Innsbruck 1869. V: *Moriggl, Simon.* (MARGR)

Theophrastus

— Abhandl. von den Steinarten; aus d. Griech. mit Anmerkk. v. C. Sph. Schmieder. gr. 8. Freiberg 806. Graz u. G. 9 ℊ

Theophrastus, Abhandlung von den Steinarten; aus dem Griechischen übersetzt und mit Anmerkungen begleitet von Carl Schmieder. Freyberg 1807. 8.

— Abschilderung der menschl. Sitten, mit deutschen Anmerkk. hrsgg. v. H. W. Rotermund. 8. Hamb. 791. (A. Campe). 6 ℊ

— Abschild. d. menschl. Sitten m. deutsch. Anmerk. herausg. v. H. W. Rotermund. 8. Hamb. Hoffmann. 791.

Theophrastus. Caractères trad. par J. de La Bruyère ... Dresde 1769. H: *Walther, Conrad Salomon.* (MGT)

— Charakterbilder, s.: Kultur, antike. II.

Theophrast's Charakter-Bilder, s. Universal-Bibliothek Nr. 619.

— Charaktere, s.a. Bibliothek der Übersetzungen sämtlicher griechischer und römischer Klassiker

— Charaktere, s.a. Prosaiker, griechische.

— Charaktere, s.a. Sammlung griech. u. röm. Classiker. — Volks-Bibliothek, deutsche, der griech. u. röm. Classiker.

— u. de la Bruyere Charaktere, a. d. Franz. 8. Lpz. Gleditsch. 754.

— u. de la Bruyere Charaktere. Mit e. Vorr. von den Vorzügen u. Eigenschaften d. moral. Schildereien, von Jh. Eisgm. Kiesling. gr. 8. Nürnb. 754. Bauer u. R. 1 ℛ

— Charaktere; aus d. Griech. übers. mit Anmerkk. von J. D. Büchling. gr. 8. Halle 791. Hendel. 6 ℊ

— Charaktere, übers. v. Rommel, s.a. Uebersetzungs-Bibliothek.

— Charaktere; übers. mit Anmerkk., nebst einigen Charakteren v. D. Cph. Rommel. 8. Leipz. 809. Barth. 8 ℊ Hbg. Pr. 6 ℊ 2e A. Mit Titelkpf. 16. Prenzl. 827. Ragoczy. 6 ℊ

— — Übersetzt mit Anmerkungen von J. J. Hottinger. Münch. 811. 8. 1 rthlr. 6 gr. Neue Ausg. Münch. 821. 8.

Theophrast. Charaktere, übersetzt von Chr. Rommel. 2. Aufl. Prenzlau 1827. 8°.

Theophrast. Charaktere, übersetzt von C. Fr. Schnitzer. Stuttgart 1859. 8°.

Theophrasts Charaktere. Hrsg., erkl. u. übers. v. d. philol. Gesellschaft zu Leipzig. *Leipzig: B. G. Teubner 1897.* (LXII S., 1 Bl., 276 S., 1 Bl.) 1 Bd 8. [97. 5933]

Theophrast's Charaktere. Übers. u. erläutert v. Wilh. Binder. 2 Lfgn. 3. Aufl. (84 S.) kl. 8. Berlin-Schöneberg (908). Langenscheidt's Verl. à Lfg. — 35

Theophrastus. Moralische Charaktere. Mit dessen Leben. Leipz. 1783. Ü: *Vollbeding, Joh. Chph.* (DegG) (Hoff) (Ky) (MGT)

— moral. Charaktere; aus d. Griech. (v. J. Cph. Vollbeding); nebst dessen Leben. 8. Leipz. 783. Schwickert. 3 𝒢

— moral. Charaktere, griech., mit erklär. Anmerkk. u. e. griech.-deutschen Wortregister, v. J. D. Büchling. gr. 8. Halle 792. Hendel. 16 𝒢

— charactères, grec et français. 8. Hamb., (Campe). 2 ℛ

— — seu notationes morum, graece. 8. Berl. Franke. 712.

— — Gr. et lat. cum variis lectt. et notis ed. J. C. Schwarz. Coburg. 739. 4. 6 gr. Ib. 754. 4. 6 gr.

— — — ut Js. Casaubonus e graeco in lat. serm. vertit. 8. Lps. 759.

— — — ed. Fischer. 8. maj. Coburg, Ahl. 763. Schreibpap.

— Characteres (gr.). Recensuit animadv. illustr. atque indicem verborum adj. Jh. Fr. Fischer. Acced. Comm. Js. Casauboni. 8maj. Cob. 763. (Riemann). 1 ℛ 4 𝒢 Schrbp. 1 ℛ 8 𝒢

— — Griechisch und Deutsch mit Hill's Anmerkungen von Baumgärtner. Nürnb. 770. 8. 20 gr.

Theophrastus. Characteres. In usum scholarum. Magdeb. 1773. 1779. V (Index): *Bremer, Joh. Christoph.* (Hoff)

— Characteres in usum schol. ed. Jh. Cph. Bremer. 8. Magdeb. 773. Zapf. 8 𝒢

— Characteres, graece, in usum scholarum c. vocabulario german. 8. Magdeb. 782. Creutz. 6 𝒢

— — graece c. not. illustr. Amadutius. 4. maj. Parma. Handwerk, 788.

— Characteres gr. c. adnotat. et indic. locuplet. ed. J. F. L. Menzel. 8. Bayr. 789. Grau in Hof). 8 𝒢

— — — graece c. adnotat. et indic. locuplet. ed. I. F. L. Mentzel. 8. Bayreuth, Lübeck. 789.

— — Griechisch mit Anmerkungen von H. W. Rotermund. Hamb. 791. 8. 6 gr.

— — Griech. mit Anmerk. von Nast. Stuttg. 791. 8. 12 gr.

— cum additament. anecdotis descrips. J. P. Siebenkees. Edidit et lect. varietatem adj. J. A. Göz. 8maj. Nürnb. 798. Stein. 12 𝒢

Θεοφραστου χαρακτηρες, seu notat. morum atticorum. Graece ex libror. script. copiis et fide interpolati, et aucti virorumque doctor. conject. correct. G. Schneider. 8. maj. Jenae, Frommann. 799.

— Characteres. Graece. Edid. J. G. Schneider. Editio minor in us. stud. juvent. Indiculo nominum et vocabul. aucta. 8. Jena 800. Frommann. 16 𝒢 Hbg. Pr. 12 𝒢

— — — in us. stud. juvent. scholasticae et academicae c. interpret. latina ed. L. Sahl. 8. Copenhag. Proft. 802.

— in us. stud. juvent. scholast. et academicae c. interpret. lat. ed. L. Sahl. 8. Kopenh. 802. (Schubothe). 12 𝒢

— — Graece ed. J. A. Sixtus. Norimb. 802. 8. 5 gr.

— — — idem lib. 8. Copenhag. Schubothe. 807.

— — Graece in usum schol. c. indice nominum et verbor. ed. J. G. Schneider. Jen. 808. 8. 16 gr.

— Characteres, graece ex optimorum libror. praesertim codicis palatino-vaticani fide et recentissimorum interpretum suisque conjecturis emendatus, criticis Annotationibus et Commentario perpetuo illustravit D. S. N. J. Bloch. Pars prior graeca et crisin complectens. 8. Altona 814. Hammerich. 16 𝒢

— χαρακτηρες ἑλληνιστι ἐκδοθεντες μετα συντομων κριτικων ἐπισημασεων ὑπο Δημητριου Νικολαου Δαρβαρεως. 8. Ἐν Βιεννῃ 815. (Wallishauser; Leipz., Hinrichs). 14 𝒢

— — Characteres in usum lectionum edidit et indice vocabulorum instruxit F. Astius. 8maj. Ibid. 815.

— — Graece in usum scholar. ed. Ast. Lips. 816. 8. 6 gr.

— Characteres. Ad optimor. libror. fid. recensuit, de notationum ingenio atque auctore exposuit, perpetua adnotatione illustr. atque indicem verborum adjec. Fr. Astius. 8maj. Leipz. 816. Weidmann. 1 ℛ 6 𝒢 Schreibp. 1 ℛ 12 𝒢 Velinp. 2 ℛ

— Characteres in usum lectionum edidit et indice vocabulorum instruxit Fr. Astius. 8maj. Leipz. 816. Weidmann. 6 𝒢

— Characteres passim emendati in usum praelectionum. 12maj. Tübing. 819. Osiander. 6 𝒢

— Characteres. Cum adnotationibus et indice locuplet. Edit nova. 8maj. Leipz. 820. Joachim. 12 𝒢

— — Characteres. Epicteti manuale et Cebetis tabula. 12. Edit. stereot. Lips., Tauchnitz. 821. Fein Pap.

Theophrasti, Characteres Epicteti Manuale et Cebetis Thebani Tabula, omnia adopt. libr. fidem accur. edita; edit. stereot. 12. Lipsiae 822, Tauchnitz.

— Characteres, Epicteti manuale et Cebetis tabula. 16. Edit. stereot. Leipz. 821 u. 826. 4 𝒢 Hbg. Pr. 2 𝒢 Fein P. 6 𝒢

Theophrasti Characteres, Marci Antonini commentarii, Epicteti dissertationes ab Arriano literis mandatae, fragmenta et enchiridion cum commentario Simplicii, Cebetis tabula, Maximi Tyrii dissertationes. Graece et lat. c. indicibus. Theophrasti characteres XV et Maximum Tyrium ex antiquissimis codicibus accurate excussis emend. Fred. Dübner. (Bibliotheca scriptor. graecor. Vol. X.) Lex.-8. (43¼ B.) Parisiis 840, [Didot Fratres.] Thlr. *

— characteres, Epicteti manuale et Cebetis Thebani Tabula. Nova editio stereot. 16. Leipzig 844, K. Tauchnitz. 1/12 ß fein Pap. 1/8 ß

Theophrasti characteres. Edid. Heur. Ed. Foss. Lipsiae 858. Teubner. 8. (XVII, 100 S.) 12 ngr; Velinp. 18 ngr.

Theophrasti characteres edid. Eug. Petersen. Leipzig 859. Breitkopf & Härtel. gr. 8. (VI, 181 S.) 1 ß

Theophrasti Characteres, Epicteti Manuale et Cebetis Thebani Tabula. Edit. stereot. C. Tauchnitiana. Nova impr. 16. (180 S.) Leipzig 870, Holtze.

Theophrasti characteres, Epicteti manuale et Cebetis Thebani tabula. Editio C. Tauchnitii ster. 16. (88 S.) Leipzig 895. O. Holtze's Nachf. — 80

— Characteres, recensuit Herm. Diehl. (XXVIII, 72 S.) 8. Oxford 909. Clarendon Press. nn 3.—; geb. in Leinw. nn 3. 60

— Characteres ethici graece. 8. Halle 757. (Laue in Berl.) 2 gr Mit deutsch. Wortregister. 6 gr

— — ethici ed. G. Bremer. 8. Magdeb. Zapf. 774.

— — — (griechisch ohne Version.) 8. Dresd. Gerlach. (Weger.) 788.

— Characteres ethici, (griechisch ohne Version). 8. Dresd. 788. (Weygand in Leipz.) 2 gr

Theophrastus. Χαρακτῆρες ἠθικοί. Characteres ethici, vt Isaac. Casavbonvs in latinvm sermonem vertit . . . Lipsiae 1726. II: *Freytag, Friedrich Gotthilf.* (Hoff)

— — morum c. nova versione latina ed. I. C. Schwarz. 4. Coburg. 754.

— de Characteribus ethicis libellus, cujus textum graecum seorsim ed. Jh. A. Sixtus. 8. Nürnb. 802. Monath u. K. 5 gr

— Charakterschilderungen, übers. v. Hottinger. gr. 8. München, Stöger. 810.
Schreibp.
Velinp.

— — Charakterschilderungen, übersetzt und erläutert von J. J. Hottinger. gr. 8. München. 810. Ist jetzt Verlag von Thienemann.

— Charakterschilderungen; übers. v. J. J. Hottinger 1. gr. 8. Münch. 2e A. 811. 3e A. 821. (Finsterlin). 2 ß Schreibp. 2 ß 16 gr Velinp. 4 ß Hbg. Pr. 1 ß 8 gr Schreibp. 1 ß 16 gr Velinp. 2 ß (Die 1e Aufl. stand in Wielands attischem Museum.)

—— Haushaltung, s. Philodem's Abhandlungen.

Theophrasti. Eres., libri de historia et de causis plantarum cum libellis plerisque physicis ex interpretatione Theod. Gazae, Adrian. Turnebii, Simonis Portii et Dan. Furlani, emendata et graecis verbis, uti nunc edita leguntur, accommodata, curav. Jh. Glo. Schneider. 8maj. Leipz. 822. W. Vogel. 3 ß

— — de historia plantarum libri X graece, cum syllabo generum et specierum, glossario, et notis. Curante Joh. Stackhouse. Pars Ia et IIa. 8. Oxonii. (Havniae, Brummer in comm.) 817. 9 —

— Kennzeichen der Sitten, nebst de la Bruyere moral. Abschilderung der Sitten dieser Zeit; aus d. Französ. übers. 2 Thle. 8. Regensb. u. Wien 754. Montag u. W. 16 gr (Leipz., Brockhaus). 1 ß

— — dasselbe. 2 Thle. 8. Wien, Kraus. 772.

— περὶ λέξεως libri fragmenta. Collegit, disposuit, prolegomenis instruxit August. Mayer. (LI, 229 S.) kl. 8. Leipzig 910. B. G. Teubner. 5.—; geb. in Leinw. 5. 40

(Bibliotheca script. Graec. et Rom. Teubneriana.)

Theophrast's Naturgeschichte der Gewächse. Aus dem Griech. übersetzt mit Anmerk. von C. Sprengel. Altona 821. 22. 2 Thle. 8. 3 rthl. 8 gr. (I. Übers. II. Anmerk.)

— Naturgeschichte der Gewächse; übers. u. erläut. v. K. Sprengel. 2 Thle. (1r Thl. Uebersetzung. 2r Thl. Erläuterr.) gr. 8. Altona 822. Hammerich. 3 ß 8 gr Schrbp. 4 ß

— peripatetici notationes morum ex interpret. J. G. Berndtii, rec. J. F. Fischero. castig. et recens. 8. Ratenoviae 817. Flick. (Halle, Waisenhaus-B.) 6 gr

— — opera quae supersunt omnia botanica, physica et moralia. E libris scriptis et editis recens. et emendavit J. Gottl. Schneider, Saxo. Vol. I — IV. 8maj. Lips., W. Vogel. 818 — 20. 23 16
Charta scriptoria 31 —
Charta membran. 41 —

Theophrasti, Eres., quae supersunt opera et excerpta librorum (gr. lat.) Ad fidem libr. editorum et scriptorum emendavit, historiam et libros VI de causis plantarum conjuncta opera D. H. F. Linckii, excerpta solus explicare conatus est J. Glo. Schneider, Saxo. IV Voll. 8maj. Leipz. 818—821. W. Vogel. 23 ß 16 gr Schreibp. 31 ß Velinp. 41 ß Vol. V. Supplem. et Ind. cont. 8maj. ibid. 821. 4 ß 8 gr Schrbp. 5 ß Velinp. 5 ß 16 gr

Theophrasti Eresii Opera quae supersunt omnia. Emendata ed. cum apparatu critico Frid. Wimmer. Tom. I. — Et. s. tit.: Historia plantarum. Lex.-8. (25 B.) Vratislaviae 842, Hirt. •
Vgl: Teofrasta.

Theophrasti Eresii opera quae supersunt omnia. Ex recognitione Frid. Wimmer. II Tomi. (Historia plantarum. — De causis plantarum libri VI.) 8. (LII und 618 S.) Lipsiae 854, Teubner. à Tom. 18 Ngr. Vlnp. à Tom. 27 Ngr.

Theophrasti Eresii opera quae supersunt omnia. Ex recognitione Frid. Wimmer. Tom. III. Fragmenta continens. Accessit Prisciani Lydi metaphrasis in Theophrasti libros de sensu et de phantasia. 8. (XXXIII und 330 S.) Leipzig 862, Teubner. 24 Ngr.; Velinp.
Tom. 1. und 2. Ebendas. 1854. 1 Thlr. 6 Ngr.; Velinp. 1 Thlr. 24 Ngr.

Theophrasti Eresii opera, quae supersunt, omnia graeca recensuit, latine interpretatus est, indices rerum et verborum absolutissimos adjecit Frid. Wimmer. Paris 866. Didot frères, fils & Co. Lex.-8. (XXVIII, 547 S.) n. 4 ß

Index scholarum quae summis auspiciis Regis Augustissimi Guilelmi II Imperatoris Germanici in universitate Fridericia Guilelmia Rhenana per m. hib. a. 1890–91 a d. XVI m. Oct. publice privatimque habebuntur · Inest Theophrasti de prima philosophia libellus ab *Hermanno* Usenero editus. Bonnae, typ. C. Georgi univ. typogr., *1890*; XII, 14 S., 6 Bl. 4°

— Sittengemälde n. e. Abhandl. üb. d. Manier d. Theophrast, bearb. v. J. J. H. Nast. 8. Stuttgart, Erhard. 791.

— Sittengemälde, nebst e. Abhandl. üb. die Manier des Theophrast, für höhere Schulen, neu bearb. u. mit e. Zugabe begleitet v. J. J. H. Nast. 8. Stuttg. 791. (Hoffmann). 12 gl.

Theophrast, Cres., Sittengemälde; aus d. Griech., mit Erläuterr. aus der Psychologie u. Sittengeschichte; nebst Theophrasts Biographie v. K. G. Sonntag. 8. Riga 790.

Theophrastus. Spiegel menschlicher Sitten, a. d. Griech. ... Dresd. u. Leipzig 1737. Ü: *Müller, Gfr. Ephr.* (DegG)

Theophrastus. Von den Steinen, a. d. Griech. Nürnberg 1770. Ü: *Baumgärtner, Albrecht Heinrich.* (BrMm)

— — v. Steinen, griech. u. deutsch m. Hills Anmerk. v. Baumgärtner. 8. Nrnb. Grattenauer. 770.

— von den Steinen; aus d. Griech.; nebst Hill's physikal. u. krit. Anmerkk., aus d. Engl. übers. Mit Anmerkk. u. e. Abhandl. von der Kunst der Alten, in Stein zu schneiden, verm. v. A. H. Baumgärtner. 8. Nürnb. 770. (Lauffer in Lpz.) 22 gl.

Theophrast, übers. von W. Binder, s. Bibliothek, Langenscheidt'sche, sämmtlicher griechischer und römischer Klassiker.

Theophrastus Bombastus von Hohenheim, gen. Paracelsus, s.a. Paracelsus, Theophrastus

— Geheimnisse, od. neueröffnete Kunstkammer f. Weinhändler, Goldschmiede rc. 8. Constantinopel. 720.

Theophrastus, Phil., (Paracelsus genannt) Geheimnisse aller Geheimnisse. 8. Erfurt. 746.

Theophrastus, Phil., (Paracelsus genannt,) Geheimnisse aller Geheimnisse. 8. Frankf. 770. Fleischer. 5 gl.

— kleine Hand- u. Deutbibel. 8. Lpz. Friderici. 736.

— chymischer Psalter, od. philosoph. Grundsätze vom Stein der Weisen anno 1522. 8. Berl. 791. Maurers B. 3 gl.

Theophrastus Paracelsus System der Medicin, im Auszuge, s. Preu, H. A.

— Wünschhütlein. 8. Erfurt. 738.

— natürl. Zaubermagazin. 8. Leipz. 779. (v. Cotta in Tübing.) 10 gl.

Theophron oder der Freund der Jugend. Berlin 1775. Ü: *Traue, Carl Daniel.* (ML)

Theophron u. sein Sohn. Ein moral. Wegweiser f. Jünglinge, welche in d. bürgerl. Leben treten u. sich zu guten, nützl. Menschen ausbilden wollen. 8. (6¼ B.) Quedlinburg 830, Ernst.

Theophylactus, comment. in IV. Evangelist. graece, cum versione lat. Oecolampadii. 4. Cöln. 701.

Theophylacti Simocattae histor., s.a. Corpus scriptor. histor. Byzant.

Theophylacti Simocattae historiarum libri octo recogn. Imm. Bekkerus. — Genesius ex recogn Car. Lachmanni. 8 maj. Bonnae 834. Weber. 3½ Rthlr — Subscr.-Pr. n. 2⅔ Rthlr Schreibpap. n. 3⅓ Rthlr Velinpap. n. 4 Rthlr

Theophylacti Simocattae historiae, ed. C. de Boor. 8. (XIV, 437 S.) Leipzig 887. Teubner. 6.—

Θεοφυλακτος. Theophylacti Simocattae quaestiones physicas et epistolas ad codd. recensuit versione Kimedonciana et notis instruxit Jo. Franc. Boissonade. 8 maj. Parisiis 835. Mercklein. (Lipsiae, Brockhaus.) n. 3 Rthlr

Theopluton, S., (Psdn.,) vom Götzendienst unserer Zeit. 8. Leipz. 818. Lehnhold. 12 gl.

Theopold, üb. das Hebammenwesen im Fürstenth. Lippe. Ein Beitrag zur Reform. Inauguraldissertation zur Erneuerg. d. Diploms. gr. 8. (30 S.) Detmold 885. Hinrichs. n. — 80

Chronik der Familie Theopold. Bearb. von Ed. **Theopold,** Pastor zu Augustdorf. Als Ms. gedr. (1.) Gütersloh 1896: C. Bertelsmann. 8°

Theopold, Ed., Erinnerungen an Karl Theopold, weil. Hülfsprediger an der reformierten Gemeinde in Detmold, nebst einigen seiner Predigten. 2. Aufl. gr. 8. (103 S. m. 1 Bildnis.) Detmold 899. (C. Schenk.) 1. 50
1. Aufl. (113 S. m. 1 Bildnis) 899. n. 1. 40.

Theopold, Ed., die Reformation in Lippe 1500—1684. 8. (44 S.) Lage 898. H. Welchert. n. — 50

Theopold, Johannes, appr. Arzt a. Barntrup: Ein Beitrag zur Lehre von der Arhythmia perpetua. Naumburg 1907: Lippert & Co. (25 S.) 8°
Jena, Med. Fak., Ref. Gerhardt, Diss. v. 25. Jan. 1907
[Geb. 23. Nov. 81 Barntrup; Wohnort: Barntrup; Staatsangeh.: Lippe-Detmold; Vorbildung: Gymn. Lemgo Reife O. 01; Studium: Jena 5, Leipzig 1, Würzburg 1, Berlin 1, Jena 1 S.; Coll. 5. Nov. 06; Approb. 25. Jan. 07.]

Theopold, Johannes, Tierarzt aus Lemgo (Lippe): Untersuchungen über die Entwickelung der Leberläppchen des Schweines. ⟨Aus dem veterinär-anatomischen Institut der Universität Bern.⟩ Güstrow 1910. 32 S. 8°. [5. III. 09.]
Bern. Vet.-med. Diss. 1909, 10.

Theopold, Johannes. Untersuchungen über die Entwickelung der Leberläppchen des Schweines. Aus dem veterinär-anatomischen Institut der Universität Bern. Diss. Vet.-Med. Bern. 32 S. 8. Güstrow, C. Michaal, 1910.

Theopold, Rudolf, appr. Arzt a. Blomberg in Lippe: Statistische Erhebungen über die von 1901—1907 in der Universitäts-Augenklinik zu Göttingen behandelten perforierenden Augenverletzungen. Göttingen 1907: Dieterich. (21 S.) 8°
Göttingen, Med. Fak., Ref. v. Hippel, Diss. v. 19. Juli 1907
[Geb. 3. Juni 80 Blomberg; Wohnort: Blomberg; Staatsangeh.: Lippe; Vorbildung: Gymn. Lemgo Reife O. 01; Studium: Tübingen 4, Göttingen 2, Bonn 1, Göttingen 3 S.; Coll. 7. Juni 07; Approb. 2. Apr. 07.]

Theopold, Wilhelm, a. Lemgo i. L.: Über einige Brom- und Bromnitroderivate des Chinolins sowie des Tetrahydrochinolins. Rostock 1906: C. Hinstorff. (86 S.) 8°
Rostock, Phil. Fak., Ref. Michaelis, Diss. v. 10. März 1906
[Geb. 7. Okt. 77 Lemgo; Wohnort: Rostock; Staatsangeh.: Preußen; Vorbildung: Gymn. Lemgo Prima-Reife O. 96; Studium: Freiburg i. B., Rostock 4 S.; Rig. 3. März 06.]

Theopold, Wilhelm, a. Blomberg: Die Resultate der vaginalen Totalexstirpation bei Uteruscarcinom in den letzten zehn Jahren. Aus d. Göttinger Frauenklinik. Göttingen 1905: Dieterich. (41 S.) 8°
Göttingen, Med. Fak., Ref. Runge, Diss. v. 25. Mai 1905
[Geb. 15. März 80 Blomberg, Lippe; Wohnort: Blomberg; Staatsangeh.: Lippe; Vorbildung: Gymn. Lemgo Reife O. 00; Studium: Tübingen 2, Göttingen 1, Tübingen 2, München 1, Göttingen 4 S.; Coll. 28. Febr. 05; Approb. 14. März 05.]

Theopompi Fragmenta, collegit, disposuit, et explicavit, ejusdemque de vita et scriptis commentat. praemisit R. H. Eyssonius Wichers. 8maj. (19½ B.) Lugd. Bat. 829, Luchtmans. (Leipzig, Weidmann; Weigel.)

Theoria, Brevis, motus corporum proiectorum in medio non resistente viribus centralibus agentibus . . . exposita . . . Viennae 1760. V: *Scherffer, Carl.* (ML) (SO)

Theoria et Praxis Astronomiae materia Exercitationis Mathematicae . . . S. l. 1772. V: *Amman, Cäsar.* (Jes)

Theorie üb. d. Ablösung d. Zehntens, verfaßt von e. badischen Beamten. In Form e. Petition der 23 Gemeinden d. Landamts Carlsruhe. 8. (7 B.) Carlsruhe 833, Marx.

Theorie über die Ablösung des Zehntens, verfasst von einem badischen Beamten. In Form einer Petition der 23 Gemeinden des Landamts Carlsruhe. 8°. Carlsruhe und Baden, Marx, 1833.

Anonym: „Theorie der Ablösung des Zehndten, verfasst von einem badischen Beamten. In Form einer Petition von 23 Gemeinden", Karlsruhe 1838 (Marx).

Theorie, allgem., üb. die veränderl. Bewegung des Wassers in Leitungen. I. Tl.: Rohrleitungen. Von Lorenzo Alliévi. Deutsche, erläut. Ausg., bearb. von Rob. Dubs u. V. Bataillard. II. Tl.: Stollen u. Wasserschloss. Von Rob. Dubs. (XII, 296 S. m. 35 Fig.) gr. 8. Berlin 909. J. Springer. 10.—

Theorie der geistl. Amtsberedsamkeit. gr. 8. Stendal 783. Franzen u. Gr. 10 gr

— de l'art des jardins, voyez Hirschfeld.

Theorie zur regelmässigen Beförderung im geistlichen und politischen Fache . . . Carlsruhe 1796. V: *Preuschen, August Gottlieb.* (Ky) (MGT)

—zur regelmäß. Beförder. im geistl. u. polit. Fache; nebst e. Versuch e. moral. Arithmetik, (von A. G. Preuschen). gr. 8. Karlsr. 796. Macklott. (Gebhardt u. K. in Frkf. a. M.) 8 gr

—d. Beredsamkeit f. alle Formen prosaischer Darstellungen, s. Bibliothek d. Human.-Wissenschaft.

Theorie, Die beste, von Strafen und Belohnungen in den Schulen. A. d. Holl. . . . Erfurt 1798. V: *Floh, Jakob Hendrik & Antonius van Dam.* (ErschDL)

— d. beste, v. Strafen u. Belohnungen in d. Schulen, zwey gekrönte Preisschr. a. d. Holländ. v. Jacobi. 8. Erfurt, Beyer u. M. 798.

—die beste, von Strafen u. Belohnungen in d. Schulen, zwei gekrönte Preisschriften; aus d. Holländ. v. A. F. C. Jacobi. 8. Erfurt 798. (Otto). 9 gr

Theorie rechteckiger eiserner Brückenbalken mit Gitterwänden . . . Berlin 1856. V: *Wöhler, F.* (Ky)

—des Ehe- u. Erbrechts. 8. Ludwigsb. 818. Nast. 22 gr

—der angenehmen Empfindungen; aus d. Französ. mit Anmerkk. v. F. J. Biel. 8. Leipz. 751. Fritsch. 4 gr

Theorie der Erdbeben und Vulkane . . . Berlin 1788. V: *Berger, Christian Gottlieb.* (Ky) (ML)

—der Erdbeben u. Vulkane, auf Erfahrr. gebaut (v. Chr. G. Berger). gr. 8. Berl. 788. Hesse. (Brockhaus in Leipz.) 16 gr

—— des menschl. Erkenntnißvermögens u. Metaphysik, s. Reinhold, Chr. E. G. J.

Theorie des menschlichen Erkenntnissvermögens und Metaphysik. Gotha 1832—35. V: *Reinhold, Ernst.* (ErGr)

Theorie des Felddienstes für Cavallerie, nach der neuesten Allerh. Instruction für Cavallerie-Exercierschulen. Aus dem Dänischen übers. von J. H. Gercke. Hadersleben. 1832.

Theorie du fusil à percussion, comprenant les instructions sur la charge; pour les feux; sur l'entretien des armes; sur le maniement des paquets de cartouches. 16. (3 B.) Strasbourg 842, libr. Levrault.

Theorie der Gefühle, aus einem psychologischen System als Probe. Weimar [1797]. V: *Tiedemann, Dieterich.* (MGT)

—des Geschäftsstyls, mit besond. Hinsicht auf Militär-Dienst-Schriften. 8. Münch. 816. 2e A. 833. Lindauer. 8 gr

—— des Geschäfts-Styles, mit besond. Hinsicht auf Militär-Dienst-Schriften. Zunächst f. angeh. Officiers. 2. Aufl. gr. 12. (4½ B.) München 833, Lindauer.

Theorie der guten Gesellschaft . . . Leipzig 1798. V: *Gesner, Johann Anton Wilhelm.* (Ky) (ErGr) (MGT) (ErschDL)

— der guten Gesellschaft, (v. J. A. W. Gisner). 8. Leipz. 798. (Grieshammer). 18 gr

Theorie der Gewölbe und Kettenlinien . . . Leipzig 1831. V: *Bandhauer, Gottfried.* (Ky) (Bibl. Math) (NN) (EngMt)

—— der Gewölbe u. Kettenlinien. Ein Handb. f. prakt. Baumeister u. Maurer. — A. u. d. T.: Bogenlinie d. Gleichgewichts ꝛc. Eine Entdeckung. (Von Bandhauer.) — A. m. d. Umschlags-Ttl.: Der festen Körper Formen d. Gleichgewichts bei zwei äußern Stützpunkten ꝛc. gr. 8. (11 B. u. 1 Fig.-Taf.) Leipzig 831, [Volckmar.]

Theorie, die, der Glückseligkeit, od. die Kunst glücklich zu werden. A. d. Franz. frei übers. Unveränd. Ausg. gr. 8. (24 ½ B.) Basel 839, Schneider.

Theorie des Handels ꝛc., s. a. Kaufmann, der, wie er seyn sollte. 1r Bd.

Theorie des Handels, s. a. Schule, die, des Kaufmanns.

Theorie des Handels. Volkswirthschaftslehre. Handelsgeschichte. Handelsgeographie. Die Rechtskunde des Kaufmanns. Von R. Gellert u. a. 2. Ausgabe. Leipzig 1869.

Theorie, die, des Hasardspiels, oder die Kunst das Roulette gut zu spielen u. sicher zu gewinnen; aus der innern Natur desselben nach wissenschaftl. Principien bis zur Evidenz entwickelt; als unerläßl. Grundlage zur Combination unüberwindlicher Spiele an der Bank. A. u. d. T.: La théorie des jeux de hasard etc. 8. Mainz 847, Halenza. Verklebt. n. ½ Thlr

Theorie, A. W. Iffland's, der Schauspielkunst, für ausübende Künstler und Kunstfreunde. Berlin 1815. V: *Flittner, Chn Gfr.* (MGT)

Théorie pour l'infanterie de l'armée française. Ecole du soldat et de peloton. Nouv. edit. Augmentée avec des planches. 8. Vienne, Geistinger. (Leipsic, Weygand.)

Theorie, die, der optischen Instrumente. Bearb. v. wissenschaftl. Mitarbeitern an der opt. Werkstätte v. Carl Zeiss. I. Bd. gr. 8. Berlin 904. J. Springer. n. 18. — Bilderzeugung, die, in optischen Instrumenten vom Standpunkte der geometr. Optik. Bearb. v. den wissensch. Mitarbeitern an der opt. Werkstätte v. Carl Zeiss, P. Culmann, S. Czapski, A. König, F. Löwe, M. v. Rohr, H. Siedentopf, E. Wandersleb. Hrsg. von M. v. Rohr. Mit 133 Abbildgn. im Text. (XXII, 557 S.)

Theorie, Die, der Kategoricen entwickelt und erläutert. Altona 1795. V: *Gerstenberg, Heinrich Wilhelm von.* (Ky) (ErGr) (MGT). (BrMm) (Bruun, Bibl. Danica I, 911.) (Kordes, Schlesw.-holst. u. eutin. Schriftst. Schleswig 1797.)

— die, der Kategorien, entwickelt u. erläutert (v. H. W. v. Gerstenberg). 8. Altona 795. Hammerich. 10 gr

Theorie, Kritische, der Offenbarung, nebst Berichtigung der Schrift: Christus und die Vernunft. Halle 1792. V: *Maass, Johann Gebhard Ehrenreich.* (Ky) (ErschDL) (ErGr)

— kritische, der Offenbarung, nebst Bericht. der Schrift: Christus u. d. Vernunft. 8. Halle, Michaelis. (Ruff.) 792

— krit., der Offenbarung, nebst Berichtig. der Schrift: Christus u. die Vernunft, (von Andr. Riem, v. Jh. G. Ehr. Maaß). 8. Halle 792. (Reinicke u. C.) 1 Thlr

Theorie, kritische, d. Offenbarung. Nebst Berichtigung d. Schrift: Christus u. d. Vernunft. gr. 8. Halle 793, ist Verl. v. Reinicke u. C.

* THEORIE der Kunst zu zanken. Allen gelehrten Zänkern unsers Vaterlandes unterthänigst zugeeignet. Berlin u. Braunschweig 1789. 8°. 40 S. (In Berlin: Yz 5725.) Rar!

— der Kunst zu zanken. 8. Berl. 789. Maurers B. 3 gr

Theorie der nützlichen Künste, Lehrgedicht . . . Pesth 1849. V: *Grimm, Vincenz.* (KU) (Pk)

— kurze, d. empfindsamen Gartenkunst, od. Abhandl. der Gärten nach heut. Geschmack. 8. Lpz. Crusius. (F. C. W. Vogel.) 786.

— kurze, der Schreibart, od. üb. die allgem. Eigenschaften der schönen Schreibart. 8. Zürich 814. Geßner. 6 gr

— kurze, der Unterrichtskunst; aus d. Grundsätzen der krit. Philosophie, (von K. E. Günther). gr. 8. Züllichau 796. Frommann in Jena. 12 gr

Theorie, Kurzgefasste, des Reitunterrichts. München 1868. V: *Stauffenberg, W. Freih. von.* (Russell VIII, 764)

— kurzgefaßte, des Reitunterrichts im Anschlusse an die Vorschriften für den Reitunterricht der k. b. Cavallerie. Nebst einem Anh. über die Abrichtung auf der Reitschule. Mit 8 (eingedr.) Holzschn. u. 1 autograph. Taf. (in qu. 4.) München 868. Rieger. gr. 8. (IV, 42 S.) n. 7½ ngr.

Theorie, die, des Dr. List vom Fabrikstaate u. ihre geschichtl. u. statist. Stützen. gr. 8. (3¼ B.) Berlin 844, Alex. Duncker.

ZUR THEORIE VOM KOSMISCHEN MASSENDRUCK. Jahres-Bericht des Breslauer Physikalischen Vereins 1882. Breslau 1882. Wilh. Gottl. Korn.

— von der militärischen, worin die vornehmst. Regeln der Kriegskunst abgehandelt werden; aus d. Französ. d. Grafen v. B. D. S. G., übers. v. Ryssel. 8. Leipz. . . . (W. Rauck). 12 gr

— v. d. militairischen, worin d. vornehmsten Regeln der Kriegskunst abgehandelt werden, a. d. Franz. v. Ryssel. 8. Lpz. Sommer.

Theorie, Moralische, des Lehrsatzes: Gott regiert die Schicksale des Menschen. . . . Leipzig 1796. V: *Löser, Joh. Frdr. Glob.* (Ky) (MGT)

— moral., des Lehrsatzes: Gott regiert die Schicksale d. Menschen, (v. J. F. G. Löser). 8. Leipz. 796. Linke. 8 gr

— d. Musik. (22 S.) Lex. 8. Berlin (910). Herm. Walther. 1. —

Theorie des Müssiggangs u. der faulen Künste, psycholog. u. krit. bearbeit. (von Jh. Gli. Münch). 8. Leipz. 799. Weygand. 1 ℛ

Theorie, Neue, der Berechnung zusammengesetzter Zinse, der Jahresrenten . . . A. d. Franz. . . . Ulm 1825. V: *Gremilliet, J. J.* (CBH)

— neue einfache, krummlinigte Flächen zu quadriren. gr. 8. Frkf. a. M. 805. Dietz. 4 gℛ

Theorie, Neue sehr einfache, krummlinichte Flächen zu quadriren . . . Frankf. 1806. V: *Fresenius, Johann Franz Theodor.* (AarK)

— neue, der Schachspielkunst, in Vergleichung gestellt mit der Theorie der Gefechtslehre v. A. W. 8. Königsb. 823. Unzer. 12 gℛ

— neue, des Straßenbaues, der Eisenbahnen u. Kohlenwagen; aus d. Engl. Mit 2 Kpf. 4. Leipz. 804. Baumgärtner. 12 gℛ

Pädagogische Theorie und Praxis. Unabhängiges Organ für die Interessen der gesamten Thüringer Lehrerschaft. Jg. 1. Jena: Expedition 1898. 8⁰
Hrsg.: D. Leonhardt, P. Bergemann u. Bernhard Vopelius.

Theorie des Paradoxen. Leipzig, Dyk. 1778. V: *Morellet, André.* B: *Heinse, Wilh.* Vgl. Stefansky: Euphorion 25 (1924), S. 379/89. (DARP)

— u. Praxis, politische. Ein Vortrag gehalten im Kreise demokrat. Gesinnungsgenossen. [Aus: Vossische Zeitung.] Berlin 866. Jansen. Lex.-8. (26 S.) 5 ngr.

Die Theorie und Praktik des Gold- und Silber-Baums von einem ungenannten Philosophen. Neue, von den Sprach- und Druckfehlern gesäuberte Aufl. Frankfurt u. Leipzig: 1787. 76 S. 8⁰
Der Vorbericht richtet sich auch an „einige vom goldnen Geschlecht" u. erwähnt Chrysophirons Pflichten d. Gold u. Rosenkreuzer. 1782.

Théorie et pratique du commerce et de la marine. 8. Hamb. 753.

Theorie und Praxis, oder das im Februar d. J. Sr. Exc. dem landwirthschaftlichen Minister Herrn Grafen Pückler überreichte Pro memoria, die Landespferdezucht und die Staatsgestüte. Von einem Gestütsbesitzer in Litthauen. Berlin 859. Bosselmann. (Wiegandt & Hempel.) gr. 8. (47 S.) n. 7½ ngr.

Theorie und Praxis. Modenzeitung und Organ F. A. Mayer's höherer Lehranstalt für Herrenschneider. Hrsgbr.: F. A. Mayer. 1. Jahrg. 1884. 10 Nrn. (à Nr. ½ Bog. mit Schnittbeilagen und Modekpfrn.) gr. 4. Dresden, (Weise.) **

— und Praxis. Modenzeitung und Organ F. A. Mayer's höherer Lehranstalt für Herrenschneider. Hrsgbr.: F. A. Mayer. Redact.: Max Mayer. 2. und 3. Jahrg. 1885 und 1886. à Jahrg. 12 Nrn. (à Nr. ½ Bog. mit Schnittbeilagen und Modekpfrn.) gr. 4. Dresden, (Weise.) à Jahrg. **
Halbjährlich **

— dass. — 4. und 5. Jahrg. 1887 und 1888. à Jahrg. 12 Nrn. (à Nr. ½ Bog. mit Schnittbeilagen und Modekpfrn.) gr. 4. (Ebendas.) à Jahrg. **
Halbjährlich **

— dass. — Kleine Ausg. 1.—5. Jahrg. 1884—1888. à Jahrg. 12 Nrn. mit 2 Modekupfrn. (à Nr. ½ Bog.) gr. 4. (Ebendas.) à Jahrg. **

Theorie u. Praxis. Organ zur Verbreitg. geschmackvoller Herrenmoden, hrsg. v. F. A. Mayer's höherer Lehranstalt f. Herrenschneider. 6.—8. Jahrg. 1889—1891. à Jahrg. 12 Nrn. (½ Bog. m. Schnittbeilagen u. Modekpfrn.) gr. 4. Dresd., (Weise).
à Jahrg. ** 13 —; halbjährlich ** 7 —
Kleine Ausg. jährlich ** 8 —
Fortsetzung, s. u. d. T.: Herrenmode, d. europäische.
Wurde mit Schmidt's Modenzeitung verschmolzen.

— u. Praxis. Antwort auf Dr. Karl Bücher's Denkschrift: „Der deutsche Buchhandel u. die Wissenschaft", bearb. vom Vorstande des Verbandes der Kreis- u. Ortsvereine im deutschen Buchhandel. (II, 171 S.) gr. 8. Hamburg 903. (Leipzig, L. Staackmann.) n. 1. —

— — Fachblatt f. Maschinenbau u. Elektrotechnik. Organ des Verbandes ehemal. Studierender des thüring. Technikums zu Ilmenau. Schriftleitung: Paul Hartert u. Friedr. Thiem. 4.—7. Jahrg. Oktbr. 1903—Septbr. 1907. à 12 Hefte. (148, 148 u. 144 S. m. Abbildgn.) Lex.-8. Ilmenau, R. Petermann. à Jhrg. n. 5. —

Theorie und Praxis der Bäckerei. Gesamtdarstellung d. heutigen Bäckereibetriebes, mit bes. Berücks. ihrer Entwickelungsgesch. Mit vielen Taf. u. Abb. Mit Unterst. bewährter Mitarb. hrsg. von Wilhelm Hartmann. *Berlin: W. Hartmann 1901.* (944 S.) 8⁰ [3.] [geb. 35.—]

— u. Praxis des doppelten, des einfachen u. des Nürnberger Buchhaltens, s. J. M. Leuchs, Comtoirwissenschaft.

Theorie und Praxis des Italienischen Buchhaltens. Nürnberg 1806. V: *Leuchs, Johann Michael.* (EB)

— u. Praxis des italienischen Buchhaltens. 2 Bde. gr. 8. Nrnb. Exped. d. Handlungszeit. 806.

Theorie u. Praxis der Buchhaltung u. der Handelscorrespondenz mit Beispielen u. Formularien etc. III. Aufl. 8. (13) S.) geh. 1 fl. 30 kr.
Prag: Mercy 1882.

Theorie und Praxis der Geflügelzucht, Aus. Jg. 2—5. Berlin 1908/09—1911 u. 1916

— und Praxis des Gold- u. Silberbaums. 8. Lpz. Böhme. 787.

— u. Praxis des Gold- u. Silberbaums. 8. Leipz. 787. (Gnobloch). 3 gℛ

Theorie und Praxis der Handlungswissenschaft. Breslau 1777. V: *Sinapius, Johann Christian.* (Schedel, Handb. d. Litt. f. Kaufleute. Leipzig 1796. S. 9.) (Ky)

— u. Praxis der Handlungswissenschaft (von J. C. Sinapius). 1r Thl. gr. 8. Bresl. 777. Löwe. 12 gr

—— —— d. Realschulunterrichtes. Diskussions-Vorlagen f. die St. Gallische Reallehrerkonferenz. 1889. 1. Heft. Im Auftrage der Kommission hrsg. v. Gust. Wiget. gr. 8. (IV, 108 S.) St. Gallen, (Huber u. Comp.). * 1 60
Fortsetzung u. d. T.:

Theorie und Praxis des Sekundarschulunterrichtes. Disskussions-Vorlagen für die St. Gallische Sekundarlehrer-Konferenz. Zweites Heft: 1) Verhandlungen der Konferenz in St. Gallen vom 20. Juni 1891. 2) der erste Unterricht im französischen. Von *S. Alge.* 3) Uebungen in Orthographie und Interpunktion. Von *P. Fluri.* 4) Mitgliederverzeichniss. In-8⁰. 104 S. St. Gallen, Huber & Co. 1892. — 90

Theorie und Praxis des Realschul-Unterrichtes. Discussions-Vorlage für die St. Gallische Reallehrer-Conferenz. Drittes Heft. Verhandlungen der Versammlung in Wil am 25. Juni 1892. In-8⁰. 192 S. St. Gallen, Fehr'sche Buchhdlg. 1893. 1 80

Theorie und Praxis des Sekundarschul-Unterrichtes. Diskussions-Vorlagen für die st. gall. Sekundarlehrerkonferenz. 4. Heft. Hrsg. von der Kommission. Gr. in-8⁰. 120 S. St. Gallen, Fehr'sche Buchhdlg. 1894. 1 20

Theorie und Praxis des Sekundar-Schulunterrichtes. Diskussions-Vorlagen f. die st. gall. Sekundarlehrerkonferenz. 5. Heft. Hrsg. v. der Kommission. Gr. in-8⁰. 80 S. St. Gallen, Huber & Co. 1895. 1 20

Theorie und Praxis des Sekundar-Schulunterrichtes. Diskussions-Vorlagen für die st. gall. Sekundarlehrerkonferenz. 6. Heft. Herausg v. der Kommission. Gr. in-8⁰. 93 S. St. Gallen, Fehrsche Buchh. 1896. 1 20

Theorie u. Praxis des Sekundarschul-Unterrichts. Diskussions-Vorlagen f. d. 11. St. Gallische Sekundarlehrer-Conferenz. Heft 7: Verhdlgn. am 7. 11. 96 in Berneck. In-8⁰. 114 S. St. Gallen, Fehrsche Buchh. 1897 1 40

Theorie und Praxis des Sekundarschul-Unterrichtes. Diskussions-Vorlagen f. die st. gall. Sekundarlehrerkonferenz. 8. Heft. Hrsg. v. d. Komm. Gr 8⁰. 62 u. 55 S. St. Gallen, Fehr'sche Buchhdlg. 1898. 1 75

Theorie u. Praxis des Sekundarschul-Unterrichtes. Diskussions-Vorlagen f. die st. gall. Sekundarlehrerkonferenz. 9.—11. Hft. Hrsg. v. der Kommission. gr. 8. Lichtensteig. (St. Gallen, Fehr.) n. 6. 50
9. (168 S. m. 2 Bildnissen.) 899. n. 1. 60
10. (84; V, 88 u. 45 S. m. Abbildgn.) 900. n. 3. 50
11. (XIV, 62 S. m. Abbildgn. u. 3 Bildnissen.) 901. n. 1. 40

Theorie und Praxis des Sekundarschul-Unterrichtes. Diskussions-Vorlagen für die st. gallische Sekundarlehrerkonferenz. Heft 11. Hrg. von der Kommission. [Mit Illustrationen und 3 Porträt-Tafeln.] XIV + 62 S. 8. Lichtensteig, Mäder, 1901. [fr. 1. 20]

— — **des Sekundarschul-Unterrichtes.** Diskussions-Vorlagen f. die st. gall. Sekundarlehrerkonferenz. 12.—16. Heft. Hrsg. v. der Kommission. gr. 8. Lichtensteig. (St. Gallen, Fehr.) n. 8. 80
12. (VIII, 72 S. m. 1 Bildnis.) 902. n. 1. —
13. (138 S. m. 1 Bildnis u. 2 Tab.) 903. n. 1. 50
14. (272 S. m. 1 Bildnis.) (904.) n. 2. 50
15. (99 S. m. 6 Taf. u. 1 Tab.) (905.) n. 2. —
16. (146 S. m. 1 Bildnis. (906.) n. 1. 40

Theorie und Praxis des Sekundarschul-Unterrichtes. Diskussions-Vorlagen für die st. gallische Sekundarlehrerkonferenz. Heft 12. Hrg. von der Kommission. [Mit Noten und 1 Porträt-Tafel.] VIII + 72 S. 8. Lichtensteig, A. Mäder, 1902. [fr. 1. 50]

Theorie und Praxis des Sekundarschul-Unterrichtes. Diskussions-Vorlagen für die st. gallische Sekundarlehrerkonferenz. Heft 13. Hrg. von der Kommission. [Mit 1 Porträt-Tafel und 2 Tabellen.] IV + 138 [+ 1] S. 8. Lichtensteig, A. Maeder, 1903. [fr. 1. 60]

Theorie und Praxis des Sekundarschul-Unterrichtes. Diskussions-Vorlagen für die st. gallische Sekundarlehrerkonferens. Heft 14. Hrg. von der Kommission. [Mit Figuren und 3 Tafeln.] IV + 272 S. 8. Lichtensteig, A. Maeder, (1904). [fr. 2. 80]

Theorie und Praxis des Sekundarschul-Unterrichtes. Diskussions-Vorlagen für die st. gallische Sekundarlehrerkonferenz. Heft 15. Hrg. von der Kommission. [Mit 6 Tafeln und 1 Tabelle.] IV + II + 99 S. 8. Lichtensteig, A. Maeder, (1905). [fr. 2. —]

Theorie und Praxis des Sekundarschul-Unterrichtes. Diskussions-Vorlagen für die st. gallische Sekundarlehrerkonferenz. Heft 16 u. 17. Hrg. von der Kommission. 8. Lichtensteig, Buchdr. A. Maeder (*Heft 17, Aufdruck:* Fehr'sche Buchh., St. Gallen).
Heft 16. [Mit 1 Tabelle und 1 Porträt-Tafel.] IV + II + 146 S. (1906.) [fr. 1. 40]
Heft 17. [Mit 2 Figuren, 3 Tabellen und 1 Porträt-Tafel.] IV + II [+ 4] + 280 S. (1907.) [fr. 4. 50]

— u. **Praxis** des Sekundarschul-Unterrichtes. Diskussions-Vorlagen f. d. st. gall. Sekundarlehrerkonferenz. 17.—20. Heft. Hrsg. v. d. Kommission. gr. 8. Lichtensteig. (St. Gallen, Fehr.) nn 11. 10
17. (280 S. m. 1 Bildnis u. 3 Tab.) (907.) nn 4. 50
18. (89 S. m. 2 Bildnissen u. 1 Karte.) (908.) nn 2. —
19. (109 S. m. 1 Bildnis.) (909.) nn 2. 20
20. (128 S. m. 4 Bildnissen.) (900.) nn 2. 40
1.—16. Heft 889—906. 24. 10.

Theorie und Praxis des Sekundarschul-Unterrichtes. Diskussions-Vorlagen für die st. gallische Sekundarlehrerkonferenz. Heft 18. Hrg. von der Kommission. [Mit 2 Porträt-Tafeln und 1 Karte.] IV + 89 S. 8. Lichtensteig, A. Maeder, (1908). [fr. 2. —]

Theorie und Praxis des Sekundarschul-Unterrichtes. Diskussions-Vorlagen für die st. gallische Sekundarlehrerkonferenz. Heft 19. Hrg. von der Kommission. [Mit Figuren und 1 Porträt-Tafel.] IV + II + 109 S. 8. Lichtensteig, A. Maeder, (1909). [fr. 2. 40]

Theorie und Praxis des Sekundarschul-Unterrichtes. Diskussions-Vorlagen für die st. gallische Sekundarlehrer-Konferenz. Heft 20. Hrg. von der Kommission. [Mit 4 Porträt-Tafeln.] IV + 128 S. 8. Lichtensteig, A. Maeder, [1910]. [fr. 2. 75]

— der schönen Redekünste im Grundrisse. 8. Wien 814. Rehm. 1 fl 4 gr Schrbp. 1 fl 12 gr

Theorie d. Schießens. Verwendung d. Gewehrs. Entfernungs-Schätzen. Die verschiedenen Feuer-Arten. Zur Benutzg. f. die Instruction der Unteroffiziere u. älteren Soldaten der Infanterie. Von M. A. 12. (16 S.) Rathenow 886. Babenzien. n. — 20

— die, des Socialismus u. die erfahrungsmäßige Praxis des gesunden Menschen-Verstandes. Ein Punct auf das i für gewisse Enthusiasten. gr. 8. (42 S.) Leipzig 849, Dyk. 1/3 fl

Theorie des weisen Spottes; Neujahrsgeschenk eines Ungenannten . . . München 1781. V: *Sailer, Johann Michael.* (MGT) (AarK) (Jes) »Augsb. 1782« (Ky)

—des weisen Spottes; Neujahrsgeschenk e. Ungenannten an alle Spötter u. Spötterinnen ꝛc. (v. J. M. Sailer). gr. 8. Augsb. 782.

Theorie der geistlichen Staaten und Gesellschaften. Winterth. 1822. V: *Haller, Carl Ludwig von.* (GGr)

Theorie der Staatshaushaltung. Wien 1812. V: *Müller, Adam Hnr.* (GGr)

Theorie der Statistik. — Humanitäre Anstalten zum Besten der Arbeiter in den im Reichsrathe vertretenen Königreichen und Ländern. — Vereine in den im Reichsrathe vertretenen Königreichen und Ländern. — (Mittheilungen aus dem Gebiete der Statistik. XVI. Jahrgang. I. Heft.) gr. 8. (97 S.) Wien, Prandel in Comm. 1869. 40 kr.

Theorie der Statistik nebst Ideen über das Studium der Politik . . . Götting. 1804. V: *Schlözer, Aug. Ludw. von.* (MS)

Theorie (Ueber die systemat.) der Cameralwissenschaften. gr. 8⁰. Halle, Curt, 1777.

THEORIE der Tanzkunst, mit Betrachtung über den Nutzen ihrer Anwendung bei Erziehung der Jugend und den Werth derselben für Herren u. Damen gebildeter Stände. Leipzig, Müller, o. J. Bartholomäus p. 23 (ohne Formatsangabe).

Theorie über das Tischrücken. Wien 1853. V: *Beroaldo-Bianchini, Natale Cav.* (EB)

Theorie über das Tischrücken. Von dem Verfasser der allgemeinen Harmonie und der Schöpfung des Universums. 8. Falz. (12 pag.) Wien. Mechitharisten-Buchdruckerei. 1853.

Theorie des mathematisch Unendlichen nach Schulz und Bendavid. Passau 1806. V: *Siber, Thaddäus.* (Sch)

Theorie des Unterrichts nach den Grundsätzen der kritischen Philosophie . . . Züllichau 1796. V: *Günther, Carl Ehrenfried.* (ErschDL) »der Unterrichtskunst aus.«

— vollständige, d. Gleichungen, s. L. Eulers Einleitung 3r.

—des Weges d. Glückseligkeit nach bibl. Grundsätzen. 8. Leipz. 785. Crusius. (W. Vogel). 5 gr

Theorie der politischen Welt. Hamb. 1807. V: *Buchholz, Paul Ferd. Frdr.* (Ky) (MGT) (ErschDL)

—der polit. Welt, (v. Fr. Buchholz). 8. Hamb. 807. (A. Campe). 1 rthl 8 gr

—von den Wirkungen des Teufels u. der Gewalt der Kirche wider denselben, (v. Jh. Adm. Brandmayer). gr. 8. Frankf. 777. Varrentrapp. 8 gr

Theorie-Büchlein f. Schweizersoldaten, enthaltend diejenigen Regeln u. Vorschriften, deren Beobachtung f. den Wehrmann am nothwendigsten ist. Nach den neuesten Reglementen bearb. u. hrsg. mit Genehmigung des Tit. eidgenöss. Militärdepartements. 16. (54 S. m. 1 lith. Taf.) Bern 849, Jenni Vater (jetzt: Blom). n. 1/6 rthl

Theorie-Büchlein für Schweizersoldaten, enthltd. diejenigen Regeln und Vorschriften, deren Beobachtung für den Wehrmann am nothwendigsten ist. Nach den neuesten Reglementen bearb. u. herausg. 2. Aufl. Bern 854. Blom. 16. (2 Bl., 54 S. u. 1 Holzschnitttaf.) 4 ngr

Theorien (Die angeblichen socialen) und die wirklichen politischen Bestrebungen des Herrn Bakunin. (Sep.-Abdr. aus dem „Volksstaat".) Leipzig, F. Thiele, s. a.

Theorien, Bischöfliche, und positives Recht. Stuttgart 1853. V: *Hauber, Alb.* (TübZ 10, 26)

Theorien, bischöfliche, und positives Recht. Zur Beleuchtung der Denkschrift des oberrhein. Episcopats von einem Württemberger. gr. 8. (48 S.) Stuttgart 853, Metzler'sche Buchh. [Verlags-Conto.]

Theorien, militär., im Kampf mit der Praxis, mit Rücksicht auf die gegenwärt. Zeitverhältnisse der preuß. Armee. 8, Magdeburg 821. (Rubach). 6 gr

Theorien und Phantasien, Neue musikalische, von einem Künstler. Stuttgart 1906 f. V: *Schenker, Hnr.* (EB)

Theorien u. Phantasien, neue musikalische, v. einem Künstler. 1. Bd.: Harmonielehre. (XVI, 460 S.) gr. 8. Stuttgart 906. J. G. Cotta Nachf. n. 10. —; geb. in Halbfrz. n. 12. 50

Theorien u. Phantasien, neue musikalische, Fortsetzg., s.: Schenker, Heinr.

Theorien, Die neuen, in der Zürcherschen Rechtspflege. . . . Zürich 1828. V: *Kellner, Frdr. Ludw.* (Wa) (AarK) (EngJ) (Cat. d. Stadtbibl. Zürich. Zürich 1864—97.)

—die neuen, in der Zürcherischen Rechtspflege. Von F. L. Kellner). 8. Zürich. 828, Geßner. 8 gr

Theorien, die neuen, in der Zürcherischen Rechtspflege. Von F. L. K(ellner). 8. (2½ B.) Zürich 828, [Siegfried.]

Theorien, die, des Hrn. Hofprediger Stöcker in der Pastoral-Conferenz u. die Frauen. Von einer Gläubigen im Evangelium des Friedens. 8. (68 S.) Berlin 882. Ihleib. n. — 50

Theory, tho, of the agreeable sensations etc. 8. Basel, Thurneysen. (a. Tourneysen S. in Paris. a. Levrault in Strasb.) 794.

Theosophia triplici laurea coronata . . . Bambergae 1767. V: *Lechner, Alexander.* (Jes)

— phys. chem., d. i. Gottesgelahrtheit d. chemische Werke erklärt. gr. 8. Wien, Kaulfuß. 791.

Theosophia Pneumatica, oder, Geheime Gottes-Lehre, Die Dinge Gottes vortragend Im neuen Wesen des Geistes, abthuende Das alte Wesen des Buchstabens, Zur Entwöhnung der Säuglinge Von ihren Sectirischen Mutter-Brüsten, erkläret von Zwey glaubhafften Zeugen, Derer Namen am besten zu finden in dem Buch der Lebendigen; zusamt noch Einem Gespräch von gleichen Materien: welchem allem statt einer Vorrede voran gedrucket ist Eine Untersuchung Der Academischen Theologie und dero Systematischen Lehr-Art. [Hamburg?] Gedruckt im Jahr 1710. Kl.8°. 48 Bl. 568 S. und 1 gefalt. Tabelle; 80 S. [Anschließend:] Der Weg des Friedens, angewiesen von Jacob Brill: Aus dem Niederländischen ins Teutsche übersetzt. 266 S. 3 Bl. Einband d. Z. Holzdeckelbd. mit gepreßtem SchweinsLdbezug, 2 Schließen.

Caillet 10618 (kennt nur den ersten Teil). Das Werk setzt sich aus 5 Teilen zusammen: 1) Theosophia Pneumatica (bis mit S. 378). — 2) Spiegel der Gerechtigkeit (= S. 379—474; s. u.) — 3) Der Dienst Gottes und der Welt In göttlicher Wagschaale . . . Ein Anhang Einiger Poetischer Gedancken (= S. 475—568). — 4) Ein wichtiges Gespräch . . . (S. 1—80). — 5) Brill, Der Weg des Friedens (= S. 1—266, 3 Bl.) Nach Druck, Ausstattung und bes. nach Inhalt gehören alle diese Stücke zusammen, wurden aber vielleicht auch separat ausgegeben.

Der nächste (4.) Teil, das „Gespräch vom Kirchengeschehen und Predigt-Hören", schließt ebenfalls mit einem längeren sechsseitigen Gedicht in Alexandrinern „Zugabe von Dreyerley Tempel", das reich mit Anmerkungen (Verweise auf Bibelstellen) versehen ist und Jakob Böhmesche Gedanken enthält. Es endet: „Hallelu-Jah! // Jerub-Baal! // Zeru-Babel! // Lasset dem Pabste, was dem Pabste ist, // Und gebet Christo, was Christi ist!"

Die folgende Abhandlung „Der Weg des Friedens" stammt von dem Leidener Separatisten und Volksschriftsteller Jakob Brill (1639—1700), der etwa 40 erbaulich mystische Schriften verfaßte und dem man einen „bedenklichen unbiblischen und unchristlichen mystischen Pantheismus und Panchristianismus" vorwarf. Den „Nachklang" bildet ein wohl vom Autor des ersten Werkes stammender 20strophiger „Studenten-Gesang".

Theosophia teutonica d. Seelen Adelspiegel, v. Rusbrochio, Taulero u. Theophilo. 8. Ulm, Bartholomäi. 722.

Theosophie. Monatsschrift zur Verbreitg. u. Pflege e. höh. Welt- u. Lebensanschaug. Hrsg. v. Mitgliedern der theosoph. Gesellschaft. 1. Jahrg. April 1910—März 1911. 12 Nrn. (Nr. 1—11. 528 S. m. Taf.) gr. 8. Leipzig, Theosoph. Verlagshaus. 6. —

Theosophie, christliche. Hft. 16, 17, 17b u. 18—45. 12. Bitterfeld, F. E. Baumann. à — 25
- 16. Hrsg. v. Dzlecko. (16 u. 16 S.) 898.
- 17. Christliche Theosophie u. erudistische Lebensweisheit. Von P. Braun u. P. Ch. Martens. (32 S.) 898.
- 17b. Christliche Theosophie. Von P. Braun u. John Hamlin Dewey. Ins Deutsche übertr. v. Dzlecko. (S. 17—50.) 898.
- 18. Pfingsten. Eröffnung e. neuen Schule d. Inspiration u. Brüderschaft des christl. Lebens. (Eine prophet. Verkündigg. v. hl. Geist.) Von John Hamlin Dewey. (32 S.) 898. 899.
- 29—32. Hrsg. v. Dzlecko. (128, 160, 128 S. u. S. 129—160.) 899.
- 33—36. Hrsg. v. Dzlecko. (128 S.) (899.)
- 37—45. Hrsg. v. Dzlecko. (S. 129—160, 160 S. u. S. 1 96.) (900.)

— dasselbe. Immanuel! (Gott m. uns.) Blätter f. Gottes- u. Menschen-Erkenntnis. Bibel-christl. Theosophie, Heiligung u. Heilg. 46.—55. Hft. Red. v. J. H. Wallfisch. 12. (S. 97—160; 192 S. u. S. 1—64.) Ebd. 900. 901. à — 25

— dasselbe. Unter Mitwirkg. e. Anzahl Gesinnungsfreunde red. v. G. O. Löffler. 56.—74. Hft. 12. (S. 65—192; 12. Bd. 191 S.; 13. Bd. 160 S. u. 14. Bd. S. 1—128.) Ebd. 901. 902. à — 25
Vergl.: Dewey, J. H., christl. Theosophie.

Theosophie, christliche. Gott mit uns! Blätter f. Gottes- u. Menschen-Erkenntnis, bibel-christl. Theosophie, Heiligg. u. Heilg. Unter Mitwirkg. e. Anzahl Gesinnungsfreunde red. v. G. O. Löffler. 75.—90. Heft. (14. Bd. S. 130 bis 160; 15.—17. Bd. à 160 S.) kl. 8. Bitterfeld 903. 904. Schmiedeberg, F. E. Baumann. à — 75

Theosophie, christliche. Gott mit uns! Neue Gedanken auf religiöser Grundlage. Eine Schrift zur Förderg. der Bestrebungen der Brüderschaft „Zum Hl. Gral". Hrsg. unter Mitwirkg. e. Anzahl Gesinnungsfreunde v. P. Braun. 1.—15. Heft. (1 u. 2. Bd. à 288 S. u. 3. Bd. S. 1—144.) 8. Bitterfeld 905. 906. Schmiedeberg, F. E. Baumann. à — 50

— christliche. Gott mit uns! Neue Gedanken auf religiöser Grundlage. Eine Schrift zur Förderung der Bestrebgn. der Brüderschaft „Zum Hl. Gral". Hrsg. unter Mitwirkung e. Anzahl Gesinnungsfreunde v. P. Braun. 16.—24. Heft. (3. Bd. S. 145—288 u. 4. Bd. S. 1—288.) 8. Schmiedeberg (907). F. E. Baumann. à Heft — 50
Fortsetzung s.: Gott mit uns.

— elementare. Eine leichtverständl. Abhandlg. der drei wichtigsten Lehren der Theosophie. Aus dem Engl. übertr. v. H. J. Achard. 8. (66 S.) Berlin (S. W. Grossbeerenstr. 3) (900). Paul Raatz. n. — 50

— elementare, s. a. Handbücher, theosophische. I.

Elementare **Theosophie**. Von e. Schüler d. Theosophie. Autor. Übers. Nürnberg: Heller (1907). VIII, 42 S. 8°
(Theosophische Handbücher [Theosophical Manuals]. 1.) [11. 6678

Theosophie, practische. Tagebuch-Auszüge. Niedergeschrieben v. A. O. Illustr. v. Carl Becker. 8. (III, 216 S.) Leipzig 897. Th. Grieben. n. 2. 40; geb. n. 3. 20

Theotima, od. Harfenstimmen in Sion. Vom Hrsgeb. der „Theomela" (Joh. Florello). gr. 8. (16½ B. u. Titvign.) Leipzig 829, Brockhaus.

Theotima, oder Harfenstimmen in Sion. (Von Joh. Florello.) 2 Thle. 2e verb. u. verm. Ausg. 4. Berlin 840. Wohlgemuth. n. 1½ ₰

Theotima. (Religiöse Dichtungen.) 2 Thle. 2., verm. Ausg. gr. Lex.-8. (21¼ B.) Berlin 841, (J. A. Wohlgemuth.) *

Thera [Sachl. Ordnungswort]

Thera. Untersuchungen, Vermessgn. u. Ausgrabgn. in den J. 1895—1902. Unter Mitwirkg. v. W. Dörpfeld, H. Dragendorff, D. Eginitis u. a. hrsg. von F. Frhr. Hiller v. Gaertringen. I. Bd. u. IV. Bd. 1. Tl. gr. 4. Berlin, G. Reimer. n. 128. —
- I. Die Insel Thera in Altertum u. Gegenwart, m. Ausschluss der Nekropolen. Unter Mitwirkg. v. W. Dörpfeld, D. Eginitis, Th. v. Heldreich etc. Mit 31 Heliograv., 240 Abbildgn. im Text u. 12 Karten u. Ansichten in (gr. Fol.-) Mappe. (XV, 404 S.) 899. Geb. in Leinw. n. 150. —
- IV. Klimatologische Beobachtungen aus Thera. Von P. Wilski. Unter Mitwirkg. von F. Frhr. Hiller v. Gaertringen u. E. Vassilin bearb. 1. Tl. Die Durchsichtigkeit der Luft üb. dem Aegäischen Meere nach Beobachtgn. der Fernsicht v. der Insel Thera aus. Mit 3 Abbildgn. im Text u. 3 Beilagen. (VIII, 53 S.) 902. n. 8. —

Thera. Untersuchungen, Vermessgn. u. Ausgrabgn. in den J. 1895—1902. Unter Mitwirkg. v. W. Dörpfeld, H. Dragendorff, A. du Bois-Reymond u. a. hrsg. von F. Frhr. Hiller v. Gaertringen. II. u. III. Bd. gr. 4. Berlin, G. Reimer. Geb. in Leinw. n. 90. —
- II. Theraeische Gräber. Von H. Dragendorff. Unter Mitwirkg. v. W. Dörpfeld, F. Frhr. Hiller v. Gaertringen, A. Schiff, C. Watzinger, P. Wilski, R. Zahn. Mit 5 Taf. u. 521 Abbildgn. im Text. (V, 328 S.) 903. n. 50. —
- III. Stadtgeschichte v. Thera. Von F. Frhr. Hiller v. Gaertringen u. P. Wilski. Unter Mitwirkung v. W. Dörpfeld, A. du Bois-Reymond, R. Weil u. a. dargestellt. Mit 15 Taf., 259 Abbildgn. u. Beilagen im Text u. 2 Plänen. (XII, 292 S.) 904. n. 40. —

Bd. I u. IV, 1. Ebd. 899. 902. n. 188. —.

Thera. Untersuchgn., Vermessgn. u. Ausgrabgn. in d. J. 1895—1902. Unter Mitwirkg. v. W. Dörpfeld, H. Dragendorff, A. du Bois-Reymond u. a. hrsg. von F. Frhr. Hiller v. Gaertringen. IV. Bd. 2. Tl. 33,5×25,5 cm. Berlin, G. Reimer. 15. —
Klimatologische Beobachtungen aus Thera. Unter Mitwirkg. von Frhr. Hiller v. Gaertringen u. E. Vassiliu bearb. Von P. Wilski. 2. Tl. A. Meteorolog. Tabellen. B. Nachträge zu Bd. I.—III. Mit 4 Abbildgn. im Text. (VIII, VIII u. S. 55—202.) 909. 15.—
(IV. Bd. vollständ.: 23.—; geb. n 25. —)
Bd. I—III u. IV, 1. Ebd. 899—904. 278.—

Thera [Schlagwort]

Thera. Wilski, P., Karten v. Thera, aufgenommen u. gezeichnet. [Aus: „Thera".] 2 Blatt. Farbdr. Berlin, G. Reimer. 2. —
1. Umgegend der Stadt Thera nach den Ausgrabungen 1896—1902. 1:5000. 51×46 cm.
2. Die alte Stadt Thera nach den Ausgrabungen 1896—1902. 1:1000. 18,5×97 cm.

Thera [Verfasser]

Thera, Dr. Georg Ritter von, Das Dampfkesselwesen in Oesterreich. Sammlung der diesen Gegenstand bezüglichen Gesetze, Verordnungen u. Normal-Erlässe. Mit einer Einleitung und einem chronologischen u. Sachregister. 8. (IV, 197 S.) 1.—

Die Lieder der Mönche und Nonnen Gotamo Buddho's. Aus den **Theragāthā** und Therīgāthā zum 1. Mal übers. von Karl Eugen Neumann. Berlin: E. Hofmann 1899. VIII, 392 S. 8° [11. 6624

Therapeutik für Venerische und Hautkranke. Aus der Abtheilung des Professor Eduard Lang. 8. umgearbeitete und vermehrte Auflage der „Ordinations-Formeln". Mit 9 Figuren. Wien. 1899. Šafář. 8°. 166 S. Geb. fl. 1.80

Therapie, die elektromagnetische (System Trüb). 4 Abhandlgn. m. 9 Abbildgn. (43 S.) 8. Hamburg 905. Gebr. Lüdeking. n. 1. —

Therapie, die, d. Gegenwart. Medicinisch-chirurg. Rundschau f. prakt. Ärzte. (36.—39. Jahrg.) Unt. Mitwirkg. v. Joh. Baaz, Frhr. v. Buschman, Eppinger, A. Eulenburg etc., red. von W. F. Loebisch. Neue Folge. 1.—4. Jahrg. 1895—1898. à 12 Hfte. (à 4 Bog.) gr. 8. Wien, Urban & Schwarzenberg.
à Jahrg. n. 12. —; einz. Hfte. n. 1. 20

— dasselbe. Unter Mitwirkg. hervorrag. Fachmänner hrsg. v. G. Klemperer. (40. Jahrg.) Neueste Folge. 1. Jahrg. 12 Hfte (à ca. 3 Bog.) Lex.-8. Berlin 898. Urban & Schwarzenberg. n. 10. —

Therapie, die, der Gegenwart. Medicinisch-chirurg. Rundschau f. pract. Ärzte. Unter Mitwirkg. hervorrag. Fachmänner hrsg. v. G. Klemperer. 41.—43. Jahrg. Neueste Folge. 2.—4. Jahrg. 1900—1902. à 12 Hfte. Lex.-8. (à Jahrg. X, 576 S.) Berlin, Urban & Schwarzenberg. à Jahrg. n. 10. —; geb. n. 12. —

— die, der Gegenwart, hrsg. v. G. Klemperer. 44. bis 47. Jahrg. Neueste Folge. 5.—8. Jahrg. 1903—1906. à 12 Hefte. (X, 576; VIII, 568; VIII, 576 u. VIII, 576 S.) Lex.-8. Berlin, Urban & Schwarzenberg.
à Jhrg. n. 10. —; geb. n. 12. —

Therapie, die, der Gegenwart, hrsg. v. G. Klemperer. 48.—51. Jahrg. Neueste Folge. 9.—12. Jahrg. 1907—1910. à 12 Hefte. (576, 576, 600 u. 576 S.) Lex. 8. Berlin, Urban & Schwarzenberg.
à Jahrg. 10.—; geb. 12. —

Die kausale **Therapie.** Zeitschrift f. kausale Behandlung d. Tuberkulose u. a. Infektionskrankheiten. (Bd 2, H. 1: Zeitschrift für kausale Therapie.) Hrsg.: Prof. Dr. Edwin Klebs. Jg. 1. Bd 2, H. 1. [Mehr nicht ersch.] Bremerhaven: Vangerow 1903-05. 8°
1. 1903(—04). 2. 1905. [11. 1094

— die kausale. Zeitschrift f. kausale Behandlg. der Tuberkulose u. anderer Infektionskrankheiten. Hrsg. u. red. v. Edwin Klebs. 1. Jahrg. Oktbr. 1903—Septbr. 1904. 12 Nrn. (330 S.) gr. 8. Bremerhaven, L. v. Vangerow. n. 10. —
Fortsetzg., s.: Zeitschrift f. kausale Therapie.

Therapie, die klinische, der Gegenwart. Nach Mitteilgn. aus den Kliniken Oesterreich-Ungarns, Deutschlands etc. 1.—VIII. Hft. gr. 8. Wien 894. M. Breitenstein.
à n. — 50
I. Die Therapie an der geburtshilflich-gynäkologischen Klinik des Prof. Carl v. Rokitansky in Graz. A. Geburtshilfe. Referirt v. Emil Rossa. (24 S.)
II. — dasselbe. B. Gynäkologie. Referirt von Ritter v. Steinbüchel. (34 S.)
III. IV. Die Therapie der Augenkrankheiten an der Klinik des Prof. L. Rydel in Krakau. Mitgeteilt v. Adam Langie. (48 S.)
V—VII. Die Therapie der Kinderkrankheiten an der Klinik des Prof. Escherich in Graz. Referirt v. Joh. Loos. (78 S.)
VIII. Die Therapie der internen Medicin auf der Klinik des Prof. P. v. Rokitansky in Innsbruck. Mitgeteilt v. Jos. Lins. (32 S.)

— neue. Monatsschrift f. prakt. Aerzte. Hrsg. u. red. v. M. T. Schnirer. 3. u. 4. Jahrg. 1905 u. 1906 à 12 Hefte. (à ca. 36 S.) gr. 8. Wien, R. Coën. à Jhrg. n. 4. —

— neue. Monatsschrift f. prakt. Ärzte. Hrsg. u. red. v. M. T. Schnirer. 5. Jahrg. 1907. 12 Hefte. (à ca. 36 S.) gr. 8. Wien, R. Coën. 6. —

Physikalische **Therapie** in Einzeldarstellungen. Hrsg. von Dr. J[ulian] Marcuse, Ebenhausen, u. Doz. Dr. A[lois] Strasser, Wien, unter Mitw. von ... H. 1. Stuttgart: F. Enke 1900. 8° [07. 5980

— physikalische, in Einzeldarstellungen. Hrsg. von J. Marcuse u. A. Strasser. Unter Mitarbeit v. L. Brieger, A. Bum, B. Buxbaum u. a. 1. 4. 7.—9. 12.—18. 20. u. 22.—24. Heft. Lex.-8. Stuttgart, F. Enke.
n. 30. 80; geb. in Leinw. n. 41. 40
Brieger, L., u. A. Laqueur, physikalische Therapie der Erkrankungen d. Muskeln u. Gelenke. (87 S.) 906. (Hft. 20.) n. 2. 20; geb. n. 2. 80
Bum, A., Physiologie u. Technik der Massage. Mit 23 Textabbildgn. (52 S.) 906. (Hft. 4.) n. 1. 20; geb. n. 1. 80
Buxbaum, B., physikalische Therapie der Erkrankungen der Verdauungsorgane. (100 S.) 906. (Hft. 12.) n. 2. 40; geb. n. 3. —
Determann, H., physikalische Therapie der Erkrankungen des Zentralnervensystems inklusive der allgemeinen Neurosen. (126 S.) 906. (Hft. 18.) n. 3. —; geb. n. 3. 60
Foges, Arth., u. O. O. Fellner, physikalische Therapie der Erkrankungen der weiblichen Sexualorgane. Mit 6 Textabbildgn. (67 S.) 906. (Hft. 22.) n. 1. 60; geb. n. 2. 20
Frankenhäuser, Fritz, die physiologischen Grundlagen u. die Technik der Elektrotherapie. Mit 150 Textabbildgn. (120 S.) 906. (Hft. 7.) n. 2. 80; geb. n. 3. 40
Glax, J., Balneotherapie. (98 S.) 906. (Hft. 8.) n. 2. 40; geb. n. 3. —
— Klimatotherapie. (58 S.) 906. (Hft. 9) n. 1. 40; geb. n. 2. —
Kutty, D. O., physikalische Therapie d. Skrofulose. (62 S.) 906. (Hft. 17.) n. 1. 60; geb. n. 2. 20
Martin, A., physikalische Therapie der akuten Infektionskrankheiten. Mit 5 Textabbildgn. (123 S.) 906. (Hft. 24.) n. 3. —; geb. n. 3. 60
Munter, S., physikalische u. diätetische Therapie der Gicht. Für prakt. Aerzte. (70 S.) 906. (Hft. 13.) n. 1. 80; geb. n. 2. 40
— physikalische u. diätetische Therapie der Zuckerharnruhr. Für prakt. Aerzte. (61 S.) 906. (Hft. 14.) n. 1. 60; geb. n. 2. 20
Rosin, H., physikalische Therapie der Anämie u. Chlorose. Basedowsche Krankheit. (26 S.) 906. (Hft. 15.) n. — 60; geb. n. 1. 20
Strasser, A., physikalische Therapie der Fettsucht. (43 S.) 906. (Hft. 16.) n. 1. —; geb. n. 1. 60
Winternitz, W., physiologische Grundlagen der Hydro- u. Thermotherapie. Mit 11 Textabbildgn. (87 S.) 906. (Hft. 1.) n. 2. —; geb. n. 2. 60
Zappert, Jul., die physikalische Therapie im Kindesalter. (91 S.) 906. (Hft. 23.) n. 2. 20; geb. n. 2. 80

— **physikalische**, in Einzeldarstellungen. Hrsg. v. J. Marcuse u. A. Strasser. Unter Mitarbeit v. A. Albu, L. Brieger, A. Bum u. a. Heft 2, 3, 5, 6, 10, 11, 19, 21 a u. b, 25 u. 26. Lex. 8. Stuttgart, F. Enke. 33.20; geb. in Leinw. n 39.80

Albu, A., Grundzüge der Ernährungstherapie. Mit 6 Tab. im Text. (82 S.) 908. (26. Heft.) 2.—; geb. 2.60

Friedländer, R., physikal. Therapie der Erkrankgn. der peripherischen Nerven. (56 S.) 907. (19. Heft.) 1.20; geb. 1.80

Herz, M., Heilgymnastik. Mit 38 Textabb. (71 S.) 907. (5. Heft.) 1.80; geb. n 2.40

Kienböck, Rob., Radiotherapie. Ihre biolog. Grundlagen, Anwendungsmethoden u. Indikationen. Mit e. Anh.: Radiumtherapie. Mit 178 Textabb. (190 S.) 907. (6. Heft.) 4.80; geb. 5.40

Marcuse, Julian, Luft- u. Sonnenbäder, ihre physiolog. Wirkg. u. therapeut. Anwendg. Mit 17 Textabbildgn. (128 S.) 907. (3. Heft.) 3.—; geb. 3.60

— Technik u. Methodik der Hydro- u. Thermotherapie. Mit 62 Textabb. (141 S.) 907. (2. Heft.) 3.60; geb. n 4.20

Rieder, H., physikal. Therapie der Erkrankungen der Respirationsorgane. Mit 2 Abb. (124 S.) 908. (11. Heft.) 3.—; geb. n 3.60

Sittmann, G., physikal. Therapie der Erkrankgn. des Herzens u. der Gefässe. (92 S.) 907. (10. Heft.) 2.20; geb. 2.80

Strasser, Alois, physikal. Therapie der Krankheiten der Niere u. Harnwege. (78 S.) 908. (25. Heft.) 2.—; geb. n 2.60

Ullmann, K., physikalische Therapie der Geschlechtskrankheiten. Mit 61 Textabb. (217 S.) 908. (Heft 21 b.) 5.—; geb. n 5.60

— dasselbe der Hautkrankheiten. Mit 57 Textabbildgn. (198 S.) 908. (Heft 21 a.) 4.60; geb. n 5.20

Therapie, die, der täglichen Praxis. Ein Handbuch Einzeldarstellungen. Unter Mitwirkg. v. Axhausen, in Birch-Hirschfeld, F. Brandenberg u. a. Hrsg. v. Otto Rigler. 1. Bd. (423 S.) Lex. 8. Leipzig 910. G. Thieme. 8.—; geb. in Leinw. 9.—

Therapie, die, der täglich. Praxis. I. Bd. Jetzt: Halle, C. Marhold.

Die **Therapie** der Wiener Spezialärzte. Bearb. von d. Facharzten Wiens. Hrsg. von Dr. Otfried O[tto] Fellner. Berlin, Wien: Urban & Schwarzenberg 1908. (VII, 486 S.) 8° (08. 5041

Therapie, Die, an den Berliner Universitäts-Kliniken, s. Croner, Wilhelm

— **die, an den österreichischen Universitätskliniken.** Ein Kompendium der modernen Heilmethoden unter Mitwirkg. hervorrag. Fachmänner. Hrsg. von Ernst Lederer. I.—III. Ausg. gr. 8. Wien, A. Hölder. à n. 1.—

I. 1. Die Therapie der Geistesstörungen an der psychiatrischen Klinik Prof. Antons in Graz. Von Heinr. di Gaspero. — 2. Die Therapie in der Geburtshilfe in der k. k. Universitäts-Frauenklinik in Graz. Von Max Stolz. (200 S.) 904.

II. Die Therapie an der Universitätsklinik des Prof. Pieniazek f. Nasen-, Rachen- u. Kehlkopfkrankheiten in Krakau. Von Frz. Nowotny. — Die Therapie an der k. k. böhm. dermatolog. Universitätsklinik des Prof. Dr. Viktor Janovsky in Prag. Von F. Samberger. – Die Therapie an der Innsbrucker Universitäts-Frauenklinik. Von Koch u. Nebesky. (112 S.) 905.

III. Ein Blick auf die gynäkologische Therapie in der Klinik. Von S. Dobrowolski u. L. Friedmann. (68 S.) 906.

Therapie des Zeitgeistes. Aphoristische Angabe einiger Mittel zur Heilung des kranken Zeitgeistes. Von Ant. Philalethes. gr. 8. (195 S.) Wien 866, Sommer. — Klemm. *

Thorbn. Schlachten-Atlas vom siebenjährigen Krieg nebst Beschreibung der Schlachten und Treffen vom 1. October 1756 bis 30. August 1762. 8. Mainz 1780—1790.

Theremin, C., v. Interesse d. Mächte, s. Europa in s. polit. u. Finanzverhältnissen 46.

— des intérêts des Puissances continentales, relativement à l'Angleterre. 8. Strasb. Levrault. 796.

Theremin, David Ludwig

Theremin, Dav. Ldw., Betrachtt. üb. die Mittel, den gemeinen Mann mit den Landesgesetzen bekannt zu machen. 8. Berl. 787. Bourdeaux. 4 gr.

— üb. Moralität u. Religiosität in Beziehung auf das Wohl des Staats. gr. 8. Berl. 810. Sander. 4 gr.

— Zuruf an die franz. Gemeinen in d. preuß. Monarchie, von einem ihrer ältesten Lehrer. 8. Ebend. 814.
Vgl. Zuruf...

— — dasselbe in franz. Sprache.

Theremin, Emil: Ueber congenitale Occlusionen des Dünndarms. Diss. Leipzig 1877. 40 S. 8°, mit einer lithographirten Tafel.

Theremin, (Ludwig Friedrich) Franz

Theremin, (Ludw. Friedr.) Frz., Abendstunden. (Religiöse Gedichte u. Aufsätze.) 8. (12½ B.) Berlin 833, Duncker u. Humblot.

Theremin, Frz., Abendstunden. (Gedichte.) 2. u. 3. Bd. 8. Berlin 836, Duncker u. Humblot. [2. (17⅓ B.) 836. * 1⅓ Thlr., 3. (24½ B.) 839. * 1⅔ Thlr.]
1. Bd. Ebendas. 1833. * 1 Thlr.

—— dass. 2., verm. Ausg., in 1 Bde. 8. (34⅔ B.) Berlin 841, Duncker u. Humblot. * 2 Thlr., Vlnp. *

Theremin, Frz., Abendstunden. 3., verm. Ausg. in 1 Bde. gr. 8. (32 B.) Berlin 845, Duncker u. Humblot. *

Theremin, Frz., († d. 26. Sept. 1846), Abendstunden. 4. Ausg. Mit d. (lith.) Bildniß des Verf. gr. 8. (VIII u. 469 S.) Berlin 852, Duncker & Humblot. n. 2 Thlr.; in Engl. Einb. m. Goldschn. n. n. 2⅓ Thlr.

Theremin, Frz., Abendstunden. 5. Ausg. Mit dem (lith.) Bildniß des Verf. Berlin 858. Duncker u. Humblot. gr. 8. (VIII, 469 S.) n. 2 Thlr.

Theremin, Frz., Abendstunden. 6. (Titel-)Ausg. gr. 8. (VIII, 469 S.) Frankfurt a. M. (858)69, Boelcker. M 3.; geb. *
Die sämmtlichen Werke des Verf. sind von Duncker und Humblot an Völcker übergegangen.

— Advents-Predigt, s. Ehrenberg, Fr.

—— auf Trauer folget Freude. Predigt am Erntefeste 1831 Nachmittags gehalt. gr. 8. (1 B.) Berlin, (Logier.)

Theremin, (Ludw. Friedr.) Frz., Adalberts Bekenntnisse. 1. Aufl. (17½ B.) 828., 2., verm. A. (21½ B.) 8. Berlin 835, Duncker u. Humblot. à Thlr.

Theremin, F., die Beredsamkeit eine Tugend, s. Bibliothek theologischer Klassiker.

Theremin, Frz., die Beredtsamkeit eine Tugend, od. Grundlinien e. systemat. Rhetorik. gr. 8. Berlin, Achenwall u. Comp. 814.

Theremin, Fr., die Beredsamkeit, eine Tugend, oder Grundlinien einer systemat. Rhetorik. gr. 8. Berlin. 814. Jetzt Berl. v. Reimer. auch Rücker.

— die Beredsamkeit eine Tugend, od. Grundlinien e. systemat. Rhetorik. 2., verb. Aufl. gr. 8. (16 B.) Berlin 837, Duncker u. Humblot.

Theremin, Frz., s. Cervantes, Persiles u. d. Sigismunde Drangsale.

— Christus und Pilatus. Eine Fasten-Pred. Hrsg. u. mit e. Vorw. begleitet von ein. Freunde d. Missionen. gr. 8. (1½ B.) Berlin 839, (W. Besser.)

— David u. sein sterbendes Kind, Predigt, gehalten in d. Domkirche zu Berlin am 10. März 1816. gr. 8. Berl. 816. Duncker u. H. 3 Ngr

— Demosthenes u. Massillon. Ein Beitrag zur Geschichte der Beredsamkeit. gr. 8. (22½ B.) Berlin 845, Duncker u. Humblot.

— Einsegnungs-Reden gehalten in den J. 1836 bis 1846. Aus dem Nachlasse des Verf. hrsg. gr. 8. (262 S.) Berlin 851(52,) Duncker und Humblot.

Theremin, Franz, s. Freundes-Gräber.

— Gedächtnißpredigt auf den Bischof F. S. G. Sack, gehalt. am 12. Oct. 1827, nebst einem kurzen Berichte von d. Leben u. d. Schriften des Verewigten. gr. 8. Berl. 817. Duncker u. H. 4 Ngr

— das Gericht. Pred. gr. 8. (1 B.) Berlin 834, (W. Besser.)

— das Gericht. Predigt. gr. 8. Berlin 834. (Eichler.) 1/12 Thlr

— die Gottheit Christi. Pred. gr. 8. (1½ B.) Berlin 840, Duncker u. Humblot.

Theremin, Fr., von der Gottheit Christi. Predigt aus dem J. 1818. Mit Vorwort für 1881 hrsg. von Rud. Kögel. 8. (18 S.) Bremen 881, Müller's Verlagsh.

— das Kreuz Christi, Predigten aus d. Jahren 1826, 27 u. 28. gr. 8. Berl. 829. 2e A. 831. Duncker u. H. 1 Thlr 8 Ngr

— das Kreuz Christi, s. dess. „Predigten," 6. u. 7. Bd.

— das christl. Leben, Pred. am Tage d. Gedächtnißfeier Sr. Maj. d. Königs Friedr. Wilhelm III. d. 19. Jul. 1840 geh. gr. 8. (1½ B.) Berlin, Duncker u. Humblot.

Theremin, (Fr.,) die Lehre vom göttl. Reiche. gr. 8. Berlin 823, Dunker u. H.

— die Predigt. Eine Pred. gr. 8. (1 B.) Berlin 831, (W. Besser.)

— die Predigt. Eine Predigt. gr. 8. Berl. 831. (Eichler.) 1/12 Thlr

— Predigt von d. Bekehrung, d. 22. Nov. 1828 zu Berlin gehalten... Berl. 828. Stuhr. 3 Ngr

— Predigt: Es ist vollbracht. 12. Berl. 824. Duncker u. H. 4 Ngr

— Predigt, zur Feier der am 3. Juli erfolgten Capitulation von Paris. gr. 8. Berl. 815. Duncker u. H. 3 Ngr

— Predigt von d. Kreuzigung Christi. Am 1n Sonnt. d. Fasten 1828 zu Berlin gehalten... Berl. 828. Stuhr. 3 Ngr

— Predigt von d. verborg. Leben in Christo; am 26. Sonntage nach Trinit. 1826 zu Berlin geh. gr. 8. Berl. 826. Stuhr. 3 Ngr

— von d. verborgenen Leben in Christo. Predigt. gr. 8. Berl. 826, (Logier.)

— Predigt, die Zeiten unter Christi Leitung; d. 4. Jan. 1826. in Berlin gehalt... Berl. 826. Stuhr. 3 Ngr

Theremin, Frz. (Ldw. Fr. Frz.), Predigten. 3 Bde. gr. 8. Berl. 817—22. 1r u. 2r Bd. 2e von neuem durchgeseh. Ausg. gr. 8. Ebd. 819—826. u. 1r Bd. 3e Aufl. 829. 4r u. 5r Bd. 828, 29. Duncker u. H. Alle 5 Bde 6 Thlr 16 Ngr

— dass. 5. Bd. — A. u. d. T.: Zeugnisse von Christo in e. bewegten Zeit. Predigten in d. J. 1830, 1831 u. 1832 geh. gr. 8. (18 B.) Ebds. 832.

— Predigten. 4r Bd. 2e Aufl. gr. 8. Berlin 838. Duncker u. Humblot. 1⅓ Thlr — 5r Bd. A. u. d. T.: Zeugnisse von Christo in einer bewegten Zeit. gr. 8. Ebd. 832. 1⅓ Thlr 2e Aufl. Ebd. 838. 1⅓ Thlr

— dass. 6. u. 7. Bd. — A. u. d. T.: Das Kreuz Christi. Predigten (aus d. J. 1826, 1827 u. 1828). 2 Thle. gr. 8. Ebds. [1. 1. Aufl. (20¼ B.) 829., 2. u. 3. A. (à 20½ B.) 831, 35., 2. 1. u. 2. A. (à 21½ B.) 833, 35. à 1 Thlr. 8 Gr.]
2. u. 3. Bd. 2. Aufl. Ebendas. 1826, 31. à 1 Thlr. 8 Gr.

— dass. 6r Bd. A. u. d. T.: Das Kreuz Christi. 1r Thl. 2e Aufl. gr. 8. Ebd. 833. 3e Aufl. 835. 4e Aufl. 839. — 7r Bd. A. u. d. T.: Das Kreuz Christi. 2r Thl. 2e Aufl. 835. 3e Aufl. 839. — 8r Bd. A. u. d. T.: Das Kreuz Christi. 3r Thl. gr. 8. Ebd. 837. 2e Aufl. 840. (à 1⅓ Thlr) 4 Thlr

— Predigten. 9. Bd. — A. u. d. T.: Das Kreuz Christi. 4. Thl. gr. 8. Ebend. 841. 1⅓ Thlr (1.—9. 12 Thlr)

— dass. 1. Bd., welcher Predigten aus dem Jahre 1815 u. 16 enthält. 4., v. neuem durchges. Aufl. gr. 8. (19 B.) Ebds. 841.

Theremin, Frz., Predigten. 10. Bd. Nach dem Tode d. Verf. herausg. gr. 8. (21 B.) Berlin 847, Duncker u. Humblot. Thlr.

— Predigten. 6. Bd. 5. Aufl. A. u. d. T.: Das Kreuz Christi. 1. Thl. 5. Aufl. gr. 8. (V und 318 S.) Berlin 851, Duncker und Humblot.

Theremin, F. Ausgewählte Predigten, s. Bibliothek theol. Klassiker.

— des Preußen u. des Franken Tod auf d. Schlachtfelde. Ein Gedicht. 8. Berl. 813. Salfeld. 4 Ngr 2e verb. Aufl. 183.. Hasselberg das. 4 Ngr

— Rede bei d. Einsegnung d. Prinzen Friedr. Wilh. Waldemar v. Preußen am 14. März 1834, nebst dem v. Sr. Kgl. Hoheit abgelegten Glaubensbekenntnisse; u. Predigt, gehalt. in d. Domkirche bei d. ersten Abendmahlsfeier des Prinzen am 16. März 1834, auf Höchsten Befehl hrsg. gr. 8. (3 B.) Berlin, (Eichler.)

Theremin, Frz., Reisegedanken. Neu hrsg. v. Johs. Ziegler. 8. (95 S. m. Bildnis.) Bremen (902). Verlag des Tractathauses. Geb. in Leinw. 1.30

— der Rhein u. Jerusalem. Eine Phantasie f. die Charwoche. Mit Holzschn. nach Zeichnungen von E. Holbein. gr. Lex.-8. (2¼ B.) Berlin 844, Duncker u. Humblot.

—— der ungerechte Richter u. die Wittwe. Eine Pred. gr. 8. (1 B.) Berlin 833, (W. Besser.)

— der ungerechte Richter u. die Wittwe. Eine Predigt. gr. 8. Berlin 833. (Eichler.) 1/12 ₰

— Sermon préché à l'ouverture de la campagne, le 20. Mars 1813 dans la temple de Werder. 8. Berl. 813.

—— der Sieg des Glaubens über die Welt. Predigt am 4. Sonnt. des Advents 1845 gehalten. gr. 8. (1 B.) Berlin 846, Duncker u. Humblot. *

— Siehe! Wie haben sie ihn so lieb gehabt! Predigt am 5. Juli 1840. 1e u. 2e Aufl. gr. 8. Berlin 840. Duncker u. H. n. 1/12 ₰

—— der verlorne Sohn. Eine Pred. gr. 8. (1 B.) Berlin 833, (W. Besser.)

— der verlorne Sohn. Eine Predigt. gr. 8. Berlin 833. (Eichler.) 1/12 ₰

(——) Stimmen aus Gräbern ꝛc.
[Diese Schrift wird T. zugeschrieben, gehört ihm jedoch nicht an, vgl. Stimmen.]

—— die Sünde — eine Krankheit. Eine Pred. gr. 8. (1 B.) Berlin 836, (W. Besser.)

— die Sünde — eine Krankheit. Eine Predigt. gr. 8. Berlin 836. (Eichler.) 1/12 ₰

— Tagebuch während einer Reise im Sommer 1845. gr. 8. (4½ B.) Berlin 846, Duncker u. Humblot. *

—— vom Tode. Drei Predigten, im Jahre 1836 geh. gr. 8. (5 B.) Berlin 837, Duncker u. Humblot.

— das Uebel u. dessen Heilung. Predigt. gr. 8. Berl. 831. Duncker u. H. 4 gr

—— das Uebel u. dessen Heilung. Predigt am 4. Sept. 1831 gehalt. gr. 8. (1½ B.) Berlin, (Logier.)

—— üb. die deutschen Universitäten. Ein Gespräch. gr. 8. (2¼ B.) Berlin 836, Duncker u. Humblot.

—— die Verherrlichung der Menschheit durch Christum. Rede am Krönungs- u. Ordensfeste des 18. Jan. 1846 gehalt. gr. 8. (1 B.) Berlin, Duncker u. Humblot. *

—— Wo sollen wir Hütten bauen? Predigt am 1. Sonntage des Adventes 1841 gehalten. Lex.-8. (1½ B.) Berlin 842, Duncker u. Humblot. *

— Zeugnisse von Christo in einer bewegten Zeit. Predigten in d. Jahren 1830, 31 u. 32 gehalt. gr. 8. Berl. 832. Duncker u. H. 1 ₰ 8 gr

—— Zeugnisse v. Christo ꝛc., s. dess. „Predigten," 5. Bd.

Theremin, Gme., Saudades do Rio de Janeiro. qu. gr. Fol. (6 lith. Blätter.) Berlin 841, Sachse et Comp. n. 2 ₰

Theremin, L., s. Schulz, Christine, geistl. Lieder.

Théremin, Wilhelm: Beitrag zur öffentlichen Meinung über Kirche und Staat in der städtischen Geschichtsschreibung Deutschlands von 1349—1415. (Kap. 2.) Halle a. S. 1909. IX, 26—70 S. 8° ¶ (Ersch. vollst. als: Historische Studien. H. 68.)
Halle, Phil. Diss. v. 19. Mai 1909, Ref. Lindner
[Geb. 26. Dez. 86 Berlin; Wohnort: Königswusterhausen; Staatsangeh.: Preußen; Vorbildung: Gymn. Erfurt Reife O. 05; Studium: Halle 8 S.; Rig. 20. Febr. 09.] [U 09. 1715

Théremin, Wilhelm: Beitrag zur öffentlichen Meinung über Kirche und Staat in der städtischen Geschichtsschreibung Deutschlands von 1349–1415. Berlin: Ebering 1909. 152 S. 8°
(Histor. Studien. H. 68.)

Therese [Sachliches OW]

Thérèse, s.: Bibliothèque française. 1.

Thérèse ou l'enfant volé, s.: Bibliothèque, petite, française.

Therese, od. d. Pallast u. d. Hütte, s. Romane, kleine, u. Erzähl. a. d. Frz. d. Fr. v. Genlis 2r Thl.

Therese oder mehr als Lukrezia! ein historisch-dramatisches Divertissement. Hamburg 1784. V: *Tanck, Franz Johann Daniel.* (Ky) (MGT)

THERESE, oder die unglückliche Tochter des Grafen von L**. Eine Geschichte unsers Jahrhunderts. 2 Thle. Magdeburg 1796, bei Joh. Adam Creutz. 8°.
Tit., 318 u. 287 Seiten. Theilweise anstößig.

Therese, od. die unglückl. Tochter des Grafen v. L. 2 Thle. 8. Magdeb. 796. N. A. 812. Creutz. 2 ₰
Vgl. Therese, Die unglückliche.

Therese ein Roman in Briefen. Hamb. 1806. V: *Ahlefeld, Charlotte Sophie Louise Wilhelmine von geb. von Seebach.* (Schl) (MGT) (GGr) (LS)

— e. Roman in 2 Thlen. 8. Hamb. Hoffmann. 806.

THERESE. Eine erotische Erzählung in acht Gesängen (Hexametern). Mit einem schönen Kupfer v. (J.) Penzel. Leipzig 1806. bey Heinrich Gräff. 8°. (In Berlin, Magistratsbibl.) (4 Mk., Hfz. od. unbeschn., Adolf Weigel. 1906; 6 Mk. Adolf Buchholz, München; 8 Mk. Südd. Antiqu., München, 1908.)
(Goedeke VI, 367, 16.)

— eine erotische Erzählung in 8 Gesängen. 8. Leipz. 806. Wienbrack. 1 ₰

Therese, od. Resignation aus Pflichtgefühl. 8. (15 B.) Leipzig 830, [Böhme.]

— oder Resignation aus Pflichtgefühl. 8. Leipz. 830. (Hartmann). 1 ₰

THERESE, oder Resignation aus Pflichtgefühl. Ein Roman. Leipzig, Wilh. Rauck, 1830. 8°.
IV u. 231 S. In zahmen Briefen.

Therese, ein prakt. Handbuch für d. Erziehung d. ersten Kindesalters, in allgem. faßl. Darstellung. Zunächst f. Mütter u. Kinder-Erzieherinnen, wie auch zur Anwendung in Kinderbewahr- u. Vorbereitanstalten. Von d. Verf. der Zusätze zu Wilderspin's „frühzeit. Erziehung" (J. Wertheimer.) gr. 8. (16½ B.) Wien 832, Gerold.

Therese ein praktisches Handbuch für die Erziehung des ersten Kindesalters . . . Wien 1832. V: *Wertheimer, Joseph Ritt. v.* (Ky)

Therese, die fromme Arbeiterin. Ein Büchlein für die weibliche Jugend. Köln 1835. V: *Lauffs, Leonhard.* (Russell XVI, II, 1, 1296)

Therese, die fromme Arbeiterinn, s. Lauffs, L.

Therese, die fromme Arbeiterinn. Ein Büchlein für die weibliche Jugend. 16. Köln 835. J. G. Schmitz. 1/8 ℔

THERESE als Braut. Ein komischer (zahmer) Roman. Rudolstadt, Hofbuchhdlg., 1816. 8°. 382 S. (3 Mk. Scheible, 1885.)

— als Braut. 8. Rudolst. 817. Hofbuchh. 1 ℔ 12 gr

Therese von Edelwald, eine Klostergeschichte; Beytrag zur Geschichte der Menschheit . . . Frankfurt 1784. V: *Albrecht, Joh. Frdr. Ernst.* (Ky) (LS) (MGT)

THERESE, die Einsiedlerin. Eine seltsame Geschichte unserer Zeiten. Mit Titelkpfr. (Renard sc.). Wien 1799. 8°. 138 S. (6 Mk., mit 1 ähnl. freien Roman. Max Harrwitz, Berlin, 1908.)

Huldigung Ihrer Majestät der allergnädigsten Königin Therese von Bayern bei Allerhöchstihrer Reise durch Hof am 27. April 1827 dargebracht von den Schülern des Maximilians-Gymnasiums. — 1827. Ebend. — 1 Bog. Fol. — 18 Distichen.
Progr. Hof

Therese und Pauline; Schspl. in 5 A. 8. Prag 787. Diesbach. 5 gr

Therese als Filosof. Aus d. Französ. 1796. V: *Boyer Marquis d'Argens, Jean Baptist.* (BGE VII³, 629)

Therese, Die philosophische, oder Beiträge zur Geschichte des Paters Diorag und des (!) Fräuleins Eradice. Hsg. und ins Deutsche übertragen von Heinrich Conrad. S. l. 1908. V: *Boyer Marquis d'Argens [?], Jean Baptiste de.* (Imecourt)

THERESE, Die schöne, oder das Opfer des Ehrgeizes u. des Eigennutzes verblendeter Aeltern. Mehr Geschichte als Roman. Grätz, b. Joh. Andr. Kienreich. 1798. 8°. Selten!

Therese, die unglückliche, aus Familienpapieren. 2 Thle. neue Aufl. 8. Magdeb. Creutz. 812.
Vgl. Therese, oder die unglückl. Tochter d. Grafen v. L.

Therese v. Wolmar; aus d. Memoiren d. Fräul. v. Wolmar, s. Wolmar.

Therese [Verfasser]

Bayer, Th. v. [Therese, Prinzessin v. Bayern]. Auguste Ferdinande Prinzessin Luitpold v. Bayern, geb. Prinzessin v. Toscana, Erzherzogin v. Österreich. 12. (31 S. m. Bildnis.) Teschen 892, Prochaska. * — 50

Bayer, Th. v. (Prinzessin Therese v. Bayern): Auguste Ferdinande Prinzessin Luitpold v. Bayern, geb. Prinzessin v. Toskana, Erzherzogin v. Österr. 2. Afl. (31 m. 1 Bildn.) 8° Tesch., K. Prochaska '12. — 80 d

— u. Frz. Steindachner, über einige Fischarten Mexico's u. die Seen, in welchen sie vorkommen. [Aus: „Denkschr. der k. Akad. d. Wiss."] Imp.-4. (14 S. m. 1 Kartenskizze im Text u. 3 Taf.) Wien 895. (C. Gerold's Sohn.) n. 2.50

Therese, Prinzessin v. Bayern und Dr. Franz Steindachner, Ueber einige Fischarten Mexikos und die Seen, in welchen sie vorkommen. Mit drei Tafeln und einer Kartenskizze im Texte. 4. (14 S.) 1.25
Wien: F. Tempsky 1895.

Therese, Prinzessin v. Bayern, des Prinzen Arnulf v. Bayern Jagdexpedition in den Tian-Schan. Nach Tagebuch u. Briefen zusammengestellt. Mit 2 (farb.) Karten, Titelbild, 11 Vollbildern u. 114 Textbildern nach photograph. Aufnahmen des Prinzen u. e. Bild nach photograph. Aufnahme des Prof. Merzbacher. (XVI, 305 S.) Lex. 8. München 910. R. Oldenbourg. 10.—; geb. 12.—

Bayer, Th. v., üb. den Polarkreis. Mit 6 Abbildgn. u. 1 Karte. gr. 8. (X, 842 S.) Leipzig 889. Brockhaus. n. 6.—; geb. n. 7.50

Therese Prinzessin v. Bayern (Th. v. Bayer), meine Reise in d. brasilianischen Tropen. M. 2 Karten, 4 Taf., 18 Vollbild. u. 60 Textabb., zum Theil nach Photographien d. Reisegesellschaft u. Zeichngn. der Verf. gr. 8. (XVI, 544 S.) Berlin 897. D. Reimer. n. 12.—; geb. in Leinw. n. 14.—

Therese, Prinzessin v. Bayern, s.: Reiseeindrücke u. Skizzen aus Rußland.

— Reisestudien aus dem westl. Südamerika. 2 Bde. Mit 6 Taf., 25 Vollbildern u. 136 Textabb. z. Tl. nach photograph. Aufnahmen der Reisegesellsch. u. Zeichnungen der Verf., sowie m. 6 Karten. (XIX, 380 u. XIII, 340 S. m. 6 Bl. Erklärgn.) Lex. 8. Berlin 908. D. Reimer. Geb. in Leinw. 20.—

Therese vom Kinde Jesu, s. Theresia vom Kinde Jesu.

Therese [Pseudon.] s. Lützow, Therese von.

Therese (v. Lützow, verehelicht gewes. v. Bacharacht, geb. v. Struve), Alma. gr. 8. (277 S.) Braunschweig 848, Vieweg & Sohn. n. 1⅚ ℔

† **Theresens (Frau v. Bacheracht, geb. v. Struve,) Briefe aus Süden. Hrsg. v. d. Verfasserinn. gr. 8. (18¾ B.) Braunschweig 841, Vieweg u. Sohn.** *

Therese, das goldene Buch für jede Haushaltung, } s. Kochbuch, neues hamburger.

† Therese, (Frau v. Bacheracht, geb. v. Struve,) Heinrich Burkart. gr. 8. (21 B.) Braunschweig 846, Vieweg u. Sohn. *

Therese, Gelegenheitsgedichte, s.: Fest- u. Gelegenheitsgedichte. 8. Bdchn.

Therese, Schwester, für die lieben Kleinen od. Der Kindergartendichter, s.: Fest- u. Gelegenheitsgedichte. 17. Bdchn.

Therese, neues hamburgisches Kochbuch, s. Kochbuch, neues hamburgisches.

Therese, neues Hamburgisches Kochbuch. Ein Rathgeber für Hausfrauen, welche ihrer Küche selbstständig vorstehen wollen. 4. Aufl. Altona 857. Verlagsbureau. 8. (XLI, 646 S.) 1 ℛ. 5 ngr.

Therese, neues hamburgisches Kochbuch. Ein Rathgeber für Hausfrauen, welche ihrer Küche selbstständig vorstehen wollen. 4. Aufl. 8. (XXXXI und 646 S.) Altona 858, Verlagsbureau.

Therese, neues hamburgisches Kochbuch. Ein Rathgeber f. Hausfrauen, welche ihrer Küche selbstständig vorstehen wollen. 7. Aufl. 8. (XLI, 646 S.) Altona 876. Verlags-Bureau. 3. 60

(Therese, Tante:) Koche mit Liebe! Gute erprobte Rezepte und Rathschläge in leichtverständl. Fassung. Arnsberg: F. W. Becker 1901. (80 S.) 8°

— Neue Lustspiele f. Mädchen, s. a. Fest- u. Gelegenheitsgedichte. 20. Bdchn.

(F) Therese, Neue Lustspiele für Mädchen. [20. Band der Fest- und Gelegenheitsgedichte.] 8°. (112 S.) K 1.20
Linz: Kath.Pressverein 1909.

— Lustspiele u. Weihnachtsspiele m. e. Anhg. v. Gelegenheitsgedichten, s.: Fest- u. Gelegenheits-Gedichte. 8. Bdchn.

Therese, s. Lydia.

—— Lydia. gr. 8. (24 B.) Braunschweig 844, Vieweg u. Sohn. *

—— Menschen u. Gegenden. gr. 8. (23⅝ B.) Braunschweig 845, Vieweg u. Sohn. *

Therese, Schwester, die zwölf Monate des Jahres, s. a. Schul- u. Vereinsbühne, christliche. Nr. 22.

(F) Schwester Therese, Die zwölf Monate des Jahres. Allegorisches Spiel. [Christl. Schul- und Vereinsbühne. Nr. 22.] 8°. (15 S.) K —.24
Linz: Kath.Pressverein 1904.

— Novellen. 2 Thle. 8. (VIII u. 512 S.) Leipzig 849, Brockhaus. n. 2⅔ ℛ

— Paris u. die Alpenwelt. gr. 8. (19½ B.) Leipzig 846, Brockhaus. *

—— eine Reise nach Wien. 8. (VIII und 304 S.) Leipzig 848, Brockhaus. *

—— ein Tagebuch. 8. (16 B.) Braunschweig 842, Vieweg u. Sohn. *

— Des Mutterherzens Weihnachtsfreude, s.: Schul- u. Vereinsbühne, christliche.

— durchs Weihnachtslicht aus Mutterherz, s.: Schul- u. Vereinsbühne, christliche. Nr. 63.

Theresen der liebenswürdigen Gemahlin unseres Grossmeisters am 5. April 1802 gesungen ... O. O. V: *Thurn und Taxis, Carl Alexander Fürst von.* (Tt)

Theresia [Sachliches OW]

Theresia; v. Feßler. 2 Thle. m. K. 8. Breslau, G. Korn. Velinpap.

Theresia, Elisabeth und Joseph; Scenen aus der Oberwelt. O. O. 1790. V: *Schaber, Carl Wilhelm Friedrich.* (Ky) (ML)

Theresia und Friedrich. Leipzig 1761. 8.

Theresia und Friedrich. 1762. 8°. V: *Wolleb, Em.* (Ky 6/283) (BiblPort)

Theresia und Friedrich im Reich der Todten. Wien 1786. V: *Schaber, Carl Wilhelm Friedrich.* (EB)

Theresia und Friedrich im Reiche der Todten. Von S — — — r. Wien 1786. V: *Schweighofer, Johann Michael.* (Hdschr. Mitth. von Gustav Gugitz, Wien) (BiblPort)

Theresia, die heilige, die treue Braut Christi. Von e. Volksfreunde. 16. (624 S.) Graz 874. Vereins-Buchdr. n. 1. 20

Theresia, Die heilige, die treue Braut Christi. Von einem Volksfreunde. 2. Aufl. Graz 1877. V: *Donin, Ludwig.* (Russell XII, 1, 851)

— der, getreue Liebe, v. Bertrando. 8. Frkft. 736.

Theresia [Verfasser]

Theresia, Bernh. a St., philosophia curiosa. 4. Frcf. 702. Mihlr. -

Theresia v. Jesu, (der heiligen,) Bekenntniß aus d. Leben, von ihr selbst geschrieben. Ins Deutsche übertragen. gr. 8. Frankf. 827, Andreä.

Theresia a Jesu, S. Bekenntnisse aus dem Leben ... übersetzt. Frankfurt 1827. Ü: *Schlosser, Johann Friedrich Heinrich.* (Kn)

— Betrachtt. u. vertrauliche Gespräche mit Gott. Mit d. Wesentlichsten aus ihrer von ihr selbst geschrieb. Lebensgeschichte u. e. Anh. lehrreicher Stellen aus ihren Schriften. Der Jugend u. besond. jenen gewidmet, die sie als Namens-Patronin verehren, vom Pfarrvikar S. Buchfelner. Auch als eine geeignete Andachtsübung bei dem heil. Meßopfer, bei d. Beichte 2c. 8. Augsb. 832. (Landsh., Krüll). 4 g/.

—— Betrachtungen u. vertraul. Gespräche mit Gott. Mit dem Wesentlichsten aus ihrer von ihr selbst geschrieb. Lebensgeschichte u. e. Anh. lehrr. Stellen aus ihren Schriften. Der Jugend u. besond. jenen gewidmet, die sie als Namens-Patronin verehren, v. S. Buchfelner. Auch als e. geeignete Andachtsübung bey d. heil. Meßopfer, bey d. Beichte ꝛc. 8. (6½ B.) Augsburg 832. (Regensburg, Manz.)

Theresia a Jesu, S. Briefe und andere ausgewählte Schriften . . . Frankf. 1832. Ü: *Schlosser, Johann Friedrich Heinrich.* (Th) (Kn)

— Briefe, nebst der Geschichte der Klosterstiftungen im Auszuge, der Seelenburg u. andern ausgewählten Schriften der Heiligen, aus authentischen Uebertragungen. gr. 8. Frankfurt 833. Andreäische Buchh. 2 rß

Sta. Theresa von Jesu (o. Carm., Stifterin des Theresianer-Ordens, geb. zu Avila in Altcastilien, d. 12. März 1515 [1525?], † d. 4. Octob. 1582 im Kloster zu Alba de Liste in Altcastilien, 1622 vom Papst Gregor XV. canonisirt), das *Buch der Klostergründungen* nach der reformirten Carmeliter-Regel von der heil. Teresa (sic) von Jesus. Nach der neuesten Originalausgabe des Don *Vicente de la Fuente*, Prof. d. Theol. a. d. Univers. zu Madrid, aus d. Span. übers. von *Ida* Gräfin *Hahn-Hahn*. Mainz, Frz. Kirchheim, 1868. Gr. 8°. Hlwdb.
XXXII—412 S.

— der heiligen, Leben, s. a. Leben.

— Leben, von ihr selbst beschrieben. Mit 1 Kpf. gr. 8. Münch. ... Lentner. 3 gr

Theresia, v. Jesu, der heiligen, geistreiche Lehrsprüche mit d. sinnreichst. Ausleg. erklärt, übers. v. A. Antrade. 4. Augsburg, Rieger. 753.

[S. Arnoldo, Mathias a, Ord. Discalc. B. M. V.]. — S. Theresa von Jesu. Opera Oder Gottselige Bücher und Schrifften Der H. Seraphischen Jungfrawen Teresa von Jesu ... Welche Von der Heiligen Mutter selbsten in Spanischer Sprach geschrieben, nachmahls in die Teutsche übersetzt. Anjetzo zum drittenmahl auffgelegt ... Köln, Franz Metternich, 1709. 2 Teile in 1 Bde. 4°. 42 Bl. 440 S.; 4 Bl. 491 S. 10 Bl. *Mit blattgroßem Kupferstich a. d. Rücks. d. Titels (die Heilige mit allegor. Figuren) von J. J. Sartor.* Guter, leicht fleck. Pgtbd. d. Z.

Die bis dahin beste deutsche Ausgabe. Der Übersetzer wird in der „Licentia censoris ordinarii Coloniensis" auf Bl. 4 verso genannt

Theresia von Jesu, der heiligen, Schriften. 6 Bdchn. 2. Aufl. (47¾ B.) 844. u. 3. Aufl. 16. (41½ B. u. 1 Kpfr.) Augsburg 846, Schlosser's Buchh.

Theresia v. Jesu, der heil., Schriften, zur Erbauung u. Betrachtung für alle auf der Bahn des Heils wandelnde u. Gott suchende Christen. 6 Bdchn. 3. Aufl. 16. (652 S. m. 1 Stahlst.) Augsburg 847, Schlosser. ⅔ rß

— Schriften zur Erbauung und Betrachtung für alle auf der Bahn des Heils wandelnde und Gott suchende Christen bearb. u. herausg. 4. Aufl. 1—4. Bdchn. Augsburg 858. Schlosser. 16. (S. 1—372 u. 1 Stahlst.) Jedes Bdchn. 3 ngr

Theresia von Jesu, der heiligen, Schriften zur Erbauung und Betrachtung für alle auf der Bahn des Heils wandelnde und Gott suchende Christen bearb. u. herausg. 4. Aufl. Mit 1 Stahlst. 5—7. Bdchn. Augsburg 859. Schlosser. 16. (S. 373—640.) Jedes Bdchn. 3 ngr

Theresia v. Jesu, (der heiligen,) auserles. Schriften. 1r Bd. A. u. d. T.: Bekenntniß aus d. Leben, von ihr selbst geschrieben. Ins Deutsche übertragen. gr. 8. Frankf. 827. Andreä. 1 rß 16 gr 2r Bd. A. u. d. T.: Briefe. Nebst der Geschichte der Klosterstiftungen im Auszuge, der Seelenburg u. andern ausgewählten Schriften der Heiligen. gr. 8. Ebd. 832. 2 rß

Theresia a Jesu, Sancta. Auserlesene Schriften. Frankf. a. M. 1827—32. H: *Schlosser, Joh. Frdr. Hnr.* (Th)

— Schriften im Auszuge. Für gottesfürchtige Christen aus dem spanischen Original übersetzt von Magnus Jocham. Regensburg 863. Pustet. 16. (VIII, 664 S.) 1 rß

Theresia v. Jesu, d. heil., sämmtl. Schriften, hrsg. v. Gall. Schwab. 6 Bde. gr. 8. (98½ B.) Sulzbach, v. Seidel.
A. u. d. Tiln.:
Bd. 1. Das Leben d. heil. Theresia v. Jesu ꝛc., von ihr selbst beschrieben. 831.
„ 2. Das Buch v. d. Klosterstiftungen d. unbeschuhten Carmeliter-Nonnen. 831.
„ 3. Weg zur Vollkommenheit. 832.
„ 4. Seelen-Burg, od. d. sieben inneren Wohnungen d. Seele. 832.
„ 5. Die kleineren Schriften d. heil. Theresia v. Jesu. 832.
(Bd. 1—5: à Thlr.)
„ 6. (Supplementbd.) Die sämmtl. Briefe d. heil. Theresia v. Jesu, nach den Sammln. d. Bischofes Don Juan de Palafox u. des Discalceaten P. Petrus bearb. u. in chronolog. Ordnung hrsg. (31 B.) 833. 1 Thlr. 8 Gr.

— sämmtl. Schriften, herausgg. vom Pfarrer Gall. Schwab. 5 Bde. A. u. d. T.: Das Leben der heil. Theresia v. Jesu u. die besondern Gnaden, welche ihr Gott ertheilt hat, von der Heiligen selbst auf Befehl ihres Beichtvaters beschrieben. — Das Buch von d. Klösterstiftungen der unbeschuhten Carmeliten-Nonnen. — Weg zur Vollkommenheit. — Seelenburg, od. die sieben innern Wohnungen der Seele. — Die kleinern Schriften der heil. Theresia von Jesu. gr. 8. Sulzb. 832. v. Seidel. 4 rß

Theresia v. Jesu, der heil., († d. 4. Oct. 1582), sämmtl. Schriften, hrsg. v. Gallus Schwab, nach d. span. Orig. rev. u. berichtiget v. Magnus Jocham. 3 Bde. 2. Aufl. 8. 1. Bd. A. u. d. T.: Das Leben der heil. Theresia v. Jesu, u. die besondern Gnaden, welche ihr Gott ertheilt hat, von der Heiligen selbst auf Befehl ihres Beichtvaters beschrieben. 2. Aufl. (XXXII u. 576 S.) 2. Bd. A. u. d. T.: Das Buch von den Klosterstiftungen der unbeschuhten Carmeliten-Nonnen. 2. Aufl. (XVI u. 398 S.) 3. Bd. A. u. d. T.: Weg zur Vollkommenheit. 2. Aufl. (XX u. 292 S.) Sulzbach 851. 52, v. Seidel (jetzt: Regensburg, Pustet). (à ¾ rß) 2¼ rß

Theresia v. Jesu, der heil., sämmtliche Schriften, hrsg. von Gallus Schwab; nach dem span. Orig. revid. und berichtigt von Magn. Jocham. 4. Bd. 2. Aufl. A. u. d. T.: Die Seelenburg und die kleinern Schriften. 2. Aufl. 8. (XX und 428 S.) Sulzbach 853, v. Seidel'sche Buchh.

—— dass. — 5. und 6. (letzter) Bd. 2. Aufl. A. u. d. T.: Die sämmtlichen Briefe der heil. Theresia v. Jesu, nach den Sammlungen des Bischofes Don Juan de Palafox und des Discalceaten P. Petrus bearb. und in chronolog. Ordnung hrsg. 2. Aufl. 8. (XII und 692 S.) Ebds. 853.
1—3. Bd. (2. Aufl.) Ebendas. 1851—52. à Bd. 22½ Ngr.

Theresia v. Jesu, sämmtliche Schriften. Hrsg. von Gallus Schwab, nach dem span. Orig. revid. und größtentheils neu übersetzt von Magnus Jocham. 3. verb. Aufl. 1.—4. Bd. 8. Regensburg 870, Pustet.
Inhalt:
Bd. 1. Das Leben der heiligen Theresia von Jesu, von ihr selbst beschrieben. (VIII, 558 S.) ℳ 2,25.
„ 2. Das Buch von den Klosterstiftungen der unbeschuhten Carmeliten-Nonnen. (XII, 487 S.) ℳ 2.
„ 3. Weg der Vollkommenheit. (XII, 364 S.) ℳ 1,50.
„ 4. Gedanken über die Liebe Gottes, die Seelenburg, Rufe der Seele zu Gott und die geistl. Lieder der heil. Theresia v. Jesu. (XVI, 448 S.) ℳ 1,80.

—— dass. — Früher hrsg. von Gallus Schwab, jetzt nach der neuen vollständ. Ausg. des Don Vinceute de la Fuente neu übers. von Magnus Jocham. 3., verm. und verb. Aufl. 5. Bd.: Sämmtliche Briefe der heil. Theresia. 2 Abthlgn. 8. (XVI, 736; XVI, 784 S.) Ebendas. 870.

Theresia v. Jesu, der hl., sämtliche Schriften. Neue deutsche Ausg., nach den autograph. u. anderen span. Originalen bearb. u. verm. v. Petrus de Alcántara a S. Maria. 1. Bd. Das Leben der hl. Theresia v. Jesu u. die besonderen ihr v. Gott erteilten Gnaden, auf Geheiß ihrer Beichtväter v. ihr selbst beschrieben. (XLVIII, 612 S. m. 1 Stahlst.) 8. Regensburg 903. F. Pustet. n. 2. 30

— Weg zur Vollkommenheit. gr. 8. Sulzb. 832. v. Seidel. 18 gr.

—— der heiligen, Werke, s. Sammlung der vorzüglichsten mystischen Schriften.
Vgl.: Teresa von Jesus.

Theresia, der heiligen, sämmtliche Werke. Mit den Anmerkungen u. Zugaben der Ausg. des Marcel Bouix, übers. von A. K. 2. Bd. Der Weg der Vollkommenheit u. die Seelenburg. Mit einem Vorwort von J. Th. Laurent. Freiburg im Br. 868. Herder. 8. (IX, 573 S.) 1 ₰ 9 ngr.
Vergl.: „Leben der h. Theresia", welches den 1. Bd. der „sämmtl. Werke" bildet.

Theresia, der heiligen, sämmtliche Werke. Mit den Anmerkgn. u. Zugaben der Ausg. d. P. Marcel. Bouix, übers. v. A. K. 3. Bd. 8. Freiburg i/Br. 873. Herder. 3. 90 (I—III.: 12. 30)
3. Die Klosterstiftungen. Mit e. Vorwort v. Bischof J. Th. Laurent. (XIX, 520 S.)

Theresia vom Kinde Jesu

Schwester Theresia vom Kinde Jesu, Karmeliterin 1873—1897 [Sœur Thérèse de l'Enfant-Jésus et de la Sainte-Face, Religieuse Carmélite]. Geschichte e. Seele von ihr selbst verfaßt [Histoire d'une âme écrite par elle-même]. Nach d. franz. Orig. frei bearb. u. übers. von Gabriele v. Frentz-Gemmingen. 2. Aufl. Essen: Fredebeul & Koenen [1910]. XXXVI, 278 S. 8° [10. 14353 B

Therese vom Kinde Jesu, Schwester, aus dem Karmeliterorden. Lebensbild, von ihr selbst entworfen. Aus dem Französ. v. Jos. Drammer. (40, 341 S. m. 4 Taf.) gr. 8. Aachen (909). A. Jacobi & Co. Geb. in Leinw. 5.50; in Prachtbd. 6. 50

Theresia, die Liebe. Ein Hand- und Hülfsbuch für Liebende und ein Rathgeber für Verliebte. 8. (... S.) Hamburg 860, Schotte.

—— der Liebesbote. Neuer Briefsteller für Liebende. Eine reichhaltige Sammlung von Musterbriefen für alle Verhältnisse, welche bei Liebenden eintreten können, nebst einem Wörterbuch der Liebe. 1. Aufl. 1860. und 2. Aufl. 8. (80 S.) Hamburg 861, Schotte.

Theresiade. Wien 1746. V: *Scheyb, Frdr. Chph v.* (weber)

Theresiade, ein Gedicht. 4. Wien. 746.

Theresie und Eleonore. Stück 1—25 (1. u. 2. Quartal). Wien 1767. H: *Sonnenfels, Joseph von.* (Katalog Max Harrwitz-Berlin. Nr. 101, S. 109.)

Theresienbuch. Enth.: Leben, Visionen u. Offenbarungen, lehrreiche Sprüche, nebst sonstigen bemerkenswerthen Aeußerungen der heil. Theresia, ihre Herzenserhebungen, sowie eine vom heil. Alphonsus zu Ehren dieser großen Heiligen verfügte neuntägige Andacht. Hrsg. von einem Priester der Erzdiöcese Cöln. Mit 1 Stahlst. 12. (204 S.) Regensburg 881. Manz. — 90

Theresien-Monument, Das, bey Aybling . . . 1833. O. O. V: *Wörl, Leop.* (HThPP)

Theresien's, Marien, v. Oesterreich, Wiederkehr nach d. Oberwelt. 8. Wien 788. Wucherer. 8 gr.

Therherdi, J. v., s.: Terherdi.

Thériacade, la, et la Diabotanogamie, Poëme. II Vols. gr. 12. Münst. 770. Perrenon. 1 ₰ 8 gr.

THERIACK, Ferd. („Exfähndrich, dermalen Provisor bey der neuen Kantisch-Fichteschen Seelen-Apotheke"), Ich u. meines Ichs körperliches Leben, Thorheiten u. dumme Streiche, dargestellt von meinem Ich, dem —. Mit komischem (unsign.) Titelkpfr. („Seelen-Apotheke zum Vogel Phönix", worin viele Büsten u. Gefäße mit Namen von Philosophen versehen). Leipzig, Weygand, 1798. 8°.
Tit., 1 Bl. Widm. („Dem abgeschiedenen Geiste des Frhrn. v. Knigge"), 1 Bl. Vorw., 350 S. — Stellenw. derb.

Therianos, Dionys., philologische Aufzeichnungen. (Griechisch.) 8. (V, 387 S.) Triest 885. Schimpff. n. 5.—

Therig, Eduard: Ein Beitrag zur Statistik der Zahncaries. ... Kiel: Druck v. A. F. Jensen 1890. 24 S. 8°
Kiel, Med. Fak., Inaug.-Diss. v. 3. Mai 1890

Therig, Ed. Ein Beitrag zur Statistik der Zahncaries. Diss. gr. 8. (24 S.) Kiel 890, (Lipsius u. Tischer). * 1 —

Thering, Benedikt Heinrich (Berlin-Kölln)
4° Thl. XIII, 10/2

Dodekapropheton, sive theologia prophetica ex vatibus XII. minoribus secundum seriem articulorum fidei. Präs. Johann Heinrich Maj.
Giessen (Müller) 1703. 104 S. 34312

Thering, L. H., verborg. u. wiedergefund. Schatz a. Lutheri Schriften. 12. Gießen. 708.

— theologia moralis emblematica, od. Leben d. Gottgeheiligten Seelen nach d. Ständen, m. K. 8. Berlin. 709.

— theologia in symbolis Vet. et N. Test., od. bibl. Geschichte. 8. Berlin, Gedicke. 717.

THERMAN, Ernst

Ueber die sogenannte primäre Sinusthrombose. Berlin 1907. 119 pg. 8:o nebst 3 Tafeln. Diss. Hels.

Thermann, Edmund Freiherr von, Kammergerichtsreferendar in Steglitz: Das Erbunwürdigkeitsurteil des Bürgerlichen Gesetzbuches unter besonderer Berücksichtigung seiner Wirkung auf die Nachlaßschuldner. Borna-Leipzig 1908: R. Noske. (VIII, 42 S.) 8° [F.]
Leipzig, Jur. Fak., Diss. v. 7. April 1908
[Geb. 6. März 84 Cöln a. Rh.; Wohnort: Steglitz; Staatsangeh.: Preußen; Vorbildung: Friedrich-Wilhelms-Gymn. Cöln Reife O. 02; Studium: Lausanne 1, Heidelberg 3, Berlin 2 S.; Rig. 26. Nov. 06.]

Thermann, Emil v., Reisebilder aus Deutschland u. Italien nebst einer Sammlung von Gedichten. 8. (16 B.) Leipzig 843, (Serig'sche Buchh.)

Thermann, Guilelmus Augustus: De cancro gelatiniformi. Accedit tabula lithographica. Halis Saxonum (1849): Schmidt. 25 S., 1 Taf. 8° (4°)
Halle-Wittenberg, Med. Diss. v. 17. Aug. 1849
Geb. Zörbig (Kr. Bitterfeld) 28. 6. 1822. V.

Thermann, Wilhelmus Aemilius [Frhr] de: De natura et indole successionis quae viduae competit in portione statutaria. Halis 1859: Hendel. 48 S. 8°
Halle-Wittenberg, Jur. Diss. v. 28. März 1859
Geb. [Gollme (Kr. Delitzsch) 24. 8. 1834]
Verf. erlebte das 50jährige Dr.-Jubiläum 1909 als Geheimer Justizrat und Oberlandesgerichtrat a. D. in Wiesbaden.

Thermen, die Burtscheider, bei Aachen. Von N. P. Hamberg, B. M. Lersch und Rob. Wildenstein. 3 Hefte. Aachen 862. (Mayer.) 8. (IV, 144 S.) n. 15 ngr.

Thermen, die, des Caracalla. Die Campagna von Rom. Zwei Dioramen u. ein Panorama. Für die allgemeine deutsche Ausstellung auf dem Gebiete der Hygiene u. des Rettungswesens gemalt von Chr. Wilberg, beschrieben von E. Ribbach. 8. (34 S. m. 1 phototyp. Panorama.) Kassel 882. Fischer. — Berlin, Springer. n. — 60

Thermen. Die Th' und Schlammbäder von Bormio. [Illustriert.] 8. (Bern) *o. J.* [1880 99].

Thermes, P. Joseph. Le Bienheureux Pierre Canisius de la Compagnie de Jésus.... Par le P. J' Thermes, S. J. 1597–1897. [Avec 5 planches.] 8. Fribourg ⟨Suisse⟩ 1897.

Thermidor, der 9e, od. Apologie revolutionärer Grausamkeit. 8. Cöthen 798. Aue. 3 gr

Thermitonia, das Buch der Geisterseherin ... Leipzig 1825. V: *Vulpius, Chn August.* (MGT) (EE) »1815« (Ky)

Thermitonia, das Buch der Geistereien. Vom Verf. Rinaldo Rinaldini (Chr. Aug. Vulpius). Mit 1 Vign. 8. Leipz. 825. Lauffer. 1 ℛ 12 gr

Thermometer, Barometer und Fernröhre, Moralische, für der Theologie, Jurisprudenz und Medicin sich widmende Jünglinge auf Schulen und Universitäten ... Breslau [ca. 1786]. V: *Bahrdt, Carl Friedrich.* (Kat. d. Kön. Bibl. Berlin.) (Erman & Horn, Bibliogr. d. dtsch. Universitäten. I. Leipz. u. Berl. 1904.)

Thermometer - Block - Kalender pro 1893. V. Jahrg. Wien: Perles. —.90

Thermometer-Blockkalender für das Jahr 1895. VII. Jahrgang Wien: Perles. —.90

Thermometer-Block-Kalender pro 1897, Jahrgang IX Wien: Perles. —.90

Thermometer-Block-Kalender f. 1898. X. Jahrgang Wien: Perles. —.90

Thermometrie und Ausdehnung. Berlin 1881 (Aus: Fortschritte der Physik 1879/81)

Thermosan, Zeitfragen. 12 Reihen pers. Vierzeilen. 8. (26 S.) Zürich 896. Verlags-Magazin. n. — 30

Thermos-Gesellschaft m. b. H.: Thermosflaschen und -Gefäße. Berlin (1909)

Thersites. Braunschweig: A. Limbach 1894. (15 S.) 8° (Briefe, Politische. 6.)

Therstappen, Franz Joseph: Haben wir nach den Ergebnissen der bisherigen spontanen Geburten und der geburtshilflichen Operationen bei engem Becken das Bedürfnis nach einer neuen für Mutter und Kind günstigeren Operation? Heidelberg 1908: Hörning. 35 S. 8°
Heidelberg, Med. Diss. v. 4. Okt. 1909, Ref. Menge
[Geb. 5. März 82 M.-Gladbach; Wohnort: M.-Gladbach; Staatsangeh.: Preußen; Vorbildung: Gymn. M.-Gladbach Reife O. 02; Studium: Heidelberg 1, München 1, Heidelberg 1, Würzburg 3, Berlin 1, Heidelberg 4 S.; Coll. 15. Dez. 08; Approb. 15. Sept. 09.] [U 10. 2098

Therstappen, Paul, aus Breyell: Köln und die niederrheinischen Städte in ihrem Verhältnis zur Hanse in der 2. Hälfte des 15. Jahrhunderts. *Marburg 1901: F. Sömmering.* (120 S.) 8°
Marburg, Phil. Diss. v. [2. Apr.] 1901

Théry, Edmond, d. internationale Währungskrise. E. Untersuchg. üb. d. Wirkgn. d. Silberpreisfalles. Aus d. Franz. Autor. Uebersetzg. gr. 8. (VIII, 179 S.) Wien 895. Manz. n. 3. 20

Therzago, Ph., s. *Terzago*.

Thersago, Ph., Instruct. practica de fideli administratione Sacramenti poenitentiae iuxta tenorem doctrinae etc. II Tomi Posoni. (Eggenberger, Pest.) 807.

Thesa. Handarbeitsbuch f. Sonnenspitzen in leichtester Ausführg. (40 S. m. Abb.) Lex. 8. Dresden (910). Internat. Schnittmanufaktur. 1. 25

Thesaurus [Sachliches OW]

Thesaurus s. Liber magnus vulgo „Liber Adami" appellatus opus Mandaeorum summi ponderis descripsit et edidit H. Petermann. Tomus I. Pars 1. 2. Lipsiae 1867.

— **antiquitatum.** Museum des Alterthums. Centuria I. Italia. Sect. I. Latium. Prs. I. Roma. A. u. d. T.: Urbs Roma. Das alte Rom, Ansichten der Tempel, Paläste, Theater rc. Mit erläut. Text herasgg. v. Frz. H. Köhler. 2 Lieferr. Mit 39 Tafeln. gr. 4. Leipz. 824. Köhler. 5 ℛ 16 gr

Thesaurus antiquitatum. — Museum d. Alterthums. Cent. I. Italia. Sect. I. Latium. Ps. I. Roma. — A. u. d. T.: Urbs Roma. — Das alte Rom. Ansichten d. Tempel, Paläste, Theater etc. Mit erläut. Text hrsg. v. Frz. H. Köhler. 1. u. 2. Lfg. gr. 4. Leipzig 829, [Stuttgart,] Köhler. [1. (19 Stnt. u. 2 B. Text.) 2 Thlr. 16 Gr., 2. (20 Stnt. u. 2⅓ B. Text.) 3 Thlr.]
Der Grundriss v. Rom apart, 4 Gr.

— Biblicus, s. Ph. P. *Merz*.

Thesaurus biblicus, oder: die Bibel im Lichte geschichtlicher Thatsachen. I. Daniel. Von G. A. Süßkind. gr. 8. (XIX und 117 S.) Stuttgart 856, Ed. Hallberger.

Thesaurus bibliothecalis. Das ist: Versuch einer allgemeinen und auserlesenen Bibliothec ... Norimbergae 1738—39. V: *Schwindel, Georg Jac.* (Petz) (ML) V: *Zeltner, Georg Gustav* [?]. (Myl)

Thesaurus Bibliothecalis, od. Versuch e. allgem. und auserles. Bibliothek, darinnen ein accurates Verzeichniß von allerh. Bibliotheken enthalten ist. 4 Bde od. 8 Thle. 4. Nrnb. 738–39.

Thesaurus. Thesauri Britannici Pars I. seu Museum Numarium ... Viennae 1762. H: *Khell von Khellburg, Jos.* (Jes)

Thesaurus commentationum selectarum et antiquiorum et recentiorum illustrandis antiquitatibus christianis inservientium. Recudi curavit, praefatus est, appendicem literar. et indices adjecit M. J. E. Volbeding. Tom. I. Pars I. 8maj. Lipsiae 846, Dyk. 1 *ℛ* 3 *ngℓ*

Thesaurus commentationum selectarum et antiquiorum et recentiorum illustrandis antiquitatibus christianis inservientium. Recudi curav. etc. J. E. Volbeding. Tomi I. pars posterior. Tomi II. 2 partes. gr. 8. (I: VIII S. u. S. 209 — 422. II: VI u. 384 S.) Lipsiae 847 — 49, Dyk. à 1 *ℛ* 3 *ngℓ* (II tomi: 4 *ℛ* 12 *ngℓ*)

Thesaurus criticus novus: sive syntagma scriptionum philologicarum rariorum aevi recentioris, c. ind. locuplet. (ed. G. H. Schäfer.) Tom. I. 8maj. Leipz. 802. Mit n. Titel 817. Sommer. (List in Berl.) 20 *gℓ*, Engl. Pap. 1 *ℛ*

Thesaurus criticus novus, sive syntagma scriptionum philologicarum rariorum ... Lips. 1802. Ed. nova 1817. V: *Schäfer, Gfr. Hnr.* (MGT) (Ky) (ErschDL)

Thesaurus criticus novus; sive syntagma scriptionum philologicarum rariorum aevi recentioris. etc edid. G. H. Schäfer. 8. Lips. Sommer. 815.

— dissertationum iuridicarum selectissimarum in Academia Moguntina habitarum, curante F. I. Hartleben. Vol. I. P. I. II. 4. Frcf. Andreä. 777 - 78.

— dissertationum med. rar. vide C. G. Gruner delectus dissert. Ienens. Vol. Ilum.

— Epistolicus Gesnerianus; colleg. et praef. est Ch. A. Klotz. II Voll. 8. Halle 768—70. (Laue in Berl.) 12 *gℓ*

— Epistolicus Gesnerianus, colleg. et praef. est Ch. A. Klotz. 2 Vol. 8. Halae, Curt. 770.

— Epistolicus Lacrozianus. III Tmi. ex bibliotheca Iordaniania ed. I. L. Uhle. 4. Lps. Gleditsch. 742 - 46.

Thesaurus eroticus linguae latinae, sive theogoniae, legum et morum nuptialium apud Romanos explanatio nova. Ex interpretatione propria et impropria et differentiis in significatu fere duorum millium sermonum. Ad intelligentiam Poetar. et Ethologor. tam antiquae quam integrae infimaeque latinitatis; edid. Car. Rambach. — A. u. d. deutschen T.: Erotischer Sprachschatz d. Römer. Mit mehr. tausend Citaten aus Dichtern u. Prosaisten. Studien u. crit. Erläutern. Erotographie f. Freunde u. Kenner d. Alterthums. 8maj. (20 B.) Stuttgartiae 833, (Neff.) Thlr. Soll nur ein mit veränd. Namen des Hrsgeb. veranstalt. Wiederdruck des von Pierhugues (Paris 826.) hrsg. Werkes sein.

Thesaurus Historiae Helveticae, continens lectissimos scriptores, qui per varias aetates Reipublicae Helveticae rationem, instituta, mores, disciplinam, fata et res gestas sermone latino explicarunt et illustrarunt: Quorum Pars antehac edita; Nunc vero... recusa, et... vel aucta, vel correcta; Nonnulla nunc primum in lucem produnt. Cum indice copioso. fol. Tiguri 1735.

Thesaurus historiae Helvetiae, continens lectissimos scriptores ... Tiguri 1735. H: *Fuessli, Johann Conrad.* (CBH) (BrMm)

— reipublicae Helveticae contin. scriptor. Helvetic. fol. Tiguri. (Lpz. bey Weidmann.) 735.

Thesaurus juris civilis, sive succincta explanatio compendii Digestorum Schützio-Lauterbachiani, cont. non solum textum Lauterbachii emendatiorem, sed et notas cum illorum, ut: Strykii, Bergeri [u. a.] doctorum observationes theoretico-practicas curante Joh. Henr. Mollenbecio. Lemgoviae 1717.

Thesaurus iuris provincialis et statuarii illustrati Germaniae, Oder vielmehr Sammlung zur Erläuterung der Provincial- und Statutarischen Rechte Teutschlandes ... deren 1. Band dem statuarischen Recht der Kayserlichen Freyen Reichs-Stadt Hamburg gewiedmet worden. Giesen 1756. V: *Nettelbladt, Christian Freih. von.* (KGBerlin I, 2069)

— juris provincialis et statutarii illustrati Germaniae, oder Samml. zur Erläuter. der Provinzial- u. statutar. Rechte Deutschlands rc. v. B. C. H. N. S. S. P. E. (Baron Chr. v. Nettelbladt). 2 Thle. 4. Gießen (u. Frankf.) 756. Andreä. 4 *ℛ*

— Iuris statuarii, od. Samml. zur Erläut. der Provinzial u. statutarischen Rechte Deutschlands. 1r Bd. 1r 2r Abschn. 4. Frft. Andreä. 757.

— Iuris romani, cont. rariora meliorum interpretum opuscula in quibus Ius romanum emendatur, explicatur, illust. it. class. auctorib. haud raro lumen accend. c. praef. E. Otto. V Vol. fol. Basel, Flick. 744.

Thesaurus der classischen Latinität, s. Georges, Carl Ernst.

Thesaurus libellorum historiam reformationis illustrantium. Suppl. hsg. v. T. O. Weigel. Leipzig 1874. V: *Kuczynski, Arn.* (Hauptkat. d. Univ.-Bibl. Tübingen. K, Nachtr. 20.)

Thesaurus librorum germanicorum. Wien [Breslau] 1859. V: *Berendt, Wilhelm.* (Petz)

— librorum rei catholicae. Handbuch der Bücherkunde der gesammten Literatur des Katholicismus u. zunächst der kathol. Theologie. 10 Hfte. gr. 8. (VIII u. 958 S.) Würzburg 847 —49, Stahel'sche Buchh. — Ergänzungsheft. Theologisches Fach- u. Sachregister oder übersichtliche Zusammenstellungen des Inhalts des Thesaurus libror. rei cathol. u. seines prakt. Gebrauches f. wissenschaftl. Theologen wie f. Seelsorgs-Geistliche. Mit vorausgehendem Nachtrag der neuesten theolog. u. kathol.-socialen Literatur bis zum Jahr 1850, nebst einigen ältern Einschaltungen. gr. 8. (98 u. XCIV S.) Ebd. 850. (1—3. Hft. à n. 12 *ngℓ* 4. Hft. n. 14 *ngℓ* 5—10. Hft. n. 2 *ℛ* 12 *ngℓ* Ergänzungsheft n. 24 *ngℓ*) n. 4 *ℛ* 26 *ngℓ*

Thesaurus librorum rei catholicae. Handbuch der gesamten Litteratur des Katholicismus und zunächst der katholischen Theologie, mit sehr vielen biographischen und litterärischen Notizen, Hinweisung auf Werke verwandten Inhalts, Ausführung der Gegenschriften, Rücksichtnahme auf Zeitgegenstände, Bezeichnung der heterodoxen und akatholischen Autoren, Preisangaben der seltenern, nur noch bei Antiquaren vorkommenden Werke u. s. w. Würzburg, Stahel, 1848—50, gr. 8°, 2 Bde, 958 S., 8 Mk.

(——) Θησαυρὸς τῆς Ἑλληνικῆς γλώσσης. — Thesaurus graecae linguae, ab Henr. Stephano constructus. Post edit. Anglicam novis additamentis auctum, ordineque alphabet. digestum tertio edid. etc. Car. Ben. Hase, Guil. Dindorfius et Lud. Dindorfius, secundum conspectum ab Acad. Regia inscript. et humanior. litterar. die 29 Maii 1829 approbatum. Vol. I. Fasc. 1—5. et Vol. II. Fasc. 1—5. Fol. (à F. ca. 40 B.) Parisiis 831—35, Firmin Didot. (Francofurti ad M., Schmerber.) à F. 8 Thlr. 12 Gr.

Vol. I. Fasc. 1—5. Α — Ἀλώφυτος.
- II. - 1—5. Β — Ἀνύσσω.

Θησαυρὸς τῆς ἑλληνικῆς γλώσσης. — Thesaurus graecae linguae, ab Henr. Stephano constructus. Post edit. Anglicam novis additamentis auctum, ordineque alphab. digestum tertio edider. etc. Car. Ben. Hase, Guil. Dindorfius et Ludov. Dindorfius, etc. Vol. II. Fasc. 6., Vol. III. Fasc. 1—8., Vol. IV. Fasc. 1—7, Vol. V. Fasc. 1. et Vol. VI. Fasc. 1. Fol. Parisiis 836—42, Didot fratres. à F. * 3⅚ Thlr., [Vol. III. F. 1. jedoch * 8 Thlr.] *

Vol. II. Fasc. 6. Ἀνόφεος — Δωχεῖον.
- III. - 1—8. Ε — ἑωυτοῦ.
- IV. - 1—7. ἔνδον — Κώως.
- V. - 1. Λ — λιπασμός.
- VI. - 1. Π — παραλογίζομαι.
Vol. I. Fasc. 1—6., II. 1—5. Ibid. 1831—35. à F. * 3⅚ Thlr.

Θησαυρὸς τῆς ἑλληνικῆς γλώσσης. Thesaurus graecae linguae, ab Henrico Stephano constructus. Tertio edid. Car. Ben. Hase, Guil. Dindorfius et Ludov. Dindorfius. Vol. V. Fasc. 2—8., Vol. VI. Fasc. 2—7. et Vol. VII. Fasc. 1. Fol. (à Fasc. 40 B.) Parisiis 843—47, Didot fratres. à Fasc. * 3 Thlr. 25 Ngr. *

Vol. V. Fasc. 2—8. Διπερνής — ὀώρων.
- VI. - 2—7. Παραλογος — πύξινος.
- VII. - 1. Σ — σχάνδεια.

Θησαυρὸς τῆς ἑλληνικῆς γλώσσης. Thesaurus graecae linguae ab Henrico Stephano constructus. Tertio edid. Car. Ben. Hase, Guil. et Lud. Dindorfius. Vol. VI. Fasc. 8., Vol. VII. Fasc. 2—6. et Vol. VIII. Fasc. 1. Fol. Parisiis, Didot fratres. [Vol. VI. Fasc. 8. (111 S.) 847., Vol. VII. Fasc. 2—6. (850 S.) 847—52., Vol. VIII. Fasc. 1. (160 S.) 851. à Fasc. * 3 Thlr. 25 Ngr.] *

Θησαυρὸς τῆς ἑλληνικῆς γλώσσης. Thesaurus graecae linguae ab Henr. Stephano constructus. Tertio edidd. Car. Bened. Hase, Guil. Dindorfius et Lud. Dindorfius. Vol. VII. Fasc. 7. et 8. et Vol. VIII. Fasc. 2. et 3. Fol. (à Fasc. 160 S.) Parisiis 853—55, Didot fratres, fil. et soc. à Fasc. *

Thesaurus graecae linguae ab Henr. Stephano constructus. Post editionem anglicam novis additamentis auctum, ordinequealphabetico digestum tertio ediderunt Car. Bened. Hase, Guil. Dindorfius et Ludov. Dindorfius, secundum conspectum ab Academia Regia Inscriptionum et Humaniorum Litterarum die 29. Maii 1829 approbatum. No. 50—58. Parisiis 853—58. Didot. Fol. (Vol. I.: Sp. 1—640; Vol. VII.: Sp. 2033—2352; Vol. VIII.: Sp. 321—1920.) Jede Nr. n. 3 ℛ. 25 ngr.

Vol. I—VIII. 1. Ebend. 830—52.

Thesaurus graecae linguae ab Henr. Stephano constructus. Tertio edidd. Car. Bened. Hase, Guil. Dindorfius et Lud. Dindorfius. (Nr. 54—62. Vol. I. Fasc. 6—10. et Vol. VIII. Fasc. 4—7. Fol. (à Fasc. circa 160 Sp.) Paris 857—61, Didot frères, fils et Comp. à Fasc. * 3 Thlr. 25 Ngr. *

Vol. VIII. Fasc. 7. enthält als Anhang „De atticae linguae seu dialecti idiomatis commentarius Henr. Stephani. (44 Sp.)

Thesaurus graecae linguae ab Henr. Stephano constructus. Tertio edidd. Car. Bened. Hase, Guil. Dindorfius et Ludov. Dindorfius. (No. 63—67.) Vol. I. Fasc. 11—14. Fol. (XI und Sp. 1601—2794.) Vol. VIII. Fasc. 8. (L und Sp. 89—366.) Paris 862—65, Didot frères, fils & Comp. à Fasc. * 3 Thlr. 25 Ngr.

Thesaurus graecae linguae ab Henr. Stephano constructus etc. Tertio edid. Car. Bened. Hase, Guil. Dindorfius et Lud. Dindorfius. Nr. 59—66. Paris 859—64. Didot frères, fils & Co. Fol. (Vol. I.: Sp. 641—2560; Vol. VIII.: Sp. 1921—2152 und: De atticae linguae seu dialecti idiomatis commentarius H. Stephani. L, 366 Sp.) Jedes Heft n. 3 ℛ 25 ngr.

Thesaurus linguae latinae. Editus auctoritate et consilio academiarum quinque germanicarum Berolinensis, Gottingensis, Lipsiensis, Monacensis, Vindobonensis. Vol. I. Fasc. 1—5 et Vol. II. Fasc. 1—4. Imp.-4. Leipzig 900—903. B. G. Teubner. Subskr.-Pr. à Fasc. n. 7. 20

I. 1—5. (XIV, S. u. Sp. 1—1184.) II. 1—4. (Sp. 1—960.)

Thesaurus linguae latinae. Editus auctoritate et consilio academiarum quinque germanicarum Berolinensis, Gottingensis, Lipsiensis, Monacensis, Vindobonensis. Vol. I, Fasc. 6–9, Vol. II. Fasc. 5—10 et Vol. IV. Fasc. 1. Imp.-4. Leipzig 903–906, B. G. Teubner. Subskr.-Pr. n. 72. 20.

I. 6—9 (Sp. 1185—2032) n. 25.40 (I. vollst. n. 62.—; geb. in Halbfrz. n. 70.—; vom 1. I. 1906 ab n. 74.—; geb. n. 82.—
II. 5—10. (Sp. 961—2270) n. 39. 60
IV. 1 (Sp. 1—240). n. 7. 20

— dasselbe, Index librorum, scriptorum, inscriptionum ex quibus exempla adferuntur. (109 S.) 4. Ebd. 904. n. 7. 20

Thesaurus linguae latinae. Editus auctoritate et consilio academiarum quinque germanicarum Berolinensis, Gottingensis, Lipsiensis, Monacensis, Vindobonensis. Vol. III. Fasc. 1—7; vol. IV. Fasc. 2—7 et vol. V. Fasc. 1 et 2. 33,5×26 cm. Leipzig, B. G. Teubner. Subskr.-Pr. 106. 40

III. 1—7. (VIII S. u. Sp. 1—1680.) 907—10. Subskr.-Pr. 50. 80
IV. 2—7. (III u. Sp. 241—1594.) 907—09. Subskr.-Pr. 40. 80 (Vol. IV kplt. 58.—; geb. 66.—)
V. 1. 2. (VIII S. u. Sp. 1—480.) 910. Subskr.-Pr. 14. 80

— dasselbe. Suppl. Nomina propria latina. Fasc. 1 et 2. (Sp. 1—384.) 33,5×26 cm. Ebd. 909. 10. Subskr.-Pr. à 7. 20

— linguae latinae usibus germanorum, latino-germanice et germanico-latine. III Tom. 8maj. Leipz. 796. Schwickert. 8 ℛ Hbg. Pr. 5 ℛ 12 gr

— linguarum latinae ac germanicae etc. vide I. Ph. de Carrach.

— trium linguarum, latine, gallice et graece. 4. Berlin, Haude et Späner. 762.

Thesaurus literaturae botanicae, s. Pritzel, G. A.

— Literaturae Theologicae Academicae, sive recensus Dissertationum, Programmatum aliarumque Commentationum Theologicarum, cum delectu uberrimo scriptionum academicarum philolog., philosoph., histor., paedagogicarum, quae ab antiquissimis usque ad recentissima tempora editae in collectione Goethiana Lipsiensi sunt venales. Ex disciplinarum ordine disponendum curavit et praefatus est Car. Godofr. Guil. Theile. 8 maj. Lipsiae 840. Goethe. 2 ℛ

Thesaurus literaturae theolog. academ., sive recensus Dissertationum, Programmatum aliarumq. Commentationum theologicar., cum delectu uberrimo scription. academicar. philolog., philosoph., histor., paedagogicar., quae ab antiquissimis usque ad recentissima tempora editae in collectione Weigeliana Lipsiensi sunt venales. Ex disciplinar. ord. disponendum cur. Carol. Godofred. Guil. Theile. Ps. I. Edit. I. 840. 2 Thlr. (Edit. nova.) 8maj. (à 18 B.) Lipsiae 841, T. O. Weigel. Thlr. *

— novus epigrammatum. 8. Wien 822. Leop. Grund. 18 gr

Thesaurus novus experientiae medicae aureus: oder Guldener Artzney-Schatz neuer niemals entdeckter Medicamenten wider allerhand Leibs-Kranckheiten...sammt denen...Baßler- und Schweitzerischen Artzney- und Hauß-Mitteln, eröffnet von E.K.M.D. 584 S., gbd.

Basel: Thurneysen 1723

JB 3.510

Thesaurus, novus, semiotices, s. Hasper.

Thesaurus novus synonymorum, epithetorum et phrasium poeticarum. Francof. 730. 8. 14 gr. Ib. 769. 8. 20 gr.

— synonymorum, epithetorum et phras. poet. s. novus apparatus Virgilii. 8. Frcf. Brönner. 769.

Thesaurus numismatum historicorum hodiernorum huius seculi ... Norimbergae 1700—16. V: *Negelein, Joach.* (Myl)

—numismatum, od. histor. Gedächtnißmünzen im J. 1710. Mit Kpf. Fol. Nürnb. ... Monath u. K. 16 ßl

— numismatum modernorum hui. saeculi, d. i. histor. Gedächtnißmünzen v. 1700-1720. 21 Thl. Fol. Nrnb. Endter. 721.

—— ornithologiae, s. Giebel, C. G.

—Patrum, floresque doctorum, qui cum in theologia tum in philosophia olim claruerunt; hoc est Dicta, Sententiae et Exempla ex SS. patribus probatissimisque scriptoribus collecta, et per locos communes distributa, cura et opera plurimorum rebus sacris addictorum. VIII Voll. 8maj. Paris 823—25. (Mainz, Müller). 17 ℔

Thesaurus perennis Hungariae providentia inclytorum statuum et ordinum recludendus. Sive opusculum de procurata ex cultura metallorum per assiduam nobilum ac potissimum civium urbariorum in montanis degentium industriam in patriam felicitate. De que facillima thesaurorum sub tellure uberrime reconditorum ad amplianda regis & regni commoda nec non regnicolarum etiam summam prosperitatem assequendi methodo. Anno 1790. V: *Halitzky, Andreas F.* (Pk 3/631) (széchenyi 4/566) (Biblport)

—— precum ac meditationum, s. Bibliotheca ascetica.

— Precum ac Meditationum atque variarum Instructionum Exercitationumque Spiritualium. Ex probatis Autoribus collectus. Opera Societatis Jesu. In usum omnis conditionis hominum. Novam et auctiorem Editionem curavit Mich. Sintzel. II tomi. 18m. Solisbaci 841, de Seidel. 2 ℔

Thesaurus d. englischen Realien- u. Sprachkunde. Im Anschluß an C. Massey's In the struggle of life zusammengestellt. gr. 8. (IV, 480 S.) Leipzig 896. P. Spindler. n. 5. —

Thesaurus rei herbariae s., Knorr, Gg. Wolfg.

— rei patristicae: continens dissertationes praestantiores ex N. le Nourry adparatu, Gallandii nova bibliotheca patrum etc. ed. Pl. Sprenger. III Tmi. 4maj. Stuttg. 784—792. Stahel. 10 ℔

Thesaurus reipublicae Helveticae ..., s. Thesaurus historiae Helveticae ...

Thesaurus Rerum Suevicarum. Lindau 1756—60. H: *Wegelin, Joh. Reinh.* (AarK)

Thesaurus resolutionum s. c. concilii etc., s. Mühlbauer, Wolfg.

— spiritualis soliloquiorum sanctorum, tum in praeparationibus ad Missam et SS. Eucharistiam, tum ad beatissimam virginem in suavissima expositione antiphonarii salve regina. Libellus vere aureus. (Novam et auctior. Edit. cur. Mich. Sintzel.) 12. (Mit Titelkupf.) Pedeponti 841. (Ratisbonae, Manz.) 1/3 ℔

Thesaurus synonymorum, ..., s. Thesaurus novus synonymorum, ...

— syriacus. Collegerunt Steph. M. Quatremere, Geo. Henr. Bernstein, G. W. Lorsbach, Alb. Jac. Arnoldi, Carol. M. Agrell, F. Field, Aemil. Roediger. Auxit, digessit, exposuit, ed R. Payne Smith. Fasc. X. pars I. Imp.-4. (S. 3782—4859.) Oxford 897. Clarendon Press. n. 36. — (I—X. 1.: n. 218. 50)

Thesaurus [Verfasser]

Thesaurus, Emmanuel

— ars epistolaris. 8. Costnitz. 709.

Thesaurus, Emman., Comitis idea argutae dictionis. 4. Lps. (Crusius. (F. C. W. Vogel.) 714. Rthlr.

— inscriptiones. 8. Lps. 715.

(Thesby v. Belcour, Fr. Aug.) Tagebuch eines französ. Officiers in Diensten der polnischen Konföderation. A. d. Frz. 8. Amsterdam, Berlin 1776. 1,50.

Theschedik, Sam., Der Landmann in Ungarn, was er ist und was er sein könnte. gr. 8°. s. l. 1784. (216 S.,1 Taf.)

Theschedik, Sam., d. Landmann in Ungarn, was er ist und was er seyn könnte. gr. 8. Presburg, Mahler. 784.

— neuer Wiesen-Rectifications-Plan. 8. Presb. Typ. 802.

Thesen, acht, über die 7 apokalyptischen Posaunen. Vorgelegt zur Prüfung von Seiten der Knechte, die auf ihren Herrn warten. Von einem ihrer Mitknechte. 8. (30 S.) Breslau 880. Dülfer in Comm. n. — 30

Thesen u. Antithesen, Harms u. Asmussen an d. Ost- u. Westsee, s. Asmussen, Balme.

Thesen und Antithesen. Harms und Asmussen an der Ost- und Westsee. O. O. 1818. V: *Asmussen, Balme.* (Bruun, Bibl. Danica I, 176.) (Collin, Anonymer. Kiobenh. 1869.)

Thesen und Antithesen, Harms und Asmussen an der Ost- und Westsee. gr. 8. Altona, Hammerich. 818.

— u. Antithesen, zweimal 95, Dr. Martin Luther betr. Epilog zum Lutherjubiläum. Angeschlagen an das schwarze Brett der Universitäten zu Berlin, Bonn, Breslau zc. Von e. protestant. Theologen, Verf. der Broschüre: „Die Berechtigung der Reformation". gr. 8. (59 S.) Frankfurt a/M. 883. Foesser Nachf. n. 1. —

— 95, zum gegenwärtigen Stand der religiösen Dinge in Deutschland. gr. 8. (38 S.) Berlin 883. C. Duncker. n. — 60

Thesen, 50, zu den kirchlichen Fragen der Gegenwart als positive Gegenantwort auf die päpstliche Einladung zum Concil. Neuwied 869. Heuser. gr. 8. (24 S.) 3 ngr.

Thesen wider H. Zschokke's bairische Geschichte. Kauzupolis [Landshut] 1818. V: *Träger, Johann Andreas.* (WR) »1819« V: *Zenger, Joseph.* (MGT) (Ky)

— die Haider u. Salzburger, üb. die Handwerkerfrage, Arbeiterfrage u. Agrarfrage. Ein nachträgl. Commentar v. e. deutschen Mitgliede d. Comités kathol. Socialpolitiker. gr. 8. (68 S.) Frankfurt a/M. 884. Foesser Nachf. n. 1. 20

Thesen, Hundert, oder: zeitgemässe Wahrheiten. 2. Aufl. [Fontaines 187?] V: *Reinhardt, L.* (Zuwachsverz. d. Bibliotheken in Zürich 1898 ff.)

Thesen für den Hamburger Kirchentag im September 1858. Altona. V: *Valentiner, Christian August.* (A) (Schr)

Thesen für den Hamburger Kirchentag im Septbr. 1858. Altona 858. Schlüter. gr. 8. (15 S.) n. 4 ngr.

—die höchst merkwürd. 95, od. Streitsätze des Hrn. C. Harms, beleuchtet von Einem aus d. Volk, (G. W. D. v. Ries). gr. 8. Altona 818. Hammerich. 4 gl

Vgl. T h e s e s, . . .

Thesen, Neunundzwanzig, des Materialismus. Nach dem Französischen des Vrai Sens du Système de la Nature von . . . Helvetius. Halle a. S. 1873. V: *Grisebach, Eduard von.* (Henning, Ed. Grisebach. Berlin 1905.)

— einige politische. 8. (16 S.) Riga 881. (Stieda.) n. — 60

III. Schweizerische Konferenz für das Idiotenwesen am 10. und 11. Juni 1901 in Burgdorf. Thesen der Referenten. II + 12 S. 8. Schwanden, Dl. Tschudy-Aebly, 1901.

Thesen zu einer zeitgemäßen Reform des sächsischen Volksschulwesens. Der hohen Staatsregierung und der hohen Ständeversammlung des Königr. Sachsen überreicht vom pädagog. Vereine zu Chemnitz. gr. 8. (36 S.) Chemnitz 867. (Focke.) *

Thesen, Sechzehn, zur Frage über die Gymnasialreform. [Berlin 1874.] V: *Mommsen, Tycho.* (Kat. d. stat. Bureaus. Dresden 1890.)

Thesen, sechzehn, welche der Erzbischof Clemens August seinem Clerus zu unterzeichnen vorgelegt hat; mit d. Einwendungen geg. dieselben u. mit d. kathol. Dogmatik verglichen v. Gregorius Thomas, Bischof v. Linz. 8. (6½ B.) Linz 838. (Regensburg, Manz.) *

Thesen, sechzig, f. u. wider Reformbestrebungen der kirchlichen Gegenwart. Eine Apellation an das Gewissen der ersten sächs. Landessynode. gr. 8. 2. Aufl. (23 S.) Leipzig 871. Hinrichs' Verl. n. — 40

Thesen, Sieben, zu dem Dr. Gobat'schen Programm der Revision des Unterrichtsplanes für Progymnasien des Kantons Bern. Bern 1886. V: *Pfleiderer, J. G.* (BSchwLk V, 10c)

Thesen, 7, zu dem Dr. Gobat'schen Programm der Revision des Unterrichtsplanes für Progymnasien und Gymnasien des Kantons Bern. Von einem Schulmann. 8. (14 S.) Bern 886, (P. Haller.) *
Aus: Intelligenzblatt für die Stadt Bern, besonders abgedruckt.

Thesen, 7, zu dem Dr. Gobat'schen Programm der Revision d. Unterrichtsplanes f. Progymnasien u. Gymnasien d. Kantons Bern. Vone. Schulmann. 8. (14 S.) Bern 886. (Nydegger & Baumgart.) n. — 16

Thesen über den Socialismus. 8°. Stuttgart, J. H. W. Dietz, s. a.

Thesen betreffend Stellungnahme der Ärzte zur projektierten Krankenversicherung. [Aufgestellt an einer] Versammlung des Vereins jüngerer Ärzte von Bern und Solothurn und des emmenthalischen Bezirksvereins in Burgdorf, den 15. Oktober 1903. 1 S. fol.

Thesen über die Weiterbildung und Hebung des Frmrbundes. [Leipzig o. J.: Naumann.] 1 Bl. 8°. [Kopftit.]
Enthält die Thesen von B. Cramer und von J. G. Findel.

Thesen, 10, über den Wert und die Wirkungen des Alkohols. In 2 Blättern. Weissenburg i. E. 1900. Mk. 1.—.

Thesen, 32, über den Talmud. Frankf. 1831. V: *Creizenach, Michael.* (Literaturbl. d. Orients 1842. Nr. 36. S. 566.)

Thesen, 32, über den Talmud. 8. (¼ B.) Frankfurt a. M. 831, Jäger.

Thesen, die Zwickauer, u. Geh. Kirchenrat D. **Rietschel,** ord. Prof. der Theologie an der Universität Leipzig. Material zur Beurteilg. des Streites um den Religionsunterricht in der Volksschule. Hrsg. vom Leipziger Lehrer-Verein. (160 S.) 8. Leipzig (909). A. Hahn. — 40

Thesendorff, Chrysant Ehrentr. (Lippehne)
U. S. Greifswald 1708/4

Theses juridicae, de oppignoratione feudi.
Präs. Henning Christoph Gerdes.
Greifswald (Starck) XII. 1708. 12 Bl.

Gew.: Chrysanthus Friedrich von Magdeburg, Adam Christian Thesendorff. 34315

Thesendorff, Karl Theodor (Greifswald) A. S. 1174/12

Disputatio circularis medica, de tribus impostoribus, I. potu theae et coffee. II. commoda vita. III. officinis domesticis, Dass viel tausend Menschen durch Trincken des Thee und Coffee, ... sich betrieglich umb Leib und Leben bringen. Präs. Georg Dethardіng. Rostock (Adler) IV. 1731. 30 S.

Gew.: Adam Christian Thesendorff (Vater).
34316

Thesendorff, Car. Th., praes. G. **Dethardіng,** De tribus impostoribus, 1. potu theae et coffee. 2. commoda vita. 3. officinis domesticis: daß viel Tausend Menschen durch Trincken des Thee u. Coffee, durch Erwehlung guter Tage, durch Anschaffung der Hausapotheken sich betrieglich umb Leib u. Leben bringen. 30 pp. Rost. 4°. 1731

Theser, Ernst, die Fruchtnießung nach röm. Rechte in fortlauf. Vergleichung mit d. Anordnn. d. allg. bürg. Gesetzbuches in Kürze dargestellt. gr. 8. (6½ B.) Wien 839, [Gerold's Brlgh.]

Theses: dubia philosophica et theologica . . . Freystadii 1719. V: *Lau, Theodor Ludwig.* (Barbier)

Theses Cl. Zur Reformations-Feier in Nord-Deutschland. gr. 8. (2 B.) Basel 840, [Bahnmeier's Buchh.]

Theses Cl. Zur Reformations-Feier in Nord-Deutschland. gr. 8. Basel 840 Spittler u. Comp. 4½ ℛ

Theses dogmaticae et Historico Scholasticae ex universa theologia selectae . . . Bambergae 1773. V: *Grundel, Phil.* [?]. (Jes)

Theses, die 95, oder Streitsätze Dr. Luthers &c. siehe Harms, Claus.

Theses iuridicae inaugurales ...
Gissae: Braun 1803. 8 S.
Dr. jur. 19.9.1803. vorh. 26.

Theses, einige, üb. d. Lehre v. Abendmahl. 8. Berl. 781.

Theses ex universa mathesi in Alma, . . . Universitate Dilingana . . . [Dilingae] 1761. V: *Amman, Cäsar.* (Jes)

Theses, Die höchst merkwürdigen, Sr. Hochehrwürden, des Hrn Klaus Harms, welche derselbe im Jahre 1817 dem Volke . . . übergeben hat, beleuchtet. Altona 1818. V: *Ries, Georg Wilhelm Otto von.* (GGr) (LS)
Vgl. T h e s e n, ...

Theses metaphysicae, ethicae et mathemathicae ex aetiologia, theologia naturali . . . Bambergae 1761. V (metaphys., eth.): *Neubauer, Ignaz.* V (mathem.): *Jacobs, Johann.* (Jes)

Theses, Quinquaginta cabbalistico-problematicae ex ominosa et Lambertino-heraldica litera L deductae, quas reverendissimo . . . Domino Francisco . . . abbati . . . cum anno MDCCI die XVII. Septembris . . . professionis suae L iubilaeum annum ageret, . . . monasterii Sancti Lamberti conventus defendet. S. l. [1701]. V: *Jäger, Christoph.* (wonisch S. 14)

Theses de ratione errores oppugnandi et veritatem defendendi. Jenae 1718. V: *Buddeus, Carl Franz.* (Myl) (ML)

Theses ex evangelio s. Joannis selectae. Trier, 1826, 4°, 10 S. Dissertation.

Theses ex universa philosophia et elementis Matheseos selectae. Solothurn 1812. V: *Suter, Joseph H.* (MGT) (Ky)

Theses Theologicae cum Quaestione de Praedefinitionibus . . . Oppaviae 1733. V: *Förschan, Johann.* (Jes)

Theses theologicae de religione revelata cum dissertatione subiuncta de textu evangelico Matth. 16, 19. Trier, 1770, 4°, 31 S.
Die Exegese des Schrifttextes von S. 4—31.

Theses theologicae scholastico-dogmaticae de religione cum subiuncta dissertatione super textu Matth. 16, 18. Trier, 1770, 4°, 23 S.
Die Dissertation reicht von S. 4—23.

Theses theologico-philologicae. Altona. 1753. 4. P. (Skoleprogr.).

Theseus auf Creta. Drama. 8. Leipz. Barth. 792.

Vom medizinischen Aberglauben. Von Dr. Ernst **Thesing**-Magdeburg. Berlin: Vorwärts 1907. (28 S.) 8° [.ℳ.]
= Arbeiter-Gesundheits-Bibliothek. H. 12. 07. 3193

Thesing, E., Duell — Ehre — „Ernst!" 1., 2. u. 3. unveränd. Aufl. gr. 8. (26 S.) Marburg 896. O. Ehrhardt. n. — 50

— dasselbe. 4., durch e. Nachtrag verm. Aufl. gr. 8. (28 S.) Ebd. 896. n. — 50

Thesing, Ernst, approb. Arzt: Zur Frage: 'Ist die Cholelithiasis chirurgisch oder intern zu behandeln?' Statistisches u. Theoretisch-Kritisches. *Marburg 1901: H. Bauer.* (156 S.) 8° Marburg, Med. Diss. v. 5. Nov. 1901

Thesing, Ernst, s.: Musenalmanach Marburger Studenten.

Thesing, Curt, aus Danzig: Beiträge zur Spermatogenese der Cephalopoden. Mit 2 Taf. *Marburg 1903: (Breitkopf & Härtel, Leipzig.)* (45 S.) 8° ¶(Aus: Zeitschr. f. wiss. Zool., 76, 1.)
Marburg, Phil. Diss. v. [21. März] 1904

Thesing, C., biologische Streifzüge. Eine gemeinverständl. Einführg. in die allgem. Biologie. Illustriert v. Paul Flanderky. (VIII, 364 S. m. z. Tl. farb. Taf.) 8. Eßlingen (908). J. F. Schreiber. 6.—; geb. in Leinw. 7. —

Biologische Streifzüge. Eine gemeinverständl. Einführung in d. allgemeine Biologie von Dr. C(urt) **Thesing**. Ill. von Paul Flanderky. 2. Aufl. Eßlingen & München: Schreiber 1910. VII, 364 S. 8° (10.000

Thesing, Rose: Beiträge zur Reizleitung im Flimmerepithel. Leipzig 1910: Lehmann. 23 S. 8°
Leipzig, Med. Diss. v. 25. Jan. 1910, Ref. Hering
[Geb. 2. Okt. 81 Vágujhely, Ungarn; Wohnort: Leipzig; Staatsangeh.: Preußen; Vorbildung: Realgymn. Charlottenburg Reife O. 04; Studium: Berlin 9, Jena 1 S.; Coll. 29. Jan. 10; Approb. 30. Mai 10.] [U 10. 3069

Wörterbuch des Dialekts der finnländischen Zigeuner. Von Arthur **Thesleff**. *(Helsingforsiæ: Soc. litt. fennica 1902.)* (VIII, 124 S.) 4°
— **Acta** Societatis scientiarum Fennicae. T. 29, No 6.

Thesmar, Friedrich Hadrian (Adrian) Josef

Thesmar, Frdr. Hadrian Jos., Gedichte. 3 Thle. Hannover 861. Lohse. 8. (XVII, 379 S.) n. 2 *n∮*

Thesmar, Fr. Hadr. Jos., die fünf französ. Gesetzbücher in ihrer Fortbildung durch die neuere Gesetzgebung, so wie durch die Jurisprudenz d. Rheinischen Gerichtshöfe ꝛc. nebst einem Anhange, enthalt. die neuere Gesetzgebung u. die Jurisprudenz von Specialgesetzen. I. Bd., enthalt. das Civilgesetzbuch. Lex.-8. Elberfeld 845, Büschler'sche Verlagsb. n. 2 *n∮*

Thesmar, Friedr. Hadr. Jos., die Lage des preußischen Vaterlandes bei dem Schlusse der Legislaturperiode im J. 1855. Elberfeld 855. Bädeker. gr. 8. (16 S.) 3 *ngr.*

Thesmar, Friedrich Adrian Josef. Die Staatsanwaltschaft, ihr Werth im Civil- und Criminal-Rechte. Coblenz 1842. VI 39 S. 8.

— die Staatsanwaltschaft, ihr Werth im Civil- u. Criminal-Rechte. gr. 8. (3¾ B.) Bonn 844, Habicht.

— die Stellung des Staates und der evangelischen Kirche gegenüber der römischen Kurie in Sachen der gemischten Ehen, mit besonderer Bezugnahme auf das Rundschreiben des Bischofs Arnoldi zu Trier vom 15. März 1853. Berlin 853. Wiegandt u. Grieben. gr. 4. (47 S.) n. 10 *ngr.*

Thesmar, Georges. Contribution à la connaissance des xylènes. Thèse Sci. Bâle. 87 p. 8. Bâle, Emile Birkhæuser, 1902.

THESPICUS, Constantin Georg (Theben): De dysenteria. (Titel nach der Urkunde) 5.7.1852 - Urk; F 67
Diss. Ingolst.-Landsh.-Mchn.

Thespiskarren. Eine Sammlg. v. lust. Trauerspielen u. traur. Lustspielen. 8. (188 S.) München 875. Braun & Schneider. n. 2. —

Thessalien [Schlagwort]

— **s. a.: Epirus.** — Geolog. Karten, Philippson. — **Griechenland.**

Thessalien. Philippson, A., Karte v. Südost-Thessalien nach den vorhand. Quellen u. eigenen Aufnahmen. Hrsg. v. d. Gesellschaft f. Erdkunde zu Berlin. 1 : 300,000. 20,5 × 30,5 cm. Farbendr. Berlin 896. (W. H. Kühl.) n.n. 1. 50

Thessalus, Félix: Blanca, die Waise. Novelle. Aus dem Französischen übers. Luxemburg: Schroell 1877. 8 S. in 8°

Th. (= Thetens), D.: „Dithmarschens unantastbare Zollfreiheit in rechtlicher, ethischer und politischer Hinsicht beleuchtet", Hamburg 1836. Anhang dazu, ebenda 1837. — Vorh.: Com. Bibl. Hamburg.

Thetis, A., die Macht der Moral. Eine empirisch-philosoph. Abhandlg. auf deduktiver Grundlage. (VIII, 54 S.) 8. Strassburg 906. J. Singer. n. 1. 50

Thetmar, Magister

Thetmari, M., iter ad Terram Sanctam a. 1217. Ex cod. mss. ed. Titus Tobler. 16. (VI u. 73 S.) St. Galli 851, Huber & soc. n. ⅓ *n∮*

Thetter F.: Über den Zeichenunterricht an Gymn. 12. Hernals. 82. **Progr.**

Thetter, Ferd., freimüthige Aeußerungen über die Verhältnisse der Wiener-Volksschulen. gr. 8. (36 S.) Wien 851, (Lechner's Universitäts-Buchh.) *

Thetter Friedrich: Die Ruhe in Natur und Kunst. 14. Waidhofen a/Th. 905. **Progr.**

Thetter, Julius M.

Thetter, Jul. M., durch d. Klippen der Gesellschaft. Erzählg. f. jung u. alt. 8. (126 S.) Wien 898. (Sallmayer'sche Buchh.) Geb. in Leinw. n. 1. 80

(F) Durch die Klippen der Gesellschaft. Erzählung für jung und alt von Jul. M. Thetter. Wien. [1899. In Comm.] Sallmayer'sche Buchh. 8°. 126 S. Geb. fl. —.90

(F) **Thetter,** J. M., Der Küfer-Friedl. [Erzählungen für Jugend und Volk. Bd. XVI.] Gr.-8°. (ill. 147 S.) geb. K 2.—
Graz: Moser 1908.

Thetter, Jul. M., der Küfer-Friedl, s. a. Erzählungen f. Jugend u. Volk.

Thetter, Jul. M., Reliefkarten. Anleitung zur Herstellung verschiedener Arten von Schulreliefs. [Aus: „Zeitschr. f. Schul-Geogr."] gr. 8. (15 S.) Wien 881. Hölder. n. — 50

(F) **Thetter,** J. M., Die sieben Schwaben. [Erzählungen für Jugend und Volk. Bd XIII.] Gr.-8°. (287 S. mit 4 Tafeln)
Graz: Moser 1906. geb. K 2.—

Thetter, Jul. M., Schicksals Weben, } s. a. Erzählungen f. Jugend
— die sieben Schwaben, } u. Volk.

Thetter, J. M., Schicksals Weben. [Erzählungen für Jugend und Volk. Bd. VIII.] Gr.-8°. (ill. 187 S.) geb. K 3.-
Graz: Moser 1903.

Theudebach, über Vaterlandsliebe und Verfassungswerth. 8. Berlin, akademische Buchhdl. 815.
Vgl. Theudobuch.

THEUDEGILDE, Königin von Neustrien. Eine Novelle aus den Zeiten der Merovinger. Leipzig und Klagenfurt 1784. 8°. 355 S. Zahm.

Theudegilde, Königin v. Neustrien. 8. Klagenf. Kleinmayr. (Gräff in Lpz.) 794.

Theudegilde, Königin v. Neustrien. 8. Klagenfurth (Leipz.) 794. (Wienbrack). 1 ℳ

Theudelinda v. Bayern, Königin d. Longobarden, von Fr. Schlenkert. 8. Lpz. Junius. (Gleditsch.) 803.

Theudobuch, (Karl Edler v. Puttlitz,) üb. Vaterlandsliebe u. Verfassungswerth. 8. Berl. 815. Academ. Buchh. 1 ℳ
Vgl. Theudebach.

Theuer, Theodor [aus Pischkowitz i. Schles.]: Untersuchungen über die therapeutische Verwendbarkeit von Trional und Tetronal als Hypnotica . . . Würzburg, P. Scheiner's Buchdr., 1893; 30 S. 8.
Würzburg, Med. Fak., Inaug.-Diss. v. 1893

Theuerdank, s.: Jahrbuch der kunsthistorischen Sammlungen d. allerhöchsten Kaiserhauses.

Theuerdank, der, s. Scheible, J., das Kloster. 4. Bd.

Theuerdank. Herausg. u. mit einer histor.-kritischen Einleitung versehen von C. Haltaus. Mit 6 lithogr. Bl. gr. 8. Quedlinburg 836. Basse. 2 1/3 ℳ Velinp. 3 ℳ (Bibliothek der gesammten deutschen National-Literatur.)

Theuerdank. Hrsg. v. Carl Haltaus, s. a. Bibliothek d. gesammt. National-Literatur, I. Abthl. 2. Bd.

Uß den Kännerjohren. Erinnerungen e. alten Kasselaners in Kasseler Mundart von G[ottlob] T[heuerkauf]. Kassel: L. Döll 1898. (23 S.) 8° [F.] [95. 9384

Theuerle, P., die Hagelversicherungs-Anstalt für das Königr. Württemberg, seit ihrem Entstehen bis zum J. 1847. Nach d. Akten der Anstalt ausgearb. gr. 8. (VI u. 194 S.) Rottweil 848, Setzer. 2/3 ℳ

— soll die württemberg. Privat-Hagelversicherungs-Anstalt zur Zwangs- u. Staats-Anstalt gemacht werden? 8. (IV u. 51 S.) Stuttgart 847, Metzler. 1/4 ℳ

Theuerle, P., das Wissenswürdigste vom Menschen. In 2 Abtheilungen für die reifere Jugend u. das Volk bearb. 8. (15 5/8 B.) Mannheim 846, Hoff. —

Theuerlich, Hans, (Gedicht). Mit e. Zeichn. v. F. Dietz. O. O. [1836]. V: *Görres, Guido.* (Bibl. Görres III. Cat. 34. Südd. Antiqu. Münch. 1903. S. 24.)

Theuermeister, Rob., unser Körperhaus. Wie ich mit meinen Kindern üb. ihren Körper rede. (VIII, 200 S.) kl. 8. Leipzig 909. Gr. Lichterfelde, K. G. Th. Scheffer. 1.80; geb. 2.40

— Von Steinbeil u. Urne. Geschichten aus der Urzeit. Für 8—12jähr. Kinder erzählt. (182 S.) 8. Leipzig 911. E. Wunderlich. 1.60; geb. 2.—

Theuern, Max v., Absalom, — Herzogin Barbara, } s.: Dilettantenbühne, katholische.

Theuern, Max v., die Sclaven des Scheik v. Moezzia, s.: Dilettantenbühne, katholische.

Theuerung, die, des Getreides und Brennholzes im Verkehrsgebiete von Wien; deren Ursachen u. die Hilfsmittel dagegen. Wien 857. Braumüller in Comm. gr. 8. (VI, 382 S.) n. 1 ℳ 10 ngr.

Theuerung, die, ein Hebel der Kultur. Mittel zur Bereicherung des Staates und Förderung seiner Kraft und darum keine Theuerung mehr. gr. 8. (16 S.) München 855, Franz.

Anonym: „Ueber die Theuerung im Jahre 1816/1817, deren Ursachen, die begangenen Fehler und die Mittel, ähnlichem Unglück in Zukunft vorzubeugen", Bamberg 1817 (Kunz).

Theuerung, Die, Samariens; ein Trostgesang. Nürnberg 1771. V: *Kalteis (Kalteiss), Joh. Leonh.* (Ky) (ML) (Will)

Theumann, Thdr., das österreichische Wechselrecht, s. a. Handels-Bibliothek, Wiener.

Theumann, Thdr., das österreichische Wechselrecht. Mit 32 in den Text gedr. Wechselformularien, nebst einem Anh., enth. das Verfahren in Wechselsachen, die ungar. Wechselordnung vom Jahre 1876 u. eine vergleichende summarische Uebersicht der geltenden Wechselgesetze aller Länder. 2., verm. u. geänd. Aufl. gr. 8. (IV, 272 S.) Wien 879. Hölder. n. 3. 60

Theumann, Thdr., das österreichische Wechselrecht. Mit 32 in den Text gedr. Wechselformularien, nebst einem Anhang, enthaltend das Verfahren in Wechselsachen, die durch Anmerkungen commentierte ungar. Wechselordnung vom J. 1876 und eine vergleichende summar. Übersicht der geltenden Wechselgesetze aller Länder. 3. umgearb. und verm. Aufl. gr. 8. (VIII, 316 S.) Wien 884, Hölder. *

Theumann, Thdr., das österreichische Wechselrecht. Mit 32 in den Text gedr. Wechselformularien, nebst e. Anh., enth. das Verfahren in Wechselsachen, die durch Anmerkgn. commentierte ungar. Wechselordng. vom J. 1876 u. e. vergleich. summar. Übersicht der gelt. Wechselgesetze aller Länder. 4., durchgeseh. u. verm. Aufl. gr. 8. (VIII, 318 S.) Wien 891. Hölder. n. 4. 20

Theune, G. A., Predigt üb. 1. Petri 5, 6. gr. 8. ... Magdeburg 829, [Berlin,] Rubach.

—— vier Predigten. gr. 8. (3 B.) Magdeburg 829, [Berlin,] Rubach.

Theune, Gottfried: Ueber drei Fälle von familiärer spastischer Spinalparalyse im Kindesalter. Greifswald 1908: Adler. 38 S. 8°
Greifswald, Med. Diss. v. 18. Aug. 1908, Ref. Minkowski

Theune, H., Rede u. Predigt, veranlaßt durch den Tod des Königlichen Obersten u. Commandeurs des 27. Infanterie-Regiments, Herrn v. Maltitz. gr. 8. Magdeb. 837. (Bühler.) 1/6 ℳ

Theune, H., Rede u. Predigt, veranlaßt durch d. Tod d. k. Obersten u. Commandeurs d. 27. Infanterie-Regiments 2c., Hrn. v. Maltitz. gr. 8. (1 1/4 B.) Magdeburg 837, (Inkermann.?)

Theune, H.: Ueber den Winkel, welchen zwei Seitenkanten eines Kegels bilden, wenn derselbe in eine Ebene abgewickelt wird. Jena 1867. 8. Diss. Jena

Theune, Karl Hnr. jun., s. a. Geschichte von Griechenland.

Theune, C. H., Geschichte v. Griechenland. 8. Breslau, Meyer. 769.

Theuner, Emil: Der Übergang der Mark Brandenburg vom Wittelsbachischen an das Luxemburgische Haus . . . . Görlitz, Druck v. Hoffmann & Reiber, 1887; 1 Bl. + 32 S. + 1 Bl. 8°.
Berlin, Phil. Fak., Inaug.-Diss. v. 9. Aug. 1887.

Theuner, Emil, der Uebergang der Mark Brandenburg vom Wittelsbachischen an das Luxemburgische Haus. Diss. Berlin 1887, Mayer & Müller. 8⁰. 32 S.

Theuner, E., s.: Urkundenbuch zur Geschichte des Markgrafent. Nieder-Lausitz.

Aus der Vorzeit des Kreises Beeskow-Storkow. Festschrift d. Kreises z. Feier d. 350jähr. Zugehörigkeit z. Mark Brandenburg, 1906. (Verf.: [Emil] Theuner. Berlin 1906: W. Büxenstein.) (IV, 42 S.) 4° [F.] [04. 8495

Theuner, Johann Gottlob (Meffersdorf) A. S. 575/64

Specimen iuris controversi exhibens vim arbitrii circa determinationem pretii in emtione et venditione. Präs. Christian Heinrich Breuning. Leipzig (Langenheim) 8. III. 1766. 12 S.

34317

Theunert, s.: Ghirni Bey.

Theunert-Lusignan, G., die moderne französische Armee, s. a. Blaeß, J., neue Dokumente zum Krieg 1870/71.

Theunert-Lusignan, G. Die moderne franz. Armee. Eine Studie. Wiesbaden 1901. 8°.

— das unbekannte Paris. Mit Titelzeichng. von Aug. v. Meißl. 8. (VIII, 118 S.) Wiesbaden 901. [Ch. Limbarth's Verl.] Berlin-Steglitz, H. Priebe & Co. n. 1. —

Theurer, Grund-Ursachen der Kartoffel-Krankheit und deren Heilung. Altenburg 855. Pierer. gr. 8. (16 S.) 3 ngr.

Theurer, Karl

Theurer, K., Blicke in die Herrlichkeit des Vater-Unsers. (VI, 211 S.); 2. Aufl. gr. 8. (VI, 200 S.) Stuttgart 881, Greiner und Pfeiffer. *ℳ 2.; geb. *

Theurer, Karl, halte was du hast, daß niemand deine Krone nehme. Ein Ruf aus der oberen Welt. Zur Beachtg. vorgelegt. 8. (XIV, 110 S.) Stuttgart 883. Greiner. geb. m. Goldschn. n. 2. —

Theurer, K., halte, was du hast, daß niemand deine Krone nehme. Ein Ruf aus der oberen Welt zur Beachtung vorgelegt. 2. Aufl. kl. 8. (V, 110 S.) Stuttgart 887. Greiner & Pfeiffer. geb. n. 1. 20

— dasselbe. Auszug. 2. Aufl. kl. 8. (IV, 67 S.) Ebd. 887. cart. n.n. — 20

— Lebensblumen. Ein Gruß an die strebende Jugend. Gedichte. Mit Bildniß in Lichtdr. 16. (VIII, 176 S.) Ebend. 882. cart. n. 1. 60

Theurer, Karl, Lebensblumen. Gedichte. 3. Aufl. 16. (VIII, 176 S. m. Lichtdr.-Bildnis.) Stuttgart 891. Greiner & Pfeiffer. Geb. in Leinw. n. 1. 80

Theurer, K., Christi Liebe, Thränen und Geißelschläge. Gastpredigt, gehalten in der Nikolaikirche in Heilbronn über Luc. 19, 41—48. am 10. Sonntag nach Trin. Heilbronn 859. Scheurlen. 8. (20 S.) 3 ngr.

Theurer, C., Predigtbuch auf die Fest-, Sonn- und Feiertage. gr. 8. (VIII, 855 S.) Stuttgart 875, Moser. *

Theurer, C., Predigtbuch auf die Fest-, Sonn- und Feiertage. gr. 8. Stuttgart 875, Greiner'sche Verlagsh. (* ℳ 6.) * 5 — geb. * 6 50

— Predigten auf die Sonntage u. Feste d. Kirchenjahres. 8. Aufl. Mit e. Vorwort von v. Burk. Lex.-8. (X, 726 S. m. dem Portr. d. Verf.) Ebd. 890. n. 3. —; geb. n. 4. 20

— das Reich Gottes. Sein Gang durch die Zeit. Sein Stand in der Gegenwart, betrachtet im Lichte der Weissagung. Mit einem Vorworte von J. H. Staudt. Ludwigsburg 862. (Basel, Balmer & Riehm in Comm. gr. 8. (X, 304 S.) n. 24 ngr.

Theurer, K., vom Vergeben. Predigt, geh. am 22. Sonntag nach Trinitatis. 8. (16 S.) Basel 885. Spittler. — 8

Theurer, K. (Stadtpfarrer). Wie soll man die Bibel lesen? Rede gehalten am Jahresfest der Bibelgesellschaft in Basel den 28. Juni 1881. In-8⁰, 25 S. Basel, C. F. Spittler. 1881.

Theurer, Carl A. [aus Oberndorf am Neckar]: Über das Xanthogallol .... Marburg, Univ.-Buchdr. (R. Friedrich), 1887; 40 S. 8°
Marburg, Phil. Fak., Inaug.-Diss. v. [27. Febr.] 1888

Theurer, Carl A., über das Xanthogallol. Diss. Marburg 1887, N. G. Elwertsche Univ.-Buchh. 8⁰. 40 S.

Theurer, *Richard* [aus Esslingen a. N.]: Einwirkung von Salzsäure auf einige Triphenyl-methan-Farbstoffe Tübingen, Druck v. H. Laupp jr., 1893; 36 S., 2 Taf. 8.
Tübingen, Naturw. Fak., Inaug.-Diss. v. 1893

Theurer, R., Einwirkung v. Salzsäure auf einige Triphenylmethan-Farbstoffe. Diss. gr. 8. (36 S. m. 2 Taf.) Tübingen 893. (F. Fues.) n. 1. 20

Theuriet, André, s.: Conteurs modernes.

Theuriet, André, das Garbenhaus. Der Don Juan (v. Vergen), s.: Kürschner's, Jos., Bücherschatz.

Theuriet, André, contes pour les vieux et les jeunes, s.: Collection d'auteurs français.

— les enchantements de la forêt, | s.: Schulbibliothek, französische u. englische.

— Erzählungen. (Die Tabakspfeife. Die Aurikel. Die Forelle), s.: Meyer's Volksbücher.

— ausgew. Erzählgn., hrsg. v. Gerh. Franz, s.: Hartmann's, K. A. M., Schulausgaben, Nr. 10.

— Ausgew. Erzählungen, hrsg. v. Hallbauer, s.: Perthes Schulausgaben engl. u. französ. Schriftsteller.

— dasselbe hrsg. v. Gundlach, s.: Schulbibliothek, französische u. englische, A 79.

Ausgewählte Erzählungen von André Theuriet. Mit Anm. zum Schulgebr. hrsg. von K[arl] Falck, Oberl. in Berlin. [Nebst] Anm. *Bielefeld & Leipzig: Velhagen & Klasing* 1902. 2 Bde 8°
= Sammlung, Velhagen & Klasings, franz. u. engl. Schulausg. Prosateurs franç. Lfg 132. [02 8505

— Ausgewählte Erzählgn., hrsg. v. K. Falck, s.: Prosateurs français.

— les fraises, hrsg. v. R. Kron, s.: Schulbibliothek französ. u. engl. Prosaschriften aus d. neueren Zeit.

— der Prozeß Froideville, s. Engelhorn's allgemeine Romanbibliothek.

Theuriet, A., — Gertrud's Geheimnis, } s.: Engelhorn's allgemeine Roman-Bibliothek.

Theuriet, André, Gérards Heirat, s. Engelhorn's allgemeine Romanbibliothek.

— Jean-Marie, s.: Théâtre moderne.

Theuriet, André, Prinzessin Immergrün. Das Eichhörnchen. Zwei Erzählungen. Aus dem Französ. von Natalie Rümelin. Autoris. Übersetzung. gr. 8. (VIII, 197 S.) Oppeln 884, Franck's Buchh. *M 3,50.; geb. *

— Prinzessin Immergrün. Das Eichhörnchen. Zwei Erzählgn. Aus dem Franz. v. Natalie Rümelin. Autoris. Übersetzg. 2., unveränd. Aufl. 8. (VIII, 197 S.) Oppeln 888. Franck. geb. n. 2. 50

Theuriet, André. Prinzessin Immergrün. Das Eichhörnchen. Zwei Erzählungen. 2. Aufl. 8. Oppeln 888. Berl., Gronau. geb. * 2 50

— zum Kinderparadies, s.: Engelhorn's allgemeine Roman-Bibliothek.

— eine geheimnisvolle Korrespondenz, s.: Gavarni's Franç. Bibliothek 28. Bd.

— Kriegsnovellen, s.: Auteurs français. (Daudet, Alphonse.)

Theuriet, André, la maison des deux Barbeaux. Le sang des Finoël. 8. (317 S.) Altenburg 879. Pierer. n. 3. —

— der Ball des Marquis, s.: Kürschner's, Jos., Bücherschatz.

Theuriet, André: La princesse verte, s. Schulbibliothek, Franz. u. engl.

— Raymonde. Roman. 8. (191 S.) Berlin 885. Goldschmidt. n. 1. —

Theuriet, André: Raymonde. Roman. Mit Ill. von E. Ranzenhofer. Berlin, Eisenach, Leipzig: H. Hillger [1899]. (128 S.) 8°
(Bücherschatz, Kürschners. No 122.)

— dasselbe, s. a. Kürschner's, Jos., Bücherschatz.

Raymonde par André Theuriet. Im Ausz. mit Anm. zum Schulgebr. hrsg. von Dr. Karl Schmidt, Oberl. zu Berlin. [Nebst] Wörterbuch. *Bielefeld & Leipzig: Velhagen & Klasing 1902.* 2 Bde 8°
= Sammlung, Velhagen & Klasings, franz. u. engl. Schulausg. Prosateurs franç. Lfg 131. [02. 6964

— Raymonde, hrsg. v. Karl Schmidt, s. a. Prosateurs français.

— unter Rosen, s.: Engelhorn's allgemeine Romanbibliothek. XVII. 16.

Schicksalswolken. Bigarreau. Die Leiden des Claude Blouet. 2 Erzählungen von André Theuriet. Aus d. Franz. frei übers. von K. M. Hellmund. Trier: Paulinus-Dr. 1907. (143 S.) 8° [J.] [07. 17484 5

Die Schwestern. [Deux Sœurs.] Roman von André Theuriet. Nach d. Franz. von Heinrich Köhler. Mit Ill. von R. A. Stübner. Berlin, Leipzig: Hillger [1910]. 112 S. 8°
(Kürschners Bücherschatz. Nr 737.)

— Die Schwestern, s. a. Kürschner's Bücherschatz.

— mein Onkel Scipio, s.: Engelhorn's allgemeine Roman-Bibliothek.

A(ndré) Theuriet. Die Stiftsdame [La chanoinesse]. Roman aus d. Zeit d. franz. Revolution. Autor. Uebers. von Karl Muth. Mit e. biogr.-litter. Einl. u. d. Bildnis d. Verf. *Einsiedeln, Waldshut, Köln: Benziger & Co. 1902.* (VII, 266 S.) 8° [J.] [03. 8146

— eine Undine, s.: Reiselectüre.

— verschollen. Dramatische Dichtg. in 1 Akt. Metrisch übertr. v. W. Bolin. 8. (28 S.) Leipzig 887. (Brockhaus' Sort.) n. 1. 50

— die Zuflucht, s.: Engelhorn's allgemeine Roman-Bibliothek. XVI. 21. 22.

Theuring, der Wohnungs-Miethvertrag, Dienstvertrag mit dem Hausmanne u. Hausverwalter u. das Verfahren in Miethsachen. Rathgeber für rechtsunkundige Miether u. Vermiether. Unter Beigabe der üblichsten Formulare. 8. (XVI, 182 S.) Leipzig 881. Haessel. n. 2. —

Theuring, Heinrich: Die Prosafassung der 'Enfances Guillaume'. Erlangen (übergekl.: Halle a. S.) 1910: Junge. 73 S. 8° ¶ (Vollst. in: Roman. Forschungen. Bd 30.)
Halle, Phil. Diss. v. 12. Nov. 1910, Ref. Suchier
[Geb. 7. Juli 87 Eckartsberga; Wohnort: Eckartsberga; Staatsangeh.: Preußen; Vorbildung: Landessch. Pforta Reife O. 06; Studium: München 1. Halle 7 S.; Rig. 13. Mai 10.] [U 11. 1911

Theurung, üb. die gegenwärtige, der Brodfrüchte u. anderer Lebensmittel, ihre Ursachen u. die Mittel ihrer Abwendung u. künftigen Verhütung (v. J. G. v. Seutter). 8. Ulm 817. Stettin. 16 gr.

Anonym: „Ueber die gegenwärtige Theurung und Hungersnoth", Berlin 1805. — Vorh.: Preuß. Staatsbibl. Berlin und Com. Bibl. Hamburg.

Theurung, über, u. Hungersnoth. 8. Quedlinb. Basse. 807.

Theusner, Felix, aus Zabrze O.-S.: Der Kontokorrentvertrag. *Halle a. S. 1901: C. A. Kaemmerer & Co.* (58 S.) 8°
Halle, Jur. Diss. v. 27. Febr. 1901

Die rechtliche Natur des Kontokorrentvertrages. Von Dr. jur. Felix Theusner. *Halle a. S.: C. A. Kaemmerer & Co. 1901.* (58 S.) 8° [J.]
[Erschien als jur. Diss. von Halle 1901 u. d. T.: Der Kontokorrentvertrag.] [02. 1986

Theusner, Martin: Beiträge zur Erweiterung der bisherigen Kenntnisse von der Konstitution natürlicher und künstlicher Schlacken. 1908. 67 S., 1 Taf. 8° ¶ Ausz. in: Metallurgie. Jg. 5.
Berlin, Dr.-Ing.-Diss. v. 12. 6. 1908

Theuß, Karl, (Kaufmann), Rückblicke u. Erinnerungen aus den Tagen meiner Gefangenschaft. 8. Leipz. 815.

Theuß, Theodor

Theuss, Theod., allgem. Blumenlexicon, od. alphabet. Beschreib. aller bis jetzt in Deutschland bekannten u. z. Blumengärtnerei gehör. schönblühenden, in- u. ausländ. Gartenblumen u. Ziergewächse, mit Anweis. z. ihrer Behandlung, f. Gartenliebhaber. 2 Bde. Mit Kpf. gr. 8. Weimar, 1811. Landes-Ind.-Compt. 5. 15

Theuß, Thdr., († d. 20. Febr. 1814.) der Blumistenkalender, od. monatl. Verrichtungen im Blumengarten. Mit Angabe der in jedem Monat blühenden, vorzüglich sowohl im Freien, als in den Glashäusern vegetirenden exot. Pflanzen. gr. 12. Weimar 812. Landes-Ind.-Comtoir. 6 gr.

– d. Blumisten-Kalender, od. monatl. Verricht. im Blumengarten. Mit Angabe d. in jedem Monate, sowohl im Freien, als in d. Glashäusern blühenden, vorzügl. vegetirenden, exotischen Pflanzen. gr. 12. Ebend. 1812. — 7½

Theuß, Thdr., Diana. Allgem. Liederbuch für Forst- u. Waidmänner, in 10 Abthll. No. 1. 12 Lieder für 3 Männerstimmen in Begleitung zweier Hörner. Lithogr. 12. Weimar 836. Voigt. ⅓ Rthl.

Theuss, Theod., Diana. Allgem. Liederbuch f. Forst- u. Waidmänner. No. 1. u. 2. 12. (2 B.) Weimar 836, Voigt. à
No. 1. 12 Lieder f. 3 Männerstimmen in Begleitung zweier Hörner. (2 lith. B.)
- 2. 11 Lieder 3 u. 4stimm. f. Männerstimmen m. Begleit. v. 2, 3 od. 4 Waldhörnern. (2 lith. B.)

Theuß, Th., Feierstunden, ein Journal f. das Pianofort u. die Guitarre. Fol. Dresden, Hilscher. 812. -

— monatl. Gartenhandbuch üb. Obst- u. Gemüse-Gärtnerei; od. vollständ. Anweis. zu Erziehung u. Behandl. aller Küchengewächse, Obstbäume, des Weinstocks, Hopfens u. einiger vorzügl. Gartenblumen ꝛc. 8. Halle 804. Gebauer. 3 Rthl.

— Handb. d. gesammten Gartenbaues nach monatl. Verrichtungen. Eine vollständ. Anweis. z. Erziehung u. Behandlung aller Küchengewächse, Obstbäume, d. Weinstocks, Hopfens u. aller Blumen- u. Zierpflanzen. Für Liebhaber d. Gärtnerei. 1—4. Hft. 8. Halle, 1804. 2. Aufl. v. Jak. Ernst v. Reider, 1838. 3. Aufl. v. L. Krause, 1850. Neue Aufl. Halle, 1843 (Berlin, Streerath u. C.) (1. 9.) — 20

Theuß, Thdr., Handbuch des gesammten Gartenbaues nach monatlichen Verrichtungen. Eine vollständ. Anweisung zur Erziehung u. Behandlung aller Küchengewächse, Obstbäume, des Weinstocks, Hopfens u. aller Blumen u. Zierpflanzen. 2e Aufl. Neu bearbeitet u. herausg. von Jak. Ernst von Reider. gr. 8. Halle 838. Gebauer. 1 Rthl. — Neuer Abdruck, mit vollständ. Register 1840. 1 Rthl.

Theuss, Theod., Handbuch des gesammten Gartenbaues nach monatl. Verrichtungen. Für Liebhaber der Gärtnerei. 2. Aufl. Neu bearb. von Jak. Ernst v. Reider. Neuer mit e. Register verm. Abdruck. gr. 8. (31⅞ B.) Halle 843. [Berlin, Gebauer'sche Buchh.]

Theuß, Thdr., Handbuch des gesammten Gartenbaues nach monatlichen Verrichtungen. Eine vollständ. Anweisung zur Erziehung u. Behandlung aller Küchengewächse, Obstbäume, des Weinstocks, Hopfens u. aller Blumen u. Zierpflanzen. 3. Aufl. Neu bearb. u. hrsg. von L. Krause. gr. 8. (350 S.) Berlin 850, Gebauer. 1 Rthl. 9 Ngr.

— Handbuch f. Gartenbesitzer, die keine gelernten Gärtner sind, od. Anweis., wie man einen Gemüse-Garten mit Vortheil behandeln soll. 8. Gotha 803. Ettinger. 18 gr.

— Handb. f. Gartenbesitzer, d. keine gelernten Gärtner sind, od. Anweis., wie man e. Gemüse-Garten mit Vortheil behandeln soll. Nebst e. Anh. v. d. Behandl. einiger Blumen. 8. Gotha, 1803. (Halle, Heymann.) — 22½

Theuss, Theodor: „Theoretisch-praktisches Handwörterbuch der gesammten Landwirthschaft oder Anweisung zur Kenntniss, Behandlung und Benutzung aller landwirthschaftlichen Gegenstände", 2 Teile, Göttingen 1808, 1809 (Röwer).

— vollständ. theoret.-prakt. Handwörterbuch d. gesammten Landwirthschaft, od. Anweis. z. Kenntniss, Behandlung u. Benutzung d. Feld- u. Gartenbaues, u. überhaupt aller landwirthschaftl. Gegenstände etc. 2 Thle. Mit Kpf. gr. 8. Göttingen, 1808 u. 9. (Vandenhoeck u. Ruprecht.) 5. —

— theoretisch-praktisches Handwörterbuch d. gesammten Landwirthschaft, od. Anweisung z. Kenntniß, Behandlung u. Benutzung all. landwirthschaftl. Gegenstände. 6 Bde. neu bearbeitet von Thomann, mit K. gr. 8. Grätz, Ferstl. 814.

— d. Obstbaumzucht nach theoret. u. prakt. Grundsätzen. gr. 8. Halle, 1804. Gebauer. (Berlin, Streerath u. C.) 1. 7½

Theußl, Jos., die Äbtissinnen zu Göß. D. Chronisten-bericht üb. sie ergänzt u. erläutert. 1. Thl. bis 1602. [Aus: „Gaben d. kathol. Preßvereines in der Diöcese Seckau".] gr. 8. (127 S. m. 1 Abb.) Graz 897. (Leoben, L. Lana.) n. 1. 50

Theutomal, Hermann's und Thusneldens Sohn. Trauerspiel. Kassel 1771. V: *Casparson, Wilhelm Johann Christian Gustav.* (Ky)

THEVENON, Der, oder Sommertage auf dem Gebürge, in moralischen Erzählungen Bertrands. Leipzig, Weygand, 1778. 8°. (1 fl. 20 xr.)
Cat. Monath. IV. Nürnb. 1785. 8°. p. 187. — Selten!

Thevenot, Schwimmkunst ꝛc., s. M. Roger, Schwimmmeister.

Thévenot, Gaston [aus Frankfurt a. Main]: Ueber einige neue Borverbindungen der aromatischen Reihe ... Rostock, C. Boldt'sche Hof-Buchdr., 1894; 39 S. 8.
Rostock, Phil. Fak., Inaug.-Diss. v. [2. Juli] 1894

Thévenot, Caroline, Taunusmärchen. 8. (167 S.) Frankfurt a/M. 895. Gebr. Knauer. n. 2.—; geb. in Leinw. n. 3.—

Theveny, J. J., s. der Friedensbote.

Theveny, Wilhelm

Theveny, Guil. (geb. Hamburg 1796): De blepharoblennorrhoea infantum recens natorum. Berolini (1820). (53 S.) 8°
Berlin, Med. Diss. v. 9. Jan. 1821

Diktate in Aufsatzform nebst methodischen Erläuterungen. Für Volksschulen u. d. unteren Klassen höh. Lehranst. Von Heinrich Thevissen, Reallehrer. *Paderborn: F. Schöningh 1900.* (69 S.) 8° [F.] [01. 3357

Sammlung von geschichtl. Lehrstoffen für die Mittelstufe der Volksschule sowie f. untere u. mittl. Klassen von Mittelschulen u. höh. Mädchenschulen. Von Heinrich **Thevissen**, Lehrer. T. 1. Lebensbilder d. Hohenzollernkaiser. [Mehr nicht erschienen.] Düren: W. Solinus (1901). (146 S.) 8° [F.]
[Umschlagt.:] Vorbereitender Unterricht z. Geschichte u. Geschichts-Unterricht auf d. Mittelstufe d. Volksschule ... von H. Thevissen. [07. 1978

— vorbereitender Unterricht zur Geschichte u. Geschichts-Unterricht auf der Mittelstufe der Volksschule, sowie in unteren u. mittleren Klassen v. Mittelschulen u. höheren Mädchenschulen. Methodisch u. in e. „Sammlg. v. Lehrstoffen" praktisch dargestellt. 8. (178 S. m. Abbildgn.) Ebd. (901). Kart. n. 1. —

Katalog der reichhaltigen, nachgelassenen Kunst-Sammlung des Herrn Karl **Thewalt** in Köln, Bürgerm. a. D. ... Versteig. zu Köln Nov. 1903 ... (Vorr.: O[tto] v. Falke, Dir. zu Köln.) *Köln: (M. Lempertz) 1903.* (VIII, 156 S.) 2° [04. 9290 b

Thewalt, P., s. Jahrbücher, medicinische, für das Herzogthum Nassau.

Thewalt, Peter: Über Cranio-Rhachisschisis nebst Mittheilung eines seltenen FAlles dieser Missbildung. ... Würzburg: Becker's Univ.-Buchdr., 1889. 28 S. 8°
Würzburg, Med. Fak., Inaug.-Diss. v. 1889

Thewissen, Franz, a. Niederkrüchten in Preußen: Goethes Einfluß auf Immermanns Romane und Novellen. Marburg a. L. 1907: H. Bauer. (65 S.) 8°
Marburg, Phil. Fak., Ref. Elster, Diss. v. 25. Sept. 1907
[Geb. 19. Sept. 82 Buscherhausen b. Niederkrüchten; Wohnort: Buscherhausen; Staatsangeh.: Preußen; Vorbildung: Gymn. Neuß Reife O. 02; Studium: Heidelberg 1, Würzburg 4, Marburg 5 S.; Rig. 26. Juni 07.]

Thewrewk, Arpád v., s.: Török, Arpád v.

Thewrewk de Ponor, Emil, s.: Codex Festi Farnesianus.

Thews, Karl, Arzt: Ueber die strafrechtliche Verantwortung des Arztes. *Königsberg i. Pr. 1904: O. Kümmel.* (52 S.) 8° Königsberg, Med. Diss. v. 27. Mai 1904.

Theyer, Das Wiener Bürgerhaus. Separatabdruck aus der Serie „Wiener Patricier" in Stiböck's Monatschrift „Alt-Wien". Vermehrt durch Beiträge aus dem Archiv der Familie. Den Gönnern und Freunden des Hauses gewidmet von Theodor Theyer. (Mit 12 Abbildungen.) Fol. (Wien 1902.)

Theyer, L., Villa am Berge, s.: Villa, die deutsche.

Theyer, Leop., Ulm, s. Renaissance, deutsche.

Theyer, P. N., üb. die Ansprüche der Notarien in den ehemal. französ. Departements des linken Rheinufers in Hinsicht auf ihre künft. Verfassung. 8. Mainz 817. Kupferberg. 4 gr.

Theyer, P. N., Archiv f. d. Notariat. 2 Bde. 6 Hefte. 8. Mainz, Kupferberg. 810. (d. Bd. 1 Rthlr. 8 gr.)

Theyer, Archiv f. das Notariat. 3r u. 4r Bd. u. 5r Bd. 1s Heft. jeder Band 3 Hefte. 8. Mainz, Kupferberg. 811—13. (der Bd. à 1 Rthlr. 8 gr. 5r Bd. 1s 12 gr.)

—die Maire u. ihre Adjunkte als gerichtl. Polizeibeamten u. Polizeirichter betrachtet; Versuch eines Handbuchs für diese Beamten. 8. Mainz 811. Kupferberg. 22 gr. Weis Druckp. 1 ß 2 gr.

— die Walres n. ihre Adjnnkten als gerichtl. Polizeibeamten u. Polizeirichter betrachtet; Versuch eines Handbuchs f. diese Beamten. 8. Ebrnd. 811. weiß Druckp.

—üb. die Notariatskammern. (Aus d. Archiv f. das Notariat besond. abgedr.) 8. Mainz 811. Kupferberg. 9 gr.

— Taschenbuch f. die Notarien der mit Frankreich vereinigten Departementen. gr. 12. Ebend 813.

Ein Wort der Warnung, gesprochen bei Gelegenheit der Aufhebung der L.·. der vereinigten Freunde an der Nahe und am Rhein zu Kreuznach vom B.·. P. N. Th[eye]r am 29sten Okt. 1814. Kreuznach [1814]: Pfeiffer. 8 S. 8⁰
[7] in: Sammlung v. Freimaurer-Reden geh. zu Kreuznach. 1829.
Kl. 1182.

Theyer, Das Wiener Bürgerhaus. Separatabdruck aus der Serie „Wiener Patricier" in Stiböck's Monatschrift „Alt-Wien". Vermehrt durch Beiträge aus dem Archiv der Familie. Den Gönnern und Freunden des Hauses gewidmet von Theodor Theyer. (Mit 12 Abbildungen.) Fol. (Wien 1902.)

Theysohn, P. D., Die Grundursache des Arbeitsmangels, der zunehmenden Verarmung und des Verderbens der Europäer. Beantwortung der von der Gesellschaft des Ackerbaues, des Handels, der Wissenschaft u. Künste in Châlons s. M. aufgestellten Preisfrage: „L'abaissement de nos tarifs de douane, soit de protection, soit d'impôt et la suppression des prohibitions, sont-ils utiles à l'agriculture, à l'industrie et aux classes ouvrières de France?" 8⁰. Zweibrücken 1848.

Thiard, Jh., s. Adolph u. Johanne.

Thiard, Jh., das Bild ächter Liebe, oder die Stiefmutter; ein Original-Lstspl. in 5 Aufz. — Mirtas und Mirza, oder der unerwartete Fall; ein Schspl. in 1 Aufz. — Jakob Splin, od. d. vernünftige Narr; Lstspl. in 1 Aufz. 8. Grätz 798. Ferstl. 8 gr.

Thiard, Joh., s. Magnetismus, Der.

Thibaudeau, Antoine Claire, Graf

Thibaudeau (ehemal. Mitglied d. Staatsraths), Geheime Denkwürdigkeiten über Napoleon u. den Hof der Tuillerien (sic!) in den Jahren 1799—1804. (Aus d. Französ.) Stuttgart, bei Gebr. Franckh. 1827. Gr. 8⁰.
Tit., 1 Bl. Vorr., 432 SS., u. 1 Bl. Inh.

Thibaudeau, ..., geheime Denkwürdigkeiten üb. Napoleon u. d. Hof d. Tuillerien in d. J. 1799 bis 1804. gr. 8. Stuttg. 827. (Brodhag). 2 ß

Thibaudeau, **(Ant. Claire,) Histoire générale de Napoleon Bonaparte, de sa vie privé et publique, de sa carrière politique et militaire, de son gouvernement et de son administration.** Tom. I., II., IV. et V. gr. in-8. Paris. Stuttgart, Cotta. [I. et IV. (56 B.) 827. 3 Thlr. 12 Gr., II. et V. (62 B.) 828. 4 Thlr.]
Tom. I. et IV. Guerre d'Italie. II Ts. — II. et V. Guerre d'Egypte. II Ts.
Tom. III. wird noch erwartet.

——, Napoleon Bonaparte, dargest. in e. umfassenden Geschichte seines öffentl. u. Privat-Lebens, seiner polit. u. militär. Laufbahn, seiner Regierung u. sein. Administration. 2., 4—6. Bd. gr. 8. Stuttgart, Cotta. [2., 4. (62½ B.) 827. à 18 Gr., 5. (34½ B.) 828. 20 Gr., 6. (30⅓ B.) 830. 1 Thlr.]
1. Bd. Ebendas. 1827. 18 Gr.
Der 3. Bd. wird noch erwartet.

— Napoleon Bonaparte, dargestellt in seiner umfassenden Geschichte seines öffentl. u. Privatlebens, seiner polit. u. militär. Laufbahn rc. 1r, 2r, 4r, 5r, 6r Bd. (6r Bd. A. u. d. T.: Consulat. 1r Thl.) gr. 8. Stuttg. 827—30. a. Cotta. 4 ß 2 gr. (3r Bd. ist noch nicht erschienen).

Thibault, B., s. K. R. Ribaupierre, Handbuch.

Thibault, J. T., Anwendung d. Linien-Perspective auf d. zeichn. Kuenste. Hrsg. v. Chapuis. Uebers. v. Albr. Reindel. (4 Lfgn.) Roy.-4. (20½ B. u. 54 Kpfrt. incl. Ttl.) Nürnberg 833, 34, Schrag.

—— (dass. Werk u. d. T.:) die Linear-Perspective, angewendet auf d. zeichn. Künste. Hrsg. v. Chapuis. A. d. Franz. übers. gr. 8. (15¼ B. u. 54 Stnt. kl. Fol.) Frankfurt a. M. 833, (Varrentrapp.) 9 Thlr. 3 Gr., hrbgs. Pr.

Thibault, J. T., die Linear-Perspective angewendet auf d. zeichn. Künste, hrsg. v. Chapuis. A. d. Franz. übers. Neue wohlf. Ausg. gr.8. (15¼ B. u. 54 Kpfrt. incl. Tit.) kl. Fol. Frankfurt a. M. 840, [Varrentrapp's Verl.] •

—— Linien-Perspective, deutsch hrsg. v. Alb. Reindel. gr. 8. (13 B. u. 54 Kpfrt., kl. Fol.) Wohlf. Ausg. Nürnberg 841, [Schrag, Vrlsh.]

Thibault, Jacques-Anatole = France, Anatole [Autorname].

Thibaut, ..., (Dechant u. Pfarrer), 7 Predigten f. die heil. Fastenzeit u. Ostern... Augsb. 831. Schlosser. 3 Gr

Thibaut, Messire, li romanz de la poire. Erotisch-allegor. Gedicht aus dem XIII. Jahrh., nach den Handschriften der Bibl. nat. zu Paris zum ersten Male hrsg. v. Frdr. Stehlich. gr.8. (III, 136 S.) Halle 881. Niemeyer. n. 4. —

Thibaut, Anton Friedrich Justus

Thibaut, Ant. Fr. Just., civilistische Abhandl. gr. 8. Heidelb. 814. Mohr. 2 Thlr 12 Gr

Thibaut, Ant. Friedr. Just.: Civilistische Abhandlungen. Heidelberg 1814.

1. Ueber d. Interdictum de glande legenda.
2. Ueber d. Röm. Habitatio, u. den partus ancillae.
3. Ueber d. Zurückbehalten unnützer Real-Servituten.
4. Ueber d. Verpflichtung des Schenkers z. Evictions-Leistung.
5. Ueber den Grundsatz: nemo pro parte testatus, pro parte intestatus decedere potest.
6. Ueber d. Verhältniß d. einzelnen Theile d. Röm. Rechts.
7. Ueber d. Verhältniß besonderer Sätze d. älteren Rechts zu neuen Regeln.
8. Ueber d. Aedilen u. d. ädilitische Edict
9. Grundzüge einer vollständ. Darstellung d. Lehre v. d. Concurrenz d. Civil-Klagen.
10. Ueber d. Arten d. Corpus Juris Romani zu allegiren.
11. Ueber d. Natur d. Rechte des Emphyteuta.
12. Ueber d. Beschaffenheit u. d. heutigen Gebrauch der fiduciaria tutela.
13. Ueber Pfand-Separatisten.
14. Ueber d. Zulässigkeit d. Rückforderung eines, für e. Nichtschuld bestellten Pfandes.
15. Ueber d. possessio des beschenkten Ehegatten.
16. Ueber d. Verhältniß u. d. Rechte neuer u. alter Gläubiger bey einer abermaligen Verarmung d. Gemeinschuldners.
17. Beyträge zu der Lehre von den Bedingungen.
18. Ueber d. rechtl. Grundsätze bey Vertheilung d. Gemeindesachen.
19. Ueber d. Nothwendigkeit eines allgemeinen bürgerl. Rechts. (2. verm. Aufl.)
20. Ueber d. Vereinbarlichkeit d. actio negotiorum gestorum d. Geschäftsführers mit einem demselben von einem Dritten gegebenen Auftrage.

— civilistische Abhandlungen (Neuer Abdruck.) gr. 8. Heidelb. 814, Mohr.

Thibaut, Anton Friedrich Justus, s. Archiv f. civilistische Praxis.

THIBAUT, A[NT.] F[RIEDR.] J[UST.], Beyträge zur Critik der Feuerbachischen Theorie über die Grundbegriffe des peinlichen Rechts. Hamburg. 1802. Perthes.

— üb. Besitz u. Verjährung. 8. Jena 802. Mauke. 16 Gr

Thibaut, Anton Friedrich Justus. Ein Brief A' F' J' Thibauts aus dem Jahre 1832. Mitgeteilt von Alfred Stern [Zürich]. (Sonderabdruck aus der Zeitschrift für die Geschichte des Oberrheins... N. F. Band *18*, Heft *3*, *1903*.) II S. + S. 451—457. 8. (Heidelberg, Carl Winter.)

Thibaut, Anton Friedrich Justus, s. Cuper: Observationes ...

— jurist. Encyklopädie u. Methodologie, zum eignen Studio f. Anfänger u. zum Gebrauch akadem. Vorlesungen entworfen. gr. 8. Altona 797. Hammerich. 16 Gr

THIBAUT, A[NT.] F[RIEDR.] J[UST.], Erklärung der L. 22 § ult. und der L. 23 Digest. de pignorat. actione nebst einer Anzeige seiner Vorlesungen. Kiel. 1796. P.

Thibaut, And. Fr. Justus Jur. V, 562/[a]

Dissertatio inauguralis de genuina iuris personarum et rerum indole, veroque huius divisionis pretio. Kiel 1796. 148 S. 34319

— de genuina iuris personarum et rerum indole, veroque huius divisionis pretio. 8. maj. Kiel. (Hammerich in Altona, auch Göthe in Lpz.) 796.

Thibaut's, Ant. Fr. Just., juristischer Nachlaß. Herausgeg. v. Carl Jul. Guyet. 1. Bd. Code Napoleon. — A. u. d. T.: Lehrbuch des französ. Civilrechtes in steter Vergleichung mit dem römischen Civilrecht. gr. 8. Berlin 841, Duncker u. Humblot. n. $1^5/_6$ Thlr — 2. Bd. A. u. d. T.: Lehrbuch der Geschichte u. Institutionen des römischen Rechtes. Hermeneutik u. Kritik des römischen Rechtes. gr. 8. Ebend. 842. n. $2^1/_2$ Thlr (1. 2: n. $4^1/_3$ Thlr)

— üb. die Nothwendigkeit eines allgemeinen bürgerl. Rechts f. Deutschland. 8. Heidelb. 814. Mohr. 8 Gr

—— üb. d. Nothwendigkeit e. allgem. bürgerl. Rechts f. Deutschland. Neue Ausg. Abgedr. nach der in den civilist. Abhandln. d. Verf. als XIX. Abhandl. viel verm. zweiten Bearbeit. dies. Schrift. Nebst Zugabe d. darauf Bezug habenden Recensionen d. Verf. aus d. Heidelb. Jahrb. d. Liter. d. J. 1814., 15. u. 16. gr. 8. (8 B.) Heidelberg 840, J. C. B. Mohr.

—— üb. d. sogen. histor. u. nicht-histor. Rechtsschule. gr. 8. (2½ B.) Heidelberg 838, J. C. B. Mohr
Aus: Archiv f. civilist. Praxis, 21. Bd. 3. Hft., besond. abgedruckt.

Thibaut, Ant. Friedr. Just. Ueber Reinheit der Tonkunst. 2. Ausgabe. Heidelberg 1826.

Thibaut, Ant. Frdr. Just., († d. 28. März 1840), üb. Reinheit der Tonkunst. 3. verm. Ausg. Mit einem Vorwort v. K. Bähr. 8. (XXVIII u. 230 S. m. 1 lith. Portrait.) Heidelberg 851, J. C. B. Mohr. n. 1 Thlr

Thibaut, Ant. Friedr. Just., über Reinheit der Tonkunst. 4. verm. Ausg. Mit einem Vorwort von K. Bähr. Heidelberg 861. J. C. B. Mohr. 8. (XXIX, 218 S. u. 1 lith. Taf.) n. 1 Thlr 5 ngr.

Thibaut, Ant. Frdr. Just., üb. Reinheit der Tonkunst. 5. Ausg. Mit e. Vorwort v. K. Ch. W. F. Bähr. gr. 16. (XXV, 214 S.) Heidelberg 874. J. C. B. Mohr. n. 1. —; feine Ausg. m. Portr. d. Verf. (in Lichtdr.) geb. n. 3. 50; geb. m. Goldschn. n. 3. 80

Thibaut, Ant. Frdr. Just., über Reinheit der Tonkunst. 5. Ausg. gr. 16. (XXIV, 215 S.) [Tübingen 879.] Freiburg i. Br., Mohr. *
Feine Ausg. geb. *

Thibaut, Ant. Frdr. Just., üb. Reinheit der Tonkunst. 6. Ausg. Mit e. Vorwort v. K. Ch. W. F. Bähr. 8. (XXV, 214 S.) Freiburg i/Br. 884. Mohr. n. 2. —

Thibaut, Ant. Frdr. Just., üb. Reinheit der Tonkunst. 7. Ausg. Mit dem Vorwort v. K. Ch. W. F. Bähr zur 3. Ausg. gr. 8. (XV, 100 S.) Freiburg i/B. 893. J. C. B. Mohr. n. 1. —; geb. n. 1. 80

Thibaut, Ant. Frdr. Just., über Reinheit der Tonkunst. Neueste, den Text der 1. u. 2. Ausg. enth. Aufl. Durch e. Biographie Thibauts sowie zahlr. Erläutergn. u. Zusätze verm. v. Raim. Heuler. Mit Portr. Thibauts u. e. Musikbeilage. (V, LXXXVIII, 120, 90 u. 2 S.) gr. 8. Paderborn 907. F. Schöningh. 3. 40

Thibaut, Ant. Friedr. Just.: System des Pandekten-Rechts. Jena. 3 Bde
Bd 1. 2. 1803.
„ 3. 2. Aufl. 1805.

— 2. Aufl. Bd 1—3. 1805.

— 4. Aufl. Bd 1—3. 1814.

— System des Pandektenrechts. 2 Bde. gr. 8. Jena 803. 2e Aufl. ... 3e Aufl. 3 Bde. 809 Mauke 3 ℛ 16 gr 6e A. 822. 7e verm. u. verb. Ausg. 2 Bde. gr. 8. Jena 828. Mauke. 3 ℛ 12 gr Schrbp. 4 ℛ

Thibaut, A. F. J., System des Pandektenrechts. 3 Bde. 5te Ausgabe. gr. 8. Jena, Mauke. 818.

Thibaut, Ant. F. Just.: System d. Pandektenrechts. *Jena*, Mauke. (1—4e A. 3 Bde. 803—14. 5e A. 818. 6e A. 823. 7e A. 2 Bde. 828.) 8e A. 834. 2 Bde. 8. (3 Thl. 16 Gr.)

Thibaut, Ant. Friedr. Just., System d. Pandekten-Rechts. 2 Bde. 8., verb. Ausg. gr. 8. (59½ B.) Jena 834, Mauke.

Thibaut, Ant. Fr. Just., System des Pandekten-Rechts. 9. Ausg. nach des Verf. Tode besorgt durch Alex. v. Buchholtz. 2 Bde. gr. 8. (57¾ B.) Jena 846, Mauke. Thlr.

Thibaut, Ant. Fr. Just.: Theorie d. logischen Auslegung d. Röm. Rechts. *Altona*, Hammerich. (799) 806. 8. (16 Gr.)

— Theorie der logischen Auslegung des röm. Rechts. gr. 8. Altona 799. 2e A. 807. Hammerich. 16 gr

Thibaut, Ant. F. Just.: Versuche üb. einz. Theile d. Theorie d. Rechts. *Jena*, Mauke. 1—2r Th. (798—801.) 2e verm. A. 817. 8. (2 Thl. 12 Gr.)

Thibaut, Bernhard Friedrich

Thibaut, Bhrd. Fr., († d. 3. Nov. 1832.) Grundriß der allgemeinen Arithmetik, od. Analysis z. Gebrauch bei Vorlesungen. 1r Thl. gr. 8. Götting. 809. Dieterich. 1 ℛ 16 gr 2e Aufl. gr. 8. Ebd. 830. 2 ℛ

Thibaut, B. Fr., Grundriß der allgem. Arithmetik, od. Analysis zum Gebrauch b. Vorles. gr. 8. Götting. Dieterich. 810.

Thibaut, Bernh. Friedr., Grundriß d. allgem. Arithmetik od. Analysis, zum Gebr. bey academ. Vorlesn. 1. Thl. 2., neu bearb. Aufl. gr. 8. (26 B.) Göttingen 830, Dieterich.

— Grundriß der reinen Mathematik. Mit 4 Kpf. gr. 8. Götting. 801. 2e Aufl. mit 5 Kpf. 809. Vandenhöck u. R. 1 ℛ 20 gr 3e Aufl. mit 5 Kpf. gr. 8. Ebd. 819. 2 ℛ 4e verb. Aufl. mit 5 Kpf. gr. 8. Ebd. 824. 2 ℛ 5e neu bearb. Aufl. mit 4 Kpft. gr. 8. Ebd. 831. Vandenhöck u. R. 2 ℛ 8 gr

Grundriß der reinen Mathematik zum Gebrauch bey academischen Vorlesungen abgefasst von Bernhard Friedrich Thibaut. 2., verb. Aufl. Göttingen: Vandenhoek & Ruprecht 1809. X,448 S. 8°

——— „Grundriss der reinen Mathematik, zu Vorlesungen", Göttingen 1818 (Vandenhök & R.).

Grundriß der reinen Mathematik zum Gebrauch bey academischen Vorlesungen abgefasst von B[ernhard] F[riedrich] Thibaut. 4., verb. Aufl. Göttingen: Vandenhoek & Ruprecht 1822. XIV,483 S. 8°

—— Grundriß d. reinen Mathematik, zum Gebr. bey academ. Vorlesn. 5., neu bearb. Aufl. gr. 8. (33¼ B. u. 4 Stnt. gr. 4.) Göttingen 831, Vandenhoeck u. Ruprecht.

— Diss. inaug. phil. historiam controversiae circa numerorum negativorum et impossibilium logarithmos sistens. 4. Götting. 797. Dieterich. 2 gr

Thibaut, B. F. Dissertatio sistens problematis combinatorii solutionem. Gottingae 1802. 4.

Thibaut, G[eorge]: Astronomie, Astrologie und Mathematik. Strassburg: K. J. Trübner 1899. (80 S.) 4° (8°)
= Grundriss der indo-arischen Philologie u. Altertumskunde. Bd 3, H. 9.

Thibaut, G., s. Jatâpatala, das.

Thibaut, Karl, s. Frz. Lieber, Erinnerungen.

Thibaut, M. A., nouveau dictionnaire français-hongrois et hongrois-français d'après le nouveau dictionnaire. 2 Tomes. gr. 16. (432 u. 396 S.) Budapest 873. (Leipzig, Hässel.) geb. n. 6. —

Thibaut, M. A., ein erdichteter Name, (ehemals J. G. Haas). Dictionnaire de Poche. Vollständ. deutsch-französ. u. französ.-deutsches Taschenwörterbuch. gr. 4. Leipz. 810. 4e Aufl. Verbess. v. (Le Roux la Serre). gr. 12. Ebd. 825. 5e Aufl. 830. Melzer, (Kaysers Buchh.) 2 ℛ

Thibaut, (M. A., ps.) Dictionnaire de Poche. Vollst. deutsch-französ. u. französ.-deutsches Taschenwörterbuch. 4e Aufl. Verbess. v. (Le Roux la Serre,) gr. 8. Leipzig 825, Melzer. (Cnobloch.)

Thibaut, M. A., (fingirt. Name,) nouv. Dictionnaire de poche, s. Dictionnaire.

Thibaut, M. A., nouveau Dictionnaire de poche, Français-Allemand et Allemand-Français. — Vollständiges Deutsch-Französisches u. Französisch-Deutsches Taschenwörterbuch. 6e, auf's neue revidirte Aufl. 8. Leipzig 835. Melzer. br. 2 ℛ Fein Pap. 2½ ℛ — 7e Aufl. 838. 2 ℛ Fein Pap. 2½ ℛ

Thibaut, M. A., nouveau dictionnaire de poche, français-allemand et allemand-français. — Vollständ. deutsch-franz. u. franz.-deutsches Taschenwörterbuch. 6. u. 7. aufs neue revid. Aufl. 8. (à 63 B.) Leipzig 835, 38. [Braunschweig, Westermann.] à 2 Thlr., f. Pap. Thlr.

Thibaut, M. A., nouveau dictionnaire Français-Allemand et Allemand-Français. A. u. d. T.: Vollständ. Wörterbuch der Franz. u. Deutschen Sprache. 9. Aufl. Kritisch revidirt, umgearb. u. vermehrt mit zahlreichen Redensarten u. 45000 neuen Wörtern. 2 Thle. gr. 8. (1087 S.) Braunschweig 847, Westermann. 2 ɥ — 9. édition. 5. impression, entièrement conforme à la première. 2 Bde. in 20 Lfgn. gr. 8. (1: VIII u. 592 S. 2: IV u. 592 S.) Ebd. 848. (à 3 ngr) 2 ɥ — 14 Aufl. [6. Abdr. der 9. Aufl.] 2 Thle. gr. 8. Ebd. 849. — 16. Aufl. 2 Thle. gr. 8. Ebd. 851. — 19. Aufl. Kritisch rev., umgearb. u. m. zahlreichen Redensarten verm. 2 Thle. [Französisch-Deutsch. — Deutsch-Französisch.] gr. 8. (1: X u. 618 S. 2: . . . S.) Ebd. 852. 2 ɥ

Thibaut, M. A., nouveau dictionnaire français-allemand et allemand-français. 9—18. Édit. (VIII und 1184 S.) 1847 — 51. et 19. Édition. Revue avec soin, et considérablement augmentée. 2 Vols. (Français-allemand. — Allemand-français.) — Vollständiges Wörterbuch der französischen und deutschen Sprache. Kritisch revid., umgearb. und mit zahlreichen Redensarten verm. 2 Thle. gr. 8. (I. Thl. X und 618 S.) Braunschweig 852, Westermann.

Thibaut, M. A., vollständiges Wörterbuch der Französischen und Deutschen Sprache. 20—32. Aufl. Kritisch revid., umgearb. und mit zahlreichen Redensarten verm. 2 Thle. A. u. d. T.: Nouveau dictionnaire français-allemand et allemand-français etc. 2 vols. Braunschweig 853—58. Westermann. gr. 8. (6 Bl., 618; 587 S.) 2 ɥ.

Thibaut, M. A., nouveau dictionnaire français-allemand et allemand français. 22. Édit. Revue avec soin et considérablement augmentée. 2 Vols. (Français-allemand. — Allemand-français.) — Vollständiges Wörterbuch der französischen und deutschen Sprache. 22. Aufl. 1854. und 25., kritisch revid., umgearb. und mit zahlreichen Redensarten verm. 2 Thle. (Französisch-deutsch. — Deutsch-französisch.) gr. 8. (XI und 1205 S.) Braunschweig 856, Westermann. Thlr.

Thibaut, M. A., vollständiges Wörterbuch der französischen und deutschen Sprache. — Nouveau dictionnaire français-allemand et allemand-français. — 33—45. Aufl. Kritisch revidirt, umgearb. und mit zahlreichen Redensarten verm. 2 Thle. Braunschweig 859—64. Westermann. gr. 8. (6 Bl., 1205 S.) 2 ɥ

Thibaut, M. A. vollständiges Wörterbuch der französischen Sprache. — Nouveau dictionnaire français-allemand et allemand-français. 46—58. Aufl. Kritisch revidirt, umgearb. u. mit zahlreichen Redensarten verm. 2 Thle. Braunschweig 865—70. Westermann. gr. 8. (X, 1205 S.) 2 ɥ

— vollständiges Wörterbuch der französischen u. deutschen Sprache. — Nouveau dictionnaire français-allemand et allemand-français. 60. Aufl. Vollständig umgearb., u. m. zahlreichen Redensarten verm. 2 Thle. Lex.-8. (VIII, 490 u. 440 S.) Braunschweig 871. Westermann. 6. —

—— vollständiges Wörterbuch der französischen und deutschen Sprache. — Nouveau dictionnaire français-allemand et allemand-français. 48.—61. Aufl. 1868—72. ℳ 6.; 62.—72. Aufl. Vollständig umgearb., und mit zahlreichen Redensarten verm. 2 Thle. Lex.-8. (VIII, 419; 440 S.) Braunschweig 872—74, Westermann.

— dasselbe. 66. Aufl. Vollständig umgearb., u. m. zahlreichen Redensarten verm. 2 Thle. Lex.-8. (VIII, 419 u. 440 S.) Ebend. 873. 7. —

Thibaut, M. A., vollständiges Wörterbuch der französischen und deutschen Sprache. — Nouveau dictionnaire français-allemand et allemand-français. 73.—91. Aufl. Vollständig umgearb. und mit zahlreichen Redensarten verm. 2 Thle. Lex.-8. (VIII, 419; 440 S.) Braunschweig 875—81, Westermann.

— — 77. Aufl. Vollständig umgearbeitet und mit zahlreichen Redensarten vermehrt. 2 Theile. (In 1 Bd.) Lex. 8. Braunschweig 1876.

Thibaut, M. A., Wörterbuch der französischen und deutschen Sprache. 2 Thle. in 1 Bd. Vollständig umgearb. nach der neuesten deutschen und französ. Orthograhie und durch zahlreiche Wörter und Redensarten vermehrt. 92.—109. Aufl. Lex.-8. (VI, 994 S.) Braunschweig 882—86, Westermann. geb. in 1 Leinwbd. *ℳ 8.; in 1 Halbfrz. *
geb. in 2 Leinwbde. *

Thibaut, M. A., Wörterbuch der französischen u. deutschen Sprache. 2 Tle. in 1 Bde. Vollständig umgearb. nach der neuesten deutschen u. französ. Orthographie u. durch zahlreiche Wörter u. Redensarten vermehrt. 100. Aufl. Lex.-8. (VI, 994 S.) Braunschweig 883. Westermann. 7. —; Einbd. n.n. 1. —

Thibaut M A, vollst. Wörterbuch d. französ. u deutschen Sprache. Braunschweig 1884

Thibaut, M. A., Wörterbuch der französischen und deutschen Sprache. 2 Thle. in 1 Bd. Vollständig umgearb. nach der neuesten deutschen und franzöf. Orthographie und durch zahlreiche Wörter und Redensarten vermehrt. 110.—118. Aufl. Lex.-8. (VI, 994 S.) Braunschweig 887—89, Westermann. geb. in Leinw. *ℳ 8.—.; in Halbfrz. *
geb. in 2 Leinwbde. *

M. A. **Thibaut**, Dictionnaire français-allemand et allemand-français. **141. éd.** Entièrement refondue par le Prof. et Dr. Henri Wüllenweber à **Berlin**. 2 tomes en 1 vol. *Brunswick: G. Westermann 1899.* 4°(8°)
[**Nebent.**:] M. A. Thibaut, Worterbuch d. französ. u. deutschen Sprache. **141.** Aufl. Vollst. umgearb. von Prof. Dr. Heinr. Wullenweber in Berlin. 2 Tle in 1 Bde.
[oo. 8577.

Thibaut, M. A., Wörterbuch der französischen u. deutschen Sprache. 143. Aufl. Vollständig umgearb. v. Heinr. Wüllenweber. 2 Tle. in e. Bde. Lex.-8. (VII, 1390 S.) Braunschweig 900. G. Westermann.
Geb. in Halbfrz. n. 10. —

Thibaut, M. A. Wörterbuch der französischen und deutschen Sprache. 147. Auflage. Vollständig umgearbeitet von Prof. Dr. Heinrich **Wüllenweber** in Berlin. Zwei Theile in einem Band.
Lex. Braunschweig 1902.
149. Auflage. (Wie vor.) Lex. Braunschweig 1904.

Thibaut, M. A., Wörterbuch der französischen u. deutschen Sprache. Neu bearb. v. Otto Kabisch. 150. Aufl. 2 Tle. in 2 Bdn. (IX, 874 u. IX, 737 S.) Lex. 8. Braunschweig 907. G. Westermann. Geb. in Halbfrz. à 7. —

Thibaut (M. A.). Wörterbuch der französischen und deutschen Sprache. Neu bearb. von **Otto Kabisch**. 150. Aufl. T. 1. 2. in 2 Bden. Braunschweig 1908.

Thibaut, A. M., Schlüssel zu dem Elementarbuch der französischen Sprache von Prof. Dr. Carl Ploetz. Enth. die französ. Uebersetzung der Uebungsstücke zum Uebersetzen aus dem Deutschen in das Französische. 8. (108 S.) Berlin 865, Mertens. *

Thibaut, A. M., Schlüssel zu dem Elementarbuch und der Schulgrammatik der französischen Sprache von Carl Ploetz. Enth. die französische Uebersetzung der Uebungsstücke zum Uebersetzen aus dem Deutschen in das Französische. Neue, durch zahlreiche Hinweisungen auf die Regeln verm. Aufl. 8. (III, 176 S.) Berlin 868, Mertens. *

Thibaut, M. A., s. Voltaire, histoire de Charles XII.

Thibaut, Rudolf, a. Tübingen: Die spezifische Wärme verschiedener Gase und Dämpfe. (Berlin 1910: Saling.) 62 S., 1 Taf. 8°
Berlin, Phil. Diss. v. 17. Sept. 1910, Ref. Nernst, Gabriel
[Geb. 14. Okt. 85 Morbach, Baden; Wohnort: Göttingen; Staatsangeh.: Baden; Vorbildung: Gymn. Tübingen Reife M. 05; Studium: Tübingen 6, Berlin 3 S.; Rig. 7. Juli 10.] [U 11. 336

Thibeau, Vict., Compendium d. Einregistrement. Vorschriften üb. Stempel, Gerichtsacte, Hypotheken- u. Staatsdomänen-Verwaltung. in Elsass-Lothringen. gr. 8. (VII, 246 S.) Strassburg 873. Seitz & Miller. n. 8. —

Thibeaudeau, Böhmen in den Jahren 1600—1621. Histor. Roman. 2 Bde. Bearb. von (Henriette) v. Montenglaut, geb. v. Cronstain. 8. (41¼ B.) Gotha 830, Hennings u. Hopf.

Thibiage, M. v., Geschichte der berühmtesten Ritterburgen u. Schlösser Frankreichs, Englands, Deutschlands, der Schweiz rc. Nebst deren Sagen, Legenden u. den Erzählungen der Heldenthaten ihrer Besitzer. Deutsch von Ludw. Hain. 2 Bde. 8. (27½ B.) Merseburg 846, Garcke.

Thibott, mystères de la croix. 8. Berne, Soc. Typograph. 792.

Thiboust, L., et Clairville, la corde sensible, s. Répertoire du théâtre français.

—— et Siraudin, les femmes, qui pleurent, s. Siraudin.

—— und Decourcelle, Ich esse bei meiner Mutter, s. Bühnen-Repertoir des Auslandes, von L. W. Both.

Thiboust, L., ich esse bei meiner Mutter, s. Universal-Bibliothek Nr. 847.

Thiboust, L., ich speise bei meiner Mutter, s. u. Decourcelle, A.

Thiboust, L., et A. Decourcelle, je dine chez ma mère, s. Decourcelle, A.

— Marmorherzen, s.: Barrière, Th.

Thiboust, L., u. Delacour, Paris bei Nacht, siehe: Repertoir, neuestes, des deutschen Theaters. Nr. 1.

—— et Giraudin-Delacour, la vedova dalle camelie, s. Emporeo drammatico.

Thiboust, Wenn Frauen weinen, s. Universal-Bibliothek.

Thicknesse, Phil., Reisen durch Frankreich u. Catalonien, aus dem Engl. gr. 8. Leipzig, Crusius. (F. C. W. Vogel.) 778.

Thidigk, Frz., Lebensbeschreibungen der bekanntesten Heiligen Gottes. 12. (76 u. II S.) Braunsberg 892. Huye. Kart. n. — 50

Lebensbeschreibungen der bekanntesten Heiligen Gottes von Thidigk, Rektor. 2. Aufl. *Braunsberg: E. Bender 1900.* (78, II S.) 8° [F.] [00. 4???] 10

Lebensbeschreibungen der bekanntesten Heiligen Gottes. Von [Franz] Thidigk, Rektor. 3. Aufl. *Braunsberg: E. Bender 1902.* (78, II S.) 8° [F.] [03. 8??] 10

Thidigk, Lebensbeschreibungen der bekanntesten Heiligen Gottes. 3. Aufl. 8. (76 u. II S. m. Abbildgn.) Braunsberg 902. Huye. Geb. n.n. — 50

Lebensbeschreibungen der bekanntesten Heiligen Gottes. Von [Franz] Thidigk, Rektor. 4. Aufl. Braunsberg: E. Bender 1904. (78 S.) 8° [F.] [08. ???]

Thidigk, Lebensbeschreibungen der bekanntesten Heiligen Gottes. 5. Aufl. (82 S. m. Abbildgn.) kl. 8. Braunsberg 908. E. Bender. Kart. nn — 50

Thiebach, A., Antonio, siehe: Novellen-Sammlung. 69. Bchn.

Thiébaud, Maurice. Sur la faune invertébrée du lac de St. Blaise. ⟨Travail du laboratoire de zoologie de l'Académie de Neuchâtel.⟩ ⟨Sonderabdruck aus dem «Zoologischen Anzeiger» Bd. 29. Nr. 25/26 vom 6. März 1906.⟩ S. 795—801. 8. [Leipzig, Wilhelm Engelmann.]

Thiébault, General de Memoiren aus der Zeit der franz. Revolution und des Kaiserreiches. Von ..... Bearbeitet in drei Bänden von F. Mangold, Major a. D. Mit 15 Porträts und einem Plan. (3 Bde.) 8. Stuttgart 1902

Vgl. Memoirenbibliothek.

THIEBAULT, Pedrillo de Campo. Eine komische Geschichte. Aus d. Französ. 3 Thle. M. Titelkupfer. Linz 1786. 8⁰. Selten! (2 Mk. 50 Pfg. K. W. Hiersemann, Lpz., 1905.)

Thiébault, D., de l'enseignement dans les écoles centrales. 8. Strasb. Levrault. 797.

— sur l'esprit public. 8. ibid. (a. Turneisen fils à Paris.) 798.

Thiébault, Dieudonné

Thiébault, (D.,) Frédéric le grand, sa famille, sa cour, son gouvernement, son académie, ses écoles, et ses amis généraux, philosophes et litterateurs. 4e Ausg. Mit Portr. V. Tomes. gr. 8. Paris u. Leipz. 827, Bossange Fr.

— Friedrich d. Große, seine Familie, seine Freunde u. sein Hof; od. 20 Jahre meines Aufenthaltes in Berlin. 2 Thle. gr. 8. Leipz. 828. (Lehnhold). 2 ₰ 16 ℊ Velinp. 4 ₰

Thiébault, Dieudonné, Friedrich d. Gr., seine Familie, seine Freunde u. sein Hof; od. Zwanzig Jahre meines Aufenthaltes in Berlin. 2 Thle. gr. 8. (36½ B.) Leipzig 838, [Wöller.] 2 Thlr. 16 Gr., Vlnp.

Friedrich der Große und sein Hof [Frédéric le Grand]. Persönl. Erinnerungen an e. 20jähr. Aufenthalt in Berlin von Dieudonné Thiébault. 1. deutsche Bearb. von Heinrich Conrad. In 2 Bden. Bd 1. 2. Stuttgart: R. Lutz 1901. 2 Bde 8° [F.]
= Memoirenbibliothek. [1, 12. 13.] [1.6. 1896]

Thiébault, Dieudonné, Friedrich der Große u. sein Hof. Persönliche Erinnergn. an e. 20jähr. Aufenthalt in Berlin. Erste deutsche Bearbeitg. (Memoiren-Bibliothek.) 2 Bde. gr. 8. (343 u. 368 S. m. 6 Bildnissen.) Stuttgart 901. R. Lutz. n. 9. —; geb. n.n. 11. —

Thiébault, P.

Thiebault, Doctrine cretienne en forme de prônes. VI Vols. 8. Leips. Sommer. 790. Rthlr.

Thiébault, Essai sur le style à l'usage de l'Ecole royale des jeunes Gentilshommes. 8. Berlin, Decker. (Rottmann.) 774.

— Explication litterale, dogmatique et morale de l'ancien Testament en forme de prônes. XIV. Vols. la même.

Thiebaut, N.

Thiebaut, Christenlehrprédigten über alle Gegenstände der Glaubens- und Sittenlehre, a. d. Franzöf. 6 Thle. gr. 8. Augsb. Rieger. 775. Rthlr.

Thiebaut, N. Christenlehrpredigten; a. d. Franz. Augsb. 1775. Ü: *Baratti, Edler von.* (ML)

Thiebaut, N. Homilien über die Episteln des ganzen Jahres; a. d. Franz. Augsburg 1776. Ü: *Dilg, Joh. Bapt.* (Ky)

— Homilien üb. die Episteln d. ganz. Jahres. 4 Thle. gr. 8. Ebend. 776.

— — üb. d. Evangelien auf alle Sonn- u. Festtage d. Jahres, a. d. Frz. 4 Thle. gr. 8. Ebend. 774.

Thiebaut, N. Homilien über die sonn- und festtäglichen Evangelien und Episteln, a. d. Franz. ... Augsb. 1774—76. Ü: *Dilg, Johann Baptist.* (Ky) (MGT)

Thiébaut de Bernaud, Arsenne, s. *Berneaud.*

Thiebe, H. Fr., Winke zur Beherzigung für protest. Prediger bey Kreissynoden. 8. Halle, Ruff. 817.

Thieben, E., Schafwolle u. Schafwoll-Waaren, s.: Ausstellungs-Bericht, officieller.

Thieben, Christoph, Vorbote // Eines // Teutschen // LEXICI // ETYMOLOGICI, // In welchem // Alle und jede Stamm-Wörter// Der Teutschen Sprache // untersuchet, // Auch beylaufig die mit den Teutschen // in einiger Verwandschafft stehender Wör- //ter anderer, insonderheit der Lateinischen und Grie- //chischen, Sprachen erläutert und zu ihrer // Quelle geführet werden, // Denen // Liebhabern und Beförderern // der Teutschen Haupt-Sprache // Zu dienstlicher Nachricht // zugeschicket // Von // Christoph Thieben, // J. M. M. V. C. // Breßlau, // Bey Ferdinand Gottfried Brachvogeln, Buchhändl. // Anno 1724. - 88 S.
B. S. T. 8°.711.

[F.] Biedermaiers wundersame Erlebnisse in Ravacholia. Von ihm selbst erzählt. Ein Handbüchl. f. Anarchisten u. alle, die es werden wollen. Von Alfons **Thieberg**. *Berlin: Deutsche Schriftsteller-Genoss. 1896.* (3 Bl., 191 S.) 1 Bd 8. [97. 266]

Thieberg, Alfons, **Märchen** aus d. deutschen Dichterwalde. 8. (III, 179 S.) Berlin 898. E. Cumme's Deutschverlag. n. 1. 80

[F.] Märchen aus dem Deutschen Dichterwalde. Von Alfons **Thieberg**. *Berlin: E. Cumme & C. Hinstorff 1898.* (2 Bl., 179 S.) 1 Bd 8. [98. 10819

Thieberger, Karl, aus Tomice (Galizien): Samuel von Skrzypna Twardowski. Beitrag zur Geschichte d. poln. Litteratur d. XVII. Jahrhunderts. *Breslau 1898: Th. Schatzky.* (57 S.) 8°
Breslau, Phil. Diss. v. 28. Nov. 1898

Thieck, G., der k. preuß. Deposital-Beamte. Eine systemat. Darstell. d. Asservaten- u. Deposital-Wesens bei Obergerichten u. kleinern Kollegien, als Leitfaden f. Geschäftsmänner, insbesond. f. pract. Beamte, u. die es werden wollen; nebst e. vollständ. Sachregister z. Deposital-Ordn. u. zu d. bezügl. v. Kamptz'schen Jahrbüchern, ingl. 24 Formulare üb. Deposital-Rechnungsführung u. Controlle. gr. 8. (4 B.) Naumburg 838, [Halle,] Zimmermann.

Thieck, G., der kgl. preuß. Deposital-Beamte. Eine systemat. Darstellung des Asservaten- u. Deposital-Wesens bei Obergerichten u. kleinern Collegien etc., nebst e. vollständigen Sachregister zur Deposital-Ordnung u. zu den bezügl. von Kamptz'schen Jahrbüchern, ingl. 24 Formulare über Deposital-Rechnungsführung u. Controlle. gr. 8. (4 B.) Naumburg 842, Zimmermann.

—— die allgem. Deposital-Ordnung f. d. k. preuß. Staaten, mit d. erläut., ergänz. od. abänd. hinter jedem Paragraphen in chronolog. Ordn. u. größtentheils wörtl. abgedruckten neueren Gesetzen, Verordnn. u. Rescripten. Nebst 25 Formularen, eine durchgeführte Deposital-Rechn. darstellend, u. Deposital-Gebühren- u. Zinsen-Berechnn. Mit e. alphabet. Sachregister. gr. 8. (19 B.) Leipzig 840, Bernh. Tauchnitz jun.

— s. Deposital-Ordnung für die k. Preuß. Staaten.

Thiede [Schlagwort]

Thiede, s.: **Braunschweig.** Landeskarte.

Thiede, Emil, a. Kl. Schwarzsee: Studien über daz Buoch von Troja I—II. Greifswald 1906: F. W. Kunike. (96 S.) 8°
Greifswald, Phil. Fak., Ref. Reifferscheid, Diss. v. 12. April 1906
[Geb. 20. Aug. 81 Janikow, Rgb. Köslin; Wohnort: Klein-Schwarzsee, Pommern; Staatsangeh.: Preußen; Vorbildung: Gymn. Dramburg Reife O. 01; Studium: Halle 4, Greifswald 5 S.; Rig. 18. Dez. 05.]

Thiede, Herm., der Bauernpastor. Ein Ernstspiel in 5 Aufzügen. (III, 105 S.) 8. Dresden (907). E. Pierson. 1.50

Richtiges Deutsch in Schule und Haus. Im Kampfe mit d. Berliner Dialekte. Von H[ermann] **Thiede**, Rektor. Leipzig: J. Klinkhardt 1907. (48 S.) 8° [Umschlagt. F.] [07. 9423

— **Sprachbuch** f. die Gemeindeschulen Groß-Berlins zur Pflege der Umgangssprache. (61 S.) gr. 8. Ebd. 910. 1. —

Thiede, Joh(annes): Die Begriffe der Funktion und des Differentialquotienten in der Gymnasialprima. Köslin 1909: Hendess. 32 S. 4°
Köslin, k. G OP 1909 (199) [S 09. 470

Thiede, Johannes, Prof. Dr.: Eine von der Naturerkenntnis ausgehende propädeutische Behandlung der Philosophie in der Schule. Köslin 1904: C. G. Hendess. (35 S.) 8°
Köslin, k. G OP 1904 (165)

Thiede, Johs. Einführung in die mathematische Geographie u. Himmelskunde. Für den Unterricht an höheren Lehranstalten bearb. Mit 35 Fig. im Text u. e. Sternkarte. gr. 8. (V, 62 S.) Freib. i. Br. 890, Herder. * — 80

Thiede, Carl Gottfr., der praktische Bienenzüchter oder Wegweiser, die Bienenzucht in jeder Gegend zu heben u. naturgemäß zu betreiben. Nebst Angabe der bei den Bienen in jedem Monate vorkommenden Beschäftigungen. 8. (6½ B. u. 1 Taf. Abbild.) Jüterbog 845, Colditz.

—— das Ganze des Seidenbaues oder Anleitung zur Maulbeerbaumzucht u. zum Seidenbau in Deutschland. Kurz u. faßlich bearb. Mit 1 Tab. (Fol.) u. 2 Taf. Abbild. (4.) Jüterbog 845, Colditz.

Thiede, M., der Kinder Klapperstorch. Ein Buch f. Erwachsene u. die reifere Jugend. (43 S.) 8. Leipzig 908. Modernes Verlagsbureau. 1. —

Thiede, Maria, Jung-Siegfried. Ein Vorgang aus der deutschen Götter- u. Heldensage f. die Jugend u. das Volk. (III, 77 S.) 8. Dresden 904. E. Pierson. n. 1. —

Thiede, Max (geb. Konitz 28 [illegible] 1852): Ueber die Aetiologie der Geburtsblutungen. Berlin (1875) (31 S.) 8°
Berlin, Med. Diss. v. [illegible] Aug. 1875

Thiede, Philipp Augustus (geb. Berlin 1816): De diebus criticis Hippocratis. Berolini (1839) (45 S.) 8°
Berlin, Med. Diss. v. 27. Sept. 1839

Thiede, R., Lehrstoff f. d. Turnunterricht, s.: **Bohn,** O.

Thiede, Rich., s.: **Heinrich,** Frank.

Thiede, Walter: Ein Fall von Perforation der steinhaltigen Gallenblase in die freie Bauchhöhle. Greifswald (1910): Adler. 37 S. 8°
Greifswald, Med. Diss. v. 17. Aug. 1910, Ref. Payr
[Geb. 17. März 85 Greifswald; Wohnort: Greifswald; Staatsangeh.: Preußen; Vorbildung: Gymn. Greifswald Reife O. 04; Studium: Tübingen 3, Greifswald 7 S.; Coll. 9. Juli 09; Approb. 1. Juli 10.] [U 11. 1660

Thiedel, Ludwig Georg. Der Feldzug des Corps des Generals Grafen L. von Wallmoden-Gimborn an der Nieder-Elbe und in Belgien ... Altenburg 1848. H: *Pierer, Heinrich August.* (BrMm)

Thiedemann, Johann Jakob

Thiedemann, J. J., Mittheilungen aus d. pract. Schulleben, betreff. einige d. wichtigsten Gegenstände d. wechselseit. Schuleinrichtung. 8. (8 B. u. 7 Tab. verschied. Formats.) Flensburg 839. (Dessau, Auc.) *

Thiedemann, J. J., Mittheilungen aus dem pract. Schulleben, betreff. einige d. wicht. Gegenstände d. wechselseit. Schuleinrichtung. Mit 7 Tab. 8. Flensb. 839. (Kiel, Bünsow.) n. 1 1/6 ₰

Thiedig, Karl, Lese- u. Unterhaltungsbibliothek in gekürzter Schrift (Debattenschrift) nach dem Kürzungsverfahren nach Stolze-Schrey. Im Anschluss an die Lehrbücher des Kürzungsverfahrens hrsg. 1.—3. Bd. gr. 8. (à 32 S.) Berlin (901. 902). Frz. Schulze. à n.n. — 60

Perlen deutscher Dichtung. Ausgewählt von **Karl Thiedig** *Berlin: F. Schulze (1899).* (64 S.) 8° [Text stenogr.]
— Unterhaltungsblätter, Illustrierte Stenographische. Jg. 24. Beilage. [... 19.6

Thiedig, Karl, Perlen deutscher Dichtung. Ausgewählt v. Th. (In stenogr. Schrift.) 3. Aufl. 2 Tle. in 1 Bd. (80 u. 80 S.) kl. 8. Berlin 905. Frz. Schulze. Geb. in Leinw. m. Goldschn. n. 2. —

Perlen deutscher Dichtung. (Lyrische Gedichte.) Ausgewählt von Karl **Thiedig**. 3. Aufl. Berlin: F. Schulze [1905]. (80 S.) 8° [J. u. Ant.] [Text stenogr.] [06. 5956

Thiege, E. G., Enthüllungen des menschlichen Schicksals od. die Lehre der Chiromantie, das heisst die Vergangenheit, Gegenwart u. die Zukunft aus d. Linien u. Formationen der menschl. Hand zu bestimmen. Populär verf., m. 107 Abb. (II, 222 S.) 8. Scharachbergheim bei Molsheim i/E. (907). (Strassburg i/E., C. Bongard.) 3. —

Thiel, Denkschrift zur Jubiläums-Feier nach 25jährigem Bestehen der Bochumer Lehrer-Wittwen- u. Waisenkasse am 2. Juli 1884. [Nebst e. kurzen Rechnungsberichte pro 1883 u. e. allgemeinen Kassen-Übersicht.] gr. 8. (14 S.) Bochum 884. (Hengstenberg.) n.n. — 50

[J.] Kurzer Dienst-Unterricht für den Infanteristen '(Rekruten)' in deutscher u. poln. Sprache. '(Zugl. Leseb. f. d. poln. Sprach-Unterr. im dtsch. Heere.)' Von **Thiel**, Major [&] Dr [Stanislaus] Szenic. *Berlin: E. S. Mittler & Sohn 1896.* (1 Bl., 198 S., 2 Bl.) 1 Bd 8. [96. 8273

Thiel, Gott m. uns! Neujahr, s.: In des Königs Rock.

Thiel, Handbuch zum Vorbereitungsdienst als Gerichtsschreibergehilfe f. Militäranwärter. gr. 8. (VIII, 215 S.) Berlin 903. C. Gerstmann. n. 3. 50; kart. n. 3. 75

Thiel's Landwirthschaftliches Conversationslexikon, herausg. von K. Birnbaum u. E. Werner. Bd. 1—7. Strassburg 1877—82. 8. . . . . [illegible]

Thiel's landwirthschaftliches Konversations-Lexikon, redig. von Carl Birnbaum und H. Vogel. (In 7 Bdn.) 1.—44. Heft oder 1.—4. Bd. Lex.-8. (1175; 1127; 1147; 1147 S.) Leipzig 876—79, Thiel. à Heft * ℳ 1.; à Bd. * ℳ 11. * geb. à Bd. * ℳ 13. *

Thiel's landwirthschaftliches Konversations-Lexikon. 45.—74. (Schluß-)Heft oder 5.—7. Bd. Lex.-8. (1033; 1036; 994 S.) Leipzig 880—82, Thiel. à Heft * ℳ 1. * à Bd. * ℳ 11. * geb. à Bd. * ℳ 13. *
1.—44. Heft. Ebendas. 1876—79. à * ℳ 1.

— dass. — Hrsg. von K. Birnbaum. Neue Ausg. in 28 Viertelbdn. mit (eingedr. Holzschn.-)Portr. und Biographien. gr. 8. (VIII, 1175; 1127; 1147; 1147; 1033; 1036; 994 S.; Suppl. 223 S.) Ebendas. 882,83. à Viertelbd. * compl. * ℳ 77.; geb. *

— dasselbe. 1. Suppl.-Bd. Enth. Biographien u. Portraits berühmter Landwirthe u. hervorrag. Lehrer der Landwirthschaft, sowie Abbildgn. u. Belehrgn. üb. die wichtigsten landwirthschaftl. Maschinen u. Geräthe. gr. 8. (IV, 223 S.) Ebend. 884. n. 6. —

Thiel's landwirthschaftliches Konversations-Lexikon. Spezial-Supplementbd. 8 Lfgn. Lex.-8. (784 S.) Berlin 887. 888. Thiel. à Lfg. n. 1. —

Thiel: Kleines landwirthschaftliches Lexikon. Hrsg. von K. Birnbaum. Leipzig
Bd 1. A—Juxtabuch. 1881
Bd 2. K—Zymologie. 1882

— kleines landwirthschaftliches Lexikon. (In 2 Bdn.) 1.—10. Lfg. oder 1. Bd. gr. 8. (1158 S.) Ebendas. 879,80. à Lfg. * 80 Pf. *

— kleines landwirthschaftliches Lexikon. Hrsg. von K. Birnbaum. 11.—20. (Schluß-)Heft oder 2. Bd. Lex.-8. (1060 S.) Ebendas. 880,81. à Heft * 80 Pf. * geb. *
1.—10. Heft. Ebendas. 1879,80. à * 80 Pf.

Thiel, s.: Reallenbuch, Nicolaisches.

Thiel, ..., s. Fr. Schleiermacher, die Darstellung der Idee eines sittlichen Ganzen im Menschenleben.

Thiel, A., Auswahl von Predigten. gr. 8. (28 B.) Breslau 830, [W. G. Korn.]

Thiel, A.: Über den Zeichenunterricht an Realschulen. Tilsit. 1867.
Schul-/Univ.-Schrift

Thiel, Adolar, das wissenschaftlich-juristische Bildungswesen. I. Elementarunterricht u. Gymnasien. Berlin 869. Springer's Verl. gr. 8. (X, 150 S.) n. 1 ₰ 2 ngr.

Thiel, Adolar, das Expropriations-Recht und das Expropriations-Verfahren nach dem neuesten Standpunkt der Wissenschaft und der Praxis dargestellt. gr. 8. (VIII und 185 S.) Berlin 866, Springer's Verlag.

Thiel, Alb., praktische Konstruktion der Beinkleider f. alle Beinformen. Mit Einschluss der Kniehosen, Knickerbockers, Reitbeinkleider [Breeches], d. Damen-Reitbeinkleides, der Gamaschen u. Leggings. Zum Selbstunterricht bearb. hoch 4. (VII, 44 S. m. Abbildgn.) Leipzig 892. Exped. der Moden-Akademie. n. 5. —

— Lehrbuch f. Uniformschneider, s.: Klemm, H.

Thiel, Alb., die Zuschneidekunst f. Damenschneiderei. Prakt. Handb. z. Selbstunterricht. gr. 8. (VIII, 60 S.) M. e. Atlas, enth. 170 lith. Abb. gr. 4. (58 Taf.) Leipzig 899. B. F. Voigt. 9. —

— dasselbe f. Herrenschneider. Prakt. Handbuch zum Selbstunterr. M. 7 in d. Text gedr. Fig. u. e. besond. Atlas m. über 150 Abb. (57 Taf.) gr. 8. (X, 85 S.) Weimar 898. Ebd. 9. —

Thiel A, Zuschneidekunst für Herrenschneider. (85 S 56 T) mit Atlas. 4° (Schauplatz der Künste und Handwerke 121) Leipzig 1898

Thiel, Albert: Beitrag zur Lehre von der Entwicklung der Sarcome ... Würzburg: Becker's Univ.-Buchdr., 1894. 28 S. 8⁰
Würzburg, Med. Fak., Inaug.-Diss. v. 1894

Thiel, Alfred: Umkehrbare Elektroden zweiter Art mit gemischten Depolarisatoren. Leipzig 1900: Metzger & Wittig. (70 S.) 8⁰ (Aus: Zeitschrift f. anorgan. Chemie, Bd 24.)
Giessen, Phil. Diss. v. 1900

Chemisches Praktikum für Mediziner. Kurzer Leitfaden f. d. prakt. Einführung in d. Grundlehren d. Chemie nach neuerer Anschauung nebst analyt. Anwendungen. Von Dr. A[lfred] Thiel, Privatd., Münster. Mit 6 Fig. Münster i. W.: H. Schöningh [1906]. (XII, 126 S.) 8° [07. 5999

— Rechentafel, s.: Hoffmann, M. K., Lexikon der anorgan. Verbindungen.

Thiel, Alois, k. u. k. Hauptmann d. R. Das k. und k. Militär-Obergericht (bis 1881 allgemeines Militär-Appellationsgericht). 1803—1903. Im Auftrage des Präsidiums zusammengestellt. Als Manuskript gedruckt. 8. Wien 1903.

Thiel, Andreas

Thiel, Andr., kurzer Abriß der Kirchengeschichte für höhere Volksschulen. 8. (VII, 128 S.) Braunsberg 872, Huye. cart. *

Thiel, A., kurzer Abriß der Kirchengeschichte f. höhere Volks- u. Mittelschulen. 2. verb. u. verm. Aufl. 8. (X, 148 S.) Braunsberg 874. Huye. n. — 80

Thiel, A., kurzer Abriß der Kirchengeschichte für höhere Volks- u. Mittelschulen, Lehrerseminare u. ähnl. Anstalten. 3. verb. Aufl. gr. 16. (X, 148 S.) Braunsberg 879. Huye. n. 1. —

Thiel, A., kurzer Abriß der Kirchengeschichte f. höhere Volks- u. Mittelschulen, Lehrerseminare u. ähnliche Anstalten. 4. Aufl. 8. (X, 148 S.) Braunsberg 883. Huye. geb. n. 1. 25

Thiel, A., kurzer Abriß der Kirchengeschichte für höhere Volks- und Mittelschulen, Lehrerseminare und ähnliche Anstalten. 5. Aufl. 12. (X, 148 S.) Braunsberg 887, Huye's Buchh. geb. *

Thiel, A., kurzer Abriß der Kirchengeschichte für höhere Volks- u. Mittelschulen, Lehrerseminare u. ähnliche Anstalten. 6. Aufl. 8. (X, 148 S.) Braunsberg 890. Huye. geb. n. 1. 25

Thiel, A., kurzer Abriß der Kirchengeschichte f. höhere Volks- u. Mittelschulen, Lehrerseminare u. ähnliche Anstalten. 7. Aufl. 8. (X, 148 S.) Braunsberg 894. Huye. Geb. n. 1. 25

—— kurzer Abriß d. Kirchengeschichte f. höh. Volks- u. Mittelschulen, Lehrerseminare u. ähnl. Anstalten. 8. Aufl. 12. (X, 148 S.) Braunsberg 898. Huye. Geb. n. 1. 25

Thiel, A., kurzer Abriß der Kirchengeschichte f. höhere Volks- u. Mittelschulen, Lehrerseminare u. ähnliche Anstalten. 9. Aufl. 12. (X, 148 S.) Braunsberg 901. Huye. Geb. n. 1. 25

—— Kurzer Abriß der Kirchengeschichte f. höhere Volks- u. Mittelschulen, Lehrerseminare u. ähnliche Anstalten. 10. Aufl. (X, 147 S.) kl. 8. Braunsberg 904. E. Bender. Geb. n. 1. 25

Kurzer Abriß der Kirchengeschichte für höhere Volks- u. Mittelschulen, Lehrerseminare u. ähnl. Anstalten von Dr. A[ndreas] Thiel, Bischof von Ermland. 10. Aufl. Braunsberg: E. Bender 1906. (X, 147 S.) 8° [J.] [06. 30910

—— meine Auseinandersetzung mit den Janus-Christen. gr. 8. (56 S.) Leipzig 872, E. Peter's Verlag.

Thiel, Andreas [prakt. Arzt]: Beiträge zur Kenntniss der experimentellen Glycosurie .... Königsberg in Pr., Druck v. R. Leupold, 1887; 2 Bl. + 44 S. + 2 Bl. 8°.
Königsberg, Med. Fak., Inaug.-Diss. v. 17. März 1887.

Thiel, Andreas, Beiträge zur Kenntniss der experimentellen Glycosurie. Inaugural-Dissertation. gr. 8. (44 S.) Königsberg i. Pr. 887, (Koch's Antiqu.) **

Thiel, Andr., de decretali Gelasii papae de recipiendis et non recipiendis libris et Damasi concilio romano de explanatione fidei et canone scripturae sacrae P. Coustantii suasque animadversiones praemisit et textum secundum probatissimos codices edidit. gr. 4. (26 S.) Braunsberg 866, Peter's Verlag. *

—— Epistolae Romanorum pontificum genuinae et quae ad eos scriptae sunt. A S. Hilaro usque ad Pelagium II. ex schedis clar. Petri Constantii aliisque editis, adhibitis praestantissimis codicibus Italiae et Germaniae. Tom. I. A S. Hilaro usque ad S. Hormisdam a. 461—523. 2.—14. (Schluss-) Lfg. hoch 4. (S. 49—1018 S.) Leipzig 872, Peter's Verlag. à Lfg. * ℳ 1,50. *
1. Lfg. Ebendas. 1872. * ℳ 1,50.

— Epistolae romanorum pontificum genuinae etc., s.a. Epistolae.

[Hirtenbrief des Bischofs Andreas Thiel von Ermland.] Dat. Frauenburg d. 8. Febr. 1903. [Deutsche Ausg.] *(Braunsberg 1903: Ermländ. Zeitungs- u. Verlagsdr.)* (5 S.) 4° [03. 4551 10

[Hirtenbrief des Bischofs Andreas Thiel von Ermland.] Dat. Frauenburg d. 31. Jan. 1904. [Deutsche Ausg.] *(Braunsberg 1904: Ermländ. Zeitungs- & Verlagsdr.)* (6 S.) 4° [04. 146,8 10

[Hirtenbrief des Bischofs Andreas Thiel von Ermland.] Dat. Frombork dnia 31go stycznia 1904. [Poln. Ausg.] *(Brunsberga 1904: Drukarni Warmińskiej.)* (5 S.) 4° [04. 146,9 10

Thiel, Andr.: Nicolai Papae idea de primatu Romani pontificis explicata, dissertatio historico-canonica. 38 S. 8⁰ – Braunsberg, Progr. 1859.

— Leben d. Domdekan Dr. Anton Eichhorn [gest. den 27. Febr. 1869]. [Aus: „Erml. Zeitschrift."] gr. 8. (22 S.) Königsberg 870. (Leipzig, Peter.) n. — 50

Thiel, Andr., de Nicolao Papa I. commentationes duae historico-canonicae. gr. 8. (76 S.) Braunsberg 859, Huye. Thlr. *

Thiel, Andreas [geb. Lokau in Ostpr. 28.9.1826]: Theses theologicae ... ad licentiati in ss. theologia honores rite capessendos. Vratislaviae (1853). (2 Bl.) 8°
Breslau, Kath.-theol. Liz.-Thesen v. 19. Febr. 1853

Thiel, Andreas (Hrsg.), s. Zeitschrift f. d. Geschichte u. Alterthumskunde Ermlands.

Thiel, Aug., Iuvenalis graecissans sive de vocibis graecis apud Iuvenalem. gr. 8. (X, 152 S.) Breslau 901. Preuss & Jünger. n. 4. —

Thiel, Aug., das hochzeitliche Kleid, mit dem bekleidet wir allein vor Gott bestehen können. Predigt über das Evangelium am Dom. II p. Trin., Matth. 22, 1—14, gehalten. Breslau 866. (Dülfer.) gr. 8. (15 S.) n. 2 ngr.

Thiel, B., Repetitorium der Syntaxis. 1. Heft. Lateinische Syntax. Berlin 861. (Gaertner.) gr. 8. (31 S.) n. 3 ngr.

Thiel, Bernhard August

—— Catecismo abreviado de la doctrina cristiana. 3.—5. ed. 12. (VI, 83 S.) Ebd. 889—92. — 24; geb. * — 32

— catecismo abreviado de la doctrina cristiana. 6. ed. gr. 16. (83 S.) Freiburg i/B. 893. Herder. — 24; geb. in Halbleinw. n. — 32

— Catecismo abreviado de la doctrina cristiana. 8. ed. cuidadosamente revisada y adornada con numerosas láminas. 12. (87 S.) Ebd. 897 — 24; geb. in Halbleinw. n. — 32

Thiel, Bernardo Aug., catecismo abreviado de la doctrina cristiana. 10. ed., adornada con numerosas láminas. (Biblioteca para la enseñanza de la religión.) 12. (90 S.) Freiburg i/B. 902. Herder. Kart. n. — 32

— Catecismo abreviado de la doctrina cristiana. 12. ed., adornada con numerosas láminas. (Biblioteca para la enseñanza de la religión.) (91 S.) kl. 8. Ebd. (906). Kart. n. — 32

— Catecismo abreviado de la doctrina cristiana. 14. ed. adornada con numerosas láminas. (91 S.) kl. 8. Ebd. (909). — 24; geb. — 32

Thiel, Bernardo Augusto. Catecismo de la doctrina cristiana, precedido de un resumen de la historia de la religión desde la creación del hombre hasta nuestros días. 2.—4. ed. 12. (XI, 300 S.) Freib. i. Br. 889—92, Herder. * — 70; geb. ** — 80

Thiel, B. A., catecismo de la doctrina cristiana, precedido de un resumen de la historia de la religión desde la creación del hombre hasta nuestros días. 3. ed. 8. (XI, 300 S.) Freiburg i/Br. 890. Herder. n. — 70; geb. n.n. — 80

— Catecismo de la doctrina cristiana, precedido de un resumen de la historia de la religión desde la creación del hombre hasta nuestros días. 6. ed. 8. (XII, 323 S.) Freiburg i/B. 897. Herder. n. — 70; geb. in Halbleinw. n.n. — 80

— Catecismo de la doctrina cristiana precidido de un resumen de la historia de la religión desde la creación del hombre hasta nuestros días. (Bibliotheca para la enseñanza de la religión.) 7. ed. (XIV, 323 S.) 8. Freiburg i/B. (903). Herder. n. — 80

Thiel, Bernardo Augusto, Catecismo de la doctrina cristiana precedido de un resumen de la historia de la religión desde la creación del hombre hasta nuestros días. (Biblioteca para la enseñanza de la religión.) 8. ed. (XVII, 323 S.) 8. Freiburg i/B. (908). Herder. Kart. nn — 96

Thiel, C., & Söhne, Fabrik von rohen, verzinnten und emaillirten Blechwaaren, Militär- und Molkerei-Geräthen: Katalog. Lübeck (1900)

Thiel, C., & Söhne: Jll. Preisliste über Molkerei-Geräthe. Lübeck (1897? 1900)

Thiel, Carl Eugen, s. Thiel, Karl Eugen.

Thiel, Dominik Über den kohlensauren Kalk. 24 S. 8. *Komotau* 1880. Progr.

Thiel: Die Mineralien Böhmens, welche Kupfer, u. jene, welche Silber als wesentl.Bestandtheil enthalten. 19 S. 8°.– Komotau, Progr. 1868.

Thiel, D.: Geognostische Skizze der Umgegend von Komotau. 36 S. 8° – Komotau, OG., Progr. 1870.

Thiel, E., Original-Zeichnungen zu Rud. Baumbach's Alpensage Zlatorog, s. Schatzkammer, deutscher Illustratoren.

Thiel, E. S., de miraculis restitutionis. Hal. 1760. 4.

Thiel, Ed., die Navigations-Schule. Eine theoretisch-praktische Zusammenstellung der Steuermannskunst in Fragen und Antworten für angehende Steuerleute. Hamburg 857. (Leipzig, Gerhard.) gr. 8. (2 Bl., 149 S.) n. 22½ ngr.

Thiel, Eduard

Thiel, Ed., Hilfsbuch für den Unterricht in der Naturgeschichte. Zum Gebrauche Lehrender u. Lernender in Volksschulen entworfen. 4 Hfte. gr. 8. 1. Wirbelthiere. (IV u. 44 S.) 2. Wirbellose Thiere. Lehre vom Menschen. (45 S.) 3. Pflanzenkunde. (48 S.) 4. Mineralogie. (46 S.) Breslau 850, Kern. (à 1/12 Thlr) 1/3 Thlr — IV (Hfte.) 2. verm. Aufl. Mit 218 in den Text gedr. Holzschn. gr. 8. I. Wirbelthiere. (IV u. 48 S.) II. Lehre vom Menschen. (56 S.) III. Pflanzenkunde. (55 S.) IV. Mineralogie. (51 S.) Ebd. 852. (I. II u. IV: à 3 ngr III: 3½ ngr) 5/12 Thlr

Thiel, Ed., Hilfsbuch für den Unterricht in der Naturgeschichte. Für höhere Volksschulen bearb. I—III. (Heft.) 3. umgearb. Aufl. Mit vielen Holzschn. (im Text.) Breslau 857, 58. Kern. gr. 8. Jedes Heft 4 ngr.

Inhalt: I. Wirbelthiere. (2 Bl., 56 S.) — II. Wirbellose Thiere. Lehre vom Menschen. (64 S.) — III. Pflanzenkunde. (68 S.)

Thiel, Ed., Hilfsbuch für den Unterricht in der Naturgeschichte. Für höhere Volksschulen bearb. Breslau, Kern. gr. 8.

I. Wirbelthiere. 4. Aufl. Mit vielen Holzschn. 863. (60 S.) 4 ngr.

IV. Mineralogie. 3. Aufl. Mit vielen Holzschn. 860. (52 S.) 3 ngr.

Thiel, Ed., Hilfsbuch für den Unterricht in der Naturgeschichte. Für höhere Volksschulen bearb. Mit vielen (eingedr.) Holzschn. I—III. 4. Aufl. gr. 8. Breslau 863,64, Kern's Verlag. à 4 Ngr.

Inhalt:

I. Wirbelthiere. (60 S.)

II. Wirbellose Thiere. Lehre vom Menschen. (63 S.)

III. Pflanzenkunde. (68 S.)

Thiel, Ed., Hilfsbuch für den Unterricht in der Naturgeschichte. Für höhere Volksschulen bearb. 1.—3. Thl. Mit vielen eingedr. Holzschn.) gr. 8. Breslau, Kern's Verlag. à Thl. * 50 Pf. *

Inhalt:

Thl. 1. Wirbelthiere. 6. verm. Aufl. (69 S.) 875.

" 2. Wirbellose Thiere. Lehre vom Menschen. 5. Aufl. (70 S.) 874.

" 3. Pflanzenkunde. 5. Aufl. (80 S.) 874.

Thiel, Ed., Hilfsbuch f. den Unterricht in der Naturgeschichte. Für höhere Volksschulen bearb. 1—4. Hft. Mit vielen (eingedr.) Holzschn. gr. 8. Breslau 875—77. Kern's Verl. n. 1. 85

1. Wirbelthiere. 6. verm. Aufl. (69 S.) n. — 50

2. Wirbellose Thiere. Lehre vom Menschen. Mit vielen (eingedr.) Holzschn. 5. Aufl. (70 S.) n. — 50

3. Pflanzenkunde. Mit vielen (eingedr.) Holzschn. 5. Aufl. (80 S.) n. — 50

4. Mineralogie. 5. Aufl. (56 S.) n. — 35

Thiel, Ed., Hilfsbuch für den Unterricht in der Naturlehre. Für Lehrende und Lernende in Volksschulen bearb. 2 Hefte. (Die wägbaren Stoffe. — Die unwägbaren Stoffe.) gr. 8. (104 S. mit 80 in den Text gedr. Fig. in Holzschn.) Breslau 851, Kern. à Heft 4 Ngr.

Thiel, Eduard (Breslau)
Hilfsbuch für den Unterricht in der Naturlehre.
Breslau 1854. 2. Aufl.
[Zur Promotion eingereicht.]
Dr. phil. Giessen 29.12.1855. 26 Kriegsverlust.

— Hilfsbuch für den Unterricht in der Naturlehre. Für Lehrende und Lernende in Bürger- und Volksschulen bearbeitet. 2 Liefgn. 2. verb. Aufl. Breslau 854. Kern. gr. 8. Jede Liefg. 4 ngr.
Inhalt: I. Die wägbaren Stoffe. Mit 50 in den Text gedr. Fig. (50 S.) — II. Die unwägbaren Stoffe. Mit 30 in den Text gedr. Fig. (52 S.)

— s.: Leitfaden f. den geograph., geschichtl., naturgeschichtl. u. physikal. Unterricht in Volksschulen.

Thiel, Ewald, das Infanterie-Gewehr. Eine technisch-ballist. Studie. Mit 11 (eingedr.) Fig. in Holzschn. u. 3 (lith.) Taf. gr. 8. (VII, 197 S.) Bonn 883. Cohen & Sohn. n. 2. 80

Thiel, (F. J.,) theoret.-prakt. Anleitung z. zweckmäß. Anbau, Benutzung rc. der Weberkarde. Nach Grundsätzen beschrieben, die sich auf Natur u. Erfahrung stützen rc. 8. Prag 824, Calve.

Thiel, F. W, Handfibel f. den Lese- u. Schreib-Unterricht. Ausg. A. 329. Aufl. [Ster.-Ausg.] 8. (40 S. m. Illustr.) Berlin 884. Wohlgemuth. n. — 20; Einbd. n.n. — 15

— dasselbe. Ausg. B. 1. Abtlg. 58. Aufl. 8. (54 S. m. Illustr.) Ebend. 884. n. — 30; Einbd. n.n. — 15

— dasselbe. 2. Tl. als Vorstufe zum Lesebuche. 19. Aufl. 8. (IV, 84 S.) Ebend. 883. n. — 40; Einbd. n.n. — 15

Thiel, Florian, die Lage der süddeutschen Bauern nach der Mitte d. 18. Jahrh. (Auf Grund d. Predigten Bertholds v. Regensburg.) Progr. (80 S.) gr. 8. Klosterneuburg 906. (Leipzig, Buchh. G. Fock.) n. 1. —

Kritische Untersuchungen über die im Manifest Kaiser Friedrichs II. vom Jahre 1236 gegen Friedrich II. von Österreich vorgebrachten Anklagen. Von Florian Thiel. Prag: Rohlíček & Sievers 1905. (144 S.) 8°
— Studien, Prager, aus d. Gebiete d. Geschichtswissenschaft. H. 11. [05-7339

Thiel, [Franz]. [Bericht über die diesjährige Ferienreise nach Dresden, in die sächsische Schweiz und das Riesengebirge.] S. 14–16. 4. Progr. Kgl. Gymn. u. Realgymn. *Thorn* 1904 (45).

Thiel, Franz: Ein Studienaufenthalt in Paris im Winter 1895/96. Konitz, F. W. Gebauer Nachf., 1897; 3—29 S. 4.
Konitz, k. G, P 1897 (32)

(Thiel, Franz Caspar Wilhelm;) Tagebuch eines vaterländisch gesinnten Landwehrmannes während der Zeit seines Kriegsdienstes v. 14. Juny 1815 bis 17. Febr. 1816.
(Hrsg.: H[ugo] Thiel.) Aachen: Dr. v. C. H. Georgi 1899. (96 S., 1 Portr.) 8°

Thiel, Franz Xaver, s. Christ, M.: Betrachtungen.

Thiel, Frz. Xav., Finsterniß u. Licht, oder der Weg des Heils. 12. (12 B.) Aachen 845, Cremersche Buchh.

Thiel, Frz. Xav., kathol. Religionslehre f. Schulen, das ist Glaubens-, Sitten- u. Heilmittel-Lehre, in innigster Verbindung mit d. Nöthigsten aus d. bibl. Geschichte bearbeitet. 8. (12½ B.) Neiße 836, (Hennings.)

Thiel, Fritz: Ueber die Kondensation von αα'-Lutidin mit Formaldehyd und einige Derivate des αα'-Methylaethylöl-pyridins. Breslau 1908: Fleischmann. 75 S. 8°
Breslau, Phil. Diss. v. 14. Okt. 1908, Ref. Ladenburg
[Geb. 7. Nov. 84 Breslau; Wohnort: Breslau; Staatsangeh.: Preußen; Vorbildung: Realgymn. a. Zwinger Breslau Reife O. 03; Studium: Breslau 10, München 1 S.; Rig. 29. Juli 08.] [U 09. 634

Thiel, Georg [aus Berlin]: Über Vaginalstenose ... Bonn Univ.-Buchdr. v. C. Georgi, 1895; 65 S. 8.
Bonn, Med. Fak., Inaug.-Diss. v. [27. Jan.] 1896

Thiel, Hans, Dschiu-Dschitsu. Die japanische Kunst, sich ohne Waffen gegen tätl. Angriffe erfolgr. zu verteidigen. (35 S. m. 10 Abbildgn.) 8. Leipzig (907). S. Schnurpfeil. — 25

Thiel, Heinrich

Thiel, Heinr., Auswahl von Bibel-Sprüchen, in der Ordnung des kleinen Katechismus Luthers. Zum Gebrauche f. Lehrer u. Schüler. 8. (8 B.) Halle 842, Heynemann. *

—— Auswahl von deutschen Kirchenliedern, für höhere Bürgerschulen. 8. (2¾ B.) Halle 842, Heynemann. *

—— Auswahl von deutschen Kirchenliedern, f. Schulen. 8. (7 B.) Halle 842, Heynemann. *

Thiel, Heinr., die neueste Bewegung in der Gesangbuchsfache Preußens. gr. 8. (18 S.) Königsberg 870, Beyer.

— über die vier Bücher des schlesischen u. Berliner Gesangbuchstreits. Ebend. 870. gr. 8. (54 S.) 5 ngr.

— Gedächtnißpredigt bei d. Todtenfeier Sr. hochsel. Maj. Friedrich Wilhelm III. 8. Braunsberg 841, Model. ⅙ ₰

Thiel, Heinr., üb. den alten u. neuen Glauben d. Herrn D. Wilh. Wald. 8. (35 S.) Königsberg 873. Beyer. n. — 60

—— Hilfsbüchlein zum evangel. Katechismus-Unterricht in Kirche und Schule. Enth. den kleinen Katechismus Luthers, und an denselben sich anschließ. Lehrüberschriften, Bibelsprüche, bibl. Geschichten und Kirchenlieder. Ausg. A. und B. Danzig 871. (Königsberg, Beyer.)
Inhalt:
Ausg. A. Für gereiftere Konfirmanden und die oberen Klassen der Elementarschulen. 8. (80 S.) 40 Pf.
B. Für schwache Konfirmanden und die unteren Klassen resp. Abtheilungen der Elementarschule. 16. (50 S.) 15 Pf.

— Hülfsbüchlein zum evangel. Katechismus-Unterricht in Kirche u. Schule. Enthaltend den kleinen Katechismus Luthers, u. an denselben sich anschließ. Lehrüberschriften, Bibelsprüche, bibl. Geschichten u. Kirchenlieder. Ausg. A. u. B. Danzig 871. (Königsberg, Theile.) — 55
Ausg. A. Für gereiftere Confirmanden u. die oberen Klassen der Elementarschulen. 8. (80 S.) — 40
Ausg. B. Für schwache Confirmanden u. die unteren Klassen resp. Abtheilgn der Elementarschule 16. (50 S.) — 15

—— der Inhalt des Deutsch-Katholizismus. Den denkenden Deutsch-Katholiken gewidm. gr. 8. (5 B.) Dessau 846, Neubürger. (Leipzig, Friese.) *

Lesebuch für die Oberstufe. Zugl. f. Mittelschulen u. d. entsprech. Klassen höh. Bürger- u. Mädchen-Schulen. Von Dr. Heinrich **Thiel**. 9. Aufl. Breslau: W. G. Korn 1902. (XII, 354 S.) 8° [F.]
— **Lesebuch**, Deutsches, f. Stadt- u. Landschulen. T. 4. [07. 16407 2

[Lied.] Zum Brudermahl der Loge zu den 3 Felsen im neuen Hause des gel. Br. Anton Aschenborn zu Hirschberg am 23. April 1867 von H[einr.] **Thiel.** Hirschberg [1867]: Pfund. 2 Bl. 8⁰ [Umschlagtit.]
Ohne Noten. „Erschall, o Lied, beim Freudenmahle, . . .“ 65.

[Lied.] Zum Bruder- und Schwester-Mahl am Sylvesterabend 1868. Schmiedeberg Δ zu den drei Felsen. [Unterz.:] [Heinr.] **Thiel.** Hirschberg [1868]: Pfund. 2 Bl. 8⁰ [Umschlagtit.]
Ohne Noten: „Als der Herr die Erde schuf . . .“ 65.

Lied zu Ehren der Schwestern. [Unterz.:] Heinr. **Thiel.** Gesungen am Johannisfeste 1869 in der □ Friedrich Wilhelm zum goldenen Scepter im Or. Cüstrin. Cüstrin [1869]: Wigmann. 1 Bl. 8⁰ [Kopftit.]
Ohne Noten: „Als der Herr die Erde schuf . . .“ 65.

[Lied.] Dem Br. L. Schweitzer an seiner Geburtstags-Feier. [Unterz.:] [Heinr.] **Thiel.** [Hirschberg 1859: Krahn.] 1 Bl. 8⁰ [Kopftit.]
Ohne Noten: „Brüder, hier beim Saft der Reben . . .“ 65.

[Lied.] Dem Br. L. Schweitzer zur Vorfeier seines Geburtstages. [Unterz.:] [Heinr.] **Thiel.** [Hirschberg 1860: Krahn.] 1 Bl. 8⁰ [Kopftit.]
Ohne Noten: „Auf, Brüder, reichet euch die Hand, . . .“ 65.

Thiel, Heinr.: De zoologicorum Aristotelis librorum ordine ac distributione, imprimis de librorum περὶ ζώων μορίων primo. 50 S. – Progr. Breslau Elis. 1855.

Thiel, Henr., de zoologicorum Aristotelis librorum ordine ac distributione imprimis de librorum περὶ ζώων μορίων primo. (Ex programmate gymnasii Elisabetani a. 1855 edito repetitum.) 4. (III und 50 S.) Vratislaviae 855, libr. Gosohorsky. *

Thiel: Probe einer Uebersetzung v. Platon's Phaedon. Zs. 35 S.–Hirschberg, Progr. 1864 & Luckau, Progr. 1867

Thiel, H., Regeln der deutschen Rechtschreibung nebst Wörterverzeichniß. Hirschberg 862. Rosenthal. Lex.-8. (23 S.) n. 3 ngr.

Thiel, H.: Ein Theil des neuen Grundlehrplanes. (Rel., Deutsch., Lat., Griech.) 23 S. –Cüstrin, Progr. 1869.

Thiel, Hvgo (geb. am 2 Juni 1839 in Bonn): De radicvm plantarvm qvarvndam ab agricolis praecipve cvltarvm directione et extensione . . . Bonnae, form. C. Georgi (1865). 2 Bl., 40 S. 8.
Bonn, Phil. Fak., Diss. v. 27 März 1865

Thiel, Hugo, Max Eyth zum Gedächtnis. Gedenkrede in der Hauptversammlg. der deutschen Landwirtschafts-Gesellschaft am 15. II. 1907. (14 S. m. 1 Bildnis.) Lex. 8. Berlin 907. P. Parey. — 50

— Zur Frauenfrage. Ein Vortrag, geh. in der staatswissenschaftl. Gesellschaft zu Berlin am 25. III. 1907. (31 S.) 8. Stuttgart 908. Deutsche Verlags-Anstalt. — 75

[F.] Zur Genossenschaftsbewegung. Von Dr. H[ugo] **Thiel**, Geh. Ober-Regiergsr. *Neuwied a. Rh.: Raiffeisen & Cons. [1895?].* (15 S.) 1 Bd 8. (Raiffeisen-Bibliothek.) 96. 2810

Thiel, Hugo, landwirtschaftlicher Hülfs- und Schreib-Kalender, s.: Mentzel u. v. Lengerke.

Thiel, Hugo, s.: Jahrbücher, landwirthschaftliche.

— s.: Mentzel u. v. Longerke's landwirtschaftlicher Hülfs- u. Schreib-Kalender.

Thiel, Hugo (Hrsg.), s. Thiel, Franz Casp. Wilh.: Tagebuch ...

Ueber Verpachtungsbedingungen. Vortrag geh. zu Berlin 1904 von Minist.Dir. Dr. [Hugo] **Thiel**. *Berlin 1904: Nationalzeitung.* (35 S.) 8° [F.] 04. 7066

Thiel, Dr. H.,
Der Wucher auf dem Lande. 8⁰. Leipzig 1887.

Thiel J.: Ueber den Echinococcus. Diss. Würzb. 1844. 46 S. P.

Thiel, Johann August (Zwickau) A. S. 604/56

Dissertatio inauguralis de appellationibus praeprimis Saxonicis. Präs. Johann Bernhard Friese. Jena (Gollner) 29. VII. 1711. 36 S.

W. v.: Präs. 34321

Thiel (Thiele), Johann Samuel

Thiel, J. Sam.: Principia jurispr. Jud. per Germaniam communis, s. conspectus jur. et obligatt. Jud. in Germ. singular. *Halle*, Renger. B. 790. gr. 8.

Thiel, Julie

— als der Großvater die Großmutter nahm, s.: Mädchen-Bühne.

Thiel, Julie, Cotillon-Scherz, s.: Fastnachts-Bühne.

Thiel, Julie: König Drosselbart. Dramat. Märchen in 5 Scenen. 2. Aufl. Berlin: E. Bloch (1895). (21 S.) 8⁰
= Kinder-Theater, Ludwig Blochs. No 35.

Thiel, Julie, König Drosselbart, s. a. Bloch's, Ludw., Kinder-Theater.

[F.] Entwürfe und Vorlagen für eigenartig ausgestattete Drucksachen zu Ueberraschungen bei der Hochzeitstafel v. Julie **Thiel** u. Olga Steiner . . . *Berlin: E. Bloch [1898].* (48, 48a 41a, 49 55 S.) 1 Bd 4.
= Hochzeits-Festschriften. Bd 3. 98. 7630

[J.] Telegraphische Glückwünsche in Versen zu grünen u. silbernen Hochzeiten, Taufen, Examina, Beförderungen, Jubiläen u. Reisegrüsse v. Julie Thiel. *Berlin: E. Bloch [1893].* (29 S.) 1 Bd 8.

— telegraph. Glückwünsche in Versen zu grünen u. silb. Hochzeiten, Geburtstagen, Taufen, Examen, Befördergn., Vereinsfesten, Jubiläen, Reisen u. and. Gelegenheiten. 2. Aufl. 12. (89 S.) Berlin 898. E. Bloch. n. — 80

Grillen sind mir böse Gäste. Ein Geburtstags-Festspiel f. gr. u. kl. Schülerinnen von Julie Thiel. Turnreigen von L. Hartung. *Berlin: E. Bloch (1895).* (21 S.) 8° [J.]
= Mädchen-Bühne. H. 30.

Thiel, Julie, deutsches Haus-Theater f. große und kleine Kinder. 2. veränd. Aufl. 8. (212 S.) Berlin 899. E. Bloch. n. 3. —

— Kinderreigen, s.: Bloch's, Ludw., Kinder-Theater.

Thiel, Julie. English letters for German teachers and pupils. 8. (24 S.) Aachen 892, (Creutzer). * — 80

Thiel, Julie: Der Streit der Jahreszeiten. Ein Festspiel f. Mädchenschulen. Berlin: E. Bloch (1895). (35 S.) 8°
= Mädchen-Bühne. H. 31.

Thiel, Julie, deutsches Theater zu Hause f. groß u. kleine Kinder. 8. (222 S. m. Illustr.) Berlin 884. Thiel. 2. 50

[J.] Ueberraschungen bei der Hochzeitsfeier in Gestalt eigenartig ausgestatteter Festschriften v. Julie Thiel ... Bd 1. *Berlin: E. Bloch [1895].* 8.

— Ueberraschungen bei der Hochzeitsfeier in Gestalt eigenart. ausgestatt. Festschriften. 1. Bd. gr. 8. (47 S.) Berlin 897. E. Bloch. n. 2. —

— Weihnachtsenglein, s.: Bloch's, Ludw., Kinder-Theater.

Thiel, Julius [aus Oberauroff]: Beiträge zur Kenntniss der nutzbaren Mineralien des bayerischen Waldes mit specieller Berücksichtigung des Silberberges bei Bodenmais. ... Erlangen, Druck d. Univ.-Buchdr. v. E. Th. Jacob, 1891; 28 S. 8°
Erlangen, Phil. Fak., Inaug.-Diss. v. 1891

Thiel, K., Gesetz über die Kriegsleistungen vom 13. Juni 1873, nebst Verordnung, betr. die Ausführung dieses Gesetzes, vom 1. April 1876 und erläut. Bestimmungen. Orig.-Text-Ausg. 2. verb. Aufl. 8. (63 S.) Rostock 877, Werther's Verlag. *
Die 1. Aufl. erschien im Selbstverlag.

—— Gesetz über die Natural-Leistungen für die bewaffnete Macht im Frieden vom 13. Febr. 1875, nebst Instruction zur Ausführung dieses Gesetzes vom 2. Septbr. 1875 und erläut. Bestimmungen. Orig.-Text-Ausg. 3. verb. Aufl. 8. (86 S.) Ebendas. 877. *
Die 1. und 2. Aufl. erschienen im Selbstverlag.

—— Nachträge zum Gesetz über die Natural-Leistungen nebst Ausführungs-Instruction und erläut. Bestimmungen. Orig.-Text-Ausg. 3. verb. Aufl. 16. (24 S.) Ebendas. 878. **

— Gesetz betr. die Quartier-Leistung für die bewaffnete Macht während des Friedenszustandes vom 25. Juni 1868, nebst Instruction zur Ausführung dieses Gesetzes vom 31. Decbr. 1868, mit den Einführungs-Gesetzen u. Veränderungen ꝛc. für Süd-Hessen, Elsaß-Lothringen, Baden, Baiern u. Württemberg, sowie erläut. u. abänd. Bestimmungen ꝛc. Orig.-Text-Ausg. 8. (63 S.) Ebend. 877. n. — 80

— Gesetz, betr. die Revision des Servis-Tarifs u. der Classen-Eintheilung der Orte vom 3. Aug. 1878, nebst Tages-Servis-Tabelle, gültig vom 1. Apr. 1879 ab. Orig.-Text-Ausg. 8. (28 u. 39 S.) Ebend. 879. n. 1. 25

—— Natural-Quartier-Tages-Servis-Tabelle, gültig vom 1. April 1879 ab. [Reichs-Gesetz vom 3. Aug. 1878.] 8. (89 S.) Ebendas. 879. *

Thiel, K., s. Staat, der preuß., in 3, 2 u. 1 Tabelle.

Thiel, Karl: Ueber Placentar-Syphilis ... Würzburg: Druck d. Bonitas-Bauer'schen Buchdr., 1889. 16 S. 8°
Würzburg, Med. Fak., Inaug.-Diss. v. 1889

Thiel, Karl, s. Virgil's Aeneis.

Thiel, Karl, die Zusammensetzung des Mauer-Mörtels in der Klosterkirche zu Lorsch, s. Festschrift zu der Jubelfeier des 50jährigen Bestehens der Grossherzogl. Technischen Hochschule zu Darmstadt.

Thiel, Karl Eugen (Osthofen)
Analyse der Asche von gesalzenem Ochsenfleisch und von Schinken.
[In: Annalen d. Chemie u. Pharmacie Bd 81 (1852) 370.]
Dr. phil. Giessen 17.3.1852.

Thiel, Carl Eugen: Nahrungs- und Genussmittel als Erzeugnisse der Industrie. ([S.-A.] Amtliche Berichte über die Wiener Weltausstellung im Jahre 1873. Bd. 1. Heft 3.) Braunschweig 1874. 198 S. 8°. [C 4616

Thiel, C. E., Nahrungs- u. Genussmittel als Erzeugnisse der Industrie, s. A. Bericht, amtlicher, der Wiener Weltausstellg.

Thiel, Car. J. Sigm., De singultu. 44 pp. Gott. 4°. *Haller*, Bibl. anat. II, 582. 1761.

Injuria und Beleidigung. Eine Vorarbeit z. Bestimmung d. Begriffes d. Beleidigung. Von Dr. Kasimir Thiel, Rechtsanw. Breslau: Schletter 1905. (260 S.) 8°
= Abhandlungen, Strafrechtliche. H. 62. 4

Thiel, Kasimir, Gerichtsass. aus Breslau: Die Natur der Publikationsbefugnis des § 200 des Reichsstrafgesetzbuchs *München 1901: A. Fröhlich.* (54 S.) 8°
Jena, Jur. Diss. v. (9. Apr.) 1901

Thiel, Kurt, a. Berlin: [1.] Versuche zur Darstellung eines Schwefeltetrafluorides. [2.] Zur Kenntnis des Phosphorpentasulfides. (Berlin 1905: G. Schade.) (82 S.) 8°
Berlin, Phil. Fak., Ref. Fischer, Diss. v. 11. Nov. 1905
[Geb. 28. Jan. 81 Berlin; Wohnort: Berlin; Staatsangeh.: Preußen; Vorbildung: Kaiser Wilhelms-Realgymn. Berlin Reife M. 00; Studium: Charlottenburg 1 H. 6, Berlin 4 S.; Rig. 2. Nov. 05.]

Thiel, Matthäus

Thiel, Matth., Anrede bei der goldenen Hochzeitfeier des Commerzienraths Bernh. Zielemann v. Huilkelhoven u. seiner Gattin am 1. Dec. 1808. 8. (Riga).

— die Feier des 4. Juli 1810 in der Familie Wander, der vaterländ. Jugend gewidmet. 8. Riga 810. (218 S.)

Thiel, Matthäus, s. Kirchenblatt, Schlesisches.

— Dr. Mart. Luthers Leben, nebst einer kurzen Geschichte d. Reformation in Riga u. e. fac simile zweier, auf der hiesigen Stadtbibliothek befindl. eigenhänd. Briefe Luthers. ; ein Beitrag z. Feier des 3n Säkularfestes d. Uebergabe d. Augsburg. Confession am 25. Juni 1530. 8. Riga 830. (IV. u. 90 S.)

Thiel, M., Dr. M. Luthers Leben, nebst einer kurzen Geschichte der Reformation in Riga, u. einem fac simile zweier auf der hiesigen Stadtbibliothek befindlichen, eigenhändigen Briefe Luthers ꝛc. Für Confirmanden. 2. Aufl. 8. Riga 842. (Deubner.) 1/3 ₰

Thiel, M., Dr. M. Luthers Leben, nebst einer kurzen Geschichte d. Reformation in Riga, u. einem fac simile zweier auf d. hiesigen Stadtbibliothek befindlichen, eigenhänd. Briefe Luthers ꝛc. Für Confirmanden 2. Aufl. 8. (6½ B.) Riga 846, (Deubner.)

— Unterhalt. aus der vaterländ. Geschichte für die Jugend. 8. Riga 814. 3e Aufl. gr. 8. Ebd. 828. (Steinacker in Leipz.) 1 ₰

Thiel, Matth., Unterhaltungen aus d. vaterländ. Geschichte für d. Jugend. 3., verm. Aufl. gr. 8. (17½ B.) Riga 828. (Leipzig, Steinacker.)

— Unterhaltungen aus der vaterländ. Geschichte für die Jugend. 4e verm. Aufl. 8. Riga 838. Frantzen. 1¼ ₰

Thiel, Matthias Andr. (geb. Klakendorf bei Rössel 17. 2. 1823): De polyporum uterinorum curatione chirurgica. Berolini (1851). (26 S.) 8°
Berlin, Med. Diss. v. 16. Dez. 1851

Thiel, Maximilianus *Arthurus Oswaldus* [Leomontanus]: Quae ratio intercedat inter Vitruvium et Athenaeum mechanicum ... (Aus: Leipz. Studien z. class. Philol., XVII.) Lipsiae, typ. I. B. Hirschfeldi, 1895; 3 Bl., 277—328 S., 1 Bl. 8.
Leipzig, Phil. Fak., Inaug.-Diss. v. [20. Juni] 1895

Thiel, O., Übungstafeln f. Stotterer. Nach A. Gutzmann zusammengestellt. 2 Blatt à 77,5×116 cm. Mit Text. Fol. (2 Bl.) Breslau 894. E. Morgenstern, Verl. n. 1.20

Thiel, O., Uebungstafel f. Stotterer. Nach A. Gutzmann zusammengestellt. Kleine Ausg. 76,5×59,5 cm. M. Text. hoch 4. (2 Bl.) Breslau 897. E. Morgenstern, Verl. n. — 50

Thiel, Otto, Ratgeber in bürgerlichen Rechtsstreitigkeiten u. im Zwangsvollstreckungs-Verfahren zum prakt. Gebrauch bei Führung v. Zivilprozessen. (IV, 94 S.) gr. 8. Schweidnitz (903). G. Brieger. n. — 60

— die Verfassung u. Verwaltung des Deutschen Reiches u. Preuß. Staates, nebst Einteilung der deutschen Armee u. kaiserl. Marine, sowie e. Anh. das Ministerium des königl. Hauses. (IV, 112 S.) gr. 8. Ebd. (903.) n. — 60

Heimatkunde des Kreises Wongrowitz. Von Ottomar Thiel, Lehrer. Lissa i. P.: F. Ebbecke 1905. (36 S.) 8° [F.] [07. 10095

Thiel, Ottom., Heimatkunde des Kreises Wongrowitz. (36 S.; gr. 8. Lissa 905. O. Eulitz. n. —20; m. farb. Karte n. — 60

Thiel, Paul, Formular-Mappe f. ländliche Fortbildungsschulen. 35×24 cm. Berlin (908). F. Ashelm. 1. —

— Stoff- u. Lehrplan f. einklassige ländliche Fortbildungsschulen. Landwirtschafts- u. Bürgerkunde in Verbindg. m. Rechnen, Lesen u. schriftl. Übgn. Bearb. u. erprobt. (X, 57 S. m. Fig.) gr. 8. Ebd. 908. 1. —

Die Bajazzi. (I Pagliacci.) Drama in 2 Akten u. e. Prolog von Ruggiero Leoncavallo. Erl. von Peter Thiel. *(Köln a. Rh.: Hoursch & Bechstedt [1903].)* (14 S.) 8°
= Opern-Führer, Hoursch's. No 16. [04. 6969

Der Barbier von Sevilla. Komische Oper in 2 Akten von Gioachimo Antonio Rossini. Nach dem gleichnamigen franz. Lustspiele von Beaumarchais bearb. von Cesare Sterbini. Erl. von Peter Thiel. *(Köln a. Rh.: Hoursch & Bechstedt [1903].)* (13 S.) 8°
= Opern-Führer, Hoursch's. No 29.

— Gioachimo Antonio Rossini's „Der Barbier v. Sevilla", s. a. Hoursch's Opern-Führer Nr. 29.

Carmen. Oper in 4 Akten von Georges Bizet (Text von Henry Meilhac u. Ludovic Halévy). Erl. von Peter Thiel. *(Köln a. Rh.: Hoursch & Bechstedt [1903].)* (14 S.) 8°
= Opern-Führer, Hoursch's. No 14. [04. 6967

Cavalleria rusticana (Sicilianische Bauernehre). Oper in 1 Aufzug von Pietro Mascagni, Text nach d. gleichnamigen Volksstück von G. Verga bearb. von G. Targioni-Tozzetti u. G. Menasci. Erl. von Peter Thiel. *(Köln a. Rh.: Hoursch & Bechstedt [1903].)* (12 S.) 8°
= Opern-Führer, Hoursch's. No 13. [04. 6966

Fidelio. Große Oper in 2 Abt. Text von F. Treitschke, Musik von L. van Beethoven. Erl. von Peter Thiel. *(Köln a. Rh.: Hoursch & Bechstedt [1903].)* (13 S.) 8°
= Opern-Führer, Hoursch's. No 18. [04. 6971

Thiel, Pet., s.: Hoursch's Opern-Führer.

— s.: Jahrbuch, literarisches.

Margarethe (Faust). Oper in 5 Akten von Ch. Gounod. Text nach Goethes Faust 1. T. von Jules Barbier u. Michel Carré. Erl. von Peter Thiel. *(Köln a. Rh.: Hoursch & Bechstedt [1903].)* (14 S.) 8°
= Opern-Führer, Hoursch's. No 15. [04. 6968

Martha oder der Markt zu Richmond. Romant.-komische Oper in 4 Akten von Friedrich v. Flotow, Text von W. Friedrich. Erl. von Peter Thiel. *(Köln a. Rh.: Hoursch & Bechstedt [1903].)* (14 S.) 8°
= Opern-Führer, Hoursch's. No 28. [04. 6981

Thiel, Pet., Friedrich v. Flotow's „Martha od. Der Markt zu Richmond", s. a. Hoursch's Opern-Führer.

Mignon. Oper in 3 Akten. Text nach Goethes Wilhelm Meister von M. Carré u. J. Barbier. (Komp.: A. Thomas.) Erl. von P[eter] Thiel. *(Köln a. Rh.: Hoursch & Bechstedt [1903].)* (15 S.) 8°
= Opern-Führer, Hoursch's. No 12. [04. 6565

Thiel, Pet., ein Opfer der Liebe u. andere Geschichten. (Titelzeichnung vom Verf.) (92 S.) 8. Aschaffenburg (906.) C. Krebs. n. — 60

— des Schicksals Tücke. Dorfgeschichte. (Titelzeichnung vom Verf.) (118 S.) 8. Ebd. (906). n. 1. —

Thiel, Peter Johannes

Thiel, P. Johs., naturische Briefe gegen die moderne Dichtung an e. Naturischen. gr. 8. (III, 105 S.) Berlin 895. Bibliograph. Bureau. n. 1.80

Thiel, Pet. Johs., naturische Briefe gegen d. moderne Dichtung an e. Naturischen. Neue, verm. Aufl. gr. 8. (XXV, 105 S. m. Bildnis.) Elberfeld 896. (J. Faßbender.) n. 1. —

— dasselbe. 2. Aufl. gr. 8. (XXV, 105 S. m. Bildn.) Leipzig 896. P. Thom. n. 1.50

Eltern, heilt hypnotisch die Gebrechen eurer Kinder! Lebensheimer Erziehungsbriefe von Peter Johannes Thiel. (Hrsg. vom Lebensheimer Volks-Erzieh.-Verl. *Elberfeld: Baedeker in Komm. 1900.)* (32 S.) 8°
= Volks-Erziehungs-Schriften, Lebensheimer. H. 2.

— Wilhelm's II. deutsch-germanische Erdball-Politik. Mahnruf zur Flottenreform. gr. 8. (16 S.) Leipzig 898. W. Friedrich. n. — 50

Die Erziehung der Persönlichkeit zum Charakter. Ein Beitrag z. Pflege d. 'Individualität' in Schule u. Haus von P. Joh. Thiel. *Neuwied & Leipzig: Heuser 1892.* (22 S.) 8° [F.]
= [Schule, Für die, aus der Schule. H. 53.] [03. 3641

Deutsche Heil-Odung statt schwedischer Heil-Massage. 10 Heil-Briefe f. Ärzte, Heilbeflissene ... Mit 4 Farbentaf. von Peter Johannes Thiel. Elberfeld: (Lebensheimer Volks-Erzieh.-Verl. 1903). (XIX, 84 S.) 8° [F.]
= Volks-Erziehungs-Schriften, Lebensheimer. No 9–11. [05. 346

Thiel, Pet. Johs., deutsche Heil-Ödung statt schwedischer Heil-Massage. 10 Heilbriefe f. Aerzte, Heilbeflissene (Masseure, Masseusen, Magnetopathen, Krankenpfleger) u. alle Eltern. (XIX, 84 S. m. 4 farb. Taf.) gr. 8. Elberfeld (903). A. Martini & Grüttefien. n. 1. 20

Der Krankheitsbefund (Diagnose) aus den Augen. 7 Briefe f. Ärzte, Heilbeflissene, Erzieher, Eltern, um d. Krankheiten aus d. Augen zu lesen. Mit 3 Farbendr.-Taf. u. 4 Autotyp.-Taf., von Peter Johannes **Thiel**. 1.–4. Taus. *Elberfeld: Baedeker in Komm. 1902.* (48 S.) 8° [F.]
= Volks-Erziehungs-Schriften, Lebensheimer. No 6–8. [02. 9180 5

Thiel, Peter Johs., Luise. Alldeutschlands Mutterherz. Germanische Trauermäre. 2. Aufl. 12. (XII, 232 S.) Erfurt 899. Bonn, E. Moos. n. 3. —

— Luise, Germanias Mutterherz. Trauermäre. (Jena-Jahrhundert-Weckruf! 1806—1906.) (VII, 232 S.) kl. 8. Elberfeld (906). (A. Martini & Grüttefien). n. 2. —; geb. n. 3. —

Thiel, Peter Johannes: Jena-Jahrhundert-Weckruf! 1806–1906. L u i s e , Germanias Mutterherz. Trauermäre. Elberfeld: Lebensheimer Verl. (1906). VII, 232 S. 8°

Maria in der deutschen Mutterschule. Lebensheimer Erziehungsbriefe an e. junge Mutter über Tochter-Erziehung vom Mutterschoss bis z. Mutterschaft von Peter Johannes **Thiel**. *Elberfeld: Lebensheimer Volkserziehungsverl. 1900.* (34 S.) 8° [F.]
— Volks-Erziehungs-Schriften, Lebensheimer. H. 3. [01. 7753 5

— Rache f. Transvaal! Deutschlands Wehschrei u. Zukunfts-Programm. gr. 8. (27 S.) Elberfeld 900. (Baedeker.) n. — 50

Rache für Transvaal! Deutschlands Wehschrei u. Zukunfts-Programm von Peter Johannes **Thiel**, Elberfeld. *Elberfeld: Lebensheimer Volks-Erzieh.-Verl. 1900.* (27 S.) 8° [F.] [01. 5309 5

— ein Tag in Lebensheim, soziale Naturerziehungsanstalt f. verwaiste u. uneheliche Kinder beiderlei Geschlechts. Allen deutschen Müttern, Vätern u. Erziehern geträumt. [Aus: „Vereinsbl. d. liberalen Schulvereins Rheinlands u. Westfalens".] gr. 8. (28 S.) Ebd. 896. — 50

Ein Tag in Lebensheim. Von Peter Johannes **Thiel**, Lehrer in Elberfeld. 2. ill. Aufl. Hrsg. vom Lebensheimer Volks-Erzieh.-Verl. *Elberfeld: Baedeker 1899.* (39 S.) 8° [F.]
= Volks-Erziehungs-Schriften, Lebensheimer. H. 1. [00. 10692

Thiel, Richard: A Critical Analysis of Edward Young's Night Thoughts. Berent, Druck v. A. Schueler, 1890; 19 S. 4°
Berent, k. PG, OP 1890

Thiel, Richard: Das P f l i c h t t e i l s r e c h t der entfernteren Abkömmlinge des Erblassers nach dem deutschen Bürgerlichen Gesetzbuche. Breslau 1902: Bresl. Genoss.-Buchdr. (43 S.) 8°
Breslau, Jur. Diss. v. 15. Dez. 1902

Thiel, Ulrich [aus Zeitz]: Über die Ätiologie der Ophthalmoplegia totalis ... Berlin, C. Vogt's Buchdr., 1893; 32 S., 1 Bl. 8.
Berlin, Med. Fak., Inaug.-Diss. v. 7. Juli 1893

Thiel Viktor: Die Chronik des Heinrich von Klingenberg über die Habsburger.
1897 PN 1093 Diss. Wien, Univ.

Viktor **Thiel**. Zur Geschichte des k. k. steiermärkischen Statthaltereiarchivs. Graz: Hist. Landes-Komm. 1910. 70 S. 8°
(Veröffentlichungen d. Hist. Landeskommission f. Steiermark. 27.) [10. 9046 3

Thiel, Vikt., zur Geschichte des k. k. steiermärkischen Statthaltereiarchivs, s. a. Veröffentlichungen der hl. histor. Landes-Kommission f. Steiermark. XXVII.

— Die Urbare u. urbarialen Aufzeichnungen des landesfürstl. Kammergutes in Steiermark, s.: Veröffentlichungen der historischen Landes-Kommission f. Steiermark. XXV. (Mell, Ant.)

Thiel, W., angewandte Projections-Lehre f. Maurer u. Zimmerleute. Zugleich zum Unterricht in Gewerbschulen, so wie zum Selbststudium bearbeitet. 1. Hft. qu. ½ Fol. (3 Bl. Text u. 4 Stnt.) Berlin 846, Literat.- u. Kunst-Compt. —

Thiel, Walther (*Carl*) [aus Pinneberg]: Über Derivate der Campholensäure ... Leipzig, G. Fock, 1892; 40 S., 1 Bl. 8.
Leipzig, Phil. Fak., Inaug.-Diss. v. [21. Mai] 1892

Thiel, Walter Adolf [wirkl. Name]
s. **Hartenau**, Gert [Pseud.] [10. 13854

Thiel, Wilhelm

Wlosto, Joh. Wilh. Erdmann v.: Abschiedslied unserm innig verehrten OBr. J. W. E. v. Wlosto, von seinen ihn in aufrichtiger Bruderliebe schätzenden Obr. Br. der □ Janus dargebracht. [Unterz.:] Wilh. **Thiel.** Bromberg, den 13. April 1839. 2 Bl. 8° [Umschlagtit.]
Ohne Noten: „Noch klingen vom traulichen Mahle ..." 79.

Thiel, Wilh., die Erhaltg. der Ottheinrichsbau-Fassade. Ein notwend. Kritik zur Heidelberger Schlossfrage u. positive Vorschläge. Mit 2 Zeichngn. (52 S.) gr. 8. Heidelberg 908. C. Winter, Verl. 1. —

Kozierowski, Dolega v.: [Lithogr.] Festlied dem Br. Dolega v. Kozierowski zu seinem funfzigjährigen Maurer-Jubiläum am 5ten Juli 5836 gewidmet vom Br. W[ilh.] T[hiel? Bromberg 1836.] 2 Bl. 4° [Umschlagtit.]
Ohne Noten: **„Heut jauchz aus treuer Brust..." 79.**

Thiel, W., „Herr, ich warte auf dein Heil". } **s.: Ohly's, Emil, Sammlung v. geistlichen Kasualreden.**

Jubellied unserm Br. Joh. Carl Löwe, zur Feier der in „Bromberg" zum Wohl seiner Mitbürger von ihm verlebten 50 Jahre, von seinen ihn hochschätzenden Obr. Br. der □ Janus dargebracht. [Unterz.:] Wilh. **Thiel.** Bromberg, den 17. Nov. 1893. 2 Bl. 8° [Umschlagtit.]
Ohne Noten: „Ein würd'ger Greis!" so tönt's von allen Zungen ..." 79.

Thiel, Wilhelm: P a s s i o n s p r e d i g t e n , s. O h l y ' s , Emil, Sammlung von geistl. Kasualreden.

Thiel, Wilh., s.: Pfarr-Bibliothek.

Thiel, Wilh., Sammlung geistlicher Kasualreden, s.: Ohly, Emil.

Tafellied, dem Br. Peterson, am Sylvester-Tage 5837 gewidmet. [Unterz.:] Wilh. **Thiel.** [Bromberg 1837.] 2 Bl. 8⁰ [Umschlagtit.]
Ohne Noten: „Wieder sank heut' in den Strom der Zeiten . . .“ **79.**

Thiel, Willy: Der Versicherungsbetrug im Reichsstrafgesetzbuch. Borna-Leipzig 1910: Noske. XV, 154 S. 8°
Münster, Rechts- u. staatsw. Diss. v. 14. Juli 1910, Ref. Rosenfeld, v. Savigny
[Geb. 6. Juni 84 Liegnitz; Wohnort: Leipzig; Staatsangeh.: Preußen; Vorbildung: Gymn. Liegnitz Reife M. 04; Studium: Leipzig 7 S.; Rig. 24. Mai 10.]
[U 10. 3756

v. Thielau, Antoin. Wilhelmine, s. Friederike Weiß u. ihre Töchter.

Thielau, Frdr. v., die deutsche Frage. Berlin 860. J. Springer. gr. 8. (2 Bl., 112 S.) n. 15 ngr

THIELAU, FRIEDRICH VON.
Der Kalk in seiner vielfachen Beziehung zum praktischen Leben; mit Benutzung vorhandener grösserer Werke, namentlich Graham Otto's ausführlichen Lehrbuch der Chemie. Dritte Auflage. Breslau, 1873. 8vo.

Thielau, Friedr. v., Graf Albert Pourtalès. Politischer Essay Lex.-8. (III und 41 S.) Berlin 862, Springer's Verlag.

v. Thielau, H. E. A., flüchtige Betrachtungen über den Widerstreit der neueren Staatsinstitutionen mit den Interessen der Kirche, der Gemeinden u. der Gesammtheit. gr. 8. (IV u. 116 S.) Leipzig 852, Hirschfeld. 12 ngr

— die sächsisch-baiersche Eisenbahn u. d. Budget. gr. 8. (8 S.) Dresden u. Leipzig 847, Arnold. n. ⅙ ß

Thielau, H. E. A. v., ob Justiz, ob Verwaltung? Ein Beitrag zu der Organisations-Frage der untersten Justiz- und Verwaltungs-Instanz im Königreich Sachsen. Bautzen (853.) Helfer. gr. 8. (IV, 80 S.) n. 10 ngr

(Thielau, Wilhelm Erdmann Florian v.) Ueber gemeinsame materielle Interessen im deutschen Bundesstaate, insbesondere bei Abgaben vom Verkehr und Verkehrsmitteln. Geschrieben im Monat August 1848. Frankfurt a. M. (1848.) 32 S. 8.

— siehe a. Interessen, über gemeinsame materielle, im deutschen Bundesstaate.

Thielau, v., über gemeinsame materielle Interessen im deutschen Bundesstaate, s. Ueber.

v. Thielau, W. E. F., gemeinschaftliche Productions-Steuer von Salz u. Rübenzucker in Deutschland. Ein Votum. gr. 8. (X u. 148 S. m. 2 Tab. in gr. 8. u. qu. Fol.) Braunschweig 851, Vieweg & Sohn. n. ⅔ ß

Thielbein, (Joan.) Henr. (Guil.) (geb. Gardelegen 4. 11. 1818): De febri puerperali. Berolini (1844). (28 S.) 8°
Berlin, Med. Diss. v. 1. Apr. 1844

Thielbörger, Karl, der vierte Aggregatzustand. 12. (18 S.) Berlin (901). W. Möller. — 20

Thielbörger, K., die Edda, Skizze u. Plauderei. Hrsg. v. der german. Vereinigg. 8. (15 S.) Berlin 893. (K. Siegismund.) n. — 20

Thielbörger, Karl. Deutsche Klänge. Gedichte. 1. Aufl. (III, 68 S.) 890; 2. Aufl. (III, 80 S.) 890. * 1 —; 3. Aufl. 12. (VIII, 159 S.) Berl. 892, (Siegismund). * 2 —; geb. m. Goldschn. * 3 —

Die Lichtkur. Ideen-Entwickelung üb. d. Licht u. s. Bedeutg f. Heilzwecke nebst anschliessender Schilderg d. Lebens in e. Lichtkuranstalt. Von Karl **Thielbörger**, Mitgl. d. Deutschen Schriftsteller-Verbandes . . . *Berlin: W. Möller 1897.* (47 S.) 1 Bd 8. [57. 3315

Das orthopädische Sprachheilverfahren. Begründet u. dargest. von K[arl] **Thielbörger**. Südende-Berlin: Selbstverl. 1906. (15 S.) 8° [J.] [06. 9309

Thiele's Adressbuch des gesamten Gartenbaues. 2 Bde. gr. 8. Berlin 902. H. Thiele & Co. Kart. à 10. —; auch in 11 Tln. n. 38. 50

I. **Adressbuch der Privatgärtnereien Deutschands. 1. Mittel-Deutschland, enth. Anhalt, Brandenburg, Braunschweig, Prov. u. Königr. Sachsen u. die Thüring. Staaten. (III, 110 S.) n. 3. 50. — 2. Nord-Deutschland, enth. Hannover, Hansastädte, Mecklenburg-Schwerin u. Strelitz, Oldenburg, Pommern, Schleswig-Holstein. (72 u. 24 S.) n. 3. 50. — 3. Ost-Deutschland, enth. Ost- u. Westpreussen, Posen, Schlesien. (III, 104 S.) n. 3. 50. — 4. Süd-Deutschland, enth.: Baden, Bayern, Württemberg u. Hohenzollernsche Lande. (III, 56 u. 24 S.) n. 3. 50. — 5. West-Deutschland, enth.: Elsass-Lothringen, Rheinprovinz u. Rheinpfalz, beide Hessen, Westfalen. Lippe-Detmold, Schaumburg-Lippe, Waldeck. (III, 48 u. 24 S.) n. 3. 50.**

II. **Adressbuch der Handelsgärtnereien Mitteleuropas. A. Deutschland. 1. Tl. Mitteldeutschland. (Anhalt, Brandenburg, Braunschweig, Königr. u. Prov. Sachsen und Thüringen.) (III, 111 S.) 3. —. — 2. Norddeutschland. (Hannover, die Hansestädte Bremen, Hamburg u. Lübeck, die Grossherzogtümer Mecklenburg-Schwerin, Mecklenburg-Strelitz u. Oldenburg u. die Provv. Pommern u. Schleswig-Holstein. (III, 55 S.) 3. —. — 3. Ostdeutschland. (Ost- u. Westpreussen, Posen u. Schlesien.) (III, 35 S.) 3. —. — 4. Süddeutschland. (Grossherzogt. Baden, Königr. Bayern u. Württemberg, sowie Hohenzollern.) (III, 44 S.) 3. —. — 5. Westdeutschland. (Elsass-Lothringen, Grossherzogt. u. Prov. Hessen, Rheinpfalz u. Rheinprovinz u. Fürstentümer Lippe-Detmold, Schaumburg-Lippe und Waldeck.) (III, 71 S.) 3. —. — B. Luxemburg, Oesterreich-Ungarn u. Schweiz. (III, 70 S.) 6. —.**

Thiele: Zur Charakteristik des deutschen Fürstenstaates von V.L. von Seckendorf. 16 S. – Progr. Duisburg 1853.

Thiele: Von den Fährtenzeichen, an denen Hirsch und Thier zu unterscheiden sein sollen. Mit vielen Abb. Berlin-Schöneberg: Die Jagd [1907]. 41 S. 8⁰
(Für d. deutschen Jäger. 5.)

Thiele, von den Färtenzeichen, an denen Hirsch u. Tier zu unterscheiden sein sollen, s. Für den deutschen Jäger. 5. Bd.

Thiele, Festrede zur Vorfeier des 80. Geburtstages Sr. Maj. des Kaisers u. Königs am 21. März 1877 im Deutschen Verein zu Wesel geh. gr. 8. (19 S.) Wesel 877. Kühler. n. — 20

[J.] Gebrauchshundzüchtung und Tierzuchtlehre, ein Beitr. z. Lösg d. Gebrauchshundfrage, v. Thiele. *Neudamm: J. Neumann 1899.* (44 S.) 1 Bd 8.
= Zeit- u. Streitfragen, Jagdliche u. Kynologische. H. 2. [99. 769

Thiele, preußisch-deutscher Gesetz-Codex, s.: Stoeppel, Paul.

Thiele, neues u. vollständiges Handels- u. Gewerbe-Adressbuch nebst Ortslexikon der gesammten Schweiz s.: Saare, A.

Thiele, Untersuchungen üb. den Schiffahrtsbetrieb auf dem Rhein-Weser-Kanal, s.: Sympher.

Thiele, üb. Verbrennung d. Mundes, Schlundes, der Speiseröhre u. d. Magens, s.: Veröffentlichungen aus dem Gebiete d. Militär-Sanitätswesens. H. 6.

Thiele, A., Flüchtlinge u. andere Humoresken, s.: Humorist, der.

THIELE, A.
See Zeitschrift des Vereins für die Rübenzucker-Industrie.

Thiele, A. F. (k. pr. Criminal-Aktuarius), die *jüdischen Gauner in Deutschland*, ihre Taktik, ihre Eigenthümlichkeiten u. ihre Sprache, nebst ausführl. Nachrichten über die in Deutschland u. an dessen Grenzen sich aufhaltenden berüchtigsten jüdischen Gauner. Nach Kriminalakten u. sonstigen zuverläss. Quellen bearb. u. zunächst prakt. Kriminal- u. Polizei-Beamten gewidmet. 2 Bde. Berlin, 1841—43. Auf Kosten d. Verf. Gr. 8°. Frzbde. m. Fileten, Goldschn. u. Seiden-Vorsatz; schönes Expl.
1: VI—328 S. 2: 2 Bll., 164 S. — Der für 1844 versprochene 3. Bd. ist nicht erschienen u. dadurch der lexikal-biogr. Theil des Werkes nur bis zum Buchst. f. gediehen. 2. Aufl. ebd. 1843. Cfr. Avé-Lallemant, deutsches Gaunerthum. Lpzg. 1858—62. IV; ferner Wagner, Gauner-Lit. Dresd. 1861. no. 66 (ungenau). — Vergriffen u. gesucht!

THIELE, A. F. Die jüdiſchen Gauner in Deutſchland, ihre Taktik, ihre Eigentümlichkeiten und ihre Sprache, nebſt ausführlichen Nachrichten über die in Deutſchland und an deſſen Grenzen ſich aufhaltenden berüchtigſten jüdiſchen Gauner. 1. Band. 2. Auflage. Berlin, auf Koſten des Verfaſſers, 1842. 8°. VIII S., 1 Bl., 328 S.
S. 103—326 intereſſante Ausführungen und Wörterbuch über die jüdiſche Gaunerſprache.

Thiele, A. F., die jüdischen Gauner in Deutschland, ihre Taktik, ihre Eigenthümlichkeiten u. ihre Sprache, nebst ausführl. Nachrichten über die in Deutschland u. an dessen Grenzen sich aufhalt. berüchtigsten jüdischen Gauner. Nach Kriminalakten u. sonst. zuverläss. Quellen bearbeitet u. zunächst prakt. Criminal- u. Polizeibeamten gewidmet. 1. Bd. 2. Aufl. gr. 8. Berlin 842. (Gropius'sche Buchh.) n. 1½ ₰ — 2. Bd. gr. 8. Ebend. 843. (Reimarus u. Vossische B.) n. 1½ ₰

Thiele, A. F., die jüdischen Gauner in Deutschland, ihre Taktik, ihre Eigenthümlichkeiten u. ihre Sprache nebst ausführl. Nachrichten über die in Deutschland u. an dessen Grenzen sich aufhaltenden berüchtigtsten jüd. Gauner. (2. Ausg. der) 2. Aufl. Berlin 848. Duien. 1 ₰

Thiele, A. F., die jüdischen Gauner in Deutschland, ihre Taktik, ihre Eigenthümlichkeiten und ihre Sprache nebst ausführl. Nachrichten über die in Deutschland und an dessen Grenzen sich aufhaltenden berüchtigsten jüd. Gauner. (2. Ausg. der) 2. Aufl. Berlin 848. [Pasewalk, Braune.]

— s. Publicist, der.

—— offenes Sendschreiben an die zweite General-Versammlung der deutschen Vereine gegen das Branntweintrinken. gr. 8. (1¼ B.) Berlin 845, (Schepeler.)

— der Volksjurist. Ein Buch zum täglichen Gebrauche f. Jedermann. 1—10 Lfg. 8. (S. 1—462.) Berlin 852, R. Liebmann. (à n. 3 ngr) n. 1 ₰

Thiele, A. F., der Volksjurist. Ein Buch zum täglichen Gebrauche für Jedermann. (10 Lfgn.) 8. (462 S.) Berlin 852. 53, Röhring. (à Lfg. * 3 Ngr.) *

Thiele, A. J., Bauernpfiffe über Advokatenkniffe,	s. Jugend-Bibliothek, dramatisch-deklamatorische.
—— Hansel und Grethel,	
—— die Kartoffeln kosten nichts,	
—— ein neuer Schüler,	
—— der erste Schultag,	
—— die Unversöhnlichen,	

Thiele, Adalbert [pr. Arzt aus Osnabrück]: Über die Längen- und Dickenunterschiede an den Extremitäten rechter- und linkerseits ... Würzburg, Becker's Univ.-Buchdr., 1893; 15 S., 2 Tab. 8.
Würzburg, Med. Fak., Inaug.-Diss. v. 1893

Thiele, Adolf

Thiele, Adf., Biedermeier-Geschichten. Lust u. Leid v. Anno dazumal. Illustrirt v. Fritz Gehrke. (II, 157 S.) 11. 8. Gr.-Lichterfelde (907). Kahlenberg & Günther. Geb. nn 2.50; ern. Pr. 2. —

Thiele, Adolf: Biedermeier-Geschichten. Lust u. Leid von Anno dazumal. Ill. von Fritz Gehrke. Gr.-Lichterfelde: Kahlenberg & Günther [1909]. 157 S. 8°

Thiele, Adf., Blutentziehgn., insbes. d. Aderlass, ihre Technik u. Anwendg. in der modernen Therapie, s.: Bibliothek, medicin., f. prakt. Ärzte.

Thiele, A., Formular-Buch in Handelsregistersachen f. Anmeldungen zur Eintragung v. Firmen u. Prokuren in das Handelsregister, sowie Änderungen u. Löschungen in demselben. Nach den seit 1. I. 1900 geltd. gesetzl. u. ministeriellen Bestimmgn. entworfen bez. zusammengestellt u. m. Anmerkgn. versehen. gr. 8. (108 S.) Hannover (901). (C. Meyer.) n. 2. —

Lustige Geschichten. Humoresken von Adolf **Thiele.** Bonn: A. Heidelmann 1908. (207 S.) 8° [F.]
[08. 16370]

Thiele, Adf., hinauf zur bildenden Kunst! Laiengedanken. gr. 8. (40 S.) Chemnitz 901. Leipzig, C. B. Richter. n. — 20
Sonderabdruck aus: „Chemnitzer Neueste Nachrichten."

— dasselbe. 2. verb. Aufl. 3.—4. Taus. gr. 8. (76 S.) Leipzig (901). Berlin, H. Seemann Nachf. n. 1. —

— Kunstförderung in der Provinz. Der Flugschrift: „Hinauf zur bild. Kunst" 2. Tl. gr. 8. (31 S.) Ebd. 902. n. — 75

Thiele, Adf., Kater Mauz. Abenteuer e. Katers. Mit Buchschmuck v. Gadso Weiland. (III, 50 S.) gr. 8. Rostock, (903). C. J. E. Volckmann Nachf. Kart. n. 2. —

— Das verhängnisvolle Osterei u. andere Humoresken. s.: Viktoria-Bibliothek.

Thiele, Adf., zur Philosophie der neuen Frauentracht. Mit Bildmaterial u. Umschlag v. Fidus. 2. Aufl. (48 S. m. Abbildgn. u. 11 Taf.) gr. 8. Leipzig 903. Berlin, H. Seemann Nachf. n. 1. —

Hallesche Polizeiskandale vor den Stadtverordneten Rede d. Stadtverordn. Ad[olf] **Thiele** am 10. Juli 1905. Halle 1905: Genossensch.-Dr. (31 S.) 8° [F.]

Thiele, **Adf.,** die Stenographie im Postdienste, s. Schüren, Q.

Der Verkehr der Genossenschaften mit dem Register-Gerichte. Ein Formularbuch f. An- u. Abmeldungen etc. zum Genossenschafts-Register von A[dolf] Thiele, Kanzleirath. *Hannover: Manz & Lange 1901.* (VI, 64 S.) 8° [F.]
— Genossenschafts-Bibliothek. H. 2. 3. [02. 1585 7]

Thiele A, der Verkehr der Genossenschaften mit dem Registergerichte. 4. Auflage. (64 S) 16° Hannover 1901

— Vorbeugungs- u. Verhaltungsmassregeln bei Diphtheritis. Ein Vorschlag zur prakt. Prophylaxe d. Diphtherie. gr. 8. (14 S.) München 896. Seitz & Schauer. n. — 50

— Vorbeugungs- u. Verhaltungsmaßregeln bei Diphtheritis zur Verteilung in Familien. 8. (64 Bl.) Ebd. 898. n. — 50

Der Herr über Leben und Tod. Schauspiel in 3 Akten von Adolf Eberhard **Thiele.** Berlin-Leipzig: C. Wigand 1908. (158 S.) 8° [08. 13561]

Thiele, Adf. Eberh., der Herr üb. Leben u. Tod. Schauspiel in 3 Akten. (158 S.) 8. Leipzig 908. Modernes Verlagsbureau. 2. 50

Mutterschaft. Schauspiel in 3 Akten von Adolf Eberhard **Thiele**. Berlin-Leipzig C. Wigand 1906 (1907). (85 S.) 8°

Thiele, Albert: Ueber Quecksilberchlorid-Verbindungen des Thiophens und seiner Homologen ... Halle a. S.: Plötz'sche Buchdr., 1891. 31 S. 8°
Halle, Phil. Fak., Inaug.-Diss. v. [31. März] 1891

Thiele, Albrecht, a. Dorum: Ueber Derivate des γ-Amidobutylaldehyddiäthylacetals und das Pyrrolidin. (Berlin 1905: E. Ebering.) (31 S.) 8°
Berlin, Phil. Fak., Ref. Fischer, Landolt, Diss. v. 2. Juni 1905
[Geb. 27. Nov. 77 Dorum, Kreis Lehe; Heimatsort: Berlin; Staatsangeh.: Preußen; Vorbildung: Gymn. Andreanum Hildesheim Reife O. 99; Studium: Jena 4, Berlin 7 S.; Rig. 11. Mai 05.]

Thiele, Alexander, Herzogl. Braunschw. Forstassessor: **Über die Rentabilität der Fichten- und Buchen-Hochwaldwirtschaft unter besonderer Berücksichtigung der Verhältnisse in den Herzoglich Braunschweigischen Staatsforsten.** *Braunschweig 1898: J. H. Meyer.* (IV, 67 S.) 8° [F.]
München, Staatswirtsch. Diss. v. 1898

Thiele, Alma, bunte Falter. Gedichte. 16. (XV, 343 S.) Leipzig 888. (Anklam, Schmidt's Verl.) n. 2. —

Thiele, Andreas Friedrich: De jure hereditario Borussico cum Romani juris principiis comparato. Promotion vom 27. Juli 1857.

Thiele, Anton Bernh., s. Baumgarten: A. G.: Gedanken, ...

Thiele, Ant. Bhrd., († d. 30. Juni 1807.) Beweis, daß Baumgarten v. Nicolai ausgeschrieben sey. 8. Frankf. a. d. O. 762. Straus. 4 gr.

— Darstell. des Weinbaues u. Weinhandels in d. Mark-Brandenburg, s. K. R. Hausen.

— das Steinbartsche System der reinen Philosophie — geprüft. 8. Küstrin 782.

— Zergliederung bibl. Begriffe; 1r Versuch vom Wiedergebornen. 4. Frankf. a. d. O. 764.

Thiele, Arth., der lustige Postkarten-Zeichner. Eine Zeichenschule m. 60, meist humorist. Postkarten-Vorbildern zum Nachzeichnen. (30 Bl. mit 30 Pausen u. VI S. Text.) qu. 16. Leipzig 905. A. Kade. n. 1.—

Thiele, Arth., der lustige Postkartenzeichner. Eine Zeichenschule m. 60, meist humorist., Postkarten-Vollbildern zum Nachzeichnen. 5.—8. Taus. (30 Kartons u. 30 Pausen u. VI S. Text.) 11,5×18 cm. Leipzig (907). A. Kade. 1. 50

Thiele, G. C., Anleit. zur Erlernung der hebr. Sprache. 8. Werfeb. 795. Wagner. 6 gr. 2e Aufl. 8. Jena 812. Voigt; (a. Centr.-Compt. in Leipz.) 6 gr.

Thiele, C. F. Altenburger Bauerntrachten Dresden. Rittners Kunsthandlung [1826]
4 kol. Aquatintast. 4°
Bez. C. F. Thiele sct. 20

Thiele, C. F., Jesus d. Kinderfreund. gr. 12. (7⅓ B.) Halle 828, Kümmel.

Thiele, (C. F.,) Religionslehre f. evangel. Christen, mit Hinweisung auf Luthers Katechismus. Als Anh. d. Hauptstücke d. Katech. Lutheri. 8. Halle 826, Kümmel. 2 gr. Schreibp.

Thiele, C. F., Trauerlied über Deutschlands jetzigen Zustand. Harburg 863. Frick in Comm. gr. 8. (4 S.) 2½ ngr.

Thiele, Carl, s. Thiele, Karl.

Thiele, Ch. H., Nachrr. von dem gesellschaftl. Theater zu Freiberg. 4. Freiberg 800. Craz u. G. 3 gr.

Thiele, Charles, ist es wahr? Sittlich-religiöse Studie. 8. (IV, 167 S.) Zürich 896. F. L. Davoine. Geb. n. 1. —

Thiele, Chr. Gottl. (Hrsg.), s. Aufsätze, chronologisch-poetische, eines Dorfschulmeisters bei alljährlichen Neujahrswünschen.

Thiele, Clara Maria, s. Thiele, Klara Maria.

Thiele, E., s.: Wohnungs-Anzeiger, allgemeiner, f. d königl. Residenzstadt Potsdam.

Thiele, Edmund [aus Bremen]: Über den Lösungszustand des Jod und die Ursache der Farbenunterschiede seiner Lösungen ... Hamburg & Leipzig, L. Voss. 1894; 59 S. 8.
München, Phil. Fak., Inaug.-Diss. v. 1894

Thiele, Eduard [aus Glauchau in Sachsen]: Über Kondensationsprodukte von aromatischen Diaminen mit Mandelsäurenitril und Milchsäurenitril. Basel 1900. 35 S. 8°.
Basel. Phil. Diss. 1899/1900.

Thiele, *(Paul Oskar)* Erich: Ueber progressive Paralyse der Irren im Anschluss an Kopfverletzungen ... Berlin: Druck v. E. Ebering 1897. 30 S., 1 Bl. 8°
Berlin, Med. Fak., Inaug.-Diss. v. 16. März 1897

Dem Andenken von Otto Duvigneau, Stadtrat und Ehrenbürger der Stadt Magdeburg. Geb. am 7. Juli 1828. Gest. am 7. Sept. 1899. [Verf.: Ernst **Thiele**.] *(Magdeburg 1899: J. G. Hauswaldt.)* (15 Bl.) 4° [F.]

Thiele, Ernst, das Christentum — die Religion der Entarteten u. Unmündigen im Laufe der Jahrhunderte. Nur f. freie Geister. (60 S.) kl. 8. Leipzig 907. Verl. f. Literatur. Kunst u. Musik. 1. 50

Thiele, Ernst, s.: Luther's, Mart., Sprichwörtersammlung.

Ordnung des Festgottesdienstes am 4. Dez. 1904 in d. neu ausgestatteten Kirche d. wallonisch-reform. Gemeinde zu Magdeburg. Mit kurzem Abriß d. Gesch. d. Gemeinde u. ihres Gotteshauses v. Pred. [Ernst] **Thiele**. (Magdeburg 1904: R. Hesse & Co.) (5 Bl.) 8° [F.]

Thiele, Eug., s.: Samen-Kontrol-Station, d. schweizer.

Thiele, Eugène, die schweizer. Samen-Kontrol-Station in Zürich, s.: Stebler, F. G.

— s.: Samen-Untersuchungs-Anstalt, die schweizer.

Thiele, F. H. A., wie erzieht man Levkojen-Samen, d. gefüllte Stöcke in Menge gibt, woran erkennt man ihn u. verschafft sich davon Floren in höchster Vollkommenheit, Schönheit u. v. langer Dauer, sowohl im freien Garten, als in Töpfen? gr. 12. Cöslin, 1824. 2. Aufl. 1825. 3. Aufl. 1842. Hendess. — 15

Thiele, F. H. A., wie erzieht man Levkoien-Saamen, der gefüllte Stöcke in Menge giebt, woran erkennt man ihn u. verschafft sich davon Floren in höchster Vollkommenheit, Schönheit u. von langer Dauer, sowohl im freien Garten als in Töpfen? Mit den neueren Erfahrungen über diesen Gegenstand bereichert von e. Blumenfreunde. 3. Aufl. gr. 12. (3½ B.) Cöslin 842, Hendeß.

Thiele, F(elix), appr. Arzt a. Vetschau i. L.: Ueber Fermente im Urin, insbesondere über vermehrte Pepsinausscheidung beim Diabetes mellitus und einigen anderen Krankheiten. Leipzig 1907: B. Georgi. (33 S.) 8°
Leipzig, Med. Fak., Ref. Hoffmann, Diss. v. 3. Febr. 1907
[Geb. 14. Jan. 77 Vetschau i. L.; Wohnort: Leipzig; Staatsangeh.: Preußen; Vorbildung: Gymn. Wernigerode Reife O. 99; Studium: Leipzig 2, Tübingen 4, Breslau 5 S.; Coll. 8. Febr. 07; Approb. 22. Dez. 05.]

Thiele, Franz (geb. am 25 Juni 1850 in Attendorn Westf.): Aus d. pathol. Institut zu Bonn. — Beitrag zur Entstehung der freien Gelenkkörper ... Bonn, Univ.-Buchdr. v. C. Georgi 1879. 21 S. 8.
Bonn, Med. Fak., Diss. v. 19 März 1879

Thiele, Franz [aus Wamel in Westfalen]: Ein Fall von angeborenem Defekt der rechten Tibia. ... Greifswald, Druck v. Julius Abel, 1890; 31 S. 8°
Greifswald, Med. Fak., Inaug.-Diss. v. 2. Aug. 1890

Thiele, Frz. Ew., Bummellieder d. deutschen Studenten. Ausgew. u. hrsg. 12. (72 S.) Leipzig 899. B. G. Teubner. Kart. n. — 50

— kleines Kommersbuch f. den deutschen Studenten. 12. (168 S. m. farb. Titelbild.) Ebd. 897. Geb. n. 1. —

Thiele, Friedrich: Ein Fall von Fibromyom der hinteren Muttermundslippe. *Greifswald 1898: C. Sell.* (25 S.) 8°
Greifswald, Med. Diss. v. 18. März 1898

Thiele, Friedrich: Die deutsche Lagerhausindustrie. Ihre geschichtl. Entwicklung, Organisation u. wirtschaftl. Bedeutung in d. Gegenwart. Berlin: Simon [1910]. 138 S. 8°
(Handel, Industrie u. Verkehr in Einzeldarstellungen. Bd 17/18.)

Thiele, Frdr., die deutsche Lagerhausindustrie, s. a. Handel, Industrie u. Verkehr in Einzeldarstellungen. Bd. 17. 18.

Thiele, Friedr., Melodien zu den Liedern und Gesängen der freien Gemeinde zu Nordhausen, s. Melodien.

— Das deutsche Zollabfertigungsverfahren, s.: Sammlung kaufmännischer Unterrichtswerke.

Thiele, G., poet. Feldblumen. Für Frauen in einen Strauß gebunden. 8. (8 B.) Tilse 834. (Leipzig, Hermann u. Langbein.)

Thiele, Georg s.: Aesop, der illustrierte lateinische, in der Handschrift des Ademar.

Thiele, Geo. (Hrsg.), s. Äsop, Der lateinische, des Romulus u. die Prosa-Fassungen des Phädrus.

Thiele, Georg (Hrsg.), s. Aesop: Fabeln.

Thiele, Georgivs: De antiqvorvm libris pictis capita qvattvor .. Marpvrgi Catt., Elwert bibliop. acad., 1897; 2 Bl., 43 S. 8.
Marburg, Phil. Fak., Hab.-Schr. v. [3. Aug.] 1897

Thiele, Geo., Hermagoras. Ein Beitrag zur Geschichte der Rhetorik. 8. (IX, 202 S.) Strassburg i/E. 893. K. J. Trübner, Verl. n. 6. —

Thiele, Georg (geb. Niesky in d. Oberlausitz 11. 3. 1845): Die Hernien des eirunden Loches. Berlin (1868). (32 S.) 8°
Berlin, Med. Diss. v. 10. Okt. 1868

— antike Himmelsbilder. Mit Forschungen zu Hipparchos, Aratos u. s. Fortsetzern u. Beiträgen zur Kunstgeschichte d. Sternhimmels. M. 7 Taf. u. 72 in d. Text gedr. Abb. Unterstützt v. d. kgl. Gesellschaft d. Wissenschaften zu Göttingen. gr. 4. (VIII, 184 S.) Berlin 898. Weidmann. Kart. n. 20. —

Hundert Jahr unter Preussens Aarl 1802–1902. Festschrift zur Feier der 100jährigen Zugehörigkeit des Landkreises Mühlhausen i. Thür. zur Krone Preussen. Im Auftr. d. Kreisausschusses verf. von Pfarrer Georg Thiele. (Vorr.: Landrat Dr. [Robert] Klemm.) *Mühlhausen i. Th.: Landkreis (1902).* (VIII, 144 S.) 8° [Fr.] [4. 6. 1 3]

Thiele, Geo., 100 Jahr unter Preußens Aarl 1802—1902. Festschrift zur Feier der 100jähr. Zugehörigkeit des Landkreises Mühlhausen i. Thür. zur Krone Preußen. Im Auftrage des Kreisausschusses verf. gr. 8. (VIII, 144 S. m. 7 Taf.) Mühlhausen i/Th. (902). (C. Albrecht). Geb. n.n. 1.60

— Lateinkursus f. Juristen. Ein Hilfsbuch zur sprachl. Einführg. in die Quellen des röm. Rechts. I. Tl.: Institutionen. (VI, 103 S.) kl. 8. Berlin 910. F. Vahlen. Geb. in Halbleinw. 2. 60

Thiele, Georgius [Pomeranus]: Quaestiones de Cornifici et Ciceronis artibus rhetoricis. ... Gryphiswaldiae, *Frommannsche Buchdr. (Hermann Pohle) in Jena,* 1889; 2 Bl. + 114 S. 8°
Greifswald, Phil. Fak., Inaug.-Diss. v. 28. Sept. 1889

Thiele, G., Quaestiones de Cornifici et Ciceronis artibus rhetoricis. Inaug.-Diss. gr. 8. (112 S.) Greifswald 889. (Leipzig, Fock.) n. 1. 50

Thiele, G., Ionisch-attische Studien. Isokrates' *Ἑλένη*. 1901.

Thiele, Günther: Aufgaben der Wellenlehre, ohne jede Vernachlässigung der Discontinuität, mit Hülfe der Cylinderfunktion. Halle 1875: Hendel. 20 S. 8°
Halle-Wittenberg, Phil. Hab.-Schr. f. mathemat. Physik v. 25. Okt. 1875
Der Verf. hatte außerdem eingereicht: * Begriff von Kants intellektueller Anschauung und daraus sich ergebende Consequenzen für die Auffassung des Kriticismus. Einl. u. Abschn. 1. Kap. 1. 2. 59 S. 4° (2°)
Halle-Wittenberg, Phil. Hab.-Schr. f. Philosophie
Ersch. vollst. im Buchhandel u. d. T.: Kant's intellektuelle Anschauung als Grundbegriff seines Kriticismus dargestellt u. gemessen am kritischen Begriffe der Identität v. Wissen u. Sein. Halle: Lippert 1876. IV, 304 S.

Thiele, [Günther]: Bewegung der Energie in einem linearen Punktsystem. Glückstadt. 1873. 4°. Gymn.-Progr.

Thiele, Günther, Grundriss der Logik u. Metaphysik, dargestellt als Entwickelung des endlichen Geistes. gr. 8. (XII, 214 S.) Halle 878. Niemeyer. n. 3. —

Thiele, Günth., Kosmogonie u. Religion. Öffentl. Antritts-Vorlesg., geh. in d. Aula d. Universität Berlin am 4. V. 1898. gr. 8. (30 S.) Berlin 898. C. Skopnik. n. — 50

Thiele, Günther, die Philosophie Immanuel Kant's, nach ihrem systemat. Zusammenhange und ihrer logisch-histor. Entwicklung dargestellt und gewürdigt. 1. Bd. 1. Abthl.: Kant's vorkrit. Naturphilosophie. gr. 8. (VII, 219 S.) Halle 882, Niemeyer. *

Thiele, Günther, die Philosophie Immanuel Kant's nach ihrem systematischen Zusammenhang und ihrer logisch-historischen Entwickelung dargestellt und gewürdigt. 1. Bd. 2. Abthl.: Kant's vorkritische Erkenntnisstheorie. gr. 8. (VIII, 320 S.) Halle 887, Niemeyer. *
1. Bd. 1. Abthl. Ebendas. 1882. *ℳ 6.—.

— die Philosophie d. Selbstbewusstseins u. der Glaube an Gott, Freiheit, Unsterblichkeit. Systemat. Grundlegg. d. Religionsphilosophie. gr. 8. (XIV, 510 S.) Ebd. 895. n. 10. —; geb. n. 12. —

Thiele, Günth., Philosoph. Streifzüge an deutschen Hochschulen in zwanglosen Heften. 1. Heft: Einleitung; der objekt. Idealismus v. Jul. Bergmann in Marburg. (III, 70 S.) 8. Berlin 904. C. Skopnik. n. 1. —

Thiele, Günther: Wie sind die synthetischen Urtheile der Mathematik a priori möglich? Halle 1869: (Eupel in Sondershausen). 44 S. 8°
Halle-Wittenberg, Phil. Diss. v. 5. Mai 1869
Geb. Rohnstedt (Schwarzb.-Sondershausen) 1. 11. 1841. V.

Thiele, Gust[avus]: Commentationis de ecclesiae Britannicae primordiis particula 1. Halae (1839): Ploetz. 22 S. 8°
Halle-Wittenberg, Phil. Diss. pro impetratis honoribus v. 27. Apr. 1839
Geb. [Marienwerder 11. 12. 1813]
Part. 2 ist Hallische phil. Hab.-Schr. v. 1. Mai 1839
Verf. war am 9. Febr. 1838 promoviert worden.

Thiele, Gustav: Commentationis de ecclesiae Britannicae primordiis particula 2. Halae (1839): Ploetz. 32 S. 8°
Halle-Wittenberg, Phil. Hab.-Schr. v. 1. Mai 1839
Part. 1 ist Hallische phil. Diss. pro impetratis honoribus v. 27. April 1839. Vgl. Schrader II 207, 223 Anm. 4.

Thiele, Gustavus Ludovicus Guilelmus Alexander: De christiana Britanniae, Romanorum provinciae, ecclesia.
Halle-Wittenberg, Phil. Diss. v. 9. Febr. 1838
Geb. [Marienwerder 11. 12. 1813]
Ms. fehlt. Ein Teildr. der Diss. wurde am 27. Apr. 1839 pro impetratis honoribus verteidigt. — Verf. erlebte das goldene Dr.-Jubiläum 1888 als Gymnasial- und Realschuldirektor a. D. in Barmen, in Wiesbaden.

Thiele, G. Zur Erklärung des Römerbriefes in der Gymnasialprima. 29 S. **Progr.** G. *Barmen* 1877.

Thiele, G.: Zum J u b i l a e u m des Augsburger Religionsfriedens an dem Friedr. G. in Frankfurt. 25. Sept. 1855. 10 S. 8° – Barmen. G. & R., Progr. 1869.

Thiele, der Römerbrief in der Gymnasialprima. Ein exeget. Versuch. gr. 8. (VI, 95 S.) Leipzig 878. Teubner. n. 1. 60

— Liturgische Schulandachten. 30 S. 8. **Progr.** G. *Barmen* 1883.

Thiele, G., liturgische Schulandachten. gr. 8. (30 S.) Barmen 883. (Klein.) n. — 60

Thiele, G., Schulreden. gr. 8. (63 S.) Barmen 869, Buchh. der evangel. Gesellschaft. *

Thiele, G., Schulreden. Barmen 869. Klein. gr. 8. (63 S.) n. 10 ngr.

Thiele, H., die Beisetzungsfeier am 25. Octbr. u. die Predigt bei dem Trauergottesdienst am 26. Octbr. 1884, als am Tage nach der feierl. Beisetzg. Sr. Hoh. d. Herzogs Wilhelm in St. Blasii Domkirche geh. gr. 8. (16 S.) Braunschweig 885. (Ramdohr.) n. — 30

Thiele, H., gebet dem Kaiser was d. Kaisers ist, u. Gotte was Gottes ist. Predigt üb. Evang. Matth. 22, 15—22 bei Eröffng. der Landessynode in der Domkirche zu Braunschweig am 25. Novbr. 1875 geh. gr. 8. (15 S.) Braunschweig 876. Ramdohr in Comm. n. — 30

Thiele, H., Gesundheitsregeln. Den Gästen der Kuranstalt „Auf der Waid" gewidmet u. in Reime gebracht. 12. (8 S.) St. Gallen 887. F. B. Müller. n. — 20

Thiele, H., Kurregeln für die Neue Waid. 8. (7 S.) Trogen 876. (Leipzig, Grieben.) n. — 20

—— le pain naturel ou pain Graham, considéré au point de vue de la santé et de l'économie. 2e édit. 8. (28 S.) Montreux 877. (Leipzig, Grieben's Verlag.) *

Thiele, Heinrich

Thiele, Heinr., s. Treu, Walt.

—— daß unsere Zeit nicht schlechter sei als die apostol. Zeit. Predigt am 13. Sonnt. n. Trin. 1844 zu St. Elisabeth in Marburg gehalten. gr. 8. (1 B.) Marburg 845, Elwertsche Universit.-Buchh.

Thiele, Heinr., Frei und Unfrei. Ein Religionsgespräch. Halle 862. Mühlmann. 16. (88 S.) n. 8 ngr.

Thiele, Heinr., allgemeines christl. Gebetbuch zur Förderung wahrer Gottesfurcht. 16. (18½ B.) Zürich 845, Meyer u. Zeller. -

Thiele, Heinr., allgemeines christl. Gebetbuch zur Förderung wahrer Gottesfurcht. Neue wohlf. (Titel-) Ausg. 16. (XVI u. 279 S.) Zürich (845) 852, Meyer & Zeller. 12 ngr.

Thiele, Heinr., kurze Geschichte d. christl. Kirche f. alle Stände. gr. 8. (33½ B.) Zürich 840, Meyer u. Zeller.

—— kurze Geschichte der christlichen Kirche für alle Stände. 2., durchaus umgearb. und verm. Aufl. gr. 8. (XVI und 559 S.) Zürich 852, Meyer und Zeller's Verlag.

Thiele, Hnr., von der Herrlichkeit des christlichen Glaubens. Predigt am 12. Sonntage nach Trinitatis 1844 zu St. Elisabeth in Marburg gehalten. gr. 8. Marburg 844, Elwert. 1/12 rf

Thiele, Heinr., Jerusalem, seine Lage, seine heil. Stätten, und seine Bewohner nach eigener Anschauung dargestellt. gr. 8. (VIII und 157 S.) Halle 861, Mühlmann.

Thiele, Heinr., Kaiser und Papst. Eine zeitgeschichtl. Studie. gr. 8. (48 S.) Leipzig 874, J. Naumann.

—— Kirchenbuch zum evangelischen Gottesdienste, in Gebeten, Lehre und Liedern, nach den Agenden der christl. Kirchen augsburg. Confession neugeordnet. gr. 8. (XII und 466 S.) Braunschweig 852, Leibrock.

— christliche Kirchengeschichte f. Schule u. Haus, bis auf die neueste Zeit fortgeführt. 3. neu bearb. Aufl. gr. 8. (XVI, 479 S.) Stuttgart 875. Meyer & Zeller. 6. —

Thiele, Heinr., die Knechtsgestalt d. evang. Kirche od. Noth u. Hülfe. gr. 8. (10 B.) Zürich 846, Meyer u. Zeller. Thlr.

—— christl. Meditationen nebst einem Gespräche über die Versöhnung mit Gott. 16. (15½ B. u. Ttl. in Buntdr.) Zürich 846, Meyer u. Zeller.

—— der dritte Ostertag. Ein Religionsgespräch. 16. (95 S.) Halle 863, Mühlmann. *

—— 16 Predigten zu Rom gehalten. Mit vorgedruckter Liturgie. gr. 8. (12⅔ B.) Zürich 843, Meyer u. Zeller. —

—— Rom als Mittelpunkt der katholischen Christenheit nach eigener Anschauung dargestellt. gr. 8. (VII und 99 S. mit einem lithogr. Plane von Rom in gr. Fol.) Halle 861, Mühlmann. *

— die Vaterlandsliebe der Christen u. zwar in dieser unserer Zeit. Vortrag auf der Pastoralconferenz zu Leipzig am 28. Mai 1874. gr. 8. (20 S.) Leipzig 874. J. Naumann. n. — 50

Thiele, Heinr., die Zeit ist da, daß des Menschen Sohn verklärt werde. Predigt über Evangel. Joh. 12, 20—23 gehalten am Missionsfeste in Nürnberg den 19. Juni 1866 in der Kirche zu St. Lorenzen. Nürnberg 866. Raw'sche Buchh. gr. 8. (13 S.) 2 ngr.

Thiele, Hermann

Thiele, H. Die Atomgewichtsbestimmung des Kobalts. M. 3 Taf. In-8°. 43 S. Basel. These. 1895.

Thiele, Herm[ann]: Einige Reaktionen im ultravioletten Lichte. 1908. 47 S., 1 Taf. 8° ¶ Gekürzt in: Zeitschrift f. angewandte Chemie. Jg. 22, 2. 1909; erw. u. übers. in: Annuario di chimica scientifica e industriale. 1910/11. Dresden Te. H., Hab.-Schr. v. W.-S. 1908/09

Thiele, J., Danske Folkesagn. (Dänische Volkssagen). 2 Dele. 8. Kjøbenhavn 818 og 819. Gyldendal. (à 1 ß 10 gr) 3 ß 8 gr

v Thiele, J. C., der Eremit in St. Petersburg, od. Leben u. Treiben in der Hauptstadt des nord. Kaiserstaates. Ein humorist. Gemälde im Geschmacke des Jouy. gr. 12. Kaschau 825. (Wien, J. Mayer). 1 ß

Thiele, J. C. v., Der Eremit in St. Petersburg, oder Leben u. Treiben in der Hauptstadt des nordischen Kaiserstaates. Ein humanistisches Gemälde im Geschmacke des Jouy. Kaschau 1826. Kl. 8°. 2 Bl. u. 176 S. (1 fl. 35 xr. J. Taussig, Prag, 1895; 5 Mk., Expl. im Orig.-Ppb., E. Frensdorff, 1907.)

v. Thiele, J. C., Merkwürdigkt. des Königr. Ungarn rc., s. Szepesházy.

— Mosaikgemälde des geselligen Lebens unsrer Zeit, od. Stachelbeeren u. Nüsse z. Knacken. Ein Beitrag z. Nachtisch für die elegante Welt. 12. Kaschau 828. (Wien, Mayer). 1 ß

Thiele, J. C. v., k. russ. Rath. Das Königreich Ungarn Ein topographisch-historisch-statistisches Rundgemälde, das Ganze dieses Landes in mehr denn 12400 Artikeln umfassend. (6 Bde.) 8. Kaschau 1833.

Thiele, (Pfarrer rc.) J. F., christl. Predigten. 8. Straßb. 182.. Levrault. 1 ß

Thiele, J. G., u. F. Becker, Taschenbüchlein neuer Lieder für Schützengilden, siehe: Becker, F.

Thiele, J. M., Erzählungen, s. M. C. Hansen.

Thiele, Johann(es)

Joh. Thiele. Archaeomenia prisca n. g., n. sp. Mit 1 Taf. Joh. Thiele. Ueber d. Chitonen d. deutschen Tiefsee-Expedition. Mit 1 Taf. Jena: G. Fischer 1906. (S. 317–336.) 4° [Umschlagt.]
— Ergebnisse, Wissenschaftl., d. deutschen Tiefsee-Expedition auf d. Dampfer Valdivia 1898–1899. Bd 9, Lfg 2. [06. 13949

Thiele, Johannes [aus Ratibor]: Analytische Beitraege zur Kenntnis von Antimon und Arsen. . . . Halle a. S., Hofbuchdr. v. C. A. Kaemmerer & Co., 1890; 31 + 1 S. + 1 Bl. 8°
Halle, Phil. Fak., Inaug.-Diss. v. 19. Febr. 1890

Beiträge zur Morphologie der Arguliden. Von Joh. Thiele. Mit 4 Taf. Berlin: R. Friedländer & Sohn in Komm. 1904. (51 S.) 4°(8°)
= Mitteilungen aus d. Zoolog. Museum in Berlin. Bd 2, H. 4. [07. 10671 11

Thiele, Johs., reine u. technische Chemie. Rede, zur Feier des Geburtstages Sr. Maj. des Kaisers am 27. I. 1904 in der Aula der Kaiser-Wilhelms-Universität Strassburg geh. (24 S.) gr. 8. Strassburg 904. J. H. E. Heitz. n. 1. —

Thiele, Joh., die antarktischen u. subantarktischen Chitonen, s.: Südpolar-Expedition, deutsche. X, 1.

Cocculinoidea und die Gattungen Phenacolepas und Titiscania von Joh. Thiele. Nürnberg: Bauer & Raspe 1909. 48 S. 4°
(Martini, Friedr. Wilh. Heinr.: Systemat. Conchylien-Cabinet. Bd 2, Abt. 11a.) [11. 3712 6

— Cocculinoidea u. die Gattungen Phenacolepas u. Titiscania, s. a. Martini u. Chemnitz, systematisches Conchilien-Cabinet.

— die beschalten Gastropoden der deutschen Tiefsee-Expedition, s.: Martens, E. v.

Thiele, Johs. Das Gebiss der Schnecken, s. Troschel, F. H.

Kieselschwämme von Ternate. Von Dr. Joh. Thiele, Berlin. Mit Taf. 1. 2. (Frankfurt a. M.: M. Diesterweg in Komm. 1900-03.) 4°
— Ergebnisse e. zool. Forschungsreise in d. Molukken u. Borneo. T. 2, Bd 3, H. 1, [2]; H. 4, [1.]
— Abhandlungen hrsg. v. d. Senckenbergischen naturforschenden Gesellschaft. Bd 25, H. 1, [2]; H. 4, [1.] [07. 588

Thiele, Joh., Kieselschwämme v. Ternate. I. gr. 4. (S. 19—80 m. 2 Taf.) Frankfurt a/M. 900. (M. Diesterweg.) n. 6. —
Sonderabdruck aus: „Abhandlgn. d. Senckenberg. naturforsch. Gesellschaft".

— Kieselschwämme v. Ternate. II. (S. 933—968.) gr. 4. Frankfurt a/M. 903. (M. Diesterweg.)
Sonderabdruck aus: „Abhandlgn. d. Senckenberg. naturforsch. Gesellsch." n. 3. — (I u. II.: n. 9. —)

Thiele, Joh., Kieselschwämme v. Ternate. II. Jetzt: Frankfurt a. M. (Viktoria-Allee 7), Senckenberg. naturforsch. Gesellsch. Erm. Pr. n.n. 2. — (I u. II n.n. 5. —)

Thiele, Joh.: Die Leptostraken. Mit Taf. 1–4. (Jena: G. Fischer 1904.) (26 S.) 4°
= Ergebnisse, Wissenschaftl., d. deutschen Tiefsee-Expedition auf d. Dampfer Valdivia 1898–1899. Bd 8, Lfg 1.

Über die Leptostraken der deutschen Südpolar-Expedition 1901–1903 von Joh. Thiele. Mit Taf. 2 u. 1 Verbreitungskarte. (Berlin: G. Reimer 1905.) (S. 61–68.) 4°
= Südpolar-Expedition, Deutsche, 1901–1903. Bd 9, H. 1, 2. [05. 8657

Thiele, Johs., s.: Liebig's, Just., Annalen der Chemie.

Thiele, Johannes [aus Berlin]: Die Mundlappen der Lamellibranchiaten . . . . Separat-Abdr. aus: Zeitschr. für wissensch. Zoologie XLIV. Band. Leipzig, Wilhelm Engelmann, 1886. Druck v. Breitkopf u. Härtel in Leipzig; 2 + 34 + 2 S. 8°.
Berlin, Phil. Fak., Inaug.-Diss. v. 21. Jul. 1886.

Thiele, Johannes [Dr. phil.]: Ueber Nitro- und Amidoguanidin . . . (Aus: Liebigs Annalen d. Chemie, Bd 270.) Leipzig, C. F. Winter, 1892; 1 Bl., 63 S. 8.
Halle, Phil. Fak., Hab.-Schr. v. [31. Mai] 1892

— Polyplacophora, Gastropoda marina, Bivalvia vom westlichen u. zentralen Südafrika, s.: Denkschriften der medicinisch-naturwissenschaftlichen Gesellschaft zu Jena XVI, 1.

— Proneomenia amboinensis n. sp., s.: Denkschriften der medicinisch-naturw. Gesellschaft in Jena. VIII, 6.

Proneomenia Valdiviae n. sp. Von Joh. Thiele, Berlin. Mit Taf 23. (Taf. 1.) (*Jena: G. Fischer 1902.*) (S. 169–173.) 4°
— Ergebnisse, Wissenschaftl., d. deutschen Tiefsee-Expedition auf d. Dampfer Valdivia 1898–1899. Bd 3, Lfg 5.

Revision des Systems der Chitonen. Von Joh. Thiele. Mit Taf. T. 1. 2. Stuttgart: Schweizerbart 1909–10. 132 S. 4°
1. Mit 5 Textfig.
(Zoologica H. 56, Lfg 1. 2.)

— Revision des Systems der Chitonen, s.: Zoologica. 56. Heft.

Thiele, J., die abdominalen Sinnesorgane der Lamellibranchier. [Aus: „Zeitschr. f. wissenschaftliche Zoologie".] gr. 8. (S. 47—59 m. 1 Taf.) Leipzig 890. (Berlin, Dames.) n. 2. —

— üb. Sinnesorgane der Seitenlinie u. das Nervensystem v. Mollusken. [Aus: „Zeitschr. f. wissenschaftl. Zoologie".] gr. 8. (S. 385—432 m. 2 Taf.) Ebd. 890. n. 1. —

Thiele, Johannes; Studien über pazifische Spongien. Mit Taf. H. 1. 2. Stuttgart: E. Nägele 1898–99. 4°
= Zoologica. H. 24.

— Studien über pazifische Spongien, s.: Zoologica. 24.

— s.: Süsswasserfauna, die, Deutschlands.

Thiele, Johannes, approb. Arzt aus Ratibor: Über die Ursachen der Spontangangrän der Extremitäten. *Greifswald 1904: H. Adler.* (57 S.) 8°
Greifswald, Med. Diss. v. 27. Apr. 1904

— Verzeichnis der v. Herrn Dr. A. Voeltzkow gesammelten marinen u. litoralen Mollusken. gr. 4. (S. 243—252 m. m. 9 Abbildgn.) Frankfurt a/M. 900. (M. Diesterweg.) n. 1. 50
Sonderabdruck aus: „Abhandlgn. d. Senckenberg. naturforsch. Gesellschaft".

Thiele, Johann Dorotheus (Frankfurt/O.) A. S. 579/35

De successione ad furiosum devoluta.
Präs. Johann Christoph Pesler.
Frankfurt/O. (Winter) 23. X. 1750. 42 S.
34323

Thiele, Johann Georg Philipp

Thiele. J. G. P., De Aristaeo mellificii aliarumque rerum inventore. Diss. 1774 85 S. 4°. Göttingen.

Thiele, Johann Georg Philipp, s. Epictetus: Handbuch.

— Etwas üb. d. Kopfbildung d. Jugend. 8. Memmingen, Seyler. 791.

Thiele, Jh. Geo. Ph., an Jünglinge, üb. die Bildung d. Lektüre. 8. Mannh. 781. Schwan u. G. 18 ℊ

— s. Katholik, Der gute.

— s. Lemnius: Schwabenkrieg.

— Proben deutschen Gefühls u. Geschmacks, in Gedichten u. Uebersetz. aus Griechen u. Römern. gr. 8. Götting. 774. Vandenhöck u. R. 12 ℊ

Thiele, Joh[ann] Georg Philipp, und Am Stein, Joh[ann] Georg *I.* Die Pfeferser-Quelle, eine Sammlung von Liedern ..., größtentheils aus dem Lateinischen übersezt von Magister Joh. G' Ph' Thiele, und mit einem Vorbericht begleitet, von Joh. G' am Stein .... 8. Zizers 1793.

Vgl. Quelle, Die Pfeferser.

— Räthsel f. Denker u. Menschen. gr. 12. Zizers 793. 4 ℊ

Thiele, J. G. P., Lateinische Sprachlehre in Tafeln u. bündigen Regeln. Gel. 1778. 40 S. 4°. 1.—

— latein. Sprachlehre in bünd. Regeln u. Tafeln. 4. Frankf. a. M. 778. Garbe. 16 ℊ

— deutsche Sprachtafeln, z. Gebrauch der Jugend beiderlei Geschlechts. qu. 4. Chur. 794.

Thiele, Johann Julius Anton

Lehrbuch der reinen Mathematik für Kinder und Anfänger. Erster Theil. Mit einer Vorrede des Herrn *Abraham Gotthelf Kästner*, königl. Grossbritannischen Hofraths. Abgefasst von *Johann Julius Anton Thielen.* Mit vier Kupfertafeln. Hannover, in Commission bey Runge und Richter zu Zelle, 1 Alph. in 8. 1782.

Thiele, Jh. Jul. Ant., Lehrbuch der reinen Mathematik. Mit e. Vorrede v. A. G. Kästner. Mit Kpf. 1r Thl. 8. Hannov. 782. (Leipz., Hinrichs). 1 ℛ

Thiele, Johann Peter (Frankfurt/O.) A. S. 287/13

Disputatio juridica inauguralis, de his, quae praepostere fiunt. Präs. Heinrich Cocceius. It. impr. Frankfurt/O. (Zeitler) 1712. 100 S.

Diss. 2. XII. 1693.

Gew.: Johann Friedrich von Rhetz. 34329

Thiele, Johann Peter (Frankfurt/O.)
U. S. Frankfurt/O. 1725/1

Disputatio iuridica, de iure seminis.
Präs. Heinrich Cocceius. 3. rec.
Frankfurt/O. 1725. 68 S.

Diss. 12. IV. 1693. 34330

Thiele, Johann Samuel, s. Thiel, Johann Samuel.

Thiele, Josef

Thiele, Jos., Sagen aus Bodenbach u. s. Umgebung. 16. (31 S. m. Vignetten.) Warnsdorf 897. (Tetschen, O. Henckel.) n. — 40

Thiele, Julius

Thiele, Jul., die Farbenlehre als Hilfswissenschaft f. Künstler u. Industrielle gemeinfasslich dargestellt. Mit 4 (lith.) Taf. gr. 8. (V, 98 S.) Berlin 873. Nicolai's Verl. 3. —

THIELE, JULIUS. Ueber Untersuchung des Scheideschlammes, resultirt aus der Scheidung mit Kalk, des nach den verschiedenen Saftgewinnungs-Methoden erhaltenen Rübensaftes. Jena, 1872.

Thiele, Just. Mathias

Thiele, J. M. Thorwaldsen's Arbeiten und Lebensverhältnisse im Zeitraume 1828—1844. Nach dem dänischen Originale mit Genehmigung des Verfassers bearbeitet und verkürzt von F. C. Hillerup. Mit Kupfertafeln. 2 Bde. Kopenhagen 1854—1857. Fol.

Thiele, J(ust.) M(ath.), Thorwaldsen's Arbeiten und Lebensverhältnisse im Zeitraume 1828—1844. Nach dem dän. Orig., mit Genehmigung des Verf. bearb. und verkürzt von F. C. Hillerup. (Tom. I—II.) 1—25. Heft. Imp.-4. (70 S. und 148 Kpfrt.) Kopenhagen 852—56, Reitzel. (Leipzig, Lorck.) à Lfg. 13⅓ Ngr. * 1

Thiele, Just. Math., Thorwaldsen's Arbeiten und Lebensverhältnisse im Zeitraume 1828—1844. Nach dem dän. Originale, mit Genehmigung des Verf. bearb. u. verkürzt von F. C. Hillerup. Heft Nr. 6—34, enthltd. Taf. 31—205 u. Text S. 25—124. Kopenhagen 852—57. Reitzel. (Leipzig, A. Dürr.) Imp.-4. Jedes Heft mit 6 Kpfrtaf. n. 13⅓ ngr.

Thiele, J(ust.) M(ath.), Thorwaldsen's Arbeiten und Lebensverhältnisse im Zeitraume 1828 — 1844. Nach dem dän. Original mit Genehmigung des Verf. bearb. und verkürzt von F. C. Hillerup. Tom. I-II. 26 — 34. Heft. Imp.-4. (54 S. Text mit 57 Kpfrt. in Imp.-4. und qu. Fol.) Kopenhagen 857. 58, Reitzel. (Leipzig, Lorck.) à Heft *13½ Ngr. *
1—25. Heft. Ebendas. 1852—56. * 11 Thlr. 1½ Ngr.

Thiele, J. M., Breve fra England og Skotland. (1836.) stor 8. Kiøbenhavn 837. (Reitzel.) n. 1⅓ Thlr.

Thiele, J. M., Geschichte d. kgl. Kupferstichsamml. zu Copenhagen, s. Rumohr, C. F. v.

Thiele, Just Math., Thorvaldsen's Jugend. 1770 – 1804. Nach d. verstorbenen Künstlers Briefwechsel, eigenhänd. Aufzeichnungen u. hinterlass. Papieren. Aus d. Dän. von Hans Wachenhusen. gr. 8. (XVI u. 227 S.) Berlin 851, Besser's Verl. (Frz. Duncker.) 1⅓ Thlr.

Thiele, J. M. Thorwaldsen's Jugend. 1770—1804. Nach des verstorbenen Künstlers Briefwechsel, eigenhändigen Aufzeichnungen und hinterlassenen Papieren. Aus dem Dänischen von Hans Wachenhusen. Berlin 1853. 8°.

— Thorvaldsen's Leben nach den eigenhändigen Aufzeichnungen, nachgelass. Papieren u. dem Briefwechsel d. Künstlers. Deutsch unter Mitwirkg. des Verf. v. Henr. Helms. 1. Bd. Mit dem Portr. Thorvaldsen's nach Eckersberg (in Stahlst.) gr. 8. (XVI u. 351 S.) Leipzig 852, Lorck. n. 2 Thlr.

— Thorvaldsen's Leben nach den eigenhändigen Aufzeichnungen, nachgelassenen Papieren und dem Briefwechsel des Künstlers. Deutsch von Henrik Helms. 2. u. 3. Bd. Mit der (lith.) inneren und äußeren Ansicht und dem Grundriß von Thorvaldsen's Museum. Leipzig 856. Wiedemann. 8. (2 Bl., 344; XIII, 239 S.) Jeder Bd. n. 2 Thlr.
1. Bd. 852. jetzt Ebend.

Thiele, J. M., Leben u. Werke d. Dänischen Bildhauers Bertel Thorwaldsen. 2 Thle. gr. Fol. (60 B., 160 Kpfrt. u. Facsimile.) Leipzig 832, Brockhaus. à 20 Thlr. Thlr.

— Leben u. Werke des Dänischen Bildhauers Bertel Thorwaldsen. 2r Thl. Mit 80 Kpfrtaf. gr. Fol. Leipzig 834. Brockhaus. n. 20 Thlr. (Beide Thle. n. 40 Thlr.)

—— der dänische Bildhauer Bertel Thorwaldsen. Nebst e. Verzeichnisse seiner bis jetzt ausgeführten Kunstarbeiten. Mit d. Verf. Genehmigung a. d. Dän. übers. v. G. F. v. Jenssen. gr. 8. (2½ B.) Hamburg 837, Perthes-Besser u. Mauke. *

Thiele, Karl: Ueber das Bleicoulometer. (Berlin 1909: Ebering.) 87 S. 8°
Berlin, Phil. Diss. v. 25. Sept. 1909, Ref. E. Fischer
[Geb. 12. Jan. 85 Magdeburg; Wohnort: Schöneberg b. Berlin; Staatsangeh.: Preußen; Vorbildung: Falk-Realgymn. Berlin Reife O. 04; Studium: München 1, Berlin 9 S.; Rig. 29. Juli 09.] [U 10. 209

(Thiele, Carolus Ludovicus Iosephus Alfredus): * De literis Graecis et Romanis ex sententia Horatii. 133 S. 4° (2°)
Halle-Wittenberg, Phil. Dis. v. 21. Dez. 1864
Geb. Schwenda (Kr. Sangerhausen) 1. 3. 1842. V.

Thiele, *Karl (Ludwig Joseph Alfred)* Übersetzungen aus Ovid in Stanzen mit Anmerkungen. 4 (12 S.). G. *Sondershausen* 1887 (665).
Progr.

Übersetzungen aus Ovid [Met.] in achtzeiligen jambischen Strophen mit Anmerkungen von K. Thiele. 18 S. G. *Sondershausen* 1882.
Progr.

Thiele, Carl, u. Otto Raetz, allgem. verständl. Wegweiser f. Hausbesitzer zur Aufstellg. d. alljährlich im Januar d. Steuerbehörde einzureich. Miethverzeichnisse. Bearb. im Auftr. des Grundbesitzer-Vereins d. Schönhauser u. angrenz. Stadttheile u. d. Grundbesitzer-Vereins Südwest u. Süd. gr. 8. (23 S.) Berlin 897. Deutscher Verlag. — 30

Thiele, Karl Christoph

Thiele, Karl Cph., († 1796.) Schönheiten der Natur in den lustigen Gegenden von Meißen bis Dresden. 8. Meißen 769.

Thiele, Karl Emil

Thiele, Carolus Aemilius: De colica saturnina. Halis Saxonum (1853): Heynemann. 27 S. 8°
Halle-Wittenberg. Med. Diss. v. 1. Dez. 1853
Geb. Alsleben a. d. S. (Seekr. Mansfeld) 3. 6. 1829. V.

Thiele, Karl Fr. August Samuel

Thiele, C. F. S. A., Bemerk. üb. Salzwerkskunde. 8. Gött. Vandenhök. 789.

Thiele, Karl Fr. Aug. Sam., Anmerkk. üb. Salzwerkskunde. 8. Götting. 798. Vandenhöck u. R. 4 gr

— ökonom. Beobachtt. üb. einige, bisher in den Rheingegenden gebräuchl. Düngerarten, besonders Düngesalze rc. Mit angehängtem Gutachten von J. C. E. v. Springer. 8. Götting. 797. Schröder. 2 gr

Thiele, Karl Gottfried von, s.a. Thile, Karl Gottfried von.

v. Thiele, Karl Gf., († 1796.) Betrachtt. üb. die 1) aus d. Vernunft zu erkennende Gottheit rc. 2) göttl. Vorsehung u. Vorsorge; 3) üb. die bedungene Bestimmung des Schicksals der Menschen, u. 4) üb. das große Weltbuch der Natur. 4. Berl. 775. Winter. 12 gr

Thiele, Carl Gottfr. v. Nachricht von der Churmärkischen Contributions- und Schosseinrichtung, oder Landsteuerverfassung des Churmark. Brandenburg. Ritterschafts-Corporis; nebst angehängten Repertorio von der Verfassung des alten und neuen Churmärkischen Lehnwesens und dazu gehörigen aus dem Rossdienst verwandelten Lehnpferdegeldern, aus den Landes-Constitutionen, Recessen, Reversen, Edicten und Patenten etc. zusammengetragen. 4°. Berlin 1739. 2. Aufl. 4°. Halle und Leipzig 1768.

— Nachr. von der kurmärk. Contributions- u. Schloß-Einrichtung, od. Landes-Steuer-Verfassung d. Ritterschafts-Corporis. 4. Berl. 739. 4. Halle 174.. u. 768. (Graffé in Weißenf.) 2 ₰ (Noch einige Ausg.)

Thiele, C. Gottfr. von, Die .. Unsterblichkeit des .. Herrn Carl, Marggrafen zu Brandenburg .. als dieselben .. d. 28. April 1763 beygesetzet worden. Berlin 1763 4.

Thiele, Karl Josef

Thiele, Car. Joseph. (geb. Stolberg a. H. 22. 8. 1812): De ferri candentis effectu. Berolini (1830). (27 S.) 8°
Berlin, Med. Diss. v. 26. März 1830

Thiele, Karl Ludwig Leopold

Thiele, Karl Ldw. Leop., s. die protestant. Kirche u. deren Geistlichkeit. 1s—3s Heft. gr. 8. Leipz. 809, 10. u. 2r Bd. 1s u. 2s Heft. (A. u. d. T.: Miscellen f. protestant. Christenthum. 1s u. 2s Hft.) gr. 8. Berl. 815—16. Maurers B. (à 16 gr) 1 ₰ 8 gr (1s—3s Heft erschien anonym).

Thiele, C. L. L., Miscellen f. protestantisches Christenthum, s. Miszellen.

— — dieselben, s. die protestant. Kirche u. deren Geistlichkeit, s. Miscellen.

— Ein Wort der Erinnerung! Meiner lieben Gemeinde zu Biesenbraw an seinem Amtsjubelfeste. gr. 8. Prenzlau ... (Ragoczy). 4 gr

Thiele, Clara Maria, Novellen-Strauß f. Jung u. Alt, insbes. f. d. kathol. weibl. Jugend gewunden. 12. (V, 134 S. m. 1 Titelbild.) Fulda 897. (Fuldaer Actiendruckerei.) Geb. in Leinw. n. 1. 50

Thiele, L., Gedenkblätter an die 150jährige Jubelfeier der Königlichen Porzellan-Manufactur zu Meißen am 6. Juni 1860. Eine Darstellung des Festes mit den betreffenden Ansprachen, Festreden, Fest-Tafelliedern u. Trinksprüchen. Mit 1 lith. Abbildg. der Festhallen auf der Schießwiese. Meißen 860. Mosche. 8. (78 S.) n. 8 ngr

— König Saul. E. Gedicht. Bevorwort. v. Rud. Kögel. 8. (VII, 79 S.) Bremen 895. C. E. Müller. n. 1. 50

Thiele, L., Wolfenbüttler Schulliederbuch, s.: Bardall. H.

Thiele, L., die städtische Sparkasse zu Berlin, in ihrer Einrichtung u. Geschäftsführg. dargestellt. Mit sämtl. (15) Formularen der Buch- u. Kassenführg. gr. 8. (IV, 37 S.) Berlin 887. (Rosenthal.) geb. n.n. 2. 60

Thiele, Ludwig

Thiele, Ldw., s. Abentheuer u. theatral. Wanderungen eines Souffleurs.

Thiele, Ludw., über die Ausbildung junger Landwirthe zu Dirigenten größerer Güter. (Abdr. aus der Zeitschrift des landwirthschaftlichen Central-Vereins der Provinz Sachsen.) Halle 859. Heynemann. Lex.-8. (2 Bl., 16 S.) 3 ngr

Thiele, Ludwig. Bilder aus den Alpen. Erinnerungen eines Malers. 8. Leipzig 1857.
Conversations- und Reisebibliothek. (№ 25.)

Vgl. Conversations- und Reisebibliothek.

— Bilder aus den Alpen, } s. Bergson's Eisenbahnbücher.
— im Elbthale von Meißen etc., }

Thiele, L., } s. Conversations- u. Reisebibliothek.
— Im Elbthale von Meißen bis Leitmeritz, }

Die Fabrikation von Leim und Gelatine ... von Ludwig Thiele. Mit 44 Abb. Hannover: M. Jänecke 1907. (158 S.) 8°
= Bibliothek d. gesamten Technik. Bd 28. [06. 1101] 7

Thiele-Anderbeck, Ludw., der Oekonomie-Lehrling u. seine Ausbildung zum Dirigenten größerer Güter. 2. Aufl. Halle 865. Hendel. gr. 8. (VIII, 96 S.) n. 20 ngr

[F.] Der Oekonomie-Lehrling und seine Ausbildung zum Dirigenten grösserer Güter. Von Ludwig Thiele-Anderbeck. 3. Aufl. Den Fortschritten ... d. Neuzeit entsprechend umgearb. v. Oekonomierath Dr. (C. J.) Eisbein. M. 28 in d. Text eingedr. Abb. u. 8 chromograph. Taf., enth. d. wichtigsten Futter- u. Düngemittel. *Halle a. d. S.: O. Hendel 1897.* (XII, 166 S., 4 Doppel-Taf.) 1 Bd 8. [97. 8169

Thiele, Ludwig: Über Sehstörungen durch Autosuggestion insbesondere bei Schulkindern. Rostock 1910: Adler. 31 S. 8°
Rostock, Med. Diss. v. 16. Dez. 1910, Ref. Peters
[Geb. 23. Jan. 85 Bünde; Wohnort: Rostock; Staatsangeh.: Preußen; Vorbildung: Gymn. Meppen Reife O. 04; Studium: Freiburg i. B. 1, Göttingen 4, Greifswald 1, Rostock 4 S.; Coll. 19. Nov. 09; Approb. 8. Dez. 10.] [U 11. 4128

Thiele, Ludwig, s. Spazierfahrt nach Machern.

Thiele, Ldw. Kurzgefasster Unterricht für diejenigen, welche sich zu brauchbaren Kalkulatoren hauptsächlich bei Landeskollegien bilden wollen. Oder Darstellung der nöthigsten Begriffe vom Rechnungs- und Kassenwesen nebst Abriss des französ. Steuersystems. 8°. Leipzig Hinrichs, 1812.

Thiele, Luise (geb. Zarnack)

Thiele, L., u. R. Zarnack, Bilderbuch zu den hl. zehn Geboten. 10 Erzählgn. gr. 8. (360 S.) Leipzig 894. R. Werther. n. 4. —; geb. n. 5. —

— u. R. Zarnack, Bilderbuch zu den hl. zehn Geboten. 10 Erzählgn. 4 Bde. 2. Aufl. 8. (382 S.) Schwerin 902. F. Bahn. à n. 1. —; in 1 Bd. geb. n. 5. —

Thiele, L., der Fischer v. Borkum. E. Erzählg. zum 7. Gebote. [Aus: „Th. u. Zarnack, Bilderbuch zu d. hl. 10 Geboten".] 8. (48 S.) Leipzig 895. Hannov. Münden, R. Werther. n. — 50

Thiele, Luise, geb. Zarnack, Christiane Kähler, s.: Für Feste u. Freunde der inneren Mission.

— **unsere Kaiserin.** gr. 8. (16 S. m. Abbildgn.) Berlin 899. Buchh. des ostdeutschen Jünglingsbundes. n.n. — 10

— **gebrochene Ketten.** Eine Erzählg. zum 6. Gebote. [Aus: „Th. u. Zarnack, Bilderbuch zu den hl. 10 Geboten".] 8. (56 S.) Ebd. 895. n. — 50

— **der Kinder willen.** E. Erzählg. z. 1. Gebote. [Aus: „Th. u. Zarnack, Bilderbuch zu d. hl. 10 Geboten".] 8. (55 S.) Ebd. 895. n. — 50

— **ohne Rast u. ohne Ruh — immerzu!** E. Erzählg. z. 8. Gebote. [Aus: „Th. u. Zarnack, Bilderbuch zu den hl. 10 Geboten".] 8. (40 S.) Ebd. 895. n. — 50

Osteraufgang. Erzählung von L. **Thiele.** *Berlin: Ostdeutscher Jünglingsbund [1900].* (16 S.) 8° [F.]
= **Osterglocken.** H. 5. [00. 12. 1

— **d. Sägemüllerin.** E. Erzählg. z. 5. Gebote. [Aus: „Th. u. Zarnack, Bilderbuch zu d. hl. 10 Geboten".] 8. (54 S.) Ebd. 895. n. — 50

— **überwunden.** E. Erzählg. z. Schluß d. Gebote. [Aus: „Th. u. Zarnack, Bilderbuch zu d. hl. 10 Geboten".] 8. (54 S.) Ebd. 895. n. — 50

— **was war die Uhr?** E. Erzählg. z. 2. Gebote. [Aus: „Th. u. Zarnack, Bilderbuch zu d. hl. 10 Geboten".] 8. (64 S.) Leipzig 895. Hannov. Münden, R. Werther. n. — 50

Thiele, (Paul Hugo Max (geb. Berlin [illegible]) [illegible]
Harnorgane. [illegible]
(1877). (31 S.) 8°
Berlin, Med. Diss. v. 20. Dez. 1877

Thiele, M., Handelsgesetzbuch, s.: Litthauer, F.

Thiele, M., die neuen Reichscivilgesetze nebst den preußischen Ausführungsgesetzen u. Verordnungen in ihrem gegenseitigen Zusammenhange. gr. 8. (VIII, 1568 S.) Leipzig 900. 901. C. L. Hirschfeld. n. 18. —; geb. in Halbfrz. n. 21. —; auch in 10 Lfgn. à n. 1.80

— **die neuen Reichscivilgesetze nebst den preuß. Ausführungsgesetzen u. Verordnungen in ihrem gegenseitigen Zusammenhange.** 2. unveränd. [Titel-]Aufl. (VIII, 1568 S.) gr. 8. Leipzig [901] 903. [C. L. Hirschfeld.] Tübingen, J. C. B. Mohr. n. 10. —; geb. n. 12. —

Thiele, Otto [Unterarzt im Westfälischen Pion.-Bat. No. 7 u. am K. Charité-Krankenhause]: Zur Laparosplenotomie . . . . Berlin. Buchdr. v. M. Niethe 1886; 32 S. 8°.
Berlin. Med. Fak., Inaug.-Diss. v. 29. Jan. 1886.

Thiele, Otto, zur Laparosplenotomie. Diss. Berlin 1886, Mayer & Müller. 8⁰. 32 S.

Thiele, Otto, aus Friedrichsthal. Die konsonantischen **Suffixe der Abstrakta** des Altenglischen. *Darmstadt 1902: G. Otto.* (XII, 136 S.) 8°
Strassburg, Phil. Diss. v. 1901

Thiele, Otto: Die Volksverdichtung im Regierungsbezirk Aurich. Marburg 1901: (Union in Stuttgart). (66 S.) 8⁰
(Aus: Forschung zur deutschen Landes- & Volksk., Bd 13, H. 5.)
Marburg, Phil. Diss. v. [25. Nov.] 1901

Die **Volksverdichtung** im Regierungsbezirk Aurich. Von Dr. Otto **Thiele** in Marburg. Mit 1 Karte. *Stuttgart: J. Engelhorn 1901.* (66 S.) 8°
= **Forschungen** z. deutsch. **Landes- u. Volkskunde.** Bd 13, H. 5. [01. 10557

Die moderne **Salpeterfrage** und ihre voraussichtliche Lösung. Vom wirtschaftl. u. techn. Standpunkte dargest. von Dr. Ottomar **Thiele.** *Tübingen: H. Laupp 1904.* (VIII, 37 S.) 8° [04. 4298

Thiele, Ottomar, Dr. phil.: Salpeterwirtschaft und Salpeterpolitik. Eine volkswirtschaftliche Studie über das ehemalige europäische Salpeterwesen, besonders Deutschlands und Frankreichs. Cöthen 1904: A. Preuss. (71 S.) 8°
Münster, Jur. Fak., Ref. Waentig, Diss. v. 25. Sept. 1904
[Geb. 30. März 79 Micheln, Prov. Sachsen; Wohnort: Münster i. W.; Staatsangeh.: Preußen; Vorbildung: Oberrealsch. Halle a. S. Reife O. 98; Studium: Würzburg 3, Breslau 1, Leipzig 5, Münster 1 S.; Rig. 22. Juli 04.]

Salpeterwirtschaft und **Salpeterpolitik.** Eine volkswirtschaftl. Studie über d. ehemalige europäische Salpeterwesen nebst Beilagen. Von Dr. Ottomar **Thiele.** Tübingen: H. Laupp 1905. (237 S.) 8°
= **Zeitschrift** f. d. gesamte Staatswissenschaft. Erg.H. 15. [05. 3064

Thiele, Ottomar, aus Geuz b. Cöthen: **Über Uroferrinsäure,** ein Beitrag zur Kenntnis des nicht oxydierten Stickstoffs und Schwefels des normalen menschlichen Harns. *Cöthen 1903: A. Preuß.* (62 S.) 8°
Leipzig, Phil. Diss. v. [2. Jan.] 1903

— **über wirtschaftliche Verwertung ethnologischer Forschungen.** Mit besond. Rücksicht auf die ökonom. Beziehgn. der Ethnologie zur Industrie. (VII, 55 S.) gr. 8. Tübingen 906. H. Laupp. n. 1.40

Thiele, Paul, Anbauversuche m. Futterrüben, s.: Wohltmann, F.

Thiele, Paul: Diagnose und Behandlung der Speichelsteine ...
Jena: Druck v. A. Kämpfe 1893. 26 S., 1 Bl. 8⁰
Jena, Med. Fak., Inaug.-Diss. v. [20. Juni] 1893

Thiele, Paul: Formen und Wortschatz des klassischen Lateins in ihrem Werte für die schulmäßige Erlernung des Französischen. 32 S. 4. **Progr.** Collège Royal Français *Berlin* 1910 (64).

— **über d. Kartoffel als Saatgut.** [Aus: „Illustr. landwirtschaftl. Zeitg."] gr. 8. (20 S.) Schöneberg-Berlin 897. F. Telge. n.n. — 50

Thiele, Paul *Friedrich Carl* [aus Zapel]: Die Klimakreise Deutschlands vom landwirtschaftlichen Gesichtspunkte . . . Leipzig, Druck v. Fischer & Wittig, 1895; VI S., 1 Bl., 184 S., 1 Kt. 8.
Heidelberg, Naturw.-math. Fak., Inaug.-Diss. v. [4. Juli] 1895

— **Deutschlands landwirtschaftliche Klimatographie.** E. Leitfaden f. d. Selbstunterr. u. f. Vorlesgn. an landwirtschaftl. Lehranst. M. e. (farb.) Klimakarte. gr. 8. (VIII, 184 S.) Bonn 895. F. Cohen. Geb. in Leinw. n. 6. —

Thiele, Paul, der Mais als Futterpflanze. (Mitteilungen der landwirtschaftl. Abteilg. der deutschen Kolonialschule in Witzenhausen.) gr. 8. (15 S.) Leipzig (899). R. C. Schmidt & Co. n. — 50
Sonderabdruck aus: „Allgemeine Centralzeitg. f. Tierzucht".

Der **Maisbau.** E. Anleitg z. Kultur, Pflege u. Züchtg d. Maises nebst Beschreibg u. Abb. anbauwürdiger Maissorten. Von Dr. Paul **Thiele** . . . M. 61 in d. Text gedr. Abb. *Stuttgart: E. Ulmer 1899.* (VIII, 152 S.) 1 Bd 8. [99. 9018 Ha

— **d. landwirtschaftl. Wetterwarte** rc., s.: **Wohltmann, F.,** Mitteilgn. aus d. Versuchsfelde d. landwirtschaftl. Akademie Bonn-Poppelsdorf.

[ỹ.] Ziele und Aufgaben der landwirtschaftlichen Klimalehre. Von Dr. Paul Thiele, Assist. d. akad. Versuchsfeldes Bonn-Poppelsdorf. *Schöneberg-Berlin: F. Telge 1897.* (82 S.) 1 Bd 8. (91. 6044)

Thiele, Peter Ernst [Pseud.], s. a. Brandt, Karl

Thiele, Peter Ernst, das moderne Berlin in seinen Tugenden u. Lastern. Romantisch dargestellt. 8. (765 S. m. 8 Holzschn.) Fürstenwalde 852, Uttech. Berlin, Haupt-Expedit. der Monatsrosen. 1 ℳ 6 ngr

† **Thiele, Peter Ernst,** (Carl Brandt.) das moderne Berlin in seinen Tugenden und Lastern. Romantisch dargestellt. 8. (765 S. mit 8 Holzschn.) Fürstenwalde 853, Uttech. (Berlin, Haupt-Expedition der Monatsrosen.)

Thiele, Pet. Ernst, (Karl Brandt), Schattenspiele der feinen Welt. Eine Sammlung interessanter Biographien berühmter u. berüchtigter Menschen der Gegenwart und der Vergangenheit. In histor.-romant. Bildern bearb. u. herausg. 2 Bde. Berlin 855. Bieler u. Co. gr. 8. (417; 416 S.) 1 ℳ 22 ngr

Thiele, R., die Bären v. Augustusburg. Der Kuhhirte v. Oggersheim. Unter fahrenden Leuten, s.: Dietrich's Bibliothek f. die reifere Jugend. 3. Bd.

Thiele, R., die Blutlaus (Schizoneura lanigera Htg.) (S. 361—430 m. 2 Tab.) gr. 8. Stuttgart 902. E. Schweizerbart. n. 1. —
Sonderabdruck aus: „Ztschr. f. Naturwiss."

— General-Register, s.: Rundschau, hygienische.

— Nach Sibirien verbannt. — Die beiden Schwestern, s.: Dietrich's Bibliothek f. die reifere Jugend u. deren Freunde. 8. Bd.

— Die Türken vor Wien, s.: Dietrich's Bibliothek f. die reifere Jugend. 4. Bd.

Thiele, R. Über den Wert der Vorschätzung und die sogenannte Schätzungklausel in der Feuerversicherung. Vortrag. 1881.

Thiele, Richard

Thiele, Rich., Thomas Abbts Anteil an den Briefen, die neueste Literatur betreffend. Eine literarhistor. Studie. [Aus: „Beiträge zur deutschen Philol."] gr. 8. (44 S.) Halle 879. Buchh. d. Waisenh. n. 1. 60

Thiele, Rich., Aufgaben zum Übersetzen ins Lateinische f. angehende Studierende der klassischen Philologie. gr. 8. (VIII, 63 S.) Berlin 892. Weidmann. n. 1. —

Thiele, *Richard* [Dir. Dr.]: *Bericht über seine Einführung als Director.* Erfurt, Druck v. F. Bartholomäus, 1893; 16—20 S. 4.
Erfurt, k. G, OP 1893 (234)

Thiele, Richard [Dir. Dr.]: *Bericht über die Feier der Einweihung des neuen Schulgebäudes.* Erfurt, Druck v. F. Bartholomäus, 1897; 12—20 S. 4.
Erfurt, k. G, OP 1897 (239)

Thiele, *Richard* [Dir. Dr.]: *Bericht über die feierliche Grundsteinlegung für das neue Gymnasium.* Erfurt, Druck v. F. Bartholomäus, 1895; 20—24 S. 4.
Erfurt, k. G, OP 1895 (235)

Bilder aus Thüringens Sage und Geschichte. Nach Konrad Stolle's Chronik. Von Dr. R[ichard] **Thiele**, Dir. in Erfurt. *Erfurt: C. Villaret [1902].* (96 S.) 8° [ỹ.] (02. 6119)

Thiele, Rich., Bilder aus Erfurt's Vergangenheit. Nach Konrad Stolle's Chronik. 8. (52 S.) Erfurt 901. C. Villaret. n. — 50

Bilder aus Erfurt's Vergangenheit. Nach Konrad Stolle's Chronik. Von R[ichard] **Thiele**, Dir. in Erfurt. *Erfurt: C. Villaret [1902].* (52 S.) 8° [ỹ.] (02. 6304)

Der Erfurter Stadtsyndikus Dr. Berthold Bobenzahn und sein Ende. Ein Beitrag z. inneren deutschen Geschichte am Anfang d. 16. Jhs. Von Dr. R[ichard] **Thiele**, Gymn.Dir. Erfurt: K. Villaret 1907. (37 S.) 8° [Umschlagt.]
Aus: Jahrbücher d. Kgl. Akad. gemeinnütz. Wiss. zu Erfurt. N. F. H. 33. (08. 3693 3

Thiele, Richard [Dr., Dir.]: Neun Briefe von Matthaeus Dresser. E. Beitr. z. Schul- u. Gelehrtengeschichte im 16. Jh. Mitgeteilt. Erfurt, Druck v. F. Bartholomäus, 1897; 19 S. 8.
Erfurt, k. G, OP 1897 (239)

Thiele, [Richard], Dir. Dr.: [**Festrede** zur Hundertjahrfeier der Einverleibung Erfurts in das König. Preußen.] *Erfurt 1903: F. Bartholomäus.* (S. 22—29.) 4°
Erfurt, k. G, OP 1903 (273)

Thiele, Richard, Dr., Dir.: **Festrede**, gehalten am 3. Juli 1896 zur Feier der Einweihung des neuen Gymnasialgebäudes zu Erfurt. *Erfurt: F. Bartholomäus 1897.* (21 S.) 8°
Erfurt, k. G, Festschr. 1897**

Thiele, Richard, Dr.: Das Forum Romanum mit besonderer Berücksichtigung der neuesten Ausgrabungen ⟨1898—1903⟩. Erfurt 1904: Fr. Bartholomäus. (33—56 S.) 8° [ỹ.]
Erfurt, k. G OP 1904 (277)

— das Forum Romanum m. besond. Berücksicht. der neuesten Ausgrabungen geschildert. 2. verb. Aufl. (58 S. m. 1 Plan.) 8. Erfurt 906. C. Villaret. n. 1. 20
1. Aufl. (24 S. m. 1 Taf.) 904. n. — 60.

Thiele, Rich., die deutsche Frau im Mittelalter. Eine kulturhistorische Skizze. Vortrag. gr. 8. (35 S.) Bochum 878, Stumpf.

Thiele, [Richard]: [Zum Gedächtnis des am 5. Juni 1906 verstorbenen Prof. emer. Georg Rumler.] S. 22—24 der Schuln. 4.
Progr. Kgl. Gymn. *Erfurt* 1907 (289).

Thiele, Rich., Gedächtnißrede auf Kaiser Friedrich III. Gehalten in der Aula des königl. Gymnasiums zu Ratibor am 30. Juni 1888. 8. (16 S.) Ratibor 888, Babin. *

— die Gründung der Akademie nützlicher (gemeinnütziger) Wissenschaften zu Erfurt u. die Schicksale derselben bis zu ihrer Wiederbelebung durch Dalberg (1754—1776). Mit urkundl. Beilagen. (138 S. m. 1 Bildnistaf.) Lex.-8. Ebd. n. 2. 50
Sonderabdruck a.: „Jahrbb. d. kgl. Akad. gemeinnütz. Wiss."

Thiele, Richard *Karl Friedrich Theodor*: Die Gründung des evangelischen Ratsgymnasiums zu Erfurt (1561) und die ersten Schicksale desselben. Ein Beitrag zur Schul- und Gelehrtengeschichte des 16. Jahrhunderts. 8 (51 S.).
Erweitert u. d. T.: ... Jahrhunderts Mit urkundlichen Beilagen und Quellenauszügen, nebst eine Abbildung des ehemaligen Augustinerklosters. 8 (85 S.). Erfurt 1896, H. Neumann. ℳ 2, –.
Festschrift z. Einweihung des neuen Gebäudes Kgl. G. *Erfurt* 1896.
Nicht im Tauschverkehr.
Progr.

Thiele, [Richard]: [Professor Dr. Wilhelm Heinzelmann, gest. 21. Juli 1905.] S. 13—16 der Schuln. 4.
Progr. Kgl. Gymn. *Erfurt* 1906 (289).

— **Horaz u. sein Säculargedicht.** Ein Beitrag zur Geschichte der hellen. Dichtweise in Rom. Vortrag, geh. am 14. II. 1900 in der ordentl. Sitzung der königl. Akademie gemeinnütz. Wissenschaften zu Erfurt. gr. 8. (29 S.) Ebd. 900. n. — 60
Sonderabdruck aus: „Jahrb. der kgl. Akademie gemeinnütz. Wiss. zu Erfurt".

Thiele, Rich(ardus): *De Hymni in Venerem Homerici indole patria re metrica dicendi genere interpolationibus. 113 S. 4° (2°)
Halle-Wittenberg, Phil. Diss. v. 15. Nov. 1869
Geb. Schwenda im Harz (Kr. Sangerhausen) 30. 12. 1846. V.
Ersch. mit Veränderungen u. d. T.: Prolegomena ad hymnum in Venerem Homericum quartum. Halis: Orphanotropheum 1872. 81 S. 8°

— die Insel **Island** u. ihre Bedeutung f. das germanische Altertum. Vortrag, geh. in der öffentl. Sitzg. der königl. Akademie gemeinnütz. Wissenschaften in Erfurt am 25. Oktbr. 1893. [Aus: „Jahrbb. d. Akad. gemeinnütz. Wiss. zu Erfurt".] gr. 8. (39 S.) Erfurt 894. C. Villaret. n. — 60

Thiele, [Richard], Dir. Dr.: Professor (Dr. Erwin) **Kayser:** Amtsjubiläum. — Tod. *Erfurt 1899: F. Bartholomäus.* (S. 12 —22.). 4°
Erfurt, k. G, OP 1899 (243)

Im Ionischen Kleinasien. Erlebnisse u. Ergebnisse. Geschildert von Dr. R[ichard] **Thiele**, Dir. zu Erfurt. Mit 5 Karten u. 32 Bild. Gütersloh: C. Bertelsmann 1907. (160 S.) 8° [F.]
— **Gymnasial-Bibliothek.** H. 45. [07. 14159

— **Eva Lessing.** Ein Lebensbild. I. Mit einem (Holzschn.-)Bilde von Eva Lessing, nach einem Oelgemälde im Besitze der Familie. gr. 8. (VIII, 109 S.) Halle 881. Buchh. d. Waisenh. n. 2. 40

— s.: **Lessing's** hamburgische Dramaturgie.

Thiele, R., prolegomena ad hymnum in Venerem Homericum quartum. gr. 8. (III, 83 S.) Halle 872. Buchh. d. Waisenh. n. 1. 50

Reiseerinnerungen an Griechenland von Dr. R[ichard] **Thiele**, Dir. in Erfurt. *Erfurt: H. Neumann 1903.* (54 S.) 8° [F.] [03. 13938 3

Thiele, Richard, Dr., Dir.: Die **Schicksale** der Erfurter Akademie nützlicher ⟨gemeinnütziger⟩ Wissenschaften nach der ersten Besitznahme Erfurts durch Preußen ⟨1802—1803⟩. Ein Erinnerungsblatt im Säcularjahr. *Erfurt 1902: F. Bartholomäus.* (46 S.) 8°
Erfurt, k. G, OP 1902 (258)

— **Schülerkommentar zur Auswahl aus Ciceros rhetorischen Schriften.** (214 S.) 8. Leipzig 905. G. Freytag. — Wien, F. Tempsky. Geh. n. 1. 60

Die Theaterzettel der sogenannten Hamburgischen Entreprise ⟨1767–1769⟩. Beiträge z. deutschen Litteratur- u. Theatergeschichte. Von Dr. phil. Richard **Thiele**, Gymn.Dir. 1. Die Wichtigkeit d. Theaterzettel f. Lessings Hamburgische Dramaturgie. [Mehr nicht erschienen.] *Erfurt: H. Güther 1895.* (29 S.) 8° [F.]

Erphurdianus Antiquitatum **Varilоquus** Incerti Auctoris, nebst e. Anh. hist. Notizen über d. Bauernkrieg in u. um Erfurt i. J. 1525. Hrsg. von d. Hist. Komm. f. d. Prov. Sachsen u. d. Herzogt. Anhalt. Bearb. von Dr. Richard **Thiele**, Dir. zu Erfurt. Mit 2 Pl. d. Stadt Erfurt. Halle: O. Hendel 1906. (VIII, 280 S.) 8°
— **Geschichtsquellen** d. Prov. Sachsen. Bd 42. [06. 7007

— **Vorlagen** zu Übersetzungen ins Lateinische, f. die Prima d. Gymnasiums zusammengestellt. gr. 8. (III, 46 S.) Breslau 891. W. Koebner. n. 1. —

Thiele, Rich., was hat Preußen f. Deutschland gethan? Ein geschichtl. Rückblick von d. Freiheitskriegen bis zur Gründg. d. neuen deutschen Reiches. Festrede, geh. am 18. Oktbr. 1894. gr. 8. (23 S.) Ebd. 895. n. — 50

— **Kaiser Wilhelm** der Große. Ein Lebensbild. 8. (47 S. m. Titelbild.) Ebd. (900). n. — 50

Thiele, Rudolf

Thiele, Rud., Ernst Moritz Arndt. Sein Leben u. Arbeiten f. Deutschlands Freiheit, Ehre, Einheit u. Größe. gr. 8. (VII, 210 S.) Gütersloh 894. C. Bertelsmann. n. 2. 40; geb. n. 3. —

Thiele, Rudolf: Ergebnisse der Nordpolarforschung seit der Mitte des neunzehnten Jahrhunderts. Stettin, Druck v. R. Grassmann, *1894;* 27 S., 1 Kt. 4.
Stettin, Friedrich-Wilhelms-S '(RG nebst VS)', P 1894 (149)

Thiele, Rud., die Führung der Standesregister. Ein prakt. Rathgeber für Standesbeamte und das Publikum bei Vollziehung der Eintragungen in die Standesregister, erläut. durch die maßgeb. Bestimmungen des Ehe- und Familienrechts, nebst vollständ. Gesetz über die Beurkundung des Personenstandes und die Form der Eheschließung vom 9. März 1874. Unter Berücksicht. aller bis zum 15. Octbr. 1874 erschienenen Ergänzungen und Erläuterungen. 1.—3. verm. Aufl. 8. (II, 64 S.) Schweidnitz 874, Heege.

Thiele, Rud., die Augsburgische Konfession, zum Gebrauch an höh. Unterrichtsanstalten, f. Studierende u. Kandidaten der Theologie erklärt. (VIII, 162 S.) gr. 8. Halle 907. Buchh. des Waisenhauses. 2. —

Thiele, Rudolf, Referendar in Ostrowo i. Posen: Die **Laudatio** auctoris im römischen Recht. *Breslau 1900: P. Förster.* (42 S.) 8°
Breslau, Jur. Diss. v. [10. Dez.] 1900

Thiele, Rud., Lehrbuch der Geschichte, s.: **Schultz,** Ferd.

Thiele, *(Ferdinand Georg)* Rudolf: Die Temperaturgrenzen der Schimmelpilze in verschiedenen Nährlösungen ... Leipzig: Druck v. A. Mehnert 1896. 37 S., 1 Bl., 6 Tab. 8°
Leipzig, Phil. Fak., Inaug.-Diss. v. [16. März] 1896

Thiele, Rud., die **Temperaturgrenzen** der Schimmelpilze in verschied. Nährlösgn. Diss. gr. 8. (37 S. m. 6 Tab.) Leipzig 896. (O. Schack.) n.n. 1. 50

THIELE, RUDOLPH AUGUST.
Fuselöl (Das), seine Natur, Entstehung und Beseitigung. Ausführliche Anleitung zur Entfuselung des Branntweins mit und ohne Kohlen; Mittheilungen über ein Verfahren Spiritus zu entfuseln, ohne Herabsetzung mit Wasser und ohne Destillation; fuselfreie Produkte aus der Maische zu gewinnen, etc. Für Brennerei-Besitzer, Liqueur- und Sprit-Fabrikanten, Wein- und Sprithändler, Destillateurs und Parfümeurs, Kaufleute und Speculanten. Quedlinburg, 1852. 8vo.

Thiele, Rud. Aug., das Fuselöl, seine Natur, Entstehung und Beseitigung. Ausführliche Anleitung zur Entfuselung des Branntweins mit u. ohne Kohlen; Mittheilungen über ein Verfahren, Spiritus zu entfuseln ohne Herabsetzung mit Wasser u. ohne Destillation; fuselfreie Producte aus der Maische zu gewinnen 2c. Für Brennerei-Besitzer, Liqueur- u. Sprit-Fabrikanten, Wein- u. Sprithändler, Destillateurs u. Parfümeurs, Kaufleute u. Speculanten. Quedlinburg 853. Basse. 8. (46 S.) 7½ ngr.

Thiele, Th. G., die Kunst der Jugend, dem Volke! (101 S.) kl. 8. Strassburg 910. J. Singer. Geb. 1. 50

Thiele, Theodor: Das völkerrechtliche freie Geleit in den Auslieferungsverträgen des deutschen Reiches. Greifswald 1900: J. Abel. (38 S.) 8⁰
Greifswald, Jur. Diss. v. 1900

Thiele, Thorvald Nicolai

Thiele T. N.: Bestimmung d. Längen-Differenz zwischen Lund u. Kopenhagen. [Lund 1885]. 56 S. (Særtr.). 4⁰.

Thiele, T. N., Interpolationsrechnung. (XII, 175 S.) Lex. 8. Leipzig 909. B. G. Teubner. 10. —

Thiele, W., Brüderchen versprich dich nicht, s.: Theater, kleines.

Thiele, W., Hand- u. Hilfsbuch zur näheren Kenntniss der steuerpflichtigen Gewerbe der Zuckerfabrikation, Branntweinbrennerei u. Bierbrauerei für Steuerbeamte. Mit 23 in den Text gedr. (Holzschn.-) Abbildungen. gr. 8. (VII, 85 S.) Halle 877. Schwetschke. n. 1. 75

Thiele, W., Hand- und Hilfsbuch zur näheren Kenntniss der steuerpflichtigen Gewerbe, der Rübenzuckerfabrikation, Branntweinbrennerei u. Bierbrauerei f. Steuerbeamte. Mit 24 in den Text gedr. Abbildgn. 2. Aufl. gr. 8. (VII, 104 S.) Halle 886. Schwetschke. n. 2. 20

— Handbüchlein f. Diskussionsübungen, s.: Aus der Arbeit für d. Arbeit. 6. (Hennig, Mart.)

Thiele, W., Handbüchlein f. Diskussionsübgn., s.: Hennig, M.

Thiele, Walter

Thiele, Waltharius, Brandenburgensis: De Severo Alexandro imperatore. Caput 1. De fontibus. (Berolini 1908: C. Salewski.) (VI, 50 S.) 8⁰ ¶ (Erscheint vollst. b. Mayer & Müller in Berlin.)
Berlin, Phil. Fak., Ref. Hirschfeld, Diss. v. 18. Jan. 1908
[Geb. 30. Aug. 84 Zehlendorf b. Berlin; Wohnort: Zehlendorf; Staatsangeh.: Preußen; Vorbildung: Gymn. Steglitz Reife O. 03; Studium: Berlin 9 S.; Rig. 19. Dez. 07.]

Thiele, Walthar., de Severo Alexandro imperatore. (XII, 132 S.) gr. 8. Berlin 909. Mayer & Müller. 3. —

Thiele, Walter, z. Z. Einj.-Freiw. Marine-Arzt i. Kiel, aus Hohenlandin (Prov. Brandenburg): Über Wendung und Extraktion mit besonderer Berücksichtigung der zeitlichen Trennung beider. *Halle a. S. 1899: C. A. Kaemmerer & Co.* (29 S.) 8⁰
Halle, Med. Diss. v. 11. März 1899

Thiele, Werner, statistische Erhebungen über die Häufigkeit, Complicationen und Aetiologie des Endocarditis. Inaugural-Dissertation. gr. 8. (14 S.) Kiel 888, (Lipsius und Tischer.) *

Thiele, Wilhelm

Thiele, Wilh, das Bundeshaus. Ein Deklamatorium f. die Vereine des ostdeutschen Jünglingsbundes. gr. 8. (11 S.) Berlin 895. Buchh. d. Ostdeutschen Jünglingsbundes. n. — 25

— Das Evangelium des Markus, s.: Wort, das, des Heils.

Thiele, Wilh[elm]: Frauenarbeit, alte und neue Wege. — Witten a. Ruhr: Ev. Pressbüro [1910]. 16 S. 8⁰

— Grenadier u. Generalsuperintendent, od.: Denen, die Gott lieben, muß jedes Ding zum Besten dienen. Zur Aufführg. in christl. Vereinen nach e. geschichtlichen Begebenheit bearb. 2. Aufl. 8. (16 S.) Ebd. 896. n. — 30

Thiele, Wilh., hat das geordnete Amt f. die Christenheit v. heute u. morgen noch e. Botschaft u. Verheißung? Vortrag auf dem deutschen Pfarrertag zu Wiesbaden 9. IX. 1909. (29 S.) 8. Hamburg 909. G. Schloeßmann. — 60

Thiele, Wilh., ich weiß, an wen ich glaube! Predigten. (IV, 60 S.) 8. Berlin 905. M. Warneck. n. 1. —

— s.: Jünglingsverein, der.

— das Leben unseres Heilands. Mit Bildern v. Rud. Schäfer. 1—10. Taus. (119 S.) 8. Hamburg 904. G. Schloeßmann. n. — 60; geb. in Leinw. n. 1. 20

— dasselbe. (126 S.) Lex.-8. Ebd. (904). Geb. in Leinw. n. 6. —

— Das Leben unseres Heilands. Mit Bildern v. Rud. Schäfer. 16.—25. Taus. (119 S.) 8. Hamburg (907). G. Schloeßmann. — 60

— seid männlich u. seid stark, s.: Berlin, F.

Thiele, Wilh., Tafel zur Inhaltsbestimmung der 4kantigen Hölzer in 4 Decimalstellen. gr. 8. (127 S.) Dessau 873. Barth. n. 3. —

— Tafeln zur Inhaltsbestimmung der Rundhölzer nach Kubikmetern. gr. 8, (117 S.) Ebend. 871. geb. n. 2. 25

Thiele, W., Tafeln der Wolfram'schen hyperbolischen Logarithmen. Bearb. u. erweitert. (118 S.) 8. Dessau 905. (W. Claass.) Kart. n. 6. 80

Thiele, W., Tafel der Wolfram'schen hyperbolischen 48stelligen Logarithmen. Bearb. u. erweitert. (Neue Ausg.) (118 S.) 8. Dessau 908. Hofbuchdr. C. Dünnhaupt. Geb. 6. —

Thiele, Wilhelm: Das Wesen des Gemeingebrauches an den res privatae, unter besonderer Berücksichtigung seines Verhältnisses zu den Servituten, nach gemeinem Recht. Berlin (1898): E. Ebering. (85 S.) 8⁰
Erlangen, Jur. Diss. v. 11. Mai 1898

— Vom Worte des Lebens. Predigten nach Johannes. (134 S.) 8. Ebd. 909. Geb. 2. —

Thiele, Wilhelm [app. Arzt aus Hameln]: Ueber den Zusammenhang von Herzschwielen mit Veränderungen der Coronararterien ... Göttingen, Druck d. Dieterich'schen Univ.-Buchdr., 1892; 51 S. 8.
Göttingen, Med. Fak., Inaug.-Diss. v. [25. Juni] 1892

Thiele, Wilh., üb. den Zusammenhang v. Herzschwielen m. Veränderungen der Coronararterien. Diss. gr. 8. (51 S.) Göttingen 892. (Vandenhoeck & Ruprecht.) n. 1. 20

Thiele, Willy: Über einen Fall von Gliom und Sarkom des Rückenmarks mit Höhlenbildung und sekundären Strangdegenerationen. Leipzig 1902: C. Grumbach. (19 S.) 8⁰
Erlangen, Med. Diss. v. (7. März) 1902

Thiele-Anderbeck, Ludwig, s. Thiele, Ludwig.

Thiele-Lundershausen, Emma, Memoiren. 8. (71 S. m. Bild.) Hamburg 888. Schardius. n. — 60

Thiele von Thielenfeld, Johann Aug.

J. A. **Thiele v. Thielenfeld**: Alfred u. Ida, Briefe über Fortdauer u. Wiederseh̄n. *Lpz.*, Engelmann. (813.) 8°

— üb. Fortdauer, Wiedersehen u. Wiedererkennen für liebende u. hoffende Seelen. 8. Sorau. (Leipz. Bruder in Comm.) 814.

Thiele v. Thielenfeld, Jh. Aug., († 1820.) Alfred u. Ida. Briefe üb. Fortdauer u. Wiederseh̄en. 8. Sorau 814. 2e umgearb. Aufl. mit Titelkpf. 8. Lpz. 818. Engelmann. 1 ₰ 16 gr

J. A. **Thiele v. Thielefeld's** Ansichten wicht. Gegenstände d. höh. geist. Lebens. *Lpz.*, Engelmann. 815-16. 2 Thle. 8°

Thiele v. Thielenfeld, (J. A.,) Ansichten wichtiger Gegenstände des höhern, geistigen Lebens. 2 Thle. 2e Aufl. 8. Leipz. 824, Engelmann.

J. A. **Thiele v. Thielenfeld**: Gründe für u. wider d. Selbstmord; nebst Beantwort. d. Frage: welches ist d. höchste Verwahrungsmittel gegen denselben? *Lpz.*, Engelmann. 817. 8° 20 gr

Thielecke, Otto, Arzt a. Rätzlingen: Über die Lokalisation der Knochentuberkulose. ⟨Beitrag zur doppelseitigen Tuberkulose der Patella.⟩ Freiburg i. B. 1907: U. Hochreuther. (35 S.) 8°

Freiburg i. B., Med. Fak., Ref. Kraske, Diss. v. 1907

[Geb. 4. Jan. 76 Rätzlingen; Wohnort: Rätzlingen; Staatsangeh.: Preußen; Vorbildung: Gymn. Neuhaldensleben Reife O. 98; Studium: Würzburg 5, Leipzig 2, Rostock 2 S.; Coll. 1. März 07; Approb. 30. Sept. 03.]

Thielemann, C. H. Adnotationes in aliquot Sophoclis locos. 14 S. [Trach. 24—25. 29—30. 54—57. Elect. 17—20. 21. Ajax. 510—512. 854—856.]

Merseburg, Progr. 1849

Thielemann, C. H. Über die Trachinierinnen des Sophokles. 29 S. [Lateinisch.]

Merseburg, Progr. 1843

Thielemann, Christian

Thielemann, Chr., Anleitung für Pferdebesitzer, die gewöhnl. Krankheiten der Pferde zu verhüten. 8. Marburg. Krieger. 817. Rthlr.

Thielemann C.: Anleitung f. Landwirthe die Pferde gesund zu erhalten u. die gewöhnlichsten Krankheiten derselben zu verhüten u. vernünftig zu behandeln. M. e. Vorr. v. J. D. Busch. Marburg 1818. (16) 191 S.

Thielemann, Chr., Der Pferdearzt, oder Anleitung für Landwirte, die Pferde gesund zu erhalten und die gewöhnlichsten Krankheiten derselben zu verhüten und vernünftig zu behandeln. Mit einer Vorrede von J. D. Busch. 8. Marburg 18. (Kassel, Kriegers Verl.) M. 2.25

— Belehrung f. d. Landmann, die Pferdezucht zweckmäßig u. nach richtigen Grundsätzen zu betreiben. 8. Cassel 819. (Krieger; a. Hennings in Gotha). 6 gr

Thielemann, Elisab., die Erziehung zum nationalen Selbstbewußtsein durch die Frau. (11 S.) gr. 8. Leipzig (909). Leipziger Verlags- u. Kommissionsbuchh. — 20

Thielemann, E., Die Erziehung zum nationalen Selbstbewusstsein durch die Frau. (11 S.) gr. 8. Leipzig, Neuer Verlag deutsche Zukunft. 1910. —. 20.

Thielemann, G., gothaisches Kirchen- u. Pastoralrecht, s.: Rudloff, G.

Thielemann, Johann Christian (Nemt) A. S. 1332/14

Dissertatio de recto oculorum in corpore humano usu vulgo Von dem rechten Gebrauch der leiblichen Augen. Präs. Hieronymus Giessmann.
Leipzig (Brandenburger) 23. V. 1711. 20 S.

Gew.: Georg Ermel, Johann Christian Knauth, Samuel Jakob, Christoph Haupt. 34331

Thielemann, Martin: Aus d. Zool. Inst. d. Univ. Leipzig. Beiträge zur Kenntnis der Isopodenfauna Ostasiens. Mit 2 Taf. u. 87 Textabb. München 1910: Straub. 110 S., 2 Taf. 4° ¶(Aus: Abhandlungen d. math.-phys. Kl. d. Bayr. Akad. d. Wiss. Suppl.-Bd 2.)

Leipzig, Phil. Diss. v. 16. Dez. 1910, Ref. Chun, Pfeffer

[Geb. 13. Juli 86 Grimma; Wohnort: Grimma; Staatsangeh.: Sachsen; Vorbildung: Fürstensch. Grimma Reife O. 05; Studium: Leipzig 10 S.; Rig. 16. Mai 10.] [U 11. 3325

Beiträge zur Kenntnis der Isopodenfauna Ostasiens. Von Martin **Thielemann.** ⟨Aus d. Zoolog. Inst. d. Univ. Leipzig.⟩ Mit 2 Taf. u. 87 Textabb. München: Akad.; Franz in Komm. 1910. 109 S. 4°

(Beiträge z. Naturgeschichte Ostasiens. Bd 2, [3.])
(Abhandlungen d. Kgl. Bayer. Akad. d. Wiss. Math.-phys. Kl. Suppl. Bd 2, Abh. 3.)
[11. 10119

Thielemann, Max: Die Eisverhältnisse der Elbe und ihrer Nebenflüsse. Halle a. S. 1907: C. A. Kaemmerer & Co. (148 S.) 8°
Halle, Phil. Fak., Ref. Philippson, Diss. v. 12. März 1907

Thielemann, R., die Steuererklärung. Muster zu Steuererklärgn. f. verschiedene Berufsklassen u. Verhältnisse, sowie zu Anträgen, Berufgn. u. Beschwerden, nebst den wichtigsten Gesetzes- u. Ausführungsbestimmgn. zum Einkommensteuergesetz vom 24. Juni 1891. 2., umgearb. Aufl. Fol. (V, 64 S.) Berlin 893. C. Heymanns Verl. n. 2. —

— Steuererklärung u. Vermögensanzeige. Die wichtigsten Bestimmgn. üb. die Einkommensteuer u. die Ergänzungssteuer, nebst Mustern zu Steuererklärgn. u. Vermögensanzeigen. 3., umgearb. u. verm. Aufl. Fol. (V, 78 S.) Ebd. 895. Geb. in Halbleinw. n. 3. —

Thielemann, Rudolf [app. Arzt aus Cabarz in Thür.]: Aus d. pharmakolog. Institute d. Univ. Marburg. Die physiologische Wirkung des Piperidin ... Marburg, Univ.-Buchdr. '(C. L. Pfeil)', 1896; 64 S., 1 Bl. 8.
Marburg, Med. Fak., Inaug.-Diss. v. 14. Okt. 1896

Bericht über das 100 jährige Stiftungsfest der Johannisloge Wittekind zur westfälischen Pforte im Or. Minden. Von [Friedr. Wilh.] **Schröder.** Minden [1886]: Köhler. 15 S. 8° [Umschlagtit.]
Festvortrag von W. Thielemann: Üb. das Fundament u. die Säulen, die den Bau der Frmrei tragen. 23. 25.

Thielen, die Fahnenweihe am 18. Januar 1861. Berlin 861. F. Schulze. 8. (8 S.) n. 2½ ngr.

Thielen, Adam: Über L e b e r k i r r h o s e bei Kindern durch congenitale Syfilis ... Kiel: Druck v. Ch. Donath 1894. 14 S., 1 Bl. 8°
Kiel, Med. Fak., Inaug.-Diss. v. [6. März] 1894

Thielen, Eduard (geb. Düsseldorf [2. 3. 1846]): Thesen. Berlin (1870). (2 Bl.) 8°
Berlin, Med. Thes. v. 20. Juli 1870

Thielen, Georg

—— kurze Verfassung der Belagerung und Zerstörung des fürstlichen Hauses Plassenburg und der Stadt Culmbach. Von Tag zu Tag beschrieben. Von Anno 1553 bis 1554. Im Jahre 1853 veröffentlicht von H. Harleß und K. H. Caspari. Mit zwei Anhängen. Ansbach 853. Gummi. (München, Giel.) 8. (59 S.) n. 8 ngr.

Thielen, H., der Leutnant in Nöten od. der dämliche Offiziersbursche, s.: T h e a t e r, kleines.

Thielen, Hanspet., über die Sterblichkeit früh- u. rechtzeitig geborener Kinder in den ersten neun Wochenbettstagen. Diss. (40 S.) 8. Freiburg i/B. 905 Speyer & Kaerner. n. 1.—

Thielen, Herbert v., Geschichte des Magdeburgischen Husaren-Regiments Nr. 10. 1813—1888. gr. 8. (IV, 310 S. mit 2 photogr. und 4 Buntdr.-Beilagen, 3 Plänen und 2 Karten.) Hannover 888, Hahn'sche Buchh. *

Thielen, Johann Peter [Praes.], s. T i m m i u s, Christian Friedrich: De jure absentium.

Thielen, Maximilian Friedrich, s. B a r t i l l a t: Erinnerungen an den Feldzug in Afrika.

– s. D u m a s, A.: Histor. Erzählungen.

Thielen, Max. Ritter v., Erinnerungen aus dem Kriegerleben eines 82jähr. Veteranen der österreichischen Armee, mit besond. Bezugnahme auf die Feldzüge der J. 1805, 1809, 1813, 1814, 1815; nebst einem Anh. die Politik Oesterreichs vom J. 1809 bis 1814 betr. gr. 8. (VII und 397 S. mit dem Portr. des Feldmarschalls Fürsten Carl zu Schwarzenberg in Stahlst.) Wien 863, Braumüller. *

Thielen, Max. Fr., neueste Erzählungen u. Novellen. N. d. Franz. d. Vict. Hugo, Alex. Dumas, Geo. Sand u. Andern. 2 Bde. gr. 12. (25 B.) Wien 835, [Tendler u. Comp.]

Thielen, Maximilian Friedrich — Der Feldzug der verbündeten Heere Europa's 1814 in Frankreich unter dem Oberbefehle des k. k. Feldmarschalls Fürsten Karl zu Schwarzenberg. Nach authentischen Quellen dargestellt von — —. Mit zwei Uebersichtskarten. Wien, 1856. Aus der k. k. Hof- und Staatsdruckerei. (XX. 476 S. 8)

Thielen, Max Friedr., der Feldzug der verbündeten Heere Europa's 1814 in Frankreich unter dem Oberbefehle des k. k. Feldmarschalls Fürsten Carl zu Schwarzenberg. Nach authentischen österr. Quellen dargestellt. Mit 2 (lith.) Uebersichts-Karten (in 4. u. Fol.). Wien 856. (Leipzig, Brockhaus.) gr. 8. (XX, 476 S.) n. 2 ₰.

Thielen, Max Fr., *pens. k. k. Major etc.* Erzherzog Karl von Oesterreich, Generalissimus der österreich. Heere. Eine biograph. Skizze. *Wien* 1858. *A. Pichler's Wtw. & S.* 17 S., 4°.
Aus dem Volks- und Wirthschafts-Kalender f. d. J. 1859 besonders abgedruckt.

Thielen, M. F. Der 7jähr. Krieg vom Jahre 1756 bis 1762. Mit 1 Bldn. Wien 1836. 275 S.

—— die Kriege d. Oestreicher u. ihrer Verbündeten v. J. 1756—bis z. gegenwärt. Zeit. 1. Thl. — Auch u. d. T.: Der siebenjährige Krieg v. 1756—1762. gr. 8. (18 B., Grafen Daun's Bildn. u. 1 Tab.) Wien 837, Wallishausser.

Thielen, (M. Fr.,) alphabet.-topograph. Postreise-Handbuch für den Oesterreich. Kaiserstaat, nebst einer tabellar. Uebersicht der polit. u. kirchl. Eintheilung d. Monarchie, sammt ihrem Flächeninhalte u. ihrer gegenwärt. Bevölkerung, mit Beziehung auf die von dem k. k. Generalquartiermeisterstabe 1824 herausg. Postkarte, nach den besten Quellen verfaßt. gr 8 Wien 826, Tendler u. v. M.

Thielen, Maximilian Friedrich, k. k. pensionirter Premier-Rittmeister etc. Alphabetisch-topographisches P o s t - R e i s e - H a n d b u c h für den ö s t e r r e i c h i s c h e n K a i s e r s t a a t, nebst einer tabellarischen Uebersicht der politischen und kirchlichen Eintheilung der Monarchie sammt ihrem Flächeninhalte und ihrer gegenwärtigen Bevölkerung etc. 8. Wien 1827.

Thielen, M. Fr., die europ. Türkey. Ein Handwörterb. f. Zeitungsleser, enthalt. d. alphabet. geordnete Beschreib. aller türk. Provinzen in Europa, ihrer Bewohner, der Gebirge u. deren merkwürd. Pässe ic. Nach d. besten geograph. Werken u. Reisebeschreibn., mit Benützung d. neuesten Charten u. vieler handschriftl. Quellen. gr. 8. (19½ B. u. 1 Karte d. europ. Türkei.) Wien 828, Gerold.

—— der Uebergang über den Rhein der verbündeten Hauptarmee unter dem Oberbefehle des Feldmarschalls Fürsten Carl v. Schwarzenberg am 21. Decbr. 1813, nebst einem Berichte über die Ereignisse bis zum 2. Febr. 1814 in Frankreich. Ein Beitrag zur Geschichte des Befreiungs-Krieges der J. 1813 und 1814. gr. 8. (VIII und 127 S. mit einem lithogr. Plane der Gegend zwischen der Aube und der Loire in 4.) Wien 853. (Leipzig, Hübner.) *

— der Uebergang über den Rhein der verbündeten Hauptarmee unter dem Oberbefehle des Feldmarschalls Fürsten Karl von Schwarzenberg am 21. Decbr. 1813, nebst einem Berichte über die Ereignisse bis zum 2. Febr. 1814 in Frankreich. Ein Beitrag zur Geschichte des Befreiungs-Krieges der Jahre 1813 u. 1814. Mit 1 (lith.) Plane der Gegend zwischen der Aube u. der Loire (in 4.). Wien 853. (Sommer. — F. Klemm.) 8. (VIII, 127 S.) n. 1 ₰.

v. **Thielenfeld**, Klagen üb. Formen, Gefahren u. Mängel des Gesetzes über das Verfahren bei Aufnahme von Notariats-Instrumenten vom 11. Juli 1846. gr. 8. (43 S.) Frankfurt a.O. 847, Trowitzsch & Sohn. ¼ ₰

Thielepape, Julius, prakt. Arzt zu Ranis i. Thür.: Aus der psychiatrischen Klinik zu Jena. Zur Ätiologie und Symptomatologie des Korsakowschen Symptomenkomplexes. Jena 1907: A. Kämpfe. (75 S.) 8°
Jena, Med. Fak., Ref. Binswanger, Diss. v. 19. Febr. 1907
[Geb. 28. Juni 75 Wabern; Wohnort: Ranis; Staatsangeh.: Preußen; Vorbildung: Friedrichs- u. Wilhelms-Gymn. Cassel Reife M. 94; Studium: Marburg 5, München 2, Marburg 3 S.; Coll. 2. Febr. 07; Approb. 29. Juli 01.]

Thieler, E. The English prepositions compared in their use with those of other languages. Lennep, H. B., 1858. 15 S. 4. Progr.

Thielert, Arthur: Über einen Fall von Darmruptur durch Selbsttaxis bei incarcerierter Schenkelhernie nebst Bemerkungen über Reposition eingeklemmter Brüche und Herniotomie im Allgemeinen. Greifswald 1898: J. Abel. (23 S.) 8°
Greifswald, Med. Diss. v. 30. Sept. 1898

Thielert, Max, die Burschenschaft. Ein Roman aus dem Studentenleben. (III, 166 S.) 8. Leipzig-Reudnitz (905). Aug. Hoffmann. Kart. n. 2. 50; geb. n. 3. —

Thielert, Max, die Burschenschaft. Ein Roman aus dem Studentenleben. (III, 166 S.) 8. Leipzig-R. (908). A. Hoffmann. Kart. 2.50; geb. 3. —

Thiellek, Pet., Beiträge zum gerichtlich-chemischen Nachweise d. Cinchonidin. gr. 8. (27 S.) Dorpat 884. (Schnakenburg.) — 75

Thieling, Walter: Der Hellenismus in Kleinafrika. Der griechische Kultureinfluss in den römischen Provinzen Nordwestafrikas. Teildr. Leipzig 1910: Teubner. 45 S. 8° ¶ (Vollst. im Buchh. ebd. 1911.)
Straßburg, Phil. Diss. v. 13. Febr. 1909, Ref. Keil
[Geb. 12. Aug. 86 Mülhausen i. E.; Wohnort: Straßburg; Staatsangeh.: Elsaß-Lothringen; Vorbildung: Gymn. Mülhausen Reife M. 04; Studium: Straßburg 2, München 2, Berlin 1, Straßburg 5 S.] [U 11. 4312

Die Familiengeschichte der schlesischen Tilisch, Tillisch, Thielisch, Thielisch v. Rüdigersdorf, Tilesius, Tilesius v. Tilenau. Von Amtsger.Sekr. [Adolf] **Thielisch**, Ohlau. (Papiermühle S.-A. [1908]: Gebr. Vogt.) (15 S.) 4° [Umschlagt.]
[Aus: Archiv f. Stamm- u. Wappenkunde. Jg. 9, No 1–3.] [08. 16371

Material zur Geschichte der Familie Tilisch, Thilisch, Tielisch, Thielisch, Tillisch, Tilesius, Thielisch v. Rüdigersdorf, Tilesius v. Tilenau. (Gesammelt von Gerichtssekr. Adolf **Thiolisch**, Ohlau. *(Ohlau 1904.)* (25 S.) 4°(2°) [Autogr.] [Kopft.] [04. 9411

Thielisch, Adolf: Thielisch, Tilesius, Tilesius von Tilenau, Thielisch von Rüdigersdorf. (Familien-Stammbaum) [Nebst] Nachtrag. (Ohlau 1901.) (18, 4 S.) 4° (2°) [Kopft. autogr.]
Nachtrag. Verzeichnis der in d. Stadtbibliothek zu Breslau befindl. Druckschriften betr. d. Familie Tilesius.

Die dänisch-norwegischen Tillisch. Von Amtsger.Sekr. [Adolf] **Thielisch**, Ohlau. Papiermühle, S-A.: Gebr. Vogt 1907. (7 S.) 4° [Kopft.]
Aus: Archiv f. Stamm- u. Wappenkunde. Jg. 7, No 11. [07. 8160

Thielisch, J. Chr., die christl. Lehre f. Confirmanden rc. 8. Linz 819. Akadem. Buchh. (Leipz., Schmidt). 4 gr.

Thielisch, (J. Ch.,) bibl. Spruchbuch z. Unterr. in d. christl. Lehre f. d. evangel. Jugend in Oesterreich. gr. 8. Linz 822, Academ. B.

Thielke, Friedrich, Medizinalprakt.: Über Lues ventriculi. Rostock 1910: Adler. 60 S. 8°
Rostock, Med. Diss. v. 9. Nov. 1910, Ref. Wolters
[Geb. 5. Sept. 83 Bernitt; Wohnort: Rostock; Staatsangeh.: Mecklenburg-Schwerin; Vorbildung: Gymn. Rostock Reife M. 03; Studium: Rostock 2, München 2, Marburg 2, Berlin 1, Rostock 3 S.: Coll. 24. Juli 09; Approb. 31. Jan. 10.] [U 11. 4129

Thielkow, L.: Verein Deutscher Arbeitgeberverbände. Zum Kampf um den Arbeitsnachweis. Berlin 1910: Möller & Borel. 23 S. 8°

Thielkow, L.: Verein Deutscher Arbeitgeberverbände. Die paritätischen Nachweise im Dienste der Gewerksschaften. Hamburg; Berlin 1910: Elsner. 15 S. 8°

Thielmann, Adolf Frhr. von

Thielmann, Adf. Frhr. v., Augenblicks-Bilder aus meinem Leben u. Anderes. 1. Thl. gr. 8. (178 S.) Breslau 897. Schletter. n. 2. 80; geb. in Leinw. n. 3. 80

Thielmann-Jacobsdorf, Frhr. v., die Aera Caprivi-Heyden u. die neudeutsche Wirthschaftspolitik. gr. 8. (26 S.) Breslau 893. Schletter. n. — 50

Thielmann, Frhr. v., pro Caesare. Social-conservative Betrachtungen. gr. 8. (VII, 129 S.) Berlin 878. Puttkammer & Mühlbrecht. n. 2. —

[F.] Deutsche Volkswirtschaft oder Weltwirtschaft? Von [Adolf] F^rh v. Thielmann-Jacobsdorf. *Breslau: C. Dülfer 1895.* (109 S.) 1 Bd 8. [96. 1303

Thielmann, Friedrich

Thielmann, Frdr., In Memoriam! Den Manen des Fürsten Bismarck zum 1. IV. 1899. Dichtung. gr. 8. (25 S.) Betzdorf 899. O. Ebner. n. 1. —

Thielmann, G., der zweite republikan. Aufstand in Baden, s. Löwenfels, M. W.

Thielmann, H., u. Th. Seibel, stilisierte Naturformen (Blätter, Blüten, Schmetterlinge etc.). Stoff f. den Zeichenunterricht. 4. (60 z. Tl. farb. Taf.) Mit Text. gr. 8. (15 S. m. 3 Fig.) Frankfurt a/M. 898. J. Alt. In Mappe. n. 10. —

Thielmann, H. L., s. Thielmann, L. H.

Thielmann, Heinrich [app. Arzt aus Steinbrücken '(Hessen-Nassau)']: Aus d. medicin. Klinik d. Hrn Geheimr. Prof. Riegel in Giessen. Ammoniak und Chlornatrium im Speichel Gesunder und Kranker ... Limburg '(Lahn)', Wagner, 1897; 14 S. 8.
Giessen, Med. Fak., Inaug.-Diss. v. 1897

Thielmann, (Karl) Heinrich: Der Darmtyphus. Beobachtet im Jahre 1840 im Peter-Pauls-Hospitale zu St.Petersburg. 63 S., gbd.

Leipzig: Wigand 1841

Thielmann, Heinr., medicinischer Jahresbericht vom Peter-Pauls-Hospitale in St. Petersburg f. das Jahr 1840. gr. 8. (15⅝ B.) St. Petersburg 843. (Leipzig, Hartmann.) *

—— dass. f. das Jahr 1841. gr. 8. (16¼ B. u. 1 Tab.) Ebda. 843. *

Thielmann, (Karl)H(einrich) (Hrsg.):

s.: Zeitung, Medicinische, Russlands. Jg.3-11. St. Petersburg: 1846-54.

Thielmann, J. P., method.-prakt. Handbuch d. deutschen Sprachlehre, z. Gebr. f. Lehrer in Volksschulen. 2 Bde. gr. 8. Gießen 839, [Heyer's Verl.]
Bd. 1. Elementar- u. Wortlehre. (21½ B.) 1 Thlr. 4 Gr.
- 2. Satzlehre u. Stylistik. (20 B.) 1 Thlr. 2 Gr.

Thielmann, J. P., methodisch-praktischer Leitfaden im Kopf- oder Denkrechnen für Elementarschulen. 8. (7 B.) Wiesbaden 844, Beyerle. *

Thielmann, J. B., Materialien für den ersten Religionsunterricht bei Kindern. 1. Bdchn. gr. 12. (72 S.) Wiesbaden 848, Friedrich. n. ⅙ ₰

— methodische deutsche Sprachlehre für Volksschulen, zunächst als Leitfaden für den Lehrer. Als Anhang: Sämmtliche Titulaturen. 8. Darmstadt 835. Heyer's Hofbuchh. (Jonghaus.) ½ ₰

Thielmann, Job [Praes.], s. Moerbitz, Georg Martin: De actione ex convictu academico competente.

Thielmann, L. H., die Dampfkessel nebst ihrer vollständigen Ausrüstung f. die Zuckerindustrie, m. besond. Berücksicht. der Fortschritte d. Neuzeit bearb. Mit 157 Abbildgn. gr. 8. (202 S.) Berlin 889. Mückenberger. geb. n. 10. —

— Handbuch üb. stationäre Dampfkessel der Gross- u. Klein-Industrie u. deren Feuerungen. Bearb. m. besond. Berücksicht. der Fortschritte der Neuzeit f. Dampfkesselbesitzer und Fabrikbetriebsbeamte. Mit 104 Abbildgn. einschliesslich 1 Taf. gr. 8. (156 S.) Ebd. 889. geb. n. 8. —

Thielmann, H. L., Lehr- und Handbuch über komplette Dampfkessel-Anlagen. Mit vollständ. Berechnung der Dampfkessel jeder Art nebst Schornstein und den Armaturen. Begründung der rationellen Ausnützung des Brennmaterials und der grösstmöglichsten Leistungsfähigkeit der Kessel, sowie der zuverlässigsten Sicherheitsmaaßregel gegen Explosionen derselben, für Techniker, techn. Lehranstalten, Fabrikinspektoren, Dampfkesselbesitzer etc. Durch 260 (eingedr.) Holzschn. erläutert. 10 Hefte. gr. 8. (VII, 484 S.) Leipzig 878, Scholtze. à Heft * M 1,20. * geb. *

Thielmann, H. L., Lehr- und Handbuch über vollständige Dampfkessel-Anlagen. Mit vollständ. Berechnung der Dampfkessel jeder Art nebst Schornsteinen und den Armaturen. Begründung der rationellsten Ausnutzung des Brennmaterials, Berücksicht. der Gasfeuerung und der größtmöglichsten Leistungsfähigkeit der Kessel, sowie der zuverlässigsten Sicherheitsmaaßregeln gegen Explosionen derselben, für Techniker, techn. Lehranstalten, Fabrikinspektoren, Dampfkesselbesitzer etc. Durch 399 (eingedr.) Holzst. erläutert. 2. verm. Aufl. 22 Hefte. gr. 8. (VIII, 648 S.) Leipzig 880,81, Scholtze. à Heft * 60 Pf.; compl. * geb. *

Thielmann, H. L., Lehr- und Handbuch über vollständige Dampfkessel-Anlagen. Mit vollständ. Berechnung der Dampfkessel jeder Art nebst Schornsteinen und den Armaturen. Begründung der rationellsten Ausnutzung des Brennmaterials, Berücksicht. der Gasfeuerung und der größtmöglichsten Leistungsfähigkeit der Kessel, sowie der zuverlässigsten Sicherheitsmaaßregeln gegen Explosionen derselben, für Techniker, techn. Lehranstalten, Fabrikinspektoren, Dampfkesselbesitzer etc. 2. Bd.: Die neuesten Fortschritte über Dampfkessel-Anlagen. Durch (eingedr.) Holzst. erläutert. 11 Hefte. gr. 8. (IV, 300 S.) Ebendas. 882. à Heft * M 1.; compl. * geb. *

de Thielmann, Maximil. (Guido Franc.) liber baro (geb. Berlin 4. 4. 1846): De obligatione alternativa. Berolini (1866). (96 S.) 8°
Berlin, Jur. Diss. v. 1. Nov. 1866

Thielmann, Max. de, de obligatione alternativa. Berlin 866. Calvary & Co. gr. 8. (VII, 96 S.) n. 18 ngr.

Thielmann, Max Frhr. v., Streifzüge im Kaukasus, in Persien und in der asiatischen Türkei. gr. 8. (VIII, 493 S. mit 5 Holzschntaf., Illustr. in Holzschn. im Text und 1 chromolithogr. Uebersichtskarte in qu. gr. 4.) Leipzig 875, Duncker und Humblot. *

Thielmann, Frhr. Max v., vier Wege durch Amerika. Mit 18 Vollbildern (in Holzschn., Lichtdr. u. Kpfrst.) u. 3 (chromolith.) Karten. Lex.-8. (XV, 584 S.) Leipzig 879. Duncker & Humblot. geb. in Leinw. n. 30. —; in Maroquin n. 50. —

Thielmann, O., Biologie der einheimischen Pflanzen. Für die Hand des Lehrers u. f. Pflanzenfreunde kurz u. übersichtlich dargestellt. gr. 8. (74 S.) Leipzig 899. E. Peter. n. 1. —; geb. in Leinw. n.n. 1. 40

Thielmann, (P.,) der junge Feldherr, od.: die Franzosen in Aegypten. Histor. Skizze damaliger Zeit in 1 Akt. Als Liedersp. bearb. gr. 12. (2 B.) Stuttgart 831. [Mainz, Kirchheim, Schott u. Thielmann.]

Thielmann, ..., der junge Feldherr, oder die Franzosen in Aegypten; histor. Skizze in 1 Akt. gr. 12. Stuttg. 831. Hoffmann. 6 gr

—— die Franzosen in Algier. Liedersp. in 1 Akt. 8. (3 B.) Mainz 831, [Kirchheim, Schott u. Thielmann.]

— die Franzosen in Algier. Liederspiel in 1 Akte. 8. Mainz 831. Müller. 6 gr

— des Meisters Geburts- u. Namenstag, oder das Fest der Gesellen; komisches Gemälde aus dem Volksleben, als Vaudeville bearb. (Seitenstück zum Fest der Handwerker). 8. Ebd. 830. 6 gr

—— des Meisters Geburts- u. Namenstag, od.: Das Fest der Gesellen. Komisches Gemälde aus d. Volksleben, als Vaudeville bearb. (Seitenstück zum: Fest d. Handwerker. [Von L. Angely.]) 8. ($3\frac{1}{2}$ B.) Mainz 830, [Kirchheim, Schott u. Thielmann.]

—— die Gesandtschaft. Ein Schwank in 1 Akt. 8. ($3\frac{1}{2}$ B.) Mainz 830, [Kirchheim, Schott u. Thielmann.]

— die Gesandtschaft. Ein Schwank in 1 Aufz. 8. Mainz 830. Müller. 6 gr

— der Graf wider Willen, oder die Heirath durch List. Lstspl. in 1 Aufz. 8. Ebd. 830. 6 gr

—— der Graf wider Willen, od. die Heirath durch List. Lustsp. in 1 Akt. 8. ($3\frac{1}{2}$ B.) Mainz 830, [Kirchheim, Schott u. Thielmann.]

—— Mathilde. Histor.-romant. Schausp. in 3 Akt., nach e. Erzähl. 8. (8 B.) Mainz 831, [Kirchheim, Schott u. Thielmann.]

— Mathilde; histor.-romant. Schspl. in 3 Akt., nach e. Erzählung. 8. Mainz 831. Müller. 16 gr

Thielmann, Philipp

Thielmann, Phil. Beiträge zur Textkritik der Vulgata insbesondere des Buches Judith. 64 S. 8. Progr. *Speier* 1883.

Thielmann, Phpp., das Verbum dare im Lateinischen als Repräsentant der indoeuropäischen Wurzel dha. gr. 8. (VIII, 134 S.) Leipzig 881, Teubner. *

Thielmann, Phpp., das Verbum dare im Lateinischen als Repräsentant der indoeuropäischen Wurzel dha. gr. 8. (VIII, 134 S.) Leipzig 882. Teubner. n. 2. 40

Nekrolog auf Dr. Wilhelm Harster, Kgl. G.-R. am A. G. in Nürnberg. (Beigabe zum Jahresbericht 1902.) — Von Dr. Philipp Thielmann, G.-R. — P. 44—45.
Progr. Nürnberg, K. Altes Gymn.

Ueber Sprache und Kritik des lateinischen Apollon romanes. Von Philipp Thielmann.

Nebst einem dopp. Anh.: 1) Verbesserungen zum lat. schen Konstantinroman. Von Philipp Thielmann - 2) Die Vulgata als sprachliches Vorbild des Kon. romans. Von Gustav Landgraf.

Speier 1881: Gilardone. 74 S. 8°

(Jahresbericht der Kgl. Studienanstalt Speier 1880

Thielmann, W., aus der Synagoge. (Gottesdienstliche Vorgänge.) Nach der Natur gezeichnet. Mit e. Geleitwort v. A. Sulzbach. gr. Fol. (10 Taf. m. IV S. Text.) Frankfurt a/M. 900. H. Keller. In Leinw.-Mappe n. 14.—

Thielmann-Jacobsdorf, Frhr. von,
s. Thielmann, Adolf Frhr. von.

Thielo, H., der Sprachunterricht auf der Mittelstufe in der Volksschule. Conferenz-Vortrag. [Als Mscr. gedr.] gr. 8. (24 S.) Osterburg 871. Döger. n. — 40

Thielsch, Max: Über das symmetrische Trichlornitrobenzol und verwandte Verbindungen. 1909. 40 S. 8°
Berlin, Dr.-Ing.-Diss. v. 22. 1. 1909

Thielscher, Herm. (Herm. Oberwald), der neue Schmied. Komödie in 3 Akten. (IV, 118 S.) 8. Dresden 905. E. Pierson. n. 2. —

Thielscher, Paul, Silesius: De Statii Silvarum Silii Manilii scripta memoria. P. prior. Tubingae 1906: H. Laupp jr. (26 S.) 8° ¶ (Erscheint vollst. im „Philologus" 1907.)
Breslau, Phil. Fak., Ref. Skutsch, Diss. v. 28. Nov. 1906
[Geb. 16. April 81 Stein b. Sibyllenort; Wohnort: Stein; Staatsangeh.: Preußen; Vorbildung: Gymn. St. Elisabeth Breslau Reife O. 02; Studium: Freiburg i. B. 1, Breslau 7 S.; Rig. 2. März 06.]

Thiem, A: Kritische Bemerkungen über den Artikel: Ueber Brunnen von G. Oesten. Die Ergiebigkeitsbestimmung eines artesischen Beckens. München 1879 (Aus Journal f. Gasbeleuchtung. 1879)

Thiem, A., Bericht üb. die neuen Bezugsquellen f. Wasserversorgung der Stadt Riga; im Auftrage der Verwaltg. der ständischen Gas- u. Wasserwerke bearb. gr. 8. (IV, 100 S. m. 1 chromolith. Plan.) Riga 883. (Deubner.) n. 4. —

Thiem, A: Bericht der Stadt Leipzig über die hydrologische Untersuchung der Umgebung von Naunhof. Mit Atlas. München 1881. Atl. Fol.

Thiem (A.), Bericht über die hydrologische Untersuchung der Umgebung von Gera. Im Auftrage der städtischen Behörden erstattet. München 1884. 8.

Thiem, A., s. Leipzig, die Stadt, in hygienischer Beziehung.

Thiem, A: Resultate des Versuchsbrunnens für die Wasserversorgung der Stadt Straßburg i. E. München 1876 (Aus Journal f. Gasbeleuchtung 1876)

Thiem, A: Die Versuchsbrunnen für Wasserversorgung der Stadt München. München 1880 (Aus Journal f. Gasbeleuchtung 1880)

Thiem, A., die Wasserversorgung der Stadt Leipzig. Vorprojoct, im Auftrage des Rathes u. der Stadtverordneten bearb. Mit 16 (lith., chromolith. u. photolith.) Plänen u. 3 Beilagen. gr. 4. (V, 54 S.) Leipzig 879. Knapp. n. 16. —

Wasserversorgung der Stadt München. Vorprojekt. Bearb. von A. Thiem. München (1876?)

Thiem, A., Die Wasserversorgung der Stadt München. Vorprojekt. Mit 15 Plänen. München 1877. 4°.

Thiem, Schmick u. **Salbach.** D. Wasserversorg. d. St. München. 1877. 4. 3 Bde.

— **das Wasserwerk der Stadt Nürnberg.** Project, im Auftrage der beiden Gemeinde-Collegien bearb. gr. 4. (V, 56 S. m. 20 lith., chromolith. u. photolith. Taf.) Ebend. 879. n. 24. —

Thiem, A: Zur Wirkungsweise von Grundwasserfassungen. München (1881)

Thiem, C.

— Erfahrungen üb. die vaginale Ligatur [nach Schücking] u. Vorschläge zu e. Modifikation derselben. Nach e. auf der gynäkolog. Sektion der 62. Versammlung deutscher Naturforscher u. Ärzte zu Heidelberg geh. Vortrage. gr. 8. (13 S. m. 3 Abbildgn.) Neuwied 890, Heuser's Verlag. — 75
Aus: Frauenarzt, besonders abgedruckt.

Thiem, C., über Paracystitis, nebst einer Besprechung über die Einteilung der Beckenbauchfell- und Beckenzellgewebsentzündungen. gr. 8. (9 S.) Neuwied 887, Heuser's Verlag.
Aus: Frauenarzt, besonders abgedruckt.

Thiem, G. L. F., Predigt am Bettage vor d. Adventszeit, d. 20. Nov. 1839, üb. d. vorgeschrieb. Text: Jerem. 6, v. 8, in d. Kirche zu Sülz gehalten. gr. 8. (1 B.) Güstrow 840, Opitz u. Comp.

Thiem, Carl, s. Thiem, Karl.

Thiem, Emmo, das Buch Jona. Eine Studie zur Handreichg. f. Religionslehrer. (26 S.) gr. 8. Leipzig 906. Dürr'sche Buchh. n. — 60

Thiem, Emmo, a. Berthelsdorf: Wie erscheint Christian Gotthilf Salzmann von Jean Jacques Rousseau beeinflußt? Berlin (1906): G. Schade. (58 S.) 8°
Erlangen, Phil. Fak., Ref. Hensel, Diss. v. 29. Jan. 1906
[Geb. 3. Mai 64 Berthelsdorf; Wohnort: Berlin; Staatsangeh.: Preußen; Vorbildung: Gymn. Spandau Reife 99; Studium: Berlin 8 S.; Rig. 8. Jan. 06.]

Gehaltstag des Dorflehrers a) Vor 100 Jahren; b) Nach 100 Jahren. Von Ernst **Thiem**. Lissa i. P.: F. Ebbecke [1907]. (3 Bl.) 8° [F.] [08. 13381

Thiem, Ernst, Gehaltstag des Dorflehrers a) Vor hundert Jahren, b) Nach hundert Jahren. (8 S. m. 2 Abbildgn.) kl. 8. Lissa (907). O. Eulitz. — 40

— Heirat aus Dankbarkeit. Klippen im Liebesleben e. Dorflehrers. Lustspiel in 1 Akt. (32 S.) kl. 8. Bromberg (909). (Lissa, O. Eulitz.) 2. —; 6 Rollenex. à — 50

Thiem, Ernst, das Lebensgrundgesetz. (D. Gesetz vom Verbrauch d. zur Kräfteerzeugg. im tier. Körper erforderl. Stoffes.) M. bes. Berücksicht. d. Heilkunst. gr. 8. (30 S.) Bromberg 898. (Mittler.) n. — 60

Schlüssel zur Heilkunst oder Die Versöhnung sämtlicher Heilmethoden (Allopathie, Homöopathie, Naturheilkunde u. a. m.) gegründet auf d. Lebensgrundgesetz für Gebildete u. Aerzte von Ernst **Thiem**.
Bromberg: Mittler [1898]. (96 S.) 8° [01. 4400

Der Volksschullehrer. Komödie in 1 Akt von Ernst **Thiem**. 2. Aufl. Lissa i. P.: F. Ebbecke [1907]. (47 S.) 8° [F.] [08. 11939

— Der Volksschullehrer. Komödie in 1 Akt. 2. Aufl. (47 S.) kl. 8. Lissa (907). O. Eulitz. 1. —

— Der einjährig-freiwillige Volksschullehrer. Tendenzlustspiel in 1 Akt. (31 S.) kl. 8. Ebd. (908). 1. —

Thiem, F. R. Washingtons Lager; oder, der Schutzgeist, dramatisches Zeitbild .. in 3 Akten. NY, 1883.

Thiem, Frdr., u. Paul Betz, Skizzen u. Tabellen über Maschinen-Elemente. Nach Werkstattzeichngn. zusammengestellt u. bearb. Fol. (45 autogr. Taf.) Ilmenau 901. H. Reinmann. Kart. n. 6. —

Thiem, Frdr., u. Paul Betz, Skizzen u. Tabellen üb. Maschinen-Elemente. Nach Werkstattzeichngn. zusammengestellt u. bearb. 2. verb. Aufl. (56 autogr. Taf. m. II S. Text.) 4. Ilmenau (904). [H. Reinmann.] Leipzig, M. Schäfer. Kart. n. 10. —

Thiem, Friedrich Max, a. Plauen i. V.: Biogeographische Betrachtung des Rachel zum Zwecke der Darlegung, wie das Leben diesen Raum in vertikaler Richtung besetzt hat. ⟨Lebenszonen, Lebensgrenzen.⟩ Nürnberg 1906: U. E. Sebald. (140 S.) 8° ¶(Aus: Abhandlungen der Nat. Ges. Nürnberg Bd 16.)

Leipzig, Phil. Fak., Ref. Friedrich, Chun, Diss. v. 1. Mai 1906

[Geb. 23. März 75 Plauen i. V.; Wohnort: Leipzig; Staatsangeh.: Sachsen; Vorbildung: Seminar Plauen Wahlfähigkeitszeugnis Nov. 97; Studium: Leipzig 6 S.; Rig. 3. März 05.]

Thiem, Geo., der Alleebaum in den Straßen der Stadt u. auf dem Lande. Kurze Anleitg. zur Pflanzg. u. Pflege der Alleebäume f. Gärtner, Baum- u. Straßenwärter. Mit e. Vorwort v. J. Heiler. (IV, 92 S. m. 66 Abbildgn.) 8. Stuttgart 906. E. Ulmer. n. 1.80; geb. n. 2.80

Thiem, Geo., die Obst- u. Gemüseverwertung. Leitfaden zum Gebrauch bei Obst- u. Gemüseverwertungskursen sowie zum Gebrauch in städt. u. ländl. Haushaltgn. (IV, 68 S. m. 56 Abb.) 8. Stuttgart 910. E. Ulmer. 1. 20

Thiem, Geo. Adam, Erlöse uns von dem Uebel! Matth. 6, 13. Katholisches Krankenbuch zur Betrachtung u. Erbauung, zum Trost u. Gebete. Neue Aufl. Mit 1 Stahlst. Sulzbach 855. v. Seidel. 12. (XII, 384 S.) 18 ngr.

Thiem, Geo. Adam, die Feier der ersten heil. Communion in Predigten u. Anreden im Vereine mit mehren kathol. Geistlichen hrsg. 8. (6¼ B.) Bamberg 846, Züberlein. *

— christl. Kalender für Alle, welche mühselig u. beladen sind; oder Züge aus der Lebens- u. Leidensgeschichte der Heiligen auf alle Tage des Jahres, zum Troste u. zur Erbauung mit den für jeden Christen überhaupt, wie für Leidende insbesondere nothwendigen u. ersprießl. Andachts-Uebungen. Mit 1 in Stahl gestoch. Abbild. der Krankenpflege der barmherzigen Schwestern. gr. 12. Sulzbach 846, v. Seidel. 1 ℛ

— s. Predigten auf verschied. Feste des kathol. Kirchenjahres. — Predigten auf alle Sonn- u. Festtage. — Rotenhan, M., Andachtsübungen.

Thiem, Geo. Adam, Vademecum, zunächst f. junge Seelsorger, welche die Frage beantwortet wissen wollen: „Wie kann ich mich meiner edlen Bestimmung als Hülfspriester würdig beweisen?" Mit e. Vorw. begleitet v. Frz. Jos. Häglsperger. 8. (7½ B.) Regensburg 837, Manz.

Thiem, G[ünther], Ziviling. i. Leipzig: Hydrologische Methoden. Leipzig: Gebhardt 1906. 56 S., 8 Taf. 4°
Stuttgart, Dr.-Ing.-Diss. v. 25. 1. 1906

Thiem, Johann Christoph, s. Thieme, Johann Christoph.

Thiem, Karl(Emil Aug.) Analyse et critique d'Esther, tragédie de Racine. 15 S. **Progr.** *Fraustadt* 1883.

Beitrag zur Entstehung von Rückenmarkserkrankungen nach peripheren Verletzungen. Von C[arl] Thiem, (Cottbus). *Leipzig: Breitkopf & Härtel 1896.* (10 S.) 8.
= Sammlung klinischer Vorträge. N. F. No 149. [96. 2831

Thiem, C. Bemerkungen zur Behandlung u. Begutachtung der Unfallverletzten. Vortrag, geh. auf der am 6. Novbr. 1891 zu Cottbus stattgehabten Wanderversammlg. d. Vereins der Aerzte d. Reg.-Bez. Frankfurt a. O. 1.—3. Aufl. gr. 8. (32 S.) Berl. 891,92, E. Grosser. * — 60

— Bemerkungen zur Behandlung u. Begutachtung der Unfallverletzten. Vortrag, geh. am 6. Novbr. 1891 zu Cottbus. 1.—3. Aufl. gr. 8. (32 S.) Ebd. 892. u. — 60

Thiem, Carl, Handbuch d. Unfallerkrankungen, auf Grund ärztl. Erfahrg. bearb. Nebst e. Abhandlg. üb. d. Unfallerkrankgn. auf d. Gebiet d. Augenheilkunde v. Ehrenfr. Cramer. gr. 8. (XLII, 924 S. m. 108 Fig.) Stuttgart 898. F. Enke. n. 24. —

Thiem, C[arl]: Handbuch der Unfallerkrankungen einschliesslich der Invalidenbegutachtung. Unter Mitw. E. Cramer [u. a.] bearb. von C[arl] Thiem. 2., gänzl. umgearb. Aufl. Bd 1. Stuttgart: Enke 1909. 4° (8°)

Thiem, C. Handbuch der Unfallerkrankungen. Stuttgart 1910.

Thiem, C., Handbuch der Unfallerkrankungen einschliessl. der Invalidenbegutachtung, unter Mitwirkg. v. E. Cramer, W. Kühne, A. Passow u. C. Fr. Schmidt bearb., s. a. Chirurgie, deutsche. 67. Lfg.

Thiem, C. Das altenglische Gedicht „King Horn". Diss. Rostock 1874. 45 S.

Thiem, Carl, Leseproben aus alt- u. mittelhochdeutschen Dichtungen, zum Gebrauch in höheren Unterrichtsanstalten zusammengestellt. 8. (VI, 266 S.) Berlin 893. R. Trenkel. n. 1. 80; geb. n. 2. 25

— s.: Monatsschrift f. Unfallheilkunde.

Thiem, C., üb. die dem Arzt durch die Unfallgesetzgebung erwachsenen besonderen Pflichten, Vortrag, geh. am 4. Novbr. 1893 zu Guben. gr. 8. (42 S. m. 7 Holzschn. u. 9 Zinkogr.) Berlin 894. E. Grosser. n. 1.20

Thiem, Carl, Repetitionen zur französischen Syntax f. den Schulgebrauch. 12. (48 S.) Berlin 885. Simion. cart. n. — 40

Thiem, Paul, Aufschwung. Eine dramat. Dichtg. In 2 Tln.: I. Der Dichter. Dramatische Dichtg. II. Der Prophet. Ein Drama. Mit Buchschmuck v. Th. Waltjen. gr. 8. (235 S.) Berlin 902. L. W. Siedenburg. n. 2. 50

— Kunstverständnis u. vornehme Leute. gr. 8. (III, 46 S.) München 899. C. Haushalter. n. — 50

— Lustiges u. Uebermüthiges. Novellen u. Skizzen. 12. (186 S.) Ebd. 900. Geb. in Leinw. n. 3. —

— Schneider Muck u. andere Geschichten. gr. 8. (III, 84 S. m. Abbildgn.) Ebd. 900. Kart. n. 1.50

Thiem, Paul, der Prinz u. sein Onkel. Ein Reise m. Abenteuern. 1.—4. Aufl. (III, 355 S. m. Bildnis.) 8. Dresden (908). H. Minden. 4.—; geb. n 5. —

Thiem, Rob., keine Sympathie! Keine Antipathie! sondern: Interessen-Politik! Ein Beitrag zur Orient-Frage mit besonderer Berücksichtigung der Politik Friedrichs des Großen. gr. 8. (26 S.) Berlin 877. (Stuhr.) n. — 60

Thiem, *Walther* [Ingen. aus Berlin]: Uber die Magnetisierungsarbeit pulsierender Gleichströme im Vergleich mit aequivalentem Wechselstrome ... Parchim i. M., Druck v. G. Gerlach, 1890; 39 S., 1 kl. Bl., 4 Taf. 8.
Rostock, Phil. Fak., Inaug.-Diss. v. [11. Juli] 1890

Thiem, Willy, Gerichtsassessor: Die rechtliche Stellung des Gerichtsvollziehers bei der Zwangsvollstreckung. Greifswald 1905: F. W. Kunike. (48 S.) 8° [J.]
Greifswald, Jur. Fak., Ref. Weismann, Diss. v. 27. Apr. 1905
[Geb. 25. Jan. 75 Vogelsang b. Greifenhagen i. Pom.; Wohnort: Greifenhagen i. Pom.; Staatsangeh.: Preußen; Vorbildung: Wilhelm-Gymn. Stettin Reife M. 93; Studium: Berlin 3, Freiburg i. B. 1, Greifswald 2, Leipzig 1 S.; Rig. 6. Apr. 05.]

Thiemann: Ueber die Bedeutung und Aufgabe der politischen Satire mit Rücksicht auf die altklassische u. deutsche Literatur. 24 S.–Landeshut, Progr. 1867

Thiemann. Gutachten über die Sterbekasse, Spar-, Vorschuß- und Wittwenkasse und Pensionszuschußkasse der Post- und Telegraphenbeamten (Verkehrsbeamten) und Unterbeamten des Deutschen Reiches in Berlin; o. O. 1877.

Thiemann, Rang- u. Quartier-Liste der Telegraphen-Verwaltung d. deutschen Reiches u. der Telegraphen-Verwaltgn. der Königr. Baiern u. Württemberg. Nach amtl. Quellen aufgestellt. 8. (228 S.) Lahr 873. (Schauenburg.) n. 1. —

Thiemann: Wodurch befördert das Haus die Zwecke der Schule? 10 S.– Görlitz, Progr. 1856.

Thiemann, A., s.: Kinderfreund, der. (Monatsschrift.)

Thiemann, A., s.: Kinderfreund-Jahrbuch.

(**Thiemann**, Adolph): • Über die wichtigsten Unterschiede des althochdeutschen Lautsystems von dem gothischen. 79 S. 4° (2°)
Halle-Wittenberg, Phil. Diss. v. 2. Aug. 1869
Geb. [Sorau 25. 10. 1839]

Thiemann, August (Hrsg.), s. Anzeiger, Allgemeiner, für Lehrer.

Thiemann, Aug., Weihnachten im Dichtermund. 1. Tl. 88 Weihnachtsgedichte, Lieder u. Festspiele, gesammelt. gr. 8. (IV, 60 S.) Düsseldorf (902). C. Schaffnit. n. — 60

Thiemann, Aug., Weihnachten im Dichtermund. II—IV. Tl. gr. 8. Düsseldorf, C. Schaffnit. à n. — 60
II. 91 Gedichte, Lieder u. Festspiele f. Weihnachten u. Neujahr. (IV, 60 S.) (904.)
III. 83 Gedichte, Lieder u. Festspiele f. Weihnachten u. Neujahr. (IV, 60 S.) (904.)
IV. 87 Gedichte, Lieder u. Festspiele f. Weihnachten u. Neujahr gesammelt. (61 S.) 906.

Thiemann, Aug., Weihnachten u. Neujahr im Dichtermund. I.–III. u. V. Tl. gr. 8. Düsseldorf, C. Schaffnit. à — 60
I. 62 Gedichte, Lieder u. Festspiele f. Weihnachten u. Neujahr. 2. veränd. Aufl. (64 S.) (907.)
II. 91 Gedichte, Lieder u. Festspiele f. Weihnachten u. Neujahr. 2. Aufl. (64 S.) (908.)
III. 83 Gedichte, Lieder u. Festspiele f. Weihnachten u. Neujahr. 2. Aufl. (64 S.) (909.)
V. 54 Gedichte, Lieder u. Festspiele f. Weihnachten u. Neujahr gesammelt. (64 S.) (910.)

Thiemann, Bernhard, approb. Arzt aus Elbergen, Hann.: **Beitrag zur Theorie der Gehirnerschütterung.** *Greifswald 1903: J. Abel.* (30 S.) 8°
Greifswald, Med. Diss. v. 9. Juli 1903

Thiemann, Bernh. Ferd. (geb. Treuenbrietzen 20. 8. 1821): De viis, quibus medicamenta narcotica in corpus recepta vim exserant. Berolini (1846). (32 S.) 8°
Berlin, Med. Diss. v. 31. März 1846

Thiemann, Carl, s. Thiemann, Karl.

Thiemann, F., die Behandlung von Lungenkrankheiten, Erkrankungen des Halses, des Brustkastens und der weiblichen Brustdrüsen vermittelst der Hydrotherapie und der Diät. Populär-wissenschaftlich dargestellt. Nebst einem Anhang über die physiolog. und therapeut. Wirkung des Kumys von Frz. Goldhausen. 8. (VIII, 80 S.) Cöthen 888, Schettler's Erben, Verlag. *

Thiemann, F. Die vorzüglichsten Mittel der Naturheilkunde in ihren Anwendungsformen u. physiologischen Wirkungen. 1.—3. Aufl. 8. (VIII, 151 S.) Berl. 892, Issleib. * 2 —; cart. * 2 50

Thiemann, F., die vorzüglichsten Mittel der Naturheilkunde in ihren Anwendungsformen u. physiologischen Wirkungen. 1.—3. Aufl. 8. (VIII, 151 S.) Berlin 892. G. Sobuhr. n. 2. —; kart. n. 2. 50

Thiemann, Friedr., „Hier werde Christus geprediget." Pred. üb. 2. Corinth. 4, 5. zur Kanzelweihe in d. Kirche zu Gütter den 24. März 1833 geh. gr. 8. (1 B.) Magdeburg 835, Heinrichshofen. Thlr.

Thiemann, **Georg**: Schiller und Goethe in den Xenien. Borna-Leipzig 1909: Noske. 57 S. 8°
Münster, Phil. Diss. v. 6. Nov. 1909, Ref. Schwering
[Geb. 30. Jan. 83 Melle; Wohnort: Hagen i. W.; Staatsangeh.: Preußen; Vorbildung: Realgymn. Osnabrück Reife O. 02; Studium: Freiburg i. B. 1, München 2, Berlin 1, Göttingen 6 S.; Rig. 17. Juli 09.] [U 10. 3807

Thiemann, Georg August

Brudergruss. Der g. u. v. St. Johannisloge Friederike zur Unsterblichkeit im Or. von Stade am Tage ihrer Installation, den 25. Sept. 1845. Dargebracht von Georg Aug. **Thiemann** und Friedr. **Voigts.** o. O. [1845]. 2 Bl. 4° [Umschlagtit.]
Gedicht: „Wo immer nur ein Tempel sich erhebt . . ." 358.

Specielle Übersicht sämmtlicher in Deutschland gegründeten, erloschenen und noch bestehenden Johannislogen, Gross- und Provinziallogen, Schottenlogen und Capitel, sowie der bekannten Winkellogen Mit histor. Notizen unter Angabe des betreffenden Logenbundes, der Zeit der Gründung, des Erlöschens etc., hrsg. von [Georg] A[ug.] **Thiemann.** Hildesheim: Lax 1857. 28 S. 8° [Umschlagtit.]
Recens: Bh. 1 (1858) S. 93–94.

Thiemann, Georg August (Hrsg.), s. Voigts, Friedrich: Maurerischer Nachlaß.

Thiemann, Gerhard: Das Problem der **Materie** bei **Eduard** von Hartmann im Zusammenhang des Gesamtsystems untersucht. Leipzig: Eckardt 1909. 40 S. 8° ¶(Ersch. vollst. in: Zeitschrift f. Philos. u. philos. Kritik. 1910.)
Breslau, Phil. Diss. v. 9. Okt. 1909, Ref. Baumgartner
[Geb. 13. Dez. 84 Neuwied; Wohnort: Pr. Holland; Staatsangeh.: Preußen; Vorbildung: Gymn. Lauban Reife O. 04; Studium: Breslau 8 S.; Rig. 7. Juli 09.]
[U 10. 646

Thiemann, Johannes, approb. Arzt aus Halle a. S.: **Aus d. n. inneren Abt. d. städt. Krankenhauses am Urban zu Berlin** (Prof. Dr. E. Stadelmann). **Beiträge** zur Diagnostik des Lungenabscesses und der Lungengangrän. *Berlin 1902: P. Stankiewicz.* (63 S.) 8°
Leipzig, Med. Diss. v. (3. Nov.) 1902

Thiemann, Hans, Dr. med., **Assistenzarzt d. chir. Klinik: Aus** d. chir. **Klinik zu Jena.** Dir.: Riedel. Ueber Darmverschluss und Darmparalyse, einschliesslich Peritonitis. Mit 8 Textfig. Berlin 1910: Schumacher. 119 S. 8° ¶(Aus: Archiv f. klin. Chirurgie. Bd 92.)
Jena, Med. Hab.-Schr. v. 1910 [U 10. 2399

Thiemann, H., die Leistungen der Röntgenstrahlen auf dem Gebiete der Chirurgie. (Aus der grossherzogl. chirurg. Universitätsklinik zu Jena.) (10 S.) Lex. 8. Leipzig 910. B. Konegen. 1. —
Sonderabdruck aus: „Reichs-Medizinal-Anzeiger".

Thiemann, Joseph [aus Bevergern]: Die Nikolaikirche zu Ankum unter steter Berücks. d. Geschichte d. mittelalterl. Architektur Westfalens kunsthistorisch dargest. ... Rheine, J. Altmeppens Buchdr., 1891; 36 S., 2 Bl., 1 Taf. 8.
Münster, Phil. Fak., Inaug.-Diss. v. [14. Jan.] 1892

Thiemann, K., das Wesen der wahren Bildung. gr. 8. (61 S.) Wittenberg 893. B. Wunschmann. n. — 60

Thiemann, K., prakt. **Winke** zur Behandlg. d. **Bibelkunde** in d. Volksschule. [Aus: „Amtl. Schulbl. d. Reg.-Bez. Merseburg".] gr. 8. (12 S.) Berlin 897. Buchh. d. Deutschen Lehrerzeitg. n.n. — 15

Thiemann, Karl

Thiemann, K., **italien. Anthologie mit beigefügt. Sprach- u. Sacherklärn., als Vorschule zum Lesen d. italien. Dichter, nebst e. Abhandl. üb. d. Volkssprache d. Venezianer.** 8. (15 B.) Breslau 830, **Grass, Barth u. Comp.**

Thiemann, Carl: Über Arbeiter-Wohnungen m. bes. Berücks. d. Verhältnisse in Göttingen. Vortrag geh. in d. dortigen Loge 'Augusta zum goldenen Zirkel' ... 1898. Göttingen: (Heiligenstadt: Brunn'sche Buchdr.) 1898. (16 S.) 8°

Thiemann, Karl (Hrsg.), s. Ariosto, Lodovico: Italienische Blumenlese aus Ariost's Orlando furioso.

Thiemann, C., Bericht üb. Syntax u. Sprachgebrauch des Homer 1879. S.-A. 1880. 10 S. —.60

— italien. Chrestomathie mit grammatikal. Tabellen u. e. Register d. schwersten Wörter u. Redensarten versehen. gr. 8. Bresl. 827, Graß, Barth u. C.

Thiemann, Karl, Cours de langue, od. franz. u. deutsche Uebungsstücke z. Erlern. d. schwersten Eigenthümlichkeiten beider Sprachen, nach d. neuesten u. besten franz. Werken bearb. u. f. Geübtere hrsg. gr. 8. (22½ B.) Breslau 835, Graß, Barth u. Comp., Verl.

Thiemann, Karl Die Platonische Eschatologie in ihrer genetischen Entwicklung. 4 (28 S.) **Progr.** Leibniz-G. *Berlin* 1892 (61).
Beziehungen zu Pindar im Menon, Theätet und Gorgias. Das 10. Buch der Republik Timäus. Gesetze (X), Axiochus. Der Glaube des Plato

Thiemann, Karl. Die platonische Eschatologie in ihrer genetischen Entwicklg. Progr. gr. 4. (28 S.) Berl. 892, Gaertner. * 1 —

Thiemann, K., kurzgefasste homerische Formenlehre [auf Grund der Ergebnisse der vergleich. Sprachforschg.] Für Gymnasien bearb. gr. 8. (20 S.) Berlin 883. Winckelmann & Söhne. n. — 50

Thiemann, C., die soziale Fürsorge in Göttingen einst u. jetzt. (88 S.) 8. Göttingen 904. (Akadem. Buchh. v. G. Calvör.) n. — 50
Sonderabdruck aus: „Protokoll des Vereins f. die Geschichte Göttingens".

—— **Grundzüge der homerischen Modus-Syntax, sowie Lehre vom Gebrauch und Unterschied der Partikeln ἄν und κέν.** gr. 8. (III, 55 S.) Berlin 881, Mayer und Müller. *

Thiemann, Carolus: *Ηλιοδωρου Αριστοφανειος κωλομετρια.* Halis (1868): Orphanotropheum. 43 S. 8°
Halle-Wittenberg, Phil. Diss. v. 1. Juli 1868
Geb. Kalbe a. d. M. (Altmark) 15. 2. 1844. V.
Ersch. vollst. u. mit etlichen Veränderungen als: Heliodori colometriae Aristophaneae quantum superest una cum reliquis scholiis in Aristophanem metricis edid. Carol. Thiemann. Halle: Waisenhaus 1869. III, 136 S. 8°

—— franz. Lesebuch f. höhere Klassen in Töchterschulen, mit beigefügt. Worterklärn. 8. (16½ B.) Breslau 829, Graß, Barth u. Comp.

Mitteilungen über Besoldungen von Lehrkräften, über Unterrichtszeit und über Höhe der Schulgelder an höheren, Mittel-, Gewerbe- und Volksschulen in 42 preußischen Städten 1902/03. Zsgest. von Stadtkämmerer [Carl] Thiemann in Göttingen. *(Göttingen 1903.)* (19 S.) 4° [Ṡ.] [autogr.]
[04. 6371 7

Mitteilungen über die Gemeindesteuern und Abgaben in den Preußischen Städten über 25000 Einwohner mit bes. Berücks. d. sämtl. ... Städte d. Prov. Hannover, sowie über d. Steuerverhältnisse d. Dorfgemeinden im Landkreise Göttingen f. 1903. Nach amtl. Quellen zsgest. & bearb. von [Karl] Thiemann, Stadtkämmerer in Göttingen. *Göttingen (1904): L. Hofer.* (4 Bl. u. 5 Anlagen.) 8° u. 4° [Ṡ.]
[04 [illegible] 7

—— franz. Sprechübungen f. Kinder, zum Schul- u. Privatgebr. 8. (8 B.) Breslau 832, Graß, Barth u. Comp.

Thiemann, C., homerisches Verballexicon, mit Angabe der Etymologie und Erläuterung der unregelmässigen Verbalformen für obere Gymnasialklassen. gr. 8. (IV, 66 S.) Berlin 879. Mayer und Müller. *

— Vorübungen zur Erlernung d. franzöf. Sprache f. Anfänger. gr. 8. Bresl. 827, Graß, Barth u. C.

—— Vorübungen zur Erlernung d. franz. Sprache. Für Anfänger hrsg. 2., verm. Aufl. 8. (6½ B.) Breslau 832, Graß, Barth u. Comp.

—— **Vorübungen z. Erlernung d. franz. Sprache f. Anfänger. 3., verm. Aufl. 8. (6½ B.) Breslau 835, Graß, Barth u. Comp.**

Thiemann, Karl, Vorübungen zur Erlernung d. franz. Sprache. Für Anfänger. 4. unveränd. Aufl. 8. (103 S.) Breslau 847, Graß, Barth & Co. Verl. ¼ ℳ

— Wörterbuch zu Xenophons Hellenika m. besond. Rücksicht auf Sprachgebrauch u. Phraseologie. Für den Schulgebrauch bearb. gr. 8. (IV, 112 S.) Leipzig 883. Teubner. 1. 50

Thiemann, K., Wörterbuch zu Xenophon's Hellenika m. besond. Rücksicht auf Sprachgebrauch u. Phraseologie. Für den Schulgebrauch bearb. 2. Aufl. gr. 8. (IV, 116 S.) Leipzig 887. Teubner. 1. 50

— **Wörterbuch zu Xenophons Hellenika** m. besond. Rücksicht auf Sprachgebrauch u. Phraseologie. Für den Schulgebrauch bearb. 3. Aufl. gr. 8. (VI, 122 S.) Leipzig 893. B. G. Teubner. 1. 50

Thiemann, K., Wörterbuch zu Xenophons Hellenika m. bes. Rücksicht auf Sprachgebrauch u. Phraseologie. Für d. Schulgebrauch bearb. 4. Aufl. gr. 8. (VI, 124 S.) Leipzig 898. B. G. Teubner. 1. 50

— Zeittafeln d. Weltgeschichte f. Bürgerschulen. 2e Aufl. gr. 4. Bresl. 826. (Graß, B. u. C.) 6 gGr.

Thiemann, Kurt

[F.] A. Schopenhauer, ein Zeuge biblisch-evangelischer Wahrheit. Von K[urt] Thiemann. *Stuttgart: Chr. Belser 1897.* (36 S.) 8.
— **Zeitfragen** d. christlichen Volkslebens. Bd 22. H. 4. [97·3953

Thiemann, Max, Genealogieen europäischer Regenten, für den Schulunterricht synchronistisch dargestellt. Tabelle. qu. gr. Fol. Berlin 887, Weidmann'sche Buchh. *

Thiemann, Maximilianus: Quaestiones Polybianae. Halis Saxonum 1882: (Fiedler in Wittenberg). 44 S. 8°
Halle-Wittenberg, Phil. Diss. v. [13. März] 1882
Geb. Zethlingen (Kr. Salzwedel) 28. 6. 1858. V.

Thiemann, Max, s.: Sparkasse, die städtische, in Hildburghausen.

Thiemann, Theodor

Thiemann, Th. Deutsche Kultur und Litteratur des 18ten Jahrhunderts im Lichte der zeitgenössischen italienischen Kritik. 39, 35 SS. **Progr.** Rg. *Dresden-Neustadt* 1884. 1885.

Thiemann, Thdr., deutsche Kultur u. Litteratur d. 18. Jahrh. im Lichte der zeitgenössischen italienischen Kritik. gr. 8. (III, 151 S.) Oppeln 886. Franck. n. 3. —

Thiemann, Thdr. Deutsche Kultur u. Litteratur d. XVIII. Jahrh. im Lichte der zeitgenöss. italien. Kritik. 8. Oppeln 886. Berl., Gronau. * 3 —

(**Thiemann, Theodorus**): * De rebus Argivorum. 98 S. 4° (2°)
Halle-Wittenberg, Phil. Diss. v. 14. Jan. 1863
Geb. Sorau 5. 9. 1841. V.

Galerie Alfred Thieme in Leipzig. Mit Einl. von Wilhelm Bode. Hrsg. von Ulrich Thieme. *Leipzig 1900: Breitkopf & Härtel.* (80 S.) 4° [01. 2959

Thieme, Hauptm., Geschichte des Pommerschen Füsilier-Regiments Nr. 34, nebst geschichtl. Mittheilungen über das königl. schwedische Leibregiment „Königin". Auf Befehl des Regiments zusammengestellt. gr. 8. (V, 247 S. mit 1 Lichtdr.-Portr., 2 lithogr. und color. Uniformsbildern, 5 lithogr. Karten und 1 lithogr. Skizze.) Berlin 879, Mittler und Sohn. *

Thieme u. Lehmann, die Immanuel-Kapelle der Berliner Stadtmission auf dem Gesundbrunnen. Festschrift zur 25jähr. Jubelfeier. (32 S. m. Abb.) gr. 8. Berlin 909. Vaterländ. Verlags- u. Kunstanstalt. nn — 25

[Lied] Zum 50jährigen Stiftungs-Feste der Loge „Horus" Orient Breslau von der Loge z. w. Eintracht Or. Schweidnitz. Am 23. Februar 1863. [Unterz.:] **Thieme.** Schweidnitz [1863]: Thieme. 2 Bl. 8°.
„Begrüsset laut beim Sange . . ." 358a.

[Lied] Zum Stiftungsfeste der Loge Horus, Orient Breslau, von der L. z. w. Eintracht Or. Schweidnitz. Am 23. Februar 1862. [Unterz.:] Thieme. Schweidnitz [1862]: Thieme. 1 Bl. 4°. [Kopftit.]
„Hoch klingt das Lied vom freien Maurer-Bunde . . ." 358a.

[Lied] Zum Stiftungs-Feste der Loge Horus, Orient Breslau von der Schwester-Loge zur wahren Eintracht, Orient Schweidnitz, am 23. Februar 1861. [Unterz.:] Thieme. 1 Bl. 4°. [Kopftit.]
„Wie könnt ich dein vergessen . . ." 358a.

THIEME, A.
Katechismus der Chemie. Leipzig, 1820. 8vo.

Thieme, (A.,) Katechismus d. Chemie. N. A. verb. v. Dr. Hartlaub. M. 1 Kpf. gr. 8. Leipz. 827, Baumgärtner.

— Katechismus der Chemie etc. s. Katechismus.

Thieme, A., s. Katechismus der Geometrie etc.

Thieme, A., englischer Not-Behelf. Englisch durch Selbstunterricht in 8 Tagen richtig sprechen und schreiben zu lernen. Enth.: Aussprache, Conversation, Grammatik, Wörterbuch, Übungsstücke, Briefe etc. 16. (80 S.) Berlin 890. Aug. Schultze's Verl. — 60

Thieme, A., englischer Not-Behelf. Englisch durch Selbstunterricht in wenigen Tagen richtig sprechen u. schreiben zu lernen. Enth.: Aussprache, Conversation, Grammatik, Wörterbuch, Uebungsstücke, Briefe etc. 16. (96 S.) Berlin 891. Aug. Schultze's Verl. 1. —

Thieme, A. C. van Eldik, Commentatio praemio ornata, de septem epistolis apocalypticis. 4maj. Leyd. 827. Luchtmans. (Barth in Leipz.) 1 Thlr 6 gGr.

Thieme, A. F., s.: Universal-Handbuch, statistisches.

Thieme, Arthur, Referendar: Die Nachschußpflicht der Mitglieder einer eingetragenen Genossenschaft mit beschränkter Haftpflicht. Erfurt 1909: Frohberger. 54 S. 8°
Erlangen, Jur. Diss. v. 22. April 1909. Ref. Sehling
[Geb. 10. Jan. 84 Erfurt; Wohnort: Erfurt; Staatsangeh.: Preußen; Vorbildung: Gymn. Erfurt Reife O. 02; Studium: Marburg 3, Greifswald 1, Leipzig 1, Halle a. S.; Rig. 8. März 09.] [U 09. 741

Thieme, Aug., Gedichte. 8. (206 S.) Berlin 848. (Zeitz, Garcke.) n. 2/3 Thlr

Thieme, Aug., Gedichte. 8. (206 S.) Berlin 848. (Leipzig, Hebenstreit.) *

Thieme, Aug., Gedichte. 2. Aufl. Naumburg 855. Garcke. (Tauerschmidt.) 16. (XXII, 385 S.) 1 ₰. 20 ngr.

— neue Gedichte. 8. (XVI u. 285 S.) Merseburg 850, (Zeitz) Garcke. n. 1 ₰

—— neue Gedichte. 8. (XVI und 285 S.) Merseburg 850. [Leipzig, Hebenstreit.] *

Thieme, Aug., 3 Predigten, u. 2 aus der Ilmenauer Kirche. 8. Ilmenau 822. Voigt. 6 gr

Thieme, Benno, Referendar: Schutz der mit obrigkeitlicher Genehmigung errichteten gewerblichen Anlagen gegenüber dem Rechte auf Abwehr von Immissionen. (§ 20 der Gewerbeordnung.) Borna-Leipzig 1909: Noske. VIII, 51 S. 8°

Leipzig, Jur. Diss. v. 1. April 1909

[Geb. 2. Nov. 83 Leipzig; Wohnort: Leipzig; Staatsangeh.: Sachsen; Vorbildung: Thomassch. Leipzig Reife O. 03; Studium: Leipzig 8 S.; Rig. 2. Febr. 07.] [U 09. 2706

Thieme, Bruno: Über anorganische Salze und Derivate des Phenylhydrazins ... Würzburg: Becker's Univ.-Buchdr., 1891. 23 S. 8°

Würzburg, Phil. Fak., Inaug.-Diss. v. 1891.

Thieme, C., Anleitung zum Taxiren v. Hagelschäden f. den praktischen Landwirth. Mit e. Vorwort von Frhrn. v. Canstein. gr. 8. (32 S.) Berlin 884. R. Kühn. n. 1. —

Thieme, C. G., **Katalog der Sammlung antiker, mittelalterlicher u. moderner Münzen u. Medaillen des sel. Past. J. Leitzmann [† 28./10. 1877] zu Tunzenhausen bei Sömmerda. gr. 8. (190 S.) Leipzig 880. C. G. Thieme. n. 1. 25; auf Schreibpap. n. 2. —; m. handschriftlich zugefügten Preisen n. 6. 25 u. n. 7. —**

Thieme, Carl, s. Thieme, Karl.

Thieme, Emil, Freibergs Bürgertreue. Historisches Festspiel f. Schulen u. Vereine. Partitur der Gesänge. gr. 8. (26 S.) Meißen 886. Schlimpert. n. 1. —; Textbuch. 8. (23 S.) n.n. — 25

— das will ein Lehrer sein! Humoreske f. Lehrerkreise. 8. (10 S.) Ebd. 889. — 15

Thieme, Emil. Fuhrmanns Feierabend. Singspiel f. Schulen u. Vereine zum 50jähr. Jubiläum der Eröffnung der ersten Eisenbahn in Sachsen. 8. (22 S.) Mittweida 889, Polytechn. Buchhandlg. * — 20

Thieme, Emil, Franz u. Michel, s.: Geburtstag, 87., Sr. Majestät.

Thieme, Emil, Kriegers Heimkehr. Patriotisches Festspiel zum Sedantage. 8. (23 S.) Mittweida 884, Polytechn. Buchhandlung.

— aus vollem Herzen. Gesammelte Gedichte. gr. 8. (VI, 149 S.) Freiburg 887. Maukisch. 1. 50

Thieme, E., die aufführende Kinderwelt. Heitere Singspiele f. Kinder. 1. Hft. Winterfreuden. 8. (16 S.) Meißen 885. Schlimpert. n. — 50

— die Wittenbergische Nachtigall. Festspiel zur Geburtstagsfeier Dr. Martin Luthers. 3. Aufl. 8. (24 S.) Ebend. 883. n.n. — 15

Thieme, Erich: Die Sozialethik John Stuart Mills. **Leipzig:** Wiegandt 1910. 111 S. 8°

Leipzig, Phil. Diss. v. 10. März 1910, Ref. Barth, M. Heinze †

[Geb. 9. Jan. 86 Oelsnitz i. E.; Wohnort: Dresden; Staatsangeh.: Sachsen; Vorbildung: Realgymn. Dresden-N. Reife O. 05; Studium: Leipzig 8 S.; Rig. 18. Jan. 10.] [U 10. 3252

Thieme, F. O., s. Thieme, Otto.

Thieme, Friedrich

Thieme, Frdr., Ernst Abbe, s.: Warte-Bibliothek, Thüringer.

Thieme, Frdr., Abenteuer e. Studentenvaters. Lustige Geschichten aus d. Jenaer Studentenleben. 8. (88 S.) Leipzig 897. R. Maeder. n. 1. —

Thieme, Friedrich [cand. med. aus Hörde (Westf.)]: Ein Beitrag zur pathologischen Anatomie der Dysenterie. . . . Würzburg, Becker's Univ.-Buchdr., 1890; 34 S., 1 Bl. 8°

Würzburg, Med. Fak., Inaug.-Diss. v. 1890

Der Einäugige. Kriminalroman von Friedrich **Thieme**. Mit Ill. von A. Lewin. Berlin, Leipzig: H. Hillger [1907]. (240 S.) 8° [F.]
= **Sammlung**, Hillgers, illustrierter Kriminalromane. Bd 6/7. [07. 19633

Thieme, Frdr., der Einäugige, s. a. Hillger's, Herm., Sammlung illustr. Kriminalromane. Bd. 6. 7.

Der Einäugige. Kriminalroman von Friedrich **Thieme**. Mit Ill. von A. Lewin. Berlin, Leipzig: Hillger [1910]. 240 S. 8°
(Kürschners Bücherschatz. Nr 725/26.) [11. 14668

— dasselbe, s. a. Kürschner's Bücherschatz.

— die Flucht des Kassierers, s.: Kürschner's, Jos., Bücherschatz.

Doktor Ohlhoffs Geheimnis. Kriminalroman von Friedrich **Thieme**. Mit Ill. von A. v. Schrötter. Berlin & Leipzig: H. Hillger 1907. (252 S.) 8° [F.]
= **Sammlung**, Hillgers, illustrierter Kriminalromane. Bd 10/11. [07. 19636

— Doktor Ohlhoff's Geheimnis, s. a. Hillger's, Herm., Sammlung illustr. Kriminalromane. 10. u. 11. Bd.

Thieme, Frdr., der Fall Gembalsky, s.: Romansammlung „Deva". Nr. 5. 6.

Thieme, Friedr. Mysteriöse Geschichten, s. Für Haus u. Reise.

Thieme, Frdr., die Kapuzinerpredigt gegen die Monisten. Eine lust. Komödie m. ernstem Ausgang in mehreren Entwicklungsphasen. (Vorgetragen am 15. II. 1908 bei Gelegenheit der Feier des 74. Geburtstages Ernst Haeckels in der Ortsgruppe Jena des deutschen Monistenbundes.) (20 S. m. 1 Abb.) 8. Stuttgart (908). F. Lehmann. — 25

Thieme, Friedrich: Kriminalgeschichten. 1.–4. Taus. Berlin: R. Eckstein Nf. [1898]. (144 S.) 8°
= Reisebibliothek, Ecksteins. No 179.

— Kriminalgeschichten, s. a. Eckstein's Reisebibliothek.

Ein Millionendiebstahl des zwanzigsten Jahrhunderts. Zukunfts-Kriminalgeschichte. Unter d. Erde. Erzählung aus d. Pyrenäen. Von Friedrich Thieme. Mit Ill. von W. Roegge. *Berlin, Eisenach, Leipzig: H. Hillger [1900].* (126 S.) 8° [F.]
= Bücherschatz, Kürschner's. No 199. [03. 13675

— ein Millionendiebstahl des 20. Jahrh. — Unter der Erde, s. a. Kürschner's, Jos., Bücherschatz.

Nach Sibirien verbannt. Erzählung von Friedrich Thieme. Berlin, Leipzig: H. Hillger [1908]. (128 S.) 8° [F.]
= Bücherschatz, Kürschners. No 599.

— Nach Sibirien verbannt, s. a. Kürschner's Bücherschatz.

Der Offizialverteidiger. Die Flucht ins Gebirge. 2 Kriminalnovellen von Friedrich Thieme. Mit Ill. von W. Roegge. *Berlin, Eisenach, Leipzig: H. Hillger [1903].* (108 S.) 8° [F.]
= Bücherschatz, Kürschner's. No 377.

— der Offizialverteidiger. Die Flucht ins Gebirge, s. a. Kürschner's, Jos., Bücherschatz.

— Stimmen der Zeit u. des Herzens. Gedichte. (VIII, 254 S.) gr. 8. Jena 904. B. Vopelius. n. 3. —

— u. Rud. Hirschberg-Jura, unter falschem Verdacht, s.: Weichert's Criminal-Bibliothek. 8. Bd.

— eine Vergangenheit. Kriminal-Roman. 3 Bde. 8. (243, 237 u. 247 S.) Berlin 899. O. Janke. n. 10. —

Der einzige Zeuge. Ein Automobilroman. Von Friedrich Thieme. Mit Ill. von W. Roegge. Berlin, Eisenach, Leipzig: H. Hillger [1905]. (96 S.) 8° [F.]
= Bücherschatz, Kürschners. No 435.

— der einzige Zeuge, s. a. Kürschner's, Jos., Bücherschatz.

Thieme, Frdr., 4procentige Zinstabelle. qu. 4. (50 S.) Hoerde 875. May & Co. n. 2. 50

Thieme, Friedrich Ed.

Thieme, Friedr. Ed., populäre Astronomie. Plauen 853. Schröter. gr. 8. (V, 258 S. mit Holzschn. im Text.) 1 ₰.

Thieme, Fr. Ed., die Ertragsfähigkeit technischer Einrichtungen, s. Programm.

Thieme, Friedr. Ed., Lehrbuch zur niedern Geometrie. 1. Thl. Planimetrie. gr. 8. (10⅓ B. u. 10 Stnt.) Plauen 846, (47,) Schröter.

Thieme, Frdr. Ed., Lehrbuch zur niedern Geometrie. 2. Thl.: Stereometrie, Trigonometrie, Anwendung der Algebra auf Geometrie, nebst zahlreichen Uebungsaufgaben u. in den Text eingedr. Holzschn. gr. 8. (VI u. 234 S.) Plauen 850, Schröter. n. ⅚ ₰ (1. 2.: n. 1½ ₰)

—— Magazin d. neuesten Erfindungen 2c., s. Magazin.

—— geometrische Uebungen. 1. Heft: Gleichheit und Ungleichheit gerader Linien und Winkel in geradlin. Figuren. a. Rein geometr. Aufgaben. b. Aufgaben in eingekleideter Form. gr. 8. (IV und 44 S.) Plauen 855, Schröter.

Thieme, Friedr. Ed., geometrische Uebungen. 2. Heft: Gerade Linien, Winkel und Figuren in Beziehung zum Kreise. a. Rein geometrische Aufgaben. b. Aufgaben in eingekleideter Form. gr. 8. (IV und 54 S.) Plauen 857, Schröter.
1. Heft. Ebendas. 1855. * 4 Ngr.

Thieme, Friedrich Wilhelm

Thieme, Friedr. Wilh., Anfangsgründe d. theoret. u. prakt. Chemie, nebst Anwendn. auf die Gewerbe. 8. (15 B. u. 5 Stnt.) Leipzig 839. [Berlin, Klemann]

Thieme, Fr. Wlh., Anfangsgründe der theoret. u. prakt. Chemie, nebst Anwendungen auf die Gewerbe. Mit 47 Abbildd. des chemischen Apparates auf 5 Steintaf. 8. Leipzig 839. G. Wigand. 1 ₰

—— prakt. Anweisung zu e. naturgemäßen u. schnellen Erlernung d. engl. Sprache. 8. (9 B.) Leipzig 838. [Berlin, Klemann.]

Thieme, Friedr. Wilh., prakt. Anweisung zu e. naturgetreuen u. schnellen Erlernung der engl. Sprache. 3., verb. Aufl. 8. (8½ B.) Berlin 845, Klemann.

Thieme, Frdr. Wilh., prakt. Anweisung zu einer naturgetreuen u. schnellen Erlernung der engl. Sprache. Neueste [mit der 3. gleichlautende] Aufl. 8. (IV u. 132 S.) Berlin 848, Klemann. ¼ ₰

Thieme, Frdr. Wilh., praktische Anweisung zu einer naturgemäßen u. schnellen Erlernung der englischen Sprache. Neue Ster.-Ausg. Berlin 869. Klemann. 8. (IV, 132 S.) 7½ ngr.; geb. n. 10 ngr.

Thieme, Friedrich Wilhelm: A new and compl. critical Dictionary of the Engl. and German languages, s. Thieme: Neues vollständ. krit. Wörterbuch ...

— über die Gymnasien u. das Princip ihrer Umgestaltung. gr. 8. (78 S.) Berlin 847, Klemann. 9 ngr

—— english-german and german-engl. Hand- and School-Dictionary. — Engl.-deutsch. u. deutsch-engl. Hand- u. Schulwörterbuch. Mit Stereot. gedr. breit gr. 8. (40 B.) Leipzig 841. [Berlin, Klemann.]

— english-german and german-english Hand- and School-Dictionary. — Englisch-deutsches u. deutsch-englisches Hand- u. Schulwörterbuch. Mit Stereotypen gedruckt. breit gr. 8. Leipzig 841. G. Wigand. 1⅓ ₰

—— english-german and german-english Hand- and School-Dictionary. — Englisch-deutsches u. deutsch-engl. Hand- u. Schulwörterbuch. 2. Aufl. Lex.-8. (40 B.) Berlin 845, Klemann.

—— english-german and german-english Hand- and School-dictionary. — Englisch-deutsches und deutsch-engl. Hand- und Schulwörterbuch. Ster.-Ausg. Lex.-8. (1260 S. oder 40 Bog.) Berlin 849, Klemann.

Thieme-Wessely, Hand-Wörterbuch der englischen u. deutschen Sprache. Neue Ster.-Aufl. v. Thieme, Hand- u. Schulwörterbuch, vollständig umgearb. v. Jg. Em. Wessely. 2 Thle. in 1 Bd. 1. Abdr. Lex.-8. (VIII, 480 u. 404 S.) Hamburg 883. Haendcke & Lehmkuhl. n. 6. —; geb. n. 7. 20

—— a new and complete grammatical Dictionary of the english and german languages. Stereot.-Edit. — Neues vollständ. grammat. Wörterbuch der engl. u. deutschen Sprache. 1. u. 2. Stereotypausg. 2 Thle. 8. (à 51 B.) Braunschweig 844, 45, Vieweg u. Sohn.

—— a new and complete english and german Dictionary, in which are introduced the genitives, plurals and irregularities of substantives, the comparative degrees of adjectives, and the irregularities of verbs etc.; also the pronunciation and construction of words throughout the language. 3. edit. 1849. und 4. Ster.-edition. 2 Parts. (English-german. — German-english.) — Neues und vollständiges Hand-Wörterbuch der englischen und deutschen Sprache. Mit genauer Angabe von Genitiven, Pluralen und Unregelmäßigkeiten der Substantiva ꝛc. 4. Ster.-Ausg. 2 Thle. (Englisch-deutsch. — Deutsch-englisch.) 8. (X und 803 S.) Braunschweig 852, Vieweg und Sohn.

—— a new and complete english and german dictionary, in which are introduced the genitives, plurals and irregularities of substantives, the comperative degrees of adjectives, and the irregularities of verbs, arranged in the alphabet as well as under their roots; also the pronunciation and construction of words throughout the language. 5. Ster.-edition. 2 Parts. (English-german. — German-english.) — Neues und vollständiges Hand-Wörterbuch der englischen und deutschen Sprache. 5. Ster.-Ausg. 2 Thle. 8. (X und 804 S.) Braunschweig 854, Vieweg und Sohn.

Thieme, Friedr. Wilh., a new and complete english and german dictionary, in which are introduced the genitives, plurals and irregularities of substantives, the comparative degrees of adjectives, and the irregularities of verbs, arranged in the alphabet as well as under their roots; also the pronunciation and construction of words throughout the language. 6. Ster.-edition. 2 Parts. (English-german. — German-english.) — Neues vollständ. Handwörterbuch der englischen und deutschen Sprache. 6—8. Ster.-Ausg. 2 Thle. 8. (X und 804 S.) Braunschweig 858—61, Vieweg und Sohn. Thlr.

Thieme, Frdr. Wilh., neues und vollständiges Hand-Wörterbuch der englischen und deutschen Sprache. Mit genauer Angabe von Genitiven, Pluralen und Unregelmäßigkeiten der Substantiva, Steigerung der Adjectiva und den unregelmäßigen Formen der Verba, die sowohl der alphabetischen Ordnung nach als auch bei ihren Wurzeln aufgeführt sind; nebst Bezeichnung der Aussprache und steter Anführung der grammatischen Construction. 2 Thle. — A new and complete English and German dictionary. 2 Parts. — 7—9. Stereot.-Ausg. Braunschweig 860—64. Vieweg & Sohn. br. 8. (6 Bl., 804 S.) 2 ℛ

Thieme, Friedr. Wilh., neues und vollständiges Hand-Wörterbuch der englischen und deutschen Sprache. Mit genauer Angabe von Genitiven, Pluralen und Unregelmäßigkeiten der Substantiva, Steigerung der Adjectiva und den unregelmäß. Formen der Verba, die sowohl der alphabet. Ordnung nach als auch bei ihren Wurzeln aufgeführt sind; nebst Bezeichnung der Aussprache und steter Anführung der grammat. Construction. 2 Thle. — A new and complete English and German dictionary. 2 Parts. 9.—11. Ster.-Ausg. 8. (XII und 804 S.) Braunschweig 864—66, Vieweg und Sohn.

— neues u. vollständiges Hand-Wörterbuch der englischen u. deutschen Sprache. Mit genauer Angabe von Genitiven, Pluralen u. Unregelmäßigkeiten der Substantiva, Steigerung der Adjectiva u. den unregelmäß. Formen der Verba, die sowohl der alphabet. Ordnung nach als auch bei ihren Wurzeln aufgeführt sind; nebst Bezeichnung der Aussprache u. steter Anführung der grammat. Construction. 2 Thle. — A new and complete English and German dictionary. 2 Parts. 10—12. Ster-Ausg. Braunschweig 865—70. Vieweg & Sohn. 8. (XII, 804 S.) 2 ℛ

—— Neues und vollständiges Handwörterbuch der englischen und deutschen Sprache. Mit genauer Angabe von Genitiven, Pluralen und Unregelmäßigkeiten der Substantiva, Steigerung der Adjectiva und den unregelmäßigen Formen der Verba, die sowohl der alphabet. Ordnung nach als auch bei ihren Wurzeln aufgeführt sind; nebst Bezeichnung der Aussprache und steter Anführung der grammat. Construction. — A new and complete English and German Dictionary in which are introduced the genitives, plurales and irregularities of substantives, the comparative degrees of adjectives and the irregularities of verbs, arranged in the alphabet as well as under their rools, also the pronunciation and construction of words throughout the language. 12. Ausg. 1870, und 13. Ster.-Ausg. 2 Thle. in 1 Bd. 8. (388; 416 S.) Braunschweig 875, Vieweg und Sohn.

Thieme, F. W., neues und vollständiges Hand-Wörterbuch der englischen und deutschen Sprache. Mit genauer Angabe von Genitiven, Pluralen und Unregelmäßigkeiten der Substantiva, Steigerung der Adjectiva und den unregelmäß. Formen der Verba, die sowohl der alphabet. Ordnung nach als auch bei ihren Wurzeln aufgeführt sind; nebst Bezeichnung der Aussprache und steter Anführung der grammatischen Construction. 14. Ster.-Ausg. 2 Thle. in 1 Bde. 8. (388 und 416 S.) Braunschweig 878, Vieweg und Sohn. *

Thieme, F. W., neues u. vollständiges Hand-Wörterbuch der englischen u. deutschen Sprache. Mit genauer Angabe von Genitiven, Pluralen u. Unregelmäßigkeiten der Substantiva, Steigerung der Adjectiva u. den unregelmäßigen Formen der Verba, die sowohl der alphabetischen Ordnung nach, als auch bei ihren Wurzeln aufgeführt sind; nebst Bezeichnung der Aussprache u. steter Anführung der grammatischen Construction. 15. Ster.-Ausg. 2 Thle. in 1 Bd. 8. (388 u. 416 S.) Braunschweig 881. Vieweg & Sohn. 6. —

Thieme, F. W., neues und vollständiges Hand-Wörterbuch der englischen und deutschen Sprache. Mit genauer Angabe von Genitiven, Pluralen und Unregelmäßigkeiten der Substantiva, Steigerung der Adjectiva und den unregelmäß. Formen der Verba, die sowohl der alphabet. Ordnung nach als auch bei ihren Wurzeln aufgeführt sind; nebst Bezeichnung der Aussprache und steter Anführung der grammat. Construction. 16. Ster.-Ausg. 8. (V, 388, V, 416 S.) Braunschweig 887, Vieweg und Sohn.

Thieme, F. W. Neues u. vollständiges Hand-Wörterbuch der englischen u. deutschen Sprache. Mit genauer Angabe v. Genitiven, Pluralen u. Unregelmäßigkeiten der Substantiva, Steigerg. der Adjectiva u. den unregelmäß. Formen der Verba, die sowohl der alphabet. Ordng. nach als auch bei ihren Wurzeln aufgeführt sind; nebst Bezeichng. der Aussprache u. steter Anführg. der grammat. Construction. 17. Ster.-Ausg. 8. (V, 388; V, 416 S.) Braunschw. 892, Vieweg u. Sohn. 6 —

Thieme, F. W., neues u. vollständiges Handwörterbuch der englischen u. deutschen Sprache. 18. Aufl., vollständig neu bearb. von Leon Kellner. 1. Tl. Englisch-Deutsch. Lex.-8. (8, XLVIII, 491 S.) Braunschweig 902. F. Vieweg & Sohn. n. 3. 60; geb. in Halbfrz. n. 5.—

Thieme, F. W., neues u. vollständiges Handwörterbuch der englischen u. deutschen Sprache. 18. Aufl., vollständig neu bearb. von Leon Kellner. 2. Tl. Deutsch-Englisch. (XLIV, 597 S.) Lex.-8. Braunschweig 905. F. Vieweg & Sohn. n. 4. 50; geb. in Halbfrz. n. 6. —
(Vollst. n. 8. —; geb. n. 11. —)

Thieme, Fr. Wilh., Ideen zu e. Reform d. gesammten Schulwesens. gr. 8. (8½ B.) Leipzig 832, Baumgärtner.

— Lehr- u. Lernbüchlein der Physik. Mit (eingedr.) Holzschn. 8. (94 S.) Leipzig 850, G. Wigand (jetzt Schlicke). ⅙ ℛ

— Englisches Lesebuch f. den Schul- u. Privatgebrauch, versehen m. den allernöthigsten grammatischen Bemerkgn. u. den Erklärungen der schwierigsten Stellen. 8. (VIII u. 312 S.) Ebd. 851. 12 ngl

—— englisches Lesebuch für den Schul- und Privatgebrauch, versehen mit den allernöthigsten grammat. Bemerkungen und den Erklärungen der schwierigsten Stellen. 2. Ster.-Abdr. 8. (VIII und 312 S.) Leipzig 858, Schlicke.

Thieme, Frdr. Wilh., englisches Lesebuch für den Schul- und Privatgebrauch, versehen mit den allernöthigsten grammatischen Bemerkungen u. den Erklärungen der schwierigsten Stellen. 3. Aufl. Leipzig 862. Schlicke. 8. (VIII, 312 S.) 12 ngr.

—— Lüftungsbienenzucht, s. Rutt, Th.

—— die Physik in ihrer Bezieh. z. Chemie, od. diejen. Lehren d. Physik, welche d. Chemie als Grundlage dienen. gr. 8. (18 B.) Leipzig 840, [Berlin, Klemann.]

—die Physik in ihrer Beziehung zur Chemie, oder diejenigen Lehren der Physik, welche der Chemie als Grundlage dienen. gr. 8. Leipzig 840. G. Wigand. $1^1/_3$ ₰

—— Register zu der prakt. Anweisung zu einer naturgetreuen und schnellen Erlernung der engl. Sprache, den 3 Cursus der Uebungen im Sprechen und Schreiben der engl. Sprache, und den Uebungen im Sprechen und Schreiben der engl. Sprache für Geübtere. 8. (32 S.) Berlin 847, Klemann.

—— Schulgrammatik der engl. Sprache. 8. (VIII und 367 S.) Leipzig 849, [Schlicke.]

Thieme, F. W. Höchster Standpunkt der Philologie
Luckau, Progr. 1825

—— Pocket-Dictionary of the engl. and german languages. — Engl.-deutsch. u. deutsch-engl. Taschenwörterbuch. 1. u. 2. Aufl. kl. 16. (à $38^1/_2$ B.) Leipzig 837, 38. [Berlin, Klemann.] à *

—Pocket-Dictionary of the English and German languages. — Englisch-Deutsches u. Deutsch-Englisches Taschenwörterbuch. kl. 16. Leipzig 837. 2e Aufl. 838. 3e Aufl. 839. 4e Aufl. 840. G. Wigand. n. $^2/_3$ ₰

— englisch-deutsches u. deutsch-engl. Taschenwörterbuch. 5. Aufl. — 6. Aufl. 16. Leipzig 841, Mayer. n. $^2/_3$ ₰

—— Pocket-Dictionary of the english and german languages. 7. edit. — F. W. Thieme's engl.-deutsches u. deutsch-engl. Taschenwörterbuch. 7. Aufl. 16. ($38^1/_2$ B.) Berlin 844, Klemann. *

—— Pocket-dictionary of the english and german languages. — Englisch-deutsches und deutsch-englisches Taschenwörterbuch. Neue Aufl. 32. (VI und 607 S.) Berlin 849, Klemann. *

— neues Taschenwörterbuch der englischen u. deutschen Sprache. — A new pocket-dictionary of the English and German languages. Neue gänzlich durchgeseh., verm. u. verb. Ster.-Ausg. mit Bezeichnung der engl. Aussprache durch deutsche Buchstaben. Herg. von B. Magnusson. Altona 867. Haendke & Lehmkuhl. br. 8. (VIII, 523 S.) 27 ngr., geb. n. 1 ₰ 5 ngr.

Thieme-Magnusson, neues Taschenwörterbuch der Englischen und Deutschen Sprache. Neue gänzlich durchgeseh. und verb. Ster.-Ausg. mit Bezeichnung der englischen Aussprache durch deutsche Buchstaben. 13. Aufl. 2 Thle. 16. (VIII, 312; 211 S.) Gotha 873, Haendke und Lehmkuhl. *
geb. *

Thieme u. Magnusson, neues praktisches Taschenwörterbuch der englischen u. deutschen Sprache. Gänzlich umgearb., gründlich verb. u. reichlich verm. Ster.-Ausg. m. Bezeichng. der englischen Aussprache durch deutsche Buchstaben. Hrsg. v. Jg. Em. Wessely. 2 Tle. in 1 Bd. 16. Aufl. 12. (VIII, 300 u. 232 S.) Hamburg (900). Dresden, E. Haendcke. Geb. in Leinw. n. 2.50

Thieme u. Magnusson, neues praktisches Taschenwörterbuch der englischen u. deutschen Sprache. Gänzlich umgearb., gründl. verb. u. reichlich verm. Ster.-Ausg. m. Bezeichng. der engl. Aussprache durch deutsche Buchstaben. Hrsg. v. Jg. Em. Wessely. 2 Tle. in 1 Bde. 17. Aufl. (VIII, 300 u. 232 S.) kl. 8. Dresden 909. F. Jacobi. 1.80; geb. in Leinw. 2.50

—— Uebungen im Sprechen u. Schreiben der engl. Sprache. Als weitere Entwickelung der prakt. Anweisung zu einer naturgemäßen u. schnellen Erlernung der engl. Sprache. 3 Curs. 8. ($30^3/_4$ B.) Berlin 843, Klemann. à 10 Ngr.

—— Uebungen im Sprechen u. Schreiben der engl. Sprache für Geübtere. 8. (11 B.) Berlin 844, Klemann.

—— Vorschule der Chemie oder Anleitung zur Erlernung der Grundlehren der Chemie auf prakt. Wege. 8. (VIII und 189 S. mit Holzschn.) Leipzig 847, [Schlicke.] *

—— Warum und Weil. Eine Samml. systemat. geordn. Fragen u. Antworten üb. d. Ursachen d. wichtigsten Erscheinungen in d. Natur. gr. 12. (5 B.) Leipzig 838. [Berlin, Klemann.]

—— Warum u. Weil. Eine Sammlung systematisch geordneter Fragen u. Antworten über die Ursachen der wichtigsten Erscheinungen in der Natur. 2., mit einem Inhaltsverzeichnisse verm. wohlf. Schulausg. 12. ($5^1/_4$ B.) Berlin 844, Klemann.

Thieme, Friedrich Wilhelm: Neues vollständ. grammat. Wörterbuch d. engl. u. dt. Sprache, s. Thieme: Neues u. vollständ. Handwörterbuch ...

— a new and complete critical Dictionary of the English and German languages. A. u. d. T. Neues vollständ. kritisches Wörterbuch der Englischen u. Deutschen Sprache. Mit Stereotypen gedruckt. 2 Thle. in 1 Bd. Lex.-8. Leipzig 846, G. Mayer. 3 ₰

Thieme, F. W. Neues vollständiges kritisches Wörterbuch der Englischen und Deutschen Sprache. Zweiter Abdruck. Leipzig 1849. 4°.

—— a new and complete critical Dictionary of the english and german languages. 3., stereot. edition revised. 2 Parts. English-german. — German-english. — Neues vollständiges kritisches Wörterbuch der englischen und deutschen Sprache. 3., verb. Ster.-Abdr. 2 Thle. Englisch-deutsch. — Deutsch-englisch. Lex.-8. (XI und 1204 S.) Leipzig 851, G. Mayer.

Thieme, Fr. Wilh., a new and complete critical dictionary of the english and german languages. 4., Ster. edition revised. 2 Parts. (English-german. — German-english.) — Neues vollständ. kritisches Wörterbuch der englischen und deutschen Sprache. 4., verb. Ster.-Abdr. 2 Thle. (Englisch-deutsch. — Deutsch-englisch.) Lex.-8. (VIII und 1204 S.) Leipzig 853, G. Mayer.

Thieme, Friedrich Wilhelm: Neues vollständiges kritisches Wörterbuch der englischen und deutschen Sprache. 7. Ausg. Leipzig. 1858. 8°
Th. 1. Englisch-Deutsch.
Th. 2. Deutsch-Englisch.
Auch mit englischem Titel.

Thieme-Preußer: Neues vollständiges kritisches Wörterbuch der englischen und deutschen Sprache. Neue Aufl. 95. Tausend. Hamburg 1859
Th. 1. Englisch-Deutsch.
Th. 2. Deutsch-Englisch.

— neues vollständiges kritisches Wörterbuch der englischen und deutschen Sprache. — A new and complete critical dictionary of the English and German languages. — Neue, durchgesehene, verb. u. verm. Stereot.-Aufl. unter Mitwirkung von H. Breithaupt herausg. von E. Preußer. 2 Thle. Altona 864. Mayer. (Haendcke & Lehmkuhl.) Lex.-8. (X, 1351 S.) 3 ℛ

—— neues vollständiges kritisches Wörterbuch der englischen und deutschen Sprache. — A new and complete critical dictionary of the English and German languages. Neue, durchgeseh., verb. und verm. Ster.-Ausg. unter Mitwirkung von H. Breithaupt hrsg. von E. Preußer. 2 Thle. Lex.-8. (X und 1351 S.) Altona 867, Haendcke und Lehmkuhl. 3 Thlr.; geb.

— neues vollständiges kritisches Wörterbuch der englischen u. deutschen Sprache. — A new and complete critical dictionary of the English an German languages. Neue, durchgeseh., verb. u. verm. Ster.-Ausg. unter Mitwirkung von H. Breithaupt herausg. von E. Preußer. 2 Thle. Ebend. 868. Lex.-8. (X, 1351 S.) 3 ℛ; geb. 3 ℛ 15 ngr.

Thieme-Preußer, neues vollständiges kritisches Wörterbuch der englischen u. deutschen Sprache. — A new a. complete critical dictionary of the english a. german languages. Neue, unter Mitwirkg. v. H. Breithaupt durchgeseh., verb. u. verm. (20.) Ster.-Aufl. 2 Thle in 1 Bd. Lex.-8. Stuttgart 874. Haendcke & Lehmkuhl. n. 10. —; geb. n. 17. 50
1. Thl. Englisch-Deutsch. (777 S.)
2. Thl. Deutsch-Englisch. (574 S.)

Thieme-Preußer, neues vollständiges kritisches Wörterbuch der englischen und deutschen Sprache. — A new and complete critical Dictionary of the English and German Languages. Neue, unter Mitwirkung von H. Breithaupt durchgeseh., verb. und verm. Ster.-Ausg. 21.—28. Aufl. 2 Thle. in 1 Bd. Lex.-8. Hamburg 874—79, Haendcke und Lehmkuhl. * geb. *
Inhalt:
Thl. 1. Englisch-Deutsch. (777 S.)
" 2. Deutsch-Englisch. (574 S.)

Thieme-Preußer, neues vollständiges kritisches Wörterbuch der englischen und deutschen Sprache. — A new and complete critical Dictionary of the English and German Languages. Neue unter Mitwirkung von H. Breithaupt durchges., verb. und verm. Ster.-Ausg. 29. und 30. Aufl. 2 Thle. Lex.-8. (VIII, 777; II, 574 S.) Hamburg 880,81, Haendcke und Lehmkuhl. *ℳ 10.; geb. in Halbfrz. *

Thieme-Preußer, neues vollständiges kritisches Wörterbuch der englischen und deutschen Sprache. Neue reich verm. Ster.-Aufl., bearb. von Ign. Eman. Wessely. 2 Thle. in 1 Bd. Der Gesammt-Aufl. 149.—157. Tausend, der neuen Bearbeitung 3.—11. Tausend. Lex.-8. (X, 806; 612 S.) Hamburg 885—87, Haendcke und Lehmkuhl. * geb. *

Thieme-Preußer, neues vollständiges kritisches Wörterbuch der englischen u. deutschen Sprache. Neue reich verm. Ster.-Aufl., bearb. v. Jg. Eman. Wessely. Der Gesammt-Aufl. 179. Tauf., der neuen Bearbeitg. 83. Tauf. Lex.-8. (X, 806 u. 612 S.) Hamburg 893. Haendcke & Lehmkuhl. n. 11. —; geb. in Halbfrz. n.n. 12.50

Thieme-Preußer, Wörterbuch d. englischen u. deutschen Sprache. Neue, vollständ. umgearb. u. stark verm. Aufl., bearb. v. Jg. Eman. Wessely. 2 Tle. 207.—216. Tauf. Jubiläums-Ausg. gr. 8. (XIX, 840 u. 763 S.) Hamburg 896. Haendcke & Lehmkuhl. n. 11. —; geb. in Leinw. n. 12.50; in 1 Halbfrzbd. n. 13. —

Thieme-Preußer: Neues vollständiges kritisches Wörterbuch der englischen und deutschen Sprache. Neue Aufl. von J. E. Wessely. Jubiläums-Ausg. 217.—226. Tausend. Hamburg 1898
Th. 1. Englisch-Deutsch.
Th. 2. Deutsch-Englisch.

— u. Preußer, Wörterbuch der englischen u. deutschen Sprache. Neue, vollständig umgearb. u. stark verm. Aufl., bearb. v. Jg. Eman. Wessely. 2 Tle. in 1 Bd. 237.—239. Tauf. Jubiläums-Ausg. (XIX, 840 u. 763 S.) gr. 8. Ebd. 909. 11.—; geb. in Halbfrz. 13.—; in 2 Halbfrz.-Bdn. 14. —

— dasselbe. Jubiläums-Ausgabe, bearb. v. Jg. Eman. Wessely. Kleine Ausg. M. e. Einleitg.: D. wichtigsten grammatikal. Unterschiede d. Englischen vom Deutschen v. Jg. Eman. Wessely. 2 Tle. in 1 Bde. gr. 8. (XII, 455 u. 442 S.) Ebd. 899. Geb. in Halbfrz. n. 7.20

— — dasselbe. Kleine Ausg. Mit e. Einleitg.: Die wichtigsten grammatikal. Unterschiede des Englischen vom Deutschen v. Jg. Eman. Wessely. 2 Tle. in 1 Bde. 11.—13. Tauf. (XII, 455 u. 442 S.) gr. 8. Ebd. 909. 6.—; geb. in Halbfrz. 7.50

Thieme, Gerhard, Bockendorfensis: Quaestionum comicarum ad Periclem pertinentium capita tria. (De Cratini Dionysalexandro et Nemesi, de Aristophanis Ach. v. 515/539, de Eupolidis Demis). Lipsiae 1908: C. Marquart. (69 S.) 8°
Leipzig, Phil. Fak., Ref. Lipsius-Bethe, Diss. v. 9. Juli 1908
[Geb. 13. Okt. 83 Bockendorf (Sachsen); Wohnort: Leipzig; Staatsangeh.: Sachsen; Vorbildung: Nikolai-Gymn. Leipzig Reife O. 03; Studium: Freiburg i. B. 1, Leipzig 8 S.]

Thieme, Gottfried, a. Dresden: Die Inschriften von Magnesia am Mäander und das Neue Testament. Borna-Leipzig 1905: R. Noske. (44 S.) 8° ¶ (Erschien im Buchhandel bei Vandenhoeck & Ruprecht, Göttingen.)
Heidelberg, Theol. Fak., Ref. Deißmann, Diss. v. 21. Dez. 1905
[Geb. 30. Juni 77 Dresden; Wohnort: Dresden; Staatsangeh.: Sachsen; Vorbildung: Wettiner Gymn. Dresden Reife O. 95; Studium: Dresden T.H. 3, Leipzig 4, Heidelberg 1, Leipzig 3 S.; Rig. 29. Juli 05.]

Die Inschriften von Magnesia am Mäander und das Neue Testament. Eine sprachgeschichtl. Studie von Lic. Gottfried **Thieme.** Göttingen: Vandenhoeck & Ruprecht 1906. (41 S.) 8°
Erschien auch als Heidelberger Inaug.-Diss. [07. 9615 8

† **THIEME,** H., Des alten Gabel-Jürge Rundschau in der Sylvester-Nacht. Eine Knüttelvers-Epistel . . . Breslau, Grüson, 1869. 8°. 8 S.

Thieme, H., Louis Napoleon's Sünden-Register. Eine Stimme aus dem Volke. Berlin 870. Heidemann & Co. gr. 8. (8 S.) 1 ngr.

Thieme, Hermann: Die Elemente der Geometrie. Mit 323 Fig. Leipzig & Berlin: Teubner 1909. XII, 394 S. 8°
(Grundlehren d. Mathematik. T. 2, Bd 1.)

Thieme, Herm., die Elemente der Geometrie, s. Grundlehren der Mathematik f. Studierende u. Lehrer. II, 1.

Thieme, Hermann *(geb. Neu-Limmritz in Brand. 9. 11. 1852)*: Ueber die Flächen zweiten Grades, für welche zwei Flächen zweiten Grades zu einander polar sind. Dresden 1877. (23 S.) 8° *[Aus: Zeitschr. f. Math. u. Phys. Jg. 22. 1877.]*
Breslau, Phil. Diss. v. 29. Sept. 1877

Thieme, Herm., die für die Kgl. Sächsischen Staatsanwaltschaften und Amtsanwaltschaften wichtigen Gesetze und Verordnungen. 8. (XVI, 353 S.) Leipzig 887, Roßberg'sche Buchh. *ℳ 5.50.; geb. **

Thieme, [Hermann]: [Direktor August Kessler † 29. April 1909.] S. 13. 4. **Progr.** Kgl. Realgymn. *Bromberg* 1910 (247).

Thieme, Herm., Leitfaden der Mathematik f. Gymnasien. 2 Tle. gr. 8. Leipzig 902. G. Freytag. Geb. in Leinw. n. 3.—
1. Die Unterstufe. (VI, 96 S. m. 106 Fig.) n. 1. 40
2. Die Oberstufe. (IV, 112 S. m. 56 Fig.) n. 1. 60

Thieme, Herm., Leitfaden der Mathematik f. Gymnasien. 1. Tl.: Die Unterstufe. 2. Aufl. (102 S. m. 110 Fig.) gr. 8. Leipzig 905. G. Freytag. Geb. n. 1. 60

— Leitfaden der Mathematik f. Gymnasien. 2 Tle. 8. Leipzig 907. G. Freytag. — Wien, F. Tempsky. Geb. à 1. 60
1. Die Unterstufe. Mit 108 Fig. 3. Aufl. (103 S.)
2. Die Oberstufe. Mit 61 Fig. 2. Aufl. (111 S.)

— dasselbe f. Realanstalten. 2 Tle. gr. 8. Ebd. 902. Geb. in Leinw. n. 4.10
1. Die Unterstufe. (VI, 118 S. m. 114 Fig.) n. 1. 60
2. Die Oberstufe. (IV, 196 S. m. 162 Fig.) n. 2. 50

— dasselbe f. Realanstalten. 1. Tl.: Die Unterstufe. 2. Aufl. (128 S. m. 121 Fig.) gr. 8. Ebd. 905. Geb. n. 1. 60

— dasselbe f. Realanstalten. 2 Tle. 8. Ebd. Geb. 4. 30
I. Die Unterstufe. 4. Aufl. (135 S. m. 127 Fig.) 8. 910. Geb. 1. 80
II. Die Oberstufe. 2. Aufl. (197 S. m. 160 Fig.) 907. Geb. 2. 50

— Sammlung v. Aufgaben u. Beispielen aus der Trigonometrie u. Stereometrie, s.: Reidt, Frdr.

Thieme, H., Sammlung v. Lehrsätzen u. Aufgaben aus der Stereometrie. Im Anschluss an nachgelassene Papiere v. Kretschmer bearb. gr. 8. (VI, 92 S.) Leipzig 885. Teubner. cart. n. 1. 20

Thieme, Herm., tabellar. Uebersicht aller in der Preuß. Pharmacopoe aufgenommenen organischen Droguen mit ihrer Abstammung, Classification im natürl. Systeme rc., nach v. Linné'schen Sexualsystem geordnet f. jüngere Pharmazeuten u. Droguisten entworfen. gr. 4. Crefeld 843, Schüller. n. 1 ₰

Thieme, Hermann, Prof. Dr.: Die Umgestaltung der Elementar-Geometrie. *Posen 1900: Merzbach.* (40 S.) 4° [F.]
Posen, k. Berger-G u. Berger-OR, P 1900 (175)

Was ich als Maurer lernen möcht'. [Von Herm. Thieme.] [Kehl o. J.: Morstadt.] 1 Bl. 8°. [Kopftit.]
„Als mir das maurerische Licht geleuchtet" ...

[Dasselbe u. d. Titel:] Eine Lehrlings-Arbeit. [Unterz.:] Hermann Thieme. [Dat:] Or. Schweidnitz, 15. April 5859. 1 Bl. 4°. [Kopftit.]
Vgl. W. Nr. 34112.

Thieme, Hugo P[aul]. Guide bibliographique de la littérature française de 1800 à 1906. Prosateurs, poètes, auteurs dramatiques et critiques; avec indication[s biographiques et bibliographiques]... [Avec un croquis.] XXIV + 512 p. 8. Paris, H. Welter, 1907. [Souscr. fr. 12. 50, relié 15. —; en libr. fr. 25. —, relié 27. 50)
[2me éd.; la 1re éd. — plaquette de 90 p. — parut en 1897.]

La littérature française du dix-neuvième siècle. Bibliogr. des princip. Prosateurs, Poètes, Auteurs dramat. et critiques. French literature ... Die franz. Litteratur ... Par Hugo P. Thieme, de l'Univ. John Hopkins. *Paris & Leipzig: H. Welter 1897.* (90 S.) 8° [oi. 11490

Thieme, Hulda, Maassbuch m. genauer Anleitung zum Maassnehmen, durch Abbildgn. veranschaulicht. 16. (60 S.) Berlin 891. W., Leipzigerstr. 40, Lehr-Institut f. wissenschaftl. Zuschneidekunst Henry Sherman (Hulda Thieme). Kart. n.n. — 75

Thieme, Hulda, Maassbuch m. genauer Anleitg. zum Maassnehmen, durch Abb. veranschaulicht. (2. Aufl.) gr. 16. (59 S.) Berlin (w. 8, Leipzigerstr. 40) 895. Selbstverlag. In Ledertuch kart. — 75

Maassbuch mit genauer Anleitung zum Maassnehmen durch Abbildungen veranschaulicht. Hrsg. von Hulda Thieme. 3. Aufl. *Berlin: Selbstverl. [1900].* (30 Bl.) 8° [oc. 9296

Thieme, Hulda, in den Lehrsälen der Hauptbüreaus eingeführte Wochen-Vorträge zur Ergänzung des Unterrichts der verbesserten Methode vom Lehrinstitut f. wissenschaftliche Zuschneidekunst Henry Sherman. gr. 8. (24 S.) Berlin 894. W., Leipzigerstr. 40, Lehr-Institut f. wissenschaftl. Zuschneidekunst Henry Sherman (Hulda Thieme). 1. —

Hulda Thieme, Wissenschaftliche Zuschneidekunst, vormals: Lehr-Institut f. Wissenschaftl. Zuschneidekunst Henry Sherman. *(Berlin: Selbstverl. [1895].)* (1 Bl., 5 Modelle.) 2° [oq. 7552

— neu verbesserte wissenschaftliche Zuschneidemethode. 8. Aufl. Fol. (5 Taf. [2 auf Karton] m. eingedr., 1 Bl. Text, 6 Bog. Papier u. Metermass.) Ebd. 895. 7. 50

Thieme, J., Anleitung zum Feldmessen u. Nivelliren f. den Oekonomen u. Bauhandwerker. Ein nothwend. Handbuch f. alle Diejenigen, welche, ohne mathemat. Vorkenntnisse zu haben, in kurzer Zeit u. m. Anwendg. einfacher, billiger Werkzeuge die Ausführung aller, im gewöhnl. Leben vorkommenden, Vermessgn. u. Nivellements erlernen wollen. Zum landwirthschaftl. Gebrauch u. zum Unterricht in Gewerbs-, Bürger- u. Landschulen bearb. Mit 8 lith. Taf. (in qu. 4.) gr. 8. (VI u. 67 S.) Erfurt 849, Gebhardi in Comm. n. 1/2 ₰ — 2. Aufl. gr. 8. (VIII u. 67 S. m. 8 lith. Taf. in qu. 4.) Quedlinburg 852, Basse. 1/2 ₰

Thieme, J. Die Bestandteile des Wassers der Lauf- und Grundwasserbrunnen der Stadt Rappoltsweiler. 12 S. *Rappoltsweiler* 1883.
Progr.

Thieme, J. F., die Farben d. Nelken, ihre Benennungen u. Mischungen z. Anfertigung e. gemalten Nelkenblätter-Karte, beschrieben u. durch e. beigefügte Farbentab. erläutert. Nebst e. kurzen Anweis., die Schönheit e. Nelkenflor durch schickliche Zusammenstellungen noch zu erhöhen. Ein Geschenk f. angeh. Nelkenisten. 8. (2 1/4 B.) Görlitz 838, (Baumeister.)

Thieme, J. F., d. Farben d. Nelken, ihre Benennungen u. Mischungen z. Anfertigung e. gemalten Nelkenblätter-Karte, beschrieben u. durch e. beigefügte Farbentabelle erläutert. Nebst e. kurzen Anweis., d. Schönheit e. Nelkenflor durch schickliche Zusammenstellungen noch z. erhöhen. 8. Görlitz, 1838. Koblitz. — 15

Thieme, Jenny, u. Balduin Gärtner, das Zwillingspaar Hedi u. Fredi. Bilder v. Th., Verse v. G. (32 S. m. farb. Abb.) Lex. 8. Altenburg (908). St. Geibel. Geb. 1. 80

Thieme, Johannes: Die Annahme an Kindes Statt nach dem geltenden deutschen bürgerlichen Rechte. Borna-Leipzig 1906: R. Noske. (IX, 81 S.) 8°
Leipzig, Jur. Fak., Diss. v. 30. Juli 1906

Thieme, Johannes: Ueber den Einfluss der Gelenke auf den Materialverbrauch in den Gurtungen flusseiserner Bogenbrücken, untersucht an dem Sonderfall des durch einen Parallelträger versteiften Parabelbogens. [1902.] 24 S., 1 Taf. 8⁰
Dresden, Dr.-Ing.-Diss. v. 3. 5. 1902

Thieme, Johann Christoph: Haus- Feld- Arzney- Koch- Kunst- und Wunder-Buch. Das ist: Ausführliche Beschreib- und Vorstellung / Wie ein kluger Hausvatter und sorgfältige Hausmutter / wes Standes und Würden sie auch immermehr seyn mögen / mit vortrefflichem Nutzen und ersprießlichem Nahrungs-Aufnehmen / ihr Haus-Wesen führen / und durch GOttes reichen Segen / auf ihre Nachkommen höchst-glücklich fortpflanzen mögen. Alles / um richtiger Ordnung willen / in zwanzig Abtheilungen enthalten / Darinn folgende Sachen abgehandelt werden: ... IV. Vom Weinbau . ... Wolmeinend zusamm getragen / und mit schönen hierzu dienlichen Kupfern gezieret von Johann Christoph Thiemen. Nürnberg: Hofmann 1682. 1889 S. -- 12*.29.70.F 1.N 1

--- Dass. Ebd. 1700. 1587 S. -- 155*
BM: Thiemen, Johann Christoph. -- Nach Angaben des Bayerischen Zentralkatalogs: Thiem, Joh. Christoph.

Thieme, Johann Gottfried (Losswig) A. S. 11/28

Dissertatio iuridica de scultetis et scabinis Von Den Amts=Land und Dorff=Gerichten.
Präs. Christian Specht.
Wittenberg (Eichsfeld) 18. V. 1736. 19 S.

Gew.: Andreas Hennicke. 34334

Thieme, Johann Wilhelm Heinrich (Jena) A. S. 632/16

Systema influxus physici demonstratum. Dissertatio philosophica. Präs. Karl Gotthold Müller.
Jena (Croeker) 23. XI. 1743. 26 S.
34336

Thieme, Karl, Abriss der Geschichte des Posthorns u. Sammlung histor. Posthornstücke, s: Gumbert, Frdr., Posthornschule.

Thieme, Karl, appr. Arzt a. Biehla bei Kamenz ⟨sächs. Oberlausitz⟩: Beitrag zur Lehre von der Encephalopathia saturnina. Leipzig 1906: B. Georgi. (29 S.) 8°
Leipzig, Med. Fak., Ref. Curschmann, Diss. v. 28. Mai 1906
[Geb. 8. Mai 77 Rittergut Biehla; Wohnort: Leipzig; Staatsangeh.: Sachsen; Vorbildung: Kreuzgymn. Dresden Reife O. 98; Studium: Würzburg 1, Leipzig 12 S.; Coll. 28. Mai 06; Approb. 11. April 04.]

— e. kathol. Beleuchtg. d. Augsburgischen Konfession. Polem. Studie. gr. 8. (44 S.) Leipzig 898. Dürr'sche Buchh. n. — 80

Thieme, Karl, die christliche Demut. Eine histor. Untersuchung zur theolog. Ethik. 1. Hälfte. Wortgeschichte u. die Demut bei Jesus. (XVI, 258 S.) gr. 8. Giessen 906. A. Töpelmann. n. 5. 60

Thieme, Carl, a. Zeitz: Über die Einwirkung des Ozons auf Säuren der Ölsäurereihe und auf Stearolsäure. Kiel 1906: Lüdtke & Martens. (29 S.) 8°
Kiel, Phil. Fak., Ref. Harries, Diss. v. 10. Juli 1906
[Geb. 18. Dez. 81 Zeitz; Wohnort: Zeitz; Staatsangeh.: Preußen; Vorbildung: Gymn. Zeitz Reife M. 01; Studium: Leipzig 1, Zürich 1, Berlin 4, Kiel 4 S.; Rig. 7. Juli 06.]

Thieme, aus der Geschichte d. Apostolikums. Ein Vortrag. 8. (32 S.) Leipzig 898. Dörffling & Franke. n. — 50

Thieme, Karl, Glaube und Wissen bei Lotze. gr. 8. (48 S.) Leipzig 888, Dörffling und Franke. *

Thieme, Karl, Jesus u. seine Predigt. Ein Volkshochschulkursus. (128 S.) 8. Gießen 908. A. Töpelmann.
1.—; geb. in Leinw. 1.50

Thieme, Karl, Luther u. Melanchthon als Freunde. E. Vortrag, geh. im „Christl. Verein junger Männer" zu Leipzig am 28. IV. 1893. [Aus: „Leipz. Kirchenbl."] 8. (24 S.) Leipzig (893). Christl. Verein junger Männer.
n. — 50

Thieme, Karl: De n o r m i s bonorum operum quid existimaverit Melanthon tempore Confessionis Augustanae eiusque Apologiae. ... Lipsiae, typ. Ackermanni et Glaseri, 1890. 1 Bl., 50 S., 1 Bl. 8⁰
Leipzig, Theol. Fak., Hab.-Schr. v. 22. [handschr.] Jan. 1890

— der Offenbarungsglaube im Streit üb. Babel u. Bibel. Ein Wort zur Orientierg. (67 S.) gr. 8. Leipzig 903. Dörffling & Franke. n. 1. 20

Thieme, Karl [cand. theol.]: Der Primat der praktischen Vernunft bei Lotze .... Leipzig, Druck v. Ackermann & Glaser, 1887: 2 Bl. + 48 S. + 1 Bl. 8°
Leipzig, Phil. Fak., Inaug.-Diss. v. 20. Apr. 1888

T h i e m e, K a r l, der Primat der praktischen Vernunft bei Lotze. Diss. Leipzig 1887, Gustav Fock. 8⁰. 48 S.

Thieme, Karl, zu Wundts Religionspsychologie. (16 S.) gr. 8. Leipzig 910. J. C. Hinrichs' Verl. — 35

Thieme, Karl, Scribisne litterulas latinas? Kleine moderne Korrespondenz in latein. Sprache. (VIII, 122 S.) 8. Dresden 908. C. A. Koch. 1.60; geb. 2. —

Thieme, C. (A.): Stoffsammlung für das Sommerturnen in den einfachen Landschulen. Markneukirchen 1897. 20 S.

Thieme, Carl, Stoffsammlung f. das Sommerturnen in den einfachen Landschulen auf 2 Sommerhalbjahre, m. Ausarbeitg. e. Halbjahrs auf Stunden nebst einigen Bemerkgn. über Einführung des Turnens auf dem Lande. 2. verm. u. verb. Aufl. 12. (40 S.) Markneukirchen 900. (J. Schmidt.) n.n. — 75

Thieme, Carl, Stoffsammlung f. das Sommerturnen in den einfachen Landschulen. 3. verm. u. verb. Aufl. (64 S. m. Fig.) 12. Markneukirchen 904. J. Schmidt. n. — 80

T h i e m e, Karl, Stoffsammlung für das Sommerturnen in den einfachen Landschulen, 3. verm. u. verb. Aufl. u. 4. Aufl., Markneukirchen 1904, 8°.
2 Bde.

Thieme, Carl, **Tabelle der wichtigsten Zusätze zum altrömischen Taufbekenntnis in den verschiedenen abendländischen Kirchenprovinzen bis zum 8. Jahrh. nach den wichtigsten bei Hahn berücksichtigten Urkunden. Plakat. qu. gr. Fol. Leipzig 893. Dörffling & Franke. — 30**

Thieme, Karl, Luthers Testament wider Rom in seinen schmalkaldischen Artikeln. 8. (98 S. m. 1 Faksim.) Leipzig 900. A. Deichert Nachf. n. 1. 50; kart. n. 1. 75

Thieme, Karl: Die T h e o l o g i e der Heilstatsachen und das Evangelium Jesu. Ein Wort z. Beruhigung über d. moderne Theologie im Kampf um d. Zwickauer Thesen d. sächs. Lehrerschaft. Gießen: Töpelmann 1909. 48 S. 8⁰

— d. sittliche Triebkraft d. Glaubens. E. Untersuchg. zu Luther's Theologie. gr. 8. (VIII, 318 S.) Leipzig 895. Dörffling & Franke. n. 5. —

Thieme, Carl: Ueber die therapeutische Verwendung des Arsen in der inneren Medicin. Halle (1872). Plötz. 30 S. 8°
Halle-Wittenberg, Med. Diss. v. 25. Okt. 1872
Geb. Dresden 13. 12. 1846. V.

Thieme, Karl August

Thieme, Carl Aug., der Freund in der Noth. Erweckliche und tröstliche Zusprache aus Gottes Wort in allerlei Hauskreuz. gr. 8. (VI und 182 S.) Oederan 865, Schlesinger'sche Buchh.

Thieme, Carl Aug., der Hausprediger. Predigtsammlung auf alle Sonn- und Festtage des Kirchenjahres über die im Königreich Sachsen vorgeschriebenen epistolischen Texte zur häuslichen Erbauung bearb. Oederan 862. Schlesinger. 4. (VI, 619 S.) 2 ℛ 15 ngr

—— der Haussegen. Ein Betbuch für evangel. Christen aus den Sammlungen der bewährtesten geistreichsten Lehrer unserer Kirche zusammengestellt. 2. Aufl. gr. 16. (XV und 295 S. mit 1 Stahlst.) Oederan 860, Schlesinger. *

Thieme, Karl August [Praes.], s. Kade, Johann Gottfr. Wilhelm: Pro puritate Symmachi.

Thieme, Karl August, s. Lexicon Xenophonteum.

Thieme, Carl Aug., Plan zu e. Fortbildungsschule f. Bauerssöhne auf d. Lande. gr. 8. (16 S.) Mittweida 848, Billig. 1/12 ℛ

Thieme, Carl Aug., ein Wort zur Verständigung u. Beruhigung über den Beschluß der 5. Generalversammlung des Gustav-Adolf-Vereins in Berlin, die Ausschließung Dr. Rupps betreff. 8. (1 B.) Wiesbaden 846, Ritter.

– s. Xenophon: Opera.

Thieme, Karl Christian

Thieme, Carl Chrn., Ernst Julius Otto, d. j. Nekrolog. gr. 8. (11 S.) Schleusingen 849, Glaser. 1 1/2 ngr

Thieme, C., und J. Otto d. j., der Spinnabend, s. Otto d. j., Jul.

Thieme, Karl Fr., († d. 6. Nov. 1813.) Anweis. zur kameralist. u. ökonom. Planzeichnung nach J. G. Lehmanns Anleit. u. als Fortsetzung seines Werks, herogg. von Geo. And. Fischer. Mit 8 color. Kpftaf. gr. 4. Dresd. 814. Arnold. 3 ℛ

Thieme, Karl Ludwig

Thieme, Karl Ludw., Richard Wagner im Dienste französ. Maler. E. krit. Studie. [Zum Thl. aus: „D. Grenzboten".] 8. (86 S.) Leipzig 896. C. Wild. n. 1. —

Thieme, Carl Ludw., wie schützt Ihr Euch selbst vor Cholera-Gefahr. Allen verständlich gemacht. gr. 16. (45 S.) Stuttgart 893. A. Zimmer. n. — 50

Thieme, Karl Traugott

Thieme, Karl Tr., († d. 30. Mai 1802.) Aufmunterungen zum vernünftigen Denken u. Handeln, ein Buch f. bildungsbeflissene Jünglinge. 8. Leipz. 798. N. Aufl. 801. (W. Vogel). 16 ℊ

—elémens de la première instruction, trad. de l'allemand et augment. par L. Bayrhammer. 8. Wien 800. Wimmer. 14 ℊ

— Elémens de la première instruction, trad. de l'allemand et augment. par Louis Bayrhammer. 8. Vien. Rehm. 810.

— Elémens de la premiére instruction. Trad. de l'allemand par Bayrhammer. 8. Vienne. Rehm. 815.

Thiéme, Eleménts de la première Instruction. Trad. de l'Allem. et augm. par L. Bayrhammer. 8. Wien 825, Wimmer.

Thieme, K. T., Elémens de la langue allemande, d'après les principes de meilleurs auteurs, allemandes, enrichis de Dialogues et d'un petit dictionnaire français-allemand. 8. Erfurt, Beyer et M. 813.

— élémens de la langue allemande, d'après les principes de meilleurs auteurs allemands, enrichis de Dialogues et d'un petit dictionnaire français-allemand. 8. Erfurt 813. Otto. 9 ℊ

— der alte Erdmann, ein Hausspiegel f. Aeltern, Erzieher u. Lehrer u. die es zu werden gedenken. 3 Thle. 8. Leipz. 802. Mit neuem Titelbl. u. e. Vorrede v. J. C. Dolz. 3 Thle. Mit 1 Kpf. 8. Ebd. 812. W. Vogel. 2 ℛ

— Erdmann, eine Bildungsgeschichte. 3 Bände. 8. Leipzig, Crusius. (F. C. W. Vogel.) (1r 2r 2 Rthlr. 6 gr. 3r 1 Rthlr. 6 gr.)

— einige Gedanken, welche die Stelle der gewöhnl. Tischgebete vertreten können. Als Anh. zu Gutmann, od. der sächs. Kinderfreund. 8. Leipz. 817. (Brockhaus). 5 ℊ

Thieme, K. T., einige Gedanken, welche die Stelle der gewöhnl. Tischgebete vertreten können. Als Anh. zu Gutmann, oder d. Sächs. Kinderfreund. 8. Leipzig, Gleditsch. 817. — 5

— Goutmann, ou l'Ami des Enfans, lectures pour les écoles bourgeoises et provinciales de Saxe, trad. de l'allemand. II Vol. 8. Leipz. Crusius. (F. C. W. Vogel.) 798. (I. 1 Rthl. II. 16 gr.)

— Grundlinien z. Kenntniß aller positiven Religionen, herogg. v. J. G. Gruber. gr. 8. Leipz. 803. Richter. (Brockhaus). 1 ℛ 12 ℊ (Auch u. d. T.: Sämmtl. hinterlass. Schriften. 1r Thl.)

— Grundlinien z. Kenntniß all. positiv. Religionen. gr. 8. Leipz. Richter. (Gleditsch.)

— Gutmann, od. der sächs. Kinderfreund, ein Lesebuch f. Bürger- u. Landschulen. 2 Thle. 8. Leipz. 794. 2e A. 797. 3e A. 802. 4e A. 806. 5e A. 810. 6e verb. Aufl. v. J. Ch. Dolz. 813. 7e A. 818. 8e A. 821. 9e A. 825. 10e Aufl. 829. (W. Vogel). 16 ℊ 3r, 4r u. 5r Thl. A. u. d. T.: Die Gutmannische Schule. 3 Thle. 8. Ebd. 803—6. (Brockhaus). 1 ℛ 6 ℊ

— — dessen 3r 4r 5r Th. (hat a. d. Tit. Gutmannische Schule, 3 Thle.) 8. Leipzig, Richter. (Gleditsch.) 806.

— Gutmann, oder der sächsische Kinderfreund. Ein Lesebuch für Bürger- und Landschulen. 1r 2r Theil. 8te durch J. C. Dolz verb. Aufl. 8. Leipzig, W. Vogel. 820. — 16

Thieme, (K. T.,) Gutmann oder der sächs. Kinderfreund. 2 Theile. 9e Aufl., durchgesehen v. J. C. Dolz. Mit 1 Kpf. u. 1 Vign. 8. Leipz. 825, W. Vogel.

Thieme, Karl Tr., Gutmann, od. der sächs. Kinderfreund. Ein Leseb. f. Bürger- u. Landschulen. 2 Thle. 10. Aufl., durchges. v. J. Chr. Dolz. 8. (35 B., Titkpfr. u. Titvign.) Leipzig 829, Vogel.

Thieme, Karl Traug., Gutmann oder der Sächsische Kinderfreund. Ein Lesebuch für Bürger- u. Landschulen. 2 Thle. Neue wohlf. (Titel-)Ausg. der 11. von Joh. Ch. Dolz durchges. Aufl. Leipzig (836.) 856. Vogel. 8. (XVIII, 268; 272 S. u. 1 Kpfrtaf.) 10 ngr.

Thieme, Karl Traug., Über die Hindernisse des Selbstdenkens in Deutschland; eine gekrönte Preisschrift. Leipzig 1788. 8. (D.)

— üb. die Hindernisse des Selbstdenkens; e. gekrönte Preisschr. 8. Leipz. 788. Gotha 791. (Becker). 18 gr

— Ideal eines Lesebuchs für Bürger- u. Landschulen. 8. Leipz. 793. Crusius. (W. Vogel). 4 gr

— üb. die Kennzeichen einer blühenden Schule. gr. 8. Bautzen 790.

— Wilh. Gradsinn's Lebens- u. Bildungsgeschichte. Ein Beitr. zur Menschenkunde. 2 Thle. Mit Kpf. 8. Wien 804. Ant. Doll. 1 rthl 16 gr

Thieme, Karl Tr., erste Nahrung für den gesunden Menschenverstand. 8. Leipz. 776. 4e A. 799. (anonym). 7e Aufl. verb. v. J. C. Dolz. 812. 8e A. 819. 9e A. 827. W. Vogel. 6 gr

— erste Nahrung f. d. gesund. Menschenverstand. 8. Ebend. 806.

— erste Nahrung f. den gesunden Menschenverstand. 7te Aufl. durchgesehen v. J. Chr. Dolz. 8. Lpz. W. Vogel. 811.

Thieme, Karl Traugott. *Erste Nahrung* für den gesunden Menschenverstand . . . 8. Aufl., durchgesehen von M. Johann Christian Dolz. Leipzig, Fr. Chr. Wilh. Vogel, 1818. 178 S. 8°. Schöner braun-violetter Halbmaroquinbd. mit Rv. Mit Exlibris Leuchtenberg. 10.—

Thieme, K. T., erste Nahrung f. d. gesunden Menschenverstand. 10. Aufl. durchges. u. verb. v. J. C. Dolz. 8. (.. B.) Leipzig 840, Vogel.

—— erste Nahrung für den gesunden Menschenverstand. Neue wohlf. (Titel-)Ausg. der von Joh. Chrn. Dolz durchges. und verb. 10. Aufl. 8. (XIV und 178 S.) Leipzig 856, Vogel. *

— Reden vor d. Gemeine. 8. Leipz. 782. Hertel. 16 gr

— üb. die Schädlichkeit ungeordneter Lektüre f. junge Leute. 4. Merseb. 784.

— üb. den sittl. Ton in öffentl. Schulen. gr. 8. Leipz. 789. (W. Vogel). 4 gr

(—) Warnefried, od. üb. die Verbesser. der Schulanstalten, ein Gutachten an die Schulpatronen zu *** 8. Leipz. 787. (W. Vogel). 14 gr

Thieme, L. (Hrsg.), s. Abela, Carl: Choralbuch f. Schulen.

Thieme, L., Friedhofsklänge, s.: Brandt, Aug.

Thieme, L., neue Methode der öffentlichen Beleuchtung, untersucht u. genau beschrieben. (In russischer Sprache.) Lex.-8. (23 S. m. 3 Steintaf.) Leipzig 881. (Dresden, Knecht.) n. 5. —

Thieme, Ludw., s.: Veröffentlichungen, Görbersdorfer, aus Dr. Brehmer's Heilanstalt.

Thieme, Martin Heinrich

[Carmen.] Fridrico Augusto Brunsuicensium ac Luneburgensium duci serenissimo indulgentissimoque de die natali congratulatur Martinus Henricus Thieme. Die XXIX oct. MDCCLXXXV. Berolini [1785]: Decker. 2 Bl. 8⁰ [Umschlagtit.]
„Ecquid, Musa, diu se positam . . .“ 23.

Thieme, Martin Heinrich, s. Cebes: Gemälde.

Thieme, Mart. Hnr., († d. 7. Juni 1797.) Dissertatiuncula, in qua negatur contra quorundam opinionem, Christum vere ad inferos descendisse. 8. Reval 775.

— de Sphragistias usu in vario disciplinarum genere. 8. Leipz. 779.

Thieme, Martin Heinrich, s. Xenophon: Cyropaedia.

Thieme, Moritz, neue Bilderfibel. Mit 24 Kpf. 8. Berl. 820. N. A. 821. Petri. 20 gr

— die Bilderlaube, ein neues Bilderbuch für Knaben u. Mädchen. Mit 26 illum. Kpf. 12. Leipz. 821. Magaz. f. Ind. 1 rthl 16 gr

Thieme, Moritz, Edmund u. Tony, die treuen Spielgefährten. Eine Bildungsschr. f. d. Jugend beiderlei Geschlechts von 6 bis 12 Jahren. gr. 12. (12 B. u. 14 ill. Kpfr.) Berlin 829, Amelang.

—— kleiner deutscher Ehrentempel, od. das Leben berühmter Deutschen neuerer Zeit. Zur Unterhalt., Nacheiferung u. Erweck. d. Vaterlandsliebe f. Jung u. Alt. 8. (15 B. u. 1 Kpfr.) Heidelberg 823, Engelmann.

— Frauenmuth, od. das fürstl. Schauspiel; ein histor. Schspl. 8. ... 824.

— der kleine Freischütz; ein Singspl. in 3 Aufz., nach F. Kinds „Freischütz“ u. mit Rücksicht auf C. M. v. Webers Composition f. d. Jugend bearb. 8. Leipz. 823. (Leich). 10 gr

— der kleine Freischütz. 8. Elberf. 183.. Becker. 6 gr

— Geistergeschichten od. keine, wie man will. Mit 8 Bildern. 8. Leipz. 821. Magaz. f. Ind. 1 rthl 8 gr ill. 1 rthl 16 gr

—— Jugendklänge. (Gedichte.) Wohlf. Ausg. gr. 12. (12 B.) Elberfeld 830, Becker.

— der Kampf des Alten mit dem Neuen. Mit 1 Kpf. 8. Eisenberg 812. 2e A. 824. Schöne.

Thieme, Mor., der Kampf des Alten mit dem Neuen. Mit Kpf. 8. Eisenberg 822. 2e A. 824. Schöne 1 rthl 8 gr

— Kinder des Frühlings. Ein Kranz f. Freunde u. Gönner. 8. Berl. 826, Burchhardt.

— Kinder des Frühlings. Ein Kranz f. Freunde u. Gönner. 8. Berl. 826. (Krause). 1 rthl

— Mährchen u. Sagen für die Jugend. Mit 7 illum. Kpf. 8. Berl. 820. 2e A. 826. Lüderitz. 1 rthl 12 gr

Thieme, Moritz, s. Mina, des Generals, Leben.

Thieme, (Moritz,) der kleine deutsche Cornelius Nepos, od. kurze Lebensbeschreibungen der berühmten Deutschen, neuester Zeit; d. deutschen Jugend zur Belehrung, Unterhalt. u. Belebung des histor. Unterrichts gewidmet. 16 Bdchn. Mit 1 Kpfr. 12. Ilmenau 824, Voigt.

— der poet. Nothhelfer u. theilnehmende Sänger an Geburts-, Namens-, Neujahrs- u. Stiftungstagen ꝛc. gr. 12. Ilmenau 824. Voigt. 1 ₰

Hedwig's liebste Puppe. Ein Lese- und Bilderbuch für kleine artige Mädchen. Von Moritz Thieme. Berlin, C. F. Amelang [c. 1825]. XII, 300 S., Titel, Frontisp. und 12 Tafeln, lithogr. und sorgfältig handkoloriert. 12°. Einfacher Hlwd. d. Z. 44.—
Ganz entzückend illustr. kleines Werk. Die Tafeln z. T. zwei bis vierteilig. Teilw. etw. fleckig u. benutzt, eine Tafel etw. geklebt, Titel u. Frontisp. durch einen Klebestreifen verbunden. Einbd. benutzt. ★★

——, Hedwig's liebste Puppe. Ein Lese- u. Bilderbuch f. kleine artige Mädchen. 12. (17 B. u. 14 ill. Kpfr.) Berlin 829, Amelang.

— moral. Schilderungen f. die Jugend. 2e verb. u. mit neuen Kpf. verm. Aufl. 12. Kitzing. 825. Gundelach. (Leipz., Leich). 18 gr

Thieme, Mor., dramat. Spiele für die Jugend. (Inh.: Die Heimkehr. — Das Räthsel oder d. kl. Clavierspieler. — Die Scheidestunde. — Das Angebinde. — Das frohe Fest. — Querstriche. — Der Namenstag. — Die Weinlese.) 8. Berl. 819. Petri. 1 ₰ N. Ausg. 18 gr 2s Bdchen. Auch u. d. T.: Almanach dramat. Spiele für die Jugend. 1r Jahrg. 8. Ebd. 822. 1 ₰

Thieme, (M.,) dramatische Spiele für die Jugend bei faßl. Gelegenheiten. 2s Bdchn. A. u. d. T.: Almanach dram. Spiele f. die Jugend. 1r Jahrg. 8. Berl. 822, Petri. 1 Rthl. 4 gr. 1r Bd. 819.

— Vorboten des Frühlings; zu einem bescheidenen Kranze für seine Freunde gewunden. 8. Leipz. 822, Leich.

— Wanderungen dreier Musensöhne an den Rhein hinaus, in Briefen f. ihre Freunde. Mit 1 Kpf. 8. Halberst. 821. Vogler in Potsd. 1 ₰ 16 gr Hbg. Pc. 1 ₰ 8 gr

Thieme, Oskar, appr. Arzt a. Gebesee in Thüringen: Aus d. chirurg. Univ.-Kinderklinik zu München. Ein Fall von Meningoencephalocele. München 1904: B. Heller. (21 S.) 8°
München, Med. Fak., Ref. v. Angerer, Diss. v. 18. Aug. 1904
[Geb. 2. März 80 Gebesee in Thür.; Wohnort: Gebesee; Staatsangeh.: Preußen; Vorbildung: Realgymn. Erfurt Reife O. 99; Erg.-Prüf. human. Gymn. Erfurt M. 99; Studium: Halle phil. 1, Jena 4, München 2, Berlin 2, München 1 S.; Coll. 21. Sept. 04; Approb. 4. Juli 04.]

Thieme, (F.) Otto

Thieme, F. O., Abriß d. Geschichte d. Zeichenunterrichts. 5 Anschauungskreise f. Kunstgeschichte. Im Anschluß an Thiemes Lehrgang f. den Zeichenunterricht bearb. gr. 8. (40 S. m. Fig.) Dresden 896. A. Huhle. n. — 60

Thieme, F. O., Abriß der Geschichte des Zeichenunterrichts. Fünf Anschauungskreise f. Kunstgeschichte. Im Anschluß an Thiemes Lehrgang f. den Zeichenunterricht bearb. 2. verm. u. verb. Aufl. gr. 8. (44 S. m. Fig.) Dresden 901. A. Huhle. n. — 60

Thieme, F. O., Abriß der Geschichte des Zeichenunterrichts. 5 Anschauungskreise f. Kunstgeschichte. Im Anschluß an Thiemes Lehrgang f. den Zeichenunterricht bearb. 3. verm. Aufl., besorgt v. Karl Elßner. (52 S.) gr. 8. Dresden 910. A. Huhle. — 65

Thieme, F. O., Anleitung zu Skizzierübungen, zusammengestellt aus Handzeichngn. v. Rembrandt, H. E. v. Berlepsch, Geo. Estler, Gertrud Otto, Osc. Seyfferth u. Walter Stirl u. Arbeiten aus den Ateliers v. Donadini, Rade, Müller u. Seyffert. 30 Skizzen in Lichtdr., 10 in Steindr. Mit Text versehen u. hrsg. 1. u. 2. Aufl. Fol. (8 S. Text.) Dresden 891. Stengel & Markert. geb. 7. —

—— Anleitung zu Skizzierübungen, 2. Folge, s.: Schaefer, E. K., Anleitung zu architektonischen Skizzierübungen.

—— Anleitung zu Skizzierübungen. III. Zusammengestellt aus Handzeichngn. v. Künstlern. Mit Text versehen u. hrsg. IX. Aufl. Vollständig umgearb. v. Karl Elssner. (40 Taf. m. 16 S. Text.) gr. 4. Dresden 904. A. Müller-Fröbelhaus.
Kart. n. 5. —; geb. in Leinw. n. 6. 50

— Anleitung zu Skizzierübungen. (III.) Zusammengestellt aus Handzeichngn. v. Künstlern. Mit Text versehen u. hrsg. 11. Aufl. Umgearb. u. erweitert v. Karl Elssner. 30,5×23 cm. Dresden 910. Leipzig, Alfr. Müller Verlagsanst. 3. 50

Thieme, O., Aufgabenbuch f. d. schriftl. Gedankenausdruck, s.: Petermann, K.

Thieme, Otto, monograph. Bearbeitung der Gattungen Lasiophila Felder, Daedalma Hew., Catargynnis Röber, Oxeoschistus Butl., Pronophila Westw., Corades Doubl. Hew. (Lepidoptera Rhopalocera Satyridae.) Mit Begrdg. neuer Gattgn. u. e. Anzahl Neubeschreibgn. (S. 101—234 m. 3 Taf.) 8. Berlin (906). (R. Friedländer & Sohn.) nn 7. —
Sonderabdruck aus: „Berliner entomolog. Zeitschr."

Thieme, (*Richard*) Otto [aus Halle a. S.]: Die Behandlung der Prostatahypertrophie durch die Castration ... Halle a. S., Hofbuchdr. v. C. A. Kaemmerer & C., 1895; 24 S., 1 Bl. 8.
Halle, Med. Fak., Inaug.-Diss. v. 23. Dez. 1895

Thieme, Otto, der Cretinismus, eine Monographie. (Inaugural-Dissertation.) gr. 4. (9 B. u. 5 Stnt.) Weimar 842. (Leipzig, Wienbrack.) *

—— Lehrgang f. den Zeichenunterricht in Volksschulen. Unter Mitarbeit v. Pfennigwerth hrsg. gr. 8. (IV, 49 S. m. 42 Taf.) Dresd. 891, Huhle. cart. * 1 60

— Lehrgang f. den Zeichenunterricht in Volksschulen. Auf Anregg. d. Vereins sächsischer Seminarzeichenlehrer u. unter Mitarbeit v. Pfennigwerth hrsg. Mit 42 Taf. 2., verm. Aufl. gr. 8. (IV, 58 S.) Dresden 893. A. Huhle. Kart. n. 1. 60

— dasselbe. 12 Wandtafelvorlagen dazu. à 68,5×94 cm. Ebd. 893. In Mappe. n. 5. —; aufgezogen n. 7. —
Thieme, F. O., identisch mit Thieme, O.

Thieme, F. O., Lehrgang f. den Zeichenunterricht in Volksschulen. Auf Anregg. d. Vereins sächs. Seminarzeichenlehrer u. unt. Mitarbeit v. Pfennigwerth hrsg. Mit 42 schwarzen Taf. u. e. Probetaf. in Farbendr. 3., verm. Aufl. gr. 8. (IV, 53 u. XLIII S.) Ebd. 897.
Kart. n. 1. 70

— Lehrgang f. d. Zeichenunterr. in Volksschulen. 4. Aufl. (95 S 1 T) Dresden 1901

— Lehrgang f. den Zeichenunterricht in Volksschulen. Auf Anregg. des Vereins sächs. Seminarzeichenlehrer u. unter Mitarbeit v. Pfennigwerth hrsg. 5. verm. Aufl. (IV, 53 u. XLIII S. m. Abbildgn.) gr. 8. Dresden 904. A. Huhle. Kart. n. 1. 70

— Beitrag zu dem „Lehrgang f. den Zeichenunterricht“, s.: Pfennigwerth, O.

— Fröbels Methode d. Erziehg. zur Arbeit u. Kunst. Vortrag, geh. b. Gelegenheit d. Ausstellung v. Erzeugnissen f. Kinderpflege, Ernährg. u. Erziehg. in Dresden Sommer 1895. [Aus: „Für Haus u. Schule“.] gr. 8. (13 S.) Dresden 895. A. Köhler. — 50

Thieme, Otto, Monographie der Gattung Pedaliodes Butl. (Lepidoptera Rhopalocera Satyridae.) (99 S. m. 3 Taf. u. 2 S. Erklärgn.) 8. Berlin 905. (R. Friedländer & Sohn.)
Sonderabdruck aus: „Berl. entomolog. Ztschr.“ n.n. 7. —

—— und A. Schlosser, Rechenübungen für Volksschulen. Auf Grund des Lehrplanes für die einfachen Volksschulen des Königr. Sachsen vom 5. Novbr. 1878. 6 Hefte. gr. 8. Ebendas. 880—83. *

Inhalt:

Heft 1. Zahlenraum 1—20. 1—6. Aufl. (36 S.) * 20 Pf.
» 2. Zahlenraum 1—100. 1.—11. Aufl. (48 S.) * 20 Pf.
» 3. Zahlenraum 1—1000. Unbegrenzter Zahlenraum. 1.—7. Aufl. (48 S.) * 20 Pf.
» 4. Bruchrechnung. 1.—3. Aufl. (48 S.) * 20 Pf.
» 5. Bürgerliche Rechnungsarten. 1.—3. Aufl. (48 S.) * 20 Pf.
» 6. Schlosser, A., bürgerliche Rechnungsarten. [Ergänzungs-Heft.] Nach der neuen Rechtschreibung. (64 S.) * 25 Pf.

—— —— dass. — Facitbuch zu Heft 2—5. gr. 8. Ebendas. 880. [2.—4. Heft. (52 S.) * 60 Pf.; 5. Heft. (16 S.) * 30 Pf.] *

— u. A. Schlosser, Rechenübungen f. Volksschulen. Auf Grund d. Lehrplanes vom 5. Novbr. 1878 bearb. 6 Hfte. gr. 8. Dresden 885. 86. Huhle. n. 1. 25
1. 16. Aufl. (40 S.) n. — 20. — 2. 3. 21. Aufl. (à 48 S.) à n. — 20. — 4. 17. Aufl. (48 S.) n. — 20. — 5. 13. Aufl. (48 S.) n. — 20. — 6. Von A. Schlosser. 4. Aufl. (64 S.) 884. n. — 25

—— und A. Schlosser, Rechenübungen für Volksschulen. Auf Grund des Lehrplanes für die einfachen Volksschulen des Königr. Sachsen vom 5. Novbr. 1878 bearb. 6 Hefte. gr. 8. Ebendas. 885—88. *

Inhalt:

Heft 1. Zahlenraum 1—20. 14.—20. Aufl. (40 S.) * 20 Pf.
» 2. Zahlenraum 1—100. 18.—26. Aufl. (48 S.) * 20 Pf.
» 3. Zahlenraum 1—1000. Unbegrenzter Zahlenraum. 18.—27. Aufl. (48 S.) * 20 Pf.
» 4. Bruchrechnung. 15.—21. Aufl. (48 S.) * 20 Pf.
» 5. Bürgerliche Rechnungsarten 11.—15. Aufl. (48 S.) * 20 Pf.
» 6. Schlosser, A., bürgerliche Rechnungsarten. [Ergänzungs-Heft.] Nach der neuen Rechtschreibung. 4.—6. Aufl. (64 S.) * 25 Pf.

—— —— dass. — Facitbuch zu Heft 6. 2. durchgeseh. und verb. Aufl. gr. 8. (32 S.) Ebendas. 887. *

— u. A. Schlosser, Rechenübungen f. Volksschulen. Auf Grund d. Lehrplanes vom 5. Novbr. 1878 bearb. 6 Hfte. gr. 8. Ebd. n. 1. 25
1. 20. Aufl. (40 S.) 887. n. — 20. — 2. 26. Aufl. (48 S.) 888. n. — 20. — 3. 27. Aufl. (48 S.) 888. n. — 20. — 4. 21. Aufl. (48 S.) 888. n. — 20. — 5. 15. Aufl. (48 S.) 887. n. — 20. — 6. 6. Aufl. (64 S.) 888. n. — 25.

—— u. A. Schlosser. Rechenübungen f. Volksschulen. Auf Grund d. Lehrplanes vom 5. Novbr. 1878 bearb. 6. Hefte. gr. 8. Ebd. [1. Heft. 30. Aufl. (48 S.) 891. * — 20; 2. Heft. 38. Aufl. (64 S.) 891. * — 25; 3. Heft. 40. Aufl. (64 S.) 891. * — 25; 4. Heft. 31. Aufl. (64 S.) 891. * — 25; 5. Heft. 25. Aufl. (48 S.) 892. * — 25; 6. Heft. 9. Aufl. (64 S.) 891. * — 25.] cart. * 1 45

—— dass. — Facitbuch zum 6. Heft. gr. 8. (31 S.) Ebd. 892. * — 50

— u. A. Schlosser, Rechenübungen f. Volksschulen. Auf Grund des Lehrplanes vom 5. Novbr. 1878. Ausg. A in 6 Hftn. gr. 8. Ebd. 894. n. 1. 45
1. 39. Aufl. (48 S.) n. — 20. — 2. 50. Aufl. (64 S.) n. — 25. — 3. 52. Aufl. (64 S.) n. — 25. — 4. 39. Aufl. (64 S.) n. — 25. — 5. 29. Aufl. (52 S.) n. — 25. — 6. 13. Aufl. (60 S.) n. — 25.

— — dasselbe. Ausg. A. Facitbuch zum 6. Hft. gr. 8. (81 S.) Ebd. 894. n. — 50

— — dasselbe. Ausg. B in 3 Hftn. 2. unveränd. Aufl. gr. 8. (à 48 S. [3. Hft. m. Fig.]) Ebd. 893. à n. — 20

— — dasselbe. Ausg. B. Facitbuch m. method. Bemerkgn. gr. 8. (71 S.) Ebd. 893. n. — 80

— u. A. Schlosser, Rechenübungen f. Volksschulen. Auf Grund d. Lehrplanes v. 5. XI. 1878. Ausg. A in 6 Hftn. gr. 8. Ebd. 898. n. 1. 45
1. Zahlenraum 1—20. 54., unveränd. Aufl. (48 S.) n. — 20
2. Zahlenraum 1—100. 65., unveränd. Aufl. (64 S.) n. — 25
3. Zahlenraum 1—1000 u. 1—10000. 67., unveränd. Aufl. (64 S.) n. — 25
4. Unbegrenzter Zahlenraum. Bruchrechnung. 58., unveränd. Aufl. (64 S.) n. — 25
5. Bürgerliche Rechnungsarten. 41., unveränd. Aufl. (52 S.) n. — 25
6. Wiederholgn. u. Ergänzgn. Von A. Schlosser. 21., unveränd. Aufl. (60 S.) n. — 25

— — dasselbe. Ausg. B in 3 Hftn. gr. 8. Ebd. à n. — 20
1. Unterstufe. Bearb. v. A. Schlosser. Zahlenraum 1—100. 15., unveränd. Aufl. (48 S.)
2. Mittelstufe. Bearb. v. A. Schlosser. Zahlenraum v. 1—1000 u. 1—1000000. Rechnen m. d. häuf. vorkomm. Brüchen. D. dezimale Schreibweise mehrfach benannter Zahlen. Schlußrechngn. 13., unveränd. Aufl. (48 S.)
3. Oberstufe. Bruchrechng. Bürgerl. Rechnungsarten. Formenlehre. 10., unveränd. Aufl. (48 S. m. 11 Fig.]

— u. A. Schlosser, Rechenübungen f. Volksschulen. Auf Grund des Lehrplanes vom 5. XI. 1878. Ausg. A in 6 Hftn. u. Facitbuch zum 5. Hfte. gr. 8. Dresden 900. A. Huhle. n. 1. 95
1. Zahlenraum 1—20. 62., unveränd. Aufl. (48 S.) n. — 20
2. Zahlenraum 1—100. 74., unveränd. Aufl. (64 S.) n. — 25
3. Zahlenraum 1—1000 u. 1—10000. 76., unveränd. Aufl. (64 S.) n. — 25
4. Unbegrenzter Zahlenraum. Bruchrechng. 65., unveränd. Aufl. (64 S.) n. — 25
5. Bürgerliche Rechnungsarten. 47., umgearb. u. erweit. Aufl. (64 S.) n. — 25; Facitbuch. (40 S.) n. — 60
6. Wiederholungen u. Ergänzungen. Von A. Schlosser. 24., unveränd. Aufl. (60 S.) n. — 25

— — dasselbe. Lehrerheft. Ausg. A. 2.—5. Hft. gr. 8. Ebd. n.n. 3. 20
2. (37 S.) 902. n.n. — 60. — 3. (80 S.) 902. n.n. 1. —. — 4. (68 S.) 901. n.n. 1. —. — 5. 2. Aufl. (40 S.) n.n. — 60

— — dasselbe. Ausg. B in 3 Hftn. gr. 8. Ebd. n. — 65
1. Unterstufe. Bearb. v. A. Schlosser. Zahlenraum von 1—100. 20., unveränd. Aufl. (48 S.) 900. n. — 20
2. Mittelstufe. Bearb. v. A. Schlosser. Zahlenraum von 1—1000 u. 1—1,000,000. Rechnen m. den häufiger vorkomm. Brüchen. Die dezimale Schreibweise mehrfach benannter Zahlen. Schlußrechnungen. 21., umgearb. Aufl. (64 S.) 903. n. — 25
3. Oberstufe. Bruchrechnung. Bürgerl. Rechnungsarten. Formenlehre. 13., unveränd. Aufl. (48 S. m. 11 Fig.) 900. n. — 20

— — dasselbe. Lehrerheft. Ausg. B. 3. Hft. (70 S.) gr. 8. Ebd. 902. n.n. 1. —

— u. A. Schlosser, Rechenübungen f. Volksschulen. Ausg. A in 6 Heften. 1. u 6. Heft. 8. Dresden, A. Huhle. n. — 45
1. Zahlenraum 1 bis 20. 77., umgearb. u. verm. Aufl. (56 S. m. Abbildgn.) 904. n. — 20
6. Wiederholungen u. Ergänzungen. 30., umgearb. Aufl. (60 S.) 904. n. — 25

— — dasselbe. Lehrerheft. 6. Heft. (28 S.) gr. 8. Ebd. 904. n.n. — 50

— — dasselbe. Auf Grund des Lehrplanes v. 5. XI. 1878. Ausg. B in 3 Heften. 2. Heft. gr. 8. Ebd. 903. n. — 25
Mittelstufe. Bearb. v. A. Schlosser. Zahlenraum von 1—1000 u. 1—1 000 000. Rechnen m. den häufiger vorkomm. Brüchen. Die dezimale Schreibweise mehrfach benannter Zahlen. Schlußrechnungen. 21., umgearb. Aufl. (64 S.)

— — dasselbe. Lehrerheft. Ausg. B. 2. Heft. (108 S.) gr. 8. Ebd. 903. n.n. 1. 20

Thieme, Otto: De sententiis gravibus et amoenis, quae in scriptis Cornelii Taciti passim reperiuntur. Fasc. 1. Continet annalium libros I—XIV. *Berlin: R. Gaertner 1898.* (30 S.) 4°
Berlin, Sophien-RG, OP 1898 (90)

— **Skizzenhefte** f. Anfänger I u. II, zum Gebrauch beim Zeichenunterricht sowie zum Selbstunterricht f. die Hand des Schülers eingerichtet. In Gemeinschaft m. Karl Elssner bearb. u. unter Mitwirkg. von O. Pfennigwerth, Paul Hermann, F. Elssner, O. Kubel u. R. Meber hrsg. gr. 8. (28 u. 24 S. u. je 16 S. Text m. Abbildgn.) Dresden 901. A. Müller, Fröbelhaus.
Geb. in Leinw. u. durchsch., Text geh. à n. 1.50

— **Skizzenhefte** f. Anfänger, zur Unterstützung des Zeichenunterrichtes, sowie zum Selbstunterrichte f. die Hand des Schülers eingerichtet. I u. II. In Gemeinschaft m. Karl Elssner bearb. u. unter Mitwirkg. v. O. Pfennigwerth, P. Hermann, F. Elssner, O. Kubel, R. Mebert u. P. Preissler hrsg. 4. Aufl. 7. u. 8. Taus. (28 S. u. 16 S. Text m. Abbildgn. u. 24 Taf. m. 16 S. Text u. Abb.) gr. 8. Dresden 903. A. Müller-Fröbelhaus.
Geb. in Leinw. u. durchsch., Text geh. à n. 1.50
Neue Aufl. s.: **Elssner, Karl.**

— u. B. **Breull,** Utensilien, Modelle, Vorlagen u. methodische Werke f. d. Zeichenunterricht. Unter Beirat von Fachleuten m. kurzen krit. Bemerkgn. versehen. gr. 8. (39 S.) Ebd. 898. n. — 60

Thieme, O., Vorschule zu Petermanns Aufgabenbuch für den schriftlichen Gedankenausdruck der Kinder deutscher Volksschulen. gr. 8. (32 S.) Dresden 883, Huhle. cart. *

Thieme, O., Vorschule zu Petermanns Aufgabenbuch für den schriftlichen Gedankenausdruck der Kinder deutscher Volksschulen. 2.—5. verb. Aufl. 8. (32 S.) Dresden 884—88, Huhle. *

Thieme, O. Vorschule zu Petermann's Aufgabenbuch f. den schriftl. Gedankenausdruck der Kinder deutscher Volksschulen. 6.—12. Aufl. 8. (32 S.) Dresd. 889—91, Huhle. * — 15
Vgl.: **Petermann.**

— **Vorschule** zu Petermanns Aufgabenbuch f. den schriftlichen Gedankenausdruck der Kinder deutscher Volksschulen. 16. Aufl. 8. (32 S.) Dresden 894. A. Huhle. n. — 15

— **Vorschule** zu Petermanns Aufgabenbuch f. d. schriftl. Gedankenausdruck d. Kinder deutsch. Volksschulen. 22. Aufl. 8. (32 S.) Dresden 897. A. Huhle. n. — 15

— **Vorschule** zu Petermanns Aufgabenbuch f. den schriftlichen Gedankenausdruck der Kinder deutscher Volksschulen. 27., umgearb. Aufl. in neuer Rechtschreibg. (28 S.) gr. 8. Dresden 903. A. Huhle. n.n. — 15

Thieme, O., Vorschule zu Petermanns Aufgabenbuch für den schriftlichen Gedankenausdruck der Kinder deutscher Volksschulen. 28., umgearb. Aufl. in neuer Rechtschreibg. (28 S.) 8. Dresden 905. A. Huhle. n. — 15

Thieme, Paul, Referendar in Schmiegel: Die Besonderheiten der Haftung des Verkäufers für Mängel im Rechte beim Kauf von beweglichen Sachen und Rechten an solchen nach erfolgter Übergabe. Breslau 1905: H. Fleischmann. (54 S.) 8°
Breslau, Jur. Fak., Ref. Fischer-Beyerle, Diss. v. 6. Jan. 1906
[Geb. 12. Dez. 83 Posen; Wohnort: Schmiegel; Staatsangeh.: Preußen; Vorbildung: Berger-Gymn. Posen Reife O. 02; Studium: Marburg 1, Berlin 2, Leipzig 1, Breslau 2 S.; Rig. 27. Juni 05.]

Thieme, Paul *(Fr)*: Ueber die Einwirkung von Ammoniak und Methylamin auf nitrirte Oxybenzoesäureaether. ... Leipzig: J. A. Barth 1891. 35 S. 8°
Leipzig, Phil. Fak., Inaug.-Diss. v. [26. März] 1891

Gesellschaftswissenschaft und Erziehung. Von P[aul] **Thieme** in Altenburg. *Langensalza: H. Beyer & Söhne 1903.* (25 S.) 8°
= **Magazin,** Pädagogisches. II. 212.

Thieme, Paul: Über eine neue elektromagnetische Kontaktvorrichtung für selbsttätige Schaltwerke. Berlin 1905

Kulturdenkmäler in der Muttersprache für den Unterricht in den mittleren Schuljahren. Von P. **Thieme.** *Langensalza: H. Beyer & Söhne 1901.* (94 S.) 8°
= **Magazin,** Pädagogisches. II. 157. [02. 105. 4 3

Thieme, Paul: Automatische Reguliervorrichtungen. Berlin 1908

Über Volksetymologie in der Volksschule. Nach e. Vortr. v. P[aul] **Thieme** in Altenburg. *Langensalza: H. Beyer & Söhne 1896.* (17 S.) 1 Bd 8.
= **Magazin,** Pädagogisches. II. 80. [96. 6525

Thieme, Paul Mart., d. geistliche Amt u. die d. Kirche Entfremdeten. Vortrag im Kirchenbauverein zu Leipzig-Reudnitz oberen Teils. gr. 8. (13 S.) Leipzig 895. Akadem. Buchhandlg. F. Jansa. n. — 30

Thieme, Rob., der Humor in der Schule. Zur Erheiterg. f. Alt u. Jung gesammelt u. hrsg. 12. (XIII, 196 S.) Wien 892. A. Pichler's Wwe. & Sohn. n. 1.40

Thieme, Robert, Versendungs- u. Continuations-Liste. Verzeichniß d. Sortiments-Buchhandlungen Oesterreich-Ungarns, geordnet nach dem Alphabet der Städtenamen. 4. (33 S.) netto * —.40
Wien: Pichler 1890.

Sammlung Jul. Otto Gottschald in Leipzig. Hrsg. von Ulrich **Thieme.** *Leipzig: Breitkopf & Härtel 1901.* (33 S., 18 Taf.) 2°(4°) [F.] [01. 1176]

Thieme, Ulr., s.: **Lexikon,** allgemeines, der bildenden Künstler.

Thieme, *Conrad* Ulrich: Hans Leonhard Schaeufeleins malerische Thätigkeit ... [Vollst. u. m. 10 Taf. — Beitr. z. Kunstgesch. N. F. Heft XVI.] Leipzig, Druck v. Ramm & Seemann, 1892; 4 Bl., 184 S. 8.
Leipzig, Phil. Fak., Inaug.-Diss. v. [23. Apr.] 1892

Thieme, Ulr., Hans Leonhard Schaeufeleins malerische Thätigkeit, s.: **Beiträge zur Kunstgeschichte.**

Galerie Alfred Thieme in Leipzig. Mit Einl. von Wilhelm Bode. Hrsg. von Ulrich **Thieme.** *Leipzig 1900: Breitkopf & Härtel.* (80 S.) 4° [00. 2059

Thieme, Walther, Referendar: Der Rechtsschutz gegen Belästigungen durch Haustiere des Nachbarn. Borna-Leipzig 1908: R. Noske. (VIII, 72 S.) 8° [F.]
Breslau, Jur. Fak., Ref. Schott-Gretener, Diss. v. 13. April 1908
[Geb. 19. Okt. 83 Breslau; Wohnort: Breslau; Staatsangeh.: Preußen; Vorbildung: Maria-Magdalena-Gymn. Breslau Reife O. 02; Studium: Freiburg i. B. 4, Breslau 2 S.; Rig. 28. Juli 05.]

Thieme, Wigand, S. O. Cist., St. Elisabeth-Büchlein. Enth. Lebensbeschreibg. der Heiligen sowie Betrachtgn. u. Gebete f. e. neuntäg. Andacht zu Ehren d. hl. Elisabeth v. Thüringen, nebst e. Anh. v. Morgen-, Abend-, Meß-, Beicht-, Kommuniongebeten etc. (192 S. m. farb. Titelbild.) 16. Einsiedeln (909). Eberle, Kälin & Co.
Geb. in Leinw. — 50

— Die gewöhnlichsten gottesdienstlichen Zeremonien. Ihre Berechtigg. u. Bedeutg., f. das kathol. Volk dargestellt. (55 S.) 8. Regensburg 908. F. Pustet. — 50

Thieme, Wilhelm, aus Stendal: Peele's Edward I. und seine Quellen. *Halle a. S. 1903: H. John.* (69 S.) 8°
Halle, Phil. Diss. v. 1903

Thieme-Garmann, R., das deutsche Vormundschaftsrecht, s.: Handbibliothek, juristische. (Hallbauer, Max.)

Thieme-Garmann, R., das neue Vormundschaftsrecht, s.: Hallbauer, Max.

Thiemer, Johannes, a. Plauen bei Dresden: Antoine de La Fosse, Sieur d'Aubigny als Tragiker. Leipzig 1906: Seele. (92 S.) 8°
Leipzig, Phil. Fak., Ref. Birch-Hirschfeld, Wülker, Diss. v. 15. März 1906
[Geb. 30. Okt. 82 Plauen b. Dresden; Wohnort: Dresden; Staatsangeh.: Sachsen; Vorbildung: Realgymn. Dresden-N. Reife O. 02; Studium: Leipzig 7 S.; Rig. 30. Nov. 05.]

Thiemeyer, H. F. Th., Einiges über die Erziehung der Taubstummen in Haus u. Schule. gr. 8. (39 S.) Osnabrück 878. (Beith.) n. — 50

Thiemeyer, [Karl]: Die Mathematik in ihrer Anwendung auf das Versicherungswesen. S. 3 23. 4.
Progr. Vollberechtigt. städt. Realprogymn. *Papenburg* 1902 (366).

Thiemich, Johannes: Aus d. chem. Institut d. Univ. Breslau. Über die Einwirkung von Piperonal auf α-Picolin ... Breslau, Dr. R. Galle's Buchdr., 1897; 36 S., 2 Bl. 8.
Breslau, Phil. Fak., Inaug.-Diss. v. 7. Aug. 1897

Thiemich, Johs., über d. Einwirkg. v. Piperonal auf α-Picolin. Diss. gr. 8. (36 S.) Breslau 897. (Schletter.) n. — 80

Thiemich, Martin [aus Breslau]: Klinisch-bacteriologische Blutuntersuchungen beim Abdominaltyphus. '(Aus d. Laboratorium d. medizin. Klinik zu Breslau.)' ... Breslau, Druck d. Bresl. Gen.-Buchdr., 1894; 2 Bl., 36 S., 1 Bl. 8.
Breslau, Med. Fak., Inaug.-Diss. v. 2. Aug. 1894

Thiemich, Mart., über die Entscheidung der Stillfähigkeit u. die teilweise Muttermilchernährung. (16 S.) 8. Breslau 904. Preuß & Jünger. n. — 30

Thiemich, Mart., aus dem Gebiete der Kinderheilkunde, s.: Klinik, medizinische. 1908. 6. Beiheft.

— u. Jul. **Zappert,** die Krankheiten des Nervensystems im Kindesalter. Mit Beiträgen v. W. Knöpfelmacher u. H. Pfister. Korrigierter Sonderabdr. aus dem Handbuch der Kinderheilkunde, 2. Aufl., hrsg. v. M. Pfaundler u. A. Schlossmann. (VII, 315 S. m. 53 Fig. u. 1 Taf.) Lex. 8. Leipzig 910. F. C. W. Vogel. 12. —; geb. n 14. 50

Thiemich, M., Die städtische Säuglingsfürsorge in Magdeburg, s. Ergebnisse der Säuglingsfürsorge, 3. Heft.

Thiemich, Martin: Ueber Schädigung des Centralnervensystems durch Ernährungsstörungen im Säuglingsalter. Anatomische u. klinische Untersuchungen. Berlin: S. Karger 1900. (60 S.) 8° (Aus: Jahrbuch f. Kinderheilkunde, N. F. Bd 52.)
Breslau, Med. Hab.-Schr. v. 18. Okt. 1900

Thiemich, Paul Petite Causerie de Jubilé. 8 (S. 18—55).
In: I. u. II. Abschnitt der Festschrift z. 50jähr. Jubiläumsfeier des Rg. am Zwinger zu *Breslau* 1886
Nicht im Tauschverkehr
Progr.

Thiemich, Paul, Mit dem Strome. Gedichte. 16. (15 S.) Breslau 868, Stutsch. [Hepner's Verlag.]

Thiemich, Paul, französisches Vokabularium. 8. (VI, 93 S.) Breslau 881. Max & Co. cart. n. 1. —

Thiemich, Paul, französisches Vokabularium. (VI, 93 S.) 1881; 2. verb. Aufl. 8. (IV, 91 S.) Breslau 883, [Max und Comp.] F. Hirt. cart. *

Thiemich, Paul. Französisches Vokabularium. 3. verm. u. verb. Aufl. 8. (VIII, 87 S.) Bresl. 890, Hirt. cart. * 1 —

Thiemich, Seth *Vitalis Alfred* [aus Jauer in Schles.]: Über Heilung nach Nervennaht ... Berlin, Druck v. E. Ebering, *1897;* 27 S., 2 Bl. 8.
Berlin, Med. Fak., Inaug.-Diss. v. 7. Aug. 1897

Thiemich, W., Rose und Heinrich. Ein Gedicht in 6 Gesängen. Eingeführt durch eine Reliquie de la Motte Fouqué's. Dramburg 861. (Stettin, Saunier.) 16. (VII, 54 S.) 10 ngr.

Thieming, M. P. H., De hernia cerebri. 30 pp. Gott. 4°. 1792

Thien, Hermann, a. Hamburg: Über die englischen Marienklagen. Kiel 1906: H. Fiencke. (XII, 91 S.) 8°
Kiel, Phil. Fak., Ref. Holthausen, Diss. v. 29. Jan. 1906
[Geb. 22. Juni 83 Hamburg; Wohnort: Hamburg; Staatsangeh.: Hamburg; Vorbildung: Wilh.-Gymn. Hamburg Reife M. 01; Studium: Göttingen 4, Berlin 1, Kiel 3 S.; Rig. 18. Nov. 05.]

Thien, J. Übereinstimmende und verwandte Motive in den deutschen Spielmannssagen, im Anschlufs an „König Rother". 44 S. HB. *Hamburg* 1882.
Progr.

Thien, Oscar. Über die Derivate der 2,6 und 2,7 Naphtalindikarbonsäuren. Diss. Phil. [II.] Univ. Zürich von Oskar Th'.... 38 S. 8. Zürich, Gebr. Leemann & Co., 1907.

Thiene, Ernst, s.: Jugendblätter, neue.

[F.] **Thiene,** *Hermann:* Die Geschichte des Gesangunterrichts. Weimar, Druck d. Hof-Buchdr., 1895; 3—34 S. 8.
Weimar, grossh. Lehrer-Sm, OP 1895**

Thiene, Hermann, a. Weimar: Über die Temperatur und den Zustand des Erdinnern. Eine Zusammenfassung und Kritik aller Hypothesen. Jena: G. Fischer 1907. (31 S.) 8° ¶(Erschien vollst. im gleichen Verlage als Buch.)
Jena, Phil. Fak., Ref. Linck, Diss. v. 20. April 1907
[Geb. 10. Nov. 82 Weimar; Wohnort: Jena; Staatsangeh.: Sachsen-Weimar; Vorbildung: Gymn. Weimar Reife O. 02; Studium: Jena 8 S.; Rig. 4. März 07.]

Thiene, Herm., Temperatur u. Zustand des Erdinnern. Eine Zusammenstellg. u. krit. Beleuchtg. aller Hypothesen. (VII, 103 S.) gr. 8. Jena 907. G. Fischer. 2. 50

Thienel, Alwin [aus Schlesien]: Ein Fall von schwimmhosenartigen [!] Naevus pigmentodes pilosus mit Carcinoma melanodes ... Greifswald, Druck v. J. Abel, 1892; 25 S., 1 Taf. 8.
Greifswald, Med. Fak., Inaug.-Diss. v. 10. Febr. 1892

Thienel, Augustin Valentin

Thienel, A. V., die aufgehobenen Fundationen. E. Kapitel aus d. Geschichte d. Säcularisation d. Klöster im J. 1810. [Aus: „Schles. Pastoralbl."] 8. (30 S.) Breslau 896. (G. P. Aderholz.) n.n. — 25

[F.] Die aufgehobenen Fundationen. E. Kap. aus d. Gesch. d. Saecularisation d. Klöster im J. 1810 v. Lic. A. V. Thienel, Erzpriester in Warmbrunn. SA. a. d. Schles. Pastoralblatt. 2. m. e. Anh. verm. Aufl. ... *Breslau: Commiss. v. G. P. Aderholz 1897.* (54 S.) 1 Bd 8.

Thienel, Augustinus Valentinus *(geb. Volkmannsdorf bei Neiße 18. 9. 1831)*: Theses theologicae ... ad licentiati in ss. theologia honores rite capessendos. Vratislaviae 1857. (2 Bl.) 8°
Breslau, Kath.-theol. Liz.-Thesen v. 23. Mai 1857

Thienel, Max: Vergleichende Untersuchungen über den mikroskopischen Bau der Blutgefässe der Schultergliedmasse von Pferd, Esel, Rind, Kalb, Schaf, Schwein und Hund. Mit 2 Taf. Langensalza [1902]. 46 S.
Bern, Vet.-med. Diss. v. 1902.

Thienel, **Max.** Vergleichende Untersuchungen über den mikroskopischen Bau der Blutgefässe der Schultergliedmasse von Pferd, Esel, Rind, Kalb, Schaf, Schwein und Hund. Diss. Vet.-Med. Bern. Hierzu 2 Tafeln. *Kopftitel:* Aus dem Anatomischen Institut der Tierärztlichen Hochschule zu Dresden. ⟨Prof. Dr. [Hermann] Baum.⟩ IV + 46 S. 8. Langensalza, Hermann Beyer & Söhne, [1903].

Die Kunst des Dirigierens. Selbst-Unterrichts-Briefe, Methode Rustin. Bearb. von Hofkapellm. Alfred **Thienemann.** Hrsg. vom Rustinschen Lehrinst. f. briefl. Unterricht. Red. von Prof. Carl Ilzig. 3. Aufl. (In 3 Lfg.) Potsdam & Leipzig: Bonneß & Hachfeld [1909 - 10]. 99 S. 4°(8°)
(Das Konservatorium. Schule d. gesamt. Musiktheorie. Lfg. 41. 45. 50.) [11. 11308

Partiturspiel. Selbst-Unterrichts-Briefe, Methode Rustin. Bearb. von Hofkapellm. Alfred **Thienemann.** Hrsg. vom Rustinschen Lehrinst. f. briefl. Unterricht. Red. von Prof. Carl Ilzig. 3. Aufl. (In 9 Lfg.) Potsdam & Leipzig: Bonneß & Hachfeld [1909]. 292 S. 4°(8°)
(Das Konservatorium. Schule. d. gesamt. Musiktheorie. Lfg. 7. 11. 17. 20. 22. 24. 27. 29. 34.) [11. 11307

Thienemann, Armin. Guil. (geb. Nebra 22. 4. 1807): De ophthalmia haemorrhoidali. Berolini (1830). (24 S.) 8°
Berlin, Med. Diss. v. 20. Dez. 1830

Thienemann, August, Assistent am Zoolog. Institut zu Greifswald: Aus dem Zoolog. Institut in Greifswald. Biologie der Trichopteren-Puppe. ⟨Mit 5 Taf.⟩ Jena: G. Fischer 1905. (86 S.) 8° ¶(Aus: Zoologische Jahrbücher Bd 22. Abt. f. Systematik. 1905.)
Greifswald, Phil. Fak., Ref. Müller, Diss. v. 20. Juli 1905
[Geb. 7. Sept. 82 Gotha; Wohnort: Greifswald; Staatsangeh.: Koburg-Gotha; Vorbildung: Gymn. Gotha Reife O. 01; Studium: Greifswald 4, Innsbruck 1, Heidelberg 2 S.; Rig. 28. Febr. 05.]

Thienemann, Carl, s. T h i e n e m a n n , Karl.

Verlags-Verzeichnis von **E. F. Thienemann** in Gotha. *(Gotha: E. F. Thienemann) 1904.* (68 S.) 8° [F.] [04. 14363

Thienemann, Ernst, Berichtigung der von Seiten der fürstl. reuß-plauischen gemeinschaftl. Landesdirection verbreiteten Berichtigung und Antwort auf meine in Gera confiscirte Schrift: „Herrscht Gesetz oder Willkür in Gera?" 8. (7 S.) Großenhain 848, (Bornemann.) Thlr. -

Thienemann, Ernst, herrscht Gesetz oder Willkür in Gera? Beiträge zur Beurtheilung der Rechtszustände im Fürstenthum Gera. 8. (IV und 36 S.) Großenhain 848, (Bornemann.) *

Thienemann, Friedrich August Ludwig

Thienemann F. A. L.: Naturhistorische Bemerkungen gesammelt auf einer Reise im Norden Europa's vorzüglich in Island ... Abth. 1. Säugethiere. Leipz. 1824. 160 S.
(=: Reise etc. Abth. 1). 693.
- - (Tafeln). 22 Tvl. (18 kol.). Tv.-Fol.

— s. K. G. Carus, Erläuterungstafeln zur vergleich. Anatomie.

Thienemann F. A. L.: Systematische Darstellung d. Fortpflanzung d. Vögel Europas m. Abbildung d. Eier. Im Vereine m. L. Brehm, G. A. W. Thienemann herausg. 5 Abth. (2 Vol.). Leipz. 1825-38. (340) S. 28 kol. Tvl. 4°.

Thienemann, **Friedr. Aug. Ludw., Darstellung** d. **Fortpflanzung** d. **Vögel Europa's, s. Darstellung** etc.

Thienemann, (F. A. L., u. L.,) Brehm, die Fortpflanzung d. Vögel Europa's, mit Abbild. der Eier rc. 1e u. 2e Abtheilung. Mit 4 ill. Kpfrt. gr. 4. Leipz. 825 u. 27, Barth. à 2 Rthl. 12 gr.

Thienemann, Friedr. Aug. Ludw., systemat. Darstellung d. **Fortpflanzung** d. **Vögel Europa's, mit Abbild.** d. Eier; im **Vereine mit Ludw. Brehm, Geo. Aug. Wilh.** Thienemann **hrsg. 5. Abthl. Wasservögel. Vom** Hrsgeb. allein bearb. **gr. 4. (9 B. u. 10 ill. Kpfrt.) Leipzig 838,** Barth.
1—4. Abthl. Ebendas. 1825—30. 10 Thlr. 12 Gr.

Thienemann, **Friedr. Aug. Ludw., Fortpflanzungsgeschichte der gesammten Vögel nach dem gegenwärt. Standpunkte der Wissenschaft. Mit 100 col. Taf. 1. Hft. (Bog. 1—6 u. Taf. I—X.) Strausse u. Hühnerarten. Roy.-4. Leipzig 845, Brockhaus.** *

—— dass. 2. Hft. (Bog. 7—12. u. Taf. XI—XX.) Flugvögel, Steigvögel, Saugvögel, Singvögel. gr. 4. Ebds. 846. *

Thienemann, Friedr. Aug. Ludw., Fortpflanzungsgeschichte der gesammten Vögel nach dem gegenwärt. Standpunkte der Wissenschaft. Mit 100 ill. Stnt. 3—9. Heft. Imp.-4. (S. 97—432. und Taf. 21—90.) Leipzig 848—52, Brockhaus. à Heft * 4 Thlr. *
1. und 2. Heft. Ebendas. 1845—46. * 8 Thlr.

Thienemann, Friedr. Aug. Ludw., Fortpflanzungsgeschichte der gesammten Vögel nach dem gegenwärtigen Standpunkte der Wissenschaft. Mit 100 ill. Stnt. 10. Heft. Imp.-4. (XX S. und Taf. 91—100 nebst Namensverzeichniss der abgebildeten Vogeleier.) Leipzig 856, Brockhaus. *
1—9. Heft. Ebendas. 1845—52. à Heft * 4 Thlr.
Die Tafeln auch unter dem Titel:
—— dass. — Einhundert Tafeln colorirter Abbildungen von Vogeleiern. Zur Fortpflanzungsgeschichte der gesammten Vögel. Ausgearbeitet in den Jahren 1845—1854. 4. (XX S. und 100 ill. S.) Ebds. 856. *

— über ein neues Geschlecht der Schneepflanzen, Chionyphe, s. Acta nova phys.-med. Acad. Caes. Leopold. Carol. Tom. XIX.

Thienemann, Fr. Aug. Ldw., Lehrbuch der Zoologie, s. K. F. Naumann, Encyklopädie.

—u. G. B. Günther, Reise im Norden Europa's, vorzügl. in Island in d. Jahren 1820 u. 1821. 1e Abtheil. A. u. d. T.: Thienemann, naturhistor. Bemerkk. rc. 1e Abtheil. Säugethiere. Mit 1 Mappe von 22 illum. u. schwarz. Kpft. gr. 8. Leipz. 824. Reclam. 8 ₰ 2e Abtheil. Mit Kpf. u. 1 Karte. gr. 8. Ebd. 827. 3 ₰

— s. R h e a. Zeitschrift f. Ornithologie.

Thienemann, Friedrich August Ludwig: Die Weinwissenschaft in ihrem ganzen Umfange bearbeitet. Abth. 1: Literatur der Weinwissenschaft in alphabetischer Anordnung. [Mehr nicht ersch.] Leipzig & Dresden: Fleischer 1839. VIII, 64 S. -- 12°.17

Thienemann, Fr. Aug. Ludw., die Weinwissenschaft in ihrem ganzen Umfange. 1e Abthl. A. u. d. T.: Literatur der Weinwissenschaft in alphabet. Anordnung. gr. 8. Leipzig u. Dresden 840. G. Fleischer. 3/8 ₰

—— die Weinwissenschaft in ihrem ganzen Umfange. I. Abthl.— A. u. d. T.: Literatur d. Weinwissenschaft in alphabet. Anordnung. gr. 8. (4 B.) Leipzig 840. [Kummer.]

Thienemann, Georg August Wilhelm: Darstellung d. Fortpflanzung d. Vögel ... s, Thienemann, Frdr. Aug. Ludw.

Thienemann, Geo. Aug. Wilh., Leben und Wirken des unvergleichlichen Thiermalers u. Kupferstechers Johann Elias Ridinger, mit dem ausführl. Verzeichniss seiner Kupferstiche, Schwarzkunstblätter u. der von ihm hinterlassenen grossen Sammlung von Handzeichnungen, geschildert. Nebst Ridinger's Portr. in Stahlst. u. 12 aus seinen Zeichnungen entlehnten Kupferstichen. Leipzig 856. R. Weigel. gr. 8. (XXXI, 300 S.) n. 2 *ℛ*. 20 *ngr.*;
Prachtausg. in gr. 4. n. 5 *ℛ*. 10 *ngr.*

Thienemann, Geo. Aug. Wilh., Nachträge, Zusätze und Berichtigungen zu: Leben und Wirken des unvergleichlichen Thiermalers und Kupferstechers Johann Elias Ridinger etc. Leipzig 859. R. Weigel. gr. 8. (22 S.) n. 6 *ngr.*;
Prachtausg. in gr. 4. n. 10 *ngr.*

Thienemann, G. A. W., zweiter Nachtrag zu: Leben und Wirken Johann Elias Ridingers. gr. 8. (8 S.) Leipzig 863, R. Weigel. 3 Ngr.; Ausg. in Imp.-4. *
Aus: Archiv für die zeichnenden Künste, besonders abgedruckt.

Thienemann, Geo. Aug. Wilh., Leben und Wirken des unvergleichlichen Thiermalers und Kupferstechers Joh. Elias Ridinger. 3. Nachtrag von Heinr. Graf Stillfried. gr. 8. (30 S.) Leipzig 876, Barth. *
Hauptwerk und 1. und 2. Nachtrag. Ebendas. 1856—1863. *ℳ 8,90. Ausg. auf Velinpap. *ℳ 17.

Thienemann, Heinrich Gottfried

Thienemann, H. G., jurist. Handbuch f. solche Personen, d. d. Gesetze nicht studirt u. d. gleichwohl mit gesetzl. Geschäften zu thun haben, als f. unstudirte Rittergutsbesitzer, Amtsverwalter, Pachter, Notarien, Rathsherren 2c. a. d. besten Promtuariis, v. Spiegel, Bertoch, Hommel, Müller, auszugsweise ins Deutsche übersetzt, mit Anmerk. 5 Thle. gr. 8. Leipzig, Schwickert. 790—94.

Thienemann, Hnr. Gf., († d. 16. Dec. 1793.) jurist. Handbuch für solche Personen, die die Gesetze nicht studirt u. doch gleichwohl mit gesetzl. Geschäften zu thun haben, als f. unstudirte Rittergutsbesitzer, Amtsverwalter, Pachter, Notarien, Rathsherren 2c. aus den besten Promtuariis, v. Spiegel, Bertoch, Hommel, Müller, vorzugsweise ins Deutsche übersetzt, mit Anmerkk. 5 Thle. gr. 8. Leipz. 790—795. Schwickert. 4 *ℛ* 12 *gℓ*

Thienemann, Hnr. Gf., das seltene Mutterglück; eine wahrhafte Familiengeschichte. 8. Gera 790.

— Rede, welche bei d. Einweihung des nach d. Brande wieder hergestellten Rathhauses gehalten worden ist. 8. Gera 785.

Thienemann, Heinrich Wilhelm

Thienemann, H. W., Gutachten üb. d. Schrift d. Dr. Lorinser: „Zum Schutz der Gesundheit in d. Schulen." gr. 8. (1½ B.) Züllichau 836. (Berlin, Burmeister. ?)

Thienemann, H. W., Gutachten über die Schrift des Medizinalraths Dr. Lorinser: „Zum Schutz der Gesundheit in den Schulen." gr. 8. Züllichau 836. (Berlin, Burmeister u. Stange.) ⅛ *ℛ*

Thienemann, H[enricus] W[=Guilielmus]: *De Radio osculi in sectionibus conicis. 19 Bl., 1 Taf. 4° (2°)
Halle-Wittenberg, Phil. Diss. v. 27. Mai 1820
Geb. [Graefentonna (Sachs.-Gotha) 24. 4. 1791]

Thienemann, J., s.: Dünenbuch.

Thienemann, Johannes

Die Vogelwarte Rossitten der Deutschen Ornithologischen Gesellschaft und das Kennzeichnen der Vögel. Von Dr. J. Thienemann. Mit 4 Taf. u. 10 Textabb. Berlin: Parey 1910. 36 S. 8° [10. 1134

Thienemann, Johannes, Leiter der Vogelwarte Rossitten: Aus dem Zoologischen Museum zu Königsberg i. Pr. Untersuchungen über Taenia tenuicollis Rud. mit Berücksichtigung der übrigen Musteliden-Taenien. Hierzu 1 Tafel. Berlin: Nicolai 1906. (28 S.) 8° ¶(Aus: Archiv f. Naturgeschichte Jg. 72. 1906.)
Königsberg, Phil. Fak., Ref. Braun, Diss. v. 28. Mai 1906
[Geb. 12. Nov. 63 Gangloffsömmern, Thüringen; Wohnort: Rossitten; Staatsangeh.: Preußen; Vorbildung: Stiftsgymn. Zeitz Reife O. 85; Studium: Leipzig 2, Halle 10, Königsberg 2 S.; Rig. 17. Febr. 06.]

Thienemann, Carl, Bilder-Geschichtchen für kleine Kinder, mit 47 fein color. von Maler Völtz componirten Bildern, nebst kindl. Reimen. Eßlingen a. N. 865. Schreiber. qu. 4. (12 color. Steintaff. u. 1 Blatt Text.) cart. 11¼ *ngr.*

Thienemann, Carl, Bilder-Geschichtchen für kleine Kinder, mit 47 fein color. von Maler Johs. Voltz componirten Bildern, nebst kindl. Reimen. 2. Aufl. qu. 4. (12 ill. Stnt. und 1 Blatt Text.) Eßlingen a. N. 865, Schreiber. cart. –

Thienemann, Karl, Bildergeschichten f. kleine Kinder. Mit 48 v. Voltz komponirten Bildern, nebst sinn. kindl. Reimen. 12. Aufl. 4. (12 Chromolith. m. eingedr. u. 1 Bl. Text.) Eßlingen 886. Schreiber. geb. n. 1. 20

Thienemann, (K.,) Gemäldegallerie in München, s. Gemäldegallerie.

Thienemann, Carl. Die Königliche Gemaelde-Gallerie in München. Im verjüngten Maassstab für sämmtliche Gemälde dargestellt. München 1823. 4°. 2 Exemplare.

Thienemann, Carl, Kindes-Leben bei den Haus-Thieren. Bilderbuch mit Text. br. 8. (12 ill. Stnt. in Tondr. und 4 S.) Stuttgart 853, Gebr. Scheitlin. Thlr.

Thienemann, Carl, Kindes-Leben bei den Haus-Thieren. Bilderbuch mit Text. 2. Aufl. br. 8. (12 lithogr. und ill. Stnt. in Tondr. mit 10 S. Text.) Stuttgart 858, Gebr. Scheitlin.

Thienemann, Karl, Kindesleben bei den Hausthieren. Bilderbuch m. Text. 4. verm. Aufl. gr. 4. (24 S. m. 12 color. Steintaf.) Stuttgart 873. Eger & Diestler. 1. 30

Thienemann, Karl, Kindesleben bei den Hausthieren. Bilderbuch mit Text. 4. verm. Aufl. gr. 4. (24 S. mit 12 color. Stnt.) Stuttgart 873, Risch. [Hofmann und Hohl.] geb.

Thienemann, Karl, dramat. Kleeblätter. (Enth.: Liebe und Glaube. — Band u. Halstuch. — Der todte Mann. — Die beiden Vettern.) 12. Nürnb. 816. Stein. 16 *gℓ*

Thienemann, Karl, das liebe Buch zeigt u. beschreibt was das Kind thut u. betreibt in Bildern u. Reimen. 4. (11 S. m. 8 lith. u. color. Taf.) Stuttgart 849, Thienemann. ⅜ *ℛ*

Thienemann, Karl, das liebe Buch zeigt und beschreibt, was das Kind thut und treibt, in Bildern und Reimen. Stuttgart 864. Thienemann. gr. 16. (8 S. u. 8 color. Lithogr.) 10 *ngr.*

Thienemann, K., Sie sollen ihn nicht haben! Lustsp. in 1 Aufz. gr. 12. (3⅓ B.) Ulm 841. [Adorf, Müller.]

Thienemann, K., Sie sollen ihn nicht haben! Lustspiel in einem Aufzug. gr. 12. Ulm 841, Seitz. 1/3 ℛ

—— und C. Roth, Tändeleien für das frühe Jugendalter in Bildern und Reimen. 8 (lithogr. und) color. Blätter mit über 100 gezeichn., illuminirten Gegenständen nebst vielen hübschen Verschen. 7. Aufl. 4. (15 S. Text.) Eßlingen 867, Schreiber. cart. –

— Thier-Geschichtchen in Bildern u. Reimen. 6—8. Aufl. Ebend. 865—70. 4. (16 color. Steintaff. mit 4 S. Text.) cart. 15 ngr.

— Thier-Geschichten in Bildern m. Reimen. 9. Aufl. 4. (16 Steintaf. m. Text.) Eßlingen 873. Schreiber. geb. 1. 50

Thienemann, Karl, Tiergeschichten in Bildern und Reimen. 16 Bildertaf. in Farbendr. mit 40 Abbild. 10. Aufl. 4. (Mit eingedr. und 1 Bl. Text.) Eßlingen 884, Schreiber. geb. *

Thienemann, Theodor Gotthold

Thienemann, Thdr. Gotthld., Anweis. f. Schullehrer auf dem Lande zur pflichtmäß. Verwaltung ihres Amtes. 3. Leipz. 798. (W. Vogel). 12 gr.

Thienemann, Theodor Gotthold, s. Beiträge z. christl. Erbauung.

— Bestimmung des Standorts, von welchem alle Versuche, die Wundergeschichte des N. Testam. aus natürl. Ursachen zu erklären, zu betrachten sind. 8. Leipz. 798. (W. Vogel). 6 gr.

— zwei Predigten üb. die Lehre vom zukünft. Leben. 8. Leipz. 794. Grieshammer. 4 gr.

Thienemann, Walter: Versuche über das bei der Ernährung des Milchviehes zweckmässig zu verwendende Nährstoffverhältnis. Naumburg a. S. 1904: G. Pätz. (78 S.) 8°
Leipzig, Phil. Fak., Ref. Kirchner u. Beckmann, Diss. v. 12. Okt. 1904
[Geb. 12. Sept. 80 Leipzig; Wohnort: Leipzig; Staatsangeh.: Sachsen; Vorbildung: Realgymn. Döbeln Reife 97 f. Ob.-Sek.; Studium: Leipzig 8 S.; Rig. 28. Juli 04.]

Thienemann, Wilhelm

Thienemann, W., physikalische Aufgaben, s.: Burbach, O.

Thienemann, Wilhelm [aus Gotha]: Ueber eine transcendente Minimalfläche, welche eine Schar algebraischer Raumcurven vierten Grades enthält. . . . Leipzig, Druck v. B. G. Teubner, 1890; 22 S. + 1 Bl. 4°
Giessen, Phil. Fak., Inaug.-Diss. v. 1890

Thienemann, Wilh. Über e. transcendente Minimalfläche, welche e. Schar algebr. Raumcurven 4. Grades enthält. gr. 8. (22 S.) Lpz. 890, (Fock). * — 80

Thienemann, Wilhelm, Prof. Dr.: Die von Quadraten und gleichseitigen Dreiecken begrenzten Eulerschen Vielflache, deren Ecken dieselbe Anzahl Kanten besitzen. Mit einer Figurentaf. *Essen 1903: G. D. Baedeker.* (46 S.) 4°
Essen, k. G, P 1903 (506)

Thienemann, Wilhelm Ferdinand

Thienemann, W. F., s. Hermias Verspottung.

Thienemann, Wilh. Ferd., das apostolische Symbolum nach seiner Bedeutung, seinem Ursprunge, seiner Zusammensetzung u. seinem Werthe aus den Quellen, mit besond. Berücksichtig. der Schrift des Hrn. Dr. Rudelbach: Ueber die Bedeutung des apostol. Symbolums. gr. 8. (3 1/4 B.) Leipzig 846, Klinkhardt.

Thienemann, Wlh. Fd., s. Theophilus von Antiochien.

Thienen, G. J. van, die Nachtarbeit jugendlicher Personen in den Niederlanden, Ergänzungsbericht. (Hrsg. v. der Nederlandschen vereeniging voor wettelijke bescherming van arbeiders, Sektion der internation. Vereinigg. f. gesetzl. Arbeiterschutz.) (14 S. m. 1 Tab.) gr. 8. Amsterdam (908). (J. Müller.) — 20

Thienen-Adlerflycht, Galla Placidia. Geschichtl. Schausp. in 5 Aufzgn. 8. (III, 124 S.) Wien 895. C. Gerold's Sohn. 2. —

Thienen-Adlerflucht, Karl v., In das Land voll Sonnenschein. Bilder aus Spanien. Berlin 861. A. Duncker. 8. (VIII, 322 S.) 1 ℛ 6 ngr

Thienes, Carl [aus Elberfeld]: Über eine neue Methode zum qualitativen Nachweis sowie zur quantitativen Trennung der alkalischen Erden durch dunkles Schwefelammonium . . . Erlangen, k. b. Hofbuchdr. v. A. Vollrath, 1893; 31 S. 8.
Erlangen, Phil. Fak., Inaug.-Diss. v. 1893

Thienger, Karl, aus Stühlingen: Die myelitischen Affektionen des Rückenmarks speziell bei Infektionskrankheiten, nebst Anführung eines Falles von disseminierter Myelitis nach Influenza. *Würzburg 1901: A. Borst.* (70 S.) 8°
Würzburg, Med. Diss. v. 1901

Thienhaus, Evangelisation der römisch-katholischen Kirche Deutschlands. Vortrag, gehalten auf der Rhein. Diaspora-Prediger-Conferenz zu Bernkastel a. d. Mosel am 9. Juli 1884. gr. 8. (41 S.) Halle 886, Niemeyer. *

Thienhaus, *Carl* Otto [aus Urdenbach am Rhein]: Über Compressionsstenosen der Trachea, verursacht durch Aneurysmen der Aorta und des Truncus anonymus . . . Berlin, Buchdr. v. G. Schade, *1894;* 33 S., 1 Bl. 8.
Berlin, Med. Fak., Inaug.-Diss. v. 23. Febr. 1894

Thier, Adolph. (geb. Haltern 8. 3. 1804): De ischiade nervosa cotunni ejusque curatione per oleum jecoris aselli. Berolini (1829). (24 S.) 8°
Berlin, Med. Diss. v. 28. Sept. 1829

Thier, Christian (Königsberg/Pr.) A. S. 236/27

Dissertatio iuridica inauguralis de inquisitione contra surdum et mutum natura. Präs. Simon Peter Gasser. Halle (Grunert) 21. V. 1729. 30 S.
34337

Thier, Christian (Königsberg/Pr.) Diss. Halle 1737/8

Dissertatio iuridica inauguralis de inquisitione contra surdum et mutum natura.
Präs. Simon Peter Gasser.
Halle (Grunert) 1737. 30 S. 34338

Diss. 21. V. 1729.

Thier, I. H., dissertationes iur. publ. ecclesiastici, de libertate ecclesiae. 4. Würzb. Göbhard. 775. –

Thier, Carl, Handbuch d. Harmonielehre, s.: Brosig, M.

Thier, M: Über Ventilation und Rauchabzug. Leipzig 1903

Thier, Magnus (geb. Coesfeld): Thesen. Berlin (1870). (2 Bl.) 8°
Berlin, Med. Thes. v. 21. Juli 1870

Thier, Wilhelm: Französische **Poesien** in freier Übertragung und Nachdichtung. *Brilon 1900: M. Friedländer.* (27 S.) 8°
Brilon, G Petrinum, OP 1900 (374)

Thier, Wilhelm: Französische Poesien in freier Übertragung und Nachdichtung. 8 (27 S.). Progr. G. Petrinum *Brilon* 1900
Jean Reboul. Louis Ratisbonne. Marie de Valandré. Alexander Soumet. Charles-Hubert Millevoye. Pierre-Jean de Béranger. Sully Prudhomme. Victor Hugo. François Coppée.

Thier ... [Sachliches OW], s. Tier ...

Thierack, H., Heimatkunde der Stadt Nordhausen, s.: Heine, H.

Thierack, H., s.: Warte, pädagogische.

— s.: Zentralorgan f. Lehr- u. Lernmittel.

Thierbach, Bruno, die Betriebsführung städtischer Elektrizitätswerke, s.: Betriebsführung, die, städtischer Werke.

— Schaltungsbuch f. Starkstromanlagen. 1. Bd. Elektr. Lichtanlagen. Ein Handbuch f. d. Montage-Gebrauch u. zum Selbst-Unterricht. (XII, 200 S. m. 182 Fig.) kl. 8. Leipzig 909. Hachmeister & Thal.
Geb. in Leinw. 3. —

Thierbach, Bruno [aus Königsberg i. Pr.]: ... Ueber die Verwendbarkeit der Thermoelemente zur Bestimmung von Erdtemperaturen ... Königsberg, Hartungsche Buchdr., *1892;* 1 Bl., 40 S., 1 Bl., 1 Taf. 8.
Königsberg, Phil. Fak., Inaug.-Diss. v. 22. Dez. 1892

Thierbach, Bruno, üb. die Verwendbarkeit der Thermoelemente zur Bestimmung v. Erdtemperaturen. Diss. gr. 8. (40 S. m. 1 Taf.) Königsberg i/Pr. 892. (W. Koch.) n. 1. —

Thierbach, C., Gustav Adolf Wislicenus. Ein Lebensbild aus der Geschichte der freien, religiösen Bewegg. (zu seinem 100jähr. Geburtstag). (VIII, 83 S.) gr. 8. Leipzig 904. Th. Thomas. n. 1. 20

Thierbach, Christian

Thierbach, C. Ueber den Durchzug der Israeliten durch einen Theil des mittelländischen Meeres. 54 S. . . . .
Erfurt, e., Progr. 1830

Thierbach, Chrstn., üb. d. germanischen Erbadel. Beitr. z. Gesch. d. Ursprungs d. Stände in Deutschland. gr. 8. ($8^1/_2$ B.) Gotha 836, [Erfurt,] Hennings u. Hopf.

Thierbach, Ch. Erklärung der auf das Schriftwesen der alten Aegyptier bezüglichen Stellen in den Teppichen des Clemens Alexandrinus. 30 S. . . . . .
Erfurt, Progr. 1846

Thierbach, Ch. Ueber den Ursprung und die Verhältnisse der Kriegerkaste der Pharaonen. 26 S. . . . .
Erfurt, e., Progr. 1839

Thierbach, Ernst, Abriß d. katechet. Regeln, u. Anweis. zu Einübung ders. 8. (16 B.) Sondershausen 834, Eupel.

Thierbach, Ernst, Abriß der katechetischen Regeln, u. Anweisung z. Einübung derselben. 2., verb. u. verm. Aufl. 8. ($18^1/_2$ B.) Sondershausen 842, Eupel.

Thierbach, Er., Ansichten u. Erörterungen der Harmsschen Theses. 8. Sondersh. 819. Voigt in Ilmenau. 6 Gr.

— Anweis. zu d. Gebrauche des Kinderbuchs u. d. Wandfibel. 8. Ilmenau 821. Voigt. 6 Gr.

— erstes Buch f. Kinder, zum Unterricht im Buchstabiren u. Lesen. Mit 5 ill. Kpf. 8. Nordhaus. 829. Landgraf. (Dörffling in Leipz.) 16 Gr.

— Handbuch d. Katechetik, od. Anweis., das Katechisiren auf e. gründl. u. sichere Weise zu lernen. 2 Bde. 8. Frankenhaus. 822—23. (Keyser in Erfurt). 1 Thlr. 8 Gr.

Thierbach, (E.,) Handbuch d. Katechetik, oder Anweis., das Katechisiren auf e. gründl. u. sichere Weise zu lernen. 2 Bde. 8. Frankenhausen 822—23. (Landgraf in Nordh.)

Thierbach, Ernst, Handbuch d. Katechetik, od. Anweis. z. Erwerbung d. Fertigkeit im Katechisiren. 2 Bde. 2., verb. u. verm. Aufl. 8. (60 B.) Sondershausen 837, Eupel'sche Hofbuchh.

—— in welchem Lichte erscheint uns unser Leben in d. Stunden d. Prüfung? Eine Predigt, am Sonnt. Invocavit im J. 1833, nach der in d. Nacht d. 15. Febr. bei e. furchtbaren Sturmwinde in Frankenhausen ausgebroch. Feuersbrunst, gehalt. gr. 8. ($1^1/_2$ B.) Sondershausen, Eupel. 1833.

— die Katechisirkunst, e. theoret.-prakt. Anleit. zur Erwerbung der Fertigkeit im Katechisiren. 5 Thle. 8. Nordh. 822—31. (Leipz., Dörffling). Prän.-Pr. 2 Thlr. 22 Gr.

— die Katechisirkunst, eine theoret.-prakt. Anleitung z. Erwerbung d. Fertigkeit im Katechisiren. 2 Thle. 8. Nordh. 826 u. 27, Landgraf. 1 8

—— die Katechisirkunst, e. theoret.-prakt. Anleitung zur Erwerbung d. Fertigkeit im Katechisiren. 3—5. (letzt.) Thl. 8. Nordhausen. [Leipzig, Rein.] [3. (22 B.) 828., 4. (22 B.) 829., 5. ($28^1/_2$ B.) 831. à 14 Gr.]
1. u. 2. Bd. Ebendas. 1826, 27. 1 Thlr. 4 Gr.

— die Katechisirkunst ꝛc. 2e unveränd. Ausg. 5 Thle. 8. Leipzig 833. Rein. $2^7/_8$ Thlr.

— Kinderbuch zum Unterricht im Buchstabiren od. Lautiren u. Lesen f. den Privat- u. öffentl. Schulunterricht nach einer durch Erfahrung bewährten Methode. 8. Sondersh. 821. Voigt in Ilmenau. 4 Gr. 2e Aufl. 8. Nordh. 827. 3e verb. Aufl. 831. (Dörffling in Leipz.) 4 Gr.

— Kinderbuch z. Unterricht im Buchstabiren od. Lautiren u. Lesen. 2e Aufl. 8. Nordh. 827, Landgraf. — 4

—— Kinderbuch zum Unterr. im Buchstabiren, od. Lautiren u. Lesen. 3. Aufl. 8. ($8^1/_2$ B.) Nordhausen 831. [Sondershausen, Eupel.]
Vgl. dess. „Lesebuch" ꝛc.

—— Lehrbuch der Katechetik, zum Unterr. üb. dieselbe u. zur Selbstbelehr. gr. 8. (18 B.) Hannover 830, Hahn.

—— Lehrbuch d. christl. Religion f. Confirmanden u. f. d. obern Klassen d. Stadt- u. Landschulen, auch f. d. mittl. Klassen d. Gelehrtenschulen. 1. Aufl. (11 B.) 835. ⅓ Thlr., 2., verb. Aufl. 8. ($13^1/_4$ B.) Sondershausen 841, Eupel.

Thierbach, Ernst, Lehrbuch der christl. Religion f. die obern Klassen der Stadt- u. Landschulen, auch f. die mittlern Klassen der Gelehrtenschulen u. f. Konfirmanden. 3. Aufl. 8. (VIII u. 200 S.) Freiberg 849, Engelhardt. n. ⅓ Thlr.

—— Lesebuch f. Kinder zur Erwerbung d. Fertigkeit im Lesen. 4. Aufl. 8. ($8^1/_2$ B.) Sondershausen 834, Eupel.
Hat mit dess. „Kinderbuch" ꝛc. gleichen Inhalt.

—— erstes Lesebuch oder Kinderbuch z. Unterricht im Buchstabiren, oder Lautiren u. Lesen. 6. Aufl. 8. (9 B.) Sondershausen 843, Eupel.

—— erstes Lesebuch oder Kinderbuch zum Unterricht im Buchstabiren oder Lautiren und Lesen. 7. Aufl. 8. (134 S.) Freiberg 851, Engelhardt.

—— zwei Predigten, mit Beziehung auf d. herrschenden Geist d. Zeit gehalten. 8. (3¼ B.) Nordhausen 831. [Leipzig, Dörffling.]

— der Religionsunterricht in niedern u. höhern Schulen, nach seinem Wesen u. Zweck dargestellt. 8. Nordhaus. 821. (Dörffling in Leipz.) 14 gr.

—— der Religions-Unterricht in niedern u. höh. Schulen, nach sein. Wesen u. Zweck dargest. 2., mit Zusätzen verm. Ausg. 8. (12¾ B.) Sondershausen 833, Eupel.

—— die Schule ist die Pflanzstätte d. kommenden Geschlechts. Od. d. wahren Erwartungen v. d. Wirksamkeit d. Volksschulen, nachgewiesen u. begründet. gr. 8. (2 B.) Sondershausen 836, Eupel.

— Versuch e. entscheidend. Beantwort. der Frage: Soll die Predigt extemporirt oder memorirt werden. 8. Sondersh. 820. Voigt in Ilmenau. 14 gr.

—— die Volksschule, eine Anweisung zu dem Unterricht in derselben und zu deren Beaufsichtigung. 2 Thle. 8. (XXII und 487 S.) Freiberg 850, Engelhardt.

— Wandfibel. Fol. Ilmenau 821. (Voigt). 8 gr.

Thierbach, Fritz [app. Arzt aus Lobeda]: Die Methoden der Fussgelenkresection, insbesondere die Hueter'sche Methode mittelst vorderen Querschnittes. . . . Jena, Druck v. G. Neuenhahn, 1889; 41 S. 8°
Jena, Med. Fak., Inaug.-Diss. v. [14. Jul.] 1889

Thierbach, F., die Methoden der Fussgelenkresection, insbesondere die Hueter'sche Methode mittels vorderen Querschnittes. Inaug.-Diss. (41 S.) Jena 889. (Rudolstadt, Dabis.) n. — 40

Thierbach, Hedw., Lebenswellen. Gedichte. Buchschmuck v. Johs. Brauer. (96 S.) 8. Leipzig-Gohlis 909. 10. Raschwitz, B. Volger. 3. —

— dasselbe, Buchschmuck v. Johs. Brauer. 2. Aufl. (96 S.) 8. Leipzig 911. Leipziger Verlags- u. Kommissions-Buchh. 2.50; geb. in Leinw. 4. —

Thierbach, J. Ch. E., Predigt am Friedensfeste d. 1. Jan. 1816. 8. Erfurt 816. Keyser. 4 gr.

Thierbach, Johann Friedrich

Thierbach, J. Fr., Send-Schreiben, in welchem an Joh. Ge. Weber, Weim. Ober-Consistor. R., ein kurzer Entwurf eines zu fertigenden Catechetischen Aberglaubens-Systematis — überreicht wird. Erf. 737. 8.

Thierbach, Joh. Fridr., apostol. Vorbild heilsamer Lehre d. evangel. luther. Kirche. 8. Weimar, Hoffmann. 742.

Thierbach, Johann Gottlob

Thierbach, Jh. Glo., († d. 10. Aug. 1782.) Auslegung des erhaben gearbeiteten Sardonix des Hrn. Prof. Casanova in Dresden. 4. Guben 773.

Thierbach, Johann Gottlob, s. B e i t r ä g e zur deutschen Lektüre.

Thierbach, J. G., Erklärung des berühmten Mantuanischen Gefäßes, auf welchem die Thesmophorien der Ceres abgebildet sind. Guben 777. 4.

— Erklär. des Petschafts Michael Angelo. 4. . . . 770.

— vom Nutzen u. Gebrauch d. Lippertschen Daktyliothek in d. Schulen. 4. Guben 772.

Thierbach, Joh. Glo., philologische Programmen. 4. Leipz. Dyk. 777.

— Prolus. I. de rebus Basedovii. 4. Guben 775.

— Warnungen an Jünglinge gegen die schwärmerische Heuchelei im Christenthum. 4. Guben 774.

Thierbach, Karl Ph. Hnr., Diss. (praes. Jh. Gf. Müller) historia juris civilis de pignoribus. Spec. I. 4. Leipz. 814.

THIERBACH, K. Ph. H.: Historia jur. civ. de pignoribus. Spec. I. *Lps.* 819. 4.

— Diss. inaug. observationes de notione et indole formulae: „hoc jure utimur," in locis Institutionum, Pandectarum et Codicis obviae. 4. Leipz. 819.

Thierbach, M., das Buch der Heilkraft. (112 S.) 8. Dresden-A. (Fürstenstr. 12) (903). M. Thierbach. n. 2. —; geb. n. 2. 80

Thierbach, Max, Bemerkungen über Recognitions-Registraturen und deren zweckmäßige Abfassung nebst Formularen. Dresden 864. Meinhold & Söhne. 8. (IV, 73 S.) 6 *ngr*

Thierbach, Moritz

Thierbach, M., die geschichtliche Entwickelung der Handfeuerwaffen, bearb. nach den in den deutschen Sammlgn. noch vorhandenen Originalen. (1. Bd.) Lex.-8. (XIV, 167 S. m. 13 color. Steintaf.) Dresden 886. Höckner Sep.-Cto. n. 15. —

Thierbach, M., die geschichtliche Entwickelung der Handfeuerwaffen, bearb. nach den in den deutschen Sammlungen noch vorhandenen Originalen. 2. u. 3. [Schluss-]Thl. Lex.-8. Dresden, Höckner's Sep.-Cto. n. 31. — (cplt.: n. 46. —)
2. (VII u. S. 169—268 m. 4 color. Taf.) 887. n. 6. —
3. (XI u. S. 269—538 m. 17 color. Taf.) 889. n. 25. —

Thierbach, M., die geschichtliche Entwickelung der Handfeuerwaffen, bearb. nach den in den deutschen Sammlungen noch vorhandenen Originalen. 2., durch Nachträge u. Taf. erweit., Gesammt-Ausg. Lex.-8. (XIV, 538 u. 52 S. m. 36 farb. Taf.) Dresden 899. C. Damm. n. 30. —; Nachträge allein (52 S. m. farb. Taf.) n. 4. —

Thierbach, *Karl* Paul [pr. Arzt zu Weida in Thür.]: Eine Uebersicht über die Resultate der Kinderheilstätten und der Seeluftkuren an den deutschen Seeküsten . . . Jena, Frommannsche Hof-Buchdr., 1893; 1 Bl., 52 S. 8.
Leipzig, Med. Fak., Inaug.-Diss. v. [10. Juni] 1893

Thierbach, Paul, e. Uebersicht üb. die Resultate der Kinderheilstätten u. der Seeluftkuren an den deutschen Seeküsten. Diss. gr. 8. (52 S.) Jena 893. (H. Pohle.) n. 1. —

Thieren, Alex., Anleitung zur Forstwirthschaft. 2. Aufl. 8. (84 S.) Dorpat 878. Schnakenburg. n. 1. 60

Thierer, A., griechische Chrestomathie, s.: Megger, L.

Thierer, Geo., Chronik u. Stammbaum der Familien Thierer der schwäbischen Alb, quellenmäßig erforscht u. hrsg. (II S. u. 160 Sp. m. 12 Stammtaf., 1 farb. Taf. u. 1 Karte.) 25×33 cm. Ulm a/D. 908. Selbstverlag. 16.—; erh. Pr. 20.—

Thierfeld, Ed.

Thierfeld, E.: „Der Leibzucht-Contract, oder die Rechte und Pflichten der Auszügler im Königreich Sachsen, ingleichen das Interusurium und der Capitalwerth der Leibzucht, der Leibrenthen und des Niessbrauchsrechts; nach fasslicher Berechnung für angehende Juristen", Leipzig 1827 (Reclam).

Thierfeld, Jos. Fr., tägl. Ermunterr. zu einem tugendhaften Verhalten in d. Sittenlehre Jesu, od. was ist der Mensch u. was kann er durch den Unterricht Jesu werden? Ein Erbauungsbuch f. alle Stände, nach Anleit. der F. V. Reinhard-schen Moral bearb. 3 Bde. gr. 8. Leipz. 800—802. Meyer. (Mittler). 4 ℛ 8 gr 2r Jahrg. 3 Bde. gr. 8. Schneeberg 805. Verlagsbuchh. 4 ℛ

Thierfeld, Jos. Fr., Predigten z. allgemeinen Erbauung üb. die auf d. J. 1810 in Sachsen vorgeschriebenen Texte. 2 Bde. 8. Zwickau, Schumann. 811 u. 12. (à 18 gr.)

— Predigten zur allgem. Erbauung üb. die auf d. J. 1810 in Sachsen vorgeschrieb. Texte. 2 Bde. 8. Zwickau 811—18. (à 18 gr) 2 ℛ 6 gr

Thierfeld, J. F., Predigten zur allgemeinen Erbauung über die in Sachsen vorgeschriebenen Texte. 3r Bd. 8. Zwickau, Schumann. 819. — 18

— Predigten auf alle Sonn- u. Festtage im Jahre üb. die gewöhnl. evangel. Texte. 3 Bde. gr. 8. Schneeberg 805—807. Verlagsbuchh. (à 1 ℛ) 3 ℛ

— Prüfung einiger gangbaren Vorurtheile wider die Blatterimpfung. Eine Predigt. gr. 8. Freiberg 813. Craz u. G. 3 gr

— üb. d. Werth der Gefühle, die sich bei Erinnerungen überstand. Gefahren in uns regen, eine Predigt. gr. 8. Freiberg 808. Craz u. G. 3 gr

Thierfelder, Albert, Atlas der pathologischen Histologie. 1.—4. Lfg. Fol. Leipzig, Fues's Verlag. *

Inhalt:

Lfg. 1. Pathologische Histologie der Luftwege und der Lunge. 6 (lithogr.) Taf. (I—VI) mit erklär. Text. (6 Bl.) 872. * ℳ 6.

" 2. Pathologische Histologie des Verdauungscanals [Mundhöhle, Rachen, Speiseröhre, Magen und Darm]. 7 (lithogr.) Taf. (VII—XIII) mit erklär. Text. (7 Bl.) 873. * ℳ 7.

" 3. Pathologische Histologie der Leber, der Pankreas und der Speicheldrüsen. 6 (lithogr.) Taf. (XIV—XIX) mit erklär. Text. (14 S.) 874. * ℳ 8.

" 4. Pathologische Histologie der serösen Häute und Gelenke. 5 (lithogr.) Taf. (XX—XXIV) mit erklär. Text. (10 S.) 875. * ℳ 6,60.

Thierfelder, Alb. Atlas der pathologischen Histologie. 5. Lfg.: Pathologische Histologie der Knochen und des Periosts. 6 (lithogr.) Taf. [XXV—XXX] mit erklär. Text. Fol. (12 S.) Leipzig 876, Fues's Verlag. *

1.—4. Lfg. Ebendas. 1872—75. * ℳ 27,60.

Thierfelder, Alb., Atlas der pathologischen Histologie. 6. u. 7. Lfg. Pathologische Histologie des Herzens u. der Blutgefässe [Myocardium, Endocardium, Arterien, Venen u. Capillaren]. 12 (Lichtdr.-)Taf. [XXXI—XLII] mit erklär. Text. Fol. (25 S.) Leipzig 881. Fues. n. 16.— (1—7.: n. 51. 60)

Frau Holde. Dramat. Cantate von Albert **Thierfelder.** (Text von Rudolf Baumbach.) Textl. u. musikal. erl. ... von H. Ueberholz. (Textbuch.) 13. Aufl. Fulda: Maier 1908. 40 S. 8° [10. 16637

Thierfelder, Alb., die Jungfrau vom Königsee, s.: Schäfer, F.

Kaiser Max und seine Jäger. Concertdrama von Albert **Thierfelder.** (Text von Rud. Baumbach.) Textl. u. musikal. erl. ... von Walther Lindemann. (Textbuch.) 10. Aufl. Fulda: Maier 1908. 59 S. 8° [10. 16636

Thierfelder, Albert: Altgriechische Musik. Sammlg v. Gesängen aus d. klass. Alterthume v. 5. bis 1. Jh. v. Chr. nach d. überlief. Melodien m. griech. u. deutschem Texte nebst einleit. Vorbemerkgn hrsg. u. f. d. Konzertvortr. eingerichtet. Leipzig: Breitkopf & Härtel (1897). (29 S.) 4°

Thierfelder, Albert, de christianorum psalmis et hymnis usque ad Ambrosii tempora. Dissertatio inauguralis. gr. 8. (41 S.) Leipzig 868, Teubner. *

Thierfelder, Albert (Hrsg.), s. Seikilos.

Thierfelder, Alb., System d. altgriechischen Instrumentalnotenschrift. [Aus: „Philologus".] gr. 8. (33 S.) Leipzig 897. Dieterich. n. — 75

Drei altgriechische Tonstücke in der Bearbeitung von A[lbert] **Thierfelder.** Vorbemerkung. *(Bremen [1899]: A. Guthe.)* (2 Bl.) 8° [00. 13389 3

Thierfelder, Fürchtegott Felix, de regeneratione tendinum. Dissertatio histiologica. Accedunt tab. II. lith. (in qu. Fol.) gr. 4. (VI u. 20 S.) Misenae 852, Klinkicht & fil. in Comm. baar ¼ ℛ

Thierfelder, Hans

Thierfelder, H., Handbuch der physiolog.- u. patholog.-chem. Analyse, s.: Hoppe-Seyler, Fel.

Thierfelder, Hans, s.: Rundschau, hygien.

Thierfelder, Johann Gottlieb

Thierfelder, Jh. Gli., s. Additamenta ad Henr. Haeseri Bibliothecam epidemiographicam.

— s. L. Lemos, Judicium operum M. Hippocratis primum etc.

***Thierfelder*, J. T., de cognoscendis morbis acutis eorumque vicissitudinibus praesag. ex lingua. 8maj. Leipz. ... Reclam. 16 gr**

Thierfelder, Joh. Gtli., üb. d. Verhütung d. Lungenschwindsucht. Eine Belehrungsschr. f. Eltern u. Erzieher. gr. 8. (1½ B.) Leipzig 839, Gebhardt u. Reisland.

Thierfelder, Max, cand. med.: Beiträge zur Lehre vom Trachom. 1. Das Trachom in Mecklenburg von 1902 bis 1907 inkl. 2. Untersuchungen über das Vorkommen der sog. Körperchenzellen bei Trachom. (Lösung der von d. med. Fak. f. d. J. 1907/08 gestellten Preisfrage.) Rostock 1909: Adler. 45 S. 8° [U 09. 3780

Thierfelder, Max Ulrich: Über einen Fall von Phakokele bei Hornhauttuberkulose nebst anatomischem Befund. Mit 2 Taf. Hamburg & Leipzig: Voss 1910. 18 S., 2 Taf. 8° ¶ (Aus: Beiträge z. Augenheilk. H. 75.)

Rostock, Med. Diss. v. 5. Dez. 1910, Ref. Peters

[Geb. 8. Aug. 85 Rostock; Wohnort: Rostock; Staatsangeh.: Mecklenburg-Schwerin; Vorbildung: Gymn. Rostock Reife M. 04; Studium: Rostock 5, Berlin 1, Rostock 4 S.; Coll. 21. Dez. 10; Approb. 15. Nov. 10.] [U 11. 4130

Neue Bahnen der Pädagogik. Ernste Worte an alle Lehrer u. Erzieher. Von R. **Thierfelder.** (Vorr.: Prof. Dr. Paul Foerster, Berlin.) Berlin: 'Lebensreform' 1904. (64 S.) 8° [F.] [05. 2979

Thierfelder, Th., die Krankheiten der Leber, s.: Handbuch der speciellen Pathologie u. Therapie.

Thierfelder, Ulrich, pr. Arzt: Über Dünndarmsarkome im Kindesalter. Leipzig 1909: Edelmann. 10 S. 8°
Leipzig, Med. Diss. v. 23. Juli 1909, Ref. Trendelenburg
[Geb. 21. Jan. 83 Königswartha; Wohnort: Meißen; Staatsangeh.: Sachsen; Vorbildung: Fürstensch. S. Afra Meißen Reife O. 03; Studium: Rostock 5, Leipzig 5 S.; Coll. 4. Aug. 09; Approb. 3. Juli 09.] [U 09. 2890

Thiergardt, Adolf: Aus dem pharmakol. Institute zu Würzburg. Über Aufnahme und Ansammlung von Arsen und Blei im Körper der Fische. *Würzburg 1897: P. Scheiner.* (18 S.) 8°
Würzburg, Med. Diss. v. 1897

Thiergarten, Ferdinand

Wilhelm Schubert. Kurzer Abriss seines Lebens und Wirkens. Seiner Vaterstadt Lahr anlässlich der Eröffnung der Wilhelm Schubert-Anlage mit Aussichtspavillon auf dem Schutterlindenberg am 17. Juni 1906 gewidmet von Ferd. **Thiergarten**. 2. Aufl. Karlsruhe: Thiergarten o. J. 63 S., 4 Bl. Abbild. 8°.
[Umschlagtit.:] Wilhelm Schubert 1813 bis 1893. Gedenkschrift anlässlich der feierlichen Eröffnung der Wilhelm Schubert-Anlage mit Aussichts-Pavillon auf dem Schutterlindenberg bei Lahr, 17. Juni 1906.
Zugehörigkeit zur Loge zur edlen Aussicht in Freiburg wird erwähnt.

Thiergarten, Ferd., von Karlsruhe nach Chicago. Reiseskizzen u. Plaudereien v. der Weltausstellg. (Prachtausg.) hoch 4. (X, 144 S. m. 16 Bildern u. 1 Seekarte.) Karlsruhe 894. F. Thiergarten. n. 6. —; feine Ausg. n. 3. —; geb. n. 4. —; Volksausg. n. 1. 50

Thiergen, Adalbert —. Die zehn Gebote Gottes, oder: Die neuen Geheimnisse von Triest. Ein Zeitroman von — —. Aus dem Italienischen von Karl Johann Bonsaing. I. Thl. (132 S). II. Thl. (120 S.) III. Thl (S. 1—63.) 8. Wien. Gedruckt bei Edl. v. Schmidbauer und Holzwarth. 1854.

Thiergen, A., u. **P. L. Generini**, die Geheimnisse v. Triest. Roman aus der Gegenwart. [Aus dem Ital.] 3 Bde. 32. (703 S.) Wien 852, Stöckholzer v. Hirschfeld. baar 1 1/3 ₰

Thiergen, J(ohannes), a. Dresden: Die lautliche und begriffliche Entwickelung der antik-mythologischen Namen in der französischen Sprache. Pulsnitz 1907: E. L. Förster. (154 S.) 8°
Kiel, Phil. Fak., Ref. Körting, Diss. v. 8. Juli 1907
[Geb. 17. Jan. 83 Dresden; Wohnort: Dresden; Staatsangeh.: Sachsen; Vorbildung: Kgl. Gymn. Dresden-Neustadt Reife O. 01; Studium: Leipzig 3, Kiel 5 S.; Rig. 2. Febr. 07.]

Thiergen, O., zum 25jährigen Jubelfeste des Döbelner Realgymnasiums m. Landwirtschaftsschule, im Auftrage der alten Schüler gesprochen. gr. 8. (11 S.) Döbeln 894. C. Schmidt. n. — 20

Alget. Ein Sang von Frieslands Inseln von Oscar **Thiergen**. Dresden: H. Morchel 1894. (122 S.) 8° [F.] [07. 8784

The teacher's book, cont. a translation of all the exercises in the Lehrbuch d. Engl. Sprache Ausg. D. f. Bürger- u. Mittelschulen. By Dr. O[skar] **Thiergen** and M. Ziegler. Leipzig: B. G. Teubner [1907]. (32 S.) 8° [07. 9781

Thiergen, Osc., s.: Boerner's, Otto, neusprachliches Unterrichtswerk.

Thiergen, Osc., Elementarbuch d. englischen Sprache m. bes. Berücksicht. d. Uebgn. im mündl. u. schriftl. freien Gebrauch d. Sprache. M. Genehmigg. d. General-Inspektion d. Militär-Erziehungs- u. Bildungswesens auf Grundlage d. Boerner-Thiergen'schen Lehrbuchs d. engl. Sprache bearb. gr. 8. (VII, 214 u. Wörterverzeichnisse, 84 S. m. 2 Abb. u. 1 Münztaf.) Leipzig 897. B. G. Teubner. Geb. in Leinw. n. 3. 40

Thiergen, Osk., Elementarbuch der englischen Sprache m. besond. Berücksicht. der Übungen im mündlichen u. schriftlichen freien Gebrauch d. Sprache. Mit Genehmigg. der General-Inspektion des Militär-Erziehungs- u. Bildungswesens auf Grundlage des Boerner-Thiergenschen Lehrbuchs der engl. Sprache bearb. In Tasche: Englisch-deutsches u. deutsch-engl. Wörterbuch. 2. Aufl. (VIII, 213 u. 84 S. m. 2 Abb. u. 1 Münztaf.) 8. Leipzig 907. B. G. Teubner. Geb. 3. 40

Thiergen, Osc., en France, s.: Martin, Paul.

Thiergen, O. Byron's und Moore's orientalische Gedichte. Eine Parallele. Diss. Leipzig 1880. 53 S.

— Grammatik d. englischen Sprache. Im Anschl. an d. Lehrbuch d. engl. Sprache f. d. Schulgebrauch bearb. gr. 8. (XII, 200 S.) Ebd. 895. Geb. in Leinw. n. 2. —

Grammatik der Englischen Sprache. Im Anschluß an d. Lehrbuch d. engl. Sprache f. d. Schulgebr. bearb. von Dr. Oscar **Thiergen**, Prof. 3. Aufl. Leipzig & Berlin: B. G. Teubner 1906. (XII, 200 S.) 8° [F.]
(Dr. Otto Boerners neusprachl. Unterrichtswerk.) [07. 10410

— dasselbe. Ausg. C, f. lateinlose Realschulen bearb. von Otto Schöpke. (Dr. Otto Boerners neusprachl. Unterrichtswerk. Englischer Tl. von Otto Boerner u. Osc. Thiergen.) 8. Aufl. (VIII, 162 S.) 8. Ebd. 906. Geb. n. 2. —

Thiergen, Osk., Grammatik d. engl. Sprache. Im Anschluß an das Lehrbuch der engl. Sprache f. den Schulgebrauch bearb. Ausg. C, f. Realschulen u. verwandte Anstalten bearb. v. Otto Schöpke. (Boerner-Thiergen: Engl. Unterrichtswerk. Thiergen-Schöpke: Grammatik.) 4., fast unveränd. Aufl. (VIII, 162 S.) 8. Leipzig 910. B. G. Teubner. Geb. in Leinw. 2. —

— Grammatik u. Vokabular zu dem Lehrbuch der englischen Sprache. Mit besond. Berücksicht. der Uebgn. im mündl. u. schriftl. freien Gebrauch der Sprache, unter Mitwirkg. v. Frl. M. Zieger hrsg. (Dr. Otto Boerners neusprachl. Unterrichtswerk, nach den neuesten Lehrplänen bearb. Englischer Tl. v. Osk. Thiergen.) Ausg. D für Bürger- u. Mittelschulen. (126 S.) gr. 8. Ebd. 903. Geb. in Leinw. n. 1. 40

— s.: Haberland's Unterrichtsbriefe, Englisch.

— Die Hauptregeln der englischen Syntax. Für die Oberstufe (Tl. III u. IV) des Lehrbuchs der engl. Sprache. Ausg. B f. höhere Mädchenschulen, nach den Bestimmgn. vom 31. V. 1894 bearb. (Boerners neusprachl. Unterrichtswerk, nach den neuen Lehrplänen bearb. Englischer Tl. Hauptregeln B.) 3. Aufl. (VI, 130 S.) 8. Leipzig 908. B. G. Teubner. Geb. 1. 40

— am eigenen Herde. Eine Chronik in Versen u. 6 Abschnitten. 12. (III, 168 S.) Dresden 893. L. Ehlermann. n. 2. —; geb. u. 3. —

— über den Kanal (Across the channel), s.: Clay, H. Alex.

— u. T. Brucauff, Lehrbuch der englischen Sprache, s.a. Boerner's, Otto, neusprachliches Unterrichtswerk.

— dasselbe. Unter Mitwirkg. von Frl. M. Zieger hrsg. Ausg. D f. Bürger- u. Mittelschulen. (Dr. Otto Boerners neusprachl. Unterrichtswerk, nach den neuesten Lehrplänen bearb.) Mit 2 Vollbildern (Herbst u. Winter) u. 1 Münztaf., sowie e. grammat. Anh. in Tasche. (X, 202 u. 44 S.) gr. 8. Ebd. 903. Geb. in Leinw. u. geh. n. 2. 60

— u. Otto Boerner, Lehrbuch der englischen Sprache. Mit besond. Berücksicht. der Uebgn. im mündl. u. schriftl. freien Gebrauch der Sprache. (Dr. Otto Boerners neusprachl. Unterrichtswerk. Englischer Tl. v. Otto Boerner u. Osc. Thiergen.) Ausg. B, f. höhere Mädchenschulen (nach den Bestimmgn. vom 31. V. 1894). I. u. II. Tl. 8. Leipzig, B. G. Teubner. Geb. u. geh. n. 4. 60

I. Stoff f. das 1. Unterrichtsjahr. Hierzu e. grammat. Anh. 4. Aufl. (X, 188 u. 47 S.) 906. Geb. u. geh. n. 2. 20

II. Stoff f. das 2. Unterrichtsjahr. Mit 1 Vollbild (der Winter) u. 1 Münztaf. Hierzu e. grammat. Anh. 3. Aufl. (IV, 206 u. 36 S.) 906. Geb. u. geh. n. 2. 40

2. Aufl. s.: Boerner u. Thiergen, Lehrbuch usw.

— Lehrbuch der englischen Sprache. Mit besond. Berücksicht. der Uebgn. im mündl. u. schriftl. freien Gebrauch der Sprache. (Dr. Otto Boerners neusprachl. Unterrichtswerk. Englischer Tl. v. Otto Boerner u. Osk. Thiergen.) 3bändige Ausg. B. f. höhere Mädchenschulen. III. Tl. (Verkürzte Oberstufe), bearb. v. O. Thiergen u. E. Döhler. Mit 1 Plan von London. Hierzu in Tasche: Vokabeln. (VIII, 192 u. 64 S. m. 1 Tab.) 8. Leipzig 906. B. G. Teubner. Geb. u. geh. n. 3. 20

— u. T. Brucauff, Lehrbuch der englischen Sprache. Mit besond. Berücksicht. der Übgn. im mündl. u. schriftl. freien Gebrauch der Sprache. Ausg. B: f. höhere Mädchenschulen. IV. Tl. (Boerners neusprachl. Unterrichtswerk, nach den neuen Lehrplänen bearb. Englischer Tl.) Hierzu in Tasche: Englisch-deutsches u. deutsch-engl. Wörterbuch. 2. Aufl. (VI, 157 u. 38 S.) 8. Ebd. 907. Geb. u. geh. 2. 60

— dasselbe, unter Mitwirkg. v. Frl. M. Zieger hrsg. Ausg. D f. Bürger- u. Mittelschulen. (Otto Boerners neusprachl. Unterrichtswerk, nach den neuesten Lehrplänen bearb.) Mit Vollbild (Herbst) u. 1 Münztaf., sowie e. grammat. Anh. in Tasche. 2. Aufl. (X, 206 u. 36 S.) 8. Ebd. 907. Geb. u. geh. 2. 80; Wörterverzeichnisse. 2. Aufl. (S. 37—126.) 1. —

— u. Otto Boerner, Lehrbuch der englischen Sprache. Mit besond. Berücksicht. der Übgn. im mündl. u. schriftl. freien Gebrauch der Sprache. (Boerners neusprachl. Unterrichtswerk nach den neuen Lehrplänen bearb. Engl. Tl.) Ausg. B, f. höhere Mädchenschulen (nach den Bestimmgn. vom 31. V. 1894). I. u. II. Tl. 8. Ebd. Geb. u. geh. 4. 60

I. Stoff f. das 1. Unterrichtsjahr. Hierzu e. grammat. Anh. 5. Aufl. (X, 188 u. 47 S.) 909. Geb. u. geh. 2. 20

II. Stoff f. das 2. Unterrichtsjahr. Mit 1 Vollbild (der Winter) u. 1 Münztaf. Hierzu e. grammat. Anh. 4. Aufl. (VI, 206 u. 36 S.) 908. Geb. u. geh. 2. 40

— Lehrbuch der englischen Sprache. Mit besond. Berücksicht. der Übgn. im mündl. u. schriftl. freien Gebrauch der Sprache. Ausg. B, f. höhere Mädchenschulen. III. Tl. Mit 9 Ansichten u. e. Plane v. London sowie e. Karte v. Schottland u. der Insel Wight. 4. Aufl. (Boerners neusprachl. Unterrichtswerk, nach den neuen Lehrplänen bearb. — Englischer Tl.) (X, 236 S.) 8. Leipzig 910. B. G. Teubner. Geb. in Leinw. 2. 40

— u. Frl. E. Koch, Lehrbuch der englischen Sprache. Nach den preuß. Bestimmgn. f. das höhere Mädchenschulwesen vom 18. VIII. 1908 bearb. (Boerners neusprachl. Unterrichtswerk, nach den neuen Lehrplänen bearb. Englischer Tl.) I. u. II. Tl. 8. Ebd. Geb. u. geh. 4. 60

I. Mit grammat. Anh. in Tasche u. 6 Abb. nebst 1 (farb.) Münztaf. zum Anschauungsunterricht. (IV, 128, 6 u. 44 S.) 910. Geb. u. geh. 2. —

II. Mit grammat. Anh. in Tasche, 1 Abb. im Text u. 7 Abb. auf Taf. (Boerner-Thiergens engl. Unterrichtswerk.) (IV, 174 u. 48 S.) 910. Geb. in Leinw. u. geh. 2. 40

English Lessons. Kurze prakt. Anleitung z. raschen u. sicheren Erlernen d. Engl. Sprache f. d. mündl. u. schriftl. freien Gebr. Von Prof. Dr. Oscar Thiergen. Mit 3 Ansichten u. 1 Pl. von London sowie 1 Münztaf. *Leipzig: B. G. Teubner 1900.* (VI, 229 S.) 8°

= Sprachbücher, Teubners kleine. 2.

— English lessons, s.a. Teubner's kleine Sprachführer. II.

— Methodik des neuphilologischen Unterrichts. gr. 8. (VII, 183 S. m. 5 Abbildgn.) Leipzig 903. B. G. Teubner. n. 3. 60; geb. in Leinw. n. 4. 20

— Methodik des neuphilologischen Unterrichts. 2. Aufl. (VIII, 159 S. m. 4 Abb.) gr. 8. Leipzig 910. B. G. Teubner. 3.—; geb. in Leinw. 3. 60

— Oberstufe zum Lehrbuch der englischen Sprache. Gekürzte Ausg. C. Bearb. v. Otto Schoepke. Mit 11 Bildern, 1 Plane v. London u. 1 Karte von Schottland u. der Insel Wight. (Otto Boerner's neusprachl. Unterrichtswerk.) gr. 8. (VIII, 256 S.) Ebd. 901. Geb. in Leinw. n. 2. 80

— Oberstufe zum Lehrbuch der englischen Sprache. Gekürzte Ausg. C. Bearb. v. Otto Schöpke. Mit 11 Bildern, 1 Plane v. London u. 1 Karte v. Schottland u. der Insel Wight. (Dr. Otto Boerners neusprachl. Unterrichtswerk, nach den neuesten Lehrplänen bearb. 2. Aufl. (VIII, 276 S.) 8. Leipzig 904. B. G. Teubner. Geb. in Leinw. n. 2. 80

— Oberstufe zum Lehrbuch der englischen Sprache. Gekürzte Ausg. C, f. Realschulen u. verwandte Anstalten bearb. v. Otto Schöpke. Mit 11 Bildern, 1 (farb.) Plane v. London u. 1 (farb.) Karte v. Schottland u. der Insel Wight. (Boerners neusprachl. Unterrichtswerk, nach den neuen Lehrplänen bearb. Englischer Tl.) 4. Aufl. (VIII, 289 S.) 8. Ebd. 910. Geb. in Leinw. 2. 80

Thierig, Frz., Aufgaben f. das Rechnen im Zahlenraume von 1 bis 20. 8. (52 S.) Langensalza 883. Beyer & Söhne. n. — 25

Abschiedsworte, gesprochen von Karl Thiering in der Loge „Széchenyi zur Verbrüderung" im Or.·. Sopron [Ödenburg] am 27. Mai 1904. Budapest 1904: Márkus. 10 S. 8°

Warnt vor den Stürmern u. Drängern nach grossen Taten.

THIERIOT, A.: Der Forstwirthschaftsbetrieb in den küstenländischen Staatsforsten. - Wien o. J. 11 S.

Thieriot, A., die Nothwendigkeit wissenschaftl. Ausbildung f. d. Forstmann uns. Zeit. Einige Worte zur Beherzig. f. Diejenigen, welche sich d. Forstwesen widmen wollen. gr. 8. (2 B.) Gotha 829, (Hennings.)

THIERIOT, A.: Die Nothwendigkeit wissenschaftlicher Ausbildung für den Forstmann unserer Zeit. Einige Worte zur Beherzigung für diejenigen welche sich dem Forstwesen widmen wollen. - Gotha 1829. 31 S.

Thieriot, Jakob Heinrich

Thieriot, Jac. Hnr., der Uebergang zum Vierzehnthalerfuß im Königreiche Sachsen am 1. Januar 1841. Ein Hülfsbüchlein zu besserer Verständigung dessen, was dabei zu beobachten ist. schmal gr. 12. Leipzig 841, Fr. Fleischer. 1/4 ℛ

Thieriot, Jak. Hnr., welchen Einfluß auf dem Felde des sächs. Gewerbfleißes und Handels hat der Anschluß des Königreichs Sachsen an den preußisch-deutschen Zollverein bis jetzt gehabt? Eine von der Fürstlich Jablonowskischen Gesellschaft der Wissenschaften gekrönte Abhandlung. gr. 4. Leipzig 838. (Cnobloch.) n. 2/3 ℛ (s. auch Acta Societatis Jablonovianae nova. Tom. VI.)

Thierkopf, Paul, Dr.: Swifts **Gulliver** und seine französischen Vorgänger. *Magdeburg 1899: E. Baensch jun.* (26 S.) 4° [Ǯ.]
Magdeburg, Guericke-S (OR u. RG), P 1899 (285)

Thierkopf, Paul: Swifts Gulliver und seine französischen Vorgänger. [Rabelais Savinien de Bergerac.] 4 (26 S.).
Progr. Guericke-Sch. (Oberrsch. u. Rg.) *Magdeburg* 1899

Thierkopf, Paulus: Der stammhafte Wechsel im Normannischen. Halis Saxonum 1880: Karras. 71 S. 8°
Halle-Wittenberg, Phil. Diss. v. [23. März] 1880
Geb. Magdeburg 5. 12. 1855. V.

Anregungen zur Hebung des Obstbaues durch die Lehrer, verf. von der am 24. Sept. 1909 auf d. Kreislehrerkonferenz d. Schulaufsichtsbezirks Jutroschin gewählten Kommission: **Thierling**, Hauptl. in Dlonie, Sahr, Lehrer in Sonnenthal, Zimmermann, Lehrer in Niepart. Rawitsch: Kleist 1910. 59 S. 8° [10. 17204

Thierling, Franz *(geb. Blociszewo in Pos. 31. 12. 1852)*: Ueber Vergiftung durch Kloakengas. Posen 1879. (43 S.) 8° *[Im Buchhandel 1879 bei Köhler in Breslau.]*
Breslau, Med. Diss. v. 22. Dez. 1879

Thiermann, kritische Betrachtungen über Kant's und Fichte's Sittenlehre. Göttingen 858. (Vandenhoeck u. Ruprecht.) gr. 4. (33 S.) n. 12 ngr.

Thiermann, Leitfaden für den in den Capitulanten-Schulen der Truppen zu ertheilenden Unterricht im Rechnen, Geometrie u. Zeichnen. gr. 8. (III, 46 S. mit eingedr. Holzschn.) Mainz 877. v. Zabern. n. — 60

THIERMANN, Otto: Ein Fall von Spina bifida.- München: Wolf 1887. 25 S.
23.5.1887 - Chr 1886/87,15; Jv 1886/87,190
Diss. Ingolst.-Landsh.-Mchn.

Thiermann, Otto, aus d. K. chirurg. Poliklinik zu München. Ein Fall von Spina bifida. Diss. München 1887, A. Buchholz. 8°. 25 S.

Thiermann, die Reform der Kneipp'schen Wasserheilmethode. Eine Wechsel- u. Reformbadekur nebst specieller Anweisg. zur Erkenng. u. Heilg. der häufigsten u. wichtigsten Krankheiten u. Beschwerden des Menschen. gr. 8. (IV, 244 S.) Straßburg (898). Berlin, H. Bermühler. n. 2. —; erhöht. Pr. n. 2. 60; geb. n. 3. —

Thiermayer, Ign., syntagmata historico-chronologico-poëtica in singulos anni dies. 8. Münch. 754. Lentner. 16 𝒳

— syntagmata historico-chronologico-poëtica. 4. Salzb. 754. Mayr. 16 𝒳

Thiermayr, Frz., Syntagmata. 8. Augsb. 754.

Thierolf, Heinrich, Geschichte der Turngemeinde Darmstadt, Festschr. z. 50jähr. Bestehen, Darmstadt 1896, 100 S., 8°.

Thierrin, D[ominique]. Discours de circonstance adressé aux catholiques de Moudon-Lucens, à l'occasion de l'inauguration du culte du catholique romain dans cette ville Le premier Dimanche d'Août 1886 par M. l'Abbé D. Th', Curé. Précédé d'une Lettre de S. G. Mgr. (Gaspard) Mermillod .... 8. Fribourg 1887.

Thierrin, D. L'épidémie des cabarets. Conseils aux habitants des campagnes. In-8°, X et 84 p. Fribourg, impr. catholique suisse, 1883.

Thierry, Sammlung von Stiegen aller Art in Stein, Holz u. Gußeisen, zum Gebrauche der Bauhandwerker rc. (Deutsch u. Französisch.) gr. 4. (18 S. m. 24 Kpfrtaf.) Mülhausen im Elsaß 848. (Frankfurt a. M., Völcker.) n. 1 1/3 ℛ

Thierry, A., der kleine Monat d. allerheiligsten Herzens Jesu. 2. verb. Aufl. Mit 1 Stahlst. gr. 16. (XII, 96 S.) Freiburg i/B. 874. Herder. — 50

— der kleine Monat d. heiligen Joseph. Mit e. Titelbild (Stahlst.) 16. (XVI, 107 S.) Ebend. 874. — 60

Thierry, Amédée, Attila. Schilderungen aus der Geschichte des 5. Jahrhunderts. Deutsch von Ed. Burckhardt. gr. 8. (184 S.) Leipzig 852, Lorck. *

Thierry, A., Attila, übers. von Burckhardt, s. Lorck's, C. B., Hausbibliothek.

Thierry, Amedée. Attila und seine Nachfolger. Deutsch von Ed. Burckhardt. Zweite Auflage. Leipzig 1859. 8°.

Thierry, Amedée, Attila u. seine Nachfolger. Deutsch von Ed. Burckhardt. 2 Bde. Neue (Titel-)Ausg. Leipzig (859)865. Senf. gr. 8. (506 S.) 1 ℛ 10 ngr.

Thierry, Amedée, Attila und seine Nachfolger. Deutsch von Ed. Burckhardt. 3. (Titel-)Ausg. 1869, und 4. (Titel-)Ausg. in 2 Bdn. 8. (VIII, 300; 206 S.) Leipzig (859)74, Senf.

Thierry, Amedée, König Attila und seine Zeit, s. Hausbibliothek, historische.

—— Geschichte Attila's zum Schulgebrauch eingerichtet und mit Anmerkungen versehen von G. Benguerel. gr. 8. (IV und 172 S.) Cöln 867, W. Greven's Buchh. *

— Geschichte Attila's zum Schulgebrauch eingerichtet u. m. Anmerkgn. versehen v. G. Benguerel. 2. Aufl. gr. 8. (IV, 172 S.) Köln 875. Strehlke & Co. n. 1. 60

Thierry, Amédée, Geschichte Attila's, zum Schulgebrauch eingerichtet u. mit Anmerkungen versehen von G. Benguerel. 3. Aufl. gr. 8. (IV, 172 S) Köln 877. Warnitz & Co. n. 1. 60

Thierry, Amédée, Histoire d'Attila, s. Bibliothek gediegener und interessanter französischer Werke.

Thierry, Amédée, histoire d'Attila et de ses successeurs, s.: **Prosateurs français.**

— dasselbe, s.: **Schulbibliothek**, französische u. englische.

— dasselbe, s.: **Textausgaben** französischer u. englischer Schriftsteller f. den Schulgebrauch.

—— die Söhne und Nachfolger Attila's, s. **Hausbibliothek**, historische.

Thierry, Auguste, Sitten u. Charakter-Scenen, s. **Bibliothek d. Belletristiker** d. Ausl., II. Serie.

Thierry, Mad. Aug., Sitten- u. Charakter-Szenen aus d. 18ten u. 19ten Jahrhundert, aus d. Franz. von Fr. Demmler. 16. Stuttgart 836. Liesching u. Comp. 10½ ℳ

Thierry, Augustin, choix des lettres sur l'histoire de France. Mit Anmerkgn. hrsg. v. Erwin Walther. 8. (III, 71 S.) Erlangen 883. Deichert. cart. n. — 65

Thierry, Aug., Entstehung u. Ausbildung des tiers-état in Frankreich bis zur Zeit der Renaissance. Histor. Skizze. Uebersetzt u. bevorwortet v. Herm. Semmig. 8. (XIV u. 100 S.) Zerbst 847, Kummer. 5/12 ₰

Thierry, Augustin, Erzählungen aus den merovingischen Zeiten mit einleitenden Betrachtungen über die Geschichte Frankreichs. Aus dem Französ. 2 Thle. 855. n. 2 ₰. — Neue wohlf. (Titel-)Ausg. Elberfeld 857. Friderichs. gr. 8. (509 S.) 1 ₰.

Thierry, Augustin. Erzählungen aus den merovingischen Zeiten . . . Aus dem Französ. Elberfeld 1855. N. A. 1857. Ü: *Meyer, Conrad Ferdinand.* (ADB 52, 343) (Zeitschr. f. Büch. N. F. 15, 1923, S. 124)

Thierry, Augustin, Geschichte d. Eroberung Englands durch d. Normannen. A. d. Franz. v. H. Bolzenthal. 2 Bde. gr. 8. Berlin, [Rücker u. Püchler.] [1. (22 B.) 830. 1 Thlr. 16 Gr., 2. (25 B.) 831. 1 Thlr. 12 Gr.]

—— Guillaume le Conquérant, s. **Schulbibliothek**, französische u. englische.

— dasselbe. s.: **Collection d'auteurs français.**

Thierry, Augustin, Guillaume-le-conquérant. Aus der Histoire de la conquête de l'Angleterre par les Normands. Mit Einleitung u. Noten zum Schulgebrauch hrsg. von H. Robolsky. 2. Aufl. gr. 8. (VI, 160 S.) Leipzig 882. Rengor. 1. 80

Thierry, Augustin: Histoire de la conquête de l'Angleterre par les Normands (livre III et IV). Im Auszuge mit Anm. z. Schulgebr. hrsg. von Dr. Max Schmidt. [Nebst] Anmerkungen. Bielefeld & Leipzig: Velhagen & Klasing 1899. 8⁰
= Sammlung, Velhagen & Klasings, franz. u. engl. Schulausgaben. Prosateurs franç. Lfg. 81 B.

Thierry, Augustin, Histoire de la conquête de l'Angleterre par les Normands, hrsg. v. Max Schmidt, s.: **Prosateurs français.**

— histoire de Guillaume le Conquérant, s. **Bibliothek französ. Prosaiker**, herausg. v. Robolsky.

—— histoire de Guillaume-le-Conquérant, s. **Collection de tableaux historiques.**

Lettres sur l'histoire de France par Augustin **Thierry**. Auswahl. Zum Schulgebr. hrsg. u. mit Anm. versehen von Karl Beckmann, Oberl. zu Osnabrück. *Berlin: R. Gaertner 1900.* (XVI, 112 S.) 8°
= Schulbibliothek franz. u. engl. Prosaschriften aus d. neueren Zeit. Abt. 1. Bdch. 41. [01. 9601]

—— Récits historiques, s. **Bibliothèque choisie de la littérature française.**

—— der dritte Stand, seine Entstehung und Entwickelung, s. **Bibliothek, neue politische.**

Thierry, C., classische Ornamente, s. **Zeichnenschule, allgemeine.**

Thiérry, François

— phys. medicin. Beobachtungen an verschied. Orten in Spanien gesammelt x. a. d. Franz. v. C. P. Fischer. 2 Thle. 8. Hildburgh. Hanisch. 794.

— phys.-medicin. Beobachtt. an verschied. Orten in Spanien gesammelt x.; aus d. Französ. von C. P. Fischer. 2 Thle. 8. Hildburgh. 794. (Er. Fleischer in Leipz.; auch Krappe). 1 ₰ 8 ℳ

Thiéry, F., Erfahr. in d. Arzneiwissenschaft; aus d. Französ. gr. 8. Leipz. 778. (Enobloch) (Böhme).

— Unterr. von der Fürsorge, die man den Todten, od. denen, die todt zu seyn scheinen, schuldig ist, a. d. Franz. 8. Lübeck. Donatius. (Niemann u. C.) 788.

Thiérry, François. Unterricht von der Fürsorge, die man den Todten . . . schuldig ist . . . A. d. Franz. . . . Lübeck 1788. Ü: *Wittenberg, Albrecht.* (Ky) (MGT)

Thierry, G[eorge] de: Die freie Hansestadt Bremen, ihre Hafenanlagen und Verbindungen mit der See und dem Hinterlande. Berlin: Mittler 1910. 31 S. 8⁰ [Umschlagt.]
(Meereskunde. Jg. 4, H. 10.)

Thierry, G. de, Einwirkungen des Meeres auf die Strommündungen u. deren Korrektion, s.: **Franzius, L.**

— Seehäfen, s.: **Franzius, L.**

Das verschwundene Manuskript. Von Gilbert-Augustin **Thierry**. Autor. Uebers. von Wilhelm Thal [d. i. Lilienthal]. Bonn: Rhein. Union [1905]. (160 S.) 8° [F.]
= Viktoria-Sammlung spannender u. interess. Erzählungen. No 11. [05.10061]

Thierry, M., neue Zeichnungen f. den Treppenbau in Stein, Zimmermanns- u. Tischlerarbeit u. in Eisenguss. Aus dem Franz. gr. 4. (1½ B. u. 24 Stnt.) Weimar 842, Voigt.

Thierry, M., neue Zeichnungen für den Treppenbau in Stein, Zimmermanns- und Tischlerarbeit u. in Eisenguss. Aus d. Französ. 2. verm. Aufl. Mit 26 lith. Quarttaf. (u. 14 S. Text.) Weimar 858. Voigt. 4. 1 ₰. 15 ngr.

Thierry, Philipp Jeremias (Mühlhausen/E.)A. S. 220/12

Singularia de beneficio excussionis capita.
Präs. Nikolaus Heinrich Gundling.
Halle (Hilliger) 22. XI. 1728. 46 S.

34339

Herr M. A. Thiers und seine Geschichte des Consulats und Kaiserreichs. Leipzig 1846. 8°

Thiers, Herr M. A., und seine Geschichte des Consulats und Kaiserreichs. gr. 12. Wien 846, Tendler u. Schäfer. 1/3 ₰

Thiers, (Louis) Adolphe

Thiers', A., Leben u. Wirken, s.: Eggenschwyler, K.

— s. Bibliothèque choisie de la littérature française.

Thiers, [Adolphe]: Über die Achtung vor der Autorität des bestehenden Staatsprincips. (Aus der Minerva, Juni 1850, besonders abgedruckt.) [Jena.] o. J. 8°

Thiers, Adphe, Bonaparte in Ägypten u. Syrien, hrsg. v. Karl Beckmann, s.: Perthes' Schulausgaben englischer u. französischer Schriftsteller.

Thiers, Louis Adolphe, Bonaparte in Egypten u. Syrien. [Bonaparte en Égypte et Syrie.] Wortgetreu aus dem Franz. in's Deutsche übers. nach H. R. Mecklenburg's Grundsätzen von Herm. Dill. 3 Hfte. 32. (174 S.) Berlin 880. 81. H. R. Mecklenburg. à n. — 25

—— Bonaparte en Égypte et en Syrie, s. Bibliothek gediegener und interessanter französ. Werke.

Thiers, Bonaparte en Égypte et en Syrie. } s.: Bibliothèque française.

Thiers, A., Bonaparte en Égypte et en Syrie, hrsg. v. K. A. M. Hartmann, s.: Hartmann's, K. A. Mart., Schulausgaben. 6.

—— dass. — } s. Schulbibliothek, französ. und englische.

Thiers, Adolphe, la campagne d'Italie de Napoléon Bonaparte en 1800, hrsg. v. O. Glöde, s.: Bibliothèque française.

— campagne d'Italie en 1800. Marengo, hrsg. v. K. Bandow, s.: Prosateurs français.

— Campagne d'Italie en 1800, Wörterbuch, s.: Schulbibliothek, französische u. englische.

— dasselbe, s.: Textausgaben französischer u. englischer Schriftsteller f. d. Schulgebrauch.

- das Eigenthum. Aus d. Franz. übers. v. A. Schneider. 7 Hfte. br. 8. (421 S.) Berlin 848, Sacco. (à 1/6 ₰) n. 1 1/6 ₰ Herabges. Pr. n. 1/3 ₰

— über das Eigenthum. Ins Deutsche übers. v. P. C. Obermayer. 1 u. 2. Hälfte. gr. 8. (240 S.) Mannheim 848, Schwan & Götz. (à 1/2 ₰) 1 ₰

— über das Eigenthum. Aus d. Franz. v. A. Häfeler. gr. 8. (31 S.) Nordhausen 848, Büchting. 1/8 ₰

— das Eigenthum u. seine Gegner. Populärer Auszug von Ludw. Hahn. gr. 8. (20 S.) Breslau 849, Gosohorsky. 1 1/2 ngl

—— über das Eigenthum und das Recht auf Arbeit Eine Rede übers. von Carl Ziegler. 8. (57 S.) Lemgo 849, Meyer'sche Hofbuchh.

Thiers, [A.], die ägyptische Expedition der Franzosen 1798—1801. Aus den histor. Werken ausgeschieden und mit Anmerkungen versehen von Friedr. Koldewey. Mit 2 (lithogr.) Karten von H. Kiepert. gr. 8. (203 S.) Berlin 877, Weidmann'sche Buchh.

Thiers' ägyptische Expedition der Franzosen von 1798—1801. Erklärt von Friedr. Koldewey. Mit 2 Karten von H. Kiepert (in Kpfrst.). 2. Aufl. gr. 8. (204 S.) Berlin 882, Weidmann'sche Buchh.

— ägyptische Expedition der Franzosen 1798—1801. Erklärt v. Frdr. Koldewey. Mit 2 Karten v. H. Kiepert. 3. Aufl. gr. 8. (VI, 202 S.) Berlin 886. Weidmann. cart. 2. 10

— ägyptische Expedition der Franzosen 1798—1801. Erklärt v. Frdr. Koldewey. Mit 2 Karten v. H. Kiepert. 4. Aufl. 8. (VII, 204 S.) Berlin 892. Weidmann. Geb. in Leinw. n. 2. —

— Expédition d'Égypte, hrsg. v. Emil Grube, s.: Prosateurs français.

— Expédition de Bonaparte en Egypte et en Syrie, annotée par O. Schulze, s.: Reformbibliothek, neusprachliche.

— dasselbe. Bearb. v. F. Strohmeyer, s.: Schriftsteller, englische u. französische, der neueren Zeit.

— Expédition de Bonaparte en Égypte, hrsg. von Otto Klein, s.: Schulbibliothek, französ. u. engl.

— Expédition d'Egypte. Für den Schulgebrauch hrsg. v. Frdr. Weyel. (127 S. m. 3 Abb. u. 4 Karten.) 8. Leipzig 906. G. Freytag. — Wien, F. Tempsky. Geb. 1.50; Wörterbuch. (34 S.) Kart. —40

Expédition de Bonaparte en Égypte. Par (Louis-Adolphe) Thiers. Hrsg. u. erkl. von Prof. Dr. F[ranz] J[osef] Wershoven. [Text.] Trier: J. Lintz 1907. 8°
— Auteurs français. 10. [08. 1620

Thiers, A., Expedition der Franzosen nach Ägypten 1798—1801. Für die oberen Klassen höherer Schulen hrsg. u. m. histor., geograph., sachl. u. grammat. Anmerkgn. versehen v. Chr. Joh. Deter. gr. 8. (VIII, 151 S.) Gr.-Lichterfelde 893. (Berlin, M. Rockenstein.) n. 1. 20

Thiers, A., über die soziale Frage, s. Blanc, Louis.

— die Franzosen in Egypten. Fortsetzung v. Bonaparte in Egypten u. Syrien. Wortgetreu nach H. R. Mecklenburg's Grundsätzen aus dem Franz. übers. v. R. T. 1.—3. Hft. 32. (192 S.) Berlin 891. H. R. Mecklenburg. à n. — 25

—— Geschichte des Consulats. Ein Auszug aus der pariser Orig.-Ausg. für Schulen. Mit e. Wörterbuche versehen von Friedr. Herrmann. gr. 8. (25 3/4 B.) Berlin 846, Trautweinsche Buchh. *

Thiers, Adolphe: Geschichte des Consulats u. d. Kaiserreichs. Übers. v. Fenner v. Fenneberg u. Fr. Funck. Bd. 1–6. Mannheim: Hoff 1843–47. 8°

Thiers, Louis Adolph, Geschichte des Consulats u. des Kaiserreichs. Aus d. Franz. von Fenner v. Fenneberg. 1. u. 2. Bd. 8. (60¾ B.) Mannheim 845, Hoff. à Thlr. *

—— dass. 3—7. Bd. Aus d. Franz. übersetzt von Friedr. Funck. 8. (60⅝ B.) Ebds. 845—47. à *
Atlas zur Geschichte des Consulats etc. 1—6. Lfg. qu. Fol. (18 Karten u. 1 Plan.) Ebds. 845—47. à

—— dass. — Aus dem Französ. von Friedr. Funck. 8—11. Bd. 8. Mannheim, [Bensheimer.] [8. (390 S.) 850., 9. (410 S.) 10. (338 S.) 851., 11. (328 S.) 852. à Bd. * 15 Ngr.] *
1—7. Bd. Ebendas. 1845—47. * 3 Thlr. 15 Ngr.
Atlas hierzu. 7—13. Lfg. qu. Fol. (13 lithogr. Karten.) Ebds. 851—52. à Lfg. 7½ Ngr. 1
1—6. Lfg. Ebendas. 1845—47. 1 Thlr. 15 Ngr.

—— dass. — Aus dem Französ. von Friedr. Funck. 12. und 13. Bd. 8. (350 und 395 S.) Mannheim 856, Bensheimer. à Bd. * 15 Ngr. *
1—11. Bd. Ebendas. 1845—52. * 5 Thlr. 15 Ngr.

—— Geschichte des Consulats und Kaiserreichs. Aus dem Französ. übers. von Friedr. Funck. 14. und 15. Bd. 8. (649 S.) Mannheim 857, Bensheimer. à Bd. * 15 Ngr. *

— — Aus dem Französ. übers. von Chr. Fr. Grieb. 16—18. Bd. Mannheim 857, 58. Bensheimer. 8. (16. Bd.: 307 S.; 17. Bd.: 244 S.; 18. Bd.: 255 S.) Jeder Bd. n. 15 ngr.

— Geschichte des Consulats und Kaiserreichs. Aus dem Französ. übers. von Chr. Fr. Grieb. 19—21. Bd. Mannheim 860, 61. Bensheimer. 8. (19. Bd.: 349 S.; 20. Bd.: 414 S.; 21. Bd.: 323 S.) Jeder Bd. n. 15 ngr.

—— Geschichte des Consulats und Kaiserreichs. Aus dem Französ. übers. von Herm. Rottmann. 22.—24. Bd. 8. (1297 S.) Mannheim 863,64, Bensheimer. à Bd. * 15 Ngr.
1.—21. Bd. Ebendas. 1845—61. * 10 Thlr. 15 Ngr.

— Atlas zur Geschichte des Consulats u. des Kaiserreichs. 1—15. Lfg. gr. qu. Fol. (42 lith. Karten, wovon 3 in Imp. Fol.) Ebd. 848—52, Bensheimer. (à ¼ Thlr) 3¾ Thlr

— — Atlas dazu. 66 (lith.) Karten. 16—25. (letzte) Liefg. Ebend. 853—64. qu. Fol. Jede Liefg. von 3 Bl. n. 7½ ngr.

— dass. Aus d. Französ. übers. unter Leitung von Fr. Bülau. 7 Bde. Mit Stahlst. gr. 8. Leipzig 844—47, Meline. n. 7 Thlr Ohne Stahlst. (à ⅚ Thlr) n. 5⅚ Thlr

—— Geschichte des Consulats u. des Kaiserthums. Aus dem Französ. übersetzt unter Leitung von Friedr. Bülau. 1—7. Bd. gr. 8. (198⅝ B. u. 8 Stahlst.) Leipzig 845—47, Meline. à Bd. 1 Thlr., ohne Kupfer à

—— Geschichte des Consulats und des Kaiserthums. Aus dem Französ. übers. unter Leitung von Friedr. Bülau. 8—11. Bd. à Bd. mit 1 Stahlst. gr. 8. Leipzig, Meline. [8. (607 S.) 849., 9. (526 S.) 850., 10. (443 S.) 11. (420 S.) 851.] à Bd. 1 Thlr. Thlr.
Ohne Stahlst. à Bd. 25 Ngr.
1—7. Bd. Ebendas. 1845—47. à Bd. 1 Thlr.; ohne Stahlst. à 25 Ngr.

—— Geschichte des Consulats und des Kaiserthums. Aus dem Französ. übers. unter Leitung von Friedr. Bülau. 12—14. Bd. gr. 8. (XLII und 1754 S.) Brüssel 855—56, Meline, Cans und Comp. à Bd. 25 Ngr. Thlr.
1—11. Bd. Ebendas. 1845—51. à Bd. 1 Thlr., ohne Stahlst. à 25 Ngr.

—— Geschichte des Consulats und des Kaiserthums. Aus dem Französ. übers. unter Leitung von Friedr. Bülau. 15. und 16. Bd. gr. 8. Brüssel 857. [Leipzig, A. Dürr.] [15. Bd. (546 S.) 16. (611 S.) à Bd. 25 Ngr.]

Thiers, A., Geschichte des Consulats und des Kaiserthums. Aus dem Französ. 17—20. Bd. Brüssel 860—62. Meline, Cans & Co. gr. 8. (17. Bd.: 796 S.; 18. Bd.: 576 S.; 19. Bd.: 556 S.; 20. Bd.: 703 S.) Jeder Bd. 25 ngr.

— Geschichte des Consulats u. Kaiserreichs. Aus d. Französ. von Louis Heinemann. 1. Bd. 6. Liefg. u. 2.—6. Bd. 8. Hannover 845—47, Pockwitz. $2\frac{1}{12}$ Thlr

Thiers, M. Ad., Geschichte des Consulats und des Kaiserreichs. Aus d. Französ. von Ed. Burckhardt. Pracht-Ausg. in 2 Bdn. mit 80 Illustrationen u. 150 Vignetten. (In 80 Liefg.) 1.—45. Liefg. hoch 4. (Mit Holzschnitttaf. u. Karten.) Leipzig 845, 46, Lorck. à n. 4 ngl

— Geschichte des Consulats u. des Kaiserreichs. Aus d. Franz. von Ed. Burckhardt. 46—99. Lfg. Lex. 8. (II. Bd. S. 73—434 m. 9 Holzschn. u. 6 lith. Karten. III. Bd. 512 S. m. 12 lith. Karten u. Plänen.) Leipzig 847—52, Lorck. à Lfg. n. 4 ngl (2 Bde. n. 13 Thlr 6 ngl)

Thiers, A., Geschichte des Consulats und des Kaiserthums. Aus dem Französ. von Ed. Burckhardt. 100—109. Lfg. Lex.-8. (3. Bd. S. 513—752 mit eingedr. Holzschn.) Leipzig 856, Lorck. à Lfg. * 4 Ngr. *
1—99. Lfg. Ebendas. 1845—52. * 13 Thlr. 6 Ngr.

—— Geschichte des Consulats und Kaiserreichs. Aus dem Französ. von Ed. Burckhardt und Fr. Steger. 110—155. (Schluß-) Lfg. Lex.-8. (3. Bd.: Der Glanz des Kaiserreichs. VII und S. 753—834. und 4. Bd.: Der Sturz des Kaiserreichs. XXVIII und 897 S. mit eingedr. Holzschn.) Leipzig 857—60, Lorck. à Lfg. * 4 Ngr. *
1—109. Lfg. Ebendas. 1845—56. * 14 Thlr. 16 Ngr.

— Geschichte des Consulats und Kaiserreichs. Aus dem Französ. von Ed. Burckhardt u. Fr. Steger. 141—155. (letzte) Liefg. Leipzig 859, 60. Lorck. (Zander.) Lex.-8. (4. Bd.: XII, S. 633—897 m. Holzschn.) Jede Liefg. n. 4 ngr.

— dass. Aus dem Französ. von Ed. Burckhardt. (10 Bde. mit 50 Illustrationen.) 1.—5. Bd. 8. (Mit Stahlst.) Leipzig 846, J. J. Weber. à ½ Thlr

—— dass. Aus d. Franz. v. Ed. Burckhardt. (10 Bde. m. 50 Illustrationen.) 1—5. Bd. 8. (113¾ B., 2 Stahlst. u. 2 Holzstichtaf.) Leipzig 846, 47, Weber. à

—— dass. — Aus dem Französ. übers. von Ed. Burckhardt. 6—11. Bd. 8. (XLIX und 1516 S. mit 17 Holzschn.) Leipzig 848—50, [Costenoble.] à Bd. 15 Ngr.
1—5. Bd. Ebendas. 1846—47. 2 Thlr. 15 Ngr.

— Geschichte des Consulats u. des Kaiserreichs. Aus d. Franz. von Ed. Burckhardt. 6—8. Bd. 8. Leipzig 849, Weber. — 9—11. Bd. 8. Leipzig 850, Costenoble. à ½ Thlr (jetzt: Leipzig, Fr. Hentze. 11 Bde. 5½ Thlr)

— Geschichte d. Konsulats u. d. Kaiserreichs. 4. Buch: Marengo. Wortgetreu nach H. R. Mecklenburg's Grundsätzen aus dem Franz. übers. v. B. W. 1. u. 2. Hft. 32. (S. 1—128.) Berlin 889. H. R. Mecklenburg. à n. — 25

— Geschichte d. Konsulats u. d. Kaiserreichs. 4. Buch: Marengo. Wortgetreu nach H. R. Mecklenburg's Grundsätzen aus dem Franz. übers. v. B. W. 3. Hft. 32. (S. 129—192.) Berlin 891. H. R. Mecklenburg. n. — 25

Thiers, (A.,) Geschichte d. französ. Staatsumwälzung. Uebers. von R. Mohl. 1r—5r Bd. gr. 8. Tübingen 825—27, Osiander.

Thiers, Adv., Geschichte d. franz. Staatsumwälzung. Uebers. v. R. Mohl. 6. Thl. gr. 8. (20¼ B.) Tübingen 828, Osiander.
1—5. Bd. Ebendas. 1825—27. à 1 Thlr.

Thiers, Louis Adolphe, Geschichte d. franz. Revolution. A. d. 5., verm. u. verb. Orig.-Ausg. v. Ferd. Philippi. 5 Thle. (30 Lfgn.) gr. 8. (166 B. u. 30 Abbild.) Leipzig 836. [Berlin, Klemann.]

Thiers, M. A., Geschichte der franz. Revolution. Nach der 5n verm. u. verb. Original-Ausg. von Ferd. Philippi. 5 Bde. 1e—4e Lfrg. gr. 8. Leipzig 836. Georg Wigand. 9 ℛ

—— dass. 2. wohlf. Aufl. 2 Bde. (16 Lfgn.) gr. 8. (95 B.) Leipzig 838. [Ebds.]

—— dass. Nach der 18. Original-Ausg. übers. von A. Walthner. 6 Bde. 8. (202⅜ B.) Mannheim 844, 45, Hoff. *

— Geschichte der französ. Revolution. Nach der 18. Original-Ausg. übers. von A. Walthner. 6 Bde. od. 66 Liefg. 1. Bd. (1. Liefg.) 8. Mannheim 846, Hoff. 2 ngr

—— Geschichte der franz. Revolution. 6 Bde. (12 Lfgn.) gr. 16. (106 B. u. 6 Stahlst.) Tübingen 844, 45, Osiander'sche Buchh. (à Lfg. * 10 Ngr.) *

— Geschichte der französ. Revolution. Nach der 13. französ. Original-Ausg. von Ed. Burckhardt u. Fr. Steger. Illustr. Prachtausg. 1.—5. Liefg. Lex.-8. (Mit 1 Holzschn. u. 1 K.) Leipzig 846, Lorck. à ⅓ ℛ

— Geschichte der franz. Revolution. Aus d. Franz. v. Burckhardt u. Fr. Steger. 6—30. Lfg. Lex. 8. (1. Bd. XII S. u. S. 161—512 m. 11 Holzschnitttaf. u. 9 lith. Charten. 2. Bd. 484 S. m. eingedr. Holzschn., 6 Holzschnitttaf. u. 14 lith. Charten.) Leipzig 847—49, Lorck. à Lfg. n. ⅓ ℛ (2 Bde. n. 10 ℛ)

—— Geschichte der französischen Revolution. Aus dem Französ. 2. Aufl. Mit 6 Stahlst. 6 Bde. gr. 16. Tübingen, Osiander'sche Buchh. [1. (382 S.) 847., 2. (381 S.) 3. (384 S.) 4. (480 S.) 5. (512 S.) 6. (511 S.) 848—49.]

—— Geschichte der französischen Revolution. Nach der 18. Orig.-Ausg. übers. von A. Walthner. Neue (Titel-)Ausg. 1. Bd. 1. Lfg. 8. (IV und S. 1—128.) Mannheim 855, Bensheimer.

Thiers, M. Ad., Histoire du Consulat et de l'Empire. 7 Vols. Mit Stahlst. gr. in-8. Leipzig 844—47, Meline. n. 8⅙ ℛ

—— Histoire du Consulat et de l'Empire. Tome 1—7. gr. in-8. (155½ B. u. 6 Stahlst.) Leipzig 845—47, Meline. à * 1 Thlr. 5 Ngr. *
Atlas de l'histoire du Consulat et de l'Empire, dressée sous la direction de A. Thiers. Livr. 1—6. qu. ½ Fol. (26 Carten.) Leipzig 845—47, Meline. Pro 10 Livr.

—— Histoire du consulat et de l'empire. Tome 8—11. à Tome mit 1 Stahlst. gr. 8. Leipzig, Meline. [8. (558 S.) 849., 9. (487 S.) 850., 10. (404 S.) 11. (372 S.) 851. à Tome * 1 Thlr. 5 Ngr.] *
Tome 1—7. Le même. 1845—47. * 8 Thlr. 5 Ngr.
Atlas de l'histoire du consulat et de l'empire etc. 5. Livr. qu. gr. Fol. (5 lithogr. Bl.) Le même 848. Pro 10 Lfgn.

—— Histoire du consulat et de l'empire. Tome XII—XIV. gr. 8. (XXXVI und 1603 S.) Bruxelles 855—56, Meline, Cans und Comp. à Vol. * 1 Thlr. 5 Ngr. *
Tome I—XI. Le même. 1845—51. * 12 Thlr. 25 Ngr.

—— Histoire du consulat et de l'empire. Tome XV—XX. gr. 8. (501, 564, 770, 554, 538, 694 S.) Brüssel 857—62. [Leipzig, A. Dürr.] à Tome * 1 Thlr. 5 Ngr. *
Tome I—XIV. Ebendas. 1845—56. * 16 Thlr. 10 Ngr.

— histoire du consulat et de l'empire. Tome XVII—XX. Brüssel 860—62. Meline, Cans & Co. gr. 8. (Tome XVII.: 770 S.; XVIII.: 554 S.; XIX.: 538 S.; XX.: 694 S.) Jeder Bd. n. 1 ℛ 5 ngr.

Thiers, Adolphe: Histoire de l'expedition d'Egypte, s. Perthes' Schulausgaben engl. u. französ. Schriftsteller.

— histoire de Law. Leipzig 858. A. Dürr. 12. (184 S.) n. 1 ℛ.

— histoire de la Révolution française, s. Bibliothèque choisie de la littérature française.

— histoire de la révolution franç., s. Bibliothèque des Classiques français.

—histoire de la révolution française. 4me édition. X Voll. ornée de 100 gravures. .. Paris 835. Braunschweig, Leibrock. n. 22⅙ ℛ

— Historya Konsulatu i Cesarstwa dzieło ozdobione 20 rycinami, 4 tomy. 8maj. Ebend. 847. n. 10 ℛ

— Historya Zgromadzeń Prawodawczych, Konwencyi Narodowéj i Dyrektoryatu, czyli Francya od 1789 do 1800 roku, 4 tomy. 8maj. Warschau 846, 47, Orgelbrand. 10 ℛ

—— Marengo und Hohenlinden. Vier Kapitel aus der „Histoire du consulat". Erklärt von Friedr. Schieferdecker. gr. 8. (XII, 190 S. mit 2 lithogr. Karten.) Berlin 881, Weidmann'sche Buchh.

—— la Monarchie de 1830. gr. in-16. (6¼ B.) Berlin 832, Schlesinger.

— Napoleon. Geschichte des Consulats und des Kaiserreichs. Uebersetzt u. mit einer Einleitung „Geschichte Napoleon's bis zum Consulate," von C. T. Heyne. 1. u. 2. Bd. gr. 16. Leipzig 844, 45, Schäfer. 3⅙ ℛ

— dass. Uebersetzt u. mit der „Geschichte Napoleon's bis zum Consulate" von C. T. Heyne. 1. Bd. 2 Abthl. 4. Stereot.-Aufl. gr. 16. (Mit 2 Stahlst.) Leipzig 845, Schäfer. 1⅓ ℛ

— dass. Ausgabe mit 100 Bildern. 1. Liefg. breit 8. Ebend. 846. à ⅙ ℛ

—— dass. — Uebersetzt und mit der „Geschichte Napoleons bis zum Consulate" von C. T. Heyne. 3. Bd. 2. und 3. Abthl., 4. Bd. und 5. Bd. 1—7. Lfg. gr. 16. (.... S.) Leipzig 848—52, C. Schäfer.
1—3. Bd. 1. Abthl. Ebendas. 1844—47. 3 Thlr. 25 Ngr. Eine Ausgabe mit Holzschn. 1—61. Lfg. (oder 1—5. Bd. 7. Lfg.) à Lfg. 5 Ngr. erschien gleichzeitig ebendas. und kostet 10 Thlr. 5 Ngr.

— Napoleon. Geschichte des Consulats u. Kaiserreichs. Uebersetzt u. mit der „Geschichte Napoleons bis zum Consulate" von C. T. Heyne. 3. Bd. 1—3. Abth. 4. Bd. 1. Abth. u. 13—16. Lfg. 5. Bd. 7 Lfgn. gr. 16. (3. Bd. 1 u. 2. Thl. 448 S. 3. Bd. 2. Thl. XXXII u. 368 S. 4. Bd. 1. Thl. 311 S. 4. Bd. 2. Thl. 424 S. 5. Bd. 400 S.) Leipzig 845—52. C. Schäfer. à Abthl. ⅔ ℛ à Lfg. ⅛ ℛ (complt. 7 ℛ 6¼ ngr) Mit Holzschn. à Lfg. ⅙ ℛ

— Napoléon à Sainte-Hélène, hrsg. v. Geo. Stern, s.: Prosateurs français.

—— Quatre-Bras et Ligny, s. Prosateurs français.

— Rede, s. Verhandlungen der Deputirtenkammer.

— Reden über die polit. Zustände Italiens u. der Schweiz. Gehalten in der Deputirten-Kammer d. 30. Jan. u. 2. Febr. 1848. gr. 8. (32 S.) Königsberg 848, Samter. n. 1/6 ₰

Waterloo par (Louis Adolphe) Thiers. Auszug aus Hist. du Consulat et de l'Empire. Mit Anm. z. Schulgebr. hrsg. von Dir. Dr. F. Fischer. Revid. von Dr. [Karl] Schmidt, Oberl. zu Berlin. Mit 1 Uebersichtskarte. [Nebst] Anm. *Bielefeld & Leipzig: Velhagen & Klasing 1901.* 2 Bde 8° = Sammlung, Velhagen & Klasings, französ. u. engl. Schulausgaben. Prosateurs franç. Lfg 36 B. [01. 10634

—— Waterloo, s. Prosateurs français.

Thiers, Louis Adolph, sämmtl. histor. Werke, deutsch v. Wilh. Jordan, s. Classiker, französische.

— sämmtliche historische Werke. 55—70. Thl. A. u. d. T.: Geschichte des Konsulats und Kaiserreichs. 35—50. Thl. Leipzig 852—58. O. Wigand. 16. (55.: 322 S.; 56.: 236 S.; 57.: 139 S.; 58.: 203 S.; 59.: 233 S.; 60.: 281 S.; 61.: 235 S.; 62.: 168 S.; 63.: 200 S.; 64.: 429 S.; 65.: 257 S.; 66.: 158 S.; 67.: 254 S.; 68.: 220 S.; 69.: 380 S.; 70.: 338 S.) 6 ₰. 10 ngr.
55. 70. Thl. à 15 ngr.; 56—63. 65—68. Thl. à 10 ngr.; 64. 69. Thl. à 20 ngr.
1—54. Thl. s. Classiker, französische

— sämmtliche historische Werke. 71—79. Thl. A. u. d. T.: Geschichte des Konsulats u. Kaiserreichs. 51—59. (letzter) Thl. Leipzig 860—62. O. Wigand. 16. (2425 S.) 3 ₰ 25 ngr.
71. 72. 74—76. Thl. à 10 ngr.; 73. Thl. 20 ngr.; 77—79. Thl. à 15 ngr.

—— O własności z francuzkiego przełożone z przedmową Kar. Forstera. (Ueber das Eigenthum, aus dem Französ. übers. und mit einer Vorrede von Carl Förster versehen.) gr. 8. (XVI und 376 S.) Berlin 858, Behr's Buchh.

— Własność i jéj nieprzyjaciele. 8. (27 S.) Lissa 849, Günther. 1/6 ₰

— über das Zweikammer-System, s.: v. Montalembert.

Thiers, Jean Baptiste

Thiers, J. B., von dem Gründlichsten u. Nothwendigsten aus allen Andachten ꝛc. Aus d. Französ. v. B. W. Marperger. 8. Wien 782. Kaulfuß.

— Histoire des Perruques. gr. 8. Strasb. König. 777.

— — le même. 12. Avignon. (Pott à Lausanne.) 772.

THIERS, J. B. Hiſtoria von Urſprung, Gebrauch und Geſtalt der Perrüquen, worinnen ſonderlich der Mißbrauch, Irregularität und Übelſtand derjenigen Perrüquen, deren ſich die Geiſtliche bedienen, gezeigt wird. Aus dem Franzöſiſchen. Franckfurt, Joh. Martin Hagen, 1712. 16°. 594 S.
Curioſes Werk mit vielen intereſſanten Details (s. Brunet V, 820)

Thiers, Louis Adolphe, s. Thiers, Adolphe.

Thierscenen, s. Tierszenen.

Thiersch, Hofrath, u. seine Gegner in d. Sache d. Universität Tübingen. 8. (2 B.) Heidelberg 830, Groos.

Thiersch, anatomisch-hygienisches Wandtafelwerk, s.: Baur, Alfr.

Thiersch, Aug., s.: Bauernhaus, das, im bayer. Gebirge.

Thiersch, Aug.: Die Physiognomie des Mondes, s. Thiersch, Heinrich Wilhelm Josias.

— Proportionen in der Architektur, s.: Handbuch der Architektur 4. Tl. 1. Halbbd.

Thiersch, A., optische Täuschungen auf dem Gebiete der Architektur. Mit 5 Kpfrtaf. [Aus: „Zeitschrift f. Bauwesen".] hoch 4. (16 S. m. eingedr. Holzschn.) Berlin 873. Ernst & Korn. n. 3. —

Thiersch, Bernhard

Thiersch, Bernh., method. Anleitung zum Verfertigen latein. Verse f. Schulen u. z. Selbstunterricht. gr. 8. (7 B.) Essen 844, Bädeker. —

Thiersch, Bernh., Anleitung z. Uebersetzen a. d. Deutschen ins Lateinische an Stoff aus d. Gesch. d. griech. u. röm. Literatur f. d. oberste Bildungsstufe d. Gymnasien. 1. Hft. Geschichte d. epischen Poesie bei den Griechen. 8. (10½ B.) Dortmund 840, Krüger.

Thiersch, Bernhard, s. Aristophanes: Thesmophoriazusae.

— s. Ciceronis exsulis epistolae.

Thiersch, Bernh., Preußische Festlieder. 16. Dortmund 841, Krüger. 2 ngr — Mit 4 Blättern Melodieen 1/12 ₰

—— Gesangbuch f. d. evangel. Gymnasien d. Provinz Westphalen. Im höh. Auftr. redigirt. Hierzu e. Beilage mit Gesangstücken zu besond. Veranlassungen. (2¼ B. qu. gr. 8.) 8. (6 B. u. 1½ B. Musikbeil.) Essen 836, Bädeker.

Thiersch, Bernh., Geschichte der Freireichsstadt Dortmund. 1. Thl. Innere Geschichte. Dortmund 854. Krüger. gr. 8. (XII, 186 S.) 1 ₰.

Thiersch, Bernh. Geschichte des Gymnasiums bis 1800. 34 S.
Dortmund, Progr. 1842

Thiersch, Bernh., das Gymnasium u. d. 19. Jahrh. gr. 8. (1¾ B.) Dortmund 841, Krüger. Thlr.

—— der Hauptstuhl d. westphäl. Vemgerichts auf d. Königshofe vor Dortmund, nach neuentdeckten Urkunden dargest. gr. 8. (9 B. u. 1 Abbild.) Dortmund 838, Krüger.

Thiersch, Bhrd., Comment. de accentus graeci natura. 8maj. Halberst. 824. Helm. 4 gr

— die Organisation d. Gymnasien nach Lorinsers Ansichten. 8. Dortmund 836, Krüger. 1/3 ₰

Thiersch, Bernhardus (Henricus): * Quaestio historico-critica, quonam tempore episcopus ceteris ecclesiae ministris praeponi coeperit, ex patribus instituta apostolicis. 8 Bl. 8° (4°)
Halle, Phil. Diss. v. 13. März 1817
Geb. [Kirchscheidungen a. d. Unstrut (Kr. Querfurt) 26. 4. 1794].

— üb. das Schicksal der griech. Tragödien. 8. Königsb. 819.

Thiersch, B. De schola Cratetis Mallotae Pergamena (Fasc. I. Alexander Cotyaeensis.) 9 S. . . . .
Dortmund, Progr. 1834

Thiersch, B. Scholae Tremonienses. 4 S. [Krit. Verbesserungen zu Sophoc. Phil. (6 Stellen), Oed. Col. (2 St.), El. (1 St.), Hom. Il. (5 St.), Odyss. (1 St.), Hor. (3 St.)]
Dortmund, Progr. 1838

Thiersch, B. Scholae Tremonienses. 1. De Menestheo et Atheniensibus (Il. II. 546 sqq.) Iliadi interpolatis. 5 S. .
Dortmund, Progr. 1841

Thiersch, Bernh. Scholae Tremonienses. Fasc. 5. 8 S. [Hom. Il. 1, 169. 3, 263. 287. 460. 5, 502. Odyss. 22, 460. Soph. O. C. 1489. Antig. 38. 1266. 212. 364. sqq. 777. Phil. 830.]
Dortmund, Progr. 1846

— tabellar. Uebersicht der Homerischen Formen f. Schüler, mit welchen der Homer gelesen werden soll. 2e verb. Aufl. 1 Tabelle in gr. Fol. Königsb. 826. Unzer. 4 gr

Thiersch, Bernh., Uebersicht der Homerischen Formen für Schüler, welche die Attische Formenlehre innehaben u. zum Homer geführt werden sollen. 3. verb. Aufl. gr. 8. (20 S.) Königsberg 850, Unzer. 3 ngr

Thiersch, B., Urgestalt der Odyssee oder Beweis, dafs die Homerischen Gesänge zu grofsen Partieen interpolirt sind. Königsb. 820. 8. 14 gr.

Thiersch, Bernh., Urgestalt der Odyssee, oder Beweis, daß die homerischen Gesänge zu großen Partien interpolirt sind. 8. Königsberg, Unzer. 821.

— die Vemlinde bei Dortmund. 4. (34 S.) Dortmund 849. (Leipzig, Hermann.) n. 1/3 Rthlr

—— Vervemung d. Herzogs Heinrich d. Reichen v. Baiern durch d. heiml. Acht in Westphalen. Ein vollständ. Vemprocess nach neuentdeckten Urkunden dargest. gr. 8. (9 B.) Essen 835, Bädeker.

Thiersch, B. Worte zur Einweihung der Aula. 2 S.
Dortmund, Progr. 1841

Thiersch, Bhrd., üb. das Zeitalter u. Vaterland des Homer, od. Beweis, daß Homer vor d. Einfall der Herakliden im Peloponnes gelebt habe. 8. Halberst. 824. 2e gänzl. umgearb. Aufl. nebst der Quaestio de diversa Iliadis et Odysseae aetate. gr. 8. Ebd. 832. Helm 1 Rthlr 8 gr

Thiersch, C., unser Märtyrer-Präsident James A. Garfield, s.: Seeger, C.

Thiersch, Carl, s. Thiersch, Karl.

Thiersch, Curt, s. Thiersch, Kurt.

THIERSCH, Ernst (Ludwig): Das Fest im Walde oder die 50jährige Dienstjubelfeyer des Herrn Gottlob Heinrich von Lindenau. - Schneeberg 1827. 77 S., 1 Taf.

Thiersch, Er. (Ludw.), die Forstkäfer, od. vollständ. Naturgeschichte d. vorzüglichsten, den Gebirgsforsten schädl. Insekten, hauptsächl. d. Borkenkäfer, mit Angabe d. Mittel zu ihrer Vertilgung. gr. 4. (6 B. u. 2 ill. Stnt.) Stuttgart 830, Cotta.

THIERSCH, Ernst Ludwig: Die Forstkäfer oder vollständige Naturgeschichte der vorzüglichsten, den Gebirgsforsten schädlichen Insekten, hauptsächlich der Borkenkäfer, mit Angabe der Mittel zu ihrer Vertilgung. - Stuttgart 1830. 37 S., 2 Taf.

THIERSCH, Ernst: Über den Waldbau mit vorzüglicher Rücksicht auf die Gebirgsforste von Deutschland in Notizen und Bemerkungen auf seiner praktischen Laufbahn gesammelt. - Leipzig 1823. XVIII, 200 S.

Thiersch, (E.,) über den Waldbau mit vorzügl. Rücksicht auf d. Gebirgsforste Deutschlands. gr. 8. Leipz. 823, G. Fleischer.

Thiersch, Friedrich (von)

Viro summo Friderico a Thiersch diem festum XVIII. m. Junii a. 1858 quo die ante quinquaginta annos doctoris phil. et magistri lib. artt. honores adeptus est gratulatur ordo philosophorum Vratislaviensium. Vratislaviae (1858). (2 Bl.) 2°

Thiersch, Fr., Acta philologorum Monacensium auctoritate regia. Tom. I. fasc. 1—4. et Tom. II. fasc. 1. 8maj. München. (Norimb. Stein in Comm.) (T. I. fasc. 1. 12 gr. fasc. 2—4. à 16 gr. Tom. II. fasc. 1. 18 gr.)

Thiersch, Fridericus (Hrsg.), s. a. A c t a philologorum Monacensium.

Thiersch, Friedrich. Ueber die neuesten Angriffe auf die deutschen Universitäten, zugleich als vierte Beilage zum dritten Bande des Werkes über die gelehrten Schulen. Stuttgart, Cotta 1837. XII 148 S. 8.

Anwendungsgebiet und rationelle Gestalt der Privatklage von Dr. jur. F[riedrich] Thiersch, Rechtsanw. in Leipzig. Von d. Holtzendorff-Stift. mit d. Preise gekr. Arbeit. *Berlin: J. Guttentag 1901.* (95 S.) 8° [J.] [01. 5047

— Apologie eines Philhellenen wider den Fürsten Hermann L. G. v. Pückler-Muskau. gr. 8. München 845, lit.-artist. Anstalt. n. 2/3 Rthlr

Thiersch, F. Apologie eines Philhellenen wider den Fürsten H. L. G. v. Pückler-Muskau. München 1846. 148 S.

Thiersch, F., Aristophanea. S.-A. 1884. 70 S. 4°. 2.—

Thiersch, Frdr., allgemeine *Aesthetik* in akademischen Lehrvorträgen. Berlin, G. Reimer, 1846. Gr. 8°. Hfrzb., hübsch. Expl.
Tit., 1 Bl. Vorr., 539 S., 3 S. Err.

Thiersch, Fr. v., der innere Ausbau des neuen Justizpalastes zu München. Eine Sammelmappe von techn. Einzelheiten zum prakt. Gebrauche aus dem Gebiete der Schreinerei, Schlosserei, Steinarbeit u. Stuccatur. 24 Autografien im Masstabe von 1:20, 1:10 u. 1:1. gr. Fol. München 901. (L. Werner.) In Mappe n. 18.—

Thiersch, Frdr. v., die Ausstellungs- u. Festhalle der Stadt Frankfurt a. M. Denkschrift zur Feier der Einweihg. im Mai 1909, unter Mitwirkg. der Baukommission und beteiligten Firmen bearb. (45 S. m. Abbildungen. u. 18 Taf.) 32,5×25,5 cm. Frankfurt a/M. 909. (Schirmer & Mahlau.)
Geb. in Leinw. 10.—

(—) Bedenken, staatsrechtliches, üb. das Patent Sr. Maj. d. Königs Ernst August v. Hannover, v. 5. Jul. 1837. 2., verm. u. verb. Aufl. gr. 8. (2⅛ B.) Stuttgart u. Tübingen 837, Cotta'sche Buchh. Thlr.
Abgedruckt aus der: Allgem. Zeitung.

Thiersch, Friedr. v., über den „Begriff und die Stellung der Gelehrten." Rede in der öffentlichen Sitzung der königl. Akad. d. Wissensch. zu ihrer 97. Stiftungsfeier. München 856. (Franz.) 4. (24 Sp.) n. 5 ngr.

[Thiersch, Frdr.,] Betrachtungen über die angenommenen Unterschiede zwischen Nord- und Süd-Deutschland. München 1809. 8.

Thiersch, Fr., Betracht. üb. die angenommenen Unterschiede zwischen Nord- u. Süddeutschland. Ein Beitr. zur Kenntniß der neuesten Aeußerungen des Zeitgeistes. 8. Leipz. 1e u. 2e A. 810. Gr. Fleischer.

— Betrachtungen üb. die angenommenen Unterschiede zwischen Nord- u. Süddeutschland. Ein Beitrag zur Kenntniß d. neuesten Aeußerungen des Zeitgeistes. 2te Aufl. 8. Leipz. Gerh. Fleischer. 810.

— poetische Blumenlese. s. Jacobs, Fr., Elementarbuch 4r Theil.

Thiersch, Frid., Disquisitiones de analogiae graecae capitibus minus cognitis. Pars I. 4maj. (78 S.) Monachii 851, (Franz.) *
Aus: Dissertationes Acad. Bavar. regiae, Cl. I. Tom. VI. Sect. 2., besonders abgedruckt.

— Dissertatio de analogiae graecae capitibus minus cognitis. Pars II. et III. 4maj. München, (Franz.) [II. (82 S.) 853. * 29 Ngr., III. (84 S.) 856. * 1 Thlr. 2 Ngr.] *
Pars I. Ibid. 1851. * 21 Ngr.
Aus: Abhandlungen der k. bayer. Akademie der Wissenschaften, besonders abgedruckt.

Thiersch, F, De analogiae graecae capitibus minus cognitis. I. S.-A. 1851. 94 S. 4°. 2.—
— — II. S.-A 1854. 82 S. 4°. 2.—
III. S.-A. 1856. 84 S. 4°. 2.—

Thiersch, Friedr. v., Epikrisis der neuesten Untersuchungen des Erechtheums auf der Akropolis zu Athen. gr. 4. (93 S. mit 7 theilweise ill. Stnt. in Imp.-4, gr. Fol., Imp.-Fol. und qu. Imp.-Fol.) München 857, (Franz.) *
Aus: Abhandlungen der k. bayer. Akademie der Wissenschaften, I. Cl. VIII. Bd. II. Abthl., besonders abgedruckt.

Thiersch, Frdr., ueber die *Epochen der bildenden Kunst unter den Griechen.* 3 Abhdlgn. (1 vol.), vorgeles. in d. öffentl. Sitzung d. k. Akad. d. Wiss. zu München, am 28. März 1816, 12. Oktob. 1819, 28. März 1825. München, Michael (2–3: Joseph) Lindauer. 4°. Ppb, hübsches Expl.
I. 28 S. Aelteste Epoche. II: Tit. u. Pagination 19–76. (Cplt.) Epoche der Kunstentwickelung. III: Tit. u. Pag. 67–128. (Cplt.) Epoche d. vollendeten Kunststyles.
— Dasselbe. Abhandlung 2. Ibid. eod. Gr. 4°. Expl. auf Gross-Velinp. Ppb. (m. gleichzeit. rosa Buntpap. uberz.). Mit derselben Pagination.
— Dasselbe. Abhandlung 3. Ibid. eod. Gr. 4°. Expl. auf grossem Schreibpap. Mit derselben Pagination. Titel beschrieb. Ppb. (fleckig).

Thiersch, F., Ueber die Epochen der bildenden Kunst unter den Griechen. I., II., III. Gol. 1816, 19, 25. 224 S. 4°.

— über die Epochen der bildenden Kunst unter den Griechen. 1s u. 2s Heft. gr. 4. (München, Lindauer in Comm.) 816 u. 820. Rthlr.

— üb. die Epochen der bildenden Kunst unter d. Griechen. 1e bis 3e Abhandl. Vorgelesen in einer öffentl. Sitzung der königl. Akademie d. Wissenschaften zu München. gr. 8. Münch. 816–825. (Lindauer). 1 ₰ bei G. Franz das. 1 ₰ 12 gr 2e Aufl. mit 3 Steintaf. gr. 8. Münch. 829. v. Cotta. 2 ₰ 16 gr

Thiersch, Friedr., über d. Epochen d. bildenden Kunst unt. d. Griechen. 2., verb. u. verm. Aufl. gr. 8. (30 B. u. 3 Stnt. gr. Fol.) München 829, Literar.-Artist. Anstalt.

Thiersch, F., Ueber das Erechtheum auf der Akropolis zu Athen. I. II. S.-A. 1843. 255 S. m. 3 Doppeltaf. u. 4 Taf. 4°. 6.—

— über das Erechtheum auf der Akropolis zu Athen. 2 Abhandlungen. gr. 4. 1. Abhandlung. (Aus den Abhandlungen der I. Cl. d. k. Akad. d. Wiss. V. Bd. 3. Abth. abgedr.) (107 S. m. 3 lith. Taf. in Fol. u. gr. 4.) 2. Abhandlung. [Mit (2 lith.) architecton. Zeichnungen v. Ed. Metzger, (wovon 1 color., in 4. u. Fol.)] (Aus den Abhandlungen der I. Cl. d. k. Akad. d. Wiss. VI. Bd. 1. Abth. abgedr.) (151 S.) (München 850, Franz.) (1: n. 1¼ ₰ 2: n. 1 ₰ 26 ngr) n. 3 ₰ 3½ ngr

Thiersch, Fr., Erinnerung an Ludolph Dissen, s. Dissen, kleinere latein. u. deutsche Schriften.

— de l'état actuel de la Grèce et des moyens d'arriver à sa restauration. II Vols. gr. in-8. (52½ B.) Leipzig 833, Brockhaus.

Thiersch, Fr. Wlh., de l'état actuel de la Grèce et des moyens d'arriver à sa restauration. II Vols. gr. in-8. Leipzig 834. Brockhaus. n. 4 ₰

Thiersch F v, die Augsburger Fassadenmalerei. (16 S 3 T) 4° München 1902

Thiersch, Frdr. v., die Augsburger Fassadenmalereien. Vortrag, geh. am 2. IX. 1902 in Augsburg am Verbandstage der deutschen Architekten- u. Ingenieur-Vereine. Mit 14 Textillustr., 1 farb. Doppeltaf. Mit Abbildgn. verm. Sep.-Abdr. aus der „Süddeutschen Bauzeitg." (16 S.) gr. 4. München (903). Süddeutsche Verlags-Anstalt. n. 3.—

Thiersch, Frdr.: Ueber die Freiheit der Studien und die Selbstständigkeit des Lebens auf deutschen Hochschulen. Inauguralrede, geh. 26. Nov. 1829. München: Literar.-artist. Anstalt [1829].

— üb. die Freiheit d. Studien u. die Selbstständigkeit d. Lebens auf den deutschen Hochschulen, nach Sinn u. Geist unserer Satzungen. 8. Stuttg. 830. v. Cotta. 6 gr

Thiersch F v, die neue evangelische Garnisonkirche in Ludwigsburg. (39 S) 4° Ludwigsburg 1903

— die neue evangelische Garnisonkirche in Ludwigsburg. Bericht vom Erbauer. (39 S.) gr. 4. Ludwigsburg (906). (München, L. Werner) n. 2.—

Thiersch, Frdr., Gedächtnissrede auf Georg Friedrich, weil. Freyherrn v. Zentner, kgl. Staats-Minister, lebenslängl. Reichsrath, Ehren-Mitgl. d. kgl. Akad. d. Wiss. u. bild. Künste, Capitular d. Ritter-Ordens vom heil. Hubert etc. etc. München, Geo. Franz, 1837. 4°. Beibd.
43 S. u. 1 facsim. Billet Zentner's.

Thiersch, F., Über die Gedichte des Hesiodus, ihren Ursprung und Zusammenhang mit denen des Homer. Münch. 813. 4. (46 S.)

— üb. die Gedichte des Hesiodus rc. ihren Ursprung u. Zusammenhang mit denen des Homers. gr. 4. Münch. 814. (G. Franz).

— Ueber ein in den Besitz des königl. Antiquariums übergegangenes silbernes Gefäss mit Darstellungen aus der griechischen Heroengeschichte. S.-A. 1848. 34 S. u. 1 Doppeltaf. 4°.

— Geschichte des Jahres 1837, s. Taschenbuch der neuesten Geschichte.

Thiersch, Frdr.: Geschichte des bayerischen Schulplans von 1829 und seiner Revision i. J. 1830. Stuttgart: Cotta 1831.

— Geschichte d. bayerischen Schulplans v. 1829, s. a. dess. „über gelehrte Schulen rc." Beilage z. 3. Bd. 3. Abthl.

Thiersch, F., Ueber das Grabmal des Alyattes. S.-A. 1833. 48 S. 4°

— griech. Grammatik des gemeinen u. homer. Dialekts f. Anfänger. 8. Leipz. 812. 2e A. 819. 3e A. 829. Gr. Fleischer. 20 gr

— dieselbe zum Gebrauch für Anfänger. 2te verb. Ausg. gr. 8. Ebend. 819.

—— griech. Grammatik zum Gebr. f. Anfänger. 5., verm. u. verb. Ausg. gr. 8. (22 B.) Leipzig 829, E. Fleischer.

— — dass. des gemeinen u. Homerschen Dialekts. Für Schulen. 8. Ebend. 812.

— Griechische Grammatik, vorz. des Homerischen Dialekts. Leipz. 818. 8. 1 rthlr. 12 gr. Sie hat zwar den Titel *zweite Ausgabe*; aber sie ist ganz neu und schliesst den gemeinen Dialekt fast aus. Auch ist das Format Grofsoctav, welches die vorigen nicht haben.

— griechische Grammatik, vorzüglich des homerischen Dialekts. 2te vielverm. und gänzlich umgearb. Aufl. gr. 8. Leipzig, Gerh. Fleischer. 818.

— griech. Grammatik, vorzügl. des Homerischen Dialekts. 2e vielverm. u. gänzlich umgearb. Aufl. gr. 8. Leipz. 818. Er. Fleischer. 1 ₰ 12 ℊ 3e umgearb. Aufl. gr. 8. Ebd. 828. 2 ₰ Register dazu, s. K. E. Richter.

— griech. Grammatik, vorzügl. d. Homerischen Dialektes, 3e Aufl. gr. 8. Leipz. 826, G. Fleischer.

— griech. Grammatik z. Gebrauch f. Schulen. 8. Leipz. 815. Er. Fleischer. 10 ℊ

—— Grammatik der griechischen Sprache zum Gebrauche für Schulen. 4., verm. und verb. Aufl. gr. 8. (XII und 483 S.) Leipzig 854(55,) E. Fleischer.

— Hülfsbücher zur Erlernung des Griechischen nach des Verf. beiden Grammatiken der griech. Sprache. 1r Thl. gr. 8. Leipz. 822, G. Fleischer.

— Fr. Hnr. Jacobi, nach seinem Leben, s. Fr. Schlichtegroll.

Thiersch, Friedr., über d. angebl. Jesuitismus u. Obscurantismus d. bayer. Schulplanes v. 8. Febr. 1829. gr. 8. (6 B.) Stuttgart 830, Cotta. Thlr.
Beilage zu dess. „üb. gelehrte Schulen zc." 3. Bd. 1. Abthl.

— Das neue Justizgebäude an der Luitpoldstraße in München. Denkschrift. (11 S. m. Abbildgn., 1 Bl. und 6 Taf.) 41×29,5 cm. München 908. L. Werner. In Mappe 5. —

Thiersch, Frdr., d. neue Justizgebäude in München. Denkschrift zur Feier d. Eröffng. gr. Fol. (20 Lichtdr.-Taf. m. Text VII, 26 S. m. 13 Fig.) München 897. L. Werner. In Mappe n. 18. —

-- s.: Justizpalast, der, zu München.

— die neue protestantische Kirche f. Aeschach-Hoyren bei Lindau i. B. Baubericht m. Abbildgn. bei der Einweihg. am 1. XII. 1901 hrsg. gr. 8. (32 S. m. Abb.) München (902). (L. Werner.) n. 1. 50

Thiersch, Frdr., die Königsburg von Pergamon. Ein Bild aus der griech. Vorzeit. Mit einem (eingedr.) Situationsplan u. einer Rekonstruktion in Lichtdr. Fol. (14 S.) Stuttgart 883. Engelhorn. n. 5. —

— Das neue Kurhaus zu Wiesbaden. Denkschrift z. Feier der Eröffng. (32 S. m. 14 Taf.) 29,5×40,5 cm. Wiesbaden (907). (C. W. Kreidel.) 6. 75

Thiersch, Friedrich von: Das Kurhaus zu Wiesbaden. Berlin: Wasmuth 1908. 64 S. 4°
(Die Architektur d. 20. Jahrhunderts. Sonderh. 1.)

— dasselbe, s.a. Architektur des 20. Jahrh. 1. Sonderheft.

Thiersch, Friedrich von: Leben, s. Thiersch, Heinrich Wilhelm Josias.

— Lobschrift auf K. Wlh. Fr. v. Breyer. 8. Münch. 818. (Finsterlin). 3 ℊ

— Lobschrift auf C. W. F. von Breyer. 8. München, Thienemann. 818.

Thiersch, F., De locis in P. Cornelii Taciti vita Agricolae lacunosis. S.-A. 1847. 84 S. 4°.

— über königliche Maßnahmen für das Gedeihen der Wissenschaften. Rede zur Feier des Allerh. Geburtsfestes Sr. Maj. des Königs Maximilian II. v. Bayern gehalten in d. ö. Sitzung d. k. Akad. d. W. am 28. Novbr. 1857. München 858. (Franz.) 4. (13 S.) n. 5 ngr.

— vorläufige Nachr. von d. K. Antiquarium. . . Münch. 825. (G. Franz). 3 ℊ

—— über das OIKHMA bei Pausanias. Eine Beilage zur Epikrisis der neuesten Untersuchungen des Erechtheums. gr. 4. (28 S.) München 857, (Franz.) *
Aus: Abhandlungen der k. bayer. Akademie der Wissenschaften, I. Cl. VIII. Bd. II. Abthl., besonders abgedruckt.

Thiersch, F., Ueber Paros u. parische Inschriften. S.-A. 1834. 60 S. u. 2 Doppeltaf. 4°.

Thiersch, Friedrich, s. Pindarus: Werke.

— s. Plato: Symposium.

— üb. die neugriech. Poesie, besonders üb. ihr rhythmisches u. dichter. Verhältniß zur altgriech. Vorlesung. gr. 4. Münch. 828. v. Cotta. 12 ℊ G. Franz das. 5 ℊ

Thiersch, F., Ueber d. neugriechische Poesie besond. üb. ihr rythmisches u. dichterisches Verhältniss zur altgriechischen. Gel. 1828. 86 S 4°. 1.60

Thiersch, Friedr., über Protestantismus u. Kniebeugung im Kgr. Bayern. 3 Sendschreiben an den Herrn geistl. Rath u. Prof. *Dr. Ignaz Döllinger*. Rundschr. 1—2. Marburg, Bayrhoffer, 1844. 8°. 96 S. Beibd.

—— dass. 3. Sendschreiben. gr. 8. (4⁷/₈ B.) Ebds. 844. *

Thiersch, F. über Protestantismus u. Kniebeugung im Kgr. Bayern. 3 Sendschreiben an Prof. Dr. J. Döllinger. Marburg 1844. 170 S.

— Rede in der k. Akad. d. W. über die Grenzscheide der Wissenschaften zur Feier des Allerh. Geburtsfestes Sr. Maj. des Königs Maximilian II. von Bayern. Abdr. aus den gelehrten Anzeigen. München 855. (Franz.) 4. (36 Sp.) n. 6 ngr.

— Rede in der öffentlichen Sitzung d. kgl. Akad. d. Wissensch. zu ihrer 96. Stiftungsfeier. München 855. (Franz.) 4. (50 S.) n. 8 ngr.

Thiersch, Frdr. v., Rede zur Vorfeier des Geburtsfestes Sr. Maj. des Königs Maximilian II., gehalten in der öffentlichen Sitzung der königl. Akademie der Wissenschaften am 27. November 1858. München 859. (Franz.) 4. (8 S.) n. 3¾ ngr.

Thiersch, (Fr., L. Schorn, Ed. Gerhardt u. L. v. Klenze,) Reisen in Italien seit 1822, 1r Thl. gr. 8. Leipz. 826, G. Fleischer. Rthlr.

— üb. die Schicksale u. Bedürfnisse der Ludwig-Maximilians-Universität in München. gr. 4. Münch. 830. v. Cotta. 6 gl.

—— über d. Schicksale u. Bedürfnisse d. Ludwigs-Maximilians-Universität zu München. Ein Vortrag, gehalt. bei d. Feier ihres Stiftungstages am 26. Jun. 1830. gr. 4. (4 B.) München, Literar.-Artist. Anstalt.

— über gelehrte Schulen, mit besond. Rücksicht auf Baiern. 1e Abtheilung. Ueber die Bestimmung d. gelehrten Schulen u. d. Lehrstand. gr. 8. Stuttg. 826, v. Cotta.

— dass. 2e Abthlg. Ueber d. religiös. u. class. Unterricht. gr. 8. Ebd. 826, Ebd.

— dass. 3e Abthlg. Ueber Anordnung u. Methode d. class. Unterrichts. gr. 8. Ebd. 826, Ebd.

— dass. 4e Abthlg. Vom deutsch. u. mathemat. Unterricht.— Von d. Verhältn. u. d. Zucht d. Schule. gr. 8. Ebd. 826, Ebend.

— dass. 2r Bd. die hohen Schulen mit besonderer Rücksicht auf d. Universität München. 1e u. 2e Abthlg. gr. 8. Stuttg. 827, v. Cotta.

— dass. 2r Bd. 3e Abthlg. Von d. Gewährschaften freier Studien u. d. akadem. Lehrstande. gr. 8. Ebd. 827, Ebd.

— dass. 2r Bd. 4e Abthlg. Ueber Verfass. u. Verwaltung d. Universität rc. gr. 8. Ebd. 827, Ebd.

—— über gelehrte Schulen, mit besond. Rücksicht auf Bayern. 3. od. constructiver Bd. Ueber d. Einrichtung u. Führung d. gelehrten Schulen. 3 Abthln. gr. 8. Stuttgart, Cotta.
Abthl. 1. Ueber d. Einrichtung u. Führung d. latein. Schulen u. d. Gymnasien. ($8^{1}/_{2}$ B.) 16 Gr.
Beilage hierzu, vgl. oben dess. „über d. angebl. Jesuitismus rc."
„ 2. Von dem Streite d. pädagog. Systeme auf d. Gebiete d. mittlern Schulen, mit besond. Rücksicht auf den Plan d. Einrichtung d. latein. Schulen u. Gymnasien in Bayern v. 8. Febr. 1829. (14 B.) 830. 1 Thlr.
„ 3. Von fester u. wohlgeordn. Begründung u. Einrichtung d. latein. Schulen u. Gymnasien, mit besond. Rücksicht auf d. bayer. Schulplan v. 1829. Mit e. Beilage: Geschichte d. bayer. Schulplans v. 1829 u. seine Revision im J. 1830. ($13^{1}/_{2}$ B.) 830. 1 Thlr.
1e—3e Abtheil. Ueber die Einrichtung u. Führung der gelehrten Schulen. gr. 8. Ebd. 829—31. 3 ℛ

—— üb. gelehrte Schulen, mit besond. Rücksicht auf Bayern. 3. od. constructiver Bd. 4. Abth. Ueber Einrichtung, Ausstattung u. Führung d. gelehrten Schulen. gr. 8. ($9^{3}/_{4}$ B.) Stuttgart u. Tübingen 837, Cotta'sche Buchh.
Beilage hierzu:
Thiersch: Über d. neuesten Angriffe auf d. dt. Universitäten.

v. Thiersch, Frdr., üb. die wissenschaftl. Seite d. prakt. Thätigkeit nebst biograph. Nachrichten üb. die Akademiker v. Reichenbach, v. Fraunhofer u. v. Roth. Eine Rede zur 93jährigen Stiftungsfeyer der k. Akademie der Wissenschaften am 27. März 1852 gehalten. gr. 4. (46 S.) München 852. (Franz.) n. 8 ngl

— Sicilianische Sonette vom J. 1846. gr. 8. (8 S.) München 848, Kaiser. n. 2 ngl

Thiersch, F., Spec. ed. Symposii Platoniis. Quaestio qua Alcaeo carmen vindicatur quod vulgo Theocriti putaverunt. Diss. 1808. 48 S. 4°.

— Diss. Specimen editionis Symposii Platonis. 8. Götting. 809. Dieterich. 8 gl.

Thiersch, F., Ueber die Sprache der Zakonen. S.-A. 1832. 70 S. 4°.

— Intorno due Statue del Museo Vaticano e sulla espressione degli affetti nelle opere di arte antica. Lettere ab Ch. Signor Cavalier Tambroni. Mit 1 Kpf. 8. Rom 823.

— über die Stiftung u. Bestimmung der Akademie der Wissenschaften zu München. Eine Rede zur 90jähr. Feyer ihrer Stiftung am 28. März 1849. gr. 4. (8 S.) München 849. (Franz.) n. 4 ngl

— Tabellen, enthalt. eine Methode, d. griech. Paradigma einfacher u. gründlicher zu erlernen. gr. Fol. Götting. 808. 2e A. 811. 3e A. 813. Dieterich. 16 gl.

Thiersch's, Fr., Tabellen (neun), enthaltend eine Methode das griech. Paradigma einfacher und gründlich zu lehren. Ausgabe 2. mit dem Homerischen Paradigma vermehrt. Götting. 809. f. 16 gr.

Thiersch, Friedrich: Ueber die Topographie von Delphi. Gel. 1844. 74 S. Taf. 4°

— über die neuesten Untersuchungen des Erechtheums auf der Akropolis von Athen. Ein Sendschreiben an Hrn. Geheimerath August Böckh. München 853. (Franz.) 4. (16 Sp.) n. 4 ngr.

Thiersch, Friedrich. Über die hellenischen bemalten Vasen mit besonderer Rücksicht auf die Sammlung ... des Königs Ludwig von Bayern. München 1844. Auf Kosten der Akademie. Gedruckt in der J. Georg Weiss'schen Buchdruckerei.
96 S., 6 Taf. in Lithogr. 4°
Aus: Abhandl. der Philos.-philolog. Classe der Königl. Bayerischen Academie der Wissenschaften Bd. 4, Abt. 1.

Thiersch, Friedr. v., über das Verhältniß der Akademie zur Schule. Rede in der öffentl. Sitzung der königl. Akademie der Wissenschaften am 27. März 1858 gehalten. gr. 4. (10 S.) München 858, (Franz.) **

—— üb. d. Verhältniß d. Philologie rc., s. Ueber.

— über das Verhältniß d. Philologie rc., s. Verhältniß.

— Vorschlag zu Errichtung einer deutschen Legion in Griechenland. 4. Münch. 821.

a) Thiersch, [illegible] im Verhältniß zu seiner Zeit. b) Redhart, [illegible] als Geschicht-schreiber seines Volkes. [illegible] Cott.
Reden, geh. in [illegible] des Denkmals [illegible]

Thiersch, Frdr. Ueber den gegenwärtigen Zustand des öffentlichen Unterrichts in den westlichen Staaten von Deutschland, in Holland, Frankreich und Belgien. 3 Bde Stuttgart: Cotta 1838.
1. Rheinkreis, Württemberg, Baden, Frankfurt, Hessen-D., Nassau, Rheinprovinz, Westphalen.
2. Holland, Frankreich, Belgien.
3. Beilagen.

— üb. den gegenwärtigen Zustand des öffentlichen Unterrichts in den westlichen Staaten von Deutschland, in Holland, Frankreich und Bilgien. 3 Thle. — Der 3e Thl. enthält: Die Beilagen; d. i. pädagogische Abhandlungen, Gesetze über den öffentlichen Unterricht und Schul- u. Lehrordnungen. Mit 1 Tabelle. gr. 8. Ebd. 838. $6^{1}/_{2}$ ℛ

—— über den Zustand d. Universität Tübingen seit d. 18. Jan. 1829. gr. 8. ... Stuttgart 830, Cotta.
Bildet zugleich eine Beilage zu dess. „über gelehrte Schulen rc." 3. Bd.

Thiersch, Heinrich Wilhelm Josias

Thiersch, Heinr. W. J., am Anfang u. am Ende d. Krieges. 3 Predigten. gr. 8. (45 S.) Nördlingen 871. Beck. n. — 50

Thiersch, Heinr. W. J., die Anfänge der heiligen Geschichte, nach dem 1. Buche Mosis betrachtet. Neue Ausg. der Schrift: „Die Genesis". gr. 8. (XXVIII, 424 S.) Basel 877. Schneider. n. 5. 40

Thiersch, Heinr. W. J., die Anfänge der heiligen Geschichte, nach d. 1. Buche Mosis betrachtet. Neue Ausg. d. Schrift: „Die Genesis". 3. Aufl. gr. 8. (XXIII, 398 S.) Basel 898. Kober. n. 2. 40; geb. in Leinw. n. 3. 40

Thiersch, Heinr. Wilh. Josias, Döllingers Auffassung des Urchristenthums beleuchtet. Frankfurt a. M. 861. Heyder & Zimmer. gr. 8. (42 S.) n. 5 ngr.

Thiersch, Heinr. W. J., Beiträge zum Verständniß der christl. Lehre, s. Beiträge.

Thiersch, Heinr. W. J., die Bergpredigt Christi u. ihre Bedeutung für die Gegenwart. Meditationen. Basel 867. Schneider. gr. 8. (III, 138 S.) n. 18 ngr.

—— die Bergpredigt Christi und ihre Bedeutung für die Gegenwart. Neue Bearbeitung. gr. 8. (VIII, 108 S.) Augsburg 878, Preyß. *

Thiersch, Heinr. W. J., Blicke in die Lebensgeschichte d. Propheten Daniel. gr. 8. (23 S.) Augsburg 884. Preyß. n. — 20

Thiersch, H. W. J., Briefe an e. evangelischen Geistlichen. Hrsg. v. F. Oehninger. 8. (70 S.) Augsburg 888. Preyß. n. 1. —

Thiersch, Henr. Wilh. Josias, de epistola ad Hebraeos commentatio historica. 4maj. (15 S.) Marburgi 848, libr. universit. Elwert.

Thiersch, Henr. W. J., de epistola ad Hebraeos commentatio historica. gr. 4. (15 S.) Marburgi 849, Elwert. 6 ngr.

Thiersch, Heinr. Wilh. Josias, Erinnerungen an E. A. v. Schaden, s. Erinnerungen.

— über vernünftige und christliche Erziehung der Kinder. Ein pastoraler Vortrag. Basel 864. Schneider. 8. (30 S.) 3 ngr.

Thiersch, Heinr. W. J., üb. vernünftige u. christliche Erziehung der Kinder. Ein pastoraler Vortrag. 2. Aufl. 8. (30 S.) Basel 889. A. Geering. n. — 30

—— über christliches Familienleben. 1. Aufl. (187 S.) 1854. und 2. Aufl. gr. 16. (IV und 207 S.) Frankfurt a. M. 855, Heyder und Zimmer. *

—— dass. — 3. Aufl. 8. (IV und 181 S.) Ebds. 856(57.) *

— über christliches Familienleben. 4. Aufl. Frankfurt a. M. 859. Heyder & Zimmer. 8. (VIII, 190 S.) n. 20 ngr.

—— über christliches Familienleben. 5., verm. Aufl. 8. (VIII und 178 S.) Frankfurt a. M. 864, Heyder und Zimmer. *

—— über christliches Familienleben. 6. Aufl. 8. (VIII, 182 S.) Frankfurt a. M. 872, Heyder und Zimmer. *

—— über christliches Familienleben. 7. Aufl. 8. (VIII, 182 S.) [Frankfurt a. M. 876, Heyder und Zimmer.] Augsburg, Preyß.] * ℳ 2,50.; geb. *

Thiers, Heinr. W. J., über christliches Familienleben. 8. Aufl. 8. (VIII, 182 S.) Augsburg 889, Preyß. *

— das Gebet d. Herrn, nach der heil. Schrift ausgelegt. Sonder-Ausg. aus dessen „Christenlehre". Mit Vorwort von C. v. Orelli. 8. (VI, 97 S.) Basel 889. [Schneider.] Geering. n. 1. 20; geb. n. 1. 60

—— über die Gefahren und Hoffnungen der christlichen Kirche. 5 Vorträge. 1. und 2. Aufl. gr. 8. (III, 82 S.) Basel 877,78, Schneider. *

—— die Genesis nach ihrer moralischen und prophetischen Bedeutung betrachtet. gr. 8. (XX, 424 S.) Basel 870, Schneider. *

Thiersch, Heinr. Wilh. Jos., die Geschichte der christlichen Kirche im Alterthume. 1. Thl. A. u. d. T.: Die Kirche im apostolischen Zeitalter und die Entstehung der neutestamentl. Schriften. gr. 8. (XXIV und 372 S.) Frankfurt a. M. 852, Heyder und Zimmer. Thlr. *

—— die Geschichte der christlichen Kirche im Alterthum. 1. Thl. A. u. d. T.: Die Kirche im apostol. Zeitalter und die Entstehung der neutestamentl. Schriften. 2., verb. Aufl. gr. 8. (XXIV und 372 S.) Frankfurt a. M. 858, Heyder und Zimmer. *

— die Gleichnisse Christi, nach ihrer moralischen u. prophetischen Bedeutung betrachtet. Frankfurt a. M. 867. Heyder & Zimmer. 8. (III, 173 S.) n. 20 ngr.

— die Gleichnisse Christi nach ihrer moralischen u. prophetischen Bedeutung betrachtet. 2. Aufl. 8. (173 S.) Ebend. 875. n. 3. —

Thiersch, H. W. J., die Gleichnisse Christi nach ihrer moralischen und prophetischen Bedeutung betrachtet. 2. Aufl. 8. Frankfurt a. M. 875. Augsburg, Preyß. * 3 —

[Thiersch, Heinrich Wilhelm Josias.] Samuel Gobat (1799–1879), Evangelischer Bischof in Jerusalem. Sein Leben und Wirken, meist nach seinen eigenen Aufzeichnungen. Mit Gobat's und seiner Frau Bildern in Stahlstich und 8 Landschaften in Holzschnitt [Tafeln]. 8. Basel 1884.

[Thiersch, Heinrich Wilhelm Josias.] Samuel Gobat, missionnaire en Abyssinie et évêque à Jérusalem. Sa vie et son œuvre. Traduit librement de l'allemand par Aug[uste] Rollier.... Avec 2 portraits sur acier et 8 gravures sur bois [planches]. 8. Bâle 1885.

— hebräische Grammatik für Anfänger, welche des Lateinischen und Griechischen kundig sind. 2. Ausg. Mit 1 lith. Taf. Erlangen 858. Enke. gr. 8. (XII, 220 S.) n. 28 ngr.

— Homilien üb. die Sonntags-Evangelien der Fastenzeit. gr. 8. (38 S.) Basel 874. Schneider. n. — 50

—— Inbegriff der christlichen Lehre. 1. und 2. unveränd. Aufl. gr. 8. (XII, 396 S.) Basel 886, Schneider. * geb. *

Thiersch, H. W. J. Inbegriff der christlichen Lehre. 3. Aufl. Gr. in-8°. XII, 382 S. Basel, Ad. Geering. 1896. Brosch. 6 —; gebd. 7 35

Thiersch, Heinr. W. J., die Kirche im apostolischen Zeitalter und die Entstehung der neutestamentlichen Schriften. 3. verb. Aufl. gr. 8. (XXIV, 864 S.) Augsburg 879, Preyß. *

— Lavater. Ein Vortrag. gr. 8. (IV, 40 S.) Ebend. 881. n. — 60

Thiersch's, Frdr. (v.), Leben. Hrsg. von *Heinr. W. J. Thiersch.* 2 Bde. (1 vol.). Mit 2 Portr. (nach *L. Thiersch* von *H. Merz* schön gestoch.). Leipzig u. Heidelberg, C. F. Winter, 1866. Gr. 8⁰. Roth. Hlwdb., hubsch. Expl.

I (1784–1830) Portr. (als Dreissiger, m. Facsim.). VIII–382 S., 1 Bl. Err. II (1830–1860): Portr. (nach e. Photogr. v. 1855). XII–633 S.

Schlusswort „Ein Verzeichniss der Schriften von Thiersch, aufgestellt durch Herrn Dr. v. Lützow, findet sich in den Anmerkgn. zur Rede des Rectors Prof. Dr. Jos. Pözl am Stiftungstage der Ludwig-Maximilians-Univers., 25. Juni 1860. Die Zuschriften, Diplome u. Geschenke, welche Thiersch bei s. Jubiläum empfing, hat Hr. Prof. Thomas verzeichnet: „Das Doctorjubiläum Friedrich's v. Thiersch", in den neuen Jahrbüchern f. Philol. u. Pädag., Bd. LXXVII, Heft 6."

Thiersch, H. W. J. Heinrich W. J. Thiersch's Leben (zum Theil von ihm selbst erzählt). Herausgeg. von Dr. *Paul Wigand.* Gr. in-8⁰, XX u. 484 S. Mit Portr. in Stahlst. Basel, F. Schneider. 8 — 1887.

Thiersch's, Heinr. W. J., Leben, s.a. Wigand, P.

—— **Christian Heinr. Zeller's Leben.** 2 Bde. 1779—1860. Mit Zeller's Portr. (in Stahlst.). gr. 8. (XIV, 321; VII, 876 S.) Basel 876, Schneider. à Bd. * ℳ 3. *
Feine Ausg. à Bd. * ℳ 4. *

Thiersch, Heinrich W[ilhelm] J[osias]. Christian Heinrich Zeller's Leben. (Feine Ausg.) 2 Bände. 8. Basel 1876.
Band 1: 1779–1840. Mit Zeller's Portrait [Tafel].
Band 2: 1841–1860.

Thiersch, Heinr. Wilh. Josias, שער לשון הקדש grammatisches Lehrbuch f. den ersten Unterricht in der hebr. Sprache auf Gymnasien u. Universitäten. gr. 8. (16 B.) Erlangen 842, Enke, Vrlgsh. –

— Edmund Ludlow u. seine Unglücksgefährten als Flüchtlinge an dem gastlichen Herde der Schweiz. Ein Vortrag. gr. 8. (IV, 33 S.) Basel 881. Schneider. n. — 80

Luther, Gustav Adolph u. Maximilian I. v. Bayern. Biograph. Skizzen. Von *Heinr. W. J. Thiersch.* Nördlingen, Beck, 1869. 8⁰. Saub. Hchgrb.

VIII–192 S. (incl. 4 Bll. Anmerkgn.). Veröffentlichung von 3 Vorträgen, welche Vf. im Jan. 1866 u. im März u. April 1868 im Hörsaal d. Geh. Raths Frhrn. v. Liebig in München vor einer auserlesenen Zuhörerschaft gehalten hatte.

— Melanchthon. Ein Vortrag. gr. 8. (VI, 36 S.) Augsburg 877. Preyß. n. — 60

Thiersch, Heinr. W. J. Ueber Johannes von Müller, den Geschichtschreiber, und seinen handschriftlichen Nachlass. In-8⁰, 54 S. Augsburg, Rich. Preuss. 1881. 1 10

—— de Stephani protomartyris oratione commentatio exegetica. 4. (23 S.) Marburgi 849, libr. universit. Elwert.

Thiersch, H. W. (Asterios). Die Physiognomie des Mondes. Nördlingen 1879. 4.

— u. Aug. **Thiersch,** die Physiognomie d. Mondes. Versuch e. Deutung derselben im Anschluss an die Arbeiten v. Mädler, Nasmyth u. Carpenter. hoch 4. (IV, 43 S. m. 4 Taf.) Augsburg 883. Preyss. n. 2. —

— Politik und Philosophie in ihrem Verhältniß zur Religion unter Trajanus, Hadrianus und den beiden Antoninen. Ein geschichtlicher Vortrag. Marburg 853. Elwert. gr. 8. (33 S.) 5 ngr.

—— Griechenlands Schicksale, vom Anfang des Befreiungskrieges bis auf die gegenwärtige Krisis, in kurzer Uebersicht dargestellt. 8. (III und 108 S.) Frankfurt a. M. 863, Heyder und Zimmer. *

—— über den christlichen Staat. gr. 8. (VIII, 264 S.) Basel 875, Schneider. *

Thiersch, Heinrich W[ilhelm] J[osias]: Die Strafgesetze in Bayern zum Schutze d. Sittlichkeit, den neuesten Abschwächungsanträgen gegenüb. vertheidigt. — Nördlingen: Beck 1868. IV, 64 S. 8⁰

—— Ursprung und Entwicklung der Colonieen in Nordamerica 1496—1776. 8. (VII, 90 S.) Ebendas. 880. *

Thiersch, Heinr. W. J., das Verbot der Ehe innerhalb der nahen Verwandtschaft, nach der heil. Schrift und nach den Grundsätzen der christl. Kirche dargestellt. 8. (VIII, 166 S.) Nördlingen 869, Beck'sche Buchh. *

Thiersch, Henr. Guil. Jos., de Pentateuchi versione alexandrina libr. III. 8maj. (13⅛ B.) Erlangae 841, Blaesing. *.

—— Versuch zur Herstellung des histor. Standpunkts für die Kritik der neutestamentl. Schriften. Eine Streitschrift gegen die Kritiker unserer Tage. gr. 8. (29½ B.) Erlangen 845, Heyder.

—— Vorlesungen über Katholicismus u. Protestantismus. 1. u. 2. Abthl. gr. 8. (à 23⅜ B. Erlangen 846, Heyder. à

—— Vorlesungen über Katholicismus und Protestantismus. 2., verb. Aufl. 2 Abthlgn. gr. 8. (XXX und 758 S.) Erlangen 848. [Frankfurt a. M., Heyder und Zimmer.]

— John Wesley. 8. (IV, 37 S.) Ebend. 879. n. — 60

—— einige Worte über die Aechtheit der neutestamentl. Schriften u. ihre Erweisbarkeit aus der ältesten Kirchengeschichte gegenüber den Hypothesen der neuesten Kritiker. Zur Erwiederung auf die Schrift des Hrn. Prof. Dr. F. Chr. Baur: „Der Kritiker u. der Fanatiker u. s. w." gr. 8. (8⅞ B.) Erlangen 846, Heyder.

Thiersch, Hermann

Thiersch, Herm., Aegina, das Heiligtum der Aphaia, s.: Furtwängler, Adf.

Thiersch, Hermann: 'Tyrrhenische' Amphoren, eine Studie zur Geschichte der altattischen Vasenmalerei. *Leipzig: E. A. Seemann 1899.* (32 S.) 8⁰ ¶ [Erschien vollst. als No 27 v. Seemanns Beiträgen zur Kunstgeschichte, N. F.]
München, Phil. Diss. v. 1899

Thiersch, Hermann: 'Tyrrhenische' Amphoren. Eine Studie z. Gesch. d. altattischen Vasenmalerei. Leipzig: E. A. Seemann 1899. (161 S.) 8⁰
= Beiträge z. Kunstgeschichte. N. F. 27.

Thiersch, H., Führer durch d. k. Antiquarium in München, s.: Christ, W.

Thiersch, Hermann: Zwei antike Grabanlagen bei Alexandria. Mit 6 Taf. u. 10 Textabb. *Berlin: G. Reimer 1904.* (18 S., ohne Taf.) 2⁰ ¶ [Erschien 1904 mit d. Taf. im gleichen Verlag.]
München, Phil. Hab.-Schr. v. 1904

— zwei antike Grabanlagen bei Alexandria. Untersucht u. beschrieben. (18 S. m. 10 Abbildgn. u. 6 Taf.) gr. Fol. Berlin 904. G. Reimer.
Geb. in Halbleinw. n. 30. —

Thiersch, Herm., Pharos. Antike, Islam u. Occident. Ein Beitrag zur Architekturgeschichte. Mit 9 Taf., 2 Beilagen u. 455 Abbildgn. im Text. (VIII, 260 S.) 36,5×28,5 cm. Leipzig 909. B. G. Teubner. Kart. 48.—

Deux tombeaux de l'époque romaine, découverts à Gabbari (Zwei Gräber der römischen Kaiserzeit in Gabbari (Alexandria). Mit 8 Textabb., 6 Taf. u. 1 Lichtdr.) par le Dr. H[ermann] **Thiersch**. Munich 1900: J. O. Obernetter. (40 S.) 8°
— **Bulletin** de la société archéologique d'Alexandrie. No 3. [0s. 1877

Thiersch, Jul., die ärztliche Schweigepflicht bei Syphilis, s.: Ergebnisse der Säuglingsfürsorge. (Neumann, H., aus der Berliner Säuglingsfürsorge.)

Thiersch, Just., der Kassenarzt. Eine Darstellg. der Gesetze f. Versicherg. der Arbeiter u. ihrer Bedeutg. f. den prakt. Arzt. Mit e. Anh.: Der Vertrauensarzt der Lebensversicherungs-Gesellschaften v. Hugo Dippe. 12. (IX, 199 S.) Leipzig 895. J. A. Barth. Geb. in Leinw. n.n. 3. 75

Thiersch, Just., die Schädigung des weiblichen Körpers durch fehlerhafte Kleidung, nebst Bemerkgn. üb. die Verbesserg. der Frauenkleidg. gr. 8. (45 S. m. Fig.) Berlin 901. Herm. Walther. n. 1. —

Die Schularztfrage. Zwei dem 25. Deutschen Aerztetage 1897 von Dr. med. [Justus] **Thiersch**-Leipzig u. Gymn.Dir. Dr. [Peter] Dettweiler-Darmstadt erstattete Berichte. Leipzig 1897: Ackermann & Glaser. 32 S. 8° [tt. 7272

Thiersch, Karl

Thiersch, C. Altes u. Neues üb. d. 3 großen Hospitäler Leipzigs. 1876.

Thiersch, Carl, der Epithelialkrebs namentlich der Haut. Eine anatomisch-klin. Untersuchung. Leipzig 865. Engelmann. gr. 8. (XVI, 310 S. mit 1 Atlas mikroskop. Abbildgn. von 11 Taff. in Kpferst. u. 11 Blatt Text.) n. 6 ₰ 20 ngr.

Thiersch, C., klinische Ergebnisse der Lister'schen Wundbehandlung u. üb. den Ersatz der Carbolsäure durch Salicylsäure, s.: Sammlung klinischer Vorträge.

Thiersch, Carl. Infections-Versuche an Thieren mit dem Inhalte des Choleradarmes. München 856. Literar.-artist. Anstalt. gr. 8. (117 S. u. 1 Tab. in Fol.) n. 18 ngr.

THIERSCH, Karl (München): Zur Lehre von der Arznei-Wirkung.- München: Kaiser 1846. 24 S. 18.8.1843 - Urk (Titel: De doctrina materiae medicae recte construenda.); F 66
Diss. Ingolst.-Landsh.-Mchn.

— de maxillarum necrosi phosphorica. Leipzig 867. (Dürr'sche Buchh.) gr. 4. (15 S.) 6 ngr.

Thiersch, Curt. Briefe d dreistöckigen Hausbesitzers Mister Schorsch Dobbeljun Hutzelberger an d 'Mississippi Blätter.' 'O tempora, O mores!' Gedichte. StL, 1899.

Thierse, Paul: Der nationale Gedanke und die Kaiseridee bei den schlesischen Humanisten. Breslau: Trewendt & Granier (1907). (39 S.) 8° ¶ (Erscheint vollst. als „Beiträge z. Gesch. d. deutschen Nationalgefühls", hrsg. v. F. Kampers u. G. Preuss, H. 1, im gleichen Verl.)
Breslau, Phil. Fak., Ref. Kampers, Diss. v. 29. Mai 1907
[Geb. 5. Jan. 79 Frankfurt a. d. Oder; Wohnort: Frankfurt; Staatsangeh.: Preußen; Vorbildung: Kgl. Gymn. Frankfurt Reife M. 00; Studium: Breslau 13 S.; Rig. 27. Febr. 07.]

Der nationale Gedanke und die Kaiseridee bei den schlesischen Humanisten von Dr. Paul **Thierse**. Breslau: Trewendt & Granier 1908. (XI, 188 S.) 8°
[Ein Teil erschien als Inaug.-Diss. Breslau 1907.]
— **Studien**, Breslauer, z. Geschichte. H. 2. [08. 4400 2

Thiéry, ..., der enthüllte Despotismus der französ. Regierung, od. Geschichte des Hrn. v. Latude während seiner 25jähr. Gefangenschaft; aus d. Französ. übers. mit Anmerkk. v. K. F. A. Hochheimer. 3 Thle. 8. Leipz. 791. Wienbrack.

Thiery, Guide indispensable, du négociant français, présenté en 14 tableaux. fol. Strasb. König. 807.

Thiery, A., s. Zwiedinek, Fd., Anwendung des Eisens zu den Erzeugnissen der Artillerie.

Thiéry, Armand: Ueber geometrisch-optische Täuschungen ... M. 24 Fig. im Text. (Aus: Wundt, Philos. Studien, Bd XI Heft 3.) Leipzig, W. Engelmann, 1895; 66 S., 1 Bl. 8.
Leipzig, Phil. Fak., Inaug.-Diss. v. [14. Juni] 1895

Thiéry, François, s. Thiérry, François.

Thiery, Franz (geb. am 20 März 1857 in Köln): Untersuchungen über die Geschmacksempfindungen, die Kau- und Schlingbewegungen eines Zungenlosen '[nach totaler Exstirpation des Organes]' ... Berlin, gedr. bei L. Schumacher 1885. 29 S. 8. ¶ Sonderabdr. d. 1 Th. einer gleichbetitelten Abh., die vollständig im Arch. f. klin. Chir. XXXII 1885 S. 414–439 u. 626–676 erschien.
Bonn, Med. Fak., Diss. v. 6 Juli 1885

Thiery, Henry: Der Veilchenstrauß, s. Theater-Repertoir, Wiener.

Thiery, Jak., kurze katechetische Erklärung des Wissenswürdigsten von den äußeren Gebräuchen der katholischen Kirche, zunächst bearb. für die katholische Schuljugend, dann aber auch zur religiösen Belehrung und Erbauung für Erwachsene. 2 Bdchn. Freiburg im Br. 860. Herder. 12. (IV, 104 S.; 158 S.) n. 7 ngr.; feine Ausg. n. 11 ngr.
Inhalt: 1. Bdchn.: Die heiligen Zeiten, Feste und Festgebräuche des Kirchenjahres. 2. Aufl. — 2. Bdchn.: Die heiligen Sacramente und Sacramentalien.

Thiéry de Menonville, Reise nach Guaxaca in Neu-Spanien; aus d. Französ. übers. v. H. A. O. Reichard. 8. Leipz. 788. Weygand. 14 gr

Thierza, s. a. Thirza.

Thierza, oder die Anziehungskraft des Kreuzes. Und: Der verlorne Sohn. 2 Erzählungen. gr. 12. Barmen 840. Steinhaus. n. 5 gr

— dass. 8. Berlin 840. (Wohlgemuth.) 1/8 ₰

— dass. 12. Straßburg 841. Levrault. 1/8 ₰

Thies, Gebr., Pillini. Humoristische Theatergeschichte. Mit 39 Illustr. 2. Aufl. gr. 8. (43 S.) Leipzig 886. Baldamus. 1. —

Thies, Anton, Dr., Assistenzarzt d. chir. Universitätsklinik in Giessen: Aus d. chir. Universitätsklinik in Giessen. ⟨Direktor: Poppert⟩. Studie über die Infusion physiologischer Salzlösungen. Mit 5 Kurven u. 1 Abb. Jena: Fischer 1909. 44 S. 8° ¶ (Aus: Mitteilungen aus d. Grenzgebieten d. Med. u. Chirurgie. Bd 21, H. 2.)
Gießen, Med. Hab.-Schr. v. 1909 [U 10. 1315

Thies, Anton, a. Friedeburg: Aus d. chirurg. Univers.-Poliklinik zu Leipzig. ⟨Dir.: Prof. Dr. Perthes⟩. Wirkung der Radiumstrahlen auf verschiedene Gewebe und Organe. Leipzig 1905: B. Georgi. (33 S.) 8°
Leipzig, Med. Fak., Ref. Marchand, Diss. v. 4. März 1905
[Geb. 4. März 78 Friedeburg, Ostfriesland; Wohnort: Leipzig; Staatsangeh.: Preußen; Vorbildung: Gymn. Göttingen Reife O. 99; Studium: Göttingen 1, Leipzig 9 S.; Coll. 30. März 05; Approb. 17. März 04.]

Thies, Bernh., s.: National-Bibliothek, russische.

Thies, Carl, s. Thies, Karl.

Thies, Ferd., das Gebiet der oberen Weser und Leine. Ein Handbuch für Reisende. 1. Thl.: Hannover und seine benachbarten Gebiete innerhalb der Punkte Hildesheim, Kreiensen, Bückeburg, Rehburg und Hameln. Ein prakt. Führer für Fremde und Einheimische. gr. 16. (XII, 146 S. mit 1 chromolithogr. Plane von Hannover in 4., 1 lithogr. Specialkarte der Umgegend in Fol., sowie 1 lithogr. Plan der Eilenriede in 4.) Hannover 873, Cruse's Buchh. cart. *

Thies, Ferd., Himmel u. Erde, ihre ewigen Gesetze u. ihre wahrnehmbaren Erscheinungen. Leichtfaßlich dargestellt f. Naturfreunde, Schüler u. Schülerinnen höh. Lehranstalten, f. Familien etc. **(V, 179 S. m. 72 Abbildgn.) gr. 8. Leipzig 904. O. Spamer.** n. 2. 80; geb. in Leinw. n. 3. 60

Thies, F., Himmel u. Erde, ihre ewigen Gesetze u. ihre wahrnehmbaren Erscheinungen. Leichtfaßlich dargestellt f. Naturfreunde, Schüler u. Schülerinnen höherer Lehranstalten, f. Familien usw. 2. [Titel-]Aufl. (V, 179 S. m. 72 Abbildgn.) gr. 8. Leipzig [904] (909). O. Spamer. 2.—; geb. in Leinw. 2. 50

Thies, F[erdinand]. **Streiks und Lohnbewegungen. Separatabdruck aus dem Handwörterbuch der Schweizer. Volkswirtschaft, Sozialpolitik und Verwaltung.... Band 3. II + 32 S. 8. Bern, Scheitlin, Spring & Cie., 1908.**

Thies, Ferd., d. Weg z. Glück. 8. (VII, 135 S.) Hannover 896. A. Weichelt. n. 1. 50

— der Weg zum Glück. 2. verm. Aufl. (VII, 144 S.) 8. Hannover 903. Hahn. n. 1. —

Thies, Friedr. [pr. Arzt aus Braunschweig]: Beiträge zur Aetiologie, pathologischen Anatomie und Therapie des „Emphysema subcutaneum" im Anschl. an neuere Veröffentlichgn u. e. eigenen Fall v. allgem. Emphysem nach katarrhal. Pneumonie ... Göttingen, Druck d. Dieterich'schen Univ.-Buchdr., 1895; 33 S. 8.
Göttingen, Med. Fak., Inaug.-Diss. v. [8. Mai] 1895

Thies, Frdr., Beiträge zur Aetiologie, patholog. Anatomie u. Therapie des „Emphysema subcutaneum" im Anschluss an neuere Veröffentlichgn. u. e. eigenen Fall v. allgem. Emphysem nach katarrhal. Pneumonie. Diss. gr. 8. (33 S.) Göttingen 895. (Vandenhoeck & Ruprecht.) n. 1. —

Thies, Friedrich, approb. Arzt aus Aurich: Aus d. Universitäts-Klinik u. Poliklinik f. Ohren-, Nasen- u. Halskrankheiten d. Universität Leipzig. **Beiträge zur Perkussion des Warzenfortsatzes.** *Leipzig 1901: B. Georgi.* (34 S.) 8°
Leipzig, Med. Diss. v. (8. Jan.) 1901

Thies, Friedrich. Das physiologische Verhalten von l-, d- und dl-Suprarenin. Diss. Vet.-Med. Bern. *Kopftitel:* Aus dem Physiologischen Institut der Königl. Tierärztlichen Hochschule zu Berlin.... 23 S. 8. Berlin, Otto & Emil Klett, (1909).

Thies, Gust., Ezelin. Drama in 5 Aufzügen. gr. 8. (96 S.) Kassel 891. Brunnemann. n. 2. —

Thies, Gust., im Hause d. Commerzienraths. Schauspiel **in 4 Aufzügen. 8. (114 S.) Kassel 883.** Hühn. n. 2. —

Thies, Gust., Otto v. Pack. Drama in 5 Aufzügen. 1. u. 2., unveränd. Abdr. 8. (111 S.) Kassel 882. Fischer. n. 2. —

Thies, Frl. Ida, s.: **Seydt, Adyr.**

Thies, Johannes, approb. Arzt: Aus d. chir. poliklin. Institut d. Universität Leipzig. Direktor Prof. Dr. Perthes. **Erfahrungen** bei der Verwendung des Adrenalins zur Unterstützung der lokalen Anaesthesie. *Leipzig 1903: B. Georgi.* (55 S.) 8°
Leipzig, Med. Diss. v. (1. Okt.) 1903

Thies, Carl [app. Arzt aus Göttingen]: Beiträge zur **Kenntnis der traumatischen Neurosen.** ... Göttingen. Druck d. **Dieterichschen** Univ.-Buchdr. W. Fr. Kaestner. 1890; 75 S. 8°
Göttingen, Med. Fak., Inaug.-Diss. v. 20. Dez. 1889

Thies, Carl. Beiträge zur Kenntnis der traumatischen Neurosen. Diss. gr. 8. (75 S.) **Gött.** 890, **(Vandenhoeck u. Ruprecht).** * 1 50

Thies, Karl: Entwicklung der Beurteilung und Betrachtung der Naturvölker. Dresden 1899: H. Henkler. (91 S.) 8°
Leipzig, Phil. Diss. v. [17. Okt.] 1899

Thies, Karl, Fortbildungsbuch f. Gabelsbergersche Stenographen. Lese- u. Uebungsstoffe f. Verkehrs- u. Redeschrift, zugleich Lehrbuch der Redeschrift. Ausg. A. (VIII, 128 S.) gr. 8. Wolfenbüttel 903. Heckner. n.n. 1. 75; geb. n.n. 2. 25

— dasselbe. Ausg. B. II. **Redeschrift. (IV, 75 S.) gr. 8. Ebd. 904.** Geb. in Leinw n.n. 1. 50 **(A u. B in 1 Bde.:** n.n. 2. 50)

Thies, Karl, Stenographiekursus nach Gabelsbergers System. II. Redeschrift (IV, 66 S.) 8. Wolfenbüttel 906. Heckner. nn 1. 25

Thies, Oskar, approb. Arzt aus Braunschweig: **Aus d. chirurg.** Klinik zu Kiel. Die in den Jahren 1899—1902 in der Königlichen Chirurgischen Klinik zu Kiel zur Behandlung gekommenen **Fälle** von Hernia epigastrica. *Kiel 1903: H. Fiencke.* (25 S.) 8°
Kiel, Med. Diss. v. [4. März] 1903

THIESBÜRGER, Wilhelm (Schalke): Beitrag zur Ätiologie der Epispadie.- München: Knorr & Hirth 1896. 27 S., 1 Taf.
10.3.1896 - Chr 1895/96,10; Jv 1895/96,230
Diss. Ingolst.-Landsh.-Mchn.

Thiesen, (Anna) Charlotte, s. **Stille, Carol.**

Thiesen, Charlotte

Kleine Erzählungen. Von Caroline Stiller [d.i. Charlotte Thiesen]. Mit einem Vorwort von Therese Huber. Nürnberg: Eichhorn 1822. 272 S. 8°

Thiesen, F., der Feinmechaniker, Fahrräder- u. Nähmaschinen-Reparateur. Leitfaden f. Mechaniker, Uhrmacher, Fahrräder- u. Nähmaschinen-Geschäfte. Mit 131 Abb. im Text u. auf 5 besond. Taf. (IV, 132 S.) 8. Berlin 908. (W. H. Kühl.) Geb. in Leinw. nn 4.—

Thießen, Gf., († 1774.) Warnung f. die unvorsichtige Genießung der Schierlingswurzeln. 4. Königsb. 766.

Thiesen, J., resp. **Moeller,** Somnus tuetur valetudinem. Regiom. 4°.
1758

—, resp. Jo. Fr. **Windberger,** De ingeniorum varietate. 20 pp. Regiom. 4°. 1758

Thiesen, Max

Thiesen, M: Ueber die angebliche Anomalie des Sauerstoffs bei geringem Drucke. Leipzig 1901

Thiesen, M. Beiträge zur Dioptrik. Berlin. 1879.

Thiesen, M., Bemerkung zur Zustandsgleichung. [Sonder-Abdr. aus den Annalen der Physik und Chemie. Neue Folge. Band 63, 1897.] Leipzig.

—— K. Scheel und H. **Diesselhorst**: Ueber eine absolute Bestimmung der Ausdehnung des Wassers. Leipzig 1897

—— Eine Bestimmung der Schallgeschwindigkeit in Luft von 0°. Leipzig 1908 (Mitteil. a. d. Physik.-Techn. Reichsanst.)

—— Die Dampfspannung über Eis. Leipzig 1909 (Mitteil. a. d. Physik.-Techn. Reichsanst.)

—— Über ein Platinthermometer. Berlin 1903 (Mitteil. a. d. Physik.-Techn. Reichsanst.)

—— Zur Theorie des geschlossenen Resonators. Leipzig 1907 (Mitteil. a. d. Physik.-Techn. Reichsanst.)

Thiesen, Max: Zur Theorie des Robinson'schen Schalen-Anemometers. (Repertorium für Meteorologie, herausgegeben von der Kais. Akad. der Wissensch. T. V, No 11.) Katharinenburg 1877.

Thiesen, Max (geb. Johannisburg in Ostpr. 2. 9. 1849): Ueber die Verbreitung der Atmosphäre. Berlin 1878. (50 S.) 8°
Berlin, Phil. Diss. v. 2. März 1878

Thiesen, Max, über die Verbreitung der Atmosphäre. gr. 8. (50 S.) Berlin 878. (Mayer & Müller.) n. 1. 20

— **Vergleichungen** von Quecksilber-Thermometern, s.: **Beiträge, metronomische.**

—— Ueber die spezifische Wärme des Wasserdampfes. Leipzig 1902

—— Die Zustandsgleichung der Metalle. Bemerkungen zu vorstehendem Aufsatz. Braunschweig 1908 (Mitteil. a. d. Physik.-Techn. Reichsanst.)

Thiesing, [Adolf]: Frauen als Vormünder. — Leipzig: Dietrich 1907. 12 S. 8° (Kultur u. Fortschritt. 116.)

Thiesing, Adolf [Referendar]: Die Schuldenhaftung bei der allgemeinen Gütergemeinschaft ... Göttingen, Druck d. Univ.-Buchdr. v. W. F. Kästner, 1896; 3 Bl., 59 S. 8.
Göttingen, Jur. Fak., Inaug.-Diss. v. [20. März] 1896

Das Vormundschaftsrecht von Dr. jur. **Thiesing**. Berlin & Leipzig: Frauen-Rundschau [1905]. (76 S.) 8° [F.]
(Populäre Rechtskatechismen.) [05. 3850

Ⓑ — Das Vormundschaftsrecht. 905. (KBL 34.) Jetzt: Halle, A. H. Müller. Erh. Pr. 1. —

Die Wirkungen nichtiger Ehen. Von Dr. Adolf **Thiesing**, Amtsrichter. München: C. H. Beck 1907. (258 S.) 8°
= **Abhandlungen** z. Privatrecht u. Zivilprozeß d. Deutschen Reiches. Bd 16, H. 1. [07. 7220

Thiesing, Hans (Bearb.), s. Apparate und Transportwagen zur Verwertung und Beseitigung von Tierkadavern und Schlachthofkonfiskaten.

Thiesing, Hans [aus Bonn]: Zur Kenntnis des Methylendibenzamids und seiner Homologen ... Augsburg, Druck d. F. C. Kremerschen Buchdr., 1894; 1 Bl., 19 S. 8.
Erlangen, Phil. Fak., Inaug.-Diss. v. 25. Juli 1894

[F.] Versuche über Kartoffel-Düngung. E. Beitr. z. Frage: Wie wirkt e. Kalidüngg m. Rohsalzen auf d. Kartoffel, wenn sie der Vorfrucht gegeben wird? Auf Veranl. d. Deutschen Landw.-Ges., Dünger-'(Kainit-)' Abt. u. d. Verkaufssyndikats d. Kaliwerke zu Leopoldshall-Stassfurt zsgest. v. Dr. Hans **Thiesing** ... *Berlin: Dr. v. Gebr. Unger 1898.* (XVI, 176 S.) 1 Bd 8.
= **Arbeiten** d. Deutschen Landwirtschafts-Gesellschaft. H. 35. [98. 9951

Thiesing, Herm., die Lokal-Anaesthesie u. ihre Verwendung in der zahnärztlichen Praxis. gr. 8. (V, 69 S.) Leipzig 902. A. Felix. n. 1. 60

Thiesmeyer, Henr. (geb. Delbruck 15. 6. 1797): De hydrope ascite. Berolini (1826). (31 S.) 8°
Berlin, Med. Diss. v. 11. Jan. 1826

Thieß, Hermann Wilhelm Markus, s. Thieß, Wilhelm.

Thieß, Johann Otto

— Andachtsbuch f. aufgeklärte Christen. 2 Bde. gr. 8. Gera 797. Heinsius. 2 ℛ

— dem Andenken J. Kleefekers gewidmet. 8. Hamb. 786.

Thieß, Jh. Otto, († d. 7. Jan. 1810.) Anleit. z. Amtsberedsamkeit der öffentl. Religionslehrer des 19n Jahrhunderts. 1r Thl. gr. 8. Altona 801. Hammerich. 1 ℛ 6 ℊ 2r Thl. od. Anleit. z. Bildung der öffentl. Religionslehrer des 19n Jahrhund. gr. 8. Ebd. 801. 1 ℛ 12 ℊ

— Ansprache eines Holsteiners an seine Landsleute. 8. Altona 808. Hammerich. 7 ℊ

— Antwort auf die im 10n Briefe üb. Hamburg aufgestellte Charakteristik der Hamburg. Geistlichen. 8. Schleswig. 794. (Hammerich in Altona). 3 ℊ

— Anzeige und Entwurf seiner öffentl. Vorlesungen über die Kantische Philosophie. Kiel. 1792. P.

— Joh. Sal. Semlers lezte und einige frühere Aeusserungen über religiöse Gegenstände und dessen lezte Lebenstage verglichen mit einigen Aeusserungen M. Luthers und dessen lezten Lebenstagen. Hamburg. 1791 Herold.

— Dr. Semlers letzte u. einige frühere Aeußerungen üb. religiöse Gegenstände, u. dessen letzte Lebenstage, verglichen mit e. Aeußerungen Dr. Mart. Luthers. gr. 8. Stade 791. (Hannov., Hahn). 4 ℊ

THIESZ, JOHAN OTTO, Trübe und heitere Aussichten für angehende Prediger zumal in grossen Städten. Bei der Einführung des Hrn. Adolph Cph. Boszau zum Prediger an der Katarinenkirche in Hamburg. Hamburg (Altona). U. A. [1804]. P.

Thieß, Johann Otto: Freimüthige B e u r t h e i l u n g der über die vom Herrn Jakob Georg Christian Adler verfaßte neue schleswig-holsteinische Kirchenagende herausgekommenen Schriften nebst einer Einleitung. Aus dem 14. bis 20. Stükke der neuen Kielischen gelehrten Zeitung bes. abgedruckt. Kiel. 1798. 8°

— Bibliothek f. öffentl. Religionslehrer des 19n Jahrhunderts. 1s bis 15s Stück. 8. Altona 801 — 803. Hammerich. 3 ℛ 18 ℊ

— Auserlesene neue Bibliothek für öffentliche Religionslehrer. 1. Bd. 1—9. St. Altona. 1802. [1. Bd. 10. St. og 2. Bd. 1—5. St. 1803—04 mglr. i K. B.].

— commentariorum de rebus litterariis Helmstadiensibus Part. I. 4maj. Helmst. 782.

— Denkmal der deutschen Literatur des 18n Jahrh. 8. Altona 800.

— Dispositionen einiger seiner im J. 1784 u. 85 in d. Paulskirche gehalt. Predigten. gr. 8. Hamb. 785.

— Einleit. in die neuere Geschichte der Religion, Kirche u. theolog. Wissenschaften. 8. Schlesw. 797. (Hammerich in Altona). 21 ℊ

— üb. die Einwirkung des Patriotismus in d. Kultur der Wissenschaft. gr. 8. Helmst. 781. Kühnlin. 4 ℊ

— Entwurf einer Handbibliothek für angehende Theologen zum Gebrauch seiner Vorlesungen. Altona. 1793.

— Entwurf e. H a n d b i b l i o t h e k f. angehende Theologen. 8. Altona Kaven. (Gräff in Lpz.) 793.

— Entwurf einer Handbibliothek f. angehende Theologen. 8. Altona 798. Kaven. (Wienbrack in Leipz.) 14 ℊ

— Entwürfe seiner am letzten Tage des Jahres 1809 zu haltenden Predigten. 8. Kiel 809. Akadem. Buchh. 3 ℊ

E p h e m e r i d e n der neuesten theologischen Literatur und Kirchengeschichte. Hrgg. v. Johann Otto **Thieß**. Bd. 1. Schleswig: Christiani 1795. 8°

— Ephemeriden der neuisten theolog. Literatur 1795. 12 Stcke. 8. Schlesw. 795. (Hammerich in Altona). 3 ℛ

— abgenöthigte Erklärung üb. eine namenlose Schandschrift. 8. Hamb. 787.

E r k l ä r u n g des Herausgebers der Neuen Kielischen Gelehrten Zeitung [d. i. Johann Otto **Thiess**] über ein, nicht an ihn gerichtetes Schreiben des Herrn C. F. Brocktorff in Kiel. o. O. u. J. 2 Bl. 8°
Beide Schriften sind vermutlich in Kiel gedruckt und nach 1797.

— Feier des neuen Jahrhunderts; e. Kirchen-Andacht. gr. 8. Altona 801. Hammerich. 4 ℊ

— Fundamenta theologiæ christianæ critico-dogmaticæ. Lipsiæ. 1792 Barth.

— Meine Gedichte für meine Freunde. Hamburg 1783 Reuß.

— Gedichte. 2. Ausg. Hamburg. 1783.

— vom Geist d. Vaterlandsliebe; e. Rede. gr. 4. Hamb. 781. 2e Aufl. gr. 8. Helmst. 781. Kühnlin. 3 ℊ

— Gelehrtengeschichte der Universität zu Kiel. 1r Bd. A. u. d. T.: Biographien u. bibliograph. Nachrr. v. allen bisher. Lehrern d. Theologie. 1r Thl. 8. Kiel 799. Akadem. Buchh.; (a. Hammerich in Altona). 1 ℛ 8 ℊ 2r Thl. A. u. d. T.: Biographien u. bibliograph. Nachrr. v. den neuern Kielischen Theologen, von Cramer bis Kleuker. 8. Altona 803. Hammerich. 1 ℛ 12 ℊ

— Gesänge u. Lieder an den geheiligten Tagen d. Christen zc. 8. Hamb. 784. . . . 4 ℊ

T h i e ß, Joh. Otto, G e s c h i c h t e s. Lebens. und s. Schriften, aus und mit Aktenstücken, ein Fragment a. d. Sitten- u. Gelehrtengesch. des 18n Jahrh. 2 Thle. 8. Hamb. Kratzsch. (Hammerich in Altona.) 801. (1r 1 Rthlr. 2r 1 Rthlr. 16 gr.) Rthlr.

Johann Otto **Thieß:** Geschichte seines Lebens und seiner Schriften aus u. mit Aktenstücken. Ein Fragment aus der Sitten- u. Gelehrtengeschichte des 18. Jhdts. Th. 1. 2. Mit 1 Kupfer. — Hamburg: Kratzsch 1801—02. 8°

— Glück u. Unglück, 8. Glückstadt 808. (Hammerich in Altona). 20 ℊ

Thieß, Johann Otto, s. H a m b u r g , Das gelehrte.

Thieß, Johann Otto: H a n d b u c h der neueren besonders deutschen und protestantischen Literatur der Theologie. 1. Bd. 1795. 2. Bd. 1797. Liegnitz u. Leipzig: Siegert (auch Krappe in Lpz.)

— Handbuch der M o r a l f. aufgeklärte Christen. 2 Bde. 8. Ebend. 810.
Schreibp.

— Handbuch zum richtigen Verstande u. fruchtbaren Gebrauche der Sonn- u. Festtags-Evangelien des ganzen Jahres, für Prediger. 1r Thl. (A. u. d. T.: die Sonn- u. Festtags-Evangelien des ganzen Jahres, neu übers. zc.) 8. Gera 796. Heinsius. 8 ℊ 2r Thl. (A. u. d. T.: Winke f. Prediger zur Benutzung d. Sonn- u. Festtags-Evangelien zc.) 8. Ebd. 796. 20 ℊ

— Hauptinhalt seiner von Michael bis Weihnachten 1785 gehalt. Predigten; nebst Schlußversen u. Gesängen. 8. Hamb.

Thieß, Johann Otto: Unser H e r r ! in den letzten Tagen seines ersten und in den ersten Tagen seines andern Menschenlebens. Ein christliches Andachtsbuch für die Passionszeit und Osterfeier wie auch am Beicht- und Kommuniontage. Hamburg: Herold 1790 (Hahn in Hannover). 8°

— drei Homilien. 8. Hamb. 785.

— Jesus u. die Vernunft, (od. die 2 letzten Stücke seiner Predigerzeitung). 8. Leipz. 794. Barth. 20 gr.

Thiess, J. O., (praes. Henke) de evangelii Matthaei integritate interpolando non corrupta. Helmst. 1782. 4.

— ist die Einführ. der allgem. Beichte od. die Beibehaltung des Beichtstuhls rathsam? 8. Lübeck 788. Donatius. 3 gr.

[—] Neuer Kirchen- und Kezzeralmanach, auf das Jahr 1797. Deutschland [ɔ: Schleswig]. (O. m. T. Notiz und Charakteristik der itztlebenden berühmten und berüchtigten theologischen Schriftsteller Deutschlands. Sm. St. 1797).

— Fried. Gottl. Klopstock. Wie Er seit einem halben Jahrhundert als Dichter auf die Nazion und als Schriftsteller auf die Literatur gewirkt hat. Altona 1805 Hammerich.

— neuer krit. Commentar üb. d. N. Testament. 2 Thle. gr. 8. Halle 804—6. Renger. 3 Rthl. 16 gr.

— christl. Kommunionbuch f. aufgeklärte Christen. 8. Leipz. 794. 2e A. 796. 3e A. 798. Mit Kpf. 4e A. 810. Heinsius. 9 gr.

— das sittl. Leben nach der Schrift, mit Rücksicht auf die Zeichen unserer Zeit. 8. Kiel 809. Akadem. Buchh. 20 gr.

— D. Martin Luthers Lehren, Räthe und Warnungen für unsere Zeiten. Hamburg und Kiel. 1792. Vgl. Luther, Martin.

— Ueber die biblische und kirchliche Lehrmeinung von Ewigkeit der Höllenstrafen. Hamb. 1791 Herold.

— üb. die Ewigkeit der Höllenstrafen. 8. Stade 791. (Hahn in Hannov.) 3 gr.

— über die Ewigkeit der Höllenstrafen. 8. Hamb. Herold. (Hahn in Hannov.) 795.

THIESS, D. Joh. Otto („Kgl. Dän. Prof. zu Itzehoe"), Ueber die Liebe u. Ehe.

Wenn die Stunde nicht kommt, die rechte, wenn nicht das rechte
Mädchen zur Stunde sich zeigt, so bleibt das Wählen im Weiten
Und es wirket die Furcht, die Falsche zu greifen, am meisten.
Göthe.

Leipzig u. Gera, bei Wilhelm Heinsius 1801. 8⁰. X. 462 S. (1½ Rthl.) (2 Mk. 50 Pfg. W. H. Kühl, Berlin, c. 1882; jetzt theurer!)

— — Zweite, verbesserte Auflage. Mit Titelkpfr., (G. Junge del.) u. gestoch. Titel. Ebd. 1804. 8⁰. VIII (2 Drucktitel u. Vorr.) 1 Bl. Inh.-Verz., 462 S.

— christl. Lieder u. Gesänge. 8. Hamb. 785. 2e Aufl. 8. Leipz. 794. Hertel.

— s. Lieder zu Hausandachten.

— Lieder dem Vaterlande und der Religion gesungen. Kiel 1807 Akad. Buchhdlg.

— s. Literaturzeitung, Hamburger.

Thiess, Johann Otto ("Dr. der Weltweisheit")
Ueber die Magier und ihren Stern. Zur Rechtfertigung des Matthäus, zur Beurtheilung seiner Ausleger, und zur Beruhigung für denkende Bibelleser.
Hamburg: Herold 1790. (6), 117 (1) S. kl. 8⁰
Vorrede dat.: "Hamburg, den 25sten Oktober 1789."

Thieß, Jh. Otto, üb. die Magier u. ihren Stern. 8. Hamb. 790. Neue unveränd. Ausg. 8. Gera 792. Heinsius. 6 gr.

Biographische und bibliographische Nachrichten von allen bisherigen Lehrern der Theologie zu Kiel v. Johann Otto **Thiess**. Th. 1. Kiel. 1800. Th. 2. Altona. 1803. = desselben: Gelehrtengeschichte der Universität Kiel. Bd. 1. 8⁰.

— allgem. Predigerzeitung. 2 Jahrgg. 8. Leipz. 790—91. Barth. 8 Rthl. Beilage 1r u. 2r Jahrg. 8. Ebd. 790, 91.

— Predigt über 1. Kor. 8. 1—2 am 3. Sonntage n. Trin. in der Schloszkirche zu Kiel. Kiel. 1791. P.

— Predigt vom tiefsten Verfall der Religion und Sittlichkeit unter einem Volke über das Evangelium am 2. Weihnachtsfeiertage. Kiel. 1794. P.

— Predigt: Wie kann ein Mensch so tief sinken, daß er zum absichtlichen Mörder seiner ganzen Familie wird? rc. gr. 8. Hamb. 803. Nestler u. M. 3 gr.

— Predigten nach den besondern Bedürfnissen der Zeit u. des Orts. 8. Hamb. 790. Bohn. 20 gr.

— Predigten zur Beförder. einer heitern Frömmigkeit. gr. 8. Altona 803. Hammerich. 1 Rthl. 4 gr.

— christl. Predigten. 8. Lübeck. 788. Donatius. 1 Rthl.

— die letzten Predigten selbst üb. 1 Korinth. 11, 1. 2. 8. Ebd. 810. 6 gr.

— neue Predigten, (enth.: 10 Predigten u. Casualreden). gr. 8. Glückstadt 808. (Hammerich in Altona). 1 Rthl. 4 gr.

— neue Predigten, (enthalt. 10 Pred. und Casualreden.) gr. 8. Glückstadt, Schneider. 808.

— zwei Predigten, auf Verlangen herausgg., mit e. Vorerinnerung. 8. Hamb. 784. Reuß. 4 gr.

— zwei Predigten. gr. 8. Altona 805. Hammerich. 6 gr.

— Predigtentwürfe üb. die an Sonn- u. Festtagen gewöhnl. Abschnitte aus d. Briefen d. Apostel u. üb. einige andere Texte. 1r—3r Jahrg. 8. Hamb. 788—90. 4e A. 795, Herold. (W. Nauck in Leipz.) (à 20 gr.) 2 Rthl. 12 gr. 4r u. 5r Jahrg. gr. 8. Hamb. 794 u. 795. Herold. (Hertel in Leipz.) (à 20 gr.) 1 Rthl. 16 gr.

— Predigtentwürfe üb. d. an Sonn- u. Festtagen gewöhnlichen Abschnitte a. d. Briefen d. Apostel und üb. einige and. Texte. 1r—3r Jahrg. 8. Hamb. Herold. (Sommer, Leipz.) 789—91. (à 20 gr.)

Johann Otto Thieß. Letzte öffentliche Rechenschaft von seinen akademischen und schriftstellerischen Bemühungen aus und mit Aktenstücken. Eine abgenöthigte Zugabe zur Geschichte seines Lebens u. seiner Schriften u. zu den über die Dienstveränderg des Prof. Müller in Kiel ersch. Broschüren. — Kiel 1805: Mohr; Hamburg: Kratzsch & Wettach in Komm. 140 S. 8°

— letzte öffentl. Rechenschaft von seinen akadem. u. schriftsteller. Bemühungen mit Aktenstücken, eine abgenöthigte Zugabe zur Geschichte seines Lebens. 8. Hamb. 806. (Altenb., Schnupfase). 12 gl. Hbg. Pr. 8 gl.

— Rettung der Ehre u. Unschuld seiner selbst, (gegen Gf. F. Goeze). gr. 8. Hamb. 786.

— Schicket euch in die Zeit, denn es ist böse Zeit. gr. 8. Kiel, Akadem. Buchh. 807.

— Schicket euch in die Zeit, denn es ist eine böse Zeit; e. Predigt. gr. 8. Kiel 807. Hesse. 4 gl.

— Sonn- und Festtags-Betrachtungen über alte und neue Texte, insonderheit über die gewöhnlichen Sonn- und Festtags-Evangelien mit Rücksicht auf die neue schlesw.-holst. Kirchenagende. 1. Qvartal. Lüneburg. 1805. (Mere udkom ikke).

— Sonntagsunterhaltt. f. gebildete Religionsfreunde. 1s Heft. 8. Leipz. 798.

— Variarum de capite tertio Geneseos recte explicando sententiarum specimen I. Lubecae (Hamburgi). 1788. 4. P. (Mere udkom ikke).

— kleiner christl. Spruchkatechismus. 8. Stade 790.

— üb. das Studium der Dogmatik, besond. auf Universitäten. 8. Leipz. 792. Barth. 3 gl.

— Taschenbuch f. Theologen u. Prediger, als Freunde d. Speculation und Literatur, auf 1802. 16. Hamburg, Meyn.

— d. neue Testament, s. Testament.

— theses theologiae dogmaticae ad disceptandum propositae. 8maj. Leipz. 793.

— über den Tod und das Leben. 8. Gera, Heinsius. 799.

— Ueber die Unvereinbarkeit der geistlichen und weltlichen Macht und die Vereinbarkeit des Katholizismus und Protestantismus. Ein praktischer Kommentar über 2. Thess. 2. 1—12 und Joh. 10, 12—16. Kiel. 1809. Akadem. Buchhdlg.

- s. Versuch, unsern jungen Landsleuten ... die gemeinsten... Sprachfehler abzugewöhnen.

Jo. Otto Thiess Versuch eines Beitrags zur Biographie Hamburgischer Aerzte. 1. Partikel. Helmstadt 1782 8

Thieß, Jh. Otto, zur Biographie Hamburg. Aerzte. 1. u. 2. Partikel. gr. 8. Helmst. 782.

— Versuch e. Gelehrtengeschichte von Hamburg. 2 Thle. gr. 8. Hamb. 780. Herold. 1 ℔ 12 gl. Erstes u. letztes Wörtchen z. Vertheidigung dieses Versuchs. gr. 8. Ebd. 780.

THIESZ, JOHAN OTTO, Versuch einer Gelehrtengeschichte von Hamburg, nach alphabetischer Ordnung mit kritischen und pragmatischen Bemerkungen. 1—2. Bd. Hamburg. 1780. — Sm. St. 1783. (Kun Titelbl. og Fortale er Nytryk). Herold.

— Vorlesungen über die Moral zur Beförderung der Moralität für gebildete Leser aus allen Ständen. 1—2. Th. Lpz. und Gera. 1801—03. (U. B.).

— Vorlesungen üb. die Moral, zur Beförder. d. Moral f. gebildete Leser. 2 Bde. 8. Gera 802, 3. 3e A. 810. Heinsius. 1 ℔ 12 gl. Schrbp. 2 ℔ 4 gl.

J. O. **Thiess**: Vorless. üb. d. Moral f. gebild. Leser a. allen Ständen. *Gera*, Heinsius. (809.) 810. 2 Thle. 8° 1 ℔ 12 gl

— Woher noch immer so viele schlechte Prediger? Anzeige der zu haltenden öffentl. Vorlesungen über die Homiletik. Kiel. 1795. P.

— s. Neue Kielische gelehrte Zeitung. 1797 ff.

THIESZ, JOHAN OTTO, Ueber den Zwek und die Einrichtung des theologischen Studiums auf Universitäten nebst Anzeige seiner theologischen öffentlichen und Privatvorlesungen von Michaelis 1791 bis Ostern 1792. Kiel. 1791.

Thieß, Johann Peter

THIESS, JOAN. PT (autor), Diss. inaug. med. de matutina alvi excretione sanitatis præsidio. Kilonii. 1756. 4. P. [Præs. Frid. Chr. Struve].

Thieß, Karl

Geschichtsabriss der deutschen Schiffahrt im 19. Jahrhundert, zugleich Darstellung der Entwicklung der Hamburg-Amerika-Linie. Von K[arl] Thiess. — Hamburg 1902: Isermann. 20 S. 8°

Die Hamburg-Amerika-Linie. Eine Stütze der deutschen Volkswirtschaft. Von Karl Thiess. — Berlin: Pan-Verl. (1905). 58 S. 8° (Moderne Zeitfragen. 14.)

— dasselbe, e. Stütze der deutschen Volkswirtschaft. (Luxus-Ausg.) (58 S. m. Abbildgn. u. 2 Tab.) gr. 8. Berlin (905). Pan-Verlag. Geb. in Leinw. n. 2. —

Die Hamburg-Amerika-Linie. Eine Stütze d. deutschen Volkswirtschaft. Von Prof. Dr. Karl **Thieß** in Danzig. Mit Abb. u. 2 Tab. 4. Taus. Berlin: Pan-Verl. [1906]. (58 S.) 8° [F.]
= **Zeitfragen**, Moderne. No 14. [06. 10036

Thieß, Karl, die Hamburg-Amerika-Linie, s. a. Zeitfragen, moderne.

Thiess, Karl [aus Löbejün im Saalkreis]: Die Lohnverhältnisse in Berlin seit 1882 ... Berlin, *Druck v. W. Issleib*, 1894; 77 S., 1 Bl. 8.
Heidelberg, Phil. Fak., Inaug.-Diss. v. [22. Juni] 1894

— **Mannschaftsbüchereien** an Bord. Vortrag, geh. in der Sommerversammlg. der Schiffbautechn. Gesellschaft zu Danzig am 22. V. 1905. (15 S.) Lex.-8. Berlin 905. J. Springer. n. n. — 50

Thieß, Karl: Organisation und Verbandsbildung in der Handelsschiffahrt. Vortrag. Berlin: E. S. Mittler & Sohn 1903. (48 S.) 8°
= Meereskunde in gemeinverständlichen Vorträgen u. Aufsätzen. Bd 1, H. 1.

Deutsche Schiffahrt und Schiffahrtspolitik der Gegenwart. Von Karl **Thieß**, Prof. Leipzig: B. G. Teubner 1907. (144 S.) 8° [F.]
= **Natur**, Aus, u. Geisteswelt. Bdch. 169. [07. 12069

Thieß, Karl, deutsche Schiffahrt u. Schiffahrtspolitik der Gegenwart, s. a. Aus Natur u. Geisteswelt.

Thiess, Carl Georg. Über Phenylphtalamidon. Diss. Phil. Basel von K' G' Th'.... 64 S. 8. Basel, Emil Birkhäuser, 1907.

Thieß, Wilhelm: Arzenei wider das Revoluzions-Fieber. Oder: Das Elend des Landes, das in Empörung steht gegen seinen König. Der gesegnete Zustand unsers Vaterlandes. Die Pflicht, die uns obliegt gegen unsern König. Eine Predigt. Schleswig. 1830. 8°

THIESZ, [HERM.] WILH. [MARCUS], Die Cholera; wie kommt sie? Woher kommt sie? Wozu kommt sie? Schleswig. 1831. P.

Thieß, (H.) Wilh., Christus, od. der Stab Sanft. Eine Samml. christl. Predigten. gr. 8. Schlesw. 829. (Aue in Altona). 2 ß

Thieß, Wilh., Christus, od. der Stab Sanft. Eine Samml. christl. Predigten. 1. Aufl. (22½ B.) 829. 2 Thlr., 2. A. (22 B.) gr. 8. Altona 834, (Aue.) 1 Thlr. 6 Gr., Blnp.

Thieß, Wilh., Christus oder der Stab Sanft. Eine Sammlung christl. Predigten. 3. Aufl. gr. 8. (X und 250 S.) Schleswig 855, [Linnich's Verlag.] *

Thieß, Wilh., Christus, oder der Stab Sanft. Eine Sammlung christl. Predigten. 4. (Titel-)Aufl. gr. 8. (IV und 250 S.) Schleswig (855)58, Linnich's Verlag. *

Thieß, Wilh., der **Dom zu Rothschild.** Trauerpr. Am 16. Jan. 1840, am Tage d. Beisetzung d. irdischen Ueberreste Frederik d. Sechsten geh. gr. 8. (1 B.) Schleswig 840, Bruhn.

Thieß, Wilhelm: Fasten- und Oster-Zeit. Predigten. (Abdruck d. 2. Theiles d. Hauspostille. 2. Aufl.) Schleswig. 1858. 8°

—— das **Fußwaschen** Jesu u. d. heil. Osterfest. Fünf Fasten-Betrachtn. u. zwei Oster-Gemählde. gr. 8. (7¼ B.) Altona 837, [Dessau,] Aue.

— **evangel. Haus-Postille.** Das ist: Predigten auf alle Sonn- u. Festtage d. s Kirchenjahres. 4 Thle. 8. Schlesw. 824—26. Taubst.-Inst. (Enobloch in Leipz.) 4 ß 16 gr

— **evangelische Hauspostille.** Das ist: Predigten auf alle Sonn- u. Festtage des Kirchenjahres. 2. Aufl. 4 Thle. Schleswig 855. Bruhn. (Linnich.) gr. 8. n. 3 ß. 10 ngr.
Inhalt. 1. Thl.: Advent, Weihnacht, Neujahr u. das Epiphanias-Geleit. (XV, 246 S.)
2. Thl.: Fasten- u. Oster-Zeit. Alte Predigten. (VI, 220 S.)
3. Thl.: Vom 1. Sonntage nach Ostern bis zum 7. Sonntage nach Trinitatis. (VI, 242 S.)
4. Thl.: Trinitatis-Predigten. (VI, 283 S.)
1. Thl.: n. 1 ß.; 2.: n. 24 ngr.; 3. u. 4. n. 1 ß. 16 ngr.

Der König und seine Getreuen. Stände-Predigt geh. in der St. Nicolai-Kirche in Flensburg d. 15. Dec. 1856 v. Wilhelm **Thieß**. Flensburg. 1856. 8°

— **Moses**, od. der Stab Wehe. Eine Samml. christl. Predigten. gr. 8. Schlesw. 828. (Aue in Altona). 2 ß

—— **Moses**, od. der Stab Wehe. Eine Samml. christl. Predigten. 1. Aufl. (23 B.) 828. 2 Thlr., 2. A. (22 B.) gr. 8. Altona 834, (Aue.) 1 Thlr. 6 Gr., Blnp.

—— **Moses**, oder der Stab Wehe. Eine Sammlung christl. Predigten. 3. Aufl. gr. 8. (XI und 242 S.) Schleswig 855, [Linnich's Verlag.] *

—— **Moses**, oder der Stab Wehe. Eine Sammlung christlicher Predigten. 4. (Titel-)Aufl. gr. 8. (III und 242 S.) Schleswig (855)58, Linnich's Verlag. *

— evangel. **Predigten.** gr. 8. Schlesw. 821. (Leipz., Enobloch). 1 ß 4 gr

—— die **Reise** v. Jerusalem nach Damaskus. Gallerie paulin. Predigten. gr. 8. (10¾ B.) Schleswig 841, Bruhn.

—— die **Sonne.** Ein Leitfaden zur christl. Unterweis. im Christenthum, insonderheit zur Einweihung d. Konfirmanden. gr. 8. (3½ B.) Altona 832, (Aue.)

— **Theodora.** Ein Taschenbuch für Evangelische Christen auf das Jahr 1839. gr. 12. Hamburg 838. Perthes, Besser u. Mauke. n. 1½ ß

Thieß, (Hermann) Wilhelm: Zu und für Harms 95 Thesen. Apologetischer Versuch. Mitgetheilt ein Brief über Pastor Meyer's „Menschenverstand". Schleswig: (Koch) 1818. 8°

Thieß, Wilh., Dr. Mart. Luthers Todtenfeier. Predigt gehalten am 18. Febr. 1846. gr. 8. (1⅛ B.) Schleswig, Bruhn.

— **Wahl-** u. Antritts Predigt. gr. 8. Schlesw. 824. Taubst.-Inst. 3 gr

Thieße, Ch., prakt. Unterr. von Erziehung, Pflege u. Wartung junger Obstbäume. 8. Lpz. Böhme. 788.

Thiessen, A., Schulvorschriften. Ergänzungs-Hefte zu „Brückner's Schulvorschriften" von der Hand desselben Calligraphen geschrieben und unter Mitwirkung der städtischen Schreiblehrer Magdeburgs herausg. 3 Hefte (à 12 lith. Bl.). Magdeburg 854. Heinrichshofen. qu. 4. Jedes Heft 10 ngr.

Thießen, Abr., e. Räthsel od. die Frage, weßhalb war ich vom J. 1873 bis 1876 in Verbannung? gr. 8. (16 S.) Zürich 876. (Volksbuchh.) — 30

Thiessen, H. J., Die Bewegung für eine staatliche Pensionsversicherung der Privatangestellten. 8⁰. Altona-Ottensen, Chr. Adolff, 1909.

Thiessen, Jakob H.: Die Legende von Kisagotami. (Erster Theil.) [Diss.] Kiel o. J.

Thiessen, Jak. H., die Legende von Kisâgotamî. Eine literarhistorische Untersuchung. gr. 8. (70 S.) Breslau 880. Koebner. n. 2. —

Thiessen, Johannes: Person und Vermögen. Borna-Leipzig 1910: Noske. IX, 91 S. 8⁰
Jena, Jur. Diss. v. 20. Mai 1910, Ref. Hedemann

(THIESSEN, JOH. CPH.), Kurze Abhandlung von dem besonderen Vorzuge eines Fräuleins Conventualin des Closters Preetz in Ansehung der Testamente, und von dem, was bey Verfertigung desselben zu beobachten, entworfen von einem der Rechte Beflissenen. Kiel. U. A. 4. P.

Thiessing, J. B.: Drei Erzählgn. (1. In d. alten Heimat. – 2. D. Luftkuranstalt. – 3. Unter d. Pantoffel), s. Verein zur Verbreitg. guter Schriften. Bern.

Thiessing, J. B.: Vom Lesen u. von den Büchern, aus einem nocht unvollendeten didaktischen Werk. 15 Stn. 8. Pruntrut: Buchdr. v. V. Michel. 1873.

Thiessing, [Johann]. Die Aareschluchten, Strudellöcher und Gletschermühlen bei Meiringen. ⟨SA.⟩ 8. Basel 1888.

Thiessing, J[ohann]. Bern-Neuenburg-Bahn ⟨Direkte Linie⟩. Illustrierter Führer Bearb. von Dr J. Thiessing in Bern. II + 43 S. 8. Bern, Polytechnische Verlagsanstalt A.-G., [1902]. [fr. 1. —]

Darin S. 25–31: Die wirtschaftliche Bedeutung der «Direkten» ⟨von J[ohann] Hügli, Sekretär... in Bern⟩.

Thiessing, [Johann]. Brienz Rothhorn-Bahn. Mit 19 Ansichten, einem Panorama und einer Karte. 8. München *o. J.* [1892/98].
Bruckmann's illustrierte Reiseführer No. 41.

Thiessing, Brienz Rothhorn-Bahn, s. a. Bruckmann's illustrierte Reiseführer.

(Thiessing, [Johann].) Sur les conditiond de vie des premiers habitants de nos contrées ou sur le commencement de la civilisation. 8. *s. l. n. d.* [1870/82].

Thiessing, J[ohann]. Die eidgenössischen Gebäude in Bern. Bearb. ... zur Einweihung des Parlamentsgebäudes. Mit 15 Illustrationen. 64 S. 8. Bern, Polytechnische Verlagsanstalt A.-G. [1902]. [fr. 1.50]

Thiessing, J. Höhlen in den Departements du Gard, de l'Hérault, de la Lozère. Bern 1867.

Thiessing, J[ohann]. Le Palais du Parlement et les autres Bâtiments fédéraux à Berne. Avec 15 illustrations. Traduit de l'allemand. 61 p. 8. Berne, Office polytechnique d'édition, [1902].

Thiessing, [Johann]. Der Alpenkurort Rosenlaui im Berner Oberland und seine Umgebung. [Mit 4 Tafeln und illustriertem Umschlag.] 8. [Biel 1896.]

Thiessing, m. Wanderstock u. Feder. Reisebilder, Feuilletons u. Novelletten. 8. (VI, 313 S.) Bern 889. Nydegger & Baumgart. n. 4. —

Thiessing, P.-X. Desgrandchamps, ancien notaire à Ferrette [Haute-Alsace]. Notice biographique et littéraire. Poésies. gr. 8. (52 S.) Mülhausen i/Els. 880. Detloff. n. 2. —

Thietmar, Bischof von Merseburg

Thietmari Merseburgensis episcopi chronicon, s.: Scriptores rerum germanicarum.

Thietmar. Die Chronik Thietmar's, Bischofs von Merseburg, nach der Ausgabe der Monumenta Germaniae übersetzt von Dr. J C M Laurent. Mit einem Vorwort von J[ohann] M[artin] Lappenberg. 8. Berlin 1848.
Die Geschichtschreiber der deutschen Vorzeit.... XI. Jahrhundert. Band 1.

Thietmar v. Merseburg, Chronik, s. a. Geschichtschreiber, die, der deutschen Vorzeit. (2. Bd. oder 4. Lfg.)

Die Dresdner Handschrift der Chronik des Bischofs **Thietmar** von Merseburg. In Faks. hrsg. (von Ludwig Schmidt.) Dresden: F. & O. Brockmann's Nachf. 1905. (IV S., 388 Taf.) 4⁰

Thietmar, Bischof v. Merseburg, Chronik, s. a. Handschrift, die Dresdner, usw.

Thietmari peregrinatio. Ad fidem cod. Hamburgensis cum aliis libris manuscriptis collati edidit annotatione illustravit codd. recensum scripturae discrepantiam indicem rerum et verborum adjecit J. C. M. Laurent. Hamburgi 857. Nolte u. Kohler. gr. 4. (2 Bl., 80 S.) n. 20 ngr.

Thigenol «Roche», ein synthetisches Schwefel-Präparat. Auszüge aus der medizinischen Literatur. [Hrg. von] F. Hoffmann-La Roche & Cie., Basel..., Grenzach..., Paris. 74 S. 8. [Basel, Schweizer. Verlags-Druckerei G. Böhm, 1906.]

Thihl, neuheidnische u. christlich-sociale Grundsätze, s.: Broschüren, social-politische.

Thikötter, Julius

Thikötter, Jul. Der Altkatholizismus, dargestellt u. nach evangel. Grundsätzen beurteilt. 8. (43 S.) Barm. 889, Klein. * — 60

Thikötter, J., Antritts-Predigt in der Gemeinde zu U. L. Frauen am 3. Juli 1864. Bremen 864. Valett & Co. gr. 8. (24 S.) n. 6 ngr.

Thikötter, Jul., Arnulf u. Julia. Eine Erzählg. aus dem Ende der Römerherrschaft am Rhein. (VIII, 135 S.) gr. 8. Bremen (903). J. Morgenbesser. n. 2. —; geb. in Leinw. n. 2. 80

— Giordano Bruno u. das hierarchische System Roms. 8. (48 S.) Bremen 890. Rößler. n. — 80

— Dr. Kalthoff's Schrift „Das Christusproblem", beleuchtet. (63 S.) 8. Bremen 903. J. Morgenbesser. n. 1. —

Thikötter, Jul., Darstellung und Beurtheilung der Theologie Albrecht Ritschl's. gr. 8. (57 S.) Bonn 883, A. Marcus. *
Aus: Deutsch-evangelische Blätter, besonders abgedruckt.

— Darstellung u. Beurtheilung der Theologie Albrecht Ritschl's. [Aus: „Deutsch-evangel. Blätter".] 2. Aufl. gr. 8. (59 S.) Bonn 887. Marcus. n. 1. —

— Einhard u. Imma. Eine rhein. Sage aus der Zeit Karls d. Großen. 12. (VI, 299 S.) Heidelberg 885. C. Winter. geb. m. Goldschn. n. 6. —

Thikötter, Jul., extra ecclesiam salus non est. Nach römisch-kathol. u. nach evangel. Lehre. Zur Beleuchtg. der gegenwärt. Lage beider Kirchen. gr. 8. (52 S.) Göttingen 893. Vandenhoeck & Ruprecht. n. 1. —

THIKÖTTER, Julius (Bremen): Über einen Fall von marantischer Sinusthrombose im Puerperium.- Bremen: Nössler 1891. 32 S.
25.7.1891 - Chr 1891/92,25; Jv 1891/92,211
Diss. Ingolst.-Landsh.-Mchn.

Thikötter, J., gebet dem Kaiser, was d. Kaisers ist u. Gott, was Gottes ist. Predigt geh. am Geburtstage d. deutschen Kaisers Wilhelm I., den 22. März 1873, üb. Matthäi 22, 15—22. 8. (14 S.) Bremen 873. (Barmen, Klein.) n. — 50

— Die metaphysische Grundlage d. hierarchisch-jesuitischen u. d. sozialdemokratischen Systems u. ihre Bekämpfung. gr. 8. (84 S.) Brem. 891, Nößler. * 1 —

— Halleluja. Lateinische u. deutsche Hymnen. 8. (IV, 84 S.) Bremen 888. Heinsius. n. 1. 80; geb. m. Goldschn. n. 2. 50

— Heriman der Westfale. Eine epische Dichtg. in 12 Gesängen. 8. (V, 235 S.) Bremen 887. Heinsius. n. 4. —; geb. m. Goldschn. n. 5. —

Hildegard. Eine Erzählung aus altfränk. u. altsächs. Vorzeit. Von Julius **Thikötter**. *Elberfeld: Baedeker [1902].* (200 S.) 8° [F.]
= Erzähler, Bergische. Bd 2. [02. 6498

Hildegard. Eine Erzählung aus altfränk. u. altsächs. Vorzeit. Von Julius **Thikötter**. 2. Aufl. *Elberfeld: Baedeker [1903].* (200 S.) 8° [F.]
= Erzähler, Bergische. Bd 2. [04. 1535

Thikötter, Jul., neue Hymnen. Nebst Briefen Sr. Durchl. des Fürsten v. Bismarck. 8. (IV, 84 S.) Bremen 902. M. Nössler. n. 1. 50; geb. m. Goldschn. n.n. 2. 50

Thikoetter, Julius (Pastor prim.): Hymnus sodalibus philologicis Germanicis dedicatus. 8 (1 S.).
Fest-Schrift d. 45. Versammlung deutsch. Philologen u. Schulmänner dargeboten von d. öffentl. höh. Lehranstalten *Bremens* 1899.
Nicht im Tauschverkehr. Wiederholt in des Verf. „Neue Hymnen" (Bremen 1902)
Progr.

— Ideal u. Leben nach Schiller u. Kant. 8. (78 S.) Bremen 892. M. Heinsius Nachf. n. 1. 20

— Jehova ist König! Predigt üb. Psalm 93. Gehalten in der Dorotheenstädter Kirche in Berlin bei der kirchl. Oktober-Versammlg. daselbst am 10. Oktbr. 1871. gr. 8. (18 S.) Barmen 871. Klein. n. — 40

— f.: Jugenderinnerungen e. deutschen Theologen.

— Luther und seine reformatorischen Grundsätze in ihrer Einwirkung auf das kirchliche, nationale und gesammte Cultur-Leben. Festrede, gehalten in der Börse zu Bremen am 10. Novbr. 1883. 8. (23 S.) Bremen 883, Valett und Comp. *
Mit Luther's Portr. *

— und D. Funcke, Reden bei der Einweihung der Friedenskirche am 12. Decbr. 1869 gehalten. gr. 8. (32 S.) Bremen 870. (Barmen, Buchh. der evangel. Gesellschaft.)

— u. D. Funcke, Reden bei der Einweihung der Friedenskirche am 12. Decbr. 1869 gehalten. Bremen 870. (Barmen, Klein.) gr. 8. (32 S.) 7½ ngr.

— Gottes Reich u. deutsches Reich. Predigten, geh. in den Kriegsjahren 1870 u. 1871. 8. (VII, 101 S.) Bremen 871. Müller. n. 1. 20

— Dr. Kalthoff's Replik beleuchtet. (62 S.) 8. Ebd. 903. n. 1. —

— neue Rhein-Lieder. 12. (VIII, 118 S.) Ebd. 888. n. 2. 25; geb. n. 3. —

— Naturwissenschaftliche u. philosophische Untersuchung der Frage: Was ist ein Apfel? Eine apologet. Studie üb. die Grenzen d. menschl. Erkennens. 8. (41 S.) Barm. 889, Klein. * — 60
Aus: Deutsch-evangel. Blätter, besonders abgedruckt.

— das Verhältniß v. Religion u. Philosophie, historisch u. kritisch beleuchtet. Vortrag. gr. 8. (42 S.) Bremen 888. Valett & Co. n. — 80

Thikötter, J., Weltliches u. Geistliches in Liedern vom Rhein u. von der Weser. 2. Aufl. Bremen 871. Müller. 16. (VIII, 248 S.) 1 ℳ

Thikötter, J., wie soll von positiver Seite der Anspruch auf kirchliche Berechtigung der liberalen Theologie u. ihrer Vertreter beurtheilt werden? Vortrag, gehalten auf der Conferenz der brem. Stadt- u. Landprediger positiver Richtung im Jan. 1878. gr. 8. (34 S.) Bremen 878. Riemschneider in Comm. n. — 80

Thikötter, f.: Zum Gedächtnis an D. Corn. Rudolf Vietor.

Thil-Lorrain, Neliba, od.: die canadischen Kriege. Eine Erzählg. aus den J. 1812—1814. Nach dem Franz. Mit 4 Stahlst. 8. (182 S.) Regensburg 871. Manz. 1. —

Rudolf Valdier. Erzählung von Hildegard **Thildner**. Berlin: Dreililien 1908. (280 S.) 8° [F.] [08. 362

[F.] Virginie. Erzählung v. Hildegard **Thildner** ... *Berlin: S. Fischer 1897.* (2 Bl., 148 S.) 1 Bd 8. [97. 1159

Thile, Karl Gottfried von, s.a. Thiele, Karl Gottfried von.

K. G. v. Thile, Nachricht von der Chur-Märkischen Contributions- und Schoß-Einrichtung, oder Land-Steuer-Verfassung des Churmark-Brandenburgischen Ritterschafts-Corporis. (1739.) 2. A. Halle, Leipzig. 1768. 4.

K. Gfr. v. Thile, Nachricht von der Chur-Märkischen Contributions- und Schoß-Einrichtung, oder Land-Steuer-Verfassung des Chur-Marck-Brandenburg. Ritterschafts-Corporis, nebst angehängtem Repertorio von der Verfassung des alten und neuen Chur-Märck. Lehn-Wesens, u. dazu gehörigen, aus dem Roßdienst verwandelten Lehn-Pferde-Geldern u. s. w. (Berlin, 1740. 4.). 2. Ausg. Halle, 1768. 4.

Thile, C. Gf. von: „Nachricht von der kurmärkischen Contributions- und Schoss-Einrichtung, oder Land-Steuerverfassung des Ritterschaftscorporis. Nebst beygefügter Nachricht von der Brau- und Krug-Verlagsgerechtigkeit des Adels auf dem Lande". Halle 1768 (Francke). — Vorh.: Preuß. Staatsbibl. Berlin.

Thilemann, Johann Hiob (Kosdorf) A. S. 1364/14

Vindiciae dissertationis de finibus per virgulam mercurialem non investigandis.
Präs. Johann Friedrich Wernher.
Wittenberg (Eichsfeld) 4. X. 1734. 28 S.
34340

Thilen, J. F., von Bekehrung der Juden. 4. Prenzlau. 714.

Thilen, Johann (Frankfurt/M.) A. S. 1175/7

Dissertatio inauguralis medica qua analepsin rationalem ... exponit .... Präs. Abraham Vater. Wittenberg 20. X. 1727. 52 S. 34342

Thilensius, Christian Heinrich

Thilenius, H. C., Description d'Ems et de ses eaux minérales, avec l'instruction nécessaire à ceux qui veulent les prendre. Ouvrage revu, trad. et publié par R. Thilenius. 8. (8½ B.) Darmstadt 830, (Heyer'sche Vrlsbuchh.)

Thilenius, Chr. H., Ems u. seine Heilquellen. Für Bade- u. Brunnengäste beschrieben u. mit einer Anleit. zu ihrem zweckmäß. Gebrauche versehen. 8. Wiesbaden 815. (Schellenberg). 16 Gr.

Ems und seine Heilquellen. ...von H.C. Thilenius [Christian Heinrich Thilenius]. Wiesbaden: Schellenberg 1816. XVI, 140 S. 8°

— s. M. G. Thilenius, das Kränchenwasser rc. u. dessen Bemerkk.

Thilenius, Georg

Thilenius, Geo., s.: Archiv f. Anthropologie.

— die Bedeutung der Meeresströmungen für die Besiedelung Melanesiens. (21 S. m. 5 Abbildgn.) Lex.-8. Hamburg 906. (L. Gräfe & Sillem.) n. 1. —
Sonderabdruck aus: „Jahrb. der hamburg. wiss. Anstalten".

— s.: Bericht über das 1. Studienjahr des hamburgischen Kolonialinstitutes.

Thilenius, G., vorläufiger Bericht üb. die Eiablage u. erste Entwickelung der Hatteria punctata. gr. 8. (10 S.) Berlin 899. (G. Reimer.) n. — 50
Sonderabdruck aus: „Sitzungsber. d. preuss. Akad. d. Wiss."

Ethnographische Ergebnisse aus Melanesien. Von Dr. G[eorg] Thilenius, Prof. in Breslau. Mit Taf. u. Textfig. Th. 1. 2. *Halle, Leipzig: W. Engelmann in Komm. 1902–03.* 4°
1. Reisebericht. Die polynes. Inseln an d. Ostgrenze Melanesiens. Mit 1 Karte. 1902.
2. Die westl. Inseln d. Bismarck-Archipels. 1903.
= Acta. Nova, Academiae Caes. Leopoldino-Carolinae. Bd 80. [03. 10189

Führer durch die Lernsammlungen der Königlichen Anatomie zu Breslau verfaßt von Prof. Dr. [Georg] Thilenius, mit e. Vorw. von Prof. Dr. C[arl] Hasse. *Breslau 1903: Graß, Barth & Co.* (44 S.) 8° [03. 14356 2

Führer durch die Lernsammlungen der Königlichen Anatomie zu Breslau verf. von Prof. [Georg] Thilenius mit e. Vorw. von Prof. C[arl] Hasse. [Neue Ausg.] Breslau 1906: Grass, Barth & Co. (45 S.) 8° [06. 10073

Thilenius, Georg [aus Bad Soden a. Taunus]: Ueber den linsenförmigen Gefässkörper im Auge einiger Cypriniden .., Berlin, Buchdr. v. G. Schade, *1892;* 26 S., 2 Bl., 3 Taf. 8.
Berlin, Med. Fak., Inaug.-Diss. v. 27. Febr. 1892.

Thilenius, Georg, Soden am Taunus. Frankfurt a. M. 1869.

Thilenius, Geo., Soden am Taunus. Darstellung seiner Heilmittel mit vergleich. Rücksicht auf Ems, Carlsbad, Marienbad, Kissingen u. Weilbach. Ein Führer für Aerzte. Frankfurt a. M. 870. Oehler. gr. 8. (VIII, 176 S.) cart. n.n. 1 Thlr.

Thilenius, Klara, geb. Schultze, Briefe u. Erzählungen aus Amerika. gr. 8. (VIII u. 128 S.) Berlin 849. Springer. n. 2/3 Thlr.

—— Fortsetzung von Briefen und Erzählungen. gr. 8. (160 S.) Berlin 850, Springer. *

—— religiöse Meinungen des Glaubens an einen Gott. (Gedichte.) gr. 12. (60 S.) Rostock 848, (Leopold's Universitäts-Buchh.) *

Thilenius, M. Mor., Nervi u. sein Klima verglichen m. San Remo, Bordighera, Mentone, Nizza u. Cannes. Eine klimatolog. Skizze. gr. 8. (60 S.) Wien 874. Braumüller. n. 1. —

Thilenius, Moritz Gerhard, s. Anleit. d. Einreißen der Rindviehseuche zu steuern.

Medicinische und chirurgische Bemerkungen. Von Moriz Gerhard Thilenius. Frankfurt a.M.: Brönner 1789. 467 S. 8°

Thilenius, Moritz Gerhard.
Medicinische und chirurgische Bemerkungen. Frankfurt a. M. 1789. 2. Aufl. 1811—12.
H (Th. 2): *Thilenius, Chn H.* (EngM)

Medicinische und chirurgische Bemerkungen. Von Moriz Gerhard Thilenius. Th. 1. 2. Frankfurt a.M.: Brönner 1809-14. 8°
Th. 1: Neue viel verm. Ausg. 1809.
Th. 2: Nach d. Tode d. Verf. hrsg. von H.C. Thilenius [Christian Heinrich Thilenius]. 1814.

Beschreibung der Gesundbrunnen und Bäder bey Hofgeismar, in 2 Preisschriften. ([Verf.:] Moritz Gerhard Thilenius, Heinrich Friedrich [von] Delius) Hrsg. von Christoph Henrich Böttger. Cassel 1772: Schmiedt. XV, 150 S. 8°

— Beschreib. der Gesundbrunnen u. Bäder bei Hofgeismar; e. Preisschrift. 8. Cassel 783.

— kurze Beschreib. d. Dinkholder Mineralwassers bei Braubach. 8. Gießen 802. Heyer. 2 Gr.

— Beschreib. des gemeinnützigen Fachinger Mineralwassers u. seiner heilsamen Wirkung. 8. Marb. 792. 2e A. ... 3e A. 799. Krieger. 2 Gr.

— kurzer Unterricht f. Hebammen, Schwangere u. Wöchnerinnen auf d. Lande. 8. Cassel 769. 2e A. 775. 3e von J. P. Vogler verm. u. verb. Aufl. 810. Krieger. 10 Gr.

— das Kränchen Wasser zu Bad-Ems u. seine vortreffl. Wirkungen. 8. Frankf. a. M. 806. 3e Aufl. herausgg. v. Chr. H. Thilenius. 821. Guilhaumann. 3 Gr. (a. Lichtfers u. Faust in Neuwied). 2 Gr.

Thilenius, (M. G.,) das Kränchenwasser zu Bad-Ems u. seine vortreffl. Wirkungen. 3e Aufl. 8. Frankf. a. M. 821, Guilhaumann.

Thilenius, Otto, eaux minérales de Soden. Guide pour ceux qui prennent les eaux. Avec une vue du Kurhaus (in Stahlst.) et 1 carte (lith.) des environs de Soden (in 4.). 3. édit. Francfort s. l. M. 858. Sauerländer's Verlag. 8. (IV, 139 S. u. 1 Tab. in 4.) n. 15 ngr.

Thilenius, Otto, Soden's Heilquellen. Mit 2 Ansichten (in Stahlst.) 8. (XII u. 208 S. m. 1 Tab. in qu. 4.) Frankfurt a. M. 850, Sauerländer. n. 18 ngr.

Thilenius, Otto, Soden's Heilquellen. Ein Leitfaden für den Kurgast. 2., veränd. Aufl. 8. (VIII und 153 S. mit einer in Stahl gest. Ansicht des Kurhauses, einer lithogr. Karte der Umgebung Sodens in qu. 4. und einer Tabelle in qu. 4.) Frankfurt a. M. 856, Sauerländer's Verlag. *

Thilenius, Otto, Soden und seine Heilmittel. Für Aerzte dargestellt. Mit einer Ansicht von Soden. Frankfurt a. M. 859. Sauerländer's Verlag. gr. 8. (VIII, 88 S.) n. 15 ngr.

Thilenius, Otto, Soden am Taunus. Seine Heilquellen, Heilkräfte, örtl. Verhältnisse und Umgebungen. Für Kurgäste geschildert. gr. 8. (V und 130 S. mit 4 Stahlst., 1 Tab. und 1 lithogr. und ill. Karte in Fol.) Wiesbaden 864, Niedner. geb. *

Thilenius, R., s. Chr. H. *Thilenius*, Description d'Ems.

Thilenius, R. J. H. L. J. Chr., les eaux sulfureuses de Weilbach, s. F. G. A. **Fabricius**.

Thilenius, Rudolf, a. Wildungen: Beitrag zur Kenntnis der aromatischen Aldehyde. Freiburg i. Br.: Speyer & Kaerner 1905. (37 S.) 8°

Freiburg i. B., Phil. Fak., Ref. Gattermann, Diss. v. 1905

[Geb. 7. Febr. 80 Wiesbaden; Wohnort: Freiburg i. B.; Staatsangeh.: Preußen; Vorbildung: Gymn. Marburg Reife f. Prima, Dipl.-Ex. f. Chemiker v. Darmstadt; Studium: Darmstadt T.H. 4, Straßburg 2, Freiburg i. B. 6 S.; Rig. 30. März 05.]

Thilenius, A. L., Bititkällim bil-ʿarabi? Sprechen Sie Arabisch? s.: Koch's Sprachführer. 18. Bd.

Thilim (תהלים) Die Psalmen. Mignon-Ausg. 32. (120 S.) Wien 860, Knöpflmacher und Söhne.

Thill, E., S. J., das „Herz" in der Herz Jesu-Andacht. (31 S.) kl. 8. Linz 904. (Preßverein.) n. — 25

Sonderabdruck aus: „Theologisch-prakt. Quartalschr."

Thill, Georg Friedrich (Brackenheim) A. S. 214/15

Dissertatio juridica de simultanea successione germani et consanguinei fratris in fideicommissiis familiaribus. Präs. Ferdinand Christoph Harpprecht. Tübingen (Franck) 4.IV.1714. 48 S.

34348

Thill, Jean: Das wissenschaftliche Denken und dessen Anfänge im Abendlande. 92 S. Echternach, Gymn., Progr. 1897/98

Thill, Jean: Die Eigentumsfrage im klassischen Altertum. 66 S. Luxemburg, Athénée, Progr. 1891/92

Thill, Jean: Das Fundamentalprincip aller Wissenschaften. (Auszug aus „Philosophisches Jahrbuch der Görres-Gesellschaft".) Fulda: Fuldaer Aktiendruckerei 1891. 16 S. 8°

Thill, J., Xénophane de Colophon. Pr. 1889. 21 S. 4°.

Thillaye, die Illuminirkunst, siehe: Schauplatz, neuer, der Künste u. Handwerke, 125. Bd.

Thillaye, Jean Baptiste Jacques. Darstellung des chirurgischen Verbandes; a. d. Franz. ... Leipzig 1798. Ü: *Grüber*, *Johann Gottfried*. (Ky) (EngM)

Thillaye, ..., Darstell. des chirurg. Verbandes; aus d. Französ. mit Anmerkk. von J. G. G(rüber). gr. 8. Leipz. 798. (Mittler). 18 gr.

Thillaye, L. J. S.

Thillaye, prakt. Handbuch d. Fabrikation d. chem. Producte für Techniker, Pharmazeuten, Metallarbeiter, sowie f. Künstler u. Gewerbtreibende überh. Deutsch v. F. J. Hartmann. 3 Bde 8. (41½ B. incl. Tab.) Quedlinburg 839, 40, Basse.

Vgl. Payen, M., popul. Handb. d. industr. Chemie, 7–9. Bd.

Thille, Hauptm. J., Paul Redlich, der Soldat wie er sein soll. Eine belehr. militär. Erzählung, nach dem Französ. bearb. gr. 16. (150 S.) Prag 872, Mourek. *

Einführung in die Ethik [An Introduction to Ethics]. Von Frank **Thilly**, Prof. Aus d. Engl. übers. von Dr. Rudolf Eisler. Leipzig: J. A. Barth 1907. (X, 255 S.) 8° 07. 11461

Thilly, Frank [aus Cincinnati]: Leibnizens Streit gegen Locke in Ansehung der angeborenen Ideen. ... Heidelberg, Univ.-Buchdr. v. J. Hörning, 1891; 47 S. 8°

Heidelberg, Phil. Fak., Inaug. Diss. v. [27. Jun.] 1891

Thilmany: Auf einige Bemerkungen vom Regierungsrat Nöll in Koblenz. Bonn 1873.

Thilo, Albrecht (Albert?) Friedrich

Thilo, Albr. Fr., Betrachtungen über die Noth der Zeiten, in Anmerkungen über die Beschaffenheit, Quellen und Hülfsmittel. 8°. Nördlingen, Beck, 1771.

Thilo, Albert Friedrich (Heilbronn) F, m/35

Fides matris viventium in virum Iehovam Gen. IV. 1. Dissertatio theologica. Präs. Kaspar Jakob Huth. Erlangen (Becker) 23.XI.1748. 63 S.

Gew.: Stadt Heilbronn.
W. v.: Präs. 34352

— Gedanken üb. die Erziehung. 5 Stücke. 4. Nördling. 759—763. (Beck).

— freimüthige Unterredungen üb. die Mängel des gewöhnl. Religions-Unterrichts u. deren Verbesserung. 2 Stücke. 8. Nördl. 769, 70. Beck. 6 gr.

— Unterredungen über die Mängel, s. a. Unterredungen.

Thilo, Amalie: Die Bildung der Frau in Beziehung auf ihre nationale Aufgabe. Ein Wort z. d. Reformen d. weibl. Schulwesens. — Breslau: Schletter 1876. 15 S. 8°

Thilo, Amalia, die Erziehung d. Menschen. gr. 8. (VII, 128 S.) Wien 897. G. Szelinski. n. 2. —

Thilo, Amalie, Hellas, das Land der Ideale. Vortrag. 8. (30 S.) Wien 889. Frank's Nachf. n. — 80

Thilo, Amalie: Rede bei der Eröffnung der Vorlesungen im Damen-Lyzeum am 18. Oct. 1871. — Breslau: Morgenstern (1871). 16 S. 8°

Thilo, Amalie, Rede bei der Eröffnung der Vorlesungen im Damen-Lyceum am 12. Octbr. 1874 gehalten. 8. (16 S.) Breslau 871, Schletter'sche Buchh. [Hepner's Verlag.]

— das Zusammenwirken v. Haus u. Schule. Ein Aufruf an die Frauen zur Betheiligg. an der Erziehungsfrage. Pädagogischer Vortrag. gr. 8. (21 S.) Berlin 871 Bichteler & Co. n. 2. 50

Thilo, B.

—— von dem verderblichen Laster der Habsucht. Predigt über 1. Buch der Könige, Kap. 21, V. 1—16. Gehalten zu Tangermünde am 20. Juni 1847. 8. (16 S.) Tangermünde 847, Döger'sche Buchh. *.

Thilo, B., Predigt über 1 Korinth. Kap. 2, V. 1—5. Gehalten zu Tangermünde am 7. Juni 1846. 8. (16 S.) Tangermünde 847, Döger. n. 1/12 ₰

Thilo, C. W., de episcopis inter protestantes. Lips. 1748. 4.

Thilo, Carl, s. Thilo, Karl.

Thilo, Christfried Albert

Thilo, Chr. A., über Schopenhauer's ethischen Atheismus. [Aus der Zeitschr. für exacte Philosophie.] Leipzig 868, Pernitzsch. 8. (71 S.) n. 12 ngr.

Thilo, Chr. A., und O. Flügel, Dittes über die praktische und theoretische Philosophie Herbart's. gr. 8. (67 S.) Langensalza 886, Beyer und Söhne. *
Aus: Zeitschrift für exakte Philosophie, besonders abgedruckt.

Thilo, Chr. **A.,** u. O. **Flügel, Dittes üb. die praktische u. theoretische Philosophie Herbart's. 2., erweit. Aufl. 8. (IV, 88 S.) Langensalza 886. Beyer & Söhne. n. 1. 20**

Thilo, Chr. A., kurze pragmatische Geschichte der Philosophie. 1. und 2. Thl. gr. 8. Koethen, Schulze. *
Inhalt:
Thl. 1. Kurze pragmat. Geschichte der griech. Philosophie. (V, 305 S.) 876. *M 5.
» 2. Kurze pragmat. Geschichte der neueren Philosophie. (IV, 405 S.) 874. *M 6.

Thilo, Chr. A., kurze pragmatische Geschichte der Philosophie. 2., verb. u. verm. Aufl. 2 Thle. gr. 8. Köthen 880. 81. Schulze. n. 14. —
1. Geschichte der griechischen Philosophie. (XII, 403 S.) n. 6. 75
2. Geschichte der neueren Philosophie. (XII, 434 S.) n. 7. 25

Thilo, s.: Herbart u. die Herbartianer.

Thilo, Christfried Alb., die theologisirende Rechts- u. Staatslehre. Eine historisch-kritische und thetische Untersuchung über die Principien der Rechtsphilosophie und die damit zusammenhängenden philosophischen Disciplinen, mit besonderer Rücksicht auf die Rechtsansichten Stahls. Leipzig 861. Pernitzsch. gr. 8. (VIII, 394 S.) 2 ₰

Die Religionsphilosophie des Descartes und Malebranche nach Chr[istfried] A[lbert] **Thilo.** Langensalza: H. Beyer & Söhne 1906. (76 S.) 8°
= **Religionsphilosophie** in Einzeldarstellungen. H. 6. [07. 3813 3

— s.: **Religionsphilosophie in Einzeldarstellungen.**

Fr. H. Jacobis Religionsphilosophie nach Chr[istfried] A[lbert] **Thilo.** Langensalza: H. Beyer & Söhne 1905. (54 S.) 8°
= **Religionsphilosophie** in Einzeldarstellungen. H. 2. [06. 6329 3

Die Religionsphilosophie des absoluten Idealismus. Fichte, Schelling, Hegel u. Schopenhauer nach Ch[ristfried] A[lbert] **Thilo.** Langensalza: H. Beyer & Söhne 1905. (72 S.) 8°
= **Religionsphilosophie** in Einzeldarstellungen. H. 4. [06. 6331 3

Kants Religionsphilosophie von C[hristfried] A[lbert] **Thilo.** Langensalza: H. Beyer & Söhne 1905. (65 S.) 8°
= **Religionsphilosophie** in Einzeldarstellungen. H. 1. [06. 6328 3

Leibniz's Religionsphilosophie nach Chr[istfried] A[lbert] **Thilo.** Langensalza: H. Beyer & Söhne 1906. (36 S.) 8°
= **Religionsphilosophie** in Einzeldarstellungen. H. 8. [07. 3815 3

Thilo, Chr. A., s. Leibniz's Religionsphilosophie.

Schleiermachers Religionsphilosophie nach Chr[istfried] A[lbert] **Thilo.** Langensalza: H. Beyer & Söhne 1906. (128 S.) 8°
= **Religionsphilosophie** in Einzeldarstellungen. H. 5. [06. 6332 3

Spinozas Religionsphilosophie nach Chr[istfried] A[lbert] **Thilo.** Langensalza: H. Beyer & Söhne 1906. (80 S.) 8°
= **Religionsphilosophie** in Einzeldarstellungen. H. 7. [07. 3814 3

— **s. Spinoza's Religionsphilosophie.**

— Johann Friedrich Herbert's Verdienste um die Philosophie. Vortrag, geh. in Oldenburg am 25. Novbr. 1874. gr. 8. (32 S.) Oldenburg 875. Schulze. — 60

Thilo, C. A., die Wissenschaftlichkeit der modernen speculativen Theologie in ihren Principien beleuchtet. gr. 8. (XVI u. 344 S.) Leipzig 851, Fr. Fleischer. 1 1/2 ₰

Thilo, Christian Christoph (Bad Tennstedt)
A. S. 569/27a

Dissertatio inauguralis iuridica de modo adquirendi per occupationem bellicam deque eo quod circa eum iustum est. Präs. Konrad Wilhelm Strecker.
Erfurt (Nonne) 5. IV. 1762. 28 S.
34353

Thilo, Christian Ludwig (Langensalza) A. S. 816/20

Observationes selectae ex jurisprudentia criminali de intercessione conjugum in delictis carnis in primis in crimine bigamiae.
Präs. Michael Heinrich Gribner. Ed. 2.
Wittenberg (Gerdes) 1720. 46 S.

Diss. 9. I. 1711. 34354

Thilo, Erich (Hrsg.), s. Thilo, Rudolf: Allerlei Nützliches über Viehzucht, ...

Thilo, Ernst, zur Geschichte u. zur Reform der See-Versicherung. 8. (28 S.) Leipzig 884. Grunow. n. — 40

—— **die modernen Mittel für die Hebung des innern Verkehrs zur Erschliessung der Hilfsquellen Russlands. 1. Thl.: Die öffentlichen Lagerhäuser mit Warrant-Ausgabe und die Elevatoren in ihrer Bedeutung für Russland und namentlich Riga. Lex.-8. (256 S. mit 9 Stnt.) Ebendas. 884.** *

— die modernen **Mittel** f. die Hebung d. inneren Verkehrs zur Erschliessung der Hilfsquellen Russlands. 1. Thl. Die öffentlichen Lagerhäuser m. Warrant-Ausgabe u. die Elevatoren in ihrer Bedeutg. f. Russland u. namentlich Riga. Lex.-8. (256 S. m. 9 Steintaf.) Ebend. 886. n. 7. —

Vademecum Dramatischer Werke alphabetisch geordnet m. Angabe d. Verleger, Preise u. theilweiser Personenangabe v. E. Olith '(Ernst **Thilo**)'. M. e. Vorw. v. Dr. Otto Weddigen. *Hannover: Lüdemann (1896).* (4 Bl., 298 S., 1 Bl.) 1 Bd 4.(8.) (97. 3158

Vgl. O l i t h , E.

Thilo, Eugen: Preßfreiheit und preußische Verfassungsreform in der „Breslauer Zeitung" während der Jahre 1837—46. **Anhang:** Die „Breslauer Zeitung" u. d. hannoversche Staatsstreich. Breslau 1907: R. Nischkowsky. (75 S.) 8°

Breslau, Phil. Fak., Ref. Kaufmann, Diss. v. 12. Okt. 1907

[Geb. 13. Febr. 73 Liegnitz; Wohnort: Breslau; Staatsangeh.: Preußen; Vorbildung: Realgymn. z. Heiligen Geist Breslau Reife O. 04; Studium: Breslau 7 S.; Rig. 24. Juli 07.]

Thilo, Friedrich [app. Arzt aus Hannover]: Zur Therapie des Myeloidsarcoms. . . . Kiel, Druck v. Schmidt & Klaunig, 1889: 15 + 1 S. u. 1 Taf. 8°

Kiel, Med. Fak., Inaug.-Diss. v. 12. Aug. 1889

Thilo, Friedr. Zur Therapie d. Myeloidsarcoms. Diss. gr. 8. (15 S. m. 2 Taf.) Kiel 889, (Lipsius u. Tischer). * 1 60

Thilo, Fridericus Adolphus Woldemarus: Uteri bipartiti descriptio adiectaeque observationes. Accedunt duae tabulae lapidi inscriptae. 24 S., 2 Taf. 8° (4°)

Halle-Wittenberg, Med. Diss. v. 24. Aug. 1844

Geb. Striegau 8. 3. 1821. V.

Thilo, Friedrich Theophil

ARNDT, **Lorenz, von Blankenburg, keine Liebesgeschichte.** (Liederlicher Roman, voll pikanter Liebschatten, von *Friedrich Theophil Thilo* 1749—1825.) 4 Thle. Mit TVignetten. Leipzig, K. F. Schneider, 1784—85. 8⁰.

Ausser Inh.-Verz.: 358, 406, 446 u. 456 SS. (Neue Originalromane der Deutschen Bd. 12—15.) Höchst selten!

Thilo, Friedrich Theophil, s. E d u a r d u. Cecilie.

– s. E i n s p r ü c h e , Die,...

– s. E r b e n , Die großmüthigen.

– s. E u p h e m i e .

THILO, Friedr. Theophilus (1749—1825), F e l i x v o n F r e u d e n f e l s , e i n e G e s c h i c h t e m e n s c h l i c h e r F r e u d e n u n d L e i d e n . 4 Thle. Mit 4 Titelvignetten. Leipzig, Schneider, 1787—88. 8⁰.

Zahmstes Werk (in Briefen) dieses sonst fruchtbaren Erotikers, aber doch voll von Verbrechen, begangen an Frauen und Mädchen. Auch m. d. Tit.: N e u e O r i g i n a l - R o m a n e d e r D e u t s c h e n. Bd. 27—30. — I: XVI u. 336 S. Dedic. an Frau Obristlieut. v. S c h ö n b e r g u. Vorr. ist dat. Frohburg 1786. II: 336 S. III: 304 S. IV: 296 S.

Vgl. F e l i x v. Freudenfels,...

Freudenfels, Felix von, eine Geschichte menschlicher Freuden und Leiden, von F. T. Thilo, 4 Theile, 8. Daselbst, 787. 88. Lincke. 2 Rthl. 20 ggl.

– s. F r e u n d e , Die ungleichen.

G e m ä l d e

— — a u s d e r w i r k l i c h e n W e l t , vom Verfasser der Lebens-Scenen (von *Frdr. Theoph. Thilo*). 3 Bdchn. Mit Titelkpfrn. 1—2: Berlin, b. Oehmigke dem Jüngern. 1803; 3: Ebd 1804. 8⁰. Ziemlich zahm. Cplt. selten!

Nur 1—2 lagen vor: I: 182 S. 1. Friedheim, oder es muß eine Zukunft sein. 2. Emilie Blond. II: 200 S. 1. Miszellen. 2. Ferdinand Tiefensee. 3. Karl Rosen.

Thilo, Fr. Thpl., († d. 26. März 1825.) s. **Gutachten** üb. Tellers Abhandl.

LEBENSSCENEN a u s d e r w i r k l i c h e n W e l t. (Pikante kleine Romane u. Erzählungen von *Frdr. Theoph. Thilo.*) 12 Thle. Mit TVignn. Leipzig, bey Gotthelf Kummer, 1784—90. 8⁰.

Sehr selten cplt. (Nur 10 Bde., stark gebr. Lhbiblex., waren 1875 für 20 Mk. von Lesser in Breslau offerirt; jetzt theurer!) Von den ersten Theilen erschienen neue Auflagen. Jeder Bd. ca. 300 S.

Vgl. L e b e n s s z e n e n...

MENSCHENSCHICKSALE ä l t e r e r u n d n e u e r e r Z e i t. (Kleine, zum Theil freie Romane von *Frdr. Theoph. Thilo.*) 2 Thle. Leipzig, Kummer, 1791—92. 8⁰. (6 Mk. 50 Pfg. Heinr. Lesser, Breslau, 1875.)

Bildet die Fortsetzung von desselb. Verf. „L e b e n s s c e n e n" (s. dieselb.).

Vgl. M e n s c h e n s c h i c k s a l e...

– s. M o o r n e r , General, ...

– s. S a m m e l p l a t z , Der.

Thilo, F. Th., sämmtl. Schauspiele (enth. 1) Adelheid. 2) Eduard und Cecilie, 3) die Einsprüche, 4) d. großmüthigen Erben, 5) die ungleichen Freunde, 6) der Sammelplatz d. Gelehrten.) 8. Leipz. Schneider. (Linke.) 780.

SOMMER, Emilie, eine Geschichte in Briefen (von *Friedr. Theophil Thilo*, aus Röda in Sachsen, Advokat in Wendelstein, geb. 1749, † 1825). E m i l i e S o m m e r. E i n e G e s c h i c h t e i n B r i e f e n. 4 Thle. Mit Kpfrn. Leipzig, K. F. Schneider, 1780—82. 8⁰. (In Oettingen, Fürstl. Bibl.) (1 Mk., schönes Expl. in Hfrz., Heckenhauer, Tübingen, 1879; 6 Mk. J. Taussig, Prag, 1907.)

Ein mit Recensionen der Tageslitteratur durchsetzter, übrigens zahmer Roman dieses Vielschreibers (auch auf dem Gebiete der Erotik). O. M. V. 1781. S. 29.

Vgl. S o m m e r , Emilie,...

— — Dasselbe. 4 Thle. Z w e y t e, v e r b e s s e r t e O r i g i n a l - A u s g a b e. Ebd. 1783—85. 8⁰. (2 Mk., „1783—86", Jul. Neumann, Magdeb., 1907.)

I: 6 Bll. Vorst. u. 444 S. Vorr. zur 1. Ausg. ist dat. 1. Sept. 1779. II: Tit. u. 384 S. III: 390 S. (incl. Tit. u. 3 Bll. Vorr., unterz. *F. T. Thilo*). IV: 372 S. (incl. Tit. u. 3 Bll.).

H o l l ä n d i s c h e U e b e r s t z g. erschien Utrecht 1785. 8⁰. (Koch, Compend. II. p. 291.)

SONNENTHAL, J o s e p h v o n, eine (stellenw. anstössige) Geschichte des menschlichen Herzens, vom Verfasser der Emilie Sommer *(Friedr. Theophil Thilo).* Mit Titelvignette von E n d n e r. Leipzig, Kummer, 1784. 8⁰. VIII u. 426 S. (4 Mk. J. Taussig, Prag, 1907.)

Anon.-Lex. II. p. 335 (nach Meusel, Kayser u. dem Neuen Nekrolog). -- An E l o i s e n s Schatten gerichtet.

Vgl. S o n n e n t h a l , Jos. v.,...

– s. W i t t w e , Die reiche.

Thilo, G., die preußische Disziplinargesetzgebung für die unmittelbaren und mittelbaren Staatsbeamten, erläutert aus den Materialien, der Rechtslehre, den Entscheidungen des königl. Ober-Tribunals und den Ministerial-Reskripten. gr. 8. (VIII und 187 S.) Berlin 864, Guttentag. *

Thilo, G., das Gerichtsverfassungsgesetz für das Deutsche Reich, nebst Einführungsgesetz vom 27. Jan. 1877, erläutert. gr. 8. (XIV, 812 S.) Berlin 879, C. Heymann's Verlag. *

geb. *

Vgl.: Justizgesetzgebung, die, des Deutschen Reichs.

Thilo, G., das preußische Gesetz über die Presse vom 21. Mai 1851 erläutert aus den Materialien, der Rechtslehre und den Entscheidungen des königl. Ober-Tribunals und verglichen mit den Preßgesetzen der übrigen deutschen Staaten und Frankreichs, nebst einem Anh., enth. alle, die Preßgewerbe betr. gesetzl. Vorschriften, in Verbindung mit den dieselben ergänz. und erläut. Ministerial-Rescripten rc. br. 8. (VIII und 228 S.) Berlin 862, C. Heymann's Verlag. *

Thilo, G., das preußische Gesetz über die Presse vom 21. Mai 1851 erläutert aus den Materialien, der Rechtslehre u. den Entscheidungen des königl. Ober-Tribunals u. verglichen mit den Preßgesetzen der übrigen deutschen Staaten u. Frankreichs, nebst einem Anh., enthltd. alle, die Preßgewerbe betr. gesetzl. Vorschriften, in Verbindung mit den dieselben ergänz. u. erläut. Ministerial-Rescripten rc. Nachtrag bis Ende 1866. Berlin 867. C. Heymann's Verl. br. 8. (IV, 76 S.) 9 ngr.

— die Justizgesetzgebung des Deutschen Reichs kommentirt, s.: Sarwey, v.

Thilo, G., das Preßgesetz f. das deutsche Reich vom 7. Mai 1874 nebst den bezügl. Bestimmngn. der deutschen Gewerbeordnung u d. Reichs-Strafgesetzbuchs erläutert aus den Materialien, der Rechtslehre u. den Entscheidgn. höchster Gerichtshöfe. 8. (XXVI, 157 S.) Berlin 874. C. Heymann's Verl. n. 4. —

—— die Strafproceß-Ordnung für das Deutsche Reich vom 1. Febr. 1877. gr. 8. (XXIII, 606 S.) Ebendas. 878. *
geb. *

Vgl.: Justizgesetzgebung, die, des Deutschen Reichs.

Thilo, G., das preußische Vereins- u. Versammlungsrecht unter Berücksichtigung der deutschen Bundesgesetzgebung nebst einem Anh., enthltd.: das jetzt in Frankreich gelt. Associationsrecht dargestellt u. erläut. Breslau 865. Aderholz' Buchh. gr. 8. (IV, 119 S.) n. 20 ngr.

Thilo, Georg: Servii commentarii Verg. Aen. libr. 1. 139-200. – Progr. Naumburg 1856.

Thilo: Servii grammatici in Verg. Georg. I, 1–100 commentarius. 27 S. – Halle, P., Progr. 1866.

— Emendationes Silianae. S.-A. 1864. 12 S. —.50

Thilo, Georg: Die Hypopyum-Keratitis. Eine klinisch-experimentelle Studie. Strassburg: Druck von H. L. Kayser 1877. 38 S. 8°

— Observationes criticae in Servii in Verg. Aen. VI. commentarium. Pr. 1871. 18 S. 4°. 1.50

— Zu den Punica des Silius Italicus. S.-A. 1891. 86 S. 1.20

Thilo: Quaestiones Servianae. 53 S. – Halle, P., Progr. 1867.

Thilo: Quaestiones Silianae criticae. 24 S. – Halle, P., Progr. 1858.

— Quaestiones Vergilianae. Gel. 1870. 10 S. 4°.

Thilo, Georgius (geb. am 31 Juli 1831 in Halle): De Varrone Plutarchi Quaestionum Romanarum auctore praecipuo ... Bonnae, form. C. Georgii 1853. 2 Bl., 34 S., 1 Bl. 8.

Bonn, Phil. Fak., Diss. v. 27 Juli 1853

Thilo, Georg Ludwig (Lübben) A. S. 740/15

Dissertatio juridica inauguralis, de gradu legitime tribuendo, ad l. VII. C. de prof. et medic.
Präs. Heinrich Berger.
Wittenberg (Goderitsch) 14. X. 1702.

34355

Thilo, Georg. Guil. Adolph. (geb. Potsdam 19. 12. 1839): De pyaemia. Berolini (1862). (32 S.) 8°

Berlin, Med. Diss. v. 19. März 1862

Thilo, Heinr. Wilh. Christ., das Walten des Gottesgeistes in diesen Tagen. Predigt am Pfingstfeste 1845 gehalten in Striegau. gr. 8. (1 B.) Striegau, Hoffmann. 1845. Thlr.

Thilo, J., der Broschürenzirkel, sein Nutzen u. sein Betrieb. Erprobt u. beschrieben. gr. 8. (7 S.) Freienwalde 892. F. Draeseke. n.n.n. — 40

Thilo, J., Freienwalde, Eberswalde, Oderberg, Chorin und Umgebung, s.: Grieben's Reiseführer.

Thilo, J. L. B., Tract. med. de Encephalitide. 8. Halle 806. Schimmelpfennig. 2 gr.

Thilo, Johann Christian (Langensalza) A. S. 308/32

Dissertatio iuridica inauguralis de diversorum opificiorum confusione Germaniae parum proficua adeoque non permittenda.
Göttingen (Schultz) 25. V. 1737. 31 S.

W. v.: Georg Christian Gebauer.

34358

Thilo, Johann Christian (Langensalza) A. S. 190/24

Dissertatio academica de eo quod juris est circa jubilaea. Präs. Gottfried Ludwig Mencken.
Wittenberg (Gerdes) 15. VII. 1730. 60 S.

34357

Thilo, Johann Gottlieb U. S. Erfurt 1703/1

Disputatio inauguralis juridica, de contractu pignoratitio. Präs. Johann Philipp Streit.
Erfurt (Grosch) 2. V. 1703. 32 S.

Gew.: Wolfgang Melchior Stisser (Schwager).

34359

Thilo, Johann Karl

—— Acta ss. apostolorum Andreae et Matthiae Graece ex codd. Parisiensibus nunc primum edita. Halis 1846 [vielmehr: 1847]: Orphanotropheum. XII S., S. 2—32. 8° (4°)

Halle-Wittenberg, Progr. z. akad. Preisverteilung 1846

[Umschlagt.:] Acta ss. apostolorum Andreae et Matthiae et commentatio de eorundem origine...

Thilo, Ioannes Carolus: Acta ss. apostolorum Petri et Pauli Graece ex codd. Parisiensibus et Latine ex codd. Guelferbytanis nunc primum edita et annotationibus illustrata. Part. prior. Halis Saxonum 1837: Orphanotropheum. 28 S. 8° (4°)

Halle-Wittenberg, Oster-Progr. 1837
Im Buchhandel 1838 beim Waisenhaus in Halle.

Thilo, Ioannes Carolus: Acta ss. apostolorum Petri et Pauli Graece ex codd. Parisiensibus et Latine ex codd. Guelferbytanis nunc primum edita et annotationibus illustrata. Part. posterior. Halis Saxonum 1838: Orphanotropheum. 30 S. 8° (2°)
Halle-Wittenberg, Oster-Progr. 1838
Im Buchhandel 1838 beim Waisenhaus in Halle.
Vgl. A c t a . . .

Thilo, J. C., acta Thomae apostoli. Lips. 1823. 8.
Vgl. A c t a . . .

Thilo, J[ohannes] C[arolus]: • De praecipuis neglecti nostris temporibus studii patristici causis. 8 Bl. 8° (4°)
Halle, Phil. Diss. v. 13. März 1817
Geb. [Langensalza 28. 11. 1794].

Thilo, Io. Car., **Codex apocryphus. Novi Testamenti. E libris editis et manuscriptis, maxime Gallicanis, Germanicis et Italicis, collectus, recensitus notisque et prolegomenis illustratus. Tom. I. 8 maj. (66 B.) Lipsiae 832, Vogel. 4 Thlr. 12 Gr., Schrbp. 5 Thlr. 6 Gr., Vlnp.**

—— Commentarius in Synesii hymnum secundum v. 1—24. Halis 1842 [vielmehr 1843]: Orphanotropheum. S. 4—42. 8° (4°)
Halle-Wittenberg, Progr. z. akad. Preisverteilung 1842

Thilo, Jo[annes] Carolus: Commentatio de coelo empyreo. P. 1. Halae 1839: Orphanotropheum. 28 S. 8° (4°)
Halle-Wittenberg, Oster-Progr. 1839
Im Buchhandel 1840 beim Waisenhaus in Halle.

Thilo, Jo[annes] Carolus: Commentatio de coelo empyreo. P. 2. Halae 1839: Orphanotropheum. 20 S. 8° (4°)
Halle-Wittenberg, Pfingst-Progr. 1839
Im Buchhandel 1840 beim Waisenhaus in Halle.

Thilo, Jo[annes] Carolus: Commentatio de coelo empyreo. P. 3. Halae 1840: Orphanotropheum. 24 S. 8° (4°)
Halle-Wittenberg, Pfingst-Progr. 1840
Im Buchhandel 1840 beim Waisenhaus in Halle.

Thilo, Jo[annes] Carolus: Commentatio ad Synesii hymnum secundum v. 22—24. de triplici silentio philosopho mystico divino. Halis 1843: Orphanotropheum. 20 S. 8° (4°)
Halle-Wittenberg, Pfingst-Progr. 1843

Thilo, (J. C.,) Epistola gratulatoria ad S. R. Knappium Doct. acad. jubilarium Subjectum est Specimen exercitat. crit. in sapientiam Salomonis. 4 maj. Halae 825, Fr. Ruff.

— epistola gratulatoria ordinis theologici Halensis ad S. R. Knappium subjectum est specimen criticarum in sapientiam Salomonis etc. 4. Halle 825. jetzt Lippert. 1/4 ℛ

Thilo, Jo[annes] Carolus: Eusebii Alexandrini oratio περι αστρονομων, quam praemissa de magis et stella quaestione e cod. reg. Par. primum edidit et adnotationibus illustravit. Halae 1834: Orphanotropheum. 34 S. 8° (4°)
Halle-Wittenberg, Weihnachts-Progr. 1834
Im Buchhandel 1834 beim Waisenhaus in Halle.
Vgl. E u s e b i u s .

Thilo, Joannes Carolus: Colliguntur et commentariis illustrantur fragmenta actuum s. Ioannis a Leucio Charino conscriptorum. Part. 1. Halis 1847: Orphanotropheum. 32 S. 8° (4°)
Halle-Wittenberg, Oster-Progr. 1847
Mehr nicht ersch.

Thilo, Johann Karl, s. I g n a t i u s : Epistolae.

Thilo, Karl, s. G. C. Knapp, Vorlesungen.

—— über d. Schriften d. Eusebius v. Alexandrien u. des Eusebius v. Emisa. Ein krit. Sendschreiben an Hrn. Consistorialrath Dr. Augusti zu Bonn. Mit e. Anh. mehr. bisher unbekannter Homilien d. Eusebius v. Alexandrien. gr. 8. (7¼ B.) Halle 832, Buchh. d. Waisenhauses.

[Thilo, Johann Karl]: Specimen exercitationum criticarum in Sapientiam Salomonis. Halis Saxonum: [Ruff] (1825). VIII, 10 S. 8° (4°)
Halle-Wittenberg, Progr. mit Glückwunsch d. theol. Fak. z. 50-jähr. Doz.-Jubil. v. Georg Christian Knapp am 1. Mai 1825
Im Buchhandel ebda u. d. T.: Epistola gratulatoria ad G. C. Knappium Doct. acad. jubilarium (usw.).

Thilo, Johann Karl, s. V a t e r , J. S.: Synchron. Tafeln.

Thilo, Johann Ludwig Christoph, s. T h i l o , Ludwig.

Thilo, Johann Wilhelm (Hilpertshausen) A. S. 766/38

Disputatio inauguralis juridica de jure embateutico, sive facultate bona debitoris propria autoritate occupandi von Rechte des Schuldeners Güther eigenen Gewalts einzunehmen, ad l. 3. ff. §. 5. de reb. eor. qui sub tut. Präs. Christian Wildvogel.
Jena (Müller) VIII. 1707. 42 S.
W. v.: Präs.
Gew.: Johann Jacobs. 34360

Einführung in die Grundlehren der Chemie. F. Schulen u. z. Selbstunterr. bearb. v. Dr. Julius Thilo. *Langensalza: H. Beyer & Söhne 1897.* (XII, 230 S.) 1 Bd 8. (97. 4830

Thilo, Julius: Zur K e n n t n i s der Biazolone. . . . Berlin: Druck v. A. Thilo 1891. 44 S., 1 Bl. 8°
Berlin, Phil. Fak., Inaug.-Diss. v. 12. März 1891

Thilo, K., Grundzüge einer a. atomist. Principien entwickelten Theorie der Achsendrehung der Weltkörper. 4. Paderborn 808. . . . 8 ℊ

Thilo, Karl, prot. Theol., 1794–1853, s. T h i l o , Johann Karl.

Thilo, Carl, die gesetzlichen Bestimmungen über das Stempelpapier. 1 Tab. in Fol. Heidelberg 865. (K. Groos.) n. 2 ngr

Thilo, Carl. **Der Foxterrier. Nach Rawdon Lee: History and description of the Fox Terrier bearb. (In 3 Lfgn.) 1. Lfg. Lex.-8. (24 S. m. 1 Text-Abbildg. u. 6 Taf.) Lpz. 891, [Weber Sport-Verlag.] Malende.** * 2 —

Thilo, Carl, u. H. W. **Gruner,** der Foxterrier. Nach Rawdon Lee: History and description of the Fox Terrier bearb. 1.—4. Lfg. Lex.-8. (S. 1—122 m. Abbildgn. u. 8 Taf.) Leipzig 891—894. W. Malende. à n. 2. —

⑧ **Thilo,** Carl, u. H. W. **Gruner,** d. Foxterrier. 891. (KBL 28.) Jetzt: Neudamm, J. Neumann. 4. —

Thilo, Ernestus Otto Carolus: De Venditi actionis usu quodam speciali. Halis Saxonum 1865: Orphanotropheum. 29 S. 8°
Halle-Wittenberg, Jur. Diss. v. 10. Juli (1865)
Geb. Halle [6. 11.] 1844. V.

Thilo, Carl, alphabetische Zusammenstellung der Sporteln, Taxen und Gebühren, welche bei den Gerichten, in Civilstaatsverwaltungs- und Polizeisachen, für Geschäfte der Rechtspolizeiverwaltung zu entrichten sind. gr. 8. (23 S.) Heidelberg 865, Groos. *

—— Zusätze zu dem Strafgesetzbuch für das Großherzogth. Baden, mit den Motiven der Regierung und den Resultaten der Ständeverhandlungen im Zusammenhang dargestellt von Wilh. Thilo. gr. 8. (III und 58 S.) Heidelberg 865, Groos. *

Thilo, Kaspar (Liegnitz) A. S. 404/2

Dissertatio de pecunia pupillari, ejusque administratione, Von Unmündiger Kinder Gelde.
Präs. Peter Müller. Ed. 4.
Jena (Gollner) 1700. 28 Bl.

Diss. IV. 1678. 34365

Thilo, Kaspar (Liegnitz) A. S. 203/21

Dissertatio de pecunia pupillari, ejusque administratione, Von Unmündiger Kinder=Gelde.
Präs. Peter Müller.
Jena (Ehrich) 1715. 22 Bl.

Diss. IV. 1678. 34366

Thilo, L., von d. Gnade Gottes, die der Gemeinde zu Grischow durch d. vollendeten Bau ihrer Kirche neu versiegelt worden. Predigt bei Einweihung dieser im J. 1825 abgebrannten u. 1830 wieder aufgebauten Kirche. gr. 8. (1 B.) Neustrelitz u. Neubrandenburg 831, Dümmler. Thlr.

Thilo, Ludwig

Thilo, Jh. Ldw. Cph., gewöhnl. Ldw., Begriff u. Eintheilung der Allwissenschaft od. der sogenannten Philosophie. gr. 8. Bresl. 818. Holäufer. 12 gGr.

Thilo, Ludwig. Ueber Peter Meermann's auf hiesiger Stadt-Bibliothek befindliche thermometrische Beobachtungen und Berechnungen. (Mit 1 Tafel in Steindruck.) (Programm-Abhandlung.) Frankfurt am Mayn 1821.

— pädagog. Bestimmung des Geistlichen, als Wesen seines Berufs. Ein Handbuch für angehende Theologen, Erzieher u. Prediger. 8. Frankf. a. d. O. 811. (Leipz., Lauffer; a. Krappe). 16 gGr. (a. Sander in Berl.) 18 gGr.

Thilo, Ludw., pädagogische Bestimmung d. Geistlichen, als Wesen seines Berufs. Ein Handbuch f. angehende Theologen, Erzieher u. Prediger. 8. Frankf. an d. Oder, Akadem. Buchh. 811.

— — Ebendass. mit neuem Titel versehen. 8. Leipzig, Lauffer. 817.

— — die pädagogische Bestimmung des Geistlichen. 8. Frankfurt a. d. O., jetzt Flittner.

— Bestimmung der Universitäten. Bei Eröffnung d. Breslauer Universität. Mit 1 Titelvign. gr. 4. Bresl. 811. W. G. Korn. 8 gGr.

— Bestimmung d. Universitäten. Bei Eröffnung d. Breslauer Universität. Mit 1 Titelvign. gr. 4. Bresl. W. G. Korn. 812.

— Cölestino, das Anschauen Gottes. 8. Breslau, Max und Comp. 817.
Vgl. C ö l e s t i n o, ...

(L. Thilo's) Eucharíston; üb. d. Verhältn. d. göttl. Welt z. ausserweltl. Gottheit. *Bresl.*, Holäufer. 820. gr 8° 22 gGr.
Vgl. E u c h a r i s t o n .

Thilo, Ludw., unmündige Fragen eines Landpastors über die Erklärung der Pastoren, Doctoren u. Bischöfe wider die Freunde der evangel. Kirchenzeitung. 12. (1 B.) Berlin 845, Thome.

— Grundsätze des akadem. Vortrags, ein Beitr. z. Aufdeckung herrschender Universitätsmängel. 8. Frankf. 809. Akadem. B. 15 gGr. (Sander in Berl.) 12 gGr.

Thilo, Ldw., († d. 22. Mai 1831.) die Hauptsätze aus der Elementargeometrie; statt Manuscript f. die Kantonsschüler zu Aarau. 8. Aarau 818.

Thilo, (Joh.) Ludw. (Chrstph.), ist Ludwig Philipp rechtmäß. König v. Frankreich? Bruchstück e. Handschrift: Ueber d. Fürstl. Gewalt nach ihren Gründen u. Gränzen. 8. (1½ B.) Breslau 831, (Pelz.)

Thilo, Ludwig, appr. Arzt: Aus d. pathol.-hygien. Inst. d. Stadt Chemnitz. Zur Kenntnis der Mißbildungen des Herzens. ⟨Mit 2 Taf.⟩ Leipzig 1909: Georgi. 39 S. 8°
Leipzig, Med. Diss. v. 19. April 1909, Ref. Marchand
[Geb. 19. Dez. 82 Rehfeld b. Berlinchen; Wohnort: Beierfeld; Staatsangeh.: Preußen; Vorbildung: Gymn. Pyritz Reife M. 02; Studium: Leipzig 3, Königsberg 2, Halle 5 S.; Coll. 28. April 09; Approb. 6. März 09.] [U 09. 2891

Lehrbuch der reinen Elementar-Mathematik. Von Ludwig Thilo. Frankfurt a.M.: Brönner 1820. VIII, 150 S. 8°

——, Louis Philippe est-il Roi des Français légitime? Fragment d'un Manuscrit: De la souveraineté selon ses bases et ses bornes. 8. (1½ B.) Breslau 831, Pelz.

Samueli Thomae a Soemmerring, ... viro illustrissimo, rerum naturae, animantium, inanimorum, investigatori acerrimo, Societas naturae curiosorum Senckenbergia impetrati in facultate medica summi honoris solennia quinquagesima die VII. Aprilis MDCCCXXVIII auspiciis Summi Numinis agenda pie laeteque gratulatur. Inest LUDOVICI THILO dissertatio de solis maculis ab ipso summo viro Soemmerringio observatis. Praemittitur carmen gratulatorium auctore Guilielmo Ernesto Weber. (Mit Tafeln.) Francofurti ad Moenum 1828. Typis Broenncrianis. 4°.

— Materialien f. den Unterricht in der Elementar-Geometrie. 1r Thl. 1r Bd. A. u. d. T.: Samml. geometr. Aufgaben u. Lehrsätze. Mit synthetischen Auflösungen u. Beweisen. 1r Bd. Mit 8 Kpft. gr. 8. Frankf. 824. Sauerländer. 2 Thlr. 4 gGr. 1r Thl. 2r Bd. A. u. d. T.: Samml. geometr. Aufgaben u. Lehrsätze. Mit synthet. Auflösungen u. Beweisen. 2r Bd. Mit 10 Kpft. gr. 8. Ebd. 824. 2 Thlr. 16 gGr. Beide Bde 4 Thlr. 20 gGr.

— dass. 1r Thl. 2r Bd. — A. u. d. T.: Samml. geometr. Aufgaben u. Lehrsätze. Mit synthetischen Auflösungen u. Beweisen. 2r Bd. Mit 10 Kupfert. gr. 8. Frkf. 825, Sauerländer.

— Dass. im Auszuge, s. J. W. G. Krämer.

— Prüfung einiger Vorurtheile gegen die Ästhetik. Zunächst f. seine Zuhörer. 8. Bresl. 820.

— über den Ruhm. 8. Halle, Hemmerde und Schw. 803.

— üb. den Ruhm. 8. Halle 803. Schwetschke u. S. 1 Thlr. 12 gGr.

Sammlung geometrischer Aufgaben und Lehrsätze mit synthetischen Auflösungen und Beweisen, als Material des Unterrichts in der Elementar-Geometrie, von Ludwig Thilo. Bd 1.2. Frankfurt a.M.: Sauerländer 1824-25. 8°

(= Thilo: Materialien für den Unterricht in der Elementar-Geometrie, Th.1.)

Bd 1: Enthaltend, als Einleitung, eine Abhandlung über die geometrischen Aufgaben und Lehrsätze überhaupt, und aus der Planimetrie die Aufgaben und Lehrsätze, welche die Congruenz und Gleichheit der Figuren betreffen. 1824.

Bd 2: Enthaltend aus der Planimetrie die Aufgaben und Lehrsätze, welche die Aehnlichkeit der Figuren und den Kreis betreffen. 1825.

SONETTE (von *Joh. Ludw. Christoph Thilo*). Halle 1801. Anon.-Lex. IV. p. 96 (nach Meusel u. Goedeke).
Vgl. S o n e t t e .

L. Thilo: d. Staat in Hinsicht a. Wesen, Wirklichk. u. Ursprung philos. entwickelt; z. Entscheid. d. staatsrechtl. Frage, ob er a. e. Vertrage beruhe. *Brest.*, Grüson u. C. 827. 8° 1 ₰ 4 gl

— der Staat in Hinsicht auf Wesen, Wirklichkeit u. Ursprung, philosophisch entwickelt. 8. Bresl. 827. (Hentze). 1 ₰ 4 gl

Thilo, Jh. Ldw. Cph., gewöhnl. Ldw., Staat u. Kirche in ihrem gegenseit. Verhältnisse, angedeutet f. die Zuhörer seiner naturrechtl. Vorlesung. 8. Bresl. 822.

—— die Volkssouveränität in ihrer wahren Gestalt. Nebst e. Anh.: Ist Friedrich Murhard e. Kompilator? gr. 8. (18½ B.) Breslau 833, Hentze.

(Thilo, Ludwig). Was ist Verfassung? Zur Würdigung der Schrift eines Neu-Preußen „Bedarf Preußen einer Constitution?" Aus dem Gesichtspunkt der Staatswissenschaft von einem Alt-Preußen, dem Verfasser der Volkssouveränität in ihrer wahren Gestalt. Breslau, Richter 1835. 140 S. 8.

(Thilo, Ludw.,) was ist Verfassung, s. Was.

Thilo, [Marie] von. Frauenkrankheiten wie Unterleibs- und Nervenleiden, Blutarmut und Bleichsucht und deren Behandlung. 41 S. 8. Stuttgart, Verlag »Reform«, [1905]. M. 1.—

Thilo, Marie von. Gesundheit, Kraft und Schönheit dem Weibe! Aerztliche Winke und Ratschläge zur Weiblichen Schönheitspflege, gesammelt und aus eigener Erfahrung ergänzt von Dr. med. Maria von Th', prakt. Frauenärztin, Schönenwerd ⟨Schweiz⟩. Mit 25 Abbildungen. VI + 112 S. 8. Berlin, Wilhelm Möller, [1904]. (M. 1.—)
(Das praktische Frauen-Buch. Band 4: Weibliche Schönheits-Pflege.)

— Gesundheit, Kraft u. Schönheit dem Weibe, s. a. Frauen-Buch, das praktische. IV.

Thilo, Maria v., Handbuch der Hygiene der Frau. 8. (III, 140 S.) Neuchâtel 891. Gebr. Attinger. n. 2.—

Thilo, M[arie] von. Heiratsgedanken. Winke und Ratschläge für Heiratslustige. Von Dr. med. M. von Th' (Neuhausen a. Rh.). [Mit Vignetten.] VI + 84 S. 8. Bern, Wagner, [1905]. [geb.] fr. 1.50

Die Hygiene des Weibes. Ein ärztl. Frauenbuch mit bes. Berücks. d. Entwicklungsjahre, Eheleben u. Wechseljahre, Frauen- u. Kinderkrankheiten. Von Dr. M a r i a v. Thilo, pr. Frauen-Aerztin. *Berlin: W. Möller 1904.* (212 S.) 8° [F.]
= Hausbücher f. Gesundheitspflege. Bd 25.

Thilo, M[arie] von. Le livre d'or de la mère. Ce que toute mère devrait savoir. Par le Dr. med. (* *Umschlag:* la Doctoresse) M. de Th'. [Traduit de l'allemand. Illustré.] 80 p. 8. Berne, Wagner frères, [1906]. [relié] fr. 1.50

Thilo, Marie von. Goldene Regeln für Mütter. Ein Leitfaden und Merkbüchlein für die Pflege und Erziehung des Kindes. Von Dr. med. Maria von Th', Aerztin ..., Neuhausen. [Illustriert.] XII + 70 [+32] S. 8. Bern, Wagner, [1906]. geb. fr. 1.—
[1. Aufl.]
2. [Titel-] Aufl.

Thilo, Maria v., was Mann u. Weib vom Geschlechtsleben wissen müssen, s.: K ü h n e r, A.

Was sage ich meiner Tochter von den Entwicklungsjahren? Beantwortet von Dr. M a r i a v. Thilo, pr. Frauenärztin. *Berlin: W. Möller [1904].* (34 S.) 8° [F.]
Aus: Thilo: Die Hygiene d. Weibes.
= Hausbücher f. Gesundheitspflege. Bd 52.

Thilo, Marie von. Was sollen unsere erwachsenen Töchter von der Ehe wissen? Von Dr. med. Marie von Thilo. IV + 58 S. 8. Zürich und Leipzig, Th. Schröter, (1901). [fr. 1.—]

Thilo, Marie von. Was sollen unsere erwachsenen Töchter von der Ehe wissen? Von Dr. med. Marie von Thilo. 2. [unveränderte] Aufl. IV + 60 S. 8. Zürich und Leipzig, Th. Schröter, 1901. [fr. 1.—]

Thilo, Marie von. Was sollen unsere erwachsenen Töchter von der Ehe wissen? Von Dr. med. Marie von Thilo. 3. [Titel-]Aufl. IV + 60 S. 8. Zürich ⟨und Leipzig⟩, Th. Schröter, 1903. [fr. 1.—]

Thilo, Otto: Die A u g e n der Thiere. M. 2 Taf. Hamburg: Verlagsanst. u. Dr. A.-G. 1899. (24 S., 2 Bl.) 8°
= Sammlung gemeinverständl. wiss. Vorträge. N. F. Ser. 14. H. 316.

[F.] 1. Die Körperformen der Fische und Seesäugethiere. 2. Die Grössenverhältnisse zwischen Männchen u. Weibchen im Tierreiche. Von Dr. med. Otto Thilo in Riga. *Hamburg: Verlagsanst. u. Dr. A.-G. 1898.* (20 S., 1 Taf.) 8.
= Sammlung gemeinverständl. wiss. Vorträge. N. F. Ser. 13. H. 301.
[98. 9913

Thilo, Otto, die Sperrgelenke an den Stacheln einiger Welse, des Stichlinges u. des Einhornes. Inaugural-Dissertation. gr. 8. (21 S. mit 1 Kpfrtaf.) Dorpat 879. (Karow.) n. 1.50

Übungen. Von Otto Thilo (Riga). *Leipzig: Breitkopf & Härtel 1897.* (36 S., 3 Taf.) 8.
= Sammlung Klinischer Vorträge. N. F. No 176. [97. 3133

Thilo, Pav. Gtth., resp. P. G. Sperling, De ingeniorum praesidiis. 31 pp. Lps. 4°. 1705

Thilo, Polykarp Friedrich (Langensalza) A. S. 566/30

Dissertatio iuridica de censu.
Präs. Augustin von Leyser.
Wittenberg (Schlomach) 11.IX.1747. 22 S.
34367

Thilo, Rudolf

Thilo, Rud., über Behandlung und Fütterung der Stammböcke in Klassenherden. 3. verb. Aufl. 8. (12 S.) Neubrandenburg 888, Brünslow'sche Buchh. *

Thilo, Rud., Bericht über den am 24. u. 25. Septbr 1880 in Leipzig stattgehabten Woll-Convent u. über die heutige Lage der Schafzucht erstattet am 10. Novbr. 1880 im landwirthschaftlichen Vereine zu Neubrandenburg. gr. 8. (23 S.) Neubrandenburg 881. Brünslow. n. 1.—

Allerlei Nützliches über Viehzucht speciell Schafzucht von Oekon.R. Rudolf Thilo, zsgest. von Schäfereidir. Erich Thilo, Neubrandenburg i. M. *Schöneberg-Berlin: F. Telge in Komm. 1899.* (47 S.) 8° [F.] [03. 89]

Thilo, Rud., allerlei Nützliches üb. Viehzucht. speciell Schafzucht, zusammengest. v. Erich Thilo. 8. (47 S.) Schöneberg-Berlin 899. (Berlin, Deutsche Tageszeitung.) n. 1. —

Thilo, Siegfriedus *(geb. Hoenigern in Schles. 1. 4. 1837)*: Commentatio historico-critica de omnibus curandi methodis, quas unquam medici ad eclampsiam parturientium sanandam commendaverunt. Vratislaviae (1859). (33 S.) 8° *(Breslauer gekr. Preisschr.)*
Breslau, Med. Diss. v. 23 Nov. 1859

Thilo, Wilhelm

Thilo, Wilh. (geb. Erfurt 18. 3. 1847): Ueber die Behandlung der Urethralstricturen. Berlin (1870). (36 S.) 8°
Berlin, Med. Diss. v. 9. Juli 1870

Thilo, Wilh., der Bibelspruch im Dienste des Religions-Unterrichtes in evangel. Volksschulen u. Lehrer-Bildungs-Anstalten. Mit Berücksichtig. des bibl. Spruchbuchs zum Schulgebrauch, Calw u. Stuttgart 845. gr. 8. (3½ B.) Erfurt 846, Körner. *

Thilo, Wilh., Geschichte der preußischen Haupt-Bibelgesellschaft in ihrem ersten Halbjahrhundert 1814—1864. Berlin 864. (Beck.) gr. 8. (XI, 356 S.) n. 25 ngr.

Thilo, Wilh., Ludwig Helmbold nach Leben u. Dichten. Zur Vergegenwärtigung evangelisch-geistlichen Werdens u. Wirkens, so wie zur Ergänzung der Literatur-, Kirchen-, Schul- u. Sittengeschichte im Jahrh. d. Reformation. Nach den Quellen. gr. 8. (272 S.) Berlin 851, L. Oehmigke. 1 ₰

Thilo, Wilh., Ludwig Helmbold nach Leben und Dichten. Zur Vergegenwärtigung evangelisch-geistlichen Werdens und Wirkens, so wie zur Ergänzung der Literatur-, Kirchen-, Schul- und Sittengeschichte im Jahrh. der Reformation. Nach den Quellen. 2. (Titel-)Ausg. gr. 8. (272 S.) Berlin 856, L. Oehmigke's Verlag.

— Thüringens evangel. Kirchen-Liederdichter u. Kirchen-Musiker in synchronist. Ueberblick. 2 Bog. in Imp. Fol. Erfurt 848. (Müller'sche Sort.-Buchh.) n. 4 ngr.

—— die Controversen d. französ. Civilrechts. Nach d. Commentaire sur le Code civil p. J. M. Boileux, revu p. M. F. F. Poncelet, bearb. Zum Gebr. f. Studirende u. angeh. Practiker. Mit e. einleit. Vorw. v. Heinr. Zoepfl. gr. 8. (46½ B.) Stuttgart 841, Krabbe. *

— das geistliche Lied in der evangel. Volksschule Deutschlands. Für Gönner, Leiter u. Lehrer derselben. 8. Erfurt 842, Hilsenberg. n. ⅓ ₰

—— das geistliche Lied in der evangel. Volksschule Deutschlands. Für Gönner, Leiter u. Lehrer derselben. 8. (4¾ B.) Erfurt 842. [Leipzig, Hartung.] *

— das geistliche Lied in der evangelischen Volksschule Deutschlands. Für alle Freunde des Liedes, insbesondere unter den Gönnern, Leitern und Lehrern der Volksschule. 2. stark verm. u. mit Lieder erklärenden Beilagen vers. Ausg. Berlin 855. W. Schultze. 8. (VI, 262 S.) n. 1 ₰. 5 ngr.

—— Ludämilia Elisabeth, Gräfin von Schwarzburg-Rudolstadt. Ein Beitrag zur Geschichte der geistl. Dichtung im 17. Jahrhundert. Ein Vortrag auf Veranstaltung des evangel. Vereins für kirchl. Zwecke gehalten am 19. März 1855 zc., in erweiterter Gestalt. gr. 8. (61 S.) Berlin 855, W. Schultze.

Thilo, Wilh., Luther oder Spengler? d. i. Wer ist Verfasser des Liedes „Vergebens ist all Müh und Kost zc." Ein Sendschreiben an einen Freund. Mit einem musikal. Anhang von L. Erk. 8. (30 S.) Berlin 861, Th. Chr. Friedr. Enslin.

—— Melanchthon im Dienste an heiliger Schrift. Ein Denkmal in der Bibelwelt zur dritten Säcularfeier des Vollendeten. gr. 8. (VI und 130 S.) Berlin 860, Th. Chr. Friedr. Enslin. *

—— Proceß-Ordnung in bürgerl. Rechtsstreitigkeiten f. d. Großhrzth. Baden. Aus Quellen d. Gesetzgeb., richterl. Entscheidungen u. Doktrin f. prakt. Rechtsgelehrte erläutert. 16. (58 B.) Karlsruhe 841, Jul. Groos. *

—— Reden u. Gesänge bei Pestalozzi's Säcular-Geburtsfeier im kgl. Seminar zu Erfurt. Zur Erinnerung an dieselbe in Gemeinschaft mit den Mitwirkenden veröffentl. gr. 8. (5 B.) Berlin 846, Theod. Enslin. *

-- pädagog. Sinn u. polit. Treiben. Zu Erwägungen für die Erzieher u. Lehrer von Groß u. Klein im deutschen Volke zusammengestellt. 8. (75 S.) Erfurt 847, Müller'sche Sort.-Buchhandlung. 6 ngr.

—— pädagogischer Sinn und polit. Treiben. Zu Erwägungen für die Erzieher und Lehrer von Groß und Klein im deutschen Volke zusammengestellt. 8. (75 S.) Erfurt 849, Müller'sche Buchh.

Thilo, Wilh., Spener als Katechet. Ein Beitr. z. Vergegenwärtigung reformator. Verdienstes. Für Freunde kirchl. Katechese, insbesond. f. Lehrer an Kirchen u. Schulen dargest. gr. 8. (6⅛ B.) Berlin 840, [Dümmler's Brlsh.]

Thilo, Wilh., Strafgesetzbuch f. das Großherzogth. Baden, s. Strafgesetzbuch.

Thilo, Wilhelm, s. Strafgesetzgebung, Die, d. Großherzogthums Baden.

Thilo, Wilh., preußisches Volksschulwesen nach Geschichte u. Statistik. [Vielfach erweit. Abdr. aus der Encyclopädie des gesammten Erziehungs- u. Unterrichtswesens.] Gotha 867. Besser. gr. 8. (VII, 308 S.) n. 20 ngr.

—— Was ihrer 23 vorhaben gegen die christl. Volksschule Preußens. Bericht und Berufung an gewissenhafte Elternherzen in der Nationalversammlung und in der gesammten Nation. 8. (56 S.) Erfurt 848, (Müller'sche Buchh.)

Thilo, Wilh.: Das Französische Civilgesetzbuch und Handelsrecht, erl. aus Urtheilen der französischen Gerichtshöfe. Gesetzen und andern Quellen. Für das Großherzogthum Baden bearb. Karlsruhe.
Bd 1. Von Art. 1–892. 1838.
Bd (2. Von Art. 893–2281.) 1838.
Bd 3. enth. das erl. Handelsrecht u. Erg. des erl. Civilgesetzbuches. 1841.

Thilo, Wlh., das Französische Civilgesetzbuch und Handelsrecht, erläutert aus Urtheilen der franz. Gerichtshöfe, Gesetzen u. a. Quellen. 1s—8s Heft. 1r Bd. Von Art. 1—892 u. 2r Bd. Von Art. 893—2281. gr. 8. Karlsruhe 838, 39. Müller. 4⅔ ₰

Thilo, Wilh. das französische Civilgesetzbuch u. Handelsrecht, erläut. aus Urtheilen d. franz. Gerichtshöfe, Gesetzen u. and. Quellen. Nach Code civil (et de commerce) annotés des dispositions interprétatives, modificatives et applicatives, p. J. B. Sirey et L. M. de Villeneuve, u. bis auf d. neueste Zeit fortgesetzt. Für d. Großhrzth. Baden, mit steter Rücksicht auf Gesetze, Verordnn. u. Entscheidn. d. Gerichtshöfe dies. Landes bearb. 3 Bde. gr. 8. (95¼ B.) Karlsruhe 838—41, Müller'sche Hofbuchh.

Thilorier, Abbild. u. Beschreib. rauchverzehrender Oefen, Phloskopen genannt, die sich durch neue geschmackvolle Formen, große Holzersparniß empfehlen 2c. vervollkommnet v. Voreur, mit K. gr. 4. Lpz. Hinrichs. 803.

— ausführl. Abbild. und Beschreib. der rauchverzehr. Oefen, genannt Phloskopen, von Voreur, herausgeg. von Eschenbach, mit Kupf. gr. 4. Ebend. 805.

— — dies. mit sichtbarer Flamme von Voreux, herausgeg. von Eschenbach, mit Kupf. gr. 4. Ebend. 806.

Thilorier, ..., Abbild. u. Beschreib. rauchverzehrender Oefen, Phloskopen genannt, s. Voreux.

Thilow, Georg Heinrich: Anatomisch-pathologische Abhandlung von den Nieren, welche keine Harnleiter hatten.. E. Beitrag z. Anatomia pathologica. Erfurt 1794. 22 S., 1 Taf.

— anatom.-patholog. Abhandl. von den Nieren, welche keine Harnleiter hatten 2c. Mit Kpf. 4. Erfurt 794. Keyser. 4 gr.

Thilow, G. H., Anatomie od. Beschreib. vom Bau des menschl. Körpers, für Schulen und diejen., welche sich der Medicin u. Chirurgie widmen 2c. mit Kupf. 8. Erfurt, Keyser. 796.

— Beschreib. anatom. u. patholog. Gegenstände, durch Wachspräparate u. Kpf. versinnlicht. 1r Bd. 1e Liefer. gr. 8. Gotha 804. Perthes. 1 ₰ 6 gr.

Thilow, G. H., Beschreibung des Grabes und der Gebeine des Grafen Ernst III. von Gleichen und derer seiner beiden Weiber, s. Jh. Mich. Hnr. Döring.

Thilow, Georg Heinrich (Erfurt) U. S. Erfurt 1790, 1

Dissertatio anatomico-physicologica de vasis bilem resorbtam ex receptaculo chyli ad renes ferentibus. (Erfurt) (Nonnius) 5. VI. 1790. 24 S.
34369

— üb. die Wirkung des Salpeters u. Küchensalzes auf. den thierischen Körper. gr. 8. Erfurt 802. (Otto). 6 gr.

Thilow, Carl [aus Schnackenburg (Hannover)]: Beiträge zur Casuistik des Fibroma molluscum multiplex. . . . Berlin, Buchdr. v. Gustav Schade (Otto Francke) (1889); 28 S. + 2 Bl. 8°
Berlin, Med. Fak., Inaug.-Diss. v. 25. Okt. 1889

Thilsch, A. Abriß der Oryktognosie. 46 S.
Glatz, Progr. 1839

Thilsch, A. Veteris cum recentiore Germaniae status comparatio. 16 S. . . . .
Glatz, Progr. 1826

Ders. Elegia Manibus dedicata Joannis Cabath. 3 S. .
Glatz, Progr. 1835

— Elegia in obitum Jos. Scheide. 4 S. . . . . .
Glatz, Progr. 1827

Ders. Ode ad J. Kabathium, a sede rectorali abeuntem.
Glatz, Progr. 1828

Thilsch, A. De usu et collocatione particularum μέν et δέ. 19 S.
Glatz, Progr. 1835

Thilva, Emil, Tannhäuser. Ein Gedicht. 16. (46 S.) Leipzig 854. (Elberfeld, Bädeker'sche Buchh.)

Thim, Ant., 31 Betrachtungen über das Ave Marie. Vorträge für die Maiandachten mit einer Einleitungsrede für den 30. April abends. gr. 8. (IV, 234 S.) Regensburg 887, Verlags-Anstalt.

— die Marienfeste. 32 Vorträge f. die Maiandachten. gr. 8. (IV, 282 S.) Regensburg 888. Verlags-Anstalt.
2. 70

Thim, Ant. Das Salve Regina, erklärt durch die heil. Schrift, die heil. Väter u. die Erfahrg. 32 Erwäggn. f. die Maiandachten u. Marienfeste d. Kirchenjahres. gr. 8. (IV, 252 S.) Regensb. 889, Verlags-Anstalt.
2 40

Thim, Jos., s. Untersuchung. ob der Verfasser d. Prager 2c.

Thimann, Paul: Zur Anwendung des Natrium ichthyolsulfonicum. Halle a. S. 1884: Plötz. 42 S. 8°
Halle-Wittenberg, Med. Diss. v. 18. Juni 1884
Geb. Haynau (Schlesien) 28. 7. 1859. V.

Thimey, Berthold

Thimey, Geschichte des Feldartillerie-Regiments Generalfeldmarschall Graf Waldersee (schleswigschen) Nr. 9 von seiner Gründung im J. 1866 bis zum J. 1907. Eine Neubearbeitg. f. Unteroffiziere u. Mannschaften u. Weiterführg. von 1891 bis 1907 der 1891 im Druck erschienenen Geschichte d. schleswig. Feldartill.-Regiments Nr. 9 v. Sprotte. (VIII, 214 S. m. Abbildgn., 13 Taf. u. 7 Karten.) gr. 8. Berlin 908. E. S. Mittler & Sohn.
6.50; geb. n 7. 75

Thimm, kurze Bemerkgn. zu ein. neueren Arbeiten üb. Condylomata acuminata u. Mittheilung e. neuen Behandlungsmethode derselben. [Aus: „Reichs-Medicinal-Anzeiger".] 8. (11 S.) Leipzig 895. Bonno Konegen, Verlag.
n. 1. —

Thimm, Alfr., der Privatbeamte u. das öffentliche Leben, s.: Volks-Schriften des Nationalvereins f. das liberale Deutschland.

Thimm, B., s.: Entwickelung, die bisherige, des Fortbildungsschulwesens in Pommern.

Thimm, Bernhard

Thimm, B., Übersicht üb. die Arbeit der inneren Mission in Pommern, nebst den Statuten u. Aufnahmebedinggn. in die, weiteren Kreisen dien. Anstalten. Hrsg. m. Zustimmung d. Provinzialvereins f. innere Mission in Pommern. gr. 8. (127 u. IV S.) Stettin 891. J. Burmeister.
n. 1. 60

— Uebersicht üb. die Arbeit der innern Mission in Pommern u. verwandte Bestrebungen, nebst den Statuten u. Aufnahmebedinggn. in die weiteren Kreisen dien. Anstalten. Hrsg. m. Zustimmg. des Prov.-Vereins f. innere Mission in Pommern. 2. Aufl. (VIII, 151 S.) 8. Stettin 905. J. Burmeister.
n. 2. 25

Thimm, C. A., English self-taught od. d. engl. u. amerikan. Dolmetscher. Ein neues, nach d. einfachsten Grundregeln ausgef. System zur Beförderg. d. allgem. Selbstunterrichts. E. Handbuch f. jeden, d. in d. allerkürzesten Zeit ohne Lehrer u. ohne alle Mühe richtig Englisch lernen will. M. allen gebräuchl. Wörtern, leichten u. nothwend. Redensarten, Gespräche, Reiseunterhaltungen, Waschzetteln u. s. w., sow. e. vollständ. engl. Aussprache jedes Wortes u. 1 Tabelle d. verschiedenart. Münzen. Völlig neubearb. Aufl. 8. (96 S.) London 896. (Leipzig, F. A. Brockhaus' Sort.) n. 1. 50

Thimm, Carl, s. Thimm, Karl

Thimm, Erich, Gerichtsassessor: Die Rechtsverhältnisse bei Sammelunternehmen. Greifswald 1907: J. Abel. (70 S.) 8° [F.]

Greifswald, Jur. Fak., Ref. Stampe, Diss. v. 17. Mai 1907

[Geb. 4. Juni 78 Baldram, Kr. Marienwerder, W.-Pr.; Wohnort: Berlin; Staatsangeh.: Preußen; Vorbildung: Gymn. Marienwerder Reife O. 97; Studium: Berlin 4, Königsberg 3 S.; Rig. 27. Apr. 07.]

Thimm's (,Frz.,) London. Ein prakt. Führer durch Englands Hauptstadt und deren Umgebung. 1. Aufl. (VIII und 85 S.) 1851. und 2. Aufl., verm. durch zwölf Reisen in England und Schottland. 8. (VIII und 112 S. mit 1 lithogr. Plan in gr. Fol.) London 852, Thimm. Thlr. -

Thimm's (,Frz.,) London. Ein prakt. Führer durch England's Hauptstadt und deren Umgebung. 3. Aufl. 1854. $22\frac{1}{2}$ Ngr. und 4. Aufl., verm. durch 12 Reisen in England und Schottland, einen (in Kpfr. gest.) Plan der Sehenswürdigkeiten Londons (in qu. 4.) und einer Beschreibung des Krystall-Palastes in Sydenham. br. 8. (VIII und 120 S.) London 856, Thimm. *

Thimm's London für 1859. Ein praktischer Führer durch England's Hauptstadt und deren Umgebung. 7. Aufl., verm. durch 12 Reisen in England und Schottland, 1 (lith.) Plan der Sehenswürdigkeiten Londons und eine Beschreibung des Krystall-Palastes in Sydenham. London 859. Thimm. 8. (VIII, 126 S. u. 1 lith. Plan in Fol.) 25 ngr.

Thimm's London und Manchester für 1862. Ein prakt. Reisebuch für England und Schottland. 10., gänzlich umgearb. und verm. Aufl. 8. (VIII und 131 S. mit Karten und 3 lithogr. Plänen in 4. und Imp.-Fol.) London, Thimm. geb.

Thimm, Frz. L. J., the literature of Germany, from its earliest period to the present time, historically developed. Edited by Will. Henry Farn. gr. 8. ($19\frac{5}{8}$ B.) London 844, Nutt. Berlin, Asher et Comp. *

1856–1906. Festschrift zum 50jährigen Jubiläum der Altstädtischen Knabenschule und der Park-Mädchenschule von Friedrich Thimm. Memel 1906: F. W. Siebert. (19 S.) 8° [F. u. Ant.] [08. 10925 10

Thimm, Frdr., überlistet, s.: Fastnachts-Bühne. 87.

Thimm, Frdr., das erste Wölkchen, s.: Universal-Bibliothek.

Thimm, Georg, a. Bartenstein: Die Menschen- und Bürgerrechte in ihrem Übergang von den französischen Verfassungen zu den deutschen bis 1831. Greifswald 1905: H. Adler. (48 S.) 8°

Greifswald, Phil. Fak., Ref. Bernheim, Diss. v. 29. Juli 1905

[Geb. 26. Mai 80 Bartenstein; Wohnort: Greifswald; Staatsangeh.: Preußen; Vorbildung: Gymn. Tilsit Reife M. 98; Studium: Greifswald 2, Berlin 1, S.; Rig. 17. Juni 05.]

Thimm, H.: Der Johannisbeerwein. Stuttgart. 1888.

Thimm, Henr. Rud., de usu atque elocutione C. Suetonii Tranquilli. Dissertatio inauguralis philologica. Königsberg 868. (Schubert & Seidel.) gr. 8. (IV, 100 S.) n. $12\frac{1}{2}$ ngr.

Thimm, J. (J. Hutten), die Preisrichter, s.: Enßlin's Roman- u. Novellenschatz.

Thimm, Johanna, moderne Erziehungsfragen. Briefe e. Mutter. (56 S.) gr. 8. Berlin 902. L. Simion Nf. n. 1. —

Moderne Erziehungsfragen. Briefe einer Mutter. Von Johanna **Thimm**. *Berlin: L. Simion 1903.* (56 S.) 8° [F.] [04. 3354

Thimm, [Frau] J[ohanna] s. Familienbibliothek, Schweizer. Nr. 72.

Thimm, Karl

Stenographisches Lehrbuch für Kaufleute nach dem Einigungssystem Stolze-Schrey, aufgest. vom Einigungsausschuss d. Stenographieschulen Stolze-Schrey-Velten. Zum Gebr. f. Handelsschulen... bearb. von Carl **Thimm**. Lüneburg: Herold & Wahlstab 1899. (56 S.) 8°

Thimm, Carl, stenographisches Lehrbuch für Kaufleute nach dem Einigungssystem Stolze-Schrey, aufgestellt v. Einigungsausschuss der Stenographieschulen Stolze-Schrey-Velten. Zum Gebrauch f. Handelsschulen u. kaufmänn. Fortbildungsanstalten, sowie f. den Selbstunterricht bearb. 2. verb. u. erweit. Aufl. gr. 8. (68 S.) Potsdam 902. (M. Jaeckel.) Kart. n. 1. 50

1. Aufl. (IV, 56 S.) Lüneburg 899. n. 1. —.

Stenographisches Lehrbuch diplomiert 1903 nach d. Einigungssystem Stolze-Schrey für Kaufleute, Bankbeamte, Studierende etc. Zum Gebrauch f. Handelsschulen ... bearb. von Carl Thimm. 4. Aufl. Potsdam: Thimm 1910. 68 S. 8° [[illegible]

Thimm, Carl, stenograph. Lehrbuch — diplomiert 1903 — nach dem Einigungssystem Stolze-Schrey f. Kaufleute, Bankbeamte, Studierende etc. Zum Gebrauch f. Handelsschulen u. kaufmänn. Fortbildungsanstalten, sowie für den Selbstunterricht. 4. Aufl. (10. Taus.) (68 S.) 8. Potsdam (Nauenerstr. 26) 910. Handelsschul-Direktor Thimm. Geb. in Leinw. 1. 50

— Mir od. mich? Alphabetisches Nachschlagebuch in Verbindg. m. d. gebräuchl. Fremdwörtern zur sofort. Orientierung. (98 S.) kl. 8. Ebd. 907. Geb. in Leinw. 1. 50

Thimm, Carl A., vollständige Bibliographie der alten u. modernen Fechtkunst aller europäischen Nationen, das Duell, der Gebrauch d. Säbels u. d. Bajonets etc., inbegriffen m. e. classificirten Inhaltsverzeichniss. 8. (XVI, 261 S.) London 891. Frz. Thimm & Co. Kart. in Leinw. n. 5. —

Thimm, Martha, appr. Aerztin: Ursachen und Wirkungen des Fiebers in der Geburt. Berlin 1910: Ebering. 30 S. 8°

Berlin, Med. Diss. v. 18. Jan. 1910, Ref. Olshausen

[Geb. 30. Mai 75 Berlin; Wohnort: Potsdam; Staatsangeh.: Preußen; Vorbildung: Königstädt. Realgymn. Berlin Reife Aug. 03; Studium: Berlin 10 S.; Coll. 14. Jan. 10; Approb. 18. Jan. 10] [U 10. 108

Thimm, Paul *Oskar* [app. Arzt aus Okonin, West-Pr.]: Ein Fall von multipeln kartilaginären Exostosen mit Wachstumsstörungen der Knochen. '(Aus d. St. Hedwigskrankenhause zu Berlin)' ... Leipzig, Druck v. A. Edelmann, *1893;* 28 S. 8.

Leipzig, Med. Fak., Inaug.-Diss. v. 10. Aug. 1893

Thimm, Paul, Lehre u. Pflege der Schönheit des menschl. Körpers f. Gebildete. gr. 8. (X, 535 S.) Leipzig 898. Schweidnitz, Conrad Lerch. n. 5. —; geb. in Leinw. n. 6. —

Thimm, Paul, Schutzkörper zur Prophylaxis der Geschlechtskrankheiten insbesond. des Trippers. gr. 8. (8 S.) Leipzig 899. B. Konegen. n. 1. —

Sonderabdruck aus: „Reichs-Medizinal-Anzeiger".

— Therapie d. Haut- u. Geschlechtskrankheiten, nebst e. kurzen Kosmetik f. Aerzte u. Studierende. 8. (X, 279 S.) Ebd. 896. n. 3. —; geb. in Leinw. n.n. 3. 60

— Therapie der Haut- u. Geschlechtskrankheiten. 2. verm. Aufl. gr.8. (VIII, 457 S.) Leipzig 901. G. Thieme. n. 5. —; geb. in Leinw. n. 6. —

Thimm, Rud., s.: Beiträge zur Geschichte v. Tilsit.

Thimm, Rud., Berlin in Revolution. Die sorgfältigste Bearbeitung der jetzigen Verhältnisse Berlins. Nebst einem Verzeichniß der erschoss. Brüder. 1. und 2. Aufl. 8. (16 S.) Leipzig 848, Leiner.

Deutsches Geistesleben. Vorträge von Rudolf Thimm, weil. Prof. zu Tilsit. Hrsg. von s. Witwe ([Johanna] Thimm). Mit e. biogr. Einl. von J. H. Berlin: L. Simion 1894. (209 S.) 8° [F.] (os. 560 10

— deutsches Geistesleben. Vorträge. Hrsg. v. seiner Witwe. Mit e. biograph. Einleitg. v. J. H. 2. Aufl. gr. 8. (V, 209 S. m. Bildnis.) Berlin 894. L. Simion. n. 4. —; geb. in Leinw. n. 5. —

— Heiraths-Kosten-Anschlag eines Preuß. Subaltern-Beamten. Komisches Gedicht. gr. 8. (40 S. m. 1 Lith.) Berlin 847, E. Krause. n. 8 ngl

—— der Communismus kein Schreckgespenst — sondern: Die Quelle irdischer Glückseligkeit. Eine zeitgemäße Abhandlung zur Beachtung und Aufklärung, seinen Mitbürgern gewidmet. 8. (IV und 16 S.) Leipzig 848, Leiner.

— der Pflasterkasten unserer Zeit oder gründl. u. prakt. Anleitung, den allgem. Krebsschaden, der bereits alle Nationen angefressen hat, u. immer weiter um sich greift, radical zu curiren. 8. (IV u. 38 S.) Leipzig 848, Leiner. ⅓ ng

—— der Proletarier als Instmann auf dem Lande von seiner Wiege bis zur Bahre. Wichtiger Beitrag zur Sittengeschichte unsers Jahrh. 8. (56 S.) Leipzig 848, Leiner.

Quellen und Bearbeitungen der Geschichte von Tilsit. Vortrag geh. in d. Litauisch-Litterar. Gesellsch. ... von Dr. Rudolf Thimm. Tilsit: W. Lohauss in Komm. 1893. (44 S.) 8°
(Beiträge z. Geschichte v. Tilsit. 1.)

— zwei Zeitbilder. I. Eine monarchisch-constitutionelle Verfassung f. Deutschland die beste; mathematisch bewiesen. II. Wie baut man ein Haus? gr. 8. (8 S. m. eingedr. Holzschn.) Berlin 848. (Romolini.) 1/12 ng

Thimm, Zwei Zeitbilder. I. Eine monarchisch-constitutionelle Verfassung für Deutschland die beste; mathematisch bewiesen. II. Wie baut man ein Haus? 1) Berlin, Selbstverlag, 1848. 8 S. 8°.

Thimme, Adolf, Dr.: Abriss einer griechisch-lateinischen Parallelsyntax zum Gebrauch im griechischen Unterricht und zum Privatstudium für Schüler. *Leipzig 1900: B. G. Teubner.* (V, 86 S.) 8° [F.]
Magdeburg, Pd zum Kloster U. L. Fr., OP 1900 (254)

Thimme, Adf., Abriß e. griechisch-latein. Parallelsyntax zum Gebrauch im griech. Unterricht u. zum Privatstudium für Schüler. gr. 8. (VI, 86 S.) Leipzig 900. B. G. Teubner. Kart. n. 1. —

Thimme, Adf., Lied u. Märe. Studien zur Charakteristik d. deutschen Volkspoesie. 8. (III, 156 S.) Gütersloh 896. C. Bertelsmann. n. 2. —; geb. n. 2. 80

Thimme, Adf., das Märchen, s.a. Handbücher zur Volkskunde.

Das Märchen. Von Adolf Thimme. — Leipzig: Heims 1909. VI, 201 S. 8°
(Handbücher zur Volkskunde. Bd. 2.)

Thimme, Adf., Schillers Persönlichkeit, s.: Warte-Bibliothek, Thüringer. 2. Hft.

Thimme, Adf., quaestionum Lucianearum capita IV. gr. 8. (62 S.) Göttingen 884. Akadem. Buchh. n. 1. 20

Thimme, Frdr., die hannov. Heeresleitung im Feldzuge 1866. Eine krit. Beleuchtg. der Erinnergn. des hannov. Generalstabschefs Oberst Cordemann. (48 S.) gr. 8. Hannover 904. Leipzig, O. Tobies. n. 1. —

Thimme, Friedrich *Wilhelm Karl* [aus Schmedenstedt i. H.]: Die Okkupation des Kurfürstentums Hannover durch die Preussen im Jahre 1806 ... (Aus d. Preisschr. d. Vf.: Die inneren Zustände d. Kurfürstent. Hannover unt. d. französ.-westfäl. Herrschaft 1806—1813. ×/Bd 1. Hannover, Hahn, 1893.) Hannover, Hofbuchdr. d. Gebr. Jänecke, 1893; 57 S. 8.
Göttingen, Phil. Fak., Inaug.-Diss. v. [14. Febr.] 1893

Thimme, Frdr., die inneren Zustände des Kurfürstent. Hannover unter der französisch-westfälischen Herrschaft. 1806—1813. Von der philosoph. Fakultät der Georg-Augusts-Universität zu Göttingen m. dem 1. Preise der Beneke-Stiftg. gekrönte Schrift. 1. Bd. gr. 8. (VIII, 448 S.) Hannover 893. Hahn. n. 8. —; geb. n. 9. 60

Thimme, Frdr., d. inneren Zustände d. Kurfürstent. Hannover unter d. französisch-westfäl. Herrschaft. 1806—1813. Von d. philosoph. Fakultät d. Georg-Augusts-Universität zu Göttingen m. d. 1. Preise der Beneke-Stiftg. gekrönte Schrift. 2. Bd. gr. 8. (VIII, 667 S.) Hannover 895. Hahn. n. 15. — (kplt.: n. 23. —)

Thimme, Gottfried, aus Gross-Heere: Die religionsphilosophischen Prämissen der Schleiermacherschen Glaubenslehre. *Hannover & Leipzig: Hahn 1901.* (48 S.) 8° ¶[Erschien vollst. 1901 im gleichen Verlage.]
Erlangen, Phil. Diss. v. 22. Mai 1901

Thimme, Gfr., die religionsphilosophischen Prämissen der Schleiermacherschen Glaubenslehre. gr. 8. (III, 88 S.) Hannover 901. Hahn. n. 1. 50

Thimme, Gottfried, Dr.: Die romantische Weltanschauung in Schleiermachers Monologen. Erfurt 1906: Ohlenroth. (16 S.) 4°
Erfurt, st. OR OP 1906 (324)

Thimme, Hermann: Forestis. Königsgut und Königsrecht nach den Forsturkunden vom 6. bis 12. Jahrhundert. Göttingen (Leipzig: Veit) 1908. 51 S. 8° ¶(Ersch. vollst. in: Archiv f. Urkundenforschung. Bd 2, H. 1.)
Göttingen, Phil. Diss. v. 21. Okt. 1908, Ref. Brandi
[Geb. 17. Febr. 86 Lobe; Wohnort: Lobe; Staatsangeh.: Preußen; Vorbildung: Realgymn. u. Gymn. Goslar Reife O. 04; Studium: Tübingen 2, Göttingen 5 S.; Rig. 27. Mai 08.] [U 09. 1409

Thimme, Herm., der Skepticismus Montaigne's. Inaugural-Dissertation. gr. 8. (29 S.) Göttingen 875. (Jena, Deistung.) n. — 60

Thimme, K., Bibel u. Schule. Eine theolog.-pädagog. Erörterg. der Frage: Welcher Einfluss gebührt der neueren u. neuesten Bibelauffassg. auf d. Religionsunterricht in d. evangel. Volksschule?, nebst e. kurz. Unterrichtsprobe üb. die bibl. Geschichte v. Sündenfall. (VI, 92 S.) 8. Hannover 907. Hahn. 1.—

Thimme, Karl, aus Hannover: Über die Einwirkung von Chlorwasserstoff auf wässerige Formaldehydlösung und Trioxymethylen. – Reaktionen der Chlormethylalkyläther. Marburg 1904: R. Friedrich. (87 S.) 8°
Marburg, Phil. Diss. v. [11. Febr.] 1904

Thimme, Karl, Pastor zu Kl. Ilsede: Luthers **Stellung zur** Heiligen Schrift. (T. 1.) *Gütersloh 1903: C. Bertelsmann.* (48 S.) 8° ¶ [Erschien vollst. ebenda 1903.]
Göttingen, Theol. Diss. v. [1. Aug.] 1903

Thimme, Karl, Luthers Stellung zur Heiligen Schrift. (104 S.) gr. 8. Gütersloh 903. C. Bertelsmann. n. 1. 80; geb. n. 2. 40

Thimme, Wilh., Augustin. Ein Lebens- und Charakterbild auf Grund seiner Briefe. (II, 206 S.) 8. Göttingen 910. Vandenhoeck & Ruprecht. 3.—; geb. 3. 60

— Augustins geistige Entwickelung in den ersten Jahren nach seiner „Bekehrung", s. a. Studien, neue, zur Gesch. der Theologie u. der Kirche. 3.

Augustins geistige Entwickelung in den ersten Jahren nach seiner 'Bekehrung', 386–391. Von Wilhelm **Thimme,** Lic. Berlin: Trowitzsch & Sohn 1908. (255 S.) 8°
= **Studien,** Neue, z. Geschichte d. Theologie u. d. Kirche. Stück 3. [08. 7925]

Thimme, Wilhelm: Augustins erster Entwurf einer metaphysischen Seelenlehre. Berlin: Trowitzsch & Sohn 1908. (47 S.) 8° ¶ (Erscheint vollst. u. d. T.: „Die geistige Entwicklung Augustins in den ersten Jahren nach seiner Bekehrung, 386 391" in Studien zur Geschichte der Theologie und Kirche.) ✱)
Göttingen, Theol. Fak., Ref. Bonwetsch, Diss. v. 13. Jan. 1908
[Geb. 14. Jan. 79 Lohe b. Nienburg; Wohnort: Schmedenstedt; Staatsangeh.: Preußen; Vorbildung: Gymn. Goslar Reife O. 97; Studium: Erlangen 3, Göttingen 5 S.; Rig. 20. Juli 07.]

Thimme, Wilh., aus einsamen Stunden. Lieder u. Gedichte. (61 S.) 8. Straßburg 906. J. Singer. n. 1. —

Thimmel, J., Über die von Tacitus charakterisirten principes der Germanen mit Berücksichtigung auch der übrigen Verfassungsverhältnisse insbes. der staatlichen Gliederung. Komotau 1875. 8.
Progr. d. Mittelschulen.

Thimotheus, H. F., Leben, Meinungen und Thaten von den Berliner Demokraten. Satirisches Gedicht. 8°. Berlin 1852.

Thimsen, J. H., Taler de dansk? Dänisch-deutsches Gesprächbuch. Ein fassliches Lehr- u. Lesbuch mit einem Wörterbuche u. einer kurzgefassten Grammatik versehen, für die Schule, Reise u. zum Selbstunterricht in der deutschen Sprache. 8. (VIII, 188 S.) Leipzig 880. C. A. Koch. 1. 50

Thimus, Alb. Frhr. v., die harmonikale Symbolik des Alterthums. (In 2 Bdn.) 1. Abthlg. Die esoterische Zahlenlehre u. Harmonik der Pythagoreer in ihren Beziehungen zu älteren griechischen u. morgenländischen Quellen, insbesond. zur altsemitisch-hebräischen Ueberlieferung. Cöln 868. Du Mont-Schauberg. gr. 4. (XXIII, 399 S. mit eingedr. Holzschn. u. 4 Steintaff. in qu. Fol., wovon 1 chromolith.) cart. n. 6 ℳ

Thimus, Alb. Frhr. v., die harmonikale Symbolik des Alterthums. 2. (Schluss-)Abthl.: Der technisch-harmonikale und theosoph.-kosmograph. Inhalt der kabbalist. Buchstaben-Symbole des althebr. Büchleins Jezirah. Die pythagorisch-platon. Lehre vom Werden des All's und von der Bildung der Weltseele in ihren Beziehungen zur semitisch-hebr. wie chamitisch-altägypt. Weisheitslehre und zur heil. Ueberlieferung der Urzeit. gr. 4. (VII, 420 S. mit 11 lithogr. Taf. in qu. Fol.) Köln 876, DuMont-Schauberg'sche Buchh. cart. *
1. Abthl. Ebendas. 1868. *ℳ 18.

Thin, Geo., üb. den Bau der Tastkörperchen. [Mit 1 (lith.) Taf. (in qu. gr. 4.)] [Aus: „Sitzungsber. d. k. Akad. d. Wiss."] Lex.-8. (4 S.) Wien 873. (Gerold's Sohn.) n. — 50

Thin George: Über den Bau der Tastkörperchen (mit 1 Taf.). S. 67. III. 130 . . . . . „ —.50
Separatabdruck

Thinckel, Chr. Hnr., Abhandl. üb. die beste Art, die Pflasterung u. Reinlichkeit der Straßen zu bewerkstelligen; e. Preisschrift. 4. Leipz. 771.

CHRISTIAN HENRICH THINCKEL, Abhandlung über die von der Naturforschenden Gesellschaft in Danzig bekannt gemachte Aufgabe: von der besten Art, die Pflasterung der Strassen und die Unterhaltung derselben in einer grossen Handels-Stadt einzurichten, und den wohlfeilsten Mitteln, die Reinlichkeit der Gassen zu bewerkstelligen, welcher der aus dem Vermächtniss des seligen Herrn Johann Samuel Verch . . . herrührende Preiss am 28sten Februar 1771. zuerkannt worden. Leipzig 1771. Bey Hermann Heinrich Holle. 4°.

Thinckel, Jh. Fr., († d. 1. Oct. 1789.) s. 1) de Lachaise, Briefwechsel. 2) Unschädlichkeit der Kirchhöfe.

Thines-Csetneky, Karl, physikalischer Beitrag zur Chemie. Mit 1 Uebersichts-Tafel (in Fol.) gr. 8. (VIII u. 28 S.) Linz 849. (Leipzig, Hubner.) n. 18 ngr.

Thines-Csetneky, Carl v., Sonderstimme über die wirkende Ursache der Materialität und Gravitation. Wien 863. Selch in Comm. gr. 8. (2 Bl., 60 S.) n. 16 ngr.

Thing! Kurt Reuß in öffentl. Audienz b. deutschen Kaiser. 2.—5. Aufl. gr. 8. (23 S.) Gera 896. J. Becker. n. — 50

Things, little. 1. and 2. German Edition. Göttingen (858.) Wigand. 16. (74 S.) 7½ ngr.

Things little. 3. German edition. Ebend. 859. 16. (74 S.) 7½ ngr.

Things, little. 4. germ. edit. Göttingen 867. Wigand. 16. (73 S.) 7½ ngr.

Things to be thought of. Addressed to the young. By the authoress of „Little things." 1—3. German edition. Göttingen 860, 61. Wigand. 16. (IV, 100 S.) 7½ ngr.

Thinius, Franz, z. Z. Referendar am Kgl. Landgericht I zu Berlin: Der Vorbehalt der Rechtsverwirkung (lex commissoria) nach römischem Recht und Bürgerlichem Gesetzbuch. *Berlin 1901: R. Kühn.* (VIII, 50 S.) 8° [J. u. Ant.]
Rostock, Jur. Diss. v. [10. Nov.] 1901

Thinnes, F. J., die Elemente des Zeichnens, enthltd.: das Freihandzeichnen nebst botan. Formenlehre u. Ornamentik, das Linearzeichnen, wobei geometr. Constructionen, Ornamente u. die orthograph. Projektion, ferner die Isometrie u. die Anfangsgründe der Perspektive. Für die Hand der Schüler an Real-, Gewerb-, Bau-, Handwerker- u. Fortbildungsschulen bearb. Freiburg im Br. 865. Herder'sche Verlagsh. 4. (22 S. mit 39 Steintaff.) n. 1 ₰ 6 ngr.

Thinnes, Frz., 12 katholische Grablieder [vor od. nach den liturg. Grabgesängen zu gebrauchen], f. 4 Männerstimmen bearb. 12. (24 S.) Saarlouis 885. Hausen. n. — 25

Thinnes, François Joseph: Katholische K i r c h e n l i e d e r. Zum besonderen Gebrauche für die katholische Schuljugend. Paderborn: Schöningh 1861. 56 S. 12°

— Kyriale, s. Kyriale.

Thinnes, François Joseph: K y r i a l e sive ordinarium missae pro diversitate temporis et festorum per annum. Accedunt missae defunctorum, vesperae, ordinarii hymni etc. juxta ritum s. romanae ecclesiae. Redegit F. J. Th. Luxembourg: Heintze 1859. VIII, 152 S. 8°

– Dass. Editio II. Regensburg: Pustet 1861. VI, 168 S. 8°

Thinnes, François Joseph: Zwanzig L i e d e r zu Begräbnisfeierlichkeiten für Männerchor. Saarlouis: Hausen 1871. 36 S. 12°

Thinnes, François Joseph: L i e d e r b u c h. 1. Heft, enthaltend 100 meistens zweistimmige Lieder für Primär-Schulen, nebst einem Angang Vaterlandslieder. Luxemburg: Bück 1863. IV, 92 S. 12°

– Dass. 6. Aufl. Ebd. 1886. 84 S. 12°

Thinnes, François Joseph: L i e d e r b u c h. Sammlung von 90 Liedern für drei Männer-, drei Frauen- oder Kinderstimmen oder für Sopran, Alt und Bariton. Mit besonderer Rücksicht auf hohen Schulen bearb. Luxemburg: Heintze 1868. 207 S. 12°

Thinnes, François Joseph: L i e d e r b u c h. 1. Heft, enthaltend 100 meistens zweistimmige Lieder für Primär-Schulen nebst einem Anhang Vaterlandslieder. Luxemburg: Bück 1873. 92 S. 8°

Thinnes, François Joseph: M a n u a l e für katholische Sänger. Luxemburg: Heintze 1868. 434 S. 12°

Thinnes, François Joseph: S c h u l l i e d e r. Nach der vervollkommneten Ziffer-Methode bearbeitet. 1. Heft. Paderborn: Schöningh 1861. 24 S. 12°

— Sing-Wandtafeln f. Schulen. 1 Serie. 6 Blätter in Monstredruck m. Anweisg zum Gebrauche derselben. Imp.-Fol. Saarlouis 871. Hausen. n. 1. 60; in Mappe n. 2. —
Hieraus apart: Blatt 1: Die Grundlage d. Gesangunterrichts. n. — 50

Thinnes, Frz., Trauer-Gesänge f. 4 Männerstimmen. 8. (40 S.) Trier 894. Paulinus-Druckerei. n. 1. —

Thinnes, Fritz, und Frz. Thinnes, neues Schul-Liederbuch. 167 alte und neue 1-, 2- und 3stimm. Lieder für die Volksschule. Ausgewählt und bearb. 2.—5. Aufl. 8. (152 S.) Saarlouis 885—88, Hausen. * 40 Pf.; geb. **

Thinnes, Fritz, u. Frz. Thinnes. Neues Schul-Liederbuch. 167 alte u. neue ein-, zwei- u. dreistimm. Lieder f. die Volksschule. Ausgewählt u. bearb. 9. Aufl. 8. (II, 152 S.) Saarlouis 892, Hausen. * — 40 geb. ** — 50

Thinnes, Fritz, u. Frz. Thinnes, neues Schul-Liederbuch. 167 alte u. neue 1-, 2- u. 3stimm. Lieder f. die Volksschule. Ausgewählt u. bearb. 12. Aufl. 8. (II, 152 S.) Saarlouis 894. M. Hausen. Geb. n.n. — 50

Thinnes, Fritz, u. Frz. Thinnes, neues Schul-Liederbuch. 167 alte u. neue 1-, 2- u. 3stimm. Lieder f. d. Volksschule. Ausgew. u. bearb. 14. Aufl. 8. (II, 152 S.) Saarlouis 895. M. Hausen. Geb. n.n. — 50

[J.] Neues Schul-Liederbuch. 167 alte u. neue ein-, zwei- u. dreistimmige Lieder f. d. Volksschule. Ausgew. u. bearb. v. F r i t z u. Franz Thinnes. 16. Aufl. *Saarlouis: M. Hausen 1897.* (1 Bl., 152 S.) 1 Bd 8. [98. 4373 Ilo

Thinnes, Fritz, u. Frz. Thinnes, neues Schul-Liederbuch. Alte u. neue, ein-, zwei- u. dreistimm. Lieder für die Volksschule. Ausgewählt u. bearb. 20. Aufl. (Mit allen durch Regierungsverfügg. f. die Volksschule vorgeschriebenen Liedern.) (II, 168 S.) kl. 8. Saarlouis 906. M. Hausen. Kart. n.n. — 50

Thinnfeld, F. R. von. s. Z e i t s c h r i f t, Steyermärkische.

T h i o c o l. Das Th' «Roche». Gesammelte Literatur 1898—1903. [Hrg. von] F. Hoffmann-La Roche & Cie., Fabrik chemisch-pharmazeutischer Produkte, Basel ... [und] Grenzach.... 207 S. 8. (Basel, Schweiz. Verlags-Druckerei G. Böhm,) VII. 1904.

T h i o c o l «Roche», wasserlösliches und ungiftiges Guajacolderivat, dessen antituberkulöse Wirkung experimentell und klinisch festgestellt ist. (Auszüge aus der Literatur [darüber, hrg. von] F. Hoffmann-La Roche & Co., Basel..., Grenzach...) 12 S. 8. [Basel, Schweizer. Verlags-Druckerei G. Böhm, 1907.]

Thiodolf's, des Isländers, Fahrten, ein Ritterroman, v. de la Motte Fouque'. 2 Thle. 8. Hamb. Campe. 815.

Thiofridi Epternacensis vita Willibrordi metrica. Ex cod. Gothano ed., rec., prolegomenis, commentario, indicibus instruxit Konr. R o s s b e r g. 8. (XXVII, 128 S.) Leipzig 883. Teubner. 1. 80

Thiollière, Vict., description des poissons fossiles provenant des gisements coralliens du Jura dans le Bugey. 2 livr. révue et annotée par P a u l G e r v a i s. Notices sur les plantes fossiles du niveau des lits a poissons de Gerin par le comte G. d e S a p o r t a. — Notice sur les terrains subordonnés aux gisements de poissons et de vegétaux fossiles du Bas-Bugey par A. F a l s a n et E. D u m o r t i e r. Fol. (70 S. m. 17 lith. u. chromolith. Taf. u. 1 Tabelle.) Lyon 873. Basel, Georg. n. 32. —

(T h i o l y, F[rançois].) Le col de l'Alphubel. [E.] 8. [Bern 1864.]

(T h i o l y, F[rançois].) Documents sur les époques du renne et de la pierre polie dans les environs de Genève. [Avec des figures et 1 planche.] E. 8. Genève et Bâle 1869.

(T[h i o l y], F[rançois].) Excursion en Savoie et en Suisse (1858). Vallée de Sixt. Ascension du Buet & du Brévent.... La Tête Noire, Martigny et St Maurice. ([Avec des illustrations de] J P S[oullier].) *Autographié.* 8. *s. l. n. d.* [ca. 1858].

(Th[ioly], F[rançois].) Voyage en Suisse et ascension du Mont Rose. 1860. ([Avec des illustrations de] J P S[oullier].) *Autographié.* 8. *s. l. n. d.* [ca. 1860].

THIR, Anton: Licetne hominem occidere? — 1904. 149 S.
Diss. Graz, Univ.

Licht: **Morceau d'architecture prononcé dans la r.·. l.·. des Amis réunis à l'orient de Mayence, par Thirion, à l'occasion de la fête de la St.-Jean d'hiver et d'une réception au premier grade. (Cette fête était honorée de la présence de S. Exc. Kellermann; du f.·. Le Courvillier, et de plusieurs autres illustres visiteurs.) Mayence 1808: Zabern. 13 S. 8°**
Kl. 5174. Vergleich der Mrei mit dem Sonnenlicht.

Thiriot, J. P., le plain-chant, accompagné et transposé ou système pour apprendre soi-même à accompagner et à transposer le plain-chant. gr. 8. (11 S.) Stuttgart (900). Luckhardt's Musik-Verlag. — 80

Thirlmere, Rowland, Kaiser Wilhelm II. Aus d. Engl. [Aus: „Der Zusammenprall der Weltmächte".] (40 S.) 8. Berlin (909). K. Curtius. — 50

— Der Zusammenprall der Weltmächte. [The clash of empires.] (XVI, 327 S.) 8. Ebd. 907. 2. 50

— dasselbe. 2. Aufl. (3.—5. Tauf.) (Billige Ausg.) (XVI, 327 S.) 8. Ebd. (908). 1. 20

Thirlwall, Connop, Geschichte v. Griechenland, übers. v. L. Haymann u. Leonh. Schmitz. 2 Bde. Mit e. Vorr. v. F. G., Welcker u. Berichtig. u. Zusätzen d. Verf. gr. 8. (31¼ u. 33½ B.) Bonn 839, 40, Marcus. à 2 Thlr.

Thirnau, Erna v., Brevier der häuslichen Oekonomie. Eine Haus- u. Wirthschaftsgabe für Frauen vom Stande. Als Anleitung zur Verbreitung häusl. Comforts auf Grundlage geordneter Verhältnisse u. ökonomischer Gesichtspunkte. Mit 22 Abbildungen von E. Döpler d. J., H. Ströhl u. A. 8. (VIII, 236 S.) Leipzig 879. Spamer. geb. n. 6. —; m. Goldschn. n. 7. 50

Thirnau, Erna v., das Buch der praktischen Hausfrau. Eine Haus- und Wirthschaftsgabe für Frauen vom Stande. (Neue Ausg. von „Brevier der häusl. Oekonomie".) 8. (VIII, 236 S. mit 22 Illustr.) Leipzig (881)888, Schumann. *

Thirnau, Erna v., die häusliche Oekonomie auf Grundlage geordneter Verhältnisse und haushälter. Gesichtspunkte. 2. Ausg. Mit 22 (Holzschn.-)Abbild. von E. Döpler d. J., H. Ströhl u. A. 8. (VIII, 236 S.) Leipzig 881, Spamer. geb. *

Thiro, Robert, prakt. Tierarzt in Klein-Lafferde, Prov. Hannover: Untersuchungen über ein neues Schwefelpräparat, das Thiopinol, in bactericider, desodorierender, toxicologischer und innerlich-therapeutischer Hinsicht. (Aus dem Hygienischen Institut der Königlichen tierärztlichen Hochschule zu Hannover.) Hildesheim 1910. 77 S. 8°. [18.II.10.]
Bern. Vet.-med. Diss. 1909/10.

Thiro, Robert. Untersuchungen über ein neues Schwefelpräparat, das Thiopinol, in bactericider, desodorierender, toxicologischer und innerlich-therapeutischer Hinsicht. Aus dem Hygienischen Institut der Königlichen tierärztlichen Hochschule zu Hannover. Diss Vet.-Med. Bern. 77 S. 8. Hildesheim, Gebr. Gerstenberg, 1910.

Thirring, Gustav

— d. Hauptstadt Budapest im Jahre 1891, s.: Körösy, Jos. v.

Thirring, Gust., die Hauptstadt Budapest im Jahre 1901, s.: Körösy, Jos. v.

Thirring, Gust., Geschichte des statistischen Bureaus der Haupt- u. Residenzstadt Budapest 1869—1894. Aus Anlass des 25jähr. Bestehens des Bureaus geschrieben u. dem VIII. internationalen hygien. u. demograph. Congresse unterbreitet. gr. 8. (41 S.) Berlin 894. Puttkammer & Mühlbrecht. n. 1. —

Thirring, Gust., s.: Jahrbuch, statist., d. Haupt- u. Residenzstadt Budapest.

— die Natalitäts- u. Mortalitäts-Verhältnisse ungar. Städte, s.: Körösy, Jos. v.

— Das Unterrichtswesen der Stadt Budapest im J. 1905/06 u. Statistik der Communalschulen v. 1828—1907, s.: Publikationen d. statistischen Bureaus d. Haupt- u. Residenzstadt Budapest. Nr. 39.

Thirring, Hans: Über die Ladung, die auf einem Kreisplattenkondensator durch eine elektrische Doppelschicht induziert wird (mit 4 Textfiguren). S. 121. IIa. 2133.
Separatabdruck

Thirsis (Pseud.), s. Pyra, Immanuel Jacob

Thiry, L.

—— und C. Ludwig, über den Einfluss des Halsmarkes auf den Blutstrom, s. Ludwig, C.

Thiry, L., über eine neue Methode den Dünndarm zu isoliren. Lex.-8. (20 S. mit 1 Stnt.) Wien 864, (Gerold's Sohn.) *
Aus: Sitzungsberichte der k. Akademie der Wissenschaften, besonders abgedruckt.

Thiry, L., Dr.: Über eine neue Methode, den Dünndarm zu isolieren (mit 1 Taf.). S. 50. I. 77.
Separatabdruck

Thirza, s. Thierza.

—— dass. Und: der verlorne Sohn. 2 Erzähln. gr. 12. (4⅔ B.) Barmen 840, Steinhaus. *

Thirza, od. die Anziehungskraft des Kreuzes. 8. (3¼ B. u. Titvign.) Berlin 840, (J. A. Wohlgemuth.)

— oder die Anziehungskraft des Kreuzes. Züge aus dem Leben einer jüdischen Familie. 2. Aufl. gr. 16. Basel 841. (Schneider.) 3 ngl

— ou l'attraction de la croix. Imité de l'allemand. (Avec 2 Lithogr.) 12. Strasbourg 841, Ve. Levrault. geh. 1/8 ß color. 6¼ ngl

Thirza oder die Anziehungskraft des Kreuzes. 12. Zürich 842, Hanke. 1/12 ß

Thirza, od. die Anziehungskraft des Kreuzes. 8. (72 S.) New-York 852. (Philadelphia, Schäfer & Koradi.) In Engl. Einb. n. 1/3 ß

Thirza, oder die Anziehungskraft des Kreuzes. 10. Aufl. 1865. und 11. Aufl. [Ster.-Ausg.] 8. (55 S.) Barmen 866. Berlin, Beck. * *

Thirza, oder die Anziehungskraft des Kreuzes. 13. Aufl. [Ster.-Ausg.] Barmen 868. Klein. 8. (55 S.) n. 5 ngr.

Thirza, oder die Anziehungskraft des Kreuzes. Hrsg. von der Wupperthaler Traktat-Gesellschaft. 13. Aufl. 1868. * 50 Pf.; 14. und 15. Aufl. 1872,74. * 20 Pf., und 16. Aufl. [Ster.-Ausg.] 8. (55 S.) Barmen 874, (Wiemann.) — 30

Thirza od. die Anziehungskraft d. Kreuzes. 17. Aufl. [Ster.-Ausg.] Hrsg. v. der Wupperthaler Traktat-Gesellschaft. gr. 16. (55 S.) Barmen 876. Wiemann. — 30

Thirza, od. die Anziehungskraft d. Kreuzes Christi. 2., verb. Aufl. 12. (49 S.) Gernsbach 891. Christl. Kolportage-Verein. n. — 25

Thirza od. die Anziehungskraft des Kreuzes Christi. 8. (63 S.) Dinglingen (900). Bonn, J. Schergens. n. — 25

Thirza, das jüdische Mädchen, oder: Die Anziehungskraft des Kreuzes. 3. Aufl. ... Hamburg: J. G. Oncken Nachf. [1893]. (64 S.) 1 Bd 8°

Thirza, die Seherin aus Griechenland oder die deutschen Schleichhändler. . . . Leipzig 1822. V: *Gersdorf, Charl. Eleonore Wilh. von.* (MGT)

Thirza und ihre Söhne, ein religiöses Drama . . . Leipzig 1778. V: *Niemeyer, August Hermann.* (JL) (GGr)

Thirza und ihre Söhne. Drama v. Niemeyer. 8. Leipzig, Weygand. 778. — 3

This, C., s.: Beiträge zur romanischen Philologie.

This, Constant, französisches Elementarbuch im Anschluss an Wingerath, Choix de lectures I u. Lectures choisies. 1. Stufe. gr. 8. (V, 28 S.) Köln 897. M. Du Mont-Schauberg. Kart. n. — 50

This, Constant: Die Mundart der französischen Ortschaften des Kantons Falkenberg (Kreis Bolchen in Lothringen) . . . Strassburg. Univ.-Buchdr. v. J. H. Ed. Heitz (Heitz u. Mündel), 1887; 80 S. 8°.
Strassburg, Phil. Fak., Inaug.-Diss. v. 1887.

– Die deutsch-französische Sprachgrenze im Elsass, s.a. Beiträge zur Landes- u. Volkskunde v. Elsass-Lothringen.

This, Constant. Die deutsch-französische Sprachgrenze im Elsass, nebst einer Karte und 8 Zinkätzungen [sowie 1 Tabelle]. (Beitr. zur Landes- und Volkskunde von Elsass-Lothr. [Heft] 5.) 8. Strassburg 1888.

This, Constantin: Die deutsch-französische Sprachgrenze im Elsaß. Mit einer Karte. Straßburg 1888: Heitz. 48 S.

—— die deutsch-französische Sprachgrenze in Lothringen, s.a. **Beiträge zur Landes- und Volkeskunde von Elsass-Lothringen.**

This, Constant[in]: Die dt.-französische Sprachgrenze in Lothringen. — Straßburg: Heitz 1887. 34 S. mit 1 Kt. (Beiträge zur Landes- und Volkskunde von Elsaß-Lothringen. H. 1.)

Thiselton-Dyer, W. T., s.: **Index Kewensis plantarum phanerogamarum.**

Thisquen: Griechische Etymologie. I. 52 S. II. (Lat.) 18 S. – Münstereifel, Progr. 1861, 68.

Thisquen: Ueber die hiesige Flora. 32 S. – Progr. Münstereifel 1854.

Offener Brief An Seine Majestät den Deutschen Kaiser. (Verf.: Emilie **Thisquen.**) (Roermond [1903] : Roermondsche Stoomdr.) (2 Bl.) 4°

An den hohen Bundesrat des Deutschen Reiches. (Verf.: Emilie **Thisquen**) [Eingabe 1. 2.] *(Roermond 1903: Roermondsche Stoomdr.)* 2 Bde 4° [Kopft.]
1. 14. Nov. 1903. 2. Dez. 1903. [14. 85, 8

Thisquen, F., Quaestionum etymologicarum II. Pr. 1868 18 S. 4°.

Thisquen, Friedr. Geognostisch-botanisches Verzeichnis der in der Eifel aufgefundenen Gefäfspflanzenspecies mit eingehender Berücksichtigung der Flora von Münstereifel. 27 S. *Münstereifel* 1876. Progr.

Thisquen, Fridericus Guilelmus ⟨geb. 1818 in Schleiden i. d. Eifel⟩: Phocaica ... Bonnae, form. C. Georgii 1842. 2 Bl., II, 58 S., 2 Bl. 8.
¶ Erschien 1843 selbständig bei Habicht in Bonn.
Bonn, Phil. Fak., Diss. v. 13 Aug. 1842

Thisquen, Fried. Guil., Phocaica. Dissert. philolog. 8. (4⅛ B.) Bonnae 843, Habicht. *

Thisquen, Rudolph ⟨geb. am 3 Jan. 1851 in Münstereifel⟩: Ueber progressive perniciöse Anämie ... Bonn, F. Krüger'sche Buchdr. 1878. 2 Bl., 55 S. 8.
Bonn, Med. Fak., Diss. v. 27 Juli 1878

Thisquen, B., Puddel- und Walzwerk. Die Paquetirung des Eisen's. Einsätze für die Schweißöfen. Genaue Angabe des Gewichts der Paquete zum Schweißen u. Auswalzen in allen vorkommenden Dimensionen der Flach-, Rund-, Quadrat- u. Schneideisen. Nebst einem Geheimmittel: Den Kesselstein in den Dampfkesseln zu verhüten. Eine nützliche und unentbehrliche Schrift für Betriebs-Directoren, Obermeister, Scheerenmeister rc. Dortmund 858. (Krüger.) 8. (25 S.) n. 20 ngr.

Thissen, die Lebenskraft des Christenthums in den europäischen Culturstaaten und der erwartete religionslose Staat. Vortrag, gehalten bei der 14. General-Versammlung der katholischen Vereine Deutschlands zu Aachen am 9. September 1862. Aachen. (Frankfurt a. M., Verlag für Kunst und Wissenschaft.) 8. (16 S.) n. 3 ngr.

—— Rede bei der Geburtsfeier Sr. Maj. des Kaisers Franz Joseph von Oesterreich in der Domkirche zu Frankfurt a. M. am 18. Aug. 1863, während des Fürstentages. gr. 8. (14 S.) Frankfurt a. M. 863, Verlag für Kunst und Wissenschaft. *

—— Rede in der General-Versammlung der St. Vincentius- und Elisabeth-Vereine zu Frankfurt a. M. am 6. April 1862. Ueber sociale Fragen der Gegenwart. [Stenograph. Aufzeichnung.] gr. 8. (16 S.) Frankfurt a. M. 1862, Verlag für Kunst und Wissenschaft. *

Thissen, Eug. Th.

Thissen, E. Th, s.: **Broschüren,** Frankfurter zeitgemäße.

Thissen, E. Th., das große Mißverständniß in Sachen der päpstlichen Unfehlbarkeit. Ein Wort zur Verständigung. 2. Aufl. Limburg a. d. L. 870. Glässer. 8. (30 S.) n. 3 ngr.

Thissen, E. Th., Das große Mißverständnis in Sachen der päpstlichen Unfehlbarkeit. Ein Wort zur Verständigung. Limburg a. d. L., Glässer, 1870, 8°, 3. Aufl., 31 S., 30 Pf.
Für gebildete Laien berechnet.

Thissen, Eug. Th., zur Frankfurter Schulfrage. Ein Wort an die Bürgerschaft Frankfurt's jegl. Confession. gr. 8. (24 S.) Frankfurt a. M. 869. Hamacher. * — 20

Thissen, Hubert, die bewährtesten Mittel u. Verfahrungsarten für Schreib- u. Zeichnenmaterialien-Händler, Buchbinder, Vergolder etc. sich alle in ihr Geschäft einschlagenden Artikel selbst zu verfertigen u. herzustellen. 16. Aachen 849, (Leipzig) Wengler in Comm. Verklebt. 1/4 ℛ

Thissen, J.

— les affections viscérales syphilitiques. [Aus: „Aix-la-Chapelle".] gr. 8. (33 S.) Aachen 891. R. Barth Verl. n. 1. 20

Thissen, J., s.: Aix-la-Chapelle as a health resort.

Thissen, J., Aachens Bäder u. Badeleben. Eine geschichtl. Skizze. [Aus: „Aachen als Kurort".] gr. 8. (22 S.) Aachen 889. C. Mayer's Verl. n. 1. —

Thissen, Jos., illustr. Führer durch Aachen u. Umgegend. 2., verm. u. verb. Aufl. 12. (80 S. m. 6 Taf. u. 1 Plan.) Aachen (900). Barth'sche Buchh. Geb. in Leinw. n. 1. —

Illustrirter Führer durch Aachen und Umgegend. Von Dr. Jos. Thissen, Arzt. 2. verm. u. verb. Aufl. *Aachen: Barth [1901].* (80, XXIV S.) 8° [01. 3615

Thissen, Jos., kleiner Führer durch Aachen, Burtscheid u. Umgebg. M. 1 Stadtplan, 1 Karte d. Umgegend u. 6 Ansichten d. Stadt in Lichtdr. 12. (74 S.) Aachen 896. Barth's Sort. Geb. in Leinw. n. 1. —

—— Histoire des thermes d'Aix-la-Chapelle. gr. 8. (26 S.) Ebd. 891. * 1 —
Vorstehende 2 Schriften sind aus: Aix-la-Chapelle, besonders abgedruckt.

— die Syphilis der inneren Organe. Nach Erfahrgn. bei der Aachener Kur dargestellt. [Aus: „Aachen als Kurort".] gr. 8. (29 S.) Ebd. 889. n. 1. 20

Thissen, Otto, Beiträge zur Geschichte des Handwerks in Preussen, s. a. Beiträge zur Geschichte der Bevölkerung in Deutschland. VI.

Thissen, Otto, Dr.: Beiträge zur Geschichte des Handwerks in Preussen. (Mit Vorr. von Friedr. Jul. Neumann.) *Tübingen: H. Laupp 1901.* (XX, 250 S.) 8° ¶(— Beiträge zur Geschichte d. Bevölkerung in Deutschland seit d. Anf. d. 19. Jhs., Bd 6.)
Tübingen, Staatswiss. Diss. v. 1901
(Nicht für den Austausch)

Thissen, Otto, Elmar. Schauspiel in 5 Aufzügen frei nach Fr. W. Webers epischer Dichtung Dreizehnlinden. 8. (VIII, 115 S.) Köln (894). A. Ahn. 1. 50

Elmar. Schauspiel in 5 Aufz. frei nach Fr. W. Webers epischer Dichtg Dreizehnlinden v. Otto Thissen. Berlin, Köln, Leipzig: A. Ahn [1898]. (4 Bl., 115 S.) 1 Bd 8°

— die Thätigkeit der Gemeinden auf socialem Gebiete, s.: Trimborn, Karl.

Thissen, Otto, u. Carl Trimborn, soziale Tätigkeit der Gemeinden, s. a. Tages-Fragen, soziale. 8.—11.

Soziale Tätigkeit der Gemeinden. Eine Uebersicht über d. Aufgaben d. kommunalen Sozialpolitik auf d. Geb. d. Arbeiter- u. Handwerkerfrage, d. Wohnungsreform, Volkshygiene u. Bildungsfürsorge. In Verb. mit Just.R. Carl Trimborn in Köln von Dr. Otto Thissen. 2. gänzl. umgearb. Aufl. *M. Gladbach: Zentralstelle d. Volksver. f. d. kath. Deutschland 1903.* (168 S.) 8° [F.]
— Tages-Fragen, Soziale. H. 8–11. [04. 3555

Soziale Tätigkeit der Gemeinden. Eine Übersicht über Aufgaben u. Leistungen d. kommunalen Sozialpolitik f. Arbeiter, Angestellte, Kleingewerbetreibende etc., sowie in d. Wohnungsreform, Gesundheitspflege, Bildungsfürsorge. In Verb. mit Justizrat Carl Trimborn von Otto Thissen. 3. Aufl. M. Gladbach: Volksver. f. d. kath. Deutschl. 1906. (144 S.) 8°
(Tagesfragen, Soziale. Hrsg. v. Volksver. f. d. kath. Deutschl. H. 8–11.)

Thissen, Otto, soziale Tätigkeit der Stadtgemeinden. Ein Überblick über Aufgaben u. Leistgn. d. Stadtverwaltgn. in wirtschaftlich-sozialer, gesundheitl., geist. u. sittl. Hinsicht. In Verbindg. m. Carl Trimborn. 4. Aufl.: 9.—11. Taus. (203 S.) gr. 8. M. Gladbach 910. Volksvereins-Verlag. Geb. 2. —

Thisted, Waldemar, der Familienschatz. Nach der dänischen Erzählung. Frei bearb. von Joh. s. Ziegler. 2 Thle. Kopenhagen 856, 57. (Tübingen, Zu-Guttenberg.) 8. (178; 193 S.) n. 2 ℛ.

Thistlethwaite, G. P., B. A., English syntax, s.: Gesenius, F. W.

Thistlethwaite, *George* [aus England]: Ueber die Sprache in Tennyson's Idylls of the King in ihrem Verhältniss zur Bibel und zu Shakspere ... Halle a. S., Hofbuchdr. v. C. A. Kaemmerer & C., 1896; 53 S., 1 Bl. 8.
Halle, Phil. Fak., Inaug.-Diss. v. [11. Dez.] 1896

Thiwissen, Adolf, aus Krefeld: Das Emissionsgeschäft. *Krefeld 1900: K. Kästner.* (66 S.) 8°
Erlangen, Jur. Diss. v. 28. Febr. 1900

Thode, C., Anleitung zum Gebrauch d. Rechenschieber m. trigonometrischen Funktionen. 8. (16 S. m. Holzschn. u. Rechenschieber auf Carton.) Rostock 883. Meyer. n. 4. —

Thode, Carlos J[uan]: Zur Kenntnis des o-Amidobenzhydrazids und einiger Harnstoffderivate. 1903. 38 S. 8° ¶ Ausz. des 1. Teils in: Journal f. prakt. Chemie. Bd 177. N. F. Bd 69. 1904.
Dresden, Dr.-Ing.-Diss. v. 21. 1. 1903

Thode, Carsten, s. Thode, Karsten

Thode, Henry, die Antiken in den Stichen Marcanton's, Agostino Veneziano's u. Marco Dente's. gr. 4. (VI, 47 S. m. eingedr. Holzschn. u. 6 Taf.) Leipzig 881. Seemann. n. 4. —

Thode, Henry. Arnold Böcklin. 1.—3. Tausend. 24 S. 8. Heidelberg, Carl Winter, 1905. (M. —. 60)
(Diese «Gedenkworte» erschienen zuerst in den «Bayreuther Blättern» 1901.)

Thode, Henry. (Arnold) Böcklin und (Hans) Thoma. Acht Vorträge über neudeutsche Malerei. Gehalten für ein Gesamtpublikum an der Universität zu Heidelberg im Sommer 1905. VIII + 178 S. 8. Heidelberg, Carl Winter, 1905. [geb. M. 3. —]

Thode, Henry, Correggio, } s. a. Künstler-Monographien.

Correggio. Von Henry Thode. M. 93 Abb., n. Gemälden u. Zeichngn. Bielefeld & Leipzig: Velhagen & Klasing 1898. (1 Bl., 112 S., 1 Taf.) 1 Bd. 4° (8°)
(Künstler-Monographien. [Bd] 30.)

— s.: Dürer u. Wolgemut, Gemälde.

— Somnii explanatio. Traumbilder vom Gardasee in S. Vigilio. (89 S. m. 1 eingeklebten Abbildg. u. 9 Taf.) 8. Berlin 909. G. Grote. 3.— ; geb. 4. —

Thode, Henry, Federspiele, s.: Thoma, Hans.

Thode, Henry, Franz v. Assisi u. die Anfänge der Kunst der Renaissance in Italien. Mit Illustr. gr. 8. (XII, 573 S.) Berlin 885. Grote. n. 16. —

Thode, Henry, Franz v. Assisi u. die Anfänge der Kunst der Renaissance in Italien. 2., verb. Aufl. (XXVII, 643 S. m. 39 Taf.) Lex.-8. Berlin 904. G. Grote. n. 16. —; geb. in Leinw. n. 18. —

Thode, Henry, Giotto, s.a. Künstler-Monographien. Nr. 43.

Giotto. Von Henry Thode. Mit 158 Abb. nach Gemälden u. Skulpt. Bielefeld & Leipzig: Velhagen & Klasing 1899. (150, VI S.) 4° (8°)
(Künstler-Monographien. 43.)

Giotto von Henry Thode. Mit 158 Abb. 2. Aufl. Bielefeld & Leipzig: Velhagen & Klasing 1910. 157 S. 4°(8°)
(Künstler-Monographien. 43.) (11. 1896

— Goethe der Bildner. (Festvortrag, geh. in der 21. Generalversammlung der Goethe-Gesellschaft in Weimar am 9. VI. 1906.) (30 S.) gr. 8. Ebd 906. n. 1.

— die deutsche bildende Kunst, s.: Meyer's Volksbücher.

— Kunst, Religion u. Kultur. Ansprache an d. Heidelberger Studentenschaft, geh. bei der anlässlich seiner Ablehng. des Rufes an die Berliner Universität veranstalteten Feier. 1.—6. Taus. gr. 8. (à III, 15 S.) Heidelberg 901. C. Winter. n. — 60

— Kunst u. Sittlichkeit. (Vortrag, auf Einladg. des „Volksbundes zur Bekämpfg. des Schmutzes in Wort u. Bild" am 4. III. 1906 in der Singakademie zu Berlin geh.) 1.— 3. Taus. (37 S.) gr. 8. Ebd. 906. n. — 80

Thode, Henry. Der Kunstfreund. Mit Abbildungen. Jahrg. I. Berlin 1885. 4°.

— Leben od. Tod des Heidelberger Schlosses. (12 S.) gr. 8. Ebd. 904. n. — 20
Sonderabdruck aus: „Die Woche".

Thode, H., die Malerschule v. Nürnberg im XIV. u. XV. Jahrh., in ihrer Entwickelung bis auf Dürer dargestellt. Lex.-8. (XVI, 332 S. m. 32 Taf. Abbildgn.) Frankfurt a/M. 891. Keller. n. 12. —

Mantegna. Von Henry Thode. M. 105 Abb. n. Gemälden, Kupferst. u. Zeichnungen. Bielefeld & Leipzig: Velhagen & Klasing 1897. (1 Bl., 128 S., 1 Portr.) 1 Bd 4° (8°)
(Künstler-Monographien. [Bd] 27.)

Dass., s.a. Künstler-Monographien.

— Michelangelo. Kritische Untersuchgn. üb. seine Werke. 2 Bde. Als Anh. zu d. Werke: Michelangelo u. das Ende der Renaissance, dessen 4. u. 5. Bd. (XI, 544 u. IX, 565 S.) Lex. 8. Berlin 908. G. Grote. 24.—; geb. 28. —

— Michelangelo u. das Ende der Renaissance. 1. Bd. Das Genie u. die Welt. gr. 8. (XV, 488 S. m. 1 Bildn.) Berlin 902. G. Grote. n. 9. —; geb. n. 11. —

Thode, Henry, Michelangelo u. das Ende der Renaissance. 2. Bd. Der Dichter und die Ideen der Renaissance. (VIII, 487 S. m. 1 Bildnis.) gr. 8. Berlin 903. G. Grote. n. 9. —; geb. n. 11. —

— s.: Repertorium f. Kunstwissenschaft.

— der Ring des Frangipani. Ein Erlebniss. Mit Zierleisten v. Hans Thoma u. 12 Abbildgn. in Lichtdr. gr. 4. (VII, 183 S.) Frankfurt a/M. 895. H. Keller. n. 12. —

— d. Ring des Frangipani. E. Erlebniss. M. Zierleisten u. Schlussvignetten v. Hans Thoma u. 12 Abb. in Lichtdr. 2. Aufl. gr. 4. (VII, 185 S.) Frankfurt a/M. 895. H. Keller. n. 12. —

— der Ring des Frangipani. Ein Erlebniss. Mit Zierleisten u. Schlussvignetten v. Hans Thoma u. 4 Taf. 3. Aufl. 4. (V, 183 S.) Frankfurt a/M. 901. H. Keller. n. 5. 40

— Der Ring des Frangipani. Ein Erlebnis. Mit Zierleisten u. Schlussvignetten v. Hans Thoma u. 4 Taf. 4. Aufl. (V, 188 S.) 8. Frankfurt a/M. 909. H. Keller. 5.40; geb. in Leinw. 7. —

— Schauen u. Glauben. 1.—3. Taus. (15 S.) gr. 8. Heidelberg 903. C. Winter, Verl. n. — 40

— Hans Thoma. [Aus: „Graph. Künste".] Imp.-4. (28 S. m. 1 Taf. u. 18 Text-Abbildgn.) Wien 891. Gesellschaft f. vervielfältig. Kunst. Geb. in Leinw. n. 15. —

Hans Thoma. Betrachtungen über d. Gesetzmässigkeit s. Stiles von Henry Thode. Heidelberg: Winter 1905. 17 S. 8°
Aus: Kunst f. Alle. 19, H. 13 (10. 3385 7

— Hans Thoma. Betrachtungen üb. die Gesetzmässigkeit seines Stiles. 1.—3. Taus. (17 S.) gr. 8. Ebd. 905.
Sonderabdruck aus: „Kunst f. Alle". n. — 60

— s.: Thoma, Hans, Gemälde.

— s.: Thoma's, Hans, Kostümentwürfe zu Richard Wagner's Ring d. Nibelungen.

— Hans Thoma u. seine Kunst. Vortrag, geh. zum 60. Geburtstage des Meisters am 2. X. 1899 im Saalbau zu Frankfurt am Main, u. Rede Hans Thoma's bei der Abendfestlichkeit desselben Tages. gr. 8. (28 S. m. 1 Bildnis.) Frankfurt a/M. 899. M. Diesterweg. n. — 60

— Tintoretto, s.a. Künstler-Monographien.

Tintoretto. Von Henry Thode. Mit 109 Abb. nach d. Orig.-Gemälden. *Bielefeld & Leipzig: Velhagen & Klasing 1901.* (140 S.) 4°(8°) [F.]
= Künstler-Monographien. 49. (01. 2486

— wie ist Richard Wagner vom deutschen Volke zu feiern? Vortrag, geh. am 13. II. 1903, in der Philharmonie zu Berlin. 1.—3. Taus. (31 S.) gr. 8. Heidelberg 903. C. Winter, Verl. n. — 60

— ein letztes Wort vor der Entscheidung über das Heidelberger Schloss. (10 S.) gr. 8. Ebd. 906. n. — 20

Thode, Johann, Referendar: Das Nachbarrecht in Ansehung von Bäumen u. Sträuchern nach dem Recht des BGB. und EG. zum BGB. Neumünster 1908: Hieronymus. v, 98 S. 8°
Rostock, Jur. Diss. v. 1. Sept. 1908, Ref. Matthaß
(Nicht für den Austausch)
[Geb. 3. Sept. 82 Hohn, Kr. Rendsburg; Wohnort: Kiel; Staatsangeh.: Preußen; Vorbildung: Gymn. Rendsburg Reife O. 02; Studium: Jena 1, Halle 1, Kiel 4 S.; Rig. 17. März 08.] [U 09. 470

Thode, Johannes, approb. Arzt aus Altona: Allgemeine Erörterung und neue Untersuchungen über das Zustandekommen der febrilen Albuminurie und die Art der während ihres Bestehens ausgeschiedenen Eiweißkörper. *Altona 1904: Altonaer Druck- u. Verl.-Ges.* (38 S.) 8°
Würzburg. Med. Diss. v. 1904

Thode, Karl [Referendar am Landger. in Altona]: Das Verbot der reformatio in pejus im Reichsstrafprozess ... Altona, Druck v. H. W. Köbner & C., 1896; 61 S. 8.
Göttingen, Jur. Fak., Inaug.-Diss. v. [21. Mai] 1896

Thode, Karl, das Verbot der reformatio in pejus im Reichsstrafprocess. Diss. gr. 8. (61 S.) Altona 896. (Leipzig, Buchh. G. Fock.) n. 1 —

Thode, Karsten

ANZEIGE, Unterdienstliche, und Ansuchen an die Hochlöbliche Bürgerschaft in Hamburg wegen der unzähligen Menge der Pasquillen, als worin nicht nur insonderheit unschuldige Leute namentlich, sondern auch sogar Amtspersohnen unter fremden Namen offenbahrlich geschändet, die löbliche Bürgerschaft wegen ihrer gemachten Rath und Bürgerschlüsse insgemein fast anzüglich angetastet und Gotteswort vor allen schändlich gemißbrauchet wird (von *Carsten Thode*). O. O. 1704.
Anon.-Lex. VI. p. 45 (nach Schroder).

MOTHIS, Christiani (d. i. *Carsten Thodes*), Geheimer Cabinet- und Narren-Rath continuiret von *Antonius Misomorus* (ps.). 1704.
Weller, Lex. Ps. p. 364. — Rar!

Verzeichniss der Ländereien und anderen Grundstücke auf dem Flensburger Stadtfelde. Zur Karte v. A. Creutz hrgg. v. P. E. Thode. Flensburg 1860. 8°

Thoden van Velzen, H., System des religiösen Materialismus. (Aus dem Niederländ. übers., verbessert u. vermehrt.) 3 Bde. gr.8. Leiden (909). A. W. Sijthoff. 20. —
I. Wissenschaft der Seele. 2. deutsche verm. u. verb. Aufl. (XV, 474 S.)
II. Wissenschaft der Gesinnungen. (XV, 467 S.)
III. Wissenschaft Gottes. (VIII, 233 S.)

Thoden van Velzen, Syo Korn.
s. Velzen. (2). 12880

Thodoroff, Christo: Julius Bahnsen und die Hauptprobleme seiner Charakterologie. Erlangen 1910: Junge. VII, 72 S. 8°
Erlangen, Phil. Diss. v. 1. Juli 1910, Ref. Falckenberg
[Geb. 7. Okt. 81 Elena; Wohnort: Erlangen; Staatsangeh.: Bulgarien; Vorbildung: Lycee Toulouse B. L. 99; Studium: Berlin 3, Leipzig 8, Erlangen 2 S.; Rig. 27. Mai 10.] [U 10. 907

Was lehrt uns die Wissenschaft über Gott und die Bibel? Eine Sammlung interessanter und belehrender Thatsachen v. H. Thodt. Schleswig. 1892. 8°.

Thograis sogenannt. Lommisches Gedicht; aus d. Arabischen übersetzt, nebst einem Entwurf der arab. Dichterei v. Jh. J. Reiske. 4. Friedrichsstadt 756.

de Thokarski, Joan. Casimir. (geb. Ostrowitte in Westpr. 8. 12. 1834). De laryngitide pseudomembranacea adjecto morbi specimine. Berolini (1859). (32 S.) 8°
Berlin, Med. Diss. v. 8. Dez. 1859

THOL, WILHELM. Ueber den Einfluss nicht aromatischer organischer Säuren auf Fäulniss und Gährung. Greifswald, 1885.

Thöl, Heinrich.

—— s. Ehrenberg, V.

Thöl, Heinr., zur Erinnerung an ihn, s. Frensdorff, F.

Thöl, H., de verbi au ordre cambiis vel indossamentis inserti vi atque effectu. Spec. 8maj. (5 B.) Gottingae 830, (Vandenhoeck et Ruprecht.)

Thöl, H.: Genossenschaften. Rostock, Schwerin 1846.

Thöl, Heinr., Actienunrecht. Präclusion der Actionäre der Magdeburg-Leipziger-Eisenbahn-Gesellschaft. gr. 8. (48 S.) Leipzig 877, Fues's Verlag. * 1 —

Thöl, Heinr., Actionunrecht. Präclusion der Actionäre der Magdeburg-Leipziger Eisenbahn-Gesellschaft. gr. 8. (48 S.) Leipzig 882. Fues. n. 1. —

Thöl, Heinr., Einleitung in das deutsche Privatrecht. gr. 8. (VIII u. 195 S.) Göttingen 851, Dieterich. n. 1⅙ ℛ

Thöl, Heinr., ausgewählte Entscheidungsgründe des Oberappellationsgerichts der vier freien Städte Deutschlands, s. a. Entscheidungsgründe.

Thöl, Heinr., ausgewählte Entscheidungsgründe des Oberappellationsgerichts der vier freien Städte Deutschlands. Göttingen 857. Dieterich. gr. 8. (XXXII, 375 S.) n. 2 ℛ. 6 ngr.

— Entwurf einer Wechsel-Ordnung f. Mecklenburg, nebst Motiven. Im Auftrage d. Großherzogl. Schwerinschen Landesregierung verfaßt. gr. 8. (214 S.) Rostock 847, Stiller in Comm. n. ⅚ ℛ

— handelsrechtliche Erörterungen. Eisenbahnrecht u. anderes Frachtrecht. Insbesondere die 23 Ungültigkeiten im Betriebs-Reglement für die Eisenbahnen Deutschlands. Zugleich eine Antikritik gegen Goldschmidt. gr. 8. (48 S.) Göttingen 882. (Dieterich's Sort.) n. — 60

Thöl, Heinr., zur Geschichte des Entwurfes eines allgemeinen deutschen Handelsgesetzbuches. Das von der österreichischen und preußischen und bayerischen Regierung vor und bei der dritten Lesung des Entwurfes eingeschlagene Verfahren. Göttingen 861. Dieterich. gr. 8. (XVI, 110 S.) n. 20 ngr.

Thöl, Heinrich: „Das Handelsrecht, als gemeines in Deutschland geltendes Privatrecht, mit Berücksichtigung des ausserdeutschen Handelsrechts", 3 Bände; 1. Band: „Das Handelsrecht", Göttingen 1841, 2. Band: „Das Wechselrecht", Göttingen 1847, 3. Band: „Das Transportgewerbe", Göttingen 1880. — Vorh.: Kammergericht Berlin — Fa. 1188 —. Dasselbe, 2. Auflage, Band 1 u. 2. Göttingen 1847, 1865. — Dasselbe, 3. Auflage, Band 1 Göttingen 1854, Bd. 2 Leipzig 1873; — Dasselbe, 4. Auflage, Band 1 Göttingen 1862, Band 2 Leipzig 1878. — Dasselbe, 5. Auflage, Band 1, Abteilung 1 u. 2 Leipzig 1875, 1876. — Dasselbe, 6. Auflage, Band 1, Abteilung 1 und 2, Leipzig 1879. — Alle vorh.: Bibl. des Kammergerichts Berlin — Fa. 1188, 2—6.

Thöl, Heinr., das Handelsrecht. Als gemeines in Deutschland gelt. Privatrecht, mit Berücksichtig. d. außerdeutschen Handelsrechts dargest. 1. Bd. gr. 8. (20¾ B.) Göttingen 841, Dieterichsche Buchh. *

—— das Handelsrecht. 1. Bd. 2., verb. Aufl. gr. 8. (XVI und 439 S.) Göttingen 847, Dieterichsche Buchh. *

—— dass. — 2. Bd. Zur 1. und 2. Aufl. des 1. Bds. Enth.: Das Wechselrecht. gr. 8. (XXIV und 562 S.) Ebds. 848. *

Thöl, Heinr., das Handelsrecht. 1. Bd. 3., verm. Aufl. gr. 8. (XVI und 512 S.) Göttingen 854, Dieterichsche Buchh. *

Thöl, Heinr., das Handelsrecht in Verbindung mit dem allgemeinen deutschen Handelsgesetzbuch dargestellt. 1. Bd. 4., verm. Aufl. gr. 8. (XVI und 672 S.) Göttingen 862, Dieterich'sche Buchh. *

—— dass. — 2. Bd. Enth.: Das Wechselrecht. 2., umgearb. Aufl. gr. 8. (XVI und 788 S.) Ebendas. 865. *

Thöl, Heinr., das Handelsrecht. 2. Bd. Enth.: Das Wechselrecht. 3. verm. u. verb. Aufl. gr. 8. (XVI, 840 S.) Leipzig 873. Fues's Verl. n. 13. —

Thöl, Heinr., das Handelsrecht. 1. Bd. 1. Hälfte. 5. umgearb. Aufl. gr. 8. (VI, 290 S.) Leipzig 875, Fues's Verlag. * 4 50

—— das Handelsrecht. 1. Bd. 2. Hälfte. 5. umgearb. Aufl. gr. 8. (XVI, S. 289—600.) Ebendas. 875. * 5 50
1. Bd. 1. Hälfte. Ebendas. 1875. *M 4,50.

— dasselbe. 1. Bd. 2 Abthlgn. Enth.: Die Waare. Die Handelsgeschäfte. 5. umgearb. Aufl. gr. 8. (XVI, 600 u. XVI, 560 S.) Ebend. 876. n. 18. —

—— dass. — 1. und 2. Bd. gr. 8. Ebendas. [1. Bd. 6. verm. Aufl. (XXIV, 1160 S.) 879. *M 20.; 2. Bd.: Das Wechselrecht. 4. verm. und verb. Aufl. (XVI, 855 S.) 878. *M 14,50.] * 34 50

Thöl, Heinr., das Handelsrecht. 3. (Schluß-)Bd.: Das Transportgewerbe. Frachtgeschäft überhaupt und Eisenbahnen. gr. 8. (XII, 253 S. mit 1 Frachtbrief-Formular.) Leipzig 880, Fues's Verlag. *
1. und 2. Bd. Ebendas. 1878,79. *M 34,50.

— Praxis d. Handelsrechts u. Wechselrechts. 1. Hft. gr. 8. (VIII, 76 S.) Ebend. 874. n. — 60

—— Protocolle der Leipziger Wechsel-Conferenz. gr. 8. (VIII und 320 S.) Göttingen 866, Dieterich'sche Buchh. *

— Theaterprozesse. Ein Wort zu Gunsten der Dichter u. Komponisten gegen Ansichten des Reichs-Oberhandelsgerichts zu Gunsten der Theaterunternehmer. gr. 8. (VIII, 75 u. Anh. 18 S.) Göttingen 880. Dieterich's Sort. n. 1.60

Thöl, Heinr: Das Transportgewerbe. Frachtgeschäft überhaupt und Eisenbahnen. Leipzig 1880.
(Thöl: Das Handelsrecht. Bd 3.)

—— der Verkehr mit Staatspapieren aus d. Gesichtspuncte d. kaufmänn. Speculation, mit Berücksichtigung seiner jurist. Natur. gr. 8. (18 B.) Göttingen 835, Dieterichsche Buchh.

Q. B. F. F. S. Viro clarissimo ... Henrico Thoel collegae ... carissimo ... hvivs diei qvo ante qvinqvaginta annos svmmis in vtroqve ivre honoribvs ornatvs est sollemnitatem ex animo gratvlantvr ... ordinis ivris consvltorvm Bonnensis collegae ... Bonnae, XXIX Ivl. 1879. [Bonnae, typ. C. Georgii 1879.] 1 Bl. qu.-2.

Thöl, Heinr., Volksrecht. Juristenrecht. Genossenschaften. Stände. Gemeines Recht. gr. 8. (10¼ B.) Rostock 846, Stiller'sche Hofbuchh. * — 27½

—— Zusammenstellung des Entwurfes einer Wechsel-Ordnung für Mecklenburg und des Entwurfes einer Wechsel-Ordnung für die preuß. Staaten. gr. 8. (56 S.) Rostock 847, (Stiller'sche Hofbuchh.)

Tholander, s. Federzeichnungen, ernste.

Tholander, H., experimentelle Untersuchungen über die Reduction von Eisenerzen u. die Wirkung der Röstung auf Magneteisensteine u. Hämatite. Aus „Iron" ins Deutsche übertragen von Jos. v. Ehrenwerth. Mit einer (lith.) Taf. gr. 8. (122 S.) Wien 878. Hölder. n. 2. 40

Tholard, s. Anleitung z. Verfertigung der Tholard. Blitzableiter.

Tholbert, Armin, s. Anakreons Oden in verschied. Versmaßen.

Tholbert, Armin, freie Uebersetzung d. Anakreontischen Oden in verschied. Versmassen. 8. (3 B.) Eisleben 833, Reichardt.

Thölde, Gust., Schneeglöckchen, s. Fröhlich, Karl.

Thölden, A. F., s. 1) Collingwood, Kochbuch. 2) Gesetze d. Casinospiels. 3) Hoyle im kleinen. 4) Kunst im Damenspiele Meister zu werden.

Thölden, A. F., die Kunst, im Damenspiele Meister zu werden u. durch 50 auserlesene Beispiele erläutert. Aus d. Englischen. 8. Leipzig 800. (Melzer.) ⅓ ₰

– s. Regeln des Kartenspiels.

Thoelden, Christ[ianus] Guilielmus: Super chlorosi. [Praeses:] Curtius Sprengel. Halae (1823): Schimmelpfennig. 24 S. 8°
Halle-Wittenberg, Med. Diss. v. 11. Okt. 1823
Geb. [Wiedersbach bei Schleusingen [14. 12.] 1798]. [V. in Sprengel's Progr., vgl. Nr. 712]

Tholdt, Jos. Chroh. v., die politischen Phasen und Ellipsen des Türken-Mondes nach einer chronolog. Ordnung historisch dargestellt. Allen Freunden der Politik und der Geschichte gewidmet. gr. 8. (IV und 43 S.) Wien 860, (Gerold's Sohn.) *

Thöldte, (R[ichard]), Dr.: Das Potential der natürlichen Belegung auf Kreis- und Konoidflächen. Festschr. gewidmet dem Herz. Franciscеum zu Zerbst zur Feier s. 100jähr. Bestehens am 18. Mai 1903. *Dessau 1903: C. Dünnhaupt.* (16 S.) 4°
Dessau, herz. Friedrichs-RG nebst R, P 1903 (782)

Thöldte, [Richard], Dr.: Das logarithmische Potential von ⟨v⟩ einander sich ausschliessenden Kreisflächen. *Dessau 1899: C. Dünnhaupt.* (S. 3–20.) 4° ¶ (Soll fortgesetzt werden.)
Dessau, herz. Friedrichs-RG nebst R u. VS d. Fridericianums, P 1899 (728)

Thöldte, Richard: Über die Verteilung gegebener Massen auf Kreisflächen. Dessau, Druck v. L. Reiter, Herzogl. Hofbuchdr., 1889; 24 S. 4°
Dessau, herz. Friedrichs-G, OP 1889 (642)

Thoeldte, Rich., über Wärmevorgänge in Stromverzweigungen. (8 S.) 8. Dessau 909. W. Presting. - 50

Thöle, die Schussverletzungen, s.: Schjerning.

Thöle, Friedrich

Thöle, Fr., das vitalistisch-teleologische Denken in der heutigen Medizin m. besond. Berücksicht. v. Bier's wissenschaftlichen Erklärungen. (VIII, 346 S.) Lex. 8. Stuttgart 909. F. Enke. 8. —

Thöle, Fritz *Wilhelm Heinrich* [aus Melle]: Über die Behandlung der Pseudarthrosen ... Berlin, C. Vogt's Buchdr., *1892;* 31 S. 8.
Berlin, Med. Fak., Inaug.-Diss. v. 27. Juli 1892

Thoele, H., heidnische Geschichten, s.: Mora, Otto.

Thöle, Jh. Hnr., vollständ. Darstell. der ersten öffentl. Babberger Schulprüfung, gehalten im Geist des hannöver. Seminarii etc. 8. Osnabr. 808. Crone. (Hahn in Hannov.) 8 gr.

— Schulprüfung. 8. Bremen, Müller. 808.

— Unterricht üb. den Werth u. Gebrauch d. Bibel f. die im Denken geübte Jugend. gr. 8. Bremen 818. Heyse. 6 gr.

Thöle, L., das russische Dampfbad m. besond. Bezugnahme auf das russische Dampfbad d. Stadt-Krankenhauses zu Osnabrück. Für Ärzte u. Laien dargestellt. 16. (61 S. m. 1 Taf.) Osnabrück 891. Rackhorst. n. 1. —

Geschichtliche Nachrichten über die Loge zum goldenen Rade im Or. von Osnabrück und deren Verhältnisse von 1807—1882. Denkschrift zum 75jährigen Stiftungsfeste, verf. und red. von L[udw.] Thöle. Als Ms. f. Frmr. Osnabrück 1882: Kisling. 32 S. 8⁰ [Umschlagtit.]
Für die Jahre 1807—1857 ist Nr. 11913 wieder abgedr. Verzeichn der Mitgl. von 1807—1882, zsgest. F. Dunker; eine finanzielle Übersicht von Dettmer.

Thoele, [illegible]
Berlin, Med. Diss. [illegible]

Thoelen, Heinr., die vier letzten Jesuiten Düsseldorfs. Vier Lebensbilder. Eine histor. Skizze. 8. (37 S.) Düsseldorf 891. Deiters. n. — 60

Tholens, Herm., Lotte Wilkens, die Lehrerstochter v. Borkum. Roman. (220 S. m. Titelbild.) 8. Emden 904. W. Haynel. Geb. in Leinw. n. 3. —

Thölke, Fritz, aus Stettin: Über homologe Terpenkohlenwasserstoffe. *Hildesheim 1902: A. Lax.* (47 S.) 8°
Göttingen, Phil. Diss. v. [1. Apr.] 1902

Thölke, Fritz, über homologe Terpenkohlenwasserstoffe. Diss. gr. 8. (47 S.) Hildesheim 902. (Göttingen, Vandenhoeck & Ruprecht) n. 1. 20

Thöllden, C. A., Beweis, daß nicht alle diejen. irriger Meinung sind, welche sich gegen d. Anschluß an d. Preuß.-Bayer. Zollsystem erklären, aus dem Wort: Ueber Sächs. Industrie u. d. Anschließungsfrage v. Bernh. Eisenstuck in Chemnitz, theilweise selbst entlehnt. gr. 8. (1 B.) Leipzig 833, Serig.

Thoellden, Christoph (Sangerhausen) A. S. 346/24

Dissertatio juridica inauguralis de jure conveniendi subditos in proprio judicio vulgo Ob ein Gerichts-Herr seine Unterthanen vor seinen eigenen Gerichten könne belangen ... Präs. Gottfried Ludwig Mencken. (Wittenberg) VIII. 1717. 37 S.

Gew.: Engelbert von Burck, Johann Elias Schlegel, Johann August Hoeltzel. 34372

Thoellden, Christoph (Sangerhausen) A. S. 62/24

De iure conveniendi subditos in proprio iudicio Ob ein Gerichts-Herr seine Unterthanen vor seinen eigenen Gerichten belangen könne.
Präs. Gottfried Ludwig Mencken. Ed. nova.
Wittenberg (Streng) 1742. 33 S.

Diss. VIII. 1717.
Gew.: Engelbert von Burck, Johann Elias Schlegel, Johann August Hoeltzel. 34373

Thöllden, E., Wortkonkordanz zum Gesangbuch f. die evangelische Landeskirche im Großherzogt. Sachsen. gr. 8. (II, 127 S.) Weimar 899. H. Böhlau's Nachf. Geb. in Leinw. n. 3. 20

Thöllden, G., Predigt am 2. Sonntage nach Trin. zu Pfiffelbach u. zum Gedächtniß des am 4. Juni d. J. daselbst geschehenen Brandunglücks gehalten. gr. 8. (18 S.) Apolda 850. (Jena, Frommann.) 3 ngr

Thoellden, Justinian (Tennstedt) A. S. 152/3

Dissertio auspicialis de ordinationibus politiae et iustitiae serenissimorum Saxoniae Ernestinae ducum Von den Policey- und Justiz-Verordnungen der Sächsischen Fürsten Ernestinischer Linie.
Präs. Christian Gottlieb Buder.
Jena (Schill) 15. IV. 1747. 71 S.

W. v.: Präs., Christian Adolph Günther, Gottlieb Anton Fasel, Johann Friedrich Gräff, Friedrich Iercke, George Ernst Schellwitz. 34374

Thoellden, Justin.: De sacris Romanorum gentilitiis comm. Lipsiae 1742.

Tholosan, Fr. Jac., Lettres p. le Sieur René de Milleran etc. 8. Halle, Curt. 763. — 18

***Tholosan,* Fr. Jak., lettres p. le Sieur René de Milleran etc. 8. Halle 763. (Laue in Berl.) 18 gr.**

Tholotowsky, A., s.: Stephan, der kleine.

Tholotowsky, O: Illustrirtes Deutsches Post- und Telegraphen-Handbuch für den gesamten In- und Auslands-Verkehr nebst Bestimmungen über den Fernsprechverkehr und postalischem Straßenverzeichnis von Berlin. 8. Ausg. für 1900. Dresden 1900. (Der kleine Stephan, Bd 1.)

Tholotowsky, O., s.: Stephan, der kleine.

Tholuch, Alb., Kaiser-Geburtstagsparade, s.: Bloch's, Ludw., Kinder-Theater.

Tholuck, D. **August**, heimgegangen am 10. Juni, bestattet am 12. Juni 1877. Zur Erinnerung an seinen Heimgang für seine Freunde. 1. u. 2. Aufl. 8. (48 S.) Halle 877. Fricke's Verl. — 75

Tholuck, Fr. Aug., Leben, s. Witte, L.

Tholuck, (Friedr.) A. (Deofidus), s. Tholuck, Friedrich August Gotttreu

Tholuck, Friedrich August Gotttreu

Tholuck, (Friedr.) Aug. (Deofidus), Adventspredigt, gehalten im akademischen Gottesdienste der Universität Halle. gr. 8. (1 B.) Halle 844, (Anton.)

—— Adventspredigt, gehalten im akadem. Gottesdienste der Universität Halle. 8. (1 B.) Halle 846, Mühlmann. *

Tholuck, (Friedr.) Aug. (Deofidus), literar. Anzeiger f. christl. Theologie, s. Anzeiger.

—— ausführliche Auslegung der Bergpredigt Christi nach Matthäus. 3. Ausg. Neue Ausarbeitung. gr. 8. (30 B.) Hamburg 845, Friedr. Perthes. *

Tholuck, Fr. Aug. G., Auslegung des Briefes Pauli an die Römer, nebst fortlauf. Auszügen aus d. exeget. Schriften d. Kirchenväter u. Reformatoren. gr. 8. Berl. 824. Dümmler. 2 ₰ 2e A. 828. 2 ₰ 4 gr 3e A. 831. 2 ₰ 8 gr

—— Auslegung d. Briefes Pauli an die Römer, nebst fortlauf. Auszügen aus d. exeget. Schriften d. Kirchenväter u. Reformatoren. 2., umgearb. Aufl. 828. 2 Thlr. 4 Gr., 3., verb. A. (à 33 B.) gr. 8. Berlin 831, Dümmler.

—— philolog.-theolog. Auslegung d. Bergpredigt Christi nach Matthäus, zugleich e. Beitr. zur Begründung e. rein-bibl. Glaubens- u. Sittenlehre. 1. Aufl. 833., 2., verb. A. (à 34½ B.) gr. 8. Hamburg 835, Fr. Perthes. à

Kurze Beantwortung der gewöhnlichsten Entschuldigungen und Einwendungen, bey Aufforderungen zum wahren Christen-Sinn und Wandel. Schleswig. 1825. 8°.

—— Beiträge zur Spracherklärung d. Neuen Testam., zugleich e. Würdigung der Recension meines Commentars zum Brief an d. Römer, v. Fritzsche. gr. 8. (10¼ B) Halle 832, Anton.

Tholuck, (Friedr.) A. (Deofidus), die Bergpredigt ausgelegt. 4., größtentheils umgearb. Aufl. gr. 8. (VII und 479 S.) Gotha 856, F. A. Perthes. *

— die Bergrede Christi ausgelegt. 5. verb. Aufl. 2. Abdr. gr. 8. (III, 484 S.) Gotha 872. F. A. Perthes. n. 7. 20

— die Bibel, siehe: Belehrungen, unterhaltende. 4. Bdchn.

— Blüthensamml. aus der morgenländ. Mystik, nebst einer Einleit. üb. Mystik überhaupt u. morgenländische insbesondere. gr. 8. Berl. 825. Dümmler. 1 ₰ 12 ₰

– (Vorr.), s. Cäcilius und Octavius ...

– s. Calvini, J., institutio christianae religionis etc.
— einsd. in librum Psalmorum.

– s. J. Calvin, in novum testament.

Tholuck, Augustus: Commentatio de causis quibusdam gravioribus quibus theologiae rationalis progressus inde a dimidio saeculi XVIII. adiutus est. Halis 1870: Hendel. S. 4—20. 8° (4°)

Halle-Wittenberg, Progr. z. akad. Preisverteilung 1870

– (Vorr.), s. Chalmers, Thom.: Reden über die christliche Offenbarung ...

—— der sittliche Charakter des Heidenthums. 3., verb. Aufl. gr. 8. (VI und 91 S.) Gotha 867, F. A. Perthes. *

— zur Charakteristik rationalistischer Polemik. Eine Beleuchtung der Schrift: „Wie Hr. Dr. Tholuck die Schrift auslegt, wie er beten lehrt und dichtet." gr. 8. Halle 840. Lippert. ¼ ₰ — Vergl. Wie.

—— zur Charakteristik rationalist. Polemik. Eine Beleucht. d. Schrift: „Wie Hr. Dr. Tholuck die Schrift auslegt, wie er beten lehrt u. dichtet." gr. 8. (3¼ B.) Halle 840, [Schmidt's Vrlsb.]

—— „Denn das Heil kommt von den Juden." Joh. 4, V. 22. Predigt am Stiftungsfeste d. Gesellschaft z. Beförder. d. Christenthums unt. d. Juden, geh. d. 13. April 1836. gr. 8. (1 B.) Berlin 836, (Eichler.) *
Aus: Neueste Nachrichten a. d. Reiche Gottes, besond. abgedruckt.

—— „Derer, die für uns sind, sind mehr denn derer, die wider uns sind." Predigt zur Jahresfeier des hallischen Gustav-Adolph-Vereins. gr. 8. (15 S.) Halle 852, (Lippert.) *

— S. C. Kapff und Jul. Schubring, zur Erinnerung an den evangelischen Kirchentag zu Frankfurt a. M. Drei Gastpredigten gehalten während des 7. evangel. Kirchentags im Septbr. 1854 zu Frankfurt a. M. 1. u. 2. Aufl. Frankfurt a. M. 854. Voelcker. gr. 8. (33 S.) n. 8 ngr

—— Eröffnungsrede zu der 6. Versammlung des kirchl. Centralvereins in der Provinz Sachsen, gehalten zu Gnadau am 2. April 1845. gr. 8. (1½ B.) Magdeburg, (Falckenberg u. Comp.) *

Tholuck, Aug[ustus]: Facultatem theologicam Vitebergensem Caloviorum aetate acerrimam sanae doctrinae vindicem pravarum opinionum severissimam ultricem ab intestinis tamen dissidiis haud immunem fuisse monumentis e tabulariis Vitebergensibus in lucem protractis commonstravit. Halis 1851: Ploetz. S. 2—29. 8° (4°)

Halle-Wittenberg, Progr. z. akad. Preisverteilung 1850

—— Festpredigt am Missionsfeste den 9. Octbr. zu Magdeburg gehalten. gr. 8. (12 S.) Magdeburg 850, (Heinrichshofen'sche Buchh.)

—— Festpredigten, s. Festpredigten.

– s. A. H. Franke, Predigten.

— die Gebetserhörung. Vortrag in dem Saale d. Cultus-Ministeriums am Dienstag nach Exaudi 1871 geh. 8. (14 S.) Berlin 872. Wiegandt & Grieben. — 25

Tholuck, A., Gedächtnißpredigt beim Ableben König Friedrich Wilhelm IV., im akademischen Trauergottesdienst der Universität Halle gehalten. Halle 861. Mühlmann. 8 (15 S.) 3 ngr

—— Gedächtnißpredigt beim Ableben König Friedrich Wilhelm IV., im akadem. Trauergottesdienste der Universität Halle gehalten. 8. (15 S.) Halle 861. [Gotha, F. A. Perthes.]

—— der Geist der lutherischen Theologen Wittenbergs im Verlaufe des 17. Jahrh., theilweise nach handschriftl. Quellen. gr. 8. (XII und 434 S.) Hamburg und Gotha 852, F. A. Perthes. *

—— Geschichte des Rationalismus. 1. Abthl.: Geschichte des Pietismus und des ersten Stadiums der Aufklärung. gr. 8. (VI und 182 S.) Berlin 865, Wiegandt und Grieben. *

—— Gespräche über die vornehmsten Glaubensfragen der Zeit, zunächst für nachdenkende Laien, welche Verständigung suchen. 1. Hft. gr. 8. (14⅛ B.) Halle 846, (Mühlmann.) *

—— Gespräche über die vornehmsten Glaubensfragen der Zeit, zunächst für nachdenkende Laien, welche Verständigung suchen. [Abdr. aus dem 8. Bde. der Werke.] 2. Aufl. gr. 8. (VI und 186 S.) Gotha 867, F. A. Perthes. *

—— Gewissens-, Glaubens- und Gelegenheits-Predigten. gr. 8. (VI und 320 S.) Berlin 860, Wiegandt und Grieben. *

-- s. Gladstone, William Ewart: Der Staat in seinem Verhältniß zur Kirche.

—— der christl. Glaube, ein überaus köstl. Gut. Pred. in der Kirche St. Thomä zu Straßburg geh. Nebst Ansprache an e. Versamml. v. Theologie-Studirenden u. Kandidaten d. Predigtamtes. gr. 8. (1¼ B.) Straßburg 837, [Kraeuter.]

— der christliche Glaube, ein überaus köstliches Gut. Predigt. gr. 8. Straßburg 837. Scheurer. ⅛ Thlr.

— das apostolische Glaubensbekenntniß. Kurze Betrachtungen aus Predigten. gr. 8. (47 S.) Berlin 877. Leipzig, Buchh. des Vereinsh. n. — 40

—— der Glaubenssieg und die Gerichtswage. Zwei Predigten. 8. (27 S.) Halle 862, Mühlmann. *

Tholuck, (Friedr.) Aug. (Deofidus), die Glaubwürdigkeit d. evangel. Geschichte, zugleich e. Kritik d. Lebens Jesu v. Strauß, f. theolog. u. nicht theolog. Leser dargest. 1. Aufl. (30½ B.) 837., 2. A. gr. 8. (30¾ B.) Hamburg 838, Fr. Perthes. à Thlr. *

-- s. Hebräer ...

—— das Heidenthum nach der heiligen Schrift. Ein Vortrag auf Veranstaltung des evangel. Vereins für kirchl. Zwecke am 4. April 1853 gehalten (in erweitertem Abdr.) gr. 8. (16 S.) Berlin 853, W. Schultze. *

- s. Karl Heinrich, Gebete, u. dess. Versbüchlein.

—— Ich muß wirken die Werke deß, der mich gesandt hat, so lange es Tag ist. (Joh. 9, V. 4.) Predigt am 7. deutschen evangel. Kirchentag zu Frankfurt a. M. den 23. Sept. 1854 gehalten. gr. 8. (9 S.) Frankfurt a. M. 854, Völcker. *

Tholuck, Aug.: Immer geknickt, aber nie zerbrochen, s. Ewigkeitsfragen im Lichte großer Denker. 5. Bd.

—— Commentar zum Briefe an die Hebräer. 1. Aufl. (29½ B.) 836. 1⅞ Thlr., 2., verb. Aufl. gr. 8. (30 B.) Hamburg 840, Fr. Perthes.

— Kommentar zum Briefe an die Hebräer. 3. Ausg. Neue Ausarbeitung. gr. 8. (VIII u. 432 S.) Hamburg 850, Fr. Perthes. 2 Thlr.

—— Kommentar zum Briefe Pauli an die Römer. Neue Ausarbeitung. gr. 8. (42½ B.) Halle 842, Anton. *

—— Commentar zum Brief an die Römer. 5., neu ausgearb. Ausg. gr. 8. (VI und 751 S.) Halle 855(56,) Anton. *

— Commentar zu d. Evangelio Johannis. gr. 8. Hamb. 827. 2e A. 828. 3e A. 831. Fr. Perthes. 1 Thlr. 12 gr.

—— Commentar zum Evangelio Johannis. 2. Aufl. (24 B.) 828., 3., u. 4., verb. Ausg. (à 23 B.) gr. 8. Hamburg 831, 33, Fr. Perthes. à

— Commentar zum Evangelio Johannis. 4e verb. Aufl. 833. 5e umgearb. Aufl. gr. 8. Hamburg 837. Fr. Perthes. 1½ Thlr.

—— Kommentar zum Evangelium Johannis. 6. Aufl. Durchgängig neue Ausarbeitung. gr. 8. (26 B.) Hamburg 844, Friedr. Perthes. *

Tholuck, (Friedr.) A. (Deofidus), Commentar zum Evangelium Johannis. 7., neu ausgearb. Aufl. gr. 8. (V und 454 S.) Gotha 857, F. A. Perthes. *

Tholuck, [August]: Die Konsequenz der Reden Christi über seine Zukunft und sein Gericht. Halle (1871): Hendel. 19 S. 8° (4°)
Halle-Wittenberg, Oster-Progr. 1871

– s. Leben Joh. Wilh. Fletschers.

—— Leben Geo. Whitfields, s. Leben.

— Lebenszeugen der lutherischen Kirche aus allen Ständen vor und während der Zeit des dreißigjährigen Krieges. Berlin 859. Wiegandt & Grieben. gr. 8. (X, 452 S.) n. 2 Thlr. 12 ngr.

— d. Lehre von d. Sünde rc., s. Lehre.

— die Lehre von der Sünde u. vom Versöhner, od. die Weihe des Zweiflers. gr. 8. Hamb. 823. 2e A. 825. (Anonym). 3e 830. 4e A. 832. Fr. Perthes. 1 Thlr. 12 gr.

—— die Lehre von d. Sünde u. vom Versöhner, od. die Weihe d. Zweiflers. 3., verb. Aufl. (20 B.) 830., u. 4. A. (18½ B.) gr. 8. Hamburg 832, Fr. Perthes.

—— die Lehre von der Sünde u. vom Versöhner, od. d. wahre Weihe d. Zweiflers. 5. Aufl. gr. 8. (19 B.) Hamburg 836, Fr. Perthes.

— die Lehre von der Sünde u. vom Versöhner oder: Die wahre Weihe des Zweiflers. 7. Aufl. gr. 8. (XVI u. 275 S.) Ebd. 851. n. 1 Thlr. 18 ngr.

—— die Lehre von der Sünde und vom Versöhner oder die wahre Weihe des Zweiflers. 9. Aufl. gr. 8. (XII, 251 S.) Gotha 870, F. A. Perthes. * 4 40

— die Liebe hört nimmer auf, s. Geistliches u. Weltliches zur Gustav-Adolf-Stiftung.

Tholuckius, Aug[ustus]: Disputatio christologica de loco Paul. ep. ad Phil. c. II, 6—9. Halis: Anton 1847 [vielmehr 1848]. 22 S. 4°
Halle-Wittenberg, Pfingst-Progr. 1847
Ex. der UB Halle mit Ersch.-Jahr 1848.

— disputatio christologica de loco Paul. ep. ad Phil. c. II, 6—9. 4. (22 S.) Halis 848, Anton. ⅓ Thlr.

— Missions-Predigt, s. Robert Stier.

—— Missionsrede zur Jahresfeier des Missionsvereins zu Leipzig, am 24. Juni 1842 in der Universitätskirche St. Pauli gehalten. gr. 8. (1½ B.) Leipzig, (Bernh. Tauchnitz.)

—— die Mystik. Vortrag gehalten in Halle am 3. Jan. 1853. 1. und 2. Abdr. 16. (29 S.) Halle 853, [Schrödel und Simon.] *

—— noch ein ernstes Wort an d. D. Fritzsche in Rostock; als Beil. zu dess. zweiter Streitschrift. gr. 8. (2¼ B.) Halle 832, Anton.

— Predigt, am 6. August in dem evangel. Betsaal zu Kissingen gehalten. gr. 8. Würzburg 837. Etlinger. 1/12 ₰

—— Predigt am 6. August in d. evangel. Betsaal zu Kissingen geh. gr. 8. (¾ B.) Würzburg 837. [Regensburg, Manz.]

—— Predigt üb. Ezech. 33, 11. der Weg d. Todes u. der Weg d. Lebens, beim akadem. Gottesdienste am 9. Juni gehalt., nebst einem den Selbstmord betreff. Nachworte. gr. 8. (1 B.) Halle 833, Anton.

—— Predigt üb. d. Hinfälligkeit d. menschl. Lebens, nach d. 90. Psalm. gr. 8. (1 B.) Halle 831, Anton.

—— Predigt beim Jahres-Feste der Gesellschaft zur Beförderung des Christenthums unter den Juden über Hosea 3 gehalten in der Louisenstadt-Kirche. gr. 8. (12 S.) Berlin 865, (Beck.) *

—— Predigt am Jahresfeste der Reformation und des Gustav-Adolphvereins zu Hamburg gehalten. gr. 8. (15 S.) Halle 856(57). (Hamburg, Nolte.) *

— Predigt über: In der Welt habt ihr Angst, aber seyd getrost, ich habe die Welt überwunden, gehalten am 7. Oct. 1827 zu Berlin. 8. Berl. 827. Stuhr. 3 ℊ

Tholuck, Fr. Aug. G., Predigt üb. Luc. 13, V. 24. am 22n Sonntage nach Trinitat. zu Berlin gehalten. .. Berl. ... Stuhr. 3 ℊ

—— Predigt üb. Lucae 12, 49. 50. mit Bezieh. auf d. Separation d. Lutheraner von d. unirten Kirche. gr. 8. (2 B.) Halle 835, Anton.

— Predigt am 13. Mai 1825 in London gehalt. .. Berl. 182.. Stuhr. 3 ℊ

— Predigt am 27. März 1826 zu Berlin gehalten. .. Berl. 826. Stuhr. 3 ℊ

— Predigt, gehalten am Palmsonntag 1826 zu Berlin. .. Berl. 826. Stuhr. 3 ℊ

—— Predigt üb. 1. Petri 5, 6, 7. auf Veranlass. e. beklagenswerthen Selbstmordes geh. gr. 8. (1 B.) Halle 837, Anton. *

—— Predigt zum Reformations-Feste 1855 im akadem. Gottesdienste zu Halle gehalten. gr. 8. (14 S.) Halle 855, Mühlmann.

—— Predigt, gehalten am 15. Sonntage nach Trinitatis 1843 in der heil. Geistkirche zu Nürnberg. gr. 8. (1 B.) Nürnberg, Raw'sche Buchh.

—— Predigt am 12. Sonntage nach Trin. 1857 in der Stadtkirche zu Schleiz gehalten und zum Besten des Landesvereins der Gustav-Adolph-Stiftung im Fürstenth. Reuß Jüng. Linie in Druck gegeben. 1. und 2. Aufl. gr. 8. (8 S.) Schleiz 857, Hübscher's Buchh. *

—— Predigt über 2. Tim. 2, 1—5 gehalten in der St. Stephanskirche zu Goslar am 16. Sonntage nach Trin. 1864. gr. 8. (12 S.) Goslar 864, Brückner.

—— Predigt am Todtenfeste, u. zum Anfange des neuen akademischen Halbjahrs 1846. 8. (2 B.) Halle 846, Mühlmann. *

Tholuck, (Friedr.) Aug. (Deofidus), Predigt, gehalten bei der Trauerfeier der Universität Halle-Wittenberg am Todestage Luthers. gr. 8. (1 B.) Halle 846, Mühlmann. Thlr.

—— Predigt üb. die Worte d. Herrn: „In d. Welt habt ihr Angst; aber seid getrost, ich habe d. Welt überwunden!" 8. (1½ B.) Berlin 827, [Stuhr.]

— Predigten. 1s Heft. Zehn Predigten, zu Berlin, Rom, London u. Halle gehalten. gr. 8. Berl. 829. Franklin u. C. 12 ℊ 2e Aufl. gr. 8. Ebd. 831. Krause; (a. Stuhr). 12 ℊ

Tholuck's, A., ausgewählte Predigten, s.: Bibliothek theologischer Klassiker.

Tholuck, Aug., ausgew. Predigten, s.: Predigt, die, der Kirche.

—— drei Predigten. Geschenk des Verfass. an das Rauhe Haus. 8. (2⅞ B.) Hamburg 843, (Perthes-Besser u. Mauke.)

— Predigten, gehalten im akademischen Gottesdienste der Universität Halle in der Domkirche. 2. Folge. 2. Samml. 8. Hamburg 841, Fr. Perthes. ⅞ ₰

—— Predigten in d. akadem. Gottesdienste d. Universität Halle in der St. Ulrichskirche geh. 2—4. Samml. u. 2. Folge 1. u. 2. (od. 2—6.) Samml. 8. Hamburg, Fr. Perthes. [2. (17 B.) 836. 1 Thlr., 3. (14 B.) 837. ¾ Thlr., 4. (14½ B.) 838. 5. (14½ B.) 839., 6. (12½ B.) 841. à ⅞ Thlr.]
(1. Samml.) Ebendas. 1834. 18 Gr.

—— Predigten üb. Hauptstücke d. christl. Glaubens u. Lebens. 1—3. Bd. gr. 8. Hamburg, Fr. Perthes. [1. u. 2. Bd. 1. Aufl. (54¼ B.) 838. 3⅓ Thlr., 2. A. (54½ B.) 841. * 3⅓ Thlr., 3. Bd. (23¼ B.) 842. * 1⅓ Thlr.] *
Diese Predigten haben unter veränd. Titel gleichen Inhalt mit den vorhergehenden. Die 1—4. Samml. jener, bildet von diesen den 1. u. 2., die 2. Folge. 1. u. 2. Samml., den 3. Bd.

— Predigten über Hauptstücke des christlichen Glaubens u. Lebens. Neue Ausg. der 4 Sammlungen von akadem. Predigten. Bd. I u. II. 2. unveränd. Ausg. 841. — 3. unveränd. Aufl. gr. 8. Hamburg 843, Fr. Perthes. n. 3½ ₰

— dies. Neue Ausg. Der 2. Folge 1. u. 2. Sammlung von akadem. Predigten. Bd. III. gr. 8. Ebend. 842. n. 1½ ₰ (I—III. 5 ₰)

— dies. 4. Bd. A. u. d. T.: Zeitpredigten im akadem. Gottesdienste der Universität Halle gehalten. gr. 8. Halle 843, Lippert u. Schmidt. 2 ₰

— dies. 5. Bd. A. u. d. T.: Predigten über die Leidensgeschichte, über christliche Tugenden, am Todtenfeste rc. gr. 8. Ebend. 845. n. 1½ ₰

— Predigten über Hauptstücke des christlichen Glaubens u. Lebens. Bd. IV. A. u. d. T.: Zeitpredigten im akadem. Gottesdienste der Universität Halle gehalten. 2. verb. Aufl. gr. 8. (VIII u. 376 S.) Halle 847, Schmidt. n. 1⅔ ₰

—— dass. — Neue Ausg. der 2. Folge 1. und 2. Sammlung von akadem. Predigten. 3. Bd. 2. Aufl. gr. 8. (IV und 362 S.) Hamburg 848, Fr. Perthes. *

Tholuck, A., Predigten üb. Hauptstücke des christl. Glaubens u. Lebens. Bd. 6. A. u. d. T.: Predigten üb. das Augsburgische Glaubensbekenntniß nebst einem Anhang von drei Cholerapredigten. gr. 8. (VI u. 290 S.) Halle 850, Mühlmann. n. 1 1/3 ℔

— Predigten über Hauptstücke des christlichen Glaubens und Lebens. 1. und 2. Bd. 4. Aufl. gr. 8. (LXXII und 794 S.) Hamburg 851, Fr. Perthes. à Bd. * 1 Thlr. 22 Ngr. *

— Predigten über Hauptstücke des christlichen Glaubens und Lebens. 5. Bd. 2. Aufl. A. u. d. T.: Predigten über die Leidensgeschichte, über christl. Tugenden, am Todtenfeste ꝛc. im akadem. Gottesdienste der Universität Halle-Wittenberg gehalten. 2. Aufl. gr. 8. (VI und 315 S.) Halle 853, Schmidt. *

— Predigten über die Hauptstücke des christlichen Glaubens und Lebens. 1. Bd. 2 Abthlgn. 6. Aufl. gr. 8. Gotha 876, F. A. Perthes. [1. Abthl. (I—XLII, S. 1—152.); 2. Abthl. (XLIII und XLIV, S. 153—348.)] à Abthl. * ℳ 2,80. * 5 60

— dass. — 2. Bd. 2 Abthlgn. 6. Aufl. gr. 8. Ebendas. 876. [1. Abthl. (IV, S. 1—232; 2. Abthl. (S. 233—403.)] à Abthl. * ℳ 2,80. * 5 60

— eine Sammlung Predigten in d. akadem. Gottesdienste d. Universität Halle in d. St. Ulrichskirche gehalt. 8. (12 1/4 B.) Hamburg 834, Fr. Perthes.

— eine Sammlung Predigten in dem akademischen Gottesdienste der Universität Halle in der St. Ulrichskirche gehalten. 1e—4e Samml. 8. Hamburg 834—38. Fr. Perthes. 3 3/8 ℔ — 2e Folge. 1e Samml. 8. Ebd. 839. 7/8 ℔

— sechs Predigten über christl. Tugenden u. eine Predigt am Beginn eines neuen Halbjahrs, im akadem. Gottesdienste der Universität Halle gehalten. gr. 8. (5 1/2 B.) Halle 843, [Schmidt's Verl.] * -

— 6 Predigten über religiöse Zeitfragen, gehalten im akadem. Gottesdienste der Universität Halle im Winter 1845—46. 8. (5 3/4 B.) Halle 846, Mühlmann. *

— Predigten über Texte der Leidensgeschichte, gehalten im akadem. Gottesdienste der Universität Halle. 1. u. 2. Hft. gr. 8. (7 3/8 B.) Halle 844, [Schmidt's, Verl.] à *

— 4 Predigten über die Bewegungen der Zeit, gehalt. im akadem. Gottesdienste d. Universität Halle im Sommer 1845. 2. u. 3. Aufl. 8. (à 3 1/2 B.) Halle 845, 46, Mühlmann. à *

— Predigten über die neuesten Zeitbewegungen. 1. Heft. 1—3. Abdr. 8. (48 S.) Halle 848, Mühlmann. *

— dass. — 2. Heft. 1. Abdr. (55 S.) und 2. Abdr. 8. (57 S.) Ebds. 848. *

— dass. — 3. Heft: Zehn kirchl. Zeitpredigten. 8. (IV und 142 S.) Halle 851, Mühlmann. *

— zwei Predigten beim Ableben Friedrich Wilhelm III. in dem akademischen Gottesdienste der Universität Halle-Wittenberg gehalten. gr. 8. Halle 840. Lippert. n. 1/6 ℔

— zwei Predigten, beim Ableben Sr. Maj. Friedrich Wilhelm III. in d. akadem. Gottesdienste d. Universität Halle-Wittenberg geh. gr. 8. (1 3/4 B.) Halle 840, [Schmidt's Vrlsh.] *

— zwei Predigten gehalten im akadem. Gottesdienst zu Halle. 8. (32 S.) Hamburg 854, Agentur des Rauhen Hauses. *

— zwei Predigten, in Stuttgart u. Kissingen geh. gr. 8. (2 1/4 B.) Stuttgart 840, J. F. Steinkopf. *

— die Propheten und ihre Weissagungen. Eine apologetisch-hermeneut. Studie. 1. und 2., völlig unveränd. Abdr. gr. 8. (X und 206 S.) Gotha 860. 61. F. A. Perthes. *

Tholuck, Fr. Aug. G., Rede ꝛc., s. auch: Mittheilungen über die 1845 zu Gnadau gehaltene 6. Versammlung des kirchl. Central-Vereins, 6. Hft.

— Rede am hallischen Reformations-Jubelfeste bei d. akadem. Feier in der Aula geh. gr. 8. (1 B.) Halle 841, Anton.

— vermischte Schriften, größtenth. apologet. Inhalts. 2 Thle. gr. 8. (59 1/2 B.) Hamburg 839, Fr. Perthes. *

— s. Sonntags-Bibliothek.

— Wider Sorge und Geiz. 8. (8 S.) Barmen 869, (Buchh. der evangel. Gesellschaft.) * — 10

— wider Sorge u. Geiz. Barmen 869. (Klein.) 8. (8 S.) n. 1 ngr

Tholuckius, Augustus: Litterarum a Spenero ad H. A. Franckium datarum specimen 1. Halis 1854: Ploetz. 26 S. 8° (4°)
Halle-Wittenberg, Oster-Progr. 1854

Tholuckius, Augustus: Litterarum a Spenero ad H. A. Franckium datarum specimen 2. Halis 1857: Ploetz. 22 S. 8° (4°)
Halle-Wittenberg, Oster-Progr. 1857

Tholuck, Augustus: Spicilegium ex commercio epistolico Joh. Gerhardi, theologi Ienensis, edidit. Halae 1864: Hendel. 16 S. 8° (4°)
Halle-Wittenberg, Oster-Progr. 1864

STIMME wider die Theaterlust .... (von *Aug. Tholuck*). Berlin 1824.
Anon.-Lex. IV. p. 124 (nach Winer).

Tholuck, Fr. Aug. G., Stunden christlicher Andacht. Ein Erbauungsbuch. (In 2 Abthll.) gr. 8. Ebd. 840. n. 2 ℔

— Stunden christl. Andacht. Ein Erbauungsbuch. 1. Aufl. (40 3/4 B.) 840., 2., verb. A. 841. u. 3., unveränd. A. gr. 8. (à 40 3/4 B.) Hamburg 842, Fr. Perthes. à * 2 —

— Stunden christl. Andacht. Ein Erbauungsbuch. 4. Aufl. gr. 8. (40 B.) Hamburg 846, 47, Friedr. Perthes. *

— Stunden christlicher Andacht. Ein Erbauungsbuch. 5 Aufl. gr. 8. (XVI und 631 S.) Hamburg 853. [Gotha, F. A. Perthes.] *

— Stunden christlicher Andacht. Ein Erbauungsbuch. 6. Aufl. gr. 8. (XVI und 631 S.) Gotha 860. F. A. Perthes *

— Stunden christlicher Andacht. Ein Erbauungsbuch. 7. Aufl. 2. Abdr. gr. 8. (VIII und 662 S.) Gotha 864, F. A. Perthes. *

— Stunden christlicher Andacht. Ein Erbauungsbuch. 8. Aufl. Gotha 870. F. A. Perthes. gr. 8. (XV, 653 S.) n. 2 ℔

— Sufismus sive theosophia Persarum pantheistica, quam e mss. bibliothecae regiae Berolinensis persicis, arabicis, turcicis eruit et illustravit. 8. Berl. 821. Dümmler. 1 ℔ 16 gr

— Ein Täter des Worts. Eine Jugend-Erinnerg. Th.'s. (32 S.) kl. 8. Basel 909. Kober. — 20

—— das alte Testament im neuen Testament. Ueber d. Citate d. alten Testam. im neuen Testam. u. üb. d. Opfer- u. Priesterbegriff im alten u. im neuen Testamente. gr. 8. (7½ B.) Hamburg 836, Fr. Perthes.

—— das alte Testament im neuen Testament. Ueber die Citate des alten Testaments im neuen Testament und über den Opfer- und Priesterbegriff im alten und neuen Testamente. (Zwei Beilagen zu dem Kommentare zum Briefe an die Hebräer.) Neue Ausarbeitung. 3. Aufl. gr. 8. (IV und 112 S.) Hamburg 849, Fr. Perthes.

—— das alte Testament im neuen Testament. Ueber die Citate des alten Testaments im neuen Testament und über den Opfer- und Priesterbegriff im alten und neuen Testamente. (Zwei Beilagen zu dem Kommentare über den Brief an die Hebräer.) 4., verm. Aufl. gr. 8. (IV und 116 S.) Gotha 854, F. A. Perthes. *

— das Alte Testament im Neuen Testament. Ueber die Citate des Alten Testaments im Neuen Testament und über den Opfer- und Priesterbegriff im Alten und Neuen Testamente. Zwei Beilagen zu dem Kommentar über den Brief an die Hebräer. 5. verb. Aufl. Ebend. 861. gr. 8. (IV, 116 S.) n. 16 ngr.

— das alte Testament im neuen Testament. Ueber die Citate des alten Testaments im neuen Testament u. über den Opfer- u. Priesterbegriff im alten u. neuen Testament. [Zwei Beilagen zu dem Kommentar über den Brief an die Hebräer.] 6. Aufl. Ebend. 868. gr. 8. (IV, 118 S.) n. 16 ngr.

Tholuck, Augustus: Theses theologicae. Berolini (1820). (2 Bl.) 4°
Berlin, Theol. Thes. v. 2. Dez. 1820

Tholuckius, Aug[ustus]: Disputatio de Thoma Aquinate atque Abaelardo interpretibus Novi Testamenti. Halis: Anton 1842. 23 S. 8° (4°)
Halle-Wittenberg, Oster-Progr. 1842

—— Trauer-, Buß- u. Dankpredigt auf Veranlassung des Attentats auf Se. Majestät den König von Preußen gehalten im akadem. Gottesdienste der Universität Halle. gr. 8. (1 B.) Halle 844, Mühlmann. * — 2½

— die speculative Trinitätslehre d. spät. Orients. Eine religiös-philosoph. Monographie aus den handschriftl. Quellen d. Leydner, Orforder u. Berliner Bibliothek bearb. gr. 8. Berlin 826, Dümmler.

—— Uebersetzung u. Auslegung der Psalmen für Geistliche u. Laien der christl. Kirche. gr. 8. (42 B.) Halle 843, Anton.

—— Uebersetzung und Auslegung der Psalmen für Geistliche und Laien der christl. Kirche. 2. Aufl. 2. Abdr. gr. 8. (VI, 758 S.) Gotha 873, F. A. Perthes. * 12 —

—— umschreibende Uebersetzung d. Briefes Pauli an d. Römer. Als Anh. zu d. Auslegung d. Briefes an d. Römer, nebst d. Vorr. Luthers zu diesem Briefe. 2., umgearb. Aufl. gr. 8. (3¼ B.) Berlin 831, Dümmler.

—— „Unser täglich Brot gieb uns heute. Und vergieb uns unf. Schulden, wie wir unf. Schuldigern vergeben." Pred. 8. (1 B.) Berlin 837, (Wolff. ?)

Tholuck, A., die Verdienste des Christenthums um die Zustände des weiblichen Geschlechts. Vortrag im Hallischen Frauen-Verein gehalten am 29. Decbr. 1856. Halle 857. Mühlmann. 12. (24 S.) 6 ngr.

Tholuck, (Friedr.) A. (Deofidus), die Verdienste des Christenthums um die Zustände des weiblichen Geschlechts. Vortrag im hallischen Frauen-Verein gehalten. 12. (24 S.) Halle 857. [Gotha, F. A. Perthes.]

Tholuckius, Augustus: Commentatio de vi quam Graeca philosophia in theologium tum Muhammedanorum tum Iudaeorum exercuerit part. 1. Hamburgi: Perthes 1835. 23 S. 8° (4°)
Halle-Wittenberg, Oster-Progr. 1835

Tholuckius, Augustus: Commentatio de vi quam Graeca philosophia in theologium tum Muhammedanorum tum Iudaeorum exercuerit. Part. 2. De ortu Cabbalae. Hamburgi: Perthes 1837. 32 S. 8° (4°)
Halle-Wittenberg, Pfingst-Progr. 1837

—— Vorgeschichte des Rationalismus. 1. Thl. (2 Abthlgn.) 1. Abthl. A. u. d. T.: Das akademische Leben des 17. Jahrhunderts mit besond. Beziehung auf die protestantisch-theolog. Fakultäten Deutschlands, nach handschriftl. Quellen. 1. Abthl.: Die akadem. Zustände. gr. 8. (XII und 327 S.) Halle 853, Anton.

—— dass. — 1. Thl. 2. Abthl. A. u. d. T.: Das akademische Leben des 17. Jahrhunderts 2c. 2. Abthl.: Die akadem. Geschichte der deutschen, skandinav., niederländ., schweizer. hohen Schulen. gr. 8. (X und 400 S.) Ebds. 854.

—— Vorgeschichte des Rationalismus. 2. und letzter Thl. A. u. d. T.: Das kirchliche Leben des 17. Jahrh. 1. Abthl.: Die erste Hälfte des 17. Jahrh. bis zum westphäl. Frieden. gr. 8. (X und 316 S.) Berlin 861, Wiegandt und Grieben. *
1. Thl. in 2 Abthlgn. Ebendas. 1853,54. 3 Thlr. 22½ Ngr.

—— Vorgeschichte des Rationalismus. 2. und letzter Thl. A. u. d. T.: Das kirchliche Leben des 17. Jahrh. 2. Abthl. Die 2. Hälfte des 17. Jahrh. gr. 8. (VIII und 266 S.) Berlin 862, Wiegandt und Grieben. *
1. Thl. 2 Abthlgn. und 2. Thl. 1. Abthl. Ebendas. 1853—61. * 5 Thlr. 10½ Ngr.

—— Was thut uns. Gottesdiensten Noth, damit sie rechte Gottesdienste seien? Pred. gr. 8. (1 B.) Halle 836, Anton. *

Tholuck's, Aug. Fr. Th., Werke. 9 Bde. gr. 8. Gotha, F. A. Perthes. * 12 2

Inhalt:

Bd. 1. Die Lehre von der Sünde und vom Versöhner oder: die wahre Weihe des Zweiflers. 8. Aufl. (XII und 176 S.) 863. * 1 Thlr.
„ 2. Predigten über Hauptstücke des christlichen Glaubens und Lebens. 1. Thl. 5. Aufl. (XL und 276 S.) 863. * 1 Thlr. 6 Ngr.
„ 3. —— dass. — 2. Thl. 5. Aufl. (VI und 316 S.) 863. * 1 Thlr. 10 Ngr.
„ 4. —— dass. — 3. Thl. 3. Aufl. (VI und 272 S.) 863. * 1 Thlr. 6 Ngr.
„ 5. —— dass. — 4. Thl.: Zeitpredigten und Predigten über christliche Tugenden. 3. Aufl. (X und 346 S.) 863. * 1 Thlr. 10 Ngr.
„ 6. —— dass. — 5. Thl.: Predigten über das Augsburgische Glaubensbekenntniß und die Leidensgeschichte. 3. Aufl. (X und 374 S.) 863. * 1 Thlr. 14 Ngr.
„ 7. Stunden der Andacht. 7. Aufl. (X und 584 S. 864. * 1 Thlr. 22 Ngr.
„ 8. Der sittliche Charakter des Heidenthums. 3. Aufl. Gespräche über die vornehmsten Glaubensfragen der Zeit. 2. Aufl. (IX und 280 S.) 865. * 1 Thlr. 6 Ngr.
„ 9. Vermischte Schriften. 2. Aufl. (VIII und 247 S.) — Die Propheten und ihre Weissagungen. 2. Aufl. (VIII und 206 S.) 867. * 1 Thlr. 18 Ngr.

— Werke. 1—7. Bd. Gotha 862—64. F. A. Perthes. gr. 8. n. 9 ℛ 8 ngr.
1. Bd.: Die Lehre von der Sünde und vom Versöhner oder: die wahre Weihe des Zweiflers. 8. Aufl. (XII, 176 S.) n. 1 ℛ
2—6. Bd.: Predigten über die Hauptstücke des christlichen Glaubens u. Lebens. 1—5. Bd. n. 6 ℛ 16 ngr.
1. 2. Bd. 5. Aufl. (XLVI, 592 S.) n. 2 ℛ 16 ngr. — 3. Bd. 3. Aufl. (VI, 272 S.) n. 1 ℛ 8 ngr. — 4. Bd. 3. Aufl. (X, 346 S.) n. 1 ℛ 10 ngr. — 5. Bd. 3. Aufl. (374 S.) n. 1 ℛ 14 ngr.
7. Bd.: Stunden der Andacht. 7. Aufl. (X, 584 S.) n. 1 ℛ 22 ngr.

Tholuck's, Aug. Fr. Th., Werke. 8. u. 9. Bd. Gotha, F. A. Perthes. gr. 8. n. 2 ℛ 24 ngr.
8. Bd. Der sittliche Charakter des Heidenthums. 3. Aufl. Gespräche über die vornehmsten Glaubensfragen der Zeit. 2. Aufl. (XI, 280 S.) 865. n. 1 ℛ 6 ngr.
9. Bd. Vermischte Schriften. 2. Aufl. (VIII, 247 S.) — Die Propheten u. ihre Weissagungen. 2. Aufl. (VIII, 206 S.) 867 n. 1 ℛ 18 ngr.

Tholuck's, Aug., Werke. 10. und 11. Bd. gr. 8. Gotha, F. A. Perthes. * 12 80

Inhalt:

Bd. 10. Das alte Testament im neuen Testament. 6. Aufl. 2. Abdr. Die Bergrede Christi. 5. Aufl. (X, 510 S.) 872. *ℳ 4,80.

• 11. Uebersetzung und Auslegung der Psalmen für Geistliche und Laien der christl. Kirche. 2. Aufl. (IV, 658 S.) 873. *ℳ 8.

1.—9. Bd. Ebendas. 1863—67. *ℳ 36,20.

—— dass. — s. a. Bibliothek, theologische, aus Perthes' Verlag.

—— Wie muß der Glaube beschaffen seyn, der einen Gläubigen vor einem schmachvollen Falle bewahren kann? Predigt im akadem. Gottesdienste am Sonntage Estomihi den 19. Febr. 1860. 8. (14 S.) Halle 860, Petersen. *

—— Wie selig der Mensch ist, der Christum zum Heilande hat. Predigt, gehalt. am 14. Sonnt., den 8. Sept. 1844, in der deutschen St. Gertruds-Kirche zu Stockholm. 8. (1⅛ B.) Stockholm 846, Fritze.

— einige apologetische Winke für das Studium des alt. Testaments. Den Theologie Studirenden des jetzigen Decenniums gewidmet. gr. 8. Berlin 821. jetzt Heymann. 1/4 ₰

— einige apolog. Winke f. das Studium des alt. Testaments. gr. 8. Berl. 821. Maurers B. 6 ℊ

—— Worauf ruht seinem letzten Grunde nach der Glaube der Christen? Predigt über 1. Corinth. 2, 1—6 im akadem. Gottesdienste der Universität Halle gehalten. 8. (16 S.) Halle 852, Mühlmann. *.

(Vorr.), s. Zahn, Frz. Ludw.: Biblische Geschichte.

Tholuck, Aug., über die Citate des Alten Testaments im Neuen Testament u. über den Opfer- Priesterbegriff im Alten u. Neuen Testament. Zwei Beilagen zu dem Kommentar über den Brief an die Hebräer. 6. Aufl. 2. Abdr. (Titel-Ausg.) gr. 8. (VI, 104 S.) Gotha (1868) 877. F. A. Perthes. n. 1. 60

—— Zuschrift an Hrn. Pfr. Hirzel auf dessen „Gruß in die Ferne." (Zeitstimmen 1861. Nr. 3.) gr. 8. (11 S.) Winterthur 861, Steiner'sche Buchh.

Tholuck, Hans, Der Bund der Landwirthe, seine Freunde u. Feinde. Entstehungsgeschichte, Zweck u. Satzungen desselben, nebst Aufruf des Hrn. Ruprecht-Ransern, und den grundlegenden Ausführungen d. Hrn. v. Ploetz-Döllingen. 12⁰. Berlin, B. Grundmann, 1893.

Tholuck, Hans, der Bund der Landwirthe, seine Freunde u. Feinde. Entstehungsgeschichte, Zweck u. Satzgn. desselben, nebst Aufruf d. Hrn. Ruprecht-Ransern u. den grundleg. Ausführgn. d. Hrn. v. Ploetz-Döllingen. 12. (24 S.) Berlin 893. Neudamm, J. Neumann's Verl. n. — 40

Tholuck, Mathilde geb. Freiin von Gemmingen. Erinnerungen an Professor Tholucks Heimgang. Leipzig 1892. H: *Faber, Wilhelm.* (Berl)

Tholuck, Mathilde, geb. Freiin v. Gemmingen, Erinnerungen an Professor Tholucks Heimgang. 8. (63 S.) Leipzig 892. Verlag der Akadem. Buchh. (W. Faber). n. 1. —

Tholuck's, A., 25jähr. Amtsjubiläum den 14. Mai 1846. Erinnerungsblätter für Freunde. 8. Halle 846, Mühlmann. n. 1/6 ₰

Tholucks, Dr., fünfzigjähriges Jubiläum am 2. Decbr. 1870. Erinnerungsblätter f. Freunde. 8. (IV, 80 S.) Halle 871. Fricke. n. — 80

Thom, Ch., and W. H. Jones, telegraphic connections, freie Bearbeitg., s.: Zetzsche, Karl Ed., Handbuch d. elektr. Telegraphie. III. Tl., Ergänzg. z. 2. Hälfte.

Thom, Ernst [Präs.] u. Jo. Adam Frey (Darmst. Alumnus Principalis) [Auct. et Resp.]
Dissertatio philosophica inauguralis qua summorum imperantium majestas independens adstruitur et ab objectionibus monarchomachorum vindicatur.
Giessae 24. Juni 1745: E. Henr. Lammers. (1), 28 S. 4⁰
pro obtinendis summis in philosophia honoribus.

Weber, Imm. [Präs.] u. Fried. Thom (Giessen) [Auct. et Resp.]
Disputatio de regnis sub lege commissoria delatis.
Giessae 31. Mai 1715: Joh. Müller. 46, (2) S. 4⁰
publicae disquisitioni

Thom, Georg (Gießen) [Auctor]
Dissertatio solemnis de conceptione ovaria cum epicrisi conceptionis ovariae in genere et hujus casus in specie.
Giessae [17.] Mai 1781: Braun. 40 S. 4⁰
doctoris medicinae honores legitime capessurus.

Thom, Geo., († d. 22. Mai 1808.) Erfahrr. u. Bemerkk. aus d. Arznei-, Wundarznei- u. Entbindungswissenschaft. Mit 1 Kpf. gr. 8. Frankf. a. M. 799. Varrentrapp. 1 ₰ 8 ℊ

Georg Thom

Erfahrungen und Bemerkungen aus der Arznei- Wund-arznei- und Entbindungswissenschaft. Von Georg Thom. Frankfurt a.M.: Varrentrapp & Wenner 1799. VIII,264 S. 8⁰

Thom, Hans [aus Militsch i/Schl.]: Uber [sic!] Suppuration nach Staarextraktion. . . . Greifswald: Druck v. Julius Abel 1889. 24 S. 8⁰
Greifswald, Med. Fak., Inaug.-Diss. v. 26. Jul. 1889

Thom, Hermann [Pseud.], s.a. Meyer, Hermann

Thom, Herm., verrauschte Accorde. Töne und Weisen aus schöner Zeit. 12. (147 S.) Leipzig 887, Reinboth. * geb. *

Thom, Herm. Amoretten. Heitere Boudoir-Geschichten 1. u. 2. Aufl. 8. (III, 62 S.) Lpz. 889, Bouman. * — 75

— Autoren üb. Verleger u. andere Reminiscenzen. 8. (99 S.) Leipzig 887. Reinboth. n. 1. 50

Thom, Herm., vom Baume des Lebens, s. a. Weber's moderne Bibliothek.

Thom, Herm., vom Baume d. Lebens. Roman. gr. 8. (103 S.) Leipzig 891. R. Claußner. n. 2. —

Thom, Herm., deutsche Dichter in Wort u. Bild. Poet. Hausschatz. gr. 4. (228 S. m. Bildn.) Leipzig 897. P. Thom. Geb. in Leinw. 10. —

— deutsche Dichtergrüße. Lyrische Anthologie. 8. (96 S. m. Abbildgn.) Leipzig 890. Claußner. geb. m. Goldschn. n. 3. —

— entehrt! Roman aus der Gegenwart. gr. 8. (138 S.) Ebd. 891. n. 2. —

— Rath's Frieda. Kleinstadt-Roman. 12. (98 S.) Leipzig 891. A. Bouman. n. — 50

Thom, H.: Gnomen u. Kobolde, s. Aub, Ludw.

— aus den Hexen-Küchen der Litteratur. Indiskretionen. 1. u. 2. Aufl. 8. (IV, 54 S. m. e. Portr.) Leipzig 889. Bouman. n. 1.—; geb. n. 1.50

— s.: Hie deutsch!

— zwischen Himmel u. Hölle. Roman f. Idealisten u. Realisten. 12. (161 S.) Oelsnitz i/V. 892. H. B. Rudert's Verl. 5.—; geb. 6.50

— zwischen Himmel u. Hölle. Roman f. Idealisten u. Realisten. 2. Aufl. 12. (161 S.) Leipzig 896. P. Thom. n. 2.—

— Hymne der Arbeit. Große Ausg. Plakat in Imp.-4. auf Carton. Leipzig 891. (G. Uhl.) — 80; kleine Ausg. 16. — 20

— der Ideal-Roman. Kritik-Studie. 12. (23 S.) Leipzig 890. Claußner. n. — 50

— litterarische Korrespondenz. Monatsschrift zur Hebg. d. Schrifttums. Hrsg.: Herm. Thom. Red.: Art. Schubert. 4. Jahrg. 1897. 12 Nrn. (à ca. 12 S. m. Bildn.) Fol. Ebd. 897. n. 3.—

—— Eine Liaison. Erzählung aus der Gegenwart. 8. (46 S.) Lpz. 889, Bouman. * — 50

— eine Liaison. Erzählg. aus der Gegenwart. 8. (46 S.) Leipzig 890. Bouman. n. — 50

— zwei Novellen, s.: Haus- u. Reise-Bibliothek.

— Realismus!? Zeitgemäße Betrachtg. 12. (80 S.) Leipzig 889. Bouman. n. — 60

— Sachsen u. das Haus Wettin. Festschrift zur Würdigg. d. 800jähr. Jubiläums d. sächs. Herrscherhauses [15. u. 16. Juni 1889]. 8. (30 S.) Ebd. 889. — 40

— die Schauspielerin, s.: Jüngst's Reise-Bibliothek.

Thom, J. C., Geschichte v. Korneuburg u. dessen nahen Umgebgn. gr. 16. (356 S.) Korneuburg 871. Kühkopf. n. 1. 20

Thom, J. H., die Liebe zu Gott befreit uns vom Gesetze, s. Liebe, die 2c.

Thom, Joh. Philipp (Mainz) Konvertit
Monachorum morbi.
Giessae [25.] Nov. 1728: vidua J.R. Vulpii. 16 S. 4°
Pro licentia, summum in arte medica gradum doctoratus acceptandi

Thom, (Karl) Willy, a. Berlin: George Colman the Elder's Komödie „The Man of Business" und die Farce „The Deuce is in Him". Eine Quellenstudie. Kiel 1908: K. Ehlers. (63 S.) 8°
Kiel, Phil. Fak., Ref. Holthausen, Diss. v. 29. Juni 1908
[Geb. 14. Febr. 83 Berlin; Wohnort: Berlin; Staatsangeh.: Preußen; Vorbildung: Prinz-Heinrichs-Gymn. Schöneberg, Falk-Realgymn. Berlin, Kaiser-Wilhelms-Realgymn. Berlin Reife M. 03; Studium: Berlin 7, Kiel 3 S.; Rig. 16. Mai 08.]

Thom, Ludovicus (Giessen)
Dissertatio inauguralis medica de Encephalitide.
Giessen 1810. 28 S.
Diss. med. Jan. 1810, 24.1. vorh. 26.

Thom, Reinhard, a. Berlin: Die Schlacht bei Pavia ⟨24. Februar 1525⟩. (Berlin: G. Nauck 1907.) (55 S.) 8°
Berlin, Phil. Fak., Ref. Delbrück, Diss. v. 9. März 1907
[Geb. 9. März 81 Berlin; Wohnort: Berlin; Staatsangeh.: Preußen; Vorbildung: Friedrich-Wilhelms-Gymn. Berlin Reife M. 02; Studium: Berlin 1, Freiburg i. B. 4, Berlin 4 S.; Rig. 21. Febr. 07.]

Thom, Reinhard. Die Schlacht bei Pavia ⟨24. Februar 1525⟩. [Mit 1 Planskizze.] II + 56 S. 8. Berlin, Georg Nauck, 1907. [M. 1.60]

Thom, Rich., die Schlacht bei Pavia (24. II. 1525). (56 S. m. 1 Textskizze.) gr. 8. Berlin 907. G. Nauck. 1.50

Thom, B., u. Th. Walde, Turnspiele, Aufmärsche u. Reigen für Mädchen der Volksschulen. Nebst Anh.: Spiele, Aufmärsche u. Reigen für Knaben der Volksschulen. (IV, 240 S.) kl. 8. Bochum (905). (Leipzig, Rauh & Pohle.) Kart. n.n. 1.80

Thom, Valerian: Aus d. chir. Poliklin. d. Univ. Greifswald. Fremdkörper im rechten Bronchus, extrachiert [!] mittels der Bronchoskopie. Cüstrin 1908: Adler. 23 S. 8°
Greifswald, Med. Diss. v. 24. Dez. 1908, Ref. Ritter
[Geb. 18. Aug. 82 Lessen; Wohnort: Frankfurt a. O.; Staatsangeh.: Preußen; Vorbildung: Gymn. Recklinghausen Reife O. 02; Studium: Greifswald 7, Berlin 1, Greifswald 2 S.; Coll. 4. Juni 07; Approb. 15. Juni 08.] [U 09. 1505

Thom, W., die neueren Arzneimittel, s.: Lüders, Rich.

Thom, Waldemar, z. Z. Assistenzarzt in Bonn ⟨Prof. Witzel⟩, aus Wilhelmshaven: Aus d. pathol. Institut zu Kiel. Untersuchungen über die normale und pathologische Hypofysis des Menschen. *Bonn: F. Cohen 1901.* (25 S.) 8° ¶ Aus: Archiv f. mikrosk. Anat. u. Entwicklungsgesch., Bd 57.
Kiel, Med. Diss. v. [18. März] 1901

Thoma, Hans, s. a.: Thoma-Ausstellung. — Thoma-Mappe.

Thoma, Hans, v. YZ. gr. 8. (15 S. m. 3 Abb.) Frankfurt a/M. 897. M. Diesterweg. n. — 50

Thoma, Hans, u. seine Weggenossen. Eine Kunstgabe m. e. Geleitwort v. Wilh. Kotzde. Hrsg. v. der freien Lehrervereinigg. f. Kunstpflege zu Berlin. 1.—20. Taus. (71 S. m. Abbildgn.) Lex. 8. Mainz 909. 10. J. Scholz. 2.—

Thoma. Die deutsche Sprachlehre an unserer Anstalt. I. S. 1—44.
Karlsruhe, P 1884

Derselbe. Die deutsche Sprachlehre an unserer Anstalt. II. S. 45—79.
Karlsruhe, P 1885 Heidelberg, P 1874

Thoma, A. Die Turnübungen beim 7. deutschen Turnfeste zu München vom 28. bis 31. Juli 1889. gr. 8. (VIII, 232 S.) Lpz. 890, Strauch. * 2 25

Thoma, A.: „Ueber die Verhältnisse der bäuerlichen Einsassen im Grossherzogthum Posen", Berlin 1818 (Enslin). — Vorh.: Preuß. Staatsbibl. Berlin.

Thoma, A., über die Verhältnisse der bürgerl. Einsassen im Großherzogthum Posen. 8. Berlin, Enslin. 819. — 14

Thoma, Albrecht

Thoma, Albr., s.: Aus Wald u. Grund.

Thoma, Albrecht. Bernhard von Weimar. Ein Lebensbild zu seinem 300. Geburtstage. Mit zwei Bildnissen [wovon 1 Tafel] und drei Städteansichten. VIII + 163 S. 8. Weimar, Hermann Böhlaus Nachfolger, 1904. [M. 1.50]

Thoma, Albr., Katharina v. Bora. Geschichtliches Lebensbild. gr. 8. (VIII, 319 S. m. 1 Bildnis.) Berlin 900. G. Reimer. n. 5.—

— unterm Christbaum. Weihnachtsgeschichten. gr. 8. (III, 285 S. m. Abb.) Karlsruhe 895. J. J. Reiff. n. 3. —; geb. in Leinw. n. 4. —

— das Drama, s. a. Beiträge zur Lehrerbildung u. Lehrerfortbildung. 33. Hft.

Thoma, Albr., das Drama. Eine gemeinverständl. Darstellg. seines Wesens u. Baues. gr. 8. (45 S.) Gotha 891. Thienemann. n. — 80

Thoma, A., s.: Familien-Bibel d. neuen Testamentes.

— Festspiel zum Großherzog-Jubiläum. 8. (32 S. m. Abbildgn.) Ebd. 902. Kart. n. — 75

— Frau-Cotta-Spiel. 12. (48 S.) Karlsruhe 900. J. J. Reiff. n. — 75

Thoma, Albr., die Genesis des Johannes-Evangeliums. Ein Beitrag zu seiner Auslegung, Geschichte u. Kritik. gr. 8. (XVI, 879 S.) Berlin 882. G. Reimer. n. 13. —

— Geschichte d. Klosters Frauenalb. Ein Beitrag z. Kulturgeschichte vor 7 Jahrhunderten. 8. (III, 104 S. m. 1 Abb.) Freiburg i/B. 898. P. Waetzel. n. 1. 60

Thoma, Albr., Geschichte der christlichen Sittenlehre in der Zeit des Neuen Testamentes. Von der Teyler'schen Gesellschaft gekrönte Preisschrift. gr. 8. (383 S.) Haarlem 879. (Leipzig, Harrassowitz.) cart. * 6 —

Thoma, Albr.: Der biblische Geschichtsunterricht in der Volksschule, s.a. Zur Volksschulpädagogik.

Der biblische Geschichtsunterricht in der Volksschule. Von D. Albrecht Thoma, Prof. Langensalza: Beltz 1910. 40 S. 8°
(Zur Volksschulpädagogik. H. 12.)

— Gottesgrüße, s.: Schriften des protestantischen liberalen Vereins in Elsaß-Lothringen.

Thoma, Albr., Gustav-Adolf-Spiel. Für Stadt u. Land. Mit Bildnissen u. Spielanweisg. 8. (100 S.) Karlsruhe 894. J. J. Reiff. n. 1. —

— dasselbe. 2. Ausg. 12. (96 S.) Ebd. 894. n. 1. —

— Gustav-Adolf-Spiel. Für Stadt u. Land. Mit Bildnissen u. Spielanweisg. 8., umgearb. Aufl. (98 S. m. Abbildgn.) 8. Karlsruhe 904. J. J. Reiff. n. 1. —

— Johannes Gutenberg, der Erfinder der Buchdruckerkunst, s.: Lohmeyer's, Jul., vaterländ. Jugendbücherei. 16.

— Jesus u. die Apostel. In gemeinverständl. Darstellg. (211 S.) 8. Gotha 910. E. F. Thienemann. Geb. in Halbperg. 3. 50

— Junker Jörg. Volksspiel in 3 Aufzügen. (64 S.) kl. 8. Karlsruhe 909. J. J. Reiff. 1. —

Thoma, A., Kaiserfeier für Schulen. gr. 8. (45 S.) Karlsruhe 890. Reiff. n. — 50

— Karl Friedrich, Markgraf, Kurfürst u. Großherzog v. Baden. Dem bad. Volk zur 100jähr. Erinnerg. an 1803 u. 1806. (20 S. m. 1 Bildnis.) 8. Heidelberg 903. Ev. Verlag. n. — 20

— Kinder-Weihnachtsfeier f. Schule, Kirche u. Haus in Stadt u. Dorf. Mit 12 Melodien in Noten. 8. (48 S.) Ebd. 889. n. — 50

— Kinder-Weihnachtsfeier f. Schule, Kirche u. Haus in Stadt u. Dorf. Mit 16 Melodien in Noten. 2., verm. Aufl. gr. 8. (56 S.) Ebd. 893. n. — 75

— Kinder-Weihnachtsfeier f. Schule, Kirche u. Haus in Stadt u. Dorf. Mit 17 Melodien in Noten. (7. u. 8. Taus.) (60 S.) 8. Karlsruhe (905). J. J. Reiff. n. — 80

— das Leben Gustav Adolf für's deutsche Volk. 1.—13. Aufl. gr. 8. (112 S. m. Abbildgn.) Ebd. 894. n. — 50

Thoma, Albr., Dr. Luthers Leben. Fürs deutsche Haus. 2. unveränd. Abdr. Mit Stich nach Kranach u. Lichtdr. nach Lessing. gr. 8. (IV, 252 S.) Berlin 883. G. Reimer. n. 2. 40

— Philipp Melanchthons Leben. Dem deutschen Volk erz. 1. u. 2. Aufl. gr. 8. (III, 155 S. m. Bild.) Karlsruhe 897. J. J. Reiff. n. 1. —; geb. in Leinw. n. 2. —

— dasselbe. Kleine Ausg. gr. 8. (III, 84 S. m. Bild.) Ebd. 897. n. — 50

— Der Lindenschmied, s.: Jugend- u. Volksbibliothek, deutsche.

— die Lutherfeier in der Schule. 8. (24 S.) Karlsruhe 883. Reiff. n. — 30

— evangelische Märtyrer in Baden, s.: Festschriften f. Gustav-Adolf-Vereine. Nr. 40.

— u. and., zwölf Melanchthon-Gedichte. Zum Vortrag bes. f. Schulfeiern. 12. (19 S.) Ebd. 897. n. — 20

— Melanchthon-Spiel. M. Bildn. u. Spielanweisg. 12. (VI, 106 S.) Ebd. 896. n. 1. 20

— die Mürdermühle. Eine Erzählg. aus dem Volke. 8. (65 S.) Wiesbaden 884. (Rodrian.) n. — 50

— die neue deutsche Rechtschreibung m. Wörterbuch. 8. (55 S.) Karlsruhe 890. Braun. n. — 60

Thoma, Albr., ein Ritt ins Gelobte Land. Land und Leute in Palästina vor 3000 Jahren. gr. 8. (III, 155 S. mit 8 Vollbildern und 5 in den Text gedr. Abbild.) Berlin 887, Haack. geb. in Halbleinw. *

— ein Ritt ins gelobte Land. Land u. Leute in Palästina vor 3000 Jahren. Mit 8 Vollbildern u. 5 in den Text gedr. Abbildgn. 2. Aufl. gr. 8. (VI, 166 S.) Berlin 900. A. Haack. Kart. n. 3. —

— der Pfälzer Robinson, s.: Heberer, Mich.

— die Salzburger. Volksschauspiel. 12. (96 S. m 1 Abb.) Karlsruhe 901. J. J. Reiff. n. 1. 20

Thoma, Albr., Saulus. Drama in 5 Akten. Mit e. (photogr.) Titelbild nach Raphael. gr. 8. (VII, 148 S.) Heidelberg 876. C. Winter. n. 3. 20

— Der Schwede in Würzburg, s.: Festschriften f. Gustav-Adolf-Feste.

Thoma, A., deutsche Sprachlehre f. Seminarien u. Mittelschulen. gr. 8. (IV, 94 S.) Karlsruhe 886. Braun. cart. n. 1. 40

— deutsche Sprachlehre f. Seminarien u. Mittelschulen. 2. Aufl. 8. (XV, 224 S.) Karlsruhe 890. Braun. n. 2. 60

— Der Sternensohn. Geschichtliche Erzählg. aus der Zeit des Kaisers Hadrian. Mit 5 Abbildgn. in Tondr. u. Titelzeichng. nach Originalen v. Fritz Bergen. 2. Taus. (III, 259 S.) 8. Bielefeld 908. Verlagshandlung der Anstalt Bethel. Geb. in Leinw. 4. 50

—— die katholischen Strömungen in Deutschland seit den letzten hundert Jahren. Vortrag im Karlsruher Zweigverein des Evangel. Bundes. gr. 8. (27 S.) Bremen 888, Meierdiercks.
Aus: Deutsches Protestantenblatt, besonders abgedruckt.

— das Studium des Dramas an Meisterwerken der deutschen Klassiker, I. Lessing, s.: Beiträge zur Lehrerbildung u. Lehrerfortbildung.

— das Studium d. Dramas an Lessings Meisterwerken. [Aus: „Kehr's pädagog. Blätter".] gr. 8. (109 S.) Gotha 895. E. F. Thienemann's Verl. n. 1. 40

— Verloren! Eine Weihnachtsgeschichte. gr. 8. (12 S.) Berlin 888. Haack. — 30

— Vesper od. liturgische Andacht am Lutherfest. 8. (20 S.) Ebend. 883. n. — 20

— Zur Volksschul-Lesebuch-Frage. (15 S.) 8. Karlsruhe 910. J. J. Reiff. — 20

—— Die Waisenkinder. Eine Weihnachtsgeschichte aus alter Zeit. 8. (16 S.) Berl. 889, Haack. — 30

— großes Weihnachtsspiel. 12. (60 S.) Karlsruhe 895. J. J. Reiff. n. 1. —

— kleines Weihnachtsspiel. 12. (40 S.) Ebd. 895. n. — 75

Thoma, Albrecht. Konrad Widerholt, der Kommandant von Hohentwiel. Mit 8 Abbildungen nach Originalzeichnungen von Maler Anton Hoffmann, 2 Karten und 1 Porträt [11 Tafeln] nach Kupfern von [Matthæus] Merian [sowie illustr. Umschlag]. VIII + 274 S. 8. München, J. F. Lehmann, [1903]. (geb. M. 5. —)
(Julius Lohmeyers Vaterländische Jugendbücherei für Knaben und Mädchen. Band 15.)

— Konrad Widerholt, der Kommandant v. Hohentwiel. Mit 8 Abbildgn. nach Orig.-Zeichngn. v. Anton Hoffmann, 2 Karten u. 1 Portr. nach Kupfern v. Merian. (VIII, 274 S.) gr. 8. München 903. [J. F. Lehmann's Verl.] G. W. Dietrich. Geb. in Leinw. n. 5. —

— dasselbe, s. a. Lohmeyer's, Jul., vaterländ. Jugendbücherei. 15.

Thoma, A[ugust]. Moderne Entwuerfe fuer Buchdecken. Entworfen von A. Thoma [aus Amden, Kt. St. Gallen]. [93 lithograph. Tafeln, wovon 16 in Farben und Gold, *in Umschlag*.] 8. Fratte di Salerno, A. Thoma, [Mai 1902]. [incl. Porto L. 8. 30]

Thoma, A., moderne Entwürfe f. Buchdecken. gr. 8. (94 z. Tl. farb. Taf.) Fratte di Salerno (902). (Leipzig, G. Hedeler.) n. 5. —

Thoma, Aug., de Thomasetti, flores legum. 18. Frcf. 731. — 5

— ius culmense. fol. Brunsb. 711. 1 —

— sylloge epistolarum mathematicarum. 8. Prag. 715. — 16

Thoma, Dieter, Assist. f. techn. Mechanik an d. Techn. Hochsch. München: Beiträge zur Theorie des Wasserschlosses bei selbsttätig geregelten Turbinenanlagen. 1910. 60 S. 8° ¶ Auch bei Oldenbourg in München.
München, Dr.-Ing.-Diss. v. 1. 7. 1910

Thoma, D., zur Theorie des Wasserschlosses bei selbsttätig geregelten Turbinenanlagen. (V, 65 S. m. 10 Abbildgn.) gr. 8. München 910. R. Oldenbourg. 2. —

Thoma, E., s.: Irrenpflege, die.

Thoma, Eduard: Die Tegernseeer Buchmalerei. München 1910: Kastner & Callwey. 46 S. 8°
München, Phil. Diss. v. 22. Juli 1909, Ref. Riehl, Wolters
[Geb. 18. Sept. 80 Krumbach, Schwaben; Wohnort: München; Staatsangeh.: Bayern; Vorbildung: Gymn. Freising Reife Juli 00; Studium: Phil. u. Theol. München 10 S.; Rig. 22. Juli 09.] [U 10. 3706

Thoma, Emil, 60 kunstgewerbliche Entwürfe. gr. Fol. (25 Taf.) München 896. Piloty & Loehle. In Mappe 30. —; ermäss. Preis 15. —

Thoma, Ernst [app. Arzt]: Ueber eine quantitative Auswertung des Pulses. . . . Freiburg i. B., Univ.-Buchdr. v. Chr. Lehmann, 1889; 21 S. 8°
Freiburg i. B., Med. Fak., Inaug.-Diss. v. 1889

Thoma, Ernst, eine Lebensgeschichte. 8. (379 S.) Zürich 897. H. Henckell & Co. n. 5. —

Thoma, Eugen, a. Lienheim: Über das Wärmeleitungsproblem bei wellig begrenzter Oberfläche und dessen Anwendung auf Tunnelbauten. Karlsruhe 1906: C. F. Müller. (52 S.) 8°
Freiburg i. B., Phil. Fak., Ref. Himstedt, Diss. v. 25. Apr. 1900
[Geb. 11. Sept. 77 Lienheim b. Waldshut; Wohnort: Freiburg i. B.; Staatsangeh.: Baden; Vorbildung: Gymn. Freiburg i. B. Reife Juli 97; Studium: Freiburg i. B. 5, Straßburg 1, Freiburg i. B. 3 S.; Rig. 15. Dez. 05.]

Thoma, F., Leitfaden zur Erlerng. d. vereinf. Steno-Tachygraphie (Eng-Schnellschrift). Für Lehrkurse u. z. Selbstunterr. bearb. 2., zum Tl. umgearb. Aufl. (2.—4. Taus.) gr. 8. (28 S.) Augsburg (H 205 II) 898. (Fr. Kaupert.) n. — 60

Thoma, Franz Michael „Rektor Schießl †". pg. 45-50. 8°. M. Niedermayr'sche B. Rosenheim, Progr. 1888/89

Thoma, Frieda, Hausfrauen-Kochbuch. (XII, 424 S.) 8. Lahr (905). M. Schauenburg. Geb. in Leinw. n. 3. —; m. Schutznägeln n. 3. 20

Thoma, Fritz [aus Pfaffenweiler (Baden)]: Über einige Chalkonderivate. Berlin 1900. 38 S. 8°.
Bern. Phil. Diss. 1899/1900.

Thoma, Gustav: Westfalens Anteil an der Dichtung der Befreiungskriege. Münster i. W. 1909: Aschendorff. 159 S. 8°
Münster, Phil. Diss. v. 7. Okt. 1910, Ref. Schwering
[Geb. 17. Aug. 84 Münster i. W.; Wohnort: Münster; Staatsangeh.: Preußen; Vorbildung: Paulin. Gymn. Münster Reife O. 05; Studium: Münster 2, München 1, Münster 6 S.; Rig. 16. Nov. 09.] [U 11. 4002

Thoma, Hans, ABC-Bilderbuch. Text (m. Ausnahme der Fabeln v. Wilh. Hey) v. Mathilde Coester. (24 S. m. farb. Abbildgn.) 4. Mainz (905). J. Scholz. Kart. 4. —; auf Pappe 5. —

— ABC-Bilderbuch. Text (m. Ausnahme der Fabeln v. Wilh. Hey) v. Mathilde Coester. 9.–10. Taus. (48 S. m. farb. Abbildgn.) 31,5×23,5 cm. Mainz (910). J. Scholz. Geb. in Halbleinw. 4. —

— dasselbe. 9.—10. Taus. (24 farb. S. auf Pappe.) 31,5×28,5 cm. Ebd. (910). Geb. in Halbleinw. 5. —

Thoma, Hans, a. Schweinfurt a. M.: Ein Beitrag zur Frage der Bestandteile des Kino. Würzburg 1905: C. J. Becker. (34 S.) 8°
Würzburg, Phil. Fak., Ref. Medicus, Diss. v. 24. Aug. 1905
[Geb. 8. Sept. 78 Schweinfurt; Wohnort: Schweinfurt; Staatsangeh.: Bayern; Vorbildung: Gymn. Schweinfurt; Studium: Berlin 1, Würzburg 8 S.; Rig. 27. Juli 04.]

Thoma, Hans, immerwährendor Bilderkalonder. 2 Thle. à 12 Orig.-Algraphien 55,5×43,5 cm. Frankfurt a/M. (Rossmarkt 23), (J. P. Schneider jr.) 901. 902. In Umschlag à 150. —
I. 12 Monatsbilder. — II. Die 7 Planeten als Jahresregenten, die 12 Himmelszeichen u. ihre Bedeutg, immerwährende Datumstabelle, Wetter- u. Bauernregeln, Zelttafel wichtiger Weltbegebenheiten.

Thoma, Hans. Ein Buch seiner Kunst m. e. Einleitg. v. Wilh. Kotzde. Hrsg. v. der freien Lehrervereinigg. f. Kunstpflege. (89 S. m. 18 Abb.) Lex.-8. Ebd. 906. n. 1. —

Hans Thoma. Ein Buch s. Kunst mit e. Einl. von Wilhelm Kotzde. Hrsg von d. Freien Lehrervereinigung f. Kunstpflege. Mainz: Scholz 1907. 39 S. 4° [07. 12337 II

— Ein Buch seiner Kunst, m. e. Einleitg. v. Wilh. Kotzde. Hrsg. v. der freien Lehrervereinigg. f. Kunstpflege. (Neue Aufl.) (35 S. m. Abb.) Lex. 8. Ebd. 910. 1. —

— s.: Cosomati, E., 32 Radierungen.

— Endymion, s.: Meisterbilder fürs deutsche Haus.

Thoma, Hans, u. Henry Thode, Federspiele. Fol. (68 S. m. Abbildgn.) Frankfurt a/M. 892. H. Keller. Kart. n. 7. 50

— u. Henry **Thode**, Federspiele. 2. Aufl. Fol. (70 S. m. Abbildgn.) Frankfurt a/M. (900). H. Keller. Kart. n. 9. —

— Gemälde in Frankfurt am Main. I u. II. Hrsg. v. Henry Thode. gr. Fol. (150 Taf. m. IV S. Toxt.) Frankfurt a/M. 900. H. Keller. In 2 Loinw.-Mappon n. 66. —

Thoma, Hans. H' Th' (-Gemälde. Band) 3: Gemälde in Frankfurt a/M., Heidelberg, Karlsruhe, Basel, Zürich, Säckingen, Bernau und an anderen Orten. Hrg. von Henry Thode. VII S. + 80 Tafeln (151 —230), *in Mappe* fol. Frankfurt a/M., Heinrich Keller, 1901. [M. 45. —]
Die Originale der Taf. 19. 29. 30. 32. 40. 43. 49. 53. 56. 61. 76 sind in Basel, *77. 78 auf dem* Arxhof ⟨Baselland⟩, *66. 74 in* Zürich; *Schweizer-, besonders Rheinlandschaften s. Taf. 12–16. 41. 77 u. 79.*

— dasselbe. IV. Gemäldo in Berlin, Bonn, Dresden, Hamburg, Mannheim, Nowimarow (Croatien), Ridgehurst (England), Stockholm, Wien u. an andoren Orten. Hrsg. v. Henry Thode. gr. Fol. (80 Bl. m. VII S. Toxt.) Ebd. 902. In Leinw.-Mappe n. 45. —

— Gemälde. V. Gemälde in Bayreuth, Berlin, Frankfurt a. M., Heidelberg, Karlsruhe, Marburg, München, New York, Partenkirchen u. Worms. Hrsg. v. Henry Thode. (80 Bl. m. VII S. Text.) gr. Fol. Frankfurt a/M. 906. H. Keller. In Leinw.-Mappe 45. —

— Gemälde. I. II. u. VI. Frankfurt a/M., H. Keller. In Leinw.-Mappe. 125. —
I. II. Gemälde in Berlin, Essen, Frankfurt am Main, Hamburg, Karlsruhe, Köln, Leipzig, Reval u. Wiesbaden. 2. Aufl. Ausg. zum 70. Geburtstage des Meisters am 2. X. 1909. (150 Bl. m. IX S. Text.) 44×30 cm. 909. In Mappe 80. —
VI. Gemälde in Frankfurt am Main. Hrsg. v. Henry Thode. (80 Bl. m. VIII S. Text.) 41,5×30 cm. 910. In Mappe 45. —

– Dass., s.a. Klassiker der Kunst in Gesamtausgaben. 15. Bd.

(Hans) Thoma. Des Meisters Gemälde in 874 Abb. Hrsg. von Henry Thode. Stuttgart & Leipzig: Deutsche Verl.-Anst. 1909. LXV, 550 S. 8°
(Klassiker d. Kunst in Gesamtausgaben. Bd 15) [09. 14527

— 10 farbige Gemälde. (Mit 8 S. illustr. Text.) 34,5×27 cm. Leipzig (909). E. A. Seemann. In Mappe 3. —

Im Herbste des Lebens, gesammelte Erinnerungsblätter von Hans Thoma. München: Süddeutsche Monatshefte 1908. (259 S.) 8° [08. 16100

— Im Herbste des Lebens. Gesammelte Erinnerungsblätter. (1.—5. Aufl.) (259 S. m. Abbildgn. u. Bildnis.) gr. 8. München 909. Süddeutsche Monatshefte. 5.—; geb. in Perg. 8.—; Luxusausg. auf Bütten, geb. in Ldr. 50. —

Thoma's, Hans, Kostümentwürfe zu Richard Wagner's Ring d. Nibelungen. M. e. Einleitg. v. Henry Thode. Fol. (18 Taf. m. 11 S. Toxt.) Leipzig 897. Breitkopf & Härtel. Geb. in Leinw. n. 10. —; engl. Ausg. geb. n. 10. —

— Künstler-Postkarten zum Ausmalen. (12 [6 farb.] perforierte Bl.) 30,5×20,5 cm. Mainz (907). J. Scholz. 1. 25

— Landschaften. Mit e. Geleitworte v. Wilh. Kotzde. Hrsg. v. der freien Lehrervereinigg. f. Kunstpflege. (35 S. m. 15 Vollbildern.) Lex. 8. Ebd. 908. 1. —

— deutsche Landschaften. (8 farb. Taf.) qu. gr. 4. Mainz (905). J. Scholz. In Leinw.-Mappe n. 10. —

— dasselbe. (Neue Folge.) (8 farb. Taf. m. 1 Bl. Text.) qu. gr. 4. Ebd. (906). In Leinw.-Mappe n. 10. —

— der Landschaftsmaler. Ein Malbuch f. Kinder. (Das deutsche Malbuch.) 2 Sorten. (à 4 farb. u. 4 schwarze Bl.) qu. Lex.-8. Ebd. (904). à — 40; erh. Pr. à — 50

— Malbuch m. Landschaften. 2 Sorten. (à 4 farb. u. 4 schwarze Bl.) qu. kl. 8. Ebd. (906). à — 50; in 1 Bd. kart. 1. —

— s.: Maler, deutsche.

Thoma, Hans, Postkartenmalbuch, nach Zeichngn. v. Th. (4 farb. u. 4 schwarze perforierte Bl.) Lex.-8. Mainz (906). J. Scholz. — 50

— Postkarten-Malbuch. Aus der Sammlg. „Das deutsche Malbuch". (8 [4 farb.] perforierte Bl.) Lex. 8. Mainz (907). J. Scholz. — 50

— Postkartenmaler. Landschaften. (4 farb. u. 4 schwarze Bl.) Lex.-8. Ebd. (905). — 50

— fünf Radierungen. Hrsg. v. den Herausgebern d. Insel. hoch 4. Berlin 901. Leipzig, Insel-Verlag. In Mappe n. 50. —

— Rede bei der Abendfestlichkeit an seinem 60. Geburtstag, s.: Thode, Henry, Hans Thoma.

— Schwarzkunstblätter. gr. Fol. (10 Lith. m. 1 Bl. Text.) Leipzig (895). Breitkopf & Härtel. In Segeltuch-Mappe n. 24. —

— dasselbe. (Neue Folge.) gr. Fol. (10 Lith. m. 1 Bl. Text.) Ebd. (896). In Segeltuch-Mappe n. 24. —

—— s. Thode, Henry.

Thoma, Hans. 18 Photograv. nach den Originalen d. Meisters. Begleitender Text v. Henry Thode. gr. Fol. (3 Bl. Text.) München 892. F. Hanfstaengl. Kunstverl., A.-G. Geb. in Halbjuchten m. Goldschn. 60. —

— 18 Photogravuren nach d. Originalen d. Meisters. gr. Fol. (1 Bl. Text.) München (897). F. Hanfstaengl. In Halbldr.-Mappe n. 40. —

Thoma, Hermann: Ein Problem aus der Variationsrechnung. Strassburg, Univ.-Buchdr. v. J. H. E. Heitz, 1897; 1 Bl., 19 S. 4.
Strassburg i. E., L, P 1897 (539)

Thoma, (J. H.,) Bemerk. üb. d. Entwurf d. baier. Strafgesetzbuches insbesondere v. Uebertretungen. gr. 8. Sulzbach 824, v. Seidel.

Thoma, Ioh., cursus theologicus. VIII Tmi. fol. Cöln. 711.

Thoma, Johann: De Studio geographico in genere, s. Hübner, Christian.

Thoma, Karl, das stadienmässige Blumenstudium. (In 8 Heften.) 1. u. 2. Heft. Lex.-8. Dresden (A. Müller Fröbelhaus). à n. 2. 50
1. Frühlings-Nr. (33 Taf. m. 14 S. Text.) (906.)
2. Sommer-Nr. (30 Taf. m. 14 S. Text.) (906.)

Die Eisenbahntransporte für Mobilmachung und Aufmarsch der K. Bayerischen Armee 1870. Bearb. von K[arl] Thoma, K. B. Oberstlt. z. D. ⟨Mit 7 Beil.⟩ *München: J. Lindauer 1896.* (S. 151–181.) 8° [F.]
— Darstellungen aus d. Bayerischen Kriegs- u. Heeresgeschichte. H. 5, [2.]

— Dass., s.a. Darstellungen aus d. bayer. Kriegs- und Heeresgeschichte. H. 5.

— u. Otto Gyßling: D. bayer. Feldeisenbahn-Abteilung im Kriege 1870/71, s. Darstellungen aus d. bayer. Kriegs- u. Heeresgeschichte, Hft. 6.

Thoma, L. F. (ed). Souv . . . 17. natle Sängerfest . . . 1894. NY, 1894.

Thoma, Ludw., s. a.: Schlemihl, Pet.

Thoma, Ludw., Agricola, Bauerngeschichten. M. Zeichnungen v. Adf. Hoelzel u. Bruno Paul. Clichés v. Hamböck & Co. 4. (124 S.) Passau 897. M. Waldbauer. n. 4. — ; geb. n.n. 5. —

— Agricola. Bauerngeschichten. Mit Zeichngn. v. Adf. Hölzel u. Bruno Paul. 5.—8. Taus. (124 S.) gr. 8. München 904. 906. A. Langen. n. 4. —; geb. n. 5. —

Thoma, Ludw., Agricola. Bauerngeschichten. Mit Zeichngn. v. Adf. Hölzel u. Bruno Paul. 9. u. 10. Taus. (124 S.) gr. 8. München 908. A. Langen. 4.—; geb. 5. —

— Briefwechsel e. bayrischen Landtagsabgeordneten. Mit 20 Zeichngn. v. Eduard Thöny. 1. bis 20. Taus. (131 S.) 8. Ebd. 909. 2.—; geb. 3. —

Ludwig Thoma. Briefwechsel eines bayrischen Landtagsabgeordneten (2: Jozef Filsers Briefwexel). Mit Zeichn. von Eduard Thöny. (Buch [1., 2.) München: Langen 1909(–12). 8° A 12. 10040

— die bösen Buben, s.: Heine, Thom. Thdr.

Thoma, Ludw., s.a. Burenkrieg, der.

Thoma, Ludwig. Der Burenkrieg. Mit kurzen Biographien der hervorragendsten Heerführer nach Mitteilungen . . . W. Leyds . . . München, Albert Langen 1900.
32 S. m. zahlr. Abb. 2°.
Zeichner: Th. Th. Heine, Leibl, Liebermann, Paul, Reznicek, Slevogt, Thöny u. a.

— Tante Frieda. Neue Lausbubengeschichten. Mit Zeichngn. v. Olaf Gulbransson. 1.—10. Taus. (152 S.) 8. München 907. A. Langen. n. 4. —; geb. n. 5. —

— Tante Frieda. Neue Lausbubengeschichten. Mit Zeichngn. v. Olaf Gulbransson. 11.—20. Taus. (152 S.) 8. Ebd. 907. 4.—; geb. 5. —

Ludwig Thoma. Tante Frida. Peter Spanningers Liebes-Abenteuer. Kabale und Liebe! In vereinf. deutsch. Stenographie (Einigungssystem Stolze-Schrey). Berlin: Reh [um 1910]. 40 S. 8°
(Kleine Erzählungen. 1.) A 12. 10701

Neue Grobheiten. Simplicissimus-Gedichte von Peter Schlemihl (d. i. Ludwig Thoma). München: Langen 1903. 112 S. 8°
(Kleine Bibliothek Langen. Bd 65.) [10. 6730

— der hl. Hies. Merkwürdige Schicksale des hochwürd. Hrn. Mathias Fottner v. Ainhofen, Studiosi, Soldaten u. späterhin Pfarrherrn zu Rappertswyl. Gezeichnet v. Ignatius Taschner. (43 S. m. z. Tl. farb. Abbildgn.) 8. Ebd. (904). Geb. in Leinw. n. 5. —

— Der hl. Hies. Merkwürdige Schicksale des hochwürd. Hrn. Mathias Fottner v. Ainhofen, Studiosi, Soldaten u. späterhin Pfarrherrn zu Rappertswyl. Gezeichnet v. Ignatius Taschner. 4. u. 5. Taus. (43 S. m. z. Tl. farb. Abbildgn.) 8. Ebd. (908). Geb. in Leinw. 5. —

— Hochzeit. Eine Bauerngeschichte. Umschlagzeichnung u. Buchschmuck v. Bruno Paul. 1.—6. Taus. 8. (à 144 S.) München 902. A. Langen. n. 2. —; geb. n. 3. —

— Hochzeit. Eine Bauerngeschichte. Umschlagzeichnung u. Buchschmuck v. Bruno Paul. 7.—10. Taus. (144 S.) 8. Ebd. 905. n. 2. —; geb. n. 3. —

— Assessor Karlchen u. andere Geschichten, s.a. Bibliothek Langen, kleine.

Ludwig Thoma. Assessor Karlchen u. and. Geschichten. 6. u. 7. Taus. München: A. Langen 1903. (160 S.) 8° [F.]
— Langen, Kleine Bibliothek. Bd 34. [06. 1499

— Erster Klasse. Bauernschwank in 1 Akt. (88 S.) 8. Ebd. (910). 1.50; geb. n 2. 50

— Kleinstadtgeschichten. 1.—20. Taus. (195 S.) 8. München 908. A. Langen. 3. –; geb. 4.—; in Ldr. 6. —

— Lausbubengeschichten. Aus meiner Jugendzeit. 1. bis 20. Taus. (161 S.) 8. München 905. 906. A. Langen. n 3. —; geb. n. 4. —; in Ldr. n. 5. —

— die Lokalbahn. Komödie in 3 Akten. 3. u. 4. Taus. 8. (171 S.) München 903. A. Langen. n. 2. —; geb. n. 3. —
1. u. 2. Taus. (165 S.) Ebd. 902. n. 2. —; geb. n. 3. —.

— u. Th. Th. Heine, die Prinzessin Luise v. Koburg, s.: Simplizissimus. Flugblatt.

— — das große Malöhr im Juni 1903. Wahrheitsgetreu dargestellt. (38 S. m. Abbildgn.) kl. 4. München 903. A. Langen. Kart. n. — 80

— die Medaille. Komödie in 1 Akt. 1. u. 2. Aufl. 8. (à 102 S.) Ebd. 901. n. 1. 50; geb. n. 2. 50

— die Medaille. Komödie in 1 Akt. 6. Taus. (102 S.) 8. Ebd. 906. n. 1. 50; geb. n. 2. 50

— Die Medaille. Komödie in 1 Akt. 7. Taus. (102 S.) 8. Ebd. 908. 1. 50

– und Th. Th. Heine

— — die Gräfin v. Montignoso od. Liebeslust u. -leid in Florenz, s.a. Simplicissimus-Flugblatt.

Die Gräfin von Montignoso oder Liebeslust und -leid in Florenz. Wahrheitsgetreu berichtet von Ludwig **Thoma** u. Th[omas] Th[eodor] Heine. (München: A. Langen [1905].) (1 Bl.) 2° [Kopft. J.]
(Flugblatt d. Simplicissimus.) [05 4551 S

— Moral. Komödie in 3 Akten. (176 S.) 8. Ebd. 909. 2.—; geb. 3. —

— Moritaten, s.: Bibliothek Langen, kleine.

— Pistole od. Säbel? u. anderes, s.a. Bibliothek Langen, kleine.

Ludwig **Thoma**. Pistole oder Säbel? u. anderes. München: Langen 1905. 148 S. 8°
(Kleine Bibliothek Langen. Bd 80.) [10. 8723

— „Peter Schlemihl". Gedichte. (107 S.) 8. Ebd. 906. n. 2. 50; geb. n. 3. 50

— Andreas Vöst. Bauernroman. (434 S.) 8. München 906. A. Langen. n. 6. —; geb. n. 7. 50

— Andreas Vöst. Bauernroman. Volksausg. 11.—13. Taus. (434 S.) 8. München 908. A. Langen. 3.—; geb. 4.—; in Ldr. 6. —

— der Wilderer, s.a. Bibliothek Langen, kleine.

Ludwig **Thoma**. Die Wilderer. München: Langen 1904. 89 S. 8°
(Kleine Bibliothek Langen. Bd 70.) [10. 8723

— u. R. Geheeb, die 411 besten Witze aus dem Simplicissimus. 1.—10. Taus. (116 S.) kl. 8. Ebd. 908. 2.—; geb. 3. —

Thoma, Max, über die Absorption von Wasserstoff durch Metalle. gr. 8. (III, 64 S. mit 3 Taf.) München 888, (Kaiser.) *

Thoma, Philipp: Aus d. Univ.-Frauenklinik zu München. Nebenverletzungen bei Hebosteotomie. München 1909: Kastner & Callwey. 31 S. 8°
München, Med. Diss. v. 23. Juli 1909, Ref. Döderlein
[Geb. 6. April 84 Batalpaschynsk; Wohnort: Stawropol; Staatsangeh.: Rußland; Vorbildung: Gymn. Stawropol; Studium: Odessa 3, Berlin 2, München 1, Wien 2, München 2 S.; Rig. 23. Juli 09.] [U 09. 3414

Thoma, R., das elastische Gewebe d. Arterienwand u. s. Verändergn. bei Sklerose u. Aneurysmabildg., s.: Festschrift zur Feier d. 50jähr. Bestehens d. medicin. Gesellschaft zu Magdeburg.

Thoma, Richard, Rechtspraktikant aus Todtnau: Die Bedeutung des Besitzwillens im Besitzrecht des B. G. B. Freiburg i. B. 1900: Ch. Lehmann's Nachf. (86 S.) 8°
Freiburg i. B., Rechts- u. staatswiss. Diss. v. 1900

Thoma, Rich., Lehrbuch der patholog. Anatomie. (Bibliothek des Arztes.) (In 2 Thln.) 1. Thl. gr. 8. Stuttgart 894. F. Enke. n. 18. —
Lehrbuch der allgemeinen pathologischen Anatomie m. Berücksicht. der allgemeinen Pathologie. (XVI, 742 S. m. 436 Abbildgn. u. 4 farb. Taf.)

Thoma, Rich., der Polizeibefehl im badischen Recht. Dargestellt auf rechtsvergleich. Grundlage. 1. Tl. (XII, 475 S.) gr. 8. Tübingen 906. J. C. B. Mohr. n. 11. —

Thoma, Rich., das Problem der Entzündung. Festrede zur Jahresfeier der Stiftung der Universität Dorpat am 12. Decbr. 1885. gr. 4. (19 S.) Dorpat 886, Schnakenburg. 2 —

Thoma, Rich., die Ueberwanderung farbloser Blutkörper v. dem Blut- in das Lymphgefässsystem. Experimentelle Untersuchgn. Mit 4 lith. Taf. gr. 8. (48 S.) Heidelberg 873. Bassermann. 5. 60

Thoma, Rich., Untersuchungen über die Grösse und das Gewicht der anatomischen Bestandtheile des menschlichen Körpers im gesunden und kranken Zustande. gr. 8. (VI, 285 S. mit 10 Holzschn. im Texte.) Leipzig 882, F. C. W. Vogel. *

— Untersuchungen üb. die Histogenese u. Histomechanik d. Gefässsystems. gr. 8. (V, 91 S. m. 41 Abbildgn.) Ebd. 893. n. 4. —

— über einige senile Veränderungen d. menschlichen Körpers u. ihre Beziehungen zur Schrumpfniere u. Herzhypertrophie. Antrittsvorlesung. gr. 8. (28 S.) Leipzig 884. F. C. W. Vogel. n. 1. —

—— über einige senile Veränderungen des menschlichen Körpers und ihre Beziehungen zur Schrumpfniere und Herzhypertrophie. Antrittsvorlesung, gehalten an der k. russ. Universität Dorpat am $\frac{\text{2. Febr.}}{\text{21. Jan.}}$ 1884. gr. 8. (28 S.) Ebendas. 884. *

Thoma, Rud.

— s.: Berichte des Forst-Vereines f. Oberösterreich u. Salzburg.

Thoma, Rud., s.: Berichte d. Forst-Vereines f. Oesterreich ob der Enns.

Thoma, Rud., 45 Choräle zum Gebrauche an höheren Lehranstalten. Für vierstimm. gemischten Chor bearb. 2. Aufl. 12. (II, 46 S.) Breslau 880. Hientzsch. — 50

Thoma, Rudolf, approb. Arzt aus Basel: Ein Fall von Lupus vulgaris unter dem Bilde des Lupus erythematosus. München 1902: C. Wolf & Sohn. (18 S.) 8°
München, Med. Diss. v. 1902

——, W. Kittel und J. Münch, der Gesangunterricht in der sechsklassigen Volksschule. Methodisch geordnete Sammlung von Uebungen, Liedern und Chorälen. 4 Hefte. 1. Aufl. 1874, und 2. verb. Aufl. Ausg. A. für evangel. Schulen. 8. Ebendas. 875. [1.—3. Heft. (à 16 S.) à Heft 15 Pf.; 4. Heft. (40 S.) 35 Pf.] — 80

—— —— dass. — Ausg. B. für kathol. Schulen. 4 Hefte. 1. Aufl. 1874, und 2. verb. Aufl. 8. Ebendas. 875. [1.—3. Heft. (à 16 S.) à Heft 15 Pf.; 4. Heft. (40 S.) 35 Pf.] — 80

—— —— dass. — Ausg. für Lehrer. 8. (XVI, 100 S.) Ebendas. 874. * 1 —

Thoma, R., W. Kittel und J. Münch, der Gesangunterricht in der sechsklassigen Volksschule. Methodisch geordnete Sammlung von Übungen, Liedern und Chorälen. Im Auftrage der städtischen Schuldeputation entworfen und zusammengestellt. Ausgabe für kathol. Schulen. 4 Hefte. 8. Ebendas. 885—88. * — 85

Inhalt:

Heft 1. Für Klasse 6 und 5. 12.—22. Tausend. (16 S.) * 15 Pf.
„ 2. Für Klasse 4. 16.—25. Tausend. (16 S.) * 15 Pf.
„ 3. Für Klasse 3. 18.—25. Tausend. (18 S.) * 15 Pf.
„ 4. Für Klasse 2. und 1. 11.—20. Tausend. (44 S.) * 40 Pf.

—— —— —— methodisch geordnete Sammlung von Übungen und Liedern für Schulen. Entworfen und zusammengestellt. 4 Hefte. 8. Ebendas. 888. * — 85

Inhalt:

Heft 1. 2. Neue Ster.-Aufl. 7.—9. Tausend. (à Heft 16 S.) à Heft 15 Pf.
„ 3. 2. verb. Aufl. 4.—6. Tausend. (16 S.) 15 Pf.
„ 4. 2. verb. Aufl. 4.—6. Tausend. (42 S.) * 40 Pf.

Thoma, R., W. Kittel und J. Münch, der Gesangunterricht in der sechsklassigen Volksschule. Methodisch geordnete Sammlung von Übungen, Liedern und Chorälen. Im Auftrage der städtischen Schuldeputation entworfen und zusammengestellt. **Ausgabe für evangel. Schulen. 4 Hefte. 8. Breslau 885—88. Morgenstern's Verlag.** * — 85

Inhalt:

Heft 1. Für Klasse 6 und 5. 19.—29. Tausend. (16 S.) * 15 Pf.
„ 2. Für Klasse 4. 28.—37. Tausend. (16 S.) * 15 Pf.
„ 3. Für Klasse 3. 24.—33. Tausend. (16 S.) * 15 Pf.
„ 4. Für Klasse 2 und 1. 23.—32. Tausend. (44 S.) * 40 Pf.

— — — methodisch geordnete Sammlung v. Uebungen u. Liedern f. Schulen. Entworfen u. zusammengestellt. Neue Ster.-Aufl. 1.—4. Heft. 8. Ebd. n. — 85

1. (16 S.) (895.) — 15. — 2. (16 S.) (900.) — 15.
3. (16 S.) (902.) — 15. — 4. (42 S.) (900.) n. — 40.

— W. Kittel u. J. Münch, der Gesangunterricht in der 6klassigen Volksschule. Methodisch geordn. Sammlg. v. Uebgn., Liedern u. Chorälen. Im Auftrage der städt. Schuldeputation entworfen u. zusammengestellt. 1. bis 4. Heft. Ausg. f. evangel. Schulen. Neue Ster.-Aufl. 8. Breslau, E. Morgenstern, Verl. n. — 85

1. (Für Klasse 6 u. 5.) (16 S.) (902.) — 15
2. (Für Klasse 4.) (16 S.) (901.) — 15
3. (Für Klasse 3.) Neue Ster.-Aufl. (16 S.) (903.) — 15
4. (Für Klasse 2 u. 1.) (44 S.) (901.) — 40

— — — dasselbe. Ausg. f. kathol. Schulen. 4 Hefte. Neue Ster.-Aufl. 8. Ebd. — 85

1. (Für Klasse 6 u. 5.) 31. Tauf. (18 S.) (904.) — 15
2. (Für Klasse 4.) (20 S.) (900.) — 15
3. (Für Klasse 3.) 31. Tauf. (18 S.) (904.) — 15
4. (Für Klasse 2 u. 1.) (44 S.) (901.) — 40

Thoma, R., W. Kittel u. J. Münch, der Gesangunterricht in der 6klassigen Volksschule. Methodisch geordnete Sammlg. v. Übgn., Liedern u. Chorälen. Im Auftrage der städt. Schuldeputation entworfen u. zusammengestellt. 3. Heft. Ausg. f. evangel. Schulen. Neue Ster.-Aufl. 8. Breslau, E. Morgenstern, Verl. — 15

3. (Für Klasse 3.) (16 S.) (908.) — 15.

— — — Methodisch geordnete Sammlung v. Übungen u. Liedern f. Schulen. Entworfen u. zusammengestellt. Neue Ster.-Aufl. 1. u. 2. Heft. 8. Ebd. — 30

1. (16 S.) (908.) — 15. — 2. (16 S.) (908.) — 15.

Cantate zum Stiftungsfest [der Loge zur heissen Quelle]. Or. Hirschberg, den 28. Oct. 5859. [Am Ende.:] Gedicht von R. [Ludw.?] Schweitzer. Comp. von R[ud.] **Thoma. Hirschberg [1859]:** Krahn. 2 Bl. 8⁰ [Umschlagtit.]
Ohne Noten: „Es steigt der Brüder Festgesang...“

Thoma, Rud., deutscher Liedergarten. Auswahl 1- u. 2-stimmiger Lieder für Knaben- u. Mädchenschulen. Breslau 864. Hientzsch. gr. 16. (48 S.) 3 ngr.

—— deutscher Liedergarten. Auswahl ein- und mehrstimm. Lieder für den Schulgebrauch. 8 Hefte. 12. Ebendas. 880. [1. Heft. 9. [Ster.-]Aufl. (52 S.) 30 Pf.; 2. Heft. 2. [Ster.-]Aufl. (80 S.) 50 Pf.; 3. Heft. 6. [Ster.-]Aufl. (80 S.) 50 Pf.]

Thoma, Rud., deutscher Liedergarten. Auswahl ein- u. mehrstimm. Lieder f. den Schulgebrauch. 3 Hefte. kl. 8. Berlin, Ries & Erler. 1. 40

I. Ein- u. zweistimmige Lieder f. Knaben- u. Mädchen-Schulen. Verm. m. Anh. verseh. Aufl. (84 S.) (897.) — 40
II. Zwei-, drei- u. vierstimmige Lieder f. Männerchor. (Auch f. Knabenstimmen brauchbar.) 4. (Ster.-)Aufl. (80 S.) (898.) — 50
III. Vierstimmige Lieder f. gemischten Chor. 10. (Ster.-)Aufl. (80 S.) (900.) — 50

Thoma, Rud., Methodik f. den Gesangunterricht. Als e. Anleitg. zur Erlangg. der Sicherheit im Treffen u. Takte. 8. (16 S.) Breslau 875. Morgenstern. n. — 20

Thoma, R., W. Kittel und J. Münch, methodisch geordnete Sammlung von Uebungen und Liedern für Schulen. 4 Hefte. 8. Breslau 877, Morgenstern. [1.—3. Heft. (à 16 S.) à 15 Pf.; 4. Heft. (42 S.) * 40 Pf.] * — 85

THOMA, Theodor (Oettingen): Ueber Haemorrhagien.- München: Wild 1842. 16 S.
Diss.Ingolst.-Landsh.-Mchn

Thoma, Thdr., einstimmige Kirchenlieder f. die katholischen Schulkinder. 16. (VIII, 69 S.) Amberg 900. C. Mayr. n.n. — 25

Thoma, Walter: Kanon der einzuprägenden Jahreszahlen, s. Haehnel, Georg

Thoma, Walter *Erdmann* [aus Breslau]: Die colonisatorische Thätigkeit des Klosters Leubus im 12. u. 13. Jahrhundert ... Leipzig, Druck v. B. Georgi, 1894; 154 S., 1 Bl. 8.
Leipzig, Phil. Fak., Inaug.-Diss. v. [13. März] 1894

Thoma, Walt., die colonisatorische Thätigkeit des Klosters Leubus im 12. u. 13. Jahrh. Diss. gr. 8. (154 S.) Leipzig 894. (G. Fock.) n. 2. —

Hans **Thoma-Ausstellung.** Veranstaltet v. sächs. Kunstverein zu Dresden Mitte Novbr. bis Ende Dezbr. 1909. (16 S. u. 13 S. Abb.) 8. Dresden (909). C. Heinrich. — 50

Thomae, Anton Christian Karl, s. Thomae, Karl

Thomae, C., s.a. Thomae, Karl

Thomä, C., s. Bartlett, John: Index Geologicus.

– (Übers.), s. Martin, W. C. Linnäus: Naturgeschichte des Menschen ...

Thomae, C., De papavere erratico. 28 pp. Erf. 4°. 1718

Thomae, Carl, s. Thomae, Karl

Thomae, Curt, s. Thomae, Kurt

Thomae, Edmund

Thomae, (Julius Henr.) Edmund. (geb. Cleve 10. 11. 1816): Nonnulla de haemorrhoidibus. Berolini (1840). (31 S.) 8°
Berlin, Med. Diss. v. 22. Aug. 1846

Thomae, F. G., De morbo comitiali. 42 pp. Kil. 4°. 1761

Thomae, Franc. Julius (geb. Zahna 4. 6. 1815): De induratione scrophulosa linguae et genarum observatio. Berolini (1839). (29 S.) 8°
Berlin, Med. Diss. v. 4. Febr. 1839

Thomä, Fr[iedrich], Assistenzarzt an d. Privatfrauenklinik v. Dr. med. Obermann zu Leipzig: Ein Beitrag zur Mißbildung der weiblichen Genitalien: Ein genau beobachteter Fall von Uterus bicornis septus cum Vagina septa. Leipzig 1904: B. Georgi. (58 S.) 8°
Leipzig, Med. Fak., Ref. Zweifel, Diss. v. 14. Nov. 1904
[Geb. 23. Okt. 81 Destedt b. Braunschweig; Wohnort: Leipzig, Staatsangeh.: Braunschweig; Vorbildung: Neues Gymn. Braunschweig Reife O. 99; Studium: Marburg 4, Kiel 1, Leipzig 5 S.; Coll. 23. Nov. 04; Approb. 11. Apr. 04.]

Thomae, Fridericus: Num in obaerati debitoris patrimonium creditoribus successio per universitatem deferatur? Halis Saxonum 1831: Gebauer. 32 S. 8°
Halle-Wittenberg, Jur. Diss. v. [20. Sept. 1831]
Geb. [Kleve 16. 4. 1807] vorh. Leipzig UB

Thomae, Fridericvs (geb. am 13 Dez. 1842 in Frankfurt a. M.): Observationes criticae in Cornelivm Tacitvm ... Bonnae, typ. expr. P. Nevsser 1866. 2 Bl., 51 S., 2 Bl. 8.
Bonn, Phil. Fak., Diss. v. 12 März 1866

Thomä, Frdr. Chrph., 1850. Ein nach einer alten Prophezeiung durch einen Geistlichen, vielleicht durch eine von einem solchen projectirte Geschwindbahn auf kirchl. Gebiete, hochgesegnetes Jahr. Trostwort u. Wunsch an alle Deutsche, welche um Vaterland u. Kirche in banger Sorge sind. 8. (16 S.) Zeitz 850, Webel in Comm. 2 ngr

— die Feier des Gutenbergfestes in einer Landgemeinde. Zum Besten einer Schuljugend, welche aus einem Gesangbuche singt, das weder durch Inhalt noch Druck sich empfiehlt. 8. Ebend. 840. n. 1/12 ß

Thomä, Friedr. Chrstph., die kirchl. Feier d. in d. letzten Jahren zu Weißenborn gehalt. Kinderfeste. Nebst e. Neujahr- u. Erntefestfeier d. dasigen Schuljugend; veranstaltet von d. zeither. Prediger daselbst. 8. (6¾ B.) Zeitz 838, (Schieferdecker.)

— hinweg mit aller Thierquälerei. Leitfaden zum Volksschulunterrichte u. zur Selbstbelehrung f. Erwachsene über Thierquälerei. 8. Ebend. 844. n. 1/8 ß

Thomä, Friedr. Chrstph., die Jugendjahre eines grausamen Thierquälers u. Menschenmörders. Zur Warnung für Jung u. Alt veröffentlicht. 8. (3 B.) Zeitz 843, (Schieferdecker.)

— Sendschreiben an die Geistlichen der Ephorie Lissen. 8. Zeitz, (Schieferdecker.) 1/6 ß

— Worte, welche bei Pflanzung eines Eichbaumes in der Kirchfahrt zu *** am Wiegenfeste des Königs gesprochen worden. 8. Ebend. 840. n. 2 ngr

—— Zeugnisse f. d. Zweckmäßigkeit d. Gymnasialstudien. Ein Gespräch z. Belebung d. Eifers angeh. Studirender. 8. (4½ B.) Zeitz 840, (Schieferdecker.)

THOMÆ, FRID. SIGISM. (autor), Diss. inaug. med. de morbo comitiali. Kiliæ. 1761. 4. P. [Præs. Gottl. Henr. Kannegiesser]. (M. Progr.).

Thomae, G., Geschichte der Stadt u. Herrschaft Schwedt. Mit einer photogr. Ansicht des Schlosses Schwedt u. e. Stammtaf. d. Hauses Brandenburg-Schwedt. br. 8. (VIII, 319 S.) Berlin 873. Puttkammer & Mühlbrecht. n. 6. —

Thomae, Heinrich. Die Chronik des Otto von St. Blasien kritisch untersucht. Diss. Phil. Leipzig. 8. Leipzig 1877.

Thomae, Henning (Altenburg) A. S. 357/26

Dissertatio juridica inauguralis de captatoriis institutionibus. Präs. Christian Thomasius. Halle (Zeitler) 1710. 64 S.

Diss. 24. X. 1696. 34380

Thomae, Henning (Altenburg) U. S. Halle 1732/4

De jure injusto heredipetarum. Präs. Christian Thomasius. Rec. Halle (Salfeld) 1732. 32 S.

Diss. 15. VII. 1695. 34381

Thomae, J., s. Apparatus Pindarici Supplement.

Thomae, Jo.

Thomae, J.: „Positiones jur. de nundinis. Von den Messen und Jahr-Märckten"; loco disp. Jenae 1650 ventilatae. Quibus acc. Jo. Jacc. v. Ryssell diss. de eadem materia, Erfurti 1692 habita. Halae Magdeb. 1724. — Vorh.: Bibl. des Kammergerichts Berlin — Ee. 40.

Thomä, Joh.

Thomä, J., s.: Petrus der Ehrwürdige, Abt v. Clugny, 2 Bücher gegen d. Muhammedanismus.

Thomä, Joh. Christ.

— Beschreibung des Reformationswerks Lutheri, samt d. Coburger Prediger und Schulhistorie. 8. Coburg. 722. — 18

Thomä, Joh. Christ., Erweis, daß ein geistl. Redner sein. Muttersprache kundig seyn müsse. 8. Jena, Gollner. 752.

— Licht am Abend, od. Beschreib. der Reformation u. d. Leben Lutheri u. aller Prediger im Coburgischen. 8. Coburg 779. (Riemann). 14 ß

Thomae, Johann Theoderich Hieronymus (Augsburg) A. S. 25/28

Politica practica, exhibens rationis status et statistarum moderatorum omnium rerumpublicarum naturam ac qualitates. Präs. Johann Christoph Wagenseil. Rec. Altdorf (Kohles) 1719. 96 S.

Diss. V. 1691. 34390

Thomae, Johannes

Thomae, J., Abriss einer Theorie der complexen Functionen und der Thetafunctionen eines Veränderlichen. 1. Aufl. (VIII, 152 S. mit 16 Abbild.) 1870. *ℳ 6., und 2. verm. Aufl. gr. 8. (VIII, 197 S. mit 20 in den Text eingedr. Holzschn.) Halle 873, Nebert. * 5 25

Thomae, J., Abriss e. Theorie der Functionen e. complexen Veränderlichen u. der Thetafunctionen. 3., erheblich verm. Aufl. gr. 4. (VIII, 144 S. m. Holzschn. u. 1 lith. Taf.) Halle a/S. 890. Nebert. n. 10. —

Thomä, Johs., die Absolutheit des Christentums, zur Auseinandersetzung m. Troeltsch untersucht. (VIII, 89 S.) gr. 8. Leipzig 907. A. Deichert Nachf. 1.80

Thomae, J., Einleitung in die Theorie der bestimmten Integrale. gr. 4. (VII, 48 S.) Halle 875, Nebert. * 2 80

—— über eine Function, welche einer linearen Differential- und Differenzengleichung vierter Ordnung Genüge leistet. gr. 4. (IV, 22 S.) Ebendas. 875. * 1 50

—— ebene geometrische Gebilde erster und zweiter Ordnung vom Standpunkte der Geometrie der Lage betrachtet. gr. 4. (IV, 44 S. mit 46 in den Text eingedr. Holzschn.) Halle 873, Nebert. *

Thomae, J., Grundriss e. analytischen Geometrie der Ebene. (X, 184 S. m. 8 Fig.) 8. Leipzig 906. B. G. Teubner. Geb. in Leinw. n. 3.60

Thomä, Johs., hat Nietzsche Recht?, s.: Lehr u. Wehr für's deutsche Volk. 14. Heft.

— die Kegelschnitte in rein projectiver Behandlung. gr. 8. (VIII, 181 S. m. Holzschn. u. 16 lith. Taf.) Ebd. 894. n. 6. —

Thomae, J., über eine specielle Klasse Abelscher Functionen. gr. 4. (VI, 57 S.) Halle 877. Nebert. n. 4. 50

— über eine specielle Klasse Abelscher Functionen vom Geschlecht III. gr. 4. (VI, 52 S.) Ebend. 879. n. 4. 50

Thomae, Iohannes: De propositione quadam Riemanniana ex analysi situs. Numburgi a/S. (1867): Paetz. 10 S. 8° (4°)
Halle-Wittenberg, Phil. Hab.-Schr. v. 29. Apr. 1867
Im Buchhandel Numburgi; Halle: Anton 1867. 11 S. 4°

Thomae, Johs., de propositione quadam Riemanniana ex analysi situs. Dissertatio inauguralis. gr. 4. (11 S.) Numburgi 867. Halle, Anton.

— Sammlung v. Formeln u. Sätzen aus dem Gebiete der elliptischen Funktionen nebst Anwendungen. (IV, 44 S.) Lex.-8. Ebd. 905. Kart. n. 2. 80

Thomae, J., Sammlung v. Formeln, welche bei Anwendung der elliptischen u. Rosenhain'schen Functionen gebraucht werden. gr. 4. (VI, 37 S.) Ebend. 876. n. 3. —

Thomae, J., elementare Theorie der analytischen Functionen eines complexen Veränderlichen. gr. 4. (VIII, 132 S. mit in den Text eingedr. Holzschn.) Halle 880, Nebert. *

Elementare Theorie der analytischen Funktionen einer complexen Veränderlichen v. J[ohannes] Thomae, Prof. in Jena. 2. erw. u. umgearb. Aufl. M. in den Text gedr. Holzschn. *Halle a. S.: L. Nebert 1898.* (VIII, 150 S.) 1 Bd 4. [58. 4605

Thomae, d. allgemeine Transformation d. Θ-Functionen mit beliebig vielen Variabeln. Götting. 4. 22 p. 1864.
Schul-/Univ.-Schrift

Thomae, Johs., Untersuchgn. üb. zwei-zweideutige Verwandtschaften u. einige Erzeugnisse derselben. [Aus: „Abhandlgn. d. k. sächs. Gesellsch. d. Wiss."] Lex.-8. (68 S.) Leipzig 895. B. G. Teubner. n. 3. —

Thomae, (Johs.), Vorlesungen üb. bestimmte Integrale u. die Fourierschen Reihen. (VI, 182 S. m. 10 Fig.) gr. 8. Leipzig 908. B. G. Teubner. Geb. in Leinw. 7.80

Thomae, Julius Henr. Edmund, s. Thomae, Edmund

Thomae, Karl

Thomae, Carl, Dr. phil., appr. Apotheker und Nahrungsmittelchemiker, Assistent am chemischen Laboratorium der Universität: Beiträge zur Kenntnis der Einwirkung von Ammoniak auf Ketone. Gießen 1904: v. Münchow. (45 S.) 8°
Gießen, Phil. Hab.-Schr. v. 1904

Thomae, Karl [aus Flacht]: Die Blattstiele der Farne. Ein Beitrag zur vergleichenden Anatomie ... Berlin, Druck v. G. Bernstein, 1886: 65 + 1 S. u. 4 Taf. 8°.
Leipzig, Phil. Fak., Inaug.-Diss. v. 20. Apr. 1886.

Thomae, Karl, die Blattstiele der Farne. Ein Beitrag zur vergleichenden Anatomie. Diss. Leipzig 1886, Gustav Fock. 8°. 65 S. mit 4 Taf.

Thomä, Karl, aus Stuttgart: Ueber Dibenzoylhydrazidchlorid. *Heidelberg 1904: J. Hörning.* (40 S.) 8°
Heidelberg, Naturw.-math. Diss. v. 1904

Thomä, Carl, das unterird. Eisfeld bei der Dornburg am südl. Fuße d. Westerwaldes. 8. (2 B. u. 1 Situationskärtchen.) Wiesbaden 841. [Gießen, Ferber'sche Univ.-Buchh.]

Thomä, C., das unterirdische Eisfeld bei der Dornburg am südlichen Fuße des Westerwaldes. Mit 1 Situationskärtchen der Dornburg. 8. Wiesbaden 841, Haßloch'sche B. 1/4 ℳ

Thomä, Carl, Geschichte des Vereins f. Naturkunde im Herzogthum Nassau u. des naturhistorischen Museums zu Wiesbaden. gr. 8. (13 B. u. Titlvign.: Das Museumsgebäude.) Wiesbaden 842, [Friedrich'sche Vrlgsh.]

— (Hrsg.), s. Jahrbücher des Vereins für Naturkunde im Herzogthum Nassau.

Thomä, C., über die Kultur und Zubereitung des Flachses nebst einigen Winken zur Erzielung eines bessern Hanfes. Mit besond. Beziehung auf das Herzogth. Nassau. gr. 8. (VIII und 55 S.) Wiesbaden 855, Kreidel und Niedner. *

Thomae, *Anton Christian* Karl [aus Wiesbaden]: Über m-p-Diamidotriphenylmethan ... Erlangen, k. b. Hof- u. Univ.-Buchdr. v. F. Junge, 1896; 36 S., 1 Bl. 8.
Erlangen, Phil. Fak., Inaug.-Diss. v. 2. Nov. 1895

Thomae, Carl, der Obstbau in Nassau. Eine histor. Darstellg. seiner Entwickelg. namentlich durch die Pomologen Christ u. Diel. Mit den Bildnissen v. Christ u. Diel (in Holzschn.) 8. (VIII, 88 S.) Wiesbaden 873. Feller & Gecks. n. 1. —

Thomä, Karl, der vulkanische Roderberg bei Bonn. Geognostische Beschreibung seines Kraters und seiner Umgebungen. Mit e. Vorw. v. J. Nöggerath. Mit 1 Ansicht u. 1 Situationskarte u. 4 Gebirgsprofilen. gr. 8. Bonn 835. Henry u. Cohen. 1/2 ℳ

—— offenes Schreiben an die am 17. Febr. d. J. zu Oestrich im Rheingau gegen die Verbesserung schwacher u. saurer Weine mit Zucker versammelt gewesenen Weinproducenten im Rheingau. 2. Aufl. 8. (1 1/4 B.) Wiesbaden 843, (Scholz?) — 8 3/4

Thomä, C.: Gegen die Verbesserung schwacher u. sauerer Weine mit Zucker. Wiesbaden 1843. -- [Zit. nach BJ]

—— alphabet. **Verzeichniss** der in der Umgegend um Wiesbaden (im Radius von 4 Stunden) wildwachsenden Pflanzen (Phanerogamen) u. wichtigsten Kulturgewächse für Freunde der Botanik. 8. (10¼ B.) Wiesbaden 841, (Scholz?) — 10

Thomä, Klaus, Tante Wurzel u. ihr Kaffeekränzchen, s.a. Humor, unser. 1. Bdchn.

Tante Wurzel und ihr Kaffeekränzchen. Von Klaus Thomä. Dortmund: C. L. Krüger [1901]. (62 S.) 8°
(Humor, Unser. Bdch. 1.)

Thomae, Kurt

Thomae, Curt: Die Stellung der ersten deutschen Herrscher zur Nord- und Ostsee bis zum Beginn des salischen Kaiserhauses. Halle a. S. 1910: Hendrichs. 104 S. 8°
Halle, Phil. Diss. v. 22. Dez. 1910, Ref. Lindner
[Geb. 27. Juli 87 Zeitz; Wohnort: Halle a. S.; Staatsangeh.: Preußen; Vorbildung: Stadtgymn. Halle Reife O. 06; Studium: Halle 8 S.; Rig. 14. Juli 10.]
[U 11. 1912

Thomae, L., Wörterbuch, s.: Gruner u. Wildermuth, französische Chrestomathie.

Thomae, L., Wörterbuch zu Gruner und Wildermuth's französischer Chrestomathie, s. Seelbach, W.

Thomae, Lina: Plan und Material unseres Unterrichts in der Kunstanschauung. Worms 1905: Kranzbühler. (S. 9—30.) 4°
Worms, HM OP 1905 [109]

Thomae, Nicolas: Academia incarnati verbi aperta. Ratisbonae 1709.

Thomae, Nicolas: Corona facta ex epomide; eximio Patri Pauli Aler, Soc. Jesu, Regenti Gymnasii Tricoronati, S. Th. Doctori. Coloniae 1711.

Thomae, Nicolas: Diluculum orientis Solis Austriaci. Ratisbonae 1716.

Thomae, Nicolas: Archiducum fata; seu Vaticinium Europae, sub Carolo III; Hispaniarum Regi. Coloniae 1711.

Thomae, Nicolas: Sex Hydriae in nuptiis Domini et Dominae Eckhagen. Coloniae 1702.

Thomae, Nicolas: Imago S. Caroli Borromaei, affixa nomini et omini Imperatoris Caroli VI. Ratisbonae 1720.

Thomae, Nicolas: Infula develicsensis imposita reverendissimo ... Dn. Josepho Petro de Bequerer, metropolitanae ecclesiae Coloniensis canonico capitulari ... per ... Dn. Johannem Wernerum de Veyder, ... assistentibus ... Dn. Conrado Kocher, ... ac ... Dn. Henrico Obladen, ... quando ... Canonice benedictus et infulatus fuit in ecclesia RR. PP. Carthunianorum Coloniae, 1715, ita Nicolao Thomae ... applaudente. 10 Bl. 2°

Thomae, Nicolas: M.SCC.IX. quo anno Galli coesi, LILICIDIVM, Chronicum; seu Eugenii Principis Victoriae; Carmen Epicum. Coloniae 1709.

Thomae, Nicolas: Musopolis in Vitopoli Promotione RR. DD. popularium suorum SS. Theologiae Licentiatorum, Nicolai Jouck, Petri Aler, Gaspari Gilson. Coloniae 1711.

Thomae, Nicolas: Turcicidium orientis Bosphori. Ratisbonae 1716.

Thomae, Walter

Thomae, Walt., der ehemalige Hochaltar in der Karmelitenkirche zu Hirschhorn a. N. Ein Beitrag zur Kunst- u. Kulturgeschichte des XVIII. Jahrh. Mit 16 Lichtdr.-Taf. u. 8 Autotyp. im Text nach photogr. Orig.-Aufnahmen v. Ernst Gottmann. (22 S.) gr. 8. Heidelberg 903. (G. Koester.) Kart. n. 10. —

Kurzes Lehrbuch der Elektrotechnik. Von Adolf **Thomälen**, Elektroingenieur. Mit 277 Abb. *Berlin: J. Springer 1903.* (VIII, 515 S.) 8° (03. [illegible]

Thomälen, Adf., kurzes Lehrbuch der Elektrotechnik. 2., verb. Aufl. (VIII, 517 S. m. 287 Abbildgn.) gr. 8. Berlin 906. J. Springer. Geb. in Leinw. n. 12. —
1. Aufl. (VIII, 516 S. m. 277 Abb.) 903. Geb. n. 12. —.

Kurzes Lehrbuch der Elektrotechnik. Von Dr. Adolf **Thomälen**. 3., verb. Aufl. Mit 338 Fig. Berlin: J. Springer 1907. (VIII, 525 S.) 8° (07. 10903

Thomälen, Adf., kurzes Lehrbuch der Elektrotechnik. 4., verb. Aufl. (VIII, 530 S.) gr. 8. Berlin 910. J. Springer. Geb. in Leinw. 12. —
3. Aufl. (VIII, 525 S. m. 338 Fig.) 907. Geb. 12.—.

Thomälen, Adolf: Die Zerlegung der Amperewindungen des Einphasenmotors in entgegengesetzt umlaufende Amperewindungen. Berlin: J. Springer 1905. (29 S.) 8°
Tübingen, Naturw. Fak., Ref. Paschen, Diss. v. 28. Juli 1905
[Geb. 4. Okt. 65 Schwerin; Wohnort: Altenburg; Staatsangeh.: Mecklenburg-Schwerin; Vorbildung: Gymn. Schwerin Reife M. 83; Studium: Leipzig 2, Rostock 3, Erlangen 1, Darmstadt T.H. 1, Hannover T.H. 4, Aachen T.H. 1 S.; Coll. 28. Juli 05.]

Thomälen, G., E. Wiener u. D. Schultz-Hencke, das heutige Buchgewerbe im Deutschen Reiche, s.: Führer durch die buchgewerbliche Kollektiv-Ausstellung des Deutschen Reichs Chicago 1893.

Thomälen, J. H., Sammlung von Grabsprüchen, aus Schrift und Kirchenlied zusammengestellt. gr. 8. (17 S.) Schwerin 864. [Halle, Schwabe.]

Thomälen, J. H., Sammlung von Grabsprüchen, aus Schrift und Kirchenlied zusammengestellt. Schwerin 864. Stiller. gr. 8. (17 S.) 3¾ ngr

Thomalla, üb. d. Behandlung **kranker Füsse** m. e. hygien. Doppelsohle. [Aus: „Reichs-Medicinal-Anzeiger".] gr. 8. (4 S.) Leipzig 896. Benno Konegen Verlag. n. 1. —

Thomalla, Rob., üb. die Behandlung erkrankter Kassenmitglieder. Für Aerzte, Krankenkassen-Vorstände, Arbeitgeber u. Arbeitnehmer bearb. gr. 8. (41 S.) Neuwied 894. Heuser's Verl. — 75

Thomalla, Rob., über die **Behandlung** erkrankter Kassenmitglieder. Für Aerzte, Krankenkassen-Vorstände, Arbeitgeber u. Arbeitnehmer. (Neue [Titel-] Ausg.) (41 S.) gr. 8. Berlin [894] (903). Berlin. Verlagsanstalt. n. — 90

Thomalla, Rob., üb. d. Einfluß e. guten **Unterkleidung** auf d. Gesundheit d. Körpers u. auf d. Pflege d. Haut. 2. Aufl. 8. (23 S.) Berlin 895. H. Steinitz. n. — 50

Thomalla, Robert [aus Schlesien]: Über die Färbung der erkrankten Hornhaut mit Fluorescöin und die Verwertung dieser Färbung bei Stellung von Diagnosen und Differentialdiagnosen. ... Greifswald, Drück v. Julius Abel, 1889; 29 S. 8°
Greifswald, Med. Fak., Inaug.-Diss. v. 31. Okt. 1889

— **Kapellenberg.** Drama in 4 Akten. (143 S.) 8. Berlin 908. A. Schall. n. 2. —

Thomam Aquinatem, Sanctum, Theologorum Scholasticorum Principem . . . esse . . . Bresl. 1723. V: *Hayk, Matthias.* (Kat. d. Druckschr. üb. Breslau. Breslau 1903. S. 262.)

Thoma-Mappe. Hrsg. vom Kunstwart. (25 z. Tl. farb. Taf. m. IV, 20 S. illustr. Text.) 42,5×32 cm. München, G. D. W. Callwey. In Mappe 10.—; erh. Pr. 12.—

Thoman. – s. T h o m a n n. –

T h o m a n, Emerich. Schwangerschaft u. Trauma. Zur Frage üb. die Zulässigkeit chirurg. Eingriffe bei Schwangeren. gr. 8. (III, 108 S.) Wien 889, Hölder. 2 50

* *Hans Jacob Thoman's* erneuertes Haufs- und Kaufmännifches Rechenbüchlein. Lindau am Bodenfee. 8. 14 B. * Die fiebende Aufl. 332 S. 8. 1700.

Thoman, Joseph (Ingersheim) A. S. 825/17

Excerpta controversiarum illustrium, de rebus pro derelictis habitis. Präs. Johann Heinrich Feltz. Strassburg (Staedel) 24. III. 1708. 31 S.

Gew.: Abt de Bauquemar.
W. v.: Johann Georg Denner. 34395

Thoman, Joseph (Ingersheim) A. S. 826/18

Dissertatio inauguralis de testamento militis. Strassburg (Staedel) 26. IV. 1710. 16 S.

34396

Thoman. Mauriz

Thomann, Maur., Reiſe u. Lebensbeſchreib., von ihm ſelbſt. 8. Augsb. 788. Rieger. 8 gr

T h o m a n's, Mauriz, Reiſe und Lebensbeſchreibung von ihm ſelbſt verfaßt. Neu hrsg. und mit erläut. Anmerkungen verſehen von einem Prieſter der Diöceſe Rottenburg. 8. (XII, 204 S.) Lindau 869, Stettner'ſche Buchh.

Thomanek, Josef [aus Sakrau in Preussich [sic!] -Schlesien]:
Die M i l c h s ä u r e in der Therapie der Larynxtuberkulose. ...
Würzburg: Druck d. Ferdinand Röhrl'schen Buchdr., 1888. 43 S. 8[0]
Würzburg, Med. Fak., Inaug.-Diss. v. 1888

Thomann, Moriz

T h o m a n, P. M o r i z, ein deutſcher Zambeſi-Miſſionar aus dem vorigen Jahrh., ſ. a. F l u g ſ c h r i f t e n, katholiſche, zur Wehr' u. Lehr'.

Thomann, Moriz, ein deutscher Zambezi-Missionar aus dem vorigen Jahrhundert . . . Berlin 1891. V: *Pesch, Tilmann.* (jes)

Thomann [Pseud.], s. a. N ö l l e r, Johann Jonathan Leberecht (oder Jonathan Ludwig Leberecht)

Thomann, (Jonath. Ldw. Lebr. Nöller), mileſiſche Mährchen. Mit Kpf. 8. Leipz. 803. Compt. f. Lit. 1 ß 16 gr

Thomann, Berta [wirkl. Name]
s. Saturny, Berta [Pseud.] [11. 18248

Thomann, C. Fd., Handbuch der Pferdezucht, Pflege u. Heilart ihrer Krankheiten; f. alle Stände, insbeſondere f. Landwirthe, Schmiede u. prakt. Thierärzte. bearb. Mit 3 Kpf. gr. 8. Grätz. 831. Ferſtl. 10 gr

— theoret.-prakt. Handwörterbuch der geſammten Landwirthſchaft nach Th. Theuß in 6 Bänden. Mit Kpf., Holzſchn. u. Tabellen. N. A. gr. 8. Grätz 818. Ferſtl. 6 ß 16 gr

— Deſſen 5r u. 6r Bd. allein, als Fortſetz. u. Schlußband des Theuß'ſchen ökonom. Wörterbuchs. gr. 8. Grätz 814. N. A. 818. Ferſtl. 4 ß

— Ergänzungen zu d. 6 Theilen von Th. Theuß Handwörterbuche der Landwirthſchaft. 2 Supplementbände. gr. 8. Grätz 820. Ferſtl. 1 ß 10 gr

— der öſterreich. Landwirth im In- u. Auslande. Samml. neuer Beobachtt, ꝛc. in allen Zweigen d. Landwirthſchaft. Mit Kpf. Jahrg. 1819 12 Hfte. gr. 8. Grätz 819. Ferſtl. 1 ß 16 gr

Thomann, C. Fr., s. S c h n e e, Gotthelf Heinrich: Lehrbuch des Ackerbaues und der Viehzucht für die österreich. Landschulen ...

Thomann, C. Fr., Taſchenbuch f. Tabakſraucher, Fabrikanten u. Verſchleußer ꝛc. in den öſterreich. Staaten. 12. Grätz 827. Ferſtl. 5 gr

Thomann, Caspar, s. T h o m a n n, Kaspar

Thomann, Conrad, s. T h o m a n n, Konrad

T h o m a n n. Ed[uard]. 160 Ausflüge von Zürich, bearb. von Ed. Th'.... 8. Zürich (1895).

Thomann, Ed., 160 Ausflüge v. Zürich. 12. (XII, 167 S.) Zürich 895. C. Schmidt. Kart. n. 1. 60

T h o m a n n, Ed[uard]. 200 Ausflüge von Zürich, bearb. von Ed. Th'..., mit Beiträgen von H[ans] Frick-Lochmann.... 2. verbesserte und erweiterte Aufl. 8. Zürich (1896).

Thomann, Ed., 200 Ausflüge v. Zürich, m. Beiträgen v. H. Frick-Lochmann. Ausg. 1899. 12. (XV, 215 S.) Zürich, C. Schmidt. Kart. n. 2. —

T h o m a n n, Ed[uard]. 200 Ausflüge von Zürich bearb. von Ed. Thomann.... 2. Aufl. [Mit 5 Tafeln: Ansichten, Karten, Panoramen und Fahrplan.] XVI + 215 [+ 10] S. 8. Zürich, Caesar Schmidt, 1902. [cart. fr. 2. 50]

T h o m a n n, Ed[uard]. 200 Ausflüge von Zürich, bearb. von Pfr. Ed. Th'..., mit Beiträgen von H[ans] Frick-Lochmann † und Dr. (Ernst) Philippi in Frauenfeld. 3. vollständig verbesserte und erweiterte Aufl. [Mit 1 Panorama und 1 Karte.] XVI + 240 S. 8. Zürich, Caesar Schmidt, (1905). [cart. fr. 2. 50]
Dazu sep. Karte, s.: Karte zu [E'] Th', 200 Ausfl'....

T h o m a n n, E[duard]. Elektrischer Betrieb auf den Schweizerischen Vollbahnen. 15 S. 8. Bern, Polytechnische Verlagsanstalt A. G., [1902]. [fr. —. 30]

Thomann, Ed., s.: Preuss' illustr. Wanderbuch der Central-Schweiz bis Ober-Italien.

Thomann, Ed., s.: Schmidt's illustrirtes Wanderbuch der Central-Schweiz bis Ober-Italien.

— u. Heusser, Sonnenberg-Seelisberg, e. Eldorado am Vierwaldstätter-See. Mit 2 Panoramen, Vogelperspectiven, 66 Illustr., sowie 1 Karte vom Vierwaldstätter-See. 8. (132 S.) Zürich 890. Th. Schröter.
In Leinw. kart. n. — 80

Thomann, E. u. Dr. med. Heusser. Sonnenberg Seelisberg. Ein Eldorado am Vierwaldstätter-See. Mit 2 Panoramen, Vogelperspektiven, 66 Illustr., sowie einer Karte v. Vierwaldstätter-See (in-4°). In-8°. 132 S. Zürich, J. A. Preuss.[1891.] 1 —

Thomann, Ed[uard], und Heusser, . Sonnenberg-Seelisberg. Ein Eldorado am Vierwaldstätter-See. Mit 2 Panoramen, Vogelperspectiven, 66 Illustrationen, sowie einer Karte vom Vierwaldstätter-See. 8. Zürich *o. J.* [1896].

(Thomann, E[duard].) Elektrische Strassenbahn in Spiez. ([Projekt einer Spiezer Verbindungsbahn Bahnhof-See,] Dezember 1903.) II + 12 S. 4. Spiez, G. Maurer, 1904.

Thomann, E., u. E. Huber, über die neue Stromzuführungsanlage, System Oerlikon. (16 S.) gr. 4. Zürich (904). (Rascher & Co.) n. — 50
Sonderabdruck aus: „Schweiz. Bauzeitg."

Thomann, E[duard], und Huber, E[mil]. Ueber die neue Stromzuführungsanlage, System (der Maschinenfabrik) Oerlikon. Sonderabzug des Artikels von Ingenieur E. T' in Bd. 43 Nr. 7 und von Ingenieur E. H' in Bd. 13 [*d. i.* 43] Nr. 11 der Schweizerischen Bauzeitung. 10 S. 4. (Zürich, Zürcher & Furrer, 1904.) [fr. —. 50]
Art. von Thomann u. d. T.: Ueber eine neue St' für elektrische Bahnen. [Mit Figuren.]

Thomann, E[duard]. La traction électrique appliquée aux Chemins de fer normaux en Suisse. [Extrait de la Revue suisse de l'Electricité, 11e année 1902, No 14 et 16.] 15 p. 8. Berne, Office Polytechnique d'Édition, [1902]. [fr. —. 40]

— s.: Vollbahn, die elektrische, Burgdorf-Thun.

Thomann, Ed[uard]. Preuss' Illustrirtes Wanderbuch der Central-Schweiz bis Oberitalien. Spezial-Führer für Touristen, Kurgäste und Sommerfrischler. Bearb. von Ed. Th'.... Mit ca. 500 Illustrationen, Panoramen, Karten und Plänen. 8. Zürich.
[1. Aufl.] 1890. — 2. Aufl. 1894.

[Thomann, Hans.] Die Behandlung von Engerlingwiesen. ... Anleitung ... [für den] Landwirt.... ⟨Separatabdruck aus dem 7. Jahresbericht ⟨1903/04⟩ der landwirtschaftlichen Schule Plantahof, Landquart, Graubünden.⟩ 7 S. 8. [Chur, A.-G. Bündner Tagblatt, 1904.]

Thomann, Hans [Landquart]: Schmetterlinge und Ameisen. Beobachtungen über eine Symbiose zwischen Lycaena argus L. und Formica cinerea Mayr. Chur 1901. 40 S. 1 Taf. 8°. (S.-A. aus Jahresbericht der naturforschenden Gesellschaft in Graubünden. Bd. 44.)
Zürich. Phil. Diss. II. S. 1900/1901.

Thomann, Hans. Schmetterlinge und Ameisen. Beobachtungen über eine Symbiose zwischen Lycaena argus L. und Formica cinerea Mayr. Diss. Phil. [II.] Univ. Zürich. [Mit 1 Tafel.] (Separatabdruck aus dem Jahresbericht der Naturf. Gesellschaft Graubündens. Band 44. Vereinsjahr 1900/1901.) II + 41 S. 8. Chur, Jos. Casanova, 1901.

Thomann, H[ans]. Landwirtschaftliche Zoologie; Schädliche und nützliche Tiere der Landwirtschaft. Leitfaden für den Unterricht an landwirtschaftlichen Schulen, zugleich Lehrbuch für den praktischen Landwirt. Hrg. vom Verband der Lehrer an landwirtschaftlichen Schulen der Schweiz. Verfasst von Dr. H. Th'.... Mit 92 Abbildungen. X + 159 S. 8. Frauenfeld, Huber & Co., 1906. [geb. fr. 2.50]
(Landwirtschaftliche Lehrbücher.)

Thomann, H[einrich], und Brüschweiler, C[arl]. Bevölkerungs- und Wohnverhältnisse in der Stadt Zürich. Mit graphischen Darstellungen. Erweiterter Sonderabdruck aus «Die Gesundheits- und Wohlfahrtspflege der Stadt Zürich», Festschrift zur 34. Versammlung des Deutschen Vereins für öffentliche Gesundheitspflege, Zürich 1909. 52 S. 8. Zürich, Komm. Rascher & Cie., Druck Berichthaus, 1909. fr. —. 50

[F.] **Thomann,** Heinrich: Darstellung und Kritik der bisherigen berufs- und gewerbestatistischen Erhebungen im Königreich Sachsen und die Vergleichbarkeit ihrer Ergebnisse. M. bes. Rücksichtnahme auf d. Stadt Leipzig u. ihre Vororte. 1. Th. einer Arbeit üb. d. wirthschaftl. Charakter d. Stadt Leipzig u. ihrer Vororte in seiner Entwicklg während d. letzten 40 Jahre ... Leipzig, Druck v. Frankenstein & Wagner, 1892; 1 Bl., 16 S. 4.
Leipzig, Phil. Fak., Inaug.-Diss. v. [25. Juli] 1892

Thomann, Heinrich A. S. 1349/40

Phytographiae sacrae generalis pars practica prior.
Präs. Johann Gesner.
Zürich (Gessner) II. 1760. 56 S. 34397

Thomann, Herm. E., die Baumwollspekulation u. ihre Bekämpfg., s. a. Publikationen, wirtschaftliche, der Zürcher Handelskammer. 2. Hft.

Thomann, Hermann E[duard]. Die Baumwollspekulation und ihre Bekämpfung. Ein Beitrag zu den Bestrebungen der Baumwollkongresse. 55 S. 8. Zürich, Arnold Bopp, 1905. fr. 1. 80
Wirtschaftliche Publikationen der Zürcher Handelskammer. Heft 2.

Thomann's, J. J., Haus- u. kaufmännisches Rechenbuch. Umgearb. u. herausgeg. von J. J. Grübel. 9. Aufl. gr. 8. Lindau ..., Stettiner. 3/8 ℛ geb. 1/2 ℛ

(Th[omann], Jacob.) Meister Jakob's Wanderjahre. Ein Handwerkerbild aus dem vorigen Jahrhundert. [Selbstbiographie. Mit Porträt-Tafel.] 8. St. Gallen 1864.

***Thomann*, Jak. Matth., Diss. inaug. theolog. de lege justo non posita ad 1. Thimoth. 1, 9. 4. Götting. 776. Dieterich. 2 gl**

Thomann, Josef Nikolaus

Thomann, Jos. Nik., († d. 24. März 1805.) Annalen der klin. Anstalt in d. Juliushospitale zu Würzburg f. d. Jahr 1800. Mit 2 Kpf. gr. 8. Würzb. 803. Stahel. (Hildebrand in Arnst.). 1 ℛ 12 gl Hbg. Pr. 1 ℛ Für d. Jahr 1801 u. 1802. Mit Kpf. gr. 8. Rudolst. 804 u. 5. (Hildebrandt in Arnst.) 2 ℛ Hbg. Pr. 1 ℛ

Thomann, J. N., Annalen d. klinischen Anstalt in dem Juliushospitale zu Würzburg f. d. J. 1800 **m.** 2 **Kupf. gr. 8. Würzburg, Stahel (a. Kluger in Rudolstadt.)** 803. 1 12

— — **für das Jahr** 1801. **gr. 8. Rudolstadt, Kluger.** 804.

Thomann, J(osef)N(ikolaus) (Hrsg.):

s.a. Annales instituti medico-clinici Wirceburgensis. Vol. 1-2. Wirceburgi: 1799-1801.

JB 6.052

***Thomann*, Jos. Nik., annales instituti medico-clinici Wirceburgensis. II Tom. c. 8 fig. aer. incis. 8maj. Würzb. 790—802. (Stahel); (a. Hildebrandt in Arnst.) 3 ℛ**

— Annales instituti medico-clinici Wirceburgensis. II Tmi. c. 8 fig. aer. inc. 8. maj. Würzb. Stahel (et. Kluger, Rudolst.) 799—800. (à 1 Rthl. 12 gr.) 3 —

— üb. die physische Erziehung der Kinder. 8. Würzb. 791. Stahel. 10 gr.

— de fluxu monstruo eiusque vitiis. 8. maj. Würzb. Rienner. 794.

— Progr. I. de fluxu menstruo ejusque vitiis. Progr. II. de fluxu menstruo naturali ejusque retentione. 8maj. Würzb. 796. Rienner. 6 gr.

— Gedanken u. Beobachtungen aus der prakt. Arzneykunde für angehende Aerzte. 8. Würzb. Stahel. 794. — 10

Josef Nikolaus Thomann

Geschichte einer metastatischen Augenentzündung. Beobachtet u. beschrieben von J[osef] N[ikolaus] Thomann. Würzburg: Expedition d. gelehrten Anzeigen 1796. 38 S. 8°

— Geschichte einer metastatischen Augenentzündung, beobachtet u. beschrieben. gr. 4. Würzb. 796. Köl. (Hahn in Hannov.) 6 gr (Erlang., Palm). 9 gr

— dass. mit 1 Kupf. gr. 4. Würzb. (Palm in Erlangen.) 796.

— üb. die klin. Lehranstalt an d. Julius-Hospitale zu Würzburg. gr. 8. Würzb. 798. Köl. (Hahn in Hannov.) 4 gr

Thomann, J. N., De mania ac amentia commentatio. 42 pp. Wirceb. 8°. (Nach Brown's Ansichten.) J. d. Erfind. XXVIII, 132. Gött. Anz. 1799, p. 1730. II, p. 94 Amentiae causa hydrocephalus.

1798

— de Mania ac Amentia. Commentatio. 8maj. Würzb. 798. Köl. (Hahn in Hannov.) 4 gr

— Diss. inaug. med. sistens peripnevmoniae theoriam. 8. Würzb. 788.

Thomann, Julius [Apotheker aus St. Gallen]: Untersuchungen über den gegenwärtigen Stand der Frage der Verunreinigung der Limmat durch die Abwässer der Stadt Zürich. Leipzig 1900. 39 S. 1 Taf. 8°. (S.-A. aus Zeitschrift für Hygiene und Infektionskrankheiten. Bd. XXXIII.)
Zürich. Phil. Diss. II. S. 1899/1900

Thomann, Karl Fr., s. M. Knauer's, hundertjähr. Kalender.

Thomann, Kaspar

Thomann, Casp., Beschreibung der Frey-Herschafft Sax. Von Ihrer Beschaffenheit u. Situation. Item Pollicey- u. Kirchenordnung. Im Augusto a. 1741. Hrsg. von Nicol. Senn v. Werdenberg. St. Gallen 863. (Huber & Co.) 8. (IV, 60 S.) n. 10 ngr; mit 1 Photogr. n. 20 ngr.

Thomann, K[onrad]: Der französische Atlas zu Cäsars gallischem Kriege. Zür. Zürcher u. Furrer Dr. 1868. 1 Bl., 18 S. 4°.
Programm der Kantonsschule in Zürich 1868.

Thomann, K[onrad]: Der französische Atlas zu Cäsars gallischem Kriege '(Belgischer Feldzug, Expedition ins Wallis. Seekrieg mit Venetien)'. Zür. (Zürcher u. Furrer Dr.) S. Höhr 1871. 1 Bl., 26 S., 1 Bl. 4°.
Programm der Kantonsschule in Zürich 1871.

Thomann, K[onrad]: Der französische Atlas zu Cäsars gallischem Kriege '(Zug an den Niederrhein — Rheinübergänge — Portus Itius — Aduatuca)'. Fortsetzung der Schulprogramme von 1868 und 1871. Zür. Zürcher u. Furrer Dr. 1874. 1 Bl., 26 S. 4°.
Programm der Kantonsschule in Zürich 1874.

Thomann, Maur., s. Thoman

Thomann, Max [aus Schliengen i. B.]: Beitrag zur Behandlung chronischer Erkrankungen der Gaumenmandeln ... Freiburg i. B., Univ.-Buchdr. v. Ch. Lehmann, 1895; 46 S., 1 Bl., 3 Taf. 8.
Freiburg i. B., Med. Fak., Inaug.-Diss. v. 1895

Thomann, Oskar [techn. Chemiker von Märweil, Kt. Thurgau]: Aus dem bakteriologischen Laboratorium des eidg. Polytechnikums Zürich. Untersuchungen über das Zürcher Grundwasser mit besonderer Berücksichtigung seines Bakteriengehaltes. Mit einer Tafel. (S.-A. aus Vierteljahrsschrift d. naturforsch. Gesellschaft Zürich. 47. Jahrg. 1902.) Zürich 1902. 41 S. 8°.
Zürich. Phil. Diss. II. S. 1901/1902.

Thomann, Oskar. Untersuchungen über das Zürcher Grundwasser, mit besonderer Berücksichtigung seines Bakteriengehaltes. Diss. Phil. II. Univ. Zürich. *Kopftitel:* Aus dem bakteriologischen Laboratorium des eidgen. Polytechnikums Zürich. — ([Mit 1 Plan. — Separat-Abdruck aus:] Vierteljahrsschrift d. naturf. Ges. Zürich. Jahrg. 47. 1902.) 41 S. 8. Zürich, Zürcher & Furrer, 1902.

Thomann, P., über Anfertigung von Entwürfen zum Neubau evangelischer Kirchen. Cöln 866. Frühbuss. gr. 8. (36 S.) n. 8 ngr

Thomann, R., die Entwicklung des Turbinenbaues m. den Fortschritten der Elektrotechnik. Antrittsvorlesg., geh. an der k. techn. Hochschule in Stuttgart. gr. 8. (19 S. m. 3 Fig. u. 1 Taf.) Stuttgart 901. K. Wittwer. n. — 80

Thomann, Rob., s.: Sänger-Kalender, schweizerischer.

Thomann, Rob., Schlüssel, s.: Beaufront, L. de, elementare Grammatik der linguo internaciona di la delegitaro.

Thomann, R[obert]. Die Wasserturbinen, ihre Berechnung und Konstruktion. Hrg. von R. Th', ... Professor ... [in] Stuttgart. Mit 307 Textfiguren und 44 Tafeln. XIV + 334 S. gr.-8. Stuttgart, Konrad Wittwer, 1908. [geb. M. 25. —]
Verf. stammt von Märwil, Ct. Thurgau.

— Deutsch-internationales u. international-deutsches Wörterbuch, s.: Beaufront, L. de.

Thomann, Rudolf. Leben und Thaten von Hannis Schaute, alias John Shoddy oder Von Buxtehude nach San Francisco: Ein Gedicht. San Francisco: California Democrat, 1873.
GSP

Thomann, Rud., Leben u. Thaten v. Hannis Schaute, alias John Shoddy, od.: Von Buxtehude nach San Francisco. Ein Gedicht. Illustrirt v. Max Schmidt. [Aus: „San Francisco Humorist."] gr. 8. (78 S. m. eingedr. Holzschn.) San Francisco 873. (Philadelphia, Schäfer & Koradi.) n. 2. —

Thomann, W., üb. d. Wechselfieber in Griechenland. 8. (5⅛ B.) Schweinfurt 839, Wetzstein.

Thomann, Wilh., Bekenntnisse einer schwachen Seele. Gedichte. 16. (179 S.) Wien 872, (Gerold's Sohn.) *

— der beste Gesellschafter. Eine gediegene, reichhalt. Sammlg. von kom. und gemüthl. Vorträgen, Räthseln, Charaden ꝛc. f. alle Stände u. jedes Alter. — Enthält viel Neues, vom Aelteren das Interessanteste. 16. (IV, 244 S.) Wien 873. Wenedikt. 1. 50

Thomann, Willy, a. Hamburg: Der eifersüchtige Ehemann im Drama der Elisabethanischen Zeit. Halle a. S. 1908: H. John. (104 S.) 8°
Halle, Phil. Fak., Ref. Wagner, Diss. v. 14. Aug. 1908
[Geb. 11. Mai 85 Hamburg; Wohnort: Halle a. S.; Staatsangeh.: Hamburg; Vorbildung: Realgymn. d. Johanneums Hamburg Reife M. 03; Studium: München 4, Halle 6 S.; Rig. 3. Juni 08.]

Thomann [von Hagelstein], T[obias] H[einrich]. (Jagdbilder. Augsburg um 1750.)
4 Bl. in Kupferst. 8°.
Bez. T. H. Thomann inv. et del. Johann Hertel exc. A. V.

Thomann-Saturny, Berta, Reisebriefe einer Neuvermählten. (147 S. m. Abbildgn.) 8. Dresden 906. E. Pierson. n. 2. —; geb. n. 3. —

Thomanus continuatus, od. Acta monetaria novissima; schriftl. Handlungen d. Zustand des Münzwesens betreff. Fol. Frankf. a. M. 752. Eßlinger. 20 gr

Thomas [Sachliches OW]

— Oncle, a. d. Frz. d. Pigault le Brun. 1r Th. 8. Basel, Flick. 801. 1 —

Thomas, Herr. 4 Thle. s. Romane, komische, aus d. Papieren d. braunen Mannes 7c. 8r.

Thomas, Herr, eine komische Geschichte . . . Frankf. u. Leipz. 1791—92. V: *Müller, Joh. Gottwerth.* (Ky) (Cat. d. Stadtbibl. Zürich. Zürich 1864—97.)

Thomas Aquinas, Alcides Christianus D., . . . Bresl. 1727. V: *Zimmermann, Gottfried Ferdinand.* (Kat. d. Druckschr. üb. Breslau. Breslau 1903. S. 262.)

Thomas, Armenteros, od. das Auto da Fé, vom Verfass. von Wilh. Meisters Meisterjahren. 8. Quedlinb. 825. Basse. 20 gr

Thomas, der böhmische, und der deutsche Michael. Ein ernstes Wort in schlichtem Kleide. Von einem Böhmen. 1. Heft: Des Volkes Leib, Seele und Geist. Auch: Des Volkes Leib und Seele. 8. (56 S. mit 1 Stnt.) Prag 861, (Rziwnatz.) *

Thomas, des Herrn, Charakter, Sitten u. Geist d. Frauenzimmer 2c.; aus d. Französ. (v. Jh. Dn. Heyde). 8. Bresl. 773.

Thomas, D., . . . Vita et Doctrina Fortis Angelus . . . S. l. 1740. V: *Kindler, Johann.* (Kat. d. Druckschr. üb. Breslau. Breslau 1903. S. 262.)

Thomas Aquinas, Divus, Bene-Dictus . . . Bresl. 1737. V: *Eßmert, Jacob.* (Kat. d. Druckschr. üb. Breslau. Breslau 1903. S. 262.)

Thomas Aquinas, D., Orbis et Urbis doctor . . . Bresl. 1722. V: *Blasgude, Melchior Leopold.* (Kat. d. Druckschr. üb. Breslau. Breslau 1903. S. 262.)

Thomas de Aquino, D., . . . caelestis Homo . . . terrestris Angelus . . . S. l. 1728. V: *Förschan, Johann.* (Kat. d. Druckschr. üb. Breslau. Breslau 1903. S. 262.)

Thomas de Aquino, Divus, Divini Regia Solis . . . Bresl. 1724. V: *Binder, Franz.* (Kat. d. Druckschr. üb. Breslau. Breslau 1903. S. 262.)

Thomas, D., . . . Doctor Angelicus Clarissimo-Pretiosissimus . . . Breslau 1750. V: *Nestroy, Anton.* (Kat. d. Druckschr. üb. Breslau. Breslau 1903. S. 263.)

Thomas, D., . . . Ecclesiae Doctor Angelicus . . . Bresl. 1766. V: *Rossmann, Norbert.* (Kat. d. Druckschr. üb. Breslau. Breslau 1903. S. 263.)

Thomas, D., . . . ex Morum Disciplina Doctor Angelicus . . . Breslau 1757. V: *Tintz, Carl.* (Cat. d. Druckschr. üb. Breslau. Breslau 1903. S. 263.)

Thomas, Summarium Doctorum Ecclesiae Divus, . . . Bresl. 1736. V: *Neusser, Franz.* (Kat. d. Druckschr. üb. Breslau. Breslau 1903. S. 262.)

Thomas, D., . . . duplici Eliae spiritu . . . imbutus . . . Bresl. 1771. V: *Justianus a Passione Domini, P. F.* (Kat. d. Druckschr. üb. Breslau. Breslau 1903. S. 263.)

Thomas, Divus, . . . Angelicus Philosophiae Christianae Magister . . . Bresl. 1753. V: *Langer, Augustin.* (Kat. d. Druckschr. üb. Breslau. Bresl. 1903. S. 263.)

Thomas, D., . . . Generalis Urbis et Orbis Magister . . . Breslau 1749. V: *Schram, Thomas.* (Kat. d. Druckschr. üb. Breslau. Breslau 1903. S. 263.)

Thomas, D., . . . Theologiae Scholasticae . . . Parens . . . Breslau 1758. V: *Habay, Johann Baptist.* (Kat. d. Druckschr. üb. Breslau. Breslau 1903. S. 263.)

Thomas, D., . . . Sidus candidum . . . Breslau 1735. V: *Unger, Carl.* (Kat. d. Druckschr. üb. Breslau. Breslau 1903. S. 262.)

Thomas, D., . . . Verbi Theologus bene docens, bene scribens . . . Bresl. 1755. V: *Güntzel, Joseph.* (Kat. d. Druckschr. üb. Breslau. Breslau 1903. S. 263.)

Thomas, D., . . . Sui et Mundi Victor . . . Bresl. 1745. V: *Kindler, Joh.* (Kat. d. Druckschr. üb. Breslau. Breslau 1903. S. 262.)

Thomas, D., . . . Vir Apostolicus . . . Breslau 1754. V: *Tluck und Toschonowitz, Heinrich von.* (Kat. d. Druckschr. üb. Breslau. Breslau 1903. S. 263.)

Thomas of Ercelldoune, s.: Sammlung englischer Denkmäler in kritischen Ausgaben.

THOMAS der Hoellenstürmer, oder erstaunliche Abentheuer und wunderbare Begebenheiten meines Onkels des Corsaren. Ein komischer Roman. 3 Bde. Mit 1 Kpft. Erfurt 1811. 8°. (2 Rthl.) (3 Mk. Franz Teubner, Düsseldorf, c. 1898.)

Thomas, der Höllenstürmer, oder erstaunl. Abenteuer und wunderbare Begebenheiten meines Onkels d. Corsaren. 3 Bde. m. 1 K. 8. Erfurt, Beyer u. M. 811.

Thomas, der Höllenstürmer, od. erstaunl. Abentheuer u. Begebenheiten meines Onkels d. Kosaren. 3 Bde. 8. Erfurt 811. (Otto). 2 ₰

Thomas Jones, s. Jones.

Thomas a Kempis. Katholisches Sonntagsblatt. Kempen: Klöckner & Mausberg 1888–(1900). 8°

Thomas a Kempis, seine Zeit, sein Orden und seine Person. (Abdr. aus dessen vier Büchern von der Nachfolge Christi.) Mit Bildniß (in Kpfrst.). Reutlingen 863. Rupp & Baur. 32. (63 S.) n. 4 ngr.

Thomas Aquinas, Sanctus, . . . Orbis eruditi Magister . . . Bresl. 1732. V: *Thekal, Lorenz.* (Kat. d. Druckschr. üb. Breslau. Breslau 1903. S. 262.)

Thomas Aquinas, S., major homine . . . Neisse 1718. V: *Niclas, Anton.* (Kat. d. Druckschr. üb. Breslau. Breslau 1903. S. 261.)

Thomas Aquinas, S., nubes . . . sapientiae . . . coruscans . . . Breslau 1713. V: *Neuwerdt, Franz.* (Kat. d. Druckschr. üb. Breslau. Breslau 1903. S. 261.)

Thomas, S., . . . Doctor Angelorum, Angelus Doctorum . . . Bresl. 1739. V: *Schram, Thomas.* (Kat. d. Druckschr. üb. Breslau. Breslau 1903. S. 262.)

Thomas, S., . . . Divinae Sapientiae Secretarius . . . Bresl. 1747. V: *Binder, Franz.* (Kat. d. Druckschr. üb. Breslau. Breslau 1903. S. 263.)

Thomas, Sanctus, . . . Dilectus Divinae Sapientiae Sponsus . . . Bresl. 1751. V: *Schindler, Paul.* (Kat. d. Druckschr. üb. Breslau. Breslau 1903. S. 263.)

Thomas Thyrnau. Von der Verf. v. Godwie-Castle. 3 Thle. 1. Aufl. (90½ B.) 843. 6 Thlr. 25 Ngr. u. 3., verb. Aufl. 8. (90½ B. u. 1 Abbild. des Schlosses Tein in Böhmen.) Breslau 845, Max u. Komp.

Thomas [persönlicher Name]

Thomas, Bruder, Pförtner am Jesuiter-Collegium zu Strahlenberg, s. Pahl, Johann Gottfried

Thomas, des alten Schäfer, aus Bunzlau

—— enthüllte Geheim- und Sympathiemittel. Ein unentbehrl. Thierarznei-Büchlein für jeden Viehbesitzer. Mit einem Verzeichniß der gesetzl. Hauptmängel. 1.—4. Aufl. 8. (64 S.) Reutlingen 868—75, Enßlin und Laiblin. — 20

Thomas, des alten Schäfer, (aus Bunzlau,) Geheim- und Sympathie-Mittel. 1. Bdchn., 56 Mittel enthaltend. 16. (56 S.) Altona 856, Verlagsbureau.

Thomas, des alten Schäfer, Geheim- und Sympathie-Mittel. 1–10. Bdchn. 16. Altona, Verlagsbureau. à Bdchn. 7½ Ngr.

Inhalt:

Bdchn. 1. 56 Mittel enthaltend. 2–5. Aufl. (60 S.) 857–60.
" 2. 51 Mittel enthaltend. 1–3. Aufl. (60 S.) 857–60.
" 3. 67 Mittel enthaltend. 1. und 2. Aufl. (60 S.) 858. 59.
" 4. 36 Mittel enthaltend. 1. und 2. Aufl. (60 S.) 858. 59.
" 5. 56 Mittel enthaltend. 1. und 2. Aufl. (IV und 51 S.) 859. 60.
" 6. 59 Mittel enthaltend. (VI und 54 S.) 859.
" 7. 63 Mittel enthaltend. (52 S.) 860.
" 8. 76 Mittel enthaltend. (60 S.) 860.
" 9. 45 Mittel enthaltend. (60 S.) 861.
" 10. 45 Mittel enthaltend. (60 S.) 861.

Thomas, des alten Schäfer, Geheim- und Sympathie-Mittel. 1., 2., 3., 11. und 12. Bdchn. (à Bdchn. 60 S.) [1. Bdchn. 7. Aufl. 868., 2. Bdchn. 51 Mittel enth. 4. Aufl. 866., 3. Bdchn. 67 Mittel enth. 3. Aufl. 863., 11. Bdchn. 42 Mittel enth. und 12. Bdchn. 52 Mittel enth.] Altona 862, Verlags-Bureau. à Bdchn.

Thomas, des alten Schäfer, Geheim- und Sympathie-Mittel. 1. Bdchn. 7. Aufl. und 3. Bdchn. 4. Aufl. 16. (à 60 S.) Altona 868, Verlags-Bureau. à Bdchn. — 75

—— dass. — 5. Bdchn. 56 Mittel enth. 4. Aufl. 16. (46 S.) Ebendas. 869. — 75

Thomas, des alten Schäfer, Geheim- und Sympathie-Mittel. 13. und 14. Heft. 16. (à Heft VII, 64 S.) Altona 876 Verlags-Bureau. à Heft. 75 Pf.

Thomas aus Bunzlau in Schlesien, des alten Schäfers, seine Kuren an Pferden, von ihm selbst in seiner Mund- u. Schreibart beschrieben, u. zum Besten seiner Nebenmenschen hrsgg. v. seinem Sohne, dem Schäfer Thomas in Weissenborn. Mit e. Vorrede von S. v. Tennecker. 8. Glogau 829. N. Günter'sche B. 20 ℊ 2r Thl. A. u. d. T.: Thomas, seine Kenntnisse, Erfahr. u. Hülfsleistungen bei den Geburten der Pferde. Nebst e. Anh. von der Erkenntniß u. Heilung der gewöhnl. Krankheiten der Mutterstuten u. Fohlen. 8. Ebd. 832. 12 ℊ

Thomas aus Bunzlau in Schlesien, des alten Schäfers, seine Kuren an Pferden, von ihm selbst in seiner Mund- u. Schreibart beschrieben, u. zum Besten seiner Nebenmenschen hrsg. v. seinem Sohne, dem Schäfer Thomas in Weißenborn. Mit Vorr. v. S. v. Tennecker. (1. Thl.) 1. u. 2. Aufl. (à 18½ B.) Glogau 829, 34, [Flemming.] à Thlr.

Thomas aus Bunzlau in Schlesien, d. alten Schäfers, seine Kuren an Pferden ꝛc. 2. Thl. — A. u. d. T.: Thomas, seine Kenntnisse, Erfahrungen u. Hülfsleistungen bei den Geburten d. Pferde. Nebst e. Anh. von d. Erkenntniß u. Heilung d. gewöhnl. Krankheiten d. Mutterstuten u. Fohlen. 8. (12 B.) Ebds. 832.

Thomas aus Bunzlau in Schlesien, des alten Schäfer, seine Kuren an Pferden. Von ihm selbst in seiner Mund- u. Schreibart beschrieben und zum Besten seiner Nebenmenschen herausg. von seinem Sohne, dem Schäfer Thomas in Weißenborn. Mit e. Vorrede versehen vom Major S. v. Tennecker. 2e Aufl. 8. Glogau 834. Flemming. $^5/_6$ Thlr. — dass. (N. A.) 8. Ebd. 835. $^5/_{12}$ Thlr.

Thomas, des alten Schäfers, aus Bunzlau in Schlesien, seine Kuren an Pferden, Rindvieh ꝛc. 2 Thle. 3. Aufl. 8. Glogau 839, Flemming.
A. u. d. Ttln.:
Thl. 1. Kuren an Pferden ꝛc. M. e. Vorrede v. S. v. Tennecker. (10⅜ B.) 8 Gr.
" 2. Kuren an Rindvieh, Schweinen, Schaafen, Ziegen u. den übrigen Hausthieren. (15⅜ B.) 16 Gr.

— seine Kuren an Rindvieh ꝛc., s. Vieharzneibuch.

Thomas, des alten Schäfer, seine dritte Prophezeihung für die J. 1852 u. 1853. 8. (8 S.) Altona 852, Verlagsbureau in Comm. — 2—4. Aufl. 8 (à 8 S.) Ebd. 852. in Comm. 1 ngr

— seine vierte Prophezeiung f. die J. 1853 u. 1854. 8. (8 S.) Hamburg 852. (Altona, Verlagsbureau.) n. 1 ngr

— seine fünfte Prophezeihung für die Jahre 1854 und 1855. 1—5. Aufl. Hamburg 853, 54. (Altona, Verlags-Bureau.) 8. (8 S.) n. 1 ngr
Erschien auch u. d. T.: Was werden uns die Jahre 1854 und 1855 bringen?

— seine sechste Prophezeihung für die Jahre 1855 und 1856. 1. u. 2. Aufl. Hamburg 854. (Altona, Verlags-Bureau.) gr. 8. (8 S.) n. 1 ngr
Erschien auch u. d. T.: Was werden uns die Jahre 1855 und 1856 bringen?

— seine siebente Prophezeihung für die Jahre 1856 und 1857. 1. u. 2. Aufl. Hamburg 856. (Altona, Verlags-Bureau.) gr. 8. (8 S.) n. 1 ngr
Erschien auch u. d. T.: „Die denkwürdigen Jahre 1856 und 1857 ꝛc."

— seine achte Prophezeihung für die Jahre 1857 u. 1858. 1—3. Aufl. Hamburg 856, 57. (Altona, Verlags-Bureau.) gr. 8. (8 S.) n. 1 ngr

Thomas, des alten Schäfer, seine achte Prophezeihung für die J. 1857 und 1858. 1. und 2. Aufl. gr. 8. (8 S.) Hamburg 858. Altona, (Verlagsbureau.) Thlr. * — 1

— seine neunte Prophezeihung für die Jahre 1858 und 1859. Hamburg 858. (Altona, Verlags-Bureau.) gr. 8. (8 S.) n. 1 ngr

Thomas, des alten Schäfers, seine zehnte Prophezeihung für die Jahre 1859 u. 1860. 1—6. Aufl. Hamburg 859. (Altona, Verlagsbureau.) gr. 8. (8 S.) n. 1 ngr

—— seine elfte Prophezeihung für die J. 1860 und 1861. 1—4. Aufl. gr. 8. (8 S.) Hamburg 860. (Altona, Verlagsbureau.) *

— seine zwölfte Prophezeihung für die Jahre 1861 u. 1862. 1—4. Aufl. Ebend. 861. gr. 8. (8 S.) n. 1 ngr

—— des alten Schäfer, seine 13. Prophezeihung für die J. 1862 und 1863. 1.—12. Aufl. gr. 8. (7 S.) Altona 862, (Verlags-Bureau.) * — 1

— seine vierzehnte Prophezeihung für die Jahre 1863 u. 1864. 1—10. Aufl. Ebend. 863. gr. 8. (7 S.) n. 1 ngr

—— 15. Prophezeihung für die J. 1864 und 1865. 1.—13. Aufl. gr. 8. (8 S.) (Ebendas.) 864. *

Thomas, des alten Schäfer, 16. Prophezeihung für die Jahre 1865 u. 1866. Altona 865. (Verl.-Bureau.) gr. 8. (8 S.) n. 1 ngr

— 17. Prophezeihung für die J. 1866 u. 1867. (Ebend.) 866. gr. 8. (8 S.) n. 1 ngr

—— zu Neustädter-Moor, des uralten Schäfers, 60. Prophezeiung auf die Zeit 1866—1867 und die folgenden Jahre. 8. (8 S.) Celle 866, Schulze'sche Buchh.

— 18. Prophezeihung für die J. 1867 u. 1868. (Ebend.) 867. gr. 8. (8 S.) n. 1 ngr

— 19. Prophezeihung für die J. 1868 u. 1869. (Ebend.) 868. gr. 8. (8 S.) n. 1 ngr

Thomas, des wahren Schäfer, 20. Prophezeihung von der Vollendung des deutschen Reiches und den damit zusammenhängenden Ereignissen in den J. 1868, 1869 und 1870. 8. (8 S.) Berlin 868, H. E. Schneider. *

— 21. Prophezeihung für die J. 1870 u. 1871. (Ebend.) 869. gr. 8. (8 S.) 1 ngr

— 9. Prophezeihung für die J. 1870—1875. Breslau 870. (Gebhardi.) 8. (8 S.) 1 ngr

— 22. Prophezeihung für die J. 1871 u. 1872. (Ebend.) 870. 8. (8 S.) 1 ngr

— seine 23. Prophezeihung f. d. J. 1872 u. 1873. 2. Aufl. 8. (8 S.) Hamburg 871. Verlags-Bureau. — 10

— seine 24. Prophezeihung für die J. 1873 u. 1874. 3. Aufl. 8. (7 S.) Ebend. 872. — 10

—— seine 20.—27. Prophezeiung auf die J. 1869 und 1870 bis 1876 und 1877. 8. (à 7—8 S.) Altona 872, (Verlags-Bureau.) à — 10

—— fünfundzwanzigste Prophezeihung für die J. 1870—1880. gr. 8. (7 S.) Berlin 870, Cronbach. — 10

— seine 25. Prophezeihung für die J. 1874 u. 1875. 2. Aufl. gr. 8. (8 S.) Ebend. 873. — 10

— seine 26. Prophezeihung für die J. 1875 u. 1876. 2. Aufl. 8. (7 S.) Ebend. 874. — 10

— seine 27. Prophezeihung f. die J. 1876 u. 1877. 8. (7 S.) Ebend. 875. n. — 10

— seine 28. Prophezeihung für die J. 1877 u. 1878. 3. Aufl. 8. (7 S.) Ebend. 876. n. — 10

Thomas, d. alten Schäfer, seine 29. Prophezeihung f. die Jahre 1878 u. 1879. gr. 8. (7 S.) Altona 877. Verlags-Bureau in Comm. n. — 10

— seine 30. Prophezeiung f. die Jahre 1879 u. 1880. 8. (7 S.) Ebend. 878. n. — 10

— seine 31. Prophezeiung f. die Jahre 1880 u. 1881. gr. 8. (7 S.) Ebend. 879. n. — 10

Thomas, des alten Schäfers, seine 32. Prophezeihung für die J. 1881 und 1882. gr. 8. (7 S.) Altona 880, (Verlags-Bureau.) *

—— dass. — 33. Prophezeihung für die J. 1882 und 1883. gr. 8. (7 S.) Ebendas. 881. *
Nicht weiter erschienen.

—— dass. — Prophezeihung auf das J. 1882. 1.—3. Aufl. 8. (16 S.) Leipzig, Milde.

—— dass. — auf die J. 1884/5. gr. 8. (16 S.) Ebendas.

—— des alten berühmten Schäfers, allerneueste höchst wichtige Prophezeihung über Deutschlands Zukunft und weiter hinaus. Nebst den interessantesten Weissagungen und entschleierten Geheimnissen der nächsten 7 Jahre von einem Kapuziner-Prediger, dem Gott die Gabe der Fernsicht verliehen und vielfach schon große Ereignisse vorher anzeigte. 8. (8 S.) Mügeln 874, Kunde. — 15

—— des wahren Schäfer, neue Prophezeiung auf die J. 1867—1870. gr. 8. (8 S.) Torgau 867, Schneider jun. *

Thomas, des wahren Schäfer, neue Prophezeihung auf die Jahre 1868—1869. Finsterwalde 868. Schneider. 8. (8 S.) 1 ngr.

—— des uralten Schäfer, neueste Prophezeiung. 1869 und die nächste Zukunft. 8. (14 S.) Celle 868. Schulze'sche Buchh. — 10

— neueste Prophezeihung für das Jahr 1870. Schleiz 870. (Hübscher.) 8. (8 S.) 1 ngr.

— neueste Prophezeihung f. die Jahre 1871 u. 1872. [Geschrieben im Aug. 1870.] 8. (8 S.) Schleiz 870. Hübscher in Comm. — 10

—— dass. — neueste Prophezeihung auf die J. 1880/81 und 1881/82. 8. (à Jahrg. 8 S.) Chemnitz, Hager. à Jahrg.

— neueste Prophezeiung auf die Jahre 1880 u. 1881. 5. Aufl. 8. (8 S.) Chemnitz 880. Hager. — 10

Thomas, des alten Schäfer, neueste Prophezeihg. auf d. J. 1896 u. 1897. 8. (8 S.) Chemnitz 895. C. A. Hager. — 10

—— neueste Prophezeihung über die Folgen der im Monat September 1872 zu Berlin stattgefundenen Drei-Kaiser-Zusammenkunft. 1.—4. Aufl. 8. (16 S.) Leipzig 873, G. Schulze. * — 10

— Prophezeiung über den Türkenkrieg u. die Türkei. gr. 8. (6 S.) Altona 877. Verlags-Bureau. n. — 10

— Prophezeihungen üb. die J. 1871 bis 1875. 6. Aufl. gr. 8. (16 S.) Leipzig 871. Minde. — 10

— dasselbe, auf d. J. 1872 u. 1873. 8. (8 S.) (Chemnitz 871. Hager.) — 10

—— neueste Prophezeiungen. Was ereignet sich in Deutschland 100 Jahre nach der Unabhängigkeitserklärung der nordamerikan. Freistaaten und der großen französ. Revolution? 8. (16 S.) Ebendas. 871. — 10

—— dass. — auf die J. 1872 und 1873. 8. (8 S.) Chemnitz 871, (Hager.) — 10

—— dass. — über die J. 1871 bis 1875. 1.—6. Aufl. gr. 8. (16 S.) Leipzig 871. Minde. — 10

—— s. Rabe, der schwarze.

Thomas, allgem. Tierarzneibuch. Ein Ratgeber zur Behandlg. der gesunden u. kranken Haustiere unter besond. Berücksicht. der f. die Gesunderhaltg. u. Pflege notwend. Lebensbedingungn. u. Mittel. 16. Aufl. 46.—49. Taus. Durchgesehen u. verbessert v. e. Tierzüchter u. Tierarzt. (VI, 341 S.) gr. 8. Leipzig (904). H. Voigt. Geb. in Leinw. 3. —

— Schäfer, Universalrezeptbuch. E. nothwend. Hausbüchlein f. Stadt- u. Landleute. 8. (80 S.) Berlin 898. A. Weichert. — 50

—— allgemeines Vieharzneibuch, s. Vieharzneibuch.

Thomas, des alten Schäfers, aus Bunzlau in Schlesien, allgemeines Vieharzneibuch, seine Kuren an Pferden, Rindvieh, Schafen, Schweinen, Ziegen u. übrigen Hausthieren, so wie seine Kenntnisse, Erfahrungen u. Hülfsleistungen bei den Geburten der Pferde. Hrsg. v. seinem Sohne, dem Schäfer Thomas in Weißenborn. 4., verm. Aufl. gr. 8. (30 B.) Glogau 846, Flemming.

— allgemeines Vieharzneibuch, oder seine Kuren an Pferden, Rindvieh, Schafen, Schweinen, Ziegen und den übrigen Hausthieren, sowie seine Kenntnisse, Erfahrungen und Hülfsleistungen bei den Geburten der Pferde. Von ihm selbst in seiner Mund- und Schreibart beschrieben und zum Nutzen seiner Nebenmenschen herausg. von seinem Sohne dem Schäfer Thomas in Weißenborn. 5. verm. Aufl. 853. — 6. verm. Aufl. Glogau 858. Flemming. gr. 8. (XVIII, 418 S.) 1 ℛ.

— (aus Bunzlau), allgemeines Vieharzneibuch oder seine Kuren an Pferden, Rindvieh, Schafen, Schweinen, Ziegen und den übrigen Hausthieren, so wie seine Kenntnisse, Erfahrungen und Hülfsleistungen bei den Geburten der Pferde. Von ihm selbst in seiner Mund- und Schreibart beschrieben u. zum Nutzen seiner Nebenmenschen herausg. von seinem Sohne, dem Schäfer Thomas in Weißenborn. 7. Aufl. 861. — 8. verm. Aufl. Glogau 863. Flemming. 8. (XIX, 460 S.) 1 ℛ.

—— des alten Schäfers, allgemeines Vieharzneibuch, seine Kuren an Pferden, Rindvieh, Schafen, Schweinen, Ziegen und den übrigen Hausthieren, sowie seine Kenntnisse, Erfahrungen und Hülfsleistungen bei den Geburten der Pferde. Von ihm selbst in seiner Mund- und Schreibart beschrieben und zum Nutzen seiner Mitmenschen hrsg. von seinem Sohne dem Schäfer Thomas in Weißenborn. 10. Aufl. 1869, und 11. Aufl. gr. 8. (XIV, 383 S.) Glogau 874, Flemming. geb.

Thomas' allgemeines Vieharzneibuch od. des alten Schäfer Thomas (aus Bunzlau i. Schles.) berühmte Kuren an Pferden, Rindvieh, Schafen, Schweinen u. den übrigen Hausthieren. Nebst Angabe der Erfordernisse u. Mittel zur Gesunderhaltg. der Thiere. Nach dem Nachlaß hrsg. v. seinem Sohne, dem Schäfer Thomas in Weißenborn. 15. Aufl. (43. bis 45. Taus.), durchgesehen u. verb. v. e. prakt. Thierarzt. gr. 8. (VII, 306 S.) Leipzig 894. H. Voigt. Geb. in Leinw. n. 3. —

—— neues Vieharzneibuch, wonach jeder Bürger und Landmann seine kranken Pferde, Kühe, Schaafe, Schweine, Ziegen und Hunde selbst kuriren kann. 12 Hefte. 12. (572 S.) Altona 860, 61, Verlagsbureau. à Heft 3 Ngr.
Vgl.: Vieharzneibuch.

— neues Vieharzneibuch, wonach jeder Bürger u. Landmann seine kranken Pferde, Kühe, Schweine ꝛc. selbst curiren kann. 2. Aufl. Altona 867. Lehmkuhl & Co. gr. 8. (568 S.) 1 ℛ︥ 6 ngr; cart. 1 ℛ︥ 10 ngr.

—— Volkskalender für das deutsche Volk für die J. 1874—1876. 16. (191; 224; 204 S., mit eingedr. Holzschn.) Altona, Verlags-Büreau. à Jahrg. *

—— Volkskalender für das deutsche Volk für die J. 1877—1880. 16. (à Jahrg. ca. 208 S. mit eingedr. Holzschn.) (Ebendas.) à Jahrg. * — 50

—— Volkskalender für das deutsche Volk für die J. 1881 und 1882. 16. (XXXII, 47; 87 S. mit eingedr. Holzschn.) Altona, (Verlags-Bureau.) à Jahrg.
Nicht weiter erschienen.

Das Weltende. Nach d. Lehre d. Glaubens u. d. Wissenschaft. Von Abbé Thomas, Generalvikar von Verdun. Autor. Übers. *Münster i. W.: Alphonsus-Buchh. (1900).* (112 S.) 8° [F.] [01. 12045

Thomas, des alten Schäfer

—— Wie sieht Europa und namentlich Deutschland im J. 1900 aus? [Geschrieben im März 1871.] 8. (8 S.) Schleiz 871, (Hübscher'sche Buchh.) — 10

Thomae Apostoli Acta. Nunc primum ex mss. Paris. edidit, prolegomenis et notis illustr. J. C. Thilo. Praemissa est notitia uberior de nova codicis apocryphi N. T. editione. Lips. 822. 8.

Thomas v. Aquin, s.a. v. Aquin, Thomas.

—— Abhandlung „de animae facultatibus", s. Philosophie und Kabbala.

Thomas von Aquin, das hochheil. Altarssakrament. Aus dem Latein. von J. Nep. Dischinger. gr. 8. (VIII und 216 S.) Donauwörth 847, Veith'sche Buchh.

Thomas v. Aquin, d. heil., Ausleg. d. apostol. Glaubensbekenntnisses, übers. v. M. Denis. 8. Luzern. (Doll in Augsb.) 801. — 4
Schreibp. — 6

Thomas von Aquin, des heil., Auslegung des apostol. Glaubensbekenntnisses. Uebersetzt v. Mich. Denis. 8. Luzern 802. (Augsb., Doll; Landsh., Krüll). 5 ℋ

Thomas Aquinas. Beichtregeln für Beichtende und Beichtväter. Augsburg 1806. Ü: *Menne, Edilbert.* (Th) (schmal)

Thomas Aquinas, Catena aurea in IV evangelia. Novis additamentis aucta per P. Joannem Nicolai. Herbipoli, 1704.
Nachdruck der Ausgaben von Paris 1637 und Lyon 1686.

Thomae Aquinatis in omnes D. Pauli Apostoli epistolas commentaria. Editio nova, sedulo recognita et mendis expurgata. 3 tomi. Leodii 857, 58. (Mainz, Kirchheim.) gr. 8. (2 Bl., 549; 2 Bl., 448; 2 Bl., 439 S.) n. 4 ℛ︥.

— compendium theologiae, s. a Bibliotheca Thomistica.

Thomae Aquinatis, Divi, compendium theologiae. Textum accurate recognovit F. J. H. Ruland. Paderborn 863. Schöningh. 8. (XIII, 269 S.) 18 ngr.

Sancti Thomae Aquinatis Compendium theologiae. Text m. Übers. u. Anm. von Dr. Friedrich Abert, Prof. Würzburg: Göbel 1896. IV, 515 S. 8°
(Bibliotheca Thomistica. [1.]) [11. 14970]]

— confessionale, cuilibet tum confessario, tum confitenti necessarium. Denuo in lucem protractum. 32. (IV, 96 S.) Nürnberg 871. Löhe. n. — 60

— der Engel der Schule. Betrachtungen über die drei Wege des geistlichen Lebens. Nach der Zusammenstellung des P. Massoulié Ord. Praed. bearb. von D. Mettenleiter. Regensburg 854. Manz. 24. (462 S.) 10 ngr.

Thomas von Aquin, Erklärung des apostol. Glaubensbekenntnisses. Aus dem Latein. übers. v. W. Reithmeier. 8. (6 B.) Straubing 845, Schorner.

— expositio continua super IV Evangelistas ex latinis et graecis auctoribus, ac praesertim ex patrum sententiis et glossis miro artificio quasi uno tenore contextuque conflata. Simul ac Catena aurea justissimo titulo nuncupata. Nunc vero tandem ab innumeris et enormibus mendis aliarum edit. expurgata; locorum indicibus antea falsis vel imperfectis expurgata; novis additamentis, marginibus et ornamentis aucta etc. per Joann. Nicolai. VIII tomi. Avenione 851. (Leipzig, Gerhard.) 12. (XVI, 3839 S.) n. 7 ℛ︥.

Thomae Aquinatis, Divi, expositio symboli apostolorum scil. Credo in deum, orationis dominicae vid. Pater noster et salutationis angelicae scil. Ave Maria. Editio nova. Regensburg 865. Manz. 32. (202 S.) 7½ ngr.

—— das Gebet des Herrn und der englische Gruß. Aus dem Latein. übers. von W. Reithmeier. 8. (62 S.) Schaffhausen 849, Hurter'sche Buchh. *

—— das apostolische Glaubensbekenntniß, das Vater unser und Ave Maria erklärt. Nach dem latein. Orig. neu bearb. 32. (312 S.) Regensburg 865, Manz.

—— Himmelsleiter, oder Uebung der vorzüglichsten Tugenden. Bearb. und hrsg. von D. Mettenleiter. 24. (204 S.) Regensburg 854, Manz.

— Katechismus oder Erklärung des apostol. Glaubensbekenntnisses, d. Vater unser, Ave Maria u. der zehn Gebote Gottes. Uebersetzt u. mit Anmerkungen versehen von A. Portmann u. X. Kunz. Mit dem (lith.) Bildniß des heil. Thomas. gr. 8. (XII, 232 S.) Luzern 882. Räber. geb. n. 3. 40

Thomas v. Aquin, hl., Katechismus oder Erklärung des apostolischen Glaubensbekenntnisses, das Vater unser, Ave Maria u. der zehn Gebote Gottes. 2. Aufl., vermehrt m. e. Beilage v. fünf bisher nicht veröffentlichten kleinern Katechismen aus dem 13. u. 14. Jahrh. Uebers., m. Einleitgn. u. Anmerkgn. versehen von A. Portmann u. X. Kunz. 8. (XVI, 240 S.) Luzern 899. Räber & Co. n. 2. —

—— goldene Kette od. fortlaufende, ganz aus den Stellen d. Kirchenväter u. Kirchen-Schriftsteller bestehende u. kunstvoll verbundene Auslegung d. 4 Evangelien. A. d. Latein. übers. v. Joh. Nep. Dischinger. 1. u. 2. Bd. (1—4. Lfg.) Evangelium nach Matthäus. 1. u. 2. Abthl. gr. 8. (70¼ B.) Regensburg 846, 47, Manz. à Abthl.

—— dass. (5. u. 6. Lfg. od.) 3. Bd. Evangelium nach Marcus. gr. 8. (22¾ B.) Ebds. 847.

—— goldene Kette oder fortlaufende Auslegung der vier Evangelien. Aus dem Latein. von Joh. Nep. Dischinger. 4. und 5. Bd. Evangelium nach Lucas. 2 Abthlgn. gr. 8. Regensburg, Manz. [1. Abthl. (416 S.) 847. 25 Ngr., 2. (434 S.) 849. 27½ Ngr.]

—— dass. — 6. und 7. Bd.: Evangelium nach Johannes. 2 Abthlgn. gr. 8. Ebds. [1. Abthl. (369 S.) 849. 27½ Ngr., 2. (XII und 348 S.) 850. 22½ Ngr.]

1—3. Bd. Ebendas. 1846—47. 3 Thlr. 10 Ngr.

—— goldene Kette, oder fortlaufende, ganz aus den Stellen der Kirchenväter und Kirchenschriftsteller bestehende und kunstvoll verbundene Auslegung der vier Evangelien. Aus dem Latein. von Joh. Nep. Oischinger. Mit einer Vorrede von Fr. X. Reithmayr. 7 Bde. 2. Aufl. gr. 8. Regensburg, Manz. à Bd. ℳ 3,75. 26 25

Inhalt:

- Bd. 1. 2. Evangelium nach Matthäus. 2 Abthlgn. (529; 466 S.) 881,82.
- " 3. Evangelium nach Marcus. (310 S.) 882.
- " 4. 5. Evangelium nach Lucas. 2 Abthlgn. (310; 384 S.) 882.
- " 6. 7. Evangelium nach Johannes. 2 Abthlgn. (333; 320 S.) 883.

Thomae Aquinatis, Monita et preces. Edit. I et II. 16. (88 S. mit 1 Stnt.) Viennae 882. (Würzburg, Woerl.) * geb. *

— **monita et preces.** Jam tertio ed. R. P. Fr. Thomas Esser. 16. (90 S. m. 1 Stahlstich.) Paderborn 890. F. Schöningh. geb. n. — 90

Thomae Aquinatis opera omnia ad fidem optimarum editionum accurate recognita. Fasc. 1—67. Parmae 852—57. (Innsbruck, Pfaundler.) Imp.-4. Jedes Heft n. 16 ngr.

- Tom. I—IV.: Summa theologica. Vol. I—IV. (Vol. I.: 464 S.; Vol. II.: 471 S.; Vol. III.: 680 S.; Vol. IV.: 774 S. u. Supplem. complect. J. B. M. de Rubeis dissertt. [S. 1—56] ac indicem locorum et rerum memorabil. [S. 1—24.])
- " V.: De veritate cathol. fidei contra gentiles s. summa philosophica. Vol. unicum. (XII, 400 S.)
- " VI.: Commentum in quatuor libros sententiarum Magistri Petri Lombardi. Vol. I. (XII, 464 S.)
- " VIII.: Quaestiones disputatae cum Quodlibetis. Vol. I. (XIX, S. 1—376.)

Thomae Aquinatis opera omnia. Fasc. 126—140. gr. 4. Innsbruck, Pfaundler. 1865. à 80 kr.

Thomae Aquinatis opera omnia. Fasc. 141—144. gr. Imp. 4. (Pag. [illegible]) (Parma.) Innsbruck, Pfaundler. 1866. à 90 kr.

Thomae Aquinatis opera omnia. Fasc. 150—164. 4. Innsbruck, Pfaundler. 1867. à 40 kr. Silber.

Thomae Aquinatis, sancti, opera omnia ad fidem optimarum editionum accurate recognita. Tom. XXV. Index. Fasc. I—VII. gr. 4. (S. 1—560.) Parmae 871. 72. (Innsbruck: Pfaundler.) à n. 1. 60

—— **Opera** omnia, jussu impensaque Leonis XIII. P. M. edita. Tom. I et II. Fol. Romae. (Freiburg i. Br., Herder'sche Verlagsh. — Leipzig, Brockhaus' Sortiment und Antiq.) 1. Ausg. ** ℳ 60.; 2. Ausg. ** 3. Ausg. **

Inhalt:

- Tom. I. **Zigliara**, Fr. Thomae Mariae, commentaria in Aristotelis libros peri hermeneias et posteriorum analyticorum, cum synopsibus et annotationibus. (X, CCCXLVI, 438 S.) 882. 1. Ausg. ** ℳ 40.; 2. Ausg. ** ℳ 28.; 3. Ausg. ** ℳ 24.
- " II. Commentaria in octo libros physicorum Aristotelis ad codices manuscriptos exacta, cura et studio fratrum ordinis praedicatorum. (XX, 480 S.) 884. 1. Ausg. ** ℳ 20.; 2. Ausg. ** ℳ 14.40.; 3. Ausg. ** ℳ 12,80.

Thomae Aquinatis, sancti, doctoris ecclesiae, opera omnia, jussu impensaque Leonis XIII. P. M. edita. Tom. 1. Commentaria in Aristotelis libros peri hermeneias et posteriorum analyticorum, cum synopsibus et annotationibus Fr. Thomae Mariae Zigliara, ordinis praedicatorum, s. r. e. cardinalis. (Ausg. III.) Fol. (X, CCCXLVI, 438 S.) Romae 882. (Freiburg i/Br., Herder.) n.n. 24. — ; Ausg. I, feines Handpap. n.n. 40. —; Ausg. II, Handpap. n.n. 28. —

Thomae Aquinatis, sancti, doctoris ecclesiae, opera omnia, jussu impensaque Leonis XIII. P. M. edita. Tom. II et III. (Ausg. III.) Imp.-4. Romae. (Freiburg i/Br., Herder.) n.n. 30. 40; Ausg. I, Fol., feines Handpap. n.n. 45. 60; Ausg. II. Imp.-4., Handpap. n.n. 33. 60 (I—III. Ausg. I.: n.n. 85. 60; Ausg. II. n.n. 61. 60; Ausg. III. n.n. 54. 40)

- II. Commentaria in octo libros physicorum Aristotelis ad codices manuscriptos exacta, cura et studio fratrum ordinis praedicatorum. (XX, 480 S.) 884. n.n. 12. 80; Ausg. I. Fol., feines Handpap. n.n. 20. —; Ausg. II. Imp.-4. Handpap. n.n. 14. 40
- III. (XL, 618 S.) 886. n.n. 17. 60; Ausg. I., Fol., feines Handpap. n.n. 25. 60; Ausg. II., Imp.-4., Handpap. n.n. 19. 20

Thomae Aquinatis, Sancti, Doctoris angelici, opera omnia, jussu impensaque Leonis XIII. P. M. edita. Tom. IV. V. Fol. Romae. (Freiburg i/Br., Herdor.) Ausg. I. n.n. 33. 60; Ausg. II. n.n. 27. 20; Ausg. III. n.n. 24. — (I—V. Ausg. I. n.n. 119. 20; Ausg. II. n.n. 88. 80; Ausg. III. n.n. 78. 40)

- IV. Pars prima Summae Theologiae a quaestione I ad quaestionem XLIX, ad codices manuscriptos vaticanos exacta, cum commentariis Thomae de Vio Cajetani, Ord. Praedic. S. R. E. Cardinalis, cura et studiis fratrum ejusdem ordinis. (XVI, 512 S.) 888. Ausg. I. n.n. 16. —; Ausg. II. n.n. 12. 80; Ausg. III. n.n. 11. 20
- V. Pars prima Summae Theologiae a quaestione L ad quaestionem CXIX. (584 S.) 890. Ausg. I. n.n. 17. 60; Ausg. II. n.n. 14. 40; Ausg. III. n.n. 12. 80

Thomae Aquinatis, Sancti, doctoris angelici, opera omnia. Iussu impensaque Leonis XIII P. M. edita. Tom. VI. VII. Fol. Romae. (Freiburg i/B., Herder.) Ausg. I. n.n. 26. 40; Ausg. II. n.n. 21. 60; Ausg. III. n.n. 18. 40; (I—VII.: Ausg. I. n.n. 145. 60; Ausg. II. n.n. 110. 40; Ausg. III. n.n. 96. 80)

- VI. Prima secundae summae theologiae a quaestione I ad quaestionem LXX, ad codicis manuscriptos vaticanos exacta cum commentariis Thomae de Vio Caietani, Ord. Praed. S. R. E. Cardinalis, cura et studio fratrum eiusdem ordinis. (VII, 470 S.) 891. Ausg. I. n.n. 14. 40; Ausg. II. n.n. 12. —; Ausg. III. n.n. 10. 40
- VII. Prima secundae summae theologiae a quaestione LX[illegible] ad quaestionem CXIV, ad codicis manuscriptos vaticanos exacta cum commentariis Thomae de Vio Caietani, Ord. Praed., S. R. E. Cardinalis, cura et studio fratrum eiusdem ordinis. (361 S.) 892. Ausg. I. n.n. 12. —; Ausg. II. n.n. 9. 60; Ausg. III. n.n. 8. —

Thomae Aquinatis, Sancti, doctoris angelici, opera omnia, iussu impensaque Leonis XIII P. M. edita. Tom. VIII et IX. Fol. Romae. (Freiburg i/B., Herder.) Ausg. I. n.n. 30. 40; Ausg. II. n.n. 24. 80; Ausg. III. n.n. 21. 60 (I—IX: Ausg. I. n.n. 176. —; Ausg. II. n.n. 135. 20; Ausg. III. n.n. 118. 40)

- VIII. Secunda secundae summae theologiae a quaestione I ad quaestionem LVI, ad codicis manuscriptos vaticanos exacta cum commentariis Thomae de Vio Caietani, Ord. Praed., S. R. E. Cardinalis, cura et studio fratrum eiusdem ordinis. (XLII, 412 S.) 895. Ausg. I. n.n. 14. 40; Ausg. II. n.n. 12. —; Ausg. III. n.n. 10. 40
- IX. Dasselbe, a questione LVII ad questionem CXXII, ad codicis manuscriptos vaticanos exacta cum commentariis Thomae de Vio Caietani, Ord. Praed., S. R. E. Cardinalis, cura et studio fratrum eiusdem ordinis. (XXV, 494 S.) 897. Ausg. I. n.n. 16. —; Ausg. II. gr. 4. n.n. 12. 80; Ausg. III. gr. 4. n.n. 11. 20

Thomas v. Aquino. Thomae Aquinatis, Sancti, doctoris angelici, opera omnia, iussu impensaque Leonis XIII P. M. edita. Tom. X u. XI. Fol. Romae. (Freiburg i/B., Herder.) Ausg. I. à n.n. 17. 60; Ausg. II. gr. 4. à n.n. 14. 40; Ausg. III. gr. 4. à n.n. 12. 80 (I.—XI.: Ausg. I. n.n. 211. 20; Ausg. II. n.n. 164. —; Ausg. III. n.n. 144. —)

- X. Secunda secundae summae theologiae a quaestione CXXIII ad quaestionem CLXXXIX ad codicis manuscriptos vaticanos exacta cum commentariis Thomae de Vio Caietani, Ord. Praed., S. R. E. Cardinalis, cura et studio fratrum eiusdem ordinis. (XXXVII, 564 S.) 899.
- XI. Tertia pars summae theologiae a quaestione I ad quaestionem LIX, ad codices manuscriptos vaticanos exacta cum commentariis Thomae de Vio Caietani, Ord. Praed., S. R. E. Cardinalis, cura et studio fratrum eiusdem ordinis. (LII, 554 S.) 903.

Thomas v. Aquino. Thomae Aquinatis, Sancti, doctoris angelici, opera omnia, iussu impensaque Leonis XIII P. M. edita. Tom. XII. Romae. (Freiburg i/B., Herder.) Ausg. I. 44,5×30 cm. nn 24.—; Ausg. II. 39×27 cm. nn 19.20; Ausg. III. 39×27 cm. nn 16. —
Tertia pars summae theologiae a quaestione LX. ad quaestionem XC ad codices manuscriptos vaticanos exacta cum commentariis Thomae de Vio Caietani, Ord. Praed., S. R. E. Cardinalis et supplemento eiusdem III. partis cura et studio fratrum eiusdem ordinis. (XVIII, 383 u. XLVIII, 284 S.) 906.

Thomae Aquinatis, S., opuscula selecta. Edit. nova. 2 vol. gr. 16. (404; 310 S.) Regensburg 879, Manz.

—— de duobus praeceptis charitatis, s. Bibliotheca mystica et ascetica.

Thomas Aquinas. Predigten auf das ganze Kirchenjahr. A. d. Lat. . . . Regensburg 1845. Ü: *Oischinger, Johann Nep.* (Th:

—— Predigten auf das ganze Kirchenjahr. Aus d. Latein. von einem kath. Geistlichen. gr. 8. (33 B.) Regensburg 845, Manz.

— quaestiones disputatae, accedit liber de ente et essentia. Cum commentariis r. d. p. Thomae de Vio Cajotani cardinalis. Ed. novissima. Ad fidem optimarum editionum diligenter recognita et exacta commendataque a S. S. Leone PP. XIII. 4 voll. gr. 8. (XXXIX, 724; 784, 701 u. 574 S.) Luxemburg 885. Brück. n. 19. 20

— üb. d. Regierung d. Fürsten. De regimine principum. E. Compendium d. Politik, übers. v. Graf Th. Scherrer-Boccard. Hrsg. u. m. Anmerkgn. vers. v. U. Portmann. [Aus: „Kath. Schweizerblätter".] gr. 8. (72 S.) Luzern 897. (Räber & Co.) n. 1. —

—— Opusculum de regimine principum. Nova editio emendata. 12maj. (VII und 291 S.) Avenione 853. (Lipsiae, Gerhard.) *

— sermones et opuscula concionatoria, parochis universis et sacris praedicatoribus dicata et edita A. J. B. Raulx. 4 tomi. 8. (VII, 534; IV, 436; 549 u. 505 S.) Barri Ducis 880. (Luxemburg, Brück.) n. 9. 60

– dasselbe. 2 tomi. gr. 8. (VIII, 567 u. 616 S.) Ebend. 880. n. 9. 60

Thomas von Aquin: „Wahre Staatskunst, oder zwey Bücher von der Herrschaft der Fürsten, an den König von Cypern", aus dem Lateinischen, Augsburg 1772. — Vorh.: UB Würzburg.

— die wahre Staatskunst. 8. Augsb. Wolf. 772.

— Summa philosophiae, pars I, Logica, ed. Winfr. Phpp. Englert, s.: Handbibliothek, wissenschaftliche.

— summa theologica diligenter emendata Nicolai, Sylvii, Billuart et C. J. Drioux notis ornata. Editio IV. 8 voll. Luxemburg 869. Brück. gr. 8. (XVIII, 578; 635; 608; 660; 659; XXVI, 639; 735 u. 658 S.) n. 6 ℛ︀

St. Thomae Aquinatis summa theologica diligenter emendata Nicolai, Sylvii, Billuart et C. J. Drioux notis ornata. Editio sexta. 8 voll. Luxemburg 869. Brück. gr. 8. (XVIII, 578; 635; 608; 660; 659; XXVI, 639; 735 u. 658 S.) n. 6 ℛ︀

— summa theologica, diligenter emendata Nicolai, Sylvii, Billuart et G. J. Driouz notis ornata. 8 tomi. gr. 8. (XVIII, 578; 635; 608; XXIII, 660; 659 XXVI, 639; 735; 180 u. Index CCCCLXXVIII S.) (Bar-le-Duc.) Regensburg 876. Coppenrath. n. 20. —

—— Summa theologica, diligenter emendata Nicolai, Sylvii, Billuart et G. J. Driouz notis ornata. 8 tomi. gr. 8. (XVIII, 578; 635; 608; XXIII, 660; 659; XXVI, 639; 735; 180 und Index CCCCLXXVIII S.) [Bar-le-Duc 877.] Regensburg, Coppenrath. *

— summa theologica, diligenter emendata, Nicolai, Silvii, Billuart, et C.-J. Drioux notis ornata. 8 tomi. Ed. XII. gr. 8. (XVIII, 578; 635, 608; XXIII, 660; 659; XXVI, 639; 735; 180 u. Indices CCCLXXVIII S.) Barri Ducis 880. (Luxemburg, Brück.) n.n. 25. —

— summa theologica. Diligenter emendata, Nicolai, Sylvii, Billuart, et C.-J. Drioux notis ornata. 8 voll. Ed. XIII. gr. 8. (XVIII, 578; 635, 608; XXIII, 660; 659; XXVI, 639; 735 u. 658 S.) Regensburg 884. Coppenrath. n.n. 20. —

Thomae Aquinatis, summa theologica, diligenter emendata Nicolai, Sylvii, Billuart et C. J. Drioux notis ornata. 14me édit. 8 vol. gr. 8. (XVIII, 575; 635; 608; XXIII, 660; 659; XXII, 639; 735; 177, CCCCLXXVIII, I—XXIX S.) Bar-le-duc 885. (Regensburg, Coppenrath's Verlag.)

—— Summa theologica, diligenter emendata de Rubeis, Billuart et aliorum notis selectis ornata. 6 tomi. Edit. IV. Taurinensis. gr. 8. (768; 733; 700; 819; 824; 438; 41 S.) Augustae Taurinorum 891. (Donauwörth, L. Auer.) * 16 —

Ausgewählte Texte zur Allgemeinen Moral aus den Werken des hl. Thomas von Aquin. Zum Gebr. bei akad. Übungen u. beim Privatstudium zsgest. von Dr. Joseph Mausbach. Münster i. W.: Aschendorff 1905. (VII, 111 S.) 8° [o4. 0319

—— die Theologie des heil., s. Bail, L.

— de veritate catholicae fidei contra gentiles, seu summa philosophica. Accedunt praecipua ejusdem doctoris philosophica opuscula. Denuo recensuerunt et cum notis et indice ediderunt P. C. Roux-Lavergne, E. d'Yzalguier, E. Germer-Durand. II tomi. Nemausi 853, 54. (Leipzig, Gerhard.) gr. 8. (XLIII, 534; 2 Bl., 626 S.) nn. 4 ℛ︀.

Thomae Aquinatis de veritate catholicae fidei contra gentiles libri IV. Ed. II. ad fidem optimarum accuratissime expressa. gr. 8. (XXIX, 654 S.) Barri Ducis 881. (Luxemburg, Brück.) 4. —

—— dass. — Edit. II., ad fidem optimarum accuratissime expressa. gr. 8. (XXIX, 654 S.) Regensburg 884, Coppenrath. **

—— die katholische Wahrheit oder die theologische Summa, deutsch wiedergegeben von Ceslaus Maria Schneider. 1.—8. Bd. gr. 8. Regensburg, Verlags-Anstalt. *

Inhalt:

Bd. 1. Erster Hauptteil: Über Gott und seine Werke in der Natur. 1. Abhandlung: Der einige Gott und seine Vollkommenheiten. (434 S.) 886. *ℳ 5.—.
" 2. —— dass. — 2. Abhandlung: Die heil. Dreieinigkeit. (222 S.) 886. ℳ 2.80.
" 3. —— dass. — 3. Abhandlung: Gott, der Schöpfer. (696 S.) 887. *ℳ 8.70.
" 4. Supplementarische Abhandlung: Die Quellen der kathol. Wahrheit. (214 S.) 887. *ℳ 2.60.
" 5. Zweiter Hauptteil: Die Sittenlehre. 1. Abtl.: Die allgemeinen Principien der Sittenlehre. 1. Abhandlung: Der sittl. Charakter der menschl. Handlungen und die menschl. Leidenschaften. (561 S.) 887. *ℳ 6.40.
" 6. —— dass. — 2. Abhandlung: Tugend und Laster, Gesetz und Gnade. (598 S.) 888. *ℳ 7.—.
" 7. Zweiter Hauptheil: Die Sittenlehre. 2. Abtl. 1. und 2. Abhandlung: Die theolog. Tugenden. — Die Kardinaltugenden und die Standesvorschriften. (1180 S.) 888. *ℳ 15.—.
" 8. Supplementarische Abhandlung zum 2. Tle. der Summa: Die unbefleckte Empfängnis der allerseligsten Jungfrau und Gottesmutter Maria. (956 S.) 888. *ℳ 12.50.

Thomas v. Aquin. Die katholische Wahrheit od. die theolog. Summa, deutsch wiedergegeben v. Ceslaus Maria Schneider. 9.—11. u. 12. [Suppl.-]Bd. gr. 8. Regensb., Verlags-Anstalt. * 39 80
9. Dritter Hauptteil: Der Weg zur Herrlichkeit. 1. Abhandlg.: Der Erlöser. (523 S.) 889. * 6 60.
10. —— dass. — 2. Abhandlg.: Die Sakramente u. die letzten Dinge. (946 S.) 889. * 12 —.
11. Supplementarische Abhandlung zum 3. Tle. der Summa. Die Natur und die Gnade od. die heil. Kirche Gottes. (1146 S.) 890. * 14 40.
12. Schluß u. Register. (LXXIX, 352 S.) 892. * 6 80.
1.—8. Bd. Ebd. 1886—88. * 60 20; compl. * 100 —; geb. in Hlbfrz. * 116 —.

Thomas Archidiaconus, historia Salonitana, s.: Monumenta spectantia historiam Slavorum meridionalium.

Thomas von Arezzo, s.a. Arezzo, Thomas von

Thomas v. Arezzo, Muster-Predigten. 1—4. Bd. (1. und 2. Bd. a. u. d. T.: Fasten-Predigten.) gr. 8. München 851, Palm's Vrlgsh. à Bd. 1 Thlr.

Inhalt:

Bd. 1., 2. 1. Von den Leidenschaften. (III und 62 S.) 2. Von der Buße. (III und 60 S.) 3. Von den Pflichten. (III und 67 S.) 4. Von dem Sünder. (III und 56 S.) 5. Von den Mitteln zur zeitl. Glückseligkeit des Menschen. (III und 67 S.) 6. Vom leidenden Erlöser. (III und 66 S.) 7. Von den Bemühungen Gottes für die Menschen (III und 79 S.) 8. Von unserem Betragen gegen Gott und die Mitmenschen. (III und 43 S.) 9. Vom christl. Verhalten bei verschied. Gelegenheiten. (III und 67 S.) 10. Von einigen Sünden und von Jesu Liebe, Leiden und Tod. (III und 66 S.) Einzeln jede Nr. 7½ Ngr.
" 3., 4. Sonn- und Festtags-Predigten. 2 Bde. (XVII und 603 S.)

Thomas von Arezzo, neun Predigten über die Gaben des heiligen Geistes und neun Predigten über die acht Seligkeiten, gehalten in der Hof- und Stiftskirche St. Cajetan in München. Freysing 859. Datterer. gr. 8. (IV, 151 S.) n. 18 ngr.

Thomae Cantuariensis opera omnia. E cod. omn. msscr. ed. ab J. A. Giles. 8 Voll. 8maj. Oxon. 845, 46. (Lips., T. O. Weigel.) n. 37⅔ ß

Thomae, S., Cantuariensis archiepiscopi et martyris, Vita, ab auctoribus contemporaneis videlicet Edw. Grimm, Rogerio de Pontiniaco, Wilhelmo filio Stephani, Johanne Salesberiensi, Alano de Tewkesberia, Wilhelmo Cantuariensi, aliisque scripta et nunc primum e codicibus omnibus MStis edita ab J. A. Giles. 8 Vols. gr. 8. (...B.) Oxonii 845, 846. (Leipzig, T. O. Weigel.) *

Thomas v. Celano, Leben des heil. Franziskus v. Assisi. Aus dem Lat. übers. von Frz. Vogel. 12. (163 S. m. 1 Stahlst.) Würzburg 882. Bucher. n. 1. —

Thomas de Celano, S. Francisci Assisiensis vita et miracula additis opusculis liturgicis. Hanc editionem novam ad fidem mss. recensuit Eduardus Alenconiensis, Ord. fr. min. Cap. (LXXXVII, 481 S.) 8. Rom 906. Desclée, Lefebvre & Co. n. 8. —

Thomas ex Charmes, Compendium theologiae. Ad usum examinandorum edid. Lud. de Essen. 12. (VII und 747 S.) Schaffhausen 858, Hurter'sche Buchh.

Thomas ex Charmes. Compendium theologiae, ad usum examinandorum ed. Lud. de Essen. Edit altera emendata et aucta. 8. (III, 746 S.) Regensburg 879, Manz.

Thomas Diplovatatius. Opus de praestantia doctorum, s. Beiträge zur mittelalterlichen Rechtsgeschichte.

Thomas von Jesu

Thomä a Jesu Bedrängnisse. 4. Cöln, Fabricius. 745.

Thomas v. Jesus, (F.), einige Betrachtungen über das Leiden Jesu Christi. Sinngetreu übertr. von C. Richard. Nebst einem Anh. passender Gebete. 8. (XII und 198 S. mit 1 Stahlst.) Osnabrück 852, Fredewest. *

— Dolor maximus Christi patientis. 8. Augsburg. Wolf. 762.

Thomas v. Jesu, das bittere Leiden unseres Herrn Jesu Christi während seines ganzen Erdenlebens. Neu herausg. als tägliche Lesung für die heil. Fastenzeit v. Ant. Fecke. Nebst einem vollständ. Gebetbuch. 2. Aufl. Münster 870. Aschendorff. 8. (XII, 852 S. u. 1 Stahlst.) n. 1 ß

Thomas v. Jesu, O. Aug., das bittere Leiden unseres Herrn Jesu Christi. Von dem ehrwürd. Pater Thomas v. Jesu während dessen Gefangenschaft bei den Mauren in Afrika betrachtet u. beschrieben. Neu hrsg. als tägl. Lesg. f. die hl. Fastenzeit von Ant. Fecke. 3. Aufl. 8. (XI, 387 S. m. 1 Stahlst.) Münster 900. Aschendorff. n. 2. —

Das bittere Leiden unseres Herrn Jesu Christi [Los trabajos de Jesus]. Von d. ehrwürd. Pater **Thomas** von Jesu während dessen Gefangenschaft bei d. Mauren in Afrika betrachtet u. beschrieben. Neu hrsg. als tägl. Lesung f. d. heil. Fastenzeit von Anton Fecke. 4. Aufl. Münster i. W.: Aschendorff 1908. (XII, 385 S.) 8° [F.] 08. 6133

Thomas, F., v. Jesu, die Leiden uns. Herrn Jesu Christi, s.a. Leitsterne, 14. u. 15. Bd.

Thomas a Jesu, die Leiden unseres Herrn Jesu Christi während seines ganzen Erdenlebens. Betrachtet und beschrieben während des (Verf.) Gefangenschaft bei den Mauren in Afrika. Neu hrsg. als tägl. Lesung für die heil. Fastenzeit von Ant. Fecke. Nebst Morgen-, Abend-, Meß-, Beicht- 2c. Gebeten. 8. (XIV und 367 S. mit Anhang: „Jesus Christus erhöre uns!" 184 S.) Münster 858, [Aschendorff'sche Buchh.]

— die Leiden unseres Herrn Jesu Christi während seines ganzen Erdenlebens. Betrachtet und beschrieben während seiner Gefangenschaft bei den Mauren in Afrika. Neu herausg. als tägliche Lesung für die heil. Fastenzeit von Ant. Fecke. Nebst Morgen-, Abend-, Meß-, Beicht- 2c. Gebeten. Münster 858. Cazin. 8. (XVI, 367 S. u. Anh.: „Jesus Christus erhöre uns!" Vollständ. Gebetbuch für kathol. Christen 2c. 184 S.) 25 ngr.

Thomas von Jesu, das Leiden unsers Herrn u. Heilandes Jesu Christi von sr. Menschwerdung 2c.; aus d. Französ. v. J. Starck. 2 Bde. gr. 8. Augsb. 790. 4e Aufl. 820. R. Doll. 2 ß 8 gr

Thomas v. Jesu, d. Leiden uns. H. u. Heil. Jesu Christi v. s. Menschwerdung 2c. 2 Bde. gr. 8. Augsburg, Doll. 806. 2 —

Seelenspiegel, des lobw. **Thomas** a Jesu, Carm. disc. 'Anleitung zur Prüfung und Beurteilung des geistlichen Fortschrittes' (Methodus examinandi et discernendi spiritualem animae profectum), den Freunden d. geistl. Lebens in deutscher Sprache angeboten von fr. Redemptus a Cruce. Aachen: I. Schweitzer 1904. (80 S.) 8° [F. u. Ant.] 07. 14829

—— geistlicher Umgang mit Christus, dem leidenden und sterbenden Welthellande. Gebete zu Jesus Christus entnommen aus den Betrachtungen über das Leben und Sterben unseres Herrn Jesu Christi. Nebst allen gewöhnl. kathol. Andachten. gr. 16. (X, 502 S. mit 2 Stnt.) Einsiedeln 874, Eberle, Kälin und Comp.

Thomas v. Kempen (Kempis), s.a. v. Kempen (Kempis).

Thomas a Kempis, s. a.: Kempis, der kleine.

— reife Aehren. Eine Sammlg. auserlesener Weisheitslehren aus den Schriften des erleuchteten Th. v. K. Zusammengetragen zur Erbaug. Nach den latein. Urtexten (frei) bearb. u. m. Anmerkgn. hrsg. v. E. A. Kernwart. (Geschenk-Ausg.) (XVI, 99 S.) 8. Leipzig (903). Jaeger. Geb. in Leinw. n.n. 3.50

— dasselbe, s.a. Bibliothek berühmter Mystiker. II.

—— Andachtsübungen u. vier Bücher von d. Nachfolge Christi. Uebers. u. hrsg. v. Mich. Hauber. 1. u. 2. Aufl. 18. (à 10½ B. u. Ttlbild.) 829, 31. à 6 Gr., 3. A. (14½ B.) 832., 4. A. 12. (12 B.) München 834, Jaquet. à 6 Gr., m. 1 Stndr.

—— Andachtsübungen (u. vier Bücher von d. Nachfolge Christi). Uebers. u. hrsg. v. Mich. Hauber. 3. Aufl. 12. (3½ B. u. Ttlkpfr.) München 832, [Jaquet.]
Enthält nur die „Andachtsübungen."

—— **Andachtsübungen u. vier Bücher v. d. Nachfolge Christi. Uebers. u. hrsg. v. Mich. Hauber. 5. Aufl. gr. 12. (9⅓ B. u. Ttlbild.) München 838. [Augsburg, Jaquet's Brlsbuchh.]**

Thomas v. Kempis (en), Andachtsübungen u. vier Bücher von der Nachfolge Christi. Uebersetzt u. hrsg. v. Mich. Hauber. 6. Aufl. 12. (10⅚ B. u. 1 Kpfr.) München 842. [Augsburg, Jaquet's Brlgsh.] 7½ Ngr., Velinp. –

— **Armut, Demut u. Geduld. Ein Auszug aus der Uebersetzg. des latein. Urtextes. (24 S.) 8. Ascona (905). C. v. Schmidtz. Kart. — 75**

Die drei Hütten: Armut, Demut und Geduld [De tribus tabernaculis, Ausz., deutsch]. Von **Thomas** von Kempen ‹1380–1471›. Ein kernhafter Auszug aus d. Uebers. d. latein. Urtextes. Bearb. von J. H. S. Schweidnitz: P. Frömsdorf [1904]. (24 S.) 8°

—— Erbauungsschriften. Das Alleingespräch der Seele. Das Rosengärtlein und das Lilienthal. Von den drei Hütten. Nebst einem Anhang einzelner Stücke, kurzer Sprüche und frommer Gebete aus seinen übrigen Schriften. Aus dem Latein. von Euseb. Christlich. 16. (XVI und 524 S.) Tübingen 861, Laupp'sche Buchh.

Thomas v. Kempis, (Kempen,) sechs Erbauungsschriften. Aus dessen sämmtl. Werken ausgewählt, übers. und allen Freunden der Nachfolge Christi gewidmet von Frz. Jos. Weinzierl. Neue, mit Morgen-, Abend-, Meßgebeten ꝛc. verm. Ausg. gr. 16. (VIII und 312 S. mit 1 Stahlst.) Augsburg 855(56,) Doll. Thlr.

Thomas a Kempis. Erhebungen oder die Nachfolge Jesu . . . O. O. 1811. Ü: *Keller-Schleidheim, Franz de Paula Ign. Jos. Freih. von.* (MGT)

— **Gebete u. Betrachtungen üb. das Leben Christi. Aus dem Latein. übers. v. Heinr. Pohl. Mit e. Einleitg. v. Jos. Pohl. (XVI, 376 S.) 12. Köln (904). J. P. Bachem. Geb. in Leinw. n. 2. —**

Thomas von Kempen [Thomas a Kempis]. Gebete und Betrachtungen über das Leben Christi (Orationes et meditationes de vita Christi). Aus d. Lat. übers. von Heinrich Pohl. Mit e. Einl. von Dr. Joseph Pohl, Gymn. Dir. a. D. 2. Aufl. Köln: Bachem (1904). XVI, 376 S. 8°
(Rüstzeug d. Gegenwart. [3.])

—— Gebethe u. Betrachtungen von d. Leben u. d. Wohlthaten uns. Heilandes Jesu Christi. Aus d. 2. Ausg. seiner sämmtl. Werke übers. u. mit e. Anh. Morgen-, Abend-, Meß-, Beicht-, Kommunion- u. Vesperandachten ꝛc., zum Theil aus d. übrigen Werken d. Thomas v. Kempis, verm. v. J. Egli. gr. 12. (18⅔ B.) Luzern 828, Meyer.
Ohne den Anhang, 14 Gr.

—— **Gebete u. Betrachtungen von d. Leben u. d. Wohlthaten uns. Heilandes Jesu Christi, übers. u. mit e. Anh. Morgen-, Abend-, Meß-, Beicht-, Kommunion- u. Vesperandachten ꝛc., zum Theil aus d. übrigen Werken d. Thomas v. Kempis verm. v. Jodoc Egli. 2. Ausg. gr. 12. (18¾ B. u. Ttlbild.) Luzern 836, Meyer. 12 Gr., weiß Pap.**

—— **die Herberge d. Armen, u. d. Rosengärtlein. A. d. Lat. frei übers. 8. (4 B.) Aachen 836, Hensen u. Comp.**

—— **négy könyve: Jézus Krisztus, követéséről. Forditotta: Sujanszky antal Pest-Leopold ujvarosi segédpap. 16. (16¾ B.) Lipcsében 844, Tauchnitz Bernátnál. ***

— **Imitación de Christo. Traducción española de Luis de Granada según la primera ed. hecha en Sevilla 1536. Seguida de oraciones y ejercicios religosos. 16. (XI, 487 S. m. Titelbild.) Freiburg i/B. 902. Herder. Geb. in Leinw. n. 1. 20**

— **Imitación de Cristo. Traducción española de Luis de Granada según la primera ed. hecha en Sevilla 1536. Seguida de oraciones y ejercicios religosos. (Neudr.) (XI, 487 S. m. Titelbild.) qu. 16. Freiburg i/B. (905). Herder. Geb. in Leinw. n. 1. 20**

— **the Imitation of Christ, s.: Collection of british authors.**

—— **Imitation de Jésus Christ. Reproduction en facsimile du manuscrit autographe de 1441. Avec une introduction par Charles Ruelens. 16. (16 und 232 S.) Leipzig 879, Harrassowitz. geb. * 13 —**

— De imitatione Christi, s.a. De imitatione.

- - , de imitatione Christi, verdeutscht durch G. Blümel, Leipzig und Breslau (1717) siehe Gottfried Blümel.

Thomas a Kempis. Thomae Kempisii de Christo imitando liber primus ex Latino in Arabicum sermonem versus a ... Coelestino a S. Liduina [Petro Golio] Carmelita Discalceato. Recudi curavit Io. Henr. Callenberg. Halae 1738.

—— **de imitatione Christi libr. IV. Ad opt. edit. fid. accurate editi. Edit. stereot. 16. (16 B.) Lipsiae 840, Car. Tauchnitz. 8 Gr., f. Pap.**

—— **de imitatione Christi libr. IV. ad optimar. edit. fid. accur. editi. Praemissa sunt sanct. missae officium, preces matutinae et vespertinae et praecationum in us. confitent. et communicant. delectus. 16. (20¼ B.) Paderbornae 840, Wesener.**

—— **de imitatione Christi libr. IV. ex accuratiss. recens. Heriberti Rosweydi ad fid. autographi facta. Edit. nova cur. Aloys. Schlör. 12. (10 B.) Graecii 841, [Kienreich's Vrls.-Compt.]**

—— **de imitatione Christi lib. IV., redactos in seriem dominicalem et festivalem per annum, c. locis scripturae sacrae, inde convenientibus orationibus, libello precum et indice capitum, ed. Fr. Henr. Gossler. — E. s. t.: De vita Christi Sanctiss. redemptoris, Jesu Nazareni, filii Dei, magni Dei et salvatoris nostri, secund. scripturas et patrum interpretat., libr. IV., in serie dominicali et festivali, auctore Henrico Magdeburgensi, fratre min. 12. (43⅔ B.) Paderbornae 841, Junfermann.**

Thomas a Kempis. De Imitatione Jesu Christi . . . Ed. IV. Francof. ad M. 1845. H: *Schlosser, Friedrich.* (Th

—— Capita XV. inedita, libro I. tractatus de imitatione Christi. Vulgatae editionis integro ita insuper accedentia, ut cum eo vetustae alicujus recensionis speciem referant. E codice Eutinensi edid., praefatione et brevi annotat. instr. Joan. Frider. Ern. Meyer. 4 maj. (5¾ B.) Lübeck 845, v. Rohdensche Buchh.

—— de imitatione Christi libri IV. Ad fidem optimarum editionum et potissimum codicis de advocatis accurate editi. Accedunt preces missae, adjuncto precationum delectu in usum confitentium et communicantium. Edit. stereot. ornamentis illustrata. Prachtausg. mit 4 Hauptblättern. gr. 16. (24 $^{3}/_{8}$ B.) Lipsiae 846, Armbruster. (auch ohne Gebete) *

—— dass. Mittlere Ausg. ohne Hauptblätter. Ebds. 846. *

—— dass. Billigste Ausg. Taschen-Format. Ebds. 846. *

—— de imitatione Christi libri IV. Praemissae sunt orationes selectae et missae preces, nec non devotio viae crucis piissima. Editio ster., accuratissime emendata. (Exemplar I.) 24. (LXXIII und 362 S.) Ratisbonae 854, Manz. *

—— id. — Textus originalis adjuncta versione germanica auctore Fr. Ser. Häglsperger. Accedunt orationes selectae et missae preces, nec non devotio viae crucis piissima. Editio ster. E. s. t.: Des ehrwürd. Thomas v. Kempen vier Bücher von der Nachfolge Christi. Originaltext mit beigefügter deutscher Uebersetzung von Fr. Ser. Häglsperger. 24. (CLII und 726 S.) Regensburg 854, Manz. *

Thomae a Kempis de imitatione Christi libri IV, quorum textum ad fidem optimarum editionnm recognovit J. Mooren. 32. (VI und 515 S. mit 1 Stahlst.) Köln und Neuss 858, Schwann'sche Verlagsh.

—— dass. — quorum textum ad fidem optimarum editionum recognovit J. Mooren. Editio II. 32. (480 S. mit 1 Stahlst.) Cöln und Neuss 862, Schwann's Verlag.

—— dass. — ad optimorum librorum fidem et praecipue vetustissimi codicis monasterii Bethlemensis accurate editi. Nec non precationum delectarum appendix subnexus per H. S. 16. (XVI und 358 S. mit 1 Stnt.) Münster 862, Aschendorff'sche Buchh. *

—— de imitatione Christi libri IV. Nova editio accuratissime emendata indiceque locupletata. 32. (VIII und 350 S.) Romae 862. (Leipzig, Brockhaus' Sortiment und Antiquarium.) *

— de imitatione Christi libri IV. Nova editio accuratissime emendata indiceque locupletata. Rom 862. (Leipzig, Gerhard.) 32. (VIII, 350 S.) n. 1 $^{1}/_{3}$ ngr.

— de imitatione Jesu Christi. Cura Ludov. Donin. Tertia aucta editio. Wien 865. Gorischek's Universitäts-Buchh. 16. (349 S. mit 2 Stahlst.) n. 5 ngr.

—— dass. — ad optimorum exemplorum fidem diligenter recogniti. 16. (VIII und 317 S.) Leipzig 866, Teubner. geb.

—— dass. — Ad optimarum editionum fidem accurate editi. Editio ster. C. Tauchnitii. 16. (XI und 243 S.) Leipzig 867, Bredt.

Thomas a Kempis, de imitatione Christi libri IV. Editio ster. 128. (508 S.) Tournai 870, Castermann.

Thomae Kempensis de imitatione Christi libri quatuor. Textum ex autographo Thomae nunc primum accuratissime reddidit, distinxit, novo modo disposuit; capitulorum argumenta, locos parallelos adjecit Carol. Hirsche. 8. (XXVI, 375 S.) Berlin 874, Habel. *

Thomae a Kempis, de imitatione Christi libri IV. Cum notis illustravit J. M. Horstius. 16. (XII, 228 S.) Tornaci Nerviorum 874. (Aachen, Barth.) * 4 —

—— dass. — quorum textum ad fidem optimarum editionum recognovit J. Mooren. Edit. III. 32. (480 S.) [Köln und Neuss 877.] Düsseldorf, Schwann. * 1 —

—— de imitatione Christi libri IV, quos ad autographi fidem recognovit et delectu precationum adjuncto edidit J. H. Kessel. 16. (XII, 404 S. mit 1 Stahlst.) Düsseldorf 880, Schwann'sche Verlagsh. * 1 —

— imitatio Christi. Addita cuique capitulo exercitatione spirituali et precatione, quam gallico primum sermone tractavit de Gonnelieu, S. J., precibusque quotidianis christiani hominis adjectis ed. Chrn. Schwermer. 18. (XVIII, 576 S.) Lindau 882. Stettner. 1. 80; geb. n. 3. —; 3. 20; 4. — u. 4. 20

—— dass. — Ad optimarum editionum fidem accurate editi. Edit. ster. 16. (XI, 243 S.) Leipzig 884, Bredt. 1 —

—— de imitatione Christi libri quatuor. Textum ed., considerationes ad cujusque libri singula capita ex ceteris ejusdem Thomae a Kempis opusculis collegit et adjecit Herm. Gerlach. Opus posthumum. 12. (XIV, 391 S.) Freib. 889, Herder. * 2 40; geb. * 3 20

—— dass. — Textum ex autographo Thomae nunc primum accuratissime reddidit, distinxit, novo modo disposuit; capitulorum et librorum argumenta, locos parallelos adiecit Carolus Hirsche. Ed. II., correcta et aucta. Inest facsimile autographi Thomae. 8. (XLVIII, 376 S.) Berl. 891, Habel. * 4 —; geb. ** 5 —

— imitatio Christi. Addita cuique capitulo exercitatione spirituali et precatione, quam Gallice primum sermone tractavit R. P. de Gonnelieu, precibusque quotidianis Christiani hominis adjectis ed. Chrn. Schwermer. Ed. II. 16. (XVIII, 576 S.) Lindau 892. J. Th. Stettner. 1. 80; geb. in Leinw. n. 3. —; m. Goldschn. n. 3. 40; in Ldr. n. 4. —; m. Goldschn. n. 4. 20

Thomae a Kempis De imitatione Christi libri quatuor. Textum ed., considerationes ... ex ceteris eiusdem Thomae a Kempis opusculis coll. et adiecit Hermannus Gerlach. Opus posthumum. Ed. 2. Friburgi Brisg.: Herder 1900. XV, 464 S. 8° [10. 6466

— de imitatione Christi libri quatuor. Textum ed., considerationes ad cuiusque libri singula capita ex ceteris eiusdem Thomae a Kempis opusculis collegit et adiecit Herm. Gerlach. Opus posthumum. Ed. II. 12. (XV, 464 S.) Ebd. 900. n. 2. 40; geb. in Leinw. n. 3. —; in Ldr. n. 4. 20; m. Goldschn. n. 4. 40

— de imitatione Christi tractatus quattuor. Textum autographi Thomani accurate descripsit et novo modo distinxit brevem introductionem et appendicem orationum addidit Mich. Hetzenauer, O. C. 16. (XVI, 409 S. m. 1 Stahlst.) Innsbruck 901. F. Rauch. n. 1. —

— dasselbe. Textum ed., considerationes ad cuiusque libri singula capita ex ceteris eiusdem Thomae a Kempis opusculis collegit et adiecit Herm. Gerlach. Ed. III aucta et emendata. (XIX, 515 S.) 16. Freiburg i/B. (909). Herder. 2.40; geb. in Kunstldr. 3. —

— De imitatione Christi libri IV. (XXIV, 400 S. m. Titelbild.) 16. Regensburg 911. F. Pustet. 1.50; geb. in Leinw. n 2.30; in Ldr. m. Goldschn. 3. 70

— Der kleine Kempis, s. a. Terstegen, Gerh.

(Thomas v.) Kempis, der kleine, oder: kurze Sprüche und Gebetlein aus den meistens unbekannten Werken des Thomas a Kempis. Zusammengetragen zur Erbauung der Kleinen von G. T. St. Neue, durchges. Ausg. 32. (254 S.) Tübingen 855. (Ulm, Gebr. Nübling.)

—— dass. — wieder hrsg. von A. Koppen. gr. 16. (108 S.) Marburg 855, Elwert'sche Universitäts-Buchh.

—— dass. — oder: Kurze Sprüche und Gebetlein aus den meistens unbekannten Werken des Thomas v. Kempis. Zusammengetragen zur Erbauung der Kleinen von G. T. St. Neue, durchges. Ausg. 32. (256 S.) Berlin 856, J. A. Wohlgemuth.

(—) Der kleine Kempis, oder: kurze Sprüche u. Gebethlein aus denen meistens unbekannten Werklein des Thomae a Kempis. Zusammengetragen zur Erbauung der Kleinen. Von G. T. St. Neue, durchgeseh. Ausg. Reutlingen 859. Rupp & Baur. 32. (VIII, 337 S.) n. 8 ngr.

—— Der kleine Kempis oder kurze Sprüche und Gebete aus den meist unbekannten Werken des Thomas von Kempis, zusammengetragen zur Erbauung der Kleinen durch Gerhard Tersteegen. Auf jeden Tag des Jahres für zwei Jahrgänge geordnet von K. Ehmann. 16. (208 S. mit 1 Holzschntaf.) Stuttgart 870, J. F. Steinkopf. — 40

—— Schtwore Knihi wot Khodzenja sa Khrystußom. S Laczonskeho do Sserskeho pscheloži J. E. Wanak a Predyspom nenje pschistaji E. T. Jakub, Duchomny pschi michalskej Wošadzi. 8. (17 B.) Bautzen 845, Weller. *

—— schtwore Knihje wot Khodzenja sa Krystußom. 1. Heft. 8. (32 S.) Bautzen 847, Reichel. *

Vgl.: Buch. — Bücher. — Nachfolge.

Thomas v. Kempis, (Kempen,) das Kreuz Christi, unser Heil und unsere Erlösung! Christkathol. Gebet- und Erbauungsbuch. 8. (394 und VI S. mit 4 Stahlst.) Würzburg 847, Etlinger'sche Vrlgsh.

—— dass. — 16. (VI und 378 S. mit 4 Stahlst.) Ebds. 847.

—— dass. — 4., verb. Aufl. 8. (VI und 346 S. mit 1 Stahlst.) Ebds. 848.

—— dass. — 6., verb. und verm. Aufl. (Feine Ausg.) 16. (VI und 410 S. mit 3 Stahlst. und gest. Titel.) Ebds. 850. — Mit 1 Stahlst. (848.)

—— das Kreuz Christi, unser Heil und unsere Erlösung! Christkatholisches Gebet- und Erbauungsbuch. 12., verb. und verm. Aufl. 16. (VIII und 408 S. mit 1 Stahlst. und gest. Titel.) Würzburg 854. [Berlin, Genrich's Vrlgsh.] fein Pap. mit 3 Stahlst.

—— das Lilienthal. (In der Geburtsstadt des Verf. veranstalt. Uebersetzung.) 12. (60 S. mit 1 Holzschn.) Crefeld 848, Schüller.

Das Liliental [Vallis liliorum, Ausz., deutsch] Von Thomas von Kempen (1380–1471). Ein kernhafter Auszug aus d. Uebers. d. latein. Urtextes. Bearb. von J. H. S. Schweidnitz: P. Frömsdorf 1904. (58 S.) 8°

— s.: Lustgärtlein gottinniger Seelen.

— Meditationes de incarnatione Christi una cum exhortatione Pii PP. X ad clerum catholicum die IV Augusti MCMVIII, in usum cleri ed. parochus Rich. Heinrichs. (112 S.) kl. 8. Dülmen 909. A. Laumann. 1.20; geb. 1.80

—— vier Bücher von d. Nachahmung Jesu Christi. A. d. Latein. übers. Neue, mit Morgen-, Abend-, Meß-, Beicht- u. Communion-Andachten verseh. Ausg. 24. (10 B. u. Ttl.-kpfr.) Augsburg 831, Wolff. (Kollmann.)

—— vier Bücher v. d. Nachahmung Jesu Christi. A. d. Lat. übers. Neueste (8. u. 9.) mit Morgen-, Abend-, Meß-, Beicht- u. Kommunion-Andachten verseh. Ausg. (à 13 B. u. Ttlbild.) 837, 39. u. 10. Aufl. 12. (13½ B. u. Ttlkpfr.) Augsburg 842, Wolff'sche Buchh. à *

Thomas v. Kempen (Thomas a Kempis), vier Bücher v. d. Nachahmung Christi. M. e. Anh. d. notwendigsten Gebete. Neue Ausg. 16. (VIII, 470 S. m. farb. Titel u. 1 Farbdr.) Freiburg (Schweiz) 898. Universitäts-Buchh. Geb. in Leinw. n. 1.—; in Ldr. n. 2.—

— 4 Bücher von der Nachahmung Christi. Mit e. Anh. der notwendigsten Gebete. Neue Ausg. 2. Abdr. 16. (VIII, 470 S.) Freiburg (Schweiz) 900. Universitäts-Buchh. Geb. in Leinw. n. — 80

(Vier Bücher) von der Nachfolge (Jesu) Christi.

(——) die vier Bücher d. Nachfolge Christi, s. Bücher.

—— dass. — Von J. Annegarn, s. Bücher, die vier.

Thomas von Kempen, die vier Bücher von der Nachfolge Christi, übers. von J. B. Weigl, s. Perlenkranz, geistl.

— — übers. von Joh. Mich. Sailer, s. Sailer.

(——) Nachfolge Jesu. 18. ... Wien ... Mechitaristen-Congregat.-Buchh.

Des frommen // THOMAE A KEMPIS // goldenes Büchlein // von der // Nachfolge // Jesu Christi. // Aus dem // Lateinischen Original // in // Deutsche Verse // übersetzet // von // Johann Hübnern. // Leipzig, // bey Johann Friedrich Gleditschens seel. Sohn. // 1727. – 16 Blatt (nicht paginiert, Titelblatt, Widmung, Vorrede und Inhalt. – 478 S.
Auf dem Vorblatt die Widmung:
Der Deutschen Gesellschafft
in Leipzig
überreichte dieses
als
ein Geschencke
M. Heinrich Gottlieb Schellhaffer.
B. [illegible]

Thomas a Kempis. Vier Bücher von der Nachfolge Christi mit Uebungen und Gebeten. Fulda u. Würzburg 1783. 3. Aufl. Würzburg u. Fulda 1790. Ü: *Erthel, Augustin.* (ML)

Thomas a Kempis. Vier Bücher von der Nachfolge Christi, übersetzt. Münster 1796. Ü: *Conrads, Matth. & Christoph Bernhard Verspöll.* (Ky)

—— Werk von d. Nachfolge Christi. Für Geistliche u. Weltliche neu übers. u. zum allgem. Nutzen bearb. v. A. F. Dyckhoff. 8. (28½ B.) Münster 830, Regensberg.

—— vier Bücher von d. Nachfolge Christi. Uebers. v. J. P. Silbert. 3., neu überarb. Aufl. gr. 12. (10¼ B.) Wien 830, Wallishausser.

—— vier Bücher von d. Nachfolge Christi, nebst Morgen- u. Abend-, Meß-, Beicht- u. Communion-Gebeten, übers. u. verfaßt v. J. Erckens, mit e. Vorr. begl. v. J. M. Claeßen. gr. 12. (16½ B.) Aachen 831, Mayer.

—— die Bücher von d. Nachfolge Christi. Uebers. v. Ph. Goebel. 2. Ausg. 8. (25½ B.) Trier 832, Troschel.

Thomas a Kempis. Von der Nachfolge Christi. Nebst einem kurzen Gebetbuche . . . 3. Aufl. Köln 1834. Ü: *Blum, J.* (Ky)

—— von d. Nachfolge Christi. Nebst e. kurzen Gebethbuche v. e. Pfarrgeistlichen. 3., verb. Aufl. 12. (12 B. u. Ttlkpfr.) Köln 834, J. G. Schmitz. 6 Gr., Schrbpap.

—— das Buch von d. Nachfolge Christi. 4 Bücher. In Prosa u. Versen übers. v. G***** u. H*****. 8. (35 B.) Reutlingen 834, Fischer.

—— vier Bücher v. d. Nachfolge Christi, nebst Morgens- u. Abend-, Meß-, Beicht- u. Communion-Gebeten, übers. u. vers. v. Jos. Erckens, mit e. Vorr. begl. v. J. M. Claessen. 2., von d. Vers. selbst verb., u. mit neuen Meß-Gebeten verm. Aufl. 8. (22 B. u. Thomas v. K. Bildn.) Aachen 835, Mayer. 12 gr., hrbgs. Pr. *

—— vier Bücher v. d. Nachfolge Christi. Sammt d. Anwendn. u. Gebeten d. Gonnelieu. Ins Deutsche übers. v. Jos. Stark. 1. Aufl. (30½ B. u. Bildn.) 835., 2–17. A. ?, 18., verm. A. (30¼ B. u. Ttlkpfr.) 837., 19. u. 20., durchaus verb., mit Morgen-, Abend-, Meß-, Beicht-, Kommunion- u. Vesper-Gebeten verm. Aufl. 8. (à 30 B. u. 1 Stahlst.) Augsburg 841. (Regensburg, Manz.)

—— die Nachfolge Christi, in vier Büchern. Hierbei Morgen-, Meß-, Beicht-, Kommunion- u. Abend-Gebete. Hrsg. v. Henr. Goßler. gr. 12. (14 B. u. 2 Holzschn.) Paderborn 835, Wesener. ⅓ Thlr., Schrbp.

—— die vier Bücher von d. Nachfolge Christi, mit Anwendung u. Gebethe; a. d. Franz. d. Berault von L. v. M. (3. Ausg.) 12. (21½ B. u. 7 Kpfrn.) Augsburg 837, v. Jenisch u. Stagesche Vrlsh.

—— von der Nachfolge Christi. Nebst e. kurzen Gebetbuche v. J. Blum. 4., verb. Aufl. 16. (18 B. u. Ttlkpfr.) 837., u. 5., verb. Aufl. gr. 12. (13 B. u. Ttlbild.) Köln 840, J. G. Schmitz.

—— die Nachfolge Christi. Ein Gebet- u. Erbauungsb. f. gebild. evangel. Christen. Mit Anwendn. u. Betrachtn. von v. Ammon, Breiger, Bretschneider, Couard, Cramer, Draeseke, Ehrenberg, Illgen, Kottmeyer, Neander &c. 4 Lfgn. gr. 8. (24¼ B., col. Ttl. u. 4 Stahlst.) Leipzig 837, [Lorck.] *

—— dass. f. gebild. kathol. Christen. Mit Anwendn. u. Betrachtn. v. Archer, Bordoni, Bossuet, von Boulogne (Bischof v. Trojas), Bourdaloue, Dittrich, Duval, v. Eckartshausen, Fenelon, Gossine, Hahn, Häglsperger, Hortig, Hussey, Massillon, Pallu, Parizek, Prach, v. Sailer &c. 1., u. 2., verm. u. verb. A. (à 28¾ B., col. Ttl., 4 Stahlst. u. Vign.) Leipzig 837, 38, [Teubner.] à *

—— die vier Bücher v. d. Nachfolge Christi. Mit Uebungen u. Gebeten zu Ende e. jed. Kapitels. 9., sehr verb. Ausg. Mit e. Meßandacht. 8. (32 B. u. Ttlkpfr.) Münster 837, Aschendorff'sche Buchh. 10 Gr., Schrbpap.
Ohne d. Uebungen m. angehängt. Gebetbuch. 18. 3 Gr.

(——) die vier Bücher v. d. Nachfolge Jesu Christi. Mit Erwägungen u. Gebeten zu Ende e. jed. Kap., nebst Morgen-, Abend-, Meß-, Beicht-, Communion- u. Ablaßgebeten. Von Jos. Annegarn. 2., verm. Aufl. 8. (24½ B. u. Ttlkpfr.) 837., u. 3., verm. Aufl. gr. 12. (15¼ B. u. Ttlkpfr.) Münster 841, Coppenrathsche Buchh. à 10 Gr., wß. Drckp. 14 Gr., Schrbp.

—— die vier Bücher von d. Nachfolge Christi. Für Geistliche u. Weltliche neu übers. u. mit Morgen-, Abend-, Meß-, Beicht- u. Communion-Gebeten hrsg. v. Ant. Ferd. Dyckhoff. 8. (31¼ B. u. Ttlkpfr.) Münster 837, Regensberg.

—— von der Nachfolge Christi. Uebers. v. e. kathol. Geistl. d. Diöcese Augsburg. Mit Morgen-, Abend-, Meß-, Vesper-, Beicht-, Communion- u. Kreuzweganbacht. 1. Aufl. (11 B. u. Ttlkpfr.) 837. * 5 Gr., 2. A. (12½ B. u. Ttlkpfr.) 839. * 6 Gr. u. 3. Aufl. gr. 12. (13 B.) Thannhausen 842. (Augsburg, Kollmann'sche Buchh.) 6 Gr., Vlnp. m. 1 Stahlst. *

(——) die vier Bücher v. d. Nachfolge Christi. Neueste, poet. Ausg. v. H. Achenbach. 8. (18¾ B. u. 1 Stahlst.) Düsseldorf 838. (Leipzig, Hermann.)

Thomas v. Kempis(en), (Thomas a Kempis,) die Nachfolge Christi. Ein allgem. geschätztes Büchlein. Auf's Neue übers. u. mit e. Gebetbüchlein vers. v. Jos. Kremer. 12. (16¼ B. u. Ttlbild.) Köln 838, [Fr. Greven.] Thlr.

—— dass. — Nach einer der alleraltesten Handschriften treulich übers., und mit des Autors Lebens-Lauf, sammt einer vortreffl. Vorrede von Gehrhard Tersteegen versehen. 16. (274 S.) Neu-Berlin 838. (Philadelphia, Schäfer und Koradi.) *

—— die Nachfolge Christi, neu übers. u. mit e. Nachlese u. Anwend. zu jed. Kapitel vers. v. Joh. Goßner. Stereot.-Ausg. 16. (27½ B.) Leipzig 839, Karl Tauchnitz.

—— vier Bücher v. d. Nachfolge Christi. Dem christl. Volke in e. neuen Uebersetz. u. wohlf. Ausg. gewid. v. Frz. Jos. Weinzierl. Nebst Morgen-, Abend-, Meß-, Beicht-, Kommunion- u. Kreuzweganbachten nach d. Erklär. u. Ausleg. d. allerbesten Gebete d. Papstes Pius VI. 8. Aufl. 8. (11⅛ B. u. 1 Stahlst.) Regensburg 839, Manz.

—— oder die vier Bücher v. d. Nachfolge Christi. A. d. Lat. v. Guido Görres. (Pracht-Ausg. mit viel. Vignn. u. breit. Randzeichnn. in Holzschn.) gr. 8. (23 B.) St. Pölten 839, Passy. * 2 Thlr. 16 Gr., hrbgs. Pr. *

—— vier Bücher v. d. Nachfolge Jesu Christi. Wortgetreu a. d. Lat. übers. 2 Lfgn. 16. (37½ B., 12 Holzst. u. Randzeichnn.) Stuttgart 839, Krabbe. 2 Thlr., hrbgs. Pr. *

—— vier Bücher v. d. Nachfolge Christi. 16. (19 B., col. Ttl., 1 Stahlst. u. 4 Holzschn.) Leipzig 840, [Teubner.] * 1⅙ Thlr., hrbgs. Pr.

Thomas von Kempis(en), (Thomas a Kempis,) vier Bücher v. d. Nachfolge Christi. A. d. Lat. übers. Neue, mit Morgen-, Abend-, Meß-, Beicht- u. Communion-Andachten vers. Ausg. 18. (250 Seit. u. Ttlbild.) Paderborn 840, Junfermann'sche Buchh. 3 Gr., Vlnp. Thlr.

—— die Nachfolge Christi in vier Büchern. Nebst Morgenandacht, zwei Meßgebeten, Nachmittagsandacht f. Sonn- u. Festtage, Beicht- u. Communiongebete u. Abendandacht. 1. Aufl. (11½ B. u. Ttlbild.) 840. * ⅙ Thlr., 2., verb. u. verm. A. 12. (12 B.) Paderborn 842, Wesener. 3 Gr., m. 1 Stahlst.

—— die Nachfolge Jesu Christi, od. d. Summa d. mystischen Theologie &c., aus dess. vier Büchern v. d. Nachfolge Christi mit treuer Beibehalt. aller u. jed. Worte d. Autors, nach d. drei Wegen d. Reinigung, d. Erleuchtung u. d. Vereinigung in lat. Sprache systemat. zusammengestellt u. geord. v. Geo. Heserus, u. nun ins Deutsche übers. u. mit Morgen-, Abend-, Meß-, Beicht- u. Kommunion-Gebeten &c. verm. v. Jos. Weber. 8. (22 B. u. Ttlbild.) Salzburg 840, Oberer'sche Buchh.

(——) die vier Bücher v. d. Nachfolge Christi. Uebers. v. Jos. Annegarn. 3., mit Morgen-, Abend-, Meß-, Beicht- u. Communion-Andachten nebst Ablaßgebeten verseh. Aufl. 12. (13 B. u. Ttlbild.) Münster 841, Coppenrathsche Buchh.

—— die vier Bücher v. d. Nachfolge Jesu Christi. Mit Morgen-, Abend-, Meß-, Beicht-, Kommunion- u. Vesperandachten, Gebeten vor u. nach d. Arbeit, vor u. nach d. Tische, nebst d. heil. Kreuzwege. gr. 12. (9 B. u. 1 Kpfrst.) Rottenburg a. N. 841, Sack.

—— vier Bücher v. d. Nachfolge Christi. Aus d. Latein. ins Deutsche übersetzt v. Ph. Jak. Spindler u. Balth. Jerusemer. Mit e. Zugabe von Morgen-, Abend-, Meß-, Beicht- u. Kommuniongebeten, Vespergesängen u. Kreuzwegbetrachtungen aus den übrigen Schriften des Thomas von Kempis. Stereotyp-Ausg. 12. (13¼ B. m. Vign.) Augsburg 842, Kollmann'sche Buchh.

—— die Nachfolge Christi. Ein Erbauungsbuch für wahre Christen. In einer neuen Uebersetzung hrsg. v. Gotth. Pilger. gr. 8. (39 B. mit Einfassung u. 6 Stahlst. u. verziert. Ttl.) Berlin 842, Hübenthal u. Comp.

— von der Nachfolge Christi. Nebst e. kurzen Gebetbuch von J. Blum. 6. verm. Aufl. 16. ($20\frac{1}{4}$ B. u. Ttlbld.) Köln 842, J. G. Schmitz.

— vier Bücher v. d. Nachfolge Jesu Christi. Aus d. Latein. 2., neue, mit e. Lebensbeschreibung u. dem Bildn. d. Verf. u. mit Gebeten verseh. Ausg. 12. ($19\frac{1}{3}$ B.) Crefeld 842, Schüller.

Thomas v. Kempis (en), vier Bücher v. d. Nachfolge Christi. Ins Deutsche übertragen u. m. d. nöthigsten Gebeten, Uebungen u. Belehrungen aus des sel. Verf. übrigen Schriften versehen von dem Hrsgbr. des Gebetbuches u. d. Ttl.: „So sollet ihr beten!“ 8. (23 B., 1 Stahlst. u. Ttlvign.) Münster 842, Deiters. Thlr. * — $7\frac{1}{2}$

— vier Bücher v. d. Nachfolge Christi. Ins Deutsche übertragen u. m. den nöthigsten Gebeten, Uebungen u. Belehrungen aus des sel. Verf. übrigen Schriften versehen v. d. Hrsgbr. des Gebetbuches u. d. Ttl.: „So sollet ihr beten!“ 8. ($29\frac{1}{2}$ B. grobe Schrift u. 1 Stahlst.) Münster 842, Deiters. 15 Ngr. Pracht-Ausg.

— dass. (Miniatur-Ausg.) 18. (432 Seit., 1 Stahlst. u. Ttl. in Stahlst. mit Vign.) Ebds. 842. *

— vier Bücher v. d. Nachfolge Christi u. Verachtung der Welt. Nach der latein. Urschrift neu übers. v. Jos. A. Moshamer. 18. ($9\frac{2}{3}$ B. u. 1 Stahlst.) Wien 842, Mechitaristen-Congregat.-Buchh.

— 4 Bücher v. d. Nachfolge Christi. Sammt den Anwendungen u. Gebeten des P. Gonnalien, d. G. J. In's Deutsche übers. v. Jos. Stark. 21. u. 22. Aufl. (à 30 B.) 843, 44. u. 23., verb. u. verm. Aufl. gr. 8. (29 B.) Augsburg 846, Doll. (Regensburg, Manz.) à

— vier Bücher von der Nachfolge Christi. Dem Latein. in der Sinnesrichtung des Verf. u. textgetreu in Alexandrinern nachgebildet durch Joh. Bapt. Rousseau. Für die kirchl. Andacht, häusl. Erbauung u. den Schulgebrauch. gr. 16. ($29\frac{5}{8}$ B.) Berlin 843, Voß'sche Buchh.

— vier Bücher von der Nachfolge Jesu Christi. Mit e. Anhange von Morgen-, Abend-, Meß-, Beicht-, Kommunion- u. Nachmittags-Andachten aus den übrigen Werken des Thomas von Kempis hrsg. v. Marc. Adam Nickel. 16. (28 B., 2 Stahlst. u. 3 Stnt.) Frankfurt a. M. 843, Andreäische Bh.

— vier Bücher v. d. Nachfolge Jesu Christi. 16. (21 B.) Frankfurt a. M. 843, Andreäische Buchh.

— dass. Mit e. Anhange von Morgen-, Abend-, Meß-, Beicht-, Kommunion- u. Nachmittags-Andachten aus den übrigen Werken des Thomas v. Kempis, hrsg. v. Marc. Adam Nickel. 16. (28 B. u. 1 Stahlst.) Frankfurt a. M. 843, Andreäische Bh.

— Nachfolge Christi. Erklärend übersetzt u. m. erläuternden Anmerkungen u. einem kurzen Gebetbuche versehen v. Jos. Kremer. 2., verb. Aufl. 12. ($21\frac{5}{8}$ B.) Köln 843, [Greven.]

— die Nachfolge Christi. Mit Anwendungen u. Betrachtungen. 3., verm. u. verb. (Pracht-) Ausg. Lex.-8. ($21\frac{3}{4}$ B. mit Einfassung u. 2 Kunstbl.) Leipzig 843, Weber. *
Vgl.: Bücher von der Nachfolge Christi.

— vier Bücher v. d. Nachfolge Christi. Nebst e. Anhange von Morgen-, Abend-, Meß-, Beicht-, Kommunion- u. Ablaß-Gebeten. 18. (394 Seit. u. Ttlbld.) Münster 843, Aschendorff'sche Buchh.

— vier Bücher v. d. Nachfolge Christi. Neue mit Morgen-, Abend-, Meß-, Beicht-, Communion- u. Ablaß-Gebeten versehene Ausg. 3. Aufl. 18. (8 B.) Paderborn 843, Junfermann'sche Buchh. $3\frac{3}{4}$ Ngr. Velinp.

— vier Bücher v. d. Nachfolge Christi. Dem Lateinischen in der Sinnesrichtung des Verf. u. textgetreu in Alexandrinern nachgebildet durch Joh. Baptist Rousseau. gr. 16. ($30\frac{1}{2}$ B. u. 1 Kpfr.) Berlin 844, Bade.?

— Büchlein v. d. Nachfolge Christi. In metrisches Versmaaß gebracht v. Herm. Achenbach. 2., verb. Aufl. 16. (20 B.) Düsseldorf 844. (Berlin, Grobe.) *

— Bücher v. d. Nachfolge Jesu Christi. Aufs neue übersetzet u. anstatt des 4. Buchs vermehret m. den göttl. Hertzens-Gesprächen des gottsel. Gerlachs. Beide mit neuen Vorreden, wie auch beider Autoren Lebens-Lauff versehen v. Gerh. Tersteegen. 4. Ausg. 12. ($18\frac{1}{2}$ B.) Essen 844, Bädeker.

— die vier Bücher v. d. Nachfolge Jesu Christi. Mit Andachten u. Gebeten. 2. Aufl. 12. (9 B. u. 1 Kpfrt.) Rottenburg 844, Gack'sche Buchh.

— die Nachfolge Christi. Neu übersetzt aus dem Latein. Nebst e. Zugabe von Gebethen. 18. ($7\frac{1}{2}$ B. u. 1 Abbild.) Innsbruck 845, Wagner'sche Buchh.

— 4 Bücher v. der Nachfolge Christi. Aus dem Latein. ins Deutsche übers. v. Sauerborn. Mit einer Zugabe v. Andachtsübungen. 1. Aufl. 32. (360 S. u. 2 Stnt.) 845. u. 2., verb. Aufl. 16. (21 B., 1 Stahlst. u. Ttl. in Gold- u. Buntdr.) Coblenz 846, Reiff. à *

— dass. Kleine Stereotyp-Ausg. 2., verb. Aufl. 16. ($26\frac{1}{2}$ B. u. 1 Stahlst.) Ebds. 846. * 4 Ngr., Engl. geb. * $12\frac{1}{2}$ Ngr., Engl. geb. m. Goldschn. *

— Nachfolge Christi f. evangel. Christen bearb. u. mit Beicht- u. Communiongebeten versehen v. Aug. Ludw. Glob. Krehl. Mit Illustrationen v. Alex. Strachuber. 8. ($22\frac{1}{4}$ B. u. 6 Illustrat.) Leipzig 845, Armbruster. * 1 Thlr. 10 Ngr. In Lnwdbd. * 1 Thlr. $27\frac{1}{2}$ Ngr. Maroquinbd. m. Goldschn. *

— Nachfolge Christi. Auch zugleich ein vollständiges Meß- u. Gebetbuch. Uebers. u. hrsg. von e. Geistlichen. 8. (20 B., 1 Stahlst. u. 1 Vign.) Rorschach 845, Koch. *

— Nachfolge Christi. Uebersetzt v. Gall Kaiser. 1. Aufl. ($18\frac{3}{8}$ B. u. 8 Holzschn.) 845. 5 Ngr. u. 2. Aufl. 16. ($18\frac{1}{2}$ B.) St. Gallen 847, Scheitlin u. Zollikofer.

Thomas v. Kempis (en), Nachfolge Christi. Ein Gebet- u. Erbauungsbuch mit Nutzanwendungen u. Betrachtungen hrsg. von Carl Steiger. Ausg. mit Stahlst. gr. 8. ($24\frac{1}{4}$ B. u. 4 Stahlst.) St. Gallen 815, Scheitlin u. Zollikofer. 1 Thlr. 10 Ngr. In engl. Leinwdbd. *

— dass. Uebersetzt u. m. Andachtsübungen hrsg. v. Joh. Mich. Hauber. 7. Stereotyp-Aufl. 16. (14 B.) Augsburg 846, Jaquet's Vrlgsh.

— 4 Bücher von der Nachfolge Christi für evangel. Christen bearb. u. mit noch 2 kleinen Schriften desselb. Verf. als Anhang versehen v. Frz. Jul. Bernhard. gr. 12. ($11\frac{7}{12}$ B. u. 1 Holzschn. als Ttlbl.) Leipzig 846, Teubner.

— vier Bücher von der Nachfolge Jesu Christi. Aus d. Latein. 2. Aufl. 16. ($35\frac{1}{2}$ B. m. 12 Holzst. u. Randzeichn.) St. Gallen 846, Scheitlin u. Zollikofer. *

— dass. (Ausg. f. Katholiken.) Mit e. Anhange von Gebeten. 2. Aufl. 16. (38 B.) Ebds. 846. *

— dass. (Kleinste Taschenausg.) Mit Vorw. von C. Steiger. 32. ($35\frac{1}{2}$ B.) Ebds. 846.

— dass. — Aus dem Latein. übers. Mit Morgen-, Abend-, Meß- rc. Gebeten. 11. Aufl. 12. (XLVIII und 272 S. mit 1 Kpfr.) Augsburg 847, Wolff. (München, Finsterlin.) *

— dass. — Aus dem Latein. ins Deutsche übers. von Sauerborn. Mit einer Zugabe von Andachtübungen am Morgen, am Abend, bei der heil. Messe, bei der Beichte und Communion. 3. und 4. Aufl. (XII und 412 S.) 1847 und 1849., 5. Aufl. 32. (X und 413 S. mit 1 Ttlkpfr.) Coblenz 850, Reiff'sche Buchh. *

Thomas v. Kempis, (Kempen,) vier Bücher von der Nachfolge Christi. Ins Deutsche übertr. und mit den nöthigsten Gebeten, Uebungen und Belehrungen aus des sel. Verf. übrigen Schriften versehen von dem Hrsgbr. des Gebetbuches: „So sollet ihr beten." Wohlfeilste Ausg. 18. (VI und 424 S.) Münster 847, Deiters. Thlr.

—— dass. — (Min.-Ausg. mit 1 Stahlst.) 18. (VI und 424 S.) Ebds. 850.

Fein Pap.

—— dass. — Ster.-Abdr. des Haupttextes der Prachtausg. desselben Werkes von Frz. Seraph Häglsperger. Sammt einem Anhange, enth.: Morgen-, Abend- 2c. Gebete. Mit 1 Stahlst. Regensburg 847, Manz. *

Thomas v. Kempis, (Kempen,) vier Bücher von der Nachfolge Christi. Aus dem Latein. von C. Schmid. Mit einer Zugabe von Andachtsübungen am Morgen, am Abend 2c. 12. Aufl. 12. (VI und 174 S.) 1847. 3¾ Ngr. und 14. Aufl. 8. (VI und 154 S. mit 1 Stahlst.) Sitten 850. Augsburg, (Schlosser's Buchh.) Thlr.

Thomas a Kempis. Vier Bücher der Nachfolge Christi. Für fromme Christen neu und getreu aus dem Urtexte übersetzt. Solothurn 1847. Ü: *Dietler, Anselm.* (Bibliogr. d. Schweiz. Landeskunde. Bern 1892 ff. V, 10 e.)

—— dass. — Aus dem Latein. übers. von Al. Bendel. Mit einer Beigabe der gewöhnl. Andachtsübungen am Morgen, Abend, bei der heil. Messe, Beichte, Communion u. a. 2. Aufl. (VIII und 376 S. mit Ttl. in Buntdr.) 1847. und 5. Aufl. 16. (VIII und 400 S. mit lithogr. Ttl. in Golddr. und 1 Stahlst.) Stuttgart 850, Stoppani.

Mit 8 Stahlst.

—— dass. — Ausg. mit 1 Kpfr. 16. (376 und VIII S. mit Ttl. in Buntdr.) Ebds. 847.

—— dass. — Aus dem Latein. übers. von einem kathol. Geistlichen. Mit einem Anhange enth.: Morgen-, Abend-, Meß-, Beicht- und Kommuniongebete 2c. 8. (VIII und 333 S. mit 16 Kpfrn.) Landshut 848, Rietsch.

Mit 31 Kpfrt.

—— die Nachfolge Christi. Mit Anwendungen und Betrachtungen von Augustin, Bona, Bordoni, Bossuet 2c. 4., verm. und verb. Aufl. Pracht-Ausg. mit Illustr. nach Zeichnungen von J. G. Schlick. Lex.-8. (XIII und 372 S. mit 180 eingedr. Holzschn. und lithochrom. Titel.) Leipzig 848, Teubner.

—— vier Bücher von der Nachfolge Christi. 32. (XV und 272 S.) Ebds. 851. *

Vlnp. mit 2 Stahlst.

—— dass. — Aus dem Latein. neu übers. und mit Anwendungen und Gebeten nach P. Gonnelieu, sowie mit Morgen-, Abend-, Meß-Gebeten 2c. verm. von einem Benediktiner. 8. (VI und 477 S. mit 1 Stahlst.) Luzern 848, Gebr. Räber. *

—— dass. — Aus dem Latein. neu übers. von einem Benediktiner. Mit einem Anhange von Morgen-, Abend-, Meß-Gebeten 2c. 24. (XVI und 428 S. mit 1 Ttlbld.) Ebds. 849. *

—— dass. — Uebers. und mit Andachtsübungen von Morgen-, Abend-, Meß-, Beicht-, Communion- und andern Gebeten hrsg. von Joh. Mich. Hauber. 8. Ster.-Aufl. 16. (VIII, 218 und 34 S. mit 1 Stahlst.) Augsburg 849, Jaquet's Vrlgsh.

—— dass. — Für fromme Christen neu und getreu aus dem Urterte übers. von Anselm. gr. 8. (VIII und 207 S.) Leipzig 849, G. Wigand. [Leipzig, Schlicke.] *

Prachtausg. mit 10 Lithochrom. *

—— dass. — Für evangelische Christen bearb. und mit Beicht- und Communiongebeten versehen von Aug. Ludw. Glob. Krehl. 2. Aufl. 1851. und 3., stereot. Aufl. 8. (XIV und 353 S. mit Illustr. in Holzschn. von Alex. Strahuber.) Hildburghausen 852, F. Kesselring. *

—— dass. — Ster.-Abdr. des Haupttextes der Prachtausg. desselben Werkes von Frz. Seraph. Häglsperger. Sammt einem Anhange, enthaltend: Morgen-, Abend-, Meßgebeten 2c. (3. Abdr.) 12. (X und 220 S. mit 1 Ttlkpfr.) Regensburg 851, Manz. *

—— dass. — Uebers. von Frz. Seraph. Häglsperger. Mit einem Anhange auserlesener Gebete, der heil. Messe und der Andacht des heil. Kreuzweges. Ster.-Ausg. (1. Abdr.) 36. (LXXIII und 362 S.) Ebds. 855. **

—— dass. — Aus der latein. Urschrift übers. von einem Geistlichen der Erzdiöcese Köln. Mit Vorwort von W. Smets. Nebst einem Anhange von Morgen-, Abend-, Meß-, Beicht- und Kommuniongebeten, sowie Kreuzwegbetrachtungen. 32. (VIII und 471 S. mit 4 Stahlst. und lithochrom. Titel.) Reutlingen 851, Fleischhauer und Spohn.

—— dass. — Mit Vorwort von C. Steiger. 32. (VIII und 501 S.) St. Gallen 851(52,) Scheitlin und Zollikofer.

—— dass. — Aus dem Latein. übers. Taschenausg. für Katholiken. 3. Aufl. 16. (606 S. mit 4 Stahlst. und Randzeichnungen in Holzschn.) Ebds. 851. *

—— dass. — Taschenausg. für Protestanten. 3. Aufl. 16. (III und 562 S. mit 4 Stahlst. und Randzeichnungen in Holzschn.) Ebds. 851. *

—— dass. — Für evangel. Christen. 32. (XII und 324 S.) Trier 851, Lintz'sche Buchh.

—— dass. — Mit einem Anhange von Morgen-, Abend-, Meß-, Beicht- 2c. Andachten aus den übrigen Werken des Thom. v. Kempen hrsg. von M. A. Nickel. 2., verb. und mit einer Lebensgeschichte des Thom. v. Kempen verm. Aufl. Stereot.-Ausg. 32. (XX und 400 S. mit 1 Stahlst.) Ebds. 851.
Vlnp. mit 2 Stahlst., 3 Stnt. und lithogr. Titel in Golddr.

—— dass. — Aus dem Latein. neu übers. und mit einem vollständ. Gebetbuch und einer Anleitung zur christl. Vollkommenheit versehen von Joh. Peter Schmitz. 18. (XIV und 546 S. mit 1 Stnt.) Aachen 852, Hensen und Comp.

—— vier Bücher von der Nachfolge Jesu Christi. Mit einem Anhange von Morgen-, Abend-, Meß-, 2c. Andachten. Von F. X. Müller. 1. Aufl. 24. (374 S.) 1852., 2. Aufl. 1853. und 3. Aufl. Ausg. Nr. 3. 32. (384 S. mit 1 Stahlst.) Köln und Neuß 854, Schwann'sche Vrlgsh.]

—— dass. — Nebst einem vollständ. Gebetbuche. Von F. X. Müller. 1. Aufl. 24. (470 S.) 1852., 2. Aufl. 1853. und 3. Aufl. Ausg. Nr. 1. 32. (512 S. mit 4 Stahlst. und lithochrom. Titel.) Ebds. 854.

—— dass. — Mit einem vollständ. Gebetbuche. Von F. X. Müller. 2—5. Aufl. Ausg. Nr. 2. 32. (511 S. mit 1 Stahlst.) Ebds. 853—56. Fein Pap.

—— dass. — Mit einem Anhange von Morgen-, Abend-, Meß-, Beicht-, 2c. Andachten. 5. Aufl. Ausg. Nr. 3. 32. (384 S. mit 1 Stahlst.) Ebds. 856.

—— dass. — Ausg. Nr. 5. 16. (479 S. mit 1 Stahlst.) Ebds. 853.
Vlnp.
Ausg. Nr. 4 mit 4 Stahlst.

—— dass. — Mit Anwendungen und Betrachtungen von Augustin, Bona, Bordoni, Bossuet, v. Boulogne u. a. m. 5. Aufl. 1852. und 6. (Titel-)Aufl. Prachtausg. für Katholiken. Mit 180 Illustr. (in eingedr. Holzschn.) nach Zeichnungen von J. G. Schlick. Lex.-8. (XII und 370 S. mit 1 Stahlst. und lithochrom. Titel.) Leipzig 855, Teubner. *

—— dass. — für evangelische Christen bearb. und mit noch zwei kleinen Schriften desselben Verf., so wie mit Buß-, Beicht- und Abendmahlsliedern als doppeltem Anhang versehen von Frz. Jul. Bernhard. 2. Aufl. 1854. und 3., verb. Aufl. 8. (XXII und 288 S. mit 2 Stahlst.) Ebds. 856.

—— dass. — nebst seinen übrigen erbaul. Schriften für evangel. Christen bearb. und mit Buß-, Beicht- und Abendmahlsliedern als Anhang versehen von Frz. Jul. Bernhard. 3. (Titel-) Aufl. 8. (XXXII und 598 S. mit 2 Stahlst.) Ebds. 856.

—— dass. — gr. 16. (VIII und 280 S. mit 6 Stahlst.) Ebds. 852.

—— dass. — 2. Aufl. 32. (XV und 272 S.) Ebds. 856. *
Vlnp. mit 6 Stahlst.

—— dass. — oder die Summa der mystischen Theologie, aus dessen vier Büchern von der Nachfolge Christi mit treuer Beybehaltung aller und jeder Worte des Autors ꝛc. in latein. Sprache systematisch zusammengestellt und geordnet von Geo. Heserus, und nun in's Deutsche übers. und mit Morgen-, Abend-, Meß-Gebethen ꝛc. verm. von Jos. Weber. 2., verb. Aufl. 8. (XLIV und 276 S. mit 1 Stnt.) Salzburg 852, Oberer sel. Wwe.

—— dass. — Aus dem Latein. neu übers. von einem Benediktiner. Mit einem Anhange von Morgen-, Abend-, Meß-, Beicht- und Kommunion-Gebeten ꝛc. 3. Aufl. 24. (XVI und 428 S. mit Titelbild in Holzschn.) Luzern 856, Gebr. Räber. Thlr.

—— dass. — Sammt den Anwendungen und Gebeten von Gonnelieu. In's Deutsche übers. von Jos. Stark. 27. Aufl. 1853. und 28., durchaus verb. mit Morgen-, Abend- und Meß- ꝛc. Andacht verm. Aufl. gr. 8. (XVI und 455 S. mit 1 Stahlst.) Augsburg 856(57,) Doll.

—— dass. — Uebers. und mit Andachtsübungen von Morgen-, Abend-, Meß-, Beicht-, Communion- und andern Gebeten hrsg. von Joh. Mich. Hauber. 9., Ster.-Aufl. gr. 16. (VIII und und 252 S. mit 1 Stahlst.) Augsburg 853, Jaquet.

Thomas v. Kempis, (Kempen,) vier Bücher von der Nachfolge Christi. Im Auszuge. 32. (XIII und 256 S.) Bremen 853, Heyse's Verlag. *

— — Nebst einem vollständigen Gebetbuche. Von F. X. Müller. Ausg. Nr. 1. Mit 4 Stahlst. 2—6. Aufl. Köln 853—58. Schwann. 32. (2 Bl., 511 S.) 15 ngr.
Ausg. Nr. 2. Mit 1 Stahlst. 7½ ngr.

Thomas v. Kempen (Kempis), vier Bücher von der Nachfolge Christi. Uebersetzt von F. X. Müller. Mit einem Anh. von Morgen-, Abend-, Meß-, Beicht-, Communion- u. Vesper-Andachten. Ausg. Nr. 3. 2—6. Aufl. Mit 1 Stahlst. Köln 853—58. Schwann. 32. (384 S.) 3¾ ngr.

— — Uebersetzt von F. X. Müller. Nebst vollständigen Gebetbuch. Ausg. Nr. 4. Mit 4 Stahlst. 853. — 2. Aufl. Ebend. 857. 16. (2 Bl., 480 S.) 15 ngr.
Ausg. Nr. 5. mit 1 Stahlst. 10 ngr.

—— dass. — Nebst einem Anhange der nothwendigsten Gebete eines kathol. Christen, größtentheils genommen aus dem alten Gebet- und Tugendbuche des Alex. Wille. 24. (XIV und 559 S. mit 1 Stahlst.) Mainz 853, Kirchheim.

—— dass. — hrsg. von Chrph. Kleyboldt. 2. Aufl. 16. (XIV und 559 S. mit 1 Stahlst.) Ebds. 855.

Thomas v. Kempen, (Kempis), vier Bücher von der Nachfolge Christi. Nebst einem Anhange von Morgen-, Abend-, Meß-, Beicht-, Communion- und Ablaß-Gebeten. 5. Aufl. 853. (410 S.) — 6. Aufl. Münster 855. Aschendorff. 32. (384 S. u. 1 Holzschn.) 3 ngr.

—— dass. — Aus dem Latein. in's Deutsche übers. von Sauerborn. Mit einer Zugabe von Andacht-Uebungen am Morgen, am Abend, bei der heil. Messe, bei der Beichte und Communion. 6., verb. Aufl. 12. (X und 385 S. mit 1 Ttlkpfr.) Neuwied 853, Heuser. Thlr.

—— dass. — Nach der latein. Urschrift für evangel. Christen bearb. von einem Geistlichen. Nebst einem Anhange von Morgen- und Abend-, Buß-, Beicht- und Kommunion-Gebeten. 32. (VIII und 423 S. mit 1 Stahlst.) Reutlingen 853, Fleischhauer und Spohn.

—— dass. — Aus der latein. Urschrift übers. von einem Geistlichen der Erzdiöcese Köln. Mit Vorwort von W. Smets. Nebst einem Anhange von Morgen-, Abend-, Meßgebeten ꝛc. 2. Aufl. 32. (VIII und 471 S. mit 4 Stahlst. und lithochrom. Titel.) Ebds. 852(53.)

— — Nach der latein. Urschrift für evangel. Christen bearb. von einem Geistlichen. Nebst einem Anhange von Morgen- und Abend-, Buß-, Beicht- u. Kommunion-Gebeten. 3. Aufl. 853. (VIII, 423 S.) — 4. Aufl. 856. (VIII, 440 S.) — 5. Aufl. Reutlingen 858. Fleischhauer u. Spohn. 32. (VIII, 455 S. u. 1 Stahlst.) 14 ngr.

—— dass. — 4—8. Aufl. 32. (VIII und 472 S. mit 1 Stahlst. und lithochrom. Titel.) Ebds. 853—56.

Thomas v. Kempen (Kempis), vier Bücher von der Nachfolge Christi, für alle gläubige Christen neu bearb. von einem Verein christl. Männer. Reutlingen (853.) Kurtz. 32. (3 Bl., 465 S. u. 1 Stahlst.) n. 10 ngr.

— — Aus der lateinischen Urschrift auf's Neue übersetzt und mit einer Lebensbeschreibung nebst Bildniß des sel. Thomas (in Kpfrst.) und mit 4 weiteren Kpfrn. versehen. 2. Aufl. Reutlingen 853. Rupp & Baur. 32. (LXXXII, 366 S.) n. 8 ngr.

——) dass. — Aus dem Latein. in's Deutsche übers. von J. B. Weigl. 2., revid. Aufl., mit größerm Drucke und mit den nothwendigsten Gebetsübungen. 8. (XXXII und 304 S.) Sulzbach 853, v. Seidel'sche Buchh.

—— dass. — für evangel. Christen bearb. und mit Beicht- und Communiongebeten versehen von Aug. Ludw. Glob. Krehl. 4., ster. Aufl. 8. (XIV und 353 S. mit Illustr. in Holzschn. von Alex. Straehuber.) Hildburghausen 854, F. Kesselring. *
Vlnp. *

—— dass. — für evangel. Christen bearb. und mit Beicht- und Communiongebeten versehen von Aug. Ludw. Glob. Krehl. 5., ster. Aufl. 8. (XIV und 353 S. mit Illustr. in Holzschn. von Alex. Straehuber.) Ebds. 855. *

Thomas v. Kempis, (Kempen,) vier Bücher von der Nachfolge Christi. Aus dem Latein. ins Deutsche übers. von P. Sauerborn. Mit einer Zugabe von Andachtsübungen am Morgen, am Abend, bei der heil. Messe, bei der Beichte und Communion. 6. Aufl. 32. (XVI und 413 S. mit 1 Ttlkpfr.) Coblenz 854, Reiff'sche Buchh. *

—— dass. — Für evangel. Christen hrsg. und mit Gebeten versehen von Carl Sudhoff. 32. (XVI und 413 S. mit 1 Stnt.) Ebds. 854. *

—— dass. — Ins Deutsche übertr. und mit den nöthigsten Gebeten, Uebungen und Belehrungen aus des sel. Verf. übrigen Schriften versehen von dem Hrsg. des Gebetbuches u. d. T.: „So sollet ihr beten!" (Neue Ausg. in grober Schrift.) gr. 12. (IV und 468 S. mit 1 Stahlst.) Münster 854, Deiters.
Vlnp.
Prachtausg.

—— dass. — Feine Min.-Ausg. 32. (VI und 396 S. mit 1 Stahlst.) Ebds. 855.

—— dass. — Nebst einer Anleitung zur Benützung und Anwendung derselben bei dem häusl. und kirchl. Gottesdienste. Ferner: einem Anhange, welcher den Kern von Morgen-, Abend-, Meß- und andern Gebeten enthält, die aus seinen sämmtl. Werken gesammelt wurden. 6., verb. und verm. Ausg. gr. 8. (VIII und 370 S. mit T's. lithogr. Bildniß.) Graz 855, Kienreich. (Leipzig, Haessel.) *

—— vier Bücher von der Nachfolge Christi. Nebst einem Anhange von Morgen-, Abend-, Meß-, Beicht-, Communion- und Ablaß-Gebeten. 6. Aufl. 32. (384 S. mit 1 Holzschn.) Münster 855, Aschendorff'sche Buchh.

—— dass. — Mit Uebungen und Gebeten zu Ende eines jeden Kapitels. 11., verb. Aufl. Mit einer Meßandacht. 8. (VIII und 408 S.) Ebds. 856.

—— dass. — für alle glaubige Christen neu bearb. von einem Verein christl. Männer. 32. (VI und 465 S. mit 1 Stahlst.) Reutlingen 855, Kurtz. *

—— dass. — nebst Anhang von Morgen-, Abend-, Buß-, Beicht- und Communion-Gebeten für alle glaubige Christen neu bearb. von einem Verein christl. Männer. 2. Aufl. 32. (VI und 515 S. mit 1 Stahlst.) Ebds. 856. *

—— dass. — Im J. 1617 aus dem Latein. von Joh. Arnd. Neue Ster.-Ausg. 32. (300 S.) Stuttgart 855, J. F. Steinkopf.

—— dass. — Mit einem Anhange von Morgen-, Abend-, Meß- ꝛc. Andachten aus den übrigen Werken des Thomas v. Kempen hrsg. von M. A. Nickel. 2., verb. und mit der Lebensgeschichte des Thomas v. Kempen verm. Aufl. 10. Ster.-Aufl. 32. (XX und 404 S. mit 1 Stahlst.) Trier 855, Lintz'sche Buchh.

—— dass. — Für evangel. Christen. 2. Ster.-Aufl. 32. (XIV und 302 S.) Ebds. 855.

—— dass. — Aus dem Latein. von Joh. Arndt. Nebst einem Bericht über das Leben und die Schriften, sowie dem (lithogr.) Bildnisse des Thomas v. Kempen. 32. (XI und 464 S.) Berlin 856, J. A. Wohlgemuth. *

Vgl.: De immitatione Christi. — Sailer's, J. M., sämmtliche Werke.

— — Aus dem Latein. neu übersetzt von einem Benediktiner und nach der von den hochw. Bischöfen von Basel, St. Gallen, Chur und Wallis genehmigten und empfohlenen größern Ausg. getreu abgedr. Mit einem Anh. von Morgen-, Abend-, Meß-, Beicht- und Communion-Gebeten ꝛc. 3. Aufl. Mit Titelbild (in Holzschn.). Luzern 856. Räber. 24. (XVI, 428 S.) 5 ngr.

—— dass. — In älterem Deutsch. 16. (368 S.) Freiburg im Br. 857, Herder'sche Verlagsbuchh.

—— dass. — Uebersetzt von F. X. Müller. Nebst einem vollständ. Gebetbuche. Köln und Neuß, Schwann'sche Verlagsh. Ausg. Nr. 2. 5. Aufl. 32. (511 S. mit 1 Stahlst.) 860. 7½ Ngr. — Ausg. Nr. 3. 6—10. Aufl. 32. (384 S. mit 1 Stahlst.) 858—62. 3¾ Ngr.; Vlnp. 7½ Ngr.; Kpfrdrp. mit 4 Stahlst. 15 Ngr. — Ausg. Nr. 4. 2—4. Aufl. 16. (479 S. mit 4 Stahlst.) 857—60. 15 Ngr. — Ausg. Nr. 5. 2—4. Aufl. 16. (479 S. mit 1 Stahlst.) 857—60. 10 Ngr — Ausg. Nr. 6. 2. Aufl. 8. (496 S. mit 5 Stahlst. und Titel in Stahlst.) 861. 1 Thlr. — Ausg Nr. 7. 2. Aufl. 8. (464 S. mit 2 Stahlst.) 858. 15 Ngr. — Ausg. Nr. 8. 12. (648 S. mit 1 Stahlst.) 860. Vlnp. 25 Ngr. – Ausg. Nr. 9. 12. (648 S. mit 1 Stahlst.) 860. 15 Ngr.; Vlnp. 25 Ngr. — Ausg. Nr. 10. 64. (384 S. mit 1 Stahlst.) 858. 12½ Ngr.

— — für katholische Christen bearb. 3. Aufl., verm. durch einen Anhang von Morgen- und Abendandachten, Meß-, Beicht- und Communiongebeten aus der „Himmelsleiter" von F. H. Reinerding. Mit 6 Stahlst. Leipzig 857. Teubner. 16. (VIII, 323 S.) 15 ngr.; geb. 1 ℛ.

— — Uebersetzt von Jos. Annegarn. Taschen-Ausg. mit Morgen-, Abend-, Meß-, Beicht- und Communion-Andachten ꝛc. 5. Aufl. Münster 857. Coppenrath. 32. (XIV, 367 S.) 3¾ ngr.

— — Mit Erwägungen und Gebeten zu Ende eines jeden Kapitels. Nebst Morgen-, Abend-, Meß-, Beicht-, Communion- und Ablaßgebeten, täglichen Gebeten und Uebungen, Litaneien. Von Jos. Annegarn. 5. Aufl. Mit 1 Titelkpfr. Ebend. 857. 8. (X, 445 S.) 12½ ngr.

—— dass. — Aus dem Latein. Neue, mit Morgen-, Abend-, Meß-, Beicht-, Communion- und Ablaß-Gebeten verseh. Ausg. 4. Aufl. gr. 16. (240 S.) Paderborn 857, Junfermann'sche Buchh. *

—— dass. — Aus dem Latein. Nebst einem vollständ. Gebetbuche und 7 Litaneien. 5. Aufl. 16. (342 S. mit 1 Stahlst.) Ebendas. 858.

—— dass. — Aus der latein. Urschrift übers. von einem Geistlichen der Erzdiöcese Köln. Mit Vorwort von W. Smets. Nebst einem Anhang von Morgen-, Abend-, Meß-, Beicht- ꝛc. Gebeten ꝛc. 9—12. Aufl. 32. (VIII und 472 S. mit 1 Stahlst. und chromolithogr. Titel.) Reutlingen 857 — 61, Fleischhauer und Spohn. geb. mit Goldschn. und in Futteral

Thomas v. Kempen, vier Bücher von der Nachfolge Christi. Aus der latein. Urschrift aufs Neue übers. und mit einer Lebensbeschreibung nebst Bildniß des sel. Thomas (in Kpfrst.) und mit 4 weiteren Kpfrn. versehen. 32. (LXXXII und 366 S.) Reutlingen 857, Rupp und Baur. *
geb. mit Goldschn. ·

—— dass. — Für evangel. Christen. 3. Ster.-Ausg. 16. (XIV und 302 S.) Trier 857, Lintz' Verlag.

Thomas v. Kempen, vier Bücher von der Nachfolge Christi. 3. Aufl. 32. (XV und 272 S.) Leipzig 858, Teubner. *
geb. *
Feine Ausg. mit 6 Stahlst. geb.

—— dass. — Nebst einem Anhang der nothwendigsten Gebete eines kathol. Christen, größtentheils genommen aus dem alten Gebet- und Tugendbuche von Alex. Wille, hrsg. von Chrph. Kleyboldt. 3. und 4. Aufl. 24. (XIV und 559 S. mit 1 Stahlst.) Mainz 858. 60, Kirchheim.

—— dass. — Nach der latein. Urschrift für evangel. Christen bearb. von einem Geistlichen. Nebst einem Anhang von Morgen- und Abend-, Buß-, Beicht- und Kommunion-Gebeten. 5. und 6. Aufl. 32. (VIII und 455 S. mit 1 Stahlst.) Reutlingen 858. 60, Fleischhauer und Spohn. geb. mit Goldschn. Thlr.

—— dass. — Aus dem Latein. übers. von Al. Bendel. Mit einer Beigabe der gewöhnl. Andachtsübungen am Morgen, Abend, bei der heil. Messe, Beichte, Communion u. a. 6. Aufl. 16. (III und 351 S.) Schaffhausen 858, Hurter'sche Buchh.

— — Aus dem Lateinischen genau ins Deutsche übertragen von J. B. Weigl. Aufs neue durchges. und mit vielen Gebeten verm. von Magnus Jocham. Neue illustr., wohlf. Ausg. Sulzbach 858. v. Seidel. 16. (XXXII, 288 S. mit Holzschn. im Text.) 4½ ngr.

Thomas v. Kempen, vier Bücher von der Nachfolge Christi. Mit einem Anhang von Morgen-, Abend-, Meß- ꝛc. Andachten aus den übrigen Werken des Thomas v. Kempen hrsg von M. A. Nickel. Neueste verb. und mit der Lebensgeschichte des Thomas v. Kempen verm. Aufl. Ster.-Ausg. 32. (XVI und 432 S. mit 5 Illustr., wovon 2 in Stahlst. und 3 lithogr., und chromolithogr. Titel.) Trier 858, Lintz' Verlag. Thlr.

—— dass. — Und ein vollständ. Gebetbuch im Geiste der Nachfolge Christi. 15. Aufl., 1. in größerem Druck. 12. (357 S. mit 5 lithogr. Bildern und lithogr. Titel.) Einsiedeln 859, Gebr. Benziger.
Mit 5 Stahlst. und Titel in Stahlst.

—— dass. — Min.-Ausg. (Nr. 1.) 32. (506 S. mit 5 lithogr. Bildern und lithogr. Titel.) Ebendas. 860.

—— dass. — Ausg. (Nr. 2.) 17. Aufl. 24. (477 S. mit 7 lithogr. Bildern.) Ebendas. 860.

— — **Ausg. Nr. 2. 17. Aufl. 860. — 18. Aufl. Mit (7 lith.) Bildern. Ebend. 862. 24. (477 S.)** 6½ ngr.

— — **Uebersetzt von F. X. Müller. Mit einem Anhang von Gebeten. (Neue Aufl.) Köln 859—62. Schwann.**
Ausg. Nr. 1. m. 4 Stahlst. 32. (511 S.) 15 ngr.
" " 2. m. 1 Stahlst. 32. (511 S.) 7½ ngr.
" " 3. m. 1 Stahlst. 32. (384 S.) 3¾ ngr.
" " 4. m. 4 Stahlst. 16. (479 S.) 15 ngr.
" " 5. m. 1 Stahlst. 16. (479 S.) 10 ngr.
" " 8. m. 1 Stahlst. 12. (648 S.) 15 ngr.
" " 9. m. 1 Stahlst. 12. (648 S.) Velinp. 25 ngr.

— — **Uebersetzt von F. X. Müller. Nebst einem vollständigen Gebetbuche. Ausg. Nr. 6. Ebend. 861. 8. (496 S. u. 5 Stahlst. u. Titel in Stahlst.)** 1 ℛ

—— dass. — Für evangel. Christen bearb. und mit noch zwei kleinen Schriften desselben Verf., sowie mit Buß-, Beicht- und Abendmahlsliedern als doppelten Anhang versehen von Frz. Jul. Bernhard. 4., verb. Aufl. 8. (XXII und 288 S. mit 1 Stahlst. und Titel in Stahlst.) Leipzig 859, Teubner. 12 Ngr.; geb. geb. mit Goldschn. 1 Thlr.; in Leder geb. mit Goldschn.

—— dass. — Uebersetzt von Fr. Ser. Häglsperger. Mit den Anwendungen und Gebeten des Priesters Gonnelieu. Nach der neuesten Ausg. übers. und verm. mit Morgen-, Abend-, Meß- rc. Gebeten nebst einer Kreuzweganbacht. 8. (VIII und 470 S. mit Titelkpfr.) Regensburg 859, Manz.

— — **Neue Ausg. mit harmonischen Nachklängen aus den Schriften der bewährtesten Geisteslehrer älterer, mittlerer und neuerer Zeit zur Beweisführung für den heiligen Einklang der katholisch-kirchlichen Ascetik begleitet von Frz. Seraph. Häglsperger. Nebst einem Anhang, enth. ein bis vor Kurzem unbekanntes Buch von der Nachfolge Christi, nach dem unlängst aufgefundenen Quedlinburger Codex das zweite. 3., vielfach verb. Aufl. Mit (8) Stahlst. Ebend. 864. gr. 8. (456 S.)** n. 1 ℛ 26 ngr.

—— dass. — Aus dem Latein. in's Deutsche übers. von Ph. Jak. Spindler und Balth. Fernsemer. Mit einer Zugabe von Morgen-, Abend-, Meß- rc. Gebeten rc. Ster.-Ausg. 12. (VI und 308 S.) Augsburg 860, Kollmann'sche Buchh.

—— dass. — Sammt den Anwendungen und Gebeten von Gonnelieu. Ins Deutsche übers. von Jos. Stark. 29., durchaus verb. und mit Morgen-, Abend-, Meß- rc. Andacht verm. Aufl. 8. (XVI und 455 S. mit 1 Stahlst.) Ebendas. 861.

—— dass. — Im Auszuge. 3. Aufl. 32. (XV und 215 S.) Bremen 860, Verlag des Traktat-Hauses. *

— — **nach dem Latein. mit Einleitung, kurzen Betrachtungen und Gebeten für evangelische Christen. Herausg. von K. Sudhoff. 2. Aufl. 860. — 3. Ausg. Frankfurt a. M. 864. Brönner. (Ch. Winter.) 16. (XVI, 390 S.)** n. 10 ngr.

—— dass. — Aus dem Latein. übers., und mit dem Lebensabrisse des gottsel. Thomas, mit pract. und erbaul. Uebungen, sowie mit den gewöhnlichsten Gebeten und Ablaßandachten auf's ganze Jahr versehen von Adph. Pfister. 12. (XLIV und 504 S. mit 1 Stahlst.) Freiburg im Br. 860, Herder'sche Verlagsbuchh.

—— dass. — Für evangel. Christen bearb. und mit Beicht- und Communiongebeten versehen von Aug. Ludw. Glob. Krehl. 9., ster. Aufl. 8. (XIV und 353 S. mit Illustr. in Holzschn. von Alex. Straehuber.) Hildburghausen 860, F. Kesselring's Verlag. *
geb. mit Goldschn. * *
Feine Ausg. geb. * 1 Thlr.; geb. mit Goldschn. *
in Leder geb. mit Goldschn. * * 1 Thlr. 25 Ngr. und

—— dass. — Mit Anwendungen und Betrachtungen von Augustin, Bona, Bordoni u. a. m. 7. (Titel-)Aufl. Pracht-Ausg. mit 180 Illustr. (in eingedr. Holzschn.) nach Zeichnungen von J. G. Schlick. Lex.-8. (XII und 370 S. mit 1 Stahlst. und chromolithogr. Titel.) Leipzig (852)60, Teubner.

—— dass. — **Für kathol. Christen bearb. 3. Aufl., verm. durch einen Anhang von Morgen- und Abendandachten, Meß-, Beicht- und Communiongebeten aus der „Himmelsleiter" von F. H. Reirerding. 16. (VIII und 323 S. mit 6 Stahlst.) Ebendas. 857.** 15 Ngr.; geb. mit Goldschn.

— — **Sammt den Anwendungen u. Gebeten des P. Gonnelieu. Ins Deutsche übers. von Jos. Stark. 29. durchaus verb. u. mit Morgen-, Abend-, Meß- rc. Andachten verm. Aufl. Mit 1 Stahlst. Augsburg 861. Doll. 8. (XVI, 455 S.)** 15 ngr.

—— dass. — Nach dem Latein. mit Einleitung, kurzen Betrachtungen und Gebeten für evangel. Christen. Hrsg. von C. Sudhoff. 2. Aufl. 16. (XVI und 390 S.) Frankfurt a. M. 861, Brönner. geb. *

Vgl.: Bücher. — Kempis Thom. v. — Tomasza z Kempis.

Thomas a Kempis, vier Bücher von der Nachfolge Christi. Aus dem Latein. getreu ins Deutsche übertragen von J. B. Weigl. Aufs Neue durchgesehen u. mit vielen Gebeten verm. von Magn. Jocham. Neue (mit Holzschn.) illustr., wohlfeile Ausg. Sulzbach 861. v. Seidel. 16 (XXXI, 288 S.) n. 5 ngr.

— — **Mit einem Anhang von Morgen-, Abend-, Meß-, Beicht- rc. Andachten aus den übrigen Werken des Thomas v. Kempen herausg. von M. A. Nickel. Neueste verb. u. mit der Lebensgeschichte des Thomas v. Kempen verm. Aufl. Stereot.-Ausg. Mit 1 Stahlst. Trier 861. Lintz. 32. (XX, 404 S.)** 3¾ ngr.

—— dass. — **Aus dem Latein. Nebst einem Anhang von Meß-, Beicht- und Communion-Gebeten. Neue Aufl. 16. (XVI und 406 S. mit 1 Stnt.) Wien 861, Mechitharisten-Congregations-Buchh.**

— — **Aus dem Latein. neu übers. und mit einem vollständigen Gebetbuch und einer Anleitung zur christlichen Vollkommenheit versehen von Joh. Peter Schmitz. 2. verb. Aufl. Aachen 862. Hensen. 24. (XVI, 488 S. u. 1 Stahlst.)** 7½ ngr.

Thomas v. Kempis, vier Bücher von der Nachfolge Jesu Christi. Aus dem Latein. neu übersetzt und mit einem vollständ. Gebetbuch und einer Anleitung zur christl. Vollkommenheit versehen von Joh. Peter Schmitz. 2., verb. Aufl. 24. (XVI und 488 S. mit 1 Stahlst.) Aachen 862, [Jacobi und Comp.]

—— dass. — für evangelische Christen bearb. und mit Beicht- und Communiongebeten versehen von Aug. Ludw. Glob. Krehl. 10. Aufl. 1862. und 11. Aufl. gr. 16. (XIV und 353 S. mit Illustr. in Holzschn. von Alex. Straehuber.) Hildburghausen 867, Kesselring'sche Hofbuchh. * 10 Ngr.; geb. mit Goldschn. *
Pracht-Ausg. * 1 Thlr.; geb. mit Goldschn. *

—— dass. — Uebers. von F. X. Müller. Nebst einem Anh. von Gebeten. 32. Cöln und Neuß, Schwann's Verlag.
Ausg. Nr. 1. 32. Velinp. (384 S. mit 4 Stahlst.)
Ausg. Nr. 2. 32. Velindruckp. (384 S. mit 1 Stahlst.)
Ausg. Nr. 3. 32. Druckp. (384 S. mit 1 Stahlst.)
Ausg. Nr. 8a. 16. Velinp. (576 S. mit 1 Stahlst.)
Ausg. Nr. 8b. 16. Druckp. (576 S. mit 1 Stahlst.)
Ausg. Nr. 10. 64. Velinp. (384 S. mit 1 Stahlst.)

— **das Büchlein von der Nachfolge Christi. Vier Bücher. Neu übersetzt von Johs. Goßner. Neue unveränd. Stereot.-Ausg. Leipzig 862. K. Tauchnitz. (Berlin, Buchh. d. Missionsvereins.) 32. (XII, 420 S.)** 10 ngr.

—— dass. — für evangelische Christen bearb. und mit noch 2 kleinen Schriften desselben Verf., sowie mit Buß-, Beicht- und Abendmahlsliedern als doppeltem Anh. versehen von Frz. Jul. Bernhard. 6.—8., verb. Aufl. 8. (XXII und 288 S. mit 2 Stahlst.) Leipzig 862—67, Teubner. 12 Ngr.; geb. geb. mit Goldschn. 1 Thlr.; geb. in Leder

—— dass. — mit noch 2 kleinen Schriften desselben Verf. aus der Urschrift übers. und mit Buß-, Beicht- und Abendmahlsliedern sowie mit erbaul. Nachlesen für evangel. Christen hrsg. von Frz. Jul. Bernhard. gr. 8. (XIV und 376 S. mit 1 Stahlst.) Ebendas. 864. 1 Thlr.; geb. mit Goldschn.

—— dass. — nebst einem vollständigen Gebetbuche. 32. (IV und 492 S. mit 2 Holzschntaf.) Passau 862, Waldbauer's Buchh.

— — nebst Anhang von Morgen-, Abend-, Buß-, Beicht- und Communion-Gebeten für alle gläubige Christen neu bearb. von einem Verein christlicher Männer. Neue Aufl. Ebend. 864. 32. (515 S. u. 1 Stahlst.) n. 10 ngr.

—— dass. — Aus der latein. Urschrift für evangel. Christen bearb. von einem Geistlichen. Nebst einem Anh. von Morgen- und Abend-, Buß-, Beicht- und Kommunion-Gebeten. 7.—9. Aufl. 32. (VIII und 455 S. mit 1 Stahlst.) Reutlingen 862—67, Fleischhauer und Spohn. geb.
geb. mit Goldschn.

Thomas v. Kempis, vier Bücher von der Nachfolge Christi, nebst beigefügten Liedern über den Inhalt der einzelnen Kapitel. Mit einem Anh. von Morgen-, Abend-, Buß- rc. Gebeten, sowie dem Lebenslauf des Verf. Neu hrsg. von einem Verein christl. Männer. 8. (537 S.) Reutlingen 862, Kurtz'sche Buchh. *

—— dass. — Aus dem Latein. übersetzt und mit dem Lebensabrisse des gottsel. Thomas, mit pract. und erbaul. Uebungen, sowie mit den gewöhnlichsten Gebeten und Ablaßandachten auf's ganze Jahr versehen von Adph. Pfister. 2. Aufl. 12. (XXXVI und 890 S. mit 1 Stahlst.) Freiburg im Br. 863, Herder'sche Verlagsh. 10 Ngr.; geb.
geb. mit Goldschn. 19 Ngr.; geb. in Leder mit Goldschn.

—— dass. — Aus dem Latein. übersetzt, mit einem Anh., die gewöhnlichsten Andachtsübungen enth., von Adph. Pfister. 16. (XI und 369 S. mit 1 Stahlst.) Ebendas. 863. 6 Ngr.; geb.

—— dass. — Aus der latein. Urschrift auf's Neue übers. und mit einer Lebensbeschreibung nebst Bildniß des sel. Thomas (in Kpfrst.) und mit 4 weiteren Kpfrn. versehen. 2. Aufl. 32. (LXXXII und 366 S.) Reutlingen 863, Baur. *

—— dass. — Im J. 1617 aus dem Latein. von Joh. Arnd. Ausg. mit großem Druck. 8. (352 S.) Stuttgart 863, J. F. Steinkopf.
geb. mit Goldschn. und Futteral *

— — mit Morgen-, Abend-, Meß-, Beicht- und Communiongebeten. Uebersetzt von Sebast. Brunner. Nebst den in Oesterreich eingeführten Kirchengesängen. Stereot.-Ausg. 3. Abdr. Wien 863. Greß. (Capellen.) 16. (344 S.) n. 14 ngr.

—— dass. — mit Morgen-, Abend-, Meß-, Beicht- und Communiongebeten. Uebersetzt von Sebast. Brunner. (Nebst den in Oesterreich eingeführten Kirchengesängen.) Ster.-Ausg. 3. Abdr. 1863. und 4. Abdr. gr. 16. (344 S. mit 1 Stahlst.) Wien 866, Sartori. 7½ Ngr.; geb. *

—— dass. — nach dem Latein. mit Einleitung, kurzen Betrachtungen und Gebeten für evangel. Christen. Hrsg. von K. Sudhoff. 3. Ausg. 16. (XVI und 390 S.) Frankfurt a. M. 864, [Winter.] * 10 Ngr.; geb. * 15 Ngr.; mit Goldschn. *

—— dass. — Aus dem latein. Urtext neu übersetzt. 16. (VI und 352 S.) Hamburg 864, Agentur des Rauhen Hauses.

—— vier Bücher von der Nachfolge Christi. 4. Aufl. 32. (XV und 272 S.) Leipzig 864, Teubner. * 5 Ngr.; geb. *
Velinp. mit 6 Stahlst. geb. mit Goldschn.

—— dass. — Nebst einem Anh. der nothwendigsten Gebete eines kathol. Christen, größtentheils genommen aus dem alten Gebet- und Tugendbuche des P. Alex. Wille hrsg. von Chrph. Kleyboldt. 5. Aufl. 24. (XIV und 557 S. mit 1 Stahlst.) Mainz 864, Kirchheim.

—— dass. — nebst Anh. von Morgen-, Abend-, Buß-, Beicht- und Communion-Gebeten für alle gläubige Christen neu bearb. von einem Verein christl. Männer. Neue Aufl. 32. (515 S. mit 1 Stahlst.) Reutlingen 864, Kurtz'sche Buchh. *

—— dass. — Aus der latein. Urschrift übersetzt von einem Geistlichen der Erzdiöcese Köln. Mit Vorwort von W. Smets. Nebst einem Anh. von Morgen-, Abend-, Meß-, Beicht- und Kommuniongebeten, sowie Kreuzwegbetrachtungen. 13. Aufl. 32. (VIII und 472 S. mit 1 Stahlst. und chromolithogr. Titel.) Reutlingen 864, Fleischhauer und Spohn. geb. mit Goldschn. u. Futteral

—— dass. — Aus dem Latein. von einem Geistlichen der Diöcese Augsburg. Mit einer Zugabe von Andachtsübungen am Morgen, am Abend, bei der heil. Messe, bei der Beichte und Communion. 17. Aufl. gr. 16. (VI und 189 S. mit 1 Stahlst.) Augsburg 865, Schlosser'sche Buchh. * 5 Ngr.; geb. *

—— dass. — in vier Büchern. Neu übersetzt und mit einigen Bemerkungen aus den Kirchenvätern und Geisteslehrern verm., nebst einem Anh. mannigfalt. Kirchenhymnen und Gebetformen von einem kathol. Priester. 16. (547 S. mit 1 Stahlst.) Wien 865, Gorischek's Universitäts-Buchh. 6 Ngr.; Velinp.

—— das Büchlein von der Nachfolge Christi. 4 Bücher. Neu übersetzt von Johs. Goßner. Neue unveränd. Ster.-Ausg. 8. (VIII und 224 S.) Berlin 866, Buchh. des Missions-Vereins.

—— die Nachfolge Christi. Aus dem Latein. übersetzt durch Joh. Arnd. Neue Ster.-Ausg. 16. (III und 272 S. mit 5 Holzschn.) Berlin 866, (Wiegandt und Grieben.) *

—— dass. — Für fromme Christen neu und getreu aus dem Urterte übersetzt von P. Anselm. 3. Ster.-Aufl. gr. 8. (VIII und 207 S. mit 1 lithogr. Bild in Buntdr.) Leipzig 866, Schlicke. * 10 Ngr.; geb. mit Goldschn.

—— dass. — Und ein vollständ. Gebetbuch im Geiste der Nachfolge Christi. Ausg. Nr. 1. 5. Aufl. 32. (512 S. mit 4 chromolithogr. Bildern.) Einsiedeln 867, Gebr. Benziger.
Feine Ausg. mit 4 Stahlst.

—— dass. — Ausg. Nr. 2. 18.—23. Aufl. 16. (477 S. mit 6 Bildern in Holzschn. und Buntdr.) Ebendas. 862—67.
Feine Ausg. mit 4 Stahlst.

—— dass. — für katholische Christen bearb. 4. Aufl. verm. durch einen Anh. von Morgen- und Abendandachten, Meß-, Beicht- und Communiongebeten aus der „Himmelsleiter" von F. H. Reinerding. 16. (VIII und 323 S. mit 6 Stahlst.) Leipzig 867, Teubner. 15 Ngr.; geb. mit Goldschn.

—— dass. — Rhythmisch bearb. und durch eigene Betrachtungen vermehrt von Joh. Nep. Vissno. gr. 8. (VIII, 271 S.) München 868, J. A. Finsterlin. * 3 —

—— des gottseligen, vier Bücher von der Nachfolge Christi. Sammt den Anwendungen und Gebeten des P. Gonnelieu. Ins Deutsche übers. von Jos. Stark. 30. durchaus verb. und mit Morgen-, Abend-, Meß- rc. Andacht verm. Aufl. 8. (XV, 455 S.) Lindau 869, Stettner. 1 50

—— dass. — Sammt einem Anh. von Morgen-, Abend-, Meß-, Beicht-, Communion- und anderen Andachten, dann einem Sachregister. 7. Aufl. 32. (XXIV, 444 S. mit 1 Stahlst.) München 869, (L. Finsterlin.) geb. * — 80

—— das Büchlein von der Nachfolge Christi. Vier Bücher. Neu übers. von Johs. Goßner. 32. (XII, 420 S.) Berlin 870, Buchh. des Missions- und Frauen-Kranken-Vereins.

— — Aus dem Latein. übersetzt u. mit dem Lebensabrisse des gottseligen Thomas, mit pract. u. erbaul. Uebungen, sowie mit den gewöhnlichsten Gebeten u. Ablaßandachten auf das ganze Jahr versehen von A. Pfister. 3. Aufl., mit 1 Stahlst. [Ausg. IV.] Freiburg i. B. 870. Herder. 16. (XI, 448 S.) n. 10 ngr.;
Velinp. mit 2 Stahlst. [Ausg. III.] 15 ngr.

— — Aus dem Latein. übersetzt, mit einem Anh., die gewöhnlichsten Andachtsübungen enthltd. 3. Aufl. Mit einem Titelbild (in Holzschn.) [Ausg. VI.] Ebend. 870. 32. (XIX, 495 S.) 6 ngr.;
mit einem Stahlst. [Ausg. V.] n. 10 ngr.

—— vier Bücher von der Nachfolge Christi. Nach der deutschen Uebersetzung des Dr. Guido Görres in stenographischer Schrift autogr. von Hieron. Gratzmüller. 16. (XII, 196 S.) Lindau 870, Stettner. * 1 80
geb. * 2 80

—— dass. — Aus dem Latein. von Wilh. Karl Reischl. 16. (XII, 163 S.) Regensburg 870, Manz. * — 40

—— dass. — Aus der latein. Urschrift übersetzt von einem Geistlichen der Erzdiöcese Köln. Mit einem Vorwort von W. Smets. Nebst einem Anh. von Morgen-, Abend-, Meß- rc. Gebeten, sowie Kreuzwegbetrachtungen. 14. Aufl. 1870, und 15. Aufl. 32. (VIII, 472 S. mit 1 Stahlst.) Reutlingen 874, Fleischhauer und Spohn. geb. mit Goldschn. und in Carton 1 40

—— dass. — Aus der latein. Urschrift für evangel. Christen bearb. von einem Geistl. Nebst einem Anh. von Morgen- und Abend-, Buß-, Beicht- und Kommunion-Gebeten. 10. Aufl. 1869, und 11. Aufl. 32. (VIII, 455 S. mit 1 Stahlst.) Ebendas. 873.
geb. 1 20
geb. mit Goldschn. und in Futteral 1 50

Thomas a Kempis. Das Büchlein von der Nachfolge Christi. Görres' Uebersetzung. Mit (eingedr.) Orig.-Zeichnungen von Jos. Ritter v. Führich. In Holzschn. ausgeführt von Kaspar Oertel. Leipzig 871. A. Dürr. gr. 4. (III, 288 S. mit Titelbl. in Holzschn.) n. 6 ₰ 20 ngr.;
in engl. Einb. n. 8 ₰;
in Leder geb. n. 10 ₰

—— dass. — Für evangel. Christen bearb. und mit noch zwei kleineren Schriften desselben Verf. sowie mit Buß-, Beicht- und Abendmahlsliedern als doppeltem Anhang versehen von F. J. Bernhard. 9. verb. Aufl. 8. (XXII, 288 S. mit 2 Stahlst.) Leipzig 872, Teubner. 1 20
geb. ℳ 1,80.; mit Goldschn. 3 —

—— dass. — Aus dem Latein. von Bischof J. M. Sailer. Nebst einem Anh. von Gebeten. 16. (384 S. mit Stahlst.) Paderborn 872, Schöningh. — 38

—— dass. — Aus dem Latein. übersetzt und mit dem Lebensabrisse des gottsel. Thomas, mit pract. und erbaul. Uebungen, sowie mit den gewöhnlichsten Gebeten und Ablaßandachten auf's ganze Jahr versehen von A. Pfister. 3. Aufl. 1870, und 4. Aufl. 16. (XXXVI, 448 S. mit Farbentitel.) Freiburg i. Br. 873, Herder'sche Verlagsh. 1 20
Feine Ausg. mit Farbentitel und 2 Stahlst. 1 60

—— dass. — 4. Aufl. 32. (XIX, 495 S. mit Farbentitel.) Ebendas. 873. — 75
Feine Ausg. mit Farbentitel und 1 Stahlst. 1 20

— dasselbe. Neu hrsg. m. Zugrundelegg. der Gossner'schen Uebersetzg. v. W. Ebert. Mit Original-Zeichngn. v. Carl Merkel (in eingedr. Holzschn.) 4. (VI, 276 S.) Kassel 874. Kay. n. 15. —; geb. n. 20. —

—— vier Bücher von der Nachfolge Christi übersetzt von einem kathol. Priester der Erzdiözese München-Freysing. Mit einem Anh. von Meß-, Beicht- und Communion-Andachten. 16. (XX, 399 S.) München 874, J. G. Weiß' Buchdruckerei. * — 60

—— des ehrwürdigen, vier Bücher von der Nachfolge Christi. In's Deutsche übertragen von Benedikt Niedermayer. Nebst einem kleinen Gebetbuche, die gewöhnl. Andachtsübungen enth. 16. (432 S. mit 1 Titelbild in Holzschn.) Regensburg 874, Manz. * — 50

—— dass. — 2., mehrfach verb. Aufl. 8. (340 S. mit 1 Titelbild in Stahlst.) Ebendas. 875. * 1 60

— die Nachfolge Christi. Uebersetzt v. Wilh. Molitor. Nebst e. vollständ. Gebetbuche. 16. (XVI, 356 S. m. 1 Stahlst.) Speyer 874. Kleeberger. n. 1. —; feine Ausg. m. Stahlst. u. chromolith. Titelbl. n. 1. 20

Thomas von Kempen, vier Bücher von der Nachfolge Christi. Mit einem vollständ. Gebetbuch im Geiste der Nachfolge Christi. gr. 16. (480 S. mit 3 lithogr. Bildern.) Einsiedeln 875, Eberle, Kälin und Comp. — 67

—— dass. — Aus dem Latein. übers. und begleitet mit kurzen Erwägungen aus den Schriften der Heiligen und bewährter Geisteslehrer nebst Meß-, Beicht- und Communion-Andacht von Frz. Av. Fincken. 16. (XVI, 487 S. mit 1 Stahlst. und 1 Chromolithogr.) Köln 875, Bachem. 1 50

—— dass. — Görres' Uebersetzung. Mit (eingedr.) Orig.-Zeichnungen von Jos. Ritter v. Führich. In Holzschn. ausgeführt von Kaspar Oertel. 1. Aufl. 1871, und 2. Aufl. gr. 4. (III, 288 S. mit Titelbl. in Holzschn.) Leipzig 875, A. Dürr. * 20 —
geb. (*ℳ 24.) *ℳ 26.; geb. in Leder (*ℳ 30.) * 34 —

—— dass. — Für evangel. Christen bearb. und mit Beicht- und Communiongebeten versehen von Aug. Ludw. Glob. Krehl. Mit Illustr. von Alex. Straehuber, xylogr. von E. Kretzschmar. 13. Aufl. 8. (XIV, 353 S.) Hildburghausen 876, Kesselring'sche Hofbuchh. * 1 20
geb. mit Goldschn. * 2 40

—— dass. — Aus dem Latein. übers. und begleitet mit kurzen Erwägungen aus den Schriften der Heiligen und bewährter Geisteslehrer, nebst den nothwendigsten kirchl. Andachten von Frz. Av. Fincken. 2. Aufl. Min.-Ausg. [Nr. 2.] 16. (XVI, 462 S.) Köln 876, Bachem. — 90

—— die Nachfolge Christi in vier Büchern. Neu übers. und mit einigen Bemerkungen aus den Kirchenvätern und Geisteslehrern verm., nebst einem Anhang mannigfalt. Kirchenhymnen und Gebetsformen von Ludw. Donin. 8. verm. Aufl. 16. (584 S. mit 1 Holzschntaf.) Amberg 877, Habbel.

Thomas von Kempen, das Büchlein von der Nachfolge Christi, übersetzt und mit Nachlese von Goßner. 16. (430 S.) Berlin 877, Buchh. der Goßner'schen Mission. 1 50
geb. in Halbfrzbd. * 2 —
geb. in Lederbd. mit Goldschn. * 4 —

—— dass. — Uebers. von F. X. Müller. Nebst einem Anhang von Gebeten. Ausg. Nr. XI. 32. (384 S. mit 1 Stahlst. und Farbendr.-Titel.) [Köln und Neuß 877.] Düsseldorf, Schwann. 1 50

—— dass. — Ins Deutsche übertragen und mit den nöthigsten Gebeten, Uebungen und Belehrungen aus des sel. Verf. übrigen Schriften versehen von dem Hrsgbr. des Gebetbuches u. d. T.: „So sollet ihr beten!" 24. (IV, 378 S. mit Farbendr.-Titel.) Münster 877, Aschendorff'sche Buchh. — 60

—— dass. — Aus dem Latein. übers. von J. M. Sailer. Nebst einem Anhang von Gebeten. 2. Aufl. 32. (424 S. mit 1 Stahlst.) Paderborn 877, F. Schöningh. * — 40

Thomas von Kempen, vier Bücher von der Nachfolge Christi. Aus dem Latein. übers. von J. M. Sailer. Nebst einem Anhang von Gebeten. 2. Aufl. (Ausg. Nr. II mit rothem Rand.) 32. (424 S. mit 1 Stahlst.) Paderborn 877, F. Schöningh. *

—— dass. — Und ein vollständ. Gebetbuch im Geiste der Nachfolge Christi. Kleinste Ausg. Nr. 4. 32. (351 S. mit 3 Lichtdr.-Bildern.) Einsiedeln 878, Gebr. Benziger. — 90

Thomas von Kempen. Vier Bücher von der Nachfolge Christi. Aus dem lateinischen Urtext neu übersetzt. 2. Aufl. Hamb. 1878. Ü: *Bethmann-Hollweg, Mor. Aug. v.* (Ky)

—— dass. — Aus dem latein. Urtert neu übers. (von M. A. v. Bethmann-Hollweg). 2. Aufl. gr. 16. (XII, 352 S.) Hamburg 878, Agentur des Rauhen Hauses. * 1 —
geb. in Pappbd. * 1 30
Ausg. mit Stahlst. geb. mit Goldschn. * 2 40

—— dass. — für evangel. Christen bearb. und mit noch zwei kleinen Schriften desselben Verf., sowie mit Buß-, Beicht- und Abendmahlsliedern als doppeltem Anhang versehen von Frz. Jul. Bernhard. 10. verb. Aufl. 8. (XXII, 288 S.) Leipzig 878, Teubner. geb. in Leinw. 1 80
geb. mit Goldschn. 3 —

—— dass. — Sammt den Anwendungen und Gebeten von Gonnelieu. In's Deutsche übers. von Jos. Stark. 81. Aufl. Mit einem Anhang von Morgen-, Abend-, Meß-, Beicht-, Kommunion-, Vesper- und Kreuzweg-Andachten. 8. (XVI, 455 S. mit 1 Stahlst.) Lindau 879, Stettner.

—— vier Bücher von der Nachfolge Christi. Aus der latein. Urschrift für evangel. Christen bearb. von einem Geistlichen. Nebst einem Anhang von Morgen- und Abend-, Buß-, Beicht- und Kommunion-Gebeten. 12. Aufl. 32. (VIII, 455 S.) Reutlingen 879, Fleischhauer und Spohn. geb. mit Goldschn. 1 50

Thomas v. Kempis, Vier Bücher von der Nachfolge Christi. In's Deutsche übertragen u. mit den nöthigsten Gebeten, Uebungen u. Belehrungen aus d. sel. Verf. übrigen Schriften versehen von dem Hrsg. des Gebetbuches u. d. T. „So sollet ihr beten!" Aus dem Lat. übers. u. begleitet mit kurzen Erwägungen aus den Schriften der Heiligen u. bewährter Geisteslehrer, nebst den nothwendigsten kirchl. Andachten von Frz. Ad. Frincken. 3. Aufl. Ausg. Nr. 1. 16. (XVI, 519 S. m. 1 Stahlst. u. 1 chromolith. Titelbl.) Köln 880. Bachem. 1. 50

—— dass. — 4. Aufl. Ausg. in ganz großer Schrift [Nr. III]. 12. (XIX, 488 S. mit Farbendr.-Titel und 1 Stahlst.) Ebendas. 881. 1 50
geb. *M 2,20.; M 2,50.; **M 3,25.; M 4,50. und 5 25

—— dass. — 5. Aufl. Min.-Ausg. [Nr. II]. 16. (XVI, 476 S. mit 1 Stahlst.) Ebendas. 881. — 90

—— dass. — Aus dem Latein. übers. von Benedikt Niedermayer. Mit Betrachtungen zu jedem Kapitel aus dem Französ. bearb. und einem Anhang der wichtigsten Gebete von Herm. Webewer. 8. (XII, 482 S. mit 1 Stahlst.) Regensburg 880, Manz. * 2 80

—— dass. — Aus dem Latein. von Ant. Jox. Nebst einer Biographie des gottsel. Verf. und einem Anhang der vorzüglichsten Gebete des Christen. 16. (XVI, 496 S. mit 1 Stahlst.) Dülmen 881, Laumann'sche Verlagsh. * 1 —
geb. von *M 1,50. bis * 6 —

—— dass. — Uebersetzt von F. X. Müller. Nebst einem Anhang von Morgen-, Abend-, Meß-, Beicht-, Communion- und Ablaß-Gebeten. Ausg. Nr. 1. (Feine Ausg.) 32. (511 S. mit 4 Stahlst.) Düsseldorf 881, Schwann'sche Verlagsh. 1 50

—— dass. — Ausg. Nr. 2. (Gewöhnliche Ausg.) 32. (511 S. mit 1 Stahlst.) Ebendas. 881. — 75

—— dass. — Ausg. Nr. 4. (Feine Ausg. mit rother Einfassung.) 16. (480 S. mit 1 Stahlst.) Ebendas. 883. 1 50

—— dass. — Ausg. Nr. 5. (Gewöhnliche Ausg.) 16. (480 S. mit 1 Stahlst.) Ebendas. 881. 1 —

—— dass. — Ausg. Nr. 9. (Ausg. in grober Schrift.) [Neue Aufl.] 16. (647 S. mit 1 Stahlst.) Ebendas. 882. 1 50

—— dass. — Ausg. Nr. 10. (Diamant-Ausg.) 64. (384 S. mit 1 Stahlst.) Ebendas. 882. 1 25

Thomas von Kempen, die Nachfolge Christi. Neu hrsg. mit Zugrundelegung der Gossner'schen Uebersetzung von W. Ebert. Mit Orig.-Zeichnungen (in Holzschn.) von Carl Merkel. 2. um 8 Vollbilder verm. Aufl. 9 Lfgn. gr. 4. (VI, 276 S.) [Kassel 881,82, Kay.] Leipzig, Rother. à Lfg. M 1. *
geb. *

—— dass. — Aus dem Latein. übers. von J. M. Sailer. Nebst einem Anhang von Gebeten und Kirchenliedern. 2. Aufl. 16. (424 S.) Wien 881, Grottendiek's Verlag.
geb. mit Goldschn. * 2 —

—— vier Bücher von der Nachfolge Christi. Mit Uebungen und Gebeten zu Ende eines jeden Kapitels. 12. Ausg. Mit einem Anhang der nothwendigsten Gebete. 16. (672 S. mit 1 Stahlst. und 1 Chromolithogr.) Münster 882, Aschendorff'sche Buchh. * 1 —

Thomas von Kempen, vier Bücher von der Nachfolge Christi. Im J. 1617 aus dem Latein. hrsg. von Joh. Arnd. Neue Ausg. mit großem Druck. 8. (845 S.) Stuttgart 882, J. F. Steinkopf. *M 2.; geb. * 3 20

— dasselbe. Neu hrsg. m. Zugrundelegg. der Gossner-schen Uebersetzg. v. W. Ebert. Mit Orig.-Zeichngn. v. Carl Merkel. 3. Aufl. gr. 4. (VI, 276 S.) Frankfurt a/M. 883. Drescher's Verl. geb. in Leinw. m. Goldschn. 12. —; in Ldr. 15. —

—— dass. — 3. Aufl. gr. 4. (VI, 276 S.) Leipzig 883, [Rother und Drescher.] Rother.
geb. in Leinw. mit Goldschn.

—— dass. — Nach der revid. Übersetzung von Guido Görres. Mit einem Anhang von Gebeten und einem prakt. Register. Ausg. A. 16. (463 S.) Paderborn 883, Bonifacius-Druckerei. * — 40

—— dass. — Ausg. B. 12. (322 S. mit 1 Stahlst.) Ebendas. 883. 1 20

—— dass. — Aus dem Latein. übers. von J. M. Sailer. Nebst einem Anhang von Gebeten. 3. Aufl. 32. (452 S. mit 1 Stahlst.) Paderborn 883, F. Schöningh. * — 40

—— dass. — Aus der latein. Urschrift auf's Neue übers. und mit Lebensbeschreibung nebst Bildniß des sel. Thomas und mit 4 weiteren Kupfern versehen. 2. Aufl. 16. (LXXXII, 366 S.) Ducherow 884. (Leipzig, Buchh. des Vereinshauses.)
geb. * — 80

—— dass. — [Görres' Uebersetzung.] Mit Orig.-Zeichnungen von Jos. Ritter v. Führich. In Holzschn. ausgeführt von R. Oertel. Volks-Ausg. 18 Lfgn. gr. 4. (VII, 288 S.) Leipzig 884, A. Dürr. à Lfg. * 50 Pf. * 9 —
geb. ** 12 50
Pracht-Ausg. *M 20.; geb. in Leinw. mit Goldschn. * 26 —
geb. in Ldr. * 34 —

—— dass. — Nach der revid. Übersetzung von Guido Görres. Mit einem Anhang von Gebeten und einem prakt. Register. Ausg. in grobem Druck. 12. (498 S. mit 1 Stahlst.) Paderborn 884, Bonifacius-Druckerei. 1 20

—— dass. — Aus der latein. Urschrift übers. von einem Geistlichen der Erzdiöcese Köln. Mit einem Vorwort von W. Smets. Nebst einem Anhang von Morgen-, Abend-, Meß-, Beicht- und Kommunion-Gebeten, sowie Kreuzwegbetrachtungen. 16. Aufl. 32. (VIII, 472 S. mit 1 Farbendr.-Titel und 4 Stahlst.) Reutlingen 884, Fleischhauer und Spohn. geb. in Leinw. 1 35
geb. in Ldr. * 2 —

—— dass. — Aus der latein. Urschrift für evangel. Christen bearb. von einem Geistlichen. Nebst einem Anhang von Morgen- und Abend-, Buß-, Beicht- und Kommunion-Gebeten. 13. Aufl. 32. (VIII, 455 S.) Ebendas. 884. geb. 1 20
geb. mit Goldschn. 1 50

— dasselbe. Im J. 1617 aus dem Lat. v. Joh. Arnd. Neue Ster.-Ausg. 16. (300 S.) Stuttgart 884. J. F. Steinkopf. geb. m. Goldschn. n. 1. 50

—— dass. — Uebersetzt von Al. Werfer, mit Orig.-Zeichnungen von Karl Gehrts. (In 4 Bdn.) 1. Bd. hoch 4. (104 S.) Ulm 884, Ebner'sche Buchh. 2 50

— dasselbe, übers. v. Alb. Werfer, m. Orig.-Zeichngn. v. Karl Gehrts. (4 Bde.) hoch 4. (446 S.) Ulm 884—86. Ebner. 9. —

—— dass. — für evangel. Christen bearb. und mit Beicht- und Communiongebeten versehen von Aug. Ludw. Glob. Krehl. 14. Aufl. 8. (XIV, 353 S. mit Illustr. von Alex. Straehuber, xylograph. von E. Kretzschmar.) Hildburghausen 885, Kesselring'sche Hofbuchh. *
geb. mit Goldschn. *

—— die Nachfolge Christi, übers. von Alb. Werfer, mit Orig.-Zeichnungen von Karl Gehrts. 2.—4. (Schluß-)Bd. hoch 4. Ulm, Ebner'sche Buchh. [2. Bd. (S. 105—240.) 885. *M* 2.50.; 3. und 4. Bd. (S. 241—446.) 886. *M* 4.—.]
1. Bd. Ebendas. 1884. *M* 2.50.

—— dass. — Nach dem latein. Original neu bearb. von Bernh. Lesker. Nebst einem Gebetbuch. Ausg. Nr. 1. 32. (478 S. mit farb. Titel und 2 Chromolithogr.) Einsiedeln 886, Benziger und Comp. 55 Pf.; geb.

—— dass. — Ausg. Nr. 5. 32. (478 S. mit farb. Titel und 2 Stahlst.) Ebendas. 886. *M* 1.30.; geb.

—— dass. — Mit Anwendungen und Gebeten nach Gonnelieu, und einem Anhang der nothwendigsten Gebete. Bearb. von A. Maier. 16. (622 S. mit 1 Stahlst.) Ebendas. 886.
geb.

—— dass. — für evangel. Christen bearb. und mit noch zwei kleinen Schriften desselben Verf., so wie mit Buß-, Beicht- und Abendmahlsliedern als doppeltem Anhang versehen von Frz. Jul. Bernhard. 11. Ster.-Aufl. 8. (XXII, 288 S. mit Titel in Stahlst. und 1 Stahlst.) Leipzig 886, Teubner.
geb.
geb. mit Goldschn.

—— dass. — Nach der deutschen Uebersetzung des Guido Görres, in stenograph. Schrift autograph. von Hieron. Grazmüller. 3. Aufl. 16. (XII, 212 S.) Lindau 886, Stettner. *
geb. *
geb. mit Goldschn. *

—— vier Bücher von der Nachfolge Christi. 1617 aus dem Latein. von Joh. Arnd. Ster.-Ausg. 14. Abdruck. 16. (300 S.) Stuttgart 886, J. F. Steinkopf.
geb. mit Goldschn. *

— die Nachfolge Christi. Aus dem Lat. übers. durch J. Arnd. Neue Ster.-Ausg. 5. Aufl. Mit 5 Holzschn. 16. (III, 272 S.) Berlin 887. Evangel. Bücherverein. n. — 85; geb. in Leinw. n. 1. 35; m. Goldschn. n. 1. 60; in Ldr. m. Goldschn. n. 2. 10

—— dass. — Aus dem Latein. von Ant. Jox. Nebst einer Biographie des gottseligen Verf. und einem Anhang der vorzüglichsten Gebete der Christen. 2. verb. Aufl. 24. (XVI, 496 S. mit 1 Bild.) Dülmen 887, Laumann'sche Verlagsh. *
geb. *

—— dass. — Übers. von F. X. Müller. (Prachtausg. Reich illustriert von H. Commans.) hoch 4. (VIII, 266 S.) Düsseldorf 887, Schwann. *
geb. * *M* 25.—. bis *

—— dass. — Uebers. von F. X. Müller. Nebst einem Anhange von Gebeten. Ausg. Nr. 3. 16. (384 S. mit 1 Stahlst.) Ebendas. 886. 40 Pf.; geb. in Leinw.
geb. mit Goldschn. *

—— dass. — Ster.-Abdr. des Haupttextes der Prachtausg. desselben Werkes von Frz. Seraph Häglsperger. Sammt einem Anhang, enthaltend: Morgen-, Abend-, Meß-, Beicht- und Kommuniongebete nebst einer Kreuzweg-Andacht. Neueste Aufl. 8. (X, 220 S. mit 1 Titelbilde.) Regensburg 887, Verlags-Anstalt. *

—— dass. — Uebersetzt und mittelst des geistl. Kampfes von Scupuli und der Lebensgeschichte der Heiligen Gottes veranschaulicht und mit einer Einleitung vom heiligen Bonaventura erklärt, nebst den nothwendigsten Gebeten von Ludwig Donin. 32. (576 S.) Winterberg 887, Steinbrener's Verlag.
geb. *

Thomas v. Kempen, vier Bücher von der Nachfolge Christi. Übers. von Guido Görres. Neue Ausg. 16. (318 S.) Aachen 888, Barth. geb. **

— dasselbe. Von A. Jox. Nebst e. Biographie d. gottsel. Verf. u. e. Anh. der vorzüglichsten Gebete d. Christen. 3., verb. Aufl. 16. (496 S.) Dülmen 888. Laumann. — 60; geb. — 90

—— dass. — Aus dem Latein. übers. von J. M. Sailer. Nebst einem Anhang von Gebeten. 4. Aufl. Ausg. Nr. I. 16. (452 S. mit 1 Stahlst.) Paderborn 888, F. Schöningh. *

Thomas v. Kempen, vier Bücher von der Nachfolge Christi. Aus der latein. Urschrift für evangel. Christen bearb. von einem Geistlichen. Nebst einem Anhang von Morgen- und Abend-, Buß-, Beicht- und Kommunion-Gebeten. 14. Aufl. 32. (VIII, 455 S. mit 1 Stahlst.) Reutlingen 888, Fleischhauer und Spohn. cart. 90 Pf.; geb.
geb. mit Goldschn.

— dasselbe. Frei aus dem Lat. übers. u. neu bearb. v. J. C. A. Schmidt. Neue Ster.-Ausg. 16. (VII, 280 S.) Anklam 890. Schmidt. geb. n. 1. —

Thomas v. Kempis, vier Bücher v. der Nachfolge Christi, nach dem Lat. f. evangel. Christen. Neue Ster.-Ausg. 16. (288 S. m. 1 Stahlst.) Calw u. Stuttgart 890. Vereinsbuchhandlg. geb. m. Goldschn. n. 1. 50

—— dass. — Sammt den Anwendgn. u. Gebeten d. P. Gonnelieu. Ins Deutsche übers. v. Jos. Stark. 32. Aufl. Mit e. Anh. v. Morgen-, Abend-, Meß-, Beicht-, Kommunion-, Vesper- u. Kreuzweg-Andachten. gr. 8. (XVI, 455 S. m. 1 Stahlst.) Lindau 890, Stettner. 1 50
geb. in Leinw. * 2 25; m. Goldschn. * 2 50; in Ldr. m. G. * 3 —

— dasselbe, nach der Übersetzg. ins Deutsche von Joh. Arndt. Nebst e. Anh. v. Gebeten. Neu durchgesehen u. berichtigt nach dem latein. Originale v. St. 16. (400 S. m. e. Bild.) Reutlingen 890. Enßlin & Laiblin. geb. n. 1. —; feine Ausg. geb. m. Goldschn. 1. 80

— dasselbe. Aus der latein. Urschrift f. evangel. Christen bearb. v. e. Geistlichen. Nebst e. Anh. v. Morgen= u. Abend=, Buß=, Beicht= u. Kommunion=Gebeten. 14. Aufl. Neue Ausg. 32. (VIII, 455 S. m. 1 Stahlst.) Reutlingen 890. Fleischhauer & Spohn. cart. — 90; geb. 1. 20; m. Goldschn. 1. 50

—— dass. — Aus der latein. Urschrift übers. v. e. Geistlichen der Erzdiöcese Köln. Mit e. Vorwort v. W. Smets. Nebst e. Anh. v. Morgen=, Abend=, Meß=, Beicht= u. Kommunion=Gebeten, sowie Kreuzwegbetrachtgn. 17. Aufl. Mit e. Farbdr.=Titel u. 4 Stahlst. 24. (VIII, 472 S.) Reutl. 890, Fleischhauer u. Spohn. geb. in Leinw. m. Goldschn. 1 35; in Saffian * 2 —

—— dass. — Aus dem latein. Urtext neu übers. 4. Aufl. gr. 16. (XII, 352 S. m. 1 Stahlst.) Hamb. 891, Agentur d. Rauhen Hauses. geb. m. Goldschn. * 2 40; ohne Stahlst. * 1 —; geb. * 1 20

—— vier Bücher v. der Nachfolge Christi. Aus dem Latein. übers. u. begleitet m. kurzen Erwäggn. aus den Schriften der Heiligen u. bewährter Geisteslehrer, nebst den nothwendigsten kirchl. Andachten v. Frz. Ad. Frincken. 4. Aufl. Ausg. Nr. 1. 16°. (XVI, 520 S. m. farb. Titel u. 1 Stahlst.) Köln 891, Bachem. 1 50

—— Die Nachfolge Christi. Neu hrsg. m. Zugrundelegg. der Goßnerschen Uebersetzg. v. W. Ebert. Mit Orig.=Zeichngn. v. Carl Merkel. 3., um 8 Bilder verm. Aufl. gr. 4. (VI, 276 S.) Lpz. 891, Nebel. geb. m. Goldschn. * 12 50

Vgl.: De imitatione Christi. — Faßner, Gerh. Die Nachfolge Christi.

Thomas v. Kempen (Thomas a Kempis), vier Bücher v. der Nachfolge Christi. Aus d. Lat. übers. u. begleitet m. kurzen Erwägungen aus d. Schriften d. Heiligen u. bew. Geisteslehrer, nebst d. nothwendigsten kirchl. Andachten v. Frz. Ad. Frincken. 5. Aufl. Ausg. Nr. I. gr. 16. (XVI, 520 S. m. farb. Titel u. 1 Stahlst.) Köln (892). J. P. Bachem. 1. 50

—— dass. — Aus dem Latein. übers. v. Wilh. Reuter. Nebst e. doppelten Zugabe, die Grundlinien der Ascetik, sowie Morgen=, Abend=, Meß=, Beicht=, Communion= u. Nachmittags=Andachten enth. 7. Aufl. 24. (445 S. m. farb. Titel u. 1 Stahlst.) Saarlouis 892, Stein Nachf. * 50

Thomas v. Kempen, des gottsel., 4 Bücher v. der Nachfolge Christi. Uebers. v. Guido Görres. Ausg. in größerem Druck. 16. (VIII, 408 S.) Aachen 893. R. Barth, Verl. Geb. in Skytogen. n. 1. —; in Ldr. n. 2. —

— die Nachfolge Christi. Mit dem Lebensabrisse des gottsel. Thomas, prakt. u. erbaul. Ubgn. Neue Aufl. m. farb. Titelbild. 16. (XLVI, 501 S.) Freiburg i/B. 893. Herder. — 90; geb. in Leinw. n. 1. 80; in Bocklbr. n. 2. 10; m. Goldschn. n. 2. 30

— dasselbe. Mit e. Anh., die gewöhnlichsten Gebete u. Ablaßandachten aufs ganze Jahr enth. v. A. Pfister. Neue, rev. Aufl. m. e. Stahlst. 16. (XV, 399 S.) Ebd. 893. — 60; geb. in Leinw. n. 1. —; in Bocklbr. n. 1. 80; m. Goldschn. n. 2. —

— dasselbe. Aus dem Lat. übers. u. m. dem Lebensabrisse d. gottsel. Thomas, m. pract. u. erbaul. Uebgn., sowie m. den gewöhnlichsten Gebeten u. Ablaßandachten aufs ganze Jahr versehen v. A. Pfister. 4. Aufl. 16. (XXXVI, 448 S. m. 1 Stahlst.) Ebd. 893. 1. 20; geb. in Leinw. n. 1. 80; m. Goldschn. n. 2. —; in Schaflbr. m. Goldschn. n. 2. 75; in Bocklbr. n. 2. 90; m. Goldschn. n. 3. 20

— dasselbe in deutschen Reimen v. Herm. Iseke. 12. (430 S.) Heiligenstadt 893. F. W. Cordier. n. 3. —; geb. n. 4. 50

— dasselbe. Mit Orig.=Zeichngn. von Jos. Ritter v. Führich. In Holzschn. ausgeführt v. Kasp. Oertel. Volksausg. 2. Aufl. gr. 4. (VII, 288 S.) Leipzig 893. A. Dürr. Geb. in Leinw. n.n. 12. 50

— dasselbe. Aus dem Lat. übers. v. J. M. Sailer. Nebst e. Anh. v. Gebeten. 5. Aufl. Ausg. Nr. I. 24. (452 S.) Paderborn 893. F. Schöningh. n. — 40; geb. in Ldr. m. Goldschn. n. 1. 20

— dasselbe. Von A. Jox. Nebst e. Biographie des gottsel. Verf. u. e. Anh. der vorzüglichsten Gebete des Christen. 6., verb. Aufl. 16. (VIII, 488 S. m. 1 Stahlst.) Dülmen 894. A. Laumann. — 60; geb. n. 1. —

— dasselbe. Nach d. latein. Original neu bearb. v. Bernh. Lesker. Nebst e. Gebetbuch. Ausg. III. m. großem Druck. 12. (480 S. m. 1 Stahlst.) Einsiedeln 894. Verlagsanstalt Benziger & Co. Geb. in Leinw. n. 2. —

— dasselbe. Neu hrsg. m. Zugrundelegg. der Goßner'schen Uebersetzg. v. W. Ebert. Mit Orig.=Zeichngn. v. Carl Merkel. 6. Aufl. gr. 4. (VI, 276 S.) Hannover 894. G. Nebel. Geb. in Leinw. m. Goldschn. 12. 50

— dasselbe in deutschen Reimen v. Herm. Iseke. 3.—5. Taus. 12. (448 S. m. 5 Taf.) Heiligenstadt 895. F. W. Cordier. n. 3. —; geb. in Leinw. m. Goldschn. n. 4. 50

[F.] Thomas v. Kempen. Vier Bücher von der Nachfolge Christi. M. kurzen Erwäggn aus d. Schriften der Heiligen u. bewährter Geisteslehrer begleitet, nebst d. nothwendigsten kirchl. Andachten v. Franz Ad[am] Fricken, Pastor in Manheim, Erzdiöc. Köln. 10. Aufl. Miniatur-Ausg. '(No II)' ... *Köln: J. P. Bachem [1895].* (XVI, 476 S., 1 Taf.) 1 Bd 8. [96. 1173]

— dasselbe. Aus der latein. Urschrift f. evang. Christen bearb. v. e. Geistlichen. Nebst e. Anh. v. Morgen= u. Abend=, Buß=, Beicht= u. Kommunion=Gebeten. 15. Aufl. 24. (VIII, 455 S. m. 1 Stahlst.) Reutlingen 895. Fleischhauer & Spohn. Kart. — 90

— dasselbe. Uebers. v. Wilh. Molitor. Nebst e. vollständ. Gebetbuche. (2. Aufl.) 16. (XVI, 419 S.) Speyer 895. Jäger. n. 1. —; geb. in Leinw. n. 1. 50

— dasselbe. Aus d. lat. Urtext neu übers. 5. Aufl. 12. (XII, 352 S.) Hamburg 896. Agentur des Rauhen Hauses. Geb. in Leinw. n. 1. 20; m. Goldschn. u. Stahlst. n. 2. 40

— dasselbe, nach d. Übersetzg. in's Deutsche v. Joh. Arnd. Nebst e. Anh. v. Gebeten. Neu durchges. u. berichtigt nach dem latein. Originale v. St. Ster.=Ausg. gr. 16. (400 S. m. Titelbild.) Kassel 896. E. Röttger. Geb. in Leinw. n. 1. 20; m. Goldschn. n. 2. 25; in Ldr. m. Goldschn. 3. 50

[F.] Vier Bücher von der Nachfolge Christi (Vf.: Thomas a Kempis) a. d. Latein. v. Dr. Guido Görres. *Münster i. W.: H. Schoningh [1896].* (2 Bl., 429 S.) 1 Bd 8. [97. 6244]

— dasselbe. Im J. 1617 aus d. Lat. hrsg. v. Joh. Arnd. Neue Ausg. m. großem Druck. 2. Aufl. 8. (345 S.) Stuttgart 896. J. F. Steinkopf. n. 2. —; geb. m. Goldschn. n. 3. 20

— dasselbe, s. a. Bücherei, allgemeine, Nr. 17—19.

— vier Bücher v. der Nachfolge Christi. Von A. Jox, C. M. Nebst e. Biographie d. gottsel. Verf. u. e. Anh. d. vorzüglichsten Gebete d. Christen. 8. Aufl. [Feindr.] 16. (VIII, 464 S. m. 1 Stahlst.) Dülmen 897. A. Laumann. Geb. 1. —

— dasselbe, f. evangel. Christen bearb. u. m. Beicht- u. Communiongebeten versehen v. Aug. Ludw. Glob. Krehl. M. Illustr. v. Alex. Strachuber, xylogr. v. E. Kretzschmar. 15. Aufl. 12. (XIV, 353 S.) Frankfurt a/M. 897. Kesselring. Geb. in Leinw. m. Goldschn. n. 2.50

[J.] Thomas v. Kempen, Vier Bücher von der Nachfolge Jesu Christi. Neu aus d. Latein. übs. v. Dr. Wilh. Reuter, kathol. Priester. Nebst e. doppelten Zugabe: d. Grundlinien d. Ascetik sowie Morgen-, Abend-, Mess-, Beicht-, Communion- u. Nachmittags-Andachten enthaltend. 8. Aufl. . . . *Saarlouis: Hausen & C. [1897?].* (445 S.) 1 Bd 8. [98. 4324

— dasselbe. Aus d. Lat. übers. u. m. d. Lebensabrisse d. gottsel. Thomas, sowie m. d. gewöhnl. Gebeten vers. v. Johs. Schäfer, S. V. D. 16. (XVI, 640 S. m. Titelbild.) Steyl 897. Missionsdruckerei. Geb. n. 1.50 u. n. 2.25

— die Nachfolge Christi. M. e. Anh., d. gewöhnlichsten Gebete u. Ablaßandachten aufs ganze Jahr enthalt., v. A. Pfister. Neue, rev. Aufl. 16. (XV, 399 S. m. 1 Stahlst.) Freiburg i/B. 898. Herder. — 60; geb. in Leinw. n. 1. —

Vier Bücher von der Nachfolge Christi, von Thomas von Kempen. Mit Uebungen u. Gebeten zu Ende e. jeden Kapitels. Mit e. Anh. d. nothwendigsten Gebete. Ster. Ausg. Münster i. W.: Aschendorff [1898]. (640 S.) 8°

— vier Bücher d. Nachfolge Christi. Aus d. Lat. übers. v. J. M. Sailer. Nebst e. Anh. v. Gebeten. 6. Aufl. Ster.-Ausg. Nr. I. 16. (452 S. m. 1 Stahlst.) Paderborn 898. F. Schöningh. n. — 40

— dasselbe. Mit dem Lebensabrisse des gottsel. Thomas, prakt. u. erbaul. Uebgn., sowie m. den gewöhnlichsten Gebeten u. Ablaßandachten auf das ganze Jahr versehen von A. Pfister. Neue Aufl., m. farb. Titelbild. gr. 16. (XLVI, 501 S.) Freiburg i/B. (899). Herder. — 90; geb. in Leinw. n. 1.30

— Nachfolge Christi in deutschen Reimen von Herm. Iseke. 6. u. 7. Taus. 12. (448 S.) Heiligenstadt 899. F. W. Cordier. Geb. in Leinw. m. Goldschn. n. 4.50

Die Vier Bücher von der Nachfolge Christi (von Thomas a Kempis) nach d. alten Häglspergerschen Ausg. neu bearb. von P. Joh[annes] Droste, Priester d. Ges. Jesu. Kevelaer: Butzon & Bercker 1899. (441 S.) 8°

— dasselbe. Nach d. deutschen Uebersetzg. des Guido Görres in stenograph. Schrift autogr. von Hieron. Gratzmüller, O. S. B. 4., nach den Beschlüssen des Wiener Stenographentages umgearb. Aufl. 12. (XII, 212 S.) Lindau 899. J. Th. Stettner. n. 1.80; geb. in Leinw. n. 2.40; m. Goldschn. n. 2.80

— dasselbe. Mit Uebungen u. Gebeten zu Ende e. jeden Kapitels. Mit e. Anh. der nothwendigsten Gebete. Ster.-Ausg. gr. 16. (704 S. m. 1 Farbdr.) Münster 899. Aschendorff. n. 1. —; Miniaturausg. 16. (640 S. m. Titelbild.) (900.) n. — 75

— dasselbe. Nach dem Lat. von Bernh. Lesker. Ausg. Nr. IV. 16. (480 S. m. 1 Stahlst.) Einsiedeln 900. Verlagsanstalt Benziger & Co. Geb. in Leinw. n. 1.20; in Ldr. m. Goldschn. n. 1.60 u. n. 2.40

— dasselbe. Ins Deutsche übertr. v. Bened. Niedermeyer. O. S. B. Mit e. kleinen Gebetbuche, die gewöhnl. Andachtsübgn. enth. (432 S. m. Titelbild.) 16. Regensburg 900. Verlags-Anstalt vorm. G. J. Manz. — 50; geb. in Leinw. n. — 85

Des gottseligen Thomas von Kempen vier Bücher von der Nachfolge Christi [de imitatione Christi]. Von A[nton] Jox. Nebst e. Anh. d. vorzüglichsten Gebete des Christen. 2. Aufl. in Grobdr. Dülmen: A. Laumann 1901. (XVI, 648 S.) 8°

Des gottsel. Thomas von Kempen 4 Bücher von der Nachfolge Christi [De imitatione Christi]. Von A[nton] Jox. Nebst e. Biogr. d. Verf. u. e. Anh. 13. verb. Aufl. Bes. durch L. Thomas. Dülmen: A. Laumann 1901. (XII, 464 S.) 8°

Thomas von Kempen. Vier Bücher von der Nachfolge Jesu Christi [De imitatione Christi]. Uebers. von Dr. F[ranz] X[aver] Müller, kath. Priester. Nebst e. vollständ. Gebetbuche. Ausg. No 3. Düsseldorf: L. Schwann [1901]. (383 S.) 8°

Thomas von Kempen's Vier Bücher von der Nachfolge Christi [De imitatione Christi]. Nach d. Latein. von Bernhard Lesker, Pfarrer d. Diöc. Mainz. Ausg. No 6. Einsiedeln, Köln: Benziger & Co 1901. (480 S.) 8°

— die Nachfolge Christi. Mit e. Anh., die gewöhnlichsten Gebete u. Ablaßandachten aufs ganze Jahr enth., v. A. Pfister. Neue, rev. Aufl. 16. (XV, 399 S. m. 1 Stahlst.) Freiburg i/B. (901). Herder. — 60; geb. in Leinw. n. 1. —

Thomas a Kempis, die Nachfolge Christi. Mit dem Lebensabrisse des gottsel. Thomas, prakt. u. erbaul. Uebgn., sowie m. den gewöhnlichsten Gebeten u. Ablaßandachten auf das ganze Jahr versehen von A. Pfister. Ausg. in grobem Druck. gr. 16. (XVI, 671 S. m. farb. Titelbild.) Ebd. (901). 1.50; geb. in Leinw. n. 2. —

Thomas von Kempen. 4 Bücher von der Nachfolge Christi [De imitatione Christi]. Aus d. Lat. übers. u. begl. mit kurzen Erwägungen aus d. Schriften d. Heil. u. bewährter Geisteslehrer nebst den nothwend. kirchl. Andachten von Franz Ad. Frincken. Pastor in Manheim. 17. Aufl. Köln a. Rh.: J. P. Bachem [1901]. (XVI, 520 S.) 8°

Thomas von Kempen. Vier Bücher von der Nachfolge Christi [De imitatione Christi libri IV]. Aus d. Nachl. d. sel. P. Hasslacher S. J. Hrsg. von J[ohann] Hertkens, Oberpfarrer. Ausg. 1 mit Ergänzungen. 2. Aufl. M. Gladbach: A. Riffarth [1901]. (Getr. Pag.) 8°

— vier Bücher v. der Nachfolge Christi. Aus dem Nachlasse des sel. Haßlacher, S. J. Hrsg. von J. Hertkens. Ausg. I m. Erwäggn. 16. (X, 450; 60 u. II S. m. Titelbild.) M. Gladbach (901). A. Riffarth. Geb. in Leinw. n. 1.25

— dasselbe. Von J. Hertkens. 16. (XVIII, 321 u. 69 S. m. Titelbild.) Ebd. (896). Geb. in Leinw. — 65

Thomas von Kempen. Vier Bücher von der Nachfolge Christi [De imitatione Christi]. Nach d. Reuter'schen Uebers. bearb. u. mit prakt. Zugaben versehen von P[eter] Weber, Domvikar in Trier. Saarlouis: Hausen & Co [1901]. (326, 121 S.) 8°

— vier Bücher v. der Nachfolge Christi. Von A. Jox, C. M. Nebst e. Biographie des gottsel. Verf. u. e. Anh. der vorzüglichsten Gebete des Christen. 13. verb. Aufl. 32.—34. Taus. Besorgt durch L. Thomas, C. M. 16. (XII, 464 S. m. 1 Stahlst.) Dülmen 902. A. Laumann. Geb. in Leinw. 1. —

Des gottsel. Thomas von Kempen 4 Bücher von der Nachfolge Christi [De imitatione Christi]. Von A[nton] Jox. Nebst e. Biogr. d. Verf. u. e. Anh. 14. verb. Aufl. Bes. durch L. Thomas. Dülmen: A. Laumann 1902. (XII, 464 S.) 8°

Des gottsel. Thomas von Kempen 4 Bücher von der Nachfolge Christi [De imitatione Christi]. Von A[nton] Jox. Nebst e. Biogr. d. Verf. u. e. Anh. 15. verb. Aufl. Bes. durch L. Thomas. Dülmen: A. Laumann 1902. (XII, 464 S.) 8°

Vier Bücher von der Nachfolge Christi [De imitatione Christi] von **Thomas** von Kempen. Nach d. lat. Orig. neu bearb. von Bernhard Lesker, Pfarrer d. Diöc. Mainz. Nebst e. Gebetbuch. Ausg. No 1. Einsiedeln, Köln: Benziger & Co [um 1902]. (478 S.) 8°

Vier Bücher von der Nachfolge Christi [De imitatione Christi] von **Thomas** von Kempen. Nebst e. vollst. Gebetbuch. Ausg. No 2. *Einsiedeln, Köln: Benziger & Co. [um 1902].* (477 S.) 8° [F.] [03. 3714]

Vier Bücher von der Nachfolge Christi [De imitatione Christi] von **Thomas** v. Kempen u. e. vollst. Gebetbuch im Geiste d. Nachfolge Christi. Kleinste Ausg. No 4. Einsiedeln, Köln: Benziger & Co [um 1902]. (351 S.) 8°

Vier Bücher von der Nachfolge Christi [De imitatione Christi] von **Thomas** von Kempen. Nach d. latein. Orig. neu bearb. von Bernhard Lesker, Pfarrer d. Diöc. Mainz. Nebst e. Gebetbuch. Feine Ausg. No 5. 5. Aufl. Einsiedeln, Köln: Benziger & Co. [1902]. (478 S.) 8°

Die Nachfolge Christi [De imitatione Christi]. Von d. ehrw. **Thomas** von Kempen. Mit Anwendungen u. Gebeten nach P. Gonnelieu, S. J., u. e. Anh. d. nothwendigsten Gebete. Bearb. von A. Maier, Repetitor zu St. Peter bei Freiburg. Einsiedeln, Köln: Benziger & Co [um 1902]. (622 S.) 8°

Thomas von Kempen. Vier Bücher von der Nachfolge Christi [De imitatione Christi]. Nach d. Reuter'schen Übers. bearb. u. mit prakt. Zugaben versehen von P[eter] Weber, Domvikar in Trier. *Saarlouis: Hausen & Co. 1902.* (326, 121* S.) 8° [F.] [04. 4673]

— dasselbe. Nach der Reuter'schen Übersetzg. bearb. u. m. prakt. Zugaben versehen von P. Weber. 16. (326 u. 121 S. m. 1 Farbdr.) Saarlouis 902. F. Stein Nachf. — 80; geb. in Leinw. n. — 95; in Chagrin m. Goldschn. n. 1. 75; in Saff. m. Goldschn. n. 2. 30

— dasselbe. Ein kernhafter Auszug aus: „De Imitatione Christi". Nach dem latein. Urtexte (frei) bearb. u. m. Anmerkgn. hrsg. v. E. A. Kernwart. (Geschenkausg.) (XV, 172 S.) 8. Leipzig 903. Jaeger. Geb. in Leinw. 3. 50

— dasselbe, s. a. Bibliothek berühmter Mystiker. I.

— dasselbe. Aus dem Lat. übers. v. Wilh. Reuter. Nebst e. doppelten Zugabe: die Grundlinien der Ascetik, sowie verschiedene Andachten enth. 9. Aufl. (445 S. m. Titelbild.) 16. Saarlouis (903). F. Stein Nachf. Geb. in Leinw. — 55

Vier Bücher von der Nachfolge Christi [De imitatione Christi] von **Thomas** von Kempen. Neu hrsg. u. mit e. Vorbemerkung versehen von Hans Wittenberg. Halle a.d.S.: O. Hendel [1904]. (IV, 192 S.) 8°
(Bibliothek d. Gesamtlitteratur d. In- u. Auslandes. No 1775–1777.)

— dasselbe, s. a. Bibliothek der Gesamtlitteratur.

— dasselbe, nach der alten Hägelspergerschen Ausg. neu bearb. v. Joh. Droste, S. J. 3. Aufl. Ausg. Nr. 2. (528 S. m. 1 Titelbild.) 16. Kevelaer (904). Butzon & Bercker. Geb. in Leinw. — 75

— dasselbe m. den 14 Kreuzwegstationen von J. Ritter v. Führich. Uebersetzung u. Beigabe der harmon. Nachklänge aus Schriften bewährter Geisteslehrer v. Ser. Häglsperger. Nebst e. Anh., enth. das nach dem Quedlinburger Codex „2. Buch der Nachfolge". 5. Aufl. (VIII, 352 S. m. Titelbild.) gr. 8. Regensburg 904. Verlagsanstalt vorm. G. J. Manz. 1. 80; geb. in Leinw. 2. 40

— das goldene Büchlein von der Nachfolge Christi. Nach dem durch den Pastor Karl Hirsche zu Hamburg hrsg. latein. Urtexte poetisch bearb. von Leop. Haupt. (VI, 104 S.) 8. Schweidnitz (904). P. Frömsdorf. n. 1. 20

— vier Bücher v. der Nachfolge Christi. Von A. Jox, C. M. Nebst e. Biographie des gottsel. Verf. u. e. Anh. der vorzüglichsten Gebete des Christen. 16. Aufl. 42. bis 44. Taus. Besorgt durch L. Thomas, C. M. (XII, 464 S. m. 1 Stahlst.) 16. Dülmen 905. A. Laumann. Geb. in Leinw. n. 1. —

Des gottsel. **Thomas** von Kempen [a Kempis] 4 Bücher von der Nachfolge Christi [De imitatione Christi]. Von A[nton] Jox. Nebst e. Biogr. d. Verf. u. e. Anh. 17. Aufl. Besorgt durch L. Thomas. Dülmen: A. Laumann 1905. (XII, 464 S.) 8°

Des gottsel. **Thomas** von Kempen [a Kempis] 4 Bücher von der Nachfolge Christi [De imitatione Christi]. Von A[nton] Jox. Nebst e. Biogr. d. Verf. u. e. Anh. 18. Aufl. Besorgt durch L. Thomas. Dülmen: A. Laumann 1905. (XII, 404 S.) 8° [F.] [06. 11778 6]

— dasselbe. Neu übers. Hrsg. v. Paul Frömsdorf. (VII, 247 S.) 8. Schweidnitz (905). P. Frömsdorf. n. 2. —; geb. n. 3. —

— das 5. Buch v. der Nachfolge Christi. Ein mittelalterl. Büchlein, erneuert durch Adf. Innerkofler. C. SS. R. (67 S.) 16. Wien 905. H. Kirsch. n. — 60

— Nachfolge Christi. Eine Auswahl ungekürzt. Kapitel nach der Uebersetzg. v. Guido Görres. In vereinfachter deutsch. Stenographie (Einigungssystem Stolze-Schrey) hrsg. v. H. Coprian. (146 u. V S.) 16. Berlin 906. Frz. Schulze. Geb. n. 2. 10

— die Nachfolge Christi. Mit e. Anh., die gewöhnlichsten Gebete u. Ablaßandachten aufs ganze Jahr. enth., von Adph. Pfister. Neue rev. Aufl., m. Titelbild. (Kleinere Ausg. v. Nr. 8.) (XV, 399 S.) 16. Freiburg i/B. (906). Herder. n. — 60; geb. in Leinw. n. 1. —

— dasselbe. Mit dem Lebensabrisse des gottsel. Thomas, prakt. u. erbaul. Uebungen, sowie m. den gewöhnlichsten Gebeten u. Ablaßandachten aufs ganze Jahr versehen v. Adph. Pfister. 16. Aufl., m. Titelbild. Erweit. Ausg. Nr. 8. (XLVI, 501 S.) 16. Ebd. (906). n. — 90; geb. in Leinw. n. 1. 30

Thomas von Kempen [a Kempis]. Die vier Bücher von der Nachfolge Christi [De imitatione Christi] nach d. alten Häglspergerschen Ausg. neu bearb. von Joh. Droste. Ausg. Nr 2. 4. Aufl. Kevelaer: Butzon & Bercker [1906]. 525 S. 8°

Thomas von Kempen [a Kempis]. Die vier Bücher von der Nachfolge Christi [De imitatione Christi] nach d. alten Häglspergerschen Ausg. neu bearb. von Joh. Droste. (Ausg. Nr 4 mit Erwägungen.) Kevelaer: Butzon & Bercker [1906]. 525, 96 S. 8°

Thomas Hemerken a Kempis, O. S. Aug., vier Bücher der Nachfolge Christi. Aus dem Lat. übers. v. J. M. Sailer. Nebst e. Anh. v. Gebeten. 7. Aufl. Ster.-Ausg. Nr. 1. (452 S. m. 1. Stahlst.) 16. Paderborn (906). F. Schöningh. — 40; geb. in Leinw. — 60; m. Goldschn. 1. 20

— Vier Bücher v. d. Nachfolge Christi. Von A. Jox, C. M. Nebst e. Biographie des gottsel. Verf. u. e. Anh. der vorzüglichsten Gebete des Christen. 19. Aufl. 52.—54. Taus. Besorgt durch L. Thomas, C. M. (XII, 464 S. m. Titelbild.) 11,5×7 cm. Dülmen 907. A. Laumann. Geb. in Leinw. 1. —

Vier Bücher von der Nachfolge Christi (Thomas a Kempis: [De imitatione Christi libri quatuor]) aus d. Lat. von Dr. Guido Görres. (Verf.: Thomas a Kempis.) Münster: H. Schöningh [1907]. 429 S. 8°

— Vier Bücher v. der Nachfolge JEsu Christi, übers. v. Joh. Arnd, nebst e. kurzen Bericht üb. sein Leben. (167 S.) kl. 8. Neu-Ruppin (907). F. W. Bergemann. Geb. — 40

— dasselbe. Aus dem Lat. übertr. v. F. B. Weigl. Aufs neue durchgesehen v. Alphons Maria Scheglmann. (XIV, 542 S. m. 1 Farbdr.) 16. Regensburg 907. F. Pustet. 1.20; geb. in Leinw. 1.60; m. Goldschn. 1.80; in Ldr. 2.40; in Chagrin 3.—; in fein wattiertem Ldrbd. m. Goldschn. 4. —

— dasselbe. Nach der Übersetzg. ins Deutsche v. Joh. Arndt. Nebst e. Anh. v. Gebeten. Neu durchgesehen u. berichtigt nach dem latein. Original v. St. 10. Aufl. (400 S. m. Titelbild) kl. 8. Reutlingen (907). Enßlin & Laiblin. Geb. in Leinw. m. Goldschn. 1. 80

— Die Nachfolge Christi. Mit e. Anh., die gewöhnlichsten Gebete u. Ablaßandachten aufs ganze Jahr enth., v. Adph. Pfister. Neue, rev. Aufl., m. Titelbild. (Kleinere Ausg. Nr. 8.) (XV, 399 S.) 16. Freiburg i/B. (908). Herder. — 60; geb. in Leinw. 1. —

— dasselbe. Aus dem Lat. übers. v. Wilh. Reuter. Nebst e. doppelten Zugabe: die Grundlinien der Ascetik, sowie verschiedene Andachten enth. 10. Aufl. (445 S. m. Titelbild.) 11,5×8 cm. Saarlouis 907. F. Stein Nachf. Geb. in Leinw. — 60

— dasselbe. Mit dem Lebensabrisse des gottsel. Thomas, prakt. u. erbaul. Uebgn., sowie m. den gewöhnlichsten Gebeten u. Ablaßandachten aufs ganze Jahr versehen v. Adph. Pfister. 16. Aufl., m. Titelbild. (Erweiterte Ausg. Nr. 8.) (XLIV, 501 S.) 16. Ebd. (909). — 90; geb. in Ldr. 1. 30

— Nachfolge Christi. Ubers. v. Geo. Muhr. Mit e. Auswahl notwendigster Andachten u. kürzester Ablaßgebete. (XVI, 545 S. m. Titelbild.) 16. Graz (908). Styria. Geb. in Leinw. 1. 20

— dasselbe. Aus der latein. Urschrift übers. v. e. Geistlichen der Erzdiözese Köln. Mit e. Anh. der notwendigsten Gebete e. kathol. Christen. Neueste Aufl. (456 S. m. 1 Stahlst.) 16. München (908). J. Pfeiffer. Geb. in Leinw. 1.—; in Ldr. 1.60; m. Goldschn. n 1.90; in Saff. 2.20; m. Goldschn. 2. 50

— dasselbe. Aus dem Lat. übers. u. m. dem Lebensabrisse des gottsel. Thomas, sowie m. den gewöhnl. Gebeten versehen v. Johs. Schäfer, S. V. D. (XVI, 640 S. m. Titelbild.) 12,2×7,3 cm. Kevelaer 909. Gebr. v. Danwitz. Geb. in Leinw. 1. 40

Des gottsel. Thomas von Kempen Vier Bücher von der Nachfolge Christi [De imitatione Christi libri quatuor]. Von A[nton] Jox. Nebst e. Biogr. d. Verf. u. e. Anh. d. vorzüglichsten Gebete des Christen. 22. Aufl. Besorgt durch L. Thomas. Dülmen: Laumann (1910). XII, 468 S. 8°

Des gottsel. Thomas v. Kempen Vier Bücher von der Nachfolge Christi [De imitatione Christi libri quatuor]. Von A[nton] Jox. Nebst e. Biogr. d. Verf. u. e. Anh. d. vorzüglichsten Gebete des Christen. 25. Aufl. Besorgt durch L. Thomas. Dülmen: Laumann (1910). XII, 468 S. 8° [II. 4674]

— dasselbe. Nach der alten Häglspergerschen Ausgabe neu bearb. v. Joh. Droste, S. J. 4. Aufl. Ausg. Nr. 1. (448 S. m. 1 Stahlst.) 16. Kevelaer (910). Butzon & Bercker. Geb. in Leinw. 1. 20

Thomas Hemerken a Kempis, O. S. Aug., die vier Bücher v. der Nachfolge Christi, nach der alten Häglspergerschen Ausg. neu bearb. v. Joh. Droste, S. J. 5. Aufl. Ausg. No. II. (384 S. m. 1 Abb.) 16. Kevelaer (910). Butzon & Bercker. Geb. in Leinw. — 60

— dasselbe. (Billige Ausg.) (XIV, 542 S. m. 1 Farbdr.) 16. Ebd. 907. —60; geb. in Leinw. 1.—; m. Goldschn. 1.40; in Ldr. m. Goldschn. 2. —

— dasselbe. Neu übers. u. m. e. Nachlese u. Anwendg. zu jedem Kapitel versehen v. Johs. Goßner. Neue illustr. Ausg. m. 63 Zeichngn. von Jos. Ritter v. Führich. (Kleine Ausg.) (487 S.) kl. 8. Konstanz 910. Christl. Buch- u. Kunstverlag C. Hirsch. Geb. in Leinw. 1.20; m. Goldschn. 1.80; in Ldr. m. Goldschn. 3.—; große Ausg. (320 S.) 8. Geb. in Leinw. 3.—; m. Goldschn. 4.—; in Ldr. m. Goldschn. 5. —

— dasselbe. Übers. v. Guido Görres. Neue Ausg. (286 u. 34 S.) 16. Münster (910). H. Schöningh. Geb. in Leinw. — 50

— dasselbe in 4 Büchern. Nach der rev. Uebersetzg. Guido Görres. Mit e. Anh. v. Gebeten u. e. prakt. Register. (60.—70. Taus.) (Dünndruck.) (V, 455 S.) 16. Paderborn 910. Bonifacius-Druckerei. 1.—; geb. in Leinw. 1.40

— dasselbe. Nach der Reuter'schen Uebersetzg: bearb. u. m. prakt. Zugaben versehen v. P. Weber. 4. Aufl. (326 u. 121 S. m. farb. Titel u. Titelbild.) 13×7,9 cm. Saarlouis 910. F. Stein Nachf. Geb. in Leinw. 1. —

Thomas v. Kempen, die Nachfolge Christi im klösterlichen Leben, s.: Kappen, H. J., der kleine Thomas v. Kempen.

— die Nachfolge d. heil. Jungfrau Maria. Neue Aufl. gr. 12. (17 B. u. 1 Stahlst.) Wien 836, Mayer u. Comp.

Thomas a Kempis. Nachfolgung Christi, wie man alle Eitelkeit dieser Welt verschmähen und Christo Jesu folgen solle . . . übersetzt . . . Hermannstadt 1709. Ü: *Teutsch, Andreas.* (Trausch)

Thomas a Kempis. Von der Nachfolgung Christi, nach Gonnelieus französischer Ausgabe übersetzt . . . Cölln [ca. 1720] 1727. Prag 1725. Ü: *Colendall, Hnr.* (Jes) so)

THOMAE VON KEMPEN vier Bücher von der Nachfolgung Christi, sammt einer Uibung, und Gebett auf jedes Capitel. In frantzösischer Sprach beschrieben durch R. P (Jerôme) de Gonnelieu, anjetzo aber zu mehreren Nutzen in die teutsche Sprach übersetzet von einem anderen Priester (P. Heinrich Collendall) derselbigen Gesellschaft. Presburg 1745: Bey Jos. Gollner. 16, 551, 9 S. - kl. 8°
- Dass. Ebd. 1756 zu finden b. Franz Dom. Spaiser. 10 f., 580 S. 5 f., 4 t. - 160 mm
- Dass. Ebd. 1772 zu finden b. Franz Dom. Spaiser. 16, 580, 12 S. 5 t. - 170 mm
- Dass. Tyrnau 1752: Gedr. in der academischen Buchdruckerey. 445, 7 S. - 172 mm

- Dass. Tyrnau 1771: Gedr. in der academischen Buchdruckerey. 445, 7 S. - 160 mm

Thomas a Kempis. Vier Bücher von der Nachfolgung Christi, neu übersetzt. Augsburg 1782. N. A. 1792. Ü: *Stribel, Anton.* (Ml.)

—— das Buch von d. Nachfolgung Christi, neu übers. u. mit e. Einleitung u. kurzen Anmerkn. f. nachdenkende Christen hrsg. v. Joh. Mich. Sailer. 6. Ausg. 8. (38 B. u. Portr. d. Verf.) München 825, Lentner.

THOMAS VON KEMPEN: Lehre des ehrwürdigen Thomas v. Kempen, aus dem Buche: Von der Nachfolgung Christi für jeden Tag des Jahres abgesondert. (Nach der Prager Ausgabe vom Jahre 1676). Pressburg 1827: Gedr. bei Bolnay's Erben. 108 S. - 110 mm

—— Lehre aus dem Buche: Von d. Nachfolgung Christi, f. jed. Tag d. Jahres abgesondert. kl. 12. (4 B.) Wien 837, Mechitaristen-Congregat.-Buchh.

—— v. d. Nachfolgung Christi. Auf Grund der Uebersetzungen v. Joh. Arndt u. Gerh. Tersteegen neu verdeutscht u. f. evangel. Christen bearb. v. Ludw. Bender. gr. 8. (20 B. mit Einfassung.) Meurs 842. (Leipzig, Fried. Fleischer.) *

—— dass. 16. (20 B.) Ebds. 842. *

—— O naśladowaniu Chrystusa, s. Biblioteczka nabożeństwa katolickiego.
Vgl.: Tersteegen, Gerh., der kleine Kempis.

— o naśladowaniu Chrystusa księg cztery. Przekładania Tadeusza Matuszewicza. Nowe wydanie. Lissa 855. Günther. 24. (XII, 326 S.) n. 5 ngr.

— — Ebend. 855. 12. (XIII. 343 S. u. 2 Holzschn.) n. 20 ngr.

Tomasza z Kempis o naśladowaniu Chrystusa pana ksiąg cztéry. Z łacińskiego przełożył i wydał Ks. Józef Guziur, do czego przyłączył zbiór modlitw i pieśni najużywańszych. (Thomas a Kempis, vier Bücher von der Nachfolge Christi. Aus dem Latein. übers. und hrsg. von J. Guziur, mit einer Beilage von Gebeten und Liedern.) 12. (XV und 416 S.) Teschen 860, Prochaska. *

(——) O nasladowanin Jezusa Chrystusa. 12. (17 B., 4 Stahlst., viele Holzschn. u. farb. gedr. Tit.) Berlinie 841, Behr.

—— Ctwero kneh o Nasledowanj Krista. Z latinského prelozil a ziwotopisem i kratkau obranau skladatele opatril Frant. Daucha. Wydanj stereot. s ozdobami, po wykresjch Al. Strachubera. 8. (21⅝ B., 2 Illustrat. u. 2 Stnt.) Leipzig 843, (Armbruster.) * 15 Ngr., Velinp. m. 6 Illustrat. *

—— dass. Druhy otisk s prjdawkem modliteb. 16. (21½ B.) Ebds. 843.

—— dass. Anhang: Modlitby k werezne i domacj poboznosti. 8. (4⅜ B.) Ebds. 843. * 2½ Ngr., Velinp. in gr. 8. *

—— čtwero kněh o následowánj Krista. Z latinského přeložil Frant. Doucha. Ster., rytinami ozdobené wydánj. gr. 16. (VII und 375 S. mit 3 Holzschntaf.) Hildburghausen 864, Kesselring'sche Hofbuchh.

Thomae a K., *Opera* aucta et recognita,
— — Emend. et aucta opera H. Sommalii. Ed. nov. auct. Col. 728. 4.
— — Vindob. 739. 8. 8 gr.
— — Basil. 764. 12. 16 gr.
— — Ed. F. J. T. Desbillons. Manh. 780. 8. 1 rthl. Ib. 808. 8. 1 rthl.
— — Solisbac. 815. 12. 9 gr.

Thomae a Kempis opera omnia recognovit Franc. Xav. Kraus. Vol. I. Opuscula. Trier 868. Groppe. 16. (VIII, 467 S.) n. 25 ngr.

—— opera omnia, iussu impensaque Leonis XIII. P. M. edita. Tom. III. (XL, 618 S.) Romae 886. (Freiburg i. Br., Herder'sche Verlagsh. — Leipzig, Brockhaus' Sortiment und Antiqu.)
Ausg. I. Fol. Feines Handpap. ** 25 60
Ausg. II. Imp.-4. Handpap. ** 19 20
Ausg. III. Imp.-4. ** 17 60
Tom. I und II. (Ebendas.) 1882,84. 1. Ausg. ** ℳ 60.—.; 2. Ausg. ** ℳ 42.40.; 3. Ausg. ** ℳ 36.80.

[Thomae Hemerken a Kempis Opera omnia. Voluminibus septem ed. additoque volumine de vita et scriptis eius disputavit Michael Iosephus Pohl. Vol. 5.] Friburgi Br.: Herder 1902. 8° [05. 1908

Thomas Hemerken a Kempis, O. S. Aug., Opera omnia. Voluminibus septem ed. additoque volumine de vita et scriptis eius disputavit Mich. Ios. Pohl. Vol. II, III et VI. schmal 8. Freiburg i/B., Herder. n. 12. 40; geb. in Halbfrz. n. 17. 20; in Halbperg. n. 18. 40

II. De imitatione Christi quae dicitur libri IIII, cum ceteris autographi Bruxellensis tractatibus. Adiectis epilegomenis, adnotatione critica, indicibus, tabulis photographicis ex autographo ed. Mich. Ios. Pohl. (XV, 516 S.) 904. n. 4. 40; geb. in Halbfrz. n. 6. —; in Halbperg. n. 6. 40

III. Tractatuum asceticorum partem tertiam complectens. Meditatio de incarnatione Christi. Sermones de vita et passione domini. Alphabetum monachi. Van goeden woerden to horen ende to spreken. Orationes de passione domini et beata virgine et aliis sanctis. Adiectis epilegomenis adnotatione critica, indicibus tabulis photographicis praeter orationes ex autographo ed. P. (VIII, 440 S.) 904. n. 3. 60; geb. in Halbfrz. n. 5. 20; in Halbperg. n. 5. 60

VI. Tractatuum asceticorum partem sextam historicorum priorem complectens. Sermones ad novicios. Vita Lidewigis virginis. Adiectis epilegomenis, adnotatione critica, indicibus, tabulis photographicis ex autographo ed. Mich. Ios. Pohl. (V, 511 S.) 905. n. 4. 40; geb. in Halbfrz. n. 6. —; in Halbperg. n. 6. 40

Thomas Hemerken a Kempis, O. S. Aug., opera omnia, Voluminibus septem. ed. additioque volumine de vita et scriptis eius disputavit Mich. Ios. Pohl. Vol. I. 8. Freiburg i/B., Herder. 6.—; geb. in Halbfrz. 7.60; in Halbperg. 8. —

I. Tractatuum asceticorum partem primam complectens. Catalogi antiquissimi prima opuscula quattuor et soliloquium animae. De paupertate, humilitate et patientia sive de tribus tabernaculis, de vera compunctione cordis, sermones devoti, epistula ad quendam cellerarium, soliloquium animae. Adiectis epilegomenis adnotatione critica indicibus tabulis photographicis. Ad codicum manu scriptorum editionumque vetustissimarum fidem ed. P. (VII, 591 S. m. 10 Taf.) 910.

Thomas a Kempis. Opera selecta. Francof. 1824—38. H: *Schlosser, Friedrich.* (Th)

—— Opera selecta. Tom. I. — E. s. t.: De imitatione Christi libr. IV. Praemittuntur sanct. officium et precationum in us. confitent. et communicant. delectus. Edit. III. 18. (140 Seit. u. Titbild.) Francofurti ad M., libr. Andreae. — 16

—— Opera selecta. Tom. I. editio 4. Et. s. tit.: Thomae a Kempis qui vulgo feruntur de Imitatione Christi libri quatuor. Praemittitur precationum delectus. Edit. 4. 16. (20 B.) Frankfurt a. M. 845, Andreäische Buchh.

Thomas Hemerken a Kempis, O. S. Aug., Orationes et meditationes de vita Christi. Epilegomenis et apparatu critico instructas ad codicum manu scriptorum editionumque vetustarum fidem recognoscebat emendabatque Mich. Jos. Pohl. schmal 8. (IX, 463 S. m. Bildnis.) Freiburg i/B. 902. Herder. n. 3. —; geb. in Halbfrz. n. 4. 60; in Halbperg. n. 5. —

Thomas v. Kempis, (Kempen,) Perlen der Weisheit. Vier Bücher von der wahren Weisheit. Der „Nachfolge Christi" 2. Thl. Uebers. von Christophor Fuchs. Mit Morgen- und Abend-, Meß-, Beicht-Andachten rc. 24. (456 S. mit 2 Stnt.) Einsiedeln 852, Gebr. Benziger. Thlr.

—— Predigt üb. das Leiden uns. Herrn Jesu Christi. A. d. Latein. gr. 8. (1 B.) Berlin 825, [Stuhr.]

Thomas a Kempis. Reden und Betrachtungen über die Menschwerdung, das Leben . . . des Sohnes Gottes. A. d. Lat. . . . Landshut 1819. Ü: *Haid, Iren.* [?]. (Th)

— des gottseligen, Reden und Betrachtungen über die Menschwerdung, das Leben, Leiden und Sterben, die Auferstehung und Himmelfahrt Jesu Christi. Aus dem Latein. übersetzt von einem Priester der Diöc. Rottenburg. Schaffhausen 857. Hurter. 16. (2 Bl., 303 S.) 15 ngr.

Thomas Hemerken a Kempis, O. S. Aug., Reden u. Betrachtungen üb. das Leben u. Leiden, die Auferstehung u. Himmelfahrt Jesu Christi. Aus dem Lat. übers. Genau wieder durchgesehen u. bevorwortet v. Jul. Müllendorff, S.J. (XIX, 277 S.) 8. Regensburg 907. Verlagsanstalt vorm. G. J. Manz. 1.80; geb. in Leinw. 2.80

—— 36 geistreiche Reden und Betrachtungen über die Menschwerdung, das Leben, Leiden und Sterben und die Verherrlichung Jesu Christi, des Sohnes Gottes. Aus (seinen) sämmtl. Werken gehoben und aus dem Latein. genau übers. zum Gebrauche für Geistliche und Laien von Herenäus Haid. 2., durchaus verb. Aufl. (XII und 324 S.) Landshut 856, Thomann'sche Buchh.

— das Rosengärtlein. Ein kernhalter Auszug aus der Uebersetzg. des latein. Urtextes. Bearb. v. J. H. S. (36 S.) 8. Schweidnitz 904. P. Frömsdorf. n. — 40

— dasselbe. Ein Auszug aus der Uebersetzg. des latein. Urtextes. (36 S.) 8. Ascona (905). C. v. Schmidtz. Kart. — 75

— Rosengärtlein u. Lilienthal in deutschen Versen v. Herm. Jsicke. 12. (264 S.) Heiligenstadt 894. F. W. Cordier. n. 2. 50; geb. n. 3. 50

—— drei auserwählte Schriften: das Rosengärtlein, das Lilienthal und das Alleingespräch einer Seele. Zur Erbauung für evangel. Christen. Bearb. und hrsg. von F. J. Bernhard. 8. (X und 237 S.) Leipzig 847, Dyk'sche Buchh.

— drei auserwählte Schriften: Das Rosengärtlein, das Lilienthal und das Alleingespräch einer Seele. Zur Erbauung für evangel. Christen bearb. u. herausg. von F. J. Bernhard. Neue mit e. Anh. geistl. Lieder vers. Ausg. Leipzig (857.) Dyk. 8. (XVIII, 238, 37 S.) 15 ngr.
Vgl. auch: Kempis, der kleine.

Thomas a Kempis. Rosengärtlein und Thränen einer reuevollen Seele . . . München 1818. Ü: *Buchfelner, Simon.* (Th) (Ky)

THOMAS VON KEMPEN: Auserlesene Sätze des Thomas von Kempis aus der Nachfolge Christi auf jeden Tag des Jahres für jeden Stand und Alter. Tyrnau 1838: Joh. Bapt Jelinek. 72 S. - 140 mm

—— auserles. Schriften. Deutsch bearb. v. Joh. Andr. Herderer. 4 Bde. 12. (66⅔ B.) Ilmenau 834, [Weimar,] Voigt.
Bd. 1. Leben des Thomas v. Kempis. — Die Nachfolge Jesu. — Das Rosengärtlein. — Das Lilienthal.
" 2. 86 Reden u. Betrachtungen üb d. Menschwerdung, das Leiden, Sterben u. d. Verherrlichung Jesu Christi, d. Sohnes Gottes. — Einige fromme u. andächtige Gebete v. dem Leiden uns. Herrn Jesu Christi. — Zehn vorzüglich fromme Gebete. — Die drei Zelte.
" 3. Betrachtungen, Reden u. Gebete üb. d. Leben u. d. Wohlthaten uns. Erlösers Jesu Christi. — 6 sehr nützl. u. tröstr. Briefe. — Von d. getreuen Haushalter.
" 4. Das Alleingespräch einer Seele. — Kleinere Aufsätze. — Die Herberge der Armen.

—— auserlesene Schriften. Zur Erbauung für evangel. Christen übers. und bearb. von F. J. Bernhard. 8. (X und 310 S.) Leipzig 855, Teubner.

Ausgewählte Schriften, s. Bibliothek, Mystische und ascetische.

—— kleine Schriften, enth.: Dessen Getreuen Haushälter. — Von den drei Hütten, der Armuth, der Demuth u. Geduld. — Handbüchl. f. fromme Christen. — Die Herberge der Armen. — Geistliches Rosengärtlein. — Lilienthal z. Lobe Gottes u. z. Troste d. Betrübten. Uebers. u. hrsg. v. C. Schmid. 11., veränd. Aufl. 12. (6 B.) Sitten 841. (Augsburg, Schlosser's Buchh.)

Thomas a Kempis. Vier kleine, wenig bekannte Schriften. A. d. Lat. München 1828. Ü: *Buchfelner, Simon.* (Th)

Thomae a Kempis sententiae e libello de imitatione Christi pro singulis anni diebus selectae et in usum studiosae juventutis latino-graece editae. 16. (III, 128 S.) Kempten 892, Kösel. — 90
geb. in Leinw. m. Goldschn. * 1 35; Ldr. m. Goldschn. * 1 60

Thomas Hemerken a Kempis, das Tal der Lilien. Ein Auszug aus der Uebersetzg. des latein. Urtextes. (58 S.) 8. Ascona (905). C. v. Schmidtz. Kart. n. — 80

—— der andere Thomas von, od. göttliche Herzensgespräche des gottsel. Gerlach Petersen. Jetzt zum viertenmal an's Licht gegeben von Gerh. Tersteegen. 12. (6½ B.) Essen 845, Bädeker.

— Biblischer und evangelischer THOMAS DE KEMPIS, durch und durch mit biblischen Sprüchen geziret, als ein Christl. Gebet-Buch vorgestellet von FRANC. LEOP. A REISING. Ploen. 1711.

—— de vita et Imitatione Christi libri IV. Auctoribus Henrico et Fr. Henr. Gossler. 2. Aufl. 12. (956 S.) Paderborn 845, Junfermann. *

Thomas von Kempis(en), (eigentl. Hamerken od. Hämmerlein [Malleolus],) sämmtl. Werke. A. d. Latein. übers. v. J. P. Silbert. 1. u. 2. Bd. gr. 8. Wien, Wallishausser. [1. (34 B.) 833. 2 Thlr. 6 Gr., 2. (31¼ B.) 834. 2 Thlr.]

Thomas von Kempis(en), (Thomas a Kempis,) sämmtl. Werke. A. d. Lat. übers. v. J. P. Silbert. 2., wohlf. Ausg. 4 Bde. (23 Lfgn.) gr. 8. (129¼ B.) Wien 838—40, Wallishausser. [1. 1 Thlr. 11 Gr., 2. 1¼ Thlr., 3. 1¼ Thlr., 4. 1 Thlr. 7 Gr.]

Goldene Worte aus der Nachfolge Christi auf jeden Tag des Jahres [Thomas a Kempis: De imitatione Christi, Ausz., deutsch]. Nebst d. gewöhnl. Andachtsübungen. Nach Brunners Zusammenstellung neu bearb. von P. Cölestin Muff, O. S. B. Einsiedeln, Köln: Benziger & Co. 1901. (256 S.) 8°

Thomae Magistri sive Theoduli Monachi Ecloga vocum atticarum. Ex recensione et cum Prolegomenis Fr. Ritschelii. 8 maj. (41 B.) Halae 832, libr. Orphanotrophei.

Thomae Magistri *κατ' ἀλφάβητον ὀνομάτων ἀττικῶν ἐκλογαί.* Ex dispositione N. Blancardi, cum vetustis Lamb. Bos et novis varior. animadvers. Collegit partim digessitque J. St. Bernard, qui et suas notas adj. 8. Leyd. 752, (?) 757. (Leipz., Weidmann; a. Weigel). 4 ₰

Θῶμα τοῦ Μαγίστρου κατ' ἀλφάβητον ὀνομάτων ἀττικῶν ἐκλογαί, ex dispositione Nic. Blancardi, cum vetustis Lamberti Bos et novis defunctorum viror. D. Heinsii, Fr. Iunii, Laur. Normanni, Erici Benzelii, I. Christoph. Wolfii, Arn. Drakenborchii, Abr. Torrenii, et quum maxime vivorum Cl. Sallierii, Io. Jac. Witteri, Dan. Wilh. Trilleri, Eliae Stoeberi, Ti. Hemsterhusii, Franc. Oudendorpii, Fred. Lud. Abreschii animadversionibus. Collegit partim, digessitque Joh. Steph. Bernard, qui et suas notas adjecit. Edit. cur. Car. Jacobitz. 8maj. (29 B.) Lipsiae 833, [Böhme.]

Thomas v. Marga, Liber superiorum seu historia monastica. — Liber fundatorum monasteriorum in regno Persarum et Arabum. — Homiliae Mar-Narsetis in Joseph. Documenta patrum de quibusdam verae fidei dogmatibus ed. Paul. Bedjan. (In syr. Sprache.) gr. 8. (V, 9, 711 S.) Parisiis 901. Leipzig, O. Harrassowitz. n.n. 24.—

Thomas d. Pfiffigeren, d. neuen pudelnärrischen Schäfer, ganz zuverlässig gewisse historisch-politisch-social-pamphletistisch-humoristisch-kannibalisch-satirische Prophezeiung auf die Jahre 1877 u. 1878. Unverbesserliche Aufl. 8. (7 S.) Leipzig 877. Ehrlich. n. — 10

Thomas von Villanova

— s. a. **Wegener, Thomas v. Villanova.**

Thomas Villanova, O. Cap., Sanct Bonaventura u. das Papstthum. Dogmatische Studie. gr. 8. (107 S.) Bregenz 902. J. N. Teutsch. n. 1. 50

Thomas v. Villanova, e. Büchlein v. der göttlichen Liebe. Uebersetzt v. Fr. Kaulen. 16. (110 S.) Freiburg i. Br. 872. Herder. n. — 60

Thomas v. Villanova, hl., e. Büchlein v. d. göttlichen Liebe. Nach Th. übers. v. Fr. Kaulen. 2. Aufl. 16. (VII, 100 S.) Freiburg i/B. 896. Herder. n. — 80

Thomas Villanova, O. Cap. (Thom. Wegener), Geistesübungen des seraphischen Lehrers Sankt Bonaventura. (186 S.) 8. Bregenz 903. J. N. Teutsch. n. 1. 50

— Katholik oder Protestant? Hauptsächliche Unterscheidungslehren der römisch-kathol. Kirche u. der evangel.-protestant. Religionsgenossenschaft. (59 S.) gr. 16. Innsbruck 903. F. Rauch. n. — 20

Thomas, **S.**, a Villa nova, opera omnia, quae hactenus reperiri potuerunt. Fol. Augsb. 757. Veith. 2 *ß* 12 *gr*

— unser hl. Vater Papst Pius X. Für das Volk geschildert. (105 S. m. 1 Bildnis.) 12. Brixen 904. Preßvereins-Buchh. n.n. — 30

Thomas v. Villanova, des heil., sechs Predigten zur Vorbereitung auf das heil. Christfest. Aus dem Latein. von J. Wick. gr. 8. (VII und 55 S.) Breslau 858, Aderholz.

— Wegweiser zur christlichen Vollkommenheit, s.: David, Bruder, aus Augsburg.

Thomas a Villanova v. Zeil (Gerster), Lebensbild d. sel. Crispin v. Viterbo, Kapuziner-Laienbruders. 12. (340 S. m. 1 Bildnis.) Brixen 893. Buchh. d. kath.-polit. Preßvereins. n. 1. 60

Thomae de Vio Caietani commentaria in Summam theologicam angelici doctoris Sancti Thomae Aquinatis rursus edita ac perutilibus illustrata summariis cura studioque H. Prosperi. Vol. I. Commentaria in primam partem Summae theologicae. hoch 4. (XVI, 847 S.) Lyrae 892. (Freiburg i/B., Herder.) n. 10. —

Thomas [Familienname]

Thomas: De Delphico oraculo, quid existimandum sit, disput. 24 S.–Dillenburg, Progr. 1867

Thomas and J. M. **Morton**, all that glitters is not gold, s.: Theatre, the modern English comic. Serie IV. Vol. 2.

Thomas, frankfurter Annalen, v. J. 793 bis z. J. 1300. Aus Quellenschriftstellern u. Urkunden. Lex.-8. (14 B. u. 1 Ansicht v. Frankf. im J. 1552.) Frankfurt a. M. 839. [Leipzig, Kersten.] Thlr.

Thomas, der Armenhaus-Pflegling. Eine wahre Geschichte. 5. Aufl. [Ster.-Ausg.] 8. (40 S.) Barmen 872. Wiemann. n. — 15

Thomas, der Kurort Badenweiler, s.: Neumann.

Thomas Über die Bedeutung des kirchengeschichtlichen Unterrichts auf Gymnasien. 19 S.
Bedburg, Progr. 1849

Thomas, Beitrag zur Differentialdiagnose zwischen Verschluss d. Pfortader u. d. unt. Hohlader, s.: Bibliotheca medica, II. Hft.

Thomas, ..., Erfahrr. u. Bemerkk. aus d. Arznei-, Wundarznei- u. Entbindungswissenschaft. Mit Kpf. gr. 8. Cöthen 799. Aue. 1 *ß* 8 *gr*

Thomas, Gebet u. Arbeit im Lichte Christi, unseres Herrn. 12. (46 S.) Borna 900. (O. Engert.) n. — 20

Thomas (I.), acute Infectionskrankheiten, s. Handbuch der speciellen Pathologie und Therapie.

Thomas, kann in der evangelischen Kirche die augsburgische Confession oder eine andere Bekenntnißschrift Lehrnorm sein? Sendschreiben an den Hrn. Prof. Dr. Stahl. gr. 8. (1½ B.) Berlin 845, Müller's Verlag. Thlr.

Thomas, die Kurorte u. Heilquellen d. Grossherzogt. Baden, s.: Oeffinger, H.

Thomas, Lutherisch u. Reformirt od. Unirt. Worte der Bitte u. Mahnung an evangel. Christen. Geschrieben im Auftrage des Vereins f. evangel. Kirchengemeinschaft. gr. 8. (38 S.) Berlin 849. (Potsdam, Riegel'sche Buchh.) n. 2 *ngr*

Thomas, Thomas Morus. 8°. Augsburg 1847.

Thomas, A.: Zur positiven Bekämpfung der Sozialdemokratie. E. Skizze. Berlin [nach 1870]. 8°

Thomas, A. (I.), der Hausarzt. Bewährte Hausarzneimittel gegen die meist vorkommenden Krankheiten der Menschen. Unentbehrlich für Stadt und Land. 8. (64 S.) Reutlingen 887, Bardtenschlager. — 30

Thomas, A. (II.), Hilfsbuch für den Unterricht in der deutschen Geschichte, } s. Lohmeyer, K.
—— dass. — in der brandenburgisch-preußischen Geschichte, } s. Lohmeyer, K.

Thomas, Kartennetze f. das geographische Zeichnen. 27 Blatt (in Holzschn.) 4. Tilsit 873. Loesch. à Blatt n. — 4

—— Leitfaden für den ersten Unterricht in der alten Geschichte. gr. 8. (VIII, 82 S.) Hannover 886, Meyer. * — 80

Thomas, A., das deutsche Reich. Graphisch-statistische Darstellg. d. Areals u. der Bevölkerg. d. preuß. Provinzen u. deutschen Staaten in linearer Manier. hoch 4. (lith. Blatt.) Tilsit 874. Loesch. n. — 20

Thomas, A., s.: Versuche üb. die Verdaulichkeit der Weizenkleie etc.

—— etymologisches Wörterbuch geographischer Namen, namentlich solcher aus dem Bereiche der Schulgeographie. gr. 8. (IV, 192 S.) Breslau 886, F. Hirt. * 3 —

Thomas, (A. J. B.), die Auferstehung Jesu, s. Vorträge, protestantische.

Thomas, (A. J. B.), die Erklärung aus der Berliner Pastoralconferenz gegen den Protestantenverein. Ein Wort der Rechenschaft u. Beleuchtung. Berlin 868. G. Reimer. gr. 8. (60 S.) 7½ ngr.

—— das neue Gesangbuch. [Amtlicher Entwurf.] Ein Votum im Auftrage des Vorstandes des Berliner Unions-Vereins hrsg. 1. und 2. Aufl. gr. 8. (62 S.) Berlin 869, Löwenstein. [Staude.]

Thomas, Glaube an Christus. Eine Sammlung von Predigten. gr. 8. (VII und 372 S.) Berlin 864, G. Reimer.

— der Herr hat genommen, der Herr hat gegeben. Predigt am letzten Tage des Jahres gehalten. Berlin 866. G. Reimer. gr. 8. (14 S.) 2½ ngr.

— Leben in u. mit Christo. 2. Sammlung von Predigten. Ebend. 869. gr. 8. (VIII, 448 S.) 1 ℛ 25 ngr.

Thomas, Predigt zur Gedächtnißfeier des 3. Febr. 1813 gehalten in der St. Nicolai-Kirche. gr. 8. (18 S.) Berlin 863, (Gaertner. — Geelhaar.) *

—— Predigt zur 50jährigen Gedächtnißfeier der Schlacht bei Großbeeren am 23. Aug. 1863 gehalten in der St. Nicolaikirche zu Berlin. gr. 8. (15 S.) Berlin 863, Gaertner. *

— Predigt zur Jubelfeier der Reformazion u. Union gehalten in der Nicolaikirche zu Berlin den 21. Oktbr. 1867. Berlin 867. G. Reimer. gr. 8. (15 S.) 2½ ngr.

—— Predigt zur Jubelfeier der Reformazion und Union gehalten in der Nicolaikirche zu Berlin den 31. Oktbr. 1867. gr. 8. (15 S.) Berlin 867, G. Reimer.

—— und R. Schramm, zwei Predigten, s. Schramm, R.

— Rede am hundertjährigen Geburtstage Schleiermachers den 21. Novbr. 1868 bei der Gedächtnißfeier in der Nicolaikirche zu Berlin gehalten. Ebend. 869. gr. 8. (15 S.) 2½ ngr.

— Union, lutherische Kirche und Friedr. Jul. Stahl. Ein Wort für das gute Recht. Berlin 860. G. Reimer. gr. 8. (VII, 311 S.) 1 ℛ 10 ngr.

Thomas, A. L. Zuschrift an den gemeinen Mann; a. d. Franz. Strasburg 17?? Ü: *Rathsamshausen, von.* (MGT)

Thomas, Abr. Everard Sim., das schräg verengte Becken von Seiten der Theorie und Praxis, nach dem gegenwärtigen Stand der Wissenschaft. gr. Fol. (VII und 68 S. mit 7 Stnt. und 1 Tab. in Imp.-Fol.) Leyden 861. (Leipzig, Brockhaus' Sortiment und Antiquarium.) *

Thomas, Ad., Diss. inaug. de spina bifida. 8. Dorpat 821. (31 S.)

Thomas, Adolf, Referendar: Beiträge zur Geschichte der Bauernbefreiung und der Entlastung des ländlichen Grundbesitzes im Großherzogtum Hessen. Mainz: Diemer 1910. XII, 132 S. 8° ¶(Ersch. auch als Buch ebd.)
Gießen, Jur. Diss. v. 13. April 1910, Ref. Schmidt
[Geb. 4. Nov. 85 Mainz; Wohnort: Mainz; Staatsangeh.: Hessen; Vorbildung: Herbst-Gymn. Mainz Reife M. 04; Studium: München 2, Berlin 1, Heidelberg 1, Gießen 3 S.; Rig. 4. März 10.] [U 10. 1123

Thomas, Adf., Beiträge zur Geschichte d. Bauernbefreiung u. d. Entlastung des ländlichen Grundbesitzes im Großherzogt. Hessen. (132 S.) 8. Mainz 910. J. Diemer. 3. —

Thomas, Adph., Eisenbahn-Tarif-Karte von Mittel-Europa. 1:1,000,000. 1. Bl.: Nordost-Deutschland. Lithogr. Imp.-Fol. Nebst Erläuterungen. 8. (23 S.) Strassburg 879, (Schultz und Comp.) In Carton * — 50

Thomas, Adph., Geschichte der Pfarre St. Mauritius zu Köln. Mit einer (phototyp.) Abbildg. der alten Abtei St. Pantaleon nach Stengelius. gr. 8. (XIV, 247 S.) Köln 878. Bachem in Comm. n. 2. —

Thomas, Adolph (geb. am 25 Dez. 1844 in Rheinbach): Ueber Venenerweiterungen ... Bonn, gedr. bei J. F. Carthaus (1869). 30 S., 1 Bl. 8.
Bonn, Med. Fak., Diss. v. 20 Juli 1869

Thomas, Alfred

Thomas, A., die Aussprache der geographischen Namen, s.: Voelkel, M. J. A.

Thomas, Alfr. Litauen nach den Wogeberichten im Ausgange des 14ten Jahrhunderts. 16 S. Progr. Rg. *Tilsit* 1885

Thomas, Alfr.: Taschenwörterbuch d. Aussprache geograph. u. histor. Namen, s. Voelkel, M. J. A.

Kadi, der geprellte — Burleske in zwei Akten. Musik von Ambr. Thomas. Dargestellt am k. k. Hoftheater nächst dem Kärntnerthore. Wien, 1856. Gedr. bei A. Pichlers Witwe und Sohn. (53 S. 8.)

Rosier und de Leuven. Raymund, oder: das Geheimniß der Königin. Romantisch-komische Oper in drei Akten von — —. Nach dem Französischen von J. C. Grünbaum. Musik von Ambrosius Thomas. Wien, 1857. Aus J. B. Wallishaussers k. k. Hoftheater-Druckerei. (60 S. 8.)

Thomas, Annie: Called to account, s. Collection of British Authors.

Thomas, A., Dennis Donne, s. Collection of British Authors.

Thomas, Annie, [Mrs. Pender Cudlip], a narrow Escape, s. Collection of British Authors.

– Walter Goring, s. Collection of British Authors.

– On guard, s. Collection of British Authors.

Thomas, Annie, Only herself, s. Collection of British Authors.

—— a Passion in tatters, s. Asher's Collection of English Authors.

– Played out, s. Collection of British Authors.

Thomas, Annie, Verantwortlich. Roman. Aus dem Engl. von Helene Lobedan. Einzige autoris. Uebersetzung. 2 Bde. Leipzig 869. Dürr'sche Buchh. 8. (VI, 337 u. VI, 357 S.) 3 ℛ

—— **the two Widows, s. Asher's Collection of English Authors.**

Thomas, Annie, The two Widows, s. Asher's Continental Library.

Thomas, Ant., Lehrbuch der natürl. Rechtswissenschaft. gr. 8. Frankf. a. M. 803. Hermann. 20 gr

Thomas, Ant. Lobrede auf Duguay-Trouin. A. d. Französ. 8. Karlsruhe 1764

Thomas, Antoine Léonard. Charakter, Sitten und Geist der Frauenzimmer . . . A. d. Franz. Breslau 1773. Ü: *Heyde, Johann Daniel.* (Ky) (ML)

— — Der Charakter, die Sitten und der Geist der Frauen. Deutsch von D. Fenner von Fenneberg. Nebst einem *poetischen Anhang.* Marburg 1839. 8°. 185 S. (2 Kr. Victor Eytelhuber, 1905; 6 Kr. Halm & Goldmann, 1907.)

THOMAS. Der Charakter, die Sitten und der Geift der Frauen in den verfchiedenen Jahrhunderten. Marburg 1839. 8°. IV, 188 S.

— — Geist, Sitten und Karakter der Weiber in den verschiedenen Zeitaltern; ein Fragment aus den Papieren eines Menschenkenners. Chemnitz 1793. 8°. 222 S. (8 Sgr. Heberle, Cöln, c. 1872.)
Bibl. Bülov. II. 2. p. 304.

THOMAS (Ant. Léonard, „Mitgl. d. Acad. Françoise"), Versuch über den Character, die Sitten und den Geist der Frauenzimmer in verschiedenen Jahrhunderten. Aus d. Französ. übersetzt (vom Conrector M. Joh. Dan. Heyde in Gera). Breslau, bey Wilhelm Gottlieb Korn, 1773. 8°.

Thomas, Atzel, d. Sozialdemokratie im Spiegel ihrer Taten. (128 S.) 8. Leipzig-Schleußig 908. A. Thomas. — 75

Thomas, Aug., s.: Lesebuch, deutsches, f. mehrklassige Schulen.

Thomas, Aug., alle Neune! Ein Büchlein üb. das Kegelschieben, s.: Volksbibliothek, deutsche.

— Sammlungen u. Beiträge zur Etymologie geographischer Namen. 4. (32 S.) Ebend. 874. n. 1. 20

Thomas, Barnim Ein Beitrag zur Geschichte der Herrschaft Barr im Elsass. (Umschlagtitel: . . . Barr.) 4 (S. 3—14). II. Teil. 4 (S. 3—29). Rsch. *Barr E.* 1887 (486). 1888 (493).
Progr.

Thomas, B[arnim]: Zur Geschichte des Lyceums in Strassburg i. Els. T. 1. ⟨bis zur Auflösung des Jesuitenordens im Elsass im Jahre 1764⟩. Strassburg i. E. 1909: Elsass-Lothring. Dr. 28 S. 4°
Straßburg, L P 1909 (711) [S 09. 471

Thomas, Barnim, zur Königswahl d. Grafen Heinrich v. Luxemburg vom J. 1308. Dissertation. gr. 8. (95 S.) Strassburg 875. Trübner. n. 1. 60

Thomas, B(ernhard), approb. Arzt: **Erfahrungen über Bottini'sche Operationen bei Prostatahypertrophie in der Bonner chirurgischen Klinik.** *Bonn 1903: J. Trapp.* (38 S.) 8°
Bonn, Med. Diss. v. 17. Juni 1903

Thomas, Bertha, Proud Maisie, s. Asher's Collection of English Authors.

Thomas, C., s.a. Thomas, Karl

Thomas, C.: Zur Physiognomie der pyrenäischen Halbinsel. Olmütz 1867. 16 S. 4°
Schul-/Univ.-Schrift

Thomas, C., die Psychologie in ihrer Anwendung auf die Schulpraxis, s.: Maaß, B.

Thomas, C. L., Postcharte von Deutschland . . . Frankfurt a. M. 1793. Fol. Kupf. (D.)

Thomas, Carl, s. Thomas, Karl

Thomas, Chr., s. Thomasius, Christian

Thomas, Chr. F.

— s. Confirmationsscheine.

Thomas, (Diacon.) Chr. F., Warnungsrede von dem Meineide. gr. 8. Penig 825. (Hinrichs in Leipz.) 2 gr

Thomas, Chr. Gf., († d. 12. Sept. 1806.) prakt. Beitrr. zur Geschichte der Musik. 4. Leipz. 778. Verf.

— Extract aus d. Codice Augusteo derjen. Mandate, Rescripte u. Constitutionen, so über anonyme Bücher, Schmähschriften u. Pasquille von Zeit zu Zeit ergangen sind. 4. Leipz. (806.) Verf. (Unvollendet.)

— unpartheiische Kritik der vorzügl. seit 3 Jahren zu Leipzig aufgeführten u. fernerhin aufzuführenden Concerte u. Opern 2c. 4. Leipz. 798. Fortsetzung. Ebd. 802. Verf.

— musikal.-kritische Zeitschrift. 2 Bde. gr. 4. Leipz. 805. Autor. (à 2 ℛ) 4 ℛ

Thomas, Chr. Siegm., († d. 28. März 1751.) Altes u. Neues, vom Zustande der evangel.-luther. Kirchen in Polen. 8. Züllichau 750. Verm. Aufl. 8. o. O. (Bresl.) 754. W. G. Korn. 4 gr

Thomas, C. G., Versuch üb. den Charakter, die Sitten u. d. Geist der Frauenzimmer in verschied. Jahrhunderten, a. d. Franz. 8. Breslau, W. G. Korn. 773. — 8

Thomas, Chr. W. G.

Thomas, Ch. W. G., die Conditorei, nach d. neuesten Art u. in allen ihren Theilen; nebst den Wesentlichsten d. Liqueur-Bereitung. Faßlich dargest. gr. 8. (13½ B. u. 5 Stnt.) Dresden 832, Arnold. Thlr.

Thomas, Chr. W. G., die Conditorei in ihrem ganzen Umfange. 3., verm. Aufl. 8. (XI und 172 S. mit eingedr. Holzschn.) Leipzig 856(57,) Arnoldische Buchh. *

Thomas, Chr. W. G., die Conditorei in ihrem ganzen Umfange. 4. (Titel-)Aufl. 8. (XI und 172 S. mit eingedr. Holzschn.) Leipzig (857)62, Arnoldische Buchh.

Thomas, Christian, s.a. Thomasius

Etliche Antiquitates, alte Geschichten u. Historien die Kaiserl. Reichs-Stadt Mühlhausen belangend. Aus etlichen alten Chronicis zsgetragen durch Christian **Thomas** anno 1727. Erster Theil. (Hrsg.: Dr. [Reinhard] Jordan.) *Mühlhausen i. Th.: Danner 1900.* (XII. 228 S.) 8° [F.]
— Chronik d. Stadt Mühlhausen i. Th. Bd 1. (03. 901

(Christian **Thomas**:) Chronik der Stadt Mühlhausen in Thür. Hrsg. von Dr. [Reinhard] Jordan. Bd 1. *Mühlhausen i. Th.: Danner 1900.* 8° [F.] (01. 3494 3

Thomas, Christian, Leichenrede auf Veit Ludwig von Seckendorf, siehe Des Todes Tempel.

Thomas, Christian [Praes.], s. Mohr, Johann Konrad: De causis prohibitae alienationis feudi.

Maurerische Gesänge, gesammelt [von Christian Gottfr. Thomas] für die Loge Archimedes zum sächsischen Bunde in Schneeberg. Schneeberg: 1824. 111 S. 8⁰
184 Lieder ohne Noten.

Thomas, D., Proletarierkrankheit u. kranke Proletarier. Ein Beitrag zur Hebg. der Volksgesundheit. 4.–6. Aufl. (26.–40. Tauf.) (48 S.) 8. Frankfurt a/M. (908. 09.) Buchh. Volksstimme. — 20

Thomas, Daniel Heinrich, s. Briefe, Vermischte kritische.

Thomas, Dn. Hnr., († d. 25. Juli 1808.) Chronologie des schwed. Nationaltheaters. 8. Stralf. 780.

– s.a. Erzählungen, Anakreontische.

– Erzählungen

– –, Anakreontische (Gedichte von *Daniel Heinr. Thomas*) Rostock und Greifswald 1765. 8⁰. 5 Bogen.
Anon.-Lex. II. p. 62 (nach Meusel u. Kayser); Cat. Meissner.

– (Übers.), s. Gustav III., König von Schweden: Staatsreden.

– s. Taschenbuch, Historisches, der schwed. Armee ...

– s. Versuch über Schwedens Geschichte ...

Ein paar Worte zur Steuer der Wahrheit, [Joh. Aug. Frh. v.] Starck in Darmstadt betreffend von D[an.] H[einr.] Thomas. Leipzig [1788]: Sommer. 28 S. 8⁰
cf. D. neuesten Religionsbegebenheiten. 12 (1789) S. 897—904.
Kl. 3412.

Thomas, E., Zu Dionysios v. Halikarnass üb. die alten Redner. S.-A. 1897. 8 S.

Thomas, E. Dr. Hygiène de l'enfance. Etude pratique. Petit in-8⁰. 107 p. Genève et Bâle, Georg & Co. 1893. 1 50

Thomas, E., Hygiene der Kindheit. Prakt. Studien. Autor. Uebersetzg. v. Fedor Schmey. 8. (VII, 61 S.) Frankfurt a/M. 895. J. Alt. Kart. n. 1.—

Thomas, E., Das Janiculum bei Ovid. S.-A. s. a. 8 S.

Thomas, E., die Physiologie des Menschen, s. Encyklopädie der medicin. Wissensch.

Thomas, E., Miscellae quaestiones in L. Annaeum Senecam philosophum. S.-A. 1898. 84 S. 1.25

Thomas, Edmund (geb. am 18 Febr. 1854 in Rheinbach): Ueber Doppelmissbildungen in geburtshülflicher Beziehung ... Köln, Druck v. Th. Quos 1879. 29 S., 1 Bl. 8.
Bonn, Med. Fak., Diss. v. 3 [nach d. Akten v. 5] März 1879

Thomas, Emanuel. Catalogue des plantes suisses et des coquilles terrestres et fluviatiles, qui se vendent Chez E' Th', à Bex.... 8. *s. l.* 1818.

Thomas, Emil, Aeltestes, Allerältestes. 1.—3. Aufl. (Je III, 194 S.) 8. Berlin 904. B. Cassirer. n. 2. 50

Thomas, Emil, de Velleiani voluminis condicione aliquot capita. gr. 8. (60 S.) Berlin 893. R. Gaertner. n. 1. 80

Thomas, Emil, die praktische Erlernung moderner Sprachen m. besond. Berücksicht. der Hilfsmittel. gr. 8. (52 S.) Leipzig 893. C. F. Müller. n. 1.—

Thomas, Emil, die praktische Erlernung moderner Sprachen m. besond. Berücksicht. der Hilfsmittel. Ein Wegweiser f. alle, die fremde Sprachen erlernen. 3. verm. u. verb. Aufl. 8. (XII, 120 S.) Leipzig 899. C. F. Müller. Geb. in Leinw. n. 1. 50

Thomas, Emil, s.: Handelskorrespondenzen, nationale.

— die letzten 20 Jahre deutscher Litteraturgeschichte 1880—1900. Im Abriss dargestellt. 8. (71 S.) Leipzig 900. W. Fiedler. n. 1. 50; geb. n. 1. 80

— dasselbe. 2., durchgesehene Aufl. (4. bis 8. Tauf.) 8. (136 S.) Ebd. 900. n. 1. 60; geb. in Leinw. n. 2. —

— die Praxis des Reisebuchhandels, dargestellt u. durch zahlr. Formulare erläutert. 2. Aufl. gr. 8. (79 S.) Leipzig 901. W. Fiedler. Geb. in Leinw. n.n.n. 3. 50

Thomas, Emil, 40 Jahre Schauspieler. Erinnergn. aus meinem Leben. 2 Bde. 8. (304 S. m. 1 Bildn. u. 286 u. III S.) Berlin 895. 97. C. Duncker. à n. 3. — (kplt. geb. n. 7. —)

Thomas, Aemil (geb. Schroda 8. 8. 1858): Schedae criticae in Senecam rhetorem selectae. Berolini (1880). (52 S.) 8°
Berlin, Phil. Diss. v. 31. Mai 1880

Thomas, Emil, schedae criticae in Senecam rhetorem selectae. Dissertatio inauguralis philologica. gr. 8. (47 S.) Berlin 880. (Mayer & Müller.) n. 1. —

— s.: Schriftsteller- u. Journalisten-Kalender.

Thomas, Emil, u. C. v. Gütschow, der Zeitungsleser. Ein Handlexikon f. Politiker u. Zeitungsleser. (VIII S. u. 480 Sp.) gr. 8. Berlin (903). P. J. Oestergaard. n. 1. —; geb. in Leinw. n. 1. 50

Thomas, Gr. Dienegott, († d. 5. Febr. 1824.) musikal. Gesellschafter f. Deutschlands gebild. u. erwachs. Töchter. 4. Lpz. 823.

— musikal. Jugendfreund. 1e Liefer. 1r u. 2r Curs. 4. Leipz. 822.

Thomas, Erich, aus Königsberg i. Pr., Referendar am Kgl. Amtsgericht zu Heiligenbeil: Die staatsrechtliche Stellung des Statthalters von Elsass-Lothringen. *Königsberg i. Pr. 1901: Hartung.* (VI, 57 S.) 8°
Erlangen, Jur. Diss. v. 10. Juli 1901

Thomas, Erich, die staatsrechtliche Stellung des Statthalters v. Elsass-Lothringen. Diss. gr. 8. (VII, 57 S.) Königsberg 901. (F. Beyer.) n. 1. —

Thomas, Ernst: Quaestiones Dioneae. Lipsiae: Seele 1909. 83 S. 8°
Leipzig, Phil. Diss. v. 3. März 1909, Ref. R. Heinze, Bethe
[Geb. 30. Juli 85 Waldenburg i. Sa.; Wohnort: Schneeberg-Neustädtel; Staatsangeh.: Sachsen; Vorbildung: Gymn. Schneeberg Reife O. 04; Studium: Greifswald 1, Leipzig 7 S.; Rig. 27. Okt. 08.] [U 09. 3073

Thomas, Ern. Ferd., De passionibus animi. 70 pp. Vienn. 8°.
Gruner, Krit. III, 79.

1782

Thomas, Erwin, a. Hof: Aus d. kgl. II. gynaekol. Klinik in München ⟨Prof. Dr. Amann⟩. Ueber erworbene Hämatometra. München 1908: Münchener Handelsdruckerei. (21 S.) 8°
München, Med. Fak., Ref. Döderlein, Diss. v. 11. Juli 1908
[Geb. 27. Dez. 81 Hof; Wohnort: Hof; Staatsangeh.: Bayern; Vorbildung: Gymn. Hof Reife Juli 01; Studium: München 2, Erlangen 3, Rostock 1, München 4 S.; Coll. 11. Juli 08; Approb. 9. Juni 08.]

Thomas, Eugen, Beyträge z. deutschen Recht, das Justizwesen betreffend. gr. 8. Frankf. Andreä. 784. Rthlr. — 20

Thomas, Eugen, († d. 10. Mai 1813.) Entwurf der Fuldaischen Gerichtsverfassung, od. Beitr. zum deutschen Recht, das Justizwesen betreff. gr. 8. Frkf. a. M. 784. Andreä. 20 gr.

— **System aller Fuldaischen Privatrechte; e. Beitr. zur Samml. deutscher Provinzialrechte u. Verfassungen. 3 Bde. gr. 8. Würzb. 789, 90. Stahel. 3 ₰ 19 gr.**

Thomas, Eugène

Thomas, Eug., Wiener Chorschule. Ubungen der Chorschule d. Wiener Konservatoriums. 1. Tl. (128 S.) Lex. 8. Leipzig (907). Deutsche Verlagsactiengesellschaft. 1. 70

Thomas, Eugène, die Instrumentation der Meistersinger v. Nürnberg von Richard Wagner. Ein Beitrag zur Instrumentationslehre. I u. Beispiele. gr. 8. Mannheim 899. K. F. Heckel. n. 8. —
I. (142 S.) — Beispiele. (42 Bl.)

— **Die Instrumentation der Meistersinger v. Nürnberg v. Rich. Wagner. Ein Beitrag z. Instrumentationslehre. 2 Tle. 2. durchgeseh. Aufl. (142 S. u. Beispiele. S. 3—42.) gr. 8. Ebd. (907).** 5. —

[F.] Kurze Anleitung zur Zimmerkultur der Kakteen. Von F. Thomas. 2. verm. u. verb. Aufl. M. 1 Taf. in Dreifarbendr. u. 39 Abb. *Neudamm: J. Neumann 1897.* (51 S., 1 Taf.) 1 Bd 8. [97. 8700

Thomas, F., kurze Anleitung zur Zimmerkultur d. Kakteen. 3. verm. u. verb. Aufl. Mit 46 Abbildgn. aller Gattgn. Kakteen u. Fettpflanzen. gr. 8. (60 S.) Neudamm 901. J. Neumann. n. 1. —; geb. n. 1. 50

Thomas, F., kurze Anleitung zur Zimmerkultur der Kakteen. 4. verm. u. verb. Aufl. Mit 61 Abbildgn. aller Gattgn. Kakteen u. Fettpflanzen sowie v. Kulturgeräten. (76 S.) 8. Neudamm 907. J. Neumann. Kart. n. 1. 20

Thomas F.: Zwei Blüthenmonstrositäten v. Potentilla u. Chrysanthemum. 1883. [Rostr. Saml.].

Thomas F., d. Motoren d. Bierbrauerei. Branntweinbrennerei Hefen - Essig - Stärke - Zucker - Wein - Flachsbereitungs-Ziegel. Oel u. Torffabr. (Hausschatz H. 2.) 1876. —.72

Thomas, F., Tonmeister Proksch und Maler Führich. [Jugendschriften von F. Thomas. 8. Bd.] 8°. (63 S.) K —.80
Reichenberg: Augsten 1903.

Thomas, Fedor: De Elephantiasi. Halis Saxonum (1846): Colbatzki. 38 S. 1 Taf. 8°
Halle-Wittenberg, Med. Diss. v. 22. Aug. 1846
Geb. Warmbrunn (Schlesien) [1823]. V.

Thomas, Felix: Über den Einfluss von Wasserdampf, bezw. Kohlenwasserstoffen, auf die Röstung der Zinkblende. Halle: Knapp 1910. 16 S. 4° ¶ Aus: Metallurgie. Jg. 7.
Aachen, Dr.-Ing.-Diss. v. 5. 10. 1910

Thomas, Ferdinand, Die Aufsatzübungen in der Bürgerschule und in den Oberclassen gehobener Volksschulen. 8. (VII, 125 S.) —.80
Wien: Pichler 1891.

Thomas, Ferd., die Aufsatzübungen in der Bürgerschule u. in den Oberklassen gehobener Volksschulen. 2. verb. u. bedeutend verm. Aufl. gr. 8. (VII, 157 S.) Wien 899. A. Pichler's Wwe. & Sohn. n. 2. —

Thomas, Ferd., kleine Beiträge zur Geschichte d. Volksschulwesens in Deutsch-Böhmen. 8. (57 S.) Böhm.-Leipa 884. Küstner. n. — 60

Thomas, Ferd., Till Eulenspiegel, s. Volks- u. Jugend-Bibliothek.

Thomas, Ferd., Friedland in Böhmen. Ein Büchlein f. Fremde u. Einheimische. 12. (36 S. m. 1 Tab.) Reichenberg 887. Fritsche. n. — 80

— **Garnhändler u. Fabrikant, s. a. Jessen's, A. Ch., Volks- u. Jugend-Bibliothek. Nr. 120.**

THOMAS, Ferdinand
(F) Garnhändler und Fabrikant. Zwei Lebensbilder für Knaben über zwölf Jahre. Von Ferdinand Thomas. (A. Ch Jessen's Volks- und Jugend-Bibliothek, CXX. Bd.) Wien. [1899.] Pichler. 8°. 82 S. mit 1 Tafel. Geb. fl. —.35

Thomas, Ferdinand, Geschichtsbilder. In drei concentrisch sich erweiternden Theilen. I. Thl, zunächst für die I. Classe 3classiger Bürgerschulen, sowie für die VI. Classe 8classiger Volks- und Bürgerschulen. 2. verbesserte Aufl. 8. (92 S.) cart. 32 kr.
— — II. Thl., zunächst für die II Classe 3class. Bürgerschulen, sowie für die VII. Classe 8class. Volks- u. Bürgerschulen. 2. verbesserte Aufl. 8. (86 S.) cart. 32 kr.
— — III. Thl., zunächst für die III. Classe 3class. Bürgerschulen, sowie für die VIII. Classe 8class. Volks- u. Bürgerschulen. 2. verbesserte Aufl. Aufl. (112 S.) cart. 32 kr. Wien: Graeser 1882.

—— **Geschichtsbilder für die Volks- und Bürgerschulen Österreichs. In 3 concentrischen sich erweiternden Theilen. 1. und 2. verb. Aufl. gr. 8. (92; 87; 112 S.) Wien 882, Graeser.** cart. à Thl. * 64 Pf. *

— Jugendschriften. 1. u. 2. Bdchn. gr. 16. Reichenberg, F. Augsten. Kart. n. 1. 20
1. Johann Liebieg. Ein Lebensbild f. die Jugend. 2. veränd. Ausg. (50 S. m. 1 Bildnis.) 901. n. — 50
2. Garnkluge. Ein Lebensbild f. die Jugend. 2. veränd. Ausg. (65 S.) (902.) n. — 70

Thomas, Ferd., Jugendschriften. 8. Bdchn. 12. Reichenberg 903. Joh. Müller. Kart. n. — 65
Tonmeister Prolsch u. Maler Führich. (63 S. m. 2 Bildnissen.)

— das Lesebuch in der Bürgerschule. Ein Commentar zu dem im k. k. Schulbücherverlage in Wien erschienenen dreitheil. Lesebuche f. österreich. Bürgerschulen, hrsg. v. Geo. Ullrich, W. Ernst u. Frz. Branky. 3 Thle. gr. 8. Wien, A. Pichler's Wwe. & Sohn. n. 9. —
1. Sämmtliche Lesestücke f. die 1. Classe der Bürgerschule. (203 S.) 892. n. 2. 60
2. Sämmtliche Lesestücke f. die 2. Classe der Bürgerschule. (231 S.) 892. n. 3. 20
3. Sämmtliche Lesestücke f. die 3. Classe der Bürgerschule. (246 S.) 893. n. 3. 20

Thomas, Fd., Dissertatio physica de natura et causis ignis. 8maj. Carolini 784. (Eggenberger in Pesth). 4 X

Thomas, Ferd., Kaiser Josef's II. Reisen in Nordböhmen. Nach den verläßlichsten Quellen bearb. Mit dem Porträt Kaiser Josef's II. (Stnt.). gr. 8. (VIII, 72 S.) Böhm.-Leipa 879, (Hamann.) *

— Peter K. Rosegger, s.: Jugendbibliothek.

— somnium de Aesculapio iter faciente. P. I. Regnum Hungariae. 8. Carolini. (Eggenberger in Pesth). 4 X

—— Tannenwald und Umgebung. Ein Büchlein für Fremde und Einheimische. 8. (36 S. mit 1 Karte.) Ebendas. 887. * — 80

— Wallenstein, Herzog v. Friedland. Ein Büchlein f. die reifere Jugend u. das Volk in Deutschböhmen. Mit 8 Abbildgn. 8. (52 S.) Ebd. 888. geb. n. 1. 20

Thomas Ferdinand, Wegweiser bei dem Gebrauche des Lesebuches für österreichische Bürgerschulen. III. Teil. Wien 1910. Schulbücherverlag. Geb. in Halbleinwand K 2.70.

Thomas, Fr. Beitrag zur Kenntnis alpiner Phytoptocecidien. 18 S.
Progr. *Ohrdruf* 1885.

THOMAS, Fr.: Ueber Phytopus Duj. und eine grössere Anzahl neuer oder wenig gekannter Missbildungen, welche diese Milbe an Pflanzen hervorbringt. - Gotha 1869. 26 S., 1 Taf.

Thomas, Fr. C., die Normaldosen der Arzneimittel mit Andeutungen der Bereitung u. Zusammensetzung wichtiger Präparate nebst einem ergänzenden Anhange. Mit besonderer Berücksichtigung der Pharmacopoea Borussica edit. VI. bearb. qu. 8. (VI u. 130 S.) Berlin 847, A. Hirschwald. 12 ngr

Thomas, Frank, „ehret die Frauen". Aus d. Franz. übers. v. E. W. 12. (80 S.) Genf 895. (Leipzig, H. G. Wallmann.) n. — 30

— Glaube u. Sittlichkeit. Vortrag, geh. im Stadthause zu Lausanne im März 1894. (Autor. Uebersetzung). 8. (24 S.) Lausanne 895. F. Payot. n. — 40

Thomas, Frank. Heilsgewissheit. Predigten für Zweifelnde und Suchende von Frank Thomas, Pfarrer in Genf. Autorisierte Übersetzung von A[nna] G[lisevius]. IV + 112 S. 8. Gr. Lichterfelde-Berlin, Edwin Runge, (1902). [M. 1. 50]

Thomas, Frank, Heilsgewißheit. Predigten f. Zweifelnde u. Suchende. Autoris. Uebersetzg. v. A. G. (IV, 111 S.) gr. 8. Gr. Lichterfelde-Berlin (903). E. Runge. n. 1. 50

Thomas, Frank. Das Kreuz Christi. Deutsch von P[astor] K[arl] Höhne. 120 S. 8. Leipzig, Paul Eger, 1906. [M. 1. —, geb. 1. 50]

Thomas, Frank. Leben in Christo. Deutsch von P[astor] K[arl] Höhne. 120 S. 8. Leipzig, Paul Eger, 1906. [M. 1. —, geb. 1. 50]

Thomas, Frank. Lebensfragen. Von Frank Thomas, Pfarrer in Genf. Autorisierte Uebersetzung von Luise Oehler. 287 S. 8. Basel, Friedrich Reinhardt, (1901). [br. fr. 4. —, geb. fr. 5. —]

Thomas, Frank, Wahn od. Wirklichkeit? Einzige autoris. Übersetzg. aus dem Franz. (III, 256 S. m. Bildnis.) 8. Berlin 907. Emil Richter. 2.50; geb. 3.—; m. Goldsch. 3. 50

Thomas, Frank, Wahn od. Wirklichkeit. Jetzt: Charlottenburg, M. Richter.

Thomas, Frz. (II.), Anwendung der doppelten Buchhaltung in 3 Beispielen: a) Bei einer Offiziers-Uniformirungs-Verwaltung. b) Bei einer Offiziers-Tafel- und Consumartikel-Verwaltung. c) Bei Verwaltung des Einkommens oder Privat-Vermögens einer einzelnen Person oder Familie. Populär verf. gr. 8. (204 S.) Brünn 885, (Winkler.) * 5 —

Thomas, Franz, a. Viersen: Kollektive Arbeitsverträge im Steinkohlenbergbau der Vereinigten Staaten von Nordamerika und Deutschlands. ⟨Ein Vergleich.⟩ Essen-R. 1909: Fredebeul & Koenen. 45 S. 8°
Bonn, Phil. Diss. v. 22. Dez. 1909, Ref. Schumacher
[Geb. 31. Mai 84 Krefeld; Wohnort: Bullay; Staatsangeh.: Preußen; Vorbildung: Gymn. Kempen a. Rh. Reife O.04; Studium: Münster 2, Bonn 6 S.; Rig. 26. Mai 09.] [U 10. 424

Thomas, Frz. Karl, kollektive Arbeitsverträge im Steinkohlenbergbau der Vereinigten Staaten v. Nordamerika u. Deutschlands. (45 S.) 8. Essen (910). Fredebeul & Koenen. — 60
Sonderabdruck aus: „Soz. Revue".

—— das Buch vom deutschen Heldenkaiser. Zum 90. Geburtstage Kaiser Wilhelms des Siegreichen hrsg. 4.—6. Aufl. gr. 8. (80 S. mit vielen Illustr.) Ebendas. 887,88. — 75

—— das Buch vom deutschen Heldenkaiser. 22. März 1797—1888 9. März. Zur Erinnerung an Kaiser Wilhelm den Vielgeliebten hrsg. 7. vollständ. umgearb. und verm. Aufl. gr. 8. (100 S. mit vielen Illustr.) Ebendas. 888. — 75

Thomas, Frz., das Denkmal auf dem Niederwald. Festgabe zur Einweihg. d. deutschen Nationaldenkmals auf dem Niederwald am 28. Septbr. 1883. Mit zahlreichen Illustr. Lex.-8. (23 S.) Düsseldorf 883. F. Bagel. — 75

Thomas, Frz. Das Denkmal auf dem Niederwald. Festgabe z. Einweihung. Lex.-8. Düsseld. 883. Frankf. a. M., Jaeger's Verlag. — 75

Thomas, Frz. Das Dreikaiser-Buch. Das Leben u. Wirken der drei ersten Kaiser seit Wiedererrichtg. d. deutschen Reiches. Deutschlands Volk erzählt. gr. 8. (80, 96, 109 S. m. Illustr.) [Düsseld. 890, F. Bagel.] Bonn, Strauß. cart. 2 50

—— Düsseldorf. Ein Führer durch die Stadt und ihre nächste Umgebung. Mit 1 (lithogr.) Plane der Stadt und einem solchen des Stadttheaters. 8. (24 S.) Ebendas. 883.

—— Düsseldorf. Ein Führer durch die Stadt und ihre nächste Umgebung. 2. Aufl. 8. (24 S. mit 1 Plane der Stadt und einem solchen des Stadttheaters.) Ebendas. 885. — 50

Thomas, Franz [aus Aachen]: Einwirkung von Phenylhydrazin auf Oxymethylenacetessigäther und Oxymethylenacetylaceton bezw. auf die entsprechenden Aethoxymethylenverbindungen ... Aachen, Druck v. C. H. Georgi, 1895; 48 S., 1 Bl. 8.
Rostock, Phil. Fak., Inaug.-Diss. v. [14. März] 1895

— Friedrich III., deutscher Kaiser, König v. Preußen. Sein Leben, sein Wirken u. sein Leiden. Zur Erinnerg. an den entschlafenen Helden hrsg. Mit vielen Illustr. gr. 8. (96 S.) Ebd. 888. — 75; cart. 1. —

Thomas, F., neuester allgemeiner deutscher Hausschatz, s. a. Volksbücher, landwirthschaftliche.

Thomas, Frz., neuester allgemeiner deutscher Hausschatz. Enth. die neuesten, wichtigsten und bewährtesten Erfindungen, Verbesserungen und Erfahrungen in Hauswirthschaft, Baukunde, Jagd, Ackerbau, Viehzucht, Thierheilkunde, Obst-, Gemüse-, Wein- und Blumenbau, Bierbrauerei, Branntweinbrennerei, Zucker-, Hefe-, Stärke-, Essigfabrikation, Flachsbereitung 2c. 5 Bdchn. 8. Leipzig 876, H. Voigt. *

geb. in 1 Bd. *

Inhalt:

Bdchn. 1. Hauswirthschaft, Baukunde und Jagd. 487 Recepte und Verfahrungsweisen. (XVIII, 109 S.) *ℳ 1,50.

" 2. Die Motoren, die Bierbrauerei, Branntweinbrennerei, Hefen-, Essig-, Stärke-, Zucker-, Wein-, Flachsbereitungs-, Ziegel-, Oel- und Torf-Fabrikation. 273 Recepte und Verfahrungsweisen. (XI, 87 S.) *ℳ 1,20.

" 3. Obst-, Gemüse-, Blumen- und Weinbau. 400 Recepte und Verfahrungsweisen. (XIV, 89 S.) *ℳ 1,20.

" 4. Viehzucht, Viehhaltung, Viehmastung und Thierheilkunde. 500 Recepte und Verfahrungsweisen. (XV, 103 S.) *ℳ 1,50.

" 5. Acker- und Wiesenbau. 690 Recepte und Verfahrungsweisen. (XIX, 150 S.) *ℳ 1,80.

—— Der kleine Jugendfreund. gr. 8. Ebd. 886. geb. 2 50

Thomas, Frz., kleiner Jugendfreund. Zur Unterhaltg. u. Belehrg. f. die deutsche Jugend. Mit vielen Illustr. gr. 8. (160 S.) Düsseldorf 886. F. Bagel. geb. 2. 50

Thomas, Franz, prakt. Arzt: Aus dem Konvent-Hospital der Barmherzigen Brüder zu Breslau (Prof. Dr. C. Partsch). Über die Karzinome der Mundschleimhaut. Breslau 1906: Breslauer Genoss.-Buchdr. (41 S.) 8°

Breslau, Med. Fak., Ref. Partsch-Garrè, Diss. v. 11. Juli 1906

[Geb. 9. März 75 Neudeck, Kr. Tarnowitz; Wohnort: Breslau; Staatsangeh.: Preußen; Vorbildung: Matthias-Gymn. Breslau Reife O. 99; Studium: Breslau 9 S.; Coll. 29. Juni 06; Approb. 8. März 04.]

— der Kinder Lieblingsbuch. Märchen, Geschichtchen u. Gedichte, für die Jugend zusammengestellt. Mit Textabbildgn. u. 2 Farbendr.-Bildern v. G. Bartsch. 8. (IV, 236 S.) Ebd. 889. geb. 1. 80

—— der Nothstand auf der Eifel 1883. Mit mehreren (eingedr. Holzschn.-)Bildern aus den Eifelgegenden und 1 Karte des Nothstandsbezirkes. Lex.-8. (14 S.) Ebendas. 883.

Thomas, Frz. (I.), Deutschlands Reichskanzler. 1815—1885. Das Leben und Wirken des Reichskanzlers Fürsten Bismarck. Zum 1. April 1885 dem deutschen Volke gewidmet. Lex.-8. (48 S. mit zahlreichen eingedr. Holzschn.-Illustr.) Düsseldorf 885, F. Bagel. — 75

—— Deutschlands Reichskanzler. Das Leben des Reichskanzlers Fürsten Bismarck und sein Wirken für die deutsche Nation. Dem deutschen Volke erzählt. 1.—6. verm. Aufl. Lex.-8. (56 S. mit zahlreichen Illustr.) Ebendas. 885—88. — 75

—— Deutschlands Reichskanzler. 6. Aufl. Lex.-8. Düsseld. 888. Bonn, Strauß. — 75

— die Rhein-Ueberschwemmungen. Zur Erinnerg. an die großen Ueberschwemmngn. d. Rheins u. seiner Nebenflüsse Ende Novbr. u. Decbr. 1882. Mit zahlreichen (eingedr.) Holzschn. nach Orig.-Zeichngn. hervorrag. Künstler. Fol. (12 S.) Ebend. 883. 1. —

— Siegismund Rüstig od. die Schiffbrüchigen der Hansa. Nach dem Engl. d. Kapitän Marryat für die Jugend bearb. Mit 1 bunten Titelbilde, vielen Holzschn. u. 1 Plane der Insel. gr. 8. (IV, 160 S.) Ebd. 887. cart. 2. 50

Thomas Franz: Reichart Freiherr von Stein. H. 1910 PN 3095 Diss. Wien, Univ. 1050

Thomas, Frz. (I.), Kaiser Wilhelm I. Sein Leben und Wirken, dem deutschen Volke erzählt. 1.—3. Aufl. gr. 8. (72 S. mit vielen Illustr.) Düsseldorf 885—87, F. Bagel. — 75

4. Aufl. u. d. T.:

Thomas: Das Buch vom deutschen Heldenkaiser.

—— Kaiser Wilhelm II. Das Leben unseres Kaisers und Königs. Deutschlands Volk erzählt. gr. 8. (80 S. mit vielen Illustr.) Ebendas. 888. — 75

— Kaiser Wilhelm II. Das Leben unseres Kaisers u. Königs. Deutschlands Volk erzählt. gr. 8. (80 S. m. Illustr.) Ebd. 889. cart. 1. —

Thomas, Franz Karl, s. Thomas, Franz

Thomas, *Friedrich* [Prof. Dr.]: Beobachtungen über Mückengallen. (Forts. an and. Stelle.) Gotha, Druck d. Engelhard-Reyherschen Hofbuchdr., 1892; 3—16 S. 4.

Ohrdruf, gräfl. Gleichensches G (RPG u. PG)', OP 1892 (702)

Thomas, Friedrich: Über die Einwirkung des Ferrisulfats auf Kupferkies. 1903. 31 S. 4° ¶ Aus: Metallurgie. Jg. 1. 1904. Aachen, Dr.-Ing.-Diss. v. 2. 2. 1903

Thomas, Fr[iedrich], Prof. Dr.: Einige **Ergebnisse** über Johann Sebastian Bachs Ohrdrufer Schulzeit, aus der Matrikel des Lyceums geschöpft. *Ohrdruf 1900: H. Lucas.* (S. 3—16.) 4°

Ohrdruf, gräfl. Gleichensches G, PG u. RPG, P 1900 (757)

Thomas, Friedrich, a. Sörnewitz: I. Über Merkuriverbindungen von Oximidokörpern. II. Dissoziation der Schwermetallsalze der Aminosäuren. Weida i. Thür. 1906: Thomas & Hubert. (78 S.) 8°

Leipzig, Phil. Fak., Ref. Hantzsch, Ostwald, Diss. v. 12. Juli 1906

[Geb. 24. April 80 Sörnewitz b. Oschatz; Wohnort: Seifersdorf b. Rabenau; Staatsangeh.: Sachsen; Vorbildung: Thomassch. Leipzig Reife O. 00; Studium: Würzburg 1, Leipzig 9 S.; Rig. 29. Mai 06.]

Thomas, Friedr., Peter K. Rosegger. Lebensbild eines Dichters aus dem Volke. Mit 4 Abbildungen. (Rothaug's Jugendbibliothek. II. Abth.) 8. (64 S.) Prag, F. Tempsky. In grünem Leinwd.-Einbd. 40 kr. 1883.

Thomas, [illegible] Dr. Johann [illegible] Berlin [illegible] Jahrb. f. wiss. Botanik Bd [illegible]
Berlin, Phil. Diss. v. 11. Juli [illegible]

Thomas, Friedrich, Dr.: Der **Stammbaum des Ohrdrufer** Zweigs der Familie von Johann Sebastian Bach. *Ohrdruf 1899: H. Lucas.* (S. 17—20.) 4°

Ohrdruf, gräfl. Gleichensches G (PG u. RPG), P 1899 (750)

Thomas, Friedr. A. W.: Beiträge zur Kenntniss der Milbengallen und der Gallmilben. Halle 1874.

Thomas, Friedr. A. W., Beschreibung neuer oder minder gekannter Acaroceoidien [Phytoptus-Gallen]. gr. 4. (32 S. mit 8 lithogr. Taf.) Dresden 876. (Leipzig, Engelmann.) *

Aus: Nova Acta der kaiserl. Leop.-Carol. deutschen Akademie der Naturforscher, besonders abgedruckt.

Thomas, Friedr. A. W.: Schweizerische Milbengallen (Phytoptus Duj.). St. Gallen 1872.

Thomas, Friedr. A. W.: Über 42 neue Pflanzengallen. 1878.

Thomas, Frdr. Karl, die Bildung unserer deutschen Volksschullehrer. Ein Gutachten von einem Freunde u. ehem. Genossen derselben. gr. 8. (VIII u. 31 S.) Schweinfurt 848. (Giegler.) 4 ngl

Thomas, Friedr. Karl, 60 Choräle f. 3 Knabenstimmen, od. f. 2 Tenorstimmen u. 1 Baßstimme; stufenweise geord. qu. gr. 8. (5½ B.) Nürnberg 833, Stein.

Thomas, Fritz, vereinfachte Formeln f. die statische Berechnung v. Eisenbeton unter Zugrundelegung d. diesbezüglichen Ministerial-Erlasses v. 24. V. 1907. Mit Beispielen u. Tabellen. (34 S. m. Fig.) gr. 8. Halle 907. Betonzeitung. 1. 25

Thomas, Fritz: Verzögerung und Beschleunigung chemischer Vorgänge durch Licht. Freiburg i. B.: Speyer & Kaerner 1908. 65 S. 8°
Freiburg i. B., Phil. Diss. v. 1908, Ref. Gattermann
[Geb. 12. Sept. 85 Freiburg i. B.; Wohnort: Freiburg i. B.; Staatsangeh.: Baden; Vorbildung: Gymn. Freiburg i. B. Reife Juli 03; Studium: Freiburg i. B. 9 S.; Rig. 7. Nov. 08.] [U 09. 1052

Thomas, G., das königl. Ostseebad Cranz bei Königsberg i. Pr. 2. durch Schubert vervollständ. Aufl. mit 7 durch J. Wentscher gefertigten Illustr. und 2 Situationsplänen. gr. 8. (66 S.) Cranz 884. (Königsberg, Gräfe und Unzer.) *
geb. *

Thomas, G., der Seebadeort Cranz bei Königsberg in Pr. gr. 8. (V, 50 S.) Königsberg 870, Bon's Verlag. *

Thomas, G. C., Zirkelzeichnen f. Handwerker-Fortbildungsschulen, s.: Messinger, L. J.

Thomas, Gabriel. Continuatio d Beschreibung der Landschaft Pennsylvaniae an denen End-Gräntzen Americae. Mit Karte. Frankfurt and Leipzig, 1702.

Thomas, Geo., s. Catalogus codicum manu scriptorum bibliothecae regiae Monacensis.

Thomas, Geo., Dampfwagen für Haupt- und Nebenbahnen, s. Organ für die Fortschritte des Eisenbahnwesens in technischer Beziehung.

Thomas, Georg (Frankfurt/M.) A. S. 1117/24

Dissertatio inauguralis medica de dolore lateris idiopathico et sympathico.
Präs. Johann Heinrich Schulze.
Halle (Hilliger) V. 1737. 36 S.

Gew.: Stadt Frankfurt/M.
W. v.: Friedrich Hoffmann, Präs., Christ. Friedrich Daniel (Opp.), J. A. Gladbach (Opp.). 34400

Thomas, Georgius (Theodorus) (geb. Königsberg i. Pr. 21. 3. 1814): De spermatorrhoea. Vratislaviae (1839). (34 S.) 8°
Breslau, Med. Diss. v. 28. Juni 1839

Thomas, Geo. Martinus, Commentatio de Aristophanis avibus. 8maj. (3¼ B.) Monachi 841, (Franz.) *

Thomas, Geo. Martin, Beispielsammlung zur latein. Formenlehre. gr. 8. (10¼ B.) München 845, Literar.-artist. Anstalt. *

Thomas, Geo. M., Belagerung u. Eroberung von Constantinopel im Jahre 1453 aus der Chronik von Zorzi Dolfin. München 868. (Franz.) gr. 8. (45 S.) n. 10 ngr.

Thomas, Geo. Mart., s.: Capitolare dei visdomini del fontego dei Tedeschi in Venezia.

Thomas, G. M., und G. L. F. Tafel, der Doge Andreas Dandolo, s. Tafel, G. L. F.

Thomas, Geo. Mart., über neuaufgefundene Dichtungen Francesco Petrarca's. Vortrag in der öffentlichen Sitzung d. k. Akad. d. W. am 27. März 1858 zur Vorfeier ihres 99. Stiftungstages gehalten. München 858. (Franz.) 4. (16 S.) n. 5 ngr.

Thomas, Geo. Mart., über eine griechische Eidesformel römischer Senatoren. (Aus den Bulletins der kais. Akad. d. Wissensch.) München 860. (Franz.) 4. (12 Sp.) n. 4 ngr.

Thomas, Geo. Mart., die staatliche Entwicklung bei den Völkern der alten u. neuen Zeit. Gelesen in der öffentl. Sitzung d. königl. Akademie der Wissenschaften zur Feier ihres 90. Stiftungstages am 28. März 1849. gr. 4. (30 S.) München 849. (Franz.) n. ⅓ ℛ

— Wallenstein's Ermordung. Ein gleichzeitiges italienisches Gedicht. Herausg., eingeführt u. m. anderen unbekannten handschriftlichen Belegen ausgestattet. München 858. Giel. gr. 4. (24 S.) n. 12 ngr.

—— Wallenstein's Ermordung. Ein gleichzeitiges italien. Gedicht. Hrsg., eingeführt und mit anderen unbekannten handschriften Belegen ausgestattet. gr. 4. (24 S.) München 858, [Gummi.] *

—— Formenlehre der latein. Sprache. gr. 8. (9¼ B.) München 844, Literar.-artist. Anstalt. *

— u. G. L. F. Tafel, Friedens- u. Handelsvertrag des Michael Palaeologus mit Venedig vom J. 1265, s.: Tafel, G. L. F.

—— Gedächtnißrede auf Friedr. v. Thiersch. Vorgetragen in der öffentl. Sitzung der k. Akademie der Wissenschaften am 28. Novbr. 1860. gr. 4. (38 S.) München 860, (Franz.) *

—— s. Glossar, ein latein., des 9. Jahrh.

Thomas, Geo. Mart., Handelsvertrag zwischen der Republik Venedig und dem Königreich Granada vom J. 1400. Eingeleitet und hrsg. gr. 4. (32 S.) München 885, (Franz' Verlag.) ** — 90
Aus: Abhandlungen der k. bayer. Akademie der Wissenschaften, besonders abgedruckt.

Thomas, Geo. Mart., Commission des Dogen Andreas Dandolo für die Insel Creta vom J. 1350. Eingeleitet u. hrsg. [Aus: „Abhandlgn. d. k. b. Akad. d. Wiss."] gr. 4. (60 S.) München 877. Franz in Comm. n. 2. 20

Thomas, Georg Martin, s. a. Luther, Martin, u. die Reformationsbewegung.

Thomas, Geo. Mart., Martin Luther u. die Reformationsbewegung in Deutschland vom J. 1520—1532 in Auszügen aus Marino Sanuto's Diarien. 1. Bd. gr. 8. (L, 222 S.) Ansbach 883. C. Brügel & Sohn. n. 6. —

Thomas, Geo. Mart., eine griechische Originalurkunde zur Geschichte der anatolischen Kirche. Schreiben des griech. Patriarchen Maximus von Constantinopel an den Dogen Giovanni Moncenigo von Venedig, Jan. 1480. gr. 4. (48 S.) München 853, (Franz.) *
Aus: Abhandlungen der k. bayer. Akademie der Wissenschaften, besonders abgedruckt.

– und G. L. F. Tafel

— — Griechische Original-Urkunden zur Geschichte des Freistaates Ragusa, s.: Tafel, G. L. F.

Thomas, Geo. Mart., der Periplus des Pontus Euxinus. Nach Münchener Handschriften. [Mit 1 (chromolithogr.) Karte (in Fol.)] Ingleichen der Paraplus von Syrien und Palästina und der Paraplus von Armenien (des Mittelalters). gr. 4. (68 S.) München 864, Franz'sche Buchh. *
Aus: Abhandlungen der k. bayerischen Akademie der Wissenschaften, besonders abgedruckt.

—— zur Quellenkunde des venezianischen Handels und Verkehres. Mit archival. Beilagen. gr. 4. (60 S.) (Ebendas.) 879. **
aus: Abhandlungen der k. bayerischen Akademie der Wissenschaften, besonders abgedruckt.

Schreiben des griech. Patriarchen M. v. C. an den Dog Giovanni Mocenigo von Venedig, Jan. 1480. Herausgg. v. G. M. Thomas. Gel. 18
48 S. 4°. 1.

—— über einen Staatsbrief des Dogen Leonardo Loredano von Venedig an den Bürgermeister und Rath von Ulm vom 16. Juli 1509. Ein Beitrag zur Geschichte des deutschen Bürgerthums jener Zeit. gr. 8. (19 S.) München 860, [Gummi.]

—— die Stellung Venedigs in der Weltgeschichte. Rede gehalten in der öffentl. Sitzung der k. Akademie der Wissenschaften am 25. Juli 1864. gr. 4. (27 S.) München 864, (Franz'sche Buchh.) *

—— Studien zu Thukydides. gr. 4. (50 S.) München 852, (Franz.) *
Aus: Abhandlungen der k. bayr. Akademie der Wissenschaften, 1. Cl. 6. Bd. 3. Abthl., besonders abgedruckt.

—— Studien zu Thukydides. (2. Abhandlung.) gr. 4. (48 S.) München 857, (Franz.) * — 18
Aus: Abhandlungen der k. bayer. Akademie der Wissenschaften, besonders abgedruckt.
1. Abhandlung. (Ebendas.) 1852. * 20 Ngr.

—— Symbolae crit. in P. Ovidium Nasonem 8maj. (2 B.) Monachi 840, Franz. *

—— und G. L. Fr. Tafel, Urkunden zur älteren Handelsgeschichte der Republik Venedig, s. Fontes rerum austriacarum.

Thomas, Geo. Mart., die ältesten Verordnungen der Venezianer für auswärtige Angelegenheiten. Ein Beitrag zur Geschichte des völkerrechtl. Verkehrs. Aus archival. Quellen. gr. 4. (51 S.) München 873, (Franz'sche Buchh.) *
Aus: Abhandlungen der k. b. Akademie der Wissenschaften, besonders abgedruckt.

Thomas, Georg Max, s. Thomas, Max

Thomas, Georg Sebastian

Thomas, Geo. Seb., die großherzogliche Hofkapelle, deren Personalbestand und Wirken unter Ludewig I. Großherzog von Hessen und bei Rhein. Als ein Beitrag zu seiner Lebensgeschichte und zur Geschichte der Kunstentwickelung Darmstadts. 2. verm. u. verb. Aufl. Darmstadt 859. Jonghaus. gr. 8. (XXVIII, 141 S. u. 1 lith. Portr.) n. 28 ngr.

Thomas, George, aus Hyde Park ⟨Utah⟩: **Untersuchungen** über die Geschichte der Zolltarife und Handelsverträge der Vereinigten Staaten von Nordamerika seit 1875. *Halle a. S. 1904: C. A. Kaemmerer & Co.* (158 S.) 8°
Halle, Phil. Diss. v. 1904

Thomas, George S. [Virginiensis]: De particulae ὡς usu Herodoteo . . . Lipsiae, typ. B. G. Teubneri 1888. 54 S., 1 Bl. 8°
Leipzig, Phil. Fak., Inaug.-Diss. v. 4. Jul. 1888

Thomas, George S., de particulae ὡς usu Herodoteo. Diss. Leipzig 1888, Gustav Fock. 8°. 54 S.

Thomas, Gottlieb Friedrich (Bayreuth) A. S. 94/10

Dissertatio iuridica de iure commentitio.
Präs. Johann Georg Fichtner.
Altdorf (Kohles) 26. V. 1723. 30 S.

34401

Thomas, Greg., (Bischof zu Tiniez,) Hirtenbrief. Uebersetzt v. J. P. Silbert. gr. 8. Wien 824. Wimmer. 14 kr. Lateinisch. 12 kr.

Thomas, Gregorius, s. Thesen, sechzehn.

Thomas, Gustav

Thomas, G., angewandte Anatomie f. Schuhmacher, nach den in den Meisterkursen der Stadt Cöln geh. Vorträgen. (64 S. m. 1 Taf.) 8. Cöln 905. (Kölner Verlagsanstalt u. Druckerei.) n. 1.—

Fewson, John George: Unserm unvergesslichen Br. John George Fewson widmet diese Zeilen in treuem Gedenken an die allen Brüdern gleichmässig erwiesene Liebe und Fürsorge Gust. **Thomas.** Danzig [1894]: Groening. 10 S. 8°
[Umschlagtit.]
Bericht üb. die Trauerfeier für Fewson.

Thomas, Gustav: Ueber die Methoden der Perineoplastik bei veralteten completen Dammrissen. Halle a. S. 1881: Gebauer-Schwetschke. 37 S. 8°
Halle-Wittenberg, Med. Diss. v. 26. Okt. 1881
Geb. Magdeburg 24. 4. 1858. V.

Thomas, Gust., Diss. inaug. med.-obstetricia de vario situ parturientibus, cum foetus caput regulae haud convenienter est positum, praecipiendo. 8. Dorpat 828. (26 S.)

Thomas, Gust. Rud., s. Thomas, Rud.

Thomas, H., Arbeiten aus dem Pharmazeutischen Institut an der Universität Berlin. 6. Bd. Gr.-8°. (VIII, 304 S.)
Wien: Urban & Schwarzenberg 1909. K 8.40, geb. K 10.20

Thomas, H. J., Badenweiler u. seine Heilmittel gr. 8. (IV, 72 S.) Müllheim 875. Schmidt. n. 1. 50

Thomas, H. J., Beiträge zur allgemeinen Klimatologie und Mittheilungen über Cadenabbia, Lugano und Spezia als klimat. Kurorten. gr. 8. (IV, 106 S. mit 1 Karte.) Erlangen [Stuttgart] 873, Enke. *

Thomas-Badenweiler, H. J., üb. die Riviera u. das Klima v. Nervi, s.: Sonderabdrücke der Deutschen Medizinal-Zeitung.

Thomas, Hans, aus Zeitz: Über die therapeutische **Bedeutung** der Probepunction bei Pleuraexsudaten. *Berlin (1899): G. Schade.* (31 S.) 8°
Berlin, Med. Diss. v. 14. Febr. 1899

Thomas, Hans, Assistenzarzt am Krankenh. 'Bethanien' zu Breslau: Zur Indicationsstellung und Technik des Kaiserschnittes. ⟨11 Fälle aus d. Breslauer Frauenklinik.⟩ *Breslau 1902: Bresl. Genoss.-Buchdr.* (60 S.) 8°
Breslau, Med. Diss. v. 23. Jan. 1902

Thomas, Heinr., die neuen Masse u. Gewichte. Uebersichten u. Tabellen zur Umrechnung der alten Masse in die neuen u. zur Berechnung des Preises der neuen Mass- u. Gewichtseinheiten. Zwickau 869. Bär. 16. (24 S.) n. $2\frac{1}{2}$ ngr.

— — 2. verm. Aufl. Ebend. 870. 16. (34 S.) 3 ngr.

Thomas, Heinr., die neuen Masse u. Gewichte. Uebersichten u. Tabellen zur Umrechng. der alten sächs. Masse in die neuen d. deutschen Reiches u. zur Bestimmg. d. Preises d. neuen Mass- u. Gewichtseinheiten. 3. verm. Aufl. 16. (34 S.) Zwickau 872. Bär. — 30

Thomas, Heinr., die Natural-Verpflegung des k. k. Heeres vom ökonomisch-administrativen Standpunkte. gr. 8. (VIII, 243 S.) Prag 877. (Kosmack & Neugebauer.) n. 4. —

Thomas, Heinrich [app. Arzt aus Derne bei Dortmund (Westfalen)]: Über das Zottenfibrom der Harnblase.... Würzburg: Becker's Univ.-Buchdr., 1888. 23 S. 8°
Würzburg, Med. Fak., Inaug.-Diss. v. 1888

Thomas, Henry, die äussere Anwendung von homöopathischen Mitteln bei Unfällen und Krankheiten, namentl. von Aconitum, Arnica, Calendula etc. Mit einem Anh. über den Gebrauch des Camphers besonders in der Cholera. Nach der 7. Aufl. des engl. Orig. Mit vielen Verbesserungen und Zusätzen für Aerzte und Laien deutsch bearb. von A. Raron. 16. (VIII, 48 S.) Leipzig 872, Fr. Fleischer. *

Thomas, Hermann: Ueber Carbolsäure vom physiologisch-chemischen und toxicologischen Standpuncte aus. Halle 1882: Karras. 71 S. 8°
Halle-Wittenberg, Med. Diss. v. 17. März 1882
Geb. Seitendorf (Kr. Waldenburg, Schles.) 23. 9. 1855. V.

Thomas, Herm., der Tiere Lust u. Leid. Schilderungen aus dem Leben d. Tiere. Mit 1 Titelbilde u. 3 Buntbildern v. A. Busch u. Feder-Zeichngn. v. Eduard Wolf-Harnier. (IV, 138 S.) 8. Leipzig (910). A. Anton & Co. Geb. in Halbleinw. 1. 80

— dasselbe. (Neue Folge.) Mit 1 Titelbilde u. 3 Buntbildern v. A. Busch u. Feder-Zeichngn. v. Eduard Wolf-Harnier. (IV, 141 S.) 8. Ebd. (910). Geb. in Halbleinw. 1. 80

Thomas, J., d. Seemanns Gebetbüchlein. Ein Begleiter auf dem Schiffe. 2. Aufl. 16. (XIV, 259 S.) Frankfurt a. M. 876. Zimmer. geb. n. 1. —; geb. m. Goldschn. n. 1. 20

Thomas, J., Nah und Fern. Eine Herbstlese. Frankfurt a. M. 856. Heyder u. Zimmer. 16. (320 S. u. 1 Lithogr.) n. 1 ₰. 15 ngr.

Thomas, J., das Büchlein Ruth. Eine Erzählung nach der Bibel. gr. 16. (IV u. 90 S.) Frankfurt a. M. 849, Brönner. $5\frac{1}{3}$ ngr.

THOMAS, J.: Patriotischer Vorschlag zur Umschaffung aller öden und unfruchtbar gewordenen Waldreviere in nutzbaren Holzbestand. - Cassel 1801. 52 S. - 2. Aufl. ebd. 1822

Thomas, J. B., Spiele u. Turnübungen für Mädchen. Mit einem einleit. Vortrage über Wert u. Bedeutung der Jugendspiele für die Schule. gr. 8 (VIII, 80 S.) Trier 882. Lintz. n. 1. —

Thomas, J. B., Spiele u. Turnübungen f. Mädchen. M. e. einleit. Vortrage üb. Wert u. Bedeutg. d. Jugendspiele f. d. Schule. 2. Aufl. gr. 8. (VI, 92 S.) Trier 895. F. Lintz. n. 1. —

Thomas, J. G., die Herrschaft Erdmannsdorf im schlesischen Riesengebirge, historisch dargestellt. 8. ($5\frac{1}{8}$ B. u. 1 Stnt.) Hirschberg 844, Krahn.

Thomas, J. J. Chr., Elemente der Arithmetik als einer Wissenschaft. Lex.-8. ($8\frac{1}{2}$ B.) Arnstadt 843, Meinhardt. *

Thomas, J. K., patriot. Vorschlag zur Umschaffung aller öden u. unfruchtbar geword. Waldreviere in nutzbaren Holzbestand. 2e Aufl. 8. Cassel 822. Luckhardt. 4 gr

Thomas, J. O., ausführliche Abhandlung üb. den Subjonctif u. die Participes, nebst einer Auswahl interessanter Anekdoten mit Hinweisung auf die über den Subjonctif u. die Participes aufgestellten Regeln. 8. (103 S.) Berlin 850, Lindow. $\frac{1}{3}$ ₰

Thomas, J. W., drei Jahre in Südnias, s.: Missions-Traktate, rheinische.

Thomas, J. W., von Nias nach Kaiser-Wilhelms-Land u. üb. Australien zurück nach Deutschland. Ein Reisejahr. gr. 8. (141 S. m. 10 Abbildgn.) Gütersloh 892. C. Bertelsmann. n. 1. 20; geb. n. 1. 80

Thomas, Jak., eloge de Louis, dauphin de France. 12. Lausanne 776. Pott. 3 gr

- essai sur le caractère, les moeurs et l'esprit des femmes dans les différens siècles. 8. Lausanne 772. Pott. 12 gr
Ed. III. 8. Wien 773. Trattner. 8 gr

— Lob des Dauphins. 8. Bern 767. Typ. Soc. 6 gr

— Lobrede auf Max. v. Bethûne, Herzog v. Sully. gr. 8. Karlsr. 764. Macklot. 3 gr

— Lobrede auf H. F. Daguesseau, Kanzler v. Frankreich. gr. 8. Karlsr. 763. Macklot. 3 gr

— Lobrede auf R. Descartes ꝛc. 8. Riga 767. (Hartknoch in Leipz.) 6 gr

— Lobrede auf René Düguay-Trouin, Generallieutenant. gr. 8. Karlsr. 764. Macklot. 3 gr

— Lobrede auf Mark-Aurel. gr. 8. Karlsr. 764. Macklot. 4 gr

Thomas, J. Lobschrift auf den Marschall von Sachsen, übersetzt. Frankf. u. Leipzig 1759. Ü: *Ring*, *Friedrich Dominik*. (Ky) (MGT)

— Lobschrift auf den Grafen Moritz v. Sachsen; aus d. Französ. (v. F. D. Ring). 8. Frankf. u. Leipz. 759. ...

Thomas, Jacques. Lobschrift auf den Grafen Moritz von Sachsen; a. d. Franz. Erfurt 1771. Ü: *Meusel*, *Johann Georg*. (BB) (Ky) (MGT)

— Dass. aus d. Französ. (v. J. G. Meusel). 8. (Erfurt) 771.

– Versuch über den Charakter, die Sitten u. den Geist der Frauenzimmer in verschied. Jahrhunderten; aus d. Französ. 8. Bresl. 773. W. G. Korn. 8 gl.

– Versuch üb. die Lobschriften, Lobreden u. Lobgedichte; aus d. Französ. 1r Thl. gr. 8. Frkf. a. d. O. 775. Strauß. 20 gl.

Thomas, Jak. Edw., († 1796.) Glossologie, oder Philosophie der Sprache. 1r u. 2r Versuch. gr. 8. Wien 786. Trattner. 9 gl.

Thomas, James Bishop, Rev., B. A., S. T. B., ehemal. Pfarrer d. Gemeinde d. bischöfl. Kirche in Cohasset (Mass.), nordamer. Union: Die E n t - w i c k e l u n g der messianischen Idee in ihrer Bedeutung für die soziale Frage; Letzter Teil: Der 'christliche Socialismus'. Halle a. S. 1901: C. A. Kaemmerer & Co. (79 S.) 8°
Halle, Phil. Diss. v. 1901

Thomas, Imm. Aug., Scherz u. Ernst. 8. Zittau 820.

— die Todtenköpfe des Herzogs v. Braunschweig-Oels in Zittau 1809. Eine Ballade. 8. Zittau 809.

Jo. A. Thomas (praes. Burcard. Guil. Seiler) diss. inaug. sistens conspectum instrumentorum, quae ad partum innormalem promovendum commendata sunt. Viteb. 1808. 4.

Thomas, Joh. Geo., kurze Geschichte d. Augsburg. Confession. 8. (4 B.) Bunzlau 830, Appun.

Thomas, Joh. Geo. Geschichte des Grafen Johann Ulrich v. Schaffgotsch. 8. Hirschberg 1829.

JOHANN GEORGE THOMAS, Handbuch der Literaturgeschichte von Schlesien. Eine gekrönte Preisschrift. (Theil 1. 2.) Hirschberg 1824. C. W. J. Krahn. 8°.

Thomas, Joh. Gerh. Chrstn., der Oberhof zu Frankfurt a. M. u. d. fränk. Recht in Bezug auf dens. Ein Nachlaß, hrsg. v. Ludw. Heinr. Euler, u. bevorw. v. Jac. Grimm. gr. 8. (30 B. u. Bildn. d. Verf.) Frankfurt a. M. 841, Jäger'sche Buchh. *

Thomas, Johann Gottlob

Thomas, J. G., der neue Friedhof in Hof. Fol. (8 S. mit 12 lithogr. Taf.) Hof 878, Grau und Comp. *

Thomas, J. G., der neue Friedhof in Hof. 12 lith. Taf. Fol (3 S.) Hof 879. Grau & Co. n. 3. —

Thomas, Joh. Glob., das neue Stadt-Krankenhaus in Hof. Mit 14 Steintaf. Hof 864. (Grau & Co.) Fol. (19 S.) nn. 2 ₰

Thomas, Joh. Glob., die städtische Turnhalle in Hof. Nebst einer geschichtl. Skizze des Turnwesens daselbst. 1. Aufl. 1868, und 2. verb. und bis auf die neueste Zeit fortgeführte Aufl. hoch 4. (28 S. mit 7 Steindrucktaf. in qu. Fol.) Hof 872, Grau und Comp. *

Thomas, J. G., Jos. Matzenberg u. Jos. Dorn, die Turnhallen u. die Turnplätze der Stadt Hof. Nebst Abriß der Geschichte des Turnens daselbst. Unter Benützg. früherer Schriften hrsg. gr. 8. (68 S. m. 11 Taf.) Hof 893. R. Lion. n. 2. –

Thomas, Johannes, Referendar beim Kgl. Amtsgericht zu Lausigk: Der A u f s i c h t s r a t der Aktiengesellschaft. Leipzig 1903: W. Wigand. (54 S.) 8°
Leipzig, Jur. Diss. v. 1903

Thomas, Johs. Die Herrlichkeit d. Herrn. 5 Predigten, in der Epiphanienzeit 1889 geh. gr. 8. (39 S.) Glauchau 889, Peschke. * — 50

Thomas, Joseph, a. Düsseldorf-Grafenberg: Aus d. anat. Institut, zu Göttingen. Die Glandula vestibularis maior (Bartholoni) beim Menschen. Göttingen 1905: Dieterich. (30 S.) 8°
Göttingen, Med. Fak., Ref. Merkel, Diss. v. 12. Aug. 1905
[Geb. 15. Aug. 76 Grafenberg, Kr. Düsseldorf; Wohnort: Düsseldorf; Staatsangeh.: Preußen; Vorbildung: Gymn. Arnsberg Reife O. 00; Studium: Freiburg i. B. 1, Berlin 1, Göttingen 3, Berlin 2, Göttingen 2 S.; Coll. 8. März 05; Approb. 2. Aug. 05.]

Thomas, Josef Max, Dr.: Über den Anfangsunterricht in der alten Geschichte. Gräfenhainichen 1907: W. Hecker. (18 S.) 8°
Groß-Glogau, k. kath. G OP 1907 (236)

Thomas, Jules, Etude sur les traits caracteristiques des anciens Celtes. Stuttgart 869. (Tübingen, Fues.) 4. (32 S.) 15 ngr.

Thomas, Julius, a. Coburg: Die alliterierende Langzeile des Gawayn-Dichters. Coburg 1908: A. Roßteutscher. (70 S.) 8°
Jena, Phil. Fak., Ref. Keller, Diss. v. 2. Juli 1908
[Geb. 13. Nov. 83 Coburg; Wohnort: Coburg; Staatsangeh.: Sachsen-Coburg-Gotha; Vorbildung: Realgymn. Gotha Reife O. 03; Studium: Erlangen 4, Jena 6 S.; Coll. 29. Febr. 08.]

Thomas, Ivor, a. Glanamman (Wales): Neue B e i t r ä g e zur Kenntnis der devonischen Fauna Argentiniens. Marburg 1905: (J. F. Starcke, Berlin)(60 S.) 8° [Aus: Zeitschrift der Deutschen geologischen Gesellschaft Bd 57, 1905.]
Marburg, Phil. Fak., Ref. Kayser, Diss. v. 28. Okt. 1905
[Geb. 24. Nov. 77 Glanamman; Wohnort: Glanamman; Staatsangeh.: England; Vorbildung: Highe Grade Schule Glanamman bis M. 97; Studium: Wales-University (Aberystwyth College) 12, Marburg 4 S.; Rig. 24. Juni 05.]

Thomas, K., kann Herbarts Psychologie noch heute als Grundlage des psychologischen Studiums empfohlen werden?, s. a. Greßler's, F. G. L., pädagogische Blätter. 5.

Kann Herbarts Psychologie noch heute als Grundlage des psychologischen Studiums empfohlen werden? Von K. **Thomas**, Lehrer in Eisenberg. Langensalza: F. G. L. Gressler 1907. (51 S.) 8° [F.]
— **Blätter**, Gresslers pädagogische. H. 5. [07. 14731 3

Thomas, K., die Cultur der Myrthe Communis, s.: Bibliothek gärtnerischer Special-Culturen.

Thomas, K., Sach- u. Autorenregister, s.: Hoppe-Seyler's Zeitschrift f. physiologische Chemie.

Thomas, K. Die Treiberei der Hyacinthen. — Die Cultur der Myrthe, s. Bibliothek gärtnerischer Special-Culturen.

Thomas, Karl, Altes und Neues. Meine Habilitation und meinen Austritt aus der Privatdocentschaft an der Königl. Preuss. Universitat Königsberg betr. Freiburg im Br. 863. Wagner in Comm. Lex.-8. (IV, 98 S.) n. 20 ngr.

Thomas, K., Ballspiel-Reigen f. 16 Turnerinnen, s.: Reigensammlung. II, 6.

Thomas, Karl, Dr.: B e i t r ä g e zur Kenntnis der Krystall-Linse in den Augen der Wirbelthiere. 1854.

Thomas, K.: Einige B e m e r k u n g e n über eine den Bernstein betreffende Sammlung ostpreussischer Mineralien. Königsberg 1858.

Thomas, Karl: Beobachtungen über gewisse Erscheinungen, welche sich an den Kristall-Linsen verschiedener Tiere beobachten lassen. S. 6. 286.
Separatabdruck

— Karl, Dr., Der Bernstein in naturwissenschaftlicher industrieller und volkswirthschaftlicher Beziehung. Preussen, Mai 1855.

Thomas, K.: Die Bernsteinformation des Samlandes. 1840?

Thomas, Karl, Bilder aus der ungarischen Geschichte. gr. 8. (110 S.) Kronstadt 894. H. Zeidner. n.n. — 90

Thomas, Karl, Bilder aus der Weltgeschichte. Für Bürgerschulen u. höhere Volksschulen der ev. Landeskirche A. B. in den siebenbürg. Landesteilen Ungarns. 1. u. 2. Tl. 8. Brassó (Kronstadt), H. Zeidner. Geb. n.n. 2. 20
1. Altertum. (III, 60 S. m. 6 Taf.) 904. n.n. 1. —
2. Mittelalter. (87 S. m. 4 [2 farb.] Bildern.) 906. n.n. 1. 20

— Bilder aus der Weltgeschichte. Für Bürgerschulen u. höhere Volksschulen der ev. Landeskirche A. B. in den siebenbürg. Landesteilen Ungarns. 3. Tl.: Neuzeit. (III, 95 S. m. 6 [3 farb.] Bildern.) 8. Ebd. 907. Geb. 1. 30 (Vollständig in Leinw.-Bd.: 3. 20)

— Blumen-Reigen, s.: Kostüm-Reigen.

Thomas, Karl, s.: Bock-Pyramiden.

Thomas, Carl, ein Dieb, s. Kühling's, A., Album für Liebhaberbühnen.

Thomas, Carl, das pythagoräische Dreieck und die ungerade Zahl. Ein Beitrag zur Einleitung in das Studium des rechtwinkligen Dreiecks. Lex.-8. (IV und 92 S.) Berlin 859, Herbig. *

Thomas, Karl, Erdkunde. 1. und 2. unveränd. Aufl. 8. (44 S.) Kronstadt 886,88, Zeidner. geb. * — 60

— Erdkunde. 3., verb. Aufl. gr. 8. (54 S.) Ebd. 894. Geb. n.n. — 60

— biblische Erzählungen f. das 2., 3. u. 4. Schuljahr. 2. Aufl. (47 S.) 8. Ebd. 901. Kart. n. — 45

Thomas, Karl, biblische Erzählungen f. das 2., 3. u. 4. Schulj. 3., verm. Aufl. (IV, 84 S.) 8. Brassó (Kronstadt) 909. H. Zeidner. Kart. — 60

Geschichte des alten Bundes. E. Handb. z. geschichtl. Verständniss d. alten Testaments. Bes. f. Lehrer v. Lic. Theol. Dr. C. Thomas, Kgl. Seminarl. *Magdeburg: S. Bühling 1897.* (1 Bl., XII, 819 S., 4 Beil.) 1 Bd 8.
= Thomas, C.: Handbuch d. Gesch. d. alten u. neuen Bundes. [Bd] 1.
[98. 695

Thomas, Karl, die Grundbegriffe der nationalökonomischen Güterlehre. Zu 2., durch eine Abhandlung des Verf. über Geld u. Capital verm. Aufl. von Tuiskon Ziller. gr. 8 (VIII, 131 S.) Leipzig 879. A. Krüger. n 2. 80

Thomas, C., Handbuch der Geschichte des alten u. neuen Bundes. I. A. u. d. T.: Geschichte d. alten Bundes. Ein Handbuch zum geschichtl. Verständnis d. alten Testaments. Besond. f. Lehrer. gr. 8. (XII, 819 S.) Magdeburg 897. S. Bühling. n. 9. —; geb. n. 11. —

— Harlekin-Reigen, s.: Kostüm-Reigen.

Thomas, Karl (II.), Herbart-Spinoza-Kant. Dornige Studien und Versuche. Historische Beiträge zur Philosophie. gr. 8. (XVII, 300 S.) Langensalza 875, [Verlags-Comptoir.] Beyer und Söhne. *

Thomas, Karl, Hilfsbüchlein für den Unterricht in der deutschen Sprachlehre. gr. 8. (56 S.) Kronstadt 900. H. Zeidner. n. — 50; geb. n. — 70

— Hilfsbüchlein f. d. Unterricht in der dtschn. Sprachlehre. 2., verb. Aufl. (60 S.) 8. Ebd. 909. Geb. — 80

Thomas, Karl, Spinoza's Individualismus u. Pantheismus. gr. 8. (39 S.) Königsberg 848, Samter in Comm. 1/4 ℛ

— Kameruner-Festspiel, s.: Kostüm-Reigen.

Thomas, Karl, Kant u. Herbart u. Hr. Prof. Rosenkranz. Ein Beitr. z. Beurtheil. der im 12. Bde. von Kant's sämmtl. Werken enth. Geschichte d. Kant'schen Philosophie d. Hrn. Karl Rosenkranz. gr. 8. (2 1/8 B.) Berlin 840, (Gropius'sche Buchh.)

— s.: Kostüm-Reigen.

— Kostüm- u. Charakterreigen. (38 S. m. 5 Fig.-Taf.) 16. Probstheida (902). Leipzig, Rauh & Pohle. n. 1. 50

Thomas, Carl *Heinrich* [Dr. phil., Kand. d. Theol.]: Melito von Sardes. IV. Kapitel: Die Theologie Melitos ... [Erschien vollst. 1893 bei Rackhorst in Osnabrück.] Osnabrück, Druck v. Meinders & Elstermann, 1893; 4 Bl., 32 S. 8.
Göttingen, Theol. Fak., Inaug.-Diss. v. [15. Apr.] 1893

Thomas, Carl, Melito v. Sardes. Eine kirchengeschichtl. Studie. gr. 8. (VII, 145 S.) Osnabrück 893. Rackhorst. n. 4. —

— Die Mühle im Schwarzwald, s.: Kostüm-Aufführungen.

— u. G. **Völker**, Pferd- u. Leiter-Pyramiden. 6 Pyramiden an 1 Pferd f. 9, 10 u. 11 Turner, 4 Pyramiden an 2 Pferden f. 24 Turner, 6 Pyramiden an 1 Bockleiter f. 15 Turner, 4 Pyramiden an 1 Bockleiter u. 2 Pferden f. 24 Turner. Entworfen v. Th. Gezeichnet v. V. (16 S.) kl. 8. Probstheida (903). Leipzig, Rauh & Pohle. n. 1. —

Thomas, Carl, die Potenz und die ganze Zahl und das Eins und Eins der Mathematik. Ein Nachtrag zu der Schrift: „Das pythagoräische Dreieck und die ungerade Zahl." Lex.-8. (26 S.) Rudolstadt 860. Leipzig, Wagner. Thlr. ¹

– und G. Völker

— — Pyramiden m. langen Stäben. 10 Pyramiden m. 1, 2, 3 u. 4 langen Springstäben u. 8 Pyramiden m. 4 langen Springstäben, oben in e. runden Brett befestigt. Entworfen v. Th. Gezeichnet v. V. (18 S.) kl. 8. Ebd. (903). n. 1. —

— s.: Reigensammlung.

Thomas, Karl, Rückblick auf das erste Vierteljahrhundert des Kronstädter Sächsischen Turnvereins 1861—1886, m. einl. Übersicht üb. d. Entwickelung d. Turnens, Kronstadt 1886, 99 S., 8°.

—— Samson. Tragödie in 5 Aufzügen. 8. (133 S.) Prag 875, [Verlag der Bohemia.] Haase. *

-- Die Schüchternen, s. Kühling, A.: Album für Liebhaberbühnen.

——, Spinoza als Metaphysiker vom Standpunkte d. histor. Kritik. gr. 8. (11½ B.) Königsberg 840, (Gräfe u. Unzer.)*

— s. Spinoza systema philosophicum.

Spinozae systema philosophicum delineavit K. Thomas. *Königsb.* (Gräfe u. Unzer in C.) 835. gr8° 8*gl*

Thomas, Karl, Das System der rationalen rechtwinkligen Dreiecke, abgeleitet aus dem Satze: $n^2 = 1+3+5+\ldots\ldots+(2n-3)+(2n-1)$. Ein Beitrag zur elementaren Mathematik. Königsberg 1856.

—— das System der absoluten Primzahlen. Nebst nothgedrungener Abwehr. Lex.-8. (24 S.) Rudolstadt 860. Leipzig, Wagner. *

Thomas, Karl [gepr. Rechtspraktikant in Hof]: Das kanonische Testament. (Testamentserrichtg vor d. Pfarrer.) ... Naumburg a. S., Lippert & C., 1897; VIII, 80 S. 8.
Erlangen, Jur. Fak., Inaug.-Diss. v. 1897
(Nicht für den Austausch)

Thomas, Karl, das kanonische Testament. (Testamentserrichtung vor d. Pfarrer.) Historisch-dogmat. Studie. gr. 8. (VIII, 80 S.) Leipzig 897. A. Deichert Nachf. n. 1. 80

Thomas, Carl *Heinrich* [cand. theol.]: Theodor von Studion und sein Zeitalter. Ein Beitr. z. byzantin. Kirchengesch. ... Osnabrück, Druck v. Meinders & Elstermann, 1892; 4 Bl., 139 S., 2 Bl. 8.
Leipzig, Phil. Fak., Inaug.-Diss. v. [26. Apr.] 1892

— Theodor v. Studion u. sein Zeitalter. Ein Beitrag zur byzantin. Kirchengeschichte. Diss. gr. 8. (VII, 139 S.) Osnabrück 892. (G. E. Lückerdt.) n. 4. —

—— die Theorie d. Verkehrs. 1. Abthl.: Die Grundbegriffe d. Güterlehre. gr. 8. (7¾ B.) Berlin 841, (Gropius'sche Buchh.)

— Tisch-Pyramiden. Pyramiden an gewöhnlichen Tischen u. Stühlen. (10 Taf.) kl. 8. Leipzig (906). Rauh & Pohle. n. 1. —

Thomas, Karl, a. Freiburg i. B.: Urobilinogen, seine klinische Bedeutung, seine chemischen Eigenschaften und seine Farbenreaktionen („Ehrlichsche Aldehyd“- und „Eigelbe Diazoreaktion“). Freiburg i. B.: Speyer & Kaerner 1907. (49 S.) 8°
Freiburg i. B., Med. Fak., Ref. Bäumler, Diss. v. 1907
[Geb. 28. Nov. 83 Freiburg i. B.; Wohnort: Freiburg i. B.; Staatsangeh.: Baden; Vorbildung: Berthold-Gymn. Freiburg i. B. Reife Juli 01; Studium: Freiburg i. B. 6, München 1, Freiburg i. B. 3 S.; Coll. 7. Dez. 06; Approb. 3. Dez. 06.]

— Verwandlungs-Gruppierungen (Gruppenstellungen). 6 Gruppen in je 4 verschiedenen Stellgn. (24 Bildern) f. 16 Turner. (7 Bl. m. 1 Bl. Text.) qu. 16. Ebd. (906). n. 1. 50

und G. Völker

— — Verwandlungs-Pyramiden an 1 Barren. 7 Pyramiden m. je 3 Verwandlgn., also 21 Gruppen an 1 Barren. Entworfen v. Th. Gezeichnet v. V. (7 Blatt.) 8. Ebd. (903). n. 1. —

— — dasselbe an 2 Paar Ringen. 8 Pyramiden = 16 Gruppen an 2 Paar Ringen. Entworfen v. Th. Gezeichnet v. V. (8 Blatt.) kl. 8. Ebd. (903). n. 1. —

Thomas, Karl, das Wasser kommt! Ein Bild aus der Ueberschwemmungsnoth vom 25. Mai 1872 in Böhmen. Vorgetragen am Fest-Gesellschafts-Abend der „Concordia“ am 13. Juli 1872 von Ed. Sauer. 16. (14 S.) Prag 872, Hunger. [Kosmack und Neugebauer.] **

– Auf Ihr Wort, Madame, s. Kühling, A.: Album für Liebhaberbühnen.

Thomas, Corb., († d. 10. Juni 1767.) erotemata sacra de linguae hebraicae origine et variis progressibus per modum exercitii menstrui proposita. 4. Augsb. 762.

Thomas, Corb., firmamentum firmianum, s. manuductio ad globum artificialem caelestem, c. 86 fig. 8. Augsb. Merz. 731.

— fundamentum trigonometriae, s. manuductio ad globum artific. caelest. 8. ibid. 731.

— Manuductio ad collegia physico-experimentalia, in Univerit. Salisburg. diebus Mercurii et Sabbati instituenda. 4. Augsb. 753.

— theologiae dogmaticae prolegomena. Tom. I. 4. Augsburg 750.

— spicilegium theologicum de ecclesia Christi. 4. Augsb. 751.

— s. ferner: Tertulliani, liber de baptismo.

Thomas, Corbin., Tractatus de verbo Dei scripto et tradito. Salzburg, 1765, 4°.
Erschien später auch unter dem Titel:
Introductio in hermeneuticam sacram utriusque Testamenti. Accesserunt principia theologiae patristicae. Ebendas., ohne Jahr. Die principia sind von P. M. Lory aus Tegernsee.

— tractatus de verbo dei scripto et tradito, olim editus. 4. Augsb. 775. Erschien nach des Verf. Tod, u. auch unt. folg. T.: introductio in hermeneuticam sacram utriusque testamenti. Adjuncta sunt Mch. Lory principia theologiae patristicae.

Thomas, L., Er muß auf's Land, s. Bloch's, E., Volkstheater.

Thomas, L., Handbuch der acuten Infectionskrankheiten, s.: Handbuch der speciellen Pathologie u. Therapie.

Thomas, L., über das Klima u. die Einrichtungen f. öffentl. Gesundheitspflege v. Freiburg im Breisgau. (71 S.) kl. 8. Freiburg i/B. 904. (F. P. Lorenz). n. — 60

Thomas, Louis, Atlas für Volksschulen. Leipzig 853. Klinkhardt. gr. 4. (7 lith. u. col. Bl.) n. 7½ *ngr.*

—— Aufgaben zum Tafelrechnen, s. Aufgaben.

—— Bilder aus der Länder- und Völkerkunde, s. Bacharià, A., Lehrbuch der Erdbeschreibung.

— Bilder aus der Länder- und Völkerkunde zur Belehrung und Unterhaltung für häusliche Kreise. Leipzig 856. E. Fleischer. gr. 8. (IV, 390 S.) 1 ℛ︀.
Bildet auch den 2. Thl. von Jacharia's Lehrbuch der Erdbeschreibung.

Thomas, Louis, Bilder aus der Länder- u. Völkerkunde. Mit 12 (lith.) Ansichten in Tondruck. gr. 8. (VIII, 472 S.) Leipzig 870, E. Fleischer. 4. 80

Thomas, Louis, das Buch der denkwürdigsten Entdeckungen, s. Kinderbuch, das illustrirte goldene.

Buch der denkwürdigsten Entdeckungen, s. Kosmos für die Jugend.

Thomas, Louis, Buch der denkwürdigsten Entdeckungen auf dem Gebiete der Länder- und Völkerkunde. In Schilderungen für die Jugend hrsg. I. Die älteren Land- und Seereisen bis zur Auffindung der Seewege nach Amerika und Indien. 5. durchgeseh. Aufl. gr. 8. (X, 230 S. mit über 100 Text-Illustr. in Holzschn., 4 Tonbildern und 1 bunten Titelbilde.) Leipzig 877, Spamer. *ℳ 2.; cart. *

—— dass. — In Verbindung mit Frz. Otto, R. Oberländer und H. Zimmermann hrsg. II. Entdeckungen und geographisch bedeutsame Unternehmungen nach Auffindung der Neuen Welt bis zur Gegenwart. 5. gänzlich umgearb. Aufl. gr. 8. (VIII, 240 S. mit über 100 Text-Illustr., 4 Tonbildern und 1 bunten Titelbilde.) Ebendas. 878. *ℳ 2.; cart. *

Thomas, Louis, Buch der denkwürdigsten Entdeckungen auf dem Gebiete der Länder- und Völkerkunde. In den späteren Aufl. bearb. von der Redact. des Buchs der Reisen. 2 Thle. 6. durchges. Aufl. gr. 8. Leipzig, Spamer. à Thl. *ℳ 2. * cart. à Thl. *ℳ 2,50. *

Inhalt:
Thl. 1. Die älteren Land- und Seereisen bis zur Auffindung der Seewege nach Amerika und Indien. (X, 226 S. mit über 100 Text-Illustr., 2 Tonbildern und 1 bunten Titelbilde.) 882.
„ 2. Entdeckungen und geographisch bedeutsame Unternehmungen nach Auffindung der Neuen Welt bis zur Gegenwart. (VIII, 256 S. mit über 100 Text-Illustr. und 1 bunten Titelbilde.) 884.

Thomas, Louis, das Buch der denkwürdigsten Entdeckungen auf dem Gebiete der Länder- und Völkerkunde. In den späteren Auflagen neu durchges. und unter Mitwirkung hervorragender Fachmänner hrsg. von K. F. E. Hoffmann. 1. Bd.: Die älteren Land- und Seereisen bis zur Auffindung der Seewege nach Amerika und Indien. 7. Aufl. gr. 8. (X, 200 S. mit 78 Text-Illustr., 2 Tonbildern und 1 bunten Titelbilde.) Leipzig 888, Spamer. *ℳ 2.—; cart. * 2 50

Thomas, Louis, Buch der denkwürdigsten Entdeckungen auf dem Gebiete der Länder- u. Völkerkunde. 2 Bde. gr. 8. Leipzig, O. Spamer. à n. 2. —; kart. à n. 2. 50
1. Die älteren Land- u. Seereisen bis zur Auffindung der Seewege nach Amerika u. Indien. 8. (Titel-)Aufl. (X, 200 S. m. 78 Text-Illustr. u. 3 Tonbildern.) 893. — 9. Aufl. (VIII, 198 S. m. 78 Abbildgn.) 895.
2. Entdeckungen u. geographisch-bedeutsame Unternehmungen nach Auffindung der Neuen Welt bis zur Gegenwart. 7., weitergeführte Aufl. (VIII, 264 S. m. 80 Text-Illustr. u. 1 Titelbilde.) 893. — 8., weitergeführte Aufl. (VIII, 264 S. m. 80 Abbildgn.) 895.

Thomas, Louis, Buch d. denkwürdigsten Entdeckungen auf d. Gebiete d. Länder- u. Völkerkunde. II. Entdeckgn. u. geograph. bedeuts. Unternehmgn. nach Auffindg. der Neuen Welt bis z. Gegenwart. 9. (Titel-) Aufl. gr. 8. (VIII, 264 S. m. 80 Abb. u. 1 Titelbild.) Leipzig (894) 896. O. Spamer. n. 2. —; geb. in Leinw. n. 2. 50 (1 u 2 in 1 Bd. geb. n. 5. —)

Thomas, Louis, Buch der denkwürdigsten Entdeckungen auf dem Gebiete der Länder- u. Völkerkunde. II. Entdeckungen u. geographisch bedeutsame Unternehmgn. nach Auffindg. der neuen Welt bis zur Gegenwart. 9. Aufl. [Neue Titel-Ausg.] gr. 8. (VIII, 264 S. m. 80 Illustr. u. Titelbild.) Leipzig [896.] 900. O. Spamer. n. 2. —; geb. in Leinw. n. 2. 50

Thomas, Louis, Buch der denkwürdigsten Entdeckungen auf dem Gebiete der Länder- u. Völkerkunde. I. Die älteren Land- u. Seereisen bis zur Auffindg. der Seewege nach Amerika u. Indien. 10. Aufl. (VIII, 236 S. m. 67 Abbildgn. u. 1 Titelbild.) gr. 8. Leipzig 904. O. Spamer. n. 2. —; geb. in Leinw. n. 2. 50

—— und L. Bergmann, das Buch der Erfindungen, s. Feierstunden, malerische.

Thomas, Louis, das Buch denkwürdiger Erfindungen. 2. Bd.: Das 19. Jahrh. Schilderungen für die reifere Jugend. In Verbindung mit F. Luckenbacher hrsg. 7. verm., umgearb. Aufl., durchges. und verb. von Th. Schwartze. 8. (VI, 232 S. mit über 130 Text-Illustr. und 1 bunten Titelbilde.) Ebendas. 883. *ℳ 2.; cart. *

Thomas, Louis. Das Buch denkwürdiger Erfindungen. 2. Bd.: Die denkwürdigsten Erfindungen im 19. Jahrh. Schilderungen f. die reifere Jugend. In Verbindg. m. Fr. Luckenbacher hrsg. 8. Aufl., durchgeseh. u. verb. v. Th. Schwartze. Mit 156 Text-Illustr. u. 1 Titelbilde. gr. 8. (VI, 288 S.) Lpz. 889, Spamer. * 2 —; cart. * 2 50
1. Bd. Ebd. 1888. * 2 —; cart. * 2 50.

Thomas, Louis, das Buch wunderbarer Erfindungen, s. Kinderbuch, das illustrirte goldene.

—— das Buch der Welt, s. Feierstunden, malerische.

—— das Buch der Wunder, s. Kinderbuch, das illustrirte goldene.

Thomas, Louis, der Elementarunterricht im Lesen und Rechtschreiben nach den Grundsätzen Jacotot's. Eine Anweisung für Lehrer, besonders beim Gebrauche der Lebensbilder I., Lese- und Schreibefibel von Berthelt, Jäkel, Petermann und Thomas. I. Thl.: Die Darstellung der Methode mit kurzer Angabe der prakt. Behandlung. I. Aufl. 1848. 7½ Ngr. und 2., verb. Aufl. 8. (78 S.) Leipzig 852, Klinkhardt. Thlr.

Die denkwürdigsten Erfindungen, s.a. Kosmos für die Jugend.

— die denkwürdigsten Erfindungen. Schilderungen f. die reifere Jugend. In Verbindg. m. Fr. Luckenbacher hrsg. 2 Bde. 9. (Titel-)Aufl. gr. 8. Ebd. à n. 2. —; kart. à n. 2. 50 (kplt. in 1 Leinwbd. n. 5. —)
1. Bis zu Ende d. 18. Jahrh 9. (Titel-)Aufl. (X, 254 S. m. 185 Text-Illustr. u. 1 Titelbilde.) 893. — 10., neubearb. Aufl. (VI, 220 S. m. 150 Illustr.) 895.
2. Im 19. Jahrh. 9. (Titel-)Aufl. (VI, 228 S. m. 156 Text-Illustr. u. 1 Titelbilde.) 893. — 10., neubearb. Aufl. (VII, 217 S. m. 132 Illustr.) 895.

— die denkwürdigsten Erfindungen bis zu Ende d. 18. Jahrh. Schilderungen f. die reifere Jugend. In Verbindg. m. L. Luckenbacher hrsg. Durchgesehen u. erweitert v. Rich. Roth. 6. verm. gänzlich umgearb. Aufl. Mit üb. 180 Text-Illustr. (in Holzschn.), 3 Tonbildern u. e. bunten Titelbilde. gr. 8. (X, 246 S.) Leipzig 877. Spamer. n. 2. —; cart. n. 2. 50

— die denkwürdigsten Erfindungen bis zu Ende des XVIII. Jahrh. Schilderungen für die reifere Jugend. In Verbindung mit L. Luckenbacher hrsg. Durchgesehen u. erweitert von Rich. Roth. 7., verm. u. verb. Aufl. Mit 183 Text-Illustr. u. einem bunten Titelbilde. 8. (X, 262 S.) Ebend. 882. n. 2. —; cart. n. 2. 50

—— die denkwürdigsten Erfindungen bis zu Ende des XVIII. Jahrh. Schilderungen für die reifere Jugend. In Verbindung mit F. Luckenbacher hrsg. 8. verm., umgearb. Aufl., durchges. und verb. von Th. Schwartze. gr. 8. (X, 254 S. mit 185 Text-Illustr. und 1 bunten Titelbilde.) Ebendas. 887. *ℳ 2.—; cart. * 2 50

— die denkwürdigsten Erfindungen bis zu Ende des 18. Jahrh. Der reiferen Jugend dargestellt. (Denkwürdigste Erfindgn. I.) 11. Aufl., neu bearb. u. erweitert v. Max Eschner. gr. 8. (VI, 222 S. m. 151 Illustr.) Ebd. 900. n. 2. —; geb. in Leinw. n. 2. 50

— die denkwürdigsten Erfindungen bis zu Ende des 18. Jahrh. Für die reifere Jugend dargestellt. 12. Aufl., neu bearb. u. erweitert v. G. R. Pieper. (VIII, 224 S. m. 176 Abbildgn.) 8. Ebd. 907. n. 2. —; geb. in Leinw. n. 2. 50

—— die denkwürdigsten Erfindungen im 19. Jahrhundert. Schilderungen für die reifere Jugend. In Verbindung mit F. Luckenbacher hrsg. 6. verm., umgearb. Aufl., durchgesehen und verb. von Rich. Roth. gr. 8. (VI, 222 S. mit über 120 Text-Illustr., 5 Tonbildern und 1 bunten Titelbilde.) Ebendas. 877. * ℳ 2.; cart. *

— dasselbe im 19. Jahrh. Der reiferen Jugend dargestellt. (Denkwürdigste Erfindgn. II.) 11. Aufl., neu bearb. u. erweitert v. Max Eschner. gr. 8. (VII, 220 S. m. 147 Abb.) Ebd. 901. n. 2. —; geb. in Leinw. n. 2. 50

Thomas, Louis, die denkwürdigsten Erfindungen im 19. Jahrh. Der reiferen Jugend dargestellt. (Denkwürdigste Erfindgn. II.) 12. Aufl., neu bearb. u. erweitert v. G. R. Pieper. (VII, 258 S. m. 246 Abb.) 8. Leipzig 908. O. Spamer. 2.50; geb. in Leinw. 3. —

– Deutsches Familienbuch, s. Berthelt, A.

—— malerische Feierstunden, s. Feierstunden.

· Biblische Geschichten, s. Berthelt, A.

—— biblische Geschichten, s. Geschichten.

Thomas, Louis. Den politischen Feinden Warnungsruf der Opfer des 16. Oktober. Druck von W. Fähndrich u. Comp. 1 Bl. Fol.
Flugblatt. Berlin, 1848/49.

Der illustrirte Jugendfreund, s. Kinderbuch, Das illustrirte goldene.

Thomas, Louis, das illustrirte goldene Kinderbuch in 2 Thln. Mit 2 ill. Ttlbildern. br. 8. Leipzig 851(52,) Spamer. à Thl. * 22½ Ngr. *

Inhalt:

Thl. 1. Der illustrirte Kinderfreund oder erstes ABC-, Lese- und Denkbuch. Die Kinderwelt mit ihren Freuden, die Menschen mit ihren Beschäftigungen, die Thiere und ihre Lebensweisen. (XI und 160 S. mit 565 eingedr. Abbildungen in Holzschn.)

" 2. Der illustrirte Jugendfreund. Schilderungen des Weltgebäudes und seiner Wunder; in Bildern aus der Natur, dem Leben der Menschen und der Thiere der Vergangenheit und Gegenwart. (VI und 190 S. mit 182 eingedr. Abbildungen in Holzschn.)

—— dass. — 3. Thl. A. u. d. T.: Das Buch wunderbarer Erfindungen. In Erzählungen für die reifere Jugend. br. 8. (VI und 178 S. mit 2 lithochrom. Taf. und 100 Abbildungen in Holzschn.) Ebds. 852. *

— das illustrirte goldne Kinderbuch. Mit zahlreichen in den Text gedr. Abbildungen u. color. Bildern (Holzschn.). 3. Thl. A. u. d. T.: Das Buch wunderbarer Erfindungen. In Erzählungen für die reifere Jugend. Mit 100 Abbildungen. Leipzig 853. Spamer. 8. (VI, 178 S.) n. 22½ ngr.

— der illustrirte Kinderfreund, s. Kinderbuch, das illustrirte goldene.

— siehe: Kinderstube, die.

Thomas, L., über das Klima von Freiburg. Vortrag, gehalten in der „Akadem. Gesellschaft" zu Freiburg im Breisgau am 29. Febr. 1884. gr. 8. (26 S.) Freiburg i. Br. 884, Kiepert und v. Bolschwing. *

Thomas, L., Lebensbilder, s.: Berthelt, A.

– s. Lebensbilder. III. – Lebensbilder, Neue.

— s.: Lesebuch, deutsches, f. Stadt- u. Landschulen.

-- 1. Lesebuch nach der Schreiblesemethode, s. Berthelt, A.

—— Lesebuch, erstes, nach der Schreiblesemethode, s. Lesebuch.

– Die Muttersprache, s. Berthelt, A.

— s.: Muttersprache, die.

—— Programm für die 2. sächsische Lehrerversammlung, s. Programm.

—— Rechenschule, s. Rechenschule.

– Neue Rechenschule, s. Berthelt, A.

— Wübezahl, s.: Musäus, J. K. A.

– Sammlung poetischer Musterstücke, s. Berthelt, A.

—— Sammlung poet. Musterstücke, s. Sammlung.

—— die Schöpfungswunder des Festlandes. Mit 100 in den Text gedr. Abbild. 2. Ausg. br. 8. (IV und 192 S. mit 2 Holzschnt.) Leipzig 856(57,) Spamer.

—— vollständiger Schul-Atlas. Hrsg. und mit Profilen versehen. Entwurf und Zeichnung von H. Kunsch. Imp.-4. (30 lithogr. und ill. Karten in Imp.-4. und qu. Fol.) Leipzig 854(55,) Klinkhardt.

Thomas, Louis, vollständiger Schul-Atlas, hrsg. und mit Profilen versehen. Entwurf und Zeichnung von H. Kunsch. 3., nach den neuesten polit. Veränderungen verb. Aufl. 4. (28 Karten.) Leipzig 868, Klinkhardt. 2 25

Thomas, Louis, Schulkarte vom Königreich Sachsen. Imp. 4. Lith. u. color. Leipzig 852, Klinkhardt. 1½ ngr.

– Vorbereitungsheft, s. Berthelt

— Wanderungen durch die Ruinen der Vergangenheit, s. Feierstunden, malerische.

s. Wandtafeln, XIV, zur Lese- u. Schreibefibel.

— die Wunderwerke der alten und neuen Völker. Wanderungen durch die Ruinen der Vergangenheit u. die Riesenwerke der Gegenwart. Mit 85 Abbildgn. (Holzschn. im Text.) 2. Ausg. Leipzig 856. Spamer. 8. (VI, 192 S. u. 5 Holzschnitttaf.) 25 ngr.

Thomas, Lucien-Paul, le lyrisme et la préciosité cultistes en Espagne, s.a. Zeitschrift f. romanische Philologie. 18. Beiheft.

Le Lyrisme et la préciosité cultistes en Espagne. Étude hist. et analyt. par Lucien-Paul Thomas, Lecteur, Giessen. Halle a. S.: Niemeyer 1909. 191 S. 8°
(Zeitschrift f. roman. Philologie. Beih. 18.)

Thomas, Dr. Ludwig, Der Curort Tatzmannsdorf (Tarcsa). Balneologische Skizze vom geologischen, physikalisch-chemischen und therapeutischen Standpunkte dargestellt. (Braumüller's Bade-Bibliothek Nr. 33.) 8. (VI u. 68 S.) Wien, Braumüller, 1870. 50 kr.

Thomas, M., der Character, die Sitten u. der Geist d. Frauen in d. verschied. Jahrhunderten. Deutsch v. Dan. Fenner v. Fenneberg. (Nebst e. kleinen poet. Spende v. Demf. als Anh.) gr. 12. (8 B.) Marburg 839, (Elwert'sche Univ.-Buchh.) *

Thomas, Martha Carey, [aus Baltimore, U. S. A.]: Sir Gawayne and the Green Knight. A comparison with the French Perceval preceded by an investigation of the author's other works and followed by a characterization of Gawain in English poems. Zür. Orell Füssli Cie Dr. 1883. 105 S. 8°.
Zürich, Phil. Diss. [v. 25. Nov. 1882].

Thomas, (Georg) Max (geb. Dresden 13. 10. 1862): Ueber Aetiologie der Chorea mit besonderer Berücksichtigung des ätiologischen Verhältnisses zwischen Rheumatismus und Chorea. Berlin (1885). (29 S.) 8°
Berlin, Med. Diss. v. 9. Mai 1885

[F.] **Thomas, Max** [aus Neisse]: **Markgraf Kasimir von Brandenburg im Bauernkriege** ... Gotha, Druck v. F. A. Perthes, 1897; 3 Bl., 79 S., 1 Bl. 8.
Breslau, Phil. Fak., Inaug.-Diss. v. 30. Juli 1897

Thomas, Max, Markgraf Kasimir v. Brandenburg im Bauernkriege. gr. 8. (V, 79 S.) Gotha 897. F. A. Perthes. n. 1. 50

Thomas, Max, eine Orientreise zur Zeit der Kaiserfahrt nach Palästina. (3. X. 1898 bis 21. XI. 1898.) 3. Aufl. gr. 8. (VII, 105 S.) Arnstadt 899. E. Frotscher. n. 1. —
1. Aufl. (99 S.) 899; 2. Aufl. (VI, 105 S.) 899. à n. 1. —.

Thomas, May, (von Green-Bay, Wisconsin, U. S. A.): Lautstand der Leidener Handschrift von Willirams Hohem Liede. Zür. G. Morf Dr. 1897. V. 80 S., 1 Bl. 8°.
Zürich, Phil. Diss. I. S. [v. 24. Mai 1897].

Thomas, Mor., was muß der Arbeitgeber u. d. Angestellte (Arbeiter) v. der neuen gesetzlichen Kranken- u. Unfallversicherung wissen? Eine Zusammenstellg. derjenigen Bestimmgn. des Gesetzes üb. die Kranken- u. Unfallversicherg. der gewerbl. u. kaufmänn. Angestellten, wie auch d. Durchführungsverordng., deren Kenntnis f. die Arbeitgeber u. Arbeitnehmer notwendig od. erwünscht ist. Gesetzartikel XIX: 1907 u. Durchführungsverordng. d. kgl. ung. Handelsministers v. 12. VII. 1907, Z. 57. 734. Zusammengestellt, aus d. ungar. Orig.-Text übers. u. m. Anmerkgn. versehen. (VII, 52 S.) gr. 8. Brassó (Kronstadt) (907). (H. Zeidner.) 1. 10

Lobgedicht auf Schweidnitz, die sehr alte und vielberühmte Stadt Schlesiens (Encomion Svidnicii vetustissimae et celeberrimae urbis Silesiae). Von Nikolaus **Thomas** aus Schweidnitz. Leipzig 1597. In deutscher Übers. neu hrsg. von Heinrich Schubert. Schweidnitz: L. Heege [um 1907]. (24 S.) 8°

Thomas, Nikol., Lobgedicht auf Schweidnitz, die sehr alte u. vielberühmte Stadt Schlesiens. Leipzig 1597. In deutscher Übersetzg. neu hrsg. v. Heinr. Schubert. (24 S.) 8. Schweidnitz (908). L. Heege. -- 30

Thomas, Northcote W., u. Gust. Krueger, Berichtigungen u. Ergänzungen zum 2. Tl. v. Muret-Sanders' encyklopädischem Wörterbuch der englischen u. deutschen Sprache, s. a. Abhandlungen, neusprachliche. XIII.

Berichtigungen und Ergänzungen zum zweiten Teil von Muret-Sanders' Encyklopädischem Wörterbuch der englischen und deutschen Sprache. Von Northcote W. **Thomas** u. Dr. Gustav Krueger. *Dresden & Leipzig: C. A. Koch 1903.* (VIII, 81 S.) 8° [F.]
= Abhandlungen, Neusprachliche. H. 13.

The Naval Wordbook. (Die Seemannssprache.) Ein systemat. Wörterbuch marinetechn. Ausdrücke in engl. u. deutscher Sprache. Von N(orthcote) W. **Thomas**. 2. verb. u. verm. Aufl. *Kiel & Leipzig: Lipsius & Tischer 1901.* (XIII, 178 S.) 8°

Thomas, N. W., the naval wordbook. (Die Seemannssprache.) Ein systemat. Wörterbuch marine-techn. Ausdrücke in engl. u. deutscher Sprache. 2. verb. u. verm. Aufl. 8. (XIII, 178 S.) Kiel 901. Lipsius & Tischer. Geb. in Leinw. n. 3. —
1. Aufl. (XVII, 146 S.) 899. Geb. n. 3. —.

Thomas, Osk., die Geschichte der Revolutionen, s.: Vortrags-Entwürfe, hrsg. vom deutschnationalen Handlungsgehilfen-Verband in Hamburg.

Thomas, Otto, methodisch-geordnete Aufgaben zur Naturgeschichte für die Volksschule. Sep.-Abdr. für Schüler. 1. Thl. Pflanzenkunde. 8. (16 S.) Langensalza 877. Thomas. n. — 12

—— Material für den Unterricht in der Pflanzenkunde an gehobenen Volksschulen, Bürger- und höheren Töchterschulen. Nach method. Grundsätzen dargestellt. 8. (VIII, 100 S.) Langensalza 879, Thomas. * 1 20

Thomas, Otto, Naturgeschichte für die Volksschule. Nach method. Grundsätzen dargestellt. 8 Thle. 8. Ebendas. 877. * — 70
Inhalt:
Thl. 1. Pflanzenkunde. (46 S.) * 30 Pf.
„ 2. 3. Thierkunde und Steinkunde. (IV, 64 S.) * 40 Pf.

Thomas, Otto, Alexey Petrowitsch. Trauerspiel in 5 Akten. (III, 207 S.) 8. Dresden (907). E. Pierson. 3. —

'Wie ein Held -' Fest-Motette (nach Worten d. heiligen Schrift) f. vierstimm. Männerchor von O[tto] **Thomas**. Op. 15. *Delitzsch: R. Pabst [1901].* (12 S.) 8°

Thomas, Otto Paul, Geschichte des Döbelner Schulwesens von den Anfängen bis zur Gegenwart. Festschrift zur Feier des 25. Stiftungsfestes des pädagog. Vereins zu Döbeln. (106 S. m. 1 Bildnistaf.) gr. 8. Döbeln (904). Adolph Thallwitz. (Nur direkt.) Geb. n.n. 1. 75

Thomas, P. (Hrsg.), s. Apuleius, Madaurensis: Opera. III: Liber Peri hermeneias.

Thomas, P., Lucubrationes Manilianae. 1889. 61 S.

Thomas, Paul, die Aepfel der Hesperiden. Dramat. Dichtg. in 5 Aufzgn. gr. 8. (IV, 52 S.) Döbeln 896. (C. Schmidt's Verl.) n. 1. 25

Thomas, Paul, Burenschicksale. Dramatische Dichtung in 4 Aufzügen. gr. 8. (36 S.) Döbeln (902). H. Schmidt. n. — 60

Thomas, Paul [illegible] Berlin (1884). [illegible]
Berlin, Med. Diss. [illegible] Aug. 1884

Thomas, Paul, die Immanuel-Kapelle auf dem Gesundbrunnen. Ihre Entstehg. u. ihr Dienst. Zum 25jähr. Jubiläum der Berliner Stadtmission dargereicht. (48 S. m. Abbildgn.) gr. 8. Berlin (901). Vaterländ. Verlags- u. Kunstanstalt. n. — 50

Die Immanuel-Kapelle auf dem Gesundbrunnen. Ihre Entstehung u. ihr Dienst. Zum 25jähr. Jubiläum d. Berliner Stadtmission dargereicht von Paul Thomas, Stadtmiss. [Berlin: Berl. Stadtmiss. 1903.] (48 S.) 8°

Thomas, Paul, 16 Lektionen zur Einführung in die Pflanzenphysiologie f. Volks- u. höh. Schulen. (VII, 74 S.) gr. 8. Annaberg 908. Graser's Verl. 1.60; geb. n 1.90

Thomas, Paul A., aus Ohrdruf: Der longitudinale **Elastizitäts-koeffizient** eines Flusseisens bei Zimmertemperatur und bei höheren Temperaturen. Mit 3 Taf. *Jena: H. Costenoble 1899.* (69 S.) 8°
Jena, Phil. Diss. v. (29. Juli) 1899

Thomas, Paul A., der longitudinale Elastizitätskoeffizient e. Flusseisens bei Zimmertemperatur u. bei höheren Temperaturen. Diss. gr. 8. (III, 69 S. m. 3 Taf.) Jena 899. Berlin, H. Costenoble. n. 2.—

Thomas, Paul Aug[ust] Joh[annes]: [Bericht über die Feier der Weihe der neuen Schulfahne.] S. 7—9. 4.
Progr. I. Städt. Realschule *Leipzig* 1905 (683)

Thomas, Pet., die falsche Miß Duncan. Aus dem Leben e. Halbweltdame. (22 S.) 8. München (904). Th. Heinrich. n. —40

EYRAINER, Anton [Peter Thomas]. Die falsche Miß Duncan. Aus dem Leben einer Halbweltdame. München, Theodor Heinrich (um 1905). 8°.
Verb. d. Ldg. I München IV 725/05. P. R. 1740/05.

Thomas, R., die Sprachübungen in der achtklassigen Volks- und Bürgerschule, s. **Bruhns, A.**

Thomas, Robert [App. Arzt]: Ueber die Abhängigkeit der Absonderung und Zusammensetzung der Galle von der Nahrung. ... Strassburg: Univ.-Buchdr. v. J. H. E. Heitz 1890. 35 S. 8°
Strassburg, Med. Fak., Inaug.-Diss. v. 1890

Aus d. med. Klinik d. Univ. Strassburg i. Els. Beitrag zur Differentialdiagnose zwischen Verschluss der Pfortader und der unteren Hohlader. Von Dr. [Robert] **Thomas.** Mit 13 Abb. Cassel. Th. G. Fischer & Co. 1895. (12 S.) 4°
— **Bibliotheca** medica. Abt. D[I]. H. 2. (ob. 8095)

Thomas, Robert, a. Frankfurt a. M.: Bestimmung der spezifischen Wärme von Helium und über die Atomwärme von Argon und Helium. Marburg 1905: R. Friedrich. (40 S.) 8°
Marburg, Phil. Fak., Ref. Richarz, Diss. v. 10. Okt. 1905
[Geb. 16. März 81 Frankfurt a. M.; Wohnort: Frankfurt a. M.; Staatsangeh.: Preußen; Vorbildung: Klinger-Oberrealsch. Frankfurt a. M. Reife O. 00; Studium: Marburg 4, München 2, Marburg 5 S.; Rig. 24. Mai 05.]

Thomas, Robert, Dr.: **Bilder** aus Sicilien und Griechenland (1890). *Augsburg 1900: Ph. J. Pfeiffer.* (74 S.) 8° [F.]
Augsburg, k. h. G bei St. Anna, P 1900*

Thomas, Robert [aus Hof]: Zur historischen Entwicklung der Metapher im Griechischen ... Erlangen, Druck d. Univ.-Buchdr. v. E. Th. Jacob, 1891; 114 S. 8.
Erlangen, Phil. Fak., Inaug.-Diss. v. 1891

Thomas, Rob., unter Kunden, Komödianten u. wilden Tieren. Lebenserinnerungen. Hrsg. v. Jul. R. Haarhaus. (VIII, 478 S.) 8. Leipzig 905. F. W. Grunow. n. 4.50; geb. n. 6.—

Thomas, (Gust.) Rud. (geb. Berlin 3. 9. 1853): Ueber eine neue Methode, die Dikrotie des normalen Pulses nachzuweisen. Berlin (1876). (31 S.) 8°
Berlin, Med. Diss. v. 21. Febr. 1876

Thomas, S., d. Bedeutg. d. Nadelarbeitsunterrichts u. s. Hilfsmittel. Vortrag, geh. bei Gelegenheit d. Ausstellg. v. Erzeugnissen f. Kinderpflege, Ernährg. u. Erziehg. in Dresden Sommer 1895. [Aus: „Für Haus u. Schule".] gr. 8. (13 S.) Dresden 895. A. Köhler. —50

Thomas, S. W., An numerus nervorum capitis augeri an imminui debeat? Vienn. 8°. *Baldinger*, Mag. V, 232.
1783

Thomas, T. Gaillard, Lehrbuch der Frauenkrankheiten. Nach der 2. Aufl. d. Orig. übersetzt v. Max Jaquet. Mit 225 (eingedr.) Holzschn. gr. 8. (XIX, 643 S.) Berlin 873. Hirschwald. n. 14.—

Thomas, Ulr., unter dem Nußbaum. Elegien e. greisen Landmannes. Ueberarb. u. hrsg. v. Th. gr. 8. (64 S.) Leipzig 896. Arw. Strauch. 1.50

Thomas, W., u. Otto H. Frommel, Festgeläut z. Jubiläumskirchweih der St. Johanniskirche. 2 Predigten, geh. am Sonntag den 18. IX. 1910. (22 S.) 8. Gera (910). H. Kanitz' Verl. —30

Thomas, W., De Aristotelis ἐξωτερικοῖς λόγοις deque Ciceronis Aristotelis more praemissa disputatione de veterum arte disputandi deque eorum dialogis. Diss. 1860. 102 S. 2.—

Thomas, W. H. Griffith, in des Königs Dienst. Gedanken üb. die zwei Seiten des Christenlebens. (108 S.) kl. 8. Wandsbek (909). Hamburg, Verlagsbuchh. „Bethel". 1.—

(**Thomas,** Walter, Adolf u. Ulrich.) Freiprotestantisches Andachtsbuch. Berlin, St. Louis Mo. u. Memphis Tenn. o. J. Selbstverlag der Herausgeber. XII 553 S. 8.

Thomas, Walter, a. Linderode: Ueber die Einwirkung von zwei Molekülen Diazobenzol auf ein Molekül Glutakonsäure und deren Derivate. Berlin 1908: H. Zitelmann. (82 S.) 8°
Erlangen, Phil. Fak., Ref. Paal-Fischer, Diss. v. 25. April 1908
[Geb. 25. Aug. 76 Linderode (Nieder-Lausitz); Wohnort: Berlin; Staatsangeh.: Preußen; Vorbildung: Gymn. Görlitz Reife f. Unterprima M. 95; Studium: München 6, Erlangen 6 S.; Rig. 4. März 08.]

Thomas, Walther, Ref. in Brand: Die Vollmacht des Prokuristen. Leipzig: Veit & Comp. 1906. (VI, 57 S.) 8°
Leipzig, Jur. Fak., Diss. v. 11. Juli 1906
[Geb. 26. April 81 Dresden; Wohnort: Brand; Staatsangeh.: Sachsen; Vorbildung: Annenschule Dresden Reife O. 00, Ergänzungsprüf. Nikolai-Gymn. Leipzig O. 02; Studium: Leipzig 3, München 1, Leipzig 2, München 1 S.; Rig. 16 Juli 04.]

Thomas, Wilfr., die Hohenzollern-Monarchie u. das deutsche Parteiwesen. Gedanken über e. Revision unseres polit. Systems u. e. Beruhigg. der wirthschaftl. Kämpfe. gr. 8. (72 S.) Leipzig 899. C. L. Hirschfeld. n. 1.20

Thomas, Wilhelm, Diakonus zu St. Trinitatis in Gera: Die **Anschauung** der Reformatoren vom geistlichen Amte. *Leipzig: Th. Hofmann 1901.* (45 S.) 8° (Teil d. eingereichten Arbeit; soll vollst. erscheinen.)
Giessen, Ev.-theol. Diss. v. 1901

Thomas, Wilhelm [pr. Arzt aus Mülheim a. d. Ruhr]: Beitrag zur Lehre von der Cataracta diabetica ... Strassburg i. E., Buchdr. Ch. Müh & C., 1896; 47 S. 8.
Strassburg, Med. Fak., Inaug.-Diss. v. 1896

Thomas, Wilh., de linguae latinae casibus disputatio brevis, quae inest in programmate Paedagogii Dillenburgensis. Dillenburgi 857. Jacobi. 4. (24 S.) 5 ngr.

— **Christus** ist die Wahrheit. Predigten. gr. 8. (IV, 147 S.) Gera 902. H. Kanitz. n. 1.—; geb. in Leinw. n. 1.60

Thomas, Wilh(elm), Lic. theol., Diakonus zu St. Trinitatis in Gera: Das Erkenntnisprinzip bei Zwingli. *Leipzig: Th. Hofmann 1902.* (52 S.) 8°
Leipzig, Phil. Diss. v. [5. März] 1902

Thomas, Wilh., das künstliche Trocknen und Färben der Blumen, oder gründl. und prakt. Belehrung in der Kunst, Blumen, wie Astern, Rosen, Georginen ꝛc. zu trocknen, immortellenart. Blumen und Gräsern alle Farben zu geben, Gräser zu bronciren ꝛc. Nach vieljähr. Erfahrung hrsg. in 4 Abthlgn. mit 21 Recepten. 8. (8 S.) Reichenbach i. V. 869, (Köhler.) **

Thomas, Wilh., das künstliche Trocknen u. Färben der Blumen od. gründl. u. prakt. Belehrg. in der Kunst Blumen schön u. haltbar zu trocknen, immortellenartigen Blumen u. Gräsern alle Farben zu geben, Gräser zu bronciren u. krystallisiren u. Moose bis in das hellste Grün m. wenig Kosten herzustellen. Nach den neuesten Methoden hrsg. in 6 Abthlgn. u. 26 Recepten. 8. (16 S.) Reichenbach 874. (Köhler.) n. 1. 50

Thomas, Wilhelm, a. Oberhausen: Über die 2,5 Halogen-Anilopyrine. Rostock 1905: H. Winterberg. (53 S.) 8°
Rostock, Phil. Fak., Ref. Michaelis, Diss. v. 5. Aug. 1905
[Geb. 24. Juni 78 Mühlheim a. d. Ruhr; Wohnort: Dresden; Staatsangeh.: Preußen; Vorbildung: Realgymn. Oberhausen Prima Reife O. 95; Studium: Freiburg i. B. 4, Rostock 4 S.; Rig. 2. Aug. 05.]

Thomas, Willy, Referendar: Ist die Reichsbank eine Aktiengesellschaft? Königsberg i. P. 1909: Hartung. XI, 68 S. 8°
Erlangen, Jur. Diss. v. 13. Jan. 1910, Ref. Sehling
[Geb. 8. Mai 84 Königsberg i. P.; Wohnort: Königsberg; Staatsangeh.: Preußen; Vorbildung: Gymn. Friedrichs-Koll. Königsberg Reife O. 02; Studium: Königsberg 5, Freiburg i. B. 1 S.; Rig. 22. Nov. 09.] [U 10. 774

Thomas, Wolfg. A., Johannes Brahms. Eine musikpsycholog. Studie in fünf Variationen. (120 S. m. 2 Bildnissen u. 1 Fksm.) 8. Straßburg 905. J. H. E. Heiß. n. 3. —; geb. n. 3. 50

— Sein od. Nichtsein? (69 S.) 8. Ebd. 905. n. 1. 50

Thomas, W(olfgang) A(lexander): Ein Beitrag zur Lehre von der Idealkonkurrenz. *Freiburg i. B.: Speyer & Kaerner 1898.* (72 S.) 8°
Freiburg i. B., Rechts- u. staatswiss. Diss. v. 1898

— üb. d. Wesen d. Idealkonkurrenz v. Delikten u. s. theoret. u. prakt. Konsequenzen bei d. Bestrafung. Diss. gr. 8. (V, 47 S.) Freiburg i/B. 897. (Leipzig, Buchhdlg. G. Fock.) n. — 60

Über das Wesen der Idealkonkurrenz (von Delikten) und seine Konsequenzen bei der Bestrafung. Eine Dissertation von W[olfgang] A[lexander] **Thomas**. Freiburg i. B. 1897: C. Lehmann's Nachf. (V, 47 S.) 8° [Umschlagt.] [07. 7548 6

Thomas-Correï, Frl. Ella, s. a. El-Correï.

Thomas-Elsenthal, P., wenn der Tauwind erbraust u. die Liebe. (130 S.) 8. Berlin (909). Zehlendorf, E. Eckstein Nachf. 2. —

Beethoven und die unsterbliche Geliebte: Amalie Sebald. Goethe, Therese Brunswik und anderes. Mit Benutzung unbekannten Materials von Dr. Wolfgang A. **Thomas-San-Galli.** München: Wunderhorn-Verl. 1910. 70 S. 8°

Thomas-San-Galli, Wolfg. A., s.: Bibliothek d. Gesamtliteratur. (Beethoven, Ludw. van, Briefe.)

— Musikalische Essays, s. a. Bibliothek der Gesamtliteratur.

Musikalische Essays von Dr. Wolfgang A. Thomas-San-Galli. Mit e. Beethovenbilde, d. Bilde S. Arnoldsons u. e. bisher unveröffentl. Mazurka Chopins. Halle a. S.: Hendel [1909]. VII, 155 S. 8°
(Bibliothek d. Gesamtliteratur d. In- u. Auslandes. Nr 2113 2116.)

— Die „unsterbliche Geliebte“ Beethovens Amalie Sebald. Lösung e. vielumstrittenen Problems. (X, 85 S.) 8. Halle (909). O. Hendel. 1. 25

Musik und Kultur. Betrachtungen u. Gespräche f. Laien, Musikfreunde, u. Künstler von Dr. Wolfgang A. Thomas-San-Galli. Mit e. Geleitw. u. d. Bilde d. Verf. Halle a. S.: Hendel [1908]. VIII, 137 S. 8°
(Bibliothek d. Gesamtliteratur d. In- u. Auslandes. Nr 2104. 2105.)

— Musik- u. Kulturbetrachtungen, s. a. Bibliothek der Gesamtliteratur.

Thomaschewski, A., Anleitung zur Ausfüllung der Zählkarten f. die Konkurs-Statistik. gr. 8. (IV, 32 S.) Berlin (W., Steinmetzstr. 55) 897. Selbstverlag. n. 2. —

Thomaschewski, Alb., die Gewerbezählung im Deutschen Reiche am 1. Dezbr. 1875. Nach den Veröffentlichungen des kaiserlichen statistischen Amts zusammengestellt. gr. 8. (III, 64 S.) Berlin 879. Puttkammer & Mühlbrecht. n. 2. —

Thomaschewski, Alb., statistische Notizen für das Deutsche Reich. Das Wichtigste der amtl. Erhebungen im Deutschen Reiche, nach den neuesten Veröffentlichungen zusammengestellt. 1. und 2. Aufl. 16. (VI, 21 S.) Berlin 881, Springer. **

—— dass. — 1883. 2. Jahrg. 16. (VI, 35 S.) Ebendas. *

Thomaschewski, Alb., statistische Notizen für das Deutsche Reich 1885—1886. Das Wichtigste der amtl. Erhebungen im Deutschen Reiche, nach den neuesten Veröffentlichungen zusammengestellt. 3. Jahrg. 16. (VI, 33 S.) Berlin 885, Springer. *

Thomaschewski, Paul, aus Graudenz: **Beiträge zur Kenntnis** der Isoxazole. *Kiel 1900: P. Peters.* (47 S.) 8°
Kiel, Phil. Diss. v. [8. Dez.] 1900

Thomaschik, Petrus [Silesius]: De Lysiae epitaphii authentia verisimili . . . Vratislaviae, typ. soc. typogr. Vratislav., 1887; 2 Bl. + 44 S. + 1 Bl. 8°.
Breslau, Phil. Fak., Inaug.-Diss. v. 21. Jul. 1887.

Thomaschik, Petrus, de Lysiae epitaphii authentia verisimili. Dissertatio inauguralis. gr. 8. (44 S.) Breslau 887, (Köhler.) *

[F.] Ernstes und Heiteres aus einer Orient-Reise durch Griechenland, Palästina und Aegypten (im Juli u. Aug. 1895). Von Paul Thomaschki, ev. Pfarrer in Miswalde Ostpr. . . . *Graudenz: Dr. v. G. Rothe;* (Aufgekl.: *Königsberg i. Pr.: Gräfer & Unzer) 1896.* (128 S.) 1 Bd 8.

Thomaschki, Paul, der moderne Geisterglaube. Ein Beitrag zur Lösg. spiritist. Rätsel. gr. 8. (106 S.) Leipzig 902. G. Strübig. n. 1. —

Der Krieg in China und die Mission. Vortrag auf d. Missions-Konferenz in Königsberg 1900 von Paul **Thomaschki**, Pfarrer in Miswalde. *Berlin: Berl. Stadtmiss. 1901.* (25 S.) 8° [F.]

— der Krieg in China u. die Mission. Vortrag auf der Missions-Konferenz in Königsberg, den 26. XI. 1900. gr. 8. (25 S.) Berlin 901. Vaterländ. Verlags- u. Kunstanstalt. n. — 25

Die deutsch-evangelische Sache in Ostpreußen. Vortrag, geh. in Braunschweig 1908 von Prediger [Paul] **Thomaschki.** (Leipzig: Braun in Komm. 1908.) 19 S. 8°

Thomaschki, P., die deutsch-evangelische Sache in Ostpreußen. Vortrag, geh. bei der 21. Generalversammlung des Evangel. Bundes in Braunschweig am 6. X. 1908. (17 S. m. 2 farb. Karten.) 8. Leipzig (908). Halle, Verlag des Evangel. Bundes. nn —10

— dasselbe, s. Sache, die deutsch-evangelische, in den Ostmarken.

— **Unter südlicher Sonne. Plaudereien aus e. Sommerfahrt ums Mittelmeer. (VII, 130 S.) gr. 8. Königsberg 909. (Ev. Buchh. des ostpr. Prov.-Vereins f. innere Mission.) 2. 25**

Unter südlicher Sonne. Plaudereien aus e. Sommerfahrt ums Mittelmeer. Von P[aul] **Thomaschki**, Pred. Königsberg i. Pr.: Selbstverl. 1909. VII, 130 S. 8°

Thomaschky, Paul [aus Marienburg i. W.-Pr.]: Die Ansiedelungen im Weichsel-Nogat-Delta .... Münster i. W., E. C. Brunn'sche Buchdr., 1887; 72 S. 8°.
Münster, Phil. Fak., Inaug.-Diss. v. [6. Aug.] 1887.

Thomaschky, Paul, die Ansiedelungen im Weichsel-Nogat-Delta. gr. 8. (72 S.) Marienburg 887, (Giesow.) *

Thomaschky, Paul [Dr.]: Zur geschichtlichen Entwickelung des Realschulwesens. Berlin, R. Gaertner, 1894; 28 S. 4.
Berlin, Fünfte st. R '(HB)', OP 1894 (120)

Thomaschky, Paul, zur geschichtlichen Entwickelung des Realschulwesens. Progr. 4. (28 S.) Berlin 894. R. Gaertner. n. 1. —

Thomaschky, Paul, Schulgeographie f. höh. Lehranst. Unterstufe. gr. 8. (65 S. m. 22 Fig.) Leipzig 897. Dürr'sche Buchh. Kart. n. — 80

— dasselbe. M. Fig. u. Darstellgn. im Text. Oberstufe. gr. 8. (182 S.) Ebd. 899. Kart. n. 1. 60

Thomasczik, J. C. F., Grundriß einer Organisation der allgemeinen christlich-kirchlichen Gesang-Erziehung gemäß den allgemeinen leitenden Grundprinzien der neuen Preuß. Schul-Regulative. 1. Thl. Pädagogische Leitung u. erziehende Lebensschulung. Rastenburg 857. (Berlin, W. Schultze.) 8. (4 Bl., 208 S.) n. 16 *ngr.*

Thomashoff, Fritz, aus Ratingen: **Beitrag zur Casuistik der Sarkomatösen Geschwülste des Kniegelenks.** *Würzburg 1896 [vielm. 1901/02]: Neue Bayerische Landeszeitung.* (22 S.) 8°
Würzburg, Med. Diss. v. 1896

Thomasina, s.: Asher's collection of english authors.

Thomasius, Chrn., s.: Nicoladoni, A.

Thomasius, Jacob, s. Strecker, Carl.

Thomasius' Lebensbild, s.: Stählin, A. v.

v. Thomasius, Aug. Bdkt., s. Unterricht, was man beim Erkauf 2c.

Thomasius, Christian

Thomasius, Chr.: Rechtliche Abhandlung von der Beschimpffungs-Klage. Ins Teutsche übers., auch mit e. Vorbericht u. Erl. versehen von C. T. Halle im Magdeb. 1741.

Thomasius, Chr.: Tractatio jur., de actione fideiussoris adversus debitorem, antequam solvit, Von Anstellung der Klage wider den Hauptschuldner, ehe der Bürge bezahlet. Olim Lipsiae habita 1685. Ed. nov. Halae et Lipsiae 1724.

— Ed. nov. Halae Magdeb. 1736.

Thomasius, Christian [Praes.], s. Albrecht, Johann Christoph: De arrhis amtionum.

Thomasius, Christian [Praes.], s. Anckelmann, Diederich: De pactis dotalibus ad part. II. tit. 11. art. 11 juris statutarii Hamburgensis.

— Anmerk. üb. Melch. van Osse Testament an Churfürst August zu Sachsen gerichtet, v. Verbess. d. Justiz u. Polizeywesen nebst d. Annalibus Lips. 4. Ebend. 717.

— Anmerk. üb. S. v. Puffendorfs Traktat v. d. päbstl. Monarchie. 8. Halle, Renger. 717.

Thomasius, Christian: „Anmerkungen über D. Ossens Tractat von Verbesserung des Justitz- und Policey-Wesens", Halle 1714.

Thomasius, Christian [Praes.], s. Arend, Gajus Matthias: Larva legis aquiliae detracta actioni de damno dato, receptae in foris Germanorum.

THOMASIUS, Chrn. (1655—1728), Von der Artzeney wider die unvernünfftige Liebe, und der zuvorher nöthigen Erkäntnüss sein selbst, oder Ausübung der Sittenlehre. Halle 1696. 8°.
Siehe Luden, Thomasius p. 250—256.
§ — — Dasselbe. 3. verbess. u. correctere Auflage. Ebd. 1704. 8°. 552 S. (In München: Ph. pr. 1180, 1.)
— — Dasselbe. 4. Auflage. Ebd. 1708. 8°. 552 S.
§ — — Dasselbe. 8. Auflage. Ebd. 1726. 8°. (In München: Ebd. 1181, 1.)

Thomasius, Christian: „Ausübung der Sittenlehre", Halle 1726.

Christian Thomasens ... Auszübung Der Vernunfft-Lehre, Oder: Kurtze, deutliche und wohlgegründete Handgriffe, wie man in seinem Kopffe aufräumen und sich zu Erforschung der Warheit geschickt machen; die erkandte Warheit andern beybringen; andere verstehen und auslegen; von anderer ihren Meinungen urtheilen, und die Irrthümer geschicklich widerlegen solle ... Nebst einer Vorrede, In welcher der Autor die Ursachen anzeiget, warumb er auch auff des Realis de Vienna seine Discursus und Dubia über die Introductionem ad Philosophiam Aulicam nicht antworten werde. Halle, Gedruckt und verlegt von Christoph Salfelds seel. Wittwe. 1705.

17 cm. 12 leaves, 295 pages.

Thomasius, Christian: „Ausübung der Vernunftlehre", Halle 1719.

Thomasius, Christian [Praes.], s. Bachoven Freih. v. Echt, Joh. Friedr.: Morum cum jure scripto contentio.

Thomasius, Christian [Praes.], s. Bastineller, Joh. Friedrich: De usu practico accuratae distinctionis inter emtionem cum pacto de retrovendendo et contractum pignoratitium.

— **Bedencken** über die Frage: Wieweit ein Prediger gegen seinen Landes-Herrn, welcher zugleich summus episcopus mit ist, sich des Binde-Schlüssels bedienen könne? o. O. u. J.

Thomasius, Christian [Praes.], s. Bernhardi, Martin: De tortura ex foris christianorum proscribenda.

Thomasius, Christian [Praes.], s. Bessel, Christoph Heinrich: De origine successionis testamentariae.

Thomasius — Bibliotheca Thomasiana seu locupletiss. thesaurus libror. Thomasii. Ed. Panzer. Norimb. 765-69. 3 Tom. 8. 3 rthl.

Thomasius, Christ., Bibliothek. 24 Stck. 8. Halle, Renger. 715.

Thomasius, Christian [Praes.], s. Bieck, Jo. Friedr.: De fatuitate Brocardici vulgaris, causa fatua excusat a dolo.

Thomasius, Christian [Praes.], s. Bieck, Jo. Friedr.: De natura precum juridicarum.

Thomasius, Christian [Praes.], s. Boehm, Johann Christian: De protractione litis per allegationes legum et doctorum in processu advocatis permissas.

Thomasius, Christian [Praes.], s. Brenneysen, Enno Rudolph: De jure principis circa adiaphora.

Thomasius, Christian [Praes.], s. Brescius, Johann: Theses de protestatione facto contraria.

Thomasius, Christian [Praes.], s. Brix von u. zu Montzel, Karl Heinrich: De sponsione Romanorum caudina.

— 3 Bücher d. göttl. Rechtsgelahrheit, nebst d. Grundlehren d. Natur- u. Völkerrechts, edirt v. C. Gerhard. 4. Ebend. 709.

Thomasius, Christian [Praes.], s. Buhle, Bernhard Friedrich: De fundamentorum definiendi causas matrimoniales hactenus receptorum insufficientia.

— cautelae circa praecognita Iurisprudentiae et Iurispr. eccles. c. indice. 4. ibid. 710–23.

(Thomasius, Chr.): Cautelae circa praecognita juris prudentiae ecclesiasticae in usum auditorii *Thomasiani*. *Hal.* 712. 4.

Thomasius, Christian [Praes.], s. Clüsener, Rembert: De jure aggratiandi principis evangelici in causis homicidii.

Thomasius, Christian: Aus dem Thomasischen Collegio [Collegium de decoro]. Von Friedrich Michael Schiele, Lic. in Marburg. 8°
Aus: Preuß. Jahrbücher. Bd 114. H. 3. 1903. [04. 3174 4

Thomasius, Chrn. (1655—1728). — D. *Christiani Thomasii*, JCti & Facultatis jurid. h. t. decani, schediasma inaug. jurid. de concubinatu. S. l. 1713. 4°. (In Berlin: D 8, no. 2.)
1 Bl. u. 68 S. Nur in lat. Spr. Wurde in's Deutsche übers., tit.: „De concubinatu, vom Concubinenhalten" ...., u. rief als Gegenschrift hervor: „Reinbeck (s. ob.), J. G., Die Natur des Ehestandes .... 1714." (In Berlin.)
— — — — Idem opus. Jenae 1749. (in Ejusd. Diss. T. III. Nro. 100.) Kappler p. 932.

Thomasius, Chrn, Dissertatio juridica conjecturas exhibens de hominibus propriis et liberis Germanorum quam disquisitioni submittit H. von der Lahr. Halae Magdeb. 1701. 4. . . . . (D.)

Thomasius, Chr., diss. de non rescindendo contractu ob metum spectrorum. Halae 711. rec. 732. Deutsch übersetzt Halle 711. 4.

Thomasius, Chr., De non rescindente contracta conductionis ob metum spectrorum, vulgo ob die Furcht vor Gespenster Miethe breche? Hal. 4°.
1742

— — De crimine bigamiae, vom Laster der zwiefachen Ehe, et de bigamiae praescriptione, von Verjährung der zwiefachen Ehe. Lipsiae et Halae 1715. 4°.
1½ Mk. H. W. Schmidt, Halle, 491, no. 1293. — Die 2. Schrift erschien bereits 1685. (1 Mk. Derselbe, l. c. no. 1266.) Jöcher IV, 1159.
— — Idem opus. Ibid. 1721. 4°. 88 pp. (1 Mk. 70 Pfg. Frdr. Klüber, 1908; 2 Mk. Osw. Weigel, 1908.)
— — Idem opus. Ibid. 1733. 4°. 80 pp. (3 Mk. Jacques Rosenthal, c. 1903.)
— — Idem opus. Ibid. 1740. 4°. (⅓ Rthl. H. W. Schmidt, Halle, vor 1875.)

***Thomasius,** C., resp. J. Reiche, de crimine magiae. Hal. 701. 722. 730. 4.

Thomasius, Chr., resp. Jo. **Reiche,** De crimine magiae diss. 40 pp. Hal. 4°. 1701

Thomasius, Chr., De crimine magiae, v. d. Verbrechen des Pacts mit dem Teufel. Frkf. 4°.
1753

Thomasius, Christian [Praes.], s. Dann, Johann Jakob: De charactere & circumspectione medici ad curandam taediositatem processuum adhibendi.

Thomasius, Christian (Hrsg.), s.a. Deduction, Gründliche, jedoch bescheidene, d. Unschuld Herrn Joh. Reinhold von Patkul . . .

Thomasius, Christian. Gründliche Deduction der Unschuld R. v. Patkul S. Maj. in Polen geh. Kriegsraths wieder die vielfältigen harten und unverschämten Lästerungen, mit welchen derselbe von seinen Feinden und Verfolgern in Schweden beleget worden etc. 4. Leipzig 1701.

— kurze u. deutl. Deduction wid. d. Reichshofrath sowohl in peinl. als bürgerlich. Sachen in erster Instanz für sich zu citiren. 4. Eisenach, Wittekind. 741.

Thomasius, Chr.: Delineatio historiae iuris, olim cum Fr. Hotomani Antitriboniano ed., nunc rec. Halae Magdeb. 1735.

— delineatio historiae juris Roman. et German. 4. Erfurt 750. Jungnickel. 4 gr

— wohlverdientes Denkmaal, aufgerichtet von vornehmen Gönnern, Freunden u. nahen Anverwandten. Fol. Ebendas. 729.

Thomasius, Christian [Praes.], s. D i f e n b a c h, Georg Gustav: De emendandis quibusdam litium protractionibus, in materia juramenti parti a parte in judicio delati, hactenus receptis.

Thomas, Chrn., (gewöhnlich Thomasius gen.) eröffnet der studirenden Jugend zu Leipzig in einem Discours welcher Gestalt man denen Frantzosen in gemeinem Leben und Wandel nachahmen solle? ein Collegium ... O. O. o. J.
Jet: Deutsche Litteraturdenkmale des 18. und 19. Jahrh. Nr. 51. Nach den Ausgaben von 1687 u. 1701. Stuttgart 1894. 8. . . . . (D.)

THOMAS, Chriſt. Juriſtiſche Disputation von der Kebs-Ehe, nebſt M. P. Antonini Antwort auf die Einwürffe Breithaupts **u. a. wider die Disputation von der Kebs-Ehe. Ferner: Erörterung von der Lutheriſchen und Reformierten Fürſtlichen Perſonen Heyrath Fang des edlen Lebens etc. Frankfurt und Leipzig 1714. Mit Titelkupfer. 12 Bl., 675 S., 30 Bl.**
[B. VII, 643.]

— — — — **Juristische Disputation von der Kebs-Ehe, u. andere hierzu dienliche Schrifften. Franckf. u. Lpz. (Halle) 1714. 8⁰. (2 Mk. 40 Pfg. Weller, Bautzen, c. 1890.)**
Ca. 800 S. Ziemlich seltenes Werk. Auch im Ehestands-almanach II. p. 277 citirt.

— — Juristische Disputation von der Kebsehe und andere hiezu dienliche Schriften. Mit 1 Kpfr. Halle, Renger, 1714. 8⁰.

Thomasius, Christian. Dissertationum accademicarum varii . . . argumenti IV vol. Halae 1773—80. H: *Uhl, Johann Ludwig.* (EngJ)

Christiani Thomasii ... Dissertationum Academicarum Varii Inprimis Iuridici Argumenti. Tomus Primus [-Quartus]. Halae Magdeburgicae Impensis Vid. Gebaueri Et Filii. 1773–80.

25 cm. 4 vols. 3 leaves, 1,080 pages, 1 leaf; 2 leaves, 1,098 pages, 1 leaf; 2 leaves, 956 pages, 1 leaf; xviii, 750 pages. Imprint vols. *3–4*: *Impensis Joannis Jacobi Gebaueri.*

Thomasius, Christian [Praes.], s. E g g e r, Johann Friedrich: De feudis oblatis. Von auffgetragenen Lehen.

T h o m a s i u s, Christian: „Einleitung zur Naturlehre", Halle 1719.

— Einleit. z. Sittenlehre, od. von d. Kunst vernünftig u. tugendhaft zu leben, nebst derselb. Ausübung. 8. Halle, Gebauer. 726.

Christian Thomasens ... Einleitung Zu der Vernunfft-Lehre, Worinnen durch eine leichte, und allen vernünfftigen Menschen, waserley Standes oder Geschlechts sie seyn, verständliche Manier der Weg gezeiget wird, ohne die Syllogisticâ das wahre, wahrscheinliche und falsche voneinander zu entscheiden, und neue Wahrheiten zu erfinden. Nebst einer Vorrede, In welcher der Autor sein Vorhaben deutlicher erkläret, und die Ursachen anzeiget, warum er dem Autori Speciminis Logicae Claubergianae nicht antworten werde. Dritte und correctere Aufflage. Halle, Gedruckt und verlegt von Christoph Salfelds seel. Wittwe. 1705.

17 cm. 8 leaves, 203 pages. Written in 1691.

— Einleit. zu d. Vernunftlehre nebst d. Ausübung. 8. Ebend. 719.

— Entscheid. d. Frage: ob einer v. ein. and. wegen Furcht vor Gespenstern die Hausmiethe wieder aufsagen könne? 4. Ebend. 711.

— Entwurf d. polit. Klugheit sich selbst u. and. in allen menschl. Gesellschaften wohl zu rathen u. zu e. gescheidten Conduite zu gelangen. 8. Leipzig. (Frommann in Jena.) 744. — G

T h o m a s i u s, Christian: „Kurtzer Entwurff der politischen Klugheit", Frankfurt a. M. 1707.

* — — Kurtzer Entwurff der Politischen Klugheit, sich selbst und andern in allen Menschlichen Gesellschafften wohl zu rathen, und zu einer gescheiden Conduite zu gelangen; Allen Menschen, die sich klug zu seyn düncken, oder die noch klug werden wollen, zu höchst nöthiger Bedürffnis und ungemeinem Nutzen, aus dem Lateinischen des Herrn THOMASII übersetzet. Nebst einem ausführlichen Register. Franckfurt und Leipzig, In Verlag Johann Großens Erben, 1710. 8⁰. (In Berlin: Yk 841. Beibd. 2.)
— — Dasselbe. Ebd. 1725. 8⁰. (1 Mk. 25 Pfg., Prgtbd., Damköhler, Berlin, 1882; jetzt höher!)

— — Erinnerung wegen seiner Grundlehren. Halle. 8.

— — Erinnerung wegen seiner Winter-Lectionen. Halle 702. 8.

Thomasius, Chr.: Vollständige Erläuterung der Kirchen-Rechts-Gelahrtheit, oder Gründliche Abh. vom Verhältniß der Religion gegen den Staat, über Sam. Puffendorfii tract. de habitu religionis Christianae ad vitam civilem. Th. 1. 2. Franckfurth u. Leipzig 1738.

— vollständ. Erläuter. der Kirchenrechtsgelahrheit. 2 Thle. 4. Ebend. 740.

— weitere Erläut. der neuen Wissenschaft d. unterschiedlich. Exempel die Gemüther d. Menschen erkennen zu lernen. 8. Ebend. 711.

Thomasius, Chr., Diss. Exemplum judicii circa magica. Halae. 4°. 1729

— exercit. de stoica mundi exustione, cui accessere dissertat. XXI. 4. Leipz. 753. 10 ?

Dn. Christiani Thomasii ... Dissertationes Academicae De Felicitate Subditorum Brandenburgicorum Ob Emendatos Per Edicta Electoralia Status, Ecclesiasticum Et Politicum. Nebst Erklährung und Vertheidigung seiner Lehre, über die Frage: Ob den Lutheranern von ihren Lehrern mit gutem Gewissen könne untersaget werden, mit den Reformirten keine Gemeinschaft zu halten, noch ihre Predigten zu besuchen. De Constantia Et Inconstantia, Olim Anno 1690. Et 1692. In Vulgus Edita; Jam Vero Ob Praestantiam Et Raritatem Recusa. Halae Magdeburgicae Typis Joannis Christiani Grunerti, Univ. Typogr. 1749.

22½ cm. 4 leaves, 62 pages, 1 leaf. Bound together and paged continuously.

Thomasius, Christian [Praes.], s. Fleischer, Johann Lorenz: De vera origine, natura, progressu, et interitu judiciorum Westphalicorum.

Thomasius, Christian [Praes.], s. Franck, Johann Christoph: De jure adimplementi literarum cambialium honoris caussa. Vom Recht der Acceptation und Zahlung der Wechsel=Briefe per honore.

Thomasius, Christian [Praes.], s. Franck, Johann Georg: De dominio et ejus natura in genere intuitu juris Germanici privati.

Thomasius, Christian [Praes.], s. Fritsch, Christian Ludwig: De jure circa pharmacopolia civitatum.

Thomasius, Christian: „Fundamenta Juris Naturae et Gentium ex sensu communi deducta, in quibus ubique secernuntur principia honesti, justi ac decori, cum adjuncta emendatione institutionem Jurisprudentiae", Halle 1705, 2. Auflage Halle 1708, 3. Auflage Halle 1713, 4. Auflage Halle 1718. — Dasselbe deutsch, Halle 1709.

— — Gedancken und Erinnerungen, Ernsthafte, aber doch muntere und vernünftige Thomasische, über allerhand auserlesene Juristische Händel. 4 Thle. Halle 1720. (In Rostock, Landesbibl.)

Thomasius, Chr.: Ernsthaffte, aber doch muntere und vernünfftige Thomasische Gedancken u. Erinnerungen über allerlei auserlesene Juristische Händel. Th. 1—4. Halle im Magd. 1720—21.

Thomasius, Chr., Ernsthaffte, aber doch Muntere und Vernünfftige Thomasische Gedanken und Errinnerungen über allerhand auserlesene Juristische Händel. 2. Aufl. 4 Theile. Halle 1723—5. 4°.

Thomasius, C. Gedanken vom Rechte eines christlichen Fürsten in Religionssachen. Helmstädt 1794. H: *Henke, Heinrich Philipp Conrad.* (Schletter, Handb. d. jurist. Litt. Grimma 1843. S. 105.) (Engj)

Chr. Thomasen's Gedanken v. Rechte e. christl. Fürsten in Religionssachen. (Herausg. v. H. Ph. Kr. Henke.) *Helmst.*, Fleckeisen, 794. gr. 8.

Thomasius, Christian: „Vernünfftige und christliche, aber nicht scheinheilige Gedancken über allerhand gemischte philosophische und juristische Händel", 3 Bände und Anhang, Halle 1723 bis 1726.

Thomasius, Christian [Praes.], s. Gehwolff, Johann Michael: Prima initia successionis testamentariae apud Romanos.

Thomasius, Christian [Praes.], s. Gerhard, Ephraim: Discussio atque castigatio vindiciarum distinctionis inter paragia et apanagia, quas contra b. Jo. Nicol. Hertii (Giessen) dissertat. de commentitia paragii et apanagii distinctione in Rom. Germ. Imp. principatibus prosanis, et comitatibus publ. atq. defend. Halae 7. XII. 1709 loco spec. inaugural.

Thomasius, Christian [Praes.], s. Gerhard, Ephraim: Vindiciae distinctionis inter paragia et apanagia.

Thomasius, Christian [Praes.], s. Giedda, Nicolaus Petraeus: De jure principis evangelici circa solennia sepulturae.

Thomasius, Christian [Praes.], s. Götz, Johann Philipp: De vera pietate juridica.

Thomasius, Christian [Praes.], s. Greiff, Johann Emanuel: De pactis futurorum sponsaliorum, von Ja=Wort.

Thomasius, Christian [Praes.], s. Groin, Johann v.: De officio principis evangelici circa augenda salaria et honores ministrorum ecclesiae.

Thomasius, Christian [Praes.], s. Grube, Johann Reinhold: De occasione conceptione ac intentione constitutionis criminalis Carolinae.

— Grundlehren vor einen Studiosum juris. 8. Halle, Renger. 709.

Thomasius, Christian [Praes.], s. Guenther, Christian: De fidejussore indemnitatis, Von Schadloß=Bürgen.

Thomasius, Christian [Praes.], s. Guenther, Johann Friedrich: De jure asyli legatorum aedibus competente, occasione controversiae illustris quae hactenus inter pontificem & Galliarum regem agitata fuit.

Thomasius, Christian [Praes.], s. Hahn, Georg Sigismund: De obligatione expromissione rei incertae.

Thomasius, Christian [Praes.], s. Hake, Robert Christian von: De usu actionum poenalium juris Romani in foris Germaniae.

Thomasius, Christian [Praes.], s. Hamilton, Jakob Immanuel: De non rescindendo contractu conductionis ob metum spectrorum.

Thomasius, Christian [Praes.], s. Hecht, Philipp Reinhold: De pretio affectionis in res fungibiles non cadente.

Thomasius, Christian [Praes.], s. Heider, Johann Christoph: De regalibus fisci principum Germaniae circa acquisitionem praecipua.

Thomasius, Christian [Praes.], s. Herff, Peter: De pseudo-privilegio pupilli, conventi contraria actione negotiorum gestorum, ad L. 37. pr. ff. de Neg. gest.

Thomasius, Christian [Praes.], s. Hess, Zacharias: De usu juris paterni Romanorum secundum mores Germaniae et jus Borussicum revisum.

(Thomasius, Chr.): Historia contentionis inter imperium et sacerdotium breviter delineata usque ad saec. XVI. in usum auditorii *Thomasiani*. Cum append. *Hal.* 722. 8.

[**Thomasius.** Chr.]: Historia juris naturalis, cum dupl. app.: 1. censurae Boeclerianae in programma Rebhanii. 2. Quinque epistolarum a Pufendorfio, Conringio, Boeclero ad Boineburgium scriptarum ... in usum auditorii. Halae Magdeb. 1719.

Thomasius, Christian: „Paulo plenior historia juris naturalis", Halle 1719.

Thomasius, Christian [Praes.], s. Hofmann, Andr. Georg: De perpetuitate debitorum pecuniariorum.

— Hofphilosophie. 8. Leipz. 710.

Thomasius, Christian [Praes.], s. H o l z s c h u h e r v. Neuenbürg, Sigismund Jacob: De statuum imperii potestate legislatoria contra jus commune.

Thomasius, Christian: „Institutiones jurisprudentiae divinae", Deutsch u. d. T.: „Drei Bücher von der göttlichen Rechtsgelahrtheit", Halle 1709.

THOMASIUS, Chr.: Institutionum jurisprudentiae divinae Libri III. in quibus fundamenta juris naturalis secundum hypotheses *Pufendorfii* etc. demonstrantur. 694. 710. 4.

Thomasius, Chr.: Institutionum jurisprudentiae divinae libri tres, in quibus fundamenta juris naturalis secundum hypotheses illustris Pufendorffii perspicue demonstrantur. Ed. 7. Halae Magdeb. 1730.

— introduct. in Philosophiam aulicam. 8. ibid. 702. — 5

Christiani Thomasii ... Introductio In Philosophiam Moralem, Sive De Arte Rationaliter Et Virtuose Amandi, tanquam unicâ viâ ad vitam beatam, elegantem ac tranquillam perveniendi. Cum Praefatione, In quâ inter alia Autor colloquiorum curiosorum menstruorum amicè monetur atque oratur, ne de rebus captum suum transcendentibus judicet, sed Autorem tandem missum faciat. Editio Novissima auctior & correctior. Halae Magdeburgicae, Prostat venalis in Officina Libraria Rengeriana. 1706.

17 cm. 11 leaves, 296 pages. Latin translation, revised, of a work published in German in 1692, *Von der Kunst Vernünftig und Tugendhaft zu lieben, Als dem Eintzigen Mittel zu einem glückseligen, galanten und vergnügten Leben zu gelangen; Oder Einleitung der Sitten-Lehre.*

Thomasius, Christian [Praes.], s. I p s e n , Johann Paul: De origine ac progressu processus inquisitorii contra sagas.

Thomasius, Christian [Praes.], s. I r w i n g , Wilhelm: De usu practico denunciationis evangelicae ad cap. 13. X. de judiciis.

Thomasius, C., de injusto Pilati judicio. Lips. 1675; rec. 1724. 4; rep. in Ikenii thes. 2. p. 343 ss.

Thomasius, Chr.: Tractatio jur. de jure asyli legatorum aedibus competente, Von der Quartiers-Freyheit derer Abgesandten. Halae Magdeb. 1737.

Thomasius, Christian (Leipzig) A.S. 11/32

Tractatio juridica, de jure circa frumentum, Von Dem Rechte, was bey denen Korn=Früchten, oder dem Getreyde, so in Halmen und Aehren Schiesset, zu beachten ist ... Präs. Johann Friedrich Rhetius. Denuo ed. Halle (Hendel) 1737. 112 S.

Diss. Frankfurt/O. 1678. 34410

Chr. Thomasius de jure circa pharmacopolia civitatum. Hal. 1697. 4.; ib. 1729. 4.

Thomasius, Christ., de jure circa somnium et omina. Halae 723. 4.

Thomasius, C., Tractatio juridica de jure circa somnum et somnia, vom Recht des Schlafes u. der Träume. 126 pp. Hal. 4°.

1749

Thomasius, Christian [Praes.], s. K a l m , Johann Heinrich von: Problema juris publici, an poenae viventium, eos infamantes, sint absurdae, et abrogandae?

THOMASIUS, H. Chr.: Höchstnöthige Cautelen, welche ein *Stud. jur.*, der sich zur Erlernung der Rechtsgelahrtheit vorbereiten will, zu beobachten hat. *Halle.* 713. 8.

— Cautelen, die ein Studiosus juris zu beobachten nöthig hat, sowohl bey der Rechtsgelahrheit als Kirchenrechtsgelahrheit. 8. Ebend. 729.

Thomasius, Christian [Praes.], s. K e l l n e r , Johann Otto: De originibus feudalibus.

Thomasius, Christian [Praes.], s. K e t t n e r , Christian: Observationes selectas de jure detractionis ad Ordinat. Polit. Ducat. Magdeb. cap. LVI.

Thomasius, Christian [Praes.], s. K i e c h e l , Erhard Julius: De concubinatu.

Thomasius, Christian [Praes.], s. K r a n n ö s t , Johann Rupert: De usu exiguo SCti Vellejani in foris Germaniae.

Thomasius, Christian [Praes.], s. K r e ß , Christian Gottlob: De usu practico doctrinae difficillimae juris Romani de culparum praestatione in contractibus.

Thomasius, Christian [Praes.], s. K u h n , H.: Diss. sust. emendationem administrationis justitiae neque facilem, neque impossibilem.

— — V o n d e r K u n s t v e r n ü n f f t i g u n d t u g e n d h a f f t z u l i e b e n, als dem eintzigen Mittel zu einem glückseeligen, galanten u. vergnügten Leben zu gelangen, oder E i n l e i t u n g z u r S i t t e n l e h r e .... Ebd. 1692. 8°. 552 S. (8 Mk. W. Jacobsohn & Co., Breslau, 1908.)
— — Dasselbe. Ebd. 1697. 8°.
— — Anitzo z u m 3. m a h l a u f f g e l e g t u n d v e r b e s s e r t. Ebd., o. J. (1703). 8°. 369 S.
— — Dasselbe. 4. Auflage. Ebd. 1706. 8°.
— — Dasselbe. 5. Auflage. Ebd. 1709. 8°. 369 S.
— — Dasselbe. Ebd. 1721. 8°.
— — Dasselbe. 8. Auflage. Ebd., Gebauer, 1726. 8°.

Thomasius, Christian [Praes.], s. K ü s t e r , D.: De interpretatione beneficiorum principis.

— Leben Socratis, a. d. Franz. d. Charpentier. 8. Ebendas. 720.

Thomasius, Chr., Kurze Lehrsätze von dem Laster der Zauberey. Halle 1702. 1707. 8°.

Herrn D. Christian Thomasii ... Kurtze Lehr-Sätze Von dem Laster Der Zauberey, Nach dem wahren Verstande des Lateinischen Exemplars ins Deutsche übersetzet, Und aus des berühmten Theologi D. Meyfarti, Naudaei, und anderer gelehrter Männer Schrifften erleutert, auch zu fernerer Untersuchung des nichtigen Zauberwesens, und der unbilligen Hexen-Processe, nebst einigen Actis magicis heraus gegeben von Johann Reichen ... Halle im Magdeburgischen, Zu finden im Rengerischen Buchladen, Anno 1704.

22 cm. 8 leaves, [7]–621, [30] pages.

THOMASIUS, Christian (1655—1728, der hochverdiente hallenser Professor), Kurtze Lehr-Sätze von dem Laster der Zauberey, aus dem Lat. übersetzt und aus Meyfarti, Naudaei u. anderer Schrifften erleutert u. nebst einigen Actis magicis herausgegeben von Johann Reichen. Halle 1704. 4⁰. (In Dresden: 4⁰ Mag. 366; auch in Marburg, Univ.-Bibl.) (30 Mk. Adolf Weigel, 1905.)

Enthält I: Naudaei Schutzschrift, worin alle vornehmen Leute, die der Zauberey fälschlich beschuldiget sind, vertheidigt werden. II: Geschichte der Teuffel zu Lodun Oder von den besessenen Nonnen des Klosters zu St. Ursul, wie auch von der Verurtheilung Urbain Grandiers, Predigers in derselben Stadt. III: Trauergeschicht von der greulichen Zauberey L. Goffredy. IV: *Thomasii* Kurtze Lehrsätze vom Laster der Zauberey. — Zum Schluss ausführliches Register.

Zuerst gedr. Cosmopoli (Leipzig, Emrich) 1702. 8⁰. (Weller, fing. Druckorte I. p. 53.) Sehr rar!

— — Dasselbe. Magdeburg 1704. 4⁰. (15 Mk. mit Reiche, Schrifften, Scheible, Cat. 77.)

— — Dasselbe, mit des Autoris Vertheidigung vermehrt. O. O. 1706. 8⁰. (In Marburg, Univbibl.; auch in Dresden: 4⁰ Mag. 367.)

— — Kurtze Lehr-Sätze Von dem Laster der Zauberey, Aus dem Lateinischen ins Teutsche übersetzt und mit des Autoris Vertheidigung vermehret. Mit Titelkupfer: Blocksbergscene darstellend. O. O. Anno 1712. 8⁰. 92 S. (9 Mk. Adolf Weigel, 1905.)

Christ. Thomasii Kurtze Lehr-Sätze Von dem Laster der Zauberey, Mit dessen eigenen Vertheidigung vermehret. Worbey Johann Kleins ... Juristische Untersuchung, Was von der Hexen Bekäntnisz zu halten, dasz solche aus schändlichem Beyschlaff mit dem Teuffel Kinder gezeuget. Beydes aus dem Lateinischen ins Teutsche übersetzt. Franckfurth und Leipzig, Gedruckt im Jahr 1712.

16½ cm. 134 pages. With frontispiece.

§ — — Dasselbe. Mit Titelkpfr. Worbey *Joh. Klein's* (s. ob. Putter) J. U. D. Untersuchung, Was von der Hexen Bekänntniss zu halten. Beydes aus dem Latein. ins Teutsche übers. . . . . Franckfurth und Leipzig 1717. 8⁰. (4 Mk. E. Frensdorff, c. 1905.)

Frühere Ausgabe (mit Klein) O. O. 1703. 8⁰. (2 Mk. Scheible, Cat. 77; jetzt theurer!)

— — Dasselbe. Ebd. 1718. 8⁰. 134 S. (In Dresden: Mag. 368.) (1 Mk. 50 Pfg. A. Bielefeld, 1876.)

Thomasius, Christian [Praes.], s. Limberger, Arn.:
De usu practico doctrinae institutionum de legitimatione.

Thomasius, Christian: „Primae Lineae de JCtorum prudentia consultatoria etc.", Halle 1721. Prodiit germanice sub. tit. „Kurtzer Entwurff der politischen Klugheit, sich selbst und andern in allen menschlichen Gesellschafften wohl zu rathen", Halle 1720.

Thomasius, [Chr.]: Primae lineae de jureconsultorum prudentia consultatoria. Ed. 3. Halae Magdeb. 1721.

Thomasius, Chr.: Primae lineae de ICtorum prudentia consultatoria fere ubique e sensu communi deductae et denuo editae a Chr. G. Friederici. (Ed. II. *Hal.,* 710.) *Lipsiae.* 772. 8.

Thomasius, Christian [Praes.], s. Lohse, Joh. Christoph:
De judice sententiam in causis criminalibus latam ab actis removente.

Thomasius, Christian [Praes.], s. Ludovicus, Jac. Friedr.:
De praesumptione bonitatis.

Thomasius, Christian [Praes.], s. Marcus, Paul Johann:
De inutilitate brocardici vulgaris: Quae sunt in territorio, praesumuntur etiam esse de territorio.

Thomasius, Christian [Praes.], s. Meinig, Johann Christoph:
De revocatione tacita mandati judicialis ad Cap. Si quem 8. de procur. in 6.

Thomasius, Christian [Praes.], s. Morgenstern, Simon:
De hypotheca tacita propter pecuniam lustricam, Occasione Ordin. Proc. Magdeb. C. XLIX. § 54.

Thomasius, Christian. Von Nachahmung der Franzosen . . . Stuttgart 1894. H: *Sauer, August.* (Berl)

— Nachahmung der Franzosen, s.a. Litteraturdenkmale, deutsche, des 18. u. 19. Jahrh.

Christian Thomasius. Von Nachahmung der Franzosen. Nach den Ausg. von 1687 u. 1701. (Hrsg.: August Sauer.) *Stuttgart: G. J. Göschen 1894.* (IX 50 S.) 8⁰
= Litteraturdenkmale, Deutsche, d. 18. u. 19. Jahrh. No 51. [illegible]

Thomasius, Chr.: Naevorum jurisprudentiae Romanae Antejustinianae libri duo. Acc. 1. Diss. acad., de naevis jurisprudentiae Romanae ex historia juris ab ejectis regibus ad publicatas leges XII tabb. deductis. Halae 1691. 2. Progr. de causis inutilium doctrinarum in studio jurisprudentiae. (1691.) 3. Vindiciae corollarii de exiguo Pandectarum usu in foris Germaniae, adversus objectiones et contumelias programmatis cujusdam Wittebergensis. (1692.) Ed. 2. Halae Magdeb. 1707.

Thomasius, Christ., naevorum jurisprudentiae romanae ante-Justinianeae lib. II. 4. Halae, Renger. 707–23.
Rthlr. — 8

Thomasius, Christian [Praes.], s. Nesen, Johann Konrad:
De rerum differentiis, intuitu juris Germanici privati.

Thomasius, Christian [Praes.], s. Neuber, Jo. Gottfried:
Praecipua juris patronatus ecclesiarum protestantium vulgaris capita.

— notae ad I. G. F. Lancelotti institutiones Iuris canonici. IV Tmi. 4. Halae, Renger. 717.

Thomasius, Chr.: Notae ad singulos Institutionum et Pandectarum titulos varias juris Romani antiquitates imprimis usum eorum hodiernum in foris Germaniae ostendentes in usum auditorii Thomasiani. Praemissa est Praef. de cautelis circa emendationem administrationis justitiae adhibendis, et de officio professorum acad. ad eum finem obtinendum. Item Diss. Culpisiana [Joh. Ge. Kulpis] de Germanicarum legum veterum ac Romani juris in republica nostra origine autoritateque praesenti. Halae Magdeb. 1713.

— Orationes tres Academicae. 8. ibid. 723.

Thomasius, Christianus: De templariorum equitum Ordine sublato. [Resp.:] Joh. Jac. Stippe. Halae (1705): Salfeld. 64 S. 4⁰
Halle, Jur. Diss. v. 1. Aug. 1705.
Deutsche Übers. in: Stemler, W. Ch.: Contingent z. Gesch. d. Templer. 1783 S. 229—323.
Kl. 2215. Selten.

[N. Ausg. u. d. Tit.:]
Christiani Thomasii Tractatio iuridica de templariorum equitum ordine sublato, Von Ausrottung des Ordens der Tempel-Herren. Halae Magdeburgicae 1752: Hendel. 64 S. 4⁰
Selten

Thomasius, Chr., De origine et progressu processus inquisitorii contra sagas. Hal. 4°.
1712

—, De origine ac progressu processus inquisitorii contra sagas. Hal. 4°.
1729

Thomasius, Chr.: Tractatio iur. de vera origine, natura, progressu, et interitu iudiciorum Westphalicorum, Vom Ursprung, Fortgang und Untergang der heimlichen Gerichte in Westphalen. [Rec.] Halae Magdeb. 1754.

Thomasius, Chr.: Tractatio jur. de originibus feudalibus. Rec. Halae Magdeb. 1749.

Thomasius, Christian [Praes.], s. Packbusch, Salomon Friedrich: De desertione ordinis ecclesiastici.

Thomasius, Christian [Praes.], s. Pagendarm, Bernhard Heinrich: De bonorum secularisatorum natura.

Thomasius, Christian [Praes.], s. Panisch, Christoph Gottl.: De remissione tacita pignoris per consensum, sive expressum, sive tacitum creditoris in novam oppignorationem.

Thomasius, Christian [Praes.], s. Philippi, Georg Jakob: De feudo alienabili.

Thomasius, Chr., Diss. de praesumptione furoris et dementiae. Hal. 1719. 1722. 4°.

Thomasius, Chr., resp. Jo. **Sperlette de Montguyon,** De praesumtione furoris atque dementiae. 64 pp. Hal. 4°. 1732

— programmata et alia scripta similiora, conjunctim edita. 8. Halae, Gebauer. 724.

— prudentia consultatoria et legislatoria etc. II Partes. 8. Bresl. 773. Gutsch. 12 gr

— part. prior. et posterior. prudentiae, quae comprehendit consult. et legislat. fere ubique ex sensu communi deductam ed. Friderici. 8. Bresl. 773. Gutsch. 12 gr

Thomasius, Christian [Praes.], s. Raumer, Leopold Wilhelm Friedrich: De usu practico tituli institutionum de adoptionibus.

— Recht evangelisch. Fürsten in Kirchensachen, nebst vielen Beylagen. 4. Ebend. 713.

THOMASIUS, Chr., u. BRENNEYSEN, Enno Rud.: Das Recht evangel. Fürsten in theolog. Streitigkeiten u. s. w. ausgeführt und wider die papistischen Lehrsätze e. Theolog. in Leipz. vertheid. 5e Aufl. *Halle.* 713. 4. (1 Thl. 12 Gr.)

Thomasius, Christian: „De regalibus fisci principum Germaniae". Halle 1713.

Thomasius, Christian [Praes.], s. Reiche, Johann: De crimine magiae.

Thomasius, Christian [Praes.], s. Reimer, Anton Christoph: De differentiis juris civilis et canonici in doctrina de testamentis.

Christiani Thomasii ... Liber De Remedio Amoris Irrationalis, Et Praevia Necessaria Notitia Sui, Sive Praxis Philosophiae Moralis, Cum Appendice, In qua Autor multiplicem usum Ethices suae ostendit, & de intellectu suo de Ethica Christiana sinceram Confessionem edit. Editio Novissima auctior & correctior. Halae Magdeburgicae, Prostat venalis in Officina Libraria Rengeriana, 1706.

17 cm. 3 leaves, 441 pages. Latin translation, revised, of a work published in 1696, *Von der Artzeney Wider die unvernünfftige Liebe, und der zuvor nöthigen Erkäntniss Sein Selbst. Oder: Ausübung der Sitten-Lehre.*

Thomasius, Christian [Praes.], s. Rickemann, Christian Georg: De usu practico doctrinae de impedimentis manumissionis.

Thomasius, Christian [Praes.], s. Riese, Hieronymus: De legitima viventis.

Thomasius, Christian [Praes.], s. R u b e, Johann Christoph: Theses inaugurales de jure principis circa haereticos.

Thomasius, Christian [Praes.], s. S a l t z b e r g e r, Christian Gottfried: Tractatio iuridica de validitate coniugii, invitis parentibus contracti et per benedictionem sacerdotis depositi consummati, Oder: Von der Gültigkeit einer Ehe, ...

Thomasius, Christian [Praes.], s. S a l t z s i e d e r, Joachim: De origine processus inquisitorii.

Thomasius, Christian [Praes.], s. S a n d r a r t, Lorenz von: De Noricorum causis adimendi legitimam.

Thomasius, Christian [Praes.], s. S c h e f f e r, Ludwig Christoph: De sensu legis decemviralis testamentariae.

Thomasius, Christian [Praes.], s. S c h e u r l, Christoph Wilhelm: De judicio seu censura morum.

Thomasius, Christian [Praes.], s. S c h e u r l von Defersdorff, Christoph Wilhelm: De judicio seu censura morum.

Thomasius, Christian [Praes.], s. S c h i e c k e, Johann: Theses inaugurales exhibentes observationes varias theoretico practicas de actione iniuriarum.

Thomasius, Christian [Praes.], s. S c h i l t e r, Gottfried: De prioritate ac posteritate temporis dubia atque incerta Oder Was Rechtens sey: wenn man nicht gewiss sagen kann, welches der Zeit nach eher oder später geschehen.

Thomasius, Christian [Praes.], s. S c h m i d t, Zacharias: De existimatione fama et infamia extra rempublicam.

— allerhand kleine deutsche Schriften. 8. Halle, Renger. 721.

— — A l l e r h a n d b i s s h e r p u b l i c i r t e k l e i n e T e u t s c h e S c h r i f f t e n. Nebst etlichen Beylagen. 2 Thle. Halle 1707—11. 8⁰. Ca. 1100 S. (5 Mk. 50 Pfg. Heinr. Hugendubel. München, 1904.)
— — Dasselbe. Ebd. 1721. 8⁰. (4 Mk., ohne Theilesangabe. Baer & Co., 1893.)

Christian Thomasens Allerhand bisz-her publicirte Kleine Teutsche Schrifften, Mit Fleisz colligiret und zusammen getragen; Nebst etlichen Beylagen und Einer Vorrede. Dritte Edition. Halle, Gedruckt und verlegt von Christoph Salfelds Wittwe und Erben. Anno 1721.

18 cm. 12 leaves, 728 pages.

— — A u s e r l e s e n e u n d i n D e u t s c h n o c h n i e g e d r u c k t e S c h r i f f t e n. 2 Thle. Mit 1 Titelkpfr. Halle u. Franckf. 1705—14. 8⁰. 478, 675 u. 25 S. (10 Mk. Hprgt.. Baer & Co., 1893.) (In Rostock, Landesbibl.)

Thomas, Chrn. (Thomasius), kleine deutsche Schriften, s.: Festschrift der historischen Commission der Prov. Sachsen zur Jubelfeier der Universität Halle-Wittenberg.

Thomasius, Christian [Praes.], s. S c h r o e t e r, Friedrich: De remissione tacita pignoris vel hypothecae per acceptionem chirographi novi aut fidejussoris.

Thomasius, Christian [Praes.], s. S c h u b e r t, Christian: An promissor facti liberetur praestando id, quod interest?

Thomasius, Christian [Praes.], s. S c h ü t z, Andreas Heinrich von: De usu practico actionis adversus judicem imperite judicantem ad pr. Inst. de obl. quae qu. ex del. nasc.

THOMASIUS, Chr.: Selecta feudalia *Thomasiana.* Tom. I. et II. Edit. altera cui acc. diss. de originibus feudalibus et appendix de Duaren. commentario in consuetudines feudorum. *Hal.* (708.) 719. 728. 8.

Thomasius, Chr.: Selecta feudalia Thomasiana. Ed. 2., cui acc. autoris diss. de originibus feudalibus. Tom. 1. 2. Halae Magdeb. 1728. 2 Bde
T. 2. Cum app. de Duareni commentario in consuetudines feudorum.

— selecta feudalia. II Tmi. 8. Halae, Renger. 728.

Thomasius, Christian [Praes.], s. S o l t e r, Bernhard Christoph: Tractatio II. de jure circa frumentum, praecipue de taxatione frumenti et vectigalibus de frumento solvendis et denique de agricolis ac ipsorum privilegiis.

Thomasius, Christian [Praes.], s. S p e r l e t t e de Montguyon, Bartholomaeus Johann: De praesumtione furoris atque dementiae.

Thomasius, Christian [Praes.], s. S t a r c k e, Johann: De foro competente et subiectione clericorum sub potestate civili.

Thomasius, Christian [Praes.], s. S t e c h e, Jeremias August: De remissione tacita pignoris vel hypothecae, per remissionem debiti et consensum in alienationem rei.

Thomasius, Christian [Praes.], s. S t e m p e l, Christian Gottlob: De culpa ab heredibus tutorum praestanda.

Thomasius, Christian [Praes.], s. S t e m p e l, Wilhelm Tobias: De jurisdictionis et magistratuum differentia secundum mores Germanorum.

Thomasius, Christian [Praes.], s. S t i p p e, Johann Jakob: De templariorum equitum ordine sublato.

Thomasius, Christian [Praes.], s. S t o l l, Johann Philipp: De singulari aequitate legis unicae cod. quando imper. inter pupillos & c. cognoscat, & c. ejusque usu practico.

Thomasius, Christian, gelehrte Streitschrift von dem Verbrechen der Zauber- und Hexerey, aus dem Lateinischen übersetzt, und bey Gelegenheit der Gaßnerischen Wunderkuren zum Besten des Publikums herausgegeben. 775. 8.

—gelehrte Streitschrift von dem Verbrechen der Zauber- u. Hexerei. 8. Augsb. 775. v. Jenisch u. St. 3 ℳ

Thomasius, Christian [Praes.], s. S t u r m, Friedrich Sigismund von: De usu practico doctr. Institutionum de nuptiis.

Thomasius, Christian [Praes.], s. S t ü t z i n g, Johann Friedrich: De aequitate cerebrina l. II. c. de rescind. vendit. et ejus usu practico.

Thomasius, Chr.: Theses de tutelis von Vormundschaften, in acad. Fridericiana anno 1699. quondam propositae. Ed. nov. Halae Magdeb. 1735.

Thomasius, Christian [Praes.], s. T h o m a e , Henning: De captatoriis institutionibus.

Thomasius, Christian [Praes.], s. T h o m a e , Henning: De jure injusto heredipetarum.

Thomasius, Christian [Praes.], s. U f f e n b a c h , Zacharias Konrad: De quasi emancipatione Germanorum, occasione reformationis Francofurt. part. II. tit. I. § 9.

(THOMASIUS, Chr.): Untersuchung des wahren Grundes, aus welchem die höchste Gewalt eines Fürsten über die Kirche herzuleiten ist. *Halle.* 719. 8.

THOMASIUS, Chr.: Historische Untersuchung v. Ursprung und Fortgang des Inquisit.-Prozesses wider die Hexen. *Halle.* 712. 4,

—, Historische Untersuchungen vom Ursprung und Fortgang des Inquisitions-Processes wieder die Hexen, worinnen deutlich erwiesen wird, daß der Teuffel, welcher nach der gemeinen Reygung pacta mit denen Hexen macht, mit denenselben buhlt, und sie auf dem Blockers-Berg führet, nicht über anderthalb hundert Jahr alt sey. Als eine Beylage zu dem Tractat der Zauberey und Hexenprocesse. 52 S. Halle. 4°.
1712

Thomasius, Chrn, Dissertatio de usu practico distinctionis hominum in liberos et servos quam ... examini submittit F. W. von der Portzen. Halae Magdeb. 1711. 4. . . . . (D.)

— usus modernus forensis ad Institut. et Pandectas. 4. Halae, Renger. 713. 1 8

Thomasius, Christ., Tractatio juridica de **vagabundo seu** eo, qui est sine domicilio. **8°. Lipsiae 1682.** 3. edit. 8°. Halae 1739.

Thomasius, Chr.: Tractatio jur. de validitate conjugii, invitis parentibus contracti et per benedictionem sacerdotis depositi consummati. Ed. nov. Halae et Lipsiae 1732.

— — De validitate conjugii invitio parentibus contr. etc. Von der Gültigkeit der Ehe, welche wider der Eltern Willen und durch Einsegnung eines abgesetzten Priesters vollenzogen. Olim Lipsiae 1689 ed. Ob raritatem et elegantiam iterum excusa. Halae 1739. 4°. 96 pp. (2 Mk. 50 Pfg. Osw. Weigel, 1908.)
Jöcher IV, 1160.

Thomasius, Christian [Praes.], s. V e r P o o r t e n n , Johann Burkhard: De usu practico tituli institutionum de his, qui sui vel alieni juris sunt.

Thomasius, Christian [Praes.], s. V e r P o o r t e n n , Johann Burkhard: De usu practico tituli institutionum de patria potestate.

Thomasius, Christian: „Versuch vom Wesen des Geists, oder Grundlehren, sowohl zur natürlichen Wissenschaft, als der Sittenlehre", Halle 1709.

— Versuch v. Wesen d. Geistes. 8. Ebend. 718.

Thomasius, Christian [Praes.], s. V o g l e r , Gottfried: De homicidio linguae.

Thomasius, Christian [Praes.], s. V ö l c k e r , Anton Ulrich: De felonia domini.

Thomasius, Christian [Praes.], s. V o r h o f f , Christoph Heinrich: De aequitate cerebrina et exiguo usu practico legis Anastasianae, occasione iuris provincialis Prutenici, lib. IV. tit. VI. art. V. § III.

Thomasius, Christian [Praes.], s. W a l t h e r , Friedrich Wilhelm: De protractione justitiae per amicabilem compositionem partium litigantium a judice tentandam.

Thomasius, Christian [Praes.], s. W a r m e r s , Johann Wilhelm: De onere probandi in actione negatoria.

Thomasius, Christian [Praes.], s. W e l s c h , Johann Christian: De vagabundo, seu eo, qui est sine domicilio, occasione l. 27. §. 2. ad municip.

Thomasius, Christian [Praes.], s. W i t t e , Michael: De rite formando statu controversiae: an legum juris Justinianei sit frequens an exiguus usus practicus in foris Germaniae.

Thomasius, Christian [Praes.], s. W u n d e r , Wilhelm: Non-ens actionis forensis contra aedificantem ex aemulatione.

Thomasius, Christian [Praes.], s. Z o l l e r , Johann Clemens: Dissertatio inauguralis juridica cautelas circa doctrinam de praesumtione allodialitatis exhibens.

Thomasius, F., analecta Gustroviensia, h. e. de inclyta Mecklenburgensium civitate Gustrovia etc. momenta. 8. Güstrov. et Lips. 706.

Thomasius, F. A., s. T h o m a s i u s , Fr. Chr.

Thomasius, Fl., die Regeneration der Kirche, mit Rücksicht auf die Pflaumsche Schrift: Frage u. Bitte. gr. 8. Nürnb. 817. (Felssecker). 3 gr.

Thomasius, Fr. Chr., Erndte-Predigt. gr. 8. Ansbach, Gassert. 806. Rthlr.

— Predigt bei Besetzung des Fürstenthums Ansbach. gr. 8. Ansb. 806. Gassert; (a. Fleischmann in Münch.) 4 gr.

— die Regeneration der Kirche, mit Rücksicht auf die Pflaumsche Schrift: „Frage u. Bitte an die gesammte protestant. Geistlichkeit in Deutschland," vorgetragen vor d. Ständeversamml. d. Diöces Wassertrüdingen. 8. Nürnb. 817.

— Samml. von Morgen-, Abend-, Beicht-, Communion- rc. Gebeten, als Anh. zu neuen protestant. Gesangbüchern. 8. Kitzingen 182.. Gundelach. 2 gr.

Thomasius, Fr. Chr., üb. Veredlung des christl. Kultus durch Hülfe der Aesthetik, mit Hinsicht auf die kirchl. Verfassung der Preuß. Provinzen in Franken. gr. 8. Nürnb. 803. (v. Ebner). 8 gr. Schrvp. 12 gr.

Thomasius, F. A., üb. Veredlung d. christl. Cultus d. Hülfe d. Aesthetik, mit Hinsicht auf die kirchl. Verfassung der preuß. Provinzen in Franken. gr. 8. Nürnberg, Lechner. 803.

— die Wirkungen der Erndte, in 2 Predigten am Erndte- u. Dankfeste 1805 vorgetragen. 8. Ansb. 805.

Thomasius, Geo., die Erbschafts- u. Schenkungssteuer sowie die Verkehrssteuer f. gemischte Schenkungen in Elsaß-Lothringen nach dem Reichserbschaftssteuergesetz vom 3. VI. 1906 u. dem Landeserbschaftssteuergesetz vom 29. VI. 1907. Text beider Gesetze unter Ausschaltg. aller das Verständnis erschwer. Verweisgn. zu e. Ganzen verarb., m. e. Tabelle der Steuersätze u. -Befreign. u. Mustern f. die Steuerberechng. Mit e. Anh., enth. das Landeserbschaftssteuergesetz in seiner wirkl. Fassg., die Ausführungsbestimmgn. zu beiden Gesetzen, e. Auszug aus dem Verkehrssteuertarif u. e. Sachregister. (V, 101 S.) gr. 8. Straßburg 907. W. Heinrich. Geb. in Leinw. 3. 60

Thomasius, Gottfried

Thomasius, G., Antrittspredigt in d. Kirche zu St. Lorenz mit d. Einführungsrede d. kgl. Dekans Dr. G. E. S. Seidel. gr. 8. ... Nürnberg 831, Riegel u. Wießner.

Thomasius, Gfried., praktische Auslegung des Briefes Pauli an die Kolosser. gr. 8. (IV, 191 S.) Erlangen 869, Deichert. *

Thomasius, Gottfr., Beiträge zur kirchl. Christologie. gr. 8. (7⅓ B.) Erlangen 845, Bläsing. Thlr. –
Aus: Zeitschrift f. Protestantismus u. Kirche rc. besond. abgedruckt.

Thomasius, G(ottfr.), das Bekenntniß Jesu, daß er Christus der Sohn Gottes sey, Predigt wider die Lügenpropheten dieser Zeit gehalten am 4. März 1849. gr. 8. (16 S.) Erlangen 849, Bläsing. *

— das Bekenntniß der evangelisch-luther. Kirche in der Konsequenz seines Prinzips. gr. 8. (VIII u. 244 S.) Nürnberg 848, Recknagel. n. 1 ₰

Thomasius, Gfr., das Bekenntniß der lutherischen Kirche von der Versöhnung und die Versöhnungslehre Dr. Chr. K. v. Hofmann's. Mit einem Nachwort von Th. Harnack. Erlangen 857. Bläsing. gr. 8. (IV, 148 S.) n. 21 ngr.

—— de controversia Hofmanniana commentatio pro loco in senatu academico rite obtinendo. 8maj. (3 B.) Erlangae 844. (Nürnberg, Recknagel.) *

Thomasius, G., die christliche Dogmengeschichte als Entwicklungs-Geschichte d. kirchl. Lehrbegriffs. 1. u. 2. Bd. gr. 8. Erlangen 874. 76. Deichert. n. 18. —
1. Die Dogmengeschichte der alten Kirche. (X, 594 S.) n. 9. 60
2. Die Dogmengeschichte d. Mittelalters u. der Reformationszeit. (VIII, 484 S.) n. 8. 40

—— die christliche Dogmengeschichte, als Entwicklungsgeschichte des kirchlichen Lehrbegriffs dargestellt. 2. Aufl. Nach des Verf. Tode hrsg. von Bonwetsch und Seeberg. 1. Bd. und 2. Bd. 2 Abthlgn. gr. 8. Erlangen, Andr. Deichert'sche Verlagsb. Nachf. * 22 —
Inhalt:
Bd. 1. Die Dogmengeschichte der alten Kirche. Periode der Patristik. Hrsg. von N. Bonwetsch. (XIV, 620 S.) 886. *M 9.—.
" 2. 1. Abtl.: Die Dogmengeschichte des Mittelalters. Hrsg. von R. Seeberg. (S. 1—316.) 885. *M 5.—.
" 2. 2. Abtl.: Die Dogmengeschichte der Neuzeit. Hrsg. von R. Seeberg. (XXVI, S. 317—757.) 889. *M 8.—.

— die christliche Dogmengeschichte, als Entwicklungs-Geschichte d. kirchl. Lehrbegriffs dargestellt. 2. Aufl. Nach d. Verf.'s Tode hrsg. v. N. Bonwetsch u. R. Seeberg. 2. Bd. 2 Abtlgn. gr. 8. Ebd. n. 13. — (cplt.: n. 22. —)
1. Abtlg.: Die Dogmengeschichte d. Mittelalters. (S. 1—316.) 888. n. 5. —
2. Abtlg.: Die Dogmengeschichte d. Neuzeit. (XXVI u. S. 317—757.) 889. n. 8. —

—— Entwurf einer neuen Perikopen-Reihe. gr. 8. (28 S.) Ebendas. 868.
Aus: Zeitschrift für Protestantismus, besonders abgedruckt.

Thomasius, G., Entwurf einer neuen Perikopen-Reihe. [Aus: „Zeitschr. f. Protest." 1867.] gr. 8 (28 S.) Erlangen 877. Deichert. n. — 40

—— der Gedanke des Todes, der rechte Lehrer für's Leben. Predigt über Psalm 39, 5—8 gehalten am Schlusse des J. 1855. gr. 8. (18 S.) Erlangen 856, Deichert.

—— die Gewißheit, daß Jesus Christus unser Heiland lebt. Predigt gehalt. am Himmelfahrtsfeste. gr. 8. (1 B.) Erlangen 846, Bläsing.

—— Grabrede bei der Beerdigung des im Duell gebliebenen Studir. der Rechte Carl Friedr. Maurer. gr. 8. (1 B.) Erlangen 843, Bläsing.

—— Grundlinien z. Religions-Unterricht an den mittleren Klassen gelehrter Schulen. (1. Curs.) gr. 8. (5 B.) Nürnberg 843, Recknagel. *

— Grundlinien zum Religions-Unterricht an den mittleren Klassen gelehrter Schulen. [1. Cursus.] 2., völlig umgearb. Aufl. Nürnberg 860. Recknagel. gr. 8. (XI, 103 S.) n. 15 ngr.

—— Grundlinien zum Religions-Unterricht an den mittleren Klassen gelehrter Schulen. [1. Cursus.] 3. verb. Aufl. gr. 8. (112 S.) Nürnberg 871, Recknagel's Buchh. [Erlangen, Deichert.] (*M 1,80.) *
2. Cursus. *M 2,40.

Thomasius, G., Grundlinien zum Religionsunterricht an den mittleren Klassen gelehrter Schulen. [1. Kursus.] 5. Aufl. gr. 8. (X, 102 S.) Ebendas. 885. * 1 60

Thomasius, Gfr., Grundlinien zum Religions-Unterricht an den mittleren Klassen gelehrter Schulen. (1. Kurs.) 6. Aufl., durchgesehen v. G. Holzhauser. gr. 8. (VI, 110 S.) Leipzig 894. A. Deichert Nachf. n. 1. 60; geb. n.n. 1. 85

Thomasius, Gfr., Grundlinien z. Religions-Unterricht an d. mittl. Klassen gelehrter Schulen. (1. Kurs.) 7., umgeänd. u. verm. Aufl. v. G. Holzhauser. M. 8 Karten. gr. 8. (VI, 186 S.) Leipzig 898. A. Deichert Nachf. n. 2. 25

Thomasius, Gfr., Grundlinien zum Religions-Unterricht an den mittleren Klassen gelehrter Schulen. (1. Kurs.), neubearb. von G. Holzhauser. 8. verb. Aufl. von Wilh. Engelhardt. Mit 8 Karten. gr. 8. (VI, 185 S.) Leipzig 901. A. Deichert Nachf. n. 2. 25

Thomasius, Gfr., Grundlinien z. Religions-Unterricht an d. oberen Klassen gelehrter Schulen. gr. 8. (4⅓ B.) Nürnberg 839, Recknagel. Thlr. — 9

—— Grundlinien z. Religions-Unterricht an den oberen Klassen gelehrter Schulen nebst e. Anhang: Die augsburgische Confession m. Einleitung u. Erklärung. 2., verb. Aufl. 8. (10 B.) Nürnberg 845, (Recknagel.) **

—— Grundlinien zum Religions-Unterricht an den oberen Klassen gelehrter Schulen nebst einem Anhang: Die augsburgische Confession mit Einleitung und Erklärung. 4., von neuem durchgeseh. Aufl. gr. 8. (XVI und 207 S.) Nürnberg 861, (Recknagel.) geb. ** — 26¼

— Grundlinien zum Religions-Unterricht an den oberen Klassen gelehrter Schulen nebst einem Anh.: die Augsburg. Confession mit Einleitung u. Erklärung. 5, von neuem durchgeseh. Aufl. Nürnberg 867. (Recknagel.) gr. 8. (XVI, 213 S.) geb. n.n. 26½ ngr.

Thomasius, Gfr., Grundlinien zum Religions-Unterricht an den oberen Klassen gelehrter Schulen, nebst der Augsburg. Confession mit Einleitung und Erklärung. 6. Aufl. (XVI, 213 S.) 1874. *M 2,30.; 7. Aufl. gr. 8. (XIV, 200 S.) Nürnberg 883. (Erlangen, Deichert.) **

— dasselbe an den oberen Klassen gelehrter Schulen, nebst der augsburg. Confession m. Einleitg. u. Erklärg. 8. Aufl., bearb. v. Karl Christ. Burger. gr. 8. (XII, 183 S.) Erlangen 893. (Th. Blaesing.) n. 2. 30; geb. n.n. 2. 70

—— Dogmatis de obedientia Christi activa historia et progressiones inde a confessione Augustana ad formulam usque concordiae. 4maj. (9¾ B.) Erlangae 846, Blaesing. *

Thomasius, Gfried., die lutherische Kirche am Grabe Melanchthons. Predigt. Erlangen 860. Deichert. gr. 8. (18 S.) n. 2 ngr.

— Kommt hernieder u. helft uns! Predigt über Apostelgeschichte 16, 8—10 gehalten am Missionsfeste in Nürnberg den 19. Juni 1860 in der Kirche zu St. Lorenzen. Nürnberg 860. Raw. gr. 8. (16 S.) 2 ngr.

—— die Kraft des Glaubens an die freie Gnade Gottes in Christo. Predigt zum Gedächtniß Luthers gehalten am Sonnt. Sexagesimä. gr. 8. (1¼ B.) Erlangen 846, Bläsing.

—— Origenes. Ein Beitr. z. Dogmengesch. d. 3. Jahrh. gr. 8. (22¾ B.) Nürnberg 837, [Schrag, Brlsh.]

Thomasius, G., Christi Person und Werk. Darstellung der evangelisch-luther. Dogmatik vom Mittelpunkte der Christologie aus. 1. Thl.: Die Voraussetzungen der Christologie. 1. Aufl. (XI und 462 S.) 1853. * 2 Thlr. 10 Ngr. und 2. Aufl. Lex.-8. (XVI und 524 S.) Erlangen 856, Bläsing. *

—— dass. — 2. Thl.: Die Person des Mittlers. gr. 8. (VI und 507 S.) Ebds. 855. *

—— Christi Person und Werk. Darstellung der evangelisch-luther. Dogmatik vom Mittelpunkte der Christologie aus. 2. Thl.: Die Person des Mittlers. 2., erweiterte Aufl. gr. 8. (VIII und 556 S.) Erlangen 857, Bläsing. *

—— dass. — 3. Thl.: Das Werk des Mittlers. 1. Abthl. gr. 8. (VIII und 422 S.) Ebendas. 859. *

—— dass. — 3. Thl.: Das Werk des Mittlers. 2. Abthl. gr. 8. (IV und 507 S.) Ebendas. 861. *
1. Thl. 2. Aufl. Ebendas. 1858. * 2 Thlr. 16 Ngr.

Thomasius, Gfried., Christi Person und Werk. Darstellung der evangelisch-luther. Dogmatik vom Mittelpunkte der Christologie aus. 3. Thl.: Das Werk des Mittlers. 2. Aufl. 2 Abthlgn. gr. 8. Erlangen 862,63, [Deichert.] [1. Abthl. (VIII und 479 S.) * 2 Thlr. 12 Ngr., 2. Abthl. (IV und 523 S.) * 2 Thlr. 16 Ngr.] *
1. und 2. Thl. [Ebendas.] 1856,57. * 5 Thlr. 8 Ngr.

Thomasius, G., Christi Person u. Werk. Darstellung der evangelisch-luther. Dogmatik vom Mittelpunkte der Christologie aus. 3. Aufl., nach d. Verf. Tode bearb. v. F. J. Winter. 1. Bd. Die Voraussetzgn. der Christologie u. die Person des Mittlers. gr. 8. (XII, 642 S.) Erlangen 886. Deichert. n. 9. —

Thomasius, G., Christi Person u. Werk. Darstellung d. evangelisch-luther. Dogmatik vom Mittelpunkte d. Christologie aus. 3. Aufl., nach d. Verf. Tode bearb. v. F. J. Winter. 2. (Schluß-)Bd. Das Werk d. Mittlers. gr. 8. (VI, 622 S.) Leipzig 888. Deichert Nachf. n. 9.— (cplt.: n. 18. —)

—— Predigt üb. Apostelgesch. 11, 22—42. gr. 8. (1⅛ B.) Nürnberg 835, Raw'sche Buchh.

—— Predigt am 25. Juni 1830, als am 100jähr. Jubelfeste d. Augsburg. Confession. gr. 8. (1½ B.) Nürnberg, Stein.

—— Predigten. 1. Sammlung: Predigten über epistol. Texte. 1. Aufl. 1852. * 18 Ngr. und 2. Aufl. gr. 8. (VI und 194 S.) Erlangen 856, (Blaesing.) *

— Predigten. 1. Sammlung. Predigten über epistol. Texte. 2. Aufl. Erlangen 856. Deichert. gr. 8. (VI, 194 S.) n. 20 ngr.

— — 2. Sammlung. Predigten über freie Texte. Erlangen 853. Deichert. gr. 8. (VII, 272 S. u.: „Anweisung zu heilsamem Lesen der heil. Schrift." Predigt von Delitzsch. Geh. am 7. Sonnt. n. Trin. 1852. 8 Bl.) n. 1 ngr.

— — 3. u. 4. Sammlung. Erlangen 856, 57. Deichert. gr. 8. (VI, 236; VI, 240 S.) Jede Sammlg. n. 25 ngr.

— Predigten. 5. Sammlung. Erlangen 860. Deichert. gr. 8. (IV, 208 S.) n. 20 ngr.

—— Predigten zumeist apologetischen Inhalts. gr. 8. (VI und 236 S.) Erlangen 865, Deichert. *

—— Predigten für alle Sonn- und Festtage des Kirchenjahres. 2. Aufl. 1. Thl.: Advent bis Exaudi. Lex.-8. (IV und 458 S.) Erlangen 861. Deichert. *

—— Predigten für alle Sonn- und Festtage des Kirchenjahres. 2. Aufl. 2. Thl.: Das Pfingstfest bis zum 27. Sonntag nach Trinit. Lex.-8. (VI und S. 459—862.) Erlangen 862, Deichert. *
1. Thl. Ebendas. 1861. * 1 Thlr. 15 Ngr.

—— Predigten für alle Sonn- und Festtage des Kirchenjahres. 3. Aufl. gr. 8. (VIII, 653 S.) Ebendas. 876. * 6 —

— Rede bei dem feierl. Einführen des ersten diesjähr. Erndtewagens zu Uffenheim am 1. Aug. 1817. gr. 8. Nürnb. 817. Monath u. K.

— Rede am Grabe des Herrn Dr. Karl Friedrich v. Nägelsbach, ordentlichen Professors der Philologie an der Universität Erlangen, gehalten am 24. April 1859. Erlangen, Bläsing. Lex.-8. (14 S.) 3 ngr.

—— Rede am Grabe des Herrn Karl v. Raumer, weil. Hofraths, Prof. an der Universität Erlangen, gehalten am 4. Juni 1865. 4. (14 S.) Erlangen 865, (Deichert.) *

— Rede am Grabe des Hrn. Emil August v. Schaden, Dr. u. ord. Prof. d. Theol., gehalt. am 15. Julius 1852. 4. (12 S.) Erlangen 852. (Deichert.) n. 2 ngr.

— u. Luthardt, Reden bei der Beerdigung des Dr. Karl Graul vormaligen Directors der lutherischen Mission in Dresden u. Leipzig am 13. Novbr. 1864 in Erlangen. Leipzig 864. Dörffling & Franke. gr. 8. (14 S.) n. 2 ngr.

Thomasius, Gfried, der Selbstbetrug mit dem Worte Gottes. Predigt über Jac. 1. 22—27. gehalten am Sonntage Rogate. gr. 8. (14 S.) Erlangen 860, (Deichert.) Thlr. * — 2

— das Wiedererwachen des evangelischen Lebens in der lutherischen Kirche Bayerns. Ein Stück süddeutscher Kirchengeschichte (1800 – 1840). Ebend. 867. gr. 8. (VIII, 318 S.) n. 1 ℛ︀ 6 ngr.

—— ein Wort an die Gemeinden zur Verständigung über Gottesdienstordnung und Kirchenzucht. gr. 8. (19 S.) Erlangen 856, Bläsing. *

—— das Wort des Lebens. Antritts-Predigt. Lex.-8. (1 B.) Erlangen 842, Bläsing.

— Zeugnisse von der Gnade Gottes u. Christo. 30 Predigten gehalten u. nach der Ordnung des Kirchenjahres zusammengestellt. gr. 8. (VI u. 394 S.) Nürnberg 847, Recknagel. n. 1 1/3 ℛ︀

Thomasius, Gottlob (Leipzig) A. S. 254/12

Dissertatio iuridica de condemnatione in expensas iuris iurandi purgatorii comite ad rescriptum regium et elector. de an. MDCCXVII.
Präs. Georg Adolph Schuberth.
Leipzig (Titius) 20. III. 1721. 36 S.

Gew.: Lüder und Johann Burckhard Mencken.
34411

Thomasius, Gottlob (Leipzig) A. S. 116/14

Dissertatio juridica de condemnatione in expensas jurisjurandi purgatorii comite ad rescriptum regium et elector. de an. MDCCXVII.
Präs. Georg Adolph Schuberth. Rec.
o. O. 1736. 39 S.

Diss. Leipzig 20. III. 1721. 34412

Thomasius, Gottlob [Praes.], s. Meerheim, Jo. Christian: Meditationes ad jura in vicini artificis fornacem aerariam.

Thomasius, Gottlob [Praes.], s. Praetorius, Johann Christoph: De probatione per testes levis notae macula laborantes.

Thomasius, Gottlob [Praes.], s. Richter, Johann Michael: Observationes miscellaneas juris.

Thomasius, Gottlob [Praes.], s. Straehl, Gottfried Christian: De his, quae pro non scriptis habentur.

Thomasius, Gottlob [Praes.], s. Thomasius, Traugott: De iure horarum.

Thomasius, Gottlob [Praes.], s. Töpffer, Johann Wilhelm: Specimen iuris de cautelis advocatorum circa formulam probandi Wahr saepe nocivis.

Thomasius, J., Petrus Dresdensis. Dreßd. u. Leipz. 693. 8. Cur. Gedanken vom dreßdnischen Peter. Aus dem Lat. von M. M. ib. 702. 8.

Thomasius, J., De origine animae humanae. 66 pp. Hal. 4°.
1725

Thomasius, Jacob. Disputatio, de barba, quam sub moderamine ... Jacobi Thomasii ... die VI. decembr. ano MDCLXXI. proposuit ac defendit Gothofredus Barthius ... Halæ Magdeburgicæ, Typis Hendelianis 1736.
32 S. 8°.
Neudruck der Disputationsschrift vom Jahre 1671

Thomasius, Jac., succincta dispositio amplioris thematis de medica facultate. 4. Nivemont. 734.

Jac. Thomasius de facultate medica quatenus gratiosa est. Diss. posthuma cura Mich. Alberti. Schneeberg 1733. (1734.) 4.

Thomasius, Jakob U. S. Leipzig 1665/1

Disputatio philologica, de mandragora, Von Der Alraun=Wurtzel.
Halle (Hendel) 1739. 24 S.

Diss. Leipzig 14. XII. 1654. 34413

— miscellanea varii argumenti, maximam partem ex historia literaria eccles. profana. 8. Lips. Iunius. 737.

— orationes selectae. 8. ibid. 737.

— philosophia instrumentalis et theoretica. 8. Lipsiae, Dyk. 709.

— philosophia practica, contin. tabell. compreh. cum annot. ej. fol. Lips. Weidmann. 702.

—, M. Jac., Curiöser Tractat genannt das wiedergefundene Gesicht der sonst blinden Maulwürffe. A. d. Lat. 31 S. Dresd. u. Lpz. 1702. 24°.

- Jacob, Curiöser Tractat von Zigeunern / Aus dem Lateinischen ins Teutsche übersetzet von M. M. Dreszden und Leipzig 1702.

Thomasius, Jonkin, Tractatus apolog. de anima brutorum. Altd. 4°.
1713

Thomasius, Ienkin., Brittann., tract. philologico-apologeticus de Anima Brutorum. 8. Norinb. Schneider et W. 715.

— dissert. de variis argumentis. 8. Altdorf, Kohles. 712.

Thomasius, Ioh. Maria, psalterium cum canticis versibus prisco more digestum. 4. Lemgo. 735.

Thomasius, Traugott [Praes.], s. Bretschneider, Johann Karl: Omnis immutatio numerorum in documentis sit crimen falsi?

Thomasius, Traugott [Praes.], s. Brüchting, Dietrich August: De judicio inter parentes et liberos summario secundum jus naturae civile et Germanicum diss.

Thomasius, Traugott [Praes.], s. Bucholtz, Abraham: Problema V. juris criminalis an omnia delicta puniantur?

Thomasius, Traugott [Praes.], s. Fiedler, Karl Christ.: Problema IV. juris publ. an status Imperii R. G. ob nexum feudalem sint subditi atque vasalli imperatoris.

Thomasius, Traugott (Leipzig) A. S. 281/24

Dissertatio inauguralis judicialis ecclesiastica, de foro clericorum protestantium, consistorio, non prorogabili.
Leipzig (Breitkopf) 16. VIII. 1731. 56 S.

34418

Thomasius, Traugott [Praes.], s. Gerber, Joh. Wilhelm Friedrich: An debitor pecuniam ob beneficium competentiae sibi adjudicatam sed nondum perceptam alteri donare possit? Problema jur. civil.

Thomasius, Traugott [Praes.], s. Griebner, Michael Heinrich: De primo academiae Lipsiensis cancellario disserit et inaugurat. quinque candidatorum diem dicit.

Thomasius, Traugott [Praes.], s. Grimm, Johann Ludwig: An mercator usuras pretii pro merce vendita et tradita tardius soluti possit exigere? Problema jurid. III.

Thomasius, Traugott [Praes.], s. Hasper, Christoph Gottlob: Problema juris matrimonialis an juramentum reo de stupro delatum acceptatum et adjudicatum a consistorio in suppletorium mutari possit si actrix ante ejus praestationem stuprum semiplene probet?

Thomasius, Traugott [Praes.], s. Hein, Johann Samuel: An poena delicti perfecti ordinaria puniendus sit conatus proximus? Problema jur. criminalis.

Thomasius, Traugott (Leipzig) A. S. 292/18

De iure horarum. Präs. Gottlob Thomasius (Bruder). Leipzig (Titius) 18. XII. 1727. 46 S. 34417

Thomasius, Traugott [Praes.], s. Lehnemann, Joh. Benj.: Nundinarum Moeno-Francofurtensium historiam jura et privilegia.

Thomasius, Traugott [Praes.], s. Manick, Gottlob Leonh.: Problema an contra stuprum violentum locum habeat moderamen inculpatae tutelae?

Thomasius, Traugott [Praes.], s. Nitzschke, Johann Gottfried: Problema jur. canon. an ob libellum famosum sint dissolvenda sponsalia?

Thomasius, Traugott [Praes.], s. Petermann, Johann Friedrich Karl: Problema juridicum an actionem injuriarum servi nostri et ancillae mercenariae, si modice castigentur, adversus dominos habeant?

THOMASIUS, Traugott: Problema iuris an ius venandi tempore alias consueto contra aequalem praescribere possit subditus. - Leipzig 1735

Thomasius, Traugott [Praes.], s. Schleiff, Klemens Lebrecht: Problema iuridicum VI. an duorum Iudaeorum testimonium contra Christianum plene probet?

Thomasius, Traugott [Praes.], s. Schmieder, Gottfried: Problema iuridicum I. an ex facto antecessorum illicito teneatur collegium?

Thomasius, Traugott [Praes.], s. Wiese, Christian Friedrich: Problema iuris canonici an clerico secundum statuta loci ubi degit succedatur?

Thomasmehl u. seine Verwendung. Herausg. v. Verein d. Thomasphosphatfabriken. Berl. 1907. 28 S. Fig. P.

Thomaß, Geo., Aufgaben f. den Rechenunterricht, s.: Stockmayer, Herm.

Thomass, Willi, prakt. Arzt aus Berlin: Über die **Histologie** der menschlichen Nabelschnur mit besonderer Berücksichtigung der Allantois und des Dotterganges. *Berlin (1900): G. Schade.* (31 S.) 8°
Berlin, Med. Diss. v. 21. Dez. 1900

Thomaß-Correl, Frl. Ella, s.: El-Correl.

Thomasschlacke, s. Arens, Richard.
Natanson, Michal.

Thomassen, die Entstehung der Welt. Blicke in die Urwelt u. die Geschichte des Lebens an der Erdoberfläche. Gemeinverständlich dargestellt. 3. (Titel-)Ausg. 8. (89 S.) Neuwied 893. [München, A. Schupp.] Dresden, C. O. Lehmann. n. 1. 50

Thomassen, das älteste Menschen-Geschlecht. Die Ergebnisse der neuesten wissenschaftl. Forschgn. üb. d. Ur- u. Entwicklungsgeschichte d. Menschheit in allgem. verständl. Darstellg. 3. Ausg. 8. (124 S.) **Neuwied 898. Halle, C. O. Lehmann.** n. 1. 50

Thomassen, J. H., Bibel u. Natur. Allgemein verständl. Studien über die Lehren der Bibel vom Standpunkte der heutigen Naturwissenschaft u. Geschichte. Leipzig 869. Mayer. 8. (VIII, 200 S.) n. 25 *ngr.*

Thomassen, J. H., **Bibel** u. Natur. Allgemein verständl. Studien üb. die Lehren der Bibel vom Standpunkte der heut. Naturwissenschaften u. der Geschichte. 2. Aufl. 8. (X, 204 S.) Leipzig 872. Mayer. n. 2. 50

Thomassen, J. H., Bibel und Natur. Allgemein verständl. Studien über die Lehren der Bibel vom Standpunkte der heutigen Naturwissenschaft und Geschichte. 3. vollständig umgearb. und sehr verm. Aufl. gr. 8. (X, 267 S.) Leipzig 878, Mayer. * 4 —

Thomassen, J. H., Bibel und Natur. Allgemein verständliche Studien über die Lehren der Bibel vom Standpunkte der heutigen Naturwissenschaft und Geschichte. 4. vollständ. umgearb. und sehr verm. Aufl. gr. 8. (VIII, 267 S.) Köln 881, Mayer. *M 4.; geb. *

Thomassen, J. H., Bibel und Natur. Allgemein verständliche Studien über die Lehren der Bibel vom Standpunkte der heutigen Naturwissenschaft und Geschichte. 5. vollständ. umgearb. und sehr verm. Aufl. gr. 8. (VIII, 267 S.) [Köln 885.] Leipzig, E. H. Mayer. geb. * 5 —

—— Enthüllungen aus der Urgeschichte oder: Existirt das Menschengeschlecht nur 6000 Jahre? Die Ergebnisse der neuesten wissenschaftl. Forschungen über die Ur- und Entwicklungsgeschichte der Menschheit in allgemein verständl. Darstellung. gr. 8. (124 S.) Neuwied 869, Heuser's Verlag.

— die Ergebnisse der neuesten wissenschaftlichen Forschungen üb. die Ur- u. Entwicklungs-Geschichte der Menschheit in allgemein verständl. Darstellg. Allen Gebildeten gewidmet. 8. (124 S. m. e. eingedr. Holzschn.) Neuwied 872. Heuser. 1. 80

Thomassen, J. H., Geschichte und System der Natur. Allgemein verständl. Studien über die natürl. Entstehung und den Kreislauf der Welt und ihrer Bewohner, sowie über die Anforderungen des Daseins. Mit Illustr. (in eingedr. Holzschn.). 1. Aufl. (XVI, 319 S.) 1872. *M 4,80., und 2. verb. und verm. Aufl. 8. (X, 335 S.) Leipzig 873, Mayer. *
geb. *

—— Geschichte und System der Natur. Allgemein verständl. Darstellung der natürl. Entstehung und des Kreislaufs der Welt, sowie der Entwickelungsgeschichte ihrer Bewohner. Allen Gebildeten gewidmet. 3. und 4. völlig umgearb. und sehr verm. Aufl. gr. 8. (XVI, 448 S. mit ca. 100 in den Text gedr. Illustr. in Holzschn.) Ebendas. 877,78. * 6 —

—— Geschichte und System der Natur. Allgemein verständl. Darstellung der natürl. Entstehung und des Kreislaufs der Welt, sowie der Entwickelungsgeschichte ihrer Bewohner. 5. völlig umgearb. und sehr verm. Aufl. gr. 8. (XVI, 448 S. mit zahlreichen Illustr.) Ebendas. 885. geb. * 7 50

Thomassen, J. H., meine 8½jährige Suspension u. Amts-Entsetzung. Eine Beleuchtg. der Erlebnisse e. Bürgermeisters während der Zeiten d. Kulturkampfes. 2. Aufl. gr. 8. (218 S.) Crefeld 887. (Klein.) n.n. 1. 50

—— die Thätigkeit des ökumenischen Concils zu Rom. Beleuchtet vom Standpunkte der Vernunft und der Wissenschaft. 2 Abthlgn. 8. Ebendas. 870. *

Inhalt:

Abthl. 1. Die Thätigkeit des Concils in den beiden ersten Monaten seiner Existenz. (III, 104 S.) *M 1.20.

„ 2. „Was nach den beiden ersten Monaten berathen und beschlossen wurde!" (104 S.) * 80 Pf.

—— dass. — 2. (Titel-)Ausg. 8. (104 S.) Ebendas. (870)73.

Thomassen, Marie Hubert Joseph Constant, geboren in Mastricht, 1e Lieutenant-Veterinär bei dem 1e Feld-Artillerie-Regiment in Utrecht: Ueber den Einfluss des Druckes auf die Resorption von Flüssigkeiten im Unterhautbindegewebe. Mastricht 1906. 54 S. 8°. [3. III. 06.]

Bern Vet.-med. Diss. 1905/1906.

Thomassen, Marie Hubert Joseph Constant. Ueber den Einfluss des Druckes auf die Resorption von Flüssigkeiten im Unterhautbindegewebe. Diss. Vet.-Med. Bern. [Mit Figuren.] 54 S. 8. Mastricht, Leiter-Nypels, 1906.

Thomassen à Thuessink, Evert Jan

Thomassen à Thuessink, Ever. Jo. s.a. **v. d. Hoop.**

Thomassen à Thuessink, E. J., Abhandlung üb. d. Masern. A. d. Holländ. übers. v. G. Doden. gr. 8. (11 B.) Göttingen 830, Vandenhoeck u. Ruprecht.

—— (dass. u. d. T.:) Abhandlungen üb. d. Masern u. üb. d. schwefelsaure Chinin. A. d. Holländ. übers. v. H. Vezin. gr. 8. (20 B.) Osnabrück 830, Rackhorst.

— Abhandl. über die Masern u. über das schwefelsaure Chinin; aus d. Holländ. übers. v. Herm. Vezin. gr. 8. Osnabr. 831. Rackhorst. 1 ♂

— Beschreib. der epidem. Krankheit zu Gröningen im J. 1826; aus d. Holländ., mit Anmerkk. v. J. W. Gittermann. gr. 8. Brem. 827. Kaiser. 16 gr

Thomassen à Thuessink, E(vert) J(an): Untersuchung, ob das gelbe Fieber ansteckend sey, oder nicht. Mit besonderer Beziehung auf die Schrift des französischen Arztes (Jean) Devèze über denselben Gegenstand. (Nader Onderzoek omtrent de besmettelykheid de gele koorts. Dt.) Übers. von J(ohann) W(ilhelm) Gittermann. 133 S., gbd.

Bremen: Heyse 1823

JB 5.117

Thomassen à Thuessink, Ritter E. J. F., († d. 3. Juni 1832.) Untersuchung, ob das gelbe Fieber ansteckend sey od. nicht; aus d. Holländ. übers. v. J. W. Gittermann. gr. 8. Brem. 823. Heyse. 12 gr — 2e Abtheil. gr. 8. Emden (Hannov.) 826. Hahn. 12 gr

— Verhandeling over de Nordronk. gr. 8. Gröning. 827. van Bökeren. (Barth in Leipz.) 1 ♂

Thomassin, ..., Dissertation sur l'extraction des corps étrangers des plaies, et spécialement des celles faites par armes à feu, av. fig. 8. Strassb. 788. Treuttel u. W. 18 gr

— Observations iatro-chirurgiques, voyez Covillard.

Thomassin, Ch., die Ermordung d. Herzogs Carl v. Berry u. sein Mörder Louvel. Mit Lösg. der Complicenfrage. 8. (42 S.) München 892. [J. Seyberth.] Jos. Pfeiffer. — 80; ermässigt auf n. — 60

— die echte u. die falsche Jungfrau v. Orléans, s.: Flugschriften d. Evangelischen Bundes.

— Louis de Thomassin, der große Theologe Frankreichs, seine Versöhnungsversuche in den Zeiten d. Gallikanismus u. Jansenismus u. seine Werke. (Vetus et nova ecclesiae disciplina. Dogmata. Traités. La méthode. Glossarium universale Hebraïcum etc.) Zum erstenmal umfassend dargestellt. Mit e. Anh.: Berühmte Männer aus dem Hause Thomassin. gr. 8. (67 S. m. Bildnis.) München 892. [J. Seyberth.] Jos. Pfeiffer. 1. 20; ermäßigt auf n. — 60

Thomassin, Jean François

— Abhandl. üb. das Herausziehen fremder Körper aus Wunden, besond. aus Schußwunden. Mit Kpf. 8. Straßb. 787. Treuttel u. W. 14 gr Hbg. Pr. 6 gr

Thomassin, (Jean François): Abhandlung über das Herausziehen fremder Körper aus Wunden, und besonders aus Schuß-Wunden. Nebst der Beschreibung und Abbildung verschiedener neuerfundener Werkzeuge, wodurch man diese Operation leichter und sicherer verrichten kann. (Dissertation sur l'extraction des corps étrangers des plaies, et spécialement de celles faites par armes à feu. Avec la description et les figures de plusieurs instrumens nouvellement imaginés... Dt.) 120 S., gbd., 2 Taf.

Straßburg: Treuttel 1788

JB 3.572

Thomassin, L., der heil. Stephan von Ungarn, siehe: Leben, das, der Heiligen. 22. Lfg.

Thomassin, Louis

Thomassini, L., de vet. et nov. ecclesiae disciplina circa beneficia et beneficiarios acced. tract. benefic. Sguarin. X Tmi. 4. maj. Francof. Andreae, 787-88.

— — id. lib. ed. Saguanin. X Tomi. 4 maj. Moguntiae. (Göbhard, Bamberg.) 786-87.

THOMASSINUS, Lud.: Vetus et nova ecclesiae disciplina circa beneficia et beneficiarios; acced. tract. benefic. Fr. Caes. Mar. SGUANIN etc. Ed. c. Paris. accuratiss. coll. *Mainz*, Crass. 787. 10 T. gr. 4. (12 Thl.)

Thomassini, L., vetus et nova ecclesiae disciplina circa beneficia et beneficiarios: variis animadvers. locupletata, cum tract. benefic. Sguanin. X Tomi. 4maj. Mainz 787, 788. (Wesche in Frankf. a. M.) 12 ♂

Thomassin, Ludov. de, Dissertationes, commentarii, notae in concilia generalia et particularia. (Paris 1667, 4°.) Köln, Rommerskirchen, 1784, 4°. (Deutscher Nachdruck des Originals.)
Über den Unwillen, den das Werk bei den Gallikanern hervorrief, weil es die Auktorität des Papstes über das allgem. Konzil entschieden verteidigte, vgl. Hurter. Nomencl. II, 412 (2. ed.), u. Ch. Thomassin, Artikel „Thomassin" im Kirchenlex.

Thomassin, Simon: F ü r s t e l l u n g derjenigen Statuen, Groupen, Bäder, Brunnen, Vasen etc., welche dermahlen in dem Schloss u. dem Garten zu Versailles zu sehen seyn. Neu hrsg. von Joseph Friedr. Leopold. Augspurg 1720. 8°

Thomasson, Chrstfrid Ganander, Finnische Mythologie; aus d. Schwed. übers., völlig umgearb. u. mit Anmerkk. versehen v. Chr. Jak. Petersohn. gr. 8. Reval 821. (Taubert in Leipz.) 16 ℳ

Thomasson, (C. G..) Finnische Mythologie. Aus d. Schwed. übersetzt, völlig umgearb. u. mit Anmerkk. vers. von C. J. Petersen. gr. 8. Reval 821, (Hartmann in Riga.) — 16

Thomastik Franz: Ueber den Erkenntniswert des ästhetischen Illusionismus in seiner letzten Fassung durch Konrad Lange.
1908 PN 2525 Diss. Wien, Univ. 120

Thomaszewski: Bemerkungen zum Unterricht im Griechischen. – Culm, Progr. 1869.

Thomaszewski, Einleitung in die Ilias Homers nebst Vorbemerkungen zum Unterrichte im Griechischen. Culm 869. Sachtleben. gr. 4. (25 S.) n. 8 ngr.

Thomaszewski: De praepositionis *κατα* in compositis significatione, quatenus ex Thucydidis historia cognosci possit. 29 S.–Neustadt i/W., Progr. 1861

Thomaszewski, Robert Geschichte des Königlichen Gymnasiums zu Conitz seit seiner Neubegründung im Jahre 1815. 4 (S. 3–69). Dazu einige Verbesserungen bezw. Zusätze im Programm 1887 Nr. 33 S. 18. *Progr.* G. *Conitz* 1886 (33).

Thomaszik, C., Sprichwörter und Lebensregeln, nebst kleinen Erzählungen und Anekdoten, hrsg. zum Besten der Luisenstiftung. 1. Sammlung. 8. (50 S.) Kassel 877, (Freyschmidt.) * — 75

Thomaszik, C., Sprichwörter und Lebensregeln, nebst kleinen Erzählungen und Anekdoten hrsg. zum Besten der Luisenstiftung. 2. Sammlung. 8. (II, 76 S.) Kassel 880, (Freyschmidt.) **
1. Sammlung. (Ebendas.) 1875. ** 75 Pf.

Thomaszik, C., Zusammenstellung der wichtigsten, in das praktische Leben eingreifenden Bestimmungen aus der Gesetzgebung des norddeutschen Bundes. Cassel 870. Hotop. gr. 16. (V, 71 S.) 7½ ngr.

Thombansen, Franz Xaver, cand. med. aus Neuhaus i. W.: Zur Kasuistik der Prostatahypertrophie. *München 1902: C. Wolf & Sohn.* (35 S.) 8°
München, Med. Diss. v. 1902

Thombrink, Wilhelm

— **Reue u. Großmuth. Schspl. 8. Lingen 793. (Ebd.) 8 ℳ**

— **der halbe Ring. Orig.-Lstspl. 8. Ebd. 792. 8 ℳ**

Thombrink, Wlh., († 1795.) Amalie von Schönhof. Schspl. 8. Münster 793. Theissing. 8 ℳ

Thomé, Aloys, a. Kenn, Regierungsbez. Trier: **Untersuchungen zum Vokalismus der moselfränkischen Mundart von Kenn.** Bonn 1908: P. Hauptmann. (53 S.) 8°
Bonn, Phil. Fak., Ref. Wilmanns, Diss. v. 11. März 1908
[Geb. 3. Nov. 82 Kenn; Wohnort: Kenn; Staatsangeh.: Preußen; Vorbildung: Friedrich-Wilhelm-Gymn. Trier Reife O. 03; Studium: Münster 1, Straßburg 1, Bonn 6 S.; Rig. 13. Nov. 07.]

Thomé, Arth. (geb. Cöln a. R. 28. 3. 1845): Die Pathologie und Therapie des Stotterns. Berlin (1867). (43 S.) 8°
Berlin, Med. Diss. v. 13. Aug. 1867

Thomé, Charles. Über'm Strumpfband. Pariser Geschichten. 8. (68 S.) [Berl. 891, F. G. Fricke.] Lpz., C. F. Müller. * 1 —

Thomé, Claus, s. T h o m é , Klaus

Thomé, Ferdinand Wilhelm Richard, s. T h o m é , Richard

Thomé, J. W., römisches und französisches Kaiserthum. Mülheim a. Rh. Schul-/Univ.-Schrift 1867

Thomé, Klaus

Thomé, Claus: Die Z i v i l k o n s t i t u t i o n des Klerus im Ober-Elsaß. (1790–1793.) Straßburg i. E. 1909: Du Mont Schauberg. 113 S. 8°
Straßburg, Phil. Diss. v. 6. Juli 1907, Ref. Spahn, Breßlau
[Geb. 23. Febr. 81 Selbach, Birkenfeld; Wohnort: Selbach; Staatsangeh.: Oldenburg; Vorbildung: Friedrich-Wilhelms-Gymn. Trier Reife O. 03; Studium: Heidelberg 1, Gießen 3, Straßburg 5 S.; Rig. 6. Juli 07.] [U 10.4093]

Thomé, Ludov. Guil. (geb. Dollendorf im Rheinl. 13. 3. 1841): De seriebus secundum functiones, quae vocantur sphaericae, progredientibus. Berolini (1865). (21 S.) 4°
Berlin, Phil. Diss. v. 14. Aug. 1865

Thomé, O(tto) G(uilelmus) (geb. am 23 März 1840 in Köln): De cicutae virosae L. rhizomatis et radicis anatomia, qua in re inprimis fascium vasorum incrementa quomodo capiantur respiciuntur ... Bonnae, form. Carthausianis (1862). 2 Bl., 34 S., 1 Bl. 8.
Bonn, Phil. Fak., Diss. v. 19 Nov. 1862

Thomé (O. W.). Bau und Leben der Pflanze. Muench. 1874. 8°.

Thomé, Otto Wilh., Bau u. Leben der Pflanzen, s.: Naturkräfte, die.

Thomé, Otto Wilh., das Buch d. Natur, s.: Schoedler, Frdr.

Thomé, Otto Wilh., die Erde und ihr organisches Leben, s. Klein, Herm. J.

Thomé, Otto Wilhelm: **Errichtung der Handelsschule.** *Köln 1898: J. B. Heimann.* (3—8 S.) 4°
Köln, R, Handels-S u. Handelsklasse, OP 1898 (514)

Thomé's, Otto Wilh., Flora v. Deutschland, Oesterreich u. der Schweiz in Wort u. Bild f. Schule u. Haus. Mit Orig.-Zeichngn. v. Walter Müller. [8 Bde. m. gegen 600 Taf. in Farbendr. od. in ca. 36 Lfgn.] 1—18. Lfg. gr. 8. (1. Bd. S. 1—192 u. 2. Bd. VI, 242 S. m. 270 Chromolith.) Gera 885. 86. Köhler's Verl. n. 1. —

Thomé's Flora von Deutschland, Oesterreich u. der Schweiz in Wort u. Bild f. Schule u. Haus. Mit Orig.-Zeichngn. v. Walter Müller. 45 Lfgn. = 4 Bde. m. 616 Taf. in Farbendr. gr. 8. Gera, Köhler's Verl. n. 45. —; geb. n. 54. —
1. Bd. (VI, 366 S. m. 160 Taf.) 887. n. 12. —; geb. n. 14. 25
2. Bd. (IV, 242 S. m. 160 Taf.) 886. n. 11. —; geb. n. 13. 25
3. Bd. (IV, 372 S. m. 145 Taf.) 888. n. 10. —; geb. n. 12. 25
4. Bd. (VIII, 577 S. m. 151 Taf.) 888. n. 12. —; geb. n. 14. 25

Thomé's, Flora von Deutschland, Österreich u. der Schweiz. Für alle Freunde der Pflanzenwelt. 5. Bd. Kryptogamen-Flora. Mose, Algen, Flechten u. Pilze. Hrsg. v. Walt. Migula. (In 40—45 Lfgn.) 1.—7. Lfg. gr. 8. (S. 1—224 m. 48 [21 farb.] Taf.) Gera 901. 902. F. v. Zezschwitz. à n. 1.—

— dasselbe in Wort u. Bild. Mit 616 Pflanzentaf. in Farbendr. u. ca. 100 Bog. Text. 2. verm. u. verb. Aufl., gänzlich neu bearb. (In 56 Lfgn.) 1.—5. Lfg. gr. 8. (I. Bd. S. 1—160 m. 55 Taf.) Ebd. 903. à n.n. 1.25

Thomé's, Otto Wilh., **Flora v. Deutschland, Oesterreich u. der Schweiz. 5.—7. Bd. Kryptogamen-Flora. Moose, Algen, Flechten u. Pilze, hrsg v. Walt. Migula. 8.—36. Lfg. gr. 8. Gera, F. v. Zezschwitz. à n. 1.—**
5. Bd. Moose. (Lfg. 8-17.) (VI u. S. 225—512 m. 45 [15 farb.] Taf.) (903. 904.) (5. Bd. vollst. geb. in Halbfrz. n. 19.—
6. Bd. Algen. (Lfg. 18—36.) (S. 1—576 m. 95 [34 farb.] Taf. (904—906.)

— dasselbe. Mit 616 Pflanzentaf. in Farbendr. u. ca. 100 Bog. Text. 2., verm. u. verb. Aufl., gänzlich neu bearb. 6.—57. (Schluss-)Lfg. (1. Bd. VIII u. S. 161 bis 352 u. Allg. Thl. VIII, 108 S.; 2. Bd. V, 287 S. u. S. 353—376; 3. Bd. V, 397 u. 4. Bd. III, 509 S. m. 561 Taf.) gr. 8. Ebd. 903—905. à n.n. 1.25; (vollständig 71.25; geb. in Halbfrz. n.n. 80.25)

Thomé's, Otto Wilh., Flora v. Deutschland, Osterreich u. der Schweiz in Wort u. Bild. Für Freunde der Pflanzenwelt, f. die Schule u. zum Selbstunterricht. 5.—9. Bd. Kryptogamen-Flora. Moose, Algen, Flechten u. Pilze, hrsg. v. Walt. Migula. 37.—104. Lfg. (6. Bd. S. 577—918; 7. Bd. S. 1—383; 8. Bd. S. 1—510 u. 9. Bd. S. 1—112 m. 295 [172 farb.] Taf.) gr. 8. Gera (907—10). F. v. Zezschwitz. à Lfg. 1.—

— dasselbe. VI. Bd. Kryptogamen-Flora. Moose, Algen, Flechten u. Pilze, ca. 30000 Arten u. Varietäten im Anschluss an Thomé's Flora v. Deutschland bearb. v. W. Migula. II. Bd. Algen. 1. Tl. Cyanophyceae, Diatomaceae, Chlorophyceae. (918 S. m. zum Tl. farb. Taf.) gr. 8. Ebd. 907. 31.50; geb. in Halbfrz. 35.—

Thomé, Otto Wilh., das Gesetz der vermiedenen Selbstbefruchtung bei den höheren Pflanzen. Mit in den Text gedr. Illustr. (in Holzschn.) Leipzig 870. Mayer. 8. (46 S.) n. 12 *ngr.*

Thomé, Otto Wilhelm [Rekt. Prof. Dr.]: Die Handelsklasse der Stadt Köln. (Umschl.-Tit.: Aufgabe und Lehrplan der Ostern 1890 zu errichtenden und mit der höheren Bürgerschule zu verbindenden Handelsklasse.) Köln, Buchdr. v. J. B. Heimann, 1890; S. 3—6; 4°
Köln, HB, OP 1890

— ausländ. Kulturpflanzen, s. a. Zippel, Herm.

Ausländische Kulturpflanzen in farbigen Wandtafeln mit erl. Text nach Hermann Zippel neu bearb. von Prof. Dr. Otto Wilhelm **Thomé**, Dir., Köln. Zeichnungen von Karl Bollmann zu Gera. 4., neu bearb. Aufl. Text [&] Atlas. Braunschweig: F. Vieweg & Sohn 1899–1906. 2 Bde 8° 2 Bde gr. 2°
Text. Mit Fig. Abt. 1. 1899. 2. 1906.
Atlas. Abt. 1. Enth. 22 Taf. mit 23 großen Pflanzenbild. u. 144 Abb. charakterist. Pflanzenteile. 1899.
2. Enth. 24 Taf. mit 31 großen Pflanzenbild. u. 144 Abb. charakterist. Pflanzenteile, sowie mit 6 Abb. d. Reblaus. 1906. [06. 13379

—— **Lehrbuch** der Botanik für Realschulen, Gymnasien, Forst- und landwirthschaftl. Lehranstalten, pharmaceut. Institute rc. sowie zum Selbstunterrichte. 1. Aufl. (VIII, 359 S. mit 875 Abbild.) 1869; 2. Aufl. (VIII, 363 S. mit 890 Abbild.) 1872, und 3. und 4. verm. und verb. Aufl. gr. 8. (VIII, 389 S. mit ungefähr 900 verschiedenen in den Text eingedr. Holzst., sowie mit 1 pflanzen-geograph. Karte in Buntdr.) Braunschweig 875, Vieweg und Sohn. *

Thomé, Otto Wilh., **Lehrbuch** der Botanik für Realschulen, Gymnasien, forst- und landwirthschaftl. Lehranstalten, pharmaceutische Institute rc., sowie zum Selbstunterrichte. Mit ungefähr 900 verschiedenen in den Text eingedr. Holzschn., sowie mit einer pflanzengeograph. Karte in Buntdr. (in qu. Fol.). 5. verb. Aufl. gr. 8. (VIII, 389 S.) Braunschweig 877, Vieweg und Sohn. *

—— **Lehrbuch** der Botanik für Gymnasien, Realgymnasien, Real- und Bürgerschulen, landwirtschaftl. Lehranstalten rc., sowie zum Selbstunterrichte. Mit ungefähr 600 verschiedenen in den Text eingedr. Holzst., sowie mit 1 pflanzengeograph. Karte in Buntdr. 6. verb. Aufl. gr. 8. (XII, 384 S.) Braunschweig 883, Vieweg und Sohn. *

— Lehrbuch d. Botanik f. Gymnasien, Realgymnasien, **Oberrealschulen**, Real-, Bürger- u. Handelsschulen, land- **wirtschaftl. Lehranst.** rc. sow. z. Selbstunterrichte. Mit **üb. 1000 Abb. auf 627** in d. Text eingedr. Holzst., sow. m. 1 **pflanzengeograph.** Karte in Buntdr. 7., verb. Aufl. gr. 8. (XIV, 870 S.) Braunschweig 898. F. Vieweg & **Sohn.** n. 3.—; geb. n. 3.60

—— **Lehrbuch** der Zoologie für Gymnasien, Realschulen, forst- und landwirthschaftl. Lehranstalten, pharmaceut. Institute rc., sowie zum Selbstunterrichte. 1. Aufl. 1872; 2. Abdr. 1873, und 2. Aufl. gr. 8. (VIII, 416 S. mit 544 verschiedenen in den Text eingedr. Holzst.) Ebendas. 875. *

— Lehrbuch der Zoologie f. Realschulen, Gymnasien, **forst- u. landwirthschaftl. Lehranstalten**, pharmaceut. Institute rc., sowie zum Selbstunterrichte. Mit 600 verschiedenen in den Text eingedr. Holzst. 3. Aufl. gr. 8. (XII, 436 S.) Ebend. 876. n. 3.—

— **Lehrbuch** der Zoologie für Realschulen, Gymnasien, forst- u. landwirthschaftliche Lehranstalten, pharmaceutische Institute rc., sowie zum Selbstunterrichte. Mit 600 verschiedenen in den Text eingedr. Holzst. 4., verb. Aufl. gr. 8. (XII, 438 S.) Ebend. 880. n. 3.—

—— **Lehrbuch** der Zoologie für Gymnasien, Realgymnasien, Real- und höhere Bürgerschulen, landwirtschaftliche Lehranstalten rc., sowie zum Selbstunterrichte. 5. verb. Aufl. gr. 8. (XV, 436 S. mit 680 verschiedenen in den Text eingedr. Holzst.) Braunschweig 886, Vieweg und Sohn. *

— Lehrbuch d. Zoologie f. Gymnasien, Realgymnasien, **Oberreal- u.** Realschulen, landwirtschaftl. Lehranst. rc., **sowie z. Selbstunterr.** Mit üb. 700 verschied. Fig. auf **889 in d. Text eingedr. Holzst. 6. Aufl. gr. 8. (XV, 455 S.) Braunschweig 895. F. Vieweg & Sohn. n. 3.—; geb. in Leinw. n. 3.50**

— Lehrbuch der Zoologie f. Gymnasien, Realgymnasien, Oberreal- u. Realschulen, landwirtschaftliche Lehranstalten usw., sowie zum Selbstunterrichte. Mit über 1000 Einzeldarstellgn. auf 463 in den Text eingedr. Fig. u. 18 farb. Taf. 7. Aufl. (XVI, 471 S.) gr. 8. Braunschweig 905. F. Vieweg & Sohn. n. 4.—; geb. in Leinw. n. 4.80

— **Lehrbuch der Zoologie** f. Gymnasien, Realgymnasien, Oberreal- u. Realschulen, landwirtschaftliche Lehranstalten usw. sowie zum Selbstunterrichte. 8. Aufl. I. Abtlg. Der Mensch. Mit 140 Einzeldarstellgn. auf 82 in den Text eingedr. Abbildgn. u. 7 farb. Taf. (VIII, 119 S.) gr. 8. Braunschweig 908. F. Vieweg & Sohn. 1.30; geb. 1.70

— dasselbe. II. Abtlg. Tierkunde. 3 Hefte. gr. 8. Ebd. 908. 4.—; geb. 5.—
1. Wirbeltiere. Mit üb. 200 Einzeldarstellgn. auf 159 in den Text eingedr. Holzst. u. 5 farb. Taf. (IX, 147 u. X S.) 1.70; geb. 2.—
2. Gliedertiere. Mit üb. 400 Einzeldarstellgn. auf 149 in den Text eingedr. Holzst. u. 2 farb. Taf. (XI–XIII, S. 149–256 u. XI–XVIII.) 1.—; geb. 1.30
3. Weichtiere, Stachelhäuter, Würmer, Hohltiere, Urtiere. Tiergeographie. Mit üb. 200 Einzeldarstellgn. auf 95 in den Text eingedr. Holzst. u. 4 farb. Taf., sowie e. tiergeograph. Karte in Buntdr. (XV–XVII, S. 257–357 u. XIX–XXV.) 1.30; geb. 1.70

Thomé, Otto Wilhelm, Dir. Prof. Dr.: Lehrplan und Lehraufgaben für die Realschule (nach den Lehrplänen von 1901). *Köln 1902: J. B. Heimann.* (S. 2–28.) 4°
Köln, R, OP 1902 (556)

Thomé, Otto Wilhelm, Dir. Prof. Dr.: **Lehrpläne und Lehraufgaben für die Realschule, nach Maßgabe der Lehrpläne und Lehraufgaben für die höheren Schulen in Preußen 1901.** *Cöln 1903: J. B. Heimann.* (S. 3–28.) 4°
Cöln, R, OP 1903 (574)

Thomé, Otto Wilh., der Mensch, s. Bau u. s. Leben, nebst Hinweisgn. auf d. Gesundheitspflege u. d. Grundzügen d. Naturgeschichte d. Menschengeschlechts. M. 96 Fig. in 79 verschied. in den Text eingedr. Holzst. gr. 8. (VI, 111 S.) Ebd. 895. n. — 80

Thomé, Otto Wilh. Mitteilungen über Errichtung und Einweihung der höheren Bürgerschule der Stadt Viersen. S. 3–14. — Das Schulgebäude. S. 15–18 u. 2 Taf. **Progr.** *Viersen* 1877.

— WO, Pflanzenbau und Pflanzenleben. (Naturkräfte 12) München 1874

— **Schulgesundheitspflege.** Grundriß der Gesundheitspflege in Schulen f. alle Diejenigen, welche zur Schule in irgend e. Beziehg. stehen, insbesondere f. Unterrichtsbehörden, Schulvorstände, Lehrer, Baumeister u. Aerzte. 2. verm. u. verb. Aufl. 8. (103 S.) Leipzig 871. Mayer. n. 1.20

Thomé. Otto Wilh. Thier- und Pflanzengeographie. Stuttgart 1881.

Thomé, *Ferdinand Wilhelm* Richard [aus St. Johann a. d. Saar]: Die Behandlung des Plattfusses ... Halle a. S., Hofbuchdr. v. C. A. Kaemmerer & C., 1896; 23 S., 1 Bl. 8.
Halle, Med. Fak., Inaug.-Diss. v. 13. Nov. 1896

Thomé, S. W. De Flori rerum scriptoris elocutione. Part. I. 22 S. 4° **Progr.** *Frankenstein* 1881.

Thomé, Wilhelmus ⟨geb. am 22 Dez. 1809 in Oberdollendorf bei Bonn⟩: De corneae transplantatione ... Cum tabulis lith. ... Bonnae, typ. C. Georgii (1834). 3 Bl., 26 S., 3 Taf. 4. ¶ In Komm. bei Habicht in Bonn.
Bonn, Med. Fak., Diss. v. 9 Aug. 1834

Thomé, Wilh., de Corneae transplantatione. Dissertat. inaug. Cum (III) tab. lith. 4maj. (4 B.) Bonnae 834, (Habicht.)

Thomée, Ioannes Henricus ⟨geb. am 17 Apr. 1807 in Altena Westf.⟩: Historia insanorum apud Graecos ... Bonnae, (litt. C. F. Thormanni) 1830. 2 Bl., 113, VI S. 8.
[Bonn], Med. Fak., Diss. v. 2 Sept. 1830

Thomee, Leendert Adrianus [Arzt, geb. in Delfshaven '(Holland)']: Die Behandlung der Inversio Uteri chronica puerperalis ... Leiden, E. Ijdo, 1894; 3 Bl., 66 S. 8.
Freiburg i. B., Med. Fak., Inaug.-Diss. v. 1894

Thömel, die Glas- u. Wandmalerei in der restaurirten Frauenkirche zu Grimma nach Zusammenhang u. Bedeutung. gr. 8. (30 S.) Grimma 890. (G. Gensel.) n. — 50

Thomen, Gust., **Beitrag zur Lehre der Leukaemie.** gr. 8. (50 S.) **Lahr 885.** (Göttingen, Vandenhoeck & Ruprecht.) n. 1.40

Thomer, Ernst, Referendar aus Köln a. Rhein: Die Rechtsstellung der Handlungsagenten nach dem zur Zeit geltenden Recht und nach dem am 1. Januar 1900 in Kraft tretenden Handelsgesetzbuch (1. Buch, 7. Abschnitt). *Köln 1898: J. P. Bachem.* (61 S.) 8°
Erlangen, Jur. Diss. v. 18. Okt. 1898

Vergleichende Gegenüberstellung der Pflanzenfamilien, welche in den Handbüchern von Bentham-Hooker und Engler-Prantl unterschieden sind. Von Franz Thomer. *Berlin: R. Friedländer & Sohn 1898.* (35 S.) 1 Bd 8.
[98. 6446

Kaiser Wilhelm I. der Grosse, der Siegreiche, der Einzige. E. vaterländ. Gedenkbuch f. Haus u. Schule, Heer u. Volk. Festgabe z. hundertsten Geburtstagsfeier d. Einigers Deutschlands ... Hrsg. im Selbstverlag v. Friedr. Wilh. Joh. Thoemes, geprüft. Rektor, Volksschull. (Rückweiler): Selbstv.: Dr. d. Neunkircher Dr. G. A. Nahrendorf (1897). (VIII, 72 S.) 1 Bd 8°

Thoemes, Nik. Der Anteil der Jesuiten an der preuß. Königskrone von 1701. Nach den Akten d. Geh. Staatsarchives. Eine preuß. u. deutsche Studie. Mit e. Vorwort von Ernst Lieber. gr. 8. (VIII, 112 S.) Berl. 892, Eckes u. Comp. * 2 —

Anteil der Jesuiten an der Preussischen Königskrone von 1701. Von Dr. phil. Nikolaus Thoemes. (2. Aufl.) T. 1–3. Lesefrüchte aus d. Krönungsakten u. d. Briefwechsel d. Urkönigs. *Nordhausen: Vincentiusbuchh. 1901.* 3 Bde 8° [F.]
1. Friedrich Baron v. Wolff zu Wien. 2. Karl Moritz Vota zu Warschau.
3. Für d. Königtum d. Hohenzollern u. d. Wiedervereinigung d. Konfessionen, Erinnerung u. Festgabe z. Jubelfeier 1901. Denkschrift d. P. Vota S. J. an den Hof d. Kurfürsten Friedrich III. präsentiert zu Berlin, 18. Okt. 1700.
= Thoemes: Studien u. Lesefrüchte a. d. Akten d. vaterländ. Gesch. A–C.
[01. 8047

Thoemes, Nik., Blätter der Erinnerung an Ludwig Windthorst, s.: Schröder, Jos.

Friedrichs des Grossen Bündnis mit der Gesellschaft Jesu. Von Dr. phil. Nikolaus Thoemes. T. 1–3. *Nordhausen: Vincentiusbuchh. 1901.* 3 Bde 8° [F.]
1. Die Abmachung von 1747.
2. Die Leistungen d. Jesuiten im Staat u. Dienst d. Königs
3. Des Königs Schutz u. Schirm in schwerer Zeit
= Thoomes: Studien u. Lesefrüchte a. d. Akten d. vaterländ. Gesch. D–F.
[01. 8048

Thoemes, Nic. (geb. Rückweiler im Rheinl. [1. 3.] 1846): Commentatio literaria et critica de Sancti Thomae Aquinatis operibus ad ecclesiasticum, politicum, socialem statum „reipublicae christianae" pertinentibus, deque eius doctrinae fundamentis atque praeceptis. Berolini (1874). (150 S.) 8°
Berlin, Phil. Diss. v. 8. Aug. 1874

Thoemes, Nik., die Dankesschuld des Preußischen Staates u. Volkes gegen die Jesuiten. Kritische Briefe an den preuß. Hausarchivar E. Berner, sowie die Herausgeber der „Preuß. Jahrbücher" u. der „Forschgn. zur brandenburg. u. preuß. Geschichte". gr. 8. (76 S.) Frankfurt a/M. 894. A. Foesser Nachf. n. — 60

Thoemes, Nik., Festschrift zum silbernen Papstjubiläum Sr. Heil. Leo XIII. 12. (31 S. m. 1 Bildn.) Münster 902. Alphonsus-Buchh. — 25

Thoemes, Nic., unsere liebe Frau von Marpingen. Geschichtliche Darstellung nach persönlichen Forschungen u. Erlebnissen. 8. (IV, 116 S. m. 1 Holzschntaf.) Trier 878. Groppe. n. — 60

— aus den Jesuitenbriefen der preußischen Krönungsakten. Oder: Wie Jesuiten dem Hause Hohenzollern zur Königswürde mit verholfen haben. Eine Geschichtserzählg. f. das deutsche Volk. gr. 16. (VIII, 62 S.) Berlin 893. Eckes & Co. n. — 60

Thoemes, Nicol., divi Thomae Aquinatis opera et praecepta, quid valeant ad res ecclesiasticas politicas sociales. Commentatio literaria et critica. Pars I. gr. 8. (150 S.) Berlin 875. Puttkammer & Mühlbrecht. n. 3. —

Rom und Berlin zur Zeit Friedrichs des Grossen (1740–1786). Benedikt XIV., Clemens XIII. u. XIV., Pius VI. Von Dr. phil. **Nikolaus Thoemes**. *Nordhausen: Vincentiusbuchh. 1901.* (27 S.) 8° [J.]
= **Thoomes**: Studien u. Lesefrüchte a. d. Akten d. vaterländ. Gesch. G. [01. 8049

(Nikolaus) Thoemes' Sachwörterbuch (in 3 Bden). Katholisches **Universal-Volkslexikon** für jedermann. Mit Kt. u. Bildertaf. Unter Mitw. geistl. u. weltl. Fach- u. Volksmänner (hrsg.) von Nikolaus Thoemes. Bd 1–3. Nordhausen: Vincentius-Buchh. 1903–10. 8°
1. A–Deutschland. 1903. 2. Deutschland–Kz. 1906. 3. L–Zz. Nachtr. 1910. [11. 2680

Thoemes, Nic., das Stift der königl. Kapelle zum Heiligen Geist u. die Universität Heidelberg in ihrer Verbindung v. 1413. Orig.-Stiftungsurkunden d. Kurfürsten Ludwig III, zur 500jähr. Jubelfeier d. Hochschule veröffentlicht. gr. 8. (23 S.) Heidelberg 886. C. Winter. n. 1. —

Thoemes, Nikol., s.: Universal-Volkslexikon, katholisches, f. jedermann.

— unser Windthorst, die Perle v. Meppen. Vorbild der kathol. Jünglings- u. Männerwelt des 20. Jahrh. 12. (32 S. m. 2 Vollbild.) Münster 902. Alphonsus-Buchh. — 30

— Zweihundertjahrfeier der Königerhebung Preußens. Studien u. Lesefrüchte aus den Akten der vaterländ. Geschichte. Jubiläumsschriften e. preuß. u. deutschen Katholiken. A—G. gr. 8. Nordhausen 901. Vincentius-Buchh. n. 4. 40

A. Anteil der Jesuiten an der preuß. Königskrone v. 1701. I. P. Friedrich Baron v. Wolff zu Wien. Lesefrüchte aus den Krönungsakten u. dem Briefwechsel des Urkönigs. (VI, 31 S.) n. — 60
B. Dasselbe. II. P. Karl Moritz Vota zu Warschau. Lesefrüchte aus den Krönungsakten u. dem Briefwechsel des Urkönigs. (49 S.) n. — 70
C. Dasselbe. III. Für das Königtum der Hohenzollern u. die Wiedervereinigg. der Konfessionen. Erinnerung u. Festgabe zum Jubelj. 1901. Denkschrift des Vota, S. J., an den Hof des Kurfürsten Friedrich III., präsentiert zu Berlin, 18. X. 1700. Uebertragen u. dargeboten. (IV, 25 S.) n. — 50
D. Friedrichs des Großen Bündnis m. der Gesellschaft Jesu. 1. Tl.: Schutzverheißungen. Abmachung zwischen dem König u. dem Jesuitengeneral 1747. Errichtung e. besond. Ordensprovinz. (II, IV, 35 S.) n. — 60
E. Dasselbe. 2. Tl. Die Leistungen der Jesuiten im Dienste des Königs f. Kirchenpolitik, Unterricht u. Erziehg. Die Reform der Universität Breslau u. der Gymnasien Schlesiens. (II u. S. 37—78.) n. — 60
F. Dasselbe. 3. Tl. Des Königs Schutz u. Schirm. Der 7jähr. Krieg. Das Aufhebungsjahr 1773. Erfolgreiche Verhandlgn. zwischen Berlin u. Rom 1774—76. Die Fortexistenz der Jesuiten in Preußen. (II u. S. 79—130.) n. — 80
G. Rom u. Berlin zur Zeit Friedrichs des Großen. (1740—1786.) Benedikt XIV., Clemens XIII. u. XIV., Pius VI. (II, 27 S.) n. — 60

Erfindungen und gesetzlicher Erfindungsschutz. Leitfaden f. Erfinder u. Patentsucher in gemeinverständl. Darstellung von M[ax] **Thomescheit**. Berlin: Seydel 1909. 74 S. 8° [10. 13136

Thomescheit, M., deutscher Wegweiser durch das gesamte Patentwesen. (X, 307 S.) 8. Berlin 906. Bruer & Co. Geb. in Leinw. n. 3. —

Thomessen, Wilh., neuestes und vollständiges Fremdwörterbuch. Enthält 20,000 fremde Wörter und Ausdrücke mit Bezeichnung der Aussprache ꝛc. Nebst einer Zugabe enth. Erläuterung der in Schriften vorkommenden Abkürzungen. 16. (XII und 447 S.) Jülich 851, Schirmer. (Leipzig, Hermann.)

Thomet, Peter, aus Kell: Entsprechen die in Würzburg auf den Markt gebrachten Geschirre den strengen Anforderungen des deutschen Reichsgesetzes über die Bleiabgabe von Glasuren? *Würzburg 1901: Memminger.* (20 S.) 8°
Würzburg, Med. Diss. v. 1901

Façade des Kieler Seebades. Nach d. Nat. gez. u. auf Stein v. Friedrich **Thöming**. Hamburger Steindruck. 1823. 1 Bl. Fol 45/56 cm.

Das Kieler Seebad und ein Theil des Düsternbrooks. Nach der Natur gez. und auf Stein v. Friedr. **Thöming**. Hamb. Steindruck. 1823. 1 Bl. Fol., 38/56 cm.

Segeberg. Friedrich **Thöming** gez. Hamburger Steindruck. o. J. 1 Bl. Quer-Fol. 28/42 cm.

Malerische Spaziergänge in der Gegend des Schleswig-Holsteinischen Kanals. Mit 1 Titelbilde in Steindruck u. 5 landschaftlichen Kupfern. Nach der Natur gez. v. Friedrich Christian Ferdinand **Thöming**. Gest. v. F. A. Schmidt in Dresden. Text v. Christoph Wilhelm Rüter. Kiel. 1822. 4° k.

Thomire, Auguste, notes historiques sur Sarreguemines depuis l'an 706 jusqu'après la Révolution française, recueillies dans les archives de la ville. (7) Cartes et plans dressés et dessinés d'après les originaux par Émile Müller. gr. 8. (196 S.) Sarreguemines 887. (Strassburg, Treuttel und Würtz.) *

Thommann *s. auch* Tommann.

(Thommann, Regula Th'....) Njbl. *s.* [Orelli, Felix von].

Thommasi, Donato, Gedächtnißschrift auf d. Ritter Gaetano Fillangieri; aus d. Italien. von Fr. Münter. 8. Ansb. 790. Haueisen. (Gassert). 16 ℊ

Thommassin, Leop. (geb. Breslau 13. 1. 1830): De pelvi aequabiliter iusto minore. Berolini (1854). (31 S.) 8°
Berlin, Med. Diss. v. 6. Sept. 1854

Thoemmel, Gust., geschichtliche, politische u. topografisch-statistische Beschreibung des Vilajet Bosnien, das ist das eigentliche Bosnien, nebst türkisch Croatien, der Hercegowina u. Rascien. Wien 867. Wenedikt. gr. 8. (XII, 212 S.) 1 ℛ 15 ngr

Thommen, H. J. Geboren, 28. V. 1795. Gestorben, 3. XI. 1897. Personalien u. Leichenreden, gesprochen bei der Beerdigg. am Freitag, 5. XI. 1897 zu Hölstein. gr. 8. (16 S. m. Bildn.) Liestal 897. (Gebr. Lüdin.) n. — 40

Thommen, A., die Gotthardbahn. Bemerkungen zur Reform dieses Unternehmens. gr. 8. (94 S.) Wien 877. Spielhagen & Schurich. n. 2. —

Thommen, A. Gutachten über die Projekte und Kostenberechnungen betr. den Simplondurchstich, 1882—1889. Mit 2 Kartenbeilagen. In-4°. 51 S. Bern, Stämpfli'sche Buchdr. 1890.

Thommen, A. Offenes Schreiben an meine Freunde und Fachgenossen betreff. die Gotthardbahn. Basel 1872.

Thommen, E., englische Pädagogik. Skizze. Progr. 4. (46 S.) Basel 896. (B. Schwabe) n. 1. 60

Thommen, E., Studien zu Thukydides. Inaug.-Diss. gr. 8. (71 S.) Basel 889. (Leipzig, Fock.) n. 1. 20

Thommen, Eduard. Das Einwanderungsgesetz der Vereinigten Staaten vom 20. Februar 1907. Uebersetzt und eingeleitet von E'Th'. (Sonderabdruck aus dem Bulletin des Internationalen Arbeitsamtes. Band 6. Nr. 1—7. 1907.) II + V + 22 S. 8. (Jena, Gustav Fischer.)

Thommen, Eduard, aus Basel: Die **Wortstellung** im nachvedischen Altindischen und im Mittelindischen. *Gütersloh 1903: C. Bertelsmann.* (59 S.) 8° [Umschlagt.] ¶ [Aus: Zeitschrift f. vergleich. Sprachforschung, Bd 38, N. F. Bd 18, H. 4.]
Göttingen, Phil. Diss. v. [20. Aug.] 1903

Thommen, Emil. Aus Seb(astian) Faeschs Reisebeschreibung ⟨1669⟩. [Mit Figuren.] Aus der Festschrift zur 49. Versammlung Deutscher Philologen und Schulmänner. Basel 1907. II S. + S. 78—103. 8. [Basel, Buchdr. Emil Birkhäuser; Leipzig, Verlag Carl Beck, 1907.] [M. 1.20]

Thommen, Erwin, s.: Hunde-Stammbuch, schweizer.

Thommen, Jakob [früherer Assistenzarzt der chirurg. Klinik zu Basel]: Klinische und experimentelle Beiträge zur Kenntnis der Bauchcontusionen und der Peritonitis nach subcutanen Darmverletzungen. Berlin 1902. 74 S. 8°.
Basel. Med. Diss. 1901/1902.

Thommen, Jacob. Klinische und experimentelle Beiträge zur Kenntniss der Bauchcontusionen und der Peritonitis nach subcutanen Darmverletzungen. Diss. Med. Basel ... von Jakob Thommen.... IV + 74 S. 8. Berlin, L. Schumacher, 1902.

Thommen, Luise, der Alkohol, e. Feind der Menschheit. Hrsg. vom Ausschuß f. soziale Bestrebgn. des Vereins Berliner Volksschullehrerinnen. (10 S.) 8. Berlin 910. Vaterländische Verlags- u. Kunstanstalt. nn — 10
Sonderabdruck aus: „Vorträge f. Mütterabende".

Basler Annalen. Auszüge aus d. Geschichtsquellen d. Mittelalters bis 1500. Bearb. von Rudolf Thommen. T. 1. *(Basel: Georg & Co. 1899.)* 8°
= Beiträge z. vaterländ. Geschichte. Hrsg. v. d. Hist. u. Ant. Ges. zu Basel. N. F. Bd 5, H. 2.
[illegible]

Thommen Rudolf: Die Bischofswahlen unter Heinrich II.
H. 1883 PN 298 **Diss.** Wien, **Univ.** 682

Thommen, R[udolf]. Diplomatik. A. Die Lehre von den Königs- und Kaiserurkunden. Von (Universitätsprofessor Dr.) R. Th' [Basel]. Sonderabdruck [aus:] Grundriss der Geschichtswissenschaft. (Zur Einführung in das Studium der deutschen Geschichte des Mittelalters und der Neuzeit. ... hrg. von Aloys Meister. Band) 1. (Halbband 1.) II S. + S. 131—171. gr.-8. (Leipzig, B. G. Teubner, 1906.)

Thommen, Rudolf. Die Einführung des gregorianischen Kalenders in der Schweizerischen Eidgenossenschaft. Aus der Festschrift zur 49. Versammlung Deutscher Philologen und Schulmänner. Basel 1907. II S. + S. 279—294. 8. [Basel, Buchdr. Emil Birkhäuser; Leipzig, Verlag Carl Beck, 1907.] [M. —. 60]

Thommen, R(udolf). Die Eroberung der Leventina und Bellinzonas durch die Eidgenossen. (... etwas umgearbeiteter Abschnitt aus einem Vortrag....) 8.
Ausg. A: (... von R' Th'). — Jahresbericht der Sektion Basel [des] S(chweizer) A(lpen-)C(lub) pro 1906. 44tes Vereinsjahr. Beilage ... von Prof. R. Thommen. Basel, Birkhäuser & Dubi, (1907). S. 3—18.
Ausg. B: ... von Prof. R. Th'. Sonderabdruck aus dem Jahresberichte der Sektion Basel des S. A. C. pro 1906. 18 S. Basel, Birkh' & Dubi, [1907].

Thommen, R., Geschichte der Universität Basel **1532—1632. gr. 8. (VIII, 883 S.)** Basel 889. [Detloff.] **Reich.** n. 6. 40

Thommen, R. Geschichte der Eidgenossenschaft bis zum Eintritt Luzerns in den Bund, 1291—1332. Mit 1 Taf. In-4°. 42 S. Basel (R. Reich, vorm. C. Detloff's Buchh.). 1892. 1 25
*** 70 Neujahrsblatt hrsg. von der Gesellschaft zur Beförderung des Guten und Gemeinnützigen für das J. 189

—— Unser Kalender, s.a. Sammlung gemeinverständlicher wissenschaftlicher Vorträge.

Thommen, Rudolf. Unser Kalender. Vortrag, gehalten in der historischen und antiquarischen Gesellschaft zu Basel. [Mit 1 Figur.] 8. Hamburg 1889.
(Sammlung gemeinverstandlicher wissenschaftlicher Vortrage, begründet von Rud[olf] Virchow und Fr[anz] von Holtzendorff.... Neue Folge. Serie 4.... Heft 73.)

Thommen, Rudolf, Dr. phil., a. o. Prof. für Geschichte: Die Rektoren der Universität Basel von 1460—1910. 77 S. 8°.
Basel. Univ.-Schr. 1909/10.

— Schriftproben aus Handschriften d. XIV.—XVI. Jahrh. gr. 4. (VI, 18 S. m. 20 Taf.) Basel 888. [Detloff.] Reich. In Mappe. n. 8. —

— Schriftproben aus Basler Handschriften des XIV.—XVI. Jahrh. 2. verm. Aufl. (25 Lichtdr.-Taf.) 38×29,5 cm. Mit Text. (27 S.) Lex. 8. Basel 908. Helbing & Lichtenhahn. In Mappe 14. —

Thommen, R[udolf]. Schweiz seit 1517. [Litteraturbericht.] (Jahresberichte der Geschichtswissenschaft. [Jahrg. 22, 1899.] Sonderdruck:) § 24 B. II S. + S. II, 165—174. 8. (Berlin, R. Gaertner, [1901].)
Forts. 1900 ff. s. Bulletin 1905, S. 160: Barth, Hans.

Thommen, Rud., Urbar der Grafsch. Sargans, s.a. Mitteilungen z. vaterländ. Geschichte (St. Gallen). XXVII.

Urbar der Grafschaft Sargans. Hrsg. von Rudolf Thommen. *(St. Gallen: Fehr 1900.)* (S. 684–690.) 8°
= **Mitteilungen** z. Vaterländischen Geschichte. Hrsg. v. Hist. Ver. in St. Gallen. 27, Hälfte 2, (1.)
(00. 9999

— s.a. Urkunden zur Schweizer Geschichte.

Urkunden zur Schweizer-Geschichte aus Oesterreichischen Archiven. Herausgegeben von *Rudolf Thommen.* 2. Bd. 1371–1410. 4°. IV, 551 S. Basel, Basler Buch- und Antiquariatshandlung vorm. A. Geering. 1901. 23 —

Thommen, Rud., s.a. Urkundenbuch d. Stadt Basel.

Urkundenbuch d. Stadt Basel. Hrsg. v. der histor. u. antiquar. Gesellschaft zu Basel. [In 4—5 Bdn.] 1. Bd. Bearb. v. **Wackernagel u. Thommen.** Basel 890.

Thommes, J. H., Anthenorus, oder der Sieg des Kreuzes. Historisches Gemälde aus der röm. Kaiserzeit u. Christenverfolgung. Nach Originalquellen bearb., mit Bildern der Gegenwart aus Rom u. Latium, Neapel rc. u. mit erläut. Anmerkungen. 2 Bde. gr. 8. (670 S.) Augsburg 847, Rieger. 1 2/3 ℔

Thommes, J. H. v., Geschichte von England zur Zeit der Tudors. 2 Bde. gr. 8. Mainz 866,67, Kupferberg. [1. Bd. (XXIV und 618 S.) 2 Thlr. 12 Ngr., 2. Bd. (XVI und 730 S.) 2 Thlr. 18 Ngr.]

— im Kreuze der Sieg. Gebetbuch für katholische Soldaten in Deutschlands Heeren. 32. (XXXII u. 303 S. m. 1 Holzschn.) Rastatt 851, Mayer. 8 ngl; in Engl. Einb. n. 12 ngl

— Thomas Morus, Lord-Kanzler von England. Histor. Gemälde der despotischen Willführherrschaft Heinrich VIII. u. des großen Abfalles von der kathol. Kirche, nebst einer Skizze, der Folgezeit. Nach authent. Quellen bearb. gr. 8. (XXIV u. 404 S.) Augsburg 847, Rieger. 1 ℔

Thoemmes, Eugen, appr. Arzt: Zwei Fälle von akuter Verrücktheit. Bonn 1907: J. F. Carthaus. (59 S.) 8°
Bonn, Med. Fak., Ref. Westphal, Diss. v. 5. Febr. 1905
[Geb. 7. Okt. 78 Jüllch: Wohnort: Bonn; Staatsangeh.: Preußen; Vorbildung: Friedrich-Wilhelms-Gymn. Cöln Reife O. 99; Studium: Bonn 5. Berlin 4, Bonn 1 S.; Coll. 19. Dez. 06; Approb. 1. Juli 05.]

Thommesen, Thor. [aus Arendal (Norwegen)]: Ueber die Condensation von *p*-Isopropylmandelsäure mit Phenolen. Freiburg (Schweiz) 1898. 62 p. 8°.
Freiburg. Mathem.-naturw. Diss. 1897/78.

Thomopoulos, Jacques J., Ithaka u. Homer. Ein Beitrag zur homer. Geographie u. zur homer. Frage in 3 Thln. 1. Thl. Das homer. Ithaka. Neugriechischer Text m. e. Resumé in deutsch. (Sonderabdr. des deutschen Resumés.) (48 S. m. Abbildgn. u. eingedr. Karten.) gr. 8. Athen 908. (Eleftheroudakis & Barth.) 2. —

Thompson's, Benjamin, Graf v. Rumford, Lebensbild, s.: Bauernfeind, C. M. v.

Thompson, d. Jude v. Wien, s. a. Zehnpfennigbibliothek, Regensburger.

Thompson, der Jude v. Wien. Eine histor. Erzählg. aus dem Revolutionsj. 1848 f. Volk u. Jugend. Aus dem Holländ. übersetzt v. A. Steinbach. Mit 4. Stahlst. 8. (159 S.) Regensburg 873. Manz. 1. —

Thompson, B., s. Bouilly, der Taubstumme.

Thompson, **Benj., s.** ***Théâtre*** **the German.**

Thompson, Benjamin Graf Rumford. Kleine Schriften politischen, ökonomischen und philosophischen Inhalts . . . a. d. Engl. . . . Weimar 1797. Ü: *Kramer, Carl Siegm.* H: *Bertuch, Friedrich Justin.* (ErMm)

Thompson, D. P.

Thompson, die vermonter Burschen, s. Bibliothek, amerikanische.

Thompson, D. P., Gaut Gurley, s. Bibliothek, amerikanische.

Thompson, Ernest Seton, Jochen Bär u. andere Tiergeschichten. Für die Jugend ausgewählt vom Hamburger Jugendschriften-Ausschuß. (126 S. m. Abbildgn.) 8. Stuttgart (909). Franckh. Geb. in Leinw. 1. 40

Thompson, Ernst Seton, Bingo u. andere Tiergeschichten, m. 200 Illustr. gr. 8. (XI, 298 S.) Leipzig 900. Pöschel & Trepte. Geb. in Leinw. n. 6. —

Thompson, Ernst Seton, Bingo u. andere Tiergeschichten, m. 200 Illustr. 2. [Titel-]Aufl. (Autoris. deutsche Ausg.) (XI, 298 S.) 8. Stuttgart [900] (906). Franckh. Geb. in Leinw. n. 6. —

— Bingo u. andere Tiergeschichten m. vielen Illustr. (im Text u. auf 16 Taf.) 3.—6. Aufl. (XI, 274 S.) 8. Ebd. (908—10). 4.—; geb. in Leinw. 4. 80

— Prärietiere u. ihre Schicksale, m. vielen Illustr. (im Text u. auf Taf.) Autoris. Übersetzg. v. Max Pannwitz. 1. u. 2. Aufl. (XII, 291 S.) 8. Ebd. 907. 4.—; geb. in Leinw. 4. 80

— Tierhelden. Die Geschichte e. Katze, e. Taube, e. Luchses, e. Hasen, e. Hundes, zweier Wölfe u. e. Renntiers. Berecht. Übersetzg. v. Max Pannwitz. (VIII, 302 S. m. Abb. u. Taf.) 8. Ebd. (909). 4.—; geb. 4. 80

— Tito, s.: Jugendbücherei, deutsche.

Thompson, G. H., Leben u. Treiben im Tierland. (Zum Tl. farb.) Bilder v. Th. Verse v. Hans Fraungruber. (52 S.) 23,5×29 cm. Nürnberg (907). Th. Stroefer. Geb. 4. 50

— u. Hans Fraungruber, Weihnachten im Tierland. Bilder v. Th., Text v. F. (36 S. m. Abb. u. 8 farb. Vollbildern.) 23,5×29 cm. Ebd. (908). Kart. 4. 50

Thompson, George Fayette, die Angora-Ziege. Deutsche autoris. Ausg. gr. 8. (III, 76 S. m. 18 Taf.) Berlin 902. D. Reimer. Kart. n. 2. —

Thompson, Helen Bradford, vergleichende Psychologie der Geschlechter. Experimentelle Untersuchgn. der normalen Geistesfähigkeiten bei Mann u. Weib. Autoris. Uebersetzg. v. J. E. Kötscher. (VII, 198 S. m. Fig.) 8. Würzburg 905. C. Kabitzsch. n. 3. 50

Thompson, Helen Bradford: Vergleichende Psychologie der Geschlechter. [The mental Traits of sex; 1903.] Experimentelle Untersuchungen d. normalen Geistesfähigkeiten bei Mann u. Weib. Autoris. Übers. v. J(ulia) E. Kötscher. — Würzburg: Stuber 1905. VII, 198 S. 8°

Thompson, Sir Henry, zur Chirurgie der Harnorgane. 6 Vorträge, geh. im Royal College of Surgeons in London. Mit 25 Abbildgn. Deutsche Ausg. v. Edm. Dupuis. gr. 8. (XI, 162 S.) Wiesbaden 885. Bergmann. n. 3. 60

Thompson, Sir Henry. Zur Chirurgie der Harnorgane. 6 Vorträge, geh. im Royal College of Surgeons in London. Uebersetzt v. Edm. Dupuis. Neue (Titel-)Ausg. gr. 8. (XIII, 162 S. m. Illustr.) Wiesb. 889, Bergmann. * 2 —

Thompson, Henry, Erkennung und Behandlung der Prostata-Krankheiten. Autorisirte deutsche Ausg. gr. 8. (VIII und 255 S. mit eingedr. Holzschn. und 2 Chromolithogr.) Erlangen 867, Enke's Verlag. *

Thompson, Henry, die chirurgischen Krankheiten der Harnorgane. Eine Reihe klin. Vorlesungen, geh. im University College Hospital. Vom Verf. autoris. deutsche Ausg. v. Dupuis. Nach der 4. Aufl. des Originals. Mit 59 in den Text gedr. Holzschn. u. 2 (lith.) Taf. gr. 8. (VIII, 320 S.) Berlin 877. G. Reimer. n. 6. —

Thompson, Henry, die Krankheiten der Harnwege. Nach d. 8. Aufl. d. Originals übers. u. bearb. v. Leop. Casper. gr. 8. (XII, 403 S. m. Textfig.) München 889. [Finsterlin.] Seitz & Schauer. n. 10. —

Ⓑ **Thompson,** H., Krankheiten d. Harnwege. 889. — Strikturen d. Harnröhre. 888. (KBL 26.) Jetzt: München, Verlag d. ärztl. Rundschau.

— die moderne Leichenverbrennung. Ihre Geschichte u. Anwendg. m. Unterweisg. in den v. der „Englischen Gesellschaft zur Einführg. der Leichenverbrenng." in neuerer Zeit verbesserten Einrichtgn. Mit Bewilligg. d. Autors aus dem Engl. übertr. v. P. Cohn. gr. 8. (67 S.) Berlin 889. Fischer's medicin. Buchhandlg. n. 2. 20

Thompson, Sir Henry, Lithotomie und Lithoripsie. Nach der 3. Aufl. der „Practical lithotomy and lithotrity" übers. von H. Goldschmidt. gr. 8. (X, 306 S. mit 85 eingedr. Holzschn.) [Kassel 882, Fischer.] Leipzig, G. Thieme. *

— die Stricturen u. Fisteln der Harnröhre. Uebers. u. m. Rücksicht auf die deutsche Literatur bearb. v. L. Casper. Deutsche autoris. Ausg. gr. 8. (XI, 306 S.) München 888. J. A. Finsterlin. n. 8. —

Thompson, Sir Henry, Die Tumoren d. Harnblase mit Rücks. a. Wesen, Sympt. u. Behandl. derselb. Autor. deutsche Ausg., bearb. v. Dr. Rich. Wittelshöfer. gr. 8. (VII u. 99 S. mit d. Abbild. d. Origin. [40 Holzschn. u. 6 Taf.]) Wien, Toplitz & Deuticke. 2 fl. 40 kr. 1884.

Thompson, Sir Henry, die Tumoren der Harnblase mit Rücksicht auf Wesen, Symptome und Behandlung derselben. Autoris. deutsche Ausg., bearb. von Rich. Wittelshöfer. gr. 8. (VIII, 99 S. mit den Abbild. des Orig. [40 Holzschn. und 6 Taf.].) Wien 885, Deuticke. *

Thompson, Henry Dallas [aus Princeton]: Hyperelliptische Schnittsysteme und Zusammenordnung der algebraischen und transcendentalen Thetacharacteristiken ... Baltimore: Druck d. Friedenwald Compagnie 1892. 1 Bl., 32 S., 2 Bl. 4°
Göttingen, Phil. Fak., Inaug.-Diss. v. [7. Juni] 1893

Thompson, Henry Dallas, hyperelliptische Schnittsysteme u. Zusammenordnung der algebraischen u. transcendentalen Thetacharacteristiken. Diss. gr. 4. (33 S. m. Fig.) Baltimore 892. (Göttingen, Vandenhoeck & Ruprecht.) n. 2. —

Thompson, Herbert Bryan, M. Sc., a. Burton-on-Trent, England: Über die elektrolytische Reduktion der Aethylbarbitur-Säuren. Würzburg 1907: F. Staudenraus. (37 S.) 8°
Würzburg, Phil. Fak., Ref. Tafel, Diss. v. 19. Dez. 1907
[Geb. 28. Sept. 82 Burton-on-Trent; Wohnort: Burton-on-Trent; Staatsangeh.: England; Vorbildung: Grammar School Burton-on-Trent Reife Okt. 00; Studium: Birmingham 6, Würzburg 4 S.; Rig. 6. Dez. 07.]

Thompson, J., Münzbuch zu Friedr. Gerhard's zuverlässigem deutschen Banknoten-Reporter. Lex.-8. (48 S. mit eingedr. Holzschn.) New-York 856(57). (Philadelphia, Schäfer und Koradi.) *

Thompson, J., Englische Phrasen u. Redeformen. Eine gewählte u. umfassende Sammlung eigenthüml. engl. Ausdrucksweisen, nebst deren deutscher Uebersetzung. Alphabetisch geordnet zum Gebrauch der Schulen u. f. den Privatunterricht. Mit einem Anh. gr. 8. (VIII u. 111 S.) St. Gallen 851, Scheitlin & Zollikofer. 12 ngl

Thompson, James, a. Blackburn, England: Über das Diazotieren von Polyglycylverbindungen. Heidelberg 1906: K. Rössler. (50 S.) 8°
Heidelberg, Naturw.-math. Fak., Ref. Curtius, Diss. v. 18. Sept. 1906
[Geb. 23. Sept. 76 Blackburn (England); Wohnort: Blackburn; Staatsangeb.: England; Vorbildung: Blackburn Grammar school, Matriculationsprüfung London University; Studium: Sheffield 1, Heidelberg 5 S.; Rig. 2. März 06.]

Thompson, John, s. Thomson

Thompson, Jos. P., der Arbeiter, seine falschen u. seine wahren Freunde. Aus dem Engl. übers. v. F. Hausig. 8. (VIII, 164 S.) Berlin 881. Deutsche evangel. Buch- u. Tractat-Gesellschaft. n. 1. 50

Thompson, Joseph P., the contest with ultramontanism in Germany. Speech at the meeting in St. James' Hall, London, Jun. 27. 1874. 8. (36 S.) Berlin 874. Simion. n. — 60

— Jesus von Nazareth. Sein Leben, für die Jugend erzählt. Mit Titelbild (Holzschntaf.). 2 Aufl. gr. 8. (IV, 210 S.) Gotha 883. F. A. Perthes. geb. n. 4. —

— Kirche u. Staat in den Vereinigten Staaten v. Amerika. 8. (IX, 163 S.) Ebend. 873. n. 2. 40

Thompson, Jos. P.: Ein Versuch, die Prinzipien des Völkerrechts zu finden und festzustellen, nach welchen der Verkehr der christlichen mit den nichtchristlichen Völkern geregelt werden sollte. (Berlin 1876.)

Thompson, Joseph Osgood [aus Weymouth (Nordamer.)]: Ueber das Gesetz der elastischen Dehnung ... Leipzig, J. A. Barth, 1891; 24 S., 1 Bl. 8.
Strassburg, Math.-natura. Fak., Inaug.-Diss. v. 1891

Thompson, Kenworthy James, a. Oakengates (England): I. Über die Isomerie der sogenannten Benzolazocyanessigester. II. Zur Kenntnis der Diazoverbindungen. A. Syndiazotate als primäre Produkte der Reaktion zwischen Nitrosobenzolen und Hydroxylamin. B. Zur Zersetzungsgeschwindigkeit der Diazohaloide in wässeriger Lösung. C. Die Farbe der Diazoniumsalze aus p-Amidodiphenylamin und einigen Derivaten. Weida i. Thür. 1906: Thomas & Hubert. (50 S.) 8°
Leipzig, Phil. Fak., Ref. Hantzsch, Beckmann, Diss. v. 14. Febr. 1906
[Geb. 29. Mai 81 Oakengates; Wohnort: Bangor, Wales; Staatsangeh.: England; Vorbildung: Bachelor of science Aberystwyth Nov. 01; Studium: Aberystwyth 3, Leipzig 4 S.; Rig. 20. Dez. 05.]

Thompson, Luise, der königliche Adler. Eine Erzählg. aus dem Leben Kaiser Friedrichs. 12. (66 S. m. 1 Bild.) Berlin 891. Deutsche Evangel. Buch- u. Tractat-Gesellschaft. Geb. in Leinw. n. — 75

Thompson, Luise, Lenchens Missionsbüchse. 12. (12 S.) Berlin 896. Deutsche evang. Buch- u. Tractat-Gesellschaft. n. — 04

Thompson, Mary

Thompson, M., Margaret Danvers, s. Sammlung unterhaltender Schriften der neuern englischen Literatur.

Thompson, Mary, Robert Forrester, s. Asher's Collection of English Authors.

— die Here von Melton-Hill, s. Sammlung unterhaltender Schriften der neueren englischen Literatur.

Thompson, Maurice de Kay

Thompson, M. De Kay, Jr. [aus Boston, U. S. A.]: Studien zum Siemens'schen Kupfergewinnungs-Prozess. Leipzig 1903. 44 S. 8°.
Basel. Phil. Diss. 1903/1904.

Thompson, M[aurice] DeKay, Jr. Studien zum Siemensschen Kupfergewinnungs-Prozess. Diss. Phil. Basel. [Mit Figuren.] 44 S. 8. Leipzig, Metzger & Wittig, 1903.

Thompson, O. H., u. Hans Fraungruber, Vergnügungs-Reise der Tiere zur See. Bilder v. Th., Verse v. F. (32 S. m. z. Tl. farb. Abbildgn.) qu. kl. 8. Nürnberg (906). Th. Stroefer. Geb. 1.20

Thompson, Rob., engl. Stachelbeersorten kurz beschrieben. Aus d. Engl. u. system. geordn., nebst e. Vorr. v. Lor. Pansner. 8. (1 B.) Arnstadt 846, (Meinhardt.) *

Thompson, Silvanus Phillips

Thompson, Silvanus P., der Elektromagnet. Deutsche Uebersetzg. v. C. Grawinkel. 5 Hfte. gr. 8. (XV, 480 S. m. Abbildgn. u. Bildnis.) Halle 891—894. W. Knapp. à n. 3.—

Thompson, Silvanus P., Faraday u. die englische Schule der Elektriker. Vortrag, in dem Urania-Theater am 9. I. 1901 geh. gr. 8. (43 S.) Halle 901. W. Knapp. n. 1.50

Thompson, Silvanus P., das neue Gebiet der alternierenden Ströme. Ein Vortrag, geh. in Frankfurt a. M., den 8. IX. 1891. (14 S.) Lex. 8. Halle 907. W. Knapp. 1.—
Sonderabdruck aus: „Bericht üb. die Verhandlgn. der Hauptversammlgn. d. internat. Elektrotechn.-Kongr. zu Frankf. a. M. v. 7. bis 12. IX. 1891".

Thompson, Sylvanus P., optische Hilfstafeln, Konstanten u. Formeln für den Optiker u. Augenarzt. Autoris. deutsche Ueberarbeitg. v. A. Miethe u. Ch. Th. Sprague. (VIII, 147 S.) 8. Halle 905. W. Knapp. n. 4.—

— Michael Faradays Leben u. Wirken. Autoris. Übersetzg. v. Agathe Schütte u. Heinr. Danneel. Mit e. Portr. u. 22 in den Text gedr. Abbildgn. Lex.-8. (XVI, 234 S.) Ebd. 900. n. 8.—

Thompson, Silvanus P., üb. sichtbares u. unsichtbares Licht. E. Reihe v. Vorlesgn., geh. an d. Royal Institution v. Gross-Britannien. Deutsche Ausg. v. Otto Lummer. gr. 8. (IX, 229 S. m. ca. 150 Abb. u. 10 Taf.) Halle 898. W. Knapp. n. 9.—

Thompson, S. P., die dynamoelektrischen Maschinen. Ein Handbuch f. Studierende der Elektrotechnik. 3., erweit. Aufl. Mit Genehmigg. d. Verf. übers. v. C. Grawinkel. Mit 378 in den Text gedr. Abbildgn. 6 Hfte. gr. 8. (VI, 624 S.) Halle 888. 890. Knapp. n. 23.—

— die dynamoelektrischen Maschinen. Ein Handbuch f. Studierende der Elektrotechnik. 4., sehr erweit. Aufl. Deutsche Uebersetzg. v. C. Grawinkel. 12 Hfte. gr. 8. (XVI, 748 S. m. Abbildgn. u. 29 Taf.) Ebd. 892. 893. à n. 2.—

— d. dynamoelektrischen Maschinen. E. Handbuch f. Studirende d. Elektrotechnik. 5. Aufl. Deutsche Uebersetzg. v. C. Grawinkel. Nach d. Tode d. Uebersetzers besorgt v. K. Strecker u. F. Vesper. M. 520 in d. Text gedr. Abb. u. 19 grossen Fig.-Taf. 12 Hfte. gr. 8. (IX, 790 S.) Ebd. 895—897. à Hft. n. 2.—

— dasselbe. 6. Aufl. Nach C. Grawinkel's Uebersetzg. neu bearb. v. K. Strecker u. F. Vesper. M. etwa 500 in d. Text gedr. Abb. u. etwa 19 grossen Fig.-Taf. (In 12 Hftn.) 1. Hft. gr. 8. (S. 1—64 m. 2 Taf.) Ebd. 898. n. 2.—

— die dynamoelektrischen Maschinen. Ein Handbuch f. Studirende der Elektrotechnik. 6. Aufl. Nach C. Grawinkel's Uebersetzg. neu bearb. v. K. Strecker u. F. Vesper. Mit 541 in den Text gedr. Abbildgn. u. 22 grossen Fig.-Taf. 2.—12. (Schluss-)Hft. gr. 8. (XI u. S. 65—806.) Ebd. 899—901. à n. 2.—

— die dynamoelektrischen Maschinen. Ein Handbuch f. Studierende der Elektrotechnik. 7. vollständig umgearb. u. stark verm. Aufl. Uebers. v. K. Strecker u. F. Vesper. Mit 1119 in den Text gedr. Abbildgn. u. 54 grossen Fig.-Taf. (In 22 Heften). 1.—3. Heft. (S. 1 bis 192 m. 7 Taf. u. 1 Tab.) gr. 8. Ebd. 906. à n. 2.—

— Die dynamoelektrischen Maschinen. Ein Handbuch f. Studierende der Elektrotechnik. 7., vollständig umgearb. u. stark verm. Aufl. Übers. v. K. Strecker u. F. Vesper. 4.—13. Heft. (1. Bd. XXIII u. S. 193—895 m. Abbildgn. u. 25 Taf.) gr. 8. Ebd. 906. 07. à 2.— (1. Bd., die Gleichstrommaschinen, vollst. 26.—)

Mehrphasige Elektrische Ströme und Wechselstrommotoren. Von Silvanus P[hillips] Thompson, ... Prof. ... an d. techn. Hochschule ... v. London. Autoris. deutsche Uebs. v. K[arl] Strecker. M. 171 in d. Text gedr. Abb. u. 2 Taf. *Halle a. S.: W. Knapp 1896.* (3 Bl., 250 S., 2 Taf.) 1 Bd 8. [96. 7854

— mehrphasige elektrische Ströme u. Wechselstrommotoren. 2. Aufl. Übers. v. K. Strecker u. V. Vesper. Mit zahlreichen in den Text gedr. Abbildgn. u. 15 Taf. (In ca. 10 Hftn.) 1. Hft. gr. 8. (S. 1—48 m. 2 Taf.) Ebd. 901. n. 2.—

— mehrphasige elektrische Ströme u. Wechselstrommotoren. 2. Aufl. Uebers. v. K. Strecker u. F. Vesper. Mit 395 in den Text gedr. Abbildgn. u. 15 Taf. 2. bis 10. (Schluss-)Heft. (VIII u. S. 49—546.) gr. 8. Ebd. 904. à n. 2.—

—— elementare Vorlesungen über Elektricität und Magnetismus. Autoris. deutsche Übersetzung auf Grund der neuesten [28.] Aufl. des Originals von A. Himstedt. gr. 8. (XI, 487 S.) Tübingen 887, Laupp'sche Buchh. *
geb. *

— elementare Vorlesungen üb. Elektrizität u. Magnetismus. Autor. deutsche Uebersetzg. auf Grund d. neuesten Aufl. d. Originals v. A. Himstedt. 2. Aufl. gr. 8. (VIII, 604 S. m. 283 Abb.) Tübingen 897. H. Laupp. n. 7.—; geb. n. 8.—

Thomas Thompson's (Medical Consultations on various diseases [Deutsch:]) Medicinische Rathpflege [Ratpflege] über mannigfaltige Krankheiten; aus dessen Briefen. Aus d. Engl. übers. u. mit einigen Anm. begleitet von Henrich Matthias Marcard. Leipzig: Weidmann 1779. 278 S. 8°

Thompson, Tollef B(ordsen): Skandinavischer Einfluß auf William Morris in den ersten Stadien ⟨The Earthly Paradise⟩. Berlin 1910: G. Schade. 106 S. 8°
Greifswald, Phil. Diss. v. 2. April 1910. Ref. Konrath
[Geb. 21. April 77 Evansville, Minnesota; Wohnort: Vermillion, South Dacota; Staatsangeh.: Vereinigte Staaten; Vorbildung: Indiana Univ. B. A. M. 00, Univ. of South-Dacota M. A. Sommer 04; Studium: Christiania 2, Berlin 6 S.; Rig. 27. Juli 09.] [U 10. 1645

Thompson, William

— first appendix to the Sundries. 8. Frkf. a. M. 776. (Gebhardt u. K.; a. Hermann). 1 gr

Thompson, W., (H. L. Ibbeken,) Compendium der englisch. Sprache, zum Gebr. öffentl. Vorlesungen. 8. Frankf. a. M. 775. Garbe. (Gebhardt u. K.) 16 gr

Thompson, William, empor zu Erwerb u. Vermögen, s.a. Bibliothek der praktischen Lebenskunde. 2. Bd.

Thompson, William: Empor zu Erwerb und Vermögen! Berlin: Modern-pädag. u. psycholog. Verl. [1908]. VI, 110 S. 8°
(Bibliothek d. prakt. Lebenskunde. Bd 2.)

— s. Eremit.

— engl. Grammatik. 8. Düsseld. Bärstecher, 774.

— engl. Grammatik. 8. Düsseld. 774. (Coppenrath in Münst.) 16 gr Hbg. Pr. 8 gr

Thompson, (H. L. Ibbeken), Indiana. Lstspl. 8. Frankf. 776. Brönner; auch Gebhardt u. K. 3 gr

— Klugheit in der Liebe. Singspl. 8. Ebd. 776. (Ebd.) 6 gr

— Von den geheimen Kräften in uns, s.a. Bibliothek der praktischen Lebenskunde. 1. Bd.

William **Thompson**. Von den geheimen Kräften in uns. Berlin: Modern-Pädag. u. Psycholog. Verl. [1907]. (IV, 122 S.) 8°
= **Bibliothek** d. prakt. Lebenskunde. Bd 1. [07. 10726

— original english Letters on business, duty, amusement, affections etc. gr. 8. Francf. Garbe. (Gebhardt et K. et. Hermann.) 775.

— english Miscellanies, consisting of various pieces of Divinity, Philosophy, Morals, Politicks, and History etc. II Vol. gr. 8. Gottingen, Vandenhoek. et R. 766.

— das Nöthigste der engl. Phraseologie, nebst e. grammatikal. Einleitung. 8. Manh. 780. Schwan u. G. 12 gr

— the Sundries. gr. 8. Francf. Garbe. (Gebhardt et K. et. Hermann.) 776.

Thompson, William, Untersuchung üb. die Grundsätze der Verteilg. des Reichtums zu besond. Beförderg. menschl. Glücks, s.a. Bibliothek der Volkswirtschaftslehre. XVIII.

Untersuchung über die Grundsätze der Verteilung des Reichtums zu besonderer Beförderung menschlichen Glücks (An inquiry into the principles of the distribution of wealth). Auf das neuerdings vorgeschlagene System freiwilliger Gleichheit d. Besitzes angewendet von William **Thompson**. Übers. nach d. engl. Originalausg. ⟨1824⟩ von Oswald Collmann. Nebst e. Einl.: Geschichte d. sozialist. Ideen in England von H[erbert] S[omerton] Foxwell, Prof. in Cambridge. *Berlin: R. L. Prager 1903-04.* 2 Bde 8°
— Bibliothek d. Volkswirtschaftslehre u. Gesellschaftswissenschaft. 17. 18. [04. 19914

— Wir u. die Menschen um uns, s.a. Bibliothek der prakt. Lebenskunde. 3. Bd.

Thompson, William: Wir und die Menschen um uns. Berlin: Modern-pädag. u. psycholog. Verl. [1908]. VI, 109 S. 8°
(Bibliothek d. prakt. Lebenskunde. Bd 3.)

Thoms, Carl, s. Thoms, Karl

Thoms, Georg

Thoms, Geo., allgemeine land- u. forstwirthschaftliche Ausstellung, Wien, 1890. Erläuterungsbericht zu den v. der Versuchsstation am Polytechnikum zu Riga ausgestellten Wand-Taf. I. u. II. Ein Beitrag zur Bonitirg. der Ackererden auf Grund chem. u. mechan. Bodenanalysen. gr. 8. (14 S. m. 2 lith. Tab.) Riga 890. (Stieda.) n. — 80

Thoms, G., Beitrag zur Kenntniß des Phosphorsäure-Gehalts baltischer Ackerböden und Torfarten. [Aus dem Laboratorium der Versuchsstation Riga.] gr. 8. (33 S. mit 2 Tab.) Riga 883, Deubner. *
Aus: Baltische Wochenschrift, besonders abgedruckt.

— Bericht üb. die Ergebnisse d. vergleichenden 3 jähr. Düngungsversuches zu Roggen im 1., Gerste im 2. u. Hafer im 3. Jahre. 1. u. 2. Jahr. [Aus: „Balt. Wochenschrift f. Landwirthschaft, Gewerbfleiß u. Handel".] gr. 8. Ebd. n. 1. 80
1. Roggen. (37 S. m. 2 Tab.) 888. n. 1. 20
2. Gerste. (25 S. m. 2 Tab.) 890. n. — 60

Thoms, G., Bericht üb. die Ergebnisse d. vergleichenden 3 jährigen Düngungsversuches zu Roggen im 1., Gerste im 2. u. Hafer im 3. Jahre. Drittes Jahr: Hafer. [Aus: „Balt. Wochenschr. f. Landwirtschaft".] gr. 8. (32 S. m. 5 Tab.) Riga 890. A. Stieda. n. 1. —
(1—3.: n. 2. 80)

— offener Brief an die Redaction der baltischen Wochenschrift. Erwiderung auf die „Bemerkgn." der Firma P. v. Dyk's Nachfolger üb. „die Ergebnisse der Dünger-Controle 1881/82". [Baltische Wochenschrift Nr. 21 vom 27. Mai 1882.] [Aus: „Balt. Wochenschr."] gr. 8. (48 S.) [Dorpat 882.] Riga, A. Stieda. n. 1. 20

Thoms, G., die künstlichen Düngemittel. Anleitung zum Gebrauche derselben in den Ostseeprovinzen, nebst Bericht über die Ergebnisse der Dünger-Controle 1879 bis 80 u. 2 Abhandlungen: 1. Treiben wir Raubbau mit Anwendung der künstlichen Düngemittel? 2. Bemerkungen zu einheimischen Düngungsversuchen. gr. 8. (90 S. m. 1 Tab.) Dorpat 881. (Riga, Stieda.) n. 1. 40

Thoms, G., über Dünger-Controle. Vortrag, gehalten am 15. Mai 1878 in der 96. Sitzung der gemeinnütz. und landwirthschaftlichen Gesellschaft für Süd-Livland. gr. 8. (54 S.) Riga 878, Deubner. **

— die Ergebnisse der Dünger-Kontrole. 4.—17. Bericht. Mit je 1 Tab. [Aus: „Balt. Wochenschr."] gr. 8. Ebd. n. 10. 50
4. 1880/81. (15 S.) 881. n. — 50. — 5. 1881/82. (14 S.) 882. n. — 50. — 6. 1882/83. (12 S.) 883. n. — 50. — 7. 1883/84. (11 S.) 884. n. — 50. — 8. 1884/85. (15 S.) 885. n. — 50. — 9. 1885/86. (20 S.) 886. n. — 50. — 10. 1886/87. (21 S.) 887. n. — 60. — 11. 1887/88. (15 S.) 888. n. — 50. — 12. 1888/89. (30 S.) 889. n. — 80. — 13. 1889/90. (33 S.) 890. n. — 80. — 14. 1890/91. (58 S.) 891. n. 1. 20. — 15. 1891/92. (39 S.) 892. n. — 80. — 16. 1892/93. (45 S.) 893. n. 1. 20. — 17. 1893/94. (69 S.) 894. n. 1. 60.

Thoms, George, die Ergebnisse der Dünger-Kontrole 1894/95. 18. Bericht. [Aus: „Balt. Wochenschr."] gr. 8. (58 S. m. 1 Tab.) Riga 895. A. Stieda. n. 1. 20

— dasselbe 1895/96. 19. Bericht. [Aus: „Balt. Wochenschr."] gr. 8. (83 S. m. 1 Tab.) Ebd. 896. n. 2. —

— dasselbe 1896/97. 20. Bericht. [Aus: „Balt. Wochenschr."] gr. 8. (90 S. m. 1 Tab.) Ebd. 897. n. 1. 80

Thoms, Geo., die Ergebnisse der Dünger-Kontrole 1897/98—1900/1901. 21.—24. Bericht. gr. 8. Riga, Jonck & Poliewsky. n. 5. 60
21. (90 S. m. 1 Tab.) 898. n. 2. —
22. (50 S. m. 1 Tab.) 900. n. 1. 20
23. (56 S. m. 1 Tab.) 901. n. 1. 20
24. (55 S. m. 1 Tab.) 902. n. 1. 20
4 Sonderabdrucke aus: „Balt. Wochenschrift f. Landwirthsch."

Thoms, G., die Ergebnisse der Dünger-Kontrole 1901/1902. 25. Bericht. (59 S. m. 1 Tab.) gr. 8. Riga 902. (Jonck & Poliewsky.) n. 1. 20
Sonderabdruck aus: „Balt. Wochenschr. für Landwirtsch., Gewerbefleiß u. Handel".

— über die neuesten Fortschritte auf dem Gebiete der Spiritusfabrikation. Vortrag, gehalten bei der Feier des 23. Stiftungstages des technischen Vereins zu Riga am 17. Jan. 1881. [Aus: „Rig. Industrie-Zeitg."] gr. 8. (22 S.) Riga 881. Stieda. n. 1. —

— zur Kleeseidefrage u. aus der Samen-Controlstation am Polytechnikum zu Riga. gr. 8. (33 S. m. 1 Tab.) Riga 884. (Stieda.) n. 1. 20
Aus: Baltische Wochenschrift, besonders abgedruckt.

— über e. in den Ostseeprovinzen auszuführende Phosphorsäure-Enquête. Vortrag, geh. in der öffentl. Sitzg. der kaiserl. livländ. gemeinnütz. u. ökonom. Societät, zu Dorpat am 13. Jan. 1884. [Aus: „Balt. Wochenschr."] gr. 8. (12 S.) Ebd. 884. n. — 50

Thoms, G., die Prüfung der Hefe nach der Methode des Hrn. Dr. Meißl. gr. 8. (15 S. mit 1 Tab.) Riga 886, Stieda. *
Aus: Baltische Wochenschrift, besonders abgedruckt.

— Randbemerkungen zu dem Artikel „Ueber Bearbeitung u. Düngung d. Bodens" in Nr. 16 der baltischen Wochenschrift vom 19 Apr. 1884. Eine oratio pro agris im Interesse richt. Werthschätzg. der käufl. Beidünger [künstl. Düngemittel]. [Aus: „Balt. Wochenschr."] gr. 8. (15 S.) Ebd. 884. n. — 50

— ein Roggen- u. e. Kartoffel-Düngungs-Versuch. Mittheilung aus der Praxis. [Aus: „Balt. Wochenschr."] gr. 8. (12 S.) Ebd. 885. n. — 50

—— die landwirthschaftlich-chemische Versuchsstation am Polytechnikum zu Riga. Bericht über die Thätigkeit in den J. 1872/73 und 1873/74 [mit einem Anhang]. 1. Lfg. gr. 8. (V, 59 S.) Ebendas. 875. *

—— dass. — Bericht über die Thätigkeit in den J. 1874/75 und 1875/76. Im Anhang verschiedene Arbeiten aus dem Laboratorium der Versuchsstation, der Tarif der Versuchsstation und der Wortlaut des mit den Riga'schen Händlern in Kunst-Düngern [zum Schutze des Düngerhandels] abgeschlossenen Vertrages. 2. Lfg. gr. 8. (VI, 74 S.) Ebendas. 877. *

Thoms, G., die landwirthschaftl.-chemische Versuchsstation am Polytechnikum zu Riga. Bericht über die Thätigkeit in den Jahren 1874/75 u. 1875/76. Im Anhang verschiedene Arbeiten aus dem Laboratorium der Versuchsstation, der Tarif der Versuchsstation u. der Wortlaut des mit den Riga'schen Händlern in Kunst-Düngern [zum Schutze des Düngerhandels] abgeschlossenen Vertrages. 2. Lfg. gr. 8. (VI, 74 S.) Riga 877. Deubner. n. 2. —

—— die landwirthschaftlich-chemische Versuchs- und Samen-Control-Station am Polytechnikum zu Riga. Bericht über deren Thätigkeit. 3.—5. Heft. gr. 8. [Berlin 882, Parey.] Riga, Deubner. [3. Heft. 1876/77 und 1877/78. (VII, 229 S.) 879. *ℳ 3.; 4. Heft. 1878/79, 1879/80 und 1880/81. (VIII, 272 S.) 882. *ℳ 6.; 5. Heft. 1881/82. (XII, 56 S.) 883. *ℳ 2.] *
1. und 2. Heft. Riga 1875,77, Deubner. *ℳ 3.

— die landwirthschaftlich-chemische Versuchs- u. Samen-Control-Station am Polytechnikum zu Riga. Bericht üb. deren Thätigkeit in den J. 1882/83, 1883/84, 1884/85 u. 1885/86. Im Anh. befinden sich, neben anderen Arbeiten aus dem Laboratorium der Versuchsstation, die Ergebnisse e. im Süden Kurlands ausgeführten Probe-Agrar-[Phosphorsäure-] Enquête, enth. e. Verfahren, die Qualität der betreff. Culturböden aus den Resultaten der chem. u. mechan. Boden-Analyse abzuleiten. 6. Hft. gr. 8. (VII, 282 S. m. Tab.) Riga 887. Deubner. n. 8. 50 (1—6.: n. 22. 50.)

— die landwirthschaftlich-chemische Versuchs- u. Samen-Control-Station am Polytechnikum zu Riga. 7. Hft. Bericht üb. die Thätigkeit der Versuchsstation in den J. 1886/87—1889/90. Im Anh.: Ergebnisse der Dünger-Controle 1886/87 — 1889/90; Zur Qualität nach Riga importirten Thomasmehles; Düngungsversuch zu Roggen, Gerste, Hafer; Landwirthschaftl. Ausstellg. in Drontheim; Bestimmung der Qualität v. Culturböden durch Bodenanalysen; Die Böden v. Schloss-Lemsal, Forstei-Lemsal u. Forstei-Wilkenhof. In wie weit lässt chem. Bodenanalyse das Düngebedürfniss d. Bodens erkennen; Bonitirung der Ackererden auf Grund von Bodenanalysen; H. F. Weber; H. v. Bretfeld; E. Heiden; Tarif der Versuchsstationen Riga. Aufl. V. gr. 8. (XXIX, 337 S. m. Tab. u. graph. Taf.) Riga 891. J. Deubner. n. 6. — (1—7.: n. 28. 50)

— d. landwirthschaftlich-chemische Versuchs- u. Samen-Control-Station am Polytechnikum zu Riga. 8. u. 9. Hft. gr. 8. Riga, J. Deubner. n.n. 10. — (1.—9.: n.n. 38. 50)
8. Bericht üb. die Thätigkeit der Versuchsstation in den J. 1890/91—1892/93. Im Anh.: Ergebnisse d. Dünger-Controle 1890/91—1892/93; Ein Beitrag zur Frage der zweckmäss. Reinigg. d. Städte unt. spec. Berücksicht. Riga's; Stallmist u. Kunstdünger; Zur Kleeseide-Gefahr; Vorsicht beim Einkaufe von Kleie; Ein verdächt. Futtermittel; Butterfälschg.; Fälschg. v. saurem Rahm; Die anorgan. Bestandtheile der Futtermittel; Zur Werthschätzung der Ackererden, Mitth. II.; Die 1. kurl. Enquête-Reise; Die 2. kurl. Enquête-Reise; Das landw. Versuchs- u. Unterrichts-Wesen d. Verein. Staaten Amerikas (Reise-Bericht); Tarif d. Versuchsstation Riga, Aufl. VI. (VII, 386 S. m. Tab.) 895. n.n. 4. —
9. Bericht üb. die Thätigkeit der Versuchsstation in den J. 1893/94—1896/97. Im Anh.: Ergebnisse d. Dünger-Controle 1893/94—1896/97; Materialien z. livländ. u. kurländ. Agrar-(Phosphorsäure)-Enquête; Wie ist der hohe Gehalt an Eisen resp. Eisenoxyd in der Asche v. Trapa natans zu erklären? Zur Begründg. e. Untersuchungsamtes f. Nahrungs- u. Genussmittel in Riga; Gustav Kieseritzky †, Rede an seinem Grabe; Tarif d. Versuchsstation, VII. Aufl. (XLI, 456 S.) 898. n.n. 6. —

— die landwirthschaftlich-chemische Versuchs- u. Samen-Control-Station am Polytechnikum zu Riga. 10. Hft. gr. 8. Riga, J. Deubner. n.n. 4. —
Bericht über die Thätigkeit der Versuchsstation in den J. 1897/1898—1899/1900. Nebst e. Inhaltsverzeichniss der Lief. I—III u. der Hefte IV—IX der Versuchsstation. Im Anh.: Die Bedeutung des Chilisalpeters f. die balt. Landwirthschaft; die Ergebnisse der Dünger-Controle 1897/98 u. 1898/99; Analyse des Holzes u. der Asche v. Taxus baccata; Tarif der Versuchsstation, Aufl. VII. (XVI, 258 S.) 901.

Thoms, G., Vorschläge zur Verknüpfung e. Brauerei-Versuchsstation m. der bestehenden landw.-chem. Versuchs- u. Samen-Control-Station am Polytechnikum zu Riga. Vorgetragen in e. Versammlg. Rigascher Brauereibesitzer am 18. Mai 1884. [Aus: „Balt. Wochenschr."] gr. 8. (22 S.) Riga 884. A. Stieda. n. — 50

—— das Wasser in der Bierbrauerei. gr. 8. (34 S. mit 1 Tab.) Riga 878. (Berlin, Parey.) *

— das Wasser in der Bierbrauerei. [Aus: „Rig. Industrie-Zeitg.“] gr. 8. (34 S. m. 1 Tab.) Riga. Ebend. 878. n. — 50

— zur Werthschätzung der Ackererden auf naturwissenschaftlich-statistischer Grundlage. I. Mittheilg. Erläutert an den Ergebnissen e. Probe-Agrar-(Phosphorsäure-)Enquête der Versuchsstation am Polytechnikum zu Riga. Diss. gr. 8. (IV, 88 S. m. 11 Tab.) Riga 888. (Jurjew [Dorpat], E. J. Karow.) n. 2. —

— dasselbe. II. Mittheilg. Erläutert an den Ergebnissen v. 284 Bodenanalysen, welche im Interesse e. 47 Landgüter d. Dorpater Kreises — Gouvernement Livland — umfass. Agrar-(Phosphorsäure-)Enquête im Laboratorium der landw.-chem. Versuchsstation am Polytechnikum zu Riga ausgeführt wurden. gr. 4. (VIII, 122 S.) Riga 893. A. Stieda. n. 7. —

— zur Werthschätzung der Ackererden auf naturwissenschaftlich-statistischer Grundlage. III. Mittheilg. Erläutert an den Analysen v. 234 Bodenproben, welche 39 Landgütern gelegentlich der in den J. 1893, 1894 u. 1895 ausgeführten kurländ. Enquête-Reisen entnommen wurden. Mit e. Enquête-Karte Kurlands u. 6 graph. Taf. gr. 4. (VIII, 115 S.) Riga 900. N. Kymmel's Sort. n. 9. —; (I—III n. 18. —)

Thoms, Heinrich

Thoms, Heinrich

Thoms, *Georg* Heinrich [aus Hannover]: Untersuchungen über Bau, Wachsthum und Entwicklung des Hufes der Artiodactylen insbes. d. Sus scrofa ... Karlsruhe '(Baden)', Verl. d. »Deutsch. Thierärztl. Wochenschr.«, 1896; 95 S., 2 Bl., 1 Taf. 8.
Leipzig, Phil. Fak., Inaug.-Diss. v. [4. März] 1897

Thoms, Henry Eduard, a. Riga: Die Entstehung der Zünfte in Hildesheim. Ein Beitrag zur Geschichte des Zunftwesens. Braunschweig 1908: A. Limbach. (89 S.) 8°
Leipzig, Phil. Fak., Ref. Seeliger-Stieda, Diss. v. 18. Jan. 1908
[Geb. 10. Jan. 79 Riga; Wohnort: Braunschweig; Staatsangeh.: Rußland; Vorbildung: Dr. Wiedemanns Gymn. Petersburg Reife Mai 00; Studium: Berlin 2, Freiburg i. B. 1, Leipzig 7 S.]

Thoms, Henry Eduard, die Entstehung der Zünfte in Hildesheim. Ein Beitrag zur Geschichte des Zunftwesens. (IV, 89 S.) gr. 8. Braunschweig 908. F. Wagner. 2. 50

Thoms, Herm., s.: Arbeiten aus dem pharmazeutischen Institut der Universität Berlin.

Thoms, H., Arbeiten aus dem pharmazeutischen Institut der Universität Berlin. 3. Bd. Umfassend die Arbeiten des Jahres 1905. Gr.-8°. (ill. V, 334 S. mit 1 Tabelle) K 8.40
Wien: Urban & Schwarzenberg 1906.

Thoms, H., Arbeiten aus dem Pharmazeutischen Institut der Universität Berlin. 4. Bd. Gr.-8°. (ill. XII, 340 S. u. 6 Tafeln)
Wien: Urban & Schwarzenberg 1907. K 8.40

Thoms, H., Arbeiten aus dem pharmazeutischen Institut der Universität Berlin. 5. Bd. Gr.-8°. (ill. X, 340 S.)
Wien: Urban & Schwarzenberg 1908. K 8.40, geb. K 10.50

Thoms, H.: Arbeiten aus dem Pharmazeutischen Institut der Universität Berlin. VII. Bd. Gr.-8° (ill. VIII, 312 S.)
Wien: Urban & Schwarzenberg 1910.

Thoms, H., s. Archiv der Pharmacie, Gesammt-Verzeichniss des Inhalts.

Thoms, Herm., die Arzneimittel der organischen Chemie. Für Aerzte, Apotheker u. Chemiker bearb. qu. 12. (VII, 174 S.) Berlin 894. J. Springer. Geb. in Leinw. n. 3. 60

— die Arzneimittel der organ. Chemie. Für Aerzte, Apotheker u. Chemiker bearb. 2., verm. Aufl. Lex.-8. (VI, 157 S.) Berlin 897. J. Springer. Geb. in Leinw. n. 6. —

Thoms, Herm., üb. d. Aufgaben u. Grenzen d. wissenschaftl. Pharmacie. (Habilitationsvorlesg.) [Aus: „Berichte der pharmaceut. Gesellsch.“] gr. 8. (11 S.) Berlin 895. R. Gaertner. n. — 40

Thoms, Hermann [aus Neustrelitz]: Über den Bitterstoff der Kalmuswurzel .... Halle a/S., Buchdr. d. Waisenhauses, 1886; 19 S. 8°.
Erlangen, Phil. Fak., Inaug.-Diss. v. 1886.

Thoms, Hermann, über den Bitterstoff der Kalmuswurzel. Diss. Erlangen 1886, Th. Blaesing. 8°. 19 S.

Thoms, Herm., Einführung in die praktische Nahrungsmittelchemie. Mit e. Anh.: Botanisch-mikroskopischer Tl., bearb. v. Ernst Gilg. gr. 8. (VIII, 415 S. m. 115 Abb.) Leipzig 899. S. Hirzel. Geb. in Leinw. n. 9. —

Thoms, H., Gesammt-Verzeichniss der Inhalte, s.: Archiv der Pharmacie.

Das Pharmazeutische Institut der Universität Berlin. Hrsg. ... von Prof. Dr. Hermann Thoms. Mit 48 Abb. Berlin: Borntraeger 1910. VI, 134 S. quer-8°(4°) [11. 14.] 11

— Über Mohnbau u. Opiumgewinnung. (60 S. m. 6 Taf.) Lex. 8. Berlin 907. Gebr. Borntraeger. 4. —
Sonderabdr. aus: „Berichte d. deut. pharmazeut. Gesellschaft“.

— s.: Real-Encyklopädie der gesamten Pharmazie.

Thoms, Herm., s.: Schule der Pharmacie.

— die Strophanthus-Frage, s.: Gilg, E.

— Studienplan f. Pharmaceuten an d. kgl. Friedrich-Wilhelms-Universität zu Berlin. hoch 4. (11 S.) Berlin 896. J. Springer. n.n. — 30

— Waarenkunde, s.: Schule der Pharmacie.

Thoms, J. De significatione praepositionum in verbis compositis ling. lat. P. I. 8 S. . . . .
Greifswald, Progr. 1838

Thoms: Über die Wichtigkeit des phraseologischen Elements im lateinischen Unterrichte und über Einrichtung und Benützung phraseologischer Sammlungen. 20 S. – Greifswald, Progr. 1861.

Thoms, J., über die Wichtigkeit des phraseologischen Elementes im lateinischen Unterrichte und über Einrichtung und Benutzung phraseolog. Sammlungen. gr. 4. (20 S.) Greifswald 861, (Koch's Verlag.) *

Thoms, J. F., Phylarchus I. De Phylarchi vita et scriptis. Diss. 1835. 49 S. 1.20

Thoms, J. H. F., kurze theoret.-prakt. Anweisung z. Erziehung, Pflanzung, Veredlung u. Behandlung d. Obstbäume u. d. Weinstocks. 8. (4 B. u. 1 Stnt.) Sternberg 835. (Wismar, Schmidt u. v. Cossel's Rathsbuchh.)

Thoms, Karl

Thoms, Carl [Arzt aus Tönning]: Über Oberschenkelexarticulationen m. bes. Berücks. v. neun durch Hrn Prof. Riedel operierten Fällen ... Jena, G. Neuenhahn Univ.-Buchdr., 1893; 40 S., 1 Bl. 8.
Jena, Med. Fak., Inaug.-Diss. v. [14. Sept.] 1893

Thoms, Paul, appr. Tierarzt a. Amalienhof, Kreis Kammin: Aus dem Veterinärinstitut der Universität Leipzig ⟨Prof. Dr. Eber⟩. Der ansteckende Scheidenkatarrh der Rinder unter besonderer Berücksichtigung der patholog.-histologischen Veränderungen der Scheidenschleimhaut. Stuttgart 1905: Union. (22 S.) 8° ¶ Aus: Monatshefte f. prakt. Tierheilkunde. Bd 17.
Leipzig, Phil. Fak., Ref. Eber, Chun, Diss. v. 22. Jan. 1906
[Geb. 22. April 78 Amalienhof; Wohnort: Gollnow; Staatsangeh.: Preußen; Vorbildung: Gymn. Stettin Primareife O. 98; Tierärztl. Approb. Berlin Dez. 02; Studium: München 1, Berlin 3, Leipzig 3 S.; Rig. 24. Juli 05.]

Thoms, William, Unentbehrliches f. Wagen- u. Pferdebesitzer. 1) Verfertigung des ächten engl. Maschinen- oder Achsenfettes. 2) Bereitung d. russ. Lederlackes. 1 versiegeltes Couvert. London u. Petersburg 837. (Ulm, Rübling.) 1/4 ℛ — 2e Aufl. 838. 1/4 ℛ

Thoms, Will. J., s. Sagen u. Mährchen, altengl.

Thomsberger, Paul, Usancen d. Berliner Fonds-Börse, s.: Schneider, A.

Thomschke, Johannes, approb. Arzt aus Wilzsch b. Karlsfeld: Extrauterinschwangerschaft mit Steinkindbildung. *Leipzig 1901: B. Georgi.* (31 S.) 8°
Leipzig, Med. Diss. v. (14. Febr.) 1901

Thomsdorf [Schlagwort]

Thomsdorf, s.: Geologische Karten. Preussen 67.

Thomsen, Gesammtbericht üb. die Thätigkeit d. deutschen Juristentags in den 25 Jahren seines Bestehens 1860—1885. Jubiläumsschrift, im Auftrage der ständ. Deputation verf. gr. 8. (VI, 240 S.) Berlin 885. (Guttentag.) n. 4. 50

Thomsen, alter u. neuer Glaube, ist der Unterschied wirklich so groß?, s.: Zeugnisse, neue, f. alte Wahrheiten. 1. Hft.

Thomsen, Adolf Theodor

Thomsen, A. T., Beitrag zur Lösung der Finanz- u. Steuerfragen der Herzogthümer Schleswig u. Holstein, sowohl der mit Dänemark gemeinsamen, als auch der besonderen. Itzehoe 859. (Flensburg, Herzbruch.) 8. (36 S.) n. 4 ngr.

—— Sendschreiben an den Herrn Prof. Fenger in Kopenhagen. Die Uebereinstimmung dessen, was im Reichsrath der dän. Monarchie und der Provinzialständeversammlung des Herzogthums Schleswig hinsichtl. der Ausschreibung außerordentl. Steuern vorgekommen ist, betr. gr. 8. (24 S.) Itzehoe 858. (Flensburg, Herzbruch.)

Thomsen-Oldenswort, A. T., die Steuern der Herzogthümer Schleswig-Holstein u. d. preußischen Staats. gr. 8. (146 S.) Kiel 867. H. Eckardt's Verl. n. 2. 40

Thomsen-Oldenswort, A. T., über Schleswig-Holsteins und Preußens Steuersystem. Ein Wort zur Abwehr. gr. 8. (29 S.) Kiel 867, Schwers'sche Buchh.

Thomsen, Andr., criminalpolitische Bekämpfungsmethoden. gr. 8. (VI, 196 S.) Berlin 893. J. Guttentag. n. 4. 50

Betrachtungen über ein Sammeln der verbrecherischen Motive nebst e. Vorschlage, das Motiv mit in d. Strafurteil aufzunehmen. Von Andreas Thomson, Privatd. zu Kiel. (Als Ms. gedr.) *Berlin [1897]: (L. Simion).* (35 S.) 8° [F.]
[Aus: Zeitschrift f. d. ges. Strafrechtswiss. Bd 17.] [04. 9031 6

Thomsen, Andr., Führer durch die Gerichtssäle. Ein Leitfaden f. Studierende u. Referendare zur Beobachtg. der mündl. Verhandlungen. I. u. II. Hft. 12. Berlin, Struppe & Winckler. n. 3. 50; geb. in Leinw. n. 4. 50
I. Civilprozess. (X, 96 S.) 899. n. 2. —; geb. n. 2. 50
II. Strafprozess. (VIII, 92 S.) 900. n. 1. 50; geb. n. 2. —

Thomsen, Andr., Grundriss des deutsch. Verbrechensbekämpfungsrechtes (enth. das deutsche Straf- u. sonstige Bekämpfungs-Recht). (VIII, XLIII, 38 S.) gr. 8. Berlin 905. Struppe & Winckler. n. 1. —

— dasselbe. Besonderer Tl. (S. 40—104.) gr. 8. Ebd. 906. n. 1. —; m. dem allgemeinen Tl. in 1 Leinw-Bd. n. 2. 60

— das deutsche Strafrecht. Allgemeiner Tl. Vorlesgn., geh. an der Universität München. (XX, 207 S.) gr. 8. Ebd. 906. n. 4. —

Thomsen, Andr., das deutsche Strafrecht. Besonderer Tl. Vorlesungen, geh. an der Universität Münster. (S. 209—579.) gr. 8. Berlin 907. Struppe & Winckler. 5.— (Vollst. 9. —)

— Untersuchungen üb. den Begriff des Verbrechensmotivs. gr. 8. (VIII, 354 S.) München 902. C. H. Beck. n. 8. —

Thomsen, Andr., üb. d. Versuch d. durch e. Folge qualifizirten Delikte. gr. 8. (VII, 202 S.) Kiel 895. Lipsius & Tischer. n. 4. —

— Wörterbuch der terminologisch schwierigen Begriffe des Strafrechts. Ein Hülfsbuch f. Studierende zum Nachschlagen sowie zur Präparation u. sonst. Unterstützg. der Vorlesg. 8. (VIII, 86 S. m. 1 Tab.) Berlin 899. Struppe & Winckler. n. 1. 50; geb. in Leinw. n. 2. —; u. durchsch. n. 2. 40

Unsoziale Einrichtungen in der evangelischen Kirche. Ein ernstes Wort in ernster Zeit. Vortrag von Pastor [Andreas Friedrich Uwe Lorenz] **Thomsen**, Hennstedt, geh. Heide, 1. Juli 1907 ... Lunden 1907: H. Timm. (20 S.) 8° [Umschlagt. F.] [08. 4780 8

— lasset uns wirken, so lange es Tag ist! Ein Aufruf an die Gemeinden zu gemeinsamer Arbeit. Ein Vortrag, geh. auf der Münsterdorfer Propsteisynode 1892. gr. 8. (16 S.) Ebd. 893. n. — 25

Thomsen, Andr. Frdr. Uwe Lor., lewer duad üs Slaw! (Lieber todt als Sclav'!) Eine Gedenkschrift zum 100jähr. Geburtstag Uwe Jens Lornsen's. gr. 8. (38 S. m. Bildnis.) Itzehoe 893. (A. Nusser.) n. — 50

Thomsen, Aug., siehe: Jahrbuch f. Pferdezucht.

Thomsen, Aug., (Privat-Stallmstr.,) die Reitkunst, in ihrer allgemeinen pract. Anwendung, nebst einer Lehre über die Verpflegung u. Abwartung des Pferdes. gr. 12. Berlin 846, Herbig. 1 1/4 ℛ

Thomsen A.: Die Reitkunst in ihrer allgemeinen prakt. Anwendung. Nebst einer Lehre üb. die Verpflegung u. Abwartung d. Pferdes. Berl. 1846. 320 S.

Rasse- und Nutzzucht. ⟨Inzucht und Kreuzung.⟩ Thomsen contra Cremat! Ein Beitrag zur Wertung der Rassezucht v. B. Thomsen. Eckernförde. 1903. 8° [Umschlagt.]

Thomsen, C., griechisches Elementarbuch für Anfänger. Flensburg 857. (Leipzig, A. Dürr.) 8. (2 Bl., 102 S.) nn. 12 ngr.

Thomsen, C., griechisches Elementarbuch für Anfänger. 8. (III und 102 S.) Flensburg 857. (Leipzig, Lorck.)

Thomsen, C., Versuch e. faßl. Anleit. zur theoret. Arithmetik. 16 Hft. 8. Lübeck 825. v. Rohden. 6 gl

Thomsen, C. N. T. H., s. Thomsen, Christian Nikolaus Theodor Heinrich

Thomsen, Carl, s. Thomsen, Karl

THOMSEN, C[HR.], Darstellung und Entwickelung der arithmetischen Reihen. Oldenburg. 1831. P.

Thomsen, Chrn., kurzgefaßte Geographie. Ein Lernbuch für die Hand der Schüler in Volksschulen. 8. (III, 87 S.) Leipzig 879, [Mentzel.] A. Krüger. cart. *

Thomsen, Christian Nikolaus Theodor Heinrich

Thomsen, C. N. T. H., die Schleiermacher'sche philosoph. Grundansicht, dargest. u. erörtert. gr. 8. (5½ B.) Kiel 840, Universität-Buchh.
Aus: Theolog. Mitarbeiten, 3. Jahrg. 3. Hft., besond. abgedruckt.

Thomsen, C. N. T. H., imago Christiani III. restitutionis sacrorum nostrorum egregii tutoris et adjutoris. Oratio, qua in sollemnibus Regis Friderici VII. natalitiis die VI. m. Oct. ab Academia Christiana Albertina celebratis etc. vota publica nuncupavit. Kiliae 854. (Akademische Buchhdlg.) 4. (9 S.) n. 3 ngr.

Thomsen, C. N. T. H., Systematis Leibnitiani, in philosophia maxime, expositio quaedam, ratione inprimis habita quaestionis, num alia esoterica, alia exoterica habuerit vir ille dogmata. Adjectae sunt theses. 4. (25½ B.) Slesvici 832. (Hamburgi, Perthes-Besser et Mauke.)

Thomsen, Christian Otto, approb. Arzt aus Dresden: Gleichzeitiges Vorkommen von Carcinom des Uteruskörpers und der Portio vaginalis. *Leipzig 1903: H. Georgi.* (22 S.) 8°
Leipzig, Med. Diss. v. 5. März 1903

Thaulow-Museum. Ausstellung der Spitzen-Sammlung von Frau Clarita Thomsen, Kiel. Kiel [1905]: L. Handorff. (23 S.) 8° [05.10046]

Das flammende Herz (v. C. T.) [d. i.: Frau Clarita Thomsen geb. Scholvien]. o. O. (Hamburg) u. J. 8°.

Der Königssohn (v. C. T. [d. i.: Frau Clarita Thomsen geb. Scholvien]. Hamburg). o. J.

Märchen. [Verf.: (C)larita (T)homsen.] o. O. u. J. [Umschlagt.]

Das Märchen von Battaglia (v. C. T. [d. i.: Frau Clarita Thomsen geb. Scholvien]). o. O. (Hamburg) u. J. 8°.

Meeresleuchten, ein Seemährchen (v. C. T. [d. i.: Frau Clarita Thomsen geb. Scholvien]). Hamburg. o. J. 8°.

Thomsen, Claus, s. Thomsen, Klaus

Thomsen, Cordt Adolph Christian (Holstein) A. S. 151/34

Dissertatio de iure naturae veterum Germanorum. Präs. Johann Ernst Walch. Jena (Schill) 15. V. 1756. 40 S.

W. v.: Präs. 34424

Thomsen, Ewald [aus Flensburg]: Über die Bedeutungsentwicklung der Scheidewörter des Französischen. . . . Kiel, Druck v. Schmidt & Klaunig, 1890: 65 + 1 S. + 1 Bl. 8°
Kiel, Phil. Fak., Inaug.-Diss. v. 7. März 1890

Thomsen, Friedrich, Medizinal-Praktikant am Herzogl. Landkrankenhaus zu Gotha: Aus d. Frauenklinik d. Univ. Jena. Über Dauer-Resultate nach Prolaps-Operationen. Gotha 1907: J. W. Lang. (56 S.) 8°
Jena, Med. Fak., Ref. Franz, Diss. v. 5. Febr. 1908
[Geb. 22. April 74 Dresden; Wohnort: Dresden; Staatsangeh.: Sachsen; Vorbildung: Gymn. Leipzig Reife O. 93; Studium: Leipzig 3, Kiel 2, Leipzig 1, Berlin 1, Göttingen 1, Greifswald 4 S.; Coll. 19. Dez. 07; Approb. 5. Febr. 08.]

Thomsen, Friedr. (geb. Tonning 28. 4. 1843): Geschichte der Lineanextraction des grauen Staars. Berlin (1868). (32 S.) 8°
Berlin, Med. Diss. v. 11. Juli 1868

Strand- und Haide-Bilder harmloser Stunden. [Verf.: (Friedrich C. Thomas) d. i.: Friedrich C. Thomsen]. Mit 1 Anhange und 1 Ansicht der Kirche zu Lügumkloster. Altona. 1846. 8°

Thomsen, G.. die engl.-franz. Garantie des Herzogth. Schleswigs, siehe: Fragmente, antischleswigholsteinische. 3. Hft.

Die englisch-französische Garantie des Herzogthums Schleswig, im Jahre 1720 der Krone Dänemark geleistet, erörtert v. Grimur Thomsen. A. d. Dän. übers. v. A. Courlaender. Kopenhagen. 1848. = Antischleswigholsteinische Fragmente. Heft 3. 8°.

Thomsen, H., Küchengarten-Büchlein, oder Rathschläge für Unkundige beim Gemüsebau. 8. Itzehoe 843. (Heide, Dithmarscher Buchh.) n. 6 ngl (3 B)

Thomsen, H., Küchengarten-Büchlein, od. Rathschläge f. Unkundige im Gemüsebau. 8. Itzehoe, 1843. (Heide, Pauly.) — 7½

Thomsen, H. Die rechtliche Willensbestimmung. Kiel 1882.

Thomsen, Hans Lausten, aus Roost (Nordschlesw.): Über irreponible Schultergelenksluxationen mit besonderer Berücksichtigung der von Dollinger angegebenen Behandlungsmethode. *Freiburg i. B.: Speyer & Kaerner 1904.* (20 S.) 8°
Freiburg i. B., Med. Diss. v. 1904

Thomsen, Hans Lausten, über irreponible Schultergelenksluxationen m. besonderer Berücksicht. der von Dollinger angebenen Behandlungsmethode. Diss. (25 S.) gr. 8. Freiburg i/B. 904. Speyer & Kaerner. n. — 80

THOMSEN, H[EINR.] C[HR.], De magna inter scirrhi et tuberculorum symptomata et indolem similitudine nonnulla. Diss. inaug. Kiliae. 1835. 4. P.

Thomsen, Heinrich Friedrich Julius

— Bemerkungen über die salz- und schwefelhaltigen Bäder zu Oldesloe. (Aus den Hamburger wöchentl. Nachrichten abgedruckt). Segeberg. 1833. P.

THOMSEN, [HEINR. FRIEDR.] JUL., Nonnulla de frigoris vi et frigidis in febre scarlatina adhibendis superfusionibus. Diss. inaug. med. Kiliæ. 1831. P.

Thomsen, J.

— Das Phänomen d. Affinität nach Multiplen gemeinschaftlicher Constanten. (Berl. 1872). (12) S. (Særtr.). P.

— [Særtryk]. P.
(Chemische Energie u. electromotorische Kraft verschiedener galvanischer Combinationen. Leipz. 1880. 24 S. — Die Constitution d. Benzols. Leipz. 1880. 6 S. — Ueber die Beziehung zwischen der Verbrennungswärme organischer Verbindungen u. der Konstitution derselben. (1)–2. (Leipz. 1887–91). (23) S. — Om den sandsynligste Størrelse af Atomvægtene for de af Stas undersøgte Grundstoffer. (Kbh. 1893). 14 S. — Experimentelle Undersøgelser til Bestemmelse af Forholdet imellem Iltens og Brintens Atomvægt. (Kbh. 1893). 14 S. — Undersøgelser over, hvorvidt Hypothesen om Materiens Enhed kan bringes i Samklang med Theorien om Atomernes relative Vægt. Kbh. 1894. 17 S. — Relation remarquable entre les poids atomiques des éléments chimiques. Poids atomiques rationnels. (Kbh. 1894). (19) S. — Om den sandsynlige Forekomst af en Gruppe uvirksomme Grundstoffer. (Kbh. 1895). 7 S. — Classification des corps simples. (Kbh. 1895). 5 S. — Experimentale Undersøgelser over Brintens og Iltens Tæthed. (Kbh. 1895). 15 S. — Experimentale Undersøgelser over Forholdet mellem Atomvægten for Ilt og Brint. (Kbh. 1895). 18 S. — Undersøgelser af Atomvægten for Aluminium. (Kbh. 1897). (8) S.).

Thomsen J.: [Særtryk af »Journal für practische Chemie«.] Leipz. (1872–80). P.
(Zersetzung d. löslichen Schwefelmetalle durch Wasser. — Sauerstoffverbindungen d. Chlors, d. Broms u. d. Jods. — Die Säuren d. Phosphors u. Arsens. — Die Neutralisation. — Bildungswärme d. Salpetersäure etc. ... — Benzol und Dipropargyl).

Die völlige Ungültigkeit d. v. Berthelot in den Abhandlungen: S. la chaleur de formation des azotates ... berechneten Zahlenwerthe. Berlin 1872. (4) S. (Særtr.). P.

Thomsen, J. H., nebst Proben s. Dichtkunst, herausg. v. Hans Jessen. 8. Kopenhag. Proft. 783.

Thomsen, J. J., Anwendungen d. Dynamik auf Physik u. Chemie. Autoris. Übersetzg. 8. (VIII, 372 S.) Leipzig 890. G. Engel. n. 6. —

Die Hyänen der Prairie. Eine Erzählung von James Thomsen. *Berlin: A. Weichert [1901].* (29 S.) 8° [F.]
= Indianer- u. Volksbibliothek. 342. [03. 14189

Thomsen, [Johannes], prakt. Arzt in Rüdenhausen: Ueber das Salol als Antisepticum. *Würzburg 1889 [vielm. 1901/02]: Köhl & Hecker.* (15 S.) 8°
Würzburg, Med. Diss. v. 1889

Separatabdruck aus dem Archiv für Psychiatrie. Bd. 22. H. 1. Beobachtungen über den Selbstmord v. Julius Thomsen. (Berlin. 1890.) 8°.

Systematische Durchführung thermochemischer Untersuchungen (Systematisk gennemførte termokemiske Undersøgelser). Zahlenwerte u. theoret. Ergebnisse. Von Julius Thomsen, Kopenhagen. Autor. Übers. von Dr. I[sidor] Traube, Prof. zu Charlottenburg. Stuttgart: F. Enke 1906. (XVI, 382 S.) 4°(8°) [06. 7018

Thomsen, Jul., die Harfe des Skalden. — Andersen. Winther. Bjerregaard. 12. (10 B.) Berlin 838, Heymann.

Thomsen, Jul., über Krankheiten und Krankheitsverhältnisse auf Island u. den Färöer-Inseln. Ein Beitrag zur medicin. Geographie. Nach dänischen Originalarbeiten von P. A. Schleisner, Eschricht, Panum und Manicus bearbeitet. Schleswig 855. Bruhn. (Linnich.) gr. 8. (166 S., 2 Tab. u. 1 lith. Taf. in Fol.) n. 1 ₰.

Thomsen, Jul., Lyraklänge nordischer Dichter, s. Lyraklänge.

Thomsen, J., die Polarisations-Batterie, ein neuer Apparat zur Hervorbringung eines kontinuirlichen electrischen Stromes von hoher Spannung u. konstanter Stärke mit Hülfe eines einzelnen galvanischen Elementes. Hamburg. 32 S. *Mit eingedr. Holzschnitten.* 1865.
Schul-/Univ.-Schrift

Thomsen, Jul., die Polarisations-Batterie, ein neuer Apparat zur Hervorbringung eines kontinuirl. elektr. Stromes von hoher Spannung und konstanter Stärke, mit Hülfe eines einzelnen galvan. Elementes. gr. 8. (32 S. mit eingedr. Holzschn.) Hamburg 865, Hoffmann und Campe.
Aus: Zeitschrift für Physik und Chemie, besonders abgedruckt.

Thomsen, Jul., thermochemische Untersuchungen. (In 4 Bdn.) 1. u. 2. Bd. gr. 8. Leipzig 882. Barth. à n. 12. —
1. Neutralisation u. verwandte Phänomene. Mit 3 (lith.) Taf. (XII, 449 S.)
2. Metalle. Mit 1 (lith.) Taf. (XIV, 506 S.)

Thomsen, Jul., thermochemische Untersuchungen. 3. u. 4. Bd. gr. 8. Leipzig, Barth. n. 27. —
(cplt.: n. 51. —)
3. Wässerige Lösung u. Hydratbildung. Metalle. Mit 6 lith. Taf. (XVI, 567 S.) 883. n. 15. —
4. Organische Verbindgn. Mit 1 (lith.) Taf. (XVI, 429 S.) 886. n. 12. —

THOMSEN, JUL. TH., De dipsomania. Diss. inaug. med. Kiliæ. 1839. P.

Thomsen, Karl

Thomsen, Carl, Luther's Katechismus im Zusammenhang erklärt. Ein Leitfaden für den Schul- u. Confirmandenunterricht. Altona 864. Schlüter in Comm. 8. (IV, 60 S.) n. 5 ngr.

— die Nationalität des nördlichen Schleswig u. die Idee seiner Abtrennung. Kiel 864. Schröder & Co. gr. 8. (15 S.) n. 3½ ngr.

Thomsen, Klaus

Das Dannewerk. Von C[laus] Thomsen, Pastor em. Flensburg: Blendstrup 1910. 16 S. 8° [10. 7333 B

Thomsen, Kurt

Thomsen K., Beiträge zur Kenntnis der Löslichkeit des Graphits im festen Eisen und der Schmelzerscheinungen des grauen Roheisens. Diss. Hörde, 1910. 24 S. mit 7 Abb. und 5 Taf.

THOMSEN, MAUR. HENR., De fractura colli scapulæ et processus coracoidei, diss. inaug. Kiliæ. 1838. 4. P.

Thomsen, N., Taler de Dansk?, s. a. Koch's Sprachführer.

Thomsen, N., taler de Dansk? [Sprechen Sie Dänisch?] Dänischer Sprachführer, enth. die kurzgefaßte Grammatik, Gespräche, Wörtersammlg. u. Lesestücke. 2. verb. Aufl. 8. (IX, 109 S.) Leipzig 885. C. A. Koch. 1. 50

Thomsen, N., taler de Dansk? (Sprechen Sie Dänisch?) Dänischer Sprachführer, enth. kurzgefaßte Grammatik, Gespräche, Wörtersammlg., Briefe u. Lesestücke. 3., verm. Aufl. 8. (VI, 110 S.) Leipzig 892. Dresden, C. A. Koch. 1. 50

Thomsen, Nic.

Thomson, Nic., Anfangsbuch beym Unterricht in d. deutschen Sprache für Volksschulen. 8. Kiel, academ. Buchhdl. 816.

Thomsen, Nikl., Anfangsbuch beim Unterricht in d. deutschen Sprache für Volksschulen. 8. Kiel 816. Hesse. 3 gr.

— Erläuter. des Anfangsbuchs beim Unterricht in der deutschen Sprache. Ein Hülfsbuch f. Lehrer. 8. Kiel 810. Hesse. 5 ß.

— vollständige Erläuterung d. Uebungsaufgaben in dem Leitfaden beim Unterricht im d. deutschen Sprache. Ein Hülfsbuch bloß f. Aeltern u. Lehrer. 8. Ebend. 813.

— vollständ. Erläuter. der Uebungsaufgaben in dem Leitfaden beim Unterricht in d. deutschen Sprache. Ein Hülfsbuch blos f. Aeltern u. Lehrer. 8. Kiel ... 2e A. 814. Hesse. 6 ß.

Thomsen, Nicol., academische Festrede am 100jährigen Geburtstage Friedr. Schleiermachers, den 21. Novbr. 1838 an der Christian-Albrechts-Universität gehalten. gr. 4. (24 S.) Kiel 869, Universitäts-Buchh.

— Lehrbuch der dän. Sprache f. Deutsche. Mit Uebungsaufgaben zum Uebersetzen. gr. 8. Kiel 813. Hesse. 1 ß

Thomsen, Nic., Lehrbuch d. dän. Sprache f. Deutsche. Mit Uebungsaufgaben zum Uebersetzen. gr. 8. Kiel, Akadem. Buchh. 814.

— Leitfaden beim Unterrichte in d. deutschen Sprache f. Schüler, die eines zusammenhängend. Unterrichts fähig sind, nebst 265 Uebungsaufgaben. 2e Aufl. 8. Kiel 813. Hesse. 9 ß.

Thomsen, N., erster Unterricht im Zeichnen, zum Gebr. d. unt. u. mittl. Classen d. Volksschulen u. beym Privatunterricht. 12. Schleswig, Röhß. 806.

— erster Unterricht im Zeichnen, zum Gebr. der untern u. mittl. Klassen der Volksschulen u. beim Privatunterr. 12. Schlesw. 806. 2e A. 815. (Hammerich in Altona). 20 ß. 3e Aufl. 8. Altona 822. (Aue). 20 ß.

— erster Unterricht im Zeichnen, in 54 Vorlegeblättern. 8. Schleswig, Koch. 815.

Thomsen, (N.,) Unterricht im Zeichnen. 3e Aufl. 8. Altona 822, (Busch.) Rthlr.

Thomsen, Otto, a Rendsburg: Die Aktienbanken in Schleswig-Holstein. Rendsburg 1900: H. Möller. (32 S.) 8°
Kiel, Phil. Fak., Ref. Hasbach, Diss. v. 3. April 1900
[Geb. 11. Febr 80 Rendsburg; Wohnort: Rendsburg; Staatsangeh.: Preußen; Vorbildung: Städt. Mittelschule Rendsburg. Examen zum einj. Dienst 98 Schleswig. Mit ministerieller Genehmigung zugelassen; Studium. Kiel 6 S.; Rig. 11. Nov. 05.]

Thomsen, Pet., systematische Bibliographie der Palästina-Literatur. Auf Veranlassg. des deutschen Vereins zur Erforschg. Palästinas bearb. I. Bd. 1895—1904. (XVI, 204 S.) gr. 8. Leipzig 908. [R. Haupt.] J. C. Hinrichs' Verl. 5. —

— Die gegenwärtige Lage u. die Wünsche der akademisch gebildeten Lehrer in Sachsen. Hrsg. vom Vorstand der Vereinigg. v. Lehrern an städt. höher. Schulen Dresdens. (20 u. Beilagen 10 S.) gr. 8. Leipzig 907. Dr. Seele & Co. — 50

— Loca sancta. Verzeichnis der im 1. bis 6. Jahrh. n. Chr. erwähnten Ortschaften Palästinas m. besond. Berücksicht. der Lokalisierg. der bibl. Stätten. Gedruckt m. Unterstützg. des deutschen Palästina-Vereins. I. Bd. Mit 1 Karte. (XVI, 143 S.) gr. 8. Halle 907. Leipzig, [R. Haupt]. J. C. Hinrichs' Verl. 6. —

— Palästina u. seine Kultur in 5 Jahrtausenden, s. a. Aus Natur u. Geisteswelt.

Palästina und seine Kultur in fünf Jahrtausenden. Nach d. neuesten Ausgrabungen u. Forschungen dargest. von Dr. Peter Thomsen. Mit 36 Abb. Leipzig: Teubner 1909. 108 S. 8°
(Aus Natur u. Geisteswelt. Bdch. 260.) [09. 10254

Thomsen, Peter, cand. min., Realgymnasiallehrer aus Dresden: Palaestina nach dem Onomasticon des Eusebius. *Tübingen 1903: (Breitkopf & Härtel in Leipzig).* (89 S.) 8°
Tübingen, Phil. Diss. v. 1903

Thomsen, Peter, a. Hamburg: Aus d. botan. Institut d. Univ. Kiel: Über das Vorkommen von Nitrobakterien im Meere. Kiel 1908: Schmidt & Klaunig. (26 S.) 4° ¶(Aus: Wissenschaftl. Meeresuntersuchungen, K. Komm. Abt. Kiel, Bd 11.)
Kiel, Phil. Fak., Ref. Reinke, Diss. v. 21. Mai 1908
[Geb. 20. Febr. 83 Hamburg; Wohnort: Hamburg; Staatsangeh.: Hamburg; Vorbildung: Oberrealsch. v. d. Holstentore Hamburg Reife M. 03; Studium: Berlin 1, Freiburg i. B. 2, Kiel 5 S.; Rig. 30. Nov. 07.]

Thomsen, R., s.: Jahres-Bericht über die Erfahrungen usw. der Landwirtschaft.

Thomsen, (Robert), über die Bedeutung der progressiven Paralyse f. die allgemeine Praxis, s. a. Klinik, medizinische. 1909. 4. Beiheft.

Thomsen, R., Über die Bedeutung der progressiven Paralyse für die allgemeine Praxis. [Beihefte zur Medizinischen Klinik. V. Jahrg. 1909. 4. Heft.] Gr.-8°. K 1.20
Wien: Urban & Schwarzenberg 1909.

Thomsen, Rob., die deutsche Recurrensepidemie der Jahre 1879/80. Mit einem Anhang: „Die Göttinger Recurrensfälle von 1879/80". Inaugural-Dissertation. gr. 8. (35 S. m. 1 autogr. Karte.) Göttingen 881. (Vandenhoeck & Ruprecht.) n. 1. 20

[F.] Deutsche Geschichte ... bearbeitet von H. Weigand und A. Tecklenburg. Ergänzungsheft für die Provinz Schleswig-Holstein bearb. v. T. H. Thomsen. *Hannover: C. Meyer 1887.* (52 S.) 1 Bd 8.
= Weigand, Heinrich, u. Tecklenburg, A.: Deutsche Geschichte. Ergänzungsheft (No 8). [99. 227

Thomsen, T. H., Geschichte der Prov. Schleswig-Holstein f. die Hand der Schüler. 2. verm. Aufl. Zugleich stammesgeschichtl. Ergänzungsheft Nr. 8. zur „deutschen Geschichte" von H. Weigand u. A. Tecklenburg. (78 S.) 8. Hannover 906. C. Meyer. n. — 50

Thomsen, T. H., Schleswig-Holstein, s.: Weigand, H., u. A. Tecklenburg, deutsche Geschichte.

Gedanken des Hofraths [Thomas] Thomsen über die Bestimmung der Heimatsrechte der Landeskinder, auf den Verarmungsfall. Sonderburg. 1820. 8°

Ueber die Schuld- und Pfand-Protocolle und über das Protocollations-Wesen des Herzogthums Schleswig ... v. Th[omas] Thomsen. Flensburg. 1828. 8°

Ueber den Ursprung und den bisherigen Fortgang des Fleckens Gravenstein, v. Thomas Thomsen. Flensburg. 1829. 4°

Thomsen, V., Andare-andar-anar-allir. En kritisk-etymologisk undersøgelse. S. A. 18 S. —.90

Thomsen, Vilh., ein Blatt in türkischer „Runen"schrift aus Turfan. (S. 296—306 m. 1 Taf.) Lex. 8. Berlin 910. G. Reimer. — 50
Sonderabdr. a.: „Sitzungsber. d. preuss. Akad. d. Wiss."

Thomsen, Vilh., inscriptions de l'Orkhon, s: Mémoires de la société finno-ougrienne, V.

Thomsen, Wilh., über den Einfluss der germanischen Sprachen auf die finnisch-lappischen. Eine sprachgeschichtl. Untersuchung. Aus dem dän. übersetzt von E. Sievers und vom verf. durchgesehen. gr. 8. (IV, 188 S.) Halle 870, Buchh. des Waisenhauses. *

Thomsen, Wilh., der Ursprung des russischen Staates. Drei Vorlesungen. Vom Verfasser durchgeseh. deutsche Bearbeitung von L. Bornemann. gr. 8. (VII, 156 S.) Gotha 879. F. A. Perthes. n. 2. 40

Thomsen-Oldenswort, Adolf Theodor, s. Thomsen

Thomson, Jacob. Ein vergessener Dichter des 18. Jahrh Schmeding, G.

Thomson's, Jacob, Lebensbild, s.: Schmeding, G.

Thomson

— die weiße Maske, s. Ausland, das belletrist., v. K. Spindler, 641.—648. Bdchn.

Thomson, Memoiren der Viscounteß Sundon, s. Bibliothek ausgewählter Memoiren 5. Thl.

— Witwen u. Witwer. Ein Roman aus d. wirklichen Leben. Nach dem Engl. v. W. du Roi. 3 Thle. 8. (57 B.) Braunschweig 844, Leibrock.

Thomson, A. T. Beitrag zur Lösung der Finanz- und Steuerfragen der Herzogthümer Schleswig und Holstein, sowohl der mit Dänemark gemeinsamen, als auch der besonderen. 8⁰. Itzehoe 1859. (Flensburg, Herzbruch.)
vgl. Thomsen

Thomson, A. T. Denkwürdigkeiten von dem Hofe Heinrichs VIII. Deutsch von G. W. Becker. 8. Leipzig 1827.

Thomson, A. T. Heinrichs VIII. Jugendjahre; a. d. Engl. Leipzig 1827. Ü: *Becker, Gottfried Wilhelm.* (Ky)

Thomson, (A. T.) Heinrich VIII. Jugendjahre. Aus d. Engl. (v. G. W. Becker.) gr. 8. Leipz. 827, Hinrichs.

Thomson, Alexander

Thomson, A., Untersuch. d. Natur, Ursachen u. Heilmethode d. Nervenbeschwerden, a. d. Engl. mit Anmerk. von G. F. Mühry. 8. Hannov. Hahn. 798.

Thomson, Anthony Todd

Thomson, A. Todd, Anleitung z. Erkenntniss u. Behandlung d. Vergiftungen. Nebst der chem. Analyse u. d. Sektionsbefunde. In alphabet. Ordnung. Nach dem Engl. bearb. v. Alex. Reumont. 8. (5¾ B.) Aachen 846, Benrath. *

—— über die häusliche Krankenpflege, die Einrichtung des Krankenzimmers u. Erkenntniß u. Verhütung der wichtigsten, gewöhnlich vorkommenden Krankheiten. Nach d. Engl. bearb. v. A. Schnitzer. gr. 8. (17 B.) Berlin 843, [Stuhr'sche Buchh.]

Thomson, A. T., über die häusliche Krankenpflege, die Einrichtung des Krankenzimmers u. Erkenntniß u. Verhütung d. wichtigsten, gewöhnlich vorkommenden Krankheiten. Nach dem Engl. bearb. von A. Schnitzer. gr. 8. Berlin 843, Berliner Verlags-Buchh. 1⅓ ₰

Thomson, A(nthony) T(odd): Vereinigte Pharmacopoeen der Londoner, Edinburgher und Dubliner Medicinal-Collegien. (A Conspectus of the pharmacopoeias of the London, Edinburgh and Dublin Colleges of Physicians. 5th edition. Dt.) Übers. und als Uebersicht der brittischen Arzneymittellehre, mit Zusätzen bearbeitet von A(lbert) Braune. 412 S., gbd.

Leipzig: Fleischer 1827

JB 1.654

Thomson, A. T., Vorlesungen üb. gerichtl. Arzneiwissenschaft, s. Bibliothek von Vorlesungen etc. üb. Medizin, XVIII. Bd.

Thomson, A(nthony) T(odd): Vorlesungen über gerichtliche Arzneiwissenschaft oder die möglichen Beziehungen der amtlichen und nichtamtlichen praktischen Aerzte zu den Gerichtshöfen. (Lectures on medical jurisprudence... Dt.) Übers. von Friedrich J(akob) Behrend. 751 S., gbd.

Leipzig: Kollmann 1840

JB 5.349

Thomson, Arved. Experimentelle Studien zum Verhalten d. Sandbodens gegen Superphosphate. Diss. gr. 8. (66 S. m. 1 Tab. u. 1 graph. Taf.) Dorpat 890, (Karow). * 1 20

Thomson, August, s. Thomsen

Thomson, C. G., hymenoptera Scandinaviae. I. et II. gr. 8. Lundae 871. 72. (Stockholm, Bonnier.) à n. 11. —
1. Tenthredo et Sirex Lin. (324 S.)
2. Apis Lin. (286 S. m. 1 Steintaf.)

Thomson, C. G., Hymenoptera Scandinaviae. Tom. III—V. gr. 8. Lund (A. & O. Schedin). à n.n. 8.50; (kplt. n n. 42.50)
III. Vespa, Sphex et Mutilla Lin. 2 fascc. (295 S.) 874.
IV. Pteromalus (Svederus). 2 fasco. (259 S.) 875. 876.
V. Idem. Continuatio. (307 S. m. 1 Taf.) 878.

Thomson, C. G., opuscula entomologica. Fasc. XI—XIV. gr. 8. Lund 888. Möller. n. 20. 65
XI. Monographie der Campoplegiden. 343 Species. (141 S.) n.n. 6. —
XII. Ophion, Paniscus u. Plectiscus. (134 S.) n.n. 5. 65
XIII. Glypta, Porizon. (117 S.) n.n. 5.
XIV. (94 S.) n.n. 4. —

Thomson, C. G., opuscula entomologica. Fasc. XV—XIX. gr. 8. (S. 1585—2187.) Lund 891—894. (Hj. Möller's Univ.-Buchh.) n.n. 28. —
XV—XVIII. à n.n. 5. —. — XIX. n.n. 8. —.

Thomson, C. G., opuscula entomologica. Fasc. XX—XXII. gr. 8. Lund (Hjalm. Möller). n.n. 15. 25
XX. (S. 2139—2339.) 895. n.n. 10. —
XXI. (S. 2341—2404.) 896. n.n. 3. —
XXII. (S. 2405—2452.) 897. n.n. 2. 25

Thomson, Carl, s. Thomson, Karl

Thomson, David: Beiträge zur Frage der Abhängigkeit der Drehungsintensität optisch-aktiver Kohlenstoff-Verbindungen von der chemischen Konstitution. Göttingen 1909: Dieterich. 80 S. 8°
Göttingen, Phil. Diss. v. 5. Aug. 1909, Ref. Wallach
[Geb. 29. März 79 Cumnock; Wohnort: Glasgow; Staatsangeh.: Großbritannien; Vorbildung: Glasgow M. A. Nov. 01, B. Sc. O. 06; Studium: Glasgow 3, Göttingen 4 S.; Rig. 14. Juli 09.] [U 09. 1410

Thomson, Elihu, was ist Elektricität? Aus dem Engl. übers. v. H. Discher. gr. 8. (40 S. m. 18 Fig. im Texte.) Wien 890. Deuticke. n. 1. —

Elisabeth **Kulman.** Ein Kinderleben in St. Petersburg vor hundert Jahren, erzählt von Emil **Thomson.** (St. Petersburg) 1910: Kügelgen. 34 S. 8°
Aus: St. Petersburger Zeitung. [10. 7569

Thomson, Emil. Die Schule der reformierten Gemeinden in St. Petersburg am 1. 4. 1904. (Als Manuskript gedruckt.) 64 S. St. Petersburg 1904 IfA

Pädagogische Versuche zur Kinderforschung und Seelenkunde. (Verf.: Emil **Thomson.**) St. Petersburg 1907: R. Golicke & A. Willborg. (32 S.) 8° [07. 17873 7

Thomson, Fred., der Erfolg in Geldgeschäften. Wie erhalte ich Geld, Kredit u. Darlehn? (Bibliothek des Erfolges.) 2. verb. u. verm. Aufl. (29 S.) 8. Leipzig (910). E. Marré. — 50

Thomson, G. J., s. Thomson, J. J.

Thomson, George. Geist der allgemeinen Geschichte in einer Reihe von Vorlesungen . . . a. d. Engl. Leipzig 1795. Ü: *Pöschmann, Georg Frdr. von.* (Ky) (R-N)

Thomson, G., Geist der allgem. Geschichte in e. Reihe von Vorlesungen vom 8ten bis 18n Jahrh. rc.; aus d. Engl. (v. G. Fr. Pöschmann). gr. 8. Leipz. 795. Schwickert. 1 ß 6 gl

Thomson, Godfrey H[ilton], a. Felling-on-Tyne, England: **Über den Durchgang Hertzscher** Wellen durch Gitter. **Leipzig:** J. A. Barth 1906. (30 S.) 8°
Straßburg, Math.-naturw. Fak., Ref. Braun. Diss. v. 1906
[Geb. 27. März 81 Carlisle, England: Wohnort: Felling-on-Tyne; Staatsangeh.: **Großbritannien;** Vorbildung: „Rutherford College" Newcastle on Tyne, **University of Durham** (Armstrong College) Reife Sommer 03; Studium: Durham 8, **Straßburg** 4 S.]

Thomson, H., s. Thomsen

Thomson, Herm., über die Beeinflussung der peripheren Gefässe durch pharmakologische Agentien. Inaugural-Dissertation. gr. 8. (105 S. mit 1 Taf.) Dorpat 886, **(Karow.) ***

Thomson, J. A., s. Thomson, Johannes

Thomson, J. J., s. Thomson, Joseph John

Thomson, J. L., d. Nöthigste d. engl. Phraseologie, nebst ein. grammatikal. Einleit. 8. Mannheim, Schwan u. G. 780.

Thomson, Jakob, Agamemnon. Aus d. Engl. v Fr. Görwitz. 8. Erfurt 815. Müller. (Weygand in Leipz.) 12 gl

— dass. Trspl. in 5 A. Karlsr. 771. Macklot. Braun; a. Gebhardt u. K. in Frankf. 5 gl

Thomson, Jacob, die Freyheit, ein Lehrgedicht in fünf Gesängen. Im Versmaaße des Originals übers. und mit erläut. Anmerk. begleitet von Carl Hansemann. gr. 8. Bremen, Heyse. 818. Rthlr.

Thomson, (J.,) die Freiheit; ein Lehrgedicht in 5 Gesängen. Im Versmaaße des engl. Originals übersetzt u. mit erläut. Anmerkk. begleitet v. O. C. J. D. Hansemann. 2e unveränd. Aufl. gr. 8. Lüneburg 822, Herold u. W.

Thomson, J. Frühling. A. d. Engl. Zürich 1757. Ü: *Tobler, Joh.* (Cat. d. Stadtbibl. Zürich. Zürich 1864—97.)

Thomson's (James,) Frühling, metrisch übersetzt u. mit einer Beilage biographischer Notizen u. kritischer Bemerkungen versehen von Hg. R. 16. (6½ B.) Magdeburg 842, (Fabricius.) *

Thomson, J. Gedichte; a. d. Engl. Zürich 1764—65. Ü: *Tobler, Joh.* (Ky) (MGT)

— Gedichte; aus d. Engl. (von J. Tobler). 5 Thle. 8. Zürich 764. Orell. 2 ß

Thomson, J. Hymnus zum Schlusse der Jahreszeiten; übersetzt . . . Jena 1824. Ü: *Knebel, Carl Ludw. von.* (Ky)

— Hymnus zum Schlusse der Jahreszeiten; übers. v. K(nebel). gr. 4. Jena 824. Gröker. 2 gl

Thomson, James, die Jahreszeiten, s. **Breitkopf und Härtel's Text-Bibliothek Nr. 33.**

Thomson: Jahreszeiten, s. a. Brockes, Barthold Heinrich: Ird. Vergnügen in Gott. T. 10.

Thomson, J. Jahreszeiten zum Anhange des Irdischen Vergnügen in Gott, a. d. Engl. Hamburg 1745. Ü: *Brockes, Barthold Heinrich.* (GGr) (JL)

— Jahreszeiten; aus d. Engl. v. J. F. v. Palthen. Mit Kpf. 4. Rostock 758. Koppe. (Stiller). 1 ß

— Jahreszeiten, a. d. Engl. von J. F. W. v. Palthen, m. K. 8. Rostock, Koppe. (Stiller) 766.

— Jahreszeiten, engl. u. deutsch, in e. neuen Uebersetz. gr. 8. Basel, Schweighäuser. 768.

— Jahreszeiten, engl. u. deutsch, mit e. neuen Uebersetzung. gr. 8. Basel 769. Schweighäuser. 20 gl Hbg. Pr. 12 gl

Thomson, J. Jahreszeiten. Neu übersetzt. Berlin 1789. 2. Aufl. 1796. Ü: *Schubart, Ludwig Albrecht.* (MGT) (GGr) (Gradmann, Gel. Schwaben. 1802.)

— Jahreszeiten; aus d. Engl. v. Ldw. A. Schubart. Mit 5 Kpf. gr. 8. Berl. 789. 2e A. 796. 3e A. 805. (Reimer; a. Recht). 2 ß 16 gl Ohne Kpf. 1 ß 8 gl

THOMSON, JAMES, Jahreszeiten in deutschen Jamben von [HEINR.] HARRIES. Altona. 1796.

— Jahreszeiten, mit untergelegt. Construction u. grammat., histor. u. and. Anmerk. erleicht. f. Lernende v. G. F. Hermann. gr. 8. Weißenfels, Severin. (Baumgärtner in Leipz.) 798. sonst 1 Rthlr. 12 gr. jetzt

— Jahreszeiten, mit krit., ästhet. u. erklär. Anmerkk. v. Jh. P. u. Jh. Horn. Mit e. Vorr. v. J. G. E. Maas u. Thomsons Portr. 2 Thle. gr. 8. Halle 804, 5. Hendel. 1 ß 4 gl

— Jahreszeiten, a. d. Engl. von Lud. Schubart, gr. 8. Berlin, Himburg, 805.
mit 5 Kpf.

Thomson's, Jacob, Jahreszeiten, übersetzt von J. C. W. Neuendorff. 8. Berl. Realschulbuchh. 815.
Velinp.

— Jahreszeiten; übers. v. J. C. W. Neuendorff. 8. Berl. 815. (Reimer). 1 ℔ Velinp. 1 ℔ 16 ℊ

— Jahreszeiten; metrisch übers. mit dem Original zur Seite. 4. St. Petersb. 819. Briefe. 5 Rubel. Neue wohlf. Ausg. kl. 4. Ebd. 825. (Leipz., Cnobloch). 2 ℔

— — Jahreszeiten. Metrisch übers. mit dem Original zur Seite. 4. St. Petersburg. (Halle, Hemmerde und Schw.) 820.

— die Jahreszeiten, deutsch von D. W. Soltau. Neue verb. Ausg. gr. 8. Braunschw. 822, (Lüneb., Herold u. W.)

— Jahreszeiten; metrisch übers. v. Fr. Schmitthenner. 2 Bdchn. Mit Kpf. 16. Zwickau 822. (Schumann). 16 broch. 18 ℊ

— die Jahreszeiten, deutsch v. D. W. Soltau. Neue verb. Ausg. gr. 8. Braunschw. 824. (Lüneb., Herold u. W.) 1 ℔ 8 ℊ

— Jahreszeiten in deutschen Hexametern, durch C. Fr. v. Rosenzweig. Mit dem Bildn. d. Uebersetzers. Lexic.-8. Hamb. 825. Perthes u. B. 1 ℔ 20 ℊ

— Jahreszeiten, Deutsch mit dem Engl. Text zur Seite. Neue wohlf. Ausg. kl. 4. St. Petersburg 825, (Leipz., Cnobloch.)

—— Jahreszeiten. A. d. Engl. neu übers. v. Fr. W. Bruckbräu. Mit (Thomson's Leben u.) erläut. Anmerkn. 4 Bdchn. 1. Aufl. 827., u. neue Ausg. (à 12½ B.) 12. München 830, Lindauer.
à

—— Jahreszeiten. A. d. Engl. neu übers. v. Friedr. Wilh. Bruckbräu. 4. Bdchn. Neue (wohlf.) Ausg. 12. (12½ B.) München 836, Lindauer'sche Buchh.

— 4 Jahreszeiten; aus d. Engl, v. J. Tobler. 8. Zürich 766—769. N. A. 781. Orell. 20 ℊ

Thomson, J. Vier Jahreszeiten. A. d. Engl. Zürich 1781. Ü: *Tobler, Joh.* (Cat. d. Stadtbibl. Zürich. Zürich 1864—97.)

— 4 Jahreszeiten, in deutschen Jamben, mit e. Lebensbeschreib. des Dichters u. erklär. Anmerk. von H. Harries. gr. 8. Altona 796. Hammerich. 1 ℔ 12 ℊ Schrbp. 2 ℔

Thomson, James. Allgemeiner Lobgesang. In einer freien Übersetzung. Hamburg o. J. Ü: *Brockes, Barthold Hnr.* (Cat. d. Stadtbibl. Zürich. Zürich 1864—97.)

Thomson, Jak., Poems. 8. Altenb. 781. Richter. (Academ. B. in Jena). 12 ℊ

— poems offer'd to the public. 8. Altenb. 781. (Hennings in Neisse). 12 ℊ

— les Saisons, poëme, de l'Anglois, avec fig. 8. Berl. 763. (Chr. Fr. Günther in Glogau). 16 ℊ

— les Saisons, poëme, trad. de l'Anglois, avec fig. 8. Francf. Esslinger. 763.

Thomson, Jak., les Saisons, poëme, trad. de l'Anglois, av. fig. 8. Frkf. a. M. 763. (Schäfer). 16 ℊ

— les Saisons, trad. p. Deluze. 8. Paris, Schöll. (Tourneisen à Cassel) 806.
pap. vél.

Thomson's Seasons, s. Palaestra LXVI.

— the Seasons, s. *Parnassus*, the british, Vol. I.

— the Seasons. 8. London. (Esslinger, Francf.) 766.

— the Seasons. 8, London 766. (Schäfer in Frankf. a. M.) 16 ℊ

— the Seasons. gr. 8. Basel 769. Schweighäuser. 12 ℊ

— the Seasons, to which is perfixed an Essay on the plan and character of the poem by I. Aikin. 8. Leipzig, Schwickert. 781.

— the Seasons, by F. G. Canzler. 8. Gütting. 797. ... 12 ℊ

— the Seasons, to which is perfixed de Life of the Author by Batrik Murdoch, and an Essay on the plan and character of the poem, by J. Aikin, revised and corrected by J. J. K. Timaeus. 8. Hamb. 800. Herold. (W. Nauck in Leipz.) 1 ℔

— the Seasons, to which is perfixed de Life of the Author by Batrik Murdoch, and an Essay on the Plan and Character of the Poem, by I. Aikin, revised and corrected by I. I. C. Timaeus. 8. Hambg. Herold. (Sommer in Lpz.) 800.

— the Seasons. 8. Leipz. 801. Breitkopf u. H. 11 ℊ

— the Seasons, with the life of the Author, and not. 12. Wien 802. Sammer. 20 ℊ Postp. 1 ℔

— the Seasons. 12. Cöln. (Bauer in Leipz.) 806.
Schreibp.

— the Seasons. 12. Hannov. 816. Hahn. 16 ℊ Hlbg. Pr. 8 ℊ

Thomson, J., the Seasons With the Life of the author by Murdoch and an Essay on the plan and character of the Poëm by Aikin. gr. 8. Leipzig, Sommer. 316.

Thomson, James, the Seasons. With the life of the Author. 32. (152 Seit.) Nurnberg 829, Campe.

Thomson, J., the seasons. With notes. 12. Zelle 840. Schulze. ⅔ ℔

(James) Thomson's Seasons. Critical ed. Being a reprod. of the orig. texts, with all the various readings of the later editions, historically arranged by Otto Zippel. Berlin: Mayer & Müller 1908. XL, 358 S. 8°
Erg. zu des Verf.: Entstehungs- u. Entwicklungsgeschichte von Thomsons 'Winter' ... = Inaug.-Diss. Berlin 1907.
(Palaestra. 66.)
[09: 3030]

— the Seasons and castle of indolence. 8. Frkf. a. M. 826. Brönner. 18 ℊ Bessere Ausg. 1 ℔ 6 ℊ

Thomson, James, the Seasons, and Castle of Indolence. To which is prefixed the life of the author. With Notes. gr. 12. (13 B.) Celle 841, Schulze.
•

Thomson, James, the Seasons, and castle of indolence. To which is prefixed the life of the author. With notes by Percival Stockdale. New edit. (Titel-Ausg.) 12. (XXIII und 285 S.) Celle (841)63, Schulze'sche Buchh.

— Sophonisbe. Trspl.; aus d. Engl. (v. Jh. Hnr. Schlegel). gr. 8. Leipz. 758. (Hahn). 8 gr.

— dass. gr. 8. Riga 758. Leipz., Hartknoch. 10 gr.

—— the Spring. Für den Schulgebrauch erklärt von H. A. Werner. gr. 8. (VIII, 53 S.) Leipzig 879, Teubner.

Thomson, J. Die Stiefschwestern . . . a. d. Engl. Leipzig 1793. Ü: *Wichmann, Christian August.* (Ky, MGT)

Thomson, Jak., die Stiefschwestern; aus d. Engl. (v. Chr. A. Wichmann). 3 Thle. 8. Liegn. 793. Siegert. 2 rthl.

Thomson, James. Tankred und Sigismunda. Ein Trauerspiel in fünf Aufzügen. Aus dem Englischen. Wien 1775. Ü: *Kepner, Joh. Fch.* (J. H. F. Müller, Gesch. der Schaubühne, S. 117) (BiblPort) S. a. IV, 4612.

— Tankred u. Sigismund. Trspl. 8. Karlsr. 778. Macklot. (Gebhardt u. K. in Frankf.) 5 gr.

THOMSON, JACOB. Sämtliche Trauerspiele. I. Sophonisbe. II. Agamemnon. III. Eduard und Eleonora. IV. Tancred und Sigismunda. V. Coriolan. Aus dem Englischen übersetzt [von einer literarischen Gesellschaft in Stralsund]. Mit einer Vorrede von Gotthold Ephraim Leßing. Leipzig, Weidemannische Handlung, 1756. 8°. 14, 440 S. HLd. von ca. 1820 mit Rv. u. R-ch. (Ecken bestoßen).
G. III, 369, 57 : 3. G. IV. I. 371, 67.

Thomson, James, poetical works, s. Collection of British authors.

Thomson, James Stuart

Thomson, J. Stuart, aus Edinburg: Alcyonaria of the Cape of good hope and Natal. I. Alcyonacea. [Edinburgh 1910.] 42 p. and four plates. 4°. Transactions of the Royal society of Edinburgh. Vol. 47. Part 3. (No. 19.) [10. XI. 09.]
Bern. Phil. Diss 1910 11.

Thomson, J[ames] Stuart. Alcyonaria of the Cape of Good Hope and Natal. [Part] 1: Alcyonacea. Diss. Phil. Bern. (With [Figures and] Four Plates.) [Reprinted from:] Transactions of the Royal Society of Edinburgh. Vol. 47. Part 3. ⟨No. 19⟩. II p. + p. 549—589. 4. ([Edinburgh, Robert Grant & Son,] 1910.)

Thomson, Johannes

Thomson, J. A., de comparationibus Vergilianis. gr. 8. (III, 60 S.) Lund 893. Hj. Möller's Univ.-Buchh. n. 1.80

Thomson, Joannes, de modis temporibusque comparationum Homericarum. 8. (91 S.) Lund 888, Hj. Möller's Universitäts-Buchh. **

Thomson, John

Thomson, J., Beobachtungen aus den brittischen Militairhospitälern in Belgien, nach der Schlacht bey Waterloo, nebst Bemerkungen über die Amputation. Aus dem Engl. übers. gr. 8. Halle, Renger. 820.

Thomson, John: Über Entzündung. (Lectures on Inflammation, exhibiting a view of the general doctrines, pathological and practical, and of medical surgery. Dt.) Hrsg. von Peter Krukenberg. Bd 1 - 2, gbd.

Halle: Curt 1820

JB 2.438

— üb. Entzündung; aus d. Engl., hrsg. von P. Krukenberg. 1r u. 2r Bd. gr. 8. Halle 820. (Laue in Berl.) 5 rthl.

Heredity. By J[ohn] Arthur **Thomson**, Prof., Aberdeen. London: J. Murray 1908. (XVI, 605 S.) 8°
(The progressive science series.) [08. 4781

Thomson, Joseph

Thomson, J., Expedition nach den Seen v. Central-Afrika, s. a. Bibliothek geograpischer Reisen u. Entdeckungen.

Thomson, Jos., Expedition nach den Seeen von Central-Afrika in den Jahren 1878 bis 1880, im Auftrage der königl. britt. geograph. Gesellschaft. Einzige, autorisirte deutsche Ausg. Aus dem Englischen. Mit 2 Landkarten in Farbendr. 2 Thle. in 1 Bde. gr. 8. (XI, 329 u. 248 S.) Jena 882. Costenoble. n. 11. —

— durch **Massai-Land.** Forschungsreise in Ostafrika zu den Schneebergen u. wilden Stämmen zwischen dem Kilima-Ndjaro- u. Victoria-Njansa in den J. 1883 1884. Autoris. deutsche Ausg. Aus dem Engl. von W. v. Freeden. Mit 62 Abbildgn. in Holzschn. u. 2 Karten. gr. 8. (XIX, 526 S.) Leipzig 885. Brockhaus. n. 15. —; geb. n. 17. —

Thomson, Joseph John

Thomson, J. J. Anwendungen der Dynamik auf Physik und Chemie. Leipzig. 1890.

Thomson, J. J., Elektrizität u. Materie, s. a. Wissenschaft, die. 3. Heft.

Elektrizität und Materie. Von Dr. J[oseph] J[ohn] **Thomson**, Prof. in Cambridge. Autor. Übers. von G[eorg] Siebert. Mit 19 Abb. *Braunschweig: F. Vieweg & Sohn 1901.* (VI, 100 S.) 8°
= **Wissenschaft,** Die. H. 3. [04. 12503

Elektrizität und Materie [Electricity and matter]. Von Dr. J[oseph] J[ohn] **Thomson**, Prof., Cambridge. Autor. Übers. von G[eorg] Siebert. 2. verb. Aufl. Mit 21 Abb. Braunschweig: Vieweg 1909. VI, 116 S. 8°
(Die Wissenschaft. H. 3.) [09. 8483 2

— **Elektrizitäts-Durchgang in Gasen.** Deutsche autoris. Ausg. unter Mitwirkg. des Autors besorgt u. ergänzt v. Erich Marx. 3 Lfgn. (VII, 587 S. m. 187 Fig.) gr. 8. Leipzig 905. 906. B. G. Teubner. n. 18 —; geb. in Leinw. n. 19. —

Thomson, J. J., Elemente der mathemat. Theorie der Elektrizität u. des Magnetismus. Autor. deutsche Ausg. v. Gust. Wertheim. gr. 8. (XIII, 414 S. m. 133 Abb.) Braunschweig 897. F. Vieweg & Sohn. n. 8. —

Thomson, J. J., die Entladung der Elektricität durch Gase. Aus dem Engl. übers. v. Paul Ewers. Ergänzt u. m. e. Vorwort versehen von Herm. Ebert. gr. 8. (VIII, 144 S. m. 41 Fig.) Leipzig 900. J. A. Barth. n. 4. 50; geb. in Leinw. n. 5. 50

— Die Korpuskulartheorie der Materie, s.a. Wissenschaft, die. 25. Heft.

Die Korpuskulartheorie der Materie [The corpuscular theory of matter] von Dr. J[oseph] J[ohn] **Thomson**. Autor. Übers. von G[eorg] Siebert. Mit 29 Abb. Braunschweig: F. Vieweg & Sohn 1908. (VII, 166 S.) 8°
= **Wissenschaft**, Die. H. 25. [08. 5018

Thomson, Karl

Thomson, Carl, Untersuchungen eines aus West-Africa stammenden Fischgiftes. Inaugural-Dissertation. gr. 8. (39 S.) Dorpat 882. (Karow.) n. 1. —

Thomson, Nic., s. Thomsen

Thomson, Richard

Thomson, R., die Regeneration des geschwächten Nervensystems. 8. Berlin 872, Frank.

Thomson, Rich., die Regeneration d. geschwächten Nervensystems od. ärztl. Belehrgn. üb. die Folgen der Jugendsünden u. der Ausschweifg. sowie deren gründl. Heilg. 8. (93 S.) Berlin 872. Mode's Verl. 1. 50

Thomson, Rich., die Verirrungen des Geschlechtstriebes oder ärztliche Belehrungen über die Folgen der geheimen Jugendsünden u. der Ausschweifung, sowie deren gründliche Heilung nach den bewährtesten Hülfsmitteln. Mit Angabe zuverlässiger Heilmittel zur Wiedererlangung des natürlichen Zeugungsvermögens u. erläuternden Krankengeschichten. Berlin 864. Mode. 8. (64 S.) 15 ngr.

Thomson, Rich., die Verirrungen des Geschlechtstriebes oder ärztliche Belehrungen über die Folgen der geheimen Jugendsünden u. der Ausschweifung, sowie deren gründliche Heilung nach den bewährtesten Heilmitteln. Mit Angabe zuverläss. Heilmittel zur Wiedererlangung des natürlichen Zeugungsvermögens u. erläut. Krankengeschichten. 2. Aufl. Berlin 866. Mode's Verl. 8. (96 S.) 15 ngr.

Thomson, Rob. D., s. **Annual**, British.

Thomson, Thomas, Chemistry of Organic Bodies. Vegetables. gr. 8. London 838. Leipzig, J. A. W. Weigel. n. 9 1/3 ngr.

Thomson, Thom., üb. d. Färben u. Drucken von Kalikots u. and. Zeugen, so wie üb. d. Türkischroth-Färberei. 1 versieg. Couvert. qu. gr. 8. Barmen 836, [Castrop,] Falkenberg'sche Buchh. *

— an outline of the sciences of Heat and Electricity. 2. Edit., remodelled and much enlarged, and illustrated with woodcuts and maps. gr. 8. London 840. T. O. Weigel. n. 6 ♂

— Ueber die Strömungen, die vorgeblich in erwärmten Flüssigkeiten stattfinden. (Aus Ann. der Physik, B. 14, St. 2, J. 1803, St. 6.)

System der Chemie in vier Bänden. Nach der zweiten Ausgabe aus dem englischen übersetzt von Friedrich Wolff. Berlin, 1805. 4 vols., 8vo.
Also vol. v, *with the title:* Zusätze und Erweiterungen der Wissenschaft seit 1805. Berlin, 1811. 2 parts, 8vo.

Thomson, Thom., System der Chemie; aus d. Engl. v. Fr. Wolf. 5 Bde. gr. 8. Berl. 805—811. Duncker u. H. 18 ♂ Hbg. Pr. 8 ♂

Thomson, Thomas, Versuche, um auszumitteln, ob Flüssigkeiten Leiter der Wärme sind oder nicht. (Ann. der Physik. B. 14. St. 2. J. 1803. St. 6.)

Thomson, W., engl. Schreibmeister; hrsgg. v. Drechsler. 4 Hfte. kl. Fol. Wien 806. N. Ausg. 824. Geistinger. 2 ♂

Thomson's, engl. Schreibmeister, neu herausgeg. v. Drechsler. kl. Fol. Wien 824, Geistinger. (Landsh., Krüll.)

Thomson, William

Thomson, W., gesammelte Abhandlungen zur Lehre v. der Elektrizität u. dem Magnetismus. [Reprint of papers on electrostatics and magnetism.] Autoris. deutsche Ausg. v. L. Levy u. B. Weinstein. gr. 8. (XIV, 572 S. m. 59 Abbildgn. u. 3 Taf.) Berlin 890. Springer. n. 14. —; geb. n. 15. 40

Thomson, W., und **P. G. Tait**, Handbuch der theoretischen Physik. Autorisirte deutsche Uebersetzung von H. Helmholtz und G. Wertheim. 1. Bd. 1. und 2. Thl. Mit in den Text eingedr. Holzschn. gr. 8. Braunschweig, Vieweg und Sohn. [1. Thl. (XIX, 380 S.) 871. *ℳ 7.; 2. Thl. (XXVI, 453 S.) 874. *ℳ 12.] *

Thomson's, Will., Kunst, alle Arten Firnisse u. Lackfirnisse auf das Beste u. nach den neuesten Zusammensetzungen zu bereiten; aus d. Engl. mit Zusätzen v. A. Schulze. A. u. d. T.: Schulze, prakt. Anweis. zur Lackirkunst u. zum Oelfarben-Anstrich. 8. Quedlinb. 826. 2e Aufl. 828, auch 832. Basse. 16 gr.

Thomson, Will., Kunst, alle Arten Firnisse u. Lackfirnisse, auf das Beste u. nach d. neuesten Zusammensetzungen zu bereiten, u. auf d. verschied. Gegenstände auf d. Zweckmäßigste aufzutragen. A. d. Engl. mit Zusätzen v. A. Schulze. — A. u. d. T.: A. Schulze, prakt. Anweis. zur Lackirkunst u. zum Oelfarben-Anstrich. 2., verb. u. verm. Aufl. 8. (9½ B.) Quedlinburg 828, (832), Basse.

Thomson, Will., Kunst, alle Arten Firnisse u. Lackfirnisse zu bereiten u. aufzutragen. A. d. Engl. übers. u. mit Zusätzen bereichert v. Aug. Schulze. — A. u. d. T.: Prakt. Anweisung z. Lackirkunst u. z. Oelfarben-Anstrich. Von Schulze. 3., verb. u. verm. Aufl. 8. (9½ B.) Quedlinburg 840, Basse.

Thomson's, Will., Kunst, alle Arten Firnisse u. Lackfirnisse auf das Beste u. nach den neuesten Zusammensetzungen zu bereiten u. aufzutragen. Aus dem Engl. übers. u. mit Zusätzen bereichert v. Aug. Schulze. — A. u. d. Ttl.: Praktische Anweisung zur Lackirkunst u. zum Oelfarben-Anstrich. 4., verb. u. verm. Aufl. 8. (9½ B.) Quedlinburg 843, Basse.

Thomson, Will., Tafeln zur Erleichterung der Anwendung der Sumner'schen Methode für den Seegebrauch. Mit Erläuterungen. Auf Veranlassung der kaiserlichen Admiralität aus dem Englischen übersetzt u. durch einige vom Verfasser nachgelieferte Zusätze erweitert. Imp.-4. (9 Tabellen nebst VI, 12 S. Text m. eingedr. Holzschn.) Berlin 877. Mittler & Sohn. n. 2. —

Thomson, Will., Tafeln zur Erleichterung der Anwendung der Sumner'schen Methode für den Seegebrauch. Mit Erläuterungen. Auf Veranlassung der kaiserl. Admiralität aus dem Engl. übers. und durch einige vom Verf. nachgelieferte Zusätze erweitert. Imp.-4. (9 Tab. nebst VI, 12 S. Text mit eingedr. Holzschn.) Berlin 879, Mittler und Sohn. *

Thomson's, Sir Will., Tafeln zur Erleichterung der Anwendung der Sumner'schen Methode, neu berechnet von Max Boczek und Albr. Frhr. Portner v. Höflein. Auf Anordnung des k. k. Reichs-Kriegs-Ministeriums, Marine-Section, und mit Bewilligung des Verf. hrsg. vom hydrograph. Amte der k. k. Kriegsmarine. Fol. (25 S.) Pola 884. (Triest, Schimpff.) * *

Thomson, W., and **P. G. Tait,** treatise on natural philosophy. New ed. Vol. 1. Part 1. 8. (XIII, 508 S.) Cambridge 879. Leipzig, Brockhaus' Sort. geb. n. 18. —

Thomson, William, populäre Vorträge u. Reden. Autoris. Uebersetzg. nach der 2. Aufl. d. Originals. 1. Bd. Konstitution der Materie. gr. 8. (IV, VIII, 342 S. m. Illustr.) Berlin 891. Mayer & Müller. n. 5. —; geb. in Leinw. n. 5. 80

Thomson, William Hanna, das Gehirn u. der Mensch. Deutsch v. Maria Kühn. (Autoris. Übersetzg. aus dem Engl.) 1.—10. Taus. (215 S. m. Abbildgn.) 8. Düsseldorf (910). K. R. Langewiesche. 1.80; geb. in Leinw. 3. —

Thomson-Oldeswort, A. T., s. T h o m s e n , Adolf Theodor

T h o m s o n o w y Pocasy. W ceské werse uwedl Frant. Daucha. gr. 8. (15 B.) W Praze 842, (Kronberger.) *

v. Thomstorff, Aug., Darstell. der Verhältnisse, welche die erzwungene Erfernung der Landräthin v. Meerheimb, geb. Baronesse v. Geltingen, von Mecklenburg nach d. Herzogth. Schleswig veranlaßt haben. gr. 8. Schleswig 820.

— **Resultat meines** 7jähr. vergebl. Flehens um gerechtes Gehör u. um Gerechtigkeit in Curatel- u. Administrations-Angelegenheiten, nebst gerichtl. Acten u. and. Belegen ꝛc. 4. Schleswig 823.

v. Thon, Junker Ferdinand; Familiengeschichte u. Abentheuer. 2 Thle. Mit 6 Kupf. 8. Nürnb. 775—776. Bauer u. M. 1 ℛ 8 ggr

Thon, Junker Ferdinands von, Familiengeschichte und Abentheuer, 2 Theile mit Kupf. 8. Nürnberg, 775-76. Raspens. 1 Rtl. 10 sgl.

Thon, Abraham Osias, s. T h o n , Osias

Festrede gehalten in der Universitätskirche zu Jena zur Akademischen Preisvertheilung am 16. Juni 1894 von Dr. August **Thon,** Prof. d. Rechte, d. Z. Prorektor. Jena, Univ.-Buchdr. G. Neuenhahn, 1894; 43 S. 4.

Thon, A., Handlexikon zu d. Quellen d. röm. Rechts, s.: H e u m a n n , H. G.

T h o n , Aug., das jus offerendi des besseren Pfandgläubigers nach römischem Rechte. Eine civilist. Abhandlung. gr. 8. (62 S.) Heidelberg 863, Bangel und Schmitt.

Thon, Aug., Rechtsnorm u. subjectives Recht. Untersuchungen zur allgemeinen Rechtslehre. gr. 8. (XVII, 374 S.) Weimar 878. Böhlau. n. 6. —

Thon, Christian Friedrich A. S. 98/30

Dissertatio iuridica de transactionibus propter timorem litis interpositis ad l. II. c. de transact.
Präs. Karl Friedrich Walch.
Jena (Strauss) 19. IV. 1766. 44 S.

Gew.: Jo. Christian Goeckel, Wilhelm Fhr. von Schlammersdorf, Friedrich August von Leutsch, Nikolaus Erdmann, Justinian Thoellden, Christ. Friedrich Schnauss, Ernst August von Moltke, Philipp Ernst von Feilizsch.
W. v.: Präs., Jakob Rave, Friedrich August Ludwig Fischer, Christian August Scholber (Opp.), Friedrich Karl Müller (Opp.), Jo. Friedrich Adolph Zwanziger(O.)

34425

Thon, Christian Friedrich Gottlieb

T h o n , Chrstn. Friedr. Gtl., A b h a n d l u n g üb. Klavier-Saiten-Instrumente, } s. Schauplatz, neuer, d. Künste,

— Abhandlung über K l a v i e r - S a i t e n - I n s t r u m e n t e, insonderheit der Forte-Pianos u. Flügel, deren Ankauf-Beurtheilung, Behandlung, Erhaltung und Stimmung. 2e durchaus umgearb. verb. u. verm. Aufl. Mit Zeichnung u. Notenblättern. 8. Ebd. 836. 3/4 ℛ — Vgl. Schauplatz der Künste u. H. 89r Bd.

Thon, Christ. Friedr. Gottl. Abhandlung über Klavier-Saiten-Instrumente. 3. Ausgabe. Weimar 1843.

Thon, C. F. G.: Die Anfertigung der Kitt- und Klebemittel für die verschiedensten Gegenstände. 4. Aufl. von W. Jeep. Weimar 1895

—— Anleitung z. B r a n n t w e i n b r e n n e n , s. Schauplatz, neuer, der Künste ꝛc.

Thon, Chr. Fr. Gottl., praktische Anleitung zum B r a n n t w e i n b r e n n e n , insbesondere des Kartoffelbranntweins ꝛc. Mit 22 lithogr. Abbildd. 8. Weimar 837. Voigt. 1 2/3 ℛ — Vgl. Schauplatz der Künste u. H. 95r Bd.

—— Anleit. P f e i f e n k ö p f e fabrikmäß. zu verfertigen ꝛc., s. S c h a u p l a t z d. Künste, 60. Bd.

— vollständ. Anleit. zur Lackirkunst, od. genaue Beschreib. der besten Firnisse u. Lackfirnisse auf alle nur mögl. Gegenstände, allerhand Beitzen auf Holz, Elfenbein, Knochen ꝛc. Bereitung verschied. Farben zum Malen ꝛc. 8. Sondersh. 821. 1 ℛ 16 ggr 2e A. 822. 3e A. 8. Ilmenau 825. Voigt. 2 ℛ

T h o n , Chrstn. Friedr. Gtli., vollst. A n l e i t u n g zur L a c k i r k u n s t , s. S c h a u p l a t z d. Künste, 14. Bd.

— vollständige Anleitung zur L a c k i r k u n s t. Nach den neuesten, besten u. bewährt. Grundsätzen verfaßt. 4e verb. u. umgearb. Aufl. 8. Ebd. 835. 2 ℛ — Vgl. Schauplatz d. Künste u. Handw. 14r Bd.

—— **A n w e i s u n g zum Obstbau ꝛc., nebst e. auf prakt. Erfahr. gegründ. Anleitung, sämmtl. Obstarten f. d. Haushalt u. z. Verkauf möglichst lange in frischem, guten Zustande zu erhalten u. solche techn. u. ökonom., zu Wein, Branntwein, Essig ꝛc. zu benutzen. 8. (32 1/4 B. u. 5 Stnt.) Weimar 836, Voigt.**

—— A n w e i s u n g zum O b s t b a u. Neue unveränderte Ausg. 8. (32 1/4 B. m. 80 Abbild.) Weimar 843, Voigt.

—— vollständ. A n w e i s u n g , H ü h n e r , Gänse, Enten u. Tauben auf die vortheilhafteste Weise zu füttern, aufzuziehen ꝛc. 2. Aufl. 8. (6 3/8 B.) Quedlinburg 845, Ernst'sche Buchh.

Thon, Christian Friedrich Gottlieb: Vollständige Anweisung über die Verfertigung des Johannis- und Stachelbeerweins, nebst der Naturbeschreibung und Anleitung zur sichern Erziehung und zweckmäßigen Anpflanzung dieser beiden Laubholz-Strauch-Gattungen. Rudolstadt 1817: Fröbel; Cassel: Krieger in Comm. XIV, 156 S. -- 15*
Thienemann: Marburg 1812. -- Weber: Thon, Ch. F. C. G.

--- Dass. Neuer Abdruck. Cassel: Krieger 1819. -- [Zit. nach Kayser]

T h o n , Chrstn. Friedr. Gtl., die höhere B a c k k u n s t f. den Hausbedarf. Ein Buch für Hausfrauen, Gastwirthe u. Bäcker. Nach Angabe e. Hofconditors. 8. (8 1/4 B.) Quedlinburg 845, Ernst'sche Buchh. Thlr. –

—— der F a b r i k a n t bunter Papiere, s. S c h a u p l a t z d. Künste, 25. Bd. 2. Thl.

—— Färbebuch für Haushaltungen u. Anweisung zur Vertilgung der Flecke aus Zeugen. 8. (11 B.) Quedlinburg 843, Ernst'sche Buchh.

Hieraus besond. abgedruckt: der Fleckenvertilger. 8° (3½ B.) Ebd. 843.

—— Gedichte. gr.16. (6 B.) Erfurt 840, (Hennings u. Hopf.)

—— die Getränk-Kunde od. die Fabricirung aller Obstweine u. die Bereitung der beliebtesten warmen u. kalten Getränke. In 100 geprüften Anweisungen. 8. (3⅛ B.) Quedlinburg 845, Ernst'sche Buchh.

Thon, Chr. Fr. Gli., neues geograph. Handels-Lexicon, s.a. Thdr. C. G. Thon.

— neues geogr. Handels-Lexicon od. alphabet. geordnete Geographie für jeden Geschäftsmann ꝛc. 2 Thle. 8. Schmalkald. 823, Varnhagen. 4 Rthl. 16 gr. Schreibp. 6 Rthl. 16 gr. Velin-Pap.

— s. Handwörterbuch f. angeh. Forst- u. Weidmänner.

—— die Haus-Viehzucht. Oder Anweisung, Rindvieh, Schweine, Schaafe, Ziegen aufzuziehen, zu füttern u. abzuwarten. 1. Aufl. (14 B.) 843. 20 Ngr. u. 2. Aufl. 8. (7½ B.) Quedlinburg 845, Ernst'sche Buchh.

— Holzbeize-Kunst, od. die Holzfärberei in ihrem ganzen Umfange ꝛc. Nebst e. Anh., Knochen, Elfenbein u. Horn zu beizen u. poliren. 8. Ilmenau 822. Voigt. 1 ℛ︀

—— die Holzbeizkunst, s.a. Schauplatz, neuer, d. Künste, 107. Bd.

THON, Christian Friedrich Gottlieb: Die Holtzbeitze-Kunst oder die Holzfärberei in ihrem ganzen Umfange. Nebst einem Anhange Knochen, Elfenbein und Horn zu beitzen und polieren. - Ilmenau 1822. - 2. Aufl. Weimar 1840. - (Neuer Schauplatz d. Künste u. Handwerke. Mit Berücks. d. neuest. Erfindgn. Bd. 107) - 3. Aufl. ebd. 1859. - 4. Aufl. ebd. 1862. XIV, 295 S. - 5. Aufl. i. gänzl. Umgestaltung v. Willibald Schmidt u. d. T.: Das Beizen, Schleifen, Poliren des Holzes, Elfenbeins, Horns, der Knochen und Perlmutter sowie deren Conservierung als technisches Material und die Verschönerung der daraus gefertigten Kunst- und Industriearbeiten. ebd. 1871. XVIII, 212 S. - 6. Aufl. ebd. 1878

Thon, C. F. G., d. Jagdhund, 7., Aufl., s.: Krichler, Frz.

—— der vollkommene Jagd- u. Scheibenschütze. 12. (11½ B.) Weimar 843, Voigt.

Thon, C. F. G., der vollkommene Jagd- u. Scheibenschütze, oder Anleitung, sich in kurzer Zeit mit Sicherheit zu einem trefflichen Schützen, sowohl auf der Jagd, als auch auf dem Scheibenstande, auszubilden; nebst der Kenntniß vom Schießgewehr, dessen Gebrauch, Behandlung ꝛc. Ein gründlicher, zuverlässiger, auf langjährig-selbsterprobte Erfahrung gestützter Rathgeber für Jäger, Jagdliebhaber u. Schießfreunde. 2. verm. Aufl. Weimar 859. Voigt. 12. (XVI, 304 S.) 20 ngr.

—— vollständ. Jägerschule, od. Inbegriff d. ganzen Jagdwissenschaft. Ein alphabet. Hand- u. Lehrbuch f. Weidmänner, Jagdliebhaber, Vogelsteller, Oekonomen u. Liebhaber d. Naturkunde. Nebst e. weidmänn. Wörterbuche u. Jagdkalender auf alle 12 Monate. M. 25 Abbild. (auf 6 lith. Bl.) 8. (36½ B.) Ilmenau 834, [Weimar,] Voigt.

Thon's, C. F. G., Kitt-Kunst, s.a. Schauplatz, neuer, der Künste u. Handwerke.

Thon, C. F. G: Kitt-Kunst oder Anleitung, alle Arten von Kitten, Leimen, Kleistern und sonstigen Klebstoffen zweckmäßig zu bereiten. 3. Aufl. von H. Eckardt. Weimar 1869

Thon, Kittkunst, 4. Aufl., s.: Jeep, Wilh., d. Anfertigg. d. Kitt- u. Klebemittel.

— üb. Klavierinstrumente, deren Ankauf, Behandlung u. Stimmung. 8. Sondersh. 817. 2e A. 8. Ilmenau 826. Vo gt. 12 gℛ︀

—— der unterrichtende Conditor f. den Hausbedarf oder 500 Anweisungen, alle Arten Kuchen, feine Backwerke ꝛc. zu verfertigen. 2 Thle. 8. (17⅞ B.) Quedlinburg 844, Ernst'sche Bh.

—— die Kunst Bücher zu binden, 2 Thle., s.a. Schauplatz d. Künste, 2. u. 25. Bd.

Thon, Chr. Fr. Gli., die Kunst, Bücher zu binden, f. Buchbinder u. Freunde dieser Kunst, welche Bücher aller Art selbst binden, marmeriren ꝛc. wollen; nebst e. Anhang. 1r Thl. 8. Sondersh. 820. 2e Aufl. 826. Voigt in Ilmenau. 1 ℛ︀ 2r Thl. A. u. d. T.: der Fabrikant bunter Papiere, oder: vollständ. Anweis., alle bekannten Arten farbiger u. bunter ꝛc. Papiere zu verfertigen ꝛc. 8. Ebd. 827. 1 ℛ︀

Thon ChrFG, die Kunst, Bücher zu binden. 5. Auflage von A Kirsch. (Schauplatz der Künste und Handwerke 2) Weimar 1856

Thon, C. F. G.: Die Kunst, Bücher zu binden. 6. Aufl., s. Krehan, H.

— die Kunst, aus gemeinem Getreide- u. Kartoffelbranntweine ein dem ächten Franzbranntweine, Rum u. Arak ähnl. Getränk ꝛc. zu bereiten. 8. Ilmenau 824. Voigt. 12 gℛ︀

— die Kunst, aus gemeinen Getreide- u. Kartoffelbranntweine, ein dem ächten Franzbranntweine, Rum u. Arak ähnl. Getränk ꝛc. zu bereiten. 8. Ilm. 827, Voigt.

--- Ders.: Die Kunst aus Obst, Beeren, Blüten, Säften und andern schicklichen Stoffen, namentlich aus Aepfeln, Birnen, Kirschen, Orangen, Quitten, Johannis- und Stachelbeeren, Heidelbeeren, Kartoffeln, Rosinen, Honig, Zucker etc. einen vortrefflichen Wein zu verfertigen; auch andere Weine als Ungarischen Wein, Champagner, Burgunder, Pontac, ... Muskatwein u.a. süße Weine auf eine leichte und sichere Art künstlich nachzumachen. Ilmenau: Voigt 1828. 244 S. -- Frei 100*
.--- Dass. Neue, unveränd. Ausg. Ebd. 1843. -- [Zit. nach Kayser]

—— die Kunst, aus Obst, Beeren, Blüten, Säften ꝛc. einen vortreffl. Wein zu verfertigen. Neue unveränderte Ausg. 8. (16 B.) Weimar 843, Voigt.

— s.a. Landmann, der, als Thierarzt.

[Thon, Chr. Fr. G.]: Der Landmann als Thierarzt bei Krankheiten der Pferde, des Rindviehes, der Schweine, Schaafe, Ziegen, Hunde, des Federviehes und der Stubenvögel... Hrsg. vom Verf. d. medizinischen Rathgebers auf d. Lande. Ilmenau 1825. XVI, 512 S.

—— die Legirkunst. Oder: Anleitung, alle Arten von Metall-Verbindungen oder Compositionen auf die beste Weise genau u. sicher darzustellen u. in Anwendung zu bringen. 8. (6 B. u. 4 Taf. Abbild.) Quedlinburg 844, Basse.

Thon's, C. F. G., Legir- u. Löthkunst, s.: Schauplatz, neuer, der Künste u. Handwerke.

— s. Lesser, A., Handel im Kleinen.

—— die Löth-Kunst ꝛc., s. Schauplatz der Künste ꝛc. 137. Bd.

—— der Meister im Schachspiel, u. zwar im gewöhnl. Schach zu nur zwei als auch zu vier Personen auf zweierlei Art, so wie im großen Kriegs- u. sogen. Courierspiele nach alter u. verbess. Methode. 8. (10 B.) Weimar 840, Voigt.

—— Meister im Schachspiel u. zwar sowohl im gewöhnl. Schach zu nur zwei, als auch zu 4 Personen auf zweierlei Art, sowie im großen Kriegs- u. sogenannten Courierspiele, sowohl nach der alten, wie nach der neuern verb. Methode. Nebst lith., modernen großen Schachbrete mit 32 verschied. Rösselspringen von Jgn. Bernh. Montag. 2. Aufl. (9½ B.) 842. u. 3. verb. u. verm. Aufl. 8. (10¼ B.) Weimar 846, Voigt. à

Thon's, Chr. Fr. Gottl., Meister im Schachspiel u. zwar sowohl im gewöhnlichen Schach zu nur zwei, als auch zu vier Personen auf zweierlei Art, sowie im großen Kriegs- u. sogenanntem Courierspiele nach der alten wie auch nach der neuern verbesserten Methode. Nebst einem schön lith., modernen großen Schachbrete mit 32 verschiedenen Rösselsprüngen von Jgn. Bernh. Montag. 4. gänzl. verb. u. sehr verm. Aufl. 8. (VIII u. 197 S.) Weimar 852, Voigt. ⅔ ₰

— Meister im Schachspiel und zwar im gewöhnlichen Zweischach, wie im Vierschach, auch im großen Kriegs- und Courirspiele nach alter wie neuer Methode. Nach gänzlicher Veraltung der früheren Auflagen jetzt dem neuesten Standpunkte der Schachkunde gemäß in 5. vollkommen umgearb. Aufl. völlig neu herausg. von M. Lange. Hierzu 1 lith., modernes großes Schachbrett mit 32 verschiedenen Rösselsprüngen (in Fol.) und außerdem 8 Figuren (auf 1 lith. Taf. in Fol.). Weimar 858. Voigt. 8. (VIII, 242 S.) 20 ngr.

—— Meister im Schachspiel und zwar im gewöhnl. Zweischach, wie im Vierschach, auch im großen Kriegs- und Kourirspiele nach alter wie neuer Methode. 6., verm. und verb. Aufl. von M. Lange. 8. (XII und 204 S. mit 2 lithogr. Fig.-Taf. in qu. Fol.) Weimar 863, Voigt.

— s. Rathgeber, der medicin., auf dem Lande, u. setze hinzu: (v. Chr. Fr. Gli. Thon).

— s. Reise, romant., von Jena nach Weimar ꝛc., u. setze hinzu: (von Chr. Fr. Gli. Thon).

Thon C. F. G.: Die Schiesskunst, od. vollständige Anweisung z. Schiessen mit der Büchse, Flinte, u. mit Pistolen ... Sondershausen (1822). 364 S.

THON, Christ. Friedr. Gottl.: Die Schiesskunst, oder vollständige Anweisung zum Schießen mit der Büchse etc. Ein nothwendiges Handbuch für Jäger und Schützen, welche ihr Gewehr kennen, richtig beurtheilen etc., trefflich schiessen lernen wollen. - Sondershausen o. J. 364 S. - 2. Aufl. Ilmenau 1824. 393 S.

— die Staffirmalerei und Vergoldungskunst, s. a. Schauplatz, neuer, der Künste u. H., 87. Bd.

— die Staffirmalerei und Vergoldungskunst. Als Anhang zu Thons vollständiger Lackirkunst und insbesondere für die Besitzer der 4n Aufl. derselben. 8. Ebd. 836. 1¼ ₰ — Vergl. Schauplatz der Künste u. H. 87r Bd.

—— der Uhrenfreund, od. allgemeinfaßl. Anleit., alle Arten mechan. Uhren, als Thurm-, Pendel-, Taschen- u. Sonnenuhren, mit Sicherheit zu prüfen, mit Vortheil einzukaufen, zweckmäßig zu behandeln u. nach d. Sonne richtig zu stellen u. die Mittagslinie auch ohne Sonnenuhr leicht zu finden. 12. (4¼ B. u. 1 Stnt.) Weimar 841, Voigt.

—— Uhrenfreund, oder faßl. Anleitung, alle Arten mechan. Uhren als Thurm-, Pendel-, Taschen- und Sonnenuhren mit Sicherheit zu prüfen, mit Vortheil einzukaufen, zweckmäßig zu behandeln ꝛc. 2., verb. und verm. Aufl. Bearb. von Geo. Leist. 12. (IV und 128 S. mit 8 erläut. Fig. auf 2 Stnt. in 4.) Weimar 864, Voigt. *

— Uhrenfreund, oder faßl. Anleitung, alle Arten Uhren als Thurm-, Pendel-, Taschen- u. Sonnenuhren mit Sicherheit zu prüfen, mit Vortheil einzukaufen, zweckmäßig zu behandeln ꝛc. 3. (Titel-)Aufl. bearb. von Geo. Leist. Mit 8 erläut. Figg. (auf 2 Steintaff. in 4.) Weimar (864)869. B. F. Voigt. 8. (IV, 128 S.) n. 10 ngr.

—— Unterricht Hunde abzurichten, vgl. Thüngen, C. E. Frhr. v.

Thon, Ch. Fr. G., vollständ. Unterricht, alle Arten, zur Ausübung der hohen und niedern Jagd nothwendigen Hunde abzurichten, und solche bey derselben praktisch zu gebrauchen, nebst einer ausführl. Naturgeschichte des Hundes ꝛc. Mit 1 Kupfr. 8. Sondershausen, Voigt. 821.

—— vollständ. Unterricht, alle Arten zur Ausübung d. hohen u. niedern Jagd nöthigen Hunde abzurichten u. solche bei ders. pract. zu gebrauchen; nebst e. kurzen Naturbeschreibung d. Hundes, seiner Erziehung, Wartung, Behandlung ꝛc. u. den besten Mitteln, d. vorzügl. Krankheiten dessel. zu heilen; ingl. d. Erklärung aller weidmänn. Kunstausdrücke, wiefern sich solche auf die zur Jagd erforderl. Hunde beziehen. 2., verb. Ausg. 8. (19½ B. u. 1 lith. Plan, qu. Fol.) Ilmenau 832, [Weimar,] Voigt.

—— vollständiger Unterricht, alle Arten, zur Ausübung der hohen u. niedern Jagd nöthigen Hunde abzurichten u. solche bei derselben praktisch zu gebrauchen ꝛc. 3., verb. Ausg. 8. (19½ B. u. 1 lith. Plan eines Hundehofes.) Weimar 842, Voigt.

— vollständiger Unterricht, alle Arten, zur Ausübung der hohen und niedern Jagd nöthigen Hunde abzurichten und solche bei derselben practisch zu gebrauchen; nebst einer kurzen Naturbeschreibung des Hundes, seiner Erziehung, Wartung, Behandlung ꝛc. Ein nothwendiges und nützliches Handbuch für jeden practischen Waidmann, Jagdliebhaber u. Besitzer von Hunden. 4. Aufl. Nach dem neuesten Standpuncte practischer Erfahrungen von v. Ehrenfreutz. Nebst dem lith. Plane eines Hundehofes (in Fol.). Weimar 858. Voigt. 8. (XXII, 272 S.) 1 ₰.

THON, Christian Friedrich Gottlieb: Vollständiger Unterricht alle Arten zur Ausübung der hohen und niedern Jagd nothwendigen Hunde abzurichten, und solche bey derselben praktisch zu gebrauchen nebst einer ausführlichen Naturgeschichte des Hundes etc. Sondershausen 1821. - 2. verb. Ausg. m. erw. Titel Ilmenau 1832. 19 1/2 B., 1 Pl. - 3. verb. Ausg. ebd. 1842. 19 1/2 B., 1 Pl. e. Hundehofes. - 4. Aufl. n. d. neuesten Standpuncte practischer Erfahrungen Weimar 1858. XXII, 272 S., 1 Pl. e. Hundehofes v. V. Ehrenkreutz. - 5. verm. u. verb. Aufl. u. d. T.: Der Jagdhund, seine Züchtung, Erziehung, Wartung, Dressur und Führung. ebd. 1872. XII, 204 S., 1 Taf., 1 Grundriß v. C. E. Frhr. v. Thüngen. - 6. Aufl. ebd. 1882. XII, 203 S., m. Abb. vorzügl. Hunderassen u. d. Pl. e. Hundehofes. - Neue (Titel-)Ausg. d. 6. Aufl. Berlin, Leipzig 1887. XII, 203 S. - 7. vollkomm. neubearb. u. erw. Aufl. Leipzig 1895. XVI, 472 S., 7 Vollbild., üb. 100 Abb. v. Franz Krichler

Thon, Christian Friedrich Gottlieb: „Ausführliches und vollständiges Waaren-Lexicon, oder gemeinnütziges Handbuch beim Ein- und Verkauf aller in den Waarenhandel einschlagenden Natur- und Kunstproducte", 2 Bände, Ilmenau 1829, 1832. — Vorh.: Com. Bibl. Hamburg.

—— ausführl. u. vollständ. Waaren-Lexicon, od. gemeinnütz. Handb. beim Ein- u. Verkauf aller in d. Waaren-Handel einschlagenden Natur- u. Kunstprodukte ꝛc. 2 Bde. 8. Ilmenau, [Weimar,] Voigt. [1. A—K. (65 B.) 830., 2. L—Z. (73 B.) 832. à 3 Thlr.] Thlr.

Verzeichnis der Büchersammlung der St. Johannis-Loge Carl zu den 3 Adlern im Or. zu Erfurt. Aufgest. nach dem Stand am Ende des Mauerjahres 1908/09 und den gel. Br. seiner Bauhütte als Johannisgruss gewidmet von Edgar Thon. Erfurt 1909: Ohlenroth. 62 S. 8°
Lehnt sich an Tautes Bücherkunde an.

Thon, Eduard s. Liebig, Justus von, und Schönbein, Christian Friedrich. Briefwechsel. Leipzig 1900.

Thon, Eduard, aus Wiesbaden: Untersuchungen über den Monoaethylaether des 2. 7-Dioxynaphtalins. *Marburg 1899: R. Friedrich.* (39 S.) 8°
Marburg, Phil. Diss. v. [20. Mai] 1899

Thon, Eleonora, geb. Rödern, († d. 7. April 1807.) s. 1) Julie v. Hirtenthal. 2) Karl v. Lenkford, Briefe.

– s. Marianne v. Thronville.

Thon, Eleonora, geb. Rödern, († d. 7. April 1807.), s. Adelheid v. Rastenberg.

THON, F.: Über verbesserte Anlegung von Baumgärten und die Verbesserung der Forstkultur als Mittel gegen überhand nehmenden Holzmangel. - Leipzig 1813. - 2. Aufl. ebd. 1817

Thon, F., Nützliches Handwörterbuch für angehende Forstmänner. Marburg 1796. 8.
—, — Ebenda 1807. 8.
—, — Ebenda 1809. 8.

Thon, F., nützl. Handwörterbuch für angehende Forst- und Waidmänner. 8. Marburg, Krieger. 807.

Thon, Fr., v. Liebig's Boden-Verarmung und die Latrinenfrage. 8. (V und 82 S.) Göttingen 866, Wigand. *

Thon, Fr., s. Randel, W., der Bandwurm.

Thon, Friedr., Gesundheit und Agrikultur oder die Lösung der Latrinenfrage im gemeinschaftl. Interesse von Stadt und Land. gr. 8. (IV, 50 S.) Cassel und Göttingen 869, Wigand. *

Thon, Friedrich Elias A. S. 633/47

Dissertatio de natura iuramenti eiusque moralitate generatim spectata. Präs. Johann Gottlieb Waldin. Jena (Meyer) 5. III. 1761. 28 S.

Gew.: Immanuel Lebrecht von Rath, Johann Georg Eckard, Eberhard Schmid, Jo. Gottlieb Hofmann, Jo. Ernst August Klees, Friedrich Melchior Rost.
W. v.: Jo. Ernst Immanuel Walch, Jo. Ernst Basilius Wideburg, Präs., Johann Benjamin Kourzmann.
34426

Thon, Friedrich Wilhelm [aus Döbernitz]: Das Verhältnis des Hans Sachs zu der antiken und humanistischen Komödie. . . . Halle a. S., Buchdr. Carl Colbatzky, 1889; 51 + 1 S. + 1 Bl. 8°
Halle, Phil. Fak., Inaug.-Diss. v. [12. Aug.] 1889

Thon, G. C., praes. Lor. Heister, De apoplexia magis chirurgicis quam aliis medicamentis curanda. 26 pp. Helmst. 4°. 1752

Thon's, G. P. F., Fleischer- oder Metzger-Gewerbe, s. Schauplatz, neuer, der Künste und Handwerke.

Thon G, Fleischer- oder Metzger-Gewerbe. 4. Auflage von R Hilgers. (Schauplatz der Künste und Handwerke 12) Weimar 1871

Thon, G. P. F., das Fleischerhandwerk, s. Schauplatz, neuer, der Künste u. H., 12. Bd.

Thon, G. P. F., das Fleischer-Handwerk in allen seinen Nebenzweigen. 8. Ilmenau 825. Voigt. 16 gr.

Thon, G. P. F., über Mahlmühlengebrechen u. Mühlenpolizei, insbesond. üb. Zwangsmühlen, Mahlmetze u. Mühlenvisitation. gr. 8. (6½ B.) Ilmenau 828, [Weimar,] Voigt.

Thon, (G. P. F.,) die besten Mittel zur Verhütung u. Abkürzung d. Prozesse. gr 8. Ilmen. 825, Voigt.

THON, G. P. F.: Gesamm. Rechtsfälle, Criminalgesch. u. rechtl. Bedenken aus dem Civil- u. Criminalrechte. 1. Bd. *Ilmenau*, Voigt. 825. 8. (1 Thl. 12 Gr.)

— gesammelte Rechtsfälle, Criminalgeschichten u. rechtl. Bedenken aus d. Civil- u. Criminalrechte. 1r Bd. 8. Ilmenau 827. Voigt. 1 Thlr 12 gr.

— Tabellen zur Gewichtsschätzung des Schlachtviehes oder Anweisung, wie man mittels Messens von Umfang und Länge und nachher. Einblicks in vorliegende Tabellen das Gewicht von Ochsen, Kühen, Kälbern, Schafen und Schweinen in approximativer Richtigkeit ersehen kann. Für Fleischer, Landwirthe, Viehzüchter und Viehhändler. [Aus „Fleischer- und Metzger-Gewerbe" in 4. Aufl. hrsg. von Rud. Hilgers.] 8. (12 S.) Weimar 870, B. F. Voigt.

— der vollständ. Viehzüchter u. Hausthierarzt. Nach eigener vieljähr. Erfahrung u. nach d. anerkanntesten deutsch. u. franz. Werken bearb. 8. (18 B. u. 1 Holzschn.) Ilmenau 829, [Weimar,] Voigt.

— der wohlunterr. Wachsfabrikant u. Wachszieher, s. Schauplatz d. Künste, 35. Bd.

— d. wohlunterrichtete Wachsfabrikant u. Wachszieher, od. prakt. Belehrung üb. Erzeugung u. Behandlung des Honigs, Wachses, Wallraths, Talgs etc. Mit 6 Steintaf. 8. Ilmenau 828. Voigt. 1 Thlr (A. u. d. T.: Schauplatz d. Künste, 35r Bd.)

Thon, Georg Adam (Mühlhausen/Thür.) A. S. 1326/20

Disputatio academica I. de caussis errorum potioribus. Präs. Ernst Christian Schroeder.
Wittenberg (Schlomach) 28. X. 1730. 24 S.
34427

Thon, J. C. L., s. Thon, Johann Karl Sal.

Thon, J. C. S., s. Thon, Johann Karl Sal.

(Thon, Jak., [und] Arth. *Ruppin*), Der Anteil der Juden am Unterrichtswesen in Preussen. Berlin 1905. 8°.
(Veröffentlichungen d. Bureaus f. Statist. d. Juden. H. 1)

Die jüdischen Gemeinden und Vereine in Deutschland. (Verf.: Dr. Jakob Thon.) Berlin-Halensee: Bureau f. Statistik d. Juden 1906. (85 S.) 8°
= Veröffentlichungen d. Bureaus f. Statistik d. Juden. H. 3. [07. 5197]

(Thon, Jakob): Die Juden in Oesterreich. Berlin 1908.

Thon, Jacob, approb. Arzt aus Worms a. Rh.: Luxation mit gleichzeitiger Fraktur des Oberarmkopfes. *Leipzig 1901: B. Georgi.* (28 S.) 8°
Leipzig, Med. Diss. v. (12. Sept.) 1901

Thon, Johann Adam Christian

— s. Dorfconvent.

– s. J. H. Jung, über Reliquien.

– s. Philantrop.

Thon, J. A. C.: „Philemon, oder der Freund der Herrschaften und des Gesindes", Cöthen 1786 (Aue).

Thon, Jh. Adm. Chr., († d. 16. Nov. 1809.) Philemon, od. der Freund der Herrschaften u. des Gesindes. 8. Frkf. a. M. 786. Guilhaumann. 10 gr.

— Philolaus, od. über den Unterricht, d. Religion u. die Sitten des Volks, nebst e. Vorlesß. 8. Frankf. a. M. 790. Gebhardt u. K. 10 gr.

— s. Prediger im Umgange.

— einige heil. Reden. 8. Frankf. u. Leipz. 777. 8°

— s. a. Scenen, ländliche.

SCENEN, Ländliche, von *J. A. C. Th.* (d. i. *Joh. Adam Christian Thon*). Halle 1782.
Anon.-Lex. IV. p. 27 (nach Meusel u. Kayser).

Thon, Johann Heinrich Christian (Eisenach) A. S. 833/28

Dissertatio juridica, evincens, jus fisci mero imperio haud cohaerere. Präs. Karl Erdmann Kiriz.
Jena (Müller) 28. III. 1722. 24 S.

Gew.: Fhr. von Zech.
W. v.: Johann Konrad Hartmann. 34428

Thon, Johann Karl A. S. 564/33

Dissertatio iuridica de privilegio pecuniae in refectionem aedium creditae. Präs. Karl Friedrich Walch.
Jena (Fickelscherr) 8. IV. 1771. 52 S.
34429

Thon, Johann Karl Sal.

Thon, Ritter Jh. Karl Sal., Rede bei der festl. Begrüßung des Lutherbrunnens u. der Luther-Buche, bei Liebenstein. Mit Kpf. 8. Eisenach 817. Bärecke. 8 gr.

— s. a. Wartburg, Schloß.

Thon, J. C. L., Schloß Wartburg, ein Beytr. z. Kunde d. Vorzeit, m. K. 8. Gotha, Ettinger. 795.

Thon, J. C. S., Schloß Wartburg, ein Beitrag z. Kunde d. Vorzeit. 3te Aufl. mit K. 8. Eisenach, Wittekind. 815.

THON Joseph Andreas. Neue einfache der Wirkung nach doppelte Buchhaltung. Wien 1781.

Thon, Karl, über e. neue parasitische Atax-Art aus Texas. Lex.-8. (S. 81—35 m. 1 farb. Taf.) Wien 901. A. Hölder. n. 1. 20
Sonderabdr. aus: „Annalen d. k. k. naturhist. Hofmuseums".

Thon, Karel, über die in Montenegro v. Dr. Mrázek gesammelten Hydrachniden. (7 S. m. 1 Taf.) gr. 8. Prag 903. (F. Řivnáč.) n. — 40
Sonderabdr. a.: „Sitzungsber. d. böhm. Gesellsch. d. Wiss."

— Monographie der Hydrachniden Böhmens, s. a. Archiv f. die naturwissensch. Landesdurchforschung v. Böhmen.

Thon, K., Monographie der Hydrachniden Böhmens. I. Teil. Limnocharidae Kramer. (Archiv f. d. naturw. Landesdurchforschung von Böhmen. XII. Bd. Nr. 2.) Gr.-8°. (ill. 83 S.) † K 5.—
Prag: Rivnac 1906.

Thon, Max: Beiträge zur Kenntnis der p-Methyl-o-Oxychinolins und der p-Methyl-o-Oxychinolin-ana-Sulfonsäure. *Freiburg i. B. 1897: F. Wagner.* (45 S.) 8°
Freiburg i. B., Phil. Diss. v 1897

Thon, *Abraham* Osias (in d. Vita: Josua) [aus Lemberg '(Galiz.)']: Die Grundprinzipien der Kantischen Moralphilosophie in ihrer Entwickelung ... Berlin, Mayer & Müller, 1895; 2 Bl., 76 S., 2 Bl. 8.
Berlin, Phil. Fak., Inaug.-Diss. v. 28. Juni 1895

Thon, O., d. Grundprinzipien d. Kantischen Moralphilosophie in ihrer Entwickelg. gr. 8. (76 S.) Berlin 895. Mayer & Müller. n. 2. —

Thon, Otto: Ueber das 1-β-Naphtyl-5-Methyl-3-Pyrazolon. Rostock 1910: Hinstorff. 135 S. 8°
Rostock, Phil. Diss. v. 6. Dez. 1909, Ref. Michaelis
[Geb. 21. Febr. 78 Kassel; Wohnort: Rostock; Staatsangeh.: Preußen; Vorbildung: Päd. Ostrau b. Filehne bis O. 97, pharm. Staatspr. 05; Studium: München 8, Rostock 4 S.; Rig. 1. Dez. 09.] [U 10. 3987

Thon, Ottocar, von den verschied. Abweichungen in d. Bildung d. menschl. Kiefer u. Zähne. Inauguralabhandl. gr. 4. (5 B. u. 12 lith. Abbildn.) Würzburg 841, (Stahel'sche Buchh.) Thlr. *

Thon, Theodor (C. G.)

Thon, Thdr. (C. G.), Abbildd. ausländ. Insekten. (1e Abtheil. 1s Hft. Käfer.) Mit 1 Kpft. 4. Jena 826. (Cröker). 8 gr.

— Abbildd. ausländ. Insekten. Mit 1 Kupfrt. 4. Jena 827, (Cröker.)

— s. a. Archiv, entomolog.

— entologisches Archiv, 1r Bd. in 4 Heften. gr. 4. Jena 827, (Schmid.)

Thon, Theod. (C. G.), entomologisches Archiv. 2. Bd. (4 Hfte.) Mit Kpfrt. gr. 4. Jena 829, Schmid.
1. Bd. Ebendas. 1827. 3 Thlr. 20 Gr.

THON, T.: Die Botanik und ihre praktische Anwendung auf Gewerbskunde, Pharmacie, Toxicologie, Oekonomie, Forstcultur und Gartenbau; frei nach dem Franz. bearb. - Ilmenau 1827

—— die Botanik in ihrer pract. Anwendung auf Gewerbskunde, Pharmacie, Toxicologie, Oekonomie, Forstcultur u. Gartenbau. Frey n. d. Franz. bearb. 8. (27½ B.) Ilmenau 828, [Weimar,] Voigt.

— die Drehkunst, s. a. Drehkunst.

Thon, Th., die Drehkunst, s. a. Schauplatz, neuer, der Künste ꝛc. 15. Bd.

Thon, Thdr., die Drehkunst in ihrem ganzen Umfange. Nach d. Franz. frei bearb., neu geordn. u. mit viel. Zusätzen u. Zeichnungen verm. von Theod. Thon. 2e verb. u. verm. Aufl. Mit Benutzung d. neuesten Hülfsmittel u. mit Zuziehung geschickter Meister u. Dilettanten neu herausg. v. Chr. H. Schmidt. Mit 225 Abbildd. 8. Weimar 836. 3e Aufl. von F. A. Reimann u. Aug. Zeiß. Mit 292 Abbildd. 8. Ebd. 839. Voigt. 1½ ℛ — Vgl. Schauplatz der Künste u. H. 15r Bd.

Thon, Th., die Drehkunst in ihrem ganzen Umfange. 4te Ausgabe von C. H. Schmidt. Weimar. 1843. 8. 1½ Thlr.

Thon, (Th.,) der Gebäudemaler u. Decorateur, od. d. Kunst die Gebäude von Außen u. Innen mit Geschmack zu verzieren Mit 3 Kupft. 8. Ilmen. 825, Voigt.

— Handbuch f. Naturaliensammler, od. gründl. Anweis., die Naturkörper aller 3 Reiche zu sammeln; frei nach dem Französ. bearb. Mit 38 Fig. 8. Ilmenau 827. Voigt. 2 ℛ

— geograph. Handelslexicon f. Kaufleute, Fabrikanten, Manufakturisten u. Geschäftsmänner, od. alphabet. geordn. u. vollständ. Beschreib. aller Länder u. Orte, in welchen vorzügl. Handel u. Wandel, sowohl im Großen als Kleinen getrieben wird, nebst Angabe ihrer natürl. Produkte, Fabriken u. Manufakturen, ihrer Wechselarten, Maaße, Gewichte, Messen, Jahrmärkte rc. 2 Bde. 8. Schmalkald. 823. 4 ℛ 16 ℊ 8. Leipz. 831. Schumann. Wohlf. Ausg. 1 ℛ s. Handels-Lexicon, geographisches.

Thon, Thdr., geograph. Handels-Lexikon für Kaufleute, Fabrikanten, Manufacturisten u. Geschäftsmänner rc. Wohlf. Ausg. 2 Bde. 8. Leipzig 831. (Künzel.) 1 ℛ

Thon, Theod. die Insekten, s. Naturgeschichte, die, in getreuen Abbildungen.

Thon, Theodor: „Allgemeines ökonomisch-technologisches Kunst- und Gewerbe-Lexicon. Ein reichhaltiges Magazin der wichtigsten, nützlichsten und anwendbarsten Entdeckungen und Erfindungen in der Haus- und Landwirthschaft, in Künsten und gemeinnützige Darstellung der Handthirungen, Rathschläge zur Erleichterung und Verbesserung der Geschäfte. Mit besonderer Rücksicht auf Deutschland", Wien 1836 (Gerold).

—— allgem. ökonom.-technolog. Kunst- u. Gewerbe-Lexikon. Ein reichhalt. Magazin d. wichtigsten, nützlichsten u. anwendbarsten Entdeckn. u. Erfindn. in d. Haus- u. Landwirthschaft, so wie in d. Künsten u. Gewerben. Zur Aushülfe in allen Fällen, wo Rath u. Hülfe wünschenswerth ist. 2 Thle. (od. 9 Lfgn.) gr. 8. (56 B.) Leipzig 838, 39, Baumgärtners Buchh. à L. ⅓ Thlr.

—— Lehrbuch d. Kupferstecherkunst rc., } s. Schauplatz d. Künste, 54.

— Lehrbuch der Kupferstecherkunst, die Kunst in Stahl zu stechen u. in Holz zu schneiden. Mit 8 Abbildd. 8. Ilmenau 831. Voigt. 1 ℛ 12 ℊ

Thon, Theod., Lehrbuch der Reißkunst, s. Hertel, A. W., Lehrbuch der Linear-Zeichnenkunst.

—— Lehrbuch d. Reißkunst, s. Schauplatz, neuer, d. Künste, 55. Bd.

— Lehrbuch der Reißkunst u. der wahren Grundsätze der Zeichnenwissenschaft. Mit 36 Steint. 8. Ilmenau 832. Voigt. 1 ℛ 12 ℊ

— Lehrbuch d. Reißkunst od. der wahren Grundsätze des theoret. u. prakt. Zeichnens. 2e verbess. Aufl. 8. Weimar 840. Voigt. 1½ ℛ

—— die Naturgeschichte der in- u. ausländ. Schmetterlinge, mit e. Anweis. z. Schmetterlingsfang u. zu deren Aufbewahrung. Schmal gr. 4. (29½ B. u. 66 Stnt.) Leipzig 837, Eisenach. * 2⅔ Thlr., ill. *

— über den Nutzen der Stenographie, besond. üb. die Vortheile, welche sie Studirenden gewährt. gr. 8. Jena 827. Schmid. 6 ℊ

—— und Joh. Wilh. Krause, Schmetterlinge, s. Fauna v. Thüringen, IV.

— die Thüringischen Schmetterlinge, s. Fauna von Thüringen.

Thon, Thdr., der Sonnenzeiger oder praktische Anweisung, alle Arten der Sonnenuhren in Gärten u. an Wänden auf wagerechten u. lothrechten Flächen — mögen letztere genau nach Süden oder nach Ost oder West abweichen — ohne Vorkenntnisse, ohne Rechnung u. mit geringen Kosten so herzustellen, daß sie für jeden Ort die richtige Zeit angeben u. jede Taschen-, Zimmer- u. Thurmuhr darnach gestellt werden kann. Für Uhrmacher, Mechaniker rc. Mit 7 in den Text gedr. Holzschn. u. dem (lith.) Modell eines Gradzirkels (in 4.). Leipzig 860. Hunger. 8. (112 S.) 15 ngr.

— histor.-geograph. Stammbuchblätter rc. 1n Bde 16 Hft. Mit 6 Kpf. qu. 8. Ilmenau 825. Verfasser. (Schöne in Eisenb.) 8 ℊ

—— Taschenbuch f. Künstler u. Handwerker. Ein Ideen-, Mode- u. Erfindungsmagazin f. sie alle, namentl. f. Mechaniker, Drechsler, Tischler, Ebenisten, Uhrmacher u. alle Metallarbeiter. Zugleich als Supplem. zu d. „neuen Schauplatz d. Künste u. Handwerke." Nach d. besten deutschen u. ausländ. Quellen bearb. 1. Bdchn. 8. (18 B. u. 16 Taf. Abbild.) Ilmenau 832, [Weimar,] Voigt.

—— Taschenbuch f. Künstler u. Handwerker. Ein Ideen-, Mode- u. Erfindungsmagazin für sie alle. Neue Ausg. 8. (18 B. u. 16 Taf. Abbild.) Weimar 844, Voigt.

— deutsches Universal-Kochbuch. Die Kunst im Kochen Meister zu werden, oder vollständige Anweisung zur Erlernung und zur erfolgreichen Ausübung der Kochkunst, sowohl für kleinere als die größten Wirthschaften, für bürgerl. u. fürstl. Küchen, mit Benutzung der besten Werke, namentlich Carême's, Viard's, Archambaut's rc. bearbeitet. Mit vielen Abbildd., 1 Speisekarte von Deutschland u. (5) Tabellen. 3 Theile. gr. 8. Leipzig 840. Melzer. 3½ ℛ

—— deutsches Universal-Kochbuch. Die Kunst im Kochen Meister zu werden, od. vollständ. Anweis. z. Erlernung u. z. erfolgreichen Ausübung d. Kochkunst, sowohl f. kleinere als die größten Wirthschaften, f. bürgerl. u. fürstl. Küchen, nach eigenen u. mehrerer Hausfrauen Erfahrungen mit Benutzung d. besten Werke, namentl. Carême's, Viard's, Archambaut's rc. bearb., u. durchges. v. e. prakt. Koche. 3 Thle. gr. 8. (107⅓ B., 15 Stnt., 1 ill. Speisekarte v. Deutschl. u. 2 Tab.) Leipzig 840. [Braunschweig, Westermann.]

—— deutsches Universal-Kochbuch. Die Kunst im Kochen Meister zu werden, oder vollständ. Anleitung zur Erlernung u. erfolgreichen Ausübung der Kochkunst, u. s. w., durchgesehen von e. prakt. Koche. Mit Gewichts- u. Maaßtabellen. Wohlf. Ausg. 1. Thl. 1. Lfg. gr. 8. (9 B. u. 3 Taf. Abbild.) Braunschweig 840, Westermann. à *

Thon, Walter, appr. Arzt a. Londorf (Kreis Giessen), Unterarzt im 6. Rhein. Inf.-Reg. Nr. 68: Über Therapie der Ischias mit besonderer Berücksichtigung der Infiltrationsmethode. Berlin (1908): G. Schade. (34 S.) 8°
Berlin, Med. Fak., Ref. His, Diss. v. 13. Febr. 1908
[Geb. 13. Febr. 83 Londorf; Wohnort: Cassel; Staatsangeh.: Preußen; Vorbildung: Realgymn. Cassel Reife O. 01; Studium: Marburg 1, Berlin 9 S.; Coll. 10. Febr. 08; Approb. 4. Febr. 08.]

Thon, Wilh., neuer Geschäfts- und Familien-Briefsteller. Ein reichhalt. Formular- und Musterbuch, nebst prakt. Anweisung zur Abfassung aller Arten von Briefen, Eingaben, Verträgen, Reklamationen, Vollmachten und sonst. Aufsätzen des geschäftl. und häusl. Lebens. Nach der neuen Rechtschreibung bearb. 1.—11. Aufl. 8. (128 S.) Oberhausen 882—86, Spaarmann.

Thon, Wilh., neuer Geschäfts- u. Familien-Briefsteller. Ein reichhaltiges Formular- u. Musterbuch, nebst praktischer Anweisung zur Abfassung aller Arten von Briefen, Eingaben, Verträgen, Reklamationen, Vollmachten u. sonstigen Aufsätzen des geschäftlichen u. häuslichen Lebens. Nach der neuen Rechtschreibung bearb. 2. Aufl. 12. (128 S.) Oberhausen 882. Spaarmann. — 60

Thon, Wilh., neuer Geschäfts- u. Familien-Briefsteller. Nach der neuen Rechtschreibg. bearb. 5. Aufl. 8. (128 S.) Oberhausen 884. Spaarmann. — 60

Thon, Wilh., neuer Geschäfts- und Familien-Briefsteller. Nach der neuen Rechtschreibung bearb. 18. Aufl. 8. (128 S.) Styrum 888, Spaarmann.

Thon, Wilh. Neuer Geschäfts- und Familien-Briefsteller. 20. Aufl. gr. 16. (128 S.) Styrum 892, Spaarmann. — 60

Thon, Wilh., neuer Geschäfts- u. Familien-Briefsteller. Nach der neuen Rechtschreibg. bearb. 21. Aufl. 12. (128 S.) Styrum 893. A. Spaarmann. — 75

[Ant. u. F.] **Thon,** *Wilhelm* [Dr.]: Die Stellung des Deutschen im Lehrplan der Realschule. Bitterfeld, Druck v. J. G. Schencke & Sohn, 1894; 15 S. 4.
Bitterfeld, R, P 1894 (271)

Thon, Wilh., unsere Kunst bleibt ewig. 5 Szenen aus der Geschichte der sächs. Kantoreien. Für die Jubelfeier der Bitterfelder Kantorei-Gesellschaft entworfen. Musikbeilage v. Arno Werner. (129 S.) 8. Bitterfeld (903). W. Meissner Nachf. n. 1. —

Thon, *Wilhelm: Worte der Begrüßung im Namen des Lehrerkollegiums an den neueintretenden Direktor Walter Franke.* 4 (S. 19—20). **Progr.** Rsch. *Bitterfeld* 1899

Thon-Dittmer, Gust. v., offener Brief an den anonymen Verfasser der Beleuchtung der Denkschrift der Heidelberger Corpsstudenten. München 856. Franz. 8. (15 S.) 2½ ngr.

Thön: Die römische Familie, besonders in privatrechtlicher Hinsicht dargestellt. 1. Th. 20 S.–Bistritz, Progr. 1857

t'Hoen s. Hoen, t'.

t'Hoen, Hermann

t'Hoen, H. [Regierungsthierarzt in Niederländisch-Ostindien, Java, geboren in Tuil, Holland]: Die Pseudotuberculose bei der Katze. (S.-A. aus Monatshefte für praktische Thierheilkunde. XIII. Bd. 9./10. Heft.) Stuttgart 1902. 44 S. 8°.
Bern. Vet.-med. Diss. 1901/1902.

Thonabaur, E.M.: Die Bewohner Niederösterreichs bis zur Gründung der Mark Oestreich. 22 S. 8°– Waidhofen a/Th., RG., Progr. 1871.

Thonabaur: Die isolierte Stellung der dolichokephalen Prognaten Ost-Amerikas. 8 S. – Pancsova OR., Progr. 1864.

Thonarbeiter, s. Tonarbeiter

Thoene, Armin. (Engelhard.) (geb. Königsberg i. Pr. 11. 2. 1827): De cana pulmonum hepatisatione. Berolini (1849). (27 S.) 8°
Berlin, Med. Diss. v. 17. Aug. 1849

Thöne, Joh. Franz: Fundamental-Lehren des Preußischen Privatrechts, einschl. der Abfassungsgeschichte des Allg. Landrechts und der Lehre von dem Besitz, und der Verjährung, system. bearb. Bd 1. 2. Leipzig 1833. 35.
2 Bde
[Nebentit.:] Ausführliches system. Handbuch des Preuß. Privatrechts. Abth. 1. 2.

Thöne, Joh. Frz., ausführl. systemat. Handbuch d. Preuß. Privatrechts. 1. Bd. 1. u. 2. Abthl. — A. u. d. T.: Fundamental-Lehren d. Preuß. Privatrechts, einschließl. d. Abfassungsgeschichte d. Allgem. Landrechts u. der Lehre von d. Besitz u. d. Verjährung. 1. u. 2. Bd. gr. 8. Leipzig, Hahn. [1. (28 B.) 833. 1 Thlr. 18 Gr., 2. (35¾ B.) 835. 2 Thlr.]

Thoene, J. F., läßt sich unsere Zeitrechnung vereinfachen? (85 S.) 8. Papiermühle 906. Gebr. Vogt. n. 1. —

Thöne, Johs. Frz., System der Metaphysik m. besond. Berücksicht. der Kosmologie. Entwurf e. realistisch-spekulativen Weltformel. (VIII, 300 S.) 8. Dresden 908. R. Linde. 3.50; geb. n 4. 50

— Unser Wissen v. der Geschichte der Urzeit, f. die gebildeten Katholiken dargestellt. (VI, 200 S.) gr. 8. Rottenburg 910. W. Bader. 2. 80

Thoene, Kurt: Über John Brinckman als hoch- und niederdeutschen Dichter. (T.) 1. *Gumbinnen 1901: W. Krauseneck.* (S. 3—27.) 4°
Gumbinnen, st. R, P 1901 (20)

Thoene, Otto, die lautlichen Eigenthümlichkeiten der französischen Sprache d. XVI. Jahrh. nach den Grammatikern jener Zeit, m. Berücksicht. der Lautverhältnisse der Satyre Menipee. gr. 4. (44 S.) Marienburg 883. (Göttingen, Vandenhoeck & Ruprecht.) n. 2. —

Thönes, Adelheid, a. Lennep: Die philosophischen Lehren in Leibnizens Théodicée. Halle a. S. 1907: E. Karras. (48 S.) 8° ¶ (Erscheint vollst. in: Abhandlungen z. Philosophie u. ihrer Geschichte, hrsg. v. B. Erdmann.)
Bonn, Phil. Fak., Ref. Erdmann, Diss. v. 13. Nov. 1907
[Geb. 22. Aug. 75 Lennep; Wohnort: Bonn; Staatsangeh.: Preußen; Vorbildung: Höh. Mädchensch. Lennep, Lehrerinnensem. Coblenz, Höh. Mädchensch. Düsseldorf, Gymn. Wesel Reife O. 02; Studium: Bonn 4, Heidelberg 1, Berlin 1, Bonn 4 S.; Rig. 17. Juli 07.]

Thönes, Adelh., die philosophischen Lehren in Leibnizens Théodicée, s. a. Abhandlungen zur Philosophie u. ihrer Geschichte.

Die philosophischen Lehren in Leibnizens Théodicée von Adelheid **Thönes**. Halle a. S.: M. Niemeyer 1908. (79 S.) 8°
— **Abhandlungen** z. Philosophie u. ihrer Geschichte. 28. [08. 7348 3]

Thönes, C., s. Thönes, Karl

Thönes, Carl, s. Thönes, Karl

Thönes, Carl Wilhelm Theodor Adalbert, s. Thönes, Karl

Sagen und Bilder aus dem Wiehl- und Bröltale. Gesammelt u. erzählt von F. Wm. **Thoenes,** Hauptlehrer a. D. Wiehl: Reuter (1908). 32 S. 8° [09. 11434 5]

Thoenes, Karl

Thönes, Carl, die christliche Anschauung der Ehe u. ihre modernen Gegner. Eine von der Haager Gesellschaft zur Vertheidigung der christlichen Religion gekrönte Preisschrift. gr. 8. (IV, 326 S.) Leiden 881. Brill. n.n. 5. —

Thönes, C., der Evangelische Bund u. die Toleranz, s.: Flugschriften d. Evangelischen Bundes.

Thoenes, Carl *Wilhelm Theodor Adalbert* [aus Lennep]: Ein Fall von Abbindung beider Ureteren bei Totalexstirpation des myomatösen Uterus ... Bonn, Univ.-Buchdr. v. C. Georgi, 1896; 28 S. 8.
Bonn, Med. Fak., Inaug.-Diss. v. [7.] März 1896

Thoenes, Carol., de Gelasio I. Papa. Gelasius. I. quemadmodum et sedis romanae auctoritatem postatemque a sede Constantinopolitana et fidem christianam a gentilibus defenderit. Accedit dissertatiuncula de locis, qui in Gelasii scriptis ad Eucharistiae sacramentum pertinent. Dissertatio ecclesiastico-historica gr. 8. (34 S.) Wiesbaden 873. Killinger & Co. n. 1. 50

Thönes, Carl, der Herr ist mein Hirt. Predigten. gr. 8. (VI, 281 S.) Leipzig 883. Hinrichs' Verl. n. 4. 50; geb. n. 5. 50

Thönes, Carl. Der Herr ist mein Hirt. Predigten. 2. Ausg. gr. 8. (VI, 281 S.) Lpz. 889, Hinrichs' Verlag. geb. • 3 —

Thoenes, Karl: Aus der medizinischen Klinik in Bonn. Statisisches[!] über die Ursachen und die ersten Krankheits-Erscheinungen der Tabes dorsalis (nach den Erfahrungen auf der mediz. Klinik in Bonn von 1889—1897.) *Bonn 1898: J. Bach Wwe.* (34 S.) 8°
Bonn, Med. Diss. v. [12. März] 1898

Thoenes, Carolvs, phil. Dr. et convictorii ev.-theol. inspector ⟨geb. am 19 Mai 1843 in Büttinghausen Rgbz. Köln⟩: Theses theologicae ... ad obtinendvm gradvm licentiati S. S. theologiae ... Bonnae, form. P. Nevsser (1870). 6 S. 8.
Bonn, Ev.-theol. Fak., Thes. v. 19 Febr. 1870

Thönes, Was ist gegen und für confessionell gemischte Volksschulen zu sagen? Vortrag, im allgemeinen Bürger- und Bildungs-Verein zu Lennep gehalten. 1. und 2. Aufl. 8. (42 S.) Barmen 876, Klein. *

Thönes, Wie ist die neueste kirchenpolitische Gesetzgebung vom Standpunkte der evangelischen Kirche aus zu beurtheilen, und welche Bedeutung hat dieselbe namentlich für unsere rheinisch-westfäl. Kirche. Vortrag auf der Niederrhein. Prediger-Conferenz zu Düsseldorf am 8. Mai 1873 gehalten. gr. 8. (61 S.) Barmen 873, Klein.

THOENES, Richard (Ronsdorf): Zur Casuistik der Aortenaneurysmen.- München: Wolf 1882. 26 S. 30.12.1882 - Urk (Titel: De aortarum aneurysmatibus.); Chr 1882/83,17
Diss.Ingolst.-Landsh.-Mchn.

Thonet, Fr.

Thonet, F., die Holzindustrie mit besond. Rücksicht auf die Anwendung gebogener Hölzer, s. a. Bericht über die Weltausstellung in Philadelphia 1876.

Thonet, Fr., Die Holzindustrie mit besonderer Rücksicht auf die Anwendung gebogener Hölzer. (Oesterr. Bericht über die Philadelphia-Weltausstellung 1876. 6. Heft.) Wien 1877. 8°.

Thonet, Richard, a. Bistritz a. H. in Mähren: Beitrag zur Kenntnis der Aurin-Farbstoffe. (Berlin 1905: G. Schade.) (62 S.) 8°
Berlin, Phil. Fak., Ref. Fischer, Landolt, Diss. v. 2. Juni 1905
[Geb. 15. Dez. 79 Bistritz a. H. in Mähren; Staatsangeh.: Österreich; Vorbildung: Wiedener Staats-Oberrealschule Wien Reife Juli 98; Studium: Halle a. S. 2, Berlin 9 S.; Rig. 12. Mai 05.]

Thoenges, Heinrich Christian A. S. 99/24

Dissertatio iuridica cautelas circa actionem negatoriam exhibens. Präs. Heinrich Christian Senckenberg. Giessen (Lammers) 8. VII. 1740. 36 S.

W. v.: Präs., Johann Hermann Benner.
34376

Thonhauser, Ign., Unterricht über die Ohrenbeichte. Augsburg 1784, 8°.

—— Wahre Zeugnisse des christlichen Altertums über die Ohrenbeichte. Das. 1784, 4°.

Thonhofer Vinzenz: Bernhard von Weimar und die Schweiz.
II. 1895 PN 903 Diss.Wien.Univ. 768

Thonhofer Dr. Vincenz: Der große deutsche Krieg. Jahreswende 1686/7. 37. Zwittau R. 99.
[illegible]

Thoni, Karl Emmeran, neue Festpredigten. gr. 8. Landsh. 805. Krüll. 1 fl 12 kr

— neuere Festpredigten. 2 Bde. gr. 8. Landsh. 820. Krüll. (Weber in Münch.) 1 fl 12 kr

— s. Gerechtsame, über die landesherrlichen.

— Predigten auf die vorzügl. Feste eines Kirchenjahres. 8. Stadt am Hof 805. Daisenberger. 18 kr

— Rede, nebst einem Bitt- u. Danklied auf d. Frieden. 8. Ingolst. 801.

Thönl, J. G., Weg- und Distanzkarten. 3. Kaisergebirge und Kitzbichler Alpen. Imst: Grissmann 1909. gefalzt in Mappe K —.30

Thönl, J. G., Weg- und Distanzkarten. 14. Vorarlberg Imst: Grissmann 1909. gefalzt in Mappe K —.30

Thöni, Johannes, aus Gsteigwiler (Kt. Bern): Bakteriologische Studien über Labmägen und Lab. (Ein Beitrag zur Kenntnis der Bereitung des Käsereilabes. [Mit 2 Tabellen.] Bern 1906. 64 S. 8°. S.-A. a. d. Landwirtschaftl. Jahrbuch der Schweiz 1906. Heft 3. [21. VII. 06.]
Bern. Phil. Diss. 1905/1906.

Thöni, Johannes. Bakteriologische Studien über Labmägen und Lab. ⟨Ein Beitrag zur Kenntnis der Bereitung des Käsereilabes⟩. Diss. Phil. Bern. [Mit Figuren und 2 Tabellen.] (Separat-Abdruck aus dem landwirtschaftlichen Jahrbuch der Schweiz [Jahrg. 20, 1906].) 64 S. 8. Bern. K. J. Wyss, 1906.

Thönicker, I. D., s. Thoenniker, Joh. Dav.

Thönicker, J. D., Casualpredigten. 4. Leipz. 730.

Thon-Industrie, s. Ton-Industrie

Thonindustrie-Zeitung, s. Tonindustrie-Zeitung

Thon- und Kunststeininteressent, Der, s. Ton- und Kunststein interessent, Der.

Thoenissen, Constantin, s. Thoenissen, Konstantin

Thoenissen, Joseph (geb. Düsseldorf 1810): De phthisi pulmonali nonnulla. Berolini (1834). (28 S.) 8°
Berlin, Med. Diss. v. 29. Nov. 1834

Thoenissen, Konrad, s. Thönnissen

Thoenissen, Konstantin

Thoenissen, Constantin [aus Kevelaer]: Aus d. medizin. Poliklinik zu Bonn. Die Mechanische Behandlung der Magen- und Darmaffektionen der Säuglinge ... Bonn, Buchdr. v. A. Henry, 1896; 50 S., 1 Bl. 8.
Bonn, Med. Fak., Inaug.-Diss. v. 2. Apr. 1896

Thonius, J. M., De lingua Lycaonica a Pelasgis Graecis orta. Diss. 1726. 16 S. 4°.

Thonke, Richard [aus Rackau '(Prov. Brandenb.)']: Über die diagnostischen Schwierigkeiten bei Aneurysmen der Brustaorta ... Berlin, Buchdr. v. G. Schade, *1893*; 29 S., 1 Bl. 8.
Berlin, Med. Fak., Inaug.-Diss. v. 24. Febr. 1893

Thonmodelle, s. Tonmodelle

Thonner, Frz., Anleitung zum Bestimmen der Familien der Phanerogamen. gr. 8. (VIII, 280 S.) Berlin 891. Friedländer & Sohn. n. 2. 40; geb. n.n. 3. —

Thonner, Frz., die Blütenpflanzen Afrikas. Eine Anleitg. zum Bestimmen der Gattgn. der afrikan. Siphonogamen. (XVI, 673 S. m. 1 Karte u. 150 Taf.) Lex. 8. Berlin 908. R. Friedländer & Sohn. 10.—; geb. in Halbfrz. 12. —

Thonner, Frz., Exkursionsflora v. Europa. Anleitung **zum Bestimmen der Gattgn. der europ.** Blütenpflanzen. 8. (X, 50 u. 356 S.) Berlin 901. R. Friedländer & Sohn. n. 4. —; geb. in Leinw. n. 5. —

Vergleichende Gegenüberstellung der Pflanzenfamilien, welche in den Handbüchern von Bentham-Hooker und Engler-Prantl unterschieden sind. Von Franz **Thonner.** *Berlin: R. Friedländer & Sohn 1898.* (35 S.) 1 Bd 8. [98. 7654

— im afrikanischen Urwald. Meine Reise nach d. Kongo u. der Mongalla im J. 1896. Mit 20 Textbild., 87 Lichtdr.-Taf. u. 3 Karten. gr. 8. (X, 116 S.) Berlin 898. D. Reimer. Geb. in Leinw. n. 12. —

Vom Kongo zum Ubangi. Meine zweite Reise in Mittelafrika von Franz **Thonner.** Mit 20 Textabb., 114 Taf. u. 3 Kt. Berlin: D. Reimer 1910. XI, 116 S. 4°(8°) [11. 13197

Thonner, Therese, s.: Wolff, R.

Thoennessen, Joseph, pr. Arzt: Aus d. Univ.-Augenklinik in Giessen. Zur Behandlung von Augenkrankheiten mit Deutschmann'schem Serum. Giessen 1909: Heppeler & Meyer. 31 S. 8°
Gießen, Med. Diss. v. 10. Juni 1909, Ref. Vossius
[Geb. 9. Febr. 77 Randerath; Wohnort: Linnich; Staatsangeh.: Preußen; Vorbildung: Gymn. Siegburg Reife O. 99; Studium: Heidelberg 4, Würzburg 1, Kiel 1, Gießen 4 S.; Coll. 16. Febr. 09; Approb. 28. Apr. 06.] [U 09. 1126

Thönnessen, Josef, appr. Arzt: Darstellung des Anthrakaseinimmunproteïdin und dessen immunisierende Wirkung gegen Milzbrand. *Jena: G. Fischer 1902.* (8 S.) 8°
München, Med. Diss. v. 1902

Thoenniker, Joh. Dav.: Advocatus prudens in foro civili: sive brevis institutio advocati, ad obtinendum clientuli scopum in formatione et prosecutione processus. Subjunctae sunt formulae hodierno stylo in praxi usitatiores. Francofurti et Lipsiae 1703.

— advocatus prudens in foro criminali. 4. ibid. 720.

Thönicker, I. D., advocatus prudens in foro civili, tam primae quam secundae instantiae. 4. Chemnitz, Rössel. (Mauke) 729. Ditblr.

— lucrum processus injuriar. inane. 4. ibid. 723.

Thönniker, Karl Joachim A. S. 770/37

Disputatio inauguralis juridica, de jure ripaticorum seu de jure habendi pontonem in flumine publico, vulgo Fähr=Gerechtigkeit, etc.
Präs. Johann Heinrich Meier.
Erfurt (Grosch) 27. XI. 1714. 32 S.

W. v.: S. C. Hopff. 34377

Thönnissen, Konr., zwei histor.=theolog. Abhandlungen: Ueber d. Authentizität u. Integrität d. ersten Briefes d. Clemens v. Rom an d. Corinther. — Ueber d. Erweisbarkeit ein. dogmat. Unterschiedes d. Episkopates vom Presbyterate aus d. ersten Briefe d. Clemens v. Rom an d. Corinther mit Rücksicht auf d. heil. Schrift u. die Väter d. vier ersten Jahrhunderte. gr 8. (5¾ B.) Trier 841, Lintz.

Thönnissen, Con., kritische Erörterungen aus Hesiod's Leben, Glauben u. Dichten. gr. 8. (3¾ B.) Trier 844, Lintz'sche Bh. *

—— Kritik d. Ansicht geg. d. Möglichkeit u. Nothwendigkeit e. philosoph. Beweises f. d. Dasein Gottes. Eine gekr. Preisschr. gr. 8. (8 B.) Köln 836, DuMont=Schauberg.

Thöns, A., militärischer Dienstunterricht f. einjährig=freiwillige Militärapotheker, Unter= u. Oberapotheker des deutschen Heeres. 8. (VI, 105 S.) Berlin 889. Springer. cart. n. 1. 60

Thöns, Albert [aus Spandau]: Der Abbau der Palmitinsäure ... Erlangen, Druck d. Univ.-Buchdr. v. Junge & Sohn, 1887; 23 S. + 1 Bl. 8°.
Erlangen, Phil. Fak., Inaug.-Diss. v. 1887.

Thöns, Albert, der Abbau der Palmitinsäure. Diss. Erlangen 1887, Th. Blaesing. 8°. 23 S.

Thöns, C., Rechenbuch f. deutsche Schulen, s.: Liepe, F.

Thönssen, Chrph. Heinr., die römisch=katholische Schlüsselherrschaft der Norderhamme zu Bremünwörde, Dorfstadt, Hammburg u. Lüb=Rhede in Ditmarschen. Aus der Grundanschaug. u. der Chronik in maßgebl. Erinnerg. gebracht. gr. 8. (29 S.) Leipzig 873. Mentzel. 1. 50

Thontafelfund, Der, von El Amarna, s. Tontafelfund

Thonwaarenfabrikant, Der, s. Tonwarenfabrikant, Der

Thony, F., Naturgeschichte in Bildern m. unterhaltendem Text. 27 feine Farbendr.=Taf. m. 38 Textf. hoch 4. (70 S.) Eßlingen (900). J. F. Schreiber. Geb. n. 4. 50

Thony, F., Naturgeschichte in Bildern. Das Tierreich. Mit unterhalt. Text, 25 feinen Farbendr.=Taf. m. 38 Textf. 2. Aufl. (66 S.) Lex. 8. Eßlingen (907). J. F. Schreiber. Kart. 3. 50

Thoeny, Eduard

Thoeny, Ed., der Leutnant. Album. 1. u. 2. Aufl. Fol. (à II, 30 Bl. m. z. Tl. farb. Abbildgn.) München (899. 900). A. Langen. Geb. in Leinw. n. 5. —

— der Leutnant. Album. 6.—8. Taus. (II, 30 Bl. m. z. Tl. farb. Abbildgn.) gr. 4. Ebd. (904). Geb. in Leinw. n. 6. —

Thoeny, Ed., Militär-Album. gr. Fol. (XXXII Bl. m. z. Tl. farb. Abbildgn.) München (901). A. Langen. Geb. in Leinw. n. 6. —

Thöny, Eduard, vom Kadetten zum General. Album. (32 farb. Bl.) gr. 4. München 906. A. Langen.
Geb. in Leinw. n. 6. —

Thöny, Math., der gewandte u. fidele Ansichtskarten-schreiber. Schöne Verse zur Abfassg. gereimter Ansichtspostkarten bei allen Gelegenheiten f. Jedermann. 12. (35 S.) Zürich (901). Frick-Vogel. — 60

Thöny, Math[ias]. Ein Besuch der Sulzfluhhöhlen. [Mit Illustrationen und 2 Tafeln.] Separatabdruck aus dem Jahrbuch des Schweizer Alpenclub. Jahrg. 41. 1 S. + S. 90—103. 8. [Bern, A. Francke, 1906.]

Thöny, Mathi[a]s. Lawinen- und Wasserschaden im Prättigau. 48 S. 8. Schiers, Walt & Fopp, 1906.

Thöny, Math[ias]. Lawinen- und Wasserschaden, Wuhrarbeiten und Kolmation im Prätigau. 2. Aufl. 96 S. 8. Schiers, Walt & Fopp, 1909 (*Umschlag: 1910). [direkt vom Verfasser fr. 1. 50, im Buchh. 2. —]

Thöny, Math[ias]. Schuders und seine Bewohner. Illustration [im Text und auf 4 Tafeln] von D[omenik] Mischol.... Separatabdruck aus dem Jahrbuch des Schweizer Alpenclub. Jahrg. 43. 1 S. + S. 232—272. 8. Bern, Stämpfli & Cie., 1908.

Thöny-Album. Fol. (32 Bl. m. farb. Abbildgn. u. untergedr. Text) München 901. A. Langen.
Geb. in Leinw. n. 6. —

Thopdschian, Hagob, aus Cilicien: Die inneren Zustände von Armenien unter Ašot I. ⟨ausgenommen die Geschichte der armenischen Naxararowt'iwns und der armenischen Kirche.⟩. *Halle 1901: Reichsdruckerei in Berlin.* (52 S.) 8° ¶(Aus: 'Mitteilungen d. Sem. f. Orient. Sprachen zu Berlin.' Jg. 7. Abt. 2. ⟨Westasiat. Stud.⟩
Halle, Phil. Diss. v. 1904

Thor ... [Sachliches OW], s. Tor ...

Thor, Fritz, Hammer-Schläge. Sozial-eth. Aphorismen. (79 S.) 8. Leipzig 904. Th. Fritsch. n. 1. —; geb. n. 1. 50

Ueber die Acarina der russischen Polar-Expedition 1900—1903. Von Dr. Sig Thor. Mit 1 Taf. S.-Peterburg: Akad. nauk 1909. 22 S. 4°
(Résultats scientif. de l'Expédition Polaire Russe en 1900—03. Sect. E.: Zool. Vol. 1, livr. 14.)
(Mémoires de l'Académie Imp. d. sciences de St.-Petersbourg. Sér. S. Cl. phys.-math. Vol. 18, Nr 14.)

Thor-Westen, Wilh., s.: Weimar, Goethe- u. Schiller-Stätten.

Thör, Rudolf: Fest- und Jahresbericht anlässlich des 75j. Bestandes d. Kronstädter allg. Sparkasse f. d. Zeit v. 1835 bis 1909. Kronstadt '10. 161 S. 4°

Thora, od die fünf Bücher Mose. In e. neuen deutsch. Uebersetzung aus d. Grundtexte. Von J. Heinemann. 1. Lfg. Das ganze erste Buch Mose. 8. (4½ B.) Berlin 5589 (823), Büreau f. Literatur.
Vgl. Mosis.

Өора т. е. законъ, или пятикнижіе моисеево. Буквальный переводъ Л. I. Мандельштама. 1. Heft. (Thora. Hrsg. von Mandelstamm.) hoch 4. (XVI und 130 Sp.) Berlin 862, (Weber und Comp.) *
Mit Commentar (160 S.) *

Thorade, Carl, s. Thorade, Karl

Thorade, Hermann: Über die kalifornische Meeresströmung. Oberflächentemperaturen und Strömungen an der Westküste Nordamerikas. Mit 3 farb. Taf. Göttingen 1909: (Berlin, Mittler). 31 S. 4° ¶(Aus: Annalen d. Hydrograph. u. maritimen Meteorol. 1909, H. 1. 2.)
Göttingen, Phil. Diss. v. 18. März 1909, Ref. Wagner
[Geb. 13. Apr. 81 Lintel; Wohnort: Lintel; Staatsangeh.: Oldenburg; Vorbildung: Gymn. Oldenburg Reife O. 00; Studium: Greifswald 1, Göttingen 2, Berlin 1, München 1, Göttingen 3 S.; Rig. 4. Nov. 08.] [U 09. 1411

Thorade, H., Lesetafeln, mit Bezugnahme auf d. Verbind. d. ersten Lese- u. Schreibunterrichts entworfen. gr. 8. (1 B. u. 17 B., gr. Fol.) Oldenburg 838, Schulzesche Buchh.

Thorade, Karl

Thorade, Carl, Festbericht, erstattet am 11. Stiftungsfeste des Oldenburger Arbeiter-Bildungs-Vereines. gr. 8. (16 S.) Oldenburg 865, Schulze'sche Buchh. *

Thorakaym, das Buch, s. Buch.

Thorakaym, das Buch, od. entdeckte Geheimnisse d. Caffeegießens ꝛc. m. K. 12. Leipzig, Bohme. 795.

Thorand, Gust., Kaminzstejne. Wuhres u. Derlounes, Gereimtes u. Ungereimtes vo Tonwalder Canters Gustln. (65 S.) 8. Gablonz (909). H. Rößler. — 85

תורת אמת Thorath-Emeth. Die fünf Bücher Mose, bearb. v. J. Heinemann. 1—3. Lfg. gr. 8. (12 B.) Berlin 841, Bureau für Literatur u. Kunst. à *

Thorat-Emet. תורת אמת. Der Pentateuch im Texte mit einer ganz neuen treuen Uebersetzung u. einer vollständ. Erklärung in hochdeutscher Sprache u. Schrift. Für Lehrer u. Schüler ꝛc.; mit einer Karte von Palästina u. einer Karte von dem Zuge Jisrael's durch die Wüste. Hrsg. v. (J.) Heinemann. 1 u. 2. Lfg. gr. 8. (S. 1—128.) Berlin 849, Büreau f. Literatur u. Kunst. (à 1/4 ℛ) 1/2 ℛ (Neue Ausg. u. d. T.:) Thorat-Emet. Die fünf Bücher Moscheh in korrecktem hebräischen Texte, einer wortgetreuen Uebersetzung nach Anleitung der Accente, u. einem vollständ. deutschen Commentar m. exeget., grammat. u. synonym. Erörterungen; verbunden m. geschichtl., geograph. u. naturhistor. Erläuterungen; nebst einer Karte v. Palästina zur Zeit Moscheh's u. Jehoschua's u. einer Reisekarte des Volkes Jisrael von Goschen bis zum Grenzpunkte des jüd. Landes. Zum Privat- u. Schulgebrauche. Von J. Heinemann. 1—3. Lfg. gr. 8. (S. 1—192.) Berlin 851, Th. Grieben. (à n. 1/4 ℛ) n. 3/4 ℛ

Thorat-Emet. Die fünf Bücher Moscheh in korrecktem hebräischen Texte, einer wortgetreuen Uebersetzung nach Anleitung der Accente, und einem vollständ. deutschen Commentar mit exeget., grammat. und synonym. Erörterungen; verbunden mit geschichtl., geograph. und naturhistor. Erläuterungen; nebst einer Karte von Palästina zur Zeit Moscheh's und Jehoschua's und einer Reisekarte des Volkes Jisrael v. Goschen bis zum Grenzpunkte des jüd. Landes. Zum Privat- und Schulgebrauche. Von J. Heinemann. 1—3. Lfg. gr. 8. (S. 1—192.) Berlin 851, Th. Grieben. à Lfg. * 10 Ngr. Thlr. *

Thorat-Emet. Die fünf Bücher Moscheh. Von J. Heinemann. 4. Lfg. gr. 8. (S. 193—256.) Berlin 854, Bureau für Literatur und Kunst. *
1—3. Lfg. Berlin 1851, Grieben. * 1 Thlr.

Thorausch, Ernst, Assist. am chem. Inst. d. Univ.: Ueber die Kondensation des ά-Phenyl-α-Methylpyridins mit Aldehyden. *Breslau 1902: H. Fleischmann.* (42 S.) 8°
Breslau, Phil. Diss. v. 11. März 1902

Thorbecke, August: Die Anfänge der Universität Heidelberg ....
Heidelberg, bei G. Köster, 1886; 73 S. 8°.
Heidelberg, Phil. Fak., Hab.-Schr. v. 1886.

August Thorbecke. Cassiodorus Senator. Ein Beitrag zur Geschichte der Völkerwanderung. 60 S. Heidelberg, P 1867

Thorbecke, Aug., s.: Chronik der Stadt Heidelberg.

Thorbecke, Aug., Geschichte der Universität Heidelberg, im Auftrage der Universität dargestellt. 1. Abtl.: Die älteste Zeit. 1386—1449. gr. 8. (VII, 116 S. und Anmerkungen 94 S.) Heidelberg 886, Koester. *

Thorbecke, A., Ueb. gesta Theodorici. Pr. 1875. 44 S.

Thorbecke, Aug., deutsches Lesebuch f. höh. Mädchenschulen, s.: **Keller, Ernst.**

Thorbecke, Aug., s. a. Statuten u. Reformationen der Universität Heidelberg vom 16. bis 18. Jahrh.

Thorbecke, Statuten und Reformationen d. Univers. Hdlbg. Leipzig 891.

Thorbecke, August: Die älteste Zeit der Universität Heidelberg 1386—1449 im Auftrage der Universität dargestellt. Heidelberg, Verl. v. G. Koester, 1886; VI + 116 + 94 S. 8°.

Thorbecke, Ch. H., theoretisch-praktische Gesanglehre f. Schulen. Lex. 8. (VI u. 74 S.) Osnabrück 852, Rackhorst. 1/4 ℛ

Thorbecke, F., Register, s.: **Zeitschrift**, geographische.

Thorbecke, H., [Anzeige von] Anton Huber, Über das „Meisir" genannt Spiel der heidnischen Araber. [Literaturblatt f. orient. Philologie, Band I.]

Thorbecke, H. W., Freude im Gebet. Ein christkathol. Andachtsbuch. 16. (312 S. mit 4 Stahlst. und gest. Titel.) Wien 848, Grottendiek.

Thorbecke, H. W., Freude im Gebet. Ein christkatholisches Andachtsbuch. Mit 4 Stahlst. 16. (312 S. m. gest. Tit.) Wien 849, Grottendiek. 18 ngr

Thorbecke, Heinrich

Thorbecke, H.: De Judaeis Aegyptiis. 33 S. 4°. – Detmold, Progr. 1870.

Thorbecke, Heinr., s. Al-Hariri's Durrat-al-Gawwâs.

Thorbecke, Heinr., Antarah, des vorislamischen Dichters Leben. Heidelberg 866. Bassermann. gr. 8. (V, 45 S.) n. 12 ngr

— — Thorbecke, H., 'Antarah, Ein vorislamischer Dichter. [Habilitationsschrift.] Leipzig 1867.

Thorbecke, *Heinrich* Bibliothek des Fürstl. Lipp. Gymnasium Leopoldinum zu Detmold. 8 (71 S.).
Progr. G. Leopoldinum u. Rprg. *Detmold* 1890 (zu 695).
Nicht im Tauschverkehr.

Thorbecke [Oberl. Prof. Dr.]: Die Bibliothek des Gymnasiums, II. Hälfte. (Forts. d. P-Beil. 1890.) *Detmold, 1891;* S. 33—71; 8°
Detmold, G Leopoldinum u. RPG, P 1891 (701)

Thorbecke H., Detmold u. der Teutoburger Wald m. dem Herrmannsdenkmale; e. Führer. Mit e. Ansicht d. Denkmals (Holzschntaf.,) e. (chromolith.) Karte vom Walde (in qu. 4.,) e. (lith.) Stadtplane v. Detmold (in qu. 4.) u. e. (lith.) Plane d. Festplatzes am Denkmal (in 4.) gr. 16. (III, 66 S.) Detmold 875. Meyer. n. 1. —

Thorbecke, Heinr., Graf Ernst zur Lippe-Biesterfeld, Regent des Fürstent. Lippe. Ein Gedenkblatt in dankbarer Erinnerung. (20 S. m. 1 Bildnis.) kl. 8. Detmold 904. H. Hinrichs. n. — 30

Thorbecke, H., die Externsteine im Fürstenthum Lippe in Natur, Kunst, Geschichte, Sage u. Litteratur. 8. (VII, 63 S. m. 2 Photogr.) Detmold 882. (Klingenberg.) n. 1. 25

Thorbecke, H., s.: **Forschungen**, morgenländische.

— **zur Geschichte d. Hermannsdenkmals. Festschrift f. den Tag der Uebergabe d. Denkmals an das deutsche Volk, den 16. Aug. 1871, nebst e. biograph. Skizze Ernst v. Bandels. Mit dem Bilde E. v. Bandels u. e. Ansicht d. Denksmals (Holzschntaf. in 8. u. qu. 4.) 8. (V, 80 S.) Ebend. 875.** — 75

Thorbecke, Heinr., Ibn Duraid's Kitâb almalâhin, s. Festschrift für die oriental. Section der XXXVI. Versammlung deutscher Philologen und Schulmänner in Karlsruhe.

Thorbecke, Heinr., die **Bahn Lage-Lemgo-Hameln** u. d. lippische Berg- u. **Hügelland. Führer.** 12. (VIII, 88 S. m. Abb. u. 1 **Karte.) Detmold 897. Hinrichs.** n. 1. —

Thorbecke, Heinr., s. Mufaddalijât, die.

—— Reisehandbuch für den Teutoburger Wald, Detmold, Hermannsdenkmal, Externstein und das Wesergebiet; sowie Touren von den Externsteinen, Hermannsdenkmal, Berlebeck und Meinberg als Standquartier; auch Rundreisebilletstouren von Hannover nach dem Teutoburger Walde und an die Weser. Ein Führer. Mit 1 (chromolithogr.) Karte des Teutoburger Waldes, mit 3 Ansichten der Exsternsteine und 1 Eisenbahnskizze für die Externsteine. (2 Stnt.) 1. und 2. Aufl. 12. (VI, 110 S.) Detmold 882,83, (Hinrichs'sche Hofbuchh.) *
—— dass. — 3. Aufl. Mit 1 Karte des Teutoburger Waldes, mit 3 Ansichten der Externsteine und 1 Eisenbahnskizze für die Externsteine. 8. (X, 110 S.) (Ebendas.) 884. *

Thorbecke, H., der Teutoburger Wald, Detmold, Hermannsdenkmal, Externstein, und das Wesergebiet; sowie Touren von den Externsteinen, Hermannsdenkmal, Berlebeck und Meinberg als Standquartier; auch Rundreisebilletstouren von Hannover nach dem Teutoburger Walde und an die Weser. Ein Führer. 5. Aufl. 8. (VIII, 80 S. mit 1 Bilde des Hermannsdenkmals, 1 Karte des Teutoburger Waldes, 3 Ansichten der Externsteine und 1 Eisenbahnskizze für die Externsteine.) Detmold 887, Hinrichs'sche Hofbuchh. *

Thorbecke, H. Der Teutoburger Wald, Detmold, Hermannsdenkmal, Externstein, d. Fürstent. Lippe u. die Weser v. Münden bis Minden ꝛc. Mit Ansichten u. Karten. 7. Aufl. 8. (VIII, 95 S.) Detmold 890, Hinrichs. * 1 50
6. Aufl. Ebd. 1889. * 1 25.

Thorbecke, H., der Teutoburger Wald. Detmold, Hermannsdenkmal, Externstein, das Fürstent. Lippe; Direktiven f. die Weser von Münden bis Minden; Rundreisen von Hannover nach dem Teutoburger Walde u. an die Weser. Ein Führer. Mit Bildern, Ansichten u. Karten. 9., verm. Aufl. 12. (VIII, 126 S.) Detmold 894. Hinrichs. n. 1. 50

Thorbecke, Heinr., der Teutoburger Wald. Detmold, Hermannsdenkmal, Externstein. Die Weser v. Münden bis Minden. E. Führer. M. Bild., Ansichten u. Karten. 11., verm. Aufl. 8. (XII, 151 S.) Detmold 898. Hinrichs. n. 1. 50

Thorbecke, H., der Teutoburger Wald. Detmold, Hermannsdenkmal, Externstein. Die Weser von Münden bis Minden. Ein Führer. Mit Bildern, Ansichten u. Karten. 13. durchgearb. Aufl. 12. (XII, 153 S.) Detmold 901. H. Hinrichs. n. 1. 50

Der Teutoburger Wald. Ein Führer von H[einrich] **Thorbecke**. 15. Aufl. Detmold: Hinrichs 1905. XI, 156 S. 8° (11. 1646) 6

Der Teutoburger Wald. Detmold, Hermannsdenkmal, Externstein(e). Die Weser von Münden bis Minden. Kassel. Ein Führer von Prof. Dr. H[einrich] **Thorbecke**, Detmold. Mit Bild., Ansichten u. Karten. **16. Aufl. Detmold**: H. Hinrichs 1907 (1908). (IX, 150 S.) 8° [1,5.]
Frühere Aufl. u. d. T.: Thorbecke: Reisehandb. f. d. Teutob. Wald. [08. 1647]

Thorbecke, Johann Rudolf

— Zwolla Batavi, responsio ad quaestionem de eo quod in Dogmaticis oppugnandis inter acad. belgicar. etc. praemio ornata. 4. Leyd. 821. Luchtmans.

— Responsio ad quaest. philos. de principio philosophiae et officiorum in Ciceronis operibus philos. 4maj. Leyd. 819. (Leipz., Weidmann.)

Thorbecke, Jh. Rud., Commentatio de Asinii Pollionis vita et studiis doctrinae. 8. Leyd. 820. (Leipz., Weydmann).

Thorbecke, Jan Rudolf (Zwolle)
Disputatio historico-critica inauguralis de C. Asinio Pollionis vita et studiis doctrinae.
Lugd. Bat.: Hazenberg 1820. VIII, 144, XIX S.
Habil. phil. Giessen Okt. 1822. vorh. BN Paris.

Thorbecke, (Joh. Rud.,) üb. das Wesen u. den organischen Charakter d. Geschichte. Ein Schreiben an Hofrath K. F. Eichhorn. gr. 8. Göttingen 824, Vandenhöck u. R. Rthlr.

Thorbecke, Karl, Bastarde. 8. Göttingen, Dankwerts. 808. Schreibp.

Thorbecke, Karl, Bastarde. 8. Götting. 808. (Vandenhöck u. R.) 12 gr

— Gedichte. 8. Götting. Vandenhök u. R. 807.

— Lieder mit Compositionen. 8. Berl. 815. (Nauck). 16 gr

— Melona. 8. Götting. 808. (Vandenhöck u. R.) 6 gr Schreibpap. 8 gr

— Samml. von Gedichten. 8. Götting. 807. Vandenhöck u. R. 1 ß

Thorbecke, Karl, dramat. Spiele. 1r Thl. (Aruaja; Lstspl. — Nemesis; Trspl.) gr. 8. Mannh. 821. Schwan u. G. 1 ß 8 gr

Thorbecke, Kurt ⟨Assistent an der Universitäts-Frauenklinik, Heidelberg⟩, a. Heidelberg: Der Morbus Basedowii mit Thymuspersistenz. Ein Beitrag zur pathologischen Anatomie. Heidelberg 1905: J. Hörning. (63 S.) 8°
Heidelberg, Med. Fak., Ref. Arnold, Diss. v. 6. März 1905
[Geb. 2. Aug. 78 Heidelberg; Wohnort: Heidelberg; Staatsangeh.: Baden; Vorbildung: Gymn. Heidelberg Reife Juli 98; Studium: Heidelberg 10 S.; Coll. 6. März 05; Approb. 3. Aug. 03.]

Thorbecke, Paul, die badischen Landstände, insbesondere die Zweite Kammer, s.: Roth, Adf.

Thorburgen, s. Torburgen

Thorburn, S. S., David Leslie, s.: Asher's continental library.

Thordsen, Christen: Ein weiterer Beitrag zur Kenntnis der toxischen Graviditätsmyelitis nebst Bemerkungen über Beziehungen derselben zur multiplen Sklerose. Würzburg 1908: Staudenraus. 36 S. 8°
Würzburg, Med. Diss. v. 10. Mai 1909, Ref. Borst
[Geb. 3. Nov. 80 Guderup; Wohnort: Würzburg; Staatsangeh.: Preußen; Vorbildung: Gymn. Hadersleben Reife M. 02; Studium: Berlin 3, Freiburg i. B. 2, Würzburg 5 S.; Coll. 29. Juli 08; Approb. 19. Mai 08.] [U 09. 4146

Thoré, Théophile (wirkl. Name), s.a. Burger, W. (Pseud.)

Thoré, Theophil (W. Buerger), Jan Vermeer van Delft. Deutsch v. Paul Prina. (83 S. m. 4 Taf.) 8. Leipzig 906. J. Zeitler. n. 1. 20

Thoreau, Henry D., Waldon. Deutsch von Emma Emmerich. gr. 8. (XXII, 356 S.) München 897. [J. Palm.] Verlag Concord. n. 6. —; geb. n.n. 6. 60

Thoreau, Henry D., Walden. Deutsch v. Emma Emmerich. 2. Aufl. (XIX, 269 S.) 8. München (900). Stettin, Verlag Concord. 6. —; geb. in Leinw. 6. 60; erm. Pr. n. 4. —; geb. n. 5. —

Thoreau, Henry D., Walden od. Leben in den Wäldern. Aus dem Engl. übers. v. Wilh. Nobbe. (XXIII, 341 S. m. Bildnis.) 8. Jena 905. E. Diederichs. n. 5. —; geb. n. 6. —

Thoreau, Henry D., Walden. Deutsch v. Emma Emmerich. 3. [Titel-]Aufl. (XIX, 269 S.) 8. Dresden-Loschwitz [903] (908). Baden-Baden, M. Menzel. 4.—; geb. 5. —

Thoreau's Worte. (Hrsg. v. Gerh. Gutherz.) (VII, 224 S. m. Bildnis.) kl. 8. Minden (909). J. C. C. Bruns. Geb. in Leinw. 2.50; Büttenausg. 6. —

— **Winter.** Gedanken u. Stimmungsbilder. Den nachgelassenen Werken Thoreaus entnommen u. ins Deutsche übersetzt von Emma Emmerich. 2. Aufl. (288 S.) 8. München (900). Stettin, Verlag Concord. 4. 80; geb. in Leinw. 5. 40; erm. Pr. n. 4. —; geb. n. 5. —

Thorel, Charles [aus Hamburg]: Zwei Fälle von acuter spontaner Osteomyelitis ohne Knocheneiterung ... Erlangen. Druck v. A. Vollrath's k. b. Hofbuchdr., 1891; 40 S. 1 Bl. 8.
Erlangen. Med. Fak., Inaug.-Diss. v. 1891

Thorel, Jean, an der Schwelle des Glücks, s.a. Kürschner's, Jos., Bücherschatz.

An der Schwelle des Glücks [Devant le bonheur]. Roman von Jean **Thorel**. Berecht. Übers. von Emil Burger. Mit Ill. von W. Roegge. *Berlin, Eisenach, Leipzig: H. Hillger [1903].* (111 S.) 8° [F.]
— Bücherschatz, Kürschner's. No 367. [04. 99]

Thorell, T., Recensio critica Aranearum suecicarum quas descripserunt Clerckius, Linnaeus, de Geerus. (Ex actis regiae societatis scient. Upsaliensis.) 4maj. (117 S.) Upsaliae 856. (Holmiae, Bonnier.) *

Thorell, T., Verzeichniss südrussischer Spinnen. Lex.-8. (84 S.) St. Petersburg 875. (Upsala, Akadem. Buchh.) *
Aus: Horae societatis entomolog. rossicae, besonders abgedruckt.

Thoren, das betrübte, od. Nachr. v. wegen d. Religion erfolgt. Execution. 4. Berlin, Haude. 725.

Thoren, J., Dampfkessel- u. Apparatebau. Anleitung zur Ermittlg. v. Blechabwicklgn. (12 S. m. 14 Taf.) 8. Charlottenburg (909). (Leipzig, G. Schlemminger.) In Umschlag: 4. 50

Thören [Schlagwort]

Thören. s.: Preussen. Messtischblätter.

Thorenberg, Caroline Gräfin v., od. die Erbin des stillen Thales u. der Jockey. 2 Erzählungen, v. Amalie Berg. 8. Erfurt, Müller. 815.

Thorenberg, Gräfin Caroline, oder die Erbin des stillen Thales und d. Jokey. Zwey Erzähl. von Amalie Berg. 8. Erfurt Müller. 816.

Thoreneck, Kühnemund v., 2 Thle. 8. Berl. Langhoff. (Gräff in Lpz.) 795. Rthlr.

Thoreneck, Kühnemund von, ein satyrisch-komischer Roman, 2 Theile, 8. Berlin, 795. Fr. Vieweg. 1 Rthl. 20 sgl.

THORENHEIM, Hans Graf von, oder die Ritter des achtzehnten Jahrhunderts. Leipzig 1799. 8°.
Schlesinger's Berliner Leihbiblcat. 1825. p. 152. — Selten!

Thorenheim, Hans Graf v., od. d. Ritter d. 18ten Jahrh. m. K. 8. Lpz. Müller. (Sommer.) 808.

v. Thorenstein, Graf Lutz; e. Geistersage. 8. Bautzen 795. Arnold. 20 gr

Thorer, Carl Emil, s. Thorer, Karl Emil

Thorer, Emil Macaulay und seine Stellung in der englischen Litteratur. Erster Teil. 25 S. Progr. Rg. *Görlitz* 1884.

Thorer, Karl Emil

Thorer, C. A. Quae ratio intercedat inter anglicam recentioris aetatis linguam ejusque fontes inquiritur. Diss. Rostock 1869. 33 S.

Thorer, Carol. Aemil., quae ratio intercedat inter anglicam recentioris aetatis linguam ejusque fontes inquiritur. Dissertatio inauguralis. Görlitz 870. (Tzschaschel.) 8. (VI, 33 S.) n. 6 ngr.

Thorer, S. T., s. Beiträge, prakt., im Gebiete d. Homöopathie.

Thorer, Sam. Timoth. (geb. Görlitz 25. 4. 1795): De abortu. Berolini (1818). (31 S.) 8°
Berlin, Med. Diss. v. 18. Sept. 1818

Thoresen, Anna Magdalene, s. Thoresen, Magdalene

Am Abgrund vorbei. Erzählungen von Magdalene **Thoresen**. Autor. Übers. a. d. Norweg. von Pauline Klaiber. *Berlin & Leipzig: Schuster & Loeffler 1900.* (216 S.) 8° [F.] [00. 8044

Thoresen, Magdalene, gesammelte Erzählungen. Frei nach dem Norweg. von Walter Reinmar. 1. und 2. Bd. 8. Berlin, Guttentag. à Bd. * M 4,50. * geb. à Bd. * M 5. *
Inhalt:
Bd. 1. Dorfgeschichten aus Norwegen. 1. Bd. (VIII, 283 S.) 878.
" 2. —— dass. — 2. Bd.: Inga, die Sonne des Siljethals. (317 S.) 879.

Thoresen, Magdalene, gesammelte Erzählungen. Frei nach dem Norweg. von Walter Reinmar. 3.—5. (Schluß-)Bd. 8. Berlin, Guttentag. * M 12.; geb. *
Inhalt:
Bd. 3. Dorfgeschichten aus Norwegen. 3. Bd.: Der Student. — Skizzen. (300 S.) 880. * M 4,50.; geb. * M 5.
" 4. —— dass. — 4. Bd.: Signe. (287 S.) 880. * M 4,50.; geb. * M 5.
" 5. Bilder von der Westküste Norwegens. (241 S.) 883. * M 3.; geb. * M 3,50.
1. und 2. Bd. Ebendas. 1878,79. à * M 4,50.; geb. * M 5.

—— dass. — 5 Bde. 2. unveränd. (Titel-)Aufl. 8. Berlin 884, [Guttentag.] Brachvogel und Boas. à Bd. * M 2. * geb. à Bd. * M 2,50. *
Inhalt:
Bd. 1. Dorfgeschichten aus Norwegen. 1. Bd. (VIII, 282 S.)
" 2. —— dass. — 2. Bd.: Inga, die Sonne des Siljethals. (317 S.)
" 3. —— dass. — 3. Bd.: Der Student. — Skizzen. (299 S.)
" 4. —— dass. — 4. Bd.: Signe. (287 S.)
" 5. Bilder von der Westküste Norwegens. (241 S.)

— gesammelte Erzählungen. Frei nach dem Norweg. v. Osk. Häring. 3. Aufl. (Auswahl.) 8. (640 S.) Berlin 901. O. Häring. n. 5. —; geb. in Leinw. n. 6. —

Thoresen, Magd., bei der Finnenkirche, s.: Bibliothek der fremden Zungen.

— Signes Geschichte. — Der Lukneshof. — Niels Lochimhaus. Erzählungen. 8. (VI, 504 S.) Leipzig 901. F. W. Grunow. Geb. in Leinw. n. 6. —

— an einsamen Küsten. Erzählungen. Autoris. Übersetzg. v. Pauline Klaiber. 8. (XI, 387 S.) Leipzig 900. F. W. Grunow. Geb. in Leinw. n. 5. —

Thoresen, Magdalene, Schön-Signe's Liebe. Eine Erzählung aus Norwegens Hochlanden. Deutsch von Henr. Helms. 2 Thle. 8. (292 S.) Leipzig 864, Gerhard.

Thoresen, M., s.: Meisternovellen nordischer Frauen.

– Norwegische Novellen, s.a. Bibliothek der Gesamtlitter.

Norwegische Novellen von Margarete (vielm. Magdalena) **Thoresen**. Übers. von Friedrich v. Känel. Mit e. Vorbemerk. u. d. Bilde d. Verf. *Halle a. d. S.: O. Hendel [1899].* (201 S.) 8° [F.]
= **Bibliothek** d. Gesamtlitteratur d. In- u. Auslandes. No 1318–20. [00. 4917

— die Sonne des Siljethals. — Vill Ola. 2 Erzählgn. 8. (443 S.) Ebd. 902. n. 5.50; geb. in Leinw. n. 6. —

Thorey, Ernst

——— Beitrag zur Lehre vom Pflanzlichen Stoffwechsel. Jena, 1871. 8°.

Ph. Thorey, Ernst, aus Braunschweig, Ueber die zweckmässigste Darstellungsweise und die Constitution des Hyoscyamins eventuell über dio Beziehungen des Alkaloides zum Salpetergehalt des Bilsenkrautes. Dorpat: Preisarbeit 1868.

Thorey, Ernst. Ueber die Vertheilung des Stickstoffs im schwarzen und weissen Bilsenkraute in den verschiedenen Entwickelungsstadien dieser Pflanzen. Mag. Diss. Dorpat. 34 pp. 1869.

Thorey (E.). Vertheilung des Stickstoffs im schwarzen und weissen Bilsenkraute . . . Dorpat, 1871. 8°.

Thorey, Max, approb. Arzt aus Leipzig: **Augenuntersuchungen bei Epileptischen.** *Leipzig: B. Georgi 1903.* (64 S.) 8°
Leipzig, Med. Diss. v. (4. Aug.) 1903

Thorheit, s. Torheit

Thorieth, L., Festspiele f. die Jugend. (64 u. Musikbeilage 16 S.) kl. 8. Paderborn (909). F. Schöningh. — 80

— Immer hungrig, s.: Mädchen-Bühne.

— Jugend, s.: Theater f. die weibliche Jugend.

— Traum, s.: Theater f. die weibliche Jugend.

— Treue, s.: Theater f. die weibl. Jugend.

Thorild, eigentl. Thorén, Thom., († d. 1. Oct. 1808.) Allblick. Upsala 821.

— die Gelehrtenwelt. 8. Greifsw. ... Mauritius. 15 gr.

— de humanitate. 4. Greifsw. 801.

— Ingenia maxima sapientiae humanae. 4. Greifsw. 804.

— Lex mundi universalissima. 4. Greifsw. 803.

— Lux vitae verae. 4. Greifsw. 803.

— saMaximum seu Archimetria.

Th. **Thorild**: Maximum s. Archimetria. *Berl.*, Lange. 799. 8° 1 ß 8 gl

Thorild, Th., Maximum seu Archimetria. (1 Rthlr. 8 Gr.) dazu die Beylagen: die Gelehrtenwelt. No. 1. (5 Gr.) No. 2. (10 Gr.) 8. Berlin, 800. jetzt Mauritius in Greifsw.

— Orpheus sive Panharmonion. 8. Greifsw. 801. (Mauritius). 10 gl

— Panorama der Philosophie, od. Kritik der reinen Unvernunft. 8. Greifsw. ... Mauritius. 14 gl

— Reform der Universitäten durch e. Lehrstelle für Harmonie od. Conciliation. Greifsw. 801.

Thorild, eigentl. Thorén, Thom., Sublimitas ingenii humani. 4. Greifsw. 803.

— Systema juridicum humanitatis naturale. 4. Greifsw. 803

— Systema theologicum humanitatis. 4. Greifsw. 803.

— Vita naturae seu panaesthetices idea. 4. Greifsw. 801.

Thorilde v. Adlerstein, oder Frauenherz u. Frauenglück, eine Erzählung aus d. großen Welt. 8. Leipzig, Engelmann. 815.

Thorilde von Adlerstein, oder Frauenherz und Frauenglück . . . Leipzig 1816 [1815]. V: *Tarnow, Fanny.* (Ky) (MGT)

Thorin, Carl, s. Thorin, Karl

Thorin, J[oseph]-H[ubert]. Neirivue et son pèlerinage. 8. Fribourg 1876.

Thorin, J[oseph]-H[ubert]. Notice historique sur Grandvillard. 8. Fribourg 1878.

Thorin, J[oseph]-H[ubert]. Notice historique sur Gruyère. 8. Fribourg 1881 (*Umschlag:* 1882).

Thorin, J[oseph]-H[ubert]. Notice historique sur Villard-sous-Mont. 8. Fribourg 1876.

Thorin, Karl

THORIN, Carl (Freiburg/Schw.): De sensibilitatis perversione in senibus.- Landishuti: Storno (1818) 24 S., 4 Bl.
27.1.1818 - Pe 365; F 58
Diss. Ingolst.-Landsh.-Mchn.

Thoring, K., ein Abenteuer in Korsika, } s.: Jugend-Bücherei, farbig illustr.

Thoring, K., Erzählungen f. Kinder. 8. (170 S.) Gotha 888. F. A. Perthes. geb. n. 2. —

— d. Felsenburgers Töchterlein, } s.: Jugend-Bücherei, farbig illustr.

Thoering, Georg, Assessor in Dresden: Der Scheinkaufmann. Dresden 1908: E. Meyer. (63 S.) 8°
Leipzig, Jur. Fak., Diss. v. 16. Jan. 1908
[Geb. 17. Juni 79 Berlin; Wohnort: Dresden; Staatsangeh.: Sachsen; Vorbildung: Wettiner Gymn. Dresden Reife O. 99; Studium: Leipzig 4, Heidelberg 1, Leipzig 3 S.; Rig. 5. Febr. 03.]

Thork, Matth., Die hl. Maria Magdalena. (Vgl. Matth. 26, 6—13 Mark. 14, 3—9; Luk. 7, 36—50; Joh. 11, 1—2 u. 12, 1—8.) Troppau, Kolck, 1866, 8°, 211 S., 3,60 Mk.

Thorkelin, Grim Johnson

Thorkelin, Gr. Johns, analecta quibus historia, antiquit., jura tam publ. quam privat., regn. Norveg. illustr. 8maj. Kopenh. 778. Pelt. 16 gl

— Diplomatarium Arna-Magnaeanum, sive collectio diplomatum in Chartophylacio legati Arna-Magnaeani, quibus historia atque jura Daniae, Norvegiae et vicinarum regionum illustrantur; c. XIX fig. aen. II Tomi. 4. Kopenh. 786. (Brummer). 5 ß (Gyldendal). 4 ß Schrbp. 5 ß

Thorkelin, G. T., Diplomatarium Arna-Magnaeanum, sive collectio diplomatum in Chartophilacio legati Arna-Magnaeani, quibus historia atque Jura Daniae, Norvegiae et Vicinarum regionum illustrantur, c. 19 fig. aen. II Tmi. 4. Copenhag. Pelt. (Proft.) 786.

— Erybyggia Saya, s. Eyranorum historia, quam mandanto et impensas faciente perill. Suhm versione etc. 4. ibid. 789.

— jus ecclesiast. novum sive Arnaeanum constitut. anno domini 1775. Cum versione latina, lectionum varietate, notis, collatione cum jure canonico, conciliis, juribus ecclesiast. exoticis judicioque vocum primus edit. 8. Kopenh. 777. Schubothe. 1 ß 20 gl

— jus ecclesiasticum vetus. 8. Kopenh. 776. Pelt. 18 gl

Thorkelin, G. T., de Danorum rebus gestis Seculi III—IV. poëma Danicum dialecto Anglo-saxonica, ex bibliotheca Cottoniana musaei brittanica ed. versione lat. et indicibus auxit. 4maj. Hafniae, Bonnier. 815

— de Danorum rebus gestis Saeculi III—IV. poëma Danicum dialecto Anglo-saxonica, ex bibliotheca Cottoniana musaei brittanica ed. versione lat. et indicibus auxit. 4maj. Kopenh. 815. Schubothe. 4 ß 16 gl; bei Brummer. 4 ß

Thorkelin, G. F., de Danorum rebus gestis seculi III et IV. etc. 815. Ist jetzt Verlag von Black et Young in London.

Thorkelin, Gr. J. Sketch of the character of His Royal Highness the Prince of Danemark. 8. London 1791. — Deutsch von El. Casp. Reichard. 8. Flensburg 1793. — Oversat af Chr. Fr. Schneider. 8. Kjöbenhavn 1793

Skizze des Karakters des Kronprinzen von Dänemark. Nebst einer Uebersicht des gegenwärtigen Zustandes der Literatur und der Schönen Künste in diesem Lande. Fünf Briefe aus dem Engländischen [des Grim Johnson **Thorkelin**], nach der 2. Ausg. übers. und mit Anmerkungen versehen v. Karl Reinhard. Flensburg und Leipzig. 1793. 8°.

Thörl, Friedrich, Referendar a. Hamburg: Begriff der Börsentermingeschäfte nach dem Börsengesetz vom 22. Juni 1896. Borna-Leipzig 1908: R. Noske. (VIII, 77 S.) 8° [F.]
Leipzig, Jur. Fak., Diss. v. 15. Jan. 1908
[Geb. 22. Sept. 84 Harburg a. E.; Wohnort: Lüneburg; Staatsangeh.: Preußen; Vorbildung: Realgymn. d. Johanneums Hamburg Reife O. 03; Studium: Freiburg i. B. 3, Berlin 1, Göttingen 2 S.; Rig. 30. Juni 06.]

Thörl, (Samuel,) der Gang der Sünde u. ihre Folgen. Eine Predigt. 8. Celle 818, G. E. Fr. Schulze.
vgl. Thörl, Sim.

Thörl, Sim., vom heil. Abendmahl, nebst e. Confirmations-rede u. einem Religionsunterricht. 4. Brem. 785. Förster. 5 gr.

— die gottwohlgefällige Dankbarkeit bei der Erinnerung seiner Wohlthaten im zurückgelegten Jahre. Eine Predigt am Neujahrstage 1796. 8. Celle 796. Schulze. 2 gr.

Thörl, Sim., Gedächtniß-Predigt üb. Hebr. 13, v. 7. nach d. höchst schmerzl. Hinscheiden d. Hrn. Abts v. Loccum u. Vice-Consistor.-Dir. D. A. L. Hoppenstedt. Nebst e. paar Worten am Grabe d. Verklärten. 8. (1¾ B.) Celle 830, Schulze.

— der Gang der Sünde u. ihre Folgen. Eine Predigt. 8. Celle 818. Schulze. 6 gr.
vgl. Thörl, Sam.

Thorlacius, Birg., populäre Aufsätze, das griechische, römische u. nordische Alterthum betreff.; aus d. Dän. v. L. C. Sander. 8. Kopenh. 812. (Schubothe). 1 Rthlr. 8 gr.

Thorlacii, Birg., Fabula de Psyche et Cupidine, disquisitio Mythologia. 8. Copenh. Schubothe. 802.

— et E. C. Werlauf, historia reg. Norvegicorum, s. *Snorro* Sturlusynl.

— de lege Rulli tribuni plebis agraria. 4. Kopenhag. 807. (Schubothe). 7 gr.

— libri sibyllistarum veteris ecclesiae, crisi, quatenus monumenta christiana sunt, subjecti. 8maj. Hafniae, Bonnier. (Schubothe.) 815.

— s. Lycurgus, oratio contra Leocratem.

— Lutheri de scholis, praecipue doctis, merita. 4. Kopenh. 807. (Schubothe). 3 gr.

— s. A. Fl. Persius, satyrae. Kopenhag.

— s. Sallust, bellum Catilinarium.

— prolusiones et opuscula acad. argumenti maxime philologici. Vol. I—V., cum tabb. aen. 8maj. Kopenhag 806—22. (Gyldendal). 8 Rthlr. 14 gr. Vol. I—III. bei Schubothe das. 5 Rthlr. 12 gr.

Thorlacius, B., De privatis Romanorum sacris. Gel. 1825. 22 S. 4°.

Thorlacius, B., Monumentorum Siculorum specimen I. Gel. 1829. 22 S. 4°.

Thorlacius, M. B., s. Thorlacius, Birg.

Thorland, Geo., der Fasching. Szenen aus dem Münchener Leben. Umschlagzeichnung v. Rob. Leonard. (165 S.) 8. Berlin 903. Schuster & Loeffler. n. 2.50

Thormählen, Anton. Lenzblüten u Herbstblätter; ausgewählte Gedichte. Milwaukee, 1890.

--Unser täglich Brod gib uns heute. Milwaukee, 1875.

Thormälen, Johs., über secundären Lungenkrebs. Inaugural-Dissertation. gr. 8. (43 S.) Göttingen 885, (Vandenhoeck und Ruprecht's Verlag.) *

§ THORMAN (sic!), Der verliebte u. betrübte. Cöllen am Rhein. bey Thomas Odendall, Buchhändler an der hohen Schmidt. 1769. 8°. Höchst selten! (In München: Var. 341 f., ex bibl. erot. Krenneriana.)

Thormann, Bernhard, a. Beelen i. W.: Ueber den Humor in den deutschen Weistümern. Geilenkirchen 1907: C. van Gils. (86 S.) 8° [F.]
Münster, Phil. Fak., Ref. Jostes, Diss. v. 25. Juli 1907
[Geb. 16. Dez. 77 Beelen; Wohnort: Geilenkirchen; Staatsangeh.: Preußen; Vorbildung: Gymn. Warendorf Reife O. 98; Studium: Münster 8 S.; Rig. 8. Mai 07.]

Bernhard Thormann, Spritzgiesserei, Zählerfabrik, Berlin. — o. O. u. J. 24 Bl. 8" [Umschlagt.:] 25 Jahre Spritzguß. 38 A.

Thormann, C. G., theoret.-praktische Anweisung zum Zuschneiden u. Bearbeiten aller Arten von Damenkleidern. Mit Patronenzeichnungen u. e. Reductionsschema. gr. 8. (1 B. u. 2 Stnt.) Leipzig 846, Hunger.

Thormann, F. Thierri von Vaucouleurs' Johannes-Legende. Diss. Bern 1892. 96 S.

Thormann, F. A., die Kunst der Blumenzucht im Zimmer u. Garten, nebst dem Wichtigsten der Pflanzenkultur im allgemeinen. Ein erfahrener u. zuverlässiger Ratgeber f. jeden Blumen- u. Gartenfreund. Mit einem Anh. über die Kultur der verschiedenen Erdbeersorten im Hausgarten. Nach den neuesten Erfahrungen. 8. (241 S.) Berlin 882. Mode's Verl. 2. —

Thormann, Ferd., s.: Jahresbericht des vogtländischen altertumsforschenden Vereins zu Hohenleuben.

Thormann, Fr., u. W. F. v. Mülinen. Die Glasgemälde der Bernischen Kirchen. Herausg. von der Bernischen Künstlergesellschaft und dem Bernischen Kantonal-Kunstverein. Mit Zeichnungen von *R. Münger*. Gr. in 4°. 98 S. mit 21 Taf. Bern, Selbstverlag der Bernischen Künstlergesellschaft. 1896. 8 —
, 1. Neujahrsblatt der Bern. Künstlergesellschaft. Berichtigung der Angabe in No 1 unseres Blattes, die auf einer irrtümlichen Voranzeige beruhte

Thormann, Frz., u. W. F. v. Müllnen, die Glasgemälde d. bern. Kirchen. Hrsg. v. d. bern. Künstlergesellschaft u. d. bern. Kantonal-Kunstverein. Mit Zeichngn. v. Rud. Münger. gr. 4. (98 S. m. 21 Taf.) Bern 896. (K. J. Wyss.) n. 8. —

Thormann, Franz: Uno livro de sorti de papa Bonifacio (Berner Codex 473). Ein italienisches Lesbüchlein. (S. A. aus dem Archiv f. Studium d. neueren Sprachen u. Litt. Bd. C, S. 77—102. Braunschweig 1898.) 8°.
Nicht offiziell.

Thormann, Fr., siehe: *Neujahrsblatt der bernischen Künstlergesellschaft.*

Thormann H.: De hominis mammaliumque nonnullorum pilis. Diss. zoolog. Gryphisw. 1866. 42 S. P.

Thormann, J. F., und J. C. H. Eschrich, Schlesische Monatschrift, s. Monatsschrift.

Thormann, L., Grundlagen u. Bedinggn. d. Fahrdienstes f. den elektr. Betrieb der schweizer. Eisenbahnen, s.: Mitteilungen der schweizer. Studienkommission f. elektr. Bahnbetrieb II. (Kummer, W.)

Thormann, L., d. Jungfraubahn, s.: Wüst-Kunz, C.

Thormann, Ludw., e. Festgabe zur Sedanfeier f. Jedermann. u. insbesondere f. Schulen in Landgemeinden. gr. 8. (16 S.) Berlin 876. G. H. E. Müller. — 15

— der Rechenunterricht in Volksschulen. gr. 8. (41 S.) Ebendas. 875. *

Thormann, Philipp: Urteil und prozessleitende Verfügung mit spezieller Berücksichtigung des bernischen Civilprozessrechtes. Bern 1899. 126 S. 8°.
Bern. Jur. Diss. 1898/99.

Thormann, Phpp., Urteil u. prozessleitende Verfügg. m. specieller Berücksicht. des bernischen Civilprozessrechtes. Diss. gr. 8. (IV, 126 S.) Bern 899. (H. Körber.) n. 1.80

Thormann-Bechlin, Louise. Leitfaden zum theoretischen und prakt. Unterricht der Damenschneiderei. 8. u. 9. Aufl., hrsg. L. Otto. gr. 8. (49 S. m. 1 Bog. Schnittmuster in gr. Fol.) Straßb. i. E. 889,90. (Lpz., Siegismund u. Volkening.) * 2 —

Thormeyer, Andr. Fr. Chr., s. Thormeyer, Fr.

Thormeyer, Fr.

— s. a. Anleit., gemeinn., zu e. frohen u. glückl. Leben.

Thormeyer, Fr., gemeinnütz. Anleitung zu ein. frohen u. glückseligen Leben. rc. 8. Stendal, Franzen u. G. 802.

— Über Anregung, Unterhaltung und Verstärkung der Lernbegierde bei der Jugend von Seiten des Lehrers. Progr. Neu-Ruppin 822. 8. (39 S.)

Thormeyer, Fr., Kurze Anzeige der Veränderungen in der Einrichtung des Gymnasiums zu Neu-Ruppin. Ebend. 818. 8. (44 S.) Fortsetzung. Ebend. 819. 8. (44 S.)

Thormeyer, F. Ueber die moralische Bildung der Jugend. 12 S. Progr. Kempen 1826

— s. a. Erbauungsbuch f. studir. Jünglinge.

— Erbauungsbuch für studirende Jünglinge in lat. Schulen rc. 8. Ebend. 800. (hat a. d. Titel: Erbauungsbuch fur Jünglinge a. d. mehr gebild. Ständen.)

— Das Gymnasium zu Neu-Ruppin. Eb. 821. 8. (29 S.)

— s. J. C. Jani, Reden.

— kleiner Katechismus d. Leidenschaften, angeh. Psychologen u. Moralisten gewidmet. 8. Stendal 802. Franzen u. Gr. 6 gr.

— s. Katechismus der christl. Moral.

Thormeyer, (Andr.) Fr. Chr., Commentar, philolog., exeget., krit. u. histor. Inhalts über Cicero's Buch vom allgem. u. besond. menschl. Anständigen u. Pflichtmäßigen, zum Gebrauch für Schulen u. angeh. Lehrer. gr. 8. Leipz. 794. Schwickert. 1 ℛ 6 gr.

— s. Magazin der Philologie, Pädagogik rc.

— Theodors Morgengespräche mit sein. Freunden, der bedrängt. Menschheit gewidmet. 8. Halle, Gebauer. 792.

Thormeyer, F. Paucis de institutione omnino praemissis, quaeritur, utra sit praestantior, publica an privata? 13 S. Progr. Neu-Ruppin 1827

Thormeyer, A. F. Ch. Einige Reflexionen über das absolute Classensystem. 7 S. Progr. Neu=Ruppin 1830

— s. a. Reflexionen, moral.

— moralische Reflexionen, erläut. aus d. Geschichte zum Nutzen u. Vergnügen. 8. Leipz. Barth. 790.

Thormeyer's, (Fr.) Schulschriften, pädagogischen, moralischen, psychologischen, ästhetischen u. philologischen Inhalts. 8. Halle 816, ist Verl. v. Reinicke u. C.

Thormeyer, F., Schulschriften, pädagogischen, moralischen, psychologischen, ästhetischen und philologischen Inhalts. 8. Halle, Ruff. 816. Rtlr.

— s. Seneca's Abhandl. von der Vorsehung.

— s. Theodor's Morgengespräche.

Thormeyer, F. Uebersicht der allgem. u. besond. Anstalten u. Hülfsmittel der Natur u. Menschenwelt, durch welche Gelehrsamkeit erzeugt, genährt und im Wachsthume theils wirklich gefördert wird, theils gefördert werden kann. 6 S.
Neu-Ruppin, Progr. 1832

— s. a. Uebersicht, tabellar., der christl. Dogmatik.

— tabellarische Uebersicht der Dogmatik rc. gr. 8. Ebendas. 797.

— s. Versuch, krit., über die mosaische Urgeschichte.

— s. a. Wichtigkeit, über die, des Sprachstudiums.

— üb. die Wichtigkeit d. Sprachstudiums überhaupt, u. besond. d. griechisch. u. latein. Sprache rc. gr. 8. Ebend.

— Wie wichtig, aber auch wie schwer es sey, die künftige Lebensart der Jugend richtig zu bestimmen u. festzusetzen. Eine Einladungsschrift. 8. Ruppin ... (Leipz., Liebeskind). 6 gr.

Thormeyer, F. Worauf muß der Mensch bei seiner Thätigkeit, sowohl der körperlichen- als der geistigen, strenge Rücksicht nehmen, wenn sie für ihn und Andere beglückend werden soll? 6 S. Progr. Neu=Ruppin 1834

Thormeyer, Paul: Vergleichende Untersuchungen über die Vegetationsformationen des inneren Nordwestdeutschland, insbesondere die der Floren von Hannover, Göttingen und Ober-Harz. Göttingen 1910: Dieterich. 123 S. 8°
Göttingen, Phil. Diss. v. 20. Juli 1910, Ref. Peter
[Geb. 8. Dez. 78 Aschersleben; Wohnort: Hannover; Staatsangeh.: Preußen; Vorbildung: Wilhelm-Gymn. Braunschweig Reife M. 01; Studium: Göttingen 3, Halle 2, Göttingen 4 S.; Rig. 10. Febr. 10.] [U 10. 1477

Thormeyer, Guilelmus, Brunsvicensis: De Valerio Maximo et Cicerone quaestiones criticae. *Gottingae 1902: L. Hofer.* (113 S.) 8°
Göttingen, Phil. Diss. v. [20. Febr.] 1903

Thormeyer, Wilh. (Guilel.), de Valerio Maximo et Cicerone quaestiones criticae. Diss. (114 S.) gr. 8. Göttingen 902. (Vandenhoeck & Ruprecht.) n. 2.40

Thormölen, Emma, Schreib-Vorlagen. 1—3. Hft. qu. gr. 8. (à 24 Steintaf.) Hamburg 883. O. Meissner. geb. n. 5. —
1. 2. à n. 1.50. — 3. n. 2. —

Thorn [Sachliches OW]

Thorn. Charte der Fürstlich Wiedischen Besitzungen. Weimar 1824.

Thorn, Betrübtes. Berlin 1725.
V: *Jablonsky, Joh. Theod.* (Myl)

Kreis Thorn. (Rev. von d. zuständigen Behörden.) Maßst. 1 : 100,000. Bearb. im kartogr. Inst. v. P. Baron. *Lissa i./P.: F. Ebbecke [1903]; Lith. P. Baron i. Liegnitz.* (1 Kartenbl. 46 × 50 cm mit Legende.) 8° [kol.]
[Umschlagt.:] Spezial-Karte d. Kreises Thorn in 5 fachem Farbendr. [03. 13959

Thorn, s.: Woerl's Reisehandbücher.

Thorn [Schlagwort]

— s. a.: Forstkarten. — Marienwerder, Reg.-Bez. — Preussen. Messtischblätter.

Thorn, s.a. Radfahrerkarten.

Thorn, Kreis. Baron, Paul, Spezial-Karte d. Kreises Thorn. Rev. v. den zuständ. Behörden. 1 : 100,000. 54×50 cm. Farbdr. Lissa (903). O. Eulitz. n. — 50; auf Leinw. n. 1. 25

— — **Wandkarte der Kreise Thorn Stadt u. Land, entworfen nach den neuesten Hilfsquellen.** 1 : 40,000. 127×118 cm. Farbdr. Ebd. (906). Auf Leinw. m. Stäben 15 —

— **Karte des Kreises Thorn, Reg.-Bez. Marienwerder.** Hrsg. von der kartogr. Abteilg. der königl. preuss. Landesaufnahme 1903. 1 : 100,000. 61,5×62 cm. Farbdr. Berlin (R. Eisenschmidt). n.n. 2. — ; ermäss. Preis n.n. 1. 50

Thorn — Plan von — Siehe Kriegs-Karten. Schauplatz des Kriegs in Polen und Russland von 1812. 1 : 19,670.

Thorn. Spezialkarte vom Kreise Thorn. 1:100,000. Rev. v. den zuständ. Behörden. 2. Aufl. 54×50 cm. Farbdr. Lissa 909. O. Eulitz. — 50; auf Leinw. in Etui 1. —

Thorn-Deutsch-Krone, s.: Automobilkarten. Automobil-Tourenkarte.

Thorn-Posen, s.: Automobilkarten. Automobil-Tourenkarte.

Thorn-Willenberg, s.: Automobilkarten. Automobil-Tourenkarte.

Thorn [Verfasser]

Thorn, A. D., internationale Ghettobilder, s.: Universal-Bibliothek, jüdische. Nr. 89.

Thorn, Eduard. (geb. Neuwied 7. 9. 1821): De morbo Brightii. Berolini (1846). (40 S.) 8°
Berlin, Med. Diss. v. 16. Juni 1846

Thorn, Hans ⟨geb. am 15 März 1857 in Neuwied⟩: Aus d. pathol. Institut zu Bonn. — Beitrag zur Genese der Cystenniere ... Mit 1 lith. Taf. Bonn, Univ.-Buchdr. v. C. Georgi 1882. 35 S., 1 Taf. 8.
Bonn, Med. Fak., Diss. v. 12 Aug. 1882

Thorn, J. C. Geschichte von Korneuburg. (356) 16. Korneuburg 1871.

Die Periodischen Schriften der Senckenbergischen Bibliothek zu Frankfurt a. M. Zsgest. nach d. Aufnahme v. 1. Jan. 1903 von J. P[hilipp] **Thorn**, Bibliothekar. Hrsg. von d. Senckenberg. Naturf. Ges. *Frankfurt a. M. 1903: Gebr. Knauer.* (VIII, 202 S.) 8° [03. 7739 4

Thorn, Ismay, das fidele Quartett. Eine Erzählg. f. die Jugend. Aus dem Engl. v. R. Speyer. Autoris. Ausg. 8. (179 S.) Dresden 901. E. Pierson. n. 2. — ; geb. n. 3. —

Thorn, Julius

Thorn, *Philipp* Julius [pr. Arzt aus Wetzlar (Rheinprov.)]: Zur Genitaltuberkulose des Weibes und zur Frage der intrauterinen Uebertragbarkeit der Tuberkulose ... Berlin, Buchdr. v. G. Schade, *1894;* 30 S., 1 Bl. 8.
Berlin, Med. Fak., Inaug.-Diss. v. 2. Nov. 1894

Thorn, Philipp Julius, s. Thorn, Julius

Thorn, Wilhelm: Ueber die Achsendrehung der Ovarientumoren. Halle a. S. 1883: Heynemann. 104 S. 8°
Halle-Wittenberg, Med. Diss. v. 24. Juli 1883
Geb. Herborn (Hessen-Nassau) 19. 11. 1857. V.

Thorn, W., zur Aetiologie d. Inversio uteri, s.: Festschrift z. Feier d. 50jähr. Bestehens d. medicin. Gesellschaft zu Magdeburg.

— üb. Beckenhämatome, s.: Sammlung klin. Vorträge.

— geburtshülflich-gynaekol. Charakteristika uns. Bezirks, s.: Festschrift z. Feier d. 50jähr. Bestehens d. medicin. Gesellschaft zu Magdeburg.

Thorn, W., Einiges üb. Achsendrehung der Ovarientumoren. [Aus: „Festschrift der Gesellsch. f. Geburtshilfe u. Gynäkol."] gr. 8. (26 S.) Wien 894. A. Hölder. n. 1. -

Thorn, W., Ergebnisse e. Stillstatistik im Reg.-Bez. Magdeburg, s.: Ergebnisse der Säuglingsfürsorge. 4. Heft. (Deneke, C.)

— Die Laktationsatrophie des Uterus, speziell ihre Bedeutg. f. die Propaganda des Stillens, s.a. Sammlung klinischer Vorträge.

Die Laktationsatrophie des Uterus, speziell ihre Bedeutung f. d. Propaganda d. Stillens. Von Dr. W[ilhelm] **Thorn**, Magdeburg. Leipzig: J. A. Barth 1910. 42 S. 8° [Umschlagt.]
(Sammlung Klinischer Vorträge. N. F. Nr 602/603.) [10. 17187

Thorn, W., wider die Lehre v. der Selbstinfektion, s.: Sammlung klinischer Vorträge.

— vaginale Myomoperationen, s.: Arbeiten aus dem Gebiete d. Gebürtshülfe u. Gynaekologie.

— Placenta incarcerata. Tod durch sept. Peritonitis. Untersuchg. wegen fahrläss. Tötg. (8 S.) gr. 8. Leipzig 910. B. Konegen. 1. —
Sonderabdr. aus: „Der Frauenarzt".

— Die Retrodeviationen des Uterus im Lichte der Praxis, s.a. Sammlung klin. Vorträge.

Die **Retrodeviationen** des Uterus im Lichte der Praxis. Von Dr. W[ilhelm] **Thorn**, Magdeburg. Leipzig: **Barth 1909**. 36 S. 4°(8°) [Umschlagt.]
(Sammlung Klinischer Vorträge. N. F. Nr 533.) [09. 13194

Thorn, W., die Stellung der manuellen Umwandlung in der Therapie der Gesichts- u. Stirnlagen, s.a. Sammlung klinischer Vorträge.

Die Stellung der manuellen Umwandlung in der Therapie der Gesichts- und Stirnlagen von W[ilh.] Thorn. *Leipzig: Breitkopf & Härtel 1902.* (26 S.) 8°
= Sammlung Klinischer Vorträge. N. F. No 339. [02. 8543

— **vagitus uterinus u. erster Athemzug**, s.a. Sammlung klin. Vorträge.

Vagitus uterinus und erster Athemzug. Von W[ilh.] Thorn, (Magdeburg). *Leipzig: Breitkopf & Härtel 1897.* (15 S.) 8.
= Sammlung Klinischer Vorträge. N. F. No 189. [97. 5450

Thorn, W., e. Wort gegen die jetzt übliche Art der Anwendung d. Sublimats in der Geburtshülfe, s.: Sammlung klinischer Vorträge.

Thorn, William

Thorn, W. Der Krieg der Engländer in Ostindien 1803—6 unter Gen. Lake u. Gen.-Maj. Sir Arthur Wellesley, Herzog v. Wellington. (XVI. 664) 8. M. 9 Krtn. u. Pl. A. d. Engl. Gotha 1819. 19,00.

Thorn, William. Der Krieg in Indien in den Jahren 1803—1806, geführt von dem Lord Lake, Oberfeldherrn und dem General-Major Sir Arthur Wellesley, Herzog von Wellington. Aus dem Englischen übersetzt. Mit Karten. 8. Gotha 1809.

Thorn, W., der Krieg in Indien in den J. 1803 bis 1806 geführt von dem General Lord Lake, u. dem Generalmajor Sir Arthur Wellesley, Herzog v. Wellington; aus d. Engl. Mit Plan u. K. gr. 8. Gotha 819. Becker. 6 ₰ 8 gl Pracht-Ausgabe in 4. Ebd. 10 ₰ 664 S.

Thornborough, William, der wohlthätige Quixote, 2 Theile, 8. Leipzig, 793/94. Reinicke. 1 Rthl. 20 sgl,

Thornborough, Will., der wohlthätige Don Quixotte, 2 Thle. 8. Leipz. 809. Hinrichs. 1 ₰ 16 gl

Thorndike, Andrew: Zur Rechtsfähigkeit der deutschen Arbeiterberufsvereine. Die Lage dieses Problems aus seiner Gesch. entwickelt. Tübingen: H. Laupp 1908. (XII, 392 S.) 8°
Tübingen, Staatsw. Fak., Ref. Fleiner, Diss. v. 20. Dez. 1907
(Nur in beschränkter Anzahl für den Austausch)
[Geb. 30. Aug. 78 Geisenheim; Wohnort: Senzig (Brandenburg); Staatsangeh.: Preußen; Vorbildung: Realgymn. Primareife; Studium: Berlin 1, Leipzig 8, Tübingen 4 S.; Rig. 19. Dez. 07.]

Thorndike, Andrew, zur Rechtsfähigkeit d. deutschen Arbeiterberufsvereine. Die Lage dieses Problems aus seiner Geschichte entwickelt. (XII, 392 S.) gr. 8. Tübingen 908. H. Laupp. 7. 60

Heredity, correlation and sex differences in school abilities. Studies from the Dep. of Educat. Psychology at Teachers Coll., Columbia Univ. Ed. by Edward L[ee] **Thorndike**. New York: The Macmillan Co.; Berlin: Mayer & Müller 1903. (60 S.) 8°
= **Columbia University contributions** to philosophy, psychology and education. Vol. 11, No 2. [07. 11592

Notes on child study. By Edward Lee **Thorndike**, Prof. *New York: The Macmillan Co.; Berlin: Mayer & Müller 1901.* (157 S.) 8°
= **Columbia University contributions** to philosophy, psychology and education. Vol. 8, No 3. 4. [01. 9908

Thorndon, Thom., Gemälde des türkischen Reichs, nach seinen neuesten Verhältnissen, aus d. Engl. mit vielen erläut. Zusätzen. gr. 8. Wien, Kosmograph. Büreau. 812.

Thorne, Dora, unter Syringen, s.: Berlepsch, Lina Freifrau v., Romanbibliothek. 4. Bd.

Thorne, Eglanton, die beiden Kronen. Eine Erzählg. Autoris. Uebertragung v. Marie Morgenstern. 8. (242 S.) Stuttgart 889. J. F. Steinkopf. n. 2. 50; geb. n. 3. 50

Thorne, Eglanton, das Pfarrhaus in Glen Cluni. Autoris. Uebersetzg. v. Marie Morgenstern. 8. (III, 268 S.) Bremen 892. M. Heinsius Nachf. n. 3. —; geb. n. 4. —

Thorne, Eglanton, die Tochter des Bildhauers. Autoris. Übersetzung von „Ida Nicolari" von Marie Morgenstern. 8. (307 S.) Stuttgart 888, J. F. Steinkopf. *M 3.—; geb. *

Thorne, Guy, als es dunkel war. Roman. Autoris. Uebersetzg. aus dem Engl. von Clara Moeller. (384 S.) 8. Wismar 906. H. Bartholdi. n. 4. 50; geb. n. 5. 50

(B) **Thorne**, Guy, als es dunkel war. 906. (KBL 34.) Jetzt: Leipzig, E. Ungleich.

THORNE, LEONARD TEMPLE. Ueber die Spaltung von Betaaethylacetbernsteinsäureester. Ein Beitrag zur Kenntniss der Reihe der Ketonsäuren. Würzburg, 1881.

Thorne, W. Bezly, die Behandlung chronischer Herzleiden m. warmen Bädern u. Widerstandsgymnastik nach Schott-Nauheim. Aus dem Engl., m. Einleitg. u. Anmerkgn. von Boden. 8. (VIII, 39 S. m. 38 Abbildgn.) Leipzig 900. [M. Voigt.] Berlin, W. Möller. n. 1. —

[Armen.] Hatentir entherçouackh i matenagroutheanc naḫneac, handerdz canôthoutheambkh, i pēts jaṙadžadēin ašakertac i h. **Thadēosē** W. **Thornean**. 2 tpagr. iuikh iuikh phophoḫmambkh. *Wien 1891* (auf d. Umschl. *1893*): *Mḫitharean.* (20, 461 S.) 8°
[Ausgew. Lesestücke aus d. Werken d. armenischen Klassiker mit Anm. z. Gebr. d. vorgerückten Schüler 2. veränd. Aufl.] [03. 3549

Thorner, E., zur Behandlung der Lungentuberculose mittels Koch'scher Injectionen. gr. 8. (36 S.) Berlin 894. S. Karger. n. 1. —

Thorner, E., s.: Berichte, amtliche, über die internationale Fischerei-Ausstellung zu Berlin 1880.

Thorner, Ed., Tuberkulin u. Tuberkulose. gr. 8. (11 S.) Leipzig 901. F. Leineweber. n. — 50
Sonderabdruck aus: „Gesundheit".

Thorner, Eduard. Sigism. (geb. Copenick 20. 2. 1842): De pyaemia. Berolini (1867). (32 S.) 8°
Berlin, Med. Diss. v. 6. Juli 1867

Thorner, Marcus (geb. Breslau 12. 8. 1812): De acaro scabiei. Berolini (1840). (48 S.) 8°
Berlin, Med. Diss. v. 17. März 1840

THORNER, Max (Geestemünde): Ein Fall von Pneumonie croupose congenita.- München: Krämer 1884. 28 S. 10.4.1884 - Urk (Titel: De pneumonia crouposa congenita.); Chr 1883/84,14
Diss. Ingolst.-Landsh.-Mchn.

Thorner, W: Honorar-Tarif des chemisch-technischen Laboratoriums und der amtlichen Controlstation. Osnabrück (1896?)

Thorner, Walther [aus Berlin]: Ueber die Photographie des Augenhintergrundes ... Berlin, C. Vogts Buchdr., *1896;* 31 S., 1 Bl., 1 Taf. 8.
Berlin, Med. Fak., Inaug.-Diss. v. 24. Juli 1896

Die Theorie des Augenspiegels und die Photographie des Augenhintergrundes. Von Dr. Walther **Thorner**, Assist., Berlin. Mit 64 Fig. u. 3 Taf. *Berlin: A. Hirschwald 1903.* (IV, 134 S.) 8° [03. 9744

Thörner, Karl Gust., Diss. inaug. med. sistens meletemata quaedam de vi respirationis in vitam animalem servandam. 8. Dorpat 821. (112 S.)

Thörner, Wilh., über einige Derivate des Para-Tolylphenylketons, besonders über die bei der Reduction daraus entstehenden isomeren Pinakoline. Inaugural-Dissertation. gr. 8. (77 S.) Marburg 877. (Göttingen, Vandenhoeck & Ruprecht.) n. 1. 60

Thörner, Wilh., die Verwendung der Projections-Kunst im Anschauungs-Unterricht. Experimental-Vortrag aus einigen Capiteln der Physik, gehalten am 24. Febr. 1885 im naturwissenschaftl. Verein zu Osnabrück. gr. 8. (24 S. mit eingedr. Fig). Düsseldorf 885, Liesegang. *

Thörner, Wilh., die Verwendung der optischen Projections-Kunst im Anschauungs-Unterricht. Zwei Experimental-Vorträge aus einigen Capiteln der Naturwissenschaft. 2. Aufl. [Aus: „Laterna Magica".] 8. (81 S. m. 18 Abbildgn.) Düsseldorf 892. E. Liesegang. n. 1. 50

Thornhill, K. F. A. P., Englisches Lesebuch, oder Anleitung, um auf die leichtfaßlichste Weise das Englische schreiben u. sprechen zu lernen, enthaltend ausgewählte Stücke aus der neuesten Literatur mit Anmerkungen über Grammatik, Synonymik, Redensarten, Fragen u. Uebungen zum Uebersetzen aus d. Deutschen ins Englische. gr. 8. Stuttgart 839. Etzel. 1 ₰

Thornhill, K. F. A. P., englisches Lesebuch, od. Anleit., um auf d. leichtfassl. Weise d. Englische schreiben u. sprechen zu lernen, enth. ausgewählte Stücke aus d. neuesten Litteratur mit Anmerkn. üb. Grammatik, Synonymik, Redensarten', Fragen u. Uebungen z. Uebersetzen aus d. Deutschen ins Englische. gr. 8. (18 B.) Stuttgart 839, [Rommelsbacher.]

Thorning, J., Originale, s.: Humor, deutscher.

Thornley, Thom., s.: **Montage u. Inbetriebsetzung d. Selfactoren.**

Thornton, F. B., Leseblüthen! Neues Schulbuch für Mittel- und Oberklassen in Bürgerschulen. Hamburg 854. Nolte u. Köhler. gr. 8. (X, 259 S.) n. 13½ ngr.

Thornton, H. Papier-Credit von Grossbritannien; aus dem Engl. mit Anmerk. von L. H. v. Jakob. 8°. Halle (Reinike u. Co.) 1803.

[Umschlagt.:][F.] Die Hauptansprüche der Vivisektoren. Zurückgewiesen v. Gen.-Stabsarzt Dr. J. H. **Thornton**. Aus d. Engl. ... *Dresden: Internat. Ver. z. Bekämpfg d. wiss. Tierfolter 1898.* (44 S.) 1 Bd 8. [98. 9193

Thornton, J. R.

Thornton, üb. die Natur d. Gesundheit u. die Gesetze des Nerven- u. Muskel-Systems, a. d. Engl. abgekürzt u. mit Anmerk. von Th. G. A. Roose. gr. 8. Götting. Dieterich. 801.

Thornton, Thom., Gemälde des türk. Reichs u. seiner Einwohner, im Auszuge aus engl. Nachrichten; aus dem Engl. übers. 8. Wien 812. (Gerold). 1 ₰

— das türk. Reich in allen seinen Beziehungen; aus dem Engl. übers. von F. Herrmann. gr. 8. Hamb. 808. (Campe). 2 ₰ 16 gr (s. auch Geschichte der See- u. Landreisen, 19r Bd.)

Thornton, Will. Thom., die Arbeit, ihre unberechtigten Ansprüche u. ihre berechtigten Forderungen, ihre wirkliche Gegenwart u. ihre mögliche Zukunft. Mit Autorisation des Verf. aus dem Engl. übertragen, sowie durch Anmerkungen erläut. u. verm. von Hugo Schramm. Leipzig 870. Klinkhardt. gr. 8. (XII, 544 S.) n. 2 ₰

Thóroddsen, Jón Thórdarson

Thóroddsen, J. Th., Jüngling und Mädchen, s. Universal-Bibliothek Nr. 2226.

Thóroddsen, Jón Thórdarson, Jüngling u. Mädchen. Eine Erzählg. aus dem isländ. Volksleben der Gegenwart. Aus dem Neuisländ. übersetzt u. m. e. Einleitg. u. Anmerkg. üb. Land u. Leute versehen v. J. C. Poestion. gr. 8. (155 S.) Berlin 883. Parrisius. n. 3. —; geb. n. 4. —

Thoroddsen, Thorvald

Thoroddsen, Th., Geschichte d. isländischen Geographie. Vorstellgn. v. Island u. s. Natur u. Untersuchgn. darüber in alter u. neuer Zeit. Autor. Uebersetzg. v. Aug. Gebhardt. 1. u. 2. Bd. gr. 8. Leipzig, B. G. Teubner. n. 20. —

1. D. isländ. Geographie bis z. Schlusse d. 16. Jahrh. (XVI, 237 S.) 897. n. 8. —

2. Die isländ. Geographie v. Beginne d. 17. bis z. Mitte d. 18. Jahrh. (XVI, 383 S.) 898. n. 12. —

Thoroddsen, Th., Island, s. a. Petermann's, A., Mitteilungen aus Just. Perthes geograph. Anstalt. Erg.-Hefte.

Island. Grundriß d. Geographie u. Geologie. Von Prof. Dr. Th[orvald] **Thoroddsen**. (In 2 H.) Mit 4 Karten u. 16 Fig. Gotha: J. Perthes 19(05–)06. (IV, 358 S.) 4°

— **Mitteilungen,** Petermanns, aus J. Perthes' Geogr. Anstalt. Erg.H. No 152. 153. [06. 9332

Geological map of Iceland by Th[orvald] **Thoroddson**. Surveyed in the years 1881–1898. Drawn by H. P. Simonsen. Ed. by the Carlsberg Fund. 1901. Scale 1:600,000. *[Hamburg: L. Friederichsen & Co.] 1901; A. E. Aamodts Lith. Inst., Copenhagen.* (2 Kartenbl. je 46 × 65 cm mit Legende.) gr. 2° [kol.] [00. 1398

Thorold, Anthony W., über den Verlust unsrer Lieben. Aus dem Engl. übers. von Eva v. Blomberg. 16. (58 S.) Weimar 878. Böhlau. geb. n. 1. 60

Thorp, Frank Hall [aus Bloomington, Illinois, U. S. A.]: Über die Oxime der substituierten Benzophenone ... Heidelberg, Univ.-Buchdr. v. J. Hörning, 1893; 37 S., 1 Bl. 8.
Heidelberg, Naturw.-math. Fak., Inaug.-Diss. v. [1. Aug.] 1893

Thorp, Frank Hall, üb. die Oxime der substituierten Benzophenone. Diss. gr. 8. (37 S.) Heidelberg 893. (J. Hörning.) n. 1. —

Thorpe, Jocelyn Field [aus London]: Ueber die sym. αα-Dimethylglutarsäuren und ihre Derivate ... Heidelberg, Univ.-Buchdr. v. J. Hörning, 1895; 54 S., 1 Bl. 8.
Heidelberg, Naturw.-math. Fak., Inaug.-Diss. v. [29. Dez.] 1895

Thorpe, Jocelyn Field, üb. d. sym. αα-Dimethylglutarsäuren u. ihre Derivate. Diss. gr. 8. (54 S.) Heidelberg 895. (J. Hörning.) n. 1. 20

Thorpe, T. B., Tom Owen, der Bienenjäger, s. Bibliothek, amerikanische.

Thorpe, T. E., und M. M. P. Muir, die qualitative Analyse, s. Bibliothek für Wissenschaft und Literatur.

Thorpe u. **Pattison Muir,** Die qualitative Analyse nebst Anleitung zu Uebungen im Laboratorium. Deutsche autoris. Ausgabe von Dr. E. Fleischer. Mit Spektraltafel u. 58 Holzschn. Berlin 1878. 8°.

Thorpe, T. E., u. M. M. Pattison **Muir,** die qualitative Analyse, nebst Anleitung zu Uebungen im Laboratorium. Autoris. deutsche Ausg. von E. Fleischer. Mit (chromolith.) Spectraltaf. u. 58 (eingedr.) Holzschn. 2. (Titel-)Ausg. gr. 8. (X, 224 S.) Berlin 879. Th. Hofmann. n. 4. 50

Thorr, Jos., administrativ-ökonomischer Bericht aus dem allgemeinen Krankenhause zu München vom 1. Oktbr. 1853 bis 30. Septbr. 1854. München 855. Palm in Comm. gr. 8. (67 S.) n. 12 ngr.

Thorr, Joseph: Darstellung der baulichen und innern Einrichtungen eines Krankenhauses durch die Organisationsverhältnisse des städtischen allgemeinen Krankenhauses in München erläutert. Nebst einer Uebersicht der Leistungen dieser Anstalt vom Jahre 1820 - 1846. Aus amtlichen Quellen bearbeitet. 138 S., gbd., 1 Taf., 3 Tab.

München: Palm 1847

JB 5.389

— die Leistungen des allgemeinen Krankenhauses in München von der Eröffnung bis zum Jahre 1854, zugleich die Erfahrungen, welche während dieser 40 Jahre für die Hospitalpflege sich ergeben haben. Aus amtlichen Quellen verfaßt. München 854. (Palm.) gr. 8. (78 S.) n. 15 ngr.

Thörrische, Zwei. Duo-Scherz zum Vortrag für zwei **Herren.** **Wien** [1890]. V: *Bartl, Hans.* **(EB)**

Thorsch, Alfons [aus Wien]: Zur Geschichte und Kritik der Quantitäts-Theorie ... Freiburg i. Br., Buchdr. v. Gebr. Mehlhase, 1893; 68 S. 8.
Freiburg i. B., Phil. Fak., Inaug.-Diss. v. 1893

Thorsch, Berth., der Einzelne u. die Gesellschaft. Eine Untersuchung. (149 S.) 8. Dresden 906. C. Reissner. n. 8. —

Thorsch, Berth., der Einzelne u. die Gesellschaft. Eine soziolog. u. erkenntniskrit. Untersuchg. Neue, teilweise umgearb. Ausg. (120 S.) 8. Dresden 907. C. Reissner. 2.50

— das österr. Gesetz üb. Gesellschaften m. b. H., s.: Diner, Jul.

Thorsch, Berth., deutsch-nationale Politik. 1. u. 2. Aufl. gr. 8. (à 26 S.) Wien 899. L. Weiß. n. — 35

Thorsch, Berth., Programm für e. deutsch-freisinnige Partei d. radicalen Socialreform. E. Entwurf. gr. 8. (18 S.) Wien 896. L. Weiß. n. — 30

Thorsch, Berthold, Iwan Turgenjew. Charaktorbild o. modernen Dichters. 8. (90 S.) Leipzig 886. F. Duncker. n. 1. 50

Thorsch, Emil, das pactum reservati dominii. [Der Eigenthumsvorbehalt.] gr. 8. (43 S.) Straßburg 875. Trübner. n. 1. —

— der Rechenunterricht in Volksschulen. gr. 8. (41 S.) Ebend. 875. n. — 75

Thorsch, Otto [aus Prag]: Materialien zu einer Geschichte der Oesterreichischen Statsschulden vor dem XVIII. Jahrhundert ... Greifswald, Druck v. C. Sell, 1891; 3 Bl., 117 S., 1 Bl. 8.
Leipzig, Phil. Fak., Inaug.-Diss. v. [21. Okt.] 1891

Thorsch, Otto, Materialien zu e. Geschichte der österreichischen Staatsschulden vor dem XVIII. Jahrh. Diss. gr. 8. (V, 117 S.) Berlin 891. R. L. Prager. n. 3. —

Thorschmidii, Just. Chr., Dissertatio de Hesychio Milesio. Viteb. 716. 4.

Thorschmid, Justus Christian [Praes.], s. Moehlen, Ernst Wilhelm von: De eo quod divinum est in morum doctrina universa.

Thorschmid, J. C., de usu et flore antiquit. s. in ecclesia. Viteb. 1713. 4.

Thorschmidii, J. C., Vita et merita Franc. Poggii Florentini. Vitemb. 713. 4.

Thorschmidt, Joh. Chr., des sächs. Churkreises Alterthümer u. Merkwürdigkeiten. 1r Thl. 8. Leipz. Junius. (Enobloch.) 732. Rthlr.

— Antiquitates Plocenses et adjunctarum Prezzin et Elbenau. 4. Lips. Iunius. (Gleditsch.) 725.

— Historia praefecturae sacrorum, quam praepositurem vocant in inclyta Lipsiensium urbe. 4. ibid. 741.

Thorschmidt, Urban Gottlob

— s. J. M. Chladenius, Blendwerk.

— krit. Lebensgeschichte Anton Collins, des ersten Freidenkers in England rc. 8. Dresd. 755. Gröll. 8 gr.

Thorschmidt, Urban Glo., († d. 9. Febr. 1774.) Versuch e. vollständ. engl. Freidenkerbibliothek rc. 4 Thle. 8. Halle 765—767. Schwetschke u. S. 3 ℔ 12 gr.

De med Jydske Lov beslægtede Stadsretter for Slesvig, Flensborg, Aabenraa og Haderslev, med Tillaeg af Thord Degns Artikler og Skraaen for St. Knuds Gilde i Flensborg, udgivne ved Peder Goth **Thorsen.** Med 5 stentrykte Tavler. A. u. d. T.:
Die dem Jütischen Low verwandten Stadtrechte für Schleswig, Flensburg, Apenrade und Hadersleben, mit einem Nachtrage: Thord Degns Artikel und die Skraa der St. Knuds-Gilde in Flensburg, hrgg. v. P. G. Thorsen. Mit 5 lithographirten Tafeln. Kjobenhavn. 1855. (Mit Vorrede in dänischer und deutscher Sprache.) 8°.

Thorsöe, Frdr., Handbuch der deutsch-dänischen Handels-Correspondenz. Mit einem Anh., enthltd. Briefe, verschied. Inhalts. (In 10 Liefgn.) 1. Liefg. Leipzig 870. Theile. gr. 8. (32 S.) n. 5 ngr.

Thorsöe, Frdr., Handbuch der deutsch-dänischen Handels-Correspondenz. Mit e. Anh. enth. Briefe verschied. Inhalts. 2—10. Lfg. gr. 8. (S. 33—318.) Leipzig 870. C. G. Theile. n. 2. 50; (cplt.: n. 3. —)

Thorspecken, Arnold (Bremen) A.S. 572/41

Dissertatio iuridica de eo quod justum est circa remotionem rationum decidendi ab actis in casu transmissionis actorum. Präs. Siegfried Caeso von Aeminga. Greifswald (Röse) 3. VIII. 1763. 14 S.

34434

Thor-Specken, Jo. Kaspar [Praes.], s. Dietrich, Christ. Gotthold: Ex theol. naturali quaestionem utrum de argumentis pro existentia dei allatis dubitare liceat.

Thor-Specken, Jo. Kaspar (Bremen) A.S. 1358/19

Doctrina de concursu divino eoque immediato. Präs. Ernst Christian Schroeder. Wittenberg (Gerdes) VI. 1727. 24 S.

34436

Thor-Specken, Jo. Kaspar (Bremen) A.S. 1315/12

De intellectu impuro sectio posterior. Präs. Heinrich Gerhard Mejer. Wittenberg (Gerdes) (ca. 1725) 16 S.

34435

Thorspecken, O(scar): Aus der Heidelberger chirurgischen Klinik. (Direktor: Geh. Rat Prof. Dr. V. Czerny, Exc.): Zur Frage der idealen Cholecystektomie. Tübingen 1906: H. Laupp jr. (17 S.) 8° ¶ (Aus: Beiträge z. klin. Chirurgie Bd 51 H. 3.)
Heidelberg, Med. Fak., Ref. Czerny, Diss. v. 1906
[Geb. 12. Jan. 82 Bremen; Wohnort: Badenweiler; Staatsangeh.: Preußen; Vorbildung: Gymn. Bremen Reife O. 01; Studium: Heidelberg 5, Freiburg i. B. 1, Kiel 1, Berlin 2 S.; Coll. 13. Juli 06; Approb. 7. Sept. 07.]

Thorsperre, s. Torsperre

Thorstani, N., dissert. histor. oeconomica de commeatu veterum Islandorum pract. navali hodie rest. 8. Lipsiae, Heinsius, 762.

Thorsten, Leo, der vierbeinige Ehestifter, s.: Unterhaltungsbücher, neue, f. Stenographen. Nr. 11.

thor Straten, Josias

Thorstraten, Jos.: Systemat. Abhandl. v. d. Regierungsformen überh. u. d. uneingeschränkten Monarchie insbesond. *Flensburg.* 710.

Thor-Straten, (thor Straten) Josias, systemat. Abhandl. von den Regierungsformen. gr. 8. Flensb. 760. (Hammerich in Altona). 22 ß

Thor-Straten, J.: systemat. Abhandl. von d. Regierungsformen. gr. 8. Flensb. Korte. (Rohß in Schl.) 760.

⊙ An meine Mitbürger ein paar Worte! Von J[osias] thor **Straten.** Flensburg. 1814. 8°

⊙ Antwort auf eine Aufforderung des Pastor Meier [so statt: Friedrich Marquard Meyer] von dem Justizrat [Josias] **thor Straten.** Flensburg. 1818. 8°.

(thor Straten, J. ?): „Dänemark und vorzüglich die Herzogthümer Schleswig und Holstein im Jahre 1814", Altona 1815. — Vorh.: Com. Bibl. Hamburg.

Die Kupfer- und Messing-Fabrike zu Crusau bey Flensburg. (Eine Erwiderung an Claus Sinjen v. Josias **thor Straten.**) Extra-Beylage zum Flensburgschen Wochenblatt den 11. May 1833. (Flensburg. 1833.) 8°.

[Wilhelm] **thor Straten:** Ad Horatii odarum chronologiam capitis primi pars prior. Glückstadt. 1859. 4°. Gymn.-Progr. 20 S.

Rettungen des Gajus Marius v. Wilhelm **thor Straten.** Meldorf. 1869. 4°. Gymn.-Progr.

thor Straten Wolf, Carl, approb. Arzt aus Meldorf: Über **Mammacarcinome.** *Kiel 1903: Schmidt & Klaunig.* (28 S.) 8° ¶ Eine Fortsetzung d. Arbeit von Dr. Spethmann (42 Fälle von Mammacarcinomen. Diss. Kiel 1902).
Kiel, Med. Diss. v. [23. Apr.] 1903

Thomas Peter Thortsen

De Gangraena nosocomiali. Berolini (1829:) Brüschcke. 45 S. 8°
Berlin, Med. Diss. v. 7. Jan. 1829

Thortsen, Waldemar. (geb. Havelberg 8. 1. 1839): De aneurysmate. Berolini (1862). (32 S.) 8°
Berlin, Med. Diss. v. 26. Nov. 1862

Thorun, Erich: Beiträge zu den Fragen der Bodenbonitierung, insbesondere der Korngröße und des Kalkgehaltes der Bodenschichten, an der Hand der Untersuchung samländischer Böden. Gießen 1908: Heppeler & Meyer. 68 S. 8°
Gießen, Phil. Diss. v. 28. Jan. 1909, Ref. Gisevius
[Geb. 13. Okt. 82 Königsberg i. P.; Wohnort: Gießen; Staatsangeh.: Preußen; Vorbildung: Friedrichs-Koll. Königsberg Reife M. 01; Studium: Königsberg 11, Gießen 2 S.; Rig. 8. Juli 08.] [U 09. 1239

Thorunium hungarum litteris deditorum matrem . . . exponit et commendat J. G. L. H. Jenae 1735. V: *Lippisch, Joan. Georg.* (Pk)

Thorup, C. E., og Andr. Leth, Peter Nicolai Thorups Levnet. gr. 8. (IV u. 78 S.) Kjøbenhavn 847, Gyldendal in Comm. n. 13¾ ngr

Thorup's, Pet. Nicol., efterladte Digte. Udgivne af C. E. Thorup og Andr. Leth. 1. Hft. (Karader og andre Gaader.) gr. 8. (70 S.) Kopenhagen 847. (Gyldendal.) n. ⅓ ℳ

Thorup, Petr. Nicol., loci aliquot in Ciceronis libris de finibus bonor. et malor., partim explicati, partim a suspicionibus emendandique conatibus non necessariis vindicati. Comment. 8. (6¼ B.) Ripis Cimbricis 836. (Flensburg, Korte Jessen.) •

Thorvaldsen, s. Thorwaldsen

Thorvaldsens Museum, s. Thorwaldsens Museum

Thorville, S. S., wissenschaftliche, vollständige, vergleichende, theoretisch-praktische Grammatik der französischen Sprache. Nach dem Rothwell'schen interlocutorischen System und nach den besten Autoritäten bearbeitet, mit vielen Aufgaben versehen, durch zahlreiche Beispiele erläutert und von mehr als 1200 erklärenden Anmerkungen begleitet ꝛc. Für Gelehrte und Nicht-Gelehrte, besonders aber für Gymnasien, höhere Mädchenschulen und für die, welche die Sprache ohne Lehrer studiren wollen, geeignet. München 853. Palm. gr. 8. (XXIV, 648 S.) 1 ℳ. 18 ngr.

— neues Handbuch der französischen und deutschen Conversationssprache enthltd. e. reiche Sammlung der gebräuchlichsten Wörter, Gespräche zur Erläuterung aller Redetheile mit steter Hinweisung auf die Regeln der Grammatik, nach der Rothwell'schen Methode, vertrauliche Gespräche ꝛc., Sprüchwörter, Germanismen und Gallicismen. Zur Erleichterung des Studiums beider Sprachen ꝛc. bestimmt auch als Dolmetscher für Reisende. A. u. d. T.: Nouveau manuel de la conversation française et allemande etc. München 853. Palm. 8. (XVI, 450 S.) 24 ngr.

Thorville, S. S., neues Handbuch der französischen und deutschen Conversationssprache enth. eine reiche Sammlung der gebräuchlichsten Wörter, Gespräche zur Erläuterung aller Redetheile mit steter Hinweisung auf die Regeln der Grammatik nach der Rothwell'schen Methode ꝛc. — Nouveau manuel de la conversation française et allemande etc. 2., verb. Aufl. 8. (XX und 450 S.) München 865, Grubert. geb.

Thorville, S. S., neues Handbuch der deutschen und französischen Conversationssprache, enth. eine reiche Sammlung der gebräuchlichsten Wörter, Gespräche zur Erläuterung aller Redetheile, vertraul. Gespräche über alle Verhältnisse des Lebens, Sprüchwörter, Germanismen und Gallicismen. Zur Erleichterung des Studiums beider Sprachen, auch als Dolmetscher für Reisende. 3. Ster.-Aufl. 8. (XX, 385 S.) München 877, Grubert. ℳ 2.; geb.

Thorville, S. S., neues Handbuch der deutschen u. französischen Conversationssprache, enth. eine reiche Sammlung der gebräuchlichsten Wörter, Gespräche zur Erläuterung aller Redetheile, vertrauliche Gespräche üb. alle Verhältnisse des Lebens, Sprüchwörter, Germanismen u. Gallicismen. Zur Erleichterung des Studiums beider Sprachen, auch als Dolmetscher für Reisende. 3., ster. Aufl. 8. (XX, 385 S.) München 879. Grubert. 2. —; geb. 2. 40

Thorville, S. S., der französische Leser oder Einleitung zur französischen Sprache und Literatur. Eine Auswahl von Anecdoten, moralischen Erzählungen, Fabeln, historischen Stücken etc. aus den besten französischen Schriftstellern der neueren Zeit. Mit erklärenden deutschen Anmerkungen und Fragen zur Uebung nach der Rothwell'schen Methode. Für Lehranstalten und zum Selbststudium. A. u. d. T.: Le lecteur français ou introduction à la langue et à la littérature françaises etc. München 853. Palm. gr. 8. (XII, 242 S.) 22½ ngr.

—— nouveau manuel de la conversation française et allemande cont. des vocabulaires des mots les plus usités, des dialogues éclaircissant toutes les parties du discours avec renvoi aux règles de la grammaire raisonnée d'après la méthode Rothwell, accompagné de dialogues familiers sur toutes les circonstances de la vie; de proverbes, de germanismes et de gallicismes, destinés à faciliter l'étude des deux langues etc. servant aussi d'interprète fidèle aux voyageurs. A. s. l. t.: Neues Handbuch der französischen und deutschen Conversationssprache. 8. (XVI und 450 S.) München 853, Palm's Hofbuchh.

Thorwald, atlantische Nächte. Eine Samml. Novellen u. Kriegsbilder, dem Andenken seines an den Ufern d. Mississippi schlummernden Werner's geweiht. 2 Thle. 8. (31 B.) Stralsund 832, Struck.

Thorwaldsen, Bartel, sein Leben und seine Werke, s. Pfundheller, H.

Thorwaldsen in München, Lied . . . 1830. O. O. V: *Schenk, Eduard von.* (Bruun, Bibl. Danica III, 1516.)

Thorvaldsen's Biographie, s. Hammerich, M.

Thorwaldsen's Biographie, s. Lücke, Herm.

Thorvaldsens Museum. Deutsch. Handkatalog für die Besuchenden. Kopenhagen 1895. V: *Mueller, Ludvig.* (Berlzu 1926, II. 1258)

Thorwaldsen, Albert

Thorwaldson's, Alb., Arbeiten für die Frauenkirche in Kopenhagen, in 2 Briefen. 8. Kopenh. 820. Brummer. 8 gr.

Thorwaldsen, Albert (od. Bertel), Basreliefs (in Marmor ausgeführt). I. Alexanders d. Gr. Einzug in Babylon, in 18 Blättern. II. Allegor. Darstelln. u. Grabmäler, in 6 Blättern. Nebst beigefügter Erläuter. Nach Zeichnn. v. Fr. Overbeck, in Kpfr. gest. v. P. Bettelini u. Marchetti u. hrsg. v. Carl Jügel. ½Imp.-Fol. (3 Bl. deutsch. u. franz. Text.) Frankfurt a. M. 838, Jügel. Thlr. *

Thorwaldsen, A., s. Christus u. die 12 Apostel.

— Darstell. der 1828 entdeckten Etrur. Alterthümer, s. W. Dorow, Etrurien.

— Guttenbergs Denkmal. (2 ganz ausgeführte Blätter. I. Die Statue. II. Die Basreliefs. Unter Thorwaldsen's Aufsicht von Giulietmi in Rom gezeichnet, u. von Hanfstaengl in Dresden lithogr.) ½ Roy.-Fol. Ebd. 837. n. 1½ ₰

—— Schillers Denkmal mit d. vier Reliefs in Reliefstahlst., mit ausschließl. Bewilligung f. dens. von Seiten d. Vereins f. Schillers Denkmal u. unt. Mittheil. der von Guilelmi unt. Aufsicht Thorwaldsens angefert. Zeichnung, ausgeführt durch d. Bureau de Numismatique in Paris. (½ Roy.-Fol.) Mit e. Charakteristik d. Dichters v. Gust. Pfizer. Roy.-Fol. (1 B.) Stuttgart 839, [Liesching u. Comp.]

—— Alexanders d. Gr. Einzug in Babylon. Marmorfries im kgl. dän. Schlosse Christiansburg. Nach Zeichnn. v. Fr. Overbeck u. Andern gest. v. Sam. Amsler. Mit Erläutern. v. Ludwig Schorn. qu. ½Roy.-Fol. (22 Taf. u. 4 Bl. Text.) München 835, Literar.-artist. Anstalt. *

Thorwaldsen, B., der Einzug Alexander des Grossen in Babylon. Marmorfries. Nach Zeichnungen von F. Overbeck, in Kupfer gest. von S. Amsler. Neue Ausg. 1869, und 2. revid. Abdr. Hrsg. von Herm. Lücke. qu. Fol. (22 Kpfrt. mit 17 S. Text.) Leipzig 870, A. Dürr. geb. (*M 18.) *

Thorwaldsen, B., der Einzug Alexander des Grossen in Babylon. Marmorfries. Nach Zeichnungen von F. Overbeck in Kpfr. gest. von S. Amsler. Neue Ausg. 4. Aufl., hrsg. von Herm. Lücke. qu. gr. Fol. (15 S. mit 22 Taf.) Leipzig 882, A. Dürr. cart. *

Thorvaldsen's Jugend. 1770—1804. Nach des verstorbenen Künstlers Briefwechsel, eigenhändigen Aufzeichnungen und hinterlassenen Papieren v. J. M. Thiele. Aus dem Dänischen von Hans Wachenhusen. Berlin. 1851. 8°.

Thorwaldsen's, Alb., Umrisse nach seinen Werken, s. Umrisse.

Thorwaldsen, Albert (od. Bertel), Werke. I. u. 2. Hft. Rom 1837. qu. ½ gr. Fol. (11 Kpfrt. u. 3 Bl. Text.) Glogau 837, 38, Flemming. à *

Thorwaldsen, A., Werke in einer Auswahl und in Umrissen. Nebst kurzer Erklärung u. einer Lebensskizze des Verfassers. 3e sorgfält. durchges. Aufl. (67 Taf. u. 4 Bl. Text.) ½ Rol.-Fol. Stuttgart 839. Brodhag. 4 ₰

—— Werke in ein. Auswahl u. in Umrissen. Nebst kurzer Erklär. u. einer Lebensskizze d. Verfassers. 3., sorgfältig durchges. Aufl. ½ Roy.-Fol. (67 Taf. u. 4 Bl. Text.) Stuttgart 839, [Scheible, Rieger u. Sattler.]

Thorwaldsen-Museum in Kopenhagen. (130 Bl Photographien) in 5 Bdn fol Kopenhagen

Thorwaldson, Albert, s. Thorwaldsen

Thorwart, Friedrich

Thorwart, F., die Frankfurter Bank unter dem Bankgeseze. Eine statistische Skizze. gr. 8. (40 S.) Frankfurt a/M. 882. Jaeger. n. 1. —

Thorwart, F., die Bedeutung des Scheckverkehrs. Vortrag, im Auftrage der Handelskammer zu Frankfurt a. M. geh. (15 S.) gr. 8. Frankfurt a/M. 907. C. Koenitzer. — 50

Die Bedeutung des Scheckverkehrs. Vortrag von Bankdir. F[riedrich] Thorwart geh. in Frankfurt a. M. 1907. (Frankfurt a. M. 1907: F. Körber.) (15 S.) 8° [Umschlagt.]
= Mitteilungen d. Handelskammer Frankfurt a. M. Jg. 30, No 3. (07. 8307

Thorwart, Beschaffung erweiterten Kredits f. gemeinnützige Bauthätigkeit durch Erschließung des Erwerbskapitals, s.: Zur Förderung des Arbeiterwohnungswesens.

Thorwart, F., z. Börsengesetz, s.a. Zeitfragen, volkswirthschaftl.

Zum Börsengesetz. Von F. Thorwart, Frankfurt a. M. *Berlin: L. Simion 1896.* (41 S.) 8.
= Zeitfragen, Volkswirthschaftliche. H. 135. (Jg. 17. H. 7.) (96. 116.

Thorwart, F., d. dopp. Buchführg., s. a. Weinack, A.

Thorwart, Friedrich: Die doppelte Buchführung und ihre Anwendung für Vorschuss- und Kreditvereine. Wiesbaden 1890.

Dass. 2.Aufl. 1898.

Thorwart, F., Die deutsche Genossenschaftsbank von Soergel, Parisius u. Co. und der Giroverband der deutschen Genossenschaften. Ein Beitrag zu den Fragen des genossenschaftlichen Grossbankkredits und der genossenschaftlichen Zentralkassen. 8⁰. Berlin, J. Guttentag, 1911. (Genossenschaftl. Zeit- u. Streitfragen, Heft 11.)

Thorwart, Friedrich (Hrsg.), s. Schulze-Delitzsch, Hermann: Schriften u. Reden.

— soll Deutschland f. Goldwährg. aufgeben?, s.: Währungs-Bibliothek.

Thorwart, F., der Sparpfennig, s.: Volksbibliothek d. Lahrer hinkenden Boten.

— Die Technik des Hamburger Ueberweisungsverkehrs. Bericht, im Auftrage der Handelskammer zu Frankfurt a. M. erstattet. (21 S.) gr. 8. Ebd. 907. — 60

Thorwart, Karl: Die Behandlung des Termin- und Differenzgeschäftes in der deutschen Gesetzgebung und Rechtsprechung. Borna-Leipzig 1908: Noske. 101 S. 8°
Erlangen, Jur. Diss. v. 14. Nov. 1908, Ref. Sehling
[Geb. 5. Nov. 86 Nürnberg; Wohnort: Nürnberg; Staatsangeh.: Bayern; Vorbildung: Neues Gymn. Nürnberg Reife 04; Studium: Erlangen 6, Genf 1, Leipzig 1 S.; Rig. 16. Juli 08.] [U 09. 748

Thorwarth, Jh. Wlh., († d. 17. Juni 1780.) Diss. pract.-med. inaug. de lactis defectu. 4. Leyd. 764. (51 S.)

Thorwirth, Albert [pr. Arzt aus Berlin]: Ueber Pyoktanin in der Augenheilkunde. . . . Berlin, Buchdr. v. G. Schade, *1890*; 29 S., 1 Bl. 8⁰
Berlin, Med. Fak., Inaug.-Diss. v. 24. Okt. 1890

Thorwirth, W., Abriß der Realien f. gehobene Volksschulen. Mit e. Vorw. v. Jacobi. 8. (10 B.) Eckartsberga 844. (Naumburg, Weber.) *

Thorwirth, W.

Thorwirth: Canalisirung oder Abfuhr für Entfernung der städtischen Excremente und Abgänge in Berlin. Berlin 1862

Thorwirth, W., über Canalisirung großer Städte in ihrem Einflusse auf die gesundheitlichen u. volkswirthschaftlichen Zustände der Bevölkerungen. Mit spezieller Berücksichtigung der Verhältnisse Berlin's. Berlin 863. Nauck. gr. 8. (64 S.) 6 ngr.

Thorz, Math., die heilige Maria Magdalene. Troppau 866. Kolck. gr. 8. (V, 215 S.) n. 1 ₰ 20 ngr.

Thor-Zettel ..., s. Tor-Zettel ...

Die Kehrseite des schleswig-holsteinischen Krieges. (Von Thoischewski.) Kiel 1852. 72 S.

Thoschonovitz, Jos., kurzgefaßte ökonom. Abhandl. üb. den Bau u. die Einrichtung einer vorzügl. bei großen Meiereien anwendbaren u. d. an den meisten Orten eingeführten Stallfütterung angemess. Kühstallung u. Schafferswohnung ꝛc. Mit 2 Plans. gr. 4. Prag 807. Widtmann. 1 ₰

Thoschonovitz J.: Kurzgefasste ökonomische Abhandlung üb. den Bau u. die Einrichtung einer Kühstallung u. Schafferswohnung nebst ... Anhange verschiedener ... Baubemerkungen ... Prag 1807. 88 S. 2 Tvl. 4⁰.

Thoskarla, Bernh., Götze Gott. Studien. 2. [Titel-]Aufl. (96 S.) kl. 8. Leipzig-Gohlis (910). Raschwitz, B. Volger. 1. —

Thospann, Andr., s. **Cicero** epistolae.

Thospann, J. A. k., s. Cicero, vollständ. Briefsammlung.

Thoss, *Gustav* Eugen [Amtstierarzt in Pirna]: Über den Bau von Holostomum Cucullus — nov. spec. — E. Beitr. z. Kenntnis d. Trematoden ... M. 2 Taf. Leipzig-R., Druck v. O. Schmidt, 1897; 66 S., 1 Bl., 2 Taf. 8.
Leipzig, Phil. Fak., Inaug.-Diss. v. [9. Febr.] 1897

Thoß, Jos. Andr., neue einfache, der Wirkung nach doppelt. Buchhaltung od. der aufgeklärte doppelte Buchhalter f. Kaufmannschaft, Finanz- u. Landwirthschaft. Fol. Wien 781. (Heubner). 1 ₰ gr. 8. Wien 781. (Widtmann in Prag). 16 gr.

Thoß, Jos. And., neue einfache d. Wirkung nach doppelte Buchhaltung, od. d. aufgeklärte doppelte Buchhalt. f. Kaufmannsch., Finanz- u. Landwirthschaft. Fol. Wien, Kurzböck. (Camesina) 781.

— — dasselbe. Fol. Wien, Kaulfuß. 781.

Thoss, Nicolas: Vademecum für Notare und Notargehülfen. Luxemburg: Sankt-Paulus-Druckerei 1891. 198 S. 12⁰

Thoß, Walter, Referendar a. Halle a. S.: Die Pflichten des Spediteurs. Halle a. S. 1908: Hohmann. (VIII, 78 S.) 8°
Leipzig, Jur. Fak., Diss. v. 22. Mai 1908
[Geb. 7. Sept. 79 Landsberg b. Halle a. S.; Wohnort: Halle a. S.; Staatsangeh.: Preußen; Vorbildung: Domgymn. Merseburg Reife M. 01; Studium: München 1, Freiburg i. B. 1, Berlin 1, Halle 4 S.; Rig. 22. Mai 08.]

Thossan, O. Eugen (Otto Anthes), ledige Bräute, — möblierte Herren. Wanda, } s. a. Collection Tiefenbach.

Thossan, O. Eug., möblierte Herren. Wanda. Zwei Novellen. 8. (283 S.) Leipzig 896. C. F. Tiefenbach. n. 2. —; geb. in Leinw. n. 3. —

— Klosterjungen, s.: Reventlow, F. Gräfin zu.

— beim Kommiss 2 Jahre Volkserziehung. (Collection Wigand.) 8. (193 S.) Leipzig 897. Max Spohr. n. 1. —

— Wanda, s.: Collection „Brillant". 3. Bd.

Thost, Arth., das Inhalatorium im Eppendorfer Krankenhaus nebst einigen Bemerkungen üb. Inhalationstherapie, s.: Mitteilungen aus den hamburg. Staatskrankenanstalten. VIII, 9.

Thost, Arth., üb. die Operations-Methoden der hyperplast. Rachenmandel, s.: Festschrift zur Feier d. 80jähr. Stiftungsfestes d. ärztl. Vereins zu Hamburg.

— üb. die Symptome u. Folgekrankheiten d. hyperplastischen Rachenmandel. Vortrag, geh. auf d. 67. Versammlg. deutscher Naturforscher u. Aerzte in Lübeck. [Aus: „Monatsschr. f. Ohrenheilkde."] gr. 8. (13 S.) Berlin 896. O. Coblentz. n. 1. —

Thost, Carl Rob., s. Thost, Karl Robert

Thost, Fr. Wilh., u. Carl Gust. Flade, Beschreibung des in der Nacht vom 31. August zum 1. Sept. 1842 in der Stadt Sayda stattgefundenen Brandunglücks rc., nebst darauf bezügl. Rede u. Predigten, im Freien gehalten. gr. 8. (2¼ B. u. 1 lith. Grundriß.) Annaberg 842, (Rudolph u. Dieterici.) Thlr. *

George Washington. Ein freimaurerisches Lebensbild gezeichnet nach Sidney Hayden's Werk „Washington and his masonic compeers, New-York 1866". [Von George W. Thost.] Zwickau: Richter 1868. 41 S. 8⁰
Tt. 983.

Thost, Karl Robert

Thost, Carl Robert: Mikroskopische Studien an Gesteinen des Karabagh-Gaus. '(Armenisches Hochland)' ... (Aus: Abh. d. Senckenberg. naturf. Ges., Bd XVIII. 1893.) *Frankfurt a. M., 1893;* 1 Bl., 211—270 S., 1 Bl., 1 Taf. 4.
Leipzig, Phil. Fak., Inaug.-Diss. v. [29. Dez.] 1893

Thost, Carl Rob., mikroskop. Studien an Gesteinen des Karabagh-Gaus (armen. Hochland). [Aus: „Abhandlungen d. Senckenbg. naturforsch. Gesellsch."] (S. 209—271 m. Fig. u. 1 Taf.) Lex. 8. Frankfurt a/M. (Viktoria-Allee 7) 894. Senckenberg. naturforsch. Gesellschaft. nn 2. —; erm. Pr. nn 1. —

Thót, Ant., die mathematische Geografie, für den ersten Unterricht in katechetischer Form bearb. Mit einem Anhange von Lesestücken, enth. die Geschichte der Astronomie u. die Biografien der berühmtesten Astronomen. Arad 862. Goldscheider. gr. 8. (76 S.) n. 7½ ngr.

Thot, Ant. J. F., Lehrbuch der allgemeinen Erdbeschreibung, mit besonderer Berücksichtigung des östreichischen Kaiserstaates. Für Gymnasien, Real- u. Handelsschulen. 3 Abthlgn. Arad 858. Bettelheim. gr. 8. (1. u. 2. Abth.: S. 1—192.) n. 1 n.

Thoth, od. d. Hieroglyphen rc. s. Sickler, F. K. L.

Thoth, s.: Collection of British authors.

Thou, ..., Geschichte der wichtigsten Weltbegebenheiten vom Tode Franz d. Ersten bis gegen den Anfang des 30jähr. Kriegs rc. 1r Bd., welcher die Jahre 1545—1552 enthält. 8. Leipz. 790. Weygand. 1 ₰ 4 gr.

Thouar, P., racconti, s.: Biblioteca italiana.

Thoughtless, des Fräuleins Elisabeth, Gesch., a. d. Engl. 4 Thle. 8. Berl. Lange. 765.

— — dass. a. d. Engl. 4 Thle. 8. Lpz. Gleditsch.

Thouin, Anl. z. Anlegung u. Wartung e. Pflanzschule f. Obstbäume, Gehölze u. Stauden. A. d. Französ. v. d. Grafen v. Reden. 8. Breslau, 1824. — 5

Thouin, Prof., Monographie des Pfropfens, oder technolog. Beschreib. der verschied. Propfarten, welche zur Vermehrung, Erhaltung u. Veredlung der Gewächse angewendet werden; nach d. Französ. von C. F. W. Berg. Mit 13 lith. Taf. 4. Leipz. 824. Baumgärtner. 2 ₰ 12 gr.

Thoune et le lac de Thoune, s.a. l'Europe illustrée.

Thoune et le lac de Th'. Avec 14 illustrations (*Umschlag:* 13 gravures) (dont 5 planches) par G[ustave] Roux et J[ohann] Weber et deux cartes. [Nouvelle éd.] (L'Europe illustrée. N° 6.) 8. Zurich ([18]90).

Thourel, A[lbin]. Une exécution à Courtelary, 2 décembre 1835. Court récit ([de la vie et de la mort de David] François Fête). 2ᵈᵉ éd. augmentée de nouvelles pièces. 8. Berne 1835.

Thouret, Antony, der König der Eschen. Aus d. Franz. übers. von Emilie Wille. 2 Thle. 8. (41 B.) Leipzig 842, Kollmann.

Thouret, Geo., Analyse der 12 Metamorphosen-Symphonieen v. Karl v. Dittersdorf, s.: Hermes, J. T.

Thouret, Geo., üb. den gallischen Bund. Eine quellenkritische Skizze zur älteren römischen Geschichte. [Aus: „Jahrbb. f. class. Philol." 11. Suppl.-Bd.] gr. 8. (96 S.) Leipzig 880. Teubner. n. 2. 40

Thouret, G., Die Chronologie von 218—217. v. Chr. S.-A. 1887. 10 S.

Thouret, G., De Cicerone, Asinio Pollione, C. Oppio rerum Caesarianarum scriptoribus. Diss. 1878. 56 S. 1.50

Thouret, Geo., Friedrich der Große als Musikfreund u. Musiker. M. 7 Abb. u. 1 Notenfksm. 8. (IV, 192 S.) Leipzig 898. Breitkopf & Härtel. n. 3. —

Thouret, Georg. Führer durch die Fachausstellung der deutschen Militärmusik. Wien 1892.

— Katalog d. Musiksammlg. auf d. kgl. Hausbibliothek im Schlosse zu Berlin. Verfasst u. erläut. v. Th. gr. 8. (VIII, 356 S.) Leipzig 895. Breitkopf & Härtel. n. 8. —; geb. n.n. 9. 50; auf Velinpap. n. 10. —; geb. n.n. 20. —

Thouret, Geo., unterm roten Kreuz. Vaterländ. Festsp. in 8 Bild. f. deutsche Mädchen u. Jungfrauen, insbes. f. höh. Mädchenschulen. 12. (35 S.) Ebd. 896. n. — 40

Thouret, G., am Kyffhäuser. Vaterländisches Festspiel f. deutsche Schulen. Musik, eingerichtet von A. Cebrian. Textbuch. gr. 8. (12 S.) Berlin 889. Schlesinger'sche Buch- u. Musikhandlg. (R. Lienau). n. — 80; Schülerausg. n. — 20

Thouret, Georg, Dir., Prof. Dr.: Nomen atque omen. Unser Name und seine Vorbedeutung. *Schöneberg 1903: E. Hartmann.* (S. 3—15.) 4°
Schöneberg, Helmholtz-RG, OP 1903 (120)

Thouret, (G[eorg]): Das neue Schulhaus. Bericht über die Einweihung am 1. Juli 1909. Schöneberg (1910): Sommer. S. 1—15. 4°
Schöneberg, Helmholtz-RG OP 1910 (145) [S 10.445

— Sedan. Vaterländ. Festspiel in 4 Bild. zur Jubel-Sedanfeier 1895 für Soldaten, Studenten u. Schüler. Musik komponiert u. bearb. v. Adf. Cebrian. Textbuch. 2., durchges. Aufl. 12. (29 S.) Ebd. 895. n. — 25

Thouret, Georg [Dr.]: Friedrich's des Grofsen Verhältnis zur Musik ... Berlin, R. Gaertner, 1895; 36 S., 1 musik. Beil. 4.
Berlin, Königstädt. G, OP 1895 (60)

— Friedrich's des Grossen Verhältnis zur Musik. Progr. gr. 4. (86 u. Musikbeilage 2 S.) Berlin 895. R. Gaertner. n. 1. —

Thouret, Mch. A., vom Gebrauch des Magnets, s. Andry.

Thouret, P. J., meine Anklage gegen Reinhold Koepp aus Wiesbaden, jetzigen Geschäfts-Inhaber der Waaren-Credit-Gesellschaft zu Berlin, vor dem Richterstuhle der öffentlichen Meinung. 1—3. Aufl. Berlin 856. (Leipzig, Leiner.) gr. 8. (28 S.) n. 3 ngr.

Thouvenel, Pierre

Thouvenel, Abhandl. v. der Beschaffenheit, d. Nutzen u. den Wirkungen der Luft, a. d. Franz. 8. Jena, Cuno. (Stahl) 782.

— s. Bemerkk. üb. Kräfte der Arzneisubstanzen.

— s.a. Elektrometrie.

Thouvenel, Pierre. Über unterirdische Elektrometrie, nebst einigen sie betreffenden Versuchen. Aus d. Franz. frey übers. m. Anmerkungen. Zürich 1794.

— mémoire chymique et medical sur le mécanisme et les produits de sanguification, qui a remporté le prix à l'acad. des sciences en 1776. 4. St. Petersb. 777. Academ. 1 ꝑ 3 gr.

Thouvenel, Mémoire chimique et médicinal sur le mécanisme et les produits de la sanguification. 4. St. Petersburg 777. (Leipzig, Voss) ist d. Pr. nur n. 5/12 ꝑ

Thowest, Roder., s.a. Pfui Deibel — noch eenen.

Pfui Deibel noch eenen! Lustiges von Anno Toback in Bild u. Wort. (Verf.: Roderich Thowest.) Leipzig: G. Wigand [1908]. 21 ungez. Bl. 8°

Thoyer, Jul., die Interessen oder Discont-Producten-Summe entw. ganz oder zum größten Theil mittelst der Addition zu finden, u. s. w., mit Vorschlägen des Aug. Cauchy. Deutsch v. Frz. Hantschl. gr. 8. (3¼ B. u. 3 Tab.) Wien 846, Lechner's Universitäts-Buchh.

Thoyer, Jul., die Interessen- oder Discont-Producten-Summe entweder ganz oder zum größten Theile mittelst der Addition zu finden, woraus dann auf bekannte Weise der Discont oder das Interesse herauszuziehen ist. Mit vollzogenen Vorschlägen des A. Cauchy, Mitglied der Akad. der Wissensch. zu Paris. Deutsch von Fr. Hantschl. 2. Ausg. Wien 859. Lechner. gr. 8. (52 S. u. 3 Tab. in 4.) n. 8 ngr.

Thoyras, s. Rapin.

Rapin de Thoyras: Von der Ankunft und Wachstum einer Secte, welche anjetzo viel Aufsehen erregt hat. Aus d. Franz. Hamburg 1739.
cf. Constitutions-Buch d. Loge Archimedes, Altenburg. 1803 S. 126—127.
Kl. 257 b.

Thraemer, Ed., die Form des hesiodischen Wagens. gr. 8. (S. 299—308 m. Abb.) Strassburg 901. K. J. Trübner. n.n. — 50
Sonderabdruck aus: „Strassb. Festschrift z. 46. Versammlg. deutscher Philologen u. Schulmänner".

Thraemer, Ed., Pergamos. Untersuchungen über die Frühgeschichte Kleinasiens und Griechenlands. gr. 8. (X, 421 S. mit 1 Karte.) Leipzig 888, Teubner. *

Thraemer, Ed. Die Siege der Pergamener über die Galater. 29 4. Fellin 1877.

Thrämer, Theod., über den zu großen Anwachs des Lehrstoffes für die Gelehrtenschulen u. dessen mögliche Vereinfachung. Ein Vortrag, rc. gr. 8. (2¾ B.) Dorpat 845, (Gläser's Verl.)

Thrämer, Th. von, Des deutschen Volkes Art im Gegensatze romanischer und slawischer Volksthümlichkeit. Eine Reihe von Thesen im Namen des evang. Schulvereins herausg. Leipzig 1858. 8.
Ist: Verhh. ev. Schulmänner über d. deut. Volkes Art u. Beruf. II. 2. . . . .

Thrämer, Theod., Entwurf einer deutschen Sprachlehre zunächst für den Gebrauch von Lehrern. I. Thl.: Satzlehre, in Berücksicht. und mit Beurtheilung des Verfahrens von Becker, Götzinger, Heyse, Honcamp rc. neu geordnet. I. Heft. gr. 8. (VIII und 48 S.) Dorpat 850, [Hoppe.] *

Thrämer, Th., Entwurf einer deutschen Sprachlehre zunächst f. den Gebrauch von Lehrern. 1. Thl.: Satzlehre, in Berücksichtigung u. m. Beurtheilung des Verfahrens v. Becker, Götzinger, Heyse, Honcamp rc. neu geordnet. 1. Hft. gr. 8. (VIII u. 48 S.) Dorpat 850, Kluge. n. 1/3 ꝑ

— Ueber den Fortgang der rationellen Weise des Musikunterrichtes. Dorpat 1848.

—— Geschichte des deutschen Sprachstudiums und insbesondere seiner Unterrichtsmethodik seit der Reform. Ein Vortrag gehalten in der pädagog. Gesellsch. zu Dorpat. gr. 8. (2¼ Bog.) Reval 848, Kluge. *

—— über den sogenannten höheren Religionsunterricht. Ein Beitrag zur Katechetik. gr. 8. (53 S.) Reval 849, Kluge's Verlag. *

Thrämer, Th. Die nothwendige Verbesserung des Musikunterrichtes. Dorpat 1846.

Thran (C.). Index pl. horti Carolsruhani . . . [Carols. 1733.] 8°.

Thran, Chr. Prospect Hoch-Fürstlich-Baaden-Durlachischer Residenz-Schloss- und Statt Carls-Ruhe. Carls-ruh 1739. 1 Bl. K. und 1 Nachbildung in Lichtdruck.

Thran, Jürgen Heinrich, approb. Arzt aus Delve: Aus d. patholog. Institut zu Kiel. Über einen Fall von Lebervenenthrombose. *Kiel 1899: A. F. Jensen.* (28 S.) 8°
Kiel, Med. Diss. v. [22. Febr.] 1899

Thraen A.: Bestimmung der Bahn des periodischen Kometen von Wolf (Komet 1884 III und 1891 II). Verbindung der Erscheinungen in den Jahren 1884 und 1891 und Vorausberechnung des Laufes des Kometen für die Erscheinung im Jahre 1898. 1 Bl. 7 . . . . vgr.
Separatabdruck

Thraen, A., Bestimmung d. Bahn d. periodischen Kometen v. Wolf (Komet 1884 III u. 1891 II). Verbindg. der Erscheingn. in d. J. 1884 u. 1891 u. Vorausberechng. d. Laufes d. Kometen f. d. Erscheing. im J. 1898. [Aus: „Denkschr. d. k. Akad. d. Wiss."] gr. 4. (43 S.) Wien 897. (C. Gerold's Sohn.) n. 2. 60

Thrän, G. C. Ferd., Denkmale altdeutscher Baukunst, Stein- u. Holzsculptur aus Schwaben. I. Hft. Roy.-Fol. (5 Stnt. u. 4 B. Text.) Ulm 846, (Wohler'sche Buchh.) *

Thrän, G. C. Ferd., Denkmale altdeutscher Baukunst, Stein- und Holzsculptur aus Schwaben. 2. und 3. Heft. Roy.-Fol. (10 Stnt. und 4 Bl. Text.) Ulm 847, Wohler'sche Buchh. à Heft * 1 Thlr. 4 Ngr. *
1. Heft. Ebendas. 1846. * 1 Thlr. 4 Ngr.

(Thrän), der Münster in Ulm, s. Münster in Ulm.

Thrändorf, E.

Thrändorf, die Behandlung d. Religionsunterrichtes nach Herbart-Ziller'scher Methode. [Aus: „Ztschr. f. prakt. Theol."] gr. 8. (46 S.) Langensalza 887. Beyer & Söhne. n. — 50

Thrändorf, die Behandlung d. Religionsunterrichtes nach Herbart-Zillor'scher Methode. 2., zum Tl. umgearb. u. durch Lehrproben verm. Aufl. gr. 8. (III, 58 S.) Langensalza 891. Beyer & Söhne. n. — 70

Die Behandlung des Religionsunterrichtes nach Herbart-Ziller'schen Grundsätzen. Von Dr. E. Thrändorf. 3., umgearb. u. verm. Aufl. *Langensalza: H. Beyer & Söhne 1896.* (2 Bl., 64 S.) 1 Bd 8. [96. 6370

Thrändorf, E., Beiträge zur Methodik des Religionsunterrichts an höh. Schulen. 1. Heft. Die soziale Frage in Prima. Umgearb. Neudr. e. im 30. Jahrbuche des Vereins f. w. Päd. erschienenen Abhandlg. (69 S.) 8. Dresden 905. Bleyl & Kaemmerer. n. 1.25

Thrändorf, E., Beiträge zur Methodik d. Religionsunterrichts an höh. Schulen. 2. u. 3. Heft. 8. Dresden-Blasewitz, Bleyl & Kaemmerer. 4.—; geb. 4.90
2. Alte u. mittelalterl. Kirchengeschichte. (VII, 96 S.) 909. 1.60; geb. n 2. —
3. Reformation u. Gegenreformation. (VIII, 150 S.) 910. 2.40; geb. n 2.90

— soziales Christentum. 1. Gustav Werner. 2. Die Christlichsozialen in England. 3. Die kaiserl. Botschaft v. 17. XI. 1881. 4. Die Arbeiterschutzerlasse Wilhelms II. Ein Beiblatt zu jedem kirchengeschichtl. Lesebuch. (24 S.) 8. Ebd. 905. n.n. — 25

— Kirchengeschichte u. Erziehung, s.: Bibliothek, religionspädagog. Nr. 3.

— kirchengeschichtliches Lesebuch für Oberklassen höherer Schulen [Gymnasien, Seminarien, höhere Töchterschulen], zugleich als Handreichg. für Religionslehrer an Volksschulen. gr. 8. (73 S.) Dresden 888. Bleyl & Kaemmerer. n. 1.20

— u. H. Meltzer, kirchengeschichtliches Lesebuch f. Oberklassen höherer Schulen. 3 Tle. 8. Dresden 906. Bleyl & Kaemmerer. n. 3.20; geb. n. 4. —
I. Alte u. mittelalterl. Kirchengeschichte, v. M. (XVI, 128 S.) n. 1.20; geb. n. 1.50
II. Reformation u. Gegenreformation, v. M. (XII, 167 S.) 906. n. 1.30; geb. n. 1.60
III. Neuzeit, v. Th. 2. verb. u. verm. Aufl. (96 S.) 903. n. — 70; kart. n. — 90

— — dasselbe. Kleine Ausg. (X, 276 S.) gr. 8. Ebd. 906. n. 1.50; geb. n. 1.85

— u. H. Meltzer, kirchengeschichtl. Lesebuch f. Oberklassen höh. Schulen. I. u. II. Tl. 8. Ebd. Geb. nn 3.35
I. Alte u. mittelalterl. Kirchengeschichte v. M. 2. verm. Aufl. (XII, 167 S.) 909. Geb. 1.60
II. Reformation u. Gegenreformation v. M. 2. verm. Aufl. (VIII, 217 S.) 910. Geb. nn 1.75

— — Kirchengeschichtl. Lesebuch. Kleine Ausg. 2. verm. Aufl. (XII, 328 S.) 8. Ebd. 910. Geb. nn 1.85

Thrändorf, E., Lesebuch für das 3. Schuljahr. 8. (VI, 122 S.) Leipzig 877. Gräbner. n. — 80

— allgemeine Methodik des Religionsunterrichtes. 4., gänzlich umgearb. Aufl. der „Behandlg. des Religionsunterrichtes nach Herbart-Zillerschen Grundsätzen". (VI, 107 S.) gr. 8. Langensalza 903. H. Beyer & Söhne. n. 1.50

Thrändorf, E., der Religionsunterricht im Lehrerseminar, s.: Beiträge zur Lehrerbildung. 23. Hft.

— u. H. Meltzer, der Religionsunterricht auf der Mittelstufe der Volksschule u. in den Unterklassen höh. Schulen. 2. Hft. Der Prophetismus. Präparationen nach psycholog. Methode. gr. 8. (XVI, 134 S.) Ebd. 898. n. 2.40
Das 1. Hft. ist noch nicht erschienen.

— u. H. Meltzer, der Religions-Unterricht auf der Mittelstufe der Volksschule u. in den Unterklassen höh. Schulen. 1. Hft.: Die Geschichte Israels von Moses bis Elias u. das erste Hauptstück. Präparationen nach psycholog. Methode. gr. 8. (VII, 116 S.) Ebd. 900. n. 2. —

— — Der Religions-Unterricht auf der Mittelstufe der Volksschule u. in den Unterklassen höherer Schulen. 2. Heft. Der Prophetismus u. das nachexil. Judentum (Hiob, messian. Hoffng., Jona, Makkabäerzeit, Psalmen). Präparationen. 2., völlig umgearb. Aufl. (3. u. 4. Taus.) (XII, 179 S.) gr. 8. Ebd. 907. 2.80; geb. n 3.40

— der Religionsunterricht auf der Oberstufe d. Volksschule. Präparationen nach psycholog. Methode. 1. Tl. Das Leben Jesu u. der 2. Artikel. gr. 8. (VI, 175 S.) Ebd. 890. n. 2.50

— der Religionsunterricht auf der Oberstufe der Volksschule. Präparationen nach psycholog. Methode. 2. Tl. Die Apostelgeschichte u. der 3. Artikel. gr. 8. (157 S.) Dresden 891. Bleyl & Kaemmerer. n. 2.50 (1. 2.: n. 5.—)

— d. Religionsunterricht auf d. Oberstufe d. Volksschule u. in d. Mittelklassen höh. Schulen. Präparationen nach psycholog. Methode. 1. Tl.: Das Leben Jesu u. d. 2. Artikel. 2., umgearb. Aufl. gr. 8. (IV, 192 S.) Dresden 898. Bleyl & Kaemmerer. n. 2.80

— der Religionsunterricht auf der Oberstufe der Volksschule u. in den Mittelklassen höherer Schulen. 2. Tl. Das Zeitalter der Apostel u. der dritte Artikel. 2., umgearb. Aufl. (3. u. 4. Taus.) gr. 8. (127 S.) Dresden 901. Bleyl & Kaemmerer. n. 2.50

u. H. Meltzer

— — der Religionsunterricht auf der Oberstufe der Volksschule u. in den Mittelklassen höherer Schulen. IV. Bd. Oberstufe. 1. Tl. Das Leben Jesu u. der erste u. zweite Artikel. Von Th. 3., umgearb. u. verm. Aufl. (5. u. 6. Taus.) (VIII, 192 S.) gr. 8. Ebd. 904. n. 2.80; geb. in Leinw. n.n. 3.30

— — dasselbe auf der Oberstufe der Volksschule u. in den Mittelklassen höh. Schulen. IV. u. V. Bd. gr. 8. Ebd. 5.30; geb. n 6.40
IV. Oberstufe. 1. Tl. Das Leben Jesu u. der erste u. zweite Artikel. Von Th. 4., umgearb. u. verm. Aufl. (7.—9. Taus.) (VIII, 213 S.) 908. 2.80; geb. n 3.40
V. Oberstufe. 2. Tl. Das Zeitalter der Apostel u. der dritte Artikel. Von Th. 3., umgearb. Aufl. (5. u. 6. Taus.) (VIII, 134 S.) 908. 2.50; geb. n 3. —

— — dasselbe auf der Unterstufe. I. Jesusgeschichten. — II. Leben der Erzväter. Präparationen nach psycholog. Methode. gr. 8. (IV, 69 S.) Ebd. 899. n. 1.20

— der Religionsunterricht auf der Unterstufe. (1. Bd.) Jesusgeschichten. Das Leben der Erzväter. (Präparationen.) 2., verb. u. verm. Aufl. 3. u. 4. Taus., bearb. v. E. Beyer. (VII, 74 S.) gr. 8. Dresden 905. Bleyl & Kaemmerer. n. 1.20; geb. in Leinw. n. 1.60

Thrändorf, E., der Religionsunterricht auf d. Unterstufe. Jesusgeschichten: Das Leben der Erzväter. 3., verb. u. verm. Aufl. (5.—7. Tauf.), bearb. v. E. Beyer. (VIII, 84 S.) gr. 8. Dresden-Blasewitz 909. Bleyl & Kaemmerer. 1.20; geb. n 1.60

— die Stellung des Religionsunterrichtes in der Erziehungsschule u. die Reform seiner Methodik. gr. 8. (III, 66 S.) Leipzig 879. Matthes. n. 1. —

— ein Wort zur Simultanschulfrage, s. a. Zur Pädagogik der Gegenwart. 17. Hft.

Thraendorf, Ein Wort zur Simultanschulfrage. Dresden 1905. 8°.
Aus: Pädagog. Studien. Jg 26, H. 2.

Thrändorf, Gust., Predigt am Tage der Jahresversammlung d. Landes-Vereins der Gustav-Adolf-Stiftung f. das Fürstenthum. Reuß j. L. den 31. Juli 1872 geh. in der Haupt-Kirche zu Gera. 8. (14 S.) Gera 872. Kanitz. — 25

Kirchengeschichte und Erziehung. Vortrag vor d. Konferenz von Religionslehrern ... Von Dr. [Karl Ernst] **Thrändorf.** Göttingen: Vandenhoeck & Ruprecht 1910. 19 S. 8°
(Religionspädagogische Bibliothek. Nr 3.) (10. ,186

Thrandorff, K. F. E., Christus in unserer Zeit. Ein Zeugniß z. Beruhig. u. Erweckung. 8. (6 B.) Berlin 836, Plahn'sche Buchh.

Thrandorff, K. F. E., üb. d. Geist d. Hauses Hohenzollern u. d. weltgeschichtl. Bedeutung d. preuß. Staats. 8. (4½ B.) Berlin 838, Vereins-Buchh.

—— Wie kann d. Supernaturalismus sein Recht gegen Hegel's Religionsphilosophie behaupten? Eine Lebens- u. Gewissensfrage an uns. Zeit. gr. 8. (11 B.) Berlin 840, [Leipzig,] Hentze.

Thrane, Karl

Thrane, Carl, Friedrich Kuhlau. Rechtmäßige deutsche Uebersetzg. aus „Danske Komponister". 8. (IV, 110 S.) Leipzig 886. Breitkopf & Härtel. n. 1. —; geb. n. 1. 60

Thränen ..., s. Tränen ...

Thränenbacher, Ernst [Pseud.], s. Oelbermann, Hugo

Thränenlacher, Ernst [Pseud.], s. Oelbermann, Hugo

Thränhart, Adolph, der Weinbau bei Naumburg an der Saale dargestellt nach den Beobachtungen u. Erfahrungen der Naumburger Weinbau-Gesellschaft. gr. 8. (11⅝ B.) Naumburg 845, Lange? *

Thraenhart, Gotthilf: Der hohe hygienische Wert des Weines. Frankfurt a. M. o. J. [um 1908]: Kunz & Gabel. 16 S. -- 121*

Thrasolt, Ernst

— Stillen Menschen. Gedichte aus Natur u. Leben. (VIII, 123 S.) 8. Ebd. 909. 1.50; geb. 2.50

Thrasolt, Ernst, de profundis. Geistliche Gedichte. 1. u. 2. Aufl. (VIII, 128 S.) 8. Kempten 908. J. Kösel. 1.50; geb. 2.50

Thrasybulus, oder von der Liebe zum Vaterlande. Dresden 1771. V: *Hunger, Johann Gottfried.* (Ky) (MGT)

Thrasybulus, oder von der Liebe zum Vaterlande, (v. J. G. Hunger). 8. Dresd. 771. Gerlach. 4 gl.

Thrasybulus, od. von d. Liebe zum Vaterlande. 8. Dresden, Gerlach. 772.

Thrau, Jacob. Meine Auswandg nach Texas unter dem Schutze des Mainzer Vereins. Berlin, 1848.

(Thraunpauer, chevalier d'Orphanie.) Dreissig Briefe über Galizien, oder Beobachtungen eines unparteiischen Mannes etc. 8. Wien und Leipzig 1787.

Threde, H. C., die Algen d. Nordsee u. die mit denselben vorkomm. Zoophyten(, getrocknet). 1. Cent. 10 Decaden. gr. 4. Hamburg 832, Hoffmann u. Campe.

Three in Norway, s.: Library, the English.

Threlfall, Mrs. Will., s.: Spanien in Wort u. Bild.

Threni

— Die Klagelieder des Jeremias und der Prediger des Salomon. Im Urtext nach neuester Kenntnis der Sprache behandelt, (erstere metrisch) übersetzt, mit Anmerkungen und einem Glossar versehen ... Von Andreas Raabe. Leipzig 1880

Threni, s.: Volumina, quinque.

Threnodia Klugiano-Neumanniana. 2 Stcke. 4. Bresl. 747—752. (W. G. Korn). 5 gl.

Threnodia Klugio-Purmanniana. 4. Bresl. 763.

Threnodie auf den Tod eines Edeln ... gen. Karl Ant. Christen von Ursern ... O. O. 1797. V: *Bernold, Frz. Jos. Bened.* (Cat. d. Stadtbibl. Zürich. Zürich 1864—97.)

Threnodien. Vom Verfasser des Acheron. [Bremen] 1800. 2. Aufl. 1803. V: *Eelking, Hermann Freih. von.* (EE) (Ky) (MGT) (GGr) (LS)

Threnodien; vom Verf. d. Acheron (Frhrr. v. Eelking). gr. 8. (Bremen) 800. 2e A. 803. Seyffert. (Müller). 8 gl.

Θρῆνος τῆς Κωνσταντινουπόλεως, s. Analekten der mittel- und neugriechischen Literatur.

Thrige, Johann Peter

Thrige, J. P., Historia Cyrenes inde a tempore, quo condita urbs est usque ad aetatem, qua in provinciae formam a Romanis est redacta. Diss. 1819. 279 S. 3.--

Thrige, (Joh. Pet.,) Historia Cyrenes inde e tempore, quo condita urbs est, usque aetatem; qua in provinciae formam a Romanis est redacta. Part. I. 8. Havniae 819, (Brummer.)

Thrige, Joh. Pet., Res Cyrenensium a primordiis inde civitatis usque ad aetatem, qua in provinciae formam a Romanis est redacta. Novis curis illustravit. E schedis defuncti auctoris edid. S. N. J. Bloch. 8 maj. (24½ B.) Hafniae 828, Gyldendal.

Thring, Erziehung u. Schule, s.: Traut, K. H.

Thring, Edward. The classics. Als Beitrag zur Frage des latein. u. griech. Unterrichts hrsg. v. Karl Lentzner. gr. 8. (32 S.) [Halle a. S. 890, Niemeyer.] Lpz., Fock. * — 80

[F.] Das polizeiliche Meldewesen. An d. Hand der in Berlin besteh. Einrichtg nach amtl. Quellen dargest. u. m. Genehmigg d. Kgl. Polizei-Präsid. hrsg. v. [F.] Throl, Kgl. Pol.-Lt. zu Berlin. *Berlin: In Komm. b. J. J. Heine; (Dr. v. O. Dietze) 1897.* (4 Bl., 90 S.) 1 Bd 8. [97. 1356

Throm, Fritz, aus Giessen: Über die Absorption der Röntgenstrahlen durch Metallbleche verschiedener Dicke, gemessen durch die von den Röntgenstrahlen bewirkte Ionisation der Gase. Lörrach 1907. 63 S. und vier Tafeln. 8°. [21. VI. 07.]
Basel. Phil. Diss. 1907,08.

Throm, Fritz. Über die Absorption der Röntgenstrahlen durch Metallbleche verschiedener Dicke, gemessen durch die von den Röntgenstrahlen bewirkte Ionisation der Gase. Diss. Phil. Basel. [Mit 1 Figur und 4 Tafeln.] 63 S. 8. Lörrach, Jaumann & Netzer, 1907.

Thron, Frau. Ein Charakter-Bild. Aus dem Holländ. von Frau Louise T. v. S. gr. 16. (23 S.) Düsseldorf 878. Michels in Comm. n. — 50

Thron, der, der Gnade. Frei n. d. Engl. bearb. v. Fr. W. Krummacher. 1. Thl. 8. (15½ B.) Elberfeld 831, Hassel.

Thron, Heinrich: Beiträge zur Kenntnis der Isopropylisoparaconsäure. *Strassburg 1898: Strassb. Druckerei u. Verlagsanst.* (45 S.) 8°
Strassburg, Math.-naturw. Diss. v. 1898

Thron, J. Das Institut international de Bibliographie in Brüssel. Gegenwärtiger Stand seiner Arbeiten und Veröffentlichungen. ⟨Sonder-Abdruck aus dem Börsenblatt für den Deutschen Buchhandel 1903, Nr. 292, 293, 294, 295.⟩ 01 ⟨062⟩ ⟨493⟩. 24 S. 8. Brüssel, Institut intern' de Bibl', 1904.

Das Institut international de Bibliographie in Brüssel. Gegenwärt. Stand s. Arbeiten u. Veröffentlichungen. Von J. Thron. *Brussel: Inst. internat. de Bibliogr. 1904.* (24 S.) 8°
Aus: Börsenblatt f. d. Deutschen Buchhandel. 1903, No 292–295
= [Publications de l'Office internat. de Bibliographie. No 59.] [...]

Thron, S., ein Fanatiker der Rache. Roman. (143 S.) 8. Mülheim-Ruhr (909). J. Bagel. — 30

Throneck, Paul, Gedichte. 8. (IV, 30 S.) Dresden 894. E. Pierson. n. — 75; geb. m. Goldschn. n. 1. 50

Thronerbe, der; Drama in 1 A., (v. Ign. Jos. Biwanko). 8. Salzb. 781. Mayr. 2 K

Thronfolge, die. Familiengemälde v. Seyfried. 8. Berl. (Wilke in Warschau.) 796.

Thronfolge, die, Sr. Maj. Königs Friedrich Wilhelm IV. v. Preußen. gr. 8. (1¼ B.) Saarbrücken 840, Arnold.

Thronfolge, die, im Fürstenth. Lippe u. d. Ebenbürtigkeitsprinzip. 8. (VIII, 30 S.) Spandau 896. G. Schob. — 50

Thronfolge und die pragmatische Sanction in Ungarn . . . Pressb. 1849. V: *Pusztay*, *Alex. v.* (WFM) (Pk) (KU) (Ky)

Thronfolge u. die pragmat. Sanction in Ungarn, oder Rechtfertigung d. Regierungsantritts Sr. k. k. Maj. Franz Joseph I. als Königs von Ungarn, gegen die Angriffe der Umwälzungspartei. Nebst einer skizzirten Geschichte der neunmonatlichen Ofen-Pester Parteiherrschaft u. ihrer Umtriebe. Von A. v. P(usztay). gr. 8. (216 S.) Preßburg 849. (Wigand.) n. n. 1 *ℛ* 14 *ngr*

Thronfolge, die, als Willensakt. Betrachtung aus dem bayer. Staatsrechte v. e. Sozialmonarchisten. gr. 8. (14 S.) München 900. J. Schweitzer Verl. n. — 50

[F.] Nochmals die Braunschweigische Thronfolgefrage. E. Wort z. Frieden v. e. Braunschweiger . . . *Wolfenbüttel: J. Zwissler 1896.* (30 S.) 1 Bd 8. [96. 942

Demokratische Thronrede. Am 22. Mai 1848 nicht gehalten. Dem demokratischen Klubb gewidmet. Vereinsbuchdruckerei. 1 Bl. Fol.
Flugblatt. Berlin, 22. Mai 1848.

Thronrede zur Eröffnung der beiden Kammern im weißen Saale am 26. Februar 1849. Druck von R. Kretschmer. 1 Bl. Fol.
(Dieselbe.) Gedruckt in der Deckerschen Geh. Ober-Hofbuchdruckerei. 1 Bl. Fol.
Flugblatt. Berlin, 26. Febr. 1849.

Thronrede bei Eröffnung des österr. Reichsrathes. Mit dem Portrait Sr. Majestät des Kaisers und Rand-Vignetten. (Wappen und Ansichten.) Nach der Original-Zeichnung von Hans Petschnigg photogr. von Adolf Eichström. Wien, Franz Kaschl. Folio. 5 fl.
1862.

Thronrede bei der Eröffnung der sächsischen Ständeversammlung am 14. Sept. 1845 u. die den kirchl. Bewegungen unsrer Tage gemachten Vorwürfe. gr. 8. (2 B.) Leipzig 845, Brauns. *

Thronrede. – Der Judith Thronrede, s. Bauer, Michael

Thronrede des Königs von Preußen bei Eröffnung des vereinigten Landtages am 11. April 1847. gr. 8. (16 S.) Leipzig 847, Pönicke. *

Thronrede, gehalten am 22. Mai 1848, nebst dem Verfassungs-Entwurf f. Preußen. gr. 8. (16 S.) Grünberg 848, Levysohn. 1½ *ngr*

Thronrede Sr. Majest. d. Königs bei Eröffnung d. Landtages, am 16. Septbr. 1849. O. O. u. J. 4°. 7 S. Cart.

Thron-Rede Seiner Majestät des Königs, gehalten bei der Eröffnung der National-Versammlung. Druck von E. Litfaß. 1 Bl. Fol.
Flugblatt. Berlin, 22. Mai 1848.

—— Sr. M. des Königs von Preussen den 11. April 1847. In Stolze'sche Stenographie übertr. und in Stein gravirt von L. Strahlendorff. gr. 4. (1 Bl.) Berlin 847, [Th. Enslin.] **

— Sr. M. des Königs v. Preussen den 11. April 1847. In Stolze'sche Stenographie übertr. u. in Stein gravirt v. L. Strahlendorff. gr. 4. (1 Bl.) Berlin 847, Geelhaar. baar ¹⁄₁₂ *ℛ*

Die Thronreden und Adressen im bayerischen Landtag während der Zeit von 1819–1892 (1.–31. Landtag). Auf Veranl. d. Bibliothekkommission d. Landtags als Probedruck d. General-Repertoriums über d. Landtagsverhandl. hrsg. vom Landtagsarchivariat. München 1893. (68 S.) 4°

Thronreden, die, Sr. Maj. des Kaisers Franz Josef I. bei der feierlichen Eröffnung u. Schließung des österreich. Reichsrates. Nebst e. kurzen Verfassungsgeschichte der Gesamtheit d. Reichsratsländer. Hrsg. v. Ant. Bezecny. (IV, 160 S.) Lex. 8. Wien 908. Manz. 2. 60

Thronreden Sr. Maj. d. Kaisers Wilhelm II. zur Eröffnung d. deutschen Reichstags u. d. preußischen Landtags 1888. 8. (7 S. m. Bild.) Berlin 888. v. Decker. — 15

Thronreden, vier, siehe: Aus dem weißen Saale.

Thronus Salomonicus, Regalis Sapientiae Sedes . . . Bresl. 1714. V: *Teschauer*, *Philipp*. (Kat. d. Druckschr. üb. Breslau. Breslau 1903. S. 261.)

Thron-Wechsel, der (in Dänemark). gr. 8. (16 S.) Kopenhagen 848, Höst.

Thron- und Tempelweihe, Oesterreichs. [Innsbruck 1854.] V: *Wiederkehr*, *Xaver*. (EB)

Thrue, Fr . Elektricitätswerk der Stadt Drammen. [Mit Figuren und 1 Tafel.] Sonderabdruck aus der Elektrotechnischen Zeitschrift. [Jahrg. 26,] 1905. Heft 23 u. 24. II + 22 S. 4. (Berlin, Julius Springer.)

(Die Ausführung des elektrischen Teiles der Anlage, 1901—1903, [war] der Maschinenfabrik Oerlikon übertragen.)

Thrun, Ernst, Gerichtsassessor: Die rechtlichen Voraussetzungen der „Hülfsbedürftigkeit" im System des deutschen Unterstützungswohnsitzes. Greifswald 1908: F. W. Kunike. (85 S.) 8°

Greifswald, Jur. Fak., Ref. Stoerk, Diss. v. 2. Mai 1908

[Geb. 8. Nov. 79 Stettin; Wohnort: Stargard (Pommern); Staatsangeh.: Preußen; Vorbildung: Gymn. Demmin u. Stargard; Studium: Freiburg i. B. 1, Berlin 2, Greifswald 3 S.; Rig. Greifswald 28. Jan. 08.]

Thryllitzsch, Jakob Abraham (Granstein) A. S. 1355/25

Problema mythologicum: utrum immolatio Phrixi eadem sit ab Isaaci nec ne ? (Dissertatio posterior).
Präs. Johann Moneta.
Wittenberg (Gerdes) 28. V. 1721. 16 S.

34441

Thryllitzsch, Johann Ernst (Köhra) A. S. 602/32

Quaestio iuris controversi an ob promissam et non solutam dotem maritus coniugem expellere possit.
Präs. Christian Heinrich Breuning.
Leipzig (Langenheim) 26. VIII. 1775. 8 S.

34442

Thryllitzsch, Valentin Hermann (Roda/Sa.)
A. S. 1115/36

Dissertatio medica. Plantarum historia fabularis botanices ornandae amplificandaeque caussa.
Präs. Jo. Heinrich Heucher.
Wittenberg (Kreusig) I. 1713. 62 S.

W. v.: Präs. 34443

Tryphiodori de Ilii excidio carmen denuo recognitum a H. A. T. Köchly. Pr. 185 28 S. 4°.

Thube, Chr. Gottlob

— Anleit. z. richt. Verstande d. Offenbarung Johannis. 8. Schwerin, Bödner. 799.

Thube, Chr. Glo., Beurtheilung des sogen. christl. Vereins. 8. Rostock 815.

— unumstößl. Beweis aus der Jenaer allgem. Literatur-Zeitung, daß meine Uebersetzung u. Erklär. des Propheten Sacharjah, ganz untadelhaft u. nichts dawider einzuwenden ist. 8. Schwerin 803. Bödner. 7 gr.

Thube, Chr. G., d. Buch d. Propheten Daniels ɩc. 8. Schwerin, Bödner. 797.

— das Buch des Propheten Sacharjah. 8. Ebendas. 802.

— Handbuch der Gottesgelahrtheit, zum allgem. Gebrauch. 8. (Schwerin) 789. Bödner. 20 gr.

Thube, Chrstn. Gtlo., über d. nächsten vierzig Jahre, geschrieben im J. 1796, u. (:) Ueber d. Pabstthum, geschrieben im J. 1798, nebst e. Vorr. Aufs Neue hrsg. im J. 1831 (u. mit e. Vorw. begl.). 8. (3¼ B.) Altona 831. (Kiel, Universitäts-Buchh.) Thlr.

— üb. d. nächstkommenden 40 Jahre ɩc. 8. Rostock, Stiller. 811.

— kurzer Inbegriff der christl. Glaubens- u. Sittenlehre, in Fragen u. Antworten. 8. Rostock 801. 2e A. 811. Stiller. 6 gr.

Thube, Chr. Glo., noch etwas üb. die Besteuerung der Geistlichkeit im Großherzogth. Mecklenburg. 8. Güstrow 818.

— üb. die Mecklenburg. Predigerwitwen-Kasse; nebst Beilage zu diesem Aufsatze. 8. Rostock 799.

— Prophezeihungen, geschrieben in den J. 1796—98. Ueber die nächstkommenden 40 Jahre u. das Papstthum. 8. Schwerin 796. 2e A. 796. 3e A. 798. 4e A. 811. Rostock, Stiller. 4 gr. Aufs Neue hrsgg. gr. 8. Altona 831. (Ebd.) 6 gr.

— Was in aller Schnelle geschehen muß. Anleit. zum richtigen Verstande der Offenbar. Johannis. 8. Minden u. Leipz. 786. 2e umgearb. Aufl. 8. Schwerin 799. Bödner. 8 gr.

— ein freimüth. Wort an die Ritter- u. Landschaft des Großherzogth. Mecklenburg-Schwerin. 8. o. O. 818.

— wohlverdiente Züchtigung des Hrn. Doctors Biester in Berlin; nebst Beilage. 8. Schwerin 802.

Thucelius, Cassander [Pseud.], s. a. Leucht, Chr. Leonh.

Thucelius, Cassand., Acta publica d. Heil. röm. Reichs v. 1700—1717. 5 Thle. Fol. Frankf. 713-22.

— Orationes cum animadversionibus et Indico K. L. Bauer. 8. Lips. Breitkopf et H. 759.

— Platonis et Lysiae Orationes funebres; Aeschinis in Ctesiphontem et Demosthenis pro Corona Orationes. Ad. Opt. recens. in us. scholar. expressae. 8. Copenh. Brummer. 809.

Thucelius, Cassand., vollständige Samml. d. Actorum comitialium publicorum u. d. Wahl-Krönung Kaiser Karls VII. v. J. 1742-47. 8 Thle. 8. Regensb. Montag. 744-49. Rthlr.

Thucydides, s. Boltz, Carolus.
Mewes, Wilh.
Michaelis, Gerhardus.
Müller, Hugo.
Nagel, Ludovicus.
Oeltze, Otto.
Stahl, J. M.
Walther, Carolus.

Thucydides

— de Bello Peloponnesiaco libri octo, graece et latine ad ed. I. Wasso et K. A. Duker. accurate expressi cum varietate lectionis et annotat. VI Vol. 8. maj. Biponti. (Treuttel et W., Strasb.)

Fein Pap.

Thucydides. De bello Peloponnesiaco libri VIII., graece ad editionem Dukeri expressi. Viennae 1785. H: *Alter, Franz Carl.* (BrMm) (Hoff) (Ky)

Thucydides, de bello Peloponnesiaco libri VIII, graece ad edit. Dukeri expressi, (ed. Frz. K. Alter). II Voll. 8. Wien 785. Trattner. 1 ℛ 10 𝔤𝔯

— de bello Peloponnesiaco libri octo, graece et latine ad ed. J. Wasse et K. A. Duker, accurate expressi cum varietate lectionis annotat. VI Voll. 8maj. Biponti 788, 89. (Treuttel u. W. in Strassb.) 14 ℛ 16 𝔤𝔯 Fein P. 20 ℛ

— de bello Peloponnesiaco libri VIII. Graece et Latine, ad editionem Car. Andr. Dukeri cum omnibus auctariis recusi: accesserunt variae lectiones duorum codicum, animadversiones I. C. Gottleberi: coeptum opus perfecit, suas notas adjecit, indicem Dukeri et Glossarium Gottleberi auxit G. L. Bauerus et C. D. Beckius. II Vol. 4. maj. Lipsiae, Schwickert. 790—804. (I. 4 Rthlr. 12 gr. II. 6 Rthlr.) 1

— — de bello Peloponnesiaco libri VIII. graece et latine, ad edit. C. A. Duckeri c. omnib. auct. recusi, accesser. var. lect. duorum codd. animadv. J. C. Gottleber etc. 2 Vol. 4maj. Lips. 790 — 814. Ist jetzt Verlag von Bohte in London.

Thucydides. De bello peloponnesiaco Libri VIII. ad optimas Editiones in usum scholarum diligenter expressi. Bremae* 1791. H: *Bredenkamp, Herm.* (Hoff) (ErschDL) (BrMm)
*Cramer

— de Bello Peloponnesiaco libri octo ad optimas editiones in usum scholarum diligenter expressi ed. (Bredenkamp.) II Tmi. 8. Bremen, Cramer. (Rabenhorst, Lps.) 799.

— — idem libr. ad Editionem C. An. Dukeri. II Tomi. 4. maj. Lips. (Eggenberger. Pest.) 801. 1

— de bello Peloponnesiaco libri VIII, graece et latine. X Voll. Fol. Wien 805. (Liebeskind in Leipz.) 17 ℛ 12 𝔤𝔯

Thucydides. De bello Peloponesiaco libri VIII. Lips. 1815. H: *Seebode, Joachim Dietrich Gottfried.* (MGT) »1820« H: *Becker, Imman.* (Hoff)

Thucydides, de Bello Peloponnesiaco libri VIII. graeco edidit Godofr. Seebode. Tom. I. Text. cont. 8maj. Lips. Hahn, 815.

— de bello Peloponnesiaco libri VIII. II Tomi. Edit. stereotypa. 12. Leipz. 815, 820, 826. Tauchnitz. 1 ℛ 8 𝔤𝔯 Hbg. Pr. 14 𝔤𝔯 Fein P. 2 ℛ Hbg. Pr. 1 ℛ 12 𝔤𝔯

Thucydidis de Bello Peloponnesiaco libri octo. adjecit Chr. Fr. Ferd. Haakius. 2 Vol. 8maj. Lips., Hahn. 820.

— — de bello Peloponnesiaco libri VIII. 2 Tomi. Edit. stereotypa. 12. Lips., Tauchnitz. 820 et 821. Fein Pap.

— de bello Peloponnesiaco ed. G. H. Schäfer. II Tomi. 8. Leipz. 820. Weigel. 1 ℛ 12 𝔤𝔯

— de bello Peloponnesiaco libri octo, ex recens. Imm. Bekkeri; acced. scholia graeca et Dukerei Wassique annotationes. III Voll. 8maj. Berl. 821. Reimer. 15 ℛ

— de bello Peloponnesiaco libri VIII, ed. E. F. Poppo, s. Bibliotheca graeca.

— de bello Peloponnesiaco libri VIII. De arte hujus scriptoris historica exposuit, ejus vitas a veteribus grammaticis conscriptas addidit, codd. rationem atque auctoritatem examinavit, graeca ex iis emendavit, scripturae diversitates omnes, commentarios rerum geographicarum, scholia graeca et notas tum Dukeri omnes atque aliorum selectas tum suas, denique indices rerum et verborum locupletissimos subjecit Er. Fr. Poppo. Pars I. Vol. I. et II. 5 ℛ 12 𝔤𝔯 Pars II. Vol. I — IV. 11 ℛ 8 𝔤𝔯 Pars III. Vol. I. et II. Commentarii Vol. I. et II. Adnotata ad libros I—III. 9 ℛ 4 𝔤𝔯 8maj. Leipz. 821 — 834. Er. Fleischer. 26 ℛ

— de bello Peloponnesiaco libri octo. Cur. L. Dindorfius. 12maj. Lips. 824, Teubner. 1 Rthl. — Engl. Pap.

— de bello Peloponnesiaco libri VIII. Ex recens. J. Bekkeri. 8maj. Oxonii 824. (Leipz., Fr. Fleischer). 3 ℛ 16 𝔤𝔯

— de bello Peloponnesiaco libri VIII. Ex recens. J. Bekkeri. 8maj. Oxonii 825, (Lips., Fr. Fleischer.)

Thucydidis de bello Peloponnesiaco libri VIII, adopt. libror. fidem, ex veter. notationibus, recentior. observat. recensuit, argumentis et adnotat. perpetua illustr., indices et tabulas chronologicas adjec. atque de vita auctoris praef. est Dr. Frz. Goeller. II. Voll. Accessit topographia Syracus. aeri incisa. 8maj. (mit 1 Charte,) Lips. 826, Cnobloch.

— id. lib. cum indice historico. Cur Ant. Richter. Edit. stereotypa. 12 maj. Lips. 826, Tauchnitz. 1 Rthl. 8 gr. Vel. Pap.

— de bello Peloponnesiaco libri VIII, e rec. J. Bekkeri. II Voll. 8. Leipz. 827. Weigel. 15 𝔤𝔯

— id. — De arte hujus scriptoris historica exposuit; ejus vitas a veteribus grammaticis conscriptas addidit; Cod. rationem atque auctoritatem examinavit; graeca ex iis emendavit; scripturae divers. omnes, commentarios rerum geograph., scholia graeca et notas tum Dukeri omnes atque alior. selectas tum suas; denique indices rerum et verbor. locupletiss. subjec. Ern. Fr. Poppo. Ps. II. Vol. III et IV. et Ps. III. Vol. I — III. 8maj. Lipsiae, E. Fleischer.

Ps. II. Contextus verbor. cum scholiis et scripturae discrepantiis. Vol. III. et IV.
Vol. III. Thucydidis liber IV. et V. (29 B.) 827. 2 Thlr. 16 Gr.
- IV. Thucydidis liber VI — VIII. Cum tab. Syracusar. (44 B.) 828. 4 Thlr.
- III. Commentarii Vol. I—III.
Vol. I. Adnotata ad librum I. cum Stephani Proparasceue. ($48^1/_2$ B.) 831. 4 Thlr. 4 Gr.
- II. Adnotata ad libros II et III. ($38^1/_2$ B.) 834. 6 Thlr.
- III. Adnotata ad libros IV et V. ($47^1/_2$ B.) 835. 4 Thlr. 6 Gr.
Ps. I. (II Vol.) et Ps. II. Vol. I. II. Ebendas. 1821 — 26. 10 Thlr. 4 Gr.

— id. — recog. et cum brevi annotat. maximam partem exegetica, in us. juvenum studios. accurate edid. Chr. Fr. F. Haacke. 8maj. (37 B.) Lipsiae 831. Hahn.

Thucydidis de bello Peloponnesiaco libri VIII. Iterum rec. Imm. Bekkerus. Edit. stereotypa. 12maj. ($25^3/_4$ B.) Berolini (832), Reimer. 1 Thlr., f. Pap.

—— id. II Pts. 8maj. Francofurti ad M. (832—35), Schmerber. 11 Thlr. 12 Gr., Vlnp.

Ps. I. Contextum verborum ad optim. libror. fidem editum; variet. lectionis; summaria Haackiana et Dukeri indices rerum et verbor. adauctos complectens. Cur. Rob. Ad. Morstadio. II Vol. (62½ B.) 5 Thlr. 12 Gr., Vlnp. 7 Thlr. 16 Gr.

- II. Vitas Thucydidis a veter. grammaticis conscriptas; adnotationes Dukeri integras, alior. selectas; scholia graeca notis Stephani illustr; Dodwelli annales Thucydideos ex Corsinii et Clintonii observationibus emend.; Dukerii indicem notarum locupletiss. auctum compl. Cur. G. Gervino et F. C. Hertlein. II Vol. (85 B.) 6 Thlr., Vlnp. 8 Thlr.

Thucydidis de bello Peloponnesiaco libro octo. Ed. Ern. Frid. Poppo. Pars III. Commentarii. Vol. II. Adnotata ad libros II. et III. 8maj. Lipsiae 834. E. Fleischer. 5 ℛ

— de bello Peloponnesiaco libri octo. Contextus verborum ad opt. libr. fid. editus; varietas lect.; summaria Haackiana et Dukeri indices rerum et verborum adaucti. Curante Rob. Ad. Morstadtio. (Fasc. V. et VI.) Vol. II. (Fasc. I. et II., 8maj. Francof. 835. Schmerber. n. 1⅓ ℛ Velinp. n. 1⅔ ℛ (Vol. I. II. 3¼ ℛ)

— idem liber Pars II. Vitas Thucydidis a veter. grammaticis conscriptas; adnotatt. Dukeri integras, alior. selectas; scholia graeca notis Stephani illustrata; Dodwelli annales Thucydideos ex Corsinii et Clintoni observatt. emendatos; Dukeri indicem notarum locupletiss. auctum compl. Curant. G. Gervino et F. C. Hertlein. (Fasc. VI—VIII.) Vol. II. (Fasc. II—IV.) 8maj. Ibid. 835. n. 2⅓ ℛ Velinpap. n. 2⅚ ℛ (Vol. I. II. 3¼ ℛ)

— ead Pars III. Commentarii. Vol. III. Adnotata ad libros IV. et V. 8maj. Ibid. 835. 4¼ ℛ

Thucydidis de bello Peloponnesiaco libr. VIII., ad opt. libror. fid., ex veter. notationibus, recentior. observationibus recens., argumentis et adnotat. perpetua illustr., indices et tabulas chronolog. adjecit atque de vita auctoris praefatus est Franc. Goeller. II Vol. Edit. II. auct. et emend. 8maj. (83 B. u. 12 Kpfrt.) Lipsiae 836, Cnobloch.

—— de bello Peloponnesiaco libr. VIII. Ed. Ern. Frid. Poppo. Ps. III. et IV. 8maj. Lipsiae 838, Ern. Fleischer.

Ps. III. Commentarii Vol. IV. Adnotata ad libr. V—VIII. (54¼ B.) 838. 5 Thlr.

- IV. Supplementa et indices. (34½ B.) 840. 3 Thlr. 12 Gr.

Ps. I—III. Vol. I—III. Ibid. 1821—35. 30 Thlr. 6 Gr.

— de bello Peloponnesiaco libri octo. Ad optimor. libror. fidem editos explanavit Er. Fr. Poppo. Vol. I. Sect. I. et II. 8maj. Gothae 843, libr. Hennings. I. Subscr.-Pr. n. 7/12 ℛ Ladenpr. 7/8 ℛ II. n. ½ ℛ Ladenpr. 7/8 ℛ

— de bello Peloponnesiaco libri VIII, cum indice rerum. Nova editio stereot. 2 Voll. 16. Leipzig 844, K. Tauchnitz. 7/12 ℛ fein Pap. 1 ℛ

—— de bello Peloponnesiaco libri VIII in usum scholarum. Ex recogn. Frid. Poppo. Lib. I. II. 8maj. (11 B.) Gotha 845, Hennings'sche Buchh.

— de bello Peloponnesiaco libri octo. Graece et latine. Cur. Geo. Aenoth. Koch. Accedit index rerum memorabilium locuplet. 8maj. Lipsiae 845, C. L. Fritzsche. n. 2 ℛ

Thucydides, de bello Peloponnesiaco libri VIII. Iterum recensuit Imm. Bekkerus. Editio stereotypa altera. 8. (38 B.) Berolini 846, G. Reimer.

Thucydidis de bello Peloponnesiaco libri VIII in usum scholarum. Ex recognitione Frid. Poppo. Lib. III—VIII. 8maj. (Tom. I. S. 177—326. und Tom. II. XVI und 261 S.) Gothae 846. 47, Hennings.

Lib. I et II. Ibid. 1845. 5 Ngr.

—— de bello Peloponnesiaco libri octo. Graece et latine. Cur. Geo. Aenoth. Koch. Accedit index rerum memorabilium locuplet. 8maj. (50 B.) Lipsiae 846, C. L. Fritzsche. *

Thucydidis de bello Peloponnesiaco libri octo. De arte hujus scriptoris historica exposuit; ejus vitas a veteribus grammaticis conscriptas addidit; codicum rationem atque auctoritatem examinavit etc. denique indices rerum et verborum locupletissimos subjecit Ernest. Frider. Poppo. Pars IV.: Supplementa et indices. Editio auctior atque emendatior. 8maj. (III und 524 S.) Lipsiae 851, E. Fleischer.

— de bello Peloponnesiaco libri octo. Recognovit Godofr. Boehme. 2 voll. 8. (1: XVIII u. 322 S. 2: IV u. 301 S.) Lipsiae 851, Teubner. (à 9 ngr) 18 ngr

— de bello Peloponnesiaco libri VIII. Ad optimor. libror. fidem editos explanavit E. F. Poppo. Vol. IV. Sect. III. A. u. d. T.: De historia Thucydidea commentatio. Accedit index historicus et geographicus. Edidit E. F. Poppo. Lipsiae 856. Teubner. gr. 8. (VIII, 138 S.) n. 20 ngr

Thucydidis de bello Peloponnesiaco libri VIII. Ad optimorum librorum fidem editos explanavit Ernest. Frid. Poppo. Vol. I. 2 Sect. Edit. II. aucta et emendata. gr. 8. Leipzig 866, Teubner. [Sect. I. (LVI und 277 S.) 1 Thlr., Sect. II. (230 S.) 22½ Ngr.]

—— de bello peloponnesiaco libri VIII cum indice rerum. 2 Tomi. Nova edit. ster. C. Tauchnitiana. Nova impressio. 16. (XII und 706 S.) Leipzig 867, Holtze.

Thucydidis de bello peloponnesiaco libri octo. Iterum recensuit Immanuel Bekkerus. Edit. ster. altera. Berlin 868. G. Reimer. 8. (604 S.) 1 ℛ

— libri I et II. Ex recensione Bekkeri in usum scholarum ed. Alfr. Schöne. gr. 8. (VI, 266 S.) Ebend. 874. n. 8. —

— de bello Peloponnesiaco libri VIII. Iterum recogn. et praefatus est Godofr. Boehme. 2 Voll. 8. (XXXII, 322 u. XXX, 311 S.) Leipzig 875. Teubner. à 1. 20

— idem liber. Ad. optimorum librorum fidem editos explanavit Ernest. Frdr. Poppo. Vol. II. Sect. 1. et 2. Ed. altera, quam auxit et emendavit Joa. Matth. Stahl. gr. 8. (IV, 204 u. 240 S.) Ebend. 875. 5. 10 (Vol. I. et II.: n. 10. 35)

—— de bello peloponnesiaco libri VIII. Ad optimorum librorum fidem editos explanavit Ernst Friedr. Poppo. Edit. II., quam auxit et emendavit Jos. Matthias Stahl. Vol. III. Sect. II. gr. 8. (219 S.) Leipzig 880, Teubner.

—— dass. — Vol. IV. Sect. I. gr. 8. (208 S. mit 1 chromolithogr. Karte.) Ebendas. 882.

—— dass. — Vol. IV. Sect. II. gr. 8. (230 S.) Ebendas. 883.

—— dass. — Präparation, s. Freund's Schüler-Bibliothek.

—— de bello peloponnesiaco libri VIII. Ad optimorum librorum fidem editos explanavit Ernst Fridr. Poppo. Edit. III., quam auxit et emendavit Jos. Matthias Stahl. Vol. I. Sect. 1. gr. 8. (IV, 360 S.) Leipzig 886, Teubner.

— 2. Buch, Kap. 1—65. Erklärende Ausg., nebst Einleitg. in die Thukydideslektüre f. den Schul- u. Privatgebrauch v. Frz. Müller. gr. 8. (IX, 144 S.) Paderborn 886. F. Schöningh. n. 1. 30

— dasselbe. Schulausg. nebst Einleitg. in die Thukydideslektüre v. Frz. Müller. 8. (III, 55 S.) Ebend. 886. geb. n. — 80

— de bello peloponnesiaco libri VIII. Ad optimorum librorum fidem editos explanavit Ernst Frdr. Poppo. Ed. III., quam auxit et emendavit Joa. Matthias Stahl. Vol. I. Sect. 1. gr. 8. (IV, 360 S.) Leipzig 886. Teubner. 4. 50

—— 6. Buch. Erklärende Ausg. für den Schul- und Privatgebrauch von Frz. Müller. Mit einem Anhang: Litteratur zur Sprache des Thukydides. gr. 8. (VI, 201 S. mit 1 Doppelkarte.) Ebendas. 888. *

—— dass. — Schulausg. von Frz. Müller. 8. (83 S. mit 2 Kärtchen.) Ebendas. 888. geb. *

—— De bello Peloponnesiaco libri VIII. Ad optimorum librorum fidem editos explanavit Ernst Friedr. Poppo. Ed. III., quam auxit et emendavit Joh. Mart. Stahl. Vol. I. sect. 2. gr. 8. (260 S.) Lpz. 889, Teubner. 3 —
Vol. I. sect. 1. Ebd. 1889. 4 50. — Vol. II—IV. Ed. II. 1875—83. 15 30.

— de bello peloponnesiaco libri VIII. Iterum recensuit Imman. Bekkerus. Ed. ster. III. 8. (604 S.) Berlin 892. G. Reimer. 3. —

—— Geschichte, s. Classiker des Alterthums.

— Geschichte, übers. von Campe, s. Classiker des Alterthums.

— Geschichte des peloponnesischen Krieges. Übers. von Wahrmund, s.a. Bibliothek, Langenscheidt'sche.

—— Geschichte des peloponnesischen Kriegs übers. von A. Wahrmund, s.a. Sammlung griech. und röm. Classiker.

— dasselbe. Übers. v. Wahrmund. 4. u. 14. Lfg. 8. (à 32 S.) Berlin 890. Langenscheidt. à n. — 35
4. 4. Aufl. — 14. 2. Aufl.

— Geschichte d. peloponnes. Krieges, s.a. Prosaiker, griechische.

—— Geschichte des peloponnesischen Krieges, s.a. Sammlung griechischer und römischer Classiker.

—— dass., übers. v. H. Müller, s.a. Uebersetzungsbibliothek d. griech. u. röm. Klassiker, II. Abthl.

—— dass. — s.a. Universal-Bibliothek Nr. 1811—1816.

— Geschichte des peloponnesischen Krieges, s.a. Volks-Bibliothek, deutsche, der griechischen u. römischen Klassiker.

Thucydides Geschichte des Peloponnesischen Kriegs, übers. von C. N. v. Osiander. Vollständ. in 7 Bdchen. 16. Stuttgart ..., Metzler. Subscr.-Pr. à 1/6 ₰

Thukydides. Geschichte des peloponnesisch. Krieges. übs. v. M. Jacobi. Bd 1—3. Hamburg 1803.

— Geschichte des Peloponnesischen Krieges; aus d. Griech. mit Anmerkk. v. Jh. D. Heilmann. 8. Lemgo 760. N. Ausg. mit Zusätzen von G. G. Bredow. gr. 8. Ebd. 808. Meyer. 4 ₰ 3e A. 823. Ebd. 4 ₰ 8 gr. — Die Zusätze hierzu v. G. G. Bredow besonders. gr. 8. Ebd. 808. 1 ₰

— — Geschichte des peloponnesischen Krieges aus dem Griech. übs. u. mit krit. Anm. erläut. v. Dr. J. D. Heilmann. 2. Aufl. mit Anm. von G. G. Bredow. Lemgo 1808. 1168 S.

— Geschichte des Peloponn. Krieges, aus d. Griech. übers. u. mit Anmerkk. erläutert von J. D. Heilmann. 3e v. Druckfehlern gerein. u. mit des Verf. Gedanken über die Schreibart des Thucydides verm. Aufl. Mit Anmerkk., Bericht. u. Nachträgen von G. G. Bredow. 2 Thle, gr. 8. Lemgo 824, Meyer.

—— Geschichte d. Peloponnesischen Krieges. A. d. Griech. übers. u. mit Anmerkn. versehen v. H. W. Fr. Klein. 1. Bd. gr. 12. (28½ B.) München 823, Fleischmann.

— Gesch. des Peloponnes. Krieges; übers. u. mit Anmerkk. begleitet v. E. Schaumann u. Hier. Müller. 1s—8s Bdchen. 16. Prenzlau 828—30. Ragoczy. 2 ₰

—— dass., übers. v. C. N. Osiander, s.a. Prosaiker, griech.

— Gesch. des Peloponnesischen Krieges; übers. v. C. N. Osiander. 7 Bdchen. (1s—3s Bdchen. 2e A.) 16. Stuttg. 827—829. Metzler. Subscr.-Pr. 1 ₰ 4 gr.

—— Geschichte des Peloponnesischen Krieges. Uebersetzt u. durch Anmerkungen erläutert, v. Friedr. Heinr. Kämpf. 1. Thl. gr. 8. (14½ B.) Neu-Ruppin 842, Oehmigke u. Riemschneider.

—— Geschichte des peloponnesischen Krieges. Acht Bücher. Griechisch und deutsch mit krit. und erklär. Anmerkungen. Mit vollständ. Namen- und Sach-Register. 2 Thle. gr. 12. (1494 S.) Leipzig 852, 53, Engelmann. 8

—— Geschichte des Peloponnesischen Kriegs. Uebers. von Karl Wahrmund. 1.—7., 12. und 13. Lfg. 12. [Stuttgart.] Berlin, Langenscheidt'sche Verlagsh. [1. Lfg. 4. Aufl. (S. 1—48.) 879; 2.—5. Lfg. 3. Aufl. (S. 49—174.) 881; 6. und 7. Lfg. 2. Aufl. (S. 75—156.) 867; 12. und 13. Lfg. 2. Aufl. (S. 175—260.) 883.] à Lfg. * 35 Pf. *

— Geschichte des Peloponnesischen Kriegs, übers. v. Ad. Wahrmund. 2. Lfg. 3. Aufl. 8. (1. Bd. S. 49—92.) Stuttgart 882. Werther. n. — 35

— Geschichte d. Peloponnesischen Krieges. Uebers. v. A. Wahrmund. 6., 7., 12. u. 13. Bdchn. 8. Berlin, Langenscheidt. à n. — 35
6. 7. 3. Aufl. (3. Bd. IV, u. S. 175—260.) 886. — 12. 13. 2. Aufl. (6. Bd. S. 75—156.) 884.

— dasselbe. Übers. v. Ad. Wahrmund. 15. Lfg. 2. Aufl. 8. (7. Bd. S. 189—222.) Ebd. 891. n. — 35

— Geschichte des peloponnesischen Krieges. Übers. v. Adf. Wahrmund. 1. Lfg., 5. Aufl., u. 5 Lfg., 4. Aufl. 8. (1. Bdchn. XII u. S. 1—48 u. 2. Bdchn. S. 171—211.) Berlin 893. Langenscheidt. à n. — 35

— dasselbe. 8. Lfg. 2. Aufl. Rev. v. H. Uhle. 8. (4. Bdchn. IV u. S. 261—292.) Ebd. 893. n. — 35

— dasselbe zum Gebrauch f. Schüler hrsg. v. Frz. Müller. 2 Tle. Text u. Kommentar. gr. 8. Bielefeld 894. Velhagen & Klasing. Geb. 6. 30
1. Buch I bis Buch V 24, 2. Text. (XVIII, 232 S.) 1. 50; Kommentar (242 S.) 1. 80
2. Buch V 25 bis VIII. Text. (VIII, 150 S. m. 1 farb. Karte.) 1. 50; Kommentar (179 S.) 1. 50

— Geschichte des peloponnesischen Krieges. Uebers. v. Adf. Wahrmund. 2. Lfg. 4. Aufl. Rev. v. H. Uhle. 8. (1. Bd. S. 49—92.) Berlin 896. Langenscheidt. n. — 35

— Geschichte des peloponnesischen Krieges. Übers. v. Adf. Wahrmund. 8. u. 12. Lfg. 8. Berlin (901). Langenscheidt's Verl. à n. — 35
8. 2. Aufl. Rev. v. H. Uhle. (5. Bd. IV u. S. 1—32.)
12. 4. Aufl. (6. Bd. II u. S. 75—106.)

— Geschichte des peloponnesischen Krieges. Uebers. von Adf. Wahrmund. 8. Lfg. 4. Aufl. 15. Lfg. 3. Aufl. u. 16. u. 17. Lfg. 2. Aufl. (1. Bd. S. 93—132 u. 7. Bd. S. 189—304.) 8. Berlin-Schöneberg (903. 906). Langenscheidt's Verl. à n. — 35

— Geschichte des peloponnesischen Krieges. Übers. v. Adf. Wahrmund. 3. u. 5. Lfg. 5. Aufl., 6. Lfg. 4. Aufl., 9. Lfg. 3. Aufl., 12. Lfg. 5. Aufl. u. 18. Lfg. 2. Aufl. (1. Bd. S. 93—132; 2. Bd. S. 171—211; 3. Bd. IV u. S. 175—206; 4. Bd. S. 293—354; 6. Bd. II u. S. 75—106 u. 9. Bd. S. 305—360.) kl. 8. Berlin-Schöneberg (907—10). Langenscheidt's Verl. à Lfg. — 35

—— Historia belli Peloponnesiaci c. nova translat. lat. F. Haasii. Acced. Marcellini vita, scholia graeca emend. expressa, et indices nominum et rerum. (Bibliotheca scriptor. graecor. Vol. IX.) Lex.-8. (34¹/₂ B.) Parisiis 840, Didot Fratres. *

—— Historia belli Peloponnesiaci ed. Joan. Matth. Stahl. 2 vol. Edit. stereot. 8. Leipzig, B. Tauchnitz. à Vol. ℳ 1,20. Prachtausg. à Vol. ℳ 3.

Inhalt:
Vol. 1. Liber I—IV. (LX, 252 S.) 873.
» 2. Liber V—VIII. (XXXVII, 262 S.) 874.

—— Historiarum libri VI—VIII. Ad. optimos codices denuo collatos recensuit Carolus Hude. gr. 8. (XV, 219 S.) Hauniae 890. (Lpz., Brockhaus.) * 5 —

Thukydides historiae, ad optimos codices denuo ab ipso collatos recensuit Carol. Hude. Tom. I: Libri I—IV. gr. 8. (XVI, 352 S.) Leipzig 898. B. G. Teubner. n. 10. —

Thucydidis Historiae ad optimos codices denuo ab ipso collatos rec. Dr. Carolus Hude Hauniensis. T. 1. 2. *Lipsiae: B. G. Teubner 1898–1901.* 2 Bde 8°
1. Libri 1–4. 1898. 2. Libri 5–8. Indices. 1901. [01. 1149]

— historiae recognovit brevique adnotatione critica instruxit Henr. Stuart Jones. 2 tomi (XXIV, 319 u. VI, 314 S.) 8. Oxford (898). Clarendon Press. à n.n. 3.—

— Historiae. Recensuit Carol. Hude. 2 voll. Ed. maior. 8. Ebd. 901. à 2. 40; geb. à n. 3.—
I. Libri I—IV. (VI, 425 S.) — II. Libri V—VIII. (IV, 378 S.)

— historiae, ad optimos codices denuo ab ipso collatos recensuit Carol. Hude. Tom. II: Libri V—VIII. Indices. gr. 8. (VIII, 348 S.) Leipzig 901. B. G. Teubner. n. 12.—; (kplt. n. 22.—)

— historiae recensuit Carol. Hude. Vol. II. Libri V - VIII. Ed. minor. (324 S.) 8. Leipzig 903. B. G. Teubner. n. 1. 20; geb. n. 1. 80

Thucydidis Historiae rec. Carolus Hude. Ed. minor. Vol. 1. 2. *Lipsiae: B. G. Teubner 1903.* 2 Bde 8°
(Bibliotheca script. graec. et rom. Teubneriana.) [03. 1100 11

— dasselbe. Vol. I. Libri I—IV. Ed. minor. 8. (361 S.) Ebd. 903. 1. 20; geb. n. 1. 80

— die Leichenrede des Perikles (Thucydides II, 35 bis 46). Unter Benutzg. Lehrsscher Manuscripte übers. v. G. Lejeune Dirichlet. Progr. (8 S.) Lex.-8. Königsberg (904). (W. Koch.) n. — 60

— orationes cum animadversionibus et indice K. L. Bauer. 8. Leipz. 759. Breitkopf u. H. 12 ℊ︎ℊ︎

— Platonis et Lysiae orationes funebres; Aeschinis in Ctesiphontem et Demosthenis pro Corona orationes. Ad opt. recens. in us. scholar. expressae. 8. Kopenh. 809. Brummer. 1 ℛ f. auch *Orationes.*

— Hermocratis et Euphemi apud Camarinaeos orationes, quae leguntur ap. Thucyd. (Lib. VI, Capp. LXXVI—LXXVII) lat. redd. et annotat. ill. C. O. Möller. Diss. 1863. 30 S. 2.—

— von der Pest in Athen; aus d. Griech. von Jos. Eyerel H. 8. Wien 811. Binz. (Liebeskind in Leipz.) 14 ℊℊ

— *περὶ τοῦ Πελοποννησιακοῦ πολέμου βιβλία ὀκτὼ μεταφρασθέντα, σχολιασθέντα τε καὶ ἐκδοθέντα τύποις παρὰ Νεοφύτου Δούκα.* X Voll. 8. Wien 805.

Θουκυδίδου περὶ τοῦ Πελοποννησιακοῦ πολέμου βιβλία ὀκτώ. — Thucydidis de bello Peloponnesiaco libri VIII. Recens. et explic. Frid. Henr. Bothe. 2 Tomi. 8maj. Lipsiae 847. [Frankfurt a/M., J. Baer.] [1. (XVI und 436 S.) 847., 2. (564 S.) 848. à Tom. 1 Thlr. 15 Ngr.] Thlr.

Θουκυδίδου περὶ Πελοποννησιακοῦ πολέμου βιβλία ὀκτώ. — Thucydidis de bello Peloponnesiaco libri VIII. Recens. et explic. Frid. Henr. Bothe. 2 tomi. gr. 8. Tom. I. II fasc. Libros priores IV contin. (XVI u. 436 S.) Tom. II., libros posteriores IV contin. (XVI u. 436 S.) Lipsiae 847. 48, Jurany. (à 1¹/₂ ℛ) 3 ℛ

—— Präparationen, s. Freund's, Wilh., Schülerbibliothek.

Probe einer neuen Uebersetzung des Thukydides (Buch I, Cap. 1—20) nebst einigen sprachlichen Anmerk. von A. A. Schlüter. Pr. 1850. 24 S. 4°. —.90

-- Die epitaphische Rede des Pericles. Thucyd. II, 35—46, übers. v. H. Kraz. Gel. 1877. 16 S. 4°. 1.—

— Rede der Platäer u. die Erwiderung darauf von den Thebanern (Thucyd. III, cap. 52 bis 68 incl.) übers. v. E. Hausdörffer. Pr. 1855. 16 S. 4°. 1.—

— Reden; übers. mit latein. Anmerkk. über dessen gesammtes Werk v. Jh. Jak. Reiske. 8. Leipz. 761. (Brockhaus). 16 ℊℊ

—— Reden, Commentar, s. Tillmanns, Ludw.

— Reden u. Urkunden aus dem peloponnes. Kriege, s.: Jugend-Bibliothek d. griech. u. deutschen Alterthums.

—— Συγγραφή. Mit erklärenden Anmerkungen hrsg. v. C. W. Krüger. 1. Bd. 1. u. 2. Hft. 1—4. Buch. 8. (33 B.) Berlin 846, Krüger. à

—— dass. 2. Bd. 1. Hft. 5. u. 6. Buch. 8. (13³/₈ B.) Ebds. 847.

Θουκυδίδου συγγραφή. Mit erklärenden Anmerkungen herausgeg. von K. W. Krüger. 2. Bd. 2. Hft. 7. u. 8. Buch. gr. 8. (334 S.) Berlin 847, K. W. Krüger. 1 ℛ (2 Bde. 4 ℛ)

—— Συγγραφή. Mit erklärenden Anmerkungen hrsg. von C. W. Krüger. (In 2 Bdn. oder 4 Heften.) 1. Bd. 1. Heft: 1. und 2. Buch. 2., verb. und verm. Ausg. gr. 8. (II und S. 1—286.) Berlin 855, C. W. Krüger.

— συγγραφή. Mit erklärenden Anmerkungen herausg. von K. W. Krüger. 1. Bd. 1. u. 2. Heft. 1—4. Buch. 2. verb. u. verm. Aufl. Berlin 858. Krüger. gr. 8. (283; 222 S.) Jedes Heft 1 ℛ.

— συγγραφή. Mit erklärenden Anmerkungen herausg. von K. W. Krüger. 1. Bd. 1. Heft: 1. u. 2. Buch. 3. verb. u. sehr verm. Aufl., der folgenden Hefte 2. Aufl. Berlin 860. Krüger. gr. 8. (278 S.) 1 ℛ

—— συγγραφή. Praesertim in usum scholarum recogn., et brevi annotatione instruxit Henr. van Herwerden. Vol. I—III. 8. Traiecti ad Rhenum. (Leipzig, T. O. Weigel.) *

Inhalt:

Vol. 1. continens lib. I. (LIV, 131 S.) 877. *M 1,50.
» 2. continens lib. II et III. (VI, 196 S.) 878. *M 2,10.
» 3. continens lib. IV et V. (VIII, 211 S.) 879. *M 2,40.

Thucydides.

—— übers. von Wahrmund, s. a. Bibliothek, Langenscheidt'sche, sämmtlicher griechischer und römischer Klassiker.

Thukydides s. a. Bibliothek d. Übersetzungen

Thucydides, übers. v. Max. Jacobi. 3 Bde. gr. 8. Hamburg, Perthes. 804–8. (I. II. à 1 Rthl. 20 gr. III. 1 Rthl. 16 gr.)

Thucydides. Für den Schulgebrauch erklärt von Gfried. Boehme. 1. und 2. Bd.: Buch I — VIII. gr. 8. Leipzig, Teubner. [1. (XXIV und 402 S.) 2. (VIII und 367 S.) 856. à Bd. 24 Ngr.]

Thucydides. Recensuit Joa. Guil. Donaldson. 2 Voll. 16. (XXVIII und 603 S.) New-York 861. (Philadelphia, Schäfer und Koradi.) geb. *

Thukydides. Für den Schulgebrauch erklärt von Gfried. Boehme. 1. Bd. 2 Hefte: Buch I—IV. — 2. Bd. 2 Hefte: Buch V—VIII. 2. Aufl. Leipzig 862, 64. Teubner. 8. (1 Bd.: XXII, 404 S.; 2. Bd.: V, 366 S.) Jedes Heft 12 ngr.

—— erklärt von J. Classen. 1.—3. Bd. gr. 8. Berlin, Weidmann'sche Buchh. [1. Bd. 1. Buch. (LXXXIV und 266 S.) 862. 22½ Ngr., 2. Bd. 2. Buch. (190 S.) 863. 12 Ngr., 3. Bd. 3. Buch. (IV und 202 S.) 867. 13 Ngr.]

—— Für den Schulgebrauch erklärt von Gfried. Boehme. 2 Bde. à 2 Hefte. 3. verb. und verm. Aufl. gr. 8. Leipzig, Teubner. à Bd. (M 1,20.) M 1,50.

Inhalt:

Bd. 1. 1. Heft. Buch I und II. (XXIV, 201 S.) 871. — 2. Heft. Buch III und IV. (192 S.) 873.
» 2. 1. Heft. Buch V und VI. (V, 166 S.) 875. — 2. Heft. Buch VII und VIII. Indices. (210 S.) 874.

Thukydides. Erklaert von J. Classen. 1.—5. Bd. gr. 8. Berlin, Weidmann'sche Buchh.

Inhalt:

Bd. 1. 1. Buch. 2. Aufl. (XCI, 290 S.) 873. (M 2,50.) M 2,70.
» 2. 2. Buch. 2. Aufl. (195 S.) 871. (M 1,20.) M 1,50.
» 3. 3. Buch. 2. Aufl. (VI, 215 S.) 875. M 2,25.
» 4. 4. Buch. (228 S.) 869. M 1,50.
» 5. 5. Buch. (IV, 188 S.) 875. M 1,80.

—— libri I et II. Ex recensione Bekkeri in usum scholarum ed. Alfr. Schöne. gr. 8. (VI, 266 S.) Berlin 874, Weidmann'sche Buchh. *

—— Für den Schulgebrauch erklärt von Gfried. Boehme. 1. Bd. 1. Heft. Buch I und II. 4. verb. Aufl. gr. 8. (XXII, 214 S.) Leipzig 876, Teubner.

Thukydides. Erklärt von J. Classen. 1., 2., 4., 6.—8. Bd. gr. 8. Berlin, Weidmann'sche Buchh.

Inhalt:

Bd. 1. 1. Buch. 3. Aufl. (CX, 290 S.) 879. M 3.
» 2. 2. Buch. 3. Aufl. (III, 208 S.) 879. M 1,80.
» 4. 4. Buch. 2. Aufl. (III, 244 S.) 877. M 2,25.
» 6. 6. Buch. (208 S. mit 2 Karten in Kpfrst. von H. Kiepert.) 876. M 2,25.
» 7. 7. Buch. (III, 171 S.) 877. M 1,80.
» 8. 8. Buch. (XXVI, 192 S.) 878. M 2,25.
3. und 5. Bd. Ebendas. 1875. M 4,5.

Thucydides. Für den Schulgebrauch erklärt von Gfr. Boehme. 1. Bd. 2 Hefte und 2. Bd. 1. Heft. Besorgt von Simon Widmann. gr. 8. Leipzig, Teubner. à Heft M 1 50.

Inhalt:

Bd. 1. 1. Heft: Buch I und II. 5. Aufl. (XXIV, 220 S.) 882.
» 1. 2. Heft: Buch III und IV. 4. verb. und verm. Aufl. (VIII, 204 S.) 885.
» 2. 1. Heft: Buch V und VI. 4. verb. und verm. Aufl. (V, 174 S.) 885.
2. Bd. 2. Heft. Ebendas. 1874. M 1,50.

—— erklärt von J. Classen. 5.—8. Bd. gr. 8. Berlin, Weidmann'sche Buchh.

Inhalt:

Bd. 5. 5. Buch. 2. Aufl. (VI, 194 S.) 882. M 1,80.
» 6. 6. Buch. 2. Aufl. (XI, 216 S. mit 2 Karten von H. Kiepert in Stahlst.) 881. M 2,25.
» 7. 7. Buch. 2. Aufl. (VI, 177 S.) 884. M 1,80.
» 8. 8. Buch. 2. Aufl. (XXVIII, 200 S.) 885. M 2,25.
1.—4. Bd. Ebendas. 1875—79. M 9,30.

Thucydides. Mit erklär. Anmerkungen hrsg. von K. W. Krüger. 1. Bds. 2. Heft. [III.—IV. Buch.] 3. Aufl., bebesorgt von W. Pökel. gr. 8. (III, 219 S.) Leipzig 885, K. W. Krüger. *

Thukydides. Für den Schulgebrauch erklärt v. Gfr. Boehme. 1. Bd. 2. Hft. u. 2. Bd. 1. Hft. 4. verb. u. verm. Aufl., besorgt v. Simon Widmann. gr. 8. Leipzig 885. Teubner. à 1. 50

I. 2. Buch III. u. IV. (VIII, 204 S.)
II. 1. Buch V. u. VI. (V. 174 S.)

Thucydides' 6. Buch. Erklärende Ausg. f. den Schul- u. Privatgebrauch v. Frz. Müller. Mit 1 Doppelkarte u. e. Anh.: Litteratur zur Sprache d. Thucydides. gr. 8. (VI, 201 S.) Paderborn 888. F. Schöningh. n. 1. 80

— dasselbe. Schulausg. v. Frz. Müller. Mit 2 Kärtchen. 8. (83 S.) Ebd. 888. geb. n. 1. —

— Für den Schulgebrauch erklärt v. J. Sitzler. 6. Buch. Kommentar unterm Text. gr. 8. (VIII, 119 S.) Gotha 888. F. A. Perthes. 1. 20; Text u. Kommentar getrennt in 2 Hftn. (VI, 54 u. VIII, 62 S.) 1. 20

—— 7. Buch. Erklärende Ausg. f. den Schul- u. Privatgebrauch v. Frz. Müller. Mit e. dreifachen Karte in Farbendr. gr. 8. (V, 208 S.) Paderb. 889, F. Schöningh. * 1 80

— dasselbe. 7. Buch. Ausg. A. Kommentar unterm Text gr. 8. (VIII, 119 S.) Ebd. 889. 1. 80; Ausg. B. Text u. Kommentar getrennt in 2 Hftn. (50 u. VIII, 68 S.) 1. 80

— dasselbe. Schulausg. Mit 2 Kärtchen. 8. (79 S.) Ebd. 889. geb. n. 1. —

Thucydides, erklärt v. J. Classen. 2. Bd. II. Buch. 4. Aufl., besorgt v. J. Steup. gr. 8. (IV, 238 S.) Berlin 889. Weidmann. 2. 25

Thucydides, erklärt v. J. Classen. 2. u. 3. Bd. Besorgt v. J. Steup. gr. 8. Berl., Weidmann. [2. Bd. (II. Buch.) 4. Aufl. (IV, 238 S.) 889. 2 25; 3. Bd. (III. Buch.) 3. Aufl. (IV, 282 S.) 892. 2 70.] 4 95

—— Für den Schulgebrauch erklärt von J. Sitzler. 1., 2. u. 7. Buch. Ausg. A. Kommentar unterm Text. Ausg. B. Text u. Kommentar getrennt in 2 Heften. gr. 8. Gotha, F. A. Perthes. [1. Buch. A. (VIII, 163 S.); B. (67, VIII, 93 S.) 891. à Ausg. 2 10; 2. Buch. A. (VIII, 134 S.); B. (55, VIII, 76 S.) 892. à Ausg. 1 80; 7. Buch. A. (VIII, 119 S.); B. (50, VIII, 68 S.) 889. à Ausg. 1 80.] 5 70

—— Für den Schulgebrauch erklärt v. Gfr. Boehme. 2. Bds. 2. Heft. Buch VII u. VIII. Mit geograph. histor. u. grammat. Verzeichnis. 4. Aufl., bearb. von Simon Widmann. gr. 8. (VIII, 224 S.) Lpz. 891, Teubner. 1 50

Thukydides, erklärt v. J. Classen. 3. Bd. III. Buch. 3. Aufl., besorgt v. J. Steup. gr. 8. (IV, 282 S.) Berlin 892. Weidmann. 2. 70

— 1. Buch. Erklärende Ausg. f. den Schul- u. Privatgebrauch, nebst e. Einleitg. in die Thukydideslektüre v. Frz. Müller. Mit e. Anh.: Litteraturnachweis zu Thukydides. gr. 8. (VIII, 279 S.) Paderborn 893. F. Schöningh. n. 2. 40

— dasselbe. Schulausg. Nach der erklär. Ausg. f. den Schul- u. Privatgebrauch v. Frz. Müller. Mit e. Einleitg. in die Thukydideslektüre. 8. (IV, 115 S.) Ebd. 893. Geb. in Leinw. n. 1. —

— Für den Schulgebrauch erklärt v. Gfr. Boehme. Von der 5. Aufl. an besorgt v. Sim. Widmann. 9 Bdchn. gr. 8. Ebd. 894. à 1. 20

1. 2. Buch I u. II. 6., gänzlich umgearb. Aufl. (VIII, III, 249 S.)
3.—8. Buch III—VIII. 5. Aufl. (III, IV, 204; IV, IV, 174 u. IV, IV, 182 S.)
9. Einleitung, sowie geograph., histor. u. grammat. Verzeichnis. 5. Aufl. (XXII u. S. 183—224.)

Thukydides. Erklärt v. J. Classen. I. Bd. Einleitg. 1. Buch. 4. Aufl., bearb. v. J. Steup. gr. 8. (LXXIV, 398 S. m. 6 Abb.) Berlin 897. Weidmann. 4. 50

Thukydides erkl. v. J[ohann] Classen. 4. Aufl. bearb. v. J[ulius] Steup. Bd 1. *Berlin: Weidmann 1897.* 8.
(Sammlung griech. u. lat. Schriftsteller m. deutschen Anm.) [97. ...]

— Buch I—III. Textausg. f. d. Schulgebrauch v. Sim. Widmann. gr. 8. (XXII, 348 S.) Leipzig 897. B. G. Teubner. Kart. n. 1. 80

— Buch VI—VIII. Textausg. f. den Schulgebrauch v. Sim. Widmann. gr. 8. (XXII, 317 S.) Leipzig 898. B. G. Teubner. Kart. n. 1. 80

— Für den Schulgebrauch erklärt v. J. Sitzler. VI. Buch. 2. verb. Aufl. Ausg. A: Kommentar unterm Text gr. 8. (IV, 129 S.) Gotha 899. F. A. Perthes. 1. 20; Ausg. B: Text u. Kommentar getrennt in 2 Hftn. (73 u. IV, 54 S.) 1. 20

— Für den Schulgebrauch in verkürzter Form bearb. u. hrsg. v. Herm. Wiedel. (Text.) II. Tl.: Buch 4—8. (XVI u. S. 145—350 m. 2 Karten.) 8. Münster 899. Aschendorff. Geb. 1. 50

Thukydides. Für d. Schulgebr. in verkürzter Form bearb. u. hrsg. von Prof. Dr. Hermann Wiedel, Oberl. zu Köln. T. 1. *Munster i. W.: Aschendorff 1899.* 8°
(Aschendorffs Sammlung lat. u. griech. Klassiker.) [99. 366]

Thukydides. Erklärt v. J. Classen. 4. Bd. 4. Buch. 3. Aufl., bearb. v. J. Steup. gr. 8. (III, 313 S.) Berlin 900. Weidmann. 3. —

— Nach Text u. Kommentar getrennte Ausg. für den Schulgebrauch v. J. Sitzler. VII. Buch. Ausg. B. Text u. Kommentar getrennt in 2 Hftn. 2., verb. Aufl. gr. 8. (50 u. 78 S.) Ebd. 901. 1. 80

Thukydides. Erklärt v. J. Classen. 6. Bd. 6. Buch. Mit 2 (1 farb.) Karten v. H. Kiepert. 3. Aufl., bearb. v. J. Steup. (IV, 295 S.) 8. Berlin 905. Weidmann. n. 3. —

Thucydides I. 1—23. Uebersetzt unter Benutzung Lehrsscher Manuskripte v. G. Lejeune-Dirichlet. Pr. 1906. 12 S. 4°.

Thukydides. Nach Text u. Kommentar getrennte Ausg. (B) f. den Schulgebrauch v. J. Sitzler. I., II. u. VI. Buch. 8. Gotha, F. A. Perthes. 5. 10

I. 2., verb. Aufl. 2 Hefte. (IV, 67 u. 117 S.) 906. 2. 10; geb. n 2. 40
II. 2., verb. Aufl. 2 Tle. (55 u. 98 S.) 909. 1. 80
VI 3., verb. Aufl. 2 Hefte. (IV, 54 u. 87 S.) 908. 1. 20

— Für den Schulgebrauch erklärt v. Gottfr. Boehme. Von der 4. Aufl. an bearb. v. Simon Widmann. 6. Bdchn.: Buch VI. 6. gänzlich umgearb. Aufl. (IV, 108 S.) 8. Leipzig 906. B. G. Teubner. 1. 20; geb. 1. 70

— dasselbe. II. Tl. Komment. 2 Bde. 8. Ebd. 906. 3. 20

1. Buch I—III, bearb. v. Johs. Boedeker. (211 S.) 2. —
2. Buch IV—VIII. (VI, 126 S.) 1. 20

Thukydides. Erklärt v. J. Classen. 7. Bd. VII. Buch. 3. Aufl. Bearb. v. J. Steup. (V, 283 S.) 8. Berlin 908. Weidmann. 3. —

— ausgewählte Abschnitte, f. den Schulgebrauch bearb. v. Chrn. **Harder.** 2 Thle. 8. Leipzig 894. G. Freytag. n. 1. 60

1. Text. Mit 1 Titelbilde u. 1 Plane v. Syrakus. (XIV, 224 S.) n. 1. 20; geb. n. 1. 60
2. Schülerkommentar. (34 S.) Kart. n. — 40

Thucydides. Ausgewählte Abschnitte für den Schulgebrauch bearbeitet von Christian Harder. I. Theil: Text. Mit 1 Titelbilde und 1 Plane von Syrakus. 8 (XIV, 221 S) —.75
— Ausgewählte Abschnitte für den Schulgebrauch bearbeitet von Christian Harder. II. Theil: Schülercommentar. 8. (34 S.) Gebunden Prag: Tempsky 1894. —.24

— ausgewählte Abschnitte, f. den Schulgebrauch bearb. v. Christian Harder. 1. Tl.: Text. Mit 1 Titelbilde u. 3 Karten. 2. verm. u. verb. Aufl. (282 S.) 8. Leipzig 905. G. Freytag. — Wien, F. Tompsky. Geb. n. 2. —

— Ausgewählte Abschnitte, f. den Schulgebrauch bearb. v. Christian Harder. 2. Tl.: Schülerkommentar. 2., verm. u. verb. Aufl. (104 S.) 8. Leipzig 907. G. Freytag. — Wien, F. Tempsky. Geb. 1. —

— Auswahl aus den Büchern II, 2. Hälfte, III, IV, V u. VIII. Im Anschluss an die Schulausgaben der Bücher I, II 1—65, VI u. VII. Von Frz. Müller. Mit e. Einleitg. in die Thukydideslektüre 8. (VI, 159 S.) Ebd. 893. Geb. in Leinw. n. 1. 20

Thukydides. Auswahl für den Schulgebrauch v. Heinrich Stein. Tl I. II. Text. Anm. *Berlin: Weidmann 1895. 96.* 4 Bde 8.
Tl I. 1895. Text. (VI, 180 S.) Anm. (62 S.)
Tl II. 1896. Text. M. 2 Kt. (2 Bl., 136 S., 2 Kt.) Anm. (64 S.)
(Griech. u. latein. Schulschriftsteller m. Anm.) [96. 8376]

— in Auswahl. Hrsg. v. Edm. Lange. Text. gr. 8. (IV, 303 S. m. Bildn. u. 3 Karten) Leipzig 895. B. G. Teubner. Kart. n. 2. 20

Thukydides [Thucydides] in Auswahl hrsg. v. Dr. Edmund Lange. Text. *Leipzig: B. G. Teubner 1895.* 8.
(B. G. Teubners Schülerausgaben griech. u. lat. Schriftsteller.) [96. 6004]

— dasselbe. Hilfsheft u. Kommentar. gr. 8. (VIII, 54 u. IV, 185 S. m. Abb.) Ebd. 896. Geb. n. 2. —

— Für den Schulgebrauch in verkürzter Form bearb. u. hrsg. v. Herm. Wiedel. 1. Tl.: Text. (Aschendorffs Sammlg. latein. u. griech. Klassiker.) 8. (XVI, 352 S. m. 2 Karten.) Münster 899. Aschendorff. Geb. n. 2.25

— Uebersetzung der im I. Buche des Thukydides enthaltenen Reden v. C. Schmelzer. Pr. 1871. 18 S. 4°. —.90

—— Werke, Präparation, s. Freund's, W., Schüler-Bibliothek.

Thude, Leo, Führer durch das Museum v. Gizeh. 8. (XV, 164 S.) Kairo 892. (Boehme & Anderer.) n. 4. —

Thudichum, C., s. Thudichum, Karl

Thudichum, Carl, s. Thudichum, Karl

Thudichum, Frdr. v., der Achtsprozeß gegen Friedrich den Großen u. seine Verbündeten 1757 u. 1758. [Aus: „Festschrift der Tübinger Juristenfakultät f. Rud. v. Jhering".] Lex.-8. (27 S.) Tübingen 892. H. Laupp. n. — 80

— dasselbe, s. a. Jhering. Festgabe der Tübinger Juristenfakultät.

Thudichum, Frdr., Allerlei f. Freund u. Feind. (105 S.) gr. 8. Leipzig 910. M. Sängewald. 1. —

Robert v. Mohls Angriffe auf die Universität Tübingen und insbes. auf Prof. Ludwig Reyscher. (Verf.: F[riedrich] Thudichum.) Tübingen 1902. Tubingen 1902. (2 Bl.) 8° [Kopft. J.]
Aus: Tübinger Chronik 1902, 5 u. 7 März.

Thudichum, Friedr., über unzulässige Beschränkungen des Rechts der Verehelichung. gr. 8. (X und 146 S.) Tübingen 866, Laupp'sche Buchh. *

[F.] Die Einführung der Reformation und die Religionsfrieden v. 1552, 1555 u. 1648. Von F[riedrich] Thudichum. Tübingen: Kommiss. d. J. J. Heckenhauer'schen Buchh.; (Dr. v. W. Armbruster & O. Riecker) 1896. (48 S.) 1 Bd 8.

— kirchliche Fälschungen. I. Glaubensbekenntnisse d. Apostel u. d. Athanasius. gr. 8. (86 S.) Stuttgart 898. Berlin, C. A. Schwetschke & Sohn. n. 1. —

Thudichum, Frdr., kirchliche Fälschungen. II—VI. gr. 8. Berlin, C. A. Schwetschke & Sohn. n. 7. —
II. Der Brief an die Hebräer. (S. 90—165.) 899. n. 1. —
III. Die Vergötterung der Apostel, insbesondere des Petrus. (S. 165—284.) 899. n. 2. —
IV. V. Jesus, Sohn Davids, König der Juden, Hoherpriester u. Gott, Gesalbter (Maschiasch, Christos); später Sohn des hl. Geistes u. der Jungfrau. — Die Himmelfahrt Jesu. (S. 285—419.) 900. n. 2. —
VI. Mit Sachregister üb. Nr. I—VI u. e. Verzeichnis der darin beurteilten biblischen Stellen. (S. 421—512.) 900. n. 2. —

Thudichum, Frdr., kirchliche Fälschungen. II. Tl. (II, 559 S.) 8. Leipzig 906. M. Sängewald. n. 12. —

—— Femgericht u. Inquisition. gr. 8. (XII, 110 S.) Gießen 889, Ricker. * 2 50
Vgl.: Lindner, Thdr. Der angebliche Ursprung der Vemegerichte aus der Inquisition.

Thudichum, Fr., Freiheitspflichten. 8°. s. l., 1874.

Thudichum, Frdr., die gau- u. markverfassung in Deutschland. Giessen 860. Ricker. gr. 8. (XII, 344 S.) n. 2 ₰

Thudichum, Friedrich (Büdingen)
Geschichte des Freien Gerichts Kaichen in der Wetterau.
Giessen: G.D. Brühl 1857. 96 S.
Habil. jur. 20.2.1858. vorh. 11.

Thudichum, Friedr., Geschichte des Freien gerichts Kaichen in der Wetterau. Giessen 858. Ricker. gr. 8. (96 S.) n. 15 ngr.

— Geschichte des deutschen Privatrechts. gr. 8. (X, 474 S.) Stuttgart 894. F. Enke. n. 11. —

[F.] Geschichte des Geschlechtes Thudichum vf. v. Friedrich Thudichum. Th. 1. Tübingen: W. Armbruster & O. Rieker 1893. 8.

— historisch-statistische Grundkarten. Denkschrift. gr. 8. (26 S.) Tübingen 892. H. Laupp. n. — 60

— d. Juristenfakultät in Tübingen u. d. jurist. Prüfgn. gr. 8. (15 S.) Tübingen 895. (J. J. Heckenhauer.) n. — 40

Thudichum, Frdr., Bismarck's parlamentarische Kämpfe u. Siege. 1. u. 2. Abtlg. gr. 8. Stuttgart, Enke. n. 11. —
1. (VIII, 152 S.) 887. n. 3. —
2. (XI, 372 S.) 890. n. 8. —

Thudichum, Frdr., die Kirchenfrage vor der hessischen Volksvertretung 1863 u. 1873. gr. 8. (53 S.) Darmstadt 873. Schlapp. n. — 75

Thudichum, Friedr., deutsches Kirchenrecht des 19. Jahrh. 2 Bde. gr. 8. Leipzig, Duncker und Humblot. [1. Bd. (VIII, 440 S.) 877. * M 8,40; 2. Bd. Mit einem Register über beide Bde. (XI, 265 S.) 878. * M 5,60.] *

— die Diözesen Konstanz, Augsburg, Basel, Speier, Worms nach ihrer alten Einteilung in Archidiakonate, Dekanate u. Pfarreien, s. a. Studien, Tübinger, f. schwäb. u. deutsche Rechtsgeschichte.

Die Diözesen Konstanz, Augsburg, Basel, Speier, Worms nach ihrer alten Einteilung in Archidiakonate, Dekanate und Pfarreien. Bearb. von Friedrich Thudichum. Tübingen: H. Laupp 1906. (V, 125 S.) 8°
= Studien, Tübinger, f. Schwäb. u. Deutsche Rechtsgesch. Bd 1, H. 2.

— die wahren Lehren Jesu. gr. 8. (VIII, 208 S.) Leipzig 901. M. Sängewald. n. 3.50; geb. in Leinw. n. 4. —

Thudichum, Frdr., gegen Orden u. Klöster. (31 S.) gr. 8. Leipzig 903. M. Sängewald. n. — 40

Thudichum, Friedrich. Papsttum und Reformation im Mittelalter 1143—1517. XX + 502 S. 8. Leipzig, Max Sängewald, 1903. [M. 20. —]
Darin S. 48. 77 f. 126—130. 159 f. 208—211. 221. 229—235. 258—260. 266. 271—273. 294. 296—298. 322 f. 340. 379—382. 393. 398 f. 406. 476. 478—480. 487 etc. die Schweiz betr.; S. 117—126. 130 ff. über das Konzil zu Konstanz, *S. 161—169. 175—183. 189—196* über das Konzil zu Basel, *S. 255 f. 356—366. 407. 424 f. 446—468* über Desiderius Erasmus.

— Promachiavell. 8. (114 S.) Stuttgart 897. J. G. Cotta Nachf. n. 2. —

— Rechtgläubigkeit u. Aufklärung im 18. Jahrh. gr. 8. (28 S.) Köln 899. P. Neubner. — 50
Sonderabdruck aus: „Beilage z. Allg. Zeitung".

—— Rechtsgeschichte der Wetterau. (In 2 Bdn.) 1. Bd. gr. 8. (VIII und 352 S.) Tübingen 867, Laupp'sche Buchh. *

Thudichum, Friedr., Rechtsgeschichte der Wetterau. 2. Bd. 1. und 2. Heft. gr. 8. Tübingen, Laupp'sche Buchh. [2. Bd. 1. Heft. (S. 1—47.) 874. * M 1.; 2. Heft (S. 49—104.) 885. * M 1,20.] *
1. Bd. Ebendas. 1867. * M 5,50.

— die Rechtssprache in Grimms Wörterbuch. Anh.: Beschirmg. gegen Uebelwollende. gr. 8. (53 S.) Stuttgart 898. F. Frommann. n. 1. 20

Thudichum, Friedrich. Die Deutsche Reformation 1517—1537. 2 Bände. 8. Leipzig, Max Sängewald, 1907—1909. *je* M. 5. —
Band 1: 1517—1525. XVI + 614 S. 1907.
Band 2: 1525—1537. XVI + 663 S. 1909.

— das Reichs-Beamtenrecht. gr. 8. (S. 267—399.) Leipzig 876. München, J. Schweitzer Sort. n. 4. —
Sonderabdruck aus: „Annalen des deutschen Reichs".

— Herr Ludwig v. Rönne im Schmucke fremder Federn. Ein Beitrag zur Geschichte der neuesten Literatur d. deutschen Staatsrechts. gr. 8. (24 S.) Tübingen 872. Laupp. gratis.

— Sala. Sala-Gau. Lex Salica. gr. 8. (VI, 82 S.) Tübingen 895. (J. J. Heckenhauer.) n. 3. —

—— der altdeutsche staat, mit beigefügter übersetzung und erklärung der Germania des Tacitus. gr. 8. (X und 206 S.) Giessen 862, Ricker. *

— die Stadtrechte v. Tübingen 1388 u. 1493, s.a. Studien, Tübinger, f. schwäb. u. deutsche Rechtsgeschichte. I. 1.

Thudichum, Frdr.: Die Stadtrechte von Tübingen 1388 und 1493. Tübingen: Laupp 1906 = Tübinger Studien für Schwab. u. D. Rechtsgesch. 1.

— s.: Studien, Tübinger, f. schwäbische u. deutsche Rechtsgeschichte.

— Untersuchungen über die Nachtheile der Bodenzersplitterung u. über die Frage was von Zunftbann u. Polizeitaxen zu halten sei. Frankfurt a. M. 857. Auffarth. gr. 8. (IV, 86 S.) n. 10 ngr.

— Urchristentum. Priester-Kirche. Glaubens-Bekenntnisse. Preußische Agende v. 1895. (IV, 121 S.) gr. 8. Leipzig 906. M. Sängewald. n. 3. —

— Verfassungsgeschichte Schleswig-Holsteins von 1806—1852 in ihren deutschen u. europ. Beziehgn. gr. 8. (58 S.) Tübingen 871. Kiel, Homann. n. 1. 50

—— Verfassungsrecht des norddeutschen Bundes und des deutschen Zollvereins. 2 Abthlgn. gr. 8. Tübingen, Laupp'sche Buchh. [1. Abthl. (S. 1—240.) 869. *M 4.; 2. Abthl. (XVI, S. 241—679.) 870. *M 8.] *

— Wetterelba, s.: Festschrift f. die juristische Fakultät in Giessen.

Thudichum, Georg

Thudichum, G., Zu Sophokles Antigone. Pr. 1858. 48 S. 4°.

Thudichum, Geo., zu Sophokles Antigone. Gießen 858. Heyer. gr. 4. (43 S.) n. 10 ngr.

Thudichum, Geo., kirchliche Bedenken. I. u. II. Frankfurt a. M. 861. Auffarth. gr. 8. (16; 16 S.) Jede Nr. n. 2 ngr.
Inhalt: I. Die Kirchenverfassung im Großherzogth. Hessen u. die evangelische Conferenz zu Friedberg. — II. Der Katechismus.

Thudichum, Geo., über die kirchl. Bewegungen unserer Zeit. Eine Rede. gr. 8. Büdingen 845. (Frankfurt a/M., Keßler.) n. 1/6 ℛ

Thudichum, Geo., die bibl. Geschichte. Ein Lesebuch f. Schule u. Haus. gr. 8. (VIII u. 508 S.) Büdingen 847. (Darmstadt, v. Auw.) n. 26 ngr.

Thudichum, Georg (Nidda)
Gott und Unsterblichkeit.
MS. 17 Bl. 8°
Diss. phil. Giessen 11.9.1819. vorh. Univ.-Archiv.

—— kurzer Inbegriff der biblisch christlichen Wahrheiten. Ein Anhang zu der bibl. Geschichte für Schule und Haus. Nebst einer Anweisung zu stufenmäß. Lesen der bibl. Abschnitte. gr. 8. (VIII und 56 S.) Büdingen 852. (Darmstadt, v. Auw.) *

Thudichum, Geo., Schulbibel. Neue Ausg. der bibl. Geschichte f. Schule u. Haus. 2 Thle. gr. 8. (VI, 293 u. VI, 196 S.) Heidelberg 870. C. Mohr. n. 2. 60

Thudichum, Geo., über Sophocles Oed. Rex. Einladungsschrift. Büdingen 822. Heller.

Thudichum, Geo., s. Sophokles Tragödien.

— s. ferner: Theognis.

Thudichum, Geo., Traube u. Wein in der Kulturgeschichte. 8. (VI, 106 S.) Tübingen 881. Laupp. 1. 50; auf holländ. Pap. n. 2. —

Thudichum, Gust., Albhütte. Schauspiel in 5 Aufzügen. 8. (87 S.) München 899. (L. Werner.) n. 1. 50

Thudichum, Gust., Weib od. Persönlichkeit? 8. (50 S.) München 896. Staegmeyr. n. 1. —; erm. Pr. n. — 50

Thudichum, Johann Ludwig Wilhelm

Briefe über öffentliche Gesundheitspflege, ihre bisherigen Leistungen und heutigen Aufgaben von J[ohn] L[ouis] W[illiam] Thudichum. Tübingen: F. Pietzcker 1898. (148 S.) 8° [07. 6002 6

Thudichum, J. L. W., über die Grundlagen der öffentlichen Gesundheitspflege in Städten vom Standpunkte der Staats-Arzneikunde. Eine auf Veranlassung u. unter den Auspicien des landwirthschaftlichen Vereins zu Frankfurt a. M. im Circus daselbst am 8. Juni 1865 gehaltene öffentliche Vorlesung. Frankfurt a. M. 867. (Baist.) gr. 8. (31 S. mit eingedr. Holzschn.) n. 6 ngr.

Thudichum, Ludw. J. W., Grundzüge der anatomischen u. klinischen Chemie. Analecten f. Forscher, Aerzte Studirende. gr. 8. (VIII, 348 S.) Berlin 886. Hirschwald. n. 10. —

Thudichum, Ludwig (Büdingen)
Ueber die am oberen Ende des Humerus vorkommenden Knochenbrüche.
Giessen: Ricker 1851. 43 S. (in Δ mit „Thesen")
Diss. med. 23.8.1851. vorh. 26. 11. Δ

Thudichum, Joh. Ludw. Wilh., über die am oberen Ende des Humerus vorkommenden Knochenbrüche. gr. 8. (VI u. 43 S.) m. eingedr. Holzschn.) Giessen 851, Ricker. n. 1/3 ℛ

Die Chemische Konstitution des Gehirns des Menschen und der Tiere. Nach eigenen Forschungen bearb. von J. Ludwig W. Thudichum, London. *Tübingen: F. Pietzcker 1901.* (XII, 339 S.) 4°(8°) [01. 7318

Thudichum, Karl

Thudichum, Carl. Allerlei Französisch. Litterarische Studien zu Nutz u. Frommen der kaufmänn. Welt u. d. französ. Unterrichts. I. Das sogenannte Französisch f. Kaufleute der Herren Charles Toussaint u. G. Langenscheidt. 2. veränd. u. verm. Aufl. gr. 8. (VI, 56 S.) Genf u. Basel 889, Georg. * 1 —

Thudichum, Carl. Reimereien zur Erinnerung an die von Professor [Theodor] Kocher in Bern vorgenommene Operation, welche mich von einem lästigen Kropf befreite. Dem edlen menschenfreundlichen Chirurgen in dankbarer Anhänglichkeit gewidmet von Karl Thudichum. Bern, im Mai 1901. 8 S. 8. (Genève, W. Kündig & fils.)

Thudichum, Ludwig, s. Thudichum, Johann Ludwig Wilhelm

Thudichum, Ludwig, J. W., s. Thudichum, Johann Ludwig Wilhelm

Thudium, J., Buchführung f.. ländliche Fortbildungsschulen, s.: Fecht, A.

Thudleigh, Elisabeth, verwittweter Erzherzoginn von Kingston, nunmehriger Gräfin von Bristol und der Marquisin De-La-Touche, merkwürdige Begebenheiten, 8. Sorau, 777. Hebold. 10 sgl.

Über rationale Annäherungswerte der reellen Wurzel der ganzen Funktion dritten Grades x^3-ax-b von Axel **Thue**. Christiania: Dybwad in Comm. 1908. 29 S. 4°(8°)
(Skrifter udg. af Videnskabs-Selskabet i Christiania. 1908. I. Math.-naturv. Kl. Nr 6.) [10. 4403

Thue, Axel, Bemerkungen üb. gewisse Näherungsbrüche algebraischer Zahlen. (Videnskabs-selskabets skrifter. I. Math.-naturv. klasse. 1908. Nr. 3.) Udgivet for Fridtjof Nansens fond. (34 S.) Lex. 8. Christiania 908. J. Dybwad. nn 1.50

Eine Lösung der Gleichung $\rho P(x)-Q(x)=(x-\rho)^n R(x)$ in ganzen Funktionen P, Q und R für jede beliebige ganze Zahl n, wenn ρ eine Wurzel einer beliebigen ganzen Funktion bedeutet. Von Axel **Thue**. Christiania: Dybwad in Komm. 1909. 4 S. 4°(8°)
(Skrifter udg. af Videnskabs-Selskabet i Christiania 1909. I. Math.-naturw. Kl. Nr 3.) [11. 1637 A

Ueber unendliche Zeichenreihen. Von Axel **Thue**. Kristiania: J. Dybwad in Comm. 1906. (22 S.) 4°(8°)
— **Skrifter** udg. af Videnskabs-Selskabet i Christiania. 1906. I. Math.-naturv. Kl. No 7. [07. 13250

Thuet, Melchior Jac., Disquisitiones anatomicae Psittacorum. Dissert. inaug. Mit 2 Steintaf. 4maj. Turici 838. Orellii, Fuesslini et soc. 2/3 ℳ

Thugut, Frhr. v., vertrauliche Briefe, s. a. Vivenot, A. Ritter v.

Thugut, Freiherr v. Vertrauliche Briefe des ..... österreichischen Ministers des Aeussern. Beiträge zur Beurtheilung der politischen Verhältnisse Europa's in den Jahren 1792—1801, ausgewählt und herausgegeben nach den Original-Quellen der k. und k. österreichischen Staats- und mehrerer Privat-Archive von Dr. Alfred Ritter v. **Vivenot**, k. und k. Legationsrath. Mit dem Medaillon-Portrait Thugut's. (2 Bde.) 8. Wien 1872.

Thugut, H. C., einzig mögl. Mittel, jede übermäßige Getreidetheuerung zu verhindern. 8. Leipz. 805. Bruder. 2 ℛ

Thugutt, Stanisl. Jos., mineral-chemische Studien. Diss. gr. 8. (129 S. m. 1 Taf.) Jurjew (Dorpat) 891. (E. J. Karow.) n. 2. 80

Thuille, Bernardin, ein Cyklus Fastenpredigten. gr. 8. (136 S.) Brixen 877. Theolog. Verlags-Anstalt. n. 1. 20

Thuille, Bernardin, patristisches Handbuch. Eine Sammlung vieler Stellen für die vorzüglichsten Glaubens- und Sittenlehren der kathol. Erblehre aus den Schriften heil. Kirchenväter und kirchl. Schriftsteller. Alphabetisch geordnet. gr. 8. (XVI, 604 S.) Regensburg 888, Verlags-Anstalt. *

—— christliches Hausbuch oder Unterricht über die zehn Gebote Gottes und der kathol. Kirche. Behandelt in 42 Lesungen. gr. 8. (VIII, 382 S.) Ebendas. 887.

Thuille, Bernardin. Marianum od. Unterrichts- u. Andachtsbuch zu Ehren der unbefleckten Gottes-Mutter Maria, eingerichtet für öffentl. wie Privatandachten, vorzüglich für Maiandacht. 16. (400 S. m. 1 Stahlst.) Brixen 891, Weger. * 1 20

— populäre Predigten über die wichtigsten Wahrheiten der heiligen Religion. Auch sehr geeignet zu einem Hausbuch für katholische Familien. 8. (X, 839 S.) Freiburg i/Br. 879. Herder. 6. —

Thuille, Bernardin, Predigten f. alle Sonntage d. Kirchenjahres. gr. 8. (III, 442 S.) Brixen 891. A. Weger. n. 4. —

Thuille, Ludw., Harmonielehre, s.: Louis, Rud.

Lobetanz. E. Bühnenspiel in 3 Aufzügen. Dichtg v. Otto Julius Bierbaum. Musik v. Ludwig **Thuille**. Vollst. Klavierausz. m. Text v. Herm. Bischoff ... *Berlin: A. Den(«1897).* (VI, 3—125 S.) 1 Bd 4. [98. 1458

Thuille, Vinzenz v. Paul, Arrest-Gedanken, in vier Kapiteln abgetheilt. gr. 8. (32 S.) Wien 869, Sartori. *

Thuille, Vinz. Paul v., Freiheit u. Gleichheit! Eine Predigt auf das hohe Kirchweihfest, gehalten in der Stadtpfarrkirche zu Feldkirch. Feldkirch 861. (Innsbruck, Wagner.) gr. 8. (15 S.) n. 2 ngr

Thuille, Vinz. v. Paul, Freiheit und Gleichheit! Eine Predigt auf das hohe Kirchweihfest, gehalten in der Stadtpfarrkirche zu Feldkirch 1861. 2. Aufl. gr. 8. (15 S.) Innsbruck 865, Wagner'sche Universitäts-Buchh. *

—— erste heilige Glaubens-Mission. Sehr einfache und leichtfaßl. Glaubenspredigten gehalten in der Stadtpfarrkirche zu Feldkirch. Dem christl. Volke zum Nachlesen und Nachdenken vorgelegt. 1.—3., verb. Aufl. gr. 8. (XII und 208 S.) Innsbruck 862,64, Wagner'sche Universitäts-Buchh. * —

—— zweite heilige Glaubens-Mission. Sehr populäre Glaubenspredigten über die Unterscheidungslehren der kathol. Kirche. gr. 8. (VIII und 277 S.) Innsbruck 864, Wagner'sche Universitäts-Buchh. * —

Die Heiligen und die Freimaurer unser Musterbild. Eine Predigt auf die Feier der Heiligsprechung der drei japan. Martyrer Paulus Michi, Joh. v. Goto und Jak. Chisai, aus der Gesellschaft Jesu, gehalten in der St. Johannes-Kirche zu Feldkirch von Vinzenz v. Paul Thuille. Innsbruck: Wagner 1863. 15 S. 8° [Umschlagtit.]
Recens: Bh. 6 (1863) S. 285—286 (J. G. Findel).
Tt. 1812. Zur Verherrlichung der Jesuiten u. zur Beschimpfung der Frmr geschrieben.

Thuille, Vincenz v. Paul, der Mensch! Eine Reihe antropolog. Predigten geh. zu Bregenz. gr. 8. (VIII, 407 S.) Wien 870. Regensburg, Manz. 4. —

Thuille, Vincenz v. Paul, der Mensch! Eine Reihe anthropologischer Predigten. Mit einem Vorworte von Jos. Wieser. 2., verb. Aufl. gr. 8. (VIII, 408 S.) Regensburg 878. Manz. 4. 50

—— populäre Predigten über die wichtigsten Wahrheiten der heiligen Religion. Auch sehr geeignet zu einem Hausbuch für kathol. Familien. 8. (X, 839 S.) Freiburg i. Br. 879, Herder'sche Verlagsh.

Thuille, Binz., Predigten auf alle Sonn- und Festtage des Kirchenjahres, aus dessen hinterlassenen Schriften gesammelt und zusammengestellt. Mit einem Vorworte von Joh. Evang. Zollner. gr. 8. (XVI, 766 S.) Regensburg 881, Manz.

Thuille, Vincenz v. Paul, Vier ketzerische Predigten über den Papst, gehalten in der Stadtpfarrkirche zu Bregenz. Mit einem Vor- u. Nachwort. Wien, Sartori, 1869, gr. 8°, IV, 52 S., 60 Pf.
Populäre Beweisführung für die lehramtl. Unfehlbarkeit d. Papstes.

—— Was ist das Konkordat? Frage und Antwort auf Ein Stück Vorarlberger-Landtag. Eine Predigt gehalten in der Stadtpfarrkirche zu Feldkirch. gr. 8. (19 S.) Innsbruck 866, Wagner'sche Universitäts-Buchh. *

Thuillier, Vincent. Historia concertationis de auctore libelli de Imitatione Christi . . . Augustae Vind. 1726. Ü: *Hervin, Joh.* (Barbier)

Thuiscon, eine Zeitschrift zur Unterhaltung für Teutsche Leser. Nr. 1—18. [Riga] 1811. H: *Czarnewski (Zernewski), Johann Georg Martin Friedrich August.* (R-N) (MGT) (GGr)

Thuiscon über Teutschlands Einheit . . . Berlin 1810. V: *Zeune, Johann August.* (Ky) (MGT)

Thuiskon über Deutschlands Einheit, s. Zeune.

Thuiskon, über Deutschlands Einheit, (v. Jh. A. Zeune). 8. Berl. 810. Hitzig. (Dümmler). 10 gr

Thukydides, s. Thucydides

Thula, im Zaubergarten. Skizzen u. Stimmgn. 8. (III, 110 S.) Dresden 901. E. Pierson. n. 1.50; geb. n. 2.50

Thülemar, Heinrich Günther

Thülemar, H. G., relat. decision. et votorum camerae imperial. 4. Wetzlar, Winkler. 727.

— Opuscula de bullis et in specie, aurea bulla, argentea, plumbea, cerea et de aurea bulla Caroli IV. fol. Francof. Fleischer. 726.

Thülemar, Heinrich Günther. De ordine eqvitum S. Georgii et periscelidis coeruleae in Anglia vulgo vom Engelländischen Ritter-Orden S. Georgen Und des Blauen Hosen-Bandes disputatio. Quam praeside Henrico Günthero Thulemario . publicae eruditorum censurae submittit Adolphus Henr. de Winzingeroda Anno MDCLXXXI Editio Tertia, auctior & correctior. Jenae, Sumptu Gothof. Schmidii Anno 1701.
12 S. 1 Taf. in Kupferst. 8°
1. Auflage 1681

[Thülemarius, Henr. Günt.]: Responsum juris ad quaestionem propositam, in quo demonstratur, quod in causis ecclesiasticis . . . a Statibus imperii evangelicis per iura canonica & leges imperii ad suprema Germaniae tribunalia . . . non possit licite appellari. Ed. 2. o. O. 1700.

— Ed. 4. o. O. 1723.

Thuelemar, Heinrich Günter [Praes.], s. Winzingerode, Adolph Heinrich von: De ordine equitum S. Georgii et periscelidis coeruleae in Anglia Oder: Vom Engelländischen Ritter=Orden St. Georgen und des Blauen Hosen=Bandes.

Thulemarus, Heinrich Günther, s. Thuelemar

Karl Thulemeyer

De Pneumonia typhode. Berolini (1829:) Brüschcke. 26 S. 8

Berlin, Med. Diss. v. 18. Apr. 1829

Thülen, Er. Jo., (von der Raab, genannt Thülen.) († d. 21. März 1811.) kurzgefaßte Belehrung, wie nach Dr. Glasers in Suhla, Dr. Higgins in England, Dr. Forsters u. Hrn. Loriots in Frankreich chemisch beurtheilten, prakt. gemachten u. weitläufig beschriebenen Versuchen ein dem Feuer widerstehender Holzanstrich u. Mörtel anzufertigen ist, welcher gleich bindet, erhärtet u. steinartig wird, dem Eindringen des Wassers u. jeder Witterung widersteht, u. an jeden Stein, gebrannten Ziegel, Dachpfanne u. benageltes Holz so fest anhalten wird, daß er nicht so leicht davon getrennt u. abgeschlagen werden kann. 8. Mitau 801. (48 S.)

— genealog. Tabelle der alten adeligen Familie von der Raab, gen. Thülen, aus alten u. zuverläss. Original-Dokumenten gezogen. (Mitau) 768. (Eine große Bogenseite.)

— Werke, s.: Bibliothek, kleine.

Thulesius, C. H., die Berechnung der Gebühren nach dem Gerichtskostengesetze. Ein Versuch der Richtigstellung einiger für die Berechnung der Gebühren maßgebenden Vorschriften, insbesondere solcher für die Berechnung nach Werthansätzen, ferner solcher über dabei noch anzuwendende Rechnungsvorschriften [u. a. d. Abs. 2 § 12] und eintretende verschiedene Werthskalen, sowie solcher über einmal resp. wiederholte Einstellung und über Umstellung einzelner Gebühren, als Ergänzung zu der die Erhebung der Gebühren behandelnden Schrift „§ 90 des G.-K.-G.", nebst einer die Vorschußpflicht betr. Anlage, als Zusatz zu den Erörterungen im „§. 90". gr. 8. (68 S.) Berlin 882, Puttkammer und Mühlbrecht. *

—— die Erhebung der Gerichtskosten [als eine Ergänzung der „Berechnung der Gebühren"] im Anschluß an eine Reichsgerichtsentscheidung über die Anwendbarkeit des § 86 G.-K.-G. bei Kostencompensation, mit Hinweis auf die durch jene erforderte Behandlung des § 90 G.-K.-G. als eine ausschließl. Kostenpflicht bestimmende Vorschrift, unter gesonderter Behandlung der Gebühren und Auslagen, mit Berücksicht. des Einflusses der Rechtshülfe auf die Erhebung der letzteren, auch die Vollstreckungsgebühren des § 35,2 bei Arrest in den Fällen der §§ 730, 1, 746, unter Beachtung der Constatirung der R.-T.-Commission zum Abs. § 39 erörtert. gr. 8. (40 S.) Bremen 882, Noltenius.

—— der § 90 des Gerichtskostengesetzes und die darin angeordnete Gebührenpflicht, sowie einige verwandte Bestimmungen des Gesetzes, zum Theil in Beilagen erörtert. gr. 8. (48 S.) Berlin 881, Puttkammer und Mühlbrecht. *

—— die Zurücknahme-Gebühr des § 46 des Gerichtskostengesetzes und das Eintreten derselben insbesondere bei der Klage, vorzugsweise aus pract. für Rechtsanwälte und Gerichtsschreiber erhebl. Gesichtspunkten untersucht. gr. 8. (56 S.) Ebendas. 881. *

Thulesius, Joannes Eberhardus: Variolarum quae Halae Sax. per integrum annum 1826 et anni 1827 trimestre floruerunt descriptio. Halae (1827): Gebauer. 54 S. 8°
Halle-Wittenberg, Med. Diss. v. 14. Apr. 1827
Geb. Bremen [6. 9.] 1802. V.

Thuli, R., siehe: *Mittheilungen.*

Thuli, Rob., Die klassische Philologie in der schweiz. Gymnasialpädagogik. St. Gallen 1886. Progr.

Thuli, R., Die klass. Philologie in der Schweizer. Gymnasialpädagogik. Pr. 1887. 56 S. u. 1 Tab. 4°. 1.20

Thulin, Karl

Thulin, Carl, die Götter des Martianus Capella u. der Bronzeleber v. Piacenza, s.a. Versuche u. Vorarbeiten, religionsgeschichtliche. III. 1.

Die Götter des Martianus Capella und der Bronzeleber von Piacenza von Carl Thulin. Mit 2 Abb. u. 1 Taf. Gieszen: A. Töpelmann 1906. (92 S.) 8°
= Versuche, Religionsgeschichtl., u. Vorarbeiten. Bd 3, H. 1.

Thulin, Karl Olof

Thulin, C. O., die etruskische Disciplin. I u. II. (Göteborgs högskolas årsskrift 1905, V u. 1906. I.) Lex.-8. Göteborg (Gothenburg) 906. Wettergren & Kerber. n.n. 4. 25
I. Die Blitzlehre. (XVI, 128 S.) n.n. 2. 75
II. Die Haruspicin. (54 S. m. 2 Taf.) n.n. 1. 50

Die etruskische Disciplin. Von C[arl] O[lof] Thulin. 1. Göteborg 1906: W. Zachrisson. 8°
= Årsskrift, Götebörgs Högskolas. Bd 11, 5.

— italische sakrale Poesie u. Prosa. Eine metr. Untersuchung. (III, 80 S.) gr. 8. Berlin 906. Weidmann. n. 2. —

Thullie, Max. Ritter v., Versuche m. exzentrisch belasteten betoneisernen Säulen, s.a. Forscherarbeiten auf dem Gebiete des Eisenbetons. 10. Heft.

Thullie, Maximilian v.: Versuche mit exzentrisch belasteten betoneisernen Säulen. Von Dr. Maximilian Ritter v. Thullie, Prof. Mit 17 Textabb. u. 3 Taf. Berlin: Ernst 1909. 71 S. 4⁰ (8⁰)
(Forscherarbeiten a. d. Geb. d. Eisenbetons. H. 10.)

Thulliego, W., Komedyje, obejmują: Nieporozumienie, komedyja. — Zwierciadło, komedyja. — Babunia, komedyja. — Stary kawaler i odkosze. (Intermezzo.) 8. Lwów 833 J. Millikowsky. 2/3 ℛ

Thullner, Ernst, Bä der Kalefök. Geschichten uch Lidcher. gr. 8. (VII, 77 S.) Hermannstadt 898. W. Krafft. n. 1. 50; geb. in Leinw. n.n. 2. —; m. Goldschn. n.n. 2. 40

Thullner, Ernst, ous der Rokestuw. Lastich Geschichten ä sakjesche' Reimen. 8. (84 S.) Hermannstadt 892. W. Krafft. n. 1. 50; geb. n. 2. —

Thullner, Ernst, Ous der Rökestuw. Lastich Geschichten ä sakjesche' Reimen. 2. Aflöch. (VIII, 79 S.) 8. Hermannstadt 906. W. Krafft. n. 1. 30; geb. n.n. 1. 70

— das Wort sie sollen lassen stahn. Volksstück aus der Vergangenheit der Großgolder in 3 Aufzügen. (107 S.) 8. Ebd. 903. n. 1. 70; geb. n.n. 2. 55

Thum [Schlagwort]

Thum, s.a. Chemnitz, Umgeg.

Thum. Wander-Karte v. Thum u. Umgegend, nebst Aussichts-Karte vom Greifenstein. 1 : 50,000. Farbendr. Fol. (Zweiseitig bedruckt.) Thum 890. Delitsch. n. — 40

Thum [Verfasser]

Thum, Albert Otto, s. Thum, Otto

Thum Anton: Beiträge zur Kenntnis der untersalpetrigen Säure. 1. Mitteilung. S. 102. IIb. 84 . . . . vgr.
Separatabdruck

THUM, ANTON. Beiträge zur Kenntnis der untersalpetrigen Säure. (Bern) Prag, 1893.

Thum, Ant., Rosenkranz-Blumen. 32 Vorträge f. d. Maiandachten. gr. 8. (III, 120 S.) Innsbruck 895. Vereinsbuchh. & Buchdr. n. 1. 20

Thum, August, Diplomingenieur aus Marktoffingen in Bayern: Untersuchungen über die Abhängigkeit der spezifischen Wärme des Natriums und Lithiums von der Temperatur und Bestimmung des Wärmeausdehnungskoeffizienten, des Schmelzpunktes und der latenten Schmelzwärme des Lithiums. [Mit Figuren und einer graphischen Tafel.] Zürich 1906. 67 S. 8⁰. [23. XI. 06.]
Zürich. Phil. Diss. II. S. 1906/1907.

Thum, August. Untersuchungen über die Abhängigkeit der spezifischen Wärme des Natriums und Lithiums von der Temperatur und Bestimmung des Wärmeausdehnungskoeffizienten, des Schmelzpunktes und der latenten Schmelzwärme des Lithiums. Diss. Phil. [II.] Univ. Zürich. [Mit Figuren und 1 graphischen Tafel.] 67 S. 8. Zürich-Selnau, Gebr. Leemann & Co., 1906.

Thum Emil: Über statozystenartige Ausbildung kristallführender Zellen (mit 1 Taf.). S. 113. I. 32 . . . . K — .50
Separatabdruck

Thum, Emil, über statocystenartige Ausbildung kristallführender Zellen. (16 S. m. 1 Taf.) gr. 8. Wien 904. (A. Hölder.) n. — 50
Sonderabdruck aus: „Sitzungsber. d. k. Akad. d. Wiss."

Thum, Josef Wilhelm

De vita et scriptis Joannis Petri Perpiniani. Scrips. Jos. Guil. Thum, G. P. — 1834. Ibid. — S. 1—18.
Progr. Augsburg

Was thut unsern Gymnasien noth? Von Jos. Wilh. Thum, P. — 1842. Ebend. — S. 3—22.
Progr. München.

Thum, Karl, systemat. Handbuch des Katasters. Zum Gebr. f. Maire, Adjunkten, Municipalräthe, Experten, Geometer u. d. Besitzer von liegenden Gründen jeder Art. 8. Mainz 813, 2e Aufl. 818. Kupferberg. 1 ℛ

— System der directen Steuern in Frankreich, s. Dulauren.

— System d. direkten Steuern in Frankreich, nach dem Franz. des Hrn. Dulaurens. 8. Ebend. 813.

Thum, *Albert* Otto [aus Berlin]: Untersuchungen über die mittelenglische fromme Erzæhlung A Tale of an Incestuous Daughter ... Berlin, C. Vogt's Buchdr., *1892;* 86 S., 1 Bl. 8.
Rostock. Phil. Fak., Inaug.-Diss. v. [9. Nov.] 1892

Thum, Rud., Anmerkungen zu Macaulay's History, s.a. Studien, englische, 9. Bd. 3. Heft.

— anmerkungen zu Macaulay's history, s.a. Studien, englische. 15. Bd.

Thum, Rudolf Anmerkungen zu Macaulay's history of England.
75 S. **Progr.** *Reichenbach i/Sa.* 1879.

Thum, Rud., Anmerkungen zu Macaulay's History of England. 1. Thl. 2. sehr verm. und verb. Aufl. gr. 8. (III, 154 S.) Heilbronn 882, Gebr. Henninger. *
Erschien zuerst 1879 als Schulprogramm.

Thum, R., die Christlichkeit des modernen Staates. Vortrag, gehalten an Königs Geburtstage den 23. April 1874. gr. 8. (24 S.) [Reichenbach i. V. 875, Köhler.] Berlin, Münchhoff.

Thum, Rud., englisch-deutsche und französisch-deutsche Gespräche aus dem Geschäftsleben mit erklär. Anmerkungen. (2.) Cursus für Geübtere. 2 Abthlgn. gr. 8. Leipzig, Spamer. à Abthl. * 20 Ngr. *

Inhalt:

Abthl. 1. Englisch-deutsche Gespräche aus dem Geschäftsleben. Bearb. unter Mitwirkung von W. A. Nettleton. (XII und 174 S.) 865.

" 2. Französisch-deutsche Gespräche aus dem Geschäftsleben. Bearb. unter Mitwirkung von Ed. Drucker. (XII und 183 S.) 866.

Thum, Rud., englisch-deutsche u. französisch-deutsche Gespräche aus dem Geschäftsleben mit erklär. Anmerkungen. (1.) Cursus für Anfänger. 2 Abthlgn. Leipzig, Spamer. gr. 8. Jede Abthl. n. 20 ngr.

1. Abthl. Englisch-deutsche Conversationsschule für angehende Geschäftsleute. Bearb. unter Mitwirkung von Ch. F. Gilson. (XII, 186 S.) 867.

2. Abthl. Französisch-deutsche Conversations-Schule für angehende Geschäftsleute. Bearb. von Jul. Haupois. (194 S.) 868.

Thum, Rud. Englisch-deutsche u. französisch-deutsche Gespräche aus dem Geschäftsleben m. erklärenden Anmerkungen. Kursus f. Geübtere. 2. Abtlg.: Französisch-deutsche Gespräche aus dem Geschäftsleben. Bearb. unter Mitwirkung von M. Ed. Drucker. 3. verb. Aufl. gr. 8. (XII, 186 S.) Lpz. 889, Gloeckner. * 2 —; geb. * 2 50

Thum, Rud., französisch-deutsche Gespräche aus dem Geschäftsleben mit erklär. Anmerkungen. Cursus für Geübtere. Bearb. unter Mitwirkung von Ed. Drucker. Zum Gebrauch in Real-, Gewerbe- und Handelsschulen, insbesondere zum Selbstunterricht. 2. verb. Aufl. 8. (XII, 186 S.) Leipzig 879, [Spamer.] Gloeckner. *

Thum, Rud., englische Grammatik f. Kaufleute u. Gewerbtreibende. Für Handels- u. Gewerbeschulen, sowie zum Selbstunterricht als Einführg. in die Handelskorrespondenz m. Aussprachebezeichng. (Thums fremdsprachl. Unterrichtswerk.) 14. Aufl. (VIII, 276 S.) 8. Leipzig 910. G. A. Gloeckner. Geb. in Leinw. nn 2.75

— Französische Grammatik f. Kaufleute u. Gewerbtreibende. Für Handels- u. Gewerbeschulen, sowie zum Selbstunterricht als Einführg. in die Handelskorrespondenz. Völlig neu bearb. v. Jos. Sarrazin. Durchgeseh., der Neubearbeitg. 5. Aufl. (Thums fremdsprachl. Unterrichtswerk.) (VIII, 263 S.) 8. Ebd. 907. Geb. nn 2.80

— neue englische Grammatik für den Kaufmann sowie für Gewerbtreibende. Zum Gebrauch in Handels-, Gewerb- und Realschulen sowie zum Selbstunterricht. Mit vollständiger Bezeichnung der Aussprache nach einer neuen, leichten u. das richtige Aussprechen sichernden Methode rc. Unter Mitwirkung von J. H. Baden u. J. Parker-Mansfield bearb. Ebend. 864. gr. 8. (XVI, 248 S.) n. 20 ngr.

—— neue englische Grammatik für den Kaufmann sowie für Gewerbtreibende. Zum Gebrauch in Handels-, Gewerb- und Realschulen, sowie zum Selbstunterricht. Mit vollständ. Bezeichnung der Aussprache nach einer neuen, leichten und das richtige Aussprechen sichernden Methode rc. Unter Mitwirkung von J. H. Baden und J. Parker-Mansfield bearb. 1. Aufl. 1864. und 2., vielfach verb. und verm. Aufl. gr. 8. (XIV und 254 S.) Leipzig 867, Spamer. *

Thum, Rud., neue englische Grammatik f. den Kaufmann sowie f. Gewerbtreibende. Zum Gebrauch in Handels- u. Gewerbschulen sowie zum Selbstunterricht. Mit vollständ. Bezeichng. der Aussprache nach e. neuen, leichten u. das richtige Aussprechen sichernden Methode; sowie e. großen Anzahl durchgängig dem Geschäftsleben entnommenen Beispiele u. Uebungssätze, so daß die Grammatik zugleich in die Handelskorrespondenz einführt. Unter Mitwirkg. v. Rev. J. H. Baden u. J. Parker-Mansfield bearb. 3. verb. u. verm. Aufl. gr. 8. (XI, 258 S.) Leipzig 872. Spamer. n. 2. —

—— neue englische Grammatik für den Kaufmann, sowie für Gewerbtreibende. Zum Gebrauch in Handels- und Gewerbschulen, sowie zum Selbstunterricht. Mit vollständ. Bezeichnung der Aussprache nach einer neuen, leichten und das richtige Aussprechen sichernden Methode, sowie einer grossen Anzahl durchgängig dem Geschäftsleben entnommener Beispiele und Uebungssätze, so dass die Grammatik zugleich in die Handelskorrespondenz einführt. Unter Mitwirkung von J. H. Baden und J. Barker-Mansfield bearb. 4. verb. und verm. Aufl. gr. 8. (XII, 272 S.) Leipzig 877, [Spamer.] Gloeckner. *

—— neue englische Grammatik für den Kaufmann, sowie für Gewerbtreibende. Zum Gebrauch in Handels- und Gewerbschulen, sowie zum Selbstunterricht. Mit vollständ. Bezeichnung der Aussprache nach einer neuen, leichten und das richtige Aussprechen sichernden Methode; sowie einer grossen Anzahl durchgängig dem Geschäftsleben entnommener Beispiele und Übungssätze, sodass die Grammatik zugleich in die Handelskorrespondenz einführt. 5. verb. und verm. Aufl. gr. 8. (XII, 272 S.) Leipzig 882, Gloeckner. * geb. *

Thum, Rud., neue englische Grammatik f. den Kaufmann, sowie f. Gewerbtreibende. Mit vollständ. Bezeichng. der Aussprache nach e. neuen, leichten u. das richtige Aussprechen sichernden Methode; sowie e. grossen Anzahl durchgängig dem Geschäftsleben entnommener Beispiele u. Übungssätze, so dass die Grammatik zugleich in die Handelskorrespondenz einführt. 6. Aufl. gr. 8. (XII, 272 S.) Leipzig 885. Gloeckner. n. 2. 25; geb. n. 2. 75

—— Neue englische Grammatik für den Kaufmann, sowie f. Gewerbtreibende. 7. und 8. Aufl. gr. 8. (XII, 272 S.) Lpz. 889,91, Gloeckner. * 2 25; geb. ** 2 75

Thum, Rud., neue englische Grammatik f. den Kaufmann, sowie f. Gewerbtreibende. Mit vollständ. Bezeichng. der Aussprache sowie e. großen Anzahl durchgängig dem Geschäftsleben entnommener Beispiele u. Übungssätze, so daß die Grammatik zugleich in die Handelskorrespondenz einführt. 9. Aufl. gr. 8. (XII, 272 S.) Leipzig 895. G. A. Gloeckner. n. 2. 25; geb. n.n. 2. 75; Wörterverzeichnis (119 S.) n. 1. 20

Thum, Rud., neue englische Grammatik f. d. Kaufmann, sowie f. Gewerbtreibende. Zum Gebrauch in Handels- u. Gewerbeschulen, sow. zum Selbstunterricht. M. vollst. Bezeichng. d. Aussprache nach e. neuen, leichten u. das richt. Aussprechen sich. Methode; sow. e. großen Anzahl durchgängig d. Geschäftsleben entnommener Beispiele u. Uebungssätze, so daß d. Grammatik zugl. in d. Handelskorrespondenz einführt. 10., verb. u. verm. Aufl. gr. 8. (XII, 276 S.) Leipzig 896. G. A. Gloeckner. n. 2. 25; geb. n.n. 2. 75

Thum, Rud., neue englische Grammatik f. Kaufleute u. Gewerbtreibende. Zum Gebrauch an Handels- u. Gewerbeschulen, sowie zum Selbstunterricht als Einführg. in die Handelskorrespondenz. (Mit Aussprachebezeichng.) 12. Aufl. (VIII, 276 S.) gr. 8. Leipzig 903. G. A. Gloeckner. n. 2. 25; geb. n.n. 2. 75; Wörterverzeichnis (103 S.) 902. n. 1. —; geb. n.n. 1.40

— neue französische Grammatik f. den Kaufmann u. f. Gewerbtreibende, s. a. Mey, M. E.

Thum, Rud., neue französische Grammatik f. den Kaufmann sowie f. Gewerbtreibende. Alle Beispiele u. Übungssätze sind der Geschäftssprache entnommen, so dass die Grammatik zugleich in die Handelskorrespondenz einführt. 7. Aufl. gr. 8. (VIII, 261 S.) Leipzig 894. G. A. Gloeckner. n. 2.25; geb. in Leinw. n.n. 2.75

— dasselbe. 8. Aufl. Völlig neubearb. v. Jos. Sarrazin. gr. 8. (VIII, 263 S.) Ebd. 894. n. 2. 40; geb. in Leinw. r. 2. 80

— neue französische Grammatik u. Neubearbeitg. derselben v. Jos. Sarrazin. Deutsch-französ. u. französ.-deutsches Wörterverzeichnis dazu. gr. 8. (88 S.) Ebd. 895. n. 1. —

— neue französische Grammatik f. Kaufleute u. Gewerbtreibende. Z. Gebrauch in Handels- u. Gewerbeschulen, sow. z. Selbstunterricht als Einführung in die Handelskorrespondenz. 10. Aufl. Völlig neubearb. v. Jos. Sarrazin. gr. 8. (VIII, 263 S.) Ebd. 896. n. 2. 40; geb. in Leinw. n.n. 2. 80

Thum, Rud., neue französische Grammatik f. Kaufleute u. Gewerbtreibende. Zum Gebrauch an Handels- u. Gewerbeschulen, sowie zum Selbstunterricht als Einführg. in die Handelskorrespondenz. Völlig neubearb. v. Jos. Sarrazin. Durchgeseh., der Neubearbeitg. 4. Aufl. gr. 8. (VIII, 263 S.) Ebd. 901. n. 2. 40; geb. in Leinw. n.n. 2. 80

Thum, Rud., neue französische Grammatik f. Kaufleute u. Gewerbetreibende. Zum Gebrauch in Handels- u. Gewerbeschulen, sowie zum Selbstunterricht. 13. Aufl. (VIII, 261 S.) gr. 8. Leipzig 907. G. A. Gloeckner. n. 2. 25; geb. in Leinw. n. 2. 75; Schlüssel. (30 S.) (904). n. 1. 20

— dasselbe. Zum Gebrauch in Handels- u. Gewerbeschulen, sowie zum Selbstunterricht. Alle Beispiele u. Übungssätze sind der Geschäftssprache entnommen, so daß die Grammatik zugleich in die Handelskorrespondenz einführt. 12. Aufl. gr. 8. (VIII, 261 S.) Ebd. 900. n. 2. 25; geb. in Leinw. n.n. 2. 75

Thum, Rud., Karl Vogt's Köhlerglaube und Wissenschaft im eigenen Lichte. I. Göttingen 856. Wigand. 8. (35 S.) n. 5 ngr.

Thum, Rud., s. Konversations-Handbuch, kaufmännisches.

— englisch-deutsche Konversationsschule, 1. Kurs., 4. Aufl., s.: Bennewitz, Alex.

—— englisch-deutsche Konversations-Schule für Anfänger mit erklär. Anmerkungen. Bearb. unter Mitwirkung von C. F. Gilson. Zum Gebrauch in Real-, Gewerbe- und Handelsschulen, insbesondere zum Selbstunterricht. 2. verb. Aufl. 8. (XII, 186 S.) Leipzig 880, Spamer. *

— englisch-deutsche Konversationsschule. Gespräche aus dem Geschäftsleben m. erklär. Anmerkgn. 1. Kurs.: Für Anfänger. Bearb. unter Mitwirkung v. Ch. F. Gilson. 3., verb. Aufl. 8. (XII, 186 S.) Leipzig 888. Gloeckner. n. 2. —; geb. n. 2. 50 (1. 2. Kurs.: n. 4. —; geb. n. 5. —)

— englisch-deutsche Konversationsschule. Gespräche aus dem Geschäftsleben m. erklär. Anmerkgn. II. Kurs.: Für Geübtere. Bearb. unter Mitwirkg. v. W. A. Nettleton. 3. Aufl. gr. 8. (XV, 190 S.) Leipzig 887. Gloeckner. n. 2. —; geb. n. 2. 50

— französisch-deutsche Konversationsschule, s.a. Konversations-Handbuch, kaufmännisches.

— französisch-deutsche Konversationsschule f. den jungen Kaufmann. 1. Tl. 50 leicht. Gespräche m. ausführl. Anmerkgn. Nach dem „Kursus f. Anfänger" v. Th. gänzl. neubearb. von Jos. Sarrazin. 3. Aufl. 8. (VI, 165 S.) Ebd. 895. n. 2. —; geb. in Leinw. n. 2. 50

—— Mensch und Christ. 3 Abhandlungen. gr. 8. (VII und 181 S.) Dortmund 867, Crüwell'sche Buchh. -

Thum, *Rudolf* *Rede bei der Entlassung der Abiturienten.* 4 (S. 8—12 der Schuln.). **Progr.** Rsch. mit Prg. *Reichenbach i. V.* 1890 (567).

Thum, *Rudolf* *Rede bei Entlassung der Abiturienten, den 28. März 1890.* 4 (S. 9—14). **Progr.** Rsch. mit Prg. *Reichenbach i. V.* 1891 (572).

Thum, *Rudolf* [Dir. Prof. Dr.]: *Rede bei der Entlassung der abgehenden Schüler.* Reichenbach i. V., Buchdr. v. Haun & Sohn, 1890; S. 8—12; 4°
Reichenbach i. V., R m. PG, P 1890

Thum, *Rudolf* [Prof. Dr., Dir.]: *Rede bei der Entlassung der abgehenden Schüler, den 28. März 1890.* Reichenbach i. V., Buchdr. v. J. G. Koch, 1891; S. 9—14; 4°
Reichenbach i. V., R m. PG, P 1891 (572)

Thum, *Rudolf* [Dir. Prof. Dr.]: Die Wettinfeier. Reichenbach i. V., Buchdr. v. Haun & Sohn, 1890; S. 12—15; 4°
Reichenbach i. V., R m. PG, P 1890

Thuma, Karl, Gedichte. Nach dem Tode des Verf. hrsg. v. Ernst Scheffold. (XII, 344 S.) 12. Ravensburg 903. F. Alber. n. 2. —

— dasselbe, s.a. Volksbibliothek, katholische.

— Gotteslob in Harfenklängen. — Gotteswunder in der Natur. — Lied u. Lehre. — Froher u. ernster Sang, s.: Volksbibliothek, katholische.

Thuma, Karl, die göttl. Weihe des Priesters. Drei Gesänge. gr. 8. Tübingen 846, Zu-Guttenberg. n. 1/6 ₰

Thuma, Carl, die göttliche Weihe des Priesters. Drei Gesänge. gr. 8. (39 S.) Tübingen 847. Zu-Guttenberg. n. 1/6 ₰

Thumann, Carl, s. Thumann, Karl

Thumann, Gust. (Adolph. Albert. Constantin.) (geb. Königsberg i. Pr. 16. 6. 1837): De vulneribus sclopetariis. Berolini (1859). (32 S.) 8°
Berlin, Med. Diss. v. 2. Apr. 1859

Thumann, H., Die Regulierung von Oleruptionen. Berlin, 1907. 4 S. mit 1 Abb.

Thumann, Karl

Thumann, Carl, die Bestandtheile des Menschen u. ihr Verhältniß zu einander nach der Lehre der kathol. Kirche. gr. 8. (11⅛ B.) Bamberg 846, (Züberlin.) *

Thumann, Paul, Amor u. Psyche, s.a. Hamerling, Rob.

Thumann, Paul, Amor u. Psyche. (9 Lichtdr.-)Bilder zu der gleichnam. Dichtg. v. Rob. Hamerling. Grösse V. 8. Leipzig 883. Titze. In Leinw.-Mappe. 10. —

— Bilder zu Heinr. Heine's Buch der Lieder. 8. 9 Photogr.) Leipzig 884. Titze. In Carton. 10. —

Thumann, Paul, Frauen-Liebe u. Leben, s.a. Chamisso.

— Frauen-Liebe u. Leben. 9 (photogr.) Bilder zu dem gleichnam. Lieder-Cyclus von A. v. Chamisso. 8. Leipzig 880. Titze. In Leinw.-Mappe. 10. — einzelne Blätter à 1. —

—— Frauen-Liebe und Leben. 9 Bilder (in Lichtdr.) zu dem gleichnam. Lieder-Cyclus von A. v. Chamisso. 8. Ebendas. 881. In Leinw.-Mappe Einzelne Bl. à

Vgl.: Chamisso, Adb. v.

— s.: Heine's, H., Buch der Lieder.

Thumann, Paul, } s.a. Chamisso, Adb. v.
— Lebens-Lieder u. -Bilder, }

Thumann, Paul, Lebens-Lieder und Bilder. 9 Bilder (in Lichtdr.) zu dem gleichnam. Lieder-Cyclus von Adb. v. Chamisso. 8. Leipzig 881, Titze. In Leinw.-Mappe
Einzelne Bl. à
Vgl.: Chamisso, Adb. v.

THUMANN, P. *Für Mutter und Kind.* Alte Reime mit neuen Bildern von Paul Thumann. München, Theodor Stroefer's Kunstverlag [1881]. 48 S. mit 52 farbigen Bildern. Gr.-4°. Farbig illustr. brauner Or.-Karton m. Leinenrücken. 17.—
★ Originalausgabe dieses s. Zt. sehr beliebten, oft aufgelegten Bilderbuches. Ausführung in Chromo-Zinkographie von Fr. Wolf.

— für Mutter u. Kind. Alte Reime m. neuen Bildern. 1. u. 2. Aufl. gr. 4. (48 S. in Chromo-Zinkogr. m. eingedr. Text.) München 881. Stroefer. geb. n. 6. —

— für Mutter u. Kind. Alte Reime m. neuen Bildern v. Th. Wohlf. Volksausg. gr. 4. (48 S. m. farb. Abbildgn.) Nürnberg (899). Th. Stroefer. Geb. 3.—

— Studien, s.: Aus Studien-Mappen deutscher Meister.

Paul Thumann. 12 Lichtdrucktafeln nach Originalstudien des Künstlers mit biograph. Text (von Richard Redlich). *Breslau: C. T. Wiscott [1899].* (12 Taf.) 2°
(Aus Studienmappen deutscher Meister.)

Thumann, Paul, Vater Unser in Bildern. Mit einer Dichtung von Mart. Luther. 1. und 2. Aufl. gr. 4. (7 Kpfrtaf. und 21 Bl. Text mit eingedr. Holzschn.) Leipzig 886,87, Titze.
geb. in Calico mit Goldschn. * ℳ 12.—.; geb. in Leder *
—— dass. — (Kathol. Ausg.) Mit einer Dichtung von F. W. Weber. 3. Aufl. gr. 4. (7 Kpfrtaf. und 21 Bl. Text mit eingedr. Holzschn.) Ebendas. 887.
geb. in Calico mit Goldschn. * ℳ 12.—.; geb. in Leder *

Thumann, Paul. Vater-Unser in Bildern. Mit e. Dichtung v. Mart. Luther. 4. Aufl. gr. 4. (21 Bl. Text m. Holzschn. u. 7 Kpfr.-Taf.) Lpz. 891, A. Titze. geb. in Leinw. m. Goldschn. * 12 —
geb. in Ldr. * 15 —

— Vater Unser in Bildern. Mit e. Dichtg. v. Mart. Luther. 5. Aufl. gr. 4. (7 Taf. in Heliograv. u. 9 in Holzschn. m. 10 Bl. Text.) Leipzig 896. A. Titze. Geb. in Leinw. m. Goldschn. n. 12. —; in Ldr. n. 15.—

— Vater Unser in Bildern. Mit e. Dichtung v. Mart. Luther. 6. Aufl. gr. 4. (7 Taf. in Heliograv. u. 9 in Holzschn. m. 10 Bl. Text.) Leipzig (900). A. Titze.
Geb. in Leinw. m. Goldschn. n. 12.—; in Ldr. n. 15.—

— Vater Unser in Bildern. Mit e. Dichtg. v. Mart. Luther. 7. Aufl. (7 Bl. m. 19 Tl. Text.) Lex. 8. Leipzig (908). A. Titze. Geb. in Leinw. m. Goldschn. 12.—;
in Kalbldr. 15. —

Thumb, Freiherr von

— Beiträge f. die deutsche Schaubühne. 1s Bdchen. (Enth.: Die Familie Analade. — Katharina v. Kurland.) 8. Frankf. 818. Schäfer. 1 ℛ 8 gl

v. Thumb, Baron Fr., neue Bühnenstücke. (Enth.: 1) Das Geschenk des Fürsten. 2) Das Gewissen. 3) Die vergessene Schildwache. 4) Sie müssen sich schlagen.) 8. Augsb. 824. v. Jenisch u. St. 1 ℛ

— neueste Bühnenstücke. (Enth.: 1) Alte Zeit, oder die Aristokraten. 2) Neue Zeit, oder der Emporkömmling. 3) Der wahrhafte Lügner. 4) Die alte böse Frau. 5) Braut u. Bräutigam in verschied. Gestalten. 6) Das Dachstübchen.) 8. Augsb. 825. v. Jenisch u. St. 2 ℛ

— 2 Bühnenstücke. (Enth.: Christian v. Wolfenbüttel; Schspl. — Ehestandsrepressalien; Lstspl.) 8. Tübing. 820. Laup. 1 ℛ

v. Thumb, Frhrr., Erzählungen u. Novellen, s. Sarazin.

— der Redselige, od. d. beiden Posten. Lstspl. in 3 A., nach Picard. 8. Stuttg. 816. Sattler. 8 gl

— das Recept für Magen u. Herz. Original-Lustspiel in 2 Abtheilungen. gr. 12. Hanau 826. Edler.

— die neue Schauspielerschule. Lustsp. in 5 Aufz. nach Delavigne's Comed. 8. Leipz. 821, Hartmann.

— die neue Schauspielerschule. Lstspl. in 5 Aufz., nach Delavigne's Comed. 8. Leipz. 821. (Lehnhold). 18 gl

— zwei Theaterstücke. 8. Tübing. 814. Osiander. 12 gl

— Viola, oder Liebe um Liebe. Schspl. in 2 A. 8. Frankf. 813. Simon. ..

Thumb, Alb., s.: Abhandlungen, germanistische, Hermann Paul dargebracht.

Thumb, Albert [Dr.]: Beiträge zur neugriechischen Dialektkunde. I. Die inlautenden Vokale im heutigen Dialekt v. Amorgos ... (Aus: Indogerm. Forsch., Bd. II, Heft 1 u. 2.) Strassburg, K. J. Trübner, 1892; 1 Bl., 60 S. 8.
Freiburg i. B., Phil. Fak., Hab.-Schr. v. 1892

— die germanischen Elemente des Neugriechischen. gr. 8. (S. 225—258.) Strassburg 902. K. J. Trübner. n. 1.—
Sonderabdruck aus: „Germanist. Abhandlgn., Herm. Paul dargebracht".

Thumb, A., Etymologien (*ἤϊα* „Spreu" — *τρέφω* „gerinnen machen" — *φάλος φάλαρα* u. a. m.) S. A. 1886. 23 S. —.75

Thumb, Alb., Handbuch der griechischen Dialekte, s.a. Bibliothek, indogermanische. I, 8.

Thumb, Albert: Handbuch der griechischen Dialekte. Von —. Heidelberg: Winter 1909. XVIII, 403 S. 8°
(Indogermanische Bibliothek. Reihe 1, Bd 8.)

Thumb, Alb., Handbuch des Sanskrit, s.a. Sammlung indogermanischer Lehrbücher. I. 1.

Handbuch des Sanskrit mit Texten und Glossar. Eine Einführung in d. sprachwiss. Studium d. Altindischen von Dr. Albert Thumb. T. 1. 2. Heidelberg: C. Winter 1905. 2 Bde 8°
1. Grammatik. 2. Texte u. Glossar.
= Sammlung indogermanischer Lehrbücher. Reihe 1. Bd 1, T. 1. 2.

Thumb, Alb., Handbuch d. neugriechischen Volkssprache. Grammatik. Texte. Glossar. gr. 8. (XXV, 240 S. m. 1 Schrifttaf.) Strassburg 895. K. J. Trübner, Verl. n. 6. —; geb. in Leinw. n. 7. —

— Handbuch der neugriechischen Volkssprache. Grammatik. Texte. Glossar. 2., verb. u. erweiterte Aufl. (XXXIII, 360 S. m. 1 Taf.) gr. 8. Strassburg 910. K. J. Trübner. 8.50; geb. in Leinw. 9. —

— s.: Literaturen u. Sprachen, die osteuropäischen u. slawischen.

Die griechische Sprache im Zeitalter des Hellenismus. Beiträge z. Gesch. u. Beurteilung der Κοινή. Von Albert Thumb. *Strassburg: K. J. Trübner 1901.* (VIII, 275 S.) 8° [oa. 1283]

Thumb, Alb. Die neugriechische Sprache. Eine Skizze. gr. 8. (VII, 36 S.) Freib. i. Br. 892, J. C. B. Mohr. * 1 —

— u. K. **Marbe**, experimentelle Untersuchungen üb. die psychologischen Grundlagen der sprachlich. Analogiebildung. gr. 8. (IV, 87 S. m. 1 Fig.) Leipzig 901. W. Engelmann. n. 2.—

Thumb, Albert [aus Freiburg i. B.]: Untersuchungen über den Spiritus asper im Griechischen. . . . Strassburg, Verl. v. Karl J. Trübner, 1888; VIII [falsch pag.] + 102 S. + 1 Bl. 8°
Freiburg i. B., Phil. Fak., Inaug.-Diss. v. 1888

Thumb, Alb., Untersuchungen über den Spiritus asper im Griechischen. gr. 8. (VIII, 103 S.) Strassburg 888, Trübner. *

— s.: Untersuchungen zur indogermanischen Sprach- u. Kulturwissenschaft.

Thumb, C. F. von, s. Thumb, C. H. von

Thumb, C. H. von

Thumb, C. F. von: „Geschichtliches, ökonomisches und privatrechtliches Handbuch über Pacht- und Verpachtungsanschläge; zum Gebrauch für Justiz- und Rent-Aemter, Gutsbesitzer etc., gesetzlich erläutert", Wiesbaden 1822 (Schellenberg).

— sind d. landständ. Verfassungen in Deutschland, wie sie bestehen, d. deutschen Volks-Charakter, d. Zustande der Finanzen entsprechend? Eine polit. staatswirthschaftl. Betrachtung. 12. Coblenz 825, Neue Gelehrten Buchh.

Thumb, C. H. v. Sind die landständischem Verfassungen in Deutschland, wie sie bestehen, dem deutschen Volkscharacter, dem Zustande der Finanzen entsprechend? Eine politisch-staatswirthschaftl. Betrachtung. 12°. Coblenz, Hergt, 1825.

v. Thumb-Neuburg, C. H., Deutschlands Trennung v. Rom. Aufruf an das deutsche Volk. gr. 8. (XII u. 142 S.) Weimar, 848, Voigt. ²/₃ ₰

v. Thumb, C. H., Versuch eines vereinfachten Rechnungs-Systems, zur Entbehrung der Jahres-Rechnungen. 1e Abtheil. Das Kirchen- u. milde Stiftungswesen. kl. 4. Darmst. 824. (Leske). 1 ₰

— ein herzl. Wort an Fürsten u. Hausväter, zur Lebenssicherung d. Wittwen u. Waisen, u. z. Beförderung des Wohlstandes im Allgem. 8. Heilbronn 825, Drechsler.

Thumb, Eduard, Reiseskizzen aus Nieder-Osterreich, Ober-Österreich u. Tirol. Architekturmotive d. Kleinstadt. Federzeichnungen nach der Natur. (60 Taf. in Photolith. m. IV S. Text.) 33×25 cm. Wien, A. Schroll & Co. In Mappe 20. —

Thumb-Neuburg, C. H. von, s. Thumb

Thümbler, Friedrich Christian (Jena) A. S. 588/18

Exercitatio juris IV. in lib. I. tit. IV. de constitutionibus principum compendii digestorum Lauterbachiani. Präs. Matthias Nikolaus Braun.
Jena (Werther) III. 1711. 27 S.

W. v.: Jo. Ludwig Döhler, J. E. Wahlfeld (Opp.).
34445

von Thumbshirn, Abraham: „Oeconomia oder nothwendiger Unterricht und Anleitung, wie eine gantze Hauss Haltung am nützlichsten und besten (so ferne GOttes Seegen und Gedeyhen dabey) kan angestellet werden, desgleichen von Acker-Bau, wie derselbe bestellet und beschicket, ingleichen wie die Schäffereyen, Forberge und andere Güter sollen ausgethan und verpachtet werden etc. Alles auff Anordnung Churf. Augusti christseeliger Gedächtniss durch einen Vornehmen von Adel (Kanzler von Thumbshirn) auf die churfürstlichen Forberge gestellet". „Jetzo aufs neue (nach den Handschriften des Verfassers) in ‚Durk' verordnet durch Casparum Jugellum", 1617. Neue Auflage Frankfurt a. M. und Leipzig 1675, weitere Auflage Halberstadt 1705.

Thume, Heinrich: Über die Quellen des T. Lucretius Carus in seinem Lehrgeschichte „De rerum natura" und sein Verhältnis zu ihnen.
Phil. Diss., Prag 1898/99

Thüme, O., s. Zeitschrift für Pilzfreunde

Thüme, Osmar, u. Heinr. Gebauer, Heimathskunde v. Dresden. Zum Gebrauche f. Schulen u. f. Freunde der Heimat. Lex.-8. (XV, 222 S.) Dresden 876. Meinhold & Söhne. n. 2. —; Atlas hierzu, enth. 53 lith. Fig., e. (lith. u. color.) Stadtplan (in qu. gr. Fol.) u. e. (lith.) Karte der Umgegend v. Dresden — 60

Thümecke, C., Maschinenfabrik: Katalog über Probenschneidemaschinen usw. Berlin (1892?)

Thümen, v., Tabellen f. das Turnen der Truppen zu Pferde. 16. (44 S.) Nordhausen 885. Koppe. n. — 35

v. Thümen. Über die Uniformen der Garde du Corps, des Regiments Gensdarmen (1¾ B.) 4. Berlin 1830.

v. Thümen. Über die Uniformen der Preussischen Garde. (1½ B.) 4. Berlin 1828.

v. Thümen. Über die Uniformen der Garde-Artillerie-Brigade, der Garde-Pionnier-Abtheilung, der Garde-Unteroffizier-Compagnie, der Garde-Armee-Gensdarmerie, der Garde-Garnisons-Truppen, der Garde-Invaliden, des Trains und allgemeine Übersicht der verschiedenen Garde-Formationen bis zum Jahre 1832. (6 B.) 4. Berlin 1833.

v. Thümen. Über die Uniformen des Garde-Kürassier-Regiments, des Garde-Dragoner Regiments, des Garde-Husaren-Regiments, der beiden Landwehr-Kavallerie-Regimenter u. der Lehr-Escadron. (6 B.) 4. Berlin 1833.

v. Thümen. Über die Uniformen des 1. u. 2. Garde-Regiments zu Fuss. (2¾ B.) 4. Berlin 1831.

v. Thümen. Über die Uniformen des Kaiser Alexander und Kaiser Franz Grenadier-Regiments, des Garde-Jäger- u. Garde-Schützen-

Thümen, das Volksschulwesen in der Prov. Hannover, s.: Dulheuer.

Thümen, C. von, s. Thümen, Karl von

Thümen, Emil v., berühmte Entdeckungs- u. Forschungsreisende des 19. Jahrh. Orig.-Beiträge geograph., ethnographischen u. kolonialen Inhalts. Manuskripte, Briefe, Charakteristika. Mit e. biograph. u. chronologisch-top. Lexikon. gr. 8. (XIV, 272 S. m. 1 Karte.) Berlin 900. (Deutsches Druck- u. Verlagshaus.) n. 6.50; geb. n. 8.60

Thümen, Fel. v., die Bacterien im Haushalte d. Menschen. Unsere Freunde u. unsere Feinde unter den kleinsten Organismen. Eine populäre Darstellg. gr. 8. (39 S.) Wien 884. Faesy. n. 1. —

— Beiträge zur Kenntniss der auf der Schwarzföhre [Pinus austriaca Höss] vorkommenden Pilze, s. a. Mittheilungen aus dem forstlichen Versuchswesen Oesterreichs.

Thümen F. v.: Beiträge z. Kenntniss d. auf der Schwarzföhre ... vorkommenden Pilze. I. Wien 1883. 46 S. 4°.
(= Mittheilungen aus dem forstl. Versuchswesen Oesterreichs. N. F. 2, der ganzen Folge 10. H.). 612.

— die Bekämpfung der Pilzkrankheiten unserer Culturgewächse. Versuch e. Pflanzentherapie zum prakt. Gebrauche f. Land- u. Forstwirthe, Gärtner, Obst- u. Weinzüchter. gr. 8. (X, 160 S.) Wien 886. Faesy. n. 3. 60

Thümen F. v.: Einige Bemerkungen üb. botanische Nomenclatur. 1878. [Rostr. Saml.].

Thümen, Fel. v., die Blackrot-Krankheit der Weinreben. [Phoma uvicola Berk. et Curt. — Physalospora Bidwellii Sacc.] [Aus: „Allg. Weinzeitg."] gr.8. (29 S.) Wien 891. (W. Frick.) n.n. 1. —

Thümen, Felix von: Die Black-rot-Krankheit der Weinreben (Phoma uvicola Berk. et Curt.-Physalospora Bidwellii Sacc.). Wien: Selbstverl. 1891: Gerold. 29 S. Aus: Allgemeine Wein-Zeitung. -- 17.107*. UB Brünn

— s.: Dietrich's, D., Forst-Flora.

Thuemen, F., de fungi Austriaci exsiccati. Centuria I—III. gr. 4. (à 3 S. Text m. 100 getrockneten Pilzen.) Teplitz 872. (Berlin, Calvary & Co.) à n.n. 15.—

Thümen, Felix de, Fungi Austriaci exsiccati. Cent. IV—XIII. (Schluss.) gr. 4. (à 100 getrocknete Pilze und Erklärungen.) Teplitz 873—76. (Berlin, Calvary und Comp.) à Cent. **

Thümen, Felix v., fungi pomicoli. Monographische Beschreibung der auf den Obstfrüchten der gemässigten Climate vorkomm. Pilze. Mit 3 lith. Taf. gr. 8. (XII, 143 S. m. 3 Bl. Tafelerklärgn.) Wien 879. Braumüller. n. 4. —

Thümen, F. v., Fungi pomicoli. gr. 8. Wien 879. Berlin, Parey. *

—— Herbarium mycologicum oeconomicum. Die für die Land-, Forst- und Hauswirthschaft, den Gartenbau und die Industrie schädl. resp. nützl. Pilze in getrockneten Exemplaren. Fasc. I. Teplitz i. B. 1873. 4. (50 getrocknete Pflanzen auf 21 Bl. und 1 Bl. Erklärungen.) Dresden 873. (Berlin, Calvary und Comp.) In Carton. **

—— Herbarium mycologicum oeconomicum. Die für die Land-, Forst- und Hauswirthschaft, den Gartenbau und die Industrie schädl. resp. nützl. Pilze in getrockneten Exemplaren. Fasc. II—XV. (Schluss.) 4. (à 50 getrocknete Pflanzen mit Erklärungen.) Dresden und Wien 873—80. (Berlin, Calvary und Comp.) In Carton à Fasc. **

--- Ders.: Ueber den Mehlthau der Weinreben (Peronospora viticola De By). Bayreuth [1888]: Burger. 12 S. -- UB Brünn*

Thümen, F. v., die Pflanzen des homöopathischen Arzneischatzes, s.: Villers, v.

Thümen F. v.: Ueber Pilze als Krankheits-Erreger in der Thierwelt. 1881. [Rostr. Saml.].

—— Die Pilze der Obstgewächse. Namentliches Verzeichniss aller bisher bekannt gewordenen und beschriebenen Pilzarten, welche auf unseren Obstbäumen, Obststräuchern und krautartigen Obstpflanzen vorkommen. Wien 1886. gr. 8.

Thümen, F. v., die Pilze der Obstgewächse. Namentliches Verzeichniss aller bisher bekannt gewordenen u. beschriebenen Pilzarten, welche auf unseren Obstbäumen, Obststräuchern u. krautartigen Obstpflanzen vorkommen. gr. 8. (IV, 126 S.) Wien 888. Frick. n. 3. —

--- Ders.: Die Pilze und Pocken auf Wein und Obst. Mit 9 Taf. Berlin: Parey 1885. XX, 143 S. -- 3.5*.17*. B 14

--- Ders.: Die Pilze der Weinreben. Namentliche Aufzählung aller bisher auf den Arten der Gattung Vitis beobachteter Pilze. Wien: Fromme [1890]. 8 S. -- UB Brünn*

—— die Pilze des Weinstockes. Monographische Bearbeitung der sämmtl. bisher bekannten, auf den Arten der Gattung Vitis Lin. vorkommenden Pilze. gr. 8. (XX, 225 S. mit 5 lithogr. Taf. und 5 Bl. Tafelerklärungen.) Wien 878, Braumüller. *

—— die Pocken des Weinstockes. [Gloeosporium ampelophagum Sacc.] Beobachtungen, gesammelt auf einer im Auftrage des hohen kais. kön. Ackerbau-Ministeriums unternommenen Reise. gr. 8. (34 S. mit 1 Taf. in Farbendr.) [Wien 880, Braumüller.] Berlin, Parey. *

Publikationen des F. v. Thümen. [1880?]. [Rostr. Saml.].

--- Ders.: Verzeichnis der am häufigsten vorkommenden Pilze auf dem Weinstock, den Obstbäumen etc. Klosterneuburg 1876. -- [Zit. nach Bibliotheca oenologica, Nachtr. 6]

Thümen, [Friedrich], Dir. Prof. Dr.: [Ansprache bei der Feier des Geburtstages S. M. d. Kaisers am 27. Jan. 1900.] *Köslin 1900: C. G. Hendess.* (S. 18—19.) 4°
Köslin, k. G, OP 1900 (147)

[Umschlagt.:] Thümen, *Friedrich* [Dir. Prof. Dr.]: Antrittsrede *über die Realgymnasien.* Stralsund, Druck d. kgl. Regierungs-Buchdr., 1893; 1—6 S. 4.
Stralsund, RG, OP 1893 (152)

Thümen, *Friedrich* [Prof. Dr., Dir.]: *Bericht über seine Einführung als Director.* Stralsund, Druck d. kgl. Regierungs-Buchdr., 1893; 12—14 S. 4.
Stralsund, RG, OP 1893 (152)

Thümen, (Friedrich), Prof. Dr., Dir.: [Bericht über seine Einführung als Direktor.] *Köslin 1899: C. G. Hendess.* (S. 11—12.) 4°
Köslin, k. G, OP 1899 (145)

Thümen, *Friedrich* Bericht betreffend die Feier des 325jährigen Bestehens der Anstalt 4 (S. 28—32). G. *Stralsund* 1886 (132).
Progr.

Thümen, [Friedrich]: [Bericht über die Feier des 75jährigen Bestehens der Anstalt.] S. 15—18. 4.
Progr. Kgl. Friedrich-Wilhelms-Gymn. *Posen* 1910 (238).

Thümen, Einführung in Lessings hamburger Dramaturgie. 1. Thl. 4. (16 S.) Stralsund 874. (Berlin, Calvary & Co.) n. 1. —

Thümen, Friedr. Die Iphigeniensage in antikem und modernem Gewande. 22 S. **Progr.** G. *Stralsund* 1881.

Thümen, F., die Iphigeniensage in antikem u. modernem Gewande. 4. (22 S.) Stralsund 881. (Berlin, Mayer & Müller.) n. 1. —

Thümen, F., d. Iphigeniensage in antikem u. mod. Gewande. 2. Aufl. gr. 8. (47 S.) Berlin 895. Mayer & Müller. n. 1. —

Thümen, F., üb. Jugendspiele. Vortrag, geh. im wissenschaftl. Verein zu Stralsund. gr. 8. (20 S.) Stralsund 891. (Berlin, Mayer & Müller.) n. — 60

Thümen, Friedrich: Ciceros Rede de imperio Cn. Pompei, nach pädagog. Gesichtspunkten erkl. von Prof. Dr. F[riedrich] Thümen, Dir. zu Stralsund. 2. durchges. u. verm. Aufl. Berlin: R. Gaertner 1898. (XI, 149 S.) 8°

Thuemen, (Joan.) Frid. (Armin.) (geb. Naumburg a. S. 2. 9. 1844): De locutionum temporalium usu Homerico. Berolini (1866). (44 S.) 8°
Berlin, Phil. Diss. v. 21. Juli 1866

Thuemen, Friedr., de locutionum temporalium usu Homerico. Dissertatio inauguralis philosophica. Berlin 866. (Calvary & Co.) gr. 8. (44 S.) n. 8 ngr.

Thümen, G(eorg.) And. Just(us) Herm. (geb. Osterwieck 19. 2. 1806): De phlebitide. Berolini (1831). (47 S.) 8°
Berlin, Med. Diss. v. 2. Juli 1831

Thuemen, Johann Friedrich Armin, s. Thuemen, Friedrich

Thümen, Karl v. Geschichte d. Geschlechts v. Thümen. Im Auftrage d. Familie bearb. 3 Tle. in 1 Bd. I. Allgemeine Geschichte. II. Lebensgeschichtliche Nachrichten. III. Urkunden-Sammlg. gr. 4. (X, 124; III, 220; III, 215 S. m. 1 Uebersichtskarte, 1 Taf. m. Siegelzeichngn., 3 Wappentaf., 9 Taf. m. Namensschriften, 7 Stammtaf. u. 3 Bildnissen.) Liegnitz 889. (Berl., C. Heymann.) ** 20 —
Die 6 Stammtaf. auf Leinw. ** 25 —; geb. ** 30 —

Thümen, K. v., Instruktion für den militairischen Schwimm-Unterricht nach der Pfuelschen Methode, nebst Nachweisung der Vortheile dieser Methode vor der d'Argy'schen. Berlin 861. Schlesier. 8. (40 S.) n. 5 ngr.

Thuemen, Nik. Frhr. v., der rationelle Feld-Spargelbau, s.: Sammlung gemeinnütziger Vorträge.

[F.] Geschichte des Hagelversicherungswesens in Deutschland bis z. Jahre 1895 u. s. gegenwärt. Gestaltg. Von N[ik.] Frh. v. **Thuemen**. M. e. Vorw. v. Oekonomierath Prof. K[arl] v. Langsdorff, Generalsekr. *Dresden: G. Schönfeld 1896.* (VIII, 138 S.) 1 Bd 8. [96. 4093

— die Goldquelle in der Landwirthschaft od. die rationelle Oeconomie d. Stickstoffes bei der Düngg. der landwirthsch. Nutzpflanzen als wichtigstes Mittel zur Steigerg. der Roh- u. Reinerträge. 2., vielfach verb. u. erweit. Aufl. gr. 8. (VIII, 78 S.) Jena 892. (Leipzig, W. Diebener.) n. 1. 20

— die amerikanischen Reben, s.: Sahut, Fel.

Thümen, Nikolaus Frhr von: Die wichtigsten der direct tragenden amerikanischen Reben nebst einer kurzen Anweisung für ihre Cultur. Wien: Hitschmann; Gerold in Comm. 1890. 53 S. (Archiv für Landwirthschaft. Beil. zur 'Wiener landwirthschaftl. Zeitung'. 10.) -- 36.121*

— Steigerung der Erträge des Ackerbaues durch zweckmäßige Verwendung des Stickstoffes. 3., durchgesch. u. auf den Standpunkt des heut. Wissens gebrachte Aufl. v. „Die rationelle Oeconomie des Stickstoffes als wichtigstes Mittel zur Steigerg. der Roh- u: Reinerträge". gr. 8. (89 S.) Berlin 894. F. Telge. n. 1. 50

Thümer, Ant., die Erhaltung der Pflanzenwelt, s.: Flugschrift, 69., des Dürerbundes zur Ausdruckskultur.

Thümer, Karl August, approb. Arzt aus Blasewitz: ⟨Aus d. Universitätskinderklinik in Leipzig.⟩ Dir. Herr Medizinalrath Prof. Dr. Soltmann. Ueber **Chyluscysten** der Darmzotten. *Leipzig 1902: B. Georgi.* (31 S.) 8°
Leipzig, Med. Diss. v. (22. Juli) 1902

Thümer, (Karl August), Prof.: [**Ecce** zum Gedächtnis der im Laufe des verflossenen Kirchenjahres verstorbenen Angehörigen und ehemaligen Schüler der Anstalt.] *Freiberg 1899: Gerlach.* (S. 4—5.) 4°
Freiberg, G Albertinum, OP 1899 (568)

Thümer, *Karl August* Geschichte des Gymnasiums zu Freiberg (Gymnasium Albertinum) von 1811—1842. (Umschlagtitel: ... Freiberg 1811—1842.) 4 (39 S.). G. Albertinum *Freiberg* 1887 (501).
Progr.

Thümer, Karl Aug. Über den Platonismus in den Schriften des Justinus Martyr. 16 S. **Progr.** *Glauchau* 1880.

Thümer, Kurt, cand. med. aus Freiberg (Sachsen): Ueber retroperitoneale **Hernien** und einen Fall doppelten Darmverschlusses infolge eines Carcinomes und secundär entstandener Incarceration einer hernia ileoappendicularis. *München 1899: Kastner & Lossen.* (43 S.) 8°
München, Med. Diss. v. 1899

Thumim, Leop., die Zystoskopie des Gynäkologen, s.a. Sammlung klinischer Vorträge.

Die Zystoskopie des Gynäkologen von Dr. Leopold **Thumim**, Berlin. Leipzig: Breitkopf & Härtel 1907. (34 S.) 4°(8°)
= **Sammlung** klinischer Vorträge. N. F. No 444/5. [07. 2644

Thumitz, Friedrich v. Criegern-, s. Criegern-Thumitz

Thümler, Elise, s.: Freyburg, Elise.

Thümling, Adf., e. Fall v. günstig abgelaufener Bauchschwangerschaft. Inaugural-Dissertation. 8. (24 S.) Tübingen 875. Fues. n. — 40

Thumm, G., Friedrich Ludwig Jahn, E. Lebensb., Heilbronn a. N. 1902, 22 S., 8°.

Thumm, K., die Abwasserreinigung in England, s.: Bredtschneider, A.

Thumm, K., Beitrag zum derzeitigen Stande der Abwasserreinigungsfrage, s.: Dunbar.

Thumm, K., Beiträge zur Biologie d. fluorescierenden Bakterien. [Aus: „Arbeiten d. bakteriol. Instituts d. grossh. Hochschule zu Karlsruhe".] gr. 8. (89 S.) Karlsruhe 895. Wiesbaden, O. Nemnich. n. 3. —

Thumm, Max, Medizinalprakt.: Aus d. Tübinger Univ.-Augenklinik. Beitrag zur Anatomie primärer Optikustumoren. Tübingen: Pietzcker 1909. 29 S. 8°
Tübingen, Med. Diss. v. 15. Jan. 1910, Ref. Schleich
[Geb. 1. Juli 83 Gernsbach; Wohnort: Tübingen; Staatsangeh.: Württemberg; Vorbildung: Gymn. Heilbronn Reife M. 01; Studium: Theol. Basel 4, Med. Tübingen 6, Berlin 1, Tübingen 3 S.; Coll. 9. Juni 09; Approb. 3. Jan. 10.]
[U 10. 4166

Fischer, Ignaz: Rede am Grabe des [Br.] Ignaz Fischer, gesprochen am 23. Juni 1871 von Wilh. **Thumm.** Pforzheim 1871: Flammer. 2 Bl. 8° [Umschlagtit.]
Abgedr. in: Z. 1 (1871) S. 58—59; FZ. 26 (1872) S. 13—15.
Behandelt auch Ziel u. Aufgabe des Frmrbundes.

Thumm, Wilhelm Friedrich

Thumm, W. F., Charakterbilder aus dem christl. Volke. 8. (IV, 132 S.) Basel 882. Spittler. n. — 80

[Thumm, Wilhelm Friedrich.] Durch Nacht zum Licht! oder Lebensgang des ... F(ranz) J(oseph) Benedict Nimser in Wilhelmsdorf (1799–1863). Vom Verfasser der Treue im Kleinen. 8. Korntal und Wilhelmsdorf, Basel 1864.

[Thumm, Wilhelm Friedrich.] Glückliche Heimkehr aus langer Irre. Lebensgeschichte von Rudolf Bürgi aus Neftenbach (1795–1865). Hrg. ... vom Verfasser der „Treue im Kleinen". 8. Basel 1867.

—— die glückliche Heimkehr nach langer Irre. Dargestellt in der Lebensgeschichte des Rud. Bürgi aus Neftenbach. 1. und 2. Aufl. 8. (224 S.) Ebendas. 878,82. *
geb. *

Thumm, W. F., glückliche Heimkehr aus langer Irre. Lebensgeschichte d. Rudolf Bürgi aus Neftenbach. 3. Aufl. 8. (216 S.) Basel 896. Kober. n. 1.20; geb. in Leinw. n. 2. —

(T[humm, Wilhelm Friedrich].) Die Treue im Kleinen und ihr grosser Segen. Dargestellt im Lebensgange des Johann Martin Stanger (1794–1861), Lehrers ... in Wilhelmsdorf. 3., vermehrte Aufl. 8. Wilhelmsdorf und Basel 1867.

Thumm, W[ilhelm] F[riedrich]. Durch tiefe Wasser. Geschichte der Gemeinde Wilhelmsdorf ... seit ihrer Gründung den 8. Januar 1824. 8. Basel 1875.
[1. Aufl.] — 2. Aufl.

Thumm-Kintzel, Magdalene, auf Irrwegen der Liebe, s.: Ebertin, Elsbeth.

— s.: Menschenkenner, der.

— Merkwürdige Veränderungen in der Handschrift bei e. Fall v. Syphilis u. progressiver Paralyse. (12 S. m. 4 Abb.) gr. 8. Leipzig 907. Verlag d. Monatsschrift f. Harnkrankh. — 60

Thumm-Kintzel, Magdalene, der psychologische u. pathologische Wert der Handschrift. (VII, 208 S.) Lex.-8. Leipzig (905). P. List. n. 5. —; geb. n. 6. —

— Wie erkennt man e. Menschen Wert aus seiner Handschrift? (30 S.) gr. 8. Ebd. (906). n. — 50

— Zeigen sich Liebe u. Erotik in der Handschrift? (5 S.) gr. 8. Ebd. 907. — 50
2 Sonderabdrucke aus: „Monatsschr. f. Harnkrankh. usw."

T(hummel), W(ilhelm). Reise-Erlebnisse eines badischen Jerusalempilgers aus dem Jahre 1881. Geschildert von W. T. 8. Radolfzell *o. J.* [1882, 85].

Thümmel, ..., s. *Dicta* probantia etc.

Thümmel, A., Truppenmesser. 16. (2 Steintaf. auf Carton.) Berlin 886. Mittler & Sohn. n.n. — 75

Thümmel, A. M. v., s. Thümmel, Moritz August von

Thümmel, A. R., bunte Bilder aus dem Kaukasus, enth.: Schilderungen des Landes und seiner Bewohner rc. Zur Unterhaltung und Belehrung hrsg. 2 Bde. gr. 16. Nürnberg, v. Ebner'sche Buchh. Verlagsconto. [1. (VI und 223 S.) 854. * 15 Ngr., 2. (IV 279 S.) 855. * 16 Ngr.] *

Thümmel, A. R., neueste Geschichte der Republik Mexiko von d. Gründg. des Freistaates bis z. Eroberg. der mexikan. Hauptstadt durch die Verein. Staaten. [Abdr. aus des Verfassers Werke: Mexiko u. die Mexikaner.] gr. 8. (94 S.) Erlangen 848, Palm. 1/3 ß

—— Mexiko und die Mexikaner, in physischer, socialer und polit. Beziehung; ein vollständ. Gemälde des alten und neuen Mexiko, mit Rücksicht auf die neueste Geschichte, nach deutschen, französ., engl. und amerikan. Quellen dargestellt. gr. 8. (VIII und 478 S.) Erlangen 848, Palm's Vrlgsh.

—— die Natur und das Leben in den vereinigten Staaten von Nord-Amerika, in ihrer Licht- und Schattenseite nach den Schilderungen von Augenzeugen und den Briefen ausgewanderter Landsleute dargestellt. gr. 8. (VIII und 521 S.) Erlangen 848, Palm's Vrlgsh.

Thümmel, Agnes, Knüpf-Arbeiten (Makramé). Ein Lehrgang der Knüpftechnik sowie e. Anleitg. zur Herstellg. v. Gebrauchsgegenständen in dieser Handarbeit. (58 S. m. 190 Abb. u. 2 Schnittbog.) Lex. 8. Leipzig (909). Verl. der „Deutschen Modenzeitg." 1.50

Thümmel, Albert: Der germanische Tempel. Mit 2 Karten. Halle a. S. 1909: Karras. 123 S. 8° ¶(Aus: Beiträge z. Geschichte d. dtsch. Sprache u. Liter. Bd 34.)
Leipzig, Phil. Diss. v. 31. März 1909, Ref. Mogk, Sievers
[Geb. 27. März 85 Zwickau i. S.; Wohnort: Zwickau; Staatsangeh.: Sachsen; Vorbildung: Realgymn. Zwickau Reife O. 04; Studium: Tübingen 3, Leipzig 6 S.; Rig. 17. Juli 08.] [U 09. 3074

Thümmel, Alwin, Kriegstage aus Saalfelds Vergangenheit. Nach den vorhandenen archival. u. geschichtl. Quellen bearb. Mit (5 lith.) Karten u. Plänen. gr. 8. (V, 74 S.) Berlin 882. Mittler & Sohn. n. 2. —

Thümmel, Arno, a. Zwickau i. S.: Studien über John Skelton. Leipzig-Reudnitz 1905: A. Hoffmann. (98 S.) 8°
Leipzig, Phil. Fak., Ref. Wülker, Birch-Hirschfeld, Diss. v. 8. Febr. 1906
[Geb. 15. Juli 83 Zwickau; Wohnort: Zwickau; Staatsangeh.: Sachsen; Vorbildung: Realgymn. Zwickau Reife O. 02; Studium: Leipzig 7 S.; Rig. 27. Juli 05.]

Thümmel, August Andreas (Barnstädt) A. S. 1250/9

Dissertatio medica inauguralis de coeliaca.
Präs. Rudolph Wilhelm Krauss.
Jena (Krebs) VI. 1710. 30 S.

Gew.: Georg Wolffgang Wedel, Johann Adrian Slevogt.
W. v.: Präs., Georg Wolffgang Wedel, Johann Adrian Slevogt.
34446

v. Thümmel, Frhrr. Aug. Wlh., († d. 10. April 1814.) Ferdinand, (Der Findling im Walde). 2 Thle. 8. Leipz. 803. 2e A. 808. 3e A. 825. Reinicke in Halle. 1 ß 12 g

— s. Freier, die Kleinstädtischen.

— Gemälde romant. Träumereien. 8. Leipz. 806.

v. Thümmel, Aug. Wlh., dramat. Scenen zum gesellschaftl. Vergnügen. 1r Thl. 8. Koburg 804. Sinner. 1 ß

— Zemire u. Azor, s. Marmontel.

Thümmel, C., s. Thümmel, Konrad

Thümmel, Carl Eduard, s. Thümmel, Karl Eduard

Thümmel, Conrad, s. Thümmel, Konrad

Thümmel, Ernst, Erweiterung der Berufsbildung des deutschen Offiziers. gr. 8. (28 S.) Berlin 901. R. Schröder. n. — 50

Thuemmel, Ernestus: Nonnulla de renum tuberculosi. Halis Saxonum (1862): Gebauer-Schwetschke. 30 S. 8°
Halle-Wittenberg, Med. Diss. v. 6. Juni 1862
Geb. Eutzsch (Kr. Wittenberg) 1. 11. 1838. V.

THÜMMEL, F. v., Die schauerlichste Nacht meines Lebens. Nebst einigen romantischen Dichtungen (in Prosa). Leipzig, o. J. (c. 1810). 8°.

v. Thümmel, Fr., die schauerlichste Nacht meines Lebens. 8. Leipz. (807.) Joachim. 1 ₰

— neue romant. Reisen. 8. Neuburg 804. (Lpz., Joachim). 1 ₰

Thümmel, *Friedrich Wilhelm* [ev. Pfarrer in Remscheid]: Zur Beurtheilung des Donatismus ... Halle a. S., Druck v. E. Karras, 1893; 3 Bl., 104 S., 1 Bl. 8.
Halle, Theol. Fak., Inaug.-Diss. v. 9. Aug. 1893

Thümmel, Georg [aus Prov. Posen]: Ueber einen Fall von allgemeiner Carcinose mit besonderer Berücksichtigung des klinischen Verlaufes .... Greifswald, Druck v. Julius Abel, 1887; 34 S. 8°.
Greifswald, Med. Fak., Inaug.-Diss. v. 17. März 1887.

v. Thümmel, Hans, († d. 1. März 1824.) Aphorismen aus den Erfahrungen e. 77jährigen. Mit d. Portr. des Verf. 8. Altenb. 818. 2e A. 821. Hahn. 18 gr.

— nachgelass. Aphorismen aus den Erfahrungen e. 77jährigen. Elysium u. Tartarus. Nebst des Verf. Biographie. 8. Frkf. a. M. 827. Sauerländer. 21 gr.

Thümmel, Hans v. Historische, statistische, geographische und topographische Beyträge zur Kenntniß des Herzogthums Altenburg. Herausgegeben von Hans von Thümmel ... Altenburg 1818.
112 + 8 S. m. 1 Karte in Kupferst.; 41 z. T. farb. Taf. 4°.
Enthält Bildnisse von Regentenpaaren des 15. bis 18. Jahrh.

Thümmel, Hans v., hist. statist. geograph. und topogr. Beyträge zur Kenntniß des Herzogthums Altenburg. Mit 39 Portraits 2 Karten und fac simile der Handschrift Joh. Friedrich II. kl. Fol. Altenburg, Hahn. 820. auf Velinpapier illumin.

— — dasselbe schwarz

— — auf Canzleypapier illumin.

— — auf Velinpapier ohne Kupfer

— — auf Canzleypapier ohne Kupfer

— s. Biographie der Fr. Anne Charlotte Dorothea v. Curland.

— Lettres à Clio. gr. 4. Altenb. 818. (Schnuphase). 16

— tabellar. Uebersicht d. Getreidepreise im Herzogth. Altenburg, v. J. 1650—1817. Roy. 4. Altenb., Literatur-Compt. in Zwickau.

— tabellar. Uebersicht der Getreidepreise im Herzogth. Altenburg vom J. 1650 bis 1817. Nebst patriot. Vorschlägen zur Einführung eines allgem. Getreidemaaßes. gr. 4. Altenb. 808. N. A. 818. (Schnuphase); (a. Literat. Compt. in Ronneb.) 14 gr. Hbg. Pr. 8 gr.

Thümmel, Heinrich [Assistenzarzt aus Braunschweig]: Ein Fall von congenitalem Defekt der ganzen Tibia .... Braunschweig, Druck v. Joh. Heinr. Meyer, 1886; 28 S. u. 1 Taf. 8°.
Halle, Med. Fak., Inaug.-Diss. v. 17. Jul. 1886.

Thümmel, Heinrich, ein Fall von congenitalem Defekt der ganzen Tibia. Diss. Halle 1886, Lippertsche Buchh. 8°. 28 S. mit einer Taf.

Thümmel, Herm., die Branntweinseuche u. deren Heilung. Ein warnender u. mahnender Zuruf an Alle, denen das Wohl des Volkes am Herzen liegt. Zunächst f. die Bewohner des Kreises Lennep zusammengest. 2 Aufl. 8. (4 B.) Lennep 845, Mittelstenscheid. *

— Enthaltsamkeitsbuch. Eine Sammlung von Aufsätzen zur Wiederbelebung des Kampfes gegen den Branntwein. 1.—3. Aufl. Hrsg. von der Wupperthaler Traktat-Gesellschaft. gr. 16. (IV, 154 S.) (Ebendas.) 869—74.

Thümmel, H., „Es ist Satans Blut." Eine Warnungsschrift gegen den Brandwein. Aufs Neue durchgesehen u. herausg. von dem Comité des Schlesischen Central-Vereins wider die Vergiftung durch Alkohol. Mit 4 color. (lith.) Abbildgn. des menschlichen Magens. 3. u. verm. Aufl. Jenkau 860. — Neu-Ruppin, Bergemann. gr. 8. (36 S.) n. 3 ngr.

— „Es ist Satans Blut". Eine Warnungsschrift gegen den Brandwein. Aufs Neue durchgesehen und hrsg. von dem schles. Central-Enthaltsamkeits-Vereine gegen Vergiftung durch Alkohol. Mit 8 (lithogr. und color.) anatom. Abbild. des Menschen-Magens und einer Erklärung derselben, welche auch für den Schulgebrauch bestimmt sind. 4. verm. Aufl. 8. (40 S.) Breslau 869, Dülfer's Verlag. cart. *

Thümmel, H., kommet her zu mir! Eine Gabe f. junge Christen. M. e. Vorwort v. Baur. 8. (VI, 208 S.) Barmen 894. Wupperthaler Traktat-Gesellschaft. Geb. in Leinw. m. Goldschn. n. 3.—

Thümmel, H., kommt her zu mir! Eine Gabe f. junge Christen. M. e. Vorwort v. Baur. 2. Aufl. 8. (VIII, 208 S.) Barmen 895. Wupperthaler Traktat-Gesellschaft. Geb. in Leinw. m. Goldschn. n. 3.—

Thümmel, H., kommet her zu mir! Eine Gabe f. junge Christen. Mit e. Vorwort v. Baur. 3. Aufl. (VII, 208 S. m. Titelbild.) 8. Barmen (907). Wuppertaler Traktat-Gesellschaft. Geb. in Leinw. 2.—

Thümmel, Herm., Confirmandenbuch. Eine Gabe für junge Christen. 3. Aufl. 8. (176 S.) Barmen 866. (Berlin, Beck.) *

Thümmel, Herm., Confirmandenbuch. Eine Gabe für junge Christen. 6. Aufl. 16. (176 S.) Barmen 872. (Leipzig, Langewiesche's Verlag.)

— dass. — 7. Aufl. 1874. * 60 Pf., und 8. Aufl. 8. (175 S.) Barmen 875, Wiemann. geb.
geb. mit Goldschn.

Thümmel, Herm., Confirmandenbuch. Eine Gabe für junge Christen. 9. Aufl. gr. 16. (176 S.) Barmen 876, Wiemann. * 70 Pf.; geb. * ℳ 1,20.; geb. mit Goldschn. *
— dass. — 10. und 11. Aufl. gr. 16. (176 S.) (Ebendas.) 878,79. 60 Pf.; geb. * ℳ 1.; geb. mit Goldschn. *

Thümmel, Herm., Confirmandenbuch. Eine Gabe für junge Christen. 12.—15. Aufl. 8. (176 S.) Barmen 880—83, (Wiemann.) * 50 Pf.; geb. * geb. mit Goldschn.

Thümmel, Herm., Confirmandenbuch. Eine Gabe für junge Christen. 16. und 17. Aufl. 8. (176 S.) Barmen 886, (Wiemann.) *

Thümmel, H. Konfirmandenbuch. Eine Gabe für junge Christen. 20. Aufl. 12. (168 S.) Barmen 891, Wupperthaler Tractatgesellschaft. * — 40; geb. * — 75

Thümmel, H., Konfirmandenbuch. Eine Gabe f. junge Christen. 23. Aufl. (69.—74. Tauf.) 12. (176 S. m. Titelbild.) Barmen 898. Wupperthaler Traktat-Gesellschaft. n. — 40; kart. n. — 60; geb. in Leinw. n. — 75; m. Goldschn. n. 1. 20

Thümmel, H., Konfirmandenbuch. Eine Gabe für junge Christen. 24. Aufl. (75.—84. Tauf.) (176 S. m. Titelbild.) kl. 8. Barmen (904). Wuppertaler Traktat-Gesellschaft. — 40; geb. in Halbleinw. — 60; in Leinw. — 75; m. Goldschn. 1. 20

— Konfirmandenbuch. Eine Gabe f. junge Christen. 25. Aufl. (85.—92. Tauf.) (176 S. m. Titelbild.) kl. 8. Ebd. (907). — 40; kart. — 60; geb. in Leinw. — 75; m. Goldschn. 1. 20

—— Sammlung biblischer Geschichten, Reden, Gebete und Sprüche Jesu Christi, der Propheten und Apostel. Nebst Anhang: Geschichte des jüdischen Volkes von Abraham bis David nach Apostelgeschichte 7 und Psalm 78. (In deutscher Prosa und latein. Versen.) 8. (187 S.) Ebendas. 886. * geb. *

— vergiß nicht, was Er Dir Gutes gethan. Geschichte der vereinigt-evangel. Gemeinde Unterbarmen vom J. 1822 bis zum J. 1872. 8. (VII, 183 S.) Barmen 872. (Klein.) n. 1. —

Thümmel, Hermann, aus Barmen: Anodisches Verhalten von Zinn, Antimon und Wismuth. *Gießen 1903: v. Münchow.* (42 S.) 8°
Gießen, Phil. Diss. v. 1903

Thümmel, J. Ch., s. Materialien f. d. Schulunterricht 2c.

Thümmel, J. S., das Referirgeschäft im preuß. Civil- und Kriminal-Prozesse nebst einem Anhange. Halle 858. Schroedel u. Simon. gr. 8. (VI, 137 S.) n. 20 ngr.

Thümmel, Jul., die Gavotte der Königin. Lustspiel in 1 Act. Den Bühnen gegenüber Mscr. gr. 8. (32 S.) Halle 876. Lippert'sche Buchh. n. 1. —

Thümmel, Jul., die Gavotte der Königin. Lustspiel in 1 Act. Den Bühnen gegenüber Mscr. gr. 8. (32 S.) Halle 876, Niemeyer. *

Thümmel, Jul., am Kamin. Lustspiel in 1 Act. Den Bühnen gegenüber Mscr. gr. 8. (36 S.) Halle 877. Niemeyer. n. 1. —

Thümmel, Jul., Shakespeare-Charaktere. 2. Bd. 8. (V, 304 S.) Halle 887, Niemeyer. *
[1. Bd.] Ebendas. 1881. * ℳ 4.—.

Thümmel, Jul., Vorträge über Shakespeare-Charaktere. 8. (V, 276 S.) Halle 881, Niemeyer. *

Thümmel, Karl [aus Freiberg]: Über Icterus in der Frühperiode der Syphilis . . . Berlin, Buchdr. v. G. Schade, *1894*; 31 S. 8.
Berlin, Med. Fak., Inaug.-Diss. v. 14. Aug. 1894

Thümmel, Karl: Ueber Myeloide. Halle a. S. 1885: Karras. 38 S. 8°
Halle-Wittenberg, Med. Diss. v. 1. Aug. 1885
Geb. Lauterbach 7. 7. 1859. V.

Thümmel, Karl Eduard

Thuemmel, Car. Eduard. (geb. Berlin 19. 1. 1798): De difficili in morbis spasticis epicrisi. Berolini (1819). (24 S.) 8°
Berlin, Med. Diss. v. 14. Aug. 1819

Thümmel, (C. E.,) medizin. Hausbuch zur Hülfe bei vorkommenden Krankheitsfällen für Jedermann, insbesond. für Landbewohner u. Landwundärzte. Alphabetisch geordnet. Nebst dictet. Wörterbuche. Mit 1 Kupf. u. 1 Vign. gr. 8. Berl. 824, Amelang. Rthlr.

Thümmel, Konrad

Thümmel, C., die Femgerichte d. deutschen Mittelalters, s.: Aus dem Reiche f. das Reich.

Thuemmel, Conr., über die südslavische Guslaren-Epik, s.a. Sammlung gemeinverständlicher wissenschaftlicher Vorträge.

Thuemmel C, über die südslawische Guslarenepik. (Samml. wiss. Vorträge NF 204) Hamburg 1894

— Sittenlehre u. Strafrecht, s.: Zeit- u. Streitfragen, deutsche.

—— aus der Symbolik des altdeutschen Bauernrechts, s.a. Sammlung gemeinverständlicher wissenschaftlicher Vorträge.

C. Thümmel, Aus der Symbolik des altdeutschen Bauernrechts (Sammlg. gemeinverständl. wissenschaftl. Vortr. N. F. 28), Hamburg 1887.

Thuemmel, Conr., mittelalterl. Volkssagen als Ausdruck religiös-polit. Kämpfe, s.a. Sammlung gemeinverständl. wissenschaftl. Vorträge.

[F.] Mittelalterliche Volkssagen als Ausdruck religiös-politischer Kämpfe. Von Conrad Thuemmel, Amtsgerichtsr. in Görlitz. *Hamburg: Verlagsanst. u. Dr. A.-G. 1898.* (38 S.) 8.
= Sammlung gemeinverständl. wiss. Vorträge. N. F. Ser. 13. H. 294.
[98. 3903

—— der gerichtliche Zweikampf und das heutige Duell, s.a. Zeit- und Streit-Fragen, deutsche.

Thümmel C, der gerichtliche Zweikampf und das heutige Duell. (Zeit- und Streitfragen, Deutsche, Neue Folge 20) Hamburg 1887

Thümmel, L., aus Wald u. Feld. Frei nach dem Engl. 12. (68 S. m. Vignetten.) Barmen 894. Wupperthaler Traktat-Gesellschaft. n. — 60; geb. in Leinw. n. 1. 40

Julius Sigismund Thümmel. Ein Charakterbild. (Vf.: Mathilde Thümmel.) *Halle a. S.: Dr. v. E. Karras 1897.* (50 S.) 1 Bd 8. [57. 7626 IIa

Thümmel, Mor., d. Kaisers Lager vor Wittenberg. Historische Erzählg. aus dem J. 1547. 8. (332 S.) Barmen 890. Wiemann. 6. —

Thümmel, Moritz August von

— — Gedichte. Wien 1804. 8⁰. (5 Sgr. Steinkopf, Stuttgart, 1874.)
— — Dasselbe. Stuttgart 1822. 8⁰. (5 Sgr. der Vorige, 1874.)

Thümmel, Moritz August v., Guiglielmina, Poema prosaico-comica, nella italiano tradotta da G. E. S. Stockmar. 8. Cob. Ahl. 784.

— Guiglielmina, poëma prosaico-comice, nella Italiano tradotta da J. Er. G. Stockmar. 8. Coburg 784. (Riemann). 12 gl.

— — dasselbe. 8. Hildburgh. Hanisch. 784.

— s. Inoculation der Liebe.

* — — Die Inoculation der Liebe. Eine Erzählung (in Versen). Mit 1 reizenden Kupfer u. 2 Vignetten (vor der Schrift). Leipzig, bey Weidmanns Erben und Reich. 1771. Kl. 8⁰. 70 S. (In Berlin: Yl 7411; auch in Breslau, Stadtbibl.: 8⁰ E 3666, Beibd.) (6 Mk., schönes unbeschn. Expl., Max Jaeckel, c. 1905; 8 Mk., unbeschn., Adolf Weigel, 1910; 10 Mk. prächtiges Expl., Frdr. Meyer, Lpz., 1906.)
Erste Ausgabe, Chrn. Felix Weisse gewidmet. — Anonym erschienen.

§ * — — Dasselbe (Nachdruck mit dem Namen d. Vf.). Mit Titelkpfr. u. Titelvign. (unsign.). Leipzig und Zurzach, 1772. 8⁰. (In Berlin: Yl 7413; auch in Carlsruhe: Qb 1410.) (5 Mk. Jacques Rosenthal, c. 1903.)
62 S. (incl. Tit., 1 Bl. [nur französ. Motto aus Favart], 2 Bll. poet. Zuschr. an „Kreyßsteuereinnehmer Weisse in Leipzig"). — Mit Schlußvign. in Holzsch. (C. D. H. sc.).

— — Dasselbe. (Nachdruck.) Mit einigen neuen Stücken von eben diesem Verfasser vermehrt. Biel 1773. 8⁰. (1 Mk. 50 Pfg., unbeschn.., Th. Ackermann, Cat. 44; jetzt theurer!)
— — Dasselbe. (Nachdruck.) Mit Titelkpfr. u. 2 Vignetten. Leipzig und Zurzach 1774. 8⁰. 62 S. (Th. Ackermann, München, Cat. 33. [1875.] no. 2353, Beibd. 1.)
— — Dasselbe (Nachdruck.) Wien 1802. 8⁰. (1 Mk. 40 Pfg., Expl. auf Velinp., l. c.)
— — Dasselbe. Leipzig 1811. 8⁰.

— — dasselbe. Velinp. 8. Wien, Degen. 802.

Thümmel, M. A. v., die Inoculation der Liebe, ein prosaisch-komisches Gedicht. 8. Wien. 802. Jetzt Verlag von Mösle.

* — — Der heilige Kilian und das Liebes-Paar. (Poetische Erzählung.) Hrsg. von Friedr. Ferd. Hempel. Mit 4 schönen Kpfrn. (von G. Opitz). Leipzig, Brockhaus, 1818. Gr. 8⁰. XXII-103 S. ($1\frac{1}{3}$ Rthl.) (In Berlin: Yl 7461.) (6 Mk. 50 Pfg., unbeschn. im Orig.-Cart., Rossberg, Lpz., 1910; 9 Mk. Auktion Deneke; 4 Mk., Expl. auf Velinp., unbeschn. im Orig.-Carton, Adolf Weigel, 1910.)

— — der heilige Kilian und das Liebespaar. Herausgeg. von Fr. Ferd. Hempel. Mit 4 Kupf. gr. 8. Leipzig, Brockhaus. 819.

* — — Reise in die mittäglichen Provinzen von Frankreich im Jahr 1785—1786. Leipzig, bei G. J. Göschen, 1791—1805. Zehn Theile. Mit 20 z. Th. erotischen Kpfrn. u. 10 Vign. I.—V: 278, 320, 302, 408, 464 S. VI.—X.: 395, 430, 371, 304, 410 S. 8⁰. (In Berlin: Yw 3301; ein 2tes Expl. von Th. 1 mit Autograph d. Vf.: Yw 3301a; cplt. auch in der Berliner Magistrats-Bibl.) (15 Rthl.) (12 Mk., gleichzeit. Hfrzbde., Max Jaeckel, Potsdam, c. 1905; 15 Mk. sehr gutes, breitrand. Expl., Friedr. Meyer, Lpz., 1906; 20 Mk., 1 Bd. anders gebd., Paul Alicke, Dresden, 1908.)
Wurde auf verschiedene Papiersorten gedruckt.

— — Dasselbe. (Nachdruck, anonym.) 8 Bde. Mit Portrait d. Vf. (vor Bd. 6, Schnorr v. Karolsfeld pinx.), 8 (z. Th. pikanten) Kpfrn. (von Mansfeld u. A.) u. 9 Vignetten (incl. 1 Schlußvign. bei 1). Frankfurt und Leipzig und Hohenzollern 1791—1805. 8⁰.
— — Dasselbe. 5 Thle. Mit 5 Kpfrn. (das zu Th. 4 sehr frei) u. 5 Titelvign. (von Blaschke u. Weinrauch). Leipzig 1810. 8⁰.
Mart. Breslauer's Berliner Octob.-Auct. 1910, no. 2729a. — Nicht bei Goedeke.

— Dieselb. kleiner Druck, ohne Kpf. 8 Thle, welche die 10 Thle der Ausgabe mit Kpf. enthält. 8. Ebd. 791—805. 5 rf 4 gl.

* — — Kleine poetische Schriften. (Vignette.) Frankfurt u. Leipzig 1782. 8⁰. 111 + (9) S. (In Berlin: Yl. 7441.)
Diese Sammlung enth. nur zum Theil Gedichte Thümmels.
— — Dasselbe. Neue unveränderte Ausgabe. Wien, Mörschner und Jasper, o. J. 8⁰.
Schöne Nachdruckausgabe in Antiquatypen auf Velinpapier.

— kleine poetische Schriften. 8. Leipz. Schneider. (Linke.) 782.

— kleine poet. Schriften. 8. Leipz. 782. Schneider. 4 gl. Velinpap. 8. Wien 805. (v. Mösle). 16 gl. Neue unveränd. Ausg. 8. Ebd. 824. Mörschner u. J. 16 gl.

— Taschenbuch f. Damen, auf d. J. 1817 u. 1818. Mit Kpf. 12. Leipz., (Brockhaus). (à 2 rf) 4 rf — Dass. auf d. Jahr 1819. Neue Folge. 1r Jahrg. Mit 6 Kpf. Ebd. 2 rf

Thümmel's [M. A. v.] Werke. 4 Bde. 8. Stuttgart 880, Göschen'sche Verlagsh. à Bd. * M 1,50. *
Inhalt:
Bd. 1. Biographie. — Vermischte Gedichte. — Die Inoculation der Liebe. — Das Erdbeben von Messina. — Wilhelmine. — Reise in die mittäglichen Provinzen Frankreichs. (XXVIII, 315 S.)
„ 2—4. Reise in die mittäglichen Provinzen Frankreichs. (276; 298; 288 S.)

— — Beste Werke. 7 Bde. Hildburghausen 1842. 8⁰. ($1\frac{1}{8}$ Rthl., br., Steinkopf, 1874.)

— — kleine poetische Werke. 8. Wien. 805. Velinpap. Ist jetzt Verlag von Mösle

Thümmel's, A. M. v., sämmtliche Werke, s. Classiker, deutsche.

— — Sämmtliche Werke. Sechs Bde. (Mit Portrait, Titelvign. u. Kupf. nach Schnorr v. K., Ramberg u. A. Leipzig. Bey G. J. Göschen 1811—12. I. Vermischte Gedichte. Die Inoculation der Liebe. Wilhelmine. 254 S. II.—VI. Reise in die mittägl. Prov. von Frankreich. 378, 559, 568, 531 u. 472 S. 8⁰. (In Berlin: Magistrats-Bibl.) (12 Mk., Hldr., Schaper, Hannover, c. 1908.)
Erste Orig.-Ausgabe der sämmtl. Werke.
— — Dasselbe. 6 Bde. Mit Portr. nach Schnorr v. K. u. 5 reizenden galanten Kpfrn. nach Ramberg. Ebd. 1832. 8⁰. (6 Rthl.) (9 Mk., eleg. Lwdbde., Adolf Weigel, 1910.)

— — Dasselbe. Stereotyp-Ausgabe. 8 Bde. Mit Portrait. Ebd. 1839. 12⁰, ($3\frac{1}{6}$ Rthl.).) (4 Mk. 50 Pfg. Schaper, c. 1908.)
— — Dasselbe. 8 Bde.. Ebd. 1853—54. 12⁰. ($2\frac{1}{3}$ Rthl.) (4 Mk. der Vorige, c. 1908.)
— — Dasselbe. 8 Bde. Ebd. 1856. 12⁰. ($\frac{2}{3}$ Rthl. Steinkopf, 1874; 3 Mk. Wilh. Erras, Frf. a. M., vor 1885.)
— — Dasselbe. 3 Bde. Mit 3 Stahlstichen. Ebd. 1856. 8⁰. (3 Mk., Ganzlwdbde., Schaper, c. 1908.)
— — Dasselbe. (Hrsg. von Joh. Ernst v. Gruner.) 7 Bde. Leipzig, Göschen, 1820. 8⁰.
— — Dasselbe. (Nachdruck.) 7 Bde. Stuttgart, Macklot, 1820. 12⁰. ($\frac{5}{6}$ Rthl. Steinkopf, 1874; 1 Mk. 80 Pfg. Stuber, Würzburg, 1877.)

v. Thümmel's, A. M., sämmtliche Werke. Stereotyp-Ausg. 8 Bde. gr. 16. (Mit Thümmels Portrait.) Leipzig 844, Göschen. Subscr.-Pr. n. $2\frac{1}{3}$ ₰

— sämmtl. poet. Werke. 8. Wien 803. Degen. N. Aufl. 824. (Mörschner u. J.) Velinp. 1 ₰ 12 gl

— — sämmtliche poetische Werke. 8. Velinpap. 805. Ist jetzt Verlag von Mösle in Wien.

Thümmel, M. A. v., Wilhelmine, s.a. Bücher-Schätze.

Thümmel, Mor. Aug. v., Wilhelmine, s.a. Litteraturdenkmale, deutsche, des 18. u. 19. Jahrh.

Thümmel, M. A. v., Wilhelmine,
—— dass. — s.a. Universal-Bibliothek Nr. 1210.

* **THÜMMEL,** Moritz Aug. v. (geb. 27. Mai 1738 auf dem adelichen Gute Schönfeld bei Leipzig, † 28. Octob. 1867 zu Coburg als ehemal. Sachsen-Coburg. Minister), Willhelmine (so!) oder der vermählte Pedant. Ein prosaisches comisches Gedicht. O. O. 1764. 8⁰. 102 S. (In Berlin: Yl 7301.) (15 Mk., schönes Expl., Adolf Weigel, 1910.)
Erste seltene Ausgabe.
* — — Dasselbe. (Nachdruck.) O. O. 1784. 8⁰. 96 S. (In Berlin: Yl 7302.)

* — — Dasselbe, tit.: Willhelmine (!), ein prosaisch-komisches Gedicht. Mit Titelvign., Titelkpfr. u. 13 Vignetten, Oeser inv., Stock sc. Leipzig, bey M. G. Weidmanns Erben und Reich. 1766. 8⁰. 106 S. (In Berlin: Yl 7306; auch in der dortigen Magistrats-Bibl.) (10 Mk. der Vorige. 1910.)

THÜMMEL, A. M. v. Wilhelmine. Leipzig 1768. Neudruck. Herausgegeben von Conrad Höfer. Mit 7 Kupfern und 13 Vignetten nach Friedr. Oeser u. Stock u. Geyser. München, Georg Müller, o. J. (Abtei Thelem, 25. Bd.) Kl. 8⁰. 156 S. Original-Halblederband mit Schildchen und reicher Vergoldung.
In beschränkter numerierter Auflage hergestellt.

— Wilhelmine, poëme héroi-comique trad. de l'Allemand par Huber. Edition ornée de vignettes et des fig. en taille-douce. 8. Leipz. 769. Weidmann. 1 ₰

— — dasselbe übersetzt von Huber. 8. Wien, Camesina. 781.

* — — Dasselbe, tit.: Wilhelmine ... Mit Titelvignette, Titelkpfr., 6 Kpfrn. u. 12 Kopf- u. Schlußstücken, Oeser inv., Stock sc. Ebd. 1768. 8⁰. 132 S. (In Berlin: Yl 7311.) (15 Mk. der Vorige, 1910:)
Mit einer neuen Vorrede und 6 neuen Kupfern versehene 3. Auflage.
— — Dasselbe. Mit 16 (18 ?) Kpfrn. u. Vignetten von Chodowiecki. Ebd. 1769. 8⁰. 132 S. (In Berlin, Magistrats-Bibl.) (2 Mk. A. Bielefeld, vor 1885; jetzt viel theurer!)
* — — Dasselbe. Ebd. 1773. 8⁰. 86 S. (In Berlin 2 Expll.: Yl 7316; an Yv 7508. — Auch in der Berliner Magistrats-Bibl.) (1 Mk. 50 Pfg. Friedr. Meyer, Lpz., 1906.)

* — — Dasselbe. Vierte (so!) Auflage. Mit Titelvign., 7 Kpfrn. u. 13 reizenden Vignetten in Choffard's Manier von G. G. Endner. Ebd. 1777. 8⁰. (In Berlin: Yl 7321.) (9 Mk., schönes Expl. auf starkem Papier, Max Perl's Berliner Octob.-Auct. 1907, no. 887:)
Sehr gesuchte Ausgabe.
§ — — Dasselbe. (Nachdruck.) Gera 1775. 8⁰. (In München: P. o. germ. 1209, 6.)
— — Dasselbe. Neue Auflage. Mit Titelkpfr. Leipzig 1811. 8⁰. (3 Mk. 50 Pfg., schönes unbeschn. Expl., Max Jaeckel, Potsdam, c. 1905.)

Thümmel, Otto, die Errichtung des letzten Willens nach preußischem Recht. Ein Handbuch für den instrumentir. Richter. Halle 865. Buchh. des Waisenhauses. gr. 8. (VIII, 314 S.) 1 ₰ 15 ngr

Thümmel, [Otto], Referendar: **Kann rechtswirksam ein Sonder-Pfandrecht an mit Grund und Boden noch verbundenen Früchten bestellt werden?** *Greifswald 1900: J. Abel.* (39 S.) 8°
Greifswald, Jur. Diss. v. [24. Nov.] 1900

Thümmel, Wilhelm

Thümmel, W., die Anbetung der „lückenhaften Stoffteile" in Trier. Eine historisch-archäolog. Untersuchg. 1.—5. Aufl. gr. 8. (80 S.) Barmen 891. D. B. Wiemann. n. — 75

— **Antwort an die päpstliche Priesterschaft in Breslau. Enth.: Die von ihm am 11. April 1894 in der Provinzial-Versammlg. d. schles. Hauptvereins vom Evangel. Bunde geh. Rede, sowie die v. den Päpstlingen in ihrer Protestversammlg. am 26. April aufgesagten Sprüche, nebst e. Kritik derselben,** s.: Streitschriften, freundschaftliche.

— die Asche Clarenbach's, d. Märtyrers der bergischen Kirche. Vortrag. 1.—5. Aufl. gr. 8. (22 S.) Berlin 890. Hertz & Süssenguth. n. — 20

— **zur Beurtheilung des Donatismus. Eine kirchengeschichtl. Untersuchg. gr. 8. (VI, 104 S.) Halle 893. M. Niemeyer. n. 1. 60**

Thümmel, W., offener Brief an den Hrn. Erzbischof Krementz v. Köln, s.a. Streitschriften, freundschaftliche.

Offener Brief an den Herrn Erzbischof Krementz von Köln von d. Pfarrer [Wilh.] **Thümmel** in Remscheid. 15. Aufl. Barmen: D. B. Wiemann 1889. (20 S.) 8° [F.]
= **Streitschriften,** Freundschaftliche. No 15. [06. 15006

—— Offener Brief an ihn (Thümmel), von Tertius Gaudens, s. Streitschriften, freundschaftliche.

Thümmel, d. evang. Bund e. Kriegerverein, } s.a. Streitschriften, freundschaftl., Nr. 66

[F.] Der Evangelische Bund ein Kriegerverein. Ansprache d. Pfarrers Liz. [Wilhelm] **Thümmel**-Remscheid am Begrüssgsabend d. 10. Generalversammlg d. Ev. Bundes in Krefeld ... Hrsg. v. d. Vorstande d. Bergischen Abt. des Rhein. Hauptver. v. Ev. Bunde. 2. Aufl. *Barmen: D. B. Wiemann 1897.* (16 S.) 1 Bd 8.
= **Streitschriften,** Freundschaftliche. No 66. [98. 1695

[F.] 6.—8tes Tausend. Oeffentliche Entgegnung an den Herrn Weihbischof Dr. Hermann Josef Schmitz auf seine am 18. Okt. 1897 in Crefeld gehaltene Ansprache v. Pfarrer Lic. [Wilh.] **Thümmel** in Remscheid. *Crefeld: G. A. Hohns 1897.* (12 S.) 1 Bd 8. [97. 7911

Thümmel, (Wilh.), s.a. Festgottesdienst zum Universitätsjubiläum in Jena.

Festgottesdienst zum Universitätsjubiläum in Jena am 31. Juli 1908 in der Stadtkirche geleitet von Prof. D. [Wilhelm] **Thümmel.** (Jena 1908:) Neuenhahn. 15 S. 8° [09. 6996

—— Die Aachener Heiligtumsfahrt, s.a. Streitschriften, freundschaftliche.

Die Aachener Heiligtumsfahrt. Vortrag von Pfarrer W[ilh.] **Thümmel**-Remscheid. 7. unveränd. Aufl. Barmen: D. B. Wiemann [1891]. (22 S.) 8° [F.]
= **Streitschriften,** Freundschaftliche. No 35. [06. 15046

—— Philipp Marnix, Herr v. St. Aldegonde, e. Vorbild im heutigen Kampfe gegen Rom. Vortrag, geh. im Hauptverein d. Evangel. Bundes zu Bremen am 17. Novbr. 1890. 8. (24 S.) Bremen 890, Meinhardt. * — 20
Vgl.: Rüdt. Martin Luther.

— zum Proceß Mellage, } s. a. Streitschriften, freundschaftl., Nr. 62.

Der Religionsschutz durch das Strafrecht. § 166 d. Strafgesetzbuches. Von D. W[ilhelm] Thümmel. Leipzig: C. Braun in Komm. 1906. (100 S.) 8° [F.] [›6. 1906]

Thümmel, W., rheinische Richter und römische Priester. Eine trostreiche Belehrung über die römische Messe. (IV, 112 S.) 887; 2. Aufl. 8. (IX, 88 S.) Barmen 888, Wiemann. *
Die 1. Aufl. wurde am Tage der Ausgabe beschlagnahmt.

— protestantische Selbsthilfe (Vortrag, geh. im evangel. Bunde in Berlin am 23. III. 1904.) (32 S.) 8. Halle 904. Gebauer-Schwetschke. n. — 20

Thümmel, W., die Versagung der kirchl. Bestattungsfeier, ihre geschichtl. Entwickelg. u. gegenwärt. Bedeutg. gr. 8. (VIII, 196 S.) Leipzig 902. J. C. Hinrichs' Verl. n. 2.80; geb. in Leinw. n. 3.80

—— Vortrag auf der aufgelösten Kirchenversammlung des Ortsvereins des Evangel. Bundes in Solingen am 27. Juli 1888 über „die Aachener Heiligtumsfahrt". [Stenograph. Bericht der „Westdeutschen Zeitung".] 1.—5. Aufl. gr. 8. (16 S.) Ebendas. 888.
—— dass. — 8. (16 S.) Duisburg 888, Ewich.
Vgl.: Antwort auf die von Prof. Dr. Rebbert an Christgläubige gerichteten Broschüren. — Broschüren-Cyclus für das katholische Deutschland. 23. Jahrg. 1888. Heft 1: Prediger Thümmel, das neue Licht von Remscheid. — Löwe, der, von Paderborn. — Nippold, Friedr., die Thümmel'schen Religionsprozesse. — Priester, ein römischer und ein evangelischer Pfarrer. — Proceß, der, Thümmel-Wiemann. — Prozeß Thümmel-Wiemann. — Prozeß-Verhandlungen gegen F. W. Thümmel. — Randglossen zu Prof. Rebberts Werken. — Randglossen zu den Thümmel-Prozessen. — Rebbert, Jos.

— warum mißlang der Reformationsversuch des Erzbischofs Hermann v. Wied, } s.: Streitschriften, freundschaftliche.

Thummermann, Werner, Krumme Stab schliest niemand aus. Relatio compromissi feudalis inter Archiduc. Col. et capitulum. fol. Lips. Crusius. (F. C. W. Vogel.) 718.

Thummermut, Wern.: Krumbstab schleust niemand auß [usw.]. Una cum Jo. Pauli Kressii diss. praeliminaris cum annexis ad W. Thummermuthium. Huic operi acc. sequentia ejusdem argumenti: 1. Jo. Pauli Kressii Unter dem Krummen-Stabe ist gut wohnen. 2. Justi Henn. Boehmeri de feudis ecclesiasticis. 3. Responsa feudalia in causa Odenkirchen inclyti collegii facultatum utriusque juris Studii Coloniensis quasdam ad quaestiones praecipuas. 4. Consultatie ofte advys van rechte by de Ed. Mog. Herren van de Hove des Furstendoms Gelre ende Graefschaps Zutphen ghegeven in causa Odekirchen. 5. Consultatie . . . by de Heeren van den Hoogen Rade in Hollandt . . . Zeelandt ende Westfriesland, ghegeven in causa Odekirchen. 6. Documenta Stiffts-Cöllnischer Erb- und Kunckel-Lehen. Centuria 1. 2. 7. Responsa feudalia diversorum juris consultorum super feudis Coloniensibus Henr. Rosenthalii; censura academiae Coloniensis, academiae Lovaniensis de eodem. Coloniae 1738.

Thümmes, Heinrich: Tüten- und Beutel-Fabrikation und ihre Nebenfächer. Bd 1. 2. Berlin 1909—1921

Thümmig, Curt Hermann Friedrich, s. Thümmig, Kurt

Thümmig, Johann Peter (Hof/B.) A. S. 1371/18

De curiae Romanae soloecismis politicis circa reformationem Lutheri commissis merito suspectis dissertio. Präs. Johann Erhard Kapp.
Leipzig (Langenheim) 12. VII. 1730. 5 Bl., 54 S.

Gew.: Erdmann Fhr. von Stein, Johann Georg Meier.
W. v.: Präs. 34447

Thümmig, Johannes Max, s. Thümmig, Max

Thümmig, Ldw. Ph., institutiones philosophiae Wolfianae. II Tomi, cum ., fig. 8. Halle 762. Renger. 1 ℔

— meletemata varii et rarioris argumenti. 8. Braunschw. Renge. 727.

Diss. de Propagatione Luminis per Systema Planetarium Lud. Phil. *Thümmigii*. Resp. Casp. Aug. *Wesenero*. Halae 2¼ B. 1 Kupfert. 1721. *

Thuemmig, Ludwig Philipp [Praes.], s. Unruh, Georg Friedrich: Disputatio physico-mathematica. Phaenomenon singulare solis coelo sereno pallescentis ad rationes revocatum.

Ludwig Philipp Thuemmig

Ludwig Philipp Thümmigs (Thümmig) Versuch einer gründlichen Erläuterung der merckwürdigsten Begebenheiten in der Natur, wodurch man zur innersten Erkenntnis derselben geführet wird. St. 1–3. Halle im Magd. : Spörl 1723. 270 S. 1 Bd 8°

Thummig, Lud. Phil., Versuch einer gründlichen Erläut. d. merkwürd. Begebenheiten in d. Natur. 8. Marb. Muller. 735.

Thümmig, Max

Thümmig, *Johannes* Max [aus Stauchitz]: Über die altenglische übersetzung der reimchronik Peter Langtofts durch Robert Manning von Brunne. . . . Halle a. S., Druck v. E. Karras, 1891; 1 Bl., 76 S., 1 Bl. 8°
Leipzig, Phil. Fak., Inaug.-Diss. v. 10. Febr. 1891

Thümmler, Curt, s. Thümmler, Kurt

Thümmler, Fritz, staatl. gepr. Bauführer: Fliehkraft und Beharrungsregler. Versuch einer einfachen Darstellung der Regulierungsfrage im Tolleschen Diagramm mit einem Anhange: Über den Einfluß des Reglers auf das Pendeln parallel geschalteter Wechselstrommaschinen. ⟨Hierzu 6 Taf.⟩ Berlin: (Springer) 1903. 153 S., 1 Taf. 8⁰
¶ Auch als Buch.
Dresden, Dr.-Ing.-Diss. v. 21. 2. 1903

Thümmler, Fritz, Fliehkraft u. Beharrungsregler. Versuch e. einfachen Darstellg. der Regulierungsfrage im Tolleschen Diagramm. (153 S. m. 21 Fig. u. 6 lith. Taf.) gr. 8. Berlin 903. J. Springer. n. 4.—

Thümmler, Kurt

Thümmler, Curt, zur Geschichte des sächsischen Landtags. gr. 8. (46 S.) Leipzig-Reudnitz 896. M. Hoffmann. n. —75

Thümmler, Kurt *Hermann Friedrich:* Zum Vater Unser Heinrich's von Krolewiz ... Leipzig-Reudnitz, Druck v. A. Hoffmann, 1897; 76 S., 2 Bl. 8.
Leipzig, Phil. Fak., Inaug.-Diss. v. [12. März] 1897

Thümmler, Th., die Zwickauer Leitsätze u. der ministerielle Lehrplan. Nach e. Vortrage. Hrsg. vom Lehrerausschuß des evang.-luther. Schulvereins f. das Königr. Sachsen. (16 S.) 8. Dresden 909. (Niederlage des Vereins zur Verbreitg. christl. Schriften.) —20

. Thumsener, Just. Gtfr.: Ansichten v. Kirchengewalt, Vocation d. Pastoren, Jus circa sacra u. sogen. Episcopalrecht d. Protestanten, in Hins. auf d. Rechte d. Stadtkirchen zu Bremen, zunächst auf d. neuer. Ereignisse in d. Gemeinde d. St. Anscharius Kirche das. Als Anh.: Versuch z. Bestimm. d. Grundes d. Gerechtsame evang. Landesherrn in Kirchensachen. *Eb.* 837. gr. 8. (1 Thl. 14 Gr.)

FLIEGEN, Sieben mal sieben, im heiligen Lande (von *J. G. Thumsener*). Gedruckt zu Jerusalem im mystischen Zeitalter. O. J. (Bremen, c. 1840). 4⁰. 15 S. (3 Mk. 50 Pfg., Taussig, c. 1905:)
„Bissige Xenien". — Anon.-Lex. II. p. 102 (nach Weller).

— praktische Schule f. den Volksgesang. 3. Hft. [Liedersammlung, Text.] 2. verm. Aufl. 8. (32 S.) Ebd. 850. n. 2 ngr

Thumsener, J. G., das Wesen der innern staatsrechtl. Zustände Bremen's in Vor- u. Neuzeit, zunächst in Beziehg. auf täuschende Symptome v. Aristokratie, Demokratie od. Anarchie; erwogen u. aus den gediegensten Quellen entwickelt. gr. 8. (36 S.) Bremen 848, Strack. (Heyse.) 1/4 ß

Thumsener, N., de Silentiariis. Cothen. 1725. f.

Thumser, Joh. Mich., s. a.: German (Pseud).

Thumser, Johann Michael

Thumser (vorm. Schlesw.-Holst. Hptm.), verfassungswidrige Aenderung u. Uebung der bayerischen Staatsverfassung zum Schaden der Civil- und Militär-Staatsdiener. München 1876. 8⁰. 48 S. Rothstiftstriche am Rande. Cart.

Thumser, der Bürger Kaiser. National-Schauspiel in 5 Aufzügen München 865. L. Finsterlin. gr. 8. (VI, 114 S.) n. 24 ngr

Thumser, Einung u. Reimung der deutschen Hand- u. Druckschrift m. Rückführung von 38 auf 9 Buchstaben m. 18 Lauten. gr. 8. (16 S.) München 875. Irlbacher. —40

Thumser, ideale beste u. wohlfeilste Eisenbahn ohne Holz u. Stein. München 864. L. Finsterlin. 8. (16 S. mit Holzschn.) n. 4 ngr

— Vide, German: Geldure.

—— pragmatische Geschichte von Entstehung, Gestaltung, Verwandlung 2c. der Erde nach physisch, geologisch, biblisch, mythisch, geschichtl. Quellen, ein Buch für Schule und Haus. gr. 8. (IV und 212 S.) München 865, L. Finsterlin. *

Thumser, Joh. Michael, Die Gewerbe-Freiheit in Bayern, verfassungsmässig bereits vorhanden und nur durch die Behörden gesetzwidrig unterdrückt. gr. 8⁰. München, L. Finsterlin, 1861. 28 S.

Thumser, Grundzüge der kleinen u. großen Befestigungs-Kunst mit Flußübergängen, dann Angriff u. Vertheidigung der Feldwerke u. Festungen f. alle Waffengattungen. 8. (13⁷/₈ B. u. 1 Stnt.) Bamberg 845. (Erlangen, Enke's Verlgsb.) *

—— Grundzüge für Krieger-Bildung zur Unterhaltung, Belehrung und kriegerischen Begeisterung für alle Stände, Grade und Waffen. 2. Ausg. gr. 8. (X und 286 S.) München 865, L. Finsterlin. *

—— das neue Heerwesen mit höchster, stetigster Kriegsbereitschaft ohne Kosten für den Staat und ohne Störungen der Industrie. gr. 8. (24 S.) München 861, (L. Finsterlin.) *

—— zur Offenbarung der Welt-Ordnung, hier Entstehung, Drehung und Mehrung der Weltkörper. gr. 8. (44 S.) München 865, L. Finsterlin. *

Thumser, Papstthums Todtenlied. 8. (54 S.) München 880. Selbstverl. d. Verf., Amalienstr. 50b. I. lks. —50

— schlagfertiger, gefahrloser Uebergang vom stehenden zum arbeitenden Friedensheere. München 870. (Fritsch.) gr. 8. (21 S.) n. 4 ngr

Thumser, wissenschaftlich begründete Ursachen der Cholera u. Heilmittel zur Tilgung dieser u. ähnlicher Krankheiten. gr. 8. (22 S.) München 874. Fritsch. n. —60

—— neudeutsche Volks-Lieder, dem deutschen Volke gewidmet. 16. (128 S.) Hof 859. (München, L. Finsterlin.) *

Thumser Karl: Anmerkungen zur Selbstbiographie Grillparzers.
1906 PN 2036 Diss. Wien. Univ. 180

Thumser, Karl, vom Dasein des Schauspielers. Fragmente f. Kunstfreunde. (VII, 110 S.) 8. Wien 910. F. Deuticke. 1. 25

Thumser, Karl, Schatten u. Träume. Fragmente e. irrenden Lebens. (VIII, 167 S.) 8. Dresden (906). E. Pierson. n. 2.—; geb. n. 3.—

Thumser, M. (Hauptm. a. D.), Bild der Hoffnung. München, Selbstverlag d. Vf., 1878. Kl. 8⁰. Cart.
8 S. — Curiosum in 17 vierz. Stroph.

Thumser, Victor Aufgaben eines künftigen (Umschlagtitel: zukünftigen) griechischen Staatsrechtes. 8 (S. 1—13).
Progr. K. k. Staats-G. im IX. Bezirke *Wien* 1893.
Auch in Xenia Austriaca I (1893) S. 257—271.

Thumser, Victor: Aufgaben e. zukünftigen griechischen Staatsrechtes. *Wien 1893.*
in: Xonia Austriaca. Bd 1.

—: Professor August Burkart († 10. Februar 1905). (Umschlagtitel: Nachruf an . . . Burkart.) S. 16—17. 8.
Progr. K. k. Staats-Gymn. im VI. Bezirke *Wien* 1905.

Thumser, Vikt., griechische Chrestomathie zur Pflege der Privatlektüre. Auf Anregg. des hohen k. k. Ministeriums f. Kultus u. Unterricht unter Mitwirkg. v. Emil Schreiber u. Ant. Swoboda hrsg. 1. Tl. Auswahl aus den Prosaikern. Für die 5. u. 6. Klasse. (VI, 153 S.) 8. Wien 910. F. Deuticke.
Geb. in Leinw. 2. 50

Thumser, Viktor: Klemens Diepold († am 21. Juli 1903). (Umschlagtitel: Nachruf an Professor Kl. D.) S. 19—21. 8.
Progr. K. k. Staats-Gymn. im VI. Bezirke *Wien* 1904.

Thumser, Vikt., s.a. Eltern-Abende.

Thumser, Viktor: Die Elternabende am Mariahilfer Gymnasium in Wien. S. 17—24. 8.
Progr. K. k. Staats-Gymn. im VI. Bezirke *Wien* 1903.

Thumser, Vict., Erziehung u. Unterricht. Ein Freundeswort an die Eltern. gr. 8. (VII, 68 S.) Wien 901. F. Deuticke. n. 1.—

—: Emanuel Feichtinger (gestorben am 4. Jänner 1906). (Umschlagtitel: Nachruf auf Prof. Emanuel Feichtinger.) S. 21—22. 8.
Progr. K. k. Staats-Gymn. im VI. Bezirke *Wien* 1906.

Thumser, Victor: Karl Hehl († am 6. Jänner 1899). (Umschlagtitel: Nachruf an Karl Hehl.) 8 (S. 15—16).
Progr. K. k. Staats-G. im VI. Bezirke *Wien* 1899.

Thumser, V., s.: Hermann's, K. F., Lehrbuch der griechischen Antiquitäten.

Thumser, Vikt., Lehrbuch der griechischen Staatsaltertümer, s.: Hermann's, Karl Frdr., Lehrbuch der griechischen Antiquitäten.

— die Maturitätsprüfung im Lichte der Praxis. Vortrag, geh. den 28. III. 1903 am 4. Elternabende des Schulj. 1902/03. (22 S.) gr. 8. Wien 903. F. Deuticke. n. — 80
Sonderabdruck aus: „Eltern-Abende".

Thumser, Victor: Zur Methodik des altsprachlichen Unterrichtes. 8 (S. 3—24). (II. Theil.) 8 (S. 3—20).
K. k. Staats-G. *Troppau* 1896. K. k. Staats-G. im VI. Bezirke *Wien* 1900.
Progr.

Thumser Viktor: De civium Atheniensium muneribus eorumque immunitate. Diss. Wien, Univ.
D: Wien, 1880.
1879 PN 146 1420

Thumser, Vict., de civium Atheniensium muneribus eorumque immunitate. gr. 8. (151 S.) Wien 885. Gerold's Sohn. 4.—

Thumser, Victor: *Rede anlässlich des 50. Regierungsjubil. Sr. Maj. des Kaisers Franz Joseph I.* 8 (S. XXIII—XXIV).
Progr. K. k. Staats-G. im VI. Bezirke *Wien* 1899.

Thumser, Victor:
Rede am Schluss des Schuljahres 1896. 8 (S. XXII—XXV).
Progr. K. k. Staats-G. *Troppau* 1897.

— s.a. Schule u. Haus.

Thumser, V., Schule und Haus. Populäre Vorträge, gehalten an den Eltern-Abenden des k. k. Mariahilfer Gymnasiums in Wien. Gr.-8°. (87 S.) Wien: Deuticke 1902. K 2.—

— Strittige Schulfragen. Ein Wort der Verständigg. an die Eltern. (84 S.) gr. 8. Ebd. 907. 1.—

Thumser, Victor Zur griechischen und lateinischen Schulgrammatik. I. Über die Anordnung der Verba der 5., 6., 7. und 8. Classe der ω-Conjugation. II. Coepi mit dem Infinitiv. 8 (S. 3—16). Progr. Staatsg. im IX. Bezirk *Wien* 1890.

— latein. Schulgrammatik, s.: Schmidt, Karl.

Thumser, [Viktor]: Sokrates als Vorbild der studierenden Jugend. (Vortrag, für die Schüler des Obergymnasiums gehalten am 28. Mai 1902.) S. 17—24. 8. Progr. K. k. Staats-Gymn. im VI. Bezirke *Wien* 1902.

Thumser, Victor: Professor Dr. Mathias Steger. († 22. April 1897.) (Umschlagtitel: . . . Steger (Nekrolog).) 8 (S. 17—18).
Progr. K. k. Staats-G. *Troppau* 1897.

Thumser, Victor:
Regierungsrath Director Josef Steiner († am 6. April 1900). (Umschlagtitel: Nachruf an . . . Steiner.) 8 (S. 21—24).
Progr. K. k. Staats-G. im VI. Bezirke *Wien* 1900.

Thumser, V., Ueb. den Unterricht in der griech. Syntax im Obergymnasium. Gel. 1886. 20 S. —.80

—— Untersuchungen über die attischen Metöken, s.a. Studien, Wiener, 7. Jahrg.

— Untersuchungen üb. die attischen Metöken. S.-A. 1885. 24 S.

—: Dr. Georg Wagner († 6. Juni 1909). S. 18—19. 8.
Progr. K. k. Staats-Gymn. im VI. Bezirke *Wien* 1909.

Thun [Sachliches OW]

— s.a. Wandorbilder, europäische.

Thun. The Schweizor Fremdonblatt Special-Guide to Switzerland. Tourist's Vademecum for the chief excursions-centres based on the topographical. Atlas and the Dufour-Map of Switzerland. Vol. I. Thun. In-16°, 32 p. Interlaken, Aemmer & Balmer. 1880. — 50

Thun. [Waffenplatz. Lithographischer Überdruck aus den Blättern XII, XIII, XVII, XVIII der Topographischen Karte Dufour.] Massstab 1 : 100000. [Hrg. durch die] Schweizerische Landestopographie, Bern. Ueberdruck 1903. 492/365 mm. 1 Bl. fol. [fr. 1. —, aufgezogen 1. 70]

Thun. [Waffenplatz. Lithographischer Überdruck aus den Blättern 338, 339, 352, 353, 354, 355 des Topographischen Atlas Siegfried.] Massstab 1 : 25000. [Hrg. durch die] Schweizerische Landestopographie, Bern. Ueberdruck 1903. 529/723 mm. 1 Bl. querfol. fr. 2. — [aufgezogen in Taschenformat 3. —]

Thun. [Waffenplatz. Lithographischer Ueberdruck aus den Blättern XII, XIII, XVII, XVIII der Dufour-Karte.] Massstab 1 : 100000. [Hrg. durch die] Schweizerische Landestopographie, Bern. Ueberdruck 1906. 536/767 mm. 1 Bl. quer-fol.
Ausg. A: offen. [fr. 2.—]
Ausg. B: auf Lwd. aufgezogen, 8; *Titelblatt (mit Kartenskizze):* Topographische Karte der Schweiz. Überdruck. Thun. 1 : 100,000. Bern, Schweiz. Landestopographie, *Aufdruck:* 1906. aufgezogen fr. 3.—

Thun. Bischof Heinrich von Thun. (Njbl.) *s.* [Burckhardt, Ludwig August].

Thun, J. M. Graf, und der Slavismus in Böhmen. gr. 8. (1½ B.) Leipzig 845, [Carl Engelmann jun.]

Thun-Interlaken. [Exkursionskarte. Lithographischer Ueberdruck der Blätter 355bis, 391, 367 und 395 des Topographischen Atlas Siegfried.] Masstab 1:50000. [Hrg. durch die] Schweizerische Landestopographie, Bern. Ueberdruck 1904. 508/727 mm. 1 Bl. querfol. fr. 2. —

Auch aufgezogen mit Titel 8: Thun-Interlaken. Exk'. [Masstab] 1:50,000. Ueberdruck [aus:] Topographischer Atlas der Schweiz.... [Herausgeber:] Eidg. topographisches Bureau. aufgezogen fr. 3. —

Thun and the lake of Thun, s.a. Europe, illustrated.

Thun and the lake of Thun. With 23 illustr. by G. Roux and J. Weber and 1 map. 8. (40 S.) Zürich 879. Orell, Füssli & Co. Verl. n. — 50

Thun, Seiner Excellenz dem Herrn Minister des Cultus und Unterrichts Leo Grafen von, etc. etc. Ein Gruss aus Tirol. [Innsbruck 1854.] V: *Schullern, Anton Ritter von.* (Margr)

Männerchor, Der, Thun (1829—1904). Denkschrift zur Feier seines 75-jährigen Bestehens . . . Thun 1904. V: *Schütz, Glieb.* (BBullschw 4, 1904)

Männerchor, Dem, Thun zu seinem 75jährigen Jubiläum 3. Juli 1904. Thun 1904. V: *Strasser, Gfr.* (BBullschw 4, 1904)

Thun am See, 570 m ü. M. Einer der schönsten Punkte des Berner Oberlandes ⟨Schweiz⟩. Saison April bis Oktober. [12 Ansichten, mit Begleittext.] Hrg. vom Verkehrsverein Thun. [II + *Ansichten* 12 S.,] *in Couvert,* 8. [1905.]

Couvert u. d. T.: Illustriertes Brief-Album Thun. Hrg. vom V' Thun. Davos, Buchdr. Davos A.-G.

Thun u. Thunersee, s.a. l'Europe illustrée.

— u. **Thunersee.** Mit 23 (Holzschn.-)Illustr. von G. Roux u. J. Weber nebst einer (lith.) Karte. 8. (40 S.) Ebend. 878. n. — 50

Thun und Thunersee. Mit 23 Illustrationen [wovon 7 Tafeln] von G[ustave] Roux und J[ohann] Weber, nebst 1 Karte. (2. Aufl. – Europäische Wanderbilder. № 6.) 8. Zürich, (Paris, London) [1880].

Thun [Schlagwort]

Thun. s.a. Schweiz. Atlas. Karte.

Thun. Müllhaupt, F., topographische Karte v. Thun m. Umgebungen. 1:25,000. Lith. 4. Bern 888. Müllhaupt. n. — 40

Thun. Specialführer von Thun. Herausgeg. auf Wunsch des Einwohnervereins in Thun von der Redaction des Schweiz. Fremdenblattes. In-16°, 30 S. Interlaken 1879, Aemmer & Balmer. 1880. — 50

Thun [Verfasser]

Thun, v., d. 4 Evangelien- u. Apostel-Geschichte. 4. Wien, Tendler. 763.

v. Thun, Graf, die 4 Evangelien- u. Apostelgeschichte. 4. Wien 763. (Trattner). 16 gr

Thun, Säuglings-Fürsorge durch Kinderkrippen, s.: Schriften für kath. caritative Erziehungstätigkeit. 3. Heft.

Thun, Alphons

Thun, A. Beiträge zur Geschichte der Gesetzgebung und Verwaltung zu Gunsten der Fabrikarbeiter in Preussen. Strassburg 1877.

Thun, A., Bilder aus der russischen Revolution, s.a. Zeit- u. Streit-Fragen, deutsche.

Thun, Alphons, Bilder aus der russischen Revolution. (Fürst Krapotkin, Stephanowitsch, Scheljabow.) 8°. Berlin, Habel, 1885. (Deutsche Zeit- u. Streitfragen, XIV, Heft 211.)

Thun, A., die Industrie am Niederrhein und ihre Arbeiter, s.a. Forschungen, staats- und socialwissenschaftliche.

Thun A, die Industrie am Niederrhein. 2 Bde (Forschungen, staatsw. II, 2. 3) Leipzig 1879

Thun, Alph., Geschichte der revolutionären Bewegungen in Russland. gr. 8. (XII, 376 S.) Leipzig 883. Duncker & Humblot. n. 7. —

—— Landwirthschaft und Gewerbe in Mittelrussland seit Aufhebung der Leibeigenschaft, s.a. Forschungen, staats- und socialwissenschaftliche.

Thun A, Landwirtschaft und Gewerbe in Mittelrussland seit Aufhebung der Leibeigenschaft. (Forschungen, staats- und sozialwissenschaftl. III, 1) Leipzig 1880

Thun, Christiane Gräfin, s. Thun-Salm

Thun, E., die Amazone, s.: Moser, G. v., Lustspiele.

Thun, E., der tolle Hofjunker, s.: Moser, G. v.

Thun, E., der überzählige Rittmeister, s.: Bloch's, E., Theater-Correspondenz.

Thun, E. H. Th. Finanzwissenschaftlich volksthümliche Darstellung der Lehre vom Staats- und Gemeindehaushalt. 8°. Leipzig 1865.

Thun, Frz. v., Vorschläge zur Reorganisirung des öffentlichen Baudienstes in Oesterreich. Prag 861. Credner. gr. 8. (42 S.) n. 8 ngr

Thun, H., Vorbereitungs-Schule zum Subalternbeamten im Staatsdienste unter besond. Berücksicht. zum Subalternbeamten im Eisenbahndienste, zur Benutzung behufs Ablegung der Prüfungen im Bureau-, Stations-, Bahnmeister-, Expeditions- u. Güterdienst. Nach den gesetzl. Bestimmungen u. der von Sr. Excellenz dem königl. preuß. Staats-Minister für Handel u. Gewerbe, erlassenen Reglements zum Selbststudium generell bearb. Die für Eisenbahnbeamte wichtigsten Gesetze sind beigegeben. gr. 8. (X, 384 S.) St. Johann a. d. Saar 877. (Bock & Seip.) n. 10. —

Ut Rand un Band. Plattdütsche Stückschen. In Riemels. 1. Oplag v. Hinrich Thun. o. O. [Itzehoe.] 1903. 8°.

Thun, J. A. G., die bedeutungsvolle Zeichensprache Gottes bei dem Tode des Heilandes und die göttliche Osterpredigt durch den Mund des Engels. Zwei Predigten, gehalten in Eisleben am Charfreitage u. am 1. heil. Ostertage 1855. Eisleben 855. Reichardt. 8. (29 S.) n. 5 ngr.

Thun, J. M. Graf von, s. Thun, Josef Math. von

Thun, Jaroslav Graf v., Vater u. Sohn. Nach General Baron Ambert aus dem Franz. übers. 8. (97 S.) Mainz 884. Kirchheim. 2. —

Thun, Joh. Paul, neues Bücherverzeichniß mit Einschluß der Landkarten u. sonstiger im Buchhandel vorkommender Artikel. Nebst Angabe der Bogenzahl, der Verleger, der Preise rc. u. einem wissenschaftlich geordneten Register. Jahrg. 1843. u. 1844. à 2 Hlftn. gr. 8. (à J. 39 B.) Leipzig, Klinkhardt. (à J. 1 Thlr.) Thlr.

—— dass. Jahrg. 1845—1847. à 4 Quart. 8. Ebds. [1845. (65¾ B.) 1 Thlr. 18 Ngr., 46. (61⅛ B.) 47. (60⅝ B.) à 1 Thlr. 6 Ngr.]
Vgl.: Verzeichniß der Bücher rc.

Thun, Joh. Paul, Verzeichniß d. Bücher u. Landkarten rc., s. a. Verzeichniß.

Thun, Jh. Paul, Verzeichniß neuer Bücher mit Einschluß der Landkarten u. sonstiger im Buchhandel vorkommender Artikel. Nebst Angabe d. Bogenzahl, d. Verleger, d. Preise in Thlrn. u. rhein. Gulden, lit. Notizen u. e. wissenschaftl. geordneten Register; 1845. 3. u. 4. Quartal. 8. Leipzig 845. (Klinkhardt.) à 12 ngr

— Verzeichniß, kurzes, sämmtlicher im Jahre 1845 erschienener Bücher, Landkarten rc. nebst Angabe d. Verleger u. Preise in Thlrn. u. Neu- oder Silbergr. Zugleich als Register zu Thun's vierteljährl. Bücherverzeichniß. Jahrg. 1845. 8. Leipzig 846, Klinkhardt. ½ ₰

— dass. 1846. 1.—4. Quartal. 8. Ebend. 846. à 9 ngr

Thun's, Joh. Paul, wissenschaftlich geordneter Weihnachts-Catalog für Kinder u. Erwachsene auf 1848. Lex. 8. (48 S.) Leipzig 848, Klinkhardt. n. ¼ ₰

Thun, Jh. Pt., s. J. C. Hinrichs, Verzeichniß aller Bücher rc.

Thun, Jh. Pt., (Buchhandlungs-Diener,) Verzeichniß der Bücher u. Landkarten rc., s. J. C. Hinrichs.

Thun, Ios., imago politici christiani in vita Erici Palmskiolai. 4. Stockholm. 707.

Thun, Josef Math. von

— s. Gedichte aus Böhmens Vorzeit.

Thun, Jos. Math. v., der Slawismus in Böhmen. 8. (1½ B.) Prag 845, Calve'sche Brlgsh. *

Thun, Karl

Thun, Karl [aus Barmen]: Ueber die Einwirkung von Hydrazinhydrat auf Ketokörper. . . . Erlangen, k. b. Hof- u. Univ.-Buchdr. v. Fr. Junge (Junge & Sohn), 1890; 50 S. 8°
Erlangen, Phil. Fak., Inaug.-Diss. v. 1890

Thun, K.: Über die Zusammenstellung der Mineralwasseranalysen. Wien. 21 S.
Schul-/Univ.-Schrift 1865

Thun, Karl, über die Zusammenstellung der Mineralwasser-analysen. Lex.-8. (21 S.) Wien 865, (Gerold's Sohn.) *
Aus: Sitzungsberichte der k. Akademie der Wissenschaften, besonders abgedruckt.

Thun, Leo Graf von

— — Die allerunterthänigsten Adressen des böhmischen Landtages vom 12. December 1865 und 8. December 1866 nebst den am Schlusse der Debatten über dieselben von dem Berichterstatter der Adreß-Kommissionen gehaltenen Reden. gr. 8. (36 S.) Prag, Tempsky. 1867. 16 kr.

Thun, Leo v., Betrachtungen über die Zeitverhältnisse, insbesondere im Hinblicke auf Böhmen. Aus dem Böhm. 12. (111 S.) Prag 849, Calve'sche Brlgsh.

—— Dodatek k otewřenému listu strany událostí Pražských za dnů swatodušních. S důkladnými přílohami. gr. 8. (23 S.) Prag 849, Credner und Kleinbub. *

Thun, Leo Graf, der Kampf um die Schule. Rede, geh. im 1. allgemeinen österr. Katholikentage am 3. Mai 1877. gr. 8. (25 S.) Wien 877. Mayer & Co. n. — 32

—— otewřený list Panu Janu Slawíkowi, měšťanu Pražskému, strany událostí Pražských za dnů swatodušních. (S důkladnými přílohami.) gr. 8. (32 S.) Prag 849, Credner und Kleinbub.

v. Thun, Graf L., die Nothwendigkeit der moralischen Reform der Gefängnisse mit Hinweisung auf die zur Einführung derselben in einigen Ländern getroffenen Maßregeln, beleuchtet. gr. 8. Prag 836. Borrosch u. André. ⅓ ₰

—— zur Revision des ungarischen Ausgleiches. 8. (17 S.) Ebendas. 877. *

Thun, Leo v., über den gegenwärtigen Stand der böhmischen Literatur u. ihre Bedeutung. gr. 8. (6¼ B.) Prag 842, [Kronberger'sche Buchh.] *

—— die Stellung der Slowaken in Ungarn beleuchtet. gr. 8. (1¼ B.) Prag 843, Calve'sche Vrlgsh.

—— offenes Schreiben an Hrn. Joh. Slawik, prager Bürger, in Betreff der Ereignisse in der Pfingstwoche 1848. (Mit urkundl. Belegen.) gr. 8. (32 S.) Prag 849, Credner und Kleinbub.

—— dass. — 2. Aufl. gr. 8. (23 S.) Ebds. 849. *

—— Nachtrag hierzu. Mit neuen urkundl. Belegen. gr. 8. (24 S.) Ebds. 849.

—— Uwahy o nynějších poměrech hledíc zwláště k Čechám. 12. (96 S.) Prag 849, Calve'sche Vrlgsh.

Thun, Leo Graf, die staatsrechtliche Zweispaltung Oesterreichs. Rede gehalten im Herrenhause den 5. Juni 1867. gr. 8. (45 S.) Wien 867, Braumüller. *

Thun, Max [aus d. Prov. Westpreussen]: Über den Verschluss der Scheide bei Blasen-Scheidenfisteln. . . . Greifswald, Druck v. Julius Abel, 1889; 27 S. 8°
Greifswald, Med. Fak., Inaug.-Diss. v. 20. Dez. 1889

Thun, Wilhelm, approb. Arzt aus Willenscharen (Schlesw.-Holst.): Aus d. städt. Krankenhause zu Kiel. Ueber die Erkrankungen der Landstreicher. *Kiel 1899: P. Peters.* (27 S.) 8°
Kiel, Med. Diss. v. [18. Aug.] 1899

Thun-Hohenstein, Emerich Graf, Kimmtiefen-Beobachtungen zu Verudella, s.a.Koss, Karl.

Thun-Hohenstein Emmerich, Graf, und Koß Karl: Kimmtiefen-Beobachtungen zu Verudella (mit 13 Taf. und 6 Textfiguren). D 70. 97 . . . .
Separatabdruck

Th(un)-H(ohenstein), Fr. Graf. Eine Orientreise. Mit 6 Taf. in Farbendruck und 86 Textabbildungen von Ludwig Hans Fischer und Gust. Schmoranz. 8. Wien, Prag, Leipzig 1891.

Thun-Salm, Christiane Gräfin, der neue Hanslehrer u. andere Novellen. 1. u. 2. Aufl. (V, 240 S.) 8. Wien 909. 10. C. Fromme. 3.50; geb. in Leinw. 4.50

Thun-Salm, Christiane Gräfin, des Kaisers Traum. Festspiel in e. Aufzuge. (Musik v. Anton Rückauf.) Lex.-8. (64 S.) Wien 898. Gerold & Co. n. 2.80; geb. n. 4.—; auf Handpap. n. 3.60; geb. n. 4.80

Thun Christiane Gräfin, „Was die Großmutter erzählte". Märchen u. Erzählgn. 12. (III, 281 S. m. 1 Photograv.) Wien 894. (Gerold & Co.) n. 2.40; geb. in Leinw. n. 3.20

Thüna, Lothar von

Thüna, L. Frhr. v., 15 Jahre Gewerbe- u. 5 Jahre Kaufmanns-Gericht Weimar. Erfahrungen u. Urteile. (III, 63 S.) 8. Jena 910. G. Fischer. 1.50

Thüna, L. Frhr. v., die Würzburger Hilfstruppen im Dienste Österreichs 1756—1763. Ein Beitrag zur Geschichte d. siebenjähr. Krieges. Nach archival. Quellen. gr. 8. (X, 257 S. m. 1 farb. Abbildg. u. Tab.) Würzburg 893. A. Stuber's Verl. n. 6.—

[3.] Ein aus Eisenach stammendes Preussisches Infanterie-Regiment im Siebenjährigen Krieg. Zweiter Beitr. z. Gesch. dieses Krieges m. archival. Beil. v. L[othar] Frh v. Thüna. *Eisenach: M. Wilckens 1897.* (VIII, 140 S.) 1 Bd 8. [97. 159.

Thüna, L. Frhr. v. — Generalmajor A. W. v. Thüna und sein Infanterie-Regiment Nr. 23. (Friedericianischer Zählung) 1778 - 1786. Zugleich ein Beitrag zum letzten Feldzuge Friedrichs des Grossen. — (Sonder-Abdruck aus „Neue Militärische Blätter", Berlin 1898 September-, October-, November-Heft.) 8. Berlin 1898.

Thunberg und Johann Wilhelm Dalman, Die Schwedischen Naturforscher Carl Peter, . . . Stralsund 1831. Ü: *Mohnike, Glieb Chn Frdr.* (Call) (EBHN) (Ky)

Thunberg, C. P., s. Thunberg, Karl Peter

Thunberg, G. Chr., Anweisung zur Wachsbleicherei nach d. neuest. u. besten Methoden. 8. (1½ B.) Quedlinburg 834, Basse.

Thunberg, Karl Peter

—**Abhandl. von den verschied. Münzsorten, welche in ältern u. neuern Zeiten im Kaiserthum Japan geschlagen worden u. gangbar gewesen sind**; aus d. Schwed. mit Anmerkk. v. Th. Th. Pyl. Mit Kpf. gr. 8. Stendal 784. Franzen u. Gr. 12 gl.

— characteres generum insectorum, variis cum adnotat. denuo ed. F. A. A. Meyer. 8. Götting. 791. Dieterich. 4 gl.

Thunberg, C. P., Dissertationes Academicae Upsaliae, vide **Dissertationes.**

Thunberg, C. P., Flora capensis. Pars I. Lipsiae, Barth. 812.

Thunberg, Karl Pt., Flora Capensis, sistens plantas promontorii bonae spei Africes, secundum systema sexuale emendatum. Vol. I. Fasc. I—III. Vol. IIum Fasc. I. et II. 8. Kopenh. 807—820. Bonnier. 4 ℔ 4 gl. Vol. I. Fasc. I—III. (Leipz., bei Barth). 5 ℔ 4 gl.

Thunberg, (C. P.,) Flora Capensis sistens plantas promont. bonae spei. Africes, secund. systema sexuale emend. redactas ad classes ordines genera et species, cum different specificio synonimis et descript. Edid. et praefatus J. A. Schultes. (Pars I et II.) 8 maj. Stuttg. 823—24, v. Cotta. à 2 Rthl.—

— Flora Japonica sistens plantas insularum japonicarum secundum systema sexuale emendatum redactas ad XX classes, ordines, genera et species cum differ. synonymis paucis, descript. concinnis et XXXIX iconib. adj. 8maj. Leipz. 784. Müller. (Brockhaus; a. Joachim). 3 ℔ 8 gl.

Karl Peter Thunberg

Caroli Petri Thunberg Flora Japonica sistens plantas insularum Japonicarum secundum systema sexuale em.red.ad 20 classes, ordines,genera et species...Lipsiae:Müller 1784. LII,418 S. 8°

— **Felis species in Scandinavia habitantes illustr.** 4maj. Münch. 821. (Franz). 3 gl.

— **icones plantarum japon. Decas I-IV.** fol. Stockholm, Ulrich.

— icones plantarum japon. cum plantis. Fol. Upsala 794. (Leipz., Wienbrack). 2 ℔

— **icones plantarum** japonicarum quas in Insulis japonicis annis 1775-76. collog. et scrips. Dec. I-V. fol. maj. Upsala. (Schubothe, Copenh.) 794-807. (I. 1 Rthlr. 12 gr. II-IV. à 1 Rthlr. 16 gr. V. 1 Rthlr. 20 gr.)

— **Leporis dentes monstrosi descripti.** 4maj. Münch. 825. (Franz). 2 gl.

— **mammalia.** Stockh. Uhlmann.

— **üb. d. Japanische Nation**, a. d. Schwed. gr. 8. Leipz. Gräff. 795.

— üb. die Japanische Nation; aus d. Schwed. v. K. G. Gröning. gr. 8. Leipz. 795. Wienbrack. 4 gl.

— prodromus plantarum Capensium quas in promontorio bonae spei Africes annis 1772—75 collegit. II Pts. 8maj. Upsala 794—800. (Schubothe in Kopenh.) 2 ℛ 14 ℊ

— Reise durch einen Theil von Europa, Afrika u. Asien hauptsächl. in Japan in den J. 1770—1779; aus d. Schwed. von Chr. H. Groskurd. 1r u. 2r Bd. 1r u. 2r Thl. gr. 8. Berl. 792, 93. Haude u. Sp. 1 ℛ 3 ℊ

— Reisen in Afrika u. Asien, vorzügl. in Japan während d. J. 1772—79; auszugsweise übers. v. Kurt Sprengel, mit Anmerk. v. J. R. Forster. gr. 8. Berl. 791. Voß. 22 ℊ (Vergl. Magazin d. Reisebeschreibb., 7r Bd.)

Thunberg, T., s.: **Handbuch der Physiologie des Menschen.**

Thune, E. G. F., tentamen circa trigonometriam sphaeroidicam. 4maj. Götting. 815. (Vandenhöck u. R.) 16 ℊ

Thune, E. G. F., Tentamen circa Trigonometriam sphaeroidicam. 4maj. Götting., Vandenhöck et R. in comm. 817.-

Thune, Ludov[icus] Georg[ius] Guil[ielmus]: Dissertatio . . . sistens collectanea ad physiologiam et pathologiam renum succenturiatorum. Halae (1834): Gebauer. 34 S. 8°
Halle-Wittenberg, Med. Diss. v. 13. Juli 1834
Geb. Kopenhagen [3.10.] 1803. V.
Verf. wurde in absentia promoviert.

Thünen, Joh. Heinr. v. Ein Forscherleben. gr. 8. (XV und 351 S.) Rostock 868, Leopold's Universitäts-Buchh. *

Thünen, Johann Heinrich von. Ein Forscherleben. 2. Aufl. Rostock u. Ludwigslust 1883. V: *Schumacher, Hermann.* (Kat. d. stat. Bureaus. Dresden 1890.)

Thünen, Johann Heinrich v. Ein Forscherleben. 2. Aufl. Mit dem (Lichtdr.-)Portr. v. Thünen's nach einem Gemälde von Ternite. gr. 8. (XI, 323 S.) [Rostock 883, Hinstorff'sche Hofbuchh.] Forbach, Hupfer. *

Thünen, A. G. v., poetisches Alpha. Bremen 858. Kühtmann u. Co. 12. (24 S.) n. 4 ngr.

Thünen, A. G. v., poetisches Alpha u. Beta. 2. Heft. Bremen 860. Kühtmann & Co. 12. (24 S.) n. 4 ngr.

Thünen, A. G. v., Lose Blätter. Dichtungen. (2., stark verm. Aufl. des „Poetischen Alpha und Beta.") 16. (VII und 185 S.) Leipzig 863, Rein'sche Buchh. *

Thünen, A. G. v., Chrästos. Die Entstehung des Christenthums aus einer politischen Doctrin. Bremen 866. Tannen. gr. 8. (III, 107 S.) n. 20 ngr.

—— Graphein. Eine Abhandlung über Entstehung und Fixirung alter Sagen und Ueberlieferungen. 1. Aufl. 1865. * 10 Ngr. und 2. Aufl. gr. 8. (40 S.) Bremen 866, Tannen. *

Thünen, Friedrich von

— siehe: Anlegung, über die, einer befestigten Station an der Nordsee.

—— über die Anlegung einer befestigten Station an der Nordsee, s. Ueber.

v. Thünen, Frdr., geschichtliche u. rechtliche Begründung der deichrechtlichen Zustände in der Herrschaft Jever v. der ältesten Friesischen Verfassung bis jetzt. Eine Darlegung der zuletzt stattgehabten Verhandlungen wegen Zuziehung der Freien etc. gr. 8. (X u. 227 S.) Oldenburg 847, Schulze. n. 5/6 ℛ

Thünen, Friedr. Herm. v. Preußens Ruhm u. Größe. Dramatisirte Scenen aus dem Leben Friedrichs d. Großen als Kronprinz v. Preußen. 2. Ausg. 8. (IV, 175 S.) Lpz. 890, Baldamus. * 3 —
1. Ausg. Berl. 1889, Landsberger.

v. Thünen, Joh. Heinr., Bestimmungs-Gründe f. Arbeitslohn u. Unternehmer-Gewinn. Ein Bruchstück aus dem 2. noch ungedruckten Thle. der Schrift: „Der isolirte Staat." Hrsg. u. m. Anmerkungen versehen von O. Berlin. gr. 8. (VI u. 32 S.) Neustrelitz 848, Barnewitz. n. 1/6 ℛ

Thünen, J. H. v., der isolirte Staat in Beziehung auf Landwirthschaft u. Nationalökonomie, s.a. Bibliothek landwirthschaftlicher Classiker.

Thünen, Joh. Heinr. v., der isolierte Staat in Beziehung auf Landwirtschaft u. Nationalökonomie, s.a. Sammlung sozialwissenschaftlicher Meister. 13. Bd.

v. Thünen, J. H., der isolirte Staat, in Beziehung auf Landwirthschaft u. Nationalökonomie, od. Untersuchungen üb. den Einfluß, den die Getreidepreise, der Reichthum des Bodens u. die Abgaben auf den Ackerbau ausüben. gr. 8. Hamb. 826. Fr. Perthes. 2 ℛ

Thünen, Joh. Heinr. v., der isolirte Staat in Beziehung auf Landwirthschaft u. Nationalökonomie, oder Untersuchungen über den Einfluß, den die Getreidepreise, der Reichthum des Bodens u. die Abgaben auf den Ackerbau ausüben. 1. Thl. 2., verm. u. verb. Aufl. gr. 8. (24½ B., 1 B. Tab. u. 1 ill. Stnt.) Rostock 842, Leopold. *

v. Thünen, Jh. Hnr., der isolirte Staat in Beziehung auf Landwirthschaft u. Nationalökonomie, oder Untersuchungen über den Einfluß, den die Getreidepreise, der Reichthum des Bodens u. die Abgaben auf den Ackerbau ausüben. (1. Thl.) 2. verm. u. verb. Aufl. gr. 8. (Mit Tab. u. 1 lith. u. illum. Blatt.) Rostock 842, a. 844. (Leopold.) 2 ℛ

—— der isolirte Staat in Beziehung auf Landwirthschaft und Nationalökonomie. 2 Thl. 1. Abthl. A. u. d. T.: Der naturgemäße Arbeitslohn und dessen Verhältniß zum Zinsfuß und zur Landrente. 1. Abthl. gr. 8. (VI und 285 S.) Rostock 850, Leopold's Universitäts-Buchh.
1. Thl. (2. Aufl.) Ebendas. 1842. 2 Thlr. 20 Ngr.

Thünen, Joh. Heinr. v., der isolirte Staat in Beziehung auf Landwirthschaft und Nationalökonomie. 2. Thl. 2. Abthl. und 3. Thl. gr. 8. Rostock 863, Leopold's Universitäts-Buchh.
Inhalt:
Thl. 2. Abthl. 2. Der naturgemäße Arbeitslohn und dessen Verhältniß zum Zinsfuß und zur Landrente. 2. Abthl. (XV und 444 S.) 2 Thlr. 7½ Ngr.
» 3. Grundsätze zur Bestimmung der Bodenrente, der vortheilhaftesten Umtriebszeit und des Werths der Holzbestände von verschiedenem Alter für Kieferwaldungen. (VII und 144 S.) 22½ Ngr.
1. Thl. und 2. Thl. 1. Abthl. Ebendas. 1842,50. 3 Thlr. 10 Ngr.

THÜNEN, Johann Heinrich: Der isolirte Staat in Beziehung auf Landwirthschaft und Nationalökonomie, oder Untersuchungen über den Einfluss, den die Getreidepreise, der Reichthum des Bodens, und die Abgaben auf den Ackerbau ausüben. - Hamburg 1826. - 2. verm. u. verb. Aufl. Rostock 1842-1863. 3 Tl. - Tl. 1: Der isolirte Staat . . . 1842. 391 S., 4 Taf. - Tl. 2. Abt. 1 u. 2: Der naturgemässe Arbeitslohn und dessen Verhältnis zum Zinsfuß und zur Landrente. 1850 u. 1863. 284 u. 444 S. - Tl. 3: Grundsätze zur Bestimmung der Bodenrente, der vortheilhaftesten Umtriebszeit und des Werths der Holzbestände von verschiedenem Alter für Kiefernwaldungen. 1863. 114 S. - 3. Aufl. Berlin 1873. Bd. 1: 400 S. - Bd. 2: 1. Abt.: 288 S., 2. Abt.: 444 S. - Bd. 3: VIII, 144 S. hrsg. v. H. Schumacher-Zarchlin. - Neudr. nach d. Ausgabe letzter Hand (2. bzw. 1. Aufl. 1842 bzw. 1850) eingeleitet v. Heinrich Waentig. Jena 1921. XV, 678 S. - Weiterer Neudr. ebd. 1930. XV, 678 S. - Weiterer Neudr. Stuttgart 1966. XV, 678 S.

Thünen-Archiv, Fortsetzg., s.: **Archiv f. exakte Wirtschaftsforschung.**

Thünen-Archiv. Organ f. exakte Wirtschaftsforschung, hrsg. v. Rich. Ehrenberg. 1. u. 2. Jahrg. (2. Jhrg. 1. Hft. 166 S.) gr. 8. Jena 905—907. G. Fischer. à Jhrg. n. 20. —

— dasselbe. 1. u. 2. Ergänzungsheft. gr. 8. Ebd. n. 10. 50

1. Die Handarbeit in der Landwirtschaft. Bearb. auf Grund v. Erhebgn. des „mecklenburg. patriot. Vereins" u. des „Vereins kleiner Landwirte in Mecklenburg". Von Frdr. Dettweiler. (X, 228, 8, 87, 11 u. 3 S.) 905. n. 7. —
2. Die Produktionsbedingungen des deutschen u. englischen Steinkohlen-Bergbaues. Von Kurt Uhde. (XI, 216 S.) 907. Subskr.-Pr. n. 3. 50; Einzelpr. n. 4. 50

Thunersee [Schlagwort]

Thunersee, s.: Geologische Karten. Gerber.

Thunerseestrasse. Auf der Rechtsseitigen Th'-St'.... Bern 1885 s. [Schüler, Albert, und Balmer, Hans Friedrich].

Thunert, Frz., Acten der Ständetage Preussens, königl. Antheils. [Westpreussen.] Hrsg. v. F. Th. [Schriften des westpreuss. Geschichtsvereins.] 1. Bd. 1. Lfg. 1466—1471. gr. 8. (IV, 166 S.) Danzig 888. (Th. Bertling.) n.n. 2. 50

Thunert, Frz., Acten der Ständetage Preussens, kgl. Anteils. (Westpreussen.) (Schriften d. westpreuss. Geschichtsvereins.) 1. Bd. 1466—1479. 2. u. 3. (Schluss-) Lfg. gr. 8. (IV u. S. 167—696.) Danzig 895. 96. (Th. Bertling.) n.n. 7. 50 (1. Bd. kplt.: n.n. 10. —)

Thunert, Franz [aus Danzig]: Der grosse Krieg zwischen Polen und dem Deutschen Orden. 1410 bis 1. Febr. 1411. Beilage: Die Quellen zur Schlacht bei Tannenberg .... Danzig, Druck v. A. W. Kafemann, 1886; 4 + 78 S. 8°.
Königsberg, Phil. Fak., Inaug.-Diss. v. 28. Jul. 1886.

—— der grosse Krieg zwischen Polen und dem deutschen Orden. 1410 bis 1. Febr. 1411. Beilage: Die Quellen zur Schlacht bei Tannenberg. Inaugural-Dissertation. Lex.-8. (70 S.) Königsberg i. Pr. 886, (Koch's Antiqu.) **

Thuner-Zeitung: Neue Thuner-Zeitung
⑤ Probe-Nummer am 24. 1. 1857: 1857—1858 ⑥ 4° ⑦ halbwöchentlich; dann wöchentlich 3× ⑧ Thun: Aufenast & Stettler, D. Aufenast (ab 14. 9. 1858) ⑨ Die Freistunde ⑩ die Buchdrucker ⑪ die Buchdrucker ⑬ BGSZ: 973 ⑭ Be: S.

Thüngen, C. E. Frhr. v., Anleitung zur zweckmäßigen Erziehung und Dressur der zur Niederjagd gehörigen Hunde. Mit besond. Berücksicht. der Dressur und Führung des Vorstehhundes. 2. verm. und verb. Aufl. Lex.-8. (IX, 87 S.) Würzburg 877, Stuber. *

Thüngen, C. E. Frhr. v., Anweisung zur zweckmäßigen Bühnen-Leitung. Für Bühnenvorstände und Alle, die bei der Leitung eines Theaters betheiligt sind, sowie für Theaterfreunde hrsg. 8. (XVI, 230 S.) Leipzig 870, Grunow. *

— Beiträge zur Naturgeschichte der Waldschnepfe u. Kenntniß ihrer Jagd, s.: Bibliothek für Jäger u. Jagdfreunde.

THÜNGEN, Frhr. v.: Bilder aus dem Thierleben für Jagd- und Naturfreunde. - Stuttgart 1873. 84, 112 S.

—— Bilder aus dem Thierleben für Jagd- und Naturfreunde. 8. (X, 83 S.) Stuttgart 873, Schickhardt und Ebner. *

—— dramaturgische Fragmente. Streifzüge im Gebiete der Theatergeschichte, Schauspielkunst, Bühnenleitung und Theaterzustände. 8. (VII, 170 S.) [Leipzig 877, Douffet.] Hamburg, Berendsohn. *

—— Fragmente für Jäger und Jagdfreunde. Mit Illustr. (in Holzschn.) von Friedr. Lossow. gr. 8. (131 S.) Stuttgart [Hannover] 870, Cohen und Risch. *

—— der Hase [lepus timidus L.], dessen Naturgeschichte, Jagd und Hege. Ein monograph. Beitrag zur Jagd- und Naturkunde. gr. 8. (XIV, 431 S. mit 20 in den Text gedr. Holzschn.) [Berlin 878, Wiegandt, Hempel und Parey.] Parey. *
geb. *

— über Hege u. Beschuß eines Rebhühnerstandes, s.: Bibliothek für Jäger u. Jagdfreunde.

—— Waidmanns Heil. Streifzüge im Gebiete der Jagdgeschichte, Jagdgesetzgebung, Jagd- und Naturkunde. 8. (XII, 160 S.) [Leipzig 876, Douffet.] Hamburg, Berendsohn. *

—— illustrirtes Hundebüchlein oder Vademecum für Hundebesitzer und Hundefreunde. Mit 1 (Holzschn.-)Taf. Abbild. der bekanntesten Hunde-Racen (in qu. gr. 4.). 8. (VIII, 192 S.) Hamburg 879, Berendsohn. *

Thüngen, C. E. Frhr. v., der Jagdhund, seine Züchtung, Erziehung, Wartung, Dressur und Führung. 5. verm. und verb. Aufl. von C. F. G. Thon's „Unterricht, alle Arten zur Ausübung der Jagd nöth. Hunde abzurichten". Mit dem Plane eines Hundehofes. gr. 8. (XIII, 204 S. mit 1 Holzschntaf. in gr. 4.) Weimar 872, B. F. Voigt.

Thüngen, C. E. Frhr. v., der Jagdhund, seine Züchtung, Erziehung, Wartung, Dressur u. Führung. 6. Aufl. Mit (Holzschn.-)Abbildungen vorzüglicher Hunde-Rassen u. dem Plane eines Hundehofs. gr. 8. (XII, 203 S.) Weimar 882. B. F. Voigt. 3. 75

Thüngen, C. E. Frhr. v., der Jagdhund, seine Züchtung, Erziehung, Wartung, Dressur u. Führung. 6. Aufl. Mit Abbildgn. vorzügl. Hunderassen u. dem Plane e. Hundehofs. Neue (Titel-)Ausg. gr. 8. (XII, 203 S.) Berlin 887. Leipzig, Tesmer Nachf. n. 4. 50

Thüngen, C. E. Frhr. v., der Jagdhund, 7. Aufl., s.: Krichler, Frz.

—— praktische Jagdkunde im Rucksack für Jäger- und Jagdfreunde. 6 Hefte. 8. Würzburg, Stahel'sche Buchh. à Heft * 75 Pf.; compl. *

Inhalt:
Heft 1. 2. Das Rehwild und dessen Jagd, nebst einer Einleitung in die prakt. Jagdkunde und dem Statut des deutschen und bayer. Jagdschutzvereins. (XXVI, 49 S.) 878.
" 3. Das Schwarzwild und dessen Jagd. (VII, 42 S.) 878.
" 4. Die Wildente und deren Jagd. Auf Grund der vorhandenen Literatur und eigener Erfahrungen für Jäger und Jagdfreunde dargestellt. (VIII, 40 S.) 879.
" 5. Die Waldschnepfe und deren Jagd. Auf Grund der vorhandenen Literatur und eigener Erfahrungen für Jäger und Jagdfreunde dargestellt. (VIII, 38 S.) 879.
" 6. Das Auerwild und dessen Jagd. Auf Grund der vorhandenen Literatur und eigener Erfahrungen für Jäger und Jagdfreunde dargestellt. (IX, 34 S.) 879.

Thüngen, C. E. Frh. v., der Jagdliebhaber, s.: Ehrenkreutz, v.

Thüngen, C. E. Frhr. v., die Jahreszeiten des Waidmanns. Belletrist. Schilderungen aus dem Jägerleben in Prosa und Poesie zur Charakteristik des deutschen Waidwerks. gr. 8. (XIV, 220 S. mit dem Holzschn.-Portr. des Verf. und 4 Illustr. [Holzschntaf.].) [Wien 881, Braumüller.] Berlin, Parey. *
geb. in Leinw. *

—— die Jahreszeiten des Waidmanns. Belletrist. Schilderungen aus dem Jägerleben in Prosa und Poesie zur Charakteristik des deutschen Waidwerks. Neue (Titel-)Ausg. gr. 8. (XIV, 220 S.) Berlin 885, Parey. *

—— die Nieder-Wildbahn. Anleitung zu deren Anlegung und Verbesserung. Nebst einem Jagdkalender. 16. (IX, 92 S.) Prag 868, Reichenecker. [Leipzig, Hirschfeld.]

—— das Rebhuhn, dessen Naturgeschichte, Jagd und Hege. Ein monograph. Beitrag zur Jagd und Naturkunde. gr. 8. (X, 125 S. mit 1 Holzschntaf. in gr. 4.) Weimar 876, B. F. Voigt.

Ⓖ -- Das Rebhuhn. 884. (KBL 24.) Jetzt: Neudamm, J. Neumann. Erh. Pr. 1.20

— das Rebhuhn, dessen Naturgeschichte, Jagd u. Hege. Ein monograph. Beitrag zur Jagd- u. Naturkunde. 2. Aufl. gr. 8. (X, 125 S.) m. 1 Holzschntaf.) Weimar 884. B. F. Voigt. n. 1. —

—— das Rebhuhn, dessen Naturgeschichte, Jagd und Hege. Ein monograph. Beitrag zur Jagd- und Naturkunde. 2. wohlfeilere (Titel-)Aufl. gr. 8. (X, 125 S. mit 1 Holzschntaf.) Weimar 884, B. F. Voigt. *

—— s. Train, K. v., des gerechten und vollkommenen Waidmanns neue Praktika.

— über Wildhege u. Hegeverordnungen, s.: Bibliothek für Jäger u. Jagdfreunde.

THÜNGEN, Karl Philipp Frhr. v.: Wild und Wald. Vademekum für Jäger und Jagdfreunde. Das Wissenswertheste und Interessanteste im gesammten Gebiete des edlen Waidwerkes. - Leipzig, Berlin 1880. 286 S., 50 Abb.

Thüngen, Karl Phpp. Frhr. v., Wild u. Wald. Vademecum für Jäger u. Jagdfreunde. Das Wissenswertheste im gesammten Gebiete des edlen Waidwerkes. Mit 50 Text-Illustr. nebst Titelbild nach Zeichnungen von Alb. Richter. 8. (XVI, 286 S.) Leipzig 880. Spamer. n. 4. 50; geb. n. 6. —

Thüngen, W. v., das sächs. Weichbildrecht nach d. Codex Palatinus Nro. 461, mit e. Einleit., als Inaug.-Abhandl. zuerst hrsg. gr. 8. (4¾ B.) Heidelberg 837. (Würzburg, Stahel'sche Buchh.)

Thüngen-Roßbach, Karl Freiherr von

Thüngen-Roßbach, C. Frhr. v., die Nachtheile der Goldwährung, s.a. Löll, L., die Währungsfrage.

Thüngen-Roßbach, Carl Frhr. v., die Nachtheile der Goldwährung. Eine Ergänzung der Schrift: „Die Goldwährung" von Löll. gr. 8. (IV, 31 S.) Würzburg 886, (Hertz.) *
Vgl.: Löll, L., eine Währungsrede.

Thüngen-Roßbach, Frhr. Carl v., Rede über die Herstellung des Gleichgewichts im Haushalte des Reichs und der Einzelstaaten, gehalten in der Generalversammlung der Steuer- und Wirthschaftsreformer zu Berlin am 15. Febr. 1878. gr. 8. (29 S.) Berlin 878, [Niendorf's Verlagsh.] Verlagsh. F. Graf Behr. *

Frhr. v. Thüngen-Roßbach, steht die Grundsteuer in B. zu den übrigen direkten Steuern im richtigen Verhältnis?
Landwirt in Roßbach bei Zeitlofs in Ufr., Führer der Bauernvereinsbewegung, gründete 1880 den „Fränkischen Bauernverein", Mitbegründer des „Bundes der Landwirte". Ueber ihn siehe Nr. 604.
München 1873

Thüngen-Roßbach, Carl Frhr. v., und F. Varrentrapp, die landwirthschaftliche Steuerfrage auf der 22. Generalversammlung bayer. Landwirthe in Würzburg. Zwei Reden. gr. 8. (80 S.) Würzburg 880, Stuber's Verlagsh. *

Thüngen-Roßbach, Frhr. v., Thüngen contra Caprivi. Vertheidigungsschrift gegen den Reichskanzler Grafen v. Caprivi. gr. 8. (31 S.) Würzburg 894. Verl. der „Neuen Bayer. Landeszeitung". n. — 30

—— die Wucher- und Wechselfrage. Vortrag, gehalten im 10. Kongreß deutscher Landwirthe zu Berlin am 25. Febr. 1879. gr. 8. (27 S.) Berlin 879, Verlagsh. F. Graf Behr. *

Thunichtgut, Paul, s.: Korruption im bayer. Volksschulwesen.

Thunig u. v. Möllendorff, die Bewirthschaftung des Ackers, siehe: v. Möllendorf.

Thunmann, Hans Erich

— Diss. historia Antigoni Gonnatae Macedonum Regis. 4. Greifsw. 769.

Thunmann, Hans Erich, († d. 17. Dec. 1778.) Diss. de origine Billungorum. 4. Greifsw. 769.

— Untersuchung üb. die alte Geschichte einiger nordischen Völker. Mit e. Vorr. v. Ant. Fr. Büsching. 8. Berl. 772. Reimer. 12 ℊ

— Untersuch. über die Geschichte der östlichen europäischen Völker. 1r Thl. 8. Leipzig, Crusius. (F. C. W. Vogel.) 774.

Thunmann, Joh., Description de la Crimée, trad. de l'allemand. 8. Strasbourg, Treuttel et W. 789. Rthlr. —

Thuns, Gg.: Zwinger und Zwingerschützen [Breslau]. Breslau, 1902, 28 S. 741

Thüns, Bernhard: Das Verbum bei Orm. Ein Beitr. z. ae. Grammatik. Weida i. Th. 1909: Thomas & Hubert. 77 S. 8°
Leipzig, Phil. Diss. v. 21. Febr. 1909, Ref. Wülker, Birch-Hirschfeld
[Geb. 2. Juli 84 Nauleis; Wohnort: Nauleis; Staatsangeh.: Sachsen; Vorbildung: Realgymn. Döbeln Reife O. 04; Studium: Leipzig 8 S.; Rig. 4. März 08.] [U 09. 3075

Thur, die Cholera ist ein Menschenwerk. Ein Lehrsatz der Thatsachen für Ärzte und Laien entwickelt. Schivelbein 858. (Berlin, Lassar.) gr. 8. (30 S.) n. 5 ngr.

Thur, Andr. v.: Der allgem. Teil des deutschen Bürgerl. Rechts. Bd 1. Berlin 1910. 8°

Thur, Ern. Guil. Henr. (geb. Rosow in Pomm. 20. 1. 1816): De odontalgia. Berolini (1840). (20 S.) 8°
Berlin, Med. Diss. v. 11. Apr. 1840

Thur, M.

— Joseph in Aegypten unter dem Schutze der göttl. Vorsehung. 8. Leipz. 823. Magaz. f. Ind. 4 ℊ
vgl. Thur, W.

Thur, M., Würdigung der anonymen Schrift: „Prüfung der vom Hrn. Dr. Tzschirner zu Leipzig herausgg. Schrift: Protestantismus u. Katholicismus ꝛc." Nach vernunftmäß. staatsbürgerl. Grundsätzen, so wie auch aus dem Standpunkte der Dogmatik u. der Geschichte beleuchtet. gr. 8. Leipz. 823. Magazin f. Ind. 12 ℊ

v. Thur, N. Das russische Lagerhausgesetz vom 30. März / 11. April 1888, übersetzt und mit Hinweisungen auf ausländische Gesetzgebungen versehen. Berlin 1888.

Thur, Rob. an der, der Alpensohn, s.a. Bibliothek vaterländischer Schauspiele.

Der Alpensohn. Schweizer Volksschauspiel in 7 Akten mit e. Vorspiel u. Gesang von Robert an der Thur. Aarau: H. R. Sauerländer & Co. 1907. (79 S.) 8° [F.]
= Bibliothek vaterländischer Schauspiele. 89. [07. 3069

Thur, W., Joseph in Aegypten unt. d. Schutze d. göttl. Vorsehung. Ein patriarchal. Gemälde aus d. Geschichte d. geoffenbarten Religion; als Leseb. f. Schulen, nach d. bibl. Urschrift u. mit Benutzung vorzügl. Werke bearb. 8. (4 B.) Leipzig 830, Magazin f. Indust.

vgl. Thur, M.

Thür ..., s. T ü r ...

Thura, Albert

Thura,e, Alb., gynaeceum Daniae literarum. 8.. Hamb. Bohn. 723.

Alberti Thura Gynaeceum Daniae litteratum, feminis Danorum, eruditione vel scriptis claris conspicuum etc. etc. Altona. 1732. 8°.

Thura, Alberti: I d e a historiae litterariae Danorum, in duas Partes divisa. Hamburgi. 1723. 8°

Thürach, Hans

Thürach (Hans), Geognostische Beschreibung der Insel Süd-Georgien. (Sep.-Abdr. a. d. Werke über d. Ergebnisse d. deutschen Polar-Exped., Allgem. Theil, Bd. II, 7.) (Ohne Druckort.) 8.

Thürach, s.: Gümbel, K. Wilh. v., geognostische Beschreibg. d. Königr. Bayern.

Thürach, Hans, über das Vorkommen mikroskopischer Zirkone und Titan-Materialien in Gesteinen. gr. 8. (82 S. mit 1 lithogr. Taf.) Würzburg 884, Stahel'sche Universitäts-Buchh. *

Aus: Verhandlungen der physikalisch-medicinischen Gesellschaft zu Würzburg, besonders abgedruckt.

Thurandt, Alfons (Alfr. Rich. Meyer), die Ebernburg. Novelle. (VII, 117 S.) 8. Dresden 905. E. Pierson. n. 1. 50; geb. n. 2. 50

Thurandt, Alfons, (Alfr. Rich. Meyer), Vicky. Verse. 8. (31 S.) Braunschweig (902). (F. Bartels Nachf.) n. 1.—

Thurau, Elfriede, Die rhythmische Gymnastik in der Schule, Berlin 1915, 36 S., 18 Taf., 8°.

Thurau, Gust., Anleitung zum Studium der französischen Philologie, s.: Koschwitz, Eduard.

Thurau, Gust., ein bretonischer Barde. (23 S.) gr. 8. Braunschweig 905. G. Westermann. n. — 30

Sonderabdruck aus: „Festschrift f. Adf. Tobler".

Thurau, Gustav, aus Tilsit: Beiträge zur Geschichte und Charakteristik des Refrains in der französischen Chanson. 1. *Weimar 1899: E. Felber.* (47 S.) 8° (Erscheint vollst. in d. Litterarhist. Forschungen.)

Königsberg, Phil. Diss. v. 8. Apr. 1899

Thurau, G., s.: Beiträge zur roman. Philologie.

Thurau, Gust., E. T. A. Hoffmanns Erzählgn. in Frankreich, s.a. Festschrift, zum 70. Geburtstage Oskar Schade dargebracht.

Thurau, Gustav. E. T. A. Hoffmanns Erzählungen in Fr. Festschrift zum siebenzigsten Geburtstage Oskar Schade, dargestellt v seinen Schülern u Verehrern. Königsberg, 1896.

— s.: Frauenarbeiten, wissenschaftliche.

— s.: Karl's des Grossen Reise nach Jerusalem u. Constantinopel.

— Eduard Koschwitz, s.: Kaluza, Max.

— s.: Normannia.

— geheimwissenschaftliche Probleme u. Motive in der modernen französischen Erzählungslitteratur. gr. 8. (32 S.) Halle 899. M. Niemeyer. n. 1.—

Sonderabdruck aus: „Beiträge z. roman. Philologie".

— der Refrain in der französischen Chanson, s.a. Forschungen, litterarhistorische. XXIII.

Der Refrain in der französischen Chanson. Beiträge z. Gesch. u. Charakteristik d. franz. Kehrreims von Gustav Thurau. *Berlin: E. Felber 1901.* (XXV, 444 S.) 8°

= Forschungen, Litterarhistorische. II. 23. [01. 1906. 2

Joep, Ludovicus, ord. phil. h. t. decanus: Lectiones cursorias, quas ... Gustavus Thurau, Phil. Dr. 'Die Schicksale der spanischen Romanzendichtung in Frankreich' ad docendi facultatem rite impetrandam die II. Decembris ... habebit, indicit. *Regimonti Bor. 1899: Hartung.* (1 Bl.) 4°

— s.: Universitäts-Kalender, Königsberger.

— s.: Zeitschrift f. französ. u. engl. Unterricht.

Thurau, Johann De pronominum demonstrativorum apud Plautum usu. 21 S. Progr. *Rössel* 1876.

Thur-Bothe: Der Thur-Bothe

③ Anzeiger aus dem Bezirk Andelfingen ④ Der Bote aus den Bezirken von Uster (etc.) ⑤ 8. 12. 1843—21. 6. 1844 ⑥ 4° ⑦ Wochenblatt ⑧ Winterthur: Hegner; Andelfingen: H. Ehrensperger, Joh. Vogt ⑨ Joh. Vogt zum roten Haus, Andelfingen ⑫ inoffizielles Blatt der radikalen Partei ⑬ BGSZ: 423 ⑭ Zh: Z ⑮ Druckfehler: »Chur-Bothe« (Nrn. 17—20).

(Thurbrücke. Die Th' bey Bischofzell.) Njbl. s. [Vögelin, Salomon].

Thüre, Karl, a. Unterschönau: Die formalen Satzarten bei Crestien von Troyes. Eine stilistisch-syntakt. Untersuchung m. bes. Berücks. des Wilhelm von England. Marburg 1909: Leybold, Wiesbaden 76 S. 8

Marburg, Phil. Diss. v. 10. Juni 1909, Ref. Wechßler

[Geb. 5. Febr 85 Nieder Elsungen; Wohnort: Marburg; Staatsangeh.: Preußen; Vorbildung: Realgymn. Wiesbaden Reife O. 04; Studium: Berlin 4, Marburg 7 S.; Rig. 4. Nov 08.] [U 09. 3220

Thureau-Dangin, François

Thureau-Dangin, Paul, der hl. Bernardin v. Siena. 1380 bis 1444. Ein volkstüml. Prediger in Italien zur Zeit der Renaissance. Autoris. Uebersetzg. v. Ambros. Götzelmann. O. F. M. (VIII, 218 S. m. 1 Stahlst.) 8. München 904. J. J. Lentner. n. 2. 40; geb. n. 3. 40

Thureau-Dangin, F., die sumerischen u. akkadischen Königsinschriften, s.a. Bibliothek, vorderasiatische.

Die sumerischen und akkadischen Königsinschriften [Les inscriptions de Sumer et d'Akkad]. Bearb. von F[rançois] Thureau-Dangin. Leipzig: J. C. Hinrichs 1907. (XX, 275 S.) 8°

= Bibliothek, Vorderasiatische. Bd 1, Abt. 1. [07. 8238

Thurein, Hermann

Elementare Darstellung der Mondbahn. 4 (26 S.). Progr. Dorotheenstädt. Rg. *Berlin* 1888 (94)

Thurein, Herm., elementare Darstellung der Mondbahn. gr. 4. (26 S.) Berlin 888, Gaertner's Verlag. *

Thurein, Hermann Elementare Darstellung der Planetenbahnen durch Konstruktion und Rechnung 8 (S 1—34, 1 Taf.)
In: Festschrift z. 50jähr Jubil des Dorotheenstädt Rg. *Berlin* 1886
Nicht im Tauschverkehr.
Progr.

—— elementare Darstellung der Planetenbahnen durch Konstruktion und Rechnung. gr. 8. (34 S. mit 1 Taf.) Ebendas. 886. *
Aus: Festschrift des Dorotheenstädtischen Realgymnasiums, besonders abgedruckt.

Thurein, *Hermann* [Prof.]: Gedächtnisrede für Herrn Professor Dr. *Johann Gottlob Friedrich Heinrich* Marthe, geh. in d. Aula am 21. Juni 1893. Berlin, Buchdr. O. Lange, 1891; 30—32 S. 4.
Berlin, Dorotheenstädt. RG, P 1894 (95 [vielm. 94])

Thurein, [Hermann], Prof.: [**Rede** bei der Trauerfeier für den am 31. März 1901 verstorbenen Direktor u. Geh. Regierungsrat Prof. Dr. Bernhard Schwalbe.] *Berlin 1902: O. Lange.* (S. 22—25.) 4°
Berlin, Dorotheenstädt. RG, OP 1902 (106)

Thüren, s. Türen

Thurgar, A. H., Tabelle der englischen unregelmäßigen Zeitwörter mit Erklärung u. Uebungen. gr. 8. (5⅛ B. u. 1 Tab.) Prag 845, (Calve'sche Brlgsh.) *

Thurgau [Sachliches OW]

Thurgau. Canton Th'. Geschichte und Politik. Druckblätter, 8. u. 4., in Mappe.

Thurgau, Kanton. Bericht über das Finanzwesen an den Kl. Rath . . . 1831. O. O. u. J. V: *Freienmuth, J. C.* (AARK)

Thurgau, Der Kanton, historisch, geographisch, statistisch geschildert. St. Gallen und Bern 1837. V: ***Pupikofer, Johann Adam.*** (ZÜRKL)

Thurgau, Die Landgrafschaft, vor und bei ihrem Übergange an die Eidgenossenschaft im Jahre 1460. Denkschrift. Frauenfeld 1861. V: ***Pupikofer, Johann Adam.*** (ZÜRKL)

Thurgau [Schlagwort]

Thurgau. Randegger, J., Karte des Kantons Thurgau. (Umschlag: Schul- u. Handkarte.) 1 : 150,000. 32,5×48 cm. Farbdr. Winterthur (885). (Bern, Geograph. Kartenverlag.) n.n. — 65

(B) **Thurgau.** Randegger, J., Karte des Kantons Thurgau. 885. (KBL 34.) Jetzt: Winterthur, Kartographia. (Nur direkt.)

Thurgau, historischer Verein des Kantons, s. Beiträge.

Thurgau [Verfasser]

Thurgau, Emil, die Lungenschwindsucht u. die Ansteckungsfurcht. Ein Aufruf an die Menschheit. gr. 8. (64 S.) Bamberg (902). Handels-Druckerei u. Verlagsh. 1. —

Thurgau, Emil, Sonne. Drama in 3 Akten. 8. (VII, 44 S.) Dresden-Blasewitz 900. R. v. Grumbkow. 2. —

(B) **Thurgau,** Emil, Sonne. 800. (KBL 32.) Jetzt: Dresden-Bl., E. Leonhardt. Ladenpr. aufgeh.

Thurgauer, Der lustige, a. d. J. . . . . .
1828. M. Holzschn.
Frauenfeld.

Der Thurgauer-Kalender auf d. Jahr 1871. Des Kriegs-, Friedens- und Historienkalenders 22. Jahrgang. Mit Holzschnitten. 64 Seiten. 4. Diessenhofen, L. Stephan. 1871. —. 30

Thurgauerkalender. Th' K' für das Jahr.... ([Illustriert. Mit] Beilage...: [Wand-]Kalender....) 4. *je* fr. —. 40
... 1901. Jahrg. 8. IV + 98 S. Weinfelden, Komm. C. Brenner, Buchbinder.
... 1902 *u.* 1903 *u.* 1904 *u.* 1905 *u.* 1906 *u.* 1907. Jahrg. 9 *u.* 10 *u.* 11 *u.* 12 *u.* 13 *u.* 14. IV + 98 *u.* IV + 102 *u.* IV + IV + 100 *u.* IV + 104 *u.* IV + 100 *u.* IV + 102 S. Kreuzlingen, Komm. August Honer, Buchdruckerei.

Thurgauer Kalender für das Jahr 1909–1911. Jahrg. 16–18. [Illustriert.] IV + 96 *u.* IV + 106 *u.* IV + 108 S. 4. Kreuzlingen, Komm. August Honer. *je* fr. —. 50

de **Thürhaimb,** C. Relation du siége de Schweidnitz, av. la capitulation et la liste des prisonniers. 4. Berlin 1758.

Thürheim, Andreas Graf

Thürheim, A. Graf, Feldmarschall Otto Ferdinand Graf v. Abensperg u. Traun. 1677—1748. Eine militärhistorische Lebensskizze. gr. 8. (IX, 420 S.) Wien 877. Braumüller. n. 8. —

Thürheim, A. **Graf,** Feldmarschall Otto Ferdinand Graf v. Abensperg und Traun. gr. 8. Wien 877. Leipzig, Greßner und Schramm. *

Thürheim, A. Graf, Briefe d. Grafen Mercy-Argenteau, k. k. bevollmächt. Ministers in d. österr. Niederlanden, an d. k. k. Gesandten zu London Grafen Louis Starhemberg. Orig.-Documente. gr. 8. (XX u. 268 S.) Innsbruck, Wagner'sche U.-B. 3 fl. 80 kr. 1884.

Thürheim, A. Graf, Christoph Martin Freiherr v. Degenfeld, General der Venezianer, General-Gouverneur von Dalmazien und Albanien und dessen Söhne [1600—1733]. Ein Beitrag zur Geschichte des 17. Jahrh. Nach Orig.-Documenten und Correspondenzen des gräfl. Degenfeld'schen Familien-Archivs. Mit dem Bildnisse des Frhrn. Christ. Mart. v. Degenfeld (in Heliogravure). gr. 8. (V, 292 S.) Wien 881, Braumüller. *

—— **Gedenkblätter** aus der Kriegs-Geschichte der k. k. österreichischen Armee. 1.—6. Lfg. Lex.-8. (S. 1—284.) Teschen 879, Prochaska. à Lfg. * *M* 1,60. *

—— Gedenkblätter aus der Kriegs-Geschichte der k. k. österreichischen Armee. 7.—22. (Schluss-)Lfg. Lex.-8. (1. Bd. S. 285—571; 2. Bd. IV, 804 S.) Teschen 880, Prochaska. à Lfg. * *M* 1,60. *
1.—6. Lfg. Ebendas. 1879. à * *M* 1,60.

(Thürheim, Andreas Graf, k. k. Rittm.) Geschichte des k. k. 8. Uhlanen-Regiments Erzherzog Ferdinand Maximilian. Von seiner Errichtung 1718 bis August 1860. Herausgegeben unter dem Regiments-Commando des Obersten Carl Baron Simbschen. Nach den Feldacten des k. k. Kriegs-Archives und Original-Quellen verfasst von einem ehem. Officier des Regiments. 8. Wien 1860.

Thürheim, A. Graf, hervorrag. Heldenthaten österr. Krieger, s.: Helden, unsere, Hft. 10.

Thürheim, A. Graf, Feldmarschall Ludwig Andreas Graf v. Khevenhüller-Frankenburg, seiner großen Herrscherin „treuer Vasall und Beschützer" 1683—1744. Eine Lebensskizze. gr. 8. (VIII, 352 S.) Wien 878, Braumüller. *

Licht- und Schattenbilder aus dem Soldatenleben und der Gesellschaft. Tagebuch-Fragmente und Rückblicke eines ehemaligen Militärs. I. Aus längst vergangener Zeit. II. Aus Transsilvanien in der Sturm- und Kriegsperiode 1848—1849. III. Zerstreute Erinnerungsblätter. 8. Prag und Teplitz 1876.

— Feldmarschall Carl Joseph Fürst de Ligne, die „letzte Blume der Wallonen". Eine Lebensskizze. gr. 8. (XV, 334 S.) Ebend. 877. n. 7. —

(Thürheim, Andreas Graf, k. k. Rittm.) Die Reiter-Regimenter der k. k. österreichischen Armee. Historische Skizzen, chronologisch geordnete Bruchstücke regimenterweise bearbeitet von einem ehem. Cavall.-Officier. 1. Bd. die Cürassiere und Dragoner. 2. Bd. die Husaren. 3. Bd. die Uhlanen. (3 Bde.) 8. Wien 1862.
— — 2. Aufl. (3 Bde.) 8. Wien 1866.

(Thürheim, A. Graf, k. k. Rittmeister.) Reminiscenzen. Fragmente eines Tagebuchs. Als Manuscript gedruckt. 8. Wien 1861.

Thürheim, A. Graf, Feldmarschall Ernst Rüdiger Graf Starhemberg, 1683 Wiens ruhmvoller Vertheidiger. [1638—1701.] Eine Lebensskizze. Mit dem (rad.) Bildnisse Starhembergs. gr. 8. (VI, 476 S.) Wien 882. Braumüller. n. 9 —

Thürheim, A. Graf. Ludwig Fürst Starhemberg, ehemaliger k. k. a. o. Gesandter an den Höfen in Haag, London u. Turin etc. Eine Lebens-Skizze nach handschriftl. Orig.-Quellen verf. u. geordnet v. dessen Enkel A. Graf Th. gr. 8. (VI, 371 S.) Graz 889, Styria. * 5 40

Thürheim, A. Graf, Die Reichsgrafen und Herren von Thürheim, österr. Linie. Wien 1882.

— von den Sevennen bis zur Newa. [1740—1805.] Ein Beitrag zur Geschichte des 18. Jahrhunderts. Nach handschriftl. Nachlässen. gr. 8. (V, 461 S.) Ebend. 879. n. 9. —

Thürheim, H. Grf. v., Anti-Urfolap. Ulm 1869. 8.

Thürheim, Herm. Graf, die Mitrailleusen und ihre Leistungen im Kriege 1870—71. gr. 8. (24 S.) Wien 872, v. Waldheim. *
Aus: Streffleur's österreichische militärische Zeitschrift, besonders abgedruckt.

Thürheim, Herm. Graf, Studien über Feld-Artillerie. gr. 8. (VIII, 151 S.) Augsburg 877. Rieger. n. 3. —

THÜRHEIM, Gräfin Lulu. Mein Leben, Erinnerungen aus Öfterreichs großer Welt. 1788—1819. In deutfcher Überfetzung, mit einem Vorwort, 4 Stammtafeln, Anmerkungen und Perfonenregifter verfehen. Herausgegeben von René van Rhyn (P. v. B.). 4 Bde. (Mit 145 Bildbeigaben.) München, Georg Müller, 1913. Gr. 8°. I: 33 Bilder, XVI und 390 S., 1 l. Bl.; II: 40 Bilder, 4 Bl., 372 S., 2 Bl.; III: 36 Bilder, XII und 382 S., 1 Bl.; IV: 36 Bilder, XII und 326 S., 1 Bl.
Denkwürdigkeiten aus Alt-Oefterreich 7, 8, 11. 12. Außerdem erfchien eine Luxusausgabe in holländifch Bütten und Ganzleder, Kopfgoldfchnitt, Seiten unbefchnitten, 150 Exempl.

Thürig, X[aver]. Malters. Luzern 1870 *s.* Heimatskunde. Die Heimathsk' für den Kanton Luzern. Lieferung 2.

Thuring, Ans. Marcell., (Chr. Aug. Vulpius,) Historia des Bombardements des weltbekannten ꝛc. Raubnestes Algier, wie solches unterm Commando des tapfern Seehelden Don Barcelo im J. 1784 ausgeführt wurde; poet. u. in Gesprächen beschrieben. 8. (Berl. 784.)

Thüring, Gust., Festreden an der Schlachtfeier in Sempach, s.: Kopp, K.

Thüring, H., mehrfacher Sinn der heil. Schrift. 4. (22 S.) Luzern 889. (Gebr. Räber.) n.n. 1. —

Thüring, Jos., (✝ ...) de distinctione in divinis. 4. Nördling. 754.

— quaestiones theologicae de regulis fidei. 8. Oetting. 755.

Thüring, Karl, die angebliche Rückständigkeit des Katholicismus, s. a. Flugschriften, katholische. Nr. 145.

Die angebliche Rückständigkeit des Katholicismus. Eine volksthümlich-apolog. Studie von **Karl Thüring.** *Berlin: Germania [1901].* (112 S.) 8° [F.]
— **Flugschriften.** Katholische, zur Wehr u. Lehr. No 145 [illegible]

Thüringen [Sachliches OW]

Thüringen, s. a. Anding und Radefeld.

—— **s. a. Erinnerung.**

—— **s. a. Schwerdt, H., und H. A. Ziegler.**

Thüringen, s. a. Woerl's Reisehandbücher.

Thüringen. (Umschlagt.: Führer durch Thüringen.) Kleine Ausg. Nach d. 18. Aufl. d. grösseren neu bearb. Reisebuchs v. Thüringen. M. 3 Kt. *Berlin: A. Goldschmidt 1895.* (IV, 73 S., 1 Bl., 3 Kt.) 1 Bd 8.
= **Reisebücher,** Griebens. Bd 82. [illegible]

Thüringen. (Umschlagt.: Führer durch Thüringen. Grosse Ausg.) Prakt. Reisehandb. 18. Aufl. neu bearb. v. J. I. Kettler. M. Kt., Pl. u. Ans. *Berlin: A. Goldschmidt 1895.* (IV, 227, 40 S., 7 Kt. u. Pl.) 1 Bd 8.
= **Reisebücher,** Griebens. Bd 3. [illegible]

Thüringen. (Grosse Ausg.) Prakt. Reisehandb. 19. Aufl., bearb. v. J. I. Kettler. M. Kt., Plänen u. Ansichten. *Berlin: A. Goldschmidt 1897.* (IV, 228 S., 6 Kt., 2 Pl.) 1 Bd 8.
= **Reisebücher,** Griebens. Bd 3. [illegible]

Thüringen. Prakt. Reisehandb. 20. Aufl. bearb. v. J. I. Kettler. M. Kt., Pl. u. Ansichten. Berlin: A. Goldschmidt 1898. (IV, 231 S., 1 Bl., 32 S., 8 Kt.) 1 Bd 8°
= Reisebücher, Griebens. Bd 3.

Thüringen. Prakt. Reisehandbuch. 21., neu bearb. Aufl. Mit 9 Karten. *Berlin: A. Goldschmidt 1901.* (IV, 228 S.) 8°
= **Reisebücher,** Griebens. Bd 3. [illegible] 11

Aus **Thüringen.** Bd 1. *Leipzig: O. Lenz [1901].* 8° [F.] [illegible]

Thüringen. Prakt. Reisehandbuch. 22., neu bearb. Aufl. Mit 11 Karten. *Berlin: A. Goldschmidt 1903–04.* (IV, 215 S.) 8° [F. u. Ant.]
= **Reiseführer,** Griebens. Bd 3. [illegible]

Thüringen. Mit 1 Uebersichtskarte, 2 Stadtpl. u. zahlr. Abb. Berlin: F. Zillessen 1907. (238 S.) 8° [F.]
= **Reisebücher,** C. Kühns' illustrierte. Bd 3. [illegible]

Thüringen. Prakt. Reisehandbuch. 24. Aufl., neu bearb. von Ernst Piltz. Mit 12 Karten u. 5 Panoramen. Berlin: A. Goldschmidt 1907–08. (IV, 237, 32 S.) 8°
= **Reiseführer,** Griebens. Bd 3. [07. 8486]

Thüringen. Prakt. Reiseführer. 25. Aufl., neu bearb. von Ernst Piltz. Mit 11 Kt. u. 6 Panoramen. Berlin: Goldschmidt 1909–10. 238 S. 8°
(Griebens Reiseführer. Bd 3.) [09. 7793]

Thüringen in Bild u. Poesie, illustr. v. Lisa Bieliß. gr. 8. (36 S. m. farb. Illustr. in Aquarelldruck.) Eisenach 890. Brunner. geb. m. Goldschn. n. 4. 50

Thueringen und Frankenwald. 18. Aufl. Bearb. unter Mitwirk. d. Thüringerwald-Ver. Gr. Ausg. Leipzig u. Wien 1906. 8°.
(Meyers Reisebücher)
[Dasselbe.] 19. Aufl. Gr. Ausg. Leipzig u. Wien 1908. 8°.
[Dasselbe.] 20. Aufl. Gr. Ausg. Leipzig u. Wien 1910. 8°.

Thüringen und der Harz mit ihren Merkwürdigkeiten. Volkssagen und Legenden. Historisch-romantische Beschreibung aller in Thüringen und auf dem Harz vorhanden gewesenen und noch vorhandenen Schlösser, Burgen, Klöster . . . und sonst beachtenswerther Gegenstände aus dem Reiche der Geschichte und Natur. Sondershausen 1839—42. H: *Sydow, Friedrich von.* MV: *Bechstein, Ludwig, H. E. R. Belani* [= *Carl Ludwig Haeberlin*], *Ad. Bube, Heinr. Doering, Carl Duval, Rob. Hahnemann, Gust. Adolph von Heeringen,*

Thüringen u. der Harz, mit ihren Merkwürdigkeiten, Volkssagen u. Legenden. Histor.-romant. Beschreib. aller in Thüringen u. auf d. Harz vorhanden gewesenen u. noch vorhand. Schlösser, Burgen, Klöster, merkwürd. Kirchen u. a. Gebäude, Fabriksörter, Bergwerke, Ruinen, Höhlen, Denkmäler, maler. Gegenden u. sonst beachtenswerther Gegenstände aus d. Reiche d. Geschichte u. Natur. 7 Bde. (od. 42 Hfte.) gr. 8. (130⅓ B. u. 84 Stnt.) Sondershausen 839—42, Eupel.

Thüringen u. der Harz, mit ihren Merkwürdigkeiten, Volkssagen u. Legenden. Histor.-romant. Beschreibung aller in Thüringen u. auf dem Harz vorhanden gewesenen u. noch vorhandenen Schlösser, Burgen, Klöster, Kirchen, Fabriksörter, Bergwerke, Ruinen, Höhlen, Denkmäler, malerischen Gegenden rc. Suppl.-Bd. oder des ganzen Werkes 8. Bd. gr. 8. (27¼ B.) Sondershausen 844, Eupel. *
1—7. Bd. Ebendas. 1839—42. 10 Thlr. 15 Ngr.

Thüringen. — Hessenland u. Franken. In Lied, Spruch u. Prosa-Schilderung, s.: Land u. Volk, deutsches. 11. Heft.

Thüringen u. angrenzende Lande. Fol. Lith. u. color. Langensalza 851, Schulbuchhandl. d. Thüringer Lehrer-Vereins. ½ ₰

Thüringen u. Umgegend, enth. d. Sachsen-Ernestin., Schwarzburg-Reußischen u. angränz. Länder. gr. 4. Nebst Commentar u. d. T.: Geograph. Uebersicht rc. gr. 8. Gotha 826, Perthes.

Thüringen, wie es war und ist. 4. Naumburg, Wild. 808. 4°

Thüringen in Wort u. Bild. Lieder-Auswahl von A. Trinius. Illustr. v. Willy Stöwer. gr. 8. (38 S. m. z. Tl. farb. Illustr.) Leipzig 896. Meissner & Buch. Geb. in Leinw. m. Goldschn. n. 5. —

Thüringen in Wort u. Bild. Hrsg. v. den thüringer Pestalozzivereinen. 1. u. 2. Bd. gr. 8. Leipzig, J. Klinkhardt. à n. 4.50; geb. in Leinw. à n. 6. —
1. Mit etwa 150 Abbildgn. (IV, 476 S.) Berlin 900.
2. Mit etwa 160 Abbildgn. (III, 492 S.) 902.

Thüringen [Schlagwort]

— s. a.: Eisenbahnkarten.

Thüringen, s. a.: Erfurt, Reg.-Bez.

— s. a. Handkarten.

— s. a.: Hand- u. Reisekarten.

— s. a. Heimatskarten.

— s. a. Geologische Karten.

— s. a. Radfahrerkarten.

— s. a. Radfahrerkarten. Franke. Karte. Mittelbach. Ravenstein. Universal-Automobilkarte.

— s. a. Regenkarten.

— s. a. Sachsen, Königr. Brecher, A.

— s. a. Sachsen, Prov.

— s. a. Verkehrskarten.

Thüringen. Albert's, R., Special-Karte v. Thüringen f. Radfahrer, Touristen etc. 1 : 200,000. 3. Aufl. 50 × 64,5 cm. Farbdr. Halle (900). (H. Hothan.) n. 1. —

— Bamberg, K., Heimatskarte der Thüringischen Staaten. [Aus: „Schul-Atlas".] 1 : 750,000. 23,5 × 42 cm. Farbdr. Berlin (899). C. Chun. n. — 15

Thüringen. Bamberg's, Karl, Schulwandkarte von Thüringen. 1 : 140,000. Politische Ausg. 2., rev. Aufl. 9 Blatt à 39,5 × 47,5 cm. Farbdr. Berlin 898. C. Chun. n. 10. —; auf Leinw. in Mappe n. 15. —; m. Stäben n. 16. 50; physikal. Ausg. zu gleichen Preisen.

— — **Schulwandkarte von Thüringen.** Umgearb. v. Fritz Bamberg. 1 : 140,000. 3. verb. Aufl. Physikalische Ausg. m. rot markierten polit. Grenzen. 9 Blatt à 39,5 × 47,5 cm. Farbdr. Ebd. (902). n. 10. —; auf Leinw. m. Stäben n. 16. 50; polit. Ausg. zu gleichen Preisen.

Thüringen. Bamberg's, Karl, Schulwandkarte v. Thüringen. Umgearb. v. Fritz Bamberg. 1 : 140,000. 4. verb. Aufl. (Politische Ausg.) 9 Blatt à 39,5 × 47,5 cm. Farbdr. Berlin (907). C. Chun. 10. —; auf Leinw. m. Stäben 16. 50

Thuringiae nova Descriptio. Johannes Janssonius excud. 1 : 400,000. 1 Bl.

Thüringen. Gräf, C., Reisekarte von Thüringen. 1 : 103,000. 5 Blatt. Chromolith. qu. gr. Fol. Weimar 888. Geograph. Institut. à Blatt n. — 50

Thüringen. Gräf's, Carl, Reisekarte von Thüringen. (Umschlag: Thüringer Touristen-Karten.) 1 : 100,000. (Neue Aufl.) Blatt 1—5. Farbdr. Weimar (903). Geograph. Institut. (Nur direkt.) à n. — 75
1. Eisenach, Liebenstein, Salzungen, Friedrichroda, Inselsberg, Oberhof, Ilmenau, Ruhla, Erfurt. 39 × 60 cm.
2. Weimar, Erfurt, Dornburg, Jena, Neustadt a. O., Rudolstadt, Stadtilm. 37,5 × 56 cm.
3. Schwarzburg, Paulinzella, Rudolstadt, Neustadt a. O., Ebersdorf, Lehesten, Lauscha, Amt Gehren. 37,5 × 56 cm.
4. Koburg, Sonneberg, Lauscha, Unter-Neubrunn, Schleusingen, Römhild, Lind. — Friedrichshall. 40 × 56 cm.
5. Ilmenau, Ohrdruf, Liebenstein, Meiningen, Schleusingen, Gross-Breitenbach, Plaue, Suhl. 39 × 58,5 cm.

Thüringen. Graef's Thüringer Touristen-Karten. 1 : 100,000. Ausg. 1891. 5 Blatt. Farbendr. 37×59 cm. Weimar 891. Geograph. Institut. à n. — 75
1. Eisenach, Liebenstein, Salzungen, Friedrichroda, Inselsberg, Oberhof, Ilmenau, Ruhla, Erfurt.
2. Weimar, Erfurt, Dornburg, Jena, Neustadt a/O., Rudolstadt, Stadtilm.
3. Schwarzburg, Paulinzella, Rudolstadt, Neustadt a/O., Ebersdorf, Lehesten, Lauscha, Amtgehren.
4. Coburg, Sonneberg, Lauscha, Unter-Neubrunn, Schleusingen, Römhild, Lind, Friedrichshall.
5. Ilmenau, Ohrdruf, Liebenstein, Meiningen, Schleusingen, Gr. Breitenbach, Plaue, Suhl.

— Gräf's, Carl, Thüringer Touristen-Karte, hrsg. von J. I. Kettler. 1 : 103,000. 6 Blatt. Ausg. 1895. Farbendr. Weimar, Geograph. Institut. à n. — 75
1. Eisenach, Liebenstein, Salzungen, Friedrichroda, Inselberg, Oberhof, Ilmenau, Ruhla, Erfurt. 37×60 cm.
2. Weimar, Erfurt, Dornburg, Jena, Neustadt a/O., Rudolstadt, Stadtilm. 37×55,5 cm.
3. Schwarzburg, Paulinzella, Rudolstadt, Neustadt a/O., Ebersdorf, Lehesten, Lauscha, Amt-Gehren. 37×55,5 cm.
4. Koburg, Sonneberg, Lauscha, Unter-Neubrunn, Schleusingen, Römhild, Lind, Friedrichshall. 37×55,5 cm.
5. Ilmenau, Ohrdruf, Liebenstein, Meiningen, Schleusingen, Gr.-Breitenbach, Plaue, Suhl. 37,5×55,5 cm.
6. Frankenhausen (-Weimar). 59×70,5 cm.

— Gräf's, Carl, Thüringer Touristen-Karten, hrsg. v. J. I. Kettler. (Reisekarte von Thüringen.) 1:100,000. (Aufl. 1901.) 6 Blatt. Farbdr. Weimar, Geograph. Institut. à n. — 75
1. Eisenach, Liebenstein, Salzungen, Friedrichroda, Inselberg, Oberhof, Ilmenau, Ruhla, Erfurt 39,5×60,5 cm.
2. Weimar, Erfurt, Dornburg, Jena, Neustadt a. O., Rudolstadt, Stadtilm. 37,5×56 cm.
3. Schwarzburg. 37,5×56 cm
4. Koburg, Sonneberg, Lauscha, Unter-Neubrunn, Schleusingen, Römhild, Lind.-Friedrichshall. 40×56 cm
5. Ilmenau, Ohrdruf, Liebenstein, Meiningen, Schleusingen, Gr.-Breitenbach, Plaue, Suhl 37,5×59 cm.
6. Frankenhausen, Erfurt, Weimar, Naumburg, Sangerhausen, Sondershausen. 59×71 cm.

— Habenicht, Herm., u. C. Böhmer, Handkarte v. Thüringen. Entworfen v. H., bearb. v. B. 1 : 250,000. 63,5×71,5 cm. Farbdr. Gotha (903). J. Perthes. n. 1. 50; auf Leinw. n. 2. 40; m. Stäben n. 3. —; Namenverzeichnis (33 S.) schmal gr. 8. n. — 60

— — — politische Karte v. Thüringen. Entworfen v. H., bearb. v. B. 1 : 250,000. 63,5×71,5 cm. Farbdr. Ebd. (903). n. 1. 50; auf Leinw. n. 2. 40; m. Stäben n. 3. —

— Habenicht, Herm, Schulwandkarte v. Thüringen. Gezeichnet v. C. Böhmer u. H. Salzmann. 1 : 100,000. A. Oro-hydrograph. Ausg. — B. Politische Ausg. à 9 Blatt à 49,5×56 cm. Farbdr. Gotha 902. J. Perthes. à n. 10. —; auf Leinw. in Mappe à n. 15. —; m. Stäben à n. 18. — u. lackiert à n. 21. —

— Hemmleb, Herm., Schulhandkarte der Thüringischen Länder. Physikalische Ausg. (18. Aufl.) 1 : 750,000. 23×26 cm. Farbendr. Mit Text am Rande. Weimar 894. H. Hemmleb. — 15; politisch-physikal. Ausg. (32. Aufl.) — 15

— — Schulwandkarte der Thüringischen Länder. 1 : 150,000. Politisch-physikal. u. physikal. Ausg. (4. Aufl.) à 9 Blatt à 39×44 cm. Farbendr. Ebd. 892. à n. 10. —; auf Leinw. m. Stäben à n. 13. 50

— — dasselbe m. Harz. (3. Aufl.) à 9 Blatt à 39×44 cm u. 3 Blatt à 36×44 cm. Farbendr. Ebd. 892. à n. 12. —; auf Leinw. à n. 16. 50

— Hemmleb, Herm., Schulwandkarte der Thüringischen Länder (m. Harz). 1 : 150,000. Politische u. physikal. Ausg. (4. Aufl.) 12 Blatt à 39×44 cm. Farbendr. Weimar 895. H. Hemmleb. n. 12. —; auf Leinw. m. Stäben n. 16. 50; physikal. Ausg. zu gleichen Preisen.

— Höhenschichten-Karte des Thüringer Waldes. Oestliche u. westliche Hälfte. 1 : 100,000. à 68,5 × 48 cm. Farbendr. Eisenach 895. 896. Hofbuchdruckerei Eisenach, H. Kahle. In Karton à n. 1. 50; auf Leinw. à n. 2. —

Thüringen — Charte von — Nach etc. entworfen von F. L. Güssefeld. Nürnberg bey Homanns Erben verbessert 1806. 1 : 320,000. 1 Bl.

— Karte v. Thüringen. 1 : 300,000. Ausg. 1887. Chromolith. qu. Fol. Berlin 887. Goldschmidt. In Leinw.-Mäppchen. n. — 50

— Karte von Thüringen. 1 : 300,000. Ausg. 1893. 35×43 cm. Farbendr. Berlin 893. A. Goldschmidt. In Futteral. n. — 50

Thüringen. Karte von Thüringen. 1 : 300,000. Ausg. 1895. 35,5×41,5 cm. Farbendr. Berlin 895. A. Goldschmidt. In Futteral n. — 50

— Karte v. Thüringen. [Aus: „Grieben's Reiseführer". 1 : 300,000. 35,5×41,5 cm. Farbdr. Berlin 905. 906. A. Goldschmidt. In Mappe — 50

Thüringen — Geographische Karte von —, etc. bearb. von B. Cotta. Bei Arnold in Dresden u. Leipzig. 120,000. Schluss 1847. Im Ganzen 4 Sect.

— Karte, neue, v. Thüringen. 1 : 300,000. [Aus: „Griebens Reisebücher".] 35,5×41,5 cm. Farbdr. Berlin 901. A. Goldschmidt. n. — 50

— — neue, von Thüringen u. der Rhön. Bearb. nach amtl. Quellen im kartogr. Kupferstich-Institut von H. Petters. 1 : 150,000. 44×48,5 cm. Farbdr. Meiningen (905). F. Funk. n. 1. 40; auf Leinw. n. 2. —

— — neue, der Central-Gruppe des Thüringer Waldes. Insel-Berg, Friedrichroda, Ilmenau, Suhl. 1 : 100,000. 32,5×50,5 cm. Lith. Berlin (903). A. Goldschmidt. In Mappe n. — 50

— Karte, neueste, v. Ost-Thüringen. 4. Aufl. 1:150,000. 45×55,5 cm. Farbdr. Lobenstein (910). F. Krüger. — 50

— — neueste, der Central-Gruppe des Thüringer Waldes. Inselsberg, Friedrichroda, Ilmenau, Suhl. Red. v. W. Liebenow. 1 : 100,000. 32×50,5 cm. Farbdr. Ebd. 897. In Tasche n. — 50

Thüringen. Karte des Thüringer Waldes um Friedrichroda. 1 : 60,00. [Sonderausg. aus dem Führer „Friedrichroda u. Umgebgn."] 25×30 cm. Farbdr. Gotha (904). J. Perthes. — 50; auf Leinw. — 80

— — dasselbe, um Oberhof. [Aus: „Oberhof u. Umgebgn."] 1 : 50,000. 27×33 cm. Farbdr. Ebd. (904). — 50; auf Leinw. — 80

— — dasselbe um Tabarz. 1 : 60,000. [Sonderausg. aus dem Führer „Tabarz u. Umgebgn."] 25×30 cm. Farbdr. Ebd. (904). — 50; auf Leinw. — 80

— Liebenow's, W., Radfahrer-, Touristen- u. Verkehrskarte v. Thüringen. 1:300,000. 29×38,5 cm. Farbdr. Eisenach (910). H. Jacobi. — 75

— Mittelbach's neueste Spezialkarte d. Thüringischen Staaten zum Hand- u. Bureaugebrauch. 1:300,000. 75×92 cm. Farbdr. Leipzig (904). Mittelbach. n. 1. 50

— Mittelbach's, R., Touristenkarte des Thüringer-Waldes. 1:75,000. 4 Bl. à 51×73 cm. Farbdr. Leipzig, Mittelbach. à 1. —
1. Eisenach-Gotha-Friedrichroda-Inselsberg. 51×73 cm. (909.)
2. Meiningen-Oberhof-Suhl-Schleusingen. 51×73cm. (909.)
3. Arnstadt-Ilmenau-Rudolstadt-Pössneck. 49×72,5 cm. (910).
4. Eisfeld-Sonneberg-Gräfenthal-Lehesten. 49×72,5 cm. (910.)

— — Neueste Thüringer Umgebungskarten. 1:75,000. Blatt 1—5. à 49,5×42 cm. Farbdr. Ebd. (909). à — 80
1. Eisenach-Inselberg-Salzungen.
2. Gotha-Friedrichroda-Inselsberg-Oberhof.
3. Oberhof, Suhl m. Umgebung.
4. Schmalkalden-Suhl-Schleusingen.
5. Meiningen-Schmalkalden.

— — Wintersportkarten. Thüringer Wald. Westlicher Tl. Mit Unterstützg. der Ortsgruppen des Thüringer Wintersportverbandes bearb. 1:75,000. 87,5×73 cm. Farbdr. Ebd. (909). 1. 75

— Müller, Gust., Karte v. Nord-Thüringen u. dem Süd-Harz. (Oestlicher Thl.) Auf Grund der Messtischblätter, nach amtl. Mittheilgn. u. eigenen Aufnahmen bearb. 1:100,000. 2 Blatt: Halle a/S. u. Nordhausen. à 77×53 cm. Farbendr. Eisleben 893. M. Gräfenhan. n. 4. —; 8theilig auf Leinw. (Fol.) in Mappe n. 7. 50; 32theilig auf Leinw. in Taschenformat u. Mappe n. 7. ; 40theilig auf Leinw. m. weggeschnittener Umrandg. n. 6. 50; auf Leinw. als Wandkarte m. Stäben n. 7. 50; u. lackiert n. 8. —; einzeln à n. 2. —; je 16theilig auf Leinw. in Taschenformat m. Futteral à n. 3. 50

— Neubert's Spezialkarte v. Nord-Thüringen u. Süd-Harz. Bearb. nach den neuesten Messtischblättern, nach amtl. Mitteilungen u. eigenen Aufnahmen. 1:100,000. 80,5×117 cm. Farbdr. Halle (906). A. Neubert. n. 5. —; auf Leinw. in Taschenformat od. m. Stäben n. 8. —
Hieraus einzeln: Spezialkarte der Umgebung v. Halle a/S. 80,5×60 cm. Farbdr. 2. 50; auf Leinw. in Taschenformat od. m. Stäben n. 4. —. — Spezialkarte der Umgebung v. Sangerhausen. 80,5×60 cm. Farbdr. 2. 50; auf Leinw. in Taschenformat od. m. Stäben n. 4. —.

— Neubert's Spezialkarte v. Nord-Thüringen u. Süd-Harz. Bearb. nach den neuesten Messtischblättern, nach amtl. Mitteilgn. u. eigenen Aufnahmen. Neue bill. [Titel-]Ausg. 1:100,000. 80,5×117 cm. Farbdr. Halle [906] (909). A. Neubert. 3.—; auf Leinw. in Taschenformat od. m. Stäben n 5. —
Hieraus einzeln:
Spezialkarte der Umgebung v. Halle a/S. 80,5×60 cm. Farbdr. 1.50; auf Leinw. in Taschenformat od. m. Stäben 2. 50
Spezialkarte der Umgebung v. Sangerhausen. 80,5×60 cm. Farbdr. 1.50; auf Leinw. in Taschenformat od. m. Stäben 2. 50

— Petters, Hugo, Karte v. Süd-Thüringen u. Franken. Zur Übersicht der hauptsächlichsten Kommunicationen. 2 Blatt. Koburg. gr. Fol. Kpfrst. Meiningen 889. L. v. Eye. n. — 90

— Richter, G., physikalische (Schulwand-) Karte v. Thüringen, entworfen, gezeichnet u. f. den Schulgebrauch hrsg. 1:150,000. 4 Blatt à 58,5×72,5 cm. Farbendr. Leipzig 895. G. Lang. n. 12. —; auf Leinw. in Mappe od. m. Stäben n. 17. —

— Riemer's Verkehrs- u. Bäderkarte v. Thüringen. 1:350,000. Lith. u. kolor. 40×54,5 cm. Weimar 891. Geograph. Institut. n. — 75

— Routenkarte der Haupt-Touristenwege, der wichtigsten Fahrstrassen, auch Eisenbahn-, Post- u. Omnibuslinien im Thüringerwald. Hrsg. vom Thüringerwald-Verein. Bearb. unter Mitwirkg. der Zweigvereine v. J. Bühring. III. Jahrg. 1898. Der Gesammtausg. seit Mai 1896 9.—13. Taus. 1:150,000. 64×67 cm. Farbdr. Mit Sommer-Fahrplan auf der Rückseite. Nebst Routenverzeichnis. III., verm. Jahrg. 1898. Mit 1 Übersichtskarte des Rennsteigs. 12. (48 S.) Arnstadt 898. (W. Jost.) n. — 40

— Routenkarte der Haupt-Touristenwege, der wichtigsten Fahrstrassen-, auch Eisenbahn-, Post- u. Omnibuslinien im Thüringerwald. Hrsg. vom Thüringerwald-Verein. Bearb. unter Mitwirkg. der Thüringerwaldzweigvereine von J. Bühring. VII. Jahrg. 1902. Der Gesamtausg. 26.—31. Taus. 1:150,000. 64×69,5 cm. Farbdr. Mit Sommer-Fahrplan auf der Rückseite. Nebst Routenverzeichnis. VII. Jahrg. 1902. Mit 1 Uebersichtskarte des Rennsteigs u. e. Verzeichnis der Thüringer Umgebungskarten u. Rundsichten. 12. (52 S.) Arnstadt (W. Jost). n. — 50

— Schaeffer's, Ed., Hand- u. Reisekarte der Thüringischen Staaten. 1:550,000. Farbendr. 30×39 cm. Gotha 891. C. Glaeser. n. — 60

— Schaeffer's Handkarte der Thüringischen Staaten. 1:550,000. 4. verb. Aufl. 29,5×39 cm. Farbdruck. Gotha (903). R. Wöpke. In Pappeldeckel n. — 25

— Schaeffer's Handkarte der Thüringischen Staaten. 7. verb. Aufl. 1:550,000. 29,5×39 cm. Farbdr. Gotha (909). [R. Wöpke.] E. F. Thienemann. — 15; auf Pappe — 25

Thuringiae — Landgraviatus — Tabula Generalis in suos Principatus etc. divisa per Johann Bapt. Homann Noribergae. 1:350,000. 1 Bl.

— Thüringerwald-Karte. Hrsg. im Auftrag des Hauptvorstandes des Thüringerwald-Vereins. Spezialkarte in 35 Blättern. 1:50,000. à 24×25,5 cm. Farbdr. Mit Text. kl. 8. Eisenach, Hofbuchdruckerei Eisenach (H. Kahle). à Blatt — 80
1. Eisenach-West. Wartburg-Hohe Sonne-Wilhelmsthal. (25 S.) (909.)
2. Eisenach-Ost. Hörselberg-Wachstein-Ringberg-Bad Thal-Seebach. (25 S.) (909.)
3. Salzungen. Möhra-Kissel. (7 S.) (909.)
4. Ruhla. Inselsberg-Winterstein-Brotterode-Bad Liebenstein-Schloss Altenstein-Schweina. (17 S.) (909.)
5. Friedrichroda-Waltershausen. Reinhardsbrunn-Gross-Tabarz-Cabarz-Finsterbergen-Georgenthal. (15 S.) (909.)
6. Schmalkalden-Unteres Trusental-Kleinschmalkalden. (4 S.) (909.)
7. Tambach-Dietharz-Steinbach-Hallenberg-Hohe Möst-Spittergrund-Schmalwassergrund. (5 S.) (909.)
8. Oberhof-Frankenhain-Gräfenroda-Ohratal-Luisenthal-Dörrberger Grund. (17 S.) (909.)
9. Plaue-Elgersburg. Liebenstein a. Gera. (6 S.) (908.)
10. Stadtilm-Paulinzella-Singer Berg. (4 S.) (908.)
11. Wasungen-Grosser Dolmar-Schloss Landsberg. (6 S.) (909.)
12. Mehlis-Schwarza-Ruppberg-Viernau. (4 S.) (908.)

13. Suhl. Zella St. Blasii-Gehlberg-Schneekopf-Schmücke-Schmiedefeld. (13 S.) (908.)
14. Ilmenau.Kammerberg-Manebach-Kickelhahn-Stützerbach. (10 S.) (908.)
15. Königssee. Gehren-Lange Berg-Lichte Mündung. (6 S.) (908.)
16. Blankenburg. — Schwarzburg - Trippstein - Unteres Schwarzatal-Arnsgereuth. (11 S.) (907.)
17. Saalfeld-Eichicht-Saalfelder Kulm. (6 S.) (908.)
18. Ranis-Ziegenrück-Pössneck-Neidenberga. (6 S.) (908.)
19. Themar-Kloster Rohr-Feldstein-Schneeberg. (6 S.) 909.)
20. Schleusingen. Vessertal-Adlersberg-Stutenhaus. (6 S.) (908.)
21. Unterneubrunn. — Masserberg-Neustadt a. R.-Frauenwald. (8 S.) (907.)
22. Grossbreitenbach. Neuhaus a. Rwg.-Oberes Schwarzatal-Katzhütte-Oelze-Wurzelberg. (12 S.) (908.)
23. Gräfenthal - Teufelskanzel - Wallendorf - Meura-Hoheneiche-Oberes Lichtetal. (7 S.) (907.)
24. Leutenberg—Probstzella—Burg Lauenstein. (8 S.) (909.)
25. Liebengrün. Ruppersdorf—Drognitz. (3 S.) (909.)
26. Hildburghausen - Hessberg - Stadtberg - Häselriether Berg - Heckenbühl. (4 S.) (908.)
27. Eisfeld-Schnett-Fehrenbach-Saargrund. (3 S.) (908.)
28. Steinach - Scheibe - Limbach - Steinheid - Blessberg-Lauscha-Rauenstein. (7 S.) (909.)
29. Spechtsbrunn-Ernstthal-Kl. u. Gr.-Tettau. (4 S.) (909.)
30. Lehesten - Ludwigsstadt - Wetzstein - Bhf. Steinbach a. W. (8 S.) (909.)
31. Lobenstein-Ebersdorf-Wurzbach-Brennersgrün. (5 S.) (909.)
32. Römhild - Haina. Kloster Vessra - Eingefallener Berg-Kleiner u. Grosser Gleichberg. (11 S.) (909.)
33. Neustadt bei Coburg. Schalkau. (5 S.) (909.)
34. Sonneberg. Neuhaus b. S. - Stockheim - Judenbach-Rothenkirchen. (7 S.) (909.)
35. Meiningen. Rohr - Bauerbach - Henneberg - Ritschenhausen. (20 S.) (910.)

— Verkehrskarte, neue sächsisch-thüringische, enth. alle Orte, Eisenbahnen, Strassen, Wege, Flüsse, Gebirge u. s. w. Hergestellt m. Zugrundelegg. der W. Liebenowschen Karte v. Mittel-Europa in 164 Blättern. 1 : 300,000. 54×72,5 cm. Farbdr. Frankfurt a/M. (903). L. Ravenstein. n. 1.—

— Verkehrs-Wandkarte m. Angabe der Bäder des Thüringer Waldes u. der benachbarten Landschaften. 1 : 103,000. 4 Blatt à 47,5×66 cm. Farbdr. Weimar (900). Geograph. Institut. (Nur direkt.) n. 12. —

— Wegekarte (Routenkarte) der Haupt-Touristenwege, der wichtigsten Fahrstrassen, auch Eisenbahn-, Post- u. Omnibuslinien im Thüringerwald. Hrsg. vom Thüringerwald-Verein. Bearb. unter Mitwirkg. der Thüringerwaldzweigvereine v. J. Bühring. XI. verm. Jahrg. 1906. Der Gesamtausg. 48.—54. Taus. 1 : 150,000. 64×70 cm. Farbdr. Mit Sommer-Fahrplan auf der Rückseite. Nebst Routenverzeichnis. XI. verb. Jahrg. Mit e. Verzeichnis der Thüringer Umgebungskarten u. Rundsichten. (56 S.) 8. Arnstadt (W. Jost). n. — 50
Bisher u. d. T.: Routenkarte usw.

Thüringen. Wegekarte, enth. d. Haupt-Wanderwege, die wichtigsten Fahrstrassen auch Eisenbahn-, Post- u. Omnibuslinien im Thüringer- u. Frankenwald. Hrsg. v. Thüringerwald-Verein. Bearb. unter Mitwirkg. der Thüringerwald-Zweigvereine, des Frankenwaldvereins u. des Rennsteigvereins, v. Joh. Bühring. 1910. XV. Jahrg. Der Gesamtausg. 83.—92. Taus. 1 : 150,000. 71×80 cm. Farbdr. Mit Sommerfahrplan auf d. Rückseite. Arnstadt, W. Jost. —40

— Werneburg's Spezialkarte v. Thüringen. Bearb. nach den neuesten amtl. Unterlagen. 1 : 100,000. Ostblatt Erfurt u. Westblatt Eisenach. à 70×60,5 cm. Frankenhausen (907). C. Werneburg. à 2.—; auf Leinw. in Etui à 3.50; als Wandkarte à 3.75

Thüringens geistlich. Stiftungen. 1stes Hft. (enthalt. die Nonnenklöster zu Erfurt.) 8. Erfurt, Müller. 810.

Thüringen's geistl. Stiftungen. 1s Hft. (Enthalt. die Nonnenklöster zu Erfurt.) 8. Erfurt 810. (Leipz., Weygand). 6 gl

Thüringer, Jodocus, Isaac und Rebecca /// Oder die // Kluge Vorsichtigkeit /// Welche // Bey dem Heyrathen // zu beobachten /// Durch eine kurtze // Theatralische Aufführung // In leichter und ungezwungener // Poetischer Schreib=Arth // vorgestellet /// Mit Beyfügung eines // Lustigen Nach=Spiels /// Worinn // Der Harlequin // Fünff in einer Person sich nicht wohl zusammen // schickende Bedienungen /// Nemlich // Eines Herren=Dieners / Nacht=Wächters /// Bier=Rüffers / Thor=Hüters / und Kuh=Hirtens // zusammen verwaltet /// Zur nützlichen Ergötzung auffgesetzet // Von // JODOCO Thüringern. // Franckfurt an der Oder / verlegts Jeremias Schrey. 1722. - 7 Blatt (nicht paginiert) Titelblatt und Vorrede. - 82 S.
B. S. T. 8°.713.

Thüringer, Der lustige, oder das neueste Liederbuch . . . Nordhausen 1819. H: *Rassmann, Christian Friedrich.* (Ky) (MGT)

Thüringer, der lustige, od. das neueste Liederbuch f. fröhl. Zirkel, (v. Chr. Fr. Raßmann). Mit 1 Kpf. 8. Nordhaus. 819. Happach. (Lauffer in Leipz.) 8 gl

Thüringer-Eisenbahn, die, von Halle bis Gerstungen in ihrer dermaligen Feststellung. 4 Blatt. Weimar. 1844. ⅔ Thlr.

Thüringer Wald [Sachliches OW]

Thüringer-Wald. Eine maler. Wanderg. m. einleit. Text v. Aug. Trinius. 25 Foliobilder in photograph. Kunstdr., aufgenommen u. ausgeführt v. Dr. E. Mertens & Cie. in Berlin. Fol. (58 S.) Berlin 894. C. Skopnik. Geb. in Leinw. n. 30. —

Thüringer Wald, der ganze, für 12 Sgr., f. Wegweiser.

Thüringer-Wald, der, mit seinen nächsten Umgebungen; nach sein. gegenwärt. gesammten Verhältnissen geschildert. Ein Handb. f. Einheimische u. Fremde. Hrsg. von W. v. C. M. 8. (18½ B. u. 14 Kpfrt.) Erfurt 830, Andreä.

Thüringer Wald [Schlagwort]

— s. a. Hand- u. Reisekarten.

Thüringer Wald, s. a. Geognost. Karten, Beyschlag, F.

— s. a. Rhön.

Thüringer Wald — Der —. Entw. u. gez. von A. W. Fils. 60,000. Gotha: J. Perthes. 2 Bl.

Thüringer Wald. Beyschlag, F., Höhenschichtenkarte d. Thüringer Waldes. Hrsg. v. der königl. preuss. geolog. Landesanstalt. 1 : 100,000. Farbendr. 58×85 cm. Berlin 893. (S. Schropp.) n.n. 6. —

Thüringer Waldes — Geognostische Karte des — von Heinr. Credner. 200,000. Gotha: J. Perthes 1855. 4 Bl. nebst Text.

Thüringer Wald — Topographische Karte vom — und seinen Vorlanden. Von C. Vogel. 150,000. Gotha: J. Perthes 1866. 4 Bl.

Thüringer Wald. Kettler, J. J., u. Riemer, Verkehrswandkarte des Thüringer Waldes. 1 : 104,000. 4 Blatt. Chromolith. qu. gr. Fol. Weimar 887. Geograph. Institut. n. 6. —; auf Leinw. m. Stäben n. 12. —

— Meyer, Adb., Karte vom Thüringer Wald, nach den neuesten u. besten Hilfsquellen bearb. 1 : 200,000. 3. Aufl. Chromolith. qu. gr. Fol. Berlin 889. Schropp. n. 2. —; m. Grenzcolorit n. 2. 50

Thüringer-Wald und Umgebung. 200,000. Nördl. Blatt v. C. Bär, südliches von H. Berghaus. Gotha: J. Perthes 1853. 2 Bl.

Thüringer Wald. Verkehrs-Wandkarte des Thüringer Waldes u. der benachbarten Landschaften. 1 : 103,000. (3., neu bearb. Aufl.) 4 Blatt. Farbendr. à 46,5×66 cm. Weimar 892. Geographisches Institut. n. 6. —; auf Leinw. m. Stäben n. 12. —

Thüringer Waldes — Die Centralgruppe des —. Entw. u. gez. von A. W. Fils. 60,000. (Hor. Curven). G. M. 1859.

Thüringerwald-Bahnen. I. 8. Erfurt 902. Ohlenroth. n. — 80

Die Schwarzathal-Bahn. Nach amtl. Quellen bearb. v. Louis Röll. (68 S. m. Abb., 2 Farbdr. u. 1 Karte.)

Thüringerwald-Führer, kleiner. Eine Sammlg. v. 22 auserlesenen Parthien nach dem Thüringerwald. Hrsg. v. e. Mitgliede d. Thüringerwald-Vereins [Zweigverein Gotha]. 8. (31 S. m. Fahrplan-Tab.) Gotha 886. Thienemann. cart. n. — 80

Thüringer Wald-Gebirge [Schlagwort]

Thüringer Wald-Gebirge — Specialkarte von dem — und den uml. Gegenden, von C. F. Weiland. 228,000. Weimar, Geogr. Inst. 1850. 1 Bl.

DER THÜRINGER-WALD-VEREIN. (Ohne bes. Titelblatt. Weimar, am 1. März 1881. Druck von B. F. Voigt.) 8°.

Thüringerwald-Vereins-Liederbuch. Hrsg. v. Zweigverein Schmalkalden. 2. Aufl. gr. 16. (118 S.) Schmalkalden 898. (F. Wilisch's Sort.) n. — 70

Thüringerwald-Vereins-Liederbuch. Hrsg. vom Zweigverein Schmalkalden. 3. Aufl. (128 S.) gr. 16. Schmalkalden 903. (F. Wilisch.) n.n. — 65

Thuringia, Bürger-Zeitung, s. Bürger-Zeitung.

Thuringia, Zeitschrift zur Kunde des Vaterlandes. Herausgeg. von einem Verein vaterländischer Dichter u. Schriftsteller. Redacteur: Bruno Lantz. 1.—3. Jahrg. 1841—1843. à 52 Numm. (Bog.) gr. 4. Arnstadt, Meinhardt. 1. J. n. 1⅓ ℔ 2. u. 3. J. à n. 1 ℔

Thuringia. Zeitschrift zur Kunde des Vaterlandes. Redact.: Dietrich Heinz. 3. Jahrg. 1843. 52 Nrn. (Bog.) 4. Arnstadt, Meinhardt. *

1. u. 2. Jahrg. 1841, 42. Ebendas. à * 1 Thlr. 10 Ngr.

Thuringia. Lose Blätter f. erzähl. thüring. Geschichte. Hrsg. v. Walth. Schmidt-Breitenstein. 1.—3. Bd. gr. 8. Langensalza, Deutsches Druck- u. Versandthaus. 1.25

1. Altes aus e. alten Stadt. I. Bilder aus den Bauernkriegen. Von Ottob. Werner. (VIII, 54 S.) 899. —50
2. Dasselbe. II. Der letzte Münzer. Von Walth. Schmidt-Breitenstein. (31 S.) 900. —25
3. Altes aus den Thüringer Landen. Geschichtliche Episoden, Humoresken, Lebensbilder. Bearb. u. zusammengestellt. Von Herm. Schütz. (66 S. m. 1 Abbildg.) 901. —50

Thuringia Landgraviatus. Apud Janssonio-Waesbergios. Mosem Pitt et Stephanum Swart. 1 : 580,000. 1 Bl.

Thuringia sacra, sive historia monasteriorum . . . Francof. a. M. 1737. V: *Otto, Heinr. Friedr.* (winer)

Thuringia sacra, sive Historia Monasteriorum praecipuorum ac maxime illustrium Thuringiae ex Codd. Mss. ed. et multis diplomatibus illustrata a F. H. Ottio. fol. Frcf. (Weidmann, Lips.) 737.

Thuringia sacra. Urkundenbuch, Geschichte und Beschreibung der Thüringischen Klöster. Begründet v. Wilhelm Rein. 8°.

1.: Kloster Ichtershausen. Urkundenbuch, Geschichte und bauliche Beschreibung mit genealogischen und heraldischen Anmerkungen, Siegelabbildung und Grundriss hrgg. v. Wilhelm Rein. Weimar. 1863. 8°.

Thüringia. Ein homöopathisches Blatt, zunächst für die Thüringischen homöopathischen Familienvereine und Laien herausgegeben von mehreren Freunden der neuen Heillehre. gr. 8, 1834. 1s bis 9s Stück. 4 gr netto.

Thüringia. Ein homöopath. Blatt, zunächst für die Thüring. homöopath. Familienvereine und Laien herausg. von mehrern Freunden der neuen Heillehre. 8. Leipzig 835. L. Schumann. 1s — 9s Stück n. ⅙ ℔

Thuringus, Geschichte d. vorzügl. Mönchsorden, s. Geschichts-Bibliothek, 5., 7. u. 8.

Thuringus, Geschichte der vorzügl. Mönchsorden. 32. Leipzig 841. O. Wigand. 1/12 ℔

— Geschichte Thüringens. 32. Ebend. 841. 1/12 ℔

Thuringus, ..., das Leben der preuß. Helden Blücher, Gneisenau, Scharnhorst, s. Geschichts-Bibliothek 5s Bdchn.

Thuringus: Diss. epistolaris de testamento manifesti usurarii, qui post mortem saltem pro tali per sententiam declaratus est, omnino valido. o. O. 1741.

Thürkauf, Emil, aus Basel: Verlag und Heimarbeit in der Seidenbandindustrie. (Erster, geschichtlicher Teil.) Stuttgart 1909. II + 76 S. 8°. Erscheint in erweiterter Form in der Sammlung „Basler Volkswirtschaftliche Arbeiten" als Heft 1. [25. V. 09.]

Basel, Phil. Diss. 1908/09.

Thürkauf, Emil, Verlag u. Heimarbeit in der Basler Seidenbandindustrie, s.a. Arbeiten, Basler volkswirtschaftliche. No. 1.

Thürkauf, Emil. Verlag und Heimarbeit in der (*Ausg. B:* Basler) Seidenbandindustrie. 8. Stuttgart, W. Kohlhammer, 1909.

Ausg. A: ⟨Erster, geschichtlicher Teil⟩ Diss. Phil. Basel. II + 76 S.

Ausg. B: Mit einer Karte der Standorte dieser Heimarbeit. XX + 275 S. [M. 6. 40.] — Basler Volkswirtschaftliche Arbeiten.... Nr. 1.

Thürlemann, B., 270 originelle Decorations-Motive aus allen Kunstepochen. In Federzeichng. ausgeführt. Imp.-4. (120 Taf. m. 2 S. Text.) Zürich 889. Orell Füssli Verl. cart. n. 10. —

— Gallerie der dekorativen Kunst. Ausgewählte Sammlung origineller Decorationsmotive als Vorlagen für Architekten, Bildhauer, Maler u. f. die Kunstindustrie. Gesammelt u. gezeichnet v. B. Th. 1. Bd. 1. u. 2. Abtlg. gr. 4. (à Abtlg. 48 autogr. Taf.) Ebd. 887. 888. à Abtlg. n. 8. —

Thürlemann, B. Musée de l'art décoratif. 2e année, I., II., III. Livr. à 8 planches. In-fol. Zurich, Orell Fussli & Cie. 1888. 1 50

Thürlemann, B., Zeichenvorlagen f. Kunsthandwerker u. Architekten aus Th.'s Gallerie d. dekorativen Kunst. In Federzeichng. ausgef. (In 4 Hftn.) 1. Hft. gr. 4. (30 Taf. m. 3 S. Text.) Zürich 896. Art. Institut Orell Füssli, Verl. 2. —

Thürlemann, B., Zeichenvorlagen f. Kunsthandwerker u. Architekten aus Th.'s Gallerie der dekorativen Kunst. 2.—4. (Schluss-)Hft. gr. 4. (à 30 Taf.) Zürich 896. Art. Institut Orell Füssli, Verl. à 2. —

Thurler, Louis. Alcool et Petite Ville. Scènes de mœurs par L' T'. Musique de Jules Marmier—Décors de Louise Elgass—Mise en scène réglée par M. Léon Duc. Représentées à Estavayer par la population et sous les auspices d'un comité de cette ville en Juillet-Août 1904. VIII + 150 p. 8. Fribourg, Impr. Fragnière frères — *Aufdruck:* lib. H. Butty & Cie, Estavayer —, 1904. [fr. 2. —]

Thürler, Louis, gewes. Assistent an der Anatomie Zürich [von Freiburg]: Studien über die Function des fibrosen Gewebes. Zür. Zürcher u. Furrer Dr. 1884. 52 S. 8°.
Zürich, Med. Diss. [v. 2. Febr. 1884].

Thürlimann, Karl

Thürlimann, Carl, med. prakt. von Gossau (Kt. St. Gallen): Ueber Insuffizienz der Lungenarterienklappen. (Aus der medizinischen Klinik der Universität Zürich. Prof. Eichhorst.) Gossau 1910. 38 S. 8°. [11. III. 10.]
Zürich. Univ. Med. Diss. 1909 10.

Thürlimann, Carl. Über Insuffizienz der Lungenarterienklappen. Aus der medizinischen Klinik der Universität Zürich.... Diss. Med. Univ. Zürich von K' Th'.... 38 S. 8. Gossau, J. G. Cavelti-Hangartner, 1910.

Thurlin, Thurheim, s. Wilhelm der Heilige.

Thürling, Gustav [aus Wernouchen (Prov. Brandenburg)]: Ueber Kalkspathkrystalle von Andreasberg im Harz aus der Hausmann'schen Sammlung zu Greifswald.... (Aus: N. Jahrbuch f. Mineralogie etc. Beilageband. IV. S. 327—387 u. Taf. XVIII—XXI.) Stuttgart. E. Schweizerbart'sche Verlagshandl., 1886; 6 + 61 + 5 S. u. 1 Taf. 8°.
Greifswald, Phil. Fak., Inaug.-Diss. v. 17. Febr. 1886.

Thürling, Gustav, Dr.: Der wahlfreie Unterricht in der Chemie am Köllnischen Gymnasium zu Berlin nebst Erläuterungen zu Rüdorff, Anleitung zur chemischen Analyse, 1. Teil. Berlin 1904: W. Pormetter. (47 S.) 8°
Berlin, Köllnisches G OP 1904 (64)

Thürling, Gust., der wahlfreie Unterricht in der Chemie am Köllnischen Gymnasium zu Berlin nebst Erläuterungen zu Rüdorff, Anleitung zur chem. Analyse, 1. Tl. Progr. (48 S.) 8. Berlin 904. (Weidmann.) n. 1. —

Thürlings, Adolf. Lieder nach alten Tanzweisen: Rondolett. Französisch, vor 1700. — Erwartung. Nach Nicolas-Antoine Le Bègue 1677. — Das Menuett. Nach Nicolas-Antoine Le Bègue 1677. Für eine Singstimme mit Klavierbegleitung gesetzt. 11 S. 4. Bern, Otto Kirchhoff, [1901]. M. 1. 80/ fr. 2. 40

Thürlings, Adf., der Musikdruck mit beweglichen Metalltypen im 16. Jahrh. u. die Musikdrucke d. Mathias Apiarius in Strassburg u. Bern. gr. 8. (32 S. m. Fksms.) Leipzig 892. Breitkopf & Härtel. n. 1. —

— Oberstdorf im Algäu. Ein Handbuch f. Kurgäste, Sommerfrischler u. Bergfahrer. Hrsg. v. dem Verschönerungs- u. gemeinnütz. Verein Oberstdorf u. den Alpenvereinsektionen Algäu-Immenstadt u. Algäu-Kempten. 1. u. 2. (Titel-)Aufl. Mit e. Spezialkarte u. e. Panorama. 12. (IV, 128 S.) Augsburg 891. 893. [Lampart's alpiner Verlag.] Innsbruck, A. Edlinger. n. 1. 50

Thürlings, Adf., Oberstdorf im bayer. Algäu u. seine Umgebgn. E. Handbuch f. Kurgäste, Sommerfrischler u. Bergfahrer. Hrsg. v. d. Verschönerungs- u. gemeinnütz. Verein Oberstdorf u. d. Alpenvereinssectionen Algäu-Immenstadt u. Algäu-Kempton. 3., verm. u. verb. Aufl. Mit e. Ortsplan u. e. Specialkarte. 12. (V, 124 S.) Innsbruck 896. A. Edlinger. n. 1. 50

Thürlings, Adf., die beiden Tongeschlechter u. die neuere musikalische Theorie. Inaugural-Dissertation. gr. 8. (51 S.) Berlin 877. Liepmannssohn. n. 2. —

Thürlings, Adf., die schweizer. Tonmeister im Zeitalter der Reformation. (32 S.) 8. Bern 903. A. Francke. n. — 65

Thürlings, Adolf. Zum Verständnis der Musikalischen Messe und der H-moll-Messe Johann Seb(astian) Bachs. [Mit Noten. — Sep.-Abdr. aus: Korrespondenzblatt der Berner Liedertafel. Nr. 24. April 1902.] 13 S. 8. (Bern, Büchler & Co., [1902].)

Thürlings, Adolf, ord. Prof. an der Universität Bern: Wie entstehen Kirchengesänge? Rektorrede, gehalten am 73. Stiftungsfeste der Universität Bern, den 17. November 1906. Leipzig 1907. 467—485 S. 8°. S.-A. aus „Sammelbände der Internationalen Musikgesellschaft", Jahrg. 8, Heft 3.
Bern. Univ.-Schr. 1906/1907.

Thürlings, Adolf. Wie entstehen Kirchengesänge? Rektor(ats)rede, gehalten am 73. Stiftungsfeste der Universität Bern, den 17. November 1906. Sonderdruck aus den Sammelbänden der Internationalen Musikgesellschaft, Jahrg. 8, Heft 3. II S. + S. 467—485. 8. Leipzig, Breitkopf & Härtel, 1907.

Thurm [Sachliches OW], s. Turm

Thurm, Emil Alfr., de Romanorum legatis reipublicae liberae temporibus ad exteras nationes missis. gr. 8. (150 S.) Leipzig 883. (Fock.) n. 2. —

Thurm, Frz. rom, Dios no quiso. Spanische Kriegs- und Friedensscenen. 5 Thle. 8. Leipzig 861, Brockhaus. [1. und 2. Thl. (XXIV und 560 S.) * 2 Thlr. 20 Ngr., 3. (XII und 292 S.) * 1 Thlr. 10 Ngr., 4. (IX und 322 S.) * 1 Thlr. 15 Ngr., 5. (XI und 411 S.) * 2 Thlr.] Thlr. *

Thurm, Martha, Festsp. f. dtsch. Turnerinnen, Krefeld 1901, 8°.

Thurm, Frl. M., Hülfsmittel f. den Turnunterricht der Mädchen u. Frauen, s.: Kobian, A.

Thurm, Martha, Sang u. Klang f. deutsche Turnerinnen. Eine Liedersammlung m. vielen Singweisen. 5. Aufl. (240 S.) 16. Crefeld (907). G. Hohns. Geb. in Lw. — 75

— Spiele im Freien f. die Jugend, s.: Lausch, Ernst.

Thurm, M., s.: Warte, pädagogische.

Thurm, Mor., die Aktenstücke der Schule. Prakt. Winke über Anlegung und Fortführung der Tabellen und Listen für die Schule. Zumeist auf Grund von schulgesetzl. Bestimmungen zusammengestellt und hrsg. gr. 8. (15 S.) Eckartsberga 887. (Leipzig, Buchh. des Vereinshauses.) *

Thurm, Mor. Der Christabend. Liturgische Feier m. Kindern am Vorabend d. heil. Weihnachtsfestes. Ausg. A. Für den Lehrer. 2. Aufl. 8. (32 S.) Wittenb. 889, Herrosé Verlag. * — 30

Thurm, M., Schulfeier zum 2. Septbr., s.: Weber.

Thurm, Richard: Über die Konstitution der δ-Methylharnsäure sowie der Alkylderivate des Methyluracils und des Nitrouracils. 1902. 32 S. 8° ¶ Vgl. J. Liebig's Annalen d. Chemie. Bd 323.
Hannover, Dr.-Ing.-Diss. v. 11. 7. 1901

Thurm, Steph., aus der Kaserne, s. Aus.

AUS der Kaserne. Memoiren eines österreichischen Militairs. (Vf.: *Stephan Thurm.*) 2 Bde. Zweite Auflage. Leipzig, Friedrich Wilhelm Grunow. 1845. 12°. (In Budapest, Universitäts-Bibl.)
I: Tit., 1 Bl. Inh., 266 S. II: Tit., 1 Bl. Inh., 260 S.

Thurm, Viktor

Thurm, V., „Auf, ihr Turner, haltet Wacht," Turnermarsch f. Pianoforte m. Gesang, Musik v. Fritz Bertram, op. 7, Neuwied a. Rh., 4°.

Thurm, V., neues Liederbuch f. deutsche Turner. 18. Aufl. Mit e. Bildnisse Jahn's aus seiner Parlamentszeit. gr. 16. (304 S.) Krefeld (900). Hauptturnlehr. Thurm.
Geb. in Leinw. n. — 80

Deutsche Turnerbibel. Eine Sammlung von Aussprüchen, Gedanken u. Erinnerungen d. Meister u. Förderer d. deutschen Turnens. Turnerisch-Vaterländ. Denkmäler. Gesamm. u. hrsg. von Victor **Thurm**. Crefeld. Mitbearb. von Martha Thurm. Bd 1. 2. *Crefeld: C. A. Lechner [1900].* 2 Bde 8° [F.] [... 8581]

Thurm, Willy, appr. Arzt a. Sorau, N.-L.: **Aus der Kgl. Universitäts-Poliklinik für Nasen- u. Kehlkopfkranke (Prof. Seifert) in Würzburg. Über Choanalpolypen. Würzburg 1907: P. Scheiner.** (18 S.) 8°
Würzburg, Med. Fak., Ref. v. Leube, Diss. v. 17. März 1907
[Geb. 12. Febr. 78 Sorau; Wohnort: Coburg; Staatsangeh.: Preußen; Vorbildung: Gymn. Sorau Reife 96; Studium: Freiburg i. B. 3, Würzburg 1, München 2, Leipzig 2, Kiel 2 S.; Coll. 14. Dez. 06; Approb. 9. März 05.]

Thurm ..., s. Turm ...

Thurmann, Caspar, s. Thurmann, Kaspar

Thurmann, E., die Zahlvorstellung u. das Zahlanschauungsmittel, s. a. Magazin, pädagogisches. 249. Hft.

Die Zahlvorstellung und das Zahlanschauungsmittel. Von E. Thurmann in Schmölln. Langensalza: H. Beyer & Söhne 1905. (26 S.) 8°
— **Magazin,** Pädagogisches. H. 249. [c6. 8819]

Thurmann, Gustav [prakt. Arzt aus Sachsen]: Die Antisepsis im Dienste der Staar-Extraction .... Greifswald, Druck v. Julius Abel, 1888; 28 S. 8°
Greifswald, Med. Fak., Inaug.-Diss. v. 30. Apr. 1888

Thurmann, J. Backer, Familien Thurmann. Drammen 1866. qu. 8.

Thurmann, Jules

Abhandlung des Herrn Abt Fortis über das Thal von Ronca im veronesischen Gebiete. Herausgegeben und mit Anmerkungen vermehrt von J. S. Schröter. Weimar. 1789. 8.

Thurmann, J., Esquisses orographiques de la chaine du Jura. I. Partie. Imp.-4. (17 S. mit 3 lithogr. oder in Holzschn. ill. Taf. in Imp.-Fol.) Porrentruy 852, Berne, Jent und Reinert. *

Thurmann, Jules, essai de phytostatique appliqué à la chaîne du Jura et aux contrées voisines, ou étude de la dispersion des plantes vasculaires envisagée principalement quant à l'influence des roches soujacentes. 2 vols. Lex. 8. (XII u. 817 S. m. 7 theils lith. theils lithochrom. Taf. in 8., 4. u. Fol.) Berne 849, Jent & Reinert. n. 5 ₰ 22 ngr

Thurmann, Jul., Essai sur les soulévemens Jurassiques. Second Cahier, cont. la carte orographique et géologique de soulévemens du Jura Bernois, accomp d'une description systématique, avec des coupes générales et un aspect géologique. (Mit 3 ill. Karten.) gr. in-4. Porrentruy 836. (Braunschweig, Leibrock.) n. 5⁵/₈ ₰ (Cahier 1. erschien 1832 bei Levrault in Straßburg und kostet n. 3 ₰)

Thurmann, Jules. Abraham Gagnebin de la Ferrière (1707–1800). Fragment pour servir à l'histoire scientifique du Jura bernois & neuchâtelois pendant le siècle dernier. Avec un appendice géologique [et 1 portrait hors texte]. (E.) 8. Porrentruy 1851.

Thurmann, J[ules, et] Etallon, A. Lethea bruntrutana ou Études paléontologiques et stratigraphiques sur le Jura Bernois et en particulier les environs (*2de partie:* sur les terrains jurassiques supérieurs du Jura B' et en part' des env') de Porrentruy, par J. Th'. Oeuvre posthume terminée et publiée par A. E'. [2 parties.] (N. Denkschr. Schweizer. Ges. für Naturwiss. ....) 4. (Zürich 1861–1864.)
[1re partie. Avec 13 planches.] (N. Denkschr. .. Band 18) (1861.) [2de partie.] (Suite et fin) [Avec 42 planches.] (N. Denkschr. .... Band 19–20.) (1862–1864.)

Thurmann, Kaspar

Thurmannus, Casp.: Bibliotheca canonicorum, in qua de canonicis, et canonicatibus, eorumque collegiis, seu capitulis, statu et officiis agitur. Halae Magdeb. 1700.

Thurmann, Casp., bibliotheca statistica s. de ratione status et de cambiis. 4. Halae. 704.

Thurmann, Casp.: Cambialia s. de cambiis in genere et in specie cum app. de assecurationibus, avariis et bodemeriis etc. *Hamb.* 704. *Halle u. Leipz.* 712. 4.

Thurmann, *Paul Robert Christian* [pr. Arzt]: Über Vererbung von Missbildungen ... Kiel, Druck v. Schmidt & Klaunig, 1893; 13 S., 1 Bl. 8.
Kiel, Med. Fak., Inaug.-Diss. v. [27. Dez.] 1893

Thurmann, Wilhelm, Referendar a. Wittenberg a. E.: Schutz der Rechte an fremder Sache nach dem Bürgerlichen Gesetzbuche. Borna-Leipzig 1906: R. Noske. (VIII, 63 S.) 8° [F.]
Leipzig, Jur. Fak., Diss. v. 12. Nov. 1906
[Geb. 13. Jan. 80 Templin i. U.; Wohnort: Wittenberg a. E.; Staatsangeh.: Preußen; Vorbildung: Melanchthon-Gymn. Wittenberg Reife O. 00; Studium: Tübingen 3, Berlin 1, Halle 3 S.; Rig. 29. Sept. 05.]

Thürmann, Nicol., Apocrypha Danielis, Erklär. der biblischen Historien von Daniel u. Susanna. 4. Dresden, Gerlach. 713.

— d. Mayerschen Frühestunden Fortsetzung über d. Sonn- u. Festtagsevangelien. 4. Leipz. 706.

— getröstetes Kind Gottes, a. d. Episteln. 4. Leipz. Fritsch. 708.

Thurmayer, C., keramische Vorbilder, s.: Krell, P. F.

Thürmayer, Ludw., Rakoczy u. Pandur oder die Entdeckung der Heilquellen in Kissingen. Historisches Orig.-Schauspiel in 3 Akten. München 865. J. A. Finsterlin in Comm. 16. (115 S.) n. 10 ngr.

—— und F. Fränkel, Volks-Schauspiele, s. Fränkel, F.

Thurmayr, Ludwig: Sprachliche Studien zu dem Kirchenhistoriker Euagrios. Eichstätt 1910: Brönner. 54 S. 8° ¶ (Ersch. auch als Münchener phil. Diss. v. 1910.)
Eichstätt, k. G P 1910* [S 10. 446

Thurmayr, Ludwig, Gymnasiallehrer: Sprachliche Studien zu dem Kirchenhistoriker Euagrios. Eichstätt 1910: Brönner. 54 S. 8° ¶ (Ersch. auch als Gymn.-Progr. Eichstätt 1910.)
München, Phil. Diss. v. 2. Mai 1910, Ref. Heisenberg, Rehm
[Geb. 13. Juni 78 Essenbach; Wohnort: Eichstätt; Staatsangeh.: Bayern; Vorbildung: Gymn. Landshut Reife Juli 97; Studium: München 8 S.; Rig. 2. Mai 10.] [U 10. 3707

THURMAYR, Michael (Artlkofen): De amaurosi.- Monachii: Wild 1837. 16 S.
10.5.1837 - Urk; F 63
Diss. Ingolst.-Landsh.-Mchn.

Thürmel, Erich: Aus d. physik. Inst. d. Univ. Breslau. Das Lummer-Pringsheimsche Spektral-Flickerphotometer als optisches Pyrometer. Breslau 1910: Graß, Barth & Co. 42 S. 8°
Breslau, Phil. Diss. v. 18. Juni 1910, Ref. Lummer, Pringsheim
[Geb. 17. Nov. 82 Breslau; Wohnort: Charlottenburg; Staatsangeh.: Preußen; Vorbildung: Oberrealsch. Breslau Reife O. 02; Studium: Breslau 16 S.; Rig. 18. Dez 09.] [U 10. 647

Thurmer, Franz, Friedrich Ludwig Jahn, E. nationales Lebens- u. Mahnbild, Salzburg, 78 S., 16°.

Thürmer, Emil, Anecdotes, s.: Lovéra, Roméo.

Thürmer, Ernst Oswald Über Einwirkung des Erdstromes auf ein um eine vertikale Achse drehbares galvanisches Rechteck. 16 S. **Progr.** *Leisnig* 1878.

Thürmer, Joseph Ansichten von Athen u. seinen Denkmahlen. Rom 1824. Querfol. [Ein 2. Ex. mit d. Jahreszahl 1825.]

Thürmer, die Filosofie ohne Schleier. Allen die ihr gern ins Auge bliken. Mit einer Erklärung der Kunstwörter. Wien 854. (Lechner.) gr. 8. (XII, 355 S.) n. 1 rthl.

Thürmer, Jos., die Epopöen d. Deutschen. In verjüngten Bildern. Erste Reihe: Abels Tod. — Abraham. — Der Messias. 16. (18½ B.) Preßburg 841, C. F. Wigand. Thlr.

Thürmer, J., Fundamentalphilosophie. gr. 8. Wien 827. (Kupfer). 16 gr.

—— eine Logik für Schule, Haus und Leben, die in leicht verständl. Sprache in das Reich des Wissens und Denkens führt, die Gymnasiasten für die höheren Studien vorbereitet, die Akademiker in den ihrigen unterstüzt, und Jedem, der sich über das Gemeine erheben will, Aufklärung und Bildung reicht. 8. (IV und 108 S.) Wien 853, (Lechner's Universitäts-Buchh.) *

Thürmer, eine Logik für Schule, Haus und Leben, die in leicht verständl. Sprache in das Reich des Wissens und Denkens führt, die Gymnasiasten für die höheren Studien vorbereitet, die Akademiker in den ihrigen unterstüzt und Jedem, der sich über das Gemeine erheben will, Aufklärung und Bildung reicht. 2., verm. Ausg. 8. (IV und 148 S.) Wien 857, (Lechner's Universitäts-Buchh.)

Thürmer, : Sammlung von Denkmalen. . . . s. Gutensohn

Thürmer, über das Verhältnis des geistigen Lebens zum körperlichen od. die Grundbegriffe der Anthropik. Den Freunden des Wissens u. Denkens. 8. (IV u. 95 S.) Wien 850, Gerold in Comm. n. 8 ngr.

Thürmer, Jos., Versuch die Anhänger Hegel's u. Schelling's durch eine vernunftgemäße Offenbarungslehre zu versöhnen. gr. 8. (5½ B.) Berlin 843, Herbig. —

Thurn, der Ritter vom, siehe: Volksromane.

v. **Thurn**, Graf; Nationalschspl. 8. Leipz. 792. Köhler. 8 gr.

Thurn, Graf Heinrich Matthias von. [Reval 1824.] V: *Rickers, Heinrich Wilhelm Joachim.* (R-N)

Thurn, der Gräfin Thekla von, Geschichte, oder Scenen aus dem dreyßigjährigen Kriege, 2 Theile mit 1 Kupf. 8. Das. 788. Weygand. 2 Rtl.

Thurn, s.a. Bayer v. Thurn.

(**Thurn**, Graf, k. k. Feldzeugmeister.) Beiträge zur Geschichte des Feldzuges im Jahre 1848 in Italien. I. Zug des 3. Corps von Visnadello, vor Treviso, nach Verona. II. Begebenheiten beim 3. Corps in Tirol und Italien. Von einem höheren kais. königl. Officier. 8. Wien 1850.

Thurn, Bernh., märkische Bilder. Geschichtl. u. landschaftl. Schildergn. aus der Mark Brandenburg. Ein Volksbuch f. d. Jugend. gr. 8. (V, 296 S. m. Titelbild.) Berlin 896. H. Spamer. n. 2. 50; geb. in Leinw. n. 3. —

Thurn, Bern., deutsche Geschichte. Insbesondere für das kathol. Volk. Osnabrück 855. Fredewest. (Overwetter.) 16. (IV, 280 S.) n. 10 ngr.

Thurn, Bernh., Heimatkunde der Prov. Brandenburg u. der Stadt Berlin. 3. Aufl. Mit Karte. gr. 8. (72 S. m. Abbildgn.) Berlin 898. M. Brettkreuz. n.n. — 85; kart. n.n. — 60; Karte allein n.n. — 10

Thurn, Carl, s. Thurn, Karl

Thurn, Erwin (König)
Von den Brüchen, welche mit den Aberrationen der Lage des Hodens in Verbindung stehen.
Giessen: W. Keller 1868. 39 S. 4°
Diss. med. 23.6.1868. vorh. 26. 7.

Thurn, Erwin, e. musikalische Familie. 2. Aufl. gr. 8. (136 S.) Wien 886. Unger. n. 3. —

Thurn, (Frz.,) über die Beheizung großer Räume mit erwärmter Luft. Durch Pläne erläutert. Mit 8 lithogr. u. ill. Abbildd. gr. Fol. München 827, (Finsterlin.)

— Entwurf f. die Lage u. bauliche Eintheilung e. Leichen-Aufnahme-Ortes. Mit 2 Kpft. gr. 4. Münch. 807. (Finsterlin). 1 rthl. 8 gr.

— drei Entwürfe zur baulichen Anlage e. Veterinärschule auf e. freien Platze, nebst Erklär. Roy. Fol. Münch. (815.) (Finsterlin). 5 rthl. 8 gr.

Thurn, Frz. v., übertünchte Gräber. Roman. (304 S.) 8. Regensburg 910. W. Wunderling. 4.—; geb. 5. —

— Haupt- u. Detail-Plane mit d. Gebäude der neuen königl. Sternwarte bei München. qu. Fol. Mit 9 Steintaf. Münch. (820.) (Finsterlin). 10 rthl. 16 gr.

Thurn, G. E., Gedichte. gr. 12. (8 B.) Leipzig 844, Brockhaus. *

Thurn, H., die Funkentelegraphie, s. a. Aus Natur u. Geisteswelt.

Die Funkentelegraphie. Von H. **Thurn**, Ober-Postprakt. Mit 53 Ill. Leipzig: B. G. Teubner 1907. (IV, 111 S.) 8° [F.]
= **Natur**, Aus, u. Geisteswelt. Bdch. 167. 107. 14733

— Die Seekabel unter besond. Berücksicht. d. deutschen Seekabeltelegraphie. In techn., handelswirtschaftl., verkehrspolit. u. strateg. Beziehg. dargestellt. Mit 1 Weltkabelkarte u. 105 Abb. im Text u. auf 3 Taf. (VIII, 288 S.) Lex. 8. Leipzig 909. S. Hirzel. 8.—; geb. 9.—

Thurn, J. Heinrich im. Bauernbuch zum Gebrauche an landwirthschaftlichen Schulen, an Fortbildungs- und Winterschulen und als Grundlage für Wandervorträge, sowie zum Selbstunterricht. 1. Liefg. In-8⁰. Zürich, F. Schulthess. 1880

Thurn, J. Heinrich im. Bauernbuch zum Selbstunterricht auf dem Hofe und der Flur, sowie zum Gebrauche an landwirthschaftlichen Schulen, an Fortbildungs- u. Winterschulen, und als Grundlage für Wandervorträge. III. Theil: Die Viehhaltung, mit Anhang: Der Wirthschaftsgarten (Schluss des Werkes). In-8⁰, 152 S. Zürich, 1882.

Thurn, J. Heinr. im, das Brod, e. Studie f. Bäcker u. Consumenten. Mit zahlreichen erläut. Zeichngn., (auf 2 Steintaf. in qu. 4. u. qu. Fol.) br. 8. (VIII, 70 S.) Schaffhausen 871. Brodtmann. 1. 20

Thurn, J. H. im: Die Dombasle-Pflüge in Lothringen und der Schweiz. Frauenfeld 1865

Thurn, J. H. im. Landwirthschaftliche Erlebnisse zu Hofwyl u. Roville; auf Reisen durch Deutschland, Frankreich, Belgien und Griechenland. In-8⁰, 130 S. Aarau, Christen. 1883. 1 50

Thurn, J. Heinrich im (ehemaliger Wirthschaftsdirektor). Der Güterpacht unserer Zeit. Ein volkswirthschaftlicher Wegweiser für Pächter und Verpächter, Staatswirthe (Rentbeamtete, Gemeinden u. s. w.) In-8⁰, 53 S. Aarau, J. J. Christen. 1882. 1 —

Thurn, Karl

Thurn, Carl, evangelisches Choralbuch für Orgel und Gesang. 2. unveränd. Aufl. qu. 4. (VI, 93 S.) Giessen 870, Roth. *

Thurn, Carl, evangelisches Choralbuch für Orgel u. Gesang. (3. Abdr.) qu. gr. 4. (V, 93 S.) Giessen 877. Roth. n. 4. 50

Thurn, Carl, quantitirend-rhythmisches Choralbuch. Giessen 854. Ferber. 4. (2 Bl., 52 S.) 25 ngr.

Thurn, Carl, Leitfaden beim Unterricht in der Theorie der Musik, f. seine Schüler bearb. 1. Heft: Allgemeine Musiklehre u. Harmonielehre. 2. Aufl. 8. (IV u. 64 S. m. 9 Bl. Musikbeilagen in qu. 4.) Friedberg 852, Bindernagel. n. ½ rf

—— Melodie'n aus dem evangelischen Choralbuche für das Großherzogth. Hessen. 2. Aufl. 8. (57 S.) Ebendas. 879. *

Thurn, Carl, praktische Schule f. den Volksgesang. 1. Hft. (Vorübungen.) 8. (1 B.) Friedberg 845, Bindernagel. *

—— dass. 2. Hft. (Liedersammlg.) 8. (2 B.) Ebds. 845. *
Mit Melodien. * 4 Ngr.

Thurn, Carl, praktische Schule für den Volksgesang. 3. Heft. (Liedersammlung, Text.) 2., verm. Aufl. 8. (32 S.) Friedberg 850, Bindernagel's Buchh. *
1. und 2. Heft. Ebendas. 1845. * 4 Ngr.

— praktische Schule für den Volksgesang. 3. Heft. (Liedersammlung, Text.) 3—6. Aufl. Friedberg 854—58. Bindernagel. 8. (32 S.) n. 2 ngr.

— — Liedersammlung, Text. 3. Heft. 7—10. Aufl. Ebend. 860—63. 8. (32 S.) n. 2 ngr.

Thurn, Carl, praktische Schule für den Volksgesang. (Liedersammlung, Text.) 3. Heft. 9.—13. Aufl. 8. (32 S.) Friedberg 862—67, Bindernagel und Schimpff. *

—— praktische Schule für den Volksgesang. 1.—3. Heft. 8. Friedberg 876—78, Bindernagel. *
Inhalt:
Heft 1. [Vorübungen.] 22. Aufl. (16 S.) * 20 Pf.
" 2. [Liedersammlung.] Text und Noten. 21. Aufl. (IV, 79 S.) * 50 Pf.
" 3. [Liedersammlung. Text.] 20.—24. Aufl. (32 S.) * 20 Pf.

Thurn, R., Die eingeborenen Arbeitskräfte im Südseeschutzgebiet. Sonderabdruck aus der Kolonialen Rundschau Heft 10, Oktober 1910. (S. 607—632.) 8. Berlin, D. Reimer. 1910.

Thurn, Rudolf Payer v.
s. **Payer** v. Thurn. 109. 1192

Thurn, W., die Entstehung v. Krankheiten als direkte Folge anstrengender Märsche. (Marschkrankheiten.) 8. (90 S.) Berlin 872. Hirschwald. n. 1. 50

Thurn, W., Marsch-Diätetik. Grundbedingungen einer rationellen Art zu marschiren für Officiere u. Militär-Aerzte. Ein Beitrag zur Militärhygieine. Berlin 870. A. Hirschwald. 8. (64 S.) n. 10 ngr.

Thurn, W., die Ueberanstrengung des Herzens, s. Seitz, J.

Thurn, Wilhelm Christoph

— über die Bildung des Schulmannes u. Verbess. des Volksunterrichts zur Veredlung der Menschheit, auf prüfende Erfahrung gegründet. 8. Altenburg, Petersen. 803.

Thurn, Wlh. Cph., üb. die Bildung des Schulmannes u. Verbesserung des Volksunterrichts zur Veredlung der Menschheit auf prüfende Erfahrung gegründet. 8. Altenb. 804. Petersen. 12 gr.

— die göttl. Erziehung d. Menschen; e. Leitfaden f. Prediger u. Schulmänner, zum Gebrauch f. Schulen u. Confirmanden. 8 Marb. 807. Krieger. 4 gr.

— das Ganze der Sinnenwelt, in Geschichten und Beyspielen, ein systematisches Lesebuch f. d. aufkeimend. Verstand d. Jugend jed. Stand. 8. Wisbaden, Schellenberg. 809.

— aphorist. Gedanken üb. das Verhältniß des Staats zur Kirche u. der Kirche zum Staate. 8. Hadamar 822. Gelehrten-Buchh. (Hergt). 3 gr.

— Jugendbibel, ein moral.-religiöses Lesebuch f. die Jugend jeden Standes nach den Bedürfnissen unserer Zeit bearbeitet. 8. Nürnb. 803. Bauer u. M. 14 gr.

— Jugendbibel, e. moral. religiös. Lesebuch f. d. Jugend jedes Standes nach den Bedürfnissen unsrer Zeit bearb. 8. Nürnb. Raspe. 803.

— neuestes allgem. Lesebuch f. d. ersten Bedürfnisse der Kinder in ihren versch. Lagen u. Verhältnissen. 8. Marb. Krieger. 807.

— der Mensch, was er ist, seyn u. werden soll, nebst e. Abhandl. über den Zweck der thier. Schöpfung. 8. Frankf. a. M. 800. Jäger. 16 gr

— Rückblicke auf die wichtigsten Staatsumwälzungen der alten u. neuen Welt, mit Vorblicken auf den Einfluß der Menschheit, veranlaßt durch die Staatsrevolutionen unserer Tage. 8. Hadamar 818. Gelehrten-Buchh. in Coblenz. 1 ℛ 4 gr

— reine Uebersetzung der Bergrede Jesu, nach der prakt. Vernunft dargestellt u. für Jedermann lesbar gemacht. 2 Bde. 8. Lemgo 799. Meyer. 1 ℛ

— christl. Weihungen u. gelegentliche Weckungen des Verstandes u. Gefühles mit zweckmäß. liturgischen Einrichtungen. gr. 8. Coblenz 819. Hergt. 1 ℛ

— s. Samml. abweich. Vorstellungen der neutestamentl. Schriftsteller, u. setze hinzu: (v. W. C. Thurn).

Thurn, Wilhelm Friedrich (Friedberg)
Beiträge zur Geschichte und Kritik des Verfahrens bei freihandiger Ausziehung des Kindes.
Friedberg: Bindernagel & Schimpff 1860. 195 S.
Diss. med. Giessen 1.8.1860. vorh. 7. 11.

Thurn und Taxis, Emerich Prinz zu, k. u. k. General der Cavallerie ... Wien u. Leipzig 1901. V: *Rodakowski, Jos. Ritt. v.* (KA)

Thurn u. Taxis, Emerich Prinz zu, k. u. k. General der Cavallerie. Mit Benützg. seines schriftl. Nachlasses dargestellt v. e. Waffengefährten. Mit 1 Portr. in Heliograv. gr. 8. (IV, 187 S.) Wien 901. W. Braumüller. n. 5. —

Thurn und Taxis, Major Fürst. Tagebuch eines Officiers im Generalstabe der Bayerischen Armee im Feldzuge 1812. (Aus: „Mittheilungen des k. und k. Kriegs-Archivs". Neue Folge VII.) 8. Wien 1893.

Thurn u. Taxis. Über das Verhältniss der Th. u. T.'schen Postverwaltung zu den Eisenbahnen. Frankfurt 1845.

Thurn und Taxis, Caroline Prinzessin,
s. Thurn und Taxis, Karoline Prinzessin

Thurn und Taxis, K. Th. Fürst v. Bedenken über den am 7. VII. 1865 v. d. Abgeordneten Kolb auf Verbesserung der Wehrverfassung gestellten Antrag. München 1865. 33 S.

Thurn und Taxis, Dem Fürsten Karl Alexander von, zum 22. II. S. ∴ 820. W. »Seelig wer mit heiterm Blicke ...« (Regensburg 1820.) V: *Westerholt, Alexander Graf von.* (wolfstieg I, 944)

[Lied.] Zur Geburtsfeyer der Durchlauchtigsten Frau Grossmeisterin [Therese, Fürstin von Thurn u. Taxis]. Abgesungen von dem Durchlauchtigsten, Hochw. Grossmeister [Karl Alex., Fürsten von **Thurn u. Taxis.** Regensburg] 1804. 2 Bl. 8°
Mit Chor: „Heil Dir, Therese, Heil!"

(**Thurn u. Taxis,** Karl Alexander Fürst v.,) Der glücklichen Rückkehr unseres Grossmeisters in die Hallen unseres Tempels am 19. October 1805. (Loge Karl z. d. 3 Schlüsseln in Regensburg.) 4. 2 Bl. — Fehlt bei Kloss.

Thurn und Taxis, Dem Durchlauchtigsten Hochw. Grossmeister Karl Alexander Fürsten von, zum längst ersehnten Wiedersehen im Bruderkreise, die Br. ∴ ∴ d. g. ∴ und v. ∴ Loge Karl zu den 3 Schlüsseln im Or. zu Regensburg am 21sten XI. 5819. W. »Auf, Brüder, auf! und Heil der Stund ...« (Regensburg 1819.) V: *Westerholt, Alexander, Graf von.* (wolfstieg I, 944)

Thurn und Taxis, Karoline Prinzessin

Thurn u. Taxis, Caroline Prinzessin, Pilgerreise nach Rom. (Eine Reisebetrachtg. in 8 Punkten. Von e. Rompilgerin.) 2. Aufl. gr. 16. (109 S.) Lindau (900). J. Lutz. n. — 50

Thurn u. Taxis, Margarethe Clementine Fürstin v., Erzherzogin v. Oesterreich, Atlas der Heilpflanzen, s: Josef, Erzherzog v. Oesterreich.

Geschichte und Taten des 2. Chevaulegers-Reg. Fürst von Thurn u. Taxis von 1742 bis 1816. (Von Max Fürst von Thurn und Taxis.) Ansbach 1847. 150 S.

Thurn-Valsássina, Leop. Reichsgraf v., 40 Jahre nach Königgrätz. Nach Tagebuchblättern. (III, 114 S.) 8. Wien 907. W. Braumüller. 2. —; geb. in Leinw. m. Goldschn. 3. 40

Thürnagel, E., systemat. Anleit. zur Deklamation, f. Jeden, dessen Beruf ein gründl. Studium derselben erfordert. 8. Heidelb. 825. Oßwald. 18 gr

Thürnagel, (Hofschauspieler) E., Theorie der Schauspielkunst. gr. 12. Heidelberg 836. Oßwald. 1 5/12 ℛ

Thürnagel, E., Theorie d. Schauspielkunst. 1. Aufl. Heidelberg 836. 1⅓ Thlr. (Neue Ausg.) gr. 12. (à 13⅔ B.) Mannheim 841, Bensheimer.

Thürnagel, Fr. Karl, († 1824.) s. Geschichte, üb. die, der vereinigten Niederlande.

Thürnau, Karl

Thürnau, Carl, a. Berlin: Geister in der englischen Literatur des 18. Jahrhunderts. Ein Beitrag zur Geschichte der Romantik. T. 1. (Berlin: Mayer & Müller 1900.) (VIII. 48 S.) 8° ¶ (Erschien vollst. 1900 als Palaestra H. 55.)
Berlin, Phil. Fak., Ref. Brandl, Diss. v. 3. Febr. 1900
[Geb. 7. Juli 81 Berlin; Wohnort: Berlin; Staatsangeh.: Preußen; Vorbildung: Königstädt. Realgymn. Berlin Reife M. 99; Studium: Berlin 1, Grenoble 1, Berlin 8 S.; Rig. 25. Mai 05.]

Thürnau, C., die Geister in der englischen Literatur des 18. Jahrh., s.a. Palaestra. 55.

Die Geister in der englischen Literatur des 18. Jahrhunderts. Ein Beitrag z. Geschichte d. Romantik. Von C. Thürnau. Berlin: Mayer & Müller 1906. (VIII, 150 S.) 8°
— Palaestra. 55. 06. 4

Thurnauer, G. [aus San Francisco]: Zur Geschichte der Herstellung aromatischer Cyanschwefelverbindungen. . . . Berlin, A. W. Schade's Buchdr. (L. Schade), 1890; 87 + 1 S. + 1 Bl. u. 1 Tab. 8°
Berlin, Phil. Fak., Inaug.-Diss. v. 1. Aug. 1890

Thurnberg, Marie v. [d. i. Marie Baronin v. Augustin]: Gedanken einer Frau über die angeborenen Rechte des Frauengeschlechtes. — Wien: Doll 1846. 151 S. 8°

Thurnberg, Marie v., Gedanken einer Frau über die angebornen Rechte des Frauengeschlechts. 2. (Titel-)Ausg. 8. (VII und 151 S.) Wien 851(52,) Greß. *

—— Novellen u. Erzählungen. 1. u. 2. Bdchn. A. u. d. Tl.: Der Kerker in der Gastein. Novelle. — Amalie. Die Säusenberger-Klamm. 2 Erzählungen. gr. 16. (14½ B.) Wien 843, Stöckholzer v. Hirschfeld. à

—— dass. 3. u. 4. Bdchn. A. u. d. Tl.: Des Fischers Tochter. 2 Thle. gr. 16. (11 B.) Ebds. 845. —

Thurnberg, Marie v., die Rose v. Granada. Romantisches Gedicht. 8. (IV, 131 S.) Wien 873. Dirnböck. n. 2. —

— die Rose am See. Roman. 3 Thle. 32. (629 S.) Wien 851, Stöckholzer v. Hirschfeld. baar 1⅓ ₰

— die graue Schwester. Roman. 2 Bde. 8. Wien 846, Stöckholzer v. Hirschfeld. 2 ₰

Thurnberg, Marie v., Seelen-Klänge. Gedichte als Toiletten-Gabe für junge Damen. Wien 864. Lechner in Comm. 8. (2 Bl., 148 S.) 20 ngr.

—— Sprossen der Erinnerung. Neueste Novellen. 32. (232 S.) Wien 851, Stöckholzer v. Hirschfeld. **

—— der Jungfrau schönstes Ziel. Toiletten-Geschenk f. junge Damen, welche nach vollendeter Erziehung in die Welt treten. 1. Aufl. (8 B.) 844. 22½ Ngr. u. 2., verb. u. verm. Aufl. 12. (9 B.) Wien 845, Stöckholzer v. Hirschfeld.

Thurnberg, Marie v., der Jungfrau schönstes Ziel. Rathschläge für die Jungfrau, Braut u. junge Frau. 5., verm. u. verb. Aufl. 8. (XVI, 180 S.) Leipzig 882. O. Wigand. geb. m. Goldschn. n. 4. —

Thurneisen, Albert von, s. Albert.

Thurneisen, Jh. Jak., s. Thurneysen, Johann Jakob

Thurner, Franz. Ein Lebensbild. Innsbruck 1879. V: *Schullern, Anton von.* (Margr)

Thurner, Ant., Beispiele v. Klagen m. erläuternden Anmerkungen. (IV, 131 S.) gr. 8. Brixen 908. (A. Weger.) 5. —

Thurner, Frz., was thun wir f. die Heimatlosen? (Naturalverpflegsstationen.) Eine socialpolit. Besprechg. [Aus: „Bote f. Tirol u. Vorarlberg".] 12. (37 S.) Innsbruck 889. Wagner. n. — 40

Thurner, Franz. Was thun wir für die Heimatlosen? Eine socialpolitische Besprechung. kl. 8. (37 S.) Innsbr. 890, Wagner. * — 40

Thurneysen, Ed., Sonntagsbüchlein auf dem Lebensweg junger Christen. Hrsg. von der Sonntagsheiligungs-Gesellschaft in Basel. 1. und 2. Aufl. 8. (55 S.) Basel 884, Spittel. *

Thurneysen, Ed., Sonntagsbüchlein auf den Lebensweg junger Christen. Hrsg. v. der Sonntagsheiligungs-Gesellschaft in Basel. 5. Aufl. 12. (IV, 55 S.) Basel 891. Jaeger & Kober. n. — 20; geb. n. — 30

Thurneysen, Ed., Sonntagsbüchlein auf d. Lebensweg junger Christen. Hrsg. v. d. Sonntagsheiligungs-Gesellschaft in Basel. 7. Aufl. 12. (VII, 55 S.) Basel 897. Kober. n. — 20; geb. in Leinw. n. — 30

Thurneysen, Ed., Sonntagsbüchlein auf den Lebensweg junger Christen. 8. Aufl. 12. (III, 55 S.) Basel 900. Kober. Geb. in Leinw. n. — 45

Thurneysen, Ed., Sonntagsbüchlein auf den Lebensweg junger Christen. Hrsg. v. der Sonntagsheiligungs-Gesellschaft in Basel. 9. Aufl. (III, 55 S.) kl. 8. Basel 905. Kober. — 20; kart. — 35; geb. in Leinw. — 45

Thurneysen, Ed., Pfr. Eine offene Wunde unseres Volkslebens. Ein Wort wider das Bürgschaftswesen in unserer Zeit. Preisschrift der schweizerischen gemeinnützigen Gesellschaft. In-8°, 47 S. Zürich, F. Schulthess. 1888. — 40

Thurneysen, Ed. Rud., indices glossarum et vocabulorum hibernicorum, quae in grammaticae celticae editione II. explanantur, s.: Güterbock, B.

Thurneysen, **Hans Rudolf**. Jesus als Muster für die Regenten und Untergebenen vorgestellt in einer Huldigungs-Predigt zu Liestal den 9ten Heumonat **1797**. 8. Basel.

Thurneysen, Joh.Jakob: De casu fortuito ejusque praestatione in contractibus. 17 S. -
Basel, Jur.Diss.v. 19.Okt.1770.

Thurneysen, Joh. Jac., [Basel]. Dissertatio medica de causis haemorrhagiarum uteri in gravidis. 1513
Basel, Med. Diss. 1751.

Thurneisen, Jh. Jk., († ...) Diss. de causis haemorrhagiarum uteri in gravidis. 4. Basel 751.

Thurneysen, Joh. Jac., Basel. Dissertatio chirurgico-medica de hernia ventriculi. 1600
Basel, Med. Diss. 1777.

— observationes historicae. Basel 754.

Thurneysen, Joh.Jakob: Observationes juridicae. (Resp.: David Beurnier). 6 S.–
Basel, Jur.Diss.v. 30.Sept.1774.

Thurneysen, Joh.Jakob: Observationes juridicae. (Resp.: Joh.Jakob Freyburger). 6 S.–
Basel, Jur.Diss.v. 14.Sept.1779.

Thurneysen, Joh. Jac., als Bewerber um die anatom.-bot. Professur. Theses medicae. 1515
Basel, Med. Diss. 1751.

— Theses medicae. 4. Basel 751 u. 753.

Thurneysen, Joh. Jac., als Bewerber um die Professur f. prakt. Medizin. Theses medicae miscellaneae [u. a. uber d. Cortex Peruvianus, uber Bandwürmer, Geburtsinstrumente]. 1601

Basel, Med. Diss. 1777.

— Theses ex philosophia morali, et jure naturae et gentium. 4. Basel 760.

Thurneysen, Joh.Jakob: Theses tumultuariae. (Resp.: Bartholomaeus Honnerlag). 7 S. –
Basel, Jur.Diss.v. 3.Okt.1760.

Thurneysen, Joh.Rudolf: De causis constitutarum civitatum. (Resp.: Nikolaus Hebdenstreit gen. La Roche). 7 S. –
Basel, Phil.Diss.v.29.Mai 1741.

Thurneysen, Joh.Rudolf: Dissertatio philosophica to gnothi seauton pro principio juris naturalis tradens. (Resp.: Joh.Rudolf Freuler). 7 S.
Basel, Phil.Diss.v.8.Juni 1740.

Thurneysen, Joh.Rudolf: Observationes juridicae. (Resp.: Joh.Heinrich Faesch). 10 S. –
Basel, Jur.Diss.v. 18.Nov.1746.

Thurneysen, Joh.Rudolf: De officiis hominis erga seipsum. 7 S. (Resp.: Joh.Heinrich Kraus). 7 S.
Basel, Jur.Diss.v. 5.Febr.1734.

Thurneysen, Joh.Rudolf: De recusione librorum furtiva, zu teutsch dem unerlaubten Bücher-Nachdruck. 28 S.
Basel, Jur.Diss.v. 13.Okt.1738.

Thurneysen, Johann Rodolph (Basel) U. S. Basel 1738/1

Dissertatio juridica inauguralis de recussione librorum furtiva Zu Teutsch Dem unerlaubten Bücher-Nachdruck.
Basel (Thurneysen) 1738. 28 S.

Gew.: Franz Christ (Onkel).
W. v.: Andreas Lindner, Andreas Merian, Christoph Burcardus, Johann Jakob Christ. 34456

Thurneysen, Jh. Rud., († d. 26. Febr. 1774.) d. hohen Schule zu Basel Glückseligkeiten u. Vergnügen. 4. Basel 760. Thurneysen. 8 gl Schrbp. 10 gl

Thurneysen, Joh.Rudolf: De servitute originaria. (Resp.: Joh. Rudolf Fatio). 11 S.
Basel, Phil.Diss.v. 14.März 1740.

Thurneysen, Rudolf

—— das Verbum être und die französische Conjugation. Ein Bruchstück aus der Entwicklungsgeschichte der französischen Flexion. (Habilitationsschrift.) gr. 8. (38 S.) Halle 882. (Jena, Deistung's Buchh.) *

Thurneysen, R., Die Etymologie. Pr. 1904. 70 S. 4°.

Thurneysen, Rud., die Etymologie. Eine akadem. Rede. (35 S.) 8. Freiburg i/B. 905. Speyer & Kaerner. n. 1. —

(Thurneysen, R[udolf].) Etymologisches und Grammatisches. ([Von] R. Th', Freiburg i. B.) 8.
In: Indogermanische Forschungen. Zeitschrift für indog' Sprach- und Altertumskunde... Band 21: Heft 1 und 2... Strassburg, Karl J. Trübner, 1907. S. 175–180.

Thurneysen, R., s.: Festschrift, Whitley Stokes gewidmet.

Thurneysen, Rud., Handbuch des Alt-Irischen, s.a. Bibliothek, indogermanische. I, 6.

Thurneysen, Rudolf. Handbuch des Alt-Irischen. Grammatik, Texte und Wörterbuch. 2 Teile. 8. Heidelberg, Carl Winter, 1909.
Teil 1: Grammatik. XVI + 582 S. (M. 15. —, geb. 16. —)
Teil 2: Texte mit Wörterbuch. VI + 100 S. (M. 2. 40, geb. 3. —)
Indogermanische Bibliothek, hrg. von H(ermann) Hirt und W(ilhelm) Streitberg. Abteilung I. Sammlung indogermanischer Lehr- und Handbücher. 1. Reihe: Grammatiken. Band 6....

Thurneysen, R., Ueb. Herkunft u. Bildung d. latein. Verba auf –io d. 3. u. 4. Conjugation u. ub. ihr gegenseit. Verhältniss. Diss. 1879. 66 S. 2.50

Thurneysen, Rud., Indices glossarum et vocabulorum hibernicorum, quae in grammaticae celticae editione II. explanantur, s. Güterbock, B.

Thurneysen, Rud., Keltoromanisches. Die kelt. Etymologieen im etymolog. Wörterbuch der roman. Sprachen v. F. Diez. gr. 8. (V, 128 S.) Halle 884. Niemeyer. n. 3. 60

Reden gehalten im städtischen Kornhaussaal am 11. Mai 1904 bei der öffentlichen Feier der Übergabe des Prorektorats der Universität Freiburg i. Br. von dem abtretenden Prorektor Geh. Hofrat Prof. Dr. Richard Schmidt [Bericht über das Studienjahr 1903/04] und dem antretenden Prorektor Prof. Dr. Rudolf Thurneysen [Die Etymologie]. *Freiburg i. B.: U. Hochreuther 1904.* (70 S.) 4°

— Sagen aus dem alten Irland. Übers. v. Th. gr. 8. (XII, 152 S.) Berlin 901. Wiegandt & Grieben. n. 6. —

Thurneysen, R., Der Saturnier u. sein Verhältnis z. spätern röm. Volksverse. 1885. 59 S.

Thurneysen, Rud., der Saturnier u. sein Verhältniss zum späteren römischen Volksverse, untersucht. gr. 8. (III, 63 S.) Halle 885. Niemeyer. n. 1. 60

— Senium u. desiderium. S.-A. 1905. 6 S

Thurneysen, Rudolf, gegenw. Prorektor Dr.: Zwei Versionen der mittelirischen Legende von Snedgus und Mac Riagla. Halle a. S. 1904: E. Karras. (50 S.) 4°
Freiburg i. B., Progr. zum Geburtstag des Großherzogs 1904

Thurneyssen, Fritz: Gross- und Kleinbetrieb im Münchener Schreinergewerbe ... (Erschien vollst. u. d. T.: Das Münchener Schreinergewerbe. E. wirtschaftl. u. soziale Studie, als Stück 21 von: Münch. volkswirtsch. Stud.) Stuttgart, Druck d. Union Deutsche Verlagsges., 1897; 1 Bl., 79 S. 8.
München, Staatswirtsch. Fak., Inaug.-Diss. v. 1897

Thurneyssen, Fritz, das Münchener Schreinergewerbe, s.a. Studien, Münchener volkswirtschaftliche.

Das Münchener Schreinergewerbe. E. wirtschaftl. u. soziale Studie v. Fritz Thurneyssen, Dr ... *Stuttgart: J. G. Cotta 1897.* (5 Bl., 163 S.) 1 Bd 8.
— Studien, Münchener Volkswirtschaftliche. Stück 21. [97. 116]

(Thurnherr, G[ustav].) Prof. Dr. Wilhelm Ritter, 1847–1906. ([Necrolog. Mit Porträt-Tafel und] Verzeichnis der Publikationen von Prof. Dr. W. R', zusammengestellt von Woldemar Ritter, Architekt.) 19 S. 8. Zürich, Dr. der Neuen Zürcher Zeitung, [1906].

Thurnhofer, Frz. Xav., Bernhard Adelmann v. Adelmannsfelden, Humanist u. Luthers Freund, s.a. Erläuterungen u. Ergänzungen zu Janssens Geschichte des deutschen Volkes. II. 1.

Bernhard Adelmann von Adelmannsfelden, Humanist und Luthers Freund (1457–1523). Ein Lebensbild aus d. Zeit d. beginnenden Kirchenspaltung in Deutschland. Von Franz Xaver Thurnhofer. *Freiburg i. Br.: Herder 1900.* (VII, 153 S.) 8° [ß.]
— Erläuterungen u. Ergänzungen zu Janssens Geschichte d. deutschen Volkes. Bd 2, H. 1. [... 6534]

— s.: Eichstätts Kunst.

Thurnhuber, Maurus [P., O. S. B.]: Die vorzüglichsten Glaubenslehren in den Schriften des hl. Bischofes und Martyrers Cyprianus von Carthago. Eine patristische Studie. Erste Hälfte. Augsburg, Druck v. B. J. Pfeiffer, 1890; 66 S. 8°
Augsburg, k. kath. StA St. Stephan, P 1890

Thurnier- u. Schönbartbuch, Nürnbergisch, s. T u r n i e r - und Schönbart b u c h , Nürnbergisch

THURNLACKH, KARL GARZAROLLI EDLEN VON. Ueber das vermeintliche Chlortrioxyd. Ein Beitrag zur Kenntniss der Sauerstoffverbindungen des Chlors. (Freiburg im Breisgau) Graz, 1881.

Thurnwald, A., Beiträge zur Geschichte der Pädagogik in Deutsch-Oesterreich. gr. 8. (72 S.) Wien 878. Graeser. n. 1. —

— dasselbe. s.a. Erziehung, Unterricht, Schulwesen.

Thurnwald, A., Dichter, Kaiser u. Papst. Walther v. d. Vogelweide als polit. Dichter. gr. 8. (VII, 80 S.) Wien 872. Braumüller. n. 1. 50

Thurnwald, A., Lehrbuch der mittelhochdeutschen Sprache für Gymnasien. Prag 864. Tempsky. gr. 8. (VI, 199 S.) 21 ngr.

Thurnwald, A., deutsches Lesebuch für die oberen Klassen der Realschulen. Wien 868. Gerold's Sohn. gr. 8. (VIII, 400 S.) n. 1 ⅌ 2 ngr.

—— deutsches Lesebuch für Oberrealschulen. Für die fünfte Klasse. gr. 8. (IV, 308 S.) Ebendas. 870. *

– Fürsterzbischof Vincenz Eduard Milde als Pädagoge. Zur Feier des 100jähr. Geburtstages Milde's [11. März 1877]. gr. 8. (IV, 56 S. m. lith. Portr. Milde's.) Wien 877. Graeser. n. 1. 60

Thurnwald: Zur S p r u c h d i c h t u n g Walthers von der Vogelweide. 25 S. Wien, OR. W., Progr. 1869.

Thurnwald: Der Verfall der deutschen Poesie in der 2. Hälfte des 13. Jahrh. 23 S. 8° Eger, Progr. 1862

Thurnwald Helene: Die Metrik Christina Georgina Rosetti's.
H. 1906 PN 2087 Diss. Wien, Univ. 1967

Thurot, C., Recherches historiques sur le principe d' Archimède. S.-A. 1901. 88 S.

Thurow, Andreas (Danzig) A. S. 355/24

Disputatio iuris publici, de iure principum in privilegia. Präs. Erasmus Ungepaur. Rec.
Jena (Heller) 1750. 71 S.

Diss. 6. X. 1648. 34458

Thurow, Hermann

Thurow, H., Dämon Alkohol, s.: Theaterstücke, sozialistische.

Thurow, Herm., d. prakt. Erfolge d. Achtstunden-Agitation. 8. (32 S.) Berlin 898. Buchh. Vorwärts. n. — 20

Thurow, Hermann. Kinder-Idyllen. Von Herrmann (*Umschlag: Horm') Th'. [Mit Vignetten.] 189 S. 8. Davos(-Platz), Buchdr. Davos A.-G., 1907. [fr. 2. —]

Thurow, H[ermann]. In's Sonnenland. Zeitgedichte. (*Umschlag:* 1. Aufl.) 148 S. 8. Davos, Carl Neweczerzal (**Umschlag:* Buchh. des Schweizerischen Grütlivereins, Zürich), 1902. [fr. 2. —]

Thurow, H., u. Pronier, H., Was haben wir erreicht? Ein Rückblick auf die Bewegung für die Achtstunden-Arbeit. 8°. Davos, Neweczerzal, 1895.

Thurow, Richard, Referendar: **Beiträge** zur Lehre von der **Erpressung.** *Berlin 1902: E. Ebering.* (46 S.) 8° ¶ [Erschien vollst. 1902 als: Rechts- u. Staatswiss. Studien, H. 16.]
Rostock, Jur. Diss. v. [20. Apr.] 1902

Thurow, Rich., Beiträge zur Lehre v. der Erpressung, s.a. Studien, rechts- u. staatswissenschaftliche. 16.

Beiträge zur Lehre von der Erpressung. Von Dr. Richard Thurow. *Berlin: E. Ebering 1902.* (158 S.) 8°
- Studien, Rechts- u. staatswissenschaftliche. H. 16.

Thursch, David, a. Warschau: Transformationen im klinischen Verlauf der Manie. Berlin 1900: E. Ebering. (60 S.) 8°
Berlin, Med. Fak., Ref. Ziehen. Diss. v. 5. Juli 1900
[Geb. 1. März 83 Warschau; Wohnort: Warschau; Staatsangeh.: Rußland; Vorbildung: Dorotheenstädt. Gymn. Berlin Reife M. 01; Studium: Berlin 2, Zürich 1, Berlin 7 S.; Rig. 20. Juni 06.]

Thürsch, Jh. Ldw., († . . .) Beschreib. e. Bewegungs- u. Erschütterungsmaschinen, s.a. G. E. Rosenthals Beschreib. e. Stahlfederwaage.

Thürsch, J. L., Beschreib. e. Bewegungs- und Erschütterungsmaschinen, u. Rosenthals Beschr. e. Stahlfederwaage. gr. 4. Erfurt, Keyser. 785.

***Thurstorn*, Illustrations of Shakespeare; comprised in two Hundred and Thirty Vignette-Engravings, by Thompson. Roy.-8. Leipz. 827. Er. Fleischer. 2 ⅌**

Thurston, Catherine Cecil, der Herr Abgeordnete. (John Chilcote, M. P.) Roman. Autoris. Uebersetzg. von Alfr. Brieger. (340 S.) 8. Berlin 906. E. Fleischel & Co. n. 3. 50; geb. n. 5. —

Thurston, Catherine Cecil, der Herr Abgeordnete. (John Chilcote, M. P.) Roman. Autoris. Übersetzg. v. Alfr. Brieger. 2. Aufl. (340 S.) 8. Berlin 908. E. Fleischel & Co. 3.50; geb. 5. —

Thurston, Catherine Cecil, Spielerblut. Roman. Autoris. Übersetzg. (481 S.) 8. Berlin 907. E. Fleischel & Co. 6. —; geb. 7. 50

Thurston, E. Temple, **Mirage, s.a. Collection of British** authors.

Mirage. By E. Temple Thurston. Copyright ed. Leipzig: Tauchnitz 1910. 296 S. 8°
(Collection of British Authors. Tauchnitz Edition. Vol. 4213.)

— The greatest wish in the world, s.a. Collection of British authors.

The greatest Wish in the world. By E. Temple **Thurston** Copyright ed. Leipzig: Tauchnitz 1910. 318 S. 8°
(Collection of British authors. Tauchnitz Ed. Vol. 4197.)

Thurston, Rob. H.

Thurston, R. H., die Dampfmaschine, s. a. Bibliothek, internationale wissenschaftliche.

— — Die Dampfmaschine. Geschichte ihrer Entwicklung. Bearb. und mit Ergänzungen versehen von W. H. Uhland. Autor. Ausgabe. Leipzig 1880. 2 Bde. 8.

Thürwächter, Ludwig, Med.-Prakt.: Ueber die diagnostische Bedeutung der Ependymitis Granularis. Leipzig 1909: Lehmann. 17 S. 8°

Leipzig, Med. Diss. v. 6. Nov. 1909, Ref. Flechsig

[Geb. 27. Juli 84 Germersheim; Wohnort: München; Staatsangeh.: Bayern; Vorbildung: Maximilians-Gymn. München Reife Juli 03; Studium: München 9, Kiel 1 S.; Coll. 20. Nov. 09; Approb. 9. Jan. 10.] [U 10. 3070

Thurwieser, P. K., die Ersteigung u. Messung des Fernerkogels und der Habichtspitze im Jahre 1836. Mit 2 Abbildd. 8. Innsbruck 840. (Wagner.) ...

Thurwieser, Peter Karl —. Predigt zur Feier der Primiz des hochwürdigen Herrn Johann Hueber. Gehalten zu Voldöp am 12. August 1855. Von — —. Duyle'sche Buchdruckerei in Salzburg. (12 S. 8.)

Thurwieser, Peter Karl. Predigt zur Feier der Primiz des hochw. Herrn Alexander Kracher. In der Studienkirche zu Salzburg, am 10. August 1852 gehalten. 8. (16 S.) Salzburg, Franz Xaver Duyle.

Thury, Héricart de

de Thury, H. Betrachtungen über das Entstehen von Springquellen. Deutsch von E. W. Frommann. Coblenz, 1833.

Thury, Héricart de, geolog. u. physikal. Betrachtungen, s. Hericart.

Thury, M.: D. Gesetz d. Erzeugung d. Geschlechter b. d. Pflanzen, Thieren u. d. Menschen. Aus d. Französ. übers. v. A. Pagenstecher. Leipzig. 46 S. Schul-/Univ.-Schrift 1864

Thury, M., über das Gesetz der Erzeugung der Geschlechter bei den Pflanzen, den Thieren und dem Menschen. Aus dem Französ. übers. und in Verbindung mit einer kritischen Bearbeitung hrsg. von H. Alex. Pagenstecher. gr. 8. (46 S.) Leipzig 864, Engelmann.

Thury, M., théorie et construction des outils pour la mesure des épaisseurs à l'usage spécial de l'horlogerie. Avec 7 planches lith. gr. 8. (54 S.) Genf 878. Georg. n. 3. —

Thury, Max, Zeit u. Kräfte im russisch-japanischen Kriege. Mit e. Skizze des Kriegsschauplatzes. (27 S.) 8. Theresienstadt 904. (Wien, L. W. Seidel & Sohn.) n. 1. —

(J.) **Thuscha's** (d. i. Hautsch) Dubelkörner. Verm. mit desselben Verf. Hermannsschlacht im Teutoburger Wald und d. Gedichten s. Rivalen Hutscha. Nürnberg. Gedr. in diesem Jahr. [Neudr.] (Nürnberg: Heerdegen-Barbeck) 1892. 32, 16 S. 8° [Umschlagt.] [11. 3104

v. d. Thüsen, W.: Aus der chirurg. Klinik. Ueber veraltete Luxationen.... Bonn, Jos. Bach Wwe., Buch- u. Steindr., 1887; 2 Bl. + 36 S. 8°.
Bonn, Med. Fak., Inaug.-Diss. v. 18. Febr. 1887.

Thüsen, W. v. d., aus der chirurg. Klinik. Ueber veraltete Luxationen. Bonn 1887, Emil Strauss. 8°. 36 S.

Thüsing, Franz Josef, s. Thüssing

Thusis [Schlagwort]

Thusis, s.: Schweiz. Atlas. Volksatlas.

Thusis-Andeer-Splügen, St. Bernhardin und Splügen-Chiavenna. Samaden [1902]. V: *Lechner, Ernst.* (BBullSchw 3, 1903)

Thusius, Fr. A. Karl

Thusius, Fr. A. Carl, biblische Geschichten alt. u. neuen Testaments, s. Greiner, Chr. A. J.

—— Handfibel zum ersten Unterricht im Lesen f. Stadt- u. Landschulen. 8. (1 B.) Leipzig 814, Franke.

Thusius, F. A. K., vollständ., nach d. kürzesten Regeln bearb. prakt. Rechenbuch zum Schulgebr. sowohl, als auch zur Selbstübung f. alle Stände. 8. (24½ B.) Leipzig 832, Magazin f. Indust.

Thusius, Fr. A. Carl, Volks-Naturlehre od. das Wissenswertheste von den Ursachen u. Wirkungen in der Natur. Zum Gebrauch f. niedere Volks-, besonders f. Landschulen 2c. 8. (7⅝ B.) Leipzig 813, Franke. Thlr.

Thusius, Friedrich [app. Arzt aus Lauban]: Beobachtungen über Schwankungen in der Zusammensetzung eines Canalwassers und deren Einfluss auf ein Flusswasser ... Halle a. S., Plötz'sche Buchdr., 1894; 20 S., 2 Bl., 4 Taf. 8.
Halle, Med. Fak., Inaug.-Diss. v. 27. Juli 1894

Thusnelda, Unterhaltungsblatt f. Deutsche; hrsgg. v. K. M. Grote u. Fr. Raßmann. 1r Jahrg. 16—95 Hft. April bis Decbr. gr. 4. Crefeld 816. (Leipz., Engelmann). 3 ℛ Fortsetzung unt. d. T.: Thusnelda z. e. Zeitschrift 2c. 3 Bde. Jan. bis März 1817. 8. Wesel 817. Becker. 16 gr.

Thusnelda. Zeitschrift zur Bildung u. Unterhaltung der Jugend, insbesondere der weiblichen. 1. u. 2. Jahrg. 1840 u. 1841. à 3⅓ ℛ — 3. Jahrg. 1843. 52 Numm. (Bog.) Lex.-8. Wien 843, Pichler's Wwe. (Lpz., Liebeskind.) 4½ ℛ

THUSNELDA, das schöne Burgfräulein, oder: Die Rache. Romantische Erzählung nach einer alten Chronik aus den Zeiten des Faustrechts und der Kreuzzüge. 2 Bde. Leipzig, Julius Häfele sen., 1865. 8°.
I: Tit., 2 Bl. Vorr. u. 178 S. II: Tit. u. 182 S. — Ziemlich zahm.

Thusnelde. Singsp. v. Scheiben. 8. Kopenhagen, Rothe. (Proft.) 749.

Thusnelde, oder der Ritter vom goldnen Sporn. 8. Leipz. 786. Kummer. 18 gr.

— od. der Ritter mit dem goldnen Sporn. Schausp. v. Voß. 8. Gera, Rothe. 788.

Thüssing, Franz Josef

Thüßing, F. J., juristische Abhandlungen. 8. Hamm, Schultz u. W. 819.

Thüsing, Fr. Jos., jurist. Abhandll. 8. Hamm 819. (Wundermann). 8 gr.

Thüssing, F. J.: Jurist. Abhandll. *Hamm*, Schulz. 820. 8. (9 Gr.)

Thüsing, Fr. J.: Versuch ein. neuen Deduction d. Rechtswissenschaft, wodurch diese v. d. Moral geschieden, u. d. philos. mit d. posit. Rechte innig vereint wird. *Giessen*, Heyer. 816. 8. (6 Gr.)

— — Versuch einer neuen Deduktion d. Rechtswissenschaft. 8. Giessen, Heyer in Comm. 817.

Thüssing, Josef: Gedanken und Bedenken. Die subjectlosen Sätze. S. 3–34. 8. Öffentl. Privatgymn. an der Stella Matutina *Feldkirch* 1902.
Progr.

Thüssing, Jos., s.: Grammatik, histor., der latein. Sprache.

Thüssing, Jos., S. J., Regel- u. Gebetbüchlein f. Mitglieder der marianischen Jungfrauen-Sodalität, s.: Ehrensberger, Andr.

Thüssing, J., De temporum et modorum in enuntiatis pendentibus apud C. Plinium Secundum usu. 1890. 67 S.

Thüssing, Jos. De temporum et modorum in enuntiatis pendentibus apud C. Plinium Secundum usu, s. Studien, Prager philolog.

Studien, Prager philosophische, mit Unterstützung des k. k. Unterrichts-Ministeriums. II. Heft. Josephus Thüssing, de temporum et modorum in inuntiatis pendentibus apud C. Plinium secundum usu. Fasciculus I. 8. (67) Prag: Dominicus 1889 . 60

Thuessink, s. Thomassen.

Thuessink, E. F. Thomassen a, Verhandeling over de Roodvonk. gr. 8. Gröningen. Leipzig, Barth. 817.

Thust, Herbert, Referendar in Glatz: Der Rechtsgrund und der Umfang der vertraglichen Haftung des Mieters für fremdes Verschulden. Nach Reichsrecht. Glatz 1907: L. Schirmer. (43 S.) 8° [J.]
Leipzig, Jur. Fak., Diss. v. 30. Juli 1907
[Geb. 15. März 82 Breslau; Wohnort: Glatz; Staatsangeh.: Preußen; Vorbildung: Realgymn. am Zwinger Breslau Reife M. 01; Studium: Breslau 2, Freiburg i. B. 1, Berlin 2, Breslau 1 S.; Rig. 16. Febr. 07.]

Thut der Kaiser recht? , s. Tut ...

Thuet, Melchior Iacobus, Entfeldiensis: Disquisitiones anatomicae psittacorum. Tur. typ. Or. Fuessl. et soc. (O. F. Verl.) 1838. 36 S., 2 Taf., 1 Bl. 4°.
Zürich, Med. Diss. v. 24. März 1838.

Thuet, Melch. Iac., Disquisitiones anatomicae Psittacorum. Dissert. inaug. 4maj. (4¾ B. u. 2 Stnt.) Turici 838, Orellii, Fuesslini et Soc.

Thwing, Charles Burton [aus Evanston, Illinois, U. S. A.]: Bestimmung der Dielectricitätsconstante mittels der Resonanz ... Bonn, Univ.-Buchdr. v. C. Georgi, 1894; 21 S., 1 Bl., 1 Taf. 8.
Bonn, Phil. Fak., Inaug.-Diss. v. 10. März 1894

Thwingert, Jakob

– Gedanken üb. den Gebr. der Steinkohlen. 8. Landsberg 791.

Thwingert, Jak., Hülfsmittel bei Viehkrankheiten; hrsgg. v. Frz. P. v. Schrank. 8. Augsb. 795. Klett. 3 gr.

Thyen, De auctore vitarum Cornelii Nepotis quae feruntur. Pr. 1874. 22 S. 4°. 2.—

Thyen, Diedrich [aus Varel a. d. Jode]: Das Uteruscarcinom in seinen spätesten Entwickelungen ... Würzburg, Druck v. F. Fromme, 1893; 21 S. 8.
Würzburg, Med. Fak., Inaug.-Diss. v. 1893

Thyen, J. D. Die Ausbildung des zukünftigen Landwirts. 14 S. *Varel* 1880.
Progr.

Thyen, Lucas, Benno II., Bischof von Osnabrück [1068—1088]. Nach den Quellen dargestellt. Inaugural-Dissertation. gr. 8. (IV, 244 S.) Osnabrück 869, (Oberwetter.) *

Thyen, Lukas Die Bibliothek des Gymnasii Carolini. [I: 1875.] II. III. IV. V. 28, 22, 22, 32 SS.
Progr. Karol. *Osnabrück* 1876. 1877. 1878. 1879.

Lüttje Geschichten ut min Heimat van O[tto] Thyen. Leipzig: E. Maerter (1908.) (225 S.) 8° [J.]
[Sondert.:] Gewalt geit vör Recht ... van O. Thyen [08. 12,6]

— Im Walde geborgen. Novelle aus dem Kleinstadtleben. (VI, 142 S.) 8. Oldenburg (903). (E. Bültmann.) 2. —

Ut Pommerland un Ammerland. Plattdeutsche Volkserzählungen von O. Thyen. Brunshörn. De Stirnkieker. *Bremen: W. Heinsius Nachf. 1894.* (182 S.) 8° [J.]
= Thyen: Plattdeutsche Volkserzählungen. Bd 1. [00. 13-4]

Een Johr Soldat. Plattdeutsche Kommissgeschicht von O. Thyen. *Oldenburg: Barfuss & Iensee 1900.* (195 S.) 8° [J.]
= Thyen: Plattdeutsche Volkserzählungen. Bd 3. [00. 13-4]

Thyen, O., een Johr Soldat. Plattdütsche Kommißgeschicht. 2. Aufl. gr. 8. (III, VIII, 200 S.) Oldenburg (902). H. Hintzen. n. 2. —

Sloss Steenfeld. Plattdütsche Volksgeschicht van de Waterkant von O. Thyen. *Bremen: H. Drewes (1895).* (194 S.) 8° [J.]
= [Thyen: Plattdeutsche Volkserzählungen. Bd 2.] [00. 13-4]

Thyen, O., plattdeutsche Volkserzählungen, 1. Bd. 12. Bremen 894. M. Heinsius Nachf. n. 1. 40;
geb. in Halbleinw. n. 1. 80
Ut Pommerland un Ammerland. Plattdeutsche Volkserzählgn. Brunshörn. De Stirnkieker. (184 S.)

— plattdeutsche Volkserzählungen. 3. Bd. 8. Ebd. 900. n. 2. —
Een Johr Soldat. Plattdütsche Kommißgeschicht. (196 S.)

— aus meinen Wanderjahren. Erzählungen aus dem Walde. 1. Thl. 8. (V, 187 S.) Oldenburg 897. Cassel, E. Hühn. n. 1. 50

Thygesen, Thyge

Thygesen, Th., die Nothwendigkeit der Theilung zu großer Parochialkreise mit besonderer Berücksichtigung der Stadt Altona. Altona 861. Schlüter. gr. 8. (31 S.) n. 6 ngr.

Thygesen, Th., das Sendschreiben des Dr. H. Martensen in Copenhagen an den Oberconsistorialrath Nielsen in Schleswig. [Ein Wort über den Amtseid u. die schleswig-holstein. Geistlichkeit.] Widerlegt. gr. 8. (16 S.) Altona 850, Lehmkuhl. n. 4 ngr.

Thyl, Karl Otto [Praes.], s. Stehle, Anton Ignaz: Disputatio inauguralis juridica judiciorum formam exhibens.

Thyl, Karl Otto [Praes.], s. Wilhelm, Adrian Philipp Ludwig: De publicis judiciis.

Thyllius, C. O.: Annotatt., stricturae et vindiciae in A. Gailii observv. practt. *Francf.* 713. 4.

Thyllius, C. O., annotationes in Gailli observat. practicas. 4. Francf. Stock. 714. Rthlr.

Thyllius, C. O., comment. in capitulationem Caroli VI. R. Imp. 4. Francf. Stock. 717.

— notae in Stryckii jus feudale. 4. Maynz. 718.

Thylmann, Victor [aus Büdingen]: Ueber Producte der alkoholischen Gährung mit specieller Berücksichtigung der Glycerinbildung .... Darmstadt, Druck v. Chr. Hann, 1888; 31 S. u. 1 Taf. 8°
Erlangen, Phil. Fak., Inaug.Diss. v. 1888

Thym, Catherine de Marienburg, le Triomph de la Vertu. 8. Wien 808. Sammer. 12 Xr.

Thym, Tempel d. Freundschaft. 1r Thl. 8. Moskau. (Sammer in Wien.) 802.

Thym, Alb. Heinrich Theodor

— s. Gelshorn, Fr. W., Hirtenbrief.

Thym, A., homiletisches Handbuch. Eine reiche Sammlung von Dispositionen zu Leichen-Predigten u. Reden, Predigten über das ganze Kirchenjahr nach den liturg. Ideen, Passions-Predigten rc. 1. Abthl.: Leichen-Predigten u. Reden. Grätz 866. Thym. gr. 8. (VII, 116 S.) 7½ ngr.

Thym, Alb. Heinr. Thdr., homiletisches Handbuch. Eine reiche Sammlung von Dispositionen zu Leichen-Predigten, Predigten über das ganze Kirchenjahr nach den liturg. Ideen, Passionspredigten rc. 2. Abthl.: Dispositionen über die evangel. und epistol. Perikopen und freie Texte des Weihnachtskreises. 8. (320 S.) Grätz 869, Streisand.

Thym, Alb. Heinr. Theod., liturg. Handbuch, z. Gebr. f. Pastoren, Küster u. Schullehrer bei Fürbitten f. Verlobte u. gesegnete Ehefrauen, bei Danksagungen f. Entbindungen u. Hochzeiten, so wie auch bei Beerdigungen. 8. (6½ B.) Berlin 810, [J. A. Wohlgemuth.]

Thym, Alb. Heinr. Thdr., liturgisches Handbuch zum Gebrauche für Superintendenten, Pastoren, Küster u. Schullehrer bei Fürbitten für Verlobte u. gesegnete Ehefrauen, bei Danksagungen für Entbindungen u. Hochzeiten sowie bei Taufen, Kranken-Communionen u. Beerdigungen rc 2. sehr verb. u. verm. Ausg. Stettin 860. Selbstverlag 8. (XI, 231 S.) n. 20 ngr

—— liturgisches Handbuch zum Gebrauche für Superintendenten, Pastoren, Küster und Schullehrer bei Fürbitten für Verlobte und gesegnete Ehefrauen, bei Danksagungen für Entbindungen rc. entworfen. 3., sehr verm. und verb. Aufl. 8. (XVI, 272 S.) Berlin 871, Beck. *

Thym, A. H. Th., ist die evangelische Kirche Babel und der Austritt aus ihr daher unerläßliche Pflicht? Ein gewichtiges Wort des großen Dr. Ph. Jac. Spener für seine und unsere Zeitgenossen überarb. u. herausg. Greifswald 853. Koch. gr. 8. (VIII, 120 S.) 12 ngr.

– s. Rambach's, J. J., wohlunterrichteter Katechet.

Thym, Alb. Heinr. Theod., Saat u. Ernte, s. Saat.

—— 84 Trauungs- und Hochzeits-Lieder. Mit einem Worte der Beherzigung über bürgerl. und kirchl. Eheschließung. Geschenk für christl. Brautleute. Eine Sammlung. gr. 8. (VIII und 57 S.) Grätz 863, Thym. *

Thym, Ferd., das Herzogth. Salzburg. Ein Beitrag zur Heimatskunde f. den Unterricht an den allgem. Volks-, Bürger- u. Fortbildungsschulen des Kronlandes Salzburg. Im Auftrage der IV. Landes-Lehrerconferenz u. unter Mitwirkg. der Lehrerschaft hrsg. 2. Aufl. gr. 8. (VIII, 141 S. m. 38 Abbildgn.) Wien 900. C. Graeser & Co. n. 2.—; geb. in Leinw. n. 2. 60

Thym, Ferd., das Herzogth. Salzburg. Ein Beitrag zur Heimatskunde f. den Unterricht an den allgem. Volks-, Bürger- u. Fortbildungsschulen des Kronlands Salzburg. Im Auftrage der IV. Landeslehrerconferenz u. unter Mitwirkg. der Lehrerschaft hrsg. gr. 8. (VIII, 154 S. m. 38 Abbildgn.) Wien 894. C. Graeser. n. 2.—

Thym, Ferdinand, s. Zeitschrift des Salzburger Lehrer-Vereins

Thym's, G., Gedicht Thedel v. Wallmoden, s.: Neudrucke deutscher Litteraturwerke d. XVI. u. XVII. Jahrh.

Thym, Gottfr., andächtiger Communicant, oder Handbuch. 8. Leipz. 736.

Thym, J. A., S. J., Johann Philipp Roothaan, 21. General d. Gesellschaft Jesu (23. XI. 1785 bis 8. V. 1853). Nach d. Holländ. v. Jos. Martin, S. J. 8. (150 S. m. 1 Bildn.) Ravensburg 898. Dorn. n. 1. 60

Thym, J. A. A., Dirck Dirckjohn Bommer, s.: Unterhaltungsbibliothek, katholische.

Thym, Joh. Fr., v. d. Nutzbarkeit, fremde Thiere, Bäume u. Pflanzen, sowohl z. Nahrung als z. Fabriken, einzuführen u. fortzupflanzen, u. dadurch d. Menschen z. vermehren. 8. Berlin, 1775. (Leipzig, Cnobloch.) 60 S. — 5

Thym, Jh. Fr., von der Nutzbarkeit, fremde Thiere, Bäume u. Pflanzen, sowohl zur Nahrung, als zu Fabriken, einzuführen u. fortzupflanzen, u. dadurch d. Menschen zu vermehren. 8. Berl. 775. Mettmann. 4 gl.

— Praktik des Seidenbaues. 8. Berl. 760 u. 774. N. A. 780. 4e umgearb. Ausg. 782. Mottmann. 12 gl.

THYM, Johann Friedrich: Die Practic des Seidenbaues, bestehend aus drey Theilen, als 1) die Wartung der Maulbeer-Bäume, 2) die Wartung der Seiden-Würmer, 3) die Zubereitung der Seide. - Berlin 1760. 120 S. - 2. Aufl. ebd. 1774. - 3. verm. Aufl. ebd. 1777. - 4. verm. Aufl. ebd. 1781. 12 Bg.

Thym, Jh. Fr. Wlh., († d. 21. Mai 1803.) Briefe, die Simplicität des Predigers betreff. 8. Halle 798. Kümmel. 12 gl.

— theolog. Encyklopädie u. Methodologie. 8. Halle 797. Curt. (Laue in Berl.) 16 gl.

— histor. Entwickelung der Schicksale der christl. Kirche u. Religion, f. gebild. Christen. 2 Thle. gr. 8. Berl. 800, 801. (Herbig). 3 Rthlr.

Thym, Johann Kaspar

Johann Caspat Thyms [Thym] Kurtze Beschreibung der schlesisch- altwasserischen Sauer-Brunnen, wie man dieselbe nach ihrer Natur u. Krafft,...gebrauchen sol. Nebst beygefügtem Leben des...Autoris. Aufs neue mit einigen beygefügten Zusätzen in den Druck gegeben. Schweidnitz: J.G.Böhm 1732. 63 S. 8°

Thijm, Jos. Alb. Alberdingk, niederländische Erzählungen, s.a. Bibliothek, kleine.

Niederländische Erzählungen von Jos. Alb. Alberdingk Thijm. 1. Gertrudis v. Oosten. 2. Dirck Direxen Bommer. Deutsch von A[nton] Steinbach. *Hamm i. W.: Breer & Thiemann [1902].* (103 S.) 8° [B.]
= Bibliothek, Kleine. No 77. [43. 14772]

Thym, Ludov. Ferd. (Guil.) (geb. Altdamm 18. 5. 1810): De vomitu gravidarum. Berolini (1846). (31 S.) 8°
Berlin, Med. Diss. v. 12. Okt. 1846

Thijm, P. P. M. Alberdingk, Geschichte der Wohlthätigkeitsanstalten in Belgien von Karl dem Grossen bis zum 16. Jahrhundert. 8⁰. Freiburg 1887.

Thijm, Paul Alberdingk, Karl der Große u. seine Zeit Revidirte deutsche Ausg. Münster 868. Theissing. gr. 8. (IV, 398 S.) n. 1 ₰ 15 ngr.

Thym, Rudolf [aus Waltershausen]: '[Aus d. medicin. Klinik in Jena.]' Ueber gleichzeitige Tuberkulose der Lungen und des Herzbeutels ... Jena, Univ.-Buchdr. G. Neuenhahn, 1897; 29 S. 8.
Jena, Med. Fak., Inaug.-Diss. v. [12. Juni] 1897

Thym, Rud., über gleichzeit. Tuberkulose d. Lungen u. des Herzbeutels. Diss. gr. 8. (29 S.) Jena 897. (G. Neuenhahn.) n. — 70

Thym, Rudolph Johann Wilhelm (Magdeburg) A. S. 54/5

Dissertatio inauguralis iuridica de iure primi fori locatoris in conductorem.
Präs. Justus Henning Boehmer.
Halle (Franck) V. 1746. 48 S. 34462

Thym, Rudolph Johann Wilhelm (Magdeburg)
A. S. 300/25

Dissertatio iuridica de genuina sponsalium de praesenti et de futuro notione. Präs. Daniel Nettelbladt. Halle (Hilliger) 3. IV. 1745. 29 S.

W. v.: Präs., O. B. S. von Bodeck (Opp.), Gebhard Lüpke (Opp.), Ludwig Wilhelm Calovius (Opp.).
34461

Thym, Rudolph Johann Wilhelm (Magdeburg)
A. S. 63/15

Dissertatio iuridica de genuina sponsalium de praesenti et de futuro notione. Präs. Daniel Nettelbladt. Rec. Halle (Hendel) 1760. 32 S.

Diss. 3. IV. 1745.
W. v.: Präs. 34463

Thyme, Geo. Fr. Wlh., († 181..) Gedichte u. versificirte Uebersetzungen aus fremden Dichtern. 8. Zeitz 803. Webel. 16 gr.

— histor.-krit. Lehrbuch der Homiletik. 8. Halle 800. Schwetschke u. S. 12 gr.

— histor.-krit. Lesebuch d. Homiletik. 8. Halle, Hemmerde u. Schw. 800.

— s. Ovids Heroiden.

— Versuch e. histor.-krit. Darstell. der jüdischen Lehre von einer Fortdauer nach dem Tode. gr. 8. Berl. 795. Mylius. 14 gr.

Thyme, Geo. Gf., († ...) rechtl. Bedenken über e. sonderbaren Fall einer in einer Schuldsache verstorb. adeligen Dame von den hinterlass. Erben derselben, wider der ersten hinterlass. Gemahl ex capite nullitatis gebrauchten Litis Denunciation. 4. Weißenf. 773.

— freimüth. u. prakt. Gedanken üb. die Gebrechen der Justiz u. deren Verbesserung, mit H. G. Bauers Vorrede. 8. Leipz. 766. (Brockhaus). 8 gr.

Thyme, G. Gf., freymüth. Gedanken üb. d. Gebrechen d. Justiz u. deren Verbess. m. H. G. Bauers Vorrede. 8. Leipz. Heinsius. (Gleditsch.) 766.

Thyme, Ge. Gottfr.: Freymüthige und praktische Gedanken über die Gebrechen der Justitz und deren Verbesserung. Nebst e. Vorr. von Heinr. Gottfr. Bauer. Leipzig 1769.

Thyme, Georg Gottfried (Beichlingen) A. S. 31/19

Dissertatio inauguralis iuridica de iure domini iurisdictionis altae, subditos domini iurisdictionis bassae immediate, et sine huius requisitione ... citandi. Präs. Hieronymus Friedrich Schorch. Erfurt (Hering) 10. II. 1749. 18 S.

Gew.: Otto Heinrich von Berlepsch.
34464

— auserles. zweifelhafte Rechtsfälle, mit den Hauptstücken der darüber geführten Processe u. ihren rechtl. Entscheidungen. 1r Bd. 2 Abtheill. 4. Lemgo 777. Meyer; (a Helwing in Hannov.) 1 ₰ 12 gr.

— Sendschreiben üb. die Frage: ob u. wie weit der Ehemann, der seiner verstorb. Frau sämmtl. führende Habe überkommt, zur Bezahlung derselben hinterlass. Schulden zu concurriren schuldig sei? 4. Naumb. 769.

Thyme, M., de signo crucis et de historia, qua imp. Const. M. signum crucis apparuisse fertur. Budiss. 1711. fol.

Thyr, Max Ritter v., Taktik. 3 Bde. gr. 8. Wien, Seidel und Sohn. *

Inhalt:

Bd. 1. Die Gefechtsführung. (VI, 290 S. mit 101 Fig. im Text.) 890; 2. Aufl. (VIII, 300 S.) 882. *ℳ 7,20.
» 2. Die Gefechtsweise nach Waffengattungen und Oertlichkeiten. (V, 380 S. mit 45 Fig. im Text und 8 lithogr. Taf.) 880; 2. Aufl. (V, 379 S.) 883. *ℳ 7,20.
» 3. Die taktischen Thätigkeiten ausserhalb des Gefechtes. (III, 245 S. mit 22 Fig. im Text und 3 lithogr. Taf.) 880; 2. Aufl. (III, 243 S.) 883. *ℳ 5,60.

Thyrén, Johan Karl Wilhelm

Thyrén, J. C. W., Abhandlungen aus d. Strafrechte u. der Rechtsphilosophie. I. u. II, 1. gr. 8. Lund (Hjalm. Möller, Univ.-Buchh.) à n.n. 4. —
I. Bemerkungen zu d. kriminalist. Kausalitätstheorien. (IV, 158 S.) 894.
II. Ueber Dolus u. Culpa. 1. Tl. Ueber die Möglichkeit e. Grenze zwischen Dolus u. bewusster Culpa. (VI, 162 S.) 896.

Die soziale Aufgabe der Strafe. Das Strafensystem. Von Dr. Johan C[arl] W[ilhelm] **Thyrén**, Prof. Berlin: Guttentag [usw.] (1910). 200 S. 8°
(Thyrén: Prinzipien einer Strafgesetzreform. 1.) [11. 2760

Prinzipien einer Strafgesetzreform. Von Dr. Johan C[arl] W[ilhelm] **Thyrén**, Prof. 1. Berlin: Guttentag [usw.] (1910). 8° [11. 2763

Thyret, Heinrich

Thyret, H.: Ueber Umbildung und Einschränkung des gotischen und angelsächsischen Wortbegriffs im Neuenglischen und Neuhochdeutschen. Oberstein, Druck v. J. Hehner (1889); 18 S. 4°
Oberstein-Idar, R, OP 1889 (632)

Thyret, H., üb. Umbildung u. Einschränkung d. gotischen u. angelsächsischen Wortbegriffs im Neuenglischen u. Neuhochdeutschen. I. gr. 4. (18 S.) Leipzig 889. Fock. n. — 80

Thyriot, Franz, Architekt in Köln a. Rh.: Beschreibung des Neubaus (der Großh. Augustinerschule). *Friedberg 1902: C. Bindernagel.* (S. 3—8.) 4° ¶(Aus: Centralbl. d. Bauverwaltung, Jg 21, 1901.)
Friedberg, großh. Augustiner-S ⟨G u. R⟩ m. VS, OP 1902 (707)

Thyriot, Franz, Architekt: Der Neubau des Gymnasiums mit Direktor-Wohnhaus in Zehlendorf ⟨Wa.⟩. Zehlendorf 1905: (Alb. Fischer.) (S. 3—7.) 4°
Zehlendorf, G OP 1905 (100)

Thyriot, J. P., Beitrag zur Kulturgeschichte meiner Vaterstadt Hanau. (VIII, 164 S. m. 6 Taf.) 8. Hanau 910. (Clauß & Feddersen.) nn 1. 20

Thyriot, J. P. Uebersichtsplan von Hanau. 1:10000. (1895. 1 Bl. c. 1..

Thyrnau, s. Thomas Thyrnau.

Thyrnau Thomas

Thomas Thyrnau. Von der Verfasserin von Godwie-Castle. 1855
s. Paalzow, Henriette von [Verf.]

Thyrnau, Thomas, von der Verfasserin von Godwie-Castle ... 2. Abdr. Breslau 1843. V: *Paalzow, Henriette von geb. Wach.* (EE)

Thyrnau, E., aus dem Buche des Lebens. 2 Novellen. 8. (III, 320 S.) Leipzig 899. [F. Fleischer, Verl.] R. Dallmeier. n. 2. 80; geb. in Leinw. n. 3. 60

THYRNER, JOHANN: Gebetbüchlein vorzüglich zum Gebrauch der christkatholischen Jugend. Ungarisch-Altenburg 1840. Verlegt und gedruckt bei Alexander Czéh. 188, 4 S. - 12°
- Dass. Zweite Aufl. Ungarisch-Altenburg 1847: Czéh. 188 S. - 2 f. - 12°

THYRNER, JOHANN, O. S. B.: Lieber Vater im Himmel! Ein Gebetbuch für katholische Christen. Ungarisch-Altenburg o. J.: Alex. Czéh. 306, 6 S. - 8°

Thyroff, Emil [cand. med. aus München]: Ueber die Handmuskeln der Primaten und des Menschen. Eine vergleichende myologische Studie. ... München, Buchdr. v. M. Ernst, 1888; 52 S. u. 1 Taf. 8°
München, Med. Fak., Inaug.-Diss. v. 1888

Thyroff, Emil, über die Handmuskeln der Primaten und des Menschen. Inaugural-Dissertation. gr. 8. (48 S. mit 5 Abbild.) München 888, (Ernst.) *

Thysebaert Rud. Freih. v. Andachtsbüchlein für die h. Weihnachtszeit. 8. Olmütz, Ant. Halauska 1852.

v. Thysebaert, Rud. Frhr., Andachtsbüchlein f. die heil. Weihnachtszeit zum Gebrauche f. die kathol. Jugend. 12. (VI u. 219 S. m. 1 Stahlst.) Olmütz 852, Neugebauer. n. 14 ngr. Velinpap. m. 8 Stahlst. n. 2/3 ₰

Thysebaert, Rud. v., die Klöster u. das Klosterthum in ihren Motiven, ihrem Entstehen, Sein u. Wirken betrachtet, mit Rücksicht auf die Verhältnisse unserer Zeit. Olmütz 863. (Grosse.) 8. (165 S.) n. 12 ngr.

Thysebaert, Rud., pobožnost swato-wánočnj w prospěch katolické mládeže. Olmütz 855. (Neugebauer.) 16. (3 Bl., 116 S.) 12 ngr.

Thyssen, Heinrich, aus Mülheim a. d. Ruhr: Ueber das Hydrazid der α-Thiophencarbonsäure. *Heidelberg 1899: Ph. Wiese.* (37 S.) 8°
Heidelberg, Naturw.-math. Diss. v. 1899

Thyssen, J. J., Darstellung der Einrichtung u. der Wirksamkeit des aachener Vereins zur Beförderung der Arbeitsamkeit. gr. 8. (9½ B.) Aachen 845, (Mayer.) *

Thyssen, Karl, Bacc. iur., Ref. a. M.-Gladbach ⟨Rheinland⟩: Das modifizierte Wechselakzept. Borna-Leipzig 1906: R. Noske. (VIII, 62 S.) 8°
Leipzig, Jur. Fak., Diss. v. 21. Mai 1906
[Geb. 17. März 76 Burtscheid; Wohnort: Berlin; Staatsangeh.: Preußen; Vorbildung: Gymn. M.-Gladbach Reife O. 96; Studium: Heidelberg 1, Berlin 3, Bonn 3 S.; Rig. 6. Juli 01.]

Thyssen, P., soll der Religionsunterricht aus der Volksschule entfernt werden? Einleit. Vortrag zum Diskussionsabend im St. Stephani-Gemeindehause am 16. V. (15 S.) 8. Bremen 905. F. Morgenbesser. n. — 20

Thywissen, Joseph, approb. Arzt aus Neuss a. Rh.: Aus d. geburtshilflich-gynäkol. Klinik zu Bonn. Ein Fall von Schwangerschaft im rudimentären Nebenhorn. Bonn 1900: K. Drobnig. (46 S.) 8°
Bonn. Med. Diss. v. [30. Mai] 1900

Thywissen, Theodor [Gerichts-Ref. aus Neuss]: Über die Wirkung der Verjährung bei Obligationen ... Bonn, Buchdr. v. A. Henry, 1896; 72 S. 8.
Erlangen, Jur. Fak., Inaug.-Diss. v. Juli 1895

Tjaben, Hans [Referendar aus Emmerich]: ... Die Rechtsmittel des Eigentümers eines Hauses bei drohendem Einsturze des Nachbarhauses. Nach gemeinem Rechte bearb. *Emmerich, J. L. Romen'sche Buch- u. Steindr., 1892;* 31 S. 8.
Erlangen, Jur. Fak., Inaug.-Diss. v. 1892

Tjaden [Schlagwort]

Tjaden, s.: Bremen in hygienischer Beziehung.

Tjaden [Verfasser]

Tjaden

— u. Graepel, die bremischen Abwässer u. ihre Beseitigung. Gutachten, der Deputation f. das Gesundheitswesen u. der Baudeputation, Abt. Strassenbau, erstattet. (III, 76 S. m. 2 Taf.) Lex. 8. Berlin 907. J. Springer. 5. —
Sonderabdr. aus: „Arbeiten a. d. kaiserl. Gesundheitsamte".

Tjaden, Einige Bemerkungen zur Empfänglichkeit der Meerschweinchen gegen den Erreger der Hühnercholera. S.-A. a. d. C. f. B. Jena 00. Fischer.

Tjaden, der Kampf gegen die Tuberkulose in Bremen, s.: Kulenkampff, Diedr.

— ansteckende Krankheiten u. ihre Bekämpfung. 3 Vorträge, geh. im Goethebund zu Bremen im Winter 1902/3. (75 S.) gr. 8. Bremen 903. G. Winter. n. 1. —

Tiaden, Er. Jh. Hnr., († d. 3. April 1781.) f. Ostfriesland, das gelehrte, u. setze hinzu: (v. E. J. H. Tiaden). (Seine Erben haben das Werk zum Druck befördert.)

Tjaden, H., Tabellen f. die französische Konjugation, s.: Steffler, G.

Tjaden, Hans: Die kriegerische Besetzung feindlichen Staatsgebietes in ihrer Wirkung auf Land und Leute nach den Bestimmungen der Haager Friedenskonferenzen von 1899 und 1907. Göttingen 1910: Dieterich. 130 S. 8°
Göttingen, Jur. Diss. v. 24. Dez. 1910, Ref. Schoen
[Geb. 2. Mai 88 Kelsterbach; Wohnort: Bremen; Staatsangeh.: Bremen: Vorbildung: Gymn. Bremen Reife O. 06; Studium: Göttingen 3, München 1, Genf 1, Göttingen 2 S.; Rig. 25. Okt. 10.] [U 11. 144]

Tiaden, Heinr., im Abgrund, s.: Geschichten, intime.

Tiaden, Heinr., auf heißem Boden. Roman. (402 S.) 8. Paderborn 907. F. Schöningh. 3.—; geb. 4. —

— d. zweite Frau, s.a. Geschichten, intime.

Die zweite Frau. Eine Geschichte aus d. Labyrinthen d. Lebens von Heinrich Tiaden. Berlin: Berliner Roman-Verl. [1905]. (48 S.) 8° [F.]
= Geschichten, intime. 73. [05. 7535]

— Frauenlist, s.: Bibliothek, interessante.

— Das rote Gespenst, s.: Bibliothek, interessante.

— im Klub der Glücksucher, s.: Bibliothek, interessante. Nr. 21.

— Auf nächtlichen Pfaden, s.: Bibliothek, interessante.

Tjaden, H[einrich], Dr.: Übersicht über die Geschichte Ostfrieslands. Emden 1904: Th. Hahn. (31 S.) 8° [F.]
Emden, Kaiser Friedrichs-Schule (R) OP 1904 (390)

— Vater wider Willen, s.a. Geschichten, intime.

Vater wider Willen. Humoreske von Heinrich Tiaden. Berlin. Berliner Roman-Verl. [1905] (48 S.) 8° [F.]
= Geschichten, intime. 62. [05. 7534]

Tjaden, Heinrich Peter, Untersuchungen über die Poetik Rutebeufs. Diss. Marburg 1885, N. G. Elwertsche Univ.-Buchh. 8°. 73 S.

Tjaden, Heinrich Peter [aus Leer]: Untersuchungen über die Poetik Rutebeufs .... Marburg, *W. J. Leendertz, Leer*, 1885; 73 S. 8°.
Marburg, Phil. Fak., Inaug.-Diss. v. 19. Nov. 1885.

Tjaden, Herm., e. Beitrag zur Kenntniss der multiplen Sklerose d. Gehirnes u. Rückenmarkes. gr. 8. (52 S.) Helmstedt 884. (Göttingen, Vandenhoeck & Ruprecht.) n. 1. 40

Tian, ..., (Karol. v. Günderode,) poet. Fragmente. 8. Frkf. a. M. 806. Fr. Wilmans. 20 gr

— Gedichte u Phantasien. 8. Frkf. a. M. 804. Hermann. 8 gr

Tian-Shansky, Andreas Semenov-
s. Semenov-Tian-Shansky. [06. 1420]

Tiander, K., Abriß der deutschen Literaturgeschichte. (VI, 110 S.) 8. St. Petersburg 905. Eggers & Co. n. 1. 80

Tiare, die, und die Krone, od. d. Kampf zwischen Rom u. Berlin, s.a. Geschichte unserer Tage, Jahrg. 1837. Außerordentl. Hft. 1.

Tiare, die, und die Krone, oder der Kampf zwischen Rom und Berlin. Mit 1 Portr. gr. 12. Stuttg. 838. Schweizerbart. 3/8 ß

Tiark, J. G., s. Tiarks.

Tiarks, Dr., Untersuchungen über die Oldenburger Wittwen-Casse, s. Dierks, Th.

Tiarks, J. G., die Universität Cambridge geschildert. Mit einem Vorwort von Ullmann. gr. 8. (78 S.) Heidelberg 852, J. C. B. Mohr. *
Aus: Heidelberger Jahrbücher J. 1851 und 1852, besonders abgedruckt.

— Exercises for writing german, adapted to the rules of his German Grammar. (Mit 2 Blätt. Vorschriften zum Schönschreiben.) gr. 12. Hbd. 834. n. 5/6 ß

Tiarks, J. G., a practical Grammar of the German language. gr. 12. London 834. (Hannover, Hahn.) n. 2 ß

Tiarks, J. G., vier Homilien, gehalt. in d. reform.-deutschen Kirche in London, nebst e. Erklär. d. 110. Psalms. gr. 8. (5½ B.) Bremen 827, Kaiser.

— Predigt am letzten Tage des Jahres 1806. 8. Bremen 807. Müller. 2 gr

Tibbius, J.

—— the learner's first book, s. Jensch, H.

Tibbins, J., Dictionnaire français-anglais et anglais-français, contenant tous les mots généralement adoptés dans les deux langues. Rédigés d'après les meilleures autorités. Edition Diamant. 32. (38⅛ B.) Berlin 844, Behr's Buchh. 22½ Ngr. Geb. in Lwdbd. *

Tibbins, Stepping-Stone to English, s. Fleming.

Tibeaut, A., Schilderung d. Insel Elba, s. Bibliothek der neuest. u. wichtigst. Reisebeschreibb., 39r Bd.

Tiberghien, M. G., der gegenwärtige Agnosticismus in seinen Beziehungen zu Wissenschaft und Religion. Vortrag, in der öffentl. Sitzung der literar. Abtheilung der königl. Akademie von Belgien am 11. Mai 1887 gehalten. 8. (28 S.) Dresden 888, Barth und Schirrmeister. *

Tiberghien, Guil., enseignement de philosophie. Mission de la philosophie a notre époque. Doctrine de Krause. — La positivisme et la méthode d'observation la théologie et l'origine du langage. Etudes sur l'enseignement obligatoire l'école et l'état dans la société idéale. L'atmosphère religieuse des écoles. 8. (X, 431 S.) Bruxelles 873. Leipzig, Brockhaus' Sort. n. 4. —

Tiberghien, Guil., Schule und Staat. Aus dem Französ. übers. von J. H. gr. 8. (29 S.) Hamburg 871, Jowien. *

Tiberius Rhetor, de figuris, altera parte auctior, una cum Rufi arte rhetorica, edidit Jo. Fr. Boissonade. 8maj. London 815. (Leipz., Weigel). 1 ß 21 gr

Tiberius, A., die Generalprobe, s.: Arbeiterbühne. Nr. 10.

TIBERIUS VON KAYSERSTUHL, P. F., OMinCap. Hedreiche Teuch Zur Geistlichen Schaaf-Schwemme. In deren ersten, die Irrende, in deren anderen die [illegible] Schaaf. Das ist: 1. Die Sünd- und Bußhaffte 2. Die [illegible] und Tugendhaffte Seelen. In zwey und zwantzig Exempeln und Historien mit lehrreichen Moralien, sambt einer ... Passion-Histori-Predig ... Kempten: C. Roll, 1723. 4°. *Gestochenes Frontispiz*, 9 Bl. XVI S., S. 1–181, 1 Bl. (Zwischentitel), S. 185–495, 10 Bl. Einband der Zeit: Holzdeckel mit blindgepr. hellem Schweinsleder bez., 1 Schließe def. [illegible]

Tibesar, B. Leopold

Tibesar, Léopold: F. W. Weber's Dreizehnlinden. Eine literarische Studie. Luxemburg. Athénée, Progr. 1887/88

Tibesar, B. L., Fr. W. Webers Dreizehnlinden. E. litterar. Studie. 2. Aufl. 8. (152 S.) Paderborn 896. F. Schöningh. 1.20

Tibesar, B. L., Fr. W. Webers Dreizehnlinden. Eine litterar. Studie. 3. Aufl. 8. (152 S.) Paderborn 901. F. Schöningh. n. 1.20

Tibesar, B. L., Fr. W. Webers Dreizehnlinden. Eine literar. Studie. 4. Aufl. (152 S.) 8. Paderborn 906. F. Schöningh. n. 1.20

Tibesar, Léopold: Gedenkblätter an Leo Meyer, 29. April 1873. 5. September 1888. Luxemburg: Bück 1888. IX, 110 S. 12°

Tibesar, Léopold: Nachruf an den sel. Herrn M. Brandenburger. (Auszug aus dem Luxemburger Wort.) Luxemburg: Bück 1884. 16 S. 12°

Tibet [Schlagwort]

Tibet — Aufnahmen in — 1865–67. G. M. 1868.

Tibiriçá Piratininga, Jorge, aus Itú (Brasilien): Darstellung von Ameisensäure aus unorganischem Material. Zür. Orell Füssli & Co. 1879. 44 S., 2 Bl. 8°.
Zürich, Phil. Diss. (v. 16. Dec. 1879).

Tibiscanus, Elias, die Religionsbeschwerden d. Protestanten in Ungarn, wie sie auf dem Reichstage im J. 1833 verhandelt worden. gr. 8. (14 B.) Leipzig 838, [Brandstetter.]

Tibiscanus, Elias, die Religionsbeschwerden der Protestanten in Ungarn, wie sie auf dem Reichstage im Jahre 1833 verhandelt worden. gr. 8. Leipzig 838, 2e Aufl. 839. Einhorn. (Scheld u. Comp.) 1 ℛ

Tibitanzl, Jos., O. Cist., die Bedeutung Ferdinand Kindermann's f. das Schulwesen, s.: Zeitfragen, pädagogische.

— die Perle vom Moldaustrand, k. k. Regierungsrat Dr. Franz Isidor Proschko, e. vaterländ. Dichter u. Schriftsteller, geschildert in seinem Leben, Wirken u. Charakter. Vortrag, geh. in der Versammlg. des kathol. Arbeitervereines in Hohenfurt, am 30. XI. 1902. (44 S. m. 1 Bildnis.) 12. Warnsdorf 903. A. Opitz. n. —30

Tibitanzl, Jos., O. Cist., soziale Praxis im katechetischen Unterrichte, s.: Zeitfragen, pädagogische. IV, 2).

Tibullus, s. Iber, H.
Illmann, Philippus.

Tibullus, Albius

—— Carmina ex rec. Heyniana ed. Wunderlich, przez J. M., s. Biblioteka klassików Lacinskich, Tom. IV.

Tibulli carmina, s.: Catullus.

— carmina. Sapphus epistula Ovidiana, praefatus est Friedr. Leo, s.: Codices graeci et latini photographice depicti

Tibulli, Alb., carmina, libr. tres cum libro quarto Sulpiciae et aliorum. Novis curis Chr. G. Heyne. 8. Leipz. 755. Ed. alt. emend. et auct. 8maj. ibid. 777. 1 ℛ 12 ℊ Ed. III. 798. 2 ℛ 16 ℊ Ed. IV. nunc aucta notis et observat. Er. K. Fr. Wunderlich, (ed. L. G. Dissen). Cum V fig. aen. II Voll. 8maj. ibid. 817. W. Vogel. 5 ℛ Schrbp. 7 ℛ Velinp. 9 ℛ Supplementum Ed. L. G. Dissen. 8maj. ibid. 819. W. Vogel. 12 ℊ Schrbp. 16 ℊ Velinp. 20 ℊ

— Carmina, lib. tres cum libro quarto Sulpiciae et aliorum. Novis curis castigavit Ch. G. Heyne. 8. maj. Lipsiae, Junius. (F. C. W. Vogel.) 798.

— — Lat. u. Deutsch v. F. K. v. Strombeck. Gött. 799. 8. 12gr.

— — *Alb. Tibulli* carmina. *A. T.* Gedichte. Wien 1801 bey Joseph Oehler. Kl. 8°. 400 S.
IV, 15 in Prosa, die übrigen in elegischen Versen. Mit dem lat. Orig.

— Carmina, a I. Baden. 8. Copenhagen, Brummer. 804.

Tibulli, Alb., carmina. 12. Rotterdam 805.

— Carmina, libri tres c. lib. quarto Sulpiciae et alior. ex recens. Heyne, in us. scholar. ed. C. F. Wunderlich, accedunt observationes auctoris. 8. Göttingae, Dankwerts. 808.

— carmina, libri tres cum libro quarto Sulpiciae et alior. ex recens. Heyne, in us. scholar. ed. K. Fr. Wunderlich, accedunt observationes autoris. 8. Götting. 808. (Vandenhöck u. R.) 12 ℊ

— carmina. Mit deutsch. Uebersetzung u. e. Auswahl der vorzügl. prüfenden u. erläut. Anmerkk. verschied. Gelehrten, (v. Konr. Aloys Bauer). 4. Regensb. (Leipz.) 816. Köhler. 1 ℛ 16 ℊ Schrbp. 2 ℛ 4 ℊ 4. Wien 816. (Gräffer u. S.) 2 ℛ

Tibullus, Albius. Carmina. Libri tres . . . Lipsiae 1817—19. H: *Dissen, Ludolph Georg.* (BrMm) (Ky)

— — Carmina libri III. cum libro IVto Sulpiciae et aliorum. Cur. Ch. G. Heynii. Editio 4ta nunc aucta not. et obs. E. C. F. Wunderlichii. II Vol. Cum fig. aen. 8maj. Lipsiae, F. C. W. Vogel. 817.
Charta script.
— membr.

— — Carminum, editionis Heynio-Wunderlichianae Supplementum. Edidit L. Dissen. 8maj. Ibid. 819.

— — Carmina ex recens. et cum animadv. I. G. Huschkii. Accedit specimen editionis Venetae A. MCCCCLXXII, aeri incisum. II Tomi. 8maj. Lipsiae, G. Fleischer. 819.

— — Carmina. Textu ad codd. mss. et editiones recognito, edidit E. C. Ch. Bach. 8maj. Lipsiae, Hahn. 819.

Tibulli, Albii, Carmina ex recens. Car. Lachmanni passim mutata explicuit Lud. Dissenius. II Pts. — Ps. I., Disquisitiones de Vita et Poesi Tibulli. Carmina. Acced. lectiones edit. Pinellianae nunc primum collatae. Ps. II. Commentarium cont. 8maj. (50 B.) Gottingae 835, libr. Dieterich. 3⅔ Thlr., Schrbp. 5⅓ Thlr., f. Vlnp.

— carmina. Accedunt Sulpiciae elegidiae. Ed., adnotationibus exegeticis et criticis instruxit Geyza Némethy. (Editiones criticae scriptorum graecorum et romanorum a collegio philologico classico academiae litterarum Hungaricae publici iuris factae.) (347 S.) 8. Budapest 905. Verlagsbureau der ungar. Akademie der Wissenschaften. n. 6.—

— aliorumque carminum libri tres recognovit brevique adnotatione critica instruxit Johs. Percival Postgate. (X, 80 S.) 8. Oxford (905). Clarendon Press. n.n. 1.50

—— selecta carmina ed. Christ. Ludw. Bossler, s. Eclogae veter. poetarum latinor.

— carmina selecta, cur. J. Baden. 8. Kopenh. 804. Brummer. 4 gl.

—— Delia-Elegien übers. von Friedr. Habicht. br. 8. (III, 23 S.) [Jena 875, C. Frommann.] Leipzig, Reichardt Verlag. *

—— Dichtungen. Uebers. u. erklärt v. Frz. W. Richter. gr. 8. (25¼ B.) Magdeburg 831, Heinrichshofen.

— ausgewählte Dichtungen, s.: Catullus.

— Elegia decima libri primi; annotationem adjec. Jh. Geo. Hnr. Klindworth. 4. Leipz. 818. Er. Fleischer. 12 gl.

— — Lat. u. Deutsch m. Bemerk. v. L. Troß. Hamm 819. 8. 4 gr.

— Elegia prima; annotat. adjec. J. G. Huschke. 4. Rostock 813.

— Eleg. I, 1 metr. übers. v. G. Legeriotz. 1884.

— elegiarum libri II. Accedunt Pseudotibulliana. Rec. Aemilius Baehrens. gr. 8. (XXVI, 88 S.) Leipzig 878. Teubner. n. 2. 80

— elegiae cum carminibus pseudotertullianis. Ed. Ed. Hiller. Accedit index verborum. Ed. ster. gr. 8. (XXIV, 105 S.) Leipzig 885. B. Tauchnitz. — 60

— — Elegiae selectae. Ausgewählte Elegien mit Einleitung .... (auch Uebersetzung .... von Franz Oehr). Breslau 1828.
Anon.-Lex. IV. p. 175 (nach Nowack, Schles. Schriftst.-Lex. Breslau 1836—43. IV, 105).

—— Elegiae selectae. — Des Alb. Tibullus ausgewählte Elegieen, mit Einleitungen u. erklär. Anmerkn. f. Studirende u. Freunde d. röm. Dichtkunst. 8. (8 B.) Breslau 828, (Max u. Komp.)

— Elegiae tres; annotationes adj. Im. G. Huschke. 4. Rostock 814. (Er. Fleischer in Leipz.) 16 gl.

Tibullus, A. Erste Elegie von Freyherrn von E. London 1799. Ü: *Eelking, Hermann Freih. von.* (MGT) (GGr) (LS)

* — — *Tibulls* erste Elegie vom Freyherrn von E(elking). London 1799 bey James Rennent High Street, St. Giles' (Hamburg). 8°. 2 Bogen. (In Berlin: Wg 6426.)
Freie Nachbildung in gereimten Jamben. Vgl. Allg. Lit.-Ztg. 1800. Nr. 3 a. Sp. 175 ff. — Selten!
NB! Weitere Uebersetzungen einzelner Elegien s. bei Goedeke VII, 615—16, 139.

— *Band I. Eleg. 2 u. 3.* Metrisch verdeutscht von K. F. C. Wagner. Braunschw. 819. 4. 4 gr.

Tibullus, Alb., zweyte u. dritte Elegie d. ersten Buchs. Metrisch verdeutscht von K. F. Chr. Wagner. 4. Braunschweig, Schulbuchhdl. 820. Rthlr. — 4

— zehnte Elegie des ersten Buchs, latein. u. deutsch. Mit Bemerkk. üb. diese Elegie u. einige andere Stellen dieses Dichters, von L. Troß. gr. 8. Hamm 819. Wundermann. 7 gl (Coppenrath in Münster). 6 gl

— — zehnte Elegie des ersten Buchs, lateinisch u. deutsch. Mit Bemerkungen über diese Elegie und einige andere Stellen dieses Dichters, von L. Troß. gr. 8. Hamm, (Schultz und Wundermann.) 820. — 7

Tibullus, Albius, Elegien, s. Fabricius, B.

—— dass. s. Fischer, G.

—— dass. s. Universal-Bibliothek Nr. 1534.

Tibullus, A. Elegien. Leipz. 1780. Ü: *Catel, Sam. Heinr.* (Degen) (NN) (Hitzig) (Ky) (Gi) (MGT)

— Elegien; aus d. Latein. (von S. H. Catel). 8. Leipz. 780. Schwickert. 8 gl

— Elegien, a. d. Latein. m. Anmerk. v. J. F. Degen. 8 Ansbach, Haueisen. (Gassert.) 781.

— — Nebst einer Probe aus Properz und Tyrtaeus. Übers. von K. F. Reinhard und Conz. Zürich. 783. 8. 16 gr.

* — — *Tibulls* Elegien, lat. und deutsch, von Friedrich Karl von Strombeck. Göttingen, Dieterich, 1799. Gr. 8°. 199 S. (In Berlin: Wg 6046, mit 1 Beibl.)
— — Dasselbe. 2. verbess. Auflage. Ebd. 1825. Gr. 8°. XIV—231 S. (1 Mk. Bernh. Liebich, Lpz., 1909.)

Tibullus, (des Alb.) Elegien, übers. v. E. Günther. gr. 12. Leipz. 825, Hartmann.

— Elegien; übers. v. Er. F. Günther. gr. 12. Leipz. 825. (Lehnhold). 21 gl

—— Elegien. Deutsch mit Erläuterungen (latein. Text nach Voß u. Dissen) v. Jos. Emil Nürnberger. gr. 8. (14½ B.) Berlin 838, Ende.

— — Die Elegieen des *Albius Tibullus* in modernen Rhythmen von Georg Fischer. Ulm 1882. 8°. (1 Mk. 25 Pfg. B. Seligsberg, Bayreuth, 1906.)

Tibullus, Albius, ausgewählte Elegieen. Mit erklär. Anmerkgn. f. den Gebrauch in der Schule hrsg. v. P. J. Meier. gr. 8. (IV, 54 S.) Braunschweig 889. Schwetschke & Sohn. n. — 80

Tibull, ausgewählte Elegien. — Vergils Aeneis lib. I. übersetzt von H. Klammer. Pr. 1894. 65 S. 1.25

Tibull's Elegien u. Lieder in's Deutsche übertragen von Fr. Frölich. Hamburg 860. Hoffmann & Campe. 8. (XXVII, 170 S.) 25 ngr

— Propertii et Ovidii Flores selecti. 12. Traj. ad Rhen. 774.

—— Gedichte, s. Dichter, römische, in neuen metrischen Uebersetzungen.

— Gedichte; nebst e. Probe aus d. Properz, u. den Kriegsliedern des Tyrtäus in der Versart der Urschrift übers. mit e. Anh. von eigenen Elegien, (von K. Fr. Reinhard). 8. Zürich 783. Orell. 16 gl

Albius Tibullus' Gedichte, übersetzt von W. S. Teuffel. Stuttgart 1853. 8°.

—— ausgewählte Gedichte, s. Classiker des Alterthums.

— Geist der röm. Elegie, s. Er. K. Chr. Bach.

- Tibullus

—— dass. — s.a. Bibliothek, Langenscheidt'sche, sämmtlicher griechischer und römischer Klassiker.

Tibullus, Albius, s. a.: Catull.

Tibullus, übers. von W. S. Teuffel, s. Classiker des Alterthums. — Dichter, römische.

— s.a. Collection Spemann.

— s.a. Elegiker, römische.

—— Properz u. die Amoren des Ovid ꝛc. Hrsg. v. Otto Friedr. Gruppe, s. Gruppe, die röm. Elegie, 2. Bd.

— übersetzt von Binder, s.a. Sammlung griechischer und römischer Classiker.

— — *Tibullus*. Deutsch von W. Binder. Stuttgart 162. 8⁰.

* — — *Alb. Tibullus*, nebst einer Probe aus dem Properz, und den Kriegsliedern des Tyrtaeus. In der Versart der Urschrift übersetzt, etc. Nebst e. *Anhang* von eigenen Elegien. (*Tib.* u. Prop. von Karl Friedr. Graf Reinhardt. Tyrt. von C. P. Conz). Mit Titelvignette. Zürich 1783. 8⁰. (In Berlin 2 Expll.: Wg 6034, 6035 (durchschoss.); auch in Zürich.) (4 Mk. 50 Pfg. Jos. Baer & Co., 1912.)
Fr. Leopold Grafen zu Stolberg gewidmet.

Tibullus, Albius, nebst e. Probe a. d. Properz. und den Kriegsliedern d. Tyrtäus in d. Versart d. Urschrift übers. m. e. Anh. v. eig. Elegien. 8. Zürich, Orell. Füßli u. C. 783.

— u. Lygdamus; übers. u. erklärt von Jh. Hnr. Voß. 8. Tübing. 809. v. Cotta. 2 ℛ 12 ℊ

* — — Poetae elegiaci Romanorum. *Tibullus*. Die Elegischen Dichter der Römer übers. von D. F. Korett. *Tibull*. Paris, Schöll, 1810. Gr. 4⁰. (In Berlin: Wg 6064.)
Lat. u. deutsch. (Die Ueberstzg. mit deutsch. Lett. gedr.)

* — — *Albius Tibullus* und Lygdamus übersetzt und erklärt von Johann Heinrich Voß. Tübingen in der J. G. Cottaischen Buchhandlung MDCCCX. (1810.) Kl. 8⁰. XXXII—384 S. (In Berlin: Wg 6058.) (3 Mk. O. Rauthe, Friedenau-Berlin, 1910.)

Tibullus, Alb., et Lygdamus, codicum ope emendati a J. H. Voss. 8. Heidelb. Mohr et W. 811.
Velinp.

— et Lygdamus, codicum ope emendati a Jh. Hnr. Voss. 8. Heidelb. 811. Winter. 9 ℊ Velinp. 18 ℊ A. u. d. T.: A. Tibullus et Lygdamus, cum Comment. nach Handschriften berichtigt v. Jh. Hnr. Voss. 8. ibid. 811. 2 ℛ 16 ℊ

* — — *Albius Tibullus*. Mit teutscher Übersetzung (von Conr. Alois Bauer) und einer Auswahl der vorzüglichsten, prufenden und erläuternden Anmerkungen verschiedener Gelehrten. O. O. (Regensburg) 1816. 4⁰. (In Berlin: Wg 5344.) 216 S. (1 Mk. Carl Uebelen, München, 1892.)
Der latein. Text zur Seite.

Tibullus, Alb., latein. mit deutscher Uebersetzung u. Anmerk. v. Bauer. 4. Wien, Mayer u. Comp. 816. Schrbp.

— — Latein. u. Deutsch mit Anmerkungen. Nürnb. 817. 4. 2 rthlr. Leipz. 818. 4. 1 rthlr. 20 gr.

Tibulli, Albii, libri quattuor ex rec. Car. Lachmanni. 8 maj. (5 B.) Berolini 829, Reimer. Thlr.

Tibulli, Albii, libri IV. Recognovit Aug. Rossbach. 8. (VI und 57 S.) Lipsiae 855, Teubner.
Vlnp.

[**Tibullus**, Albius]. Albii Tibulli libri quattuor. Recogn. Augustus *Rossbach*. Lipsiae 1864. 8⁰

Tibullus, Albius, im Versmaße der Urschrift übers. und mit Einleitung und Anmerkungen versehen von Ant. Eberz. 8. (VIII und 174 S.) Frankfurt a. M. 865, Sauerländer's Verlag.
Vgl.: Sammlung griechischer und römischer Classiker.

—— Libri IV. Recensuit Lucian. Mueller. 8. (64 S.) Leipzig 870, Teubner.

— — *Tibullus*. Deutsch von W. Binder. 3 Lfrgn. 2. Auflage. Berlin, o. J. (1885). 8⁰. (80 Pfg. B. Liebisch, Lpz. 1909.)
Zuerst gedr. 188*?

— Deutsch in der Versweise der Urschrift v. Wilh. Binder. 1. u. 3. Lfg. 2. Aufl. 8. (S. 1—48 u. 97—143.) Berlin 885. 86. Langenscheidt. à n. — 35

Tibullus, Albius. Deutsch in der Versweise der Urschrift v. Wilh. Binder. 1. Lfg. 3. Aufl. 8. (S. 1—48.) Berlin 894. Langenscheidt. n. — 35

— 2. Lfg. Deutsch in d. Versweise d. Urschrift v. Wilh. Binder. 3. Aufl. 8. (S. 49—96.) Berlin 896. Langenscheidt. n. — 35

Tibullus, Albius. Deutsch in der Versweise der Urschrift v. Wilh. Binder. 3. Lfg. 3. Aufl. 8. (S. 97—143.) Berlin (900). Langenscheidt. n. — 35

Tibullus, Albius. Untersuchg. u. Text v. H. Bolling. 2 Tle. 8. Berlin 897. R. Gaertner. n. 9. —
1. Untersuchgn. d. Elegien d. Albius Tibullus, m. Beiträgen zu Properz, Horaz, Lygdamus, Ovid. (VII, 412 S.) n. 8. —
2. Die Dichtgn. d. Albius Tibullus in chronolog. Anordng. (VII, 56 S.) n. 1. —

Tibullus, Albius. Deutsch in der Versweise der Urschrift v. Wilh. Binder. 1. u. 3. Lfg. 4. Aufl. (S. 1—48 u. 97—143.) kl. 8. Berlin-Schöneberg (906). Langenscheidt's Verl. à n. — 35

— Deutsch in der Versweise der Urschrift v. Wilh. Binder. 2. Lfg. 4. Aufl. (S. 49—96.) kl. 8. Berlin-Schöneberg (907). Langenscheidt's Verl. — 35

Albii Tibulli Libri quattuor. Rec. Lucianus Mueller. Ed. ster. Lipsiae: Teubner 1910. 64 S. 8⁰
(Bibliotheca scriptorum Graec. et Rom. Teubneriana.)

— Werke, d. Sulpicia Elegien, u. e. eleg. Fragmente ander. Uebersetzer, v. Jh. Fd. Korff, (mit dem latein. Texte). 4. Paris 810. Schöll. 2 ℛ 12 ℊ Velinp. 4 ℛ

Tiburtius, über die Ausrüstung u. Instruction der Krankenträger. 8. (28 S.) Metz 873. Deutsche Buchhandlung. — 50

Tiburtius, Bemerkungen eines Militär-Arztes über das Invaliden-Gesetz vom 6. Juli 1865. Stralsund 870. Hingst Nachfolger. gr. 8. (33 S.) n. 6 ngr.

Tiburtius, Leitfaden f. den Unterricht in der Familien-Krankenpflege. 12. (VIII, 168 S.) Berlin 888. Mittler & Sohn. n. 1. 25; geb. n. n. 1. 50

— Luxus u. Modeherrschaft. Vortrag. gr. 8. (20 S.) Berlin 890. Eckstein Nachf. n. — 50

Tiburtius, für u. wider die Samariter. gr. 8. (16 S.) Berlin 882. Bohne. n. — 40

Tiburtius, Carl, s. T i b u r t i u s , Karl

Tiburtius, Carl Wilhelm, s. T i b u r t i u s , Karl Wilhelm

Tiburtius, Fr. Ldw. Jh., vereinfachte Darstell. der Regeln der deutschen Sprache. 1r Curs. 8. Lübeck 817. Niemann. 5 gr

— Dieselben mit Vorbericht f. Lehrer. 8. Ebd. 817. 6 gr

— Ideen über ein zu errichtendes deutsches Nationalinstitut für Wissenschaft u. Kunst. gr. 8. Lübeck 817. Niemann. 8 gr

— Versuch, die Lehre vom Gebrauch des Conjunctiv im Lateinischen. Nebst e. Anh. üb. das Gerundium im Latein. 8. Leipz. 822. Cr. Fleischer. 12 gr

Tiburtius, Franz, approb. Arzt aus Berlin: **Klammern oder Ligaturen bei vaginalen Totalexstirpationen des Uterus?** *Kiel 1899: H. Fiencke.* (32 S.) 8°
Tübingen, Med. Diss. v. 1899

Tiburtius, Franziska

Tiburtius, Frl., u. Zacke, Bildung der Aerztinnen in eigenen Anstalten od. auf der Universität?, s. a. Hefte der freien kirchlich-sozialen Konferenz.

Tiburtius, [Franziska], u. [Paul] Zacke: Bildung der Aerztinnen in eigenen Anstalten oder auf der Universität? Verhandlungen d. 7. Kommission u. d. Frauengruppe d. freien Kirchl.-soz. Konferenz gelegentlich ihrer 5. Hauptversammlung zu Erfurt am 18.–20. 4. 1900. — Berlin: Buchh. d. Berliner Stadtmission 1900. 44 S. 8° (Hefte der freien Kirchl.-sozialen Konferenz. 9.)

Tiburtius, Franziska, aus Rambin, Insel Rügen: Die Extensorenlähmung bei chronischer Bleivergiftung. Ueber Epilepsia saturnina und ihr Verhältniss zu Erkrankungen der Niere. Zür. D. Bürkli Dr. 1876. 61 S., 1 Bl., 1 Bl. Thesen. 8°.
Zürich, Med. Diss. [v. 16. Febr. 1876].

Tiburtius, Geo., Molière u. das Precieusentum. Inaugural-Dissertation. gr. 8. (42 S.) Neumark 875. (Jena, Deistung.) n. — 80

Tiburtius, Hnr. Fr., Probeschrift: Versuch e. Vertheidigung d. sogenannt. 3 Pastoral-Schreiben d. Apostels Paulus gegen die neuesten Einwürfe. 8. Rostock 821.

Tiburtius, Karl

Alldeutsch und Plattdeutsch v. Oberstabsarzt a. D. Dr. [Karl] **Tiburtius**. Vortrag, geh. im Alldeutschen Sprach- u. Schriftver. zu Berlin. [Berlin: A. Reinicke 1904.] (7 S.) 8° [F.]
Aus: Heimdall. 1904. 07. 900 9

Tiburtius, Karl, Kandidat Bangbüx. 8. (271 S.) Stralsund 884. Bremer. n. 3. —

Kandidat Bangbüx. Lustspiel in 5 Akten von Carl **Tiburtius**. Berlin: W. Röwer in Komm. 1904. (95 S.) 8° [F.] 05. 5678

Tiburtius, Karl, Kandidat „Bangbüx". 2. verb. Aufl. (228 S. m. Bildnis.) kl. 8. Leipzig (910). O. Lenz. 3.—; geb. 4.—

Tiburtius, Carl, Bellamy als Lehrer. 8. (38 S.) Berlin 892. Bibliograph. Bureau. n. — 50

Tiburtius, Karl, Hackels. 8. (XVI, 266 S. m. 1 Karte.) Berlin 900. Hilfsverein deutscher Lehrer. 2. —

Tiburtius, Car. Guil. (geb. Bisdamitz auf Rügen 10. 7. 1834): De thromborum metamorphosi. Berolini (1856). (28 S.) 8°
Berlin, Med. Diss. v. 2. Okt. 1856

Tiburtius, Paul, prakt. Arzt: **Uber[!] die Combination von Carcinoma Ovarii et Ventriculi.** *Königsberg i. Pr. (1899): L. Krause & Ewerlien.* (34 S.) 8°
Königsberg, Med. Diss. v. 20. Juli 1899

Tiburtius-Hirschfeld, Henriette: Frauenvereine Deutschlands zur Linderung der Noth. Charity-societies in Germany, establ. and conduct. by women. — (Berlin [nach 1893]: Zillessen.) 94 S. 8°

Tibus, Adph., Alter der Kirchen zum h. Martinus u. zur h. Aldegundis in Emmerich. Vier offene Sendschreiben an e. Freund in seiner Vaterstadt. gr. 8. (74 S.) Münster 875. Regensberg in Comm. n. 1. 20

Tibus, A., Beiträge zur Namenkunde westfälischer Orte. gr. 8. (124 S.) Münster i/W. 890. Regensberg. n. 2. 40

Tibus, Adph., die Pfarre Cleve von ihrer Gründung an bis nach Errichtung der Collegiat-Kirche daselbst. 8. (132 S. m. 1 Tab. in gr. Fol.) Cleve 878. Boss. n. 1. 50

— das Grab Bischof Dietrich's III., geb. Grafen v. Isenburg, im Dom zu Münster. 8. (47 S.) Ebend. 886. n. — 60

Tibus, Adph., der letzte Dombau zu Münster. Mit 6 (autogr.) Blatt Zeichngn. von H. Hertel. 8. (61 S.) Münster 883. Regensberg. cart. n. 1. 25

— zur Geschichte der Stadt Emmerich. Eine bedeutsame alte Urkunde, hrsg. u. erklärt. gr. 8. (36 S.) Münster 882. Regensberg in Comm. n. — 50

Tibus, Adph., Gründungsgeschichte der Stifter, Pfarrkirchen, Klöster und Kapellen im Bereiche des alten Bisth. Münster mit Anschluß des ehemaligen friesischen Theils. 1. Thl. Die vom heil. Liudger gegründeten Kirchen. 1.—4. Heft. gr. 8. Münster, (Regensberg.) *

Inhalt:
Heft. 1. Gründung des Münsters zu Mimigernaford. (VI, S. 1—150.) 867. *M 1,75.
„ 2. Umfang und politische Eintheilung des Bisth. Mimigernaford zur Zeit des heil. Liudger. (S. 151—376.) 869. *M 2,50.
„ 3. Das Pfarrsystem im Bisth. Memigernaford zur Zeit des heil. Liudger. (S. 377—600.) 869. *M 2,50.
„ 4. —— dass. — (S. 601—826.) 871. *M 2,50.

Tibus, Adph., der Gau Leomerike u. der Archidiakonat von Emmerich in seiner ursprünglichen Ausdehnung u. kirchlichen Einrichtung. gr. 8. (VII, 143 S.) Münster 877. Regensberg in Comm. n. 2. —

— die Stadt Münster. Ihre Entstehung u. Entwickelung bis auf die neuere Zeit. 8. (VIII, 363 S.) Ebend. 882. cart. n. 2. 75

Tibus, A., geschichtliche Nachrichten über die Weihbischöfe von Münster. Ein Beitrag zur Specialgeschichte des Bisthums Münster. Münster 862. Regensberg in Comm. gr. 8. (VI, 279 S.) n. 28 ngr.

— geschichtliche Nachrichten über die Weihbischöfe von Münster (1862). Nachträge. [Aus: „Zeitschr. f. Geschichte u. Alterthumskde. Westfalens".] gr. 8. (18 S.) Ebend. 882. n. — 20 (Hauptwerk u. Nachträge: n. 3. —)

— Schematismus der Diöcese Münster, s. Schematismus.

Tibus, Ad. Jos. Korn., Verhältnis der katholischen zur evangel. Konfession in Beziehung auf die in den letztverflossenen Jahren vor den Schwurgerichten des preuß. Staates verhandelten Verbrechen. Ein Beitrag zur Kriminalstatistik, beachtenswert für Katholiken u. Evangelische. Münster, Regensberg, 1857, gr. 8°, 32 S., 60 Pf.

Tibus, Adolph Joseph Kornelius, s. Tibus, Adolph

Tichauer, Benno [Dr. med. aus Sczyglowitz '(Schles.)']: Über die Anwendung der schiefen Osteotomie bei Deformitäten des Hüftgelenks ... Würzburg, Verlagsdr., 1896; 16 S., 1 Bl. 8.
Würzburg, Med. Fak., Inaug.-Diss. v. 1896

Tichauer, Ernst, Referendar: Das Sparkassenbuch und seine Übertragung. Görlitz 1907: E. Munde. (64 S.) 8°
Breslau, Jur. Fak., Ref. Leonhard-Dahn, Diss. v. 24. Juli 1907
[Geb. 26. Dez. 82 Bogutschütz b. Kattowitz; Wohnort: Bogutschütz; Staatsangeh.: Preußen; Vorbildung: Gymn. Kattowitz Reife O. 02; Studium: Freiburg i. B. 1, Berlin 1, München 1, Breslau 3 S.; Rig. 18. Juli 06.]

Tichauer, Heinrich: Untersuchungen über Stickstoffgehalt und Ammoniak-Ausbeute verschiedener Brennstoffe bei der trocknen Destillation. 1892. 51 S. 8° ¶ Etwas gekürzt in: Schilling's Journal f. Gasbeleuchtung. Jg. 37. 1894.
Karlsruhe, Dipl.-Diss. v. 20. 7. 1892

Tichelmann, Ludw., de versibus ionicis a minore apud poetas graecos obviis. gr. 8. (64 S.) Königsberg 884. (Gräfe & Unzer.) n. 1. —

Tichler, Jakob

Tichler, J., de indole sacror. emendationis, a Zuinglio institutae, rite dijudicanda. Dissert. historico-theol. inaug. 8maj. (13½ B.) Trajecti ad Rh. 827, Quint. (Lipsiae, Weidmann.)

Ticho, Rob., aus Stunden der Sehnsucht. Gedichte. (82 S.) 8. Brünn 907. L. & A. Brecher. 1. 80

Tichoff, Michail: Über Gustav Freytags Trauerspiel 'Die Fabier'. Borna-Leipzig 1910: Noske. 77 S. 8°
Leipzig, Phil. Diss. v. 3. Mai 1910, Ref. Köster, Sievers
[Geb. 16. Juli 83 Drenovo; Wohnort: Drenovo; Staatsangeh.: Bulgarien; Vorbildung: Gymn. Rustschuk Reife 00; Studium: Leipzig 7 S.; Rig. 9. Juni 09.] [U 10. 3353

Tichomiroff, A., die künstliche Parthenogenese bei Insekten, s. Archiv für Anatomie und Physiologie, Suppl.-Bd. zur physiolog. Abthl.

Bündniss oder Kampf? (*L. Tichomirow*, Warum ich aufhörte ein Revolutionär zu sein?) (Russisch.) In-8°. 32 S. Basel, Genf, Lyon, H. Georg. — 50
1889

Tichomirow, O., Einrichtung e. Seidenbau-Wirthschaft des mittleren Rußlands. In's Deutsche übers. von G. v. Trentovius. 12. (45 S. m. 1 Taf.) Riga 902. J. Deubner. n. 1. 20

— die Skorzonera als Futter f. die Seidenraupe. Aus dem Russ. übers. von G. v. Trentovius. 12. (12 S.) Ebd. 900. n. — 30
Sonderabdruck aus: „Land- u. forstwirthsch. Zeitg."

Tichonrawow, N., Quirinus Kullmann. Eine culturhistor. Studie. Aus dem Russ. übers. v. A. W. Fechner. gr. 8. (80 S.) Riga 873. Kymmel. n. 2. —

Tichtel's, J., Tagebuch von 1477—1495, s. Fontes rerum austriacarum.

Tichy, Alexander, appr. Arzt, a. Berlin: Ueber Geburten bei Scheidenverengerung (an der Hand von 3 Beobachtungen). Leipzig 1905: B. Georgi. (42 S.) 8°
Leipzig, Med. Fak., Ref. Zweifel, Diss. v. 9. Mai 1905
[Geb. 14. Dez. 73 Berlin; Wohnort: Berlin; Staatsangeh.: Preußen; Vorbildung: Gymn. Spandau Reife O. 97; Studium: Berlin 11 S.; Coll. 17. Mai 05; Approb. 14. Mai 04.]

Tichý, Ant., die Forsteinrichtung in Eigenregie d. auf e. möglichst naturgesetzliche Waldbehandlung bedachten Wirthschafters. gr. 8. (37 S. m. 1 Steintaf.) Berlin 884. Parey. n. 1. 60

Tichy, Ant., graphische Logarithmen-Tafeln. Beilage zur Zeitschrift des österr. Ingenieur- u. Architekten-Vereines. (VI, 30 S. m. 1 Fig.) gr. 8. Wien 897. (Spielhagen & Schurich) n. 1. 20

Tichý, Ant., der qualifizirte Plenterbetrieb als nächstfolgende Entwicklungsstufe seiner zuerst im J. 1884 veröffentlichten Forsteinrichtungs-Methode. gr. 8. (VII, 63 S.) München 891. A. Buchholz. n. 1. 20

— die Präcisions-Tachymetrie u. ihre neuesten instrumentalen Mittel. Vortrag, geh. in der Vollversammlg. d. österreich. Ingenieur- u. Architekten-Vereines am 9. Apr. 1892. [Aus: „Zeitschr. d. österr. Ingen.- u. Archit.-Ver."] gr. 8. (76 S. m. Fig. u. 1 Taf.) München 893. A. Buchholz. n. 1. 50

Tichý, Ant., das Schlussergebnis der Betrachtungen auf dem Gebiete der graphischen Tachymetrie, s.: Vorträge u. Abhandlungen, technische.

Tichy, Ant., logarithmisch-trigonometrische Tafeln, in graph. Manier bearb. [Vierstellige Phototyp-Ausg.] 16. (XVI, 16 S.) Wien 878. Gerold's Sohn. n. 1. 20

(TICHY Franz). Philosophische Bemerkungen über das Studienwesen in Ungarn (Von -). Strohmayer, Pest, Ofen u. Kaschau 1792. 1 vol. 150 S.

Tichy, I. W., dissertatio de arenulis in litis adparentibus, cum fig. 8. maj. Prag, Gerle. (F. C. W. Vogel, Lipsiae.) 775.

Tichy, Ludov. (geb. Berlin Nov. 1821): De plica Polonica. Berolini (1845). (40 S.) 8°
Berlin, Med. Diss. v. 10. Okt. 1845

Ticino: Il Ticino (Be)
(5) 19. 7. 1855—1856 (6) in-4° (7) trisettimanale (8) Berna: C. J. Wyß (11) Giovanni Polari (14) Lg: C.

Ticino: Il Ticino Illustrato
(1) Rivista settimanale per le Famiglie, poi: Settimanale per le Famiglie (5) 23. 1. 1909—1. 8. 1914 (240 numeri) (6) in-4° (7) settimanale (8) Bellinzona: S. A. Stabil. Tipo-Litografico già Colombi (12) rivista per le famiglie con una »Piccola Cronaca Ticinese« (14) Be: L.

Ticino meridionale e Parte dei Laghi Maggiore e di Como = Süd-Tessin u. Partien des Langen- u. Comersees. [Trasporto litografico dai fogli XVIII, XIX, XXIII e XXIV della Carta topografica Dufour.] Scala di 1 : 100000. [Pubblicato dal] Servizio topografico federale, Berna. Riporto 1903. 495/619 mm. 1 foglio fol.-obl. [fr. 1. 50, montato su tela 2. 50]

Ticknor, Geo., Geschichte der schönen Literatur in Spanien. Deutsch m. Zusätzen hrsg. v. Nikol. Heinr. Julius. 2 Bde. gr. 8. (XLII u. 1557 S.) Leipzig 852, Brockhaus. n. 9 ₰

Ticknor, Geo., Geschichte der schönen Literatur in Spanien. Deutsch mit Zusätzen hrsg. von Nikol. Heinr. Julius. 1. und 2. Bd. Neue (Titel)-Ausg. gr. 8. (XLII und 1557 S.) Leipzig (852)67, Brockhaus. *

—— dass. — Suppl.-Bd., enth. die wesentl. Berichtigungen und Zusätze der 3. Aufl. des Orig.-Werks, bearb. von Adf. Wolf. Mit einer Vorrede von Ferd. Wolf. gr. 8. (VIII und 264 S.) Ebendas. 867. *

Tidaeus, Gerhard (Stolp) A. S. 168/4

Discursus juris publici, de confraternitatibus illustrium familiarum in civitate Germanorum, Von Erb-Verbrüderungen des Teutschen Adels.
Präs. Johann Volkmar Bechmann.
Halle (Hendel) 1737. 48 S.

Diss. Jena 1. X. 1666. 34468

Tidblom, A. V., Einige Resultate aus den meteorologischen Beobachtungen, angestellt auf der Sternwarte zu Lund in den Jahren 1741—1870. (Lunds Univers.-Årsskrift, Tom. XII.) Lund 1876.

Tideböhl, Arnold v., s.: Monatsschrift, baltische.

Tideböhl, Arno., Schneeglöckchen, s. Schneeglöckchen.

Tideboehl, N. v., s.: Zeitfragen, pädagogische.

Wie ich die wahre Kirche fand. Paul v. Tideboehl, Priester. St. Petersburg 1902: R. Golicke. (87 S.) 8° [F.] 1-4. 10. 11

Tideboehl, Paul v., wie ich die wahre Kirche fand. gr. 8. (87 S.) St. Petersburg 902. (Berlin, K. Siegismund.) n. 2. —

Tideman, Hermann, pract. Arzt aus Bremen: Ueber die Indication zur Entfernung des zweiten Ovarium bei Tumorbildung des anderen Ovarium. Leipzig 1904: B. Georgi. (38 S.) 8°
Leipzig, Med. Diss. v. (3. Dez.) 1901

Tideman, J., Oratio de theologiae in Remonstrantium reformatorum seminario professione, quam habuit, quum die XXXI M. Martii A. MDCCCLVI, in illustris Athenaei Amstelod. auditorio majori, professionem illam publice auspicaretur. 8maj. (32 S.) Amstelodami 856, van Kampen. Thlr.

Tidemand, Adph., norwegisches Bauernleben. Ein Cyclus in 10 Bildern. Mit allegor. Titel in Farbendr., entworfen von C. Scheuren. Nach den Orig.-Cartons, zu den für die königl. Villa „Oskarshall", bei Christiania, ausgeführten Gemälden, lithogr. von J. B. Sonderland. Mit deutschem Text von Wolfg. Müller und norweg. Text von A. Münch. qu. gr. Fol. (11 Stnt. in Tondr. und 11 Bl. Text.) Düsseldorf 851, Buddeus'sche Buchh. *

Tidemand, Adph., norwegisches Bauernleben. Ein Cyclus in 10 Bildern. Mit allegor. Titel in Farbendr., entworfen von C. Scheuren. Nach den Orig.-Cartons, zu den für die königl. Villa „Oskarshall" bei Christiania, ausgeführten Gemälden, lithogr. von J. B. Sonderland. Mit deutschem Text von Wolfg. Müller und norweg. Text von A. Münch. 2. Aufl. qu. gr. Fol. (11 Stnt. und 11 Bl. Text.) Düsseldorf 852, Buddeus'sche Buchh. *

Tidemann, Daniel (Bremen) A. S. 571/10

Dissertatio iuridica inauguralis de rescissione contractus vitalitii.
Präs. Georg Heinrich Ayrer.
Göttingen (Vandenhoeck) 30. V. 1750. 63 S.

Gew.: Stadt Bremen.
W. v.: Johann Wichelhausen, Johann Daniel von den Steenhoff (Opp.), I. F. W. Iken (Opp.). 34469

Tidemann, Ernst, Medizinalpraktikant a. Bremen: Aus d. psychiatrischen u. Nervenklinik zu Kiel. Ein Beitrag zur Casuistik der Neuritis multiplex alcoholica mit Korsakow'scher Psychose. Kiel 1906: H. Frese, Bremen. (38 S.) 8°
Kiel, Med. Fak., Ref. Siemerling, Diss. v. 12. April 1907
[Geb. 10. Nov. 80 Bremen; Wohnort: Bremen; Staatsangeh.: Bremen; Vorbildung: Gymn. Bremen Reife M. 99; Studium: Heidelberg 6, Kiel 7 S.; Coll. 23. März 06; Approb. 1. Apr. 07.]

(Tidemann, F.,) Auswahl aus P. Gerhardt's Liedern rc., s. Auswahl.

s. Betrachtt., Gebete u. Lieder f. Zuchthaus. u. Baugefangene, u. setze hinzu: (v. F. Tidemann).

s. Was könnte für Deutschland in Wien geschehen.

s. Was sollte für Deutschland in Wien geschehen.

Tidemann, Franz (Bremen) A. S. 633/20

De depositione debiti iudiciali eiusque effectibus, adiectis singularibus iuris Bremani.
Göttingen (Dieterich) 15. X. 1776. 46 S.

Gew.: Stadt Bremen. 34470

Tidende for Forhandlingerne ved Provindsialstænderne for Hertugdømmet Slesvig 1836. Slesvig. 1836. 4. — Tillige med Titel: Zeitung etc. Sm. St. o. A. 4. — 1838. Sm. St. 1838. 4. — Tidende for den 3. slesvigske Stænderforsamlings Forhandlinger 1840. 1—2. Bd. Sm. St. 1840. 4. (fortsat). (Fra 1838 kun med dansk Titel og Tekst).

Tidende for Forhandlingerne ved den i Aaret 1855 afholdte overordentlige Provindsialstænderforsamling for Hertugdommet Slesvig. Zeitung für die Verhandlungen der im Jahre 1855 abgehaltenen außerordentlichen Provinzialständeversammlung für das Herzogthum Schleswig. Flensburg. (1855.) 4°

Officiel **Tidende** for Hertugdommet Slesvig. 20. Juli 1850—31. Dec. 1852. Nr. 1—131/32. Flensborg. 1850—52. 4°k.

Tidow, Georg [Referendar zu Hannover]: Dereliktion und Verzichtsvertrag bei dinglichen Rechten ... Göttingen, Druck d. Dieterich'schen Univ.-Buchdr., 1895; 39 S. 8.
Göttingen, Jur. Fak., Inaug.-Diss. v. [12. Sept.] 1895

Tidsskrift, Dansk. Udgivet og redig. af J. F. Schouw. 1. Bd. 6 Nrn. 2. Bd. Nr. 7—9: gr. 8. (1. Bd. 593 S. m. 3 lith. Charten in 8. u. qu. 4. 2. Bd. S. 1—248 m. 1 lith. Charte in qu. Fol.) Kjøbenhavn 847. 48. (Gyldendal.) (à n. 13¾ ngr) n. 4⅙ ℳ

Tidy, Charles Meymott

Tidy, Ch. M., das Feuerzeug. 8 Vorträge vor jugendl. Zuhörern, nach dem engl. Original bearb. v. P. Pfannenschmidt. (VIII, 92 S. m. 40 Fig.) kl. 8. Leipzig 907. B. G. Teubner. Geb. in Leinw. 2. —

Tidyman, Ph., Commentat. inaug. de oryza sativa. Mit 2 Kpf. 4. Götting. 800. Dieterich. 6 gr

FSC
www.fsc.org
MIX
Papier | Fördert gute Waldnutzung
FSC® C083411

Kolibri 360 GmbH
Ferdinand-Jühlke-Straße 7
99095 Erfurt, Deutschland
produktsicherheit@kolibri360.de